Gesamtverzeichnis des deutschsprachigen Schrifttums (GV) 1700 – 1910

Bearbeitet unter der Leitung von
Hilmar Schmuck und Willi Gorzny
Bibliographische und redaktionelle Beratung:
Hans Popst und Rainer Schöller

138

Ss – Stau

K · G · Saur München · New York · London · Paris 1985

CIP-Kurztitelaufnahme der Deutschen Bibliothek

Gesamtverzeichnis des deutschsprachigen Schrifttums :
(GV). - München, New York, London, Paris : Saur.
Bd. 1 – 6 bearb. unter d. Leitung von Peter Geils
u. Willi Gorzny.
ISBN 3-598-30000-X

1700 – 1910 / bearb. unter d. Leitung von Hilmar
Schmuck u. Willi Gorzny. Bibliograph. u. red.
Beratung: Hans Popst u. Rainer Schöller

NE: Schmuck, Hilmar [Bearb.]

138. Ss – Stau. – 1985.

Techn. Realisierung und Druck: Norbert Gärtner, Mainz-Kastel
Binden: Karl Schaumann, Darmstadt
Printed in the Federal Republic of Germany
ISBN 3-598-30000-X (Gesamtwerk)

Ssabanjäew, L. P., Haselwild-Monographie, s. 1890 Krüdener, Baron A. v., Beiträge zu e. deutschen Monographie des Haselhuhnes.

Ssallas, Graf E. A., Schicksalswege, s.: Collection Hartleben, 5. Jahrg., 11. 12. Bd.

Ssaltykow-Schtschedrin, M., Satire, s.: Tolstoj, Leo N., drei Parabeln.

Ssanung Ssetsen, Geschichte d. Ost-Mongolen, s.a. Geschichte etc.

Ssanang Ssetsen Chungtaidschi der Ordus, Geschichte der Ost-Mongolen u. ihres Fürstenhauses: aus d. Mongolischen übersetzt u. mit d. Originaltexte, nebst Anmerkk., Erläuterr. u. Citaten aus andern unedirten Originalwerken, herausg. von J. J. Schmidt. gr. 4. St. Petersburg 829. (Leipzig, Voß.) n. 6 ℳ

Ssaaz, Jos., Die Ungarische Landwirtschaft der Gegenwart m. bes. Berücks. d. Extensität u. Intensität ihres Betriebes. Berlin 1907. 8°.

Ssemenoff, S. T.: Onkel Ilja u. andere Dorfgeschichten, s.a. Bibliothek gediegener Unterhaltungs-Literatur.

Ssemenoff, S. T., Onkel Ilja u. andere Dorfgeschichten, nebst e. Vorworte v. Graf Leo Tolstoi, e. Einleitg. von Paul Birjukoff. Autoris. Uebersetzg. v. Joh. Hermann. 2 Bde. (III, 167 u. III, 173 S.) 8. Leipzig (903). Fel. Dietrich. à n. 3. —; geb. à n. 3. 75

Ssemenow, D. P., u. W. J. **Kasperow**, Russlands Landwirtschaft u. Getreidehandel. Autoris. Uebersetzg. aus dem Russ. von Maxim Blumenau. gr. 8. (72 S.) München 901. E. Reinhardt. n. 1. 50

Ssemenow, Wladimir, unser Lohn. Fortsetzung v. „Raßplata“ u. „Die Schlacht bei Tsuschima“. Übers. von Gercke. (X, 139 S.) gr. 8. Berlin 910. E. S. Mittler & Sohn. 2.75; geb. 3.50

— Raßplata. Kriegstagebuch üb. die Blockade v. Port Arthur u. die Ausreise der Flotte unter Rojestwenski. Auf Veranlassg. der Schriftleitg. der Marine-Rundschau übers. v. Gercke. (XVI, 504 S. m. 2 Skizzen.) gr. 8. Ebd. 908. 6.—; geb. 7.50

— Die Schlacht bei Tsuschima. Auf Veranlassg. des Admiralstabes der Marine übers. v. Gercke. Hrsg. durch die Schriftleitg. der Marine-Rundschau. Mit 1 Abb. u. 1 Skizze in Steindr. (IV, 69 S.) gr. 8. Ebd. 907. 1.50

Sserbske horne Łužizy aby statistiski Sapisk wschitkich serbskich evangelskich a katholskich Wosadow a jich Duchomnych a Wuczerjow se wschelakimi Powesjzemi se Sserbowstwa we Sjenoczenju s Jak. Kuczankom, as Pomozu druhich lubych Pschecželow wudaty wot Ernzsta Bohuwjera Jakuba. 8. (VIII und 133 S.) Budissin 848, (Weller.) Thlr. *

Sse-schu, Schu-king, Schi-king, s. Abhandlungen für die Kunde des Morgenlandes.

Ssikorski, J. A., üb. das Stottern. Ins Deutsche übertr. unter der Red. v. V. Hinze. gr. 8. (VIII, 372 S.) Berlin 891. A. Hirschwald. n. 8. —

Sskorow, A., Sammelwerk gesetzlicher Bestimmungen und Verordnungen bezüglich der landwirtschaftlichen Einrichtungen der Bauern verschiedenster Herkunft. Bd. II. Moskau 1893. VIII. Gesetzliche Reglementierung selbständiger Dorfbewohner. S. 756 bis 771

Sslutschewsky, Konst., d. Professor d. Unsterblichkeit. E. Erzählg. Aus d. Russ. übers. v. Alexis Lupus. Vom Verf. autor. Uebersetzg. 8. (VIII, 177 S.) St. Petersburg 896. K. L. Ricker. n. 2. —

Ssobolew, L. W., zur Pathologie des Pankreas, s.: Bauerbeck, E.

Ssologub, s.a. Sollogub.

Ssologub, Fjodor, Schatten, s.a. Novellen, russische.

SSOLOGUB, Fjodor
(F) Fjodor Ssologub. Schatten. Aus dem Russischen von Alexander und Clara Brauner. Umschlagbild von Emil Orlik. Wien. 1900. Wiener Verlag. (Rosner.) 8°. 269 S. K 3.60

— schwere Träume. Roman. Einz. autor. Uebersetzg. aus d. Russ. v. Alex. Brauner. 2 Bde. 8. (229 u. 191 S.) Leipzig 897. H. Zieger. n. 6. —

Ssolowjew, S., die Regierung Peters des Grossen, s. Sammlung klassischer russischer Schriftsteller.

Ssolowjoff, S., Geschichte des Falles von Polen (nach russischen Quellen). Uebers. von J. Spörer. Gotha 865. Thienemann. gr. 8. (VIII, 376 S.) n. 1 ℳ 20 ngr.

Ssolowjow, W., der russische Gedanke. Einzig autoris. deutsche Uebersetzung, nebst einleit. Betrachtung d. Uebersetzers. gr. 8. (60 S.) Berlin 889. Germania. — 60

Sskresnewskij, B. Die Beziehgn. zwischen d. absoluten Feuchtigkeit u. der Temperatur der Luft in St. Petersburg. gr. 4. (7 S. m. 1 Taf.) St. Petersb. 891. (Lpz., Voss' Sort.) — 65
Aus: Repertorium f. Meteorologie, besonders abgedruckt.

Ssuchomlinov, W., auf Vorposten. Erstürmung des Schipka-Passes, s.: Meisterwerke, russische, mit Accenten, Bd. 4.

Ssuchomlinow, W., Vorbereitung der Escadron, s.: Dragomirow, M., Leitfaden f. die Vorbereitung der russischen Truppen zum Kampf.

Ssuchotin, neue Ausbildungsmethoden bei der russischen Kavallerie, auf Befehl d. verstorbenen Generalinspekteurs Grossfürsten Nikolai d. Aelteren erprobt u. erläutert, im Auszug übers. von A. v. Drygalski. Mit 1 Kroki. gr. 8. (VII, 141 S.) Berlin 892. R. Eisenschmidt. n. 2. 60

Ssüsew, P. W., die Gefässkryptogamen des mittl. Urals u. d. angrenz. Landstriche. [Aus: „Bulletin de la soc. impér. des naturalistes de Moscou“.] gr. 8. (23 S.) Moskau 895. (Berlin, R. Friedländer & Sohn.) n.n. 2. —

Bausteine zum Finkenschafts-Programm. Ein Rückblick auf 10 Jahre freistudent. Geschichte von Dr. phil. Paul **Ssymank** in Rostock. Hrsg. v. Vorstande d. Deutschen Freien Studentenschaft. Karlsruhe i. B. 1905: Fidelitas. (39 S.) 8° [08. 971

Ssymank, Paul, Bausteine zum Finkenschafts-Programm. Ein Rückblick auf 10 Jahre freistudent. Geschichte, Hrsg. vom Vorstande der deutschen freien Studentenschaft. (39 S.) 8. Karlsruhe 905. (Leipzig, R. Maeder.) n. — 25

Ssymank, Paul (Hrsg.), s.a. Bewegung, Die freistudentische. . .

— die freistudentische od. Finkenschaftsbewegung an den deutschen Hochschulen, s.a. Vorträge u. Aufsätze aus der Comenius-Gesellschaft. XIII. 4.

Die freistudentische oder Finkenschaftsbewegung an den deutschen Hochschulen. Von Oberl. Dr. Paul **Ssymank**. Berlin: Weidmann 1905. (20 S.) 8°
= **Vorträge** u. Aufsätze aus d. Comenius-Gesellschaft. Jg. 13, H. 4. [05. 7919

Ssymank, Paul, die **Finkenschaftsbewegung**, ihr Entstehen u. ihre Entwickelung bis zur Gründung der „Deutschen freien Studentenschaft". Ein Beitrag zur Geschichte des modernen Studententums. gr. 8. (56 S.) München (Leopoldstr. 56) 901. Bavaria. n. 1.25

Die Finkenschaftsbewegung, ihr Entstehen u. ihre Entwickelung bis z. Gründung d. 'Deutschen Freien Studentenschaft'. Ein Beitrag z. Gesch. d. modernen Studententums von Dr. Paul Ssymank. *München: Bavaria [Leipzig: Lincke] 1901.* (56 S.) 8° [c. 8580

Ssymank, Paul, 13 Jahre Freistudententum, s.a. Archiv der Freistudenten-Bewegung. 3. Heft.

Dreizehn Jahre Freistudententum 1896–1909. Von Dr. phil Paul **Ssymank**, Oberl. Leipzig: Demme 1910. 84 S. 8°
(Archiv d. Freistudenten-Bewegung. H. 3.)

Ssymank, Paul: Der Kampf um die Reform des studentischen Disziplinarrechts. Leipzig 1910. 8°

Ssymank, Paul: Ludwig XIV. in seinen eignen Schriften und im Spiegel der zeitverwandten Dichtung. *Leipzig-R. 1898: O. Schmidt.* (50 S.) 8° ¶ (Enthält nur Theil 2 der eingereichten Arbeit. — Theil 1 erscheint u. d. T.: Das Bild vom vollkommenen Herrscher nach der Anschauung Ludwigs XIV., in der Historischen Vierteljahrsschrift.)
Leipzig, Phil. Diss. v. [30. Juni] 1898

— **Ludwig XIV.** in seinen Schriften u. im Spiegel der zeitverwandten Dichtung. Diss. gr. 8. (V, 48 S.) Leipzig 898. (E. Gräfe.) n. 1. 20

Die Reformbedürftigkeit der Gesetzgebung für Studierende. Von Dr. Paul **Ssymank**-Rostock. München: Acad. Verl. 1908. (44 S.) 8°
Aus: Hochschul-Nachrichten. Jg. 18, No 212 u. 213. [08. 11604

Die Stellung der freien Studentenschaft zur konfessionellen Fehde. Von Dr. Paul **Ssymank**, Oberl. München: Acad. Verl. 1905. (23 S.) 8°
Aus: Hochschul-Nachrichten. Jg. 15, No 8. 1905 [08. 972

— Das deutsche Studententum von den ältesten Zeiten bis zur Gegenwart, s.: Schulze, Frdr.

Studentische Zeitfragen. Von Oberl. Dr. Paul **Ssymank** in Rostock. Berlin: Weidmann (1906). (12 S.) 8° [Umschlagt.]
Aus: Comenius-Blätter f. Volkserziehung. Bd 15. 1906. [08. 333

Ssynopaloff, Anatol: Kants Lehre von der transzendentalen Apperzeption. Eine Untersuchung über d. Entwicklung d. reinen Denkens. Weida i. Th. 1910: Thomas & Hubert. 03 S. 8°
Heidelberg, Phil. Diss. v. 24. Mai 1910, Ref. Windelband
[Geb. 5. Nov. 85 Reval; Wohnort: Heidelberg; Staatsangeh.: Rußland; Vorbildung: Kaiser Nikolaus I.-Gymn. Reval Reife O. 04; Studium: Petersburg 4, Heidelberg 6 S.; Rig. 19. Mai 09.] [U 10. 2175

St! Lustspiel in zwei Aufzügen, s. Scribe.

St. (Abkürzung für Sankt)
v. Sankt.

Staa, Emil von [aus Ruhrort]: Ueber ein in die Scheide eingewachsenes Pessar und ein in die Scheide geborenes und mit derselben verlöthetes Uterusmyom ... Ruhrort: Druck v. C. H. Jacke 1895. 24 S., 1 Taf. 8°
Erlangen, Med. Fak., Inaug.-Diss. v. [17.] Juli 1894

Staa, Richard v., Dir.: Die **Feier** (a. d. Umschl.: Bericht über die Feier) der Einweihung des neuen Schulgebäudes. *Remscheid 1903: H. Krumm.* (S. 2—7.) 4°
Remscheid, RG m. R. (Reform-S.), P 1903 (558)

Staa, Richard von, Dir.: Zur **Geschichte** der Anstalt. *Remscheid 1902: H. Krumm.* (S. 3—45.) 8°
Remscheid, RG m. R (Reform-S), Festschr. 1902 (541)

Staab, J., und **Alb. Mayer,** Synagogen-Chöre, } s. Mayer,
—— —— Soli zu Synagogen-Chören, } Alb.

Staab, Karl, Dr. theol.: Die Gottesbeweise in der katholischen deutschen Literatur von 1850—1900. Ein Beitr. z. Geschichte d. Philosophie im 19. Jh. Paderborn 1909: Schöningh. 191 S. 8° ¶ (Ersch. auch als: Studien z. Philos. u. Relig. H. 5.)
Würzburg, Phil. Diss. v. 13. Jan. 1910, Ref. Stölzle
[Geb. 17. März 75 Großlaudenbach; Wohnort: Würzburg; Staatsangeh.: Bayern; Vorbildung: Neues Gymn. Würzburg Reife Juli 95; Studium: Würzburg 8 S.; Rig. 14. Juli 09.] [U 10. 4404

Staab, Karl, die Gottesbeweise in der kathol. deutschen Literatur v. 1850—1900, s.a. Studien zur Philosophie u. Religion. 5. Heft.

Die Gottesbeweise in der katholischen deutschen Literatur von 1850–1900. Ein Beitrag z. Geschichte d. Philosophie im 19. Jh. von Dr. Karl **Staab**. Paderborn: Schöningh 1910. VIII, 191 S. 8°
(Studien z. Philosophie u. Religion. H. 5.) [11. 16075 8

Staab, Karl, Assist. am Priestersem.: **Die Lehre** von der stellvertretenden Genugtuung Christi historisch-kritisch dargestellt. Paderborn 1908: Schöningh. VIII, 160 S. 8° ¶ (Ersch. vollst. als Buch ebd.)
Straßburg, Kath.-theol. Diss. v. 1908, Ref. E. Müller
[Geb. 17. März 75 Großlaudenbach; Wohnort: Würzburg; Staatsangeh.: Bayern; Vorbildung: Gymn. Würzburg Reife Juli 95; Studium: Würzburg 8 S.; Rig. 11.—14. Dez. 06.] [U 09. 3788

— Die Lehre v. der stellvertretenden Genugtuung Christi, historisch-kritisch dargestellt. (XII, 286 S.) gr. 8. Paderborn 908. F. Schöningh. 5.40

Staab, L.: Geschichte Marienbads von der ältesten Zeit bis zur Gegenwart. Mit 1 Ansicht u. 1 Plan. Wien 1872. 8°. Cart. VII–101 S., 1 Bl. Reg.

Staab, Odo: Praktische Anleitung zu der chymischen Kunst des Destillirens der Weine aus Getraidekörnern. Frankfurt a. M.: Andreä 1804. XX, 255 S. -- 12°

— prakt. Anleit. zu d. physikal. chym. Kunst, d. Malz u. die Biere zu verfertigen 2c. 8. Frkf. Andreä. 802.

Staab, Odo: Praktische Anleitung zu der bewährtesten und vortheilhaftesten Verfertigung, Verbesserung, Aufbewahrung und Wartung, des Weins und Essigs. Ein Handbuch für Hausherren bei Kellerökonomie. Frankfurt a. M.: Andreä 1803. XVI, 240 S. -- 12.21.66*. Frei 100

— Anweis. zum Choralgesange. 8. Fulda 779.

Staab, P. Odo, Briefe über die Grundlehren der Bierbraukunst, nebst einigen Andeutungen üb. Schnapps u. Essigbereitung. 8. Frankf. a. M., Andreäische Bchh. 817.

— d. physikal. chym. Kunst, alle Arten d. Extrakte, Tinkturen, Essenzen, wesentl. Oele u. alle Arten einfache u. zusammengesetzte Liqueure zu verfertigen, ein Nachtrag z. d. chym. Kunst d. Destill. d. Weine a. Getreidekörnern. 8. Ebend. 805.

— Potographie, oder d. Beschr. d. Getränke aller Völker in d. Welt, ein Beytrag zu d. 4 Anleit. d. Biere, d. Wein und Essig u. Branntwein und die Liqueure zu verfertigen. 8. Ebend. 806.

Staab, Odo: Potographie Oder die Beschreibung der Getränke aller Völker in der Welt. Ein Beitrag zu den vier Anleitungen der physikalisch-chymischen Künste, das Bier, den Wein und Essig, den Branntwein und die Liqueure zu verfertigen. Frankfurt a. M.: Andreä 1807. XXVIII, 290 S. -- 5*
BJ: Frankfurt 1806, 1807. -- Bibliotheca oeconomica: 1806. -- Bibliotheca oenologica: 1806. Heinsius und Kayser: 1806. -- Simon: Bibliotheca vinaria: 1806.

Staabe, Ch. Georges Hugon, s. Theater, neues Wiener.

Staabe, Ch. G. (Charles G. Stavro), „Mizzi" u. andere Erzählungen. (108 S.) kl. 8. Leipzig 907. Verlag f. Literatur, Kunst u. Musik. 3.—; geb. n 4.—

Melodien der Liebe von Claudine **Staack**. (Vorr.: Timm Kröger.) Glückstadt: M. Hansen (1906). (96 S.) 8° [J.] [07. 17400 9

Staack, Dora, Gewitter. Skizzen u. Erzählgn. (IV, 123 S.) 8. Ebd. (906). n. 1. 50; geb. n. 2. 20

Staack, H. C.

Staack, das Medicinal- u. Gesundheitswesen m. besond. Berücksicht. der Prov. Schleswig-Holstein. In Folge Anregg. der Aerztekammer auf Verfügg. Sr. Exc. Hrn. v. Steinmann, unter sachmänn. u. jurist. Beirath bearb. gr. 8. (XXIX, 547 S.) Kiel 891. Lipsius & Tischer. Geb. in Leinw. n.n. 8. —

Staack, H. C., das **Medicinal- u. Gesundheitswesen** m. bes. Berücksicht. d. Prov. Schleswig-Holstein. In Folge Beschlusses d. Aerztekammer unter sachmänn. Beirath bearb. Nachtrag (1) (Juni 1891 bis Juni 1895). gr. 8. (XI, 176 S.) Kiel 895. Lipsius & Tischer.
Geb. in Leinw. n. 4. —
(Hauptwerk u. 1 Nachtrag: n.n. 12. —)

Das Polizeiwesen. Unter besond. Berücks. d. Prov. Schleswig-Holstein. Bearb. von H[einrich] C. **Staack**. Schleswig: Johannsen 1898. XX, 593 S. 8° [10. 7334 8

Staack, Joh., **Briefe üb. d. segensreichen Einfluß d. Schullehrer-Conferenzen auf d. Schul- u. kirchl. Leben u. auf d. staatsbürgerl. Wohl. Allen Schul- u. Schullehrer-Freunden, u. den Schulbibliotheken d. Vaterlandes zugeeignet.** 12. ($3^1/_2$ B.) Altona 832, Hammerich.

— und H. Kühl, **Versuch e. Volksbelehrung üb. d. Nutzen d.** wechselseit. Schuleinrichtung. gr. 8. ($12^1/_2$ B.) Altona 831, Hammerich.

Staack, Siegfr. (Konr.)

Staack, Siegfr., das Dichten und seine Folgen. Humoreske. gr. 8. (31 S.) Werdau 887, Anz. * — 50

Staack, Siegfr. Conr.: Die Else vom Erlenhof, s. Universal-Bibliothek.

— der Gehilfe des Teufels,
— eine alltägliche Geschichte,
— ein probates Hausmittel,
— der Herzenswechsel,
} s. Album für Liebhaber-Bühnen.

Staack, Siegfr. Conr., **ich hab's geschworen**, s. a. Universal-Bibliothek.

— Ich hab's geschworen! Orig.-Solo-Lustspiel in 1 Aufzuge [für 1 Dame]. gr. 8. (19 S.) Werdau 887, Anz. * 2 —

— in der Löwengrube, s. Album für Liebhaber-Bühnen.

Staack, S., Nicht unterbrechen, s. Kühling's, A., Album für Liebhaber-Bühnen.

— Und so, Frau Königin, ward ich vermählt! Humoreske. gr. 8. (VII, 27 S.) Ebendas. 887. * — 50

Staacke, F. W., 79 Lieder in Ziffern für 2 u. 3 Stimmen. Zunächst für die Rathsschule in Einbeck gesammelt u. in Ziffern gesetzt. qu.-gr. 8. Osterode 843. (Sorge.) n. 1/4 ₰

Staacke, Ida

Staacke, J., die Belohnung, s. Meinhold's Volks- und Jugend-Bibliothek.

Staacke, J., drei Erzählungen. Der Jugend gewidmet. [1. Charles Vaughan. Eine Erzählg. aus dem Tagebuche e. Seemannes. — 2. Wanada. Eine Erzählg. aus dem amerikan. Freiheitskriege. — 3. „Die Rache ist mein", spricht der Herr. Eine Erzählg. aus Ungarns Vergangenheit.] gr. 8. (214 S.) Berlin 884. Parrisius. cart. n. 2. —

Staacke, Ida, kleine Geschichten aus Phantasie und Wirklichkeit. 12. (30 S.) Hamburg 852, (Th. Niemeyer.) *

Staacke, J., **die versunkene Kapelle. Eine Uklei-Sage.** 12. (69 S. m. 1 Abbildg. in Lichtdr.) Garding 890. Lühr & Dircks. cart. n. 1. —

Staacke, Ida, Kreuzschnabel u. Rotkehlchen od.: Die Freundschaft im Walde. Eine Weihnachtslegende f. Alt u. Jung! 16. (31 S. m. Abb.) Münster 901. Alphonsus-Buchh. — 10

Staacke, J., nordische Märchen. Gesammelt und hrsg. gr. 8. (VII, 208 S. mit 6 Farbendr.-Bildern.) Altona 888, Reher. geb. * 4 —

— der Mensch denkt, Gott lenkt, } s. Meinhold's Volks- und Jugend-Bibliothek.

Das brave Mütterchen u. andere Erzählungen von Ida **Staacke**. Münster i. W.: Alphonsus-Buchh. 1902. (8, 11, 11 S.) 8⁰
[Sondert. 1.] Philomele! Von I. Staacke.
[2.] Die Madonna della Sedia. Von I. Staacke.

Staacke, J., **Prairie-Feuer**, s. Meinhold's Volks- und Jugend-Bibliothek.

– Die Rache ist mein, spricht der Herr, s. Meinhold's Volks- und Jugend-Bibliothek.

Staacke, Ida, nordische Sagen, Märchen u. Erzählgn. f. Knaben u. Mädchen im Alter von 8 bis 14 Jahren. gr. 8. (179 S. m. Vignetten u. 2 Taf.) Berlin 896. Hans Th. Hoffmann. Geb. in Halbleinw. 3.

[J.] Nordische **Sagen, Märchen und Erzählungen für Knaben u. Mädchen** v. 8 bis 14 Jahren v. I[da] **Staacke**. *Berlin: M. C. Nere [1896].* (179 S., 3 Taf.) 1 Bd 8. [96 9017

Die Schätze des Zwerges. Nach e. Sage. Von Ida **Staacke**. Münster i. W.: Alphonsus-Buchh. [1901]. (16, 16 S.) 8⁰
[Sondert.:] Stille Nacht, heilige Nacht. Von I. Staacke.

— Nordische Strandbilder. Mit Illustr. v. E. Thon. 8. (III, 208 S.) Weimar 889, Jüngst u. Comp. * 2 40; geb. ** 3 50

Die Tanne (–der Weihnachtsbaum!). Das Vergißmeinnicht. Märchen nach e. altdeutschen Sage von Ida **Staacke**. Münster i. W.: Alphonsus Buchh. 1901. (15, 14 S.) 8⁰
[Sondert.:] Wie das Vergißmeinnicht s. Namen erhalten! Von I. Staacke.

— **der Traum. Eine Weihnachtsskizze.** Wie es gekommen, **daß das Meerwasser salzig geworden ist!** Norwegisches **Märchen, nach e. Sage. 16.** (11 u. 19 S. m. Abbildgn.) **Ebd. 901.** — 10

— der Uglei-See. Eine Phantasie. 8. (72 S. mit Farbendr.-Titel.) Berlin 884, Parrisius. cart. * 1 50

— im fernen Westen, s.: Köhler's illustr. Jugend- u. Volksbibliothek, Bd. 65.

— Winona, s. Meinhold's Volks- und Jugend-Bibliothek.

STAACKE, N[IC.] F[RIEDR.], Diss. inaug. sistens nonnullas annotationes de colica infantili. Kiliae. 1825. 4. P.

Étude sur l'ancien dialecte léonois d'après des chartes du XIIIe siècle par Erik **Staaff**. Uppsala: Almqvist & Wiksell in Komm.; Leipzig: R. Haupt in Komm. (1907). (351 S.) 8°
— **Arbeten** utg. med understöd af Vilhelm Ekmans Universitetsfond, Uppsala. 6. [07. 1594

Étude sur les pronoms abrégés en ancien espagnol par Erik **Staaff**. Uppsala: Akad. Bokh.; Leipzig: Harrassowitz (1906). 152 S. 8°
(Skrifter utg. af K. Humanist. Vetenskaps-Samfundet i Uppsala 11,2.) [11. 12046

Staaff, F. N., Auswahl aus der französischen Literatur, zur Selbstbelehrung ihrer Freunde und zum Gebrauche der Jugend nach der Zeitfolge ausgearb. 2 Thle. gr. 8. (CX und 1450 S.) Stockholm 859—61. (Lübeck, Asschenfeldt.) *

—— Lectures choisies de littérature française. 3. édit. (En 3 tomes.) Tome I. (842—1790.) gr. 8. (XV und 932 S.) Bremen 868, Müller. *

— — Tome II. Auteurs enlévés à la littérature depuis la révolution. [1790—1869.] Ebend. 869. gr. 8. (VI, 1175 S.) n. 2 ₰ 20 ngr.

Staake, Gust., Arbeiterschutz in Gast- u. Schankwirtschaften, s.: **Oldenberg, K.**

Staake, Paul A Critical Introduction to Sir Walter Scott's Lay of the Last Minstrel. 4 (23 S.). Rsch. *Meerane i. S.* 1888 (539)
Progr.

Staake, P., a critical introduction to Sir Walter Scott's lay of the last Ministrel. gr. 4. (23 S.) Leipzig 888. Fock. n. 1. 50

Memoiren der Frau von **Staal** von ihr selbst geschrieben: Vorzüglich die Zeiten der Regentschaft nach Ludwig XIV. betreffend. Aus dem Französischen. Th. 1. Jena. 1793. 8°.

Staal, der Frau von, Merkwürdigkeiten, von ihr selbst beschrieben, 2 Theile, 8. Daselbst, 782. Feind. 18 fgl.

Staal, d. Frau v., **Merkwürdigkeiten, von ihr selbst beschrieben.** 2 Thle. 8. Lpz. Junius. 782.

Staal, Jan, geboren in Dwingelo (Drenthe). Assistent am Reichsseruminstitut zu Rotterdam: Opsonische Kraft und kurative Wirkung einiger therapeutischen Sera. (Arbeit aus dem Reichsseruminstitut zu Rotterdam. Director Dr. Poels.) VIII, 53 S. 8° [23. VII. 08.]
Bern, Vet.-med. Diss. 1908/09.

Staal, Jan. Opsonische Kraft und Kurative Wirkung einiger therapeutischen Sera. Diss. Vet.-Med. Bern. *Kopftitel:* Arbeit aus dem Reichsseruminstitut zu Rotterdam.... VIII + 53 S. 8. (Assen, N. V. Stoomdrukkerij »Floralia«, [1909].)

Staalkopf, Iac., animadversiones succinctae in Bened de Spinoza ethicam. 4. Wismar, Lochmann. 724.

— exercitationes. 8. Hamb. Brand. 715.

— zufäll. Gedanken üb. e. Oerter d. H. Schr. u. versch. and. Materien. 3 Thlr. 8. Lübeck, Donatius. 719-26.

— Christi passionalia vet. Test. 4. Wismar, Lochmann. 724.

Staamann. Militärärztliche Fragmente u. Reminiscenzen aus dem österr.-preuss. Feldzuge 1866. 8. Berlin 1868.

Staamann, Paul, prakt. Tierarzt in Reinickendorf-West bei Berlin: Ueber die Grössenverhältnisse des Brustkorbes mit besonderer Berücksichtigung des Zwerchfells während der Entwicklung bei Schwein, Schaf und Rind. Berlin 1910. 64 S. 8°. [24. IV. 09.]
Bern. Vet.-med. Diss. 1909/10.

Staamann, Paul. Über die Grössenverhältnisse des Brustkorbes, mit besonderer Berücksichtigung des Zwerchfells während der Entwicklung bei Schwein, Schaf und Rind. Diss. Vet.-Med. Bern. 64 S. 8. Berlin, Richard Schoetz, 1910.

Staar, vom, s. **D. G. Ziegenhagen.**

Staar, vom, u. dessen Heilverfahren, der Niederdrückung sowohl als Auszichung; aus d. Latein. (E. A. L. Brunners) v. G. Ziegenhagen. 8. Straßb. 788. Akad. Buchh. (Hinrichs in Lpz.) 10 gr.

Staar, der, v. Segringen, s.: Zehnpfennigbibliothek, Regensburger, s. Volk u. Jugend.

Staar, J. L., Uebungsstoff zum mündlichen Rechnen m. unbenannten u. gleichbenannten ganzen Zahlen im Gebiete von 100 bis 1000. 3. m. besond. Berücksicht. der neuen Münzen, Maße u. Gewichte umgearb. Aufl. 8. (54 S.) Nürnberg 874. Stein. — 30

Staar, J. L., Uebungsstoff zum schriftlichen Rechnen mit unbenannten und gleichbenannten ganzen Zahlen. 2. Aufl. 8. (54 S.) Nürnberg 865, Stein's Buchh. geb. *

— **Uebungsstoff zum schriftlichen Rechnen m. unbenannten u. gleichbenannten ganzen Zahlen.** 3. m. besond. Berücksicht. der neuen Münzen, Maße u. Gewichte umgearb. Aufl. 8. (43 S.) Ebend. 874. — 30

Staarmatz, Bürgermeister, Leben u. Weben, gar anmuthig zu lesen. 8. Lpz. Linke. (Sommer.) 808.

Staarmatz, des Bürgermeisters Jacob, drollige Lebensgeschichte, ein kurzweiliger Roman, m. K. 8. Leipz. Sommer. 815.

Staarmatz, J., des weiland Hochedlen und Hochweisen Bürgermeisters drollige Lebensgeschichte. Neue Auflage. 8. Leipzig, Sommer. 817.

Staarstecher, der. 8. Germanien 789. (Löffler in Manh.) 3 gr.

Staarstecher, musikalischer, siehe: Vorfälle, curiöse.

— musikalischer, s. **Musikverständige 2c. 6 Stck. u. Reg.** 8. Lpz. 742.

Staar-Stecher, Poetischer, in welchem sowohl die schlesische Poesie überhaupt als auch . . . Lohenstein und . . . Neukirch gegen die Junckerische Untersuchung vertheidiget . . . wird. Breslau u. Leipzig 1730. V: *Hanke, Gottfried Benj.* (Waniek, Gottsched. Leipzig 1897. S. 56.)

— **poetischer.** 8. **Breslau, Seidel.** 730.

STAARSTECHER, Der zweite —, oder Deutschland im zehnten Jahr des politisch-französischen Fiebers. Aleithciopel 1800. 8°. (12 xr. Beck, Nördlingen, Cat. 1. (1829). p. 204; jetzt theurer!) Rar!

Staarstecher, J. (pseud.), Heinrich Heine, der Antisemit u. Nihilist. Bausteine zum Heine-Denkmal, aus Heines sämtlichen Werken zusammengetragen. Köln, Bachem, 1893, gr. 8°, 56 S., 1 Mk.

Staas, 60 Ausflüge in die Umgegend v. Essen, s.: **Kemper.**

Staas, W., Anleitung zur Abschließung von Verträgen, enth. eine Sammlung von Muster-Verträgen nebst den bezügl. gesetzl. Vorschriften. Ein unentbehrl. Handbuch für jeden Gewerbetreibenden. 8. (VIII, 248 S.) Frankfurt a/O. 876. (Harnecker & Co.) n. 3. —

Staas, W., Anleitung zur Einziehung der Forderungen auf gerichtlichem Wege für Aerzte, Apotheker, Kaufleute, Fabrikanten und Gewerbtreibende. gr. 8. (VII und 72 S.) Cüstrin 863. (Salzkotten, Graffo.) * —

Staas, W., Anleitung zur Einziehung der Forderungen auf gerichtlichem Wege für Aerzte, Apotheker, Kaufleute rc. 863. (VII, 72 S.) — (Neue Ausg.?) Landsberg a. d. W. 864. (Volger & Klein.) gr. 8. (VII, 107 S.) n. 12⅓ ngr.

— Anleitung zur Einziehung der Forderungen auf gerichtlichem Wege für Aerzte, Apotheker, Kaufleute, Fabrikanten u. Gewerbetreibende. Neue 5., systematisch geordnete Aufl. gr. 8. (VIII, 238 S.) Ebend. 879. n. 2. 40

Staas, W., Anleitung zur Führung der Geschäfte der Dorfschulzen und Dorfgerichte. gr. 8. (III und 224 S.) Landsberg a. W. 858, (Volger und Klein.) Thlr. * *

— die preußischen Apothekergesetze mit sämmtlichen Ergänzungen und Erläuterungen für den praktischen Gebrauch zusammengestellt. Berlin 858. Gaertner. gr. 8. (2 Bl., 136 S.) 15 ngr.

Staas, W., die preußischen Apothekergesetze mit sämmtlichen Ergänzungen und Erläuterungen für den praktischen Gebrauch zusammengestellt. 2. Aufl. (VI, 210 S.) 1868. * ℳ 2,70., und 3. verb. und verm. Aufl. gr. 8. (VI, 214 S.) Berlin 870, Gaertner. * 3 —

Staas, W., die Apotheker-Gesetze nach deutschem Reichs- und preußischem Landes-Recht. Mit sämmtl. Ergänzungen und Erläuterungen für den prakt. Gebrauch zusammengestellt. 4. Aufl. Neu bearb. von C. Zander. gr. 8. (V, 166 S.) Berlin 882, Gaertner's Verlag. * ℳ 3.; geb. * 3 80

Staas, W. Die Apotheker-Gesetze nach deutschem Reichs- u. preuß. Landes-Recht. Mit sämmtl. Ergänzgn. u. Erläutergn. für den prakt. Gebrauch zusammengestellt. 5. Aufl. Neu bearb. v. C. Zander. gr. 8. (IV, 186 S.) Berl. 891, Gaertner. * 3 20; geb. * 4 —

— der Gemeinde-Vorsteher, der Schöffe u. das Dorfgericht. Eine Anleitung zur Führung der Geschäfte der Gemeinde-Vorsteher, Schöffen u. Dorfgerichte. 6., verb. u. verm. Aufl. gr. 8. (VIII, 356 S.) Frankfurt a/O. 877. Harnecker & Co. n. 3. 50

—— Gesetze für den Landwirth. Enth.: Eine Sammlung der Gesetze in Bezug auf das ländl. Gemeinde-Wesen und die öffentl. Ordnung. gr. 8. (IV, 247 S.) (Ebendas.) 877. *

—— der Grund-Eigenthümer, enth. eine systemat. Zusammenstellung der wichtigsten Gesetze nebst ministeriellen Erläuterungen und Entscheidungen des königl. Ober-Tribunals in Bezug auf die Rechte und Pflichten eines Grundbesitzers. Ein unentbehrl. Handbuch für jeden Grund- und Hausbesitzer. gr. 8. (XII, 392 S.) Landsberg a. W. 870, (Volger und Klein.) * * 3 —

—— der Grund-Eigenthümer, enth. eine systematische Zusammenstellung der wichtigsten Gesetze nebst ministeriellen Erläuterungen und Entscheidungen des königl. Ober-Tribunals in Bezug auf die Rechte und Pflichten eines Grundbesitzers. Ein unentbehrl. Handbuch für jeden Grund- und Hausbesitzer. gr. 8. (XII, 438 S.) (Ebendas.) 878. *

—— Handbuch in Gewerbe- und Rechtsangelegenheiten für Kaufleute, Fabrikanten, Spediteure, Mäkler rc. gr. 8. (XII und 355 S.) Landsberg a. W. 858, (Volger und Klein.) * *

Staas, W., Handbuch in Gewerbe- u. Rechts-Angelegenheiten f. Kaufleute, Fabrikanten, Spediteure rc. gr. 8. (VI, 393 S.) Frankfurt a/O. 875. (Harnecker & Co.) n. 4. —

— das allgemeine deutsche Handelsgesetzbuch mit Einführungs-Gesetz vom 24. Juni 1861, Ministerial-Instruktion vom 12. Dezbr. 1861 u. Verordnung über die gerichtlichen Gebühren u. Kosten vom 27. Janr. 1862 nebst Sachregister. Zum praktischen Gebrauch bearb. 2. Aufl. Cüstrin 863. (Salzkotten, Grasso.) gr. 8. (IV, 272 S.) n. 20 ngr.

— die preußischen Hypotheken-Gesetze u. Grundbuch-Gesetze, enth.: die neuen Hypotheken- u. Grundbuch-Gesetze, sowie die bezügl. älteren noch gültig gebliebenen Gesetze. Zum prakt. Gebrauch bearb. 8. (IV, 108 S.) Frankfurt a/O. 873. (Harnecker & Co.) n. 1. 70

—— die Kredit-Gesetze. Ein unentbehrl. Handbuch für Kapitalisten, Kaufleute, Fabrikanten rc. gr. 8. (X, 203 S.) Ebendas. 869. * 2 25

—— das preußische Pensions-Reglement für Civil-Beamte mit den Ergänzungen und Erläuterungen zum prakt. Gebrauch für Justiz-, Regierungs-, Polizei- rc. Beamte zusammengestellt. 4. (23 S.) Landsberg a. d. W. 857, Volger und Klein. *

—— Rathgeber in Gewerbeangelegenheiten für Künstler, Hand- und Bauhandwerker. gr. 8. (XIII und 265 S.) Landsberg a. d. W. 859. (Salzkotten, Grasso.) *

Staas, W., die Wirthschafts-Verträge der Grundbesitzer, enth.: e. Sammlg. v. Muster-Verträgen nebst den bezügl. gesetzl. Vorschriften. Ein unentbehrl. Handbuch f. jeden Grundbesitzer. 8. (VIII, 248 S.) Ebend. 873. 3. 75

Staat, der. Monatsschrift für öffentliches Leben. Redig. von Aug. Thdr. Woeniger. 1. Jahrg. 1843, 4 Hefte, Septbr.— Decbr. u. 2. Jahrg. 1844. 12 Hfte. gr. 8. Berlin, Springer. 1. Jahrg. n. 1¹/₁₂ ℔ 2. J. n. 4 ℔ einzelne Hefte à n. ⁵/₁₂ ℔

Staat, der. Eine Kritik der jetzigen Zeitverhältnisse. Ratibor 860. Wichura. 12. (36 S.) 6 ngr.

Staat von Egypten. O. O. 1712. V: *Gottschling, Caspar.* (Myl)

Staat von Algier. O. O. 1712. V: *Gottschling, Caspar.* (Myl)

Staat von Algier. O. O. 1712. V: *Gude, Hnr. Ludw.* (ADB 16, 87) (Mitth. Geh. Ober-Rgrt Dr. Adam-Stuttgart.)

Staat --- , Der // allerneueste Staat // von // Casan / Astracan / // Georgien /// und vieler andern /// dem // Czaren / Sultan und Schach /// zinsbaren und unterthanen // Tartern / Landschaften und Provinzien; // samt einer kurzen Nachricht von der // Caspischen See // dem Deria=Strom /// ingleichen von dem // Persischen Hof /// und dessen allerneuester Staats= und Kriegs= // Verfassung; // zur Erläuterung der // Russisch= und Persischen Kriegs= // Operationen // entworfen /// und mit dienlichen Kupfern ausgezieret. // Nürnberg /// bey Wolfgang Moritz Endters seel. Erben. // Druckts Joh. Ernst Adelbulner. 172[illegible]. – 8 Blatt (nicht paginiert) Titelkupfer, Titelblatt und Vorrede. – 39[illegible] S.; mit Kupfern zu Seite 132, 2[illegible], 2[illegible] und 274.

B. S. T. 8°.7o.

Staat, Der allerneueste, des Erzbisthums Salzburg . . . O. O. [1712]. V: *Schmauss, Joh. Jac.* (Mitth. Geh. Ober-Rgrt Dr. Adam-Stuttgart.)

Staat, Der allerneueste, des **Erzbisthums Salzburg, und derer darunter gehörigen vier Mediat-Stifter . . . Halle 1792. V:** *Schmauss, Johann Jacob.* (ML) »1712« (weber)

Der allerneueste **Staat** von Siberien, einer grossen und zuvor wenig bekannten Moscowitischen Provinz in Asien, entdeckend nicht nur die ehemalige und gegenwärtige Beschaffenheit des Landes, nach seiner Regierung. . . . . u. d. gl., sondern auch Sitten und Gebräuche der Samoyeden, Wagullen, Calmuken, Ostiaken, ... Nebst einer historischen Nachricht von den merkwürdigen Begebenheiten derer in diesem Lande gefangenen Schweden. . . . . Nürnberg 1720. 216 S. 8°.

Der allerneueste **Staat** von Sibirien . . nicht nur die . . Beschaffenheit des Landes . Sondern auch Die Sitten und Gebräuche der Samojeden / Wagullen . Calmucken . Ostiaken / Tungusen / Buratten / Mongalen und anderer Tartarischen Völcker Nebst einer Historischen Nachricht Von . . in diesem Lande gefangenen Schweden . Von der Schule zu Tobolsky / und vom wunderbaren Anfang zur Bekehrung der Unglaubigen . Nürnberg bei Wolfgang Moritz Endters seel. Erben 1725.
Tit., 4 Bl., 245 . 1 S. 8°
Abb. 73

Staat, allerneuester, v. Casan, Astracan u. Georgien, nebst Beschr. d. jetz. persisch. Krieges. 8. Nrnb. Stein. 724.

Staat, Alter und neuer, des Königsreichs Dalmatien. Nürnberg 1718. V: *Reusch, Erhard.* (Bibliotheca Rinckiana. Lipsiae 1747.)

— alt. u. neuer, d. Königr. Dalmatien. 8. Nrnb. Monath u. K. 718.

Staat von America. O. O. 1714. V: *Gottschling, Caspar.* (Myl)

Vom armen und vom reichen Staat. Finanz- und socialpolitische Rückblicke und Ausblicke. 8°. Berlin 1893.

Staat von Bayern. O. O. [1708]. V: *Gude, Hnr. Ludw.* (weber)

Staat von Böhmen. O. O. [1707]. V: *Gude, Hnr. Ludw.* (weber)

Staat, Der Brandenburgisch-Preussische. Reise durch sämmtliche Königlich-Preussische Provinzen. Berlin 1801. V: *Michaelis, Joh. Frdr.* (Gubitz, Friedrich Wilhelm, Erlebnisse, Berlin 1868. 8°. I, 10/11)

Staat, der Brandenburgisch-Preußische, im 4n Jahr des 19n Jahrh., s. Brandenburgisch-Preußische

Staat, Der Brandenburgisch-Preussische, am Schlusse des achtzehnten Jahrhunderts ... Berlin 1801. V: *Michaelis, Joh. Friedr.* (BrMm)

Staat, Der Brandenburg-Preussische. Reise durch sämtlich königl. preußische Provinzen. 2. Aufl. Berlin 1804. V: *Michaelis, Johann Friedrich, Oberlehrer.* (Gubitz, Erlebnisse. I, 10.)

Staat, der christliche. Ein Wort an Egidy's Gegner v. Godofred. gr. 8. (100 S.) Berlin 892. Bibliograph. Bureau. n. 1. —

— der christliche, u. die bischöflichen Denkschriften. Mit besond. Berücksichtigung der Denkschriften d. oberrhein. u. d. bair. Episcopats. 8. (70 S.) Heidelberg 852, Akadem. Anstalt f. Literatur u. Kunst. n. 8 ngl

Staat, der christliche, und die bischöflichen Denkschriften. Mit besonderer Berücksichtigung der Denkschriften des oberrhein. und des bair. Episcopats. 8. (70 S.) Heidelberg 852, [C. Groos.] *

Staat von Chur-Bayern. [Halle 1706.] V: *Gude, Hnr. Ludw.* (Mitth. Geh. Ober-Rgrt Dr. Adam-Stuttgart.)

Staat, Der, von Dänemark. [Frankf. u. Leipzig 1708.] V: *Gude, Hnr. Ludw.* (Bruun, Bibl. Danica II, 713.) (Collin, Anonymer. Kiobenh. 1869.)

Staat, Dänemarks Gegenwärtiger, unter der nunmehro souverainen Regierung Christians V. V: *Molesworth, Rob.* (Bruun, Bibl. Danica II, 599.)

Staat, der dänische, mit Inbegriff d. Herzogthümer Schleswig u. Holstein in allen sein. Beziehungen. 18 Stck. 8. Hamb. Vollmer. 815.

— der deutsche, u. d. deutsche Kirche. 8. Göttingen, Dieterich. 808.

Staat der Schweizerischen Eidgenossen und ihrer Verbündeten, worunter auch die République Genève. [Halle ca 1700]. V: *Gude, Hnr. Ludw.* (Bibliogr. d. Schweiz. Landeskunde. Bern 1892 ff. III.)

Staat der fünff teutschen Ertz-Bischöffe, als des Ertz-Bischoffen & Fürsten zu Mayntz . . . des Hof-Meisters teutschen Orden. [Halle 1708.] V: *Gude, Hnr. Ludw.* (Mitth. Geh. Ober-Rgrt Dr. Adam-Stuttgart.)

Staat, der evangel., u. d. evangel. Geistlichen. Ein Wort d. Zeit an d. Schweizer. Verfassungsräthe, Staatslenker u. Kirchendiener. gr. 8. (1½ B.) Zürich 831, Orell, Füßli u. Comp.

Staat der Fürsten zu Oettingen und Ost-Friesland. Mit 6 geneal. Tabellen. (? Halle 1704). 8.

Staat, d. gegenwärt., v. England, Portugal u. Spanien. 2 Thle. 8. Danzig, Schuster. 755. Rthlr.

Staat, Der Gegenwärtige, von Holland . . . hsg. von . . . Seyfart. Nürnberg 1756. V: *La Barre de Beaumarchais, Antonie de.* (EB)

Staat, Der gegenwärtige, von Russland. St. Petersb. u. Leipzig 1783. V: *Wonzel, van.* (BrMm)

— d. gegenwärt., v. Rußland. 8. Petersb. Logan. (Böhme in Leipz.) 783.

— der gegenwärt., von Rußland. Mit 1 Schattenrisse Katharina's II. 8. St. Petersb. 783. Logan. (Knobloch in Leipz.) 16 gl.

— gegenwärt. politischer, von Europa. 2 Thle. 8. Leipz. 756. Weidmann. 4 ℛ

—— oder Geistlichkeit in der Schule. Stenographische Berichte der Verhandlungen des Hauses der Abgeordneten über den Gesetz-Entwurf betr. Beaufsichtigung des Erziehungs- und Unterrichtswesens. 2 Thle. gr. 8. Berlin 872, Kortkampf. [1. Thl. (XVI, 152 S.) *ℳ 1,25.; 2. Thl. (IX, 80 S.) *ℳ 1,20.] * 2 45

Staat, Gelehrter, von Paris, worinnen zulänglicher Bericht von denen ietztlebenden hochberühmten Parisischen Gelehrten ... Jena 1714. V: *Buder, Chn Glieb.* (Myl) »Staat, Neuester gelehrter. 1724« (Myl) V: *Wallin, Göran.* (EB)

— der, u. die bürgerliche Gesellschaft. Ein naturwissenschaftl. Versuch von F. B. Berlin 870. Kortkampf. gr. 8. (87 S.) n. 16 ngr.

—— und Gesellschaft in ihrem Urbilde. I.: Das Königthum, auf die ursprünglichen Begriffe zurückgeführt. gr. 8. (58 S.) Berlin 850, Gebauer'sche Buchh.

—— dass. — II.: Der christliche Staat. gr. 8. (56 S.) Ebds. 850.

—— dass. — III. (Heft): Liebe und Ehe, Aeltern und Kinder, Alter und Jugend. gr. 8. (VIII und 168 S.) Ebds. 851.

—— und Gesellschaft in ihrem Urbilde. 2. Bd. 1. (Heft:) Herren-Recht und Knechtes-Recht. gr. 8. (184 S.) Berlin 853. Gebauer'sche Buchh.

—— —— dass. — 2. Bd. 2. (Heft.:) Das Recht der Armen. gr. 8. (VI und 122 S.) Ebds. 853.
1. Bd. (3 Hefte.) Ebendas. 1850—51. 1 Thlr. 12½ Ngr.

Staat und Gesellschaft der Zukunft. Eine Studie von R. E. 8. (38 S.) Altona 885, Harz. * — 75

Staat, Der, ohne Gott. 6. Aufl. Wien 1865. V: *Rauscher, Joseph Othmar von.* (Russell XIII, 1610)

Staat der Grafen von Mansfeld und Hanau. Mit Stammbaum, Wappen u. Tab. O. O. u. J. (ca. 1720.) 8.

Staat von Guinea und Congo. O. O. 1712. V: *Gottschling, Caspar.* (Myl)

Staat von Habessinien. O. O. 1711. V: *Gottschling, Caspar.* (Myl)

— d. d. Kriegsflamme sehr oft heimgesuchte Mayländische, m. 1 ill. Karte. 8. Nrnb. Monath. 734.

— d., in d. Idee, ein Versuch. 8. Hof, Grau.

Der Staat in der Idee, *Hof.* 806. 8.

Anonym: „Der Staat in der Idee, und die Gültigkeit des Gesetzes in demselben", Hof 1806.

Staat, der, die Industrie u. der Sozialismus. Von Parvus. (VII, 192 S.) gr. 8. Dresden (910). Kaden & Co. 3. —

Staat der übrigen vornehmsten Insuln in Ost-Indien. O. O. 17?? V: *Gottschling, Caspar.* (Myl)

Staat, Der, kann nicht ohne Religion seyn. Nürnberg 1794. V: *Horn.* (MGT)

Staat u. Kirche. Dortmund 1808, s.a. Bäumer, Wilhelm

Staat und Kirche; nebst näherer Beleuchtung der Schrift: Versuch einer zweckmässigen Verfassung ... Dortmund 1808. V: *Bäumer.* (winer)

— u. Kirche, nebst näher. Beleuchtung d. Schrift rc. 8. Dortmund, Mallinkrodt. 808.

— u. Kirche, nebst näherer Beleuchtung der Schrift: „Versuch, eine zweckmäß. Verfassung für den protestant. Prediger- u. Schullehrerstand zu entwerfen." 8. Dortmund 808. (Schulz in Hamm). 8 gr. Hbg. Pr. 4 gr.

— u. Kirche, von. Ein Beitrag zum Besserwerden in beiden. 8. Neust. a. d. O. 831. Wagner. 9 gr.

—— und Kirche. (Abdr. aus der Schrift „Gross-Germania", Abschnitt: „Die Hülfe für Oesterreich.") gr. 8. (16 S.) Berlin 863, J. Abelsdorff.

Staat, Der, die Kirche und die Kölner Angelegenheit ... Braunschweig 1838. V: *Sachs, Ludwig Wilhelm.* (Nowack 6, 122) (Zeitschr. f. Büch. N. F. 15, 1923, S. 123)

Der Staat, die Kirche und die kölner Angelegenheit oder zu welchem Ausgange wird die kölner Angelgenheit führen? Nebst einer Beilage aus dem 12. Jahrhundert. Von Philadelphus. Braunschweig: Westermann 1838. XII, 260 S. 8°

— der, und die Kirche im Großherzogthum Baden. gr. 8. Carlsruhe 840. Artistisches Institut. (Gutsch u. Rupp.) ¼ rf

Staat, der, u. d. Kirche im Großhrzth. Baden. gr. 8. (3½ B.) Carlsruhe 840, Artist. Institut. (Leipzig, Hermann.)

Staat, Kirche und Cholera. Eine Betrachtung. Speyer 1831. V: *Görres, Johann Joseph von.* (GGr)

— u. **Kirche** in den Debatten der Frankfurter Paulskirche 1848. s.: Vorkämpfer deutscher Freiheit.

Staat und Kirche in Österreich vor, während und nach der Revolution von 1848. München 1849. V: *Jarcke, Carl Ernst.* (Döll)

— Kirche u. Schule. gr. 4. (4 S.) Breslau 848, Lucas. 1½ ngr.

Staat und Kirche in der deutschen protestantischen Schweiz; ein Beitrag zur Trennungsfrage. Zürich 1908. V: *Hirzel, Rudolf.* (zuwzür 12, 1908, II, S. 88)

— — in der deutschen protestant. Schweiz. Ein Beitrag zur Trennungsfrage. (92 S.) 8. Zürich 908. (Buchh. d. schweiz. Grütlivereins.) — 75
Sonderabdr. aus: „Zürcher Anzeiger".

—— der constitutionelle, und die Statistik. Hrsg. von dem Verein für pommersche Statistik. gr. 8. (12 S.) Berlin 848, (Schneider und Comp.)

Staat, Der, und das allgemeine Concil. Leipzig 1873. V: *Friedberg, Emil Albert.* (schz)

Staat, der, u. das allgemeine Concil. gr. 8. (52 S.) Leipzig 873. Duncker & Humblot. n. 1. 50

—— der kurhess., nach sein. innern Verhältnissen u. unt. theilweiser Beziehung auf d. Verfassungs-Urkunde v. 5. Jan. 1831, frei u. wohlmeinend beleuchtet, v. e. Freunde d. Wahrheit. gr. 8. (7¼ B.) Hildburghausen 831, Kesselring.

Staat des Bischoffthums Lübeck. o. O u. J. (nach 1705.) Siehe in: Staat der Hertzogthümer Schleswig Holstein und des Bischoffthums Lübeck. 8°.

Staat von Mähren. [Halle 1708.] V: *Gude, Hnr. Ludw.* (weber)

Staat von Mainz, Trier, Cölln, Salzburg, Bisanz und Deutschen Orden. Halle [1708]. V: *Gude, Hnr. Ludw.* (weber)

Staat, der, und die öffentliche Moralität. Aus dem Französ. von D. S. gr. 8. (40 S.) Neuenburg 876. (Frankfurt. a. M., Zimmer'sche Buchh.) *

Der Moscowitische Staat unserer Zeit, was bey dem liefländischen Kriege notables vorgegangen. Coelln 1702. (71) 4°

— u. **Nation.** Zur österreich. Nationalitätenfrage. Staatsrechtliche Untersuchg. üb. die mögl. Principien e. Lösg. u. die jurist. Voraussetzgn. e. Nationalitäten-Gesetzes. Von Synopticus. Mit e. Literatur-Übersicht. gr. 8. (III, 42 S.) Wien (VII/3, Kaiserstr. 86). 899. J. Dietl. n. 1.—

Staat, der **neue,** genauer: Die neue Kirche u. der neue Staat, od.: Staat u. Kirche, u. was damit zusammenhängt auf der nächsthöheren Stufe der Civilisation. Von der Zinne der Zeit. gr. 8. (VIII, 167 S.) Braunschweig 899. (R. Sattler.) n. 4. 50

Staat, der neue. Blätter f. polit., soziale u. geist. Reform auf der Grundlage naturgemäßer Heil- u. Lebensweise. Hrsg. v. J. H. Francke-Wortmann. II. Jahrg. 1. Heft. 8. Göttingen. Stettin, H. Peters. n. 2.—
Die Erziehung durch die Kunst u. den nationalen Gedanken. Von J. H. Francke-Wortmann. (110 S.) 905.

Staat, Der neueste. des Koenigreichs Portugall und der dazu gehörigen Laender in- und außerhalb Europa. Halle 1714. V: *Schmauss, Johann Jacob.* (RHMB VI, 156)

Staat, Neuester gelehrter, von Paris. Jena 1723. V: *Struve, Burcard Gheh.* (Hauptkat. d. Univ.-Bibl. Tübingen. K. S. 42.)

Staat, Neuester, des Königreichs Portugal und der dazu gehörigen Länder . . . Halle 1714. N. A. 1759. V: *Schmauss, Johann Jacob.* (Myl) (MS) »Staat, Der neueste« (Petz)

Staat von Oesterreich, Steyermarck, Kärnthen, Crain und Tyrol. [Halle 1708.] V: *Gude, Heinrich Ludwig.* (weber) (Karajan)

— od. Papst? Ein Beitrag zum Ausgleiche zwischen Staat u. Kirche v. e. Weltgeistlichen im Münsterlande. Hrsg. v. Arnold Ruge. 8. (VIII, 123 S.) Elberfeld 876. Loll. n. 2. —

— der paritätische, u. die Forderungen d. Bischöfe der oberrhein. Kirchenprovinz. gr. 8. (84 S.) Mainz 852, Kirchheim & Schott. 7 Sgr

Staat, Politischer, von Europa. A. d. Franz. . . . Dresden u. Leipz. 1740—43. V: *Bruzen de la Martinière, Antoine Augustin.* (EB)

— polit., v. Europa, a. d. Franz. 22 Thle. u. Supplem. 8. Lpz. 740-50.

Staat, Der, von Preußen. O. O. u. J. V: *Gundling, Jac. Paul v.* (Bibliotheca Norica Williana. Altdorf 1772—78. I, 1, 241.)

— der Preuß.-Brandenburg., im 4n Jahre des 19n Jahrh., od. Reise durch sämmtl. Preuß. Provinzen. 8. Berl. 804. Dieterici. (Mittler). 1 Rthl 8 Gr

Der Preussische Staat im Jahre 1815. Berlin. 1 Bl. c. K. Ff.

Staat, Der Preussische, in drei geographischen Tabellen für niedere Bürgerschulen. Berlin 1827. V: *Thiel, Carl.* (Ky)

Staat, der Preußische, in 3 geograph. Tabellen f. niedere Bürgerschulen. gr. Fol. Berlin 827, Enslin. Rthlr.

Staat, Der Preussische, in sechs geographischen Tabellen, für Lehrer und Lernende. Berlin 1827. V: *Thiel, Carl.* (Ky)

— der Preuß., in 6 geograph. Tabellen, für Lehrer u. Lernende. (v. K. Thiel). gr. Fol. Berl. 827. Enslin. 12 Gr

— aus Obigem apart: der Preuß. Staat, f. Land- u. Elementarschulen, in 1 Tabelle. Ebd. 827. 2 Gr

— der Preußische, (eine geographisch-historisch-statistische Tabelle.) Imp.-Fol. Quedlinburg 834, Becker. 5/12 Rthl

—— der preussische. 11 ill. Karten in Kpfrst. (Ergänzungen zu Stieler's Hand-Atlas.) 1. Aufl. 1857. und 2. Aufl. gr. Fol. (Mit 1 Bl. Text.) Gotha 858, J. Perthes. geh. *

—— der preußische, in allen seinen Beziehungen. Eine umfass. Darstell. seiner Gesch. u. Statistik, Geographie, Militairstaates, Topographie, mit besond. Berücksichtig. d. Administration. Bearb. von e. Vereine v. Gelehrten u. Freunden d. Vaterlandskunde unt. d. Vorstande v. L. v. Zedlitz-Neukirch. 3 Bde. gr. 8. (113¾ B.) Berlin 835—37, A. Hirschwald. *4⅓ Thlr., Blnp.*

— der Preußische, von seiner ersten Entstehung bis auf jetzige Zeiten, in Fragmenten herausgg. von e. Freunde der Wahrheit. 8. o. O. (Glogau) 807. (Neue Günter'sche B.) 1 Rthl 8 Gr

—— der preussische, und die kirchliche Frage mit besond. Berücksicht. der Fabrischen Vorschläge für Verfassung der evangel. Kirche in Preussen. Lex.-8. (64 S.) Oldenburg 873, Schulze'sche Buchh. * 1 —

— der Preußische, in geographischer, statistischer, topographischer u. militärischer Hinsicht. Ein Handbuch für Lehrer, ein Hülfsbuch für jeden Stand. 2e Ausg. Nach der von Karl Renner besorgten 1n Ausg. u. den neusten amtl. Angaben gänzlich umgearbeitet, stark vermehrt u. herausgeg. von Dr. K. F. Rob. Schneider. 8. Sorau 834. (Julien.) 1 1/6 Thlr (Vergl. K. F. Rob. Schneider.)

— der preußische, u. die Kirchen-Kritik der Falk'schen Kirchengesetzentwürfe. [Aus der allgem. evang.-luther. Kirchenztg.] 8. (70 S.) Leipzig 873. Dörffling & Franke. n. 1. —

— der preußische, in Lebensbildern aus der Heimathskunde. 2. verm. Aufl. Königsberg 869. Bon's Verl. 8. (504 S.) n. 22½ ngr.

—— der preußische, ein Wächter der heiligen zehn Gebote Gottes. Ein Auszug aus dem Strafgesetzbuch für die preuß. Staaten. Für Schule und Haus. 8. (23 S.) Magdeburg 868, Heinrichshofen'sche Buchh. — 20

Anonym: „Vom Staat und den wesentlichen Rechten der höchsten Gewalt", Göttingen 1794.

Von d. Staate u. d. wesentl. Rechten d. höchsten Gewalt. *Gött.*, Dieterich. 794. 8. (6 Gr.)

Staat u. Religion, s. a. Flugschriften, katholische.

[J.] Staat und Religion. Th. 1. 2. *Berlin: Germania (1897).* 2 Bde 8.
1. Soll d. Staat religiös oder religionslos sein? Von R. Arnoldus. (36 S.)
2. Religion u. Strafgesetz. Von M. Paul. (43 S.)
= **Flugschriften,** Kathol., z. Wehr u. Lehr'. No 120. 121. [98. 501]

Staat, Religion u. Partei, s. a. Bauer, Edgar

Staat, Religion und Parthei. Leipzig 1843. V: *Bauer, Edgar.* (Koner S. 15) Zeitschr. f. Büch, N. F. 15, 1923, S. 123)

Staat, Religion und Partei. Leipzig 1843. 23 S. 8.

— Religion u. Parthei. gr. 8. Leipzig 843, O. Wigand. n. 4 ngr

Der Staat von Russland oder Moskau unter jetziger Czarischer Majestät. 2 Bde. Leipzig 1724. 8°

Staat (Der) von Schlaraffenland. 8°. s. l. s. a.

Staat von Schlesien. Frankf. u. Leipz. 1708. V: *Gude, Hnr. Ludw.* (Nent) (LVS)

Staat der Herzogthümer Schleswig und Holstein und des Bischofthums Lübeck. O. O. 17?? V: *Gude, Heinr. Ludw.* (MS)

Staat der Hertzogthümer Schleswig Holstein und des Bischoffthums Lübeck. o. O. u. J. (nach 1705). 8°.

Staat der Hertzogthümer Schleswig Holstein und des Bischoffsthums Lübeck. [Halle 1706.] V: *Gude, Hnr. Ludw.* (Mitth. Geh. Ober-Rgrt Dr. Adam-Stuttgart.)

Staat und Schule. — I. Corr. aus Genf in der Beilage zu N° 193 der „Allgemeinen Zeitung", als Ankündigung der Schrift von: *Wuarin, Louis* (Genève): L'Etat et l'Ecole, ou des devoirs et des droits de l'Etat en matière d'enseignement et d'éducation. Paris 1885, Fischbacher.
*** Preisschrift auf die von der Académie des sciences morales et politiques ausgeschriebene Preisaufgabe „Des devoirs et des droits de l'Etat et de la famille en matière d'enseignement et d'éducation".

— u. Schule in ihren Verhältnissen zu einander u. gegenüber den Verbrechen. Eine Anschauung der Zeitverhältnisse vom Standpunkte der praktischen Erfahrung. gr. 8. Berlin 843, Hermes. n. 1/6 Thlr

Staat von Siam. O. O. 1714. V: *Gottschling, Caspar.* (Myl)

— der, im Staate genannt Kirche. gr. 8. (31 S.) Frankfurt a. M. 850. (Lizius.) n. 4 ngr

Staat, Der, oder die Staatswissenschaften im Lichte unserer Zeit . . . Leipz. 1863—65. V: *Huhn, Eugen H. Th.* (CBH)

Staat, der, oder die Staatswissenschaften im Lichte unserer Zeit. Unentbehrliches, populäres Handbuch und Rathgeber für alle Klassen und Berufsstände des deutschen Volks. Von einem Staatsmanne a. D. 1.—7. Bd. in 40 Lfgn. à * 10 Ngr. und 8. Bd. gr. 8. Leipzig 862, Grunow. [1. Bd. (296 S.) * 1 Thlr., 2. Bd. (268 S.) * 22½ Ngr., 3. Bd. (460 S.) * 1 Thlr. 15 Ngr., 4. Bd. (428 S.) * 1 Thlr. 10 Ngr., 5. Bd. (594 S.) * 1 Thlr. 24 Ngr., 6. Bd. (332 S.) * 1 Thlr., 7. Bd. (616 S.) * 2 Thlr., 8. Bd. (754 S.) * 2 Thlr. 24 Ngr.]
Früherer Preis * 15 Thlr. 28 Ngr.; jetziger Preis *
Einzelausgaben s. Huhn.

Staat, der, oder die Staatswissenschaften im Lichte unserer Zeit. Unentbehrliches, populäres Handbuch und Rathgeber für alle Klassen u. Berufsstände des deutschen Volks. Von einem Staatsmanne a. D. 1—38. Liefg. Leipzig 862—64. Grunow. gr. 8. (1. u. 2. Thl.: 564 S.; 3. Thl.: 460 S.; 4. Thl.: 428 S.; 5. Thl.: 594 S.; 6. Thl.: 232 S.; 7. Thl.: S. 1—640.) Jede Liefg. n. 10 ngr.

Staat, der, oder die Staatswissenschaften im Lichte unserer Zeit. Unentbehrliches, populäres Handbuch u. Rathgeber für alle Klassen u. Berufsstände des deutschen Volks. Von einem Staatsmanne a. D. 7. Bd. 39. u. 40. Liefg. u. 8. Bd. Leipzig 865. Grunow. gr. 8. [7. Bd. (S. 461—616.) n. 20 ngr., 8. Bd. (754 S.) n. 2 Thlr 24 ngr.] n. 3 Thlr 4 ngr.; früherer Preis compl. n. 15 Thlr 28 ngr.; jetziger Preis n. 12 Thlr 5½ ngr.

Staat der gesammten Tatarey in den alten und neuern Zeiten . . . Reval u. Leipzig 1780. V: *Breitenbauch, Georg August von.* (Ky) (MGT)

— der gesammten Tartarei, in den alten u. neuern Zeiten, (von G. A. v. Breitenbauch). 8. Reval 780. Albrecht. 4 gr

Der tausendjährige ungarische Staat und sein Volk. Im Auftr. d. H. k. u. Handelsminist. . . . redig. v. Dr. Josef v. Jekelfalussy, Dir. d. k. u. statist. Bur. . . . *Budapest: 'Kosmos' 1896.* (4 Bl., 756 S.) 1 Bd 8.

— **der 1000jährige** ungarische, u. sein Volk. Im **Auftrage des k. u. Handelsministers,** als Präsidenten **der Milleniums-Landes-Ausstellungs-Kommission** red. **von Jos. v. Jekelfalussy.** gr. 8. (VI, 756 S.) Budapest **896. (O. Nagel jun.)** n. 4. —

Staat von Tripoli und Barcan. O. O. 1712. V: *Gottschling, Caspar.* (Myl)

Staat von Tunis. O. O. 1712. V: *Gottschling, Caspar.* (Myl)

— der türkische, mit besond. Hinsicht auf Griechenland; eine histor.-geograph.-statist. Skizze, nebst e. erklär. alphabet. Verzeichnisse türk. Namen, Würden, Gebräuche rc. 8. Nürnb. 822, Haubenstricker. — 8

—— der türk., u. Griechenland. In kurzer geschichtl.-geograph.-statist. Darstellung, als dienstliches Hilfsmittel f. Zeitungsleser u. Andere, die an Griechenlands Schicksal Antheil nehmen. 8. (5½ B.) Nürnberg 828, v. Ebner.

— der wahre christl., od.: die Religion der Zukunft u. das Ziel der Revolution. Die letzten Consequenzen der Lehre Jesus d. Essäers, geschöpft aus den „Enthüllungen üb. die wirkl. Todesart Jesu." 8. (IV u. 44 S.) Leipzig 849, Kollmann. ¼ ₰

— der Westphäl., in statist.-geograph. Hinsicht, mit besond. Hinsicht auf die ehedem zu Preußen gehör. Theile. 8. Berl. 809. Braunes. 8 ₰

— u. **Wirtschaft.** Sammlung v. Vorträgen u. Schriften aus dem Gebiete der gesamten Staatswissenschaft. Hrsg. v. Bernh. Harms. 1 u. 2. gr. 8. Tübingen, H. Laupp. 2. 30
Czapski, Siegfr., Ernst Abbe als Arbeitgeber. (IV, 40 S.) 907. (2. Bd.) — 80
Piloty, Rob., das Recht der Schiffahrtsabgaben in Deutschland. (VIII, 80 S.) 907. (1. Bd.) 1. 50

Staate, Von dem, ... s. Staat ...

Staaten, asiatische, afrikanische und amerikanische, als Persien, Türkey, Tartarey, Marocco, Mogul, Habyssinien, Algier, Tunis, Tripolis, Barcan, Guinea, Congo, Egypten, Amerika, Siam u. Japan. 8. Halle, Renger. 709-24.

Deutschlands — Die Staaten — Preussen, die Niederlande und die Schweitz, im Jahre 1816. Berlin, bey Simon Schropp et Compagnie, gestochen von C. in Berlin. 1 : 4,200,000. 1 Bl.

Staaten, die, Europas. Statistische Darstellg., begründet v. H. F. Brachelli. 6. Aufl. Unter Mitwirkg. v. Fachmännern hrsg. von Frz. v. Juraschek. (In 8 bis 10. Lfgn.) 1.—10. Lfg. (S. 1—800.) gr. 8. Brünn 903 bis 906. F. Irrgang. à n. 2.—

Staaten, die, Europas. Statist. Darstellg., begründet v. H. F. Brachelli. 5. Aufl. Unter Mitwirkung v. Fachmännern hrsg. von Frz. v. Juraschek. 11. u. 12. (Schluss-)Lfg. (VI u. S. 801—996.) 8. Brünn 907. F. Irrgang. à 2.—

Staaten, die, Europa's im Dezbr. 1878. Beigabe zu allen geograph. Lehrmitteln. gr. 8. (8 S.) Nürnberg 879. Korn. n. — 10

Staaten, die, Europa's um Ostern 1871. Beigabe zu allen geograph. Lehrmitteln. gr. 8. (8 S.) Nürnberg 871. J. L. Schmid. — 10

Staaten, Europa's, in ihrem Ursprunge und ihrem geschichtlichen Entwicklungsgange bis 1816. [Augsburg 1816—18.] V: *Kayser, Georg Hnr.* (Hauptkat. d. Univ.-Bibl. Tübingen. F. S. 44.)

— europäische, v. Preußen, Portugal, Spanien, Frankreich, England, Schweden, Dänemark, Moscau, Pohlen, Schweiz, Venedig, Genua, Holland, röm. Reich, kaiserl. Erblande, Sachsen, Pfalz, Bayern, Lüneburg, Erzbischöfe, Maltha, Pabst, Mayland, Savoyen, Florenz, Mantua, Parma, Hessen, Wirtemberg, Baden, Mecklenburg, Anhalt, Oettingen, Holstein, Hungarn, Siebenbürgen, Wallachey, Böhmen, Schlesien, Mähren, Oestreich, Tyrol, nebst einer Einleitung. 40 Stck. 8. Halle, Renger. 720.

— die europäischen, seit dem Wiener Kongreß, bis zur neuesten franko-sardinischen Destructions- und Annexionspolitik. Nach neuesten Quellen staatenweise gruppirt vom Verf. des „italienischen Gil Blas". Regensburg 861. Manz. gr. 8. (IV, 282 S.) 1 ₰

— üb. d. geistlichen in Deutschland, u. d. vorgebl. Nothwendigkeit ihrer Säkularisat. gr. 8. Würzb. Rienner. 798.

STAATEN, Die preußischen, vor u. seit dem 16ten November 1797. („Wahrheit, nichts als Wahrheit, die helle, lautere Wahrheit.") Erstes (u. einz.) Heft. Mit 1 Kupfer (ob erschienen?). Paris (fing.?), 1798. 8°. (In Dresden: Hist. Boruss. 668; Titelkpfr. fehlt.) (18 Mk., ohne Titelkpfr., Expl. mit Supra-Exlibris, E. Frensdorff, 1906.)
Höchst selten! Voller Scandalosa. Fehlt in Kayser's B.-Lex. XII—196 S.

Die preussischen Staaten vor und seit dem 16ten Nov. 1797. H. 1. Mit e. Kpfr. Paris 1798. XII, 196 S. 8°
cf. Jahrbücher d. Gr. L. Royale York. 1798 bis 1799 S. 46—93.
Kl. 2943. Beschäftigt sich S. 164—192 mit der Frmrei der Grloge R. Y. u. ihrem Verhältnis zum Staate.

— d. Seeräuber, a. d. Engl. 8. Rostock, Koppe. (Stiller) 753.

Die vereinigten Staaten von Brasilien. Berlin [um 1908]: Mosse. 64 S. 4° (8°)

—— die vereinigten, von Deutschland und ihr Verhältniß zu Europa. gr. 8. (III und 244 S.) Hamburg 860, O. Meißner.

Staaten, die vereinigten, von Deutschland und ihr Verhältniß zu Europa. 2. (Titel-)Ausg. gr. 8. (III und 244 S.) Hamburg (860)63, O. Meißner. *

Staaten: Die Vereinigten Staaten von Europa
s.a. Les Etats Unis d'Europe.

Staaten: Die Vereinigten Staaten von Europa
(1) Wochenblatt, herausgegeben von der internationalen Friedens- und Freiheits-Liga (4) Les Etats-Unis d'Europe (5) 5. 1. 1868—18. 4. 1869 (6) 2° (7) Wochenblatt (8) Bern: Rieder & Simmen (9) John Rollanday (11) Prof. G. Vogt, Bern (9) international (9) Ge: F: Be: L (9) 2 Probenummern mit französischem und deutschem Titel »Les Etats-Unis d'Europe - Die Vereinigten Staaten von Europa«, die erste vom November 1867 und die zweite vom Dezember 1867. Die französische Ausgabe, die gleichzeitig mit der deutschen zu erscheinen begann, übernahm 1872, nach dem Eingehen der deutschen, den Titel »Vereinigte Staaten v. Europa«. — Im Januar 1868 erschien auch eine englische Ausgabe: The United States of Europe - A Weekly Paper ... (nur eine Nummer).

—— die vereinigten, von Europa. Wochenblatt hrsg. von der internationalen Friedens- und Freiheits-Liga. Redact.: G. Vogt. Jahrg. 1868. 52 Nrn. (Bog.) Fol. Bern, Fiala. * 10 50

Staaten, Die Vereinigten, von Nordamerika, im Jahre 1852. Eine statistische Übersicht . . . Kiel 1853. V: *Olshausen, Theod.* (CBH)

Staaten, die vereinigten, von Nordamerika im J. 1852. Eine statist. Uebersicht mit besonderer Rücksicht auf deutsche Auswanderer zusammengestellt. 8. (IV und 76 S.) Kiel 853, Akademische Buchh. *

— die Vereinigten, von Nord-Amerika; ihre Schulden, u. ihre Mittel dieselben zu verzinsen u. bei Verfall bezahlen zu können. Nach officiellen Quellen bearb. von einem Privatmann. Detmold 865. (Bremem, v. Halem.) gr. 8. (16 S.) n. 5 ngr.

— die vereinigten, v. Venezuela. (36 S.) gr. 8. Pressburg 903. (S. Steiner). n. 1. —

Staaten, Vorderösterreichische. Geschichte derselben. St. Blasien 1790. V: *Kreutter, Franz.* (BaBb)

Staatenbund, Bundesstaat und Einheitsstaat. Leipzig 1859. V: *Treitschke, Heinrich von.* (Bibl. d. ev. Landeskirche in Siebenb. Hermannst. 1889.

Staatenbund, Bundesstaat und Einheitsstaat. Wodurch unterscheiden sie sich von einander u. Was sind sonach der deutsche Bund, die nordamerikanische Union u. die schweizerische Eidgenossenschaft u. Wie muß die Verfassung des deutschen Bundes reformirt werden, wenn Deutschland nicht die Beute einer Großmacht werden soll? Leipzig 859. Weber. gr. 8. (IX, 95 S.) n. 15 ngr.

Staatenbund, Deutschlands, und der deutsche Einheits-Staat ... Liegnitz 1849. V: *Woringen, Frz von.* (Ky)

Allgemeine **Staatengeschichte.** [Begonnen von A. H. L. Heeren u. F. A. Ukert, fortges.:] von K. Lamprecht. — 161 Bde

(Abteilung 1:)

Geschichte der europäischen Staaten. Hrsg. von A. H. L. Heeren, F. A. Ukert [u. a.].

Geschichte Baierns. Von Sigm. **Riezler.** Bd 1—6. Gotha 1878—1903.

Geschichte Belgiens. Von Henri **Pirenne.** Übers. des franz. Ms. von Fritz Arnheim. Bd 1—3. Gotha 1899—1907.

Geschichte Böhmens. Von Ad. **Bachmann.** Bd 1. 2. Gotha 1899. 1905.

Geschichte von Dännemark (Bd 1 [mit d. Zusatz]: bis zur Reformation. Mit Inbegriff von Norwegen u. Island) von F. C. **Dahlmann,** (Bd 4 ff.:) von Dietr. **Schäfer.** Bd 1—5. Hamburg, (Bd 4 ff.:) Gotha 1840 —1902.

Geschichte der Teutschen. Nach den Quellen von J. C. **Pfister.** Bd 1—5. [Nebst] Reg. Hamburg 1829—36.

Geschichte Deutschlands von 1806—30 von Friedr. **Bülau.** Zugleich als Forts. von Pfisters Geschichte der Teutschen. Hamburg 1842.

Deutsche Geschichte. Gotha.

Bd 1, Hälfte 1. 2. [Nebst] Reg. Von Fel. **Dahn.** 1883. 88.

„ 6, „ 1. Das Zeitalter Friedrichs des Großen u. Josephs II. von Alfr. **Dove.** 1883.

Geschichte von England. Von J. M. **Lappenberg,** (Bd 3 ff.:) von Reinhold **Pauli,** (Bd 6 ff.:) von Mor. **Brosch.** Bd 1—10. [Nebst] Reg. Hamburg, (Bd 4 ff.:) Gotha 1834—98.

Geschichte Finnlands. Von M. G. **Schybergson.** Deutsche Bearb. von Fritz Arnheim. Gotha 1896.

Geschichte von Frankreich (bis 1774) von Ernst Alex. **Schmidt.** Bd 1—4. [Nebst] Reg. Hamburg 1835—48.

Geschichte Frankreichs im Revolutionszeitalter, von Wilh. **Wachsmuth.** Bd 1—4. [Nebst] Reg. Hamburg 1840—44.

Geschichte Frankreichs von der Thronbesteigung Louis Philipps bis zum Falle Napoleon's III. Von Karl **Hillebrand.** Gotha.

Th. 1. Die Sturm- und Drangperiode des Julikönigthums. (1830—37.) 1877.

„ 2. Die Blüthezeit der parlamentar. Monarchie. (1836—48.) 1879.

Reg. 1898.

Geschichte Griechenlands seit dem Absterben des antiken Lebens bis zur Gegenwart. Von Gust. Friedr. **Hertzberg.** Th. 1—4. [Nebst] Reg. Gotha 1876—79.

Geschichte der italienischen Staaten. Von Heinr. **Leo.** Th. 1—5. [Nebst] Reg. Hamburg 1829—37.

Geschichte Italiens im Mittelalter von Ludo Mor. **Hartmann.** Gotha.

Bd 1. Das Italien. Königreich. 1897.

„ 2, Hälfte 1. Römer u. Langobarden bis zur Theilung Italiens. 1900.

„ 2. Die Loslösung Italiens vom Oriente. Mit Personen- u. Sachreg. über Bd 1. 2. 1903.

3, „ 1. Italien und die fränk. Herrschaft. 1908.

„ 2. Die Anarchie. 1911.

Geschichte des Kirchenstaates. Von Mor. **Brosch.** Bd 1. 2. [Nebst] Reg. Gotha 1880. 82.

Geschichte der Niederlande, von N. G. van **Kampen.** Bd 1. 2. [Nebst] Reg. Hamburg 1831—37.

Geschichte der Niederlande. Kon K. Th. **Wenzelburger.** Bd 1. 2. Gotha 1879. 86.

Geschichte der Niederlande. Von P. J. **Blok.** Im Auftr. des Verf. verdeutscht durch O. G. Houtrouw. Bd 1—4. Gotha 1902—10.

Geschichte des östreichischen Kaiserstaates, von Joh. Grafen **Mailáth.** Bd 1 —5. [Nebst] Reg. Hamburg 1834—50.

Geschichte Oesterreichs. Von Alfons **Huber.** Bd 1—5. Gotha 1885—96.

Geschichte des osmanischen Reiches in Europa, von Joh. Wilh. **Zinkeisen.** Th. 1 —7. [Nebst] Reg. Hamburg, (Th. 2 ff.:) Gotha 1840—63.

Geschichte des osmanischen Reiches. Nach den Quellen dargest. von N. **Jorga.** Bd 1—5. Gotha 1908—13.

Geschichte Polens von Rich. **Roepell,** (Bd 2 ff.:) von Jac. **Caro.** Hamburg, (Th. 2 ff.:) Gotha 1840—88.

Geschichte von Portugal, von Heinr. **Schäfer.** Bd 1—5. [Nebst] Reg. Hamburg, (Bd 5:) Gotha 1836—54.

Geschichte des preussischen Staats von Gust. Ad. Harald **Stenzel.** Bd 1—5. [Nebst] Reg. Hamburg, (Bd 5:) Gotha 1830—54.

Neuere Geschichte des Preußischen Staates vom Hubertusburger Frieden bis zum Wiener Kongreß. Von E. **Reimann.** Bd 1. 2. Gotha 1882. 88.

Geschichte des rumänischen Volkes im Rahmen seiner Staatsbildungen von N. **Jorga.** Bd 1. 2. Gotha 1905.

Geschichte des russischen Staates, von Phil. **Strahl,** (Bd 3 ff.:) von Ernst **Herrmann.** Bd 1—6. [Nebst] Erg.Bd. Hamburg, (Bd 6 u. Erg.Bd:) Gotha 1832 —66.

Geschichte **Rußlands** bis zum Ende des 18. Jahrh. Von A. **Brückner**, (Bd 2:) von C. **Mettig**. Bd 1. 2. Gotha 1896. 1913.

Geschichte des Kurstaates u. Königreiches **Sachsen**, von C. W. **Böttiger**, (Bd 3:) von Th. **Flathe**. Bd 1—3. Hamburg, (Bd 3:) Gotha 1830—73.

Geschichte **Schwedens**.
Bd 1—3. Von Erik Gust. **Geijer**. Aus d. schwed. Hs. übers. von Swen P. Leffler. Hamburg 1832—34.
„ 4—6. Von Friedr. Ferd. **Carlson**. Übers. von J. E. Petersen, Gotha 1855—87.
„ 7. Von Ludw. **Stavenow**. Deutsch von C. Koch. 1908.

Geschichte der **Schweizerischen** Eidgenossenschaft. Von Joh. **Dierauer**. Bd 1—4. Gotha 1887—1912.

Geschichte der **Serben**. Von Konst. **Jireček**. Bd 1. Gotha 1911.

Geschichte von **Spanien** von Friedr. Wilh. **Lembke**, (Bd 2. 3:) von Heinr. **Schäfer**, (Bd 4 ff.:) von Friedr. Wilh. **Schirrmacher**. Bd 1—7. Hamburg, (Bd 3 ff.:) Gotha 1831—1902.

Geschichte **Spaniens** unter den Habsburgern. Von Konr. **Häbler**. Bd 1. Gotha 1907.

Geschichte **Toscana's** seit dem Ende des florentinischen Freistaats. Von Alfr. v. **Reumont**. Th. 1. 2. [Nebst] Reg. Gotha 1876—77.

Geschichte von **Venedig** von Heinr. **Kretschmayr**. Bd 1. Gotha 1905.

Geschichte des Königreichs **Westfalen**. Von Arth. **Kleinschmidt**. Gotha 1893.

Geschichte **Württembergs**. Von Paul Friedr. **Stälin**. Bd 1, Hälfte 1. 2. Gotha 1882. 87.

(Abteilung 2:)

Geschichte der außereuropäischen Staaten. Hrsg. von K. Lamprecht. Gotha.
Geschichte von **Japan** von O. **Nachod**. Bd 1, Buch 1. 1906.

(Abteilung 3:)

Deutsche Landesgeschichten. Hrsg. von Arm. **Tille**. Gotha.
Werk 1. Geschichte von **Ost- u. Westpreußen**. Von Karl **Lohmeyer**. Abth. 1. 2. Aufl. 1881. — 3. Aufl. Bd 1. 1908.
„ [2.] Geschichte **Schlesiens** von C. **Grünhagen**. Bd 1. 2. 1884. 86.
„ 5. Geschichte von **Pommern**. Von Mart. **Wehrmann**. Bd 1. 2. 1904. 06.
„ 6. Geschichte **Nieder- u. Oberösterreichs** von Max **Vancsa**. Bd 1. 1905.
„ 7. Geschichte von **Livland**. Von Ernst **Seraphim**. Bd 1. 1906.
Werk 8. Geschichte der Deutschen in den **Karpathenländern** von Raimund Friedr. **Kaindl**. Bd 1—3. 1907—11.
„ 9. Geschichte **Salzburgs**. Von Hans **Widmann**. Bd 1. 2. 1907. 09.

Staatengeschichte, allgemeine. Hrsg. v. K. Lamprecht. I. Abtlg.: Geschichte der europ. Staaten. Hrsg. v. A. H. L. Heeren, F. A. Ukert, W. v. Giesebrecht u. K. Lamprecht. 13. Werk. 5. Bd. gr. 8. Gotha, F. A. Perthes. n. 18. —
Geschichte v. Dänemark. 5. Bd. Vom Regierungsantritt Friedrichs II. (1559) bis zum Tode Christians IV. (1648.) Von Dietr. Schäfer. (XX, 763 S.) 902. n. 18.—; (1.—5. n. 48. 50

— dasselbe. 30. Bd. gr. 8. Ebd. n. 16. —
Geschichte Belgiens. Übersetzung des französ. Mskrs. v. Fritz Arnheim. 2. Bd. Bis zum Tode Karls des Kühnen (1477). Von Henri Pirenne. (Mit e. Karte.) (XXVIII, 594 S.) 902. n. 16. —; (1. u. 2. n. 26. —)
Vergl.: Geschichte der europäischen Staaten.

Staatengeschichte, allgemeine. Hrsg. v. K. Lamprecht. I. Abtlg.: Geschichte der europ. Staaten. Hrsg. v. A. H. L. Heeren, F. A. Ukert, W. v. Giesebrecht u. K. Lamprecht. 20. Werk 5. u. 6. Bd. 26. Werk, 30. Werk 3. Bd. u. 31.—35. Werk (Lfg. 63 II, 64, 75, 77, 70, 63 I, 66—68 u. 71). 8, Gotha, F. A. Perthes. n. 132. —
20. V. (63. Lfg. 2. Abtlg.) Geschichte Baierns. Von Sigm. Riezler. 5. Bd. Von 1597—1651. (XXVI, 695 S.) 903. n. 16. —
VI. (64. Lfg.) Dasselbe. 6. Bd. Von 1508—1651. (XVI, 521 S.) 903. n. 12. — (1—6.: n. 87. —)
26. (75. Lfg.) Geschichte der schweizerischen Eidgenossenschaft. Von Johs. Dierauer. 3. Bd. 1516—1648. (XVI, 567 S.) 907. n. 12. — (1—3: 30. —)
30. III. (77. Lfg.) Geschichte Belgiens. Von Henri Pirenne. Uebersetzung des französ. Mskr. v. Fritz Arnheim. 3. Bd. Vom Tode Karls des Kühnen (1477) bis zur Ankunft des Herzogs v. Alba (1567). (XXI, 606 S.) 907. n. 16. —; (1—3: 42. —)
31. (70. Lfg.) Geschichte Böhmens. Von Adf. Bachmann. 2. Bd. Bis 1526. (XII, 849 S.) 905. n. 16. —
32. (63. Lfg. 1. Abtlg.) Geschichte Italiens im Mittelalter. Von Ludo Mor. Hartmann. II. Bd., 2. Hälfte. Die Loslösg. Italiens vom Oriente. Mit e. Personen- u. Sachregister üb. den 1. u. 2. Bd. (IX, 387 S.) 903. n. 10. —
33. (66. Lfg.) Geschichte der Niederlande. Von P. J. Blok. Im Auftrage des Verf. verdeutscht durch O. G. Houtrouw. 2. Bd. Bis 1559. (X, 626 S.) 905. n. 18. — (1. u. 2.: n. 30. —)
34. (67. u. 68. Lfg.) Geschichte des rumänischen Volkes im Rahmen seiner Staatsbildungen. Von N. Jorga. 2 Bde. (XIV, 402 u. XIII, 541 S.) 905. n. 20. —
35. (71. Lfg.) Geschichte v. Venedig. Von Heinr. Kretschmayr. 1. Bd. (Bis zum Tode Enrico Dandolos. (XVII, 523 S. m. 2 Plänen.) 905. n. 12. —

— dasselbe. III. Abtlg. Deutsche Landesgeschichten. Hrsg. v. Armin Tille. 5. Werk 1. u. 2. Bd., 6. Werk 1. Bd., 7. Werk 1. Bd. u. 8. Werk 1. Bd. (Lfg. 65, 73, 69, 72 u. 76). 8. Ebd. n. 38. —
5. I. (65. Lfg.) Geschichte von Pommern. Von Mart. Wehrmann. 1. Bd. Bis zur Reformation (1523). (XII, 528 S.) 904. n. 5. —
II. (73. Lfg.) Dasselbe. 2. Bd. Bis zur Gegenwart. (V, 323 S.) 906. n. 7. —
6. I. (69. Lfg) Geschichte Nieder- u. Oberösterreichs. Von Max Vancsa. 1. Bd. Bis 1283. (XIV, 616 S.) 905. n. 12. —
7. I. (72. Lfg.) Geschichte v. Livland. Von Ernst Seraphim. 1. Bd. Das livländ. Mittelalter u. die Zeit der Reformation. (Bis 1582.) (XI, 294 S.) 906. n. 6. —
8. I. (76. Lfg) Geschichte der Deutschen in den Karpathenländern. Von Raimund Frdr. Kaindl. 1. Bd. Geschichte der Deutschen in Galizien bis 1772. Mit e. Karte. (XXII, 369 S.) 907. n. 8. —

Staatengeschichte, allgemeine. Hrsg. v. K. Lamprecht. II. Abtlg. Geschichte der aussereurop. Staaten. 1. Werk. (74. Lfg.) 8. Gotha 906. F. A. Perthes. n. 9. —
1. (74. Lfg.) Geschichte v. Japan. Von O. Nachod. I. Bd. 1. Buch: Die Urzeit (bis 645 n. Chr.) (XXXI, 427 S.)

Staatengeschichte, allgemeine. Hrsg. v. K. Lamprecht. I. Abtlg.: Geschichte d. europ. Staaten. Hrsg. v. A. H. L. Heeren, F. A. Ukert, W. v. Giesebrecht u. K. Lamprecht. 78., 80., 82.—84., 86., 88. u. 89. Lfg. 8. Gotha, F. A. Perthes. 86. —
Blok, P. J., Geschichte der Niederlande. Im Auftrage des Verf. verdeutscht durch O. G. Houtrouw. 3. Bd. Bis 1609. (XI, 671 S.) 907. (33. Werk 3. Bd. [80. Lfg.]) 18. —
— dasselbe. 4. Bd. Bis 1648. (V, 502 S.) 910. (33. Werk 4. Bd. [88. Lfg.]) 14. —
Häbler, Konr., Geschichte Spaniens unter den Habsburgern. 1. Bd. Geschichte Spaniens unter der Regierg. Karls I. (V.) (XVI, 432 S.) 907. (36. Werk 1. Bd. [78. Lfg.]) 10. —
Hartmann, Ludo Mor., Geschichte Italiens im Mittelalter. III. Bd., 1. Hälfte. Italien u. die fränk. Herrschaft. (IX, 309 S.) 908. (32. Werk 3. Bd. I. Hälfte [84. Lfg.]) 8. —
Jorga, N., Geschichte des Osmanischen Reiches. Nach den Quellen dargestellt. 1. Bd. (Bis 1451.) (XX, 486 S.) 908. (37. Werk 1. Bd. [83. Lfg.]) 9. —
— dasselbe. 2. Bd. (Bis 1538.) (XVIII, 453 S.) 909. (37. Werk 2. Bd. [86. Lfg.]) 9. —
— dasselbe. 3. Bd. (Bis 1640.) (XX, 479 S.) (37. Werk 3. Bd. [89. Lfg.]) 9. —
Stavenow, Ludvig, Geschichte Schwedens 1718—1772. Deutsch v. C. Koch. 7. Bd. der Gesamtgeschichte Schwedens. (XX, 443 S.) 908. (8. Werk 7. Bd. [82. Lfg.]) 9. —

— dasselbe. III. Abtlg.: Deutsche Landesgeschichten. Hrsg. v. Armin Tille. 79., 81., 85. u. 87. Lfg. 8. Ebd. 32. —

Kaindl, Raim. Frdr., Geschichte der Deutschen in den Karpathenländern. 2. Bd. Geschichte der Deutschen in Ungarn u. Siebenbürgen bis 1763, in der Walachei u. Moldau bis 1774. Mit e. Karte. (XII, 421 S.) 907. (8. Werk 2. Bd. [81. Lfg.]) 10. —

Lohmeyer, Karl, Geschichte v. Ost- u. Westpreussen. I. Bd. Bis 1411. 3., verb. u. erweit. Aufl. (VIII, 380 S.) 908. (1. Werk 1. Bd. [85. Lfg.]) 6. —

Widmann, Hans, Geschichte Salzburgs. 1. Bd. (Bis 1270.) (XVI, 384 S.) 907. (9. Werk 1. Bd. [79. Lfg.]) 8. —

— dasselbe. 2. Bd. (Von 1270 bis 1519.) (VIII, 423 S.) 909. (9. Werk 2. Bd. [87. Lfg.]) 8. —

Staatengeschichte, allgem. Europ., im Auszuge; zum Gebr. der Jugend u. des unstudirten Freundes der Geschichte, (von Mch. Truckenbrot.) 1r Bd. 1r Thl. 8. Nürnb. 788. Stiebner. 16 gr

Staaten-Geschichte, chronologisch-synchronistische, des Kaiserthums Oesterreich, oder Strom der Zeiten für sämmtliche Länder u. Provinzen des österr. Staaten-Bundes. Lithogr. gr. Fol. Grätz 840, Kaiser. n. 1/4 Thlr

Staatengeschichte, Europaeische, im Auszuge, zum Gebrauch der Jugend . . . 1. Bd. 1. Th. Nürnb. 1788. V: *Truckenbrot, Michael.* (ML) (Ky)

Staatengeschichte, europäische, z. Gebr. d. Schulen u. d. unstudirten Freundes d. Gesch. 8. Nrnb. Stiebner. 788.

Staatengeschichte, Neueste von Europa. Berlin 1793. V: *Brunn, Frdr. Leopold.* (Ky)

Staatengeschichte der neuesten Zeit. Hrgg. v. Karl Biedermann. 8°.

Bd. 1—2: Geschichte Frankreichs vom Sturze Napoleons bis zur Wiederherstellung des Kaiserthums. 1814—1852. Von August Ludwig von Rochau. Th. 1—2. Leipzig. 1858.

Bd. 3—5: Geschichte Italiens von der Gründung der regierenden Dynastien bis zur Gegenwart. Von Hermann Reuchlin. Th. 1—2. ebd. 1859—60.

Bd. 6: Geschichte Oesterreichs seit dem Wiener Frieden 1809. Von Anton Springer. Th. 1. ebd. 1863.

Bd. 7: Geschichte Russlands und der europäischen Politik in den Jahren 1814 bis 1831. Von Theodor von Bernhardi. Th. 1. ebd. dass. J.

Bd. 8: Geschichte Englands seit den Friedensschlüssen von 1814 und 1815. Von Reinhold Pauli. Th. 1. ebd. 1864.

Bd. 9: Geschichte Spaniens vom Ausbruch der französischen Revolution bis auf unsere Tage. Von Hermann Baumgarten. Th. 1. ebd. 1865.

Bd. 10: Geschichte Oesterreichs seit dem Wiener Frieden 1809. Von Anton Springer. Th. 2. ebd. dass. J.

Bd. 11—12: Geschichte der Türkei von dem Siege der Reform im Jahre 1826 bis zum Pariser Tractat vom Jahre 1856. Von G. Rosen. In zwei Theilen. Th. 1—2. ebd. 1866—67.

Bd. 13: Geschichte Englands seit den Friedensschlüssen von 1814 und 1815. Von Reinhold Pauli. Th. 2. ebd. 1867.

Bd. 14: Geschichte Spaniens vom Ausbruch der französischen Revolution bis auf unsere Tage. Von Hermann Baumgarten. Th. 2. ebd. 1868.

Bd. 15: Geschichte Griechenlands von der Eroberung Konstantinopels durch die Türken im Jahre 1453 bis auf unsere Tage. Von Karl Mendelssohn-Bartholdy. In zwei Theilen. Th. 1. ebd. 1870.

Bd. 16: Geschichte Italiens von der Gründung der regierenden Dynastien bis zur Gegenwart. Von Hermann Reuchlin. Th. 3. ebd. dass. J.

Bd. 17: Geschichte Spaniens vom Ausbruch der französischen Revolution bis auf unsere Tage. Von Hermann Baumgarten. Th. 3. ebd. 1871.

Bd. 18: Geschichte Italiens von der Gründung der regierenden Dynastien bis zur Gegenwart. Von Hermann Reuchlin. Th. 4. ebd. 1873.

Bd. 19: Geschichte Russlands und der europäischen Politik in den Jahren 1814 bis 1831. Von Theodor von Bernhardi. Th. 2. Einleitung. Abth. 1. ebd. 1874.

Bd. 20 (fälschlich 15): Geschichte Griechenlands von der Eroberung Konstantinopels durch die Türken im Jahre 1453 bis auf unsere Tage. Von Karl Mendelssohn-Bartholdy. Th. 2. ebd. dass J.

Bd. 21: Geschichte Russlands und der europäischen Politik in den Jahren 1814 bis 1831. Von Theodor von Bernhardi. Th. 2. Einleitung. Abth. 2. ebd. 1875.

Bd. 22: Geschichte Englands seit den Friedensschlüssen von 1814 und 1815. Von Reinhold Pauli. Th. 3. ebd. dass. J.

Bd. 23: Geschichte Russlands und der europäischen Politik in den Jahren 1814 bis 1831. Von Theodor von Bernhardi. Th. 3. ebd. 1877.

Bd. 24—28: Deutsche Geschichte im Neunzehnten Jahrhundert v. Heinrich von Treitschke. Th. 1—5. ebd. 1879—94.

Staatengeschichte der neuesten Zeit. Herausg. von Karl Biedermann. Leipzig 858. Hirzel. gr. 8.

1. u. 2. Bd.: Geschichte Frankreichs vom Sturze Napoleons bis zur Wiederherstellung des Kaiserthums. 1814—1852. Von A. L. v. Rochau. 2 Thle. (2 Bl., 388; 2 Bl., 332 S.) n. 1 Thlr. 28 ngr.

Staatengeschichte der neuesten Zeit. Herausg. von Karl Biedermann. 3—8. Bd. Leipzig 859—64. Hirzel. gr. 8.

3—5. Bd.: Geschichte Italiens von der Gründung der regierenden Dynastien bis zur Gegenwart. Von Herm. Reuchlin. 2 Thle. 859, 60. n. 2 Thlr 18 ngr.

Inhalt: 1. Thl.: Bis zum Jahre 1848. (VIII, 343 S.) — 2. Thl. 1. Hälfte: Vom Janr. 1848 bis zur ersten Niederlage Karl Alberts u. zur Unterwerfung Siciliens. (VIII, 353 S.) — 2. Thl. 2. Hälfte: Von der ersten Niederlage Karl Alberts u. der Unterwerfung Siciliens bis auf die Gegenwart. (255 S.)

6. Bd.: Geschichte Oesterreichs seit dem Wiener Frieden 1809. Von Anton Springer. 1. Thl.: Der Verfall des alten Reichs. 863. (VI, 597 S.) n. 1 Thlr 18 ngr.

7. Bd.: Geschichte Rußlands und der europäischen Politik in den Jahren 1814 bis 1831. Von Thdr. v. Bernhardi. 1. Thl.: Vom Wiener Congreß bis zum zweiten Pariser Frieden. 863. (VIII, 544 S.) n. 1 Thlr 14 ngr.

8. Bd.: Geschichte Englands seit den Friedensschlüssen von 1814 und 1815. Von Rhold. Pauli. 1. Thl.: Von der Schlacht bei Waterloo bis zum Tode Georg's IV. (VIII, 555 S.) n. 1 Thlr 15 ngr.

Staatengeschichte der neuesten Zeit. Bd 9-14. Ebd. 1865 - 1868. gr. 8°

* 9. Baumgarten, Herm., Geschichte Spaniens vom Ausbruch der französischen Revolution bis auf unsere Tage. 1. Thl. (XII und 583 S.) 865. * 1 Thlr. 18 Ngr.; geb. * 2 Thlr.

* 10. Springer, Ant., Geschichte Oesterreichs seit dem Wiener Frieden 1809. 2. Thl.: Die oesterreichische Revolution. (IV und 774 S.) 865. * 2 Thlr.; geb. * 2 Thlr. 12 Ngr.

* 11. 12. Rosen, G., Geschichte der Türkei von dem Siege der Reform im J. 1826 bis zum Pariser Tractat vom J. 1856. 2 Thle. [1. Thl. (XII und 303 S.) 866., 2. Thl. (VIII und 262 S.) 867. à Thl. * 1 Thlr.] * 2 Thlr.; geb. * 2 Thlr. 24 Ngr.

* 13. Pauli, Rhold., Geschichte Englands seit den Friedensschlüssen von 1814 und 1815. 2. Thl.: Die Whig-Periode von 1830—1841. (XII und 607 S.) 867. * 2 Thlr.; geb. * 2 Thlr. 12 Ngr.

* 14. Baumgarten, Herm., Geschichte Spaniens vom Ausbruch der französischen Revolution bis auf unsere Tage. 2. Thl. (XIV und 618 S.) 868. * 2 Thlr. 8 Ngr.; geb. * 2 Thlr. 20 Ngr.

1.—5. Bd. Ebendas. 1858—60. * 4 Thlr. 16 Ngr.; geb. * 6 Thlr. 16 Ngr.

Staatengeschichte der neuesten Zeit. 15.—21. Bd. gr. 8. Leipzig, Hirzel. * 51 20

Inhalt:

Bd. 15. 20. Mendelssohn-Bartholdy, Karl, Geschichte Griechenlands von der Eroberung Konstantinopels durch die Türken im J. 1453 bis auf unsere Tage. 1. Thl.: Von der Eroberung Konstantinopels durch die Türken bis zur Seeschlacht von Navarin. (XIII, 545 S.) 870. *M 6,80. — 2. Thl.: Von der Uebernahme der Verwaltung durch Kapodistrias bis zur Großjährigkeit Königs Otto. (VIII, 575 S.) 874. *M 8.

Staatengeschichte der neuesten Zeit 2c.
Bd. 16. 18. Reuchlin, Herm., Geschichte Italiens von der Gründung der regierenden Dynastien bis zur Gegenwart. 3. Thl.: Die Reaktionszeit und die nationale Erhebung Italiens von der Bekämpfung der röm. Republik im Frühjahr 1849 bis zum letzten Ministerium Cavours im Jan. 1860. (VII, 495 S.) 870. *ℳ 6. — 4. (Schluß-)Thl. (VII, 570 S.) 874. *ℳ 7,20.
" 17. Baumgarten, Herm., Geschichte Spaniens vom Ausbruch der französ. Revolution bis auf unsere Tage. 3. Thl. (XIII. 640 S.) 871. *ℳ 7,20.
" 19. 21. Bernhardi, Thdr. v., Geschichte Rußlands und der europäischen Politik in den J. 1814—1831. 2. Thl. 1. Abthl. (VII, 447 S.) 874. *ℳ 6. — 2. Abthl. (VIII, 845 S.) 875. *ℳ 10.
1.—21. Bd. Ebendas. 1858—75. *ℳ 108,10.

Staatengeschichte der neuesten Zeit. 22.—24. Bd. gr. 8. Leipzig, Hirzel. *
Inhalt:
Bd. 22. Pauli, Rhold., Geschichte Englands seit den Friedensschlüssen von 1814 und 1815. 3. Thl.: Der Freihandel und die Manchesterschule 1841 bis 1852. (XII, 530 S.) 875. *ℳ 8.
" 23. Bernhardi, Thdr. v., Geschichte Rußlands und der europäischen Politik in den J. 1814 bis 1831. 3. Thl. (VIII, 731 S.) 877. *ℳ 10.
" 24. Treitschke, Heinr. v., deutsche Geschichte im 19. Jahrhundert. 1. Thl.: Bis zum zweiten Pariser Frieden. 1. und 2. Aufl. (VIII, 791 S.) 879. *ℳ 10.
1.—21. Bd. Ebendas. 1858—75. *ℳ 136,10.

Staatengeschichte der neuesten Zeit. 24. und 25. Bd. gr. 8. Leipzig, Hirzel. * 19 —
Inhalt:
Bd. 24. Treitschke, Heinr. v., deutsche Geschichte im 19. Jahrh. 1. Thl.: Bis zum zweiten Pariser Frieden. 3. Aufl. (IX, 793 S.) 882. *ℳ 10.
" 25. —— dass. — 2. Thl.: Bis zu den Karlsbader Beschlüssen. (VIII, 638 S.) 882; 2. Aufl. (VIII, 638 S.) 883. *ℳ 9.
1.—23. Bd. Ebendas. 1858—77. *ℳ 126,10.

Staatengeschichte der neuesten Zeit. 24.—26. Bd. gr. 8. Leipzig, Hirzel. *ℳ 29.—.; geb. * 32 75
Inhalt:
Bd. 24. Treitschke, Heinr. v., deutsche Geschichte im 19. Jahrh. 1. Thl.: Bis zum zweiten Pariser Frieden. 4. Aufl. (VIII, 793 S.) 887. *ℳ 10.—.; geb. *ℳ 11.25. — Sep.-Ausg. geb. *ℳ 13.—.
" 25. —— dass. — 2. Thl.: Bis zu den Karlsbader Beschlüssen. 3. Aufl. (VIII, 638 S.) 886. *ℳ 9.—.; geb. *ℳ 10.25 — Sep.-Ausg. geb. *ℳ 12.—.
" 26. —— dass. — 3. Thl.: Bis zur Juli-Revolution. 1. und 2. Aufl. (VIII, 778 S.) 886. *ℳ 10.—.; geb. *ℳ 11.25. — Sep.-Ausg. geb. **ℳ 13.—.
1.—23. Bd. Ebendas. 1858—77. *ℳ 126.10.

Staatengeschichte der neuesten Zeit. 26. u. 27. Bd. gr. 8. Lpz., Hirzel. * 20
26. Treitschke, Heinrich v. Deutsche Geschichte im 19. Jahrh. 3. Thl. Bis zur Juli-Revolution. 3. Aufl. (VIII, 778 S.) 889. * 10 —.
27. —— dass. — 4. Thl. Bis zum Tode König Friedrich Wilhelms III. 1.—3. Aufl. (VIII, 753 S.) 890. * 10 —.

Staatengeschichte der neuesten Zeit. 24., 25. u. 28. Bd. gr. 8. Leipzig, S. Hirzel. n. 29. —
24. Deutsche Geschichte im 19. Jahrh. von Heinr. v. Treitschke. 1. Thl. Bis zum 2. Pariser Frieden. 5. Aufl. 14. bis 18. Taus. (IX, 795 S.) 894. n. 10. —
25. — dasselbe. 2. Thl. Bis zu den Karlsbader Beschlüssen. 4. Aufl. (VIII, 640 S.) 893. n. 9. —
28. — dasselbe. 5. Thl. Bis zur März-Revolution. 1. u. 2. Aufl. (VIII, 774 S.) 894. n. 10. — (1—5.: n. 49. —; Einbde. in Halbfrz. à n.n. 3. —)

Staatengeschichte d. neuesten Zeit. 24.—28. Bd. gr. 8. Leipzig, S. Hirzel. à Bd. n. 10. —; geb. à Bd. n.n. 13. —
24. Deutsche Geschichte im 19. Jahrh. Von Heinr. v. Treitschke. 1. Thl.: Bis zum zweiten Pariser Frieden. 6. Aufl. 17.—20. Taus. (IX, 795 S.) 897.
25. Dasselbe. 2. Thl.: Bis zu den Karlsbader Beschlüssen. 5. Aufl. 15.—18. Taus. (VIII, 640 S.) 897.
26. Dasselbe. 3. Thl.: Bis zur Juli-Revolution. 4. Aufl. (VIII, 788 S.) 896.
27. Dasselbe. 4. Thl.: Bis zum Tode König Friedrich Wilhelms III. 4. Aufl. 12.—15. Taus. (VIII, 753 S.) 897.
28. Dasselbe. 5. Thl.: Bis zur März-Revolution. 3. Aufl. 9.—11. Taus. (VIII, 774 S.) 895.

— der neuesten Zeit. 28. Bd. gr. 8. Leipzig, S. Hirzel. n. 10. —
Deutsche Geschichte im 19. Jahrh. Von Heinr. v. Treitschke. 5. Thl. Bis zur März-Revolution. 4. Aufl. 12. bis 15. Taus. (VIII, 774 S.) 899.

— der neuesten Zeit. 24.—26. u. 29. Bd. gr. 8. Leipzig, S. Hirzel. n. 42. —; geb. n.n. 54. —
24. Deutsche Geschichte im 19. Jahrhundert. Von Heinrich v. Treitschke. 1. Thl. Bis zum zweiten Pariser Frieden. 7. Aufl. 21.—24. Taus. (IX, 795 S.) 904. n. 10. —; geb. n.n. 13. —
25. Dasselbe. 2. Tl. Bis zu den Karlsbader Beschlüssen. 6. Aufl. 19.—21. Taus. (VIII, 640 S.) 906. n. 10. —; geb. n. 13. —
26. Dasselbe. 3. Thl. Bis zur Juli-Revolution. 5. Aufl. (VIII, 778 S.) 903. n. 10. —; geb. n.n. 13. —
29. Geschichte der Schweiz im 19. Jahrh. Von Wilh. Oechsli. 1. Bd Die Schweiz unter französ. Protektorat 1798—1813. (XVIII, 781 S.) 903. n. 12. —; geb. n.n. 15. —

— der neuesten Zeit. 24. u. 26.—28. Bd. gr. 8. Leipzig, S. Hirzel. à 10.—; geb. à n 13. —
24. Deutsche Geschichte im 19. Jahrh. Von Heinr. v. Treitschke. 1. Tl. Bis zum 2. Pariser Frieden. 8. Aufl. 25.—27. Taus. (IX, 795 S.) 909.
26. Deutsche Geschichte im 19. Jahrh. Von Heinr. v. Treitschke. 3. Tl. Bis zur Julirevolution. 6. Aufl. 18.—20. Taus. (VIII, 778 S.) 908.
27. Dasselbe. 4. Tl. Bis z. Tode König Friedrich Wilhelms III. 5. Aufl. 16.—18. Taus. (VIII, 753 S.) 907.
28. Dasselbe. 5. Tl. Bis zur März-Revolution. 5. Aufl. 16.—18. Taus. (VIII, 774 S.) 908.

Staaten-Gruppen Deutschlands im März 1850. Kpfst. u. Ill. Fol. (Mit 1 Bl. Text in Fol.) Gotha 1850.

Staatenjournal. Nürnberg u. Leipzig 1787. H: *Grossinger, Frz. Rud.* (WBL V/376) (BiblPort)

Staatenjournal, Neues, als die Fortsetzung des Grossingschen Staatenjournals. 1.—6. Stück. Berlin 1788. H: *Nencke, K. E.* (MS) *Nencke, Carl Chph.* (Ky)

Staatenjournal, neues, v. Römer u. Nenke, als Fortsetz. d. Grossingschen, f. 1789. 12 Stck. 8. Berlin, Schöne.

— — f. 1790. 1s—3s Stck. 8. Ebend.

Staatenkunde, Neueste. Ein Journal für Regenten und Völker. Germanien [Hof] 1798. V: *Lange, Carl Julius.* (Ky) (MGT) (Wr) (MS)

Staatenkunde, neueste, Journal f. Regenten u. Völker, herausg. v. K. J. Lange. 4 Stck. gr. 8. Hof, Grau. 798.

Staatenverfassung, neue, z. Wohl u. Glück d. Völker, in kurzen aber gut gemeinten Gedanken entworfen. 8. Berl. Schöne. 808.

Staatenverhältnisse, s. Staatsverhältnisse

New England Staaten-Zeitung: May 1? 1875 – Dec. 14, 1901.
Independent weekly. For supplement, see Spezial-Nachrichten; also, Rhode Island Wochenblatt (Providence, R.I.). For other editions, see Holyoke Journal (Holyoke, Mass.), & Der Hartforder Herold (Hartford, Conn.). Place of publication varies: Holyoke, Mass., 1875–76; Springfield, Mass., 1877–78. Circulation: 1878, 600 (est.); 1880, 1800; 1890, 3000; 1901, 900. Edited & published by P. L. Schrifigießer & Co., 1875–97; by German Newspaper Co., 1900–01; by Telegraph Publishing Co.
Boston, MA

Staalkamp, A., Futterkräuter u. Futtergräser. 1s—3s Heft. Fol. Celle, Schulze (à 1 Thlr. 8 gr.)

Staatmann, der, Zeitschrift f. Politik u. Tagsgeschichte. Herausgg. v. Pfeilschifter. 1r Bd. 6 Hefte. 2r—4r Bd. à 3 Hfte. gr. 8. Offenb. 822—24. 10 ₰ 16 ℊ (5r—16r Bd.) Jahrgg. 1825—32. gr. 8. Ebd., Hauch. (Aschaffenb., Pergay). 38 ₰ 12 ℊ (Von 1830 an auch unt. d. T.: Neue Folge, 1r—3r Bd. à 2 ₰)

Staats, C. Th., drei Predigten und eine Jubel-Rede gehalten zu Walsrode. gr. 8. (IV und 47 S.) Verden 857, Tressan. *

Staats, Fr. Phil. Ludw.

Staats, F. P. L., die Elemente des Lateinschreibens. gr. 8. Breslau, Holäufer. 819.

Staats, Fr. Phil. Ludw., die Elemente d. Lateinschreibens, zum Gebr. beim öffentl. u. Privat-Unterr. 2., verb. Aufl. 8. (25 B.) Breslau 829, Gosohorsky.

Staats, Friedrich [aus Breslau]: Ueber Asaron ... Breslau: Druck v. Grass, Barth u. Comp. (W. Friedrich) (1885). 4, 33 S. 8°
Breslau, Phil. Fak., Inaug.-Diss. v. 22. Aug. 1885.

Staats, Friedr., über Asaron. Inaugural-Dissertation. gr. 8. (30 S.) Breslau 885, (Köhler.) * 1 —

Staats, Friedrich, Dr.: Die Luft in Schulzimmern. *Breslau (1900): Bresl. Genossenschafts-Buchdr.* (S. 3—16.) 4°
Breslau, st. ev. G. zu St. Maria-Magdalena, OP 1900 (180)

Staats, Georg (geb. Neumarkt in Schles. 27. 5. 18[illegible]): Beitrag zur Kenntniss des Ortho- und Paratolylsenfoles sowie der Ortho- und Paratolylsulfoharnstoffe und einiger Orthotoluidinderivate. Berlin 1880. (20 S.) 8°
Berlin, Phil. Diss. v. 26. Febr. 1880.

Staats, Wilhelm [cand. med.]: Ein Fall von Adenoma hepatis.... Lippstadt, Aug. Staats Buchdr., 1886; 24 S. 8°.
Würzburg, Med. Fak., Inaug.-Diss. v. 1886.

Staats v. Wacquant-Geozelles, s.a. Wacquant-Geozelles, Staats v.

[F.] Die Hüttenjagd. In d. Krähenhütte gesammelte Beobachtgn v. Staats v. Wacquant-Geozelles. M. 37 Textabb. u. 1 Titelb. *Berlin: P. Parey 1896.* (VIII, 200 S.) 1 Bd 8.
(Weidmannsbücher. [Bd 5.]) (95. 4081)

CARL X., König von Frankreich. (1757—1836.) — Staats- und Liebes-Abenteuer von Karl X., ehemaligem König von Frankreich. Aus d. Französ. nach der Chronique scandaleuse de Charles X. Leipzig 1830. 12°.
Orig.: Histoire scandaleuse, politique, anecdotique et bigote de Charles X. (Récit en termes décentes.) Edition suivie d'une biographie des ex-ministres. Paris 1830. 12°. 226 pp. front. gr. (1 Rthlr. Baer; 1½ Mk. O. Richter.) anecdotique et bigote de duchesse d'Angoulême et de Berry. — Hieran schliesst sich: Histoire scandaleuse, politique, anedotique et bigote de duchesse d'Angoulême et de Berry, formant le complément indispensable de l'histoire scandaleuse de Charles X. Paris 1830. 18°. (4 Mk. Kühl.)

Staats- u. Liebesabentheuer von Karl d. X., ehemal. Könige v. Frankreich; aus d. Französ. nach d. Histoire scandaleuse politique et anecdotique de Charles X. 12. Leipz. 830. Allgem. Niederländ. Buchh. 14 gr.

Die **Staats-** und **Gemeindeabgaben** sowie die Kreis-, Provinzial- und Schullasten im preuß. Staate f. d. Rechnungsjahr 1899. Bearb. vom Königl. Statist. Bureau. Th. 1. 2. Berlin 1901: Koebke. 4°
1. Absolute Zahlen. 2. Verhältnißzahlen (10. 17:90)

Staats-Acta Auserlesene neueste, von Teutschland, mit Erläuterungen und Anmerckungen, 2 Theile. Berlin 1736. H: *Moser, Johann Jacob.* (Joh. Jacob Moser, Lebensgeschichte von ihm selbst beschrieben. Frankfurt u. Leipzig 1777, III, 139)

Staatsacta, Auserlesene neueste, unter der jetzt glorwürdigsten Regierung ... Joseph des II: zum Behuf der Reichshistorie und der Staatsrechten mitgetheilt ... Ulm 1767—73 ... H (Th. 5. 6): *Gritsch, Johann Christoph von.* (ML) (EngG) (Pütter, Litt. d. Teutsch. Staatsr. Gött. 1783—91. II, 180.)

Staatsacta, auserles. neueste, unter der Regierung Kaiser Josephs II. 7 Thle. (5r u. 6r Thl. von Jh. Cph. v. Gritsch). 8. Ulm 767—73. Wohler. (à 12 gr.) 3 Thlr. 12 gr.

Staatsacta v. Deutschland, m. Anmerk. 2 Thle. 8. Berlin, Rüdiger. 736.

Anonym: „Neueste Staatsacta unter der Regierung Kaiser Josephs II. zum Behuf der Reichshistorie und des Staatsrechts", 7 Teile, Ulm 1767 bis 1773 (Wohler).

Staats-Akten f. Gesch. u. öffentl. Recht d. Deutschen Bundes, s. Meyer, Ph. A. G. v.

Staats-Acten, Neueste, u. Urkunden 1825 - 1827, s.a. Archiv, diplomatisches, f.d. Zeit-u. Staatengeschichte.

Staats-Akten, neueste, und Urkunden, s.a. **Archives diplomatiques.**

„Neueste Staats-Acten und Urkunden", 30 Bände, Stuttgart und Tübingen 1825 bis 1833. — Vorh.: Com. Bibl. Hamburg.

Staatsallmacht, die, die Ursache der europäischen Revolutionen. Ein Nachtrag zu d. Schrift: Ein deutscher Bundesstaat eine Unmöglichkeit v. e. ehrlichen Deutschen. gr. 8. (IV u. 56 S.) Leipzig 850, Hirschfeld. 1/4 Thlr.

Staatsalmanach, helvetischer, f. d. J. 1800; hrsgg. von L. Meister u. W. Hofmeister. (Enthält die Fortsetz. der helvet. Revolutionsgeschichte v. L. Meister). kl. 8. Bern 800.

Staats-Almanach für das Königr. Preußen, s.a. Niederstetter.

Staats-Almanach für das Königreich Preussen auf das Jahr 1868, herausgegeben von F. Niederstetter, Polizeirath z. D. etc. 2. Jahrgang. 8. Berlin 1868.

Staats-Anzeigen; herausgegeben von **A. L. v. Schlözer.** Bd. 1—18. Göttingen 1782—93. 8. **Register zu Heft 25—48 von Ekkard.** Ebendas. 1790. 8.

Staatsanzeigen: Bündnerische Staatsanzeigen
(H) Andreas Otto, Kanzleidirektor, Chur (Q) BGSZ. 1900, p. 57 (I) Projektierte historisch-politische Zeitschrift des Jahres 1794

Staatsanzeigen, Deutsche. Bd 1–3. Leipzig: Voss 1816–18. 8°
(Hrsg. v. Adam Heinr. Müller.)

Staatsanzeigen, französische, gesamml. u. herausg. z. Geschichte d. großen Revolution. 4 Hefte. gr. 8. Leipzig, Kummer. 790.

Jakobi, A. F. E. und Lüder, A. F. (Herausgeber): „Holländische Staatsanzeigen", I. (einziger) Theil, mit einem Vorbericht von A. L. Schlözer, Göttingen 1784.

— Holländische, herausgeg. v. Jacobi u. Lüder. 6 Thle. gr. 8. Götting. Vandenhök u. R. 784-86. (à 18 gr.)

„Neueste Staatsanzeigen", gesammelt und herausgegeben von Freunden der Publicität und Staatskunde, 5 Bände (je 4 Stücke) und Band 6, Stück 1 und 2, Hamburg 1794 ff.

Neueste Staatsanzeigen. Ges. und hrsg. von Freunden der Publicität und Staatskunde, als eine Forts. der Schlözer'schen Statsanzeigen. - Hbg.: Mutzenbecher 1796—1800.
Anf. s.: Schlözer: Briefwechsel meist historischen und politischen Inhalts

Staatsanzeigen, Neueste. Germanien [Hamburg] 1796—1800. H: *Ehrmann, Theophil Friedrich.* (MS)

— neueste, gesamml. u. herausg. v. Freunden d. Publicität u. Staatskunde, als eine Forts. d. Schlözerschen Staatsanzeigen, 6 Bde. à 4 Stck. gr. 8. Hamb. Mutzenbecher (Villaume) 796-800. (à Stck. 10 gr.)

Staatsanzeigen, Preußische, herausgeg. v. e. Gesellschaft v. Geschäftsmännern a. d. Jahr 1806 in 12 Heften. 8. Berl. Dunker u. H. Rthlr. 6 —

— Rheinische, 2 Hfte. 8. Nrnb. Bauer (Schmidmer) (auch Walgt in Jena.) 802.

— Sächsische, s. Fr. v. Beust.

Staatsanzeigen von den k. k. Staaten. Wien 1784. H: *Luca*, *Ignaz de.* (ML) (Ky) (MGT)

— von den k. k. Staaten; (hrsgg. v. J. de Luca). 12 Hfte. gr. 8. Wien 784. (Wohler in Ulm). 4 ℛ

Staatsanzeiger. München 1779 bis 1784. H: *Hübner, Lorenz.* (Jos. Wismayr, Dr. Lorenz Hübners Biogr. Charakteristik, München 1855, S. 26) (BiblPort)

Der Staats-Anzeiger: 1906--1954 ‡.
Weekly, 1906--47?; semi-weekly, 1948--54. Independent, 1906--12; Democratic, 1913—21; Independent, 1922--54. Published in interest of Wolgadeutsche. Place of publication varies: Rugby, N. D., 1906--11. Circulation: 1910, 2538; 1915, 6038; 1920, 7260; 1930, 10,850; 1940, 13,520; 1944, 6000; 1950, 9836.
Edited by Frank L. Brandt, 1906--42?; by Val. J. Peter, 1948?—49; by Gustav Mauser, 1950—54; published by W. J. Anderson, 1906--11; by German-American Publishing Co., 1912; by Bismarck Printing Co., 1913--28; by Der Staats-Anzeiger Co., 1929--49; by Tribune Publishing Co., 1950--54.
Bismark, ND

Der Staats Anzeiger: 1906--1913. Rugby, ND
Weekly. Moved to Bismarck in 1912.

Staats-Anzeiger. – Herzoglich Anhalt-Dessauischer Staats-Anzeiger. –
1.I.1849 – 1.I.1850.
Vorh. u.d T.: Herzoglich-Anhalt-Dessauisches Wochenblatt.
Fortges. u.d.T.: Anhalt-Dessauischer Staatsanzeiger.

Staatsanzeiger. – Anhalt-Dessauischer Staatsanzeiger. –
2.I.1850 – 2.I.1854.
Vorh. u.d.T.: Herzoglich Anhalt-Dessauischer Staats-Anzeiger.
Fortges. u.d.T.: Anhaltischer Staatsanzeiger.

Staats-Anzeiger, Anhaltischer, s.a. Amtsblatt für Anhalt.

Staats-Anzeiger. – Anhaltischer Staats-Anzeiger. – Dessau. – 3.I.1854 – 31.XII.1918.
Vorh. u.d.T.: Anhalt-Dessauischer Staatsanzeiger.
Fortges. u.d.T.: Anhalter Anzeiger.

Staats-Anzeiger f. d. Großherzogth. Baden. Jahrg. 1895. gr. 4. (732 S.) Karlsruhe, Malsch & Vogel. n. 7. —

— dasselbe. Jahrg. 1896. gr. 4. (646 S.) Ebd. n. 7. —

— dasselbe. Jahrg. 1897. gr. 4. (514 S.) Ebd. n. 5. —

— dasselbe. Jahrg. 1898. gr. 4. (522 S.) Ebd. n. 5. —

Staatsanzeiger, Erbländischer. Wien 1774. H: *Lucca, Ign. de.* (Beschr. Realzeitung 1784, Nr. 49, S. 782—789) (Zenker S. 151, Nr. 230) (Ky 4/299) (WBL 16/121) (Wiens gegenw. Zustand unter Josephs Regierung, Wien 1787, S. 10) (BiblPort)

Staatsanzeiger, Der preussische, hsg. von einer Gesellschaft von Geschäftsmännern. Berlin 1806. H: *Cölln, Friedrich von.* (Ky) (MGT)

Staatsanzeiger, der Preußische; hrsgg. von e. Gesellsch. von Geschäftsmännern (Fr. v. Cölln), auf d. J. 1806, in 12 Hften. 8. Berl., Duncker u. H. 6 ℛ Hbz. Pr. 2 ℛ

Preußischer Staats-Anzeiger. Mai 1848 bis März 1849. 2 Bde. Dazu Sach- und Personen-Register zum Preußischen Staats-Anzeiger für d. J. 1848 u. 49. Berlin 1850, 51. Fol.

Staatsanzeiger, Königlich preussischer für 1852-60. Berlin 1852-60

Staats-Anzeiger, Königlich preussischer. 1871. Jänner—April. (Die Fortsetzung siehe unter: „Reichs-Anzeiger".) (2 Bde.) 4. Berlin 1871.

Staatsanzeiger für Württemberg. 1850-1913. fol Stuttgart 1850-1913

— — Literarische Beilage 1884-1913. 8° Stuttgart 1884-1913

Staatsarchiv, als eine Folge d. Schlözerschen Staatsanzeigen, angelegt u. geordnet v. K. F. Häberlin, 1s—18s Heft. gr. 8. Braunschweig, Vieweg (d. Bd. à 4 Hefte) 796-800. (à 9 gr.)

— — desselb. 19s—60s. gr. 8. Tübingen, Cotta. 801—806. (à 10 gr.)

— — desselb. 61s 62s. gr. 8. Helmst. Fleckeisen. 807. 808. (à 10 gr.)

Staatsarchiv. Als eine Folge der Schlözer'schen Staatsanzeigen angelegt und geordnet von K. F. Häberlin. — Helmstedt: Fleckeisen (1796--1800; Braunschweig: Vieweg; 1801—1806: Tübingen: Cotta) 1796--1807.
Anf. s.: Schlözer: Briefwechsel meist historischen und politischen Inhalts

Das Staatsarchiv. Sammlung der officiellen Aktenstücke zur Geschichte der Gegenwart. Hrgg. v. Ludwig Karl Aegidi und Alfred Klauhold. 8°.
Bd. 1. 1861. Juli bis Dezember. Hamburg 1861.
Bd. 2. 1862. Januar bis Juni. ebd. 1862.
Bd. 3. 1862. Juli bis Dezember. Hamburg. 1862. (Mit Beilage.)
Bd. 4. 1863. Januar bis Juni. ebd. 1863.
Bd. 5. 1863. Juli bis Dezember. ebd. 1863. (Actenstücke zur Deutsch-Dänischen Frage von 1861—63.)
Bd. 6. 1864. Januar bis Juni. ebd. 1864.
Bd. 7. 1864. Juli bis Dezember. ebd. 1865. (Beilage fehlt.)
Bd. 8. 1865. Januar bis Juni. ebd. 1865.
Bd. 9. 1865. Juli bis Dezember. ebd. 1865. (Mit Gratisbeilage.)
Bd. 10. 1866. Januar bis Juni. ebd. 1866. (Mit Beilage.)
Bd. 11. 1866. Juli bis Dezember. ebd. 1866.

Das Staatsarchiv. Sammlung der officiellen Actenstücke zur Geschichte der Gegenwart. Hrgg. v. Ludwig Karl Aegidi und Alfred Klauhold. 8°
Bd. 12. 1867. Januar bis Juni. Hamburg. 1867.
Bd. 13. 1867. Juli bis December. ebd. 1867.
Bd. 14. 1868. Januar bis Juni. ebd. 1868.
Bd. 15. 1868. Juli bis December. ebd. 1868.
Bd. 16. 1869. Januar bis Juni. ebd. 1869.
Bd. 17. 1869. Juli bis December. ebd. 1869.
Bd. 18. 1870. Januar bis Juni. ebd. 1870.
Bd. 19. 1870. Juli bis December. ebd. 1870.
Bd. 20. 1871. Januar bis Juni. ebd. 1871.
Bd. 21. 1871. Juli bis December. ebd. 1871.
Bd. 22. Hrgg. v. H. v. Kremer-Auenrode und F. Worthmann. Leipzig. 1872.

Das Staatsarchiv. Sammlung der offiziellen Actenstücke zur Geschichte der Gegenwart hrsg. von Ludw. Karl Aegidi u. Alfr. Klauhold, [später v. a., zuletzt:] von Gust. Roloff. Bd 1—81. [Nebst] Suppl.Bd 1. 2 (zu Bd 23. 24). Hamburg, (Bd 22 ff.:) Leipzig 1861—1912. 69 Bde

Gen.-Reg. 1861—67 v. M. H. Loewy. 1868.
„ „ 1868—77 zu Bd 14—32. 1880.
„ „ 1878—93 zu Bd 33—54. 1894.

Staatsarchiv, das. Sammlung der officiellen Actenstücke zur Geschichte der Gegenwart. In fortlaufenden monatlichen Heften herausg. von Ludw. Karl Aegidi u. Alfr. Klauhold. Jahrg. 1861. Juli—Decbr. 6 Hefte (à 5—6 Bgn.). Hamburg, O. Meissner. Lex.-8. n. 2 ℛ 15 ngr.

Staatsarchiv, das. Sammlung der officiellen Aktenstücke zur Geschichte der Gegenwart. In fortlaufenden monatl. Heften hrsg. von Ludw. Karl Aegidi und Alfr. Klauhold. Jahrg. 1862—67. à Jahrg. 12 Hefte. Lex.-8. (à Heft ca. 66 S.) Hamburg, O. Meissner. à Jahrg. *

—— dass. — Beilage zu 1862: Der ungarische Verfassungsstreit, urkundlich dargestellt. Lex.-8. (VIII und 207 S.) Ebendas. 862. *
Für Abonnenten des „Staatsarchiv" gratis.

—— dass. — General-Register zu 1861—1867. Ausgearb. von M. H. Loewy. Lex.-8. (IV und 239 S.) Ebendas. 868. *

Staats-Archiv, das. Sammlung der officiellen Actenstücke zur Geschichte der Gegenwart. In fortlaufenden monatl. Heften hrsg. von Ludw. Karl Aegidi und Alfr. Klauhold. 8.—11. Jahrg. 1868—1871. à Jahrg. 12 Hefte. Lex.-8. Hamburg, O. Meissner. à Jahrg. * 15 —

—— dass. — Begründet von Aegidi und Klauhold. In fortlaufenden monatl. Heften hrsg. von H. v. Kremer-Auenrode und F. Worthmann. 22. Bd. Juli—Decbr. 1872. 6 Hefte. gr. 8. (1. und 2. Heft 128 S.) Leipzig, Duncker und Humblot. * 8 40

—— dass. — hrsg. von H. v. Kremer-Auenrode. 23.—26. Bd. 1873—1874. à Jahrg. 6 Hefte. gr. 8. (à Heft 48—72 S.) Ebendas. à Bd. * 8 40

Staatsarchiv, das. Sammlung der officiellen Actenstücke zur Geschichte der Gegenwart. Begründet von Aegidi und Klauhold. In fortlaufenden monatl. Heften hrsg. von H. v. Kremer-Auenrode und Ph. Hirsch. 27.—36. Bd. à 6 Hefte. 1875—1879. gr. 8. (XVII, 380; XIV, 377; XV, 376; XVI, 368; XXI, 370; XXVI, 361; XXII, 361; XII, 371; XV, 369; XVI, 367 S.) Leipzig, Duncker und Humblot. à Heft * ℳ 1,40.; à Bd. *

—— Hrsgbr. Rud. Schramm. 1. Bd. 1876. 1. Heft. hoch 4. (VII, 124 S.) Mailand, Schramm. *
Nicht weiter erschienen.

—— dass. — 1. und 2. Suppl.-Bd. zu Bd. 23 und 24. gr. 8. Ebendas. [1. Suppl.-Bd. (IX, 370 S.) 877. * ℳ 8,40.; 2. Suppl.-Bd. mit den Registern zu Bd. 23, 24 und Suppl. 1 und 2. (476 S.) 880. * ℳ 10,20.] *

Staatsarchiv, das. Sammlung der officiellen Actenstücke zur Geschichte der Gegenwart. Begründet von Aegidi und Klauhold. In fortlaufenden Heften hrsg. von Hans Delbrück. 37.—43. Bd. à Bd. 6 Hefte. gr. 8. (à Heft ca. 60 S.) Leipzig 880—84, Duncker und Humblot. à Heft * à Bd. *

—— dass. — 2. Register-Bd., die J. 1868—1877. [Bd. 14—32 umfassend.] gr. 8. (VII, 303 S.) Ebendas. 880. *

Staatsarchiv, das. Sammlung der officiellen Actenstücke zur Geschichte der Gegenwart. Begründet von Aegidi und Klauhold. In fortlaufenden Heften hrsg. von Hans Delbrück. 44. Bd. 6 Hefte. gr. 8. (XXI, 378 S.) Leipzig 885, Duncker und Humblot. à Heft * ℳ 1.40. * 8 40

—— dass. — In fortlaufenden Heften hrsg. von Ernst Delbrück. 45. und 46. Bd. à Bd. 6 Hefte. gr. 8. (XVII, 364; XXVI, 362 S.) Ebendas. 885,86. à Heft * 1 40
à Bd. * 8 40

Staatsarchiv, das. Sammlung der officiellen Actenstücke zur Geschichte der Gegenwart. Begründet von Aegidi und Klauhold. In fortlaufenden Heften hrsg. von Hans Delbrück. 47. und 48. Bd. à Bd. 6 Hefte. gr. 8. (XXXIV, 354; XV, 355 S.) Leipzig 887,88, Duncker und Humblot. à Heft * à Bd. *

Staatsarchiv, das. Sammlung d. officiellen Actenstücke zur Geschichte d. Gegenwart. Begründet v. Aegidi u. Klauhold. In fortlauf. Heften hrsg. v. Hans Delbrück. 49.—53. Bd. à Bd. 6 Hefte. gr. 8. (IV, 383; XVI, 355; X, 360; VIII, 382; VII, 374 S.) Lpz. 889, Duncker u. Humblot. à Heft * 1 40

Staatsarchiv, das. Sammlung der officiellen Aktenstücke zur Geschichte der Gegenwart. Begründet v. Aegidi u. Klauhold. In fortlauf. Heften hrsg. v. Hans Delbrück. 51.—54. Bd. à 6 Hfte. (4 Bog.) gr. 8. Leipzig 893. Duncker & Humblot. à Hft. n. 1. 40

— dasselbe. 55. Bd. Gesamt-Register zu Bd. 33—44. 6 Hfte. gr. 8. (VI, 298 S.) Ebd. 894. à Hft. n. 1. 40

— dasselbe, hrsg. v. Gust. Roloff. 56. Bd. 6 Hfte. (4 Bog.) gr. 8. Ebd. 894. à Hft. n. 1. 40

Staatsarchiv, das. Sammlg. d. offic. Aktenstücke zur Geschichte d. Gegenwart. Begründet v. Aegidi u. Klauhold. In fortlauf. Heften hrsg. v. Gust. Roloff. 57.—61. Bd. à 6 Hfte. (à ca. 8 Bog.) gr. 8. Leipzig 895—898. Duncker & Humblot. à Hft. n. 1. 40

Staatsarchiv, das. Sammlung der offiziellen Aktenstücke zur Geschichte der Gegenwart. Begründet v. Aegidi u. Klauhold. Hrsg. v. Gust. Roloff. 62.—66. Bd. à 6 Hfte. gr. 8. (XVI, 353; VII, 347; X, 353; XII, 308 u. XII, 308 S.) Leipzig 899—902. Duncker & Humblot. à Bd. n. 8. 40

Staatsarchiv, das. Sammlung der offiziellen Aktenstücke zur Geschichte der Gegenwart. Begründet v. Aegidi u. Klauhold. Hrsg. von Gust. Roloff. 67.—72. Bd. à 6 Hefte. (VIII, 318; XV, 308; XVI, 343; XI, 327; VI, 330 u. XII, 323 S.) gr. 8. Leipzig 903—906. Duncker & Humblot. à Bd. n. 8. 40

Staatsarchiv, das. Sammlung der offiziellen Aktenstücke zur Geschichte der Gegenwart. Begründet v. Aegidi u. Klauhold. Hrsg. v. Gust. Roloff. 73.—78. Bd. à 6 Hefte. (XIII, 326; IV, 314; IV, 334; XII, 336; II, 341 u. VII, 311 S.) gr. 8. Leipzig 907—10. Duncker & Humblot. à Bd. 8. 40

Staatsarchiv des deutschen Bundes. s. a. J. L. Klüber.

Staatsarchiv des teutschen Bundes. Hrsg. von Joh. Ludw. Klüber. Bd 1. 2. Erlangen 1816. 17. 2 Bde

Staatsarchiv, deutsches, 1—3. Bd. Hrsg. v. Joh. Carl Imman. Buddeus. gr. 8. Jena, Frommann. [1. (24 B.) 840. * 1⅓ Thlr., 2. (24½ B.) 841., 3. (20½ B.) 842. à * 1⅔ Thlr.] *
1. Bd. a. u. d. T.: Actenmäß. Darlegung d. Ergebnisse d. wider d. Magistrat d. Haupt- u. Residenzstadt wegen Beleidigung d. Regierung d. Königr. Hannover durch verschied. an die Hohe Deutsche Bundesversamml. gerichtete Eingaben eingeleit. Untersuchungs-Verfahrens. Nebst Beiln. Besond. Abdruck aus d. v. Defensor d. Magistrats Carl Stüve eingereichten Vertheidigungsschrift.

Staatsarchiv, deutsches. 4. u. 5. Bd. Hrsg. von Joh. Carl Imm. Buddeus. gr. 8. Jena, Frommann. [4. (23½ B.) 843., 5. (22½ B.) 44. à * 1 Thlr. 20 Ngr.] *
1—3. Bd. Ebendas. 1840—42, * 4 Thlr. 20 Ngr.

— d. preuß. Fürstenth. in Franken, bearb. v. C. S. C. Hänlein u. Th. Kretschmann. 1r Bd. 2r Bd. 1s — 3s u. 3r Bd. 1s Heft. gr. 8. Bayreuth, Lübeck. 797.

— kammergerichtliches, 1r–5r Thl. 4. Frkft. Andreä. 767.

Staats-Archiv.— Neues Europäisches Staats- und Friedens-Archiv, welches alle den gegenwärtigen Krieg betreffende Vorschläge in sich hält. St. 1–5. Frankfurt 1747. 8°

— neues, d. preuß. Fürstenth. in Franken, bearbeit. v. Hänlein u. Lang. 1r Bd. 1s Heft. gr. 8. Ansb. Haueisen (Gassert) 800.

Staatsarchiv des kaiserl. und des heil. Röm. Reichs Kammergerichts ... Ulm 1757—60. H: *Harpprecht, Johann Heinrich Freiherr von.* (ML) (ADB) (Stri)

Staats-Archiv des Kayserlichen und des H. Römischen Reichs-Cammer-Gerichts oder Sammlung von gedruckten und mehrentheils ungedruckten actis publicis, Archival-Urkunden ... Zu einer historischen Einleitung und pragmatischen Erläuterung derer Geschichten des Reichs-Cammer-Gerichts zusammengetragen. Ulm [1757—60]. H: *Harpprecht, Johann Heinrich Freih. von.* (KGBerlin I, 825)

Staatsärzte, Die, oder was ist zu thun, um bessere Zeiten herbei zu führen? Leipz. 1827. V: *Bergk, Joh. Adam.* (Call)

Staatsärzte, die, oder was ist zu thun, um bessere Zeiten herbeizuführen? gr. 8. Leipzig 827, Expedit. d. europ. Aufsehers.

Eva, Dercurieusen, historisch-politische Staats-Assemblée in dem Reiche derer Todten .... Mit Kpfrn. Leipzig 1724 u. ff. 4°. Cplt. äusserst selten!

Staats-Assemblée, merkwürdige, in dem Reiche derer Todten, zwischen einem gantz besondern Klee-Blat (sic!), oder *dreyen unartigen Staats-Ministern*, nemlich: dem *Duc de Ripperda*, dem *Grafen v. Hoymb*, u. dem *Juden Süss-Oppenheimer*, davon der Erstere, als ein Welt-beruchtigter Avanturier, verwichens Jahr in der Barbarey (NB! in Tetuan) gestorben: der Andere sich, vor zweyen Jahren, auf der berühmten Berg-Festung Königstein in Sachsen, selbst erhenckt: u. der Dritte nur letzthin, in Stuttgard (!) gehangen worden. Welche nicht allein einander ihre besondere Fata erzehlen: desgl. über das Steigen u. Fallen bey Hofe .... discuriren; sondern auch, über ein gewisses wunderliches Project von Staats-Sachen, wichtige Reflexiones machen .... Mit figurenreichem TKpf. (worauf Abbild. des *Süss'schen* eisernen Käfigs). Amsterdam, bey Hermann van der Haue (Regensb., Bader). 1738. 4°. Fast unbeschn. Expl. in Orig.-Ppb. (Auct. Graf v. Mohr no. 1163.)
4 Bll. u. 192 S. — Interess. u. rar!

Merkwürdige Staats-Assemblée in dem Reiche derer Todten, zwischen einem gantz besonderen Klee-Blat; oder dreyen unartigen Staats-Ministern, nemlich dem Duc de Ripperda, dem Grafen v. Hoymb, u. dem Juden Süß-Oppenheimer. Th. 1. 2. Tetuan, bey Hunniades 1738.

— [Andere Ausg.] 1739.

Staats-Aufsicht, Die, über Fremde ... [Leipzig] o. J. V: *Lewer, St.* (Verlags-Katalog von J. A. Barth. Lpzg 1880. S. 149.)

Staats-Aufsicht, Die, über Fremde. Eichstädt 1818. V: *Lewer, Steph.* (Ky)

Staats-Aufsicht, die, über Fremde, (v. St. Lewer). 8. Eichstädt 818. (Barth in Leipz.) 1¼ gr

Staats-Aufsicht, die, über Fremde. 8. Eichstädt, Beyer. 818.

Staatsaufsichts-Behörde, die, f. Eisenbahnen od. Entwurf zur Reorganisation der k. k. General-Inspection der oesterreich. Eisenbahnen. gr. 8. (40 S.) Wien 875. Lehmann & Wentzel. n. 1. 20

Staatsbahn: Die Staatsbahn
① Deutschweizerisches Organ zur Aufklärung der Wähler über den Rückkauf des Jura Industriel ⑤ 24. 6. 1884—28. 6. 1884 (3 Nrn.) ⑥ La Chaux-de-Fonds: Imprimerie du National Suisse ⑫ radikal ⑬ BGSZ: 1040 a (p. 270, no. 46).

Staatsbahn, Die schweizerische. O. O. [1891]. V: *Ryf, Johann.* (Cat. d. Stadtbibl. Zürich. Zürich 1864—97.)

Staatsbahn-Album. Prag, Altstädter Thurm — do. Hradschin — Panorama — do. Rathhaus-Uhr — do. Ring — do. Teinkirche — Budapest, Ofen — do. Ofner Burg — do. Szecheny-Monument — do. Panorama. Ebd. Quartformat à fl. 1.—. Dieselben Ansichten Cabinet à fl. —.50. 1887.

Staatsbahnschaffner, der deutsche. Offizielles Organ des Vereins der Schaffner u. Schaffner-Anwärter der deutschen Staatseisenbahnen. Schriftleitung: Geo. Sommerlatte. 1. Jahrg. Oktbr.—Dezbr. 1905. 6 Nrn. (48 S.) gr. 4. Berlin, A. Bodenburg. n. 1. 25

— dasselbe. 2. Jahrg. 1906. 24 Nrn. (à ca. 8 S.) gr. 4. Ebd. n. 6. —

Staatsbahnschaffner, der deutsche. Offizielles Organ des Verbandes der Schaffner u. Schaffner-Anwärter der Staatseisenbahnverwaltg. Schriftleitg.: Geo. Sommerlatte. 3.—6. Jahrg. 1907—1910. à 24 Nrn. (à 8 S.) 37×27 cm. Berlin, A. Bodenburg. à Jahrg. 5. —

Staatsbahnstrecke, die, Oberlahnstein-Coblenz-Güls, insbesondere die Brücken über den Rhein oberhalb Coblenz, über die Mosel bei Güls, über die Lahn oberhalb Niederlahnstein. Mit 24 (lith., Lichtdr.- u. Kpfr.-) Taf. [Aus: "Ztschr. f. Bauwesen".] Fol. (66 S.) Berlin 882. Ernst & Korn. cart. n. 20. —

Staatsbankerott oder nicht. Fingerzeige für Besitzer österreich. Staatspapiere und Noten. 8. (56 S.) Wien 867, (Klemm.) *

Staatsbauwesen, das, im ehemaligen Königr. Hannover und dessen Reorganisation nach den jetzigen staatlichen Verhältnissen. Denkschrift des Architecten- und Ingenieur-Vereins zu Hannover. Fol. (III und 62 S.) Hannover 867, (Schmorl und v. Seefeld.) *

Staatsbeamte, der. Jahrbuch für die k. k. österreichischen Civilbeamten pro 1876—1880. Redig. und hrsg. von Friedr. Hönig. 1.—5. Jahrg. 16. (L, 577; 259; XXXVIII, 539; XXVI, 537 S.) Wien, Perles. geb. in Leinw. *
geb. in Leder *

Staatsbeamte, der. Jahrbuch für die k. k. österreich. Civilbeamten pro 1881—1885. Redig. und hrsg. von Friedr. Hönig. 6.—10. Jahrg. 16. (à Jahrg. ca. 600 S.) Wien, Perles. geb. à Jahrg. *

Staatsbeamte, der. Jahrbuch für die k. k. österreich. Civilbeamten pro 1886—1888. 11.—13. Jahrg. Redig. und hrsg. von Friedr. Hönig. 16. (à Jahrg. ca. 200 S.) Wien, Perles. geb. à Jahrg. *

Staatsbeamte, der. Jahrbuch für die k. k. österreich. Civilbeamten pro 1889—1892. Redig. u. hrsg. von Friedr. Hönig. 14.—17. Jahrg. 16. (à Jahrg. 600—630 S.) Wien, Perles. geb. à Jahrg. * 4 —

Staatsbeamte, der. Jahrbuch f. die k. k. österreich. Civilbeamten pro 1891—1895. Red. u. hrsg. v. Frdr. Hönig. 16.—18. Jahrg. 16. (à ca. 600 S.) Wien, M. Perles. Geb. in Leinw. à Jahrg. n. 4.—

Staatsbeamte, Der. Jahrbuch für die k. k. österr. Civilbeamten pro 1894. Redigirt und herausgegeben von Dr. Friedrich Hönig 19. Jahrg. 16. (XXII, 644 S.) Geb. Ebd. 2.—

Staatsbeamte, Der. Jahrbuch für die k. k. österreichischen Civil-Beamten pro 1895. Redigirt und herausgegeben von Dr. Friedrich Hönig. XX. Jahrg. 16. (XXII, 645 S.) In Lnwd. geb. Wien: Perles 1894. 2.—

Staatsbeamte, Der. Jahrbuch für die k. k. österreichischen Civilbeamten pro 1897. Redigirt von Dr. Friedrich Hönig. XXII. Jahrgang. 16. (XXII, 704 S.) In Lnwd. geb. 2.— Ebd.

Staatsbeamte, der. Jahrbuch f. die k. k. österreich. Civilbeamten pro 1898. 23. Jahrg. 2. Ausg. gr. 16. (XXIV, 694 S.) Wien, M. Perles. Geb. in Leinw. n. 4.—

Staatsbeamte, Der. Notiz-Kalender für die österr. Civilbeamten pro 1882. VII. Jahrg. Herausg. u. redig. v. Dr. Friedr. Hönig, Generalsecretär-Stellvertreter des I. allg. Beamten-Vereines. 8. (Kalendarium, XXV u. 558 S.) geh. 2 fl., in Leder geb. 2 fl. 50 kr. Wien: Perles 1881.

Staatsbeamtin. Die, s. Frauenleben, Neues.

Staatsbegebenheiten, neueste, mit histor. u. politischen Anmerk. Jahrg. 1774–82. 8. Frankf. Varrentrapp u. W. (à 1 Thlr. 12 gr.)

— neueste deutsche, in periodischen Abhandll. ꝛc. herausgg. u. beurtheilt v. Frhrrn. Ign. v. Hertwig. Jahrgg. 1786—1808. Fol. (Ist nicht im Buchhandel gekommen.)

Staatsbegebenheiten, Die neuesten, mit historischen und philosophischen Anmerkungen. Frankf. a. M. u. Maynz 1776—82. V: *Köster, Heinrich Martin Gottfried.* (Stri) (HS) (MGT) (Adel) »1774—82« (Ky)

Die Staatsbeiträge an die Armenausgaben der Gemeinden.... 8.

... im Jahr 1900. 27 S. Wintorthur, Geschwister Ziegler, 1901.
... im Jahr 1901. 19 S. Zürich, Meyer & Hondess, 1902.

Staatsbeobachter: Eidgenössischer Staatsbeobachter
⑤ 1883 ⑦ Wochenblatt ⑧ Zürich ⑬ BGSZ: 12. p. 100.

Staats- u. Erdbeschreibung des Schwäb. Kreises u. der in u. um denselben geleg. Oestreich. Land- u. Herrschaften, insgemein Vorder- od. Schwäb. Oestreich genannt, (v. Dav. Hünlin). 2 Bde. gr. 8. Ulm 779—82. Stettin. (à 2 ℛ) 4 ℛ

Staats- und Erdbeschreibung, Neue und vollstaendige, des Schwäbischen Kreises und der in und um denselben gelegenen Österreichischen Land- und Herrschaften ... [Lindau] 1780—81. V: *Hünlin, David.* (MS) (EngG) (BaBb) »Ulm« (CBH) »1779—82« (Ky)

Staatsbeschreibung d. durchlaucht. Weltkreises, m. K. u. Mapp. 3 Thle. nebst Suppl. 8. Brschw. 719–25.

Staats-Betrachtungen über gegenwärtigen Preuss. Krieg in Teutschland, in wiefern solcher das allgemeine Europ. vornehmlich aber das besondere Teutsche Interesse betrift, mit — — — völkerrechtl. Bemerkungen. (Nebst Vorbetrachtung über die neue Art Krieg zu führen.) Wien (1759?) 4.
— Dasselbe. Mit Anmerkungen wieder aufgelegt zu Berlin. 1761. 4.

Staatsbetrachtungen, Rechtliche, über die Frage: Ob die in dem fürstl. Hessischen Gebiete gelegenen Güter ... dem Kurfürsten zu Mainz oder dem Landgrafen zu Hessen ... zugefallen sind? Offenbach 1783. V: *Roth, Johann Richard von.* (Ky) (MGT) (EngJ) (Pütter, Litt. d. Teutsch. Staatsr. Gött. 1773—91. III, 816.) »Staatsbetrachtung« (Schletter, Handb. d. jurist. Litt. Grimma 1843. S. 266.)

Staatsbetrachtungen, rechtl., üb. die Frage: ob die im Hessischen Gebiete gelegenen Güter u. Einkünfte der von Mainz aufgehobenen Klöster, Mainz od. Hessen zugefallen sind? (v. J. R. v. Roth). 8. Offenb. 783. Brede. 8 ℊ Vertheidigung derselben. 8. Frankf. 783. (W. Vogel in Leipz.) 10 ℊ

Staatsbetrachtungen, rechtliche, über die Frage: ob die im Hess. Gebiete gelegenen Güter u. Einkünfte d. v. Mainz aufgehob. Kloster, Mainz oder Hessen v. Rechtswegen zugefallen sind? 8. Offenb. Brede. 783.

Vertheidigte Staats-Betrachtungen über den gegenwärtigen Krieg in Teutschland gegen die grundlosen Anfechtungen der zu Berlin in Druck ausgegangenen groben Lästerschrift von dem sogenannten wahren Interesse des Teutschen Reichs bey dem gegenwärtigen Kriege . . . Erster Theil, welcher die ausführliche Widerlegung der ersten Abtheilung . . . enthält. Wien in Oesterreich 1762. 4. 101 S.

Staatsbeutel, der badische, oder: Sind die durch die neue Militär-Organisation entstehenden Lasten nicht überwiegend ausgeglichen durch die zu erwartenden großen Vortheile? Eine Belehrung für Jedermann in Stadt u. Land, für Militär u. Nichtmilitär. Freiburg 867. G. Mayer. gr. 8. (16 S.) 3 ngr.

Staatsbewußtsein, das preußische. Ein neues Zeugniß von Deutschlands Noth u. Schmach. Coburg 866. Streit's Verl. gr. 8. (VIII, 74 S.) n. 10 ngr.

Staats-Bibliothek, die, e. Samml. v. Uebersetzn. u. Auszügen aller class. Schriften d. Auslandes aus d. Gebiete d. Staats- u. Völkerrechts, d. Statistik u. National-Oekonomie, d. Gesetzgebung u. Administration, d. Handels, d. Gewerbe, d. Ackerbaues ꝛc. 1. Bd. 1. Hft. — A. u. d. T.: Napoleon. Ideen v. Napoleon Louis Bonaparte. gr. 8. (6 B.) Freiburg 838, Herder'sche Buchh. Thlr. *

Staats-Bibliothek, die, eine Sammlung von Uebersetzungen u. Auszügen aller classischen Schriften des Auslandes aus dem Gebiete des Staats- u. Völkerrechts, der Statistik u. National-Oekonomie, der Gesetzgebung u. Administration, des Handels, der Gewerbe, des Ackerbaues ꝛc. 1r Bd. 1s Hft. A. u. d. T.: Napoleonische Ideen von Napoleon Louis Bonaparte. gr. 8. Freiburg 839, Herder'sche Kunst- u. Buchh. n. 1/3 ℛ

Staatsbibliothek, Neueste historische. Leipzig 1759—61. H: *Schumann, Gottlieb.* (ML) (Ky)

Staatsbibliothek, neueste historische, (v. Gli. Schumann). 8 Stcke. 8. Leipz. 759—61. ... 18 g

Staats- u. Regierungs-Blatt, Großherzogl. Badisches. Jahrg. 1803—29. gr. 4. Freiburg, Herder. à Jahrg. 1 ℛ 8 g

Großherzoglich Badisches **Staats- und Regierungs-Blatt.** Jg. 26. 27. 29 — 40. Carlsruhe 1828—42. 14 Bde
[Fortges. u. d. Tit.:]
Großherzoglich Badisches Regierungsblatt. Jg. 60. 61. 63. 1862—65. 3 Bde
[Fortges. u. d. Tit.:]
Gesetzes- und Verordnungs-Blatt für das Großherzogthum Baden. Jg. 1884—1911. 28 Bde

Staatsbordellen. Stück 1. Frankf. 1787. 8°. (8 Sgr Scheible, vor 1875; jetzt höher!)

Staats-Bote, s.a. Staats-Bothe

Staatsbote, Der, eine allgemeine staatswissenschaftliche Zeitung für deutsche Bundesstaaten. Darmst. 1826—27. H: *Jaup, Heinrich Carl.* (Ky)

Staatsbote, der, eine allgemeine staatswissenschaftl. Zeitung für deutsche Bundesstaaten. Nebst einer polit. Chronik. 1r Jahrg. 1826 July — Decbr. 6 Hefte, u. Jahrgang 1827. gr. 4. Darmst., Leske, 1826, 2 Rthl. 8 gr. 1827, 4 Rthl. 16 gr.

Der Staats-Bote : 1884?—1885? Des Moines, IA
Weekly. Edited & published by J. H. Weisbrod.

Henrich Miller's Pennsylvanischer Staatsbote. Philadelphia, PA
See Wöchentliche Philadelphische Staatsbote.

Pennsylvanischer Staatsbote. Hrsg: Heinrich Miller. Dienstag den 9. Juli 1776, Phila. (Contains the Declaration of Indep in G tr.)

Staats- u. Volksbote, der Preuß., oder Nachrr. für Bürger u. Bauern. 1r Jahrg. 8. Berl. 799. Nauck. 1 ℛ

Der Wöchentliche Pennsylvanische Staatsbote : no. 1–920, Jan. 18, 1762–May 26, 1779.
Weekly, no. 1–695, Jan. 18, 1762—May 16, 1775; semi-weekly, no. 696—818, May 23, 1775—July 23, 1776; weekly, no. 819–920, July 30, 1776—May 26, 1779. Publication suspended after no. 199, Oct. 31, 1776, and resumed with no. 200, Nov. 18, 1776, during British occupation of Philadelphia. Sub-title: Mit den neuesten Fremden und Einheimisch-Politischen Berichten: Samt den von Zeit zu Zeit in der Kirche und Gelehrten Welt sich ereignenden Merkwürdigkeiten, no. 1–695, Jan. 18, 1762–May 16, 1775. Title varies: 1) Der Wöchentliche Philadelphische Staatsbote, no. 1–310, Jan. 18, 1762–Dec. 1767; 2) Der Wöchentliche Pennsylvanische Staatsbote, no. 311–695, Jan. 5, 1768—May 16, 1775; 3) Henrich Millers Pennsylvanischer Staatsbote, no. 696–920, May 23, 1775—May 26, 1779.
Edited & published by Henrich Miller [given variously: John Henry Miller; Heinrich Miller; Heinrich Müller; Henry Miller; John Heinrich Miller].
Philadelphia, PA

STAATS-BOTE, Der hinten und forn wohl gepuckelter Hinckender, ein Frantzmann, so da ein Gespräch mit seinem Cousin, Monsieur de la Kohlenbrenner hält. Reise 1—124. 1719—20. (Noch mehr ersch.?)
Citirt (ohne Orts- u. Formatsang.) in: Kurtze Nachricht von den .... Journalen .... v. *H. P. L. M.* Continuation. Lpz. u. Gardelegen, Campe, 1720. 8°. S. 63 (daselbst kurz als „abgeschmacktes Ding" bezeichnet). — Aeusserst selten!

Staatsboth. – Kölnischer Staatsboth. – 1780 – 23.III.1791.
Vorh. u.d.T.: Kölnischer eilfertiger Welt- und Staats-Both.
Fortges. u.d.T.: Eilfertiger Welt- und Staatsboth.

Staats-Bothe, s.a. Staats-Bote

Der Staats Bothe : 1839–?
Democratic. Published by Edwin W. Hutter & Samuel S. Bigler. Established 1839. Small folio.

Amerikanischer Staatsbothe : Jan. 1, 1800—1833?
Weekly. Title varies: 1) Der Americanischer Staatsbothe, und Lancaster Anzeigs-Nachrichten, Jan. 1, 1800–Dec. 1810; 2) Americanischer Staatsbothe, und Lancaster Wochenschrift, Jan. 1811–Aug. 1819; 3) Americanischer Staatsbothe, Sept. 1? 1819—1833. Continued from Der Deutsche Porcupein, und Lancaster Anzeigs-Nachrichten, with which it is numbered. Knauss states that no paper was published on Sept. 24, 1800. Large quarto, with slight variations; each issue 4 pages. Subscription rate: $ 1.00. Subscription held by Harmony Society, 1826–33. Edited & published by Johann Albrecht u. Comp. [Jacob Lahn]. Jan. 1, 1800–Jan. 1801; by Johann Albrecht, Jan. 1801–Aug. 1806; by Georg & Peter Albrecht, Aug. 1806–1808; by Anton Albrecht, Aug. 1808–1820?; by William Albrecht [from between Sept. 1, 1819–Oct. 18, 1820] to 1833.
Lancaster, PA

Staatsbothe: Rhätischer Staatsbothe
④ Merkur Hohenrhätiens ⑤ April 1798—Juni 1798 (?) ⑥ 8° ⑦ Wochenblatt ⑧ Malans: J. G. Berthold ⑩ J. G. Berthold ⑪ Heinrich Zschokke (?) ⑫ helvetikfreundlich ⑬ BGSZ: 1000; Klages (Zeitschriften) Nr. 2 ⑭ Maienfeld: Bibliothek Sprecher.

Staatsbriefe, auserles., hoher Potentaten; herausgg. (v. Jh. Chr. Adelung). 3 Thle. 8. Gotha 762—64. (Götting., Dietrich). 2 ℛ 6 g

Staatsbriefe, Auserlesene, welche in den wichtigsten Angelegenheiten seit dem Jahre 1740 abgelassen worden. Gotha 1763—64. H: *Adelung, Johann Christoph.* (Ky) (MGT) (Kläbe, Neuest. Gel. Dresden. Leipzig 1796.)

Staatsbriefe, gesammelte, König Friedrichs II. v. Preußen, s. Friedrich II.

Staatsbriefe, Hannoversche. Leipzig 1861. V: *Oppermann, Heinrich Albert.* (PROVBHann 271)

Staatsbriefe, hannoversche. I—XII. (Abdr. aus der „Zeit".) Leipzig 861. O. Wigand. gr. 8. (47 S.) n. 10 ngr.

Staatsbudget, Das, und das Bedürfniss für Kunst und Wissenschaft im Königreich Hannover. Hannover 1861. V: *Müller, Joh.* (JStBbH)

Staatsbudget, das, und das Bedürfniß für Kunst und Wissenschaft im Königr. Hannover. gr. 4. (92 S.) Hannover 866, (Hahn'sche Hofbuchh.) *

Vischpach, Karl Hektor Freiherr von (Herausgeber): „Der Staatsbürger. Eine Wochenschrift in Baiern", Theil 1, Stück 1, München 1785. — Vorh.: Bayerische Staatsbibliothek München.

Staatsbürger, Der. Eine Zeitschrift ... Augsb. 1820—22. H: *Wiedenmann, Jac.* (EB)

Staatsbürger, der. Eine Schrift für Teutschland, mit besond. Rücksicht auf Baiern. 1r—3r Bd. gr. 8. Augsburg, Bäumer. (München, Fleischmann.) 820. (1r 1 Thlr. 8 Gr. 2r 3r Bd. à 1 Thlr.)

Staatsbürger, der. Eine Schrift f. das konstitutionelle Deutschland, mit besond. Rücksicht auf Baiern. 1r—4r Bd. gr. 8. Augsb. 820—22. (Münch., Fleischmann). (1r Bd. 1 ℛ 8 g, 2r u. 3r Bd. à 1 ℛ, 4r Bd. 1 ℛ) 4 ℛ 8 g

Staatsbürger, der. Monatschrift. Redig. von A. Semrau. Jahrg. 1848. 12 Nrn. (Bog.) br. gr. 8. Breslau, [Schulz.] *

Der **Staatsbürger**. Centralorgan für die allgem. polit. und materiellen Angelegenheiten. Red. Dr. J. C. Glaser. April 1849. 4⁰

Der **Staatsbürger**. Halbmonatsschrift f. polit. Bildung. Hrsg. von Dr. Hanns Dorn, Privatd., in Verbindung mit Prof. Dr Groth, Leipzig, u. Reg.Dir. Dr. Wappes in Speyer. [Jg. 1,] Nr 1. Leipzig & Berlin: Grunow 1910. 8°

Staatsbürger, der bayerische. Praktischer Ratgeber f. den amtl. u. Privatverkehr. Ein Hand- u. Nachschlagebuch f. Jedermann, insbesondere f. Landbürgermeister, Stadt- u. Marktschreiber, Gemeindekassierer, Gemeindeschreiber u. Geschäftsleute. Auf Grund der neuesten Gesetze u. Verordngn. In alphabet. Reihenfolge. gr. 8. (496 S.) Bamberg 894. C. C. Buchner, Verl. n. 4. —; geb. n. 4.80

—— der deutsche. Eine constitutionelle Wochenschrift für Stadt und Land. Redig. von J. E. Hesse. 1. Jahrg. 1848. Juli — Decbr. 52 Nrn. und 2. und 3. Jahrg. 1849 und 1850. à 104 Nrn. (½ Bog.) gr. 4. Merseburg. [Leipzig, Hebenstreit.] [1. Jahrg. * 20 Ngr., 2. * 1 Thlr. 10 Ngr., 3. * 1 Thlr. 4 Ngr.] *

Staatsbürger, der, f. d. konstitutionelle Deutschland. 4r Bd. gr. 8 Augsb. 822. Bäumer.

Staatsbürger. – Der Freie Staatsbürger. – Nürnberg. – 20.IV.1848 – 11.IV.1850.

Staatsbürger (Der freie). Tageblatt, hrsg. von Gust. Dietzel u. Lang. Nürnberg 1848—49.

Staatsbürger, der junge. Ein zeitgemäßes nützl. Buch f. die reifere Jugend u. insbesondere f. die Söhne d. bayer. Volkes zur Erkenntniß u. Aneiferg. der Pflichten gegen Gott, unsern angestammten Fürsten u. das gesammte deutsche Vaterland. 3. Aufl. Mit e. Farbendr.-Bilde. 8. (VII, 244 S.) Regensburg 875. Volks- u. Jugendschriften-Verl. 1. 20

—— der preussische. Monatsschrift für Volk und Staat. Hrsg. von Heinr. Berghaus. 1847. 12 Hefte. (à 3 Bog.) gr. 8. Potsdam, Stuhr'sche Buchh. *
Einzelne Hefte à *

—— der preußische, Universal-Handbuch für alle Stände, insbesondere für Kaufleute, Gewerbtreibende, Landwirthe 2c. Bearb. und hrsg. von einer Gesellschaft Gelehrter, Juristen und Kaufleute. 1—28. Lfg. 8. Berlin 851—52, C. Schultze's Buchdruckerei. [1. Bd. (VIII und 569 S.) 2. (706 S.) 3. (S. 1—442.) à Lfg. 5 Ngr.]

Staatsbürger, der preußische. Universal-Handbuch für alle Stände. Bearb. und hrsg. von einer Gesellschaft Gelehrter, Juristen und Kaufleute. 29—33. Lfg. gr. 8. (3. Bd. IV und S. 443—750.) Berlin 853, C. Schultze's Buchdr.
1—28. Lfg. Ebendas. 1851—52. 4 Thlr. 20 Ngr.

—— dass. — 2., verm. und verb. Aufl. 1—37. Lfg. gr. 8. Berlin, Preußisches Literatur-Comtoir. [Bd. I. (X und 950 S.) 2. (VI und 954 S.) 3. (S. 1—448.) 852—54. à Lfg. 5 Ngr.]

Staatsbürger, der Preußische. Universal-Handbuch für alle Stände, insbesondere für Kaufleute, Gewerbtreibende, Landwirthe 2c. Bearb. u. herausg. von einer Gesellschaft Gelehrter, Juristen u. Kaufleute. 2., stark verm. u. verb. Aufl. 3 Bde. Berlin 854. Preuß. Literatur-Comtoir. 8. (1 Bd.: X, 950 S.; 2. Bd.: VI, 954 S.; 3. Bd.: IV, 636 S.)
6 ℛ︀. 20 ngr.

— — Supplemente zur 1. Aufl. Ebend. 854. 8. (VI, 954 S.)
2 ℛ︀. 15 ngr.

Staatsbürger, der preuß., in allen seinen Rechtsverhältnissen. Ein nöthiges Hülfs- u. Handb. f. alle Unterthanen d. preuß. Staates. 1. Aufl. (22 B) 832., 2. Ausg. verm. u. ergänzt mit sämmtl. bis zu Ende d. J. 1834 ergang. neuen Gesetzen, Verordn. u. Rescripten u. e. Anh. üb. d. preuß. Stempelwesen u. d. Stempeltarif. (24 B.) gr. 8. Leipzig u. Torgau 835, Wienbrack. à Thlr.

Staatsbürger-Atlas [Schlagwort]

Staatsbürger-Atlas. Perthes', Just., Staatsbürger-Atlas. 24 (farb.) Kartenblätter m. üb. 60 Darstellgn. zur Verfassg. u. Verwaltg. des Deutschen Reichs u. der Bundesstaaten. Mit Begleitworten. Von Paul Langhans. 12. (36 S.) Gotha 896. J. Perthes.
In Leinw. kart. n. 2. —

Staatsbürger-Atlas. Perthes', Just., Staatsbürger-Atlas. 24 (farb.) Bl. (in 4.) m. üb. 100 Karten, Diagrammen u. Abbildgn. zur Verfassg. u. Verwaltg. des Deutschen Reichs u. der Bundesstaaten. Mit Begleitworten. Von Paul Langhans. 3. Aufl. schmal 8. (24 S.) Gotha 903. J. Perthes.
Geb. in Leinw., in schmal 8. n. 2. —

Staatsbürger-Bibliothek. 1.—10. Heft. 8. M. Gladbach, Volksvereins-Verlag. 3. 70
Budgetrecht, das, des deutschen Reichstags u. der Reichshaushalts-Etat. (60 S.) 908. (3. Heft.) — 30
Geld, das. (96 S.) 910. (10. Heft.) — 40
Kolonien u. Kolonialpolitik. (56 S.) 909. (6. Heft.) — 40
Kriegsflotte, die. (72 S.) 908. (5. Heft.) — 40
Landheer, das. (102 S.) 908. (4. Heft.) — 30
Parteien, die politischen, u. ihre Tätigkeit. 2. Aufl. (80 S.) 907. (1. Heft.) — 30
Selbstverwaltung Westfalens. (56 S.) 910. (9. Heft.) — 40
Steuerwesen, das, in Württemberg. (32 S.) 910. (8. Heft.) — 40
Verfassung des Deutschen Reiches. 2. verm. Aufl. 6.—15. Tausd. (59 S.) 910. (2. Heft.) — 40
— die, des Königr. Württemberg. (63 S.) 910. (7. Heft.) — 40

Staatsbürger-Bibliothek. Hrsg. v. Verband d. Windthorstbunde Deutschlands. 2. Aufl. H. 1. M.Gladbach: Westdeutsche Arbeiterzeitung 1907. 8° [F.]

Staatsbürger-Handbuch. Die wichtigsten Rechte u. Pflichten der Bürger, wie sie bei den Ruggerichten verkündigt werden. Zur Austheilg. an junge Bürger bei der Huldigg., sowie f. ältere Bürger zur Erinnerg. 2. verb. Aufl. gr. 16. (IV, 138 S.) Heidenheim 875. Rees. n. — 50

Staatsbürger-Handbuch, enth. die wichtigsten Rechte u. Pflichten der Bürger, wie sie bei den Ruggerichten verkündigt werden. Zur Austheilung an junge Bürger bei dem Ruggericht, sowie für ältere Bürger zur Erinnerung an den abgelegten Huldigungs-Eid. 5. Aufl. gr. 16. (IV, 180 S.) Heidenheim 879. Rees. n. — 50

Staatsbürger-Handbuch, enth. die wichtigsten Rechte u. Pflichten der Bürger, wie sie bei den Ruggerichten verkündigt werden. Für junge Bürger zur Erinnerg. an den abgelegten Huldigungs-Eid. 8. Aufl. 8. (IV, 260 S.) Heidenheim 886. Rees. n. — 60

Staatsbürger-Handbuch, enth. die wichtigsten Rechte u. Pflichten der Bürger, wie sie bei den Ruggerichten verkündigt werden. Für junge Bürger zur Erinnerg. an den abgelegten Huldigungs-Eid. 9. Aufl. 8. (IV, 210 S.) Heidenheim 890. Rees. n. — 60

Staatsbürgerhandbuch, enth. die wichtigsten Rechte u. Pflichten der Bürger, wie sie bei den Gemeinde-Visitationen verkündigt werden. Für junge Bürger zur Erinnerg. an den abgelegten Huldigungseid. Bearb. v. Alb. Baun. 10. Aufl. 8. (IV, 208 S.) Heidenheim 893. C. F. Rees. n. — 60

Staatsbürgerhandbuch, enthaltend die wichtigsten Rechte und Pflichten der Bürger . . . 11. Aufl. Heidenheim 1898. V: *Baun, A.* (Ky)

Staatsbürgerhandbuch, enth. d. wichtigsten Rechte u. Pflichten d. Bürger, wie sie bei d. Gemeinde-Visitationen verkündigt werden. Für junge Bürger zur Erinnerg. an den abgelegten Huldigungs-Eid. (Von A. Baun.) 11. Aufl. 8. (IV, 207 S.) Heidenheim 898. C. F. Rees. n. — 60

Staatsbürgerhandbuch, enth. die wichtigsten Rechte und Pflichten der Bürger. Für junge Bürger zur Erinnerg. an den abgelegten Huldigungs-Eid. 12. Aufl. (Von A. Baun.) 8. (IV, 217 S.) Heidenheim 901. C. F. Rees. n. — 60

Staatsbürgerhandbuch, neue Aufl., s.: Baun.

Staatsbürger-Kalender für das J. 1871. Red. von Wolfg. Bernhardi. Mit vielen Illustr. (in Holzschn.), sowie vollständ. von 1871 an gült. Strafgesetze. Berlin 870. E. Schlesinger's Verl. 32. (239 S.) n. 5 ngr.

Staatsbürger-Kalender, österreichischer, f. d. Schaltj. 1872. Hrsg. v. Ant. Kappeller. gr. 16. (XVI, 122 S.) Wien 871. Ficht in Comm. n. 1. 20

Staatsbürger-Zeitung, Red. u. Verl. C. Ritter v. Weyhrother. Druck. Fr. Rohlicek. 4. 2splt. wochentlich 2mal, 1 fl. vierteljährig. 1853.

Staatsbürger-Zeitung. –
[„Alte Held'sche"] Berlin.
1.I.1865 – 6.XII.1914.
11.II.1917 – 4.(?)XII.1926.

Staats-Bürgerzeitung. – Constitutionelle Staats-Bürgerzeitung. –
Dresden. – 1.I.1833 – 31.XII.1838.
Vorh. u.d.T.: Allgemeine deutsche Bürgerzeitung.
Fortges. u.d.T.: Constitutionelle Staatsbürger-Zeitung.

Staatsbürger-Zeitung. – Constitutionelle Staatsbürger-Zeitung. –
Dresden. – 1.I.1839 – 2.IV.1848.
Vorh. u.d.T.: Constitutionelle Staatsbürgerzeitung.
Fortges. u.d.T.: Vaterlandsblätter.

Staats-Bürgerzeitung, constitutionelle, und Insel Rügen. Zur Verständigung über Gegenstände des gesellschaftlichen Lebens, der Staats- u. Gemeindeverwaltung, der Volksbildung, der kirchlichen Verfassung u. des gewerblichen Verkehrs. Redigirt von Ferd. Philippi. 1r—3r Jahrg. 1833—1835. à 312 Numm. 4. Fol. Altenburg. (Dresden u. Leipzig, Arnold.) (à n. 5 ß) 15 ß

Staatsbürger-Zeitung, constitut., nebst Beiblättern z. Verständig. üb. Gegenstände d. gesellschaftl. Lebens, d. Staats- u. Gemeinde-Verwalt., d. Volksbild., d. kirchl. Verfass. u. d. gewerbl. Verkehrs. Redakt.: Ferd. Philippi. 4—10. Jahrg. 1836—42. Mit d. Beibl.: Polizeil. Mittheiln. rc., zunächst f. d. Königr. Sachsen. à 52 Nrn. (¼ Bog.) gr. Lex.-8. Grimma, Verlags-Comptoir. à J. * 5 Thlr., hrbgs. Pr. *

Das Beiblatt: Polizeil. Mittheilungen rc., wurde von folgenden Redacteuren besorgt:
Jahrg. 1837—40. Redact.: Friedr. Rosig. [837. (52 Nrn. ½ B.), 38—40. (à 52 Nrn. ¼ B.)] à * 1⅓ Thlr. — Vgl. 8. Bd. 2. Abthl. S. 37.: Mittheilungen, poliz.
„ 1841. Redact.: J. C. Schneemann. [52 Nrn. ¼ B.] * 1⅓ Thlr.
„ 1842. Redact.: C. J. Krieger. [52 Nrn. ¼ B.] * 1⅓ Thlr.

Staatsbürger-Zeitung, constitutionelle, rc. Redakt.: Ferd. Philippi. 11. u. 12. Jahrg. 1843 u. 1844. à 208 Nrn. (½ B.) Mit dem Beiblatt: Mittheilungen zur Förderung der Wohlfahrt rc., zunächst f. das Königr. Sachsen. à 52 Nrn. (¼ B.) gr. Lex.-8. Grimma, Verlags-Comptoir. à J. *

—— dass. redig. v. Dems. 13. Jahrg. 1845. 156 Nrn. (½ B.) Mit dem Beiblatt: Norddeutsche Anwalts-Zeitung. 52 Nrn. (Bog.) 4. Ebds. *

—— dass. 14. u. 15. Jahrg. 1846 u. 1847. à 208 Nrn. (½ B.) 4. Ebds. *
14. Jahrg. redig. v. Ferd. Philippi, 15. J. redig. v. Rud. Rüder.

Staatsbürger-Zeitung, constitutionelle. Red.: Rud. Rüder. (15. Jahrg.) 1847. 208 Nrn. gr. 4. (½ B.) Grimma, Verlags-Compt. n. 4 ß — (16. Jahrg.) 1848. Jan.—März. 52 Nrn. gr. 4. (½ B.) Grimma, Verlags-Compt. Leipzig, Blum & Co. in Comm. n. 1 ß (Fortsetzung siehe: Vaterlandsblätter.)

Staatsbürger-Zeitung, constitutionelle. Redig. von Rud. Rüder. (16. Jahrg.) 1848. Jan. — März. 52 Nrn. (½ Bog.) gr. 4. Grimma. [Wurzen,] Verlags-Comptoir. *

Staats-, Kriegs-, Kirchen- u. Gelehrten-Chronik, allgem., in welchen alle geistl. u. weltl. Denkwürdigkk. u. Geschichten, so sich vom Anfange d. Welt bis 1710 zugetragen. 20 Thle. Fol. Leipz. 734—754. Zedler. 40 ß (A. u. d. T.: Neueröffneter Schauplatz.)

Staats-Kriegs-Kirchen- und Gelehrten-Chronik, Allgemeine. Leipzig 1739—54. H (1—6): *Frankenstein, Jacob August.* (7—10) (16—20): *Hager, Johann Georg.* (ML)

Staatschronik, authentische, von Schweden, von 1772—78. gr. 8. Götting., Vandenhöck u. R. 3 ß

Staatsdenkwürdigkeiten d. Herzogs v. Choiseul, königl. franz. Minister unter Ludwig XV., a. d. Franz. 8. Bern, Haller. 790.

Staatsdiener, die, in Kurhessen als Bürger u. Beisitzer. Sind sie verpflichtet Gemeinde-Abgaben zu bezahlen? Beantwortet von H..... gr. 8. Kassel 842, Hotop. 1/6 ß

Staatsdiener und Staatsschwächen der Gegenwart. Ansichten und Tatsachen für alle die es angeht. Frankfurt 1862. V: *Doerr, Frdr. Hnr. Jac. Ludw.* (Priv.-Bibl. König v. Hannover. Hann. 1863.) (ADB 11, 159)

Staatsdiener, Der sterbende; ein verlornes, aber wiedergefundenes Manuscript . . . Frankf. a. M. 1785. V: *Roos, Philipp.* (Ky)

Staatsdiener, der sterbende; e. verlornes, aber wiedergefundenes Manuscript, als ein Beitr. zu Faustins philosoph. Jahrh. (v. Ph. Roos). 8. Frankf. a. M. 785. Andreä. 2 ß

Staatsdienergesetz u. Gesetz, das Disciplinarverfahren gegen Richter betr., v. 8. Mai 1852. gr. 8. (15 S.) Hannover 852 Pockwitz. 1/12 ß

Staatsdiener- und Staatsschwächen der Gegenwart. Ansichten und Thatsachen für alle, die es angeht und daran Interesse haben. 1. und 2. Aufl. gr. 8. (70 S.) Frankfurt a. M. 862, Küchler. *

Staatsdienst, der, und der preußische Beamtenstand. Historisch-kritische Betrachtungen, nebst Skizzen aus der National-Versammlung zu Berlin im J. 1848. gr. 8. (VI und 145 S.) Marburg 851, (Elwert'sche Universitäts-Buchh.)

Staatsdienst-Kalender, königl. preußischer, für den Reg.-Bez. Cassel auf die J. 1869—1871. gr. 8. (XXX, 377; XXX, 328; XX, 332 S.) Cassel, (Freyschmidt.) à Jahrg. **

—— dass. — auf das J. 1874. gr. 8. (XXIV, 332 S.) Ebendas. *

Staatsdienst-Kalender, königl. preußischer, für den Reg.-Bez. Cassel auf das J. 1875. gr. 8. (XXIV, 362 S.) Cassel, (Freyschmidt.) * 6 —
Jahrg. 1876 ist nicht erschienen.

—— dass. — auf das J. 1877. gr. 8. (XXVI, 362 S.) (Ebendas.) ** 5 —

—— dass. — auf die J. 1878/79. gr. 8. (XXIV, 367 S.) (Ebendas.) ** 6 —

Staatsdienst-Kalender, königl. preußischer, für den Reg.-Bez. Cassel auf das J. 1882. gr. 8. (XX, 381 S.) Cassel, (Freyschmidt.) *
Nicht weiter erschienen.

Staatsdienst-Kalender, königl. preußischer, für den Reg.-Bez. Cassel auf das J. 1887. gr. 8. (XX, 381 S.) Cassel 887, (Freyschmidt.) geb. **
Nicht weiter erschienen.

Staatsdienst-Kalender, königl. preußischer, f. den Reg.-Bez. Cassel auf d. J. 1890/91. gr. 8. (XX, 396 S.) Cassel 890. (Freyschmidt. — Wigand.) n.n. 5. 50

Staatseinheit, Die verfassungsmässige, der Herzogthümer Schleswig-Holstein. Frankf. a. M. 1849. V: *Samwer, Carl Frdr. Lucian.* (A) (ADB) (schles)

Staatseinkünfte, über, vorzügl. nach dem Oeconomie-Industrie-System; ein Beitr. zur angewandten Staatslehre, (v. J. F. v. Leonhardi). gr. 8. Frkf. a. M. 812. Guilhaumann. 8 gl.

Staatseinrichtungen, Die, in Sachsen-Weimar-Eisenach. Jena 1896. V: *Ortloff, Friedrich Herm.* (Kürschner, Dtsch. Litt. Kal. XXV, 990.)

Staatseinrichtungen, die, im Großherzogt. Sachsen-Weimar-Eisenach. E. Hand- u. Nachschlagebuch. gr. 8. (VI, 252 S.) Jena 896. H. Pohle. n. 4.—

Staats-Eisenbahnen [Sachliches OW]

Staats-Eisenbahnen, die, u. die Staats-Finanzen. Ein Vorschlag zur künftigen Stellung des Staatseisenbahnwesens im Staatsorganismus. Mit besonderer Rücksicht auf das Königreich Sachsen. gr. 8. (54 S.) Leipzig 879. Serig. n. 1. —

—— dass. — s. Gesetze, österreichische.

Staatseisenbahnen, unsere, wie sie sind u. wie sie sein sollten. Offenes Wort eines alten Praktikers. gr. 8. (VI, 34 S.) Berl. 892, Puttkammer u. Mühlbrecht. * — 80

Staats-Eisenbahnen [Schlagwort]

Staats-Eisenbahnen — Höhenkarte der württembergischen —. Stuttgart (1870) bei Witwer. 1 Bl.

Staats-Eisenbahn-Gesellschaft, k. k. priv. österr. — Instruktion für Unternehmungen von Erdarbeiten und Kunstarbeiten. Wien, 1857. Dr. und Papier von Leop. Sommer. (55 S. 4.)

Staatseisenbahn-Gesellschaft, k. k. priv. österreichische, Ergänzung des Bahnnetzes der Gesellschaft. Beiträge zur Beurtheilung des Widerstandes gegen die Projecte der Staatseisenbahn-Gesellschaft Seitens der a. p. Kaiser-Ferdinands-Nordbahn. I. Bemerkungen zu einer Relation der Nordbahn. II. Gutachten von fünf Rechtsgelehrten. 4. (81 S. mit 8 Eisenbahnkarten.) Wien 861, Manz und Comp. Thlr.

Staatsergänzungs- und Communalsteuer-Gesetze, die Anhaltischen. Nach den am 1. Juli 1888 in Kraft stehenden Gesetzen und unter Hinweis auf bereits frühere noch in Wirksamkeit bleibende Gesetzes-Bestimmungen ergänzt. 8. (99 S.) Cöthen 887, Schettler's Erben, Verlag. **

Staatsfehler der mehresten Höfe im französischen Gemählde. . . . Berlin 1766. V: *Goudar, Ange.* (EB)

Staatsfehler, Politische, in Ansehung der Häuser Bourbon und Brandenburg. O. O. 1746. V: *Fritsch.* (Preußische Staatsschriften. I. Berlin 1877. S. 518.)

Staatsfinanzen, russische. Devalvation (Valuta „reform") u. die 3% Goldanleihe v. 1896. [Aus: „Russ. Zustände".] 16. (38 S.) Zürich 896. O. A. Schmidtli. — 15

Die Staats- und Fondsforste Österreichs. Ein Leitfaden für den Besuch der Ausstellung der Österreichischen Staatsforstverwaltung in Paris 1900. - Wien 1900. 43 S.

Die Staatsforste im Oberösterreich-Steiermärkischen Salzkammergute und die Verbauung der Wildbäche in deren Gebiet. - Wien 1902. 57 S.

Sächsische Staatsforstverfassung und Forstverwaltungspolitik des 19. und 20. Jahrhunderts. Blicke in Vergangenheit, Gegenwart u. Zukunft im Anschluß an d. Besprechung d. Reorganisationsschrift: 'Leitsätze f. e. Fortbildung d. Forstverwaltung u. d. forstl. Unterrichtes in Sachsen'. *(Blasewitz) 1903: (A. Arnold & Groschel).* (125 S.) 8° [F.] [04. 1003]

Staatsforstverfassung u. Forstverwaltungspolitik, sächsische, des 19. u. 20. Jahrh. Blicke in Vergangenheit, Gegenwart u. Zukunft im Anschluß an die Besprechg. der Reorganisationsschrift: „Leitsätze f. e. Fortbildg. der Forstverwaltg. u. des forstl. Unterrichtes in Sachsen". (128 S.) gr. 8. Dresden 903. (Arnoldische Buchh.) 1. —

Staatsfrage, wo man untersucht, ob die Ordensgeistlichen, welche Einkünfte haben, dem Staat nützlich oder schädlich sind... Augsp. 1764. V: *Goujet, Benoit.* (EB)

Staatsfrage: sind die Ordensgeistlichen, welche Einkünfte haben, dem Staate nützl. oder schädlich? 8. Augsb. 764. Rieger. 4 gl.

Staatsfragen, strittige. 16 Stck. 8. Gieß. 772. Krieger. 5 gl.

Pennsylvanische Staats-Gazette: Jahrgang 1-?, Mar. 28, 1896 - Sept. 24, 1917.
Weekly edition of Philadelphia Gazette, and of Morgen Gazette.
Philadelphia, PA

Staatsgebäude, Neues, in drey Büchern . . . Leipzig 1767. V: *Lilienfeld, Jacob Heinrich von.* (ML) (Ky) (Adel) (Oa)

Staatsgebäude, neues, in 3 Büchern, von L*** (Jak. H. v. Lilienfeld). Mit Kpf. gr. 8. Leipz. 767. Breitkopf u. H. 1 ₰ 8 gl.

Staatsgedanke, Der schweizerische. Österreich-Ungarn und die Nationalitätenfrage. Basel 1902. V: *Beltrame, G.* (BBullSchw 3, 1903) (Berl)

Staatsgefahr, die innere. (Vom Verf. v. Krieg, Friede u. Erziehg.) gr. 8. (23 S.) Lpz. 892, Menger. * — 50

Staatsgefährliches. Politische Volksbibliothek begründet von Friedr. Dasbach. 3. Heft: Kirche und Staat. Von M. Gradaus. 8. (24 S.) Luxemburg 874, Brück. — 10

Staatsgefängnisse und merkwürdige Staatsgefangene in Sachsen seit dem 16. Jahrhundert. [Dresden 1809.] V: *Engelhardt, Carl August.* (MGT)

Staats- und Reisegeographie, Neue Europaeische, Worinnen kürzlich alles, was zur geographischen physikalischen . . . Kenntniss eines jeden Staats gehört . . . vorgestellet . . . werden soll. Leipz. u. Görlitz 1750—65. V: *Dietmann, Carl Glob & Johannes Gottfried Haymann.* (Ky) (ML) (weber) »1750—70« (CBII)

Staats- und Reise-Geographie, neue europäische, m. Ch. u. K. 16 Bde. gr. 8. Leipz. Jacobäer. 750—62.

Staats- u. Reise-Geographie, neue europäische, (v. W. Dietmann u. J. Gf. Haymann). Mit Kart. u. Kpf. 16 Bde. gr. 8. Leipz. 756—66. Jacobäer. 24 ∦

Staatsgeographus. Der Teutsche, mit allen seinen Verrichtungen . . . Fürsten und Ständen im Teutschen Reiche . . . Frankf. u. Leipz. 1753. V: *Franz, Johann Michael.* (Ky) (ML)

Staatsgeographus, der deutsche, mit allen seinen Verrichtungen, (v. Jh. Mch. Franz). 4. Wien 753. Kraus. 12 ℊ

Staatsgeographus, deutscher, 4. Wien, Kraus. 753. Rthlr. — 12

Staatsgeschäftenlehre in ihrem allgemeinst. Umrisse, nach d. neuesten Ansichten dargestellt. 2 Thle. 8. Wien 814. Rehm. 2 ∦ 16 ℊ Schrbp. 3 ∦ 20 ℊ

Staats-Geschichte des Durchl. Chur-Hauses Bayern, in welchen (!) nicht allein e. Lebens-Beschreibung . . . . Kaysers Caroli VII., sondern auch die ehemal. Einwohner des Bayerlandes, deren Könige u. Hertzoge . . . . zu finden. Mit Portr. u. Stammtafel (diese fehlt). Franckfurt u. Leipzig 1743. 8°. Alter Frzb. m. goldgepr. Wapp.
8 Bll. (incl. roth u. schwarz gedr. Tit.), 512 S. — Vorr. dat. Coburg, Hewmonat 1742.

diplomatische Staats- und Lebensgeschichte des Prinzen Wilhelm Karl Heinrich Friso von Nassau-Oranien. 8. Halle 1752.

StaatsGeschichte Europa's . . . von . . . E[rnst] L[udwig] Posselt (1806ff.: [Paul Ferdinand Friedrich Buchholz]). Als Taschenbuch für . . . Mit Kart. u. Kupf. ([v. A. L.] d'Argent [u. a.].)
Tübingen: J. G. Cotta 1805—1806. 8°
[1/] 1805: Vom Tractat von Amiens bis zum Wiederausbruch des Krieges zwischen Frankreich und England. 3 Bl., 127, 136 S., 5 Bl., 1 Titelkupf., 5 Kupfertaf., 6 kol. Kt.
(2/) 1806: Von dem Wiederausbruch der Feindseligkeiten zwischen England und Frankreich bis zur Verwandlung der Consular-Gewalt in eine kaiserliche. 2 Bl., 284 S., 4 Bl., 1 Titelkupf., 5 Kupfertaf., 3 kol. Kt.

Staatsgeschichte Europa's, vom Traktat von Amiens bis zum Frieden von Tilsit. 1r bis 4r Jahrg. (v. E. L. Posselt u. Fr. Buchholz). 12. Tübing. 805—808. v. Cotta. 8 ∦ 5r Jahrg. vom Tilsiter Friedensschlusse bis zu Napoleons Abreise zur Armee nach Spanien, (von Fr. Buchholz). 12. Ebd. 809. 2 ∦ 6r u. 7r Jahrg. 1810 u. 11. 12. Ebd. 2 ∦ Alle 7 Jahrgg. 14 ∦

Staatsgeschichte Europas . . . Tübingen 1806. 1808. 1809. 1810. V: *Buchholz, Paul Ferd. Frdr.* (MGT)

Staatsgeschichte Europens. 7r Jahrg. vom Wiener Frieden an, mit K. u. Charten. 8. Tübingen, Cotta. 815.

Staats-Geschichte Europa's von der Abreise Napoleons zur Armee in Spanien bis zum Wiener Frieden. Jg. 6. Tübingen 1811. V: *Posselt, Ernst Ludw.* (Bücher-Samml. d. hist. Ver. v. u. f. Oberbayern. Münch. 1867.)

Europäische Staats- u. Kriegs-Geschichte. 2 Bd. Frankfurt 1735–36.

* **FRONISBE.** — Der Großmüthigen FRONISBE Staats- Liebes- und Helden-Geschichte, Zu vergönnter Gemüths-Ergötzung der galanten Welt mitgetheilet von *C. G. W. R.* (2 Bücher.) Anno 1727. 8°. 2 Bll. u. 372 S. (In Berlin: Yv 2101.)
Schrecklich schwülstig, aber nicht erotisch.
— — Dasselbe. O. O. 1737. 8°. 1 Alph. 1 Bogen.

Georgs II., Königs von Grossbritannien, ausführliche Staats- und Lebensgeschichte. 2 Bde. 8. Frankfurt 1761.

Staats- und Heldengeschichte Friedrichs II. 5 Thle, mit Kpf. Schaffhausen 1760, 61. 8.

Staats- und Helden-Geschichte des frühzeitigen Conquerantens unserer Zeiten Don Carlos, Infantens von Spanien: der neugierigen Welt zur Bewunderung dargestellt von *M. M. R.* O. O. (Regensburg, b. Joh. Leop. Montag) 1735. 4°. (In München: Hisp. 61; auch in Stralsund, Rathsbibl.: E. 4°. 217.) (2 Mk. 40 Pfg. Ludolph St. Goar, nach 1870.)
O. M. V. 1735. G 2a. Haydinger's Bibl. II no. 618.

Staatsgeschichte von einem Jahrhundert — a. d. Franz. . . . übers. von Joh. Gottfr. Bernhold. Leipzig 1758. V: ***Maubert, Hnr.*** (will)

Staatsgeschichte von einem Jahrhundert, worinnen sich . . . das Interesse, die Absichten und das Verhalten der vornehmsten Mächte von Europa seit . . . 1643 bis . . . 1748 angezeiget finden . . . Aus dem Französischen. Leipzig 1758. V: *Maubert de Gouvest, Jean Henri.* Ü: *Bernhold, Johann Gottfried.* (ZürKL)

— von einem Jahrhunderte, v. 1648 bis 1748; aus d. Französ. v. Jh. Gfr. Bernhold. 1r Thl. gr. 8. Leipz. 758. Breitkopf. 1 ∦ 4 ℊ (2r Thl. erschien im Original nicht).

Staats- u. Kriegsgeschicte des Russ. und Türk. Reiches. 2 Bd. 8. Leipzig 1777.

Staats- und Lebensgeschichte Friedrichs II. König in Preussen. Frankf. u. Leipz. 1761—63. V: *Hörschelmann, Frdr. Ludwig Anton.* (Ky) (MGT) (Pr)

— u. Lebens-Geschichte Friedrichs II. Königs in Preußen, (v. F. L. A. Hörschelmann). 5 Thle. 8. Frankf. a. M. 761—763. Straube. 2 ℘ 12 gr

— und Lebens-Geschichte, Friedrich II. König in Pr. 6 Thle. 8. Frankf. Straube. 761—66.

Staats- u. Lebensgeschichte Theresia der Großen, (v. F. L. A. Hörschelmann). 2 Thle. 8. Erfurt 761, 762.

Staats- und Lebensgeschichte Theresia der Grossen. Erfurt 1762—63. V: *Hörschelmann, Friedrich Ludwig Anton.* (MGT) (Ky) (Karajan)

STAATS- und Liebes-Geschichte der Türckischen Asterie. (Zahmer Roman.) Aus d. Frantzös. mit Anmerckungen von Imperiali (Joach. Meier von Perleberg). Franckfurt u. Leipzig. O. J. (c. 1700). 8°.

STAATS- Liebes u. Helden-Geschichte der Durchlauchtigen Indostanischen Printzeßin AmIRA (Maria), Königin von Tangut u. Bacar, Und des Durchlauchtigen Printzen ZICUFARNES (Franziscus), Königes von Candahar u. Decan. Der neubegierigen Welt Theils zur Belustigung, theils zur Bewunderung aus einem Arabischen Manuscript ins Deutsche übersetzet von Einem der Orientalischen Sprachen Erfahrenen. Mit Titelkpfr. Franckfurt u. Leipzig (Wentzel in Copenhagen) 1745. 8°. (In Dresden: Lit. Germ. rec. C. 875.) (16 Mk. Karl W. Hiersemann, Lpz., c. 1905.)
Tit., 6 Bll. Vorr. des Verlegers u. 535 S. Rar! Name des wirkl. Verlagsorts im O. M. V. 1745. F 2 b. Enth. satyr. Beziehungen auf Kaiser Franz I., Maria Theresia, den Prinzen Eugen, Friedrich d. Gr. u. Katte, ferner auf viele andere damalige Potentaten u. Feldherren. S. 314—332 wird Franz' I. Aufnahme zum Freimaurer persiflirt.

— — Dasselbe. Andere Aufl. Franckfurt und Leipzig 1745. 8°. (In Dresden: C. 1179.)
War auch in der Bibl. J. J. Schwabii II. p. 206.

* **STAATS-** und Liebes-Geschichte der Durchlauchtigsten Printzessin Numerane von Aquitanien. Aus dem Frantzös. übersetzt. Franckfurt und Leipzig 1752. 8°. 12 Bogen. (In Berlin: Xy 3904.)
Cat. Meissner II. — Selten!

— neueste, von Europa, e. Lesebuch f. die Jugend, s. a. Filassier, interessante Züge u. Anekdoten, 6r Thl.

— neueste, v. Europa, e. Lesebuch f. d. Jugend. 1r Th. (b. a. d. Tit.: Filassier interess. Züge und Anekdot. 6r.) 8. Berlin, Akadem. Buchh. 798.

* **PORTOCARRERO,** Ludov., Cardinal (unter Carl II. von Spanien). — Des Berühmten CARDINALS LUDOVICI PORTOCARRERO, Ertz-Bischoffs in Toledo, Staats- und Liebes-Geschichte, Der Galanten Welt, zur curieusen Gemüths-Erlustigung, entdecket. Im Jahr 1704. 8°. (In Berlin: Qr 9760.)
Portr., Tit. u. 235 SS. Scandalös. — Zuerst gedr. O. O. 1703. 235 SS. Mit Portr. (Bibl. Haller de Hallerstein I, p. 91; Heberle, Cöln, 74. O. no. 925: 1½ Mk.; jetzt viel theurer!)

— — Dasselbe. O. O. 1716. 8°. 232 S. (14 Mk. Max Harrwitz, 1906.)
Orig.: Histoire politique et amoureuse du fameux Cardinal Louis Portocarrero. Avec frontisp. (Portrait P's in ganzer Figur.) Imprimé chez Jeune le Sincère (Holl.) 1704. (Ed. I. 1703?) pet. in-8°. (In Berlin: Qr 9750; auch in Marburg, Univ.-Bibl.) (1⅛ Rthlr. Scheible, vor 1875.) — Histoire politique et amoureuse Du Card. Louis Portocarrero, Archevêque de Toledo; Nouv. éd. augm. & continuée jusqu'à la mort de ce Fameux Cardinal. Avec frontisp. Impr. Chez Jeune le Sincère 1710. 12°. (In Berlin: Qr 9755; auch in Wolfenbüttel.) (1 Rthlr. Scheible 1874.) — Amsterdam 1734. 12°. (1 Rthlr. der Vorige, c. 1872.)

— u. Religions-Geschichte v. Siebenbürgen. 8. Gera 796. Heinsius 14 gr

Staats- und Kriegs-Geschichte, Die russische wie auch türkische. Nordhausen 1777. V: *Beck, L. A.* (Pr)

Staats- u. Kriegs-Geschichte, russische u. türkische. 2 Thle. 8. Nordhaus. 777. Nitzsche. 18 gr

Staats-geschichten von Riga u. Lieffland. Gegenwärtige von dem König in Pohlen erweckte Unruhe. Augspurg 1700. (100) 8°

Staatsgesetze der dreyzehn vereinigten amerikanischen Staaten.
Aus dem Französischen übersetzt.
Dessau-Leipzig: Buchhandlung der Gelehrten. 1785. 575 S. 8°.
Staats- und Universitätsbibliothek Göttingen
Übers. v. Constitutions des Treize États-Unis de l'Amérique, 1783.
Ausg. Dessau 1787 [Kayser, V, 300] konnte nicht gefunden werden.
Frankfurt-Leipziger Meßkatalog, Ostermesse 1785, S. 94.

Staatsgesetze der 13 vereinigten amerikan. Staaten; aus d. Französ. 8. Dessau 787. (Barth in Leipz.) 1 ℘

STAATS- und Käyser-Gespräche, s. Staats- und Nationen-Gespräche, Fortstzg.

STAATS- und Nationen-Gespräche. 24 Thle. Erfurt 1745—46. 4°.
Sehr selten cplt., wie die folgenden:

§ — — Fortsetzg., titulo: Neu-verbesserte merckwürdige Staats- und Kayser-Gespräche, worinnen bey der stillen Gesellschaft im Reiche derer Todten alle roemische Kayser, ... beigebracht werden. 72 Stücke nebst Register. Ebd. 1747. 4°. (In München: H. misc. 135g, 3 voll.)

Staatsgewalt, die, in ihrem Verhältniß zur kathol. u. protestant. Kirche aus deutschem Gesichtspunkt. gr. 8. (3¼ B.) Stuttgart 842, Metzler'sche Buchh.

Staatsglaube, der, u. der Lutherglaube in Russland. (In russ. Sprache.) gr. 8. (16 S.) Leipzig 890. Kasprowicz. n. 1. —

Staatsgründe, Die. Eine Erzählung. Wien 1773. V: *Loeper, Chn. Phil. Gabriel.* (KY 8/88) (WBL 15/398) (BiblPORT)

Das **Staatsgrundgesetz** für die Herzogtümer Coburg und Gotha vom 3. Mai 1852. Mit Erl. u. Hinweisen auf d. Reichs- u. Landesgesetzgebung versehen von Hans-Bartold v. Bassewitz, Reg.R. Coburg: E. Riemann 1905. (128, VI S.) 8° [F.] [ʼs. 9374

Staatsgrundgesetz für das Königreich Dänemark. Kopenhagen, d. 5. Juni 1849. Aus dem Dän. gr. 8. (15 S.) Kiel 849, Schwers. 1/12 ℘

— für das Großherzogth. Mecklenburg-Schwerin nebst Einführungsgesetz u. Wahlgesetz, wie solche zwischen Sr. K. Hoh. d. Großherzoge u. der Abgeordneten-Kammer vereinbart u. am 10. Octbr. 1849 publicirt sind. gr. 8. (39 S.) Schwerin 849, Oertzen & Schloepke. — 2. Aufl. gr. 8. (39 S.) Ebd. 849. — 5. nach dem officiellen Abdr. revid. Aufl. gr. 8. (39 S.) Ebd. 849. n. 1/12 ℛ

—— für das Großherzogth. Mecklenburg-Schwerin, nebst dem Wahl- und Einführungsgesetz vom 10. Octbr. 1849. 6. Aufl. gr. 16. (78 S.) Schwerin 850, [Hildebrand.] *

Staatsgrundgesetz f. d. Großherzogth. Mecklenburg-Schwerin, nebst d. Wahl-, Einführungs- u. Apanagengesetz vom 10. Octbr. 1849. 6. Aufl. gr. 16. (141 S.) Schwerin 850, Kürschner (jetzt: Hildebrand). n. 1/6 ℛ

— für d. Großherzogth. Oldenburg nebst d. Wahlgesetz. gr. 8. (91 S.) Oldenburg 849, Schmidt. — 2. Aufl. gr. 8. (91 S.) Ebd. 850. n. 8 Ngr

[Staatsgrundgesetz für Schleswig-Holstein.] Entwurf der Regierungscommission, Entwurf des Ausschusses der Landesversammlung und Minoritätsvota im Ausschusse (in 3 Spalten nebeneinander). September 1848. 23 Seiten! Fol.

—— für die Herzogthümer Schleswig-Holstein. Rendsburg, den 15. Septbr. 1848. gr. 4. (24 S.) Rendsburg 848. (Kiel, Schröder und Comp.) *

— dass. 8. (20 S.) Itzehoe 848. (Altona, Schlüter. — Kiel, Schwers.) — 2—6. Aufl. 8. (20 S.) Ebd. 848. n. 2 Ngl

Staatsgrundgesetz für die Herzogth. Schleswig-Holstein. 2. Aufl. gr. 8. (16 S.) Wenigen-Jena 863. (Rendsburg, Ehlers.)

—— für die Herzogth. Schleswig-Holstein vom 15. Septbr. 1848. Gesetz betr. die Verantwortlichkeit der Minister vom 21. Octbr. 1848. 16. (38 S.) Hamburg 863. (Kiel, Schwers'sche Buchh.) 6 Exemplare

Staatsgrundgesetz für die Herzogthümer Schleswig-Holstein vom 15. Sept. 1848 mit der Proclamation des Herzogs Friedrich VIII. vom 16. November 1863 und dem Wahlgesetz für die Schleswig-Holsteinische Landesversammlung vom 20. October 1848. Itzehoe 1864. 8°

—— und Wahlgesetz für das Großherzogth. Oldenburg mit den Hinweisungen unter den einzelnen Paragraphen auf die Landtagsverhandlungen. Als Einleitung: Die Grundrechte des deutschen Volkes. 8. (IV und 91 S.) Oldenburg 849, Schulze'sche Buchh.

Staatsgrundgesetze, die. Die Verfassungsgesetze für die Gesammtheit, dann die Landesordnungen u. Landtags-Wahlordnungen für die einzelnen der im Reichsrathe vertretenen Königreiche u. Länder sammt allen ergänzenden Gesetzen u. Verordnungen. 2., mit Nachträgen bis Ende 1878 verm. Abdr. 8. (XVI, 608 S.) Wien 879, Manz. n. 4. —

— --. Die. Die Verfassungsgesetze für die Gesammtheit, dann die Landesordnungen und Landtags-Wahlordnungen für die einzelnen der im Reichsrathe vertretenen Königreiche und Länder, sammt allen ergänzenden Gesetzen und Verordnungen. Die Gesetze über die Beziehungen zu den Ländern der ungarischen Krone und über das Verhältniss zu Bosnien und der Hercegowina. 4. Aufl. Mit den einschlägigen Erkenntnissen des Reichsgerichtes. (Aus der: „Manz'schen Taschenausgabe der österreichischen Gesetze". 19. Bd.) 8. Wien 1887.

[F.] Die Staatsgrundgesetze. Die Vfassgsgesetze f. d. Gesammtht, dann d. Landesordngn u. Landtags-Wahlordngn f. d. einzelnen der im Reichsrathe vertret. Kgr. u. Länder, sammt allen ergänz. Ges. u. Verordngn. Die Ges. üb. d. Beziehgn. zu d. Länd. d. ungar. Krone u. üb. das Verhältn. zu Bosnien u. d. Herzegowina. 6. Aufl. M. d. einschläg. Erkenntn. d. Reichsgerichtes. '(Nebst Suppl.: Die ungar. Vfassgsges.)' *Wien: Manz 1894.* [Sondert.: 1.] Die Vorschriften üb. Reichsvertretg u. Reichstagswahl. Nach d. neuesten Stande d. Gesetzgebg zsgest. u. m. alph. u. chronol. Reg. vers. v. Dr. Karl Frühwald. 1897. [2.] Die ungar. Verfassungsgesetze. Hrsg. v. Dr. Gustav Steinbach 1891. (XVI, 498 S., 2 Bl., 499—678 S. 1 Bl., 679—743 S.; 3 Bl., 108 S.; VIII, 127 S.) 1 Bd 8.
— Taschenausgabe, Manz'sche, d. österr. Gesetze. Bd 19. (98. 2514

(F) Manz'sche Taschenausgabe der österreichischen Gesetze. XIX. Bd.

Enthält:

(F) Die Staatsgrundgesetze. Die Verfassungsgesetze für die Gesammtheit, dann die Landesordnungen und Landtags-Wahlordnungen für die einzelnen der im Reichsrathe vertretenen Königreiche und Länder, sammt allen ergänzenden Gesetzen und Verordnungen. Die Gesetze über die Beziehungen zu den Ländern der ungarischen Krone und über das Verhältnis zu Bosnien und der Herzegovina. 7. Auflage. Mit den einschlägigen Erkenntnissen des Reichsgerichtes. (Nebst einem Supplement: Die ungarischen Verfassungsgesetze.) Wien. 1900. Manz. 8°. XVI, 867, VIII, 131 S. K 6.60

Staatsgrundgesetze, die, nebst e. Suppl.: Die ungar. Verfassungsgesetze, s. a. Gesetze, die österreich. 19.

Die Staatsgrundgesetze. Die Verfassungsgesetze für die Gesamtheit der im Reichsrate vertretenen Königreiche und Länder. 8. Aufl. Nebst einem Supplement: Die ungarischen Verfassungsgesetze von Dr. Gustav Steinbach. [Manz'sche Gesetzausgabe. 19. Bd. 1. Teil.] 8°. (XI, 505; VIII, 142 S.) K 5.30, geb. K 6.30

Wien: Manz 1909.

Deutsche Staatsgrundgesetze in diplomatisch genauem Abdrucke. Zu amtl. u. zu akad. Gebrauche. Hrsg. von Karl Binding. Leipzig. 10 Bde

H. 1. Die Verfassungen des Norddeutschen Bundes vom 17. April 1867 u. des Deutschen Reiches vom 16. April 1871. 1892.
„ 2. Die Verfassung des Deutschen Reiches vom 28. März 1849 u. die Entwürfe der sog. Erfurter Unionsverfassung (März u. April 1850). 1893.
„ 3. Die Konföderations-Akte der rhein. Bundesstaaten vom 12. Juli 1806. Die deutsche Bundes-Akte vom 8. Juni 1815. Die Wiener Schluß-Akte vom 15. Mai 1820. 1893.
„ 4. Verfassungs-Urkunde für den Preuß. Staat. Vom 31. Jan. 1850. Nebst ihren Abänderungen. Samt 2 Anl. 1893.
„ 5. Die Verfassungs-Urkunde des Königreichs Bayern mit Beilagen u. Anhängen. Vom 26. May 1818. Mit den Abänderungen bis zum Gesetz vom 19. Dez. 1895. [Nebst] Nachtr. 1896. 1906.
„ 6. Verfassungsurkunde des Königreichs Sachsen. Vom 4. Sept. 1831. Mit allen Abänderungen bis zum Gesetz vom 20. April 1892. Samt 3 Anl. 1893.
„ 7. Verfassungs-Urkunde für das Königreich Württemberg. Vom 25. Sept. 1819. Mit allen Abänderungen bis zum Gesetze vom 20. Dec. 1888. Samt 3 Anl. 1894.
„ 8,1. Die Verfassung des Großherzogthums Baden. Vom 22. Aug. 1818. Mit allen Abänderungen bis zum Gesetz vom 24. Juli 1888. Samt 3. Anl. 1899.
„ 8,2. Die Verfassung des Großherzogthums Hessen. Vom 17. Dez. 1820. Mit allen Abänderungen bis zum Gesetz vom 28. März 1902. Samt 4 Anl. 1906.
„ 9. [Fehlt.]
„ 10. Verfassungs-Urkunden für die freien u. Hansestädte Lübeck, Bremen u. Hamburg. Mit allen Abänderungen bis zu den Gesetzen von Mitte 1897. Samt Anlagen. 1897.

Deutsche Staatsgrundgesetze [usw.]. Hrsg. von Karl Binding. (2. Aufl.) Leipzig. 5 Bde
H. 1. 1898.
„ 4. Samt 3 Anl. 1902.
H. 6. Mit dem Wahlgesetze vom 28. März 1896 u. der Ausführungsverordnung vom 10. Okt. 1896. 1897.
„ 7. Mit allen Abänderungen bis zum Gesetze vom 16. Juli 1906. Samt 3 Anl. 1906.
„ 8, 1. Mit allen Abänderungen bis z. Gesetz vom 24. Aug. 1904. Samt 3. Anl. 1905.

Staatsgrundgetze, Die, und die damit in näherem Zusammenhange stehenden Gesetze; die Geschäftsordnungen des Reichsrathes und der Delegation des Reichsrathes; die Gesetze über die politischen und ökonomischen Beziehungen Oesterreichs zu Ungarn und Oesterreich-Ungarns zu Bosnien mit der Hercegovina. Fünfte bis Ende Juli 1882 ergänzte Ausgabe. (Officielle Handausgabe der österreichischen Gesetze und Verordnungen. 3. Heft.) 8. Wien 1882.

Staatsgrundgesetze der österreichischen Monarchie. 1—5. Bdchn. 8. Wien 861, F. Manz.
Inhalt:
Bdchn. 1. Staatsgrundgesetze für die gesammte Monarchie. — Verfassungsnormen des Königr. Ungarn. (VII und 152 S.) 18 Ngr.
„ 2. Verfassung vom 26. Febr. 1861. — Landes-Ordnungen für Oesterreich unter d. E., Oesterreich ob d. E., Salzburg, Tirol, Vorarlberg. (XVI und S. 153—256.) 6 Ngr.
„ 3. Landes-Ordnungen für Steiermark, Kärnthen, Krain, Küstenland (Triest, Görz, Gradisca, Istrien). (S. 257—336.) 6 Ngr.
„ 4. Landes-Ordnungen für Böhmen, Mähren, Schlesien, Galizien sammt Krakau, Bukowina. (S. 337—448.) 6 Ngr.
„ 5. Landes-Ordnung für Dalmatien. Grundgesetze für das lombard. venetian. Königreich, Croatien und Slavonien, für die Militärgränze und Siebenbürgen. (LXXX und S. 449—561.) 20 Ngr

Staatsgrundgesetze der österreichischen Monarchie. Suppl.-Heft. Enthltd. alle vom 14. März 1861 bis Ende Decbr. 1867 erfloss., die Reichsverfassung u. die Landesverfassungen betr. Gesetze, Verordnungen, Handschreiben u. sonst. Erlässe, dann die Gesetzartikel der ungar. Reichstage von 1848 u. 1867. Wien 867. Manz' Verl. 8. (X, 250 S.) n. 20 ngr; geb. n. 28 ngr.

Staatsgrundgesetze, oester., s.a. Hamm, Zwergausgabe.

Staatsgrundgesetze, österr. 7. Aufl. (Suppl.: ungar. Verfassungsges.) Wien 900.

Staatsgrundgesetze, die österreichischen, s.a. Gesetze, die österreichischen.

Staatsgrundgesetze, d. öster., m. d. ergänz. Gesetzen u. Verordngn. 4. Aufl. Wien 874.

Staats- u. Kirchengrundsätze, die Europ., im Geiste unserer Zeit dargestellt. 8. Mainz 818. Kupferberg. 9 kr

Staatsgüter-Verwaltung, die, der privilegirten österreichischen Nationalbank. Wien 862. Braumüller in Comm. gr. 8. (64 S.) n. 16 ngr

Das Staatsgymnasium in Görz 1849—1901: VII. Die Abiturienten. S. 3—27. 8. Progr. K. k. Staatsgymn. *Görz* 1902.

Staatshämorrhoidarius, Der,

von F. P. München 1857. V: *Pocci, Franz Graf.* (Holland, Franz Graf Pocci. Bamb. 1891.)

Staatshämorrhoidarius, der. Von F. P. gr. 4. (36 S. mit eingedr. Holzschn.) München 857, Braun und Schneider.

Staats- u. Adreß-Handbuch f. das Herzogth. Anhalt-Dessau. 1845. Hrsg. v. Joh. Friedr. Melchert. gr. 8. (13½ B.) Zerbst 845, Kummer'sche Buchh. Thlr. * —

Staats- u. Adreß-Handbuch f. d. Herzogth. Anhalt-Dessau u. Anhalt-Köthen. Mit höchster Genehmigung hrsg. v. Joh. Frdr. Melchert. gr. 8. (XXIV u. 345 S.) Dessau 849, Katz. n. 1 ß

Staats- und Adreß-Handbuch für die Herzogth. Anhalt-Dessau und Anhalt-Köthen. Mit höchster Genehmigung hrsg. von Joh. Friedr. Melchert. gr. 8. (XXIII und 345 S.) Dessau 851, Gebr. Katz. *

— der freien Stadt Frankfurt. 1847. 1. Thl. Staats-Kalender. 109. Jahrg. 8. (264 S. m. 1 Lith.) Frankfurt a. M. (Keßler.) n. 2/3 ß

Staats- und Adress-Handbuch der freien Stadt Frankfurt 1853. 1. Thl. Staats-Handbuch. 115—120. Jahrg. Frankfurt a. M. (C. Jügel.) gr. 8. Jeder Jahrg. n. 20 ngr

— — 2. Thl.: Allgemeines Adress-Handbuch. 8—11. Aufl. Ebend. 854—58. gr. 8. Jeder Jahrg. n. 1 ß. 17 ngr

Staats- und Adress-Handbuch der freien Stadt Frankfurt. 1853. I. Thl.: Staats-Handbuch. 115. Jahrg. gr. 8. (XII und 175 S.) Frankfurt a. M. 853, (Völcker.) *

—— dass. — 1854. 2 Thle. (Staats-Handbuch. 116. Jahrg. — Adress-Handbuch. 8. Aufl.) gr. 8. (XXIV und 535 S.) Ebds. 854. **

—— dass. — 1856. 3 Thle. (Staats-Handbuch. 118. Jahrg. — Allgemeines Adress-Handbuch. — Handlungs-Adressbuch.) gr. 8. (XXVIII und 670 S.) Frankfurt a. M. 856, (C. Jügel.) **

Staats- und Adress-Handbuch der freien Stadt Frankfurt. 1857 und 1858. à Jahrg. 2 Thle. (Staats-Handbuch. 119. und 120. Jahrg. — Allgemeines Adress-Handbuch. 10. und 11. Aufl. gr. 8. (XVIII und 584 S., XVIII und 603 S.) Frankfurt a. M., (C. Jügel's Verlag.) à Jahrg. **
Vgl.: Staats-Handbuch.

Staats- u. Adress-Handbuch der freien Stadt Frankfurt 1865. Frankfurt a. M., (C. Jügel.) gr. 8. (XXVIII, 679 S.) geb. n. 3 ß 2 ngr

— — für das Landgrafth. Hessen-Homburg auf das J. 1864. Homburg v. d. Höhe, Fraunholz. 8. (VIII, 68 S.) n. 10 ngr

— des Schwäbischen Kreises, (v. G. P. Tilger), für d. J. 1791, 93, 94 u. 96 in 2 Thlen, u. für 1799. 8. Ulm, Stettin. 5 fl 16 kr

— von Kurhessen, f. 1825. gr. 8. Cassel, (Luckhardt). 1 fl 8 kr Für 1830. 8. Cassel, Bohné. 1 fl 2 kr Für 1832. Marb., Garthe. 1 fl 12 kr

Staats- und Adreß-Handbuch für die Fürstl. Hessen-Darmstädtische Lande auch zum statistischen Gebrauch eingerichtet. 1793—1794
s. Hochfürstlich Hessen-Darmstädtischer Staats- und Adreß-Kalender.

Staats- und Adreß-Handbuch des Herzogthums Nassau für das Jahr 1819 u. 1820. gr. 8. Wiesbaden, Schellenberg. 819. à 1 Thlr. 8 Gr.

Staats- u. Adreß-Handbuch des Herzogth. Nassau für d. J. 1826 u. u. 27. gr. 8. Wiesbaden 824, Schellenberg.

Staats- u. Adreß-Handbuch d. Herzogth. Nassau f. d. J. 18 27/28. gr. 8. (18 B. u. 1 Vign.) Wiesbaden 828, Schellenberg.

—— des Herzogthums Nassau für das J. 1847. 8. (IX und 232 S.) Wiesbaden 847, (Kreidel.) **

—— dass. — für die J. 1851 und 1852. 8. (X und 240 und X und 248 S.) Ebds. à Jahrg. **

—— des Herzogth. Nassau für die J. 1853—56. 8. Wiesbaden, (Kreidel'sche Buchh.) [1853. (X und 248 S.) 1854. (X und 249 S.) 1855. (X und 253 S.) 1856. (X und 258 S.) à Jahrg. ** 1 Thlr.] **

—— —— des Herzogth. Nassau für die J. 1857—61. 8. Wiesbaden, (Limbarth.) [1857. (X und 257 S.) 1858. (X und 258 S.) 1859. (XII und 268 S.) 1860. (XII und 272 S.) 1861. (XII und 281 S.)] à Jahrg. *

—— —— des Herzogth. Nassau für die J. 1862—66. 8. [1862. (XII und 287 S.) 1863. (XII und 288 S.) 1864. (XII und 296 S.) 1865. (XII und 306 S.) 1866. (XII und 308 S.)] Wiesbaden, (Limbarth.) à Jahrg. cart. *

Staats- und Adresshandbuch des Schwäbischen Reichs-Kreises. Ulm 1739. H: *Tilger*, *Gottfried Paul.* (MGT) (ML) »f. d. Jahr 1791 [93, 94, 96, 99]« (Ky)

—— des Herzogth. Sachsen-Altenburg. 1828 u. 1833. gr. 8. (12¼ u. 12¾ B. u. 1 Stndr.) Altenburg, Schnuphase. à

Staats- u. Adreß-Handbuch des Herzogthums Sachsen-Altenburg. 1833. Mit 1 Steindr.: das Wappen. gr. 8. Altenburg, Schnuphase. n. ⅔ ℛ — dass. für 1838. Ebd. n. ⅚ ℛ Velinpap. n. 1¼ ℛ

Staats- und Adreß-Handbuch d. Hrzth. Sachsen-Altenburg. gr. 8. (13 B. u. Wappen-Abbild.) Altenburg 838, Schnuphasesche Buchh. Schrbp. * 20 Gr., *

Staats- u. Adreß-Handbuch des Herzogthums Sachsen-Altenburg. gr. 8. (Mit 1 Lithogr.) Altenburg 843, Schnuphase. n. ⅚ ℛ

Staats- und Adreß-Handbuch des Herzogth. Sachsen-Altenburg. 1855. gr. 8. (X und 188 S.) Altenburg, Schnuphase'sche Buchh. Thlr. *

Staats- und Adreß-Handbuch für das Herzogthum Sachsen-Altenburg. 1869. gr. 8. (XIV, 247 S.) Altenburg, Schnuphase'sche Hofbuchh. * 4 —

Staats- und Adreß-Handbuch des Herzogth. Sachsen-Altenburg. 1881 und 1884. gr. 8. (XV, 257; XVI, 275 S.) Altenburg, Schnuphase'sche Buchh. cart. à Jahrg. **
Jahrg. 1880, 1882, 1883 und 1885 sind nicht erschienen.

Staats- u. Adreß-Handbuch d. Herzogth. Sachsen-Altenburg 1891. gr. 8. (XV, 262 S.) Altenburg, (Schnuphase). Kart. n.n. 4. 50

—— —— des Regierungs-Bezirks Wiesbaden auf das J. 1870. Bearb. von Carl Roth. 8. (VIII, 334 S.) Wiesbaden, Limbarth. cart. * 4 —

—— —— dass. — für das J. 1873. Bearb. auf Grund des gesammelten officiellen Materials von J. C. Gasteyer und J. G. Nussart. 8. (X, 300 S.) Wiesbaden, Feller und Gecks. cart. * 4 —

—— —— dass. — für das J. 1875. 8. (X, 300 S.) Wiesbaden, (Limbarth.) cart. * 5 —

Staats- und Adreß-Handbuch des Reg.-Bez. Wiesbaden für die J. 1876/77 und 1878/79. Bearb. auf Grund des gesammelten officiellen Materials von J. C. Gasteyer und J. G. Nussart. 8. (à Jahrg. ca. 350 S.) Wiesbaden, Rodrian. à Jahrg. * 5 —

Staats-Handbuch, Allgemeines und genealogisches. 64. Jahrgang 1811. 8. Frankfurt a. M. 1811.

Staatshandbuch, braunschweigisches, für die J. 1885—1888. gr. 8. (170; 171; 175; 180 S.) Braunschweig, J. H. Meyer. à Jahrg. **
Aus: Adreßbuch, braunschweigisches, besonders abgedruckt.

Staatshandbuch, braunschweigisches. 75.—78. Jahrg. 1889—1892. gr. 8. (à Jahrg. ca. 200 S.) Braunschw., J. H. Meyer. à Jahrg. ** 2 75

Staats-Handbuch, braunschweigisches, f. d. J. 1896. Nach amtl. Quellen bearb. gr. 8. (X, 236 S.) Braunschweig, J. H. Meyer. Kart. n. 2. —; Ausg. auf Schreibpap. n. 2. 50

— dasselbe, Fortsetzg., s.: Hof- u. Staats-Handbuch f. d. Herzogth. Braunschweig.

Staats-Handbuch der freien Hansestadt Bremen auf die J. 1870 und 1872. gr. 8. (VIII, 207; VIII, 228 S.) Bremen, Müller's Verlag. à Jahrg. * 3 —

—— dass. — auf die J. 1873 und 1874. gr. 8. (VIII, 216; VIII, 224 S.) Bremen, Schünemann's Verlag. à Jahrg. * 3 —

Staats-Handbuch der freien Hansestadt Bremen auf die J. 1875—1879. gr. 8. (VIII, 230; VIII, 234; VIII, 229; VIII, 228; VIII, 232 S.) Bremen, Schünemann's Verlag. à Jahrg. * ℳ 3.; geb. **

Staats-Handbuch der freien Hansestadt Bremen auf die J. 1880—1885. gr. 8. (VIII, 230; VIII, 228; VIII, 229; VIII, 236; VIII, 218; VIII, 223 S.) Bremen, Schünemann. à Jahrg. * geb. à Jahrg. *

—— der freien Hansestadt Bremen auf die J. 1886—1888. gr. 8. (VIII, 224; VIII, 226; VIII, 232 S.) Bremen, Schünemann. à Jahrg. * ℳ 3.—; geb. à Jahrg. **

—— der freien Hansestadt Bremen auf d. J. 1889—1892. gr. 8. (VIII, 235; VIII, 250; VIII, 256; VIII, 255 S.) Brem., Schünemann. à Jahrg. * 3 —; geb. ** 3 50

Staats-Handbuch der freien Hansestadt Bremen auf d. J. 1891—1894. gr. 8. (VIII, 256; VIII, 255; VIII, 259; VIII, 262 S.) Bremen, (C. Schünemann). à Jahrg. n. 3. —; geb. n.n. 3. 50

— d. freien Hansestadt Bremen auf d. J. 1898. gr. 8. (VIII, 273 S.) Bremen, C. Schünemann. n. 3. —; kart. n.n. 3. 50

Staats-Handbuch der freien Hansestadt Bremen auf d. J. 1900. gr. 8. (VIII, 292 S.) Bremen, C. Schünemann. 3. 50; geb. 4. —

Staats-Handbuch der freien Hansestadt Bremen auf d. J. 1901. gr. 8. (VIII, 297 S.) Bremen, C. Schünemann. 3. 50; geb. 4. —

Staats-Handbuch der freien Hansestadt Bremen auf d. J. 1902. gr. 8. (VIII, 297 S.) Bremen, C. Schünemann. n. 3. 50; geb. n. 4. —

Staats-Handbuch der freien Hansestadt Bremen auf d. J. 1904. (VIII, 313 S.) gr. 8. Bremen, C. Schünemann. 3. 50; geb. 4. —

Staats-Handbuch der freien Hansestadt Bremen auf d. J. 1906. (VIII, 336 S.) 8. Bremen, C. Schünemann. n. 3. 50; geb. n. 4. —

Staats-Handbuch der freien Hansestadt Bremen auf d. J. 1910. (VIII, 369 S.) 8. Bremen, C. Schünemann. 3.50; geb. 4.—

—— der schweizer. Eidgenossenschaft f. d. J. 1837. Hrsg. v. C. Herzog. gr. 8. (26½ B.) Bern, [Fischer.] *

Staatshandbuch für Elsaß-Lothringen. Bearb. im Statist. Bur. f. Elsaß-Lothringen. 1908. Straßburg: F. Bull (1908). 8° [J.]
Anf. s. u. d. T.: Handbuch f. Elsaß-Lothringen. (c8. 13138

Staatshandbuch f. Elsass-Lothringen 1908. (Nach dem Stande vom 15. V. 1908.) Bearb. im statist. Bureau f. Elsass-Lothringen. (XX, 232 S.) 8. Strassburg, F. Bull. 1908. Geb. in Leinw. 2. —

Staatshandbuch f. Elsass-Lothringen 1909. (Nach dem Stande vom 1. V. 1909.) Bearb. im statist. Bureau f. Elsass-Lothringen. (XXI, 310 S.) 8. Strassburg, F. Bull. 5. —: kart. 5. 80.

— f. Elsaß-Lothringen 1910. (Nach dem Stande vom 1. V. 1910.) Bearb. im statist. Bureau f. Elsaß-Lothringen. (XXII, 318 S.) 8. Straßburg, (Heinrichsche Buchh.). Geb. in Halbleinw. 3. —

Staats-Handbuch der freien Stadt Frankfurt. 1859. 121. Jahrg. gr. 8. (XVI und 205 S.) Frankfort a. M., (Völcker.) **.
Die frühern Jahrgänge erschienen unter dem Titel: Staats- und Adress-Handbuch.

Staats-Handbuch, Genealogisches. Frankfurt 1744—1805. 1811—27. H: *Klüber, Joseph Ludwig.* (Ky)

Staats-Handbuch, genealogisches; (hrsgg. v. J. L. Klüber). 1r—65r Jahrg. 1744—1805. 1811—27. 4. u. gr. 8. Frkf., Wenner.

Staats-Handbuch, genealogisches, (herausg. von J. L. Klüber). 66r Jahrg. 1e Abthl. 1834. (Die Regenten mit ihren Familien.) gr. 8. Frankfurt 834. Varrentrapp. 1⅔ Thlr

— dass. 66r Jahrg. 2e Abthl. (Standesherrl. Familien im Sinn der deutschen Bundesacte, fürstl. u. gräfl., auch andere fürstl. Familien in deutschen u. and. europäischen Staaten.) gr. 3. Frankfurt 835, Varrentrapp. 2 Thlr — 67r Jahrg. 1839. (Herausg. von Jh. Ldw. u. Fr. Ad. Klüber.) 1e u. 2e Abthl. gr. 8. Ebd. 839. 3⅔ Thlr

—— für Gesetzgebung, Verwaltung und Statistik des norddeutschen Bundes, s.a. Annalen des norddeutsch. Bundes.

Staatshandbuch für Gesetzgebung, Verwaltung und Statistik des Norddeutschen Bundes und dos Deutschen Zollvereins. Hrgg. v. Georg Hirth. Bd. 1—2. Berlin. 1868—69. = Annalen des Norddeutschen Bundes. Bd. 1—2. Jg. 1868—1869. 4° k.

Staatshandbuch für Gesetzgebung, Verwaltung u. Statistik des Norddeutschen Bundes und des Deutschen Zollvereins. Herausg. von G. Hirth. Bd. 1. 2. Jhg. 1868—69 der Annalen des Norddeut. Bundes etc. (Später: Annalen des Deut. Reichs.) Leipzig-Berlin. 8 . . . . (D.; PGSt.)

Staatshandbuch, Hamburgisches, s.a. Staats-Kalender

— hamburgisches, f. 1898. Amtl. Ausg. 4. (III, 382 S.) Hamburg (L. Gräfe). Kart. n.n. 4. 80

Staats-Handbuch, hamburgisches, f. 1900. Amtliche Ausg. 4. (III, 397 S.) Hamburg, L. Gräfe. Kart. 5. —

— hamburgisches, f. 1901. Amtliche Ausg. 4. (III, 403 S.) Hamburg, L. Gräfe. Kart. 5. —

— hamburgisches, f. 1902. Amtliche Ausg. 4. (III, 405 S.) Hamburg (L. Gräfe). Kart. n. 4. 80

Staatshandbuch, hamburgisches, f. 1905. Amtliche Ausg. (III, 420 S.) gr. 8. Hamburg, L. Gräfe. Kart. 5. —

— hamburgisches, f. 1906. Amtliche Ausg. (III, 434 S.) gr. 8. Hamburg (L. Gräfe). Kart. n.n. 5. —

Staatshandbuch, hamburgisches, f. 1907. Amtliche Ausg. (III, 438 S.) gr. 8. Hamburg, L. Gräfe. Kart. 6. —

Staatshandbuch, hamburgisches, f. 1908. Amtliche Ausg. (III, 455 S.) gr. 8. Hamburg, L. Gräfe. Kart. 6. —

Staatshandbuch, hamburgisches, f. 1909. Amtliche Ausg. (III, 363 S.) gr. 8. Hamburg, L. Gräfe. Kart. 6. —

— hamburgisches, f. 1910. Amtliche Ausg. (III, 371 S.) gr. 8. Hamburg, (L. Gräfe). Kart. 6.—

— für Hannover auf das J. 1867. Hannover, Celle, Schulze'sche Buchh. gr. 8. (VI, 645 S.) n. 1 Thlr 10 ngr.

—— über die Provinz Hannover. 1887 und 1888. gr. 8. (XL, 961; XLII, 972 S.) Hannover, Klindworth. geb. à Jahrg. **
Frühere Jahrgänge, s. Handbuch der Provinz Hannover.

—— über die Prov. Hannover. 1889—1892. gr. 8. (XLII, 983; XLII, 989; XLII, 988; XLII, 1005 S.) Hannov., Klindworth. geb. à Jahrg. ** 10 —

— über die Prov. Hannover. 1893. gr. 8. (XLII, 1025 S.) Hannover, Klindworth. Geb. in Leinw. n.n. 10. —

— über d. Prov. Hannover. 1896. gr. 8. (XLVIII, 1100 S.) Hannover (896). Klindworth. Geb. in Leinw. n.n. 10. —

—— des Großherzogthums Hessen, } s. Hof- und Staats-
—— kurfürstlich hessisches, } Handbuch.

Staats- und Hof-Handbuch, s. Hof- und Staats-Handbuch.

Staats-, Hof- und Kommunal-Handbuch des Reichs und der Einzelstaaten [zugleich statist. Jahrbuch]. Hrsg. von Jos. Kürschner. 1888. 8. (VIII, 1128 Sp. mit Porträts.) Stuttgart, Spemann. geb. *

Staats-, Hof- u. Kommunal-Handbuch d. Reichs u. der Einzelstaaten [zugleich statist. Jahrbuch]. Hrsg. von Jos. Kürschner. 1889—1891. gr. 8. (VI, 1234; VI, 1268; VI, 1302 Sp. m. Portraits.) Stuttg., Union. cart. à Jahrg. * 6 50
Jahrg. 1889 im Verlage v. Spemann in Stuttgart; 1893 fg. in Eisenach; Selbstverlag d. Herausgebers. — Für 1892 ist kein Band erschienen.

— dasselbe. 1893. 8. (VIII S. u. 1288 Sp. m. 12 Bildnissen, 2 Wappen- u. 2 Ordenstaf.) Eisenach, Verlag v. Kürschner's Staatshandbuch. Kart. n.n. 6. 50

— dasselbe. 1894. 9. Ausg. 8. (VIII S. u. 1234 Sp. m. 8 Bildnissen, 2 Wappen- u. 2 Ordenstaf.) Ebd. Kart. n.n. 6. 50

Staats-, Hof- u. Kommunal-Handbuch des Reichs u. d. Einzelstaaten (zugl. statist. Jahrbuch). Hrsg. v. Jos. Kürschner. 1898. 13. Ausg. 8. (VII S. u. 1306 Sp. m. 15 Bildn., 1 Flaggen-, 5 Wappen- u. 2 Ordenstaf.) Eisenach, Verlag v. Kürschner's Staatshandbuch. Kart. n.n. 6. 50

Staats-, Hof- u. Kommunal-Handbuch des Reichs u. der Einzelstaaten (zugleich statist. Jahrbuch). Hrsg. v. J. Kürschner. 1900. 15. Ausg. Mit Porträts, Flaggen, Wappen- u. Ordenstafeln. 8. (VII S. u. 1242 Sp.) Leipzig, G. J. Göschen. Kart. 6. 50.

Staats-, Hof- u. Kommunal-Handbuch des Reichs u. der Einzelstaaten (zugleich statist. Jahrbuch). Hrsg. v. J. Kürschner. 1901. 16. Ausg. Mit Porträts, Flaggen-, Wappen- u. Ordenstafeln. 8. (VII S. u. 1246 Sp.) Leipzig, G. J. Göschen. Kart. 6. 50.

Staats-, Hof- u. Kommunal-Handbuch des Reichs u. der Einzelstaaten (zugleich statist. Jahrbuch). Hrsg. v. Jos. Kürschner. 1902. 17. Ausg. Mit Porträts, Flaggen-, Wappen- u. Ordenstafeln. 8. (VII S. u. 1254 Sp.) Leipzig, G. J. Göschen. Kart. n.n. 6. 50

Staats-, Hof- u. Kommunal-Handbuch des Reichs, Fortsetzg., s.: **Kürschner**, Jos.

— kleines, d. **Reichs** u. der Einzelstaaten. Nach amtl. u. anderen zuverläss. Quellen zusammengestellt. Abgeschlossen am 31. Jan. 1883. 16. (X, 222 S.) Bielefeld 883. Velhagen & Klasing. geb. n. 1. 50

—— dass. — 2. Jahrg. 1884. Abgeschlossen am 1. Dezbr. 1883. 1. und 2. Aufl. 16. (X, 442 S.) Ebendas. geb. *

— dasselbe. 3. Jahrg. 1885. Abgeschlossen am 31. Dezbr. 1884. 16. (X, 553 S.) Ebend. 885. geb. n. 2. 50

Staats- und Communal-Adreß-Handbuch für den Reg.-Bez. **Wiesbaden** für 1882/83. Bearb. auf Grund des gesammelten officiellen Materials und hrsg. von G. Russart und O. Knop. gr. 8. (IX, 250 S.) Wiesbaden, (Moritz und Münzel.) cart. **

Staats- und Communal-Adreß-Handbuch für den Reg.-Bez. Wiesbaden für 1885/86, 1886/87 und 1887/88. Bearb. auf Grund des gesammelten officiellen Materials und hrsg. von G. Russart und O. Knop. gr. 8. (à Jahrg. ca. 310 S.) Wiesbaden, (Bechtold und Comp. — Moritz und Münzel.) à Jahrg. **

Staats- u. Communal-Adreß-Handbuch f. den Reg.-Bez. Wiesbaden f. 1889/90. Bearb. u. hrsg. v. G. Russart u. O. Knop. gr. 8. (VIII, 320 S.) Wiesb. 889, (Moritz u. Münzel). cart. ** 4 50

—— dass. — für 1892. gr. 8. (VIII, 352 S.) (Ebd.) 891. cart. * 6 —

Staats- u. Communal-Adreß-Handbuch f. den Reg.-Bez. Wiesbaden f. 1898/99. Bearb. auf Grund des gesamm. amtl. Materials u. hrsg. v. C. **Leber** u. W. **Dassen**. gr. 8. (X, 481 u. IV S. m. 1 farb. Karte.) Wiesbaden (R. Bechtold & Co.). Kart. n. 5. 50

Staats- u. Communal-Adreß-Handbuch f. den Reg.-Bez. Wiesbaden f. 1900/01. Bearb. auf Grund des gesammelten amtl. Materials u. hrsg. v. C. Leber u. W. Dassen. gr. 8. (X, 518 u. V S.) Wiesbaden 900. R. Bechtold & Co. Kart. n.n. 5. 50

Staats- u. Kommunal-Adreß-Handbuch f. den Reg.-Bez. Wiesbaden f. 1907/1908. Bearb. auf Grund des gesammelten amtl. Materials u. hrsg. v. C. Leber. (XV, 575 S.) 8. Wiesbaden 906. (R. Bechtold & Co.) Geb. n.n. 6. —

Staats- u. Kommunal-Hand- u. Adreßbuch sämtlicher Behörden u. Beamten des Reg.-Bez. Köln. 1900. 8. (XXXIV, 200 S.) **Köln** (M. Du Mont-Schauberg). n. 1. —

Staats- und Address-Handbuch, **Kurhessisches** auf das Jahr 1823 und 1826. (2 Bde.) 8. Cassel 1823 und 1826.

— Kurhessisches, auf d. J. 1825. gr. 8. Cassel (Luckhardt.)

Staats-Handbuch der Dänischen **Monarchie** für 1844, 1846, 1848. (Altona 1844, 46 u. 48.) Siehe in: Hof- und Staats-Calender für 1844, 46 u. 48. 4°

Staats-Handbuch, **Neues** genealogisches für das Jahr 1811, oder 64r Jahrg. 2 Bde. Frankfurt a. M.: Wenner 1811. gr. 8°

— **preußisches**. Mit einer statistisch-topograph. Uebersicht. Hersg. von **Reinecke**. Berlin 870. Berggold. gr. 8. (XVI, 514 S.) n. 3 ℳ

—— **Russlands**, od. Verzeichniss d. k. russ. Staatsbehörden u. d. vorzüglichsten dabei angestellten Beamten. Vom Jahre 1835. Hrsg. v. d. k. Akad. d. Wissenschaften. gr. 8. ($23\frac{3}{4}$ B.) St. Petersburg 835. (Leipzig, Voss.) *

— für das Großherzogt. **Sachsen**. 1904. (XII, 342 S.) gr. 8. Weimar, H. Böhlau's Nachf. Geb. in Leinw. n.n. 7. —; auf Schreibpap. n.n. 8. —

— für das Großherzogt. **Sachsen** 1909. (XIV, 357 S.) gr. 8. Weimar 909. H. Böhlau's Nachf. Geb. in Leinw. nn 7.60; auf Schreibpap. nn 8. 60

—— für d. Königr. **Sachsen**. 1837. 1839. 1841. Unter Genehm. d. Staatsregierung hrsg. v. Directorium d. statist. Vereins. gr. 8. J. 1837. Dresden, Walther'sche Hofbuchh., J. 1839. u. 41. Leipzig, Fr. Fleischer. [837. ($32\frac{1}{2}$ B.) * $1\frac{5}{6}$ Thlr., 39. (25 B.) * $1\frac{2}{3}$ Thlr., 41. ($23\frac{1}{2}$ B.) * $1\frac{1}{2}$ Thlr.] *

Staats-Handbuch f. das Königr. Sachsen 1843 u. 1845. Unter Genehmigung der Staatsregierung herausgeg. vom Directorium des statist. Vereins. gr. 8. Leipzig, Friedr. Fleischer. [1843. (26 B.) * 1 Thlr. 15 Ngr., 1845. ($24\frac{3}{4}$ B.) * 1 Thlr. 10 Ngr.] *

—— dass. 1847 (u. 1848). gr. 8. ($21\frac{1}{2}$ B.) Ebds. 847. *

Staats-Handbuch für das Königr. Sachsen. 1850. Unter Genehmigung der Staatsregierung hrsg. vom Directorium des statist. Vereins. gr. 8. (348 S. mit lithogr. Titel.) Leipzig 850, Fr. Fleischer. **

Staats-Handbuch für das Königr. Sachsen. 1854. Hrsg. vom Ministerium des Innern. gr. 8. (XII und 414 S.) Leipzig 854, Fr. Fleischer. **

—— für das Königr. **Sachsen**. 1857, 1858 und 1860. Hrsg. vom Ministerium des Innern. gr. 8. Leipzig, Fr. Fleischer. [1857. (XII und 480 S.) 1858. (XII und 491 S.) 1860. (XXIV und 479 S.)] à Jahrg. *

—— für das Königr. **Sachsen**. 1863. Hrsg. vom statist. Bureau im Ministerium des Innern. gr. 8. (LXXVIII und 655 S.) Leipzig 863, Fr. Fleischer. cart. **

—— dass. — 1865/66 und 1867. gr. 8. (LXXII und 660 S., LXXII und 719 S.) Dresden, Heinrich. à Jahrg. cart. *

—— für das Königreich **Sachsen**. 1873. Auf Anordnung des königl. Gesammtministeriums hrsg. gr. 8. (XVI, 709 S.) Dresden, Heinrichs. ** 6 —

—— dass. — 1874. gr. 8. (XVI, 519 S.) Ebendas. * 5 50

—— dass. — 1875. gr. 8. (XVI, 568 S.) Ebendas. ** 6 —

Staats-Handbuch für das Königr. Sachsen. 1876—1878. Auf Anordnung des königl. Gesammtministeriums hrsg. gr. 8. (XVI, 592; XVI, 634; XVI, 636 S.) Dresden, (Heinrich.)
Jahrg. 1876 ** 6 —
Jahrg. 1877 und 1878 à ** 7 —

—— für das Königr. **Sachsen** auf die J. 1880 und 1881. Auf Anordnung des königl. Gesammtministeriums hrsg. gr. 8. (XVI, 585; 189 S.) Dresden, (Heinrich.) *
Jahrg. 1879 ist nicht erschienen.

— dasselbe, auf die Jahre 1882 u. 1883. Auf Anordnung des königl. Gesammtministeriums hrsg. gr. 8. (XVI, 720 S.) Ebend. 882. n. 6. 50

—— dass. — auf die J. 1884 und 1885. gr. 8. (XVI, 726 S.) (Ebendas.) *

— für das Königr. Sachsen auf die J. 1886 u. 1887. Auf Anordng. d. königl. Gesammtministeriums hrsg. gr. 8. (XVI, 746 S.) Dresden 886. Heinrich. n. 6. 75

—— dass. — auf die J. 1888 und 1889. gr. 8. (XVI, 777 S.) (Ebendas.) 888. *

—— für das Königr. Sachsen auf die J. 1890 u. 1891 u. auf die J. 1892 u. 1893. Auf Anordng. d. königl. Gesammtministeriums hrsg. gr. 8. (XVI, 815 S. m. 1 farb. Wappentaf.; XVI, 879 S.) Dresd., (Heinrich). à Jahrg. ** 7 —: cart. ** 8 —

— f. das Königr. Sachsen auf die J. 1892 u. 1893. Auf Anordng. d. königl. Gesammtministeriums hrsg. gr. 8. (XVI, 879 S.) Dresden 892. (C. Heinrich.) n.n. 7. —; kart. n.n. 8. --

— dasselbe auf d. J. 1894. (Nach dem Stande vom 1. Mai.) Auf Anordng. des königl. Gesammtministeriums hrsg. gr. 8. (XVI, 946 S.) Ebd. 894. n.n. 7. —; geb. n.n. 8. --

— für d. Königr. Sachsen auf d. J. 1898. (Nach dem Stande v. 1. V.) Auf Anordng. d. königl. Gesammtministeriums hrsg. gr. 8. (XXVIII, 1076 S.) Dresden (C. Heinrich). n.n. 7. —; geb. n.n. 8. —

Staatshandbuch f. das Königr. Sachsen auf d. J. 1899. (Amtlich.) Dresden 899.

— f. das Königreich Sachsen auf d. J. 1900. (Nach dem Stande vom 1. V.) Auf Anordng. des königl. Gesammtministeriums hrsg. gr. 8. (XXVIII, 1129 S.) Dresden, C. Heinrich. 7. —; geb. 8. —

Staatshandbuch f. das Königreich Sachsen auf d. Jahr 1901. (Nach dem Stande vom 1. V.) Auf Anordng. des königl. Gesammtministeriums hrsg. gr. 8. (XXVIII, 1177 S.) Dresden, C. Heinrich. 7. —; geb. 8. —

— für das Königr. Sachsen auf d. J. 1902. (Nach dem Stande vom 1. V.) Auf Anordng. des königl. Gesammtministeriums hrsg. gr. 8. (XXX, 1217 S.) Dresden (C. Heinrich). n. 8. —

— für das Königr. Sachsen auf d. J. 1906. (Nach dem Stande vom 1. I.) Auf Anordng. des kgl. Gesamtministeriums hrsg. (XXVIII, 737 S.) gr. 8. Dresden (C. Heinrich). n. 6. —; geb. n. 7. —

— f. das Königreich Sachsen auf d. J. 1907. Auf Anordng. des königl. Gesamtministeriums hrsg. (XXVIII, 601 S.) gr. 8. Dresden, C. Heinrich. 6. —; geb. 7. —

Staatshandbuch f. das Königr. Sachsen auf d. J. 1908. Auf Anordng. des königl. Gesamtministeriums hrsg. (XXIV, 620 S.) gr. 8. Dresden, C. Heinrich. 6. —; geb. 7. —

Staatshandbuch f. das Königr. Sachsen auf d. J. 1909. Auf Anordng. des königl. Gesamtministeriums hrsg. (XXIV, 647 S.) gr. 8. Dresden, C. Heinrich. 6. —; geb. 7. —

— für das Königr. Sachsen auf d. J. 1910. Auf Anordng. des königl. Gesamtministeriums hrsg. (XXIV, 659 S.) gr. 8. Dresden, C. Heinrich. 6.—; geb. 7.—

—— für die Herzogth. Sachsen-Coburg und Gotha. 1865. gr. 8. (X und 358 S. mit 1 Tab. in gr. Fol.) Gotha, Thienemann. *

— des Großh. Sachsen-Weimar-Eisenach für d. J. 1840. Herausg. v. E. Müller. gr. 8. Weimar 840. (Voigt.) 1⅔ ₰

— f. d. Großherzogth. Sachsen-Weimar-Eisenach. 1851 (v. Ernst Müller). gr. 8. (VIII u. 360 S.) Weimar, Landes-Industrie-Comptoir. n. 2 ₰

Staats-Handbuch des Grossherzogthums Sachsen-Weimar-Eisenach für das Jahr 1851. Weimar 1850. H: *Müller, Ernst.* (EngG)

Staats-Handbuch für das Großherzogthum Sachsen-Weimar-Eisenach. Weimar 1851. 1859. H: *Müller, Ernst.* (Ky)

—— für das Großherzogth. Sachsen-Weimar-Eisenach. 1859. gr. 8. (VIII und 405 S.) Weimar, Kühn. ** cart. ** 1 Thlr. 22½ Ngr.; geb. ** Schrp. ** 2 Thlr. 2½ Ngr.; cart. ** 2 Thlr. 5 Ngr.; geb. **

—— für das Großherzogth. Sachsen-Weimar-Eisenach. 1864. (Von Ernst Müller.) gr. 8. (VIII und 424 S.) Weimar, (Kühn.) * 1 Thlr. 24 Ngr.; Schreibp. *

—— für das Großherzogthum Sachsen-Weimar-Eisenach. 1869. gr. 8. (VIII, 320 S.) Weimar, Böhlau. * 4 —

—— dass. — 1874. gr. 8. (XII, 348 S.) Ebendas. ** 5 —

—— für das Großherzogth. Sachsen-Weimar-Eisenach 1880 und 1885. gr. 8. (XII, 408; XII, 417 S.) Weimar, Böhlau. à Jahrg. * Andere Jahrg. sind nicht erschienen.

—— für d. Großherzogth. Sachsen-Weimar-Eisenach 1891. gr. 8. (XII, 422 S.) Weimar, Böhlau. ** 6 — Erscheint in der Regel alle 5—6 Jahre.

— für d. Großherzogth. Sachsen-Weimar-Eisenach 1896. gr. 8. (XII, 426 S.) Weimar, H. Böhlau's Nachf. n.n. 6. —; auf Schreibpap. n.n. 7. 70

— für das Großherzogth. Sachsen-Weimar-Eisenach 1900. gr. 8. (XII, 457 S.) Weimar, H. Böhlau's Nachf. Geb. in Leinw. n.n. 7. —; auf Schreibpap. n.n. 9. —

Staats-Handbuch für die Herzogthümer Schleswig-Holstein . . . Altona [1849]. H: *Ravit, Joh. Chn.* (Schles)

— f. d. Herzogth. Schleswig-Holstein auf d. J. 1849. Nebst einer Genealogie sämmtl. europ. Regenten- u. Fürstenhäuser. gr. 8. (VIII u. 438 S.) Altona. (Kiel, Schröder & Co.) n. 1⅓ ₰

Hamburg Senats-Kanzlei. Staats-Handbuch auf das Jahr 1900. Hamburg. 4°

— königl. Würtembergisches, f. die J. 1807—10. gr. 8. Stuttg., Steinkopf. (à 2 ₰ 6 ℊ) 9 ₰ f. auch Hof- u. Staatshandbuch.

Staatshaushalt (Der österreich.) in d. J. 1883 u. 1884. 4°. Wien, Gerold u. Sohn, 1887.

Staatshaushalt, der österreichische, s.a. Statistik, österreichische.

Der österreichische Staatshaushalt in den Jahren 1899 und 1900. [Österr. Statistik. 70. Bd. 1. Heft.] Fol. (XXXI, 130 S.) † Wien: Gerold 1904. K 4.—

Der österreichische Staatshaushalt in den Jahren 1901 und 1902. [Österr. Statistik. 73. Bd. 2. Heft.] 4°. (XXXI, 132 S.) † Wien: Gerold 1905.

Zum Staatshaushalts-Etat für das Jahr 1866. Berlin. Geh. Ob.-Hofbuchdr. (R. v. Decker.)

Staatshaushalts-Etat f. die Etatsjahre 1899—1902. Fol. Berlin, C. Heymann's Verl. à n. 10. —
1899 nebst Anlagen. (16, 61 u. 175 S.) — 1900. (168 S.) — 1901. (163 S.) — 1902. (S. 5—142).

Staatshaushalts-Etat f. die Etatsj. 1903—1906. (1. Anlage zum Etatsgesetz.) 4. Berlin 903—906. (C. Heymann. à n. 10. —
1903. (S. 5—15, 53 u. 146 S.) 1904. (S. 5—15, 52 u. 151 S.) — 1905. (S. 5—14, 54 u. 152 S.) — 1906. (55 u. 154 S.)

Staatshaushalts-Etat des Großherzogthums Mecklenburg-Schwerin für das Jahr von Johannis 1850 bis dahin 1851. Mit Anlagen I—XXVI. c. subadj. gr. 4. (XXIV und 316 S.) Leipzig 850. (Schwerin, Stiller'sche Hofbuchh.)**

Staatshaushalts-Etat (der Preussischen Monarchie) für das Jahr 1875; für das Jahr vom 1. April 1877/78, 1878/79, 1880/81, 1886/87, 1888/89, 1891/92, nebst Anlagen. Berlin. 1875—91. Fol. m.

— **dasselbe.** (Kgr. Preußen) f. d. Etatsj. 1906. 3 Bde. 4. Berlin 906. W. Moeser. n.n. 20. —
Hieraus Einzel-Etats:
Vorbericht. (X, 24 S.) —60. — Preußische Zentral-Genossenschafts-Kasse. (14 S.) —30. — Nr. 1. Domänenverwaltung. (18 S.) —40. — Nr. 2. Forstverwaltung. (26 S.) —50. — Nr. 3. Verwaltung der direkten Steuern. (19 S.) —40. — Nr. 4. Verwaltung der indirekten Steuern. (28 S.) —50. — Nr. 5. Lotterieverwaltung. (9 S.) —30. — Nr. 6. Königl. Seehandlung. (Preußische Staatsbank.) (18 S.) —40. — Nr. 7. Münzverwaltung. (7 S.) —15. — Nr. 8. Berg-, Hütten- u. Salinenverwaltung. (76 S.) n.n. 1. —. — Nr. 9. Eisenbahnverwaltung. (155 S.) n.n. 2. —. — Nr. 10. Staatsschuldenverwaltung. (29 S.) —50. — Nr. 11. Herrenhaus. (5 S.) —15. — Nr. 12. Haus der Abgeordneten. (5 S.) —15. — Nr. 13. Allgemeine Finanzverwaltung. (13 S.) —30. — Nr. 14. Bureau des Staatsministeriums. (5 S.) —15. — Nr. 15. Staatsarchive. (9 S.) —30. — Nr. 16. Generalordenskommission. (8 S.) —15. — Nr. 17. Geheimes Zivilkabinett. (5 S.) —15. — Nr. 18. Etat der Oberrechnungskammer. (5 S.) —15. — Nr. 19. Prüfungskommission f. höhere Verwaltungsbeamte, Disziplinarhof u. Gerichtshof zur Entscheidung der Kompetenzkonflikte. (3 S.) —15. — Nr. 20. Gesetzsammlungsamt in Berlin. (3 S.) —15. — Nr. 21. Deutscher Reichs- u. Preußischer Staats-Anzeiger. (5 S.) —15. — Nr. 22. Ansiedlungskommission f. Westpreußen u. Posen. (8 S.) —15. — Nr. 23. Ministerium der auswärtigen Angelegenheiten. (5 S.) —15. — Nr. 24. Finanz-Ministerium. (36 S.) —60. — Nr. 25. Bauverwaltung einschließl. Zentralverwaltung des Ministeriums der öffentlichen Arbeiten. (77 S. m. 1 farb. Karte.) 2. 40. — Nr. 26. Handels- u. Gewerbeverwaltung einschließlich Zentralverwaltung des Ministeriums f. Handel u. Gewerbe. (71 S.) 1. —. — Nr. 27. Justizverwaltung. (81 S.) 1. 20. — Nr. 28. Ministerium des Innern. (63 S.) —90. — Nr. 29. Landwirtschaftliche Verwaltung einschließlich Zentralverwaltung des Ministeriums f. Landwirtschaft, Domänen u. Forsten. (60 S.) —90. — Nr. 30. Gestütverwaltung. (21 S.) —40. — Nr. 31. Ministerium der geistlichen, Unterrichts- u. Medizinal-Angelegenheiten. (416 S.) n.n. 5. —. — Nr. 32. Kriegs-Ministerium. (5 S.) —15.

Staatshaushalts-Etat (Kgr. Preussen) f. d. Etatsj. 1907. 3 Bde. Berlin, W. Moeser. 20. —
Hieraus Einzel-Etats: Vorbericht. (X. 24 S.) —. 60. — Preussische Zentral-Genossenschafts-Kasse. (14 S.) —. 30 — Nr. 1. Domänenverwaltung. (18 S.) —. 40. — Nr. 2. Forstverwaltung. (26 S.) —. 50. — Nr. 3. Verwaltung der direkten Steuern. (17 S.) —. 40. — Nr. 4. Verwaltung der indirekten Steuern. (34 S.) —. 60. — Nr. 5. Lotterieverwaltung. (7 S.) —. 15. — Nr. 6. Königl. Seehandlung. (Preussische Staatsbank.) (18 S.) —. 40. — Nr. 7. Münzverwaltung. (7 S.) —. 15. — Nr. 8. Berg-, Hütten- u. Salinenverwaltung. (72 S.) 1. —. — Nr. 9. Eisenbahnverwaltung. (163 S.) 2. —. — Nr. 10. Staatsschuldenverwaltung. (20 S.) —. 50. — Nr. 11. Herrenhaus. (5 S.) —. 15. — Nr. 12. Haus der Abgeordneten. (5 S.) —. 15. — Nr. 13. Allgemeine Finanzverwaltung. (13 S.) —. 30. — Nr. 14. Bureau des Staatsministeriums. (5 S.) —. 15. — Nr. 15. Staatsarchive. (9 S.) —. 30. — Nr. 16. Generalordenskommission. (3 S.) —. 15. — Nr. 17. Geheimes Zivilkabinett. (5 S.) —. 15. — Nr. 18. Oberrechnungskammer. (5 S.) —. 15. — Nr. 19. Disziplinarhof u. Gerichtshof zur Entscheidung der Kompetenzkonflikte. (3 S.) —. 15. — Nr. 20. Gesetzsammlungsamt in Berlin. (3 S.) —. 15. — Nr. 21. Deutscher Reichs- u. Preussischer Staats-Anzeiger. (7 S.) —. 15. — Nr. 22. Ansiedlungskommission f. Westpreussen u. Posen. (8 S.) —. 15. — Nr. 23. Ministerium der auswärtigen Angelegenheiten. (5 S.) —. 15. — Nr. 24. Finanz-Ministerium. (34 S.) —. 60. — Nr. 25. Bauverwaltung einschliesslich Zentralverwaltung des Ministeriums der öffentlichen Arbeiten. (74 S.) 1. —. — Nr. 26. Handels- und Gewerbeverwaltung einschliesslich Zentralverwaltung des Ministeriums f. Handel u. Gewerbe. (72 S.) 1. —. — Nr. 27. Justizverwaltung. (70 S.) 1. —. —. Nr. 28. Ministerium des Innern. (65 S.) 1. —. — Nr. 29. Landwirtschaftliche Verwaltung einschliesslich Zentralverwaltung des Ministeriums f. Landwirtschaft, Domänen u. Forsten. (58 S.) —. 90 — Nr. 30. Gestütverwaltung. (20 S.) —. 40. — Nr. 31. Ministerium der geistlichen, Unterrichts- u. Medizinal-Angelegenheiten. (441 S.) 5 —. — Nr. 32. Kriegs-Ministerium. (5 S.) —. 15.

Staatshaushalts-Etat (Kgr. Preußen) f. d. Etatsj. 1909. 3 Bde. 31,5×23 cm. Berlin 909. W. Moeser. nnn 12. 80
Hieraus Einzel-Etats:
Vorbericht. (X, 24 S.) nnn —40. — Preußische Zentral-Genossenschafts-Kasse. (15 S.) nnn —20. — Nr. 1. Domänenverwaltung. (18 S.) nnn —25. — Nr. 2. Forstverwaltung. (24 S.) nnn —25. — Nr. 3. Verwaltung der direkten Steuern. (20 S.) nnn —25. — Nr. 4. Verwaltung der Zölle u. indirekten Steuern. (20 S.) nnn —25. — Nr. 5. Lotterieverwaltung. (7 S.) nnn —10. — Nr. 6. Königl. Seehandlung. (Preußische Staatsbank.) (18 S.) nnn —25. — Nr. 7. Münzverwaltung. (7 S.) nnn —10. — Nr. 8. Berg-, Hütten- u. Salinenverwaltung. (60 S.) nnn —65. — Nr. 9. Eisenbahnverwaltung. (168 S.) nnn 1.70. — Nr. 10. Staatsschuldenverwaltung. (27 S.) nnn —35. — Nr. 11. Herrenhaus. (5 S.) nnn —10. — Nr. 12. Haus der Abgeordneten. (5 S.) nnn —10. — Nr. 13. Allgemeine Finanzverwaltung. (13 S.) nnn —20. — Nr. 14. Staatsministerium. (5 S.) nnn —10. — Nr. 15. Staatsarchive. (7 S.) nnn —10. — Nr. 16. Generalordenskommission. (3 S.) nnn —10. — Nr. 17. Geheimes Zivilkabinett. (3 S.) nnn —10. — Nr. 18. Oberrechnungskammer. (5 S.) nnn —10. — Nr. 19. Disziplinarhof u. Gerichtshof zur Entscheidung der Kompetenzkonflikte. (3 S.) nnn —10. — Nr. 20. Gesetzsammlungsamt in Berlin. (3 S.) nnn —10. — Nr. 21. Deutscher Reichs- u. Preußischer Staats-Anzeiger. (5 S.) nnn —10. — Nr. 22. Ansiedlungskommission f. Westpreußen u. Posen. (9 S.) nnn —20. — Nr. 23. Ministerium der auswärtigen Angelegenheiten. (5 S.) nnn —10. — Nr. 24. Finanz-Ministerium. (27 S.) nnn —35. — Nr. 25. Bauverwaltung einschließlich Zentralverwaltung des Ministeriums der öffentl. Arbeiten. (51 S.) nnn —60. — Nr. 26. Handels- und Gewerbeverwaltung einschließlich Zentralverwaltung des Ministeriums f. Handel u. Gewerbe. (72 S.) nnn —75. — Nr. 27. Justizverwaltung. (70 S.) nnn —75. — Nr. 28. Ministerium des Innern. (67 S.) nnn —60. — Nr. 29. Landwirtschaftliche Verwaltung einschließlich Zentralverwaltung d. Ministeriums f. Landwirtschaft, Domänen und Forsten. (51 S.) nnn —60. — Nr. 30. Gestütverwaltung. (17 S.) nnn —25. — Nr. 31. Ministerium der geistlichen, Unterrichts- und Medizinal-Angelegenheiten. (396 S.) nnn 4. —. — Nr. 32. Kriegs-Ministerium. (5 S.) nnn —10.

Staatshaushalts-Etat, preußischer, f. d. J. vom 1. Apr. 1892/93, nebst Anlagen. Fol. (16, 60 u. 148 S.) Berlin 892. C. Heymanns Verl. n. 10. —

— **dasselbe** f. das Jahr vom 1. Apr. 1893/94, nebst Anlagen. Fol. (146 S.) Ebd. 893. n. 10.

— **dasselbe** f. d. Jahr vom 1. Apr. 1894/95, nebst Anlagen. Fol. (155 S.) Ebd. 894. n. 10. —

Staatshaushalts-Etat, preußischer, f. d. J. v. 1. Apr. 1895/96, nebst Anlagen. 4. Jahrg. Fol. (19, 61 u. 160 S.) Berlin 895. C. Heymann's Verl. n. 10. —

— dasselbe. f. d. Jahr v. 1. Apr. 1896/97, nebst Anlagen. 5. Jahrg. Fol. (164 S.) Ebd. 896. n. 10. —

— dasselbe, f. d. Jahr v. 1. IV. 1897/98 nebst Anlagen. 6. Jahrg. Fol. (17, 60 u. 164 S.) Ebd. 897. n. 10. —

— dasselbe, f. d. Jahr v. 1. IV. 1898/99 nebst Anlagen. 7. Jahrg. Fol. (19, 65 u. 171 S.) Ebd. 898. n. 10. —

Staatshaushalts-Etat (Preussischer) für das Jahr vom 1. April 1892/93. fol. Berlin, C. Heymann's Verl., 1892. — Für das Jahr vom 1. April 1893/94. fol. Berlin, Heymann's Verl., 1894 ff. Für das Jahr 1899. fol. Berlin, Heymann's Verl., 1899. — Für die Etatsjahre 1900 u. 1901. fol. Berlin, Heymann's Verl., 1901.

Staatshaushalts-Etat, [P r e u ß i s c h e r]. Mit Anlagen. Jg. 1906—1908. Berlin, 1906—1908.

Staatshaushalts-Etat des Fürstentums Schwarzburg-Rudolstadt für die Finanzperiode 1909—1911 ff. [Nebst] Nachweisung d. Einnahme u. Ausgabe für d. Finanzperiode 1909—1911 nebst Erl. [Rudolstadt 1909] ff. 8° (4°)

Staatshaushaltsetat des Fürstenthums S c h w a r z b u r g - S o n d e r s h a u s e n für die Finanzperiode 1900—1903. Sondershausen 1899. 4°

Staatsheirath, neumodische, — auf fortschrittlich Civilehe. Von e. Freunde d. Volkes. 16. (22 S.) Deggendorf 872. Krüll. — 10

Staats-Herold: 1906- / Chicago, IL
Weekly.

Staats- und Deutsche Reichs-Historie, Europaeische, unter Regierung Francisci I. H (nicht): *Moser, Joh. Jacob.* (Johann Jacob Moser, Lebensgeschichte von ihm selbst beschrieben, Frankfurt u. Leipzig 1777, III, 179)

Staatshistorie, europäische, und deutsche Reichs=, bis auf Franz I. 2 Thle. 8. Frankf. Cuno. 746. 47.

— neueste, welche d. heut. Begebenh. d. Welt in sich faßt. 16 Stck. 8. Leipz. Dyk. 746—48.

Staats-Historie und Staats-Geographie, Preussische und Brandenburgische. O. O. 1710—11. V: *Abel, Caspar.* (Myl)

Staatshoheit und Kirchengewalt. Ein Sendschreiben . . . Darmstadt 1854. V: *Schenkel, Daniel.* (zu) (Ky)

Staatshoheit und Kirchengewalt. Ein Sendschreiben an Se. Hochw. den Hrn. Domcapit. und Prof. Dr. Hirscher in Freiburg (von Dan. Schenkel). gr. 8. (32 S.) Darmstadt 854. Leske. *
Aus: Allgemeine Kirchenzeitung, besonders abgedruckt.

Staatsidee, die christliche, und das Judenthum, die römisch=katholische Kirche und der Rechtsstaat. Regierungen, Ständen u. Volk zur Beherzigung gewidmet. Augsburg 855. Kollmann. gr. 8. (19 S.) n. 2 ngr.

Staatsidee, Die magyarische, Kirche u. Nationalitäten in Ungarn. Geschildert von einem Slovaken. Prag: Urbánek 1886. 56 S. 8°

Staatsinteresse, das, von Baiern bei d. 3n Coalition. 2 Hfte. gr. 8. Sulzb. 805 u. 6. v. Seidel. 10 gr.

Staatsinteresse von Bayern bey dem dritten Koalitionskriege. O. O. 1805. V: *Aretin, Adam Freih. v.* (Bücher-Samml. d. hist. Ver. v. u. f. Oberbayern. Münch. 1867.)

Staats- und National-Interesse, Deutschlands und Europens, bei und nach dem Congress zu Wien. Germanien 1814. V: *Crome, August Friedrich Wilhelm.* (StAt)

— über, Deutschlands u. Oestreichs u. Leopolds II., als Kaiser u. Oestreich. Monarch. 8. Leipz. 792. Heinsius. 10 gr.

Staatsinteresse. Ueber der Eidgenossen St'-Int' in Absicht auf das Fürstenthum Neuenburg und Vallendis. St. Gallen 1789 s.a. [Müller von Friedberg, Carl].

— über, der Eidgenossen, in Absicht auf das Fürstenth. Neuenburg u. Vallendis, (v. K. Müller v. Friedberg). 8. St. Gallen 790. Huber. 8 gr.

— weltliches, d. kathol. und protest. Religionen in Europa. 8. Augsb. 735.

Staatscalender, s. Staatskalender.

Staatskalender des Standes Aargau für 1859–60.

Staats-Kalender des eidgenössischen Standes Aargau für 1900—1901 u. für 1902—1903. 127 u. 139 S. 8. Aarau, Emil Wirz, 1900 u. 1902. [je fr. —. 80]

Staats-Kalender des eidgenössischen Standes Aargau für 1904—1905. 136 S. 8. Aarau, Buchdr. der Aargauer Nachrichten, 1904. [fr. —. 80]

Staats-Kalender des eidgenössischen Standes Aargau pro 1906–1907. 147 S. 8. Aarau, H. R. Sauerländer & Co., 1906. [fr. —. 80]

Staats-Kalender des eidgenössischen Standes Aargau für 1908—1909. 143 S. 8. Aarau, Emil Wirz, 1908. [fr. —. 80]

Staats-Kalender des eidgenössischen Standes Aargau für (*Umschlag: pro) 1910—1911. 143 S. 8. Menziken, J. F. Schori, 1910. [fr. —. 80]

Staats= u. Addreß=Kalender für das Königr. Hannover auf das J. 1827. 8. Hannov., Hahn.

Staats= u. Adreß=Kalender f. d. Königr. Hannover auf d. J. 1828, 33 u. 34. 8. (44½, 48 u. 47½ B.) Hannover, (Hahn.)

Staats= und Adreß=Kalender f. d. Königr. Hannover auf d. J. 1835. 8. (48½ B.) Hannover, (Hahn'sche Hofbuchh.) *

Staats= u. Adreß=Kalender für das Königr. Hannover auf die J. 1833—1836. 8. Hannover 833—35. (Hahn.) à n. 1⅔ rf.

Staats- und Adress-Calender des Herzogthumes Nassau, für das Jahr 1812 und 1813. (2 Bde.) Wiesbaden 1812—1813.

Staatskalender des Kts. Appenzell A. Rh. auf 1866–96. Herisau.

Staatskalender des Ktns. Appenzell A. Rh. auf d. Amtsjahr 1873–74. 110 Stn. 8. 1873.

Staatskalender des Kts. Appenzell A.-Rh. auf d. Amtsjahr 1874/75. 104 Stn. 8.
Appenzell-Ausserrhoden 1874.

Staatskalender des Kantons Appenzell A. R. auf das Amtsjahr 1875—76. 67 Stn. 8. Herisau, Buchdruckerei Schläpfer. 1875.

Staatskalender des Kantons Appenzell A. Rh. auf das Amtsjahr 1876/77. 71 S. 8. Herisau, Druck von M. Schläpfer. 1876.

Appenzell A. Rh. Staatskalender des Kantons Appenzell A. Rh. auf das Amtsjahr 1877/78. 57 S. 8. Herisau, Druck von M. Schläpfer. 1877

Staatskalender. Staats-Kalender des Kantons Appenzell A. Rh. auf das Amtsjahr 1900/1901. VIII + 96 S. 8. Herisau, Schläpfer & Cie., 1900. [geb. fr. 1. —]

Staatskalender des Kantons Appenzell A. Rh. auf das Amtsjahr 1901/1902. VIII + 96 S. 8. Herisau, Schläpfer & Cie., 1901.

Staatskalender des Kantons Appenzell A. Rh. auf das Amtsjahr 1902/1903. VIII + 96 S. 8. Herisau, Schläpfer & Cie., 1902.

Staatskalender des Kantons Appenzell A. Rh. auf das Amtsjahr 1903/1904. VIII + 98 S. 8. Herisau, Schläpfer & Cie., 1903.

Staatskalender des Kantons Appenzell A. Rh. auf das Amtsjahr 1904 – 1905. VIII+101 S. 8. Herisau, Schläpfer & Cie., 1904.

Staatskalender des Kantons Appenzell A. Rh. auf das Amtsjahr 1905–1906. VIII + 104 S. 8. Herisau, Schläpfer & Cie., 1905.

Staatskalender des Kantons Appenzell A. Rh. auf das Amtsjahr 1906–1907. VIII + 102 S. 8. Herisau, Schläpfer & Cie., 1906.

Staatskalender des Kantons Appenzell A. Rh. auf das Amtsjahr 1907—1908. VIII + 102 S. 8. Herisau, Schläpfer & Cie., 1907.

Staatskalender des Kantons Appenzell A. Rh. auf das Amtsjahr 1908—1909. VIII + 96 S. 8. Herisau, Schläpfer & Cie., 1908.

Staatskalender des Kantons Appenzell A. Rh. auf das Amtsjahr 1909—1910. (Ausgabe: Ende Juni 1909.) VIII + 92 S. 8. Herisau, Schläpfer & Cie., 1909.

Staatskalender des Kantons Appenzell A. Rh. auf das Amtsjahr 1910—1911. (Ausgabe: Ende Juni 1910.) VIII + 92 S. 8. Herisau, Schläpfer & Cie., 1910.

Staats-Kalender des eidgenössischen Standes Appenzell Innerrhoden für das Jahr 1901/1902 u. für 1903. je 48 + III S. 8. Appenzell, Genossenschafts-Buchdr., 1901 u. 1903.

Staats-Kalender des eidgenössischen Standes Appenzell Innerrhoden für 1905 u. für 1907 u. für 1909. 50 + IV u. 50 + IV u. 51 + IV S. 8. Appenzell, Genossenschafts-Buchdr., 1905 u. 1907 u. 1909.

Staatskalender, Bernischer, auf d. J. 1861, 64--78. Bern.

Staatskalender, bernischer, auf das J. 1872. gr. 8. (310 S.) Bern, Huber und Comp. cart. * 1 50

—— dass. — auf die J. 1873 und 1874. 8. (312 S.) Ebendas. cart. * 1 50

—— dass. — für 1875—1876. gr. 8. (212 S.) Bern, (Dalp'sche Buchh.) cart. * 1 60

Staats-Kalender, bernischer, für 1877, 1879 und 1880. gr. 8. (214; 216; 302 S.) Bern, Dalp'sche Buchh.
Jahrg. 1877 und 1879 à * 1 20
Jahrg. 1880 * 1 50

Jahrg. 1878 ist nicht erschienen.

Staats-Kalender, bernischer, für 1885. gr. 8. (314 S.) Bern, Schmid, Francke und Comp. cart. *

Staats-Kalender, Bernischer, für 1888/89. gr. 8. (232, 74 S.) Bern, Schmid, Francke & Co. cart. n.n. 2. —

Staatskalender, Bernischer, für 1899. 8°. 235 S. Bern. Verlag der Bern. Staatskanzlei. 2 –

Staatskalender. Bernischer Staats-Kalender. — Annuaire officiel du canton de Berne. 1. Juni 1901. 264 S. 8. Bern, Staatskanzlei — Chancellerie d'Etat ([Druck der] Unionsdruckerei). ([geb.] fr. 2. —)

Staatskalender. Bernischer Staats-Kalender. — Annuaire officiel du canton de Berne. 1. August 1902. 272 S. 8. Bern, Staatskanzlei — Chancellerie d'Etat ([Druck der] Unionsdruckerei). [geb.] fr. 2. —

Staatskalender. Bernischer Staats-Kalender = Annuaire officiel du canton de Berne. Juni 1903. 272 S. 8. Bern, Staatskanzlei = Berne, Chancellerie d'Etat ([Druck der] Unionsdr.). fr. 2. —

Staatskalender. Bernischer St'-K' = Annuaire officiel du canton de Berne. Juni 1904. 272 S. 8. Bern, Staatskanzlei = Berne, Chancellerie d'Etat ([Druck der] Unionsdr.). fr. 2. —

Staatskalender. Bernischer St'-K' = Annuaire officiel du canton de Berne. 1. Juni 1905. 278 S. 8. Bern, Staatskanzlei = Berne, Chancellerie d'Etat ([Druck der] Unionsdr.). fr. 2. —

Staatskalender. Bernischer St'-K' = Annuaire officiel du canton de Berne. Juni 1906. 287 S. 8. Bern, Staatskanzlei = Berne, Chancellerie d'Etat (Unionsdruckerei). fr. 2. —

Staatskalender. Bernischer St'-K' = Annuaire officiel du canton de Berne. Juni 1907. 288 S. 8. Bern, Staatskanzlei = Berne, Chancellerie d'Etat. fr. 2. —

Staatskalender. Bernischer St'-K' = Annuaire officiel du canton de Berne. Juni 1908. 287 S. 8. Bern, Staatskanzlei = Berne, Chancellerie d'Etat. fr. 2. —

Staatskalender. Bernischer St'-K' = Annuaire officiel du canton de Berne. Juni 1909. 290 S. 8. Bern, Staatskanzlei = Berne, Chancellerie d'Etat. fr. 2. —

Staatskalender. Bernischer St'-K' = Annuaire officiel du canton de Berne. August 1910. 298 S. 8. Bern, Staatskanzlei = Berne, Chancellerie d'Etat. fr. 2. —

— der Hansestadt Bremen, auf d. J. 1822 u. 23. 8. Bremen, Heyse. (à 12 ⁹⁄₂) 1 ₰

Staats-Kalender der freien Hansestadt Bremen für 1820 bis 1837. gr. 8. Bremen, Heyse. à Jahrg. 5/6 ₰

Staats-Calender der freien Hansestadt Bremen auf das J. 1850. gr. 8. (187 S.) Bremen 850, Heyse. *

Staats-Kalender der freien Hansestadt Bremen auf die J. 1853 und 1854. gr. 8. Bremen, [Heyse's Verlag.] [1853. (152 S.) 1854. (190 S.) à Jahrg. * 22½ Ngr.] *

—— dass. — auf das J. 1855. gr. 8. (18, V und 173 S.) Bremen, Strack. *

Staats-Calender der freien Hansestadt Bremen auf das J. 1853—1858. Bremen, Strack. gr. 8. Jeder Jahrg. (à 180 —200 S.) n. 20 ngr.

Staats-Calender der freien Hansestadt Bremen auf die J. 1858—61. gr. 8. Bremen, Strack. [1858. (V und 202 S.) * 20 Ngr., 1859. (V und 186 S.) * 20 Ngr., 1860. (XXI und 192 S.) * 24 Ngr., 1861. (XXI und 188 S.) * 24 Ngr.] *

Staats-Calender der freien Hansestadt Bremen auf die J. 1862—64. gr. 8. Bremen, Strack. [1862. (XIII und 191 S.) 1863. (XXI und 191 S.) 1864. (XIX und 196 S.)]
1862 und 1863. à * 24 Ngr., 1864 *

Staatskalender der schweizerischen Eidgenossenschaft für 1850. 54. 56. 59. 60/61-68.69. 72-73. 77-79. Bern 1850-79

Staats-Kalender der schweizerischen Eidgenossenschaft für das Jahr ...
Bern [1858]: C. Rätzer. 8°
1858: 100 S.

Staatskalender der schweizerischen Eidgenossenschaft für 1864–96. Bern.

Staats-Kalender der schweizer. Eidgenossenschaft. Annuaire de la Confédération suisse, pro 1871—72. 121 u. 49 Stn. 8.

Staats-Kalender der schweizer. Eidgenossenschaft. Annuaire de la Confédération suisse pro 1872—73. 124 u. 48 Stn. 8. 1872.

Staatskalender der schweiz. Eidgenossenschaft. Annuaire de la Confédération suisse pro 1873/74. 124 pp. et Appendice de 57 pp. gr. in-8. 1873.

Staats-Kalender der schweiz. Eidgenossenschaft. Annuaire de la Confédération Suisse pro 1874—75. 131 et 42 pp. in-8. 1874.

Staats-Kalender der schweizerischen Eidgenossenschaft. Annuaire de la Confédération Suisse pro 1875/76. 132 Stn. 8. Bern, Druck von A. Fischer. 1875.

Staatskalender der schweizerischen Eidgenossenschaft pro 1876/77. 144 S. 8. Bern, Druck von Fischer. 1876.

Staatskalender der schweiz. Eidgenossenschaft pro 1877/78. 149 S. 8. Bern, Druck von A. Fischer. 1877.

Staats-Kalender der schweizer. Eidgenossenschaft. Annuaire de la Confédération suisse. — 1900. In 8°. 332 S. Bern, Buchdruckerei A. Benteli & Co. 1900.

Staatskalender. Staats-Kalender der schweizerischen Eidgenossenschaft. Annuaire de la Confédération Suisse. 1901. 333 S. 8. Bern, A. Benteli & Co., 1901. [br. fr. 2.—]

Staats-Kalender der schweizerischen Eidgenossenschaft. — Annuaire de la Confédération Suisse. 1902. 357 S. 8. Bern, A. Benteli, 1902. [br. fr. 1. 50]

Staats-Kalender der schweizerischen Eidgenossenschaft = Annuaire de la Confédération Suisse. 1903. 370 S. 8. Bern, A. Benteli, 1903. [br. fr. 1. 50]

Staats-Kalender der schweizerischen Eidgenossenschaft = Annuaire de la Confédération Suisse. 1904. 378 S. 8. Bern, A. Benteli, 1904. [br. fr. 1. 50]

Staats-Kalender der schweizerischen Eidgenossenschaft = Annuaire de la Confédération Suisse. 1905. 382 S. 8. Bern, A. Benteli, 1905. [br. fr. 1. 50]

Staats-Kalender der schweizerischen Eidgenossenschaft = Annuaire de la Confédération Suisse. 1906. 395 S. 8. Bern, A. Benteli, 1906. [br. fr. 1. 50]

Staats-Kalender der schweizerischen Eidgenossenschaft = Annuaire de la Confédération Suisse. 1907. ([Mit] Alphabet. Namensverzeichnis.) 410 + 68 S. 8. Bern, A. Benteli, 1907. [fr. 2.—]

Staats-Kalender der schweizerischen Eidgenossenschaft = Annuaire de la Confédération Suisse. 1908. ([Mit] Alphabet. Namensverzeichnis.) 412 + 69 S. 8. Bern, A. Benteli & Co., 1908. [fr. 2.—]

Staats-Kalender der schweizerischen Eidgenossenschaft = Annuaire de la Confédération suisse. 1909. ([Mit] Alphabet. Namensverzeichnis.) 429 + 70 S. 8. Bümpliz, Benteli A.-G., 1909.

Staats-Kalender der schweizerischen Eidgenossenschaft = Annuaire de la Confédération suisse. 1910. ([Mit] Alphabet. Namensverzeichnis.) 439 + 72 S. 8. Bümpliz, Benteli A.-G., 1910.

Staats-Calender für das Grosherzogthum Frankfurt. 8. Frankfurt a. M. 1812.

Staats-Kalender d. freien Stadt Frankfurt. 1837. 8. (14 B.) Frankfurt a. M., (Sauerländer's Verl.) *

Staats-Kalender d. freien Stadt Frankfurt 1840. 8. (14¼ B.) Frankfurt a. M., [Lizius.] *

Staats-Kalender der freien Stadt Frankfurt 1846. 108. Jahrg. 8. Frankfurt a/M. 846, Varrentrapp's Sortim.-Buchh. n. 11/12 ₰

— dass. f. 1847. 8. (16¼ B. u. Titlbl.) Ebds. *

STAATSKALENDER. Genealogischer – auf das Jahr . . . V(on) Schoenfeld. Jg. 1781 Jg. 1782.

Genealogischer Staats-Calender. 1810 s. Nürnbergischer Staats-Kalender.

Staatskalender des Kantons Glarus für das Amtsjahr 1890/91. In-8°. 228 S. Glarus, Bäschlin's Buchh. 1890. Cart. 1 50

Staatskalender des Kantons Glarus für die Amtsperiode 1902/1905. 224 S. 8. Schwanden, Dl. Tschudy-Aebly, 1902.

Staats-Kalender des Kantons Glarus. Amtsperiode 1905/08. 228 S. 8. Glarus, ⟨Dl. Tschudy-Aebly⟩, 1905.

Staats-Kalender des Kantons Glarus. Amtsperiode 1908/11. 219 S. 8. Glarus, ⟨Rud. Tschudy⟩, 1908.

Staatskalender, Graubündnerischer, für 1857.

Staatskalender. Graubündnerischer Staats-Kalender für das Jahr 1901. IV + 172 S. 8. Chur, A.-G. Bündner Tagblatt. [br. fr. —. 60, geb. fr. 1. —]

Staatskalender. Graubündnerischer Staats-Kalender für das Jahr 1902. 174 S. 8. Chur, H. Fiebig. [br. fr. —. 60, geb. fr. 1. —]

Staatskalender. Graubündnerischer Staats-Kalender für das Jahr 1903. 171 S. 8. Chur, A.-G. Bündner Tagblatt, 1902. [br. fr. —. 60, geb. fr. 1. —]

Staatskalender. Graubündnerischer Staats-Kalender für das Jahr 1904. 171 S. 8. Chur, Dr. der A.-G. Bündner Tagblatt, 1903. [fr. —. 60, geb. fr. 1. —]

Staatskalender. Graubündnerischer St'-K' für das Jahr 1905. 171 S. 8. Chur, Dr. der A.-G. Bündner Tagblatt, 1904. [fr. —. 60, geb. 1. —]

Staatskalender. Graubündnerischer St'-K' auf das Amtsjahr 1905/1906. 179 S. 8. Chur, Dr. der A.-G. Bündner Tagblatt, 1905. [fr. —. 60, geb. 1. —]

Staatskalender. Graubündnerischer St' auf das Amtsjahr 1906/07. 179 S. 8. Chur, Druck der A.-G. Bündner Tagblatt, 1906. [fr. —. 60, geb. 1. —]

Staatskalender. Graubündnerischer St' auf das Amtsjahr 1907/08. 180 S. 8. Chur, Druck der A.-G. Bündner Tagblatt, 1907. [fr. —. 60, geb. 1. —]

Staatskalender. Graubündnerischer St' auf das Amtsjahr 1908/09. 178 S. 8. Chur, Druck der A.-G. Bündner Tagblatt, 1908. [fr. —. 60, geb. 1. —]

Staatskalender. Graubündnerischer St' auf das Amtsjahr 1909/10. 180 S. 8. Chur, Druck der A.-G. Bündner Tagblatt, 1909. [fr. —.60, geb. 1. —]

Staatskalender. Graubündnerischer St' auf das Amtsjahr 1910/11. 182 S. 8. Chur, Druck der A.-G. Bündner Tagblatt, 1910. [fr. —.60, geb. 1. —]

Königl. Groß-Brittannischer und Churfürstl. Braunschweig-Lüneburgscher Staats-Kalender auf das Jahr 1795, worin das Staats-Verzeichniß der königl. Regierungen und übrigen hohen Civil- und Militair-Bedienten in den deutschen Ländern . . . befindlich. Laueuburg. (1795.) 8°

Staats-Kalender, Kgl. Grossbrit.-Hannov. a. d. J. . . . . .
1818.
Lauenburg.

Staatskalender, Großbritt.-Lüneburgischer, für 1797. 8. Hamburg, Zimmer.

Hamburger Staats-Kalender auf das 1794ste Jahr Christi. Hamburg (1794.) 8°

Staatscalender, Hamburgischer. Hamburg [1726—1811, 1816 ff.]. H (1726—48): *Wahn, Hermann.* (1749—50): *Wahn, Joh. Matthias.* (1751): *Rohlfs, Nicolaus.* (1752—58): *Rohlfs, Matthias.* (1790—1805): *Brodhagen, Peter Heinrich Chn.* (1806—11, 16—21): *Nuppnau, Frdr. Pet.* (1822—25): *Reinke, Joh. Theodor.* (1826—43): *Koester, Joh. Cornel.* (1844—51): *Metz, Joh. Samuel.* (BrMm)

Staatskalender

Hamburgischer Staats-Calender [Staats-Kalender] auf das Jahr... 1740. 1745-49. 1751-1809.
Hamburg: König [1739-1808.] 8°

1740 ff. Von Hermann Wahn. [1739 ff.]
1749. Von Johann Matthias Wahn [1748.]
1751 ff. Von Matthias Rohlfs. [1750 ff.]
1790 ff. Von P[eter] H[einrich] C[hristoph] Brodhagen. [1789 ff.]
1806 ff. Von F[riedrich] P[hilipp] Nuppnau. [1805 ff.]

1759 ff. Hamburg: Grund [1758 ff.]
1783 ff. Hamburg: Meyn [1782 ff.]
1809. Hamburg: Nestler [1808.]

1740: [1739.]
1745: [1744.]
1746: [1745.]
1747: [1746.]
1748: [1747.]
1749: [1748.]
1751: [1750.]
1752: [1751.]
1753: [1752.]
1754: [1753.]
1755: [1754.]
1756: [1755.]
1757: [1756.]
1758: [1757.]
1759: [1758.]
1760: [1759.]
1761: [1760.]
1762: [1761.]
1763: [1762.]
1764: [1763.]
1765: [1764.]
1766: [1765.]
1767: [1766.]
1768: [1767.]
1769: [1768.]
1770: [1769.]
1771: [1770.]
1772: [1771.]
1773: [1772.]
1774: [1773.]
1775: [1774.]
1776: [1775.]
1777: [1776.]
1778: [1777.]
1779: [1778.]
1780: [1779.]
1781: [1780.]
1782: [1781.]
1783: [1782.]
1784: [1783.]
1785: [1784.]
1786: [1785.]
1787: [1786.]
1788: [1787.]
1789: [1788.]
1790: [1789.]
1791: [1790.]
1792: [1791.]
1793: [1792.]
1794: [1793.]
1795: [1794.]
1796: [1795.]
1797: [1796.]
1798: [1797.]
1799: [1798.]
1800: [1859.]
1801: [1800.]
1802: [1801.]
1803: [1802.]
1804: [1803.]
1805: [1804.]
1806: [1805.]
1807: [1806.]
1808: [1807.]
1809: [1808.]

—— hamburgischer auf d. Jahre 1843—45. 4. Hamburg, Nestler u. Melle. [1843. (13¾ B.) 44. (14½ B.) 45. (16½ B.) à * 15 Ngr.] *
1843. Hrsg. v. C. Köster, 1844, 45. Hrsg. v. Joh. Sam. Metz.

Staats-Kalender, Hamburgischer, auf d. J. 1849. Von Joh. Sam. Metz. gr. 4. (136 S.) Hamburg, Nestler & Melle. n. ½ ₰

—— hamburgischer, auf die J. 1854—56. Von F. C. Schuback. gr. 4. (146 und à 136 S.) Hamburg, Nestler und Melle. à Jahrg. *

Staatskalender, Hamburgischer, auf das Jahr 1859. Hamburg 1859. 4°

—— Hamburgischer, auf die J. 1862—68. Amtliche Ausg. gr. 4. [1862. (124 S.) 1863. (127 S.) 1864. (142 S.) 1865—67. (à 140 S.) 1868. (145 S.)] Hamburg, J. A. Meißner. à Jahrg. cart. *

Staats-Kalender, hamburgischer, auf die J. 1869—1874. Amtliche Ausg. gr. 4. (à 157—178 S.) Hamburg, (J. A. Meißner.) cart. à Jahrg. *

—— dass. — auf das J. 1875. gr. 4. (189 S.) Ebendas. cart. *

—— hamburgischer, auf die J. 1876—1879. Amtliche Ausg. 4. (203; 209; 223; 236 S.) Hamburg, (J. A. Meißner's Verlagsh.) cart. à Jahrg. * 36

—— Hamburgischer, auf das J. 1880. Amtl. Ausg. 4. (251 S.) Hamburg, (J. A. Meißner.) cart. **

—— dass. — auf die J. 1881 und 1882. Amtl. Ausg. 4. (251; 256 S.) (Ebendas.) cart. à Jahrg. *

—— dass. — auf die J. 1883—1885. Amtl. Ausg. 4. (259; 261; 265 S.) Hamburg, (Gräfe.) Jahrg. 1883 und 1884 cart. à ** Jahrg. 1885 cart. *

—— Hamburgischer, auf die J. 1886—1888. Amtl. Ausg. 4. (272; 276; 279 S.) Hamburg, (Gräfe.) cart. à Jahrg. *

Staats-Kalender, hamburgischer, auf d. J. 1889—1892. Amtliche Ausg. 4. (335; 344; 360; 364 S.) Hamb., (Gräfe). cart. Jahrg. 1889 u. 90 à * 4 40; 1891 u. 92 à * 4 75

Hamburgischer Staats-Kalender auf das Jahr 1890 . . 93. Amtliche Ausgabe. Hamburg.

Hamburgischer Staatskalender (seit 1897 Staatshandbuch) auf das Jahr 1894 bis 1899. Amtliche Ausgabe. Hamburg.

Staats-Kalender, hamburgischer, auf d. J. 1894. Amtliche Ausg. gr. 4. (864 S.) Hamburg, (L. Gräfe). Kart. n. 4. 80

Staats-Kalender, hamburgischer, auf d. Jahr 1896. Amtl. Ausg. 4. (370 S.) Hamburg (L. Gräfe). Kart. n. 4. 80

Hamburgischer Staats-Kalender auf das Jahr . . . (später: für . . .). Amtliche Ausgabe. Hamburg. o. J. 4°.
1885, 86, 88—91, 97.

— dasselbe, Fortsetzg., s.: Staats-Handbuch.

Hochfürstlich Hessen=Darmstädtischer Staats= und Adreß=Kalender auf das Jahr . . .

Darmstadt [1793—1794]: Joh. Jak. Will. 8°
[Nebent.:] Staats=und Adreß=Handbuch für die Fürstl. Hessen=Darmstädtische Lande auch zum statistischen Gebrauch eingerichtet.
1793: 8 Bl., 335 S.
1794: 8 Bl., 296, 60 S., 2 Bl. [*Das letzte d. ersten 8 Bl. fehlt.*]

Staats- u. Adress-Kalender, Hochfürstlich Hessen-Darmstädtischer, a. d. J. . . . .
1796.
Darmstadt.

Staats- und Adresscalender, Landgraf Hess.-Darmstädtischer, von 1799—1806. Darmstadt 1799—1806. H: *Scriba, Johann Georg.* (HS)

Staats- und Adress-Calender, Hessen-Casselischer. Cassel 1783—180? H: *Strieder, Friedrich Wilhelm.* (MGT)

Staatscalender, Hessischer. 1772—83. H: *Casparson, Wilhelm Johann Christian Gustav.* (MGT)

Käyserlicher Und Königlicher Wie auch Ertz=Hertzoglicher Und Dero Residentz=Stadt Wienn Staats= und Stands=Calender, Auff das Jahr . . . Mit einem . . . Schematismo gezieret.
Wienn: Joh. Bapt. Schönwetter (1769: Leop. Joh. Kaliwoda) [1701—1769]. 12°

1701: 7 Bl., 151 S., 1 Bl.
1735: 8 Bl., 290 S., CXLVI S., 2 Bl.
1769: 1 Bl., 604 S., 6 Bl.

Staats- und Standes-Calender, Kaysl.- und Königl., Wie auch Erz-Herzoglicher, Dann der Haupt- und Residenz-Stadt Wien. Auf das Gnaden-reiche Jahr Jesu Christi (Fortsetzung.) 1767, 1769. Mit einem Schematismo geziert. (Fortgesetzt unter dem Titel:)

Hof und Staats-Schematismus der röm. kais. auch kais. königl. und erzherzoglichen Haupt- und Residenzstadt Wien etc. auf das Jahr (Fortsetzung.) 1779. — (Von 1807 an fortgesetzt unter dem Titel:)

Hof- und Staats-Schematismus des österreichischen Kaiserthums. (Fortsetzung.) 1847. — (Von 1856 an fortgesetzt unter dem Titel:)

Hof- und Staats-Handbuch des Kaiserthums Oesterreich für das Jahr (Fortsetzung.) 1858. 1860 1. Thl. — (Von 1874 an fortgesetzt unter dem Titel:)

Hof- und Staatshandbuch der österreichisch-ungarischen Monarchie. Jahrgang (Fortsetzung.) 1877, 1881, 1887, 1896—1905. (Im ganzen 19 Bde.) gr. 8. Wien 1767—1905.

Staats- und Standes-Calender, Kayserlich- und Königlicher, Wie auch Erz-Herzoglicher, Dann dero Haupt- und Residenz-Stadt Wien. Auf das Gnaden-reiche Jahr Jesu Christi 1770. Mit einem Schematismo gezieret. Fortgesetzt unter nachstehendem Titel:

Hof- und Staats-Schematismus der röm. kais. auch kais. königlich und erzherzoglichen Haupt- und Residenzstadt Wien. Derer daselbst befindlichen höchsten und hohen unmittelbaren Hofstellen, Chargen und Würden, niedern Kollegien, Instanzien und Expeditionen nebst vielen andern zum allerhöchsten Hof, der Stadt und den k. k. Erbländern gehörigen geistlichen, weltlichen und Militär-Bedienungen, Versammlungen, Stellen und Aemtern, auf das Jahr 1784, 1793, 1803, 1804. (Mit 1 Taf.) Fortgesetzt unter nachstehendem Titel:

Schematismus des kaiserlichen auch kaiserlich-königlichen Hofes und Staates. Besonders aber der in der Haupt- und Residenz-Stadt Wien befindlichen etc. etc. wie oben auf das Jahr 1805—1806. Fortgesetzt unter nachstehendem Titel:

Hof- und Staats-Schematismus des österreichischen Kaiserthumes. 1807, 1808, 1811—1814, 1816—1827, 1830—1834. 1836—1843, 1845, 1846, 1848. Fortgesetzt unter nachstehendem Titel:

Hof- und Staats-Handbuch des Kaiserthumes Oesterreich für das Jahr 1856, I.—V. Th. 1859, I.—VI. Th. 1866, 1868. (Jahrgänge 1869—1873 sind nicht erschienen.) Fortgesetzt unter nachstehendem Titel:

Hof- und Staatshandbuch der österreichisch-ungarischen Monarchie. Jahrgang 1874, 1876, 1878, 1880, 1882, 1884, 1888—1895. (Im ganzen 69 Bde.) gr. 8. Wien 1770—1895.

Californischer Staats-Kalender : 1865?—?
Illustrated annual, octavo. Title varies: ALMANACH FÜR CALIFORNIA. Edited & published by Philo Jacoby.
San Francisco, CA

Staatskalender. Kleiner schweizerischer Staats Kalender. Hrg. von Ph[ilippe] Suchard. Neuchâtel. (Jahrg. 6.) 1901. IV + 24 S. 8. [Neuchâtel, Attinger Frères.]

Staatskalender. Kleiner schweizerischer St'-K'. Hrg. von Suchard A. G. Neuchâtel. 1910. [Illustriert.] IV + 64 S. 8. [Neuenburg, Gebrüder Attinger.]
Ist von 1902 bis 1909 nicht erschienen.

Staats- und Adress-Calender

— — Kurhessischer, auf das Jahr 1815 und 1818. (2 Bde.) 8. Cassel 1815 und 1818.

Staats- und Adresscalender, Lief- und Ehstländischer. Marienwerder 1784. H: *Bergmann, Balthasar.* (ML)

Staats-Kalender, lübeckischer, auf das J. 1861. 4. (129 S.) Lübeck, (v. Rohden'sche Buchh.) geb. *

—— Lübeckischer, auf die J. 1864—68. 4. [1864. (101 S.) 1865. (138 S.) 1866. (LXVI und 189 S.) 1867. (LXIII und 176 S.) 1868. (220 S.) Lübeck, (Dittmer'sche Buchh.) 1864,65,67. geb. à * 1 Thlr. 3½ Ngr., 1866,68. geb. à *

— des Kantons Luzern f. d. J. 1840. 8. Luzern, (Meyer.) 5/8 n f

Staatskalender des Kantons Luzern auf das Jahr 1884. In-12°, 234 S. Luzern, Druck von Gebr. Räber. geb. 1 80

Staatskalender des Kantons Luzern auf das Jahr 1885. In-12°, 42 u. 226 S. Luzern, Gebrüder Räber. 1 80

Staatskalender. Staats-Kalender des Kantons Luzern auf das Jahr 1901. [46 +]231 S. 8. Luzern, Räber & Cie. [geb. fr. 1.50]

Staats-Kalender des Kantons Luzern auf das Jahr 1902. [46 + 48 leere +] 232 S. 8. Luzern, Räber & Cie. [geb. fr. 1.50]

Staats-Kalender des Kantons Luzern auf das Jahr 1903. [46 + 48 leere +] 233 S. 8. Luzern, Räber & Cie. [geb. fr. 1. 50]

Staats-Kalender des Kantons Luzern auf das Schalt-Jahr 1904. [46 + 48 leere +] 234 S. 8. Luzern, Räber & Cie. [geb. fr. 1. 50]

Staats-Kalender des Kantons Luzern auf das Jahr 1905. [46 + 48 leere +] 235 S. 8. Luzern, Räber & Cie. [geb. fr. 1. 50]

Staats-Kalender des Kantons Luzern auf das Jahr 1906. [52 + 48 leere +] 235 S. 8. Luzern, Räber & Cie. [geb. fr. 1. 50]

Staats-Kalender des Kantons Luzern auf das Jahr 1907. [52 + 48 leere +] 241 S. 8. Luzern, Räber & Cie. [geb. fr. 1. 50]

Staats-Kalender des Kantons Luzern auf das Jahr 1908. [52 + 48 leere +] 246 S. 8. Luzern, Räber & Cie. [geb. fr. 1.50]

Staats-Kalender des Kantons Luzern auf das Jahr 1909. [53 + 48 leere +] 248 S. 8. Luzern, Räber & Cie. [geb. fr. 1. 50]

Staats-Kalender des Kantons Luzern auf das Jahr 1910. [53 +] 251 S. 8. Luzern, Räber & Cie. [geb. fr. 1. 50]

Staatscalender, Herzoglich Mecklenburg-schwerinscher.

Schwerin 1776—1887. H (1776—1822): *Rudloff, F. A. von*, später: *Faull, Peter F. Rud. sen.*, *Faull jun.*, *Dippe & Lindig.* (Bachmann, Mecklenburg. Güstrow 1889. S. 35.)

Herzoglich= (1815 ff.: Grosherzoglich) Mecklenburg Schwerinscher Staats= Kalender.
Schwerin: Bärensprung 1793—1835. 8°
[Tl 1. u. d. T.:] Herzoglich=Mecklenburg Schwerinscher Personal Etat 1813 ff.: Personal Staat des Grosherzogtums Mecklenburg Schwerin).
[Tl 2. u. d. T.:] Mecklenburg Schwerinsche Staats Notizen (1814 ff.: Statistisch-topographisches Jahrbuch des Grosherzogthums Mecklenburg Schwerin).
1793: 14 Bl., 129, 223 S., 2 Tab.
1832: XXXII, 244 S., 2 Bl., 1 Tab.; 1 Bl., XXXII, 253 S., 1 Bl., 4 Tab.
1835: XXXII, 257 S., 1 Bl., 1 Tab.; 1 Bl., XXXII, 250 S., 2 Bl., 5 Tab.

Staatscalender, Grossherzogl. Mecklenb.-Schwerinischer.

Schwerin 1822—25. H: *Faull, Peter F. Rudolf.* (MGT)

—— grosshrzgl. mecklenburg-schwerinscher, 1839. 2 Thle. — A. u. d. T.: Personal-Staat. — Statist.-topograph. Jahrbuch. Voran: das Verzeichniss d. europä. Regenten, so wie derjen. europä. Abkunft. gr. 8. (38 1/8 B. u. 1 1/2 B. Tabn.) Schwerin. (Rostock, Stiller'sche Hofbuchh.) *

—— grossherzoglich Mecklenburg-Schwerinscher. 1863. 1865. 1867. 1868. 8. [1863. (C und 620 S. mit 3 Tab. in gr. Fol.) 1865. (LXXXVI und 628 S. mit 3 Tab. in gr. Fol.) 1867. (XC und 627 S. mit 3 Tab. in gr. Fol.) 1868. (LXXXVI und 630 S. mit 3 Tab. in gr. Fol.)] Schwerin, (Stiller'sche Hofbuchh. — Hildebrand.) à Jahrg. geb. *

—— grossherzoglich Mecklenburg-Schwerinscher. 1873. 8. (XCVIII, 644 S. mit 3 Tab. in Fol.) Schwerin, Stiller'sche Hofbuchh. cart. * *

—— dass. — 1875. 100. Jahrg. 8. (CVIII, 642 S. mit 3 Tab. in Fol.) Ebendas. cart. *

—— grossherzogl. mecklenburg-schwerinischer. 1876 —1880. 101.—105. Jahrg. 8. (XCVII, 645 S. mit Tab.; XXXII, IX, 405; LVIII, 290; XLII, 419; LVIII, 298 S.) Schwerin, (Stiller'sche Hofbuchh.) cart. à Jahrg. * 8 —

—— grossherzogl. Mecklenburg-Schwerinscher. 1881 —1885. 106.—110. Jahrg. 8. (870; 866; 871; XLVI, 777; XIV, 785.) Schwerin, (Stiller'sche Hofbuchh.) geb. à Jahrg. *

—— grossherzogl. Mecklenburg-Schwerinscher. 1886 —1888. 111.—113. Jahrg. 8. (LI, 451, LIII, 354; LII, 507, II, 430; XLII, 513, 459 S.) Schwerin, (Stiller'sche Hofbuchh.) geb. à Jahrg. *

—— grossherzogl. mecklenburg-schwerinscher. 1889—1892. 114.—117. Jahrg. gr. 8. (à Jahrg. ca. 900 S.) Schwerin i. M., (Stiller). geb. à Jahrg. * 8 —

Schwerin, Grossherzogl. Statistisches Bureau, Grossherzogl. Mecklenburg-Schwerinscher Staats-Kalender 1893, 94. Schwerin.

— grossherzogl. Mecklenburg-Schwerinscher. 1894. 119. Jahrg. gr. 8. (XLIV, 468; 136 u. IV, 440 S. m. 1 Tab.) Schwerin, Bärensprung'sche Hofbuchdr. Geb. in Leinw. n.n. 6. —

Schwerin, Grossh. Statist. Bureau, Grossh. Mecklenburg Schwerinscher Staatskalender. 120—124. Jahrgang, 1895—99. Schwerin.

— grossherzoglich mecklenburg-schwerinscher, 1898. 123. Jahrg. gr. 8. (XLIV, 504, 147 u. 437 S. m. 1 Stammtaf.) Schwerin, Bärensprung'sche Hofbuchdr. Geb. in Leinw. n.n. 6. —

Staats-Kalender, grossherzogl. mecklenburg-schwerinscher. Hrsg. vom grossherzogl. statist. Amt 1900. 125. Jahrg. gr. 8. (XLIV, 536, 156 u. 445 S. m. 1 Stammtaf.) Schwerin, Bärensprung'sche Hofbuchdr. Geb. in Leinw. 6. —; auf Schreibpap. 7. —

Staats-Kalender, grossherzogl. mecklenburg-schwerinscher. Hrsg. vom grossherzogl. statist. Amt. 1901. 126. Jahrg. gr. 8. (XLIV, 543, 158 u. IV, 451 S. m. 1 Stammtaf.) Schwerin, Bärensprung'sche Hofbuchdr. Geb. in Leinw. 6. —; auf Schreibpap. 7. —

— grossherzoglich mecklenburg-schwerinscher. Hrsg. vom grossherzogl. statist. Amt. 1902. 127. Jahrg. gr. 8. (XLIV, 699 u. 453 S. m. 1 Stammtaf.) Schwerin, Bärensprung'sche Hofbuchdr. Geb. in Leinw. n.n. 6. —

Staats-Kalender, grossherzogl. mecklenburg-schwerinscher. Hrsg. vom grossherzogl. statist. Amt. 1904. 129. Jahrg. (LVIII, 703 u. IV, 455 S. m. 1 Stammtaf.) gr. 8. Schwerin, Bärensprung'sche Hofbuchdr. Geb. in Leinw. 6. —

Staats-Kalender, grossherzogl. mecklenburg-schwerinscher. Hrsg. vom grossherzogl. statist. Amt. 1905. 130. Jahrg. (LVIII, 707 u. IV, 454 S. m. 1 Stammtaf.) 8. Schwerin, Bärensprung'sche Hofbuchdr. Geb. in Leinw. 6. —

— grossherzoglich mecklenburg-schwerinscher. Hrsg. vom grossherzogl. statist. Amt. 1906. 131. Jahrg. (LVIII, 715 u. IV, 454 S. m. 1 Stammtaf.) 8. Schwerin, Bärensprung'sche Hofbuchdr. Geb. in Leinw. n.n. 6. —

Staatskalender, grossherzogl. mecklenburg-schwerinscher. Hrsg. vom grossherzogl. statist. Amt. 1907. 132. Jahrg. (LVIII, 718 u. IV, 453 S mit 1 Stammtaf.) 8. Schwerin, Bärensprung'sche Hofbuchdr. Geb. in Leinw. 6. —

Staatskalender, grossherzogl. mecklenburg-schwerinscher. Hrsg. vom grossherzogl. statist. Amt. 1908. 133. Jahrg. (LVIII, 730 u. IV, 453 S. m. 1 Stammtaf.) 8. Schwerin, Bärensprung'sche Hofbuchdr. Geb. in Leinw. 6. —

Staatskalender, grossherzogl. mecklenburg-schwerinscher. Hrsg. vom grossherzogl. statist. Amt. 1909. 134. Jahrg. (LVIII, 748 u. IV, 453 S. m. 1 Stammtaf.) 8. Schwerin, Bärensprung'sche Hofbuchdr. Geb. in Leinw. 6. —

— grossherzogl. mecklenburg-schwerinscher. Hrsg. vom grossherzogl. statist. Amt. 1910. 135. Jahrg. (LVIII, 744 u. IV, 453 S. m. 1 Stammtaf.) 8. Schwerin, Bärensprung'sche Hofbuchdr. Geb. in Leinw. nn 6.—

Staatscalender, Herzogl. Mecklenburg-Strelitzischer. 1792—95. Rostock. H: *Wier, Heinr. Chph.* (MGT) 1800. Neu-Strelitz 1799. H: *Schulenburg, August Christian Graf von.* (KY) (MGT) »auf das Jahr 1806 [und 1808].« 1806—08. H: *Horn, Adolph Albert August.* (MGT)

— herzogl. Mecklenburg-Strelitzer, f. d. J. 1800, (von A. C. Graf v. Schulenburg). 8. Neustrel., Albanus. 1 ℔ 6 gl. Auf das J. 1819. 8. Neustrel., (Violet). 1 ℔ 15 gl.

— herzogl. Meklenb.-Strelitzer, f. d. Jahr 1808. Neustrelitz, Albanus.

Staats-Kalender, Herzoglich m e k l e n b u r g - s t r e l i t z i s c h e r, auf das Jahr 1815 und 1816. (2 Bde.) Neu-Strelitz 1815–1816. 8°

Großherzoglich Mecklenburg=Strelitzischer **Staatskalender** auf das Jahr . . .
Neustrelitz: Spalding [1817]. 8°
1818: 1817. 16 Bl., 190, 144 S., 1 geneal. Tab.

S t a a t s k a l e n d e r, Großherz. M e c k l e n b u r g-Strelitzischer, auf das Jahr 1819. 8. Neustrelitz, (Violet.)

— Großherzogl. Mecklenburg-Strelitzischer. 1851 u. 1852. 8. (1851: XXVIII u. 233 S. m. 2 Tab. in Fol. u. qu. Fol. u. Anh.: Genealogische Beilage 64 S. 1852: XXX u. 243 S. m. 2 Tab. in Fol. u.: Genealogische Beilage 69 S.) Neustrelitz. (Neubrandenburg, Brünslow.) à n. 1 2/3 ℔

—— großherzoglich mecklenburg-strelitzer. 1858, 1860 und 1861. 8. Neustrelitz. (Neubrandenburg, Brünslow.) [1858. (XXXI, 241 S. und genealog. Beilage 71 S. mit 1 Tab. in Fol.) 1860. (XXXI, 241 S. und genealog. Beilage 79 S. mit 1 Tab. in Fol.) 1861. (XXXI, 249 S. und genealog. Beilage 78 S. mit 1 Tab. in Fol.)] à Jahrg. *

—— großherzoglich Mecklenburg-Strelitzischer. 1862—67. 8. [1862. (XXXI, 245 und Genealog. Beilage 76 S. mit 2 Tab. in Fol.) 1863. (XXXI, 245 und genealog. Beilage 76 S. mit 2 Tab. in Fol.) 1864. (XXXI, 249 und genealog. Beilage 80 S. mit 2 Tab. in Fol.) 1865. (XXXI, 264 und genealog. Beilage 84 S. mit 1 Tab. in gr. Fol.) 1866. (XXXVIII, 373 und genealog. Beilage 91 S. mit 1 Tab. in gr. Fol.) 1867. (XXXIX und 470 S. mit 1 Tab. in gr. Fol.)] Neustrelitz, (Barnewitz. — Neubrandenburg, Brünslow.)
1862—65. cart. à * 1 Thlr. 20 Ngr., 1866 und 1867. cart. à *

—— großherzoglich Mecklenburg-Strelitzischer für 1869. 1871. 1872. gr. 8. (XLIV, 504; XLII, 508 S. mit 1 genealog. Taf. in qu. gr. Fol.; XXXXV, 501 S.) Neustrelitz, (Barnewitz. — Neubrandenburg, Brünslow.) à Jahrg. *

— großherzogl. mecklenburg-strelitzscher, f. 1899. 8. (XXXIX, 384, 77 u. 67 S. m. 1 Stammtaf.) Neustrelitz (B. van Groningen). Kart. n. 7. 50

Der Neugestellte, Verbessert- und Zuverlässige Americanische Staats-Calender: no. 1–2, 1779–1780.
Cover title: Der Philadelphische Calender. Title varies: Der Neugestellte und Verbesserte Americanische Staats Calender. Edited & published by Henrich Miller.
Philadelphia, PA

Staatskalender, Nordamerikan., ausgeführt v. J. J. K. Timäus. gr. 8. Hamb. 796. (Reinicke in Halle). 1 ℔ 20 gl.

Nordamerikanischer Staats-Kalender, oder Statistisches Hand- und Address-buch der Vereinigten Staaten von Nordamerika. Von J[ohann] J[akob] C[arl] Timaeus . . .
Hamburg: Ulr. Hencke; Leipzig: A. L. Reinicke in Comm. 1799. XXXVIII, 544 S., 2 Tab. 8°

Nürnbergischer Staats=Calender, Auf das Jahr . . . Worinnen eine Genealogische Anzeige Aller jetzo regierenden Kayser, König, auch Chur=Geist= und Weltliche Fürsten . . . enthalten ist . . .
Nürnberg: Bieling 1770—1865. 4°
[Titel in Schwarz- u. Rotdruck.]
1810ff. [u. d. T.]: Genealogischer Staats-Calender.

1770: 20 Bl. verfertiget durch Joseph. Francisc. Weiss.
1776: 20 Bl.
1814: 20 Bl.
1816: 20 Bl.
1817: 20 Bl.
1818: 20 Bl.
1821: 20 Bl.
1824: 20 Bl.
1826: 20 Bl.
1827: 20 Bl.
1828: 20 Bl.
1832: 20 Bl.
1837: 20 Bl.
1839: 20 Bl.
1841: 20 Bl.
1843: 20 Bl.
1844: 20 Bl.
1850: 20 Bl.
1857: 20 Bl.
1865: 20 Bl.

Oldenburgischer Staats=**Kalender** auf das Jahr Christi 1818.
Oldenburg: [Schulze in Komm. 1817]: Expedit. d. wöchentl. Anzeigen. 8°
1818: 1817. 20 Bl., 298 S.

— Oldenburgischer, auf d. J. 1819—32. gr. 8. Oldenb., (Schulze). (à 1 ℔ 8 gl.) 17 ℔ 16 gl.

S t a a t s - K a l e n d e r, oldenburg., a. d. J. Chr. 1828—34. 8. (22, ..., 23, 25, 25, 24 u. 26½ B. u. 1 Stnt.) Oldenburg, (Schulze.) à
Jahrg. 1819—27. Ebendas. à 1 Thlr. 8 Gr.

Staatscalender, Oldenburgischer, auf das Jahr Christi 1835—48. Oldenburg. H: *Halem, Ludwig Wilhelm Christian & Joh. Frdr. Schaffer.* (EngG)

—— o l d e n b u r g i s c h e r, a. d. J. Chr. 1835—40. (Redig. v. Ludw. Wilh. Chrstn. v. Halem u. Schaffer. — M. d. Anh.: Genealogie d. jetzt lebenden europä. regier. Häuser.) 8. Oldenburg, (Schulzesche Buchh.) [835. (26¾ B.), 36. (26 B.) 37. (27½ B.), 38. (29 B. u. 1 Tab.), 39. (28½ B. u. 1 Stnt.), 40. (25 B.) à * 1⅓ Thlr.] *

— Oldenburgischer, auf das Jahr 1841. Redig. von J. F. Schaffer u. C. F. Strackerjan. 8. Oldenburg 841. (Schulze.) n. 1⅓ ℔ — ders. auf d. J. 1844 u. 1846. gr. 8. Ebend. à n. 1⅓ ℔

—— oldenburgischer, auf das Jahr Christi 1844—47. gr. 8. (à 31¼ B.) Oldenburg, (Schulzesche Buchh.) à *

—— oldenburgischer, auf 1848. 8. (509 S.) Oldenburg, Schulze'sche Buchh. *

Staatscalender, Oestreichischer, 1791. Wien 1790. H: *Luca, Ignaz de.* (ML) (KY) (MGT)

— Oestreich., f. d. J. 1791, (v. J. de Luca). 16. Wien 790.

—— königl. p r e u s s i s c h e r, für d. J. 1851 und 1852. gr. 8. (CXLI und 840 und CXXI und 868 S.) Berlin, Decker-sche geheime Ober-Hof-Buchdr. à Jahrg. **

—— königlich p r e u s s i s c h e r, für die J. 1853—56. gr. 8. (XXIV, 155 und 791 S.; 964; 835 und 1052 S.) Berlin, Deckersche geheime Ober-Hofbuchdr. à Jahrg. **

—— königlich preussischer, für die J. 1857—59 und 1861. gr. 8. Berlin, Decker'sche geheime Ober-Hofbuchdruckerei. [1857. (1109 S.) 1858. (CXVI und 1032 S.) 1859. (1050 S.) 1861. (CCXXIII und 959 S.)] à Jahrg. * *
Jahrg. 1860 ist nicht erschienen.

— Königlich Preussischer, für das Jahr 1859 u. 1861—64. Berlin, v. Decker. gr. 8. Jeder Jahrg. (à ca. 1100 S.) nn. 3 ℳ

—— königlich preussischer, für 1862 und 1863 und 1865. gr. 8. [1862 und 1863. (1167 S.) 1865. (XXXVI und 952 S.)] Berlin, v. Decker'sche geheime Ober-Hofbuchdruckerei. à Jahrg. * *

Herzoglich Sachsen = Coburg = Saalfeldischer Staats-Calender auf das Jahr ...
[Hrsg.: Friedrich Karl Forberg.]
Coburg: Meusel 1813—1819. 8°
1813: 1 Bl., VI, 280 S.
1819: 19 Bl., 221 S., 22 S.

— herzogl. Sachsen-Coburg-Saalfeldischer, auf das J. 1813. 8. Coburg, Meusel. 16 gr. Für d. J. 1819. gr. 8. Ebd. 20 gr.

— — Herzoglich sachsen-weimar- und eisenachischer, auf das Jahr 1813, 1816 und 1819. (3 Bde.) 8. Weimar 1813, 1816, 1819.

— des schweizerischen Standes St. Gallen. Juli 1897. 8. (127 S.) St. Gallen (Fehr). n. 1. 40

Staats-Kalender des schweizer. Standes St. Gallen. Juli 1898. 8°. 127 S. St. Gallen, Fehr'sche Buchh. 1 80

Staats-Kalender des schweizerischen Standes St. Gallen, Juli 1899. 8°. 130 S. St. Gallen, Fehr'sche Buchhandlung. 1 60

— des schweizerischen Standes St. Gallen. Juli 1901. 1900. 134 S. 8. St. Gallen, Honegger. 1901. br. 1. 30; kart. à 1. 50.

Staatskalender. Staats-Kalender des schweizerischen Standes St. Gallen. Juli 1901. 134 S. 8. St. Gallen, Honegger, 1901. [br. fr. 1. 30, cart. fr. 1. 50]

— des schweizerischen Standes St. Gallen. Juli 1902. 8. (136 S.) St. Gallen (Fehr). n. 1. 80

Staats-Kalender des schweizerischen Standes St. Gallen. Juli 1902. 136 S. 8. St. Gallen, Honegger, 1902. [fr. 1. 70]

Staats-Kalender des schweizerischen Standes St. Gallen. Juli 1903. 136 S. 8. St. Gallen, Honegger, 1903. [fr. 1. 70]

Staats-Kalender des schweizerischen Standes St. Gallen. Juli 1904. (136 S.) 8. St. Gallen, Fehr. 1904. 1. 80.

Staats-Kalender des schweizerischen Standes St. Gallen. Juli 1904. 136 S. 8. St. Gallen, Honegger, 1904. [fr. 1. 70] O SGa

Staats-Kalender des schweizerischen Standes St. Gallen. Juli 1905. (140 S.) 8. St. Gallen, Fehr. 1905. 1. 80.

Staats-Kalender des schweizerischen Standes St. Gallen. Juli 1905. 140 S. 8. St. Gallen, Honegger, 1905. [fr. 1. 70]

Staats-Kalender des schweizerischen Standes St. Gallen. August 1906. (140 S.) 8. St. Gallen (Fehr). n. 1. 80

Staats-Kalender des schweizerischen Standes St. Gallen. August 1906. 140 S. 8. St. Gallen, Honegger, 1906. [fr. 1.70]

Staats-Kalender des schweizerischen Standes St. Gallen. Juli 1907. (144 S.) 8. St. Gallen, Fehr. 1907. 1. 80.

Staats-Kalender des schweizerischen Standes St. Gallen. Juli 1907. 144 S. 8. St. Gallen, Honegger, 1907. [fr. 1. 70]

Staats-Kalender des schweizerischen Standes St. Gallen. Juli 1908. (151 S.) 8. St. Gallen. Febr. 1908. 1. 80.

Staats-Kalender des schweizerischen Standes St. Gallen. Juli 1908. 151 + 1 S. 8. St. Gallen, Honegger, 1908. [fr. 1. 70]

Staats-Kalender des schweizerischen Standes St. Gallen. Juli 1909. (154 S.) 8. St. Gallen, Febr. 1909. 1. 80.

Staats-Kalender des schweizerischen Standes St. Gallen. Juli 1909. 154 S. 8. St. Gallen, Honegger, 1909. [fr. 1. 70]

Staats-Kalender des schweizerischen Standes St. Gallen. Juli 1910. (160 S.) 8. St. Gallen, (Fehr). 1. 80

Staats-Kalender des schweizerischen Standes St. Gallen. Juli 1910. 160 S. 8. St. Gallen, Honegger, 1910. [fr. 1.70]

Staats-Kalender für die Herzogthümer Schleswig-Holstein und Lauenburg. Bearb. v. Otto Bernhard Bagge. auf das Jahr 1865. Altona. (1865.) 8°m.

— für die Herzogth. Schleswig-Holstein u. Lauenburg auf das Jahr 1865. Bearb. von O. B. Bagge. Altona, Leipzig, (Mentzel.) gr. 8. (VII, 329 S.) geb. n.n. 1 ℳ 6 ngr.

Staatskalender des Kts. Schwyz für 1873. 117 Stn. 12.

Staatskalender des Kantons Schwyz für das Jahr 1901. II + 122 S. 8. Schwyz, A. Wiget. [cart. fr. 2. —]

Staatskalender des Kantons Schwyz für das Jahr 1902 *u.* 1903. II + 126 u. II + 130 S. 8. Schwyz, A. Wiget. [*je* mit Geschäfts-kal. cart. fr. 2. —]
1903 Vorgebunden: Geschäfts- und Schreib-Kalender...

Staatskalender des Kantons Schwyz für das Jahr 1904. II + 130 S. 8. Schwyz, A. Wiget. [geb. fr. 2. —, *mit* Geschäfts- und Schreib-Kalender fr. 2. 50]

Staatskalender und [*d. i.* des] Kantons Schwyz für das Jahr 1905. II + 131 S. 8. Schwyz, A. Wiget. [geb. fr. 2. —]

Staatskalender des Kantons Schwyz für das Jahr 1906. II + II + 132 S. 8. Schwyz, A. Wiget. [geb. fr. 2. —]

Staatskalender des Kantons Schwyz für das Jahr 1907. II + 140 S. 8. Schwyz, A. Wiget. [geb. fr. 2. —]

Staatskalender des Kantons Schwyz für das Jahr 1908. II + 139 S. 8. Schwyz, A. Wiget. [geb. fr. 2. —]

Staatskalender des Kantons Schwyz für das Jahr 1909. II + 142 S. 8. Schwyz, A. Wiget. [geb. fr. 2. —]

Staatskalender des Kantons Schwyz für das Jahr 1910. II + 148 S. 8. Schwyz, A. Wiget. [geb. fr. 2. —]

Staats-Kalender des Kantons Solothurn 1902. (Abgeschlossen auf 31. Dezember 1902. Ausgegeben durch die Staatskanzlei....) 352 S. 8. Olten, Buchdr. des Oltner Tagblatt, 1902. [fr. 2. —]

Staats-Kalender des Kantons Solothurn 1906. (Abgeschlossen auf 15. Mai 1906. Ausgegeben durch die Staatskanzlei des K' S'.) 344 S. 8. Solothurn, E. Gigandet, 1906. [fr. 2. —]

Staats-Kalender des Kantons Solothurn 1910. (Abgeschlossen auf 10. April 1910. Bearb. und ausgegeben durch die Staatskanzlei des K' S'.) 352 S. 8. Solothurn, E. Gigandet, 1909/1910. [fr. 2. —

Staatskalender des Kantons Uri 1901—1902. 132 + V S. 8. Altdorf, Huber. [cart. fr. —.50]

Staatskalender des Kantons Uri 1902—1903. 134 + V S. 8. Altdorf, Huber. [cart. fr. —.50]

Staats-Kalender des Kantons Uri 1903—1904. 136 + V S. 8. Altdorf, Huber. [cart. fr.—.50]

Staats-Kalender des Kantons Uri 1904-1905. 137 + V S. 8. Altdorf, Högger. [cart. fr. —.50]

Staats-Kalender des Kantons Uri 1905—1906. 136 + V S. 8. Altdorf, Högger. [cart. fr. —.50]

Staats-Kalender des Kantons Uri 1906/1907. 152 + V S. 8. Altdorf, M. Gisler. [cart. fr. —.50]

Staats-Kalender des Kantons Uri 1907/1908. 151 + V S. 8. Altdorf, M. Gisler. [cart. fr. —.50]

Staats-Kalender des Kantons Uri 1908/1909. 148 + V S. 8. Altdorf, M. Gisler. [cart. fr. —.50]

Staats-Kalender des Kantons Uri 1909/1910. 148 + V S. 8. Altdorf, M. Gisler. [cart. fr. —.50]

Staats-Kalender des Kantons Uri 1910/1911. 148 + V S. 8. Altdorf, Gisler, 1910. [cart. fr. —.50]

Staatskalender des eidgenössischen Standes Zug für das Amtsjahr 1901 u. 1902 u. 1903 u. 1904. 44 u. 44 u. 45 u. 47 S. 8. Zug, G. Hess, 1901 u. 1902 u. 1903 u. 1904.

Staatkalender des eidgenössischen Standes Zug für das Amtsjahr 1905. 43 S. 8. Zug, J. Speck & Cie., 1905.

Staatskalender des eidgenössischen Standes Zug für das Amtsjahr 1906. 44 S. 8. Zug, J. Speck & Cie., 1906.

Staatskalender des eidgenössischen Standes Zug für das Amtsjahr 1907. 44 S. 8. Zug, J. Speck & Cie., 1907.

Staatskalender des eidgenössischen Standes Zug für das Amtsjahr 1908. 44 S. 8. Zug, J. Speck & Cie., 1908.

Staatskalender des eidgenössischen Standes Zug für das Amtsjahr 1909. 46 S. 8. Zug, J. Speck & Cie., 1909.

STAATS-CANTZLEY, Europäische. In sich haltend allerhand Staats- Justiz- Policey- Criminal- Militär- und anderen uff Reichs- und Creys-Tägen passirte merkwürdige Materien. Hrsg. von A. Faber. Th. 1—94. Nürnberg, später Frankfurt und Leipzig 1697—1748 (soviel ersch.?). (In Rostock, Landesbibl.)

Staatskanzlei, Anton Faber neue Europaeische.

31.—55. Theil. Ulm 1777—83. H: *Tröltsch, Johann Frdr. Reichsfreih. von.* (ML) (BB)

STAATS-CANZLEI, Neue Europäische, welche die wichtigsten öffentlichen Angelegenheiten vornämlich des deutschen Reichs in sich faßt. Hrsg. von A. Faber. Th. 1—55. Ulm, Frankf. und Leipzig 1761—82 (noch mehr ersch.?). (Ebd.)

„Neue Europäische Staatscanzley, welche die wichtigsten öffentlichen Angelegenheiten vornehmlich des deutschen Reichs in sich fasset" (Herausgeber: Johann Christoph v. Gritsch; T. 31 ff.: Johann Friedrich von Tröltsch), Teil 1—55: Ulm, Frankfurt und Leipzig (Gaumische Buchhandlung, 13 ff.: August Lebrecht Stettin) 1761 bis 1782. — Vorh.: Preußische Staatsbibliothek Berlin. — Signatur Gv. 2450.

Staatskanzley, schwedische, 8. Hannov. Helwing. 730.

Staatskanzlei, Schwedische und saechsische,

in welcher alle geheime Schrift unverfälscht zu finden . . . Cölln [Nürnberg] 1708. V: *Frauendorf, Joh. Chph.* (Wr)

Staatscatechismus, Biblischer,

für die christliche Jugend in den Preussischen Staaten . . . 2. Aufl. [Brieg] 1798. H: *Gürnth, Gg Samuel.* (Ky) (MGT)

Staatskatechismus, biblischer, f. d. christl. Jugend in d. Preuß. Staaten. 2 Thle. 8. Breslau, Gehr. (Feind in Leipz.) 798.

Staatskatechismus, bibl., f. die christl. Jugend, in d. Preuß. Staaten, (v. G. S. Gürnth). 2 Thle. 8. Bresl. . . . 2e A. 798. Gehr. (Taubert in Leipz.) 12 gl

— französischer, nach Machiavells Maximen einger. oder Anweis. politisch zu leben. 8. Leipz. Born. 738.

— moral., nach d. Französ. v. J. B. Graf v. Auersberg. 8. Passau 802. 2e A. 806. Ambrosi. 10 gl

Staatskirche, Die, Russlands

im Jahre 1839 nach den neuesten Synodalberichten . . . Schaffhausen 1844. V: *Theiner, Augustin.* (BrMm)

Staatskirche, die, Rußlands im Jahre 1839. Nach den neuesten Synodalberichten dargestellt von einem Priester aus der Kongregation des Oratoriums. Mit Beilagen. gr. 8. (Mit 5 Tabellen.) Schaffhausen 844, Hurter'sche B. n. 2 1/3 ₰

Staatskirche, Die, Russlands.

Schaffhaus. 1853. V: *Theiner, Augustin.* (EB)

Staatskirche, die, Rußlands. Nach den neuesten Synodalberichten dargestellt von einem Priester aus der Kongregation des Oratoriums. Mit Beilagen. 2. (Titel-)Ausg. gr. 8. (XXIV und 561 S. mit 5 Tab. in Fol.) Schaffhausen 853, Hurter'sche Buchh. *

Staatskirche, die, u. d. **Volkselend.** Pastorenbriefe, hrsg. v. A. M. 8. (76 S.) Zürich 897. Verlags-Magazin. n. 1. —

Staatskirchen-„Recht", das polnisch-russische, auf Grund der neuesten Bestimmungen u. praktischer Erfahrungen systematisch erzählt v. e. Pr. 1. Hft. Abth. f. Pässe. gr. 8. (VII, 202 S.) Leipzig 890. Kasprowicz. n. 2. —

Staatskirchen-Recht, das polnisch-russische. Auf Grund der neuesten Bestimmgn. u. prakt. Erfahrgn. systematisch erzählt v. e. Pr. 1. Hft. Abth. f. Pässe. 2. Aufl. gr. 8. (VII, 202 S.) Posen 892. (Krakau, Buchh. der poln. Verlags-Gesellschaft.) n. 2. —

Staatskirchenrecht, Das St. Gallische.

St. Gallen 1858. V: *Hungerbühler, Joh. Matthias.* (BSchwLk V, 10 e)

Staatskirchenrecht, das St. Gallische, zur Beleuchtung der Denkschrift: „Die Lage der katholischen Kirche unter der Herrschaft desselben im Kanton St. Gallen." gr. 8. (84 S.) St. Gallen 858, Scheitlin und Zollikofer.

Staatskirchenthum und Staatsreligion in den hessischen Volksschulen. gr. 8. (23 S.) Frankfurt a. M. 882, Foesser Nachf. *

STAATS-KLUGHEIT des Frauenzimmers, Die entdeckte, oder die künstlichen Practiken eines verschmitzten und arglistigen Weibes, In drey Abth. 1. Von ihren Anlockungen und Reitzungen, Unbestand und Wanckelmuth, Liebe, Rachgier, Hochmuth und Undanck. 2. Ein lustiges und nützliches Gespräch zur Vertheidigung ehrlicher Männer gegen heimtückische, falsche und schmähsüchtige Weiber; Nebst unterschiedenen merckwürdigen Exempeln des Unfugs und Elends, so aus ihrer ungezähmten Wollust und Hoffart erfolget. Und 3. Abbildung eines in der That tugendhafften und rechtschaffenen Weibes. O. O. u. J. (Anfang XVIII. Jh.). 8⁰. (In Amsterdam, Bibl. Gerritsen.)

Staatsklugheit, d. wahre, 8. Halle, Renger. 721.

Staatscompagnie, d. gelehrte u. galante, 6 Thle. 8. Lpz. Born. 720. 21.

STAATS-COMPAGNIE, Die Gelehrte und Galante, Welche Bey erlaubter Muße Ihre wohlbedächtigen Reflexions über Auswärtiges und Einheimisches, Theologisches und Politisches, Altes und Neues, Löbliches und Scheltbares, Kluges und Alberes (!), Der curieusen Welt In verschiedenen Discoursen, zu vergönnter Gemüths-Ergötzung unpartheyisch communiciret, auch über unterschiedene alte und neue Bücher ein kurtzes, doch gründliches Urtheil fället. 4 Assembléen. Mit curiosen Titelkpfrn. Leipzig, Zu finden bey Georg Christoph Wintzern. 1720—21. 8⁰. (1—2 u. 4 in Warmbrunn, 1 vol., unbeschn.; es fehlen die Seiten 191—300 = Assemblée 3.) 392 fortl. gez. S. (incl. Tit. u. 1 Bl. Vorber.), 2 unbeziff. Bll. „Neue Bücher". — Dieses gewiß selten cplt. anzutreffende Periodicum bringt interessante ethnographische, stellenweise auch ziemlich freie moralisirende Erörterungen.

Staatskonkurs - Aufgaben s.a. Aufgaben, Die, der Staatsprüfung für den höheren Justiz-u. Verwaltungsdienst.

Staatskonkurs-Aufgaben, die, f. den höheren Justiz- u. Verwaltungsdienst im Königr. Bayern in den J. 1880 bis 1884 incl. Nebst den auf das Prüfungswesen u. den Vorbereitungsdienst der bayer. Rechtskandidaten u. Rechtspraktikanten bezügl. Allerhöchsten Verordngn. u. Ministerial-Entschließgn. Zusammengestellt v. e. Juristen. 8. (408 S.) München 885. Schweitzer. n. 6. —

— dasselbe. II. Sammlg. 1. Lfg.: Die Aufgaben im J. 1885. 8. (81 S.) Ebend. 886. n. 1. 50

Staatskonkurs-Aufgaben, die, für den höheren Justiz- u. Verwaltungsdienst im Königr. Bayern. II. Sammlg. 2. u. 3. Lfg. 8. München, Schweitzer. à Lfg. n. 1. 50
2. Die Aufgaben im J. 1886. (S. 83—170.) 887.
3. Die Aufgaben im J. 1887. (S. 171—242.) 888.

Staatskonkurs-Aufgaben, die, für den höheren Justiz u. Verwaltungsdienst im Königr. Bayern. III. Sammlg. 3 Liefgn. 8. Münch., Schweitzer. à Lfg. * 1 50; * 4 50
1. Die Aufgaben im Jahre 1888. (S. 1—79.) 889.
2. Die Aufgaben im J. 1889 m. den speziellen Aufg. der Pfalz. (S. 81—190.) 890.
3. Die Aufgaben im J. 1890 m. den speziellen Aufg. d. Pfalz. (S. 191—327.) 891.

— dasselbe. IV. Sammlg. 1.—3. Lfg. 8. Ebd. à Lfg. n. 1. 50
1. Die Aufgaben im J. 1891. (125 S.) 892.
2. Die Aufgaben im J. 1892. (S. 129—224.) 893.
3. Die Aufgaben im J. 1893 m. den speziellen Aufgaben der Pfalz. (S. 225—320.) 894.

—— dass. — Die Aufgaben in den J. 1885 bis 88 für die Rechtspraktikanten in der Pfalz. 8. (125 S.) Ebd. 892. * 3 —

Staatskonkurs-Aufgaben, die, f. d. höh. Justiz- u. Verwaltungsdienst im Königr. Bayern. V. Sammlg. 3 Lfgn. 8. München, J. Schweitzer, Verl à Lfg. n. 1. 50
1. Die Aufgaben im J. 1894 m. d. spez. Aufgaben der Pfalz. (114 S.) 895.
2. Die Aufgaben im J. 1895 m. d. spez. Aufgaben der Pfalz. (S. 121—232.) 896.
3. Die Aufgaben im J. 1896 m. d. spez. Aufgaben der Pfalz. (S. 233—332.) 897.

— dasselbe. VI. Sammlg. 1. Lfg.: Die Aufgaben im J. 1897 m. d. spez. Aufgaben d. Pfalz. 8. (118 S.) Ebd. 898. n. 1. 50 (I—VI, 1.: n. 18. —)

Staatskonkurs-Aufgaben, die, f. den höheren Justiz- und Verwaltungsdienst im Königr. Bayern. Die Aufgaben in den J. 1898—1900 m. den speziellen Aufgaben der Pfalz. 8. (133, 99 u. 87 S.) München 899—901. J. Schweitzer Verl. à n. 1. 50

— dasselbe. Die Aufgaben im J. 1901. 8. (107 S.) Ebd. 902. n. 1. 50

Staatskonkurs-Aufgaben, die, für den höheren Justiz- u. Verwaltungsdienst im Königr. Bayern. Die Aufgaben in den J. 1902—1905. Mit hoher ministerieller Genehmigung. (88, 91, 95 u. 91 S.) 8. München 903—906. J. Schweitzer Verl. à n. 1. 50

Staatskonkurs-Aufgaben, die, f. den höheren Justiz- u. Verwaltungsdienst im Königr. Bayern. Die Aufgaben in d. J. 1906 u. 1907. Mit hoher ministerieller Genehmigg. (95 u. 100 S.) 8. München 907.08. J. Schweitzer Verl. à 1. 50

— dasselbe. Die Aufgaben in d. J. 1908—1910. Mit hoher ministerieller Genehmigg. (213, 224 u. 230 einseitig bedr. S.) kl. 8. Ebd. 909—11. à 1. 50

Staatskorrespondenz

„Allgemeine Staatscorrespondenz", herausgegeben von einer Gesellschaft und von P. H. Winkopp. 1. und 2. Band zu je 6 Heften, 3. Band, Heft 1—3, Frankfurt a. M. 1811—1814.

Staatscorrespondenz, allgem.; hrsgg. von e. Gesellschaft. Jahrg. 811. 4 Bde od. 12 Stcke. gr. 8. Frkf. a. M., (Mohr in Heidelb.) 8 ₰

— allgem., als zeitgemäße Reihefolge der Zeitschrift, „der rheinische Bund," v. P. A. Winkopp; hrsgg. v. Bauer, Behr u. Schott. 3 Bde, à 3 Hfte. gr. 8. Offenbach, Aschaffenb. (u. Frkf. a. M.) 812—14. R. A. 817. Gebhardt u. K. (à 2 ₰) 6 ₰ (Vergl. Bund, der Rheinische.)

Staatscorrespondenz, allgemeine, als zeitgemäße Reihefolge d. Zeitschrift, d. rheinische Bund, herausgeg. von Bauer, Behr u. Schott. 1r Bd. 1s—3s Heft. gr. 8. Aschaffenb. Dessauer. 814.

— – allgemeine, mit besonderer u. beständiger Hinsicht auf die Staaten des rheinischen Bundes, herausgeg. von P. A. Winkopp. 3r Bd. in 3 Heften. gr. 8. Ebend. 817.

— allgemeine europäische, mit besond. u. beständiger Hinsicht auf die Staaten des Rheinbundes, herausg. von P. A. Winkopp. Ist die Forsetzung von: d. Rheinische Bund, s. Bund.

— zwischen der französ. u. brit. Regierung in Beziehung auf die letzten Friedensunterhandll., nebst den beiderseitigen Erklärr.; aus d. Engl. 8. Hamb. 803. A. Campe. 1 ₰ 16 ♈

Staatskrankheit, Die. Berlin 1849. V: *Frantz, Const.* (stams)

Staatskrankheit, die, (von Const. Frantz). 8. (136 S.) Berlin 849. Schneider & Co. n. 1/3 ₰

Staatskrankheit, Die. Berlin 1852. V: *Frans, Constantin.* (Wa) (CBH) (Kat. d. ständ. Bibl. Stuttg. 1907. S. 225.) 1849. (Ky)

Staatskrankheit, die. (Von Const. Frantz.) 8. (136 S.) Berlin 852, [Schneider.] *

Staatscredit, über den. Von einem russischen Staatsmanne. gr. 8. Leipzig 840. Otto Wigand. n. 1 ß

Staatskriegsrecht, das deutsche. 1r Thl. Von der höchsten Kriegsgewalt des deutschen Staats überhaupt. 8. Frkf. a. M. 791. (Hermann). 1 ß

Das deutsche Staatskriegsrecht. 1. Th. Von d. höchsten Kriegsgewalt d. deutschen Staats überh. *Frankf.*, Kettembeil. 791. 8. (1 Thl.)

Staats- u. Handelskunde, allgem., f. d. J. 1806. gr. 4. Hamb., Grosmann. 8 ß

Staats- u. Bürgerkunde in Einzeldarstellungen. I., II. u. VI. 8. Berlin, Vossische Buchh. à — 30
Liebert, E. v., die Begründung des Deutschen Reiches. 1. u. 2. Aufl. (31 S.) 910. (I.)
— Die Verfassung des Deutschen Reiches. 1. u. 2. Aufl. (24 S.) 910. (II.)
Wrochem, v., Heer u. Flotte. (50 S.) 910. (VI.)
III—V sind noch nicht erschienen.

Zur **Staats-** und Gesellschafts**kunde**. Thesen. Eisleben, Druck v. E. Schneider, *1895;* 1—8 S. 4.
Eisleben, st. RPG '(künftige „R")', OP 1895 (203)

Staatskunde, Neuere, von Spanien. Berlin u. Stettin 1785—87. V: *Randel, Johann Adolph Friedr.* (MS) (ML) (Schedel, Handb. d. Litt. f. Kaufleute. Leipzig 1796. S. 18.) »Leipzig 1797« (EngG)

Staatskunde, Neueste, von Deutschland, aus authentischen Quellen. Frankfurt u. Leipz. 1784—85. V: *Frohn, Conrad von.* (Ky) (MGT)

Staatskunde, neueste, von Deutschland, aus authent. Quellen. 5 Stcke. (Enthalt. Oestreich, Baiern, Jülich u. Berg, (v. K. Frohn). gr. 8. Frankf. 784, 85. Hartmann. (Böhme in Leipz.) 1 ß 16 gr (Es erschienen in allem 8 Stcke. 6s — 8s kamen aber nicht in den Buchhandel.)

— neueste v. Spanien, s.a. J. A. F. Randel.

— neueste, von Spanien, (v. J. A. F. Randel). 2 Thle. gr. 8. Berl. u. Stettin 785 u. 87. Leipz. 797. (W. Rauck; a. Kummer). 2 ß 18 gr (Unvollendet).

Staatskunde, Die wahrhafte, für eine Person vom Stande; a. d. Franz. Frankf. 1767. Ü: *Pfeufer, Benign.* (Ky)

Staatskunst, neue, d. französischen Hofes, a. d. Engl. 4. Leipzig. 742.

Staatskunst, über die polit., (von Er. de Wedig). 2 Thle. 8. Halle 795. (Reinike). (à 12 gr) 1 ß

— über die politische, 2 Thle. 8. Halle, Ruff. 795. (à 12 gr.)

Ueber die Staatskunst in Preußen. Braunschweig, Fr. Otto 1843. 188 S. 8.

Staatskunst, über die, in Preußen. gr. 8. Braunschweig 843, Otto. (Leipzig, O. Wigand.) n. 1 ß

Staatskunst, Die wahrhafte, für eine Person von Stand; aus d. Franz. . . . von Benigno Pfeuffer. Frankf. u. Leipz. 1767. V: *Des Cours, Rémond.* (CLZür Forts. I)

— d. wahrhafte, f. e. Person v. Stande, a. d. Franz. 8. Bamberg, Göbhard. 767.

— die wahrhafte, für eine Person vom Stande; aus d. Französ. (v. B. Pfeuffer). 8. Frankf. (Bamb.) 767. (Wesché in Frankf. a. M.) 8 gr

Staats-Kurier

Staats-Courier, der in aller Eile abgefertigte, mit sich bringend e. wahrh. u. ausf. Relation von der den 27. Juni zw. der alliirten u. französ. Armee bei Dettingen u. Kl. Ostheim vorgefallenen Actionen. Aus d. Engl. 4. Frankfurt a/M. 1743.

Staatscourier, Monatlicher, durch ganz Europa . . . Zittau 1799. H: *May, Christian Gottlieb.* (MGT) (OL) (Ky)

Staats-Courier, monatl., durch ganz Europa, (v. Chr. Gli. May). Fortsez. der Weltchronik. 4. Zittau 799.

Der Pennsylvanische Staats-Courier, oder Einlaufende Wöchentliche Nachrichten: Oct.? 1777 June? 1778
Tory weekly.
Philadelphia, PA

Staatslehre, allgem., im Grundrisse. 8. Wien 813. Rehm. 1 ß 8 gr Schrbp. 2 ß

Rotteck, Carl von und Welcker, Carl: „Staats-Lexikon oder Encyclopädie der Staatswissenschaften, in Verbindung mit vielen der angesehensten Publicisten Deutschlands herausgegeben", Band I—XV, Altona 1833—1843 (Hammerich); Supplemente Band I—IV, ebenda 1846—1848. — Vorh.: StB Nürnberg.

Staats-Lexicon, od. Encyklopädie d. Staatswissenschaften, in Verbind. mit vielen d. angesehensten Publicisten Deutschlands hrsg. v. Carl v. Rotteck u. Carl Welcker. 1. u. 2. Bd. gr. 8. Altona, Hammerich.
Bd. 1. (4 Lfgn.) Aachen — Autonomie. (47½ B.) 834. 2 Thlr.
= 2. (5 Lfgn.) Bacon — Brautschatz u. Nachträge zu A. (48⅝ B.) 835 2 Thlr. 12 Gr.

Staats-Lexikon, od. Encyklopädie d. Staatswissenschaften, in Verbind. mit vielen d. angesehensten Publicisten Deutschlands hrsg. v. Carl v. Rotteck u. Carl Welcker. 3 — 15. (letzt.) Bd. à 5 Hfte. gr. 8. Altona, Hammerich. [3. (50 B.) 836., 4. (48¾ B.), 5. (50⅜ B.) 837., 6. (52 B.) 838., 7. (47⅛ B.), 8. (51¼ B.) 839., 9. (47½ B.) 10. (49¾ B.) 840., 11. (50½ B.), 12. (48½ B.) 841. 13. (50½ B.) 842., 14. (54¼ B.), 15. (62½ B.) 843. à H. ½ Thlr.]
1. u. 2. Bd. (à 5 Hfte.) Ebendas. 1834, 35. 5 Thlr.

— dass. 2s Abonnement. 1r Bd. 1s—4s Hft. gr. 8. Altona 840. Hammerich. à n. ½ ß

Rotteck, C. von und Welcker, C.: „Staatslexikon oder Encyklopädie der Staatswissenschaften", 15 Bände und 4 Supplemente, Altona 1843—1848. — Vorhanden: Oberbergamt Dortmund. — Schr. II. 11.

Staats-Lexikon, das. Encyklopädie der sämmtl. Staatswissenschaften für alle Stände. In Verbind. mit vielen der angesehensten Publicisten Deutschlands hrsg. v. Carl v. Rotteck u. Carl Welcker. Neue (2.) verb. u. verm. Aufl. redigirt v. Herm. v. Rotteck u. Carl Welcker. 1—41. Hft. (Aachen — Moldau u. Walachei.) gr. 8. (402½ B.) Altona 845, Hammerich. à Hft. 15 Ngr.

Staats-Lexikon, das. Herausgeg. v. Carl v. Rotteck u. Carl Welcker. 2. sehr verm. u. verb. Aufl. 18—60. Heft. gr. 8. (IV. Bd. S. 304—773. V. Bd. 798 S. VI. Bd. 797 S. VII. Bd. 814 S. VIII. Bd. 782 S. IX. Bd. 800 S. X. Bd. 786 S. XI. Bd. 814 S. XII. Bd. 848 S.) Altona 847—49, Hammerich. à ½ ℛ (cplt. auch in 12 Bdn. à 2½ ℛ: 30 ℛ)

Staats-Lexikon, das. Hrsg. von C. v. Rotteck und C. Welcker. 2., verm. und verb. Aufl. 42—60. (letztes) Heft. (Monarchie — Schluß.) gr. 8. Altona 847—49. [Leipzig, C. Fleischer.] [9. Bd. (S. 161 — 800.) 10. (786 S.) 11. (814 S.) 12. (848 S.) à Heft 15 Ngr.]
1—41. Heft. Ebendas. 1845. 20 Thlr. 15 Ngr.

—— dass. Supplement zur 1. Aufl. 1—13. Lfg. (A—Kniphausen.) gr. 8. (130 B.) Ebds. 846, 47. à Hft. 15 Ngr.

—— dass. — Supplemente zur 1. Aufl. 14—18. (letzte) Lfg. (Kniphausen — Schluß.) gr. 8. Altona 847—48. [Leipzig, C. Fleischer.] [3. Bd. (S. 481—816.) 4. (404 S.) à Lfg. 15 Ngr.]
1—13. Lfg. Ebendas. 1846—47. 6 Thlr. 15 Ngr.

— in 1 Bd. Staatswissenschaftl. Handbuch d. polit. Aufklärung f. d. Gebildeten aller Stände. Im Vereine mit Andern hrsg. durch Herm. vom Busche. (Mit dem Umschlagstitel: Populäres Staatslexikon). 4—30 Lfg. Lex. 8. (S. 290—2844.) Stuttgart 847—52. Hallberger'sche Verlagsh. à 6 nℊ (compl. 6 ℛ)

Staats-Lexikon, das. Encyklopädie der sämmtlichen Staatswissenschaften für alle Stände. In Verbindung mit vielen der angesehensten Publicisten Deutschlands hrsg. von Carl v. Rotteck und Carl Welcker. 3., umgearb., verb. und verm. Aufl. Hrsg. von Carl Welcker. (In ca. 12 Bdn. oder 120 Heften.) 1. Bd. 1—3. Heft. (A — Adel.) Lex.-8. (LXIV und S. 1—240.) Leipzig 856, Brockhaus. à Heft * 8 Ngr. *

Staats-Lexikon, das. Encyklopädie der sämmtlichen Staatswissenschaften für alle Stände. In Verbindung mit vielen der angesehensten Publicisten Deutschlands hrsg. von Carl v. Rotteck und Carl Welcker. 3., umgearb., verb. und verm. Aufl. Hrsg. von Carl Welcker. 4—83. Heft. Lex.-8. Leipzig 856—62, Brockhaus. [1. Bd. (S. 241—810.) 2. Bd. (796 S.) 3. Bd. (780 S.) 4. Bd. (780 S.) 5. Bd. (784 S.) 6. Bd. (782 S.) 7. Bd. (S. 1—704.)] à Heft * 8 Ngr. Thlr. *
1—3. Heft. Ebendas. 1856. * 24 Ngr.

Staats-Lexikon, das. Encyklopädie der sämmtlichen Staatswissenschaften für alle Stände. In Verbindung mit vielen der angesehensten Publicisten Deutschlands hrsg. von Karl v. Rotteck und Karl Welcker. 3., umgearb., verb. und verm. Aufl. Hrsg. von Karl Welcker. 84.—168. (Schluß-)Heft. Lex.-8. [7. Bd. (S. 705—787.) 8. Bd. (778 S.) 9. Bd. (795 S.) 10. Bd. (788 S.) 11. Bd. (759 S.) 12. Bd. (770 S.) 13. Bd. (799 S.) 14. Bd. (820 S.)] Leipzig 863—66, Brockhaus. à Heft * 8 Ngr. * à Bd. * 3 Thlr. 6 Ngr.; geb. * Complet geb. in Halbfranz *
1.—83. Heft. Ebendas. 1856—62. * 22 Thlr. 4 Ngr.

Staatslexikon. Hrsg. von der Görres-Gesellschaft zur Pflege der Wissenschaft im kathol. Deutschland. (In 3 Bdn. von je 9—10 Heften.) 1.—6. Heft. Lex.-8. (1. Bd. IV, Sp. 1—960.) Freiburg i. Br. 887,88, Herder'sche Verlagsh. à Heft * ℳ 1.50. *

Staatslexikon. Hrsg. im Auftrage der Görres-Gesellschaft zur Pflege der Wissenschaft im kathol. Deutschland durch Ad. Bruder. 7.—20. Heft. Lex.-8. (1. Bd. VII, Sp. 961—1598; 2. Bd. VII, 1646 Sp.) Freib. i. Br. 889—92, Herder. à Heft * 1 50; * 21 —
1. Bd. (1—10. Heft.): Aargau bis Corpus juris; 2. Bd. (11.—20. Heft.): Costarica bis Großstädte. à Bd. * 15 —; geb. ** 17 40. — Auch in Halbbänden à * 7 50.

[F. u. Ant.] **Staatslexikon.** Hrsg. im Auftr. d. Görres-Ges. z. Pflege d. Wissenschaft im kathol. Deutschland d. Dr. Adolf Bruder, Custos d. k. k. Univ.-Bibl. Innsbruck. (Bd 5: . . . nach dessen Tode fortges. d. Julius Bachem, Rechtsanw. in Köln.) Bd 1—5. (In 10 Halbbdn.) *Freiburg i. Breisgau: Herder 1889—97.* 5 Bde 8.
1. Aargau bis Corpus iuris. 1889. (VI S., 1 Bl., 1598 Sp.)
2. Costarica bis Grossstädte. 1892. (2 Bl., 1644 Sp., 1 Bl.)
3. Grotius bis Oekonomie. 1894. (2 Bl., 1540 Sp.)
4. Oesterreich-Ungarn bis Schweiz. 1895. (2 Bl., 1288 Sp.)
5. Schwerin bis Zwischenherrscher. 1897. (1 Bl., VI S., 2 Bl., 1244 Sp.) [97 4711

Staatslexikon. Hrsg. im Auftrage der Görres-Gesellschaft zur Pflege der Wissenschaft im kathol. Deutschland durch Adf. Bruder. 13.—32. Hft. Lex.-8. (2. Bd. Sp. 321—1646, 3. Bd. 1540 Sp., 4. Bd. Sp. 1—320.) Freiburg i/B. 891—894. Herder. à n. 1. 50 (à Bd. n. 15.—; Einbde. in Halbfrz. à n.n. 2. 40)

Staatslexikon. Hrsg. im Auftr. d. Görres-Gesellschaft zur Pflege d. Wissenschaft im kath. Deutschland durch Adf. Bruder. 33.—46. [Schluß-] Hft. gr. 8. (4. Bd. Sp. 321—1288 u. 5. Bd. VI S. u. 1244 Sp.) Freiburg i/B. 895—897. Herder. à Lfg. n. 1. 50 (4. u. 5. Bd. kplt. à n. 12.—; 5 Bde. n. 69.—; Einbde. à. n.n. 2. 40)

Staatslexikon. 2., neubearb. Aufl. Unter Mitwirkg. v. Fachmännern hrsg. im Auftrage der Görres-Gesellschaft zur Pflege der Wissenschaft im kathol. Deutschland v. Jul. Bachem. (In 5 Bdn. à 9—10 Hfte.) 1.—29. Hft. gr. 8. (1. Bd. VII S. u. 1440 Sp.; 2. u. 3. Bd. à 1444 Sp. u. 4. Bd. Sp. 1—320.) Freiburg i/B. 900—902. Herder. à n. 1. 50; (Bd. 1—3 kplt. à n. 13. 50; geb. in Halbfrz. à n.n. 16. 50)

Staatslexikon. 2., neubearb. Aufl. Unter Mitwirkung von Fachmännern hrsg. im Auftrage der Görres-Gesellschaft zur Pflege der Wissenschaft im kathol. Deutschland von Jul. Bachem. 30.—45. (Schluß-)Heft. (4. Bd. Sp. 321 bis 1440 u. 5. Bd. 1512 Sp.) Lex.-8. Freiburg i/B. 903. 904. Herder. à n. 1. 50; (jeder Bd. vollst. n. 13. 50; geb. in Halbfrz. n.n. 16. 50).

Staatslexicon. Staatslexikon. 2., neubearbeitete Aufl. Unter Mitwirkung von Fachmännern hrg. im Auftrage der Görres-Gesellschaft ... von Dr. Julius Bachem.... Band 1. Aargau bis Deutsches Reich. VIII S. + 1440 Spalten. gr.-8. Freiburg im Breisgau *etc.*, Herder, 1901. [M. 13. 50]

Staatslexikon. 2., neubearb. Aufl. Unter Mitw. von Fachmännern hrsg. im Auftr. d. Görres-Ges. z. Pflege d. Wiss. im kath. Deutschl. von Dr. Julius Bachem, Rechtsanw. in Köln. Bd 1—5. Freiburg i. B.: Herder 1901—04. 5 Bde 4° (8°)
1. Aargau bis Deutsches Reich. 1901. 2. Dienstgeheimnis bis Heerwesen. 1901.
3. Hegel bis Mormonen. 1902. 4. Möser bis Sismondi. 1903.
5. Sitte bis Zwischenherrscher. 1904.

Staatslexikon. 3., neubearb. Aufl. Unter Mitwirkg. v. Fachmännern hrsg. im Auftrag der Görres-Gesellschaft zur Pflege der Wissenschaft im kathol. Deutschland v. Jul. Bachem. 1.—3. Bd. (X S. u. 1584 Sp.; VI S. u. 1608 Sp. u. VI S. u. 1626 Sp.) Lex. 8. Freiburg i/B. 908—910. Herder. Geb. in Halbfrz. à Bd. 18.—

Staatslexikon. Unter Mitw. von Fachmännern hrsg. im Auftr. d. Görres-Gesellsch. z. Pflege d. Wiss. im Kath. Deutschland von Dr. Julius Bachem in Köln (5: ... u. Dr. Hermann Sacher in Freiburg i. Br.) Bd 1—5. Freiburg im Br.: Herder 1908—12. 4°(8°)
1—3. 3., neubearb. Aufl.
1. Abandon — Elsaß-Lothringen. 1908. 2. Eltern — Kant. 1909.
3. Kaperei — Paßwesen. 1910.
4. 5. 3., neubearb. u. 4. Aufl.
4. Patentrecht — Staatsprüfungen. 1911. 5. Staatsrat — Zweikampf. Nachträge. 1912.
A 12. 4361

Staats- und Gesellschafts-Lexikon. In Verbindung mit deutschen Gelehrten und Staatsmännern hrsg. von Herrm. Wagener. (In ca. 12 Bdn.) 1—106. Heft. Lex.-8. Berlin 858—62, Heinicke. [1. Bd. (808 S.) 2. und 3. Bd. (1618 S.) 4. Bd. (810 S.) 5. Bd. (819 S.) 6. Bd. (801 S.) 7. Bd. (807 S.) 8. Bd. (795 S.) 9. Bd. (806 S.) 10. Bd. (812 S.) 11. Bd. (S. 1—480.)] à Heft * 10 Ngr. *

Staats- und Gesellschafts-Lexikon. In Verbindung mit deutschen Gelehrten und Staatsmännern hrsg. von Herrm. Wagener. 107.—230. (Schluß-)Heft. Lex.-8. [11. Bd. (S. 481—800.) 12. Bd. (808 S.) 13. Bd. (880 S.) 14. Bd. (800 S.) 15. Bd. (807 S.) 16. Bd. (806 S.) 17. Bd. (800 S.) 18. Bd. (800 S.) 19. Bd. (799 S.) 20. Bd. (815 S.) 21. Bd. (788 S.) 22. Bd. (806 S.) 23. Bd. (592 und 318 S.) Berlin 862—68, Heinicke. à Heft * 10 Ngr. *
1.—106. Heft. Ebendas. 1858—63. * 35 Thlr. 10 Ngr.

— kleines, in d. Westentasche, od. vollständ. Erklärung alles dessen, was Jedermann in polit. Beziehg. heutzutage zu wissen unumgänglich nothwendig ist. 32. (28 S.) Merseburg 848, Garcke (jetzt: Leipzig, Hebenstreit). 1 ngr

—— populäres 2c., s. ABC, politisches.

Staatslexicon, populäres, in Einem Bande. — Staatswissenschaftliches Handbuch der politischen Aufklärung. Im Vereine mit Andern herausgegeben von Herm. vom Busche. 1—9. Lfg. (A—Deutscher Bund.) gr. Lex.-8. (à 3 B.) Stuttgart 846, 47, Hallbergersche Vrlgsh. à L. 6 Ngr.

Staats-Lexikon („populäres,") in 1 Bd. Staatswissenschaftliches Handbuch der polit. Aufklärung für die Gebildeten aller Stände. Im Vereine mit Andern hrsg. durch Herm. vom Busche. 10—30. (letzte) Lfg. Lex.-8. (S. 865—2844. Deutscher Bund — Schluß.) Stuttgart 848—52, Hallberger'sche Vrlgsh. à Lfg. 6 Ngr. Thlr.
1—9. Lfg. Ebendas. 1846—47. 1 Thlr. 24 Ngr.

Staatslexikon, populäres, in 1 Bde. Staatswissenschaftliches Handbuch der politischen Aufklärung. Im Vereine mit Andern hrsg. durch Herm. vom Busche. Neue Ausg. (In 30 Lfgn.) 1. Lfg. gr. Lex.-8. (VIII S. und Sp. 1—96.) Stuttgart 861, Hallberger'sche Verlagsh.

„Reales Staats-, Zeitungs- und Conversations-Lexicon, Darinnen so wohl die Religionen und geistlichen Orden, die Reiche und Staaten . . . . ., Als auch Andere in Zeitungen und täglicher Conversation vorkommende aus fremden Sprachen entlehnte Wörter . . . . . beschrieben . . . . . werden", Leipzig 1704. 6. Neuauflage, Nebst einem Anhange, vollst. Registern und einer erneuerten Vorrede Herrn Johann Hübners, Leipzig 1713, vorh.: Bücherei der Handelskammer Leipzig. — 31. erweiterte und verbesserte Auflage von F. A. Rüder u. d. T.: „Zeitungs- und Conversationslexikon mit vielen Bildnissen vorzüglich ausgezeichneter, lebender Deutschen", 5 Bände mit 150 Porträts, Leipzig 1823—1827 (Brockhaus), vorh.: Bücherei des Reichsbankdirektoriums.

Reales Staats-, Zeitungs- und Conversations-Lexicon. Vorrede Johann Hübner. 3. Aufl. Leipzig 1707.
6 Bl., 1668 Sp., 22 Bl. 8°
1. Aufl. 1704.

Reales Staats-, Zeitungs- und Conversations-Lexicon. Neue Auflage. Nebst acht Kupfer-Platten und einer ausführlichen Vorrede Johann **Hübners**. Leipzig. 1741. 8°.

Staats-Lexikon für das deutsche Volk, s. Handbuch, polit.

Staats-, Post- u. Zeitungs-Lexicon, vollständiges, von Sachsen. s. Schumann, A.

Staatslitteratur, Teutsche, von 1790[–92]. Tübingen 1790—92. V: *Cotta, Christoph Friedrich.* (Ky) (MGT) (Pütter, Litt. d. Teutsch. Staatsr. Gött. 1773—91. IV, 86.)

Staatsliteratur, deutsche, f. die J. 1790—92, (v. Cph. Fr. Cotta). Der Jahrg. à 12 Stcke. 8. Tübing., v. Cotta. 7 ₰

Staats-Lotterie-Anlehen 2c., s. Anlehen, üb. das Baierische.

Staatslotterie-Anlehen, s. Anlehen, Staatslotterie-

Staatsmagazin, Allgemeines, zum Behuf der politischen Geschichte. Leipzig 1766—68. V: *Adelung, Johann Christoph.* (Ky) (MGT) (Kläbe, Neuest. Gel. Dresden. Leipz. 1796.)

Staatsmagazin, allgem., z. Behuf d. neuest. polit. Gesch. f. d. J. 1766 – 67 12 Stck. und 68. 1s 2s Stck. 8. Leipz. Crusius. (F. C. W. Vogel.) (à 3 gr.)

Staatsmagazin, allgem., zum Behuf der neust. polit. Geschichte f. die J. 1766—68. 14 Stcke, (v. Jh. Chr. Adelung). 8. Leipz., (W. Vogel). 1 ₰ 18 ℊ

Staatsmagazin, Deutsches, s.a. Berg, Gth. H. von

Teutsches Staats-Magazin. Hrsg. von [Günth. Heinr.] v. Berg. Bd 1. 2. Göttingen 1796. 97. 2 Bde

Republikanischer Staatsman (sic): 1831 1833 Gettysburg, PA

Staatsmann, s. compendiöse Bibliothek.

STAATSMANN, Der, oder Erzählung was sich an grossen Höfen zugetragen. 4 Bde. Leipzig, Deer, 1735—39. 8°. Selten cplt.!

— od. gründl. Erzählung alles dessen, was an Höfen großer Herren passiret. 3 Thle u. 4r Th. 16. 8. Leipz. Deer. 735—39.

Staatsmann, der, Zeitschrift für Politik u. Tagsgeschichte. Herausgeg. v. Pfeilschifter. 1r Bd. 6 Hefte. 2r — 4r Bd. à 3 Hefte. gr. 8. Offenbach 822 — 25, Expedit. d. Staatsmanns.

— dass. (5r — 8r Bd.) Jahrgg. 1825 — 27. gr. 8. Offenb. Exped. (Leipz., Leich.) à 7 Rthl. 12 gr.

Staatsmann, der, Zeitschr. f. Politik u. Geschichte. Hrsg. v. J. B. v. Pfeilschifter. 9—17. Bd. à 4 Hfte. gr. 8. Offenbach 828—31. [Aschaffenburg, Pergay.]
1—4. Bd. à 2 Thlr. 12 Gr., 5—8. Bd. à 2 Thlr. Ebendas. 1823—27.

— d. beleidigte, e. Erzählung v. d. Schicksalen d. großen Minister Marzanes, a. d. Engl. 8. Nördlingen, Beck. 786.

Anonym: „Der mit historischen, politischen und anderen Importanten Sachen beschäfftigte Staats-Mann, oder Gründliche Erzehlung alles dessen, was von Höfen großer Potentaten . . . . . geschrieben wird", Leipzig 1731.

Staatsmann, der deutsche rechtsgelehrte, u. der deutsche Gesandte in Rom. Zwiegespräch über die neuesten kirchl. Erlebnisse 2c. 8. Darmstadt 845, Leske. 1/12 ₰

Staatsmann: Schweizer. Staatsmann
① Humanitas libertasque ⑤ 10. 5. 1865 (Probenummer)—? ⑥ 2° ⑧ Basel: Bahner & Richm ⑨ Dr. C. Rother ⑪ Dr. C. Rother ⑫ wirtschaftliche Fragen ⑭ Be: L (10. 5. 1865).

Der Westliche Staatsmann und Ohio Demokrat: 1837?–1840?
Edited & published by John L. Wiestling.
Columbus, OH

Staatsmann K, Methode des Linearzeichnens als Vorstufe zum geometrischen Zeichnen. (30 Bl) 4° Dresden 1894

Staatsmann, Karl, das Aufnehmen v. Architekturen. Eine allgemeine Übersicht über das Aufnehmen von Architekturen u. die Hilfsmittel, im Zusammenhang m. der Entwicklg. u. Darstellg. der Architektur im Bilde der Geschichte. 2 Tle. Lex. 8. Leipzig 910. K. Grethlein. 16.50; geb. 18.50
1. Das Vermessen u. Darstellen v. Architekturen. (XII, 236 S. m. 175 Abbildgn.) 7.50; geb. 8.50
2. Geschichte des Aufnehmens von Architekturen, zugleich e. Geschichte der Architekturwandlung. (V, 280 S. m. 80 Abbildgn.) 9.—; geb. 10.—

Staatsmann, Karl. aus Heiligenberg: Über Einklemmung des Wurmfortsatzes. *Karlsruhe 1904: J. Lang.* (36 S.) 8°
Heidelberg, Med. Diss. v. 1904

Preußens Staatsmänner. III. Schön. Leipzig, G. Wigand 1842. 31 S. 8.

Staatsmaximen, über alte und neue, v. P. 8. Carlsruhe, Müller.

Staats-Maximen der Jungfern Hauserinne ungebethen . . . [Konstanz 1777.] H: *Hahn, Modest.* (BGR)

STAATSMERCURIUS, welcher der Staats-Gelehrt- und galanten Weld die remarquabelsten Begebenheiten eröffnet. 7 Giornaten. Halle 1702. 8°. 1 Alph. 19 Bogen.
Bibl. Ludovici nominalis curiosa. Vitemb. 1705. — Rar, besonders cplt.!

Das königlich bayerische Staatsmin. d. Innern, Abt. f. Landwirtschaft, Gewerbe und Handel, Untersuchungen der wirthschaftlichen Verhältnisse in 24 Gemeinden des Königreichs Bayern. München 1895

Staatsministerium, Das preussische, und die deutsche Reformfrage vom Grossdeutschen Vereine in Hannover. Hannover 1863. V: *Klopp, Onno.* (SWKl)

Staatsministerium, das preußische, und die deutsche Reformfrage. Vom großdeutschen Vereine zu Hannover. Hannover 863. Klindworth. gr. 8. (32 S.) n. 6 ngr

Staats-Musik der Zukunft. Berl. 1876. V: *Hahn, Alb.* (Joseph Baer & Co.-Frankfurt a. M. Antiqu.-Kat. 573, S. 35.)

Staatsnachrichten, geheime, und Enthüllung d. Cabalen in Cabinetten d. Großen. 8. 797.

STAATSNACHRICHTEN, Geheime, und Enthüllungen der Kabalen in den Kabinetten der Grossen. Köln, P. Hammer, 1797.
Weller, fing. Druckorte. — Rar!

Des schott. Ritters John Ker von Kersland besond. Staatsnachrichten v. sein. geh. Verrichtt. in Schottland, England u.s.w. Mit ein. umständl. Bericht v. Ursprung u. Fortgang der v. Sr. Kaiserl. Maj. in d. österr. Niederlanden zu Ostende angelegten Ostind. Handelscompagnieen. A. d. Engl. übers. *Freistadt.* 727. 4.

Staats-Nachrichten. – Münchner Staats-, gelehrte und vermischte Nachrichten. –
9.V.1780 – 1781.
Vorh. u.d.T.: (Dienstägige, Donnerstägige, Freytägige) Münchener Zeitung.
Fortges. u.d.T.: Münchner Zeitung von Kriegs- Friedens- Staats u. anderen Begebenheiten in u. außerhalb des Landes.

Staats- und Gelehrte Neuigkeiten. 1—109. St. (26/4—2/11). 1759. (Altona). 4. (U. B.).

Mecklenburg Schwerinsche Staats Notizen.
s. Herzoglich Mecklenburg Schwerinscher Staats-Kalender. Tl 2.

Staatsnothrecht, üb. das, als Grund des Rechts zu Säkularisiren; (von Frz. Berg). 8. (Würzb.) 800. (Wesché in Frankf.) 3 gr

Staatsnothrecht, über das, als Grund des Rechts zu säcularisiren. 8. Bamberg, Göbhard. 802.

Staatsorakulum, m. viel. Fragen erneuertes, 4. Zürich. 743.

Amerikanische Staats-Papiere. Wichtige Documente und Depeschen, begleitet von der Bothschaft des Präsidenten der vereinigten Staaten von Amerika an die beiden Häuser des Congresses am 3. April 1798, in Hinsicht auf die Mißhelligkeiten zwischen Amerika und Frankreich enthaltend die Instruktionen der amerikanischen Gesandten und ihre ganze Correspondenz mit dem executiven Direktorium von Frankreich, nebst des Präsidenten Bothschaft an den Congreß, den 19. März 1798.
Aus dem Englischen übersetzt.
o. O. 1798. 158 S. 8°.
Herzog-August-Bibliothek Wolfenbüttel
Übers. v. Important Documents and Dispatches which Accompanied the Message of the President of the United States to Both Houses of Congress April 3d 1798; Message of the President of the United States to Both Houses of Congress, April 3d, 1798 und Message Concerning the Dispatches from the Envoys Extraordinary of the United States to the French Republic March 19, 1798, alle 1798.
Enthält u. a. Text d. voraufgehenden Nr. Weitere in diesem Zusammenhang veröffentlichte Schriften.
Palmer.

Staatspapiere, amerikan., wichtige Dokumente u. Depeschen, die Mißhelligkeiten zwischen Frankreich u. Amerika betreffend; aus d. Engl. gr. 8. Hamb. 798. (A. Campe). 12 gr

Staatspapiere, amerikanische, wicht. Dokumente u. Depeschen d. Mißhelligkeiten zwisch. Frankreich und Amerika betreff., a. d. Engl. gr. 8. Hamburg, Hoffmann. 798.

— über, u. deren Benutzung. 8. Augsb. 829. Wolff. 8 gr Velinp. in gr. 8. 10 gr

Staatspapiere, deutsche u. ausländische, sowie die übrigen wichtigeren, an deutschen Börsenplätzen notierten Fonds etc. gr. 8. (XI, 232 u. LXII S.) Leipzig 897. Verlag f. Börsen- u. Finanzliteratur. Geb. in Leinw. 3.—

— dasselbe. 2., verm. u. verb. Aufl. Ausg. 1898—99. gr. 8. (CXII, 298 u. LXVII S.) Ebd. 898. Geb. in Leinw. n. 4.—

— geheime, im Pallast d. Tuilerien gefunden, e. Uebers. v. la Politique de tous les Cabinets de l'Europe. 4 Bde. 8. Ebend. 793. 94. (I. 1 Rthlr. 6 gr. II. 1 Rthlr. 4 gr. III. IV. h. a. d. Tit.: geheime Correspondenz Ludwig XVI. 2 Thle. 2 Rthlr. 20 gr.)

Staatspapiere zur Geschichte Karl's V., s.: Bibliothek d. litterar. Vereins in Stuttgart. 11.

Staatspapiere (Ueber) in Bezug auf Kapital-Anlage von einem alten Finanzier. gr. 8°. Amsterdam 1867. (Leipzig, Thomas.)

Ueber Staatspapiere in Bezug auf Kapital-Anlage von einem alten Finanzier. gr. 8. (108 S.) Wien, Czermak in Comm. 1867. 1 fl.
(Nur baar mit 33⅓ %.)

„Die sämmtlichen österreichischen Staatspapiere und Bank-Akzien, oder Erklärung aller österreichischen Staatspapiere und deren Verloosungen", Wien 1825. — Vorh.: Com. Bibl. Hamburg.

Staatspapiere (Die sämmtl. österr.) und die Bank-Akzien, oder Erklärung aller österr. Staatspapiere und deren Verlosungen. 5. Aufl. 12°. Wien 1826. (Leipzig, Liebeskind.)

Das deutsche **Staatspapiergeld.** Als Hs. gedr. Berlin 1901: Reichsdruckerei. (202 S.) 4° (8°)

„Leipziger Staatspapier-Course für die Jahre 1816—1835", 19 Teile, Leipzig 1816—1835. — Vorh.: Preuß. Staatsbibliothek Berlin.

STAATS-PARADOXA, Die in vorigen (!) und itzigen Seculo sich ereigenden (!) — und begangenen Staats-Fehler mit Historischer Feder untersuchet. Erster, Anderer Fascicul. Freystadt (fing.) 1713—14. 8°. (In Warmbrunn, 1 vol.) Rar!

Staatsperrücke, Die, eine Erzählung. Wien 1772. V: *Born, Ignaz Edler von.* (Ky) (ML)

Staatsperrücke, die, eine Erzählung, (v. Ignatz v. Born). 8. Wien 772. Gehlen. 2 gl

Staatsperrücke, Die. Eine Erzählung. Wien 1773. V: *Born, Ignaz Edler von.* (BGE VII³, 414)

Staatsperrücke, die, eine Erzählung. 8. Wien, Ghelen. 773.

Staatspersonalzeitung: Bernische Staatspersonalzeitung v. Bernische Bureau-Zeitung (II).

Staatspflichtteil, der. Ein Beitrag zur Finanzreform v. Einem der „Oberen Zehntausend". (26 S.) 8. Berlin 909. Puttkamer & Mühlbrecht. — 40

Staatspolizei (Die) vor dem Oesterreichischen Parlament. Reden der Abg. Kronawetter und Pernerstorfer am 12., 13. und 14. März 1889 nach dem stenographischen Protokoll. 8°. Wien, Bretschneider („Gleichheit"), 1889.

Die Staats-Presse: 1902?—1907?

Weekly. Democratic, 1902—05; Republican, 1906—07. Circulation: 1905, 750. Edited & published by J. F. Paul & Otto Gross, 1902—05; by J. F. Paul & Max F. Gross, 1906—07. Fargo, ND

Staats-Process, Ein. Anklage wegen Majestäts-Beleidigung . . . gegen Heinrich Hoff . . . [1847] O. O. V: *Hoff, Heinrich.* (cb)

Staatsprüfungen, die juristischen, in Preußen. Die vom 1. VIII. 1908 ab gelt. Bestimmgn. üb. die Referendar- u. Assessorprüfg. in Preußen nach amtl. Quellen. (56 S.) kl. 8. Berlin 908. Struppe & Winckler. — 80

Staatsraison u. Recht. Die konfessionellen Wirren in Livland vom J. 1865 bis zur Gegenwart. Von R. v. D. gr. 8. (V, 97 S.) Leipzig 891. Duncker & Humblot. n. 2. —

Staatsrath, d. preuß.-brandenburg., s. C. A. L. Klaproth.

Staatsrath, der preußische, u. seine Wiederberufung. Ohne Benutzg. archival. Quellen v. e. Ostpreußen. gr. 8. (III, 92 S.) Leipzig 885. F. Duncker. n. 1. 60

Staatsrath, d., an seinem 200jähr. Stiftungstage. 1805. **Gesch. dess. etc.** Berlin 805. (9. —)

Die **Staatsrathsbeschlüsse**. Ein agrarpolit. Gutachten. Hrsg. auf Veranlassung d. Bundes d. Landwirthe. (Berlin [1895]: F. Heinicke.) (8 S.) 4°

Die deutsche Staatsrealschule in Karolinenthal 1875—1900:
Progr.

Staatsrechnung des Kantons Aargau. Gr.-folio, 58 S. Aarau, H. R. Sauerländer. 1881.

Staatsrechnung des Kantons Aargau pro 1881. Gr. in-fol. Aarau, Sauerländer. 1882.

Staatsrechnung des Kantons Aargau pro 1882. Gr. in-Fol., 60 S. Aarau, Sauerländer. 1883.

Staats-Rechnung des Kantons Aargau pro 1883. Gr. in-fol., 62 S. Aarau, Sauerländer. 1884.

Staatsrechnung des Kantons Aargau pro 1884. Gr. in-fol., 60 S. Aarau, H. R. Sauerländer. 1885.

Staatsrechnung des Kantons Aargau pro 1885. Gr. in-fol., 48 S. Aarau, H. R. Sauerländer. 1886.

Staats-Rechnung des Kantons Aargau pro 1886, nebst Begleitbericht des Regierungsrathes. Aarau: H. R. Sauerländer 1887. 56 S. fol.

Staatsrechnung des Kantons Aargau pro 1887, nebst Begleitbericht des Regierungsrathes. In-fol., 96 S. Aarau, ebendas. 1888.

[C]Kanton Aargau. Staats-Rechnung für 1900. Nebst Begleitbericht des Regierungsrates vom 28. Juni 1901. XVI + 96 S. 4. Aarau, H. R. Sauerländer & Co.

Kanton Aargau. Staats-Rechnung für 1901. Nebst Begleitbericht des Regierungsrates vom 10. Juli 1902. XVI + 97 S. 4. Aarau, H. R. Sauerländer & Co.

Kanton Aargau. Staats-Rechnung für 1902. Nebst Begleitbericht des Regierungsrates vom 21. Juli 1903. XVIII + 98 S. 4. Aarau, H. R. Sauerländer & Co.

Staatsrechnung des Kts. Basel-Landschaft. 1848, 1851–55, 67–70.

Staatsrechnung des Kantons Basel-Landschaft vom Jahre 1869. 52 St. 4.

Staatsrechnung des Kts. Basel-Landschaft vom Jahre 1870. 49 Stn. 4.

Staatsrechnung des Kts. Basel-Landschaft v. J. 1872. 54 Stn. 4.

Staats-Rechnung des Kantons Basel-Landschaft vom J. 1873. 56 Stn. 4. 1874.

Staats-Rechnung des Kantons Basel-Landschaft vom Jahr 1874. 56 Stn. 4. Liestal, Druck von Lüdin & Walser. 1875.

Staatsrechnung d. Kant. Basel-Landschaft vom Jahr 1875. 95 Stn. 8. Liestal, Lüdin & Walser. 1876.

Staatsrechnungen des Cantons Basel-Landschaft im Jahre 1878. In-8°, 92 S. Birsfelden, Druck von Ph. A. Klausner. 1879.

Staats-Rechnung des Kantons Basel-Landschaft vom Jahre 1896. In-4°. 57 S. Sissach, Buchdruckerei von Eduard Loosli. 1897.

Staatsrechnung des Kantons Basel-Landschaft v. J. 1897. In-fol. 59 S. (Sissach, Buchdr. Ed. Loosli). 1898.

Staats-Rechnung des Kantons Basel-Landschaft vom Jahre 1899. 4°. 58 S. Liestal, Gebr. Lüdin. 1900.

[C]Kanton Basel-Landschaft. Staats-Rechnung vom Jahre 1900. II + 56 S. 4. Liestal, Suter & Cie., 1901.

Kanton Basel-Landschaft. Staats-Rechnung vom Jahre 1901. II + 56 S. 4. Liestal, Gebrüder Lüdin, 1902.

Kanton Basel-Landschaft. Staats-Rechnung vom Jahre 1902. II + 59 S. 4. Liestal, Gebrüder Lüdin, 1903.

[C]Kanton Basel-Stadt. Staats-Rechnung für das Rechnungsjahr 1900. 88 S. 4. Basel, Emil Birkhäuser, 1901.

Kanton Basel-Stadt. Staats-Rechnung für das Rechnungsjahr 1901. 88 S. 4. Basel, Emil Birkhäuser, 1902.

Kanton Basel-Stadt. Staats-Rechnung für das Rechnungsjahr 1902. 88 S. 4. Basel, Emil Birkhäuser, 1903.

Staatsrechnung des Kantons Basel-Stadt. 1905-08. 4° Basel 1906-09

Kanton Wallis. Staats-Rechnung, nebst Bericht über die Finanz-Verwaltung für das Jahr 1900 u. 1901 u. 1902. 143 u. 140 u. 139 S. 4. Sitten, Kleindienst & Schmid, 1901 u. 1902 u. 1903.

Staatsrechnung des Kts. Bern für das Jahr 1869. Mit Vergleichung des Büdgets und der Nachtragscredite. II und 94 Stn. fol. 1871.

Staatsrechnung des Kantons Bern für das Rechnungsjahr vom 1. Jan. bis 31. Dez. 1875. Mit Vergleichung des Büdgets und der Nachtragskredite. 66 Stn. Fol. Bern, Druck von A. Fischer. 1876.

[C]Kanton Bern. Staats-Rechnung für das Rechnungsjahr 1900. Mit Vergleichung des Budgets und der vorhergehenden Rechnung. 129 S. 4. Bern, Suter & Lierow, 1901.

Staatsrechnung, Eidgenössische für 1849–95. fol. u. 4°

Eidgenössische Staatsrechnung für das Jahr 1870. 40 Stn. fol. 1871.

Eidgenöss. Staatsrechnung für d. J. 1871. 41 Stn. fol. 1872.

Eidg. Staatsrechnung f. d. J. 1872. 42 Stn. gr. fol. 1873.

Staatsrechnung.– Eidgenössische Staatsrechnung f.d. J. 1873. 1874. 43 S. gr. fol.

Eidgenössische Staatsrechnung für das Jahr 1876. 33 und 11 S. Fol. Bundesbl. 1877. Nr. 24.

Staatsrechnung, eidgenössische für 1884-99. 4° Bern 1886-1900

Staats-Rechnung, Eidgenössische, für das Jahr 1887. In-4°, 59 S.
*** Beilage zum „Schweiz. Bundesblatt".

(Schweizerische Eidgenossenschaft.) Eidgenössische Staats-Rechnung für das Jahr 1900. 77 S. 4. ([Bern, Stämpfli & Cie.,] 1901.)

(Schweizerische Eidgenossenschaft.) Eidgenössische Staats-Rechnung für das Jahr 1901. 77 S. 4. ([Bern, Stämpfli & Cie.,] 1902.)

(Schweizerische Eidgenossenschaft.) Eidgenössische Staats-Rechnung für das Jahr 1902. 81 S. 4. ([Bern, Stämpfli & Cie.,] 1903.)

Staatsrechnung, Eidgenössische. 1900-05. 4° Bern 1901-06

Staatsrechnung, eidgenössische, für 1906-10. 4° Bern 1907-11

Staatsrechnung betreffend die gemeinschaftlichen Einnahmen und Ausgaben der Monarchie in der Finanzperiode 1856/58. Aufgemacht in der Staatsbuchhalterei den 17. August 1858. Kopenhagen (1858.) 4°

Kanton Graubünden. Staats-Rechnung und Finanz-Bericht für das Jahr 1874. Nachtragskredite pro 1875 und Budget pro 1876. Chur, Druck von F. Gengel, 1875. (42 und 15 Stn. in-4.)

Staatsrechnung (des Königlich Dänischen Gesammtstaates) . . . aufgemacht mit Beziehung auf das Staatsbudget für dasselbe Jahr. für das Finanzjahr 1855/56—1862/63. Kopenhagen. (1856)—63. 4°.
Siehe auch in: Gesetz und Ministerialblatt. 1856 ff.

Staatsrechnung des Kts. Graubünden für 1861–65. 4°

[C]Kanton Graubünden. Staats-Rechnung für das Jahr 1900, Nachtragskredite pro 1901 und Budget pro 1902. Beilage zum kleinrätlichen Amtsbericht vom Jahre 1900/1901. II + 121 S. 4. Chur, Aktiengesellschaft Bündner Tagblatt, 1901.

Staats-Rechnung des Herzogthums Holstein für das Finanzjahr vom 1. April 1864 bis ultimo März 1865. (Altona. 1865.)
vom 1. April 1865 bis ultimo März 1866. Beilage zum Verordnungsblatt für Schleswig-Holstein. Stück 13, vom 18. December 1866. (ebd. 1866.) 4°.

Staatsrechnung und Rechnungen über den Separatfond zu bestimmten Zwecken v. J. 1873. 366 Stn. gr. 8. Zürich 1874.

Staatsrechnung des Kts. St. Gallen für 1861–93. St. Gallen. fol.

[C]Kanton St. Gallen. Staatsrechnung für das Jahr 1900. [Mit 2 Tabellen.] IV + 133 S. fol. St. Gallen, J. J. Sonderegger, 1901.

Kanton St. Gallen. Staatsrechnung für das Jahr 1901. [Mit 2 Tabellen.] IV + 139 S. fol. St. Gallen, J. J. Sonderegger, 1902.

Kanton St. Gallen. Staatsrechnung für das Jahr 1902. [Mit 2 Tabellen.] IV + 135 S. fol. St. Gallen, J. J. Sonderegger, 1903.

Staatsrechnung des Kts. Schwyz für das Jahr 1869. 10 St. 4.

Staatsrechnung f. d. J. 1872. 11 Stn. 4. Schwyz 1873.

[C]Kanton Schwyz. Staatsrechnung für das Jahr 1900. LI S. 8. Schwyz, Caspar Triner & Cie., 1901.

Anhang zu: 53. Rechenschaftsbericht des Regierungsrates.. des eidgenössischen Standes Schwyz über das Amtsjahr 1900. Schwyz 1901.

Kanton Schwyz. Staatsrechnung für das Jahr 1901. LI S. 8. Schwyz, Caspar Triner & Cie., 1902.

Anhang zu: 54. Rechenschaftsbericht des Regierungsrates ... des eidgenössischen Standes Schwyz über das Amtsjahr 1901. Schwyz 1902.

Kanton Schwyz. Staatsrechnung für das Jahr 1902. LV S. 8. Schwyz, Caspar Triner & Co., 1903.

Anhang zu: 55. Rechenschaftsbericht des Regierungsrates ... des eidgenössischen Standes Schwyz über das Amtsjahr 1902. Schwyz ... 1903.

[C]Kanton Solothurn. Staats-Rechnung 1900, in Vergleichung mit dem Voranschlage vom gleichen Jahre und der Rechnung vom Jahre 1899. (1901 März 30. — [Mit] Bericht zur Staatsrechnung pro 1900.) 66 S. 4. Solothurn, Gassmann, Sohn.

Kanton Solothurn. Staats-Rechnung 1901, in Vergleichung mit dem Voranschlage vom gleichen Jahre und der Rechnung vom Jahre 1900. (1902 März 26. — [Mit] Bericht zur Staatsrechnung pro 1901.) 67 S. fol. Solothurn, Gassmann, Sohn.

Kanton Solothurn. Staats-Rechnung 1902, in Vergleichung mit dem Voranschlage vom gleichen Jahre und der Rechnung vom Jahre 1901. (1903 März 28. — [Mit] Bericht zur Staatsrechnung pro 1902.) 72 S. fol. Solothurn, C. Gassmann.

Staats-Rechnung für das Jahr 1849 über die Staats-Einnahmen und Ausgaben der Herzogthümer Schleswig-Holstein. Kiel (1850.) 4⁰

Staats-Rechnung f. d. J. 1849 üb. d. Staats-Einnahmen u. Ausgaben der Herzogth. Schleswig-Holstein. gr. 4. (XXXII u. 145 S.) Kiel 851. (Schwers.) n. 7/12 ℛ

Staatsrechnung pro 1872. 36 Stn. fol. Thurgau 1874.

Staatsrechnung pro 1874. 24 Stn. fol. Thurgau 1874.

Kanton Unterwalden nid dem Wald. Staats-Rechnung.... Stans, Paul von Matt.

... für 1900. 25 S. 8. (1901.) -- ... für 1901. 19 S. 4. 1902.

Staatsrechnung d. Kts. Zürich f. 1830, 32—35. 37—39. 41—50. 58—61. 63—95. Zürich.

Staatsrechnung des Kantons Zürich und Rechnungen über die Separatfonds zu bestimmten Zwecken vom Jahr 1870. 126 Stn. gr. 8. Zürich 1872.

Staatsrechnung des Kts. Zürich u. Rechnungen über die Separatfonds zu bestimmten Zwecken v. J. 1871. 176 Stn. 8. 1872.

Staatsrechnung des Kts. Zürich u. Rechnungen über die Separatfonds zu bestimmten Zwecken v. J. 1872. 360 Stn. gr. 8. 1873.

Staatsrechnung des Kantons Zürich und Rechnungen über die Separatfonds zu bestimmten Zwecken vom Jahre 1875. 383 S. 8. Zürich, Genossenschafts-Buchdruckerei. 1876.

Staatsrechnung des Kantons Zürich und Rechnungen über d. Separatsfonds zu bestimmten Zwecken vom Jahre 1876. 393 S. 8. Zürich, Genossenschaftsdruckerei. 1877.

— des Kantons Zürich und Rechnungen über die Separatfonds zu bestimmten Zwecken vom Jahre 1883. In-8⁰, 466 S. Druck der Genossenschafts-Buchdruckerei. 1884.

Staatsrechnung des Kantons Zürich u. Rechnungen über die Separatfonds zu bestimmten Zwecken vom Jahre 1884. In-8⁰, 472 S. Zürich, Druck der Genossenschaftsbuchdruckerei. 1885.

[C]Kanton Zürich. Staatsrechnung des Kantons Zürich und Rechnungen über die Separatfonds zu bestimmten Zwecken ⟨mit Inbegriff derjenigen, die vom Staate nur verwaltet werden⟩ vom Jahre 1900. 422 S. 8. Zürich, J. Rüegg, 1901.

Kanton Zürich. Staatsrechnung und Rechnungen über die Separatfonds zu bestimmten Zwecken ⟨mit Inbegriff derjenigen, die vom Staate nur verwaltet werden⟩ vom Jahre 1901. 432 S. 8. Zürich, J. Rüegg, 1902.

Kanton Zürich. Staatsrechnung und Rechnungen über die Separatfonds zu bestimmten Zwecken ⟨mit Inbegriff derjenigen, die vom Staate nur verwaltet werden⟩ vom Jahre 1902. 469 S. 8. Zürich, J. Rüegg, 1903.

Staatsrechnungswesen, Ueber, nach den Forderungen der neuesten Zeit, s. Kleindienst.

Staatsrecht, Das allgemeine, mit besonderem Bezuge auf das gemeine deutsche und österreichische Staatsrecht... Wien 1873—74. V: *Meyer, Eduard Cölest.* (EB)

Staatsrecht, das allgemeine, m. besond. Bezuge auf das gemeine deutsche u. oesterreichische Staatsrecht, die Rechtsphilosophie u. das Völkerrecht in Versen besorgt v. mehreren Juristen red. v. M. E. C. 1—3. Hft. 8. (214 S.) Wien 873. Lechner's Verl. à n. 1. 20

Staatsrecht, allgemeines, d. römisch-deutschen Reichs. 8. Coburg, Ahl. 741.

Staats- u. Beamtenrecht. 1. Heft. gr. 8. Darmstadt 906. G. Jonghaus. n.n. 2. 50

Verfassungsrecht des Deutschen Reiches u. des Großherzogtums Hessen. Amtliche Handausg. m. Erläutergn., Verweisgn. auf das einschläg. Gesetzesmaterial u. e. Sachregister. (Bearb. im Auftrag großherzogl. Ministeriums des Innern v. Balckenberg.) (IV, 186 S.)

Staats- u. Beamtenrecht. 2. Heft. gr. 8. Darmstadt, Buchh. großherz. Staatsverlags. — 80

Pensionsverhältnisse der hessischen Staatsbeamten. Amtliche Handausg. m. Erläutergn., Verweisgn. auf das einschläg. Gesetzesmaterial u. e. Sachregister. (IV, 42 S.) 907.

Staatsrecht, das böhmische. Seine histor. u. polit. Bedeutung. 8. (15 S.) Graz 891, (Pechel). * — 40

Aus: Grazer Tagblatt, besonders abgedruckt.

Das Staatsrecht des Königreichs Dänemark. Bearb. v. C. Goos und Henrik Hansen. Freiburg i. B. 1889. = Handbuch des Oeffentlichen Rechts, hrgg. v. H. Marquardsen. Bd. 4, Halbbd. 2, Abth. 3, 8⁰.

Staats- und Erbrecht des Herzogthums Schleswig. Kritik des Commissionsbedenkens über die Successionsverhältnisse des Herzogthums Schleswig v. Nikolaus Falck. Marcus Tönsen. Emil Herrmann. Johann Christiansen. Carl Otto von Madai. Johann Gustav Droysen. Georg Waitz. Johann Christian Ravit. Lorenz Stein. Hamburg. 1846. 8⁰.

Staats- u. Erbrecht des Herzogth. Schleswig. Kritik des Commissionsbedenkens über die Successionsverhältnisse des Herzogth. Schleswig v. N. Falck, M. Tönsen, E. Herrmann, Joh. Christiansen, C. O. Madai, J. G. Droysen, Geo. Waitz, J. C. Ravit, L. Stein. gr. 8. (7¼ B.) Hamburg 846, Perthes-Besser u. Mauke.

Staatsrecht, das heute gelt., unt. besond. Berücksicht. d. Verfassung des Deutschen Reiches, s.: Miniatur-Bibliothek.

Staatsrecht, Das hessische, . . . Darmstadt 1831—37. . . . V (1. 2. 9. Buch): *Beck, Ferdinand Carl Heinrich.* H (& V der Nachträge): *Wedekind, Georg Wilhelm Freiherr.* (Ky) (wa) (EngJ)

Staats-Recht, das hessische, 1. u. 2. Buch. (Von F. C. H. Beck.) Lex.-8. Darmstadt, Leske.
Buch 1. Von d. Verhältniß d. Großh. Hessen zum Teutschen Bunde. 2 Hfte.
1. Hft. Grundgesetze d. Bundes. (10 B.) 831. 14 Gr.
2. : Urkundensammlung. ... 832. 1 Thlr. 18 Gr.
: 2. Von der Verfassung u. Regierung d. Großherzogth. u. d. Rechten u. Pflichten d. Hessen im Allgemeinen. 2 Hfte. Aeltere Erbstatute u. Hausverträge rc. — Neue Verfassungs-Urkunde rc. (23½ B.) 832. 1 Thlr. 16 Gr.

Staats-Recht, das hessische, 1. Thl. 9. Buch. Vom Forstwesen. 1—3. Bd. gr. 8. Darmstadt, Leske.
Bd. 1. Von d. Forstorganisation u. d. Forstdienste im Allgemeinen. (.. B.) 834. 1 Thlr. 18 Gr.
: 2. Gesetze, Verordnungen u. sonstige Vorschriften f. d. Verwaltung d. Forst-, Jagd- u. Fischerei-Domänen im Großhrzgth. Hessen. 4 Abthln. [l. (..B.) 835. ⅔ Thlr., 2. (31½ B., 4 Tab. u. 1 Stnt.) 836. 2 Thlr., 3. u. 4. (8¾ B. u. 1 Tab.) 837. ⁷⁄₁₂ Thlr.] 3 Thlr. 6 Gr.

Staats-Recht, das hessische rc.
Bd. 3. Gesetze, Verordnungen u. sonstige Vorschriften üb. d. Forststrafwesen im Großhrzth. Hessen. 3 Abthln.
1. Abthl. Gesetze z. Bestrafung d. Forst-, Jagd- u. Fischerei-Vergehen u. Frevel rc. 2. Aufl. (.. B.) 840. 8 Gr.
2. : Vorschriften üb. d. Verfahren z. Straferkennung d. Forstvergehen. (.. B.) 841. 12 Gr.
3. : Vorschriften f. den Vollzug der Forststraferkenntnisse rc. (..B.) 844. 16 Gr.
1. Thl. 1. u. 2. Buch. Ebendas. 1831, 32. 2 Thlr. 8 Gr.

— dass. 9s Buch. Vom Forstwesen. 2r Bd. 3e u. 4e Abthl. Gesetze, Verordnungen u. sonst. Vorschriften über Verwaltung der Communal-Waldungen im Großherzogth. Hessen. — Nachträge zum 1n u. 2n Bde. (Herausg. vom Oberforstrath G. W. Frhrn. v. Wedekind.) Mit 1 Tabelle. gr. 8. Ebd. 837. ⁷⁄₁₂ ℳ

BECK, Ferdinand Karl Heinrich: Das hessische Staatsrecht. Buch 9: Vom Forstwesen. - Darmstadt 1834-1867. 3 Bd. - Bd. 1: Von der Forstorganisation und dem Forstdienst im Allgemeinen. 1834. XXXVIII, 397 S. - Bd. 2 in 4 Abt. hrsg. v. G. W. Frhr. v. Wedekind. Abt. 1 u. 2 u. d. T.: Gesetze, Verordnungen und sonstige Vorschriften für die Verwaltung der Forst-, Jagd- und Fischerei-Domänen im Großherzogthum Hessen. - Abt. 1: 1835. IV, 183 S. - Abt. 2: 1836. VI, 682 S. - Abt. 3 u. d. T.: Gesetze, Verordnungen und sonstige Vorschriften über Verwaltung der Communal-Waldungen im Großherzogthum Hessen. 1837. VIII, 75 S. - Abt. 4 u. d. T.: Nachträge zum 1. und 2. Bande. 1837. 37 S. - Bd. 3 i. 3 Abt. u. d. T.: Handbuch der Gesetze, Verordnungen und sonstigen Vorschriften für das Forststrafwesen im Großherzogthum Hessen. Abt. 1 u. d. T.: Die Gesetze zur Bestrafung der Forst- Jagd- und Fischerei-Vergehen und Frevel, nebst den hauptsächlichen allgemeinen Verordnungen betr. das Forststrafwesen. 1839. 110 S. - Abt. 2 u. d. T.: Vorschriften über das Verfahren zur Straferkennung der Forstvergehen. 1841. - Abt. 3: Vorschriften für den Vollzug der Forststraferkenntnisse, die Anzeigegebühren und Forstgerichtskosten. 1844. - 2. Aufl. d. 1. Abt. d. 3. Bd. 1840. - 3. verb. Aufl. d. 1. Abt. d. 3. Bd. 1863. 138 S.

Staatsrecht, Reichspraelatisches, Von der Reichsprälaten Staatsgerechtsamen in Ansehung des heil. römischen Reichs. Kempten 1782—1785. V: *Held, Willibald.* (Schletter, Handb. d. jurist. Litt. Grimma 1843. S. 156.) (Goovaerts, Ecrivains de l'ordre de Premontré. Brux. 1899.) (weber) (ML) (Ky) »1785—87« (BB) (BrMm)

— Reichsprälatisches, (v. W. Held). 2 Thle. gr. 8. Ohne Druckort. (Kempten). 782. (Dannheimer). 3 ℳ 8 ℊ

— reichsprälatisches, 2 Thle. gr. 8. Kempten, Typogr. (Dannheimer.) 785.

Staatsregierung, Die, Sachsens und die einundzwanzig Professoren. Von einem aus ihrer Mitte. Leipzig 1850. V: *Weisse, Christian Hermann.* (ADB)

Staatsregierung, die, Sachsens u. die 21 Professoren. Von einem aus ihrer Mitte. Nebst e. Beilage. gr. 8. (58 S.) Leipzig 850, Dyk. 8 ngr

Philadelphisches Staatsregister: July 21, 1779 - 1781.
Weekly. Sub-title: Enthaltend die neuesten Nachrichten von den merkwürdigsten In- und Ausländischen Kriegs- und Friedens-Begebenheiten, nebst verschiedenen andern gemeinnützigen Anzeigen. Small folio, each issue 4 pages.
Philadelphia, PA

Staats-Relation derer neuesten europäischen Nachrichten und Begebenheiten. –
Regensburg. – 1.VII.(?)1746 – 31.XII.(?)1812.

Staatsreligion, die, eine Confirmationsrede, üb. I. Corinth. 1, 20. 8. Götting. 772. Dieterich. 2 ℊ

Staats-Religions- und Reformations-Catechismus, Kleiner, für das Jahr 1782. Ulm 1782. H: *Gaum, Johann Ferdinand.* (Ky) (MGT)

Staats-, Religions- u. Reformations-Katechismus, kleiner, für d. Jahr 1782. (von J. F. Gaum). 8. (Ulm) 782. (Stettin).

Staats-Ristretto. – Frankfurter Staats-Ristretto. –
Frankfurt a.M. – 17.V.1772 – 31.(?)XII. 1810.
1.(?)I.1814 – 31.XII.1818.
Fortges. u.d.T.: Zeitung der freien Stadt Frankfurt.

Staatsristretto, Frankfurter. Frankf. a. M. 181? H: *Döring, Georg Christian Wilhelm Asmus.* (MGT)

Staatsrundschau, die. Organ f. socialreformator. Unternehmgn., sow. f. Kunst, Wissenschaft, Literatur u. Kritik. 1. Jahrg. Oktbr. 1895—Septbr. 1896. 24 Nrn. (à ca. 34 S.) gr. 8. Berlin, L. Cunow. n. 6. —; einz. Hfte. — 30

Staats- u. Kriegs-Schaubühne des Königreichs Pohlen, in e. Zusammenhang der heutigen Pohlnischen Kriegs-Troublen, nebst Bericht der Belagerung von Danzig. 8. M. K. Leipzig 1734.

Staats-Schematismus des russischen Reiches für das Jahr 1847. (In russ. Sprache.) 8. St. Petersburg 1847.

Staatsschrift, Albert Jägers, über das Steuerbewilligungsrecht der tirolischen Stände. Innsbruck 1871. V: ***Bidermann, Hermann.*** (margr)

Staatsschrift, die mißlungene, oder Antwort auf die „Beleuchtung der Angriffe gegen die würtemberg. Staatsregierung in Sachen der kathol. Kirche." gr. 8. Luzern 843. (Augsburg, Kollmann.) ½ ℳ

Staatsschriften und Briefe, Interessante (vom August bis October 1813), aufgefangen von Streifparteien der vereinigten Armee von Nord-Deutschland. Herausgegeben von A. W. v. S. 8. Hannover 1813.

Staatsschriften und Briefe, Interessante, aufgefangen von Streifparteien der vereinigten Armee von Norddeutschland. . . . Hannover 1814. H: *Schlegel, August Wilhelm von.* (Ky)

Staatsschriften u. Briefe, interessante, aufgefangen von Streifparteien d. vereinigten Armee von Norddeutschland. Herausg. mit e. Vorrede u. Anmerk. von A. W. v. Schlegel. Aus d. Franz. Ir Thl. die das franz. Reich betreffenden Stücke enthaltend. gr. 8. Hannov. Gebr. Hahn. 814.

Staatsschriften, neue, gesamml., verschied. merkwürd. Inhalts, a. d. J. 1788. 89. 4 Bde. 8. Berlin, Petit. 790.

Staatsschriften, neueste Spanische. s. a. Escoiquiz.

— neueste spanische, des Don Johann Escoiquiz Beichtvaters, u. des Don Petro von Cevallos, Staatsraths König Ferdinand VII., deutsch herausg. von H. Julius. gr. 8. Leipz. Expedit. d. Minerva. 815.

— neueste, üb. d. Verhältniß zwischen Oestreich u. Bayern beym 3n Coalitionskriege. 785.

Staatsschriften, preussische, aus der Regierungszeit König Friedrichs II. Im Auftrage der königl. Akademie der Wissenschaften zu Berlin hrsg. von J. G. Droysen und M. Duncker. 1. Bd. [1740—1745.] Bearb. von Reinhold Koser. gr. 8. (LIV, 726 S.) Berlin 877, A. Duncker. * 17 —

Staatsschriften, preussische, aus der Regierungszeit König Friedrichs II. Im Auftrage der königl. Akademie der Wissenschaften zu Berlin hrsg. v. J. G. Droysen u. M. Duncker. 2. Bd. 1746—1756. Bearb. v. Rhold. Koser. gr. 8. (XV, 509 S.) Berlin 885. A. Duncker. n. 14. — (1. u. 2.: n. 31. —)

Staatsschriften, preussische, aus d. Regierungszeit König Friedrichs II. Im Auftrage der königl. Akademie d. Wissenschaften zu Berlin hrsg. von H. v. Sybel u. G. Schmoller. 3. Bd.: Der Beginn d. siebenjähr. Kriegs. Bearb. v. Otto Krauske. gr. 8. (XVII, 632 S.) Berl. 892, A. Duncker. * 16 —
1. u. 2. Bd. Ebd. 1877,85. * 31 —.

Staatsschriften über die Lütticher Revolutions- und Executionssache. Ulm 1790—91. V: *Reuss, Joh. Aug.* (EngJ)

— über d. Lütticher Revolution u. Executionssache. 2 Bde. 8. Ulm, Stettin. 790. 91. (1r 12 gr. 2r 16 gr.)

Staatsschriften, Strittige. Cöln [Giessen] 1772. V: *Rieffel, Josua.* [wr]

Staats-Schuld, über die, das Pensionswesen, die Versorgung der Staatsdiener u. die deutsche Kriegsverfassung, mit Vorschlägen zur Verminderung des Staats-Aufwandes. gr. 8. Stuttg. 822, Steinkopf.

Das Hamburgische Staatsschuldbuch nach dem Gesetze vom 14. April 1902 und den Ausführungsbestimmungen vom 5. September 1902. Hamburg 1902. Dazu: Dienstanweisung.

Staatsschulden, üb. d. chursächsischen, 4. Leipz. Voß. 793.

Staatsschulden (Ueber die chursächsischen). 4°. Leipzig, Voss, 1893.

Staatsschulden, Die Preussischen. Münster 1842. V: *Bergius, Carl Julius.* (WFM)

Staatsschulden, die Preußischen. gr. 8. Münster 842, Deiters. n. 1/2 ₰

Staatsschulden (Ueber) und deren Tilgung. 1. Heft. Frankfurt a. M.: Guilhaumann 1799. 8°

Staatsschule oder Gemeindeschule. Verhandlung auf d. Generalversamml. zu Bielefeld 1884. Bonn: E. Strauß 1884. (53 S.) 8° [J.]
— Schriften d. Liberalen Schulvereins Rheinlands u. Westf. No 10.

Staats-Schule, Die Türckische, oder Historie des grossen Sultans und seiner Veziere in artigen Geschichten. Leipzig 1716. V: *Gueulette, Thomas Simon.* (BGE IV*, 414)

Staatsschulen, die holländischen, ein Zeichen zur Warnung. [Aus dem Stader Sonntagsblatt.] Stade 869. Steudel sen. 8. (31 S.) n.n. 2½ ngr.

Staatssecretär, Der preußische, s. Rumpf, J. D. F.

Staatssecretarius, europäischer, welche d. neuest. Begebenh. unpartheyisch erzählet und vernünftig beurtheilet. 144 Thle. 8. Leipzig, Weidmann. 734—48.

§ **STAATSSECRETARIUS,** Europäischer, welcher die neuesten Begebenheiten unpartheyisch erzehlet und vernünftig beurtheilet. 144 Thle. (soviel ersch.). Mit zahlreichen Kpfrn. (meist Portraits). Leipzig, Weidmanns Erben, 1735—48. 8°. (In München: Eur. 8766; in Rostock, Landesbibl.: Th. 1—72, 85—93, 95—132.) (Cplt. 36 Mk., Hfzbde., E. Frensdorff, 1908.)

§ — — Neuer Staatssecretarius. 60 Thle. Mit Kpfrn. Ebd. 1749—56. 8°. (In München: Eur. 8° 766.)

— neuer europäischer, 60 Thle. 8. Ebend. 749—55.

Staats-Sonne, Die in dem Staats-Firmament irr-geführte. D. i.: Die verfinsterte Glorie von Spanien und Franckreich, durch das künstlich fabricierte Testament. Adrianopel (fing.) 1702. 1 Bl., 58 S. 4°. Kart. 15.—
Verteidigt den kaiserlichen Standpunkt im spanischen Erbfolgekrieg.

Staatssocialismus (Für den). gr. 8°. Berlin, Wilhelmi, 1884.

Staats-Socialist, der. Wochenschrift für Socialreform. Hrsgbr. und Redact.: C. Golombek. 1. Jahrg. 1878. 52 Nrn. (à 1—1½ Bog.) gr. 4. Berlin, Expedition. * 12 —

—— dass. — Organ des Central-Vereins für Socialreform auf religiöser und konstitutionell-monarch. Grundlage. Redact.: Rud. Todt. 2. Jahrg. 1879. 52 Nrn. (Bog.) Ebendas. * 8 —

Staats-Socialist, der. Wochenschrift für Socialreform. Organ für die gesammten christlich-socialen Bestrebungen. Redact.: C. Colombek. 3. Jahrg. 1880. 52 Nrn. (Bog.) gr. 4. Berlin, Expedition. *

—— dass. — Redact.: Schroeder. 4. und 5. Jahrg. 1881 und 1882. à Jahrg. 52 Nrn. (Bog.) gr. 4. Ebendas. à Jahrg. *

Curieuse und Neu-eingelauffene Extra Staats-Staffetta . . . über die an dem Europ. Stern-Himmel stehende Prophezeyung der Natur von dem bevorstehenden Frieden in Norden . . . 1718. o. O. u. J. 8°.

Staats-, Kreis- u. Gemeinde-Steuergesetze, die neuen anhaltischen, enth. Gesetz v. 18. April 1886 Nr. 724 nebst Ausführungsverordng., sowie Gesetz vom 12. April 1890 Nr. 827, 828, 829. 3., verb. Aufl. 8. (III, 102 S.) Cöthen 890. Schettler's Erben, Verl. n. — 90

Staats-, Kreis- u. Gemeinde-Steuergesetze, die neuen anhaltischen, enth. Gesetz vom 18. April 1886 Nr. 724, nebst Ausführungsverordng. u. deren Abänderung vom 4. Novbr. 1890 Nr. 839, sowie Gesetz vom 12. April 1890 Nr. 827, 828, 829. 4. verb. Aufl. 8. (V, 107 S.) Cöthen 891, Schettler's Erben Verlag. ** — 90
3. Aufl. Ebd. 1890.

Staatssteuer-Gesetzgebung, die, des Großherzogth. Baden. Eine Sammlung der wichtigeren gegenwärtig geltenden Steuer-Gesetze und Verordnungen, mit Hinweisungen auf die weiteren einschlägigen Bestimmungen. Zum Gebrauch für Staats- und Gemeindebeamte, Handel- und Gewerbtreibende, sowie sonstige Steuerpflichtige. gr. 8. (VII, 323 S.) Karlsruhe 878, Braun'sche Hofbuchh. * 5 —

Staatssteuer-Gesetzgebung, die, des Großherzogth. Baden. Nachtrag, die seit Erscheinen der Sammlung von 1878 erlassenen wichtigeren Steuer-Gesetze und Verordnungen enthaltend. Zum Gebrauch für Staats- und Gemeindebeamte, Handel- und Gewerbtreibende, sowie sonstige Steuerpflichtige. gr. 8. (VI, 144 S.) Karlsruhe 883, Braun'sche Hofbuchh. *
Hauptwerk. Ebendas. 1878. *ℳ 5.

Staats- und Gemeinde-Steuern, die preußischen direkten. Ein Hülfs- und Nachschlagebuch für alle Gewerbe- und Handeltreibenden, Haus- und Grundbesitzer 2c. Mit einer Reihe von Formularen zu den verschiedensten Steuer-Reklamationen 2c. Hrsg. von einem Verwaltungs-Beamten. 4. verb. und mit vielen Formularen verm. Aufl. 8. (III, 219 S.) Mülheim 885, Bagel's Verlagsh.
5. Aufl. u. d. T.:

—— —— die direkten, in Preußen. Ein Ratgeber und zugleich ein Nachschlagebuch für alle Haus- und Grundbesitzer, Gewerbe- und Handelstreibenden, Verwaltungs- und Steuerbehörden, Steuer-Einschätzungskommissionen, Aktien- und Kommanditgesellschaften, Berggewerkschaften, eingetr. Genossenschaften, Etablissements 2c., sowie für jeden Steuerzahler. Mit 50 Formularen zu den verschiedensten Steuer-Reklamationen 2c. Hrsg. von einem Verwaltungs-Beamten. 5. vollständig neu bearb. Aufl. 8. (VIII, 296 S.) Ebendas. 887.

Staatsstraßenwärter, der bayerische. Organ des Landesverbandes und der Sterberelikten-Unterstützungskasse bayer. Staatsstraßen- u. Flußwärter usw. Red.: Jul. Springer. 10. Jahrg. 1910. 52 Nrn. (208 S.) 32×24 cm. Neumarkt i/Ob.-Pf., J. Voegl. 4.—

Staatsstreich, Der, vom 2. December 1851 und seine Rückwirkung auf Europa. Leipzig 1870. V: *Stockmar, Ernst Alfred Christian Freiherr von* & *Frdr. Hnr. Geffcken.* (ADB) (Meyers Gr. Konv.-Lex. 6. Aufl.) (Kat. der Bibl. d. dtsch. Reichstages.) (Herder's Konvers.-Lex. 3. Aufl.) V: *Geffcken, Frdr. Heinr.* (Kat. d. ständ. Bibl. Stuttgart 1907.)

Staatsstreich, der, vom 2. December 1851 u. seine Rückwirkung auf Europa. Leipzig 870. Duncker & Humblot. gr. 8. (VIII, 134 S.) n. 24 ngr.

Staatsstreich, der, von Galgenhausen oder: die Geheimnisse der Familie Rammelkopf. Eine schnurrige Komödie von Stichelhuber. 8. (40 S.) Zürich 878, Niebuhr. — 40

Staatsstreich, der literarische, oder kleine Studien über die großen Studien für die Studien von einem alten Studenten. 8. (23 S.) Wien 861, Gorischek's Universitäts-Buchh.

Staatsstreich oder Reformen! s.a. [Walz-Eidenbenz, Fritz].

Staatsstreich oder Reformen! Politisches Reformbuch für alle Deutschen. Verfaßt von einem Ausland-Deutschen. Zürich 1904—06. V: *Walz, Fritz.* (Zuwzür) (Berl)

Staatsstreich od. Reformen! Politisches Reformbuch f. alle Deutschen, verf. v. e. Ausland-Deutschen. 1.—3. Tl. 8. Zürich [Zürcher & Furrer]. Leipzig, Thüring. Verlagsanstalt. n. 12. —
1. Verfassungs-Reform. — Wahl-Reform. — Reform der Interessen-Vertretung. — Verwaltungs-Reform. (XXIII, 317 S.) 904. n. 2. —
2. I. Buch. Die deutsche Justiz-Reform der Zukunft. (L u. S. 321—621.) 904. n. 2. —
II. Buch. Deutsche Kolonial-Reform. 2. Aufl. (VIII u. S. 623—1698.) 905. n. 5. —
3. Die deutsche Finanz-Reform der Zukunft. (IX, 508 S.) 906. n. 8. —

Staat-Sucht, Die verdammte, oder der verführte Claudius. In einem Sing-Spiel . . . vorgestellet. Hamburg 1706. V: *Hinsch.* (Grässe, Trésor. VII, S. 360.)

Staatstheatrum, europdisches, auf welchem aller Staaten jetzt lebende Personen vorgestellt werden. 8. Regensb. Bader. 730.

Staats- und Kriegstheatrum, Curioses. Dermaliger Begebenheiten in Baiern, durch unterschiedliche geographische, hydrographische, topographische, chronologische, genealogische, historische etc. Carten, Abrisse und Tabellen erläutert. Fol. Augsburg circa 1720.

Staats-Titulaturbuch, Neu eröffnetes europäisches. Leipzig 1709—1725. V: *Lüning, Johann Christian.* (Adel)

Staats-Urkunden, sechs, für das Preuß. Volks, s. Testament Friedrich Wilhelm III.

Ueber die Staatsveränderung in Dänemark, von 1772. Amsterdam (fing.) 1772.
Weller, fing. Dr. I. p. 105.

Staatsverdnderungen, allerneueste, marokkanische. 4. Hamburg. 730.

Staats- und Kirchenveränderungen, Deutschlands neueste, historisch, politisch, staats- und kirchenrechtlich entwickelt. Berlin 1804. V: *Harl, Johann Paul.* (Hr) (Th) (Schz)

— im Herzogthum Neuburg. gr. 8. Mannheim, Kaufmann. 800.

Staatsveränderungen, ohne revolutionären Sinn, im Herzogthum Neuburg. Mannheim 1800. V: *Friedrich, Albrecht.* (Ky) (MGT)

Staatsveränderungen, ohne revolutionären Sinn, im Herzogthume Neuburg. (v. Albr. Friedrich). gr. 8. Mannh. 800. Kaufmann. 8 ggr.

— v. Tretuscheschel, in Briefen. gr. 8. Nürnb. Felsecker. 761.

Staatsverbrechen, das, des Generals Boisdeffre. Ein Beitrag zur Aufklärg. der Dreyfusangelegenheit. Von *,*. gr. 8. (34 S.) Berlin 899. H. Walther. n. — 50

Staatsverbrechen in Russland im 19. Jahrh. Eine Sammlung offizieller Darstellgn. nach amtl. Mitteilgn. Hrsg. unter Red. v. B. Basilewski. 1. Bd. (J. 1825 bis 1876.) (In russ. Sprache.) (III, 627 S.) gr. 8. Stuttgart 903. [J. H. W. Dietz Nachf.) Paris, A. Schulz. n. 8. —

— dasselbe, II. Bd. 1. Thl. (umfasst d. J. 1877). (In russ. Sprache.) (VIII, 438 S.) 8. Ebd. n. 5. 60

Staatsverfassung

— über, s. a. Weissenborn.

Staats-Verfassung des Kts. A a r g a u . Aarau 1852.

Staatsverfassung, die, des Großh. Baden, als Vorbild d. neuen Staatsverfassung f. d. Königr. Sachsen. Mit e. Einleit. u. e. Nachtrage. Wahr u. Freimüthig. 8. (2¼ B.) Leipzig 830, Glück.

Staatsverfassung Belgiens, die, vom 25. Febr. 1831. gr. 8. (20 S.) Leipzig 848, Brockhaus.
Aus: Die europäischen Verfassungen seit dem J. 1789 bis auf die neueste Zeit, besonders abgedruckt.

Staatsverfassung, die beste. Erörterung eines Unparteiischen. Halle 864. Fricke. 8. (64 S.) 6 ngr.

Staatsverfassung, Eigentliche, des Reichs Schweden unter seiner gesetzmäßigen Freyheit beschrieben und wider Uebelgesinnte gerettet . . . Stralsund 1758. V: *Oelreichs, Nik. v.* Ü: *Dähnert, Joh. Carl.* (Bygdén, Svenskt anon. och pseud. lex. Upsala 1898 ff. I.)

Staatsverfassung des Kts. F r e y b u r g 1831, 1848 u. 1857.

— u. Gesetzgebung, über, (v. J. F. Weißenborn). 8. Berl. 782. Maurers B. 14 ggr.

—— hamburgische, festgestellt im Rath- und Bürger-Convente vom 23. Mai 1850. 8. (38 S.) Hamburg 850, (Herold'sche Buchh.) *

— die, des Königreichs Hannover. Herausg. von Ebhardt, s. a. Ebhardt, Chrn Herm.

Staats-Verfassung, die, des Königr. Hannover. Eine Zusammenstellung der die Staats-Verfassung betreffenden Gesetze, Verordnungen und Ausschreiben. Hrsg. von Chrn. Herm. Ebhardt. 3 Lfgn. gr. 8. (III und 1276 S.) Hannover 859. 60, C. Rümpler. [1. und 2. Lfg. à * 1 Thlr., 3. Lfg. * 1 Thlr. 10 Ngr.] *

Staatsverfassung. [Zweite] Helvetische St' [vom 25. Mai 1802]. 8. Bern 1802.
Text deutsch, französisch und italienisch.

— d. heutige, d. Reichs Schweden, unt. s. gesetzmäß. Freyheit beschr. gr. 8. Greifswalde, Weitbrecht. (Mylius, Berlin.) 758.

— od. Constitution des französ. Freistaats vom 8n Jahre; aus d. Französ. mit Anmerkk. v. J. F. Simon. 8. Hamb. 806. Campe. 4 ggr.

Staatsverfassung, die neue, der preuß. Monarchie. In tabellar. Uebersicht gebracht. Royal-Patentformat. Berl. 811. Schmidt. 8 ggr.

Staatsverfassung, die preuß., populär dargest. v. W. St. Ein Schul- u. Volksb. gr. 12. (1 B.) Mörs 841, Dolle. Thlr.

Staatsverfassung d. französischen Republik, a. d. Franz. 8. Frankf. Eichenberg. 795.

Staatsverfassung, die schlechteste. Erörterung eines Unparteiischen. Halle 864. Fricke. 8. (56 S.) 6 ngr.

— Spaniens, durch die Cortes; aus der Urschrift übertragen v. Fr. v. Grünenthal, (F. S. Siebmann) u. Karl G. Dengel. 8. Berl. 810. Christiani. 14 ggr.

Staatsverfassung, Spaniens, durch die Cortes, aus d. Urschrift übertragen von Fr. v. Grunenthal und Carl G. Dengel. 8. Berlin, Christiani. 819. Rthlr.

Staatsverfassung des Kts. T h u r g a u 1831, 1837 u. 1849.

STAATSVERFASSUNG. Die – von Toskana, unter der Regierung Peter Leopold II., andern Staatsverfassungen zum Muster vorgestellt. Nach dem italienischen Originale von H. P. v. D.. Schönfeld-Meissner, Prag 1791. 2 Bde. in 1 vol.

— v. Toscana, unter der Regierung Peter Leopolds. 8. Prag 791. Schönfeld, (Neureutter). 6 ggr.

Staatsverfassung u. Verfassungsstaat. Von e. österreich. Politiker. [Aus: „Reichswehr".] gr. 8. (34 S.) Wien (IX. Hahngasse 12) 898. Verlagsanstalt „Reichswehr". 1. 20

Staatsverfassung des Kts. Z ü r i c h . 1831.

Staatsverfassungen, die, d. Erdballs. Unter Mitwirkg. v. Gelehrten u. Staatsmännern hrsg. v. Paul Posener. (VI, 1435 u. III S.) Lex. 8. Charlottenburg 909. Fichtner & Co. Geb. in Halbfrz. nn 60.—

Staatsverfassungen, neueste Europäische. 1 u. 2. Hft. 16. (308 S.) Wien 849, Tendler & Co. Leipzig, Spamer in Comm. — Die Staatsverfassungen der Gegenwart. 3. Hft. 16. (114 S.) Ebd. 849. (à n. 8 ngr) n. 24 ngr.

Allgemeines Staatsverfassungs-Archiv. Zeitschrift für Theorie und Praxis gemässigter Regierungsformen. [Hrgg. v. Heinrich Luden.] 8°.
Bd. 1., Stück 2. Der Landstände Wesen und Zweck etc. Weimar. 1816.
Bd. 2., Stück 2. Vorgänge in Holstein in Beziehung auf ständische Verfassung. [Weimar.] 1816.

Staatsverfassungs-Archiv, Allgemeines. Zeitschrift für die Theorie und Praxis gemässigter Regierungsformen. 1—3. Bd. 1. Heft. Weimar 1816—17. H: *Luden, Heinrich.* (Wa) (EngJ) (Schles) (Ky) (MGT)

Staatsverfassungsarchiv, allgemeines, Zeitschrift f. Theorie u. Praxis gemäßigter Regierungsformen. 1r Bd. in 4 Heften. gr. 8. Weimar, Ind. Comt. 816.

Staatsverfassungs-Archiv, allgemeines, Zeitschrift f. Theorie u. Praxis gemäßigter Regierungsformen. 2r u. 3r Bd. 1s Stück. gr. 8. Weimar, Land. Ind. Cpt. 816. 817. (2r Bd. v. 4 Stücken 3 Thlr. — 3r Bd. 1s St. 1 Thlr.)

Staatsverfassungsentwurf. St'-E' ([vom] 29sten May 1801), welcher auf den 22. Herbstmonat 1801 der helvetischen Tagsatzung in Bern vorgelegt werden soll; sammt dem Dekret vom 29sten May [1801], welches die Anleitung der neuen Cantonal-Organisationen enthaltet etc. etc. 8. Luzern [1801].

Staatsverhältnisse, über die, und Regierungsformen, e. Lesebuch f. Fürsten und Unterthanen. 8. Leipzig, Kühn. 796. Rthlr.

Staatsverhältnisse, Die, der Reichsritterschaft im Bambergischen und Würzburgischen. O. O. 1804. V: *Gönner, Nicolaus Thaddäus.* (MGT)

Das alte Staatsvermögen des Kantons Schwyz. Bericht des Regierungsrathes an den h. Kantonsrath, mit vorzüglicher Berücksichtigung des Grynauer-Zollprozesses. III und 154 Seiten. 8. Eidgenossenschaft. 1871.

Staats-Vertrag über die wechselseitige Freizügigkeit des Vermögens und der Pensionen zwischen dem österreichischen Kaiserstaate und dem Herzogthume Toscana. Geschlossen zu Florenz den 31. August 1821, und in den beyderseitigen Ratificationen ausgewechselt eben daselbst den 28. Februar 1822. 8. Wien 1822.

Staatsvertrag vom 23. VI. 1896 zwischen Preussen u. Hessen über die gemeinschaftliche Verwaltung des beiderseitigen Eisenbahnbesitzes. — Staatsvertrag v. 14. XII. 1901 zwischen Preussen, Baden u. Hessen über die Neuregelung der Vertragsverhältnisse der Main-Neckar-Bahn. (63 S.) Lex.-8. Darmstadt 902. (C. Hess.) n. 1.—
Sonderabdruck aus: „F. Scheyrer, Geschichte der Main-Neckar-Bahn".

Staatsverträge, die, wegen gegenseitiger Auslieferung von Verbrechern, sammt den darauf Bezug habenden Verordnungen. kl. 8. (IV, 121 S.) Wien 885, Manz'sche Hof-Verlagsh. *
Auch u. d. T.: Manz'sche Gesetz-Ausgabe Nr. 28.

Staatsverträge, Gesetze und Verordnungen zur Ausführung der Reichs-Justizgesetze im Großherzogth. Sachsen. Im Auftrag des großherzogl. sächs. Staatsministeriums, Departement Justiz hrsg. gr. 8. (IV, 198 S.) Weimar 880, Böhlau. geb. *

Staatsverträge, österreichische. England. Bearb. v. Alfr. Francis Pribram, s.a. Veröffentlichungen der Kommission f. neuere Geschichte Oesterreichs.

Österreichische Staatsverträge. [1.] England. Bearb. von Alfred Francis Pribram. Bd 1. Innsbruck: Wagner 1907. 4°(8°)
= Veröffentlichungen d. Kommission f. neuere Geschichte Oesterreichs. 3. [07. 35]

Staatsverträge, Die österr., wegen gegenseit. Auslieferg. von Verbrechern. Text. Wien 1885.

Staatsverträge zwischen St. Gallen, Graubünden und Tessin und Sardinien betreff. Eisenbahn-, Handels- und Verkehrs-Verhältnisse. 1845–47.

Staatsverwaltung, Die, des Fürsten von Hardenberg. Leipz. 1820. V: *Benzenberg, Jh. Fch. Prof.* (?). (Oesterr. Beobachter 1821, S. 559)

William Pitt's Staatsverwaltung in und ausser Grossbritannien. 8 London (Berlin) 1763. — Nachtrag dazu. 8. Berlin 1764.

Die preuss. Staatsverwaltung u. Gesetzgebung in ihren wichtigsten Beziehungen auf die Angelegenheiten der Bürger; Auswahl jener Verordnungen, Titel u. Kapitel aus den Gesetzbüchern u. s. w. 2 Thle. *Cöln*, Rommerskirchen. 817. gr. 8. (1 Thl. 6 Gr.)

Die Preussische **Staatsverwaltung** und die Juden. Protestversammlung vom 10. Febr. in Berlin. Stenogr. Bericht. Berlin: Hermann 1901.

Staatsverwaltung, Die, von Toscana unter der Regierung Leopold's II. A. d. Ital. Gotha 1795. Ü: *Jagemann, Chph Jos.* (CBH)

Staats-Verwaltung, Die, von Toscana, unter der Regierung Sr. königl. Majestät Leopold II. Aus dem Italienischen übersetzt etc. von Dr. August Friedr. Wilhelm Crome. (Mit 34 Beilagen.) 4. Gotha 1795.

Staatsverwaltung (Die) von Toskana unter Leopold II. Aus dem Italien. übers. u. mit Anmerkungen von A. P. W. Crome. 3 Bde. Leipzig 1795–97. 8°

Staatsverwaltung, d., v. Toscana, unt. Leopolds II. Regierung, a. d. Ital. m. Anmerk. v. A. F. W. Crome, m. K. 3 Thle. 4. Leipz. Voß. 797. (I. II. 4 Rthlr. III. 3 Rthl. 12 gr.) Velinp.

Staatsverwaltung, die, des Königr. Württemberg, übersichtlich dargestellt. gr. 8. (71 S.) Stuttgart 887, Kohlhammer. cart. *
Aus: Hof- und Staatshandbuch des Königr. Württemberg, besonders abgedruckt.

Staats-Verzeichniss aller bey des Königs Christian des Siebenten Land-Kriegs-Etat befindlichen Officiers und zu selbigem gehörigen Bedienten. 1785. 1796. Altona. (1785. 1796.). 8°

Staats-Verzeichniß aller bey des ... Herrn Friedrich V., Königs zu Dänemark ... hochpreißlichen Land-Kriegs-Etat befindlichen hohen und andern Officiers u. zu selbigem sonst gehörigen Bedienten. Für d. Jahr 1756. — Altona 1756: Weinerth. 8°

Staatsverzeichnis aller bey des Königs von Dännemark ... Land-Kriegs-Etat befindlichen ... Officiers ... Für 1756. Altona. H: *Heuss, Joh.* Für 1768. Flensburg. H: *Arenfeld, Balth. Lev.* (Bruun, Bibl. Danica III, 946.)

Staatsverzeichnisse des Königl. Dänischen Landkriegs-Etats für die Jahre 1758 und 1773. 8. Altona.

Staatsvoranschlag. Aus der Spezialdebatte des Abgeordnetenhauses üb. den Staatsvoranschlag f. 1893. (Vorbemerkung. I. Aus der Rede des Reichsr.-Abg. Geßmann. II. Aus der Rede des Reichsr.-Abg. Graf Kaunitz. III. Rede des Reg.-Vertreters Minist.-R. Frhr. v. Czapka. IV. Aus der Rede des Reichsr.-Abg. Menger. V. Rede des Reichsr.-Abg. Kramář. VI. Aus der Rede des Reichsr.-Abg. Lienbacher. VII. Aus der Rede des Reichsr.-Abg. Kronawetter.) [Auf Grund der amtl. stenograph. Protokolle hrsg. v. der Red. der „Arbeiter-Zeitg."] 8. (47 S.) Wien 893. (1. Wiener Volksbuchh. J. Brand.) n. — 12

[Staatsvoranschlag]. Grossherzogtum Baden. Staatsvoranschlag für die Jahre 1908 u. 1909. [Nebst] Beih. f. d. J. 1908 u. 1909. [Karlsruhe 1908.] 4°
Beih., enth. d. Budgetnachträge.

Staats-Voranschlag (und Investitionspräliminare) für die im Reichsrate vertretenen Königreiche und Länder für das Jahr 1898—1905. (8 Bde.) gr. 8. Wien 1898—1904.

Staats-Voranschlag für die im Reichsrate vertretenen Königreiche und Länder für das Jahr 1903. Lex.-8°.
Wien: Hof- u. Staatsdr. 1902.

Staats-Voranschlag für die im Reichsrate vertretener Königreiche und Länder für das Jahr 1904. Lex.-8°.
Wien: Hof- u. Staatsdruckerei 1903. kompl. K 12.–

Staatsvoranschlag, Der österreichische. Von G. v. L. München 1862. V: *Lerchenfeld, Gustav Freiherr von.* (Mitth. Dr. Ign. Schwarz.) (EB)

Staatsvoranschlag, der österreichische. Von G. v. Lerchenfeld). gr. 8. (75 S.) München 862, Literarisch-artistische Anstalt. *

STAATS-WAHL-CONGRESS, Der, im Reiche des Sir Satanas. Ein allegorisches Gemälde. Freyburg 1797.
Weller, fing Dr — Karl

Staatswahrsager, der, auf d. J. 1830—1833, s. prophet. Almanach.

Staatswahrsager, der, auf d. J. 1831—34, s. Almanach, prophet.

Staatswahrsager, europäischer, od. wundersame Prophezeihungen rc. 8. Bremen. 758.

Staatswappen, Flaggen u. Kokarden, die, aller regierenden Staaten der Erde, nebst Wappen vormals souveräner Dynastien u. Staaten in Europa. 9. Aufl., nach Korrekturen von F. Heyer v. Rosenfeld. qu. Fol. (7 Chromolith.) Frankfurt a/M. 882. Rommel. n. 10. —; einzelne Taf. à n. 2. —; schwarze Ausg. m. Farbenbezeichng. durch Schraffirg. n. 2. —

—— Flaggen und Kokarden, die, aller regierenden Staaten der Erde, nebst Wappen vormals souveräner Dynastien und Staaten in Europa. 9. Aufl., nach Korrekturen von Fr. Heyer v. Rosenfeld. qu. Fol. (7 Chromolithogr.) Ebendas. 887. *
Einzeln à Taf. *
Schwarze Ausg. mit Farbenbezeichnung durch Schraffirung. *

Staats-Wappen aller Länder der Erde. — Armoires des principales puissances du monde. — Coats of arms, flags and cockades appertaining to the most important powers of the world. — 1. Deutsche Staaten. 2. Ausserdeutsche Staaten. Nebst Angabe der Landesfarben und Schifffahrtsflaggen. Correct in Farbendr. mit Gold und Silber. 2.—4. neu corrig. Aufl. Imp.-Fol. (1 Bl.) Frankfurt a. M. 871—74, Rommel. In Mappe.
Vgl.: Schmidt, Ed. v.

Staats-Wappen aller Länder der Erde. — Armoires des principales puissances du monde. — Coats of arms, flags u. cockades appertaining to the most important powers of the world. — 1. Deutsche Staaten. 2. Ausserdeutsche Staaten. Nebst Angabe der Landesfarben u. Schifffahrtsflaggen. Correct in Farbendr. m. Gold u. Silber. 5. neu corrig. Aufl. Imp.-Fol. (1 Bl.) Frankfurt a. M. 874. Boselli. In Mappe. 6. —

Staats-Wappen aller Länder der Erde, nebst den Landesfarben und Schifffahrtsflaggen. 8. verb. und verm. Aufl. Nach den Correcturen von Fr. Heyer v. Rosenfeld ausgeführt von Werner und Winter in Frankfurt a. M. qu. Fol. 16. (6 Stnt.) Frankfurt a. M. 881, Rommel. *
Einzelne Bl. à *

—— dass. — 9. verb. und verm. Aufl. Nach den Correcturen von Fr. Heyer v. Rosenfeld ausgeführt. Fol. (6 Chromolithogr.) Ebendas. 882. In Mappe *

Staats-Wappen aller Länder der Erde, nebst den Landesfarben u. Schifffahrtsflaggen. Neue Ausg. in Schwarzdr. m. Farbenbezeichng. durch Schraffirg. Nach Korrekturen von Fr. Heyer v. Rosenfeld. qu. Fol. (6 Steintaf.) Frankfurt a/M. 885. Rommel. n. 2. —

—— Dasselbe. 10. vollständig umgearb. u. vielfach verm. Ausg. u. d. T.: Wappen der bekanntesten Länder der Erde ... nach durchaus amtlichen Mitteilungen herausgegeben von Friedrich Heyer von Rosenfeld. Frankfurt a. M., Heinrich Keller 1895. 14 farb. Taf. gr 2°.

Staatswappen, Preuß., gest. von Eimbeck, sauber color. Fol. Jetzt Heymann in Berlin.

Staatsweisheit, Die, der Bibel. Uralte Stimmen ... in Aussprüchen und Erzählungen der heiligen Schrift ... Leipzig 1849. H: *Böttcher, Julius Friedrich.* (zu)

Staatsweisheit, die, der Bibel. Uralte Stimmen an die neueste Zeit in Aussprüchen und Erzählungen der heil. Schrift übersichtlich zusammengestellt von einem Bibelforscher. gr. 12. (XVI und 671 S.) Leipzig 849, Barth.

—— die, der Bibel, uralte Stimmen an die neueste Zeit, in Aussprüchen oder Erzählungen der heil. Schrift übersichtl. zusammengestellt von einem Bibelforscher. 1. Heft: I. das Buch vom Grund und Wesen der Staaten. 2. Aufl. br. 8. (XIV und 16 S.) Leipzig 848, Arnoldische Buchh. *

—— die, der deutschen Classiker. Geordnete Zusammenstellung der Aussprüche und Betrachtungen deutscher Classiker über Staat und Staatsleben. Hrsg. von Mor. Alex. Zille. 1. Heft. A. u. d. T.: Das Buch der Freiheit. Aehrenlese aus den Schriften unsrer class. Dichter und Denker. 8. (VII und 143 S.) Leipzig 851, Falk. *

Staatswerk, schwedisches, s. J. L. v. Heß.

Staatswirthschaft, Die, nach Naturgesetzen. Leipzig 1819. V: *Lexa von Aerenthal, Al.* (EB)

Staatswirthschaft, Die, nach Naturgesetzen. Leipzig 1819. V: *Rentsch Edler von Ehrenthal, Carl.* (BrVV) (WFM)

Staatswirthschaft, die, nach Naturgesetzen. gr. 8. Leipzig, Brockhaus. 819.

Staatswissenschaft wahrer Grundregeln, nach welchen ein Land glücklich regiert werden kann. 8. Cöthen, Aue. 748.

Staats-Wörterbuch, deutsches. In Verbindung mit deutschen Gelehrten hrsg. von J. C. Bluntschli. Unter Mitredakt. von Carl Brater. (In ca. 10 Bdn. à 10 Heften.) 1—7. Heft. gr. 8. (1. Bd. VIII und S. 1—560.) Stuttgart 856, Expedition des Staats-Wörterbuches. à Heft * 10 Ngr. *

Staats-Wörterbuch, deutsches. In Verbindung mit deutschen Gelehrten hrsg. von J. C. Bluntschli. Unter Mitred. von Carl Brater. 8—70. Heft. gr. 8. Stuttgart 857—62, Expedition. [1. Bd. (S. 561—798.) 2. Bd. (777 S.) 3. Bd. (846 S.) 4. Bd. (799 S.) 5. Bd. (777 S.) 6. Bd. (797 S.) 7. Bd. 782 S.)] à Heft * 10 Ngr.

Staats-Wörterbuch, deutsches. In Verbindung mit deutschen Gelehrten und Staatsmännern hrsg. von J. C. Bluntschli und Karl Brater. 71.—105. Heft. gr. 8. [8. Bd. (822 S.) 9. Bd. (III und 776 S.) 10. Bd. (787 S.) 11. Bd. (S. 1—400.) Stuttgart 863—68, Expedition. à Heft * 10 Ngr. *
1—70. Heft. Ebendas. 1856—62. * 23 Thlr. 10 Ngr.

Staats-Wörterbuch, deutsches. In Verbindung mit deutschen Gelehrten hrsg. von J. C. Bluntschli und K. Brater. 106.—114. Heft. [Schluß des ganzen Werks.] gr. 8. (11. Bd. S. 401—1124.) Leipzig 870, Exped. [Zürich, Schultheß.] à Heft * *M* 1. * Bd. 1—10. à * *M* 10.; Bd. 11. * *M* 14. — Complet *
1.—105. Heft. Ebendas. 1856—68.
Vgl.: Bluntschli.

[F.] Oesterreichisches Staatswörterbuch. Handb. des gesammten österr. öffentl. Rechtes hrsg. unter Mitw. zahlr. hervorr. Fachmänner v. Dr. Ernst Mischler, Prof. ... in Graz. [&] Dr. Josef Ulbrich, Prof. ... in Prag. Bd 1. 2. (In 36 Lfgn.) *Wien: A. Hölder 18(94)—97.* 2 Bde 4. (8.)
1. A-G. 18(94.)95. (V, 988 S.) 2. H-M. 1896. (IV, 748 S.)
2. N-Z, Nachträge u. Ergänzgn ... 1897. (XII, 749—1728 S.) [97. 4299

Staatswörterbuch, österreichisches. Handbuch des gesammten österreich. öffentl. Rechtes, hrsg. unter Mitwirkg. zahlreicher hervorrag. Fachmänner v. Ernst Mischler u. Jos. Ulbrich. (In 16—20 Lfgn.) 1.—7. Lfg. Lex.-8. (S. 1—560.) Wien 894. A. Hölder. à n. 2.—

Staatswörterbuch, österreichisches. Handbuch des ges. österreich. öffentl. Rechtes, hrsg. unt. Mitwirkg. zahlr. hervorrag. Fachmänner v. Ernst Mischler u. Jos. Ulbrich. 8.—36. Lfg. Lex.-8. (1. Bd. VI u. S. 561—988 u. 2. Bd. 2 Hlftn. IV, XII, 1828 S.) Wien 895—897. A. Hölder. n. 56. 90
(kplt.: n. 72. 40; Halbfrz.-Einbde. à n. 3. 20)

Staatswörterbuch, österreichisches. Handbuch des gesamten österreich. öffentl. Rechtes, hrsg. unter Mitwirkg. zahlr. Fachmänner von Ernst Mischler u. Jos. Ulbrich. 2., wesentlich umgearb. Aufl. (In etwa 20 Lfgn.) 1.—13. Lfg. (I. Bd. X, 917 S., II. Bd. VI, 981 S. u. III. Bd. S. 1—160.) Lex.-8. Wien 904—906. A. Hölder. à n. 4.—; (I. u. II. Bd. kplt. n. 51.—; Einbde. in Halbfrz. à n. 2. 50)

Staatswörterbuch, österreichisches. Handbuch des gesamten österreich. öffentl. Rechtes, hrsg. unter Mitwirkg. zahlr. Fachmänner v. Ernst Mischler u. Jos. Ulbrich. 2., wesentlich umgearb. Aufl. 14.—26. Lfg. (III. Bd. VIII u. S. 161—1055 u. IV. Bd. XVII, 1193 S.) Lex. 8. Wien 907—09. A. Hölder. 52.40; (III. u. IV. Bd. kplt. 57.50; Halbfrz.-Einbde. n 2.50)

Die Staatszeitung : Oct 6, 1844—?
Bockstahler reports that this paper was established by Georg Walker, and cites the Fort Wayne Sentinel, Apr. 6 and Oct. 5, 1844, as recipients of the first issue, in October.
Indianapolis, IN

Die Staats-Zeitung : 1859?
Republican weekly. Edited & published by Gebrüder Lange. This newspaper was to express the anti-slavery sentiments of the German-American liberals of Louisville.
Louisville, KY

Staats Zeitung: 1859 1860 Monroe, MI

Die Staatszeitung: 1860 ? Monroe, MI
Editor Dr. Eduard Dorsch

Staats-Zeitung : 1889—? Tacoma, WA
Weekly. Circulation: 1889, 500.

Die Allgemeine Staats-Zeitung : Sept. 1834—?
Weekly. Absorbed by Susquehanna Demokrat. Edited & published by Wilhelm Schmöle [owned by Charles J. Christel].
Wilkes-Barre, PA

Staatszeitung, allgem. preuß., Jahrg. 1824, 1825 u. 1826. kl. Fol. Berl., Maurers B. (à Jahrg. 6 ♯) 18 ♯ Jahrg. 1827—32. Berl. ...

Staatszeitung, Altonaer. Eine christlich-polit. Vierteljahrsschrift. Redact.: Edgar Bauer. 1.—3. Jahrg. 1870—1872. à Jahrg. 12 Nrn. (à ½—1 Bog.) hoch 4. Altona, Bauer. à Jahrg.

Staatszeitung. – Anhaltische Staatszeitung. –
Köthen. – 11.V.1811 – 23.X.1812.
Vorh. u.d.T.: Anhalt-Köthensches Wochenblatt.
Fortges. u.d.T.: Anhalt-Köthensche Zeitung.

Staats-Zeitung. – Großherzoglich Badische Staats-Zeitung. –
Karlruhe. – 1.I.1811 – 31.XII.1816.
Vorh. u.d.T.: C(K)arlsruher Zeitung.
Fortges. u.d.T.: Karlsruher Zeitung.

Staatszeitung. – Königlich-Baierische Staatszeitung. –
München. – 1.I.1806 – 31.XII.1806.
Vorh. u.d.T.: Kurpfalzbaierische Staatszeitung von München.
Fortges. u.d.T.: Münchner Politische Zeitung.

Staatszeitung. – Bayrische Staatszeitung. –
München. – 1.III.1832 – 30.VI.1832.
Vorh. u. fortges. u.d.T.: Münchner Politische Zeitung.

Staats-Zeitung. – Königlich Berlinische privilegirte Staats- und gelehrte Zeitung. –
1779 – 1785.
Vorh. u.d.T.: Berlinische privilegirte Zeitung.
Fortges. u.d.T.: Königlich privilegirte Berlinische Zeitung von Staats- und gelehrten Sachen.

Staats-Zeitung. – Berlinische privilegirte Staats- und gelehrte Zeitung. –
18.III.1753 – 31.XII.1753.
Vorh. u. fortges. u.d.T.: Berlinische privilegirte Zeitung.

„Die deutsche Staats- und Ministerial-Zeitung", 6 Jahrgänge, Nürnberg 1790—1795.

Staats- u. Ministerial-Zeitung, deutsche, f. 1790—95. 4. Nürnberg, Grattenauer. (à 5 Rthlr. 8 gr.)

Staatszeitung. – Fränkische Staats- und Gelehrten-zeitung. –
Würzburg. – 1.I.1804 – 20.(?)I.1806.
Fortges. u.d.T.: Würzburger Zeitung.

Staats- und Gemeinde-Vakanzen-Zeitung für's deutsche Reich. 13. Jahrg. 1884. 52 Nrn. (Bog.) Fol. Berlin, Deutsches Vakanzen-Bureau (S. Schwartz'sche Buchh.). *
Frühere Jahrg. vgl.: Kommunal-Anzeiger.

Staats- u. Gemeinde-Vakanzen-Zeitung fürs deutsche Reich. 14. Jahrg. 1885. 52 Nrn. (B.) Fol. Berlin, Vakanzen- u. Annoncen-Bureau v. S. Schwartz. n. 10. —

Generale Staatszeitung: Feb. 17, 1835—? Sunbury, PA
Weekly. Edited & published by Bartholomew Hauck & Henry Zuppinger.

Staatszeitung der Hölle. Nr. 50. o. J. 4.

Illinois Staats-Ztng [Chi]. Zum 50 jhr Jub, 1848-98, v51 xcv (Apr 21, 1898).

Staats-Zeitung. – Königsbergische Staats Kriegs und Friedens-Zeitung(en). –
1758–1762.
Vorh. u.d.T.: Königlich privilegirte Staats- Kriegs- und Friedens-Zeitungen.
Fortges. u.d.T.: Königlich privilegirte Preußische Staats-Kriegs- und Friedens-Zeitungen.

Staatszeitung. – Kurpfalzbaierische Staatszeitung von München. –
1.I.1805 – 31.XII.1805.
Vorh. u.d.T.: Kurpfalzbaierische Münchner Staatszeitung.
Fortges. u.d.T.: Königlich-Baierische Staatszeitung.

Staatszeitung. – Kurpfalzbaierische Münchner Staatszeitung. –
1.I.1802 – 31.XII.1804.
Vorh. u.d.T.: Münchner Oberdeutsche Staatszeitung.
Fortges. u.d.T.: Kurpfalzbaierische Staatszeitung von München.

Staatszeitung. – Münchner Oberdeutsche Staatszeitung. –
1.I.1800 – 31.XII.1801.
Vorh. u.d.T.: Münchner Zeitung.
Fortges. u.d.T.: Kurpfalz-baierische Münchner Staatszeitung.

Wochenblatt der New Yorker Staats-Zeitung: 1841?—Mar. 14, 1920.
Weekly edition of NEW-YORKER STAATS-ZEITUNG. Title varies: NEW-YORKER STAATS-ZEITUNG: WOCHENBLATT. Circulation: 1870, 29,000 (est.); 1880, 26,000; 1890, 20,000; 1900, 35,000; 1910, 27,500; 1915, 20,000.
New York, NY

Staatszeitung (New Yorker). New York 1882.

New Yorker Staats-Zeitung. Die dten Vereine y NY u Umgegend. Jubs Ausg z 75. Geburtstage d NY Staats-Zeitung. NY, 1910.

New-Yorker Staats-Zeitung und Herold: Jahrgang 1—120, no. 313, Dec. 24, 1834—Dec. 31, 1954 | -
Weekly, Dec. 24, 1834—1841?; tri-weekly, 1841?—Dec. 1843?; daily, morning except Sunday, Jan. 1843?—1954. Established as a Democratic paper in opposition to the Whig Party, which at that time dominated the city; in Dec. 21, 1836 issue, the principles stated as "ächt demokratisch-republikanisch." Continued as a Democratic paper until outbreak of the Civil War; thereafter, Independent, with Democratic tendencies; supported Van Buren; Tilden; Stephen A. Douglas. Rocker calls it "dieses elende Revolverblatt" and its editor "der elende Tintenkuli." First one-cent German-American daily in U.S. Title varies: NEW-YORKER STAATS-ZEITUNG, Dec. 24, 1834—Nov. 29, 1919; 2) NEW-YORKER STAATS-ZEITUNG UND HEROLD. MORGENBLATT, Dec. 1, 1919—1921?; 3) NEW-YORKER STAATS-ZEITUNG, 1921—Nov. 30, 1934; 4) NEW-YORKER STAATS-ZEITUNG UND HEROLD, Dec. 1934—1954. For evening edition, see NEW-YORKER STAATS-ZEITUNG: ABENDBLATT. For weekly edition, see WOCHENBLATT DER NEW-YORKER STAATS-ZEITUNG. For weekly edition, see DEUTSCH-AMERIKA. For Sunday edition, see SONNTAGSBLATT DER NEW-YORKER STAATS-ZEITUNG. For annual edition, see WEGWEISER DURCH DIE DEUTSCHAMERIKANISCHE VEREINS-WELT IN NEW YORK. For special publication, see VERLUST-BULLETIN DER NEW-YORKER STAATS-ZEITUNG. Circulation: 1857, 15,000; 1860, 16,000; 1870, 41,500 (est.); 1874, 80,000 daily DA[B]. 1880, 50,000; 1890, 60,000; 1900, 56,000; 1910, 45,000; 1915, 82,296 [both editions]; 1916, *138,029* [both editions]; 1918, *114,564* [both editions]; 1920, *58,500*; 1930, 54,006; 1940, 48,002; 1944, *27,596*; 1950, *25,840*; 1954, *22,814*. Subscription by Harmony Society.
Established by an "Aktien-Gesellschaft [C. Bräker, prop.] & sold to Neumann, Feb. 8, 1837. Edited by Stephan Molitor, 1834—1837?; by Gustaf Adolf Neumann, Feb. 1837—1853 [with G. Dietz, 1848—Jan. 19, 1850]; by Mrs. Anna Uhl [Mrs. Jakob Uhl], Apr. 1852—1858; by Oswald Ottendorfer, as editor-in-chief, 1858—Dec. 1900; by Hermann Ridder, Dec. 1900—1915; by Bernard H. & Victor F. Ridder, 1915—Nov. 1919; by Reginald Schroeder, 1920; by Jacob Grammer, 1921—32; by Leo Bass, 1933—34; by Reinhold Hirsch, 1935—36; by J. Meyer, 1937—38; by Victor F. Ridder, 1939—Mar. 1953; by Ludwig Oberndorf, (with Willy Seeman & Henry H. Heide], 1953—55.
Other editors: Paul Bekker [Music Editor], 1934—37; G. Dietz [assoc. ed.], 1848—50; Edward Uhl, Dec. 1900—1914?; Gotthold Carlberg [Music Editor], 1857—1860?; Otto Ruppius, 1856—57; Johann Rittig [editor of Sunday edition], 1857—61; Abraham Speich, 1873—97; Alfred Philippi [editor of Sunday edition], 1897—1914?; Paul Loeser, 1859; Magnus Gross [editor, political affairs], 1860—69; Albert Pulvermacher [Dramatic Editor], 1897—1914?; Adolf Schaffmeyer; Georg von Skal, 1876—1880?; Caspar Stürenberg; Anton Eickhoff, 1850—1864?; A. Koder; H. R. Hirsch [editor of weekly & evening editions], 1913—34; Heinrich Heide, 1935—54.
Published by C. Bräker, Dec. 24, 1834—Jan. 1837; Gustav Adolf Neumann, Feb. 8, 1857—July 15, 1848; by Jakob Uhl, July 1848—Apr. 1852; by Mrs. Jakob Uhl, Apr. 1852—July 1859; by Oswald Ottendorfer, July 1859—Dec. 1900; by New Yorker Staats-Zeitung, Inc., 1900—Nov. 1919; by Staats-Herold Corp., Dec. 1, 1919—1955. This is the oldest German language paper in the U.S. today.
New York, NY

Pennsylvanische Staats-Zeitung: Band 1—49, May 3, 1843—Sept. 14, 1916.
Democratic weekly; supported Tilden. Title varies: PENNSYLVANISCHE STAATS-ZEITUNG UND DAUPHIN COUNTY JOURNAL. Absorbed DAUPHIN COUNTY JOURNAL. Circulation: 1870, 2430 (est.); 1880, 3700; 1890, 4167; 1910, 2000; 1915, 2000. Edited & published by C. W. Hütter, Jos. Baab & Comp., May 3, 1843—? by Johann Georg Ripper, ?—1880; edited by William Strobel, & published by Mrs. Anna B. Ripper, 1881; edited & published by William Strobel, 1882—84; by Ernst Krest, 1885—86; by F. W. Liesmann, 1888—1916.
Harrisburg, PA

Pennsylvanische Staats-Zeitung: 1850 Pittsburgh, PA

Pennsylvanische Staats-Zeitung: 1866—? Lancaster, PA
Weekly.

Königlich Preußische Staats-, Kriegs- und Friedens-Zeitung (vom) 2. October 1806 — 30. Juli 1807. (Königsberg.) 8°.

Staats-Zeitung. – Königl. Preuß. Staats-Krieges- und Friedens-Zeitung. –
Königsberg. – (vor) 1817 – 1829(?).
Vorh. u.d.T.: Königlich privilegirte Preußische Staats-Kriegs- und Friedens-Zeitungen.
Fortges. u.d.T.: Königl. Preuß. Staats- Kriegs und Friedens-Zeitung.

Staats-Zeitung. – Königl. Preuß. Staats- Kriegs- und Friedens-Zeitung. –
Königsberg. – 1829(?) – 1.I.1846.
Vorh. u.d.T.: Königl. Preuß. Staats- Krieges- und Friedens-Zeitung.
Fortges. u.d.T.: Königlich Preußische Staats- Kriegs- und Friedens-Zeitung.

Staats-Zeitung. – Königlich Preußische Staats- Kriegs- und Friedens-Zeitung. –
Königsberg. – 2.I.1846 – 1848(?).
Vorh. u. fortges. u.d.T.: Königl. Preußische Staats- Kriegs- und Friedens-Zeitung.

Staats-Zeitung. – Königl. Preuß. Staats- Kriegs- und Friedens-Zeitung. –
Königsberg. – 1848(?) – 1850.
Vorh. u.d.T.: Königlich Preußische Staats- Kriegs- und Friedens-Zeitung.
Fortges. u.d.T.: Königsberger Hartung'sche Zeitung.

Staatszeitung, Salzburger, oder oberdeutsche (nebst Salzburger Intelligenzblatt). 1784. H: *Hübner, Lorenz.* (Jos. Wismayr: Lorenz Hübners biographische Charakteristik, Wien 1855, S. 26) (BiblPort)

Staatszeitung, Salzburger. 15/6 1799—1807. H: *Vierthaler, Frz. Mich.* (Anthaller: Franz Michael Vierthaler, S. 59) (BiblPort)

Staats-Zeitung. – S c h l e s i s c h e Privilegirte Staats- Kriegs- und Friedens-Zeitung.
Breslau. – 3.I.1742 – 2.I.1743.
Fortges. u.d.T.: Schlesische Privilegirte Staats- Kriegs- und Friedens-Zeitungen.

Staatszeitung der katholischen Schweiz
v. Luzerner Zeitung (III).

Staatszeitung: Schweizerische Staatszeitnng
⑮ BGSZ 126, Seite V, kennt für Luzern eine »Schweizerische Staatszeitung«. Diese Angabe übernimmt auch Haeberli (Revision der Bundesverfassung 1872-74 im Lichte der öffentlichen Meinung, Bern 1949). Die Zeitung heißt »Staatszeitung der katholischen Schweiz«. Eine »Schweiz. Staats-Zeitung« erschien 1879—1883 in Thun und Bern.

Staats-Zeitung: Schweizerische Staats-Zeitung
① Inoffizielles Centralorgan für Gesetzgebung, Verwaltung, Rechtspflege und Volkswirthschaft. Devise: Gerechtigkeit, Volkswohlfahrt, Wahrheit, Fortschritt. Wochenblatt für Rechtspflege, Gesetzgebung und Volkswirtschaft (1883) ④ Monatsblatt für bernische Rechtssprechung ⑤ 1879—1883 ⑥ 2°; 4° (1883) ⑦ Wochenblatt ⑧ Thun: Th. Rippstein, E.W. Krebs; Bern: E. W. Krebs (ab 1882) ⑩ 1. Verleger: J. Alt, Fürsprecher, Thun ⑪ J. Alt, E. W. Krebs. Karl Jahn (mit Unterstützung einer Redaktionskommission; ab 4. 2. 1882) ⑫ politisch neutral ⑬ BGSZ: 973 ⑭ Be: L.

Täglicher Washingtoner Staats-Zeitung: 1910?—1915?
Daily edition of WASHINGTONER STAATS-ZEITUNG. Circulation: 1915, 3750.
Seattle, WA

Virginische Staats-Zeitung: 1850? –? **Wheeling, WV**
Democratic weekly. Edited & published by Wilhelm Rothacker; by G. Dietz?

Washingtoner Staats-Zeitung: 1878—1942?
Independent weekly. Title varies: DIE SEATTLE TRIBÜNE, 1878–91; 2) WASHINGTONER STAATS-ZEITUNG, 1891?–1902?; 3) WASHINGTONER STAATS-ZEITUNG UND PRESSE, 1903?–Jan. 19, 1918; 4) SEATTLE GERMAN PRESS UND WASHINGTONER STAATS-ZEITUNG, Jan. 17– May 9, 1918. Suspended: May 9, 1918 – May 1922. Absorbed SEATTLE GERMAN PRESS. Printed as an edition of OREGON STAATS-ZEITUNG (Portland, Ore.), 1891–98. For daily edition, see TÄGLICHER WASHINGTONER STAATS-ZEITUNG.
Circulation: 1900, 1950; 1910, 4700; 1918, 4700 (includes also BELLINGHAM BAY POST (Bellingham, Wash.), and VOLKSBLATT (Everett, Wash.); 1935, 12,000; 1940, 6100. Note: circ. 1890, 750. Edited & published by Phillip Schmitz, 1883—85; edited by O. F. Wegener, 1886; by E. Steinle, 1887; published by R. Damus, 1886–87; edited & published by R. Damus, 1888–90; by C. Timmsen, 1891; by Mrs. Anna L. Weinhagen, 1899–1901; by Lambert Naegele, 1902–04; by Adolf Loewe, 1905–06; published by German Newspapers Association, 1907—17; by Seattle Printing & Publishing Co., 1922–36; by A. E. Kern & Co., 1937–42; edited by Jacob Schaefer, 1907–15; by Paul H. Ortmann, 1916–17; by R. F. Rehback, 1922; by J. Jackle, 1922–23; by Martin [illegible], 1924–36; by Joseph [illegible], 1937–3[illegible]; by Alex. [illegible], 1940–41; by Victor J. Block, 1942.
Wheeling, WV

Westliche Staatszeitung: 1836?—?
Locofoco organ, published weekly. Edited & published by Benjamin Bofinger.
Cincinnati, OH

Westpennsylvanische Staatszeitung: 1850—?
Whig weekly. Subscription held by Harmony Society, 2 years. Edited & published by H. Müller; by Wilhelm Rothacker.
Pittsburgh, PA

West Virginische Staats-Zeitung: 1887?–1901?
Independent daily, evening except Sunday. For weekly edition, see WÖCHENTLICHE WEST VIRGINISCHE STAATS-ZEITUNG. Circulation: 1890, 2600; 1900, 3250. Edited & published by L. Colmar, 1887–88; by L. Colmar, Jr., 1888—1901.
Wheeling, WV

Wöchentliche West Virginische Staats-Zeitung: 1888?–1901?
Weekly edition of WEST VIRGINISCHE STAATS-ZEITUNG. Circulation: 1890, 2300; 1900, 2900.
Wheeling, WV

Staats-Zeitung. – Staats- und Gelehrte Z e i t u n g des Königlich Dänischen unpartheyischen Correspondenten. –
Hamburg-Altona. – 1736(?) – 1751.
Vorh. u.d.T.: Stats- und Gelehrte Zeitung des Königlichen Dänischen gantz unpartheyischen Correspondenten.
Fortges. u.d.T.: Altonaischer Mercurius und desselben Relation aus dem Parnasso.

Staats-Zeitung. – Staats- u. Gelehrte Z e i t u n g Des Hamburgischen unpartheyischen Correspondenten. –
19.III.1748 – 1783.
Vorh. u.d.T.: Stats- u. Gelehrte Zeitung Des Hamburgischen unpartheyischen Correspondenten.
Fortges. u.d.T.: Staats- und Gelehrte Zeitung des Hamburgischen unpartheyischen Correspondenten.

Staats-Zeitung. – Staats- und Gelehrte Z e i t u n g des Hamburgischen unpartheyischen Correspondenten. –
1783 – 2.XII.1811.
Vorh. u.d.T.: Staats- u. Gelehrte Zeitung des Hamburgischen unpartheyischen Correspondenten.
Fortges. u.d.T.: Journal du Departement des Bouches de l'Elbe oder Staats- und Gelehrte Zeitung des Hamburgischen unpartheyischen Correspondenten.

Staats-Zeitung. – Staats- und Gelehrte Z e i t u n g des Hamburgischen unpartheyischen Correspondenten. –
19.III.1813 – 31.V.1813.
Vorh. u.d.T.: Journal des Departements der Elbmündungen, oder Staats- und Gelehrte Zeitung des Hamburgischen unpartheyischen Correspondenten.
Fortges. u.d.T.: Journal du Departement des Bouches de l'Elbe oder Staats- und Gelehrte Zeitung des Hamburgischen unpartheyischen Correspondenten.

Staats-Zeitung. – Staats- und Gelehrte Z e i t u n g des Hamburgischen unpartheyischen Correspondenten. –
18.V.1814 – 31.XII.1868.
Vorh. u.d.T.: Journal du Departement des Bouches de l'Elbe oder Staats- und Gelehrte Zeitung des Hamburgischen unpartheyischen Correspondenten.
Fortges. u.d.T.: Hamburgischer Correspondent.

Staats- und Gelehrte **Zeitung** des Hamburgischen unpartheyischen Correspondenten. (Hamburg.) 8°, 4° u. Fol.
1788—1813. 1814, Juli—Dez. 1815—1840. 1841, Jan.—Juni. 1847—1868.
Außerdem einzelne Nummern von 1842—45.
Fortges. u. d. T.:
Hamburgischer **Correspondent.** Morgen-Zeitung der Börsenhalle. (Hamburg.) 1869. Fol.

Staats-Zeitungen. – Königlich p r i v i l e g i r t e Preußische Staats- Kriegs- und Friedens-Zeitungen. –
Königsberg. – 1752 – 1758.
Vorh. u.d.T.: Königsbergische Zeitungen.
Fortges. u.d.T.: Königsbergische Staats Kriegs und Friedens-Zeitung(en).

Staats-Zeitungen. – Königlich p r i v i l e g i r t e Preußische Staats- Kriegs und Friedens-Zeitungen. –
Königsberg. – 1762 – (vor) 1817.
Vorh. u.d.T.: Königsbergische Staats Kriegs und Friedens-Zeitung(en).
Fortges. u.d.T.: Königl. Preuß. Staats- Krieges- und Friedens-Zeitung.

Staats-Zeitungen. – S c h l e s i s c h e Privilegirte Staats- Kriegs- und Friedens-Zeitungen.
Breslau. – 3.I.1743 – 22.VIII.1766.
Vorh. u.d.T.: Schlesische Privilegirte Staats- Kriegs- und Friedens-Zeitung.
Fortges. u.d.T.: Schlesische privilegirte Zeitungen.

Schlesische Privilegirte Staats-, Kriegs- und Friedens-Zeitungen. Anno 1756. Mittwochs den 27. Oct. Nr. 127. Das gerechtfertigte Betragen Sr. Königl. Majestät in Preussen gegen die falschen Beschuldigungen des Dresdenschen Hofes. (Seite 561 bis 568.) 4.

Staats- und gelehrte Zeitungen des Hollsteinisch unpartheyischen Correspondenten durch Europa und andere Theile der Welt von A° 1721 —A° 1730. Nützlich zu gebrauchen statt einer Jahr-Chronica. Schiffbeck bey Hamburg. 4.

Staats- und Gelehrte **Zeitungen** des Hollsteinischen unpartheyischen Correspondenten. — Schiffbeck bey Hamburg: Hoch-Fürstl. Schleßwig-Hollsteinisch Privileg. Buchdruckerey. 8°
1723. 1725.

Staats- u. Kirchenzustände, in Süddeutschland. Reformschrift von E. Amort dem Jüngeren. 8. (XLVII, 253 S.) München 878. J. A. Finsterlin. n. 2. 50

Stab: Der Stab
① Generalanzeiger für Verkehr und allgemeine Wohlfahrt (ab Nr. 2) ⑤ 9. 2. 1907—27. 2. 1907 ⑥ 2° ⑦ wöchentlich 2× ⑧ Basel: Buchmann & Waldmeyer ⑬ »Stab«-Verlag in Basel ⑭ Bs: U; Be: L ⑮ Gratisorgan zur Verteilung in allen Haushaltungen; Artikel über das politische und kulturelle Leben des In- und Auslandes.

Stab, Der, der Pflicht. Eine Erzählung . . . Weimar 1832. V: *Ahlefeld, Charlotte Sophie Louise Wilh. von geb. v. Seebach.* (EE)

Stab, der, der Pflicht. Eine Erzähl. aus d. wirkl. Leben. Von d. Verfin. d. „Erna" rc. (Charl. Soph. Wilh. v. Ahlefeld.) gr. 12. (6¼ B.) Weimar 832, [Böhme.]

Stab, der, der Pflicht; eine Erzählung aus dem wirkl. Leben. Von der Verfass. der Erna, Felicitas, Amadea, des Römhildstiftes rc. gr. 12. Weimar 832. Hoffmann. 16 gr

Stab, an die wissenschaftl. Beamten Deutschlands. Eine Aufforderung zur Vereinigung für die große Sache allgem. Volksbildung. gr. 8. (2 B.) Berlin 844, Springer. *

Stab, (Prediger Dr.,) über Volks- u. Bürgerakademieen, Lehrconvente, Bildungsinstitute, Bildungsstunden u. Zunftschulen, oder Vorschläge zur Förderung allgemeiner Volksbildung. gr. 8. Berlin 844, Springer. ¼ Thlr

Stab, R. L., auf dornigem Pfade. Eine Künstler-Novelle. Berlin 869. v. Decker. 8. (164 S.) 1 Thlr

Stab, R. L., Heft, f. Kühling's, A., Album für Liebhaber-Bühnen.

—— Touristen-Fahrten. Reisebilder. 8. (VIII, 356 S.) Berlin 876, Decker's Verlag. * ℳ 5.; geb. * 6 —

—— dass. — 2. verm. Aufl. gr. 8. (VIII, 423 S.) Berlin 878, v. Decker's Verlag. 3 —

Stab, R. L. Der Weg zum Reichthum. Nach Benj. Franklin in Form e. Standrede in ungemünztem Golde u. 15 Lebenssatzgn. neu hrsg. 8. (23 S.) Berl. 891, v. Decker. cart. * — 60

Stab, William, das Hôtel, seine Verwaltung und Bedienung. gr. 8. (VIII, 209 S.) Halle 876, Hendel. 3 —

Hymnus Stabat Mater, argumentum quinque considerationum. Monachii 1788. V: *Seccard, Louis.* (JES)

Stabat mater. Hymnus auf die Schmerzen der Maria. Berlin 1843. V: *Benedetti, Jacopo de (Jacopone da Todi).* (EB)

Stabat Mater. **Hymnus auf die Schmerzen der Maria. Nebst e. Nachtrage zu den Uebersetzungen des Hymnus Dies Irae. 2. Beitrag zur Hymnologie, hrsg. v. Fr. Gust. Lisco. gr. 4.** (7 B.) Berlin 843, Müller's Verlag. *

Stabbert, Fr., der Weg zum Frieden. Schauspiel in 4 Akten. 8. (III, 96 S.) Wiesbaden 885. (Bischkopff.) n. 1. 50

Stabbert, Car. Ludov. Franc. (geb. Lyck 15. 8. 1843): De echinococco. Berolini (1867). (32 S.) 8°
Berlin, Med. Diss. v. 10. Aug. 1867

Stabbert-Parkitten, Fr. v., was können die deutschen Landwirthe thun, um sich über Wasser zu halten? 8. (32 S.) Allenstein 894. (Berlin, P. Parey.) n. — 50

MEIN Stäbchen. Gedicht. Gedruckt bei Seraschin in Pola. Verboten v. K.-G. Rovigno, 6. März 1889. § 516.

MEINE Stäbchen. Gedicht. Gedruckt bei Serafchin in Pola. Kl. 8°. Verb. Rovigno 6. 3. 1889.

Stäbchenlegen, das, od.: das Bilden u. Gestalten durch Stäbchen als erstes Einführungsmittel des Kindes in die Schule. Verknüpfung des Lehrganges der Schule m. der entwickelnd-erziehenden Bildungsweise Frdr. Fröbel's. Ein Buch für die Familie u. d. Schule, allen Müttern, Erziehern und Lehrern freundlichst dargeboten v. e. prakt. Schulmanne. Mit e. Vorw. v. Frdr. Fröbel. [Mit Lith. Taf. 1—21, 13 Bau-, Sing- u. Spielliedern, sowie Erzählungen u. Gedichten.] 8. (VIII u. 64 S.) Liebenstein 852, Verlagsbuchh. der Kinderbeschäftigungsanst. ¼ Thlr

Staebe's, C. L., **Preisschrift über die zweckmässigsten Ventilations-Systeme. Redig., durch Anmerkungen und einen Anhang vervollständigt von A. Wolpert. Hrsg. von dem Verbande deutscher Architekten- und Ingenieur-Vereine. gr. 8. (VI, 143 S. mit eingedr. Holzschn.) Berlin 878, [Beelitz.] (Toeche.)** * 3 —

Stabel, Ant.

— **Fragen der Zeit für die badische Rechtspflege. 1. Blatt. Antrittsrede des Verfass. gr. 8. Freiburg 844. (Lippe u. Comp.) n. ⅙ Thlr**

Stabel, Ant., **Institutionen des französischen Civilrechts [Code Napoléon]. 2 Abthlgn. gr. 8. Mannheim, Bensheimer. [1. Abthl. (XII, S. 1—416.) 870. * ℳ 7,20.; 2. Abthl. (XV, S. 417—608.) 871. * ℳ 5.]** *

Stabel, Ant., **Institutionen des französischen Civilrechts [Code Napoléon]. 2. unveränd. Aufl. gr. 8. (XV, 684 S.) Mannheim 883, Bensheimer's Verlag.** *

Stabel, Ant., Institutionen d. französischen Civilrechts (Code Napoléon). 3. unveränd. Aufl. gr. 8. (XV, 684 S.) Mannheim 893. J. Bensheimer's Verl. n. 12. 20; geb. n.n. 14. 20

Stabel, Ant., Vorträge über den bürgerlichen Prozeß. 1. Hft. enth. I. Buch: Allgemeinste Grundsätze. gr. 8. Heidelberg 845, Karl Winter. n. ⅝ Thlr

—— **Vorträge über das französische u. badische Civilrecht, insbesond. über dessen Einleitung (titre préliminaire). gr. 8. (14 B.) Freiburg 843, Emmerling.** *

Stabel, Eduard

Stabel, Eduardus (geb. am 12 März 1828 in Kreuznach): De indole ac natura pyaemiae ... Bonnae, typ. Carthavsianis (1856). 2 Bl., 42 S., 1 Bl. 8.
Bonn, Med. Fak., Diss. v. 20 Aug. 1856

— das Sool-Bad Kreuznach für Aerzte dargestellt. Kreuznach 865. Voigtländer. gr. 8. (VIII, 150 S. mit 7 in den Text gedr. Holzschn. u. 3 Lithogr. in Tondruck.) n. 24 ngr.

Stabel, Ed., das Sool-Bad Kreuznach für Aerzte dargestellt. 2., stark verm. und verb. Aufl. gr. 8. (VII, 157 S. mit 10 in den Text gedr. Holzschn.) Kreuznach 872, Voigtländer. *

Stabel, Ed., das Sool-Bad Kreuznach f. Aerzte dargestellt. 3. Aufl. Mit 10 in den Text gedr. Holzschn. gr. 8. (VIII, 157 S.) Kreuznach 876. Voigtländer in Comm. n.n. 2. 40; geb. n.n. 3. —

Stabel, Ed., das Sool-Bad Kreuznach für Ärzte dargestellt. 4. stark verm. Aufl. 8. (XI, 195 S. mit 12 Illustr.) Kreuznach 887, Schmitthals. geb. *

Stabel, Ed., Kreuznach als Traubenkurort. [Aus: Allgemeine Balneologische Zeitung.] Neuwied 867. Heuser's Verlag. gr. 8. (16 S.) 4 ngr.

Stabel, Ed., Kurgästen vid Brunns- och Badorten Kreuznach. 16. (23 S.) Kreuznach 880, Schmithals. *

Stabel, Ed., das Ozon u. seine mögliche therapeutische Bedeutung. Mit e. Holzschn. 8. (III, 36 S.) Kreuznach 883. Schmithals. n. — 75

—— Traité pratique des eaux minérales de Kreuznach à l'usage des médecins. gr. 8. (VIII und 195 S. mit eingedr. Holzschn.) Kreuznach 866, Voigtländer. *

—— the mineral waters of Kreuznach described for physicians. gr. 8. (VIII und 154 S. mit eingedr. Holzschn.) Ebendas. 868. *

—— the mineral Waters of Kreuznach. With 2 (lithogr.) maps. 12. (IV, 32 S. mit 1 Holzschn.) Ebendas. 881. *

—— über den Werth von Kreuznach und seine Stellung unter den Soolbädern. 8. (20 S. mit 2 Holzschn.-Illustr.) Ebendas. 883. *

Stabel, Ed., die Wirkung der Sool-Quellen zu Kreuznach bei den Verwundungen blessirter Krieger. gr. 8. (14 S.) Kreuznach 872, Voigtländer. *

Stabel, Geo. Fr., chymia dogmat. experim. 8. Halae, Spörl. 728.

Stabel, Georg Fr. [Praes.], s. Mack, Stephan: De plica Polonica.

Stabel, Georg Friedrich (Bielitz) A.S. 1204/24

Specimen medicinae forensis qua demonstratur partum octimestrem vitalem esse et legitimum.
Präs. Andreas Ottomar Goelicke.
Halle (Henckel) VII. 1708. 46 S.

W. v.: Dreher, F. A. Nietsch. 33090

Stabel, Heinrich [app. Arzt aus Kreuznach]: Über Desinfectionswert, pharmakologische Wirkung und therapeutische Anwendung des Oxychinaseptols und verwandter Chinolinderivate ... München, kgl. Hof- u. Univ.-Buchdr. v. Dr. C. Wolf & Sohn, 1893; 38 S. 8.
München, Med. Fak., Inaug.-Diss. v. 1893

Stabel, Kurt von, appr. Arzt a. Crossen a. d. Oder, Unterarzt im 4. Bad. Inf.-Reg. Prinz Wilhelm Nr. 112: Aus der Univ.-Klinik f. Haut- und Geschlechtskrankheiten zu Berlin. (Dir. Prof. Dr. Lesser.) Über abszedierende gonorrhoische Epididymitis und deren Pathogenese und Ätiologie. Berlin (1905): G. Schade. (30 S.) 8°
Berlin, Med. Fak., Ref. v. Leyden, Diss. v. 10. Apr. 1905
[Geb. 30. Juni 79 Crossen a. d. Oder; Heimatsort: Crossen; Staatsangeh.: Preußen; Vorbildung: Gymn. Karlsruhe Reife M. 98; Studium: Berlin, K. Wilh.-Akad. 9 S.; Coll. 7. Apr. 05; Approb. 29. März 05.]

Stabel, Theodor Dr. Gebetbuch für Studirende an Gymnasien und Realschulen. Von — — Salzburg, 1856. Druck und Verlag der Duyle'schen Hofbuchdruckerei. (S. XIV., 445 8.)

Stabell, Thdr., der Kreuzweg des Herrn — unser Lebensweg. Passionsbetrachtungen. 8. (XVI und 200 S.) Schaffhausen 854, Hurter'sche Buchh.

Stabell, Thdr., der Kreuzweg des Herrn, unser Lebensweg. Passionsbetrachtungen. 2. Aufl. 8. (XVI, 200 S.) Regensburg 878. Manz. 1. 20

Stabell, Thdr., Lebensbilder der Heiligen. In der Ordnung des bürgerlichen Kalenders kritisch-historisch dargestellt. 1—4. Liefg. Schaffhausen 864. Hurter. gr. 8. (1. Bd.: S. 1—592.) Jede Liefg. 7½ ngr.

Stabell, Thdr., Lebensbilder der Heiligen. In der Ordnung des bürgerl. Kalenders kritisch-historisch dargestellt. 2 Bde. in 12 Lfgn. gr. 8. (XIII und 830 S., VIII und 920 S.) Schaffhausen 865, Hurter'sche Buchh. à Lfg. 7½ Ngr.

Stabell, Thdr., Wandle vor mir und sei vollkommen. Gebet- und Erbauungsbuch für Katholiken aus allen Ständen. Neu bearb. von einem Kapitularen desselben Stiftes. 4. verm. Aufl. 12. (416 S. mit farb. Titel und 1 Stahlst.) Salzburg 873, Pustet. *

Stabenow, Kapit., Salzwassergeschichten. (143 S.) 8. Itzehoe (910). (Kiel, R. Cordes.) 2. 50

Stabenow, Alb., ausgew. Kartenspiele, s. a. Universal-Bibliothek.

Ausgewählte Kartenspiele. In kurzgefaßter Darstellung von Albert Stabenow. Bdch. 1–3. Leipzig: Reclam (19[01–]10). 8°
1. Skat. Schafkopf. Sechsundsechzig. [1901.]
2. Whist. Boston. L'hombre. [1903.]
3. Pikett. Bésigue. Binokel. Ecarté. Bridge. Solo. Tarock. Hrsg.: K[arl] Stabenow. (1910.)
(Universal-Bibliothek. 4216. 4447. 5215.) [illegible]

Stabenow, H., Geschäfts-Reglement f. die Subalternen-Büreaus der kaiserl. deutschen Consulate. gr. 8. (IV, 127 S.) Bremen 873. Kühtmann & Co. n. 3.

Stabenow, H., Geschäfts-Reglement f. die Subaltern-Büreaus der kaiserl. deutschen Consulate. 2. Ausg. (IV, 127 S.) Norden 885. Fischer Nachf. n. 3. —

Stabenow, Hans, Dr.: Einführung in den Gebrauch des Reichs-Kursbuches an höheren Lehranstalten. Schmalkalden 1907: F. Wilisch. (28 S.) 4°
Schmalkalden, OR OP 1907 (521)

Stabenow, Hans, aus Offenbach a. M.: Die Schlacht bei Soor. *Frankfurt a. M. (1901): Voigt & Gleiber.* (46 S.) 8°
Berlin, Phil. Diss. v. 7. Aug. 1901

Stabenow, Heinr., Sammlung der deutschen Seeschifffahrtsgesetze. Die Gesetze, Verordnungen, Instruktionen, Anweisungen, Bekanntmachungen und Vorschriften, welche seit 1867 in Bezug auf die deutsche Seeschiffahrt ergangen sind. Nebst einem Verzeichniß derjenigen Staaten, mit denen Verträge über die Auslieferung desertirter Schiffsmannschaften abgeschlossen sind, und einem Anhang. Aus amtl. Quellen zusammengestellt und hrsg. gr. 8. (XII, 396 S.) Leipzig 875, Brockhaus. * 6 —
geb. * 7 50

Wordennig as Hinnerk un Krüschan op Fehmarn över de Socialdemokraten snakt. Von L. Stabenow. (Abdruck aus dem Fehmarnschen Wochenblatt.) Kiel. 1874. 8°.

Stabenow, L., Wordennig als Hinnerk un Krischan op Fehmarn över de Socialdemokraten snackt. 2. verm. Aufl. [Aus: „Fehmarn'sches Wochenblatt."] 8. (12 S.) Kiel 876. (Haeseler.) n. — 80

Stabenow, L., Wordennig as Hinnerk un Krüschan op Fehmarn över de Socialdemokraten snackt. 2. verm. Aufl. gr. 8. (112 S.) Kiel 877. (Burg a. F., Kordt.) * — 80
Aus: Fehmarn'sches Wochenblatt, besonders abgedruckt.

Stabenow, L., Wordennig as Hinnerk un Krüschan op Fehmarn över dat Invaliditäts- un Ollersversicherungsgesetz snackt. [Aus: „Fehmarn'sches Wochenbl."] 8. (84 S.) Burg a/F. 890. Th. Kordt. n. — 50

Stäber, C., Preußenlieder. Eine Festgabe z. Erinnerung an d. Freiheitskampf u. z. Feier vaterländ. Feste. 8. (4¼ B.) Cottbus 840, Meyer. *

Staberl in Floribus. Eine Zeitschrift. 1r Jahrg. 1832. Oct. bis December. 12 Numm. gr. 4. Münch., Mich. Lindauer's (Jaquet). 8 gl

Staberl, der Parapluemacher, s. Abentheuer auf d. Reise nach Salzburg.

Staberl in Reichsgeschäften. Posse in 2 A. 8. Münch. 819. Lentner. 6 gl.

Staberl, F. C., der Narrendatel, s. a. Narrendatel.

STABERL, F. C. (ps.), Der Narrendatel. Ein lustiges Sylvesterbüchel. 1855.
Weller, Lex. Ps. p. 536.

Narrendatel, der —. Ein lustiges Sylvesterbüchel für 1855, von F. C. Staberl. Wien. Druck von U. Klopf sen. und Alex. Eurich. 8. (52 S.)

Staberls blauer Montag, od. d. Kunst, alle Minuten zu lachen. Proviant f. Lebenslustige u. Wißbegierige, enth. tausend Späße, Merkwürdigkeiten, Geschichten, gute Einfälle u. Gedanken in kurzen Recepten f. lange Gesichter. 6 Hfte. 12. (36 B.) Wien 827, [Dorfmeister.]

Staberls blauer Montag, od. die Kunst, alle Minuten zu lachen. Proviant für Lebenslustige u. Wißbegierige, enthaltend tausend Späße, Merkwürdigkeiten, Geschichten, gute Einfälle u. Gedanken in kurzen Recepten für lange Gesichter. 6 Hfte. 12. Wien 827. Mausberger. (Leipzig, Hunger.) 1½ ℳ

Staberls Promotion zum magnetisirenden Doktor. Eine Posse in 3 Aufzügen v. F. v. Spann. 8. München, (Fleischmann.) 818.

Staberoh, H., s. Pharmacopoe, preuß.

Staberoh, Julius: De typho exanthematico Halis epidemio. Halis (1834): Scharre. VII, 72 S. 8°
Halle-Wittenberg, Med. Diss. v. 24. März 1834
Geb. Berlin [4. 5.] 1812. V.

Staberow, Arno, Gerichtsassessor im Bezirk des Kgl. Oberlandesgerichts Frankfurt a. M.: Über den Rechtsschutz und die Rechtsverfolgung beim Ausschluß von Mitgliedern eingetragener Vereine. Borna-Leipzig 1906: R. Noske. (VIII, 44 S.) 8°
Tübingen, Jur. Fak., Ref. v. Wendt, Diss. v. 3. Febr. 1906
[Geb. 16. Juli 76 Dortmund; Wohnort: Wimersdorf b. Berlin; Staatsangeh.: Preußen; Vorbildung: Gymn. Dortmund Reife O. 96; Studium: Tübingen 1, München 2, Berlin 1, Marburg 3 S.; Coll. 14. Dez. 05.]

Staberow, Paul, s. a. Bernard, Eug.

— Bettel-Jule, s.: Aus dem Sumpfe der Großstadt.

— Der Blinden-Impresario, s.: Aus dem Sumpfe der Großstadt.

— Im Café der Gespenster, s.: Aus dem Sumpfe der Großstadt.

— Destillen-Willy, s.: Aus dem Sumpfe der Großstadt.

Staberow, Paul, u. Emil Huhle, unsere Jungens vor Paris, s.: Liebhaber-Theater. 80. Bdchn.

Staberow, Paul, New-Yorker Mädchenhändler (Kadetten), s.: Aus dem Sumpfe der Großstadt.

— Patent-Lude, s.: Aus dem Sumpfe der Großstadt.

Stab-Gruppierungen. 30 Gruppiergn. m. kurzen Stäben f. 8 bis 24 Turner. (30 S.) kl. 8. Leipzig (908). Rauh & Pohle. 1. —

Stabik, Ks. Ant., Wspomnienia z podroży do włoch Górnych i Dólnych. Breslau 867. Aderholz' Buchh. 8. (VI, 319 S.) 1 ℳ

Stabile, Annibal: Vienn' Himeneo, s. Nanino, G. M.

Stab-Kalender für 1865. 1 Bl. kl. 4. lackirt mit Metallstäbchen u. Seidenband. Wien, Lienhart. 1864. 50 kr.

Stab-Kalender für 1866. 1 Bl. kl. 4. Lackirt mit Metallstäbchen und Seidenband. Wien, Lienhart. 1865. 50 kr.

Stab-Kalender für 1867. 1 Bl. kl. 4. Wien, Lienhart. Lackirt mit Metallstäbchen und Seidenband. 1866. 50 kr.

Stab-Kalender für 1868. Mit Metallstäbchen und Seidenband. Wien, Lienhart. 1867. 50 kr.

Stab-Kalender für 1869. Mit Metallstäbchen und Seidenband. Wien: Lienhart 1868.

Stab-Kalender für 1870. Wien, Lienhart. Mit Metallstäbchen und Seidenband. 1869. 60 kr.

Stab-Kalender für 1871. Wien, Lienhart. Mit Metallstäbchen und Seidenband 1870. 50 kr.

Stab-Kalender. kl. 4. mit Messingstäben 60 kr.
Wien: Jg. Lienhart 1881.

Stabkalender 1883. 60 kr.
Wien: Linhart 1882.

Stabkalender 1884. Wien, Ig. Linhart. 60 kr. 1883.

Stab-Kalender f. 1885. Wien, Ig. Lienhart. 60 kr. 1884.

Stabkalender f. 1886. Wien. Ign. Lienhart. 60 kr. 1885.

Stab-Kalender für 1887. Wien: Lienhart 1886.

Stab-Kalender für 1888. Wien: Lienhart 1887.

Stab-Kalender für 1890 —.60
Wien: Lienhardt 1889.

Stab-Kalender für 1891 Ebd. 1890. —.60

Stab-Kalender für 1892 Ebd. 1891. —.60

Stab-Kalender für 1893 Ebd. 1892. —.60

Stab-Kalender für 1894 Ebd. 1893. —.60

Stab-Kalender für 1895 Ebd. 1894. —.60

Stab-Kalender für 1896 Ebd. 1895.

Stab-Kalender für 1897 Ebd. 1896. —.60

STABL, Ludwig (München): De tuberculosis pulmonum acutis. (Titel nach der Urkunde)
18.8.1847 - Urk; F 67
Diss. Ingolst.-Landsh.-Mchn.

Staeble, Frz., das photographische Objektiv, s.: Bücherschatz, photographischer. (Neumann, Alfr.)

Staeble, Franz, aus München: **Untersuchung** der Flächen, deren Krümmungs-Linien bei orthogonaler Projection auf eine andere Fläche wieder Krümmungs-Linien werden. *München 1901: C. Wolf & Sohn.* (30 S.) 8°
München, Phil. Diss. v. 1901

Staeble, Rupert: Ueber Benzochinon-Sulfosäure. 1902. 44 S. 8° ¶ Kurzer Ausz. in: Journal f. prakt. Chemie. Bd 177. N. F. Bd 69. 1904.
München, Dr.-Ing.-Diss. v. 8. 3. 1902

Staeble, Rupert, die neueren Farbstoffe der Pigmentfarben-Industrie. Mit besond. Berücksicht. der einschläg. Patente. (VII, 145 S.) 8. Berlin 910. J. Springer. 6.—; geb. in Leinw. n 7.—

Stäblein, Fr., das Körperzeichnen nach der rechtwinkeligen Projektion. Für den Gebrauch in Fortbildungsschulen, Lehrerbildungsanstalten u. zum Selbstunterricht. gr. 8. (IV, 55 S. m. 30 Fig.-Taf. in qu. 4.) Leipzig 891. Deichert Nachf. n. 2.—

Stäblein, Fr., das Körperzeichnen nach der rechtwinkligen Projektion. Für den Gebrauch in Fortbildungsschulen, Lehrerbildungsanstalten u. zum Selbstunterricht. Nebst 30 Fig.-Taf. (in qu. 4). 2., verb. Aufl. gr. 8. (IV, 55 S.) Leipzig 902. A. Deichert Nachf. n. 2.—

Stäblein, Fr., das Körperzeichnen nach der rechtwinkligen Projektion. Für den Gebrauch in Fortbildungsschulen, Lehrerbildungsanstalten u. zum Selbstunterricht. Nebst 32 Fig.-Taf. (18×23 cm.) 3., verm. u. verb. Aufl. (IV, 56 S.) 8. Erlangen 909. Leipzig, A. Deichert Nachf. 2.—

Stäbler, G., Bilder aus d. Menschenleben im Lichte d. göttl. Wortes. Erzählgn. u. Grundgedanken f. d. Unterricht in d. bibl. Geschichte d. Alten Testaments. 8. (419 S.) Stuttgart 896. Holland & Josenhans. n. 3.—; geb. n. 4.—

— dasselbe f. d. Unterricht in d. bibl. Geschichte d. Neuen Testaments. 8. (VIII, 487 S.) Ebd. 896. n. 3.20; geb. n. 4.20
Erschien auch in 10 Lfgn.

— u. G. Schmid, die fünf Bücher Mose in anschaulicher Darstellung und heilsgeschichtlicher Betrachtung. Eine Einführg. in den Schatz des göttl. Wortes sowie e. Handreichg. zu e. lebensvollen Darbietg. der bibl. Geschichte. (IV, 412 S.) 8. Stuttgart (907). Holland & Josenhans. 2.80; geb. in Leinw. 3.80

Stäbler, G. Diktate f. Elementarklassen. Für die Hand der Schüler bearb. u. methodisch geordnet. 8. (IV, 96 S.) Stuttg. 892. J. F. Steinkopf. cart. * —.60

—— Diktate f. untere Klassen der Gelehrten- u. Realschulen. Für die Hand der Schüler bearb. u. methodisch geordnet. 1. Aufl. (IV, 100 S.) 891; 2. Aufl. 8. (106 S.) Ebd. 892. cart. * —60

— Diktate (II.) f. unt. Klassen d. Gelehrten- u. Realschulen. Für d. Hand d. Schüler bearb. u. method. geordnet. 3. Aufl. 8. (108 S.) Stuttgart 896. J. F. Steinkopf. Kart. n. —60

Stäbler, G., Diktate f. untere Klassen der Gelehrten- u. Realschulen. Für die Hand der Schüler bearb. u. methodisch geordnet. 6., vielfach verm. Aufl. 8. (156 S.) Stuttgart 902. J. F. Steinkopf. Kart. n. —80

Stäbler, G., Diktate f. untere Klassen der Gelehrten- u. Realschulen m. e. sprachlichen Anh. Für die Hand der Schüler bearb. u. methodisch geordnet. 9. Aufl. (252 S.) 8. Stuttgart 906. J. F. Steinkopf. Kart. n. 1.20

Stäbler, G., Diktate f. untere Klassen der höh. Schulen, m. e. sprachlichen Anh. Für die Hand der Schüler bearb. u. methodisch geordnet. 11. Aufl. (256 S.) 8. Stuttgart 910. J. F. Steinkopf. 1.20

— Erzählungen u. Grundgedanken f. den Unterricht in der biblischen Geschichte des Neuen Testaments. Bilder aus dem Menschenleben im Lichte des göttl. Wortes. 2., vielfach verm. u. verb. Aufl. gr. 8. (VIII, 628 S.) Stuttgart (902). Holland & Josenhans. n. 4.—; geb. n. 5.

— Erzählungen u. Grundgedanken f. den Unterricht in der biblischen Geschichte des Alten Testaments. Bilder aus dem Menschenleben im Lichte des göttl. Wortes. 2., vielfach verb. Aufl. (VIII, 477 S.) 8. Stuttgart (903). Holland & Josenhans. n. 3.—; geb. n. 4.—

— Erzählungen u. Grundgedanken f. den Unterricht in der biblischen Geschichte des Neuen Testaments. Bilder aus dem Menschenleben im Lichte des göttl. Wortes. 3., vielfach verm. u. verb. Aufl. 8.—10. Taus. (586 S.) 8. Stuttgart (909). Holland & Josenhans. 3.80; geb. in Leinw. 4.80

— Jesus, der Schönste unter den Menschenkindern. Sein Leben, f. die heranreif. Jugend u. ihre Lehrer erzählt. (IV, 312 S.) 8. Ebd. (905). n. 2.20; geb. n. 3.—

— Rechtschreib- u. Sprachbuch f. Elementarklassen, s.: Schick, M.

— Rechtschreibübungen, s.: Schick, M.

— deutsches Sprachbuch, s.: Schick, M.

— Weissagung u. Erfüllung. Eine Weihnachtsfeier f. Kinder. (16 S.) 8. Stuttgart (903). Holland & Josenhans. n. —25

STABLEWSKI, Florian von (Posen): Petrus Chrysologus, archiepiscopus Ravennatensis. Monographia patrologico-historica. (Titel nach der Urkunde)
21.7.1866 - Urk; F 44
Diss. Ingolst.-Landsh.-Mchn.

Stablewski, Flor. v., der h. Kirchenvater Petrus v. Ravenna Chrysologus, nach den neuesten Quellen. gr. 8. (VI, 145 S.) Posen 871. Leitgeber & Co. n. 2. —

[J. u. Ant.] Trauerrede Seiner Erzbischöflichen Gnaden des Hochw. Herrn Erzbischofs von Gnesen und Posen [**Floryan Stablewski**] gehalten bei dem Pontifikalrequiem für Burghard Freiherrn v. Schorlemer-Alst am 26. März 1895 ... zu Posen. '(Nach e. stenogr. Aufzeichng.)' *Posen: Kuryer Poznański 1895.* (14 S., 1 Bl.) 1 Bd 8. [96. 6514]

Stäbli, Adolf. [Zürich 1903.]
V: *Lehmann, W. L.* (Berl)

Stabrin, Georg, appr. Arzt aus Potsdam: (Aus d. medicin. Klinik zu Jena.) Ueber Stirnhirntumoren. Potsdam 1898: J. Grossmann. (24 S.) 8°
Jena, Med. Diss. v. (6. Dez.) 1898

Stabsarzt u. Feldprediger. E. Erinnerg. aus d. Kriege. Autor. Uebersetzg. v. Mathilde Mann. 8. (197 S.) Leipzig 898. F. Jansa. Kart. n. 2. 50

Allgemeine Stabübungen für das Kreisturnfest in Lüdenscheid, 16.—18. 7. 1904, m. Abb., Witten 1904, 9 S., 8°.

Stabübungen bei im Mai 1905 in Budapest abgehaltenen Landesschülerturnfestes, Ungar., m. Abb., Budapest, 23 S., Quer-4°.

Staby, [Heinrich]: [**Festrede** zur Feier des 200jährigen Bestehens des preussischen Königreichs am 18. Jan. 1901.] *Hamm i. W. 1901: E. Griebsch.* (S. 27—33.) 4° [J.]
Hamm, k. G, P 1901 (384)

Staby, [Heinrich]: [Rede zur Feier des 200jährigen Bestehens des preußischen Königreiches am 18. Januar 1901.] S. 27—33 der Schuln. 4. **Progr.** Kgl. Gymn. *Hamm* 1901 (384).

Staby, Karl Friedrich Richard, s. Staby, Richard

Staby, Ludw., Emin-Pascha, e. deutscher Forscher u. Kämpfer im Innern Afrikas. Mit 8 Vollbildern, e. Karte der Provinz Emins u. Orig.-Illustr. v. H. Boden. 6 Lfgn. gr. 8. (X, 149 S.) Stuttgart 890. Süddeutsches Verlags-Institut. à — 50 (cplt. geb.: n. 4. 50)

Im Kreislauf des Jahres. Bilder aus d. Naturleben. Von Dr. Ludwig **Staby**. Mit 7 Abb. Berlin: Allgem. Ver. f. Deutsche Lit. 1910. 296 S. 8°
(Allgemeiner Verein f. Deutsche Literatur. Abt. 36, 3.) [11. 11487]

Staby, Ludw., aus Natur u. Leben. Naturwissenschaftliche Streifzüge. Mit zahlreichen Illustr. nach Originalen von Wilh. Kuhnert, Alb. Muswick, G. Mützel, A. Richter u. A. (256 S.) gr. 8. Berlin (903). Globus Verlag. Geb. in Leinw. n. 2. 20

Staby, Ludw., das Tierreich, s.: Hausschatz d. Wissens.

Staby, Ludw., das Tierreich, s.: Heck.

Staby, Ludw. (Herm. Friedr. Wilh.) (geb. Stockberdicke in Westf. 25. 3. 1861): Ueber den Verschluss der Blattnarben nach Abfall der Blätter. Berlin (1885). (39 S.) 8°
Berlin, Phil. Diss. v. 29. Juli 1885

Staby, Richard

Staby, *Carl Friedrich* Richard [pr. Arzt aus Boenen '(Westf.)']: **Das Littensche Zwerchfellphänomen und seine Bedeutung für den ärztlichen Sachverständigen** ... Berlin, Buchdr. v. G. Schade, *1896*; 30 S., 1 Bl. 8.
Berlin, Med. Fak., Inaug.-Diss. v. 28. Febr. 1896

Stacey, Sidney G. ['(Maine, Amerika)'] : Die Entwickelung des Livianischen Stiles ... Leipzig: Druck v. B. G. Teubner 1896, 2 Bl., 66 S., 1 Bl. 8°
München, Phil. Fak., Inaug.-Diss. v. 1896

Stach, E., Einrichtungen für Berieselung in Steinkohlengruben. Gelsenkirchen, 1901. 30 S. mit 13 Abb. und 1 Taf.

Stach, E., Zentralkondensation zum Anschluß von Dampfturbinen. Essen-Ruhr, 1906. 11 S. mit 19 Abb. und 1 Taf.

Entwicklung und Anwendung der Dampfüberhitzung. Mit Berücks. d. Aussichten auf deren Einführung in d. Bergwerksbetrieben zsgest. von Ingenieur [Ernst] **Stach**, Lehrer in Bochum. *Gelsenkirchen: C. Bertenburg 1901.* (184 S.) 8° [01. 13096]

Stach, Jakob, Die letzte Entwicklungsphase des Bildungswesens in den deutschen Kolonien Rußlands IfA

Stach, J., die deutschen Kolonien in Südrußland. Kulturgeschichtliche Studien u. Bilder über das erste Jahrhundert ihres Bestehens. 1. Tl. (V, 216 S.) 8. Prischib (904) (Leipzig, J. C. Hinrichs' Verl.) n. 1. 60

Stach, Jakob, Die deutschen Kolonien in Südrußland. Kulturgeschichtliche Studien und Bilder über das erste Jahrhundert ihres Bestehens. Dem ältesten deutschen Kolonistenbezirk Großliebental mit den evang. Gemeinden der Kirchspiele Großliebental, Freudental und der Odessaer Filiale Lustdorf zur Jubiläumsfeier ihres 100jährigen Bestehens gewidmet v. Verfasser. 216 S. Prischib-Verlag Gottlieb Schaad 1904 IfA

Stach, Jakob, Wahrheit und Wirklichkeit. Jahrbuch zur Förderung des geistigen Lebens. Odessa: Schultze 1902

Stach, Jakob, Zelle oder Insel? IfA

Stach, Ilse von: Das Christelflein, s.a. Pfitzner, Hans.

Stach, Ilse v., das Christ-Elflein. Weihnachtsmärchen. Dichtung. Musik v. Hans Pfitzner. (60 S.) 8. Berlin (906). Ries & Erler. n. 2. —

Stach, Ilse v., der hl. Nepomuk. Dramatische Dichtg. in 1 Aufzuge. (58 S.) kl. 8. Berlin (909). Oesterheld & Co. 150; geb. 2. 50

— Die Sendlinge v. Voghera. Roman. (425 S.) 8. Kempten 910. J. Kösel. 5. —; geb. in Leinw. 6. —

Stach, Carol., de „**Philopatride**" dialogo Pseudo-Luciani dissertatio philologica. [Aus: „Dissertationes classis philolog. academiae litterarum Cracov."] gr. 8. (20 S.) Krakau 897. (Buchh. d. poln. Verlags-Gesellschaft.) n. — 60

[J.] Raubzeugvertilgung im Interesse der Wildhege. Von W. **Stach**, Oberförster. M. 63 Textabb. *Berlin: P. Parey 1898.* (4 Bl., 166 S.) 1 Bd 8.
(Weidmannsbücher. [Bd 10.]) [98. 3961]

Raubzeugvertilgung im Interesse der Wildhege. Von W. **Stach**, Oberförster. 2., neubearb. Aufl. Mit 53 Textabb. Berlin: P. Parey 1907. (VIII, 216 S.) 8° [J.]
— **Weidmannsbücher**. [Bd 10.] [08. 3189]

Stach v. Goltzheim, Friederike, Elschens Geburtstag. 15 Schattenbilder mit Versen. (15 Bl.) 30,5×23,5 cm. Mülhausen i. E. 910. R. L. Meyer. Geb. 2.—

Stach v. Goltzheim, Ilse, wer kann dafür, daß seines Frühlings Lüfte weh'n! Gedichte. 8. (42 S.) Dresden 898. E. Pierson. n. 1. —; geb. n. 2. —

Stache, Emil: Das Verhältnis von Shakespeare's Troilus und Cressida zu Chaucer's gleichnamigem Gedichte. Nordhausen, Druck v. C. Kirchner's Buchdr., 1893; 1—14 S. 4.
Nordhausen, k. RG, OP 1893 (271)

von Stache, Friedrich. Denkschrift zum 40jährigen Jubiläum betreffend: den Altar mit dem Mosaikgemälde nach Leonardo da Vinci's Abendmahl in S. Maria della Neve. Wien 1886. 4°.

Stache, Friedrich. Erklärung der Aufstellung des grossen Mosaikbildes nach Leonardo da Vinci's Coena Domini in der italienischen Kirche zu S. Maria della Neve in Wien. Nebst einem Band Abbildungen. Wien 1851. 8° u. Fol.

von Stache, Friedrich. Das Wiener Künstlerhaus. Wien 1866. 4°.

Stache, Friedr. Aug. Ritter v., Schatzkästlein der Kunst zur Verherrlichung des veredelnden und gemeinnütz. Wesens der bildenden Kunst. Eine Anregung für alle Gebildeten. gr. 8. (63 S. mit 1 Lichtdr.-Portr.) Wien 887, Künast. * 3 —

Stache, Fridericus Carolus Gustavus: De ischuria. Halis Saxonum (1853): Gebauer-Schwetschke. 21 S. 8°
Halle-Wittenberg, Med. Diss. v. 19. Jan. 1853
Geb. Gross-Ottersleben (Kr. Wanzleben) 4. 12. 1825. V.

Stache, Guido: Festvortrag (zur Jubiläums-Feier der kaiserlich-königlichen Geologischen Reichsanstalt). Separatausgabe zur Erinnerung an die Jubiläums-Feier des 9. Juni 1900. Mit 3 Lichtdruckbildern nebst einem Anhange von Anmerkungen und historischen Daten, sowie 2 Grundrissen des Anstaltsgebäudes. (Kaiserlich-königliche Reichsanstalt.) Wien 1900. 34, XXXII S., 5 Tf. 4°.

Stache, G., Fragmente einer afrikanischen Kohlenfauna aus dem Gebiete der Wüste Sahara. Lex.-8. (7 S.) Wien 882, (Gerold's Sohn.) *
Aus: Sitzungsberichte der k. Akademie der Wissenschaften, besonders abgedruckt.

Stache Guido: Fragmente einer afrikanischen Kohlenkalkfauna aus dem Gebiete der West-Sahara. S. 86. I. 118 . . . . —.20
— — Bericht über die Untersuchung der von Dr. Oskar Lenz auf der Reise von Marokko nach Timbuktu gesammelten paläozoischen Gesteine und Fossilreste. D 46. II. 90 . . . . 5.40
Separatabdruck

—— **dass. — Bericht über die Untersuchung der von Dr. Osk. Lenz auf der Reise von Marokko nach Timbuktu gesammelten paläozoischen Gesteine und Fossilreste.** Imp.-4. (50 S. mit 7 lithogr. Taf.) (Ebendas.) 883. *
Aus: Denkschriften der k. Akademie der Wissenschaften, besonders abgedruckt.

Stache, G., und F. v. Hauer, Geologie Siebenbürgens, s. Hauer, F. v.

Stache, Guido. Die liburnische Stufe u. deren Grenzhorizonte, s. Abhandlungen der k. k. geolog. Reichsanstalt, 13. Bd.

Stache, Guido, Die liburnische Stufe und deren Grenz-Horizonte. Eine Studie über die Schichtenfolgen der cretacisch-eogänen oder protogänen Landbildungsperiode im Bereiche der Küstenländer von Oesterreich-Ungarn. I. Heft. 1. Abtheilung. Geologische Uebersicht und Beschreibung der Faunen- und Floren-Reste. Mit einer geologischen Uebersichtskarte und 8 lithographirten Tafeln. (Abhandlungen der k. k. geologischen Reichsanstalt. Band XIII. Heft 1.) 4. (170 S.) 16.—
Wien: Hölder 1890.

Stache, G.: Die neogenen Tertiärbildungen in Unter-Krain. (Aus d. Jahrb. d. k. k. geol. Reichsanst.) Wien 1859. 8°

— **Uebersicht der geolog. Verhältnisse der Küstenländer v. Oesterreich-Ungarn. Mit e. geolog. Uebersichtskarte. [Separatabdruck der einleit. Uebersicht zu der Studie: „Die Liburnische Stufe u. deren Grenzhorizonte", Bd. XIII der „Abhandlgn. der k. k. geolog. Reichsanstalt".]** gr. 4. (III, 84 S.) Wien 889. Hölder. cart. n. 10. —

Stache, Guido, geologische Uebersichts-Karte der Küstenländer von Oesterreich-Ungarn und der angrenzenden Gebiete von Krain, Steiermark und Kroatien, mit besond. Rücksicht auf die Verbreitung der Süss- und Brackwasser-Facies der Liburn. Stufe oder der untersten Schichtengruppe der Eocänformation in Görz-Gradisca, Krain, Triest, Istrien, Kroatien und Dalmatien, nach den Aufnahmen der k. k. geolog. Reichsanstalt und speciell auf Grundlage der im J. 1857, 1858, 1859 und 1861 selbst durchgeführten Aufnahmen, sowie neuerer eigenen Beobachtungen entworfen. 1 : 1,008,000. Chromolithogr. Imp.-Fol. Wien 878, Hölder.
In Carton * 520

Stache, Guido: Die projectirte Verbindung des algerisch-tunesischen Chott-Gebietes mit dem Mittelmeere. ([S.-A.] Mittheilungen der k. k. Geographischen Gesellschaft in Wien. Bd. 18. 1875. No. 8 u. 9.) Wien 1875. 15 S. 8°.

Stache, G.: Die geol. Verhältnisse Istriens, Siebenbürgens und des Bakonyer Waldes in Ungarn. (Aus d. Jahresb. d. schles. Gesellsch. f. vaterl. Cultur.) Breslau 1861. 8°

— **die Wasserversorgung von Pola. Geologisch-hydrograph. Studie, auf Veranlassung d. hohen k. k. Reichs-Kriegsministeriums „Marine-Section" ausgeführt. Mit 4 Kartenbeilagen.** Lex.-8. (100 S.) Ebd. 889. n. 10. —

Stache, Guido Carolus Henricus *(geb. Namslau 28. 3. 1833)*: De Casuarinis nunc viventibus et fossilibus nonnulla. Vratislaviae (1855). (44 S.) 8°
Breslau, Phil. Diss. v. 15. Mai 1855

Stachel, Paul, n. Stettin: Seneca und das deutsche Renaissancedrama. Studien zur Literatur- und Stilgeschichte des 16. und 17. Jahrhunderts. ⟨Einleitung; Kap. 2, Anfang.⟩ (Berlin: Mayer & Müller 1905.) (51 S.) 8° ¶ Ersch. vollst. als: Palaestra, Bd 46.
Berlin, Phil. Fak., Ref. Schmidt, Roethe, Diss. v. 5. Aug. 1905
[Geb. 28. Dez. 80 Stettin; Heimatsort: Berlin; Staatsangeh.: Preußen; Vorbildung: Marienstifts-Gymn. Stettin Reife O. 99; Studium: Berlin 9 S.; Rig. 19. Jan 05.]

Stachel, Paul, Seneca u. das deutsche Renaissancedrama, s. a. **Palaestra, 46.**

Seneca und das deutsche Renaissancedrama. Studien z. Literatur- u. Stilgeschichte d. 16. u. 17. Jhs. Von Dr. Paul **Stachel**. Berlin: Mayer & Müller 1907. (X, 388 S.) 8°
— **Palaestra**. 46. 107. 1339 4

Stachelberg. Das Bad St' im Kanton Glarus.... 8. Glarus 1883.

Stachelberg. Das Bad St' im Kanton Glarus.... [Mit 1 Tafel.] 8. Glarus 1887.

Stachelberg. Das Bad St' im Kanton Glarus. [Illustriert.] 8. Glarus 1892.

Stachelbergerwasser. St' W'. [SA.] s. [Simler, Rudolf Theodor].

Stachelhaus, Ernst, Liederbuch für Kaufleute. 8. (XV, 109 S.) Bonn 886, (Hanstein.) * 1 —

Stachelhaus, H., s. **Hauptsünde**, die große fleischliche, unter dem heutigen Geschlecht.

HAUPTSÜNDE, Die grosse fleischliche, unter dem heutigen Geschlecht .... (von *H. Stachelhaus*). 3. Aufl. Emden 1895.
Anon.-Lex. V. p. 152 (nach Kayser).

— **Rosen** f. Leidende u. Betrübte. 12. (95 S.) Emden 896. A. Gerhard. — 75

Stachelhausen, Gustavus (geb. am 24 Nov. 1810 in Barmen): De laparotomia et operationibus, quibus antecedere solet ... Bonnae, typ. F. Baadeni 1837. 3 Bl., 60 S., 1 Bl. 8.
Bonn, Med. Fak., Diss. v. 18 März 1837

Abriss einer Geschichte der Loge Carl zu den 3 Schlüsseln im Or. von Regensburg. Von J[ul.] v. Stachelhausen. 5845. [Regensburg 1845: Demmler.] 94 S. 8⁰
Auszug in: FZ. 17 (1863) S. 147—151.

Stachelhausen, Julius (geb. am 8 Jan. 1813 in Barmen): De pseudarthroseos ex ossium fracturis ortae curatione et medela ... Bonnae, typ. F. Baaden 1838. 3 Bl., 38 S., 1 Bl. 8.
Bonn, Med. Fak., Diss. v. 28 Juli 1838

Aus der Demagogenzeit. Von Felix Stachelin. '(Sa. a. d. Centralbl. d. Zofingerver., Jg. XXXIX 1898/99.)' ([o. O.] 1899.) (1 Bl., 534–561 S.) 1 Bd 8⁰

Stacheln zum Kranze der neuen Menschheit. 3 Thle. 8. Erfurt u. Gotha, Hennings. 3 ₰ 8 gr

Stacheln zum Kranze der neuen Menschheit. Hamb. (= Erfurt) 1810. V: *Teubner, Gustav* (?). (BGE VII³, 416)

Stacheln z. Kreuze d. neuen Menschheit. 3 Thle. 8. Erfurt, Hennings.

Stachelnüsse, epigrammatische. Hundert an der Zahl. Für die Freunde der Satyre u. des Scherzes. Auch mit dem Umschlagstitel: Distichen. 16. Berlin 825, Flittner.

Stachelnüsse, epigrammatische. Hundert an der Zahl. Für die Freunde der Satyre u. des Scherzes. Auch mit d. Umschlagetitel: Distichen. 16. Berl. 825. (Sander). 8 gr Hbg. Pr. 4 gr

Stachelnüsse, Neue merkantilische. Leipzig 1816. V: *Hempel, Friedrich Ferdinand.* (EE)

— neue merkantilische, s. Spiritus Asper.

— — neue merkantilische, zur Messe gebracht von Spiritus Asper. 8. Ebend. 816.

Stachelnüsse, Politische, gereift 1813. Leipz. 1814—15. V: *Hempel, Friedrich Ferdinand.* (EE)

— politische, s. a. Spiritus Asper.

Stachelnüsse, politische, gereift in den Jahren 1813—814, aufgetischt von Spiritus Asper. 8. (Leipz. Brockhaus.) 814.

Stachelscheid, (J. C.) Aemil. (geb. Drolshagen in Westf. 25. 9. 1826): De varicocele. Berolini (1851). (28 S.) 8°
Berlin, Med. Diss. v. 22. Aug. 1851

Stachelstock, A. L., Italien und die Großmächte am Schluße des J. 1861. 8. (208 S.) Altona 862, Verlags-Büreau.

Stachelstock, A. L., Licht und Finsterniß oder die freien Gemeinden und die Jesuiten. 8. (104 S.) Altona 861, Verlags-Bureau. *

Stachorowski, erweiterte genetische Skizze für den Unterricht in der Waffenlehre auf den königl. Kriegsschulen. Auf Befehl der General-Inspektion des Militair-Erziehungs- und Bildungs-Wesens ausgearb. 4. (IV, 230 S.) Berlin 876, [v. Decker's Verlag.] A. Barth. cart. und durchschossen (* ℳ 6,70.) * 1 80

Stachow, s.: Neisser, A., stereoscop. medicin. Atlas, Lfg. 7.

Stachow, Emil, Referendar a. D.: Ueber Potestativ-Bedingungen, welche auf die freie Entschliessung des Verpflichteten gestellt sind. Nach gemeinem und bürgerlichem Rechte. Berlin 1908: A. Haussmann. (46 S.) 8°
Heidelberg, Jur. Fak., Ref. Bekker, Diss. v. 1908
[Geb. 17. Febr. 57 Beeskow; Wohnort: Berlin; Staatsangeh.: Preußen; Vorbildung: Joachimsth. Gymn. Berlin Reife O. 79; Studium: Berlin 8 S.; Rig. 31. Jan. 08.]

Stachow, Hermann

Stachow, H., Einführung in die Thätigkeit d. Staatsanwalts. gr. 8. (43 S.) Berlin 888. Puttkammer & Mühlbrecht. n. 1. —

Stachow, Karl Friedrich

Stachow, Carl Friedrich [cand. med. aus Bremen]: Aus d. Klinik f. Syphilis u. Hautkrankheiten zu Bonn. Ueber Inoculationslupus ... Bonn, Buchdr. J. Bach Wwe, 1892; 41 S., 1 Bl. 8.
Bonn, Med. Fak., Inaug.-Diss. v. [15. Dez.] 1892

Stachow, Car. (August.) Ludov. (geb. Berlin 2. 11. 1793): Adumbratio pathologica hydropis acuti. Berolini (1820). (74 S.) 8°
Berlin, Med. Diss. v. 17. März 1820

Stachow, Maximil.: De juris canonici, quod ad jus patronatus spectat, in terris protestantium usu ac non usu. Berolini (1865). (80 S.) 8°
Berlin, Jur. Diss. v. 18. März 1865

Stachow, Max., de juris canonici, quod ad jus patronatus spectat in terris protestantium usu ac non usu. Dissertatio inauguralis. gr. 8. (80 S.) Berlin 865, (Calvary und Comp.) *

Stachow, Rudolf [aus Hamburg]: Über einen operativ behandelten Fall von Gehirntumor. '(Gliosarcom an d. Medianfläche d. Stirnhirns m. d. Symptomen d. Jackson'schen Epilepsie)' ... Erlangen, k. b. Hof- u. Univ.-Buchdr. v. F. Junge, 1896; 33 S. 8.
Erlangen, Med. Fak., Inaug.-Diss. v. 31. Jan. 1896

Stachowicz, Jan., Dar rodzicielski dla dobrych dzieci. Nowe powiastki z obrazkami. qu. 8. (IV und 75 S. mit 6 ill. Stnt.) Breslau 853. [Berlin,] Schletter's Verlag. Thlr.

—— mała galerya obrazowa zwierząt domowych. Podarunek dla grzecznych dzieci. qu. 4. (20 S. mit 12 ill. Stnt.) Breslau 852 (850), [Berlin,] Schletter's Verlag.

— mała galerya obrazowa zwierząt domowych. Podarunek dla grzecznych dzieci. Berlin 857. Schletter. qu. 4. (20 S. u. 12 color. Lithogr.) 1 ₰. 7½ ngr.

—— Jasia i Eulalci najmilszy podarunek. Nowa książeczka z obrazkami dzieciom lubym ofiarowana. qu. 8. (IV und 92 S. mit 6 ill. Stnt.) Breslau 853, [Berlin,] Schletter's Verlag.

—— dwanaście obrazków dla małych dzieci. qu. 4. (16 S. mit 12 ill. Stnt.) Breslau 852 (850), [Berlin,] Schletter's Verlag.

— dwanaście obrazków dla małych dzieci. Nowe wydanie. Berlin 856. Schletter. qu. 4. (16 S. u. 12 color. Lithogr.) 1 ₰. 7½ ngr.

Stachowitz, Bruno, biblisches Christentum. E. Leitfaden f. Konfirmanden u. z. Selbstunterr. m. Zusammenfassgn. nach Luthers kleinem Katechismus. 8. (VII, 94 S.) Berlin 897. G. Reimer. Kart. n. 1. 20

Die altstädtische Kirche zu Thorn. Zur Feier ihres 150jähr. Bestehens 1906. Von Bruno Stachowitz, Pfarrer. Thorn (1906): Thorner Ostdeutsche Zeitung. (24 S.) 8° [F. u. Ant.] (08. 1913 10

Stachowitz, Bruno, Sylvester-Predigt, geh. am Sylvesterabend 1898 in der altstädt. evang. Kirche zu Thorn. gr. 8. (7 S.) Thorn 899. (E. F. Schwartz.) n.n. — 25

— dasselbe, geh. am Sylvesterabend 1899 in der altstädt. evang. Kirche zu Thorn. gr. 8. (7 S.) Ebd. 900. n.n. — 25

Stachurski, Roman Celestyn. Über die Kondensation von Aldehyden mit Ketipinsäureestern. Diss. Math.-Naturw. Freiburg in der Schweiz. 55 S. 8. Freiburg (Schweiz), St.-Paulus-Druckerei, 1904.

Stachursky, Roman Celestyn [aus Radom, Polen]: Über die Kondensation von Aldehyden mit Ketipinsäureestern. Freiburg (Schweiz) 1904. 54 + 1 S. 8°.
Freiburg i. Schw. Math.-naturw. Diss. 1903/1904.

Stack, Richard William. Medicinische Fälle . . . A. d. Engl. . . . Stendal 1788. Ü: *Spohr, Carl Heinr.* (Ky) (MGT)

Richard William Stack

R[ichard] W[illiam] Stacks [Stack: Medical Cases. Deutsch:] Medicinische Fälle. Mit nöthigen Anm. Aus d. Engl. übers. Stendal: Franz & Grosse 1788. 94 S. 8

Stacke, L., De Oropo, Boeotiae urbe. Diss. 1842. 48 S.

Stacke, Ludw., Abriß der Geschichte der preußischen Monarchie von den ältesten Zeiten bis auf die Gegenwart. Oldenburg 868. Stalling's Verl. 8. (VI, 110 S.) 7⅓ ngr.

Stacke, Ludw., Abriß der Geschichte der preußischen Monarchie. 2. verb. und verm. Aufl. 8. (IV, 160 S. mit 1 Tab.) Oldenburg 878, Stalling's Verlag. * 1 —

— s. Cassian, Heinr.: Die Weltgeschichte.

Stacke, Ludw., Erzählungen a. d. alten Geschichte in biograph. Form. 2 Thle. 8. 1. Thl. A. u. d. T.: Erzählungen aus der griechischen Geschichte in biograph. Form. (VIII u. 244 S.) 2. Thl. A. u. d. T.: Erzählungen aus d. römischen Geschichte. (VIII u. 214 S.) Oldenburg 852, Stalling. (à n. ½ ₰) n. 1 ₰

— — 2. Thl. A. u. d. T.: Erzählungen aus der römischen Geschichte in biographischer Form. 2. verm. Aufl. Oldenburg 856. Stalling. 8. (VIII, 220 S.) n. 15 ngr.

Stacke, Ludw., Erzählungen aus der alten Geschichte in biographischer Form. 1. Thl.: Erzählungen aus der griechischen Geschichte. 8. Aufl. 1858. und 4. Aufl. 12. (VIII und 254 S.) Oldenburg 860, Stalling. *

— dass. — 2. Thl.: Erzählungen aus der römischen Geschichte. 8., verm. und verb. Aufl. 1859. und 4. Aufl. 12. (VIII und 220 S.) Ebendas. 859. *

Stacke, Ludw., Erzählungen aus der alten Geschichte in biographischer Form. 2 Thle. 12. Oldenburg, Stalling's Verlag. à Thl. 15 Ngr.
Inhalt:
Thl. 1. Erzählungen aus der griechischen Geschichte. 5.—7., verm. und verb. Aufl. (VIII und 228 S.) 863—68.
» 2. Erzählungen aus der römischen Geschichte. 5. und 6. Aufl. (VIII und 224 S.) 864,67.

— Erzählungen aus der alten Geschichte. 2 Thle. 8. Oldenburg 869—75, Stalling's Verlag. à Thl. * ℳ 1,50. *
Inhalt:
Thl. 1. Erzählungen aus der griechischen Geschichte in biograph. Form. 8.—12. Aufl. (VIII, 240 S. mit 1 Karte, Holzschn. in 4.)
» 2. Erzählungen aus der römischen Geschichte in biograph. Form. 7.—11. Aufl. (VIII, 208 S. mit 2 Karten, Holzschn. in 4.)

— Erzählungen aus der alten Geschichte. 2 Bde. 8. Ebendas. à Lfg. ℳ 1,50. 3 —
Inhalt:
Bd. 1. Erzählungen aus der griechischen Geschichte in biograph. Form. 13.—16. Aufl. (VIII, 240 S. mit 1 Karte, Holzschntaf. in qu. 4.) 876—79.
» 2. Erzählungen aus der römischen Geschichte in biograph. Form. 12.—15. Aufl. (VIII, 208 S. mit 2 Karten, Holzschntaf. in qu. 4.) 876—79.

— Erzählungen aus der alten Geschichte. 2 Bde. 8. Oldenburg, Stalling's Verlag. à Bd. ℳ 1,50. 3 —
geb. à Bd. ℳ 1,80. 3 60
Inhalt:
Bd. 1. Erzählungen aus der griechischen Geschichte in biographischer Form. Mit 1 lithogr. Karte. 17.—19. Aufl. (VIII, 238 S.) 880—82; 20. und 21. verb. und verm. Aufl. (VIII, 244 S.) 883,84.
» 2. Erzählungen aus der römischen Geschichte in biographischer Form. Mit 2 lithogr. Karten. 16.—19. Aufl. (VIII, 208 S.) 879—84.

Stacke, Ludw., Erzählungen aus der alten Geschichte. 2 Bde. 8. Oldenburg, Stalling's Verlag. à Bd. ℳ 1.50. 3 —
geb. à Bd. ℳ 1.80. 3 60
Inhalt:
Bd. 1. Erzählungen aus der griechischen Geschichte in biographischer Form. Mit 1 lithogr. Karte. 22. und 23. Aufl. (VIII, 244 S.) 885,87; 24. Aufl. (VIII, 247 S.) 888.
» 2. Erzählungen aus der römischen Geschichte in biographischer Form. 20. Aufl. (VIII, 208 S. mit 2 lithogr. Karten.) 887.

Stacke, L., Erzählungen aus der alten Geschichte. 2 Tle. 8. Oldenburg, Stalling's Verl. à 1. 50
1. Griechische Geschichten. Mit 1 Karte. 24. Aufl. (VIII, 247 S.) 888.
2. Römische Geschichte. Mit 2 Karten. 20. Aufl. (VIII, 208 S.) 886.

Stacke, Ludw. Erzählungen aus der alten Geschichte in biograph. Form. 2 Tle. 8. Oldenb. 892, Stalling's Verlag.
geb. à Tl. * 1 80; * 3 60
1. Griechische Geschichte. 26. verb. u. verm. Aufl. (VIII, 253 S. m. 1 Karte.)
2. Römische Geschichte. 23. Aufl. (VIII, 208 S. m. 2 Karten.)

Stacke, Ludw., Erzählungen aus der alten Geschichte. 2 Tle. 8. Oldenburg, G. Stalling's Verl. Geb. in Leinw. à n. 1. 80
1. Erzählungen aus der griechischen Geschichte in biographischer Form. 27. Aufl. (VIII, 253 S. m. 1 Karte.) 894.
2. Erzählungen aus der römischen Geschichte in biographischer Form. 23. Aufl. (VIII, 214 S. m. 2 Karten.) 893.

Stacke, Ludw., Erzählungen aus d. alten Geschichte in biograph. Form. 1. Tl. Griech. Geschichte. 28., vielfach verb. Aufl. 8. (VIII, 232 S.) Oldenburg 897. G. Stalling's Verl. Geb. in Leinw. n. 1. 90

Stacke, Ludw., Erzählungen aus der alten Geschichte in biographischer Form. 2 Tle. 8. Oldenburg, G. Stalling's Verl. Geb. n. 3. 80
1. Erzählungen aus der griechischen Geschichte. 30., verb. Aufl. (VIII, 235 S.) 903. Geb. n. 1. 90
2. Erzählungen aus der römischen Geschichte. 27., verb. Aufl. (VIII, 219 S.) 904. Geb. n. 1. 90

Stacke, Ludw., Erzählungen aus der griechischen Geschichte in biograph. Form. 8. (VII und 244 S.) Oldenburg 851(52,) Stalling. *

— dass. — 2. Thl. A. u. d. T.: Erzählungen aus der römischen Geschichte. 8. (VIII und 214 S.) Ebds. 852. *

Stacke, Ludw., Erzählungen aus der mittleren und neuen Geschichte in biograph. Form. 1. Thl. A. u. d. T.: Erzählungen aus der Geschichte des Mittelalters. 8. (VIII und 234 S.) Oldenburg 853, Stalling. *

—— dass. — 2. Thl. A. u. d. T.: Erzählungen aus der neuen Geschichte. 1. Aufl. (X und 359 S.) 1854. * 27½ Ngr. und 2., verm. und verb. Aufl. 8. (VIII und 220 S.) Ebds. 856. *

—— dass. — 2. Thl.: Erzählungen aus der neuen Geschichte. 2. Aufl. 12. (X und 358 S.) Ebendas. 858. *

—— Erzählungen aus der mittleren und neuen Geschichte in biographischer Form. 1. Thl. A. u. d. T.: Erzählungen aus der Geschichte des Mittelalters. 2. Aufl. 1857. und 3., verm. und verb. Aufl. gr. 12. (VIII und 247 S.) Oldenburg 860, Stalling. *

Stacke, Ludw., Erzählungen aus der mittleren und neuen Geschichte in biographischer Form. 2 Thle. 12. Oldenburg, Stalling's Verlag.

Inhalt:

Thl. 1. Erzählungen aus der Geschichte des Mittelalters. 4.—6., verm. und verb. Aufl. (VIII und 256 S.) 862—67. 15 Ngr.
„ 2. Erzählungen aus der neuen Geschichte. 3.—5., verm. und verb. Aufl. (XII und 397 S.) 862—68. 25 Ngr.

—— Erzählungen aus der mittleren, neuen und neuesten Ge- Geschichte. 3 Thle. 8. Ebendas.

Inhalt:

Thl. 1. Erzählungen aus der Geschichte des Mittelalters. 7.—9. verb. Aufl. (VIII, 248 S. mit 1 Titelbl. in Holzschn.) 870—75. ℳ 1,50.
„ 2. Erzählungen aus der neuen Geschichte in biograph. Form. 6. verm. und verb. Aufl. (XII, 424 S.) 871. ℳ 2,50.
„ 3. Erzählungen aus der neuesten Geschichte [1815—1869]. — Abriß der Geschichte der neuesten Zeit [1815—1869]. 1. Aufl. (VIII, 384 S.) 1870. *ℳ 3., und 2. verm. Aufl. (VIII, 484 S.) 874. *ℳ 3,50.

—— Erzählungen aus der mittleren, neuen und neuesten Geschichte. 3 Thle. 8. Ebendas. 7 50

Inhalt:

Thl. 1. Erzählungen aus der Geschichte des Mittelalters. 10. und 11. verb. Aufl. (VIII, 248 S. mit 1 Titelbl. in Holzschn.) 877,79. *ℳ 1,50.
„ 2. Erzählungen aus der neuen Geschichte in biograph. Form. 7.—9. verm. und verb. Aufl. (XII, 424 S.) 877—79. *ℳ 2,50.
„ 3. Erzählungen aus der neuesten Geschichte [1815—1871]. — Abriß der Geschichte der neuesten Zeit [1815—1871]. 3. Aufl. (VIII, 484 S.) 877. *ℳ 3,50.

—— Erzählungen aus der mittleren, neuen und neuesten Geschichte. 3 Thle. 8. Ebendas. * 7 50
geb. * 8 60

Inhalt:

Thl. 1. Erzählungen aus der Geschichte des Mittelalters in biographischer Form. 12. verb. Aufl. (VIII, 248 S.) 881. *ℳ 1,50.; geb. *ℳ 1,80.
„ 2. Erzählungen aus der neuen Geschichte in biographischer Form. 10. verb. Aufl. (XII, 418 S.) 882. *ℳ 2,50.; geb. *ℳ 2,80.
„ 3. Erzählungen aus der neuesten Geschichte [1815—1871]. — Abriß der Geschichte der neuesten Zeit [1815—1871]. 4. Aufl. (VIII, 499 S.) 880. *ℳ 3,50.; geb. *ℳ 4.

—— Erzählungen aus der mittleren, neuen und neuesten Geschichte. 3 Tle. 8. Ebendas. 8 50

Inhalt:

Tl. 1. Erzählungen aus der Geschichte des Mittelalters in biographischer Form. 14. verb. und verm. Aufl. (VIII, 255 S.) 887. ℳ 1.50.
„ 2. Erzählungen aus der neuen Geschichte [bis 1815] in biographischer Form. 11. verb. und verm. und 12. Aufl. (XII, 448 S.) 885,88. ℳ 2.50.
„ 3. Neueste Geschichte. [1815—1881.] 5. verb. und verm. Aufl. (XII, 624 S.) 886. ℳ 4.50.

— Erzählungen aus der mittleren, neuen u. neuesten Geschichte. 3 Tle. 8. Ebd. n. 9.50; geb. in Leinw. n. 11.5

1. Erzählungen aus der Geschichte d. Mittelalters in biograph. Form. 15., verm. Aufl. (VIII, 264 S.) 891. n. 1.50;
geb. n. 1.80
2. Geschichten aus der neuen Geschichte (bis 1815) in biograph. Form. 13. Aufl. (XII, 456 S.) n. 2.50; geb. n. 3.—
3. Neueste Geschichte (1815—1890.) 6. Aufl. Durchgesehen, ergänzt u. von 1881 bis 1890 fortgeführt v. Heinr. Stein. (XII, 699 S.) 894. n. 5.50; geb. n. 6.25;
auch in 11 Lfgn. à n. —50

— Erzählungen aus der mittleren, neuen u. neuesten Geschichte in biographischer Form. 1. u. 2. Tl. 8. Ebd
Geb. in Leinw. n. 5.15

1. Erzählungen aus der Geschichte des Mittelalters. 17., verb. Aufl. (VIII, 254 S.) 904. Geb. n. 1.90
2. Erzählungen aus der neuen Geschichte bis 1815. 14. verb. Aufl. (VIII, 430 S.) 901. Geb. n. 3.25

Die operative Freilegung der Mittelohrräume nach Ablösung der Ohrmuschel als Radicaloperation zur Heilung veralt. chron. Mittelohreitergn. der Caries, der Necrose u. des Cholesteatoms d. Schläfenbeins. Nebst den Krankengesch. d. ersten 100 operirten Fälle. Von Dr. Ludwig Stacke, Ohrenarzt in Erfurt. *Tübingen: F. Pietzcker 1897.* (V, 108 S.) 1 Bd 8. ;96. 8 : 4

Stacke, L[udwig]. Deutsche Geschichte. In Verbindung mit Anderen von L. Stacke . . . Bielefeld und Leipzig, Velhagen & Klasing 1880—1881.
2 Bde. 8°.
I: Von der ältesten Zeit bis zu Maximilian I. 1880. XII + 744 S. m. 294 Holzschn., 34 Taf., 6 Karten.
II: Von Maximilian I. bis zur neuesten Zeit. bearbeitet von W. Boehm. 1881: XIII — 820 S. m. 348 Holzschn.; 31 z. T. farb. Taf., 4 Karten.

Stacke, Ludw., deutsche Geschichte. In Verbindung mit Anderen. Mit zahlreichen Taf. in Farbendr., mit geschichtl. Karten und authent. Abbild. im Text. 6 Abthlgn. oder 2 Bde. gr. 8. Bielefeld, Velhagen und Klasing. [1. Bd. (XI, 744 S.) 880; 2. Bd. (XIII, 820 S.) 881.] à Abthl. *ℳ 4. *
geb. in Halbfrz. *

Stacke, Ludw., deutsche Geschichte. In Verbindung mit Anderen. Mit 642 authent. (Holzschn.-)Abbild. im Text, 65 zum Theil prachtvoll in Farbendr. ausgeführten Beilagen und 10 geschichtl. (chromolithogr.) Karten. 2 Bde. gr. 8. Bielefeld 881,82, Velhagen und Klasing. à Bd. *ℳ 12. * 24 —
geb. in Halbfrz. à Bd. *ℳ 16. * 32 —

Inhalt:

Bd. 1. Von der ältesten Zeit bis zu Maximilian I. Mit 34 Taf. und Beilagen in Farbendr. und Holzschn., 294 Abbild. im Text und 6 Karten. 2. unveränd. Aufl. (XI, 744 S.) 881,82; 3. Aufl. (XII, 744 S.) 882.
„ 2. Von Maximilian I. bis zur neuesten Zeit. Bearb. von W. Boehm. Mit 31 Taf. und Beilagen in Farbendr. und Holzschn., 348 Abbild. im Text und 4 Karten. 2. unveränd. Aufl. (XIII, 820 S.) 881,82; 3. Aufl. (XIV, 820 S.) 882.

Die 2. Aufl. erschien in 12 Lfgn. à *ℳ 2.

—— Deutsche Geschichte. In Verbindg. m. Anderen. 5. Aufl. (Wohlf. Volks-Ausg.) Mit Taf. u. Beilagen in Farbendr. u. 650 Holzschn.-Abbildgn. 30 Lfgn., od. 2 Bde. gr. 8. (XI, 808; XII, 854 S.) Bielef. 891,92, Velhagen u. Klasing. à Lfg. * — 50; * 15 —
geb. in Hlbfrz. * 20 —

— dasselbe. 6. Aufl. 2 Bde. gr. 8. Ebd. 894. Geb. in Halbfrz. n. 25. —

1. (Von der ältesten Zeit bis zu Maximilian I.) Mit 34 Taf. u. Beilagen in Farbendr. u. Holzschn., sowie 294 Abbildgn. im Text. (XI, 744 S.)
2. (Von Maximilian I. bis zur neuesten Zeit.) Mit 33 Taf. u. Beilagen in Farbendr. u. Holzschn., sowie 373 Abbildgn. im Text. (XIII, 872 S.)

— deutsche Geschichte. In Verbindg. m. Andern. 7., neubearb. Aufl., besorgt von F. Ohly. 40 Lfgn. (2 Bde.) gr. 8. Bielefeld 896—897. Velhagen & Klasing.
à Lfg. n. — 50

1. (1.—18. Lfg.) Von der ältesten Zeit bis zur Reformation. M. 2 Karten, 24 Taf. u. Beilagen in Farbendr. u. Holzschn., sow. 338 Abb. im Text. (VII, 831 S.)
2. (19.—40. Lfg.) Von d. Reformation bis zum Regierungsantritt Kaiser Wilhelms II. M. 4 Karten, 24 Taf. u. Beilagen in Farbendr. u. Holzschn., sow. 378 Abb. im Text. (XII, 917 S.)

Stacke, Ludw., neueste Geschichte (1815—1900). Übersichten u. Ausführgn. 7. Aufl., neu bearb. u. von 1881 bis 1900 fortgesetzt v. Heinr. Stein. Mit Personenliste u. Zeittafel. (VIII, 756 S.) gr. 8. Oldenburg 908. G. Stalling's Verl. 6.25; geb. 7.50

—— Bertrand du Guesclin, Connetable von Frankreich. Biographisches Gemälde aus dem französ. Mittelalter. 8. (IX und 120 S. mit Titelbild in Holzschn.) Oldenburg 865, Stalling's Verlag. cart.

—— Hülfsbuch für die erste Unterrichtsstufe in der Geschichte. 3 Tle. 8. Ebendas. * 3 10

Inhalt:

Tl. 1. Altertum. (VI, 117 S.) 880; 2. verb. und verm. Aufl. (VI, 124 S.) 884. * 80 Pf.
„ 2. Mittelalter. (III, 118 S.) 882. * 80 Pf.
„ 3. Neuere Zeit. (VIII, 214 S. mit 1 Tab.) 882. *ℳ 1,50.

— Hülfsbuch f. die erste Unterrichtsstufe in der Geschichte. 1. Tl. Altertum. 3., umgearb. Aufl. 8. (VIII, 133 S.) Oldenburg 894. G. Stalling's Verl. n. 1. —

— Hülfsbuch f. d. Unterr. in d. Geschichte. 2. u. 3. Tl. 2., neubearb. Aufl. 8. Oldenburg 895. G. Stalling's Verl. n. 2. 75; geb. n. 3. 75
2. Mittelalter. (VI, 140 S.) n. 1. —; geb. n. 1. 50
3. Neuere Zeit. (VIII, 239 S. m. 2 Stammtaf.) n. 1. 75; geb. in Leinw. n. 2. 25

—— die französische Revolution und das Kaiserthum Napoleons I. Geschichtliche Uebersicht der Zeit von 1789 bis 1815. 12. (XII und 648 S. mit 1 Tab. in qu. Fol.) Oldenburg 860, Stalling. *

Stäckel, Otto: M. Aquilius Regulus. Eine Charakterskizze. 4 (S. 111—120).
Festschrift z. 150jähr. Bestehen des Kgl. Rg. *Berlin* 1897.
Nicht im Tauschverkehr.
Progr.

Stäckel, O[tto], Prof. Dr.: **Gedächtnisrede** auf Professor Lic. Dr. Friedrich Kirchner † (in der Nacht zum 6. März 1900), geh. am 12. Mai 1900. *Berlin (1901): A. W. Hayn's Erben.* (S. 3—10.) 4°
Berlin, k. Kaiser Wilhelms-RG, OP 1901 (98)

Stäckel, Otto Die Germanen im römischen Dienste. 40 S.
Progr. Kö. Rg. *Berlin* 1880.

Stäckel, Paul (Hrsg.), s. Abhandlungen über Variations-Rechnung.

Stäckel, Paul (geb. Berlin 20. 8. 1862): Ueber die Bewegung eines Punktes auf einer Fläche. Berlin (1885). (42 S.) 8°
Berlin, Phil. Diss. v. 12. Aug. 1885

Stäckel, Paul, die Elemente der Mathematik, s.: Borel, Émile.

Stäckel, Paul, s.: **Gauss,** Carl Frdr. u. W. Bolyai, Briefwechsel.

Staeckel (Paul), Geltung und Wirksamkeit der Mathematik. Karlsruhe 1910. S. 24—38.
Karlsruhe, Techn. Hochsch., Rede z. Rekt.-Wechsel 1910

— s.: Jacobi, C. G. J., u. P. H. v. Fuss, Briefwechsel über die Herausgabe der Werke Leonhard Eulers.

Stäckel, Paul [Dr.]: Über die Integration der Hamilton-Jacobischen Differentialgleichung mittelst Separation der Variabeln. . . . Halle a/S., *Druck v. B. G. Teubner in Leipzig,* 1891; 26 S. 8°
Halle, Phil. Fak., Hab.-Schr. v. [6. Apr.] 1891

Stäckel, Paul, u. Frdr. Engel, die Theorie d. Parallellinien v. Euklid bis auf Gauss, e. Urkundensammlg. zur Vorgesch. d. nichteuklid. Geometrie, in Gemeinschaft m. E. hrsg. v. St. Mit 145 Fig. im Text u. d. Nachbildg. e. Briefes v. Gauss. gr. 8. (X, 325 S.) Leipzig 895. B. G. Teubner. n. 9. —

— s.: Urkunden zur Geschichte d. nichteuklidischen Geometrie.

Stackelbeck, Diedr., die außerordentliche Sparkasse-Revision. Leitfaden zur Vornahme außerordentl. Kassen-Revisionen. gr. 8. (29 S.) Osnabrück 888, (Meinders.) * 2 30

—— 3¼procentige Zins-Tabelle. Entworfen und berechnet zum Gebrauch für Sparkassen. hoch 4. (II, 21 S.) (Ebendas.) 887. 3 —

Stackelbeck, Dietr., dreiprocentige Zins-Tabelle. Entworfen u. berechnet zum Gebrauch f. Sparkassen. hoch 4. (IV, 21 S.) Osnabrück 886. Meinders. geb. 3. —

Stackelbeck, Diedr., 3, 3¼, 3⅓, 3½, 3⁶⁄₁₀, 3¾ und 4procentige Zinstabelle. Entworfen u. berechnet zum Gebrauch f. Sparkassen. gr. 4. (à 27 S.) Osnabrück (901). Meinders & Elstermann. Geb. à n. 4. —

Stackelberg, d. Gräfin, Sophie v., ein. Frau v. gutem Ton, Jugendschicksale. 8. Lpz. Wengand. 789.

v. Stackelberg, Frhr. Bhrd. Gust., († . . .) Lobrede auf Peter d. Großen, Kaiser v. Rußland, u. dessen unsterbliche Verdienste um seine Nation, in d. königl. deutschen Gesellschaft zu Göttingen am 10. Juni 1750 öffentl. gehalten. 8. Götting. (35 S.)

Stackelberg, E. Baron, die Methoden des proportionalen Wahlsystems u. deren Anwendbarkeit bei landwirtschaftl. Wahlen in den baltischen Provinzen. (82 S.) 8. Reval (906). (Kluge & Ströhm.) n. 2. —

Stackelberg, Baron E. v., nationale Verbände. Ein Vortrag. (IV, 48 S.) Lex. 8. Reval 908. Kluge & Ströhm. 2.—

Stackelberg, Friedrich: Die Frau und die Revolution. Lichtstreifen auf Ehe u. Familie. — Paris: Baillière & Messager 1884. 60 S. 8°

— Die Frau und die Revolution. Lichtstreifen auf Ehe und Familie. 8°. Paris, L. Baillière et H. Messager, 1884. (Identisch mit des Autors: Sozialrevolutionäre Lichtstreifen über Ehe und Familie.)

— Socialrevolutionäre Lichtstreifen über Ehe und Familie. 8°. Nice, impr. des Alpes-maritimes, 1883. (Identisch mit des Autors: Die Frau und die Revolution.)

Stackelberg, Natalie von

Stackelberg, N. v., Golgatha u. Schebliminí. 8 Passions- u. Osterpredigten üb. Worte der Weissagung. (III, 98 S.) gr. 8. Ebd. 878. Ermäß. Preis n. 1. 60

—— Schloß Hohenburg im Isarthal. 12. (56 S.) Ebendas. 886. [*M 1.—] * — 40
geb. mit Goldschn. [*M 1.80.] * 1 20

Stackelberg, N. v., unsere Kinder u. das Himmelreich. Predigt am Michaelisfeste den 29. Septbr. 1892. gr. 8. (18 S.) Reval 892. (F. Kluge.) n. — 25

Stackelberg, Natalie Freiin v., aus Carmen Sylva's Leben. 1. und 2. Aufl. gr. 8. (III, 221 S. mit 2 Lichtdr.-Bildnissen und 1 Facs.) Heidelberg 885, C. Winter's Universitäts-Buchh. * 6 —
geb. mit Goldschn. * 7 50

—— dass. — 3. durchgeseh. und 4. Aufl. gr. 8. (234 S. mit 4 Lichtdr.-Bildern und 1 Facs.) Ebendas. 886. * 7 —
geb. in Leinw. mit Goldschn. * 9 —
Auf holländ. Büttenpap. geb. in Kalbleder mit Goldschn. ** 25 —

—— dass. — 5. verm. Aufl. gr. 8. (V, 296 S. mit 5 Bildern und 1 Facs.) Ebendas. 889. * 8 —
geb. mit Goldschn. * 10 —

Stackelberg, Natalie Freiin v., aus Carmen Sylva's Leben. 5. verm. Aufl. Neue [Titel-]Ausg. gr. 8. (III, 296 S. m. 5 Lichtdr. u. 1 Fksm.) Heidelberg [889]. 900. C. Winter. Geb. in Leinw. m. Goldschn. n. 7. —

Stackelberg, N. v., Otto Magnus v. Stackelberg. Schilderung seines Lebens und seiner Reisen in Italien und Griechenland. Nach Tagebüchern und Briefen dargestellt. Mit einer Vorrede von Kuno Fischer. Mit Stackelberg's (photogr.) Bild nach Vogel v. Vogelstein. gr. 8. (XII, 444 S.) Heidelberg 882, C. Winter's Universitäts-Buchh. *M 9.; geb. * 11 —

Stackelberg, Otto Magnus von

v. Stackelberg, (O. M., Baron,) der Apollotempel zu Bassan in Arcadien u. die daselbst ausgegrab. Bildwerke. Mit 32 Kupfrt. u. 7 Vign. gr. Roy.-Fol. Rom 826. (Andreä in Frankf.)

Stackelberg, Otto Magnus Frh. v., Bilder aus dem Leben der Neugriechen. Vor der Befreiung Griechenlands vom türkischen Joche. Nach der Natur gezeichnet. qu. gr. 4. (10 Bl. in Lichtdr. mit 9 Bl. Text.) Dresden 877, Gilbers'sche Verlagsb. In Leinw.-Mappe * 20 —

— älteste Denkmäler der Malerei, od. Wandgemälde aus d. Hypogäen v. Tarquinii. Mit 35 Steindr. Fol. Tübing. 183..

— die Gräber d. Griechen. Mit 78 schwarzen u. ill. Kpft. u. 7 Vign. gr. Fol. Berl. 830.

Stackelberg, O(tto). M(agnus)., v., die Gräber d. Griechen in Bildwerken u. Vasengemälden. (10 Lfgn.) Imp.-Fol. (80 Taf., incl. 27 farbig gedr. u. 40 B. Text m. 8 Vign.) Berlin 835—37, G. Reimer. à * 5⅓ Thlr. *

— la Grèce. Vues pittoresques et topographiques. 4 Bde. Mit mehr als 100 Kpf. u. 29 Vign. gr. Fol. Paris 830 u. ff.

Stackelberg, O[tto] M[agnus] Baron v. Trachten und Gebräuche der Neugriechen von O. M. Baron v. Stackelberg. Berlin 1831. Gedruckt und verlegt bei G. Reimer.
2 Teile. 2°.
I Trachten: Tit., 1 Bl., 28 S.; 31 Taf. in kol. Kupferst. gest. v. G. Morhetti, A. Testa, M. Cuidatti, Bernardino Consorti, Ignazio Sarti, L. Ferretti u. W. Grünmacher.
II Gebräuche: 4 S.; 10 Taf. in kol. Lithogr.
Nach dem Vorwort sind die ersten 30 Abb. bereits 1825 in Rom in Lieferungen von je 5 Blättern erschienen.

—. Costumes & Usages des Peuples de la Grèce Moderne dessinés sur les lieux par le Baron O. M. de Stackelberg. Lithographiés par Levilly & publiés par P. Marino Editeur ... à Paris [um 1835].
Tit.; 30 Taf. in kol. Lithogr. 2°.
Wohl eine der im Vorwort des vorigen Werkes erwähnten Kopien der 30 ersten Abbild. dieses Werkes

Stackelberg, O(tto). M(agnus). Baron v., Trachten u. Gebräuche d. Neugriechen. I. Abthl. u. II. Abthl. 1. u. 2. Lfg. Fol. Berlin, Reimer. [I. (31 Kpfrt. u. 8 B. Text.) 831. 8 Thlr., ill. 22 Thlr., II. 1. 2. (10 Stnt. u. 1 B. Text.) 835. 6 Thlr., ill. 16 Thlr.] 14 Thlr., ill.

Stackelberg, R. v. Fünf ossetische Erzählungen in diagorischem Dialect, s. Miller, W.

Stackelberg, Reinhold von: Beiträge zur Syntax des Ossetischen ....
Strassburg, Verl. v. Karl J. Trübner, 1886; 6 + 99 S. 8°.
Strassburg, Phil. Fak., Inaug.-Diss. v. 1886.

Stackelberg, W. v., Ortsverzeichnis v. Russland, s.: Grade, Alb.

Stackelitz [Schlagwort]

Stackelitz, s.: Geologische Karten. Karte (Preussen).

Stackelitz. s.: Preussen. Messtischblätter.

Stäcker, G. Ch.: „Einleitung in die Handlungsrechnungen", Hamburg 1778.

Stäcker, Jh. Mtth. Gabr.

Stäcker, J. Mth. Ga., Lesebuch, z. Belehrung üb. wicht. bürgerl. Verhältn. und Pflichten, als erst. Unterr. üb. dies. f. d. Jugend in d. nied. Schulen. 8. Hamburg, Hoffmann. 796.

— Schreiben an Christen üb. Meinung u. Wahrheit, in Rücksicht auf die christl. Religion. Nebst 2 Beilagen. 8. Hamb. 800. (A. Campe). 6 gr

— gute Winke f. das reifere jugendl. Alter beiderlei Geschlechts. 2 Thle. 8. Hamb. 791 u. 94. (A. Campe). 1 ℛ 8 gr

Stäcker, L., Lesebuch f. d. unterste Klasse e. Volksschule. 8. (6½ B.) Halberstadt 830, Helm.

Stackhouse, Joh., Illustrationes Theophrasti in usum botanicorum praecipue peregrinantium. 8maj. Oxonii. (Lips., Fr. Fleischer.) 809.

Stackhouse, Thom., Betrachtungen üb. d. apostol. Glaubensbekenntniß u. 39 Lehrartikel d. engl. Kirche. 4 Thle. gr. 8. Rostock, Koppe. (Stiller.) 765—71.

Stackhouse, T. Lehrbegriff der ganzen christlichen Religion. A. d. Engl. Rostock 1755—64. H: *Rambach, Friedrich Eberhard.* (Ky)

Stackhouse, Thom., Lehrbegriff der ganzen christl. Religion. 7 Thle. Aus d. Engl. mit Anmerkk. (v. F. E. Rambach I.) gr. 8. Rostock 755—64. Koppe. (Stiller). 6 ℛ 12 gr

— christl. Sittenlehre. 3 Thle. Aus d. Engl. (v. Fr. Eb. u. S. R. Rambach). gr. 8. Bresl. 772—777. Meyer. (Gosohorsky). 5 ℛ

Stackhouse, Thomas. Christliche Sittenlehre. A. d. Engl. ... Breslau 1776. Ü (Th. I. II. III. 1): *Rambach, Friedrich Eberhard.* (Th. III. 2): *Rambach, Sigmund Rudolph.* (Adel) (MGT) (Ky)

— Vertheidigung der bibl. Geschichte; aus d. Engl. von F. E. Rambach I. 8 Thle. gr. 8. Rostock 752—759. Koppe. (Stiller). 8 ℛ

— Vertheidigung der christl. Religion wider die vornehmsten Einwürfe der heutigen Ungläubigen; aus d. Engl. mit Anmerkk. v. H. C. Lemker. 2 Bde. gr. 8. Götting. ... 2e Aufl. 759. (Hahn in Hannov.) 1 ℛ 12 gr

Stäckling, L., üb. d. Begriff v. Schönen. 8. Berlin, Littfas.

Stäckling, Edw., s. Steckling.

Stackmann, Arthur, Studien über die Zusammensetzung des Holzes. Mag. Diss. Dorpat 8°. 60 pp. 1878.

Stackmann, Wilh. (Carl) (geb. Lehrte in Hann. 20. 6. 1856). Beiträge zur Synthese aromatischer Oxyketone. Berlin 1878. (36 S.) 8°
Berlin, Phil. Diss. v. 2. Aug. 1878

Stacpoole, Fl., der Diamant des Königs, s.: Enßlin's interessante Bibliothek.

Stacpoole, Henry de Vere, Fanny Lambert, s.: Engelhorn's allgemeine Roman-Bibliothek.

— Patsy, s.: Unwin's library.

— The pools of silence, s.: Unwin's library.

Stacpoole, Henry de Vere, Toto, s.: Engelhorn's allgemeine Roman-Bibliothek. XVIII. 8.

STACSLOVICS, Paulus: Beata Virgo Maria immaculata concepta et gloriose secundum corpus assumpta est. — (1881) 124 S. 4° (Handschr.) Diss.Wien, Univ. Diss. 449

Stade [Schlagwort]

Stade, s.a. Deutschland. Kürschner-Peip.

Stade, Stadt, s.a. Geologische Karten. Preussen 106.

Stade, Reg.-Bez., s.a. Heimatskärtchen. 15.

Stade. Mussmann, A., u. C. Bohnhardt, Handkarte d. Reg.-Bez. Stade u. des Bremer u. Hamburger Gebietes. 2. Aufl. (6.—10. Taus.) 1 : 300,000. 47×41,5 cm. Farbdr. Lehe (910). F. Brüning. — 75; in Taschenformat 1.25; lackiert m. Stäben 1.80; Schülerkarte ohne Umschlag nn — 50

Stade. Mussmann, A., u. C. Bohnhardt, Wandkarte des Reg.-Bez. Stade, des Bremer Gebietes u des hamburgischen Amtes Ritzebüttel. 1 : 75,000 6 Bl. à 62,5×83 cm. Farbdr. Lehe (906). F. Brüning Auf Leinw. m. Stäben nn 22. —

Stade, Reg.-Bez. Oschmann, Reinh., Spezial-Karte des Reg.-Bez. Stade od. der Herzogtümer Bremen u. Verden u. des Landes Hadeln. 1 : 200,000. 2. verb. Aufl. 71×65,5 cm. Farbdr. Hamburg (903). Kramer's Sort. — 60

Stade [Verfasser]

Stade: Einige trigonometrische Aufgaben für Schüler. 7 S.– Zeitz, Progr. 1862.

Stade: Beitrag zur Reciprocität. 3 S.– Zeitz, Progr. 1862.

Stade: Die Verwandtschaften der Collineation, Affinität u.s.w. dargestellt mit Hilfe der synthetischen Geometrie. 8 S. und Fgt.– Salzwedel, Progr. 1856.

Stade, Bernh., u. Frdr. Schwally, The books of kings, s.: Books, the sacred, of the Old Testament. 9.

— de Isaiae vaticiniis aethiopicis diatribe. gr. 8. (VIII, 131 S.) Leipzig 873. F. C. W. Vogel. n. 4. —

Einst und Jetzt. Rückblicke u. Ausblicke. Rede ... z. Erinnerung an d. am 10. Oktober 1605 erfolgte Eröffnung der 'Gymnasium illustre' genannten ältesten Giessener Hochschule. Von D. Bernhard **Stade.** Giessen: Töpelmann 1905. 47 S. 8° [11. 2013 5]

Stade, Bernh., Einst u. Jetzt. Rückblicke u. Ausblicke. Rede, geh. am 25. XI. 1905 im Festaktus der Ludwigs-Universität zur Feier des Geburtstages Sr. kgl. Hoh. d. Grossherzogs Ernst Ludwig v. Hessen u. bei Rhein u. zur Erinnerung an die am 10. X. 1605 erfolgte Eröffnung der „Gymnasium illustre" genannten ältesten Giessener Hochschule. (48 S.) 8. Giessen 905. A. Töpelmann. n. — 80

Die Entstehung des Volkes Israel. Akad. Rede z. Feier d. Jahresfestes d. Grossh. Hess. Ludwigs-Univ. am 1. Juli 1897 geh. v. d. derzeit. Rector D. Bernhard **Stade** Geh. Kirchenrathe u. o. Prof. d. Theol. Giessen, v. Münchow'sche Hof- u. Univ.-Dr., 1897; 40 S. 4.

Stade, Bernh., die Entstehung des Volkes Israel. 3. Abdr. gr. 8. (24 S.) Giessen 899. J. Ricker. n. — 60

Zur Erinnerung an den 23. Oktober 1900. Ein Gedenkblatt f. meine Freunde u. Schüler. (Verf.: Bernhard **Stade.**) Als Ms. gedr. *Giessen (1900): v. Münchow.* (38 S.) 8° [F.] [01. 2394]

Stade, Bernh., s.: Forschungen, morgenländische.

Stade, B., Geschichte des Volkes Israel, s.a. Geschichte, allgemeine, in Einzeldarstellungen.

Geschichte des Volkes Israel v. Bernhard **Stade.** Mit Illustrationen und Karten. Bd. 1—2. Berlin. 1887—88. = Allgemeine Geschichte in Einzeldarstellungen, hrgg. v. W. Oncken. Hauptabth. 1, Th. 6. 8°.

Stade, Bernhard. Geschichte des Volkes Israel ... Berlin, G. Grote'sche Verlagsbuchhandlung (1888—)1889.
2 Bde. 8°.
I: Geschichte Israels unter der Königsherrschaft. Zweite Auflage. 1889: 4 Bl., 710 S., 43 Abb.; 13 Taf.
II: 1. Geschichte des vorchristlichen Judenthums bis zur griechischen Zeit. 2. Das Ende des jüdischen Staatswesens und die Entstehung des Christenthums. Von Oskar Holtzmann 1888: Hauptlit., Tit., 679 S., 7 Abb., 17 Taf.
(Allgem. Geschichte in Einzeldarstellungen hrsg. von Wilhelm Oncken. 1. Hauptabt. T. 6.)

Stade, Bernh. Geschichte d. vorchristlichen Judenthums bis zur griechischen Zeit, s. Geschichte, allgemeine, in Einzeldarstellungen.

—— Geschichte der Phönicier, s. Geschichte, allgemeine, in Einzeldarstellungen.

—— über die Lage der evangelischen Kirche Deutschlands. Academische Festrede. 1. und 2. Ausg. 8. (51 S.) Gießen 883, Ricker. * — 8

Stade, Bernh., Lehrbuch der hebräischen Grammatik. 1. Thl.: Schriftlehre. Lautlehre. Formenlehre. gr. 8. (XIII, 425 S. mit 2 lithogr. Schrifttaf.) Leipzig 879, F. C. W. Vogel. * 9 -

Stade, Bernardus, De populo Javan parergon patrio sermone conscriptum. [Festschrift.] Gissae 1880. 4°.

Ausgewählte Akademische Reden und Abhandlungen v. D. Bernhard **Stade,** ...Prof. ... in Giessen. Giessen: J. Ricker 1899. (VI S., 1 Bl., 296 S.) 1 Bd 8°

Stade, Bernh., ausgewählte akademische Reden u. Abhandlungen. 2. wohlfeile [Titel-]Ausg. m. dem Bilde des Verf. Zum Gedächtnis des Verstorbenen in Verehrg. u. Dankbarkeit veranstaltet vom Verleger. (IV, 296 S.) gr. 8. Giessen [899] 907. A. Töpelmann. 2.—; geb. n 2.75

— die Reorganisation der theologischen Fakultät zu Gießen in den J. 1878 bis 1882. Thatsachen, nicht Legende. Eine Streitschrift wider Nippold u. Genossen. gr. 8. (IV, 100 S.) Gießen 894. J. Ricker. n. 1. 60

— biblische Theologie des Alten Testaments, s.a. Grundriss der theologischen Wissenschaften. II, 2.

Biblische Theologie des Alten Testaments. Von D. B[ernhard] Stade. Prof. 1. u. 2. Aufl. Bd 1. 2. Tübingen: Mohr 1905-11. 8°
1. Die Religion Israels u. d. Entstehung d. Judentums. 1905.
2. Die jüd. Religion von d. Zeit Esras bis z. Zeitalter Christi. Von D. A(lfred) Bertholet. 1911.
(Grundriß d. Theol. Wissenschaften. 1. Reihe. T. 2, Bd 2, 1. 2.)

—— über den Ursprung der mehrlautigen Thatwörter der Ge'ezsprache. gr. 8. (III, 72 S.) Leipzig 871, Hirzel. *

—— über die alttestamentlichen Vorstellungen vom Zustande nach dem Tode. Eine academische Rede. gr. 8. (36 S.) Ebendas. 877. * — 80

— hebräisches Wörterbuch zum Alten Testamente, s.: Siegfried, Carl.

Stade, Bernh., s.: Zeitschrift f. die alttestamentl. Wissenschaft.

Stade, Carl, s. Stade, Karl

Stade, Daniel Bernhard von (Otterstedt) A. S. 600/43

De ordine cognitionum in causarum civilis et criminalis concursu dissertio.
Präs. Christian Friedrich Georg Meister.
Göttingen (Schulz) 13. V. 1774. 55 S.
33094

Stade, Diet. v., histor. dogmat. Abbildung v. d. Fest-, Feyer- und Sonntagen und d. Bedeutung. 4. Bremen, Forster. 759.

— Erklärung der vornehmst. deutsch. Wörter, d. Luther b. Uebersetz. d. Bibel gebraucht hat. 8. Bremen, Sauermann. 737.

Stade, Dietr. von, Erläuter- und Erklärung der vornehmsten Wörter, deren sich Martin Luther in Übersetzung der Bibel gebrauchet. 2. Aufl. Bremen 1724. 8. . . . . . (D.)

— manuale ecclesiasticum. 8. Stade. 724.

v. Stade, Dietr. Aug., († 178.) histor.-dogmat. Behandl. von den Fest-, Feier- u. Sonntagen u. deren Bedeutung. Mit e. Vorr. v. Jh. Hnr. Pratje. 4. Bremen 759. Förster. 5 gr.

— histor. Nachr. von d. Domkirche zu St. Petri in Bremen. 4. Bremen 759.

Stade, Eberhard Heinrich von (Stade) A. S. 752/14

Dissertatio politicia de dethronisatione.
Präs. Johann Philipp Palthen.
Greifswald (Starck) 26. VI. 1704. 47 S. 33095

Stade, Erich, fort mit allen Sommersprossen, Sonnenbrand, — Mitessern, — Finnen, — Kupfergesicht, — Warzen, — Muttermälern und Gerstenkörnern. 8. Nordhausen 844, Fürst. 1/3 Thlr

Stade, Erich, fort mit allen Sommersprossen, — Sonnenbrand, — Mitessern, — Finnen, Kupfergesicht, — Warzen, — Muttermälern und Gerstenkörnern. Ein treuer Rathgeber für Alle, an jenen Fehlern Leidende. 2. (Titel-)Aufl. 8. (89 S.) Quedlinburg 849, Ernst'sche Buchh.

Stade, Ernst Müller-
s. Müller-Stade. (10. 1514)

Stade, F., s. Brendel, Frz., Geschichte der Musik.

Stade, F., vom Musikalisch-Schönen. Mit Bezug auf E. Hanslick's gleichnam. Schrift. 8. (54 S.) Leipzig 871. Kahnt. — 75

Stade, F. Vom Musikalisch-Schönen. Mit Bezug auf Dr. E. Hanslicks gleichnamige Schrift. 2. Auflage. Leipzig 1904.

Stade, Frz. (Hrsg.), s.a. Schule, Die, des Bautechnikers.

Stade, Frz., die Schule des Bautechnikers. Lehrhefte f. das Baufach u. d. nöt. Hilfswissenschaften. Hrsg. im Verein m. Lehrern an Bau- u. and. techn. Fachschulen. 1.—27. Hft. Lex.-8. (592 S. m. Abb. u. 36 [11 farb.] Taf.) Leipzig 896—898. M. Schäfer. à Hft. n. — 50

Stade, Frz., die Schule des Bautechnikers. Lehrhefte zum Selbstunterrichte im Hochbau u. den dazu gehör. Hilfswissenschaften. Hrsg. im Verein m. Lehrern an Bau- u. anderen techn. Fachschulen. 28.—70. Hft. Lex.-8. (1131 S. m. Abbildgn., 1 Tabelle u. 43 Taf.) Leipzig 899—902. M. Schäfer. à n. — 50

— dasselbe. 1.—6., 9. u. 10. Bd. Lex.-8. Ebd. n. 19. 25; Einbde. à n. 1. 25
1. Die Arithmetik u. Algebra. Lehrbuch zum Selbstunterrichte. Von Alb. Behr. Mit zahlreichen Beispielen. (VIII, 208 S.) (901.) n. 3. 50
2. Die Planimetrie (ebene Geometrie). Von Alb. Behr. Mit 188 Abbildgn. (VIII, 104 S.) (900.) n. 2. —
3. Die Stereometrie. Lehrbuch zum Selbstunterrichte. Von Paul Killmann. Mit 59 Abbildgn. (VIII, 104 S.) (901.) n. 1. 75
4. Die Trigonometrie. Lehrbuch zum Selbstunterrichte. Von Paul Killmann. Mit 45 Abbildgn. (VIII, 64 S.) (901.) n. 1. —
5. Die Physik. Von Alb. Behr. Mit 188 Abbildgn. (VIII, 72 S.) (900.) n. 1. 50
6. Die Mechanik. Von R. Geigenmüller. Mit 119 Abbildgn. (VIII, 136 S.) (900.) n. 2. 50
9. Das geometrische Zeichnen, die Projektions- u. Schattenlehre. Lehrbuch z. Selbstunterrichte. Von F. W. Glaeser. Mit 154 Textfig. u. 25 Taf. (VIII, 124 S.) (901.) n. 5. —
10. Die Vermessungskunde. (Feldmessen, Nivellieren u. Planzeichnen.) Lehrbuch z. Selbstunterrichte. Von F. Albert. Mit 116 Abbildgn. u. 4 Taf. (VIII, 72 S.) 901. n. 2. —

Stade, Frz., die Schule des Bautechnikers. Lehrhefte zum Selbstunterrichte im Hochbau u. den dazu gehör. Hilfswissenschaften. Hrsg. im Verein m. Lehrern an Baugewerk- u. anderen techn. Fachschulen. 71.—100. Heft. (761 S. m. Abbildgn. u. 29 Taf.) Lex.-8. Leipzig 903—906. M. Schäfer. à n. — 50

— dasselbe, 7., 8., 11., 13., 14. u. 17.—19. Bd. Lex.-8. Ebd. n. 23. —
Albert, F., die Baumaterialienlehre. Lehrbuch zum Selbstunterrichte. Mit 1 Taf. in Buntdr. u. 1 Tab. (VIII, 64 S.) (904.) (17. Bd.) n. 1. 50
— die Perspektive. Lehrbuch zum Selbstunterrichte. Mit 68 Abbildgn. auf 4 Taf. (VIII, 74 S.) (904.) (11. Bd.) n. 2. —
Hummel, L., die Festigkeitslehre. Lehrbuch zum Selbstunterrichte. (VIII, 112 S. m. 106 Abb.) (904.) (7. Bd.) n. 2. —
Killmann, Paul, die Graphostatik. Lehrbuch zum Selbstunterrichte. Mit 81 Abbildgn. (VIII, 96 S.) (904.) (8. Bd.) n. 2. —
Slawinsky, A., die einfache u. doppelte Buchhaltung u. Wechselkunde Lehrbuch zum Selbstunterrichte. (VII, 56 S.) (904.) (19. Bd.) n. 1. —
Stade, Frz., die Holzkonstruktionen. Lehrbuch zum Selbstunterrichte. Mit 918 Abbildgn. u. 16 Taf. (VIII, 372 S.) (904.) (13. Bd.) n. 8. 50
Thalheim, Fel., die Kosten-Anschläge oder das Veranschlagen von Hochbauten. Lehrbuch zum Selbstunterrichte. Mit 5 Taf. u. 4 Holzschn. (VIII, 72 S.) (904.) (18. Bd.) n. 2. —
Vogel, R., architektonische Formenlehre. Lehrbuch zum Selbstunterrichte. Mit 70 Abbildgn. u. 25 Taf. (VIII, 96 S.) (904.) (14. Bd.) n. 4. —
Bd. 1—6. 9 u. 10. Ebd. 900. 901. n. 19. 25.

Stade, Frz., die Schule des Bautechnikers. Lehrhefte zum Selbstunterricht im Hochbau u. den dazu gehör. Hilfswissenschaften. Hrsg. im Verein m. Lehrern an Baugewerk- u. anderen techn. Fachschulen. 101—106. (Schluss-)Heft. (244 S. u. 8 Bl. m. Abbildgn. u. 1 Taf.) Lex. 8. Leipzig (907. 08). M. Schäfer. à — 50

— dasselbe. 12., 15. u. 16. Bd. Lex. 8. Ebd. 19.—
(Vollständig, 19 Bde.: 61.25; Einbde. je n 1.25)
Albert, Frz., die Eisenkonstruktionen und die Eisenbetonbauweise im Hochbau. Lehrb. f. Baugewerkenschulen. Mit 489 Abb. (XII, 333 S.) (908.) (15. Bd.) 6.50
Stade, Frz., die Steinkonstruktionen. Lehrbuch zum Selbstunterrichte. Mit 722 Abbildgn. u. 19 Taf. (VIII, 334 S.) (907.) (12. Bd.) 10.—; Einbd. unn 1.25
Wilcke, F., die Feuerungs-, Lüftungs- u. Beleuchtungsanlagen. Lehrbuch zum Selbstunterrichte. Mit 16 Abb. (VIII, 96 S.) (907.) (16. Bd.) 2.50; Einbd. nnn 1.25

— u. Max Seidel, das Wichtigste aus dem geometr. Zeichnen u. d. Projektionslehre, s.: Weitzel, Karl Geo., d. Schule d. Maschinentechnikers.

Stade, Fritz, approb. Arzt aus Dortmund, früh. Assist. am pathol.-anat. Institut d. Krankenhauses Moabit in Berlin: Aus d. pathol.-anat. Institut d. Krankenhauses Moabit in Berlin. ⟨Prosector: Prof. Dr. Langerhans.⟩ Über Lungenverkalkung. *Kiel 1900: H. Fiencke.* (30 S.) 8°
Kiel, Med. Diss. v. [18. Juli] 1900

Stade, G., Predigt zur Gedächtnißfeier des 300jähr. Todestages Dr. Martin Luthers am 18. Febr. 1846 in der Kirche zu Heringen den 15. Februar gehalten. 8. Nordhausen 846, Köhne. 3 *ngl*

Stade's, Gust., „Calculator". Rev. v. Pfeiffer. 2. Aufl. (85 S.) kl. 8. Berlin (905). Regenhardt'sche Verlagsanstalt. Geb. in Leinw. n. 2.—

Stade, Gustav Hermann Johannes, s. Stade, Hermann

Stade, H., s.: Federmann, V.

Stade, H., s.: **Luftfahrten, wissenschaftliche.**

Stade, Hans, Referendar: Die Nichtigkeit einer Aktiengesellschaft. Borna-Leipzig 1908: Noske. X, 115 S. 8°
Leipzig, Jur. Diss. v. 10. Nov. 1908
[Geb. 12. Juni 82 Breslau; Wohnort: Dresden-Strehlen; Staatsangeh.: Sachsen; Vorbildung: Gymn. Wurzen Reife O. 03; Studium: Freiburg i. B. 1, Berlin 2, Leipzig 5 S.; Rig. 6. Febr. 08.] [U 09. 2694

Erdmagnetische, meteorologische, astronomische und geodätische Arbeiten im Umanak-Fjord v. Dr. H(ermann) **Stade,** Dr. R. Schumann u. Dr. E(rich) v. Drygalski. *(Berlin: W. H. Kühl 1897.)* (385—571 S.) 4.(8.)
= Grönland-Expedition d. Gesellschaft f. Erdkunde zu Berlin 1891—1893. Bd 2. Tl 2. [98. 2382

Stade, Herm., s.: Satzungen u. Reglements des internationalen Luftschiffer-Verbandes.

Stade, *Gustav* Hermann *Johannes* [aus Zeitz]: Die geographische Verbreitung des Theestrauches.... Halle a. S.: Faber'sche Buchdr., Magdeburg 1890. 1 Bl., 74 S., 1 Bl., 1 Kart. 8°
Halle, Phil. Fak., Inaug.-Diss. v. [12. Aug.] 1891

Stade, Hermann [cand. med. aus Berlin]: Versuche einer Arseniktherapie bei Rachitis ... München, Buchdr. Kastner & Lossen, 1896; 28 S. 8.
München, Med. Fak., Inaug.-Diss. v. 1896

Stade, Joannes Augustus: * De cantus choralis historia. XXVII S. 4°
Halle-Wittenberg, Phil. Diss. v. 26. Mai 1827
Geb. [Arnstadt (Thür.) 17. 4. 1805]

Stade, Johann Friedrich von (Bremen) 4°Thl. IX, 13/6

De spiritu prophetiae de Christo testante dissertatio exegetica ad Apoc. XIX. 10. Präs. Johann Lorenz Mosheim.
Helmstedt (Buchholtz) 7. VII. 1725. 44 S.

W. v.: Präs., Jo. Kolle, Karl Amadeus von Stapff, F. W. Hannibal, Fr. Ludwig von Trampe, J. A. Koch, Gottfried Weniger, Nikolaus Starck. 33097

Stade, Karl

Stade, Carl, Marine-Oberassistenzarzt a. Wilhelmshaven: Der augenblickliche Stand der hygienischen Einrichtungen an Bord S.M. Schiffe. Halle a. S. 1906: R. P. Nietschmann. (74 S.) 8°
Halle, Med. Fak., Ref. Fraenkel, Diss. v. 15. Aug. 1906
[Geb. 17. Juni 80 Halle a. S.; Wohnort: Wilhelmshaven; Staatsangeh.: Preußen; Vorbildung: Stadt-Gymn. Halle Reife M. 98; Studium: Halle 9 S.; Coll. 10. Aug. 06; Approb. 23. Juli 03.]

Alldeutschland. Vaterländ. Festspiel in lebenden Bildern u. dichterischem Wort. Von Paul **Stade.** Sondershausen: F. A. Eupel [1897]. (1 Bl., 23 S., 1 Portr., 1 Taf.) 1 Bd 8°

Stade, Paul, Breslau, e. Schutzwall gegen d. Slaventhum, s.: Sammlung gemeinverständl. wissenschaftl. Vorträge.

Stade, Paul, a. Sondershausen: Das Deutschtum gegenüber den Polen in Ost- und Westpreussen. Nach den Sprachzählungen von 1861, 1890 und 1900. (Berlin 1908: E. Ebering.) (45 S., 1 Taf.) 8°
Berlin, Phil. Fak., Ref. Wagner, Diss. v. 4. Juli 1908
[Geb. 8. Okt. 84 Sondershausen; Wohnort: Sondershausen; Staatsangeh.: Schwarzburg-Sondershausen; Vorbildung: Gymn. Sondershausen Reife O. 03; Studium: Breslau 5, Berlin 3 S.; Rig. 27. Febr. 08.]

Stade, P., über den Einfluß des Klimas und der geographischen Verhältnisse auf die Bauthätigkeit der Menschheit, s. Sammlung gemeinverständlicher wissenschaftlicher Vorträge.

Stade, Paul, praktische Farbenlehre. Ein Lehrbuch f. höhere Schulanstalten u. zum Selbstunterricht. 3 Hfte. gr. 8. Hamburg, C. Adler. Kart. n. 3. 50
1. Der 6teilige Farbenkreis. (II, 20 S. m. 10 lith. u. 1 farb. Taf.) 891. n. 1. —
2. Der 12teilige Farbenkreis. (23 S. m. 12 lith. u. 1 farb. Taf.) 891. n. 1. 25
3. Die Farben 3. Ordnung. (21 S. m. 12 lith. u. 1 farb. Taf.) 892. n. 1. 25

Stade, Paul. Praktische Farbenlehre. Ein Lehrbuch f. höhere Schulanstalten u. zum Selbstunterricht. 3 Hefte. gr. 8. Hamb.-Uhlenhorst, Boelkner. cart. * 3 50
1. Der 6teilige Farbenkreis. (II, 20 S. m. 10 lithogr. u. 1 farb. Taf.) 891. * 1 —. — 2. Der 12teilige Farbenkreis. (23 S. m. 12 lithogr. u. 1 farb. Taf.) 891. * 1 25. — 3. Die Farben 3. Ordnung. (21 S. m. 12 lithogr. u. 1 farb. Taf.) 892. * 1 25.

— dasselbe. 1. Hft. Der sechsteil. Farbenkreis. 2., durchgeseh. Aufl. gr. 8. (26 S. m. 11 [1 farb.] Taf.) Ebd. 895. Kart. n. 1. 30

— dasselbe. Erläuterungen. Für den Gebrauch des Lehrers sowie zum Selbstunterricht. 12. (18 S.) Ebd. 895. Unentgeltlich.

Stade, Paul, e. neuer Lehrplan f. den Zeichenunterricht in der Volksschule, s.: Zeit- u. Streitfragen, pädagogische.

Stade, (Paul) [Oberl.]: Vorschläge für eine wünschenswerte Reform des Zeichenunterrichts an unseren höheren Lehranstalten. Sondershausen, gedr. in d. Buchdr. d. „Deutschen", 1890; S. 1—18; 4°
Sondershausen, fürstl. R, OP 1890 (707)

Stade, Reinhold: Frauentypen aus dem Gefängnisleben. Beiträge zu einer Psychologie der Verbrecherin. — Leipzig: Dörffling & Franke 1903. VIII, 290 S. 8°
Teil 1: Vom Verbrechen im allgemeinen.
Teil 2: Das verbrecherische Weib auf seinen verschiedenen Entwicklungsstufen.

Stade, Rhold, Gefängnißbilder. Kritische Blätter aus dem Strafvollzuge. gr. 8. (VIII, 361 S.) Leipzig 902. Dörffling & Franke. n. 4.—; geb. in Leinw. n. 5.—

— aus der Gefängnißseelsorge. Erinnerungen aus 14jähr. Gefängnißdienst. gr. 8. (VII, 328 S.) Ebd. 901. n. 4.—; geb. in Leinw. n. 5.—

— durch eigene u. fremde Schuld. Kriminalistische Lebensbilder. (XIV, 204 S.) 8. Ebd. 904. n.n. 3.50; geb. n.n. 4.50

— Barbara Elisabeth Schulzin. Ein Arnstädter Hexenprozeß vom J. 1669. Nach den Orig.-Prozeßakten hrsg. (III, 75 S.) 8. Arnstadt 904. E. Frotscher. n. 1.20

— der politische Verbrecher und seine Gefängnishaft. Kriminalistische Studie. (VII, 104 S.) gr. 8. Leipzig 905. Dörffling & Franke. n. 2.—

Stade, Rhold., werbet neue Menschen. Ein Erbauungsbuch f. Gefängnisse u. Rettungsanstalten. 2 Tle. gr. 8. Altenburg 908. St. Geibel. 5.80; geb. in Leinw. 7.—; einz. Tle. 3.40; geb. 4.20
1. Ansprachen an Festtagen u. über Texte aus Matthäus und Markus. (VIII, 224 S.)
2. Texte aus Lukas u. Johannes. (IV, 228 S.)

Stade, Th.: Die Schlachtenschilderungen in Livius' erster Dekade. Schneeberg 1873. (34) 8°

Stade, Theodor [Oberl. Dr.]: Zur Geschichte der Stadt Gera in den Jahren 1806—1813. Gera, Druck v. Th. Hofmann, 1891; S. 3—28; 4°
Gera, st. RG m. VS, OP 1891 (706)

Stade, Th. Geschichte des Lyzeums zu Schneeberg. I. Teil. 18 S. **Progr.** *Schneeberg* 1877.

Stade, W., und R. v. Liliencron, Lieder und Sprüche aus der letzten Zeit des Minnesanges, s. Liliencron.

Stade, W. A. H.: Die Verwandtschaften der Collineation, Affinität u.s.w. Dargestellt mit Hülfe der synthetischen Geometrie. 8 S. u. Figurt. – Salzwedel, Progr. 1856.

Stade, Waldemar, approb. Arzt aus Gießen, Volontärassist. an d. pathol.-anat. Anst. d. städt. Krankenh. im Friedrichshain, Berlin: Aus d. Laboratorium d. med. Universitäts-Klinik d. Hrn Geh. Med.-Rat Prof. Dr. F. Riegel zu Gießen. Untersuchungen über das fettspaltende Ferment des Magens. *Braunschweig 1902: F. Vieweg & Sohn.* (33 S.) 8°
Gießen, Med. Diss. v. 1902

Stadeck, Wilibald u. Hugo v., genannt d. Stürmer, e. Rittergeschichte a. d. 13ten Jahrhund. m. K. 8. Mannh. Löffler. 802.

STADECK, Wilibald und Hugo von, genannt Die Stürmer. Eine Ritter- und Geistergeschichte aus dem dreizehnten Jahrhundert. Dritte verbess. Auflage. Mit 1 (figurenreichen, drast.) Kupfer („inventirt u. gestoch. von K. M. Errst, Mannh."). Mannheim. Verlag von Tobias Löffler, 1832. 8°.
Tit. u. 335 S., nebst 1 S. Verlag d. Firma. — Zahm.

Stadel, Adolf: Versuche über addierende und oxydierende Wirkung von Hypochlorit auf aromatische Verbindungen. Amorbach 1908: Volkhardt. 28 S. 8°
Gießen, Phil. Diss. v. 23. Sept. 1909, Ref. Elbs
[Geb. 6. Mai 80 Mannheim; Wohnort: Gießen; Staatsangeh.: Baden; Vorbildung: Realgymn. Mannheim Reife Juli 98; Studium: Heidelberg 10, Gießen 5 S.; Rig. 13. März 06.] [U 10. 1306

Stadel, Ebhrd. Fr., (✝ d. 30. Nov. 1755.) f. Jh. Luk. *Woltersdorff,* systema minerale.

Stadel, Franz, prakt. Arzt aus Rottenburg a./N. (Württ.): Die Verbreitung des Schmutzes in den Wohnungen. *Straßburg i. E.: J. Singer 1903.* (33 S.) 8°
Straßburg, Med. Diss. v. 1903

Stadel, Frz., die Verbreitung des Schmutzes in den Wohnungen. Diss. (34 S.) 8. Strassburg 903. J. Singer. n. 1.—

v. Stadel, Frhrr. Frz. Xav., (✝ d. 7. Jan. 1806.) Abbildb. u. Beschreibb. durch Erfahr. erprobter in großen u. kl. Wirthschaften anwendbarer Maschinen, wodurch d. Getreide auf eine sehr einfache Art rc. von Wicken u. Ratten gereinigt wird. Mit 15 Kpf. 4. Grätz 806. Ferstl. 12 ℛ 56 g. Pr. 8 ℛ

Stadel, Frz. Xav. v., Getreide-Reinigungsmaschinen. 4. Grätz, Ferstl. 806.

Staedel, Franz Heinrich (Strassburg) A. S. 330/6

Dissertatio inauguralis, exhibens quaestiones aliquot juridicas.
Strassburg (Pauschinger) 20. VIII. 1732. 40 S.

Gew.: Der Stiftung Fridius. 33111

Städel, W., Chemie, Physik, Mineralogie, s. Henkel, J. B., die Elemente der Pharmacie.

Stäbel, Wilh., f. Jahresbericht über die Fortschritte auf dem Gebiete der reinen Chemie.

Staedel, W.: Über die Reactionen des Bleiessig auf Gypslösung u. über die Löslichkeit des schwefelsauren Bleioxyds. Darmstadt 1865. 21 S.
Schul-/Univ.-Schrift

— über die Substitutionsproducte der Haloidäther d. Aethyls u. einige Derivate derselben. Tübingen 869. (Laupp.) 4. (40 S.) n. 15 ngr.

Stadele, Simon

Stadele, S., ausführliche Anleitung zum Autographiren auf Zinkplatten mittels Farbwalze. gr. 8. (8 S.) München 871, L. Finsterlin.

Stadele, Simon, die Autographie sonst und jetzt oder Lehrbüchlein der neuesten Erfindungen und Verbesserungen des Zinkdruckes. 12. (40 S.) München 881, L. Finsterlin. * 1 60

—— das Ganze des Zinkdruckes oder vollständige theoret.-prakt. Anweisung zur Ausübung der Autographie in ihrem ganzen Umfange und auf ihrem jetz. Standpunkte. Anleitung zur Ausführung von zwei verbesserten Druckmanieren und zu allen sonst. autograph. Operationen, Beschreibung aller Apparate und Geräthschaften zum Zinkdruck ꝛc. Nebst einem Anh. von dem anastat. Drucke und der Selbstverfertigung sämmtl. autograph. Bedürfnisse. 2., bedeutend verm. Aufl. 8. (112 S.) (Ebendas.) 872. *

—— das Ganze des Zinkdrucks oder vollständ. theoretisch-prakt. Lehrbüchlein zur Ausübung der Autographie in ihrem ganzen Umfange und auf ihrem Standpunkte, mit Beschreibung aller Apparate und Präparate zum Zinkdrucke, nebst leichtfaßl. gründl. Unterweisung in der Ausführung der Walzendruckmanier, des anast. Druckes, des Triplir- und des Einreib-Druckes, der Selbstverfertigung sämmtl. autograph. Bedürfnisse und zu allen sonst. autograph. Operationen. 3. mit vielen Neuerungen bedeutend verm. Aufl. 8. (104 autogr. S. mit 2 Probeabdr.) Ebendas. 881. * 4 —

—— das Ganze des Zinkdruckes. gr. 8. (71 autogr. S. mit 3 Taf.) (Ebendas.) 882. * 2 —

Stadele, S., Jedermann sein eigener Autograph u. Drucker. Neueste Methode des Autographirens auf Zinkplatten nebst einer leichtfaßl. gründl. Unterweisung in dem Gebrauche der bei den Behörden u. Privaten eingeführten Walzen- oder Handdruckpressen. Mit einem Probedruck. München 870. (L. Finsterlin.) 8. (32 S.) n. 6 ngr.

Stadele, Simon, das Neueste und Ganze des Zinkdruckes oder vollständ., theoretisch-prakt. Lehrbüchlein zur Ausübung der Autographie in ihrem ganzen Umfange und auf ihrem gegenwärt. Standpunkte, nebst einem Anhang über Mittheilung einer gründl. Belehrung zur Ausführung des anastat., typograph. und photograph. Lichtdruckes, sowie zur Selbstverfertigung sämmtl. autograph. Präparate zum Zinkdrucke. 8. (91 autogr. S. mit 2 Taf.) München 886, (L. Finsterlin.) * 4 —
2. Aufl. u. d. T.:

Stadele, S., das Neueste u. Ganze d. Zinkdruckes oder vollständ., theoretisch-prakt. Lehrbüchlein zur Ausübg. der Autographie in ihrem ganzen Umfange u. auf ihrem jetzigen Standpunkte. 2., verb. Aufl. 8. (84 autogr. S. m. 2 Taf.) München 887. (L. Finsterlin's Sort.) n. 2. —

Stadele, Simon, das Neueste u. Ganze d. Zinkdruckes, od. theoretisch prakt. Lehrbüchlein zur Ausübg. der Autographie nach der allerneuesten Methode, nebst e. Anh. v. e. Preisliste üb. die neu u. unübertrefflich verb. autograph. Apparate u. Präparate zum Zinkdrucke. Mit mehreren Probeabdrücken. 3., sehr verm. Aufl. 8. (92 autogr. S. m. 1 Abbildg. u. 6 Taf.) München 894. (L. Finsterlin.) n. 4. —

Stadele, Simon, das Unübertrefflichste des Zinkdruckes. Lehrbüchlein der neuesten Methode des Autographirens auf Zinkplatten, nebst leichtfaßl. gründl. Unterweisung in dem Gebrauche der bei den Behörden, dann Commandos- und Dienstesstellen und Privaten eingeführten Walzendruckpressen, mit Beschreibung aller Apparate und Präparate des Zinkdruckes 2. bedeutend verm. Aufl. gr. 8. (62 autogr. S.) München 879, (L. Finsterlin.) * 1 20
Die 1. Aufl. war nicht im Handel.

Städele, Cph., († d. 31. März 1811.) Gedichte. 8. Memming. 782.

Städele, Cph., Rinald; ein Singspl. in 3 A. 8. Memming. 779.

Staedelen, J., Antrittspredigt am 11. Sonntag nach Trinitatis 1872 in der protestant. Pfarrkirche zu München geh. gr. 8. (15 S.) München 872. Kaiser. — 20

Städelen, J. G., helfet, helfet den armen Heiden! Predigt über Lukas 14, 23 gehalten am Missionsfeste in Nürnberg den 18. Juni 1867 in der Kirche zu St. Lorenzen. Nürnberg 867. Raw'sche Buchh. Lex.-8. (15 S.) n. 2 ngr.

Stadeler, August: Beitrag zur Kenntnis des Mangans und seiner Legierungen mit Kohlenstoff. Halle: Knapp 1908. 26 S., 4 Taf. 4^0 ¶ Aus: Metallurgie. Jg. 5; auch in: Mitteilungen aus d. Eisenhüttenmänn. Institut d. Kgl. Techn. Hochschule Aachen. Bd 2 [Nr 99]. Aachen, Dr.-Ing.-Diss. v. 19. 6. 1908

Stadeler, Friedr., Sammlung d. Gesetze ꝛc. üb. Elementar-Schulwesen f. d. Regierungsbezirk Köln, s. Sammlung d. Gesetze in Preußen.

Städeler, Georg

Städeler, G.: Über eine leichte Darstellungsweise des Xanthins und der sich anschliessenden Stoffe aus thierischen Organen. Zürich 1860.

Städeler, G.,und H. Wächter: Über einige Derivate des Anisstearoptens. Zürich 1860.

Städeler, G. Leitfaden für die qualitative chemische Analyse unorganischer Körper. Zürich 1857.

Städeler, G., Leitfaden für die qualitative chemische Analyse unorganischer Körper. 8. Aufl. Lex.-8. (28 S.) Zürich 861, Orell, Füssli und Comp. *

Städeler, G., Leitfaden für die qualitative chemische Analyse anorganischer Körper. 4. und 5. Aufl. 1870,71. * ℳ 1,20., und 6. Aufl. durchgeseh. und ergänzt von Herm. Kolbe. gr. 8. (38 S. mit eingedr. Holzschn. und 1 Chromolithogr.) Zürich 873, Orell, Füssli und Comp. *

Städeler, G., Leitfaden für die qualitative chemische Analyse anorganischer Körper. 7. Aufl., neu durchgesehen und ergänzt von Herm. Kolbe. gr. 8. (38 S. mit 1 eingedr. Holzschn. und 1 chromolithogr. Spectraltaf. in 4. Zürich 870, Orell, Füssli und Comp. * 1 60

Städeler, G., Leitfaden für die qualitative chemische Analyse anorganischer Körper. Mit einem (eingedr.) Holzschn. u. einer (chromolith.) Spectraltaf. 8. Aufl., neu durchgesehen u. ergänzt von Herm. Kolbe. gr. 8. (39 S.) Zürich 882. Orell, Füssli & Co. n.n. 1. 60

Städeler-Kolbe, Leitfaden f. die qualitative chemische Analyse. Neu bearb. v. H. Abeljanz. 9., verm. Aufl. gr. 8. (IV, 74 S.) Zürich 891. Orell Füssli Verl. n.n. 1. 60

Städeler-Kolbe, Leitfaden fur die qualitative chemische Analyse anorganischer Körper. 7. Auflage u 10. Auflage. Neubearbeitet v. H Abeljanz. Zürich 1876. 94

STÄDELER, KOLBE.
Leitfaden für die qualitative chemische Analyse. Neu bearbeitet von H. Abeljanz. Elfte Ausgabe. Zürich, 1899. 8vo.
Zwölfte vermehrte Auflage. Zürich, 1901. 8vo.

Städeler, [Georg, und] Kolbe, [Hermann]. Leitfaden für die Qualitative chemische Analyse von Städeler-Kolbe. Neu bearb. von Dr. H[aruthiun] Abeljanz, Professor ... [in] Zürich. 12., vermehrte Aufl. VI + 89 S. 8. Zürich, Art. Institut Orell Füssli, 1902. [fr. 2. 50]

Städeler, [Georg, und] Kolbe, [Hermann]. Leitfaden für die Qualitative chemische Analyse von St'-K'. Neu bearb. von Dr. H[aruthiun] Abeljanz, Professor ... [in] Zürich. 13., vermehrte Aufl. XIV + 128 S. 8. Zürich, Orell Füssli, 1906. [geb. fr. 3. 50]

Städeler, G.: Mittheilungen aus dem analytischen Laboratorium in Zürich. 1866.

Städeler, G.: Über das Tyrosin. Zürich 1860.

Städeler, G.: U n t e r s u c h u n g e n über das Aceton. 1853.

Städeler, G.: Über die V e r b i n d u n g e n des Traubenzuckers mit Kochsalz. 1850?

Städeler, G.: Über das V o r k o m m e n von Allantoin im Harn bei gestörter Respiration, s. F r e r i c h s , Friedrich Theodor

Städeler, G.: Über das V o r k o m m e n von Leucin und Tyrosin in der menschlichen Leber, s. F r e r i c h s , Friedrich Theodor

Städeler, G. und W. Krause. Zusammensetzung des Milchzuckers und sein Verhalten gegen Kupferoxyd. 1850?

Städeler-Kolbe, s. S t ä d e l e r , Georg

***Stadelhofer*, Bndkt., († d. 14. Juli 1812.) historia imperialis et exempti Collegii Rothensis in Svevia. II Vol. 4. Augsb. 788. Doll. 2 ß 4 ℊ**

REISENDE, D e r b l i n d e , d e m a u f d i e G e s u n d h e i t d e r P r ä l a t e n i n S c h w a b e n u. B a i e r n g e t r ä u m e t h a t (von *Benedict Stadelhofer*). (Ornam.-Vign.) Staarburg, mit Leoischen Schriften (!) (Ulm, Wohler), im Jahre 1783. 8°. (2 Mk., unbeschn., wie neu, Frdr. Klüber, 1896.)

77 S. (incl. Tit. u. 2 Bll. Vorber.), 1 leeres Bl. — Entgegnung auf das Pamphlet: „E s l e b e n d i e P r ä l a t e n!" (Unter letzterem Titel erzählt der schwäb. Vf. die Reise eines angebl. M e c k l e n b. O f f i z i e r s in die schwäb. Klöster, in Briefen an e. westphälischen Freund.) — Anon.-Lex. III. p. 368 (nach Weller u. Meusel).

Stadelhofer, Marquard (Bearb.), s.a. A u f z e i c h n u n g e n über die Witterungsverhältnisse zu Meersburg am Bodensee in den Jahren 1724 bis 1785.

STADELHOFER, M.: Aufzeichnungen über die Witterungsverhältnisse zu Meersburg am Bodensee in den Jahren 1724 bis 1785 sowie über denkwürdige Vorkommnisse jener Zeit. - Karlsruhe 1880. 69 S.

Stadelmann, ..., systemat. Zusammenstellung sämmtl. baier. Verordnn. v. 1799 bis 1822 einschließlich. 4. Ansb. 822.

Stadelmann, C., s.a. S t a d e l m a n n , Karl

Stadelmann, C. Die Brieftaube, ihre Aufzucht und Dressur sowie ihre praktische Verwendung für das Nachrichtenwesen im Festungskriege. Berlin 1892. 8°.

S t a d e l m a n n, Chrstn. Frider., **A n i m a d v e r s i o n e s** crit.-exeget. in nonnulla loca Cic. lib. I. de Oratore. 4. (2 B.) Dessauiae 822. (Lipsiae, Knöfel.)

— Progr, Animadversiones critico-exegeticae in nonnulla loca Ciceronis libr. I. de Oratore 4. Dessau 822. (Weidemann in Merseb.) 7 ℊ

S t a d e l m a n n, Chrstn. Friedr., grammat.-krit. A n m e r k u n g e n z. Ilias d. Homer. Für Schüler u. Studirende. 1. Bd. 1—4. Buch. u. 2. Bd. 1. Abthl. 5—8. Buch. gr. 8. Leipzig, Gebhardt u. Reisland. [1. (32½ B.) 840. 1⅓ Thlr., 2. 1. (14½ B.) 841. ⅞ Thlr.]

Stadelmann, Chrstn. Friedr., grammatisch-kritische Anmerkungen zur Ilias des Homer. Für Schüler u. Studirende. 2. Bd. 2. Abthl. 9—12. Buch. gr. 8. (13¼ B.) Leipzig 844, Gebhardt u. Reisland.

1. u. 2. Bd. Ebendas. 1840, 41. 2 Thlr. 16¼ Ngr.

—— de S o p h o c l i s Antigona. 4. (2 B.) Dessauiae 831. (Lipsiae, Knöfel.)

— de Sophoclis Antigona. 4. Dessau 831. (Weidemann in Merseb.) 7 ℊ

Stadelmann, (Jh.) Chr. Fr., Beschreib. der 50jähr. Amtsjubelfeier d. Hrn. A. Bornemann, Lehrers an d. Herzogl. Hauptschule zu Dessau, am 21. Nov. 1826. gr. 8. Dessau 826. (Lpz., Kollmann). 4 ℊ

—— über d. B e s t i m m u n g d. Bürgerschulen. Progr. gr. 8. (1 B.) Dessau 827. (Leipzig, Knöfel.)

— üb. die Bestimmung der Bürgerschulen. Progr. gr. 8. Dessau 827. (Merseb., Weidemann). 3 ℊ

S t a d e l m a n n, J. C. F., de heroici versus caesura. Lipsiae 819. P. I. 4. (41 S.) 8 gr.

— Progr. De heroici versus caesura. Part. I—III. 4. Dessau 820—21. (Leipz., Göthe). (Weidemann in Merseb.) 20 ℊ Part. IV. 4. ibid. 826. (ibid.) 4 ℊ

— comment. de heroici versus caesura. Partic. III. 4. Dessau 824, (Lips., Göthe.)

— de heroici versus caesura. Part. IV. Programma. 4. Dessaviae 826, (Lips., Herbig.)

—— de Q. H o r a t i i Flacci Epistola ad Tiberium Claudium Neronem ejusque vers. II. 4. (1½ B.) Dessauiae 833. (Lipsiae, Knöfel.)

— über Erweckung d. Aufmerksamkeit in d. frühesten Kinderjahren. Programm. gr. 8. Dessau 825. (Kollmann in Lpz.)

— üb. Erweckung d. Aufmerksamkeit in den frühesten Kinderjahren. Programm. gr. 8. Dessau 825. (Weidemann in Merseburg). 2 ℊ

—— **F e s t r e d e**, z. vierten Säcularfeier d. Erfind. d. Buchdruckerkunst in d. hzgl. Gymnasium zu Dessau am 29. Juni 1840 geh. gr. 8. (1 B.) Dessau 840, Neubürger.

S t a d e l m a n n, Chrstn. Frider., de **H e r o d o t o** ejusque dialecto. III Ptae. 4. (6 B.) Dessauiae 830. (Lipsiae, Knöfel.) à Thlr.

— de Herodoto ejusque dialecto. Part. I. et II. 4. Dessau 830—32. (Weidemann in Merseb.) 14 ℊ

— de indole et usu medii graecorum verbi in diligentiori latinar. litterar. interpretat. haud negligendo. Prolusio. 4. Dessaviae 824, (Lips., Hinrichs.)

— de indole et usu medii graecorum verbi in diligentiori latinar. literarum interpretat. haud negligendo. Prolusio. 4. Dessau 824. (Weidemann in Merseb.) 6 ℊ

—— über d. L e h r g a n g d. hiesigen Hrzgl. Gelehrtenschule. 3 Abthln. gr. 8. (4 B.) Dessau 827—29. (Leipzig, Knöfel.)

— üb. d. Lehrgang der hiesigen Herzogl. Gelehrtenschule. 3 Abtheill. gr. 8. Dessau 827—829. (Weidemann in Merseburg). 8 ℊ

—— M a n t i s s a de nonnullis iisque controuersis Hexametri partibus. 4. (3 B.) Dessauiae 834. (Lipsiae, Knöfel.)

— M a n t i s s a de nonnullis iisque controversis Hexametri partibus. 4. Ibidem 834. n. 1/6 ß

(Dessen Programme: De Sophoclis Antigona. 831. — De Herodoto ejusque dialecto Partic. I. et II. 830,32. liefert jetzt Knöfel à n. 1/[illegible] ß)

—— Memoriam Ioannis Gutenberg, artis typographicae inventoris, inter Solemnia hujus artis Saecularia in Germania nunc quartum instaurata recolit eamque in Ducali Gymnasio Dessaviensi MDCCCXL indicit. Fol. maj. (1½ B.) Dessaviae 840, Neuhürger.

— üb. den leichten Sinn, mit welchen Manche an das Studiren denken u. gehen. Programm. 8. Dessau 825, (Leipz., Göthe.)

— üb. d. leichten Sinn, mit welchem manche an das Studiren denken u. gehen. Programm. 8. Dessau 825. (Weidmann in Merseb.) 4 gr.

—— über d. teutschen Sprachunterricht in Bürgerschulen. 2 Abthln. gr. 8. (2 B.) Dessau 828, 29. (Leipzig, Knöfel.)
Auch die übrigen Schriften dies. Autors sind jetzt bei Knöfel in Leipzig zu haben.

— üb. den deutschen Sprachunterricht in Bürgerschulen. 2 Abtheill. gr. 8. Dessau 828, 29. (Weidemann in Merseb.) 6 gr

Stadelmann, Eman., der Schalttafelwärter, s.a. Bibliothek der gesamten Technik.

Der Schalttafelwärter. Von Emanuel **Stadelmann**. Mit 110 Abb. Hannover: M. Jänecke 1907. (167 S.) 8°
— **Bibliothek** d. gesamten Technik. Bd 48. [08. 11045 7

Stadelmann, (Ernst), s.: Aerzte-Zeitung, deutsche.

Stadelmann, Ernst, üb. den Einfluss der Alkalien auf den menschlichen Stoffwechsel. Experimentell-klin. Untersuchgn. gr. 8. (III, 176 S.) Stuttgart 890. Enke. n. 6. —

Stadelmann, Ernst, die Histologie des „Pseudoknorpels" in der Achillessehne des Frosches und dessen Veränderung bei entzündlicher Reizung. Inaugural-Dissertation. gr. 8. (48 S.) Königsberg 878. (Hartung'sche Verlagsdruckerei.)

Stadelmann, Ernst, der Icterus u. seine verschiedenen Formen. Nebst Beiträgen zur Physiologie u. Pathologie der Gallensecretion. gr. 8. (III, 287 S. m. 18 Abbildgn.) Stuttgart 891. F. Enke. n. 9. —

Stadelmann, E., s.: Klinik, Berliner.

— u. **Wolff-Eisner**, Schema zur kutanen u. konjunktivalen Tuberkulinanwendung. A. Für Tuberkulöse. B. Für Nicht-Tuberkulöse. (Je 2 S.) 34×43 cm. Würzburg (907). C. Kabitzsch. 10 Exple. — 60

— üb. Schwefelkohlenstoffvergiftg., s.a. Klinik, Berliner.

Ueber Schwefelkohlenstoffvergiftung v. E[rnst] **Stadelmann** in Berlin. Berlin: Fischer 1896. (26 S.) 8°
(Klinik, Berliner. H. 98.)

— Untersuchungen üb. die Peptonurie. Lex.-8. (104 S.) Wiesbaden 894. J. F. Bergmann. n. 4. —

Stadelmann, F. Erziehung u. Unterricht bei den Griechen u. Römern. gr. 8. (217 S.) Triest 891, Schimpff. * 3 50

Stadelmann, Franz: Die Bürgschaft. 8 (S. 3—44). (Fortsetzung und Schluſs.) 8 (S. 3—39) Progr. K. k. G. *Triest* 1896. 1897.

Stadelmann, H., s.: Bericht üb. etc. Entomologie.

— selecta Germanicorum Graecorumque Poetarum carmina latinitate vestita. Adjunctis archetypis edid. etc. Augustae Vindelicorum 856. Kollmann. 12. (XVI, 212 S.) 22½ ngr.

– Dass., s.a. Carmina

– Varia variorum carmina, s.a. Carmina

Stadelmann, H., varia Variorum carmina latinis modis aptata adjectis archetypis offert etc. Onoldi 854. Gummi. 12. (VIII, 612 S.) 1 rf. 15 ngr.

Stadelmann, H. (Pseud.: H. Waldstein.) Erst wägen, dann wagen. Politisch militärische Studie. Hannover 1892. 60 S.

Stadelmann, die Feld-Artillerie und die Nothwendigkeit ihrer Pflege, s. Zeit- und Streitfragen, neue militärische.

— **Hymenopteren**, s.: Deutsch-Ost-Afrika, IV.

Stadelmann, H., altchristliche Hymnen und Lieder, s. Hymnen und Lieder.

Stadelmann, H. Aug., in Freud' und Leid. Gedichte. 8. (IX, 191 S.) Hannover 885, Schmorl und v. Seefeld. * 1 50

Stadelmann, Heinr., Amor u. Psyche u. 6 Grimm'sche Märchen. — Briefwechsel, s.: Bomhard's u. Stadelmann's Briefwechsel.

Stadelmann, Heinr., Bemerkungen zur Lehre von der operativen Behandlung der Necrose. 1. Lfg.: Necrosis interna. gr. 4. (16 S. mit 3 ill. Stnt. Abbildungen.) Nürnberg 859, Bauer und Raspe. *

Carmen saeculare Schilleri poetae divini natali die X. Nov. rite celebrando scholae latinae Memmingensis auctoritate dicatum interprete Henrico Stadelmanno. — 1859. Ibid. — 1 Bog. unpag. — 17 lat. alkäisch. (III) Strophen.
Progr. Memmingen.

Stadelmann, Heinr., Gedichte. 16. (422 S.) Eichstadt 874. Krüll. geb. m. Goldschn. 5. —

Stadelmann, Heinr., Geisteskrankheit u. Naturwissenschaft. Geisteskrankheit u. Sitte, Geisteskrankheit u. Genialität, Geisteskrankheit u. Schicksal. (43 S.) gr. 8. München 905. Verlag der ärztl. Rundschau. n. 1. —

Stadelmann, Heinr., d. acute Gelenkrheumatismus u. dessen psychische Behandlg. E. Studie. M. e. Vorwort von Frhrn. v. Schrenck-Notzing. gr. 8. (IX, 37 S.) Würzburg 895. Stahel'sche Verlagsanst. n. 1. —

Stadelmann, Heinr., Harfenklänge. Eine Auswahl evangel. Kirchenlieder in latein. Reimversen. A. u. d. T.: Lyra sacra. Poetarum evangelicorum cantica aliquot latina veste induta. gr. 16. (191 S.) Halle 876, Buchh. des Waisenhauses. cart. *

Das nervenkranke Kind in der Schule. Vortrag geh. im Dresdener Lehrerver. von Dr. Heinrich **Stadelmann**, Nervenarzt. Magdeburg: Faber 1907. (12 S.) 8° [Umschlagt. F.]
Aus: Montagsblatt. 1906, No 22. 23. Wissenschaftl. Wochenbeil. d. Magdeb. Zeitung. [07. 3170

— schwachbeanlagte Kinder. Ihre Förderg. u. Behandlung. (40 S.) gr. 8. Ebd. 904. n. 1. 20

Schwachbeanlagte Kinder. Ihre Förderung u. Behandlung. Von Dr. Heinrich **Stadelmann**, Nervenarzt. 2. Aufl. München: Aerztl. Rundschau [um 1906]. (40 S.) 8° [F.]
— **Arzt**, Der, als Erzieher. H. 14. [07. 10931

Stadelmann, Heinr., Leierklänge aus Albion. Eine Auswahl engl. Gedichte in's Deutsche übertragen. 16. (VIII und 234 S.) Augsburg 864, v. Jenisch und Stage'sche Buchh.
cart. 26½ Ngr.; geb. mit Goldschn. Pracht-Ausg.

— discrete Nervenschwäche. (Sexuelle Neurasthenie.) 8. (III, 65 S.) Ebd. 898. n. 2. —

— der Psychotherapeut. Für Aerzte geschrieben u. m. biologisch-psycholog. Vorbemerkgn. vers. gr. 8. (IV, 230 S.) Ebd. 896. n. 3. —

—— weiße Rosen auf das Grab eines Kindes. 24. (III und 56 S. mit 1 Stnt.) Memmingen 857, Besemfelder'sche Buchh. geb. -

Stadelmann, Heinrich [aus Memmingen]: Das Santelholzöl und seine Anwendung bei Gonorrhöe .... Würzburg, Paul Scheiner's Buchdr., 1887; 26 S. 8°

Würzburg, Med. Fak., Inaug.-Diss. v. 1887

Stadelmann, Heinrich, das Santelholzöl und seine Anwendung bei Gonorrhoë. Diss. Würzburg 1887, Stahelsche Univ.-Buchh. 8°. 26 S.

Zur Schillerfeier (10. Nov. 1859). Von Heinrich Stadelmann. — Ebend. — ½ Bog. — 8 achtzeil. Strophen.
Progr. Memmingen.

— Schulen f. nervenkranke Kinder, s.a. Sammlung v. Abhandlungen aus dem Gebiete d. pädagog. Psychologie u. Physiologie.

Schulen für nervenkranke Kinder. Die Frühbehandlung u. Prophylaxe d. Neurosen u. Psychosen. Von Dr. Heinrich Stadelmann, Nervenarzt in Würzburg. *Berlin: Reuther & Reichard 1903.* (31 S.) 8°
— Sammlung von Abhandlungen aus d. Geb. d. pädag. Psychologie u. Physiologie. Bd 6, H. 5. .05 u3,a 2

—— Sionsgrüße, s. Sionsgrüße.

— Die Stellung der Psychopathologie zur Kunst. Ein Versuch. Mit 8 Bildbeilagen. (51 S.) 8. München 908. R. Piper & Co. 1. 80

— d. Suggestiv-Behandlung d. Kniegelenks-Entzündg. [Aus „Allg. med. Central-Zeitg."] gr. 8. (6 S.) Berlin 895. O. Coblentz. n. 1. —

—— aus Tibur und Teos. Eine Auswahl lyrischer Gedichte von Horaz, Anakreon, Catull, Sappho u. A. In deutscher Nachdichtung. 16. (106 S.) Halle 868, Buchh. des Waisenhauses. * geb. mit Goldschn. *

Viro doctissimo et illustrissimo Michaeli Rehm potentissimo Bavariae regi a consiliis ecclesiasticis Decanatus Memmingensis praesidi summe reverendo ecclesiae ad st. Martinum pastori primario scholae latinae per annos XXV praefecto ornatissimo solemnia muneris ecclesiastici semisaecularia die XXIII. m. Aprilis MDCCCLVII. celebranti laetabundi congratulantur scholae latinae Memmingensis doctores. — Memmingae, lit. off. Fischach. — 1 Bog. unpag. — 15 alllep. (II) Strophen lat. und deutsch [v. Heinrich Stadelmann, Zebl.]
Progr. Memmingen.

— Arztlich-pädagog. Vorschule auf Grundlage einer biologischen Psychologie. (VIII, 291 S.) gr. 8. Hamburg 909. Leipzig, L. Voss. 5. —

— das Wesen der Psychose auf Grundlage moderner naturwissenschaftlicher Anschauung. 6 Hefte. gr. 8. München, Verlag d. ärztl. Rundschau. n. 10. —
1. Das psych. Geschehen. — Das Wesen der Psychose (allgemeiner Tl.). (42 S.) Würzburg 904. n. 1. 50
2. 3. Grund u. Ursache der Psychose. — Der Kontrastcharakter. — Die Hysterie. (S. 41—127.) Würzburg 904. n. 3. —
4. Die Katatonie. (S. 129—184.) 905. n. 2. —
5. 6. V. Heft. Die Paranoia. VI. Heft. Die Epilepsie. (S. 185 bis 277.) 905. n. 3. 50

—— Zeitklänge. Gaben der deutschen und römischen Muse. 16. (IV, 51 S.) Memmingen 872, Besemfelder. geb. mit Goldschn. *

Stadelmann, H[einrich] Jul[ius], Regiomontanus: Sectiones transversae partium elementarium corporis humani. Tur. typ. C. Koehleri 1844. 26 S., 1 Taf., 1 Bl. 8°.

Zürich, Med. Diss. v. 23. März 1844.

Stadelmann, H. Jul., Sectiones transversae partium elementarium corporis humani. Dissert. inaug. 8maj. (1¾ B. u. 1 Stnt.) Turici 844, (Meyer et Zeller.) *

Stadelmann, Hermann *Georg Theodor* [aus Berlin]: Ueber den anatomischen Bau des Strongylus convolutus Ostertag nebst einigen Bemerkungen zu seiner Biologie. (Aus d. zoolog. Institut zu Berlin.) ... Berlin, Druck v. E. Streisand, 1891; 39 S., 1 Bl. 8°

Berlin, Phil. Fak., Inaug.-Diss. v. 29. Jul. 1891

Stadelmann, Hugo (I.), die Bedeutung der Person Jesu vom Standpunkte der historisch-kritischen Theologie. Ein Vortrag. 8. (67 S.) Wiesbaden 868, Kreidel's Verlag. * 1 —

Stadelmann, Hugo, neue Fabeln aus der Kinderstube für die Kinderstube. Mit (chromolithogr.) Illustr. nach Zeichnungen von J. Scotti. gr. 4. (86 S.) Stuttgart 876, Thienemann's Verlag. cart. *

Stadelmann, Hugo (II.), das in der königl. bayerischen Armee adoptirte Rückladungs-System Werder. Nach dem Orig. aufgenommen und beschrieben. gr. 8. (III, 56 S. mit 5 lithogr. Taf. in qu. Fol. und 1 Bl. Text.) Amberg 869, Pohl. * 4 20

Stadelmann, Hugo, Vortrag üb. die freiwillige Sanitäts-Hülfsthätigkeit im Kriege u. speciell üb. Zweck u. Aufgaben der Sanitäts-Kolonnen, geh. am 8. Oktbr. 1890. Hrsg. v. der freiwill. Sanitäts-Kolonne in Würzburg. gr. 8. (20 S.) Würzburg 890. (Stuber's Verl.) n. — 40

Stadelmann, Hugo. Vortrag üb. die freiwillige Sanitäts-Hülfsthätigkeit im Frieden u. die Nothwendigkeit diese rechtzeitig zu fördern, geh. am 21. Oktbr. 1891. gr. 8. (23 S.) Würzb. 891, (Stuber's Verlag). * — 50

Stadelmann, J., De quantitate vocalium Latinas voces terminantium. Diss. 1884. 79 S.

Stadelmann, Jean. La distribution géographique des noms de lieux germaniques dans la Suisse romande. A quelle époque les Germains établis dans notre pays ont-ils été romanisés? ⟨Extrait du tome 7 [2e livr.] des Archives de la Société d'histoire du canton de Fribourg.⟩ [Avec 1 carte.] II + 9 p. 8. Fribourg, Fragnière Frères, 1902.

Stadelmann, Jean: Etudes de toponymie Romande. Pays Fribourgeois et districts Vaudois d'Avenches et de Payerne. (Mit 2 Karten.) Fribourg 1902. 159 S. 8°.

Freiburg i. Schw. Phil. Diss. 1901/1902.

Stadelmann, Jean. Études de toponymie romande: Pays fribourgeois et districts vaudois d'Avenches et de Payerne. [Avec 2 cartes. — Extrait du tome 7, 2e livr., des Archives de la Société d'histoire du canton de Fribourg.] II + 159 p. 8. Fribourg, Fragnière Frères, 1902.

Ed. A: Thèse Lett. Fribourg ⟨Suisse⟩.
Ed. B: *sep.*

Stadelmann, J[ean]. Französisch-Deutsches Wörterbuch nach Wortfamilien zusammengestellt, mit zahlreichen etymologischen und sinnerläuternden Angaben, in doppelter — sachlicher und alphabetischer — Anordnung. IV + 228 S. 8. Freiburg ⟨Schweiz⟩, Selbstverlag des Verfassers (Neuchâtel, Imp. P. Attinger), 1904. [cart. fr. 1. 50]

Der leichteste und kürzeste Weg zur Aneignung des französischen Wortschatzes.

Stadelmann, J., französisch-deutsches Wörterbuch, nach Wortfamilien zusammengestellt m. zahlreichen etymolog. u. sinnerläut. Angaben, in doppelter — sachl. u. alphabet. — Anordng. (Der leichteste u. kürzeste Weg zur Aneigng. des französ. Wortschatzes.) (IV, 228 S.) 16. Freiburg (Schweiz) 904. (Universitäts-Buchh.) Kart. n. 1. 30

Stadelmann, Jh. Christ. Fr., s. Stadelmann, Christian Friedrich

Stadelmann, Jh. Fr., († d. 22. Juli 1822.) Katechismus-Predigten. 1r Thl. gr. 8. Nürnb. 791. Raw. 12 gr. Hbg. Pr. 9 gr.

— Summarien üb. die Bußpsalmen. gr. 8. Nürnb. 791. (Eichhorn). 6 gr — Dies. üb. die epistol. Texte des ganzen Jahres. 2 Bde. gr. 8. Ebd. 788—90. 1 Thlr — Dies. üb. die evangel. Texte des ganzen Jahres. 2 Bde. gr. 8. Ebd. 790. 1 Thlr

— Summarien, üb. d. Bußpsalmen. gr. 8. Nürnberg, Grattenauer. 791.

— — über d. epistol. Texte d. ganz. J. 2 Bde. gr. 8. Ebend. 788—90.

— — üb. d. evangel Texte d. ganz. J. 2 Bde. gr. 8. Ebend. 799.

Stadelmann, Jh. Wlh. Fr., Lehrbüchlein des evangel. Glaubens u. Lebens, nach den 6 Hauptstücken im luther. Katechismus. gr. 8. Nördling. 827. Beck. 4 gr Hbg. Pr. 2 gr

— Lehrsätze aus der Schule ewiger Wahrheit. 8. Ansb. 817. Gassert. 4 gr

Stadelmann, K. Die Luftschiffahrt in den Militärstaaten Europas und ihre praktische Verwendung im Kriegsfalle. Mit Abb. ꝛc. Berlin 1892. 65 S.

Stadelmann, Karl, Referendar: Der Impresariovertrag nach bürgerlichem Recht. Halle a.S. 1909: Kaemmerer. 71 S. 8°
Halle, Jur. Diss. v. 8. Dez. 1909, Ref. Stammler
[Geb. 8. Jan. 83 Frankfurt a. M.; Wohnort: Frankfurt; Staatsangeh.: Preußen; Vorbildung: Lessing-Gymn. Frankfurt Reife O. 01; Studium: Genf 1, Berlin 2, Halle 3 S.; Rig. 15. Okt. 09.] [U 10. 1676

Stadelmann, Karl, der Impresariovertrag nach bürgerlichem Recht. (71 S.) gr. 8. Halle 910. C. A. Kaemmerer & Co. 1.20

Stadelmann, Carl, „Mehr Geld". Praktische Anleitgn. zur Hebg. u. Förderg. landwirtschaftl. Nebenzweige, e. nicht zu unterschätz. Erwerbsquelle f. d. Landwirt. Hrsg. unter Mitwirkg. bewährter Fachmänner. I—VII. 12. Leipzig, O. Lenz. n. 3.60; geb. n. 5.—
I. Die ländliche Geflügelzucht in ihrer rationellen Gestaltung. (IV, 69 S.) Zwenkau 898. n. —50; geb. n. —70
II. Die Bienenzucht, e. reiche Einnahmequelle für unsere Landwirte. Mit Abbildgn. (IV, 102 S.) Zwenkau 898. n. —50; geb. n. —70
III. Die ländliche Nutzviehzucht. (IV, 87 S.) Zwenkau 898. n. —50; geb. n. —70
IV. Die Schweinezucht, e. höchst einträgl. Landwirtschaftszweig. Mit Abb. (V, 68 S.) Zwenkau 898. n. —50; geb. n. —70
V. Der kleine Haustierarzt. Ein unentbehrl. Hilfs- u. Nachschlagebuch f. den Landwirt u. Viehzüchter. (IV, 95 S.) Zwenkau 898. n. —50; geb. n. —70
VI. Die Grundlehren des rationellen Obstbaues. Mit Abbildgn. (IV, 111 S.) 899. n. —60; geb. n. —80
VII. Die Fischzucht, e. treffl. Mittel zur Nutzbarmachung unbebauter Flächen, sowie zur Erhöhung der Bodenrente. Mit Abbildgn. (IV, 82 S.) 899. n. —50; geb. n. —70

Stadelmann, Carl, „mehr Geld". Praktische Anleitungen zur Hebg. u. Förderg. landwirtschaftl. Nebenzweige, e. nicht zu unterschätz. Erwerbsquelle f. den Landwirt. Hrsg. unter Mitwirkung bewährter Fachmänner. VIII. 12. Zwenkau 898. Leipzig, O. Lenz. n. — 25 (I—VIII: n. 3.85)
Der Gemüsebau als landwirtschaftlicher Nebenzweig. Praktische Anleitg. zu e. rationellen Ausbeutung des Bodens. Von Ernst Eibel. 3. verb. Aufl. (II, 31 S.)

Stadelmann, Roiso-Handbuch f. Elsass-Lothringon u. Badon m. Borücksicht. dor Nachbarstaaton Württomborg, Bayorn, Schwoiz u. Frankreich. gr. 8. (VI, 121 S. m. 1 Karte.) Loipzig 892. (Th. Wobor.) Gob. in Loinw. [n. 4. —]
Wurdo beschlagnahmt.

Stadelmann, Carl, die neuen Verkehrsmittel im Kriege. 1.—3. Hft. gr. 8. Berlin, E. S. Mittler & Sohn. à n. 1.25
1. Das Zweirad bei den verschiedenen Militärstaaten Europas u. seine praktische Verwendung im Kriegsfalle, nebst e. Anh.: Leitfaden zur prakt. Unterweisg. militär. Radfahrer. (54 S. m. Abbildgn.) 891.
2. Die Luftschifffahrt in den Militärstaaten Europas u. ihre praktische Verwendung im Kriegsfalle. Mit 6 Abbildgn. u. 4 Skizzen. (65 S.) 892.
3. Die Brieftaube, ihre Aufzucht u. Dressur, sowie ihre prakt. Verwendg. f. das Nachrichtenwesen im Festungskriege. (56 S. m. Abbildgn.) 892.

Stadelmann, Carl, k. sächs. Lieut. Das Zweirad bei den verschiedenen Militärstaaten Europas und seine praktische Verwendung im Kriegsfalle nebst einem Anhang: Leitfaden zur praktischen Unterweisung militärischer Radfahrer. Mit 14 Abbild. im Text. (Aus: „Die neuen Verkehrsmittel im Kriege." I. Hft.) 8. Wien 1891.

Stadelmann, Lor., Meister Thomas oder der Doppelgänger. Musikal. Volksdrama in 4 Akten. Musik von Maurice Chemin-Petit. gr. 8. (68 S.) Nürnberg 883, (Korn'sche Buchh.) * — 60

Stadelmann, R., Carl von Wulffen. Ein Cultur- und Charakterbild. (Abdr. aus den Preußischen Jahrbüchern.) Berlin 863. G. Reimer. gr. 8. (43 S.) 6 ngr

Stadelmann, Rud., Friedrich der Große in seiner Thätigkeit f. den Landbau Preußens. gr. 8. (VI, 162 S.) Berlin 876. Wiegandt, Hempel & Parey. n. 4. —

—— Friedrich Wilhelm I. in seiner Thätigkeit für die Landescultur Preussens, s. Publicationen aus den k. preussischen Staatsarchiven.

Stadelmann, R., Preussens Könige in ihrer Thätigkeit für die Landescultur, saPublicationen aus den königl. preuss. Staatsarchiven.

Preussens Könige in ihrer Thätigkeit für die Landeskultur. Von Rudolph Stadelmann.
(Th. 1:) Friedrich Wilhelm I. in seiner Thätigkeit für die Landescultur Preussens. Leipzig 1878.
Th. 2: Friedrich der Grosse. ebd. 1882.
Th. 3: Friedrich Wilhelm II. ebd. 1885.
Th. 4: Friedrich Wilhelm III. (1797—1807.) ebd. 1887.
= Publicationen aus den K. Preussischen Staatsarchiven. Bd. 2, 11, 25, 30. 8°.

— aus der Regierungsthätigkeit Friedrich's d. Großen. Mit e. Bildniß Friedrich's d. Großen nach e. Zeichng. v. Gfr. Schadow. 8. (VIII, 218 S.) Halle a/S. 890. Hendel. 1.50

Stadelmann, R., der Schutz der nützlichen Vögel in seiner Nothwendigkeit für den Land-, Forst- und Gartenbau. 3., unveränd. Aufl. gr. 8. (52 S.) Halle 867, Buchh. des Waisenhauses.*

Stadelmann, Rud., die Stiftung von Hofwyl. In Auszügen u. Umrissen der hofwyler Blätter u. Bestrebungen dargestellt. M. Vorw. u. Widmung v. F. E. H. Beck. 12. (6 B.) Darmstadt 844, Jonghaus.

Stadelmann, R., das landwirthschaftliche Vereinswesen in Preußen. Seine Entwickelung, Wirksamkeit, Erfolge und weiteren Ziele. gr. 8. (XII, 332 S.) Halle 874, Buchh. des Waisenhauses. * 7 —

Stadelmann, Wilh., Anleitung zur Behandlung des Stats- und Rechnungswesens, dann zur Führung der Kassen der Gemeinden und gemeindl. Stiftungen, Armenpflegen und Cultusstiftungen unter Beifügung eines wörtl. Abdrucks aller einschläg. Bestimmungen, dann sämmtl. Formulare. 8. (VI, 188 S.) Bamberg 871, Buchner'sche Buchh. 2 40

Stadelmann's Anleitung zur Behandlung d. Etats- u. Rechnungswesens zur Führung der Kassen der Gemeinden u. gemeindlichen Stiftungen, Armenpflegen u. Kultusstiftungen, sodann zur Führung der Gemeindekrankenversicherungs- u. der Sparkassen. 2. Aufl. Auf Grund der neuesten gesetzl. Verordngn. u. Bestimmngn. umgearb. u. vielfach verm. v. Rud. Menz. gr. 8. (XI, 353 S.) Bamberg 894. C. C. Buchner, Verl. n. 4. —; geb. n. 4. 80

Stadelmann, Wilh., praktische Anleitung zu Vermarkungen und Gränzberichtigungen durch die Siebner und Feldgeschwornen. Zum Gebrauch für Siebner und Feldgeschworne, Gemeinde-Verwaltungen 2c. gr. 8. (V und 81 S. mit 4 lithogr. Abbild. in 4.) Bamberg 867, Buchner'sche Buchh. cart. *

—— Anleitung zur Verabfassung ortspolizeilicher Vorschriften auf Grund des Polizeistrafgesetzbuches, der Gemeindeordnung, des Heimatgesetzes, Aufschlaggesetzes und Gewerbsgesetzes mit Entwürfen zu solchen für jeden einzelnen Gesetzartikel. 2., vollständig neu bearb. Aufl. der Druckschrift: „Die Polizeivorschriften der Ortsbehörden". gr. 8. (VII, 165 S.) Ebendas. 871. 2 40

Stadelmann, W., Anleitung zur Verabfassung ortspolizeilicher Vorschriften auf Grund- d. Polizei-Strafgesetzbuches, d. Reichs-Strafgesetzbuches, der Reichsgewerbe-Ordnung, der Gemeinde-Ordnung u. der Aufschlagsgesetze, m. Entwürfen zu ortspolizeil. Vorschriften, statutar. Bestimmgn., Regulativen u. Gebührentarifen. 3., neu bearb. Aufl. v.: „Die Polizeivorschriften der Ortsbehörden". gr. 8. (XX, 340 S.) Bamberg 890. Buchner's Verl. geb. n. 4. 50

—— die Bauführung im Königr. Bayern diesseits des Rheins. Alphabetisch bearb. auf Grund der Allerh. Bauordnung vom 30. Juni 1864, des Straf- und Polizeistrafgesetzbuches, der Gewerbs-Instruktion vom 21. April 1862, der Gesetze über Benützung des Wassers und über Uferschutz, dann der sämmtl. übrigen bei Bauführungen zur Sprache kommenden Bestimmungen. 8. (IV, 152 und Bauordnung 21 S.) Bamberg 864, Buchner'sche Buchh. *

Stadelmann, W., die bayerische **Gemeindeordnung vom 29. April 1869, sammt den Gesetzen über Armen- und Krankenpflege, Heimat, Verehelichung und Aufenthalt, Freizügigkeit, Erwerbung und Verlust der Bundes- und Staatsangehörigkeit, die Aufbringung des Bedarfs für die deutschen Schulen in ihrer derzeitigen Geltung; nebst den hiezu ergangenen Vollzugsvorschriften. Mit vielen erläut. Noten. 2. vollständig umgearb.** Aufl. gr. 8. (XVIII, 394 S.) **Bamberg 883, Buchner'sche Buchh.** 4 50
Aus: Gemeindeverfassung des Königr. Bayern, besonders abgedruckt.

Stadelmann, Wilh., die bayerische Gemeindeordnung sammt den Gesetzen über Armen- und Krankenpflege, Heirath, Verehelichung und Aufenthalt in ihrer derzeitigen Gestaltung nebst den hiezu ergangenen Vollzugsvorschriften. Mit erläut. Noten. gr. 8. (226 S.) Bamberg 876, Buchner'sche Buchh. *
Aus: Die Gemeindeverfassung des Königr. Bayern, besonders abgedruckt.

—— die Gemeindeverfassung des Königr. Bayern. Eine Sammlung aller das Gemeindewesen und die Thätigkeit der Gemeindebehörden betr. Gesetze, Verordnungen und Ministerial-Entschließungen mit Erläuterungen und Citaten aus der einschläg. Literatur. Bearb. als 3. Aufl. der gleichbetitelten Hauff'schen Druckschrift. 7 Lfgn. gr. 8. Ebendas. [1.—3. Lfg. (II, S. 1—288.) 869. *ℳ 3,60.; 4. Lfg. (S. 289—432.) 869. *ℳ 1,80.; 5.—7. Lfg. (VIII, S. 433—650.) 870. *ℳ 3.] * 8 40

—— die Gemeinde-Verfassung des Königr. Bayern. Eine Sammlung der das Gemeindewesen und die Thätigkeit der Gemeindebehörden und äußeren Verwaltungsbehörden betr. Gesetze, Verordnungen und Ministerial-Entschließungen mit Erläuterungen und Citaten aus der einschlägigen Literatur. 4. Aufl. 10 Lfgn. gr. 8. Ebendas. [1.—4. Lfg. (S. 1—384.) 875. à *ℳ 1,40.; 5.—7. Lfg. (S. 385—672.) 876. à *ℳ 1,30.; 8.—10. Lfg. (VIII, S. 673—879.) 876. *ℳ 3,25.] * 1

—— die Gemeindeverfassung des Königr. Bayern. Eine Sammlung der im Gebiete der Verwaltung am häufigsten zur Anwendung kommenden, insbesondere auch das Gemeindewesen und die Thätigkeit der Gemeindebehörden und Standesbeamten betr. Gesetze, Verordnungen und Ministerial-Entschließungen mit Erläuterungen und Citaten aus der einschläg. Literatur, den Entscheidungen des Verwaltungsgerichtshofes, des obersten Gerichtshofes und des Reichsgerichts, nebst vielen Formularen. 5. vollständig neu bearb. und vielfach verm. Aufl. 22 Lfgn. oder 2 Bde. gr. 8. (VIII, 836; 1168 S. mit 60 S. Register.) Ebendas. 883,84. à Lfg. *ℳ 1,80. * 39 60

—— Gewerbeordnung für das deutsche Reich in der Redaktion nach der Bekanntmachung des Reichskanzlers vom 1. Juli 1883, mit den Entscheidungen des Verwaltungsgerichtshofes, des Obersten Gerichtshofes, des Oberlandesgerichts München und des Reichsgerichts, den den betr. Gesetzesstellen unmittelbar angefügten Vollzugsvorschriften vom 4. Dezbr. 1872, 8. Aug. 1879 und 27. Dezbr. 1883, dann den sämmtl. zu dem Gesetze weiter ergangenen Bestimmungen und zahlreichen erläut. Noten hrsg. gr. 8. (X, 141 S.) Ebendas. 884. * 2 80
Aus: Gemeindeverfassung des Königr. Bayern, besonders abgedruckt.

—— Handbuch für Landgemeinde-Verwaltungen bearb. auf Grund der neuesten Gesetzgebung. 5. Aufl. gr. 8. (1. Hälfte 256 S.) Ebendas. 870. * 4 50

Stadelmanns Handbuch f. Landgemeinde-Verwaltungen. 6. Aufl. 56 Cartonblätter. gr. 8. (120 S.) Bamberg 872. **Buchner.** — 60

—— dass. — für Landgemeinde-Verwaltungen, Armenpflegschaftsräthe, Kirchen- und Schulverwaltungen, Verwalter des Gemeinde- und Stiftungs-Vermögens 2c. des rechtsrhein. Bayerns. 6. unter Berücksicht. der deutschen Reichsgesetze vollständig neu bearb. Aufl. 8. (XVI, 618 S.) Ebendas. 872. 4 80

—— dass. — 7. unter Berücksicht. der neuen Reichsgesetze u. s. w. vollständig neu bearb. Aufl. 8. (XVI, 448 S. und Beilagen 228 S.) Ebendas. 874. * 6 —

Stadelmann, W., Handbuch für Landgemeinde-Verwaltungen, Armenpflegschaftsräthe, Kirchen- u. Schulverwaltungen, Verwalter des Gemeinde- u. Stiftungs-Vermögens, Standesbeamte u. Gemeindeschreiber des rechtsrheinischen Bayerns. 8., vollständig neu bearb. Aufl. gr. 8. (XVI, 655 S.) Bamberg 878. Buchner. n. 6. 60

—— Handbuch für Landgemeinde-Verwaltungen, Armenpflegschaftsräthe, Kirchen- und Schulverwaltungen, Verwalter des Gemeinde- und Stiftungs-Vermögens, Standesbeamte und Gemeindeschreiber des rechtsrheinischen Bayern. 9. vollständig neu bearb. Aufl. gr. 8. (XVI, 786 S.) Ebendas. 882. * 7 20

Stadelmann, Wilh., Handbuch für Landgemeinde-Verwaltungen, Armenpflegschaftsräthe, Kirchen- und Schulverwaltungen, Verwalter des Gemeinde- und Stiftungs-Vermögens, Standesbeamte, Gemeindeschreiber, Gutsbesitzer 2c. des rechtsrheinischen Bayerns. 10. unter Berücksicht. der Entscheidungen des Verwaltungsgerichtshofes vollständig neu bearb. Aufl. Lex.-8. (XX, 1008 S.) Bamberg 887, Buchner'sche Buchh. * 10 —
geb. in Leinw. *ℳ 11.—; in Halbfrz. * 11 80
Auch in 8 Lfgn. à * 1 25

Stadelmann's Handbuch f. Landgemeinde-Verwaltungen, Armenpflegschaftsräte, Kirchen- u. Schulverwaltgn., Standesbeamte, Gemeindeschreiber d. rechtsrhein. Bayerns. 11., unt. Berücksicht. d. neuen Gesetzgebg. vollst. neu bearb. Aufl. v. **Hans Wachter.** 10 Lfgn. gr. 8. (XX, 1012 S.) Bamberg 895. C. C. Buchner, Verl. à Lfg. n. 1. —

—— das Militärwesen des Königr. Bayern in Krieg und Frieden. Gesetz über die Verpflichtung zum Kriegsdienste, Reichsmilitärgesetz, Gesetz über den Landsturm, Gesetz die Ausübung der militär. Kontrole über die Personen des Beurlaubtenstandes rc. betr., Ersatz-, Wehr- und Kontrolordnung; Einquartierung, Vorspann und sonst. Naturalleistungen, Kriegsleistungen incl. der Bestimmungen über Mobilmachung, Pferdeaushebungsreglement. Nach den neuesten gesetzl. Bestimmungen, Vollzugsvorschriften, Verordnungen rc. übersichtlich zusammengestellt und bearb. gr. 8. (X, 421 S.) Ebendas. 884. * 4 —

Aus: Gemeindeverfassung des Königr. Bayern.

Stadelmann, Wilh. (k. Bezirksamtmann), Nachträge zum Wirkungskreis der bayer. Distrikts-Verwaltungsbehörden, zunächst der Bezirksämter, von Frhrn. v. Pechmann. 4. Aufl. Bamberg 1885. 8'. Gr. 8⁰. Eleg. Hfrzb.

XXXIII—336 S. u. S. 337—344 Buchner'sche Verlagsbücher.

—— die Polizeivorschriften der Ortsbehörden nach Maßgabe des Polizeistrafgesetzbuches für Bayern vom 10. Novbr. 1861. Mit Erläuterungen und Entwürfen zu solchen nach der Reihenfolge der einzelnen Gesetzesartikel. 8. (VII und 124 S.) Bamberg 863, Buchner'sche Buchh.

—— das Reichsgesetz betr. die Krankenversicherung der Arbeiter vom 15. Juni 1883, nebst dem bayer. Ausführungsgesetze vom 28. Febr. 1884, sämmtl. Vollzugsvorschriften, den Entwürfen zu Statuten für Orts- und Betriebs-[Fabrik-]Krankenkassen, dann zahlreichen erläut. Anmerkungen. gr. 8. (VI, 127 S.) Ebendas. 884. * 2 —

aus: Gemeindeverfassung des Königr. Bayern, besonders abgedruckt.

— Termins- u. Geschäfts-Kalender f. Bezirksämter, Gemeindeverwaltgn., Armenpflegschaftsräthe u. Kirchenverwaltgn., dann Civil-Standesbeamte f. d. J. 1876. Fol. (34 S.) Ebend. 875. n. 1. 50

—— Termins- und Geschäfts-Kalender für Bezirksämter, Gemeindeverwaltungen, Armenpflegschaftsräthe und Kirchenverwaltungen, dann Civil-Standesbeamte für die J. 1876—1880. Fol. (à Jahrg. ca. 56 S.) Ebendas. à Jahrg. *

—— Wirkungskreis der Feldgeschworenen [Siebner, Märker] nach dem Vermarkungsgesetz vom 16. Mai 1868. 3. Aufl. 1868, und 4. verm. Aufl. Mit 33 Abbild. (auf 4 Stnt. in qu. 4.), vielen Formularen und einem Abdr. des Vermarkungsgesetzes. 8. (VII, 192 S.) Ebendas. 870. * 2 20

Stadelmann's Wirkungskreis der Feldgeschworenen (Siebener, Märker) nach dem Abmarkungs-Gesetz v. 30. VI. 1900, neu bearb. v. Jos. Reitmayr. 8. (VIII, 123 S.) Bamberg 901. C. C. Buchner's Verl. Kart. n. 1. 80

Stadelmann, Wilhelm Philipp (Creglingen) A. S. 278/21

Disquisitio patristica de orthodoxastis Alexandrinis et gnosimachis Damascenis.
Präs. Johann Balthasar Bernhold.
Altdorf (Meyer) 31. VIII. 1730.

Gew.: Karl Wilhelm Friedrich von Brandenburg usw.
W. v.: Präs., Jakob Friedrich Matusch (Opp.), Georg Wilhelm Diez (Opp.), Johann Gottfried Karl von Olnhaussen (Opp.). 33098

STADELMAYR, Friedrich (Landau): Die chirurgische Abtheilung und Klinik des Herrn Ober-Med.-Rathes Prof. Dr. v. Rothmund im allgemeinen Krankenhause München 1.d.I. Etatsjahr 1868.- Berlin: Reimer 1869. 28 S.
31.7.1868 - Urk (Titel: De casibus in statione I chirurg. Prof. Dr. de Rothmund anno 1869 tractatis.); F 72; Chr 1868/69,13
Diss.Ingolst.-Landsh.-Mchn.

STADELMAYR, Friedrich (Neuburg): De respirationis mechanismo.- Monachii: Jaquet 1832. 22 S.
27.8.1831 - Urk; F 60
Diss. Ingolst.-Landsh.-Mchn.

STADELMEYER, Ernst (München): Echitis species Brasilienses novae descriptae et adumbratae. Cum 4 tab. lithogr.- Monachii: Wolf 1840. VI,80 S.,1 Bl.,Taf.
4.4.1840 - Urk; F 65
Diss.Ingolst.-Landsh.-Mchn.

Stadelmeyer, Fr., de morbis cordis organicis observationes quaedam. Diss. inaug. 8maj. Nördling. 827. Beck. 3 gr
Stadion, Cph., oratio in synodo ad clerum habita 1518, (a K. J. H. Kolborn). 4maj. Ulm 776. Stettin. 6 gr Dies. aus d. Latein. 4. Ebd. 776. 2 gr

Stademann, Ferd., Panorama von Athen. An Ort u. Stelle aufgenommen. Imp.-Fol. (17 sauber lith. Blätter, 10 Umrisse auf farb. Pap. u. 11 Bl. Text m. 2 Vign.) München 841. (Leipzig, Rud. Weigel.) *

Staden, Hermann von: Paul Fleming als religiöser Lyriker. Stade 1908: Habersaath. 91 S. 8°
Heidelberg, Phil. Diss. v. 2. Nov. 1908, Ref. v. Waldberg
[Geb. 8. Juli 68 Wulsdorf; Wohnort: Hannover; Staatsangeh.: Preußen; Vorbildung: Gymn. Verden Reife O. 87; Studium: Göttingen 2, Tübingen 1, Göttingen 4, Heidelberg 1 S.; Rig. 26. Febr. 08.] [U 09. 2025

Ausgewählte Werke des Nürnberger Organisten Johann **Staden** ⟨1581—1634⟩. Eingel. u. hrsg. von Eugen Schmitz, (Starnberg). T. 1. Leipzig: Breitkopf & Härtel 1906. 2°(4°)
= **Denkmäler** deutscher Tonkunst. Folge 2. Jg. 7, Bd 1. 107. 2313

von **Staden**, Johannes [aus Verden]: Beiträge zur Lehre der Myelitis und Compressionsmyelitis .... Berlin, Buchdr. v. M. Niethe (1887); 43 S. 8°
Berlin, Med. Fak., Inaug.-Diss. v. 19. Nov. 1887

Staden, Johs. v., biblische Geschichte für Volksschulen, } s. Rebbersen, H. D.
—— biblische Geschichten für Unterklassen, }

Staden, Johs. v., der erste Unterricht im Zeichnen. Eine vollständ. Lehranweisg. in Verbindg. m. lith. Schülerheften zum Gebrauch f. Lehrer an Volks- u. Mittelschulen bearb. gr. 8. (VIII, 244 S. m. eingedr. Holzschn.) Hannover 876. Helwing's Verl. n. 4. —

Staden, Johs. v., der erste Unterricht im Zeichnen. Eine vollständ. Lehranweisung in Verbindung mit lithogr. Schülerheften, zum Gebrauch für Lehrer an Volks- und Mittelschulen bearb. 2. (Titel-)Aufl. gr. 8. (VIII, 244 S. mit eingedr. Fig.) Hannover 880, Helwing'sche Verlagsb. *

Staden, Johs. v., der erste Unterricht im Zeichnen. Eine vollständ. Lehranweisung in Verbindung mit lithogr. Schülerheften. 3. (Titel-)Aufl. gr. 8. (VIII, 244 S. mit vielen Holzschn.) Hannover 885, Helwing's Verlag. * 4 —

— Zeichenheft. gr. 8. (12 lith. S.) Ebend. 875. n. — 15

—— Zeichen-Heft. 1.—3. Aufl. 8. (12 lithogr. S.) Ebendas. 877,78. **

—— Zeichen-Heft. 4. und 5. Aufl. 8. (16 S.) Ebendas. 881,83. **

—— Zeichen-Heft. 6. Aufl. 8. (16 S.) Ebendas. 886. * — 15

Staden, W[ilhelm] von, Oberlehrer in Bremen: **Entwickelung** der Praesens Indikativ-Endungen im Englischen unter besonderer Berücksichtigung der 3. Pers. Sing. von ungefähr 1500 bis auf Shakspere. *Rostock 1903: C. Hinstorff.* (109 S.) 8°
Rostock, Phil. Diss. v. [1. Aug.] 1903

Staden, W. v., Entwicklung der Praesenz Indikativ-Endungen im Englischen unter besond. Berücksicht. der 3. Pers. Sing. von ungefähr 1500 bis auf Shakspere. Diss. (109 S.) gr. 8. Rostock 903. (H. Warkentien.) n. 2. —

Ein Gang durch das Museum zu Stade. Von Wilhelm v. Staden. Stade: Museum 1908. (30 S.) 8⁰
Aus: Stader Sonntagsblatt.

Stader, Joan. Franc. (geb. Mettmann 20. 6. 1826): De ellipticis integralibus quae spectant ad hyperbolae arcus. Berolini (1854). (22 S.) 8°
Berlin, Phil. Diss. v. 30. März 1854

Staderini, A: Zettel-Kataloge. Rom (1898?)

Stadhouder, Louis Justus Henricus, Tierarzt in 's-Gravenhage: Beiträge betreffend die Frage ob Schweinepestbazillen in den Gedärmen gesunder Schweine vorkommen? (Arbeit aus dem Reichsseruminstitut in Rotterdam. Dr. Poels.) 's-Gravenhage. VIII + 55 S. 8°. [6. V. 10.]
Bern. Vet.-med. Diss. 1909/10.

Stadhouder, Louis Justus Henricus. Beiträge betreffend die Frage ob Schweinepestbazillen in den Gedärmen gesunder Schweine vorkommen? Arbeit aus dem Reichsseruminstitut in Rotterdam.... Diss. Vet.-Med. Bern. VIII + 55 S. 8. 's-Gravenhage, M. Hols. (1910).

Stadie, die apologetische Aufgabe der inneren Mission. (40 S.) 8. Hamburg (905). Agentur des Rauhen Hauses. n. — 60

Stadie, Adolf, Tierarzt a. Allenburg: Arbeiten aus dem Hygienischen Institut der Kgl. Tierärztlichen Hochschule zu Berlin. Leiter: Prof. Dr. med. Ostertag. Beiträge zur Biologie des Rotlaufbazillus mit Rücksicht auf die Verwertung des Fleisches und die unschädliche Beseitigung der Kadaver rotlaufkranker Tiere. Berlin: R. Schoetz 1904. (45 S.) 8°
Gießen, Verein. Med. Fak., Ref. Olt, Diss. v. 12. Dez. 1904
[Geb. 10. Jan. 77 Allenburg; Wohnort: Ortelsburg; Staatsangeh.: Preußen; Vorbildung: Gymn. Insterburg Reife O. 95; Studium: Berlin 7 S.; Rig. 25. Juli 04.]

Stadie, Adf., Beiträge zur Biologie d. Rotlaufbazillus, s. a. Arbeiten aus d. hygien. Institut der königl. tierärztl. Hochschule zu Berlin. I.

Beiträge zur Biologie des Rotlaufbazillus mit Rücksicht auf die Verwertung des Fleisches und die unschädliche Beseitigung der Kadaver rotlaufkranker Tiere. Von Adolf **Stadie**, Tierarzt aus Allenburg. Berlin: R. Schoetz 1904. (35 S.) 8°
(Arbeiten aus d. Hygien. Inst. d. Kgl. Tierärztl. Hochschule zu Berlin.)

Stadie, Bernhard

Stadie, die Ansprüche der Polen auf Westpreußen. gr. 8. (27 S.) Thorn 867, Lambeck.

Stadie, Bernh., Geschichte der Stadt Stargard, aus vielen, bisher ungedruckten archivalischen Quellen, und älteren Chroniken, sowie aus größern Geschichtswerken gesammelt u. bearb. Zugleich ein Beitrag zur Geschichte des Kreises. Pr. Stargard 864. Kienitz. gr. 8. (192 S.) 1 ℳ

—— der Hohenzollern Staat, s. Volksbücher, preußische.

[Lied.] Der Loge „Victoria" zu den drei Gekrönten Thürmen im Or. zu Marienburg an ihrem 100jähr. Stiftungsfeste am 18. Oct. 1872 gewidmet vom Br. [Bernh.] **Stadie.** [Marienburg 1872: Bretschneider.] 2 Bl. 8° [Umschlagtit.]
Ohne Noten.

Stadie, Bernh., der landräthliche Kreis Stargard in Westpreußen in historischer Beziehung. gr. 8. (110 S.) Preuß. Stargardt 870, Kienitz. 2 50
Aus: Altpreußische Monatsschrift, besonders abgedruckt.

– Zur Fahne einberufen, s. Volksbücher, Preußische.

Stadle, Johs., erbliche Belastung und sittliche Befreiung, s.: Lehr u. Wehr für's deutsche Volk.

Städing, Adolf

Städing, A., Anleitg. zum Veranschlagen v. Hochbauten nach d. v. Ministerium f. öffentl. Arbeiten erlass. Anweisg. M. e. Anschlagsbeispiele, Mustertext f. Kostenanschläge, 7 Lichtdr.-Taf. u. 2 Tabellen. Z. prakt. Gebrauche f. Baubeamte, Architekten u. Fachschulen. gr. 8. (VII, 195 S.) Düsseldorf 898. F. Wolfrum. n. 6. 20; geb. in Leinw. n. 7. —

Stadion et Thannhausen Dominus in Hallburg, Reverendissimus ... Lotharius Georgius Josephus S. R. I. Comes a. ... Bambergae [1770]. V: *Andreas, Joh. Bonav.* (Jes)

Stadion, Walter v., oder Gesch. Herzog Leopolds von Oestreich und seiner Kriegsgefährten. (Vom Verfasser des Montbarry.) 8. Lpz. Weygand. 794.

Stadion, Christoph von. Oratio in synodo ad clerum habita 1518. ... Ulmae 1776. H: *Kolborn, Carl Joseph Hieronymus.* (Ky) (MGT)

Stadion, Ch. v., oratio in synodo ad clerum habita A. R. I. 1518. 4. mai. Ulm, Stettin. 776.

v. Stadion, Chph., (Bischof v. Augsburg,) Rede, vorgetragen in der zu Dillingen im J. 1517 gefeierten Synode. Aus dem Latein. übersetzt u. mit e. Vorwort herausgeg. von Al. Lerchenmüller. gr. 8. Augsburg 843. (Schmid'sche B.) 1/12 ℛ

— Synodalrede 1518. gehalten, a. d. Lat. 4. Ebendas. 776.

Stadion, Graf Emerich v., vom Baume der Träume. Erlauschtes. 16. (80 S.) Würzburg 883. Stahel. geb. m. Goldschn. n. 2. —

Stadion, Graf Emerich, todte Blätter. Das Wanderbuch eines exklusiven Handwerksburschen. 16. (VIII, 79 S.) Leipzig 878, [Wölfert's Buchh.] Licht und Meyer. *

– Bouquet d'amour, s. Theater-Mappe.

Stadion, Emerich Graf v., Christa. Drama in 4 Aufzügen. Pest 869. Heckenast. 8. (VIII, 104 S.) 15 ngr.

Stadion, Graf Emerich v., Christbaumflitter. Ein Weihnachtsbuch. 12. (VIII, 55 S.) Wien 890. [J. Hauler.] Leipzig, Schaumburg-Fleischer's Verl. Geb. [1. 80] n. — 80

– Ein Diplomat mit der Sense, s. Theater-Mappe.

— Dornen, s. Bacano.

Stadion, Graf Emerich v., in Duft und Schnee. Gedichte. 8. (VIII, 57 S.) Minden 886, Bruns' Verlag. geb. * 2 40

—— Er entzieht mir seine Hände, s. Theater-Repertoir, Wiener.

— drei seltsame Erinnerungen. Bochnia 868. Pisz. 8. (64 S.) n. 12 ngr.

Frauenblumen. Bilder in Versen u. Träumereien von Graf Emerich v. **Stadion**. Wien: J. Hauler 1892. (XIII, 80 S.) 8° [F.] [07. 8781

– Das Geheimmittel einer vernachlässigten Frau, s. Theater-Mappe.

—— Isfried von der Düne. Ein Märchen aus dem Leben in 3 Akten. 8. (VIII, 74 S.) Ebendas. 887. * 2 —
geb. * 2 40

— zwischen Licht u. Dunkel. Zerstreutes u. Verschollenes. 12. (IX, 102 S.) Leipzig 894. Schaumburg-Fleischer's Verl. 1. 50; geb. n. 2. —

—— und Emile Mario Vacano, Asta's Lieder. Die Herzensgeschichte einer Gräfin. Gesang von Graf Emerich Stadion. Min.-Ausg. 12. (VIII, 288 S.) Breslau 882, Schottländer. *
geb. *

— einsame Lieder. 12. (VIII, 59 S.) Ebend. 885. geb. m. Goldschn. n. 2. 40

—— die Gräfin Egon Lobhausen, s. Theater-Repertoir, Wiener.

—— Marguerites-Reines. Zwei Bluettes. gr. 8. (XI, 97 S.) Prag 878, Calve'sche Universitäts-Buchh. *

—— Rhapsodieen eines Heimathlosen im Herzen. gr. 16. (VI, 67 S.) Hamburg 872, Hoffmann und Campe. * 1 50

— Schatten im Licht. Bric-à-Brac. Plaudereien. 12. (95 S.) Teschen 882. Prochaska. n. 2. —

Stadion, Graf E. v., die Schwalbe, s.: Büchersammlung, allgemeine, lebender Schriftsteller.

Sub spinis florens. Ein Osterbuch von Graf Emerich v. **Stadion**. Leipzig: Schaumburg-Fleischer; Wien: W. Schaumburg [1893]. (x, 82 S.) 8° [Ant. u. F.] [07. 8781

— der letzte Tobie des Jahres, \
— das Unglück, Tante zu sein, / s.: Theater-Mappe.

Stadion, Graf Emrich v., Zigeuner-Reime aus dem Wanderbuche meines Lebens. 8. (VI, 68 S.) Wien 884. Engel. n. 1. —

Stadion, Franz Graf von: Nr.10704. Kundmachung des kaiserl.königl.Guberniums im österreichisch-illirischen Küstenlande. - Notificazione dell'Imp.Reg.Governo del Litorale austro-illirico (Dt.u.Ital.) von F. Graf von Stadion, Heinrich Graf O'Donell und Franz Weber. 18 S., 19 S., gbd.

Triest: 1842

JB 5.786

Stadion, Jul., Construction der Scalen-Aräometer und Alkoholometer. 1. Heft. gr. 8. (24 S. mit 1 Stnt. in qu. Fol.) Königsberg 853, (Gräfe und Unzer.) *

Stadion, Oskar, Referendar am Amtsgericht zu Luckenwalde: C. 7. § 1—1 b C. ad Sc. Trebellianum (6,49). Ein Beitrag zur Lehre von der Entwicklung des Römischen Universalfideikommisses. Berlin 1906: W. Pilz. (VIII, 53 S.) 8°
Heidelberg, Jur. Fak., Ref. Bekker, Diss. v. 26. Sept. 1906
[Geb. 23. Juli 82 Berlin; Wohnort: Luckenwalde; Staatsangeh.: Preußen; Vorbildung: Gymn. Groß-Lichterfelde Reife M. 02; Studium: Berlin 1, Grenoble 1, Berlin 4 S.; Rig. 26. Juni 06.]

Stadion, Walter, prakt. Arzt. u. Assistenzarzt d. Res. in Bomst: Ueber einen Fall von Durchbruch eines Corpuscarcinoms in ein intraligamentäres Myom des Uterus. *Leipzig 1904: B. Georgi.* (32 S.) 8°
Leipzig, Med. Diss. v. (7. Juli) 1904

STADIOT, FR.
Ueber das Wachsthum und den Nutzen der Runkelrübe. Prag, 1770.
Ueber den Nutzen der Anpflanzung der Zuckerrübe. Prag, 1775.

Stadlbauer, Karl, Denk- u. Lehrsprüche üb. die Wahrheiten der christkathol. Glaubens- u. Sittenlehren. Mit 1 Kpft. 8. Prag 822. Enders. 6 gr (Krauß). 8 gr

Stadlbauer, Mar., das Priesterthum ein Amt der Liebe. Primiz-Feier-Predigt. gr. 8. München 837. (Regensburg, Manz.) n. 5 gr

Stadlbauer, Dr. Max., über die Stiftung (1472, Einweihung 26. Juni) u. älteste Verfassung der *Universität Ingolstadt*. Rede, zur Stiftungsfeier der Ludwig-Maximilians-Universität am 26. Juni 1849. München, 1849. Gedr. bei Joh. Geo. Weiss. 4°. 29 S. Ppb.

Stadlbaur: Rede z. Stiftsgeier d. Univ. Münch. 1863.
Schul-/Univ.-Schrift

Stadlbaur, J. M., katholische Religionslehre für die studierende Jugend an den Gymnasien und anderen höheren Unterrichts-Anstalten, auch zum Selbstunterricht für gebildete Katholiken. gr. 8. (XVI und 539 S.) München 856, (Lentner'sche Buchh.) **

Stadlbaur, Jh. v. Rep., s. Avrillon, Betrachtungen auf alle Tage.

Stadlbaur, M., s. Archiv für theolog. Literatur.

Stadlbaur, Dr. M. über die akademische Freiheit. München 1848. 20 S.

STADLBAUR, Max (Kirchenthumbach): Von der Idee Gottes im Verhältnisse zur Religion und Moral. Als Beitrag zur Lösung der Frage "Hängt Moral und Religion wesentlich und nothwendig zusammen?".- München: Giel 1834. 78 S.
14.8.1832 - Ur,1 F 43
Diss.Ingolst.-Landsh.-Mchn.

Ueber das höchste und letzte Princip der Moral. Eine moraltheol. Erörterung von Max. Stadlbaur, der Theol. Doct. u. P. -- 1839. Freysing, G. Th. Müller's Wittwe. — S. I—XX.
Progr.Freising

Stadler. Johann Jakob St', Landschaftmaler (1819–1855). Njbl. sa[Hess, Jacob].

Stadler, Johann Jakob, Landschaftsmaler . . . [Zürich 1858.] V: *Hess, Jac.* (Cat. der Stadtbibl. Zürich. Zürich 1864—97.)

Stadler, Rechnungsofficial der k. k. Gefällen- und Domänen-Hofbuchhaltung. (Zu II. Abth. 11. Reichs-Gesetz-Blatt.) 4. Wien 1858.

Stadler, Adolf, aus Graz (Steiermark): **Zur Pseudomerie der aliphatischen γ-Aldehydokarbonsäuren.** *Berlin (1903): G. Schade.* (70 S.) 8°
Berlin, Phil. Diss. v. 5. Aug. 1903

Stadler, Anna. Meine erste Reise nach Neapel. Ein Erinnerungsblatt. [Mit Porträt-Tafel.] 8. Zürich 1888.

Stadler, Ant., Anleitung zur Berechnung der Intercalarfrüchte erledigter katholischer geistlicher Pfründen [Pfarreien u. Benefizien.] München 868. (Lentner.) gr. 8. (III, 68 S.) n. 15 ngr.

Stadler, Ant., Anleitung zur Berechnung der Intercalarfrüchte erledigter katholischer geistlicher Pfründen [Pfarreien und Beneficien]. gr. 8. (III, 68 S.) München 868, (Stahl.) (*M 1,50.) * 1 60

Stadler, Ant., tractatus de Duello. 4. maj. Ingolstadt, Krüll. 751.

— — s.a. Stadler, Daniel

Stadler, Aug., über die Aufgabe der Mittelschule. gr. 8. (VI, 65 S.) München 887, Th. Ackermann. * 1 20

Stadler, August. Erinnerungen an Zermatt. Vortrag gehalten in der Section Uto des S. A. C. den 28. November 1879. [Mit 1 Vignette.] ⟨S.A.⟩ 8. Bern 1880.

Stadler, Aug., die Grundsätze der reinen Erkenntnisstheorie in der Kantischen Philosophie. Kritische Darstellung. gr. 8. (IX, 158 S.) Leipzig 876, Hirzel. *

Stadler, August. Philosophische Pädagogik. Von Dr. A' St' †, gew. Professor ... in Zürich. ([Hrg. von Prof. Dr.] J[ulius] Platter.) [Mit 1 Tabelle.] VIII + 312 S. 8. Leipzig, R. Voigtländer, 1911. (M. 4.—, geb. 5.—)
Ausserordentliche Veröffentlichung der Pädagogischen Literatur-gesellschaft «Neue Bahnen».

Stadler, August. Herbert Spencer. Zürcher Rathaus-Vortrag, gehalten am 6. Dezember 1906. 38 S. 8. Zürich, Albert Müller, 1907. [fr. —. 60]

Stadler, August, [von Zürich]: Kants Teleologie und ihre erkenntnisstheoretische Bedeutung. Eine Untersuchung von A. St. Berl. F. Dümmler 1874. VIII, 155 S. 8°.
[Zürich, Phil. Diss. v. 14. März 1874].

Stadler, Aug., Kants Theorie der Materie. gr. 8. (IX, 268 S.) Leipzig 883, Hirzel. *

Stadler, Carl, s. Stadler, Karl

Stadler, Est., Grundsätze f. Bildung junger Herzen, m. Beweis. a. d. Worte Gottes. 8. Landshut, Hagen. 791. Rthlr.

Stadler, Daniel, Commercium inter corpus et animam potissimum iuxta R. P. Tournemine S. J. explicatum. Friburgi Brisgoviae, 1741, in 8°, pp. 112.
Stadler nimmt Bezug auf Tournemines Schrift: Conjectures sur l'union de l'âme et du corps. Abgedruckt in den mémoires de Trevoux. Jahrg. 1703. Vgl. dazu K. Werner, Gesch. der neuzeitl. christlich-kirchl. Apologetik. Bd. 5 (1867), S. 55 ff.

Stadler, Dan.: Tractatus de duello. *Ingolst.*, **Krüll. 751. 4maj. (1 Thl. 8 Gr.)**

— — s.a. Stadler, Anton

(Stadler, P. Dan., S. J., 1705—64.) Bayrische Geschichte zu bequemen (sic) Gebrauch verfasst u. an das Liecht gestellet. Mit Erlaubniss der Oberen. München, gedr. u. zu finden bey Joh. Jac. Vötter, churfl. Hof- u. gem. löbl. Landschafts-Buchdr., o. J. (1759). 4°. Hfzb.
6 Bll. Vorst., 570 S., 17 Bll. Reg., 1 Bl. Err. — Auf d. Titel handschriftl.: „Von dem famosen kurfl. Beicht-Vater Pater Stadler, s. J., 1759, nachdem die erste Aufl. 1750 der Unrichtigkeit halber so viel möglich supprimirt worden." — Ueber d. Vf. s. Baader's bayer. Schriftst.-Lexikon II, 2. Augsb. 1825. 8. S. 170, 171.

Stadler, Dn., († d. 18. Oct. 1764.) baier. Geschichte, zum bequemen Gebr. verfaßt u. ans Licht gestellt. 4. Münch. 762.

Stadler, Eduard, Dr., Assistenzarzt der medizinischen Klinik zu Leipzig: Experimentelle und histologische Beiträge zur Herzhypertrophie. Mit 2 Tafeln. Naumburg a. S. 1907: Lippert & Co. (32 S. mit Taf.) 8° ¶(Aus: Deutsches Archiv f. klinische Medizin Bd 91.)
Leipzig, Med. Fak., Hab.-Schr. v. 1907
(Nicht für den Austausch, lag nicht vor.)

Stadler, Eduard, appr. Arzt aus Bremen: **Ueber die Einwirkung von Kochsalz auf Bakterien, die bei den sog. Fleischvergiftungen eine Rolle spielen.** *München 1899: R. Oldenbourg.* (47 S.) 8°
Strassburg, Med. Diss. v. 1899

Stadler, Emil, von Uster (Zürich): Die Enterbung im Schweiz. Zivilgesetzbuch. Uster 1910. VI + 112 S. 8°. [27. VII. 10.]
Zürich. Univ. Staatswiss. Diss. 1909/10.

Stadler, Emil. Die Enterbung im Schweiz. Zivilgesetzbuch. Diss. Jur. Univ. Zürich. VI + 112 S. 8. Uster, E. Weilenmann, 1910.

Stadler, Ernst, Praeludien. (Mit Buchschmuck von Georges Ritleng.) (92 S.) kl. 8. Strassburg 905. J. Singer. n. 2. —

Stadler, Ernst, Wielands Shakespeare, s.a. Quellen und Forschungen zur Sprach- u. Kulturgeschichte der germanischen Völker. 107. Heft.

Wielands Shakespeare. Von Ernst Stadler. Strassburg: Trübner 1910. 133 S. 8°
Habilitationsschrift von Strassburg 1908.
(Quellen u. Forschungen z. Sprach- u. Culturgeschichte d. german. Völker. H. 107.)

Stadler, Ernst [Maria Richard], a. Colmar i. E.: Über das Verhältnis der Handschriften D und G von Wolframs Parzival. Straßburg i. E. 1906: C. Müh & Cie. (176 S.) 8°
Straßburg, Phil. Fak., Ref. Martin, Diss. v. 28. Juli 1906
[Geb. 11. Aug. 83 Colmar i. E.; Wohnort: Straßburg i. E.; Staatsangeh.: Elsaß-Lothringen; Vorbildung: Protest. Gymn. Straßburg Reife O. 02; Studium: Straßburg 1, München 1, Straßburg 4 S.]

Stadler, Eugen, med. pract. aus Flawil (St. Gallen), z. Z. Assistenzarzt im Kantonsspital Glarus: Ein Beitrag zur Frage der Diphtheriebacillenträger. Auf Grund der Untersuchung von Rachen und Nase bei 464 nicht diphtheriekranken Kindern ⟨Aus der bakt. Abteilung des Hygiene-Instituts der Universität Zürich. Abteilungsvorstand: Prof. Silberschmidt.⟩ Berlin 1909. 14 S. 8°. S.-A. aus der Hygienischen Rundschau 1909 Nr. 15. [11. VIII. 09.]
Zürich Med Diss 1908/09

Stadler, Eugen. Ein Beitrag zur Frage der Diphtheriebacillenträger. Auf Grund der Untersuchung von Rachen und Nase bei 464 nicht-diphtheriekranken Kindern. Diss. Med. Univ. Zürich. (Separatabdruck aus der Hygienischen Rundschau 1909, No. 15.) *Kopftitel:* Aus der bakt. Abteilung des Hygiene-Instituts der Universität Zürich.... 14 S. 8. Berlin, L. Schumacher, 1909.

Stadler, Franz, aus Deidesheim, Rheinpfalz: Beiträge zur Kenntnis der Ammoniumphosphorvanadinmolybdate. Bern 1906. IV + 60 S. 8°. [20. XII. 06.]
Bern. Phil. Diss. 1906/1907.

Stadler, Franz. Beiträge zur Kenntnis der Ammoniumphosphorvanadinmolybdate. Diss. Phil. Bern. IV + 60 S. 8. Bern, W. Wälchli, 1906.

Stadler, Frz., Denkpfennige. Ein Beitrag zur österreich. Rechtspflege, nach eigenen Lebenserfahrgn. zusammengestellt. gr. 8. (VII, 416 S.) Zürich 898. C. Schmidt. n. 4. —

Stadler, Franz J. Die Landessprachen der Schweiz oder schweizerische Dialektologie. Aarau, 1819.

Stadler, Franz Izra, a. Szombathely ⟨Ungarn⟩: Hans Multscher und seine Werkstatt. Ihre Stellung in der Geschichte der schwäbischen Kunst. München 1907: V. Zimmermann. (45 S.) 8°
Münster, Phil. Fak., Ref. Ehrenberg, Diss. v. 12. Febr. 1907
[Geb. 4. Sept. 77 Steinamanger; Wohnort: München; Staatsangeh.: Ungarn; Vorbildung: Oberrealsch. Oedenburg (Ung.) Reife Juni 95; Studium: Berlin 4, Basel 1, Berlin 3, Münster 1 S.; Rig. 31. Juli 06.]

Stadler, Frz. J., Hans Multscher u. seine Werkstatt, s.a. Studien zur deutschen Kunstgeschichte.

Hans Multscher und seine Werkstatt. Ihre Stellung in d. Geschichte d. schwäb. Kunst von Franz J. Stadler. Mit 13 Lichtdrucktaf. Straßburg: J. H. E. Heitz 1907. (218 S.) 8°
= Studien z. deutschen Kunstgeschichte. H. 82.

Stadler, Franc. Xav., Philosophus peregrinus perlustrata visibili mundi creatura ad creatoris Dei cognitionem manuductus, in quo per sex capita e mundi sublunaris constitutione et quattuor elementis ex mixtis perfectis inanimatis et ex animatis vegetabilibus sensitivis Dei existentia ostenditur. Partes II. Graecii, Widmanstadius, 1706 et 1707, in 8°.

Stadler, Gabriele, Bestimmung d. absoluten Wärmeleitungsvermögens einiger Gesteine. Inaug.-Diss. gr. 8. (39 S.) Zürich 888. (Born, Huber & Co.) n. — 80

Stadler, Geo.

— s. auch Messe, die heilige.

Stadler, Geo., die heil. Messe in ihren Ceremonien. Vermehrt herausgg. v. T. A. Rotermundt. 2e Ausg. gr. 12. Regensb. 831. 3e Aufl. gr. 12. Ebd. 832. Reitmayr. (Krüll in Landsh.) 12 gr

Stadler, Geo., die heilige Messe in ihren Ceremonien. Vermehrt herausg. vom Domkapit. Dr. J. A. Rotermundt. 8. München 8. München 833. (Landshut, Manz.) n. 3/4 gr

Stadler, Geo., die heil. Messe in ihren Ceremonien. 2. Ausg. gr. 12. (18 B.) Regensburg 831. 12 Gr., u. verm. u. hrsg. v. J. A. Rotermundt. 8. (16½ B.) München 833. (Regensburg, Manz.)

H. Stadler, Malachias Geiger's Schrift über die bayerischen Flußperlen.
Ansbach und Leipzig 1897

Stadler, Hans, cand. med. aus Rain a. L.: Ueber den Einfluss von Harnstoffsalicylat auf Harnsäureausscheidung und Diurese. *Erlangen 1899: F. Junge.* (35 S.) 8°
Erlangen, Med. Diss. v. (7. Juli) 1898

Stadler, Hans, Medizinalprakt. im städt. Krankenh.: Ueber Heterogenese des Knochenmarkes. München 1908: Wolf. 17 S. 8°
München, Med. Diss. v. 10. Mai 1909, Ref. v. Müller
[Geb. 10. Mai 83 Aindling; Wohnort: Karlsruhe i. B.; Staatsangeh.: Bayern; Vorbildung: Gymn. Freising Reife Juli 01; Studium: München 10 S.; Coll. 10. Mai 09; Approb. 24. Dez. 08.] [U 09. 3405

Stadler, Hans, aseptische Operationen im Privathaus, s.: Abhandlungen, Würzburger, aus d. Gesamtgebiet der prakt. Medizin. VI. 7.

Stadler, Heinrich Paul, a. Heusweiler: Die Morphologie und Anatomie von Cnicus benedictus L. Straßburg 1908: J. Manias & Cie. (80 S., 10 Taf.) 8°
Straßburg, Math.-naturwiss. Fak., Ref. Schaer, Diss. v. 15. Juni 1908
[Geb. 8. Mai 82 Heusweiler, Kr. Saarbrücken; Wohnort: Heusweiler; Staatsangeh.: Preußen; Vorbildung: Gymn. Saargemünd, Lyzeum Straßburg bis Prima 99; Studium: Straßburg 5 S.]

Stadler, Herm., s.: Archiv f. die Geschichte der Naturwissenschaften u. der Technik.

Stadler, Hermann, Dr.: Dioscorides Longobardus. ⟨Cod. Lat. Monacensis 337.⟩ V. Buch. 1901. S. 161—243. 8° ¶ Aus: Roman. Forschungen. Bd 13. 1902.
München Te. H., Hab.-Schr. v. 14. 6. 1901

— Die Entwicklungslehre bis zu ihrem heutigen Stande. (36 S.) gr. 8. München (910). Isaria-Verlag. 1. —

Stadler, H[ermann]: Alberti Magni liber de principiis motus processivi ad fidem Coloniensis archetypi ed. München 1909: Straub. 56 S. 8°
München, k. Maximilians-G P 1909* [S 09. 451

Stadler, Hermann [k. Studienlehrer]: Die Quellen des Plinius im 19. Buche der naturalis historia. . . . (= Progr. d. Stud.-Anst. zu Neuburg v. 1891.) Neuburg a. D., Griessmayersche Buchdr., 1891; 104 S. 8°
München, Phil. Fak., Inaug.-Diss. v. 1891

Stadler, *Hermann* [Dr.]: Die Quellen des Plinius im 19. Buche der naturalis historia. (= Inaug.-Diss. München 1891.) Neuburg a. D., Griessmayersche Buchdr., *1891;* 104 S. 8°
Neuburg a. D., k. StA, P 1891 •

Stadler, Hermann, med. pract. aus Zürich: Ueber die entwicklungshemmende Wirkung einiger organischer Stoffe in Lösung und in Dampfform. ⟨Aus dem Hygiene-Institut der Universität Zürich. Prof. Silberschmidt.⟩ München, Druck von R. Oldenbourg, 1910. 28 S. [23. II. 11.]
Zürich, Univ. Med. Diss. 1910/11.

Stadler, Hermann. Über die entwicklungshemmende Wirkung einiger organischer Stoffe in Lösung und in Dampfform. Aus dem Hygiene-Institut der Universität Zürich.... Diss. Med. Univ. Zürich. 27 S. 8. München, R. Oldenbourg, 1910.

Stadler, Hermine, s.: Marga.

Stadler, J. E., s. Börsenblatt für den deutschen Buchhandel.

Stadler, Joh.: Ueb. d. Eintheilung der Verbrechen in Staats- u. Privatverbrechen. *Heidelberg*, Engelmann. 823. 8.

Stadler, Johann Evangelist

— s. Angelika, oder die fromme Klosterjungfrau.

Stadler, Joh. Evang., Cursus Marianus oder Tagzeiten der allerseligsten Jungfrau und Mutter Gottes Maria. In 3 Theilen oder Cursen, sammt den Tagzeiten für die Abgestorbenen. 5., verb. Aufl. 12. (XXIV und 358 S.) Augsburg 863, Wolff'sche Buchh.

Stadler, Joh. Evang., und Fr. Jos. Heim, vollständiges Heiligen-Lexicon oder Lebensgeschichten aller Heiligen, Seligen &c. aller Orte und aller Jahrhunderte, deren Andenken in der kathol. Kirche oder sonst geehrt wird, unter Bezugnahme auf das damit in Verbindung stehende Kritische, Alterthümliche, Liturgische und Symbolische, in alphabet. Ordnung, mit zwei Beilagen, die Attribute und den Kalender der Heiligen enthaltend. 1. Bd. 1—5. Lfg. Lex.-8. (S. 1—480.) Augsburg 858, Schmid's Verlag. à Lfg. * 8 Ngr. *

—— und Fr. Jos. Heim, vollständiges Heiligen-Lexicon oder Lebensgeschichten aller Heiligen, Seligen in alphabetischer Ordnung &c. 1. Bd. 6—9. Lfg., 2. Bd. 9 Lfgn. und 3. Bd. 1. und 2. Lfg. Lex.-8. Augsburg 857—62, Schmid's Verlag. [1. Bd. (LVI und 481—824 S.) 2. Bd. (IV und 860 S.) 3. Bd. (S. 1—192.)] à Lfg. * 8 Ngr. *
1. Bd. 1—5. Lfg. Ebendas. 1856. * 1 Thlr. 10 Ngr.

—— vollständiges Heiligen-Lexikon oder Lebensgeschichten aller Heiligen, Seligen &c. in alphabet. Ordnung &c. 3. Bd. 3.—9. Lfg. Lex.-8. (S. 193—864.) Augsburg 863—68, Schmid's Verlag. à Lfg. * 8 Ngr. *
1. und 2. Bd. und 3. Bd. 1. und 2. Lfg. Ebendas. 1856—62. * 5 Thlr. 10 Ngr.

Stadler, Joh. Evang., vollständiges Heiligen-Lexikon oder Lebensgeschichten aller Heiligen, Seligen etc. in alphabet. Ordnung, mit 2 Beilagen, die Attribute und den Kalender der Heiligen enth. Unter Mitwirkung mehrerer Diöcesanpriester hrsg., fortgesetzt von J. N. Ginal. 3. Bd. 10. Lfg. und 4. Bd. 1.—11. Lfg. Lex.-8. (3. Bd. X, S. 865—975; 4. Bd. S. 1—1016.) Augsburg 869—75, Schmid's Verlag.
3. Bd. 10. Lfg.; 4. Bd. 1.—5. Lfg. à 80 Pf. 4 80
6.—11. Lfg. à 90 Pf. 5 40
1. und 2. Bd., 3. Bd. 1.—9. Lfg. Ebendas. 1856—68. M. 21,60.

Stadler, Joh. Evang., vollständiges Heiligen-Lexikon oder Lebensgeschichte aller Heiligen, Seligen etc. in alphabet. Ordnung, mit zwei Beilagen, die Attribute und den Kalender der Heiligen enth. Unter Mitwirkung mehrerer Diözesanpriester hrsg. Fortgesetzt von J. N. Ginal. 5. Bd. 1.—7. Lfg. Lex.-8. (S. 1—668.) Augsburg 876—79, Schmid'sche Verlagsh. à Lfg. * 90 Pf. *
1.—4. Bd. Ebendas. 1856—75. * M. 31,80.

Stadler, Joh. Evang., vollständiges Heiligen-Lexikon oder Lebensgeschichte aller Heiligen, Seligen etc. in alphabet. Ordnung, mit 2 Beilagen, die Attribute und den Kalender der Heiligen enthaltend. Unter Mitwirkung mehrerer Diözesanpriester hrsg. Fortgesetzt von J. N. Ginal. 5. Bd. 8.—10. (Schluß-)Lfg. Lex.-8. Augsburg, Schmid'sche Verlagsh. [8. und 9. Lfg. (S. 669—860.) 880,81. à * 90 Pf.; 10. Lfg. (S. 861—1002.) 882. * M. 1,40.] *
1.—4. Bd. und 5. Bd. 1.—7. Lfg. Ebendas. 1856—79. * M. 41,40.

—— über d. Identität der Idee d. Weisheit im alten Testamente mit der d. Wortes im alten u. neuen Testam. gr. 8. (6¾ B.) München 832, [Kgl. Hofbuchh.]

— üb. die Identität der Idee d. Weisheit im alten Testamento mit der des Wortes im alten u. neuen Testamente. gr. 8. Münch. 832. Weber. 12 kr

STADLER, Johann Evangelist (Parkstetten): De "sapientiae" v.t. et "verbi" v. et n.t. notionum identitate. (Titel nach der Urkunde)
10.8.1829 - Urk; F 43
Diss. Ingolst.-Landsh.-Mchn.

— Lexicon manuale hebraico-latinum et chaldaeo-biblicum, quod in usum et favorem studio linguae sanctae incumbentium concinn. 8maj. Münch. 831. (Krüll in Landsh.) 18 kr

—— Lexicon manuale hebraico-latinum et chaldaeo-biblicum, quod in us. et favorem studio linguae sanctae incumbentium concinn. 8maj. (13¾ B.) Monachii 831. (Ratisbonae, Manz.)

Stadler, Joh. Ev., Lexicon manuale Hebraico-Latinum et Chaldaeo-biblicum, quod in usum et favorem studio linguae sanctae incumbentium concinnavit. München, Schulbücher-Verlag, 1831, 8°, 14 Bogen, 2,25 Mk.

Stadler, (Dr.) Jh. Evangel., Dissertatio in locum Joh. VIII, 25. 8maj. Münch. 831. Weber. 4 kr

— Ordo divini officii juxta rubricas breviarii Romani tam privatim quam publice rite persolvendi. In usum clericorum ad SS. ordines majores adspirantium. 8 maj. Monachii 837. Lentner. (Lipsiae, Volckmar.) 3/8 ngr

Stadler, Joh. Evang., Ordo divini officii juxta rubricas Breviarii Romani tam privatim quam publice rite persolvendi. Edit. II. recogn. et aucta una cum XII appendicibus. 8maj. (XXIV und 240 S.) München 847, libr. Lentner.

Stadler, Joh. Evang., Ordo divini officii juxta rubricas breviarii romani tam privatim quam publice rite persolvendi. In usum clericorum ad SS. ordines majores adspirantium. Editio III. recognita et aucta. Una cum XIII appendicibus. gr. 8. (XXVIII und 252 S.) München 858, Lentner'sche Buchh.

Stadler, Jh. Evang., Predigt am Feste der Erscheinung des Herrn gehalten den 6. Januar 1843. gr. 8. Augsburg 843, Kollmann'sche Buchh. 1/12 ngr

—— rituale Augustanum minus, s. Rituale.

Stadler, Jh. Mich., († 1779.) Versuch üb. die uralten röm. Hercules-Bäder. 8. Wien 766. N. Aufl. 776. Gerold. 6 gr (Barth in Leipz.) 7 gr

STADLER, Josef (Dinkelsbühl; Marktbergel): De irritabilitate musculorum mechanica. (Titel nach der Urkunde)
23.2.1880 - Urk; Chr 1879/80,14
Diss. Ingolst.-Landsh.-Mchn.

Stadler, Jos., Dr. i Dr. Jagatic. Put u nebo. Molitvenik za odraslu katolicku mladez. In-24°, 480 S. mit 2 Chromobildern. Einsiedeln, Benziger & Cie. broch. 1888. 1 — gebd. 1 25

Stadler, Jos., theologia fundamentalis. Tractatus de vera religione, de vera Christi ecclesia et de Rom. pontifice complectens. gr. 8. (IV, 364 S.) Agram 880. (Suppan.) n. 4. 50

STADLER, JOSEF, Erzbischof von Sarajewo: Thron der Liebe. Gebetbuch. Sarajevo (Erscheinungsjahr und Druckerei nicht bekannt).

Stadler, Joseph, über die Tonsillotomie, deren Indicationen und Gefahren. Inaugural-Dissertation. gr. 8. (35 S.) München 887, (Ernst.) * — 55

Stadler, Joseph [aus München]: Ueber die Tonsillotomie, deren Indicationen und Gefahren. ... München, Druck v. M. Ernst (vorm. Georg Pollner), 1889; 35 S. 8°
München, Med. Fak., Inaug.-Diss. v. 1889

Stadler, Josef [approb. Arzt aus Neuenkirchen]: Über die Veränderungen des Pulses in der Schwangerschaft beim Sitzen, Stehen, Liegen und Gehen mit Rücksicht auf die physiologische Hypertrophie des Herzens .... München, J. G. Weiss' Buchdr. (Gottfr. Schöninger), 1886; 40 S. 8°.
München, Med. Fak., Inaug.-Diss. v. 1886.

Stadler, Josef, über die Veränderungen des Pulses in der Schwangerschaft beim Sitzen, Stehen, Liegen und Gehen mit Rücksicht auf die physiologische Hypertrophie des Herzens. Diss. München 1886, A. Buchholz. 8°. 40 S.

Stadler, Jul., Bericht üb. Gruppe 37 der schweizerischen Landesausstellung Zürich 1883: Kunst der Gegenwart. gr. 8. (36 S.) Zürich 884. Orell Füssli & Co. Verl. n. 1. —

Stadler, Jul., und *Lasius, G.*, Exkursion der Bauschule im Juli 1864. Zürich, Polytechnikum 1864.
Progr.

Stadler, Julius. Prof. J' St' von Zürich (1828—1904). Mitteilungen, aus seinem Nachlass s.a. (Gull, Gustav).

Prof. Julius Stadler von Zürich. Mitteilungen aus seinem Nachlass. (Hrsg.: Gustav Gull.) (Zürich: Fäsi & Beer in Komm.) 1907. 58 S. 4°
(Neujahrsblatt d. Zürcher Kunstgesellschaft f. 1907.) [11. 3761

Stadler, Jul., Möbel- und Tapezier-Arbeiten, s. Weltausstellung, internationale, 1878 in Paris.

Stadler, Karl

Stadler, Carl [app. Arzt aus Bremen]: Multiple Papillome des Kehlkopfs bei Kindern und ihre Behandlung ... Göttingen, Druck d. Dieterichschen Univ.-Buchdr., 1892; 26 S. 8.
Göttingen, Med. Fak., Inaug.-Diss. v. [7. Mai] 1892

Stadler, Carl. Multiple Papillome d. Kehlkopfs bei Kindern u. ihre Behandlung. Diss. gr. 8. (26 S.) Gött. 892, (Vandenhoeck u. Ruprecht). * — 60

Stadler, Konst., moral. Grundsätze z. Bildung junger Herzen, mit Beweisen aus d. Worte Gottes. 8. Landsh. 791. (Storno). 8 gl. Hbg. Pr. 6 gl.

Stadler**,** Lamb. Mar., compendium rubricarum. 8. Augsb. 774. Wolf. 12 gl.

— auserles. Sonntagspredigten, enth. heilsame Sittenlehren. 2 Thle. Fol. Augsb. 768.

Stadler, Abbé Maxim., († d. 8. Nov. 1833.) Vertheidigung der Echtheit d. Mozartischen Requiem. gr. 8. Wien 826. Tendler. 6 gl.

— Nachtrag z. Vertheidigung der Echtheit d. Mozart'schen Requiem. gr. 8. Wien 826. Tendler. 9 gl.

Stadler, **Moriz,** Berufungen im Reichs-Gesetz-Blatte. Uebersichtliche Zusammenstellung aller in ein Gesetz einschlagenden, in dem Reichs-Gesetz-Blatte sammt dem Ergänzungsbande bis Ende 1857 erschienenen Gesetze und Verorduungen. 4. (... S.) Wien 858, Hof- und Staatsdruckerei.

—— dass. — 1—3. Ergänzungsheft. (Jahrg. 1858—60.) 4. (à Heft ca. 20 S.) Wien 859—61, Hof- und Staatsdruckerei. à Heft 3 Ngr.

Stadler, Moritz, die Berufungen im Reichs-Gesetz-Blatte. Uebersichtliche Zusammenstellung aller in ein Gesetz einschlagenden, in dem Reichs-Gesetz-Blatte sammt Ergänzungsbande bis Ende 1857 erschienenen Gesetze und Verordnungen. 4.—6. Ergänzungsheft. (Jahrg. 1861—63.) 4. (à Heft ca. 14 S.) Wien 862—64, Hof- und Staatsdruckerei. à Heft 3 Ngr.

Stadler, Otto, von Zürich: Zur Kenntniss der Merkaptane. — Nitrirung des Thiophens. Zür. Orell Füssli Cie Dr. 1885. 47 S. 8°.
Zürich, Phil. Diss. [v. 6. März 1885].

Stadler, Otto, erprobter Lehrgang f. das moderne Zeichnen, s.: **Gruber, Jos.**

Stadler, Otto [app. Arzt aus **Eurasburg**]: **Ueber eine seltene Missbildung des Herzens. . . .** (Aus: **Verhandl. d. Phys. med. Ges. Würzburg. N. F. Bd. XXIV.**) Würzburg, Verl. & Druck d. Stahel'schen k. Hof- & Univ.-Buch- & Kunsth., 1890; 3 Bl. + 43 S. u. 1 Taf. 8°
Würzburg, Med. Fak., Inaug.-Diss. v. 1890

Stadler, O., üb. e. seltene Missbildung d. Herzens. [Aus: „Verhandlgn. d. physikal.-medicin. Gesellsch. zu Würzburg".] gr. 8. (43 S. m. e. lith. Taf.) Würzburg 890. Stahel. n. 2. —

Stadler, Peter [appr. Arzt aus Neuss am Rhein]: **Ein Beitrag zur Lehre von den Lymphangiomen. Ein neuer Fall von Lymphangioma orbitae . . . .** Wurzburg, Becker's Univ.-Buchdr., 1886; 36 S. + 1 Bl. 8°.
Würzburg, Med. Fak., Inaug.-Diss. v. 1886.

Stadler, Peter, ein Beitrag zur Lehre von den Lymphangiomen. Ein neuer Fall von Lymphangioma orbitae. Diss. Würzburg 1886, Stahelsche Univ.-Buchh. 8°. 36 S.

Stadler, Philipp-Heinz, appr. Arzt: Eine seltene foetale Missbildung: Communication der hypertrophischen Harnblase mit Rectum, Uterus bipartitus mit Atresie der Vagina, vollkommenes Fehlen der äusseren Kloake und undifferenzierte äussere Geschlechtsteile. Halle a. S. 1909: Kaemmerer. 29 S. 8°
Halle, Med. Diss. v. 15. Juli 1909, Ref. Veit
[Geb. 9. Sept. 83 Bitterfeld; Wohnort: Bitterfeld; Staatsangeh.: Preußen; Vorbildung: Gymn. Leipzig Reife O. 03; Studium: Rostock 1, Berlin 1, Halle 8 S.; Coll. 21. Okt. 08; Approb. 30. Juni 09.] [U 09. 1622

Stadler, Rud., die Wasserversorgung der Stadt Wien in ihrer Vergangenheit u. Gegenwart. Denkschrift zur Eröffng. der Hochquellen-Wasserleitg. im J. 1873 nach amtl. Quellen bearb. Mit 1 (chromolith.) Karte (in Fol.) 1 (lith.) Plane, 10 lith. Beilagen u. 34 (eingedr.) Holzschn. Lex.-8. (VIII, 311 S.) Wien 873. Lechner's Verl. n.n. 6. —

Stadler, Salomon, von Mettlen '([Kt.] Thurgau)': Beiträge zur Kenntniss der Nectarien und Biologie der Blüthen. Berl. R. Friedländer u. S. 1886. IV, 1 Bl., 88 S., 8 Taf. 8°.
Zürich, Phil. Diss. [v. 20. Febr. 1885].

Stadler, S., Beiträge zur Kenntniss der Nectarien u. Biologie der Blüthen. Mit 8 lith. Taf. gr. 8. (V, 88 S.) Berlin 886. Friedländer & Sohn. n. 8. —

Stadler, S[alomon]: [Dr. Karl Josephy † 28. Juni.] S. 38—41. 8.
Progr. Höhere Töchterschule der Stadt *Zürich* 1907

[Stadler, Salomon.] Rektor Ferdinand Zehender † (1829–1885). [A. Progr.] 8. (Zürich 1886.)

**Stadler, W.* Zur Frage der Behandlung der Selbsttötungsfälle in der Lebensversicherung. 2. Auflage. Wien 1887.

Stadler, Wilhelm, aus Szombathely (Ungarn): Ueber Bromnaphtochinondiketohydrinden und dessen Umwandlung in ein Bindendérivat. *Berlin (1903): E. Ebering.* (50 S.) 8°
Berlin, Phil. Diss. v. 21. Febr. 1903

Stadler von Wolffersgrünn, Max: K a t a l o g der Lehrerbibliothek. 22; 28; 26 S.
Feldkirch, St. ROG., Progr. 1899 – 1901

v. Stadler-Wolffersgrün, *Max*: Katalog der Lehrerbibliothek des k. k. Real- und Obergymnasiums in Feldkirch. 8 (S. 3—24). Fortsetzung. 8 (S. 25, 5—32 (52)).
Progr. K. k. Real- und Oberg. *Feldkirch* 1899. 1900.

v. Stadler-Wolffersgrün, [Max]: Katalog der Lehrerbibliothek des k. k. Real- und Obergymnasiums in Feldkirch. Fortsetzung. S. (53) 5—30 (78). 8.
K. k. Real- u. Obergymn. Feldkirch, Progr. 1901

Stadler v. Wolffersgrün, *Max* Der Todtencultus bei den alten Völkern. I. [Die Aegypter.] 8 (S. 3—29).
Progr. K. k. R.- u. Ober-G. *Feldkirch* 1890.

Stadler von Wolffersgrün, *Max* Der Todtencultus bei den alten Völkern. (Fortsetzung). (Umschlagtitel: . . . Völkern.) 8 (S. 3—37). (Fortsetzung). 8 (S. 3—29).
Progr. K. k. R.- u. Oberg. *Feldkirch* 1891. 1893.

Stadler v. Wolffersgrün, Max Die Vandalen von ihrem Einbruche in Gallien bis zum Tode Geiserichs. (406—476.) 46 S. 8.
Progr. G. *Bozen* 1884.

Städler. — Aus Städler's Nachlaß. Vermischte Aufsätze hrsg. von seinen Freunden L. Rudolph und C. Goldbeck mit einem Vorwort von E. Mätzner. gr. 8. (VII und 279 S. mit dem Bildniß des Verstorbenen in Stahlst.) Berlin 865, Stilke und van Muyden. *

Städler, C. G. L., De sermone Lucretiano. Diss. 1869. 51 S.

Staedler, G. F., s. S t a e d l e r , Gust. Leop.

Staedler, Gustav Leopold

— s. K. A. G. Becker, Weltgeschichte.

—— und L. Rudolph, zur Erinnerung an Schiller's hundertjährigen Geburtstag. Zwei Vorträge, gehalten in der Festversammlung des jüngeren berlinischen Lehrervereins am 9. Novbr. 1859. gr. 8. (43 S. mit Schiller's Portr. in Stahlst.) Berlin 859, Nicolai'sche Verlagsbuchh. *

Staedler, G. F., Grammatik d. deutschen Sprache. Für Gymnas., Militär- u. höh. Bürgerschulen, so wie z. Selbstunterr. bearb. 8. (22 B.) Berlin 836, C. F. Amelang.

Staedler, G. L., wissenschaftliche Grammatik der französ. Sprache. gr. 8. Berlin 843, Thome. n. 2 ₰

Staedler, Gust. Leop., Lehr- und Handbuch der allgemeinen Geographie. 8 Lfgn. gr. 8. (XXI und 962 S.) Leipzig 858. 59, Brockhaus. à Lfg. * 10 Ngr. *
geb. *

Staedler, Gust. Leop., Lehr- und Handbuch der allgemeinen Geographie. 2 Abthlgn. 2., verm. Ausg. gr. 8. (XXIV und 962 S. mit in den Text gedr. Holzschn.) Leipzig 863, Brockhaus. * 2 Thlr.; geb. **

Staedler, Gust. Leop., Lehrbuch der italienischen Sprache zum Schul-, Privat- und Selbstunterricht. Mit einem Lesebuche und einem deutsch-italien. und italien.-deutschen Wörterbuche. Hrsg. von Karl Staedler. 3. umgearb. und verm. Aufl. gr. 8. (XII, 398 S.) Berlin 871, Haude und Spener'sche Buch. * 3 60

Staedler, Gust. Leop., Lehrbuch der italienischen Sprache zum Schul-, Privat- und Selbstunterricht. Mit einem Lesebuche und einem italienisch-deutschen Wörterbuche. Hrsg. von Karl Staedler. 4. gänzl. umgearb. Aufl. gr. 8. (XVI, 372 S.) Berlin 878, Haude und Spener'sche Verlagsh. *

— Lehr- u. Uebungsbuch d. ital. Sprache z. Schul- u. Privatgebrauch sowie z. Selbstunterricht. gr. 8. (23 B.) Berlin 846, Jul. Schmidt.

Staedler, G. L., Lehr- u. Uebungsbuch d. italien. Sprache zum Schul- u. Privatgebr. so wie zum Selbstunterricht. 2. unveränderte (Titel-) Ausg. gr. 8. (XII u. 355 S.) Berlin (846) 848, J. Schmidt. David in Comm. 27 ngr

Staedler, Gust. Leop., Lehr- und Uebungsbuch der italienischen Sprache zum Schul-, Privat- und Selbstunterricht. Mit einem italienisch-deutschen und deutsch-italienischen Wörterbuche. 2., völlig umgearb. und verm. Aufl. gr. 8. (XVI und 370 S.) Berlin 860, Haude und Spener'sche Buchh. geb. Thlr. *

— Rede zur 100jähr. Feier d. Thronbesteigung Friedrichs d. Gr. Am 1. Juni 1840 in d. städt. höh. Töchterschule zu Berlin geh. gr. 8. (1 B.) Berlin 840, Richtersche Buchh. *

Staedler, G. L., Wissenschaft d. Grammatik. Ein Handb. zu akadem. Vorlesn., so wie zum Unterr. in d. höheren Klassen d. Gymnasien. gr. 8. ($8^1/_2$ B.) Berlin 833, Bechtold u. Hartje.

Staedler, Karl, Horaz' sämtliche Gedichte, im Sinne J. G. Herders erklärt. (XV, 252 S.) 8. Berlin 905. Weidmann. n. 3. —

Staedler, Karl, französische Grammatik für höhere Mädchenschulen. 1. Kursus, in 3 Jahrespensen. gr. 8. (VIII, 272 S.) Kassel 885, Kay. * M 2.—.; geb. * 2 30

— dass. — 2. Kursus, in 3 Jahrespensen. gr. 8. (XVI, 80 S.) Ebendas. 886. * 1 —

Staedler, Karl, s.: Horaz, des, Oden.

Staedler, Karl, (Prof. Dr.): Die Horazfrage seit Lessing. Ein Beitrag zu ihrer Lösung. *Berlin: R. Gaertner 1902.* (18 S.) 4°
Berlin, Margarethen-S, OP 1902**

Staedler, Karl, (Prof. Dr.): **Horaz-Kommentar** ... 1. Die Gedichte an (für) Mäcenas ... *Berlin 1903: Weidmann.* (28 S.) 4°
Berlin, Margareten-S, P 1903**

— **Horaz-Kommentar.** I. u. II. gr. 4. Ebd. à n. 1. —
I. Die Gedichte an (f.) Mäcenas [1—25]: Epoden 1, 2, 3, 9, 14. Satiren I 1, 3, 5, 6, 9; II 4, 6, 8. Oden I 1, 20; II 5, 12, 17, 20; III 8, 16, 29. Episteln I 1, 7, 19. Progr. (28 S.) 903.
II. Die Gedichte auf sich selbst [26—44]: Satiren I 4, 10; II 1, 3, 7. Oden I 28, 31, 32, 34, 38; II 13, 18; III 13, 18, 30; IV 3, 6. Episteln I 14, 20. Progr. (23 S.) 904.

Staedler, Karl, Prof. Dr.: Horaz-Kommentar. 2. Die Gedichte auf sich selbst ⟨26—44⟩: Satiren I 4, 10; II 1, 3, 7. Oden I 28, 31, 32, 34, 38; II 13, 18; III 13, 18, 30; IV 3, 6. Episteln I 14, 20. Berlin: Weidmann 1904. (23 S.) 4° ¶[Forts. d. P-Beil. 1903.]
Berlin, Margareten-Schule OP 1904**

Staedler, Karl: Zu meiner **Horaz-Verdeutschung.** Als Schlusswort. *Berlin: R. Gaertner 1900.* (8 S.) 4° ¶(Schlusswort zu d. P-Beil. 1897—99. — Eine vollst. Ausg. d. Odenübers. erscheint im Buchhandel.)
Berlin, Margareten-S, OP 1900**

Staedler, Karl, v. Horaz-Verdeutschungen, s. a. Hahn, Herm., die Brechung d. Lichtes in e. Ebene.

Staedler, Karl: Von Horaz-Verdeutschungen. Berlin, R. Gaertner, 1893; 11—28 S. 4.
Berlin, Margarethen-S, OP 1893**

Staedler, Karl [Prof. Dr.]: Horaz' Oden an seine Freunde in Reimstrophen verdeutscht. Nebst Einleitg u. e. Nachtrag zu d. „Horaz-Verdeutschungen". [Nachtr. z. P-Beil. 1893.] Berlin, R. Gaertner, 1897; 31 S. 4.
Berlin, Margareten-S, OP 1897**

Staedler, Karl, Horaz' Oden an s. Freunde in Reimstrophen verdeutscht. Nebst e. Einleitg. u. e. Nachtrag zu d. „Horaz-Verdeutschgn." Progr. 4. (31 S.) Berlin 897. R. Gaertner. n. 1. —

Staedler, Karl: Horaz' **Oden** der Weihe in Reimstrophen verdeutscht. Mit Beiwort, besonders über Horaz' Verhältnis zur Religion, zu seiner Kunst u. zu Mäcen. *Berlin: R. Gaertner 1899.* (23 S.) 4°
Berlin, Margareten-S, OP 1899**

— **Horaz' Oden der Weihe, in Reimstrophen verdeutscht. Mit Beiwort, besonders über Horaz' Verhältnis zur Religion, zu seiner Kunst u. zu Mäcen.** Progr. 4. (23 S.) Berlin 899. [R. Gaertner.] Weidmann. n. 1.—

Staedler, Karl: Horaz' zeitgeschichtliche Oden in Reimstrophen verdeutscht. Mit einer Übersicht der Ereignisse während Horaz' Lebenszeit, 689—746 d. St. ⟨65—8 v. Chr.⟩. *Berlin: R. Gaertner 1898.* (27 S.) 4°
Berlin, Margareten-S, OP 1898**

— **Horaz' zeitgeschichtliche Oden in Reimstrophen verdeutscht. M. e. Uebersicht d. Ereignisse während Horaz' Lebenszeit, 689—746 d. St. (65—8 v. Chr.) Progr. 4. (27 S.) Ebd. 898.** n. 1. —

Staedler, K., utopistisches humanistisch-realistisches Universal-Gymnasium. Unmassgebliche Einfälle. gr. 8. (43 S.) [Berlin 875, Wedekind und Schwieger.] Neufeld.

Staedler, Maximiliana

STAEDLER, M., „Vom Weib." Gedichte. Mit Titelbild. Dresden 1905. 8°. (80 Pfg. Th. Ackermann, München, 1913.)

Staedler, Maximiliana, „vom Weib". (IV, 67 S. m. Bildnis.) 8. Dresden 905. E. Pierson. n. 1. 50; geb. n. 2. 50

Stadlhofer, Jh. Nep., üb. die tödliche Wirkungsart d. Blitzes. gr. 8. Dresd. 791. Walther. 3 kr

Stadlin, Doctor Franz Karl. Eine biographische Skizze. Zug o. J. V: *Bosshard.* (AarK)

Stadlin, Eduard

Stadlin E, Makart's Festzug d. Stadt Wien 1879. (8 S 46 T) qugrfol In M. Wien (1879)

Stadlin, Eduard. Festzug der Stadt Wien den 27. April 1879 ... Wien [1880.] V(Text): *Fischer, J. C.* (Kat. der Lipperheide'schen Kostümbibl. Berlin 1896ff.)

Stadlin, Ernst. Ein Dichter und eine Dichterin der Heimat (: J[oseph] Roos und Margaretha Weiss). ⟨Separat-Abdruck aus dem «Zuger Volksblatt», Jahrg. 1901 Nr. 140 und 141.⟩ [2 S.] 4. [Zug, J. Kündig.]

Stadlin, Ernst, siehe: *Neujahrsblatt, Zug.*

Stadlin, F. C., s. Stadlin, Franz Karl

Stadlin, F. K. Analytische Abhandlung über die Exponentialfunction A^{x^y}, nebst einem Satze über das Verhältniss der Brüche zu den ganzen Zahlen. 4.

STADLIN, F. Karl, Idda von Toggenburg: oder Die Folgen der Uebereilung. Eine Geschichte aus dem zwölften Jahrhundert. 2 Bde. Mit 2 Titelkpfrn. u. 2 Portr.-Titelvignetten (Idda u. Graf Heinrich von Toggenburg, sämmtl. unsign.). Bregenz gedruckt und verlegt bey J. Brentano 1801. 8⁰.
Zahm. — 1: 96 S. (incl. VI S. Vorst.). 2: 80 S. (incl. 2 Bll.). Beide Titel roth u. schwarz gedr.

Stadlin, Fr. Karl, die Geschichte der Gemeinde Hünenberg. 1r Thl. 1r Bd. Mit 3 Zeichnn. u. 1 Steindr. 8. Zug 818. ... 1r Thl. 2r Bd. Die Geschichten der Gemeinden Chaam, Risch, Steinhausen u. Walchwyl. Mit 2 lithogr. Blätt. 8. Ebd. 819. ... 1r Thl. 3r Bd. Die Geschichten d. Gemeinden Aegeri, Menzingen u. Baar. 8. Ebd. 822. ... (A. u. d. T.: Der Topographie des Kantons Zug 1r Thl. 1r—3r Bd.) Luzern, Meyer. 5 ℔ 16 gr

Stadlin, Fr. K., die Geschichten der Gemeinden Chaam, Risch, Steinhausen und Walchwyl. 1sten Bdes 2r Theil. Mit 2 lithogr. Blätt. 8. Lucern, Meyer. 819.

Stadlin, Dr. Fr[anz] Carl: Integration des unbestimmten Integrals

$$\int \frac{x^m\,dx}{(1 \pm a_0^{q_0} x_0^{q_0})(1 \pm a_1^{q_1} x^{q_1})(1 \pm a_2^{q_2}) \cdot \cdot \cdot \cdot (1 \pm a_{n-1}^{q_{n-1}} x_{n-1}^{q_{n-1}})}$$

[Zür.] Orell Füssli Cie Dr. 1843. 16 S. 4⁰.
Zürich, Phil. Fac., Habilitationsschrift.

Stadlin, F(ranz) Carl. Der Topographie des Kantons Zug 1. [einziger] Theil, enthaltend seine politische Geschichte, von D. F. Karl St'.... (4 Bände.) 8. 1818(–1824).
Band 1. Die Geschichten der Gemeinde Hünenberg. [Mit 1 Vignette und 3 Tafeln.] Zug 1818.
Band 2. Die G' der Gemeinden Chaam, Risch, Steinhausen u. Walchw. [Mit 1 Tabelle, 1 Vignette und 2 Tafeln.] Luzern 1819.
Band 3. Die G' der Gemeinden Aegeri, Menzingen und Baar. [Mit 1 Tabelle, 1 Vignette und 3 Tafeln.] L' 1821.
Band 4. Die G' der Stadtgemeinde Zug. L' 1824.

Stadlin, (F. C.,) die Topographie des Kanton Zug. 1n Theils. 1r bis 3r Bd. Mit Steindr. gr. 8. Luzern 819—21, Meyer.

Stadlin, Hermann [aus Zug]: Das Zugerische Hypothekarrecht in historisch-dogmatischer Darstellung. Zürich 1897. 198 S. 8°.
Bern. Jur. Diss. 1897/98.

Stadlin, Josephine, die Erziehung im Lichte der Bergpredigt. br. 12. (XI und 380 S.) Aarau 856, Sauerländer's Verlag.

Stadlin, Josephine, die Musterschule am schweizer. weiblichen Seminar, ein Beitrag zur Begründung einer Schule der Natur und des Lebens, den Erziehungsbehörden der schweizer. Cantone ehrfurchtsvoll gewidmet. gr. 8. (X und 91 S.) Zürich 850, Meyer und Zeller. *

Stadlin, Werner, a. Zug ⟨Schweiz⟩: Über die Kondensation von Salicylaldehyd und Furfurol mit Hippursäure. Zürich 1904: J. Leemann. (40 S.) 8°
Straßburg, Math.-naturwiss. Fak., Ref. Thiele, Diss. v. 1904
[Geb. 30. Mai 79 Zug, Schweiz; Wohnort: Straßburg i. E.; Staatsangeh.: Schweiz; Vorbildung: Kantonale Industrieschule Zug Reife M. 98; Studium: Straßburg 12 S.; Rig. 12. Juli 04.]

Stadlin-Graf, Herm., das Zugerische Hypothekarrecht in historisch-dogmat. Darstellung. gr. 8. (VII, 198 S.) Zug 898. (W. Anderwert.) n. 3. —

(Stadlin-Imbach, L[ouis].) Verzeichniss und Beschreibung der im Hôtel Bernerhof in Zürich aufgestellten Schuss- und Schlagwaffensammlung vom XV. Jahrhundert bis auf die Neuzeit. [Mit 1 Illustration.] 8. Zürich (1895).

Stadlinger, v., Militär-Handbuch von Württemberg, s. Militär-Handbuch.

v. Stadlinger, (Oberstlieut.) ..., Militär-Handbuch des Königreichs Württemberg. Mit Genehmigung des k. Kriegsministeriums herausgegeben. gr. 8. Stuttg. 841. (Scheible, Rieger u. Comp.) n. 1 ℛ — dass. für 1845. gr. 8. Stuttgart 845, Hallberger. 1½ ℛ

Stadlinger, Hermann, aus Kronach ⟨Oberfranken⟩: Ueber die Bildung von Pseudophit in granitischen Gesteinen mit besonderer Berücksichtigung der geologischen Verhältnisse des Strehlerberges bei Markt-Redwitz im Fichtelgebirge. *Erlangen 1900: F. Junge.* (63 S.) 8° ¶ (Aus: Abhandlungen d. physikal.-med. Societät Erlangen.)
Erlangen, Phil. Diss. v. 24. Juni 1899

Stadlinger, Herm., Hilfstabellen zur raschen Berechnung des ursprüngl. Extraktgehaltes der Bierwürze, s.: Lehmann, Paul.

Stadlinger, L. J. v., Geschichte des württembergischen Kriegswesens von der frühesten bis zur neuesten Zeit. gr. 8. (XII und 684 S. mit 250 ill. Stnt.) Stuttgart 856, Hofbuchdr. zu Guttenberg. *

Stadlinger L J v, Geschichte des württembergischen Kriegswesens. (678 S 8 T) 8° — Beilagen hierzu: Abbildungen des K. württembergischen Militärs von 1638 bis 1856. (36 T) qu 4° Ferner: Nachtrag zu der Geschichte des württemberg. Militärs. Abbildungen der Offiziere von 1800-1857. (8 T) qu 4° Stuttgart 1856-57

Stadlmair, A., Rheinlauf v. Mainz bis Düsseldorf. Mit interess. architekton. u. geschichtl. Denkmälern, nebst (color.) Trachten der angränz. Landleute als Randbilder. Lith. 1' 11'' hoch u. 10'' breit. Coblenz 848, Boersken in Comm. ½ ℛ

*Stadlmann, Hans: Studien zur Geschichte der alexandrinischen Literatur. S. 3—29. 8. Progr. Städt. Gymn. *Wels* 1909.
1. Die Datierung von Theokrits 16. Gedicht (*Χάριτες ἢ Ἱέρων*). 2. Die Lebenszeit des Kallimachos. 3. Die Abfassungszeit der Argonautika des Apollonios Rhodios.

Stadlmann Johann: De Theocriti Thalysiis. II. 1907 PN 2268 Diss. Wien. Univ. 1618

Stadlmann, Josef: Ein Beitrag zur Kenntnis der Gattung Pedicularis L. (Sekt. Comosae Maxim.) 7 S. 8.
Progr. K. k. Staats-Gymn. im XIII. Bezirke *Wien* 1910.

Stadlmayr, Franz, aus St. Pölten ⟨Oesterr.⟩: Ueber die Einwirkung von Natronlauge auf β-Bromphenylbutyrolacton. *Strassburg i. E. 1902: C. & J. Goeller.* (47 S.) 8°
Strassburg, Math.-naturw. Diss. v. 1902

... Johann Stadlmayr. Hymnen. Hrsg. v. Johannes Ev. Habert. *Wien: Artaria & C. 1896.* (VII S., 1 Bl., 39 S.) 1 Bd 4.
= Publicationen d. Gesellschaftz. Herausgabe d. Denkmäler d. Tonkunst in Oesterreich. Bd III. Th. 1.

Stadlmayr, L., über Grubenlufttemperaturen u. den Einfluss des natürlichen Wetterzuges auf die Wetterwirtschaft bei einigen tiefen Schächten des Brüxer Braunkohlenreviers. (55 S. m. 1 Taf.) 8. Wien 906. (Teplitz-Schönau, A. Becker.) n. 1. 50
Sonderabdruck aus: „Oest. Ztschr. f. Berg- u. Hüttenwesen".

Stadło. Pismo rzeczom polskim i sławiańskim poświęcone. Wyd.: I. E. Smoler. Rok 1849. 12 Nrn. (Bog.) gr. 4. Bautzen 850, Reichel. *

Stadow, Karl, ein Schuß um Mitternacht, s.: Weber's moderne Bibliothek.

Stadt, eine abenteuerliche, oder was Feen vermögen. Von Carbenio. 8. (64 S.) Melsungen 883. (Kassel, Klaunig.) *

Stadt, die alte, d. Ausstellg. d. sächs. Handwerks u. Kunstgewerbes zu Dresden 1896. Hrsg. v. ihren Erbauern. Fol. (31 Lichtdr.-Taf. m. 4 S. Text.) Dresden 897. (A. Köhler.) In Mappe n. 20. —

Stadt. Die Stadt Biel, nach ihrer Uranlage.... 1795 s. [Wetzel, Nicolaus Emanuel].

Die Stadt Burgdorf kommt an Bern. 1384. [Bernische Neujahrsstücke XX.] Bern 1827. 4°

Stadt. Die Stadt Burgdorf kömmt an die Berner.... Njbl. Bern 1827 s. [Stierlin, Emanuel].

Stadt, die deutsche, Zeitschrift f. deutsches Städtewesen. Red.: C. Krause. 1. Jahrg. Dezbr. 1903 - Novbr. 1904. 26 Nrn. (Nr. 1. 16 S. m. Abbildgn.) gr. 4. Dresden, G. Füllborn. 1904. Halbjährlich 6. —

Stadt, die deutsche. Zeitschrift f. deutsches Städtewesen. Hrsg.: O. Brohm u. Otto Rentsch. Red.: Otto Rentsch. 2. Jahrg. April 1905—März 1906. 26 Nrn. (à ca. 16 S.) Lex.-8. Görlitz, Görlitzer Vereinsdruckerei u. Verlagsanstalt. n. 12. —
Erscheint nicht mehr. — Firma erloschen.

— dasselbe, wohlf. Ausg., s.: Zeitschrift f. Stadtverordnete.

Die mit Sturm eroberte Stadt am Hoff, u. das mit Kayserl. Völckern besetzte Regenspurg, od. and. Forts. des mit Blut vermischten Donau-Stromes, worin dieser Stadt, durch den Kayserl. General von Herbeville jüngstens mit Sturm geschehene Eroberung. (12.) 4. Leipzig 1704.

— die ewige. Ihre Heiligtümer u. Denkmäler in Wort u. Bild. Hrsg. vom Marienkollege der Salvatorianer in Rom. (377 S.) qu. 16. Kempten (905). J. Kösel Geb. in Leinw. n. 4. —

Stadt, Die — Forts und Häfen von Sebastopol. Wien bei L. T. Neumann. Lith. Q.-Fol. 1 Bl. 1854.

Stadt Gottes, die geistliche. Leben der jungfräul. Gottesmutter, unserer Königin Maria, nach ihren Offenbarungen an die ehrwürd. Dienerin Gottes Maria von Jesus, Äbtissin des Klosters der Unbefleckten Empfängniß zu Agreda, vom Orden des heil. Franciscus. Aus dem Span. übers. von mehreren Priestern der Congregation des allerheil. Erlösers. Mit kirchlicher Approbation und Erlaubniß der Ordensobern. 4 Bde. gr. 8. Regensburg 886, Pustet. [1. Bd. (XCVI, 566 S. mit 1 Lichtdr.-Portr.) ℳ 5.—.; 2. Bd. (IV, 526 S.) ℳ 3.60.; 3. Bd. (IV, 723 S.) ℳ 5.—.; 4. Bd. (IV, 696 S.) ℳ 5.40.] * 19 —
geb. in 4 Halbfrzbde. * 25 —

Stadt Gottes, die geistliche. Leben der jungfräul. Gottesmutter, unserer Königin Maria, geoffenbart der ehrwürd. Dienerin Gottes Maria v. Jesus, Äbtissin des Klosters der unbefleckten Empfängniß zu Agreda, vom Orden des hl. Franciscus. Aus dem Span. übers. v. mehreren Priestern aus der Congregation des allerheiligsten Erlösers. 2. Aufl. 2 Bde. gr. 8. (XC, 1016 u. 1227 S. m. 2 Titelbildern.) Regensburg 893. F. Pustet. n. 12. —; geb. in Halbchagrin n. 16. —

Stadt, die geistliche, Gottes. Leben d. jungfräul. Gottesmutter, unserer Königin Maria, geoffenbart d. ehrwürd. Dienerin Gottes Mariä von Jesus, Äbtissin d. Klosters der unbefleckten Empfängnis zu Agreda, vom Orden des hl. Franziskus. Aus dem Span. übersetzt von mehreren Priestern aus der Kongregation des allerheil. Erlösers. 3. Aufl. 4 Bde. (88, 526; IV, 491; IV, 676 u. IV, 632 S. m. 1 Abbildg. u. Titelbild.) gr. 8. Regensburg 907—09. F. Pustet. 12.—; geb. in 2 Halbfrz.-Bde. 16.—; in 4 Halbfrz.-Bde. 18. —

— die, goldene. Schauspiel in 5 Aufzügen. Von ***. (79 S.) kl. 8. Leipzig 908. Verlag für Literatur, Kunst u. Musik. 2. —

Stadt Gottes, die. Illustrirte Zeitschrift f. das kathol. Volk zur Unterhaltg., Belehrg. u. religiösen Anregg. Red.: Wilh. Abel u. Arn. Glebeu. 17. Jahrg. Oktbr. 1893—Septbr. 1894. 12 Hfte. (2 Bog.) gr. 4. Steyl, Missionsdruckerei. n. 3. —

Stadt Gottes, die. Illustr. Zeitschrift f. d. kathol. Volk zur Unterhaltg., Belehrg. u. religiös. Anregg. Red.: Wilh. Abel u. Arnold Glebeu. 18.—21. Jahrg. Oktbr. 1894—Septbr. 1899. à 12 Hfte. (à ca. 40 S.) gr. 4. Steyl, Missionsdruckerei. à Jahrg. n. 3. —; (kplt. geb. à n. 4. 50)

Stadt Gottes. Illustrirte Zeitschrift für das kathol. Volk 1903. Red.: Wilh. Abel. 22.—26. Jahrg. Oktbr. 1898—Septbr. 1903. à 12 Hfte. gr. 4. (à ca. 48 S.) Steyl, Missionsdruckerei. à Jahrg. 3. —
Die Jahrgge. 22 u. 23 sind v. A. Gleben mitherausgegeben.

— **Gottes.** Illustrierte Zeitschrift f. das kathol. Volk. Red.: Wilh. Abel. Verantwortlich in Deutschland: Reidick, in Oesterreich: Mich. Münzinger. 27.—29. Jahrg. Oktbr. 1905—Septbr. 1906. à 12 Hefte. (à ca. 48 S.) gr. 4. Steyl, Missionsdruckerei. à Jahrg. n. 3. —

— Gottes. Illustr. Zeitschr. f. das kathol. Volk z. Unterhaltg., Belehrg. u. relig. Anregg. Red.: Herm. Fischer. Verantwortlich in Deutschland: G. Grenz, in Österreich: Mich. Münzinger. 30.—34. Jahrg. Oktbr. 1906—Sept. 1911. à 12 Hefte. (à Jahrg. 576 S.) Lex. 8. Steyl, Missionsdruckerei. à Jahrg. 3. —

Stadt Gottes, die heilige. Illustrirtes Sonntagsblatt für das kathol. Volk. Religiös unterhaltende Wochenschrift. Hrsg. vom Missionshause zum hl. Erzengel Michael zu Steyl. Redact.: Johs. Janssen. 1. und 2. Jahrg. 1878 und 1879. à Jahrg. 52 Nrn. (à 2 Bog. mit eingedr. Holzschn.) Fol. Steyl. (Paderborn, Kleine.) à Jahrg. *

—— Gottes, die heilige. Illustr. Sonntagsblatt für das kathol. Volk. Religiös unterhaltende Wochenschrift. Hrsg. vom Missionshause zum heil. Erzengel Michael zu Steyl. Redact.: Johs. Janssen. 3. und 4. Jahrg. 1880 und 1881. à Jahrg. 52 Nrn. (à Nr. 2 Bog. mit eingedr. Holzschn.) Fol. Steyl, Missionsdruckerei. à Jahrg. *

—— dass. — 5. Jahrg. 1882. 16 Hefte. (à Heft 8 Bog. mit eingedr. Holzschn.) Fol. Ebendas. *

—— dass. — Illustr. Zeitschrift für das kathol. Volk. Hrsg. vom Missionshause zum heil. Erzengel Michael zu Steyl. 6. Jahrg. 1883. 16 Hefte. (à Heft 2 Bog. mit eingedr. Holzschn.) gr. 4. Ebendas. *

—— dass. — 7. Jahrg. 1884. 20 Hefte. (à Heft 2 Bog. mit eingedr. Holzschn.) gr. 4. Ebendas. *

—— Gottes, die heilige. Illustrirte Zeitschrift für das kathol. Volk. Hrsg. vom Missionshause zum heil. Erzengel Michael zu Steyl. 8.—10. Jahrg. 1885—1887. à Jahrg. 20 Hefte. (à Heft 2 Bog. mit eingedr. Holzschn.) gr. 4. Steyl, Missionsdruckerei. à Jahrg. 4 —

—— dass. — 11. Jahrg. 1888. 20 Hefte. (à Heft 2 Bog. mit eingedr. Holzschn.) gr. 4. Ebendas. 8 —

Stadt Gottes, die heilige. Illustrirte Zeitschrift f. das kathol. Volk. Hrsg. vom Missionshause zum heil. Erzengel Michael in Steyl. 12. u. 13. Jahrg. Oktbr. 1888—Septbr. 1890. à 20 Hefte; 14.—16. Jahrg. Oktbr. 1890—Septbr. 1893. à Jahrg. 12 Hefte. (à Heft 2 Bog. m. eingedr. Holzschn.) gr. 4. Steyl, Missionsdruckerei. à Jahrg. * 3 —

— — heilige. Illustrirte Zeitschrift f. das kathol. Volk. Hrsg. v. Missionshause St. Michael in Steyl. Red.: Wilh. Abel u. Arn. Gleben. 14.—16. Jahrg. Oktobr. 1890—Septbr. 1898. à 12 Hfte. (2 Bog.) gr. 4. Steyl, Missionsdruckerei. à Jahrg. n. 8. —
Fortsetzung u. d. T.: Die Stadt Gottes.

Stadt, Commun und Schützengesellschaften in ihren rechtlichen Beziehungen. (Dresden 1873.) V: *Heydenreich, Eduard.* (Kat. d. stat. Bureaus. Dresd. 1890.)

Stadt und Lager. Eine humor. Uebersicht d. Tage v. 1—14. Sept. d. J. 1840. Von ein. Nürnberger. 8. (1 B.) Nürnberg 840, Winter.

Stadt und Land, s. a. Abendunterhaltungen, lehrreiche.

Stadt u. Land. Lstsp. v. Spieß. 8. Prag, Schönfeld. 790.

Stadt und Land, oder Mädchen, die das Landt erzogen hat, sind wie die Mädchen in der Stadt. Ein Lustspiel in drey Aufzügen. Wien 1791. V: *Spiess, Christian Heinrich.* (BrMm)

Stadt und Land, oder Mädchen, die das Land erzogen hat ... O. O. 1794. V: *Spiess, Chn. Hch.* (BiblPort)

Stadt und Land. Lebensbilder in Versen für die Jugend. 16. (12 S. mit 8 ill. Stnt.) Frankfurt a. M. 856, Krebs-Schmitt. *

Stadt und Land. Liebliche Bildergabe für Knaben und Mädchen. Unzerreissbares Leinwand-Bilderbuch. 4. (16 ill. Stnt.) Nürnberg 866, Koenecke. cart. *

Stadt und Land: Band 1–21, Aug. 1875–1890
Weekly supplement of Banner und Volksfreund, later of Milwaukee Freie Presse. Sub-title: Wochenblatt für das Volk, zur Unterhaltung und Belehrung. Large quarto, each issue 8 pages, paged continuously.
Milwaukee, WI

Stadt und Land: 1885– Jefferson, WI
Published weekly.

— u. Land. Lustspiel in 2 Aufzügen im Schweizer-Dialekt v. C. F. (2. Aufl.) [Aus: „Theaterstücke f. kathol. Töchterschulen".] 16. (32 S.) Paderborn 888. J. Esser. n. — 40

[F.] **Stadt** und Land. Lustsp. in 2 Aufz. im Schweizer-Dialekt v. C. F. 2. Aufl. *Paderborn: J. Esser [1894].* (1 Bl., 115—144 S.) 8.
= Sammlung, J. Esser's, leicht aufführb. Theaterstücke. H. 16. [96.1148

— u. Land. 4. Bilderbuch (Einbd.: Kinderbuch) d. Münchner „Jugend". Aus dem Bilderschatze d. Münchner „Jugend" ausgewählt u. unter Mitwirkg. der „Freien Lehrervereinigg. f. Kunstpflege" Berlin hrsg. v. Geo. Hirth. (IV, 47 S. m. 24 farb. Vollbildern.) 31×23,5 cm. München 907. Verlag der „Jugend". Kart. nn 1.50

Stadt und Land. Hand in Hand! Agrarpolit. Streitfragen. (Berlin: W. Baensch [um 1903].) (14 S.) 8° [Kopft. F.] [06.13997

Stadt und Festung Venlo, besond. in kriegsgeschichtl. Beziehung. M. 1 Ansicht d. Stadt, 1 Plan ihrer Befestigung u. 1 Uebersichts-Karte von Belgien (auf 2 Bl., gr. 4.) gr. 8. (1 B.) Coblenz 839, Baedeker.

Aus einer vergnüglichen **Stadt** ... Göttingen: Verein z. Hebg d. Fremdenverkehrs; (aufgestemp.: L. Horstmann) 1898. (20 S.) 1 Bd 8°

Stadt, Wlh., das Geheimniß aus gemeinem Kornbranntwein in Zeit weniger Minuten, ohne Feuer, gute und von allem Fusel befreite Liqueurs ohne große Unkosten zu bereiten, nebst einem Anhange. gr. 8. Leipzig 843, Peter. (Rößling.) Verklebt 1/2 ₰

Stadt Aachen Zeitung. –
1.IV.1797 – 4.IV.1797.
Vorh. u.d.T.: Der freyen Stadt Aachen Zeitung.
Fortges. u.d.T.: Stadt Aachner Zeitung.

Stadt- und Landadvocat, der — nach den neuesten gesetzlichen Vorschriften. Ein praktisches Handbuch für alle Stände des österr. Kaiserstaates etc. etc. zusammengestellt etc. durch die Rechtsgel. DD. *Werner* und *F. J. Schopf.* II., auf Grund der neuest. Gesetze bearb. Aufl. *Wien* 1858. Druck u. Verl. d. typ.-liter.-art. Anstalt *(L. C. Zamarski, C. Dittmarsch & C.)* VIII, 488 S. 8°.

Stadt-Album, grosses, v. Trier. 12. (12 Lichtdr.-Taf.) Trier 891. Paulinus-Druckerei. In Leinw.-Karton. n. 2. 50

Stadtamhof [Schlagwort]

Stadtamhof, s. a. Regensburg.

Stadtamhof. Karte des kgl. Bez.-Amts Stadtamhof. Bearb. nach den Angaben des Alb. Winter. (Schulausg.) 1 : 100,000. 41×42 cm. Farbdr. München 907. Piloty & Loehle. — 80

Stadtamhof. Kerling, A., Schul-Wandkarte d. k. Bezirksamtes Stadtamhof. Lith. u. color. Imp.-Fol. Regensburg 887. (Bauhof.) n.n. 3. —

Stadtamtsblatt Chur
Ⓑ Die in der «Helvetischen Typographia» 1882, Nr. 2 ff. erwähnte Zeitung ist unter dem Stichwort «Amtsblatt der Stadt Chur» zu suchen.

Stadt-Anzeiger. –
Köln. – 14.XI.1876 – 24.X.1933.
Fortges. u.d.T.: Kölnische Zeitung – Stadt-Anzeiger.

Stadtanzeiger. –
Magdeburg. – 31.VIII.1879 – 1.XII.1879.
Fortges. u.d.T.: Deutsche Pfennigzeitung.

Stadt-Anzeiger. –
Wuppertal. – 1.I.1880 – 31.V.1941.
Fortges. u.d.T.: Wuppertaler Stadt-Anzeiger.

Stadtanzeiger
⑮ Die im «Centralschweizerischen Demokrat» 1897, Nr. 73 unter diesem Namen genannte Zeitung heißt «Luzerner Anzeiger». v. Luzerner Anzeiger (IV).

Berner Stadt-Anzeiger
⑤ Dez. 1879 ⑥ in Plakatgröße ⑦ Tagblatt ⑧ Bern: Kraft, Ries & Kraft ⑬ Helvetische Typographia 1879, Nr. 49, 51.

Stadt-Anzeiger von Biel und Umgebung — Feuille d'avis de Bienne et environs
② Neuer Stadtanzeiger für Biel und Umgebung (Titel belegt in BGSZ 1 (Nr. 6442) und 12, p. 48 ⑤ 1894 ⑥ 2° ⑦ wöchentlich 6× ⑧ Biel: Rüttgers & Wolf ⑩ die Buchdrucker (?) ⑪ die Buchdrucker ⑬ BGSZ: 973 ⑭ Be: St.

Stadtanzeiger. – Braunschweiger Stadtanzeiger. –
7.XI.1886 – 22.VIII.1888.
Fortges. u.d.T.: Braunschweigischer Landesanzeiger.

Churer Stadtanzeiger
⑤ 1890—1914 (?) ⑥ 2° ⑦ täglich ⑧ Chur: Sprecher, Vieli & Hornauer (bis Neujahr 1896), Bündner Tagblatt ⑫ Anzeigeblatt ⑬ BGSZ: 12, 15, 18 (im Jg. 1915/16, p. 430 mit der Bemerkung: Erscheint während des Krieges nicht).

Stadt-Anzeiger. – Stadt- & Dorf-Anzeiger. –
Neustadt/Weinstr. – 1.IX.1900 – 14.XII.1933.
[NA seit 1926 von: Pfälzischer Kurier, Neustadt (1859).]

Stadtanzeiger. – Kaiserslauterer Stadtanzeiger. –
1881 – 30.IX.1922.

Stadtanzeiger. – Leipziger Stadt- und Dorfanzeiger. –
1.VII.1887 – 30.VI.1910.
Vorh. u.d.T.: Leipziger Dorfanzeiger.
Fortges. u.d.T.: Allgemeine Zeitung.

Luzerner Stadt-Anzeiger
⑤ 16.7.1892—Juli 1893 ⑥ 2° ⑦ Wochenblatt (1892): Monatsblatt (1893) ⑧ Luzern: Buchdruckerei Fr. Schneider ⑫ neutrales Anzeigeblatt ⑬ BGSZ: 1028 ⑭ Lu: Z ⑮ Zuerst Gratisabgabe, dann mit Abonnement.

Stadt-Anzeiger: Neuer Stadt Anzeiger von Biel und Umgebung
v. **Stadt-Anzeiger** von Biel und Umgebung — Feuille d'avis de Bienne et environs.

Stadtanzeiger: **Täglicher Stadtanzeiger**
⑤ 1881 ⑦ wöchentlich 6× ⑧ Winterthur ⑬ BGSZ: 12, p. 100.

Aus dem Kremser Stadtarchive. 5 Bl. Text und 13 Lichtdruck-Tafeln. Herausgegeben vom städtischen Museum. Selbstverlag des städtischen Museums. In Umschlag. Imperial-Querfolio. Mit der Beilage: Urkunde Königs Otto III. In Umschlag. Querfolio. In Commission Krems: F. Oesterreicher 1895. 12.—

Stadtbahn, die Berliner. Linie — Bau — Betrieb. Von e. Techniker. 8. (44 S.) Berlin 883. Polytechn. Buchh. cart. n. 1. —

Stadtbahn, die Wiener, seit ihrem Bestande 1898—1908. Bearb. im k. k. Eisenbahnministerium. (III, 31 S.) 33,5×24 cm. Wien 909. Hof- u. Staatsdruckerei. 1.—

Blum O, Rimrott, v. Borries und Abt: **Stadtbahnen**; Lokomotiven und Triebwagen für Schmalspur- usw. Bahnen. (331 S. 16 T) (Eisenbahntechnik der Gegenwart IV, BC) Wiesbaden 1907.

Stadtbahnproject, Officielles, auf Grund amtlicher Angaben der k. k. General-Inspection der österreichischen Eisenbahnen eingezeichnet im Plane der k. k. Reichshaupt- und Residenzstadt Wien. Maßstab 1 : 25.000. IV. vervollständigte Auflage. Chromolithographie Wien: Lechner 1894. —.60

Stadtbahn-Project, das, von Siemens und Halske. gr. 8. (27 S.) Wien 886, (Lechner's Sortiment.) *

Stadtbaskalender, Mannheimer, 1898. 3. Jahrg. 8. (82 S. m. Abb.) Mannheim, Gremm & Lorenz. n. — 20

Stadtbaskalender, Mannheimer, 1899. 4. Jahrg. 8. (39 S. m. Abbildgn. u. 1 Taf.) Mannheim, J. Gremm. n. — 20

Stadt-Baurecht, Würzburger. 8. (19 S.) Würzburg 878. Stahel. — 30

Stadtbefestigung oder reine Militärfestung, sowie über die nothwendigen Veränderungen in der permanenten Befestigung. Berlin 868. Exped. der militär. Blätter. gr. 8. (78 S. mit 4 Steintafl. in qu. gr. 4.) n. 21 ngr.

Stadtbefestigung oder reine Militärfestung, sowie über die nothwendigen Veränderungen in der permanenten Befestigung. gr. 8. (78 S. mit 4 Stnt. in qu. gr. 4.) Berlin 869, Exped. der Militär. Blätter. [Luckhardt'sche Verlagsh.] * 2 40

Stadtbefestigung oder reine Militärfestung, sowie über die nothwendigen Veränderungen in der genannten Befestigung. Leipzig 1872. V: *Wedelstädt, von.* (Kat. d. Bibl. d. dtsch. Reichstages. Berl. 1882.)

DIE RÖMISCHE STADTBEFESTIGUNG VON TRIER. Mit 8 Tafeln und 1 Plan. [Aus: „Westdeutsche Zeitschrift für Geschichte und Kunst".] (Von der Gesellschaft für nützliche Forschungen subventioniert.) Trier: 1896. Fr. Lintz. gr. 8°.

Stadtbeschreibung von Erfurt. 4. Ausg. (Erfurt.) 1845. 8°.

Stadtbibliothek Frankfurt a. M. Katalog der neueren Bestände. Frankfurt a. M. 1908—11. H: *Richel, Arthur.* (stBFrankf I, 135)

Stadtbibliothek Frankfurt a. M. Katalog der mathematischen Abteilung. Frankfurt a. M. 1909. H: *Hohenemser, Paul.* (stBFrankf I, 135)

Stadtbibliothek in Köln. Katalog einer Ausstellung von Erzeugnissen der Buchdruckerkunst. Köln 1890. V: *Schnorrenberg, J.* (Stadtbibl. Frankf. a. M. Kat. der Neueren Bestände.)

Stadtbilder. Die Basler St' bis auf Matthaeus Merian den Ältern 1615. Hrg. von der historischen und antiquarischen Gesellschaft zu Basel. [Titel und 14 Tafeln.] 4. Basel 1895.

Mappe zu: [Stehlin, Carl *II.*] Die Entwickelung des Basler Stadtbildes bis auf Matthaeus M' den Aeltern. Beilage zu Heft 4 ‹neue Folge› der Mitteilungen der hist' und ant' Ges' zu Basel. B' 1894.

Stadtblatt
v. Berner Stadtblatt, Zürcher Stadtblatt.

Stadt-, Land- u. Wirthschafts-Blatt, allgemeines, e. Samml. auserles. erprobter Nützlichkeiten f. alle Stände, f. d. Jahr 1811 u. 1812. 6 Hefte. Mit Kpf. gr. 8. Leipz., Joachim. 2 f

Stadt- und Landwirthschaftsblatt, allgemeines. Eine neue Sammlung auserlesener, besond. diätischer, physikalisch-ökonomischer Nützlichkeiten. 16—36 Heft. gr. 8. Leipz. Joachim. 811 u. 12. (à 12 gr.) Rthlr.

Berner Stadtblatt
① Ein Publikationsmittel für Bern und Umgebung ④ Intelligenzblatt und Berner Stadtblatt (v. sub 15) ⑤ 1880—November 1888 ⑥ 2° ⑦ wöchentlich 6× ⑧ Bern: R. F. Haller-Goldschach, Haller & Comp. ⑩ die Drucker ⑪ Paul v. Bingo, Haller & Comp. (ab 1. 11. 1887) ⑫ politisch neutrales Inseratenblatt mit Nachrichtenteil ⑬ BGSZ: 973 ⑭ Be: L, S, St ⑮ Fusion mit dem «Intelligenzblatt für die Stadt Bern» zum «Intelligenzblatt und Berner Stadtblatt» am 1. 12. 1888.

Stadtblatt. – Dresdner Stadtblatt. –
18.I.1885 – 31.XII.1888.
Fortges. u.d.T.: Neues Dresdner Tageblatt.

Stadtblatt. – Dresdner Stadtblatt. –
29.III.1891 – 16.IX.1891.
Vorh. u. fortges. u.d.T.: Dresdner Tageblatt.

Stadtblatt. – Liegnitzer Stadtblatt. –
5.IV.1836 – 18.I.1886.
Fortges. u.d.T.: Liegnitzer Tageblatt.

Ofner Stadt-Blatt. I. Jahrgang. Herausgeber und Red. *Gust. Birnbaum.* Druck v. *M. Bagó.*
Erscheint in **Ofen**, jeden Montag, 1 Bog. in Fol., 3-spalt.
Prän.-Pr.: 1/4-jähr. 1 fl. 6 kr.; pr. Post 1 fl. 20 kr.
NB. Bringt unterhaltende Erzählungen und Humoresken, Tagesneuigkeiten, Berichte aus Ungarn, Miscellen, Anecdoten etc.

Zürcher Stadtblatt
v. Die Limmat.

Stadtblätter
v. Churer Stadtblätter.

Churer Stadtblätter
⑤ 22. 1. 1842—29. 3. 1842 ⑥ 4° ⑦ zwangslose Folge ⑧ Chur: Otto's sel. Erben ⑬ BGSZ: 1001 ⑭ Ch: K.

Stadtblätter, Rigaische, hsg. von Einem Mitgliede der literärisch-praktischen Bürgerverbindung. Riga, Jahrg. 1810, 13 Schluss, 14, 17 (Nr. 1—13), 21 (50—52), 22—26, 27 (1—28). H: *Sonntag, Carl Gottlob.* (R-N) (Ky) (GGr) (MGT)

Stadtblätter, Rigaische, herSgg. von e. Mitgliede der literär.-prakt. Bürgerverbindung (K. G. Sonntag). Jahrg. 1810, 1813. Schluß 1814, 1821. 8. Riga. ...

Rigaische Stadtblätter für die Jahre 1810—1907. Hrsg. von der literärisch-praktischen Bürgerverbindung. — Riga (1810—1907): Häcker.

Stadtblätter, rigasche. Jahrg. 1855. 52 Nrn. (1/2 Bog.) gr. 8. Riga, (Kymmel.) *

Stadtblätter, rigasche. Jahrg. 1856—59. à Jahrg. 52 Nrn. (1/2 Bog.) gr. 8. Riga, (Kymmel.) à Jahrg. *

Stadtbote: Der Stadtbote
① Zürcherisches Sonntagsblatt mit illustrierter Gratisbeilage (3. 1. 1886—31. 12. 1893). Zürcherisches Sonntagsblatt (7. 1. 1894—29. 12. 1901, 5. 10. 1902—26. 4. 1903). Zürcherisches Sonntagsblatt mit illustrierter Wochenbeilage (5. 1. 1902—8. 6. 1902) ⑤ 3. 1. 1886—22. 6. 1902; 5. 10. 1902—26. 4. 1903 ⑥ 2° (Vergrößerung: 18. 1. 1891, 7. 1. 1894, Verkleinerung: 5. 1. 1896) ⑦ Wochenblatt ⑧ Zürich: Jean Meyer (3. 1. 1886—18. 3. 1888), Schröter und Meyer (25. 3. 1888—16. [?] 9. 1888); Brugg: Effingerhof (22. [?] 9. 1888—17. 3. 1889); Zürich: Zürcher & Furrer (24. 3. 1889—1. 12. 1889); Wetzikon: Aktienbuchdruckerei (8. 12. 1889—5. 1. 1890); Zürich: Buchdruckerei Neumünster (12. 1. 1890—23. 10. 1892), Buchdruckerei Neumünster (Hans Keßler) (30. 10. 1892—31. 12. 1902), Gebrüder Frank (7. 1. 1894—22. 6. 1902), Meyer & Hendess (5. 10. 1902—26. 4. 1903) ⑨ Sonntagsblatt (1886—1889). Schweizerheim (1893—1894—?). Schweizerische Humoristische Fliegende Blätter (5. 1. 1902—8. 6. 1902) ⑩ Eduard Attenhofer ⑪ Eduard Attenhofer ⑫ liberal; heftige Polemik gegen sozialdemokratische und anarchistische Bewegungen, wie gegen die linksstehenden Demokraten ⑬ BGSZ: 111 (p. 486) ⑭ Zh: Z; Be: L (1889—1903).

Stadtbote. – Augsburger Stadt- und Landbote. –
1.VII.1852 – 16.IX.1857.
Fortges. u.d.T.: Neue Augsburger Zeitung.

Stadt- und Landbote, christlicher. Redig. von Bosen. I. Jahrg. März 1849 — Febr. 1850. 104 Nrn. (1/2 Bog.) Imp.-4. Cöln und Neuß, Schwann'sche Vrlgsh. *

Stadtbote. – Der deutsche Stadt- und Landbote. –
Erfurt. – IV.1846 – 1848(?).

Stadtbote. – Der Erfurter Stadt- und Landbote. –
17.I.1844 – 29.IX.1847.

Stadt- u. Land-Bote, der Erfurter. (1. Jahrg.) 1844. 104 Numm. (1/2 Bog.) 4. Erfurt, Expedition der Thüringer Chronik. n. 1 1/8 f

—— der erfurter. (1. Jahrg.) 1844. 104 Nrn. (1/2 Bog.) 4. Erfurt. (Leipzig, Schmidt.) *

Stadtbote. – Glogauer Stadt- und Landbote. –
2.I.1836 – 31.XII.1890.
Fortges. u.d.T.: Neue Niederschlesische Zeitung.

Der Hartforder Stadt-Bote: July 30, 1881 – ?
Weekly. Rev. L. H. Schneider, editor. Local German-American news. Only paper of its kind among 7000 German-Americans in Hartford.
Hartford, CT

Stadt- und Landbote, der hessische, e. Volkszeitung z. Belehr. u. Unterhalt. f. d. Bürger u. Landmann, hrsg. v. Friedr. Ritsert. I. Jahrg. 1837. 4 Hfte. gr. 4. Darmstadt, Pabst.

Stadtbote. – Karlsruher Stadt- und Landbote. –
1.I.1843 – 31.XII.1847.
Fortges. u.d.T.: Stadt- und Landbote.

Stadt- u. Landbote, der karlsruher. Jahrg. 1846. 156 Nrn. (1/2 Bog.) mit wöchentl. Extra-Beilagen. 4. Karlsruhe, Gutsch u. Rupp. *

Stadt- u. Landbote, der, s. Amts-, Stadt- u. Landbote.

Stadt- und Land-Bote: 1839 – ?
Weekly. Merged with Der Courier. Edited & published by J. G. Backofen. Campaign paper.
Pittsburgh, PA

Stadtbote. – Stadt- und Landbote. –
Karlsruhe. – 1.I.1848 – 24.VII.1849.
Vorh. u.d.T.: Karlsruher Stadt- und Landbote.
Fortges. u.d.T.: Die Biene.

Stadt- und Land-Bote: 1868? – 1877?
Daily, evening except Sunday. Continued as Der Lecha Bote. Circulation: 1870, 800 (est.); 1872, 1000 (est.). Edited by B. F. Trexler & C. B. Zunder, 1868–69; by Leisenring, Trexler & Co.
Allentown, PA

Stadt- u. Landbote. Illustrierter Volks-Kalender f. 1907. 27. Jahrg. (XVI, 16, 16 u. 8 S. m. Abbildgn.) 8. Weißensee, E. Bartels. — 10

Stadt- u. Landbote. Illustrierter Volks-Kalender für 1911. 31. Jahrg. (XVI, 16 u. 10 S.) 8. Weißensee, E. Bartels. — 10

Stadtbote. – M e m m i n g e r Stadt- und Landbote. – 1889 – 1890.
Vorh. u.d.T.: Memminger Tagblatt.
Fortges. u.d.T.:Memminger Volksblatt.

S t a d t - u. L a n d b o t e, d. Saalfelder, e. Monatschr. zur Belehrung u. Unterhalt. 1—3. Jahrg. 1831—33. à 12 Hfte. (à 2 Bog.) Mit Stndr. 4. Saalfeld, Riese. à J.

Stadt- und Land-Bote, Der Schlesische, eine Zeitschrift zur Unterhaltung und Belehrung. Breslau 1833—35. Red: *Richter, Heinrich.* (Kat. d. Druckschr. üb. Breslau. Breslau 1903. S. 399.)

— der S c h l e s i s c h e, eine Zeitschrift zur Unterhaltung u. Belehrung. 1r Jahrg. 1833. Herausg. von Wilh. Steinmetz. 26 Hfte. à 1 Bog. u. 26 Steindr. gr. 4. Breslau, Aderholz. 2¼ ℛ

Stadt u. Landbote, Stettiner. Haus- u. Familienkalender f. 1893. 12. (176, 4, 8 S. m. Illustr. u. 1 Titelbild.) Mit 1 Portemonnaiekalender als Zugabe. 128. (26 S.) Stettin, Wittenhagen. * — 50

Stadt- u. Landbote, Stettiner. Haus-, Familien- u. Geschäfts-Kalender f. Stettin u. die ganze Prov. Pommern. III. Jahrg. 1895. 12. (16, 160 u. 86 S. m. Illustr., 1 Titelbild, Portemonnaie- u. Wandkalender.) Stettin 894. Fr. Wittenhagen. n. — 50

Stadt- u. Land-Bote, S t e t t i n e r. Haus-, Familien- u. Geschäfts-Kalender f. Stettin u. d. ganze Prov. Pommern. VII. Jahrg. 1899. Lex.-8. (XIX, 73 u. 7 S. m. Abb., 1 Taf., 1 Farbdr., Wand- u. Portemonnaiekal.) Stettin, A. Schuster. n. — 50

Stadt- u. Land-Bote, Stettiner. Haus-, Familien- u. Geschäfts-Kalender f. Stettin u. die ganze Prov. Pommern. IX. Jahrg. 1901. 4. (82 S. m. Abbildgn., 1 Farbdr., Wand- u. Portemonnaiekalender.) Stettin, A. Schuster. n. — 50

—— der Thüringer, e. Volksblatt zur Belehr. u. Unterhaltung. 1. u. 2. Jahrg. 1834 u. 35. 12 Hfte. (à 2 Bog., 1 Stnt. u. literar. Beiln.) 4. Saalfeld, Riese. à J.

—— thüringer, e. Volksblatt f. Belehr. u. Unterhalt. 3—9. Jahrg. 1836—42. à 12 Hfte. Mit Abbild. u. literar. Beil. 4. Saalfeld, Riese. [836 u. 37. à * ⅚ Thlr., 38—42. à * 1 Thlr.] *
1. u. 2. Jahrg. 1834 u. 35. Ebendas. à * 20 Gr. — Als Fortsetz. des: S a a l f e l d e r Stadt- u. Landbote ꝛc. 1—5. Jahrg. 1831—35., bildet vorstehende den 6—12. Jahrgang.

— Thüringer, ein Volksblatt für Belehrung u. Unterhaltung. 11.—16. Jahrg. 1841—1846. à 12 Hefte. Mit Titelvign. u. 1 Sonntags-Magazin als Prämie. 4. Saalfeld, Riese. 11.—14. à 1 ℛ 15. 16. à n. 1⅙ ℛ

—— thüringer, ein Volksblatt f. Belehrung u. Unterhaltung. 13—17. Jahrg. 1843—47. à 12 Hfte. 4. Saalfeld, Riese. [13. u. 14. Jahrg. à * 1 Thlr., 15., 16. à * 1 Thlr. 5 Ngr., 17. * 1 Thlr.] *

—— thüringer. Ein Volksblatt für Belehrung und Unterhaltung. 18—22. Jahrg. 1848—52. à 12 Hefte. 4. Saalfeld, Riese. à Jahrg. *

S t a d t - und L a n d b o t e, thüringer. Ein Volksblatt für Belehrung und Unterhaltung. 23—25. Jahrg. 1853—55. à Jahrg. 12 Hefte. (à Heft 16 S.) Mit Prämie. 4. Pößneck. (Saalfeld, Riese.) à Jahrg. *

—— dass. — Ein Volksblatt zur Unterhaltung und Belehrung aus dem Leben, der Natur und der Gesellschaft. 26. Jahrg. 1856. 12 Hefte. (à 16 S.) Mit Prämie. 4. Saalfeld, Riese. *

S t a d t - und L a n d b o t e, thüringer. Ein Volksblatt zur Unterhaltung und Belehrung aus dem Leben, der Natur und der Gesellschaft. 27—32. Jahrg. 1857—62. à Jahrg. 12 Hefte. Mit Prämie. 4. (à Heft 16 S.) Saalfeld, Riese. à Jahrg. *

Stadt- u. Landbote, Thüringer. Ein Volksblatt zur Unterhaltung u. Belehrung aus dem Leben, der Natur u. der Gesellschaft. 33—37. Jahrg. 1863—67. à Jahrg. 12 Hefte (à 16 S.). Mit Prämien. Saalfeld, Riese. 4. Jeder Jahrg. n. 1 ℛ 6 ngr.

S t a d t - und L a n d b o t e, Thüringer. Ein Volksblatt zur Unterhaltung und Belehrung aus dem Leben, der Natur und der Gesellschaft. 38.—40. Jahrg. 1868—1870. à Jahrg. 12 Hefte. 4. (à Heft 4 Bog.) Saalfeld, Riese. à Jahrg. * 4 20

Stadt-Bote. – W ü r z b u r g e r Stadt- und Land-Bote. – 1.(?)VII.1848 – 31.XII.1901.

DAS ÄLTESTE STADER STADTBUCH von 1286. Herausgegeben vom Verein für Geschichte und Alterthümer zu Stade.
Heft 1. Stade 1882. Druck von A. Pockwitz. 8°.

AS ÄLTESTE STADER STADTBUCH von 1286. Herausgegeben vom Verein für Geschichte und Altertümer zu Stade.
Heft 2. Stade 1890. Druck von A. Pockwitz. 8°.

Stadtbuch, B a s l e r. 1 – Basel: Administration 1879 – 8°

S t a d t b u c h, Berlinisches. Neue Ausg., veranstaltet bei der Feier des 25jähr. Hochzeits-Jubiläums Ihrer k. und k. Hoheiten des Kronprinzen Friedrich Wilhelm und der Kronprinzessin Victoria im Auftrage der städt. Behörden Berlins. Lex.-8. (XLIX, 303 S. mit 2 chromolithogr. Bildern und 3 Schriftproben in Licht- und Farbendr.) Berlin 883, (G. Winckelmann.) **

Stadtbuch, das Kieler, von dem Jahre 1264 bis zum Jahre 1289. Aus der Handschrift herausgeg. von Johannes Fr. Lucht. gr. 4. Kiel 842, Academ. Buchh. n. 1 ℛ

S t a d t b u c h, das kieler, von d. Jahre 1264 bis z. Jahre 1289. Aus der Handschrift hrsg. v. Joh. Friedr. Lucht. gr. 4. (13 B.) Kiel 842, v. Maack's Verlag. *

K i e l e r **Stadtbuch** aus den Jahren 1264–1289. Im Auftrage der Gesellschaft für die Geschichte der Herzogthümer Schleswig-Holstein und Lauenburg hrgg. von Paul Hasse. Kiel 1875. 8°

Stadtbuch, Kieler, aus d. J. 1264—1289. Im Auftrage der Gesellschaft f. die Geschichte der Herzogthümer Schleswig-Holstein u. Lauenburg hrsg. v. P. H a s s e. gr. 8. (XI, 128 S.) Kiel 875. Universitäts-Buchh. in Comm. n. 2. 80

Kieler Stadt- und Adress-Buch 1835. Kiel, herausgeg. und verlegt von AUG. HESSE. Kiel.

Stadt- u. Adreßbuch, Kieler, für 1848. Herausg. von Chr. Bünsow. 8. (VIII u. 161 S.) Kiel, Schröder & Co. n. 1 ß

Stadt- und Adreßbuch, kieler, 1857/58. I. Adreßbuch der Stadt Kiel und der Ortschaften und Güter der Umgegend auf ca. 2 Meilen um Kiel, nebst einem Verzeichniß der Hausbesitzer in Kiel, in der Brunswieck und am Düsternbrooker Wege, der Straßen und der Häuser nach Straßen- und Kataster-Nummern. gr. 8. (IV und 145 S.) Kiel 857, Akademische Buchh. *

Das **Stadt-Buch** von Kolberg. 2. Aufl. Kolberg 1900: C. F. Post. (284, VIII S.) 8°

Lüneburgs Ältestes **Stadtbuch** und Verfestungsregister. Hrsg. von Wilhelm Reinecke. Mit 3 Taf. *Hannover & Leipzig: Hahn 1903.* (CI, 446 S.) 8°
— Quellen u. Darstellungen z. Geschichte Niedersachsens. Bd 8. [03-[illegible]

Das verschlossene **Stadtbuch**, Neurodes älteste Urkundensammlung. Bearb. u. hrsg. von Pfarrer Zimmer in Albendorf. Neurode 1908: (Neuroder Ztg.- u. Druckerei-Ges.) 198 S. 8°

Stadtbuch, d. zweite Stralsundische (1310—1342). 1. Tl.: Liber de hereditatum obligatione. Hrsg. v. Chrn. Reuter, Paul Lietz u. Otto Wehner. Progr. gr. 8. (VIII, 186 S.) Stralsund 896. (K. Regierungs-Buchdruckerei.) n. 3. —

Das zweite stralsundische **Stadtbuch** (1310–1342). Im Anschluß an den von Christian Reuter, Paul Lietz u. Otto Wehner veröffentlichten ersten Teil bearb. von Robert Ebeling, Stadtarchivar zu Stralsund. (Hrsg. v. Rügisch-Pommerschen Geschichtsver. zu Greifswald u. Stralsund.) (T. 1–3.) *Stralsund: Kgl. Regier.-Buchdr. 1903.* (VIII, 390 S.) 8°
T. 1 erschien zuerst als gemeinsames Progr. d. Gymn. u. Realgymn. Stralsund 1896. [04. 169

Stadtbuch, das zweite Stralsundische (1310—1342) Im Anschluss an den v. Christian Reuter, Paul Lietz u. Otto Wehner veröffentlichten 1. Tl. bearb. v. Rob. Ebeling. (VIII, 391 S.) gr. 8. Stralsund 903. Regierungs-Buchdr. n. 5. — (1 u. 2: n. 8. —)

Stadtbücher. Die Zürcher St' des XIV. und XV. Jahrhunderts. Auf Veranlassung der Antiquarischen Gesellschaft in Zürich hrg. mit geschichtlichen Anmerkungen.... 3 Bände. 8. Leipzig, S. Hirzel, 1899—1906. [*je* M. 12. —]
Band 1: ... hrg. mit g' A' von H[einrich] Zeller-Werdmüller. (Mit Figuren.) XII + 404 S. 1899.
Band 2: ... hrg. ... von H[einrich] Zeller-Werdmüller. VI + 422 S. 1901.
Band 3: ... hrg. ... von Hans Nabholz. ([Mit:] Register und Glossar [zu den Bänden] 1—3.) XVI + 340 S. 1906.

Stadtbücher, die Zürcher, des XIV. u. XV. Jahrh. Auf Veranlassg. der antiquar. Gesellschaft in Zürich hrsg. m. geschichtl. Anmerkgn. v. H. Zeller-Werdmüller. (In 3 Bdn.) 1. u. 2. Bd. gr. 8. (XI, 404 u. VI, 422 S.) Leipzig 899. 901. S. Hirzel. à n. 12.—

Stadtbücher, die Zürcher, des XIV. u. XV. Jahrh. Auf Veranlassg. der antiquar. Gesellschaft in Zürich hrsg. m. geschichtl. Anmerkgn. v. Hans Nabholz. 3. Bd. (XV, 340 S.) Lex.-8. Leipzig 906. S. Hirzel. n. 12. —

Stadtchronik. Die anonyme St' oder der Königshofen-Justinger s. Justinger, Conrad. Die Berner-Chronik des C' J'. Bern 1871.

Stadt-Chronik von Freiburg im Breisgau, oder Sammlung d. denkwürdigsten Ereignisse dieser Stadt, von ihrem Ursprunge bis zum Jahre 1836, nebst e. chronolog. Anhange der Stiftungen u. Wohlthätigkeits-Anstalten. 8. Freiburg ... Waizenegger. 1 ß

Stadt-Chronik von Freiburg im Breisgau . . . Freiburg 1837. H: *Walchner, Carl.* (EngG)

Stadt-Chronik der «Zürcher Post» v. Züricher Post.

Querfurter Stadt- und Kreis-Chronik. Hrsg. von W. Schneider. [Buchhändler in Querfurt]. Mit Abb. Querfurt: W. Schneider 1902. (VII, 575 S.) 8°

Städte u. Burgen in Elsass-Lothringen. 1.—11. Heft. 16. Strassburg, J. H. E. Heitz. n. 5. 75
Becker, Geschichte der Stadt Hagenau. [Aus: „Das Reichsland Elsass-Lothringen".] (III, 17 S.) 905. (Hft. 9.) n. — 25
Borries, E. v., Geschichte der Stadt Strassburg. [Aus: „Das Reichsland Elsass-Lothringen".] (III, 81 S.) 905. (Hft. 5.) n. — 50
Gény, Geschichte der Stadt Schlettstadt. [Aus: „Das Reichsl. Elsass-Lothr.".] (III, 14 S.) 905. (Hft. 10.) n. — 25
Herbig, M., die Dreisteinschlösser, Birkenfels u. Kagenfels. Beschreibung u. Geschichte. Mit 5 Abbildgn. (48 S.) 906. (Hft. 11.) n. — 80
— Hoh-Andlau. Beschreibung u. Geschichte. Mit 4 Abbildgn. (44 S.) 903. (Hft. 3.) n. — 80
— Schloss Landsberg. Beschreibung u. Geschichte. Mit 3 Abbildgn. (35 S.) 903. (Hft. 1.) n. — 50
— Ottrotter Schlösser. Ruine Köpfel. Ruine Waldsberg (gen. Hagelschloss.) Beschreibung u. Geschichte. Mit 6 Abbildgn. (48 S.) 903. (Hft. 2.) n. — 80
— Schloss Spessburg. Beschreibung u. Geschichte. Mit 4 Abbildgn. (40 S.) 903. (Hft. 4.) n. — 60
Post, Geschichte der Stadt Mülhausen. [Aus: „Das Reichsland Elsass-Lothringen".] (III, 35 S.) 905. (Hft. 8.) n. — 25
Waldner, Geschichte der Stadt Colmar. [Aus: „Das Reichsland Elsass-Lothringen".] (III, 52 S.) 905. (Hft. 7.) n. — 50
Wolfram, Geschichte der Stadt Metz. [Aus: „Das Reichsland Elsass-Lothringen".] (III, 83 S.) 905. (Hft. 6.) n. — 50

Städte u. Burgen in Elsass-Lothringen. 12. u. 13. Heft. 16. Strassburg, J. H. E. Heitz. à 1. 20
Herbig, M., Bernstein u. Dambach. Beschreibung u. Geschichte. Mit 2 Abbildgn. (Taf.) (78 S.) 907. (12. Heft.)
— Ortenburg u. Ramstein. Beschreibung u. Geschichte. Mit 1 Abbildg. (70 S.) 909. (13. Heft.)

Die Deutschen **Städte**. Geschildert nach d. Ergebnissen d. 1. deutschen Städte-Ausstellung zu Dresden 1903. Unter Mitarb. von ... Im Auftr. d. Ausstellungsleitung hrsg. von Prof. Dr. jur. et phil. Robert Wuttke, Prof. zu Dresden. Durch e. Vorwort eingel. von Oberbürgermeister [Gustav Otto] Beutler. Bd 1. 2. *Leipzig: F. Brandstetter 1904.* 1 Bd 4°(8°), 1 Bd 2° [04. 1330

Städte, die deutschen. Verbesserter u. ergänzter Sonderabdr. aus Kürschners Hof-, Staats- u. Kommunal-Handbuch des Deutschen Reichs u. der Einzelstaaten. 1. Ausg. 1907. Auf Grund amtl. Mitteilgn. bearb. v. Gerh. Reuter. (288 S.) 8. München (906). C. Ertel. n. 2. 50; geb. n. 3. —

Städte, die freien, im heil. Bunde. Eine volksthüml. Zeichnung. 8. Frankf. a. M. 817. Sauerländer. 4 gr

Städte, die, Hamburg, Lübeck, das Fürstenth. Lübeck und der Wiener Friede vom 30. Octbr. 1864. Nachtrag zu dem auf Grund des Allerhöchsten Erlasses vom 14. Decbr. 1864 vom Kronsyndicat erstatteten Rechtsgutachten. 2. Aufl. gr. 8. (16 S.) Hamburg 866, Boyes und Geisler.

Städte und Ortschaften, Die 129, des Königreichs Bayern mit 3000 und mehr Seelen Bevölkerung unter Beifügung der Bevölkerungsziffer . . . Schweinfurt 1892. V: *Schultes, C. von.* (BMarsch 776)

— u. **Landschaften,** hrsg. von Leo Greiner. 1.—7. Bd. kl. 8. Stuttgart, C. Krabbe. 14.50; geb. n 23. —
Bahr, Herm., Wien. Mit 8 Vollbildern. (136 S.) (907.) (2. Bd.) 2.—; geb. in Halbfrz. n 3. 50
Ernst, Paul, der Harz. Mit 8 Vollbildern. (112 S.) (907.) (4. Bd.) 2.—; geb. in Halbfrz. n 3. 50
Falke, Gust., Hamburg. Mit 8 Vollbildern von Hamburger Künstlern. (129 S.) (908.) (7. Bd.) 2.—; geb. in Leinw. n 2. 50
Flake, Otto, Strassburg u. d. Elsass. Mit 8 Vollbildern. (128 S.) (908.) (6. Bd.) 2.—; geb. in Leinw. n 2. 50
Ruederer, Jos., München. (227 S.) (907.) (1. Bd.) 2.50; geb. in Halbfrz. 4. —

Schäfer, Wilh., der Niederrhein u. d. Bergische Land. Mit 8 Vollbildern. (136 S.) (907.) (5. Bd.) 2.—; geb. in Halbfrz. n 3.50

Scholz, Wilh. v., der Bodensee. Wanderungen. Mit 8 Vollbildern. (140 S.) (907.) (3. Bd.) 2.—; geb. in Halbfrz. n 3.50

Städte und Landschaften, nordostdeutsche. Nr. 1—5. 8. Danzig, Kafemann. *

Inhalt:

Nr. 1. Püttner, Elise, Ostseebad Zoppot bei Danzig. (63 S. mit 9 Illustr. und 2 Plänen.) 887. *ℳ 1.—.
» 2. —— Danzig, ehemalige Freie Reichs- und Hansestadt, jetzt Hauptstadt der Prov. Westpreussen. (112 S. mit 20 Illustr.) 888. *ℳ 1.50.
» 3. Wernick, Fritz, Elbing. (67 S. mit 16 Illustr.) 888. *ℳ 1.—.
» 4. Falkson, Ferd., Königsberg, die Hauptstadt Ostpreussens. (75 S. mit 9 Illustr.) 888. *ℳ 1.—.
» 5. —— Samländischer Ostseestrand. (32 S. mit 8 Illustr.) 388. *ℳ 1.—.

Städte u. Landschaften, nordostdeutsche. Nr. 6—9. 8°. Danzig, Kafemann. * 2 85

6. Sommer, W. Das kurische Haff. Mit 8 Illustr. (36 S.) 889. — 75.
7. Starck, C. Marienburg, das Haupthaus d. deutschen Ritterordens. (38 S. m. 7 Illustr.) 889. * — 80.
8. Püttner, Elise. Jäschkenthal u. der Johannisberg bei Danzig. Mit e. Plan. (34 S.) 890. * — 50.
9. Girth, Carl. Die Halbinsel Hela. Mit 3 Illustr. (72 S.) 891. * — 80.

Städte u. Landschaften, nordostdeutsche. Nr. 10. 8. Danzig 898. A. W. Kafemann. n. — 80
Rominter Heide. Von K. Ed. Schmidt. M. 7 Illustr. (31 S. m. 1 Karte.)

Städte u. Landschaften, nordostdeutsche. Nr. 1—3, 5, 7 u. 11. Danzig. A. W. Kafemann. n. 5.80

1. Zoppot. Von E. Püttner. 2. Aufl. Mit 9 Illustr. u. 1 Plan. 8. (60 S.) 901. n. 1.—
2. Danzig, ehemalige freie Reichs- u. Hansestadt, jetzt Hauptstadt der Prov. Westpreussen. Von E. Püttner. 3. verm. u. verb. Aufl. Mit 24 Illustr., dem Plane der Stadt u. 1 Karte der Umgegend. 8. (146 S.) 899. n. 1.50; erm. Pr. n. 1.—
3. Elbing. Von Rob. Dorr. Mit 22 Illustr. u. 3 Plänen. 8. (VII, 118 S.) (901.) n. 1.50
5. Kleiner Führer durch Danzig, ehemalige freie Reichs- u. Hanse-Stadt, jetzt Hauptstadt der Prov. Westpreussen. Von E. Püttner. Mit 12 Illustr. u. Plänen von Stadt u. Umgegend. (Neue Aufl.) 12. (47 S.) 901. n. — 50
7. Marienburg. Von Wilh. Schwandt. Mit 19 Illustr. u. 1 Stadtplan. (3. Aufl. von Carl Starck, Marienburg, das Haupthaus des deutschen Ritterordens.) 12. (80 S.) 901. n. — 80
11. Cadinen. Von Rob. Dorr. Mit 6 Illustr. u. 1 Plan von Cadinen. gr. 8. (60 S.) (900.) n. 1.—

— u. Landschaften, nordostdeutsche. Nr. 2. 5. 7. 9 u. 12—15. kl. 8. Danzig, A. W. Kafemann. n. 7.50

2. Reise- u. Fremdenführer durch Westpreussen. Danzig, ehemalige freie Reichs- u. Hansestadt, jetzt Hauptstadt der Prov. Westpreussen, u. die hervorragendsten Städte der Provinz. Von E. Püttner. (Neue Aufl.) Mit Illustr., dem (farb.) Plane der Stadt, des Stadttheaters u. (farb.) Karten der Umgegend u. der ganzen Provinz. (161 S.) 906. n. 1.—
5. Kleiner Führer durch Danzig, ehemalige freie Reichs- u. Hanse-Stadt, jetzt Hauptstadt der Provinz, u. durch Westpreussen. Von E. Püttner. Mit 16 Illustr. u. Plänen v. Stadt u. Umgegend. (Neue Aufl.) (59 S.) 904. n. — 50
7. Marienburg, Schloss u. Stadt, in Preussen. Von Wilh. Schwandt. 2. Aufl. Mit 36 Bildern u. 1 Stadtplan. (VIII, 111 S.) 905. n. 1.—
9. Die Halbinsel Hela. Von H. Mankowski. Mit Illustr. u. 2 Kartenskizzen. (VI, 69 S.) (906.) n. 1.—
12. Carthaus u. die kassubische Schweiz. Führer durchs Marienparadies. Von Wilh. Schwandt. Mit 18 Abbildgn. u. 3 Karten im Text sowie Blatt I u. II der Wegekarte durch die kassub. Schweiz. (115 S.) 903. n. 1.—
13. Thorn. Von B. Uebrick. Mit 30 Abbildgn. u. 1 Stadtplan. (V, 134 u. VIII S.) 903. n. 1.20
14. Führer durch den Luftkurort Oliva m. der ehemaligen Zisterzienser-Abtei gleichen Namens. Von E. Püttner. Mit 16 Illustr. u. 1 Waldkarte. (48 S.) 904. n. — 80
15. Führer durch Ermland. Von H. Mankowski. Mit 1 Kartenskizze u. 19 Illustr. (VI, 60 S.) (905.) n. 1.—

— — nordostdeutsche. Nr. 1, 7 u. 14. kl. 8. Danzig, A. W. Kafemann. 3.—
Püttner, E., Führer durch Luftkurort u. Seebad Oliva mit dem ehemaligen Zisterzienser-Kloster gleichen Namens. M. 20 Illustr., 1 (farb.) Waldkarte u. 1 Strassenplan. (46 S.) 910. (Nr. 14.) 1.—
— Zoppot. Illustrierter Führer. 3. verb., völlig neu bearb. Aufl. m. 1 Strassenplan u. 1 (farb.) Waldkarte. (40 S.) 910. (Nr. 1.) 1.—
Schwandt, Wilh., Marienburg, Schloss u. Stadt in Preussen. 3. Aufl. Mit 54 Bildern u. 1 farb. Stadtplan. (VII, 132 S.) 908. (Nr. 7.) 1.—

Die Städte der Oberpfalz, histor.-topogr. beschrieben v. histor. Vereine v. Oberpfalz. I. 8. M. 3 Pl. Regensburg 1860.

Preußische **Städte** im Gebiete des polnischen Nationalitätenkampfes. Von (Franz) Zitzlaff, Vosberg, Karpiński ... hrsg. von Ludwig Bernhard. Leipzig: Duncker & Humblot 1909. XLVI, 202 S. 8°
(Verfassung u. Verwaltungsorganisation d. Städte. Bd 3, T. 1.)
(Schriften d. Vereins f. Socialpolitik. Bd 119, T. 1.)

Städte, die, d. Deutschen Reiches m. Angabe der geographischen Lage. Einwohnerzahl. Nach amtl. u. anderen zuverläss. Quellen zusammengestellt. 8. (64 S.) Schleswig 884. Detleffen. — 50

Städte. Die Schweizer St' im Mittelalter. Njbl. Zürich 1889 s. [Rahn, Johann Rudolf].

Städte u. ihre Umgebungen in Württemberg u. Hohenzollern. Sammlung der schönsten Ansichten in Stahlst. mit (52 Bl.) Text. Lex.-8. Ulm 842, Stettin'sche Vrlgsh. *
Hieraus einzeln: Biberach. * 5 Ngr. — Blaubeuren. * 5 Ngr. — Calw u. seine Umgebung. * 7½ Ngr. — Esslingen. * 7½ Ngr. — Geisslingen u. s. Umgebung. * 7½ Ngr. — Gmünd u. s. Umgebung. * 7½ Ngr. Hall. * 7½ Ngr. — Hechingen. * 5 Ngr. — Heilbronn u. s. Umgebung. * 7½ Ngr. — Mergentheim. * 5 Ngr. — Ravensburg u. s. Umgebung. * 11¼ Ngr. — Reutlingen, Tübingen u. ihre Umgebung. * 11¼ Ngr. Sigmaringen u. s. Umgebung. * 15 Ngr. — Stuttgart u. s. Umgebung. * 25 Ngr. — Tuttlingen u. s. Umgebung. * 7½ Ngr. — Ulm. * 25 Ngr. Weinsberg u. s. Umgebung. * 7½ Ngr.

Städte-Ansichten Deutschlands und der Schweiz. 1. Lfg.: Wien. — Dresden. — Lausanne. qu. Fol. (3 Stahlst.) Nürnberg 859, Serz und Comp. *
Chines. Pap. *
Einzelne Bl. * 5 Ngr.; chines. Pap. *

Städte-Atlas, Kleiner Deutscher, enthaltend die Grundrisse von dreissig Städten. Nebst einem Text als Beilage, die Post-Einrichtungen betreffend von Reichard. Hamburg, Hoffmann, 1806. gr. Fol. 30 Bll. (5½ ℳ.)

Städte-Atlas von Europa, neuester, Grundrisse u. Pläne der wichtigsten europäischen Städte. 1. Serie. 3.—6. Liefg. Roy.-Fol. Leipzig 841, 42, Schubert. (à) 1/3 ₰

— rheinischer. Enth.: die speciellen Grundrisse von Amsterdam, dem Haag, Rotterdam, Utrecht, Antwerpen, Brüssel, Ostende, Düsseldorf, Elberfeld, Barmen, Cöln, Aachen, Bonn, Neuwied, Coblenz, Wiesbaden, Mainz, Frankfurt, Darmstadt, Heidelberg, Mannheim, Schwetzingen, Carlsruhe, Baden, Freiburg, Straßburg u. Basel. Nebst einer histor. Einleitung über diese Gegenden von Ed. Duller, so wie Notizen für Reisende 2c. gr. 8. (Mit 27 Grundrissen.) Frankfurt a/M. 845, Jügel. geb. n. 1½ ₰

Städte - Ausstellung, Die Deutsche, in Dresden 1903. Wien 1903.
V: *Bastine, P.* (EB)

Städtebau, der. Monatsschrift f. die künstler. Ausgestaltg. der Städte nach ihren wirtschaftl., gesundheitl. u. sozialen Grundsätzen. Begründet v. Thdr. Goecke u. Camillo Sitte. Schriftleitung: Thdr. Goecke. 1.—3. Jahrg. 1904—1906. à 12 Hefte. (à ca. 16 S. m. Abbildgn. u. Taf.) gr. 4. Berlin, E. Wasmuth. à Jahrg. n. 20.—

Städtebau, der. Monatsschrift f. die künstler. Ausgestaltg. der Städte nach ihren wirtschaftl., gesundheitl. u. sozialen Grundsätzen. Begründet v. Thdr. Goecke u. Camillo Sitte. Schriftleitung: Thdr. Goecke. 4.—7. Jahrg. 1907—1910. à 12 Hefte. (à ca. 12 S. m. Abbildgn. u. 8 Taf.) 35×28 cm. Berlin, E. Wasmuth. à Jahrg. 20.—

Städtebeschreibungen, Statistisch-topographische, der Mark Brandenburg. Berlin 1786. V: *Fischbach, Frdr. Ludw. Jos.* (Schedel, Handb. d. Lit. f. Kaufleute. Leipz. 1796. S. 53.)

Städtebilder, amerikanische, s.: Welt- u. Reisebibliothek, illustrirte.

Städtebilder, deutsche (in Lichtbildern). (Katalog.) Nr. 1—6. gr. 8. Berlin (NW. 21) (903). Dr. Frz. Stoedtner. à n. — 40

1. Braunschweig, Riddagshausen, Königslutter u. Helmstedt. (28 S.) — 2. Magdeburg, Halberstadt, Brandenburg a. H., Stendal, Tangermünde, Jerichow. (16 S.) — 3. Bremen, Lübeck, Ratzeburg, Lüneburg. (22 S.) — 4. Schwerin, Wismar, Rostock, Doberan. (12 S.) — 5. Hannover, Hildesheim, Celle u. Kloster Wienhausen. (15 S.) — 6. Kassel, Köln, Darmstadt, Karlsruhe, Stuttgart, Augsburg, Colmar (hauptsächlich Galerien). (29 S.)

Städtebilder und Landschaften aus aller Welt. Nr. 1—42, 42a, 44, 45 und 45a—55. 8. Zürich, [Schmidt.] Städtebilder-Verlag (J. Laurenčič).

Nr. 1—41 à * 50 Pf.; Nr. 42, 42a, 45 und 45a à * 75 Pf. *

Inhalt:

- Nr. 1. 2. Regnet, Carl Alb., München. (67 S. mit 52 Illustr., 1 Kärtchen und Stadtplan.) 885.
- » 3. 4. Priem, J., Nürnberg. (64 S. mit 34 Illustr. von Wilh. Ritter und 1 Stadtplan.) 885.
- » 5. 6. Gebauer, Heinr., Dresden und die sächsisch-böhmische Schweiz. (90 S. mit 50 Illustr. und Stadtplan.) 885.
- » 7. 8. Hartmann, Jul., Stuttgart und Cannstatt. (60 S. mit 36 Illustr. und 1 Plan.) 885.
- » 9. Frankfurt am Main. (55 S. mit 33 Illustr. und 1 Stadtplan.) 885.
- » 10—12. Nover, Jak., Rheinfahrt von Mainz bis Köln. (111 S. mit 55 Illustr.) 885.
- » 13—16. Lindenberg, Paul, Berlin. (120 S. mit 60 Illustr. und 1 Plan.) 886.
- » 17. 18. —— Potsdam. (62 S. mit 27 Illustr. und 1 Stadtplan.) 886.
- » 19. 20. Der Zürichsee. (94 S. mit 43 Illustr. und 3 Karten.) 887.
- » 21. Unger, Th. L. F., Hannover. (42 S. mit 26 Illustr. und 1 Plan.) 885.
- » 22. Oberbeck, C., Cassel und Wilhelmshöhe. (55 S. mit 26 Illustr. und 2 Plänen.) 886.
- » 23. Würzburg. Von A. M. (48 S. mit 29 Illustr. und 1 Stadtplan.) 885.
- » 24. Henne am Rhyn, Otto, St. Gallen. (48 S. mit 18 Ansichten und 1 Stadtplan.) 887.
- » 25. Mann, Carl H., Bern. (56 S. mit 20 Ansichten und 1 Plan.) 887.
- » 26—28. Pollacsek, Jul., Hamburg. (84 S. mit 46 Illustr. und 1 Stadtplan. Illustr. meist nach Orig.-Zeichnungen von Herm. Nestel und Ernst Schmitz.) 886.
- » 29. Gsell-Fels, Aachen. (III, 52 S. mit 34 Ansichten und 1 Stadtplan.) 887.
- » 30—32. Freisauff, R. v., Salzburg, nebst Ausflügen nach Reichenhall, Berchtesgaden und Königsee. (96 S. mit 31 Ansichten und 1 Plan von Salzburg.) 886.
- » 33—37. Schlögl, Friedr., Wien. (190 S. mit 72 Illustr., 1 Plan und 1 Karte der Umgebungen von Wien.) 886.
- » 38—41. Gsell-Fels, Venedig. (III, 123 S. mit 35 Ansichten und 1 Stadtplan.) 887.
- » 42. 42a. Wolf, Carl, der Kurort Meran mit Ober- und Untermais und Umgebung. (80 S. mit 28 Ansichten und 2 Plänen.) 887.
- » 44. Schram, Wilh., Brünn und Umgebung. (40 S. mit 20 Illustr. und 1 Karte.) 888.
- » 45. 45a. Platter, J. C., Bozen-Gries und Umgebung. (64 S. mit 24 Illustr. und 3 Karten.) 888.
- » 46. 47. Ressel, G. A., Carlsbad und seine Umgebung. (94 S. mit 33 Ansichten und 1 Plan.) 888.
- » 48. 49. Steyrer, Clem., die Donaufahrt von Passau bis Budapest. (94 S. mit 42 Illustr. und 1 Karte.) 888.
- » 50. Ressel, G. A., Franzensbad und Eger. (48 S. mit 19 Illustr. und 1 Karte.) 888.
- » 51. Koch v. Berneck, Innsbruck und Umgebung. (48 S. mit 19 Illustr. und 1 Plan.) 888.
- » 52. Jabornegg v. und zu Gamsenegg, Mark. Frhr. v., Klagenfurt und Wörther-See. (48 S. mit 20 Illustr. und 2 Karten.) 888.
- » 53. Ressel, G. A., Marienbad und Umgebung. (48 S. mit 18 Illustr. und 1 Plan.) 888.
- » 54. 55. Svatek, Jos., Prag. (84 S. mit 37 Illustr. und 1 Stadtplan.) 888.

Städtebilder u. Landschaften aus aller Welt. Nr. 1/1a, 2/5, 8, 10/11, 12, 13/16 u. 17. 8°. Münch. 892, A. Bruckmann's Verlag. * 7 25

- 1, 1a. Platter, J. C. Bozen-Gries u. Umgebung. 2. Aufl. Mit 24 Illustr. u. 3 Karten. (IV, 63 S.) * — 75.
- 2/5. Gsell-Fels. Venedig. Ein Städtebild. 2. Aufl. Mit 38 Ansichten u. 1 Stadtplan v. Venedig, sowie Vorwort u. kurzem Führer durch die Lagunenstadt v. Jos. Fischer. (VIII, 108, IV S.) * 2 —.
- 8. Kalkner, Fr. Göttingen. Mit 35 Ansichten, 1 Stadtplan u. 1 Karte der Umgebg. (IV, 47 S.) * — 50.
- 10/11. Gsell-Fels. München. Mit 36 Ansichten, den Katalogen der k. älteren Pinakothek, der Neuen Pinakothek, der Gallerie Schack, der Glyptothek, d. Nationalmuseums, der Freiherrl. v. Lotzbeck'schen Sammlung etc., 1 Stadtplan u. 1 Umgebungskarte. (IV, XII, 194 S.) * 1 —.
- 12. Julg, Karl. Trient u. seine Umgebung. Mit 1 Panorama, 19 Ansichten, 1 Stadtplan u. 1 Karte der Umgebg. (64 S.) * — 50.
- 13 16. Strasser, Gfried. Das Berner Oberland. Mit 40 Illustr., 1 Panorama u. 1 Karte d. Berner Oberlandes. (96, III S.) * 2 —.
- 17. Fischer, Jos. Varese u. seine nächste Umgebung. Mit 12 Illustr. v. Max Fleischer. (32 S.) * — 50.

—— —— aus aller Welt. Nr. 5, 6, 10, 11, 19, 20, 43 u. 43a, 56, 57, 58 u. 58a, 59—62, 64 u. 64a, 65 u. 65a, 66 u. 66a, 67 u. 67a, 68 u. 68a, 69—78, 79 u. 79a, 80 u. 80a, 81 u. 81a, 82—85, 86 u. 86a, 87—91, 93, 95 u. 95a, 96—103, 104 u. 104a, 105, 106, 107 u. 107a, 108, 109 u. 109a, 110—114, 116—118, 121, 122, 123 u. 123a, 128, 129, 133, 134, 141—143. 8°. Linz, Städtebilder-Verlag. * — —

- 5. 6. Gebauer, Heinr. Dresden, der weisse Hirsch u. die Umgebung der Stadt. 2. Aufl. Mit Illustr., Stadtplan u. Karte der Umgebg. (XII, 90 S.) 890. * 1 —.
- 10. 11. Nover, Jak. Rheinfahrt v. Mainz bis Köln u. Düsseldorf. 2. verb. u. verm. Aufl. Mit Illustr., grösstentheils nach Orig.-Zeichngn. v. Ed. Rançillio. (137 S.) 890. * 1 —.
- 19. 20. Müller, Mart. Der Zürich-See (unter gefäll. Mitwirkg. einiger tit. Gemeindebehörden). 2. Aufl. Mit 53 Illustr. u. 3 Karten. (IV, 108 S.) 892. * 1 —.
- 43. 43a. Henne am Rhyn, Otto. Das Appenzeller Land. Mit 25 Illustr. u. 1 Karte. (59 S.) 888. * — 75.
- 56. 57. Lehnert, Vict. Der Bodensee. Mit 43 Illustr. u. 1 Karte. (112 S.) 889. * 1 —.
- 58. 58a. Der klimatische Kurort Arco in Südtirol. Mit 15 Illustr., Stadtplan u. Umgebungskarte. Der Gardasee u. seine Ufer [v. Koch v. Berneck]. (72 S.) 889. * — 75.
- 59. Ebenführer, Emrich. Baden bei Wien u. das Helenenthal. Mit 23 Illustr. u. 1 Stadtplan. (54 S.) 889. * — 50.
- 60. Verson, Rud. Dortmund u. Umgebung. (53 S. m. 25 Illustr. u. 1 Plan.) 891. * — 50.
- 61. 62. Schlossar, Ant. Graz u. Umgebung. Mit 23 Illustr., Stadtplan u. Umgebungskarte. (103 S.) 889. * 1 —.
- 64. 64a. Gsell-Fels, Thdr. Bad Kissingen u. Umgebung. Mit 26 Illustr., Stadtplan u. Umgebungskarte. (63 S.) 889. * — 75.
- 65. 65a. Boquignolles, Herm. v. Wiesbaden u. Umgebung. Mit 41 Illustr., Stadtplan u. Umgebungskarte. (77 S.) 889. * — 75.
- 66. 66a. Schudt, Friedr. Bad Homburg vor der Höhe u. seine Umgebung. Mit 31 Illustr., Stadtplan u. Umgebungskarte. (81 S.) 889. * — 75.
- 67. 67a. Hess, H. Bad Ems u. Umgebung. Mit 34 Illustr., Stadtplan u. Umgebungskarte. (77 S.) 889. * — 75.

Städtebilder u. Landschaften aus aller Welt etc.

- 68. 68a. Schneegans, W. u. M. Bad Kreuznach u. Umgebung. Mit 22 Illustr., Stadtplan u. Umgebungskarte. (56 S.) 889. * — 75.
- 69. —— Bad Münster am Stein u. Umgebung. Mit 15 Illustr., Stadtplan u. Umgebungskarte. (50 S.) 889. * — 50.
- 70. Lüttich, H. Bad Schandau u. die sächsisch-böhmische Schweiz. Mit 20 Illustr. u. 2 Karten. (45 S.) 889. * — 50.
- 71. 72. Markgraf, H. Breslau u. Umgebung. Mit 51 Illustr., Stadtplan u. Umgebungskarte. (68 S.) 889. * 1 —.
- 73. 74. Scholz, Paul. Das Riesengebirge u. das Isergebirge, das Waldenburger Gebirge u. die Grafsch. Glatz. Mit e. Anh.: Kurzer Führer durch die Sudeten von G. Nentwig. Mit 65 Illustr. und 2 Karten. (111 S.) 889. * 1 —.
- 75. 76. Fischer, Jos. Triest u. seine nächste Umgebung. (VIII, 54 S. m. 14 Illustr. u. 1 Plan.) 890. * 1 —.
- 77. 78. Schricker, A. Strassburg u. Umgebung. Mit 35 Illustr., e. Stadtplan u. e. Umgebungskarte. (VIII, 70 S.) 890. * 1 —.
- 79. 79a. Pohl, Rich. Baden-Baden u. Umgebung. Mit zahlreichen Illustr., nebst Stadtplan u. Umgebungskarte. (III, 74, 3 S.) 890. * — 75.
- 80. 80a. Cathiau, Thom. Karlsruhe u. seine Umgebung. Mit Illustr. Nebst e. Stadtplan u. Umgebungskarte. (VIII, 73 S.) 890. * — 75.
- 81. 81a. Koch v. Berneck. Heidelberg u. Umgebung. Mit Illustr., Stadtplan, Plan vom Schloss u. Karte der Umgebg. (XI, 54 S.) 890. * — 75.
- 82. 83. Landgraf. Mannheim u. Ludwigshafen m. Umgebung. Mit 36 Illustr. Nebst e. Stadtplan. (VIII, 70 S.) 890. * 1 —.
- 84. 85. Zernin, G., u. E. Wörner. Darmstadt u. seine Umgebung. Mit 36 Illustr., nebst e. Stadtplan u. e. Umgebungskarte. (V, 58 S.) 890. * 1 —.
- 86. 86a. Nover, Jak. Mainz u. Umgebung. Mit 35 Illustr., nebst e. Stadtplan u. e. Umgebungskarte. (69 S.) 890. * — 75.
- 87. 88. Koch, Wilh. Köln u. seine nächste Umgebung. Mit 49 Illustr., nebst e. Stadtplan u. e. Umgebungskarte. (80 S.) 890. * 1 —.
- 89. 90. Bone, Karl. Düsseldorf u. seine Umgebung. Mit 38 Illustr. Nebst e. Stadtplan u. e. Umgebungskarte. (73 S.) 890. * 1 —.
- 91. Fischer, L. Abbazia u. Fiume. (48 S. m. 18 Illustr. u. 1 Plan.) 890. * — 50.
- 93. Erfurt u. seine Umgebung. Mit Illustr., 1 Stadtplan u. 1 Umgebungskarte. (IV, 46 S.) 891. * — 50.
- 95. 95a. Soldan, F. Worms. Mit Illustr. u. e. Stadtplan. (IV, 69 S.) 890. * — 75.
- 96. 97. Hartung v. Hartungen, Chrph. Der Gardasee, Gardone-Riviera, u. die Eisenbahn Mori-Arco-Riva. (86 S. m. 1 Karte.) 891. * 1 —.
- 98. 99. Fischer, Jos. Der Lago Maggiore. Mit 1 Karte u. 56 Orig.-Zeichngn. (89 S. m. 1 Karte.) 891. * 1 —.
- 100. Fink, K. Tübingen. Mit 20 Illustr., 1 Stadtplan u. Karte der Umgebung. (III, 48 S.) 891. * — 50.
- 101. 102. Zürich u. seine Umgebung. Mit über 60 Ansichten, 1 Stadtplan u. 1 Umgebungskarte. (XVI, 84 S.) 891. * 1 —.
- 103. Bad Reichenhall u. Umgebung. (54 S. m. Abbildgn. u. 2 Tab.) 891. * — 50.
- 104. 104a. Speyer u. die bayrische Pfalz. Mit 32 Illustr. (55 S.) 892. * — 75.
- 105 Zöhrer, Ferd. Linz a. d. Donau, culturhistorisch u. topographisch geschildert. (46 S. m. Abbildgn., Plan u. Karte.) 891. * — 50.
- 106. Rhoden, A. Oeynhausen u. Umgebung. (51 S. m. 26 Illustr., 1 Plan u. 1 Karte.) 891. * — 50.
- 107. 107a. Poppe, Frz. Oldenburg u. Umgebung. (61 S. m. 38 Illustr., 1 Plan u. 1 Karte.) 891. * — 75.
- 108. Görges, E. Hameln u. Pyrmont m. Umgebungen. Mit 23 Illustr. Nebst Stadtplan u. Umgebungskarte. (58 S.) 891. * — 50.
- 109. 109a. Osnabrück u. Münster i. W. m. Umgebung. (53 S. m. 31 Illustr., 2 Plänen u. 2 Karte.) 891. * — 50.
- 110. Fricke, W. Bielefeld. (72 S. m. 16 Illustr. u. 1 Umgebungskarte.) 891. * — 50.
- 111. Beran, Osk. Temesvár m. Umgebung in Wort u. Bild, sowie Führer durch die Ausstellung. (Ungarisch u. deutsch.) (117 S.) 891. * — 75.
- 112. 113. Döhler, Emil. Dessau u. seine Umgebung. Mit 3 Plänen u. 60 Illustr. (92 S.) 892. * 1 —.
- 114. Merseburg. Mit 17 Illustr., 1 Stadtplan u. 1 Karte der Umgebg. (38 S.) 892. * — 50.
- 116—118. Kaufmann, John, u. Eugène de la Harpe. Genfer-See u. Chamounix. Mit 56 Illustr., Plänen v. Genf u. Lausanne, Karten v. Genfer-See u. Chamounix u. e. Panorama vom Mont-Blanc. (IV, 124 S.) 891. * 1 —.

  Engl. u. französ. Ausg. zu gleichem Preise.
- 121. 122. Albers, F. H. Metz u. Umgebung. (104 S. m. 42 Illustr., 1 Plan u. 1 Karte.) 891. * 1 —.
- 123. 123a. Trier u. das Moselthal. Mit 32 Illustr., 1 Plane u. 1 Umgebungskarte. (42 S.) 891. * — 75.
- 128. 129. Pfau, Karl Fr. Leipzig u. seine Umgebung. Mit 60 Illustr. u. 1 Stadtplan. (IV, 80 S.) 891. * 1 —.
- 133. 134. Kiel u. Ostholstein. Eine Wanderg. durch Kiel, Eutin u. die holstein. Schweiz bis Lübeck. (116 S. m. 39 Illustr., 1 Plan u. 1 Karte.) 891. * 1 —.
- 141—143. Setzepfandt, Rich. Magdeburg. Nach zuverläss. Quellen bearb. Mit 48 Illustr., 1 Gesammtansicht, 1 Stadtplan u. 1 Umgebungskarte. (IV, 158 S.) 892. * 1 50.

Diese Städtebilder u. Landschaften erschienen zuerst bei Caes. Schmidt in Zürich, welcher sie an J. Laurenčić verkaufte. Von diesem übernahm den Verlag am 15. Mai 1891 die „Helvetia" in Zürich. Seit August 1892 ist die Sammlung im Besitz des Städtebilder-Verlags (E. Marois) in Linz a. D.

— — aus aller Welt. Monats-Zeitschrift. Redact.: Ernst Brausewetter, f. den polit. Thl.: Arth. Waldeck. Jahrg. 1891. 12 Hefte. gr. 4. (à Heft ca. 48 S. m. Illustr. u. Taf.) Zür., Helvetia, Verlags- u. Kunstanstalt. à Heft — 80
Nicht weiter erschienen.

Städtebilder u. Landschaften aus aller Welt. Monats-Zeitschrift. Red.: v. Ernst Brausewetter, f. den polit. Thl.: Arth. Waldeck. Jahrg. 1891. 12 Hfte. gr. 4. (à Hft. ca. 48 S. m. Illustr. u. Taf.) [Zürich.] Linz, Städtebilder-Verlag (E. Mareis). à Hft. — 80

— — **dasselbe. Neue belletrist. Monatszeitschrift. Red. v. Ernst Brausewetter. 2. Jahrg. 1. Hft. gr. 4. (40 S. m. Illustr.) Ebd. 891. — 80**
Fortsetzung erscheint nicht.

— u. **Landschaften** aus aller Welt. Red.: Karl P. Geuter. Nr. 10, 11, 19, 20, 24, 30, 31, 38, 39, 43, 45a, 52, 54, 55, 60, 91, 93, 96—106, 107a, 108—114, 116—137, 139—146, 147a, 148, 149. 8. Linz, Städtebilder-Verlag (E. Mareis). n. 36. 75

Inhaltsübersicht in alphabetischer Ordnung:

Das Appenzellerland. Von Otto Henne am Rhyn. Mit 25 Ansichten. 3., durchgeseh. u. ergänzte Aufl. (IV, 47 S.) 894. (Nr. 43.) n. — 50
Bielefeld u. Umgebung v. W. Fricke. Mit 16 Orig.-Zeichngn. (72 S.) 891. (Nr. 110.) n. — 50
Bozen-Gries u. Umgebung. Von Karl P. Geuter. Mit 21 Ansichten, 2 Plänen u. 1 Karte. (IV, 80 S.) 895. (Nr. 45a.) n. — 75
Budapest u. seine Umgebung. Ein Geleit- u. Gedenkbuch v. L. Palóczy. Mit 53 Illustr., 2 Panoramen, Plan u. Karte. (120 S.) 893. (Nr. 124. 125.) n. 1. —
Dessau u. seine Umgebung v. Emil Döhler. Mit 3 Plänen u. 60 Illustr., meist nach Orig.-Zeichngn. verschiedener Künstler. (92 S.) 892. (Nr. 112. 113.) n. 1. —
Dortmund v. Rud. Versen. Mit Illustr. v. E. Schlemo u. 1 Stadtplane. (58 S.) 891. (Nr. 60.) n. — 50
Erfurt u. seine Umgebung. Mit Orig.-Zeichngn. v. Arth. Leissner, 1 Stadtplan u. 1 Umgebungskarte. (IV, 48 S.) 891. (Nr. 93.) n. — 50
Fiume u. Abbazia v. Ludw. Fischer. Mit 18 Illustr. u. 1 Stadtplan. (42 S.) 890. (Nr. 91.) n. — 50
Freiburg in der Schweiz u. seine Umgebung. Von Ferd. Buomberger. Mit 20 Ansichten u. 1 Karte der Umgebung. (68 S.) 895. (Nr. 147a.) n. — 75
Der Gardasee, Gardone-Riviera, u. die Eisenbahn Mori-Arco-Riva. Von Chrph. Hartung v. Hartungen. Illustr. v. Carl Dietrich. (86 S. m. 1 Karte.) 891. (Nr. 96. 97.) n. 1. —
Genfer-See u. Chamounix v. John Kaufmann u. Eugéne de la Harpe. Mit 56 Illustr. v. Max Fleischer, Plänen v. Genf u. Lausanne, Karten v. Genfersee u. Chamounix u. e. Panorama vom Mont-Blanc. (IV, 124 S.) 891. (Nr. 116—118.) n. 1. 50
Bad Hall in Oberösterreich v. Jos. Haidenthaller. Mit 20 Abbildgn., 1 Wegmarkirungstab. u. 1 Karte. 893. (Nr. 126. 127.) n. 1. —
Hameln u. Pyrmont m. Umgebungen v. E. Görges. Mit 23 Illustr. nach Orig.-Zeichngn. v. W. Oertel. Nebst Stadtplan u. Umgebungskarte. (58 S.) 891. (Nr. 108.) n. — 50
Kiel u. Ostholstein. Eine Wanderg. durch Kiel, Eutin u. die Holstein. Schweiz bis Lübeck. Mit 39 Orig.-Zeichngn. u. 1 Plan. (116 S.) 893. (Nr. 133. 134.) n. 1. —
Klagenfurt u. der Wörthersee. Von R. Waizer. Mit 29 Abbildgn., Plan u. Karte. (II, 54 S.) 894. (Nr. 52.) n. — 50
Das Benedictiner-Stift Kremsmünster. Ein Geleit- u. Gedenkbuch f. seine Besucher u. Zöglinge. Mit 10 Abbildgn. u. 1 Karte. (36 S.) 893. (Nr. 132.) n. — 50
Das Kremsthal, Klaus-Steyrling u. Hinterstoder. Ein Geleit- u. Gedenkbuch v. Karl P. Geuter. Mit 30 Ansichten u. 1 Karte. (IV, 80 S.) 893. (Nr. 130. 131.) n. 1. —
Der Lago Maggiore v. Jos. Fischer. Mit 1 Karte u. 56 Orig.-Zeichngn. v. Ernst Schlemo. (89 S.) 891. (Nr. 98. 99.) n. 1. —
Leipzig u. seine Umgebung. Nach zuverläss. Quellen bearb. v. Karl Fr. Pfau. Mit 60 Illustr. nach Orig.-Zeichngn. v. Ernst Schlemo u. 1 Stadtplan v. Leipzig u. den Vorstädten. (IV, 80 S.) 891. (Nr. 128. 129.) n. 1. —
Linz a. d. Donau, culturhistorisch u. topographisch geschildert v. Ferd. Zöhrer. Mit Abbildgn., Plan u. Karte. (46 S.) 891. (Nr. 105.) n. — 50
Magdeburg. Nach zuverläss. Quellen bearb. v. Rich. Setzepfandt. Mit 48 Illustr. nach Orig.-Zeichngn. v. Arth. Leissner, 1 Gesammtansicht, 1 Stadtplan u. 1 Umgebungskarte. (IV, 158 S.) 892. (Nr. 141. 142.) n. 1. —
Merseburg. Mit 17 Illustr. nach Orig.-Zeichngn. v. W. Oertel, 1 Stadtplan u. 1 Karte der Umgebg. (38 S.) 892. (Nr. 114.) n. — 50
Metz u. Umgebung v. J. H. Albers. Mit Illustr. nach Orig.-Zeichngn. v. F. Bleuler u. A. Leissner, 1 Stadtplan u. 1 Karte der Umgebg. (104 S.) 893. (Nr. 121. 122.) n. 1. —
Die Mühlkreisbahn. Von Urfahr-Linz nach Otensheim, Neufelden, Haslach, Rohrbach u. Aigen-Schlägel. Von Jordan Kaj. Markus. 2., erweit. Aufl. Mit 28 Abbildgn. (120 S.) 893. (Nr. 135. 136.) n. 1. —
Bad Oeynhausen u. seine Umgebung v. A. Rohden. Mit 26 Illustr. nach Orig.-Zeichngn. v. W. Oertel, 1 Stadtplan u. 1 Karte der Umgebg. (51 S.) 891. (Nr. 106.) n. — 50
Oldenburg u. seine Umgebung. Von Frz. Poppe. Mit 38 Illustr. u. 1 Stadtplan. (61 S.) 891. (Nr. 107a.) n. — 75
Osnabrück u. Münster. Mit 31 Illustr., 2 Plänen u. 1 Karte. (54 S.) 891. (Nr. 109.) n. — 50
Prag u. seine Umgebung. Ein Geleit- u. Gedenkbuch v. W. Hieke. Mit 40 Abbildgn. u. 1 Plan. (VIII, 32 S.) 893. (Nr. 54. 55.) n. 1. —
Bad Reichenhall u. Umgebung. Hrsg. auf Veranlassg. d. Verschönerungs-Vereins f. Bad Reichenhall. Mit Abbildgn. u. 2 Taf. (54 S.) 891. (Nr. 103.) n. — 50
Der Rhein v. Mainz bis Köln. Ein Geleit- u. Gedenkbuch f. Rheinfahrer. Mit 70 Ansichten, 1 Plane, 1 Umgebungskarte v. Mainz u. 2 Karten des Rheinlaufes. 3., neubearb. Aufl. (III, 111 S.) 894. (Nr. 10. 11.) n. 1. —
Riga u. seine Umgebung. Von Karl P. Geuter. 4. Aufl. Mit 24 Ansichten u. 1 Stadtplan. (88 S.) 895. (Nr. 148. 149.) n. 1. —
Salzburg u. seine Umgebung. Ein Geleit- u. Gedenkbuch von Ottomar v. Balten. Mit 30 Ansichten, Plan u. Karte. (68 S.) 894. (Nr. 30. 31.) n. 1. —
Stettin u. seine Umgebung. Mit 35 Illustr., 1 Stadtplan, Karten der Umgebg. u. der Buchhaide. (87 S.) 893. (Nr. 119. 119a.) n. — 75
Swinemünde, Ahlbeck u. Heringsdorf. Ein Geleit- u. Gedenkbuch v. Louis Wittenberg. Mit 36 Ansichten u. 2 Plänen. (IV, 73 S.) 893. (Nr. 143. 144.) n. 1. —
Temesvár m. Umgebung in Wort u. Bild, sowie Führer durch die Ausstellung. Hrsg. unter dem Protektorate der königl. Freistadt Temesvár. Verf. v. Osk. Beran. (Ungarisch u. deutsch.) (117 S.) 891. (Nr. 111.) n. — 50
Trier u. das Moselthal. Mit 32 Orig.-Illustr. v. Paul Bleuler, 1 Plane u. 1 Umgebungskarte. (42 S.) 891. (Nr. 123.) n. — 50
Tübingen v. K. Fink. Mit 20 Illustr. v. G. Bleuler, z. Tl. nach Fotografien, aus den Ateliers v. W. Hornung u. P. Sinner in Tübingen, 1 Stadtplan u. Karte der Umgebg. (III, 48 S.) 891. (Nr. 100.) n. — 50
Venedig. Von O. v. Balten u. Karl P. Geuter. Mit 36 Abbildgn. u. Stadtplan. (96 S.) 895. (Nr. 38. 39.) n. 1. —
Windisch-Garsten. Spital am Pyhrn u. das Stodergebiet. Von Karl P. Geuter. Mit 18 Abbildgn., 2 Panoramen u. 2 Kartenskizzen. (IV, 54 S.) 893. (Nr. 137a.) n. 1. —
Zabern u. Umgebung m. Berücksicht. v. Wangenburg u. Dagsburg v. Alb. Fuchs unter Mitwirkg. v. mehreren Vogesenfreunden. Mit zahlreichen Illustr. nach Orig.-Zeichngn. v. E. Audiguier u. A. Leissner, nebst 1 Umgebungskarte. (77 S.) 893. (Nr. 120a.) n. — 75
Zürich u. seine Umgebung. Nach den besten Quellen u. unter Mitwirkg. anerkannter Schriftsteller. Mit üb. 60 Ansichten nach Orig.-Zeichngn. v. verschiedenen Künstlern in Holzschn. u. Zinkogr. Nebst 1 Stadtplan u. 1 Umgebungskarte. (XVI, 84 S.) 891. (Nr. 101. 102.) n. 1. —
Der Zürich-See v. Mart. Müller (unter gefäll. Mitwirkung einiger tit. Gemeindebehörden.) 2. Aufl. Mit 53 Illustr. u. 3 Karten. (IV, 108 S.) 892. (Nr. 19. 20.) n. 1. —

— — dasselbe. Nr. 1—5, 7—17, 19, 33, 34. 8. München, A. Bruckmann's Verl. n. 10. —

Inhaltsübersicht in alphabetischer Ordnung:

Das Berner Oberland v. Gfr. Strasser. Mit 40 Illustr., 1 Panorama u. 1 Karte d. Berner Oberlandes. (96 u. III S.) 892. (Nr. 13—16.) n. 2. —
Bozen-Gries u. Umgebung v. J. C. Platter. 2. Aufl. Mit 24 Illustr. u. 3 Karten. (IV, 63 S.) 892. (Nr. 1. 1a.) n. — 75
Chicago. Reiseführer nach u. durch Chicago m. Berücksichtigung der columb. Weltausstellg. Nach offiziellen Quellen bearb. Mit 36 Illustr. (87 S.) 893. (Nr. 33. 34.) n. 1. —
Como u. der Comersee m. Umgebung v. Frz. Girard. Mit 25 Illustr. u. 1 Karte. (II, 63 S.) 893. (Nr. 7. 7a.) n. — 75
Göttingen v. Fr. Kalkner. Mit 35 Ansichten, 1 Stadtplan u. 1 Karte der Umgebg. (IV, 47 S.) 892. (Nr. 3.) n. — 50
München v. Gsell-Fels. Mit 36 Ansichten, den Katalogen der k. älteren Pinakothek, der Neuen Pinakothek, der Gallerie Schack, der Glyptothek, d. Nationalmuseums, der Freiherrl. v. Lotzbeck'schen Sammlg. etc., 1 Stadtplan u. 1 Umgebungskarte. (IV, XII, 194 S.) 892. (Nr. 10. 11.) n. 1. —
Nervi u. seine Umgebung v. Frz. Girard. Mit 15 Abbildgn. u. 1 Karte der Riviera. (32 S.) 893. (Nr. 19.) n. — 50
Plauen i/V. u. die vogtländische Schweiz v. O. Metzner. Mit 25 Illustr., 1 Karte u. 1 Stadtplan. (55 S.) 893. (Nr. 9.) n. — 50
Trient u. seine Umgebung v. Karl Jülg. Mit 1 Panorama, 19 Ansichten, 1 Stadtplan u. 1 Karte der Umgebg. (64 S.) 892. (Nr. 12.) n. — 50
Varese u. seine nächste Umgebung v. Jos. Fischer. Mit 12 Illustr. v. Max Fleischer. (32 S.) 892. (Nr. 17.) n. — 50
Venedig, e. Städtebild v. Gsell-Fels. 2. Aufl. Mit 38 Ansichten u. 1 Stadtplan v. Venedig, sowie Vorwort u. kurzem Führer durch die Lagunenstadt v. Jos. Fischer. (VIII, 108 u. IV S.) 892. (Nr. 2—5.) n. 2. —
Fortsetzung u. d. T.: Bruckmann's illustr. Reiseführer.

Städtebilder u. Landschaften aus aller Welt. Nr. 20. 8. München (892). A. Bruckmann. n. — 50
San Remo u. s. Umgebungen. Von Frz. Girard. M. 13 Ansichten, 1 Stadtplan u. e. Karte der „Riviera." (II, 40 S.)

— — dasselbe, Fortsetzg., s. a.: Bruckmann's illustr. Reiseführer.

Städtebilder und Landschaften aus aller Welt. Redigirt von Karl Geuter. Nr. 150. Inhalt: Toblach, das Puster- und das Ampezzo-Thal. Ein Geleit- und Gedenkbuch: Mit 20 Ansichten. 8. (48 S.) Linz: Städtebilder-Verl. 1895. —.30

Städtebilder u. **Landschaften** aus aller Welt. Hrsg.: Karl P. Geuter. Nr. 7. 8. 11. 12. 36—39. 41. 42. 45a. 61. 62. 75. 96. 97. 124. 125. 138a. 145. 146. 147a. 148. 149. 151—159. 160a. 161—167. 8. Darmstadt, Städtebilder-Verlag K. P. Geuter. n. 21. 50

Inhaltsübersicht in alphabetischer Ordnung:

Abbazia u. s. Umgebung m. d. Inseln d. Quarnero. Von Ernest v. Lyro. M. 22 Abb. u. e. Karte d. Umgebg. (76 S.) 896. (Nr. 156. 157.) n. 1. —

Admont u. s. Umgebung. Von Frdr. Aug. Kienast. M. 15 Ansichten. 3., umgearb. u. verm. Aufl. (VI, 50 S.) 895. (Nr. 151.) n. — 50

Agram u. s. Umgebung. Von Karl Lihl. M. 20 Ansichten u. 1 Stadtplan. (60 S.) 897. (Nr. 158. 159.) n. 1. —

Aquileja, s.: Triest.

Arco, s.: Gardasee, der.

Berchtesgaden, s.: Salzburg.

Bilin-Sauerbrunn, s.: Teplitz-Schönau.

Bonn, s.: Rhein, der.

Bozen-Gries u. Umgebung. E. Geleit- u. Gedenkbuch v. Karl P. Geuter. M. 21 Ansichten, 2 Plänen u. 1 Karte. (IV, 62 S.) 895. (Nr. 45a.) n. — 75

Budapest u. s. Umgebung. Von L. Palóczy. M. 50 Abb., 1 Plan d. Stadt u. 1 Karte d. Umgebg. 2., neubearb. Aufl. (112 u. 8 S.) 896. (Nr. 124. 125.) n. 1. —

Capodistria, s.: Triest.

Certosa, s.: Mailand.

Eichwald, s.: Teplitz-Schönau.

Freiburg in d. Schweiz u. s. Umgebg. Von Ferd. Buomberger. M. 20 Ansichten u. 1 Karte d. Umgebg. (62 S.) 895. (Nr. 147a.) n. — 75

Gardasee, der. Arco, Riva u. d. Ufer d. Sees. Von Karl P. Geuter. E. illustr. Führer. M. 33 Ansichten u. 1 Karte d. Gardasees. 2., neubearb. Aufl. (81 S.) 898. (Nr. 96. 97.) n. 1. —

Grado, s.: Triest.

Graz u. s. Umgebung. M. 29 Ansichten, e. Plan d. Stadt u. e. Karte d. Umgebg. 2., neubearb. Aufl. (VIII, 80 S.) 898. (Nr. 61. 62.) n. 1. —

Grotte, Adelsberger, s.: Triest.

Hallein, s.: Salzburg.

Helgoland. E. Geleit- u. Gedenkbuch. M. 21 Illustr. (76 S.) 895. (Nr. 152. 153.) n. 1. —

Höhlen v. St. Canzian, s.: Triest.

Inseln d. Quarnero, s.: Abbazia.

Ischl u. s. Umgebg. E. illustr. Führer. Von Karl P. Geuter. M. 19 Ansichten u. 2 Karten. (53 S.) 898. (Nr. 161.) n. — 50

Koblenz, s.: Rhein, der.

Köln, s.: Rhein, der.

Königssee, s.: Salzburg.

Luxemburg. Führer durch Stadt u. Land. Von Tony Kellen. Mit Abb. u. 1 Plane d. Stadt. (39 S.) 898. (Nr. 167.) n. — 50

Mailand. Geuter's illustr. Führer durch Mailand u. s. Umgebg. m. Ausflügen nach Pavia u. d. Certosa, Monza, Saronno u. d. oberitalien. Seen. M. 26 Ansichten nach photograph. Aufnahmen v. G. Brogi Nachf., Neapel, 1 Plan d. Stadt u. Bilderverzeichnis d. Brera-Gallerie. (100 S.) 899. (Nr. 165. 166.) n. 1. —

Mainz, s.: Rhein, der.

Meran u. s. Umgebung. Von Karl P. Geuter. M. 27 Ansichten, 1 Plan u. 1 Karte d. Umgebg. 2., neubearb. Aufl. d. „Städtebilder" etc. Nr. 42, 42a. (96 S.) 898. (Nr. 41. 42.) n. 1. —

Miramar, s.: Triest.

Monza, s.: Mailand.

Muggia, s.: Triest.

Pavia, s.: Mailand.

Pisano, s.: Triest.

Reichenhall, s.: Salzburg.

Rhein, der, v. Mainz bis Köln. Ein illustr. Führer f. die Rheinreise u. d. Städte Mainz, Koblenz, Bonn u. Köln. M. 61 Ansichten u. 2 Karten d. Rheinlaufes. 4., neubearb. Aufl. (128 S.) 897. (Nr. 11. 12.) n. 1. —

Riga u. s. Umgebg. E. Geleit- u. Gedenkbuch v. Karl P. Geuter. M. 24 Ansichten nach photograph. Aufnahmen von E. v. Eggert u. 1 Plane d. Stadt. 4. Aufl. (IV, 86 S.) 895. (Nr. 148. 149.) n. 1. —

Riva, s.: Gardasee, der.

Salzburg. Illustr. Führer durch S. u. s. Umgebg. m. Berchtesgaden, Königssee, Reichenhall u. Hallein. Von Karl P. Geuter. M. Abb., 1 Plan d. Stadt u. 1 Karte. (II, 44 S.) 898. (Nr. 162.) n. — 50

— s. a.: Salzkammergut.

Salzkammergut. Illustr. Führer durch d. Salzkammergut u. Salzburg m. Umgebg. Von Karl P. Geuter. Mit zahlr. Ansichten, 1 Plan v. Salzburg, 1 Karte des Salzkammergutes u. 1 Panorama vom Schafberg. 2., neubearb. Aufl. (99 S.) 898. (Nr. 145. 146.) n. 1. —

Saronno, s.: Mailand.

Schärding am Inn u. Umgebg. 2. Aufl. (VI, 82 S. m. Abb. u. 1 Plan.) 896. (Nr. 154. 155.) n. 1. —

Seen, d. oberitalienischen, s.: Mailand.

Stockholm. Geuter's illustr. Führer durch St. u. s. Umgebg. m. Upsala u. Visby. M. 20 Abb. nach photogr. Aufnahmen v. Axel Lindahl u. e. Plane d. Stadt. (II, 82 S.) 898. (Nr. 163. 164.) n. 1. —

Stuttgart u. s. Umgebg. E. Geleit- u. Gedenkbuch. Mit 40 Abb., 1 Plan d. Stadt u. 1 Karte d. Umgebg. 3., umgearb. u. verm. Aufl. (IV, 62 S.) 895. (Nr. 7. 8.) n. 1. —

Teplitz-Schönau, Bilin-Sauerbrunn u. Eichwald m. ihrer Umgebung. Von G. A. Ressel. M. 17 Abb. nach photograph. Aufnahmen aus d. Atelier v. C. Pietzner, Hof- u. Kammerphotograph, u. 1 Plan. (IV, 77 S.) 897. (Nr. 160a.) n. — 75

Triest u. s. Umgebg. M. Ausflügen nach Miramar, Muggia, Capodistria, Pirano, Aquileja, Grado, d. Höhlen v. St. Canzian u. der Adelsberger Grotte. M. 20 Ansichten u. 1 Plane d. Stadt. 2., neubearb. Aufl. (46 S.) 898. (Nr. 75.) n. — 50

Upsala, s.: Stockholm.

Venedig. E. Geleit- u. Gedenkbuch. Von Karl P. Geuter u. O. v. Balten. M. 40 Abb., 1 Plan d. Stadt u. vollst. Bilderverzeichniss d. Gemäldegallerie. 2., neubearb. Aufl. (106 S.) 897. (Nr. 38. 39.) n. 1. —

Die erste Aufl. erschien u. d. T.: Balten, O. v., u. Karl P. Geuter, Venedig.

Visby, s.: Stockholm.

Vöslau, der Curort, u. s. Umgebg. Von C. Hüttl. Mit 18 Illustr. u. 1 Karte d. Umgebg. (80 S.) 893. (Nr. 138a.) n. — 75

Wien u. s. Umgebgn. E. illustr. Führer durch d. Kaiserstadt. Von Hugo Gerbers. M. 60 Abb., 3 Kartenskizzen u. 1. Plan der Stadt. (IV, 141 S.) 897. (Nr. 36. 37.) n. 1. —

Städtebilder u. **Landschaften** aus aller Welt. Hrsg.: Karl P. Geuter. Nr. 1, 5, 38, 39, 41, 42, 45a, 56, 57, 70, 75, 84, 156, 157 u. 168—174. 8. Darmstadt, Städtebilder-Verlag, K. P. Geuter. n. 10. 75

1. Geuter's illustr. Führer durch München u. seine Umgebung. Mit 39 Abbildgn. u. 1 Plan. 3. neubearb. Aufl. (69 S.) (900.) n. — 50

5. — illustr. Führer durch Dresden u. seine Umgebung. Mit 24 Abbildgn. u. 1 Plan. 3. neubearb. Aufl. (50 S.) (900.) n. — 50

38. 39. — neuer illustr. Führer durch Venedig. Mit zahlr. Ansichten, e. Plan der Stadt u. Bilderverzeichnis der Gemäldegallerie. 4. Aufl. (112 S.) 902. n. 1. —

41. 42. — neuer illustr. Führer v. Meran u. Umgebung. Mit zahlr. Ansichten, Plan u. 2 Karten. 3. neubearb. Aufl. (III, 98 S.) 902. n. 1. —

45a. — neuer illustr. Führer von Bozen-Gries u. Umgebung. Mit zahlr. Ansichten, Plänen von Bozen u. Gries, nebst e. Karte der Umgebg. 3., neubearb. Aufl. (IV, 86 S.) 901. n. — 75

56. 57. Bodensee, der, u. seine Umgebung m. der Arlbergbahn. Mit 30 Ansichten u. 2 Karten. 2. neubearb. Aufl. (II, 89 S.) 899. n. 1. —

70. Geuter's neuer illustr. Führer durch die sächsisch-böhmische Schweiz. Mit 25 Ansichten u. 1 Karte. 2. neubearb. Aufl. (IV, 45 S.) 900. n. — 50

75. — illustr. Führer durch Triest u. seine Umgebung. Mit Ausflügen nach Miramar, Muggia, Capodistria, Pirano, Sistiana, Aquileja, Grado, den Höhen v. St. Canzian u. der Adelsberger Grotte. Mit 17 Ansichten, 1 Plane der Stadt u. 1 Karte. (40 S.) 902. n. — 50

84. — neuer illustr. Führer durch Darmstadt u. seine Umgebung m. Ausflügen nach der Bergstrasse u. dem Odenwald. Mit zahlr. Ansichten, Plan u. Karte. 2. neubearb. Aufl. (51 S.) 901. n. — 50

156. 157. — illustr. Führer v. Abbazia u. Umgebung, Fiume, den Inseln des Quarnero u. Pola. Mit 36 Ansichten u. 2 Karten. 2. verm. Aufl. (II, 89 S.) 899. n. 1. —

168. 169. — illustr. Führer f. das bayerische Hochland, d. Königsschlösser u. München. Mit 32 Ansichten, 1 (farb.) Plan v. München u. 1 Karte. (II, 81 S.) 900. n. 1. —

170. 171. — neuer illustr. Führer durch Dresden u. die sächsische Schweiz. Mit 50 Ansichten, 1 Plan v. Dresden u. 1 Karte der sächs. Schweiz. (II, 96 S.) 900. n. 1. —

172. 173. — illustr. Führer durch Rom u. seine Umgebung. Mit 41 Abbildgn. u. 1 Plan. (127 S.) (901.) n. 1. —

174. — neuer illustr. Führer durch Düsseldorf u. seine Umgebung. Mit 22 Ansichten u. 1 Plan der Stadt. Anh.: Die Düsseldorfer Industrie-, Gewerbe- u. Kunst-Ausstellg. 1902 m. Uebersichtsplan. 2. Aufl. (II, 48 S.) 902. n. — 60

— u. **Landschaften** aus aller Welt. Nr. 201—205. 8. Darmstadt, Städtebilder-Verlag, K. P. Geuter. n. 2. 50

201. 202. Geuter's neuer illustrierter Führer v. Abbazia, Fiume, Pola u. Lussinpiccolo. Mit zahlreich. Ansichten, 2 Karten u. 3 Plänen. 3. Aufl. (II, 90 S.) 903. n. 1. —

203—205. Geuter's Führer. Durch Tirol an den Gardasee u. nach Venedig. Praktischer Reiseführer f. das Innthal, Innsbruck u. Umgebg., Brennerbahn, Bozen-Gries, Meran, Trient, Gardasee, Verona, Vicenza, Padua u. Venedig. Mit 9 Karten u. 6 Stadtplänen. (III, 111 S.) 903. n. 1. 50

Fortsetzung s.: Geuter's Führer.

Städtebilder, moderne. 1.—6. Abth. gr. Fol. Berlin, E. Wasmuth. In Mappe à n. 22. 50
1. Neubauten in Brüssel. (37 Lichtdr.-Taf.) 900.
2. Neubauten in Holland. (Amsterdam — Haag — Rotterdam.) (37 Taf.) 900.
3. Neubauten in London. (35 Taf.) 900.
4. Neubauten in Wien. (37 Taf.) 900.
5. Neubauten in München. (36 Taf.) 900.
6. Neubauten in Berlin. (39 Lichtdr.- u. 1 lith. Taf.) 901.

Städtebilder aus Österreich. Hrsg. v. den k. k. österr. Staatsbahnen. (VI, 156 S. m. Abbildgn. u. 1 eingedr. Kartenskizze.) kl. 8. Wien (909). R. Lechner's Sort. —60

— **Sachsens.** Hrsg. v. G. B. Geyer. 1. Bd. 8. Gr.-Lichterfelde-Berlin, E. Runge. n. 1. 30; geb. n. 1. 80
Kreishauptmannsch. Zwickau. (IV, 120 S.) (903.)

Städteblatt, rheinisch-westphälisches, Monatsschrift für freies Bürgerthum u. städtisches Gemeindeleben. 12 Hefte. gr. 8. Unna 846, F. W. Rubens. 1 ß

Städte-Blatt, rheinisch-westphälisches. Monatsschrift für Bürgerthum und städtisches Gemeindewesen. Redig. von Friedr. Steinmann. (1. Jahrg. 1847.) 12 Hefte. (à 2—3 Bog.) 8. Unna 847, Rubens. Thlr. *

Deutsches **Städte-Buch**. III. Reise- u. Verkehrsalbum z. Hebung u. Förderung d. Fremden- u. Geschäftsverkehrs. Karlsruhe ⟨Baden⟩ & Leimersheim ⟨Pfalz⟩: K. A. Lösch (1907). (160 S.) 4° 108. 11.05

Städtebuch, österreichisches. Statist. Berichte der grösseren österreich. Städte, aus Anlass des IV. internationalen demograph. Congresses gesammelt und redig. unter Leitung des Präsidenten der k. k. statist. Central-Commission Karl Thdr. v. Inama-Sternegg von Ernst Mischler. Mit Unterstützung der k. k. statist. Central-Commission. Lex.-8. (LXXXIX, 754 S.) Wien 887, Gerold's Sohn. *

Hieraus einzeln (s. auch unter den Namen der betr. Städte):
Aussig. (32 S.) * 40 Pf.
Brünn. (18 S.) * 60 Pf.
Brüx. (10 S.) * 60 Pf.
Budweis. (37 S.) * ℳ 1.—.
Carlsbad. (48 S.) * ℳ 1.20.
Czernowitz. (10 S.) * 60 Pf.
Eger. (28 S.) * ℳ 1.—.
Fünfhaus, Sechshaus, Rudolfsheim, Gaudenzdorf, Unter- und Obermeidling. (30 S.) * ℳ 1.—.
Görz. (10 S.) * 60 Pf.
Graz. Verf. von V. v. Platzer. (45 S.) * ℳ 1.60.
Hernals. (15 S.) * 60 Pf.
Innsbruck. (12 S.) * 60 Pf.
Jičín. Verf. von Presl. (16 S.) * 60 Pf.
Klagenfurt. (10 S.) * 60 Pf.
Krakau. (12 S.) * 40 Pf.
Laibach. (12 S.) * 60 Pf.
Lemberg. (8 S.) * 40 Pf.
Linz. (14 S.) * 60 Pf.
Marburg. (8 S.) * 40 Pf.
Neulerchenfeld. (38 S.) * ℳ 1.20.
Oberdöbling. (4 S.) * 20 Pf.
Olmütz. (16 S.) * 60 Pf.
Ottakring. (10 S.) * 40 Pf.
Penzing. (2 S.) * 20 Pf.
Pilsen. (6 S.) * 30 Pf.
Pola. (10 S.) * 60 Pf.
Prag mit den Vororten Karolinenthal, Smichow, Königl. Weinberge und Žižkow. (71 S.) * ℳ 2.—.
Reichenberg. (28 S.) * ℳ 1.—.
Salzburg. (27 S.) * ℳ 1.—.
Steyr. (10 S.) * 60 Pf.
Trient. (11 S.) * 60 Pf.
Triest. (23 S.) * ℳ 1.—.
Troppau. (10 S.) * 60 Pf.
Währing. (13 S.) * 60 Pf.
Wieliczka. (5 S.) * 30 Pf.
Wien. (73 S.) * ℳ 2.—.
Wiener-Neustadt. (22 S.) * ℳ 1.20.

Städtebuch, österreichisches. Statist. Berichte der grösseren österreich. Städte, auf Veranlassung und unter Mitwirkung des Präsidenten der k. k. statist. Central-Commission Karl Thdr. v. Inama-Sternegg gesammelt und redig. von Ernst Mischler. II. Jahrg. 1888. Lex.-8. (XVIII, 524 S. mit 4 Taf.) Ebendas. 888. *

Städtebuch, österreichisches. Statistische Berichte der grösseren österreich. Städte, hrsg. v. der k. k. statist. Central-Commission. 3. Jahrg. 1889. Redig. unter der Leitg. d. Präsidenten der k. k. statist. Central-Commission Karl Thdr. v. Inama-Sternegg v. Mor. Ertl. Lex.-8. (XXIV, 615 S.) Wien, Hof- u. Staatsdruckerei. * 12 —
Separat-Ausgaben v. folgenden Städten: Aussig (22 S.) * — 60; Baden (5 S.) * — 30; Brünn (25 S.) * — 60; Brüx (16 S.) * — 30; Karlsbad (26 S. m. 4 Taf.) * — 60; Czernowitz (5 S.) * — 30; Oberdöbling (7 S.) * — 30; Eger (16 S.) * — 30; Fünfhaus (8 S.) * — 30; Gablonz (18 S.) * — 60; Gaudenzdorf (6 S.) * — 30; Iglau (20 S.) * — 60; Jičín (21 S.) * — 60; Klagenfurt (8 S.) * — 30; Krakau (22 S.) * — 60; Laibach (18 S.) * — 60; Lemberg (29 S.) * — 60; Obermeidling (5 S.) * — 30; Unter-Meidling (7 S.) * — 30; Neulerchenfeld (6 S.) * — 30; Neutitschein (14 S.) * — 30; Olmütz (23 S.) * — 60; Ottakring (5 S.) * — 30; Penzing (2 S.) * — 30; Pilsen (4 S.) * — 30; Pola (18 S.) * — 60; Prag (26 S.) * — 60; Rudolfsheim (8 S.) * — 30; Salzburg (9 S.) * — 30; Sechshaus (8 S.) * — 30; Tetschen (23 S.) * — 60; Trient (23 S.) * — 60; Troppau (9 S.) * — 30; Währing (10 S.) * — 30; Wels (22 S.) * — 60; Wieliczka (7 S.) * — 30; Wien (98 S.) * 1 80; Wiener-Neustadt (8 S.) * — 30; Znaim (9 S.) * — 30.

—— dass. — 4. Jahrg. Redig. unter der Leitung d. Präsidenten der k. k. statist. Central-Commission Karl Thdr. v. Inama-Sternegg v. Jos. Frhr. v. Friedenfels. Lex.-8. (XXVI, 677 S.) Ebd. 891. * 12 —
Separat-Ausgaben v. folgenden Städten: Brünn (22 S.) * — 60; Brüx (16 S.) * — 30; Carlsbad (20 S. m. 4 Taf.) * — 60; Czernowitz (24 S.) * — 60; Eger (21 S.) * — 60; Fünfhaus (8 S.) * — 30; Gablonz (18 S.) * — 30; Graz (11 S.) * — 30; Iglau (40 S.) * — 90; Jičín (16 S.) * — 30; Klagenfurt (11 S.) * — 30; Krakau (21 S.) * — 60; Laibach (12 S.) * — 30; Lemberg (10 S.) * — 30; Olmütz (28 S.) * — 60; Prag (38 S.) * — 90; Reichenberg (49 S.) * — 90; Salzburg (16 S.) * — 30; Tetschen (22 S.) * — 60; Trient (14 S.) * — 30; Troppau (13 S.) * — 30; Währing (6 S.) * — 30; Wels (16 S.) * — 30; Wien (107 S.) * 2 40; Wiener-Neustadt (27 S.) * — 60; Znaim (13 S.) * — 30.

— dasselbe. 5. Jahrg. Lex.-8. (LII, 859 S. m. 6 graph. Taf.) Ebd. 893. n. 12. —
Hieraus einzeln: Aussig. (48 S.) n. — 90. — Brünn. (36 S.) n. — 60. — Brüx. (20 S.) n. — 60. — Budweis. (19 S.) n. — 60. — Carlsbad. (43 S. m. 5 Taf.) n. — 90. — Eger. (26 S.) n. — 60. — Gablonz. (25 S.) n. — 60. — Iglau. (27 S.) n. — 60. — Jičín. (17 S.) n. — 60. — Kaaden. (33 S.) n. — 90. — Kladno. (26 S.) n. — 60. — Klagenfurt. (6 S.) n. — 30. — Krakau. (38 S.) n. — 90. — Laibach. (20 S.) n. — 60. — Lemberg. (23 S.) n. — 60. — Neutitschein. (13 S.) n. — 30. — Olmütz. (32 S.) n. — 60. — Pilsen. (26 S.) n. — 60. Prag. (97 S.) n. 2. 10. — Reichenberg. (36 S.) n. — 90. — Salzburg. (30 S.) n. — 60. — Teschen. (32 S.) n. — 60. — Trient. (17 S.) n. — 80. — Troppau. (15 S.) n. — 30. — Wien. (117 S.) n. 2. 40. — Wiener-Neustadt. (17 S.) n. — 60. — Znaim. (18 S.) n. — 60.

Städtebuch, österreichisches. Statist. Berichte v. gröss. österreich. Städten, hrsg. durch d. k. k. statist. Central-Commission. 6. Jahrg. Red. unter d. Leitg. d. Präsidenten der k. k. statist. Central-Commission Karl Thdr. v. Inama-Sternegg. v. Jos. Freih. v. Friedenfels. Lex.-8. (XXIII, 732 S. m. 11 graph. Taf.) Wien 895. Hof- u. Staatsdruckerei. n. 12. —

— dasselbe. 7. Jahrg. Lex.-8. (XXXIX, 708 S. m. 15 graph. Taf.) Ebd. 897. n. 12. —

Städtebuch, österreichisches. Statistische Berichte von grösseren österreich. Städten, hrsg. durch die k. k. statist. Central-Commission. 8. u. 9. Jahrg. Red. unter der Leitg. des Präsidenten der k. k. statist. Central-Commission Karl Thdr. v. Inama-Sternegg u. Rob. Fuhrmann. Lex.-8. (XLIII, 759 u. CXXI, 905 S.) Wien 900. 902 Hof- u. Staatsdruckerei. à n. 12. —

Städtebuch, österreichisches. Statistische Berichte v. grösseren österreich. Städten, hrsg. durch die k. k. statist. Zentral-Kommission. 10. Jahrg. Red. unter der Leitg. des Präsidenten der k. k. statist. Zentral-Kommission Karl Thdr. v. Inama-Sternegg u. Raoul R. Braun v. Fernwald. (XLI, 1229 S.) Lex.-8. Wien 904. Hof- u. Staatsdruckerei. n. 12. —

Städtebuch, österreichisches, auf Grund der Berichte v. grösseren österreichischen Städten, hrsg. durch die k. k. statist. Zentral-Kommission. 11. u. 12. Bd. Red. unter der Leitg. des Präsidenten der k. k. statist. Zentral-Kommission Frz. Ritter v. Juraschek u. Rud. Riemer. (XXXVII, 1266 u. CCV, 829 S.) Lex.-8. Wien 906. 08. Hof- u. Staatsdruckerei. à 12. —

Städtebuch, rheinisches, Abbild. von 50 Städten u. merkwürd. Orten nach Merian. Mit kurzen histor. Notizen. Heidelb., Engelmann. 2 ß

Städte- u. Urkundenbücher aus Böhmen. Hrsg. im Auftrage d. Vereines f. Geschichte der Deutschen in Böhmen v. Ludw. Schlesinger. II. Bd. gr. 4. Prag 892. (Leipzig, F. A. Brockhaus.) n. 12. — (I u. II.: n. 21. —)
Urkundenbuch der Stadt Saaz bis zum J. 1526. Bearb. v. Ludw. Schlesinger. (VII, 292 S.)
Den 1. Bd. s. u. d. T.: Beiträge zur Geschichte Böhmens.

Städte- u. Urkundenbücher aus Böhmen. Hrsg. im Auftrage d. Vereines f. Geschichte der Deutschen in Böhmen v. Ludw. Schlesinger. II. Bd.: Urkundenbuch der Stadt Saaz bis zum J. 1526. Bearb. von Ludw. Schlesinger. gr. 4. (VII, 292 S.) Prag 892, (Dominicus). * 10 —
1. Bd. s. Beiträge zur Geschichte Böhmens.
4 Abthlgn. Ebd. 1863—75. * 31 40.

Städte- u. Urkundenbücher aus Böhmen. Hrsg. im Auftr. d. Vereins f. Geschichte d. Deutschen in Böhmen v. Ludw. Schlesinger. III. Bd. gr. 4. Prag 896. J. G. Calve. n. 12. — (I.—III.: n. 33. —)
Urkundenbuch d. Stadt Aussig bis z. J. 1526. Begonnen v. W. Hieke. Vollend. v. Adb. Horčička. (X, 261 S. m. 2 Lichtdr.-Taf.)

Städte- u. Urkundenbücher aus Böhmen. Hrsg. vom Verein für Geschichte der Deutschen in Böhmen. IV. Bd. gr. 4. Prag (J. G. Calve). n. 12. —; (I—IV n. 45. —)
Urkundenbuch der Stadt Budweis in Böhmen. Bearb. von Karl Köpl. I. Bd. 1. Hälfte. (1251—1391.) Mit 2 Lichtdr.-Taf. (III, 296 S.) 901.

Städte- u. Urkundenbücher aus Böhmen. Hrsg. im Auftrage des Vereines f. Geschichte der Deutschen in Böhmen v. Adalb. Horcicka. V. Bd. 32×24,5 cm. Prag 908. (J. G. Calve.) 10. —
Urkundenbuch der Stadt Krummau in Böhmen. Bearb. v. Valent. Schmidt u. Alois Picha. I. Bd. 1253—1419. (VI, 235 S.)
I.—IV. Bd. 876—901. 45. —

Städte- und Urkundenbücher aus Böhmen (Bd 1: Beiträge zur Geschichte Böhmens; Abt 4: Städte-Bücher) Hrsg. von dem Verein für Geschichte der Dtn in Böhmen. Bd 1—6. — Prag: Selbstverl. des Vereins (; Lpg u. Wien: Brockhaus in Komm.; 1896: Prag: Dominicus in Komm.; 1901—1910: Calve in Komm.) 1876—1910. 4°

Städtebund-Theater, e., Pößneck—Saalfeld—Neustadt. Gedanken u. Anreggn. Von M. G. (16 S.) 8. Pößneck 905. H. Schneider Nachf. n. — 20

Städtefrage, Die, in Ungarn und der Pester Magistrat. . . . Göttingen 1848. V: *Frank.* (Pk) (KU)

Städteführer, s.: Miniatur-Bibliothek.

Stadt-Eisenbahn, Wiener. Project der Wiener Bau-Gesellschaft u. des Wiener Bank-Vereines. Octbr. 1881. Technischer Bericht mit Tabellen. 1 (lith.) Situationsplan. 2 (lith.) Blatt Unterbau-Typen. gr. 4. (25 S.) Wien 881. (Lehmann.) n. 2. —

Ostpreußischer **Städte-Kalender.** Hrsg. von R. Naubereit. (1.) Für d. J. 1910. (Königsberg i. Pr.: Ostpr. Dr. & Verlagsanst. 1909.) 8°

Deutsche **Städtekunde** oder: Deutsche Städte- und Verwaltungskunde (Verwaltungsberichte der Städte Ohlau, Gotha etc. etc. Berlin 1867 ff.) (Unvollständig). Beilage zu: Deutsche Gemeinde-Zeitung. Jg. 6 ff. Fol. m.

Städte (=Namen), hundert, ein unterhaltendes und Freude zur Geographie erweckendes Spiel für die Jugend. (20 Blätter u. Erklärung.) qu. 32. Schwäb. Hall 839. Haspel. 1/6 ℳ

Städte-Ordnung, die, s. Gesetzsammlung, kleine preußische.

Städte-Ordnung, die, v. 1808 mit d. revid. Städte-Ordn. nach ihren Abweichungen zusammengest. gr. 8. (8 B.) Berlin 831, Reimer.

[F.] Die **Städteordnung** von 1853 in ihrer heutigen Gestalt m. Anmerkgn v. R[ob.] Zelle, Oberbürgerm. 3., durchges. Aufl. *Berlin: J. Springer 1896.* (IV, 114 S.) 1 Bd 8. [96. 8666

Städte-Ordnung, allgemeine, für die Kön. Preußische Monarchie rc. Herausgeg. v. F. W. Schunken. Elberfeld, Büschler. 816.

Städte-Ordnung, allgem., f. die königl. preuß. Monarchie rc. Herausgg. v. F. W. Schunken. Elberfeld 816. (Schönian). 1 ℳ

—— allgem., f. d. Königr. Sachsen, mit dem dazu gehör. Gesetze u. d. Verordnungen v. 2. Febr. 1832. 8. (9 B.) Dresden. (Leipzig, Fr. Fleischer.)
Repertorium hierzu, vgl. (Buddeus, J.)

Allgemeine **Städte-Ordnung** für das Kgr. Sachsen vom 2. Febr. 1832. Dresden: Hofbuchdr. [1832].

Allgemeine **Städteordnung** für die Herzogthümer Schleswig-Holstein. Schleswig, den 18. October 1848. Nebst Anhang: Formular für einen Bürgerbrief. Schleswig. 1848. 42 Seiten 4°

—— **allgemeine,** für die Herzogthümer Schleswig-Holstein. Schleswig, den 18. Octbr. 1848. gr. 8. (39 S.) Itzehoe 849. (Altona, Schlüter. — Kiel, Schwers'sche Buchh.) *

Städteordnung für das Gh. Baden. (Mit Ges. betr. Heranziehung von Militärpersonen z. d. Gemeindeabgaben, Ges. betr. Aufhebung des Pflastergeldes u. a.) Karlsruhe: Malsch & Vogel 1901.

Städte- und Fleckens-Ordnung für Schleswig-Holstein. Nach der Regierungs-Vorlage und den Beschlüssen des Landtages zusammengestellt und aus den Materialien erläutert. gr. 8. (XII, 62 S.) Berlin 869. C. Heymann's Verlag. —

Städte- u. Fleckens-Ordnung für Schleswig-Holstein vom 14. April 1869. Unter Benutzung der amtlichen Quellen dargestellt u. erläutert. Nebst Anhang, enthaltend verschiedene mit der Städte-Ordnung in Verbindung stehende Gesetze u. Verordnungen. Berlin 870. Weber's Verlag. gr. 8. (IV, 112 S.) n. 12 ngr.

Städteordnung, die, für das Königr. Hannover vom 1. Mai 1851. gr. 8. (28 S.) Aurich 851, Prätorius und Seyde. -

— f. d. Königr. Hannover, v. 1. Mai 1851. 16. (48 S.) Hannover 851, Pockwitz. 1/8 ℳ

Städteordnung für das Königr. Hannover vom 24. Junius 1858. gr. 8. (28 S.) Hannover 858, Hahn'sche Hofbuchh. — Helwing'sche Hofbuchh.

Die Hannoversche **Städteordnung** vom 24. Juni 1858 mit Berücks. der am 1. April 1885, bezw. 1. Juli 1885 in Kraft getret. Verwaltungsgesetze u. d. später ergangenen Gesetzgebung. 2. Aufl. Von H[einrich] Brüning, Oberbürgermeister a. D. Hannover: C. Meyer 1906. (125 S.) 8° [F.]
Erw. aus: Brüning: Die Preuß. Verwaltungsgesetzgebung f. d. Prov. Hannover, nebst d. Hannoverschen Gemeindeverfassungsgesetzen. 3. Aufl. [06. 10983

Städte-Ordnung, die, f. das Großherzogt. Hessen, s.: Gesetzgebung, kommunale. 2. Heft.

[F.] **Städte-Ordnung** für die Provinz Hessen-Nassau v. 4. August 1897 nebst Einführgs-Anweisg v. 4. Oktober 1897. Amtl. Ausg. *Berlin: C. Heymanns 1897.* (2 Bl., 53 S.) 1 Bd 8. [97. 7615

[F.] **Städteordnung** für die Provinz Hessen-Nassau. M. Erläut. vers. v. Dr. G. Antoni, Oberbürgermstr. *Marburg: N. G. Elwert 1897.* (VIII, 162, 14 S.) 1 Bd 8. [97. 3458

Städte-Ordnung, f. d. Prov. Hessen-Nassau. Vom 4. VIII. 1897. Textausg. 16. (62 S.) Wiesbaden 897. Ch. Limbarth's Verlag. Kart. n. — 40

— dasselbe, nebst Einführungs-Anweisg. v. 4. X. 1897. Amtl. Ausg. gr. 8. (III, 53 S.) Berlin 897. C. Heymann's Verl. n. 1. —

— die jetzige, des Preuß. Staates, nebst den nunmehr zum platten Lande gezählten frühern Städten u. Flecken. Nach alphabet. Ordnung. 8. Berlin 840. Rücker u. Püchler. 1/2 ₰

Städteordnung, die, vom 11. Juni 1892. Uebers. u. an das russ. Original angeschlossen von Nicolai v. Cramer. Nichtofficielle Ausg. 8. (203 S.) Riga 892, (A. Stieda). * 3 —

Städte-Ordnung d. d. Königsberg, den 19. Nov. 1808, nebst Declaration derselben vom 4. Juli 1832 den betreff. Paragraphen der Städte-Ordnung zugesetzt. 8. Berlin 834. (Mittler.) 1/4 ₰

— d. d. Königsberg, d. 19. Novbr. 1808, nebst Deklaration ders. v. 4. Juli 1832 den betreff. Paragraphen der Städte-Ordnung zugesetzt. 12. (95 S.) Berlin 848, Decker. 3 ngr

[F.] **Städteordnung** und Landgemeindeordnung (von 1897) für die Provinz Hessen-Nassau. Ergänzt u. erl. durch d. amtl. Materialien d. Gesetzgebg v. R[ichard] Höinghaus. *Berlin: F. Dümmler 1897.* (149 S., 1 Bl.) 1 Bd 8. [97- 7056

Städteordnung u. Landgemeindeordnung f. d. Provinz Hessen-Nassau. Vom 4. Aug. 1897. Ergänzt u. erl. durch d. amtl. Materialien d. Gesetzgebung von R[ichard] Höinghaus. Mit d. Ausführungsbestimmungen. 2. Aufl. Berlin: F. Dümmler 1898. (192 S.) 8°

Städte- und Land-Gemeinde-Ordnung für die Rheinprovinz. Vom 15. Mai 1856. I. Städteordnung nebst Gesetz betr. die Gemeindeverfassung. 8. (47 und Instructionen 8 S.) Trier 856, Lintz'sche Buchh.

—— —— für die Provinz Westfalen vom 19. März 1856 nebst Instruction vom 9. Mai 1856 zur Ausführung derselben. gr. 8. (41 S.) Elberfeld 856, Bädeker'sche Buchh.

Städte- und Landgemeinde-Ordnung für die Provinz Westfalen vom 19. März 1856, nebst Instruction vom 9. Mai 1856 zur Ausführung derselben. gr. 8. (39 S.) Elberfeld 867, Bädeker'sche Buchh.

Städte- und Land-Gemeinde-Ordnung für die Prov. Westphalen vom 19. März 1856, nebst Instruction vom 9. Mai 1856 zur Ausführung derselben. 3. Aufl. gr. 8. (39 S.) Elberfeld 879, Bädeker'sche Buchh. *

Die **Städteordnung** vom 30. Mai 1853. Zum prakt. Gebrauch ausführl. erl. von [Otto] Plagge, Bürgerm. 2. Aufl., vollst. neu bearb. von Bruno Schulze, Stadtsynd. von Charlottenburg. Berlin: Siemenroth & Troschel 1901. (XV, 314 S.) 8°
(Gesetzsammlung. Neue Textausgaben. Bd 9.)

Städte-Ordnung, die, v. 19. Novbr. 1808 nebst d. Instruktion f. die Stadtverordneten u. d. gesetzl. Ergänzungen. gr. 12. (3 B.) Danzig 846, Anhuth.

—— für die Provinzen Preußen, Brandenburg, Pommern, Schlesien, Sachsen und Posen. gr. 8. (32 S.) Colberg 853, Post. *

— — Als Anhang das Gesetz vom 24. Mai 1853, betr. die Aufhebung der Gemeinde-, sowie der Kreis-, Bezirks- und Provinzial-Ordnung vom 11. März 1850. Brandenburg 853. Müller. 16. (46 S.) 2½ ngr

—— die preuß., nebst den üb. dies. ergang. neueren Gesetzen, Verordn. u. Rescripten bis z. J. 1827 incl.; zusammengest. v. F. H. gr. 8. (19½ B.) Leipzig 829, Lehnhold.

—— (preußische,) d. d. Königsberg, den 19. Novbr. 1808, nebst Deklaration ders. vom 4. Juli 1832 den betreff. Paragraphen der Städte-Ordnung zugesetzt. 12. (95 S.) Berlin 848, Decker'sche geheime Ober-Hofbuchdr.

—— die preußische, vom 19. Novbr. 1808, mit deren durch die Kabinetsordre vom 4. Juli 1832 erfolgten ergänzenden u. erläuternden Bestimmungen. gr. 8. (3 B.) Anclam 844, Dietze.

—— die preußische, vom 19. Novbr. 1808, und die revidirte Städte-Ordnung vom 17. März 1831. Nebst den beiden vorliegenden Entwürfen zu einer Gemeinde-Ordnung für den preuß. Staat. Systematisch geordnet und nebeneinandergestellt in 4 Colonnen. 4. (98 S.) Potsdam 849, Riegel's Verlag.

Städte-Ordnung vom 30. Mai 1853 für die sechs östlichen Provinzen der Preußischen Monarchie, s. a. Gräff.

Städte-Ordnung, für die sechs östlichen Provinzen der preuß. Monarchie. Vom 30. Mai 1853. Gesetz, betr. die Verfassung der Städte in Neuvorpommern und Rügen. Vom 31. Mai 1853. Gesetz, betr. die Aufhebung der Gemeinde-Ordnung, sowie der Kreis-, Bezirks- und Provinzial-Ordnung vom 11. März 1850. Vom 24. Mai 1853. Einschließlich der Ministerial-Instruction dazu vom 5. Juni 1853. gr. 8. (48 S.) Berlin 853, Deckersche geheime Ober-Hofbuchdr.

—— dass. — Mit prakt. aus den amtl. Materialien gewonnenen Erläuterungen und allen die Städte-Ordnung ergänzenden Gesetzen, insbesondere über die Rechtsverhältnisse der Kommunen in Beziehung auf Polizeiverwaltung, Verwaltung des Gemeindevermögens, Besteuerung der Gemeindeglieder 2c. Ein prakt. Handbuch zum Gebrauch für Gemeinde- und Verwaltungs-Beamte, Stadtverordnete und Bürger von C. F. Müller. 1. und 2., verm. Aufl. 8. (IV und 115 S.) Berlin 853, Hempel. *.

— — Mit der Ausführungs-Instruction vom 20. Juni 1853 und andern praktischen aus den amtlichen Materialien gewonnenen Erläuterungen, sowie allen die Städte-Ordnung ergänzenden Gesetzen 2c. Ein prakt. Handbuch zum Gebrauch für Gemeinde- u. Verwaltungs-Beamte 2c. von C. F. Müller. 2. verm. Aufl. Berlin 853. Hempel. 8. (2 Bl., 124 S.) n. 12½ ngr

—— dass. — Als Anhang das Gesetz vom 24. Mai 1853, betr. die Aufhebung der Gemeinde-, sowie der Kreis-, Bezirks- und Provinzial-Ordnung vom 11. Mai 1850. gr. 16. (46 S.) Brandenburg 853, Müller.

—— dass. — gr. 8. (40 S.) Breslau 853, Graß, Barth und Comp.

—— dass. — gr. 16. (32 S.) Breslau 853, Kern.

—— dass. — 8. (27 S.) Grünberg 853, Levysohn. **

—— dass. — Voran steht: das Gesetz vom 24. Mai 1853, betr. die Aufhebung der Gemeinde-, sowie der Kreis-, Bezirks- und Provinzial-Ordnung vom 11. März 1850. 8. (47 S.) Landsberg 853, Volger und Klein.

—— dass. — gr. 8. (16 S.) Nordhausen 853, Büchting.

Städte-Ordnung, die, für die sechs östlichen Provinzen der Monarchie vom 30. Mai 1853. und das Gesetz vom 31. Mai 1853. betr. die Verfassung der Städte in Neu-Vorpommern und Rügen, nebst Motiven, Ergänzungen und Erläuterungen; in Verbindung mit den beiden Gesetzen vom 24. Mai 1853, resp. betr. die Aufhebung des Artikels 105. der Verfassungs-Urkunde und die Aufhebung der Gemeinde-, Kreis-, Bezirks- und Provinzial-Ordnung vom 11. März 1850. Unter Benutzung der Akten des k. Ministeriums des Innern bearb. und hrsg. von E. A. Hübner. Lex.-8. (IV und 392 S.) Berlin 854, (Gaertner.) Thlr. *

—— dass. — Nebst Ergänzungsgesetz vom 25. Febr. 1856. 8. (II und 32 S.) Breslau 856, Kern.

—— vom 30. Mai 1853 für die sechs östlichen Provinzen der preußischen Monarchie. gr. 8. (16 S.) Nordhausen 858, Büchting.

—— für die sechs östlichen Provinzen der preußischen Monarchie. Vom 30. Mai 1853. Nebst Ergänzungsgesetz vom 25. Febr. 1856. 8. (33 S.) Breslau 866, Kern's Verlag

Städte-Ordnung für die sechs östlichen Provinzen der Preussischen Monarchie, vom 30. Mai 1853. Nebst Gesetz, betreffend die Verfassung der Städte in Neuvorpommern und Rügen vom 31. Mai 1853. Berlin 1870. = Die Gemeinde-Verfassungen Deutschland's und des Auslandes; hrgg. v. H. Stolp. Bd. 1, Nr. 2. 8°

Städte-Ordnung für die sechs östlichen Provinzen der Preußischen Monarchie. Vom 30. Mai 1853. Einschließlich der Ministerial-Instruktion dazu vom 20. Juni 1853. 8. (47 S.) Berlin 881, Eisenschmidt. *

—— dass. — Nebst Ergänzungsgesetz vom 25. Febr. 1856. 3. Aufl. 12. (32 S.) Breslau 882, Kern's Verlag.

Städte-Ordnung f. die 6 östlichen Provinzen der Preußischen Monarchie. Vom 30. Mai 1853. Text-Ausg. m. vollständ. Berücksicht. d. neueren Gesetzgebg. Mit Sachregister. 4. Aufl. 12. (47 S.) Breslau 894. J. U. Kern's Verl. n. — 40

[F.] Die **Städte-Ordnung** für die östlichen Provinzen der preussischen Monarchie v. 30. Mai 1853, mit den durch d. Novellen v. 1. März u. 24. Juni 1891, d. Zuständigkeitsges. ... u. s. w. bewirkten Aendergn u. Zusätzen. M. erläut. Anm. u. Sachregister z. prakt. Gebr. bearb. v. C. Zander, Kgl. Rentmeister ... in Schwetz. 6. Aufl. [Nebst] Nachtrag. *Berlin: A. Frantz [1895].* 2 Bde 8.
Städte-Ordnung. (VIII, 128 S.) Nachtrag. (8 S.) [96. 3058

[F.] **Städteordnung** für die östlichen Provinzen der Preussischen Monarchie v. 30. Mai 1853 in ihrer durch d. neueren u. neuesten Gesetze bedingten Fassg, m. 3 Anl. ... Durch die einschläg. Gesetze ... ergänzt u. erl. v. Otto Kotze, Bürgermeister a. D. II. verm. Aufl. *Breslau: Selbstv.; (Dr. v. R. Galle;* a. d. Umschl. übergekl.: *Preuss & Jünger) 1895.* (2 Bl., IV, 170 S.) 1 Bd 8. [97. 870

Die **Städte-Ordnung** für die sechs östlichen Provinzen der Preussischen Monarchie vom 30. Mai 1853. Mit Ergänzungen u. Erl. von O[ttomar] Oertel, Oberbürgermeister. 3. Aufl. *Liegnitz: H. Krumbhaar 1900.* (XVI, 620 S.) 8° [F.] [01. 8595 2

Die **Städte-Ordnung** für die sechs östlichen Provinzen der preussischen Monarchie v. 30. Mai 1853 nebst ihren gesetzl. Ergänzungen erl. von Dr. jur. Walter Ledermann. Lfg 1. *Berlin: J. Guttentag 1901.* 8° [F.] [01. 13134

Die **Städteordnung** für die sechs östlichen Provinzen der Preussischen Monarchie vom 30. Mai 1853. Mit Erl. f. d. prakt. Gebr. u. e. Anh.: Die Instruktion f. d. Stadtmagisträte v. 25. Mai 1835. Von H[ugo] Kappelmann, Stadtr. in Erfurt. *Berlin: C. Heymann 1901.* (VII, 252 S.) 8° [F.]
— **Taschen-Gesetzsammlung.** 54. [01. 12043

Städte-Ordnung für die sechs östlichen Provinzen der Preussischen Monarchie vom 30. Mai 1853 und Nebengesetze. Textausg. mit Anm. von J[ohannes] Gerstmeyer, Ger.Ass. *Kiel & Leipzig: Lipsius & Tischer 1901.* (VII, 265 S.) 8° [F.] [01. 9393

Die **Städte-Ordnung** für die sechs östlichen Provinzen der preussischen Monarchie vom 30. Mai 1853 nebst ihren gesetzl. Ergänzungen erl. von Dr. jur. Walter Ledermann, Magistr.-Ass. zu Berlin. (In 3 Lfgen.) Berlin: J. Guttentag 1902. (XXXIV, 614 S.) 8°
(Sammlung, Guttentag'sche, Preussischer Gesetze. No 32.)

Die **Städteordnung** [f. d. sechs oestl. Provinzen d. preuß. Monarchie] von 1853 in ihrer heutigen Gestalt, nebst d. Kommunalabgabengesetz u. Nebengesetzen von R[obert] Zelle, weil. Oberbürgermeister von Berlin. 4., nach des Verf. Tode (von [Franz] Tourbié, Stadtrat) durchges. Aufl. *Berlin: J. Springer 1903.* (IV, 132 S.) 8° [F.] [03. [illegible]

Die **Städte-Ordnung** für die sieben [sechs] östlichen Provinzen der preußischen Monarchie vom 30. Mai 1853 in ihren durch die neueste Gesetzgebung bedingten Fassung nebst d. Instruktion f. d. Stadtmagisträte v. 25. Mai 1835, dargest. u. erl. von E. Krueger, besold. Beigeordn. 2. Aufl. Berlin: P. Stankiewicz 1903. (XII, 166 S.) 8° [F.] [03. 14415

Städteordnung für die sieben östlichen Provinzen der Preußischen Monarchie vom 30. Mai 1853 in ihrer durch die neueste Gesetzgebung bedingten Fassung. Mit 3 Anl. ... Durch d. Entscheidungen d. höchsten ordentl. u. Verwaltungs-Gerichtshöfe ... erl. u. bis auf d. neueste Zeit erg. von Otto Kotze, Bürgerm. a. D. 4. wesentl. verm. Aufl. Neusalz a. O.: J. Pröbster 1905. (VIII, 190 S.) 8° [F.] [05. 6039

Die **Städteordnung** für die sechs östlichen Provinzen der Preußischen Monarchie vom 30. Mai 1853. Erl. von Paul Hirsch. Berlin: Vorwärts 1910. 174 S. 8° [10. 5655

Die **Städte-Ordnung** für die sechs östlichen Provinzen der Preussischen Monarchie vom 30. Mai 1853. Mit Erg. u. Erl. von Ottomar Oertel. 5. Aufl. Liegnitz: Krumbhaar [1910]. XVI, 670 S. 8° [11. 983 2

Städteordnung, revidirte, vom 24. April 1873, u. Städteordnung f. mittlere u. kleine Städte vom 24. April 1873. 4. (34 S.) Dresden 873. Meinhold & Söhne. — 60

— dasselbe. 8. (39 S.) Ebend. 874. — 30

Revidirte **Städte-Ordnung** für das Königreich Hannover, vom 24. Juni 1858. Berlin 1875. = Die Gemeinde-Verfassungen Deutschland's und des Auslandes, hrgg. v. H. Stolp. Bd. 6, Nr. 5. 8°

Revidirte **Städte-Ordnung** für die Provinz Hannover, vom 24. Juni 1858, in der durch d. neuere u. neueste Gesetzgebung bedingten Fassung. Mit 3 Anl. ... Durch d. einschläg. Oberverwaltungs- u. Ministerial-Entscheidungen pp. ergänzt u. erl. von Otto Kotze, Bürgerm. a. D. Breslau: Preuss & Jünger 1900. (127 S.) 8°

—— die revid., v. 17. März 1831, mit den seit Publication d. ältern Städte-Ordn. bis jetzt erlass. abändernden, ergänz. u. erläut. Gesetzen, Verordn. u. Ministerial-Verfügn.; hrsg. v. Fr. Heinr. v. Strombeck. gr. 8. (10 B.) Halberstadt 832, Helm.

—— revid., f. d. preuß. Monarchie, mit den dazu gehör. Verordn. De Dato Berlin, d. 17. März 1831. Unt. höh. Genehmhaltung aus d. Gesetzsamml. abgedr. 8. (3 B.) Berlin, Reimer.

Revidirte Städte-Ordnung für die Preussische Monarchie, mit den dazu gehörigen Verordnungen vom 17. März 1831. Berlin: Reimer 1831.

— revidirte, für die Preuß. Monarchie, mit den dazu gehörigen Verordnungen. De dato Berlin, d. 17. März 1831. gr. 8. (48 S.) Minden 845, Eßmann. 1/6 ₰

—— revidirte, f. die preuß. Monarchie, nebst Verordnungen. De Dato Berlin d. 17. März 1831. 8. (3 B.) Elberfeld 846, Bädeker. *

Revidirte **Städte-Ordnung** und Städte-Ordnung für mittlere und kleine Städte des Königreichs Sachsen, vom 24. April 1873. Berlin. 1873. = Die Gemeinde-Verfassungen Deutschland's und des Auslandes, hrgg. v. H. Stolp. Bd. 4. Nr. 2—3. 8°.

—— die revidirte, und auf die Stadt Hildesheim im Allgemeinen bezügliche statutarische Verfügungen, s. Sammlung auf die Stadt Hildesheim bezügl. Gesetze rc.

—— für die Rheinprovinz. Vom 15. Mai 1856. 8. (34 S.) Crefeld 856, Schüller.

—— dass. — und Gesetz betr. die Gemeinde-Verfassung in der Rhein-Provinz vom 15. Mai 1856. gr. 8. (44 S.) Elberfeld 856, Bädeker'sche Buchh.

—— dass. — Allerhöchster Erlaß vom 15. Mai 1856, betr. die Verleihung der Städte-Ordnung ꝛc. Instruction vom 18. Juni 1856 zur Ausführung der Städte-Ordnung ꝛc. Instruction vom 18. Juni 1856, betr. das Verfahren bei Beantragung der Verleihung der Städte-Ordnung für die Rhein-Provinz vom 15. Mai 1856 an die auf dem Provinzial-Landtage im Stande der Städte vertretenen Gemeinden, welche nicht über 10,000 Einwohner haben. gr. 8. (44 S.) Berlin 856, Decker'sche geheime Ober-Hofbuchdr.

Städte-Ordnung für die Rheinprovinz, vom 15. Mai 1856. Berlin 1871. = Die Gemeinde-Verfassungen Deutschland's und des Auslandes, hrgg. v. H. Stolp. Bd. 2, Nr. 7. 8°

Städte-Ordnung für die Rhein-Provinz und Gesetz betr. die Gemeinde-Verfassung in der Rhein-Provinz vom 15. Mai 1856. 2. Ausg. gr. 8. (44 S.) Elberfeld 879, Bädeker'sche Buchh. *

—— dass. — für die Rhein-Provinz und Gesetz betr. die Gemeinde-Verfassung in der Rhein-Provinz vom 15. Mai 1856. 3. Aufl. gr. 8. (44 S.) Elberfeld 882, Bädeker'sche Buchh. *

Städte-Ordnung f. die Rhein-Provinz u. Gesetz betr. die Gemeinde-Verfassung in der Rhein-Provinz vom 15. Mai 1856. 4. Aufl. gr. 8. (44 S.) Elberfeld 886. Bädeker. n. — 50

Städte-Ordnung, die, f. die Rheinprovinz vom 15. Mai 1856, in Noten ergänzt durch die seit ihrem Erlaß ergangenen, den ursprüngl. Text abänd. od. ergänz. Gesetze, unter besond. Berücksicht. der neuen Verwaltungsgesetze. Nebst alphabet. Sachregister. gr. 8. (48 S.) Elberfeld 887. Bädeker. n. — 60

Städteordnung für die Rheinprovinz vom 15. Mai 1856 in ihrer durch die neuere u. neueste Gesetzgebung bedingten Fassung. Mit 4 Anlagen ... Durch die einschläg. Gesetze, Entscheidungen ... erl. von Otto Kotze, Bürgermeister a. D. *Breslau: Preuss & Jünger 1900.* (VI, 157 S.) 8° [F.] [00. 11765

Die Städte-Ordnung für die Rheinprovinz vom 15. Mai 1856 in ihrer heutigen Gestalt. Für d. prakt. Gebr. erl. von Rudolf Harnisch, Reg.-Sekr. Düsseldorf: L. Schwann (1900). (VI, 172 S.) 8°

Die Städte-Ordnung für die Rheinprovinz vom 15. Mai 1856 in ihrer durch die neueste Gesetzgebung bedingten Fassung. Zum prakt. Gebr. dargest. u. erl. von E. Krueger, Beigeordn. Berlin: Stankiewicz 1903. X, 138 S. 8°

Städte-Ordnung f. die Rheinprovinz vom 15. V. 1856, in Anmerkgn. ergänzt durch die seit ihrem Erlaß ergangenen, den ursprüngl. Text abänd. od. ergänz. Gesetze. Nebst alphabet. Sachregister. 5. umgearb. u. ergänzte Aufl. (56 S.) 8. Elberfeld 904. A. Martini & Grüttefien. — 80

Die Städte-Ordnung für die Rheinprovinz vom 15. Mai 1856 in ihrer durch die neueste Gesetzgebung bedingten Fassung. Zum prakt. Gebr. dargest. u. erl. von Dr. jur. Carl Vigelius, Bürgermeister. *Leipzig: C. E. M. Pfeffer 1904.* (XII, 313 S.) 8° [F.] [04. 19748

— f. die Rheinprovinz vom 15. V. 1856, in Anmerkgn. ergänzt durch die seit ihrem Erlaß ergangenen, den ursprüngl. Text abänd. od. ergänz. Gesetze. Nebst alphabet. Sachregister. 6. verb. u. ergänzte Aufl. (56 S.) 8. Elberfeld 908. A. Martini & Grüttefien. — 80

Die Städte-Ordnung für die Rheinprovinz vom 15. Mai 1856 ... dargest. u. erl. von Ger.Ass. a. D. Dr. jur. Carl Vigelius, Bürgermeister. 2. rev. Aufl. Leipzig: Pfeffer 1910. XII, 260 S. 8° [11. 6315 5

— die russische, vom 16. Juni 1870, u. die Einführungsgesetze für die Ostseeprovinzen vom 26. März 1877. gr. 8. (IV, 112 S.) Riga 877. Kymmel. cart. n. — 60

Städte-Ordnung für Russland vom 16./28. Juni 1870. Berlin 1871. = Die Gemeinde-Verfassungen Deutschland's und des Auslandes, hrgg. v. H. Stolp. Bd. 2, Nr. 4. 8°

—— königlich sächsische revidirte, und Städteordnung für mittlere und kleinere Städte vom 24. April 1873. Mit einem Sachregister. 6. Aufl. 8. (VI, 48 S.) Frankenberg 888, Roßberg.

— kgl. sächsische revidirte, u. Städteordnung f. mittlere u. kleine Städte vom 24. Apr. 1873. Mit e. Anh., enth.: Gesetz, betr. die Pensionsberechtigg. der berufsmäß. Gemeindebeamten in den Städten m. der Städteordng. f. mittlere u. kleine Städte, sowie in den Landgemeinden vom 30. Apr. 1890, sowie e. Sachregister u. e. Städteverzeichniß. 6. Aufl. 12. (55 S.) Frankenberg 891. C. G. Roßberg. n. — 30

— königl. sächsische revidierte, u. Städteordnung für mittlere u. kleine Sädte vom 24. IV. 1873. Mit e. Anh., enth.: Gesetz, betr. die Pensionsberechtigg. der berufsmäß. Gemeindebeamten in den Städten m. der Städteordng. f. mittlere u. kleine Städte, sowie in den Landgemeinden in der Fassg. vom 30. IV. 1906, sowie e. Sachregister u. e. Städteverzeichnis. 17. Aufl. (55 S.) kl. 8. Frankenberg 910. C. G. Roßberg. p — 30

Städteordnung für die Provinz Schleswig-Holstein vom 14. April 1869 u. Nebengesetze. Textausg. mit Anm. von J[oh.] Gerstmeyer, Breslau. *Kiel & Leipzig: Lipsius & Tischer 1900.* (VII, 218 S.) 8° [F.] [00. 7033 8

—— schleswig-holsteinische. Nach dem Gesetz vom 14. April 1869. 2. Abdr. mit alphabet. Register. gr. 8. (VI, 24 S.) Flensburg 869, Exped. der Norddeutschen Zeitung. * — 15

—— für das Fürstenthum Schwarzburg-Sondershausen. gr. 8. (55 S.) Sondershausen 858, Eupel's Verlag.
Aus: Gesetzsammlung für das Fürstenth. Schwarzburg-Sondershausen, 17. Stück vom J. 1857, besonders abgedruckt.

— f. mittlere u. kleinere Städte im Königr. Sachsen. (24 S.) kl. 8. Flöha 906. (A. Peitz & Sohn.) n. — 60

Städte-Ordnung, die Stein'sche, in Breslau (v. Heinr. Wendt), s.: Mitteilungen aus dem Stadtarchiv u. der Stadtbibliothek zu Breslau. 9. u. 10. Heft.

—— für die Provinz Westphalen vom 19. März 1856. (Aus den „Neueren Gesetzen" abgedr.) 8. (40 S.) Arnsberg 856, Ritter.

—— dass. — 2., mit Instruction vom 9. Mai 1856 verm. Aufl. 8. (VI und 40 S.) Ebds. 856.

—— dass. — gr. 8. (40 S.) Berlin 856, Decker'sche geheime Ober-Hofbuchdr.

Städte-Ordnung für die Provinz Westphalen. Vom 19. März 1856. Berlin 1872. = Die Gemeinde-Verfassungen Deutschland's und des Auslandes, hrgg. v. H. Stolp. Bd. 3, Nr. 2. 8°

— für die Provinz Westfalen vom 19. März 1856. Nebst der Instruction vom 9. Mai 1856 zur Ausführung derselben. 3. Aufl. gr. 8. (32 S.) Arnsberg 878. Ritter. geb. n. — 50

— f. die Prov. Westfalen vom 19. März 1856, m. den durch die neuere Gesetzgebg. bedingten Abänderg. gr. 8. (36 S.) Bielefeld 887. Helmich. n. — 60; cart. n. — 70

— für die Prov. Westfalen vom 19. März 1856, in Noten ergänzt durch die seit ihrem Erlaß ergangenen, den ursprüngl. Text abändernden und ergänzenden Gesetze, unter besond. Berücksicht. der neuen Verwaltungsgesetze. Nebst alphabet. Sachregister. 4. Aufl. gr. 8. (47 S.) Elberfeld 888, Bädeker'sche Buchh. *

Städteordnung für die Provinz Westfalen vom 19. März 1856 in ihrer durch die neuere u. neueste Gesetzgebung bedingten Fassung. Mit 4 Anl. ... Durch d. einschläg. Gesetze, Entscheidungen d. Reichs- u. Oberverw. Ger., Ministerialanweisungen etc. ergänzt u. erl. von Otto Kotze, Bürgerm. a. D. Breslau: Preuss & Jünger 1900. (VI, 152 S.) 8⁰

Die **Städte-Ordnung** für die **Provinz Westfalen** vom 19. März 1856 in ihrer heutigen Gestalt. Für d. prakt. Gebr. erl. von Rudolf Harnisch. *Düsseldorf: L. Schwann (1901).* (IV, 138 S.) 8° [F.] [01. 10117 6

Die **Städte-Ordnung** für die Provinz Westfalen vom 19. März 1856 in ihrer durch die neueste Gesetzgebung bedingten Fassung. Zum prakt. Gebr. dargest. u. erl. von E. Krueger, besold. Beigeordn. Berlin: P. Stankiewicz 1903. (X, 146 S.) 8° [F.] [03. 14416

— für die Prov. Westfalen vom 19. III. 1856, in Anmerkgn. ergänzt durch die seit ihrem Erlaß ergangenen, den ursprüngl. Text abänd. od. ergänz. Gesetze. Nebst alphabet. Sachregister. 5. umgearb. u. ergänzte Aufl. (55 S.) gr. 8. Elberfeld 906. A. Martini & Grüttefien. n. — 80

— f. den Reg.-Bez. Wiesbaden. Vom 8. Juni 1891. 12. (40 S.) Wiesbaden 891. Ch. Limbarth. n. — 30

[F.] Oesterreichische **Städteordnungen**. Die Gemeindeordngn u. Gemeindewahlordngn der m. eigenen Statuten vers. Städte der im Reichsr. vertr. Kgr. u. Länder ... Zsgest. v. Dr. K[arl] Brockhausen, ... Doc. d. k. k. Univ. Wien. u. Dr. R. Weiskirchner, Mag.-Commiss. d. St. Wien. *Wien: Manz 1895.* (VIII, 970 S.) 1 Bd 8.
= Taschenausgabe d. österreich. Gesetze. Bd 9. Abth. 2. [95. 3334

Städte-Ordnungen, die Preuß., vom 19. Novbr. 1808 u. 31. März 1831 nebst den Ergänzungen u. Erläuterungen zu beiden. 7. Aufl. der Rumpf'schen Städte-Ordnung, als Handb. bearb. 1. Thl. Die Städte-Ordnungen von 1808 u. 1831. 2. Bd. Gesetze, Verordnungen, Ministerial- etc. Rescripte zu beiden Städte-Ordnungen. 12. Berlin 846, Hayn. 2½ ₰

Städtepolitik, ostmärkische. Ein Zukunftsbild v. einem Deutschen. (47 S.) 8. Lissa 909. O. Eulitz. — 80

Städter, Wilhelm: Die Strongyliden in dem Labmagen der gezähmten Wiederkäuer und die Magenwurmseuche. Mit 14 Taf. Hamburg 1901. 107 S.

Bern, Vet.-med. Diss. v. 1901.

Städtereinigung, die. Zentralblatt f. das gesamte kommunale Reinigungswesen. Abwässer-Reinigung, Desinfektion, Fäkalienbeseitigg., Kanalisation, Hygiene, öffentl. Strassen-u. Verkehrseinrichtgn., Müllbeseitigg. u. -Verwertg., Strassenreinigg., Staubbekämpfg., Verkehrswesen. Chefred.: Ernst Kelterborn. 1. Jahrg. Oktbr.—Dezbr. 1909. 6 Nrn. (72 S. m. Abbildgn.) 31,5×23,5 cm. Göttingen, E. Kelterborn. 3. —

— dasselbe. Jahrg. 1910. 24 Nrn. (288 S. m. Abbildgn.) 31,5×23,5 cm. Ebd. 12. —

Stadt-Erweiterung Köln. Gutachten über das vom Stadt-Erweiterungs-Bureau aufgestellte Kanal-Project für das mittlere Drittel der Neustadt. Köln 1882. V: *Kreyssig.* (StBKöln II, 173)

Stadterweiterung, die, v. Strassburg. Verhandlungen bezüglich d. die Stadterweiterg. betr., zwischen dem Reiche u. der Stadt abgeschlossenen Vertrages. Genehmigter Auszug aus dem Hauptbudget der Stadt Strassburg pr. 1876. gr. 8. (64 S.) Strassburg 876. (Schultz & Co.) n.n. 1. —

Die Stuttgarter **Stadterweiterung** mit volkswirtschaftlichem, hygieinischen und künstlerischen Gutachten. Hrsg. vom Stadtschultheissenamt Stuttgart. (Vorr.: Oberbürgermeister Gauss.) *Stuttgart: W. Kohlhammer 1901.* (XXVIII, 249 S.) 4°(8°) [01. 8977

Stadterweiterung, die Stuttgarter, Nachtrag, s: **Lüftung**, die natürliche, des Stuttgarter Thales.

Städtesiegel. Die Stædte- und Landes-Siegel der Schweiz. Ein Beitrag zur Siegelkunde des Mittelalters. ([Serie] A:) von E(mil) Schulthess (*Heft 4. u. 5:* Fortgesetzt von Dr Ferdinand Keller). ⟨Aus den Mittheilungen der Antiquarischen Gesellschaft in Zürich ... besonders abgedruckt.⟩ 5 Hefte. 4. Zürich 1853–1856. – *A. u. d. Gesamttitel:* Die Stædte- und Landes-Siegel der XIII alten Orte der schweizerischen Eidgenossenschaft. Ein B' zur S' des M' von E. Sch'. ⟨Mittheil. Ant. Ges. Zürich. Bd. 9 [Abth. 1.]⟩ 4. Z' 1856.

(Heft 1: Kanton Zürich – *D. i.:* Vorwort; Einleitung: Bemerkungen über die Wappenschilder der XXII Kantone der Schw' Eidg'; Die Siegel der Stadt Zürich und der Landstädte des Kantons. [Mit Figuren und 3 Tafeln.]) 1853.
Heft 2: Kanton Bern. [Mit Figuren und 5 Tafeln.] 1853.
Heft 3: Die Kantone Lucern, Uri, Schwyz und Unterwalden. [Mit Figuren und 3 Tafeln.] 1854.
Heft 4: Die Kantone Zug, Glarus, Basel, Freiburg und Solothurn. [Mit Figuren und 4 Tafeln.] 1856.
Heft 5: Die Kantone Schaffhausen und Appenzell. [Mit Figuren und 1 Tafel.] 1856.

(Städtesiegel.) (Die Städte- und Landessiegel der Schweiz. [Serie B.] 6 Hefte. Mittheil. Ant. Ges. Zürich. Band 13, Abth. 1.) 4. Zürich 1858–1862.

(Heft 1) *s.* Siegel. Die S' der Kantone St. Gallen, Graubünden, Aargau, Thurgau.
(Heft 2) *s.* (Massé, J[ean-]E[lisée].) Armoiries et sceaux ... de Genève ...
(Heft 3) *s.* Bons, Ch[arles-]L[ouis] de. Armoiries et sceaux ... du Valais.
(Heft 4) *s.* Mandrot, A[lphonse] de. Sceaux historiques du Canton de Vaud.
(Heft 5) *s.* Peri, Pietro. Stemmi e sigilli ... del cantone Ticino ...
(Heft 6) *s.* Wyss, G[eorg] von. Sceaux historiques ... de Neuchâtel.

Städtestatistik, Die deutsche, am Beginne des Jahres 1903; dargestellt nach den Veröffentlichungen der statistischen Ämter deutscher Städte . . . Tübingen 1903. V: *Seutemann, Carl.* (Zuwachsverz. d. Bibl. Zürich 1898 ff. 8. (Berl)

Städtestatistik, die deutsche, am Beginne des J. 1903, s. a. Archiv, allgemeines statistisches. 6. Bd. Erg.-Hft.

Städtestatistik, die deutsche, am Beginn des Jahres 1903. (122 S) (Allgemeines Statistisches Archiv VI, Ergänzungsheft) Tübingen 1904

13. Schleswig-Holsteinischer **Städtetag** zu Tondern am 12. u. 13. Juni 1908. Tondern (1908): Thamssen. 20 S. 8⁰
[Enth.: Die Baudenkmäler Tonderns.]

Städtetag, der Hannoversche, u. die Reichswertzuwachssteuer. (69 S.) Lex. 8. Hannover 910. Gebr. Jänecke. 1. —
Sonderabdruck aus: „Protokolle des 43. Hannov. Städtetages".

Städte-Wappen, deutsche, enthaltend die Wappen von 232 der bedeutendsten Städte des Deutschen Reichs. In Gold- und Farbendr. 1. und 2. Aufl. qu. gr. Fol. (2 Bl.) Frankfurt a. M. 871,82, Rommel.

— Deutsche, enthaltend die Wappen von 232 der bedeutendsten Städte des Deutschen Reichs. In Gold- und Farbendruck. 3. Aufl. Frankfurt a. M. (1882.) Fol. (DSB.)

Städte-Wappen, deutsche, enth. die Wappen v. 312 der bedeutendsten Städte d. Deutschen Reichs. 10 Taf. in Farbendr. 4., wesentlich verm. u. verb. Aufl. hoch 4. Frankfurt a/M. 890. Rommel. In Umschlag. n. 6. —

Städte-Wappen von Österreich-Ungarn. Eine Sammlung von ca. 500 Wappen der bedeutenderen Städte und Ortschaften der Monarchie, nebst den Landeswappen und Landesfarben. Mit Text von Karl Lind. 4 Lfgn. gr. 4.
(28 Chromolithogr. mit 19 S. Text.) Wien 885,86, Schroll und Comp. à Lfgn. * ℳ 10.—.; geb. * 40 —
Hieraus einzeln:
Niederösterreich. 3 Bl. in Mappe. ℳ 5.—.
Oberösterreich. 1 Bl. in Mappe. ℳ 2.—.
Steiermark. Doppelbl. in Mappe. ℳ 4.—.
Salzburg, Kärnten, Vorarlberg. 1 Bl. in Mappe. ℳ 2.—.
Tirol. 1 Bl. in Mappe. ℳ 2.—.
Küstenland. 1 Bl. in Mappe. ℳ 2.—.
Dalmatien und Krain. 1 Bl. in Mappe. ℳ 2.—.
Böhmen. 5 Bl. in Umschlag geheftet. ℳ 8.—.
Mähren. Doppelbl. in Mappe. ℳ 4.—.
Schlesien. 1 Bl. in Mappe. ℳ 2.—.
Galizien und Bukowina. 3 Bl. in Mappe. ℳ 5.—.
Königreich Ungarn mit Croatien, Slavonien und Siebenbürgen. 7 Bl, geb. ℳ 10.—.

— die, des Königreichs Württemberg. Chromolith. qu. gr. Fol. Stuttgart 877. Neff. n. 6. —; Pracht-Ausg. n.n. 7. —

Städtewappen, 232, des deutschen Reiches. 2. verb. Aufl. Chromolithogr. Imp.-Fol. Frankfurt a. M. 876, Rommel.

Städte-Zeitung vereinigt m. Deutsche Städte-Zeitung. Zeitschrift f. Kommunaltechnik u. Verwaltungswesen. Hrsg. v. Hans Dominik unter Mitwirkg. namhafter Fachleute. Offizielles Organ mehrerer Städteverbände. Verantwortlich: A. Kajet. 7. Jahrg. Oktbr. 1909—Septbr. 1910. 26 Nrn. (à ca. 28 S.) Lex. 8. Berlin, Union, Zweigniederlassg. 12. —

— dasselbe. Verantwortlich f. die Abt. Verwaltungswesen: Eckardt, f. die Abt. Technik: A. Kajet. 8. Jahrg. Oktbr. 1910—Septbr. 1911. 26 Nrn. (à ca. 30 S. m. Fig.) Lex. 8. Ebd. 12. —

Städte-Zeitung, deutsche. Amtliches Organ des Centralverbandes der Haus- und städt. Grundbesitzer-Vereine Deutschlands. Wochenschrift für die Interessen des städt. Grundbesitzes. Chefredact.: Wilh. Strauß. 1. und 2. Jahrg. 1887 und 1888. à Jahrg. 52 Nrn. (Bog.) gr. 4. Leipzig, Heitmann. à Jahrg. * 4 —

— dasselbe. Red.: G. Reinhard. 3. u. 4. Jahrg. 1889. 1890. à 52 Nrn. (B) gr. 4. Ebd. à Jahrg. n. 4. —

Städte-Zeitung, deutsche. Wochenschrift f. den städt. Grundbesitz u. f. kommunale Angelegenheiten. Vereinsblatt d. Centralverbandes der Haus- u. städt. Grundbesitzer-Vereine Deutschlands. Hrsg. v. dem Zentralverband der Haus- u. städt. Grundbesitzer-Vereine Deutschlands in Berlin. 5.—7. Jahrg. 1891—1893. à 52 Nrn. (Bog.) gr. 4. Leipzig, E. Heitmann. à Jahrg. n. 4. —

Städtezeitung, deutsche. Illustrierte Wochenschrift f. Gemeinde-Verwaltg. u. Städte-Interessen. Hrsg. v. Alfr. Moeglisch u. am Ende. Oktbr.—Dezbr. 1904. 13 Nrn. (à ca. 12 S.) 4. Berlin, Deutsche Städtezeitg. n. 3. —

Deutsche **Städtezeitung**. Ill. Wochenschrift f. Gemeinde-Verwaltung u. Städte-Interessen. Hrsg. von Alfred Moeglich, Gr. Lichterfelde, u. Oberbürgermeister am Ende, Dresden. [J. 1]. No 1–37. [Mehr nicht erschienen.] Berlin: (Deutsche Städtezeitung) 1904–05. (524 S.) 8° [J.]
Erscheint v. 1. Juli 1905 ab vereinigt mit: Städte-Zeitung. ⟨Deutsche Städtezeitung.⟩ Zeitschrift f. Kommunaltechnik … [06. 4966

Stadtfeld, Clavier-Uebungen in allen Dur- u. Moll-Tonarten, geeignet um in kurzer Frist große Fingerfertigkeit u. eine schöne Stellung der Hände zu erlangen; seinen Schülern gewidmet. A. u. d. T.: Exercices pour le Piano dans tous les tons tant majeurs que mineurs etc. Fol. Mainz, Paris u. Antwerpen 832. Schott's Söhne. 1 ₰

Stadtfeld, Heinrich, prakt. Arzt aus Remmesweiler ⟨Rhpr.⟩: Weitere Beiträge zur Kenntniss des Hämoglobingehaltes der Muskeln. *Würzburg 1901: P. Scheiner.* (17 S.) 8°
Würzburg, Med. Diss. v. 1901

Stadtfeld, Konrad

Stadtfeld, Conrad (Hubert) *(geb. Tafel im Rheinl. 16. 8. 1852)*: Es soll durch Versuche festgestellt werden, welche örtliche und allgemeine Wirkungen die Einführung verschiedener Luftarten in das Bindegewebe hervorruft, unter besonderer Berücksichtigung der Frage, welche Luftarten entzündungserregend auf die Gewebe wirken. ⟨Preisaufgabe der medicinischen Facultät zu Greifswald im Mai 1876.⟩ Breslau 1878. (42 S.) 8° *[Im Buchhandel 1878 bei Koebner in Breslau.]*
Breslau, Med. Diss. v. 31. [vielmehr 28.] Juli 1878

Stadtfeld, Conr., es soll durch Versuche festgestellt werden, welche örtliche u. allgemeine Wirkungen die Einführung verschiedener Luftarten in das Bindegewebe hervorruft, unter besonderer Berücksichtigung der Frage, welche Luftarten entzündungserregend auf die Gewebe wirken. Inaugural-Dissertation. 8. (42 S.) Breslau 878. (Koebner.) n. 1. —

Stadtfraubas. – Regensburger Stadtfraubas. – 1876 – 1878.
Fortges. u.d.T.: Stadt- und Landpost.

Stadt- u. Land-Freund, der Märkische. Eine Zeitschrift, belehrenden, berichtenden, polit. u. unterhaltenden Inhalts. Berl. 183.. Vereins-Buchh. à Jahrg. 2 ₰ 12 gr

Stadt- u. Landfreund, der märkische, 1—8. Jahrg. 1833—40. 4. Königsberg i. d. N., Windolff u. Striese. à J.

Stadt- u. Land-Freund. Zum Nutzen u. Vergnügen. Oeffentl. Kreisblatt des königsberger Kreises. 9—11. Jahrg. 1841—43. à 52 Nrn. (½ Bog.) gr. 4. Königsberg in d. N., Windolff u. Striese.
1—8. Jahrg. Ebendas. 1833—40. à J. 2 Thlr.

Stadt- und Land-Freund, der märkische. Zum Nutzen und Vergnügen. Oeffentliches Kreisblatt des königsberger Kreises. Redig. von J. G. Striese. 12—17. Jahrg. 1844—49. à Jahrg. 52 Nrn. (à ½—1 Bog.) 4. Königsberg i. d. N., [Striese.] à Jahrg.

Stadtführer v. Rosenheim. Hrsg. vom Stadtarchiv. (16 S. m. farb. Plan.) schmal 8. Rosenheim 904. R Bensegger. — 60

Die **Stadtgärtnerei**. Zentralblatt f. d. gesamten Interessen d. städt. Gärtnereien. Hrsg. von Martin Boerner. Jg. [1.] 1909. Halle: Boerner 1909. 4°

Stadtgebiet, Grundbesitzwechsel, Grundstücke, Gebäude, Wohnungsverhältnisse und Bevölkerung der Stadt Cöln während des Etatsjahres 1903. Aufgest. v. Statist. Amt. Cöln 1905: M. DuMont Schauberg. (20 S.) 4° [J.]
Aus: Städt. Verwaltungsbericht. [05. 5645 B

Stadt-Geistlichkeit, Die bayreuthische, nach der Reformation . . . Bayr. [1768]. V: *Künneth, Johann Theodor.* (Fiker) (ML)

Stadt-Gerichts-Ordnung (, baseler). I. Thl.: Civil-Prozeß-Ordnung. gr. 8. (135 S.) Basel 848, (Schweighauser'sche Vrlgsb.) *

Stadtgeschichten. Aus den Erzählungen eines Dorfschulmeisters . . . Stuttg. 1855. V: *Hauber, Albert.* (TübZ 5, 9)

Stadtgeschichten. Aus den Erzählungen eines Dorfschulmeisters mitgetheilt von G. f. A. t. 8. (III und 123 S.) Stuttgart 855, Ed. Hallberger.

Stadtgeschichten, Wiener. Wien 1869. V: *Nordmann, Johann* (= *Joh. Nep. Rumpelmaier*). (BGE VIII², 506)

Stadtglocke, die. Illustrirtes Unterhaltungsblatt zu Lust und Lehre für alle Stände. Hrsg. von Otfrid Mylius. 1.—3. Jahrg. 1864—66. à Jahrg. 12 Hefte. (à 4 Bog. mit eingedr. Holzschn.) hoch 4. Stuttgart, Kröner. à Jahrg.

Stadthagen, Alb., das Gedankenlesen. Ausführliche Erklärung u. Anleitung zum Erlernen des Muskellesens. Mit (13) Illustr. gr. 8. (VIII, 66 S.) Böhlitz-Ehrenberg (899). Leipzig, Ficker's Verl. n 1. 80

— die Mysterien des Hellsehens! Ausführliche Anleitg. zum Erlernen der Gedankenübertragungs-Kunst, des sogenannten Hellsehens (Clairvoyance), an der Hand e. „Meisterschafts-Systems" für Dilettanten u. Berufskünstler. gr. 8. (XII, 73 S. m. Fig.) Ebd. 899. n. 1. 80

— die Räthsel des Spiritismus. Erklärg. d. mediumist. Phänomene u. Anleitg. die Wunder der 4. Dimension ohne Medium u. Geister ausführen zu können (m. Illustr.) 4. Aufl. gr. 8. (117 S.) Leipzig (901). Ficker's Verl. n. 2. 50

Stadthagen, Arth., das Arbeiterrecht. Rechte u. Pflichten d. Arbeiters in Deutschland aus dem gewerbl. Arbeitsvertrag, d. Unfall-, Kranken-, Invaliditäts- u. Alters-Versicherg. M. Beispielen u. Formularen f. Klagen, Anträge, Beschwerden, Berufgn. u. s. w. Erläut. v. S. gr. 8. (352 S.) Berlin 896. H. Baake.
Geb. in Halbleinw. n. 3. —; in Halbldr. n. 3. 50; in Ldr. u. Celluloid n. 4. —
Erschien auch in 11 Lfgn. à n. — 20.

Stadthagen, Arth., das Arbeiterrecht. Rechte u. Pflichten des Arbeiters in Deutschland aus dem gewerbl. Arbeitsvertrag, der Unfall-, Kranken-, Invaliden- u. Altersversicherg. unter besond. Berücksicht. des bürgerl. Gesetzbuchs. Mit vielen Beispielen u. Formularen f. Klagen, Anträge, Beschwerden, Berufgn. u. s. w. gr. 8. (XX, 448 u. XVI, 240 S.) Stuttgart 900. J. H. W. Dietz Nachf. Geb. in Leinw. n. 5. 50; auch in 22 Hftn. à — 20

Stadthagen, Arth., das Arbeiterrecht. Rechte u. Pflichten des Arbeiters in Deutschland aus dem gewerbl. Arbeitsvertrag u. aus den Unfall-, Kranken- u. Invalidenversicherungs-Gesetzen, unter besond. Berücksicht. des bürgerl. Gesetzbuchs. Mit vielen Beispielen u. Formularen f. Klagen, Anträge, Beschwerden, Berufgn. usw. 4., durchgeseh. u. verm. Aufl. (XVI, 627 u. XVI, 240 S.) gr. 8. Stuttgart (904). J. H. W. Dietz Nachf. n. 5. 60; geb. in Leinw. n. 7. —; auch in 28 Heften à — 20

Stadthagen, Arth., Führer durch das bürgerl. Gesetzbuch. Gemeinverständliche Darstellg. der f. die erwerbsthät. Bevölkerg. wesentl. Rechtsverhältnisse. Mit Beispielen u. Formularen. Besondere Ausg. gr. 8. (XVI, 287 S.) Ebd. 900. Geb. in Leinw. 2. 50

Stadthagen, Arth., die Novelle zur Gewerbe-Ordnung vom Dezbr. 1908. Nachtrag zum Arbeiterrecht. (29 S.) 8. Stuttgart 909. J. H. W. Dietz Nachf. — 20

— das neue Unfallversicherungsgesetz (Gewerbe-, Bau-, See-Unfallversicherungsgesetz u. Unfallversicherungsgesetz f. Land- u. Forstwirthschaft). — Die Novelle zur Gewerbeordng. vom 30. VI. 1900. — Die Novelle zum Krankenversicherungsgesetz vom 30. VI. 1900. Mit Beispielen u. Formularen f. Anträge, Klagen, Beschwerden, Berufgn., Rekurse u. s. w. erläutert. (1. Nachtrag zum Arbeiterrecht.) gr. 8. (XIII, 110 S.) Ebd. 900. — 75

Stadthagen, Curt, s. Stadthagen, Kurt

Stadthagen, Dav. (geb. Meseritz 15. 4. 1822): De quibusdam marmoribus Phoeniciis, praemisso specimine de scripturae alphabeticae origine. Berolini (1846). (38 S.) 8°
Berlin, Phil. Diss. v. 21. Aug. 1846

Stadthagen, Georg, Referendar in Berlin: Die rechtliche Stellung des solutionis causa adjectus im römischen Recht und im heutigen Recht. Berlin 1906: J. Sittenfeld. (64 S.) 8°
Rostock, Jur. Fak., Ref. Bernhöft, Diss. v. 10. Aug. 1906
[Geb. 10. Juni 84 Berlin; Wohnort: Berlin; Staatsangeh.: Preußen; Vorbildung: Friedr.-Gymn. Berlin Reife 02; Studium: Berlin 6 S.; Rig. 28. Okt. 05.]

Stadthagen, Hans: Beiträge zur Untersuchung des Genauigkeitsgrades astronomischer Berechnungen mit Anwendung auf eine in der geographischen Ortsbestimmung häufig vorkommende Aufgabe .... Berlin, Druck v. G. Bernstein, 1888; 82 S. + 1 Bl. 8°
Berlin, Phil. Fak., Inaug.-Diss. v. 31. Jul. 1888

Stadthagen, Hans, über die Genauigkeit logarithmischer Berechnungen. gr. 8. (82 S.) Berlin 888, Dümmler's Verlag. * 2 50

Stadthagen, Jul., s.: Formularbuch f. die freiwillige Gerichtsbarkeit.

Stadthagen, Jul., s.: Hausbesitzer, der.

Stadthagen, Kurt

Stadthagen, Curt: Aus der Königl. medizinischen Klinik des Herrn Geheimrat Prof. Dr. Kast in Breslau. Über Frühlähmungen beim Typhus abdominalis. *Breslau 1897: Bresl. Gen.-Buchdr.* (21 S.) 8°
Breslau, Med. Diss. v. 13. Dez. 1897

Stadthagen, Curt, über Frühlähmungen beim Typhus abdominalis. Diss. gr. 8. (21 S.) Breslau 897. (Schlettor.) n. — 80

Stadthagen, Leopoldus *(geb. Meseritz 25.3.1824)*: De saeculi nostri humorismo et solidismo caput historicum. Vratislaviae (1849). (39 S.) 8° *(Teil e. Breslauer gekr. Preisschrift.)*
Breslau, Med. Diss. v. 19. [vielmehr 24.] März 1849

Stadthagen, Frau Luise, geb. Kempner, Roger Bacon, s. a. Kempner, Friederike.

Roger Bacon. Hist. Novelle. Aus d. Nachl. ihrer verw. Schwester Frau Dr. Luise **Stadthagen,** geb. Kempner. Hrsg. von Friederike Kempner. Berlin: C. Malcomes 1893. (128 S.) 8°

Stadthagen, Max (geb. Berlin 1. 2. 1854): Ueber die Genese des Scorbut. Berlin (1875). (32 S.) 8°
Berlin, Med. Diss. v. 11. Aug. 1875

Stadthagen, Max (geb. Oppeln 28. 2. 1850): Ueber Meningitis cerebrospinalis mit besonderer Berücksichtigung der letzten Berliner Epidemie des Winters 1870-71. Berlin (1872). (32 S.) 8°
Berlin, Med. Diss. v. 21. Aug. 1871

Stadthaus, Robert: De prologis fabularum Plautinarum. Friedeberg Nm. 1906: M. Eisermann. (19 S.) 4°
Friedeberg Nm., k. G P 1906 (84)

Stadt- u. Landhäuser. Sammlung moderner Wohngebäude, Villen- u. Einfamilienhäuser aus Stadt u. Land, ausgeführt v. den ersten Architekten der Jetztzeit. 1. Lfg. Fol. (10 zinkogr. Taf. m. 3 S. Text.) Berlin 894. E. Wasmuth. n. 4. —

Stadt- u. Landhäuser. Sammlung moderner Wohngebäude, Villen u. Einfamilienhäuser aus Stadt u. Land, ausgef. v. d. ersten Architekten d. Jetztzeit. 2. u. 3. Lfg. Fol. (à 10 zinkogr. Taf. m. 3 u. 2 S. Text.) Berlin 895. E. Wasmuth. à n. 4. —

Stadt- u. Landhäuser. Sammlung moderner Wohngebäude, Villen u. Einfamilienhäuser aus Stadt u. Land, ausgeführt v. den ersten Architekten d. Jetztzeit. 4. u. 5. Lfg. gr. Fol. (20 Taf. m. Text S. 11—16.) Berlin (899.) E. Wasmuth. à n. 4. —; (kplt. in Mappe n. 20. —)

Stadt-Haushalt von Cottbus. [1.] Für d. Rechnungsj. 1892 bis 1893. Cottbus (1893): A. Heine. 4° [F.] [07. 16807

Stadthaushalts-Etat von Königsberg i. Pr. f. d. Rechnungsj. 1. April 1900/1901—1907/08. O. O. u. J. 4°.
[Fortges. u. d. Tit.:]
Etat der Königlichen Haupt- und Residenzstadt Königsberg i. Pr. f. d. Rechnungsj. 1908 ff. O. O. u. J. 4°.
1908—1910.

Stadt-Haushaltsplan von Halle a. d. Saale f. d. Rechnungsj. 1908 ff. Halle a. S. 1908 ff. 4°
1908–1910
Vorh. u. d. T.: Haushaltsplaene der Stadt Halle . . .

Stadtilm [Schlagwort]

Stadtilm, s.: Preussen. Messtischblätter.

Stadtilm, s.: Thüringen.

Stadtilm, s.: Thüringen. Gräf.

1603–1903. Husumer **Stadtjubiläum** und Heimatsfest vom 4. bis 8. Juli. (Husum.) 1903. 8°

Americanischer Stadt und Land Calender: no. 1–75, 1784–1860?
Published by Carl Cist, 1784–1806; by Conrad Zentler, 1807–[1845]; by Ch. C. Sauer [1858]–1859. [Not to be confused with Stadt und Land Calender.]
Philadelphia, PA

Amerikanischer Stadt- und Land-Calender: Nos. 1–5, 1817–1821? Baltimore, MD
Published by Schäffer und Maund.

Bamberger **Stadt= und Land=Kalender** auf das Jahr . . .
Bamberg: Joh. Mich. Reindl [1846—1851]. 4°
1846: 16 Bl.
1847: 16 Bl.
1849: 16 Bl.
1851: 16 Bl.

Stadt= und Gemeinde=Kalender, Berliner, und städtisches Jahrbuch für 1867. 1. Jahrg. Hrsg. vom statist. Büreau der Stadt. Lex.=8. (VIII und 366 S. mit 1 lithogr. Karte über die Verbreitung der Cholera im J. 1866 in gr. 4.) Berlin 867, Guttentag. cart. *

Stadt=, Land= u. Berg=Kalender, Freiberger, nebst einigen **merkwürd. Begebenheiten aus der Freiberger Chronik u. d. gesammten königl. sächs. Bergstaat, Bergschöppenstuhl &c. von 1795—1832. 4. Freiberg, Craz u. G. à Jahrg. 3 Gr. fein. Schrbp. à J. 6 Gr.**

Stadt=, Land= und Berg=Kalender, freiberger, auf das J. 1857. gr. 4. (68 S. mit eingedr. Holzschn., 1 Kpfr.= und 1 Stnt. in qu. Fol.) Freiberg 856, Gerlach'sche Buchdr. Thlr. *

Stadt=, Land= und Berg=Kalender, freiberger, auf die J. 1858—62. gr. 4. (à Jahrg. ca. 60 S. mit eingedr. Holzschn., 1 Kpfr.= und 1 Stnt. in gr. 4. und qu. Fol.) Freiberg, Gerlach'sche Buchdruckerei. à Jahrg. *
Durchschossen à Jahrg. *

Stadt=, Land= und Berg=Kalender, Freiberger, auf die J. 1863—68. gr. 4. (à Jahrg. ca. 60 S. mit eingedr. Holzschn., 1 Kpfr.= und 1 Holzschntaf. in gr. 4. und qu. Fol.) Freiberg, Gerlach'sche Buchdruckerei. à Jahrg. *
Durchschossen à Jahrg. *

Stadt=, Land= und Berg=Kalender, Freiberger, auf die J. 1869—1875. 225.—231. Jahrg. 4. (à 64 S. mit eingedr. Holzschn. und 1 Holzschntaf.) Freiberg, Gerlach'sche Buchdr. à Jahrg. * 50 Pf.; durchschossen * — 60

Stadt=, Land= und Berg=Kalender, Freiberger, auf die J. 1876—1880. 232.—236. Jahrg. 4. (à Jahrg. 64 S. mit eingedr. Holzschn.) Freiberg, Gerlach'sche Buchdruckerei. à Jahrg.

Stadt=, Land= und Berg=Kalender, Freiberger, auf die J. 1881—1885. 237.—241. Jahrg. 4. (à Jahrg. 64 S. mit eingedr. Holzschn. und Holzschntaf.) Freiberg, Gerlach'sche Buchdruckerei. à Jahrg. *

Stadt=, Land= und Berg=Kalender, Freiberger, auf die J. 1886—1889. 242.—245. Jahrg. 4. (à Jahrg. 64 S. mit eingedr. Holzschn. und Holzschntaf.) Freiberg, Gerlach'sche Buchdr. à Jahrg. * — 5

Stadt=, Land= u. Berg=Kalender, Freiberger, auf d. J. 1891. 4. (66 S. m. Abbildgn. u. 1 Wandkalender.) Freiberg i/S., Gerlach. n. — 50; durchschossen n. — 65

Stadt=, Land= u. Berg=Kalender, Freiberger, auf d. J. 1893. 249. Jahrg. 4. (66 S. m. Abbildgn. u. 1 Wandkalender.) Freib. i. S., Gerlach. * — 50; durchschossen * — 65

Stadt=, Land= u. Berg=Kalender, Freiberger, auf d. J. 1895. 251. Jahrg. 4. (24 u. 65 S. m. Abbildgn.) Freiberg, Gerlach'sche Buchdr. n. — 50

Stadt=, Land= u. Berg=Kalender, Freiberger, auf d. J. 1899. M. Almanach, sow. Tage= u. Wirtschaftsbuch. 255. Jahrg. 4. (76 S. m. Bild.) Freiberg, Gerlach'sche Buchdr. n. — 50

Stadt=, Land= u. Bergkalender, Freiberger, auf das J. 1903. Mit Almanach, sowie Tage= u. Wirtschaftsbuch. 259. Jahrg. 4. (76 S. m. Abb.) Freiberg, Gerlach'sche Buchdr. n. — 50

Stadt=, Land= u. Berg=Kalender, Freiberger, auf d. J. 1906. Mit Almanach, sowie Tage= u. Wirtschaftsbuch 262. Jahrg. (76 S. m. Abbildgn.) gr. 8. Freiberg, Gerlach'sche Buchdr. n. — 50

Stadt=, Land= u. Berg=Kalender, Freiberger, auf d. J. 1911. Mit Almanach, sowie Tage= u. Wirtschaftsbuch. 267. Jahrg. (78 S. m. Abbildgn., 1 Taf. u. Wandkalender.) Lex. 8. Freiberg, Gerlach'sche Buchdr. — 50

Stadt-Kalender, Fromme's . . .

Wiener Stadt-Kalender, eleg. Wand-Kalender. Neue Folge. 1. Jahrgang. 1892. Format: 32½ × 38½ *cm* Wien: Carl Fromme 1891. —.60

Stadt-Kalender, Fromme's Wiener. Eleganter Wand-Kalender pro 1893. Neue Folge. Zweiter Jahrgang. Format 32½ × 38½ *cm* Wien: Fromme 1892. —.60

Wiener Stadt-Kalender, Fromme's, Elegant. Wand-Kalender. Neue Folge. 1896. 5. Jahrg. Format: $32^{1}/_{2} \times 38^{1}/_{2}$ *cm* —.60
Wien: Fromme 1895.

Stadt- und Land-Calender: 1850? – ? **Philadelphia, PA**
Published by King & Baird.

Stadt- und Land-Calender: 1850? – ? **Philadelphia, PA**
Published by Morwitz & Co.

Stadt und Land Calender: 1868 – ? **Milwaukee, WI**
Edited & published by J. B. Hoeger und Sohn.

Der Stadt- und Land-Kalender: 1887? Cincinnati, OH

Stadt-, Land-, Haus-, Geschäfts- und Schreibkalender für das Jahr nach Christi Geburt 1858. Zum Gebrauche für die hochw. Geistlichkeit, für den Handelsstand, Fabrikanten, Apotheker, Handwerker, Geschäftsmänner, Bürger und Landleute u. s. w. 23. Jahrg. Linz. Gedr. und zu haben bei Josef Wimmer. (96 S. 4.)

Der Neue Baltimorer Stadt- und Land-Calender: no. 1—15, 1815—1830?
Published by William Warner.
Baltimore, MD

Der Neue Chämbersburger Stadt und Land Calender: no. 1—15, 1810—1814?
Cover-title: CHAMBERSBURGER CALENDER. Imprint: Chämbersburg, Penna. Edited & published by Johann Herschberger.
Chambersburg, PA

Der Neue Nord-Americanische Stadt und Land Calender: No. 1—121, 1797—1918.
Second oldest existing almanac, and still lives today in the English edition, bearing in its imprint: "Printed by John Gruber." Imprint: Hägerstaun, Maryland. Title varies: DER VOLKSFREUND UND HÄGERSTAUNER CALENDER, no. 20, 1816—? Cover title varies: NEUER HÄGERSTAUNER CALENDER [1803]; DER VOLKSFREUND UND HÄGERSTAUNER CALENDER, 1806; DER WASHINGTONER UND HÄGERSTAUNER CALENDER, 1807; DER VOLKSFREUND UND HÄGERSTAUNER CALENDER [1809]—1815; DER HÄGERSTAUNER CALENDER, 1816—[1833]. Published by Johann Gruber, 1797—?; by Jacob D. Dietrich's Bücher-Stohr [as per imprint of 1805]; by Jacob D. Dietrich's Bücher-Stohr bey Johann Gruber, 1806—07; by Johann Gruber, 1808—15; by J. Gruber & D. May, 1816—58; by John Gruber's Nachfolger, no. 61—107, 1859—1904 [Note: 1865, published by John Gruber's Nachfolger, unter Aufsicht Herr T. G. Robertson von Hagerstown, and signed by Catherine Gruber]; by Gruber Calender Comp., no. 108—121, 1905—18.
Hagertstown, MD

Der Neue Nord-Amerikanische Stadt und Land Calender.
Probably an edition of the Hagerstown, Md., Calender of the same title, since the imprint records: Winchester, Gedruckt für Jacob D. Dietrich's Bücher-Stohr. Cover-title: WASHINGTON CALENDER. In the issue for 1805, there is an advertisement verso of title-page: Jacob D. Dietrich-Book-Store in Winchester, Va., and in Hagerstown, Md.
Winchester, VA

Der neue Pennsylvanische Stadt- und Land-Calender: Nos. 1–9, 1823–1831.
Edited & published by Heinrich Ebner & Co.
Allentown, PA

Stadt- und Landkalender. Neuer Linzer — auf das Jahr nach Christi Geburt 1857, welches ein gemeines Jahr von 365 Tagen ist. Linz. Druck und Verlag von Joh. Huemers Witwe. (32 S. 32.)

Stadt- und Landkalender, Neuer Linzer – auf das Jahr nach Christi Geburt 1858, welches ein gemeines Jahr von 365 Tagen ist. Linz. Dr. und zu haben bei Huemer's Witwe und Danner. (16 Bl. 12.)

Stadt- u. Raths-Calender, Neu u. verbesserter Augsburgischer, auf . . . . 1803. M. gest. Tit. u. 1 Ans.
Augsburg.

Stadt-Kalender, Nürnberger, f. Bürger u. Landmann f. d. J. 1893. 4. (70 S. m. Text-Bildern u. 1 Farbendr.) Nürnb. (Groß). — 30

Stadt-Kalender, Nürnberger, f. Bürger u. Landmann f. d. J. 1894. 8. Jahrg. 4. (72 S. m. Text-Bildern u. 1 Lichtdr.) Nürnberg 893. (L. Groß.) — 30

Stadt-Kalender, Nürnberger, f. Bürger u. Landmann f. d. J. 1899. 13. Jahrg. 4. (88 S. m. Abb., 1 Farbdr. u. Wandkal.) Nürnberg, M. Edelmann. — 30

Stadt-Kalender, Nürnberger, f. Bürger u. Landmann für d. J. 1900. 14. Jahrg. 4. (79 S. m. Abb., 1 Farbdr. u. Wandkalender.) Nürnberg (M. Edelmann). — 30

Kalender, der oberösterreichische Stadt-, Land-, Haus-, Geschäfts- und Schreib- — für das Jahr nach Christi Geburt 1855. Zum Gebrauche für die hochwürdige Geistlichkeit, für den Handelsstand, Fabrikanten, Apotheker, Handwerker, Geschäftsmänner, Bürger und Landleute u. s. w. 20. Jahrgang. 4 (96 S. und 1 Tab.) Linz. Gedruckt bei J. Wimmer.

Stadt-, Land-, Haus-, Geschäfts- und Schreib-Kalender, der Oberösterreichische — für das Jahr nach Christi Geburt 1856. Dieses ist ein Schaltjahr von 366 Tagen. Nebst der muthmaßlichen Witterung, Bauern-Regeln oder Lostagen. Zum Gebrauche für die hochwürdige Geistlichkeit, für den Handelsstand, Fabrikanten, Apotheker, Handwerker, Geschäftsmänner, Bürger und Landleute u. s. w. Ein und zwanzigster Jahrgang. Linz. Gedruckt bei J. Wimmer, zu haben bei G. Stummer in Obernberg. (104 S. 6 Bl. 4.)

Stadt-, Land-, Haus-, Geschäfts- und Schreibkalender, d. oberösterr. — Vierundzwanzigster Jahrg. *Linz.* Gedruckt und zu haben bei *Josef Wimmer.* 92 S. 4°. 24 kr. CM.
Enthält: Kalendarisches. — Uebersicht der bei dem k. k. Postamte in Linz ankommenden und abgehenden Brief- und Fahrposten. — Umrechnungstabellen. — Häuserverzeichniss des Marktes Urfahr, der Gemeinde Leonding. Kleinmünchen, St. Peter, Lustenau und Waldegg. — Führer von Linz. — Erzählungen.

Stadt- und Land-Kalender, österreichisch-ungarischer, für die J. 1876—1880. Hrsg. von Alois Fiala. 8. (à Jahrg. ca. 180 S. mit eingedr. Holzschn.) Wien, (Steckler's Buchh.)
Jahrg. 1876—1879 à *
Jahrg. 1880 *

Stadt- und Land-Kalender, österreichisch-ungarischer, für die J. 1881—1883. Hrsgbr.: Alois Fiala. 8. (à Jahrg. ca. XVI, 104 S.) Wien, (Edm. Schmid.) à Jahrg. *
Nicht weiter erschienen.

Stadt- u. Land-Kalender, österreichisch-ungarischer, für das Jahr 1882. Hrsg.: Alois Fiala. 8. (XVI, 120 S.) Wien, Steckler in Comm. n. — 80

Stadt-Kalender

— Regensburger. Ein Haus- u. Familienbuch. 12. (160 u. 36 S. m. Textbildern u. 1 Farbendr.) Regensburg 894. W. Wunderling. n. — 60

— Regensburger f. 1898. 6. Jahrg. 4. (68 u. XVI S. m. Abb., 1 farb. Spielbl. u. Wandkal.) Regensburg, W. Wunderling. n. — 50

Stadt- u. Land-Kalender, Regensburger f. 1899. 7. Jahrg. 4. (72 u. XXIV S. m. Abb., 1 Farbdr., Wand- u. Portemonnaie-Kal.) Ebd. n. — 50

Stadt-, Land- u. Berg-Kalender, Königl. Sächs. allergn. privileg., auf das Jahr Christi 1846. 4. Freiberg 846. (Craz u. Gerlach.) 3 ngl

Stadt-, Land- und Berg-Kalender, k. sächs. concess. freiberger, auf d. J. 1849 und 1850. gr. 4. (47 und 46 S.) Freiberg, Craz und Gerlach. à Jahrg. **

Stadt-, Land- und Berg-Kalender, k. sächs. concessionirter freiberger, auf die J. 1851—55. Mit eingedr. Holzschn. und Abbildungen. gr. 4. Freiberg, Gerlach'sche Buchdr. à Jahrg. *

Stadt- u. Landboten-Kalender, Würzburger, f. d. J. 1911. (86 S. m. Abbildgn.) gr. 8. Würzburg (Juliuspromenade 13), Buchdr. Frz. Staudenraus. — 20

Stadtkirche, die, in Friedberg, Oberhessen. Festschrift zu deren Wiederherstellg. u. zu ihrer Neueinweihg. am 26. VI. 1901, nach dem Mskr. des Architekten Hub. Kratz, hrsg. vom Vorstand des evangel. Stadtkirchenbau-Vereins. (71 S. m. Abbildgn. u. 8 Taf.) Lex. 8. Friedberg (Hessen) 901. Ev. Stadtkirchenbauverein. (Nur direkt.) 1. —

Stadtkirche, Die, in Schmalkalden. Schmalkalden u. Leipzig 1896. V: *Matthias, R.* (Zuwachsverz. d. Bibl. Zürich 1898 ff. 7.) (Berl)

Die **Stadtkirche** in Schmalkalden. Schmalkalden und Leipzig 1896. = Zeitschrift des Vereins für Hennebergische Geschichte und Landeskunde in Schmalkalden. Heft 13. 8°

Stadtklatsch, berliner. Heitere Lebensbilder aus Berlin's Gegenwart. Nr. 1—18. 8. Berlin 858—62, Lassar's Buchh. à Nr. * 2½ Ngr. Thlr. *

Inhalt:

Nr. 1. Hopf, A., ein Mädchen für Alles. Genrebild. 1—9. Aufl. (15 S. mit eingedr. Holzschn.)
» 2. —— berliner Sommerwohnungen. Heitere Schilderungen. 1—5. Aufl. (15 S. mit eingedr. Holzschn.)
» 3. Linderer, Rob., berliner Feuerwehr. Humoristisches Genrebild. 1—5. Aufl. (15 S. mit eingedr. Holzschn.)
» 4. Salingré, H., vom Brandenburger Thor bis zu Kroll. Komische Scenen. 1—4. Aufl. (15 S. mit eingedr. Holzschn.)
» 5. Heßlein, B., Berlin um Mitternacht. Humoristisches Nachtstück. 1—4. Aufl. (15 S. mit eingedr. Holzschn.)
» 6. Bahn, A., ein Abend im Delikatessen-Keller. Schwank. (15 S.)
» 7. Jacobson, E., was sich die Linden erzählen. Humoreske. (15 S.)
» 8. Wolff, A., berliner Börsen. Komische Scenen. (15 S.)
» 9. Hopf, A., eine Wasserparthie nach Stralau. Scherzhaftes Gemälde. (15 S.)
» 10. Albert, H., eine Omnibusfahrt nach der Hasenhaide. Schilderung aus dem Volksleben. (15 S.)
» 11. Heßlein, B., Wucherer und Halsabschneider. Naturgeschichtliche Studie. (15 S. mit eingedr. Holzschn.)
» 12. Schröter, Carl, Trinkhallen und Bouillonküchen. Kohlensaure Wanderungen. (15 S. mit eingedr. Holzschn.)
» 13. Baux, J. Raymond de, vor dem Museum. (14 S. mit eingedr. Holzschn.)
» 14. Paul, C. A., berliner Wochenmärkte. (15 S. mit eingedr. Holzschn.)
» 15. Bernhardi, Wolfg., Wallhalla-Couplets. (14 S.)
» 16. Anders, R. J., die Dienstmänner von Berlin. (14 S. mit eingedr. Holzschn.)
» 17. Hopf, A., das Jahr 1861 im berliner Guckkasten. (13 S.)
» 18. Linderer, Ed., berliner Leierkasten-Couplets. (14 S.)

Stadtklatsch, Berliner. Heitere Lebensbilder aus Berlin's Gegenwart. Nr. 19—25. 8. Berlin 863—66, Lassar's Buchh. à Nr. * 2½ Ngr. *

Inhalt:

Nr. 19. de Baux, J. Raymond, Herr Nuselich auf dem Corso. (15 S.)
» 20. Herr Knobbe im Circus Renz. (15 S.)
» 21. Jacobson, E., und H. Salingré, ein Berliner Colporteur. (16 S.)
» 22. —— ein Küchen-Roman. Humoreske. (14 S.)
» 23. Cohnfeld, E., Berliner Helden, oder: Auf dem Rekruten-Aushebungs-Bureau. (15 S.)
» 24. Linderer, Rob., die Droschkenkutscher von Berlin. (15 S.)
» 25. Cohnfeld, E., 24 Stunden im Schuld-Arrest. (15 S.)
Nr. 1—18. Ebendas. 1858—62. * 1 Thlr. 15 Ngr.

Berliner **Stadtklatsch.** Heitere Lebensbilder aus Berlin's Gegenwart. Berlin, Eduard Bloch [um 1860].
11 Hefte. 8°.
1. Berliner Sommerwohnungen. Von A. Hopf.
3. Berliner Feuerwehr. Von Robert Linderer.
5. Berlin um Mitternacht. Von B. Hesslein.
6. Ein Abend im Delikatessen-Keller. Von A. Bahn.
7. Was sich die Linden erzählen. Von E. Jacobson.
9. Eine Wasserparthie nach Stralau. Von A. Hopf.
10. Eine Omnibusfahrt nach der Hasenheide. Von H. Albert.
14. Berliner Wochenmärkte. Von C. A. Paul.
17. Das Jahr 1861 im Berliner Guckkasten. Von A. Hopf.
19. Herr Nuselich auf dem Corso. Von J. Raymond de Baux.
24. Die Droschkenkutscher von Berlin. Von Robert Linderer.
Umschlagtit. mit kol. Titelbild.

STADTKLATSCH, Berliner. Heitere Lebensbilder aus Berlins Gegenwart von Hopf, Salingré, Jacobsohn u. A. 25 Nrn. (soviel ersch.). Mit color. Titelbildern u. Holzschnitten. Berlin, Lassar, o. J. (1866). 8°. (à 2½ Ngr.) (21 Nrn., gebrauchtes Expl., 6 Mk., C. Kirsten, Hamburg, 1904; einzelne Nrn. à 2 Mk. 50 Pfg. E. Frensdorff, 1907; 30 Mk., cplt. in 1 Bde., Derselbe, 1908.)

Enthält u. a.: Hopf, Ein Mädchen für Alles. — Linderer, Berliner Feuerwehr. — Salinger, Vom Brandenburger Thor bis zu Kroll. — Hesslein, Berlin um Mitternacht. — Paul, Berliner Wochenmärkte, usw.

Stadtkutsche, Komische Pforzheimer. Pforzheim: Administration 1891 – 8°

Stadtländer u. Lahusen, Sammlung der Entscheidungs-Gründe d. Ober-Appellations-Gerichts der freien Städte Deutschlands zu Lübeck in bremischen Civil-Rechtssachen aus den J. 1873 bis 1879. gr. 8. (XVIII, 385 S.) Bremen 883. Kühtmann & Co. n. 15. —

Stadtländer, Conrad, s. Stadtländer, Konrad

Stadtländer, Friedrich, appr. Arzt, Unterarzt b. Inf.-Reg. Nr. 79: Über Rippengeschwülste. Berlin 1910: G. Schade. 50 S. 8°
Berlin, Med. Diss. v. 29. Juli 1910, Ref. Hildebrand
[Geb. 14. Dez. 84 Neustadt a. Rübenberge; Wohnort: Hildesheim; Staatsangeb.: Preußen; Vorbildung: Gymn. Bückeburg Reife O. 04; Studium: Berlin K. W. A. 10 S.; Coll. 26. Juli 10; Approb. 26. Juli 10.] [U 10. 100

Stadtländer, Gustav: Liegt in dem Pfandvorzugsverzicht eine Intercession? ⟨Unter Berücksichtigung des Bürgerlichen Gesetzbuches.⟩ *Herford 1898: Gebr. Heidemann.* (79 S.) 8° [Ant. u. F.]
Erlangen, Jur. Diss. v. 22. Jan. 1898

Stadtländer, Hnr., 60 ein-, zwei-, drei- u. vierstimmige Lieder für Volksschulen. 12. Lüneburg 846, Engel. n. ¼ ₰

—— deutsche Sprache f. Kinder in Volksschulen. Enthaltend die Wort- u. Satzlehre nebst d. Gebrauche der Lesezeichen, die Wortbildung u. Rechtschreibung u. die Aufsatzbildung. gr. 8. (4¼ B.) Hannover 843, Helwing'sche Hofbuchh.

Stadtländer, Konrad

Stadtländer, Conr., Fibel oder erster Unterricht im Lesen und Schreiben, nach strenger Stufenfolge. 8. (84 S.) Hannover 855(56,) Rümpler.

Stadtländer, Conr., Fibel oder erster Unterricht im Lesen und Schreiben, nach strenger Stufenfolge. 2. Aufl. 8. (84 S.) Lüneburg 858, Herold und Wahlstab'sche Buchh. **.

Stadtländer, Conr., bibl. Geschichten f. die ersten Schuljahre, verbunden m. Sprüchen, Liederversen u. Gebeten, sowie auch m. den drei ersten Hauptstücken d. Luther'schen Katechismus. gr. 8. (VIII, 88 S.) Hannover 873. Hahn. — 45

Stadtlauringen [Schlagwort]

Stadtlauringen, s.: Bayern. Karte.

Stadt und Landleben, Das, auf Schlitten von den Herrn Studenten des churfürstl. Schulhauses in München zur Faschingszeit aufgeführet. 1780. V: *Gerhartinger, Franz de Paula.* (Rauthe 95/680) (KY 5/302) (Klüber 137/2423) (BiblPort)

Stadt- und Landleben, Das, in einer Studentenschlittenfahrt vorgestellt. München 1780. V: *Gerhartinger, Franz de Paula.* (Ky)

Stadt- u. Landleben, das, in e. Studentenschlittenfahrt vorgestellt, (v. Fr. P. Gerhartinger). 4. Münch. 780.

Staedtler, H., Hygiene der Nahrungsmittel u. der Verdauung, s.a. Sammlung v. Abhandlungen aus d. Gebiete der Nahrungsmittel-Hygiene. 4.

STAEDTLER, H.
Hygiene der Nahrungsmittel und der Verdauung. Belehrung über den Einfluss der Nahrungs-, Genuss- und Heilmittel auf die Verdauungsorgane nebst einer Tabelle über Nahrungsmittelwerthe. Leipzig, 1901. 8vo.

Städtler, Heinrich, a. München: Über den diagnostischen Wert des Dermographismus. Erlangen 1907: Junge & Sohn. (23 S.) 8°
Erlangen, Med. Fak., Ref. Penzoldt, Diss. v. 12. Juli 1907
[Geb. 24. April 82 München; Wohnort: Erlangen; Staatsangeh.: Bayern; Vorbildung: Gymn. Erlangen Reife M. 00; Studium: Erlangen 4, München 3, Erlangen 2 S.; Coll. 24. Juli 06; Approb. 7. Febr. 06.]

Städtler, J. Ph., s. v. Montalembert, Leben der heil. Elisabeth von Ungarn.

Städtler, Otto, approb. Arzt aus Lenthe: Hasenscharte und ihre Komplikationen. *Leipzig 1900: A. Th. Engelhardt.* (32 S.) 8°
Leipzig, Med. Diss. v. (7. Juli) 1900

Stadtmädchen, Das, wie alle seyn sollten. Ein Schauspiel. 2. Aufl. O. O. 1785. V: *Zimmermann, Joseph Ignaz.* (OOr)

Stadtmädchen wie alle sein sollten. Schspl. in 2 A. 8. Luzern 785. Unich. 4 gl.

Die Stadtmission. Jg. 32, Nr 1. (Berlin): Berliner Stadtmiss. (1909). 8°
Anf. s. u. d. T.: Blätter aus d. Stadtmission.

Stadtmission, die. Neue Folge der Blätter aus der Stadtmission. Hrsg. vom Verein f. Berliner Stadtmission. Schriftleiter: Ernst Bunke. 32. u. 33. Jahrg. 1909 u. 1910. à 12 Nrn. (à ca. 8 S. m. Abbildgn.) gr. 8. Berlin, Vaterländische Verlags- u. Kunstanstalt.
Vergl.: Blätter aus der Stadtmission. à Jahrg. 1. —

Die Evangelische **Stadtmission.** Spezialauszug aus d. kirchl. Gemeindeblatt. No(1)-11(=Jg. 1.2). Halle: Buchh. d. Ev. Stadtmiss. 1903-04. (46 S.) 4° [Kopft. F.]
Forts. s. u. d. T.: Missionsdienst an d. Großstadt. 1905.

Stadtmissionar, der. Ein Sonntagsfreund zur Erbauung und Belehrung zur Seligkeit für Jedermann, besonders für diejenigen, welche am Sonntag keiner Verkündigung des Wortes Gottes beiwohnen können, dürfen oder wollen. Beilage zum „Gemeinschaftsblatt". 1. Jahrg. 1885/86 und 2. Jahrg. 1886. à Jahrg. 52 Nrn. (à Nr. 1/2 Bog.) gr. 4. Emden, Gerhard.
à Jahrg. * 1 —

Stadtmissionar, der. Ein christl. Freund f. Jedermann in Stadt u. Land, auch f. Diejenigen, welche am Sonntag keiner Verkündigg. d. Wortes Gottes beiwohnen können od. dürfen. 3.—6. Jahrg. 1887—1890. à 52 Nrn. (1/2 B.) gr. 4. Emden. (Leipzig, Wallmann.) à Jahrg. n.n. 1.—

Stadtmissionar, der. Ein christl. Freund f. Jedermann in Stadt u. Land, auch f. Diejenigen, welche am Sonntag keiner Verkündigg. d. Wortes Gottes beiwohnen können od. dürfen. 7.—10. Jahrg. 1891—1894. à 52 Nrn. gr 4. Emden, A. Gerhard. à Jahrg. n. — 80

Stadtmissionar, der. E. christl. Freund f. Jedermann in Stadt u. Land, auch f. Diejen., welche am Sonntag keiner Verkündigg. d. Wortes Gottes beiwohnen können oder dürfen. 11.—14. Jahrg. 1895—1898. à 52 Nrn. (à ca. 4 S.) gr. 4. Emden, A. Gerhard. à Jahrg. n. — 80
Kann auch vierteljährlich bezogen werden.

Stadtmissionar, der. Ein christl. Freund f. Jedermann in Stadt u. Land, auch f. Diejenigen, welche am Sonntag keiner Verkündigg. des Wortes Gottes beiwohnen können od. dürfen. 15.—18. Jahrg. 1899—1902. à 52 Nrn. 4. (à ca 4 S.) Emden, A. Gerhard. à Jahrg. n. — 80

Stadtmissionar, der. Ein christl. Freund f. Jedermann in Stadt u. Land, auch f. Diejenigen, welche am Sonntag keiner Verkündigg. des Wortes Gottes beiwohnen können od. dürfen. 19.—22. Jahrg. 1903—1906. à 52 Nrn (à 4 S.) Lex.-8. Emden, A. Gerhard. à Jhrg. n. — 80

Stadtmissionar, der. Ein christl. Freund f. Jedermann in Stadt u. Land, auch f. Diejenigen, welche am Sonntag keiner Verkündigg. des Wortes Gottes beiwohnen können od. dürfen. 23.—26. Jahrg. 1907—1910. à 52 Nrn. (à 4 S.) Lex. 8. Emden, A. Gerhard. à Jahrg. — 80

Stadt- und Dorfmissionar, evangelischer, aus Neusalz a. d. Oder. Fliegendes Beiblatt zu dem „Wächter unterm Kreuz". Ein treuer Rathgeber in allerlei Leibes- und Seelenangelegenheiten für jedermann in Städten und Dörfern. Jahrg. 1888. 52 Nrn. (à Nrn. 1/2 Bog.) 4. Alt-Tschau bei Neusalz a. d. O., Verlag der Anstalt „Kommet zu Jesu". * 2 —

Stadt- u. Dorfmissionar, evangelischer, aus Neusalz a. d. Oder. Beiblatt z. d. „Wächter unt. Kreuz." E. treuer Rathgeber in allerlei Leibes- u. Seelenangelegenheiten f. Jedermann in Städten u. Dörfern. Hrsg. in Verbindg. m. mehreren Brüdern v. Fr. Aug. Ruhmer. Jahrg. 1895—1898. à 52 Nrn. (à ca. 4 S.) gr. 4. Alt-Tschau b. Neusalz a/O. (Leipzig, E. Ungleich.) à Jahrg. n. 1. —

Stadt- u. Dorfmissionar, evangelischer, aus Neusalz a. d. Oder. Beiblatt zu dem „Wächter unterm Kreuz". Ein treuer Ratgeber in allerlei Leibes- u. Seelenangelegenheiten f. Jedermann in Städten u. Dörfern. Hrsg. in Verbindg. m. mehreren Brüdern v. Fr. Aug. Ruhmer. Jahrg. 1899—1902. à 52 Nrn. gr. 4. (à ca. 8 Sp.) Alt-Tschau b. Neusalz a/O. (Leipzig, E. Ungleich.)
à Jahrg. n. 1. —

Stadt- u. Dorfmissionar, ev., aus „Kommet zu Jesu" in Alt-Tschau b. Neusalz a/O. i. Schl. Red. in Verbindg. m. mehreren Brüdern v. Fr. Aug. Ruhmer. Jahrg. 1903—1906. à 52 Nrn. (à 8 Sp.) Lex.-8. Alt-Tschau b. Neusalz a/O. (Leipzig, E. Ungleich.) à Jhrg. n. 1. —

Evangelisch-Lutherischer Stadtmissionär: 1891?—1921?
Monthly. Organ of the Emigranten-Mission der Deutschen Evangelisch-Lutherischen Synode von Missouri, Ohio und anderen Staaten. Quarto, each issue 4 pages. Circulation: 1921, 17,000. Edited by the Rev. F. P. Merbitz, 1914?—1921. Published "im Auftrage der Chicago Pastoral-Conferenz, redigiert von einem Comite".
Chicago, IL

Stadtmissionen, die. Eine Uebersicht üb. ihren Bestand im J. 1885, gegeben vom Central-Ausschuß f. die innere Mission der deutschen evangel. Kirche. gr. 8. (46 S.) Berlin 885. Buchh. der Berliner Stadtmission. n. — 40

Stadtmueller, Hugo, s.: Anthologia graeca epigrammatum Palatina cum Planudea.

Stadtmüller, Hugo: Zur Griechischen Anthologie. Leipzig, Druck v. B. G. Teubner, 1894; 35—45 S. 4.
Heidelberg, grossh. G, Festschr. 1894 (607)

Stadtmüller, Hugo Beiträge zur Texteskritik der euripideischen Medea. 37 S. **Progr.** G. *Heidelberg* 1876.

Hugo Stadtmüller. Emendationes in poetis graecis. (Festschrift zu der 36. Versammlung der Philologen und Schulmänner zu Karlsruhe. 27.—30. September 1882. S. 59—75.)
Heidelberg, P 1882

Stadtmüller, Hugo: Zu einigen Grabschriften der Palatinischen Anthologie und ihren Verfassern. 4 (S. 49—63).
Festschrift zu d. 350j. Jubelfeier Grofsh. G. *Heidelberg* 1896.
Nicht im Tauschverkehr.
Progr.

Stadtmüller, J. A., Sammlung von 300 Denk- und Sittensprüchen zu Gedächtnißübungen für die unteren Schülerklassen. Gesammelt und ergänzt. gr. 16. (IV und 64 S.) Heilbronn 850, Landherr.

Stadtmüller, Norbert [Cand. med. aus Edenkoben]: Ueber einen seltnen Fall von symmetrischer Syndactylie der Mittelhand. . . . München, Buchdr. v. M. Ernst, 1889; 27 S. 8°
München, Med. Fak., Inaug.-Diss. v. 1889

Stadtmüller, Norbert. Mitglieder-Liste u Statuten d Dtmedizinischen Gesell d Stadt NY, Jan 1897 - 1928. NY, 1897-1928.

Stadtmusikanten, Bremer. Ein Märchen für Kinder. 1. und 2. Aufl. gr. 4. (8 Chromolithogr. mit eingedr. Texte.) Wesel 878,79, Düms. — 75

Stadt-Ordnung der Residenzstadt Altenburg. gr. 4. Altenb. 831. (Schnuphase).

Stadt-Ordnung auf allerhöchsten Befehl a. d. Russ. übersetzt. Riga 1787. Ü: *Arndt, Chn Gottlieb.* (Ky) (EngJ)

— auf allerhöchsten Befehl; aus d. Russ. übers. (von Chr. Gli. Arndt). 8. Riga 787. Hartknoch in Leipz. 20 ℋ

— und Gerichtsordnung d. Stadt Hamburg. 4. Hamburg, König. 772.

[F.] Die Hechinger **Stadtordnung** vom 15. Januar 1835. In ihrer heut. Gestalt dargest. v. Maximilian Rudolf v. Ehrenberg, Kgl. Landr. d. Kreises Daun. *Hechingen: R. Kleinmaier 1896.* (VI, 73 S.) 1 Bd 8. (96.3469

Provisorische **Stadt-Ordnung** für Altona. Schleswig, den 9. October 1848. Altona o. J. 4°

Provisorische **Stadt-Ordnung** für die Stadt Altona. Altona 1852. 8°
– ebd. 1863. 8°

Stadt-Ordnung für die Stadt Wandsbek (vom 1. Febr. 1889). Wandsbek 1889. 8°
Nebst Nachtrag vom 26. Febr. 1892.

— Ordnung rc. d. Sechsstadt Zittau. 4. Bautzen, Drachstädt. 749.

Stadt-Ordnungen u. Seerecht d. Stadt Lübeck. *Lübeck.* 753. 4. (20 Gr.)

Stadtpfarrkirche, die, zum hl. Kreuz in Schwäb. Gmünd. 8. (16 S. m. 1 Abb.) Schwäb. Gmünd 894. Bernh. Kraus. n. — 20

Amtlicher **Stadt-Plan** der Grossherzogl. Residenzstadt Eisenach. Masst. 1:8,000. Eisenach: H. Kahle [1906]. (1 Kartenbl. 48×44 cm mit Legende.) 8° [lith.] [kol.] (06. 15998

Stadtplan. Basler Stadtplan mit Ausstellungsplan [der] Basler Gewerbeausstellung 1901 Mai—October. Hrg. vom Verkehrsverein Basel. [2 S.] fol. [In illustriertem Couvert] quer-8. fr. —. 60
[S. 1:] Plan der Stadt Basel 1901. Maasstab [ca. 1 : 11,400]. Hrg. vom Verkehrs-Verein Basel. 499/428 mm. Basel, Lithogr. F. Bruder.
[S. 2:] Basler Gewerbe Ausstellung 1901. Situationsplan. Joseph Meyer Architekt. Maasstab 1 : 1000. 372/490 mm. Basel, Lith. Fr. Bruder.

Stadtplan von Chemnitz mit Verzeichniss der Strassen und Plätze. 1 : 10,000. gr. Fol. Ebendas. 888. * — 30

Stadt-Plan von Chemnitz m. Verzeichniss der Strassen u. Plätze (an den Seiten). Ausg. 1892. Steindr. 42×47,5 cm. Chemnitz, Troitzsch. * — 30

Stadtplan von Düsseldorf mit Strassenverzeichnis. [Düsseldorf] : J. P. Mischel [1896]. (1 Kartenbl. 15x20 cm) 8°

Stadtplan von Emden vor ca. 300 Jahren [1595]. Aus Brunus und Hogenberg, theatrum urbium orbis terrarum. 6 tomi folio. Köln 1593—1616. Nebst deutscher Uebersetzung des latein. Textes. (2 S. gr. 8.) Dem Originale getreu auf holländ. Hand-[Bütten-]Papier. qu. gr. Fol. Emden 886. Schwalbe. * 1 —

Stadtplan von Freiwaldau K —.30
Freiwaldau: Blažek 1909.

Stadt-Plan der Hrzgl Residenz Gotha. Masst. 1:8000. *Gotha [1901]: H. Keil.* (1 Kartenbl. 41 × 41 cm mit Legende.) gr. 2° [kol.] (01. 111

Stadt-Plan von Groß-Duisburg (Beeck, Kasselerfeld, Duisburg, Laar, Meiderich, Ruhrort, Stockum, Hamborn und Wanheimerort). 1 : 15000. Düsseldorf, 1906.
Mit Straßenverzeichnis von 16 S.

Stadt-Plan von Halle a. S. und Giebichenstein, nach amtl. Quellen bearb. 1 : 12,500. Chromolithogr. Fol. Halle 888, Gundlach und Eggers. — 25

Homburg. — Stadtplan von Bad Homburg. Chromolithogr. qu. Fol. Homburg 887, Schick. * — 50

(Herm.) Kerber's neuester **Stadtplan** von Salzburg, 424.25 Meter über d. Adriat. Meere. Nach amtl. Quellen bearb. Masst. 1:6,250. [Nebst] Beilage A. Kirchen ... Beil. B. Benennung d. Gastgewerbe. *Salzburg: H. Kerber [1903]; Kartogr. Anst. G. Freytag & Berndt, Wien.* (1 Kartenbl. 62 × 64 cm, 2 Bl.) 8° [kol.] (03. 3139

Stadtplan, kleiner, von Görlitz. Lithogr. 4. Mit Strassenverzeichniss etc. 12. (4 S.) Görlitz 886, Vierling. [30 Pf.] * — 20
Aus: Kleiner Führer durch Görlitz.

Stadtplan, kleiner, v. Görlitz. 2. Aufl. Farbendr. 15×21,5 cm. Nebst Strassenverzeichniss. 12. (2 S.) Ebd. 892. * — 20

Kleiner **Stadtplan** von Görlitz. 4. Aufl. *Görlitz: R. Worbs 1900.* (1 Kartenbl. 18 × 23 cm.) 8° [Umschlagt.] (01. 1904

Stadtplan, kleiner, von Kaiserslautern. Chromolithogr. Nebst (lithogr.) Umgebungskarte. 3. Aufl. qu. 4. Ebendas. 887. * — 40

Stadtplan von Kreuznach. 1 : 10,000. Lithogr. und color. qu. 4. Berlin 884, Maurer-Greiner. * — 50

Stadtplan von Bad Kreuznach 1 : 10,000. Chromolithogr. qu. gr. 4. Berlin 885, Maurer-Greiner. * — 50

Lüdenscheid. — Stadtplan von Lüdenscheid. Imp.-Fol. Lüdenscheid 886, Kleinsteuber. * 4 —

Neuster Stadtplan von Waidhofen a. d. Ybbs. 1:6000. 35 × 35 cm. In Umschlag K —.60
Waidhofen a. d. Ybbs: Weigend 1906.

Reutlingen. — Stadtplan v. Reutlingen, gez. v. Heid. 1:7500. 2. Aufl. Farbendr. qu. gr. 4. Tüb. 890, Fues. * — 80

Stadtplan u. Strassenverzeichnis v. Basel. 1:10,000. Farbendr. Fol. Basel 890, Schwabe. * — 40

Stadtplan von Torgau. Lithogr. qu. 8. Ebd. 889. * — 10

Tübingen. — Stadtplan von Tübingen. 1:5000. 2. Aufl. Chromolithogr. Imp.-4. Tübingen 884, Frz. Fues. * 1 —

Stadtplan von Tübingen. 2. Aufl. Autograph. Vergrösserg. der Flurkarten. 1:1,666,66. 100×90,5 cm. Ebd. 891. ** 3 —
color. ** 4 50

Stadt-Plan von Ulm. Ulm 1856. 1 Bl. c. L.

Stadtplan und Umgegend von Werdau. 1 Bl. Photolithogr.

Wien's ältester Stadtplan aus den Jahren 1438—1455. Herausgegeben vom Gemeinderathe der k. k. Reichshaupt- und Residenzstadt Wien. Auf Stein gezeichnet von Albert Camesina, k. k. Rath etc. etc. Text von Carl Weiss, Archivar und Bibliothekar der Stadt Wien. 4. Wien 1869.

[Umschlagt.:] [J.] Stadt-Plan von Wittenberge ... *Wittenberge: Th. Gotthardt.* (1 Ktnbl. 2°) [1897]. 1 Bd 8. (97. 3313)

Stadtpläne zum Studium der griechischen Geschichte und das Schema der drei Säulenordnungen. Entworfen von Guido Jöndl. (Anhang zu der im gleichen Verlage erschienenen Wandkarte zur Geschichte des Alterthums. 1. Theil.) Wien. [1900.] Freytag & Berndt. 180×88 cm. Roh in 2 Blättern K 6.—, auf Leinwand in Mappe K 9.—, auf Leinwand mit Stäben K 10.—

Stadtpläne zum Studium der römischen Geschichte. Entworfen von Guido Jöndl. (Anhang zu der im gleichen Verlage erschienenen Wandkarte zur Geschichte des Alterthums. 2. Theil.) Wien. [1900.] Freytag & Berndt. 130×88 cm. G. Roh in 2 Blättern K 6.—, auf Leinwand in Mappe K 9.—,
auf Leinwand mit Stäben K 10.—

Stuttgarter Stadt-Pläne von 1640, 1743, 1831. Nebst Erl. (3 Kartenbl., 1 Bl.) 8° (03. 13181)

Stadt-Post. I. Jahrg. Administration *F. J. Singer*. Verantw. Red. *J. K. Braun v. Braunthal.* Druck u. Verl. v. *J. Stöckholzer v. Hirschfeld.*
Erscheint in **Wien**, wöchentlich 7 Mal, 1 Bogen in Fol. 2- und 3-spalt. Prän.-Pr. ¼-jähr. 1 fl. 12 kr.; pr. Post 2 fl. 20 kr. Einzeln. Blätt. 1 kr.

Die Stadtpost : Feb.? 1838-? Philadelphia, PA
Democratic tri-weekly. Edited & published by Ludwig August Wollenweber.

Die Stadtpost : 1846? -1848? Philadelphia, PA
Whig daily. Edited & published by Wilhelm J. L. Kiderlen.

Berner Stadt(-post): Berner Stadt- und Landpost
① Tagblatt für Humor und Volksleben. (Der Untertitel befindet sich nur in den beiden Probenummern und in Nr. 1 des Blattes) ⑤ 2 Probeblätter am 22. 2. 1835; 1. 3. 1835—26. 6. 1835 (?) ⑥ 8°, später 4° ⑦ wöchentlich 6× ⑧ Bern: C. Fischer & Comp. ⑫ Nachrichtenblatt mit humoristischer Beleuchtung der Tagesereignisse ⑬ BGSZ: 973 ⑭ Be: L. ⑮ Beschreibung des Zeitungkopfes in BGSZ 973.

Stadtpost. – Stadt- und Landpost. –
Regensburg. – 1878 – 31.XII.1894.
Vorh. u.d.T.: Regensburger Stadtfraubas.
Fortges. u.d.T.: Regensburger Allgemeine Zeitung.

Stadtpost, Stuttgardter, 1831, Juli—Decbr. u. 1832 Jan. —April. Stuttg., Hallberger. à Jahrg. 2 fl

Stadt- u. Marktschreiber-Prüfung, die, in Bayern, s.a. Stahel's Sammlg. v. Prüfungsaufgaben, Nr. 9.

Stadt- u. Marktschreiber-Prüfung, die, in Bayern. Aufgaben gegeben bei den Stadt- u. Marktschreiber-Prüfgn. Nebst den Prüfungs-Vorschriften. Würzburg 898.

Die Stadtrechnungen von Bern aus den Jahren MCCCLXXV—MCCCLXXXIII. Hrsg. v. Friedrich Emil Welti. *Bern: Stämpflische Buchdr. 1896.* (XXIV, 346 S.) 1 Bd 8. (97. 877)

Meissner Stadtrechnungen 1481. Mitteilungen des Vereins für Geschichte der Stadt Meissen, 1882, 1. Heft.

Stadtrechnungen, Trierer, des Mittelalters, hrsg. von Gottfr. Kentenich, s.a. Archiv, trierisches.

Trierer Stadtrechnungen des Mittelalters. Hrsg. von Gottfried Kentenich. H. 1. Trier: F. Lintz 1908. 8°
= Archiv, Trierisches. Erg.H. 9. [c8. 15633 b

— dasselbe, s.a. Veröffentlichungen der Gesellschaft f. trierische Geschichte.

Das alte Stadtrecht zu Leutenberg. (Aus: Thüringische Rechtsdenkmale. Bd. 1.) o. O. o. J. 8°

Stadtrecht, das alte von Lüneburg, s.a. Kraut, W. Th.

Stadtrecht, das alte, von Lüneburg. Herausgeg. von W. Th. Kraut. gr. 8. Göttingen 846, Dieterich. n. ½ fl

Stadtrecht, das alte, von Lucern. Nach der im Staatsarchiv liegenden Originalhandschrift hrsg. von A. Ph. v. Segesser. gr. 8. (82 S.) Basel 855, Bahnmaier's Buchh. *

Stadtrecht, Altes, von Gortyn auf Kreta. Text, Uebersetzung, Anmerk. u. Wö verzeichnis. Gel. 1885. 82 S. 4°.

Stadtrecht, Böhmisches und Mährisches. 4. Wien, 720.

— der Stadt Dresden. 4. Dresden. 728.

Stadtrecht, das Freiberger, s. Ermisch, Hub.

Stadt-Recht, das Lübeckische, nach d. letzten, im J. 1728 erschien. Ausg. unveränd. abgedr. 4. (21 B.) Lübeck 829, (v. Rohden.) 1 Thlr. 8 Gr., Schrbp.

—— ofner, von MCCXLIV—MCCCCXXI. Erläutert u. hrsg. v. Andr. Michnay u. Paul Lichner. Imp.-4. (39½ B.) Pressburg 845, Wigand. *

Der Stadt Slesswick Stadtrecht, angesettet vnd bofestiget, dorch Herren Swen tho Dennemarcken, etc. Könninck. Gedruckt Schlesswig im Jahr. 1733. 4°k.

Stadtrecht, Zellisches, aufs neue übersehen, und . . . erläutert . . . 2. Aufl. Zelle 1739. H: *Bilderbeck, Chn Ludw.* (BrMm)

— Zellisches, m. Anmerk. erläut. 4. Zelle, Runge. 739.

Die ältesten Stadtrechte der Reufsischen Städte. Herausgegeben von JULIUS ALBERTI. Abtheilung 1. s. l. & a. (Weida. Druck von H. Aderhold.)*) 8°.

Stadtrechte, deutsche, des Mittelalters, mit rechtsgeschichtl. Erläuterungen hrsg. von Ernst Thdr. Gaupp. 1. Bd. Enthält: 1. Eine Abhandlung über die Familien der deutschen Stadtrechte etc. 2. Die Stadtrechte von: Strassburg, Hagenau, Molsheim, Colmar, Annweiler, Winterthur, Landshut in Baiern, Regensburg, Nürnberg, Eger, Eisenach, Altenburg. gr. 8. (XLI und 213 S.) Breslau 851, Max und Comp.

—— dass. — 2. Bd. Enthält: 1. Die Familie des Stadtrechts von Freiburg im Breisgau. 2. Die ältesten Stadtrechte von: Dattenried im Suntgau (mit einer Einleitung über die Stadtrechte im Elsass überhaupt), Augsburg, Ens, Wien, Innsbruck. 3. Beiträge zur Geschichte des deutschen, namentlich des sächsisch-magdeburg. Rechts in verschied. böhm. Städten. gr. 8. (XVI und 274 S.) Ebds. 852.

Elsässische **Stadtrechte** veröffentl. von d. Komm. z. Hrsg. Elsässischer Geschichtsquellen. 1. Heidelberg: C. Winter 1902. 8° (Stadtrechte, Oberrheinische. Abt. 3, 1.)

Stadtrechte. Die St' von Freiburg im Uechtland und Arconciel-Illens s.a. Zehntbauer, Richard.

Stadtrechte, die, v. Freiburg im Uechtland u. Arconciel-Illens. Hrsg. v. Rich. Zehntbauer. (XXXV, 159 S.) gr. 8. Innsbruck 906. Wagner. n. 5. —

Die **Stadtrechte** der Grafschaft Mark. H. 1. *Münster i. W.: Aschendorff in Komm. 1901.* 8° [F.]
= **Veröffentlichungen** d. Hist. Kommission f. Westfalen. Westfäl. Stadtrechte. Abt. 1. [04. 1189

Stadtrechte, oberrheinische. Hrsg. v. d. badisch. histor. Kommission. 1. Abtlg.: Fränkische Rechte. 1.—4. Hft. gr. 8. Heidelberg, C. Winter. n.n. 19.50
1. Wertheim, Freudenberg u. Neubrunn. Bearb. v. Rich. Schröder. (55 S.) 895. n.n. 2. —
2. Der Oberhof Wimpfen m. s. Tochterrechten Eberbach, Waibstadt, Oberschefflenz, Bönnigheim u. Mergentheim. Bearb. v. Rich. Schröder. (S. 57—166.) 895. n.n. 5.50
3. Mergentheim. Lauda, Ballenberg u. Krautheim. Amorbach, Walldürn, Buchen, Külsheim u. Tauberbischofsheim. Bearb. v. Rich. Schröder. (S. 167—298.) 897. n.n. 6. —
4. Miltenberg, Obernburg, Hirschhorn, Neckarsteinach, Weinheim, Sinsheim u. Hilsbach. Bearb. v. Rich. Schröder u. Karl Köhne. (S. 299—466.) 898. n.n. 6. —

Stadtrechte, oberrheinische. Hrsg. v. der bad. histor. Kommission. I. Abtlg.: Fränkische Rechte. 5. u. 6. Hft. gr. 8. Heidelberg, C. Winter. n.n. 12. —
5. Heidelberg, Mosbach, Neckargemünd, Adelsheim. Bearb. v. Carl Koehne. (S. 467—677.) 900. n.n. 7. —
6. Ladenburg, Wiesloch, Zuzenhausen, Bretten, Gochsheim, Heidelsheim, Zeutern, Boxberg, Eppingen. Von Carl Koehne. (158 S.) 902. n.n. 5. —
I. Abt. 1.—4. Hft. Ebd. 895—898. n.n. 19.50.

— dasselbe. III. Abtlg.: Elsässische Rechte. Veröffentlicht v. der Kommission zur Herausgabe elsäss. Geschichtsquellen. 1. gr. 8. Ebd. n.n. 38. —
Schlettstadter Stadtrechte. Von Jos. Gény. 2 Hälften. (XXVIII, XIV, 1172 S.) 902.

— dasselbe. II. Abtlg.: Schwäbische Rechte. 1. Heft. gr. 8. Ebd. 905. n.n. 8. —
Villingen. Von Christian Roder. (XVIII, 228 S.)

— oberrheinische. Hrsg. v. der bad. histor. Kommission. I. Abtlg.: Fränkische Rechte. 7. Heft. gr. 8 Heidelberg 906. C. Winter, Verl. n.n. 5. —
Bruchsal, Rothenberg, Philippsburg (Udenheim), Obergrombach u. Steinbach. Von Carl Koehne. (152 S.)

— dasselbe. II. Abtlg.: Schwäbische Rechte. 1. Heft. Nachtrag u. Register u. 2. Heft. gr. 8. Ebd. nn 24. —
1. Villingen. Von Christian Roder. Nachtrag, Wort-, Sach- u. Namenverzeichnis. (S. 229—255.) 909. nn 1. —
2. Überlingen. Von Fritz Geier. (XXXI, 691 S.) 908. nn 23. —

Stadtrechte, oberrheinische. Hrsg. v. der bad. histor. Kommission. I. Abtlg.: Fränkische Rechte. 8. Heft. gr. 8. Heidelberg, Carl Winter. nn 2.50
8. Grünsfeld, Neidenau, Osterburken. Bearb. v. Carl Koehne. (S. 989—1063.) 909. nn 2.50

Stadtrechte und Satzungen, österreichische, aus der Zeit der Babenberger. Zusammengestellt von Andr. v. Meiller. Lex.-8. (87 S.) Wien 853, (Gerold's Sohn.) *
Aus: Archiv für Kunde österreich. Geschichtsquellen, besonders abgedruckt.

Schlettstadter **Stadtrechte** bearb. von Joseph Gény. Hälfte 1. 2. Heidelberg: C. Winter 1902. 2 Bde 8° (Stadtrechte, Oberrheinische. Abt. 3, 1.)

Die **Stadtrechte** von Tübingen 1388 und 1493. Anh.: 1. Die Rechtssprache als Hilfe z. Ausmittelung d. alten Grenzen d. Deutschen Staaten. 2. Die ehemal. Deutschen Reichsarchive. Bearb. von Friedrich Thudichum. Tübingen: H. Laupp 1906. (VIII, 79 S.) 8°
= **Studien**, Tübinger, f. Schwäb. u. Deutsche Rechtsgesch. Bd 1, H. 1. [06. 1970

Stadtremda [Schlagwort]

Stadtremda, s.: Preussen. Messtischblätter.

„Allgemeine, zuverlässig-erprobte, ökonomisch-medizinisch-chemisch-technologische Stadt-, Land-, Haus-, Garten- und Wirthschaftsschule; ein vollständiger, auf vieljähriger Erfahrung gegründeter und auf die fasslichste Art abgefaßter Inbegriff und wahrhaftiger Schatz des Wichtigsten, Einträglichsten und Nützlichsten aus dem Gebiete der Natur, Künste und Gewerbe", 6 Hefte, Leipzig o. J. (Joachim).

Stadt-, Land-, Haus-, Garten- und Wirthschaftsschule, allgemeine, zuverläss. und erprobte ökonom.-medicin.-chemisch-technologische, ein vollständig., auf vieljährige Erfahr. gegründet. und auf die faßlichste Art abgefaßter Inbegriff und wahrhaftig. Schatz des Wichtigst., Einträglichst. u. Nützlichst. aus dem Gebiete der Natur, Künste und Gewerbe. 6 Hefte. gr. 8. Leipzig, Joachim.

Stadt- und Landschule, die, e. Samml. aller Schulwissenschaften f. Lehrer u. Schüler, nach d. besten Quellen u. Hülfsmitteln f. mittl. u. höh. Classen bearb. u. hrsg. von e. Gesellschaft deutscher Lehrer u. Erzieher unt. Redakt. v. L. Würkert u. W. Haan. 9 Bde. gr. 8. Leipzig, Otto Wigand. Zusammen genommen nur

A. u. d. Ttln.:
Bd. 1. Religionsbuch, e. Leitfaden f. Lehrer u. Lernende, Schule u. Haus, Jugendzeit u. spätere Lebensjahre. (28¾ B.) 836. 1 Thlr. 6 Gr.
" 2. Der Naturfreund, e. Leitfaden rc. Inh.: Naturgeschichte. — Naturlehre. (22 B.) 836. 21 Gr.
" 3. Der Geograph u. Geschichtsforscher, e. Leitfaden rc. Inh.: Geographie. — Weltgeschichte. (28¼ B.) 836. 1 Thlr.
" 4. Der angeh. Geschäftsmann, e. Leitfaden rc. Inh.: Arithmetik. — Münzen, Gewichte u. Maße. — Faßliche Geometrie. — Mechanik u. Maschinenbauwesen. — Technologie. (27¼ B. u. 2 Stnt.) 836. 1 Thlr. 2 Gr.
" 5. Der Deutsche, e. Leitfaden rc. Inh.: Deutsche Sprache. Briefsteller. Anzeigen, Quittungen, Atteſtate, Obligationen u. Wechsel. Kurze Erklär. d. gewöhnl. Fremdwörter. (21 B.) 837. 21 Gr.
" 6. Der Reisende, e. Leitfaden rc. Inh.: Wanderbuch, od. kurzer Wegweiser durch d. Hauptstädte d. ganzen Erde. (11½ B.) 837. 12 Gr.
" 7. Wissenswerthes f. Jedermann, e. Leitfaden rc. Inh.: Körperlehre. Seelenlehre. Gesundheitslehre. Belehrung üb. d. Gifte. Kurze Botanik. Bergbau. Schifffahrt. (24 B.) 837. 21 Gr.
" 8. Die menschliche Gesellschaft, e. Leitfaden rc. Inh.: Völkerkunde. (24½ B.) 837. 1 Thlr.
" 9. Höhere Bildungsstunden, e. Leitfaden rc. Inh.: Mythologie. Populäre Astronomie. Deutsche Klassiker. (28½ B. u. 1 Stnt.) 837. 1 Thlr. 2 Gr.

Stadtsteuer und Ohmgeld. Dem Municipalrat von dem Verwaltungsrat der Stadt Genf dargereicht. 8°. Zürich 1885.

[F.] Berliner **Stadtsynode**. I. Regulativ f. d. Geschäftsausführg d. Berliner Stadtsynode u. ihrer Organe. II. Geschäftsordng f. d. Berliner Stadtsynode. *(Berlin: Gedr. b. J. Sittenfeld 1896.)* (12 S.) 1 Bd 4. [98. 74]

Stadt-Telegraphen-Leitung, die, in Berlin zwischen der Centralstation im Königl. Postgebäude und den von den fünf Berliner Bahnhöfen abgehenden Telegraphen-Linien. (Abdr. aus der Zeitschr. des Deutsch-Oesterreich. Telegraphen-Vereins.) Mit 11 in Kpfr. gest. Taf. (in 4. u. Fol.). Berlin 857. Ernst u. Korn. gr. 4. (16 S.) n. 1 ₰. 10 ngr.

Stadttheater, das alte, in Leipzig. Perspectivische Ansicht, Preise der Plätze. 1 Blatt. Holzschn. qu. 4. Leipzig 874. Bauer. — 15

Stadttheater, das Karlsbader, s.: Leuchtkugeln.

Stadttheater, das neue, in Giessen. (Denkschrift zur Feier der Eröffng., hrsg. v. Hans Meyer.) (52 S. m. Abb.) 30,5×23,5 cm. Giessen 907. (E. Roth.) 2. —

Stadttheater, das neue, in Leipzig. Perspectivische Ansicht, Preise der Plätze. 1 Blatt Holzschn. qu. 4. Leipzig 874, C. H. Reclam sen. — 15

Stadt-Theater, das, in Salzburg. Eine aufklär. Betrachtg. v Damen. (18 S.) gr. 8. Salzburg (905). (Mayr.) — 40

Stadttheater, unser, durch ungefärbte Gläser besehen. Ein Wort zu Gunsten der Intendantur gegenüber dem Pachtverhältnis. 8. (32 S.) Leipzig 889. Grandpierre. — 25

— das Wolfenbüttler. Eine Festschrift m. dem Prologe zur Eröffnungsfeier, e. Abriss der Geschichte des Theaterwesens in Wolfenbüttel, e. Baubeschreibg., einigen Plänen des neuen u. alten Theaters nebst Erläutergn. dazu, sowie e. Abbildg. des neuen Hauses, zum 25. IX. 1909 hrsg. (32 S.) gr. 8. Wolfenbüttel 909. Heckner. In Leinw. kart. 1. —

Stadt-Theater-Almanach, Düsseldorfer, f. die Spielzeit 1901/2. (103 S. m. 46 Bildnissen u. 2 Plänen.) Düsseldorf, W. Wörmbcke. **— 80**

Stadttheaterkrisis, Die letzte, in Hamburg [Engländers »Salon«, III. Heft, S. 74f.] S. 9. V: *Lyser, Joh. Peter.* (Friedrich Hirth: *J.* P. Lyser, München u. Leipzig 1911, S. 569)

Stadtverein, der, f. innere Mission Magdeburg. 1884—1909. (84 S. m. Abb.) gr. 8. Magdeburg 909. Ev. Buchh. 1. —

Stadtverfassungs- und Beamtenrecht nebst Anhang. Berlin 1904: W. & S. Loewenthal. (IX, 298 S.) 8⁰
(Gemeinderecht, Berliner. Einl. Bd.)

Der Stadtverordnete. Zentralorgan f. d. ehrenamtl. Mitglieder d. Gemeindekollegien. Hrsg.: Dr. Lohmeier, Rechtsanw. in Oberhausen. Jg. 1. No 1. Oberhausen Rhld.: Kühne 1906. 4⁰

Stadtverordnete, der, seine Pflichten u. Befugnisse. Ein Leitfaden f. Stadtverordnete u. alle, die es werden sollen, bei d. Antritt, d. Verwaltung u. d. Niederlegung ihres Bürgeramtes. Hrsg. v. e. Kgl. Beamten. 8. (5½ B.) Berlin 829, Natorff u. Comp.

Stadtverordnete u. Communalgardist, der sächsische, s. Communalgardist.

Stadtverordnete u. Communalgardist, d. Sächs., e. Wochenschrift f. Ordnung, Recht u. bürgerl. Freiheit, hrsg. v. F. Philippi. Jahrg. 1831. 104 Patrouillen. (½ B.) Mit d. Beil.: Rapportzettel. 4. Dresden, [Grimmer.] Thlr.
Ist die Fortsetz. d. Zeitschr.: Der Sächs. Communalgardist ꝛc., hrsg. v. F. Philippi, vgl. diese.

D. Stadtverordneten z. Berlin an ihre Mitbürger üb. d. Verwaltg ihrer Communal-Angelegenhtn. Berlin 1822

Stadtverordneten, die Berliner, u. die gemeinnütz. Baugesellschaft. gr. 8. (15 S.) Berlin 849, Schneider & Co. n. ⅙ ₰

Stadtverordneten, die Berliner, und die Juni-Ordonnanzen. Bericht der durch Beschluß der Stadtverordneten-Versammlung zu Berlin am 11. Juni 1863, in Folge der jüngsten Regierungsmaßregeln gegen dieselbe, ernannten Deputation. Abdr. aus der Mitteldeutschen Volks-Zeitung.) Leipzig 863. Friese. 8. (16 S.) n. 1 ngr.

Stadtverordneten, die, zu Dresden. Ein kritisches Wort. gr. 8. (1 B.) Dresden u. Leipzig 845, Arnoldische Buchh.

Revidirte Rendsburger Stadt- und Policey-**Verordnung**, so wie selbige von Ihrer Königl. Majestät zu Dännemarck, Norwegen etc. sub dato Copenhagen den 17den Sept. 1720 nochmahlen allergnädigst confirmiret und denen Beykommenden zur künfftigen allerunterthänigsten Observance vorgeschrieben worden. Flenßburg. 1722. 8⁰

Stadtvertretung, die, Danzigs u. die Schwarzen. Freie Konkurrenz od. Kehrbezirke? (Von G. Rahn.) gr. 8. (31 S.) Berlin 885. G. B. C. Rahn. — 25
Sonderabdruck aus: „Organ f. Schornsteinfegerwesen".

Stadtvogtei, die, in Berlin. Eine historische Darstellung des Gefängnisses und der damit verbundenen Gebäude. (Berlin's berühmte und berüchtigte Häuser. 10. Heft.) Berlin (857.) Verlags-Magazin. 8. (64 S.) n. 5 ngr.

Die Stadtvoigtei und ihre Gefangenen oder drei Tage aus dem Leben eines Demokraten. (Mit einem Holzschnitt.) Berlin, L. Schlesinger (1849). 8 S. 4.

[Stadtwald.] Die Heilstätten Stadtwald bei Melsungen (Cassel) und Moltkefels in Nieder-Schreiberhau (Schlesien). Erricht. von d. Pensionskasse für d. Arbeiter d. Preuss.-Hess. Eisenbahngemeinschaft. (Dat.: Berlin im März 1904.) qu. 2⁰.

Stadtwehr, die, und die Quartier-Vorstände der freien Stadt Frankfurt. 8. (V und 45 S.) Frankfurt a. M. 855, Brönner.

Stadtwohnung, die. Wie man sie sich praktisch, schön u. preiswert einrichtet u. gut erhält. Ein prakt. Ratgeber f. alle, die sich in der Grossstadt behaglich einrichten wollen. In den Hauptabschnitten bearb. v. Jos. Aug. Lux u. Max Warnatsch. (204 S. m. Abbildgn. u. Taf.) 8. Charlottenburg 910. Schiller-Buchh. Geb. in Leinw. 4. —

Stadt-Zeitung, Münchner. Pionier f. die großstädt. Entwicklg. Münchens. Mit dem Beiblatt: „Damen-Journal". Jahrg. 1890. 52 Nrn. (1½ B.) gr. Fol. München, Verlag der Münch. Stadtzeitg. n. 8. —

Stadtzeitung. — Nürnberger Stadtzeitung. — 15.IX.1873 – 30.IX.1920.
Vorh. u.d.T.: General-Anzeiger.
Fortges. u.d.T.: Nürnberger National-Zeitung.

Wiener Stadt- und Vorstadt-Zeitung. Eigenthümer und Redakteur: Jul. Seidlitz. Verlag von Jasper's Wwe. und Hügel. Druck von Keck und Pierer. Fol. 3spaltig. Täglich, mit Ausnahme des Montags. 1 fl. 12 kr. u. 2 fl. 10 kr. vierteljährig.
Wien 1855.

Zürcher Stadtzeitung
① Pionier für die großstädtische und gedeihliche Entwicklung Neu-Zürichs. Fortschrittliches Wochenblatt (10. 5. 1890). Schweizerisches Wochenblatt (14. 6. 1890) ⑤ Januar 1890—28. 2. 1891 ⑥ 2° ⑦ Wochenblatt ⑧ Zürich: H. Streicher ⑪ H. Streicher, Cäsar Steffen (26. 7. 1890) ⑭ Zh: Z.

[F.] Baltische Dichtungen hrsg. v. Freifrau v. **Staël-Holstein**, geb. Freiin v. Nolcken. *Riga: L. Hoerschelmann 1896.* (4 Bl., 487 S.) 1 Bd 8.
[97. 4377

Staël-Holstein, Freifr. v., geb. Freiin v. Nolcken: Baltische Dichtgn., hrsg. von v. St.-H. 8. (V, 487 S.) Riga 897. L. Hoerschelmann. n. 5. —

Staël-Holstein, A. v., Ueber Lassalle's Theorien in der Arbeiterfrage. 8°. Freiburg 1870.

Staël-Holstein, Alexander Frh. v., aus Testama: Der **Karmapradipa.** Prapathaka 2. *Halle a. S. 1900: Waisenhaus.* (63 S.) 8° ¶(Forts. d. von Frdr. Schrader 1899 begonnenen Neuherausgabe des Karmapradipa.)
Halle, Phil. Diss. v. 15. Nov. 1900

Staël-Holstein, A. Frhr. v., s.a.Karmapradipa, der.

Staël-Holstein, Baron A. v., s.: Tišastvustik.

Staël-Holstein, Anne Louise Germaine Baronne de

Staël, Frau v., ihre Freunde und ihre Bedeutung in Politik und Literatur, s. Blennerhassett, Ch. Lady.

Staël, Mme. de, de l'Allemagne, s. Bibliothèque française. Tome IX.

Staël, Mad. de, De l'Allemagne, publ par H. Gruber, s.: **Collection des auteurs célèbres.**

Staël, Mme. la Baronne de, de l'Allemagne, s. Collection d'auteurs français. 3.

Staël, Mme. de, de l'Allemagne, s.: Prosateurs français.

Staël - Holstein, Mad. de, l'Allemagne. VI Vol. 8. Berl. Dümmler. 814.

— — **le même. edit. avec notes par Ms. de Viller. IV Volumes. 12. Leips. Brockhaus. 814.**
Velinp.

Staël-Holstein, Madame de, de l'Allemagne. Nouv. édition, revue et corrigée. 2 vol. in 8. Strasbourg, Treuttel et Würtz. 820.

— — le même ouvrage. 2 vol. 12. chez les mêmes.

de Staël-Holstein, (la Baronne,) **des l'Allemagne. Nouv. Edit. précédée d'une introduction par Ch. de Villers, et enrichie du texte original des morceaux traduits.** 4 Tom. 12. 824, **(Brockhaus in Leipzig.)**

de Staël, Mme. la Baronne, de l'allemagne. Nouv. edition. 3 Vols. 16. Stuttg. 830. (Gaul u. Tonger in Cöln.) 7/8 ₰

Staël(-Holstein, née Necker, Anne Louise Germaine), Mme. de, de l'Allemagne. Nouv. Edit. revue et corr. III Vol. 16. (72 B.) Stuttgart 830, [Scheible.]

Staël-Holstein, Mme. de, de l'Allemagne. Zum Schul- u. Privatgebrauch hrsg. v. J. Bauer u. Th. Link. Mit Questionnaire u. Wörterverzeichnis. 8. (IV, 91 S.) München 892. J. Lindauer. n. 1. 20

Staël-Holstein, Anne Louise Germaine Baronne de. Aspasia eine Charakterzeichnung a. d. Franz. Berlin 1811. V: *Hitzig, Julius Eduard.* (Hitzig) (GGr) (NN) (Koner)

— **Aspasia. Eine Charakterzeichnung, aus d. Franz. gr. 8. Berl. Dümmler. 812.**

Mme [Anne Louise Germaine] de **Staël**[-Holstein]. Auswahl aus ihren Schriften. Erklärt von Prof. H. Quayzin. [Text &] Anm. Berlin: Weidmann 1907. 2 Bde 8°
(Weidmannsche Sammlung franz. u. engl. Schriftsteller.) [08. 1833

Staël-Holstein, A. L. G. B. de. Betrachtungen über die vornehmsten Begebenheiten der französischen Revolution . . . A. d. Franz. . . . Heidelberg 1818. Ü: *Finkh, Frdr. L. & J. F. Stolz.* (Ky)

— Betrachtungen über die vornehmsten Begebenheiten d. franz. Revolution; herausgeg. v. Herzog v. Broglio u. d. Freyherrn v. Stael. Aus d. Franz. übers. von A. W. v. Schlegel. 6 Bde. 8. Heidelberg, Mohr u. W. 818.
Velinpap.

— Betracht. üb. die vornehmsten Begebenheiten d. französ. Revolution. Aus d. Französ. Mit einer Vorerinnerung v. A. W. v. Schlegel. 6 Bde. Wohlf. Ausg. gr. 8. Heidelb. 825, Winter.

— **Betrachtungen üb. den Selbstmord, übersetzt von F. Gleich. 8. Stralsund, Löffler. 813.**

— **Briefe, Charakter u. Gedanken des Prinzen Carl von Ligne, aus d. Franz. übersetzt von J. C. W. Spatzier geborne Maler. 1r Bd. 8. Amsterdam, Kunst- u. Industr. Comt. 812.** Vgl. L i g n e .

Staël-Holstein, A. L. G. B. de. Neckers Charakter und Privatleben . . . a. d. Franz. Rostock 1806. Ü: *Kleffel, Gustav.* (MGT) (GGr)
Vgl. N e c k e r s Charakter...

— **über Rousseaus Charakter und Schriften.** 8. Leipzig, Kummer. 789.

— Considérations sur les principaux événements de la revolution françoise, depuis son origine jusques et compris le 8. Juillet 1815. publié par le Duc de Broglio et le Baron de Stael. 2de édition. 3 vol. 8. Liège. (Fr. Fleischer à Leipsic.) 819.

— — le même livre. 2de édit. 3 Tom. 12. Cölln, Du Mont-Schauberg. 818.

— — le même. avec portr. 3 vol. 12. Leips., Brockhaus, 819.
Velinpap.

—— Corinna, s. Bibliothek ausländ. Klassiker.

—— **Corinna oder Italien, s. Universal-Bibliothek Nr. 1064 —1068.**

— **Corinne, oder Italien; aus d. Französ. von Fr. Müller VI. 3 Bde. 8. Hamb., Bollmer. (Herold jun.) 2 ₰**

Stael-Holstein, Mad. v., Corinna, oder Italien, aus dem Franz. übers. v. Schlegel. 4 Thle. Berlin, Meyer. (Schade.) 807. Franz. Pap. Schw. Pap.

— **Corinna, od. Italien; aus d. Französ. (v. Doroth. Schlegel); hrsgg. v. Fr. v. Schlegel. 4 Bde. 8. Berl. 807, 8. (Herbig). 4 ß Velinp. 6 ß**

— Corrinna, oder Italien. Nebst einem biographisch-krit. Ueberblick des Lebens u. d. Werke der Verfasserin. Deutsch v. Fr. Gleich. 4 Bde. 16. Leipz. 826, Hartmann.

— **Dass. Nebst e. biograph.-krit. Ueberblick des Lebens u. der Werke der Verfasserin. Deutsch von Fr. Gleich. 4 Bde. 16. Leipz. 826. N. A. 829. Hartleben. 1 ß 12 ℊ (A. u. d. T.: Museum ausländ. Meisterwerke. 1r—4r Thl.)**

— Corinna od. Italien. Aus d. Franz. übers. u. hrsg. v. Frdr. Schlegel. 4 Thle. Min.-Ausg. 16. (230. 265. 292 u. 304 S.) Berlin 852, Herbig. 3 ß

— Corinne,... 5e édition, revue et corrigée. 3 Tomes. 8. Paris. (Leipzig, Gerh. Fleischer.) 817.

v. *Staël-Holstein*, Ann. German. Baronin, Corinne, ou l'Italie. Nouv. Edit. II Vols. 8. Paris u. Strassb. 820. Treuttel u. W. 5 ß — II Vols. in 12. les mêmes. 2 ß 12 ℊ

—— Corinne, ou l'Italie. Nouv. édit. revue et corrigée. IV Vols. 18. Francfort s. l. M. 837. [Leipzig, Kersten.] *

— **Corinne, ou l'Italie. Nouv. édit. revue et corrigée.** 4 Vols. **in-18. Frankfurt 837.** Schmerber. **n. 1 ß**

Staël(-Holstein, née Necker, Anne Louise Germaine) Mme. de, Corinne, ou l'Italie. IV Ts. 18. (896 Seit.) Leipsick 837, Michelsen. *

—— Corinne ou l'Italie. 8. (496 S.) Leipzig 855(56,) Brockhaus. *

—— dass. — Zur Lectüre für höhere Töchterschulen. Mit einem Wörterbuche und Erläuterungen versehen von J. H. Lohmann. 8. (IV und 555 S.) Quedlinburg 858, Basse.

Staël-Holstein, Mme. de, Corinne ou l'Italie. Für den Schulgebrauch bearb. von Wilh. Knörich. 1. u. 2. Thl. gr. 8. (VIII, 176 u. 170 S.) Berlin 877. Weidmann. à 1. 50

— Corinne ou l'Italie. Auszug in Einem Bande für die ersten Classen höherer Bürger- u. Töchterschulen. 8. Braunschweig 840. Westermann. 3/4 ß

de Staël, (Anne Louise Germaine) Baronne, († d. 14. Juli 1817), Corinne ou l'Italie. Auszug in 1 Bd. für die ersten Classen höh. Bürger- u. Töchterschulen. 2. Aufl. 8. (XX u. 232 S.) Braunschweig 848, Westermann. 3/4 ß — 3. (Titel-) Aufl. 8. (XX u. 232 S.) Ebd. (848) 851. 1/2 ß — 4. mit einem vollständigen Wörterbuche verm. Aufl. 8. (XVI u. 205 S.) Ebd. 852. 1/2 ß

Staël, Mme. la Baronne de, Corinne ou l'Italie. Auszug in einem Bde. für die ersten Classen höherer Lehranstalten. 6., mit einem vollständ. Wörterbuche verm. Aufl. 8. (XVI und 172 S. mit Wörterbuch 33 S.) Braunschweig 859, Westermann.

Staël, Mme. la baronne de, Corinne ou l'Italie. Auszug in 1 Bde. für die ersten Classen höherer Lehranstalten. 6., mit vollständ. Wörterbuche verm. Aufl. 8. (XVI und 205 S.) Braunschweig 862, Westermann.

—— Corinne ou l'Italie. Auszug in 1 Bde. für die ersten Classen höherer Lehranstalten. 7. mit einem vollständ. Wörterbuche verm. Aufl. 8. (XVI, 205 S.) Braunschweig 869, Westermann.

— Delphine, siehe: Bibliothek, ausgewählte, der Classiker. 60—62. Bd.

——, Delphine. Uebers. v. Fr. Gleich, s. Bibliothek class. Romane u. Novellen, 17—19. Bd.

— **Delphine; aus d. Französ. (v. N. P. Stampeel). 5 Thle. 8. Berl. 803. Himburg. (Barth in Leipz.) 4 ß 18 ℊ**

Staël-Holstein, A. L. G. B. de. Delphine. A. d. Franz. Berlin 1804. Ü: *Stampeel, Nic. Peter.* (MGT) (Ky) (GGr)

— **Delphine. VI Vols. 8. Leipz. 817. Er. Fleischer. 4 ß**

— **le même, nouv. edition. III Vols. 8. Strassb. 820.** Treuttel **u. W. 7 ß 12 ℊ**

— **le même ouvrage. III Vols. 12. Strassb., Treuttel u. W. 3 ß 18 ℊ**

— Deutschland, s.: Meyer's Volksbücher.

Staël, Mme. de, über Deutschland, s. Universal-Bibliothek Nr. 1751—1758.

Staël-Holstein, A. L. G. B. de. Deutschland. A. d. Franz.... Berlin 1814. Ü: *Buchholz, Frdr., Sam. Heinr. Catel & Julius Eduard Hitzig* (Ky) (GGr) (NN) oder: *Stolz, Joh. Jac.* (MGT)

— Deutschland. Aus d. Französ. (v. Fr. Buchholz, S. H. Catel. u. Jul. Ed. Hitzig, od. v. J. J. Stolz U.?) 3 Bde. 8. Berl. **814.** Dümmler. 4 ß

Die Frau Bar. **Stael** *v. Holstein* üb. d. Einfl. d. Leidenschaften auf d. Glück ganzer Nationen u. einzelner Menschen, a. d. Fr. (v. Lh. **Meister.**) *Zür.*, Ziegler. 794. 8° 1 ß 4 ℊ

Staël-Holstein, A. L. G. B. de. Ueber den Einfluss der Leidenschaften ... a. d. Franz. Zürich u. Leipz. 1794. Ü: *Meister, Leonhard von.* (MGT) (ErGr) (ErschDL) »1797» (Ky) (Adel)

v. **Stael-Holstein,** Ueb. d. Einfluß der Leidenschaften auf das Glück ganzer Nationen u. einzelner Menschen. 400 S. A. d. Franz. Zürch u. Lpz. 8°.
1797

Stael de Holstein, Mad. Erzählungen, aus dem Franz. übersetzt von C. T. Damm, 8. Frankfurt und Leipzig, 797. (Lincke.)

Staël-Holstein, A. L. G. B. de. Erzählungen a. d. Franz. Leipzig 1797. Ü: *Damm, Carl Theod.* (Ky)

Frau [Anne Louise Germaine] v. Staëls Essai sur les fictions '(1795)' mit [Johann Wolfg. v.] Goethes Übersetzung '(1796)' hrsg. v. J. Imelmann ... *Berlin: G. Reimer 1896.* (VII, IX, 89 S.) 1 Bd 8. [96. 4305

— üb. d. Geist d. Literatur. 2 Bde. 8. Leipz. Wolf. 804.

— zehn Jahre der Verbannung; Fragmente, geschrieben in d. J. 1810 — 13, aus den nachgelass. Papieren herausgeg. v. ihrem Sohn; übersetzt v. Oelrichs. Mit 1 Kpfrt. 8. Carlsr. 822, Marx.

— zehn Jahre meiner Verbannung. 8. Leipz. 822, Brockhaus.

— de l'Influence des passions sur le bonheur des individus des nations. gr. 8. Hamb. Fauche. 796.

— de l'Influence des Passions sur le bonheur des individus et des nations; nouv. édit. 12. Strasbourg, Treuttel et Würtz. 820.

— Lettres sur l'Allemagne. III Vol. gr. 8. la même. 815.

— le même livre. V Edition. III Tom. 8. (Leipz.) 817. Er. Fleischer. 2 *ß* 16 *gl*

— Lettres sur les écrits et le caractère de J. J. Rousseau, nouv. édition revue et corrigée. 12. Strasbourg, Treuttel et Würtz. 820. — 10

— Lettres et Pensées du Maréchal Prince de Ligne. 8. Leips. Gerh. Fleischer. 810.
Vgl. L i g n e .

Staël-Holstein, Mad. de, Lettres et Pensées du Maréchal Prince de Ligne. 3e édit. 8. Paris. Leipzig, Gerh. Fleischer. 817. Rthlr. 1

— üb. Literatur, in ihren Verhältnissen mit den gesellschaftl. Einrichtungen u. d. Geiste d. Zeit; nach d. neuesten Ausg. aus d. Französ. übersetzt. Herausgg. v. K. G. Schreiter. 2 Thle. 8. Leipz. 804. (Schmidt). 2 *ß* 8 *gl*

— de la litérature. 8. Leipz. 800. Wolf. (Schmidt). 1 *ß* 8 *gl* Schrbp. 1 *ß* 16 *gl*

— de la littérature allemande, s.: Bibliothek gediegener u. interessanter französischer Werke.

— Litérature (de la) considérée dans ses rapports avec les institutions sociales. nouv. édition, revue et corrigée. 8. le même. 820.

— Memoiren, von ihr selbst geschr., hauptsächl. d. Regentschaft Ludwig XIV. betreff., a. d. Franz. 2 Thle. 8. Jena, Akadem. Buchh. 793.

— Memoiren, von ihr selbst geschrieben, hauptsächlich die Regentschaft Ludwig XIV. betreffend; aus d. Französ. 2 Thle. 8. Jena 793. (Hennings in Neiffe). 1 *ß* 12 *gl*

— Memoires et considerations sur les principaux événemens de la revolution française, s. oben: *Considerations.*

— Merkwürdigkeiten ihrer selbst. 2 Thle. 8. Leipzig, Gleditsch. 782.

— Oeuvres complétes contenant un grand nombre de morceaux inédits et des additions importantes faites par l'auteur à quelques uns des ouvrages qui ont paru de son vivant, édition publiée par les soins de M. le baron de Staël, son fils, précédée d'une notice sur les écrits et le caractère de Madame de Staël, par Madame Necker de Saussure, et ornée d'un portrait de Mad. de Staël. Tom. I. à XI. gr. 8. Strassb. 820. Treuttel u. W. 27 *ß* 12 *gl* — le même ouvrage. Tom. I. à XI. 12. ibid. 13 *ß* 18 *gl*

— Recueil de Morceaux détachés. 8. Leipz. Dyk. 796.

— Recueil de morceaux detachés. Nouv. edition. 8. Leips. Dyk. 814.

— réflexions sur le Suicide. 8. Berlin, Realschulbuchh. 813.

— — le même. 12. Brunsv. Pluchart. 814.

— ausgewählte Schriften; aus d. Französ. 1r u. 2r Thl. A. u. d. T.: Zehn Jahre in der Verbannung. Uebersetzt von K. L. Kannegießer. 1r u. 2r Thl. 16. Zwickau 820. Gebr. Schumann. (à 9 *gl*) 18 *gl*

—— ausgewählte Schriften. A. d. Franz. 1. u. 2. Thl. — A. u. d. T.: Zehn Jahre in d. Verbannung. Uebers. v. K. L. Kannegießer. 2 Thle. 16. (20¼ B.) Zwickau 830, Gebr. Schumann. à 6 Gr.

— le Système Continental et sur ses rapports avec la Suède. 8. Braunschw. 814. Pluchart. 12 *gl*

— le Continental-Système et sur ses rapports avec la Suède. 8. Brunsv. Pluchart. 814.

— le même. 8. Amsterd. 813. (Brockhaus in Leipz.) 12 *gl*

— Verbannung aus Frankreich, von ihr selbst erzählt, als Prospectus ihres neuen Werkes: „über Deutschland," mit einer kurzen Uebersicht des Inhalts desselben. 8. Berl. 813. Dümmler. 2 *gl*

Staël-Holstein, Auguste Baron de (Hrsg.), s. Staël-Holstein, Anne Louise Germ. Baronne de: Betrachtungen üb. d. vornehmsten Begebenheiten d. franz. Revolution. — Considerations sur les principaux evenements de la revolution francaise. — Oeuvres completes.

v. Staël-Hollstein, (Baron,) üb. Verfassung, Verwaltung u. den polit. Gemeingeist Englands. Aus d. Französ. v. K. H. Scheibler. 8. Jena 825, Bran.

Staël-Holstein, L. Freifrau v., Wang-hgan-Chó. (Chinas Reformator.) Roman. 8. (151 S.) Dresden 901. E. Pierson. n. 2. —; geb. n. 3. —

Staël von Holstein, R[einhold] von: Baron Hamilkar von Fölkersahm. — Riga 1907: Häcker. VIII, 297 S. 4°

Baron Hamilkar von Fölkersahm. Von R. B^n^ Staël v. Holstein. Riga: [Jonck & Poliewsky in Komm.] 1907. (VIII, 297 S.) 4°(8°) [07. 18???

Staël von Holstein, R[einhold] Baron: Fürst Paul Lieven als Landmarschall von Livland. — Riga 1906: Häcker (Umschlagt.: Jonck & Poliewsky). VII, 229 S. 4°

STAFETTE, Die, eine Wochenschrift (hrsg. von Joach. Lorenz Evers). Altona 1807.
Anon.-Lex. IV. p. 116 (nach Goedeke u. Meusel). — Selten!

Stafette, die, ein Volksblatt zu Lust u. Lehre. Herausg. u. redigirt von A. G. Gentzel. 1r Jahrg. 1839. Juli—December. 78 Numm. Mit 6 Lithographieen. gr. 4. Berlin, Stackebrandt. n. 1 1/4 ℛ︁

— dass. 1840. 156 Numm. Mit 12 Lithogr. gr. 4. Ebd. n. 2 1/4 ℛ︁

Stafette, die, ein Volksblatt zu Lust u. Lehre. Herausgeg. u. redigirt von A. G. Genzel. 3. Jahrg. 1841. 156 Numm. (1/2 Bog.) gr. 4. Nebst 4 saubern Lithographien. Berlin, Expedition. n. 2 1/2 ℛ︁

Jg. 9f unt. d. T.: Berliner Stafette.

Staffete, Neu angekommene, an das gallante (sic) und geschminckte Frauenzimmer, oder à la mode Schwestern, wie solche durch selbige Mode, Fontangen, Flügelhauben oder Lornetten (!) bekommen. O. O. u. J. (Ende 17. oder Anf. 18 Jh.). 4°. (In Stuttgart.) Höchst selten!)

Staffette, die Berliner, e. literar. Oppositionsblatt. Redig. v. Jul. Curtius. Mit d. Beibl.: Der Krähwinkler Fourier, e. Sorgenbl. f. Theater, Mode, Arroganz, Stadtleben u. Fatalität, hrsg. v. Otto d. Bellmann (Redakt. d. Krähwinkler Dampfschiffes). 1828. 364 Nrn. gr. 8. Berlin, Laue.

Staffette, die Berliner, s. a. Oppositionsblatt.

Stafette, Berliner. 9 u. 10. Jahrg. 1847 u. 1848. Deutsche Bürger- und Novellen-Zeitung. Red.: J. Philippi. à 208 Nrn. gr. 4. (1/2 B.) Berlin. (Schneider & Co.) à n. 2 1/2 ℛ︁

Vorh. unt. d. T.: Die Stafette.

K. Schwed. Stafetta u. Extra-Courier aus Pressburg von der an Ungrischen Gräntzen wider eine widrig gesinnte Woywodische partey erfochtener Victorie. 4. 1710.

Staffetten aus Paris an Napoleon, von e. deutschen Freiwilligen aufgefangen. 8. Leipz. 814. Joachim. 3 ℊ︁

Staff, Hans von: Die Anatomie und Physiologie der Fusulinen. Mit 2 Taf. u. 62 Textfig. Stuttgart: Schweizerbart 1910. VIII, 93 S. 4°
(Zoologica. H. 58 = Bd 22, Lfg. 6.)

Staff, Hans v., die Anatomie u. Physiologie der Fusulinen, s. a. Zoologica. 58. Heft.

v. Staff, Hans, cand. phil., a. Breslau: Beiträge zur Stratigraphie und Tektonik des Gerecse-Gebirges. Breslau 1906: H. Fleischmann. (185—233 S.) 8° ¶ (Die Arbeit erscheint unter gleichem Titel in den Mitteilungen aus dem Jahrbuch der Kgl. Ungarischen Geologischen Anstalt.
Breslau, Phil. Fak., Ref. Frech, Diss. v. 21. Juli 1906
[Geb. 10. Okt. 83 Görlitz; Wohnort: Breslau; Staatsangeh.: Preußen; Vorbildung: Gymn. Hirschberg Reife O. 02; Studium: Heidelberg 1, Breslau 1, Lausanne 1, Breslau 5 S.; Rig. 2. Juli 06.]

— Beiträge zur Stratigraphie u. Tektonik des Gerecse-Gebirges, s. a. Mitteilungen aus dem Jahrbuche der königl. ungarischen geologischen Anstalt. XV, 3.

Staff, Hermann von

v. Staff, (H.) d. Befreiungskrieg d. Katalonier in d. J. 1808—14. Mit 1 Charte u. 2 Plan. gr. 8. Breslau 821, Max u. C.

Staff, H. v. Der Befreiungskrieg der Katalonier in den Jahren 1808 1814. Mit Pl. u. 1 Krt. T. 1. 2. Breslau 1821. 1827.

v. Staff, Herm., das Kriegswesen des Mittelalters nach L. von Fronspergers Kriegsbuche von 1572—73. ... Brieg 840. Schwartz. n. 6 ℊ︁

— der Vorpostendienst f. deutsche Truppen, nach d. Anforderungen d. neuesten Kriegsführung. gr. 8. Berlin 827, Reimer.

Staff, H. v. Der Vorposten-Dienst. Berlin 1827. 87 S.

v. Staff, Wilh. Fd., († 1788.) etwas üb. d. Borkenkäfer, od: die Baumtrocknung fichtener Waldungen, s. Etwas üb. den Borkenkäfer.

Staffagenschatz, der. Ein Behelf zur freien Benützg. f. Architekten, Maler, Zeichner, Lithographen, Graveure. Strassenfiguren. — Fuhrwerke. — Sporttypen. — Scenen aus der Gesellschaft u. aus dem tägl. Leben etc. 44 Bl. Zinkographien nach Orig.-Federzeichngn. qu. Fol. Wien 890. Schroll & Co. In Mappe. n. 18. —

Staffagen-Schule. Nach Natur-Studien gez. von A. Gerlach. Lithogr. von Fr. Gerasch. 1—5. Heft. Wien (853.) Neumann. qu. Fol. Jedes Heft (à 6 lith. Bl.) 1 ℛ︁.

Stäffe, Heinr. Conr., s.: Friedrich Wilhelm, Herzog zu Braunschweig-Lüneburg-Oels, in Stimmen seiner Zeitgenossen.

Stäffe, H. K. (Pferdehändler in Brnschw.), gut als Prinz u. gut als König. (Danksagungsschrift des jüd. 72jähr. k. b. Hof-Pferdelieferanten Stäffe.) München 1824. Gedr. mit Zängl'schen Schriften. 8°. Cart.
14 S., dat. München, d. 3. Octob. 1824.

Staffel der Cultur, auf welcher die Deutschen im 5ten Jahrhundert standen. gr. 8. Jena, Akadem. Buchh. 796.

Staffel, Fasanenzucht, s.: Goedde.

Staffel, E., üb. Verengerung u. Verschluss in den verschiedenen Abschnitten des Magendarmkanals, s.: Sammlung klinischer Vorträge.

Staffel, Frz., einige Bemerkgn. üb. d. „aktiv-exzentrische Muskelfunction." [Aus: „Aerztl. Monatschr."] gr. 8. (11 S.) Leipzig 898. H. Hartung & Sohn. n. — 60

Staffel, Frz., die orthopädische Gymnastik als Grundlage der Therapie der Skoliose. gr. 8. (38 S. mit 1 lithogr. Taf. und 15 eingedr. Xylogr.) Würzburg 882, Stahel'sche Universitäts-Buchh. *

Staffel, F.: Die orthopädische Gymnastik als Grundlage der Therapie der Skoliose. Würzburg 1882. 36 S. m Abb. Sonderdr. aus: Verhandl. d. Physik.-medizin. Gesellsch. zu Würzburg. N. F. Bd. 8.

Staffel, Frz. Die menschlichen Haltungstypen u. ihre Beziehungen zu den Rückgratverkrümmungen. gr. 8. (V, 92 S. m. 20 Textfig. u. 1 Taf.) Wiesb. 889, Bergmann. * 3 60

Staffel, Johann Gottfried (Naumburg) A. S. 851/28

Dissertatio inauguralis juridica de adulterio matrimonium non dissolvente.
Erfurt (Hering) 5. V. 1732. 50 S. 33115

Staffel, Karl Benjamin (Dresden) A. S. 93/1

De emendando iure criminali dissertatio I.
Präs. Heinrich Gottfried Bauer.
Leipzig (Langenheim) 28. IX. 1769. 24 S.
33116

Staffel, Siegfried Arthur, appr. Arzt a. Wiesbaden: Ueber den Einfluss der Kohlehydrat-Entziehung auf die Purinkörperausscheidung im Harn. Leipzig (1907): A. Edelmann. (15 S.) 8°
Leipzig, Med. Fak., Ref. Hoffmann, Diss. v. 22. Juli 1907
[Geb. 18. Jan. 82 Wiesbaden; Wohnort: Dresden; Staatsangeh.: Preußen; Vorbildung: Gymn. Wiesbaden Reife O. 00; Studium: Freiburg i. B. 4, München 1, Bonn 2, Leipzig 2 S.; Coll. 2. Aug. 07; Approb. 23. Sept. 06.]

Staffelbach, Alois

Staffelbach, A., Predigt, geh. bei der Primizfeier d. hochw. Hrn. Anton Meier, den 7. Juli 1889 in der Pfarrkirche zu Großwangen. gr. 8. (16 S.) Luzern 889. Gebr. Räber. — 30

Staffelbach, Al., der geistige Tempelbau, gepredigt am Kirchweihfeste in der Stifts- u. Pfarrkirche zu St. Leodegar in Luzern. Luzern 869. Gebr. Räber. gr. 8. (16 S.) 3 ngr.

Staffelbach, Aloys, Volkswohl und Familienglück. Predigt, gehalten an der Jahrzeitfeier der Sempacherschlacht, am 7. Juli 1862. gr. 8. (20 S.) Luzern 862. (Gebr. Räber.)

— Würde u. Bürde des Priesterstandes. Predigt gehalten in Sempach, den 15. Mai 1870. Ebend. 870. gr. 8. (18 S.) 3 ngr.

Staffelbach, (J.,) die Waffenrüstung des Schweizers. Rede, gehalten d. 20. Aug. 1826 in d. eidgenöß. Uebungslager bei Thun. gr. 8. Luzern 827, Meyer. (Schmidt in Leipz.)

Staffelbach, Ignaz

Staffelbach, Ign., Fislisbach, Dorf u. Pfarrgemeinde im Aargau m. Streiflichtern in die Zeit u. Umgebg. gr. 8. (III, 208 S.) Luzern 875. Räber. n. 2. —

Staffelbach, Ign., Reiseskizzen beim Uebergang des 18. Jahrh. in's 19.; zur Heimatkunde des Kantons Luzern, zunächst in Bezug auf Sursee, von dem alten Korporationsbürger J. St. 8. (84 S. mit 1 Stnt.) Luzern 882, Gebr. Räber. *

Staffelbach, Stefan

Staffelbach, St., Erinnerungen aus dem Leben und Wirken des hochw. Hrn. Pankraz Moser sel., Pfarrers von Dagmersellen und Kammerers des geistl. Kapitels Willisau. 8. (64 S.) Luzern 865, Gebr. Räber.

Münchner **Staffelbauordnung** v. 20. April 1904 mit e. allgem. Übersicht über d. wichtigeren baupolizeil. Vorschriften d. Kgl. Haupt- u. Residenzstadt München, ferner mit Erl. u. e. Anh. hrsg. von August Steinhauser, Magistr.R. *München: C. H. Beck 1904.* (IX, 221 S.) 8° [J.]

Staffelberg, der, mit seiner der heil. Adelgunde geweihten Kapelle und seiner Aussicht. 8. Coburg 842; Leipzig, Brauns. n. 1/12 ₰

Staffeld, Friedrich, prakt. Arzt a. Kl.-Nemerow (Mecklb.-Strelitz): Aus d. pathol. Institut d. Univ. Greifswald. Dir.: Geheimrat Prof. Dr. Grawitz. Zur Diagnostik der Hodenkrebse. Greifswald 1908: H. Adler. (39 S.) 8°
Greifswald, Med. Fak., Ref. Grawitz, Diss. v. 31. Jan. 1908
[Geb. 26. April 80 Kl. Nemerow; Wohnort: Gr. Nemerow; Staatsangeh.: Mecklenburg-Strelitz; Vorbildung: Gymn. Neubrandenburg Reife M. 01; Studium: Greifswald 2, Berlin 1, Greifswald 3, Berlin 1, Greifswald 3 S.; Coll. 8. Dez. 06; Approb. 1. Jan. 08.]

Staffelde, s.: Geologische Karten. Preussen 103.

Staffeldt, Adolf Wilhelm Schack von

Staffeldt, Schack, (eigentl. Schack-Staffeldt), neue Digte. gr. 8. Kiel 808. Hesse. 2 ₰ Schrbp. 2 ₰ 12 ß.

Staffeldt, [Adolf Wilhelm] Schack von: Kriegsgesang. Dem freiwilligen Leibjägercorps gewidmet. Die Musik vom Capellmeister Knutzen. Kopenhagen. 1801. 2 Bl. 8° u. 1 Bl. Noten in 8°

— **die Vergeltung, metrisch aus d. Dän. v. Gli. C. Klausen.** 8. Altona 807.

STAFFELDT, OTTO [DIETR.] v., Ueber die Bildungsfähigkeit der deutschen Sprache zum Versbau. Vergleichung deutscher Verse mit französischen. Beobachtungen und Resultate. Hamburg. 1823. Herold.

— über Traumbilder. 8. Schleswig 824, Taubstummen-Inst. (Cnobloch in Lpz.)

Staffelei- (Nippes-) Kalender zum Aufstellen auf den Schreibtisch, eleganteste Ausstattung 1894. I. Jahrgang Wien: M. Perles. 1.25

Staffelei-(Nippes-)Kalender 1895. qu. 64. (12 Blatt.) Wien, M. Perles. Auf Staffelei m. Elfenbein-Imitationsdeckel. n. 2.50

Staffelei-Kalender zum Aufstellen auf den Schreibtisch. 1896. Eleganteste Ausstattung. III. Jahrgang Ebda. 1.25

Staffelei-Kalender zum Aufstellen auf den Schreibtisch, eleganteste Ausstattung. 1897. IV. Jahrgang Ebda. 1.25

Staffelei-Kalender, 1899. 6. Jahrg. qu. 64. (12 Blatt.) Wien, M. Perles. Auf Staffelei n. 2.50

Staffelei-Kalender 1903. 10. Jahrg. qu. 64. (12 Blatt.) Wien, M. Perles. Auf Staffelei n. 2.50

Staffelei-Kalender 1904. 11. Jahrg. (12 Blatt.) qu. 64. Wien, M. Perles. Auf Staffelei n. 2.50

Staffelfahrplan. Süddeutscher St' «Fix», Süddeutsches Kursbuch. Enthält sämtliche Fahrpläne von Hessen-Nassau, Baden, Pfalz, Saargebiet, Elsass-Lothringen, Württemberg, Schweiz, sowie Anschlüsse von Norddeutschland und Bayern. [1. Ausg.,] Winter 1907/08. [Mit 2 Karten.] IV + 33 [+ 394 + 32 leere] S. 8. Mannheim, Stern-Ellreich & Co. M. —. 50

Staffelfahrplan, süddeutscher, „Fix". Süddeutsches Kursbuch. Sommer 1908. 4 Bde. 8. Mannheim, Stern-Ellreich & Co. — 60
1. Hessen, Baden, Pfalz, Saargebiet, Elsass-Lothringen, Luxemburg nebst Anschlüsse v. Norddeutschland. (214 S.)
2. Württemberg nebst Anschlüsse nach Bayern. (100 S.)
3. Schweiz. — Schiffahrt. (80 S.)
4. Stationsregister f. sämtliche Fahrpläne v. Bd. I, II u. III nebst Eisenbahnkarte u. Inseratenanh. (38 S.)

Staffelrecht, Das, oder die Stations-Fahrt auf dem Rheine insbesondere die Staffel-Gerechtsame der Stadt Maynz in geschichtlich-rechtlicher und polizeilicher Hinsicht. O. O. 1814. — Die nachgesuchten Ausnahmen und Begünstigungen. Ein Nachtrag zu: Das Staffelrecht. O. O. 1814. — Ueber die Freiheit der Rheinschifffahrt; als fernerer Nachtrag zu: Das Staffelrecht. O. O. 1814.

Staffelstein, Anna, Dämmerstunden. Neue Märchen. Neue Ster.-Ausg. 8. (96 S. m. 4 Farbdr.) Reutlingen (900). Enßlin & Laiblin. Geb. — 75

Staffelstein, Anna, Dämmerstunden. Neue Märchen. 3. Aufl. (96 S.) kl. 8. Reutlingen (904). Enßlin & Laiblin. Kart. — 80

— dasselbe, s.: Schubert, G. H. v., Erzählungen.

Staffelstein, Hanns: Ueber Succinylderivate des Hydroxylamins. *(Königsberg i. Pr. 1904:) Gutenberg-Druckerei.* (61 S.) 8°
Königsberg, Phil. Diss. v. 19. Mai 1904

Staffeltarif, der neue. Entfernungen, Eil- u. Stückgutfrachtsätze v. Hamburg nach sämmtl. Güter-Stationen Deutschlands m. directem Gütertarif nach d. neuesten amtl. Tarifen unter Berücksicht. des am 1. X. d. J. in Kraft getretenen neuen Staffeltarifes zusammengestellt. Hrsg. vom Verein für Verkehrsinteressen, Hamburg. 12. (135 S.) Hamburg 899. (Schröder & Jeve.) n. 1.—

Staffette, s. Stafette.

Staffhorst, Aug., Beitrag zu den Exarticulationen des Fusses nach Malgaigne. Inaugural-Dissertation. gr. 8. (41 S. mit 4 Stnt.) Göttingen 861, (Deuerlich'sche Buchh.)

Staffhorst, H(ermann), Stabsarzt im 3. Posnischen Inf.-Reg. No. 58 u. Oels: Die chronische Knochenhautentzündung am Ober- und Unterschenkel infolge des militärischen Dienstes. Leipzig 1907: B. Georgi. (22 S.) 8°
Leipzig, Med. Fak., Ref. Trendelenburg, Diss. v. 9. Okt. 1907
[Geb. 5. Aug. 68 Westerkappeln: Wohnort: Fraustadt (Posen); Staatsangeh.: Preußen; Vorbildung: Gymn. Neubrandenburg Reife M. 90; Studium: Göttingen 5, Rostock 8 S.; Coll. 23. Okt. 07; Approb. 17. Juli 97.]

Staffirmalerei, die, auf Zimmer u. Häuser in allen Farben u. nach versch. Methoden ꝛc. 8. Quedlinburg, 824, Basse.

Staffler (Red.), s. Volksblatt f. Tirol u. Vorarlberg.

Staffler, Augustin Fr., Die Idee einer rationellen Universal-Dolmetscher-Sprache. Verbesserter und durch viele Zusätze vermehrter Separat-Abdruck aus den „Neuen Tiroler Stimmen." gr. 8. (102 S.) Innsbruck, Vereinsbuchhandlung. 1869. 60 kr.

Staffler, Frz. Augustin, Blumenlese im Garten des Lichtes. 4. (IV und 48 S.) Innsbruck 853, (Wifting.)

Staffler, Hilarion

—— De militantis ecclesiae supremo capite Christo Jesu. Dai. 1773.

Staffler, Hilarion, De vera Iesu Christi militante ecclesia. Innsbruck 1771.

Staffler, Michael, Historia litteraria theologiae. Innsbruck, 1779, 4°.
Wurzbach, Biogr. Lexikon des Kaisertums Österreich, Wien 1878, 37. Teil, S. 88, vermutet als Verfasser den Tiroler Franziskaner Hilarion Staffler.

Staffler, Johann Jakob

Staffler, Dr. J. J. Religiös-moralische Erzählungen. Die Familie. — Der Pudel. — Das Testament. — Herausgegeben von — —. Innsbruck, 1855. Druck und Verlag von Felician Rauch. (IV. 172 S. 8.) geh.

Staffler, Joh. Jak., Tirol u. Vorarlberg, statist. u. topograph., mit geschichtl. Bemerkn. 1. Thl. Statistik. Lex.-8. (44¼ B. u. d. Bildn. d. Erzhrzgs. Johann.) Innsbruck 839. (Augsburg, Kollmann'sche Buchh.) *

Staffler, Joh. Jak., Tirol u. Vorarlberg, statistisch u. topographisch, mit geschichtl. Bemerkungen (in 2 Thln.) 2. Thl. 2 Bde. à 2 Hfte. gr. 8. Innsbruck, (Wagner'sche Buchh.) *

Inhalt:
1. Bd. 1. Hft. Die Kreise Vorarlberg u. Oberinnthal. (25⅝ B.) 841. * 1 Thlr. 17½ Ngr.
1. Bd. 2. Hft. Die Kreise Unterinnthal u. Wippthal. (36¼ B.) 842. * 2 Thlr. 6¼ Ngr.
2. " 1. " Der Kreis Pusterthal u. am Eisak. (34⅝ B.) 845. * 2 Thlr. 7½ Ngr.
" 2. " Der Kreis an der Etsch. (37⅛ B.) 846. * 2 Thlr. 10 Ngr.
1. Thl. Ebendas. 1839. * 2 Thlr. 15 Ngr., Velinp. * 2 Thlr. 20 Ngr. Vollständig * 10 Thlr. 26¼ Ngr., Velinp. * 11 Thlr. 26¼ Ngr.

Staffler, Joh. Jak., das deutsche Tirol u. Vorarlberg, topographisch mit geschichtl. Bemerkungen. 2 Bde. Mit e. vollständ. Nachschlag-Register. gr. 8. 1. Die Kreise: Vorarlberg, Oberinnthal u. Vinschgau, Unterinn- u. Wippthal. (L u. 974 S.) 2. Der Kreis Pusterthal u. am Eisak, und der an der Etsch. (1137 S. m. 1 lith. Portr.) Register über die in den deutschen Kreisen von Tirol u. in Vorarlberg vorkommenden Ortschaften, Berge u. Thäler, Gewässer u. merkwürd. Personen. gr. 8. (97 S.) Innsbruck 847, Pfaundler in Comm. n. 6 ₰

—— Register über die in den deutschen Kreisen von Tirol u. im Vorarlberg vorkommenden Ortschaften, Berge u. Thäler, Gewässer u. merkwürd. Personen. gr. 8. (6⅛ B.) Innsbruck 847, (Wagner'sche Buchh.) Thlr. *

Staffler, Johann Jakob: Tirol und Vorarlberg. Statistisch mit geschichtl. Bemerkungen. Neue unveränd. Ausg. — Innsbruck: Pfaundler in Komm. 1848. XXII, 683 S. [1. Ausg. 1841.]

Staffler, Jos., des Priesters Würde, Amt und Segen. Festpredigt zur Primizfeier des hochwürd. Herrn Jos. Pierling, gehalten in der Kirche der Gesellschaft Jesu zu St. Andrä im Lavanthale am 24. Juni 1860. Innsbruck, F. Rauch. gr. 8. (18 S.) 2 ngr.

Staffler, Michael, Historia litteraria theologiae. Innsbruck, 1779, 4°.
Wurzbach, Biogr. Lexikon des Kaisertums Österreich, Wien 1878, 37. Teil, S. 88, vermutet als Verfasser den Tiroler Franziskaner Hilarion Staffler.

Staffler, Paul: Über die Geburten junger Erstgebärender. *Halle a. S. 1898: C. A. Kaemmerer & C.* (27 S.) 8°
Halle, Med. Diss. v. 8. Juni 1898

Staffner, J., s. Gesangbuch, Straßburg.

Stafford, d. Graf,. Trsp. in 5 Aufz., nebst e. Versuch über d. Leben desselben ꝛc. a. d. Franz. d. Grafen Lally Tolendal. 3 Thle. 8. Lpz. Gräff.

— d. Graf,. Trsp. a. d. Frz. d. Lally-Tolendal. 8. Berl. Belitz. 796.

Stafford. Empfindsame Schilderungen in den Reisen eines Engländers des Lord Stafford
Römhild und Leipzig 1781.
340 S., 26 Taf. in Kupferst. 8°.
Kupferst. bez. F. A. Scheureck del et sc. Auf S. 22 nennt sich der Herausgeber Mosbach. Dargestellt Kostüme verschiedener Stände und Länder

Stafford, Joseph: Anatomical Structure of Aspidogaster conchicola . . . W. 4 lithogr. Plates. Jena: G. Fischer 1896. 2 Bl., 67 S., 4 Taf. 8°
Leipzig, Phil. Fak., Inaug.-Diss. v. [23. Juli] 1896

Stafford's, William, drei Gespräche üb. die in d. Bevölkerg. vorbreit. Klagen, s.: Sammlung älterer u. neuerer staatswissenschaftl. Schriften, Nr. 5.

Stage, the English, being a collection of the most reputed dramatic pieces, enlarged with German notes and the lives of the authors by Köhler and Seitz. Part 1: The good-natured man. A comedy in 5 acts by Oliver Goldsmith. Explained by Seitz. 8. (VII und 82 S.) Jever 866, Mettcker und Söhne. *

Stage, A., „Redet m. Jerusalem freundlich!" 12 Predigten, in der Interimskirche zum heiligen Kreuz geh., u. zur Erinnerg. an gemeinsame Feierstunden der Gemeinde dargereicht. 8. (VIII, 142 S.) Berlin 890. G. Nauck. n. 1. 50; geb. n. 2. —; geb. m. Goldschn. n. 2. 50

Stage, F. W., erste Schreib- u. Leseschule, ein Büchlein für den Schreib-Leseunterricht. gr. 8. (5 B.) Magdeburg 844, Baensch.

Stage, Curt, Antrittspredigt bei seiner Einführung in das Amt des Hauptpastors zu St. Katharinen in Hamburg. Geh. am 27. VIII. 1903. (15 S.) gr. 8. Hamburg 903. H. Seippel. n. — 50

Stage, Curt, Antrittspredigt, bei s. Einführg. in d. Pastorat zu St. Petri in Hamburg am Freitag, den 29. März 1895 geh. gr. 8. (14 S.) Hamburg 895. H. Seippel. n. — 50

— Geist u. Leben. E. Jahrgang Predigten üb. d. altkirchl. Episteln. Unt. Mitwirkg. namhafter Prediger hrsg. gr. 8. (XII, 640 S.) Braunschweig 895. Berlin, C. A. Schwetschke & Sohn. n. 9. —; geb. n. 10. —; m. Goldschn. n. 10. 50

Stage, Curt, Geist u. Leben. Epistelpredigten. 2. Bd. Predigten üb. die v. der deutschen evangel. Kirchenkonferenz festgesetzte 2. Reihe der Episteln. Unter Mitwirkg. namhafter Prediger hrsg. gr. 8. (XII, 587 u. VII S.) Berlin 899. C. A. Schwetschke & Sohn. n. 9. —; geb. n. 10. —

— s.: Glaubenslehren, christliche, im Lichte der liberalen Theologie.

— Gnade u. Freiheit. Ein Jahrgang Predigten üb. die von der deutschen evangel. Kirchenkonferenz festgesetzten alttestamentl. Perikopen. Unter Mitwirkg. namhafter Prediger hrsg. Lex.-8. (XII, 607 S.) Ebd. 901. n. 9. —; geb. n. 10. —

Stage, Kurt (Hrsg.), s.a. Gnade und Freiheit.

Stage, Curt: Rede am Sarge von Professor Dr. Franz Rudolf Eyssenhardt, Dir. d. Hamburg. Stadtbibliothek. [Hamburg 1901.] (8 S.) 8°

— Religion u. Sittlichkeit. Vortrag, geh. auf Veranlassg. des Parochialvereins v. Heilig-Kreuz zu Berlin. 8. (20 S.) Berlin 893. Bibliograph. Bureau. — 30

— St. Katharinen, s.: Hamburg's fünf Hauptkirchen.

Stage, Kurt. Die Stellung der evangel. Kirche zur Feuerbestattung. Dessau 1904.

— s.: Testament, das Neue, übers. in d. Sprache der Gegenwart.

— Wahrheit u. Friede. Ein Jahrgang Predigten üb. die altkirchl. Evangelien. Unter Mitwirkg. namhafter Prediger hrsg. gr. 8. (III, 608 S.) Braunschweig 894. C. A. Schwetschke & Sohn. n. 9. —; geb. n. 10. —; m. Goldschn. n. 10. 50

— Wahrheit u. Friede. Evangelienpredigten. 2. Bd. Predigten üb. d. v. d. deutschen evang. Kirchenkonferenz festges. 2. Reihe d. Evangelien. Unt. Mitwirkg. namhafter Prediger hrsg. gr. 8. (XII, 628 S.) Berlin 898. C. A. Schwetschke & Sohn. n. 9. —; geb. n. 10. —; m. Goldschn. n. 10. 50

— Wahrheit u. Friede. Evangelienpredigten. 1. Bd. Predigten üb. die altkirchl. Evangelien. Unter Mitwirkg. namhafter Prediger hrsg. 2. veränd. Aufl. (XV, 640 S.) gr. 8. Berlin 906. [C. A. Schwetschke & Sohn.] Leipzig, M. Heinsius Nachf. n. 9. —; geb. n. 10. —

Stage, Curt, was ist evangelischer Glaube? gr. 8. (16 S.) Berlin 894. K. G. Wiegandt. n. — 20

Staege, Paul (geb. Potsdam 29. 4. 1853): Indicationen zur Amputation auf dem Hauptverbandplatze. Berlin (1876). (32 S.) 8°
Berlin, Med. Diss. v. 3. März 1876

Stagel, Elsbet. Das Leben der Schwestern zu Töss, beschrieben von E' St', samt der Vorrede von (Bruder) Johannes Meier und dem Leben der Prinzessin Elisabet von Ungarn. Hrg. von Ferdinand Vetter. Mit zwei Tafeln in Lichtdruck und einer Nachbildung der Platte des Fürstengrabes von Töss. XXVI + 134 S. gr.-8. Berlin, Weidmann, 1906.
Deutsche Texte des Mittelalters, hrg. von der Königlich Preussischen Akademie der Wissenschaften. Band 6 … .

Stagelfeld, A, Die Principien der Fichteschen Offenbarungskritik in ihrem Zusammenhange mit Kants Lehre betrachtet. Inaugural-Dissertation der philos. Fakultät der Hochschule Zürich zur Erlangung der Doktorwürde vorgelegt. 32 Stn. 8. Meerau, Druck von J. Sievers. 1876.

Stägemann, C., Nachdrucksgesetz für den norddeutschen Bund. Gesetz betr. das Urheberrecht an Schriftwerken, Abbildungen, musikalischen Kompositionen und dramatischen Werken. Nach den Verhandlungen des Reichstages. In Verbindung mit den vollständ. amtl. Motiven zu dem Entwurfe des Bundesraths und zu den stattgefundenen Aenderungen desselben und unter Berücksicht. des von dem Ausschusse des Buchhändler-Börsen-Vereins erstatteten Gutachtens. gr. 8. (112 S.) Berlin 870, Hempel. *

v. Stägemann, Elisab., Erinnerungen für edle Frauen. Nebst Lebensnachrichten üb. die Verfasserin u. einem Anhange von Briefen. 2 Bde. Mit Portrait u. Facsimile. 8. Leipzig 846, Hinrichs'sche Buchh. 2½ ℛ

Staegemann, (Johanna) Elisabeth von. Erinnerungen für edle Frauen. . . . Leipzig 1846. H: *Dorow, Wilhelm.* (BrMm) (GGr)

Stägemann, Elisabeth v., Erinnerungen für edle Frauen. 2. Aufl. Mit einer Einleitung von F. Gust. Kühne. Leipzig 858. Hinrichs. 8. (340 S.) 1 ℛ 10 ngr

Stägemann, Elisabeth v., Erinnerungen für edle Frauen. 3. (Titel-)Ausg. Mit einer Einleitung von F. Gust. Kühne. 8. (349 S. mit dem Portr. des Verf. in Stahlst.) Leipzig (858)73, Hinrichs' Verlag. geb.

Briefe und Aktenstücke zur Geschichte Preußens unter Friedrich Wilhelm III. vorzugsweise aus d. Nachlaß von F[riedrich] A[ugust] v. Stägemann. Hrsg. von Franz Rühl. Bd 1–3 [nebst] Ergänzungen. Leipzig: Duncker & Humblot 1899–1904. 4 Bde 8°
1. 1899. 2. 1900. 3. (In 2 Th.) 1902.
Ergänzungen = Stägemann: Aus d. Franzosenzeit. 1904.
= Publikation d. Vereins f. d. Geschichte von Ost- u. Westpreußen. [12. 14. 15. 19.] [05. 4529

— s.a. Briefe u. Aktenstücke zur Geschichte Preussens unter Friedrich Wilhelm III.

Briefe von Friedrich August v. Stägemann an Karl Engelbert Oelsner aus d. Jahren 1818 u. 1819. Hrsg. von Franz Rühl. *Berlin: R. Schröder 1901.* (122 S.) 8° [F.]
= Bausteine z. Preussischen Geschichte. Jg. 1, H. 3. [01. 499

Stägemann, Fr. Aug. v., histor. Erinnerungen in lyr. Gedichten. gr. 8. (24 B.) Berlin 828, Reimer.

Aus der Franzosenzeit. Vorzugsweise aus d. Nachlaß von F[riedrich] A[ugust] v. **Stägemann**. Hrsg. von Franz Rühl. Leipzig: Duncker & Humblot 1904. (XXVI, 326 S.) 8°
= Stägemann: Briefe u. Aktenstücke z. Gesch. Preußens unter Friedrich Wilhelm III. Ergänzungen.
= **Publikation** d. Vereins f. d. Gesch. von Ost- u. Westpreußen. [19.] [c?.433°

— Kriegs-Gesänge aus d. Jahren 1806 bis 1813. gr. 8. Halle 814. 2e Ausg. mit Anh. 816. (Waisenhaus-B.) 1 ₰

Stägemann, Fr. A. von, Kriegs-Gesänge aus den Jahren 1806 bis 1815. 2te Ausgabe. gr. 8. Halle, Waisenhaus. 816.

— aus Obigem ist abgedruckt: 1r u. 2r Anh. zu d. Kriegsgesängen. gr. 8. Halle 816. 14 gr 3r Nachtrag. Nebst Anh. Ebd. 818. 1 ₰ 8 gr A. u. d. T.: Erinnerr. an die preuß. Thaten in d. J. 1813—15.

Staegemann, Wald., Stegreifkinder. (Gedichte.) 12. (VI, 66 S.) Leipzig 899. Duncker & Humblot.
Geb. in Leinw. n. 2. —

Stegreifkinder. Gedichte von Waldemar **Staegemann**. Berlin: A. Hofmann & Co. 1907. (75 S.) 8° [F.] [08. 1406

Staegemann, Waldemar, Bacc. jur. in Leipzig: Das **Zeugnis** des Handlungsgehilfen (§ 73 HGB.). *Leipzig 1903: A. Edelmann.* (35 S.) 8°
Leipzig, Jur. Diss. v. 1903

Stäger, Friedrich (Bearb.), s. A e s c h y l u s : Die feindlichen Brüder von Thebe.

Stäger, Fr. (Bearb.), s. A e s c h y l u s : Sieben gegen Theben.

Staeger, Fridericus Wilhelmus Georgius: • **De terrae coelique sphaerarum divisione mathematica dissertatio, quam ex libro, in quo geographiam mathematicam traditurus est, anticipavit.** 21 Bl., 1 Taf. 8° (4°)
Halle-Wittenberg, Phil. Diss. v. 6. Dez. 1822
Geb. [Schwarme (Kr. Hoya; Hannover) 25. 2. 1792]
Das Diplom spricht auch von: orationibus nuperrime editis tum ad religionem tum ad mores spectantibus. (= Reden, religiös. u. moral. Inhalts, gehalten ... v. Fr. Stäger, K. Schirlitz, F. A. M. Fiedler, S. Schirlitz. Halle 1821). Vgl. Reden...

Stäger, F., Nacht u. Morgenroth, od. Guttenberg; gefeiert im 4. Jubeljahr d. Buchdruckerkunst zu Halle a. d. Saale. 8. (.. B.) Halle 840, [Berlin,] Gebauersche Buchh.

Stäger, F. Briefe von Phalaris, aus der Sammlung Φαλάριδος ἐπιστολαί ausgewählt und übersetzt. 34 S. . . . . .
Halle, W., Progr. 1832
Vgl. P r o g r a m m d. lat. Hauptschule...

Stäger, Friedrich, s. S o p h o c l e s : Antigone.

Stäger, Fr., s. Sophocles Oedipus.

Stäger, Fr. (Wlh. Geo), s. Sophokles Tragödien.

Staeger, J. L., die Cholera als Krankheit der Haut dargestellt. gr. 8. (VIII und 102 S.) Mitau 850, Reyher.

Staeger, J. L., das Fieber und die neuern Fiebertheorien. Ein kritisch-physiologischer Beitrag zur Fieberlehre. gr. 8. (VIII und 308 S.) Mitau 857, Reyher'sche Verlagsbuchh.

Stäger, Jacques. Sind in den Aluminium-Kupfer-Legierungen chemische Verbindungen anzunehmen? Diss. Phil. [II.] Univ. Zürich. [Mit Figuren.] 52 S. 8. Zürich, Fritz Amberger, 1902.

Stäger, Joh. Ant., das schweizerische Postwesen zur Zeit der Helvetik. Nach officiellen Quellen bearb. gr. 8. (IV, 112 S.) Bern 879. Wyss. n. 1. 50

Stæger, Joh. Ant. (Postsecretär in Bern). Das schweiz. Postwesen zur Zeit d. Helvetik. Nach officiell. Quellen bearbeitet. 2. Aufl. In-8°. Bern, K. J. Wyss. 1879. 1 50

Staeger, Johann Rudolf: Dissertatio inauguralis de a r t h r i t i d e vaga.
Basel; med. Diss. 1705

Staeger, Paul [Prof.]: Über die durch die Gleichung $y = \frac{\lambda}{3r^3}(r^2 - x^2)^{\frac{3}{2}}$ dargestellte Kurve. Eisleben, Druck v. E. Schneider, *1894;* 1—21 S. 4.
Eisleben, st. RPG '(künftige „R")', OP 1894 (261)

Staeger, P*aul* [stellvertr. Dir.]: Kurze Zusammenstellung der wichtigsten Berechtigungen der Anstalt. Eisleben, Druck v. E. Schneider, *1893;* S. 50. 4.
Eisleben, st. RPG '(künftige „R")', OP 1893 (263)

Stäger, Rob[ert]. Fremdländische «Alpenpflanzen». ⟨Vegetationsbilder aus beiden Hemisphären.⟩ Von Dr. Rob. St' [Bern]. Sonderabdruck aus «Natur und Offenbarung». Band 48. S. 427—431. 8. Münster, [Aschendorff,] 1902.

Stäger, Rob., Beitrag zur schweizerischen Epiphytenflora. (III, 74 S. m. 3 Fig. u. 1 Taf.) gr. 8. Bern 908. (K. J. Wyss.) 1. 20
Sonderabdruck aus: „Mittlgn. d. naturforsch. Gesellsch. in Bern".

Stäger, Ro[bert]. Beiträge zur Blütenbiologie. Von Dr. Rob. St', Bern. ⟨Mit einer Abbildung.⟩ Sonderabdruck aus «Natur und Offenbarung». Band 52. S. 449—456. 8. Münster [Aschendorff,] 1906.

Stäger, Rob[ert]. Weitere Beiträge zur Biologie des Mutterkorns. Von Dr. Rob. St', Bern. Abdruck aus dem Centralblatt f. Bakteriologie, Parasitenkunde u. Infektionskrankheiten. Abteilung II.... Band 14. 1905. No. 1. S. 25—32. 8. Jena, Gustav Fischer.

Stäger, Rob[ert]. Neuer Beitrag zur Biologie des Mutterkorns. Von Dr. Rob. St', Bern. Abdruck aus dem Centralblatt f. Bakteriologie, Parasitenkunde u. Infektionskrankheiten. Abteilung II.... Band 17. 1906. No. 22/24. II S. + S. 773—784. 8. Jena, Gustav Fischer, (1907).

Stäger, Rob[ert]. Beobachtungen über Insekteneinbruch und Honigraub an Blüten mit tiefgeborgenem Nektar. Sonderabdruck aus «Natur und Offenbarung». Band 48. S. 234—236. 8. Münster, [Aschendorff,] 1902.

Stäger, Rob[ert]. Weitere Fälle von Mimicry im Pflanzenreich aus der Litteratur. Sonderabdruck aus «Natur und Offenbarung». Band 47. S. 697—699. 8. Münster, [Aschendorff,] 1901.

Stäger, Rob(ert). Gewächse mit «Fensterblüten». Sonderabdruck aus «Natur und Offenbarung». Band 48. S. 482—485. 8. Münster, [Aschendorff,] 1902.

Stäger, Rob[ert]. Gleichfarbigkeit von Blumen und Schmetterlingen. Sonderabdruck aus «Natur und Offenbarung». Band 47. S. 36—38. 8. Münster, [Aschendorff,] 1901.

Stäger, Rob[ert]. Infectionsversuche mit Gramineen-bewohnenden Claviceps-Arten. Separat-Abdruck aus der Botanischen Zeitung 1903. Heft 6/7. S. 111—158. kl.-4. [Leipzig, A. Felix.]

Stäger, Rob[ert]. Studien über die «Saftdecke» der Labiaten. Sonderabdruck aus «Natur und Offenbarung». Band 47. S. 438—440. 8. Münster, [Aschendorff,] 1901.

Stäger, Rob., Symptome u. Behandlung d. Schwangerschaft u. Geburt bei in d. 2. Hälfte d. Gravidität abgestorb. Früchten. Diss. gr. 8. (32 S.) Bern 895. (H. Körber.) n. — 50

Stäger, Rob[ert]. Über die Verbreitung unserer Alpenpflanzen. Von Dr. Rob. St', Bern. Sonderabdruck aus «Natur und Offenbarung». Band 53. S. 8—14. 8. Münster, [Aschendorff,] 1907.

(Staeger v. Waldburg.) Ereignisse in der Festung Mantua 1848. 8. Wien 1849.

Stäger, Jh. von Waldburg, s. v. Ragusa, Herzog, über den Geist des Militairwesens.

Stagge, ..., (Koch in Berlin,) s. Koch, der, wie er sein sollte.

Staggemeyer, Frdr., üb. Berg u. Tal. Gedichte. (72 S.) 8. Leipzig 905, Modernes Verlagsbureau. n. 1. —

Stagl Rudolf: Theodor Körner als Dramatiker mit bes. Berücksichtigung Schillerischen Einflusses. 20. Stockerau 00.
Progr.

Stagl Rudolf: Theodor Körner unter dem Einfluß von Friedrich Schiller.
1900 PN 1278 Diss. Wien, Univ.

Stagl, Rudolf: Plutarch im Verhältnis zu seiner Quelle Polybius in der vita des Aratus. 19 S. 8.
Progr. K. k. Staats-Gymn. im XIII. Bezirke Wien 1901.

Paulus. Seine religiöse Persönlichkeit auf Grund s. Briefe. Predigten von Martin **Stäglich**, Pfarrer. Berlin: G. Nauck 1909. 74 S. 8°
[10. 9007

Staegmann, B. A. v., die Theorie des Bewußtseyns im Wesen. gr. 8. (XXIV und 703 S.) Berlin 864, Herz. *

STAEGMEYR, Carl (München): De scarlatinae febre et exanthemate.- Monachii: Wolf 1844. 13 S.
17.5.1841 - Urk: F 65 (= Stegmayr)
Diss. Ingolst.-Landsh.-München.

Stagnelius, Erik Johan

Stagnelius, E. J., Blenda, s. Universal-Bibliothek Nr. 623—625.

Stagnelius, E. J., die Märtyrer. Dramatisches Gedicht. Aus dem Schwed. übers. von Ludw. Clarus. Regensburg 853. Manz. 16. (160 S.) 22½ ngr.

Stagnelius, E. J., gesammelte Werke, s.: Bibliothek, Skandinavische, 7—12. Bd.

Stagnelius, (E. J.,) Wladimir d. Große; ein pisches Gedicht in 3 Gesängen. Aus d. Schwed. übers. v. Olof Berg. 8. Königsberg 827, Bornträger.

Stagnelius, E. J., Wlademir der Große; ein episches Gedicht in 3 Gesängen; aus d. Schwed. übers. v. Olof Berg. 8. Königsb. 828. Bornträger. 20 gr.

Stagni, Alex., Abhandl. von d. Einflusse der kathol. Religion auf das Wohl der Regierungen u. Gesellschaften, durch Vernunftschlüsse u. vollkommene Eingeständnisse d. Philosophen unserer Zeiten bewiesen. Aus d. Italien. gr. 8. Augsb. 806. Bolling. (Leipz., Herbig). 1 ß 8 gr.

Stagni, **Al.**, Abhandlung von dem Einfluß der kathol. Religion auf das Wohl der Regierungen und der bürgerlichen Gesellschaft. Aus dem Italienischen. Augsburg, Bolling, 1806, gr. 8°.

Stagnum, Totum. Das Kieler Privileg von 1242 und der Prozess um den Hafen. Kiel 1905. V: *Schirren*, *Carl.* (Berl)

Totum **Stagnum**. Das Kieler Privileg von 1242 und der Prozeß um den Hafen. Kiel: P. Toeche 1905. (20 S.) 8° [06. 6106

Stahel und Buonaparte und zwar Stahel, wie billig, voran. [Halberst. 1798.] V: *Fischer*, *Gottlob Nathanael.* (ML)

Stahel's Kegelbuch zum Einzeichnen der Kegelspiele. Ausg. A u. B. 2. Aufl. 4. Würzburg 893. Stahel. Kart. n. 2. 70
A. Für 192 Partieen (Schmitzen). n. 1. 20
B. Für 264 Partieen (Schmitzen). n. 1. 50

Stahel's Kegelbuch zum Einzeichnen d. Kegelspiele. Ausg. I. F. 160 Partie-Spiele (Schmitzen). 3. Aufl. gr. 4. (84 S. m. Fig.) Würzburg 895. Stahel'sche Verlagsanst. Kart. n. 1. —

— dasselbe. 5., erweit. Aufl. Ausg. I. 4. (126 S. m. Fig.) Ebd. 899. Geb. n. 1. 20; Ausg. II. (186 S.) Geb. n. 2. —; Ausg. III. (II, 200 S.) Geb. n. 2. —

Stahel, die rollende Kugel. Ein Bewegungs-System, als Versuch zu einer theilweisen Ersparung der Dampfkraft. Deutsch u. französisch. gr. 8. (3¾ B. u. 1 Stnt.) Brünn 843. (Wien, Beck'sche Universit.-Buchh.) *

Stahel's Notizzettel über Papiergeld. 1—11. Aufl. Würzburg 863, 64. Stahel. 4. n. 2 ngr.

Stahel's Notizzettel über Papiergeld. 1.—19. Aufl. gr. 4. Würzburg 863—67, Stahel'sche Buchh.

Stahel's Notizzettel über Papiergeld. 12—24. Aufl. Würzburg 865—70. Stahel'sche Buchh. gr. 4. 2 ngr.

Stahel's Notizzettel üb. Papiergeld. 30. Aufl. Würzburg, Stahel'sche Buchh. 1875. 16.

Stahel's Notizzettel über Papiergeld. 20.—37. Aufl. Fol. Würzburg 869—75, Stahel'sche Buchh. In Couvert. *

— Portemonnaie-Münzrechner od. Umwandlg. v. altem Geld in neues u. umgekehrt. 128. (16 S.) Ebend. 875.

—— Prüfungs-Bibliothek für einjährige Freiwillige. 1. Bdchn. und 2. Bdchn. 3 Abthlgn. 8. Ebendas.
Subscr.-Pr. à Bdchn. * M 1,20. *
Einzel-Pr. *

Inhalt:

Bdchn. 1. Koller, Thdr., Naturgeschichte. Kurzgefaßter Ueberblick über die drei Naturreiche in Fragen und Antworten dargestellt für Jene, welche sich der Prüfung aus der Naturgeschichte behufs des Eintritts in den einjährigen Freiwilligendienst unterziehen wollen. (101 S.) * M 1,40. 1868.

2. Bienenfeld, Heinr., Mathematik. 1. Abthl.: Taschenbuch der Arithmetik in Fragen und Antworten, fertigen Beispielen und Uebungsbeispielen dargestellt. (VII, 80 S.) 869. * M 1,20. — 2. Abthl.: Taschenbuch der Algebra in Fragen und Antworten, fertigen Beispielen und Uebungsbeispielen. (VI, 144 S.) 869. * M 1,50. — 3. Abthl.: Taschenbuch der Geometrie in Fragen und Antworten, allgemeinen Beweisen und prakt. Aufgaben dargestellt für Jene, welche sich der Prüfung aus der Mathematik behufs des Eintrittes in den einjähr. Freiwilligendienst unterziehen wollen. (VII, 68 S. mit eingedr. Holzschn.) 870. Einzeln * M 1,40.

Stahel's Prüfungs-Bibliothek für einjährig Freiwillige. 3. Bdchn.: Kleine deutsche Literaturgeschichte von H. R. 8. (VII, 39 S.) Würzburg 876, Stahel'sche Buchh. 60 Pf.; geb. *
Einzelpr. * 70 Pf.; geb. *
1. und 2. Bdchn. Ebendas. 1869.70. * M 4,80.

— Sammlung v. Prüfungsaufgaben. Nr. 1—3, 5 u. 9. 12. Ebd. Kart. n. 6.40

1. Prüfungs-Aufgaben, gegeben bei d. Aufnahme in d. I. Gymnasialklasse an versch. bayer. Gymnasien. Als Uebungsstoff f. d. Vorbereitg. z. Aufnahms-Prüfg. zusammengest. 2., wesentl. verm. Aufl. v. Frz. Jäger. (56 S.) 895. n. —80
2. (Absolutorialaufgaben 1. Hft.) Aufgaben aus d. Mathematik u. Naturwissenschaft, gegeben an den humanist. Gymnasien, Real-Gymnasien u. Realschulen Bayerns. Als Uebungsstoff f. d. Repetitionsunterricht zusammengest. Von Jos. Duerne. 7. Aufl. (Ergänzt bis 1897.) (III, 124 S.) 898. n. 1.—
3. (Absolutorialaufgaben 2. Hft.) Aufgaben aus d. Deutschen, Französischen u. Englischen, gegeben an d. humanist. Gymnasien, Real-Gymnasien u. Realschulen Bayerns. Als Uebungsstoff f. d. Repetitionsunter. zusammengest. Von Fritz Jäger. 7. Aufl. (Ergänzt bis 1897.) (II, 147 S.) 898. n. 1.—
5. Hohe's Erläuterungen zu d. Absolutorialaufgaben aus d. Lateinischen an d. humanist. u. Real-Gymnasien Bayerns. Nebst Probe-Uebersetzgn. Für Schüler d. oberen Kurses dieser Anstalten bearb. v. e. prakt. Schulmanne. 4., unveränd. Aufl. (IV, 143 S.) 895. n. 1.20
9. Stadt- u. Marktschreiber-Prüfung, die, in Bayern. Aufgaben, gegeben bei d. Stadt- u. Marktschreiber-Prüfgn. Zur prakt. Vorbereitg. zusammengest. Nebst d. Prüfungs-Vorschriften. (III, 159 S.) 898. n. 2.40

Nr. 6—7 u. 8 erschienen nur als Einzeltitel: Prüfungs-Aufgaben an den Lehrerbildungs-Anstalten Bayerns. 884. 1. u. 2. Lfg. u. Herberich, Gust., Prüfungsaufgaben. 892.

Stahel's Sammlung v. Prüfungsaufgaben. Nr. 2, 3, 5, 8 u. 10—12. 8. Würzburg, Stahel's Verl. Kart. n. 9.20

2. Die Absolutorialaufgaben aus der Mathematik u. Naturwissenschaft, gegeben an den humanist. Gymnasien, Real-Gymnasien u. Realschulen Bayerns. Als Übungsstoff f. den Repetitionsunterricht zusammengestellt. Von Jos. Duerne. 8. Aufl. (III, 109 S.) 900. n. 1.—
3. Die Absolutorial-Aufgaben aus der französischen Sprache, gegeben an den humanist. Gymnasien, Realgymnasien u. Realschulen Bayerns. Als Übungsstoff f. den Repetitionsunterricht zusammengestellt. Von Frz. Jäger. 8. vervollständ. Aufl., durchgesehen von J. Friedrich. (IV, 113 S.) 901. n. 1.—
5. Hohe's Erläuterungen zu den Absolutorialaufgaben aus dem Lateinischen (Deutsch-Lateinisch), gegeben an den humanistischen u. Real-Gymnasien Bayerns. Nebst Probe-Uebersetzgn. Für Schüler der Oberklasse dieser Anstalten bearb. v. e. prakt. Schulmanne. 5. unveränd. Aufl. (IV, 143 S.) 900. n. 1.20
8. Vorbereitungsbuch f. das Einj.-Freiw.-Examen. Prüfungs-Aufgaben aus allen Fächern: Deutsch, Französisch, Englisch, Lateinisch, Griechisch, Arithmetik u. Algebra, nebst den wichtigsten Bestimmgn. f. Einj.-Freiw. bis zu ihrem Diensteintritt. Von Gust. Herberich. 2. ergänzte u. verm. Aufl. (IV, 143 S.) 900. n. 1.50
10. — dasselbe. Schlüssel. (128 S.) 900. n. 2.50
11. Die Absolutorial-Aufgaben aus dem Englischen u. Deutschen, gegeben an den humanist. Gymnasien, Realgymnasien u. Realschulen Bayerns. Als Übungsstoff f. den Repetitionsunterricht zusammengestellt. Von Frz. Jäger. 8. vervollständ. Aufl., durchgesehen von J. Friedrich. (IV, 94 S.) 901. n. 1.—
12. Ferienaufgaben aus der Planimetrie. Zur Nachhülfe u. als Uebungsstoff gegeben, nebst Anleitg. zur Lösg. Von Heinr. Bauerreiß. (IV, 70 S.) (902.) n. 1.—

Stahel, s. a. Sammlung, Stahel'sche, v. Prüfungsaufgaben.

— Sammlung deutscher Reichsgesetze u. bayerischer Gesetze. (Würzburger Volksausg.) Nr. 7, 12, 58, 310, 322, 327, 379—381. 12. Ebd. 894. n. 11.5

7. Des Königr. Bayern Verfassungsgesetze. 4. Aufl., verm. durch e. ausführl. Sachregister. Nach dem gegenwärt. Stand der Gesetzgebg. ergänzt u. m. Anmerkgn. u. Hinweisen versehen v. e. prakt. Juristen. (VI, 272 S.) Geb. in Leinw. n. 2.50
12. Bayer. Ausführungsgesetz zur Strafprozeßordnung f. das Deutsche Reich. Gesetz vom 18. Aug. 1879. Mit Sachregister. 3. Aufl. (50 S.) Kart. n. —60
58. Allgemeine deutsche Wechselordnung. Nach dem gegenwärt. Stand der Gesetzgebg. 4. Aufl. (29 S.) Kart. n. —50
310. Civilprozeßordnung f. das Deutsche Reich. 2. Aufl. (S. 187—381 u. 63 S.) Kart. n. 2.—
322. Strafgesetzbuch f. das Deutsche Reich. Nach dem gegenwärt. Stand der Gesetzgebg. 5. Aufl. (VI, 104 S.) Kart. n. —90
327. Strafprozeßordnung f. das Deutsche Reich. Neue Ausg. (S. 95—208.) n. —90
379. — dasselbe. 2. Aufl. Nebst bayer. Ausführungsgesetz vom 18. Aug. 1879 u. Sachregister dazu. (S. 95—208 u. 50 S.) Kart. n. 1.40
380. Allgemeines deutsches Handelsgesetzbuch. Hrsg. v. J. v. Lutz. 15. Aufl. Vervollständigt durch die Einführungsgesetze u. die späteren ergänz. u. ändernden Gesetzes-Normen. (V, 108 u. 77 S.) Kart. n. 1.50
381. Reichs-Stempelgesetz vom 27. Apr. 1894. (Börsensteuergesetz.) Mit Tarif u. Ausführungsvorschriften. (VII, 75 S.) Kart. n. —75

— Sammlung deutscher Reichsgesetze u. bayer. Gesetze. (Würzburger Volksausgabe.) Nr. 382. 12. Ebd. 895. Kart. n. 1.—

Gerichtsverfassungs-Gesetz f. d. Deutsche Reich. Nach d. gegenwärt. Stand d. Gesetzgebg. 2. Aufl. (III, 79 u. bayer. Ausführungsgesetz 24 S.)

— Sammlung deutscher Reichsgesetze u. bayerischer Gesetze (Würzburger Volksausg.). Nr. 58, 112, 147, 148. 12. Ebd. n. 4.80

58. Wechselordnung, allgemeine deutsche. Nach dem gegenwärt. Stand der Gesetzgebg. 5. Aufl. (29 S.) 899. Kart. n. —50
112. Disziplinar-Satzungen f. die k. bayerischen Gymnasien u. Realgymnasien. K. Ministerialentschließungen vom 24. u. 27. IX. 1874. 3. Aufl. (7 S.) 903. n. —20
147. Die Schulordnungen f. die humanistischen Gymnasien, Progymnasien u. Lateinschulen im Königr. Bayern, vom 23. VII. 1891, bezw. vom 25. VI. 1894, dann die Prüfungsordng. f. das Lehramt an humanist. u. techn. Unterrichtsanstalten vom 21. I. 1895 m. den seither erschienenen authent. Interpretationen, Ergänzgn. u. Vollzugsbestimmgn. Nach amtl. Quellen bearb. Von J. Füger. (VI, 154 S.) 900.
148. Die neue Bader-Ordnung v. 31. III. 1899. (16 S.) 900.

Stahel's Sammlung deutscher Reichsgesetze u. bayerischer Gesetze (Würzburger Volksausg.). Nr. 150. 12. Würzburg, Stahel's Verl. Kart. 2. —

150. Brunner, J., Die Gesetze üb. die direkten Steuern in Bayern: I. Einkommensteuergesetz vom 9. VI. 1899. Mit e. allgemeinen Übersicht üb. die direkten Steuern, den einschläg. Vollzugsvorschriften, e. speziellen Erläuterg. u. e. alphabet. Register. Gemeinverständlich dargestellt. (XI, 162 S.) 1900

— Sammlung deutscher Reichsgesetze u. bayer. Gesetze, Fortsetzg., s.: Sammlung, Stahel'sche usw.

Stahel's gemeinnützlicher Schreib-Kalender auf die J. 1885—1889. 83.—87. Jahrg. 4. (à Jahrg. ca. 150 S.) Würzburg, Stahel'sche Universitäts-Buchh. cart. à Jahrg. * Mit Pap. durchsch. à Jahrg. *

Stahel's gemeinnützlicher Schreib-Kalender auf d. J. 1891. 89. Jahrg. 4. (148 S.) Würzburg, Stahel. cart. n. 1.—; m. Pap. durchsch. n. 1.60

Stahel's gemeinnützlicher Schreib-Kalender, zugleich Termin-Kalender u. Cassabuch auf d. J. 1893. 91. Jahrg. 4. (VIII, 140 S.) Würzb., Stahel. cart. * 1 —; m. Pap. durchsch. * 1 60

Stahel's gemeinnütziger Schreib-Kalender. Ein Termin-Kalender, Kassabuch u. Haushaltungsbuch auf d. J. 1895. Für Kanzleien, Gerichtsstellen, Rentämter, Notare, Rechtsanwälte, Gerichtsvollzieher, Kontore, f. die Haus- u. Landwirthschaft. Für Katholiken, Protestanten u. Israeliten eingerichtet. 93. Jahrg. 4. (VIII, 139 S.) Würzburg, Stahel. Kart. n. 1.—; m. Pap. durchsch. n. 1.60

— gemeinnütziger Schreib-Kalender. Ein Termin-Kalender, Kassabuch u. Haushaltungsbuch f. d. J. 1899. Für Kanzleien, Gerichtsstellen, Rentämter, Notare, Rechtsanwälte, Gerichtsvollzieher, Kontore, f. d. Haus- u. Landwirthschaft. Sowohl f. Katholiken, als Protestanten, als Israeliten eingerichtet. 97. Jahrg. 4. (VIII, 139 S.) Ebd. Kart. n. 1.—; u. durchsch. n. 1.60

— gemeinnütziger Schreib-Kalender. Ein Termin-Kalender, Kassabuch, Haushaltungsbuch u. Auskunftsbuch f. jedermann f. d. J. 1903. 101. Jahrg. Für Kanzleien, Gerichtsstellen, Rentämter, Notare, Rechtsanwälte, Gerichtsvollzieher, Kontore, für die Haus- u. Landwirthschaft u. s. w. Sowohl f. Katholiken, als Protestanten, als Israeliten eingerichtet. 4. (VIII, 146 S.) Würzburg, Stahel's Verl. Kart. n. 1.25; u. durchschn. n. 2.—

— gemeinnütziger Schreibkalender. Termin-Kalender, Kassabuch, Haushaltungsbuch u. Auskunftsbuch f. d. J. 1907. Nebst dem 1. Quartal d. J. 1908. 105. Jahrg. Für Kanzleien, Gerichtsstellen, Rentämter, Notare, Rechtsanwälte, Gerichtsvollzieher, Kontore, f. die Haus- u. Landwirtschaft u. s. w. Sowohl f. Katholiken, als Protestanten, als Israeliten eingerichtet. 2 Tle. (1. Tl. VIII, 115 S.) Lex.-8. Würzburg, Stahel's Verl. Für vollst. kart. 1.25; u. durchsch. 2.—; geb. in Leinw. 2.25; u. durchsch. 3.—

Stahel's gemeinnütziger Schreib-Kalender. Termin-Kalender, Kassabuch, Haushaltungsbuch u. Auskunftsbuch f. d. J. 1909. Nebst Terminkalender f. Jan. bis April 1909. 106. Jahrg. Für Kanzleien, Gerichtsstellen, Rentämter, Notare, Rechtsanwälte, Gerichtsvollzieher, Kontore, f. die Haus- u. Landwirtschaft u. s. w. Sowohl f. Katholiken, als Protestanten u. Israeliten eingerichtet. (VI, 114 S.) Lex. 8. Würzburg, Stahel's Verl.
Kart. 1.25; u. durchsch. 2.—; geb. in Leinw. 2.25; u. durchsch. 3.—

—— Taschen-Fahrplan für Bayern r. Rh. mit Einschluss der Würzburg-Mannheim-Heilbronner, Elm-Gemündener und der Werra-Bahn, der Postanschlüsse etc. Nebst einem Verzeichniss des gangbaren Papiergeldes. Sommerfahrplan und Winterfahrplan 1870—75. 8. (à 36 S.) Ebendas. 874. à

—— Taschen-Fahrplan für Bayern r/Rh., mit Einschluss der Würzburg-Mannheim-Heilbronner, Elm-Gemündener und der Werra-Bahn, der Postanschlüsse etc., insoweit dieselben bei Ausgabe dieses Fahrplans erschienen waren. Sommer-Cours — Winter-Cours 1876. Nebst einem Verzeichniss des gangbaren Papiergeldes. gr. 16. (à 45 S.) Ebendas. 876. à
—— dass. — Sommer-Cours — Winter-Cours 1877. gr. 16. (à 54 S.) Ebendas. 877. à
—— dass. — Sommer-Cours — Winter-Cours 1878. gr. 16. (63; 69 S.) Ebendas. 878. à
—— dass. — Sommer-Cours — Winter-Cours 1879. gr. 16. (à 71 S. Ebendas. 879. à

Stahel's Taschen-Fahrplan für Bayern r/Rh., mit Einschluss der Würzburg-Mannheim-Heilbronner, Elm-Gemündener und der Werra-Bahn, der Postanschlüsse etc., insoweit dieselben bei Ausgabe dieses Fahrplans erschienen waren. Sommer-Cours — Winter-Cours 1880. Nebst einem Verzeichniss des gangbaren Papiergeldes. gr. 16. (74, 72 S.) Würzburg, Stahel'sche Universitäts-Buchh. à Cours

—— dass. — Sommer-Cours — Winter-Cours 1881—1885. gr. 16. (à Cours ca. 80 S.) Ebendas. à Cours

Stahel's Taschen-Fahrplan für Bayern r/Rh., nebst den Post- u. Dampfboot-Anschlüssen, sowie den Bahnanschlüssen nach Baden, Hessen, Oesterreich, Preussen, der Rheinpfalz, Königr. Sachsen, Sachsen-Coburg, Vorarlberg, Schweiz u. Württemberg u. einem (lith.) Uebersichtskärtchen. 1. Juni 1882. 12. (80 S.) Würzburg, Stahel. n. — 35

Stahel's Taschen-Fahrplan f. Bayern r/Rh., nebst den Post- u. Dampfboot-Anschlüssen, sowie den Bahnanschlüssen nach Baden, Hessen, Oesterreich, Preussen, der Rheinpfalz, Kgr. Sachsen, Sachsen-Coburg, Vorarlberg, Schweiz u. Württemberg u. e. (lith.) Uebersichtskärtchen. Jahrg. 1884/85. 2 Hfte. 12. (1. Hft. 83 S.) Würzburg, Stahel. à n. — 35

—— Taschen-Notiz-Kalender auf d. J. 1893. Ein Tage- u. Notizbuch f. Advokaten, Beamten u. Reisende etc. gr. 16. (VIII S., Schreibkalender u. 44 S.) Ebd. geb. * 1 —; durchsch. * 1 40

— Taschen-Notiz-Kalender f. d. J. 1895. Ein Tage- u. Notizbuch f. Advokaten, Beamte u. Reisende, sowie f. den Geschäfts-, Privat- u. Gewerbemann. gr. 16. (IV S., Schreibkalender u. 52 S.) Ebd. Geb. in Leinw. n. 1.—

— Taschen-Notiz-Kalender f. d. J. 1899. E. Tage- u. Notizbuch für Rechtsanwälte, Notare u. Beamte, sow. f. d. Geschäfts-, Privat- u. Gewerbemann. gr. 16. (IV S., Schreibkal. u. 51 S.) Ebd. Geb. in Leinw. n. 1.—; u. durchsch. n. 1.40

Stahel's Taschen-Notizkalender f. d. J. 1903. Ein Tage- u. Notizbuch f. jedermann, insbesondere f. Rechtsanwälte, Notare, Beamte u. Geschäftsleute. gr. 16. (IV S, Schreibkalender u. 44 S.) Ebd.
Geb. in Leinw. n. 1.—; u. durchsch. n. 1.40

— Taschen-Notizkalender f. d. J. 1906. Ein Tage- u. Notizbuch f. jedermann. (IV S., Schreibkalender u. 38 S.) kl 8. Ebd. Geb in Leinw. 1.—; u. durchsch. 1.40

—— Verloosungs-Kalender für 1868—1872. Verzeichniß sämmtl. in den J. 1868—1872 vorkommenden Verloosungen von Lotterieanleihen rc. unter Angabe des Tages und der Nummer der Ziehung, des Anlehensbetrages, der Zahl der zur Verloosung kommenden Serien und Nummern rc. Nebst einem vollständ. Verzeichnisse der bis den 31. Dezbr. 1867—1871 gezogenen Serien aller Staats- und Privat-Lotterie-Anleihen. gr. 4. (à 12 S.) Ebendas. à *
Aus: Stahel's Ziehungs-Anzeiger, besonders abgedruckt.

— Verloosungs-Kalender f. 1872. Verzeichniß sämmtl. im J. 1872 vorkomm. Verloosgn. v. Lotterieanleihen rc. unter Angabe d. Tages u. der Nummer der Ziehg., d. Anlehensbetrages, der Zahl der zur Verloosg. komm. Serien u. Nummern rc. Nebst e. vollständ. Verzeichnisse der bis den 31. Dezbr. 1871 gezog. Serien aller Staats- u. Privat-Lotterie-Anleihen. [Aus: „Stahel's Ziehungs-Anzeiger."] gr. 4. (12 S.) Ebend. 872. n. — 40

—— Ziehungs-Anzeiger für 1867. Eine Zusammenstellung aller Ziehungs-Listen der an deutschen Börsen gangbaren in- und ausländischen Staats-Papiere, Obligationen, Lotterie-Anleihen rc. 9. Jahrg. 1867. 40—50 Nrn. (à $1/2$—1 Bog.) gr. 4. Würzburg, Stahel'sche Buchh. *
Vgl.: Ziehungs-Anzeiger.

—— Ziehungs-Anzeiger für 1868—1872. Eine Zusammenstellung aller Ziehungs-Listen der an deutschen Börsen gangbaren in- und ausländischen Staats-Papiere, Obligationen, Lotterie-Anleihen rc. 10.—14. Jahrg. à 40—50 Nrn. (à $1/2$—1 Bog.) gr. 4. Ebendas. à Jahrg. *

Stahel, Hans, med. pract. aus Zürich [von Turbenthal. Kt. Zürich]: Die Haemophilie in Wald. Zür. Orell Füssli Cie Dr. 1880. 2 Bl., 50 S., 1 Bl., 1 Tab. 8⁰.
Zürich, Med. Diss. [v. 15. März 1880].

Stahel, Heinrich [cand. med.]: Fünf Fälle von Tetanus. Würzburg, Druck d. Stahel'schen k. Hofbuchdr., 1896; S. 8.
Würzburg, Med. Fak., Inaug.-Diss. v. 1896

Stahel, Heinr., populäre Forstverwaltung im Geiste der Humanität, Staatsökonomie und Forstpflege. Eine Schrift in zwanglosen Heften für Staatsbeamte und Forstmänner. 1. und 2. Heft. gr. 8. (113 S.) Würzburg 853, Stahel'sche Buchh. à Heft * 8 Ngr. *

Stahel, J[acob], und Girsberger, J[ohannes]. Die Bekämpfung der Hagelwetter. Studie über das Wetterschiessen in Oesterreich, Italien und im Kanton Tessin und Vorschläge zur Einführung desselben im Kanton Zürich. Reisebericht erstattet an die hohe Regierung des Kantons Zürich von J. Stahel, Oberstlieutenant, und J. Girsberger, kant. Kultur-Ingenieur, in Zürich. Januar 1901. [Mit 2 Tafeln.] 165 S. 8. Zürich, Müller, Werder & Cie.

Stahel, [Jacob]. Ueber Gemeindekrankenpflege. Vortrag gehalten in der Versammlung der Gemeinn(ützigen) Gesellschaft des Be-z(irkes) Bülach zu Embrach den 1. Juni 1902. II + 16 S. 8. Bülach, H. Graf, 1902.

Stahel, Munition und Kriegsfeuerwerk, s. Handbuch für schweizer. Artillerie-Offiziere.

Stahel, Jakob [med. pract. von Zell]: Klinische Studien über die Lendenskoliose. Stuttgart 1899. 2 Bl. 34 S. 8⁰.
Zürich. Med. Diss. 1899/1900.

Stahel, Jos., s. Dr. ... Goldsmiths Geschichte d. Griechen rc. u. dess. Geschichte d. Römer.

Stahel, Jos., wirtschaftliche Ratschläge, niedergelegt in 17 Vorträgen bei den jährl. Generalversammlungen des Consumvereins Immenstadt-Blaichach E. G. von dem Präsidenten des Vereins Hrn. J. St. gr. 8. (VIII, 102 S. mit Lichtdr.-Portr. des Verf.) Würzburg 887, Stahel'sche Universitäts-Buchh. geb. *

Stahel, J[ulius]. Worte der Erinnerung an Witwe Kath(arina) Barb(ara) Merian geb. Jung († 1. Januar 1901). Personalien und Leichenrede, gesprochen ... von J. Stahel, Pfarrer. ⟨Nebst einem Nachtrag zu den Personalien ([von] G[ustav] M[erian]).⟩ 11 S. 8. Basel, Buchdr. Basler Anzeiger, 1901.

Stahel, Karl, moderne Reinigerei u. Färberei. Praktisches Hilfs- u. Lehrbuch, bearb. f. Färber u. Chemisch-Wäscher. I. Tl.: Reinigerei, Nasswächerei u. Detachieren. (III, 48 S.) gr. 8. Göttingen (908). E. Kelterborn. 1. —

Stahel, Max [aus Winterthur]: Die Conventionalstrafe mit specieller Berücksichtigung des schweizerischen Obligationenrechtes. Winterthur 1898. X,123 S. 8°.
Zürich. Jur. Diss. 1897/98.

Stahel, Osc., neuer illustr. Fremden-Führer durch d. k. bayer. Kreishaupt- u. Universitätsstadt, d. rebenbekränzte fränk. Main- u. Weinstadt Würzburg. Zugl. auch e. Auskunftsbuch f. Auswärtige u. Einheimische. Mit e. Anh.: Anleitg. f. Fremde, welche Würzburg's Spezial-Aerzte u. Kliniken zu besuchen wünschen. M. zahlr. Abb. u. e. Orientierungsplan d. Stadt. 8. (VIII, 84 S.) Ebd. 895. Kart. n. 1. —

— dasselbe, s.: Festschrift (des Kanonier-Vereins Würzburg) z. Feier d. 25. Wiederkehr d. ruhmreichen Tage d. 2. Artillerie-Regts. in Würzburg.

Stahel's, Osc., Verkehrs-Taschenbuch f. Unterfranken m. Einschluss des Grenzverkehrs nach Baden, Württemberg, Preussen u. Hessen nebst den Anschlüssen nach allen Richtungen. Ein Taschen-Fahrplan u. Ausflugs-Führer. 10. Ausg. Winter-Kurs. Ab 1. X. 1906. (96 S. m. 3 Karten.) kl. 8. Ebd. — 25

Stahel, Rudolf. I. Ueber Xylose (Holzzucker). II. Ueber einen neuen Zucker aus Fructose (Fruchtzucker). III. Ueber einige Derivate des Diphenylhydrazins und Methylphenylhydrazins. Würzburg, 1891. Diss. 50 S.,1 Taf.

Stahel, W. Jh., üb. d. Zustand des Buchhandels in Würzburg. 8. Würzb. 803. Stahel. 4 gr

Stähele, Andreas

— Aufschluß üb. seine Verweisung aus d. Kanton Bern. gr. 8. St. Gallen 819. Huber u. C. 2 gr

Stähele, Andr., Galls Schöpfung, od. St. Gallen u. seine Umgebungen. Ein Gedicht. 8. St. Gallen 817. Huber u. C. 3 gr

Stäheli, Albert. Zur Biologie des Streptococcus mastitidis contagiosae. Diss. Vet.-Med. Univ. Zürich. (Sonder-Abdruck aus dem Archiv f. wissensch. u. prakt. Tierheilk. Bd. 30. 1904.) *Kopftitel:* Aus dem bakteriologischen Institut der vet.-med. Fakultät der Universität Zürich. 33 S. 8. Berlin, L. Schumacher, 1904.

Stäheli, J. M., siehe: Hausblätter, Schweizerische.

Stähelin, Alfred

Stähelin, A. In Algerien, Marokko, Palästina und am roten Meere. Reiseskizzen. Mit 5 Karten (in-4° u. imp. in-fol.). In-8°. III, 461 S. Basel, Benno Schwabe, 1891. 8 —

Stähelin, Alfr., Sommer u. Winter in Südamerika. Reiseskizzen. gr. 8. (VIII, 235 S.) Basel 885. Schwabe. n. 3. 20

Staehelin, August [med. prakt. Assistenzarzt der medic. Klinik]: Ueber den Einfluss der Muskelarbeit auf die Herzthätigkeit mit besonderer Berücksichtigung des Erholungsvorganges und der Gewöhnung des Herzens an eine bestimmte Arbeit. I. Mitteilung. Untersuchung an gesunden Individuen. Naumburg a. S. 1897. 61 S. 2 Taf. 8°.
Basel. Med. Diss. 1897/98.

Staehelin, Benedikt: Dissertatio inauguralis physico-medica de solidorum attritione et dissipatione.
Basel; med. Diss. 1715

Stähelin, Christoph

Stähelin, Chr., erbauliche Betrachtt. der Vortrefflichkeit des himmel. Canaans rc. 8. Frankf. a. M. 787. Gebhardt u. K. 8 gr

— katecher. Hausschatz, od. der durch Fragen u. Antworten erklärte Heidelberger Katechismus. 8. Basel 786. Thurneisen. 1 r/

STÄHELIN, CHRISTOPH. Geistliches Nebo, oder, Andächtige Betrachtungen der Fürtreflichkeit des himmelischen Canaans. St. Gallen, H. U. Stähelin, 1728. Kl. 8°. *Kupferstichporträt des Verfassers*, 12 Bl. 133 S. 1 (leeres) Bl. Etw. ber. HLd.

— geistl. Nebo, od. Betracht. d. himml. Canaans. 8. Frankf. (Thurneisen, Basel.) 730.

Staehelin, Christoph. Untersuchung der Badequellen von Meltingen, Eptingen und Bubendorf, im Sommer 1826. (N. Denkschr. Schweizer. Ges. für Naturwiss. Band 2.) 4. (Neuchâtel 1838.)

— gesegn. Wachsthum in d. Gnade, in Predigten. 4. Zürich, Orell, Geßner. 740. — 16

Stähelin, Chr., Liebreiche Warnung für die sogenannte Herrnhuter. Frankf. 1750. 8°.

Stähelin, Ernst. Alkohol und Familie von ... Pfr. E' St', Basel und Alk' und Gemütsleben von ... Pfr. (L[eonhard]) Ragaz, B'. Zwei Vorträge gehalten in der Paulus-Kirche in B', bei Anlass des IV. schweiz. Abstinententages ... 6. Juli 1902. Im Auszug wiedergegeben in der Vereinsversammlung des Ortsvereins Bern des Alkoholgegnerbundes ... den 8. Juli 1902 von Otto Steffen, Hausvater der Nüchtern. 31 S. 8. (Bern, Buchdr. «Berner Tagblatt», [1902].) [fr. —. 10]

Stähelin, Ernst, das geistliche Amt und die Gemeinde. Predigt über 1 Corinther 2, 12 vor der Pfarrwahl zu St. Theodor am 22. Juni 1879 gehalten. 8. (16 S.) Basel 879, Spittler. *

— Johannes Calvin, s. Leben und ausgewählte Schriften der Väter und Begründer der reformirten Kirche. 4.

Stähelin, Ernst, Christus, das Licht der Welt. Betrachtungen. 8. (VIII, 448 S.) Basel 888, Spittler. *
geb. *

—— und C. R. Hagenbach, die Einführung des ersten ständigen Geistlichen der evangel. Gemeinde in Rheinfelden, s. Hagenbach.

Stähelin, E., Einiges aus dem Leben u. Wirken d. Propheten Jeremia zum Vorbild f. das evangelische Predigtamt in unsern Tagen. Ein in der Basler Predigergesellschaft geh. Vortrag. [Aus: „Appenz. Sonntagsbl."] gr. 8. (30 S.) Basel 876. Spittler in Comm. n. — 25

Staehelin, Ernst. Festrede von Herrn Pfarrer Ernst Staehelin aus Basel, gehalten im Gross-Münster an der Jahresfeier der Zürcher Stadtmission. 11 S. 8. [1902.]
An die Geber der Kollekte für die Stadtmission in Zürich.

Staehelin, E(rnst). Jesu Forderungen in den Kämpfen unserer Zeit. (Vortrag, im Herbst 1904 im evang. Arbeiterverein zu Basel gehalten.) 39 S. 8. Basel, Friedrich Reinhardt, 1906. (fr. —. 60)

—— der Geist der Welt und der Geist aus Gott. Predigt über 1 Corinther 2, 12, gehalten am Pfingstsonntag zu St. Theodor. 8. (16 S.) Ebendas. 879. *

Stähelin, E., die Geschwister in Bethanien. Die zwei letzten Predigten. 1. u. 2. Aufl. 8. (40 S.) Basel 888. Spittler. n. — 25

Stähelin, Ernst, der ungewisse und der gewisse Grund der Zugehörigkeit zu Christo. Predigt über die Verläugnung des Petrus Luc. 22, 55—62 am Montag der Passionswoche im Betsaal des Münsters gehalten. Basel 861. Bahnmaier. gr. 8. (19 S.) n. 4 ngr.

Stähelin, Ernst, ein Gruß der Erinnerung und des Dankes an meine Zuhörer aus der St. Johannisgemeinde in Schaffhausen und die dortigen Freunde in Stadt und Land. Zwei Predigten und zwei Bibelstunden. gr. 8. (78 S.) Basel 854, Bahnmaier's Buchh. *

Staehelin, E[rnst]. Hören und Tun. Predigt gehalten am 17. September [1905]. Auf mehrfaches Verlangen dem Druck übergeben. [Mit Vignette.] 16 S. 8. Basel, Missionsbuchh., 1905. fr. —. 20

Stähelin, Ernst, Jesus Christus derselbige gestern und heute und in Ewigkeit. Eine Zeitpredigt, gehalten am 1. März 1868 zu St. Theodor. gr. 16. (24 S.) Basel 868, (Spittler.) *

Stähelin, Ernst, Kunst u. Religion in ihrem Verhältnisse zu einander. Predigt bei Gelegenheit der neuen Glasgemälde zu St. Theodor. Wegen Unwohlseins nicht gehalten, jetzt auf diesem Wege der Gemeinde dargeboten. 8. (17 S.) Basel 885. Spittler. n. — 20

Stähelin, Ernst, das Leben durch die Gerechtigkeit aus dem Glauben. Predigt, gehalten am 11. Novbr. zu St. Theodor bei der Gedächtnisfeier Martin Luthers. 8. (15 S.) Basel 884, Spittler.

Stähelin, Ernst, das Leben ist erschienen. Predigt gehalten am Weihnachtstage 1871 in der Kirche zu St. Theodor. 8. (19 S.) Basel 872, Spittler.

[Stähelin, Ernst.] Das Leben der Frau von Mornay.... Basel 1855 s. Reformation. Aus der R', Geschichte und Lehre. [Theil 2.]

Stähelin, Ernst. Leichenrede, gehalten bei der Beerdigung von Herrn eidg. Oberst Friedr(ich) Korn den 28ten December 1865 über Lucas XXII, 42... [in Basel]. [Lithographiert.] 8. [Basel.]

—— Huldreich Zwingli's Predigt an unser Schweizervolk und unsere Zeit. Vortrag, am 6. Jan. 1884 in der Kirche zu St. Theodor gehalten. 8. (31 S.) Basel 884, Detloff's Verlag. *

Stähelin, E[rnst]. Rede bei der Beerdigung des Herrn Altrathsherrn Matthias Oswald gehalten... [in Basel] am 28. Oktober 1864. 8. Basel.

—— der Reichthum und die Armuth unserer Zeit. Predigt gehalten am eidgenöss. Buß-, Dank- und Bet-Tag 1869. 8. (26 S.) (Ebendas.) 869. *

— der Uebertritt König Heinrich des Vierten von Frankreich zur römisch-katholischen Kirche, und der Einfluß dieses Fürsten auf das Geschick der französ. Reformation von dem Zeitpunkte der Bartholomäusnacht an bis zum Erlasse des Ediktes von Nantes. Eine reformationsgeschichtl. Studie. Basel 856. Schweighauser'sche Sortbdlg. gr. 8. (XXX, 795 S.) 3 ℛ. 15 ngr.

Stähelin, Ernst, der Uebertritt König Heinrichs des Vierten von Frankreich zur römisch-katholischen Kirche, und der Einfluß dieses Fürsten auf das Geschick der französischen Reformation von dem Zeitpunkt der Bartholomäusnacht an bis zum Erlasse des Ediktes von Nantes. Eine reformations-geschichtl. Studie. 2., wohlfeile (Titel-)Ausg. gr. 8. (XXX und 795 S.) Basel (856)62, Bahnmaier's Verlagsh. *

— unter dem Segen d. Herrn in das neue Jahr. Predigt am Neujahrstage 1887 in der Kirche zu St. Theodor üb. 4. Mose 6, 22—27. 8 (16 S.) Basel 887. [Detloff.] Reich. n. — 25

— die Weitherzigkeit u. die Engherzigkeit d. Evangeliums Jesu Christi. Predigt üb. die Einsetzungs-Worte der heil. Taufe, m. besond. Bezugnahme auf die Erklärg. der Basler Geistlichen geh. am 2. Advents-Sonntage. 8. (23 S.) Ebend. 874. — 15

—— Wo kommst du her? und wo willst du hin? Jahresschluß-Predigten, gehalten zu St. Theodor. 2. Aufl. gr. 16. (28 S.) (Ebendas.) 868.

- wollen wir auch weggehen? Predigt üb. Ev. Joh. 6, 66—71 geh. bei der 2. Hauptversammlg. d. schweiz. evangel.-kirchl. Vereins zum Münster in Bern. 2. Aufl. 8. (23 S.) Ebend. 874. — 15

—— das Wort des Herrn an die Arbeiter auf seinem Erntefelde. Festpredigt zur Eröffnung der schweizer. Predigergesellschaft in Frauenfeld. Gehalten am 15. Aug. 1865. gr. 8. (22 S.) Frauenfeld 865, (Huber.)

—— Worte zu Trost und Frieden. Vornämlich den Leidenden dargeboten von einem Leidenden. 8. (VI, 71 S.) Basel 871, Schneider.

Stähelin, E[rnst]. Die unnützen Worte. Eine Betrachtung. 3. Aufl. 24 S. 8. Basel, Verein zur Verbreitung christlicher Schriften, 1901. [fr. —. 15]

Staehelin, E., würde Christus heute Abstinent sein? Ein Vortrag. (28 S.) gr. 8. Basel 903. Helbing & Lichtenhahn. n. — 60

—— unsere Zeit eine Zeit der Entscheidung. Buß- und Bettags-Predigt über Offenbarung Johannis 22. Vers 11 und 12. 1. Aufl. 1872, und 2. Aufl. 8. (24 S.) Basel 878, Spittler. *

Stähelin, Felix. Der Antisemitismus des Altertums in seiner Entstehung und Entwicklung. VIII + 55 S. 8. 1905.
(Neue Bearbeitung ein[es] 1901 gehalten[en] und in Nr. 17—19 von Jahrg. 1901 der «Sonntagsbeilage der Allgemeinen Schweizer Zeitung» veröffentlicht[en] Vortrag[es].)
Ausg. A: (Wissenschaftliche Beilage zum Programm des Gymnasiums und der Industrieschule Winterthur. Schuljahr 1905/1906.) Winterthur, Buchdr. Geschwister Ziegler, 1906.
Ausg. B: Basel, [Verlag] C. F. Lendorff, 1905. [fr. 1. 50]

Stähelin, Felix. Zu Ciceros Briefwechsel mit Plancus. Aus der Festschrift zur 49. Versammlung Deutscher Philologen und Schulmänner. Basel 1907. II S. + S. 104—113. 8. [Basel, Buchdr. Emil Birkhäuser;] — *Aufdruck:* Leipzig, Carl Beck, Verlag —, [1907]. [M. —.60]

Staehelin, Felix. Aus der Demagogenzeit. ⟨SA.⟩ 8. [Basel 1899.]

Staehelin, Felix: Geschichte der kleinasiatischen Galater bis zur Errichtung der römischen Provinz Asia. Basel 1897. 2 + 104 S. 8°.
Basel. Phil. Diss. 1897,98.

Stähelin, Felix. Geschichte der kleinasiatischen Galater von F' St' (Basel). 2., umgearbeitete und erweiterte Aufl. IV + 122 S. 8. Leipzig, B. G. Teubner, 1907. [M. 4. 80]

Stähelin, Felix. Geschichte der Basler Familie Stehelin und Stähelin. [Mit Wappen-Abbildungen im Text und auf 3 Tafeln.] VIII + 130 S. 8. Basel, Basler Druck- und Verlags-Anstalt, 1903.

Stähelin, Felix. Die griechischen Historikerfragmente bei Didymos. Von F' St' (Winterthur). 2 Teile. (Sonderdruck aus Bd. 5, Heft 1 u. 2 [der] Beiträge zur alten Geschichte ... hrg. von C[arl] F[erdinand] Lehmann ... und E[rnst] Kornemann....) je II S. + S. 55–71 u. 141–154 = 31 S. gr.-8. (Leipzig, Dieterich, 1905.)

Stähelin, Felix. Israel in Aegypten nach neugefundenen Urkunden. Vortrag, gehalten am 20. Januar 1908 in der Historischen und Antiquarischen Gesellschaft zu Basel. Berichtigter Abdruck aus dem Sonntagsblatt der »Basler Nachrichten« vom 26. Januar, 2. und 9. Februar 1908. 24 S. 8. Basel, Komm. Helbing & Lichtenhahn, 1908. [fr. —.40]

Stähelin, Felix. Probleme der Israelitischen Geschichte. Habilitationsvorlesung [an der Universität Basel] gehalten am 14. Mai 1907 in der Aula des Basler Museums. 34 S. 8. Basel, Helbing & Lichtenhahn, 1907. [fr. —.50]

Ritter Bernhard Stehelin. Von Felix Stähelin. [Basel 1905.] (53 S.) 8° [Kopft. S.]
Aus: Basler Biographien. Bd 3. 1905. [os. 15979]

Staehelin, G., neue deutsche Architektur, s: Schmohl, P.

— Barockbauten in Deutschland, s.: Schmohl, P.

— moderne Bauschreiner-Arbeiten, s.: Schmohl, P.

— ausgeführte staedtische Bauten, s.: Schmohl, P.

— ausgeführte kleine Geschäftshäuser, s: Schmohl, P.

Staehelin, G., das deutsche Haus, s.: Schmohl, Paul.

Stähelin, H., katechetischer Hausschatz, od. Erklärung des Heidelberger Katechismus rc., sammt Nutzanwendungen u. Gebeten. Lern- u. heilsbegierigen Seelen, besonders aber Hausvätern, die für sich, ihre Kinder u. Hausgenossen ernstlich Gott und ihre Seligkeit suchen, gewidmet. 8. Zürich 842, Hanke. 3/8 ℔

Staehelin, Hans: Die gnostischen Quellen Hippolyts in seiner Hauptschrift gegen die Häretiker. . . . (Aus: Texte u. Untersuchungen VI 3.) Leipzig, Druck v. August Pries, 1890: 3 Bl., 108 S. 8°
Marburg, Theol. Fak., Inaug.-Diss. v. [28. Jun.] 1890

Staehelin, Hans, die gnostischen Quellen Hippolyt's in seiner Hauptschrift gegen die Häretiker, s.a. Texte u. Untersuchungen zur Geschichte der altchristlichen Literatur.

Stähelin, Heinrich

Stähelin, Heinr., heil. Festbetrachtungen in gottsel. Andacht. gr. 8. Frankf. Fleischer. 761. Rthlr.

— der wahre Glaube an Christum in seinem Grund, Nothwendigkeit, Beschaffenheit, Kennzeichen, Kraft u. Früchten in 22 Predigten vorgetragen. 4. Zürich 765. Orell. (Geßner). 16 ℔

— Kirchenhistorie A. u. N. Testam. b. a. gegenwärt. Zeiten nebst Gedächtnißtabelle. 8. Ebend. 747.

— Offenbarung St. Johannis nach Vitringa u. Bengel. gr. 8. Frankf. Brönner. 769.
V.1. Offenbarung St. Joh.

— geistl. Rauchwerk d. Heiligen auf Erden. 3 Thle. 8. Zürich, Orell. 743.

Stähelin, Heinr., (†...) Samml. christl. Gebete. 8. Basel 817. Thurneysen. 5 ℔

—— Sammlung christl. Gebete auf allerlei Umstände des Herzens u. Lebens. 5. Aufl. 8. (10 B.) Zürich 842, Hanke.

— der getreue Seelsorger an denen Tischgenossen Jesu Christi, in Unterweisungen u. Anreden, wie sie das heil. Abendmahl, sonderlich das erste Mal, gesegnet u. fröhlich genießen können. Nebst e. Anh. etlicher Festgebete. 8. Basel 764. N. Aufl. 8. St. Gallen 783.

— gottselige Selbstgespräche üb. Jesum d. Gekreuzigten. 8. Zürich 768. Orell. (Geßner). 4 ℔

— große Seligkeit d. Gläubigen in u. nach ihrem Tode. 8. Basel 753.

— 27 Sendbriefe an seine Gemeine rc. 8. Zürich 769. Orell. (Geßner). 8 ℔

Stähelin, Heinr., s.: Testament, das Neue, unseres Herrn u. Heilandes Jesu Christi.

— Tischgenoß, s. J. J. Hospitaler.

— d. jung. Menschen Wegweiser d. d. Wüsten d. Welt zu d. himml. Canaan. 8. Zürich, Orell. 746.

Stähelin, Hermann

Stähelin, H., Vorelnacht in Weinfelden, } s.: Beiträge, Thurgauische, zur vaterländ. Geschichte.

Stähelin, H., thurgauische Chronik, — die päpstliche Fahne von Frauenfeld von 1512, } s. Beiträge, Thurgauische, zur vaterländ. Geschichte.

Catalog (Inventarium) der Thurg. Hist. Sammlung ... in Frauenfeld. ([Bearb. von] Hermann Stähelin.) 8. Weinfelden 1890. P
(*Beigabe zu:* Thurg. Beitr. zur vaterl. Gesch. Heft 30.)

Staehelin, Joh.: De infanticidio quandoque licito. (Resp.: Joh.Heinrich Ryhiner). 9 S.–
Basel, Jur.Diss.v. 14.Jan.1749.

Staehelin, Joh.: Dissertatio chirurgico-medica inauguralis de operatione Caesarea vivente adhuc matre, cito, tuto ac iucunde instituenda.
Basel; med. Diss. 1744

Stähelin, Johann Jakob

Stähelin, Jh. Jak., animadversiones quaedam in Jacobi Vaticinium Genes. cap. XLIX. 4. Basel 827. Schweighäuser. 8 ℔ Diss

Stähelin, J. J., specielle Einleitung in die kanonischen Bücher des Alten Testaments. gr. 8. (IV und 467 S.) Elberfeld 862, Friderichs. *

—— das Leben Davids. Eine histor. Untersuchung. gr. 8. (II und 116 S.) Basel 866, Georg. *

— krit. Untersuchungen üb. die Genesis. gr. 8. Basel 830. Neukirch. 15 ℔

Stähelin, J. J., kritische Untersuchungen üb. den Pentateuch, die Bücher Josua, Richter, Samuels u. der Könige. gr. 8. (11 B.) Berlin 843, G. Reimer.

Stähelin, J. J., die messianischen Weissagungen des alten Testaments in ihrer Entstehung, Entwicklung und Ausbildung. Mit Berücksichtigung der hauptsächlichsten neutestamentl. Citate. gr. 8. (VIII und 175 S.) Berlin 847, G. Reimer.

Stähelin, Johann Joachim

Stähelins, J. J., abenteuerliche d. wahrhafte Schicksale zu Wasser und zu Lande. 8. St. Gallen, Huber. 810.

Stähelin's, Jh. Joach., abentheuerliche doch wahrhafte Schicksale zu Wasser u. zu Lande. 8. St. Gallen 820. Huber u. C. 1 ℳ 12 ℛ

Staehelin, Johann Rudolf: Specimen observationum anatomicarum et botanicarum.
Basel; med. Diss. 1751

Staehelin, Johann Rudolf: Dissertatio physico-medica de pulsibus.
Basel; med. Diss. 1749

Stähelin, Marg., s.: Fox, George.

Wettstreit der Lieder, s.: Ungelenk's Vereinsbühne.

Staehelin, Onufrius: Specimen medicum inaugurale de morbis aetatum.
Basel; med. Diss. 1755.

Staehelin, Paul. Beiträge zur Kenntnis der elektrolytischen Oxydation. Diss. Phil. [II.] Univ. Zürich. [Mit Figuren.] 103 S. 8. Zürich-Selnau, Gebr. Leemann & Co., 1908.

Stähelin, Peter von

v. Stähelin, Pt., († d. 1. Nov. 1815.) etwas über Pflichten, Würde u. Lohn eines rechtschaff. Predigers; e. Predigt über Daniel 12, v. 3. 8. St. Gallen 788. Huber u. C. 3 ℛ

(Stähelin, [Peter].) Leben Heinrich Stähelins (1698–[1778]), gewesenen Decans zu St. Gallen, von dessen Sohne. [Mit Porträt-Tafel.] 8. St. Gallen 1792.

Stähelin, Peter. Leben und Wirken P' Stähelins ([geb.] 1745), ... Antistes der evangelischen Geistlichkeit des Kantons St. Gallen. Von Ihm selbst beschrieben, und nach seinem Tode hrg. von J[ohann] G[eorg] Wirth.... Nebst einem Anhange von einigen Predigten und Synodalreden. 8. St. Gallen 1816. Huber.

Stähelin, Peter von, s. Lomonosoff: Jahrbuch d. russ. Regenten.

Stähelin, R[udolf]. Beitrag zur Lehre von den gastro-intestinalen Autointoxikationen: Oedema cutis dyspepticum und Asthma bronchiale dysp'. Aus der ersten medizinischen Klinik [der Universität Berlin].... Sonderabdruck aus den Charité-Annalen. Jahrg. 34. II + 13 S. 8. [Berlin, August Hirschwald, 1910.]

Staehelin, Rudolf. Die Bestimmung der Wasserdampfausscheidung in Verbindung mit dem Jaquet'schen Respirationsapparat. Sonderabdruck aus den Verhandlungen der Naturforschenden Gesellschaft in Basel. Band 19, Heft 1. 9 S. 8. [Basel, Emil Birkhäuser, 1907.]

Stähelin, R., Briefe aus der Reformationszeit. Grösstentheils nach Manuscripten der Zwinger'schen Briefsammlg. veröffentlicht. gr. 4. (36 S.) Basel 887. [Schneider.] Georg. n. 1. 60

Stähelin, Rud., die Christenhoffnung. gr. 8. (48 S.) Basel 900. Helbing & Lichtenhahn. n. 1. —

Staehelin, Rud., Amos Comenius. 8. (65 S.) Basel 893. R. Reich. n. — 80

— Amos Comenius, s. a. Reben am Weinstock, VI.

Staehelin, R[udolf]. Diagnostik der Krankheiten des Stoffwechsels. Mit 1 Abbildung im Text. Separatabdruck aus dem Lehrbuch der klinischen Diagnostik. Hrg. von Prof. Dr. Paul Krause.... (Kapitel 8.) II S. + S. 341—374. 8. Jena, Gustav Fischer, 1909.

Staehelin, [Rudolf]. Diagnostik der Krankheiten des Zirkulationsapparates. Mit 30 Abbildungen im Text. Separatabdruck aus dem Lehrbuch der klinischen Diagnostik. Hrg. von Prof. Dr. Paul Krause.... (Kapitel 5, [Abt.] 1.) II S. + S. 131—194. 8. Jena, Gustav Fischer, 1909.

Stähelin, Rudolf, I. Assistenzarzt der medizinischen Klinik. (Aus der medizinischen Klinik zu Basel. Direktor: Prof. Dr. W. His.) Über vegetarische Diät mit besonderer Berücksichtigung des Nervensystems, der Blutzirkulation und der Diurese. München 1907. 86 S. 8°.
Basel. Med. Hab.-Schr. 1906/1907.

Stähelin, R., Der Einfluss Zwinglis auf Schule und Unterricht. Basel, Gymnasium 1889.
Progr.

Staehelin, Rudolf. Ueber den durch Essigsäure fällbaren Eiweisskörper der Exsudate und des Urins. Separatabdruck aus der Münchener medicinischen Wochenschrift, No. 34, 1902. II + 7 S. 8. ⟨München, J. F. Lehmann.⟩

Staehelin, R[udolf]. Über Eiweisspräparate. Aus der I. Medizin. Klinik der Universität Berlin.... Sonderabdruck aus Therapeutische Monatshefte. Jahrg. 23, Dezember 1909.... [II + 4 S.] 4. Berlin, Julius Springer.

Staehelin, Rudolf. Zum Energieverbrauche bei der Lungentuberkulose. Sonder-Abdruck aus den Verhandlungen des Kongresses für Innere Medizin.... 24. Kongress. Wiesbaden 1907. III S. + S. 174—179. 8. Wiesbaden, J. F. Bergmann, [1907].

(Stähelin, R[udolf].) Erasmus, Desiderius. [Biographischer Artikel. A.] 8. [Leipzig 1879.]

Staehelin, R[udolf]. Erfahrungen mit Vasotonin. Aus der ersten medizinischen Klinik der Universität Berlin.... [Mit Figuren.] Sonderabdruck aus Therapeutische Monatshefte.... Jahrg. 24, (Heft 9 und 10,) September/Oktober 1910. [IV + 17 S.] 4. Berlin, Julius Springer.

(Stähelin, Rudolf.) Zur Erinnerung an Herrn L. G. Burckhardt-Alioth. (Rede gehalten bei der Beerdigung des Herrn Lucas Gottlieb B'-A'... [in Basel]... den 16. März 1889.) 8. (Basel.)

Staehelin, Rudolf. Der Gaswechsel des Menschen im Höhenklima. Diss. Med. Basel. IV + 40 S. 8. Leipzig, J. B. Hirschfeld, 1901.

(*Theilweise auch in:* Jaquet, [Alfred,] und Stähelin, [Rudolf]. Stoffwechsel[versuch].)

Stähelin-Stockmeyer, Rud., Karl Rudolf Hagenbach. 53. Neujahrsblatt hrsg. von der Gesellschaft zur Beförderung des Guten und Gemeinnützigen. 1875. gr. 4. (50 S. mit Lichtdr.) Basel, (Bahnmaier's Verlag.) *

Stähelin, Rudolf. Die ersten Märtyrer des evangelischen Glaubens in der Schweiz. 8. Heidelberg 1883.
(Sammlung von Vorträgen. Hrg. von W[ilhelm] Frommel und Friedr[ich] Pfaff. Band 9. Heft 7.)

Staehelin, R., die ersten Märtyrer d. evangelischen Glaubens in der Schweiz, s. a. Sammlung v. Vorträgen.

Stachelin, [Rudolf]. Zur Korotkow'schen Methode der Blutdruckmessung. Nach Untersuchungen mit cand. med. Wjasmenski. Sonder-Abdruck aus den Verhandlungen des Kongresses für Innere Medizin .... 26. Kongress. Wiesbaden 1909. II S. + S. 429—431. 8. Wiesbaden, J. F. Bergmann, [1909].

Staeholin, Rudolf. Reisebriefe aus Italien von R' St'-Stockmeyer. 1871—1872. Als Manuskript gedruckt. IV + 231 S. 8. Basel, R. Reich, 1903.

Staehelin, R[udolf], und Kessner, A[rthur]. Der neue Respirationsapparat der ersten medizinischen Klinik. Aus der e' med' Universitätsklinik der Königl. Charité [zu Berlin] .... ‹Mit 7 Abbildungen.› ‹Sonderabdruck aus den Charité-Annalen. Jahrg. 33.› II + 20 S. 8. [Berlin, August Hirschwald, 1909.]

Stähelin, Rud., Erasmus' Stellung zur Reformation hauptsächlich v. seinen Beziehgn. zu Basel aus beleuchtet. Academische Probevorlesg. gr. 8. (35 S.) Basel 873. Schneider. n. — 80

Staehelin, Rudolf. Stoffwechsel und Energieverbrauch im Fieber. (Separat-Abdruck aus den Verhandlungen des XXI. Kongresses für innere Medizin [gehalten zu Leipzig vom 18.—21. April 1904] .... II S. + S. 489—494. 8. Wiesbaden, J. F. Bergmann, [1904].

Stähelin, (Rudolf). Über Stoffwechsel u(nd) Energieverbrauch bei der Surraerkrankung. ‹Aus dem Hygienischen Institut der Universität Berlin.› Sonderabdruck aus Archiv für Hygiene, Band 49. II S. + S. 77—96. München, R. Oldenbourg, [1904].

Staehelin, R[udolf]. Der respiratorische Stoffwechsel eines Fettsüchtigen im nüchternen Zustand und nach Nahrungsaufnahme. Aus der medizinischen Klinik in Göttingen .... Sonder-Abdruck aus der Zeitschrift für klin(ische) Medizin. Bd. 65. H[eft] 5 u. 6. 13 S. 8. [Berlin, August Hirschwald, 1908.]

Staehelin, R[udolf]. Der respiratorische Stoffwechsel eines Phthisikers während des Nachtschweisses. Sonder-Abdruck aus der Zeitschrift für klin(ische) Medizin. Bd. 66. H[eft] 3 u. 4. 6 S. 8. [Berlin, August Hirschwald, 1908.]

Staehelin, Rudolf. Untersuchungen über vegetarische Diät mit besonderer Berücksichtigung des Nervensystems, der Blutzirkulation und der Diurese. ‹Aus der medizinischen Klinik zu Basel ....› [Mit Figuren.] Sonderabdruck aus «Zeitschrift für Biologie». Band 49. (N.F. 31.) II S. + S. 199—282. 8. München, R. Oldenbourg, [1907].

Staehelin, R[udolf]. Ueber das Verhalten des maximalen und minimalen Blutdruckes beim Menschen in verdünnter Luft. Aus der I. Medizinischen Klinik der Universität Berlin .... Sonderabdruck aus der Medizinischen Klinik, Wochenschrift für praktische Aerzte .... Jahrg. 1909. Nr. 10. IV + 6 S. 8. Berlin, Urban & Schwarzenberg.

Staehelin, R[udolf]. Ueber Verlangsamung des Stoffwechsels. Aus der I. Medizinischen Klinik der Universität in Berlin .... Vortrag, gehalten im Verein für innere Medizin in B' am 1. März 1909. Sonderabdruck aus der Deutschen Medizinischen Wochenschrift .... 1909, No. 14. 7 S. 8. Leipzig, Georg Thieme.

Staehelin, R[udolf]. Versuche über Gaswechsel und Energieverbrauch nach Nahrungsaufnahme. Sonder-Abdruck aus der Zeitschrift für klin(ische) Medizin. Bd. 66. H[eft] 3 u. 4. 40 S. 8. [Berlin, August Hirschwald, 1908.]

Staehelin, Rudolf s. Versuche über den Kraft- und Stoffwechsel .... Braunschweig 1907 — Versuche über Stoffwechsel und Energieverbrauch .... B' 1907.

—— W. M. L. de Wette nach seiner theologischen Wirksamkeit und Bedeutung. Rede, gehalten bei der Säcularfeier seines Geburtstages, den 12. Jan. 1880, in der Aula des Museums zu Basel. gr. 8. (56 S.) Basel 880, [Bahnmaier's Verlag.] Schwabe. *

Huldreich Zwingli. Sein Leben u. Wirken nach d. Quellen dargest. v. Dr. Rudolf Staehelin, ord. Prof. ... zu Basel. Bd I. II. (In 4 Halbbdn.) *Basel: B. Schwabe 1895—97.* 2 Bde 8.
I. Die reformatorische Grundlegung. 1895. (VIII, 535 S.)
II. Ausbau u. Kampf. 1897. (3 Bl., 540 S., 1 Bl.) [97. 870]

— Huldreich Zwingli u. sein Reformationswerk, s.a. Schriften d. Vereins f. Reformationsgeschichte. 3.

Stähelin, Rudolf. Huldreich Zwingli und sein Reformationswerk. Zum vierhundertjährigen Geburtstage Zwinglis dargestellt. 8. Halle 1883.

— Zwingli als Prediger. [Aus: „Theol. Zeitschr. aus d. Schweiz".] gr. 8. (32 S.) Basel 887. [Detloff.] Reich. n. — 80

Stähelin, Th[eophil]. Zur Erinnerung an Herrn Pfarrer Emanuel La Roche-Stockmeyer. Personalien und Leichenrede, gesprochen den 8. Oktober 1887 ... zu Basel. 8. (Basel.)

Stähelin, Theoph., Georg Müller in Bristol. gr. 16. (34 S.) Basel 874, Bahnmaier's Verlag.

Stähelin, Theophil, Georg Müller in Bristol. 3. überarb. Aufl. 8. (82 S.) Basel 891. (Missionsbuchh.) n. — 15

Stähelin, Theophil. Georg Müller in Bristol. 3. überarbeitete Aufl. 8. Basel 1891.
(Verein zur Verbreitung christlicher Schriften. Nr. 798.)

[Stähelin, Theophil.] Johann(es) Oekolampad, der Reformator von Basel. [Mit 1 Porträt-Tafel.] Sammt einem Anhang: Lehre und Bekenntniss der Kirche Basels. [2 Theile.] 8. Basel ([1863–] 1864.)
[Theil 1.] J' Oekolampad .... [1863.]
[Theil 2.] Lehre ... der reformierten Kirche Basels. I. Oekolampads Kinderbericht. — II. Basler Confession von 1534. 1864.

[Stähelin, Theophil.] Johann(es) Oekolampad, der Reformator von Basel. [Mit 1 Porträt-Tafel.] 2. Aufl. 64 S. 8. Basel, Verein zur Verbreitung christlicher Schriften, 1907. [fr. — .20]

Stähelin, Theoph., Philipp Jakob Spener, ein Reformator nach der Reformation. Basel 870. (Bahnmaier.) 8. (62 S. mit 1 Holzschntaf.) n. 5 ngr.

Staehelin-Burckhardt, Aug[ust]. Über eine mit Magenschleimhaut versehene Cyste des Ösophagus. ‹Aus dem pathol. anat. Institut der Universität Basel ....› (Hierzu Taf. 3.) Sonder-Abdruck aus Bd. 15. Heft 5 [von] Archiv für Verdauungs-Krankheiten .... II S. + S. 584—603. 8. Berlin, S. Karger, [1909].

Stähelin-Stockmeyer, Rudolf s. Stähelin, Rudolf.

Tafellied zum 100jähr. Jubiläums-Fest der □ Freimütigkeit am Rhein in Frankenthal 25. Oktober 1908. [Unterz.:] Staehely. [Tübingen 1908: Laupp.] 1 Bl. 8°. [Kopftit.]
„Stosst an und lasst die volle Lust" ... 21.

Staehely, J. A., Thales erwacht! Eine Erklärg. d. Wesens der Naturkräfte. gr. 8. (VII, 102 S.) Leipzig 892. O. Wigand. n. 2. –

Stahl [Sachliches OW]

STAHL UND EISEN. Zeitschrift des Vereins deutscher Eisenhüttenleute. Herausgegeben vom Vereins-Vorstande unter Mitwirkung der literarischen Commission. Redigirt vom Geschäftsführer des Vereins: Ingenieur F. OSANN in Düsseldorf.
Jahrg. 1. (1881.) Heft 1—6. (Mit Tafeln.) Düsseldorf. Commissions- (später: Kommissions-) Verlag von A. Bagel. 4°.
Jahrg. 2. (1882.) Heft 1—6. (Mit Tafeln.) ib. —

STAHL UND EISEN. Zeitschrift der nordwestlichen Gruppe des Vereins deutscher Eisen- und Stahlindustrieller und des Vereins deutscher Eisenhüttenleute. Herausgegeben von den Vereinsvorständen.
Redigirt von den Geschäftsführern beider Vereine: Generalsecretär H. A. BUECK für den wirthschaftl. Theil, Ingenieur F. OSANN für den technischen Theil, beide in Düsseldorf.
Jahrg. 2. (1882.) Heft 7—12. ib. —
Jahrg. 3. (1883.) Heft 1—6. Heft 7—12. (Mit 32 Tafeln und 6 Tabellen.) ib. —
Jahrg. 4. (1884.) Heft 1—6. Heft 7—12. (Mit 35 Tafeln, davon 3 Karten.) ib. —

Stahl und Eisen. Zeitschrift des Vereins deutscher Eisenhüttenleute. Hrsg. vom Vereins-Vorstande unter Mitwirkung der literar. Commission. Redig. vom Geschäftsführer des Vereins: F. Osann. 1.—4. Jahrg. 1881—1884. à Jahrg. 12 Hefte. Lex.-8. (à Heft ca. 60 S. mit Taf.) Düsseldorf, (Bagel's Verlag.) Jahrg. 1881 und 1882 à *
Jahrg. 1883 und 1884 à *

Stahl und Eisen. Zeitschrift der nordwestl. Gruppe des Vereins deutscher Eisen- und Stahlindustrieller und des Vereins deutscher Eisenhüttenleute. Hrsg. von den Vereinsvorständen. Redig. von den Geschäftsführern beider Vereine: H. A. Bueck und E. Schrödter. 5. und 6. Jahrg. 1885 und 1886. à Jahrg. 12 Hefte. Lex.-8. (à Heft 70—80 S. mit 2—4 Taf.) Düsseldorf, (A. Bagel.) à Jahrg. *

Stahl u. Eisen. Zeitschr. der nordwestl. Gruppe d. Vereins deutscher Eisen- u. Stahlindustrieller u. d. Vereins deutscher Eisenhüttenleute. Hrsg. v. den Vereinsvorständen. Red. v. den Geschäftsführern beider Vereine: H. A. Bueck u. E. Schrödter. 7. Jahrg. 1887. 12 Hfte. Lex.-8. (1. Hft. 78 S. m. 2 Taf.) Düsseldorf, (A. Bagel). n. 20. —

—— dass. — Zeitschrift für das deutsche Eisenhüttenwesen. Hrsg. von den Vereinsvorständen. Redig. von E. Schrödter und W. Beumer. 8. Jahrg. 1888. 12 Hefte. Lex.-8. (à Heft 70—80 S. mit 2–4 Taf.) (Ebendas.) *

Stahl u. Eisen. Zeitschrift f. das deutsche Eisenhüttenwesen. Redig. v. E. Schrödter u. W. Beumer. 9.—11. Jahrg. 1889—1891. à Jahrg. 12 Hefte. (à Heft ca. 80 S. m. Abbildgn. u. Taf.), u. 12. Jahrg. 1892. 24 Hefte. Lex.-8. (à Heft 50—60 S. m. Abbildgn. u. Taf.) Düsseld., (A. Bagel). à Jahrg. * 20 —

— dasselbe. 12.—14. Jahrg. 1892—1894. à 24 Hfte. Lex.-8. (à Hft. ca. 50 S. m. Abbildgn. u. Taf.) Ebd. à Jahrg. n. 20. —

Stahl u. Eisen. Zeitschrift f. d. deutsche Eisenhüttenwesen. Red. v. E. Schrödter u. W. Beumer. 15.—18. Jahrg. 1895—1898. à 24 Hfte. (à ca. 50 S. m. Abb. u. Taf.) Lex.-8. Düsseldorf (A. Bagel). à Jahrg. n. 20. —
Kann auch halbjährlich bezogen werden.

Stahl u. Eisen. Zeitschrift f. **das deutsche Eisenhüttenwesen.** Red. v. E. Schrödter u. W. Beumer. 19.—22. Jahrg. 1899—1902. à 24 Nrn. Lex.-8. Düsseldorf (A. Bagel). à Jahrg. n.n. 24. —
19. (XVI, XIX, 1196 S. m. Abb. u. 21 Taf.) — 20. (XVI, XV, 1308 S. m. Abb. u. 17 Taf.) — 21. (XV, XVI, 1381 S. m. Abb. u. 8 Taf.) — 22. (XVI, XIV, 1380 S. m. Abb. u. 26 Taf.)

Stahl u. Eisen. Zeitschrift f. das deutsche Eisenhüttenwesen. Red. v. E. Schrödter u. W. Beumer. 23. bis 26. Jahrg. 1903—1906. à 24 Nrn. (1424, 1464, 1472 u. 1532 S. m. Abbildgn. u. 20, 20, 20 u. 32 Taf.) Lex.-8. Düsseldorf (A. Bagel). à Jhrg. n.n. 24. —

— — dasselbe. Gesamt-Inhaltsverzeichnis d. Jahrgänge 1 bis 26 (1881—1906). Im Auftrage des Vereins deutscher Eisenhüttenleute bearb. v. Frz. Liebetanz. (XV, 370 S.) Lex. 8. Ebd. 908. Geb. in Halbfrz. 15. —

Stahl u. Eisen. Zeitschrift f. das deutsche Eisenhüttenwesen. Red. v. E. Schrödter u. W. Beumer. 27.—30. Jahrg. 1907—1910. à 52 Nrn. (1892, 1936, 2072 u. 2222 S. m. Abb. u. 26, 19, 22 u. 33 Taf.) Lex. 8. Düsseldorf, Verlag Stahleisen. à Jahrg. nn 30. —

Stahl [Verfasser]

Denkschrift über die Ausgestaltung und Verbesserung einiger Einrichtungen der Westfälischen landwirtschaftlichen Unfallversicherung ... verf. von Dr. **Stahl**, Landesrat. [Nebst Anlagen.] Münster i. W. [1908]: J. Bredt. 1 Bd 8°, 1 Bd 4° [F.] [08. 1411]

Stahl's großes illustrirtes Kräuterbuch. Ausführliche Beschreibung aller Pflanzen und Kräuter in Bezug auf ihren Nutzen, ihre Wirkung und Anwendung, ihren Anbau, ihre Einsammlung und Aufbewahrung. Nebst Anleitung zur Bereitung aller mögl. Arzneien, Kräutersäfte, Syrupe etc., sowie vieler Geheim- und Hausmittel. Nach den neuesten Quellen bearb. Mit color. Abbild. 1.—9. Heft. gr. 8. (XVI, S. 1—336 mit je 2 color. Stnt.) Neu-Ulm 877, Stahl. à Heft 50 Pf. *

Stahl's großes illustr. **Kräuterbuch.** Ausführl. Beschreibg. aller Pflanzen u. Kräuter in Bezug auf ihren Nutzen, ihre Wirkg. u. Anwendg., ihren Anbau, ihre Einsammlg. u. Aufbewahrg. Nebst Anleitg. zur Bereitg. aller mögl. Arzneien, Kräutersäfte, Syrupe, Konserven, Latwergen, Essenzen, Wasser, Pulver, Oele, Salben, Pflaster, Pillen, Pomaden, sowie vieler Geheim- u. Hausmittel. Nach den neuesten Quellen bearb. m. e. ausführl. Sachregister u. m. 28 Taf. naturgetreu kolor. Abbildgn. 3. Aufl. gr. 8. (XVI, 708 u. 53 S.) Hildburghausen (900). F. W. Gadow & Sohn. n. 5. —

— dasselbe. Ausführliche Beschreibg. aller auf den Bergen u. in den Thälern, auf den Wiesen u. in den Wäldern wild wachs. Pflanzen u. Kräuter. Nebst Angabe ihres Nutzens, ihrer Wirkung, ihrer Einsammlg., Anwendg., Aufbewahrg. u. Verwertg. Mit nach der Natur gemalten Abbildgn. v. C. Anton. gr. 8. (593 S. m. 24 farb. Taf.) Regensburg 900. E. Stahl. n. 5. —; geb. n. 6. —

(B) **Stahl's Kräuterbuch.** Mit Abb. v. C. Anton. 900. (KVL 32.) Jetzt: Berlin, Hellbrunn & Co.

Stahl, Von der Natur des Spiessglanzes. Metallurgisch-chemische Abhandlung. Jena 1784. 8.

Stahl, A., der kleine Franzos, od. faßl. Unterricht, in kürzester Zeit französisch lesen, verstehen, schreiben u. sprechen zu lernen. 16. (12 B.) Berlin 843, Literatur- u. Kunst-Compt.

—— die kleine Französin etc. 16. (12 B.) Berlin 843, Literatur u. Kunst-Compt.

Stahl, A., Immergrün. Klassisches Vergißmeinnicht. Gedenkbuch f. alle Tage des Jahres, gewidmet der Liebe u. Freundschaft. (380 S. m. 1 Farbdr.) 16. Reutlingen (907). R. Bardtenschlager. Geb. in Leinw. m. Goldschn. 2.40

Stahl, A., u. F. Grunsky, Leitfaden f. den Unterricht in der Geschichte an den unteren u. mittleren Klassen höherer Lehranstalten. gr. 8. (VI, 100 S.) Stuttgart 891. W. Kohlhammer. n. 1. —; geb. n. 1. 25

Stahl, A., u. F. **Grunsky**, Leitfaden f. d. Unterr. in d. Geschichte an d. unt. u. mittl. Klassen höh. Lehranst. 2., durchgesch. Aufl. gr. 8. (VI, 98 S.) Stuttgart 895. W. Kohlhammer. n. 1. —

Stahl, A., u. F. Grunsky, Leitfaden f. den Unterricht in der Geschichte an den unteren u. mittl. Klassen höh. Lehranstalten. 3. durchgesch. Aufl. (VI, 102 S.) gr. 8. Stuttgart 903. W. Kohlhammer. Kart. n. 1,25

Zur Geologie von Persien. Geognost. Beschreibg v. Nord- u. Zentral-Persien. Von A. F. **Stahl.** M. 3 Kt. u. 1 Profiltaf. *Gotha: J. Perthes 1897.* (2 Bl., 72 S., 3 Kt., 1 Taf.) 1 Bd 4.
= **Mitteilungen,** Petermanns, aus J. Perthes' Geogr. Anstalt. Ergzgsh. No 122. [98. 3177

Reisen in Nord- und Zentral-Persien. Von A. F. **Stahl,** vorm. Generalpostdir. in Persien. M. 3 Kt. *Gotha: J. Perthes 1895.* (2 Bl., 39 S., 3 Kt.) 4.
= **Mitteilungen,** Dr A. Petermanns, aus J. Perthes' Geogr. Anstalt. Ergänzgsh. No 118. [97. 3163

Musikalien-Verlag Albert **Stahl.** Berlin W. (Berlin: Stahl) 1910. 78 S. 8° [10. 11414

Stahl, Albert, Gerichtsref. aus Wiesbaden: **Wie gestaltet sich bei der Versicherung des eigenen Lebens auf den Todesfall zu Gunsten eines Dritten nach dem Bürgerlichen Gesetzbuche die Berechtigung des Dritten?** *Wiesbaden 1900: C. Ritter.* (62 S.) 8°
Freiburg i. B., Rechts- u. staatswiss. Diss. v. 1900

Stahl, Arthur [Pseud.]
s. Bolgiani, Valeska [Wirkl. Name]

Stahl, Arth., ein weiblicher Arzt. Roman. 2 Bde. Jena 863. Costenoble. 8. (391 S.) 2 ₰

Stahl, Arth., historische Bilder aus der alten Welt. Wien 870. Hartleben. 8. (III, 296 S.) 1 ₰ 10 ngr.

Stahl, A(rthur): **Ein Ferienkursus in Saint-Valery-en-Caux, zugleich ein Beitrag zum Verständnis des Küstenstrichs.** Greifswald 1907: J. Abel. (32 S.) 8°
Greifswald, st. G u. R OP 1907 (172)

Stahl, A., ein Ferienkursus in Saint-Valery-en-Caux, zugleich e. Beitrag zum Verständnis des Küstenstrichs. Progr. (32 S.) Lex. 8. Greifswald 907. (Bruncken & Co.) — 80

Stahl, Arthur, Lic. theol.: Die ἁπλότης des Christentums. *Greifswald (1900): F. W. Kunike.* (S. III—XXV.) 4°
Greifswald, st. G m. R, P 1900 (145)

Stahl, Arth., die Hochzeitskammer, oder das Kind der Liebe. Roman. 8. (254 S.) Wien 878, Neidl. *

—— Isola bella. Roman. 8. (336 S.) Braunschweig 876, Westermann. *

Stahl, Arthur, Im Lande der Pharaonen. Reisebilder aus Egypten. 8. (230 S.) Wien, Hartleben's Verlag. 1869 1 fl. 20 kr.

Stahl, A(rthur): Mensch und Welt. Ein Beitr. z. philos. Unterweisung. (1.) Epikur und die Stoa. (Wesel 1909: Kühler.) 88 S. 8°
Wesel, k. G u. R P 1909 (639) [S 09. 452

Stahl, A[rthur]: Mensch und Welt. Ein Beitrag zur philosophischen Unterweisung. Epikur und die Stoa. 88 S. 8.
Progr. Kgl. Gymn. nebst Realschule *Wesel* 1909 (639).
I. Epikur. 1. Die Isolierung der Götter. 2. Die Welt. 3. Der Mensch. 4. Epikurs Ethik. II. Die Stoa. 1. Die Welt. 2. Der Mensch und sein Weltverhalten. III. Belege.

—— **Novellen und Skizzen.** 3 Bde. 8. (932 S.) Leipzig 867, Fr. Fleischer.

—— ein **Prinz von Gottes Gnaden.** Roman. 8. (254 S.) Leipzig 863, Costenoble.

— **Spanien.** Reiseblätter. 2 Bde. 1. Aufl. 1866. u. 2. (Titel-)Aufl. Leipzig 868. O. Wigand. 8. (IV, 517 S.) 2 ₰

— **die Tochter der Alhambra.** Historischer Roman in 3 Büchern. 3 Bde. Berlin 869. Janke. 8. (239, 215 u. 181 S.) n. 2 ₰

Stahl, A(rthur): Ignatianische Untersuchungen. 1. Die Authentie der sieben Ignatiusbriefe. Greifswald 1899: J. Abel (32 S.) 8°
(Die Forts. erscheint an anderer Stelle.)
Greifswald, Theol. Diss. v. 1. Juli 1899

Stahl, Arth., patristische Untersuchungen. I. Der erste Brief des röm. Clemens. II. Ignatius v. Antiochien. III. Der „Hirt" des Hermas. gr. 8. (VI, 359 S.) Leipzig 901. A. Deichert Nachf. n. 8. —

—— **aus guter, alter Zeit.** Ein Familiengemälde. 8. (150 S.) Leipzig 873, Dürr'sche Buchh.

Stahl, B., Altona's topographische Entwickelung, s.: **Ehrenberg, R.**

Stahl, Berthold: Fischereihäfen und Fischhallen in Belgien und England. Reisebericht. (Mit 9 Tafeln.) Berlin. 1890. In: Deutscher Fischerei-Verein. Mittheilungen etc. (Jg. 6.) Sonder-Beilage (1). 8°

Stahl, Berth. Fischereihäfen u. Fischhallen in Belgien u. England. Reisebericht. (Sonderbeilage zu den Mittheilgn. der Sektion f. Küsten- u. Hochseefischerei.) gr. 8. (62 S. m. 9 Taf.) Berl. 891, Moeser. 3 50

Stahl, Berthold, **brennende Fragen zum Bau und Betrieb der Wasserstrassen. Nach den Ergebnissen auf dem 1. internationalen Binnenschiffahrts-Congress zu Brüssel dargestellt.** Mit Vorwort von L. Franzius. Lex.-8. (VIII, 234 S. mit 19 autogr. Taf. und einigen Holzschn.) Wiesbaden 886, Bergmann. *

Stahl, C. D. M., s. Stahl, Konrad Dietrich Martin.

Stahl C F, die moderne Gravierkunst. Geschichte und Technik des Gravierens. (272 S) (Bibliothek Chemisch-technische 292) Wien 1906

Stahl, C. J., die moderne Gravierkunst. Geschichte u. Technik des Gravierens. (XIV, 272 S. m. 55 Abbildgn.) 8. Wien 906. A. Hartleben. n. 5. —; geb. n. 5. 80

Stahl, C. J., Miete u. Pacht, s. a. Im Kampf ums Dasein!

Stahl, C. J., Miete u. Pacht, in ihren Rechtsverhältnissen u. wichtigsten Bestimmungen f. Mieter u. Vermieter, Pächter u. Verpächter nach dem bürgerlichen Gesetz-Buch gemeinverständlich dargestellt. Mit e. Anh.: Entwürfe zu Schriftstücken f. den Verkehr zwischen den Mietsparteien. 8. (88 S.) Leipzig 900. [O. Nackwitz.] K. G. Th. Scheffer. — 60

Stahl, Carl, s. Stahl, Karl.

Stahl, Caroline, s. Stahl, Karoline.

Stahl's, E., Termin-Kalender für die bayerischen Juristen auf das J. 1864. Mit verschied. den prakt. Dienst erleicht. Beilagen. 1. Jahrg. 8. (327 S.) München 863, Lentner'sche Buchh. geb.

—— auf die J. 1865—68. Mit verschied. den prakt. Dienst erleicht. Beilagen, bearb. von Osk. Reber. 2.—5. Jahrg. 8. (à Jahrg. ca. 290—350 S.) Ebendas. geb. à Jahrg.

Stahl's, E., Termin-Kalender für die bayerischen Juristen auf die J. 1869—1875. Mit verschiedenen den prakt. Dienst erleicht. Beilagen, bearb. von Osk. Reber. Der astronomisch-chronolog. Thl. mitgetheilt von A. J. Faist. 6.—12. Jahrg. gr. 16. (à Jahrg. 350—366 S.) München, Stahl. geb. à Jahrg. (M 2,40.) *

Stahl's, E. Termin-Kalender für die bayerischen Juristen auf die J. 1876—1880. Mit verschiedenen den prakt. Dienst erleicht. Beilagen, bearb. von Osk. Reber. Der astronomisch-chronolog. Theil mitgetheilt von A. J. Faist. 13.—17. Jahrg. gr. 16. (164, 195; 192, 222; 191, 223; 191, 237; VIII, 183, 239 S.) München, Stahl.
Jahrg. 1876 und 1877 à *
Jahrg. 1878—1880 à *

Stahl's, E. Termin-Kalender für die bayerischen Juristen auf die J. 1881—1885. Mit Beilagen, bearb. von Osk. Reber. Der astronomisch-chronolog. Theil ist mitgetheilt von A. J. Faist. 18.—22. Jahrg. 12. (VIII, 183, 239; VIII, 183, 243; VIII, 183, 244; 216, 252; 216, 252 S.) München, Stahl. geb. à Jahrg. *

Stahl's, E. Termin-Kalender für die bayerischen Juristen auf die J. 1886—1888. Mit Beilagen, bearb. von Osk. Reber. 23.—25. Jahrg. gr. 16. (à Jahrg. ca. 450 S.) München, Stahl sen. geb. à Jahrg. *

Stahl's, E., Termin-Kalender f. die bayerischen Juristen auf d. J. 1887. Mit Beilagen bearb. v. Osk. Reber. 24. Jahrg. gr. 16. (VIII, 184 u. 256 S.) München, Stahl sen. geb. n. 2. 50

—— dass. — auf das J. 1889. Mit Beilagen, bearb. von Osk. Reber. 26. Jahrg. gr. 16. (VIII, 184, 271 S.) Ebendas. geb. *

Stahl's Termin-Kalender f. die bayerischen Juristen a. d. J. 1890—1893. Hrsg. v. O. Reber. 27.—30. Jahrg. gr. 16. (à Jahrg. ca. 270 S. u. Schreibkal.) Münch., Stahl sen. à Jahrg. geb. * 2 60

Stahl's, E., Termin-Kalender f. die bayerischen Juristen auf d. J. 1891. Mit Beilagen, bearb. v. Osk. Reber. 28. Jahrg. gr. 16. (VIII S., Schreibkalender u. 295 S.) München, Stahl sen. geb. n. 2. 60

Stahl's Termin-Kalender f. die bayerischen Juristen auf d. J. 1895. Hrsg. v. O. Reber u. G. Wunderer. Der astron.-chronol. Thl. ist mitgetheilt v. A. J. Faist. 32. Jahrg. gr. 16. (XVI S., Schreibkalender u. 322 S.) München, J. Schweitzer, Verl. Geb. in Leinw. n. 2. 60

Stahl's Termin-Kalender f. d. bayer. Juristen auf d. J. 1898. Hrsg. v. O. Reber u. G. Wunderer. D. astron.-chronol. Thl. ist mitgetheilt v. A. J. Faist. 35. Jahrg. 12. (XVI S., Schreibkalender u. 376 S.) München, J. Schweitzer Verl. Geb. in Leinw. n. 3. —

Stahl's Termin-Kalender f. d. bayr. Juristen, Fortsetzg., s.: Schweitzer.

Stahl, C. D., Bemerkk. über das Aderlassen. gr. 8. Hannov. 823. (Helwing). 4 Gr

Stahl, C. D., Entwurf e. naturgemäß. Verfahrens, Krankheiten zu heilen. 1. Thl. gr. 8. (23 B.) Hannover 828, (Helwing.)

— Ideen zur Aufstellung u. Begründung eines einfachen allgemeingültigen Naturgesetzes. 8. Hannov. 824. Hahn. 8 Gr

Stahl, E. E., von der Anwendung der Heliçoiden in den Motoren: I. In den Dampfmotoren. II. In den Electro-Motoren. Mit 3 (lith.) Taf. hoch 4. (28 S.) Zürich 871. Schröter. n. — 75

Stahl, Eduard

Stahl, E. Arbeiter-Wohnungen. — Moderne Architektur. — Barock- u. Rococo-Architectur der Gegenwart. — Das Möbel. — Motive der deutschen Architektur d. 16., 17. u. 18. Jahrh., s. Lambert, A.

Stahl, Ed., die Garten-Architektur,
— moderne Villen u. Landhäuser,
— ausgef. Wohn- u. Einfamilienhäuser,
— eingebaute Wohn- u. Geschäftshäuser,
s.: Lambert, André.

Stahl, Eduard, Architektur von 1750—1850, s.: Lambert, A.

Stahl, E., Alt-Stuttgarts Baukunst, s.: Lambert.

— moderne Baukunst, s.: Lambert.

—— s. Bautischler, der praktische.

Stahl, E.,
— Privat- u. Gemeindebauten,
s.: Lambert, A.

— Deutsche Residenzen u. Gärten d. 18. Jahrh., s.: Lambert, A.

Stahl, Ed., das bürgerliche Wohnhaus, s. Hausbücher.

Verteilung des mathematisch-geographischen Stoffes auf eine achtklassige Schule. Von Lehrer [Emil] Stahl in Gotha. *Langensalza: H. Beyer & Söhne 1900.* (20 S.) 8°
→ Magazin, Pädagogisches. H. 156. [o3. 11533

Stahl, Erhard, Metallgiesserei. Hilfsmittel, Arbeitsverfahren, Erzeugnisse u. Kalkulationsregeln. Aus der Praxis dargestellt. Mit 86 Fig. u. 15 Legierungstab. (IV, 170 S.) gr. 8. Freiberg 906. Craz & Gerlach. n. 5. —

Stahl, Ernst

Stahl, E. Beiträge zur Entwickelungsgeschichte der Flechten. 2 Hefte. gr. 8. Leipzig 877, Felix. *
Inhalt:
Heft 1. Ueber die geschlechtl. Fortpflanzung der Collemaceen. (V, 55 S. mit lithogr., zum Theil farb. Taf.) *M. 5.
" 2. Ueber die Bedeutung der Hymenialgonidien. (32 S. mit 2 color. Stnt.) *M. 3.

Stahl, Ernst, zur Biologie des Chlorophylls. Laubfarbe u. Himmelslicht, Vergilbg. u. Etiolement. (V, 154 S. m. 4 Abb. u. 1 lith. Taf.) gr. 8. Jena 909. G. Fischer. 4. —

—— über den Einfluss des sonnigen oder schattigen Standortes auf die Ausbildung der Laubblätter. gr. 8. (III, 39 S. mit 1 lithogr. Taf.) Ebendas. 883. *
aus: Jenaische Zeitschrift für Naturwissenschaft, besonders abgedruckt.

STAHL, (Christian) Ernest: Entwicklungsgeschichte und Anatomie der Lentizellen. - Halle a. S. 1873. 35 S., 12 Abb., 1 Taf. - Diss. Univ. Straßburg, Phil. Fak. 1873

Stahl, E., mexikanische Kakteen-, Agaven- u. Bromeliaceen-Vegetation, s.: Karsten, G.

Stahl, E. über sogenannte Compasspflanzen. Mit 1 lithogr. Taf. (12 S.); 2. unveränd. Aufl. gr. 8. (16 S.) Jena 883, Fischer. *

Stahl, Ernst, mexikanische Nadelhölzer, Mexikanische Xerophyten, s. a. Vegetationsbilder. II. 3 4.

STAHL, Ernst: Mexikanische Nadelhölzer. Mexikanische Xerophyten. - Jena 1904. 20 S., 12 Taf. - (Vegetationsbilder R. II, H. 3/4)

Stahl, Ernst, Pflanzen und Schnecken. Eine biolog. Studie über die Schutzmittel der Pflanzen gegen Schneckenfrass. gr. 8. (VII, 126 S.) Jena 888, Fischer. *
Aus: Jenaische Zeitschrift für Naturwissenschaften, besonders abgedruckt.

— Matthias Jakob Schleiden. Rede, geh. zur Saecularfeier seines Geburtstages, am 18. VI. 1904. Progr. (28 S.) Lex.-8. Jena 904. (G. Neuenhahn.) n. 1.20

— die Schutzmittel der Flechten gegen Tierfrass, s.: Denkschriften der medis.-naturwiss. Gesellschaft zu Jena. XI. Bd.

Stahl E.: Der Sinn d. Mycorhizenbildung. Eine vergleichend-biologische Studie. Leipz. 1900. (130) S. (Særtr.).

Stahl, Ernst Heinrich (Stade) A. S. 1382/31

Septem quaestiones e septem verbis morientis Christi.
Präs. Johann Friedrich Mayer.
Greifswald (Adolphi) 20. III. 1706. 8 S. 33122

Stahl, Ernst Heinrich (Stade) 4°Thl. XIX, 109/2

Ad septem verba morientis Jesu septem quaestiones et septem dispositiones.
Präs. Johann Friedrich Mayer. Rec.
Greifswald 1721. 24 S. 33123

Diss. 20. III. 1706.
2 Resp.

Stahl, Ernst Leopold: Joseph Freiherr von Auffenberg. Sein Leben und seine Dramen. Hamburg & Leipzig: Voss 1909. 50 S. 8° ¶ (Ersch. vollst. als: Theatergeschichtl. Forschungen. Bd 21.)
Heidelberg, Phil. Diss. v. 4. Sept. 1909, Ref. v. Waldberg
[Geb. 19. April 82 Mannheim; Wohnort: Düsseldorf; Staatsangeh.: Baden; Vorbildung: Gymn. Mannheim Reife Juli 00; Studium: Jura München 2, Berlin 1, Phil. Heidelberg 1, Paris 1, Wien 1, Heidelberg 6 S.; Rig. 3. März 09.] [U 10. 2170

Stahl, Ernst Leopold: Joseph von Auffenberg und das Schauspiel der Schillerepigonen. Hamburg & Leipzig: Voss 1910. X, 235 S. 8°
(Theatergeschichtliche Forschungen. 21.)

Stahl, F.

— der Herr Major auf Urlaub, s.: Heiden, E.

Stahl, F., wie viel?, s.: Håkanson, Claes.

Ferdinand Stahl. Miltons Sonnets viewed in connection with the political events of his time together with short biographical sketsch. 38 S. Schwetzingen, P 1884

Stahl, Ferdinand [Lubecensis]: De Ausonianis studiis poetarum Graecorum .... Kiliae, ex offic. C. F. Mohr, 1886; 2 Bl. + 49 S. 8°.
Kiel. Phil. Fak., Inaug.-Diss. v. 15. März 1886.

Stahl, Ferd., de Ausonianis studiis poetarum Graecorum. Dissertatio inauguralis. gr. 8. (48 S.) Kiel 886, (Lipsius und Tischer.) *

Stahl, Fr. Th., Blätter zur Verbreitung der Galin-Paris-Chevé'schen Elementar-Gesanglehre. 1. Heft. gr. 8. (III und 100 S.) Aachen 858, (Mayer.) *

Stahl, Fr. Th., Blätter zur Verbreitung der Cheve'schen Elementar-Gesanglehre. [Methode Galin-Paris-Chevé]. 1. Heft. 2. Aufl. gr. 8. (104 S.) Aachen 878. Arnsberg, Stahl. *

Stahl, Fr. Th., Blätter zur Verbreitung der Chevé'schen Elementar-Gesanglehre [Methode Galin-Paris-Chevé]. 1.—3. Heft. gr. 8. Arnsberg, Stahl. [1. Heft. 3. Aufl. (104 S.) 885. * M 1.20.; 2. Heft. (V, 33 S.) 884. * 30 Pf.; 3. Heft. (24 S.) 884. * 25 Pf.] *

Stahl, Fr. Th., Lieder für vier gleiche Stimmen zum Gebrauche in Lehranstalten, Singschulen, Vereinen und Familien, gesammelt, mit Rücksicht auf die Chevé'sche Gesanglehre in Ziffern übertragen und nach den Treff- und Taktschwierigkeiten geordnet. 1. Heft. 8. (64 S.) Arnsberg 882, Stahl. *

Stahl, Fr. Th., Lieder für 4 gleiche Stimmen zum Gebrauche in Lehranstalten, Singschulen, Vereinen u. Familien, gesammelt, mit Rücksicht auf die Chevé'sche Gesanglehre in Ziffern übertragen u. nach den Treff- u. Taktschwierigkeiten geordnet. 2. Hft. 8. (S. 65—128.) Arnsberg 887. Stahl. n. — 60 (1. 2.: n. 1. 20)

— Männerlieder, gesammelt und mit Rücksicht auf die Galin-Paris-Chevé'sche Gesanglehre methodisch geordnet. 1. Lfg. gr. 8. (16 S.) Aachen 858, (Mayer.) *

— Methode Galin-Paris-Chevé. Singschule nach der Méthode élémentaire de musique vocale par Emile Chevé mit Genehmigung des Verf. bearb. 1. Thl. 1. Heft. gr. 8. (57 S.) Aachen 858, (Mayer.) *

— Methode Galin-Paris-Chevé. Singschule, nach der 6. Aufl. der Chevé'schen Elementar-Gesanglehre mit Genehmigung der Verff. bearb. 1. Thl. 2. Heft: Treffübungen in Moll, Uebungen in der Zwei- und Vier-, Drei- und Sechstheilung der Taktzeit, dynamische Uebungen, sowie 75 Lieder und Kanons. gr. 8. (IV, 56 und 8 lithogr. S.) Aachen 860, (Mayer.) *

Stahl, Fr. Th., Methode Galin-Paris-Chevé. Singschule, nach der 6. Aufl. der Chevé'schen Elementar-Gesanglehre mit Genehmigung der Verf. bearb. 1. Thl. 1. Heft: Die Treffübungen in Dur, die einfachsten rhythm. und dynam. Uebungen, sowie 110 Lieder und Kanons. 2. Aufl. gr. Lex.-8. (IV und 64 S.) Aachen 862, (Mayer.) *

— Singschule, nach der 6. Aufl. der Chevé'schen Elementar-Gesanglehre [Methode Galin-Paris-Chevé] mit Genehmigung der Verf. bearb. 1. Thl. 1. Heft. 3. Aufl. gr. 8. (IV, 56 S.) Ebendas. 877. *

— Singschule, nach der Chevé'schen Elementar-Gesanglehre bearb. Einzige von den Verf. autoris., daher allein berechtigte und authent. deutsche Ausg. der Methode Galin-Paris-Chevé. 1. Thl. 2 Hefte. gr. 8. Ebendas. [1. Heft. 4. Aufl. [Ohne Lieder.] (II, 26 S.) 881. * 35 Pf.; 5. Aufl. [Mit Liedern.] (IV, 56 S.) 881. * 80 Pf.; 2. Heft. (47 S.) 884. * 50 Pf.] cart. *

Stahl, Fr. Th., Singschule, neue methob. Bearbeitg., s.: Zimmermann, Ernst, Gesanglehre.

Stahl, Fr. Th., Singübungen und Lieder für kleine Kinder, nach der Galin-Paris-Chevé'schen Elementar-Gesanglehre bearb. Aachen 860. Mayer in Comm. qu. 16. (32 S.) n. 2½ ngr.

— Singübungen und Lieder für kleine Kinder, nach der Chevé'schen Elementar-Gesanglehre [Methode Galin-Paris-Chevé] bearb. 2. Aufl. qu. gr. 16. (32 S.) Ebendas. 878. **

— Singübungen und Lieder für kleine Kinder, nach der Chevé'schen Elementar-Gesanglehre [Methode Galin-Paris-Chevé] bearb. 3. Aufl. qu. 12. (32 S.) Aachen 879, (Mayer.) **
— dass. — 4. und 5. Aufl. qu. 12. (32 S.) Arnsberg 881, 82, Stahl. *

Stahl, Fr. Th.. Singübungen und Lieder für kleine Kinder, nach der Chevé'schen Elementar-Gesanglehre (Methode: Galin-Paris-Chevé) bearb. 6. Aufl. qu. 12. (32 S.) Ebendas. 888. *
Vgl.: Koch, Aug., Anleitung zur Erteilung des Gesangunterrichts.

— Singübungen u. Lieder für kleine Kinder, nach der Chevé'schen Elementar-Gesanglehre (Methode Galin-Paris-Chevé) bearb. 7. Aufl. Besorgt v. Ernst Zimmermann. qu. 8. (32 S.) Arnsberg 898. J. Stahl. n. — 25

Stahl, Francis, hängt sie tiefer! Eine Beleuchtg. unserer Theaterkritik. gr. 8. (24 S.) Berlin 892. E. Rentzel. n. — 50

Stahl, F., Mädchenaugen, s.: Universal-Bibliothek.

— gewagte Mittel, — der rechte Schlüssel, } s.: Universal-Bibliothek.

Stahl, Francis, Tilli, s. Universal-Bibliothek. Nr. 2407.

Stahl, Franz Wilhelm

Stahl, Fr. Wilh., die Arbeiterfrage sonst u. jetzt, s.: Zeit- u. Streitfragen, deutsche. 6.

—— Die Bedeutung der Arbeiterassoziationen in Vergangenheit und Gegenwart. 4°. Giessen 1867.

— das deutsche Handwerk. 1. Bd. gr. 8. (432 S.) Gießen 874. Ricker. n. 8. —

Stahl, Frz., Handwerker-Genossenschaften, s.: Kroidl, Kil. Lor.

Stahl, Fr. Wilh., Kritik der socialen Reformen Frankreichs und ihrer Folgen. Vortrag. gr. 8. (IV und 58 S.) Erlangen 848, Blaesing.

Stahl, Friedrich Julius

Stahl, Frdr. Jul., die Aktenstücke über das Bündniß vom 26. Mai u. der Antrag Camphausen, eine in der Sitzung der 1. Kammer am 27. Aug. angemeldete Rede. gr. 8. (14 S.) Berlin 849, Hertz. 3 ngr

Stahl, Frdr. Jul., Ansprache zur Eröffnung der Berliner Pastoral-Conferenz in der Trinitatiswoche 1861. (Abdr. aus der Evangelischen Kirchenzeitung.) Berlin 861. Rauh. gr. 8. (23 S.) n. 5 ngr

Stahl, (Friedr.) J(ul.), Ausführungen über das Ehescheidungs-Gesetz. 8. (56 S.) Berlin 855, Hertz. *

Stahl, (Friedr. Jul.). Die Bildung der ersten Kammer. Rede gehalten in der ersten Kammer am 22. November 1849. Berlin, Decker 1849. 15 S. 8.

—— die Bildung der ersten Kammer. Rede in der 71. Sitzung der preuß. ersten Kammer am 22. Novbr. 1849. gr. 8. (15 S.) Berlin 849, (Hertz.) *

—— wider Bunsen. 1—3., unveränd. Abdr. 8. (157 S.) Berlin 856, Hertz. *

—— Friedrich Wilhelm der Dritte. Gedächtnißrede gehalten am 3. Aug. 1853. gr. 8. (16 S.) Berlin 853, Hertz. *

Stahl, Fr. Jul., Fundamente einer christlichen Philosophie. Abdruck des ersten Buches meiner Philosophie des Rechts zweiter Aufl. mit Zugabe neuer Kapitel. gr. 8. Heidelberg 846, Mohr. 1 ℛ

Stahl, Friedrich Julius. Zum Gedächtniß Seiner Majestät des hochseligen Königs Friedrich Wilhelm IV. und seiner Regierung. Vortrag gehalten im evangelischen Verein zu Berlin am 18. März 1861. Berlin, W. Hertz (Besser) 1861. 28 S. 8.

—— zum Gedächtniß Sr. Maj. des hochsel. Königs Friedrich Wilhelm IV. und seiner Regierung. Vortrag gehalten im evangel. Verein zu Berlin am 18. März 1861. 2. Abdr. gr. 8. (28 S.) Berlin 861, Hertz. *

Gedächtnissrede gehalten am 3. Aug. 1853 von Friedr. Julius **Stahl**, d. Z. Rektor der Königl. Friedrich-Wilhelms-Universität zu Berlin. [Über die Regierung Friedrich Wilhelms III.] Berlin 1853. (20 S.) 4°
¶ Erschien auch u. d. T.: Friedrich Wilhelm der Dritte. Berlin: W. Hertz 1853. 8°; wieder abgedr. in d. Verf.: „Siebzehn parlamentarische Reden und drei Vorträge" Berlin: W. Hertz 1862 S. 250-262.

— die lutherische Kirche und die Union. Eine wissenschaftliche Erörterung der Zeitfrage. 859. (XIV, 562 S.) n. 2 ℛ 20 ngr — 2., mit einem Anhang verm. Aufl. Ebend. 860. gr. 8. (XVI, 616 S.) n. 2 ℛ 26 ngr

Stahl, Friedr. Jul., Entgegnung auf die Einwürfe. Anhang zur 2. Aufl. des Werkes: Die lutherische Kirche und die Union. (Abdruck für die Besitzer der 1. Aufl.) gr. 8. (56 S.) Berlin 860, Hertz. *

Stahl, Friedr. Jul., die Kirchenverfassung nach Lehre u. Recht d. Protestanten. gr. 8. (19 B.) Erlangen 840, Bläsing.

Stahl, (Friedr. Jul.), die Kirchenverfassung nach Lehre und Recht der Protestanten. 2. Ausg. Neue erweit. Ausarbeitung. gr. 8. (X und 484 S.) Erlangen 862, Bläsing. geb. *

Stahl, Fr. Jul., üb. d. ältere röm. Klagenrecht. gr. 8. Münch. 827. Weber. 11 ℊ

Stahl, Frid. Julius: De matrimonio ob errorem rescindendo commentatio. Berolini 1841. (10 S.) 4°
Berlin. Jur. Fak., Antrittsprogr. v. 1841

— de matrimonio ob errorem rescindendo commentatio, quam pro loco in jctorum Berolinensium ordine rite obtinendo etc. 4. Berlin 841, Trowitzsch. (Erlangen, Blaesing.) $^1/_6$ ℛ

—— die gegenwärtigen Parteien in Staat und Kirche. 29 akadem. Vorlesungen. 1. Aufl. 1863. und 2. Aufl. gr. 8. (VIII und 393 S.) Berlin 868, Hertz. *

Stahl, Frdr. Jul., die Philosophie d. Rechts, s.: Sammlung staatswissenschaftl. Schriftsteller.

— die Philosophie des Rechts nach geschichtl. Ansicht. 1r Bd. Die Genesis der gegenwärt. Rechtsphilosophie. gr. 8. Heidelb. 830. Mohr. 1 ℛ 16 ℊ

— die Philosophie des Rechts nach geschichtlicher Ansicht. 2r Bd. Christliche Rechts- u. Staatslehre. 1e Abthl. gr. 8. Heidelberg 833. Mohr. $1^2/_3$ ℛ

—— die Philosophie d. Rechts nach geschichtl. Ansicht. 2. Bd. Christl. Rechts- u. Staatslehre 2. Abthl. gr. 8. (28 S.) Heidelberg 837, J. C. B. Mohr.
1. Bd. u. 2. Bd. 1. Abthl. Ebendas. 1830, 33. 3 Thlr. 8 Gr.

— die Philosophie des Rechts. 2. Bd. 2. Aufl. A. u. d. T.: Rechts- u. Staatslehre auf der Grundlage christl. Weltanschauung. 1. Abth.: enthaltend die allgemeinen Lehren u. das Privatrecht. gr. 8. Ebend. 845. 2 ℛ

— dass. 2. Bd. 2. Aufl. A. u. d. T.: Rechts- u. Staatslehre auf der Grundlage christl. Weltanschauung. 2. Abth. enth. das 4. Buch: die Lehre vom Staat u. die Principien des deutschen Staatsrechts. gr. 8. Ebend. 846. 2 2/3 Thlr.

— die Philosophie des Rechts. 2 Bde. 3. Aufl. Heidelberg 854, 56. Mohr. 8. 8 Thlr. 15 ngr.
1. Bd.: Geschichte der Rechtsphilosophie. 856. (XXX, 590 S.) 3 Thlr.
2. Bd. 1. Abth.: Rechts- und Staatslehre auf der Grundlage christlicher Weltanschauung. 1. Abth.: enthaltend die allgemeinen Lehren und das Privatrecht. 854. (XXXVI, 521 S.) 2 Thlr. 15 ngr.

— dass. — 2. Bd. 2. Abthl. 3. Aufl. Rechts- und Staatslehre auf der Grundlage christlicher Weltanschauung. 2. Abthl. A. u. d. T.: Die Staatslehre und die Principien des Staatsrechts. 3. Aufl. gr. 8. (XXXVI und 721 S.) Ebds. 856.

Stahl, Friedr. Jul., die Philosophie des Rechts. 2 Bde. 4. Aufl. gr. 8. Heidelberg, J. C. B. Mohr. *
Inhalt:
Bd. 1. A. u. d. T.: Geschichte der Rechtsphilosophie. (XXXII, 590 S.) 870. *ℳ 9.
„ 2. A. u. d. T.: Rechts- und Staatslehre auf der Grundlage christlicher Weltanschauung. 2 Abthlgn. 1. Abthl.: Die allgemeinen Lehren und das Privatrecht. (XXXVI, 521 S.) 871. *ℳ 7.50.; 2. Abthl.: Die Staatslehre und die Principien des Staatsrechts. (XXXIV, 721 S.) 871. *ℳ 9.

Stahl, Frdr. Jul., die Philosophie d. Rechts. 2. Bd. A. u. d. T.: Rechts- u. Staatslehre auf der Grundlage christlicher Weltanschauung. 4. Aufl. 2 Abthlgn. gr. 8. Heidelberg 870. J. C. B. Mohr. n. 16. 50 (cplt.: n. 25. 50)
II. 1. Die allgemeinen Lehren u. das Privatrecht. (XXXVI, 521 S.) n. 7. 50
II. 2. Die Staatslehre u. die Principien d. Staatsrechts. (XXXIV, 721 S.) n. 9. —

Stahl, Friedr. Jul., die Philosophie des Rechts. 2 Bde. in 3 Abthlgn. 5. unveränd. (Titel-)Aufl. gr. 8. [Tübingen (870)78.] Freiburg i. Br., Mohr. *
Inhalt:
Bd. 1. Geschichte der Rechtsphilosophie. (XXXII, 590 S.) *ℳ 8.
„ 2. Rechts- und Staatslehre auf der Grundlage christlicher Weltanschauung. 1. Abthl. Enth. das 1.—3. Buch: Die allgemeinen Lehren und das Privatrecht. (XXXVI, 521 S.) *ℳ 8. — 2. Abthl. Enth. das 4. Buch: Die Staatslehre und die Principien des Staatsrechts. (XXXIV, 721 S.) *ℳ 8.

— Präsidialrede am Schlusse der Verhandlungen über evangelische Katholicität auf dem Kirchentage zu Stuttgart am 23. Septbr. 1857. gr. 8. (10 S.) Berlin 857, Hertz.
Aus den „Protokollen des Kirchentags" besonders abgedruckt.

Stahl, Friedrich Julius. Das monarchische Princip. Eine staatsrechtlich-politische Abhandlung. Heidelberg. Mohr 1845. 44 S. 8.

— der Protestantismus als politisches Princip. Vorträge auf Veranstaltung des evangel. Vereins für kirchl. Zwecke zu Berlin im März 1853 gehalten. 1—3., unveränd. Aufl. gr. 8. (III und 122 S.) Berlin 853, W. Schultze. *

— Rechtsgutachten üb. die Beschwerden wegen Verletzung verfassungsmäßiger Rechte d. Protestanten im Königr. Bayern, insbesond. Beleuchtung des Verhältnisses zwischen dem Staatsgrundgesetz u. dem Konkordat. gr. 8. (6 1/4 B.) Berlin 846, Schröder's Verl.

— Rechtswissenschaft od. Volksbewußtsein? Eine Beleuchtung des von Hrn. Staatsanwalt v. Kirchmann gehalt. Vortrags: die Werthlosigkeit der Jurisprudenz als Wissenschaft. [Aus dem Janus. Hft. 4. 1848 abgedr.] gr. 8. (29 S.) Berlin 848, Förstner. 6 ngr.

— Rede über die Anleihe in der Sitzung der ersten Kammer vom 25. April 1854. gr. 8. (16 S.) Berlin 854, (Hertz.) *

Stahl, F., aus Erlangen, Rede über das Oberhaupt, in der 153. Sitzung der deutschen Nationalversammlung gehalten. (Frankfurt a. M., 1848.) 16 S. 8°.

Stahl, Abgeordneter für Angermünde, Ober- und Nieder-Barnim, Prenzlow, Templin, Reden. (Aus den Verhandlungen der preußischen Ersten Kammer und des Volkshauses des deutschen Unions-Parlaments 1849 und 1850.) Berlin, W. Hertz, 1850. XVI, 111 S. 8°.

Stahl, Friedr. Jul.: Parlamentarische Reden. Hrsg. u. mit einl. Bem. versehen von J. P. M. Treuherz. Berlin [1855—56].

— parlamentarische Reden, s. Tribüne, die preußische.

Stahl, Dr. Fr. Jul. (Jurist, Prof. in Berlin, geb. 1802), *parlamentar. Reden.* Hrsg. u. m. einleitend. Bemerk. versehen von *J. P. M. Treuherz.* Berlin, o. J. (c. 1860). Gr. 8°. Ppb.
2 Bll. u. 523 S. — Ueber Stahl s. „Jüdisches Athenäum". Grimma u. Leipzig 1851. 8°.

Stahl, (Friedr. Jul.), 17 parlamentarische Reden und drei Vorträge. Nach letztwill. Bestimmung geordnet und hrsg. gr. 8. (VI und 278 S.) Berlin 862, Hertz. *

— die deutsche Reichsverfassung nach den Beschlüssen der deutschen Nationalversammlung und nach dem Entwurf der drei königl. Regierungen, beleuchtet. Geschrieben im Juni 1849. 1. und 2., unveränd. Abdr. gr. 8. (99 S.) Berlin 849, Hertz. *

— die Revolution und die constitutionelle Monarchie, eine Reihe ineinandergreifender Abhandlungen. 1. Aufl. (VI und 82 S.) 1848. * 10 Ngr. und 2., verm. Aufl. gr. 8. (VI und 113 S.) Berlin 849, Hertz. *

Stahl, (Friedr. Jul.) Zwei Sendschreiben an die Unterzeichner der Erklärung vom 15. und 26. August 1845, zugleich als ein Votum in der Augsburgischen Confessions-Frage. Berlin Schroeder 1845. 36 S. 8.

— zwei Sendschreiben an die Unterzeichner der Erklärung vom 15., beziehungsweise 26. Aug. 1845, zugleich als ein Votum in der augsburg. Confessions-Frage. 3. Aufl. gr. 8. (2 1/4 B.) Berlin 845, Schröder's Verl. *

— der christliche Staat u. sein Verhältniß zu Deismus u. Judenthum. Eine durch die Verhandlungen des Vereinigten Landtags hervorgerufene Abhandlung. gr. 8. (74 S.) Berlin 847. L. Oehmigke. 1/2 Thlr.

— der christliche Staat. – Vortrag über Kirchenzucht. 2., durchgeseh. Aufl. gr. 8. (XVI und 110 S.) Berlin 858, Oehmigke's Verlag.

Staatslehre von Friedrich Julius Stahl. Im Ausz. neu hrsg. Berlin: Hobbing 1910. XVI, 347 S. 8° [II. 477

Stahl, (Friedr. Jul.). Das Steuerverweigerungsrecht. Rede gehalten in der ersten Kammer am 16. October 1849. Berlin, Decker 1849. 15 S. 8.

— das Steuerverweigerungsrecht. Rede in der 55. Sitzung der preuß. ersten Kammer am 16. Oktbr. 1849. 8. (15 S.) Berlin 849, Hertz. *

— über christliche Toleranz. Ein Vortrag auf Veranstaltung des evangel. Vereins für kirchl. Zwecke gehalten am 29. März 1855. gr. 8. (31 S.) Berlin 855, W. Schultze. *

— Vortrag über Kirchenzucht gehalten in der Pastoral-Conferenz zu Berlin am 22. Mai 1845. gr. 8. (1 1/8 B.) Berlin 845, Ludw. Oehmigke, Vrlgsh.

— was ist die Revolution? Ein Vortrag auf Veranstaltung d. Evangel. Vereins für kirchliche Zwecke am 8. März 1852 gehalten. [Aus der Evangel. Kirchenzeitung abgedr.] gr. 8. (19 S.) Berlin 852, W. Schultze. — 3. unveränd. Aufl. mit einem Anh.: Die Reformation u. die Revolution. gr. 8. (24 S.) Ebd. 852. 4 ngr (Beitrag dazu, siehe: Nur das Christenthum ꝛc.)

—— die katholischen Widerlegungen. Eine Begleitungsschrift zur 4. Aufl. meiner Vorträge über den Protestantismus als polit. Princip. gr. 8. (III und 72 S.) Berlin 854, W. Schultze. *

Stahl, Friedrich Karl

Stahl, C., Beitrag z. Pathologie des Idiotismus endemicus, genannt Cretinismus, in den Bezirken Sulzheim ꝛc., s. Acta n. phys.-med. Acad. Caes. Leopold. Carol. XXI. Prs. I.

Stahl, Frdr. Carl, neue Beiträge zur Physiognomik u. patholog. Anatomie der Idiotia endemica [genannt Cretinismus] m. 10 Stahlst. zum Gebrauche f. klin. Vorlesungen. Eine v. der Academie der Wissenschaften zu Paris m. dem Preise v. Montyon gekrönte Schrift. gr. 4. (VI u. 77 S.) Erlangen 848, Enke. — 2. (Titel-) Aufl. gr. 4. (VI u. 77 S. m. 10 Stahlst.) Ebd. (848) 851. n. 1½ ℛ

Stahl, Fritz (Siegfr., Lilienthal), Brüssel. (Umschlag: Die Weltausstellungsstadt Brüssel. Ein Führer f. den deutschen Reisenden.) (IV. 227 S. m. Abb.) 8. Leipzig (910). Klinkhardt & Biermann. 2.50

Brüssel. Von Fritz **Stahl** [d. i. Siegfried Lilienthal]. Mit vielen Abb. Leipzig: Klinkhardt & Biermann [1910]. 272 S. 8°
(Stätten d. Kultur. Bd 26.) [10 15558

Ludwig Hoffmann. (Verf.: Fritz **Stahl** [d. i. Siegfried Lilienthal].) Berlin: E. Wasmuth 1907. (122 S.) 4°
— Architekturwelt, Berliner. Sonderh. 7. [08. 1407

— Josef Israels, s.: Künstler, jüdische.

Stahl, Fritz, s.: Kunst, die, im Leben des Kindes.

Hugo Lederer. (Verf.: Fritz **Stahl** [d. i. Siegfried Lilienthal].) Berlin: E. Wasmuth 1906. (30 S.) 4° [F.]
— Architekturwelt, Berliner. Sonderh. 6. [08. 1090

Altenglische Meister von Fritz **Stahl**. Mit 2 Vierfarbentaf., 43 Mattkunstdruckbild., 5 Tondruckbild. u. 2 Grav. 2. Aufl. Berlin: Internat. Verlagsanst. f. Kunst u. Lit. [1910]. 59 S. 2°
(Kunst d. Gegenwart. Samml. moderner Künstlermonographien. [8.]) [11. 1316

— Altenglische Meister, s.a. Kunst der Gegenwart. I, 4.

Stahl, Fritz (Siegfr. Lilienthal), wie sah Bismarck aus? (66 S. m. 31 Taf.) kl. 8. Berlin 906. G. Reimer. Kart. n. 3. —

— wie sah Goethe aus? 1. u. 2., u. 3. u. 4. Tausf. (Je 65 S. m. 28 Taf.) kl. 8. Ebd. 904. 905. Kart. n. 3. —

— wie sah Rembrandt aus? (54 S. m. 28 Taf.) kl. 8. Berlin 906. Bose & Tetzlaff. Kart. n. 3. —

Stahl, G. W. „Rückblick auf die Geschichte der Realschule zu Dinkelsbühl (Dezember 1869 bis Juli 1895)". pg. 27—40. 8°. Mit einer Freq.-Tafel. C. Fritz.
Dinkelsbühl, Progr. 1894/95

Stahl, Geo., Mittheil. wichtiger Ersparungsmittel, f. alle Land- u. Stadtbewohner, welche Last- u. Mastvieh halten, wie solches für die Hälfte der gewöhnl. Fütterungskosten immer in d. besten Zustand erhalten werden kann ꝛc. 8. Hamb. ... N. X. 812. Bchn. 10 gl.

Stahl, Geo., was fordert die Zeit von den studentischen Verbindungen? s. Was fordert ꝛc.

Hutfieber. Schwank in 1 Akt von Georg C. **Stahl**. Mühlhausen i. Th.: G. Danner [1906]. (40 S.) 8° [F.]
— Thalia. 128. [06. 13813

Stahl, Georg Ernst: Abhandlung von der goldenen Ader, worinnen viele heilsame Wahrheiten entdecket, viele grobe Irrthümer widerleget und eine sichere Methode vielen schweren Krankheiten abzuhelfen an die Hand gegeben wird. Aus dem Lateinischen übersetzet. 364 S., gbd.

Leipzig: Eyssel 1737

Stahl, G. E., Abhandl. von d. güldnen Ader. 8. Leipzig, Sommer. 737.

George Ernst Stahls [Stahl]Ausführliche Abhandlung von den Zufällen und Kranckheiten des Frauenzimmers, dem beygefüget Was zu eine guten Amme erfordert werde, ingleichen Eine völlige Beschreibung des Motus tonici, nebst e. Vorr. Von dem weißen Fluße, hrsg. von G.H.A.M.D. Leipzig: Eyssel 1724. 49, 656 S. 8°

— ausführl. Abhandl. von d. Frauenzimmerkrankheiten u. Zufällen. 8. Leipzig, Sommer. 735.

Georg Ernst Stahls [Stahl]Gründliche Abhandelung [Abhandlung] des Aderlassens, sowohl den Gebrauch und Mißbrauch, als auch dessen besondere Application auf dem Fusse und andern gewissen Theilen des Leibes betr. Nebst e. ausführlichen Bericht,Was von Aderlassen in hitzigen Fiebern zu halten sey. Leipzig: Eyssel 1728. 208 S. 8°

— gründl. Abhandl. v. Gebrauch u. Mißbr. des Aderlassens. 8. Ebend. 734.

Stahl, Georg Ernst: Theoretische und practische Abhandlung von der Diät.(De diaeta. Dt.) Aus dem Lateinischen ins Teutsche vertiret und mit vielen Noten und Anmerckungen erläutert von Johann Storch. 110 S.(S.361 - 470), gbd.

Leipzig u.Eisenach: Grießbach 1738

Stahl, Georg Ernst: Theoretische und practische Abhandlung von dem Verhalten. (De regimine. Dt.) Aus dem Lateinischen ins Teutsche vertiret und mit vielen Noten und Anmerckungen erläutert von Johann Storch. 124 S. (S.505 - 628), gbd.

Leipzig u.Eisenach: Grießbach 1740

Georgius Ernestus Stahlius[Stahl]: De Abortu & foetu mortuo. [Resp.:] Johannes Kanold. Halae Magdeb. 1704: Henckelius. 39 S. 8°

Halle, Med.Diss.v. März 1704

(= Stahl: Dissertationes medicae.P.3[,29].)

Georg Ernst Stahl

De Abscessu et furunculo. [Resp.:] Andreas Koelichen. Halae Magdeb. 1705: Henckelius. 24 S., 4 Bl. 8°

Halle, Med. Diss. v. Apr. 1701

Darin ausserdem: Stahl: Propempticon inaugurale de αποστασεως et αποστεματως Hippocratis differentia.
[Einladungsschrift zur Dr.-med.-Promotion von Andreas Koelichen, Apr. 1701.]

(= Stahl: Dissertationes medicae. P.3[12].)

Georg Ernst Stahl

De αδηφαγια [Adephagia] sive Intemperantia edendi, nocua. [Resp.:] Hermannus Vogel [1707]. Halae Magd. 1707: Zeitler. 24 S. 8°

Halle, Med. Diss. v. Apr. 1700

(= Stahl: Dissertationes medicae. P.3[,26].)

Georgius Ernestus Stahlius [Stahl]De incurabilibus Affectibus. [Resp.:] Christianus Meisner [Ales] Halae Magdeb. 1705: Henckelius. 32 S.,4 Bl. 8°

Halle, Med.Diss.v.10.Okt.1705

Darin ausserdem: Stahl: Propempticon inaugurale de autoritate et veritate medica.
[Einladungsschrift zur Dr.-med.-Promotion von Christian Meisner, 10.Okt.1705.]

(= Stahl: Dissertationes medicae.P.2,[13.])

Georg Ernst Stahl

De infantium Affectibus. [Resp.:] Christianus Hönisch. Halae Magdeb. 1705: Henckelius. 40 S. 8°

Halle,Med.Diss.v. März 1705

(= Stahl: Dissertationes medicae. P.3[,31].)

Georg Ernst Stahl

De Affectibus oculorum in genere. [Resp.:] Ernestus Christianus Lange. Halae Magdeb.1702:Zeitler. 36 S.,4 Bl. 8°

Halle, Med.Diss.v. Juni 1702

Darin ausserdem: Stahl:Propempticon inaugurale de fistula lacrymali.
[Einladungsschrift zur Dr.-med.-Promotion von Ernst Christian Lange, Juni 1702.]

(=Stahl: Dissertationes medicae. P.3[,32].)

Georg Ernst Stahl

De Affectibus periodicis. [Resp.:] Christianus Sigismundus Richter. [Halle] 1702:Zeitler. 40 S.8°

Halle, Med.Diss.v. Mai 1702

(=Stahl: Dissertationes medicae.P.2[,11.])

Georg Ernst Stahl

De puerperarum Affectibus. [Resp.:] Joachimus Coberus. Halae Magdeb. 1707: Henckelius. 47 S. 8°

Halle, Med.Diss.v. März 1704

(= Stahl: Dissertationes medicae.P.3[,30].)

Georg Ernst Stahl

Aeger haemoptysi periodica laborans. [Resp.:] Georgius Daniel Coschwitius [Coschwitz]. Halae Magdeb. 1706: Henckelius. 14 Bl. 8°

Halle, Med.Diss.v.17.Juni 1699

Darin ausserdem: Stahl: Propempticon inaugurale de sterilitate foeminarum per aetatem.
[Einladungsschrift zur Dr.-med.-Promotion von Georg Daniel Coschwitz,Halle,17.Juni 1699.]

(= Stahl: Dissertationes medicae.P.3[,41].)

Stahl, G. E., resp. Balth. F. Jacobi, De morosis aegris, prudentiam medici fatigantibus et flagitantibus. 40 pp. Hal. 4°. 1714

Georg Ernst Stahl

De Alterantibus et specificis in genere. [Resp.:] Godofredus Samuel Raesch. Halae Magdeb.1703:Henckelius. 40 S.,6 Bl. 8°

Halle, Med.Diss.v. Juni 1703

Darin ausserdem: Stahl: Propempticon inaugurale de visitatione aegrorum.
[Einladungsschrift zur Dr.-med.-Promotion von Gottfried Samuel Raesch, Juni 1703.]

(= Stahl: Dissertationes medicae. P.3[,36].)

— Anleit. zur Metallurgie, nebst d. Einleit. z. Grundmirtion. 8. Leipz. Schönermark. 744.

—

Stahl, Georg Ernst: Sileni Alcibiadis i.e. ars sanandi cum expectatione opposita arti curandi nudae expectatione: satyra Harveana castigatae. 312 S., gbd.

Paris: North-hemels
Offenbaci ad Moenum: Koenig } 1730

Stahl, Georg Ernst (Ed.):

s.: Becher, Joh(ann) Joachim: Physica subterranea profundam subterraneorum genesin, e principiis hucusque ignotis... (Adiecta sunt Suppl.1 - 3.) Editio novissima. Lipsiae: 1738

– Billig Bedencken, Erinnerung und Erläuterung über J. Bechers Natur-Kündigung der Metallen. Franckfurth und Leipzig, 1723. pp. 443, 12mo. 2 parts, pagination continuous.

—gründl. Bericht von seinen balsamischen Pillen wie auch Pulver. 8. Berl. 750. Voß. 3 gr 819. Leipz., (Rein). 2 gr.

STAHL, GEORG ERNST.
Ausführliche Betrachtung und zulänglicher Beweiss von den Saltzen das dieselben aus einer zarten Erde mit Wasser innig verbunden bestehen. Halle, 1723. pp. [xvi]–432, 12mo.
Zweyte Auflage mit einem Vorbericht, Anmerkungen und einem Register versehen von Johann Joachim Langen. Halle, 1765. 8vo.

—Beweis von den Salzen, die aus einer zarten Erde bestehen rc. 8. Halle 764. 2e Aufl., mit e. Vorbericht, Anmerkk. u. Register v. Jh. Jak. Lange. 765. Waisenhaus-B. 14 gr.

Stahl, Georg Ernst [Praes.], s. Brunner, Erhard: De frequentia morborum in corpore humano prae brutis.

— Chymia rationalis et experimentalis ; oder gründliche der Natur und Vernunfft gemässe und mit Experimenten erwiesene Einleitung zur Chymie ; darinnen hauptsächlich die Mixtion derer sublunarischen Cörper nebst deren Zerlegung und Relation gegen einander untersuchet, und mit vielen Experimenten gezeiget wird. Nebst einer Zugabe vor denen Mercuriis Metallorum, Mercurio animato, und Lapide Philosophorum. Leipzig, 1720. pp. [xvi]-520-[xxxi], 12mo.
* Zweite Auflage, 1729. pp. [xvi]-560-[xxxii], 12mo.
Contains an historical and experimental inquiry into the philosopher's stone.

— Chymia rationalis et experimentalis, od. Einleitung zur Chymie. 8. Leipzig, Schönermark. 739.

Stahl, Georg Ernst: Collegium casuale magnum oder sechs und siebentzig practische Casus... von Anno 1705.biß 1707... (Collegium casuale magnum... Dt.) Übers.von Johann Storch. 880 S. gbd.

Leipzig: Eyssel 1733

— collegium casuale magnum, od. 76 prakt. Casus. 4. Leipzig, Schönermark. 735.

— — — sic dictum minus. 4. Schweidnitz. 741.

— Collegium practicum, nach des Autors Vorschrift von J. Storch. 4. Ebend. 745.

Georgii Ernesti Stahlii [Stahl] Propemticum [Propempticon] inaugurale de commotione sanguinis translatoria et eluctatoria. [Halle] 1704: Henckelius. 12 S. 8°

[Einladungsschrift zur Dr.-med.-Promotion von Johann Georg Brebiss,Halle 16.Juni 1694.]

(= Stahl: Dissertationes medicae.P.3[,28a].)

Georgius Ernestus Stahlius [Stahl]: De Curatione aequivoca. [Resp.:] Johannes Fridericus König. Halae Magdeb. 1706: Henckelius. 40 S.,8 Bl. 8°

Halle, Med.Diss.v. Juni 1706

Darin ausserdem: Stahl: Propempticon inaugurale de temeritate timiditate, modestia et moderatione medica. [Einladungsschrift zur Dr.-med.-Promotion von Johann Friedrich König,†nach 1719, Juni 1706.]

(= Stahl: Dissertationes medicae.P.2[,18.])

Stahl, Georg Ernst [Praes.], s. Daum, Johann Christian: De consilio medico.

Stahl, Go. E., De differentia rationis et ratiocinationis. Hal. 1701. 4°.
Haller, Bibl. med. pr. III, 581.

Georgius Ernestus Stahlius [Stahl]: De haereditaria Dispositione ad varios affectus. [Resp.:] Johannes Burchart. Halae Magdeb. 1706:Henckelius. 56 S. 8°

Halle, Med.Diss.v. März 1706

(= Stahl: Dissertationes medicae.P.2[,12.])

Georgii Ernesti Stahl Disquisitio de mechanismi et organismi diversitate... Halae: Orphanotropheum 1706. 52 S. 8°

(= Stahl: Dissertationes medicae.P.1[,4.])

Georgii Ernesti Stahlii [Stahl]Dissertationes medicae,tum epistolares tum academicae in unum volumen congestae et...in 3 partes digestae... adiecto ind. universali. (P.1-3.) Halae Magd. 1707: Henckelius. 4 Bde 8°

(P.1[,1-11:]) 1695-1707.
(P.2[,1-25:]) 1695-1707.
(P.3[,1-44:]) 1694-1707.

— Dissertationum medicarum 2 Vol. 4. Halae. 707-712.

Stahl, Georg Ernst: De motus haemorrhoidalis et fluxus haemorrhoidum diversitate, bene distinguenda. Tam ad veram theoriam, seu pathologiam, quam justam therapiam, seu praxin, non tantum utilis, sed plane necessaria remonstratio. Duobus schediasmatibus ad duos viros medicos exarata. 126 S., gbd.

Paris: Horth-hemels
Offenbaci ad Moenum: Koenig } 1730

Georgii Ernesti Stahl De vera Diversitate corporis mixti et vivi, et utriusque peculiarium conditionum atque proprietatum necessaria discretione, demonstratio... Halae Magd.: Orphanotropheum:1707. 90 S. 8°

(=Stahl: Dissertationes medicae.P.1[,5.])

Georgius Ernestus Stahlius [Stahl]: De Dysenteria. [Resp.:] Jacobus Henricus Heilersieg. Halae Magdeb. 1706: Henckelius. 28[viellm.38]S. 8°

Halle,Med.Diss.v. März 1706

(= Stahl: Dissertationes medicae.P.3[,27].)

Georg Ernst Stahl

De consuetudinis Efficacia generali in actibus vitalibus s.n.& p.n. [Resp.:] Johannes Christophorus Jung. Halae Magdeb. 1705: Henckelius. 35 S. 8°

Halle, Med.Diss.v. Mai 1705

(= Stahl: Dissertationes medicae.P.2[,16.])

— Einleit. zur Chirurgie u. v. der Pflicht ein. Medici bey d. sogenannten chirurgischen Zufällen. 8. Leipzig, Schönermark. 740.

Georg Ernest Stahls [Stahl] Einleitung zu der neuen Meteroscopie oder Witterungs-Deutung,nach William Cocks Grund-Reguln u. Matthaei Schlüters Curieusen Anmerckungen... Halle:Waysenhaus 1716. 515 S.,114 Bl. 8°

Stahl, Georg Ernst [Praes.], s. Emmerich, Johann: De morbis corruptis.

Georg Ernst Stahl

De εμπειρια [Empeiria] rationali medica. [Resp.:] Johann Godofredus Carstens. Halae Magdeb. 1704: Henckelius. 40 S. 8°

Halle, Med. Diss. v. Febr. 1704

(= Stahl: Dissertationes medicae. P.2[21].)

—, Temperamenti physiologico-physiognomico-pathologico-mechanica enucleatio. Hal. 8°. (1. ed. 1697.) Deutsch von H. *Ulan*, Lps. 1716. 1723. 8°. *Haller*, Bibl. med. pr. III, 598. (A stricto et laxo habitu puerorum cholericum et phlegmaticum temperamentum. Morbi cujusque temperamenti, tono animae conditioni adaptati.) 1707

Georg Ernst Stahl

De Erroribus medicinae practicae. [Resp.:] Michael Alberti. Halae Magdeb. 1704: Henckelius. 44 S., 6 Bl. 8°

Halle, Med.Diss.v. Febr.1704

Darin ausserdem: Stahl:Propempticon inaugurale de consulta utilitate haemorrhagiarum. [Einladungsschrift zur Dr.-med.-Promotion von Michael Alberti, Febr.1704.]

(=Stahl: Dissertationes medicae.P.2[,24.])

Georg Ernst Stahl

De naturae Erroribus medicis. [Resp.:] Johannes Christianus Volhart. Halae Magdeb. 1707: Henckelius. 48 S.,4 Bl. 8°

Halle, Med. Diss. v. Mai 1703

Darin ausserdem: Stahl: Propempticon inaugurale περι φυσεως αταιδευτου. [Einladungsschrift zur Dr.-med.-Promotion von Johannes Christian Volhart, Mai 1703.]

(= Stahl: Dissertationes medicae. P.2[,23.])

Stahl, G. E., resp. Gellentin, De excerniculis capitis recent. inventis anatomicis illustr. Hal. 4°. Haller, Bibl. anat. II, 89.
1712

Georgii Ernesti Stahlii [Stahl]Excusatio respondens examini, pulsuum celeris & frequentis, eorumque constans distinctio, quâ demonstratur, quod argumenta adversus illam, iterum publico scripto prolata, thesin non feriant. [Halle 1709? :]Henckelius. 62 S. 8°

(=Stahl: Dissertationes medicae.P.1[,7.])

Stahl (G. E.), Experimenta, observationes, animadversiones CCC numero chymicae et physicae. Berolini 1731. 8.

Stahl, Georg Ernst [Praes.], s. Eysener, Theophil Casimir: De sanguinis temperie optima conservanda et restauranda.

Georg Ernst Stahl

De Facie morborum indice, seu Morborum aestimatione ex facie. [Resp.:] Ernestus Gotthold Struve. Halae Magdeb. 1705: Henckelius. 32 S. 8°

Halle, Med.Disp.v. Okt.1700

(= Stahl: Dissertationes medicae. P.2[,14.])

Georg Ernst Stahl

De hectica Febre. [Resp.:] Johannes Jacobus Ewald Halae Magdeb. 1705: Henckelius. 24 S.,4 Bl. 8°
Halle, Med.Diss.v. Mai 1699

Darin ausserdem: Stahl: Propempticon inaugurale de abstinentia et nausea carnium in morbis, praecipue acutis. [Einladungsschrift zur Dr. med.-Promotion von Johannes Jakobus Ewald, Mai 1699.]

(= Stahl:Dissertationes medicae.P.3[,38].)

Geo. Ern. Stahl de febre lethifera Hippocr. ad l. II. de morbis. Hal. 1711. 4. — Recus. in Baldinger sel. opusc. Gotting. 1782. pag. 169—214.

Georgius Ernestus Stahlius [Stahl]: De Febre petechiali seu purpurata. [Resp.:] Joh[annes] Godofredus Schukius.Halae Magdeb. 1706:Henckelius. 27 S. 8°

Halle, Med.Disp.v. Jan.1685

(= Stahl: Dissertationes medicae.P.3[8].)

Georg Ernst Stahl

De Febribus bibliosis. [Resp.:] Ernestus Petrus Meuderus[Meuder]. Halae Magdeb. 1707:Zeitler. 31 S. 8°

Halle, Med.Diss.v. Jun.1701

(= Stahl: Dissertationes medicae.P.3[,7].)

Stahl, Georg Ernst [Praes.], s. Fischer, Johann Christian: Σκιαγραφιαν pathologiae vere medicae.

Georg Ernst Stahl

De mensium muliebrium Fluxu, s.n.& suppressione p.n. [Resp.:] Johannes Georgius Brebiss. Halae Magdeb. 1705: Henckelius. 27 S. 8°

Halle, Med.Diss.v. 16.Juni 1694

(= Stahl: Dissertationes medicae.P.3[,28].)

Georg Ernst Stahl

De Frequentia morborum in corpore humano prae brutis. [Resp.:] Erhardus Brunnerus [Brunner]. Halae Magdeb. 1705: Henckelius. 34 S.,6 Bl. 8°

Halle, Med.Diss.v. Mai 1705

Darin ausserdem: Stahl: Propempticon inaugurale de morbis aulicis. [Einladungsschrift zur Dr.med.-Promotion von Erhard Brunner, Mai 1705.]

(=Stahl: Dissertationes medicae.P.2[,7.])

Stahl, Georg Ernst: Fundamenta chymiae dogmaticae et experimentalis... Olim in privatos auditorum usus posita, iam vero indultu autoris publicae luci exposita. Annexus est ad coronidis confirmationem tractatus Jan Isaac de salibus et oleis metallorum. 255 S., gbd.

Norimbergae: Mauritius 1723

Stahl, Georg Ernst. Fundamenta Chymiae dogmaticae et experimentalis. . . . Norimbergae 1723—32. H: *Carl, Johann Samuel.* (BrMm)

Stahl, G. E. Fundamenta chymiae dogmaticae. Nürnberg. 1744

Georgii Ernesti Stahlii [Stahl] Fundamenta chymiae dogmaticae et experimentalis... (P.2 ff.: Fundamenta chymiae dogmatico-rationalis et experimentalis)... Annexus est... tractatus Isaaci Hollandi [Johannes Isaacus gen.Hollandus] De Salibus et oleis metallorum. P.1-3. Norimbergae: Endter 1746-47. 8°

P.1: Ed.2.,em.& auct. 1746.
P.2: 1746.
P.3: 1747.

— fundamenta chymiae dogmatico-rationalis et experimentalis. III Tmi. 4. Norimb. Stein. 746-47.

-Fundamenta chymico-pharmaceutica generalia. Accessit manuductis ad enchirises artis pharmaceuticæ specialis; cura Benjamin Roth-Scholtzii. Herrnstadii, 1721. pp. 48, 8vo.
Contains a list of the works of Stahl.

Georg Ernst Stahl

De morborum aetatum Fundamentis pathologico-therapeuticis. [Resp.:] Johann Daniel Gohl. Halae Magdeb. 1703: Henckelius. 35 S. 8°
Halle, Med.Disp.v.4.März 1698
(= Stahl: Dissertationes medicae.P.2[8.])

Georg Ernst Stahl

Pathologiae Fundamenta practica. [Resp.:] Johannes Samuel Carolus. Halae Magd.1706: Zeitler. 38 S., 4 Bl. 8°
Halle, Med.Diss.v. 13.Juni 1699
Darin ausserdem: Stahl: Propempticon inaugurale de novo specifico anti phthisico equitatione.
[Einladungsschrift zur Dr.med.-Promotion von Johannes Samuel Carolus, Halle, 13.Juni 1699.]
(=Stahl: Dissertationes medicae.P.2[.4.])

Stahl, G. E., resp. Tr. Dittm. **Wagner**, De fundamento moralitatis personalis in sanguino. 46 pp. Hal. 4°. 1710

-Zufällige Gedancken und nützliche Bedencken über den Streit von dem sogenannten Sulphure, und zwar sowol dem gemeinen, verbrennlichen, oder flüchtigen, als unverbrennlichen oder fixen. Halle, 1718. pp. [viii]-373, 8vo.
Zweite Auflage. Halle, 1747. 8vo.

Stahl, Georg Ernst [Praes.], s. Gerngroß, Heinrich: De deo, autore verae medicinae.

— medicin. Hauptschlüssel zur vernünft. Cur aller innerl. Krankheiten des menschl. Leibes. 4. Bresl. 704. Pietsch. (Compt. f. Lit. in Leipz.) 1 ℳ

— --- der Krankheiten bey jegl. u. kindlich. Alter d. Menschen. 8. Ebend. 730.

Stahl, Georg Ernst [Praes.], s. Hermann, Georg Andreas: De primo creationis opere.

Georg Ernst Stahl

Febris in genere Historia. [Resp.:] Theophilus Raenner. [Halle] 1707: Zeitler. 40 S. 8°
Halle, Med.Disp.v. Okt. 1701

Stahl, G. E., Pr. Historia pathologica affectuum cum coxarum dolore symbolizantium Hippocratica. Hal. 4°. 1708

Stahl, Georg Ernst [Praes.], s. Hönisch, Christian: De infantum affectibus.

Georgius Ernestus Stahlius [Stahl] De Hydrope, ascite praecipue. [Resp.:] Johannes Michael Hauke. Halae Magdeb. 1701: Krebsius. 36 S. 8°
Halle, Med.Diss.v. Juni 1701
(= Stahl: Dissertationes medicae.P.3[,20].)

Stahl, Georg Ernst [Praes.], s. Jacobi, Balthasar Friedrich: De morosis aegris, prudentiam medici fatigantibus et flagitantibus.

—, resp. J. G. **Brunschwitz**, De impostura opii. 40 pp. Hal. 4°. 1707

Georg Ernst Stahl

De malignitatis, praecipuae febrilis, Indole. [Resp.:] Conradus Burckardus Vogtherus [Vogther]. Halae Magdeb. 1707: Henckelius. 34 S. 8°
Halle, Med.Disp.v. Febr.1702
(= Stahl: Dissertationes medicae. P.3[,9].)

Stahl, Georg Ernst (Ansbach) A. S. 1212/25

Dissertatio medica inauguralis de intestinis, eorumque morbis ac symptomatis, cognoscendis et curandis. Präs. Rudolph Wilhelm Krauss. Rec. Halle (Zeitler) 1704. 57 S.

Diss. Jena I, 1684. 33125

Stahl, Georg Ernst: De Intestinis ..., s.a. Krause, Rudolf Wilhelm [Praes.]

Stahl, Georg Ernst [Praes.], s. Koelichen, Andreas: De abscessu et furunculo.

Stahl, Georg Ernst [Praes.], s. König, Johann Friedrich: De curatione aequivoca.

Stahl, Georg Ernst [Praes.], s. Külbel, J. A.: De flatulentia.

George Ernst Stahls ([Stahl] Dissertatio medica, qua temperamenta physiologico- physiognomico- pathologico mechanice enucleantur. [Deutsch:]) Neu verbesserte Lehre von den Temperamenten. ([Übers.: Gottfried Heinrich] Ulau.) Welche bey dieser neuen Aufl. mit d. 2. Th. ... verm. worden. Th. [1.] 2. Leipzig: Eyssel 1723. 1 Bd 8°
[Th.1:] 1723.
Th. 2: Handlend von Veränderung der Temperamenten. 1723.

— neu verbess. Lehre v. d. Temperamenten. 2 Thle. 8. Leipzig, Sommer. 734.

Stahl, G. E. Neuverbesserte Lehre von den Temperamenten. ... Leipzig 1734. Ü: *Ulau, Gottfried Hnr.* (BrMm)

Georg Ernst Stahl

De Lumbricis terrestribus eorumque usu medico. [Resp.:] Johannes Christophorus Fritschius. Halae Magdeb. 1707: Henckelius. 22 S. 8°
Halle, Med.Disp.v. Dez. 1698
(= Stahl: Dissertationes medicae. P.3[,37].)

Georg Ernst Stahl

De hypochondriaco-hysterico Malo. [Resp.:] Michael Alberti. Halae Magdeb. 1703: Henckelius. 61 S. 8°
Halle, Med.Disp.v. Apr.1703
(= Stahl: Dissertationes medicae.P.3[,19].)

Stahl, Georg Ernst: Materia medica, das ist Zubereitung, Krafft und Würckung derer sonderlich durch chymische Kunst erfundenen Artzneyen... Th.1-2, gbd.

Dresden: Gerlach 1744

Georg Ernst Stahl

De Medicina sine medico. [Resp.:] Christophorus Berghauer. [Halle] 1707: Henckelius. 31 S.,4 Bl.8°

Halle, Med.Diss.v. Febr.1707

Darin ausserdem: Stahl: Propempticon inaugurale de constantia medica. [Einladungsschrift zur Dr.-med.-Promotion von Christoph Berghauer, Febr. 1707.]

(= Stahl: Dissertationes medicae.P.2[,20.])

Georgius Ernestus Stahl: De Medicina medicinae necessaria. Halae Magd. (1702:)Henckelius. 48 S. 8°

[Glückwunsch für Lukas Schroeck,1646-1730,1.Jan. 1702.]

(= Stahl: Dissertationes medicae.P.2[,2.])

Stahl, Georg Ernst [Praes.], s. M e y e r, Gottfried: De tertiana, febris genium universum manifestante.

Geo. Ern. Stahl (resp. Dan. Henning Bolten) diss. inaug. morbos acutos veterum sistens. Hal. 1709. 4.

—, resp. Chr. Ph. **Schmidt,** De animi morbis. 56 pp. Hal. 1708. 1720. 4°. *Haller,* Bibl. med. pr. III, 588.

Georg Ernst Stahl

De Morbis corruptis. [Resp.:] Johannes Emmerich. Halae Magdeb. 1707:Henckelius. 32 S.,4 Bl. 8°

Halle, Med.Diss.v. Mai 1702.

Darin ausserdem: Stahl: Propempticon inaugurale de opinionibus medicis. [Einladungsschrift z.Dr.med-Promotion von Johannes Emmerich, Mai 1702.]

(=Stahl: Dissertationes medicae.P.2[,9.])

Georgius Ernestus Sthal [Stahl]: De Morbis habitualibus. [Resp.:] Andreas Christianus Rhetius. Halae Magdeb. 1704: Zeitler. 30 S.,4 Bl. 8°

Halle, Med.Diss.v.14Mai 1698

Darin ausserdem : Stahl: Propempticon inaugurale quis bonus theoreticus, malus practicus. [Einladungsschrift zur Dr.med.-Promotion von Andreas Christian Rhetius,14.Mai 1698.]

(= Stahl: Dissertationes medicae.P.2[,10.])

—, De morbis temperamentorum. Erf. 4°. 1734

Georg Ernst Stahl

De haemorrhoidum internarum Motu et ileo haematite Hippocratis. [Resp.:] Johann Daniel Gohl. Halae Magdeb. 1707: Henckelius. 27 S.,4 Bl. 8°

Halle, Med. Diss. v. 20. Apr. 1698

Darin ausserdem: Stahl: Propempticon inaugurale de στοχασμω medico. [Einladungsschrift zur Dr.-med.-Promotion von Johann Daniel Gohl. 20. Apr. 1698.]

(= Stahl: Dissertationes medicae. P.3,[17].)

Georg Ernst Stahl

De Motu sanguinis haemorrhoidali et haemorrhoidibus externis. [Resp.:] Hermann Paulus Juch. Halae Magdeb. 1705: Henckelius. 30 S.,4 Bl. 8°

Halle, Med.Diss.v. März 1698

Darin ausserdem: Stahl: Propempticon inaugurale de morbis contumacibus. [Einladungsschrift zur Dr.-med.-Promotion von Hermann Paul Juch, März 1698.]

(= Stahl: Dissertationes medicae.P.3[,16].)

Stahl, Georg Ernst [Praes.], s. M ü l l e r, Johnn Gottfried : De attentione medico-practica.

—, resp. Jo. Andr. **Wendt,** Diss. de mutatione temperamenti. 34 pp. Hal. 1712. 1720. 4°.

—, G. E., De mutatione temperamenti disp. 1712. 4°. Deutsch 1722. 8°.

Georgii Ernesti Stahlii [Stahl] Negotium otiosum, seu σκιαμαχια, adversus positiones aliquas fundamentales, theoriae verae medicae à viro quodam celeberrimo intentata, sed adversis armis conversis enervata. ... Halae 1720: Orphanotropheum. 223 S. 8°

Georg Ernst Stahl

De medicinae et chirurgiae perpetuo Nexu. [Resp.:] Georgius Guilhelmus Schweizer. Halae Magdeb. 1705: Henckelius. 24 S. 8°

Halle, med.Diss.v. Apr.1705

(= Stahl: Dissertationes medicae.P.2[,25.])

Georg Ernst Stahl

De Novitatibus medicis in genere. [Resp.:] Johannes Michael Glaschke. Halae Magdeb. 1704: Henckelius. 28 S. 8°

Halle, Med.Disp.v. Juni 1704

(= Stahl: Dissertationes medicae.P.2[,5.])

Observationes clinico-practicae [Deutsch], worinnen gezeiget wird, wie ein practicus die menschlichen Kranckheiten nach den verschiedenen Eigenschafften der Temperamenten, des Alters u. Geschlechts ... gründlich heilen solle. Andere Aufl., in welcher die vorher in lat. Sprache untermengt gewesene Discurse ins Deutsche übers., u. die darinnen erwehnte Medicamente in ordentliche Recepte verfasset worden. Ehemahln von George Ernst Stahlen [Stahl] in e. Collegio privatissimo discurs-weise vorgetragen, nunmehro aber mit dessen General-Einl. z. Praxin u. e. neuen Vorr. verm. Leipzig: Eyssel 1718. 296 S. 8°

Observationes clinico-practicae [Deutsch], worinnen gezeiget wird, wie ein Practicus die menschlichen Kranckheiten nach den verschiedenen Eigenschafften der Temperamenten, des Alters, Geschlechts u. andere Umstände gründlich heilen solle. 4. Aufl.,in welcher die vorher in lat. Sprache untermengt gewesene Discurse ins Deutsche übers. u. die darinnen erwehnte Medicamente in ordentliche Recepte verfasset worden. Ehemahln von George Ernst Stahlen [Stahl] in e. Collegio privatissimo discurs-weise vorgetragen, nunmehro aber mit dessen General-Einl. zur Praxi, e. neuen Vorr. u. vollst. Reg. verm. Leipzig: Eyssel 1735. 296 S. 8°

Georgii Ernesti Stahl Observationes physico-chymico-medicae curiosae; antehac observationibus Hallensibus selectis, ad rerum litterariam spectantibus,sparsim insertae; nunc vero in unum fasc.collectae... [Halle] 1709. 136 S. 8°

– Observationes physico-chymico-medicæ curiosæ, antehac observationibus Hallensibus selectis ad rem litterariam spectantibus sparsim insertæ, nunc vero in unum fasciculum collecta et in gratiam quorundam philiatrorum edita. *n. p.*, 1719. pp. 136, 16mo.

—, De obstructione vasorum sanguineorum. Hal. 4°. *Haller*, Bibl. med. pr. III, 591. 1713

Georgii Ernesti Stahlii [Stahl] Opusculum chymico-physico-medicum... praemissa praefationis loco authoris epistola ad Michaelem Alberti. Ed. hanc adcurantem. Halae Magd.:Orphanotrophei 1715. 856 S. 8°

Opusculum chymico-physico medicum, seu schediasmatum a pluribus annis variis occasionibus in publicum emissorum, nunc quadantenus etiam auctorum et deficientibus passim exemplaribus in unum volumen jam collectorum, fasciculus publicæ luci redditus præmissa præfationis loco authoris epistola ad Michaelem Alberti. Halæ Magdeburgicæ, 1740. pp. [viii]–856–[xxxviii], 4to. Portrait of Stahl.

— Opusculum chymico-physico-medicum. 4. Halae, Waisenhausbhdl. 740.

Stahl, Georg Ernst [Praes.], s. Pannach, Johann: De restitutione sanitatis in integrum.

Georgii Ernesti Sthal [Stahl]Paraenesis ad aliena a medica doctrina arcendum: quoniam non solum medicam doctrinam morentur, turbent, fallant: sed etiam aliena ab ipsa veritate et usu practico, animis obiiciant... Halae 1706: Orphanotropheum. 30 S. 8°
(= Stahl: Dissertationes medicae.P.2[,1.])

Stahl, G. E., De passionibus animi corpus humanum vario alterantibus. Hal. 4°. (1. ed. Hal. 1692.) Auch: *Haller*, Bibl. med. pr. III, 597.
1719

Georg Ernst Stahl

De febris Pathologia in genere. [Resp.:] Johannes Nicolaus Heunisch. Halae Magdeb. 1707:Zeitler. 42 S. 8°

Halle, Med.Diss.v. Jan.1702

(= Stahl: Dissertationes medicae. P.3[,4].)

Georg Ernst Stahl

De inflammationis vera Pathologia. [Resp.] Ludovicus Fridericus Gualtherus [Ludwig Friedrich Walther]. Halae Magdeb. 1705: Henckelius. 23 S.,4 Bl. 8°

Halle, Med.Diss.v. 29.Juni 1698

Darin ausserdem: Stahl: Propempticon inaugurale de aestimatione partium & laesionum.
[Einladungsschrift zur Dr.-med.-Promotion von Ludwig Friedrich Walther, 29.Juni 1698.]

(= Stahl: Dissertationes medicae.P.3[,11].)

Georg Ernst Stahl

Nova Pathologia calculi renum. [Resp.:] Georgius Gottlieb Köhler de Mohrenfeld.[Halle] 1707: Zeitler. 20 S.,4 Bl. 8°

Halle, Med.Diss.v.4.Okt.1698

Darin ausserdem: Stahl: Prolusio inauguralis de certitudine artis medicae.
[Einladungsschrift zur Dr.-med.-Promotion von Georg Gottlieb Köhler von Mohrenfeld, 4.Okt.1698.]

(= Stahl: Dissertationes medicae.P.3[24].)

Georg Ernst Stahl

De podagrae nova Pathologia,[Resp.:] Johannes Conradus Tieffenbach. Halae Magdeb. 1704: Henckelius. 32 S.,4 Bl. 8°

Halle, Med.Diss.v.9.Juni 1698

Darin ausserdem: Stahl: Propempticon inaugurale de cephalalgia iliaco-haematitica...
[Einladungsschrift zur Dr.-med.-Promotion von Johannes Konrad Tieffenbach,Juni 1698.]

(= Stahl:Dissertationes medicae.P.3[,23].)

Georg Ernst Stahl

Venaesectionis Patrocinium simul indicans ejus usum et abusum. [Resp.:] Christianus Albertus Richter. Recusa. Halae Magdeb. 1730: Henckel. 38 S. 8°

Halle Med. Diss. v. 25. Juni 1698

Stahl, Georg Ernst [Praes.], s. Pauli, David Wilhelm: De febribus secundariis.

Georg Ernst Stahl

De Phthisi.[Resp.:] Christian Feder. Halae Magdeb. 1704: Henckelius. 39 S. 8°

Halle, Med.Diss.v. Jan.1704

(= Stahl: Dissertationes medicae.P.3[13].)

Stahl, Georg Ernst: Positiones de aestu maris microscosmici, seu fluxu et refluxu sanguinis... 48 S., gbd.

Halae Magdeburgicae: typ.Henckel 1704

Stahl, Georg Ernst: Praxis Stahliana. (Collegium practicum. Dt.) Übers., mit...Anmerckungen...erläutert, auch...zum Druck befördert ...von Johann Storch. 1364 S., gbd.

Leipzig: Eyssel 1728

— pyretologia s. febrium historia et curae. 4. Norimb. 732.

Georg Ernst Stahl

De febris rationali Ratione.[Resp.:] Johannes Fridericus Reineccius. Halae Magd. 1701: Henckelius. 42 S.,4 Bl. 8°

Halle, Med.Diss.v. März 1701

Darin ausserdem: Stahl: Propempticon inaugurale de differentia rationis et ratiocinationis et actionum quae per et secundum utrumque horum actuum fiunt in negotio vitali et animali.
[Einladungsschrift zur Dr.-med.-Promotion von Johannes Friedrich Reineccius, März 1701.]

(= Stahl: Dissertationes medicae.P.3[,3].)

Georg Ernst Stahl

De Requisitis bonae nutricis.[Resp.:] Joh(annes) Sebald Holl. [Halle] 1702: Zeitler. 16 Bl. 8°

Halle, Med.Diss.v. 11.Juni 1698

Darin ausserdem: Stahl: Propempticon inaugurale de pathologia salsa.
[Einladungsschrift zur Dr.-med.-Promotion von Johannes Sebald Holl, Halle, 11.Juni 1698.]

(= Stahl: Dissertationes medicae.P.3[,39].)

Stahl, Georg Ernst [Praes.], s. Roth, Gottfried: De salibus metallicis.

Stahl, Georg Ernst [Praes.], s. Sachse, Gottfried: De sanatione per accidens.

—, Diss. de salivatione mercuriali. Hal. 4°. 1710

Stahl, Georg Ernst [Praes.], s. Salomon, Johann Andreas: De decubitu humorum.

Georg Ernst Stahl

De Sanatione per accidens. [Resp.:] Gottfried Sachse. [Halle] 1707: Henckelius. 40 S.,4 Bl. 8°

Halle, Med.Diss.v. Febr.1707

Darin ausserdem: Stahl: Propempticon inaugurale de logica medica.
[Einladungsschrift zur Dr.-med.-Promotion von Gottfried Sachse, Febr.1707.]

(= Stahl: Dissertationes medicae.P.2[19.])

Georg Ernst Stahl

De Sanguificatione in corpore semel formato. [Resp.:] Johannes Salomo Brehme. Halae Magd. 1704: Zeitler. 39 S. 8°

Jena, Med.Disp.v. Apr.1684

(=Stahl: Dissertationes medicae.P.1[,9.])

Stahl, Georg Ernst [Praes.], s. Sauer, Johann Christian: De proportione humorum motus.

Georgii Ernesti Stahl Propempticon inaugurale de scarificatione narium Aegyptiaca. (Halae Magdeb. 1701.) 4 Bl. 8°

[Einladungsschrift zur Dr.-med.-Promotion von Andreas Hoffmann, Halle, 9.Apr.1701.]

(= Stahl: Dissertationes medicae.P.3[,44].)

Des grundmäßigen chirurgischen Schlüssels ... Eröffnung, vermittelst dessen alle äusserlichen Gebrechen des menschlichen Cörpers richtig zu erkennen ... ist. Von dem Autore des medicinischen Schlüssels [d.i. Georg Ernst Stahl]. Eröffnung 8-15. Leipzig: Deern 1730 - 33. 1 Bd 8°

Eröffnung 8: 1730.
Eröffnung 9-15: 1733.

— grundmäß. chirurg. Schlüssel, vermittelst d. alle Gebrechen d. menschlich. Korpers zu erkennen u. zu curiren. 24 Thle. 8. Leipz. Deer. 742.

— medicin. Schlüssel zu richtig. Erkenntniß u. Cur aller Krankh. 24 Stck. 8. Leipzig, Corner. 724-25.

Stahl, Georg Ernst [Praes.], s. Schmidt, Christoph Philipp: De animi morbis.

Stahl, Georg Ernst [Praes.], s. Schmidt, Johann Friedrich: De praeparatione corporis therapeutica.

Stahl, Georg Ernst [Praes.], s. Schneider, Gottfried Günther: De minore malo medico.

-Gründliche und nützliche Schriften, von der Natur, Erzeugung, Bereitung, und Nutzbarkeit des Salpeters, mit denen hieher gehörigen Kupfern, und vielen diensamen Anmerckungen vermehret, und wegen ihres unbeschreiblichen Nutzens aus dem lateinischen ins teutsche übersetzet. Franckfurt und Leipzig, Verlegts Johann Leopold Montag, Buchhandlern in Regenspurg, 1734. pp. [x]-206, 12mo. Plates.
[Another edition.] Stettin und Leipzig, 1748.

— von der Natur, Erzeugung u. Nutzbarkeit des Salpeters. 8. Potsd. 764. Horvath. 6 gr

— medicin. Schriften. 8. Leipzig. 720.

Stahl, Georg Ernst [Praes.], s. Schukius, Johann Gottfried: De febre petechiali seu purpurata.

Stahl, Georg Ernst [Praes.], s. Schumacher, Martin: De cancro.

Stahl, Georg Ernst [Praes.], s. Schwartz, Johann Theophil: Dissertatio inauguralis medica complectens theses medicas theoretico-practicas e I. aphorism. I. Hippocratis deductas.

Stahl, Georg Ernst [Praes.], s. Schweizer, Georg Wilhelm: De medicinae et chirurgiae perpetuo nexu.

Stahl, Georg Ernst [Praes.], s. Schwieder, Samuel: De adstringentium cauto usu.

— Scripta aliorumque ad ejus mentem differentium serie chronologica rec. I. C. Götze. 4. Norimbergae, Endter. 729.

Georgii Ernesti Stahl De Scriptis suis ad hunc diem schediasmatibus, vindiciae quaedam, et indicia. Halae 1707: Orphanotropheium. 72 S. 8°

Georg[ius] Ernestus Stahlius(Stahl): De venae Sectione in febribus acutis. [Resp.:] Joh(annes) Wolfgangus Loges. Halae Magdeb. 1703: Henckelius. 28 S.,6 Bl. 8°

Halle, Med.Diss.v. Mai 1703

Darin ausserdem: Stahl: Propempticon inaugurale de dissensu medicorum. [Einladungsschrift zur Dr.-med.-Promotion von Johannes Wolfgang Loges. Mai 1703.]

(= Stahl: Dissertationes medicae.P.3[,10].)

Georg Ernst Stahl

De venae Sectione in pede et aliis certis corporis regionibus. [Resp.:] Paulus Daniel Bleibel.Halae Magdeb. 1705:Henckelius. 36 S. 8°

Halle, Med.Diss.v. Juni 1705.

(= Stahl: Dissertationes medicae.P.3[,34].)

— de sensu naturae. 4. Halae, Waisenhausbhdl. 706.

Stahl, Georg Ernst [Praes.], s. Siber, Johann Friedrich: De ministerio artis naturae salutariter adhibendo.

Georgius Ernestus Stahlius(Stahl):De scorbuti et venereae luis diversis Signis et medicinis. [Resp.: Georgius Daniel Thebesius. Halae Magdeb. 1706: Henckelius. 28 S. 8°

Halle, Med.Diss.v. Febr.1706

(= Stahl: Dissertationes medicae.P.3[,21].)

Georg Ernst Stahl

De Spasmis, [Resp.:] Johannes Petrus Pauli. Halae Magdeb. 1702: Henckelius. 28 S.,4 Bl. 8°

Halle, Med.Diss.v. Sept.1702

Darin ausserdem: Stahl: Propempticon inaugurale de curatione in charta. [Einladungsschrift zur Dr.-med.-Promotion von Johannes Petrus Pauli,Sept.1702.]

(= Stahl: Dissertationes medicae.P.3[,22].)

Stahl, Georg Ernst: Specimen Beccherianum sistens fundamenta, documenta, experimenta, quibus principia mixtionis subterraneae, et instrumenta naturalia atque artificialia demonstrantur. 170 S., gbd.

Lipsiae: Weidmann 1738
in: Becher, Joh(ann) Joachim: Physica subterranea... Editio novissima a G.E.Stahl. 1738

Stahl, Georg Ernst [Praes.], s. Speth, Johann: Dissertatio medico-chymica inauguralis, qua solutio martis in puro alcali et anatomia sulphuris communis sistuntur.

Stahl, Georg Ernst [Praes.], s. Steiner, Georg Friedrich: De erroribus practicis, circa contagiosarum malignarum febrium curationem evitandis.

Stahl, Georg Ernst [Praes.], s. Stempel, Johann Christian: De febribus intermittentibus turbatis, atque corruptis.

Stahl, Georg Ernst [Praes.], s. Strehz, Johann: De vitrioli elogiis chymico-medicis aestimandis.

Stahl, Georg Ernst [Praes.], s. Struve, Ernst Gotthold: De facie morborum indice, seu morborum aestimatione ex facie.

Stahl, Georg Ernst [Praes.], s. Struve, Ernst Gotthold: Mortis theoria medica.

Stahl, Georg Ernst [Praes.], s. Sultze, Moritz Andreas: De periodis acutis, sine criseos eventu, exquisitis.

Stahl, Georg Ernst [Praes.], s. Tabbert, Joachim: De emendandae historiae clinicae fundamentis.

Georg Ernst Stahl

Temperamenta physiologico- physiognomico- pathologico-mechanice. [Resp.:] Christianus Albertus Richter. Recusa,Halae Magdeb. 1718: Henckel. 24 Bl. 8°

Halle, Med. Disp. v. Apr. 1697

Stahl, G. E., Von den Temperamenten. Aus dem Lat. von G. H. Chm. 104 S. Lpz. 8°.
1716

Georgius Ernestus Stahlius (Stahl): De sanguinis Temperie optima conservanda et restauranda. [Resp.:] Theophilus Casimirus Eysener. Halae Magdeb. 1706: Henckelius. 29 S. 8°

Halle, Med.Diss.v. Febr.1706

(= Stahl: Dissertationes medicae.P.2[,17.])

Georgius Ernestus Stahlius (Stahl): De Tertiana, febris genium universum manifestante. [Resp.:] Godofredus Meyer. Halae Magdeb. 1706: Henckelius. 56 S., 4Bl. 8°

Halle, Med.Diss.v. Febr.1706

Darin ausserdem: Stahl: Propempticon inaugurale de arte longa. [Einladungsschrift zur Dr.-med.-Promotion von Gottfried Meyer, Febr.1706.]

(= Stahl: Dissertationes medicae. P.3[,6].)

Stahl, Georg Ernst [Praes.], s. Teutscher, Johann Gotthard: Dissertatio inauguralis medica, sistens skiagraphian physiologiae verae medicae.

Stahl, Georg Ernst [Praes.], s. Thebes, Georg Daniel: De scorbuti et venereae luis diversis signis et medicinis.

Stahl, G. E., Theoria med. vera, physiologiam et pathologiam tamquam doctrinae medicae partes vere contemplativas e naturae et artis veris fundamentis intaminata ratione et inconcussa experientia sistens. 1418 pp. Hal. 1707. 1708. 1737. Lps. ed. L. Choulant 1831—3. III Vol. 8°. Deutsch von Ruf mit Vrw. von Sprengel. Halle 1802. Von K. W. Ideler. Brl. 1831. 1832. (Motus solius animae actus, incorporeus.)

Stahl, Georg Ernst: Theoria medica vera physiologiam et pathologiam tanquam doctrinae medicae partes vere contemplativas, e naturae et artis veris fundamentis intaminata ratione, et inconcussa experientia sistens. Pars 1-3, 1471 S., gbd., Abb.

Halae: typ.Orphanotropheum 1708

Stahl, G. E., theoria medica vera, physiologiam et pathologiam sistens. 4. Halae, Waisenhausbuchandl. 737. Hfblr.

Stahl, Goerg Ernst: Theoria medica vera physiologiam et pathologiam tanquam doctri= nae medicae partes vere contemplativas e naturae et artis veris fundamentis intami= nata ratione...sistens. Editionem reliquis emendatiorem et vita auctoris auctam cura= vit Ludwig Choulant. Tom. 1-3, gbd.

Lipsiae: Voss 1831-1833
(Scriptorum classicorum de praxi medica nonnullorum opera collecta. Vol. 14-16)

Stahl, Geo. Ern., Theoria medica vera, cur. L. Choulant, s.a.Scriptorum classicor. Vol. XIV—XVI.

Georgius Ernestus Stahlius [Stahl] Mortis Theoria medica. [Resp.:] Ernestus Gotthgldt Struve.[Halle] 1702:Zeitler. 40 S.,4 Bl. 8°

Halle, Med.Diss.v. März 1702

Darin ausserdem: Stahl: Propempticon inaugurale de periculo nonae diei in acutis. [Einladungsschrift zur Dr.med.-promotionvon Ernst Gotthold Struve, Halle, März 1702.]

(=Stahl: Dissertationes medicae.P.1[;11.])

Stahl, Geo. Er., Theorie der Heilkunde; dargest. v. W. Ruf; mit e. Vorrede v. Kurt Sprengel. 2 Bde. gr. 8. Halle 802. Gebauer. 21 g.

—— Theorie der Heilkunde. Hrsg. v. K. W. Ideler. 3 Thle. gr. 8. Berlin, Th. Enslin. à 1 Thlr. 12 Gr.
Thl. 1. Physiologie. (21½ B.) 831.
- 2. Pathologie. (19 B.) 831.
- 3. Nosologie. (22½ B. 832.

Georg Ernst Stahl

De febrium Therapia in genere. [Resp.:] Georgius Henricus Henkel. Halae Magdeb. 1704: Henckelius. 32 S. 8°

Halle, Med.Diss.v. März 1704

(= Stahl: Dissertationes medicae.P.3[,5].)

Stahl, G. E., resp. G. Clacius, Therapia passionis hypochondriacae. 32 pp. Hal. 4°. 1713

Stahl, Georg Ernst [Praes.], s. Tieffenbach, Johann Konrad: De podagrae nova pathologia.

Stahl, Georg Ernst [Praes.], s. Titius, Johann Gottlob: De febre lethifera Hippocratis.

Stahl, Georg Ernst [Praes.], s. Titius, Simon Daniel: De fine mensium initiis morborum variorum opportuno.

Stahl, Georg Ernst [Praes.], s. Tottinus, Justus: De diaeta.

Stahl, Georg Ernst [Praes.], s. Trost, Johann Martin: De febre, per se nunquam lethifera.

Stahl, Georg Ernst [Praes.], s. Uderstadt, Ernst Albert: De potestate artis medicae.

Stahl, Georg Ernst [Praes.], s. Ulau, Gottfried Heinrich: De methodo malignas febres secundum rationem et experientiam recte tractandi.

Stahl, Georg Ernst: Untersuchung der übel curirten und verderbten Kranckheiten, darinnen umständlich gewiesen wird, was übel curirte und verderbte Kranckheiten sind, woher solche rühren, was vor Schaden daraus erwachse, und was zu beobachten, damit man keine Kranckheit verderbe. 775 S., gbd.

Leipzig: Eyssel 1726

— Untersuch. d. übel curirt. u. verderbt. Krankheiten. 8. Leipzig, Sommer. 726.

George Ernst Stahls [Stahl] Kurtze Untersuchung der Kranckheiten, welche bey dem kindlichen Alter des Menschen fürnemlich vorzukommen pflegen. Aus d. Lat. übers. Leipzig: Eyssel 1718. 80 S. 8°

Stahl, Georg Ernst: Kurtze Untersuchung der Kranckheiten, welche bey dem kindlichen Alter des Menschen fürnemlich vorzukommen pflegen. (De infantum affectibus... Dt.) 80 S., gbd.

Leipzig: Eyssel 1730

Georg Ernst Stahl

De sanguisugarum Utilitate. [Resp.:] Johannes Jeremias Colerus. Halae Magdeb. 1705: Henckelius. 24 S. 8°

Halle, Med.Disp.v. Apr.1699

(= Stahl: Dissertationes medicae.P.3[,35].)

Georg Ernst Stahl

De Vena portae porta malorum hypochondriaco- splenetico- suffocativo- hysterico- colico-haemorrhoidariorum. [Resp.:] Joachimus Petrus Gaetke. Halae Magdeb. 1705: Henckelius. 54 S., 4 Bl. 8°

Halle, Med.Diss.v. 22.Febr.1698

Darin ausserdem: Stahl:Propempticon inaugurale de historia medica practica. [Einladungsschrift zur Dr.-med.-Promotion von Joachim Peter Gaetke, 22.Febr.1698.]

(= Stahl: Dissertationes medicae. P .3[15].)

Stahl, Go. E., De vena portae porta malorum hypochondriaco-splenetico - suffoc. - hysterico - colico - haemorrhoidorum; annexis simul propempticis de historia med.-pract. et de casibus med.-pr. 64 pp. Halae 4°. *Haller*, Disp. anat. 4°. Gott. 1748, III, 131—180.
1751

Stahl, Georg Ernst [Praes.], s. Viebeg, Gottfried: De multorum atque magnorum morborum remedio.

Georg Ernst Stahl

De mensium insolitis Viis. [Resp.:] Georgius Fridericus Jäschke. Halae Magdeb.1707: Henckelius. 40 S.,4 Bl. 8°

Halle, Med.Diss.v. Sept.1702

Darin ausserdem: Stahl: Propempticon inaugurale de fluxus mulieribus, quatenus menstrui causa. [Einladungsschrift zur Dr.-med.-Promotion von Georg Friedrich Jäschke, Sept.1702.]

(= Stahl: Dissertationes medicae.P.3[,18].)

Georg Ernst Stahl

De Vita. [Resp.:] Georgius Wilhelmus Beyerus [Beyer]. Halae Magdeb. 1701: Krebsius. 16,8 S. 8°

Halle, Med.Diss.v. Apr.1701

Darin ausserdem: Stahl: Propempticon inaugurale monens anomalias motuum vitalium pathetticas, nonesse tumultuarias aut turbulentas.
[Einladungsschrift zur Dr.med.-Promotion von Georg Wilhelm Beyer, Halle, Apr.1701.]

(=Stahl: Dissertationes medicae.P.1[,10.])

Georg Ernst Stahl

De Vitro antimonii. [Resp.:] Paulus Christophorus Richter. Halae Magdeburg. 1702: Henckelius. 32 S. 4 Bl. 8°

Halle, Med. Diss. v. Juli 1702

Darin ausserdem: Stahl: Propempticum inaugurale de methodo medicandi.
[Einladungsschrift zur Dr.-med.-Promotion von Paul Christoph Richter, Halle Juli 1702.]

(= Stahl: Dissertationes medicae. P.3[,42].)

Stahl, Georg Ernst [Praes.], s. Vogel, Hermann:
De adephagia sive intemperantia edendi, nocua.

Stahl, Georg Ernst [Praes.], s. Vogtherr, Konrad Burkhard:
De malignitatis, praecipue febrilis, indole.

Stahl, Georg Ernst [Praes.], s. Volhart, Johann Christian:
De naturae erroribus medicis.

Stahl, Georg Ernst [Praes.], s. Wagner, Traugott Dietrich:
De fundamento moralitatis personalis in sanguine.

Stahl, Georg Ernst [Praes.], s. Walther, Ludwig Friedrich:
De inflammationis vera pathologia.

Stahl, Georg Ernst [Praes.], s. Wichers, Barthold:
De multitudinis remediorum abusu.

Stahl, Georg Ernst [Praes.], s. Wilhelmi, Gottfried:
De sterilitate foeminarum.

Stahl, Georg Ernst [Praes.], s. Winckler, Christoph Andreas:
De complicatione morborum.

Stahl, Georg Ernst [Praes.], s. Woelffing, Johann Heinrich:
De praeparatione artificiali, pro circulatione humorum vitali, secretoria et excretoria.

– Zymotechnia fundamentalis, oder allgemeine Grund-Erkänntniss der Gährungs-Kunst, vermittelst welcher die Ursachen und Würckungen dieser alleredelsten Kunst, welche den nutzbahrsten und subtilesten Theil der ganzen Chymie ausmacht. Aus den wesentlichen mechanisch-physischen Haupt-Gründen überhaupt mit höchstem Fleiss ans Licht gestellet, und mit einem neuen chymischen Experiment, wie ein wahrer Schwefel durch Kunst zum Vorschein zu bringen, wie auch mit andern nützlichen Erfahrungs-Proben und Anmerckungen dem Publico mitgetheilet werden. Wegen ihres unbeschreiblichen Nutzens aus dem lateinischen ins teutsche übersetzet. Franckfurth und Leipzig. Verlegts Johann Leopold Montag in Regenspurg, 1734. pp. [xxii]–304.

Georg Ernst Stahls [Stahl] Zymotechnia fundamentalis [Deutsch] oder Allgemeine Grund-Erkänntniß der Gährungs-Kunst... aus d.Lat.ins Teutsche übers. Stettin & Leipzig: Kunckel 1748. 304 S. 8°

— Zymotechnia fundamentalis, od. Erkenntniß der Gährungskunst. 8. Stettin, Nicolai. 748.

Stahl, Gottfried Chr.

Stahl, Gttfr. Chr., De singultu. 30 pp. Erf. 4°. 1791

Stahl, Gustav

Stahl, (Gust.), Beiträge zur Holzertragskunde. Neues Verfahren bei der Betriebsregulirung u. Ertragsberechnung der Hochwaldungen die Holzbestände zu beschreiben u. Holzertragstafeln (Erfahrungstafeln) aufzustellen. Berechnung des Geldwerthes des mittelmäß. Kiefernbodens im Forstrevier Rüdersdorf bei verschied. Umtriebszeiten. Kluppe u. Meßbrett (Baumhöhenmesser), deren Anfertigung u. Gebrauch. Berlin 865. Springer's Verl. gr. 8. (65 S. mit 1 Steintaf.) 15 ngr.

Stahl, Gust., Handbuch der Forstwissenschaft für Forstlehrlinge, Förster und Forstbesitzer. gr. 8. (VIII und 871 S.) Berlin 858, [Bath.] *

Stahl, Gust., Kubiktabelle für runde Hölzer. Neu berechnet. 16. (44 S.) Berlin 847, Mylius'sche Sortim.-Buchhandl. in Comm. n. 1/3 ₰ — 2. Aufl. durch einen Anh. verm. 16. (48 S.) Berlin 849, Mittler's Sortim.-Buchh. in Comm. n. 1/3 ₰

Stahl, Kubiktabellen für runde Hölzer nach zwölftheiligem Maaß nebst mehreren anderen Tabellen, Formeln u. Notizen zum Gebrauch für Forstmänner u. s. w. 3. verm. Aufl. 856. (56 S.) — 4. verm. Aufl. Berlin 858. Mittler's Sorthdlg. in Comm. 16. (80 S.) n. 15 ngr.

—— Kubiktabellen für runde Hölzer nach zwölftheiligem Maaß nebst mehreren anderen Tabellen, Formeln und Notizen zum Gebrauch für Forstmänner u. s. w. 4., verm. Aufl. 16. (80 S.) Berlin 858, [Bath.] *

Stahl, Kubiktabellen für runde Hölzer nach zwölftheiligem Maaß, nebst mehreren anderen Tabellen, Formeln und Notizen zum Gebrauch für Forstmänner rc. 5. verm. Aufl. Berlin 862. Mittler's Sorthdlg. (Bath.) in Comm. 16. (80 S.) n. 15 ngr.

—— Kubiktabellen für runde Hölzer nach zwölftheiligem Maaß, nebst mehreren anderen Tabellen, Formeln und Notizen zum Gebrauch für Forstmänner, Holzhändler, Baumeister, Zimmerleute rc 5. Aufl. 1862. und 6., verm. Aufl. 16. (84 S.) Berlin 864, Bath. cart. *

Stahl, Gust., Kubiktabelle nebst vollständiger Preistabelle und Schlagerlohns-Tabelle für Bau- und Nutzhölzer in Stämmen und Ausschnitten nach dem neuen Maße. Zum Gebrauch beim Holzeinschlag, Holzverkauf und Kauf berechnet. gr. 16. (247 S.) Berlin 871, Bath. cart. *

Stahl, Kubiktabellen für runde Hölzer und Kreisflächen-Tabellen nach zehntheiligem Maaß, nebst Anleitung zum Messer der Rundhölzer und zum Gebrauch der Tabellen. gr. 16 (88 S.) Erlangen 856, Enke's Vrlgsh. Thlr. *

Stahl, Gust., Massentafeln zur Bestimmung des Holzgehaltes stehender Bäume, nebst Anleitung den Masseninhalt liegender u. stehender Bäume, so wie ganzer Holzbestände zu ermitteln. Mit 2 Steindrucktaf. u. vielen Tabellen. 16. (VIII u. 117 S.) Berlin 852, Mittlers Sortim.-Buchhandlung. n. 5/6 ₰

Stahl, Gust., die Stellung und Verhältnisse der preuß. Förster und Jäger. Kritisch beleuchtet und mit Reform-Vorschlägen begleitet. gr. 8. (47 S.) Potsdam 847, [Rolle.]

— die Stellung u. Verhältnisse der Preuß. Förster u. Jäger. Kritisch beleuchtet u. m. Reform-Vorschlägen begleitet. gr. 8. (47 S.) Potsdam 847, Stuhr. ¼ ₰

Stahl, H. [Pseud.], s.a. T e m m e , Jodocus Donatus Hubertus

Stahl, H., Erzählungen. 2 Thle. 8. Leipz. 828. Kollmann. 2 ₰ 6 gr

Stahl, H., die geheimnißvolle Familie. Eine Novelle. 8. Leipzig 834. Kollmann. 1 ₰

—— die Familie H a c h e n b u r g. Novelle. 8. (13 B.) Leipzig 828, Kollmann.

—— die I d e a l e. 8. (20 B.) Leipzig 829, Kollmann.

S t a h l, (H.,) die Kinder der Sünde. Ein Roman. 2 Thle. 8. Leipz. 827, Kollmann.

S t a h l, H., an und auf dem Meere. Aus dem Schiffsbuch des Matrosen Harry Hood. 2. Aufl. gr. 16. (42 S. mit 18 eingedr. Holzschn.) Berlin 862, Vereins-Buchh.

S t a h l, H., das bayerische Notariat [für die Landestheile diesseits des Rheins] auf Grundlage der Reichs- und Landesgesetzgebung. Eine Zusammenstellung aller auf das Notariat bezügl. Bestimmungen für den prakt. Gebrauch bearb. 8. (XIV, 564 S.) Nördlingen 880, Beck'sche Buchh.

—— N o v e l l e n. 2 Bdchn. 8. (27 B.) Leipzig 831, Kollmann.

—— N o v e l l e n u. E r z ä h l u n g e n. 2 Thle. 8. (29 B.) Hamm 829, Schulz.

—— das R o s e n f e s t zu Valency. Roman. 2 Bdchn. 8. (27½ B.) Leipzig 831, Kollmann.

—— westphäl. S a g e n u. Geschichten. 2 Bdchn. 8. (18 B.) Elberfeld 831, Büschler.

Stahl, H. v., Schulgesangbuch aus dem St. Petersburger Gesangbuche für evangelische Gemeinden in Rußland zusammengestellt. St. Petersburg 865. Haessel. 8. (76 S.) cart. n. 5 ngr

Stahl, H., Schulgesangbuch aus dem St. Petersburger Gesangbuche f. evangel. Gemeinden in Rußland. 2. Aufl. 8. (78 S.) St. Petersburg 870. Deubner. geb. n. — 50

——, Otto S c h ü t z u. d. Auskultator Ewald. Histor.-romant. Erzähl. 8. (16½ B.) Leipzig 828, Kollmann.

Stahl, H. W., Grundzüge der deutschen Sprachlehre mit besonderer Berücksichtigung der schwedischen Sprache für Schulen u. zum Privatunterricht. Stockholm 860. Maaß in Comm. gr. 8. (VIII, 86 S.) n. 12½ ngr

Stahl, Hans: P. M a r t i n von Cochem und das 'Leben Christi'. Ein Beitrag z. Geschichte d. religiösen Volksliteratur. Bonn: Hanstein 1909. VIII, 200 S. 8°
[Ein T. erschien als Inaug.-Diss. Bonn 1908.]
(Beiträge z. Literaturgeschichte u. Kulturgeschichte d. Rheinlandes. 2.)

Stahl, Hans: P. Martin von Cochems Passio Christi und ihre Quellen. Bonn 1909: Hauptmann. VII, 92—180 S. 8°
¶(Ersch. vollst. u. d. T.: P. Martin von Cochem und das 'Leben Christi', als: Beiträge z. Literaturgesch. u. Kulturgesch. d. Rheinl. H. 2.)
Bonn, Phil. Diss. v. 12. Aug. 1908, Ref. Litzmann
[Geb. 19. Juli 82 Cöln; Wohnort: Cöln; Staatsangeh.: Preußen; Vorbildung: Gymn. in d. Kreuzgasse Cöln Reife O. 02; Studium: Bonn 2, München 1, Bonn 8 S.; Rig. 19. Febr. 08.] [U 09. 435

Stahl, Heinrich, appr. Arzt a. Bonn- ⟨Endenich⟩: Aus dem St. Josefshospital in Andernach. Über die chirurgische Behandlung des posttraumatischen Irreseins. Bonn 1906: P. Hauptmann. (46 S.) 8°
Bonn, Med. Fak., Ref. Bier, Diss. v. 2. Juli 1906
[Geb. 12. Febr. 80 Endenich b. Bonn; Wohnort: Bonn-Endenich; Staatsangeh.: Preußen; Vorbildung: Gymn. Bonn Reife O. 00; Studium: Bonn 9 S.; Coll. 9. Febr. 06.]

Stahl, Henricus: De rariore quodam casu elephantiasis. Halis (1847): Ploetz. 31 S. 8°
Halle-Wittenberg, Med. Diss. v. 8. Juli 1847
Geb. Gütersloh 17. 9. 1823. V.

Stahl, Heinrich, aus Stuttgart: Zwei neue Desmotropiefälle in der Triazolreihe. *Stuttgart 1904: (Vereinsbuchdr.)* (80 S.) 8°
Tübingen, Naturw. Diss. v. 1904

— u. J. Wickel, zur Heimathskunde. Die Provinz Nassau, s. Keck u. J o h a n s e n, vaterländ. Lesebuch.

Stahl, Heinr., das L e s e b u c h in der Mittelklasse. Begleitschrift zu dem 1. Heft des deutschen Sprachbuchs. 2., umgearb. Aufl. Wiesbaden 865. Limbarth. 8. (28 S.) n. 4 ngr

Stahl, Heinr., M a t e r i a l i e n für Anschauungsunterricht und Heimatskunde. Wiesbaden 863. Roth. Lex.-8. (VIII, 160 S.) n. 28 ngr;
4 lith. u. color. Wandtaf. dazu in gr. Fol. à n. 16 ngr;
auf Leinw. und mit Stäben à n. 26 ngr

—— M a t e r i a l i e n für Anschauungsunterricht und Heimatskunde. 2., verm. Ausg. (X und 160 S. mit 1 Stnt. in 4.) Wiesbaden 866, Roth. *
4 lithogr. und ill. Wandtaf. dazu gr. Fol. à *
Auf Leinw. und mit Stäben à * *

S t a h l, H., und J. Engelmann, das Meer, seine Schätze ꝛc., s. F e i e r s t u n d e n, malerische.

S t a h l, Heinr., N a t u r s c h i l d e r u n g e n. Mit gleichmäßiger Berücksichtigung von Geographie und Naturgeschichte bearb. Bevorwortet von C. Wagner. gr. 8. (VIII und 180 S. mit 8 Bildern in Holzschn.) Darmstadt 855, Diehl. *

— deutsche O r t h o g r a p h i e. Ein Lehr-, Uebungs- u. Nachschlagebuch für gehobene Volksschulen, Real- u. höhere Bürgerschulen. Wiesbaden 865. Limbarth. gr. 8. (75 S.) n. 8 ngr

Stahl's, Heinr., deutsche O r t h o g r a p h i e. Ein Lehr-, Uebungs- u. Nachschlagebuch f. gehobene Volksschulen, Real- u. höhere Bürgerschulen. 2. verb. Aufl. hrsg. v. P e t e r D i e h l. 8. (III, 96 S.) Wiesbaden 875. Limbarth. n. — 80

S t a h l ' s, Heinr., deutsche Orthographie. Ein Lehr-, Übungs- und Nachschlagebuch. 3. Aufl. Nach den preuß. Regeln bearb. von Pet. Diehl. 8. (VI, 130 S.) Wiesbaden 881, Limbarth. *

S t a h l, Heinr., deutsches Sprachbuch für Mittelklassen. Als Uebungsheft zum ersten nass. Lesebuch 2. Abthl. bearb. 8. (82 S.) Wiesbaden 860, Limbarth. *
Mit Begleitschrift „Das Lesebuch in der Mittelklasse." (31 S.) *

—— deutsches S p r a c h b u c h. Als Übungsheft zum Lesebuch bearb. 1. Heft: Für Mittelklassen. 2., umgearb. Aufl. 8. (88 S.) Wiesbaden 865. Limbarth. *

— deutsches Sprachbuch. Als Uebungsheft zum Lesebuch bearb. 1. Heft: Für Mittelklassen. 2. u. 3. umgearb. Aufl. Ebend. 865. 8. (88 S.) n. 4 ngr.

Stahl, Heinr., deutsches Sprachbuch. Als Uebungsbuch zum Lesebuch bearb. 1. Heft: Für Mittelklassen. 3. Aufl. 1869, und 4. verb. Aufl. 8. (88 S.) Wiesbaden 873, Limbarth. *
—— dass. — 2. Heft: Für Oberklassen. 2. verm. und verb. Aufl. 8. (96 S.) Ebendas. 872. *

—— deutsches Sprachbuch. Als Uebungsheft zum Lesebuch bearb. 1. Heft. Für Mittelklassen. 5. Aufl. 8. (88 S.) Ebendas. 875. *

—— deutsches Sprachbuch. Ein Ubungsheft zum Lesebuch. Neu bearb. von Adf. Höfer. 2 Hefte. 8. Ebendas. *
Inhalt:
Heft 1. Für Mittelklassen. 6. Aufl. (IV, 80 S.) 881. * 40 Pf.
„ 2. Für Oberklassen. 3. Aufl. (IV, 116 S.) 882. * 60 Pf.

Stahl's, Heinr., deutsches Sprachbuch. Ein Übungsheft zum Lesebuch. Neu bearb. von Adf. Höfer. 1. Heft: Für Mittelklassen. 7. Aufl. 8. (IV, 80 S.) Wiesbaden 886, Limbarth. *

Stahl's, Heinr., deutsches Sprachbuch. Ein Übungsheft zum Lesebuch. Neu bearb. v. Adf. Höfer. 2 Hefte. 8. Wiesb., Limbarth. * 1 20
cart. * 1 60
1. Für Mittelklassen. 8. Aufl. (IV, 80 S.) 892. * — 40; cart. * — 60.
2. Für Oberklassen. 4. Aufl. (IV, 132 S.) 890. * — 80; cart. * 1 —.

Stahl's, Heinr., deutsches Sprachbuch. E. Uebungsheft z. Lesebuch. Neu bearb. v. Adf. Höfer. 1. Hft. Für Mittelklassen. 9. Aufl. 8. (IV, 80 S.) Wiesbaden 898. Ch. Limbarth's Verl. n. — 40; kart. n. — 60

Stahl's, Heinr., deutsches Sprachbuch. Ein Ubungsheft zum Lesebuch. Neu bearb. v. Adf. Höfer. 2. Hft. Für Oberklassen. 6. Aufl. 8. (IV, 132 S.) Wiesbaden 900. Ch. Limbarth's Verl. n. — 80; kart. n. 1. —

Stahl's, Heinr., deutsches Stilbuch. Behandlung deutscher Lesestücke als Material zu Stilübgn. f. Mittelschulen u. höhere Lehranstalten. 1. Thl. Erzählendes. 8. (176 S.) Wiesbaden 874. Limbarth. n. 2. —

—— deutsche Stylproben. Ein stylist. Muster- und Uebungsbuch für Mittelklassen. gr. 8. (39 S.) Darmstadt 856, Diehl.

— — für Oberklassen. Ebend. 856. gr. 8. (71 S.) 6 ngr.

Stahl, Heinrich: Ueber Tympanites uteri während der Geburt. Halle (1872): Lipke. 34 S. 8°
Halle-Wittenberg, Med. Diss. v. 29. Juli 1872
Geb. Rüdesheim (Nassau) 1. 1. 1851. V.

—— die Uebungen im deutschen Styl. Als Begleitschrift zu den Stylproben für Mittel- und Oberklassen. gr. 8. (14 S.) Darmstadt 856, Diehl.

— die Wasserwelt, s. Feierstunden, malerische.

—— die Wunder der Wasserwelt, s. Feierstunden, malerische.

Stahl, Herbert, e. Abenteurer des Geistes. 8. (160 S.) Berlin 894. Wiener. n. 1. —
Früher u. d. T.: Bornstein, Paul, Memoiren d. Cagliostro.

Stahl, Hermann

Stahl, H., üb. die konforme Abbildg. durch d. lineare Substitution. Aus den Übgn. d. math.-phys. Seminars zu Tübingen mitgeteilt. [Aus: „Mathemat.-naturw. Mitteilgn."] gr. 8. (17 S.) Tübingen 889. Fues' Verl. n. — 50

Stahl, (Bernard Ludw.) Herm. (geb. Fränkisch Krumbach 14. 5. 1843): Ueber die Behandlung des Jacobischen Umkehrproblems der Abelschen Integrale. Berlin (1882). (40 S.) 8°
Berlin, Phil. Diss. v. 20. Juni 1882

Stahl, Herm., elliptische Functionen, s.: Riemann, Bernh.

Stahl, Herm., u. V. Kommerell, die Grundformen der allgemeinen Flächentheorie. gr. 8. (VI, 114 S. m. 1 Taf.) Leipzig 893. B. G. Teubner. n. 4. —

Stahl, Hermann, appr. Arzt a. Groß-Strehlitz O./S.: Herz und Schwangerschaft. Freiburg (Baden) 1906: E. Kuttruff. (34 S.) 8°
Freiburg i. B., Med. Fak., Ref. Krönig, Diss. v. 1906
[Geb. 26. Juni 80 Gr.-Strehlitz; Wohnort: München; Staatsangeh.: Preußen; Vorbildung: Gymn. Beuthen Reife O. 00; Studium: Heidelberg 1, Berlin 3, München 4, Freiburg i. B. 2 S.; Coll. 2. März 06.]

Stahl, Herm., über die Massfunctionen der analytischen Geometrie. qu. 4. (41 S.) Berlin 873, Calvary und Comp. *

Theorie der Abel'schen Functionen v. Dr. Hermann Stahl, Prof. ... in Tübingen. M. Fig. im Text. *Leipzig: B. G. Teubner 1896.* (X, 354 S.) 1 Bd 8. [96. 7414

Stahl, Hermann: Die Verträge zu Gunsten Dritter nach dem bürgerlichen Gesetzbuche. Münster 1899: J. Bredt. (60 S.) 8°
Bonn, Jur. Diss. v. [27. Mai] 1899

Stahl, Hugo: Untersuchung des Auslaufweges elektrischer Aufzüge. 1904. 46 S. 4° ¶ Auch in: Mitteilungen über Forschungsarbeiten auf d. Gebiete d. Ingenieurwesens. H. 20; Ausz. in: Zeitschrift d. Vereines deutscher Ingenieure. Bd 49. 1905, Halbj. 1.
Stuttgart, Dr.-Ing.-Diss. v. 18. 5. 1904

Stahl's, J., Liederbuch f. deutsche Schulen. Enth. die v. den königl. Regiergn. zur Einübg. vorgeschriebenen, die empfohlenen u. a. Lieder, sowie techn. Gesangübungen. Bearb. v. Ernst Zimmermann. (Stahl-Zimmermann: Nationelle Solmisations-Methode.) (X, 150 S.) 8. Arnsberg (904). J. Stahl. n.n. — 50

Stahl, J., Militär-Feuerwehren. (16 S.) Lex.-8. Wiesbaden 904. (H. Staadt.) n. 1. —

Stahl's, J., Sammlung zeitgemäßer pädagogischer Vorträge u. Abhandlungen. 1. u. 2. Hft. gr. 8. Arnsberg, J. Stahl. n. — 65
1. Material zum Gebrauch der Tafel: Vor- u. frühgeschichtliche Altertümer der Prov. Westfalen. Ein Konferenz-Vortrag. Von Ernst Zimmermann. (10 S.) 901. n. — 25
2. Der Lehrer als Mitarbeiter bei Ausführung des preuß. Fürsorge-Erziehungs-Gesetzes vom 2. VII. 1900. Ein Konferenz-Vortrag. Von Heinr. Droste. (28 S.) 901. n. — 40

— Sammlung zeitgemäßer pädagogischer Vorträge u. Abhandlungen. 3. u. 4. Heft. gr. 8. Ebd. à n. — 40
3. Die Bekämpfung der Schwindsucht od. Tuberkulose durch die Schule. Von Heinr. Bals. 1. Tl. Die Gefahr u. weite Verbreitg. der Tuberkulose u. die Bekämpfg. dieser Volkskrankheit durch die Schule. 2. Tl. Ausgeführte Lehrproben. (24 S.) 903.
4. Der Handfertigkeits-Unterricht. Ein amerikan. Gutachten. Von Karl Knortz. (20 S.) 904.

— Sprachhefte f. einfache Schulverhältnisse, bearb. v. prakt. Schulmännern. 2 Hefte. 8. Ebd. 904. n.n. — 45
1. (32 S.) n.n. — 20. — II. (40 S.) n.n. — 25.

Stahl, J. L., Uebungen im Zeichnen u. Tuschen. 4 Hfte, illum. 8. Nürnb. 790—792. Schneider u. W. (à 16 gr) 2 ℔ 16 gr

Stahl, J. T., institut. artis metricae in gratiam stud. juventut. 8. Cöln 789. Haas. (Fabricius). 8 gr

— Diss. de ornatu elocutionis. 8. Cöln 792. Haas. (Fabricius). 4 gr

Stahl, Ignaz

Stahl, Ign., enchiridion symbolorum et definitionum, s.: **Denzinger, Henr.**

Stahl, Ign., die natürliche Gotteserkenntniß aus der Lehre der Väter dargestellt. gr. 8. (VII, 165 S.) Regensburg 869, Pustet.

Stahl, J., Georg Anton v. Stahl, Bischof v. Würzburg, s.: Episcopat, Deutschland's, in Lebensbildern.

Stahl, Ign., die heilige Weihe des Bischofes nach dem römischen Pontificalbuch. Darstellung des h. Weiheactes, der Ceremonien nebst den Gebeten in latein. und deutscher Sprache. 16. (XI, 49 S.) Würzburg 879, Woerl. * —

Stahl, Ign., die heilige Weihe des Bischofs nach dem römischen Pontificalbuch. Darstellung des heil. Weiheactes, der Ceremonien nebst den Gebeten in latein. und deutscher Sprache. 2. Aufl. 16. (64 S.) Würzburg 884, Woerl. * —

Stahl, Ign., die hl. Weihe des Bischofs nach d. röm. Pontificalbuch. Darstellg. d. hl. Weiheactes, d. Ceremonien, nebst d. Gebeten in latein. u. deutscher Sprache. 3. [Titel-] Aufl. gr. 16. (64 S.) Würzburg (884) 898. A. Göbel. n. — 30

— **die hl. Weihe des Bischofes nach dem römischen Pontificalbuch. Darstellung des hl. Weiheaktes, die Ceremonien nebst den Gebeten in latein. u. deutscher Sprache bearb. 4. Aufl. 12. (63 S.) Würzburg 899. Göbel & Scherer. n. — 30**

Stahl, Johannes: B e i t r ä g e zur Kenntniss der Aethyldimethylbenzole . . . Rostock: Carl Boldt'sche Hof-Buchdr. 1889. 37 S. 8°
Rostock, Phil. Fak., Inaug.-Diss. v. 11. Okt. 1889

Stahl, Johann Ernst

Stahl, Jo. E. (Resp.): De epilepsia, s. A l b e r t i, Mich. (Praes.)

Stahl, J. E. (Resp.): De nonnullis momentis ad curationem epilepsiae spectantibus, s. B o e h m e r, Ph. Ad. (Praes.)

Stahl, Johann Ernst (Hildburghausen) A. S. 846/5

Exercitatio medica academica. Requisita medica ad praxin felicem summe necessaria. •
Präs. Georg Coschwitz.
Halle (Henckel) VI. 1718. 40 S.

Gew.: Georg Ernst Stahl.
W. v.: Johann Christian Hübner. 33127

Stahl, Johann Franz

Stahl, Jh. Frz., dogmat. Theologie. 8. Wolfenb. 752. Meißner. 4 gr

Stahl, Johann Friedrich

Stahl, Jh. Fr., († d. 28. Jan. 1790.) s. 1) **Forst-Magazin.** 2) **Grundriß**, systemat., der Forstwissenschaft 3) **Jäger**, der Gewehrgerechte. 4) Schütze u. Jäger, der vorsichtige. 5) **Verzeichniß** der in Würtemberg. Wäldern wildwachsenden Bäume ꝛc.

S t a h l, Johann Friedrich: „Systematischer Grundriss der Forstwissenschaft", Stuttgart 1764 (Metzler).

[**Stahl J. F.**]: Onomatologia forestalis-piscatorio-venatoria, od. vollständiges Forst-, Fisch- u. Jagd-Lexicon . . . 4 Bd. (4: Supplementum). Frankf. u. Leipz. (4: Stuttg.) 1772-80. NB. Der 4e Thl. von der: *Onomatologiae* forestalis etc. ist von ihm, u. die 1e—3e von Otto.

S t a h l, Johann Friedrich: „Sätze aus der Forst- und Jagdwissenschaft, welche in Gegenwart des Herzogs von den Zöglingen der hohen Karlsschule in den Jahrgängen 1776, 1777 . . . . unter seinem Vorsitz öffentlich vertheidigt wurden". Stuttgart . . .

STAHL, Johann Friedrich: Der vorsichtige und erfahrne Schütze und Jäger. - Frankfurt, Leipzig 1750

S t a h l, Johann Friedrich: „Oekonomisch-praktisches Wald-, Forst- und Holz-Lexicon", 4 Bände, Stuttgart 1780.

Stahl, Ioannes Matthias (geb. am 10 Nov. 1833 in Baasem i. d. Eifel): Animadversiones ad Euripidis Phoenissas criticae . . . Bonnae, form. I. F. Carthausii (1856). 38 S. 8.
Bonn, Phil. Fak., Diss. v. 11 März 1856

Stahl, J. M., Bemerkungen zu Thukydides. S.-A. s. a. 10 S.

Index lectionum, quae . . . in academia theologica et philosophica Monasteriensi per m. hib. a. 1891—92 . . . publice privatimque habebuntur. — Praefatus est *Ioannes Matthias* **Stahl** de Pindari carmine Pythico primo. Monasterii Guestf., ex typogr. acad. Coppenrathiana, *1891*; 29 S. 4.

Index lectionum quae . . . in academia theologica et philosophica **Monasteriensi per m. hib. a. 1887—8** inde a d. XV m. Oct. publice **privatimque habebuntur.** Praecedit I. M. **Stahlii** de Cratippo historico **disputatio. Monasterii** Guestfalorum, ex typogr. acad. Coppenrathiana (1887); 32 S. 4°

Stahl, J. M., Emendatio Aeschylea. Pr. 1875. 9 S. 4°.

Stahl, I(oannes) M(atthias): **Emendationes** Sophocleae. ***Monasterii Guestf. (1899): I. Bredt.*** (S. 1—22.) 4°
Münster, Ind. lect. WS 1899/1900

— Emendationes Sophocleae. Pr. 1900. 22 S. 4°.

Index lectionum, quae . . . per m. aest. a. 1887 inde a d. XV. m. Apr. . . . **habebuntur.** Praemissa est I. M. **Stahl** de **hyporchemate amoebaeo** quod est in Euripidis Cyclope. **Monasterii** . . . (1887); 28 S. 4°.

— De sociorum Atheniensium iudiciis. Pr. 1881. 31 S. 4°.

— **Kratippos u. Xenophon.** S.-A. 1888. 12 S.

Stahl: De Spurii Cassii lege agraria. 35 S.–Köln Ap., Progr. 1868

Stahl, Joh. Matth., de Spurii Cassii lege agraria commentatio. Coloniae 868. (Bonn, Weber.) gr. 4. (35 S.) n. 12 ngr.

Index lectionum ... per m. aest. a. 1893 ... — Praecedit *Ioannis Matthiae* **Stahlii** de Euegori lege disputatio. Monasterii Guestf., ex typogr. I. Bredt, *1893;* 36 S. 4.

— De morte Thucydidis. Pr. 1875. 20 S. 4°.

Index lectionum, quae auspiciis augustissimi ... principis Guilelmi II ... in academia theologica et philosophica Monasteriensi per m. hib. a. 1893/4 ... publice privatimque habebuntur. — Praecedit *Ioannis Matthiae* **Stahlii** observatio syntactica ad legem Gortyniam pertinens. Monasterii Guestf., ex typogr. I. Bredt, *1893;* 37 S. 4.

Stahl, J. M., De tragoediae primordiis et incrementis ab Aristotele adumbratis. Pr. 1881. 12 S. 4°.

Stahl: Quaestiones Grammaticae ad Thucydidem pertinentes. 18 S. – Köln Kath. G., Progr. 1872.

Stahl, Joh. Matth., Quaestiones grammaticae ad Thucydidem pertinentes. gr. 4. (20 S.) Bonn 872, Weber. *

Stahl, Joa. Matthias, quaestiones grammaticae ad Thucydidem pertinentes. Auctas et correctas iterum ed. J. M. St. gr. 8. (66 S.) Leipzig 886. Teubner. n. 1. 60

Kritisch-historische Syntax des griechischen Verbums der klassischen Zeit. Von J[ohann] M[atthias] **Stahl**, Prof. Heidelberg: C. Winter 1907. (XII, 838 S.) 8°
= **Bibliothek**, Indogermanische. Abt. 1, Reihe 1, Bd 4. 07. 1177

Stahl, J. M., Thessalos, d. Sohn d. Peisistratos. S.-A. 1895. 12 S. —.60

— Thucydides üb. das alte Athen vor Theseus. S.-A. 1895. 10 S.

Stahl, J. M., Ueb. Umfang u. Bedeutung des Sprachstudiums S.-A. 8 a 17 S 75

Stahl, I(oannes) M(atthias): De vaticiniorum in Sophoclis Trachiniis vi et sententia. Monasterii Guestf. (1899): I. Bredt. (S. 1–16.) 4°
Münster, Ind. lect. SS 1899.

Stahl, Jos., Abhandlung von der Hornviehseuche u. deren Heilungsart. 8. Frankfurt 777. Andreä. M. —40.

Stahl J.: Abhandlung v. d. Hornviehseuche u. derselben Heilungsart. Frankf. a. M. 1777. 32 S. P.

Stahl, Jos. (Hrsg.), s. Almanach für die Stadt Düsseldorf auf das Jahr 1844.

Stahl, Jos., der in Heilung sowohl kalter als hitziger Fluß-, Friesel- u. Wechselfieber geschwinde u. sichere Medicus. 8. Augsb. 760. Rieger. 4 gr.

Stahl, Jos., kleine walachische Sprachlehre für Deutsche durch Beispiele erläutert, von einer stufenweisen Reihe von Uebungen mit lateinischen Buchstaben erleichtert, und mit besonderer Rücksicht der Aussprache, wodurch jeder Schüler die Sprache ohne Hilfe eines Lehrers erlernen kann. Bukurest 855. (Ulrich.) 8. (86 S.) 15 ngr.

Stahl, J., romänische Sprachlehre für Deutsche mit lateinischen Buchstaben und genauer Beobachtung der Orthographie. 2., verm. und verb. Aufl. gr. 8. (IV und 131 S.) Bukarest 860, Ulrich. Thlr. *

STAHL, Joseph (Zinzenzell): Ein Fall von Osteosarkoma humeri (brachii).- Kinohen: Ernst 1892. 29 S., 1 Taf.
11.11.1892 - Chr 1892/93,15; Jv 1892/93,212
Diss. Ingolst.-Landsh.-Mchn.

Stahl, Josef, von Znaim, Oesterreich: Ueber die Theorie der Gasabsorption. [S. A. aus: Vierteljahrsschrift der Naturforsch. Ges. in Zür., Bd 12, S. 1–16] Zür. Zürcher u. Furrer Dr. 1867. 16 S. 8°.
Zürich. Phil. Diss. v. 9. Febr. 1867.

Stahl, J., Ueber die Theorien der Wasserwellen. Winterthur 1868. **Progr.**

Stahl, Julius, s. Stahl, Friedrich Julius.

Stahl, Justus [Frohnhusanus]: De natura atque usu imperativi apud Terentium .... Marburgi Cattorum, *E. Weidenbach, Dillenburg,* 1886; 44 S. 8°.
Marburg, Phil. Fak., Inaug.-Diss. v. [10. Nov.] 1886.

Stahl, Justus, de natura atque usu imperativi apud Terentium. Diss. Marburg 1886, N. G. Elwert'sche Univ.-Buchh. 8°. 44 S.

Ivo Johann Stahl

Ivo Joannes Stahlius [Stahl]: De principalioribus literatorum Affectibus. [Resp.:] Georgius Melchior Strahl. Erfordiae (1731:) Hering. 44 S. 8°
Erfurt, Med. Diss. v. 1. Dez. 1731

Stahl, Ivo, Diss. de apoplexia. Erf. 4°. 1720

—, Diss. de apoplexia. Erf. 4°. 1729

Ivo Johann Stahl

De Apoplexia et affectibus apoplecticis. [Resp.:] Gabriel Franciscus Schwachheim. Erfordiae (1739:) Hering. 41 S. 8°
Erfurt, Med. Diss. v. 12. Sept. 1739

Stahl, Ivo (Praes.): De cardialgia, s. Borck, J. C. (Resp.)

Ivone Joannes Stahlius [Stahl]: De Catarrho suffocativo. [Resp.:] Christian[us] Augustin[us] Wilhelmi. Erfordiae (1738:) Hering. 31 S. 8°
Erfurt, Med. Diss. v. 18. Aug. 1738

—, Diss. de tabaci effectibus salutaribus et nocivis. Erf. 4°. 1730

Ivone Joannes Stahlius [Stahl]: De Fonte remediorum diaetetico. [Resp.:] Jo. Godofred[us] Taubertus [Taubert]. Erfordiae (1739:) Hering. 19 S. 8°
Erfurt, Med. Diss. v. 21. Jan. 1739

—, Pr. dolorum genesin et indolem phys.-medicam exhibet. 3 l. Erf. 4°. 1731

Stahl, Ivo, De malo hypochondriaco. Erf. 4°. 1739

Stahl, Ivo Jo., Diss. de morbo caduco. Erf. 4°. 1730

Ivone Joannes Stahlius [Stahl]: De Motu corporis humani medico, sanitatis conservandae, et restituendae praecipuo actu. [Resp.:] Joannes Daniel Meurer. Erfordiae (1733:) Hering. 23 S. 8°
Erfurt, Med. Diss. v. 22. Aug. 1733

Stahl, Ivo., Diss. de passione hysterica. Erf. 4°. 1729

Ivone Joannes Stahlius [Stahl]: De Pleuritide vera maligna, cum purpura alba, feliciter curata. [Resp.:] Traugott Samuel Kaalius. Erfordiae (1738): Hering. 18 S. 8°
Erfurt, Med. Diss. v. 22. Mai 1738

Stahl, Ivo, Diss. de veris herbae Theae proprietatibus et viribus medicis. Erf. 4°.
1730

—, Ivo, resp. A. G. Reichel, De veris herbae Theo proprietatibus et viribus medicis. Erf. 4°. 1734.

Stahl, Ivo Johann (Leobschütz) A. S. 1286/2

Dissertatio inauguralis medica, tradens therapiam cephalalgiae. Präs. Johann Friedrich de Pre. Erfurt (Grosch) 27. III. 1722. 32 S.

Stahl, Ivo, resp. Jo. Chr. Borck, Diss. de usu et effectibus potus Caffée. Erf. 4°. 1731

Stahl, Carl [Pseud.], s. Haupt, Jürgen

Stahl, Carl: Beitrag zur Casuistik der Schädelverletzungen .... Kiel, Druck v. Schmidt & Klaunig, 1887; 28 S. + 2 Bl. 8°.
Kiel, Med. Fak., Inaug.-Diss. v. 18. Mai 1887.

Stahl, Carl, Beitrag zur Casuistik der Schädelverletzungen. Diss. Kiel 1887, Haeselersche Sort.-Buchh. 8°. 28 S.

Stahl, Carl (geb. Rüdersdorf 2. 2. 1845): Ein Fall von Struma hypertrophica. Berlin (1868). (32 [vielmehr 30] S.) 8°
Berlin, Med. Diss. v. 28. März 1868

Stahl, Karl, † (Karl Gödeke) König Kodrus. Eine Mißgeburt d. Zeit. 8. (6½ B.) Leipzig 839, Gebhardt u. Reisland.

Stahl, Karl (geb. Fränkisch-Crumbach 25. 3. 1848): Ueber den Mechanismus bei der Geburt in Beckenendlage. Berlin [o. J.] (35 S.) 8°
Berlin, Med. Diss.
nachgeliefert v. dem am 26. Juli 1870 auf Grund gedruckter Thesen promov. Verf.

Stahl, Karl, geburtshülfliche Operationslehre. Nach den Vorlesungen des Prof. Hegar gearb. gr. 8. (185 S.) Stuttgart 878, Enke. *

Stahl, Karl, geburtshülfliche Operationslehre. Nach den Vorlesgn. v. Hegar bearb. 2. Aufl. gr. 8. (VIII, 198 S.) Stuttgart 883. Enke. n. 4. —

Stahl, Carl (geb. Caub a. Rh. 18. 4. 1852): Ueber Paralysis universalis progressiva verbunden mit Tabes dorsualis. Berlin (1875). (30 S.) 8°
Berlin, Med. Diss. v. 13. März 1875

Stahl, Karl, die Reimbrechung bei Hartmann von Aue mit besonderer Berücksichtigung der Frage nach der Reihenfolge des Iwein und des Armen Heinrich. Diss. Rostock 1888, G. B. Leopolds Univ.-Buchh. 8°. 29 S.

Stahl, Karl. Untersuchungen über die Einwirkung von Bromwasserstoff auf Sorbinsäure und Hydrosorbinsäure. Tübingen, 1876.

Stahl, Karl Friedr., der thüringer Muschel-Flötz-Kalkstein u. d. ältere Kalkstein Würtembergs hinsichtl. ihrer Versteinerungen. Hrsg. von der mineralog. Gesellschaft zu St. Petersb. gr. Lex. 8. (1¼ B.) St. Petersburg 834. (Eggers u. Comp.) Thlr. *

Stahl, Karoline

— Allwinens Abendstunden. Ein Lesebuch f. d. Jugend. Mit Kupf. 8. Riga, Hartmann.

— Allwinens Abendstunden. Ein Lesebuch f. d. Jugend. Mit 4 Kpf. 8. Riga, (Serig in Leipz.) 1 ℛ 6 gr Hbg. Pr. 1 ℛ

Stahl, geb. Dumpf, Karoline, das kleine Buch für gute Kinder. Mit (4) illum. Kpfrn. qu. 16. Nürnberg 834. Campe. ⅔ ℛ

Stahl, Karoline, geb. Dumpf, romant. Dichtungen. 8. Nürnb. 819. Campe. 16 gr

— romantische Dichtungen. 2e Ausgabe. 8. Nürnberg 834. v. Ebner. ⅔ ℛ

— Erzählungen. 12. Wien, Tendler u. v. M. 820.

— Erzählungen, Fabeln u. Mährchen f. Kinder. Mit Kpf. 16. Nürnb. 818. 2e A. 821. Campe. 1 ℛ 8 gr

Stahl, (Karol., geb. Dumpf,) moral. Erzählungen, Schauspiele u. Reisebeschreibungen f. die Jugend. gr. 12. Riga 822, Hartmann.

— moral. Erzähll., Schauspiele u. Reisebeschreibb. f. die Jugend. Mit 5 Kpf. gr. 12. Riga 822. (Serig in Leipz.) 1 ℛ 6 gr Hbg. Pr. 18 gr

—— kleines Erzählungsbuch. 1—3., verb. Aufl. (à 8 B. u. 4 ill. Kpfr.) qu. 16. Nürnberg 829—33, Campe. à

— kleines Erzählungsbuch f. die Jugend. Mit Kpf. 8. Nürnb. 822. Campe. 1 ℛ 8 gr

—— das kleine Geschenk f. gute Kinder. 1—3., verb. Aufl. (à 8 B. u. 4 ill. Kpfr.) qu. 16. Nürnberg 829—34, Campe. à

——, Iris, e. Lesebuch f. Kinder. 8. (8¼ B. u. 4 ill. Kpfr.) Berlin 829, Natorff u. Comp.

— Mährchen f. Kinder. Mit 4 Kupf. 8. Riga, Hartmann.

— Mährchen für Kinder. Mit 4 ill. Kpf. 8. Riga, (Serig in Leipz.) 1 ℛ

— die Familie Müller, ein Buch f. die Jugend. Mit illum. Kpf. 16. Nürnb. 821. Campe. 1 ℛ 8 gr

Stahl, Karoline, geb. Dumpf, kleine Romane. 2 Thle. 8. Leipz. 819. Reclam. 2 ℛ

— Rosalinde, od. die Wege des Schicksals; den Töchtern gebild. Stände gewidmet. Mit Titelkpf. gr. 12. Nürnb. 833. (832.) v. Ebner. 1 ℛ 8 gr

— Scherz u. Ernst; ein Lesebuch f. die Jugend. 8. Riga 824, Hartmann.

— Scherz u. Ernst; ein Lesebuch f. die Jugend. Mit 5 ill. Kpf. 8. Riga 824. (Serig in Leipz.; a. Taubert). 1 ℛ 6 gr Hbg. Pr. 16 gr

——, Woldemar. 8. (11 B.) Nürnberg 830, Campe.

Stahl, Konrad Dietrich Martin

Stahl, Konr. Dtr. Mt., († d. 13. Febr. 1833.) Anfangsgründe der Arithmetik. (A. u. d. T.: reine Mathematik zum Gebr. bei Vorlesungen. 1r Thl. 1e Abtheil.) gr. 8. Jena 802. (Leipz., Gnobloch). 1 ₰ 8 gr

Stahl, C. D. M., Anfangsgründe d. Arithmetik, (h. a. d. Tit. reine Mathematik zum Gebrauch bey Vorlesungen. 1r Th. 1ste Abth.) gr. 8. Jena, Gabler. 802.

— Anfangsgr. d. Zahlenarithmetik und Buchstabenrechnung z. Gebr. b. Vorles. gr. 8. Ebend. 797.

— Anfangsgründe der Zahlenarithmetik u. Buchstabenrechnung, zum Gebr. bei Vorlesungen. gr. 8. Jena 797. 2e umgearb. A. 802. (Gnobloch in Leipz.) 20 gr

Conr[adus] Dideric[us] Martin[us] Stahl: Dissertatio mathematica doctrinam de dignitatibus nova methodo exhibens. Assumto socio Georgio Horn. Jenae (1797): Goepferdt. 32 S. 8°

Jena, Univ.Schr.v.3.Aug. 1797

— Einleit. in das Studium der Combinationslehre, nebst e. Anh. üb. die Involutionen u. deren Anwendung auf die continuirlichen Brüche. gr. 8. Jena 801. (Leipz., Gnobloch). 1 ₰ 8 gr

— Progr. Derivatorisch-combinator. Entwickelung der Functionen $F(a+\beta x+\gamma k^2+\delta x^3+\ldots)$, $\varphi F(a+\beta x+\gamma k^2+\delta x^3+\ldots)$, nebst e. sich darauf beziehenden Aufgaben. 4. Coburg 804.

— Grundriß der Combinationslehre, nebst Anwendung derselben auf die Analysis. gr. 8. Jena 800. (Leipz., Gnobloch). 1 ₰ 20 gr

— tabellar. Uebersicht der mathemat. Wissenschaften. 1 Bogen in Fol. Bamb. u. Würzb. (Jena) 797. (Leipz., Gnobloch). 2 gr

Stahl, L. J., encore un rêve, s. Dumas, Alex., Black.

Stahl, L. O. R., Rathgeber d. königl. preußischen Försters in Forst-Rechnungssachen nebst vorhergeh. leicht faßl. Anleitg. zur Erlerng. der Decimalbruchrechng. 8. (X, 160 S.) Trier 874. Lintz. n. 2. 50

Stahl, Laura, Ratgeber für d. Küche z. tägl. Gebrauch. Fol. (16 S.) Stuttgart 896. Greiner & Pfeiffer. Kart. n. 1. —

Stahl, Leo, Rechtsprakt.: Die sogenannte clausula rebus sic stantibus im BGB. Neustadt a/A. 1909: Schmidt. 84 S. 8°
Erlangen, Jur. Diss. v. 27. Nov. 1909, Ref. Oertmann
[Geb. 11. Juli 85 Neustadt a. A.; Wohnort: Neustadt; Staatsangeh.: Bayern; Vorbildung: Neues Gymn. Nürnberg Reife 03; Studium: Erlangen 2, München 2, Berlin 1, München 3 S.; Rig. 29. April 09.] [U 10. 766

Stahl, Leo, die sogenannte clausula rebus sic stantibus im BGB. (IV, 84 S.) gr. 8. München 909. J. Schweitzer Verl. 2. 20

Stahl, Leonhard: Galilei und das Universum. Berlin & Leipzig: H. Seemann [1908]. 99 S. 8°
(Kulturträger. Bd 24.)
Dass. 3. Aufl. Ebda. [1908].

Stahl, Leonh., Galilei u. das Universum, s. Kulturträger.

Stahl, Leonhard: Kopernikus und das Weltsystem. 2. Aufl. Berlin & Leipzig: H. Seemann [1908]. 135 S. 8°
(Kulturträger. Bd 19.)

— Kopernikus u. das neue Weltsystem, s. Kulturträger.

Stahl, Leopold

Stahl, Leop., allgemeiner Gang der qualitativen chemischen Analyse fester und tropfbarflüssiger anorganischer Körper mit Berücksichtigung der häufiger vorkommenden organ. Säuren. 8. (VI und 95 S. mit 2 Tab. in gr. Fol.) Berlin 862, Springer's Verlag. cart. *

—— zwei Tabellen zur qualitativen chemischen Analyse anorganischer Körper. gr. Fol. Berlin 862, Springer's Verlag. In Couvert.

Stahl, Lorenz

Stahl, Lor., der Fluch auf Juda! 8. (40 S.) Berlin 898. J. van Groningen & Co. — 75

Stahl, Ludwig

Stahl, L.: Geschichte der 25 Feldberg-Feste. (1844—78.) Offenbach a. M. 1878. 46 S.

Stahl, Ludw., Geschichte d. freiwilligen Feuerwehr Offenbach a. M. 1845—1895. Festschrift z. Feier d. 50jähr. Bestehens am 3., 4. u. 5. Aug. 1895. Im Auftr. d. Commandos bearb. 8. (II, 115 S. m. 1 Bildn. u. 1 Lichtdr.-Taf.) Offenbach 895. (Th. Steinmetz.) n.n. 1. 50

Stahl, Ludwig, Geschichte des Turnvereins Offenbach a. M., 1843—1893, Offenbach a. M. 1893, 96 S., 8°.

Geschichte des ⟨IX⟩ Gaues Offenbach-Hanau. Festschrift zum 25jähr. Bestehen 1875—1900, wie auch zur Feier d. 25. Gauturnfestes 1900 zu Hanau a. M. Im Auftr. d. Gaues bearb. von Ludwig Stahl, Reallehrer zu Offenbach a. M. *Hanau-Kesselstadt (1900): J. C. Kittsteiner.* (44 S.) 8°
[∞. 778: 4

Stahl, Ludwig, Kurze geschichtliche Mitteilungen über den Mittelrheinkreis (X. Kreis d. D. T.), Offenbach a. M. 1870, 11 S., 8°.

Stahl, Ludwig: Nicholas Rowes Drama The Ambitious Step-Mother. 1700. Rostock 1909: Hinstorff. 88 S. 8° ¶(Ersch. auch als Buch b. Warkentien, Rostock.)
Rostock, Phil. Diss. v. 4. Juni 1909, Ref. Lindner
[Geb. 20. Jan. 88 Rostock; Wohnort: Rostock; Staatsangeh.: Mecklenburg-Schwerin; Vorbildung: Realgymn. Rostock Reife O. 06; Studium: Rostock 2, Berlin 2, Rostock 2 S.; Rig. 25. Mai 09.] [U 09. 3770

Stahl, Ludw., Nicholas Rowe's Drama The ambitious step-mother. 1700. (88 S.) 8. Rostock 909. H. Warkentien. 2. —

Stahl, M. [pract. Arzt aus Norden (Prov. Hannover)]: Coffein als Diureticum .... Würzburg, Paul Scheiner's Buchdr., 1887; 24 S. u. 1 Taf. 8°.
Würzburg, Med. Fak., Inaug.-Diss. v. 1887.

Stahl, M., Coffein als Diureticum. Diss. Würzburg 1887, Stahelsche Univ.-Buchh. 8°. 24 S. mit einer Taf.

Stahl, Marie (Frau Marie Malecka), Anonym. Roman. 8. (374 S.) Berlin 900. R. Mosse. 4.—; ern. Pr. n. 1.50

Stahl, Marie (Maria Mallecka), Frauenehre. Roman. 2 Tle. in 1 Bd. 8. (188 u. 187 S.) Berlin 896. O. Janke. n. 5. — ; ern. Pr. n. 2. —

— aus d. Gründerzeit. Roman. 8. (318 S.) Ebd. 896. n. 4. — ; ern. Pr. n. 2. —

Stahl, Marie (Frau Marie Dieckmann), Höhenluft. Roman. 2 Tle. in 1 Bde. (215 u. 152 S.) 8. Breslau 904. Berlin, S. Schottlaender's schles. Verlagsanstalt. n. 4. —; geb. n. 5. —

— ich will. Roman. 8. (427 S.) Berlin 897. Deutsches Verlagshaus Bong & Co. n. 4. —; geb. 5. 50

— Manneswert. Roman. 2 Tle. in 1 Bd. 8. (185 u. 196 S.) Berlin 895. O. Janke. n. 5. —; ermt. Pr. n. 2. —

— zwei Seelen. Novelle. 8. (142 S.) Ebd. 895. n. 1. —

— Sommernachtsdunkel. Roman. (416 S.) 8. Berlin (904). Verlag Continent. n. 4. —; geb. n. 5. 50

Stahl, M. Die arme Vornehme. Roman. 8. (378 S.) Berl. 892, Janke. * 6 —

Stahl, M. (Frau Marie Dieckmann), Weltmacht. Roman. 2 Bde. 8. (247 u. 318 S.) Mannheim (902). J. Bensheimer's Verl. n. 6. —

— Zauberkreise. Roman. (399 S.) 8. Ebd. (905). n. 4. —; geb. n. 5. 50

Stahl, Max., vollkommene Enthüllung des räthselhaften Wesens langwieriger Unterleibskrankheiten. Nebst e. ganz neuen u. sichern Methode zur radicalen Heilung der Hämorrhoiden, Hypochondrie, Hysterie, Gicht u. chronischen Hautkrankheiten faßl. dargestellt. gr. 12. (3 B.) Bautzen 843, Reichel.

Stahl, Otto, Gerichtsass. aus Lüdenscheid ⟨Prov. Westf.⟩: Ueber die **Anwendung** und Auslegung des § 463 Absatz 2 der Reichscivilprozessordnung. *Lüdenscheid 1900: W. Crone jr.* (31 S.) 8° [F.]
Göttingen, Jur. Diss. v. [10. Apr.] 1900

Stahl, Otto, über die Anwendung u. Auslegung des § 463 Absatz 2 der Reichscivilprozeßordnung. Diss. 8. (31 S.) Lüdenscheid 900. (Göttingen, Vandenhoeck & Ruprecht.) n. — 75

Stahl, Otto: D e n k s c h r i f t über Fideikommissrecht und Fideikommisswesen im Gebiet des ehemaligen Kurhessen. Im Auftr. d. Ver. d. althess. Ritterschaft ausgearb. Cassel 1902: Weber & Weidemeyer. (63 S.) 8°

Der vorläufige Entwurf eines preußischen Gesetzes über Familienfideikomisse. Vortrag d. Stiftssyndikus Rechtsanw. Dr. [Otto] Stahl auf d. ritterschaftl. Konferenz v. 4. Juli 1903. *Cassel 1903: Weber & Widemeyer.* (43 S.) 8° [F.]

Stahl, Otto, Zeichnungen, s.: Lindner, Geo., Vorträge üb. mechanische Technologie.

Stahl, P, Die Notwendigkeit des Zusammenschlusses der Betriebskrankenkassen in der Provinz Pommern und den benachbarten Gebieten. Vortrag, gehalten auf der Hauptversammlung des Vereins der Industriellen Pommerns am 25. März 1908. Stettin, 1908. 6 S. [in Cg 2019

Stahl, P. J., Abenteuer des Hans Däumling, s. Jugendschriften, illustr., 1. Bd.

—— de Paris à Baden. Voyage d'un étudiant et ses suites variées. gr. 12. (248 S.) Leipzig 860, A. Dürr. *

Stahl, P. J., Histoire d'un homme enrhumé et autres histoires. gr. 12. (VIII und 283 S.) Leipzig 859, A. Dürr. *

—— Histoire du prince Z et de la princesse Floris. Nouvelle édit. 16. (210 S.) Leipzig 860, A. Dürr. *

Stahl, P. J., Pariser Liebesabenteuer, s. Roman-Bibliothek, neue.

Stahl, P. J., Maroussia, hrsg. v. Léon Wespy, s.: Prosateurs français 153. Lfg.

Stahl, P.-J., Maroussia, s.: Schulbibliothek, franz. u. engl., Reihe C.

Stahl, P. J., Maruffia. Nach dem Franz. v. E. Philiparie. Mit 74 (z. Tl. farb.) Illustr. v. Th. Schuler. gr. 8. (IV, 168 S.) Nürnberg 892. Verlag der Kinder-Gartenlaube. n. 3. —; geb. n. 4. —

—— et Alfr. de Musset, Voyage où il vous plaira, s. Musset, Alfr. de.

Stahl, Peter

Stahl, Pet., die Grund-Ideen der modernen Kellerbautechnik. Ein Leitfaden f. Angehörige u. Interessenten der Brau-Industrie. (63 S. m. Abb.) kl. 8. Nürnberg 906. (W. Schorkopf.) 1. —

Stahl, R., und F. Mücke, das Feld- und Forstpolizeigesetz. Vom 1. April 1880. Mit Erläuterungen, nebst einem Anhang, enthaltend die ergänzenden Bestimmungen der Strafprozeßordnung, des Allgemeinen Landrechts 2c. gr. 8. (56 S.) [Berlin 880, Schlesier.] Graudenz, Gaebel's Buchh. *

Stahl, Simon, aus Friedberg, Hessen: Die **Haftung** des Verkäufers wegen Mängel der Kaufsache nach dem bürgerlichen Gesetzbuch. *Friedberg 1900: C. Damm.* (52 S.) 8° [F.]
Erlangen, Jur. Diss. v. [29. Nov.] 1898

Stahl, Sophus: Die Entwicklung der **Affekte** in der Lyrik der Freiheitskriege. Leipzig: Fock 1908. 202 S. 8°
¶ (Ersch. auch als Buch ebd.)
Leipzig, Phil. Diss. v. 6. Okt. 1908, Ref. Lamprecht, Köster
[Geb. 2. Febr. 85 Altona; Wohnort: Hamburg; Staatsangeh.: Preußen; Vorbildung: Realgymn. Altona Reife O. 05; Studium: Kiel 2, Leipzig 4 S.; Rig. 14./15. Juli 08.] [U 09. 3065

Stahl, W., über Licht- u. elektrische Wellen, Funken- oder Wellentelegraphie, Kathodenstrahlen, Röntgenstrahlen, Becquerelstrahlen, Electronen u. Urmaterie in kurzfasslicher Darstellung. gr. 8. (38 S. m. Abb.) Leipzig 902. A. Felix. n. 1. —

Stahl, W. Die Maximalmomentencurve. 1876. 4.

Stahl, W.: Ueber die R e d u c t i o n von Körperpotentialen auf Flächenpotentiale.
Diss. Heidelberg 1870. 4°

Stahl, W. Geometrische Theorie u. Berechnung d. Schwedler'schen Träger. 1875. 4.

Stahl, Walther: Über Fädchen-Keratitis nebst Mitteilung eines anatomisch untersuchten Falles. Rostock 1908: Adler. 42 S. 8°
Rostock, Med. Diss. v. 16. März 1909, Ref. Peters
[Geb. 7. Jan. 82 Neustrelitz; Wohnort: Brandenburg a. H.; Staatsangeh.: Mecklenburg-Strelitz; Vorbildung: Realgymn. Malchin Reife M. 02; Studium: Berlin 1, Würzburg 6, Rostock 3 S.; Coll. 25. März 08; Approb. 2. März 09.] [U 09. 3727

Stahl, Walther, a. Pforzheim: Bakteriologische u. chemische Untersuchungen über Verunreinigung und Selbstreinigung kleinerer Flußläufe in der Umgebung von Freiburg i. B. Freiburg i. B. 1904: K. Henn. (78 S.) 8°
Freiburg i. B., Phil. Fak., Ref. Oltmanns u. Schottelius, Diss. v. 25. Juli 1904
[Geb. 76 Homburg; Wohnort: Pforzheim; Staatsangeh.: Baden; Vorbildung: Gymn. Rastatt Prüfung Sept. 94; Studium: Freiburg 6 S.; Rig. 27. Nov. 04.]

Stahl, Wilhelm

Stahl, Guilelmus Ortenburgensis: De bello Sertoriano. Erlangen 1907: E. Th. Jacob. (87 S.) 8°
Erlangen, Phil. Fak., Ref. Judeich, Diss. v. 31. Jan. 1908
[Geb. 23. Juni 81 Ortenburg; Wohnort: Erlangen; Staatsangeh.: Bayern; Vorbildung: Neues Gymn. Regensburg Reife 02; Studium: München 3, Erlangen 9 S.; Rig. 15. Febr. 07.]

Stahl, Wilhelm Dr. „Einiges über Gasbeleuchtung". 8 Seiten. 4°. Jul. Volkhart'scher Druck.
Fürth, Progr. 1836/37

Geschichtliche Entwickelung der evangelischen Kirchenmusik. Von Wilhelm Stahl, Organist in Lübeck. *Leipzig: M. Hesse 1903.* (VIII, 85 S.) 8° [F.]
= Katechismen, Max Hesse's illustrierte. Bd 33.

Stahl, Wilh., geschichtliche Entwickelung der evangel. Kirchenmusik, s. a. Hesse's, Max, illustr. Katechismen. Nr. 33.

Stahl. W. Dr. „Ueber das Gelbbrennen des Messings". pg. 1—8. 4°. Jul. Volkhart.
Fürth, Progr. 1844/45

Stahl, Wilhelm Dr. „Das Gürtlergewerbe zu Fürth". pg. 11—18. 4°. Jul. Volkhart.
Fürth, Progr. 1839/40

Stahl, W. Dr. „Ueber Kupfer-Zinklegirungen". pg. 11—20. 4°. Julius Volkhart.
Fürth, Progr. 1842/43

Stahl, Wilh. [aus Altenau i./Harz]: Über Raffination, Analyse und Eigenschaften des Kupfers .... Altenau im Harz, Druck v. Karl Fieke, 1886; 4 + 72 + 2 S. 8°.
Tübingen, Naturwiss. Fak., Inaug. Diss. v. 1886.

Stahl, W., üb. Raffination, Analyse u. Eigenschaften d. Kupfers. gr. 8. (III, 72 S.) Clausthal 886. Uppenborn. n. 2. 80

Stahl, *Wilhelm* [aus Hachenburg]: Ueber die Reposition en bloc der Unterleibsbrüche ... Göttingen, Druck d. Dieterichschen Univ.-Buchdr., 1897; 25 S. 8.
Göttingen, Med. Fak., Inaug.-Diss. v. [30. März] 1897

Stahl, W., üb. d. Reposition en bloc d. Unterleibsbrüche. Diss. gr. 8. (24 S.) Göttingen 897. (Vandenhoeck & Ruprecht.) n. — 80

Stahl, Wilhelm, a. Münster i. W.: Ulrich von Singenberg der Truchseß von Sankt Gallen. Rostock 1907: Adlers Erben. (127 S.) 8°
Rostock, Phil. Fak., Ref. Golther, Diss. v. 7. März 1907
[Geb. 26. Dez. 77 Münster i. W.; Wohnort: Berlin; Staatsangeh.: Preußen; Vorbildung: Gymn. Münster Reife O. 96; Studium: Münster 2, Bonn 8 S.; Rig. 4. März 07.]

Stahl de Boer, D. J., Lehrbuch für die Oberklassen in Elementarschulen. Nebst Erzählungen aus der Geschichte Ostfrieslands u. Harrlingerlands. Als Anhang. 8. Leer 846, Prätorius u. Seyde. n. 3/8 ß

Stahl de Boer, D. J., duitsche spraakleer voor Nederlanders. 8. (XVI und 258 S. mit 1 lithogr. Schrifttaf.) Groningen 855. (Leer, Bock.) *

Stahl de Boer, U. H., rationale Formenlehre zum Gebrauche in gehobenen Volksschulen. gr. 8. (IV und 48 S. mit 113 Fig. in eingedr. Holzschn.) Stade 858, Pockwitz. *

Stahl-Schroeder, Martin

Stahl-Schroeder, M., der Futterbau in Kurland u. den umliegenden Provinzen, s.: Blaese, M. v.

Stahl-Schroeder, *Martin* [aus Livland]: Über Wasser- und Luftkapazität einiger Bodenarten ... Leipzig-Reudnitz, Druck v. O. Schmidt, 1892; 57 S. 8.
Leipzig, Phil. Fak., Inaug.-Diss. v. [16. Febr.] 1892

Stahlbad Imnau in Hohenzollern und seine Umgebung. kl. 8. (8 S.) Tübingen 888, Frz. Fues. *

Stahlbad, Das, am Staffelsee. München 1881. V: *Asam, Dr.* (Hugo Hayn Thesaurus librorum Phil. Pfister, München 1883) (Hdschr. Mitth. Friedrich Müller, München)

Stahlberg, Ant. v., praktische Darstellung d. Wassergebläses z. Vortheil d. Eisenhüttenbetriebs, m. K. gr. 4. Prag, Widtmann. 807.

Stahlberg, E., der Kumys, seine physiologischen u. therapeutischen Wirkungen. St.-Petersburg 869. Marcks. gr. 8. (70 S.) n. 15 ngr.

Stahlberg, Carolus: Commentationis de L. Attii vita et scriptis particula. Halis Saxonum (1844): Heynemann. 38 S. 8°
Halle-Wittenberg, Phil. Diss. v. 11. Apr. 1844
Geb. [Herford (Westf.) 13. 6. 1821]
Verf. erlebte die Diplomerneuerung 1894 als Gymnasialdirektor in Hagen (Westf.).

Stahlberg, (W.), Beiträge zur Geschichte der deutschen Historiographie im Mittelalter. I. Jornandes. (Programm der höheren Bürgerschule in Mülheim an der Ruhr.) gr. 4. (24 S. und Schulnachrichten 10 S.) Mülheim 854, Nieten'sche Buchh. *

Stahlberg, Beiträge zur Geschichte der deutschen Historiographie im Mittelalter. I. Jornandes. (Programm der höheren Bürgerschule in Mülheim an der Ruhr.) Mülheim 854. Reymann. gr. 4. (34 S.) n. 10 ngr.

Stahlberg, W., Leitfaden für den geographischen Unterricht. 2 Thle. In drei Kursen bearb. gr. 8. 1. (Thl.:) 1 u. 2. Kursus. (74 S.) 2. (Thl.:) 3. Kursus. (134 S.) Brandenburg 847. 48, Müller. — 2. verb. Aufl. 2 Thle. In 3 Kursen bearb. gr. 8. 1. (Thl.:) 1 u. 2. Kursus. (VIII u. 79 S.) 2. (Thl.:) 3. Kursus. (II u. 160 S.) Ebd. 852. (1: 1/6 ß 2: 1/4 ß) 5/12 ß

—— dass. — II. (Thl.:) 3. Kursus. 1. Aufl. (134 S.) 1847. und 2., verb. Aufl. gr. 8. (II und 160 S.) Ebds. 852.

Stahlberg, W., Leitfaden für den geographischen Unterricht. In 3 Kursen bearb. 2 Bdchn. 3. verb. Aufl. 856. (80; 160 S.) — 4. verb. Aufl. Leipzig 858. Holtze. 8. (88; 164 S.) 12½ ngr.
1. Bdchn. (1. u. 2. Kurs.) 5 ngr.; 2. Bdchn. (3. Kurs.) 7½ ngr.

Stahlberg, W., Leitfaden für den geographischen Unterricht. In 3 Kursen bearb. 2 Bdchn. 5. verb. Aufl. 860. 12½ ngr. — 6. verb. Aufl. Leipzig 863, 64. Holtze. gr. 8. (IV, 95 S.; IV, 168 S.) n. 13 ngr.
1. Bdchn., den 1. u. 2. Kursus enth. n. 5 ngr. — 2. Bdchn., den 3. Kursus enth. n. 8 ngr.

Stahlberg, W., Leitfaden für den geographischen Unterricht. In 3 Kursen bearb. 2 Bdchn. 8. Leipzig 863—68, Holtze. [1. Bdchn., den 1. und 2. Kursus enth. 6.—8., verb. Aufl. (IV und 96 S.) * 5 Ngr., 2. Bdchn., den 3. Kursus enth. 6. und 7. verb. Aufl. (IV und 166 S.) * 8 Ngr.] *

Stahlberg, W., Leitfaden für den geographischen Unterricht. In drei Kursen bearb. 2 Bdchn. 8. Leipzig 870—74, Holtze. (* *M.* 1,30.) *

Inhalt:

Bdchn. 1. Den ersten und 2. Kursus enth. 9.—12. verb. Aufl. (IV, 98 S.) (* 50 Pf.) * 60 Pf.
" 2. Den dritten Kursus enth. 8.—10. verb. Aufl. (IV, 168 S.) (* 80 Pf.) * *M.* 1.

Stahlberg, W., Leitfaden für den geographischen Unterricht. 2 Bdchn. in 3 Kursen. gr. 8. Leipzig, Holtze. [1. Bdchn., den 1. und 2. Kursus enth. 13. verb. Aufl. (V, 100 S.) 876. * 60 Pf.; 2. Bdchn., den 3. Kursus enth. 11. verb. Aufl. (III, 168 S.) 877. * *M.* 1.] *

Stahlberg, W., Leitfaden für den geographischen Unterricht. In 3 Kursen bearb. 2 Bdchn. gr. 8. Leipzig, Holtze. [1. Bdchn., den 1. und 2. Kursus enthaltend. 14. und 15. verb. Aufl. (V, 100 S.) 878,81; 16. verb. Aufl. (IV, 101 S.) 883. * 60 Pf.; 2. Bdchn., den 3. Kursus enthaltend. 12. und 13. verb. Aufl. (III, 168 S.) 880,84. * *M.* 1.] *

Stahlberg, W., Leitfaden f. den geographischen Unterricht. In 3 Kursen bearb. 2 Bdchn. gr. 8. Leipzig, Holtze. n. 1. 60

1. 1. u. 2. Kurs. 16. Aufl. (IV, 104 S.) 883. n. — 60
2. 3. Kurs. 13. Aufl. (IV, 168 S.) 884. n. 1. —

Stahlberg, W., Leitfaden für den geographischen Unterricht. In drei Kursen bearb. 2 Bdchn. gr. 8. Leipzig, Holtze. *

Inhalt:

Bdchn. 1. 1. und 2. Kursus. 17. Aufl. (II, 102 S.) 886. * 60 Pf.
" 2. 3. Kursus. 14. Aufl. (II, 172 S.) 888. * *M.* 1.—.

Stahlberg, W., Leitfaden f. den geographischen Unterricht. In 3 Kursen bearb. 2. Bdchn., den 3. Kurs. enth. 15., verb. Aufl. gr. 8. (IV, 176 S.) Leipzig 893. F. Brandstetter. n. 1. —

Stahlberg, W., Leitfaden **f. den geographischen Unterricht. In 3 Kursen bearb. 1. Bdchn., den 1. u. 2. Kurs. enth.** 20., verb. Aufl. gr. 8. (112 S.) **Leipzig 900. F. Brand**stetter. n. — 60

— Leitfaden für den Unterricht in der Geschichte. 861. (VIII, 211 S.) — 2. verb. Aufl. Berlin 863. Duncker & Humblot. gr. 8. (VIII, 194 S.) n. 10 *ngr.*

— **Leitfaden für den Unterricht in der Geschichte. 2. Aufl. 1863. und 3., verb. Aufl. gr. 8. (VIII und 196 S.) Berlin 867, C. Duncker.** *

— **Leitfaden für den Unterricht in der Geschichte.** 3., verb. Aufl. **Berlin** 867—70. C. Duncker. gr. 8. (VII, 178 S.) n. 10 *ngr.*

— Leitfaden für den Unterricht in der Geschichte. 4. und 5. Aufl. 1869,70. * *M.* 1., und 6. und 7. verb. Aufl. gr. 8. (VII, 184 S.) Berlin 873,74, C. Duncker's Verlag. [Altenburg, Pierer.] *

— Leitfaden für den Unterricht in der Geschichte. 8.—10. verb. Aufl. 8. (VIII, 175 S. mit 4 Kartenskizzen, Holzschntaf.) Altenburg 876—78, Pierer. *

Stahlberg, W., Leitfaden für den Unterricht in der Geschichte. 11.—13. verb. Aufl. gr. 8. (VIII, 180 S. mit 4 Kartenskizzen.) Altenburg 880—84, Pierer. *

— Leitfaden für den Unterricht in der Geschichte. Mit 4 Kartenskizzen (Holzschn.-Taf.). 12., verb. Aufl. gr. 8. (VIII, 180 S.) Altenburg 882. Pierer. n. 1. 20

— Leitfaden für den Unterricht in der Geschichte. 14. verb. Aufl. gr. 8. (VIII, 180 S. mit 4 Kartenskizzen.) Altenburg 887, Pierer. *

— Leitfaden f. den Unterricht in der Geschichte. Mit 4 Kartenskizzen. 15., verb. Aufl. gr. 8. (IV, 184 S.) Altenburg 889. Pierer. n. 1. 20

Stahlberg, W. Leitfaden f. den Unterricht in der Geschichte. Mit 8 Kartenskizzen. 16. verb. Aufl. gr. 8. (IV, 192 S.) Altenb. 892, H. A. Pierer. * 1 20

— **Leitfaden für den Unterricht in der Geschichte.** Mit 8 Kartenskizzen. 17., verb. Aufl. gr. 8. (IV, 191 S.) Altenburg 898. H. A. Pierer. n. 1. 20

Stahlberg, W., Leitfaden f. den Unterricht in der Geschichte. **Mit 8 Kartenskizzen.** 18. verb. Aufl. (IV, 191 S.) gr. 8. Altenburg 903. H. A. Pierer. n. 1. 20

— **Leitfaden für den Unterricht in der biblischen Geschichte und Bibelkunde. 8. (IV und 74 S.) Berlin 867, C. Duncker.** *

— Leitfaden für den Unterricht in der biblischen Geschichte und Bibelkunde. 2. verb. Aufl. 8. (80 S.) [Ebendas.] 875. cart. *

Auf einem deutschen Kabeldampfer bei einer Kabelreparatur in der Tiefsee von Walter **Stahlberg**. Berlin: E. S. Mittler & Sohn 1907. (38 S.) 8° [Umschlagt.]
= **Meereskunde**. Jg. 1, H. 6. [07. 15105

Stahlberg, Walter: Beiträge zur experimentellen Behandlung der elementaren Optik. 32 S. 4. **Progr.** Realschule *Steglitz* 1902 (144).

Der Hamburger Hafen. Seine Gliederung u. s. Betrieb. Mit e. Karte d. Hafens. Von Walter **Stahlberg**. Berlin: E. S. Mittler & Sohn 1907. (35 S.) 8° [Umschlagt.]
= **Meereskunde**. Jg. 1, H. 11. [08. 4637

Der Hamburger Hafen und das Modell des Hamburger Hafenbetriebes im Museum für Meereskunde von Walter **Stahlberg**. Berlin: E. S. Mittler & Sohn 1907. (30 S.) 8° [Umschlagt.]
= **Meereskunde**. Jg. 1, H. 10. 08. 4030

Stahlberg, Walter: Unsere K a l i s a l z l a g e r ein Geschenk des Meeres an den deutschen Boden. Berlin: Mittler 1909. 37 S. 8° [Umschlagt.]
(Meereskunde. Jg. 3, H. 7.)

Das Reich des Todes im Meer. Von Walter **Stahlberg**. Berlin: Mittler 1908. 39 S. 8° [Umschlagt.]
(Meereskunde. Jg. 2, H. 12.) [09. 13611

[Eberh.] Cronemeyer und sein Werk. [Unterz.: Wilh.] **Stahlberg.** [Leipzig ca 1889: Vollrath.] 16 S. 8° [Kopftit.]

[Dasselbe.] [Detmold ca 1889: Meyer.] 16 S. 8°
Aufforderung zur Unterstützung der von Cronemeyer gegründeten Arbeiterkolonie Friedrich-Wilhelmsdorf bei Geestemünde.

Die Humanität nach ihrem Wesen und ihrer Entwickelung. Eine Wanderung durch die Geschichte. Von W[ilh.] **Stahlberg.** Prenzlau: Biller 1895. VII, 244 S. 8°
Auszug in: S. 2 (1895) No 10.
Recens: BstF. 4 (1896) S. 182; S. 2 (1895) No 9 (J. G. Findel).
cf. Bk. 14 (1896) No 45. 23.

Stahlberger, E., die Ebbe und Fluth in der Rhede von Fiume. — Az árapály a Fiumei öbölben. — Von der k. ungar. naturwissenschaftl. Gesellschaft prämiirte und herausgegebene Abhandlung. gr. 4. (109 S. mit 7 Stnt.) Budapest 874, (Kilian.) **

Stahlberger, Carl, Sammlung chemi'cher Reagentien für gerichtliche Aerzte, Pharmazeuten und Liebhaber der Chemie. 8. Wien, Gerold. 819.

Stahlberger, Th.: Zur Säcularfeier des poln. Dichterfürsten Jan Kochanowski (1530–84.) Ein Übersetzungsversuch aus dessen Klageliedern auf den frühen Tod seines Töchterleins Ursulka. 6. Krakau H. 1884. Progr.

Stähle, Eberhard [Assistenzarzt, aus Stuttgart]: Zur Infusion bei acuter Anämie. . . . (Aus: „Deutsche Med. Wochenschr." 1891, No. 22.) Leipzig, Verl. v. G. Thieme, 1891; 16 S. 8°
Tübingen, Med. Fak., Inaug.-Diss. v. 1891.

Staehle, *Wilhelm* [Dr., Oberl.]: *Director Dr. Heinrich Theodor Adam, gest. am 5. Febr. 1893.* Schwerin, G. Hilb's Buchdr., 1893; 18—20 S. 4.
Schwerin, grossh. RG, OP 1893 (656)

Stähle, Wilh.: Johs. Brenz, der Reformator Württembergs. (Illustr. Familienbibl. 2.) Schwäb. Hall: Buchhdlg. für innere Mission [1898].

Stähle, W., Johannes Brenz, d. Reformator Württembergs, s. a. Familien-Bibliothek, illustr., Nr. 2.

Stähle, W. „La Farce de Pathelin" in literarischer, grammatischer und sprachlicher Hinsicht. Aschersleben, R., u. Diss. Marburg 1862. 20 S. 4. Progr.

— die Kilians-Kirche in Heilbronn. Nach alten u. neuen Quellen dargest. 8. (III, 28 S. m. 3 Abb.) Heilbronn 895. E. Salzer. n. — 50

— Der Leidensweg. Predigt am Sonntag Estomihi, welche St. wegen plötzl. Erkrankg. nicht halten konnte. (9 S.) 8. Heilbronn 909. E. Salzer. — 20

Staehle, Wilh., s.: Spieß, Philipp.

Stähle. Ueber die Sprache des Herzogs Karl von Orléans. Parchim, G., 1863. 32 S. 4. Progr.

Stähle, Maj. **William**: Die Beschreibung der Stadt Reading im Staat Pennsylvanien: *enthaltend ihre Bevölkerung, öffentlichen Lehr-Anstalten, Handel, Fabriken, Manufacturen u. s. w., u. s. w., mit Bemerkungen über ihr erstes Settlement und vielen seltenen historischen Materien. Verdeutscht von G. Hav. Wagner. Reading, Pa.: Johann Ritter & Co. 1841. pp. V, (1), 9—67.*

Stahlecker, Eugen, Oberreallehrer in Korntal (Württemberg): Untersuchungen über Thallusbildung und Thallusbau in ihren Beziehungen zum Substrat bei siliciseden Krustenflechten. Stuttgart 1905: Hofbuchdr. zu Gutenberg. (44 S.) 8°
Würzburg, Phil. Fak., Ref. Kraus, Diss. v. 16. Mai 1905
[Geb. 22. Mai 67 Korntal; Wohnort: Korntal; Staatsangeh.: Württemberg; Vorbildung: Eberhard Ludwigs-Gymn. Stuttgart Reife O. 85; Studium: Tübingen 10, Stuttgart T.H. 3 S.; Rig. 3. März 05.]

Stahlecker, R[einhold], Professor: Beiträge zur Geschichte des höheren Schulwesens in Tübingen. Stuttgart 1905: W. Kohlhammer. (102 S.) 8°
Tübingen, k. G P 1905 (714)

Stahlecker, R., Beiträge zur Geschichte des höheren Schulwesens in Tübingen. Progr. (102 S.) gr. 8. Stuttgart 905. (Tübingen, F. Fues.) n. 2. 80

Stahlecker, R., Präparation zu Ciceros Rede f. den Dichter Archias. gr. 8. (10 S.) Leipzig 902. B. G. Teubner. — 80

— dasselbe zu Ciceros Rede f. Sextus Roscius. gr. 8. (40 S.) Ebd. 902. n. — 60

Stahlecker, *Reinhold* [Prof.]: Über die verscniedenen Versuche der Rekonstruktion der attischen Triere. Ravensburg, Buchdr. v. Dr. B. Kah, 1897; 1 Bl., 38 S., 1 Taf. 4.
Ravensburg, k. G, P 1897 (611)

Stählen, C., s. Auszug aus den Actenstücken des Vereins zum Schutze deutscher Auswanderer.

Stähler, Geschichte des Fuß-Artillerie-Regiments Nr. 15 und seiner Stamm-Truppentheile. Im Auftrage des Regiments verfaßt. Mit 4 Skizzen (3 Stnt. in qu 4.) gr. 8. (VI, 199 S.) Berlin 877, Mittler und Sohn. *

Stähler, Arth., Einführung in d. anorganische Chemie. Mit 95 in den Text gedr. Abb. u. 1 farb. Spektraltaf. (XII, 508 S.) gr. 8. Leipzig 910. J. J. Weber. Geb. in Leinw. 12. —

— Quantitative Elektroanalyse, s.: Smith, Edgar F.

Stähler, Arthur, aus Berlin: (1.) Zur Kenntnis des Carvons, Eucarvons und ihrer Autoxydationsprodukte. (2.) Beiträge zur Konstitutionsbestimmung der Santonsäure bezw. des Santonins. *Berlin 1902: A. W. Schade.* (54 S.) 8°
Berlin, Phil. Diss. v. 30. Juli 1902

Stähler, Arth., Praktikum der quantitativen anorganischen Analyse, s.: Stock, Alfr.

Stähler, Fritz: Aus der Königlichen Frauenklinik zu Marburg. Über Lebensvorgänge bei scheintot geborenen Kindern in den ersten Minuten des extrauterinen Lebens. *Marburg 1898: (R. Friedrich).* (64 S.) 8°
Marburg, Med. Diss. v. 7. Juli 1898

Stähler, Otto, der Reg.-Bez. Arnsberg, s.: Hanefeld, Wilh.

Stähler, Paul: Der Giroverkehr. Eine wirtschaftsgeschichtliche Studie. Grüningen 1910. XIV + 152 S. 8°. [8. VII. 08.]
Bern. Phil. Diss. 1909/10.

Stähler, Paul. Der Giroverkehr. Eine wirtschaftsgeschichtliche Studie. Diss. Phil. Bern. II + 166 S. 8. Grüningen, J. Wirz, 1910.

Stähler, Paul. Der Giroverkehr, seine Entwicklung und internationale Ausgestaltung. XII + 164 S. 8. Leipzig, A. Deichert, 1909. [M. 3. 50]

Stahlhart, A., eine schulpolitische Gewissensfrage. Offener Brief an e. Kollegen. (36 S.) 8. Stuttgart 906. „Deutsches Volksblatt". n.n. — 10

STAHLHEIM, Karoline, Oder die Folgen des Leichtsinns. Berlin, Schöne, 1809. 8°. (2 Mk. Franz Teubner, Bonn, c. 1895.)
150 S. — Karoline Stahlheim (S. 1—44). — Karl Rothwitz. — Das glückliche Geräusch. — Mirtil. Eine Schäferscene. — S. 134 sq.: Abgerissene Gedanken (über d. Liebe, d. Leidenschaften etc.) Einiges etwas frei. — Kayser p. 119 hat irrig „1800".

Stahlheuer, A., e. Stündchen in d. Küche, s.: Eyle, Wilh.

Stahlhut, die Kunst der Asphaltirung. Eine auf prakt. Erfahrungen beruhende technische Anleitung zur Herstellung aller Arten von Asphalt-Arbeiten. Zum Behufe einer allgemeinen Verbreitung dieser höchst nützlichen Erfindung veröffentlicht. gr. 8. (52 S.) Breslau 851, Trewendt & Granier in Comm. 1/2 ɥß

Stahlhuth, E., Der Träger der Unfehlbarkeit innerhalb der Kirche. Aachen, Jacobi u. Co., 1870, 8°, 52 S., 50 Pf.
Das Schriftchen behandelt in gewandter Sprache zuerst d. Zeugnis der heil. Schrift (S. 6—32), sodann der Geschichte (S. 33—52). Im histor. Teile geht das Urteil über Liberius u. Vigilius zu weit. Ökum. Konzil. Stimmen 2c. Heft 10, S. 81. Litt. Handw. 1870, S. 141 (Hülskamp).

Stahlhuth, E., Der Wert des Blutopfers. Aachen, Jacobi, 1870, 12°, 98 S., 1,20 Mk.

Staehli, A(lex[ander]). Zum 75jährigen Bestand der Sekundarschule Herzogenbuchsee, 1910. Im Auftrag der Schulkommission verfasst von A. St'. [Mit 1 Tabelle und 1 Tafel.] 63 S. 8. Herzogenbuchsee, Moser & Leuenberger, 1910. [fr. —. 50]

Stähli, E[rnst]. Untersuchungen über den Kohlensäuregehalt der Luft in den Schulzimmern des Monbijou-Schulhauses in Bern im Vergleich zu ihrem Feuchtigkeitsgehalt. Diss. Med. Bern. 42 S. 8. Bern, Neukomm & Zimmermann, 1901.

Stähli, F. Die Cylinderfokalon. Mit 2 Taf. In-8°. 50 S. Bern. These. 1895.

(Stähli, G[ottlieb] V[incenz].) Bild eines Altschweizers, oder Ulrich Berger ([geb.] 1729) und sein letztes Vermächtniss an seine 89 Enkel. [Mit Porträt-Tafel.] 8. Bern 1816.

Stähli, R[udolf]. Das Fortbildungsschulwesen in den Kaufmännischen Vereinen der deutschen Schweiz 1897 bis 1903. Referat an der Unterrichtskonferenz des Schweiz. Kaufm. Vereins in Zug. — [Nebst] Protokoll der Unterrichtskonferenz des Schweiz. Kaufm. Vereins ... 18. Oktober 1903 ... in Zug. [Mit 1 Tabelle.] IV + 48 S. 8. Zürich, zu beziehen vom Schw. Kaufm. Verein (Druck Aschmann & Scheller), 1903.
S. 1—39: Referat von Stähli; *S. 40—45:* Protokoll; *S. 46—48:* (Anhang:) Kaufmännischer Lehrvertrag.

Stähli, Rud., siehe: *Der Fortschritt.*

Stähli, Rud., Normal-Katalog f. die Bibliothek kaufmännischer Vereine. I. Heft: Kaufmännische Fachliteratur. Eine Auswahl v. Lehr- u. Hülfsmitteln f. den Schulgebrauch sowie v. Werken zum Selbst- u. Weiterstudium zusammengestellt im Auftrage d. Centralkomitees des schweiz. kaufmänn. Vereins. (47 S.) 8. Zürich (907). Schweiz. kaufmänn. Verein. (Nur direkt.) — 50

Stähli, R[udolf]. Ueber den Unterricht in der deutschen Handelskorrespondenz an kaufmännischen Fortbildungsschulen. Einige Anregungen zur Fachmethodik. Sonderabdruck aus dem «Schweiz. Kaufmännischen Centralblatt» ⟨Zürich⟩, [Jahrg. 9,] Nrn. 50 und 51 [*d. i.* 52] von 1905. 18 S. 8. [Zürich, Aschmann & Scheller, 1905.]

Stähli, R., über den Unterricht in der deutschen Handelskorrespondenz an kaufmännischen Fortbildungsschulen. Einige Anreggn. zur Fachmethodik. (18 S.) 8. Zürich 905. Rektor Stähli. — 50
Sonderabdruck aus: „Schweiz. kaufm. Centralbl."

— Acht Vorlesungen üb. „Kaufmännische Fortbildungsschule u. Handelsfachunterricht", geh. am Ferienkurs f. Handelsfachlehrer an kaufmänn. Fortbildungsschulen. (IV, 131 S.) 8. Ebd. 909. Geb. 1. 60

Staehlig, J. S. G., Remediorum antilyssicorum connubium. 32 pp. Frcf. ad V. 8°.
1792

Stählin, Carl Ludwig August. Lebens- u. Sterbensgeschichte e. frühvollendeten Kindes Gottes. Mit e. Vorwort v. A. v. Harleß. In 3. Aufl. hrsg. v. A. v. Stählin. 8. (XIV, 106 S.) Leipzig 887. Hinrichs' Verl. n. 1. —; geb. n. 1. 50

Stählin: Deutschland eine Trias? Berlin. 1851. 8°

Staehlin, Predigt zur Eröffnung der Generalsynode, geh. am 11. IX. 1901 in der St. Gumbertuskirche zu Ansbach. gr. 8. (12 S.) Ansbach 901. C. Junge. n. — 20

Stählin, Adolf von

Stählin, v. Zum ehrenden Andenken d. Erlanger Philologen Dr. Ludw. v. Döderlein, s. Buchrucker, v.

Stählin, Adph., die Bibelfestfeier, ein Bekenntniß zu der unvergänglichen Herrlichkeit des göttlichen Wortes. Predigt über Ev. Lucä 21, 33. gehalten am Bibelfeste in Nürnberg den 20. Juni 1860 in der Kirche zu St. Aegidien. gr. 8. (20 S.) Nürnberg 860, Raw'sche Buchh.

Stählin, Adph., der Dienst der Predigt. Abschiedspredigt über 2. Cor. 4, 5, 6, gehalten am Sonntag Oculi, den 16. März 1879 in der St. Gumbertus-Kirche zu Ansbach. gr. 8. (15 S.) Ansbach 879, Junge. *

— zur Erinnerung an Christoph Gottlieb Adolf Frhrn. v. Scheurl, weil. Professor der Rechte in Erlangen. [Aus: „Allg. evangel.-luth. Kirchenzeitg."] gr. 8. (32 S.) Leipzig 893. Dörffling & Franke. n. — 60

Stählin, Adf., Festpredigt, s. Blätter der Erinnerung an das 300jährige Jubiläum des Collegiums bei St. Anna in Augsburg.

Stählin, Adf. v., Festpredigt bei der 41. Hauptversammlung des Evangelischen Vereins der Gustav-Adolf-Stiftung in Nürnberg, s. Hölscher, W.

—— eine Jubiläumsfeier im Lichte der Wege Gottes. Predigt über Jesaja 40, 27—31, gehalten zur Feier des 300jähr. Jubiläums des Collegiums bei St. Anna in Augsburg am 3. Dezbr. 1882, am heil. Adventsfest in der Kirche bei St. Anna daselbst. gr. 8. (16 S.) Augsburg 883, Rieger'sche Buchh. **

—— Justin der Märtyrer und sein neuester Beurtheiler. gr. 8. (IV, 67 S.) Leipzig 880, Dörffling und Franke. *

Stählin, Adf., das landesherrliche Kirchenregiment u. sein Zusammenhang m. Volkskirchenthum, unter besond. Berücksicht. v. Th. Harnack's Schrift: „Die freie luther. Volkskirche." 8. (75 S.) Leipzig 871. Dörffling & Franke. n. 1. —

— die Liebe höret nimmer auf: Ein Trost- u. Mahnruf an d. Kirche d. Gegenwart. Predigt üb. 1. Kor. 13, 8—13, geh. zur Eröffng. d. 26. Kongresses f. innere Mission in Nürnberg in der Kirche zu St. Lorenzen am 15. Septbr. 1890. gr. 8. (15 S.) Nürnberg 890. Raw. n. — 20

— Löhe, Thomasius, Harleß. Drei Lebens- u. Geschichtsbilder. [Aus: „Real-Encyklopädie f. protestant. Theologie u. Kirche".] gr. 8. (XIV, 137 S.) Leipzig 887. Hinrichs' Verl. n. 2. —

—— unsere Losung am Missionsfest. Predigt über Röm. 12, 12, gehalten am Missionsfeste zu Nürnberg in der Kirche zu St. Lorenzen den 16. Juni 1885. 2. und 3. Aufl. gr. 8. (15 S.) Nürnberg 885, Raw'sche Buchh. *

Stählin, Adf. v., Philipp Melanchthon. Fest-Rede, geh. bei der Melanchthonfeier in Augsburg am 14. II. 1897. gr. 8. (29 S.) Augsburg 897. J. A. Schlosser. n. — 50

— die Mission ein Gnadenzeichen für die Kirche der Gegenwart. Predigt über Ev. Matth. 24, 14, gehalten am Missionsfeste zu Nürnberg den 12. Juni 1877 in der Kirche zu St. Lorenzen. 3. Aufl. gr. 8. (16 S.) Nürnberg 877. Raw. n. — 20

—— die Mission ein Spiegel der Herrlichkeit Gottes. Predigt über Apostelgeschichte 1, 6—8 bei der Jahresfeier der evangel.-luther. Mission zu Leipzig den 31. Mai 1871 in der Kirche zu St. Nicolai gehalten. gr. 8. (16 S.) Ebendas. 872. *
Aus: Leipziger Missionsblatt, besonders abgedruckt.

— Predigt, gehalten zur Feier d. Friedensfestes üb. Psalm 118, 15—21. am 12. März 1871, Sonntag Oculi in der St. Gumbertuskirche zu Ansbach. 2. Aufl. gr. 8. (18 S.) Ansbach 871. Junge. n. — 20

— Predigtbuch üb. die Sonn- u. Festtags-Evangelien zur Beförderung der häuslichen Andacht, s.: Brandt, Chrn. Heinr. Phpp.

— s.: Predigten, fünf, bei dem 26. Kongreß f. innere Mission gehalten.

— Rede zur Einweihung der Emmerans-Kirche auf dem Friedhofe zu Nördlingen, geh. am 5. Dezbr. 1875. gr. 8. (17 S.) Nördlingen 876. Beck. n. — 25

Stählin, Adf., zur Schulreformfrage. Mit besond. Berücksichtigung der Denkschrift des bayer. Volksschullehrervereins. gr. 8. (IV und 88 S.) Nördlingen 865, Beck'sche Buchh.

Stählin, Adolf von (Hrsg.), s. Stählin. — Carl Ludw. Aug. Stählin.

— Trost u. Mahnung für die Kirche des Herrn. Predigt zum Schluß der vereinigten General-Synode am 26. Novbr. 1865 gehalten in der Stadtkirche zu Bayreuth. Ebend. 866. gr. 8. (22 S.) n. 2 ngr.

Stählin, Bernh., Katholicismus u. Protestantismus. Darstellg. u. Erläuterg der kirchengeschichtlichen Ansicht Schelling's. 8. (64 S.) Augsburg 873. v. Jenisch & Stage. — 90

Stählin, Fdr., griechische Geschichte, s.: Roth, Karl Ludw.

Stählin, Friedrich, aus Nördlingen: Die **Stellung** der Poesie in der platonischen Philosophie. *Nördlingen 1901: C. H. Beck.* (IV, 68 S.) 8°
Erlangen, Phil. Diss. v. 7. Dez. 1900

Staehlin, Friedrich, Dr.: Das Hypoplakische Theben. Eine Sagenverschiebung bei Homer. München 1907: H. Kutzner. (30 S., 3 Taf.) 8°
München, k. Wilhelms-G P 1907*

Staehlin, Friedrich: Das Hypoplakische Theben. Eine Sagenverschiebung bei Homer. 30 S., 1 Bl., 3 Taf. 8.
Progr. K. Wilhelms-Gymn. *München* 1907.
1. Die Vergleichung der Homerstellen. 2. Das Troische Theben. 3. Untersuchung der Eigennamen der Z-Episode. 4. Gleichsetzung des phthiotischen mit dem hypoplakischen Theben.

Stählin, Heinr. Aug., Abschiedspredigt, gehalten am 25. Jan. 1846 im brünner evang. Bethause A. C. gr. 8. (1¼ B.) Wien, (Schmidt u. Leo.) 1846. Thlr.

S t ä h l i n, Dr. Heinrich August —. Für den Frieden unter Christen beim Unterschiede der Glaubensbekenntnisse. Predigt, gehalten in der Brünner evangelischen Gemeinde Augsb. Conf., am 15. Sonntage nach Trinitatis 1855, als Vorsonntage des Jubelfestes zur Erinnerung an den Abschluß des Augsburger Religionsfriedens im Jahre 1555. Von — —. Der Ertrag ist für die bei Krems durch Wasser Verunglückten bestimmt. Wien. 1855. Gedruckt bei Karl Ueberreuter. Wilh. Braumüller. (18 S. 8)

Stählin, Heinr. Aug., Rede, gehalten bei der Eröffnung der Vorlesungen an der k. k. protestant. theolog. Lehranstalt in Wien, im Studienjahre 1847/48. gr. 8. (24 S.) Wien 847, Schmidt & Leo. n. 8 ngr.

[Lithogr.] Freundschaft, Wohlthun und Gesang. Gedicht von [Joh. Jak.] Ihlée. Musick [!] von J. Staehlin. Mainz: Schott. o. J. 2 Bl. 8°
[Umschlagtit.]
Mit Noten: „Noch wankt das Weltgebaeude ..."
137.

Stählin, Jakob von

Stählin, Ja., **Anecdotes** originales de Pierre le Grand, recueillies de la conversation de diverses personnes distinguées. gr. 8. Strasbg. Streuttel. 789.

— Original-Anekdoten v. Peter d. Großen. gr. 8. Leipz. Breitkopf u. H. 785. (422 S.)

Stählin, Karl, Oberleutn. a. D., aus Breitenau b. Feuchtwangen: Der **Kampf** um Schottland und die Gesandtschaftsreise Sir Francis Walsinghams im Jahre 1583. *Dresden 1902: B. G. Teubner.* (IV, 48 S.) 8° ¶ [Erschien vollst. 1902 als: Leipziger Studien aus d. Geb. d. Gesch., Bd 9, H. 1.]
Leipzig, Phil. Diss. v. [6. Febr.] 1902

Stählin, Karl: Der Kampf um Schottland und die Gesandtschaftsreise Sir Francis Walsinghams im Jahre 1583. Leipzig: B. G. Teubner 1902. (X, 170 S.) 8°
= Studien, Leipziger, aus d. Geb. d. Geschichte. Bd 9, H. 1.

Stählin, Karl, Martin Luther u. d. deutsche Reformation. Vortrag, geh. bei der Jahresfeier des Evangel. Bundes, Ortsgruppe Heidelberg, am 8. XI. 1908. (32 S.) 8. Heidelberg 909. C. Winter, Verl. — 60

— Das äußere u. das innere Problem im heutigen Britisch-Indien. Vortrag, geh. in der deutschen Kolonial-Gesellschaft, Abteilg. Heidelberg, am 18. XII. 1907. (63 S.) 8. Ebd. 908. 1. —

— Sir Francis Walsingham u. seine Zeit. 1. Bd (XIV, 662 S. m. 1 Bildnis.) gr. 8. Ebd. 908.
17. —; geb. in Halbfrz. n 20. —

Stählin, Dr. Karl: Die Walsinghams bis zur Mitte des 16. Jahrhunderts. Heidelberg 1905: J. Hörning. (VI, 80 S.) 8° [F.]
Heidelberg, Phil. Fak., Hab.-Schrift v. 1905

Stählin, Leonh., d. christliche Barmherzigkeit. Predigt üb. Ev. Luck 6, 36, geh. am 6. Jahresfeste d. Landesver. f. inn. Mission in d. ev. luth. Kirche Bayerns in d. Kirche zu St. Lorenzen zu Nürnberg, den 18. Oktbr. 1892. Lex.-8. (10 S.) Nürnberg (892). G. Löhe.
n. — 20

Stählin, Leonh., Christentum u. hl. Schrift. Vortrag, geh. auf der Pastoralkonferenz in Leipzig am 9. Juni 1892. gr. 8. (35 S.) Leipzig 892. A. Deichert Nachf. n. — 60

Stählin, Leonh., die Herrlichkeit des göttlichen Wortes. Predigt über Matth. 24, 35 gehalten am Bibelfeste zu Nürnberg in der St. Aegidienkirche am 25. Juni 1879. 2. Aufl. gr. 8. (15 S.) Nürnberg 879, Raw'sche Buchh. *

Stählin, Leonh., Kant, Lotze, Albrecht Ritschl. Eine krit. Studie. gr. 8. (X, 253 S.) Leipzig 888, Dörffling und Franke. *

Stählin, Leonh., Synodal-Predigt geh. zu Nördlingen am 23. Juli 1874. gr. 8. (21 S.) Nördlingen 874. Beck. n. — 40

—— Synodal-Predigt gehalten zu Wassertrüdingen am 29. Aug. 1876. 8. (18 S.) Nördlingen 876, Beck'sche Buchh. *

Staehlin, Leonh., über den Ursprung der Religion. (36 S.) 8. München 905. C. H. Beck. n. — 80

Stählin, Mart., ob u. in wie ferne wir mündig seien vor Gott? Predigt über Gal. 4, 1—7 am Sonntage den 31. Decbr. 1848 zu Mkt. Weitlingen abgehalten. gr. 8. (15 S.) Dinkelsbühl 849, Walthr. 2 ngr

Stählin, Otto, s.: Alexandrinus, quis dives salvetur.

[F.] Stählin, Otto [Dr.]: Beiträge zur Kenntnis der Handschriften des Clemens Alexandrinus. Nürnberg, Buchdr. v. J. L. Stich, 1895; 35 S. 8.
Nürnberg, k. Neues G, P 1895*

Clemens Alexandrinus und die Septuaginta. — Von Dr. Otto Stählin, G.-L. — 1901, Nürnberg, J. L. Stich. P. 3—77 (Herrn Geheimrat Dr. Wilhelm von Christ, o. ö. Professor der klassischen Philologie an der K. Ludwig-Maximilians-Universität in München etc., zur Feier seines 70. Geburtstages gewidmet.)
Progr. Nürnberg, K. Neues Gymn.

— Editionstechnik. Ratschläge f. die Anlage textkrit. Ausgaben. (43 S.) Lex. 8. Leipzig 909. B. G. Teubner. 1. 60
Sonderabdruck aus: „Neue Jahrbb. f. d. klass. Altert."

— Geschichte d. griechischen Litteratur, s.: Christ, Wilh. v.

Staehlin, Otto [Reuttiensis]: Observationes criticae in Clementem Alexandrinum. . . . Erlangae, typ. Frid. Junge, typogr. aulae regiae Bavaricae et univ. Erlangensis, 1890; 43 S. 8°
Erlangen, Phil. Fak., Inaug.-Diss. v. 1890

[F.] Oberkonsistorialpräsident D. Adolf von Stählin. E. Lebensbild m. e. Anh. v. Predigten u. Reden hrsg. v. Dr. Otto Stählin, Gymnasiall. in Nürnberg. M. 1 Bildn. *München: C. H. Beck 1898.* (vS., 1 Bl., 260 S., 1 Portr.) 1 Bd 8. (98. 1085 ...)

Stählin, Otto, zur handschriftlichen Überlieferung des Clemens Alexandrinus, s.: Texte u. Untersuchungen zur Geschichte der altchristl. Literatur. N. F. V. 4.

Staehlin, Otto: Über die Umwandlung des 2-Amino-Fluorens in das entsprechende Chinolin und dessen Eigenschaften. Berlin (1902): G. Schade. (46 S.) 8°
Berlin, Phil. Diss. v. 22. Nov. 1902

Untersuchungen über die Scholien zu Clemens Alexandrinus. — Von Dr. Otto Stählin, G.-L. — 1897, Nürnberg, J. L. Stich. — P. 3—48.
Progr. Nürnberg, K. Neues Gymn.

— Warum kommen die Kinder in der Schule nicht vorwärts? s.: Uffenheimer, Alb.

Staehlin, Wilh., Christentum u. Sozialdemokratie. Ein Vortrag. (24 S.) 8. Nürnberg 908. Korn. — 30

Stahlknecht, ein Disciplinarverfahren, s. Disciplinarverfahren.

Stahlknecht, Adolf, des Juden Fluch. Histor. Erzählung. 8. (15¾ B.) Hamburg 844, Riemeyer.

Drei maurerische Lieder, comp. von A[ndr.] H[einr.] Stahlknecht. Meissen: Goedsche 1842.

[Dasselbe.] Ebendas. 1848. 6 S. 4° [Lithogr.] [Umschlagtit.]
Mit Noten.
[FZ. 1 (1847) S. 104.]

Zeisig, Karl Wilh.: Festlied. [Am Ende:] Musik von [Andr. Heinr.] **Stahlknecht.** C. H. H. o. O. u. J. 1 Bl. 8° [Kopftit.]
Lied zu Ehren des Br. Zeisig. Ohne Noten: „Dem Tag' an dem hier einst erblühte . . ." 358.

Tafelgesang zum Johannisfeste 1847 im Or. von Chemnitz. [Unterz.:] Richter. Musik v. [Andr. Heinr.] **Stahlknecht.** [Chemnitz 1847: Pickenhahn.] 1 Bl. 8° [Kopftit.]
Tt. 2574. Ohne Noten: „Mit dem Jubel des Gesanges . . ."
[Dasselbe u. d. Tit.:]
Tafelgesang zum Verbrüderungsfeste am 5. Juni 1853 in der Loge Harmonie, im Or. von Chemnitz. [Am Ende:] Musik von [Andr. Heinr.] Stahlknecht. [Gedicht von] R[ichter]. [Chemnitz 1853: Pickenhahn.] 1 Bl. 8° [Kopftit.]
Tt. 2615. Ohne Noten.

Stahlknecht, J. F., die Einführung einer Schul-Bibel als höchst wünschenswerth, und als ein unabweisbares Erforderniß der christlichen Erziehung dargestellt. 1. und 2. Heft. (22 und 20 S.) Chemnitz 867, (Ernesti.) à Heft * * 2⅓ Ngr. * *

Stahlkopff, Johann Christian A. S. 133/18

Dissertatio inauguralis iuridica de jure degradationis canonicae eiusque usu in terris protestantium occasione cap. II. de poenis in VI. Präs. Johann Gottfried Kraus.
Wittenberg (Gerdes) 28. III. 1727. 48 S. 33130

Stahlmann, Fritz, methodisch geordnete Aufgaben f. den Unterricht im kaufmännischen Rechnen an zweiklassigen Mittelschulen u. an Fortbildungsschulen f. Handels- u. Gewerbs-Lehrlinge. gr. 8. (IV, 92 S.) Augsburg 884. Rieger. cart. n. 1. 50

Stahlmann, Fritz, Aufgaben für den Unterricht in kaufmännischer Korrespondenz und andern Comptoirarbeiten. gr. 8. (III, 27 S.) Augsburg 882, Rieger'sche Buchh. cart. *

Stahlmann, Fritz, Aufgaben f. den Unterricht in kaufmännischer Korrespondenz u. and. Comptoirarbeiten. 2., unveränd. Aufl. gr. 8. (III, 27 S.) Augsburg 897. M. Rieger. Kart. n. — 60

Stahlmann, Joh., Aufgaben f. den Unterricht in der kaufmännischen Buchführung. gr. 8. (43 S.) Augsburg 874. Rieger. — 90

Stahlmann, Joh., Aufgaben für den Unterricht in der kaufmännischen Buchführung. 2. vollständig umgearb. Aufl. gr. 8. (III, 60 S.) Augsburg 876, Rieger'sche Buchh. cart. *

Stahlmann, Joh., Aufgaben für den Unterricht in der kaufmännischen Buchführung. 3. vollständig umgearb. Aufl. gr. 8. (62 S.) Augsburg 884, Rieger'sche Buchh. cart. *

Stahlmann, Joh., Aufgaben f. den Unterricht in der kaufmännischen Buchführung. 4., umgearb. Aufl. gr. 8. (62 S.) Augsburg 892. M. Rieger. Kart. n. 1. 20

Stahlmann, J., systematische Buchführung nach amerikanischer Form f. Apotheker. (24 S. m. 2 Tab.) gr. 8. Augsburg 904. M. Rieger. n. 1. 20

— Leitfaden f. den Unterricht in der Handelslehre. gr. 8. (IV, 128 S.) Ebd. 892. Kart. n. 1. 50

— Leitfaden f. d. Unterricht in d. Handelslehre. 2. Aufl. gr. 8. (IV, 128 S.) Ebd. 898. Kart. n. 1. 50

Stahlmann, Johann Chr., s. Müller, Phil. Ludw. Statius: Kurze Anleitung z. holländ. Sprache.

†Stahlpanzer, Ludw., (Heinr. Richter,) Eumenides Düster. Trauersp., s. A. Müllner's (Adv.) dramat. Werke, 1. Thl.

Stahlpanzer, Ldw., (Ant. Richter), Eumenides Düster. Trspl. in Ad. Müllners Weise. 8. Leipz. 819. Lauffer. 8 gr. Braunschw. 828. Vieweg. 4 gr.

Stahlquelle, Die neue, zu Mellau im hintern Bregenzerwalde. Bregenz 1880. V: *Wüstner, Caspar Alois.* (EB)

Stahlquellen. Die alkalisch-erdigen St' von Schuls-Tarasp. [Umschlag illustriert.] 8. Chur 1891.

Stahlrad, das. Fachzeitschrift für die Gesammt-Interessen des Radfahrens. Redact.: Th. Weber. 1. Jahrg. Octbr.—Decbr. 1886. 6 Nrn. (à Nr. 2 Bog. mit Illustr.) gr. 4. [Frankfurt a. M., Detloff.] Leipzig, Th. Thomas. *

Stahlrad, das. Fachzeitschrift f. d. Gesammt-Interessen d. Radfahrens. Red.: Th. Weber. 2. Jahrg. 1887. 24 Nrn. (1½ B. m. Illustr.) gr. 4. [Frankfurt a/M.] Leipzig, L. Weber (Sportverlag). n. 8. —

—— dass. — 3. Jahrg. 1888. 52 Nrn. (à Nr. 1½ Bog. mit Illusr.) gr. 4. Leipzig, [Thomas.] L. Weber's Verlag. *

Stahlrad, das. Fachzeitschrift f. die Gesammt-Interessen d. Radfahrens. Redact.: Theophil Weber. 4.—7. Jahrg. 1889—1892. à Jahrg. 52 Nrn. (à Nr. 1½ Bog. m. Illustr.) gr. 4. Lpz., [L. Weber.] à Jahrg. * 10 —
Die Fortsetzung erscheint im Verlage v. Grumbach in Leipzig.

Stahlrad, das. Illustr. Fachzeitschrift f. die Interessen d. Radfahrens u. d. Spielsports. Hrsg. unter Mitwirkg. v. Fachautoritäten. Red.: Willy Werner. 6.—8. Jahrg. 1891—1893. à 52 Nrn. (à ca. 2 Bog. m. Abbildgn.) gr. 4. Leipzig, [C. Grumbach], W. Werner. à Jahrg. n. 10. —

— dasselbe. Illustr. Fachblatt des Radfahrsports. Hrsg. unter Mitwirkung v. Fachautoritäten. Red.: Willy Werner. 9. Jahrg. 1894. 52 Nrn. gr. 4. (Nr. 1, 28 S. m. Abbildgn.) Leipzig, W. Werner. Mit Unfallversicherung vierteljährlich n. 2. 50; bill. Ausg. (ohne Versicherg.) **halbjährlich (nur durch die Postanstalten)** n. 2. —; f. das Ausland 3. —

Stahlrad, das. Illustr. Fachblatt d. Radfahrsports. Hrsg. unt. Mitwirkg. v. Fachautoritäten. Red.: Willy Werner. 10. u. 11. Jahrg. 1895—1896. à 50 Nrn. (à ca. 24 S. m. Abb.) gr. 4. Leipzig, W. Werner. M. Unfallversicherg. à Jahrg. n. 10. —; bill. Ausg. (ohne Versicherg.) à Jahrg. n. 4. —; f. d. Ausland 6. —

— dasselbe. 12. Jahrg. 1897. 50 Nrn. (à ca. 28 S. m. Abb.) gr. 4. n. 4. —; f. das Ausland 6. —

— dasselbe in Verbindg. m. d. Halbmonatsschrift „Die Sportgenossin". Hrsg. unt. Mitwirkg. v. Fachautoritäten. Red. f. „Das Stahlrad": Willy Werner; f. „D. Sportgenossin": Franziskus Hähnel. 13. Jahrg. 1898. 52 Nrn. (à ca. 28 S.) gr. 4. Ebd. n. 4. —; f. d. Ausland 6. —
Kann auch halbjährlich bezogen werden.

Stahlrad, das. Illustr. Fachblatt des Radfahrsports. **Officielles Organ des „Verband deutscher Fahrradhändler". Hrsg. u. geleitet v.** Willy Werner. **14. u. 15. Jahrg. 1899 u. 1900. à 52 Nrn. gr. 4.** (à ca. 12 S.) **Leipzig, W. Werner. à Jahrg. n. 4. —**
Nicht mehr durch den Buchhandel zu beziehen.
Vgl. Stahlrad u. Automobil.

Stahlrad.

—— das. Offizielle Festschrift d. VI. Bundestages d. Deutschen Radfahrer-Bundes vom 17.—19. Aug. 1889 zu Hamburg. Hrsg. v. Theophil Weber. gr. 4. (IV, 32 S. m. Illustr.) Lpz. 889, Theoph. Weber. * 1 —

—— das. Offizielle Festschrift der 1. grossen allgem. Ausstellg. v. Fahrrädern u. Fahrrad-Utensilien in Deutschland vom 23. Febr. bis 3. März 1889 im Krystall-Palast zu Leipzig. Hrsg. v. Theophil Weber. 1. u. 2. Aufl. gr. 4. (IV, 63 S. m. Abbildgn.) Ebd. 889. * 1 —; in Leinw.-Mappe * 4 — Prachtausg., geb. m. Goldschn. * 12 —

—— desgl. — der 2. grossen Ausstellg. v. Fahrrädern u. Fahrrad-Utensilien in Deutschland vom 22. Febr. bis 2. März 1890 im Krystall-Palast zu Leipzig. Hrsg. v. Theophil Weber. gr. 4. (32 S. m. Abbildgn.) Ebd. 890. * 1 —

Stahlrad u. Automobil, das. Zeitschrift f. die Gesamtinteressen des Automobil-, Motor- u. Fahrradwesens. Offizielles Organ vom Verband deutscher Fahrrad- u. Motorfahrzeughändler e. V. Red.: H. J. Dominik, v. Nr. 6 an Alex. Lang. 21. Jahrg. 1906. 52 Nrn. (52 u. 1720 S. m. Abbildgn.) 4. Leipzig, P. List. n. 8. —
Vgl. Stahlrad, Das.

Stahlrad u. Automobil. Illustriertes Fachblatt f. die Gesamtinteressen der Händler u. Fabrikanten des Automobil-, Motor-, Fahrrad- u. Luftschiffahrtwes. (!) Offizielles Organ vom Verband deutscher Fahrrad- u. Motorfahrradhändler e.V. Red.: Osc. Block. 25. Jahrg. 1910. 52 Nrn. (à ca. 20 S. m. Abbildgn.) Lex. 8. Erfurt, Gebr. Richters. 8. —

Stahlschmidt, Adolf, Johann Seebacher. Eine Gedenkschrift an dessen 50jähriges Berufsjubiläum. Mit dem Bildnisse Seebacher's. 8. (33 S.) —.50
Klagenfurt: v. Kleinmayr 1889.

Stahlschmidt, Ernst Friedr., Amerika-Taschenbuch für Auswanderer. Reiseführer und Ratgeber, nach den neuesten und zuverlässigsten Quellen bearb. 5. Tausend. 12. (100 S. mit amerikan. chromolithogr. Eisenbahn-Specialkarte.) [Bremen 886, Rocco.] Leipzig, Rauert und Rocco. cart. *

—— dass. — Reiseführer, Ratgeber und Dolmetscher, nach den neuesten und zuverlässigsten Quellen bearb. 12. (100, 133 S. mit 1 amerikan. chromolithogr. Eisenbahn-Specialkarte.) Ebendas. 885. cart. * M 1.80.; geb. *
Neue Ausg. u. d. T.:

Stahlschmidt, E. F., Amerika-Taschenbuch. Reiseführer, Ratgeber u. Dolmetscher f. d. Reise nach Nord-Amerika. Mit e. amerikan. Eisenbahn-Specialkarte. 15. (100 u. 134 S.) Leipzig 888. Rauert & Rocco. cart. n. 2. —

Stahlschmidt, Ernst Friedr., lernt Englisch! Deutsch-amerikan. Dolmetscher für Auswanderer. Nach den besten und praktischsten Mustern bearb. 12. (133 S.) [Bremen 885, Rocco.] Leipzig, Rauert und Rocco. cart. *

Stahlschmidt, Ernst Frdr., lernt Englisch! Deutsch-amerikan. Dolmetscher f. Auswanderer. Nach den besten u. praktischsten Mustern bearb. 9. u. 10. Taus. 12. (133 S.) Braunschweig 894. Rauert & Rocco Nachf. Kart. — 75

Stahlschmidt, Ernst Frdr., lernt Englisch! Deutsch-amerikan. Dolmetscher f. Auswanderer. Nach d. besten u. praktischsten Mustern bearb. 12.—16. Taus. 12. (133 S.) Leipzig 898. H. W. Th. Dieter. Kart. — 75

STAHLSCHMIDT, Friedrich: Anleitung zum Fuchs-, Baum-, Steinmarder-, Fischotter-, Iltisfang, gegründet auf eine mehr als fünfzigjährige Erfahrung und Beobachtung. - Ferndorf Kr. Siegen 1852. 48 S. - 2. Aufl. Neuwied 1874. IV, 54 S., 1 Taf.

Stahlschmidt, Frdr., Anleitung zum Fuchs-, Baum-, Steinmarder-, Fischotter-, Iltisfang 2c.; gegründet auf e. mehr als 50jähr. Erfahrg. u. Beobachtg. 2. Aufl. gr. 8. (54 S. m. 1 Steintaf. in qu. 4.) Neuwied 874. Heuser. Verklebt. n. 6. —

Stahlschmidt, J. H., Darstellung des Eisen-Hohofenprozesses in Zahl und Bild, verwendet zur Begründung besserer Ofenprofile. gr. 8. (X und 85 S. mit 2 Stnt., wovon 1 in Farbendr., in Fol.) Ferndorf 864. (Hagen, Butz.) *

Stahlschmidt, Jac. Edw., Ansichten v. Ost-Indien, s. Ansichten.

Stahlschmidt, J. E., Wanderungen im Norden von England, mit 73 Ansichten, s. Wanderungen.

[Stahlschmidt, Johann Christian]: Die Pilgerreise zu Wasser und zu Lande, oder Denkwürdigkeiten der göttlichen Gnadenführung und Fürsehung in dem Leben eines Christen, der solche, auch besonders in seinen Reisen durch alle vier Haupttheile der Erde reichlich an sich erfahren hat. Von ihm selbst beschrieben in Briefen an einen seiner Christlichen Mitbrüder in den Jahren 1797 und 1798. *Nürnberg: Im Verlag der Raw'schen Buchhandlung, und in Commission bei Wittib, Hutmacher zu Mühlheim bei Köln am Rhein 1799. XXXVI, 452 S.*

(Johann Christian) **Stahlschmidts** Pilgerreise zu Wasser und zu Lande. Lebensschicksale e. Siegerländers nach s. Briefen mit [Johann Heinrich] Jung-Stillings Vorrede ... Siegen: Westdeutsche Verlagsanst. [1901]. (101 S.) 8° [F.] [08. 6107 6

Stahlschmidt, Carl, s. Bolley's Handbuch der technisch-chemischen Untersuchungen.

Stahlschmidt, C., die Gährungs-Chemie, umfassend die Weinbereitung, Bierbrauerei und Spiritusfabrikation. Nebst einem Anhang, die Essigfabrikation enth. Nach dem heut. Standpunkt der Wissenschaft und Praxis. gr. 8. (VII, 412 S. mit 93 in den Text eingedr. Holzschn.) Berlin 868, C. Duncker's Verlag. *

Stahlschmidt, L. K., Grundregeln zur Verbesserung der gemeinen Landwirthschaft. Gegründet auf die Resultate eigener Versuche u. Beobachtungen des Verf., u. d. gemeinen Landwirthen gewidmet. gr. 8. Münster 834. (Siegen, Friedrich.) n. $^{5}/_{12}$ ℔

STAHLSCHMIDT, L. K.: Grundregeln zur Verbesserung der gemeinen Landwirtschaft. - Siegen 1836. 78 S.

Stahlstiche,

—— 18, zu den heil. Schriften des alten und neuen Testamentes 2c. übers. und erläutert von Valentin Loch und Wilh. Reischl. 9 Lfgn. (à 2 Bl.) gr. 8. Regensburg 851, Manz. à Lfg. * 2½ Ngr. * —
Einzeln à -

Stahlstiche, fünf, zum duisburger Beichtbüchlein, od. Geleitbüchlein in Sachen der gemischten Ehen. Von kathol. Geistlichen. 12. (2 B.) Crefeld 845, Klein.

—— 5, zu Klopstock's Werken. gr. 16. Stuttgart 855, Göpel. -

—— 5, zu Thümmel's Werken. gr. 16. Stuttgart 855, Göpel. -
Aus: Gallerie zur Cotta'schen Volks-Bibliothek der deutschen Klassiker zusammengestellt.

—— 15, zum alten u. neuen Testamente der heil. Schrift. qu. gr. 4. Leipzig 843, [Mayer.] * 2 Thlr. 20 Ngr.
einzelne Blätter à *
Aus: Die Wartburg-Bibel.

— funfzehn, zur Weltgeschichte für gebildete Leser u. Studierende v. geh. Rath, Ritter, Prof. K. H. L. Pölitz. Nach guten Original-Zeichnungen gestochen von berühmten Künstlern. Zur neuen, in 15 Lfrgn. erschein. Ausg. der 6n bis zum Jahre 1838 fortgeführten Aufl. so wie zu allen frühern Aufl. passend. 1e Lfrg. (3 Blätter.) gr. 8. Berlin 837. Heymann. n. $^{3}/_{8}$ ℔

—— s. Pölitz, Weltgesch., s. Pölitz, K. H. L.

— 50 aus dem Leben Jesu Christi. Nach guten Meistern älterer u. neuerer Zeit. 16. Nürnberg 848, Lotzbeck in Comm. n. 28 ngr

— zu Langbein's sämmtlichen Gedichten in 4 Bdn. Neue Classiker-Ausg. Stuttgart 854. Rieger. 16. (5 Bl.) 10½ ngr.

— zu Uhland's Gedichten. (4 Blätter.) 8. Stuttgart 840. Rieger u. Comp. n. 1½ ℛ

—— : Uhlands Gedichten, s. Uhland.

— zum evangelisch-protestant. Gesangbuche für das Großherzogth. Baden. Nach Zeichnn. von Geißler u. in Stahl gestochen v. C. Mayer. 1e Lfrg. 4 Bl. gr. 8. Karlsruhe ... Groos. 1/3 ℛ

— neun, zu Rotteck's Weltgeschichte. Nach guten Original-Zeichnungen gestochen von berühmten Künstlern. Zur 8n—12n Aufl. des Hauptwerkes, so wie zum Auszug aus demselben passend. 1e — 3e Lfrg. Berlin 837, 38. Heymann. à n. 3/8 ℛ (Vergl. Gravures.)

—— : Rotteck, Weltgesch., s. Rotteck, Karl v.

—— 9, zu Platen's Werken. gr. 16. Stuttgart 855, Göpel.

—— 6, zu den Stunden der Andacht. gr. 8. St. Gallen 845, Scheitlin u. Zollikofer.

Stahlstiche, 6, zu Wilhelm Hauff's sämmtlichen Werken. Neue Schillerausg. gr. 16. Stuttgart 853, Rieger'sche Vrlgsh. -

—— vier, zu Gesang- u. Erbauungsbüchern. 8. St. Gallen 844, Scheitlin u. Zollikofer.

— 4 herrliche, zu den Gesangbüchern von ganz Deutschland. 8. Nürnberg 840. Zeh. 5/12 ℛ

—— 4, zu Pyrker's Werken. gr. 16. Stuttgart 855, Göpel.

aus: Gallerie zur Cotta'schen Volks-Bibliothek der deutschen Klassiker zusammengestellt.

Stahlstiche, vierzehn, zu Beckers Weltgeschichte. Nach guten Original-Zeichnungen gestochen von berühmten Künstlern. Zu allen 7 Aufl. passend. 7 Lfrgg. gr. 8. Berlin 837—39. Heymann. 3½ ℛ

Stahlstiche zu Beckers Weltgeschichte, s. Becker, Karl Friedr.

— zu F. C. Schlosser's Weltgeschichte f. das deutsche Volk. 1.—4. Liefg. gr. 8. (8 Stahlstiche.) Berlin 844—46, Heymann. à n. 1/6 ℛ

—— zu F. C. Schlosser's Weltgeschichte für das deutsche Volk. 5—7. Lfg. gr. 8. (à Lfg. 2 Stahlst.) Berlin 848—52, C. Heymann. à Lfg. * 5 Ngr. *

1—4. Lfg. Ebendas. 1844. * 20 Ngr.

—— zu F. C. Schlosser's Weltgeschichte für das deutsche Volk. 8. Lfg. gr. 8. (2 Stahlst.) Berlin 853, C. Heymann. *

1—7. Lfg. Ebendas. 1844—48. * 1 Thlr. 5 Ngr.

— zu Lord Byron's sämmtl. Werken in Einem Bande. 2 Lfrgg. Lex.-8. Stuttgart 839, 40. Rieger u. Comp. n. 1 1/6 ℛ

— zu Lord Byron's sämmtl. Werken in zehn Bänden. 3 Lfrgg. 16. Ebd. 839, 40. n. 5/6 ℛ

— zu Wilh. Hauff's Werken, Taschen-Ausg. in 5 Bdn. In 2 Lfrgg. 12 Bl. 16. Stuttgart 840, 41. Brodhag. n. 11/12 ℛ

—— zu W. Hauffs Werken, s. Hauff, W.

— zu Schiller's Werken in Einem Bande, nach Zeichnungen von W. Kaulbach. gr. Lex.-8. (12 Blätter.) Stuttgart u. Tübingen 841, Cotta'scher Verlag. In verziert. farb. Umschlag. — Mit Schiller's Werken n. 7 ℛ

— zu Schillers sämmtl. Werken, auf Chinesisch Papier. (20 Blätter.) Lex.-8. Stuttgart 840. Rieger u. Comp. n. 2 1/7 ℛ

— zu Schillers sämmtl. Werken in zwölf Bänden. Neue Aufl. 16. (19 Blätter.) Stuttgart 842, Scheible, Rieger u. Sattler. n. 1½ ℛ — Dies. in gr. 8. 20 Bl. Ebend. 1 2/3 ℛ chines. Pap. 2½ ℛ

—— : Schiller, Werke, s. Schiller, F. v.

— zu Shakspeare's dramat. Werken in Einem Bde. 1e—3e Lfrg. (5 Blätter.) Lex.-8. Ebd. 839, 40. n. 1 7/12 ℛ

— dass. zu der Ausgabe von Schlegel u. Tieck. 1e—3e Lfrg. kl. 8. Ebd. 839, 40. n. 1 7/12 ℛ

— zu Shakspeare's dramatische Werke übers. von Schlegel u. Tieck in 9 Bdn. Berlin 854, 55. G. Reimer. gr. 16. n. 12 ngr.

—— : Shakspeare, Werke, s. Shakspeare.

Stahlstiche, 10, zu Sam. Warrens gesamm. Werken. 1. u. 2. Liefg. (1. Liefg. 4 Stahlst. u. 2. Liefg. 6 Stahlst.) 16. Stuttgart 846, S. G. Liesching. n. 5/6 ℛ

— zu Sam. Warrens gesammelten Werken. 3. Lfg. gr. 16. (1 Stahlst.) Stuttgart 849, S. G. Liesching. n. 4 ngr (1—3: n. 29 ngr)

Stahlstiche, zwölf, zu jeder Bibel auch als Einlagen und Vorsetzblätter zu kathol. und protestant. Gebet-, Andachts- und Gesangbüchern. 8. Nürnberg 850, Lotzbeck.

—— 12, zu Gebauer's „Eine veste Burg ist unser Gott." 2 Lfgn. Lex.-8. (12 Stahlst.) St. Gallen 845, Scheitlin u. Zollikofer. à

— zwölf, zu der Geschichte Napoleons von P. M. Laurent u. H. Vernet. Gestochen v. Karl Mayer. Lex.-8. Stuttgart 839. Artistischer Verlag von Scheible. n. 1 ℛ

—— : Laurent, Gesch. Napoleons, s. Laurent.

— zwölf, zur allgemeinen Menschen-Geschichte für die studirende Jugend. Von Geo. Friedr. Wiedemann. gr. 8. Stuttgart 839. Brodhag. n. 1½ ℛ

— — zu Wiedemanns Menschengesch., s. Wiedemann.

— zwölf, zu den Stunden der Andacht, nach Originalgemälden u. Originalzeichnungen gestochen von den ersten Künstlern unserer Zeit. Nr. 1—4. (à 3 Bl.) gr. 8. Darmstadt 839, 40. Lange. à n. 1/4 ℛ Chines. Pap. à n. 1/2 ℛ

— dass. in gr. Lex.-8. Nr. 1—4. (à 3 Blätter.) Ebd. 839, 40 à n. 1/3 ℛ Chines. Pap. à n. 2/3 ℛ

—— : d. Stunden d. Andacht, s. Stunden.

Stahlstich-Gallerie zu Zschokke's Novellen u. Erzählungen. 3 Hfte. (12 Stahlst. u. 5/8 B. Text in 8.) Leipzig 845, Naumburg. *

Stahlstich-Illustrationen zur National-Bibliothek sämmtlicher deutschen Klassiker in allen Ausgaben. 1. Serie: Schiller's Werke. 1.—8. Lfg. 16. Jena, F. Mauke. à Lfg. * 40 Pf. *
Inhalt:
Lfg. 1—4. Die Räuber. (16 Stahlst. mit 16 S. Text.) 868.
" 5—8. Die Braut von Messina. (16 Stahlst. mit 16 S. Text.) 869.

Stahlstich-Illustrationen, 82, zu Schiller's Räuber, Braut von Messina, Kabale u. Liebe. 2. Ausg. 12. (32 Bl. Text.) Jena 883. Mauke. n. 1. 50

Stählswerd, Grundsätze z. Vorlesungen üb. reguläre Fortification, a. d. Schwed. von Petersen, m. K. gr. 8. Gotha, Ettinger. 787.

Stahlswerd. Grundsätze zu Vorlesungen über reguläre Fortifikation. A. d. Schwed. übs. durch P. Petersen. Mit Taf. Kopenhagen 1788. 184 S.

1910. Rheinische Stahlwerke Aktien-Gesellschaft, Duisburg-Meiderich. — Dortmund 1910: Crüwell. 56 S. quer-8°

Maffia und Monarchie in Italien. Ein Mahnruf an Victor Emanuel III. v. Savoyen. Von Arthur Stahly, Kgl. ital. Realschulprof. a. D. *Berlin: J. Edelheim 1901.* (93 S.) 8° [F.] [01. 3709

Stähly, Albert: Neue Wege und Ziele für die deutsche Sprache. Bielefeld: Helmich [1910]. 12 S. 8° [Umschlagt.]
(Pädagogische Abhandlungen. N. F. Bd 14, H. 11.)

Staehly, August [aus Offenthal (Hessen-Nassau)]: Zur Histogenese der Ganglien. . . . Würzburg, Becker's Univ.-Buchdr., 1889; 26 S. 8°
Würzburg, Med. Fak., Inaug.-Diss. v. 1889

Staehly, Christian: Die wirtschaftliche Entwickelung der im ostpreussischen Kreise Labiau belegenen Moorkolonien Alt-Heidlauken, Julienbruch, Schenkendorf, Grünheide, Friedrichsdorf, Schöndorf, Alt-Heidendorf und Alt-Sussemilken mit besonderer Berücksichtigung der finanziellen und Verschuldungsverhältnisse der Kolonisten. M. 1 Taf. *Merseburg 1897: F. Stollberg.* (66 S. mit Taf.) 8°
Heidelberg, Naturw.-math. Diss. v. [4. Okt.] 1897

Stahm, B., Lehrplan für die westfälische Provinzial-Taubstummen-Anstalt zu Langenhorst. gr. 8. (144 S.) Münster 881, Aschendorff'sche Buchh. *

Stahm, Georg, Referendar: Das Strafrecht der Stadt Dortmund bis zur Mitte des XVI. Jahrhunderts. Heidelberg: Winter 1909. X, 79 S. 8° ¶ (Ersch. vollst. als: Deutschrechtl. Beiträge. Bd 4, H. 3.)
Bonn, Jur. Diss. v. 17. Okt. 1909, Ref. Schreuer
[Geb. 18. Juni 84 Burgsteinfurt; Wohnort: Dortmund; Staatsangeh.: Preußen; Vorbildung: Marzellen-Gymn. Cöln Reife O. 03; Studium: Münster 3, München 1, Münster 3 S.; Rig. 11. Juni 09.] [U 10. 301

Das Strafrecht der Stadt Dortmund bis zur Mitte des 16. Jahrhunderts. Von Dr. jur. Georg Stahm. Heidelberg: Winter 1910. 182 S. 8°
(Deutschrechtliche Beiträge. Bd 4, H. 3.) [10. 4899

Stahmann, die Anwendung des Chloroform u. der Chloroformtod. Halle 866. Pfeffer. 8. (99 S.) n. 15 ngr.

— militärärztliche Fragmente u. Reminiscenzen aus dem östreichisch-preussischen Feldzuge im J. 1866. Berlin 868. A. Hirschwald. gr. 8. (III, 167 S.) n. 1 ℳ

Stahmann. D. Ventilation i. Krankenhäusern u. and. öffentl. Anstalten. Berlin 1863.

Stahmann, Friedrich

Stahmann, Friedr., Ahnungen aus d. Geisterwelt. Eine Samml. authent. Erzähln. v. merkwürd. Träumen, Nachtwandlern, Doppelgängern, Ahnungen, Prophezeihungen, Geistererscheinungen, Vorempfindungen d. Todes ꝛc. u. Mittheiln. aus d. Geschichte d. Seherin v. Prevorst. Nach d. Resultaten d. neuesten Forschungen berühmt. Aerzte u. Naturphilosophen üb. diese Gegenstände. Eine interessante, lehrr. Schrift f. Jedermann. 8. (6 B.) Quedlinburg 834, Basse.

Stahmann, Fr., Ahnungen aus d. Geisterwelt. Eine Sammlung authent. Erzählungen von merkwürd. Träumen, Nachtwandlern, Doppelgängern, Ahnungen, Prophezeihungen, Geistererscheinungen, Vorempfindungen des Todes ꝛc. u. Mittheilungen aus der Geschichte der Seherin von Prevorst. 1s u. 2s Hft. 8. Quedlinb. 834, 37. Basse. (à 1/2 ℳ) 1 ℳ — 3s Hft. Ahnungen, merkwürdige Träume, Prophezeihungen, Nachtwandler u. Nachtschwätzer, sowie andere sonderbare Erscheinungen aus dem Gebiete der übersinnl. Natur. 8. Ebd. 836. (VI,595.) 4s Hft. 8. Ebd. 837.

Stahmann, Friedr., Ahnungen aus der Geisterwelt. Eine Samml. authent. Erzähln. von merkwürd. Träumen, Nachtwandlern, Doppelgängern ꝛc. u. Mittheiln. aus d. Gesch. d. Seherin v. Prevorst. Nebst d. Resultaten d. neuesten Forschungen berühmter Aerzte u. Naturphilosophen üb. diese Gegenstände. 2—4. Hft. 8. Quedlinburg, Basse. [2. (4 B.) 836. 1/3 Thlr., 3., 4. (11/4 B.) 837. 5/6 Thlr.]
1. Hft. Ebendas. 1834. 12 Gr.

Ahnungen aus der Geisterwelt. Eine Sammlung authentischer Erzählungen von merkwürdigen Träumen, Nachtwandlern, Doppelgängern, Ahnungen, Profezeiungen, Geistererscheinungen, Vorempfindungen des Todes u. s. w. und Mittheilungen aus der Seherin von Prevorst. Nebst den Resultaten der neuesten Forschungen berühmter Aerzte und Naturphilosophen über diese Gegenstände. Von Fr. Stahmann. Quedlinburg 836. 8. (1s Heft schon 1834, 2s Heft 1837, 3tes Heft 1839, 4s Heft 1841.)

— s. Albrecht, J. F. E., der weiße Fluß. — dess. Hülfsbuch für Männer. — dess. Kopfschmerzen. — dess. Heilung der Pollutionen. — dess. monatl. Reinigung. — dess. Heilung d. rheumat. Schmerzen. — dess. Lehrbuch zur Heilung der vener. Krankheiten.

Stahmann, Fr., das Altarbild in der Waldkapelle u. die Waldhütte in d. Apenninen. Zwei wahre Begebenheiten in romant. Gewande. 8. Quedlinb. 826. Ernst. 1 ℳ 6 gl

—— das Altarbild u. d. Waldhütte. Zwei wahre Begebenheiten in romant. Gewande. 8. (20½ B.) Quedlinburg 835, Ernst'sche Buchh.

—— kurze Anweisung, wie man sich vor, bei u. nach dem Tanzen verhalten muß, um der Gesundheit nicht zu schaden, sond. ihr wohlthätig zu werden. Mit vorzügl. Hinsicht auf d. schöne Geschlecht. Aus mehr. medizin. Schriften zusammengetr. u. mit Zusätzen verm. 8. (2 B.) Aschersleben 830, (Lorleberg.)

—— die blaue Blatter. Od.: Der Milzbrand bei Menschen u. Thieren in d. verschied. Gegenden Deutschlands. 8. (4 B.) Quedlinburg 840, Basse.

Stahmann F.: Die blaue Blatter. Oder der Milzbrand bei Menschen u. Thieren in den verschiedenen Gegenden Deutschlands . . . Quedlinb. u. Leipz. 1840. 62 S. P.

— die blaue Blatter. Oder: Der Milzbrand bei Menschen u. Thieren in den verschied. Gegenden Deutschlands. Ein Hand- u. Hülfsbuch für Aerzte, Thierärzte, Jäger ꝛc. 8. Quedlinburg 841. Basse. 1/3 ℳ

—— der graue Burggeist in d. Waffenhalle, od. d. Kloster auf d. Petersberge. Histor. Roman a. d. 12. Jahrh. 2 Thle. 8. (27½ B.) Quedlinburg 832, Basse.

— der Eremit in den Todenhöhlen v. Egypten. 8. Dessau 824, Ackermann.

—— Ernst u. Scherz, od. d. Felsenschloß am Meere, u. d. Roßmarkt zu Wibourg. Zwei Erzähln. 2. Ausg. 8. (24 B.) Quedlinburg 840, Ernst'sche Buchh.

Stahmann, F., es giebt Ahnungen. Eine medizin. Flugschrift f. Nichtärzte. 8. Halberstadt, Vogler. 821.

—— das Felsenschloß am Meere, e. Klostergeschichte, u. d. Roßmarkt zu Wibourg. e. launige Erzähl. 8. (24 B.) Quedlinburg 837, Ernst'sche Buchh.

—— Firlefanz, Mummenschanz und Narrentanz. Neue Fastnachts-Spiele, Polterabends-Scherze und andere Possen. 8. (IV und 296 S.) Dessau 854, Neubürger.

—— die Furcht u. ihre Geschwister, Angst, Schreck, Kleinmuth, Zaghaftigkeit, Verzweiflung nebst übeln Folgen, Entstehungsursachen, Verhütung u. sicherer Cur ders. Nach Hufeland, Unzer u. a. berühmten Aerzten. 8. (5¼ B.) Potsdam 832. Vogler.

—— die Geister-Nacht auf Zackenhausen. 2 Thle. 8. (22½ B.) Quedlinburg 831, Basse.

—— Peter d. Großen blutiges Gericht. Histor.-romant. Bilder. 2 Bde. 8. (24 B.) Quedlinburg 836, Basse.

Stahmann, Frdr., die Geschlechtsverirrungen, Onanie, Selbstbefleckung, ihre Ursachen u. die daraus entstehenden Krankheiten u. ihre Heilart. 2. durchgeseh. Aufl. 8. (73 S.) Dessau 874. Neubürger. n. 1. —

—— die Grabes-Rose von Jericho. Histor. Novelle. 8. (12½ B.) Neuhaldensleben 837, Eyraud.

—— der Heilgehülfe, oder: Unterricht zur prakt. Ausübung der vom Arzte angeordneten geringeren, chirurg. Dienstleistungen am Krankenbette. Für Barbierherren, deren Gehülfen und Lehrlinge, so wie für alle, welche sich der Heilhülfe widmen wollen, bearb. Bevorwortet von Joh. Heinr. Herbst. 8. (VIII und 32 S.) Neuhaldensleben 853, Eyraud. *

— der Höhlenwanderer, s. Schauerthurm, 2r Thl.

——, Jarl Oskar von der Storrklippe, od. d. blutige Nachtgesicht. Histor. Sittengemälde aus Nordens Vergangenheit. 2 Thle. 8. (23 B.) Quedlinburg 834, Basse.

— — Julius Oskar von der Sternklippe oder das blutige Nachtgesicht. 2 Thle. Quedlinburg, Basse, 1834. 8°. (2 Mk. der Vorige.)

—— Jaroslaus, od. d. furchtbare Räuberschaar in d. pontin. Sümpfen u. d. Geheimnisse d. Zigeunerhütte. Histor. Roman aus d. Zeiten d. böhm. Königthums. 2 Thle. 8. (26 B.) Quedlinburg 835, Basse.

—— der prakt. u. wohlerfahr. Chamillen- u. Holunderarzt. Od. d. vielseit. Heilkräfte d. Chamillen u. d. Holunders in innern u. äußern Krankheiten. 8. (3 B.) Quedlinburg 837, Basse.

—— Krankheitslehre und Heilart der Geschlechts-Verirrungen und der daraus entstehenden Krankheiten. Für Aerzte, Wundärzte, Prediger, Schullehrer, Erzieher und Gebildete jeden Standes. Nach Tissot, Hufeland, Braun, Morel, Rubempré, Deslandes u. A. bearb. gr. 8. (VII und 73 S.) Dessau 855, Neubürger.

Stahmann, (Fr.,) Lehrbegriff d. Wissenswürdigsten d. Anatomie u. Chirurgie, oder Anweisung, den Umfang beider Wissenschaften in kurzer Zeit gründlich sich zu eigen zu machen. 8. Quedlinb. 826, Ernst.

—— Lehrbegriff d. Wissenswürdigsten d. Anatomie u. Chirurgie. Ein Leitfaden f. prakt. Wundärzte zum Unterr. ihrer Lehrlinge; ingleichen f. angehende Wundärzte bearb. Neue Ausg. 8. (17 B.) Quedlinburg 834, Ernst.

—— Lehrbegriff d. Wissenswürdigsten d. Anatomie u. Chirurgie, od. Anweis., d. Umfang beider Wissenschaften in kurzer Zeit gründl. sich eigen zu machen. Neue Ausg. 8. (19 B.) Quedlinburg 840, Ernst'sche Buchh.

—— der Mordbrenner im wilden Thale, od. die Morne am Longwy's Felsen. Histor.-romant. Gemälde franz. Sitten u. Gebräuche. Nebst einigen and. Erzähln. 8. (14½ B.) Potsdam 832, Vogler.

—— drei Nächte aus d. Leben d. Königin Anna v. Oestreich Gemahlin Ludwigs XIII. Histor. Novellenkranz. Ein Beitr. z. Chronik d. Oeil de Boeuf, der innern Gemächer d. Schlosses u. d. Gesellschaftssäle v. Paris. — Die Schauernacht am Haidekrug. Romant. Erzähl. a. d. Tagebuche e. Polizeisergeanten. 8. (13¼ B.) Neuhaldensleben 838, Eyraud.

—— die Norna. Od.: Die Geheimnisse d. Wart-Hill-Felsens. Nordischer Roman. 2 Bde. 8. (26 B.) Quedlinburg 838, Basse.

—— das Raubschloß von Pfuhle. Histor. Ritterroman a. d. Zeiten d. Kreuzzüge. 3 Bde. 8. (37 B.) Quedlinburg 840, Basse.

—— der Rotz und seine veterinär-polizeiliche Bedeutung. gr. 8. (57 S.) Berlin 863, A. Hirschwald. *
Aus: Magazin für Thierheilkunde, besonders abgedruckt.

Stahmann, Friedr., u. Ludw. Züllich, Anhalt's Sagen, s. Anhalt's Sagen.

— Sagen aus Ascaniens Vorzeit. 1s Bdchen. Die Hucke. Der Teufelskeller. Urban. 8. Halberst. 823. Vogler in Potsdam. 21 gr

— Sagenkreis des Alterthums. 8. Aschersleben 829. (Brüggemann). 1 ℛ 4 gr

—— Sagenkreis d. Alterthums. 8. (19½ B.) Aschersleben 829. [Potsdam, Vogler.]

Stahmann, Friedr., die Schlacht bei Hohenfriedberg, od. d. Abenteuer im Gasthofe. Histor. Sittengemälde a. d. Zeiten Friedrichs d. Gr. 2 Bde. 8. (25 B.) Quedlinburg 839, Basse. Thlr.

—— Seherblicke in die Geisterwelt, od. Weissagungen, prophet. Träume, Ahnungen, Geistererscheinungen, Erscheinungen d. zweiten Gesichts, Todtenvorschau rc. 8. (13 B.) Neuhaldensleben 839, Eyraud.

Stahmann, Fr., der Tanz als Mittel zur Erhaltung der Gesundheit u. die Vermeidung seiner Nachtheile. Mit den beim Tanzen gebräuchl. Anreden u. Komplimenten, zum Nutzen für Jedermann. (Neue Ausgabe.) 12. Quedlinburg 841, Ernst'sche Buchh. ¼ ℛ

—— der Teufelskeller am schwarzen Sumpf; od. d. furchtbare Schlacht am Welphsholze. Eine Sage a. wendischer Vorzeit. 8. (14 B.) Quedlinburg 829, Basse.

—— das Thurmgespenst; od. d. Seesturm an d. Küsten v. Devonshire. Histor. Roman. 2 Thle. 8. (29 B.) Quedlinburg 833, Basse.

—— der Seekönig Ulf u. sein Heldenstamm; od. d. Meerfrau d. Ostsee. Histor.-romant. Nordlandssage. 2 Thle. 8. (22½ B.) Quedlinburg 831, Basse.

Stahmann, Friedr., Unterricht für Krankenwärter. Ein belehrendes Hülfsbuch für angehende Krankenwärter und Krankenwärterinnen, wie auch für Hospital-Vorstände rc. 8. (VIII und 76 S.) Quedlinburg 851, Basse.

Stahmann, Friedr., Verirrungen der Jugend, ihre Ursachen, die daraus entstehenden Krankheiten und ihre Heilart. Ein ernstes Mahnwort an alle Eltern, Aerzte, Wundärzte ꝛc. Nach den Erfahrungen der berühmten Aerzte Hufeland, Tissot, Braun, Morel, Rupembré ꝛc. bearb. 3. (Titel-)Aufl. 8. (V, 73 S.) Oranienburg 884, Freyhoff's Verlag.

— die Zauber-Trude auf Storrfield, oder: Der Schiffbruch am norwegischen Maalstrom. Seegemälde aus der ersten Hälfte des 15. Jahrhunderts. 8. Quedlinburg 841, Basse. 1 ₰

Stahmann, Frdr., Cigarre, Pfeife u. Dose. Oder: Das Rauchen u. Schnupfen in ihren wohlthätigen u. nachtheiligen Wirkungen dargestellt. Eine belehrende u. warnende Schrift für Jedermann. 8. (34 S.) Quedlinburg 852, Basse. 1/6 ₰

Stahmann, Car. Ludov. Augustus (geb. Nienburg in Anh. 4. 7. 1825): De morsu viperino. Carolottaeburgi (1857). (34 S.) 8°
Berlin, Med. Diss. v. 4. März 1857

Stahmer, C., A.-G.: Prospekte über Eisenbahn-Sicherungs-Einrichtungen. 1904 ff. Georgsmarienhütte

Stahmer, Friedrich: Neuere Geschichte von Schleswig-Holstein (seit 1848). Kosel, pr. Eckernförde. Selbstverlag. 1890. 8°

Stahmer, Otto: Der gute Glaube bei der Eigentumsersitzung nach römischem und gemeinem Rechte, sowie nach dem Rechte des Bürgerlichen Gesetzbuches. Blankenese 1903: J. Kröger. (X, 65 S.) 8°
Rostock, Jur. Diss. v. [25. Juni] 1903

Stahn, C.

Stahn, „unser Glaubens-Bekenntniß". Predigt am 3. Sonntage nach Trinitatis. gr. 8. (10 S.) Berlin 877. Uhun. — 30

Stahn, C., das Kirchen-Jahr. Predigten aus dem neuen Testamente auf alle Feste und die Zeit nach Trinitatis. Zur häusl. Erbauung. gr. 8. (262 S.) Berlin 866, Schweigger'sche Hofbuchh. geb. mit Goldschn. *

Stahn, C., Predigt bei der Feier des Todtenfestes am 25. Novbr. 1855 als am 25. Sonnt. nach Trin. zu Berlin gehalten. Berlin 855. Wohlgemuth. gr. 8. (16 S.) nn. 2½ ngr.

Stahn, C., Predigten. gr. 8. (IV und 262 S.) Berlin 857, (Beck.) * -

— Predigten. Berlin 857. Evangelische Buchhdlg. gr. 8. (2 Bl., 262 S.) n. 27½ ngr.

Stahn, C., Predigten. 2. Sammlung. Berlin 861. Fr. Schulze in Comm. gr. 8. (3 Bl., 331 S.) n. 1 ₰ 2½ ngr.

Stahn, Wichtigkeit der christlichen Presse. Predigt, gehalten am Jahresfeste der Deutschen evangel. Buch- und Tractat-Gesellschaft in Berlin am Himmelfahrtstage 1881. 16. (15 S.) Berlin 881, Deutsche evangel. Buch- und Tractat-Gesellschaft. *

— Worte der dankbaren Erinnerung am Sarge des Evangel. Bischofs ꝛc. Dr. Georg Carl Benj. Ritschl gesprochen. Berlin 858. W. Schultze. gr. 8. (16 S.) n. 2 ngr.

Stahn, Hermann, a. Nieder-Tschirnau: Die Simsonsage. E. religionsgeschichtl. Untersuchung über Richter 13—16. Göttingen: Vandenhoeck & Ruprecht 1908. (81 S.) 8°
Tübingen, Phil. Fak., Ref. Seybold, Diss. v. 2. Mai 1908
[Geb. 31. Jan. 79 Nieder-Tschirnau (Schlesien); Wohnort: Bernried (Oberbayern); Staatsangeh.: Preußen; Vorbildung: Gymn. Fraustadt Reife O. 99; Studium: Erlangen 1, Halle 4, Berlin 1, Breslau 1 S.; Coll. 2. Mai 07.]

Stahn, J. G.

— Predigt bei dem ersten Gottesdienst in d. St. Marien-Kirche, nach ihrer Ausbesserung 1819 gehalten. gr. 8. Berl. 819. Mittler. 4 gl

Stahn, J. G., Predigt am 3ten Jubelfeste der evangelischen Kirche. gr. 8. Berlin, (Gädicke.) 819.

Stahn, Konrad: Die Ursachen der Räumung Belgiens im Jahre 1794. . . . Halle a. S.: C. A. Voigt's Buchdr. G. Wolf) in Bunzlau 1889. 31, 1 S. 8°
Halle, Phil. Fak., Inaug.-Diss. v. [20. Mai] 1889

Stahn, K., die Ursachen der Räumung Belgiens im J. 1794. Ein Beitrag zur Geschichte der Revolutionskriege. gr. 8. (60 S.) Bunzlau 889. Kreuschmer. n. 1. 50

Stahn, Otto, Gartengestaltung der Neuzeit, s.: Lange, Willy.

Stahn, Otto, Gartengestaltung der Neuzeit, s.: Weber, illustr. Gartenbibliothek I. (Lange, Willy.)

Stahn, Paul [app. Arzt aus Beuthen (O.-S.)]: Die Krankheitsbewegungen in der chirurgischen Poliklinik zu Würzburg vom 1. Januar 1887 bis 31. Dezember 1888. . . . Würzburg, C. Bieler's Buchdr. („Landeszeitung"), 1889: 72 S. 8°
Würzburg, Med. Fak., Inaug.-Diss. v. 1889

Stahn, Paul [aus Stadt Zinna]: Ueber alcoholische Neuritis Berlin, C. Vogt's Buchdr., 1893; 39 S., 1 Bl. 8.
Berlin, Med. Fak., Inaug.-Diss. v. 4. Aug. 1893

Stahn, P. Ueber alkoholische Neuritis. Inaug.-Diss. Berlin 1894. 42 S.

Stahn, Samuel Rudolph (Goldberg/Schles.)A. S. 175/16

Dissertatio inauguralis de oppignoratione iurisdictionis
Von Verpfändung der Gerichte.
Präs. Gustav Heinrich Mylius.
Leipzig (Breitkopf) 13. XII. 1742. 28 S.
33131

Stahr, Adolf (Wilhelm Theodor)

Stahr, Adf., Agrippina, die Mutter Nero's. 2. Aufl. 8. (VIII, 408 S.) Berlin 880, [Guttentag.] Brachvogel und Boas. *ℳ 4,50.; geb. *
1.Aufl.s.Stahr:Bilder aus d.Alterthume.Bd.4.

Stahr, Ad., Aristoteles bei d. Römern. 8. (16 B.) Leipzig 834, Lehnhold.

Stahr, Adf., Aristoteles und die Wirkung der Tragödie. gr. 8. (IX und 66 S.) Berlin 859. Guttentag. *

Stahr, Adolf (Bearb.), s. Aristoteles: Nikomachische Ethik.

Stahr, Adolf (Bearb.), s. Aristoteles: Poetik.

Stahr, Adolf (Bearb.), s. Aristoteles: Politicorum libri VIII.

Stahr, Adolf (Bearb.), s. Aristoteles: Politik in 8 Büchern.

—— Aristotelia. 2 Thle. gr. 8. Halle, Buchh. d. Waisenhauses.
Thl. 1. Das Leben d. Aristoteles v. Stagira. — Ueber d. verlor. Briefe d. Aristoteles. (14 1/3 B.) 830. 21 Gr.
- 2. Die Schicksale d. Aristotelischen Schriften v. Aristoteles bis auf Andronikos v. Rhodos. — Die vorhandenen angebl. Briefe d. Aristoteles. — Ueber d. Unterschied exoterischer u. esoter. Schriften d. Aristoteles. — Sach- u. Namenregister z. 1. u. 2. Thle. (22 1/2 B.) 832. 1 Thlr. 18 Gr.

Stahr, Ado., Bericht üb. d. am 28. Oct. 1839 gegründ. literar. gesell. Verein zu Oldenburg. gr. 8. (1 B.) Oldenburg 840, Schulzesche Buchh. *

(Stahr, Adolf). Bettina und ihr Königsbuch. Hamburg 1844. 56 S. 8.

Stahr, Adf., Bilder aus dem Alterthume. I—IV. Berlin, Guttentag. à * 2 Thlr. *

Inhalt:
I. Tiberius. (VIII und 332 S.) 863.
II. Cleopatra. (X und 318 S.) 864.
III. Römische Kaiserfrauen. (X und 354 S. mit 1 Tab. in 4.) 865.
IV. Agrippina, die Mutter Nero's. (X und 347 S.) 867.

Stahr, Adf., Bilder aus dem Alterthume. 1. Thl.: Tiberius Leben, Regierung, Charakter. 2. völlig umgearb. Aufl. gr. 8. (X, 378 S.) Berlin 873, Guttentag. *

Stahr, Adf., Cleopatra. 2. Aufl. 8. (X, 354 S.) Berlin 879, Guttentag. * M 4,50.; geb. *

Stahr, A., Cleopatra. 2. Aufl. 8. Berlin 879, Brachvogel und Ranft. * M 4,50.; geb. *

—— Christian Ruben's: Columbus im Augenblicke der Entdeckung der neuen Welt. Bruchstück aus einem Reisejournal. Vorgelesen am Stiftungsfeste des literarisch-geselligen Vereins zu Oldenburg den 31. Octbr. 1843. Lex.-8. (1 B.) Oldenburg 844, Schulzesche Buchh. *

Stahr, Adolphus Guilielmus Theodorus: * Commentatio de Aristotelis tragoediae definitione Art: poet: cp. 6; adjectum est Miscellaneorum criticorum et grammaticorum specimen. 102 Bl. 8° (4°)
Halle-Wittenberg, Phil. Diss. v. [6. Sept.] 1828
Geb. [Prenzlau (Uckermark) 22. 10. 1805]
Hallische gekrönte philos. Preisschrift v. 1828.

— er muß nieder! Sturmglockenrufe wider den Einbrecher. Ebend. 870. gr. 16. (42 S.) 2½ ngr.

— — 2. Aufl. Ebend. 870. gr. 16. (44 S.) 2½ ngr.

— Erwiederung auf Herrn Pastor Mallets Schrift: „Du sollst kein falsches Zeugniß reden wider deinen Nächsten." Lex.-8. Bremen 842, Kaiser. n. ⅙ rf

—— über Goethe's Faust, s. Rosen, J., u. Stahr.

—— Fichte, der Held unter den deutschen Denkern. Ein Lebensbild. Zur Säcularfeier seines Geburtstages (am 19. Mai 1862). 8. (VII und 69 S.) Berlin 862, Janke. *

—— Goethe's Frauengestalten. 2 Thle. gr. 8. (V und 246 S., VII und 253 S.) Berlin 865,68, Guttentag. à Bd. * 1 Thlr. 6 Ngr. *

—— Goethe's Frauengestalten. 2. Ausg. (IX, 237; III, 258 S.) 1869, und 3. verm. Ausg. Mit einem Anhang: Minna Herzlieb, Goethes „Ottilie" der Wahlverwandtschaften, und dem Facs. eines von Goethe an dieselbe gerichteten Gedichts (auf 1 Stnt.). 2 Bde. gr. 8. (XI, 244; III, 291 S.) Ebendas. 870. *
—— dass. — 2 Bde. 4. verm. Aufl. 1872, und 5. durchgeseh. Aufl. 8. (IV, 260; 291 S. mit 1 Stnt.) Ebendas. 875. *
geb. in 1 Bd. *

—— Goethe's Frauengestalten. 2 Thle. in 1 Bd. 6. verm. Aufl. (VI, 260; 291 S.) 1878; 7. Aufl. [Ausg. letzter Hand.] 8. (VII, 260; III, 292 S. mit 2 Stahlst.) Ebendas. 882. *
geb. * M 8.; mit Goldschn. *

Stahr, Adf., Goethe's Frauengestalten. 2 Thle. in 1 Bd. 8. Aufl. Mit Bildniß Lotte's u. Minna Herzlieb's (Ottilie), sowie Facsm. e. an letztere v. Goethe gerichteten Gedichts. 8. (VII, 260 u. 292 S.) Berlin 891. Oldenburg, Schulze. n. 6. —; geb. n. 8. —; in Leinw. m. Goldschn. od. Halbfrz. n. 9. —

[Stahr, Adolf]: Friedrich Wilhelm's IV. politisches Glaubensbekenntnis. o. O. [1847]. 8°.

Stahr, Ad., das Bremer Glaubensgericht des Jahres 1844. Weihnachtsbriefe. gr. 8. Oldenburg 845, Schulze'sche Buchh. n. ⅙ rf

— s. Helgoland u. die Helgoländer.

—— Herbstmonate in Italien. Supplement zu des Verf. „Ein Jahr in Italien." gr. 8. (VIII und 568 S.) Oldenburg 860, Schulze'sche Buchh. *

—— Herbstmonate in Oberitalien. 2. verm. Aufl. [Supplement zu des Verf. „Ein Jahr in Italien".] gr. 8. (VI, 546 S.) Oldenburg 871, Schulze'sche Buchh. *

—— Herbstmonate in Oberitalien. 2 Thle. 3. Aufl. Suppl. zu des Verf. „Ein Jahr in Italien". 8. (290; 334 S.) Oldenburg 884, Schulze'sche Hofbuchh. * M 6.; geb. *

Stahr, Adf., ein Jahr in Italien. 3 Bde. [Mit einem vollständigen Inhaltsverzeichniß u. Sachregister über alle 3 Bände.] gr. 8. (1: 436 S. 2: VIII u. 536 S. 3: 462 S.) Oldenburg 847. 48. 50, Schulze. (à n. 2 rf) n. 6 rf

Stahr, Adf., ein Jahr in Italien. 1. Thl. 1. Aufl. (436 S.) 1847. und 2., durchgeseh. Aufl. gr. 8. (III und 436 S.) Oldenburg 852(53,) Schulze'sche Buchh. *

Stahr, Adf., ein Jahr in Italien. 2. und 3. Thl. 2., durchgeseh. Aufl. gr. 8. Oldenburg, Schulze'sche Buchh. [2. (III und 534 S.) 853., 3. (III und 464 S. mit St.'s rad. Portr.) 854. à Bd. * 2 Thlr.] *
1. Thl. (2. Aufl.) Ebendas. 1852(53.) * 2 Thlr.

— ein Jahr in Italien. 1. u. 2. Thl. 3. durchgeseh. Aufl. Ebend. 863, 64. gr. 8. (VII, 430 S.; 2 Bl., 534 S.) Jeder Bd. n. 2 rf

— ein Jahr in Italien. 3. Thl. 3., durchgeseh. Aufl. Oldenburg 865. Schulze'sche Buchh. gr. 8. (IV, 464 S.) n. 2 rf

—— ein Jahr in Italien. 5 Thle. in 3 Bdn. 4. verm. Aufl. 8. (VI, 746; 517; 328 S.) Ebendas. 874. * M 15.; geb.

—— Nach fünf Jahren. Pariser Studien aus dem J. 1855. 2 Thle. gr. 12. (X und 720 S.) Oldenburg 856(57,) Schulze'sche Buchh. *

—— erster u. zweiter Jahresbericht d. litterar.-gesell. Vereins zu Oldenburg. gr. 8. (à 1 B.) Oldenburg 840, 41, Schulzesche Buchh. à *

Stahr, Adolf, s. Jourdain: Geschichte ...

—— über Goethe's Iphigenie auf Tauris rc., s. Goethe's sämmtl. Werke. Supplement.

—— Lebenserinnerungen. I. Aus der Jugendzeit. 8. (VIII, 230 S.) Schwerin 870, Hildebrand. *

— aus der Jugendzeit. Lebenserinnerungen. 2. und letzter Bd. 8. (282 S.) Schwerin 877, Hildebrand's Verlag. *
1. Bd. Ebendas. 1870. *M 3.

Stahr, Adolf: Römische Kaiserfrauen. Berlin 1865.
(Stahr: Bilder aus d. Alterthums. 3)

— römische Kaiserfrauen. 2. Aufl. 8. (XII, 402 S.) Berlin 880, [Guttentag.] Brachvogel und Boas. *
geb. *

— s. Kaulbach, Wilh. v., Goethe-Gallerie.

— Theodor v. Kobbe. Ein Denkstein. Lex.-8. (3¼ B.) Oldenburg 845, Schulzesche Buchh. —

— die Kolosse der Dioskuren von Monte Cavallo im neuen Museum zu Berlin. Lex.-8. (24 S.) Berlin 853, David's Verlag. *

— ein Stück Leben. Gedichte. gr. 8. (XII, 228 S.) Ebendas. 869. *M 4.; geb. *

— G. E. Lessing. Sein Leben und seine Werke. 2 Thle. Berlin 859. Guttentag. gr. 8. (3 Bl., 357 S.; 2 Bl., 358 S.) n. 4 ₰

— — Verm. u. verb. Volks-Ausg. 2. Aufl. 861. — 3. Aufl. 2 Bde. Ebend. 864. 16. (XVI, 770 S.) n. 2 ₰

— G. E. Lessing. Sein Leben und seine Werke. 2 Thle. 1. Aufl. gr. 8. 1859. * 4 Thlr. und 2., verm. Aufl. gr. 16. (XVI und 770 S.) Berlin (861)62. Guttentag. *

— G. E. Lessing. Sein Leben und seine Werke. Verm. und verb. Volks-Ausg. 3.—5. Aufl. gr. 16. (XXIV und 770 S.) Berlin 864—68, Guttentag. * 2 Thlr.; geb. *

— G. E. Lessing. Sein Leben u. seine Werke. Verm. u. verb. Volks-Ausg. 4—6. Aufl. Berlin 865—69. Guttentag. gr. 16. (XXIV, 770 S.) n. 2 ₰; geb. n. 2 ₰ 10 ngr

— G. E. Lessing. Sein Leben und seine Werke. Verm. und verb. Ausg. 6. Aufl. 2 Thle. gr. 8. (VI, 359; VI, 409 S.) Berlin 869. Guttentag. *M 12.; geb. *

— G. E. Lessing. Sein Leben und Wirken. 2 Bde. 7. Aufl. (VIII, 404; IV, 453 S) 1873; 8. Aufl. 8. (X, 314; IV, 355 S.) Berlin 877, Guttentag. *
geb. in 1 Bd. *

Stahr, Adf., G. E. Lessing. Sein Leben und seine Werke. 9. verm. und verb. Aufl. 2 Bde. 8. (VIII, 334; IV, 368 S. mit 1 Bildnis Lessings und 1 Facs. aus „Emilia Galotti".) Berlin 887, Brachvogel und Ranft. *M 6.—.; geb. *
Auch in 10 Lfgn. à *

Stahr, G. E. Lessing. Leben u. Werke. 9. Aufl. 2 Bde. 8. Berl. 887. Oldenb., Schulze'sche Hofbuchh. * 6 —; geb. * 7 50

— zwei Monate in Paris. 2 Thle. 12. (675 S.) Oldenburg 851, Schulze'sche Buchh. *

Stahr, Adolf. Aus A' Stahrs Nachlass. Briefe von St', nebst Briefen an ihn von Bettine v(on) Arnim, ... Heinr(ich) Simon, ... Fr(iedrich) Ch[Theodor] Vischer, Richard Wagner u. a., ausgewählt und mit Einleitung und Anmerkungen hrg. von Ludwig Geiger. LXX + 356 S. 8. Oldenburg, Schulze, 1903. [M. 5. —, geb. 6. —]

Stahr, Adolf, s. Rafael-Album.

— die Republikaner in Neapel. Historischer Roman. 3 Thle. 8. (319. 324 u. 300 S.) Berlin 849, (Leipzig) Herm. Schultze. 4½ ₰

— die Preußische Revolution. I — IV. (Hft.) 8. I: Die drei letzten Monate des Preuß. Absolutismus. (IV u. 107 S.) — 2. Aufl. (IV u. 108 S.) II: Die drei ersten Monate d. Preuß. Revolution. (S. 109 — 312.) III: Das Ministerium der That. (S. 313—475.) IV: Das Ende des Anfangs. (S. 476 —678.) Oldenburg 849. 50, Stalling. (à n. ½ ₰) n. 2 ₰ — 1. Thl. 2 Abtheilgn. 2. verm. Aufl. 8. (XVIII u. 733 S.) Ebd. 851. n. 2 ₰

Stahr, Adolf. Die preußische Revolution. Die drei letzten Monate des preußischen Absolutismus. 2. Auflage. Oldenburg, Stalling 1849. 108 S. 8.

— Richtet nicht! Ein Wort über die v. dem Pastor Prim. F. Mallet zu Bremen während des Brandes von Hamburg gehaltene Predigt. Lex.-8. (1 B.) Bremen 842, Kaiser. *
Vgl. Mallet.

— kleine Schriften z. Kritik der Literatur u. Kunst. 1. u. 2. Thl. A. u. d. Ttl.: Oldenburg. Theaterschau. Bevorw. v. Jul. Mosen. 1. u. 2. Thl. 8. (42 B.) Oldenburg 845, Schulzesche Bh. *

— kleine Schriften zur Litteratur und Kunst. 1.—4. Bd. gr. 8. Ebendas. *M 18.; geb. *
Inhalt:
Bd. 1. Biographisches. (VII, 536 S.) 871. *M 6.; geb. *M 7.
„ 2. Biographisches und Kritisches. (VIII, 520 S.) 872. *M 6.; geb. *M 7.
„ 3. Aus dem alten Weimar. (254 S.) 875. *M 3.
„ 4. Aus meinen Lebenserinnerungen. Biographisches und Kritisches. (234 S.) 875. *M 3. — Bd. 3 und 4 geb. in 1 Bd. *M 7.

Stahr, Ad. Vide: Studien (Demokratische).

— s.: Tacitus Geschichte der Regierung d. Kaisers Tiberius.

— Tiberius. Leben, Regierung, Charakter. 2. völlig umgearb. Aufl. Neue (Titel-)Ausg. gr. 8. (XII, 378 S. mit 1 Titelbilde.) Ebendas. (873)885. *M 4.50.; geb.
1.Aufl.s.Stahr:Bilder aus d.Alterthume.Bd.1.

— Torso. Kunst, Künstler und Kunstwerke der Alten. 2 Thle. gr. 8. Braunschweig, Vieweg und Sohn. [1. (XX und 566 S.) 854., 2. (XX und 500 S.) 855. à Thl. * 3 Thlr.] *

— Torso. Kunst, Künstler und Kunstwerke des griech. und röm. Alterthums. 2. verm. und verb. Ausg. letzter Hand. 2 Thle. gr. 8. (XVII, 642; XVII, 558 S.) Braunschweig 878, Vieweg und Sohn. *

Stahr, Adf., Weimar u. Jena, s.: Meyer's Volksbücher

— Weimar und Jena. Ein Tagebuch. 2 Bde. 12. (III und 807 S.) Oldenburg 852, Schulze'sche Buchh. *

— Weimar und Jena. 2. sehr verm. Aufl. 2 Bde. gr. 8. (VII, 306; IV, 234 S.) Ebendas. 871. *M 6.; geb. *

— Weimar u. Jena. 2. sehr verm. Aufl. 2 Bde. gr. 8. (VII, 306 u. IV, 234 S.) Berlin 875. Guttentag. n. 6. —; geb. n. 7. —

— Weimar u. Jena. 3. Aufl. Mit e. Vorwort v. Ed. v. der Hellen. 2 Tle. in 1 Bde. 8. (XV, 316; IV, 246 S.) Oldenb. 892, Schulze. * 6 —; geb. * 7 —

Stahr, Adf., gesammelte Werke. 1. u. 2. Bd. 8. Berlin 873. Guttentag. à n. 3. —
G. E. Lessing. Sein Leben u. seine Werke. 7. verm. u. verb. Aufl. 2 Bde. (VIII, 404 u. IV, 453 S.) geb. in 1 Bd. n. 7. 50

Stahr, Adolf, und Fanny Lewald: Ein Winter in Rom. — Bln: Guttentag 1869. XIII, 433 S.

— u. Fanny Lewald, e. Winter in Rom. 2. verm. Aufl. gr. 8. (X, 514 S.) Ebend. 871. n. 8. —; geb. n. 9. —

Stahr, Arminius *(geb. Trebnitz in Schles. 10. 2. 1835)*: De emboliae ortu et sequelis. Vratislaviae (1857). (36 S.) 8°
Breslau, Med. Diss. v. 31. Okt. 1857

Stahr, Fanny Lewald-
s. Lewald, Fanny

Stahr, Franz (Eduard. Julius) (geb. Zielonke in Posen 9. 7. 1842): De meningitide cerebro-spinali epidemica. Berolini (1865). (32 S.) 8°
Berlin, Med. Diss. v. 21. März 1865

STAHR, Friedrich (Gnoyen): Ueber einen Fall von primären Lebercarcinom mit multiplen Metastasen.- München: Kastner & Lossen 1896. 21 S.
14.11.1895 - Chr 1895/96,8; Jv 1895/96,229 (Prom.-Datum: 1896)
Diss. Ingolst.-Landsh.-Mchn.

Stahr, Frdr. Aug., Bericht über die balsamischen Bäder zu Humboldts-Au im J. 1849. 8. (78 S.) Trebnitz 850. (Breslau, Gosohorsky.) n. 1/4 ₰

Stahr, Fridericus Augustus *(geb. Pawellau in Schles. 12. 3. 1799)* De epilepsia. Vratislaviae (1822). (VI, 33 S.) 8°
Breslau, Med. Diss. v. 29. Nov. 1822

Stahr, Hermann, s. B e i t r ä g e zur Geschwulstlehre.

Stahr, Hermann, Dr., 1. Assist. d. anat. Institutes: ⟨Aus d. anat. Institut zu Breslau.⟩ Der **Lymphapparat** der Nieren. *Leipzig: Veit & Co. 1899.* (50 S.) 8° ¶(Aus: Archiv f. Anatomie u. Physiologie, 1900, Anat. Abth.)
Breslau, Med. Hab.-Schr. v. 6. [hs.: 7.] Nov. 1899

Stahr, Hermann: Die R a s s e n f r a g e im antiken Ägypten. Kraniolog. Untersuchungen an Mumienköpfen aus Theben. Mit 71 Aufnahmen. Berlin [&] Leipzig: Brandus 1907. X, 164 S. 4°

Stahr, Herm., die Rassenfrage im antiken Ägypten. Kraniologische Untersuchgn. an Mumienköpfen aus Theben. Mit 71 Aufnahmen von Mumienköpfen u. Schädeln in Lichtdr. (X, 164 S m. 16 Taf.) Lex. 8. Berlin 907. Lehrbücher-Verlag. 20.—; geb. n 25. —

Stahr, Herrmann [aus Berlin]: Über Wundirrigation ... Berlin, Buchdr. v. G. Schade, *1893;* 29 S., 1 Bl. 8.
Berlin, Med. Fak., Inaug.-Diss. v. 28. Apr. 1893

Stahr, Joh. Bernh., die sichere Behandlung u. Verhüt. d. häufigsten Brüche d. menschl. Körpers. Ein unentbehrl. Noth- u. Hülfsbüchl. f. Bruchkranke, u. Alle, die es nicht werden wollen. 12. (3 1/2 B.) Berlin 841, Logier.

Stahr, Joh. Bernh., die sichere u. gründl. Heilung des weißen Flusses, einer der häufigsten u. verderblichsten Krankheiten des schönen Geschlechts. 16. (2 3/4 B.) Berlin 842, Logier.

Stahr, Julius: Zwei Fälle von Irido-Cyclitis tuberculosa. Halle a. S. 1880: Plötz. 31 S. 8°
Halle-Wittenberg, Med. Diss. v. 2. Okt. 1880
Geb. Siegersdorf (Schlesien) 6. 2. 1858. V.
Im Buchhandel 1880 bei Bergmann in Wiesbaden.
Verf. erlebte die Diplomerneuerung 1930 als praktischer Arzt in Bergedorf b. Hamburg.

Stahr, Carolus: Aeschyli fabulae quae est Sept: c. Theb. versus 662—776 recensiti, translati explicati commentario.
Halle-Wittenberg, Phil. Diss. v. 17. Okt. 1835
Geb. [Wallmow (Uckermark, Kr. Prenzlau) 20. 4. 1812]
Ms. fehlt.

Stahr, K. Die antike Tragödie, insbesondere die Tragödie des Euripides und ihr Verhältniß zur antiken Komödie. 42 S. .
Stettin, Progr. 1847

Stahr, Kurt, a. Lübeck: Die Hanse und Holland bis zum Utrechter Frieden 1474. Marburg 1907: R. Friedrich. (83 S.) 8° [F.]
Marburg, Phil. Fak., Ref. v. d. Ropp, Diss. v. 22. Juni 1907
[Geb. 25. Aug. 81 Hagenow i. Meckl.-Schw.; Wohnort: Lübeck; Staatsangeh.: Mecklenburg-Schwerin; Vorbildung: Gymn. Lübeck Reife O. 01; Studium: Tübingen 4, Marburg 7 S.; Rig. 23. Juni 06.]

Die Adoptivtochter. Roman von Margarete **Stahr**. Berlin: E. Trewendt 1908. (376 S.) 8° [F.] [07. 18241

Stahr, Margarete, in fremden Landen. Geheftet, s.: Kürschner's, Jos., Bücherschatz.

Wahre Liebe. Roman von Margarete **Stahr**. Berlin, Leipzig: H. Hillger [1907]. (128 S.) 8° [F.]
= **Bücherschatz**, Kürschners. No 544. [07. 13360

— **Wahre Liebe, s. a. Kürschner's Bücherschatz.**

Unvereinbar. Roman von **Margarete Stahr**. *Berlin: E. Trewendt 1904.* (299 S.) 8° [F.] [04. 1568

Stahr, W., Trennung der Schule von der Kirche. Ein Commissionsgutachten, vorgetragen im constitutionellen Club in Stettin am 10. Octbr. 1848. Lex. 8. (8 S.) Stettin 850. (Berlin, Oehmigke's Buchhandl.) baar n. n. 1/12 ₰

Stahr, Wilh. Rud., Gedichte für Schule und Haus, s. Gedichte.

Stahr, Wilh. Rud., deutsches Lesebuch aus Quellen alter und neuer Zeit. gr. 8. (X und 374 S.) Berlin 853, Duncker und Humblot. Thlr. *

Stahr, Wilh. Rud., Morgen- u. Abendgedanken in Gedichten. Gesammelt u. theilweise bearb. gr. 16. (196 S.) Berlin 851, Duncker & Humblot. 1 ₰; in Engl. Einb. m. Goldschn. n. 1 1/3 ₰

Staehr, Geo., üb. Ursprung, Geschichte, Wesen u. Bedeutung d. russischen Artels. Ein Beitrag zur Kultur- u. Wirtschaftsgeschichte d. russ. Volkes. 2 Tle. Diss. gr. 8. Jurjew (Dorpat), (E. J. Karow). n. 6. 50
I. Einleitung. Ursprung d. Artels u. vorläuf. Bestimmg. d. Wesens d. Artels. (116 S.) 890. n. 2. 50
II. Geschichtliches. (211 S.) 891. n. 4. —

Stahrand, Paul, am Kap der frohen Minne. Liebeserinnerungen e. jungen Gross-Städters. (161 S.) gr. 8. Grosslichterfelde (908). Verlag Irene. 2. 50

Stahremberg, Ernst Rüdiger Graf von, ein Schauspiel in vier Aufz. aus der vaterländischen Geschichte. Wien 1791. V: *Cremeri, Benedict Dominik Anton.* (Ky) (ML)

Stahremberg, Rüdiger von, oder zwote Belagerung Wiens; eine Rhapsodie. **Salzburg 1783.** V: *Huber, Franz Xaver.* (Hr) (Ky) (MGT)

Stahrenberg, Rüdiger v., od. zwote Belagerung Wiens; e. Rhapsodie. 8. Salzb. Mayr. 788.

Stai, V(alerius): De variis gigantum formis in fabula et arte Graecorum. Halis Saxonum 1884: Ploetz. 25 S. 8°
Halle-Wittenberg, Phil. Diss. v. [3. Febr. 1883]
Geb. Cerigo (= Kythera; Griechenland) 14. 9. 1857. V.

Staib, L. Fr., Beiträge zur Melanchthonsfeier in Kirche und Schule. gr. 8. (40 S.) Stuttgart 860, Belser'sche Verlagsh. *

Staib, L. Fr., Stipendien-Büchlein. 3 Hefte und Anhang 1—4. 8. Böblingen 879. (Schw.-Hall, Staib.) *

Inhalt:

Heft 1. Nachrichten über Stipendien in und außerhalb Württembergs, an welche alt- und neuwürttemberg. Familien, welche auch in Baden, Baiern, Frankfurt, Hessen-Darmstadt, Preußen und im Elsaß verzweigt und ansäßig sind, ein Anrecht haben. Ein Wegweiser für Studirende, Gymnasiasten, Seminaristen, Lyceisten, latein. Schüler, Realschüler, Incipienten, Lehrlinge und Töchter zu Ausbildungsgeldern und Aussteuern. 2. vielverm. Aufl. (194 und 3. Anhang 6 S.) 864.

2. Die Stipendien für Theologie-Studierende, Bürgerssöhne [Fortsetzung], Incipienten und Gewerbslehrlinge, Wittwen und Waisen, zu Aussteuern und Hochzeitsgeschenken rc. (144 S.) 853.

3. Schluß der vollständigen Sammlung aller Familien- und allgemeinen Stipendien in Württemberg und der außerhalb Württemberg für berechtigte Württemberger, nebst einem Anhang von Stiftungs-Urkunden und genealog. Notizen. (132 S.) 855. — 1. Anhang. (16 S.) 856. — 2. Anhang. (16 S.) 857. — 4. Anhang. (24 S.) 879.

— Wegweiser zu den Stipendien für katholische Studirende, nebst den Stipendien für Bürgerssöhne, Incipienten, Lehrlinge u. Töchter; auch für Wittwen u. Waisen. [Aus: „Stipendienbüchlein" 2. Hft.] 8. (65 S.) Ebend. 853. — 75

—— Wegweiser zu den Stipendien für katholische Studirende, nebst den Stipendien für Bürgerssöhne, Incipienten, Lehrlinge und Töchter; auch für Wittwen und Waisen. 8. (65 S.) Böblingen 875. (Ebendas.)
Aus: Stipendien-Büchlein, 2. Heft, besonders abgedruckt.

—— Winke für Schule und Haus in Erzählungen aus der Kinderwelt und für dieselbe, alphabet. geordneten Sprüchwörtern, Denksprüchen, Gebeten und Liedern. Unter Mitwirkung von Louise Pichler, O. Schönhuth u. A. hrsg. gr. 8. (50 S.) Tübingen 859. [Leipzig, L. F. Fues' Verlag.] *

Staib, L. Fr., Worte des Heils an Leidtragende. Leichen-Predigten über bibl. Texte nebst einem Anh. von Schüler- und Kindsleichenreden hrsg. unter Mitwirkung mehrerer evangel. Geistlichen. gr. 8. (IV und 243 S.) Stuttgart 866, Schiller.

Staiban, I. B., interesse contractuum et ultimarum voluntatum. 4. Colon. 722.

STAJER, STANISL(AUS): Sitten- und Dankrede am Festtage aller Heiligen bey Gelegenheit als die Kanzel in dem Gotteshause der WW. EE. Dominikaner durch mildthätige Beyträge der hiesigen Bürgerschaft übertragen worden. Kaschau 1800: Franz Landerer. 24 S. - 8°

Stajessi, Charles. Les armes à feu dans le passé à Fribourg en Suisse. Notice. [Avec 4 planches. E.] 8. [Fribourg 1900.]

Staiger, Adf., Prüfungsdiktate, s.: Bauer, G.

Staiger, B., landwirthschaftlicher Katechismus. 2., verb., durch einige zweckmäß. Tab. und beigeheftete Zeichnungen von einigen bestrenomirten Hausthieren, verm. Aufl. 8. (VIII und 172 S. mit 11 Stnt.) Augsburg 861. (München, Lentner'sche Buchh.) **

Staiger, B., landwirthschaftlicher Katechismus. 3., verb. und verm. Aufl. 8. (VIII und 184 S. mit 8 Stnt.) Augsburg 862, Schmid's Verlag.

Staiger, B., landwirthschaftlicher Katechismus. 4.—6. Aufl. gr. 8. (VIII, 185 S. mit eingedr. Holzschn. und 8 Stnt.) Augsburg 866—71, Schmid's Verlag.

Staiger, B., landwirthschaftlicher Katechismus. 5. Aufl. Augsburg 870. Schmid's Verl. gr. 8. (VIII, 185 S. mit eingedr. Holzschn. u. 8 Steintaf.) 10 ngr

Staiger, Clara, s. Staiger, Klara.

Die Abgabe warmen Frühstücks an bedürftige Schulkinder vom Standpunkt des Schularztes von Dr. E[berhard] **Staiger**. Mit 2 Abb. Stuttgart: A. C. Reitz 1907. (61 S.) 8° [08. 16925

Staiger, Eberhard, appr. Arzt a. Backnang: **Aus der Tübinger Universitäts-Augenklinik. Über die Centralgefäße im Sehnerven unserer einheimischen Ungulaten.** Tübingen: F. Pietzcker 1905. (20 S.) 8°
Tübingen, Med. Fak., Ref. Schleich, Diss. v. 25. Mai 1905
[Geb. 27. Apr. 81 Backnang; Wohnort: Stuttgart; Staatsangeh.: Württemberg; Vorbildung: Gymn. Ulm Reife M. 99; Studium: Tübingen 9 S.; Coll. 17. Mai 05; Approb. 25. Aug. 04.]

Staiger, Franz Xaver Konrad

Staiger, Fr. Xav. Conr., das schwäbische Donauthal mit der Molkenkuranstalt Beuron. 12. (X und 236 S.) Freiburg im Br. 850, Wagner'sche Buchh. Thlr

Staiger, Fr. Xav. Konr., das schwäbische Donauthal mit der Molkenkuranstalt Beuron. 2. (Titel-)Ausg. 12. (X und 236 S.) Sigmaringen (850)66, Liehner. *

Staiger, F. X. C., üb. d. Hauptmittel z. Gründung besserer Zeiten, od. wodurch hauptsächl. wird das Glück u. d. Wohlfahrt d. Familien, Völker u. Staaten befördert. 2., verb., viel verm. Ausg. 8. (23½ B.) Heidelberg 839, J. C. B. Mohr.

Staiger, Fr. X. C., der neue Jugendfreund. Ein belehrendes Lesebuch in einer Reihe von Schilderungen u. Erzählungen rc. 2. wohlf. Ausg. gr. 8. Karlsruhe 843, Macklot. ¾ ₰

Staiger, Fr. X. C., der neue Jugendfreund. Ein belehr. Lesebuch in einer Reihe von Schilderungen u. Erzählungen rc. 2., wohlf. Ausg. gr. 8. (25 B.) Karlsruhe 843. [Mannheim, Bensheimer.] —

Staiger, Fr. Xav[er] Conr[ad]. Meersburg am Bodensee ..., dann die Stadt Markdorf, ferner die Ortschaften Baitenhausen, Daisendorf ... und die Pfarreien Berkheim, Hepbach und Kluftern, sowie die Schlösser Helmsdorf, Herrschberg und Kirchberg. Nach Akten, Chroniken und Archival-Urkunden beschrieben. Mit einem topographischen Bilde obiger Ortschaften aus dem 15. Jahrhundert. 8. Constanz 1861.

Staiger, Fr. X. C., die Insel Reichenau im Untersee (Bodensee, bei Constanz) mit ihrer ehemaligen berühmten Reichs-Abtei. Urkundlich beschrieben. gr. 8. (VI und 178 S. mit 1 lithogr. Abbild. der Insel und ihrer Umgebung in Fol.) Lindau 860, (Stettner.) *
Mit chromolithogr. Karte in Fol. *

Staiger, Fr. X. C., die Insel Reichenau im Untersee [Bodensee, bei Constanz] m. ihrer ehemal. berühmten Reichs-Abtei. Urkundlich beschrieben. Mit e. Abbildg. der Insel u. ihrer Umgebg. Wohlfeile Ausg. (VI, 178 S. m. Steintaf. in qu. 4.) Constanz 874. Fritz. n. — 50

—— Schilderungen u. Erzählungen aus d. Gebiete d. Religion, d. Natur, d. Staats- u. Menschenlebens. Nebst e. Anh.: Guter Rath f. e. Jüngling bei sein. Eintritt in d. große Welt. Ein Gedenkb. f. d. reif. Jugend. gr. 8. (25 B.) Karlsruhe 841, Macklot'sche Vrlsbuchh.

Staiger, [Fr.] X[aver Conrad]. Die Stadt Ueberlingen am Bodensee sonst und jetzt, mit ihrem Bade und ihrer nächsten Umgebung. Beschrieben von X. St'. 8. Ueberlingen ... 1859.

Staiger, Xaver, der Weg zum wahren Bürgerthum u. Völkerglück. Eine Morgengabe allen Bürgern u. Volksfreunden. gr. 8. (218 S.) Villingen 847, Förderer. 18 ngr

Staiger, X., Welt- u. Lebensbilder. Ein Buch fürs Haus. gr. 8. Villingen 846, Förderer. 1½ ₰

Staiger, G., die Anwendung der Decimalrechnung auf Zins-, Gewinn- und verwandte Rechnungen. Zum Gebrauch in Oberklassen und Fortbildungsschulen. Ausg. für Lehrer. gr. 8. (IV, 24 S.) Tübingen 882, Fues. ** 50 Pf.; cart. ** Ausg. für Schüler (16 S.) * 40 Pf.; cart. **

Staiger, G., die Geschichte Württembergs. Ein Handbuch f. Lehrer u. höhere Unterrichtsanstalten, sowie f. alle Freunde der Geschichte d. engeren Vaterlandes. gr. 8. (VI, 248 S.) Tübingen 875. Fues. n. 2. 50

— Kopfrechenschule. Für die Hand des Lehrers zum Gebrauch in Schulen. 1. Thl., umfassend die Sammlg. f. das 3. u. 4. Schulj. gr. 8. (44 S.) Ebend. 875. n. — 60; cart. n. — 70

—— Kopfrechenschule. Für die Hand des Lehrers zum Gebrauch in den Schulen. 2.—4. (Schluß-)Thl. gr. 8. Ebendas. à Thl. * 60 Pf. * cart. à Thl. * 70 Pf. *

Inhalt:
Thl. 2. Umfassend die Sammlung für das 5. und 6. Schuljahr. (45 S.) 881.
„ 3. Umfassend die Sammlung für das 7. und 8. Schuljahr. (48 S.) 880.
Thl. 4. Zum Gebrauch in höheren Lehranstalten, namentlich zur Vorbereitung auf Prüfungen. (37 S.) 880.
1. Thl. Ebendas. 1875. * 60 Pf.; cart. * 70 Pf.

Staiger, Klara. Eichstätt im Schwedenkriege. Tagebuch der Augustiner-Nonne Klara Staiger über die Kriegsjahre 1631–1650. Hrsg. u. erläut. von J. Schlecht. Mit 1 Bl. Eichstätt 1889. 374 S.

Staiger, Clara. Tagebuch üb. die Kriegsjahre 1631—1650, s.a. Schlecht, Jos. Eichstätt im Schwedenkriege.

Staiger, Robert, a. Leipzig: Benedict von Watt. Ein Beitrag zur Kenntnis des bürgerlichen Meistergesangs um die Wende des XVI. Jahrhunderts. ⟨Kap. 4 u. 5 [vielm. nur: 4].⟩ (Leipzig 1908: Breitkopf & Härtel.) (38 S.) 8° ¶ (Erscheint vollst. in: Beihefte d. Internat. Musikgesellschaft.)
Berlin, Phil. Fak., Ref. Kretzschmar, Diss. v. 4. Aug. 1908
[Geb. 22. Aug. 82 Leipzig; Wohnort: Steglitz b. Berlin; Staatsangeh.: Württemberg; Vorbildung: Gymn. Steglitz Reife O. 01; Studium: Berlin 1, München 1, Berlin 3, Leipzig 1, Berlin 5 S.; Rig. 20. Juli 07.]

Staiger, U. Nutzliches Rechenbüchlein. St. Gallen 1701. 12.

Staiger, Wilhelm [app. Arzt aus Alexandrien, derzeit Assistenzarzt an d. kgl. württ. Staatsirrenanst. in Zwiefalten]: Ueber Anaemie bei Neurosen ... Tübingen, Druck v. H. Laupp jr, 1895; 21 S. 8.
Tübingen, Med. Fak., Inaug.-Diss. v. 1895

Staigmüller, Hermann: Beiträge zur Geschichte der Naturwissenschaften im klassischen Altertume. 4 (40 S.).
Progr. Kgl. Rg. *Stuttgart* 1899

Staigmüller, H. [Prof. Dr.]: Dürer als Mathematiker. Stuttgart, Druck d. K. Hofbuchdr. Zu Guttenberg, 1891; S. 3 59; 4°
Stuttgart, k. RG, P 1891 (590)

Staigmüller, Hermann: Die harmonische Configuration .... Stuttgart, Druck v. W. Kohlhammer, 1886; IV + 43 + 5 S. u. 2 Taf. 8°.
Tübingen, Naturwiss Fak., Inaug. Diss. v. 1886.

Staigmüller, Hermann, die harmonische Configuration. Diss. Täbingen 1886, Fues' Sort. 8°. IV, 43 S. mit 2 Taf.

Stajitsch, Urosch M., aus Wranje ⟨Serbien⟩: Der Einfluß des Feuchtigkeitsgehaltes des Bodens auf die Keimung der Samen. *Halle a. S. 1903: C. A. Kaemmerer & Co.* (100 S.) 8°
Halle, Phil. Diss. v. 1903

Stain, Hainz von, der Wilde. Ein vaterländisches Schauspiel in 5 Aufzügen. München 1782. V: *Hübner, Lorenz.* (Ky) (Brümmer, F., Dtsches Dichterlexikon. 1876.) (GGr)

Stain, (J. C.,) einige Ideen über Feuerpolizei u. Lösch-Anstalten ꝛc. 8. München 824, Fleischmann.

Stain Johann: David Fassmanns Leben.
H. 1908 PN 2543 Diss. Wien, Univ.

[F.] Ländliche Viehverkaufs- und Schlächterei-Genossenschaften. Von Felix Grafen Stainach, n.-ö. Statthalterei-Secr. *Wien: H. H. Hitschmann; Commr. C. Gerold 1897.* (1 Bl., 45 S.) 1 Bd 8.
= Archiv f. Landwirthschaft. Beil. z. 'Wiener Landw. Zeitg.' [No] 30.
(97. 1489)

Stainach, Gust. Graf, s. Beschreibung, histor.-topogr., von Graz en Miniature.

Staindl, Frz., elementa geometriae practicae in usum academiar. 8maj. Ofen 779. Edit. Nova 818. Typ. Soc. 8 gr.

Staindl, Rud, Militär-Stenographie nach dem System Gabelsberger. 8. (VI, 75 S.) Wien 876. k. k. Hof- u. Staatsdr. n. 2. —

— — und Adolf v. Wohlleben, k. k. Hauptleute. Militär-Stenografie, nach dem System Gabelsberger.
gr. 8. Wien im Monate Juni 1879.

Stainer, Jakob, der Geigenmacher v. Absam in Geschichte u. Dichtung. (Eine Lebensskizze v. S. Ruf. — Novelle v. J. Schuler. — Dichtung von H. v. Gilm.) 8. (X, 148 S.) Innsbruck 892. Wagner. n. 1. 20

Stainhauser von Treuberg, Ernst Ritter —. Oesterreichs schönster Tag. Ein dramatisches Festgedicht von — —. Musik von Joseph Haydn. Mit 2 musikalischen Beilagen und 6 lithogr Abbildungen. 12 (40 S.) Wien. Druck von M. Auer. 1854.

Stainhauser v. Treuberg, Johann Ph., s.a. Rathe, J. C. [Pseud.]

Stainhauser v. Treuberg, Johann Ph., s.a. Rhol, J. C. P. v. [Pseud.]

— Commentationes ad J. J. Mascovii princ. jur. rom. germ. edid. Viena. 1768 librum I. 8. Salzb. 779. Mit neuem Titelblatt 780.

Erörterung, staatsrechtl., einiger Hauptfragen, welche bei der im J. 1790 eingetretenen Reichsversammlung eingetreten sind (v. J. P. Stainhauser v. Treuberg). *Regensb.*, (Mayr in *Salzb.*) 790. 8. (4 Gr.)
Vgl. Erörterung, ...

Stainhauser v. Treuberg, Jh. Ph., († d. 15. April 1799.) Diss. acad. de feudis imperii. 4. Salzb. 759.

Stainhauser v. Treuberg, Johann Ph., s. Gedanken, Meine, üb. die Beschwerden.

— üb. Mißbrauch der Philosophie in d. Staatsrechte, e. Rede. 8. Salzb. 793. (Duyle). 2 gr.

— Replick auf J. Mosers Abhandl. von der Verbindung der evangel. Reichsgerichtsbeisitzer an die Schlüsse des corporis evangelicor. 4. Salzb. 776. Duyle. 6 kr

— Replick, vertheidigte, gegen J. J. Mosers nochmal. befestigte Verbindung rc. 4. Salzb. 778. Duyle. 6 kr

Stainhauser v. Treuberg, Jo. Ph., Widerlegung der Antwort auf die Geschichte u. rechtmäß. Prüfung der Gedanken eines Baiern (M. A. Bergmann's). 4. Salzb. 778. Duyle. 9 kr

Stainhaußen, Ottomar Ritter von

—— Meteorologische Verhältnisse von Eger. 39 S. 8°.– Eger OG., Progr. 1871, 72, 73

Stainhaussen, Ottomar R. v. Übersichtliche Zusammenstellung der meteorologischen Verhältnisse zu Eger für die Jahresperiode vom 1. Jänner bis 31. Dezember 1875. S. 15—33. 8. —

Elfjährige Übersicht der meteorologischen Verhältnisse von Eger. 2. Teil. (1:1875.) S. 55—58, 4 Tab. u. 2 Taf. — Übersichtliche Zusammenstellung ... in d. Jahren 1876—84. S. 43—63. 20 S. 20 S. 20 S. 20 S. S. 3—22. 20 S. 20 S. 20 S.
Eger 1876. 1877. 1878. 1879. 1880. 1881. 1882. 1883. 1884. 1885.
Progr.

Eger G.: Meteor. Verhältnisse von E. Je 19 od. 20 S. v. Dr. O. Ritt. v. Stainhaußen. 74—89.
Progr.

Stainhöwel, Heinrich, s. Boccaccio: De claris mulieribus.

Staininger, Alex., Volk u. Schützenwesen. Aufzeichnungen aus den Erfahrgn. erprobter Schützen u. Fachmänner, m. Vorschlägen zur Hebg. u. Verbesserg. des vaterländ. Schützenwesens. (48 S.) 8. Wien (905). (L. W. Seidel & Sohn.) n. 1. 50

Staininger, C., u. Th. **Wiedemann,** das Mattigbad in Ober-Oesterreich. 8. (V, 44 S.) Wien 880. Braumüller. n. 1. —

Staininger, Ign., prakt. Anleitung z. geschwinden Kopfrechnen von Convent.-Münze, Wiener-Währung auf Einlösungsscheine, u. umgekehrt, nach d. Course zu 250. Mit vielen Vortheilen u. Beispielen sammt Münz- u. Maß-Tabellen f. Schulen u. d. prakt. Leben. 8. (10 B.) Linz 837, (Haslinger.)

Stainlein von Saalenstein, Hermann Graf: Auszüge aus dem Tagebuche. Hrsg. u. mit e. Einl. vers. von Dr. Em[ile] Witmeur. Leipzig: Meisenbach, Riffarth & Co. 1909. VII, 480 S. 4°

Stainrich, W. G. v., Beleuchtung der Angaben über Mange's Entdeckung der, die Fäulniß thierischer Materien hindernden Wirkung der Holzsäure rc. 8. Wien, Gräffer. 820.

Stainton, H. T., the natural history of the Tineina. Assisted by Zeller and J. W. Douglas. (In engl., franzős., deutscher und latein. Sprache.) Vol. 1—7. gr. 8. London. Berlin, Mittler und Sohn. geb. à Vol. ** 4 Thlr. 6 Ngr. Thlr. **

Inhalt:
Vol. 1. Nepticula. Part I. Cemiostoma. Part I. (XV und 338 S. mit 8 ill. Stut. und 8 Bl. Erklärungen.) 855.
» 2. Lithocolletis. Part I. (IX und 317 S. mit 8 ill. Kpfrt. und 8 Bl. Erklärungen.) 857.
» 3. Elachista. Part I. Tischeria. Part I. (IX und 269 S. mit 8 ill. Kpfrt. und 8 Bl. Erklärungen.) 858.
» 4. Coleophora. Part I. (IX und 292 S. mit 8 ill. Kpfrt. und 8 Bl. Erklärungen.) 859.
» 5. —— dass. — Part II. (IX und 228 S. mit 8 ill. Kpfrt. und 8 Bl. Erklärungen.) 860.
» 6. Depressaria. Part I. (IX und 283 S. mit 8 ill. Kpfrt. und 8 Bl. Erklärungen.) 861.
» 7. Bucculatrix. Part I. and Nepticula. Part II. (IX und 251 S. mit 8 ill. Kpfrt. und 8 Bl. Erklärungen.) 862.
Bei Vol. 3, 4 und 7 ist auch Frey als Mitarbeiter genannt.

Stainton, H. T., the natural history of the Tineina. Assisted by Zeller, J. W. Douglas and Frey. (In engl., franzős., deutscher und latein. Sprache.) Vol. 8—10. gr. 8. London. Berlin, Mittler und Sohn. geb. à Vol. * * 4 Thlr. 6 Ngr. * *

Inhalt:
Vol. 8. Gracilaria. Part 1. and Ornix. Part 1. (IX und 315 S. mit 8 ill. Kpfrt. und 8 Blatt Erklärungen.) 864.
» 9. Gelechia. Part 1. (VII und 276 S. mit 8 ill. Kpfrt. und 8 Blatt Erklärungen.) 865.
» 10. —— dass. — Part 2. (XI und 304 S. mit 8 ill. Kpfrt. und 8 Blatt Erklärungen.) 867.
Vol. 1—7. Ebendas. 1855—62. * * 29 Thlr. 12 Ngr.

Stainton, H. T., the natural History of the Tineina. Assisted by Zeller, J. W. Douglas and Frey. (In engl., franzős., deutscher und latein. Sprache.) Vol. 11—13. gr. 8. (XIII, 330; VII, 259; VIII, 377 S., mit je 8 color. Kpfrt. und je 8 Bl. Erklärungen.) London 870—73. Berlin, Mittler und Sohn. geb. à Vol. ** M 12,60. **
Vol. 1—10. Ebendas. 1855—67. à Vol. ** M 12,60.

Stainton, H. T., the natural history of the Tineiana. Assisted by **Zeller, J. W. Douglas** a. **Frey.** (In engl., franzős., deutscher u. latein. Sprache.) Vol. 12. a. 13. gr. 8. (VII, 259 u. VIII, 377 S. m. à 8 color. Kpfrtaf. u. 8 Bl. Erklärgn.) London 871. 73. Berlin, Mittler & Sohn. geb. à n.n. 12. 60

Stair, Nil, d. weltberühmt. Seeländers, letzte u. höchst merkwürd. Reisen nach den unbekannt. Inseln. 2 Thle. 8. Frankf. 746.

NIL **STAIRS**, Des weitberühmten Seeländers —, remarquable und höchst-merckwürdige Reisen, nach denen unbekannten Insuln des Orientalischen Oceani, Darinnen dessen beträchtliche Schifffahrt, jämmerlich-erlittener Schiffbruch, eilffjährige Wohnung unter einer sehr vernünftigen Indianischen Nation, angelegte Plantagen und angestellte Heim-Reise, bis zu seinem an der Cap (so!) erfolgten Tode; Nebst andern curiösen Merckwürdigkeiten, Aus dessen eigenhändigen Journal an seiner wunderbahren Vortrefflichkeit willen ins Hoch-Teutsche übersetzet und heraus gegeben. Dritte Auflage. Mit Titelkupfer. ERFURT, druckts und verlegts Joh. David Jungnicol, 1749. 8°. (In Berlin: Bibl. Diez. 5272; mit 1 Beibd.)

Einiges pikant. 247 S. (incl. Titelkpf., roth u. schwarz gedr. Tit. u. 2 Bll. Vorr.). Unter d. Titelkpf. die Verse gestochen:
Ich war von Jugend auf ein rechter Waßer Man
Und lieff mit vollem Wind der Erden Ende Zu
Mein Wohn-Platz hieß mit Recht der große Ocean
Nun da ich todt und kalt gab mir die Erde Ruh.

Stak, R. W., medicinische Fälle mit nöthigen Anmerkk.; aus d. Engl. (von K. H. Spohr). 8. Stendal 788. Franzen u. Gr. 6 kr

Stakebrand, Fridericus Guilelmus *(geb. Neudorf bei Breslau 26. 10. 1768)*: Dissertatio ... exponens psychicas morborum caussas. [Vratislaviae] 1819. (16 S.) 4° *[Im Diplom fälschlich: Stakebrandt.]*
Breslau, Med. Diss. v. (18. Juni) 1819

Stakemann, Aug., Spruchsammlung insbesondere für höhere Lehranstalten. Nach dem kleinen Katechismus Luthers geordnete u. nach Jahrescursen bezeichnete bibl. Sprüche nebst 2 Spruchregistern. Im Anh. der vollständ. kleine Katechismus Dr. M. Luthers, dessen Katechismuslieder u. die 3 ökumen. Symbole. 2. umgearb. Aufl. Oldenburg 869. Stalling's Verl. 8. (XVI, 132 S.) n. 6 ngr.

Stakemann, Aug., Spruchsammlung insbesondere f. höhere Lehranstalten u. mehrklassige Schulen. Nach dem kleinen Katechismus Luthers geordnete, u. nach Jahreskursen bezeichnete bibl. Sprüche, nebst 2 Spruchregistern. Im Anh. der vollständ. kleine Katechismus Dr. Martin Luthers, dessen Katechismuslieder u. die 3 ökumen. Symbole. 3. Aufl. 8. (XX, 124 S.) Oldenburg 886. Stalling's Verl. n. 1. —

Stakemann, Hans: Aus der Universitäts-Frauenklinik zu Marburg. Ein Geburtsfall bei kyphotisch querverengtem Becken mit Complikation von Coxalgie und Placenta praevia. *Marburg 1898: (C. L. Pfeil).* (38 S.) 8°
Marburg, Med. Diss. v. 21. März 1898

Staeker, Otto: De litis instrumentis quae exstant in Demosthenis quae feruntur posteriore adversus Stephanum et adversus Neaeram orationibus. Halis Saxonum 1884: (Voges in Quedlinburg). 57 S. 8°
Halle-Wittenberg, Phil. Diss. v. [3. März 1885]
Geb. Quedlinburg 8. 6. 1863. V.
In der Bewerbnug schrieb er seinen Namen: Staecker.

Stakner: „Ueber ökonomische Gesellschaften, mit Anwendung auf die Mecklenburgische Landwirthschafts-Gesellschaft", Rostock und Schwerin 1815 (Stiller).

Stal, Carol., **Hemiptera Africana.** Tomus 1—4. Stockholm, (Samson & Wallin.) gr. 8. [Tom. 1. (VI, 256 S.) 864. n. 2 ₰ 20 ngr., Tom. 2. (181 S.) 865. n. 1 ₰ 26 ngr., Tom. 3. (200 S.) 865. n. 2 ₰, Tom. 4. (276 S. mit 1 Steintaf.) 866. n. 3 ₰ 6 ngr.] n. 9 ₰ 22 ngr.

Stål, C., Hemiptera Fabriciana. 2 Thle. gr. 4. Stockholm 869, (Samson und Wallin.) [1. Thl. (148 S.) *ℳ 8.; 2. Thl. (130 S.) *ℳ 7.] *

Stalburg, Johann Karl von A. S. 1359/31

Senecam se et Lucilium suum extendamus vitam animantem meditando prosecuti quidquid elicitum est ... Göttingen (Hager) 15. VIII. 1754. 38 S.

2 Verf. 33132

Stalder, Frz. Jos., üb. d. Entlebuch, nebst Beitrag zu einem schweizer. Idiotikon. 2 Thle. 8. Zürich 797 u. 798. Orell. 1 ₰ 20 gr.

Stalder, F[ranz] J[oseph]. Fragmente über Entlebuch. Nebst einigen Beylagen allgemein schweizerschen Innhalts. 2 Theile. [je Mit 1 Tafel.] 8. Zürich 1797–1798.

Stalder, F. J., die Landessprachen der Schweiz, oder schweizer. Dialektologie, mit kritischen Sprachbemerkungen beleuchtet, und der Gleichnißrede vom verlornen Sohn, in allen Schweizermundarten. gr. 8. Aarau, Sauerländer. 819.

— Versuch eines schweizerischen Idiotikons m. etymologischen Bemerk. 1r Thl. gr. 8. Aarau, Sauerländer. 807.

Stalder, F. J. Schweizerisches Idiotikon. Aarau 1812. 2 Bde.

Stalder, Frz. Jos., Versuch e. schweiz. Idiotikon mit etymolog. Bemerkungen. Sammt e. Skizze einer schweiz. Dialektologie. 2 Bde. gr. 8. Aarau, Sauerländer. 813.

Stalder, G., die hauswirtschaftliche Buchführung auf dem Lande. Praktische Anleitg. zum Betriebe der Buchführg. im landwirtschaftl. Haushalte. gr. 8. (54 S.) Bern 892. K. J. Wyß. n. — 80

Stalder, G., Mostbüchlein, s.: Gut, R.

Stalder, G., Obstweinbereitung u. Verwertung der Obstreste, s.: Gut, R.

Stalherm, Heinrich [app. Arzt aus Recklinghausen]: Aus d. patholog. Institute zu Kiel. Über Kyfose und ihre Beziehung zu den Veränderungen der inneren Organe ... Kiel, Druck v. L. Handorff, 1892; 35 S. 8.
Kiel, Med. Fak., Inaug.-Diss. v. [23. Mai] 1892.

Stalin, Josephine, s. Pestalozzi's, H., Vorträge u. Reden.

Staelin, A., üb. d. Augenerkrankgn. in d. Frühperiode d. Syphilis, s.: Wilbrand, H.

[Umschlagt.:] **Staelin**, Albert [Dr., früherer Assistenzarzt]: ... Zur Kasuistik der accessorischen Schilddrüse. (Aus: Jahrb. d. Hamburg. Staatskrankenanst., Bd III Jg. 1891/1892.) Hamburg & Leipzig, L. Voss, 1894; 8 S., 1 Taf. 8.
Leipzig, Med. Fak., Inaug.-Diss. v. [18. Febr.] 1893

— über Katatonie. [Aus: „Jahrbb. d. Hamburg. Staatskrankenanstalten" 3. Bd.] gr. 8. (18 S. m. 8 Abbildgn. u. 1 Taf.) Ebd. 894. n. 1. 75

— Untersuchungen üb. e. Conjunctivitis-Epidemie, s.: Wilbrand, H.

Stälin, Christoph Friedrich von

— Beschreibung des Oberamts Geislingen, s. Beschreibung des Königr. Württemberg, 17. Heft.

Stälin, Chrstph. Friedr., zur Geschichte u. Beschreib. alter u. neuer Büchersammln. im Königr. Würtemberg, insbesond. d. k. öffentl. Bibliothek in Stuttgart u. der mit ders. verbund. Münz-, Kunst- u. Alterthümersammlung. 8. (6 B.) Stuttgart u. Tübingen 838, Cotta'sche Buchh.
Aus: Würtemb. Jahrb. von v. Memminger, besond. abgedruckt.

—— würtemberg. Geschichte. 1. Thl. Schwaben u. Südfranken v. d. Urzeit bis 1080. gr. 8. (40 B.) Stuttgart u. Tübingen 841, Cotta'scher Verlag. *

Stälin, Chrph. Friedr., Wirtembergische Geschichte. 2. Thl. Schwaben u. Südfranken. Hohenstaufenzeit. 1080 — 1268. gr. 8. (IV u. 805 S.) Stuttgart 847, Cotta. n. 3 ₰ (1. II. n. 5½ ₰)

Stälin, Chrph. Friedr. v., wirtembergische Geschichte. 3. Thl.: Schwaben und Südfranken. Schluß des Mittelalters. 1269 —1496. gr. 8. (XX und 801 S.) Stuttgart 856, Cotta'sche Buchh.
1. und 2. Thl. Ebendas. 1842—47. * 5 Thlr. 10 Ngr.

Stälin, Chrph. Frdr. v., Wirtembergische Geschichte. 4. Thl. Schwaben u. Südfranken vornehmlich im 16. Jahrh. 1. Abthlg. Zeit der wirtembergischen Herzoge Eberhard II. u. Ulrich. 1498—1550. Stuttgart 870. Cotta. gr. 8. (XV, 476 S.) n. 2 ₰ 24 ngr.

Stälin, Chrph. Frdr. v., Wirtembergische Geschichte. 4. Thl. Schwaben u. Südfranken vornehmlich im 16. Jahrh. 2. Abth. Zeit der wirtemberg. Herzoge Christoph u. Ludwig. 1550—1593. gr. 8. (VI u. S. 477—853.) Stuttgart 873. Cotta. n. 9. — (I—IV, 2.: n. 42. 40)

[Ant. u. J.] Die Herrschaftsgebiete des jetzigen Königreichs Württemberg nach d. Stand v. J. 1801 v. Oberstudienr. [Christoph Friedrich] v. Stälin u. Hauptm. Bach. Neubearb. v. Geh. Archivr. [Paul Friedrich] v. Stälin u. Topogr. Bechtle. Hrsg. v. d. K. Statist. Landesamt. Masst. 1:260000. [Nebst] Begleitworte. *Stuttgart: Farbendr. Gebert & Veigel; (Begleitw.: Dr. v. W. Kohlhammer) 1896.* (1 Ktnbl. ², 28 S.) 1 Bl. gr. 2. 1 Bd 4.
[96. 5457

Stälin, G[ustav], Justizref. 1. Cl., dz. beim K. Grundbuchamt Gmünd: Ueber die dinglichen Ansprüche des B.G.B. hinsichtlich der Anwendbarkeit des Allgemeinen Teils des Rechts der Schuldverhältnisse auf dieselben. *Tübingen 1902: H. Laupp jr.* (IV, 162 S.) 8°
Tübingen, Jur. Diss. v. 1902

Stälin, Paul Friedrich von

Stälin, Dr. P. Fr. v., Geh. Archivrat. Beiträge zur Geschichte des dreissigjährigen Krieges. (Sonderabdruck aus den „Württembergischen Vierteljahrsheften für Landesgeschichte". Neue Folge. VIII. 1899.) 8. Stuttgart 1899.

Stälin, Paul Friedr., Geschichte der Stadt Calw. gr. 8. (III, 132 S. mit 1 Lichtdr. der neuen Kirche.) Calw 888, Vereinsbuchhandlung. *

Stälin, P. F., Geschichte Württembergs, s. a. Geschichte der europäischen Staaten. 25.

Stälin, Paul Friedrich. Geschichte Württembergs (bis 1496). (Aus: „Heeren und Ukert. Geschichte der europäischen Staaten".) (2 Bde.) 8. Gotha 1882—1887.

[Ant. u. F.] **Die Herrschaftsgebiete des jetzigen Königreichs Württemberg** nach d. Stand v. J. 1801 v. Oberstudienr. [Christoph Friedrich] v. **Stälin** u. Hauptm. Bach. Neubearb. v. Geh. Archivr. [Paul Friedrich] v. Stälin u. Topogr. Bechtle. Hrsg. v. d. K. Statist. Landesamt. Massst. 1:260000. [Nebst] Begleitworte. *Stuttgart: Farbendr. Gebert & Veigel; (Begleitw.: Dr. v. W. Kohlhammer) 1896.* (1 Ktnbl. ?, 28 S.) 1 Bl. gr. 2. 1 Bd 4. [96. 3437

Stälin, P., Die Nachkommen von Christoph Martin Dörtenbach in Calw. Nebst Stammtfln. Stuttgart 1874.

Stälin, Dr. P. Fr. v., geh. Archivrath. Schwedische und kaiserliche Schenkungen im Bezug auf Teile des heutigen Königreiches Württemberg und an Glieder zu demselben gehöriger Familien während des 30jährigen Krieges. (Sonderabdruck aus den „Württembergischen Vierteljahresheften für Landesgeschichte". 8. Stuttgart 1897.

Stälin, Dr. P. Fr. v., geh. Archivrath. Schwedische Schenkungen in Bezug auf Teile des heutigen Königreichs Württemberg und an Angehörige zu demselben gehöriger Familien während des 30jährigen Kriegs. (Sonderabdruck aus den: „Württemberg. Vierteljahrheften für Landesgeschichte." N. F. III. Jahrgang 1894, 4. Heft.) 8. Stuttgart 1895.

Stalker, James, die Christologie Jesu od. Was sagt Jesus Christus üb. sich Selbst? Nach den Synoptikern dargestellt. Autoris. Uebersetzg. 8. (VIII, 157 S.) Dessau 902. A. Haarth. Geb. in Leinw. n. 2. 80

Stalker, James, Jesus Christus unser Vorbild. Imago Christi. Autoris. Uebersetzg. 8. (VIII, 255 S.) Cöthen 891. Schriften-Niederlage d. Evangel. Vereinshauses. Geb. n. 3. 60

Stalker, James, Jesus Christus unser Vorbild. Imago Christi. Autor. Uebersetzg. 2., durchgeseh. Aufl. 8. (VIII, 156 S.) Cöthen 896. Dessau, Buchhandlg. d. evang. Vereinshauses. n.n. 1. 50; geb. n.n. 2. 40

— Jesus Christus unser Vorbild. Imago Christi. Autoris. Uebersetzg. 3., durchgeseh. Aufl. 8. (VIII, 157 S.) Ebd. 901. Geb. in Leinw. n.n. 2. 40

Stalker, James, das Leben Jesu. Autoris. Uebersetzg. aus dem Engl. gr. 8. (IV, 135 S.) Freiburg i/B. 895. J. C. B. Mohr. n. — 80; Einbd. n. — 40

— das Leben Jesu. Autor. Uebersetzg. aus dem Engl. 2. Aufl. gr. 8. (IV, 135 S.) Freiburg i/B. 898. Tübingen, J. C. B. Mohr. n. — 80; geb. n. 1. 20

— das Leben Jesu. Autoris. Uebersetzg. aus dem Engl. 3. Aufl. gr. 8. (IV, 135 S.) Tübingen 901. J. C. B. Mohr. n. — 80

Stalker, James, das Leben Jesu. Autoris. Übersetzg. aus dem Engl. 4. Aufl. (IV, 135 S.) 8. Tübingen 910. J. C. B. Mohr. 1. —

— Das Verhör u. der Tod Jesu Christi. Eine geschichtl. u. psycholog. Studie. Übers. v. M. Langenau. 1. u. 2. Aufl. (Je VIII, 264 S. m. Bildnis.) 8. Berlin 907. M. Warneck. 2.40; geb. in Leinw. 3. 20.

Stall, Bernhard

Stall, Bernh., die Couponfrage und das Curatoren-Gesetz. Beiträge zur Beleuchtung der hier einschläg. Rechtsfragen. gr. 8. (36 S.) Wien 880, Rosner. *

Stall, Bernh., s.: Deutschlands Zoll- u. Handelsverträge.

— internationales Gold — nationales Silber. gr. 8. (82 S.) Berlin 894. Deutsche Zeitungs-Verlags-Anstalt. n. 1. —

Stall, B., englische Kolonialpolitik im vorigen Jahrh. Der Abfall der amerikan. Kolonien im Parlamente. [Aus: „Deutsche volkswirthschaftl. Korrespondenz".] 8. (36 S.) Berlin 887. (Bernstein.) n. — 60

— das Recht der Börse. 8. (17 S.) Berlin 893. Verlag der Deutschen volkswirtschaftl. Korrespondenz. n. 1. —

Stall, Bernh., die Silberfrage s. Industrie u. Handel. gr. 8. (54 S.) Berlin 895. Deutsche Zeitungs-Verlags-Anstalt. n. 1. —

Stall, Bernhard: Die Währungsfrage, s. Arendt, Otto.

Die Zukunft des Silbers. Beiträge z. Klarstellung d. Währungs- u. Silberfrage von Dr. jur. **Bernhard Stall**. *Berlin: Deutsche Volkswirthsch. Korrespondenz 1893.* (46 S.) 8° [F.] [94. 6?

— die Zukunft des Silbers. Beiträge zur Klarstellung der Währungs- u. Silberfrage. 2.-8., verm. Aufl. gr. 8. (50 u. 50 S.) Berlin 893. W, Mohrenstr. 50, Verlag der Deutschen volkswirtschaftl. Korrespondenz.

Stall, Sylvanus

Stall's Bücher. Aufklärung u. Reinheit. kl. 8. Berlin [J. Witt]. Konstanz, Christl. Buch- u. Kunstverl. C. Hirsch.
Stall, Sylvanus, was e. Mann von 45 wissen muß? Einzige autoris. deutsche Ausg. übersetzt v. Max Kullnick. (315 S. m. Bildnis.) 910. Geb. in Leinw. 3. –
Wood-Allen, Mary, was ein kleines Mädchen wissen muß? (Über sexuelle Fragen.) Einzige autoris. deutsche Ausg. übers. von P. v. Gizycki. (281 S. m. Bildnis.) 910. 3. —; geb. 3. 75
Vergl.: Puritas-Bibliothek.

Sylvanus **Stall**. Was ein junger Ehemann wissen muß [What a young husband ought to know]. Einzige autor. deutsche Ausg. von Dr. P[aul] v. Giżycki, Stadtschulinsp. Berlin: Gerdes & Hödel [1906]. (XXIV, 289 S.) 8° [F.]
(Puritas-Bibliothek.) [07. 17410

Sylvanus **Stall**. Was ein junger Mann wissen muß [What a young man ought to know]. Einzige autor. Ausg. von Dr. P[aul] v. Giżycki, Stadtschulinsp. Berlin: Gerdes & Hoedel [1907]. (XXXI, 324 S.) 8° [F.]
(Puritas-Bibliothek.) [07. 17411

Stallbaum, Friedr., Handbuch für Gesanglehrer an Gymnasien, Pädagogien, Real- und Bürgerschulen oder: Kurzgefaßter Lehrgang nach den Grundsätzen der analytisch-synthet. Methode und Sammlung ein-, zwei-, drei- und vierstimm. Gesänge. Lex.-8. (111 S.) Zerbst 855, Römer.

Stallbaum, (Johann) Gottfried

— **De argumento et artificio Theaeteti Platonici ex temporum rationibus iudicando. 1888. 24 S. 4°.**

Stallbaum, Gottfried, s. Bibliotheca graeca.

— Comment. ad Legg. Plat. IV. p. 713. sqq. ed. Steph., qua Platonis sententia de optimo civitatis statu ex civium sensibus suspenso illustratur. Pr. 1845. 27 S. 4°.

Stallbaum, G.. Commentatio, qua disseritur de similitudine, quae inter sacrorum emendationem saeculi XVI. in. atque philosophiae graecae per Socratem instaurationem intercedit. Pr. 1830. 34 S. 4°. 1.—

Stallbaum, Godofr., Conjecturae de rationibus quibusdam, quae inter Socratem et ejus adversarios intercesserint, ex Euthydemo Platonis maxime ductae. (Nebst Schulnachrichten.) 4. Lipsiae 835. (Goethe.) n. 1/4 ℔

Stallbaum, Godofr., Coniecturae de rationibus quibusdam, quae inter Socratem et eius adversarios intercesserint, ex Euthydemo Platonis maxime ductae. (Nebst Schulnachrichten.) 4. (4 1/2 B.) Lipsiae 835, (T. O. Weigel.) *

Stallbaum, G., Die dialogis nuper Simoni Socratico adscriptis. Pr. 1841. 38 S. 1.20

— Diatribe in mythum Platonis de divini amoris ortu (Phaedr. p. 245 C). Pr. 1854. 55 S. 4°. 1.25

— Diatribe in Platonis Politicum. Pr. 1840. 129 S. 1.—

Stallbaum, Godofr., Diatribe in Platonis Politicum. 8maj. Lipsiae 841, C. L. Fritzsche. 1/2 ℔

— De dignitate gymnasiorum recte aestimanda. Pr. 1844. 27 S. 4°.

— De vetere gymnasiorum disciplina et institutione praesentis aetatis rationibus caute attemperanda. Pr. 1856. 24 S. 4°. 1.—

— De artis dialecticae in Phaedro Platonis doctrina et usu. Pr. 1853. 32 S. 4°. 1.50

Stallbaum, Gottfried, s. Erasmus, Des.: Colloquia.

– s. Eustathius.

— De fide et auctoritate doctrinae de diis eorumque cultu decimo libro legum Platonis explicatae. Pr. 1855. 26 S. 4°. 1.—

— De fide et auctoritate doctrinae de diis eorumque cultu decimo libro legum Platonis explicatae. Pr. 1858. 26 S. 4°. 2.—

— De Epinomidis vulgo Platoni adscriptae fide et auctoritate. Pr. 1855. 35 S. 4°. 1.20

— De finibus publicae iuventutis educationis. Pr. 1845. 22 S. 4°

Stallbaum, Gottfr., das Griechische u. Lateinische in unsern Gymnasien u. seine wissenschaftl. Bedeutung f. die Gegenwart, eine Schulrede, begleitet v. einigen Bemerk. über reformator. Bestrebungen uns. Zeit. gr. 8. (3 1/4 B.) Leipzig 846, (C. L. Fritzsche.) *

Stallbaum, Gottfr., das Griechische u. Lateinische in unsern Gymnasien u. seine wissenschaftliche Bedeutung für die Gegenwart, eine Schulrede, begleitet von einigen Bemerkungen über reformator. Bestrebungen unserer Zeit. gr. 8. (51 S.) Leipzig 847. (C. L. Fritzsche.) n. 1/3 ℔

— De incitamentis ad colenda liberalis doctrinae studia nostrae aetati propriis. Pr. 1847. 25 S. 4°. —.75

— De veterum Graecorum institutione ac disciplina iuvenili christianae sapientiae opibus adaucta atque consummata. Pr. 1858. 24 S. 4°. .90

Stallbaum, G., Isocratea ad illustrandas Phaedri Platonici origines. Pr. 1850. 21 S. 4°. —.90

— Artis rhetoricae in Phaedro Platonis exprompt ae iudicium. Pr. 1852. 20 S. 4°. —.90

—— Iudicium de duobus dialogis vulgo Platoni adscriptis. (Nebst: Kurze Nachrichten z. Geschichte d. Thomasschule.) 4. (4 1/4 B.) Lipsiae 836, (T. O. Weigel.) *

— De libertate ingeniorum in litterarum studiis sedulo tuenda. Pr. 1842. 18 S. 4°.

Stallbaum, G., Lysiaca ad illustrandas Phaedri Platonici origines. Pr. 1851. 32 S. 4°. 1.20

— Musica ex Platone secundum locum Legg. VII. p. 712. Pr. 1846. 34 S. 4°. 1.25

Stallbaum, (Joannes) Godofredus: * Observationes criticae in Platonis Euthyphronem. 13 Bl. 8° (4°)
Halle-Wittenberg, Phil. Diss. v. 4. Nov. 1818
Geb. [Zaasch (Kr. Delitzsch) 25. 9. 1794]
Verf. wurde ohne Rigorosum promoviert.
Er gab später heraus: Plato: Euthyphro. Prolegomenis et comment. illustr. Gf. Stallbaum. Acced. scholia graeca ex cod. Bodleiano aucta cum annotat. Ruhnkenii. Leipzig: Lehnhold 1826. 8°

— Oratio qua doctrina de deo Platonica et Christiana inter se comparatur. Pr. 1888. 18 S. 4°.

Stallbaum, G., Duae orationes aditiales de institutione et disciplina gymnasiorum recte moderanda. Pr. 1835. 52 S.

— De periculis litterarum humanitatis studio nostra aetate imminentibus. Pr. 1837. 19 S. 4°.

Stallbaum, G., De persona Bacchi in Ranis Aristophanis, add. duorum Aristophanis et Sophoclis locorum vindiciis. Pr. 1839. 32 S. 4°. 1.20

Stallbaum, G., De persona Euripidis in Ranis Aristophanis commentatio. Pr. 1843. 48 S. 4°. 2.50

Stallbaum, Gfr., s. Plato: Dialogi sel. – Euthyphro. – Euthydemus. – Opera. – Parmenides. – Phaedon. – Symposium et Philebus.

Stallbaum, Godofr., de primordiis Phaedri Platonis. (Programma scholae Thomanae Lipsiensis.) 4maj. (56 S.) Lipsiae 848, (C. L. Fritzsche.) *

— De primordiis Phaedri Platonis. Pr. 1848. 41 S. 4°. 1.20

Stallbaum, G., Probabilia de temporibus quibus dialogus in Gorgia Platonis habitus fingatur. Pr. 1860. 27 S. 4°.

Stallbaum, G., Brevis recognitio iudiciorum de Horat. Sat. I. X. exordio. Pr. 1857. 38 S. 4°. 2.—

—— Schola critica et historica super loco Timaei Platonici de animae mundanae elementis. (Nebst Schulnachrichten.) 4. (4 1/4 B.) Lipsiae 837, (T. O. Weigel.)

— De severioribus litterarum studiis vitae communi maximo salutaribus. Pr. 1857. 19 S. 4°. 1.—

— De Phaedri Platonici tempore natali. Pr. 1849. 25 S. 4°.

– s. Terentius: Comoediae.

— De usu quorundam vocabulorum in legibus Platonis iniuria suspecto. Pr. 1859. 26 S. 4°. 1.20

— Vindiciae loci cuiusdam legum Platonicarum, inter quas simul disputatur de gradibus virtutum secundum Platonem. Pr. 1844. 30 S. 4°. 1.—

Stallbaum, Gottfried. Ueber den innern Zusammenhang musikalischer Bildung der Jugend mit dem Gesammtzwecke des Gymnasiums. Leipzig (1842).

Stallbaum, Gottfr., über den innern Zusammenhang musikalischer Bildung der Jugend mit dem Gesammtzwecke des Gymnasiums. Inauguralrede, nebst biograph. Nachrichten über die Cantoren an der Thomasschule zu Leipzig. gr. 8. (7 B.) Leipzig 843, C. L. Fritzsche. Thlr.

Über Stallbauten. [Verf.: Kreistierarzt August Storch, Schmalkalden.] *(Schmalkalden [1903?]: Gebr. Wolff.)* (3 Bl.) 4° [Kopft. F.] (o. Pr.) 4

Stallberg, *Friedrich* August [aus Braubauerschaft]: Beiträge zur Kenntnis von Derivaten des Mesitylens ... Marburg, Univ.-Buchdr. v. J. A. Koch, 1893; 34 S., 1 Bl., 1 Taf. 8.
Marburg, Phil. Fak., Inaug.-Diss. v. [12. Juni] 1893

Stalle, L. van, cours élémentaire d'histoire générale, s.: Möhl, G.

Staller, Jos., epitome theologiae moralis. Pars I et II. 8. (VII, 460 u. VIII, 478 S.) Brixen 883. 85. Weger. à n. 4. —

Stallfutterung, sollte die, wirklich so allgemein u. unbedingt empfohlen zu werden verdienen? 8. Zelle, Schulze. 802.

Stallhandbuch, od. Unterricht, wie die Zeichen d. häufigern innern u. äußern Pferde-Krankheiten genau zu erkennen u. d. hauptsächl. u. leichtern Pferdekuren sicher u. einfach auszuführen sind, mit e. Anh. üb. d. zweckmäßigste Beschläge f. jeden gesunden u. kranken Pferdehuf. 4. (5¼ B.) Freiburg 839, (Emmerling.) *

Stalling und Ziem, Dachpappen-Fabrikanten in Barge bei Sagan. Das Eindecken flacher Dächer mit Dach-Pappe. Barge 1857. 4.

Stalling, Georg, prakt. Arzt a. Westerstede i. Oldenbg.: Über völlige Lostrennung von Ovarien und Tuben aus ihrer normalen Verbindung. Halle a. S. 1905: C. A. Kaemmerer. (49 S.) 8°
Halle, Med. Fak., Ref. Veit, Diss. v. 5. Dez. 1905
[Geb. 13. Nov. 77 Westerstede; Wohnort: Westerstede; Staatsangeh.: Oldenburg; Vorbildung: Realgymn. Bremen Reife M. 00; Studium: Göttingen 1, Kiel 1, Leipzig 4, Halle 3 S.; Coll. 28. Nov. 05; Approb. 15. Aug. 05.]

Stalling, Gerh. Festschrift, s. Buchholz, F. Aus dem Oldenburger Lande.

Stalling, Gerhard (publishers, Oldenburg, Gy). Gedenkblätter dter Fürsten, Staatsmänner, Dichter, Denker u Künstler, für das Goldene Buch d Dten in A. Hrsg aus Anlaß d Welt-Ausstellung in StL, 1904, von der Kunstverlags-anstalt u Verlagsbuchhandlung, Gerhard Stalling ... Oldenburg i. Gr., 1904.

Stallinger, Anton: Zur Meteorologie von Oberhollabrunn. (1891—1895.) (Umschlagtitel: ... Oberhollabrunn.) 8 (S. 3—12).
K. k. Staats-G. u. gewerbl. Fortbildungssch. *Oberhollabrunn* 1896
Progr.

Stallinger, Anton: Zur Meteorologie in Oberhollabrunn. Einfluß der in den Jahren 1896—1900 angestellten Beobachtungen auf die Normalmittel. (Umschlagtitel: ... von Oberhollabrunn.) S. 11—20. 8.
K. k. Staats-Gymn. und gewerbl. Fortbildungsschule *Ober-Hollabrunn* 1901.
Progr.

Stallinger, Frz., die Riegersburg in Wort u. Bild. Ein Führer. Mit Illustr. (in 23 Postkarten) nach photograph. Aufnahmen v. J. Ederer, Frz. Wagnes u. Otto R. Kowalski u. 3 Kartenskizzen. (62 S.) 16. Graz (909). Styria. — 85

Stallmann, Gegenzeugniß gegen Pfr. Hein in Wiesbaden, s.: Brunn.

Stallmann, Emil *Engelbert* [app. Arzt aus Herford]: Aus d. gynaekolog. Klinik zu Kiel. Ein Beitrag zur Kenntnis des Uterussarkom ... Kiel, Druck v. P. Wegehaupt, 1895; 25 S. 8.
Kiel, Med. Fak., Inaug.-Diss. v. [23. Febr.] 1895

Stallmann, Friedrich Otto [Gerichtsaccessist in Osthofen]: Die Vorbedingungen zum Erwerb des geistlichen Amtes in der evangel. Landeskirche des Grossherzogtums Hessen ... Oppenheim, Druck v. W. Traumüller, 1892; 102 S. 8.
Giessen, Jur. Fak., Inaug.-Diss. v. 1892

Stallmann, H., u. A. Meiners, Heimatkunde des Kreises Herford. (V, 45 S.) gr. 8. Leipzig 909. F. Kortkamp. — 50

Stallmann, H. J., vom Richten u. Verdammen. Predigt üb. das Evangelium Lukas 6, 36—42, bei Gelegenheit der Synodalversammlg. am 6. Juli 1884 zu Chemnitz geh. 8. (14 S.) Zwickau 884. (Dresden, H. J. Naumann.) n. — 10

Stallmann, Karl, die zehn Gebote in katechet. Entwürfen u. Katechesen m. 10 anschaulichen Tabellen. 8. (167 S.) Heidelberg 901. (Ev. Verlag.) 1. 80

Stallmann, W., die Freier, od.: die Zigeunerin. 8. (12 B.) Leipzig 831, Kollmann.

STALLMANN, W., Die Freier oder die Zigeunerin. Leipzig 1831. Kl. 8⁰. 187 S. (Klüber, München, 139. [1904] no. 1273, Beibd.)

Stallmeister, englischer, s. Hodson.

Stallmeister, Der holländische, oder Unterweisung, was zum Kennen, Säumen, Satteln, Beschlagen und Unterhalten der Pferde und zur Reitkunst gehört. Aus dem Holländischen des v. Öbschelwitz. Mit Kpfrn. gr. 8. Leipzig und Gröningen 766. Brockhaus. M. 3.—

— d. holländische, od. Unterweis. was z. Kennen, Zaumen, Satteln, Beschlagen u. Unterhalten d. Pferde u. z. Reitkunst gehört, a. d. Holländ. d. v. Oebschelwitz, m. K. gr. 8. Leipz. Heinsius. 766.

Stallmeister, Jacob Gabriel: Höchst-nützlicher und ungemeiner Vorrath von Allerhand köstlich-heilsam- u. bewährten Ross-Arzney-Mitteln ... Nürnberg 1730. 182 S.

Die Begriffe und Theorieen der modernen Physik (The Concepts and Theories of modern Physics). Von J[ohn] B[ernhard] **Stallo.** Nach d. 3. Aufl. d. engl. Originals übers. u. hrsg. von Dr. Hans Kleinpeter. Mit e. Vorw. von Ernst Mach. Mit 1 Portr. d. Verf. *Leipzig: J. A. Barth 1901.* (XX, 332 S.) 8° [01. 10118

Stallo, J. B., Alexander v. Humboldt. Eine Gedächtnißrede. 12. (24 S.) Cincinnati 859, Theobald und Theurkauf.

--Thomas Jefferson. Cincinnati, 1855.

Stallo, J. B.: Rede geh. im Temple zu Saint Louis. 16. Sept. 1872. StL, 1872.

——. Reden, Abhandlungen, Briefe. New York: Steiger, 1893.

Stall-Pflege. Zur Erleichterg. der Information beim Wechsel der Bedieng. im Stall. K. v. K. gr. 8. (68 S. m. eingedr. Fig.) Hannover 883. (Berlin, Liebel.) n. 3. —; Ausg. in 7 Taf. n. 3. —

Stall-Pflege. Zur Erleichterung der Information beim Wechsel d. Bedienung im Stall. Von K. v. K. 2., verb. Aufl. gr. 8. (III, 68 S.) Berlin 889. Liebel. n. 3. —; Ausg. in 7 Tafeln, Fol. n. 3. —

Stall-Pflege. Zur Erleichterg. d. Information b. Wechsel der Bedieng. im Stall. Von K. v. K. 3., verb. Aufl. gr. 8. (IV, 74 S. m. Fig.) Berlin 898. Liebel. n. 3. —

Stallschaubuch f. Kaninchenzüchter-Vereine. (23 S.) 8. Leipzig (909). Dr. F. Poppe. — 55

Stallungen, d., d. vorzüglich. Haus- u. Nutzthiere, od. Zeichn. zu Ställen, Häusern u. Hütten, mit Grundrissen, Aufrissen u. Durchschnitten z. Unterbringung d. Thiere rc. m. 50 K. von J. A. Heine. Fol. Leipz. Voß. 804.

Stallupönen, Kreis, s.: Gumbinnen, Rg.-Boz.

Stallwitz, A., Glückwünsche u. Albumverse. Ein Hilfsbüchl. f. Eltern u. Kinder. Lehrer u. Schüler. (IV, 95 S.) 8. Schweidnitz (910). G. Brieger. — 50

— Polterabend- u. Hochzeits-Gedichte, Prologe, kleine Aufführungen u. Kaisertoaste. (IV, 114 S.) 8. Ebd. (909). — 50

STALLY, GEORG: Lob- und Pflichtrede auf das Geheimnis der allerheiligsten Dreyfaltigkeit an dem hohen Titularfest des Barfüsserordens, und einer hochlöbl. englischen Erzbruderschaft der allerheiligsten Dreyfaltigkeit, zu Klein Marien-Zell nächst Altofen im Jahr 1771 vorgetragen. Ofen 1771. Gedruckt mit Landerischen Schriften. 12 S. - 220 mm

Stalmann, B., Die soziale Frage in der Predigt. Konvents-Vortrag. (Sammlung theol. u. soz. Reden u. Abhandl., Ser. 3, Lfg. 7.) 8°. Leipzig. Wallmann, 1892.

Stalmann, B., die soziale Frage in der Predigt, s. a. Sammlung theologischer u. sozialer Reden u. Abhandlungen.

Stalmann, B., der Sonntag u. das Familienleben. Vortrag, geh. auf e. Familienabend am 8. X. 1905. (15 S.) 8. Leipzig (905). A. Strauch. n. — 10

Stalmann, Gerhard, aus Soltau: Zur **Kenntnis** tricarbocyklischer Verbindungen. *Hannover 1902: W. Riemschneider.* (60 S.) 8° Göttingen, Phil. Diss. v. [18. Febr.] 1903

Stalmann, Gerh., zur Kenntnis tricarbocyklischer Verbindungen. Diss. (59 S. m. 1 Tab.) gr. 8. Hannover 902. (Göttingen, Vandenhoeck & Ruprecht.) n. 1. 60

Stalmann, H. L., Predigten. 8. Braunschw. Schulbuchhandl. 788.

— einige Predigten bei besondern Fällen gehalten, zum Besten d. Abgebrannten zu Vorsfelde herausgg. 8. Braunschw. 79?.

Stalmann, [Karl]: Beaufsichtigung der in Familienpflege untergebrachten Kinder. Leipzig: Duncker & Humblot 1899. (72 S.) 8°
= Schriften d. deutschen Vereins f. Armenpfl. u. Wohlthät. H. 43, [2].

Stalmann, Martin, a. Bolzum: Beiträge zur Geschichte der Gewerbe in Braunschweig bis zum Ende des XIV. Jahrhunderts. Wernigerode a. H. 1907: B. Angerstein. (69 S.) 8° [J.]
Freiburg i. B., Phil. Fak., Ref. v. Below, Diss. v. 1908
[Geb. 29. Sept. 84 Bolzum, Kr. Hildesheim; Wohnort: Soltau; Staatsangeh.: Preußen; Vorbildung: Gymn. Hann.-Münden Reife O. 03; Studium: Marburg 3, Göttingen 2, Freiburg i. B. 8 S.; Rig. 17. April 07.]

Stalmann, Wilhelm

Stalmann, das herzogl.-philologisch-pädagogische Institut auf der Universität zu Helmstedt (1779—1810).
1. Tl. Darstellung. Progr. gr. 4. (29 S.) Blankenburg 899. (A. Brüggemann.) n. — 50

Stalmann, Wilhelm: Das Herzogliche philologisch-pädagogische **Institut** auf der Universität zu Helmstedt (1779—1810). (T.) 2. Beurteilung nebst Anhängen u. einem Mitgliederverzeichnis. *Blankenburg Harz: A. Brüggemann in Comm. 1900.* (S. 3—26.) 4° ¶ [Forts. d. P-Beil. 1899.]
Blankenburg a. H., herz. G, OP 1900 (740)

Stalpf, Jos. Abrah., († d. 8. Febr. 1798.) üb. einige Rechte u. Verbindlichkeiten neutraler Nationen in Zeiten des Kriegs. 8. Würzb. 791.

— Diss. de restitutione fructuum virtualiter extantium domino rem suam vindicanti a bonae possessore facienda. 4. Herbipoli 793.

Stälswerd, s. Stählswerd.

Stalzer, Frz., s.: Schul- u. Lehrer-Schematismus, schlesischer.

Stalzer, Josef: Zu den Reichenauer Glossen. S. 3—22. 8.
Progr. K. k. zweites Staats-Gymn. *Graz* 1908.

Stalzer, die Reichenauer Glossen der Handschrift Karlsruhe 115. Hrsg. u. erklärt. (172 S.) gr. 8. Wien 906. A. Hölder. 4. —
Sonderabdruck aus: „Sitzungsber. d. k. Akad. d. Wiss."

Stalzer, Josef (Hrsg.), s.a. Glossen, Die Reichenauer ...

Stam, ..., (Ldw. Harscher v. Almendingen,) üb. die Grundlage rc. des mystischen Testaments, s. Grundlage.

STAMATIADES, Georgios (Kastrevela/Griechenl.): De neurologia cardiaca. (Titel nach der Urkunde) 3.8.1858 - Urk; P 69
Diss. Ingolst.-Landsh.-Mchn.

Stamaty (Stamati-Ciurea), Konstantin von

Stamaty, Const. de, Aléxis. Tragédie en 3 actes et en prose. gr. 8. (44 S.) Wien 876, (Löwy.) *

Stamaty, Const. de, Aléxis. Tragédie en 3 actes et en prose. gr. 8. (44 S.) Wien 876. (Stecklor.) n. 2. 40

Stamaty, Const. de, les enfants du condamné. Drame en 4 actes et 6 tableaux. gr. 8. (77 S.) Wien 880, (Edm. Schmid.) *

Stamaty, Const. v., e. Krach u. seine Folge. Schauspiel in 2 Aufzügen. gr. 8. (42 S.) Wien 876. Brüder Winter. n. 2. 40

— die Nordpolexpedition d. Tegethoff. Drama in 5 Acten u. 9 Bildern. gr. 8. (65 S.) Ebend. 876. n. 2. 40

STAMATI-CIUREA, Constantin von
(F) Wahn und Wahrheit. Erzählungen und Studien von Constantin v. Stamati-Ciurea. Autorisirte Uebertragung von Prof. A. M. Herausgegeben und mit einem Vorwort versehen von Basil Morariu. Czernowitz. 1901. Pardini. 8°. V, 191 S. K 3.—

Stambach, d. rationelle Hopfen-Kultur m. bes. Berücksicht. d. Drahtbaues, d. Krankheiten u. Feinde d. Hopfens. Ein prakt. Handbuch f. Landwirte, Lehrer, Brauer u. Händler, nach d. neuesten Forschgn. u. Erfahrgn. gr. 8. (VII, 163 S. m. Fig. u. 4 Taf.) Weißenburg 894. R. Ackermann. n. 2. 40

Stambach, J. J., die Planimeter Coradi, ihre Theorie, Construction u. Genauigkeit. [Aus: „Schweizer. Bauzeitg."] gr. 8. (29 S. m. Fig.) Stuttgart 889. Wittwer's Verl. n. 1. —

Stambach, J., der topographische Distanzenmesser u seine Anwendung. Anleitung zur Bestimmg. von Distanz u. Höhe e. Objektes aus e. Standpunkte. Mit e. (lith.) Figurentaf. (in qu. Fol.) u. e. Reductions- u. Höhentabelle v. J. Wild (in qu. 4.) gr. 8. (9 S.) Aarau 872. Christen. n. — 80

— dasselbe. 2. durchges. u. bericht. Aufl. gr. 8. (16 S.) Ebend. 873. n. 1. —

Stambach, J., Die Geometerschule am zürch. Technikum. Winterthur, Technikum 1880.
Progr.

Volksschule und Erziehung zur Sittlichkeit. Eltern und Erziehern gewidmet vom Schweizerischen Freimaurerverein Alpina. [Unterz.:] J. J. **Stambach.** Winterthur: Kieschke 1887 V, 40 S. 8⁰
Zsfassung der Ideen, welche auf eine Preisfrage: „Wie soll der Primarlehrer dazu beitragen, dass die sittliche Erziehung der Kinder mit dem Schulunterricht gleichen Schritt halte?" eingegangenen Arbeiten enthalten sind.

[Franz. Übers. u. d. Tit.:]
L'Ecole populaire et l'éducation morale. Dédié aux parents et aux instituteurs par l'association maçonnique suisse Alpina. [Unterz.:] J. J. **Stambach.** Berne 1887: Haller. IV, 39 S. 8⁰

Stambach, Jh. Fürchtrg., s. 1) Abhandl. üb. d. Werth d. Mönchprofessen. 2) Dacier, d. Hochzeitgott.

Stambach, Ludwig: Aus dem St. Marienhospital auf dem Venusberg bei Bonn (Leitender Arzt: Prof. Dr. Graff-Bonn). Bildung einer Nervenanastomose zwischen N. medianus und radialis infolge Radialislähmung nach komplizierter Oberarmfraktur. München 1907: Kastner & Callwey. (34 S.) 8⁰
München, Med. Fak., Ref. v. Angerer, Diss. v. 6. Juni 1907
[Geb. 1. März 73 Weißenburg i. E.; Wohnort: München; Staatsangeh.: Bayern; Vorbildung: Luitpold-Gymn. München Reife Juli 93; Studium: München 10 S.; Coll. 6. Juni 07; Approb. 6. Juli 98.]

Stambke, Hugo. Ueber den Einfluss der Körperbewegung auf die Verdauung des Schweines. Aus dem physiologischen Institute der Kgl. Sächs. Tierärztlichen Hochschule zu Dresden.... Diss. Vet.-Med. Bern. [Mit 1 Tafel.] 61 S. 8. Cöthen in Anhalt, Fr. Both, 1909.

Stambke, Mathilde v., Blüthen einsamer Stunden. Erzähln. 8. (11½ B.) Breslau 837, Verlags-Comptoir.

Stambke, Mathilde v., Joseph Pokrzewnicky. Aus den Papieren eines Flüchtlings. gr. 12. (9½ B.) Leipzig 842, Barth.

Stambke, Mathilde v., Propertia di Rossi, } s. a. Herbstrosen, 2. Jahrg.
—— die Grafen Werdenfels, }

— Herbstrosen. 1841. Die Grafen Werdenfels. — Propertia di Rossi. Zwei Erzähll. 2r Jahrg. 8. Breslau 840. Kern. 1 ℛ

Stambogs-Vers. Flensborg. 1892. 8⁰

Stambul und das moderne Türkenthum. Politische, soziale und biographische Bilder von einem Osmanen. Leipzig 1877 bis 1878. V: *Mordtmann, Andreas David.* (Mitt. Dr. Babinger, Würzburg)

Stambul u. das moderne Türkenthum. Politische, sociale u. biograph. Bilder von einem Osmanen. 8. (VII, 259 S.) Leipzig 877. Duncker & Humblot. n. 6. 40

— dasselbe. Neue Folge. gr. 8. (324 S.) Ebend. 878. n. 6. 60

Stamer, Heinr., Ferdinand Graf Zeppelin, s.: Jugend- u. Volksbühne.

Stamer, Hugo (geb. Neudorf in Oldenburg 10. 12. 1854): Ueber Radicaloperation der Hernien. Berlin (1879). (31 S.) 8⁰
Berlin, Med. Diss. v. 23. Aug. 1879

Stamer-Kaspari, Auguste, im Reich der Lüfte, s.: Jugend- u. Volksbühne.

Stamford, Heinrich Wilhelm von

v. Stamford, Hnr. Wlh., (auch Frz. Karl), († d. 16. Mai 1807.) Entwurf e. Anweis., wie d. Cavallerist in Friedenszeiten den ganzen Felddienst lernen könne, (umgearb. u. herausgg. v. K. L. F. Lachmann). Mit 2 Kpftaf. 8. Berl. 794. (Hirbig). 1 ℛ 8 gr

Stamford, H. W. v., Entwurf ein. Anweisung d. Cavalleristen in Friedenszeiten d. ganzen Felddienst zu lehren. 8. Berlin, Unger. (Schade) 794.

Stamford, Heinrich Wilhelm von. Entwurf einer Anweisung, wie der Cavallerist in Friedenszeiten den ganzen Felddienst lernen könne. Berlin 1794. H: *Lachmann, Carl Ludolph Friedrich.* (MGT) (Ky)

Stamford, H. W. v. Entwurf einer Anweisung, den Kavalleristen in Friedenszeiten den ganzen Felddienst zu lehren. Mit Pl.
Berlin 1794. 368 S.
— — Dasselbe im Auszug von einem Offizier d. Reiterei. Grimma 1827. 140 S.

— nachgelassene Gedichte, herägg. v. H. M. Marcard. 8. Hannov. 808. Hahn. 16 gr

Versuch, die Grundsätze des Differential- und Integralcalculs vorzutragen, ohne die Begriffe von den unendlich kleinen Grössen hineinzubringen; von *H. W. J. von Stamford,* Hauptmann beym königl. Preussischen Ingenieurcorps. Berlin bey Unger. 45 Seit. 1 Kupft. 8.
1784.

Stamford, Karl von

[J.] Der Antheil der hessischen Regimenter des XI. Armeekorps am Kriege von 1870/71. Von C. v. S[tamford]. *Marburg: O. Ehrhardt 1896.* (1 Bl., 144 S.) 1 Bd 8. [98. 7104

Stamford, C. v., die Feldzüge der Regimenter Ufm Keller und v. Hornumb von Hessen-Cassel in dem Reichskriege gegen Schweden auf Schonen und auf Rügen 1677 und 1678. Ein Beitrag zur hess. Kriegsgeschichte, wie zur Geschichte der hess. Kriegsverfassungen. Mit 6 Anlagen. gr. 8. (IX, 210 S. mit 3 Tab.) Kassel 882, Freyschmidt. *

—— das Regiment Prinz Maximilian von Hessen-Cassel im Kriege des Kaisers gegen die Türken 1717—1718 und im Kriege der Quadrupelallianz auf Sicilien 1718—1720. Ein Beitrag zur hess. Kriegsgeschichte. gr. 8. (VII, 224 S. mit 1 lithogr. Plan und 3 Beilagen.) Kassel 880, Klaunig. *
geb. **

— Uebersicht der kurfürstl. hessischen Offiziere, welche bei der Einverleibung Kurhessens in die Preussische Monarchie im Dienste standen, sowie weitere Nachweisung über dieselben. gr. 8. (IV, 33 S.) Kassel 881. Klaunig. n. — 80

Stamford, Th. v., das Schlachtfeld im Teutoburger Walde. gr. 8. (VI, 330 S. m. 1 Karte.) Cassel 892. (Th. G. Fisher & Co.) n. 7. 50

Stamfort, Elisa Gräfin von. Greifswald 1811. V: *Normann, Henriette Charlotte Sophie von geb. v. Beyer.* (GGr)

Stamfort, s.a.Elise.

Stamina juris naturae methodo demonstrativa in filum ducta. Lipsiae 1756. V: *Grenz, Adam.* (ML)

STAMLER, Ludwig (München): Von den Fisteln im Allgemeinen, insbesondere aber von der Heilung der Dammurinfistel auf operativem Wege.- München: Wolf 1843. 19 S.
22.8.1857 - Grk (Titel: De fistulis.); F 63
Diss.Ingolst.-Landsh.-Mchn.

Der Kressen Stamm und Güter. (Bildnisse und Wappen). O. O. u. J. 4.

Stamm, die Brustverletzungen in forensischer Beziehung. 31 Stn. 8. Bern, in Commiss. bei Huber & Co. 1872.

Stamm, K., Lese-Fibel, s.: Wild, L.

Stamm, A. J. C., die Himmelfahrt des Herrn, eine vernunftgemäße und wirkl. Sache, oder Widerlegung des Brenneckeschen biblischen Beweises: daß Jesus nach seiner Auferstеh. u. s. w. 8. Sondershausen, Voigt (in Comm.) (820.) -

Stamm, Adolf: Bildung. 15 S. 4. **Progr.** Gymn. *Anklam* 1904 (157).

Stamm, Adolfvs [Nassoviensis]: Tres canones harmonici. Berolini apvd Weidmannos, 1881. 8. 30 S.

Stamm, Adf., graph. Darstellg. d. deutschen Satzlehre nebst e. Interpunktionslehre. gr. 8. (32 S.) Leipzig 899. J. Baedeker. n. 1. —

Stamm, Adolf [Dr.]: Grundsätze für die Interpunktion. *Iserlohn, Druck v. F. Dossmann, 1896;* 2 Bl., 9 S., 1 Bl. 8.
Iserlohn, RG, P 1896 (378)

Stamm, Alfred [aus Kronstadt]: Der erste Feldzug des Gabriel Bethlen, Fürsten von Siebenbürgen, gegen Kaiser Ferdinand den Zweiten, König von Ungarn, bis zum Waffenstillstand von Pressburg im December 1619 ... Kronstadt, Buchdr. Alexi, 1894; 3 Bl., 82 S. 8.
Jena, Phil. Fak., Inaug.-Diss. v. 1894

Stamm, Alfred: Allgem. geschichtl. Verhältnisse in Ungarn u. Siebenbürgen beim Beginn d. Reformation. *Kronstadt 1898.*
in: **Zeit,** Aus d., d. Reformation ... Festschr. z. Honterusfeier. [98. 1315]

Stamm, Alois, die Rechnungslegung für Förster und Revier-Verwaltungen. gr. 8. (73 S.) Brünn 882, Winkler's Buchh. *

Stamm, Ant., zweites Lesebuch enth. den sinnl. und sittl. Anschauungsunterricht für die Mittelklassen der deutschen Schulen Nord-Amerika's. 8. (135 S. mit eingedr. Holzschn.) St. Louis, Mo. 862. (Philadelphia, Schäfer und Koradi.) cart. *

Stamm, Georg August Philipp [Dr.]: Über das Alter der roten Konglomerate zwischen Frankenberg und Lollar. (= Inaug.-Diss. Marburg 1891.) Hersfeld, Druck v. E. Hoehl's Buchdr., 1891; 18 S., 1 Taf. 4°
Hersfeld, k. G u. RPG, OP 1891 (383)

Stamm, Geo. Aug. Phpp., üb. das Alter der roten Konglomerate zwischen Frankenberg u. Lollar. Diss. gr. 4. (18 S. m. 1 Taf.) Marburg i/H. 891. (Leipzig, G. Fock.) n. 1. —

[F.] Leitfaden für den Unterricht in Chemie und Mineralogie. Auf Grund d. preuss. Lehrpläne v. 1892 bearb. v. Dr. A. **Stamm,** Oberl. ... zu Hersfeld. M. 43 Abb. *Breslau: F. Hirt 1897.* (72 S.) 1 Bd 8. [97. 3376

Stamm, August Theodor

Stamm, Aug. Thdr., die Ausrottungsmöglichkeit der Pocken ohne jedes Impfen. Zur Belehrung für Jedermann. gr. 8. (88 S.) [Zürich 881, Schmidt.] Stuttgart, Dietz. *
Aus: Krankheiten-Vernichtung, besonders abgedruckt.

Stamm, Aug. Thdr., die Ausrottungsmöglichkeit der Pocken ohne jedes Impfen. Zur Belehrung für Jedermann. gr. 8. (88 S.) Stuttgart 886, Dietz. *
Aus: Krankheiten-Vernichtungslehre, besonders abgedruckt.

— die sozial-politische Bedeutung der Bodenreform, s.: Zeitfragen, soziale.

Stamm, A. Theod., Blicke auf das Volkselend und die Volkssterblichkeit der deutschen Reichshauptstadt. (Sep.-Abdr. aus den Nrn. 38—43 der „Berliner Freien Presse".) 8°. Berlin, Allgem. Deutsche Assoc.-Buchdr., s. a.

Stamm, A[ugust] Theod[or]: Blicke auf das Volkselend und die Volkssterblichkeit der deutschen Reichshauptstadt. Berlin o. J. [um 1877]. 8°

Stamm, Aug. Thdr., die Erlösung der darbenden Menschheit. Der Rettungsweg in der socialen Frage unserer Zeit. 1. Aufl. (VIII, 336 S.) 1871, und 2. verm. Aufl. gr. 8. (XII, 364 S.) Zürich 873, Schmidt. *

— die Erlösung der darbenden Menschheit. Gegensreiche Belehrg. üb. die schon überwundenen Eigenthumsanmaßgn. u. üb. die noch bestеh. Codificirg. der Urgrundlage aller Arbeit als Privateigenthum u. verkäufl. Waare, sowie üb. die friedl., sittlich-wirthschaftl. Reform zur fortschreit. Erlösg. vom körperlich-geist. Elend. 3. Aufl. gr. 8. (XXXII, 463 S.) Stuttgart 884. Dietz. n. 3. —

— über die Fortschaffung der Immunditien aus den Städten. Leipzig 864. Kollmann. 8. (XVI, 44 S.) 6 ngr.

Stamm, Aug. Thdr., Nosophthorie. Die Lehre vom Vernichten der Krankheiten. 1. Thl. Lex.-8. (XV und 326 S.) Leipzig (861)62, Kollmann.

—— Krankheiten-Vernichtung, Nosophthorie. Hygienische Lehre der Entstehung, Verhütung und der Wege zur Ausrottung vieler der furchtbarsten Krankheiten. Für Aerzte, Studirende und jeden Freund der ernsten Privat-, Gemeinde- und Volks-Gesundheitspflege. 2. allgemeinverständl. und bereich. Aufl. gr. 8. (XVII, 621 S.) [Zürich 881, Schmidt.] Stuttgart, Dietz. *

—— Krankheiten-Vernichtungslehre, Nosophthorie. Hygien. Lehre der Entstehung, Verhütung und der Wege zur Ausrottung vieler der furchtbarsten Krankheiten. Für alle wahren Hygieniker, Volks-, Gymnasial-, Realschul- und Universitäts-Lehrer, Staats- und Kommunalbeamte. 3. Aufl. gr. 8. (XIX, 621 S.) Stuttgart 886. Dietz. *

—— die Religion der That. 2. Aufl. gr. 16. (VI und 117 S.) Leipzig 860, Kollmann.

Stamm, Aug. Thdr., die Religion der That. 3., neu durcharb. Aufl. gr. 8. (72 S.) Berlin 890. Adf. Klein's Verl. n. 1. 20

Stamm, Augustus Theod. (geb. Berlin [illegible]): De [illegible] agriculturae Aegypti. Berolini [illegible] 8°
Berlin, Phil. Diss. v. 13. Juli [illegible]

—— die Verhütung der erblich-giftigen, verbreitetsten Ansteckungen. Allgemeinverständliche, warnende Belehrung zur Milderung einer der traurigsten Menschheits-Kalamitäten. In Anreihung an seine „Krankheiten-Vernichtungslehre" für die Gefährdeten beider Geschlechter. 8. (96 S.) Zürich 883, Schmidt.

— die Verhütung der geschlechtlichen Ansteckung. 2. Aufl. 8. (96 S.) Zürich 886. Schmidt. n. 1. —

Stamm, Aug. Thdr., über die Vernichtungsmöglichkeit des epidemischen Puerperalfiebers. [Aus der Wiener Medizinal-Halle.] Wien 865. (Braumüller.) gr. 8. (III, 80 S.) n. 20 ngr.

Stamm, A. T., Socialistisches Wahlprogramm. Zürich 1871.

—— Deutschlands Weltberuf. 8. (VII und 111 S.) Zürich 861, Schabelitz'sche Buchh.

Stamm, A. Theodor. Deutschland's Weltberuf, mit bes Erwägung des Berufs der Dten in Amerika. 4th ed. Berlin, 186 [?].

Stamm, C., Bad Ems, s.: Grieben's Reise-Bibliothek.

Stamm, C. H., Repertorium aller in der preußischen Gesetzsammlung, dem Ministerialblatte und dem Amtsblatte der königl. Regierung zu Potsdam enthaltenen, den Polizei- und Kommunaldienst betreffenden Gesetze, Verordnungen und Verfügungen. 5. Zeitfolge von 1851 bis incl. 1855. Ein Handbuch für Landraths-Aemter, Domainen-Polizei-Aemter, Magistrate, Stadtverordneten rc. 8. (VI und 198 S.) Angermünde 856. (Berlin, Th. Grieben.) **

Stamm, Carl, s. Stamm, Karl.

Stamm, Christian

Stamm, Chrn., s.: Aus der Briefmappe des hochsel. Bischofs Dr. Conrad Martin v. Paderborn.

Stamm, Chrn., Mariologia seu potiores de s. Deipara quaestiones ex Ss. patrum ac theologorum mente propositae. gr. 8. (XIII, 666 S.) Paderborn 881, Junfermann'sche Buchh. *

Stamm, Chrn., Conrad Martin, Bischof v. Paderborn. Ein biograph. Versuch. gr. 8. (VIII, 355 S. m. Bildnis.) Paderborn 892. Junfermann. n. 5. —

— dasselbe. Urkundensammlung dazu. gr. 8. (VIII, 444 S.) Ebd. 892. n. 4. 50

Stamm, Christian, a. Königsfeld (Baden): Ueber Styrole der Mesitylenreihe und Kohlenwasserstoffe von der Art des Isodurols. Heidelberg 1904: K. Rössler. (55 S.) 8°

Heidelberg, Naturw.-math. Fak., Ref. Curtius, Diss. v. 28. Okt. 1904

[Geb. 27. Juni 78 Koenigsfeld; Wohnort: Koenigsfeld; Staatsangeh.: Schweiz; Vorbildung: Gymn. Görlitz Reife O. 98; Studium: Freiburg i. B. 2, Heidelberg 7 S.; Rig. 1. März 04.]

Stamm, Ed. Heinr., das Studium der Alten in seinem heilsamen Einflusse auf die Phantasie der Jugend dargestellt. 8. (44 S.) Meisenheim 852, [Krull und Burkert.]

Stamm, Ernst, theoretische und praktische Studien über den Selfactor oder die selbstthätige Mule-Feinspinnmaschine. Aus dem Französ. übers. von Ernst Hartig. Mit einem Vorwort von J. A. Hülsse. gr. 4. (VII und 119 S. mit 10 Kprt. in qu. Fol. und Imp.-Fol.) Leipzig 862, Teubner. *

Stamm, Ernst: Über Uterusprolaps bei Schwangerschaft und Geburt. Würzburg 1898 [vielm. 1899/1900] : P. Scheiner. (58 S.) 8°
Würzburg, Med. Diss. v. 1898

Stamm, Eug., üb. die menschliche Freiheit. 8. (26 S.) Herborn 894. Buchh. d. Nass. Colportagevereins. n. — 40

Stamm, Eugen: Konstantin Frantz' Jugendjahre und erste Schriften (1817—1846). Heidelberg 1907: C. Winter. (IV, 82 S.) 8° [F.]

Heidelberg, Phil. Fak., Ref. Marcks, Diss. v. 12. Juli 1907

[Geb. 28. März 83 Marburg; Wohnort: Anklam i. P.; Staatsangeh.: Preußen; Vorbildung: Realgymn. Hagen i. W. Reife O. 01, Gymn. Anklam Reife O. 03; Studium: Marburg 4, Heidelberg 5 S.; Rig. 7. Dez. 06.]

Stamm, E., die evangelische Lehrfreiheit. Eine Frage des Kirchenrechts beantwortet. (Mit besond. Berücksichtigung der unirten Kirche Nassau's.) Wiesbaden 866. Niedner. gr. 8. (45 S.) n. 7½ ngr.

Konstantin Frantz' Schriften und Leben. Von Eugen **Stamm**. T. 1. Heidelberg: C. Winter [1907]. 8° [F.]
= **Abhandlungen**, Heidelberger, z. mittleren u. neueren Geschichte. H. 19. [07. 15844

Stamm, Fernand, die wichtigsten Angelegenheiten d. Gemeinde. Ein treuer Führer bei ihrer Neugestaltung. gr. 8. (VI u. 179 S.) Prag 850, André. ½ ß

FERNAND (d. i. *Ferd. Stamm*), Anleitung unter die Haube zu kommen. Ein Talismann für Mädchen. Wien 1843. 8°. (5/6 Rthl.) (1 Mk. Erras, Frankf. a. M., c. 1885.)

Stamm, Fernand, Navod k jednání obecním sprawy. Na základě wydaných zákonů a nařízení sepsal a mnoha příklady a formuláři. S obšírným registříkem. gr. 8. (XII und 255 S.) Prag 851, André.

—— das österreichische allgemeine Berggesetz vom 23. Mai 1854. Gemeinfaßlich erklärt und mit Formularen zur leichtern Anwendung versehen für Bergbau-Unternehmer, Gewerken, Berg-Beamte rc. gr. 8. (XIX und 269 S.) Prag 855, André.

—— des Handwerks goldener Boden. Hrsg. vom deutschen Verein zur Verbreitung gemeinnütziger Kenntnisse in Prag. 8. (50 S.) Prag 876, Deutscher Verein. *

— das goldene Buch der Landwirthschaft. Ein Rathgeber für die aus der Schule in die Landwirthschaft eintretenden Jünglinge. Mit 45 Abbildgn. (Holzschn. im Text). Pest 856. Heckenast. 8. (VIII, 392 S.) n. 20 ngr.

Stamm, Fernand, das goldene Buch von der Landwirthschaft. Ein Rathgeber für die aus der Schule in die Landwirthschaft eintretenden Jünglinge. 2. (Titel-)Aufl. gr. 8. (VIII und 392 S. mit 45 Abbild. in eingedr. Holzschn.) Pest (856)59, Heckenast's Verlag. *

Stamm, Dr. Fernand —. Das Buch vom Hopfen. Die Geschichte des Hopfens, dessen Natur, Boden, Anbau, Pflege, Verwendung und Handel, dargestellt von — —. 8. (3 Blätter, 162 S.) Brür. Druck von Ferd. v. Schönfeld. Verlag von Theodor v. Schönfeld. 1854.

—— das Buch vom Hopfen. Die Geschichte des Hopfens, dessen Natur, Boden, Anbau, Pflege, Verwendung und Handel. gr. 8. (VIII und 162 S.) Saaz 854. (Prag, Ehrlich's Buchh.)

Stamm, Ferd., die Erde als Wohnort des Menschen. Volkslesebuch. Wien 868. (Prandel.) gr. 8. (IV, 234 S.) cart. n. 20 ngr.

Stamm, Ferd., österreichisches Gedenkbuch. Chronistische Geschichte der ersten 30 Jahre der Regierung Kaiser Franz Joseph des Ersten. Mit den Portraits der kaiserl. Familie (Holzschntaf.) u. 21 (eingedr.) Holzschn. 8. (220 S.) Wien 879. Fromme. n. 1. 60; Pracht-Ausg. gr. 8. geb. m. Goldschn. n. 7. 20

— das Gemeindegesetz vom 17. März 1849. Gemeinfaßlich erklärt. Mit dem Anh. über die Geschäftsordnung für die Verhandlungen der Ausschüsse. 2. verb. u. verm. Aufl. gr. 8. (96 S.) Prag 850, André. 1/4 ₰

— die Geschäftsführung der Gemeinde-Verwaltung auf Grundlage der bestehenden Gesetze u. Verordnungen verfaßt u. durch viele Beispiele u. Formulare erläutert. Mit einem umfassenden Sachregister. gr. 8. (XIV u. 280 S.) Ebd. 851. 24 ngr.

—— die Geschäftsführung der Gemeinde-Verwaltung auf Grundlage der bestehenden Gesetze und Verordnungen verfaßt und durch viele Beispiele und Formulare erläutert. Mit einem umfassenden Sachregister. gr. 8. (XIV und 280 S.) Prag 852, André.

—— Geschichte der Arbeit. Volkslesebuch. gr. 8. (326 S.) Ebendas. 871. *

Stamm, Ferd., Geschichte der Arbeit. 2. (Titel-)Aufl. gr. 8. (326 S.) Wien (871)76, Kirsch. *

Stamm, Dr. Fernand, Die Gewerbe-Kunde in ihrem ganzen Umfange u. auf ihrer gegenwärtigen Entwicklungsstufe. Ein Rathgeber bei der Wahl u. Ausübung der Gewerbe u. bei dem Aufsuchen neuer Erwerbsquellen. Mit Rücksicht auf die neue Gewerbegesetzgebung bearbeitet. (2. wohlf. Aufl. des Werkes „Die Stadt u. ihre Gewerbe.") Mit einem ausführlichen Sachregister u. vielen in den Text eingedruckten Holzschnitten. 2 Bde. 8. (XII. 464 S. u. VI. 470 S.) Pest, 1865, Heckenast. 2 fl. 50 kr.

— die Heimath, s.: Sammlung gemeinnütz. Vorträge.

— Conversations-Lexikon der Liebe, oder Wörterbuch der Liebe von A. bis Z. 16. (XIV u. 145 S.) Leipzig 852, Wengler. n. 1/3 ₰

— Conversations-Lexikon der Liebe, oder Wörterbuch der Liebe von A bis Z. 2. Aufl. Leipzig 855. Wengler. 16. (XIII, 145 S.) 10 ngr.

Stamm, Fern., Conversations-Lexikon der Liebe, oder Wörterbuch der Liebe von A bis Z. 3. Aufl. Leipzig 865. Wengler's Nachfolger. 16. (VIII, 144 S.) n. 10 ngr.

—— die Landwirthschafts-Kunst in allen Theilen des Feldbaues und der Viehzucht. Nach den bewährten Lehren der Wissenschaft, der Erfahrung und den neuen Entdeckungen in der Natur gründlich, faßlich und ermuthigend erläutert. gr. 8. (XVI und 554 S. mit 52 Abbildungen in eingedr. Holzschn.) Prag 853, André. *

— — Leben und Lieben, Dichten und Trachten des Amtsschreibers Michael Häderlein. (1 1/3 Rthl.) Harpf's (Königsb.) Leihbibl. no. 26491.

—— Neydůležitěgssj zaležitosti obce. Wěrný wýklad při nowem zřizowanj obcj, wěnowán gegich předstawenjm a audům. gr. 8. (VI und 156 S.) Prag 850, André.

—— Obecnj zákon od 17 Března 1849. Prostonárodně wyswětlowaný. S dodatkem o gednacjm řádu při rakowánjch wyborů obecnjch. (2., rozmnožené wydánj.) gr. 8. (85 S.) Prag 850, André.

Stamm, Ferd., der Obstgarten, s.: Sammlung gemeinnütziger Vorträge.

—— Pavillon des kleinen Kindes, } s. Ausstellungs-Bericht, officieller.

Stamm, Fernand. Kleine Schule des Bergbaues. Gemeinfaßlicher Leitfaden zur Gestein- und Gebirgskunde, zum Aufsuchen von Fundorten der Bergbaugesteine und zur Lehre vom Bergbau und Bergwerksbetrieb. 8. (XIV. und 166 S.), Prag, K. André, 1853.

—— Selbst ist der Mann. Charakterbilder für das Volk und die Jugend. gr. 8. (III, 284 S.) Wien 878, Hölder. * geb. **

Stamm, Dr. Fernand — Die Stadt und ihre Gewerbe. Ein Buch für Gewerbsleute und Freunde der Industrie, umfassend die Lehre von den Gewerbstoffen, wirkenden Kräften, Werkzeugen, Werkstätten, dem künstlerischen Geiste in den Gewerben und von der Gewerbsordnung in Verbindung mit dem Gemeindewesen. Bearbeitet von — —. Mit einem ausführlichen Sachregister. Zwei Bände. Pest, 1857. Dr. von Landerer und Heckenast. Verlag von Gustav Heckenast. (XII. 464 S. VI. 470 S. 8.)

— die Stickerei u. die Spitzen, } s.: Ausstellungs-Bericht, officieller.

— Verhältnisse der Volks-, Land- und Forstwirthschaft des Königr. Böhmen. Im Auftrage des Vorstandes der 18. Versammlung deutscher Land- u. Forstwirthe nach den Erhebungen der k. k. patriotisch-ökonom. Gesellschaft etc. in Böhmen dargestellt. (Festgabe für die Mitglieder der 18. Versammlung deutscher Land- u. Forstwirthe.) Prag 856. (Calve'sche Buchhdlg.) gr. 8. (3 Bl., 401 S., 8 Lithogr., 3 Tab. in 4. u. 1 lith. Karte in Fol.) 1 ₰. 27 1/2 ngr.

—— Verhältnisse der Volks-, Land- und Forstwirthschaft des Königr. Böhmen. Im Auftrage des Vorstandes der 18. Versammlung deutscher Land- und Forstwirthe nach den Erhebungen der k. k. patriotisch-ökonom. Gesellschaft etc. in Böhmen dargestellt. (Festgabe für die Mitglieder der 18. Versammlung deutscher Land- und Forstwirthe.) Lex.-8. (IV und 407 S. mit 7 Stnt., 1 lithogr. Karte in Fol. und in Stahl gest. Titel.) Prag 857, Calve'sche Universitäts-Buchh. geb.

—— die monatlichen Verrichtungen auf den Aeckern und Wiesen, bei der Viehzucht, beim Obstbau, im Garten, Weinberge, Fischteiche und Bienenhause, dargestellt im Kreislaufe des Wirthschaftsjahres mit seinen Wetterregeln und Naturerscheinungen. Erinnerungsbuch für Wirthschafts-Besitzer und Wirthschafts-Vorsteher und als Dienstweisung für deren Untergebene bearb. gr. 8. (164 S.) Prag 851, André.

—— Völker-ABC. Ein Lesebuch für kleine Kinder. gr. 16. (60 S. mit 24 ill. Bildern.) Prag 847, Haase Söhne, Verlags-Expedition. *

—— Würde der Frauen. Charakterbilder, Schilderungen, Geschichten und Poesien aus der Frauenwelt. 8. (246 S.) Wien 880, Hölder. cart. *

Stamm, Fr. Carl. L., ein Westerwälder Bauernsohn, deutscher Graf u. Heerführer im 30jähr. Kriege dargestellt für Volk u. Jugend. Diez a. L. 868. Roth. 8. (56 S.) 5 ngr.

Stamm, Fr. L., Anreden bei der Erstcommunion der Kinder in der kath. Kirche zu Helmstedt am 30. März 1845 nebst dem römisch.-kathol. Glaubensbekenntnisse. gr. 8. Helmstedt 845, Fleckeisen. 1/12 ₰

—— die St. Ludgerifeier zu Helmstedt am 18. Septbr. 1845 nebst histor. Nachrichten u. den bei der Feier gehaltenen Reden. Im Auftrage des Ludgeri-Vereins. Mit der Abbild. des Denkmals. gr. 8. (6 B.) Helmstedt 845, Fleckeisensche Buchh. *

Stamm, Fr. L., die Ursulinerinnen in Duderstadt. Denkschr. auf d. Jubelfeier d. 300jähr. Ordensstiftung, nebst der bei dies. Gelegenheit gehalt. Pred. 8. (4 1/3 B.) Sondershausen 838, Eupel. Thlr.

Stamm, Friedr. Ludw., Ulfila, s.a.Ulfila.

Stamm's, F. L., Ulfilas, s.a.Bibliothek der ältesten deutschen Litteratur-Denkmäler.

Friedrich Ludwig Stamm's **Ulfilas** oder die uns erhaltenen Denkmäler der gotischen Sprache neu hrsg. Text u. Wörterb. v. Dr. Moritz Heyne, o. ö. Prof. an d. Univ. Göttingen, Grammatik v. Dr. Ferdinand Wrede, Privatdoc. an d. Univ. Marburg. 9. Aufl. *Paderborn: F. Schöningh 1896.* (XV, 443 S.) 1 Bd 8.
= **Bibliothek** d. ältesten deutschen Litteratur-Denkmäler. Bd 1. [97. 18]

Friedrich Ludwig Stamm's **Ulfilas** oder die uns erhaltenen Denkmäler d. gotischen Sprache neu hrsg. von Moritz Heyne u. Ferdinand Wrede. 10. Aufl. *Paderborn: F. Schöningh 1903.* (XVI, 445 S.) 8°
= **Bibliothek** d. ältesten deutschen Litteratur-Denkmäler. Bd 1.

Stamm, Frdr. Ludw., Vorschule zum Ulfila oder Grammatik der gothischen Sprache zur Selbstbelehrung. Mit Beispielen, Lesestücken u. vollständ. Wörterbuche. gr. 8. (XVI u. 140 S.) Paderborn 851, Schöningh. n. 2/3 Thlr

Stamm, G. F., Hochzeit- u. Leichen-Redner. 8. Stuttgart, Metzler. 763.

Stamm, Georg: Einwirkung von Dinitrophenylpyridinchlorid auf merkurierte Amine. Einwirkung von Chlorbinitrobenzol auf Pyridinbasen. Würzburg 1909: Staudenraus. 42 S. 8°
Würzburg, Phil. Diss. v. 15. April 1909, Ref. Tafel
[Geb. 20. Sept. 83 Wiesbaden; Wohnort: Wiesbaden; Staatsangeh.: Preußen; Vorbildung: Oberrealsch. Wiesbaden Reife O. 02; Studium: Würzburg 12 S.; Rig. 30. April 08.] [U 09. 4176

Stamm, Georg August Philipp, s. Stamm, August.

[Stamm, Heinrich.] The East of Switzerland and the Engadine. Published by the United Swiss and Rhaetian Railway Companies. [With Illustrations, 2 Plates, 1 Map and illustrated Cover.] 8. (St Gall [1900].)

[Stamm, Heinrich.] Ostschweiz und Engadin. Hrg. von den Vereinigten Schweizerbahnen und der Rhätischen Bahn. [Mit Illustrationen. 2 Tafeln, 1 Karte und illustriertem Umschlag.] 8. (St. Gallen [1900].)

[Stamm, Heinrich.] La Suisse Orientale et l'Engadine. Publié par les Compagnies de Chemins de fer Rhétique et de l'Union Suisse. [Avec des illustrations, 1 planche, 1 carte et couverture illustrée.] 8. (St-Gall [1900].)

Stamm, Heinr., Kaiser Wilhelm d. Große. E. Volksschauspiel in 6 Aufzgn. u. e. Schlußscene. 8. (IV, 104 S.) Leipzig 896. F. Luckhardt. n. 1.—

Stamm, Heinr. Gtha., der Schullehrer in seiner Vollkommenheit, od. Anleit. z. Fortbild. d. Schullehrer im Amte u. Berufsleben, nebst Aufgaben u. Winken f. Lehrervereine zu e. allseit. Vervollkommnung d. Schullehrerstandes. 1. u. 2. Bdchn. 8. (32 1/2 B.) Mainz 837, Kupferberg.

Stamm, Hermann, aus Arnsberg (Westphalen): Ueber Phosphorvanadiummolybdate. Bern 1905. 54 S. 8°. [13. VII. 04.]
Bern. Phil. Diss. 1904/1905.

Stamm, *Hugo* [pr. Arzt, aus Amöneburg]: Ueber einen Fall von Arteriosclerose und multipler Aneurysmabildung ... Göttingen, Druck d. Dieterichschen Univ.-Buchdr., 1896; 24 S. 8.
Göttingen, Med. Fak., Inaug.-Diss. v. [11. Juli] 1896

Stamm, H., üb. e. Fall v. Arteriosclerose u. multipler Aneurysmabildg. Diss. gr. 8. (24 S.) Göttingen (896). (Vandenhoeck & Ruprecht.) n. — 40

Stamm, Ioh., de iudiciis ex practici imperialis juris hodierni fundamentis digestus. 4. Francof. Fleischer. 751.

Stamm, Joh. Euseb. Adam, Kreuzweg-Andacht nach d. heil. Alphons v. Liguori unter Beigabe zweckdienl. Gesänge u. einer Vorerinnerung üb. Bedeutung, Entstehung d. Kreuzweges rc. 2. Aufl. m. Illustr. gr. 12. (47 S. m. 1 Stahlst. u. eingedr. Holzschn.) Würzburg 848, Galvagni in Comm. 3 ngr

Stamm, Joh. Euseb. Adam, Kreuzweg-Andacht nach dem heil. Alphons v. Liguori unter Beigabe zweckdienl. Gesänge und einer Vorerinnerung über Bedeutung, Entstehung des Kreuzweges rc. 2. Aufl. mit Illustr. gr. 12. (47 S. mit 1 Stahlst. und eingedr. Holzschn.) Würzburg 848, (Gerstle.)

Stamm, Carl, Beitrag zur Lehre v. den Blutgefässgeschwülsten. Diss. gr. 8. (85 S.) Göttingen 891. (Vandenhoeck & Ruprecht.) n. — 80

Stamm, Carl, das Denkwürdigste aus der Landeskunde des ehemalig. landgräfl. hess. Oberamtes Meisenheim für Volk u. Jugend erzählt. Meisenheim 807. Krull. 8. (64 S. mit eingedr. Holzschn. u. 2 Steintaf.) n. 10 ngr

Stamm, Karl [app. Arzt, aus Hombressen]: Ein Fall von Cysticercus im 4. Ventrikel, klin. u. anatom. bearbeitet ... Göttingen, Druck d. Dieterich'schen Univ.-Buchdr., 1897; 26 S. 8.
Göttingen, Med. Fak., Inaug.-Diss. v. [16. Juni] 1897

Stamm, Karl, e. Fall v. Cysticercus im 4. Ventrikel, klinisch u. anatomisch behandelt. Diss. gr. 8. (26 S.) Göttingen 897. (Vandenhoeck & Ruprecht.) n. — 40

Stamm, Carl, keine Krankheit mehr! Hygienisches Handbuch. Zum Selbsthandeln u. Selbstdenken bearb. Verb. Aufl. (176 S.) 8. Weidhausen-Coburg 909. Neuhygien. Verlag. (Nur direkt.) 2.—

Stamm, Ludwig, Gerichtsref. in Menden i. W.: Die **Ansprüche** eines Käufers einer individuellen Sache wegen Fehlens einer zugesicherten Eigenschaft im gemeinen Recht und im Bürgerlichen Gesetzbuch. *Borna-Leipzig 1902: R. Noske.* (X, 79 S.) 8°
Leipzig, Jur. Diss. v. 1902

Stamm, Ludwig, aus Wiesbaden: Beiträge zur Kenntnis der Flavongruppe. Bern 1907. 34 S. 8°. [25. VII. 06.]
Bern. Phil. Diss. 1907/08.

Stamm, Ludwig. Beiträge zur Kenntnis der Flavongruppe. Diss. Phil. Bern. 34 S. 8. Bern, W. Wälchli, 1907.

Stamm, Osw., Choral-Melodienheft, s.: Callies, Ernst.

Stamm, Otto, pr. Arzt: Ein Fall von Metritis dissecans puerperalis beobachtet in der Provinzialhebammenlehranstalt zu Bochum. Liebenwerda 1909: Zichlke. 30 S. 8°
Würzburg, Med. Diss. v. 21. April 1909, Ref. Hofmeier
[Geb. 8. Dez. 78 Mühlhofe; Wohnort: Meinerzhagen; Staatsangeh.: Preußen; Vorbildung: Gymn. Attendorn Reife O. 99; Studium: München 4, Bonn 1, Berlin 1, Würzburg 4 S.; Coll. 3. März 09; Approb. 18. Nov. 04.] [U 09. 4143

Stamm, Otto, appr. Arzt: Zwei Fälle von operativ geheilter subcutaner Darmruptur. Greifswald (1909): Adler. 40 S. 8°
Greifswald, Med. Diss. v. 10. Sept. 1909, Ref. Ritter, Payr
[Geb. 18. Nov. 81 Kosten i. P.; Wohnort: Frankfurt a. O.; Staatsangeh.: Preußen; Vorbildung: Berger-Gymn. Posen Reife O. 03; Studium: Berlin 3, Greifswald 7 S.; Coll. 27. Aug. 08; Approb. 2. Juli 09.] [U 10. 1592

Stamm, Peter

Stamm, P. Adnotationes grammaticae et criticae ad M. Tullii de divinatione libros. 10 S. **Progr.** *Rössel* 1881.

Stamm, Peter Die Partikelverbindung 'et — quidem' ('ac — quidem') bei Cicero. 16 S. **Progr.** *Rössel* 1885.

Stamm, Petrus *(geb. Trampenau in Westpr. 4. 8. 1850)*: De M. Tullii Ciceronis librorum de deorum natura interpolationibus. Vratislaviae (1873). (53 S.) 8°
Breslau, Phil. Diss. v. 20. Juni 1873

Stamm, Peter Die Staatslehre des Platon und des Aristoteles. 28 S. **Progr.** *Rössel* 1877

Stamm, S., s.a. Durch Nacht zum Licht.

Stamm, S., durch Nacht zum Licht. Aus dem Leben e. ind. Büßerin. Aus dem Engl. 3. Aufl. (40 S. m. Abbildgn.) 8. Basel 909. Basler Missionsbuchh. — 15

Stamm, Theodor

Stamm, Thdr., s.a. + Heusenstamm, Thdr. Graf v.

Stamm, Thdr., Gedichte. gr. 12. Leipzig 845, Brockhaus. n. 1½ ℛ

— Ein weibliches Herz. Dramatisches Gedicht in 5 Akten. 8. Stuttgart u. Tübingen 842, Cotta. 1½ ℛ

— Hesperus. Gedicht in drei Gesängen. gr. 8. Wien 844, Gerold. ½ ℛ

Stamm, Theodor, bacc. jur. a. Schleitheim: Die Pflichten des Spediteurs. Borna-Leipzig 1908: R. Noske. (VI, 51 S.) 8°
Leipzig, Jur. Fak., Diss. v. 25. Juli 1908
[Geb. 12. Dez. 79 Schleitheim; Wohnort: Zürich; Staatsangeh.: Schweiz; Vorbildung: Gymn. Schaffhausen Reife O. 00; Studium: Zürich 4, Straßburg 1, Leipzig 4 S.; Rig. 23. Febr. 07.]

Stamm, W., die Erfordernisse e. besseren Lehrerbildung dargestellt m. besond. Berücksicht. der am Schullehrer-Seminar zu Friedberg gemachten Erfahrgn. gr. 8. (77 S.) Darmstadt 873. Diehl's Sort. n. — 80

Stamm, Walter, aus Thayngen, Ct. Schaffhausen (Schweiz): Aus d. pathol. Institute zu Kiel. Ein Fall von subduraler Dermoidcyste und mehreren vereiternden des Kleinhirns. *Kiel 1901: H. Fiencke.* (19 S.) 8°
Kiel, Med. Diss. v. [7. März] 1901

Stamma, Philipp

Stamma's hundert Endspiele, s. Blodow.

Stamma, Phil., die Schachgeheimnisse, s. Schachgeheimnisse.

Stammann, Joan. Andr. Christ(oph.) (geb. Hamburg 1794): De methodi expectativae in quibusdam morbis curandis usu. Berolini (1816). (29 S.) 8°
Berlin, Med. Diss. v. 8. Okt. 1816

Stammbaum, der, s. Theaterstücke, kleine, englisch-deutsche.

Stammbaum, Der, ein Lustspiel in fünf Aufz. Wien 1770. V: *Gebler, Tobias Philipp Freiherr von.* (Ky) (ML)

Stammbaum, der; Lstspl. (v. Tob. Ph. v. Gebler). 8. Wien 771. Ghelen. 4 gr N. A. mit d. Tit.: der Familienstreit. 8. Frankf. 775.

— der, 1ste Forts. der beyden Billets. Lstsp. v. Anton Wall. 8. Lpz. Dyk. 791.

Stammbaum, apostolischer, oder **Darstellung der ununterbrochenen Nachfolge der kathol.-apostol. Kirche von Jesus Christus bis zur gegenwärt. Zeit, so wie der Abtrünnigen, welche in den verschied. Zeiten von dieser Gemeinschaft ausgeschlossen worden sind. Ein lith. Blatt. gr. Fol. Reichenbach 844, (George.)** *

Stammbaum, apostolischer, mit Hinweisung auf die Entstehung, den ununterbrochen glücklichen Fortbestand und segensvolle Ausbreitung der heil. kathol. Kirche seit dem Leben und Wirken der heil. Apostel Jesu-Christi, bis auf die neueste Zeit. 1 lithogr. Tableau in gr. Fol. Innsbruck 850, (Möst.)

Stammbaum von D. Joh. Albr. Bengel, geb. 1687 gest. 1752. Stuttg. [1887]. V: *Benignus.* (Kat. der ständ. Bibl. Stuttg. 1907. S. 568.)

Stammbaum v. D. Johann Albrecht Bengel, geb. 1687, gest. 1752, sowohl Nachkommen als Vorfahren, nebst Photogr. u. eingeflochtenen, teilweise handschriftl. Familienmitteilgn., Liedern, biograph. Notizen etc. Zusammengestellt nach dem Stande vom 15. Dezbr. 1886. Festgabe zu Bengel's 200jähr. Geburtstage 1887. Fol. (42 S.) Stuttgart 887. Greiner & Pfeiffer. cart. n. 3. 20

Stammbaum der Familie Bessel. 1494–1902. (Aufgestellt von Aletta **Bessel** (Traben), Paula u. Ernst Hartmann (Hannover u. Wiesbaden) u. Julius Cramer (Wiesbaden).) *(Wiesbaden [1903]: L. Schellenberg.)* (33 S.) 8° [F.] [03. 11416

Stammbaum der Familie Burckhardt in Basel, Nachkommen v. Christof Burckhardt u. Gertrud Brand 1490—1893. Bearb. v. Ludw. **Sauberlin** nach den Aufzeichngn. v. Joh. Rud. Burckhardt u. fortgeführt bis Aug. 1893. Hrsg. v. einigen Familiengliedern. qu. gr. Fol. (17 Taf.) Basel 893. (R. Reich.) In Ldr.-Mappe. n. 27. —

Stammbaum der Familie Burckhardt in Basel, s.a. Säuberlin, L.

Stammbaum der Familie Delius Westfälischen Zweiges 1604–1906. Abgeschlossen am 17. Nov. 1906. Bielefeld 1906: (Velhagen & Klasing). (27 Bl.) 2° [08. 8340 B

Stammbaum der Familie Ebell abgeschlossen im Juni 1906. Berlin-Schöneberg 1906. V: *Ebell, Max.* (Berl)

Stammbaum der Näppel Bonenbartschen Familie. Politische Koncertanzeige. O. O. 1814. 8°. 16 S. Goedeke VII, 862, 189.

Stammbaum der Näppel Bonenbartschen Familie, politische Concertanzeige. 8. Meißen, Gödsche. 814.

Stammbaum der Familie Foit. Alt-Breisach 1825.

Stammbaum der Familie Friedrichsen 1600/1910. (Braunschweig.) o. J. 1 Bl. Groß-Fol.

Stammbaum des Schleswig-Holsteinschen Fürstenhauses (der Oldenburger) nach seinen Hauptzweigen. Chromolithogr. qu. 4. Altona 864, Hestermann.

Stammbaum der Familie Gmelin. Karlsruhe 1877. V: *Gmelin, Moritz.* (BMarsch 531)

Stammbaum der Familie Hartmann-Mayer. O. O. 1892. V: *Hartmann, Georg.* (Heyd)

Stammbaum der Familie H e r b i g . [Berlin 1899.] (1 Bl.) quer-gr. 2° [Kopft.]

Stammbaum des Geschlechts von Kress. Alter colorirter Druck.

Stammbaum, der, u. die Livree, Geschichte eines Emigranten, von dem Verfasser von: „Ich u. mein Nachbar ꝛc.“; aus dem Französischen von Fr. Gleich. 8. Leipz. 825. Glück. 1 ℛ 12 ℊ

Stammbaum der Familie Merckel seit dem Jahre 1632 nach dem Stande von Anfang November 1908. Breslau [1908]: Favorke. 56×88 cm. [10. 3719 2

Stammbaum der Familie Prieger 1792—1892. O. O. [1892]. V: *Prieger, Erich.* (Berl)

Stammbaum der Familie Riecke in und aus Württemberg. [Waldheim 1894.] V: *Riecke, Paul.* (Heyd)

Stammbaum der Familie Schwyzer oder Schweizer, weiland Baumgartner von Arth, eingebürgert in Zürich. O. O. [1888]. V: *Schwyzer, Arnold.* (Cat. der Stadtbibl. Zürich. Zürich 1864—97.)

Stammbaum der Familie Seldis. [Berlin 1905.] V: *Seldis, Rud.* (Berl)

Stammbaum des modernen Sozialismus. (Grosse Tafel mit einem Heft Erläuterungen.) Stuttgart, Dietz, s. a. (1896).

Stammbaum der Familie Struck Stralsund. ([Stralsund] 1906): [Regierungsbuchdr.] (1 Bl.) 4° [Kopft.] [07. 13524 9

Stammbaum der Familie Struck, Stralsund. [Stralsund: Selbstverl. 1909.] 1 Taf. 80×61 cm. [10. 1317

Stammbaum des Vasallen-Geschlechts derer von Zerssen. [Verf.: Ingen. Christian **Lange** in Berlin.] Aufgestellt im Mai 1892. [Nebst] Ergänzung, aufgest. im April 1905. Berlin [1892–1905]: W. Moeser. 2 Taf. quer-gr. 2° [Kopft. F.] [05. 7224

— der Verbandtsgraden, aus Schnells Civilrecht abgedruckt, eine große Tafel Schreibp. Bern, Walthard. (Aarau, Sauerländer in Comm.) 811.

— der Verwandtschaftsgrade, (aus Schnell's Handbuch d. Civilrechts abgedr.) Bern 811. Walthard. (Leipz., Schmid). 5 ℊ

Stammbaum der Familie Walcher. [Waldheim 1891.] V: *Riecke, Paul.* (Heyd)

Stammbaum des Geschlechts von der Wense und einige Nachrichten über dasselbe. Als Manuskript gedruckt. 1881. fol.

Stammbaum der Familie von Wintzingerode, mit biograph. Erläuterungen von E. v. Wintzingerode. Göttingen 1848. 4.

Stammbaum des Berliner Zweigs der Familie Le Coq. Berlin 1887. fol.

DIE STAMMBÄUME DER MITGLIEDER DER FRANZÖSISCHEN COLONIE in Berlin. Herausgegeben von R. BÉRINGUIER. (Stück 1.) Bogen 1—16 des ganzen Werkes. Berlin 1885. Verlag des Vereins für die Geschichte Berlins. In Comm. bei E. S. Mittler u. Sohn.
Stück 2. — Bogen 17 bis 28. Aus den Folioschriften des Vereins für die Geschichte Berlins. ib. 1886. —

Stammberger, E. Handbuch für das Kgl. bayer. Zeug- und Feuerwerkspersonal 1902. München 1902. 32 S.

Stammbuch, das, eine Auswahl von Gnomen und Denksprüchen. s. Müchler, Karl.

Stammbuch, das, od. Auswahl vorzügl. Ernst- u. scherzhafter Aufsätze in Stammbücher, nebst Aufsätzen in franz. Sprache. 12. Pirna, Friese. 810.

Stammbuch, das, od. Auswahl vorzügl. Aufsätze in Stammbücher. 2te verb. Aufl. kl. 8. Pirna, Friese. 812.

— Ein Weihnachtsgeschenk f. Kinder u. junge Leute. mit vielen Landschaften. 12. Leipz. Sommer. 813.

— das, od. vollstand. Sammlung von Aufsätzen f. dasselbe, nebst e. Anhange von Gelegenheitsgedichten ꝛc. Almanachsform. Eßlingen, Fixdorff u. Kl. 816.
Postp. in Atlaß geb.
Schreibp. im farb. Umschl.
Druckp. in dergl.
mit gefärbt. Schnitt
ohne Futteral

— das, od. vollständ. Samml. von Aufsätzen f. dasselbe, nebst e. Anh. von Gelegenheitsgedichten ꝛc. 12. Eßlingen 818. Fixdorff u. Kl. 8 ℊ (K. Haas in Wien). 6 ℊ Schrbp. 8 ℊ

— das, oder Denkmäler d. Liebe u. Freundschaft. 12. Schweidnitz 824, (Grüson u. C. in Breslau.)

— das, od. Denkmäler der Liebe u. Freundschaft. 12. Schweidnitz 824. (Hentze in Bresl.) 8 ℊ

Stammbuch. Sprüche u. Devisen f. Gedenkblätter. Zusammengestellt nach Inhalt u. Hauptwort. 16. (4½ B. mit Einfassung.) Ulm 843. [Adorf, Müller's Buchh.]

Stammbuch. Sprüche u. Devisen für Gedenkblätter. Zusammengestellt nach Inhalt und Hauptwort. 16. Ulm 843. Seitz. ¼ ℛ

Stammbuch des blühenden u. abgestorbenen A d e l s in Dtld., s.a. H e f n e r , Otto Titan von

Stammbuch des blühenden und abgestorbenen Adels in Deutschland . . . Regensburg 1860—66. V: *Hefner, Otto Titus von.* (Bücher-Samml. d. hist. Ver. v. u. f. Oberbayern. Münch. 1867.)

—— des blühenden und abgestorbenen Adels in Deutschland hrsg. von einigen deutschen Edelleuten. (In 4 Bdn.) 1 Bd. A—F, enthaltend zuverlässige und urkundl. Nachrichten über 9898 Adels-Geschlechter. gr. 4. (X und 409 S.) Regensburg 860, Manz. *

Stammbuch des blühenden und abgestorbenen Adels in Deutschland hrsg. von einigen deutschen Edelleuten. 2.—4. Bd. gr. 4. Regensburg, Manz. [2. Bd. G—L., enth. zuverläss. und urkundl. Nachrichten über 9898 Adels-Geschlechter. (394 S.) 863. cart. * 5 Thlr., 3. Bd. M—Spaun, enth. zuverlässige und urkundl. Nachrichten über 8680 Adels-Geschlechter. (400 S.) 865. cart. * 5 Thlr., 4. Bd. Spaur—Z., enth. zuverläss. und urkundl Nachrichten über 6530 Adels-Geschlechter. (298 S.) 866. cart. * 3 Thlr. 20 Ngr.] *
1. Bd. Ebendas. 1860. * 5 Thlr.

Stamm- u. Abreßbuch d. preuß. Juristen, mit Angabe d. Datums ihrer Bestallungen. Hrsg. von d. Redakt. d. Central-Blattes f. preuß. Juristen (C. F. Rauer). Jahrg. 1837. M. e. Anciennetäts-Liste d. Obergerichts-Assessoren. gr. 12. (11 B. u. Just.-Minister Mühler's Bildn.) Berlin, A. Hirschwald. *

—— dass. f. 1838. — Nachträge u. Veränderungen (z. Jahrg. 1837). Hrsg. v. d. Redact. d. Central-Blattes f. preuß. Juristen (C. F. Rauer). gr. 12. (2 B.) Ebds. 1838.

Stamm- u. Gedenkbuch, allgemeines deutsches. 48 in Stahl gestochene Stammbuchblätter mit Randverzierungen. Nebst Ortlepp's Stammbuchversen u. Gedenksprüchen. In Etui mit Golddruck u. Goldschnitt. Stuttgart 846, Dittmarsch. n. 1 1/3 ₰ Vergl. Sammlung der schönsten deutschen Stammbücher.

Stammbuch d. baltischen Anglerrindviehs. Herausg. durch den bei der Kaiserl. livländischen gemeinnützigen u. ökonomischen Sozietät bestehendem Verband baltischer Anglerviehzüchter. Jahrg. 1—9. 1901—10. Dorpat 1902—11.

Stammbuch der Herzogin Anna v. Mecklenburg geb. Herzogin von Pommern. Berlin 1856. V: *Lancizolle, Carl Wilh. v.* (Russell 2/1 S. 281)

Stammbuch der Herzogin Anna v. Mecklenburg, geb. Herzogin v. Pommern. Berlin 856. Decker in Comm. qu. 8. (32 S.) 7 1/2 ngr

Stammbuch, baltisches, edlen Rindviehs, hrsg. v. der kaiserl. livländ. gemeinnütz. u. ökonom. Societät in Dorpat 1885. gr. 8. (VIII, 118 S.) Dorpat 886. (Berlin, Puttkammer & Mühlbrecht.) n. 2. —

Stammbuch, baltisches, edlen Rindviehs, hrsg. v. d. kaiserl. livländ. gemeinnütz. u. ökonom. Societät. 13. Jahrg. 1897. gr. 8. (VII, 180 S m. 1 Taf.) Berlin 898. (Puttkammer & Mühlbrecht.) n. 3. —

Stammbuch, baltisches, edlen Rindviehs, hrsg. v. der kaiserl. livländ. gemeinnütz. u. ökonom. Societät. 14. Jahrg. 1898. gr. 8. (IV, 296 S.) Berlin (899). (Puttkammer & Mühlbrecht.) n. 4. —

Baltisches *Stammbuch* edlen Rindviehs. Jahrg. 16—17. 1900—01. Dorpat 1901—02.

Stammbuch, Berlinisches, od. Auswahl ganz vorzügl. deutscher Inschriften in Stammbücher. Zum allgem. Vergnügen gesammelt. Mit 1 Vign. 16. Berl. 826, L. Oehmigke.

Stammbuch, berlinisches, od. Auswahl ganz vorzügl. deutscher Inschriften in Stammbücher. Zum allgem. Vergnügen gesammt. (Wohlf. Ausg.) 16. (5 1/2 B.) Berlin 832, Oehmigke.

Stammbuch, des Burschen. 16. (4 1/2 B.) Düren 835, Falkenstein. (?)

— des flotten Burschen, id est: Sammlung von 278 Stamm-Versen aus dem Original-Stamm-Buche eines seiner zu krassen Genieestreiche wegen auf drei Universitäten consilirten u. zuletzt auf einer in perpetuum relegirten Bruder Studio, benamset: Semper Fidelerkerl vulgo H. Th. Z. Nebst vorangeschickten kurzen humorist. Skizzen der academ. Laufbahn des Herausgebers. gr. 12. Heilbronn 841, Drechsler. n. 1/3 ₰

—— deutsches, 1838. Hrsg. v. Ed. Duller. gr. 4. (22 B., 5 Kunstblätter, 5 Portr., 12 Autograph. u. 3 Lieder.) Kandern. [Lörrach, Gutsch.]

— Deutsches, 1838. Herausg. von Ed. Duller. Mit 5 Kunstblättern (Compositionen), 5 Portraits, 12 Autographa und 3 Lieder, gr. 4. Kandern 837. Oberrheinisches Comptoir.

Stammbuch, Deutsches. Autographisches Album der Gegenwart. Herausgegeben von Franz Schlodtmann. 1—8. Hft. qu. gr. 8. (à 12 lithogr. Bl.) Bremen 852, Schlodtmann. (à 1/4 ₰) 2 ₰

— deutsches. Autographisches Album der Gegenwart. Herausg. von Fr. Schlodtmann. 9. u. 10. (letztes) Heft. Bremen 853, 55. (Leipzig, Gumprecht.) qu. 8. Jedes Heft von 12 lith. Bl. 7 1/2 ngr

—— deutsches. Autographisches Album der Gegenwart. 2., verm. und revid. Aufl. qu. gr. 8. (VIII S. und 121 Stnt.) Leipzig 856(57,) Gumprecht.

— deutsches. Autographisches Album der Gegenwart. 3. verm. Ausg. 12 Hefte. Leipzig 860. Gumprecht. qu. 4. (VIII S., 135 lith. Bl.) Jedes Heft n. 5 ngr

Stammbuch der Familie . . . Zugleich e. Rathgeber im Verkehr m. dem Standesamt. 6., verb. Aufl. 8. Tausend. gr. 8. (40 S.) Magdeburg 887. Faber. geb. n. 1. —; m. Goldschn. n.n. 1. 25

Stammbuch der Familie ..... zu ..... Zugleich e. Ratgeber im Verkehr m. dem Standesamt. 10., verm. u. verb. Aufl. 17.—21. Taus. (Mit Verzeichnis der gebräuchlichsten Vornamen.) gr. 8. (68 S.) Magdeburg 890. Faber'sche Buchdr. Geb. in Leinw. 1. 50; m. Goldschn. 2. —; in gepr. Ldr. 3. —

— dasselbe. (Familien-Stammbuch.) Zugl. e. Ratgeber im Verkehr m. d. Standesamt. 10., verm. u. verb. Aufl. 17.—21. Taus. gr. 8. (52 S.) Magdeburg 890. Faber. Kart. n. — 50; geb. in Leinw. n. 1. —; m. Goldschn. n. 1. 50

Stammbuch der Familie .... E. Ratgeber im Verkehr m. d. Standesamt; nebst e. Zusammenstellung deutscher Vornamen zur Mehrg. d. Verständnisses uns. heim. Vornamen u. zur Förderung deutscher Namengebg. gr. 8. (40 S.) Hannover 895. Th. Schulze. Kart. n.n. — 75; geb. in schwarze Leinw. n.n. 1. —; in rote Leinw. n.n. 1. 25; Volksausg. (8 S.) kart. n. — 30

— der Familie . . . (Einbd.: Familien-Stammbuch.) 2. verm. Aufl. gr. 8. (48 S.) Dresden (902). C. Heinrich. Geb. in Leinw. m. Goldschn. n. 1. 25; in Ldr. m. Goldschn. 4. 50

— dasselbe. 5. Aufl. gr. 8. (54 S.) Gießen (902). E. Roth. Geb. n.n. — 50; in Leinw. m. Goldschn. n.n. 1. —

Stammbuch der Familie. (Einbd.: Familien-Stammbuch.) 4. erweit. Aufl. (56 S.) 8. Dresden (906). C. Heinrich. Kart. — 60; geb. in Leinw. 1. 25; in Ldr. 4. 50

Stammbuch der Familie ... 5. erweit. Aufl. (56 S.) gr. 8. Dresden (908). C. Heinrich. Kart. — 60; geb. in Leinw. 1. 25

— dasselbe. 31. Aufl. (54 S. m. Abbildgn.) 8. Gießen (910). E. Roth. Geb. — 50; i. Leinw. m. Goldschn. n 1. —

— dasselbe. (4 S. u. 60 Doppeltaf.) 15×23 cm. Gummersbach (910). Lunken. Geb. 2. 50

— dasselbe, s. a.: Familien-Stammbuch.

Stamm- u. Familien-Buch. (64 S.) 8. Bühl (902). Unitas. Geb. 1. —; m. farb. Titel 1. 20; in Leinw. m. Goldschn. 1. 50

Flora's Stammbuch oder Neue Blumensprache in sinnreicher Deutung von 400 der bek. Feld- und Gartengewaechse. Gotha, 1831. 8°.

Ein Frankenthaler Stammbuch aus dem 18. Jahrhundert. Mit Einl. u. Anm. versehen u. z. Druck gebracht von Joh. Kraus. *Frankenthal 1903: (L. Beller).* (VIII, 37 S.) 8° [F.] [04. 15381]

— der Freundschaft gewidmet. qu. 8. (100 lithogr. u. verzierte Blätter, wovon 46 in Duplo). Schmalkalden 832. Lithogr. Institut. 18 gr in Etuis 1 Thlr mit Goldschnitt 1 Thlr 12 gr

— z. Gebrauch f. junge Leute. 2 Thle. 8. Leipz. Schneider. (Linke) 789–92.

— zum Gebrauche junger Leute, als ein Denkmal d. Freundschaft. 3e Aufl. 8. Grätz ... Kienreich.

Stammbuch des Joh. George Phil. Guy aus Potsdam. 1782—1804. Aquarelliertes Titelblatt, Titelbild in Federzeichn., 103 Bl. mit 11 Silhouetten, 8 Aquarellen, 3 Seidenstickereien, 3 Bl. Register. 8°.

Stammbuch, Hamburgisches. Eine Sammlung der schönsten ... Gedanken aus den vorzüglichsten Dichtern ... Hamburg 1834. H: *Hoffmann, Peter Friedrich Ludwig.* (schr)

— für Holländer u. ostfriesisches Vieh. Hrsg. v. Verein zur Züchtg. des Holländer Viehes. 1. Jahrg. 1898. gr. 8. (VII, 201 S.) Mitau 899. (Riga, N. Kymmel's Sort.)

— der livländischen Holländer-Friesenviehzucht. 1. Jahrg. 1901, hrsg. durch den bei der kaiserl., livländ. gemeinnütz. u. ökonom. Sozietät besteh. Verband livländ. Holländer-Friesenviehzüchter. gr. 8. (96 S. m. 1 Taf.) Jurjew (Dorpat) 902. (Leipzig, R. C. Schmidt & Co.) n. 2. —

— der livländischen Holländer-Friesenviehzucht. 2. Jahrg. 1902. hrsg. durch den bei der kaiserl., livländ. gemeinnütz. u. ökonom. Sozietät besteh. Verband livländ. Holländer-Friesenviehzüchter. (168 S. m. Titelbild.) gr. 8. Jurjew (Dorpat) 903. (Berlin, R. C. Schmidt & Co.) n. 2. —

Stammbuch d. livländischen Holländer-Friesenviehzucht. Herausg. durch den bei der Kaiserl. livländischen gemeinnützigen u. ökonomischen Sozietät bestehendem Verband livländischer Holländer-Friesenviehzüchter. Jahrg. 1—10. 1901—10. Dorpat 1902—10.

— unserer Kinder. Vom Frauen Hilfsverein f. Kinderheilstätten. 8. (56 S.) Berlin 894. (S. Fischer, Verl.) n. 1. 20

Stammbuch, Das kleine. Eine sittliche Erläuterung des beständigen Kalenders. Regensburg 1815—16. V: *Walberer, Johann Edmund.* (Bücher-Samml. d. hist. Ver. v. u. f. Oberbayern. München 1867.) 3. Aufl. Regensburg 1827. V: *Kornmann, Rupert & Johann Edmund Walberer.* (Russell IX, 758)

— das kleine, eine sittl. Erläuterung des beständ. Kalenders. 2 Thle. gr. 8. Augsburg, Nic. Doll (in Comm.) 816.

— das kleine, eine sittl. Erläuterung d. beständigen Kalenders. 1r Thl. 3e Aufl. 827 u. 2r Thl. 816. gr. 8. Regensburg. (Krüll in Landsh.)

— kleines, f. Jugendlehrer (zunächst an Landschulen), welche ihren Schülern bei verschied. Gelegenheiten gerne etwas Schönes u. Lehrreiches z. Andenken schreiben wollen. (Vom Jugendlehrer Karl Naim. Gargo). 12. Ried 832. Kränzl. (Leipz., Centr.-Compt.) 4 gr

Stammbuch der Familie Manger. Nach Kirchenbüchern ... zusammengestellt ... Siegen 1860. V: *Manger, Philipp Eduard.* (BMarsch 553)

— mein, s. Mein.

— mein, e. Samml. kleiner, moralischer, scherz- u. ernsthafter Gedichte. 8. Nürnb. 771. Bauer u. R. 8 gr

Mein STAMMBUCH. Nürnberg bey Gabriel Nicolaus Raspe. 1771. 8°. 8 Bl. incl. *gestoch. Titel mit großer Vignette,* 170 S. Hübscher alterer Pbd. m. Rsch.

MEIN Stammbuch. Sammlung neuer Wiener Lieder und Couplets. Wien, Aichwalder (1900). Verboten v. L.-G. Wien, 8. X. 1900. § 516.

— mein, der Erinnerung, Freundschaft und Liebe heilig, als Hülfe und Rath für Alle, welche sich mit Auszeichnung ins Stammbuch ihrer Freunde und Freundinnen einschreiben wollen. M. 1 Kupf. 12. Nürnb, Zeh. 819.

— mein, der Erinnerung, Freundschaft u. Liebe heilig. 400 auserles. Stammbuchaufsätze, größtenth. a. d. Werken d. vorzügl. deutschen Schriftsteller. 2., verb. u. verm. Aufl. (5 3/4 B. u. Ttlkpfr.) 837. 1/3 Thlr., 3., verm. u. verb. A. 8. (5 1/2 B. u. Ttlkpfr. in Buntdr.) 840. 3/8 Thlr., 4., verm. u. verb. A. 12. (4 B. u. gem. Stammbuchbl.) Nürnberg 842, [Lotzbeck.]

— mein, der Erinnerung, Freundschaft u. Liebe heilig. 400 Stammbuchaufsätze u. Verse. 4. sehr vermehrte u. verbess. Aufl. Mit einem gemalten Stammbuchblatte. 12. Nürnberg 842, Zeh'sche Buchh. 1/4 Thlr

— mein, der Erinnerung, Freundschaft u. Liebe heilig. Sammlung von 330 der auserlesensten u. beliebtesten Stammbuchaufsätze u. Gelegenheitsgedichte, nebst Akrostichen auf die gebräuchlichsten Tauf-Namen rc. 5. sehr verm. u. verb. Aufl. Mit 1 gemalten Stammbuchblatte. 12. (102 S.) Nürnberg (847) 849, Lotzbeck. 1/4 Thlr

[Stammbuch für Anna Mohrhardt.] Eintragungen aus Altona, Hamburg, Flensburg u. Glückstadt. — 1816—33. 39 Bl. quer-8° [Rückent.:] Denkmal d. Freundschaft.

—— moralisches, f. Jungfrauen. A. d. Franz. übers. v. J. M. Dullyé. 12. (..B., 1 Kpfr. u. 1 Musikb.) Aachen 838 (Mainz, Kirchheim, Schott u. Thielmann.)
Mit 6 Kpfrn. u. 1 Musikbeil.

—— moralisches, od.: die schönsten u. erhabensten Lehren üb. Religion, Wahrheit u. Tugend f. d. reif. weibl. Jugend. A. d. Franz. übers. v. J. M. Dullyé. 2. Aufl. 12. (6 B., 1 Kpfr. u. 1 Musikbeil.) Regensburg 841, Manz.
Mit 6 Kpfrn. u. 1 Musikbeil.

Stammbuch der National-Galerie. Radirungen von Ernst Forberg, Hans Meyer und Anderen. Herausgegeben von Dr. M. Jordan. Berlin 1880. 4°.

— d. estländ. Ostfriesen- u. Holländerzucht, hrsg. v. estländ. landwirthschaftl. Verein. I. Jahrg. 1896. gr. 8. (432 S.) Reval 896. (F. Kluge.) n. 3. —

Stammbuch von Possenhofen, der Insel Wörth und Garatshausen am Würmsee. München 1854. V: *Leoprechting, Carl v.* (Ky)

Stammbuch von Possenhofen, der Insel Wörth und Garatshausen am Würmsee. Lex.-8. (XXV und 140 S. mit 3 Lithochrom.) München 854, (Franz.) *-

Stammbuch d. brandenburg.-preuß. Regenten, od. genealog. Darstell. d. Regentenfolge zu Brandenburg, seit d. Entstehen d. Mark bis auf gegenwärt. Zeit. M. 20 Tabn. (7, gr. 4.) u. 1 col. Stammtaf. (qu. Fol.) A. d. vorzügl. Quellen zusammengetr. u. tabellar. geord. v. F. A. W. Dünnemann. gr. 8. (10¼ B. incl. Tab.) Berlin 831, (Nauck.) Thlr.

— ostfriesischer Rindviehschläge. Hrsg. vom Vorstand d. Vereins ostfries. Stammvieh-Züchter. 1. u. 2. Bd. gr. 8. (XV, 323 S.) Emden 885. 86. Haynel.
n. 5. 25

— ostfriesischer Rindviehschläge. Hrsg. vom Vorstand d. Vereins Ostfriesischer Stammvieh-Züchter. 3.—6. Bd. gr. 8. Emden, Haynel. n. 11. 25
(1—6.: n. 16. —)
3. (XV u. S. 325—471.) 887. n. 2. 25. — 4. (XV u. S. 473—583.) 888. n. 2. —. — 5. (XVI u. S. 585—759.) 889. n. 3. —. — 6. (IV u. S. 761—1014 m. 1 Taf.) 890. n. 4. —.

— ostfriesischer Rindviehschläge. Hrsg. vom Vorstand des Vereins ostfries. Stammviehzüchter. 7.—9. Bd. gr. 8. Emden, W. Haynel. n. 6. 75;
(1—9: n. 22. 75)
7. (S. 1015—1186 m. 1 Bl. Abbildgn.) 891. n. 2. 50
8. (S. 1187—1314 m. 1 Bl. Abbildgn.) 892. n. 2. —
9. (XI u. S. 1315—1440 m. 1 Taf.) 893. n. 2. 25

— ostfriesischer Rindervorschläge. Hrsg. v. Vorstand d. Vereins ostfries. Stammviehzüchter. 10.—13. Bd. gr. 8. Emden, W. Haynel. n. 15. 25
(1.—13.: n. 38. —)
10. (XIV u. S. 1443—1565 m. 1 Taf.) 894. n. 2. 25
11. (III u. S. 1567—1712 m. 1 Taf.) 895. n. 2. 50
12. (IV u. S. 1715—1874 m. 1 Abb.) 896. n. 3. —
13. (XXXIX u. S. 1875—2256 m. 3 Abb.) 898. n. 7. 50

— ostfriesischer Rindviehschläge. Hrsg. vom Vorstand des Vereins ostfries. Stammviehzüchter. 14. Bd. gr. 8. (III u. S. 2257—2828 m. Abbildgn.) Emden 899. W. Haynel. n. 10. —; (1—14. n. 48. —)

[Stammbuch des Leipziger Studenten und späteren Professors H. F. S. 1738—1789.]
157 Bl. m. 16 Eintragungen, 11 Aquarellen u. 1 Bleistiftzeichnung. 8°.

—— in gewählten Stellen a. deutschen Meisterwerken. 12. (7 B.) Wiesbaden 829, Ritter.

Stammbuch eines Rostocker Studenten. 1736—1738.
124 Bl. m. 30 Eintragungen u. 30 Bildern in Aquarellmalerei u. Federzeichnung. 8°.
Die meisten Aquarelle stellen Szenen aus dem Studentenleben dar.

— des Gabelsbergerschen Systems. Hrsg. v. internationalen Stenographenverbande Gabelsberger. 8. Wolfenbüttel, Heckner.
Bezenšek, Übertragg. auf d. südslavischen Sprachen. (20 S.) 907. nn — 70
Geiger, Übertragung auf die englische Sprache. (8 S.) 906. nn — 30
— Übertragung auf die französische Sprache. (9 S.) 906. nn — 30
Gruenbaum (Gondos), Übertragung auf die französ. Sprache. (7 S.) 906. nn — 30
Magdić, Übertragung a. d. kroatische Sprache. (12 S.) 907. nn — 40
Markovitz, Übertragung auf die ungarische Sprache. (7 S.) 907. nn — 30
Milovanovitsch, Übertragg. a. d. serbische Sprache. (5 S.) 907. — 25
Noë u. Leinner, Übertragung auf die italien. Sprache. (III, 25 S.) 906. nn — 75
Rausser, die Übertragung auf die französ. Sprache. (III, 11 S.) 906. nn — 40
Signorot, Übertragung auf die französische Sprache. (12 S.) 907. — 40

— tabellarisches, f. alle hohe u. nied. Familien Deutschlands. Fol. Prag, Schonfeld. 784.

Stammbuch einer löblichen Versammlung unter dem glorreichen Schutz und Titel des heiligen Camilli de Lellis, besondern Patrons der Sterbenden. In der Pfarre Leopoldstadt zu Wien in Unterösterreich. Wien, 1856. Mechitharisten-Buchdruckerei. (18 S. 11 Bl. 8.)

— vollständiges. 8. Hamb. Kratzsch. 806.

— vollständ., od. Auswahl der neuesten u. vorzüglichsten poet. u. prosaischen Aufsätze f. Stammbücher, gesammelt v. D. S. Lpz., Taubert. 12 gr.

Stammbuch, West-östliches, zu Mirza Schaffys 70. Geburtstage. Leipzig 1889. V: *Sauerwein, Gustav.* (STBBerl IX, S. 66)

— ein Wiener. Dem Direktor d. Bibliothek u. d. histor. Museums der Stadt Wien Dr. Carl Glossy z. 50. Geburtstage, 7. III. 1898, gewidm. v. Freunden u. Landsleuten. gr. 8. (VIII, 412 S.) Wien 898. C. Konegen.
n. 5. —

Stammbuchaufsätze. –

——, s. a. Diadem.

Stammbuch(s)-Aufsätze. A. d. Werken d. vorzüg. deutsch. u. ausländ. Schriftsteller, s. †Gleim, E.

Stammbuchsaufsätze, enth. e. Auswahl der vorzüglichsten Stellen aus den beliebtesten u. besten Schriften f. alle Vorfälle des Lebens brauchbar. 8. Hamb. 807. 5e A. 815. 6e A. Mit Einleit. v. Prof. L. Kruse. gr. 12. Ebd. 826. 7e Aufl. 829. (Herold jun.) 6 gr. mit Goldschn. 12 gr.

Stammbuchs-Aufsätze, enth. e. Ausw. d. vorzüglichst. Stellen aus d. beliebt. u. besten Schriften f. alle Vorfälle d. Lebens brauchbar. 8. Hamburg, Vollmer. 816.

— enth. e. Auswahl d. vorzüglichsten Stellen aus den beliebtesten u. besten Schriften, f. alle Vorfälle des Lebens brauchbar. 5te Aufl. 8. Hamb. Vollmer. 815.

Stammbuchs-Aufsätze, bestehend in 600 d. gelungendsten Stellen aus den Werken d. vorzügl. Schriftsteller d. Welt. Nebst Deutung d. gebräuchl. Taufnamen. 6e sehr verb. u. verm. Aufl. Mit Einleitung v. Prof. L. Kruse. gr. 12. Hamb. 826, Herold.

—— besteh. in 600 d. gelungensten Stellen a. d. Werken d. vorzügl. Schriftsteller d. Welt. Nebst Deutung d. gebräuchlichsten Taufnamen. 7., sehr verbess. u. verm. Aufl. Mit e. Einleit. v. L. Kruse. — A. m. d. Umschlags-T.: Gedenk-Buch f. Jedermann 16. (13½ B. u. Vign.) Hamburg 831, Herold.

—— oder kleine Gallerie schöner u. großer Gedanken üb. Freundschaft, Liebe, Hoffnung u. Menschenleben. Zur Bildung d. Geistes u. Herzens. 12. ... Nördlingen 832, Beck.

Stammbuch-Aufsätze. Der Liebe u. Freundschaft gewidmet. 16. (64 S.) Chemnitz 884. Hager. — 30

—330. Mit 27 Blättern Bouquets, Kränzen, Blumen u. Fruchtkörbchen rc. 12. Eisleben 829. (Berlin, Hermes.) ½ Thlr

—330, mit 27 Blättern Bouquets, Kränzen, Blumen- u. Fruchtkörbchen, Landschaften u. allegor. Symbolen, als Muster zu Stammbuchsblättern. (Aus d. „Schule der schönen Künste rc." abgedr.) 16. Eisleben 829. Reichardt. 12 gr

Stammbuchaufsätze, 327; Auswahl der vorzüglichsten. 12. Guben 840. Berger. ⅙ Thlr

Stammbuch-Aufsätze, 100, mit 12 Zeichnn. zu Stammbuchblättchen. Zusammengest. v. T.... 32. (38 Seit.) Bonn 840, Dunst. (?)

Stammbuch-Auffätze, 100, der Liebe u. Freundschaft gewidmet von Dr. T.... 2. Aufl. Mit 1 Titelkupf. 36. Cöln 843, Dunst. ⅙ Thlr

Stammbuchsaufsätze, mit zoerlei verschiedenen Kupfern, auch zu Geburts- u. Namenstag u. freundschaftl. Geschenken anwendbar. quer 8. Ulm, Jakob Ebner. 811. (Die Kupfer einzeln, das Stück 4 kr.)

—neue moral., f. gebildete Jünglinge u. Mädchen rc. 8. Augsb. 809. Daisenberger. 9 gr

—neue patriot., vorzügl. die ausziehenden Krieger, s. Pacidives Stringladius.

— 400, aus d. vorzügl. Dichtern gesammelt. 1e, 2e Samml., 2e Aufl. u. 3e bis 6e Samml. (zusammen 1600 Aufsätze.) 12. Nordhausen 826—27, Landgraf. (Dörffling in Leipz.)

—— und kleine Gelegenheits-Gedichte, 400 neue, sorgfältig gewählte, f. Freunde u. Freundinnen, Geschwister, Söhne u. Töchter an ihre Aeltern, ihre Lehrer u. Lehrerinnen, Verwandten rc. A. d. besten deutschen Classikern. 16. (7 B.) Wien 850, Sollinger.

— ein halbes Tausend, neuer sorgfaltig gewählter, und kleine Gelegenheitsgedichte rc. 2e, verm. Aufl. kl. 8. Wien 834. Sollinger. ¼ Thlr

Stammbuchaufsätze, 400, in teutscher, französ., italien., lateinischer u. griechischer Sprache. 12. Leipzig 835. Dörffling.

—— 400, in deutscher, französ., italien., latein. u. griech. Sprache. 1. Aufl. (5⅙ B.) 835., neue A. 12. (4½ B.) Leipzig 839, [Dörffling u. Franke.]

—— 400, in deutscher, latein., französ. u. engl. Sprache. Neue Samml. 12. (5 B.) Leipzig 837, [Dörffling u. Franke.]

— vorzügliche, für Geist u. Herz auf alle Tage des Jahres. 16. Mannheim 843, Löffler. $^{5}/_{12}$ Thlr

—200, launigen u. scherzhaften Inhalts. Quedlinb., Ernst. 2 gr

Stammbuchblätter. Ein Sortiment v. 100 lith. u. col. u. meistens verschied. Mustern, zum Theil mit Golddruck. 8. (Bonn 838, Henry u. Cohen.)

Stammbuchsblätter, 14 neue, zu Titelblatt. color. Leipz. Ind. Comt.

— zwölf schön gemalte, zum Andenken d. Liebe und Freundschaft. Meißen, Gödsche. 815.

Stammbuch-Blüthen u. Skizzen zu Stammblättern von C. A(ppelius). Eine Festgabe.
(o. J.)
Braunschweig.

Stammbuch(s)-Blüthen u. Skizzen zu Stammblättern, v. Carl A. M. 8 lith. Beiln. Eine Festgabe. 16. (19 B. u. Ttl., Kpfrst.) Braunschweig 830, G. C. E. Meyer.

Stammbuchbote, der. Nachrichtenblatt der Stammbuchführer des Vereins ehemal. Fürstenschüler. Nr. 1—16. März 1898—Dezbr. 1901. hoch 4. (à 4 S.) Dresden. (Grimma, G. Gensel's Verl.) Je 4 Nrn. n. — 50

Stammbuchbote, der. Nachrichtenblatt der Stammbuchführer des Vereins ehem. Fürstenschüler. Nr. 21—32. März 1902—Dezbr. 1905. (à 4 S.) Lex.-8. Dresden. (Grimma, G. Gensel's Verl.) à Nr. — 50 (1. Runde 1898 bis 1903 Nr. 1—24. kart. n. 3. —)

Stammbuchbote des Vereins ehemaliger Fürstenschüler. Runde 1. (Dresden 1898: Philipp.) 4° [ii. 1981 3]

Stammbuchsdenkmal, der Freundschaft u. Liebe geheiligt. Ein Taschenbuch zur Beförder. d. Nachdenkens in frohen u. trüben Stunden. 8. Hamb. 815. (Aue in Altona). 5 gr

Stammbuchsdenkmal, der Freundschaft u. Liebe geheiligt. Ein Taschenbuch z. Beförderung des Nachdenkens in frohen u. trüben Stunden. 8. Hamburg, Gundermann. 815.

Stammbuchdichter, Der, eine Auswahl von Gelegenheitsgedichten ... Pesth 1819. II: *Adler, Joh. Em.* (MGT)

Stammbuchsdichter, der, u. Handpoet, s. F. W. Gärtner, Blumenkränze. 2e Samml.

Stammbücher vom 16.—18. Jahrh. Katalog 41. (76 S. m. Abb.) qu. 16. München (905). J. Rosenthal. 3. —

Stammbücher, kulturhistorische. 5 Bde. 8. Stuttgart, Spemann. à Bd. * *M* 4. * geb. à Bd. * *M* 5. *

Inhalt:
Bd. 1. Stammbuch des Arztes. (VII, 292 S.) 878.
" 2. Stammbuch des Lehrers. (VII, 309 S.) 878.
" 3. Stammbuch des Pfarrers. (VII, 319 S.) 878.
" 4. Stammbuch des Studenten. (VII, 320 S.) 878.
" 5. Stammbuch des Juristen und Beamten. (VII, 279 S.) 879.

Stamm-Buchgedichte, für Freymaurer. Aus den besten Dichtern und Schriftstellern gesamm. [Nürnberg: Grattenauer] 1800. 94 S. 8°
Kl. 1626. Im Anh. Aphorismen. 23. 74.

Stammbuchsgedichte f. Freimaurer. 8. Nürnb. 800. (Lauffer in Leipz.) 8 gr

Stammbuchs- u. andere Gedichte u. prosaische Aufsätze bei Freundschaft u. Liebe. s. A. F. **Meißner.**

— u. and. Gedichte u. pros. Aufsätze d. Freundschaft und Liebe, herausg. von A. E. Meißner. 8. Breslau, Buchhelster. 804.

Stammbuchs-Stückchen, die auserlesensten u. schönsten, auf den besten Dichtern u. Prosaikern. 8. Leipz., Köhler. 18 gr geb. 1 Thlr

Stammbuch-Vergißmeinnicht. Eine ausgewählte Sammlung v. 200 gediegenen Stammbuch-Aufsätzen aus den besten Schriftstellern u. Dichtern. 16. Bautzen 842, Reichel. n. 1/6 Thlr

Stammbuchverse, s.: Kinderglocken.

Stammbuch-Verse, s. Miniatur-Bibliothek des Nützlichen und Angenehmen.

Stammbuchverse. 30 Vorlegeblätter, enthaltend 40 Stammbuchverse zum Schönschreiben. 3. Aufl. Quer in-8°. Zürich, Orell Füssli & Cie. 1886. In Mappe 1 80

Stammbuchsverse, akrostische; Sammlung von Stammbuchsversen, bei denen die Anfangsbuchstaben alle am häufigsten vorkommenden Männer- u. Frauennamen bezeichnen. 16. Nordhausen 836. Müller. 1/4 Thlr

— u. **Sprüche** zum Gebrauch f. Eltern, Lehrer, Geschwister u. Freunde. gr. 8. (80 S.) Schweidnitz 894. G. Brieger. n. — 60

Stämme, die 16, der Juden. 16. (4 S.) Kaiserslautern 887. Gotthold. n. — 10

Stammel, J. J., Triersche Chronik f. d. Bürger u. Landmann 8. Trier 797. Schröll. (Streng in Frankf. a. M.) 6 gr

Stammeln, üb. das, seine Ursachen u. verschied. Grade. Nebst d. Mittel, diesem Fehler der Aussprache vorzubeugen u. ihr zu heilen. 8. Leipz. 822. Magaz. f. Ind. 8 gr

Stammen wir von den Affen ab? Eine volksverständl. Beleuchtg. dieser Zeitfrage. gr. 8. (36 S.) Dresden 872. G. Dietze. n. — 60

Stammen, Hugo Wilhelm, approb. Arzt aus Krefeld: Vier Fälle von Geisteskrankheiten bei Morbus Basedowii. *Gießen 1903: v. Münchow.* (28 S.) 8°
Gießen, Med. Diss. v. 1903

STÆMMEN, JOACH. JOHS. GEORG a (autor), Tentamen philos. sistens hypotheses quasdam, e quibus probabili nexu actio corporis in animam et animæ in corpus concipi potest. Kilonii. 1737. 4. P.

Stämmen, Johannes von: Viro excellentissimo, doctissimo ... [Hochzeitsgedicht auf Sebastian **Kortholt,** Prof. d. Philos., und Anna Lobedantzia, 15. Aug. 1704, Flensburg.] — Kiloni 1704: Reuther. 2 Bl. 4°

Stammer, der Vorsitz in den Kirchen-Vorständen der katholischen Kirchengemeinden in Preußen, im Zusammenhange m. den kirchenpolit. Zuständen beleuchtet. gr. 8. (III, 84 S.) Düsseldorf 893. (E. Lintz.) n. — 50

Stammer, Carl, s. Stammer, Karl.

Stammer, Georg

Stammer, Geo., amerikanische Jugendgerichte. Ihre Entstehg., Entwicklg. u. Ergebnisse. Nach Samuel J. Barrows „Children's courts in the United States" bearb. (VII, 58 S.) gr. 8. Berlin 908. R. v. Decker. — 80

Stammer, Henri: Fibel für den Schreibleseunterricht verbunden mit Sprach- und Schönschreibübungen. Luxemburg: Lamort 1842. 56 S. 12°

Stammer, Henri: Gebrauchsweise des deutschen Lese- und Sprachbuches. Ersten Theiles, ... Heft 1, 2. Luxemburg: Lamort 1826–1827. – 2 Bde. 12°

Stammer, Henri: Katholisches Gesangbuch für Kirche, Schule und Haus im Grossherzogthum Luxemburg. Luxemburg: Lamort 1823. – XVI, 227, 8 S. 8°

Stammer, Henri: Hermann und Dorothea, von Goethe. Mit einer Beurteilung im Allgemeinen. Luxemburg: Lamort 1823. – VIII, 75 S. 8°

Stammer, Henri: Hermann, der Retter Deutschlands. 26 S. Luxemburg, L'Athénée, Progr. 1841/42

Stammer, H., Jugendlust oder kleines und unterhaltendes Lesebuch für das zartere Alter, nach zweckmäß. Stufenfolge geordnet und hrsg. 18. Aufl. 12. (228 S.) Trier 867. (Troschel.) cart.

Stammer, Henri: Das Kopfrechnen oder die Anfangsgründe des Rechnens. Erste Abteilung. Luxemburg: Lamort 1845. – 72 S. 12°

Stammer, H., erstes Lesebuch. 2 Heftchen. 2e verb. Aufl. 12 Luxemburg 829. (Kupferberg in Mainz). 3 gr

Stammer, Henri: Erstes Lesebuch. Erstes Heftchen. 2. verb. u. verm. Aufl. Luxemburg: Lamort 1829. – 72 S. 12°

– – 15. Aufl. Ebd. 1834. – 24 S. 12°

– – 36. Aufl. Ebd. 1839. – 12°

Stammer, Henri: Erstes Lesebuch. Zweites Heftchen. 2. Aufl. Luxemburg: Lamort 1829. – 12°

– – 9. Aufl. Ebd. 1834. – 56 S. 12°

– – 17. Aufl. Ebd. 1839. – 60 S. 12°

– – 34. Aufl. Ebd. 1843. – 60 S. 12°

– – 36. Aufl. Ebd. 1850. – 12°

Stammer, H., erstes Lesebuch. 2 Hfte. 17. Aufl. 8. (..B.: Trier 835, (Troschel.)

Stammer, H., erstes Lesebuch. 2 Hfte. 18e Aufl. 8. Trier 838. (Troschel.) 1/6 Thlr

Stammer, Henri: Zweites L e s e b u c h oder: Der lützelburger Kinderfreund. 1. Theil. 5. Aufl. Luxemburg: Lamort 1833. – 116 S. 12°

– – 6. Aufl. Ebd. 1835. – 116 S. 12°

— dass. 2s Lesebuch. 7e Aufl. 8. Ebd. 835. (Ebd.) 5 ℊ

Stammer, Henri: Drittes L e s e b u c h oder: Der lützelburger Kinderfreund. 2. Theil. 3. Aufl. Luxemburg: Lamort 1832. – 142 S. 12°

— dass. 3s Lesebuch. 3e Aufl. 8. Ebd. 832. (Ebd.) 5 ℊ

– – 4. Aufl. Ebd. 1839.

– – 5. Aufl. Ebd. 1841.

Stammer, Henri: Deutsches L e s e - und Sprach b u c h. Erster Teil. Hefte 1, 2. Luxemburg: Lamort 1824–1827. – 2 Bde. 12°

S t a m m e r, H., L e s e - W a n d t a f e l n in 20 Bl., nebst Anweis. z. Gebr. ders. Fol. Trier 830, (Troschel.) *

— L e s e - W a n d t a f e l n in 20 Blättern, nebst Anweisung zum Gebrauche derselben. Fol. Ebd. 837. (Ebd.) 5 ℊ

Stammer, Henri: L i e d e r für die Gesang-liebende Jugend am Athenäum zu Luxemburg. Luxemburg: Lamort 1818. – 12°

—— premier livre de lecture d'après une nouvelle méthode. Cah. 1 et 2. 8. (.. B.) Trèves 830, (Troschel.) *

—— second livre de lecture. 8. (.. B.) Le même. *

— deuxième livre de lecture; IIme édition 8. Ebd. 836 (Ebd.)

Stammer, H., petit livre de lecture. 4. Edition. 16. (XII und 147 S.) Trèves 854, Troschel.

—— petit livre de lecture. 5. édit. 16. (XII und 147 S.) Trier 864, Troschel. cart.

— petit livre de lecture. 6 édit. Ebend. 870. 16. (XII, 147 S.) cart. 9 ngr

Stammer, H., petit livre de lecture. 6e édit. 1870. 90 Pf., et 7e édit. 16. (XIII, 155 S.) Trier 874, Troschel. [Löwenberg.] cart.

Stammer, H., petit livre de lecture. 8. éd., revue, corrigée et augmentée d'un vocabulaire. 16. (V, 137 S.) Trier 878. Löwenberg. geb. n. 1. —

Stammer, H., petit livre de lecture. 9me édit. 16. (V, 137 S.) Trier 885, Lintz'sche Buchh. cart. *

— p r e s t o l é g i e, ou livre élémentaire de lecture d'après une nouvelle méthode. Cah. 1 et 2. 8. Ebd. 837. (Ebd.) 5 ℊ

Stammer, Henri: Oeffentliche P r ü f u n g der Schüler des deutschen Sprachunterrichtes am Athenäum zu Luxemburg, 22. Aug. 1821. Luxemburg: Lamort 1821.

Stammer, Henri: S i g t u r oder: Viertes deutsches Lesebuch einer Sammlung dichterischer und nicht dichterischer Stücke nebst kurzen Nachrichten über die meisten Verfasser derselben. Luxemburg: Lamort 1833. – XVI, 354 S. 8°

Stammer, Henri: Lehrreiche Ü b u n g s s t ü c k e den ersten Anfängern in der lateinischen Sprache gewidmet. Neu verb. Aufl. Luxemburg: Lamort 1821.

Stammer, Hieronymus Friedrich von (Lausitz) A. S. 20/8

Ius obsidum intuitorum et citra conventionem cum adversa parte captorum atq. retentorum.
Präs. Christoph Ludwig Krell.
Wittenberg (Gerdes) XII. 1734. 35 S.

W. v.: Präs. 33142

Stammer, Ioannes (geb. 1834 in Melle bei Osnabrück): De Lino dissertatio philologica ... Bonnae, form. I. F. Carthausii (1855). 2 Bl., 26 S., 1 Bl. 8.
Bonn, Phil. Fak., Diss. v. 18 Aug. 1855

Stammer: Theologumena Sophoclea. Spec. I. 36 S.–Lingen, Progr. 1868

S t a m m e r, Carl, A b b i l d u n g e n zur Chemie und chemischen Technologie. Wandtafeln zum Gebrauche für Universitäten, technische Lehranstalten, Real- und Gewerbeschulen u. s. w. gezeichnet und hrsg. 1. und 2. Lfg. Fol. (à Lfg. 7 Stnt. in Imp.-Fol. mit 2 S. Text in 4.) Mannheim 857. 58, Bassermann'sche Verlagsh. à Lfg. * 1 Thlr. 18 Ngr. *
Ist nicht fortgesetzt worden.

Stammer, K., die B r a n n t w e i n b r e n n e r e i u. deren Nebenzweige, s. a. Otto-Birnbaum, Lehrbuch der rationellen Praxis der landwirthschaftl. Gewerbe.

Stammer K.: Die Branntweinbrennerei u. deren Nebenzweige. Ein Lehrbuch d. Spiritus-, Branntwein-, Likör- u. Presshefen-Fabrikation. Braunschw. 1875. 830 S. Fig. 2 Tvl.
(= Lehrbuch d. rationellen Praxis d. landw. Gewerbe. Th. 2). 644.

Stammer K, die Branntweinbrennerei und deren Nebenzweige. Braunschweig 1876

Stammer, K., d. B r a n n t w e i n - I n d u s t r i e. 2., vollst. umgearb. Aufl. des Lehrbuchs der Branntweinbrennerei. Hrsg. v. Max B ü c h e l e r. gr. 8. (XX, 901 S. m. 290 Holzst.) Braunschweig 895. F. Vieweg & Sohn. n. 25. —

—— B r e n n e r e i - K a l e n d e r auf das J. 1878. 1. Jahrg. Hrsg. von Karl Stammer. gr. 16. (VIII, 182 und 98 S.) Berlin, Wiegandt, Hempel und Parey. geb. *

—— dass. — auf das J. 1879. 2. Jahrg. Hrsg. von Max Delbrück und Karl Stammer. gr. 16. (ca. 280 S.) Ebendas. *

—— dass. — auf die J. 1879/80. 3. Jahrg. Hrsg. von Karl Stammer und Max Delbrück. gr. 16. (192 und 117 S.) Berlin, [Wiegandt, Hempel und Parey.] Parey. geb. *

Stammer's B r e n n e r e i - K a l e n d e r. 4. Jahrg. 1880/81. Hrsg. von Karl Stammer und Max Delbrück. 16. (154 S.) Berlin, [Wiegandt, Hempel und Parey.] Parey. geb. *
Nicht weiter erschienen. Vgl.: K a l e n d e r für die landwirthschaftlichen Gewerbe.

Stammer, K. Der D a m p f in der Zuckerfabrik. gr. 8. (XII, 344, 198 S. m. Text-Abbildgn. u. Taf.) Magdeb. 891, Rathke. geb. * 20 —

— dasselbe. Zusatzbd. Unter Mitwirkg. v. Fachmännern hrsg. gr. 8. (VIII, 808 S. m. 152 Fig.) Ebd. 894. Geb. in Leinw. n. 10. —

Stammer, K., s. a. J a h r e s b e r i c h t üb. die Untersuchungen u. Fortschritte auf dem Gesamtgebiet der Zuckerfabrikation.

Stammer, K., Jahres-Bericht über die Untersuchungen und Fortschritte auf dem Gesammtgebiete der Zuckerfabrikation. 6. Jahrg. 1866. gr. 8. (XII und 340 S. mit 26 in den Text gedr. Holzschn.) Breslau 867, Trewendt.
Vgl.: Scheibler, C., und K. Stammer.

Stammer, K., Jahres-Bericht über die Untersuchungen und Fortschritte auf dem Gesammtgebiete der Zuckerfabrikation. 7.—11. Jahrg. 1867—1871. gr. 8. (VIII, 438 S. mit 24 Holzschn.; XI, 424 S. mit 20 Holzschn.; VIII, 381 S. mit 21 Holzschn.; VIII, 319 S. mit 19 Holzschn.; VII, 398 S. mit 18 in den Text gedr. Holzschn.) Breslau, Trewendt.
7. und 8. Jahrg. (à * M 10,50.) à *
9. und 11. Jahrg. (à M 10,50.) à
10. Jahrg. (M 9.)
1.—11. Bd. zusammen M 36.

— dasselbe. 12. Jahrg. 1872. Mit 27 in den Text eingedr. Holzst. gr. 8. (X, 875 S.) Braunschweig 873. Vieweg & Sohn. n. 12. —

— alphabetisches Sachregister zum ersten bis zwölften Jahrgange der Jahres-Berichte üb. die Untersuchgn. u. Fortschritte auf dem Gesammtgebiete der Zuckerfabrikation. gr. 8. (52 S.) Ebend. 873. n. 2. 40

— dasselbe. 13. Jahrg. 1873. Mit 41 in den Text eingedr. Holzst. gr. 8. (IX, 247 S.) Ebend. 874. n. 8. —

— Jahres-Bericht über die Untersuchungen u. Fortschritte auf dem Gesammtgebiete der Zuckerfabrikation. 14. u. 15. Jahrg. 1874 u. 1875. gr. 8. (VIII, 238 u. VIII, 244 S. mit 17 u. 16 eingedr. Holzst.) Braunschweig 875 u. 76. Vieweg & Sohn. à n. 8. —

—— dass. — 16. Jahrg. 1876. gr. 8. (VIII, 298 S. mit 11 eingedr. Holzschn.) Ebendas. 877. *

— dasselbe. 17. Jahrg. 1877. gr. 8. (X, 385 S. mit 32 eingedr. Holzst.) Ebend. 878. n. 12. —

— dasselbe. 18. Jahrg. 1878. Mit 37 in den Text eingedr. Holzst. gr. 8. (XI, 436 S. m. 2 Holzschntaf.) Ebend. 879. n. 13. 60

—— Jahres-Bericht über die Untersuchungen und Fortschritte auf dem Gesammtgebiete der Zuckerfabrikation. 19. Jahrg. 1879. gr. 8. (X, 453 S. mit 47 in den Text. eingedr. Holzst.) Braunschweig 880, Vieweg und Sohn. *

—— dass. — 20. Jahrg. 1880. gr. 8. (IX, 475 S. mit 54 in den Text eingedr. Holzst.) Ebendas. 881. *

—— dass. — 21. Jahrg. 1881. gr. 8. (IX, 512 S. mit 55 in den Text eingedr. Holzst.) Ebendas. 882. *

—— dass. — 22. Jahrg. 1882. gr. 8. (X, 444 S. mit 49 in den Text eingedr. Holzst.) Ebendas. 883. *

—— dass. — 23. Jahrg. 1883. gr. 8. (VIII, 428 S. mit 35 in den Text eingedr. Holzst.) Ebendas. 884. *

Stammer, K., Jahresbericht über die Untersuchungen und Fortschritte auf dem Gesammtgebiete der Zuckerfabrikation. 24. Jahrg. 1884. gr. 8. (IX, 592 S. mit 58 eingedr. Holzst.) Braunschweig 885, Vieweg und Sohn. *

—— dass. — 25. Jahrg. 1885. gr. 8. (XI, 584 S. mit 1 Titelbilde und 35 Holzst.) Ebendas. 886. *

Stammer, K., Jahres-Bericht üb. die Untersuchungen u. Fortschritte auf dem Gesammtgebiete d. Zuckerfabrikation. 26. Jahrg. 1886. Mit 36 eingedr. Holzst. u. alphabet. Sachregister zum 13.—26. Jahrg., 1873—1886 einschließlich. gr. 8. (X, 372 S.) Braunschweig 887. Vieweg & Sohn. n. 12. —

—— dass. — 27. Jahrg. 1887. gr. 8. (X, 354 S. mit 78 eingedr. Holzst.) Ebendas. 888. *

—— Jahres-Bericht üb. die Untersuchungen u. Fortschritte auf dem Gesammtgebiete der Zuckerfabrikation. 28.—31. Jahrg. 1888—1891. gr. 8. (XIV, 376 S. m. 15 Holzst.; XI, 336 S. m. 38 Holzst.; X, 338 S. m. 49 Holzst.; XII, 372 S. m. 47 Holzst.) Braunschw., Vieweg u. Sohn. 1889-92. à Jahresbericht * 12 —

Stammer, K., Jahres-Bericht üb. die Untersuchungen u. Fortschritte auf dem Gesammtgebiete der Zuckerfabrikation. 32. Jahrg. 1892. Mit 55 eingedr. Abbildgn. gr. 8. (X, 400 S.) Braunschweig 893. F. Vieweg & Sohn. n. 12. 50
s.: Jahres-Bericht üb. die Untersuchungen u. Fortschritte auf dem Gesammtgebiete der Zuckerfabrikation.

—— chemisches Laboratorium. Anleitung zum Selbstunterrichte in der Chemie. 1. Thl. gr. 8. (XI und 128 S.) Gießen 856, Ricker. *

—— chemisches Laboratorium. Anleitung zum Selbstunterrichte in der Chemie. 2. und 3. Thl. gr. 8. (XXIV und S. 129—610 mit eingedr. Holzschn. und 4 Tab. in qu. gr. Fol. und qu. Imp.-Fol.) Gießen 857, Ricker. [2. Thl. * 25 Ngr., 3. * 15 Ngr.] *
1. Thl. Ebendas. 1856. * 10 Ngr.

— kurz gefaßtes Lehrbuch der Chemie und chemischen Technologie. Zum Gebrauche als Grundlage beim Unterrichte an Real-, Gewerbe- und Bergschulen, sowie an allen technischen und höheren Lehranstalten. Essen 857. Bädeker. gr. 8. (XV, 287 S.) n. 28 ngr.

— kurz gefaßtes Lehrbuch der Chemie u. chemischen Technologie. Zum Gebrauche als Grundlage beim Unterrichte an Real-, Gewerbe- u. Bergschulen, so wie an allen techn. u. höheren Lehranstalten. 2., umgearb. Aufl. Essen 869. Bädeker. gr. 8. (XVII, 286 S.) n. 28 ngr.

—— kurz gefaßtes Lehrbuch der Chemie und chemischen Technologie. Zum Gebrauche als Grundlage beim Unterrichte an Real-, Gewerbe- und Bergschulen, sowie an allen techn. und höheren Lehranstalten. 3. neu bearb. Aufl. gr. 8. (XVIII, 279 S.) Essen 878, Bädeker. * M 2,80; geb. **

—— Lehrbuch der Physik, s. Cyclus organisch verbundener Lehrbücher sämmtlicher medicinischen Wissenschaften.

—— Lehrbuch der Zuckerfabrikation. 2 Abthlgn. gr. 8. (888 S. mit zahlreichen in den Text eingedr. Holzst. und lithogr. Taf., 1 Atlas von 8 S. in 8. und 14 lithogr. Plänen in qu. gr. Fol.) Braunschweig 874, Vieweg und Sohn. *

Stammer K.: Lehrbuch d. Zuckerfabrikation. Braunschw. 1875. 888 S. Fig. 14 Tvl.
(= Lehrbuch d. rationellen Praxis d. landw. Gewerbe. Th. 3). 644.

— die Zuckerfabrikation, s. a. Otto-Birnbaum, Lehrbuch der rationellen Praxis der landwirthschaftl. Gewerbe.

—— Lehrbuch der Zuckerfabrikation. Ergänzungsbd. gr. 8. (XVI, 506 S. mit 130 in den Text eingedr. Holzst. und 2 Bildnissen [Holzst.-Taf.].) Ebendas. 881. *
Hauptwerk. Ebendas. 1874. * M 27.

— Lehrbuch der Zuckerfabrikation. Mit 2 Bildnissen, 4 Chromogr., 8 autogr. Plänen, 562 Holzst. u. 9 lith. Taf. 2. Aufl. 2 Hälften m. 1 Atlas. gr. 8. (XXXVIII, 1424 S.) Ebd. 887. n. 42. —; 2 Einbde. u. Mappe f. die Pläne n.n. 3. —

—— Leitfaden bei den praktischen Arbeiten im chemischen Laboratorium. Zum Gebrauche beim Unterricht in der unorgan. Chemie an Gewerbe- und Realschulen. gr. 12. (XIV und 88 S.) Braunschweig 854, Vieweg und Sohn. *

— Muster, Herstellungsweise u. Zusammensetzung v. 24 Verbrauchszuckern, s.: Rathke's, A., Bibliothek f. Zucker-Interessenten.

—— die Oele und Fette des Pflanzen-, Thier- und Mineralreiches, s. Encyclopädie der chemisch-technischen Wissenschaften.

Stammer, Karl, die Reinigung der städtischen Abwässer und die Reinhaltung der öffentlichen Wasserläufe, eine Lebensfrage für große und kleine Städte und deren Lösung. gr. 8. (24 S.) Breslau 885, Nessel. *
Aus: Zeitschrift für Culturtechnik, besonders abgedruckt.

—— Sammlung von chemischen Rechenaufgaben. Zum Gebrauche an Real- und Gewerbe-Schulen, an techn. Lehranstalten und beim Selbststudium für Studirende, Pharmaceuten, chem. Fabrikanten u. A. 8. (XX und 112 S.) Braunschweig 855, Vieweg und Sohn. *

Stammer, Karl, Sammlung von chemischen Rechenaufgaben. Zum Gebrauche an Real- u. Gewerbeschulen etc. etc. Antworten und Auflösungen dazu. Braunschweig 855. Vieweg. 8. (X, 126 S.) n. 20 ngr.

Stammer's, K., Sammlung von chemischen Rechenaufgaben. Zum Gebrauche an Real- u. Gewerbeschulen, an landwirthschaftl., techn. u. höheren Lehranstalten, sowie beim Selbststudium für Studirende, Pharmaceuten, chem. Fabrikanten u. A. 2., vollständig neu bearb. Aufl. 8. (XV, 91 S.) Braunschweig 878. Vieweg & Sohn. n. 1. 60; Antworten u. Auflösungen. (XI, 92 S.) n. 2. 40

-Tabellen chemischer Schemata. Zum Gebrauche beim Unterricht in der unorganischen Chemie. Braunschweig, 1856.

— Tabellen chemischer Schemata. Zum Gebrauche beim Unterricht in der unorganischen Chemie. In 43 Wandtaf. Braunschweig 857. Vieweg. gr. Fol. n. 6 ℛ

Stammer, Karl, Taschenbuch für Zuckerfabrikation und Spiritusbrennerei. Tabellen zum Gebrauch in der Fabrik und im Laboratorium. Breslau 864. Trewendt. 8. (XVI, 304 S.)

— Taschenkalender f. Zuckerfabrikanten. 18. Jahrg. 1894/95, hrsg. v. R. Frühling u. Henseling. gr. 16. (Schreibkalender u. 157 S. m. 1 Karte.) Berlin, P. Parey. Geb. in Ldr. n. 4. —
Bisher u. d. T.: Taschenkalender f. Zuckerfabrikanten.

Stammer's Taschenkalender f. Zuckerfabrikanten. 21. Jahrg. 1897/98, hrsg. v. R. Frühling u. Henseling. 12. (Schreibkalender u. 180 S. m. 1 Karte.) Berlin, P. Parey. Geb. in Ldr. n. 4. —

Stammer's Taschenkalender f. Zuckerfabrikanten. Hrsg. u. vollständig umgearb. v. R. Frühling u. G. Henseling. 26. Jahrg. 1902/03. 12. (255 S. u. Schreibkalender m. 1 Karte.) Berlin, P. Parey. Geb. in Ldr. n. 4. —

— Taschenkalender f. Zuckerfabrikanten. Hrsg. u. vollständig umgearb. v. R. Frühling u. G. Henseling. 30. Jahrg. 1906/1907. (285 S. u. Schreibkalender.) kl. 8. Berlin, P. Parey. Geb. in Ldr. n. 4. —

Stammer, K., Taschenkalender f. Zuckerfabrikanten. Hrsg. u. vollständig umgearb. v. R. Frühling u. G. Henseling. 34. Jahrg. 1910/1911. (318 S. u. Schreibkalender m. 1 Karte.) kl. 8. Berlin, P. Parey. Geb. in Ldr. 4. —

STAMMER, CARL. Dissertatio de oxidi carbonici vi reducendi. Berolini, 1849.

Stammer, Carl (geb. Luxemburg 29. 2. 1818): De oxidi carbonici vi reducendi. Berolini (1850). (30 S.) 8°
Berlin, Phil. Diss. v. 26. März 1850

— Wegweiser in der Branntweinbrennerei. Zugleich als 4. zeitgemäß umgearb. Aufl. v. E. Schubert's „Der rationelle Brennereibetrieb". Mit zahlreichen in den Text eingedr. Holzst. gr. 8. (XV, 257 S.) Ebend. 876. n. 5. 60

Stammer, K., Wegweiser in der Zuckerfabrikation. Vorzugsweise zum Gebrauch für Fabrikbeamte, Techniker, Siedemeister ꝛc. gr. 8. (XI, 296 S. mit zahlreichen in den Text gedr. Holzschn.) Braunschweig 876, Vieweg und Sohn. *

von Stammer, Richard [aus Leipzig]: Zur Lehre vom Eigenthumserwerb durch Stellvertreter. . . . Leipzig, Druck v. L. Seidel, 1891; 32 S. 8°
Göttingen, Jur. Fak., Inaug.-Diss. v. [14. Jul.] 1891

Stammer, Rich. v., zur Lehre vom Eigenthumserwerb durch Stellvertreter. Diss. gr. 8. (32 S.) Leipzig 891. (Göttingen, Vandenhoeck & Ruprecht.) n. — 80

Stammer, Vict., Glaubensworte e. Vaters an seine Kinder. (Neue Ausg.) (64 S.) 8. Dresden (907). R. Kraut. 1. —

Stammer, Wilhelm

Stammer, Guillaume: Discussion de quelques courbes enveloppes. Dissertation mathématique. Düsseldorf, Progr. 1854

Stammer, Wilh., Lehrbuch der analytischen Geometrie für höhere Lehranstalten und zum Selbststudium. 1. Thl.: Lehrbuch der analytischen Geometrie der Ebene. gr. 8. (XV und 280 S. mit 6 Stnt. in gr. 4) München 868, Lindauer'sche Buchh. *

Stammer, Guillaume: Rede zur Feier des Geburtstages S. M. des Königs von Preussen, Friedrich Wilhelm IV., 14. Oktober 1855. Luxemburg: Bück 1855. – 16 S. 8°

Stammer, W. Die ersten Sätze der neuern Geometrie als Pensum der Prima einer Realschule I. O. 23 S. u. 2 Taf. Rg. *Düsseldorf* 1878.
Progr.

Stammer, Guilelmus (geb. am 10 Juli 1826 in Luxemburg): De novo systemate coordinatarum ... Bonnae, form. C. Georgii 1849. 2 Bl., 54 S., 2 Bl., 3 Taf. 8.
Bonn, Phil. Fak., Diss. v. 17 März 1849

Stammer, *Wilhelm* Allgemeine Theorie der Umhüllungsflächen und einige damit zusammenhängende Eigenschaften der Flächen zweiten Grades. 8 (S. 185—203).
In: Festschrift zur 50jährigen Gedenkfeier der Begründung des Rg. (mit Gklassen) *Düsseldorf* 1888 (zu 448).
Progr.

Stammer, W., allgemeine Theorie der Umhüllungsflächen und einige damit zusammenhängende Eigenschaften der Flächen zweiten Grades, s. Festschrift des städtischen Realgymnasiums zu Düsseldorf zur 50jährigen Gedenkfeier.

Stammeshaus, (Friedrich) Wilhelm

Stammeshaus, W., Darstellung der Dioptrik des normalen menschlichen Auges, zugleich eine Einführung in das Studium derselben. gr. 8. (XII, 247 S. mit 66 in den Text gedr. Holzschn.) Oberhausen 877, Spaarmann. *

Stammeshaus, Friedr. Wilh. (geb. am 5 Nov. 1845 auf Hof Duhr bei Wülfrath Kr. Mettmann): Ueber die Functionsstörungen des Auges nach angina diphtheritica ... Bonn, Buchdr. v. P. Neusser 1870. 43 [vielm. 44] S. 8.
Bonn, Med. Fak., Diss. v. 12 März 1870

Stammfest, Johs. Wilh., Betrachtungen über „Ein bischöfliches Wort von Dr. C. Martin, Bischof von Paderborn," u. über „Erstes offenes Sendschreiben" eines evangel. Pfarrers. Soest 865. (Nasse's Verl.) 8. (V, 119 S.) n. 7 ngr.

Stammfest, Joh. Wilh., Lebäus an alle, welche trachten nach dem Reiche Gottes, besonders an denkende Protestanten. Ebendas. 1866, 16°, IV, 199 S., 1 Mt. (Vergriffen.)

Die teutsche Stammfolge bei der Mansbachischen Familie. Meiningen 1765.

Stammfolge, Ununterbrochene, des Regentenhauses Baiern seit dem zwölften Jahrhundert. München 1825. V: *Schraml, Franz de Paula.* (Ky)

Stammfolge, ununterbrochene, des Regentenhauses Baiern seit d. 12n Jahrh. (v. F. P. v. Schraml). Fol. Münch. 825 Weber. 6 ℛ der lithogr. Stammbaum 11 ℛ

Stammgast, der. Volkskalender auf 1847. 4. Jahrg. Nebst einem Anh.: Jahrbuch zur Unterhaltung u. Belehrung ꝛc. 8. (6 Blätter Schreibpap. u. 4 bunte Abbild.) Berlin 846, Hübenthal u. Co. n. 1/2 ℛ

Stammgast, der. Volkskalender auf d. Schaltjahr 1848—1851. 5—8. Jahrg. Mit dem Anh.: Jahrbuch zur Unterhaltung u. Belehrung für Jedermann. 8. (5: 206 S. m. 5 Stahlst. 6: 218 S. m. 5 Stahlst. 7: LXXX u. 128 S. m. 5 Stahlst. 8: XLII u. 174 S. m. 5 Stahlst.) Berlin, Hübenthal & Comp. à n. 1/3 ℛ

— der. Volkskalender auf das Schaltjahr 1852. 9. Jahrg. 8. (XXII u. 178 S. m. 5 Stahlst.) Berlin, Nelte. n. 1/3 ℛ

— der. Volkskalender für 1853. 10. Jahrg. 8. (XXXII u. 174 S. m. 6 Stahlst.) Berlin, Moeser & Kühn. n. 1/3 ℛ

Stammhalter, Die, der Familie Lepsius seit dem letzten Jahrzehnt des siebenzehnten Jahrhunderts. Eine Denkschrift dem Neugebornen gewidmet ... Naumburg 1851. V: *Lepsius, Carl Peter.* (BMarsch 548)

Stammhammer, Josef. Bibliographie der Finanzwissenschaft. Bearb. und hrg. von Josef Stammhammer ... in Wien. VI + 416 S. 4. Jena, Gustav Fischer, 1903. [M. 12.—]

Stammhammer, Josef. Bibliographie des Socialismus und Communismus. Bearb. und hrg. von J' St'... 3 Bände. gr.-8. Jena, Gustav Fischer, 1893—1909.
[Band 1.] IV + 304 S. 1893. (M. 10.—)
Band 2: Nachträge und Ergänzungen bis Ende des Jahres 1898. IV + 404 S. 1900. [M. 13.—]
Band 3: N' und E' bis Ende des J' 1908. Mit einem vollständigen Sachregister über alle drei Bände. IV + 474 S. 1909. [M 18.—]

Bibliographie der Social-Politik. Bearb. u. hrsg. v. Josef Stammhammer. *Jena: G. Fischer 1896* (a. d. Umschl.: *1897*). (IV, 648 S.) 1 Bd 4. [96. 9131

Stammhammer, Jos., die Nibelungen-Dramen seit 1850 und deren Verhältniß zu Lied und Sage. 8. (VII, 168 S.) Leipzig 878, Wartig's Verlag. *

Stammhäupter, Die feindlichen, oder Liebe und Entsagung. Ein Roman nach d. Engl. der Miss Houghton. Jena 1817. B: *Wesselhöft, Elisabeth.* (Ky) (MGT) (GGr) (Schl)

Stammhäupter, die feindlichen, oder Liebe und Ritterthum, ein Roman nach dem Engl. der Miß Houghton. 2 Thle. 8. Jena, Schmid. 817.

Stammhaus. Das erste St' des Geschlechtes v. Erlach in Bern. [S.A.] *s.* (E[rlach], R[obert] v[on]).

Stammheim, s.: Geologische Karten. Spezialkarte (Württ.)

Stamminger, Johann Baptist

Stamminger, J. B. Andenken an J. B. Stamminger, kgl. Universitäts-Bibliothekar. Ein Lebensbild, nebst Anh.: Die beiden letzten Reden d. Verlebten an den Stiftungsfesten der kath. Gesellschaft Union. gr. 8. (72 S. m. Bildnis.) Würzburg 893. A. Göbel. n. 1. —

Stamminger, J. B., Bericht über die mit der XXV. Generalversammlung der Katholiken Deutschlands verbundene kirchliche Kunstausstellung in Würzburg [6.—20. Septbr. 1877.] 1. und 2. Abdr. gr. 8. (68 S.) Würzburg 877, Woerl.

Stamminger, J. B., e. wahrer Edelmann. Gedächtnißrede auf Sr. Exc. Georg Eugen Heinrich Karl Argobast Frhrn v. u. zu Frankenstein, Kgl. Bayer. Kämmerer, erbl. Reichsrath d. Krone Bayerns, ersten Präsidenten d. Kammer d. Reichsräthe, Mitglied d. deutschen Reichstages ꝛc. ꝛc., geh. bei der am 30. Jan. 1890 im Saale d. Platz'schen Gartens zu Würzburg veranstalteten Trauerfeier. gr. 8. (27 S. m. e. Portr.) Würzburg 890. Woerl. n. — 50

Stamminger, J. B. Franconia sacra. Geschichte u. Beschreibg. d. Bisth. Würzburg. In Verbindg. m. dem Diözesan-Klerus hrsg. 1. Lfg.: Die Pfarrei zu St. Burkard in Würzburg. gr. 8. (VI, 234 S.) Würzb. 889, Bucher. * 2 80

Stamminger, J. B., Franconia Sacra. Geschichte u. Beschreibg. d. Bisth. Würzburg. Begonnen v. S., fortgesetzt v. Aug. Amrhein. 2. u. 3. Lfg. gr. 8. Würzburg, F. X. Bucher. n. 6. — (1.—3.: n. 8. 80)
2. Das Landkapitel Lengfurt. 1. Abth. Bearb. v. Aug. Amrhein. (VI, 200 S.) 896. n. 2. 80
3. Dasselbe. 2. Abth. (S. 201—468 u. V—VII.) 897. n. 3. 20

Stamminger, J. B., s. a. **Franconia sacra.**

— Franconia sancta. Das Leben der Heiligen u. Seligen des Frankenlandes. Dem kathol. Volke erzählt. Mit (eingedr. Holzschn.-)Bildern. (In ca. 12 Lfgn.) 1—4. Lfg. Lex.-8. (320 S.) Ebend. 878. 79. à n. 1. —; feine Ausg. à n. 1. 50

— Franconia sancta. Das Leben d. Heiligen u. Seligen d. Frankenlandes. D. kathol. Volke erzählt. 1. Bd. 5.—7. (Schluß-) Lfg. Lex.-8. (VIII u. S. 321—552 m. Holzschn.) Ebd. 880. 81. à n. 1. —; feine Ausg. à n. 1. 50

Stamminger, J. B., zum Gedächtnisse Cardinal Hergenröthers. Rede, geh. in der kathol. Gesellschaft „Union" zu Würzburg am 28. Novbr. 1891. Mit dem Bildnisse Hergenröthers in Lichtdr. gr. 8. (39 S.) Freiburg i/B. 892. Herder. n. 1. —

— **Würzburgs Kunstleben** im 18. Jahrh. [Aus: „Archiv d. histor. Vereins v. Unterfranken u. Aschaffenburg".] gr. 8. (47 S.) Würzburg 893. (L. Woerl.) n. — 60

— sie haben e. Mann begraben. Gedächtnißrede auf Se. Exc. Ludwig Windthorst, kgl. hannoveran. Staatsminister a. D., Mitglied d. deutschen Reichstages u. d. preuß. Abgeordnetenhauses ꝛc. ꝛc., geh. bei der am 22. März 1891 im Saale d. Platz'schen Gartens v. den kathol. Vereinen veranstalteten Trauerfeier. Mit dem Bildniß d. Vollendeten. gr. 8. (25 S.) Würzburg 891. Bucher. n.n. — 30

Stamminger, J. B., die „allgemeine Zeitung" über die königl. Universitätsbibliothek Würzburg. Eine Entgegnung. Würzburg 867. Stahel'sche Buchh. gr. 8. (27 S.) 6 ngr.

Stammler, Albrecht: Aus d. Prosektur d. städt. Krankenhauses München r. d. I. (Prosector: Privatd. Dr. Oberndorfer.) Ein Fall von intestinalem Milzbrand beim Menschen. München 1907: Kastner & Callwey. (27 S.) 8°
München, Med. Fak., Ref. v. Bollinger, Diss. v. 13. April 1908
[Geb. 17. Mai 82 Neustadt a. H.; Wohnort: Neustadt a. H.; Staatsangeh.: Bayern; Vorbildung: Gymn. Neustadt a. H. Reife Juli 00; Studium: München 1, Gießen 4, Kiel 1, Berlin 3, München 1 S.; Coll. 13. April 08; Approb. 31. März 08.]

Stammler, Albrecht (Giessen)
Ueber das Verhalten des Muttermundes als diagnostisch geburtshülfliches Zeichen.
Giessen: Keller 1860. 19 S. + 2 Bl. Thesen.
Diss. med. 24.5.1860. vorh. 26. 7. 11.

Stammler, Carl, s. Stammler, Karl.

Stammler, Eduard (Giessen)
Thesen aus der gesammten Heilkunde, welche zur Erlangung der Doctorwürde in der Medicin, Chirurgie und Geburtshülfe den 29.7.1829 öffentlich vertheidigen wird: Eduard Stammler, aus Giessen.
Giessen: Lichtenberger 1829. 7 S. vorh. 7.
Dr. med. 29.7.1829.

Stammler, Emil: Über die Ausscheidung des Acetons durch Nieren und Lungen. *Würzburg 1898: Becker.* (45 S.) 8°
Würzburg, Med. Diss. v. 1898

Stammler, Fritz, appr. Arzt a. München: Ein Fall von hämorrhagischer Pericarditis. München 1906: Kastner & Callwey. (21 S.) 8°
München, Med. Fak., Ref. v. Bollinger, Diss. v. 26. Febr. 1907
[Geb. 20. März 80 Bad Brunnthal b. München; Wohnort: München; Staatsangeh.: Bayern; Vorbildung: Luitpold-Gymn. München Reife Juli 00; Studium: München 4, Erlangen 1, München 4 S.; Coll. 26. Febr. 07; Approb. 15. Jan. 07.]

Stammler, Hugo (Grünberg)
Geschichte der Forschungen über den Geburtsmechanismus während des zehnten Lustrums des 18. Jahrhunderts.
Giessen: Kratz 1856. 68 S. (in Δ mit „Thesen")
Diss. med. 4.6.1856. vorh. 26.11.Δ.

Stammler, J[acob]. Der hl. Beatus, seine Höhle und sein Grab. Mit vier Illustrationen [Tafeln]. (Separatabdruck aus dem «Hardermannli», illustriertes Sonntagsblatt zum «Oberländischen Volksblatt» [Jahrg. 1904, Nr. 30—34].) 35 S. 8. Bern, K. J. Wyss, 1904. [fr. —. 80]

[Stammler, Jacob.] Die römisch-katholische Pfarrei Bern. [Von J' St'.] Separatabdruck aus: Wiedereinführung des katholischen Kultus in der protestantischen Schweiz im XIX. Jahrhundert. [Hrg. durch Graf Theodor Scherer-Boccard.] 8. Ingenbohl 1881.

Stammler, J[acob]. Die Bildwerke in der Hauptvorhalle des Münsters zu Bern. Vereinsgabe des Kunstvereins des Kantons Bern für das Jahr 1897. (*Theil I:* Vier Lichtdruckbilder mit Text von J. St'....) [2 Theile.] 1897.
[Theil 1. Text. Mit 1 Illustration.] 4. Bern 1897.
[Theil 2.] Artistische Beilagen ⟨vier Lichtdruckbilder [Tafeln]⟩. fol. *o. O.*

Stammler, Jak., s. a. Bildwerke, die, in d. Hauptvorhalle d. Münsters zu Bern.

Stammler, J., die Burgunder-Tapeten im historischen Museum zu Bern. [Aus: „Kathol. Schweizer-Blätter f. Wissenschaft, Kunst u. Leben".] gr. 8. (IV, 105 S. m. Abbildgn.) Bern 889. Huber & Co. n. 2. —

Stammler, Jak. Die Burgunder-Tapeten im historischen Museum zu Bern. gr. 8. (IV, 105 S. m. Abbildgn.) Bern 889, Körber. * 2 —
Aus: Kathol. Schweizer-Blätter f. Wissenschaft, Kunst u. Leben, besonders abgedruckt.

Stammler, Jak., der Domschatz v. Lausanne u. seine Ueberreste. Zugleich e. Untersuchg. üb. den ältern Bestand d. histor. Museums in Bern. [Aus: „Kathol. Schweizerblätter".] gr. 8. (III, 232 S. m. Abbildgn.) Bern 894. (Nydegger & Baumgart.) n.n. 3. 20

Stammler, Jac[ob]. Die Ermordung des Knaben Rudolf von Bern durch die Juden ⟨1288?⟩. Von Jak. St'.... [SA.] 8. [Luzern 1888.]

Stammler, [Jacob]. Der sogenannte Feldaltar des Herzogs Karl des Kühnen von Burgund im historischen Museum zu Bern. [Mit Nachtrag.] SA. 8. (Luzern 1885.)
Nachtrag s. u. d. T.: Stammler, [Jacob]. Ueber die Herkunft des sog. Feldaltars ... (Luzern 1885.)

Stammler, Jak., der sogenannte Feldaltar Karls des Kühnen von Burgund im historischen Museum zu Bern, eine alt-venezian. Altartafel [Diptychon] aus dem Nachlasse der Königin Agnes von Ungarn, und ihr Werth für Kunst und Geschichte. 8. (IV, 232 S. mit 1 Abbild. in Lichtdr.) Bern 888, Nydegger und Baumgart. *
Aus: Berner Taschenbuch, besonders abgedruckt.

Stammler, Jacob. Geschichte der römisch-katholischen Gemeinde in Bern von Jakob Stammler, Pfarrer. [Mit Porträts, Ansichten und Plänen.] VIII + 81 S. 8. Solothurn, Buch- und Kunstdruckerei Union, 1901.

Stammler, [Jacob]. Ueber die Herkunft des sog. Feldaltars des Herzogs Karl des Kühnen von Burgund im historischen Museum zu Bern. ⟨Nachtrag....⟩ [SA.] 8. (Luzern 1885.)

Stammler, [Jacob]. Die Hinrichtung des flandrischen Priesters Franz Folck in Vivis im Jahre 1643. [SA.] 8. [Luzern 1886.]

Stammler, Jacob. Kirchengeschichte für höhere Volksschulen von Dr. Jakob St' ... in Bern. Mit ... Empfehlung des ... Bischofs von Basel-Lugano. Mit zahlreichen Illustrationen. 188 S. 8. Einsiedeln *etc.*, Benziger & Co. A. G., 1903. [geb. fr. 1. 65]

Stammler, Jakob. Der Paramentenschatz im Historischen Museum zu Bern in Wort und Bild ... Bern, K. J. Wyss 1895
Tit., 147 S. m. 48 Abb., 5 Taf. 8°
(Führer durch das Bernische historische Museum. Nr. 1.)

Stammler, Jacob. Die Pflege der Kunst im Kanton Aargau, mit besonderer Berücksichtigung der ältern Zeit. Jubiläumsgabe der Historischen Gesellschaft des Kantons Aargau zur aargauischen Centenarfeier, von Jakob Stammler. [Mit Textabbildungen und 102 Tafeln.] VIII + 271 S. 8. Aarau, H. R. Sauerländer & Comp., 1903. [fr. 11.—]

— die Pflege der Kunst im Kanton Aargau, s. a. Argovia. 30. Bd.

Stammler, J[acob]. Burgundische Pracht im XV. Jahrhundert. [Sep.-Abdr. aus: Katholische Schweizerblätter, Jahrg. 20, 1904, Heft 3.] S. 205—240. 8. [Luzern, J. Schill.]

Stammler, [Jacob]. Die St. Antonius-Kirche in Bern. [SA.] 8. ([Luzern] 1893.)

Stammler, J. Die St. Vinzenz-Teppiche des Berner Münsters. Mit 4 Illustr. In-8°. 66 S. Luzern, Comm.-Verlag von Gebr. Räber. 1890. 1 20
*** Sonderdr. aus dem „Archiv des Histor. Vereins des Kantons Bern. Bd. XIII, Heft 1."

Stammler, Jacob. Der Chronist Werner Schodoler (†1541). Von Jakob St'.... (SA.) 8. Bern 1892.

Stammler, J[acob]. Der Humanist und Chorherr Heinrich Wölflin, genannt Lupulus, von Bern. 1470—1534. (SA.) 8. ([Luzern] 1887.)

Stammler, Carl (Alsfeld)
Geschichte der Forschungen über den Geburtsmechanismus von der ersten Zeit bis zur Mitte des 16. Jahrhunderts.
Giessen: W. Keller 1854. 138 S. (in Δ mit „Thesen")
Diss. med. 9. 8.1854. vorh. 26. 11.Δ.

Stammler, Carl, Geschichte der Forschungen über den Geburtsmechanismus von der ersten Zeit bis zur Mitte des 16. Jahrhunderts. Inaugural-Dissertation bei Erlangung der Doctorwürde in der Medicin etc. gr. 8. (III und 138 S.) Giessen 854, Ricker. *

— — Fortges. bis zur Mitte des 17. Jahrh. von Gust. Knoes. Giessen 856. (Ferber.) gr. 8. (S. 139—223.) n. 15 ngr.
Beide Abthlgn. wieder ausgegeben mit der Fortsetzung u. d. T.:

(—) Geschichte der Forschungen über den Geburtsmechanismus bearb. von C. Stammler, Knoes u. Fresenius, fortges. von Brüel, Zimmermann, Fuchs, Schad, Benninghof u. H. Stammler. Giessen 856. Ferber. gr. 8. (3 Bl., 424 S.) n. 1 ℛ︀. 15 ngr.
Fortsetzung davon (mit dem Vorhererschienenen) u. d. T.:

(—) Geschichte der Forschungen über den Geburtsmechanismus bearb. von C. Stammler, Knoes, Fresenius, G. Brüel, Zimmermann, Fuchs, Schad, Bennighof u. H. Stammler unter dem Praesidium des v. Ritgen. 1. Bd. Giessen 857. Ferber. gr. 8. (3 Bl., 718 S.) n. 3 ℛ︀.

Stammler, Carl, das Proceßverfahren in Gegenwart u. Zukunft. An einem prakt. Fall dargestellt. gr. 8. (46 S.) Gießen 878. Ricker n. 1. —

Stammler, Carl, das Recht des Breidenbacher Grundes, s. Untersuchungen zur deutschen Staats- und Rechtsgeschichte.

Stammler C, das römische Recht in Deutschland. (Zeit- u Streitfragen 138) Berlin 1880

—— das römische Recht in Deutschland, s. Zeit- und Streitfragen, deutsche.

Stammler, [Karl]: Über die Stellung der Frauen im alten deutschen Recht. — Berlin: Habel 1877. 39 S. 8° (Sammlung gemeinverständl. wissenschaftl. Vorträge. Ser. 12, H. 268.)

Stammler, Rudolf

Stammler, Rud., Aufgaben aus dem römischen Recht. Zum selbstthät. Einarbeiten in das System des röm. Privatrechts. 2. verm. u. verb. Aufl. der „Prakt. Institutionenübgn. f. Anfänger". 8. (IV, 260 S.) Leipzig 901. Veit & Co. Geb. in Leinw. n. 5. —

Stammler, Rud., Aufgaben aus dem römischen Recht zum selbsttätigen Einarbeiten in das System des römischen Privatrechts. Der Institutionenübgn. f. Anfänger. 3. verb. Aufl. (IV, 90 S. m. Fig.) 8. Leipzig 910. Veit & Co. Geb. in Leinw. 1. 80

— die Bedeutung des deutschen bürgerl. Gesetzbuches f. den Fortschritt der Kultur. Rede, zur Feier des Geburtstages Sr. Maj. des Kaisers am 27. I. 1900 in der Aula der vereinigten Friedrichs-Universität Halle-Wittenberg geh. gr. 8. (37 S.) Halle 900. M. Niemeyer. n. 1. 20

Stammler, Rud., die Behandlung des römischen Rechtes in dem juristischen Studium nach Einführung des deutschen Reichs-Civilgesetzbuches. Akadem. Antrittsrede. 8. (32 S.) Freiburg i. Br. 885, Mohr. *

Stammler, Rud., Darstellung der strafrechtlichen Bedeutung des Nothstandes unter Berücksicht. der Quellen des früheren gemeinen Rechts u. der modernen Gesetzgebungen, namentlich des Strafgesetzbuches für das deutsche Reich. Eine von der Juristen-Facultät zu Gießen gekrönte Preisschrift. gr. 8. (VIII, 82 S.) Erlangen 878. Deichert. n. 1. 80

— die Einrede aus dem Rechte e. Dritten, s.: Festgabe der jurist. Fakultät Halle-Wittenberg f. Heinrich Dernburg.

Soziale Gedanken im Bürgerlichen Gesetzbuch. Aus d. Verhandlungen d. 5. Hauptversamml. d. freien kirchl.-sozialen Konferenz zu Erfurt 1900. Referate von Prof. Dr. [Rudolf] Stammler, Halle a. S., u. Geh.Reg.R. Dr. Duncker, Dessau. Mit Diskussion. *Berlin: Berl. Stadtmiss. 1900.* (33 S.) 8° [F.]
= Hefte d. freien kirchlich-sozialen Konferenz. H. 10. [02. 9351

Stammler, Rudolf: Die Gesetzmässigkeit in Rechtsordnung und Volkswirtschaft. Vortrag geh. in d. Gehe-Stiftung zu Dresden 1902. Dresden: v. Zahn & Jaensch 1902. (29 S.) 8°
= Jahrbuch d. Gehe-Stiftung zu Dresden. Bd 8, H. 6.

Praktische Institutionenübungen für Anfänger z. akad. Gebr. u. z. Selbststud. Von Dr. Rudolf **Stammler**, Prof., Halle a. S. Mit 8 Fig. u. 2 Rechtskarten. *Leipzig: Veit & Co. 1896.* (XXII, 150 S.) 8°. [94. 1054 6

Zur Lehre von der ungerechtfertigten Bereicherung nach dem bürgerlichen Gesetzbuch von Rudolf **Stammler**. *Halle a. S.: M. Niemeyer 1903.* (38 S.) 8°
Aus: Festgabe d. jur. Fak. d. Univ. Halle-Wittenberg f. H. Fitting. [03. 7381 3

Stammler, Rudolph (Giessen)
Lehre vom Notstande im Strafrecht.
[lt. Dekanatsbuch nur handschriftlich eingereicht.]
Dr. jur. Giessen 26.7.1877.

— die Lehre v. dem richtigen Rechte. gr. 8. (VIII, 647 S.) Berlin 902. J. Guttentag. n. 16. —; geb. in Halbfrz. n.n. 18. —

Stammler, R., üb. die Methode der geschichtlichen Rechtstheorie, s.: Festgabe zu B. Windscheid's 50jährigem Doctorjubiläum.

Stammler, Rud., der Niessbrauch an Forderungen. Ein Beitrag zur Lehre von den Rechten an Rechten. gr. 8. (X, 169 S.) Erlangen 880, Deichert. *

Stammler, Rud., praktische Pandektenübungen f. Anfänger zum akademischen Gebrauche u. zum Selbststudium. gr. 8. (X, 538 S.) Leipzig 893. Veit & Co. Geb. in Leinw. n. 8. 60

— prakt. Pandektenübungen f. Anfänger z. akadem. Gebrauche u. z. Selbststudium. 2., verb. Aufl. 8. (X, 536 S.) Ebd. 896. Geb. in Leinw. n. 8. 60

— Praktikum d. bürgerlichen Rechts f. Vorgerücktere z. akadem. Gebrauch u. z. Selbststudium. 8. (VIII, 276 S.) Ebd. 898. Geb. in Leinw. n. 5. 60

Praktikum des bürgerlichen Rechtes für Vorgerücktere zum akad. Gebrauch u. zum Selbststudium von Dr. Rudolf **Stammler**, Prof., Halle. 2., umgearb. Aufl. Mit Fig. *Leipzig, Veit & Co. 1903.* (XVI, 240 S.) 8° [03. 7381 11

— Privilegien u. Vorrechte. Rede zum Antritte des Rektorates der vereinigten Friedrichs-Universität Halle-Wittenberg, geh. am 12. VII. 1903. (52 S.) gr. 8. Halle 903. Buchh. des Waisenhauses. n. 1. —

[F.] Das Recht der Schuldverhältnisse in seinen allgemeinen Lehren. Studien z. Bürgerl. Gesetzb. f. d. Deutsche Reich v. Dr. Rudolf **Stammler**, Prof. an d. Univ. Halle a/S. ... *Berlin: J. Guttentag 1897.* (XIV, 262 S.) 1 Bd 8.
= Recht, Das, d. Bürgerl. Gesetzbuchs in Einzeldarst. [No] V. [97. 6317

Academiae Fridericianae Halensis ... rector Franciscus de Liszt cum senatu nomina civium suorum, qui in certamine litterario ... **praemia** reportaverunt, renuntiat novasque simul quaestiones in annum sequentem propositas promulgat. — Praemissa est commentatio Rudolfi **Stammler** Recht und Willkür. Halis, form. Gebauero-Schwetschkeianis, 1895; 39 S. 4.

— s.: Rechtswissenschaft, systematische.

— die Theorie des Anarchismus. gr. 8. (IV, 44 S.) Berlin 894. O. Haering. n. — 60

— Übungen im bürgerl. Recht f. Anfänger z. akadem. Gebrauch u. z. Selbststudium. 1. Tl. Einleitg. Allgem. Teil. Recht d. Schuldverhältnisse. M. 1 Karte d. im Deutschen Reiche gelt. Privatrechts. 8. (XII, 372 S.) Leipzig 898. Veit & Co. Geb. in Leinw. n. 8. —

— Übungen im bürgerlichen Recht f. Anfänger. Zum akadem. Gebrauch u. zum Selbststudium. 1. Bd. Einleitg. Allgemeiner Tl. Recht der Schuldverhältnisse. 2., verb. Aufl. Mit e. Karte des im Deutschen Reiche vor 1900 gelt. bürgerl. Rechtes. 8. (XX, 372 S.) Leipzig 902. Veit & Co. Geb. in Leinw. n. 8. —

— Uebungen im bürgerlichen Recht f. Anfänger zum akademischen Gebrauch u. zum Selbststudium. 2. Bd. Sachenrecht. Familienrecht. Erbrecht. Mit Fig. im Text u. e. Karte der Gerichtsorganisation des Deutschen Reiches. (XVI, 264 S.) 8. Leipzig 903. Veit & Co. Geb. in Leinw. u. 6. 80 (vollst. n. 14. 80)

— Übungen im bürgerlichen Recht f. Anfänger zum akademischen Gebrauch u. zum Selbststudium. 3., verb. Aufl. in 1 Bd. Mit 2 Karten: Das im Deutschen Reiche vor 1900 gelt. Privatrecht u. Die Gerichtsorganisation des Deutschen Reichs. (XIV, 358 S.) 8. Ebd. 909. Geb. in Leinw. 7. 50

— Unbestimmtheit des Rechtssubjektes, s.: Festschrift f. die juristische Fakultät in Giessen.

— Wirtschaft und Recht nach der materialistischen Geschichtsauffassung. Eine sozialphilosophische Untersuchung. gr. 8°. Leipzig, Veit u. Co., 1895.

Stammler, Rud., Wirtschaft u. Recht nach d. materialist. Geschichtsauffassung. E. sozialphilosophische Untersuchg. gr. 8. (VIII, 668 S.) Ebd. 896. n. 14. —; geb. in Halbfrz. n. 16. —

— Wirtschaft und Recht nach der materialistischen Geschichtsauffassung. Eine socialphilosophische Uutersuchung. 2. verb. Aufl. 8°. Leipzig, Veit u. Co., 1905.

Stammler, R., Wirtschaft u. Recht nach der materialistischen Geschichtsauffassung Eine sozialphilosoph. Untersuchg. 2. verb. Aufl. (VIII, 702 S.) gr. 8. Leipzig '06, Veit & Co. 15. —; geb. in Halbfrz. 17. 50.

Stammler, V., die Morfiumsucht u. der Morfinismus. 8. (27 S.) München 885. (J. A. Finsterlin.) n. — 60

Stammler, Wolfgang, a. Halle a. S.: 'Der Hofmeister' von Jakob Michael Reinhold Lenz. Ein Beitrag zur Literaturgesch. d. 18. Jahrhunderts. Halle a. S. 1908: E. Karras. (IX, 134 S.) 8°
Halle, Phil. Fak., Ref. Strauch, Diss. v. 2. Juli 1908
[Geb. 5. Okt. 86 Halle a. S.; Wohnort: Halle a. S.; Staatsangeh.: Preußen; Vorbildung: Gymn. Halle a. S. Reife M. 04; Studium: Halle 2, Berlin 1, Halle 1, Berlin 1, Leipzig 1, Halle 1 S.; Rig. 22. April 08.]

Stämmler, Ferdinand

Staemmler, F., Grundriß des Gemüsebaues, — Grundriß des Obstbaues, } f. Taschenbibliothek, deutsche landwirthschaftliche.

Stämmler, F., Grundriß des Obstbaues. [Obstbaumzucht und -Pflege, Obstverwertung und Gerätekunde.] Ein Leitfaden für den Unterricht an landwirtschaftl. Lehranstalten, Seminarien und Volksschulen, sowie zum Selbstunterricht. 2 Hefte in 1 Bde. 2. verm. Aufl. 8. (VIII, 104; 75 S. mit 185 Abbild.) Leipzig 887, Scholtze. *

Schlesisches Normal-Obstsortiment. Hrsg. von d. Landwirtschaftskammer f. d. Prov. Schlesien. Bearb. u. mit e. kurzen Anweisung über d. Pflanzung u. Pflege d. Obstbäume versehen von Ferd. **Stämmler**. 7.-9. Taus. Breslau 1905: Schles. Dr.-Genossensch. (35 S.) 8° [F.]
= **Veröffentlichungen** d. Landwirtschaftskammer f. d. Prov. Schlesien. H. 1. 04. 105

Staemmler, Johs., Reden, geh. bei der Beerdigung des 2. Bürgermeisters Felix Dahrenstädt, † 12. VII. 1898 u. d. Hrn. Oberbürgermeisters Hugo Bräsicke, † 7. X. 1898. gr. 8. (17 S.) Bromberg 898. G. Abicht. n. n. — 25

Stämmler, Otto

Staemmler, Gesetz betr. die Besteuerung des Branntweins vom 8. Juli 1868 unter Berücksicht. der Motive und Verhandlungen des Reichstags aus den gesammelten amtl. Materialien sowie Entscheidungen des Ober-Tribunals und bisher. Ober-Appellations-Gerichtes erläutert. 8. (IX, 231 S.) Lüneburg 874, Engel's Buchh. *

Staemmler, Gesetz betreffend die Besteuerung des Branntweins vom 8. Juli 1868, unter Berücksicht. der Motive und Verhandlungen des Reichstags aus gesammelten amtl. Materialien, sowie Entscheidungen des früheren preuß. Ober-Tribunals und des Reichs-Gerichts. Erläutert und mit Genehmigung des Hrn. Finanzministers hrsg. 2. vielfach verm. und verb. Aufl. 8. (IV, 310 S.) Berlin 882, Springer. cart. *

Staemmler, Gesetz betr. die Besteuerung des Branntweins vom 8. Juli 1868, unter Berücksicht. der Motive und Verhandlungen des Reichstags aus gesammelten amtl. Materialien und Ausführungsvorschriften des Bundesraths, sowie Entscheidungen des früheren preuß. Ober-Tribunals und des Reichs-Gerichts erläutert und mit Genehmigung des Hrn. Finanz-Ministers hrsg. 3. vielfach verm. und verb. Aufl. 8. (X, 370 S.) Berlin 885, Springer. cart. *

Stämmler, Otto. Die Reichsgesetze betr. die Besteuerung d. Branntweins vom 24. Juni 1887 u. 8. Juli 1868 u. betr. die Steuerfreiheit d. Branntweins zu gewerblichen Zwecken vom 19. Juli 1879. Erläutert durch Gesetzesmotive, Ausführungsvorschriften, Rechtsprechg., Verwaltungs-Entscheidgn. u. der Praxis entnommene Grundsätze. 8. (X, 474 S.) Berl. 889, Springer. cart. * 6 50

Stämmler, Otto, die Reichsgesetze betr. die Besteuerung d. Branntweins vom 24. Juni 1867 u. 8. Juli 1868 u. betr. die Steuerfreiheit d. Branntweins zu gewerblichen Zwecken vom 19. Juli 1879. Erläutert durch Gesetzesmotive, Ausführungsvorschriften, Bundesrathsbeschlüsse, Finanz-Ministerial-Reskripte, Entscheidgn. der obersten Gerichtshöfe u. der Praxis entnommene Grundsätze. 2., verm. Aufl. 8. (IX, 621 S.) Berlin 891. J. Springer. Kart. n. 9. —

Stämmler, R., üb. den Bau neuer evangelischer Kirchen u. Pfarrhäuser in der Mark u. besonders in Berlin. 8. (48 S.) Berlin 884. Wiegandt & Grieben. n. — 60

Stämmler, R., praktische Erwägungen über die Grundzüge zur Alters- und Invaliden-Versicherung der Arbeiter. gr. 8. (46 S.) Berlin 888, C. Heymanns Verlag. *

— haben sich die Invalidenkassen der deutschen Gewerkvereine bewährt? Mittheilungen aus den Schriften der deutschen Gewerkvereine. gr. 8. (29 S.) Berlin 881, C. Heymann's Verlag.

— die Kaiser Wilhelms-Spende. Versicherungs-Bedingungen und Tarife, erläutert. gr. 8. (VI, 101 S.) Berlin 880, Hentze's Verlag. *

— Rathschläge und Erläuterungen zu den Gesetzen über das Ruhegehalt der emeritirten Geistlichen der preußischen Landeskirche. gr. 8. (82 S.) Berlin 881, Wiegandt und Grieben. *

— u. Semmler, Rechtfertigung der für den 1. Jan. 1878 in Vorschlag gebrachten Reform der preußischen Renten-Versicherungs-Anstalt. gr. 8. (48 S.) Berlin 877. Puttkammer & Mühlbrecht. n. 1. —

—— über Versicherung von Rente und Kapital. Mittheilungen über deutsche Anstalten und Gesellschaften zur Versicherung von Renten und Kapital für den Erlebensfall und für den Todesfall, auf Veranlassung des Central-Ausschusses für die innere Mission der deutschen evangel. Kirche bearb. gr. 8. (46 S.) Berlin 883, Hertz. *

Stamm-Liste von der Königl. Preussischen Armee wegen Errichtund Stiftung derselben. 4. Potsdam 1756.

Stammliste der Königl. Preuß. Armee. 8. Berlin, Dieterici (Mittler.) 817.

Stammliste, die, der königl. preuß. Armee seit d. 16n Jahrh. bis 1822. Mit 1 illum. Kpftaf. 8. Berl. 823. (Mittler). 1 ℛ 12 ℊ

Die Stammliste der Kgl. preuß. Armee seit dem 16. Jahrhundert bis 1822. Mit Bld. Berlin 1823. 340 S.

Stammliste der Königl. Preußischen Armee seit dem 16. Jahrhundert bis 1840. Mit Genehmigung des Königs. Mit 2 color. Tafeln mit Ordenszeichen. 8. Berlin 840. Mittler. n. 1⅓ ℛ

— der K. pr. Armee seit dem 16. Jahrh. bis 1840. Mit 1 Bld. Berlin 1840. 352 S.

Stammliste der Königl. Preußischen Armee für den Zeitraum 1840–1852. Fortsetzung der Stammliste vom 16. Jahrh. bis 1840. Mit 2 (lith. u. color.) Taf. Abbild. 8. (VIII u. 143 S.) Berlin 852, Mittler & Sohn. n. 24 ℊ

Stammliste der Familie Bruckmann. April 1892. Cannstatt. V: *Landauer*, *Th.* (Heyd)

Stamm-, Rang- und Quartier-Liste, illustrirte, der königl. preussischen Armee von L. Schneider. I. und II. (Lfg.) Imp.-Fol. (à Lfg. 3 lithogr. Bl.) Mit Text. (1—6. Heft.) Lex.-8. Berlin 854, A. Duncker. à Lfg. * 5 Thlr. 10 Ngr.; ill. à Lfg. * 7 Thlr. 20 Ngr.; gemalt à Lfg. * Einzelne Bl. mit Text * 2 Thlr.; ill. * Einzelne Hefte Text *

Inhalt:

(Heft) 1. Das erste Garde-Regiment zu Fuss, bearb. von Waldersee I. (VIII und 101 S.)
2. Das Regiment Garde du Corps, bearb. von Kurd Wolfg. v. Schöning. (VIII und 55 S.)
- 3. Das 2. Infanterie-(Königs-)Regiment, nach den Mittheilungen von v. Gayl bearb. von A. v. Mach. (VIII und 64 S.)
- 4. Das Kaiser Franz Grenadier-Regiment bearb. von C. v. Gorszkowski. (VIII und 90 S.)
- 5. Das Kaiser Alexander Grenadier-Regiment. (VIII und 135 S.)
- 6. Das 6. Cürassier-Regiment (Kaiser von Russland). Nach der Geschichte des Reg. von v. Monteton und Mittheilungen von v. Rauch I. bearb. von L. Schneider. (VIII und 167 S.)

Kurz gefaßte **Stamm- und Rangliste** aller Regimenter der Königlich Preußischen Armee von deren Stiftung ab bis Ende 1786 (1787, für die Jahre 1790–92). Berlin.

Kurz gefaßte **Stammliste** aller Regimenter und Corps der Königlich-Preußischen Armee. Berlin.

	1793.	3. Aufl.	1796.
5. Aufl.	1798.	6. „	1799.
7. „	1801.	Für	1806.

Stammliste der aktiven Offiziere, Sanitäts-Offiziere, Beamte u. der Reserve-Offiziere des 2. masur. Infanterie-Regiments Nr. 147 u. der seit dem 1. X. 1906 zugeteilten Maschinengewehr-Abteilung Nr. 5. Abgeschlossen: Lyck, Febr. 1907. Hrsg. zur Feier des 10jähr. Stiftungsfestes des Regiments am 1. IV. 1907. (IV, 58 S.) gr. 8. Oldenburg 907. G. Stalling's Verl. nn 3.25; geb. nn 5.—

Stammliste der Offiziere des Kgl. Sächs. 4. Infanterie-Regiments Nr 103. 1867–1909. Dresden: Kriegsministerium [1910]. 112 S. 8°
[11. 4891

Stamm- und Rangliste der Kurhess. Armee. 8. Marburg, Krieger (in Comm.) 819 u. 820. à 20 Gr.

Stamm- u. Rangliste der Kurhessischen Armee 1817–66, jährlich. [Enthält zugleich die Geschichte der Kurhessischen Truppen.] 8. Cassel. à 2,50.

Stamm- u. Rangliste der churfürstlichen sächsischen Armee für die Jahre 1803–6, nebst 12 monatlichen Nachträgen bei jedem Jahrgange. [Hrsg. von C. G. Richter.] 8. Dresden. à 5,00.

Stamm- u. Rangliste der kgl. sächsischen Armee für die Jahre 1807–10, nebst monatlichen Nachträgen zu jedem Jahrgang. [Hrg. von C. G. Richter.] 8. Dresden à 5,00.

— der churfürstl. sächs. Armee f. die J. 1803—10, nebst 12 monatl. Nachtrr. bei jedem Jahrg. (herausgg. v. C. G. Richter). 8. Dresd., Autor. (à 1 ℛ 16 ℊ) 13 ℛ 8 ℊ

Stamm- und Rangliste der k. sächsischen Armee für das Jahr 1811, 1833, 1836, 1839—1841, 1843—1849.
8. Dresden 1811—1849.

Stamm- u. Rangliste der kgl. sächsischen Armee für die Jahre 1822, 1825, 1828–49. 8. Dresden.

— der königl. sächs. Armee f. 1822, 1828 u. 1829. Dresd., Walther; (a. Hinrichs in Leipz.) (à 1 ℛ 4 ℊ) 3 ℛ 12 ℊ

Stamm- u. Rang-Liste d. königl. sächs. Armee v. 1830—42. 8. (à ca. 11 B.) Dresden. (Leipzig, Fr. Fleischer.) à *
Jahrg. 1828 u. 29. Dresden, Walther'sche Hofb. à * 1 Thlr. 4 Gr.

Stamm- u. Rang-Liste der Königl. Sächsischen Armee, 1838 u. 1839. 8. Dresden 838, 39 (u. Leipzig, Arnold.) à n. 1 ℛ — für 1840. 8. Leipzig, Fr. Fleischer. n. ¾ ℛ

Stamm- u. Rang-Liste der kgl. sächsischen Armee f. d. Jahre 1842—47. 8. (à 11—12 B.) Dresden. (Leipzig, Friedr. Fleischer.) à J. * * –

Stamm- und Rang-Liste der königl. sächsischen Armee a. d. J. 1848 und 1849. 8. Dresden. (Leipzig, Fr. Fleischer.) à Jahrg. * * –

Stamm- u. Rang-Liste der Königl. Sächsischen Armee. 1849. 8. (VI u. 190 S.) Dresden. (Leipzig, Fr. Fleischer.) n. n. ¾ ℛ

Stamm- u. Rangliste des Hessischen Corps. 8. Marburg 1797 bis 1806, jährlich.

Stamm- und Rang-Liste vom Hochfürstl. Hessischen Korps, für das Jahr 1798 [u. 1800]. V: *Strieder*, *Friedrich Wilhelm*. (1800): *Volmar*, *Hnr. Otto*. (MGT) (stri)

Stamm- und Rangliste vom hochfürstlich-hessischen Corps, für das Jahr 1802—1804 und 1817. (3 Bde.) 8. Cassel 1802—1817.

Stamm-, Rang- und Quartier-Liste des Königlich Preußischen 12. Infanterie-Regiments . . . Berlin 1837. V: *Verdy du Vernois*, *Ludw. Freih. v.* (Hirsch)

Stamm-, Rang- und Quartier-Liste des Königlich Preußischen 3. Ulanen-Regiments. Berlin 1839. V: *Verdy du Vernois*, *Ludw. Freih. v.* (Hirsch)

Stamm-, Rang-, Quartier- u. Uniform-Liste der niederschlesischen Artillerie-Brigade No. 5. Hrsg. vom „Soldatenfreund". 8. Berlin 187*. 1,20.

Stamm-, Rang-, Quartier- u. Uniform-Liste der ostpreuss. Artillerie-Brigade No. 1. Hrsg. v. „Soldatenfreund". 8. Berlin 187*. 1,20.

Stamm-, Rang-, Quartier- u. Uniform-Liste der westfäl. Artillerie-Brigade No. 7. Hrsg. v. „Soldatenfreund". 8. Berlin 187*. 1,20.

Stamm-, Rang-, Quartier- u. Uniform-Liste des rhein. Dragoner-Regim. No. 5. Hrsg. vom „Soldatenfreund". 8. Berlin 187*. 1,20.

Stamm-, Rang-, Quartier- u. Uniform-Liste des 1. Garde-Dragoner-Regiments. Hrsg. vom „Soldatenfreund". 8. M. 13 Abbild. Berlin 187*. 1,20.

Stamm-, Rang-, Quartier- u. Uniform-Liste des 2. Garde-Dragoner-Regiments. Hrsg. vom „Soldatenfreund". 8. M. 13 Abbild. Berlin 187*. 1,20.

Stamm-, Rang-, Quartier- u. Uniform-Liste des Garde-Füsilier-Regiments. Hrsg. vom „Soldatenfreund". 8. M. Abbild. Berlin 187*. 1,20.

Stamm-, Rang-, Quartier- u. Uniform-Liste des 3. Garde-Grenadier-Regiments Königin Elisabeth. Hrsg. vom „Soldatenfreund". 8. M. 13 Abbild. Berlin 187*. 1,20.

Stamm-, Rang-, Quartier- u. Uniform-Liste des 1. Garde-Regiments zu Fuss. Herausg. vom „Soldatenfreund". 8. M. 15 Abbild. Berlin 187*. 1,20.

Stamm-, Rang-, Quartier- u. Uniform-Liste des 3. Garde-Regiments zu Fuss. Herausg. vom „Soldatenfreund". 8. M. 12 Abbild. Berlin 187*. 1,20.

Stamm-, Rang-, Quartier- u. Uniform-Liste des 4. Garde-Regiments zu Fuss. Herausg. vom „Soldatenfreund". 8. M. 13 Abbild. Berlin 187*. 1,20.

Stamm-, Rang-, Quartier- u. Uniform-Liste des 1. Garde-Ulanen-Regiments. Hrsg. vom „Soldatenfreund". 8. M. Abbild. Berlin. 187*. 1,20.

Stamm-, Rang-, Quartier- u. Uniform-Liste des 2. Garde-Ulanen-Regiments. Hrsg. vom „Soldatenfreund". 8. M. Abbild. Berlin. 187*. 1,20.

Stamm-, Rang-, Quartier- u. Uniform-Liste des 3. Garde-Ulanen-Regiments. Hrsg. vom „Soldatenfreund". 8. M. Abbild. Berlin. 187*. 1,20.

Stamm-, Rang-, Quartier- u. Uniform-Liste des kgl. preussischen 9. Ulanen-Regim. Hrsg. vom „Soldatenfreund". 8. M. 13 Abbild. Berlin 187*. 1,20.

Stammliste aller Regimenter und Corps der Königl. Preussischen Armee. 8. Berlin 1793. — ib. 1794. — ib. 1795. — 1796. — 1797. — 1798. — (XXI. 280) 12. ib. 1799. — ib. 1803. — ib. 1806. — ib. 1817. — ib. 1822.

Stammliste aller Regimenter und Corps der Königlich Preussischen Armee . . . 7. Aufl. Berlin 1802. V: *Himburg, Chn Frdr.* (MGT) (BrMm)

Stammliste aller Regimenter u. Corps der preuß. Armee für d. J. 1803 u. 1806. 8. Berl., Mittler. 1 ⁄ Hbg. Pr. 12 gr.

Stammliste all. Regimenter u. Corps d. preuß. Armee rc. 8. Berlin, Himburg. 806.

Stammliste, tabellarische, des königl. preußischen stehenden Heeres. gr. 8. (64 S.) Berlin (861)62, Schlesier. *
Prachtausg. mit Goldschn. *

Stamm- u. Ahnen-Register f. den starken, eleganten Schlag d. oldenburgischen Kutschpferdes. Hrsg. v. der grossherzogl. Köhrungs-Commission. 3., erweit. Ausg. gr. 8. (XXXIII, 568 S. m. 11 Stammtaf.) Oldenburg 893. (G. Stalling's Verl.) Geb. in Leinw. n. 8. —

Stammregister und Chronik der Kur- und Königlich Sächsischen Armee von 1670 bis zum Beginn des zwanzigsten Jahrhunderts. Bearb. von Heinrich August **Verlohren**. Hrsg. von Max **Barthold** u. Franz **Verlohren**. (Lfg 1.) Leipzig: Beck 1909. 4° [09. 12809

Stammregister. Drittes Bernisches St' vorzüglicher Kernobstsorten. Hrg. von der Oekonomischen u. Gemeinnützigen Gesellschaft des Kantons Bern. Mit 15 Bildertafeln [und illustriertem Umschlag]. 34 S. 8. Bern, K. J. Wyss, 1910. [cart. fr. 1. 50]

Stammregister des königl. preuß. Hauses. Fol. Leipz., (W. Nauck). 2 ⁄

Stamm-Register, revidirtes, vorzüglicher Kernobstsorten f. den Kanton Bern, nebst e. Anleitg. üb. Obstbaumzucht, Obstbaumpflege, Verwerthg. d. Obstes u. e. Anh. üb. Behandlg. der Zwergbäume. Hrsg. auf Veranstaltg. der Direktion d. Innern d. Kantons Bern. 8. (103 S.) Bern 886. Wyß. cart. n. — 80

Stammregister, Revidirtes, vorzüglicher Kernobstsorten für den Kanton Bern nebst einer Anleitung über Obstbaumzucht, Obstbaumpflege, Verwerthung des Obstes und einem Anhang über Zwergobstbau. Hrsg. auf Veranstaltung der Direktion des Innern des Kanton Bern. In-8°. 108 S. Bern, K. J. Wyss. 1890. Cart. — 80

Stammregister für den starken, eleganten Schlag des Oldenburgischen Kutschpferdes. Hrsg. von der grossherzogl. Köhrungs-Commission. I. Ausgabe. gr. 8. (36 S.) Oldenburg 887, Hintzen. **

Stammregister f. den starken, eleganten Schlag des Oldenburgischen Kutschpferdes. Hrsg. v. der grossherzogl. Köhrungs-Commission. 2., erweit. Ausg. 8. (53 S.) Oldenburg 889. Hintzen. n. — 50

Stammregister der Familie Tiesenhausen. (Riga 1854.) fol.

Stammreich, Max [aus Strega. (Prov. Brandenb.)]: (Aus d. med. Klinik d. Herrn Geh. Rat Gerhardt.) Ueber den Einfluss des Alkohols auf den Stoffwechsel des Menschen. . . . Berlin, Druck v. E. Streisand, 1891; 47 S. 8°
Berlin, Med. Fak., Inaug.-Diss. v. 30. Mai 1891

Stammrolle der Feldzugs-Theilnehmer d. kgl. sächs. 7. Infanterie-Regts. „Prinz Georg" Nr. 106. Hrsg. auf Grund gütigst überlass. Angaben durch d. Komitee f. d. Zusammenkunft d. Feldzugs-Theilnehmer d. 106. Regts. in Chemnitz, 1897. (Von Fr. Agsten.) gr. 8. (VII, 136 S.) Chemnitz 897. (Leipzig, O. Gracklauer.) n.n. 1. —

Stamm-Rolle der großherzogl. hessischen activen und pensionirten Offiziere und Militärbeamten. 4. (200 lithogr. S.) (Darmstadt 851, v. Auw.) Thlr. **

Stammspiel, das. 8. (XVIII, 60 S.) Göttingen 900. L. Horstmann. n. 1. —

Stammt der Mensch vom Affen ab?, s.: Volksbibliothek, apologetische. Nr. 4.

Stamm- und Ahnentafel des altadeligen Geschlechts der von Krosigk. 1 Bl. fol.

Stammtafel des Geschlechts Bachoven, auch Bachoff und Bachofen von Echt. Wien 1892. 4.

Stammtafel des mediatisierten Hauses Bentinck. 1894. *(Stuttgart 1894: Greiner & Pfeiffer.)* (14 Taf.) 2° [Umschlagt.]

Stammtafel der Familie Bremme. (Dortmund: Barich 1904.) 7 Bl. gr. 2° [Kopft.] [11. 13507

Stammtafel, die, des Geschlechtes v. Brockhusen, Brockhausen u. Bruchhausen. Imp.-Fol. Berlin 889. (C. Heymann's Verl.) n.n. 3. —

Stammtafel und Chronik der Familie ... Beigebunden das Gesetz über die Beurkundung des Personenstandes und die Eheschließung. gr. 8. (60 S.) Berlin 883, (Bohne.) geb. mit Goldschn. *

Stammtafel der Familie von Clossmann. 1 Bl. fol.

Stammtafel der männlichen Descendenz des Dynasten- und Freiherren-Geschlechts von Krosigk. 1856. 4.

Stammtafel des reichsgräflichen Geschlechts von Dönhoff. 1727.

Stammtafel, Erläuterte Vohensteinische ... O. O. 1776. V: *Seyfert, Carl Jac.* (HOLZ)

Stammtafel der Lutherischen Familie. qu. Fol. Magdeb. 818. Creutz. 2 ℛ

Stammtafel derer von Gemmingen. Stuttg. 1864. V: *Gemmingen-Gemmingen, Amalie von.* (HEYD)

Geneal. Stammtafel von dem adeligen Geschlechte der von Negendancken. Ratzeburg 1728.

Stammtafel des mediatisierten Hauses Giech. 1894. *(Stuttgart 1894: Greiner & Pfeiffer.)* (6 Taf.) 2° [Umschlagt.]

Stammtafel des churfürstlichen Hauses Hohenzollern. — Stammtafel des königlich preußischen Hauses seit Friedrich I. 1 Bl. in qu. 4. Berlin 854, Ehle. *

Stammtafel der Familie von Koppelow. O. O. 1874. fol.

Stammtafel des mediatisirten Hauses Leiningen. Donaueschingen 1885. fol.

Stammtafel der in Neumark-Brandenburg auf Reetz, Nörenberg und Spiegel schlossgesessenen Linien der Freiherren von Wedel, vom Jahr 1400 bis etwa 1700 und der Abstammung dieser Linie in Dänemark, Norwegen und Ostfriesland bis 1870 nebst den Wappen der von Wedel und derjenigen in dieser Familie angeheiratheten Damen und Herren (von F. J. Wedel-Jarlsberg). Christiania 1870. fol.

Stammtafel des Hauses Oldenburg soweit solche für die schleswig-holstein. und dänische Thronfolge und die deshalb. Streitfragen erheblich ist, mit Hinweglassung der früher erloschenen Zweige. Stammtafel zur Erklärung der dän. Erbfolge nach dem Königsgesetz von 1665. 1 Tab. in gr. Fol. Cassel 864, (Scheel.) *

Stamm-Tafel der Familie Rocholl. Fol. (19 S. m. Abbildgn. u. 1 Stammbaum.) Wesel 892. (W. Düms.) In Leinw.-Mappe. n. 42. 50

— des herzogl. Hauses Sachsen-Weimar. Jena, (Schmid). 2 ℛ

Stammtafel des fürstl. Hauses Solms-Braunfels. 1818. 4.

Stammtafel der Grafen und Freiherren von Walderdorff. O. O. u. J. fol. Nicht im Handel.

Stammtafel d. Welfenhauses. Entworfen v. Friedr. Lentz. Lith. u. mit verziert. Einfassung. gr. Fol. Wolfenbüttel 840, Holle'sche Buchh.

— des königl. Hauses Wittelsbach. Fol. Heilbr. 827. (Drechsler). 4 ℛ

Stammtafel d. Kgl. Bayer. Regentenhauses Wittelsbach. (1 Bog. Roy.-Fol. mit Einfass.) Kaiserslautern 851, (Tascher.)

Stammtafel der Familie Zanders. Düsseldorf 1904. V: *Berg, C. vom.* (STBKÖLN II, 14)

Stammtafeln der Familie von Bodenhausen. Mit Belegen. Göttingen 1865. 8.

Stammtafeln der Familie von Bodenhausen mit Belegen ... Göttingen 1875. V: *Bodenhausen, Arthur von.* (BMARSCH 513)

Stammtafeln der Familie der Moser von Filseck. Tübingen 1729. V: *Moser, Johann Jacob.* (ML)

Stammtafeln der Weihenmayerschen Familie. [Stuttg. 1805.] V: *Spittler, Chn Ferd.* (HEYD)

Stammtafeln der uralten adligen Familien der Andlorn und Reuschenberg. Regenspurg 1738. fol.

Stammtafeln der mediatisierten Häuser. Hrsg. von d. Verein d. Deutschen Standesherren. 3 ff. (Stuttgart 1882) ff. 2°

3. Bentheim. 1892.	27. Oettingen. 1895.
4. Bentinck. 1894.	28. Ortenburg. 1895.
5. Castell. 1885.	31. Pückler-Limpurg. 1898.
8. Erbach. Bearb. von K. *Morneweg*. 2. Aufl. 1908.	32. Quadt-Wykradt-Isny. 1886.
10. Fürstenberg. 1884.	34. Rechberg. 1893.
11. Fugger. 1904.	35. Rechteren-Limpurg. 1900.
12. Giech. 1894.	37. Ober-Salm. 1899.
13. Harrach. 1886.	38. Sayn u. Wittgenstein. 1907.
14. Hohenlohe. 1883.	41. Schoenborn. 1882.
17. Königsegg. 1884.	42. Schönburg. Bearb. von Th. *Schön*. 1910.
19. Leiningen. 1885.	43. Schwarzenberg. 1901.
23. Neipperg. 1890.	44. Solms. 1888.

Stammtafeln, Historisch-genealogische, des Herzogl. Braunschweig-Lüneburgischen Gesammthauses. [Braunschweig 1805.] V: *Raabe, Heinrich August.* (KY) (MGT)

Stammtafeln der ausgestorbenen Linien des Geschlechtes von Schönaich. O. O. 1850. V: *Klopsch, Christian.* (BMARSCH 576)

Stammtafeln der Nachkommen von Ch. G. Pistorius, Oberamtmann zu Göppingen etc. vom Jahr 1732—1874. Stuttgart 1875. 8.

Stammtafeln der Familie Niese aus Torgau nebst der gesammten Nachkommenschaft von Karl Gottfr. Niese † 1814. Weimar 1893.

Stammtafeln der Familie Niese aus Torgau . . . Weimar 1893. V: *Niese, Moriz.* H: *Mitzschke, Paul.* (Berl)

Stammtafeln der Familie Platen. 1880. 5 Bll. fol.

Stammtafeln der ausgestorbenen eigenen Regenten von Baiern. Leipz. 1778. V: *Schlettwein, Johann August.* (MGT) (Stri) (Ky) (Weber).

Stammtafeln der ausgestorb. eigenen Regenten von Baiern (v. J. A. Schlettwein). Fol. Leipz. 778. Weidmann. 20 gr.

— der österr. Regenten. 6 Tabellen. Wien, Bauer u. D. 10 gr.

Stammtafeln der europäischen Regenten-Häuser seit den letzten drei Jahrh. Leipz. 1836. V: *Grote, Herm.* (JStBbH)

Stammtafeln des Großherzogl. Hauses Sachsen-Weimar-Eisenach. Zur Feier der Vermählung Sr. Königl. Hoheit des Durchlaucht. Erbgroßherzogs Carl Alexander von Sachsen-Weimar-Eisenach mit Ihrer Königl. Hoheit der Durchlaucht. Prinzessin Sophie von den Niederlanden, Erbgroßherzogin von Sachsen-Weimar-Eisenach. Fol. Weimar 842, Hoffmann. n. 2/3 Thlr.

Stammtafeln der Grafen und Herren von Wedel. 1884. fol.

Zwey geneal. Stammtafeln derer von Kötschau. 1728. fol.

Stammtisch, der. Humoreske v. Ulpius. 8. (56 S. m. eingedr. Illustr.) Berlin 884. Eckstein Nachf. n. 1. —

Stammwitz, Willy, approb. Arzt aus Breslau: **Beiträge zur** Statistik der syphilitischen Augenerkrankungen. *Leipzig 1904: B. Georgi.* (50 S.) 8°
Leipzig, Med. Diss. v. (23. Juni) 1904

Stammzuchtregister f. Ziegen. Nr. 8. Fol. (100 S.) Leipzig (901). R. C. Schmidt & Co. Geb. n. 3. —

Stamo, Marie, aus Kischineff (Bessarabien): Untersuchung über die Spezifische Wärme des Wassers. Zür. Zürcher u. Furrer Dr. 1877. 40 S. 8°.
Zürich, Phil. Diss. [v. 14. Juli 1877].

Stampa, Giacomo, Arcanum anima. (Umschlag: Professor Globus.) Gedanken e. Menschenfreundes. 8. (164 S.) Dresden 898. E. Pierson. n. 2. 50; geb. n. 3. 50

von Stampart, Franciscus, und von Brennern, Antonius. Abbildung und Beschreibung der K. K. Gallerie zu Wien. Fol.

Der Assessorenparagraph und die Reform des preussischen Richterthums. Von e. deutschen Rechtsgelehrten (a. d. Umschl.: Rechtslehrer) [Ernst Stampe]. *Greifswald: J. Abel 1896.* (30 S.) 1 Bd 8.

Stampe, Ernst, das Causa-Problem des Civilrechts. Eine rechtspolit. Studie am § 365 B.G.B. (44 S.) gr. 8. Greifswald 904. J. Abel. n. 1. —

Stampe, Ernst, das Compensationsverfahren im vorjustinianischen stricti juris judicum. gr. 8. (IV, 99 S.) Leipzig 886. Veit & Co. n. 2. 60

Unsere Rechts- und Begriffsbildung. Studien von Prof. Dr. Ernst **Stampe**. Greifswald: J. Abel 1907. (VIII, 89 S.) 8°

Stampeel, Nikolaus A. S. 601/30

Dissertatio inauguralis de libello actionis ob laesionem enormem instituendae non disiunctive concipiendo ad l. II. c. de rescind. vend.
Präs. Albert Philipp Frick.
Helmstedt (Schnorr) 15. III. 1774. 67 S.
33145

Stampeel, Nikolaus Peter

Stampeel, Nik. Pt., († d. 5. Dec. 1810.) s. 1) **Aglaja**, Jahrbuch f. Frauenzimmer. 2) **Briefwechsel** zwischen Ninon de Lenclos. 3) **Chamforts Werke**. 4) **Gorgy**, Vater Gerhard. 5) **Marmontel**, Leben u. Denkwürdigkeiten. 6) J. J. **Rousseau**, Briefwechsel. 7) **Saint-Lambert**, die Gesellschaftskunst. 8) **Villers** Darstell. d. Reformation.

Stampeel, N. P., Abentheuer vor u. nach der Hochzeit. 2 Thle. 8. Frankf. 803. Schäfer. 1 Thlr.

— — A b e n t e u e r v o r u n d n a c h d e r H o c h z e i t. Frei nach d. Französ. 2 Thle. Mit 1 TKpf. Frankf. 1803. 8°. 336 S. (3 Mk. 50 Pfg. A. Bielefeld, VOI 1885.)

Stampeel, Nik. Pet., s. C o t t i n , Malvina.

— s. C o t t i n , Mathilde.

— s. G o d w i n , W.: Fleetwood.

STAMPEEL, Nik. Pet. (geb. 1764 in Hamburg, † 5. Dezbr. 1810 in Leipzig). L o d o i s k a , e i n e p o l n i s c h e N o v e l l e. Frankfurt a. M., Hermann d. Jüng., 1801. 8°. 202 S.
Der Stoff ist *Louvet's* F a u b l a s entnommen. Vgl. Allg. Lit.-Ztg. 1802. Nr. 111. Sp. 110—12. (Goedeke VII, 675, 297, 2 b.)

— Lodoiska; aus d. Französ. des Faublas übersetzt. 8. Heidelb. 802. Mohr. 16 gr.

— Malwina; aus d. Französ. 3 Thle. 8. Frankf. 802 u. 803. (Schäfer). 3 Thlr.

— s. P i g a u l t - Lebrün: Angelika.

— s. S t a ë l - Holstein v.: Delphine.

Stämpel ..., s. S t e m p e l . . .

Stampf, Joseph, s. S t a m p f f , Joseph.

Stampf-, Ramm- u. Gußbau, der, u. die dabei angebrachten Verbesserungen, od.: Leichtfaßliche Anweisung, kleinbürgerl. u. ländl. Wohngebäude dauerhaft zu construiren, bequem einzurichten u. eben so elegant als mit Ziegelsteinen u. nur zum 4. Theile des Kostenpreises derselben aufzuführen. Für Alle, die solche Gebäude aufführen oder erwerben wollen. Mit Abbildgn. gr. 8. (58 S. m. 1 lith. Taf. in Fol.) Leipzig 851, Thenau. 1/4 ₰

Stampfer, Jakob St', Medailleur des 16. Jahrhunderts. (Njbl.) s. [Meyer, Heinrich Z].

Stampfer, Bern., die Spruchpraxis d. Obersten Gerichtshofes u. Verwaltungs-Gerichtshofes auf dem Gebiete d. Sparkassen- u. Genossenschaftswesens, s.: Quittner, Em.

Stampfer, Cölestin Chronik des k. k. Gymnasiums zu Meran bis zum Jahre 1850. 8 (S. 3—58). Progr. K. k. Ober-G. Meran 1886.

Stampfer, Cölestin, Chronik d. k. k. Gymnasiums zu Meran bis zum J. 1850. gr. 8. (86 S.) Meran 886. (Jandl.) 1. 20

Stampfer, P. Colestin, Benedictiner von Marienberg und Gymnasiallehrer in Meran. Chronik von Meran, der alten Hauptstadt des Landes Tirol. 8. Meran 1865.

Stampfer, Coelestin, Chronik von Meran der alten Hauptstadt des Landes Tirol. 2., verb. Ausg. Innsbruck 867. Wagner'sche Universitäts-Buchh. gr. 8. (VIII, 287 S.) n. 16 ngr.

Programm des k. k. Gymnasiums in Meran für das Schuljahr 1855. Innsbruck, 1855. Druck der Wagner'schen Buchdruckerei. (24 S. 4.) Inhalt: Entwicklungsgang der Mollusken von Cölestin Stampfer. Schulnachrichten.

Stampfer: Erstes kirchengeschichtliches Fragment über Vinstgau. Romanisierung und Christianisierung Vinstgaus. 26 S. 8°–Meran, Progr. 1860.

Stampfer C.: Die perennirenden Freilandpflanzen in den Anlagen von Meran. 30 m. 1 Plano. 36. Meran 75. 76. Progr.

Stampfer: Gesch.d. Schlosses Fürstenburg in Vinstgau. 34 S. 8°–Meran, Progr. 1867

Stampfer, P. Cölestin, Geschichte der Kriegsereignisse in Vinstgau in den Jahren 1499, 1796—1801. 2. Auflage. Mit einer Karte des Kriegsschauplatzes und einem Plane des Gefechtes bei Taufers. Gr.-8 (183 S.)
Innsbruck: Wagner 1893.

Stampfer, P. Coelestin, Geschichte von Meran, der alten Hauptstadt des Landes Tirol, von der ältesten Zeit bis zur Gegenwart. 3. Aufl. 8. (VIII, 398 S.) 2.—
Innsbruck: Wagner 1889.

Stampfer, Cölest., Geschichte der Stadt Meran. Ein Auszug aus dem gleichnam. Werke v. C. S. Bearb. v. e. Lehrerin des engl. Fräulein-Institutes in Meran. 8. (III, 52 S.) Meran 894. C. Jandl. n. — 60

Stampfer, Cölestin Geschichte der Stadtmauern von Meran. 8 (S. 3—30). Progr. K. k. Ober-G. Meran 1888.

Stampfer, Cölest., Geschichte Vinstgaus während der Kriegsjahre 1796—1801. Mit besonderer Beziehung auf das Gericht Glurns. Mit 1 (lith.) Karte des Kriegsschauplatzes u. 1 (lith. u. color.) Plane des Gefechts bei Taufers (in 4.). Bozen 861. (Innsbruck, Pfaundler.) Lex.-8. (VIII, 155 S.) n. 1 ₰

Stampfer, C., Sandwirth Andreas Hofer, s. Sammlung histor. Bildnisse.

Stampfer, Cöl. Sandwirth Andreas Hofer. (XI. 248) 8 Freiburg i. Br. 1875. 1,80.

Stampfer, Cölest. Sandwirth Andreas Hofer. (Sammlung histor. Bildnisse.) 2. verb. Aufl. 8. (VIII, 218 S. m. Titelbild.) Freib. i. Br. 891, Herder. * 1 80; geb. in Hlbleinw. * 2 20; in Leinw. * 3 —

Stampfer, Cölestin Regens Gottfried Purtscher. Ein Lebensbild. 55, 58, 56 SS. 8. Progr. Meran 1880. 1881. 1882.

— Schlösser u. Burgen in Meran u. Umgebung. Illustr. nach Zeichngn. v. W. Humer. 8. (VI, 191 S.) Innsbruck 894. Wagner. n. 1. 60

Stampfer, Cölestin Vorgeschichte von Meran mit Vorwort von P. Perkmann. 42 S. 8. Progr. Meran 1884.

Stampfer, Friedrich

Stampfer, Frdr., Grundbegriffe der Politik. (VI, 293 S.) 8. Nürnberg (910). Fränk. Verlagsanstalt & Buchdr. Geb. in Halbleinw. 3.—

Religion ist Privatsache! Erläuterungen zu Punkt 6 d. Erfurter Programms von Fr[iedrich] Stampfer. 1. Der Kampf um d. Weltanschauung 2. Christl. u. sozialdemokr. Sittenlehre. 3. Staat, Kirche u. Schule. Berlin: Vorwärts 1905. (45 S.) 8° [F.]

Stampfer, der Frau Maria Elisabeth, aus Vorderberg Hausbuch. Auf Veranlassung des Grafen Franz v. Meran hrsg. von J. v. Zahn. 8. (XV, 62 S. mit 1 Facs.) Wien 887, Hölder. *

Stampfer, Simon von

v. Stampfer, Sim., theoretisch-praktische Abhandlung über die Verfertigung u. den Gebrauch der Alkoholometer. [Aus der Denkschrift der k. Akad. d. Wiss.] Fol. (32 S. m. 2 lith. Taf.) Wien 852. (Braumüller.) n. 28 ngr (s. auch: Denkschriften der k. Akad. der Wissenschaften. Mathemat.-naturwiss. Cl. III. Bd. 1. Lfg.)

Stampfer, Sim. (v.), theoretisch-praktische Abhandlung über die Verfertigung und den Gebrauch der Alkoholometer. Fol. (32 S. mit 2 Stnt.) Wien 852, (Gerold's Sohn.) *
Aus: Denkschriften der k. Akademie der Wissenschaften, besonders abgedruckt.

Stampfer, S., theoret. u. prakt. Anleitung z. Nivelliren u. zu andern damit verwandten, beim Eisenbahnbau vorkommenden geometr. Arbeiten, mittelst der vorzügl. neueren Nivellir-Instrumente; mit besond. Rücksicht auf die verbesserten Nivellir-Instrumente aus der Werkstätte des k. k. polytechn. Institutes zu Wien. gr. 8. (10¾ B. u. 3 Kpfrt.) Wien 845, Gerold, Verl.

— theoretische u. praktische Anleitung zum Nivelliren u. zu andern damit verwandten, beim Eisenbahnbau vorkommenden geometrischen Arbeiten, sowohl mittelst der verschiedenen gewöhnl., als der vorzüglichsten neueren Nivellir-Instrumente; mit besonderer Rücksicht auf die verbesserten Nivellir-Instrumente aus der Werkstätte des k. k. polytechn. Institutes zu Wien. 2. Aufl. Mit 3 Kpfrtaf. (in gr. 4.) gr. 8. (X u. 164 S.) Wien 847, Gerold. 1 1/3 ₰ — 3. verm. Aufl. Mit 3 Kpfrtaf. (in qu. Fol.) gr. 8. (XII u. 164 S.) Ebd. 852. 1 1/2 ₰

Stampfer, S., theoretische und praktische Anleitung zum Nivelliren und zu andern damit verwandten, beim Eisenbahnbau vorkommenden geometr. Arbeiten, sowohl mittelst der verschiedenen gewöhnlichen, als der vorzüglichsten neueren Nivellir-Instrumente, mit besond. Rücksicht auf die verbesserten Nivellir-Instrumente aus der Werkstätte des k. k. polytechn. Institutes zu Wien. 4., verm. Aufl. gr. 8. (XII und 164 S. mit 3 Kpfrt. in qu. Fol.) Wien 858, Gerold's Sohn.

Stampfer, S., theoretische und praktische Anleitung zum Nivelliren und zu andern damit verwandten beim Eisenbahnbau vorkommenden geometrischen Arbeiten, sowohl mittelst der verschied. gewöhnl., als der vorzüglichsten neueren Nivellir-Instrumente; mit besond. Rücksicht auf die verbesserten Nivellir-Instrumente aus der Werkstätte des k. k. polytechn. Institutes zu Wien. 5., verm. Aufl. gr. 8. (XII und 164 S. mit 3 Kpfrt. in qu. Fol.) Wien 863, Gerold's Sohn.

Stampfer, S., theoretische und praktische Anleitung zum Nivelliren und zu andern damit verwandten beim Eisenbahnbau vorkommenden geometrischen Arbeiten, sowohl mittelst der verschiedenen gewöhnlichen, als der vorzüglichsten neueren Nivellir-Instrumente; mit besonderer Rücksicht auf die verbesserten Nivellir-Instrumente aus der Werkstatte des k. k. polytechnischen Instituts zu Wien. 5. verm. Aufl. Mit 3 Kpfrtaf. (in Fol.) Wien 864. Gerold. gr. 8. (XII, 164 S.) 1 *ℛ* 10 *ngr.*

Stampfer, S., theoretische und praktische Anleitung zum Nivelliren mit besond. Rücksicht auf die verbesserten Nivellir-Instrumente aus der Werkstätte des k. k. polytechn. Institutes zu Wien. Mit einem Anhang über das Ausstecken von Kreisbogen. 6. und 7. verm. Aufl. bearb. von Ph. Herr. gr. 8. (XIV, 234 S. mit eingedr. Holzschn.) Wien 869,72, Gerold's Sohn. *

Stampfer, S., theoretische und praktische Anleitung zum Nivelliren. Mit einem Anhang über das Ausstecken von Kreisbogen. 8. verm. Aufl., bearb. von Jos. Ph. Herr. gr. 8. (XVI, 233 S. mit eingedr. Holzschn.) Wien 877, Gerold's Sohn. *

Stampfer, S., theoretische u. praktische Anleitung zum Nivelliren, 9. Aufl., s. a. Lorber, Frz., das Nivelliren.

Stampfer, S. Theoret. und prakt. Anleitung zum Nivelliren. 9. A. von Fr. Lorber. Wien 1894.

Stampfer, S., theoretische u. praktische Anleitg. zum Nivellieren. 10. Aufl., umgearb. von Ed. Doležal. gr. 8. (XIV, 308 S. m. 86 Fig.) Wien 902. C. Gerold's Sohn. n. 6.—

— Äußerung über die in Preußen übliche Visiermethode für Fässer. S. 2. 291 . . . vgr.
Separatabdruck

— Bemerkungen zu einem im Bd. 20, S. 311 der Sitzungsberichte der math.-naturw. Klasse der Kaiserlichen Akademie der Wissenschaften enthaltenen Aufsatze des Herrn Direktors der Sternwarte zu Kremsmünster P. A. Reslhuber: „Über Stampfers Lichtpunkt-Mikrometer" (mit 1 Taf.). S. 20. 327 . . . . . .
Separatabdruck

— Bericht über die Abhandlung des Dr. A. Winckler, betreffend das Problem der vier Punkte bei Anwendung des Meßtisches (mit 1 Taf.). S. 15. 210 . . . . . . vgr.
Separatabdruck

— Bericht der besonderen Kommission zur Feststellung guter und bequemer Branntweinwagen. S. 3. 304 . . . . vgr.
Separatabdruck

— Übersichtliche Darstellung seiner Auflösung der Aufgabe, eine möglichst brauchbare geometrische Visiermethode für Fässer zu finden (mit 1 Taf.). S. 2. 227 . . . —.70
Separatabdruck

— Über den scheinbaren Durchmesser der Fixsterne. D. 5. I. 91 . . . . 1.—
Separatabdruck

— Über den scheinbaren Durchmesser der Fixsterne. (Auszug.) S. 8. 504 . . . . . . vgr.
Separatabdruck

Stampfer, Simon: Über die Farbenzerstreuung der Atmosphäre. (Auszug).
Separatabdruck aus: Sitzungsberichte d. K. Akademie d. Wiss. in Wien. Bd. 4. S. 34.

Stampfer Simon: Über den Gebrauch der Nivellierinstrumente aus der Werkstätte des k. k. polytechnischen Institutes auf wissenschaftlichen Reisen. S. 2. 150 . . . . . vgr.
Separatabdruck

— Commissionsbericht, betreffend die Einführung genauer Alkoholometer [Branntwein- u. Weingeist-Wagen.] [Aus d. Sitzungsberichten 1851 d. kais. Akad. der Wiss. abgedr.] gr. 8. (13 S.) Wien 851. (Braumüller.) n. 4 *ngr*

v. **Stampfer**, Sim., über die farbenzerstreuende Kraft der Atmosphäre, siehe: Denkschriften der k. Akad. d. Wissenschaften. Mathematisch-naturwissenschaftliche Cl. II. Bd. 2. Lfg.

—— Methode den Durchmesser der Pupille sowohl bei Tage als bei Nacht am eigenen Auge zu messen. Lex.-8. (5 S.) Wien 852, (Gerold's Sohn.) *

— Methode, den Durchmesser der Pupille sowohl bei Tage als bei Nacht am eigenen Auge zu messen. S. 8. 511 . . . . vgr.
Separatabdruck

— über die kleinen Planeten zwischen Mars u. Jupiter. [Aus d. Sitzungsberichten 1851 d. kais. Akad. d. Wiss. abgedr.] gr. 8. (23 S.) Ebd. 851. n. 1/6 *ℛ*

Stampfer, Sim. (v.), über die kleinen Planeten zwischen Mars und Jupiter. gr. 8. (23 S.) Wien 852, (Gerold's Sohn.) Thlr. *
aus: Sitzungsberichte der k. Akademie der Wissenschaften, besonders abgedruckt.

—— über das neue Planimeter des Ingenieur Casp. Wetli. Lex.-8. (22 S. und 1 Stnt. in 4.) Wien 850, (Braumüller.) *
aus: Sitzungsberichte der mathemat.-naturwissenschaftl. Classe der kaiserl. Akademie der Wissenschaften, Jahrg. 1850, besonders abgedruckt.

Stampfer, S., die Sonnen-Finsterniss am 8. Juli 1842, sammt einer graphischen Darstellung derselben auf einer Landkarte, aus welcher für jeden Ort der Karte die Zeit des Anfanges u. Endes, dann die Grösse oder totale Verfinsterung entnommen werden kann. Mit vorzügl. Berücksichtigung der österreich. Monarchie. 8. (1 B.) Wien 842, Schaumburg u. Comp. Thlr. -

— Über die am 28. Juli 1851 bevorstehende Sonnenfinsternis (mit 2 Taf.). S. 7. 228 . 1.—
Separatabdruck

—— die totale Sonnenfinsterniss am 28. Juli 1851. Am 10. Juli d. J. in der Sitzung der mathematisch-naturwissenschaftl. Classe der k. Akad. der Wissenschaften vorgetragen. gr. 8. (20 S. und 2 Stnt. in Fol.) Wien 851, Braumüller. *

Stampfer, S., logarithmisch-trigonometr. Tafeln; nebst verschied. andern nützl. Tafeln u. Formeln, u. Anweis. mit Hülfe derselben logarithm. Rechnungen auszuführen. gr. 8. Salzb. 823. Duple. 1 *ℛ* 2e A. gr. 8. Ebd. 825. (Heubner in Wien). 16 *gr* Schrbp. 22 *gr*

—— logarithmisch-trigonometr. Tafeln, nebst verschied. andern nützl. Tafeln u. Formeln, u. e. Anweisung, mit Hilfe derselben logarithm. Rechnungen auszuführen. Zum Gebrauch f. Schulen etc. 3., verm. u. verb. Aufl. gr. 8. (9 B.) Wien 846, Gerold, Verl.

—— logarithmisch-trigonometrische Tafeln nebst verschied. anderen nützl. Tafeln und Formeln, und eine Anweisung mit Hilfe derselben logarithmische Rechnungen auszuführen. Zum Gebrauche für Schulen, besonders aber für Jene, welche sich mit der prakt. Anwendung der Mathematik beschäftigen. 4. Aufl. gr. 8. (XXIV und 122 S.) Wien 852, Gerold's Sohn. *

— logarithmisch-trigonometrische Tafeln nebst verschiedenen anderen nützlichen Tafeln und Formeln, und einer Anweisung, mit Hilfe derselben logarithmische Rechnungen auszuführen. Zum Gebrauche für Schulen, besonders aber für jene, welche sich mit der prakt. Anwendung der Mathematik beschäftigen. 5. verm. Aufl. (Stereot.-Ausg.) Wien 858. Gerold. gr. 8. (XXIV, 122 S.) n. 20 *ngr.*

— logarithmisch-trigonometrische Tafeln nebst verschiedenen andern nützlichen Tafeln und Formeln, u. einer Anweisung, mit Hilfe derselben logarithmische Rechnungen auszufuhren. Zum Gebrauche für Schulen, besonders abor für jene, welche sich mit der praktischen Anwendung der Mathematik beschaftigen. 6. Aufl. [Stereot.-Ausg.] Ebend. 860. gr. 8. (XXIV, 122 S.) n. 20 ngr.

—— logarithmisch-trigonometrische Tafeln nebst verschiedenen andern nützlichen Tafeln und Formeln, und einer Anweisung, mit Hilfe derselben logarithm. Rechnungen auszuführen. Zum Gebrauche für Schulen, besond. aber für jene, welche sich mit der prakt. Anwendung der Mathematik beschäftigen. 7., vollständig revid. und verb. Aufl. (Ster.-Ausg.) gr. 8. (XXIV und 122 S.) Wien 866, Gerold's Sohn. *

Stampfer, S., logarithmisch-trigonometrische Tafeln, nebst verschiedenen anderen nützlichen Tafeln und Formeln, und einer Anweisung, mit Hilfe derselben logarithmische Rechnungen auszuführen. Zum Gebrauche für Schulen, besonders aber für jene, welche sich mit der praktischen Anwendung der Mathematik beschäftigen. 8. vollständig revidirte und verbesserte Auflage. (Stereotyp-Ausgabe.) 1871. gr. 8. (XXIV u. 122 S.) Wien, Gerold. 1 fl.

— logarithmisch trigonometrische Tafeln, nebst verschiedenen andern nützl. Tafeln u. Formeln, u. e. Anweisg., m. Hülfe derselben logarithm. Rechngn. auszuführen. Zum Gebrauche f. Schulen, besonders aber f. jene, welche sich m. der prakt. Anwendg. der Mathematik beschäftigen. 10., vollständig rev. u. verb. Aufl. [Ster.-Ausg.] gr. 8. (XXIV, 122 S.) Ebend. 876. n. 2. —

—— logarithmisch-trigonometrische Tafeln, nebst verschiedenen andern nützl. Tafeln und Formeln, und einer Anweisung, mit Hilfe derselben logarithm. Rechnungen auszuführen. Zum Gebrauche für Schulen, besonders aber für jene, welche sich mit der prakt. Anwendung der Mathematik beschäftigen. 11. unveränd. Aufl. [Ster.-Ausg.] gr. 8. (XXIV, 122 S.) Ebendas. 879. *

Stampfer, S., logarithmisch-trigonometrische Tafeln, nebst verschiedenen andern nützlichen Tafeln und Formeln, und eine Anweisung, mit Hilfe derselben logarithmische Rechnungen auszuführen. Zum Gebrauche für Schulen, besonders aber für jene, welche sich mit der prakt. Anwendung der Mathematik beschäftigen. 12. unveränd. Aufl. [Ster.-Ausg.] gr. 8. (XXIV, 122 S.) Wien 881, Gerold's Sohn. *

Stampfer, S., logarithmisch-trigonometrische Tafeln, nebst verschiedenen andern nützl. Tafeln u. Formeln u. e. Anweisg., m. Hilfe derselben logarithm. Rechngn. auszuführen. Zum Gebrauche f. Schulen, besonders aber f. jene, welche sich m. der prakt. Anwendg. der Mathematik beschäftigen. 13. Aufl. gr. 8. (XXIV, 122 S.) Wien 885. Gerold's Sohn. n. 2. —

Stampfer, S. Logarithmisch-trigonometrische Tafeln, nebst verschiedenen andern nützl. Tafeln u. Formeln u. e. Anweisg., m. Hilfe derselben logarithm. Rechngn. auszuführen. 14. Aufl. gr. 8. (XXIV, 122 S.) Wien 891, Gerold's Sohn. geb. * 2 40

Stampfer, S., Logarithmisch-trigonometrische Tafeln, nebst verschiedenen anderen nützlichen Tafeln und Formeln und einer Anweisung, mit Hilfe derselben logarithmische Rechnungen auszuführen. 15. unveränderte Auflage. Gr.-8. (122 S.) In Leinwd. geb. 1.20
Wien: Gerold's Sohn 1893.

Stampfer, S., Logarithmisch-trigonometrische Tafeln, nebst verschiedenen anderen nützlichen Tafeln und Formeln, und einer Anweisung, mit Hilfe derselben logarithmische Rechnungen auszuführen. 17. Auflage. Gr.-8. (XXIV, 122 S.) In Lnwd. geb. 1.20
Ebda. 1896.

Stampfer, S., logarithmisch-trigonometrische Tafeln, nebst verschied. and. nützl. Tafeln u. Formeln, u. e. Anweisg., m. Hilfe derselben logarithm. Rechngn. auszuführen. Zum Gebrauche f. Schulen, besond. aber f. jene, welche sich m. der prakt. Anwendg. d. Mathematik beschäftigen. 18. Aufl. gr. 8. (XXIV, 122 S.) Wien 898. C. Gerold's Sohn. Geb. in Leinw. n. 2. 40

— dasselbe. Neu bearb. v. Eduard Doležal. 20. Aufl. Schulausg. (XXXII, 162 S.) gr. 8. Ebd. 904. Geb. in Leinw. n. 3. —

Stampfer, S., sechsstellige logarithmisch-trigonometrische Tafeln, nebst Hilfstafeln, e. Anh. u. e. Anweisg. zum Gebrauche der Tafeln. Neu bearb. v. Eduard Doležal. 20. Aufl. Ausg. f. Praktiker. (XXXV, 339 S.) gr. 8. Wien 904. C. Gerold's Sohn. Geb. in Leinw. n. 7. —

Stampfer, S., sechsstellige logarithmisch-trigonometr. Tafeln nebst Hilfstafeln, e. Anh. u. e. Anweisg. zum Gebrauche der Tafeln. Neu bearb. v. Eduard Doležal. 21. Aufl. Schulausg. (XXXII, 163 S.) gr. 8. Wien 909. C. Gerold's Sohn. Geb. in Leinw. 3. —

— Vorschlag eines Barometers, welches den mittleren Barometerstand für beliebige Zeitperioden angibt. S. 2. 21 . . . . vgr.
Separatabdruck

Stampfer von Waalchenberg, Johann Josef Frhrr.

Andenken, Aller-Treu-Schuldigstes, des Allerdurchläuchtigsten Fürsten vnd Herrn, Herrn, Leopoldens deß Grossen, Erwählten Röm. Kaisers. Clagenfurt, Kleinmayr, 1705. Folio. 22 S. (Verf.: Johann Josef Stampfer Freih. v. Waalchenberg.)

Stampff (Stampf), Joseph

STAMPFF, JOSEPH: Ehr- und Lobrede über die glorreiche Uibersetzung des heil. Leichnams des wunderthätigen Stifters deren WW. EE. Barmherz. Brüdern Johannis von Gott, gehalten in Pressburg im Jahre. den 28. Wintermonats. Preßburg 1779. Gedr. bey Franz Augustin Patzko. 14 S. - 4°

STAMPF, JOSEPH: Lob- und Sittenrede bey Gelegenheit der Feyerlichen Uibersetzung des Heiligen Leibes Christinä . . . Gehalten . . . 1778 von Joseph Stampf. Preßburg 1778. Gedr. bey Franz Augustin Patzko (15 S.) - 4°

STAMPFF, JOSEPH: Rede bey dem Dankfeste und feyerlich abgesungenen Te Deum Laudamus welches den 1-ten Wintermonats in dem Markt Hungarisch-Altenburg wegen am 8. Weinmonaths glücklich eroberter Festung Belgrad gehalten worden. Pressburg 1790. Gedr. bey Franz Augustin Patzkó. 15 S. - 4°

STAMPF, JOSEPH: Rede bey Gelegenheit des öffentlichen Gebothes wegen des angefangenen Krieges. Gehalten . . . 1778. in der Löbl. Pfarrkirche zu St. Gotthard des kön. Erzherzoglichen Markes Ungar. Altemburg von Joseph Stampf. Preßburg 1778. Gedr. bey Franz Augustin Patzko. (15 S.) - 4°

STAMPFF, JOSEPH: Dreifache Sitten-Rede. Die ersten zwey gehalten im Jahre 1793. und 94. bey den wohlehrw. Priestern der Frommen Schulen in der königl. Freystadt Günz am Festtage ihres heil. Stiftvaters Joseph von Calasanz. Die dritte gehalten im J. 1795. den 27. Wintermonaths in dem Markt Hungarisch-Altenburg bey Gelegenheit des feyerlich abgesungenen Te Deum Laudamus wegen Eroberung der Reichsfestung Maynz und Entsetzung Mannheims von den Franzosen. Vorgetragen von Joseph Stampff. Preßburg 1796. Gedr. bey Franz Augustin Patzko. 44 S. - 4° OSZK

Stampfl, Joseph, Lehrbuch der darstellenden Geometrie u. ihrer Anwendungen auf die Schattenbestimmung, Perspektivlehre u. den Steinschnitt. 2 Thle. Mit 55 Kpfrtaf. (in 4.) gr. 8. (1: XXIV u. 312 S. 2: XVI u. 326 S.) Wien 847, Doll's Enkel. n. 4 2/3 ß

Stampfl, Joseph, Lehrbuch der darstellenden Geometrie und ihrer Anwendungen auf die Schattenbestimmung, Perspektivlehre und den Steinschnitt. 2 Thle. gr. 8. (XXIV, 312 und XVI, 326 S. mit 55 Kpfrt. in 4.) Wien 847, [Greß.] *

Stampfli, Arthur. Die Bilanz der Schweizerischen Nationalbank. Sonderabdruck aus der Zeitschrift für handelswissenschaftliche Forschung. (Jahrg. 1910, Heft 8.) II + 45 S. 8. Leipzig, G. A. Gloeckner, 1910. (M. 1.—)
Mitteilungen aus dem handelswissenschaftlichen Seminar der Universität Zürich .... Heft 4.

Stampfli, Arthur. Schweizerische Investment-Trusts. (Referat, gehalten im handelswissenschaftlichen Seminar der Universität Zürich, im Wintersemester 1908/09.) [SA. aus: Schweizer. Zeitschrift für Kaufmännisches Bildungswesen .... Jahrg. 3, 1909, No. 3 u. 4.] II + 32 S. 8. Basel, G. Krebs, 1909. (fr. —.80)
Mitteilungen aus dem handelswissenschaftlichen Seminar der Universität Zürich .... Heft 2.

Stampfli, Oskar: Der Zweiteilungskörper der elliptischen Funktionen. Strassburg i. E. 1910: Müh. 38 S. 8°
Straßburg, Math.-naturwiss. Diss. v. 7. Juni 1909, Ref. Weber
[Geb. 28. April 86 Büren b. Liestal; Wohnort: Aeschi, Solothurn; Staatsangeh.: Schweiz; Vorbildung: Realgymn. Solothurn Reife M. 04; Studium: Bern 4, Straßburg 6 S.] [U 10. 4135

Stampfli, Walther. Die schweizerische Staatsaufsicht über das Private Versicherungswesen und ihre Tätigkeit. Diss. Staatsw. Univ. Zürich. Separatabdruck aus der «Zeitschrift für schweizerische Statistik», Jahrg. [43,] 1907 [Band 1, Liefg. 4]. 140 S. 8. Bern, Stämpfli & Cie., 1907.

Stämpfli, Jakob; eine Denkschrift. Bern 1884. V: *Hohl, Alb.* (Cat. d. Stadtbibl. Zürich. Zürich 1864—97.)

Stämpfli, Jakob (Nationalrath). Meine Betheiligung am Freischaarenzuge von 1845, der Verfassungsrevision von 1846 u. am Sonderbundskriege v. 1847. 8°, 40 S. Bern, Rieder & Simmen. 1878.

— Die schweiz. Eisenbahnen, deren Betriebsübernahme u. Rückerwerbung durch den Bund. 8°, 68 S. Bern, Rieder & Simmen. 1878.

Stämpfli, Jak. (Dr.). Militärpflichtersatz. Bundesgesetz und Verordnung von 1878. Erläuterungen. In-16°, 24 S. Bern, Rud. Costenoble. 1879. — 50

Stämpfli, J. Rückkauf der schweiz. Eisenbahnen. Bern 1862.
Stämpfli, J. Rückkauf der schweiz. Eisenbahnen. 2. A. Bern 1862.

—— Taxe militaire. Loi fédérale et règlement d'exécution de 1878. Explications. gr. 16. (24 S.) Ebendas. 879. *

Stämpfli, J., über Verbesserungen u. Ersparnisse im eidgenössischen Wehrwesen. Bericht an die bundesräthl. Ersparnißkommission. Bern 866. (Jent & Reinert.) gr. 8. (88 S.) n. 10 ngr

Stämpfli, Ruth. Untersuchungen über die Deformationen, welche bei einigen Pflanzen durch Uredineen hervorgerufen werden. Diss. Phil. Bern. (Mit 27 Textfiguren. Sonderabdruck aus «Hedwigia» Band 49, 1909....) 42 S. 8. Dresden, C. Heinrich, 1909.

Stämpfli, Wilhelm. Erpressung und «chantage» nach deutschem, französischem und schweizerischem Strafrecht. VIII + 151 S. 8.
Ausg. A: Diss. Jur. Bern ... von W. Stämpfli. Bern, Stämpfli & Cie., 1903.
Ausg. B: Von Dr. jur. Wilhelm Stämpfli.... Bern, A. Francke, 1903. [fr. 2.50]

Stamulis, S[oterior] P[appa], Dr. jur.: Gibt es kein Naturrecht? Versuch einer Kritik der über das Naturrecht herrschenden Theorien. Letztes Kapitel: Herbert Spencers Rechtslehre (Darstellung und Kritik). Jena 1906: B. Vopelius. (58 S.) 8°
Jena, Phil. Fak., Ref. Eucken, Diss. v. 12. Okt. 1906
[Geb. 21. Jan. a. St. 75 Selymbria (Thracien); Wohnort: Constantinopel; Staatsangeh.: Türkei; Vorbildung: Gymn. Constantinopel bis O. 89; Studium: Göttingen 2, Berlin 2, Jena 5 S.; Rig. 2. Dez. 05.]

Balthasar **Stanberger**. Dialogus zwischen Petro und einem Bauern (1523). Hrsg. von Otto Clemen. Leipzig: R. Haupt 1908. (34 S.) 8° [F.]
= **Flugschriften** aus d. ersten Jahren d. Reformation. Bd 3, H. 5. [03. 17513

Stancliff, Henry Clay [Spencer, New-York, U. S. A.]: Queen Elizabeth and the French protestants in the years 1559 and 1560 ... Leipzig-Reudnitz, printed by O. Schmidt, 1892; 64 S. 8.
Leipzig, Phil. Fak., Inaug.-Diss. v. [9. Aug.] 1892

Stancovich, Pietro, degli Acque detti di Roma antica e moderno delle Provincie e delle Colonie dell' Istria e particol. dell' Arco Acquedotto Romano di Trieste e progetti per fornire di acqua detta città. Cenni. Lex.-8. (2 B.) Venezia 844. (Triest, Favarger.) *

Stancovich, Pietro, dell' antico Romano arco-acquedotto detto arco Riccardo, o prigione di Riccardo esistente in Trieste. Aggiunta all' opuscolo cenni degli acquedotti antichi di Roma, dell' Istria, et particol. dell' arco-acquedotto di Trieste. gr. 8. Triest 846. (Favarger.) n. 8 ngr

Stancsics Mihál. Népkönyv. 8. (11/8 B.) Lipcsében 846, Keil u. Comp. *

Stancsics, Mich., ungrische Sprachlehre in Fragen u. Antworten. Ungrisch u. deutsch bearb. 1. u. 2. Curs. 8. Preßburg 841, C. F. Wigand.
Curs. 1. Für Anfänger. 3., verb. Aufl. (..B.) 4 Gr.
= 2. Für erwachsene Schüler. (..B.) 8 Gr.

Stancsics, M., ungar. u. deutsche Gespräche u. Sprachübungen, um schnell in diesen Sprachen eine Fertigkeit im Sprechen zu erlangen. 8. ... Leipzig 833. [Pesth, Heckenast.]

STANCZYKIEWICZ, Jacobus: Matrimonia mixta. — (1897) 125 S. 4° (Handschr.) Diss. 457
Diss. Wien, Univ.

Stand und **Arbeit** der Goßnerschen **Mission**. Hrsg. v. Kuratorium. [1.] Im J. 1902/1903. *Friedenau-Berlin: Goßnersche Mission 1903.* 8° [F.] [03. 13500

Stand der k. k. Artillerie, nach der A. Genehmigung Sr. Majestät des Kaisers vom 9. October 1851, Nr. 6857, und zufolge des Rescriptes des hohen Kriegs-Ministeriums vom 11. October 1851, M. K. Nr. 5397 und 5398. Fol. (Wien) 1851.

Der **ärztliche Stand** und die deutsche Arbeiterversicherung. Aus Anlass d. bevorstehenden Abänderung d. Krankenversicherungsgesetzes zsgest. vom Aerztl. Lokalver. Augsburg. *Augsburg: Selbstverl. d. ärztl. Lokalver. 1901.* (VII, 363 S.) 8° [01. 4384

Stand, der aerztliche, und das Publikum. Eine Darlegung der beiderseit. und gegenseit. Pflichten. 1.—5. unveränd. Aufl. gr. 8. (16 S.) München 875,76, J. A. Finsterlin. *

Stand, der ärztliche, u. das Publikum. Eine Darlegg. der beiderseit. u. gegenseit. Pflichten. 6. Aufl. 8. (23 S.) München 885. J. A. Finsterlin. n. — 30

Stand, der ärztliche, u. das Publikum. E. Darlegg. der beiderseit. u. gegenseit. Pflichten. 7., unveränd. Aufl. 8. (III, 25 S.) Fischhausen-Schliersee 895 A. Finsterlin. n. — 30

Stand und Aufgabe der deutschen Industrie in Ostasien. Ein Weck- und Mahnruf an dieselbe. Hildesheim [1905]. V: *Ohlmer, Ernst.* (Berlzu 1917, I, 188)

— u. **Aufgabe der deutschen Industrie in Ostasien. Ein Weck- u. Mahnruf an dieselbe. Mit e. Vorwort von M. v. Brandt. (28 S.) gr. 8. Hildesheim (905). (A. Lax.)** n. — 60

Stand und Aufgabe der deutschen Industrie in Ostasien. E. Weck- u. Mahnruf an dieselbe. M. e. Vor- u. e. Nachw. von M[ax] v. Brandt. 2. Aufl. Hildesheim (1905). 8°

Stand der Bevölkerung, s.: Nachrichten, statistische, üb. das Grossherzogth. Oldenburg.

Stand und **Bewegung** der **Bevölkerung** bis zum Jahre 1903. (Eheschließung, Geburten, Sterbefälle, Zu- u. Fortzüge) u. die gemeldeten Infektionskrankheiten mit graph. Darstellungen. Hrsg. v. Statist. Amt d. Stadt. (Vorr.: Dr. J[ohannes] Rahts.) *Charlottenburg: C. Ulrich & Co. 1904.* (72 S.) 4° [F.]
— **Statistik,** Charlottenburger. H. 18. [04. 13692

Stand und Bewegung der Bevölkerung des Deutschen Reichs u. fremder Staaten in den Jahren 1841 bis 1886. Mit graph. Darstellungen. Berlin 1892. gr. 4. Ist: Stat. d. d. Reichs, N. F. Bd. 44. . . . . (1)

— u. Bewegung der Bevölkerung, s.a. Statistik des Deutschen Reichs.

DER STAND der deutschen Bewegung für Gasthaus-Reform Juni 1904. (Ohne bes. Titelblatt.) 8°.

Stand, Bildung und Wesen des Buchhandels. Altona 1856. V: *Prinz, Aug.* (Zuwachsverz. d. Bibl. Zürich 1898 ff.)

Stand, Bildung und Wesen des Buchhandels. Von dem Verf. der „Bausteine zur Geschichte des deutschen Buchhandels." 8. (98 S.) Altona 856, Verlagsbureau. **

Stand der Wiener Bürger-Cavallerie i. J. 1810. 4. Wien.

Stand des 1. Bürger-Regiments der Stadt Wien für 1837. 8. Wien.

Stand der k. k. priv. ritterlichen Bürger-Scharfschützen-Corps und der bürgl. Schützen-Gesellschaft in der k. k. Haupt- und Residenzstadt Wien. Für das Jahr 1837. (Wien 1837) 8°

Stand und Dienst-Tabelle des bürgerlichen Artillerie-Corps der kaiserl. königl. Haupt- und Residenz-Stadt Wien. Für das Jahr 1821. kl. 8. Wien 1821.

Stand, Der dritte, und der Reichstag. Wien 1848. V: *Löbenstein, Matthias Emanuel.* (EB)

Stand, der dritte, und der Reichstag. Grundzüge der gerechten Forderungen zur Constituirung einer das Glück Oesterreichs und sämmtl. Provinzen begründenden freisinnigen Verfassung. Lex.-8. (IV und 84 S.) Wien 848, Sallmayer und Comp.

Stand, Der dritte, und der Reichstag. Grundzüge der gerechten Forderungen zur Constituirung einer das Glück Oesterreichs und sämmtlicher Provinzen begründenden freisinnigen Verfassung. Wien 1878. V: *Wurzbach Ritter von Tannenberg, Constantin.* (Russell XIII, 511)

— ub. den ehelosen, der kathol. Geistlichen. 8. Luzern 818. Anich. 2 ℛ (Leipz., Schmidt). 4 ℛ

— üb. den ehelosen, der röm.-kathol. Geistlichkeit, von e. kathol. Priester. 8. Götting. 782. Dieterich. 12 ℛ

— üb. den ehelosen u. jungfräulichen, der kathol. Priesterschaft. Eine Antrittsrede nebst wichtig. Beilage. 8. Augsb. 805. Doll. (Landsh., Krüll). 4 ℛ

Stand und Entwicklung der ländlichen Fortbildungsschulen in Preussen 1902. Bearb. im Ministerium f. Landwirtschaft, Domänen u. Forsten. Berlin 1904. 2°.

Stand und Entwicklung der ländlichen Fortbildungsschulen in Preußen 1902 mit e. Anh. d. bis 1909 ergang. wichtigst. gesetzl. u. Verwaltungs-Vorschriften u. d. statist. Erheb. aus d. J. 1907. Bearb. im Ministerium f. Landwirtschaft, Domänen u. Forsten. Neudr. 1910. (Münster i. W. 1910.) 8°

Über Stand und Entwicklung des landwirtschaftlichen Genossenschaftswesens im Kanton Bern. Bern 1893.

Stand und Entwicklung der Bayerischen Montanindustrie. Mit 1 Karte. München: Lindauer 1908. (67, 65 S.) 4°
= **Beiträge** z. Statistik d. Königr. Bayern. H. 70. [08. 16926 3

Geistlicher und Lehrstand, Evangelisch-lutherischer, des Königreichs Würtemberg . . . 12. . . . Aufl. Stuttg. 1815. V: *Haug, Alex.* (Heyd)

Der Stand der Frauenbildung in den Kulturländern. Mitarb.: Gertrud Bäumer [u. a.]. — Berlin: Moeser 1902. XIII, 461 S. 8° (Handbuch d. Frauenbewegung. T. 3.)

Stand, Der gegenwärtige, der cooperativen Association in England . . . Leipzig 1858. V: *Huber, Vict. Aimé.* (Kat. d. Bibl. d. Statist. Amts. Berlin 1901.)

Der gegenwärtige **Stand** der Bewegung zum Katholicismus in der englischen Hofkirche. Nach einer mit interessanten Aktenstücken belegten engl. Korrespondenz der études religieuses. Aachen, Jacobi, 1867, 8°, 52 S., 50 Pf.

Stand, der gegenwärtige, der Finanzen und des Geldumlaufes in Oesterreich. Von einem Unbetheiligten. 853. (50 S.) — 2. Aufl. Leipzig 853. Armbruster. (Baireuth, Seligsberg.) gr. 8. (52 S.) 7½ ngr.

Stand, Der gegenwärtige, der Judenfrage. Referat in der Monatsversammlung des conservativen Vereins in Nürnberg, gehalten am 24. November 1880 ... Nürnberg 1880. V: *Erhardt, Gotthold.* (BMarsch 325)

— der gegenwärt., der evangel.-luther. Kirche in Preußen. Ein Aufruf zur Unterstützung an das glaubensverwandte Ausland gerichtet vom Oberkirchencollegium der evangelisch-lutherischen Kirche in Preußen. Mit statist. Notizen. gr. 8. (40 S.) Leipzig 847, Hinrichs. 6 ngr.

[Kopft.:] Minist. f. Landwirthschaft, Domänen u. Forsten 1899. Denkschrift. Der gegenwärtige **Stand** der Moorkultur und der Moorbesiedelung in Preussen. (Berlin: Buchdr.'Die Post') (1899). (38 S.) 4°

Stand, Der gegenwärtige, der Sommerpflege für arme Kinder. Leipz. 1889. V: *Röstel, H.* (EB)

Nationaler Dt-Amischer Lehrerbund. Der gegenw Stand d dten Unterrs in d Schulen d VS. Milwaukee, 1898.

Stand. Ueber den gegenwärtigen Stand der Parteien in der Schweiz. [A.] s. (H[erzog], C[arl]).

Stand, Gegenwärtiger, der Verhandlungen über die Karawankenbahn. Klgft., v. Kleinmayr, 1894. 17 S. (Verf.: Viktor v. Rainer.)

Stand, der, des landwirthschaftlichen Genossenschaftswesens in Bayern. 1899. Ausgearb. im k. b. Staatsministerium des Innern, Abtheilg. f. Landwirthschaft, Gewerbe u. Handel. Lex.-8. (VI, 106 S. m 2 Karten u. 1 Taf.) München 900. (R. Oldenbourg.) n. 3. —

Stand der Geschäfte im kgl. Statistisch-topographischen Bureau Mai 1879. Stuttgart 1879. V: *Riecke, Carl Vict. von.* (Bibl. d. stat. Bureaus Dresden 1890.)

Stand der Gewerbeförderung im Grossherzogtum Mecklenburg-Schwerin. Internation. Kongress d. städt. u. gewerbl. Mittelstandes, Lüttich 1905, Allgem. Teil. 8°. Wien 1905.

— jeder, hat seine Vortheile 2c. 8. Leipz. 794. Höfer. 4 gr

Stand der Innung der bürgerlichen und befugten Buchbinder, Brieftaschen-, Futteral- und Leder-Galanterie Arbeiter in der k. k. Haupt- und Residenzstadt Wien im Jahre 1855. 8. (16 S.) Wien. Mechitharisten-Buchdruckerei.

Stand der Innung der Herren Stadt- und Landmeister, der Herren befugten Kammmacher in der k. k. Haupt- und Residenzstadt Wien für das Jahr 1856. Wien, 1856. Gedr. bei Anton Pichlers Witwe und Sohn. (12 S. 8.)

Stand der Innung der Herrn Stadt- und Landmeister, der Herren befugten Kammmacher in der k. k. Haupt- und Residenzstadt Wien, für das J. 1857. Wien, 1857. Gedr. bei A. Pichlers Witwe und Sohn. (12 S. 8.)

Stand (Der landwirtschaftliche) in Bayern. Ausgearbeitet im K. bayer. Staatsministerium des Innern. Lex.-8°. München 1900.

— der, u. das Leiden des Seelsorgers, wie er ist, nicht wie er scheint, nach Baraclus frei bearbeitet. 8. Linz 802. Akadem. Buchh. 12 gr

Der **Stand** und die Maßnahmen zur Hebung der Schweinezucht in der Rheinprovinz. Bonn 1903: C. Georgi. (42 S.) 8° [J.]
— **Veröffentlichungen** d. Landwirtschaftskammer f. d. Rheinprovinz, 1903, No 3. [04. 5774

Der **Stand** und die Maßnahmen zur Hebung der Ziegenzucht in der Rheinprovinz. Bonn 1903: C. Georgi. (79 S.) 8° [J.]
— **Veröffentlichungen** d. Landwirtschaftskammer f. d. Rheinprovinz. 1903, No 4. [04 5775

Mannheimer Alterthums-Verein. — STAND DER MITGLIEDER im Mai 1888. Mannheim (1888). Druck von Wilhelm Beutel. 8°.

Mannheimer Alterthums-Verein. — STAND DER MITGLIEDER im Januar 1897. (Mannheim. (1897.) Hofbuchdruckerei Max Hahn & Comp. Ohne bes. Titelbl.) 8°.

Stand des löbl. Mittels der bürgerl. Herren Gürtler und Broncearbeiter der k. k. Haupt- und Residenzstadt Wien für 1853. 8. Wien, Mechitaristen.

Stand des löbl. Mittels der bürgerlichen Herren Gürtler und Broncearbeiter der k. k. Haupt- und Residenzstadt Wien für das Jahr 1855. 8. Wien. Mechitharisten-Buchdruckerei.

Stand des löblichen Mittels der bürgerlichen Herren Gürtler und Broncearbeiter der k. k. Haupt- und Residenzstadt Wien, für das Jahr 1856. Wien. Mechitaristen-Buchdruckerei. (15 S. 8.)

Stand, Der, der Natur. Lemgo 1775. V: *Dietz, Hnr. Frdr. von.* (Ky) (MGT)

— der, der Natur, (v. H. F. v. Dietz). 8. (Lemgo). 775. Meyer. 3 gr

Stand, der neueste, der Evangelienfrage. (Nach dem Referat v. K. Müller-Erlangen, erstattet auf dem theolog. Herbstkursus in Düsseldorf, 1907.) (11 S.) 8. Düsseldorf (908). (C. Schaffnit.) — 10

— über den neuesten, der Kölner Wirren. Aus d. Portfolio eines pensionirten Hauptmanns der päpstl. Schweizergarde in Rom. Geschrieben an einen seiner Freunde in der Schweiz zu Anfang d. Jahres 1839. Mit späteren Noten eines Dritten, des Herausgebers. gr. 8. Zürich 839. Orell, Füßli u. Comp. 1/6 Thlr

Stand der k. k. Normal-Hauptschule in Salzburg. Veröffentlicht mit dem Verzeichnisse der Präparanden in dem Schullehrer-Seminar und der Schüler in den 4 Klassen der k. k. Normal-Hauptschule, nach ihrem allgemeinen Fortgang geordnet, am Schlusse des Schuljahres 1856. Salzburg. Duyle'sche Hofbuchdr. (12 S. 4.)

Der **Stand** der Pädagogik im Spiegel der jüngsten Litteratur. Ein pädag. Jahrbuch. [1.] Für 1902. Von K[arl] O[tto] Beetz, Bezirksschuldir. in Gotha. *Berlin: Gerdes & Hödel 1903.* 8° [04 427]

Stand und Problematik der Förderung des Bauernwaldes in Österreich. - Wien o. J. 68 S., m. Abb. - (Der Förderungsdienst Jg. 5)

Stand der bürgerl. Sattler-Innung in der k. k. Reichs-Haupt- und Residenzstadt Wien. Vom J. 1856. Wien, bei A. Pichlers Witwe und Sohn. (4 Bl. 4.)

Stand und Schicksal. Ein Zeitbild aus dem Taschenbuche eines Lieutenants. Königsberg 1843. V: *Gottschall, Rudolph von.* (Gottschall, R., Aus meiner Jugend. Berlin 1898. S. 106—108.)

Stand u. Schicksal. Ein Zeitbild aus dem Tagebuch eines Lieutenants. 8. (11¼ B.) Königsberg 843, Theile.

Zu der Schrift: „Der vierte Stand und die Monarchie.“ Ein Sendschreiben an Friedrich Rohmer nebst Gedanken über deutsche Reichsverfassung. Im April 1848. Stuttgart, P. Neff, 1848. 13 S. 8°.

— der, der Schularztfrage in Österreich, Bericht v. Th. Heller u. Frhr. v. Pirquet, s.: Volksschriften der österreich. Gesellschaft f. Gesundheitspflege.

DEUTSCHES CENTRAL-KOMITE ZUR ERRICHTUNG VON HEILSTÄTTEN FÜR LUNGENKRANKE.
DER STAND DER TUBERKULOSE-BEKÄMPFUNG IM FRÜHJAHR ...
1901., Geschäfts-Bericht für die General-Versammlung des Central-Komites am 23. März 1901 im Reichstagsgebäude zu Berlin. Von Dr. PANNWITZ. Berlin 1901. Deutsches Central-Komite zur Errichtung von Heilstätten für Lungenkranke. 4°.
1902., Geschäfts-Bericht für die General-Versammlung des Central-Komites am 14. April 1902 im Reichstagsgebäude zu Berlin. Von Dr. PANNWITZ. ib. 1902. —
1903., Geschäfts-Bericht für die General-Versammlung des Central-Komites am 16. Mai 1903 im Reichstagsgebäude zu Berlin. Von Dr. PANNWITZ. ib. 1903. —
1904., Geschäfts-Bericht für die General-Versammlung des Central-Komites am 20. Mai 1904 im Reichstagsgebäude zu Berlin. Von Dr. PANNWITZ. (Mit 1 Tafel.) ib. 1904. —

Stand, der, der Tuberkulose-Bekämpfung im Frühj. 1905. Geschäfts-Bericht f. die General-Versammlg. des Central-Komites zur Errichtg. v. Heilstätten f. Lungenkranke am 9. VI. 1905 im Reichstagsgebäude zu Berlin. Von Nietner. (VIII, 108 u. 182 S. m. Abbildgn. u. 2 [1 farb.] Tab.) Lex.-8. Berlin (W. 9., Eichhornstr. 9) 905. Deutsches Central-Komite zur Errichtg. v. Heilstätten f. Lungenkranke. Nicht im Handel.

DER STAND DER TUBERKULOSE-BEKÄMPFUNG im Frühjahre ...
1907., Geschäftsbericht für die General-Versammlung des Zentral-Komitees am 23. Mai 1907 im Reichstagsgebäude zu Berlin. Von Oberstabsarzt a. D. Dr. NIETNER. ib. 1907. Deutsches Zentral-Komitee zur Bekämpfung der Tuberkulose.

— der, der Tuberkulose-Bekämpfung im Frühj. 1908 bezw. 1910. Geschäftsbericht des Zentral-Komitees zur Bekämpfg. der Tuberkulose am 27. V. 1908, bezw. 11. V. 1910 zu Berlin. Von Nietner. (50 u. 134 S. m. 7 Taf. u. 49 u. 135 S. m. 1 Bildnis, 15 Taf. u. 2 Karten.) Lex. 8. Berlin (W. 9, Königin Augustastr. 11) 908. 10. Deutsches Zentral-Komitee zur Bekämpfg. der Tuberkulose. Nicht im Handel.
Vergl.: Zur Tuberkulose-Bekämpfung.

Stand, d., d. Unschuld u. Fall d. Menschen. Schsp. von Dryden. 8. Frkft. 754.

— u. Verpflegungsreglement d. ganz. K. K. Armee. gr. 8. Leipzig, Crusius. (F. C. W. Vogel) 787.

— u. Verpflichtungsreglement der ganzen K. K. Armee. gr. 8. Leipz. 787. (W. Vogel). 1 ß 4 gl

Stand, Der Vierte, und der Staatssozialismus. Leipzig 1884. V: *Mittelstaedt, Otto.* (Kat. der ständ. Bibl. Stuttg. 1907. S. 328.)

tand, der vierte, und der Staatssozialismus. Zur Signatur deutschen Gegenwart von einem Nicht-Politiker. gr. 8. 93 S.) Leipzig 884, Hirzel. *

— über den vierten, und die socialen Reformen. gr. 8. Magdeburg 844, Fabricius u. Sch. ⅜ ß

Ueber den vierten Stand und die socialen Reformen. Magdeburg 1844. 79 S. 8.

— der, der Volksheilstätten-Bewegung im In- u. Auslande. V. Bericht, unter Mitwirkg. v. Basilio Bonardi, J. Gabrilowitch, Edvard Kaurin etc. hrsg. von G. Liebe. gr. 8. (85 S.) München 900. Seitz & Schauer. n. 3.—

(B) — d., d. Volksheilstätten-Bewegung. 900. (KBL 32.) Jetzt: München, Verlag d. ärztl. Rundschau.

Stand, der wundärztliche, im Königr. Hannover vor u. nach Einführ. d. neuen Medizinalverordnung. gr. 8. (2 B.) Hamburg 835, Hoffmann u. Campe.

Stand, der würdige, des Berg- und Hüttenmanns. 8. Leipzig 825. (Künzel.) ⅓ ß

Stand, der würdige, des Berg- u. Hüttenmanns; geschildert v. einem Bergmanne (Th. Aug. Müller). 8. Leipz. 825. (Schumann). 8 gl

Standard derjenigen Kaninchenrassen, die auf den Ausstellungen des Bundes deutscher Kaninchenzüchter u. seiner Zweigvereinigungen ausstellungsberechtigt sind. Nebst Ausführungsbestimmgn. u. Bewertungs-Skalen. 3. neubearb. u. verm. Aufl. Hrsg. vom Bunde deutscher Kaninchenzüchter. (40 S. m. Abbildgn.) 8. Leipzig 903. Dr. F. Poppe. n. — 60

Der Standard Demokrat: Dec. 12, 1896–1911?

Democratic weekly. Published in English and German. Apr. 8, 1905–1911. English edition entitled STANDARD DEMOCRAT. Circulation: 1900, 300; 1905, 300. Edited & published by H. E. Zimmermann, 1896–1911.
Burlington, WI

Standard poets, the, of Great-Britain from Milton to Walter Scott edited by Ludw. Gautter. Nr. 1—14. gr. 16. Stuttgart 854, Metzler'sche Buchh. Verlags-Conto. à Nr. 5 Ngr.

Inhalt:

Nr. 1. The poetical works of John Dryden, with biographical and critical notices. (S. 1—128.)
" 2. The poetical works of Edward Young, with biographical and critical notes. (S. 1—128.)
" 3. The dramatic works of Rich. Brinsley Sheridan, with a biographical and critical sketch. (S. 1—128.)
" 4. Select dramatic works of Thom. Otway, with biographical and critical notices. (124 S.)
" 5. The dramatic works of Rich. Brinsley Sheridan. (S. 129—256.)
" 6. The poetical works of Edw. Young. (S. 129—256.)
" 7. Hudibras in 3 parts, by Sam. Butler, with biographical and critical notices. (S. 1—128.)
" 8. The poetical works of John Dryden. (S. 129—256.)
" 9., 11. Hudibras in 3 parts, by Sam. Butler. (S. 129—360. Schluss.)
" 10. The dramatic works of Rich. Brinsley Sheridan. (S. 257—432. Schluss.)
" 12., 13. The poetical works of John Dryden. (S. 257—495.)
" 14. The poetical works of Edw. Young. (S. 257—340. Schluss.)

Standard Poets, the, of Great-Britain, s. Poets.

Standarte, die. Hrsg. u. Red.: M. Handl. Oktbr. 1906. bis Septbr. 1907. 52 Nrn. (à ca. 32 S.) gr. 8. Berlin, Verlag der Standarte. n. 8. —

Standarte, die. Hrsg. u. Red.: M. Handl. 3. Jahrg. Oktbr. 1908—Septbr. 1909. 52 Nrn. (à ca. 32 S.) 47,5×31 cm. Berlin, Verlag der Standarte. à Nr. — 10

Standarte, eine, deutscher Einheit. Berlin 861. J. Springer. gr. 8. (39 S.) 7½ ngr

Standarte, die neue, nebst Berliner Geschäfts-Courier. Wochenblatt f. polit., religiöse u. wirtschaftl. Reform, sowie f. Kunst u. Wissenschaft, Börse u. Handel. Hrsg. u. Red.: Ed. Loewenthal. 1. Jahrg. Mai—Decbr. 1893. 35 Nrn. (½ Bog.) gr. 4. Berlin SW., Friedrichstr. 237, Dr. Ed. Loewenthal. Für Mai u. Juni n. 1. —; vierteljährlich 1. 50

Standarten u. Flaggen, die, der kaiserl. deutschen Marine. gr. 8. (15 Chromolith. m. 1 Bl. Text.) Berlin 886. Mittler & Sohn. geb. n. 3. 50

Standarten u. Flaggen der kaiserl. deutschen Marine. gr. 8. (18 farb. Taf.) Berlin 895. E. S. Mittler & Sohn. n. 1. 60

Standarten u. Flaggen sämmtl. Seemächte. Entworfen von G. M. Bannasch. Lithogr. u. color. Imp.-Fol. Königsberg 845, Voigt. 3 ℛ

Standbild, M. Luthers. [Lauenburg 1819.] V: *Egestorff, Georg Heinrich Christoph.* (schr)

Ständchen, das,. Lstsp. in 4 A. v. J. J. Wagner. 8. Jena. (Schleditich in Lpz.) 798.

Stande. – Von dem Stande u. den Pflichten eines Fürsten .... 1706, s. Kayser, Johann

Stände, die. Neues A. B. C. und Bilderbuch zur lehrreichen Unterhaltung für gute Kinder. 8. (8 S. mit 25 lithogr. und ill. Abbildungen.) Nürnberg 849, [Renner's Erbe.]

Stände. Von W. E. gr. 8. (27 S.) Berlin 858, Wagner. *

Stände, die alten und die neuen. gr. 8. (IV und 139 S.) Freiburg im Br. 862, Herder'sche Verlagsh.

Stände, die, von Blois, od. d. Tod d. Herren v. Guise, in e. Reihe geschichtl.-wahrer Handlungen a. d. J. 1588. A. d. Franz. d. Verf. d. „Barricaden" (L. Vitet), v. A. H. v. Weyrauch. 2 Thle. 8. (36½ B. u. 1 Grundr. d. Schlosses v. Blois.) Leipzig 828, Weidmann.

Stände, Die, von Blois oder der Tod der Herren von Guise . . . Leipzig 1828. V: *Vitet, Louis.* (GGr) (Ky)

— die, des Menschen, zum leichten Begriff der Jugend dargest. gr. 4. Nürnb. 817. Geyer. 1 ℛ

Stände, die reactivirten, u. das verfassungsmäßige Wahlgesetz in Sachsen. Leipzig 867. Hirzel. gr. 8. (16 S.) 1½ ngr

— an die, des Königreichs Sachsen. Im Febr. 1831. 8. Leipz., Brockhaus. Schrkp. 6 gr

Stände- und Gewerbe-Alphabet zur Unterhaltung. gr. 16. (32 S. mit eingedr. Lithochrom.) Frankfurt a. M. 856, Krebs-Schmitt. *

Stände-Deputirte Schleswigs an den dänischen Staatsrath. Uebersetzung aus dem Dänischen. gr. 8. (43 S.) Kopenhagen 848, Reitzel.

Stände-Deputirte Schleswigs an den dänischen Staatsrath . . . a. d. Dän. Kopenhagen 1848. Ü: *Paulsen, Paul Detlef Chn.* (Collin, Anonymer. Kiobenh. 1869.)

Stände-Gallerie, Preussische. 1847. 1. Lfg. enth. die Portraits des Fürsten zu Solms-Hohen-Solms-Lich, des Grafen v. Arnim-Boitzenburg u. des Abgeordn. v. Beckerath. Fol. (3 Lith.) Berlin 847. Hempel. n. 1 ℛ Einzelne Portraits à n. ½ ℛ

Ständehausbau u. Schloßplatzdecoration? E. Wegweiser aus d. Labyrinthe der Terrassenfrage. Lex.-8. (19 S. Dresden 898. H. Henkler. — 50

Ständel, Otto, kleine Lieder f. mein Liebchen. (56 S.) 8. Leipzig-Gohlis 908. Raschwitz, B. Volger. — 75

Ständen, den preußischen, für 1847 von W. D. gr. 8. (4 S.) Berlin 847, Amelang'sche Sortimentsb.

Ständen, den Preußischen, für 1847 von W. D. gr. 8. (4 S.) Berlin 847, Gärtner. 1½ ngr

Standenath Friedrich: Die anthropologischen, anthropogeographischen und ethnologischen Probleme in Strabos Geographika.
H. 1908 PN 2600 Diss. Wien, Univ.

Standenath Rudolf: Die Satire über die Gerichtswelt im modernen französischen Drama.
H. 1910 PN 2965 Diss. Innsbruck, Univ.

Staender, Jos. Chirographorum in regia bibliotheca Paulina Monasteriensi catalogus. Jussu et impensis regii ministerii rebus ad religionis cultum, institutionem publicam, artem medicam pertinentibus praepositi editus studio et opera J. St. gr. 4. (XIX, 197 S.) Bresl. 889, Koebner. * 12 —

Index scholarvm qvae ... in vniversitate Fridericia Gvilelmia Rhenana per m. hib. a. 1875—76 ... habebvntvr. — (Praecedit Catalogi chirographorvm in bibliotheca acad. Bonnensi servatorvm Fasc. VI Pars II. Stvdio et opera Josephi Staenderi, bibliothecae secretarii.) Bonnae, form. C. Georgi (1875). 1 Bl., S. 161—186, 11 S., 3 Bl. 4. ¶ Für d. übrigen Fasc. s. die Königsgeb.-Progr. 1858 u. 1864.

Staender, J., s.a. Chirographorum in bibliotheca academica Bonnensi servatorum catalogus.

—— Das Einheitsmass f. die Raumberechnung v. Büchermagazinen. Lex.-8. (11 S. m. 4 Abbildgn.) Berl. 892, Ernst u. Sohn. * — 80
Aus: Centralbl. d. Bauverwaltg., besonders abgedruckt.

Staender, Iosephvs (geb. am 6 Okt. 1842 in Bonn): Qvaestiones Qvintilianeae ... Bonnae, form. I. F. Carthavsii (1865). 31 S., 1 Bl. 8.
Bonn, Phil. Fak., Diss. v. 9 Aug. 1865

Ständer, J., Quaestiones Quintilianeae. I. De Ambrosiano I et Bambergensi II. De Quintiliano grammatico. Diss. 1865. 31 S.

Ständerecht, das russische. Eine Uebersetzung des 9. Bds. des Codex der Gesetze des russischen Reiches von Herm. Faltin. gr. 8. (25 B.) Mitau 846, Reyher, Verlags-Cto.

Standesamt, das. Zeitschrift u. Rathgeber f. die m. Standesamtsgeschäften beauftragten Beamten, Sammlung der auf dem Gebiete der Personenstandsbeurkundg. u. der Eheschliessg. ergeh. Gesetze, Verordngn., Erlasse u. gerichtl. Entscheidgn. Hrsg. unter Benutzung amtl. Quellen u. unter Mitwirkg. von Juristen u. Standesbeamten v. L. Schmitz. 1. Jahrg. 1902. 24 Nrn. hoch 4. (à ca. 12 S.) Meiderich, A. Helland n. 6. —

Standesamt, das. Zeitschrift u. Ratgeber f. die m. Standesamtsgeschäften beauftragten Beamten. Sammlung der auf dem Gebiete der Personenstandsbeurkundung u. der Eheschliessg. ergeh. Gesetze, Verordngn., Erlasse u. gerichtl. Entscheidgn. Hrsg. unter Benutzg. amtl. Quellen u. unter Mitwirkg. v. Juristen u. Standesbeamten v. L. Schmitz. 2.—5. Jahrg. 1903 bis 1906. à 24 Nrn. (XII, 288; XII, 288; XII, 288 u. XII, 292 S.) hoch 4. Duisburg-Meiderich, L. Schmitz. à Jhrg. n. 5. —

Standesamt, das. Zeitschrift u. Ratgeber f. die m. Standesamtsgeschäften beauftragten Beamten. Sammlung der auf dem Gebiete der Personenstandsbeurkundg. u. der Eheschließg. ergeh. Gesetze, Verordngn., Erlasse u. gerichtl. Entscheidgn. Hrsg. unter Benutzg. amtl. Quellen u. unter Mitwirkg. v. Juristen u. Standesbeamten v. L. Schmitz. 6.—9. Jahrg. 1907—1910. à 24 Nrn. (XII, 328; XII, 352; XIV, 278 u. XIV, 274 S.) Lex. 8. Duisburg-Meiderich, Standesbeamter L. Schmitz. (Nur direkt.) à Jahrg. 6. —

Standesamts-Lexikon für das Königr. Preussen. Namentliche Nachweisung sämmtl. Standesamts-Bezirke sowie der zugehör. Städte, Landgemeinden und Gutsbezirke, mit Angabe des zuständ. Amtsgerichtes und des Postortes. Bearb. vom königl. statist. Bureau. gr. 8. (VI, 607 S.) Berlin 884, Verlag des k. statist. Bureaus. *

Standesamts-Verwaltungsblatt, deutsches, od. fortlauf. Sammlung aller das Standesamtswesen betr. Gesetze, Verordngn., Anweisgn., Erlasse rc. Beiblatt der deutschen Gemeinde-Zeitg. Red.: Stolp. 1. Hft. 12 Nrn gr. 8. (Nr. 1. 8 S.) Berlin 875. Exped. der deutschen Gemeinde-Zeitg. n. 3. —

Standes-Ausweis des k. k. Feld-Alerus. Wien 1855. 6 S. 4°

Standes-Ausweise für die aktive und Reserve-Cavallerie. S. Petersburg 1857.

Standesbeamte, der. Organ f. die Interessen d. Königl. preuß. Standesämter. Hrsg. unter Benützg. der amtl. Quellen. 1. Jahrg. October 1874—Septbr. 1875. 12 Nrn. (B.) Fol. Berlin 874. Grosser n. 4. —

Standesbeamte, der. Organ für die Standesämter in Deutschland und der Schweiz. Hrsg. nach amtl. Mittheilungen und unter Benutzung amtl. Quellen. 2.—5. Jahrg. 1876—1879. à Jahrg. 36 Nrn. (à 1—2 Bog.) gr. 4. Berlin, Grosser. à Jahrg. *

Standesbeamte, der. Organ für die Standesämter in Deutschland und der Schweiz. Hrsg. nach amtl. Mittheilungen und unter Benutzung amtl. Quellen. 6.—10. Jahrg. 1880—1884. à Jahrg. 36 Nrn. (à Nr. 1—2 Bog.) gr. 4. Berlin, Grosser. à Jahrg. *

Standesbeamte, der. Organ für die Standesämter in Deutschland und der Schweiz. Hrsg. nach amtl. Mittheilungen und unter Benutzung amtl. Quellen. 11. Jahrg. 1885. 36 Nrn. (à Nr. 1—2 Bog.) gr. 4. Berlin, Grosser. *

—— dass. — Centralblatt für Standesbeamte, Amts- und Gemeindevorsteher rc. Hrsg. nach amtl. Mittheilungen und unter Benutzung amtl. Quellen. 12.—14. Jahrg. 1886—1888. à Jahrg. 36 Nrn. (à Nr. 1—2 Bog.) gr. 4. Ebendas. à Jahrg. *

Standesbeamte, der. Centralblatt f. Standesbeamte, Amts- u. Gemeindevorsteher rc. Hrsg. nach amtl. Mitteilgn. u. unter Benutzg. amtl. Quellen. 15.—18. Jahrg. 1889—1892. à Jahrg. 36 Nrn. (à Nr. 1—2 Bog.) gr. 4. Berl., Grosser. à Jahrg. * 8 —

Standesbeamte, der. Centralblatt f. Standesbeamte, Amts- u. Gemeindevorsteher rc. Hrsg. nach amtl. Mitteilgn. u. m. Benutzg. amtl. Quellen. 17.—20. Jahrg. 1891—1894. à 36 Nrn. (à 1—2 Bog.) gr. 4. Berlin, E. Grosser. à Jahrg. n. 8. —

Standesbeamte, der. Centralblatt f. Standesbeamte, Bürgermeister, Amts- u. Gemeindevorsteher rc. Hrsg. nach amtl Mitteilgn. u. m. Benutzg. amtl. Quellen. 21.—24. Jahrg 1895—1898. à 36 Nrn. (Bog.) gr. 4. Berlin, E Grosser. à Jahrg. n. 8. —

Standesbeamte, der. Centralblatt f. Personenstandsbeurkundg., Ehe- u. Familienrecht. Hrsg. nach amtl. Mitteilgn. u. m. Benutzg. amtl. Quellen. 25.—28. Jahrg. 1899—1902. à 36 Nrn. gr. 4. (à ca. 8 S.) Berlin, E. Grosser. à Jahrg. n. 8. —

Standesbeamte, der. Centralblatt f. Personenstandsbeurkundung, Ehe- u. Familienrecht. Hrsg. nach amtlichen Mitteilgn. u. m. Benutzg. amtl. Quellen. 29.—32. Jahrg. 1903—1906. à 36 Nrn. (à ca. 8 S.) gr. 4. Berlin, E. Grosser. à Jhrg. n. 8. —

Standesbeamte, der. Centralblatt für Personenstandsbeurkundg., Ehe- u. Familienrecht. Hrsg. nach amtl. Mitteilgn. u. m. Benutzg. amtl. Quellen. 33.—36. Jahrg. 1907—1910. à 36 Nrn. (à ca. 8 S.) 31,5×24,5 cm. Berlin, E. Grosser. à Jahrg. 8. —

Standes-Ehre. [Abdr. aus d. Neuen Preuß. Zeitung.] 8. (19 S.) Berlin 850, Brandis in Comm. n. 1/12 Thlr.

Standes-Erwählung, Bewährte, in drey Theil abgefasst . . . Cöllen 1708. V: *Weisweiler, Hnr.* (Jes) (so)

Standeshaupt: Das entlarvte republikanische Standeshaupt
(S) 1790 (D) BGSZ: 1023 (B) Ch: K (S) Eine Art Katechismus politischer Staatsweisheit mit Rücksicht auf Bünden.

Standeshaupt. Das entlarvte Republikanische St-H. 3 Hefte. [Je Mit 1 Vignette.] 8. o. O. 1790.

Standesherren, Die deutschen. Ein Überblick über ihre Lage und Verhältnisse. Jena 1844. V: *Vahlteich.* (Russell VI, 118)

Standesherren, die deutschen. Ein Ueberblick über ihre Lage u. Verhältnisse. gr. 8. Jena 844, Frommann. 2/3 Thlr.

Standes-Liste der Innung der bürgerl. Spengler im J. 1857. Wien, gedr. bei Karl Ueberreuter. (11 S. 8.)

Standes-Ordnung f. die Mitglieder d. ärztlichen Kreisvereins Karlsruhe. Aufgestellt im J. 1876. Nebst den durch die Braunschweiger Beschlüsse herbeigeführten Erweitergn. 8. (10 S.) Karlsr. 892, (Braun). — 15

Standesorganisation u. Vereinswesen der Aerzte Schleswig-Holsteins nebst f. die Aerzte wichtigen Gesetzen, Verordnungen, Verträgen u. s. w. (IV, 103 S.) 8. Altona 907. (J. Harder Verl.) Kart. 1.20

Standespflichten, die, und allgemeinen Vorschriften für den Soldaten. Untergebenen und Vorgesetzten überhaupt, für den Unter- und Oberkanonier, Unter- und Oberraketeur, Fahrkanonier und Fahrraketeur, für den Kadeten, Vormeister, Korporal, Zugsführer, Batterie- und Compagnie-Trompeter, für den Stabs- und Regiments-Trompeter und für den Feuerwerker. Nach den Bestimmungen des k. k. Dienst-Reglements dargestellt von einem k. k. Hauptmann. 16. (58 S.) Wien, Leo. 25 kr. 1861.

Standesprotocoll. Standsprotokoll L. gemeiner drei Bünde. (Geben, den 12./23ten Juli. 1795.) fol. *o. O.*

Standesprotocoll. Standsprotokoll L. Gemeiner drei Bünde. ([Mit] Beilagen.) fol. *o. O.* 1795.

Standesprotocoll. Standsprotokoll L. gemeiner drei Bünden vom ersten zum zweyten Ausschreib-Congreß 1795/96. fol. *o.O.* 1796.

Standesprotocoll. Standsprotokoll L. Gemeiner drei Bünde vom zweiten Ausschreibkongreß 1795/96 bis zum ersten 1796/97. fol. *o. O.* 1796.

Standesregister, Die, in Österreich. Wien 1889. V: *Schmid, Ferdinand.* (EB)

Standesregister, die, in Oesterreich. Vorläufige Ergebnisse der v. der k. k. statist. Central-Commission ausgeführten Erhebg. Lex.-8. (III, 80 S.) Wien 889. Hölder. n. 2. 20

Standesregister-Wesen. Das, der Armee und Marine in Österreich. (Aus: „Streffleur's Österr. militär. Zeitschrift." 1890. 1. Bd.) 8. Wien 1890.

Standesschau, Sozialpolitische, über die Jahre 1907 u. 1908 verband. im Ausschuss d. Deutschen Handlungsgehilfentages am 22., 23. u. 24. April 1909 u. vorgelegt d. 11. Deutschen Handlungsgehilfentag am 12. u. 13. Juni 1909 in Stuttgart. Tl 1. 2. Hamburg 1909. 8°.
(Schriften d. Deutschnat. Handlungsgehilfen-Verbandes. Bd 39. 40.)

Standesschau, sozialpolitische, s. Schriften des deutschnationalen Handlungsgehilfenverbandes.

Standes- und Gebührentabelle des Verwaltungsstabes der in Finnland dislocirten Truppen. Kriegsministerial-Erlass vom 18. October 1857. 8. Petersburg 1857.

Standes- (und Gebühren-) Tabelle, Provisorische, der Commanden der 1. Armee im Frieden und im Kriege, der General-Intendantur der 1. Armee im Frieden und der Ober-Proviantmeister in den Gouvernements. Kriegsministerial-Erlass am 4. Mai 1858. 8. St. Petersburg 1858.

Standes-Unterschiede. Novelle von der Verfasserin der Frauen, der Freunde, der Cousinen, der Täuschungen, Arel xc. Aus dem Schwed. von C. C**l. 2 Thle. 8. Leipzig 841, Kollmann. 3 ß

Standesvotum. Vollständiges St'-V' von Graubünden über die Angelegenheiten des Standes Basel, in der Tagsatzungssitzung vom 7 September 1831, eröffnet durch Herrn Bundspräsident J(oh[ann]) F(riedr[ich]) v[on] Tscharner..., sammt einer Erklärung des Nemlichen..., und der Erklärung im Namen des Standes Graubünden bei der Abstimmung am 9. Sept. 1831. ⟨Aus amtlichen Mittheilungen.⟩ 8. Chur.

Standeswahl, die. Ein Wegweiser f. Kinder, besonders Knaben, die aus der Schule entlassen werden, u. deren Eltern. gr. 16. (16 S.) Warendorf 889. Schnell. — 10

Standeswahl-Büchlein f. christliche Jungfrauen u. Witwen. Von e. Priester der Gesellschaft Jesu. 5., verb. Ausg. Mit c. Anh.: Beherzigungen des P. Mich. Denis. 16. (IV, 118 S.) Aachen 894. R. Barth, Verl. Geb. n. — 50

Standeswahl-Büchlein f. christliche Jungfrauen. Von e. Priester der Gesellschaft Jesu. 6. verb. Ausg. Mit e. Beigabe: Beherzigungen des Michael Denis S. J. 16. (IV, 128 S.) Aachen 901. R. Barth, Verl. Geb. n. — 50

Standeszeitung, ärztliche. Organ f. die wirtschaftl. Interessen des ärztl. Standes, f. soziale u. prakt. Medizin. Offizielles Organ der österr. Gesellschaft zur Bekämpfg. des Kurpfuschertums m. der wissenschaftl. Beilage: Ärztliche Fortbildg. Unter ständ. Mitwirkg. v. A. Biedl, R. Fischl, M. Herz u. a. Hrsg.: Alfr. Koritschan. Red.: Heinr. Grün. 9. Jahrg. 1910. 24 Nrn. (304 S.) 31×23,5 cm. Wien (I, Industriepalast Dominikanerbastei 24), Administration. nn 8. —

Ständeverfassung, Die, in den Germanischen Ländern insbesondere in Dänemark und Preussen. Kiel 1815. V: *Reitemeyer, Joh. Friedr.* (schles)

Ständeversammlung,

— — zur, in Baiern, allen Freunden der Oeffentlichkeit geweiht. 8. Nürnberg, Schrag. 819.

Bayern's Stände-Versammlung im J. 1831. Anzeige der Wohnungen der Herren Reichs-Räthe u. Abgeordneten, dann Sitzordnung u. Ausschüsse der Kammer der Abgg. München, in der Dr. Carl Wolf'schen Buchdr. 16°. Cart.
39 S. u. 3 unbez. S. Reg.

Ständeversammlung, die erste konstitutionelle, d. Königr. Sachsen, u. was wird von ihr gehofft u. erwartet? Aphorist. Gedanken e. Sachsen (Theod. Kind). 8. (3 B.) Leipzig 833, Dyk.

— an eine hohe, des Königr. Baiern. Beleuchtung der von Ugschneider u. and. Kaufleuten bestätigten Anträge, in Betreff des Hausir- u. sogenannt. unberechtigten Handels d. Juden xc. gr. 8. Münch. 182.. (Korn in Fürth). 2 gr

An die hohe Stände-Versammlung des Herzogthums Holstein (Petition „diejenigen Schritte zu thun, welche nöthig sind, um die Rechte des Landes zu schützen". Kiel. 1844.) 4°

Ständeversammlung, üb. d., ihre Zusammensetzung und ihren Wirkungskreis. 8. (München, Fleischmann in Comm.) 819.

Stände-Wahlberechtigung, die, im Herzogthum Schleswig. Auszug aus der Verordnung, betreffend die Verfassung des Herzogth. Schleswig, d. d. 15. Febr. 1854. 8. (16 S.) Itzehoe 858. (Flensburg, Herzbruch.) *

Stände-Zeitung, holsteinische. Jahrg. 1857, 1859 und 1861. 4. Itzehoe. (Altona, Mentzel.) [Jahrg. 1857. 1 Thlr. 15 Ngr., 1859. 3 Thlr., 1861 2 Thlr.]
Die Jahrgänge 1858 und 1860 fehlen.

Standfest, Franz

Standfest, F., o. Beitrag zur Phylogenie der Gattung Liquidambar. [Mit 1 Taf.] [Aus: „Denkschr. der k. Akad. d. Wiss."] Imp.-4. (4 S.) Wien 889. (Tempsky.) n. — 60

Standfest (F.), Die Fucoiden der Grazer Devonablagerungen. (Ohne Druckort und -Jahr.) Mit 1 Tafel.

Standfest, Frz., Leitfaden für den geologischen Unterricht in der obersten Classe der Realschulen. gr. 8. (71 S. mit 100 Illustr.) Graz 884, Leuschner und Lubensky. *

Standfest, Dr. Franz, Leitfaden für den mineralog. Unterricht an den oberen Classen der Mittelschulen. gr. 8. (104 S. mit 161 in den Text gedruckten Holzschnitten) geb. 80 kr.
Graz: Leuschner & Lubensky 1882.

— über Myrica lignitum Ung. u. ihre Beziehungen zu den lebenden Myrica-Arten, s.: Ettingshausen, C. Frhr. v.

Standfest, Franz: Über Schichtenkrümmungen. 8 (S. 3—14). Progr. I. Staats-G. Graz 1886.

Standfest, Renatus von: Bismarck (in Wahrheit und Dichtung). Roman. Magdeburg: Magdeb. Verl.-Anst. [1908]. 347 S. 8°

Standfus, Christian Gottfried (Piestel) A. S. 33/17

Observationes de iureiurando suppletorio quod sine probatione decernitur ad l. III. C. de rebus creditis et iureiurando. Präs. Christoph Ludwig Crell. Wittenberg (Schlomach) X. 1751. 31 S. 33148

Standfuss, M[ax]. Bemerkungen über Steganoptycha pinicolana Z. und einige gleichzeitig mit dieser an Lärche und Arve beobachtete Insekten. 8. Bern 1894. (20 S.)

Standfuss, Max (Rudolf) *(geb. Schreiberhau in Schles. [6. 6.] 1854)*: Beobachtungen an den schles. Arten des Genus Psyche (Schrank) und Versuch einer Systematik sämmtlicher, der europ. Fauna angehörenden, Vertreter dieses Genus. Namslau (1879). (45 S., 1 Tab., 2 Taf.) 8° *[Im Buchhandel 1879 bei Koebner in Breslau.]*
Breslau, Phil. Diss. v. 6. Okt. 1879

Standfuss, M., Handbuch f. Sammler der europäischen Grossschmetterlinge. 12. (II, 158 S.) Zürich 892. (Berlin, R. Friedländer & Sohn.) n.n. 4. —
Restauflage übernahm Ernst Heyne in Leipzig.

Standfuss, M., Handbuch d. paläarktischen Gross-Schmetterlinge f. Forscher u. Sammler. 2., gänzl umgearb. u. durch Studien zur Descendenztheorie erweit. Aufl. d. Handbuches f. Sammler d. europ. Gross-Schmetterlinge. gr. 8. (XII, 392 S. m. 8 Fig. u. 8 farb Taf.) Jena 896. G. Fischer. n. 14. —; geb. n. 16. —

Standfuss, M[ax]: Experimentelle zoologische Studien mit Lepidopteren. Mit 5 Taf. in Lichtdr. Basel, Geneve & Lyon: Georg & Co in Komm. 1898 (auf d. Umschl.: 1899). (159 S.) 4°
= Denkschriften, Neue, d. allg. schweiz. Gesellschaft f. d. gesammten Naturwissenschaften. Bd 36, Abth. 1.

— dasselbe, s. a. Denkschriften, neue, der allgem. schweizer. Gesellschaft f. die ges. Naturwiss. 36. I.

Standfuss, M., experimentelle zoologische Studien m. Lepidopteren. gr. 4. (VI, 82 S. m. 5 Lichtdr.-Taf. u. 4 Bl. Erklärgn.) Zürich 898. (Basel, Georg & Co.) n.n. 6.40
Sonderabdruck aus: „Neue Denkschr. d. allg. schweiz. Gesellsch. f. d. ges. Naturwiss."

Standfuß, Richard, a. Breslau: (Aus d. pathol. Institut d. Kgl. Tierärztl. Hochschule zu Berlin — Vorstand: Geh. Regierungsrat Prof. Dr. Schütz.) Ueber die ätiologische und diagnostische Bedeutung der Negri'schen Tollwutkörperchen. Mit 1 Taf. Berlin 1908: L. Schumacher. (24 S.) 8° ¶ (Aus: Archiv f. wissenschaftl. u. prakt. Tierheilkunde Bd 34.)
Gießen, Veterinär-Med. Koll., Ref. Olt, Diss. v. 21. Febr. 1908
[Geb. 5. April 82 Breslau; Wohnort: Halle a. d. S.; Staatsangeh.: Preußen; Vorbildung: Johannes-Gymn. Breslau Reife O. 01; Studium: Tierärztl. Hochsch. Breslau 1, Berlin 6 S.; Rig. 17. Juli 07.]

Standhaftigkeit, die geprüfte, od. Begebenheiten der Gräfin v. Savoyen; aus d. Französ. 8. Lüneb. 789. Lemke. 8 gr

Standhaftigkeit, die geprüfte, oder Begebenheiten der Gräfin von Savoyen, von Crebillon, aus dem Franz. 8. Lüneburg, 797. Herold. 10 ggl.

Standhaftigkeit, Männliche, und männlicher Wanckelmuth in wahren Begebenheiten. Leipzig 1802. V: *Eschke, Ernst Adolph.* (Ztschr. f. Büch., IV. Jg., S. 280)

— männl., u. männl. Wankelmuth in wahren Begebenheiten, v. E. A. Eschke. 8. Züllichau, Darnmann. 802.

— die weibliche, od. Geschichte der Miß Waldegrawe. 8. Bresl. 771. J. F. Korn. 8 gr

Standhartner, Joseph. Wien [1892]. V: *Pal, Jacob.* (EB)

Standjournal. Offenbach 1903. V: *Neumond, Albert.* (Doubletten Anzeiger 1903, Nr. 7.) (Börsenbl. f. d. d. Buchhandel 71. Jg. 1904, Nr. 22, S. 914.)

Stand- Ambt- Kunst- und Handwercks-Calender, Weltlicher, Worinn fast allen, weltlichen Persohnen Besondere Heilige Gottes Ihres Stands- Ambts- Kunst und Handwercks zur Verehrung und Nachfolg vorgestellet werden ... Augspurg 1760. H: *Dorn, Frz. X.* (KY 2/68) (BiblPort)

Standke, operationslose Behandlung u. Heilung v. Lupus u. äusserem Krebs. gr. 8. (22 S. m. 2 Lichtdr.) Bremen 894. G. A. v. Halem. n. — 80

Vaterländische Kinderlieder. Von Karl Standke. Buchschmuck von Max Vollmberg. 2. bis 3. Taus. Berlin-Rixdorf: Bickhardt [1904]. (47 S.) 8° [F.]

Standke, Karl, vaterländische Kinderlieder. Buchschmuck v. Max Vollmberg. 2.—3. Tausd. (48 S. m. Abbildgn.) 8. Rixdorf (905). Bickhardt. n. — 80

Dem Vaterlande. Zur 25jähr. Wiederkehr d. Wiederaufrichtung d. Deutschen Kaiserreiches. Ein Gedenkblatt von Karl Standke. *Sommerfeld b. Kremmen: Selbstverl. 1896.* (8 S.) 8° [F.] [00. 10945

Standke, Ludwig (geb. am 15 Apr. 1859 in M.-Gladbach): Ueber den Frühjahrskatarrh der Conjunctiva ... Bonn, Univ.-Buchdr. v. C. Georgi 1885. 30 S. 8.
Bonn, Med. Fak., Diss. v. 10 Aug. 1885

Standke, Wilhelm Otto: Über Benzilsäure und einige ihrer Derivate. ... Bonn: Druck v. Peter Neusser 1890. 2 Bl., 43 S. 8°
Erlangen, Phil. Fak., Inaug.-Diss. v. 19. Nov. 1889

Stand- und Quartierliste der deutschen Reichsarmee in tabellarischer Uebersicht. 2. Aufl. März 1878. Nach amtl. Quellen. Tabelle in Imp.-Fol. Bielefeld 878, Gülker und Comp.

Stand- u. Rangliste der königl. preussischen Verwaltung der Zölle u. indirekten Steuern. II. Tl. gr. 8. Berlin, Eug. Schneider. n.n. 2. 25
Rangliste der kgl. pr. Zoll- u. Steuerwaltung f. d. J. 1902/3. Verzeichniss der in der Lokalverwaltg. etatsmässig angestellten Beamten von den Ober-Inspektoren bis zu den Hauptamts-Assistenten u. Einnehmern I. Klasse, sowie der Stationskontrolleure, Zollpraktikanten u. Supernumerare, hrsg. v. A. Struck. (VII, 103 u XIII S.) 902.
Fortsetzg., s.: Rangliste der mittleren Laufbahn der kgl. pr. Zoll- u. Steuerwaltung.

Standliste der I. freiwilligen Innsbrucker Scharfschützen-Kompagnie, ausgerückt am 23. Juni 1859 ... Innsbruck [1884]. V: *Metz, Ferdinand.* (Margr)

Die Standorte der Gewerbe Württembergs nach Gemeinden am 14. Juni 1895. (Gewerbetopographie.) Hrsg. von d. K. Statist. Landesamt. *Stuttgart: W. Kohlhammer 1900.* (XXIV, 405 S.) 4°(8°)
— Jahrbücher, Württembergische, f. Statistik u. Landeskunde. Erg.Bd 3. [01. 7197

Standorte, die, des deutschen Reichsheeres, alphabetisch geordnet, nebst Armee-Einteilg. u. Verzeichnis sämtl. Regimenter bezw. Bataillone der deutschen Armee. 6. Ausg. Nach dem Stande vom 1. X. 1906. (42 S.) kl. 8. Leipzig (906). F. A. Berger. n. — 20
Erschien früher u. d. T.: Garnisonorte.

Standorte, die, des deutschen Reichsheeres, alphabet. geordnet, nebst Armee-Einteilg. u. Verzeichnis sämtl. Regimenter bezw. Bataillone der deutschen Armee. 10. Ausg. Nach dem Stande v. 1. X. 1910. (40 S.) kl. 8. Leipzig (910). F. A. Berger. — 20

Standorts-Tabelle über die neue Aufstellung der Universitäts-Bibliothek zu Kiel. Fol. Kiel 1884.

Standorts-Tabelle der Universitätsbibliothek zu Kiel. Kiel. 1878.

Standortsverzeichnis der Frankfurter Stadtbibliothek. 2. Aufl. April 1902. (Vorr.: [Friedrich Klemens] Ebrard.) Frankfurt a. M. 1902: Gebr. Knauer. (31 S.) 8°

Standpunkt, ein. Betrachtungen geknüpft an den in Nr. 17 der allgem. preuß. Zeitung veröffentl. Aufsatz über die jungdeutsche Propaganda in der Schweiz. Von St. P. gr. 8. (24 S.) Berlin 847. [Stralsund,] J. Schmidt.

Standpunkt, über den, des Fiscus, besonders in Deutschland, (v. J. C. Freyhr. v. Aretin.) 8. Amberg, (Michaelis in München, auch (Magazin f. Ind. in Leipz.)

Standpunkt (Ueber den) des Fiscus, besonders in Deutschland. 8°. Amberg 1826.

—— der gegenwärtige, der Wundärzte in den k. preuß. Staaten den Civil- und Militair-Aerzten, den Barbieren und dem Publikum gegenüber. Beleuchtet von einem prakt. Wundarzte. gr. 8. (18 S.) Wohlau 848, Mütze.

Ueber den gegenwärtigen **Standpunkt** des vor dem Bundes-Schiedsgericht zu Erfurt anhängigen mecklenburgischen Verfassungsstreites und die Gefahren, welche dem Bündnisse vom 26. Mai 1849 durch die etwaige Einmischung der provisorischen Bundes-Central-Commission in denselben drohen würden. 2. vermehrte Aufl. Berlin, Januar 1850. XII 38 S. 8.

— über den jetzigen, des Volksschulwesens, besonders der Seminare im preuß. Staate. 8. Leipz. 824, Barth.

Standpunkt, der katholische, in Bezug auf den Entwurf d. Volksschulgesetzes, wahrheitsgetreu dargelegt v. H. 8. (45 S.) Köln 892, Theissing. — 45

Standpunkt, Moralischer, über die Kritik des neuen Leipziger Gesangbuchs. O. O. 1797. V: *Fischer, Carl.* (MGT)

Standpunct, Ueber den neuesten, und das Princip der juridischen Lehre vom Ersatz der Kriegsschäden, zugleich als Versuch über die Grundrechte der öffentlichen Gesellschaft. 8. Frankfurt 1806.
Guilhaumann. (Cobl.: Lassaulx)

Standpunkt, der protestantische. Bedenken eines Protestanten. Nebst einem Anhang: „Die primitive Kirche." gr. 8. (VIII, 173 S.) Berlin 870, (Behr's Buchh.) *

Standpunkt, rationaler u. histor., z. Beurtheil. d. Verhältnisses zwischen Staats-Regierungen u. d. röm. Stuhle in Beziehung auf gemischte Ehen; mit e. Rückblicke auf die kölner Angelegenheit. Von e. Katholiken. gr. 8. (10 B.) Köln 838, Bachem.

Standpunkt, Der rechte. Ein Abschiedswort an die Leser des Magazins für christliche Prediger v. d. Herausgeber. Hannover 1822. V: *Ammon, Chph Frdr.* (Mitth. Grolig.)

Standpunkt, der rechte, der Deutschen, oder die vielgepriesene Bildung des 19. Jahrh. 1. u. 2. Hft. 8. (9¼ B.) Zerbst 846, Kummer'sche Buchh. k

— der rechte, der Deutschen oder die vielgepriesene Bildung des 19. Jahrh. 2. Hft. gr. 8. (74 S.) Zerbst 848, Kummer. 1/3 ℛ (1 u. 2: 2/3 ℛ)

— üb. den richtigen, des Protestantismus u. Katholicismus, u. d. Wiedervereinigung beider. Von einem protestant. Pfarrer in Baiern. gr. 8. Leipz. 824. Engelmann. 8 ℊℊ

— über d. wahren, z. Beurtheilung d. Rechts in kirchlichen, besonders lithurgischen Dingen. Andeutungen v. Sincerus Pacificus minor. (Aus: Für Christenthum ꝛc. abgedr.) gr. 8. Jena 825, Mauke.

Vom **Standpunkte** des Rechtes und der Ehre. Von einem hannoverschen Officier. 8. (14 S.) Wien, Tendler & Comp. (Carl Fromme) in Comm. 1867. 10 kr.

Standquartiere, s.a. Einteilung u. Standquartiere ...

Standquartiere, die, d. russischen Heeres im europäischen Reichstheile. Tabelle in qu. Fol. Mit 1 Strassen- u. Wegekarte. Nach dem neuesten amtl. Verzeichnisse unter Berücksicht. der Eisenbahnen. 1. u. 2. Aufl. 1 : 3,700,000. Farbendr. 63×69 cm. Berl. 889,92, Eisenschmidt. * 1 50

Standquartiere, Die, des russischen Heeres im europäischen Reichstheile. Nach dem neuesten amtlichen Verzeichnisse unter Berücksichtigung der Eisenbahnen. Masstab 1 : 3,700.000. (1 Karte.) 8. Berlin 1890.

Standquartiere, die neuen, der königl. sächs. Armee im J. 1811. 2te verb. Aufl. Fol. Dresd. Arnold. 1811.

—— und Uniformirung der Armee des deutschen Kaiser-Reiches. Chromolithogr. Imp.-Fol. Berlin 874, Behr's Buchh. *

Standquartiere und Uniformirung der Armee des deutschen Kaiser-Reiches. 1. Aufl. (1 Bl. lithogr. und color. in Imp.-Fol.); 2. verb. und durch Angabe der Entfernungen zwischen den Eisenbahnstationen verm. Aufl. (2 Bl. lithogr. und color. in Imp.-Fol.) Berlin 876, Behr's Verlag. *

Stand- und Antrittsrede, welche der Herr D. Joh. Ernst Philippi . . . 1732 in der Gesellschaft der kleinen Geister gehalten . . . O. O. 1733. V: *Liscow, Chn Ludwig.* (Litzmann, Liscow. Hamb. u. Leipz. 1883.) »Stand-oder Antrittsrede« (ML)

Standrede bey Beerdigung der vom Wetter erschlagenen Dorotheen Israelin und ihrer Tochter. Löbau 1781. V: *Pötzschke, Johann Jacob.* (OL)

Standrede beim Grabe Joseph des Zweiten, gehalten in der Trauerloge der sämmtlichen versammelten Brüder der ehrwürdigen drei Logen zu Prag vom Bruder zweyten Vorsteher K. F. W. Prag 1790. V: *Wahr, Carl.* (wrztg 1790, S. 2147) (Moritz Grolig, Freim. Bibliothek Nr. 245) (wolfstieg I, 832) (Biblport)

Standrede am Grabe des Br. Carl Rud. Aug. Grafen v. Kielmansegg, gehalten den 20sten Dec. 1810 von v. H. O. O. 1810. V: *Hedemann, Hartwig Johann Christian.* (wolfstieg I, 839)

Standrede beim Grabe Marien Theresiens. Gehalten in der Trauerloge Casimir zu den drei gekrönten Sternen und drei gekrönten Säulen von dem Br. Redner C. Fr. W. 5780. O. O. V: *Wahr, Carl.* (L. Abafi Geschichte der Freymaurerey in Oesterreich-Ungarn, Budapest 1893, Bd. III, S. 75) (Biblport)

Standrede beym Grabe Marien Theresiens. Gehalten in der Trauerloge Kasimir zu den 3 gekrönten Sternen, und 3 gekrönten Säulen [in Prag] vom Br. C. Fr. Wr. den 17ten XII. M. 5780. Prag 1780. V: *Wahr, C. Fr.* (wolfstieg I, 868)

Standrede bey dem Grabe des Herrn Generals Hermann Hieronymus Pez von Lichtenhof. Nürnberg 1794. V: *Junge, Chn Gottfried.* (Pr)

— am Grabe der Madame Schuwitz (ehemal. Hurenwirthin in Berlin). 8. Leipz. 798. Wienbrack. 4 gl

Standrede gehalten bey der Gruft des Fürsten Carls zu Nassau-Usingen. Wiesbaden 1775. V: *Kruse, Carl Friedrich Freih. von.* (Adel) (HS) (MGT)

Standrede gehalten bei der Hinrichtung des Simon Mayrhofer . . . Salzburg 1848. V: *Lienbacher, Matthias.* (Hr)

Standrede gehalten bey der Leiche des Herrn Johann Georg Lindemann zu Georgenberg am 25. Sept. 1811. Kaschau V: *Szontagh, Daniel.* (Pk 3/414). Dagegen: V (nicht): *Sonntag, Daniel.* (GGr VII/100, Nr. 184) (Biblport)

Stand- u. Leichenrede bei der Beerdigungsfeier weil. des hochwürd. Herrn Johannes Bergleiter, evangel. Pfarrer in Birthälm u. Superint. der Augsb. Confessions-Verwandten in Siebenbürgen. gr. 8. Hermannstadt 843, Edler v. Hochmeister. 1/6 ℔

Standrede am Sarge des weiland hochgelahrten Herrn Carl Friedrich Bahrdt. Eine Parodie. Berlin 1787. V: *Stadelmann, Johann Frdr.* (Wr) (GGr)

Standrede am Sarge des weiland-hochgelahrten Herrn K. F. Bahrdt. (Satire.) Berlin (Nürnberg, Grattenauer) 1787. (sol) Rarl Weller, fing. Dr.

Standrede an K. F. Bahrdt's Sarge. 8. Nürnb. 788. Grattenauer.

Standrede beim Sarge der Madame Schuwitz. Haarburg 1798. Rastadt, (Leipzig) 1798. V: *Schulz, Friedrich.* (BGE I³, 316)

Standrede auf Philipp Ernst Spiess, Regierungs-Rath zu Baireut . . . [Hsg. von Carl Chn Theod. Hacker.] Bair. 1794. V: *Kapp, Johann.* (Fiker)

Stand-, Trauer- und Gedächtnissrede bey dem Leichenbegängnisse des Freyherrn Johann Heinrich von Mengden am 18. April 1768. Riga 1768. V: *Harder, Johann Jacob.* (R-N)

Standrede bei Zerbrechung Schilds und Helms vor der Gruft Hr. Vit. Derrers von der Unterburg . . . 1706. [Nürnberg 1766.] V: *Scheurl von Defersdorf zu Heuchling, Christoph.* (will)

Stand-Tabellen der engl. Armee u. Marine a. d. J. 1758 u. 1772. Augsburg, Metz 1758. 1772. 3 Bl. 2°

Stand-Tabellen aus den Jahren 1758, 1759, 1772, 1774 u. 1775, und Listen der Generäle der österr. Armee a. d. J. 1770, 1772 u. 1775. Augsburg, Dienze 1758—1775. 9 Bl. 2°

Stánč, Alois, und Carl **Pascher**, der Bau des Spitzberg-Tunnels auf der Pilsen-Eisenstein-Bahn. Imp.-4. (23 S. mit eingedr. Holzschn. und 8 Kpfrt.) Berlin 878, Ernst und Korn. *

Aus: Zeitschrift für Bauwesen, besonders abgedruckt.

Staně, Alois. Theorie u. Praxis d. Eisenbahngleises. gr. 8. (VI, 168 S. m. 16 Textfig. u. 18 Taf.) Wien 892, Pollak. * 6 —

Staneck, M., der Burgvogt von Landeskron. 2 Bde. 8. (VII, V, 921 S.) Dresden 902. E. Pierson. n. 8. —; geb. n. 10. —

Staneff, Stoil, aus Rustschuk (Bulgarien): Das Gewerbewesen und die Gewerbepolitik in Bulgarien. *Rustschuk 1901: Alculay & Konstantinoff.* (137 S.) 8°
Heidelberg, Phil. Diss. v. 1901

Staneff, Stoil, das Gewerbewesen u. die Gewerbepolitik in Bulgarien. gr. 8. (137 S.) Leipzig 901. (G. Wittrin.) n. 2. 50

Staněk, Johann

Staněk: Über die Art des chemischen Unterrichtes in der dritten Klasse der UR. 2 S.– Prag b.OR., Progr. 1857.

— Beiträge zur Kenntnis des Rizinusöles. ... vgr.
Separatabdruck

Staněk, Jan, Chemie všeobecná. Díl I. O nekovech. S 50 vyobrazeními. 2. Vydání. Prag 863. Kober. gr. 8. (VI, 130 S.) n. 16 ngr.; cart. n. 18 ngr.

— — s. Průmyslová škola.

Staněk, Johann: Fossiles Harz von Salesel bei Aussig.
Separatabdruck aus: Sitzungsber. d. Kais. Akad. d. Wiss. in Wien Bd. 12. S. 554.

Staněk, Ivan Bohdan, Básně. 16. (112 S. und 1 Stnt.) Prag 851, (Neureutter.) Thlr. *

Stanek, Carl, Lehr-Plan nebst Stoffvertheilungs-Plan für evangelische Halbtagsschulen [unter besond. Berücksicht. der utraquist.], auf Grund der „Agemeinen Bestimmungen vom 15. Octbr. 1872" bearb. 1. und 2. Aufl. gr. 4. (IV, 20 S. mit 1 Tab.) Medzibor 880,81, Wartenberg. cart. *

Stanek, Wenzel

—— pitewnj Atlas. — Anatom. Atlas in 10 Taf. nebst e. erklär. Texte (in böhm. u. deutscher Sprache) zusammengest. u. hrsg. v. Wenzel Stanek. Gez. u. in Stein gearb. v. Frz. Belopotocky. qu. Fol. (5 B. Text.) Prag 840. (Kronberger'sche Buchh. * 3 Thlr., col. *

Staňka, Wáclawa, Zakladowé Pitwy (Anatomie), cili saustawnj rozbor a popis těla lidského a gednotliwych geho cástek. gr. 8. (18¼ B.) Praze 840, (Kronberger.) *

Stanka, W., Prostonárodni Prirodopis, s. Mala Encyklopedie Nauk.

Stanelli, Henricus *(geb. Liegnitz 19. 7. 1791)*: De Phellandrio aquatico. Vratislaviae 1819. (19 S.) 4°
Breslau, Med. Diss. v. [6. März] 1819

Stanelli, Rudolf

—— über Blutegel und Blutegelzuchtanlagen. Zwei Vorträge, gehalten im Central-Institut für Akklimatisation in Deutschlaud zu Berlin am 4. Novbr. 1862 und 24. Febr. 1863. gr. 8. (32 S.) Berlin 864, Wiegandt und Hempel.

Stanelli, Rud., der medicinische Blutegel und seine naturgemäße Aufzucht. Eine Denkschrift an die Landwirthe Preußens. gr. 8. (23 S.) Berlin 863, (Wiegandt und Hempel.)

Stanelli, Rud., die Cellular-Therapie als Heilkunst des Paracelsus, in ihrem Gegensatz zur Cellular-Pathologie und wissenschaftlichen Medicin. Nach dem neuesten Standpunkte der Wissenschaften theoretisch und practisch dargelegt. gr. 8. (XVI, 154 S.) Wien 881, (Gerold's Sohn.) *

Stanelli, Rud., physiologische Disharmonien, insbesondere uvuläre Krankheiten, Schwindsucht u. Asthma. Als Ergebniss selbstständ. Denkens in 30jähr. Praxis bearb. gr. 8. (220 S.) Leipzig 883. Denicke. n. 4. 50

Stanelli, (Car. Henr.) Rud. (geb. Schrimm 11. 3. 1824): De plicae Polonicae natura atque indole. Berolini (1847). (32 S.) 8°
Berlin, Med. Diss. v. 29. März 1847

Stanelli, Rud., Philosophie der Kräfte. gr. 8. (141 S.) Leipzig 886, Friedrich. *

Stanelli, Rud., das triclinum mobile oder die aufrichtbare dreifach schiefe Ebene betrachtet im 1. Thl. als Lagerungsapparat für die Heilung der Oberschenkel- und Schenkelhalsbrüche und für Hüftkrankheiten im Allgemeinen; im 2. Thl. als Grundlage eines neuen Systems für den Verband und Transport Schwerverwundeter im Kriege. gr. 8. (VI, 105 S. mit 1 lithogr. Taf. in Fol.) Berlin 870, Langmann und Comp. [Allgem. Deutsches Verlags-Institut.] *
—— dass. — betrachtet im 1. Thl. als Brustbett für die Heilung der Oberschenkel- und Schenkelhalsbrüche und als Lagerungsapparat bei Hüftkrankheiten, im 2. Thl. als Grundlage eines neuen Systems für den Verband und Transport Schwerverwundeter im Kriege. 2. verm. und umgearb. Aufl. gr. 8. (VIII, 132 S. mit 11 Stnt.) Ebendas. 871. *

—— die Tuberculose und Lungenschwindsucht. Mit Rücksicht auf die neuesten Tuberkelimpfungsexperimente vom vitalen Standpunkte aus erläutert. Lex.-8. (32 S.) Wien 880, (Gerold's Sohn.) *

Stanelli, was ist der Chloroformtod u. wie ist er zu verhüten? [Abdr. aus Göschen's „Deutscher Klinik" 1850. N. 32—35.] gr. 8. (31 S.) Berlin 850, A. Hirschwald. n. ⅙ ₰

Stanelli, Dr. Rudolf. Die Zukunftsphilosophie des Paracelsus als Grundlage einer Reformation für Medicin u. Naturwissenschaften. 8. (XVI u. 246 S.) Wien, Wilh. Frick. 1 fl. 50 kr. 1884

Stanescu, Emerich, u. Constant. Lazar, praktischer Lehrgang zur schnellen u. leichten Erlernung der romänischen Sprache. Nach Dr. F. Ahn's Lehrmethode. Nach dem Mscr. bearb. u. mit einer Sprachlehre versehen von R. Blagoévich. Pest 867. Lampel. br. 8. (III, 188 S.) n. 14 ngr.; cart. n. 20 ngr.; Schlüssel (30 S.) cart. n. 6 ngr.

Stanfield, Clarkson William [Ill.]
s. Dickens, Ch.: Boz' Sämmtliche Werke. 1847 – 1849.

Stanford, C. Villiers, viel Lärmen um Nichts. Oper in 4 Aufzügen nach Shakespeares Lustspiel v. Julian Sturgis. Deutscher Text v. John Bernhoff. Musik v. St. (Textbuch.) gr. 8. (60 S.) Leipzig (902). (M. Brockhaus.) n. — 60

Stanford, Robert Viner, M. Sc.: Über den Abbau des Sericins durch Ozon. Kiel 1909: Lüdtke & Martens. 49 S. 8°
Kiel, Phil. Diss. v. 24. Mai 1909, Ref. Harries
[Geb. 31. Aug. 84 Dudley, England; Wohnort: Dudley; Staatsangeh.: Großbritannien; Vorbildung: King Edward's School Birmingham bis 03; Studium: Birmingham 8, Kiel 3 S.; Rig. 22. Febr. 09.] [U 09. 2342

Stang, Adolf, aus Stuttgart: I. Ueber Citrylidenbisacetessigester. II. Beiträge zur kondensierenden Wirkung des Ammoniaks und der Amine. *Heidelberg 1898: J. Hörning.* (42 S.) 8°
Heidelberg, Naturw.-math. Diss. v. [14. Sept.] 1898

Stang, Christian Franz Gottlieb

Stang, Chrstn. Frz. Gtli., Bibelforschungen. Handbuch z. Verständnisse d. luther. Bibelübersetzung. 8. (12¾ B.) Heilbronn 831, (Claß.)

—— das Buch d. Denksprüche. Samml. v. Bibelsprüchen zur Belebung d. Confirmations-Feier. gr. 12. (6⅔ B.) Stuttgart 834, Scheible.

Stang, Chrstn. Frz. Gtli., allgem. u. besond. Einleitung in d. Schriften d. alten u. neuen Testaments, s. Biographien, die, der Bibel. Supplem.

— allgemeine und besondere Einleitung in die Schriften des alten u. neuen Testaments, nebst einem Anhange geschichtlichen, geograph. und überhaupt antiquar. Inhalts für gebild. Leser aus allen Ständen. gr. 8. Stuttgart 833. Scheible. 2¼ ₰

— Martin Luther. Sein Leben und Wirken. 1e—15e Lfrga. (Schluß.) Mit Stahlstich. schmal gr. 4. Stuttgart 835, 36. (Ausg. 837. Literatur-Comptoir.) (à ¼ ₰) 3¾ ₰

——, Martin Luther. Sein Leben u. Wirken. (15 Lfgn.) Schmal gr. 4. (126 B. u. 7 Stahlst.) Stuttgart 835—37, [Scheible, Rieger u. Sattler.] à ¼ Thlr.

Stang, Fritz, s.: Chorgesänge f. höhere Schulen.

Stang, Fritz, s.: Liederbuch f. höhere Schulen.

Stang, Georg: Die Pflege der Phantasie bei der deutschen Lektüre in den unteren und mittleren Gymnasialklassen. Eine ästhetisch-pädagogische Studie. 49 S. 8. Progr. K. hum. Gymn. *Hof* 1909.

Stang, Geo., die Pflege der Phantasie bei der deutschen Lektüre in den unteren u. mittleren Gymnasialklassen. Eine ästhetisch-pädagog. Studie. Progr. (49 S.) gr. 8. Hof (909). G. A. Grau & Co. nn 1.20

Stang, Jakob (Hrsg.), s. Aeolsharfe, Rheinische.

—— Beiträge z. allgem. Sprachforschung, insbesond. d. deutschen Sprache. 1. Hft. 8. (..B.) Düsseldorf 838. [Leipzig, Fr. Fleischer.]

Stang, J., Beiträge zur allgemeinen Sprachforschung, insbes. d. deutschen Sprache. 1s Heft. 8. Düsseld. 838. Schreiner. ¼ ₰

Stang, Ignaz Bartholomaeus Joseph (Würzburg)
U. S. Frankfurt 1767/1

Dissertatio physico-chemica inauguralis de vitro Ruthenico.
Frankfurt/O. (Winter) V. 1767. 43 S. 33149

Stang, Johann Christian (Homberg/Hessen) A. S. 768/16

Disputatio inauguralis juridica, de jure praehonorario.
Präs. Johann Heinrich Meier.
Erfurt (Grosch) 13. VIII. 1711. 14 Bl. 33150

Stang, Johann Joseph Ignaz (Würzburg) Hist. 601 hg

Gloria Franciae orientalis ab imperatoribus regibus et ducibus per XIV. saecula proposita, ac distincta selectis ex universo jure thesibus.
Präs. Johann Konrad Lange.
Würzburg (Engmann) (19.) VIII. 1710. 266 S.
33151

Stang, Konr.: Darstell. d. reinen Rechtslehre v. *Kant*, z. Berichtig. d. vorzüglichsten Missverständnisse derselben. *Frankf.* u. *Leipz.* 798. 8.

Stang, Konr. Fr., die fünf Lehrgänge des Kopfrechnens, als Hülfsmittel f. Lehrer u. Lernende. 8. Hannov. 820. Helwing. 1 ₰ 12 ℊ

— kleines theoret.-prakt. Tafelrechnenbuch, zunächst f. die Hofschule in Hannover bestimmt rc. 8. Hannov. 813. Hahn. 6 ℊ

Stang, Peder Berg, aus Christiania: **Beiträge** zur Chemie des Antimons. *Berlin (1902): G. Schade.* (52 S.) 8°
Berlin, Phil. Diss. v. 13. Dez. 1902

Stang, Valentin. Zur Kenntnis der Toxinbildung des Bacterium avicidum. Diss. Vet.-Med. Bern. [Mit 1 Abbildung.] 47 S. 8. Karlsruhe i. B., Chr. Fr. Müller, 1901.

Stang, Guil., Historiographia ecclesiastica, quam historiae seriam solidemque operam navantibus accommodavit S. 8. (VIII, 267 S.) Freiburg i/B. 897 (Herder.) n. 2. 4(

Stang, William. Sozialismus und Christentum. Von Dr. Wilhelm St', Bischof von Fall River, Mass. Autorisierte Uebersetzung aus dem Englischen von Rudolf Amberg. [Mit 1 Porträt-Tafel.] 250 S. 8. Einsiedeln *etc.*, Benziger & Co. A. G., 1907. [fr. 4. 25, geb. 6. 50]

Stang-Conradi, F.: Die Mässigkeits-, Enthaltsamkeits- und Total-Enthaltsamkeits reform in Norwegen. 1890.

Stangassinger, Michael (Richard?)

Stangassinger, Mich., Schematismus der Civil- u. Militär-Thierärzte Bayerns. 1849. gr. 16. (19 S.) München 849, Franz. n. 4 ℊ

Stangassinger, Richard, a. München: Über Einwirkung von Hydrazinhydrat auf trans-Hexahydroterephtalsäure. Heidelberg 1906: K. Rössler. (50 S.) 8°
Heidelberg, Naturw.-math. Fak., Ref. Curtius, Diss. v. 25. April 1906
[Geb. 3 Juni 78 München; Wohnort: Heidelberg; Staatsangeh.: Bayern; Vorbildung: Maximiliansgymn. München Reife Juli 97; Studium: München T.H. 6, Berlin 1, München 3, Heidelberg 4 S.; Rig. 24. Jan. 06.]

Stange, über Kumyss-Kuren, s. Handbuch der allgemeinen Therapie.

Stange's Roisoführor, in losen Blättern, nach Theilstrecken geordnet zum Zusammonstollon. 8. (Mit Holzschn., Karton u. Plänon.) Frankenborg i/S. 890. Carl Stange's Verl. à Blatt n. — 5; Mindestbetrag n. — 25; Stadtpläne od. Karten jede Nr. n. — 10
Die Blätter lassen sich durch Zusammenstellen beliebiger Theilstrecken zu Reiseführern bilden, welche nur die jeweilig berührten u. benöthigten Punkte enthalten. Prospect vom Verleger.

— dasselbe, Heftausg., s.: Auf Reisen.

Stange's Reiseführer in losen Blättern, nach Teilstrecken geordnet zum Zusammenstellen. Die bayr. Alpen u. die Arlbergbahn. 8. (142 S. m. Abbildgn. u. 2 Karten.) Frankenberg i/Sa. 893. C. Stange's Verl. In Mappe. n. 1. 50

— dasselbe. Reise nach Bayern u. die angrenzenden Gebiete. 8. (108 S. m. Abbildgn. u. 2 Karten.) Ebd. 893. In Mappe. n. 1. 25

— dasselbe. Durchgangsstrecke Berlin—Bodenbach üb. Elsterwerda. 8. (81 S. m. Abbildgn., 1 Plan u. 3 Karten.) Ebd. 894. In Mappe. n. 1. 25

Stange's Reiseführer in losen Blättern, nach Teilstrecken geordnet zum Zusammenstellen. Berlin—Bodenbach üb. Röderau. 8. (72 S. m. Abbildgn., 2 Plänen u. 3 Karten.) Frankenberg i/Sa. 894. C. Stange's Verl. In Mappe. n. 1. 25

— dasselbe. Durchgangsstrecke Berlin—Eger. 8. (86 S. m. Abbildgn., 2 Plänen u. 1 Karte.) Ebd. 894. In Mappe. n. 1. 25

— dasselbe. Reise v. Berlin nach Frankfurt a/M. 8. (48 S. m. Abbildgn., 1 Plan u. 2 Karten.) Ebd. 894. In Mappe. n. 1. —

— dasselbe. Reise v. Berlin nach Frankfurt a/M. u. Basel. 8. (96 S. m. Abbildgn., 3 Plänen u. 3 Karten.) Ebd. 894. In Mappe. n. 1. 50

— dasselbe. Berlin—Frankfurt a/M.—Basel üb. Sangerhausen, Bebra, Heidelberg, Karlsruhe, Freiburg. 8. (100 S. m. Abbildgn., 3 Plänen u. 2 Karten.) Ebd. 894. In Mappe. n. 1. 35

— dasselbe üb. Sangerhausen, Bebra, Strassburg, Weissenburg. 8. (86 S. m. Abbildgn., 4 Plänen u. 4 Karten.) Ebd. 894. In Mappe. n. 1. 25

— dasselbe. Reise von Berlin nach Friedrichshafen. 8. (74 S. m. Abbildgn., 2 Plänen u. 3 Karten.) Ebd. 894. In Mappe. n. 1. 25

— dasselbe. Reise von Berlin nach Kufstein u. Innsbruck. 8. (101 S. m. Abbildgn., 2 Plänen u. 1 Karte.) Ebd. 894. In Mappe. n. 1. 25

— dasselbe. Berlin—Magdeburg—Thale. 8. (50 S. m. Abbildgn. u. 1 Karte.) Ebd. 894. n. — 50

— dasselbe. Berlin — München m. angrenzenden Gebieten üb. Halle, Weissenfels, Bamberg, Nürnberg. 8. (148 S. m. Abbildgn., 2 Plänen u. 2 Karten.) Ebd. 894. In Mappe. n. 1. 50

— dasselbe. Reise von Berlin nach München u. Lindau. 8. (99 S. m. Abbildgn., 2 Plänen u. 2 Karten.) Ebd. 894. In Mappe. n. 1. 50

— dasselbe. Berlin—München—Lindau üb. Halle, Corbetha, Bamberg, Nürnberg. 8. (102 S. m. Abbildgn., 2 Plänen u. 4 Karten.) Ebd. 894. In Mappe. 1. 50

— dasselbe. Reise von Berlin nach Salzburg. 8. (118 S. m. Abbildgn., 2 Plänen u. 2 Karten.) Ebd. 894. In Mappe. n. 1. 75

— dasselbe. Berlin — Salzburg u. Reichenhall üb. Halle, Corbetha, Bamberg, Nürnberg. 8. (120 S. m. Abbildgn., 2 Plänen u. 4 Karten.) Ebd. 894. In Mappe. 1. 50

— dasselbe. Reise von Berlin nach Stuttgart. 8. (58 S. m. Abbildgn., 2 Plänen u. 2 Karten.) Ebd. 894. In Mappe. n. 1. 25

— dasselbe. Durchgangsstrecke Berlin—Stuttgart über Hof—Nördlingen. 8. (120 S. m. Abbildgn., 4 Plänen u. 4 Karten.) Ebd. 894. In Mappe. n. 1. 75

— dasselbe. Durchgangsstrecke Berlin—Teplitz—Carlsbad üb. Elsterwerda. 8. (84 S. m. Abbildgn., 1 Plan u. 3 Karten.) Ebd. 894. In Mappe. n. 1. 25

— dasselbe üb. Röderau. 8. (88 S. m. Abbildgn., 2 Plänen u. 3 Karten.) Ebd. 894. In Mappe. n. 1. 25

— dasselbe. Durchgangsstrecke Bietigheim—Marktredwitz üb. Heilbronn—Nürnberg. 8. (36 S. m. Abbildgn., 1 Plan u. 1 Karte.) Ebd. 894. In Mappe. n. 1. —

— dasselbe. Donaufahrt von Passau nach Budapest. 8. (42 S. m. Abbildgn. u. 1 Plan.) Ebd. 894. n. — 75

— dasselbe. Durchgangsstrecke Dresden—Aachen üb. Halle—Cassel. 8. (76 S. m. Abbildgn., 3 Plänen u. 2 Karten.) Ebd. 894. In Mappe. n. 1. 25

— dasselbe. Durchgangsstrecke Dresden—Ala üb. Hof, Regensburg, München, Kufstein. 8. (139 S. m. Abbildgn., 1 Plan u. 2 Karten.) Ebd. 894. In Mappe. n. 1. 80

— dasselbe. Durchgangsstrecke Dresden—Berlin. 8. (54 S. m. Abbildgn., 1 Plan u. 2 Karten.) Ebd. 894. In Mappe. n. 1. —

— dasselbe. Reise von Dresden nach Berlin, Hamburg, Helgoland u. Kiel. 8. (79 S. m. Abbildgn., 2 Plänen u. 3 Karten.) Ebd. 894. In Mappe. n. 1. 25

— dasselbe. Durchgangsstrecke Dresden—Kissingen. 8. (53 S. m. Abbildgn. u. 1 Karte.) Ebd. 894. In Mappe. n. 1. 25

Stange's Reiseführer in losen Blättern, nach Teilstrecken geordnet zum Zusammenstellen. Durchgangsstrecke Dresden—Lindau üb. Hof—Augsburg. 8. (90 S. m. Abbildgn., 2 Plänen u. 3 Karten.) Frankenberg i/Sa. 894. C. Stange's Verl. In Mappe. n. 1. 50

— dasselbe. Durchgangsstrecke Dresden—München üb. Hof—Bamberg. 8. (93 S. m. Abbildgn., 2 Plänen u. 3 Karten.) Ebd. 894. In Mappe. n. 1. 50

— dasselbe üb. Hof—Regensburg. 8. (81 S. m. Abbildgn., 1 Plan u. 2 Karten.) Ebd. 894. In Mappe. n. 1. 25

— dasselbe. Durchgangsstrecke Dresden—Prag üb. Bodenbach. 8. (44 S. m. Abbildgn., 1 Plan u. 2 Karten.) Ebd. 894. In Mappe. n. 1. —

— dasselbe üb. Tetschen. 8. (44 S. m. Abbildgn., 1 Plan u. 2 Karten.) Ebd. 894. In Mappe. n. 1. —

— dasselbe. Dresden u. die Sächs. Schweiz. 8. (26 S. m. Abbildgn., 1 Plan u. 2 Karten.) Ebd. 894. n. — 50

— dasselbe. Durchgangsstrecke Dresden — Teplitz — Carlsbad. 8. (39 S. m. Abbildgn. u. 2 Karten.) Ebd. 894. In Mappe. n. 1. —

— dasselbe. Durchgangsstrecke Frankfurt a/M.—Luzern üb. Schaffhausen. 8. (94 S. m. Abbildgn., 5 Plänen u. 3 Karten.) Ebd. 894. In Mappe. n. 1. 50

— dasselbe. Durchgangsstrecke Friedrichshafen—Frankfurt a/M. 8. (55 S. m. Abbildgn., 3 Plänen u. 3 Karten.) Ebd. 894. In Mappe. n. 1. 25

— dasselbe. Durchgangsstrecke Friedrichshafen—Köln a/Rh. üb. Bruchsal, Darmstadt—Mainz. 8. (81 S. m. Abbildgn., 5 Plänen u. 3 Karten.) Ebd. 894. In Mappe. n. 1. 50

— dasselbe. Garda-See. 8. (12 S.) Ebd. 894. n. — 50

— dasselbe. Genfer-See. 8. (38 S. m. Abbildgn.) Ebd. 894. n. — 60

— dasselbe. Durchgangsstrecke Görlitz—Lindau üb. Hof—Augsburg. 8. (100 S. m. Abbildgn., 3 Plänen u. 3 Karten.) Ebd. 894. In Mappe. n. 1. 50

— dasselbe. Gotthardbahn von Rothkreuz bis Biaska. 8. (21 S. m. Abbildgn. u. 3 Karten.) Ebd. 893. In Mappe. n. — 75

— dasselbe. Reise von Hamburg nach Berlin, Dresden u. Sächsische Schweiz. 8. (69 S. m. Abbildgn., 2 Plänen u. 3 Karten.) Ebd. 894. In Mappe. n. 1. 25

— dasselbe. Harz. 8. (92 S. m. Abbildgn. u. 1 Karte.) Ebd. 894. In Mappe. n. 1. 50

— dasselbe. Krieger-Extrazug nach d. Reichslanden. 8. (140 S. m. Illustr., 19 Kart. u. Plänen.) Ebd. 890. n. 3. —

— dasselbe. Reise von Leipzig nach Frankfurt a/M. 8. (44 S. m. Abbildgn., 1 Plan u. 2 Karten.) Ebd. 894. In Mappe. n. 1. —

— dasselbe. Reise von Leipzig nach Frankfurt a/M. u. Basel. 8. (92 S. m. Abbildgn., 3 Plänen u. 3 Karten.) Ebd. 894. In Mappe. n. 1. 50

— dasselbe. Leipzig—Hamburg üb. Halle, Magdeburg, Stendal, Uelzen. 8. (48 S. m. Abbildgn., 1 Plan u. 1 Karte.) Ebd. 894. n. — 60

— dasselbe. Leipzig—Hamburg—Kiel—Kopenhagen üb. Halle, Magdeburg, Stendal, Uelzen. 8. (48 S. m. Abbildgn., 2 Plänen u. 2 Karten.) Ebd. 894. n. — 70

— dasselbe. Leipzig—Hamburg u. Nordseebäder üb. Halle, Stendal, Uelzen. 8. (78 S. m. Abbildgn., 1 Plan u. 1 Karte.) Ebd. 894. In Mappe. n. 1. —

— dasselbe. Reise von Leipzig nach Kufstein u. Innsbruck. 8. (78 S. m. Abbildgn., 1 Plan u. 1 Karte.) Ebd. 894. In Mappe. n. 1. 25

— dasselbe. Durchgangsstrecke Leipzig—Marienbad üb. Eger. 8. (44 S. m. Abbildgn. u. 1 Plan.) Ebd. 894. In Mappe. n. 1. —

— dasselbe. Durchgangsstrecke Leipzig—München üb. Hof—Bamberg. 8. (89 S. m. Abbildgn., 3 Plänen u. 2 Karten.) Ebd. 894. In Mappe. n. 1. 50

— dasselbe. Durchgangsstrecke Leipzig—Myslowitz üb. Breslau. 8. (61 S. m. Abbildgn., 2 Plänen u. 1 Karte.) Ebd. 894. In Mappe. n. 1. 25

Stange's Reiseführer in losen Blättern, nach Teilstrecken geordnet zum Zusammenstellen. Durchgangsstrecke Leipzig—Sosnowice üb. Breslau. 8. (61 S. m. Abbildgn., 2 Plänen u. 1 Karte.) Frankenberg i/Sa. 894. C. Stange's Verl. In Mappe. n. 1. 25

— dasselbe. Reise von Leipzig nach Stuttgart. 8. (52 S. m. Abbildgn., 2 Plänen u. 2 Karten.) Ebd. 894. In Mappe. n. 1. 25

— dasselbe. Reise von Leipzig nach Stuttgart u. Friedrichshafen. 8. (65 S. m. Abbildgn., 2 Plänen u. 3 Karten.) Ebd. 894. In Mappe. n. 1. 25

— dasselbe. Lindau — Arlbergbahn — Salzburg m. Bregenzer Wald u. dem Ötzthal. 8. (185 S. m. Abbildgn., Karten u. Plänen.) Ebd. 893. In Mappe. n. 1. 50

— dasselbe. München u. die bayr. Königsschlösser. 8. (57 S. m. Abbildgn., 1 Plan u. 1 Karte.) Ebd. 894. n. — 75

— dasselbe. Durchgangsstrecke München — Frankfurt a/M. üb. Bruchsal. 8. (81 S. m. Abbildgn., 5 Plänen u. 3 Karten.) Ebd. 894. In Mappe. n. 1. 50

— dasselbe. Durchgangsstrecke München — Heidelberg üb. Ulm—Bruchsal. 8. (65 S. m. Abbildgn., 3 Plänen u. 2 Karten.) Ebd. 894. In Mappe. n. 1. 25

— dasselbe. München—Lindau—Romanshorn—Zürich—Luzern—Vierwaldstättersee—Interlaken—Grindelwald—Bern—Interlaken—Thun. 8. (128 S. m. Abbildgn., Karten u. Plänen.) Ebd. 893. In Mappe. n. 1. 75

— dasselbe. München—Murnau—Partenkirchen—Innsbruck—Kufstein—Rosenheim—München. 8. (64 S. m. Abbildgn., Karten u. Plänen.) Ebd. 893. In Mappe. n. 1. —

— dasselbe. München—Murnau—Partenkirchen—Innsbruck—Wörgl—Zoll am See—Bischofshofen—Salzburg—Rosenheim—München. 8. (160 S. m. Abbildgn., Karten u. Plänen.) Ebd. 893. In Mappe. n. 1. 50

— dasselbe. Ost- u. Nordseebäder. 8. (38 S. m. Abbildgn.) Ebd. 894. n. — 50

— dasselbe. Prag—Bodenbach—Tetschen. 8. (18 S. m. Abbildgn. u. 1 Karte.) Ebd. 894. n. — 50

— dasselbe. Riesengebirge. 8. (150 S. m. Abbildgn. u. 1 Karte.) Ebd. 894. In Mappe. n. 1. 75

— dasselbe. Insel Rügen. 8. (24 S. m. 1 Abbildg. u. 1 Karte.) Ebd. 894. In Mappe. n. — 50

— dasselbe. Rundreise: Salzburg — Gmunden — Ischl — Steinach — Irdning — Bischofshofen — Golling — Salzburg. 8. (94 S. m. Abbildgn. u. 2 Karten.) Ebd. 893. In Mappe. n. 1. 25

— dasselbe. Salzkammergut. 8. (156 S. m. Abbildgn. u. 2 Karten.) Ebd. 893. In Mappe. n. 2. —

— dasselbe. Schwarzwaldbahn. 8. (16 S. m. 2 Abbildgn.) Ebd. 894. n. — 50

— dasselbe. Semmeringbahn (Wien bis Mürzzuschlag). 8. (61 S. m. Abbildgn.) Ebd. 893. In Mappe. n. — 75

— dasselbe. Spreewald. 8. (9 S.) Ebd. 894. n. — 35

— dasselbe. Steiermark. 8. (186 S. m. Abbildgn. u. 1 Plan.) Ebd. 893. In Mappe. n. 1. 50

— dasselbe. Durchgangsstrecke Stuttgart — Berlin üb. Nördlingen—Nürnberg—Hof. 8. (124 S. m. Abbildgn., 2 Plänen u. 4 Karten.) Ebd. 894. In Mappe. n. 1. 60

— dasselbe. Durchgangsstrecke Stuttgart—Karlsbad üb. Crailsheim—Eger. 8. (47 S. m. Abbildgn., 2 Plänen u. 2 Karten.) Ebd. 894. In Mappe. n. 1. 25

— dasselbe. Durchgangsstrecke Stuttgart—Karlsruhe. 8. (25 S. m. Abbildgn., 2 Plänen u. 2 Karten.) Ebd. 894. In Mappe. n. — 75

— dasselbe. Durchgangsstrecke Stuttgart—Köln a/Rh. üb. Mannheim—Lambertheim. 8. (68 S. m. Abbildgn., 4 Plänen u. 2 Karten.) Ebd. 894. In Mappe. n. 1. 50

— dasselbe. Durchgangsstrecke Stuttgart-Marktredwitz üb. Backnang—Nürnberg. 8. (38 S. m. Abbildgn., 2 Plänen u. 2 Karten.) Ebd. 894. In Mappe. n. 1.—

— dasselbe. Durchgangsstrecke Stuttgart—Nürnberg üb. Crailsheim. 8. (38 S. m. Abbildgn., 2 Plänen u. 2 Karten.) Ebd. 894. In Mappe. n. 1.—

— dasselbe. Durchgangsstrecke Stuttgart—Prag üb. Backnang—Crailsheim—Nürnberg—Fürth. 8. (50 S. m. Abbildgn., 3 Plänen u. 2 Karten.) Ebd. 894. In Mappe. n. 1. 25

— dasselbe. Durchgangsstrecke Stuttgart—Wildbad üb. Mühlacker. 8. (18 S. m. Abbildgn., 1 Plan u. 1 Karte.) Ebd. 894. In Mappe. n. — 75

— dasselbe. Südtirol m. Gardasee bis Verona. 8. (100 S. m. Abbildgn.) Ebd. 893. In Mappe. n. 1. 25

Stange's Reiseführer in losen Blättern, nach Teilstrecken geordnet zum Zusammenstellen. Thüringer Lande. 8. (102 S. m. Abbildgn., 1 Karte u. 1 Profil.) Frankenberg i/Sa. 893. C. Stange's Verl. In Mappe. n. 1. 50

— dasselbe. Vierwaldstätter-See. 8. (80 S. m. Abbildgn., 1 Plan u. 3 Karten.) Ebd. 894. n. — 70

— dasselbe. Sonderzug nach u. durch Wien m. den k. k. Lustschlössern Schönbrunn, Laxenburg u. der Semmeringbahn. 8. (95 S. m. Abbildgn.) Ebd. 893. In Mappe. n. 1. 25

— dasselbe. Durchgangsstrecke Wien—Dresden—Bremen—Norden. 8. (151 S. m. Abbildgn., 4 Plänen u. 5 Karten.) Ebd. 894. In Mappe. n. 2. —

— dasselbe. Von Wien bis Graz. 8. (94 S. m. Abbildgn. u. 1 Plan.) Ebd. 893. In Mappe. n. 1. 25

— dasselbe. Von Wien nach Graz u. Triest m. Plan v. Venedig. 8. (119 S. m. Abbildgn. u. Plan.) Ebd. 893. In Mappe. n. 1. 50

— dasselbe. Von Wien nach Linz (Donaufahrt)—Gmunden m. Traunsee. 8. (80 S. m. Abbildgn.) Ebd. 893. In Mappe. n. — 75

— dasselbe. Wien—Semmeringbahn—Bruck a. M.—Leoben—Selzthal—Ischl—Traunsee—Gmunden—Linz—(Donaufahrt) Wien. 8. (144 S. m. Abbildgn. u. 1 Karte.) Ebd. 893. In Mappe. n. 1. 60

— dasselbe. Züricher See. 8. (85 S. m. Abbildgn. u. 1 Plan.) Ebd. 894. n. — 60

Stange, A., Verzeichniss der Schmetterlinge der Umgegend von Halle an der Saale. Ein Beitrag zur Fauna Deutschlands. gr. 8. (IV, 108 S.) Leipzig 869, Kummer.

Stange, Alb. Ludw., die Arbeitszeit der Kontorangestellten in Handel u. Industrie. (16 S.) gr. 8. München (904). [Freistatt-Verlag.] Leipzig, B. G. Teubner. n. — 30

— Denkschrift zur Lösung der Handelshochschulfrage in Bayern. (48 S.) gr. 8. München 904. J. Schweitzer Verl. n. 1. 20

— s.: Handels-Hochschul-Chronik.

— s.: Handels-Hochschul-Nachrichten.

— s.: Monatsschrift f. Handels- u. Sozialwissenschaft.

Stange, Albert

Stange, Alb., **Einführung in die Geschichte der Chemie.** gr. 8. (308 S. m. 12 Taf. u. 1 Tab.) Münster 902. Coppenrath. n. 6. —; geb. in Leinw. 7. 50

Stange, Alb., s.: Jahrbuch, illustriertes, der Wirtschaft u. Technik im deutschen Kalisalz-Bergbau.

Die Montan-Industrie Deutschlands. Unter Berücks. ihrer Beziehungen zu der d. Auslandes. Von Dr. Albert **Stange**. Berlin: Borntraeger (1910). X, 418 S. 4°(8°)
(Veröffentlichungen d. Zentrale f. Deutschlands Bergbau u. Hüttenindustrie.)
[11. 11866

Stange, Alb., das deutsche Museum v. Meisterwerken der Naturwissenschaft u. Technik in München. Historische Skizze. (VII, 125 S. m. 11 Abbildgn. u. Titelbild.) gr. 8. München 906. R. Oldenbourg. n. 3. —

— Reform-Vorschläge f. praktische Düngungsversuche im Interesse der deutschen Landwirtschaft, nebst e. übersichtl. Darstellg. der handelsfäh. künstl. Düngemittel. (37 S.) Lex. 8. Berlin (909). Verlag f. bergbaul. u. industrielle Fachliteratur. 1. 50

Reform-Vorschläge für praktische Düngungsversuche im Interesse der deutschen Landwirtschaft nebst e. übersichtl. Darstellung d. handelsfähigen künstlichen Düngemittel von Dr. Alb[ert] **Stange**. 2. verb. Aufl. Berlin: Montan-Verl. (1910). 46 S. 4° [11. 904

Stange, Alb., die Zeitalter der Chemie in Wort u. Bild. 1. Tl.: Die ältesten Kenntnisse v. der Materie. 2. Tl.: Die philosoph. Anschaugn. der Griechen u. die Frage nach den Elementen. 1.—3. Lfg. (S. 1—131.) gr. 8. (903. 904). P. Schimmelwitz. à n. 1. 50

Stange, Albert. Die Zeitalter der Chemie in Wort und Bild. Mit vielen Porträts und Abbildungen nach Originalen [wovon 69 Tafeln]. XVI + 528 S. 8. Leipzig, Otto Wigand, 1908. [M. 16. —, geb. 18. —]

Stange, Alfred: Ueber die Constitution der Phtaleïne in alkalischer Lösung. 1894. 40 S. 8° ¶ Vgl. Berichte d. Deutschen Chem. Gesellschaft. Jg. 26. 1893.
Karlsruhe, Dipl.-Diss. v. 1. 12. 1893

Stange, Arnold

Stange, A., Auswahl französischer u. englischer Gedichte zum Gebrauch an Realschulen. gr. 8. (VI, 84 S.) Minden 884. Bruns. cart. n. 1. —

Stange, A., Auswahl französischer u. englischer Gedichte zum Gebrauch an Realschulen. 2. Aufl. gr. 8. (VI, 86 S.) Minden 886. Bruns. cart. n. 1. —

[F.] **Stange,** *Arnold* [Prof. Dr.]: Einige Bemerkungen über unsere Schullektüre im Französischen. Minden, gedr. bei J. C. C. Bruns, 1896; 3—9 S. 4.
Minden, k. Ev. G u. RG, OP 1896 (305)

Stange, A. Britannicus, tragédie de Racine. Harburg, R., 1875. 12 S. 4.

Stange, A. Über die Organisation des Unterrichtswesens, namentlich der Volks- und höheren Schulen, in Belgien. 21 S. *Münden* 1879. **Progr.**

Stange, *Arnold* Rede zum Gedächtnis Sr. Majestät des Hochseligen Kaisers Friedrich, gehalten am 30. Juni 1888. 4 (S. 7—12). **Progr.** Ev. G. u. Rg. *Minden* 1889 (339).

Stange, August, Meine Fußreise mit 11 Zöglingen durch einen Teil Schlesiens, Böhmens, Sachsens und der Mark Brandenburg im Frühjahr 1814, m. Bild, 1815, XXII u. 168 S., Kl.-8°.

Stange, A., Fußreise mit 11 Zöglingen durch einen Theil Schlesiens rc. im J. 1814, mit K. 8. Annaberg, Frerer. (in Comm.) 815.

Stange, C. A., ein Blick in das Jenseits zur Aufmunterung für Eltern und Erzieher und zur Beruhigung für jeden Menschen. 8. Berlin 836. Plahn'sche Buchh. (Nitze.) 1/2 ß

—— Hertha, Lehrreiche moral. u. unterhalt. Erzähln. f. d. reif., weibl. Jugend. 8. (12 B. u. 2 Kpfr.) Berlin 836, Plahn'sche Buchh.

Stange, Carl, s. Stange, Karl.

Stange, Chr. Fr., s. Unterredungen e. Vaters mit seinen Kindern.

Stange, E., s. Borger, E. A.: Über den Mysticismus.

Stange, E., üb. d. Mysticismus. 8. Hamb. 824. Hoffmann u. Caınpe. 6 gr Schrbp. 8 gr

Stange, E., Saalburg u. Pfahlgraben. Populär-wissenschaftl. Erklärg. der beiden Namen. gr. 8. (45 S. m. 1 Karte.) Homburg 901. F. Schick. n. — 75

— üb. Schwärmerei, christl. Mysticismus u. Proselytenmacherei. Mit e. Vorrede v. H. Böckel. gr. 8. Altona 827. Hammerich. 1 ß 8 gr

E.. **Stange** üb. Schwärmerei, christl. Mysticism. u. Proselytenmacherei; e. Anh. z. *Borger*. Mysticism. M. Vorr. v. E. Gf. Adf. **Böckel.** *Eb.* 827. gr8° 1 ß 8 gr

— einige Worte gegen die Schrift: Ueber den Einfluß des sogenannten Mysticismus u. der religiösen Schwärmerei auf das Ueberhandnehmen d. Geisteskrankheiten u. des Selbstmordes, besond. in Hamburg, von M..H. Hudtwalker. 8. Hamb. 827. Hoffmann u. Campe. 4 gr

Stange, Emil, Arnoldus Saxo, der aelteste encyklopaedist des dreizehnten jahrhunderts. Diss. Halle 1885, Lippertsche Buchh. 8°. 68 S.

Stange, Emil, Dr.: Die Encyklopädie des Arnoldus Saxo zum ersten Mal nach einem Erfurter Codex herausgegeben. I. De coelo et mundo. Erfurt 1905: Fr. Bartholomäus. (45 S.) 8°
Erfurt, k. G OP 1905 (278)

Stange, Emil, Dr.: Die Encyklopädie des Arnoldus Saxo zum ersten Mal nach einem Erfurter Codex. II. De naturis animalium. III. De gemmarum virtutibus. IV. De virtute universali. Erfurt 1906: F. Bartholomäus. (S. 47—88.) 8° ¶(Forts. d. P-Beil. 1905.)
Erfurt, k. G P 1906 (289)

Stange, Emil, Prof. Dr.: Die Encyklopädie des Arnoldus Saxo, zum ersten Mal nach einem Erfurter Codex. V. De moralibus. Erfurt 1907: F. Bartholomäus. (S. 89—136.) 8° ¶[Forts. d. P-Beil. 1905. 06.]
Erfurt, k. G OP 1907 (289)

Stange, Erich: Die Miniaturen der Manessischen Liederhandschrift und ihr Kunstkreis. Mit 4 Taf. Greifswald 1909: Abel. VI, 52 S. 8° ¶(Ersch. vollst. u. d. T.: Der Manesse-Kodex, als: Teutonia. Arbeiten z. german. Philol. H. 17.)
Königsberg, Phil. Diss. v. 23. Aug. 1909, Ref. Haendcke, Meißner
[Geb. 28. Sept. 85 Bischofswerder; Wohnort: Königsberg i. P.; Staatsangeh.: Preußen; Vorbildung: Gymn. Osterode Opr. Reife O. 06; Studium: Königsberg 2, München 1, Königsberg 4 S.; Rig. 20. Juli 09.] [U 10. 2626

Stange, Ernst [Oberl.]: De archaismis Terentianis. (I. Th.) Wehlau, Druck v. M. Schlamm, 1890; 84 S. 8°
Wehlau, k. G, OP 1890

— anregende Gedanken über die im Königreich Sachsen im J. 1850 angeordneten epistolischen Perikopen. Hrsg. in Verbindung mit einem andern Geistlichen. 2 Hfte. 8. (1: IV u. 160 S. 2: 143 S.) Ebd. 849. 50. (à 9 ngr) 18 ngr •

— anregende Gedanken über die im Königreich Sachsen im J. 1849 angeordneten evangelischen Perikopen. Hrsg. in Verbindung mit einem andern Geistlichen. 2 Hfte. 8. (1: IV u. 98 S. 2: 129 S.) Ebd. 849. (1: 1/4 ß 2: n. 8 ngr) n. 15 1/2 ngr

—— anregende Gedanken über die im Königr. Sachsen in d. J. 1849 und 1850 angeordneten evangel. Perikopen. Hrsg. in Verbindung mit einem and. Geistlichen. 8. Grimma. [Wurzen,] Verlags-Comptoir. [1849. (IV und 242 S.) 1850. (IV und 289 S.) à 15 Ngr.]

—— anregende Gedanken über die im Königr. Sachsen im Jahre 1847 angeordneten histor. Texte. (1. Hft.) 12. (1 2/3 B.) Grimma 845, Verlags-Comptoir.

— anregende Gedanken über die im Königreiche Sachsen im Jahre 1847 angeordneten histor. Texte. 12. Ebd. 846. 1/4 ß

Stange, Ernst, anregende Gedanken über die im Königreich Sachsen im Jahre 1847 angeordneten historischen Texte. 2. u. letztes Heft. 8. (91 S.) Grimma 847, Verlags-Comptoir. 1/4 ß (2 Hfte. 1/2 ß)

— anregende Gedanken über die im Königreich Sachsen im J. 1848 angeordneten historisch-didactischen Texte. Hrsg. in Verbindung mit einem andern Geistlichen. 2 Hfte. (1: IV u. 105 S. 2: 122 S.) Ebd. 848. (à 1/4) 1/2 ß

—— erweckliche Gedanken über die Evangelien nebst Nachträgen über die epistol. und histor. Perikopen auf das Kirchenjahr 1860/61. 1. Heft: Vom 1. Sonntage des Advents bis mit dem 2. Pfingstfeiertage. 8. (V und 296 S.) Wurzen 861, Verlags-Comptoir. *

—— dass. — 2. (Schluß-)Heft: Vom Trinitatisfeste bis zum 27. Sonntage nach Trinitatis, einschließl. des Kirchweih-, Reformations- und Erntedankfestes. 8. (260 S.) Ebendas. 861. *

— erweckliche Gedanken über die historisch-didactischen Texte für das Kirchenjahr 1859/1860. 2 Hefte. Ebend. 860, 61. 8. (IV, 294 S.; 290 S.) Jedes Heft n. 20 ngr.
Inhalt: 1. Heft. Vom 1. Advent-Sonntag bis zum 2. Pfingstfeiertage.
2. Heft. Vom Trinitatis-Feste bis mit dem 27. Sonntage nach Trinitatis, einschließlich des Reformations-, Ernte- und Kirchweihfestes.

—— dass. — 2. und letztes Heft: Vom Trinitatis-Feste bis mit dem 27. Sonntage nach Trinitatis, einschließl. des Reformations-, Ernt:s und Kirchweihfestes. 8. (290 S.) Ebendas. 860. *

Stange, Ernst, Ideen zu den epistolischen Perikopen. Hrsg. in Verbindung mit einem Freunde. 2 Hefte. 8. Wurzen 854, Verlags-Comptoir. *
Inhalt:
Heft 1. Vom 1. Sonntage des Advents bis zum 2. Pfingstfeiertage. (III und 128 S.) * 10 Ngr.
" 2. Vom Trinitatisfeste bis mit dem 27. Sonnt. nach Trin. und mit Einschluß des Ernte-, Reformations- und Kirchweihfestes. (185 S.) * 12 Ngr.

—— Ideen zu den neuen historischen Perikopen. Hrsg. in Verbindung mit einem Freunde. 1. Heft: Vom 1. Sonnt. des Advents bis zum 2. Pfingstfeiertage. 8. (IV und 247 S.) Wurzen 854, Verlags-Comptoir. *

—— dass. — 2. Heft: Vom Trinitatisfeste bis zum 27. Sonnt. nach Trin. mit Einschluß des Kirchweih-, Reformations- und Todtenfestes. 8. (310 S.) Ebds. 855. *

—— ist d. protestant. Gottesdienst wahrhaft erbaulich. Circular-Predigt. gr. 8. (1½ B.) Dresden 833, Grimmer.

Stange, Ernst, vollständ. Confirmations-Handlungen, nebst einer Prüfungs- u. ersten Abendmahlsfeier. Mit e. Vorw. v. Joh. Friedr. Röhr, 1. u. 2. Abthl. 8. (23⅜ B.) Grimma 844, Verlags-Comptoir. à

Stange, Ernst, zwei vollständ. Confirmationshandlungen, in d. J. 1830 u. 1831 in d. Kirche zu Gleisberg bei Nossen gehalt. gr. 8. (3¼ B.) Dresden 832, Walther.

Stange, Ernst, Präparation zu Tacitus' Annalen, s.: Krafft u. Ranke's Präparationen f. die Schullektüre.

Stange, E., Präparation zu Tacitus, s.: Präparationen f. d. Schullektüre griech. u. latein. Klassiker.

Stange, Ernst, Predigt-Skizzen ꝛc., s. Predigt-Skizzen.

—— der am Jahresschlusse v. seiner Gemeinde scheidende Seelsorger in seinen Erinnerungen u. Bitten an sie. Eine Abschiedspredigt. — Der sein Amt am Neujahrstage antretende Seelsorger in seinen Gelübden u. Wünschen an seine neue Gemeinde. Eine Antrittspred. gr. 8. (2½ B.) Freiberg 833, (Craz u. Gerlach.)

Stange, Er., der am Jahresschlusse von seiner Gemeinde scheidende Seelsorger in seinen Erinnerungen und Bitten an sie. Eine Abschiedspredigt. — Der sein Amt am Neujahrstage antretende Seelsorger in seinen Gelübden und Wünschen an seine neue Gemeinde. Eine Antrittspredigt. gr. 8. Freiberg 834. (Craz u. Gerlach.) n. 1/6 ℞

Stange, Ernst, über Sonntagsschulen überhaupt, u. üb. d. Dresdner insbesond. 8. (4¼ B.) Dresden 829, Walther. Thlr.

—— über Verbindung zwischen Schule u. Kirche. Ein Wort d. Friedens. gr. 8. (1 B.) Leipzig 834, (Klinkhardt.)

Stange, *Ernst* August: Wie ist das Lateinische in Obersekunda und Prima am Gymnasium zu betreiben? 4 (S. III—XXIV). **Progr.** Kgl. G. *Allenstein* 1896 (1).

Stange, Ewald, aus Münden i. Hann.: **Beiträge** zur Kenntnis der französischen Umgangssprache des 16. Jahrhunderts. *Kiel 1900: P. Peters.* (77 S.) 8°
Kiel, Phil. Diss. v. [28. Juli] 1900

Stange, Friedrich Otto, s. Stange, Otto.

Pabbajjā. Der Gang in die Heimatlosigkeit von Sumano, Mönch in Ceylon [d. i. Fritz **Stange**]. Breslau: Markgraf 1910. 32 S. 8° [10 18017]

Stange, G., Naturgeschichte f. mehrklassige Volksschulen. 1. Hft. [1. u. 2. Kurs.] gr. 8. (68 S.) Hannover 890. Helwing's Verl. n. — 60

Stange, G., Naturgeschichte f. mehrklass. Volksschulen. II. Hft. (3. u. 4. Kurs.) gr. 8. (122 S.) Hannover 891. Helwing's Verl. n. 1. — (I u. II.: n. 1. 60)

Stange, G. Th. Ideen über Geographie u. geogr. unterricht. 28 S. . . .
Progr. Stralsund 1829

Stange, Georg *Ludwig Heinrich* [aus Lingen in Hannover]: Krystallographische Untersuchung einiger Alkaloidsalze und Ammoniumderivate ... (Aus: N. Jahrb. f. Mineral. etc., 1894. II. Bd.) Marburg, *C. Grüninger, Stuttgart,* 1894; 46 S., 1 Taf. 8.
Marburg, Phil. Fak., Inaug.-Diss. v. [19. Mai] 1894

Stange, *Gustav* Über den lateinischen Aufsatz in Prima. 4 (13 S.). **Progr.** G. *Friedland* 1887 (611).

Stange, Ueb. d. Bestimmung d. Himmelsrichtungen bei d. röm. Prosaikern. Pr. 1881. 15 S. 4°.

Stange, Gust. Über den Gebrauch der Himmelsgegenden in der lateinischen Prosa. 15 S. **Progr.** *Friedland* 1881.

Stange, G[ustav], Prof.: Die **Macrolepidoptera** der Umgegend von Friedland i. Mecklb. T. 3. *Friedland i. M. 1901: W. Walther.* (87 S.) 8° ¶ [Forts. d. P-Beil. 1899: Die Tineïnen ... u. 1900: Die Pyralidinen ...]
Friedland, G, P 1901 (725)

Stange, G[ustav], Prof.: Die **Pyralidinen,** Tortricinen, Micropteryginen, Pterophorinen, Alucitinen der Umgegend von Friedland i. Mecklb. T. 2. *Friedland i. M. 1900: W. Walther.* (49 S.) 8° ¶ [Forts. d. P-Beil. 1899: Die Tineïnen d. Umgeg. v. Friedland.]
Friedland (i. M.), G, P 1900 (713)

Stange, *Gustav*: Die Tineïnen der Umgegend von Friedland i. Meckl. 8 (67 S.). **Progr.** G. *Friedland* 1899

Stange, Heinrich Volckmar

— schrift- u. vernunftmäß. Gedanken v. d. Zustande der Seelen nach d. Tode. 8. Eisenach, Wittekind. 751.

Stange, H. V., Gedanken v. Separatismus ꝛc. 8. Nordhaus. Groß. 741.

Stange, Hnr. Volckmar, († ...) unvorgreifl. Gedanken von d. Gewissensfreiheit u. d. Gewissenszwange, nach d. Vernunft u. heil. Schrift entworfen. 8. Eisenach 752. Griesbach. 5 ℊ

Stange's, Henrich, Einkunftsregister des Hauses Ritzebüttel **aus** d. J. 1577. Hrsg. v. Geo. Hindrichson. Progr. (50 S.) gr. 8. Cuxhaven 907. (A. Rauschenplat.) 2. —

Stange, Hermann

Stange, H., vierstimm. Choralbuch zu dem neuen Schleswig-Holsteinischen Gesangbuch, s.: Fromm, E.

Stange, Hermann: Choräle, s. Fromm, E.

Stange, H., vierstimmiges Chorbuch zum Liederanhang des schleswig-holsteinischen Gesangbuchs, s.: Fromm, E.

Stange, Herm., Kirchen-Musik für gemischten Chor. Eine Sammlung der wichtigsten Chorgesänge der evangel. Kirche. Für Kirchenchöre, Gesangvereine, Gymnasien und Seminare. 8. (34 S.) Schleswig 870, Bergas.

— Sammlung liturgischer Gesänge für den sonn- u. festtägl. Gebrauch. [Musikalischer Anh. zum liturg. Handbuch.] Für Organisten zusammengestellt. Ebend. 870. 8. (25 S.) n. 5 ngr

Stange, J. C. W. Thomas

Stange, J. C. W. De discrepantia quadam inter sermonem Ciceronianum et Livianum. 10 S. . . .
Frankfurt, Progr. 1843

Stange, J. C. W. Th. De Horatii epist. 2. lib. I. 13 S. . . . . . .
Frankfurt, Progr. 1830

Stange, C.W. Thomas: Epistola ad gymnasiorum magistros scripta de antiquo gymnasiorum instituto et defendendo et restituendo. – Frankfurt, Progr. 1852.

Stange, J. C. G. T. De fontibus hist. Rom., quatenus Livii lib. II. III. continetur. 12 S. . . . .
Frankfurt, Progr. 1834

Stange, J.C.W.Th. Index plantarum phanerogamarum, quae in agro Francofurtano nascuntur. 23 S. . . . . . .
Frankfurt, Progr. 1839

Stange, J.C.W.Th. De rebus minutis in discipulor. eruditione non fugiendis. 12 S. . . . .
Progr. Frankfurt 1825

Stange, Immanuel

Stange, Imm., der Hausarzt, od. Anzeige der bewährtesten Hausmittel, u. Anweis., sie z. Verhütung u. Heilung d. Krankheiten zu gebrauchen. 8. Leipz. 797. N. A. 804. Liebeskind. 10 gr

— — derselbe. 8. Hamburg, Vollmer.

Stange, Immanuel: Der Hausarzt oder Anzeige der bewährtesten Hausmittel und Anweisung sie zur Verhüthung oder Heilung der Krankheiten gehörig zu gebrauchen. Ein Handbuch für Landgeistliche, Hausväter und andere Personen, die an Orten leben, wo kein Arzt ist. Neueste Auflage. 159 S., gbd.

Leipzig: 1800

Stange, Imm., Hausarzt, od. Darstellung d. bewährtesten Hausmittel u. Anweis., dieselb. zur Verhüt. od. Heilung d. Krankheiten gehörig zu gebrauchen. Ein Handb. f. Landgeistliche, Hausväter u. a. Personen, die an Orten leben, wo kein Arzt ist. Von Geo. Voigt. 3., durchaus umgearb. u. ansehnl. verm. Aufl. 8. (18¼ B.) Leipzig 833, Liebeskind.

Stange, Johann Heinrich (Hesserode) Diss. Halle 1728/3

Dissertatio theologica de nexu officiorum hominis Christiani in vero dei cultu.
Präs. Johann Heinrich Michaelis.
Halle (Hendel) 27. VIII. 1728. 56 S.

Gew.: Johann Philipp Kellermann, Chilian Volckmar Riemann, Johann Michael Kegel, Franz Filter, Johann Otto Boettcher, Johann Friedrich Roepnack, Johann Balthasar Reinhard, Franz Ernst Strecker.
W. v.: Wilhelm Christ. Hasselbach. 33152

Stange, Johann Jakob (Zerbst) A. S. 1158/15

Disquisitio solennis medica, sistens curiosam pulli gallinacei in foemina cachectica formati historiam.
Präs. Friedrich Hoffmann.
Halle (Henckel) 28. IV. 1702. 40 S. 33154

Stange, Johann Jakob (Zerbst) A. S. 1138/7

Exercitatio physico-medica de mentis morbis, ex morbosa sanguinis circulatione ortis.
Präs. Friedrich Hoffmann.
Halle (Henckel) V. 1700. 34 S.

W. v.: Präs. 33153

Stange, Josephus *(geb. Großneundorf bei Neiße 14. 7. 1836)*: De Titi imperatoris vita. Part. 1. Vratislaviae (1870). (43 S.) 8°
[Im Buchhandel 1870 bei Maruschke & Berendt in Breslau.]
Breslau, Phil. Diss. v. 14. Juli 1870

Stange, Carl: Theologische Aufsätze. Leipzig: A. Deichert 1905. (IV, 132 S.) 8°

Stange, Carl, theologische Aufsätze. (V, 132 S.) gr. 8. Leipzig 906. A. Deichert Nachf. n. 2. 50

Stange, Karl [Referendar]: Beiträge zur Lehre von der Bigamie . . . Göttingen, Druck d. Dieterich'schen Univ.-Buchdr., 1893; 42 S. 8.
Göttingen, Jur. Fak., Inaug.-Diss. v. [16. März] 1893

Stange, Karl, Beiträge zur Lehre v. der Bigamie. Diss. gr. 8. (42 S.) Göttingen 893. (Vandenhoeck & Ruprecht.) n. 1. —

— s.: Disputationen, die ältesten ethischen, Luthers.

Stange, Carl, das Dogma u. s. Beurteilg. in d. neueren Dogmengeschichte. 8. (90 S.) Berlin 898. Reuther & Reichard. n. 1. 40

Stange, Carl, Einleitung in die Ethik. I. u. II. gr. 8. Leipzig, Dieterich. n. 8. —; geb. n. 9. —
I. System u. Kritik d. eth. Systeme. (VII, 194 S.) 900. n. 3. —
II. Grundlinien der Ethik. (VII, 296 S.) 901. n. 5. —

Stange, Carl, der Eisenbahnbeamte in Bezug auf die zollamtliche Behandlung d. Güter- u. Effecten-Transports auf den Eisenbahnen. Handbuch f. Bahnhofs-Vorsteher, Güter-Expedienten, Assistenten ꝛc. Nach amtl. Quellen bearb. gr. 8. (VIII, 210 S.) Iserlohn 876. Baedeker. n. 3. —

— der dogmatische Ertrag der Ritschlschen Theologie nach Julius Kaftan. (IV, 151 S.) 8. Leipzig 906. Dieterich. n. 2. 40

Stange, Carl. Die christliche Ethik in ihrem Verhältnis zur modernen Ethik: Paulsen, Wundt, Hartmann. Preisgekrönt von der theolog. Fakultät in Göttingen am 1. Juni 1892. gr. 4. (VI, 99 S.) Gött. 892, Dieterich's Verlag. * 3 —

Das Frömmigkeitsideal der modernen Theologie. Von D. Carl **Stange**, Prof., Greifswald. Leipzig: J. C. Hinrichs 1907. (31 S.) 8° [07, 17834

Stange, Carl, das Frömmigkeitsideal der mod. Theologie. 3. Taus. (31 S.) gr. 8. Leipzig 908. J. C. Hinrichs' Verl. — 50

Der Gedankengang der 'Kritik der reinen Vernunft'. Lic. Carl **Stange**, Privatd., Halle. *Leipzig: Dieterich 1902.* (24 S.) 8° [03. 3319 10

Der Gedankengang der 'Kritik der reinen Vernunft'. Ein Leitfaden f. d. Lektüre. 2. erw. Aufl. D. Carl **Stange**, Prof., Königsberg. *Leipzig: Dieterich 1903.* (37 S.) 8° [03. 11648

Der Gedankengang der 'Kritik der reinen Vernunft'. Ein Leitfaden f. d. Lektüre. D. Carl **Stange**, Prof. 3. Aufl. Leipzig: Dieterich 1907. (46 S.) 8° [07. 3875 9

Grundriss der Religionsphilosophie von Prof. D. Carl **Stange** in Greifswald. Leipzig: Dieterich 1907. (36 S.) 8° [07. 13938

Stange, C., Handbuch für Brennereitreibende, enth. die auf den Brennereibetrieb bezüglichen gesetzlichen u. reglementairen Vorschriften. Nach amtl. Quellen bearb., m. vielfachen Erläuterungen versehen u. hrsg. gr. 8. (VIII, 127 S.) Iserlohn 878. Bädeker. n. 2. —

Die Heilsbedeutung des Gesetzes. Vortrag geh. in Königsberg 1903 von D. Carl Stange, Prof., Königsberg. *Leipzig: Dieterich 1901.* (30 S.) 8°

Stange, Carl: Kaiser-Gedenkfeier-Katalog aus Anlass des 100jährigen Geburtstages Kaiser Wilhelm des Grossen am 22. März 1897. (Frankenberg i. Sa.: C. Stange 1897.) (40 S.) 8°

Stange, Carl, Kaiser-Katalog anläßlich der 90. Geburtstags-Feier am 22. März 1887. 8. (16 S.) Frankenberg i. S. 887, Stange. geb. *

Stange, Carolus [dr. phil.]: De Arnobii oratione. I. De verbis ex vetusto et vulgari sermone depromptis. II. De clausula Arnobiana. Saargemünd, Strassburger Druckerei u. Verl.-Anst. '(Filiale Saargem.)', 1893; 36 S. 4.
Saargemünd, G, P 1893 (515)

Akademische Predigten von Prof. D. C[arl] Stange, Greifswald. Leipzig: Dieterich 1907. (128 S.) 8° [F.]

Stange, Carl *Gustav* [cand. min.]: Die systematischen Principien in der Theologie des Johann Musaeus ... Halle a. S., Druck v. E. Karras, 1895; 1 Bl., 49 S., 1 Bl. 8.
Halle, Theol. Fak., Inaug.-Diss. v. 5. Mai 1895

— das Problem Tolstojs. (34 S.) 8. Ebd. 903. n. — 75
Sonderabdruck aus: „Allg. ev. luth. Kirchenzeitg."

Moderne Probleme des christlichen Glaubens. Von D. Carl Stange, Prof. Leipzig: Deichert 1910. 237 S. 8°

— s.: Quellenschriften zur Geschichte d. Protestantismus.

— Religion u. Sittlichkeit bei den Reformatoren, s.: Studien, theologische.

— z. Theologie des Musaeus. 1. Hft. gr. 8. (49 S.) Halle 897. M. Niemeyer. n. 1.20

Was ist schriftgemäss? Vortrag, geh. auf d. 9. Goslarer Dozenten-Konferenz 1904 von Prof. D. Carl Stange. Leipzig: Dieterich 1904. (24 S.) 8°

Stange, Carl Emil, Erinnerungen an den 7. Juni 1840; 2. Januar und 17. Februar 1861. Predigt zum Gedächtniß Sr. Hochsel. Maj. Friedrich Wilhelm IV. Königs von Preußen; am 17. Februar 1861 in deutscher und wendischer Sprache gehalten. Hoyerswerda 861. (Erbe.) 8. (15 S.) n. 2 ngr.

Stange, Martin [aus Vegesack '(Bremen)']: Über einige Metallverbindungen der Triphosphorsäure ... Rostock, C. Boldt'sche Hof-Buchdr., 1896; 35 S. 8.
Rostock, Phil. Fak., Inaug.-Diss. v. [13. Dez.] 1895

Stange, Max, böhmische Braunkohle u. deutsche Brikotts. (13 S.) gr. 8. Teplitz-Schönau 904. (A. Becker.) n. — 50
Red. Sonderabdruck aus: „Der Kohleninteressent".

Stange, Max, d. Kohlenverbrauch auf Kriegsschiffen [Aus: „Ztschr. d. Dampfkesseluntersuchungs- u. Versicherungs-Gesellsch."] Imp.-4. (15 S.) Wien 897 (Pola, F. W. Schrinner.) n. 1. —

— die Rauchbelästigung u. deren Bekämpfung. (III, 98 S.) Ebd. 906. n. 2. —

Stange, Otto

Stange, (F.) O., Anleitung zur Vorbereitung auf Cornelius Nepos, s.: Schüler-Kommentare zu griechischen u. lateinischen Klassikern.

Stange, Otto, Anleitung zur Vorbereitung auf P. Ovidii Nasonis metamorphoseon, s.: Polle, Frdr.

[F.] **Stange,** Otto [Referendar]: Beiträge zur Lehre von der Regentschaft u. Regierungsstellvertretung nach preussischem Staatsrechte ... Greifswald, Druck v. J. Abel, 1895; 61 S. 8.
Greifswald, Jur. Fak., Inaug.-Diss. v. 1895

Stange, Otto P. Papinii Statii carmina quae ad imperatorem Domitianum spectant interpretatus est O. S. (Umschlagtitel: ... carminum, quae ... spectant, interpretatio.) 4 (S. 3—38).
Progr. Vitzthumsch. G. *Dresden* 1887 (490)

Stange, Otto, P. Papinii Statii carmina quae ad imperatorem Domitianum spectant, interpretatus est O. St. 4. (38 S.) Leipzig 888, (Fock.) *

Stange, Otto, Präparationen zu Ovids Metamorphosen. 1. u. 2. Heft. 8. Leipzig, B. G. Teubner. n. — 90
1. Buch I 1—451. 748—758. Buch II 1—408. (Delectus Siebelisianus 1—4.) (34 S.) 904. — 50
2. Buch III 1—137. IV 1—166. 389—416. V 250—678. VI 146—312. (Delectus Siebelisianus 6. 8. 12. 13.) (28 S.) 905. — 40

Stange, (Fridr.) Otto, de re metrica Martiani Capellae. Dissertatio inauguralis. gr. 8. (62 S.) Leipzig 882, (Fock.) *

Stange, Otto [aus Lübeck]: Ueber Semicarbazid ... München, *Buchdr. d. Leipz. Tagebl., Leipzig,* 1894; 52 S., 1 Bl. 8.
München, Phil. Fak., Inaug.-Diss. v. 1894

Stange, Otto: De Gaio Trebatio Testa et de eo loco, quem inter aequales tenuerit. Berolini (1849). (38 S.) 8°
Berlin. Jur. Diss. v. 18. Aug. 1849

— Tirocinium poeticum, s.: Siebelis, Joh.

Stange, Otto, kleines Wörterbuch zu Ovids Metamorphosen. Nach dem Wörterbuche v. Siebelis u. Polle bearb. gr. 8. (IV, 224 S. m. 83 Abb.) Leipzig 899. B. G. Teubner. Geb. in Leinw. n. 2. 60

Stange, Otto, Wörterbuch zu den Lebensbeschreibungen des Cornelius Nepos, s.: Haacke, H.

Stange, Paul: Beiträge zur Landeskunde von West-Patagonien. Erfurt 1899: F. Bartholomäus. (24 S.) 8°
Progr. Kgl. Realgymn. Erfurt 1899.

Stange, Paul, Dr.: Le Cid dans la poésie lyrique. *Erfurt 1903: F. Bartholomäus.* (16 S.) 8°
Erfurt. k. RG, P 1903 (298)

Stange, *Paul* [Cand. med. aus Magdeburg]: Ueber einen Fall von Kugelthrombus im Vorhof des linken Herzens ... M. 1 Taf. (Aus: Arb. aus d. pathol. Inst. in Göttingen, 1893.) Berlin, gedr. bei L. Schumacher, 1893; 15 S., 1 Taf. 8.
Göttingen, Med. Fak., Inaug.-Diss. v. [28. Juni] 1893

Stange, Paul, Landeskunde v. Chile, s.: Martin, Carl.

Stange, Paul, Nekrologe. (Dr. H. Burmeister. — Dr. Hans Schulze.) [Aus: „Verhandlgn. d. deutschen wissenschaftl. Vereins zu Santiago".] gr. 8. (11 S.) Santiago 898. (Berlin, R. Friedländer & Sohn.) n. — 60

Stange, Paul: Orometrie des Thüringerwaldes. Halle 1885: (Cramer in Erfurt). 44 S. 4°
Halle-Wittenberg, Phil. Diss. v. 7. Juli 1885
Geb. Solingen 17. 9. 1861. V.
Im Buchhandel Halle (Leipzig: Fock) 1885.
Arbeit des Verf. mit gleichem Titel in: Petermann's Mittheilungen aus J. Perthes' geographischer Anstalt. Bd 31. Gotha 1885. S. 250—254.

Stange, Paul, a. Hamburg: Aus dem Zoologischen Institut der Universität zu Freiburg i. B. Über die Rückbildung der Flügel- und Halterenscheiben bei Melophagus ovinus. Naumburg a. S.: Lippert & Co. 1907. (28 S., 2 Taf.) 8°
Freiburg i. B., Phil. Fak., Ref. Weismann, Diss. v. 1907
[Geb. 8. März 81 Hamburg; Wohnort: Freiburg i. B.; Staatsangeh.: Hamburg; Vorbildung: Gymn. Hamburg Reife M. 99; Studium: Kiel 2, Berlin 4, Rostock 3, Freiburg i. B. 2 S.; Rig. 2. Nov. 06.]

Stange, R., und P. Hübner, Café chantant, s. Hübner, P.

Stange, R. Café chantant, s. Spezialitäten-Theater.

Stange, Thdr., 60 billige Sommerfrischen aus dem Harz, Thüringen, Sachsen, dem schlesischen Riesen- u. Isergebirge m. 4 Karten. (60 S.) 8. Zörbig (Leipzigerstr. 20) (907). Selbstverlag. (Leipzig, Fritzsche & Schmidt.) 1.50

Stange, Theodor Fr., s. Alcaeus: Fragmenta.

Stange, Th. Fr., Anticritica in locos psalmorum varios. Vol. I. 8. Lips. Crusius. (F. C. W. Vogel) 791.

Stange, Thdr. Fr., Anticritica in locos psalmorum varios. Vol. I. 8. Leipz. 791. (W. Vogel). 16 gr. Vol. II. 8. Halle 795. Schwetschke u. S. 15 gr.

— — Vol. II. 8. Halae, Curt. 795.

Stange, Th. Fr., Beyträge zur hebräischen Grammatik. gr. 8. Halle, Hemmerde und Schw. 820.

– s. Ernesti, J. A.: Opuscula etc.

— theolog. Symmikta. 3 Thle. 8. Halle 802 u. 805. Hendel. 1 Thlr 16 gr.

— theolog. Symmikta. 3 Thle. 8. Halle, Hendel. 803–4. (I. u. III. à 12 gr. II. 16 gr.)

Stängel, Eugen, Feierstunden. Gedichte. 8. (136 S.) Stuttgart 873, Metzler's Verlag. cart. *

Stängel, Joh., v. Taufbund. 8. Görlitz, Deinzer. 747.

Stängel, Karl, das deutsche Postwesen in geschichtl. u. rechtl. Beziehung von seinem Ursprunge bis auf die neueste Zeit, nebst Erörterungen über das Verhältniß Preußens zu dem §. 13 des Reichsdeputationsschlusses von 1803; über das Postrecht Württembergs, und das rechtliche Verhältniß der Post zu Eisenbahnen. gr. 8. Stuttgart 844, Schweizerbart'sche Verlagsh. 1 3/4 Thlr

Stängele. Plan der Residenzstadt **Carlsruhe.** 1 : 4000. Carlsruhe 1834. 1 Bl. K.

Stangen's Führer für das schlesische Gebirge sowie für Görlitz und Umgegend. Hrsg. vom Stangen'schen Reise-Bureau in Berlin. 16. (19 S.) Berlin 868, Trothe und Comp.

Stangen's illustrirter Führer durch Berlin, Potsdam und Umgebungen. Mit Plan von Berlin, von Potsdam und Karte der Umgebung von Berlin. Nach den neuesten und besten Quellen bearb. 4. und 5. Aufl. (IV, 177 S.) 886; 6. Aufl. 8. (190 S.) Berlin 888, S. Fischer, Verlag. geb. *

Stangen's illustr. Führer durch Berlin, Potsdam u. Umgebungen. Mit (farb.) Plan v. Berlin, v. Potsdam u. (farb.) Karte der Umgebgn. v. Berlin. Nach den neuesten u. besten Quellen bearb. 10. Aufl. 8. (IV, 228 S.) Berlin 894. S. Fischer, Verl. Geb. in Leinw. n. 2. —

Stangen's Führer durch das Riesengebirge. Bearb. von Edwin Müller. Mit Illustr. (in eingedr. Holzschn.) u. (lith.) Specialkarte (in qu. Fol.). Berlin 869. Barthel & Co. 16. (51 S.) 7½ ngr

—— Führer durch das Riesengebirge. Bearb. von Edwin Müller. 16. (51 S. mit Illustr. in eingedr. Holzschn. und lithogr. Spezialkarte in qu. Fol.) Berlin 869, W. Lobeck.
Vgl.: Jonas, Emil.

— Reise-Bücher. I—III. 12. Berlin 893. W, Mohrenstrasse 10, C. Stangen's Reise-Bureau. à 1.50
I. Aegypten v. Carl Stangen. 3., verb. Aufl. (83 S. m. 18 Illustr. u. 1 Karte.)
II. Palästina u. Syrien. Von Carl Stangen. 3., umgearb. Aufl. (110 S. m. 11 Illustr. u. 2 Karten.)
III. Reise durch die Vereinigten Staaten v. Nord-America v. Ernst Stangen, nebst e. Anh. v. H. Fromholz: Neu-England u. Canada. (V, 100 S.)

Stangen's Reisebücher. IV u. V. Berlin, C. Stangen's Reisebüreau. n. 2.50
IV. Skandinavien. Reise nach d. Nordkap durch Dänemark, Schweden u. Norwegen. Von Alfr. Friedmann. 12. (XVI, 78 S.) 895. 1.50
V. Griechenland. Von C. F. Schöpfz. gr. 8. (52 S. m. 14 Abb.) 896. n. 1.—

— illustr. Reise- u. Verkehrs-Zeitung. Hrsg. v. Carl Stangen's Reise-Bureau in Berlin. Red. v. Carl Stangen u. Rich. Schott. 1.—3. Jahrg. 1894—1896. à 24 Nrn. (à ca. 2 Bog.) Fol. Berlin, C. Stangen's Reisebüreau. à Jahrg. n. 6. —
Fortsetzg. u. d. T.:

Stangen's Verkehrs-Zeitung. Hrsg. v. Carl Stangen's Reisebureau in Berlin. Red.: Carl Stangen. 4. u. 5. Jahrg. 1897—1898. à 24 Nrn. (à ca. 4 Bog.) Fol. Ebd. Gegen Porto-Erstattung.

Stangen, Ernst: Reise durch die Vereinigten Staaten von Nord-America, s. Stangen: Reisebücher. Bd. 3.

Stangen, Eugen. Antinouslieder mit Anhang: Die Insel der Seligen. [Mit illustriertem Umschlag und Vignette.] 80 S. 8. Zürich, Caesar Schmidt, 1903. [fr. 2.50]

Ein Ballabend in Berlin W. Eine Plauderei von Eugen **Stangen.** Berlin: Berliner Roman-Verl. [1903]. (48 S.) 8° [J.]
= Geschichten, Intime. 00. [c3. 7300]

Stangen, Eugen. Dunkelflammen. Neue Gedichte. [Mit Porträt.] VIII + 108 S. 8. Zürich, Caesar Schmidt, 1901. [cart. fr. 3. –]

Stangen, Eug., Dunkelflammen. Neue Gedichte. 2. Aufl. schmal gr. 8. (VII, 108 S. m. Bildnis.) Zürich 901. C. Schmidt. Kart. n. 2.50

— Edelwild, s.: Geschichten, intime.

— dasselbe. Obere Zehntausend. Schlummis. Ein Ballabend in Berlin W., s.: Bibliothek intimer Geschichten. I.

Hinter der Frühlingsgrenze. Von Eugen **Stangen.** Mit Ill. von A. Lewin. Berlin, Leipzig: Hillger [1909]. 112 S. 8°
(Kurschners Bücherschatz. Nr 693.) [10. 7392]

Stangen, Eug., hinter der Frühlingsgrenze, s. Kürschner's Bücherschatz.

Stangen, Eugen. Mit dem zweiten Gesicht. Seltsame Geschichten. Umschlagzeichnung von Marquis (F) de Bayros. VI + 166 S. 8. Zürich, Caesar Schmidt, 1905. [fr. 2.50]

— die Krone der Liebe, s.: Geschichten, intime.

Stangen, E. Von der Lotosinsel. (Was mein Dämon singt.) (Gedichte.) 8°. 64 S. Zürich. Caesar Schmidt. 1899 1 25

— Schlumms, s.: Geschichten, intime.

— obere Zehntausend, s.: Geschichten, intime.

Stangen, Carl, Aegypten. Auf Grund 15jähr. Erfahrungen mit Berücksicht. der neuesten Ereignisse. 1. und 2. Aufl. gr. 8. (63 S.) Leipzig 882, Schmidt und Günther.
3.Aufl. s.S t a n g e n: Reisebücher. Bd.1.

Entstehung und Entwickelung von Carl Stangen's Reise-Bureau mit kurzer Erwähnung der gleichart. Reise-Unternehmungen. Hrsg. von Carl Stangen's Reise-Bureau. *Berlin: (C. Stangen 1900).* (77 S.) 4° [01. 4383

Stangen, Carl, der Feldzug Preußens gegen Oesterreich und den deutschen Bund nebst einem Anh. von Liedern rc. Erinnerungsblatt an das J. 1866. gr. 8. (107 S.) Waldenburg 866. (Liegnitz, Cohn.) *

—— gedenkt der Invaliden! Eine Sammlung neuer Lieder und Gedichte. 16. (III und 51 S.) Waldenburg 866. (Liegnitz, Cohn) *

Gedenkt der Invaliden! Eine Sammlung patriot. Gedichte u. Soldatenlieder aus d. J. 1866 von Carl Stangen. 3. verm. Aufl. *[Berlin:] Selbstverl. [1900].* (71 S.) 8° [F.] [01. 4386

Carl Stangen's Gesellschaftsreisen nach Paris. Welt-Ausstellung 1900. Ausflüge nach London, Brüssel. *Berlin: C. Stangen (1900).* (34 S.) 8° [01. 12840

— aus der Mappe e. Weltbummlers, s.: Waujura, A.

Stangen, Carl, Palästina und Syrien. 8. (123 S.) [Berlin 877.] Leipzig, Grieben's Verlag. *
2.Aufl.s.S t a n g e n: Reisebücher. Bd.2.

—— eine Reise um die Erde 1878/79. Mit 1 Gruppenbilde von Theilnehmern (Holzschntaf.). 8. (VIII, 292 S.) Leipzig 880, A. Krüger. *ℳ 4.; geb. *
—— dass. — 2. Aufl. 8. (VIII, 292 S.) Ebendas. 881. *

Stangen, Karl (Red.), s. S t a n g e n : Ill. Reise- u. Verkehrs-Zeitung.

Stangen, Carl, acht Tage in Räuberhänden. Mit Beleuchtung der Zustände auf der Balkanhalbinsel. Mit den Bildern der Gefangenen, 1 Karte u. 1 facsm. Quittg. d. Räuberchefs Anastas. Nach genauen Berichten der Gefangenen. 1. u. 2. Aufl. gr. 8. (50 S.) Leipzig 891. H. Schmidt & C. Günther. n. 1. —

Stangen, C., „Verstoßen", s. Reise-Novellen.

Aus allen Welten. Reise-Erlebnisse von Carl Stangen. Mit 82 Ill. u. 1 Karte von Palästina. *Berlin: C. Stangen [1901].* (176 S.) 8° [01. 11191

Stangen, Karl Wilhelm von (Thür.) A. S. 12/7

De caussa et origine unionis seu foederis electoralis.
Präs. Nikolaus Hieronymus Gundling.
Halle (Henckel) XI. 1720. 62 S. 33155

Stangen, L., Adreß- und Geschäfts-Handbuch für die Stadt Görlitz, s. Adreß- und Geschäfts-Handbuch.

Stangenberger, Emrich, geistl. Reden üb. verschied. Gegenstände unserer heil. Religion rc. gr. 8. (Basel) 784. Thurneisen. 1 ß

Stangenberger, Emrich, geistl. Reden üb. verschied. Gegenstände uns. heil. Religion rc. gr. 8. Basel, Thurneisen. 787.

Stangenberger, Johs., vollständiger Abriß der Naturgeschichte aller drei Reiche. Leitfaden f. den naturgeschichtl. Unterricht in der Volksschule. Für Lehrer u. Schüler. 8. (39 S.) Leipzig 874. Oehmigke. n. — 40

Stangenberger, Johs., unt. dem Deckmantel der Barmherzigkeit. Die Schwesternpflege in den Krankenhäusern. Ein Mahnwort an Eltern u. Vormünder. (5.—8. Taus.) gr. 8. (48 S.) Berlin 901. Herm. Walther. n. — 50

Unter dem Deckmantel der Barmherzigkeit. Die Schwesternpflege in d. Krankenhäusern. Ein Mahnwort an Eltern u. Vormünder von Johannes Stangenberger. (9.–12. Taus.) *Berlin: H. Walther 1901.* (47 S.) 8° [01. 6630

Stangenberger, Johs., Gedenkbuch der Rudelsburg. Topographisch-histor. Monographie mit einem Auszuge aus dem Fremdenbuche der Rudelsburg. Beigegeben sind 2 (lithogr.) Ansichten der Burg und das Portr. Samiels. qu. gr. 8. (61 S.) Hildburghausen 853, F. Kesselring. *

Stangenberger, Johs., Gedenkbuch der Rudelsburg. Topographisch-historische Monographie mit einem Auszuge aus dem Fremdenbuche der Rudelsburg. Beigegeben sind 2 (lith.) Ansichten der Burg u. das (lith.) Portr. Samiels. Hildburghausen 861. Kesselring. qu. 8. (61 S.) n. 12 ngr.

— u. H. L. Pröscholdt, Geographie u. Geschichte von Thüringen, s.: Pröscholdt, H. L.

—— das Jugendfest in Camburg am 23. Septbr. 1852. Nach seiner Vorbereitung und wirkl. Ausführung als Muster für ähnliche deutsche Spiel-, Jugend- und Volksfeste. 8. (IV und 60 S. mit 1 lithogr. Grundriß des Festplatzes.) Naumburg 852, Merzyn.

Stangenberger, Johs., der Lehrer des Volks als Redner. Eine Sammlung von Schul-, Fest-, Confirmations- und Casual-Reden für die vielfachen Verhältnisse des Schul- und Lehrerlebens, nebst Anleitung zur öffentl. Redekunst. 8. (X und 187 S.) Grimma 830. [Wurzen,] Verlags-Comptoir.

Stangenberger, Johs., Leitfaden der Synonymik und Etymologie für den deutschen Unterricht in Seminarien, Real-, Bürger- und höheren Töchterschulen. 8. (VI und 64 S.) Elberfeld 862, Bädeker'sche Buchh. *

—— Naturgeschichte für die Volksschule. Mit über 230 (lithogr. und) ill. Abbildungen. Taf. I—X und vollständigem Abriß der Naturgeschichte aller drei Reiche. qu. Fol. Neu-Ruppin 856, Oehmigke und Riemschneider. Thlr. *

—— Naturgeschichte für die Volksschule. Vollständiger Abriß der Naturgeschichte aller drei Reiche. Mit über 260 color. Abbild. auf 12 (lithogr.) Taf. (in gr. Fol.). Für Lehrer und Schüler. 5. Aufl. 1871. ℳ 1,80., und 6. verm. und verb. Aufl. Fol. (6 S.) Ebendas. 874. *

Stangenberger, Johs., illustrirte Naturgeschichte für die Volksschule. Vollständiger Abriß der Naturgeschichte aller drei Reiche. Für Lehrer und Schüler. Mit über 260 color. Abbild. auf 12 (lithogr.) Taf. 7. verm. und verb. Aufl. Fol. (6 S.) Leipzig 880, Oehmigke's Verlag. *ℳ 2.; geb. *

Stangenberger, Johs., Spiele für die Volksschule. 2., umgearb. Aufl. Leipzig 869. Klinkhardt. 8. (62 S.) 4½ ngr.

— Spiele f. die Volksschule. 3. verb. Aufl. 8. (64 S.) Leipzig 873. Klinkhardt. n. — 50

Stangenberger, Johs., Spiele für die Volksschule. 4., verb. Aufl. 8. (68 S.) Leipzig 877. Klinkhardt. n. — 60

—— Spiele für die Volksschule. 5. vielfach verb. und verm. Aufl. 8. (IV, 80 S.) Leipzig 884, Klinkhardt. *

Staugenberger's, Johs., Spiele f. d. Volksschule. Gänzl. umgearb. u. zum Gebrauch an nied. u. höh. Lehranst. einger. v. H. Schröer. 6. Aufl. gr. 8. (IV, 111 S. m. 11 Abb.) Leipzig 895. J. Klinkhardt. n. 1. —; kart. n. 1. 20

—— Weihnachtsfest. Eine musikalisch-declamatorische Abendunterhaltung für die Volksschule. 8. (VIII und 38 S.) Meißen 858, Sächsische Verlags-Schulbuchh. (Leipzig, Mittler.) *

— Weihnachts-Fest. E. musikalisch-deklamator. Abend-Unterhaltg. f. d. Volksschule. 2. Aufl. Lex.-8. (32 S.) Meißen 897. H. W. Schlimpert. n. 1. —

Stangenroth, s.: Bayern. Karte.

Stanger, über nationale Erziehung. Vortrag gehalten am 29. Dezbr. 1870 in Westendhalle. gr. 8. (20 S.) München 871. (Fritsch.) n.n. — 50

Stanger, Gust. Die platonische Anamnesis. 35 S. 8. *Rudolfswert* 1885.
Progr.

Stanger, G., die Platonische Anamnesis. gr. 8. (35 S.) Wien 885, (Pichler's Wwe. und Sohn.) *

Stanger, Gust., s.: Annuario delle scuole popolari del Tirolo.

Stanger Hermann: Der Einfluß Ben Jonsons auf Ludwig Tieck.
1900 PN 1317 Diss. Wien, Univ.

Stanger Dr. Herm.: Festrede zur Schillerfeier 1905. 10. Trautenau R. 05.

Stanger, Herm., Gräser u. Halme. Gedichte. (VII, 94 S.) 8. Leipzig (910). A. Cavael. 2.—; geb. 2. 80

— Zur Sagengeschichte der „Kraniche des Ibykus". 5. ibd. 05.
Progr.

Stanger, Jak. Aug., Sendschreiben an seine ehemaligen Pfarrkinder zu Kreuznach [in Sachen des Deutschkatholicismus]. Trier, Gall, 1845, 8°, 30 Pf.

Stanger, Josef

— Zu Aristophanes. Aus des Vf. Nachlass ed. W. Christ. S.-A. 1872. 10 S. —.60

Stanger, Jos., de M. Vellei Paterculi fide commentatio. Dissertatio inauguralis. gr. 8. (39 S.) München 863, Franz'sche Buchh. *

Stanger, Jos., über Umarbeitung einiger Aristophanischen Komödien. gr. 8. (58 S.) Leipzig 870, Teubner. *

STANGER, Julius Bernhard (Kaldkirch): Ueber Gebärmutter-Blutflüsse und deren Behandlung.- München: Wolf 1837. 35 S.
21.7.1837 - Urk; F 63
Diss. Ingolst.-Landsh.-Mchn.

Stanger, Jul. Bern., üb. Gebärmutter-Blutflüsse u. deren Behandl. Inaug.-Abhandl. gr. 8. (2¼ B.) München 837, (Fleischmann.) *

Das Meeresufer in Theorie und Praxis. Eine jurist. Studie von Dr. Ulikse Eg. Stanger. Wien: Perles 1909. 40 S. 8°
Aus: Oesterr. Zeitschrift f. Verwaltung. Jg. 42. [09. 10836

Stanger, Wilhelm: Grundzüge der Lehre von der Strategie. Studienbehelf für die k. k. Kriegsschule. 1. Bd. Theorie mit kürzeren Beispielen. Wien 1884. 8°

Stangl, Alois, die Weltära. Zum 1900jähr. Geburtsjubiläum uns. göttl. Heilandes. Ein Beitrag zur Berichtigg. der Zeitrechng. gr. 8. (88 S.) Regensburg 896. Verlagsanstalt vorm. G. J. Manz. n. 1. 20

Stangl Anton: Karl Dickens. Beiträge zur Kennzeichnung seiner dichterischen Eigenart. 42. Reichenberg R. 02.
Progr.

Stangl, A[nton]: Prolog zur Schulfeier [50 jähr. Bestand der Schule]. S. 3—5. 8. Progr. K. k. I. Staatsrealschule im II. Bezirke *Wien* 1906.

Stangl, Chrysostomus, Kriegs- und Friedensbilder. Eine Erzählung für das kathol. Volk. 8. (292 S.) Regensburg 873, Manz.

—— Reisebilder aus Aegypten, Palästina und Constantinopel zur Belehrung und Unterhaltung. 8. (IV, 380 S.) Freiburg i. Br. 872, Herder'sche Verlagsh. *

Stangl, Chrysost., Vater Richard oder das Kloster Walsingham. Erzählung für das Volk. 8. (80 S.) Donauwörth 880, [Buchh. des kathol. Erziehungsvereins.] Auer.

—— die armen Schulschwestern aus Bayern, s. Compaß für das katholische Volk.

— die bayerischen Schulschwestern, s.: Studien, kathol.

—— Spaziergang nach Nordamerika. Reiseerlebnisse, zur Belehrung und Unterhaltung geschildert. gr. 8. (IV, 361 S.) Freiburg i. Br. 880, Herder'sche Verlagsh.

Stangl, Chrysost., die Statthalter Jesu Christi auf Erden, oder das glorwürdige Rom. Für das kathol. Volk geschildert. Mit einem Kpfrst.: Papst Gregor der Große, gezeichnet von Kupelwieser, und vielen (eingedr. Holzschn.-)Illustr. 2. Aufl. 21 Hefte. gr. 4. (XX, 992 S.) Regensburg 878,79, Manz. à Heft 60 Pf.

Stangl, Chrysostomus, die Statthalter Jesu Christi auf Erden. Geschichte der röm. Päpste vom hl. Petrus bis Papst Pius X. Für das kathol. Volk dargestellt. 3., vollständig umgearb. Aufl., besorgt v. Pet. Wilh. Lex. Reich illustr. Ausg. (XII, 794 S.) Lex. 8. Regensburg 907. Verlagsanstalt vorm. G. J. Manz. 5.—; geb. in Leinw. n 6. —

—— Theopista, oder die Kirche am Libanon. Novelle aus der Zeit der morgenländ. Christenverfolgung [302—314]. 8. (XII, 376 S. mit 1 Stahlst.) Regensburg 881, Manz.

Stangl, J. Ev., Socrates unt. d. Christen in d. Person ein. Dorfpfarrers. 3 Tle. 8. Wien, Gerold. 784.

Stangl, Jos., Konkordat u. Religionsedikt. Von der jurist. Fakultät d. Universität München gekrönte Preisschrift. 1. Tl.: D. Religionsverhältnisse der Minderjähr. nach der bayer. Verfassungsurkunde. gr. 8. (IV, 244 S.) München 895. Th. Ackermann. n. 4. 80

STANGL, Joseph: Die Religionsverhältnisse der Minderjährigen nach der bayerischen Verfassungsurkunde.- München: Ackermann 1895. IV,244 S.
21.7.1894 - Chr 1894/95,181 Jv 1894/95,196
Diss. Ingolst.-Landsh.-Mchn.

[J.] Stangl, Joseph: Die Religionsverhältnisse der Minderjährigen nach der bayerischen Verfassungsurkunde. '(Teil d. Preisschrift: Konkordat u. Religionsedikt.)' ... München, Th. Ackermann kgl. Hof-Buchh., 1895; IV, 244 S. 8.
München, Jur. Fak., Inaug.-Diss. v. 1895

Stangl, Mathias, Repertorium über die in den Intelligenzblättern für den vormaligen Obermainkreis nun für Oberfranken vom J. 1811 — 1846 incl. erschienenen k. Allerhöchsten Verordnungen, Ministerial-Rescripte, Regierungs- u. Apell.-Ger.-Entschließungen u. Ausschreibungen, Bekanntmachungen u. Nachrichten ec., in alphabet.-chronolog. Ordnung u. im Auszuge ihres wesentlichen Inhaltes, nebst einem Anhange über die Beschlagnahmen von Büchern ꝛc. von 1811—46 incl. 2 Hälften. gr. 4. (XXVI u. 982 S.) Bayreuth 847. 48, Buchner. (à n. 1⅓ ℳ) n. 2⅔ ℳ

Stangl, Thomas

Stangl, Th. Textkrit. Bemerkungen zu Ciceros rhetor. Schriften. S.-A. 1882. 88 S.

Stangl, Th*omas:* Bobiensia. Neue Beiträge z. Textkritik u. Sprache d. Bobienser Ciceroscholien. München, Buchdr. v. J. B. Lindl, 1894; 35 S. 8.
München, k. Luitpold-G, P 1894*

Stangl, Thom., Boethiana vel Boethii commentariorum in Ciceronis topica emendationes, ex octo codicibus haustas et auctas observationibus grammaticis composuit. Dissertatio inauguralis Monacensis. gr. 8. (IV, 104 S.) Gotha 882, F. A. Perthes. *

Stangl, Th., zu Cassiodorius Senator. [Aus: „Sitzungsber. d. k. Akad. d. Wiss."] Lex.-8. (11 S.) Wien 887. (Tempsky.) n.n. — 30

— der sog. Gronovscholiast zu 11 ciceronianischen Reden. Ueberlieferung, Text u. Sprache, auf Grund e. Neuvergleichg. der Leydener Handschrift dargestellt. gr. 8. (V, 82 S.) Prag 884. Tempsky. — Leipzig, Freytag. n. 2. 40

Stangl, Thomas: Pseudoasconiana. Textgestaltung u. Sprache d. anonymen Scholien zu Ciceros vier ersten Verrinen auf Grund d. erstmals verwerteten ältesten Handschriften. Paderborn: Schöningh 1909. 202 S. 8°
(Studien z. Geschichte u. Kultur d. Altertums. Bd 2, H. 4/5.)

Stangl, Th*omas*: Tulliana. Der Text des Thesaurus linguae Latinae zu Cicero de oratore in ausgewählten Stellen besprochen. 8 (60 S.). 1897. Kgl. Luitpold-G. *München* 1898. **Progr.**

Tulliana et Mario-Victoriniana. — Von Th. Stangl, Dr. phil. — 1888, München, M. Wild. — S. 1—60. (Anton Linsmayer zum Gedächtnis.)
Progr. München, K. Luitpoldgymnasium

— **Tulliana et Mario-Victoriniana.** gr. 8. (60 S.) München 888. (Leipzig, Fock.) n. 1. 20

Stangl, Th*omas* Virgiliana. Die grammatischen Schriften des Galliers Virgilius Maro auf Grund einer erstmaligen Vergleichung der Handschrift von Amiens und einer erneuten der Handschriften von Paris und Neapel textkritisch untersucht. 8 (V, 136 S., 1. S. Inhalt).
Progr. Kgl. Luitpoldg. *München* 1891.

— Virgiliana. Die grammat. Schriften d. Galliers Virgilius Maro, auf Grund e. erstmal. Vergleichg. der Handschrift v. Amiens u. e. erneuten der Handschriften v. Paris u. Neapel textkritisch untersucht. gr. 8. (137 S.) München 891. (Leipzig, G. Fock.) n. 3. —

Staengle, H., Bacchus. (Pendant zum Gambrinus.) [Aus: „Maler-Zeitung".] Fol. (1 Taf. m. 4 Bog. Details.) Leipzig 892. Jüstel & Göttel. n. 3. 50

— Gambrinus. (Pendant zum Bacchus.) [Aus: „Maler-Zeitung".] Fol. (1 Taf. m. 4 Bog. Details.) Ebd. 892. n. 3. 50

Stängle, M., wie der Tischler zeichnet. Ein illustr. Lehrgang f. das Zeichnen der Tischler in gewerbl. Fortbildungsschulen u. ähnl. Anstalten, sowie zum Selbststudium. (XII, 51 S.) gr. 8. Leipzig (910). Seemann & Co. Geb. 2. 40

Stänglen, Karl, kurze Geschichte d. Buchdruckerkunst seit ihrer Erfindung bis auf d. neueste Zeit, nebst d. Biographien einiger d. berühmten Buchdrucker. A. d. sichersten Quellen geschöpft. gr. 8. (1¼ B.) Stuttgart 840, Metzler'sche Buchh.

Stanglmaier, Karl, Assistent für neuere Sprachen: Mrs. Jane Barker. Ein Beitrag zur Englischen Literaturgeschichte. Berlin 1906: E. Ebering. (83 S.) 8°
München, Phil. Fak., Ref. Schick, Diss. v. 19. Juli 1905
[Geb. 17. April 75 Dornach, Niederbayern; Wohnort: Hartkirchen i. Niederbayern; Staatsangeh.: Bayern; Vorbildung: Gymn. Passau Reife Juli 95; Studium: München 10 S.; Rig. 19. Juli 05.]

Stanglmayr, Georg, appr. Arzt: Ätiologie und Prophylaxe der postoperativen Darmstörungen. Borna-Leipzig 1910: Noske. 44 S. 8°
Freiburg i. B., Med. Diss. v. 1910, Ref. Krönig
[Geb. 15. Juli 82 Pfettrach; Wohnort: Landshut; Staatsangeh.: Bayern; Vorbildung: Gymn. Landshut Reife Juli 02; Studium: München 5, Freiburg i. B. 5 S.; Coll. 22. Jan. 09; Approb. 6. Jan. 09.] [U 10. 1007

Stänglmayr, historisch-chronologische Notizen über die Schwefelquelle von Abbach, nebst Winken aus der Erfahrung zum vortheilhaften Gebrauche dieser Quelle und Cautellen. gr. 16. (56 S. mit 1 photogr. Ansicht von Abbach.) Regensburg 862, Pustet. cart.

STAENGLMAYR, Joseph (Pfettrach): De apoplexia cerebrali, in specie de apoplexia cerebrali sanguinea.- Landishuti: Attenkofer 1837. 19 S.
23.2.1835 - Urk: F 62
Diss. Ingolst.-Landsh.-Mchn.

Staenglmayr, Jos., Dissertatio inaug. de Apoplexia cerebrali, in specie de Apoplexia cerebrali sanguinea. 8maj. (1¼ B.) Landishuti 837, libr. Thomann.

Stangnowski, Johs., der Zions-Pilger. Reise-Psalter. Auswahl evangel. neuer Lieder zu wahrer Gottes-Verehrung und Erbauung wahrer Christen. 1. Thl. und 2. Thl. 1. Lfg., enth. die schönsten, neuesten vierstimm. Gesänge, mit einem Vorwort von R. Stangnowski. 16. Mohrungen 872. (Leipzig, Opetz.) [1. Thl. (240 S.) 40 Pf.; 2. Thl. 1. Lfg. (28 S.) 15 Pf.]

Stangnowski, R., der Gottes-Berg. Der Unterschied zwischen wahren u. falschen Bekehrgn. u. v. der Buße. 2. Aufl. 16. (32 S.) Mohrungen 872. (Leipzig, Opetz' Sep.-Cto.) — 15

— der ewige Tod. 3. Aufl. 16. (32 S.) Ebend. 872. — 15

Stanhope, der Miß Karoline, Geschichte, oder Liebe auf den ersten Anblick. 8. Liegnitz 781. Siegert. 10 gr.

Stanhope, Earl, s.a. Mahon, Lord.

Stanhope, allgemeines Gesangbuch zur Beförderung der häuslichen Andacht. Allen Frommen gewidmet. 2., verm. und verb. Aufl. 8. (VIII und 102 S.) Stuttgart 854, Hallberger'sche Vrlgsh. *

Stanhope, History of England, s.a. Collection of British Authors.

Stanhope, Earl. History of England comprising the reign of Queen Anne until the peace of Utrecht. 1701—1713. Copyright edition. In two volumes. (2 Bde. in 1 Bde.) 8. Leipzig 1870.

Stanhope, Graf, Materialien z. Gesch. Kaspar Hausers. gr. 8. (7½ B.) Heidelberg 835, J. C. B. Mohr.

Stanhope, Earl [Lord Mahon], Prince Charles Stuart. Students' Tauchnitz edition. Mit deutschen Erklärgn. v. Mart. Krummacher. gr. 8. (XIV, 202 S.) Leipzig 886. B. Tauchnitz. n. 1. 20; cart. n. 1. 30

Stanhope, Earl [Lord Mahon], the seven years' war. Students' Tauchnitz edition. Mit deutschen Erklärgn. v. M. Krummacher. 8. (XII, 192 S.) Leipzig 889. B. Tauchnitz. n. 1. 20; cart. n. 1. 30

Stanhope, (Obrist C.,) Griechenland in den Jahren 1823 u. 24; in einer Reihe von Briefen u. andern Documenten üb. die griech. Revolution, geschrieben während eines Besuchs in diesem Lande. Aus d. Engl. Mit 2 Fac-Similés. gr. 8. Weimar 826, Ind.-Compt.

Stanhope, Lady Esther, Denkwürdigkeiten, s. Aula der schönen Literatur, 45.—48. Bd.

Stanhope, Lady Esther, Denkwürdigkeiten, s.a. Denkwürdigkeiten.

Stanhope, Georg, erbaul. Predigten, e. gut. Christenthum betreff. 8. Leipz. Fritsch. 722.

Stanhope, Earl of Chesterfield, Philip Dormer

Stanhope, Lord Ph. Dormer v. Chesterfield, Advice to his Son, on Men and Manners. 8. Wien 796. Sammer. 16 ℛ

— l'art de vivre heureux dans la Société. 8. Dresd. 798. Walther. 4 ℛ

Stanhope v. Chesterfield, Phl. Dormer, Briefe an sein. Sohn Philipp Stanhope, a. d. Engl. 6 Bde. 8. Leipzig, Weidmann. 774–77. (à 12 gr.)

Stanhope, Earl of Chesterfield, Philipp Dormer. Briefe an seinen Sohn, Philipp Stanhope . . . a. d. Engl. Leipz. 1774—77. Ü: *Gellius, Johann Gottfried.* (ML) (Ky) (BrMm)

Stanhope, Earl of Chesterfield, Philip Dormer, s. Campe, J. H.: Klugheitsregeln.

— die Kunst unter Menschen glücklich zu leben; aus d. Französ. v. W. Schrettinger. 8. Münch. 801. Fleischmann. 9 ℛ

Stanhope, Earl of Chesterfield, Philip Dormer, s. Lebensweisheit der Hindus.

— Lettres à son fils. XII Voll. 8. Basel 796. Decker. 4 ℛ 12 ℛ

— vermischte Werke; aus d. Engl. 3 Thle. 8. Leipz. 778—80. Weidmann. 1 ℛ 20 ℛ

Stanian s. Stanyan.

Stanjeck, Felix Emanuel, Assist.: Aus d. dermat. Abt. d. Rudolf-Virchow-Krankenh. in Berlin ⟨Dirig. Arzt: Buschke⟩. Über Priapismus bei Leukämie. Borna-Leipzig 1909: Noske. 52 S. 8°

Leipzig, Med. Diss. v. 15. Juli 1909, Ref. Hoffmann

[Geb. 8. Mai 79 Aachen; Wohnort: Berlin; Staatsangeh.: Preußen; Vorbildung: Gymn. Barmen Reife O. 00; Studium: Bonn 6, Halle 4 S.; Coll. 24. Juli 09; Approb. 1. April 07.] [U 09. 2885

Stanjeck, Hanns: Verkehrsgeographische Betrachtungen über die Wasserstrassen und Eisenbahnen des ostelbischen preussischen Staatsgebiets. Leipzig-Reudnitz 1908: Hoffmann. 56 S., 13 Tab. 8°

Jena, Phil. Diss. v. 12. Dez. 1908, Ref. Dove

[Geb. 24. Mai 82 St. Johann-Saarbrücken; Wohnort: St. Johann; Staatsangeh.: Preußen; Vorbildung: Oberrealsch. Weißenfels Reife O. 04; Studium: Jena 8 S.; Rig. 11. Juli 08.] [U 09. 2227

Stanjeck, Paulus (Oswaldus Johannes) *(geb. Ratibor 11. 1 1839)*: De chorea St. Viti. Vratislaviae (1864). (24 S.) 8°

Breslau, Med. Diss. v. 25. Juni 1864

Stanjek, Ioannes [Ratiboriensis]: Quaestionum de sententiarum septem sapientium collectionibus pars I . . . Vratislaviae, apud G. Koebner, *1891;* 1 Bl., 82 S., 1 Bl. 8°

Breslau, Phil. Fak., Inaug.-Diss. v. 7. Febr. 1891

Stanjek, Joseph: Ein Beitrag zur Frage der Sortenauswahl bei Getreide für die Provinz Schlesien. Breslau 1906: Großer u. Co. (134 S.) 8° [K.]

Breslau, Phil. Fak., Ref. v. Rümker, Diss. v. 29. März 1906

[Geb. 4. März 75 Bauerwitz, Kr. Leobschütz; Wohnort: Bauerwitz; Staatsangeh.: Preußen; Vorbildung: Gymn. Ohlau Reife M. 98; Studium: Breslau 12 S.; Rig. 10. März 06.]

Stanjek, Wilhelm, a. Bauerwitz ⟨Kreis Leobschütz⟩: Die Latinität in Brunos Liber de bello Saxonico. Greifswald 1907: H. Adler. (78 S.) 8°

Greifswald, Phil. Fak., Ref. Bernheim, Diss. v. 24. Dez. 1907

[Geb. 16. Dez. 81 Bauerwitz; Wohnort: Bauerwitz; Staatsangeh.: Preußen; Vorbildung: Gymn. Hirschberg Reife M. 02; Studium: Breslau 1, Freiburg i. B. 1, Breslau 2, Greifswald 5 S.; Rig. 3. Aug. 07.]

Stanietzki, Albert, Referendar: Verfügungen über künftige Gegenstände. Braunsberg 1909: Skowronski. 74 S. 8°

Rostock, Jur. Diss. v. 28. Aug. 1909, Ref. Matthiaß

[Geb. 5. Febr. 83 Pawlczan, Rußland; Wohnort: Prostken; Staatsangeh.: Preußen; Vorbildung: Kneiphöf. Gymn. Königsberg i. P. Reife O. 02; Studium: Berlin 2, Königsberg 5 S.; Rig. 5. Mai 09.] [U 10. 3884

Staniewicz, K.: Goethes Balladen in poln. Versen, treu dem Deutschen nachgebildet. 22. Tarnopol R. 1886.
Progr.

Stanihurst, Wilhelm

Stanihurstius, W., histor. u. bewegliche Beschreib. des unsterblichen im sterblichen Leibe leidenden Gottes. 8. Augsb. M. Rieger. 777.

Stanihurst, Wilh., Geschichte des unsterblichen in einem sterblichen Leibe leidenden Gottes. In moral. Betrachtngn. dargestellt. Aus dem Latein. übers. von Jos. Kinzl. 2. Aufl., nebst Meß-, Beicht- u. Kommuniongebeten 2c. Innsbruck 865. Vereins-Buchh. 8. (XVI, 624 S. mit 1 Stahlst.) 1 ℛ

Stanyhurst, Wilh., Geschichte des Leidens und Sterbens Jesu unsers göttlichen Erlösers in Betrachtungen und Belehrungen frei bearb. Mit einer Vorrede von D. Bonifaz Haneberg. 8. (XX und 396 S.) München 857. (J. A. Finsterlin. — Regensburg, Manz.) *

— historia Dei immortalis. 8. Colon. Haas d. Sohn. (Fabricius) 744.

Stanihurst, Wilh., das bittere Leiden unseres Herrn Jesus Christus in Betrachtungen und Gebeten für gottliebende Seelen. Mit einem Anhang der gewöhnl. Andachten. Bearb. von einem Priester der Diöcese Basel. 12. (559 S. mit 1 Stahlst.) Einsiedeln 887, Benziger und Comp. ℳ 2.—; geb. *

Stanihurst, Wilh., Passionsbetrachtungen, nach der „Geschichte d. unsterblichen in e. sterblichen Leibe leidenden Gottes" d. W. S. frei bearb. v. e. Priester der Diöcese Paderborn. 12. (XV, 667 S.) Paderborn 893. Junfermann. n. 3. 20

Stanihurst, Wilh., des Christen Wahlspruch zum neuen Jahre. Nach dem Latein. von Wilh. Schneider. 8. (112 S.) Paderborn 881, F. Schöningh. *

Stanihurst, Wilh., Werke. Aus dem Latein. von Jos. Kinzl. 1. Folge. Die Geschichte des unsterblichen in einem sterblichen Leibe leidenden Gottes. In moralischen Betrachtungen dargestellt. Krems 864. (Löhner.) 8. (XVI, 526 S.) n. 1 ℛ 18 ngr

Stanisch, A., die neuen Maße u. Gewichte für Schule u. Haus des hamburgischen Staates. 1. Heft. Hamburg 870. O. Meißner. 8. (52 S.) cart. n. 3 ngr

STANISCHEFF, Nikola N. (Galitschnik): Zur Nierendekapsulation bei Eklampsie.- München: Victor 1910. 29 S.
28.9.1911 - Chr 1911/12,25; U 12.3779
Diss.Ingolst.-Landsh.-Mchn.

Stanischew, Alexander D.: Ueber Carcinoma gelatinosum mit kasuistischen Beiträgen aus dem Material der chirurgischen Universitäts-Klinik zu München und einer Statistik aus dem Material des Münchener Pathologischen Institutes. München 1910: Ernst. 70 S. 8°
München, Med. Diss. v. 1. Aug. 1910, Ref. v. Angerer
[Geb. 15./28. Dez. 86 Kilkisch, Macedonien; Wohnort: Kilkisch; Staatsangeh.: Türkei; Vorbildung: Gymn. Salonichi Reife Juli 04; Studium: München 10 S.; Rig. 1. Aug. 10.] [U 10. 3590

Stanischew, Constantin D., aus Kilkisch ⟨Macedonien⟩: Zur Casuistik der Sklerodermie. *Berlin (1902): G. Schade.* (30 S.) 8°
Berlin, Med. Diss. v. 25. Sept. 1902

Stanischitsch, Alexa. Ueber den Ursprung der Zadruga. Eine soziologische Untersuchung. 72 S. 8. Bern, Scheitlin, Spring & Cie., 1907.
Ausg. A: Diss. Phil. Bern ... von A' St'....
Ausg. B: Von Dr. A' St'. [fr. 1.—.] — Berner Studien zur Philosophie und ihrer Geschichte.... Band 59.

la Stanislade, ou l'heureuse délivrance de Stanislas II. Roi de Pologne. Poëme, (par Comte M. J. v. d. Borch). 4. Warschau 791.

Stanislas, le roi de Pologne, voix libre du citoyen, ou observations sur le gouvernem. de Pologne. 8. Dresd. 753. Walther.

Stanislas, A., am Wege gepflückt. Eine Liedergabe. 8. (VIII, 150 S.) Berlin 883. Entrich. n. 3. —; geb. n. 4. —

Stanislas, A., Waldmärchen. Ein Idyll aus dem Waldleben. 16. (81 S.) [Leipzig 880.] Berlin, Eckstein Nachf. geb. mit Goldschn. *

Stanislas, A., Waldmärchen. E. Idyll aus d. Waldleben. 2.—4. Taus. schmal 12. (128 S. m. Abb.) Berlin 897. R. Eckstein Nachf. n. 1. 50

—— Wandervögel. Geschichten eines fahrenden Gesellen. 16. (294 S.) [Breslau 882, Leuckart'sche Sortimentsh.] Leipzig, K. F. Koehler. geb. mit Goldschn. *

Stanislaus, König, oder List u. Liebe. Lstspl. in 3 A., frei nach Duval von J. W. Lembert. 8. Frankf. 812. Simon. 10 K

Stanislaus, August, König v. Polen, d. Raub. Ein Heldengedicht. 4. Warschau 772. Gröll. 6 K

Stanislaus Kostka, der heilige, ein Muster u. Vorbild der Jugend. Eine Erzählung vom Verf. des „Thomas Morus." 12. Augsburg 840. Wolff. 1/12 ℛ

Stanislaus Kostka, s. Kostka.

Stanislaus, der heilige, als Vorbild der christlichen Jugend. Für gute und fromme Kinder dargestellt von einem Priester der Diözese Hildesheim. 1. und 2. Aufl. 16. (77 S. mit 1 Holzschn.) Donauwörth 880,84, Auer. *

Stanislaus von Krakau als Todtenerwecker. Amberg 1701. V: *Sedelmayer, Hieron.* (Jes)

STANISLAUS: Perlen der Andacht. Gebetbuch für gebildete Katholiken nach den besten Quellen ausgewählt und geordnet. Pesth o. J.: Gustav Emich. 357 S. 2 t. - 120 mm
- Vgl. Perlen der Andacht. o. J. T.

Stanislaus, Aloys., s. Aloysius Stanislaus.

Stanislaus, Aloys., Brosämlein v. der Mutter Tisch, s.: Handbibliothek, katechetische.

Stanislaw, S., i Boleslaw smialy. Antyteza dziejowa z uwzgledmieniem rozmaitych zdan przeciwnych rozwijana przez Z. K. Dresden 870. **Kraszewski 8.** (XI, 220 S.) n. 24 ngr

Stanjukowitsch, K. M., Opfer, s.: Reclam's Novellen-Bibliothek.

Stanjukowitsch, K. M., Opfer, s.: Universal-Bibliothek.

STANKA, Anton: **Konstitution und Eigenschaften des aus Tolylsäurechlorid und Aluminiumchlorid entstehenden Dimethylanthrachinons.** — 1910. 48 Bl. Diss. Graz, Univ.

Stanka, C.: Der genossenschaftliche Absatz landwirtschaftlicher Erzeugnisse. Heereslieferungen. Brunn 1895.

Stanka, C.: Reiseberichte über das landwirtschaftliche Genossenschaftswesen in Deutschland. Brunn 1896.

Geschichte des k. und k. Infanterie-Regimentes Erzherzog Carl Nr. 3. Vf. v. Julius **Stanka,** k. u. k. Major. Bd 1—[3]. *Wien: Selbstv. d. Regim.; (Dr. v. F. Jasper) 1891.* 3 Bde 8.
1. (XII, 650 S., 1 Portr.) 2. (4 Bl., 406 S., 28 Bl.)
[3.] (Kt. u. Pl.) (3, 7 S., 26 Kt.) [98. 6690

Stankeit, Theodor: V e r ä u ß e r u n g einer Sache durch den Nichteigentümer und Eigentumserwerb nach dem Bürgerl. Gesetzbuch, verglichen mit der Lehre des gemeinen Rechts. Borna-Leipzig 1904: R. Noske. (74 S.) 8°
Leipzig, Jur. Fak., Diss. v. 19. Okt. 1904

Stankewitsch, B. W., magnetische Messungen, ausgeführt im Pamir im Sommer 1900. gr. 8. (20 S.) Wien 902. (C. Gerold's Sohn.) n. — 40
Sonderabdruck aus: „Sitzungsber. d. k. Akad. d. Wiss."

Stankiewicz, C. Edle v., s.: Herbstreise, e., v. Graz üb. Hamburg nach dem Aktelen-Lande.

Stankiewicz, Joseph [aus Lithauen (Russland)]: L'instruction primaire en Russie. Fribourg 1900. 113 p. 8°.
Freiburg i. Schw. Phil. Diss. 1899/1900.

Stanko Anton: Jakob Uchanski als Staatsmann und Würdenträger in der polnischen Kirche.
II. 1891 PN 711 **Diss.** Wi.. Univ.

Stanko, Josef

De Petri Victorii Commentariis originalibus ineditis in librum IV. Aeschlos. Scrips. J. Stanko, G. Conr. — 1851. Ibid. — S. 3—13.
Progr. München.

Stanko, Joseph [pract. Arzt in Hallein]: Die Enterorhaphie bei Fistula stercoralis und Hernia gangraenosa .... Jena, Frommann-sche Buchdr. (Hermann Pohle), 1887; 47 S. 8°
Jena, Med. Fak., Inaug.-Diss. v. [28. Nov.] 1887

Stanko, Josef: Commentatio de e n u n c i a t i s conditionalibus linguae latinae. Landshut: Attenkofer 1837. S. 3–25.
Progr. München.

De Indicativi et Optativi indole atque natura scrips. J. Stanko, P. — 1833. L., Attenkofer. — S. 3–18.
Progr. Landshut

Stanko, J., de Optativi et Indicativi indole atque natura, s.a. Katalog der k. baier. Studien-Anstalt.

STANKOVICH, FILIPP: Anrede / an die slavonischen / Brooder Infanterietroupen, / als sie / abermals im jetzigen Kriege ausmarschierten, / bevor dem Gottesdienste / in der Hauptkirche S. Johann v. Nepomuk / beywohnten, / und bey dieser Gelegenheit / eine eroberte preussische Fahne / Gott zum Dank feyerlich aufgestellt wurde / in slavonischer Sprache vorgetragen / von dem hochwohlehrwürdigen Herrn / FILIPP STANKOVICH, / Staabspfarrern zu Vinkovcze, der Fünfkirchner Diöces / und des unteren slavonischen Militärdistrikts Dechante, / am 31. Jenner 1779. als dem Tage vor dem Ausmarsche. / Auf Verlangen und Unkosten der gesammten Herren / Officiers, und anhaltende Ansuchen der Gemeinde dieses löbl. Brooder Regiments zum Druck befördert. Essegg. / gedruckt bey Johann Martin Diwalt. 1779. 16 S. - 8°

Stankowic, Zika, das Gefecht. Reglements-Bestimmungen f. den Plänkler, Schwarmführer, Commandanten der Unterstützg., Zugs-Commandanten [auch wenn der Zug detachirt ist], Commandanten der Compagnie-Reserve u. f. den Compagnie-Commandanten. Als Studienbehelf f. Berufs-, Reserve- u. Landwehr-Ober-Offiziere u. als Lehrbehelf f. Truppenschulen u. Bildungsanstalten der Infanterie verf. 12. (IX, 134 S.) Teschen 884. Prochaska. n. 1. 60

Stankowski, Romuald [Arzt aus d. Prov. Posen]: 15 Vaginofixationen '(nach Dührssen)' aus der Kgl. Universitäts-Frauenklinik zu Greifswald ... Greifswald, Druck v. J. Abel, 1895; 28 S. 8.
Greifswald, Med. Fak., Inaug.-Diss. v. 29. Apr. 1895

Stanley, Myloid, od. d. tugendhafte Verbrecher. 8. Nürnb. Monath. 750.

Stanley in Africa. gr. 4. (14 farb. Taf.) Fürth 894. (Leipzig, W. Opetz.) 1. —

Stanley, Lord, über die Parabeln des N. Testam., s. Unterhaltungen einer Mutter.

Stanley, Lord, Rectorats-Rede gehalten an der Universität Glasgow am 1. April 1869. gr. 8. (15 S.) Wien 869, Gerold's Sohn.

Stanley, A. P., Thomas Arnold. Aus seinen Briefen u. aus Nachrichten seiner Freunde geschildert. Frei nach dem Engl. v. Carl Heintz. gr. 8. (25⅝ B.) Potsdam 846, Riegel'sche Buchh. *

Arnold, Thomas, u. d. Englischen des Stanley v. Heintz. Potsd. 1847

Stanley, Henry Morton

Stanley, Henry M., im dunkelsten Afrika. Aufsuchung, Rettung u. Rückzug Emin Pascha's, Gouverneurs der Aequatorialprovinz. Autoris. deutsche Ausg. Aus dem Engl. von H. v. Wobeser. Mit 150 Abbildgn. u. 3 Karten. 2 Bde. 1.–3. Aufl. gr. 8. (XII, 515 u. VIII, 480 S.) Leipzig 890. Brockhaus. n. 20. —; geb. n. 22. —; auch in 40 Lfgn. à n. — 50

Stanley, Henry M., im dunkelsten Afrika. Aufsuchung, Rettg. u. Rückzug Emin Pascha's, Gouverneurs der Aequatorialprovinz. Autoris. deutsche Ausg. Aus dem Engl. von H. v. Wobeser. Mit 150 Abbildgn. u. 3 Karten. 2 Bde. 4. u. 5. Aufl. gr. 8. (XII, 515 u. VIII, 480 S.) Leipzig 891. Brockhaus. n. 20. —; geb. n. 22. —; auch in 40 Lfgn. à n. — 50

Stanley, Henry Morton, im dunkelsten Afrika. Aufsuchung, Rettg. u. Rückzug Emin Pascha's, Gouverneurs der Aequatorialprovinz. Autoris. deutsche Ausg. Aus dem Engl. von H. v. Wobeser. 2 Bde. 6. Aufl. (XII, 515 u. VIII, 480 S. m. 150 Abb. u. 3 Karten.) gr. 8. Leipzig 908. F. A. Brockhaus. Geb. in Leinw. 20. —

— **Briefe üb. Emin Pascha's Befreiung.** Mit St.'s Genehmigung veröffentlicht. Hrsg. von K. Scott Keltie. Autoris. deutsche Uebersetzg. von H. v. Wobeser. Mit e. Uebersichtskarte. 1.–5. Aufl. gr. 8. (XII, 130 S.) Ebd. 890. n. 1. 50

— dasselbe. 6.–10. Aufl. gr. 8. (XII, 138 S.) Ebd. 890. n. 1. 50

Stanley, Henry M., through the dark Continent, s. Asher's Collection of English Authors.

Stanley's Expedition zur Aufsuchung Emin Pascha's. Mit Erlaubnis von H. M. Stanley nach Originalskizzen seiner Offiziere hrsg. von der Illustrated-London-News. [London 1877.]
31 S. m. zahlr. Abb. 2°

H. M. Stanley's Expedition zur Aufsuchung Emin Pascha's. Der Zug vom Kongo zu den Nilseen. Mit Skizzen u. Beschreibgn. von Offizieren der Expedition. Mit Erlaubniß von Mr. H. M. Stanley nach Orig.-Zeichngn. seiner Offiziere. Hrsg. von der Illustrated London-News. Autoris. Uebersetzg. Fol. (31 S.) Berl. 890, Janke. 1 50

— **s.a. Expedition Stanley.**

Stanley, H. M., How I found Livingstone, s. Asher's Collection of English Authors.

—— How I found Livingstone, s. Authors, English contemporary.

—— Kalulu, Prinz, König und Sklave. Scene aus dem Leben in Central-Afrika, für die deutsche Jugend bearb. von L. Mannheim. Autoris. Ausg. 1.–3. unveränd. Doppelaufl. gr. 8. (VII, 232 S. mit vielen Illustr., Holzschntaf.) Leipzig 877–79, Hirt und Sohn. ℳ 4,50.; geb.

— Kalulu, Prinz, König u. Sklave. Schilderungen aus dem Leben in Zentral-Afrika, f. die deutsche Jugend bearb. v. L. Mannheim. Mit vielen Abbildgn. 6., unveränd. Aufl. gr. 8. (240 S.) Leipzig 890. Hirt & Sohn. 4. 50; geb. 6. —

Stanley, H. M., Kalulu, Prinz, König u. Sklave. Schilderg. aus dem Leben in Zentral-Afrika, f. die deutsche Jugend bearb. von L. Mannheim. 7., unveränd. Aufl. gr. 8. (240 S. m. Abb.) Leipzig 898. F. Hirt & Sohn. 3. —; geb. in Leinw. 4. —

Stanley, Henry M., der Kongo und die Gründung des Kongostaates. Arbeit und Forschung. Aus dem Engl. von H. v. Wobesor. Autoris. deutsche Ausg. 2 Bde. gr. 8. (XXXVIII, 557; XII, 516 S. mit über 100 Abbild., 2 grossen und mehreren kleinen Karten.) Leipzig 885, Brockhaus. à Bd. *ℳ 15.—. *
Die Ausgabe eines jeden Bandes erfolgte in 15 Lfgn. à *ℳ 1.—.

—— dass. — 2. Aufl. 2 Bde. gr. 8. (XXXVIII, 557; XII, 516 S.) Ebendas. 887. *ℳ 16.—.; geb. *
Vgl.: Pechuel-Loesche, E. — Wobeser, H.

— Mein Leben. (Die Übersetzg. des 1. Bds. besorgte Achim v. Klösterlein; die des 2. Bds. Gust. Meyrink. Die Ausstattg. besorgte Berth. Körting.) 2 Bde. (XX, 388 u. 520 S. m. 1 farb. Kartentaf.) 8. München 911. Die Lese. 12.—; geb. 15. —

— Emin Pascha u. die Meuterei in Aequatoria, s.: Jephson, A. T. Mounteney.

— Reise durch den dunklen Weltteil. Nach Stanleys Berichten für weitere Kreise bearb. von Berthold Volz. Mit zahlreichen (Holzschn.-)Abbildgn. u. 1 (chromolith.) Karte. gr. 8. (XII, 367 S.) Ebend. 881. n. 5. — geb. n. 6. 50

—— Reise durch den dunklen Weltteil. Nach Stanley's Berichten für weitere Kreise bearb. von Berthold Volz. 3. und 4. Aufl. gr. 8. (XVI, 369 S. mit 54 Abbild. und 1 Karte.) Ebendas. 885,88. *M 5.—; geb. *

—— Reise durch den dunklen Weltteil. Nach Stanley's Berichten für weitere Kreise bearb. von Berth. Volz. 5. Aufl. gr. 8. (XVI, 369 S. m. 54 Abbildgn. u. e. Karte.) Lpz. 890, Brockhaus. * 5 — geb. * 6 50

—— durch den dunkeln Welttheil, oder die Quellen des Nils. Reisen um die grossen Seen des aequatorialen Afrika und den Livingstone-Fluss abwärts nach dem Atlantischen Ocean. Autoris. deutsche Ausg. Aus dem Engl. von C. Böttger. 2 Bde. Mit (lithogr. und color.) Karten und Abbild. (in eingedr. Holzschn. und Holzschntaf.) gr. 8. (XX, 576; XIV, 623 S. mit lithogr. Portr. des Verf.) Leipzig 878, Brockhaus. *M 32,50.; geb. *

Stanley, Henry M., durch den dunkeln Welttheil oder die Quellen des Nils. Reisen um die grossen Seen des äquatorialen Afrika und den Livingstone-Fluss abwärts nach dem atlantischen Ocean. Autoris. deutsche Ausg. Aus dem Engl. von C. Böttger. 2. Aufl. 2 Bde. Mit Karten und Abbild. gr. 8. Leipzig 881, Brockhaus. [1. Bd. (XX, 567 S.) *M 15.; geb. *M 17.; 2. Bd. (XIV, 618 S.) *M 17,50.; geb. *M 20.] * geb. *

—— durch den dunkeln Welttheil oder die Quellen des Nils. Reisen um die grossen Seen des Aequatorialen Afrika und den Livingstone-Fluss abwärts nach dem Atlantischen Ocean. Autoris. deutsche Ausg. Aus dem Engl. von K. Böttger. 2 Bde. 2. Aufl. Mit Karten und Abbild. Neue Ausg. in 33 Lfgn. 8. Ebendas. 885. [1. Bd. (XX, 567 S.) *M 15.—; geb. *M 17.—; 2. Bd. (XIV, 618 S.) *M 17.50.; geb. *M 20.—.] à Lfg. *M 1.—; compl. * geb. *

— durch den dunkeln Welttheil, oder die Quellen des Nils, Reisen um die großen Seen d. äquatorialen Afrika u. den Livingstone-Fluß abwärts nach d. Atlant. Ocean. Autoris. deutsche Ausg. Aus dem Engl. v. L. Böttger. 2 Bde. 3. Aufl. gr. 8. (XVI, 470 u. X, 518 S. m. 240 Abbildgn. u. 3 Karten.) Ebd. 891. n. 20. —; geb. n. 22. —

— Wie ich Livingstone fand. Reisen in Zentralafrika. 2 Bde Leipzig 1877

—— Wie ich Livingstone fand. Reisen, Abenteuer und Entdeckungen in Central-Afrika. Autoris. deutsche Ausg. 2 Bde. Mit Abbild. in Holzschn. (eingedr. und auf Taf.) und 1 (chromolithogr.) Karte. gr. 8. (XIII, 342; VIII, 356 S.) Leipzig 879, Brockhaus. * geb. in 1 Bd. *

—— wie ich Livingstone fand. Reisen, Abenteuer und Entdeckungen in Central-Afrika. Autoris. deutsche Ausg. 2. mit einem Lebensabriss Livingstone's verm. Aufl. 2 Bde. gr 8. (XI, 342; VIII, 370 S. mit 54 Abbild. in Holzschn. und 1 Karte.) Ebendas. 885. * geb. in 1 Bd. *

— wie ich Livingstone fand. Reisen, Abenteuer u. Entdeckgn. in Central-Afrika. Autoris. deutsche Ausg. 3. Aufl. gr. 8. (XIII, 564 S. m. 54 Abbildgn. u. e. Karte.) Ebd. 891. n. 12. —; geb. n. 13. —

—— dass. — Uebers. v. Haek, s. Universal-Bibliothek.

Stanley, Sir John, Prinz Tuan, der geheimnißvolle Kaiser v. China. Oder: Die Giftmischerin v. Peking. Schicksale e. deutschen Mädchens im Wunderlande China. Chinesisch-deutscher Sensationsroman. 50 Hfte. gr. 8. (1202 S. m. je 1 Vollbild.) Dresden (900. 901). R. H. Dietrich. à — 10

Stanley, Thomas

Stanlei, Thom., Commentar. in Aeschyli Tragoedias, s. Apparatus.

Stanley, Thomas. Historia philosophiae . . . Lipsiae 1711. Ü: *Olearius, Gfr.* (Barbier)

Stanly, d. Herrn, u. d. Miß Temple, Gesch. e. Erzählung in 2 Bdchn. 8. Lpz. Weygand. 775.

Stanmore, od. d. Mönch u. d. Kaufmannswittwe. Frei nach dem Engl. v. G. Loß. 2 Thle. 8. Cassel 825. Bohné.

Stanmore, oder der Mönch u. die Kaufmannswittwe; frei nach dem Engl. von G. Loß. 2 Thle. 8. Cassel 826. Bohné. 2 ß 12 gr

Stannard, Mrs. Arthur = Winter, John Strange [Autorname].

Arnoldi, Joh. Conr. [Präs.] u. Phil. Henr. Stannarius (Schwickershausen) [Resp.]
Diss. inaug. philos. περὶ τῆς ἀληθείας τῇ ἀδικίᾳ κατεχομένης s. de veritate theologiae naturalis, iniquitate hominum pressa, sed non suppressa.
Gissae 1723. 4.
pro summ. in philos. honoribus

Stannebein, F. W., Der Grundquellen-Wasserstand in seiner wichtigen Bedeutung für Landwirthe und Geschäftsleute, sowie für die allgemeine Volks-Wohlfahrt. Nach mehr als hundertjährigen Ueberlieferungen und eigenen Beobachtungen zusammengestellt. Leipzig 1870.

Stannebein, F. W., volksthümliche Witterungskunde. Auf langjähr. Erfahrung u. Beobachtung begründet. Nebst einem Nachtrage, die Voraussagung der Witterungsverhältnisse des Sommers 1866 betr. Leipzig 866. (Matthes.) 16. (32 S. mit Portr. in Holzschn.) n. 5 ngr.

Stannius, (Friedrich) Hermann

—— und T. E. Schummel, Beitraege zur Entomologie, s. Beitraege.

Stannius H.: Beiträge z. Kenntniss d. amerikanischen Manati's. Rostock 1845. 37 S. 2 Tvl. 4°.

Stannius, Herm., Beobachtungen über Verjüngungsvorgänge im thierischen Organismus. gr. 8. (62 S.) Rostock 853, Stiller'sche Hofbuchh. * -

Stannius, Herm., erster Bericht von dem zootomisch-physiolog. Institute d. Universität Rostock. Enth.: Beiträge zur Anatomie des Delphins. gr. 4. Rostock 840. Oeberg. 1/4 ß

— s. J. Clark: die Lungenschwindsucht.

—— und C. Th. v. Siebold, Handbuch der Zootomie, s. Siebold.

Stannius, H[ermann]: Lehrbuch der vergleichenden Anatomie der Wirbelthiere. Berlin 1846. XII, 482 S.
— 2. Aufl. 1854. VI, 270 S.
(Siebold u. Stannius: Lehrbuch d. vergleich. Anatomie. Tl 2.)

— u. C. Th. v. **Siebold**, Lehrbuch der vergleichenden Anatomie, s. a. v. Siebold, K. Th.

Stannius, Herm., das peripherische Nervensystem der Fische, anatomisch und physiologisch untersucht. gr. 4. (IV und 156 S. mit 5 Stnt.) Rostock 849, Stiller'sche Hofbuchh. *

Stannius, Fridericus Hermannus (*geb. Hamburg 15. 3. 1808*): Observationes de speciebus nonnullis generis Mycetophila vel novis, vel minus cognitis. Vratislaviae (1831). (32 S.) 4° [*Im Buchhandel 1831 bei Pelz in Breslau*]
Breslau, Med. Diss. v. 26. Nov. 1831

Stannius, Hermann, s. Rayer, P.: Darstellung d. Hautkrankheiten.

—— Symbolae ad anatomiam piscium. 4maj. (5½ B.) Rostochii 839, (Oeberg.)

—— üb. d. krankhafte Verschliessung gröss. Venen-Stämme d. menschl. Körpers. gr. 8. (8 B.) Berlin 839, G. Bethge.*

Stanojević Stanoje: Die Biographie Stefan Lazarević von Konstantin den Philosophen als Geschichtsquelle. Diss. Wien, Univ.
D: Selbstverlug.
1896 PN 982

Stanojewitsch, Duschan J. [kgl. serb. Ingen.-Premierlieut. Negotin, Serb.]: Über die Einwirkung von Ferrinitrat auf Jodkalium und Jodwasserstoff ... Tübingen, Druck v. H. Laupp jr. 1896; 2 Bl., 45 S., 4 Taf. 8.
Tübingen, Naturw. Fak., Inaug.-Diss. v. 1896

STANOJOVICH, LAZAR: Die Volksschule. Das Anrecht der Kirche auf die Schule aus historischen und inneren Gründen dargelegt. Quellen, Mittel und Wege zur Gründung und Inslebenführung eines Volksschulfonds von einem katholischen Lehrer. Pesth 1859: Johann Herz. XVI, 153 S. - 230 mm

Stanonik, Frz., Dionysius Petavius. Ein Beitrag zur Gelehrten-Geschichte des 17. Jahrh. Festschrift der k. k. Universität Graz aus Anlass der Jahresfeier am 15. Nov. 1875. gr. 4. (123 S.) Graz 876, Leuschner und Lubensky. *

Stanowski, Ludwig [cand. med. aus Schroda (Posen)]: Uber [sic!] Aetiologie des Ileus nebst einer casuistischen Mitteilung.... Würzburg, Druck d. Ferdinand Röhrl'schen Buchdr., 1890; 35 S. 8°
Erlangen, Med. Fak., Inaug.-Diss. v. 24. Jan. 1890

Stanowski, Ludw., üb. Aetiologie d. Ileus, nebst einer casuist. Mitteilg. Inaug.-Diss. gr. 8. (35 S.) Würzburg 890. (Tübingen, Fues.) n.n. — 70

Stanowski, Sigismundus (*geb. Rogalin in Pos. 1. 4. 1837*): De encephalopathia saturnina. Vratislaviae (1862). (24 S.) 8°
Breslau, Med. Diss. v. 5. Aug. 1862

STANOWSKY, JOANNES BAPTISTA: Eine kurze Anrede an alle Versammlete in der Kirche der Gesellschaft Jesu zu St. Salvator in Preßburg, welche Dominica in Albis 1761. vor abgelegter Glaubens-Bekenntniß öffentlich hielt, ein Convertit, gewester, in die 20 Jahr, Lutherischer Lehrer oder Praedicant in dem Pester Comitat zu Egyház, Magiód, und in dem Kishontenser Comitat zu Pongyelok, Szeltze, Walkow, mit dem Nahmen Joannes Baptista Stanowsky, gebohrner Ungar in dem Liptauer Comitat. Pressburg 1761: Joh. Mich. Landerer. (8 S.) - 4°

Stanowsky, Theodor, Knappschaftsarzt in Malapane O.-S.: Über die Verwendbarkeit der Dr. Rumpelschen Geloduratkapseln für schlecht schmeckende oder den Magen reizende Arzneimittel in der Allgemein- und Kassenpraxis. Breslau 1907 (Breitkopf & Härtel in Leipzig). (13 S.) 8°
Breslau, Med. Fak., Ref. v. Strümpell, Diss. v. 21. Jan. 1908
[Geb. 23. Okt. 73 Oppeln; Wohnort: Malapane b. Oppeln; Staatsangeh.: Preußen; Vorbildung: Gymn. Oppeln Reife O. 94; Studium: Berlin 4, Breslau 5 S.; Coll. 23. Febr. 99; Approb. 25. Febr. 99.]

Stans et ses environs. Publie par la societe de developpement. II + 32 S. 8°. (Stans, Karl Engelberger, [1903].)

Stansbury, Howard, die Mormonen-Ansiedlungen, die Felsengebirge und der große Salzsee, nebst einer Beschreibung der Auswanderer-Straße und der interessanten Abenteuer der Auswanderungen nach jenen Gegenden. Geschildert auf einer Untersuchungs-Expedition. Deutsch bearb. von Kottenkamp. gr. 16. (VIII und 293 S. mit 1 lithochrom. Karte in Fol.) Stuttgart 854, Franckh'sche Vrlgsh.

Stansch, Karl, s.: Bibliothek f. Aquarien- u. Terrarienkunde.

Stansch, K., einheimische Fische f. das Süsswasseraquarium, s.: Bibliothek f. Aquarien- u. Terrarienkunde.

— Die Fischkrankheiten, s.: Bibliothek f. Aquarien- u. Terrarienkunde.

— Die Labyrinthfische, s.: Bibliothek f. Aquarien- u. Terrarienkunde.

— Der Schleierschwanz u. die übrigen Abarten des Goldfisches, s.: Bibliothek f. Aquarien- u. Terrarienkunde.

— Die Wasserpflanzen, s.: Bibliothek f. Aquarien- u. Terrarienkunde.

— s.: Wochenschrift f. Aquarien- u. Terrarienkunde.

— Die eigebärenden Zahnkarpfen II, s.: Bibliothek f. Aquarien- u. Terrarienkunde.

— Die lebendgebärenden Zahnkarpfen, s.: Bibliothek f. Aquarien- u. Terrarienkunde.

Stansfeld-Hicks, C., Jachten, Boote, Kanoes. Mit besond. Berücksicht. der Modelljachten u. des Einzeln-Segelns. Nach St.-H. bearb. durch Wilh. Wiese. Mit zahlr. Abbildgn. u. Baurissen v. Modelljachten, sowie v. verschiedenen sich für Liebhaber eignenden Fahrzeugen. gr. 8. (316 S.) Leipzig 888. Hirt & Sohn. geb. n. 12. —

Stanski, B., Führer durch die Reichs- und preußischen Landesgesetze, sowie durch die Verordnungen und wichtigeren Erlasse ꝛc. der deutschen und preußischen Centralbehörden von 1806—1885 [incl.]. Systematisch zusammengestellt unter Zugrundelegung der amtl. Sammlungen und unter besond. Berücksicht. der Grotefend'schen Gesetzsammlung. Nebst einem Anhang, enth.: ein alphabet. Verzeichniß der Beamtenkategorien nebst Angabe der Tagegelder ꝛc., sowie eine Zusammenstellung der jetzt noch in der Prov. Hannover Gültigkeit habenden ehemalig hannover. Gesetze, Verordnungen ꝛc. gr. 8. (VI, 288 S.) Düsseldorf 886, Schwann. *ℳ 4.50.; geb. *

Stansstad. Elektrische Bahn Stansstad-Engelberg. [Karte.] 383/169 mm. 1 Bl. fol. (Zürich, Typ. A. Niessen, E. Wagner. Kartographie.)
Rückseite bedruckt mit Fahrplan für den Sommer 1901 *u. s. w.*

Stansstadbahn. Stansstad-Stans-Stanserhorn-Bahn. [Umschlag illustriert.] 8. Aarau (1896).

Stanton, b. Lord, Gesch. a. d. Engl. 5 Thle. 8. Lübeck, Donatius. 775. Rthlr.

Stanton, des Lords, Geschichte, aus dem Engl. in 5 Theilen, 8. Lübeck, 776. Bohn. 1 Rtl. 10sgl.

Die Werte des Lebens [The essential Life]. Von St[ephen] B[errien] **Stanton**. (Berecht. Übertr. von Dr. Otto Knapp.) Stuttgart: Hoffmann 1909. XII, 173 S. 8° [1v. 1530: 7

A Manual of American literature ed. by Theodore **Stanton**, Master of arts of Cornell Univ. In collabor. with members of the faculty of that institution. With a list of American authors and their works in the Tauchnitz Ed. Leipzig: Tauchnitz 1909. 555 S. 8°
(Collection of Brit. and American authors. Tauchnitz Ed. Vol. 4000.) [oo. 8500 3

Stantschinsky, Wladimir, a. Moskau: Zur Anatomie und Systematik der Gattung Oncidium. Naumburg a. S. 1907: Lippert & Co. (46 S.) 8° ¶ (Aus: Zoologische Jahrbücher Bd 25, Abt. f. Syst. 1907.)
Heidelberg, Naturw.-math. Fak., Ref. Bütschli, Diss. v. 8. Nov. 1907
[Geb. 12. April 82 Moskau; Wohnort: Moskau; Staatsangeh.: Rußland; Vorbildung: Gymn. Smolensk Reife M. 01; Studium: Moskau 2, Heidelberg 7 S.; Rig. 24. Juli 06.]

(Stuntz, [Ludwig].) Die Burgunder-Tapeten in Bern. 8. Bern 1865.

(Stantz, [Ludwig].) Die Burgunder-Tapeten in Bern. 8. Bern 1871.

(Stantz, [Ludwig].) Die Burgunder-Tapeten in Bern. 8. Bern 1876.

Stantz, Münsterbuch, eine artistisch-historische Beschreibung des St. Vincenzen-Münsters in Bern. Bern 865. Dalp'sche Buchh. Lex.-8. (V, 297 S. mit eingedr. Holzschn., 1 Photogr., 3 Steintaff., wovon 1 in Buntdr. u. lith. Titel.) n. 4 ₰ 10 ngr.

(Stantz, [Ludwig].) Les tapis de Bourgogne à Berne. (Traduit de la brochure du Dr. Stanz en 1870.) 8. Berne 1870.

Stanulla, Reinhold [Assistenzarzt an d. Kgl. Psychiatr. Klinik in Greifswald]: Über Bauchdeckenfibrome ... Greifswald, Druck v. J. Abel, 1893; 23 S. 8.
Greifswald, Med. Fak., Inaug.-Diss. v. 19. Sept. 1893

Stanyan, (Abraham). Kurtze Antwort an Loblich Gemeine Drey Pündt Den 8. und 19. Februarij 1707. In Chur An dero Tit. Herren Häupter addressirt Von Herren St'. Uber ein von Herren Graville im Namen Franckreich den 13. dito eingegebenes Memorial. 4. *o. O.*

Stanyan, [Abraham]. De l'état politique de la Suisse en 1714. Par M. Stanian.... (Extrait de L'état de la Suisse....) 8. *s. l. n. d.* [1780/1810].

Stanyan, [Abraham]. Mémoire de Monsieur de Stanian, Envoyé extraordinaire de Sa Majesté (la Reine) de la Grande Brétagne, vers les Louables Cantons Réformés, Présenté le 25. Juillet 1707., à Messieurs du Conseil d'Etat de Neufchâtel.... 4. *s. l.*

Stanyan, (A[braham]), et Runckel, (J Louys). Mémoire de Monsieur de Stanian, Envoyé extraordinaire de Sa Majesté la Reine de la Grande Brétagne et de Monsieur R', Secretaire d'Etat de Leurs-Hautes Puissances. Presenté le 18. d'Octobre 1707. à Messieurs des Trois Etats de la Souveraineté de Neufchâtel & Vallangin. fol. *s. l.*

Stanyan, (A[braham]). Proposition von Herren St'... An Die Loblichen Orth im Schweytzerland, und an die Loblichen dreyen Pündten ... vorgetragen. An die Herren Haüpter und Räthe der drey Loblichen Pündten zu Chur den 12. und 1. Febr. 1707. 4. *o. O.*

[Stanyan, Abraham.] Tableau historique et politique de la Suisse.... Traduit de l'anglois [par Besset de La Chapelle]. 8. Fribourg & Paris 1766.

Stanz *s.* Stantz.

Stänz, Rud., die Gefahren bei der beabsichtigten Tieferlegung des Hallwyler-See's. Aarau 863. Christen. gr. 8. (16 S.) 3 ngr.

Stänz, Rudolf. Lichtstrahlen der Arbeit. Gedichte und Lieder zur Erbauung bei festlichen Anlässen seinen Kollegen und Freunden gewidmet von Rudolf Stänz, Schriftsetzer. II + 72 S. 8. (Selbst-Verlag des Verf., Druck H. R Sauerländer & Co., Aarau, [1902].) (fr. —. 70)

Stanze, Johann Ludwig

Schlusslied bey einer Trauer ▭. Für die ger. und vollk. ▭ P[forte] z[ur] E[wigkeit] im O. v. H[ildesheim] verf. von A[ug.] W[ilh.] H[einr.] Cappen und in Musik gesetzet von J[oh.] L[udw.] **Stanzen.** Hildesheim 1797: Schlegel. 2 Bl. 8° [Umschlagtit.]
Kl. 1407. Ohne Noten: „Unter Freud' und Klagen theilen ..." 232.

STANZE, Otto (Lichtenberg): Ein Fall von Epignathus und polypenförmigen Fibro-Lipoma myxomatodes congenitale der rechten Nasenhöhle. Mit 1 Abb. u. 6 Fig. im Text.- München: Wolf 1902. 25 S. 25.2.1902 - Chr 1901/02,25; Jv 1901/02,279
Diss.Ingolst.-Landsh.-Mchn.

Stanzel, Ant., moderne Monogramme. 80 Taf. m. 400 Monogrammen, Namen u. Kronen im Secessionstil. qu.4. Wien (908). A. Schroll & Co. In Mappe n. 10.—

Stanzel, Karl, über die Diffusion in sich selbst. gr. 8. (15 S.) Wien 901. (C. Gerold's Sohn.) n. — 40
Sonderabdruck aus: „Sitzungsber. d. k. Akad. d. Wiss."

Stanzel, Vitus

Stanzel, V., Der Schulgarten. Ein theoretisch-praktisches Handbuch für Lehramtskandidaten, Volksschullehrer und Schulleiter. Gr.-8°. (126 S.) K 1.50
Wien: Schulbüchervlg. 1909.

Stanzel, Vitus, wichtiges üb. Obstbau u. Obstverwertung. Aus d. an d. hohe k. k. Ackerbauministerium erstatteten Reiseberichte im J. 1897. gr. 8. (III, 64 S. m. Abb.) Wien 898. W. Frick. n. 1.80

STANZL, Anton (Stannern): Ueber Ludwig'sche Halsbindegewebsentzündung.- München: Wolf 1880. 33 S. 12.10.1880 - Urk (Titel: De angina Ludovici.); Chr 1880/81,14
Diss.Ingolst.-Landsh.-Mchn.

Stanzl, Johann Baptist Ferdinand — Gebet. Der Mensch vor Gott, seinem allmächtigen Schöpfer. Von ——. Zweite verbesserte, vermehrte und verschönerte Auflage. Wien, 1856. Mechitharisten-Buchdruckerei. (15 S. 8.)

Stapart, ..., die Kunst mit dem Pinsel in Kupfer zu stechen, aus d. Französ. übers. v. J. K. Harrepeter. 8. Nürnb. 780. Schneider u. W. 8 gr.

Stapart. Kunst mit dem Pinsel in Kupfer zu stechen. A. d. Franz. ... Nürnberg 1780. Ü: *Harrepeter*, *Johann Conrad.* (will)

Stapel, Aug., die Doppelkapelle im Schlosse zu Landsberg bei Halle a. d. Saale. Ein Denkmal der Baukunst des 12. Jahrhunderts. Mit 10 Steindrucktafeln. gr. 8. Halle 841, Lippert u. Schmidt. n. 1½ ₰

Stapel, Aug., die Doppelkapelle im Schlosse zu Landsberg bei Halle a. d. Saale. Ein Denkmal der Baukunst des 12. Jahrhunderts. gr. 8. (3⅞ B. u. 10 Stnt.) Halle 844, [Schmidt's Vrlgsh.] *

Stapel, P[aul]: Der rechtliche Charakter des Revisionsverbandes der Erwerbs- und Wirtschaftsgenossenschaften. *Breslau 1902: F. W. Jungfer.* (55 S.) 8°
Jena, Jur. Diss. v. (24. Jan.) 1902

Stapelberg, Eugen [aus Odessa]: Beiträge zur Kenntniss der p-Chlor-o-toluylsaeure ... Freiburg i. B., Buchdr. v. Chr. Ströcker, 1892; 66 S., 1 Bl. 8.
Freiburg i. B., Phil. Fak., Inaug.-Diss. v. 1892

Stapelfeld, Adolf Loke: on education. 29 S. *Crimmitschau* 1878. Progr.

Stapelfeldt, H., die Schule des Elektrochemikers bezw. Elektrotechnikers, s.: Holzt, Alfr.

Stapelfeldt, Carl, über operative Behandlung grosser Ventralhernien. Diss. Würzburg 1886, Stahelsche Univ.-Buchh. 8°. 40 S.

Stapelmatz, Der kleine. Leipzig 1849. V: *Drobisch, Gustav Theodor.* (Haan)

Stapelmatz, der kleine. Lehrreiche Geschichten für Kinder mit bunten u. lustigen Bildern. 4. (32 S. m. eingedr. color. Holzschn.) Leipzig 850, C. H. Reclam sen. — 2. verm. Aufl. 4. (36 S. m. eingedr. color. Holzschn.) Ebd. 851. ½ ₰

Stapelmatz, der kleine. Lehrreiche Geschichten für Kinder mit bunten und lustigen Bildern (in eingedr. Holzschn.). 5. verm. Aufl. gr. 4. (36 S.) Leipzig 870, Apitzsch. cart. * —— baff. — 6.—9. Aufl. 4. (36 S. mit color. Holzschn.) Leipzig 871—74, Germann. [Ohme.]

Stapelmatz, der kleine. Lehrreiche Geschichten f. Kinder m. bunten u. lust. Bildern v. Paul Haase. (36 S.) Lex. 8. Leipzig (909). F. Ohme. Kart. 3. —

Stapelrecht, Das Koenigsbergische, eine Geschichts- und Rechtserzählung ... Berlin 1790. V: *Hippel, Theodor Gottlieb von.* (ML) (BrMm) »1791« (Ky) (CBH) (Schletter, Handb. d. jurist. Litt. Grimma 1843. S. 219.)

Stapelrecht, das Königsbergische, e. Geschichts- u. Rechts-Erzählung mit Urkunden (v. Th. G. v. Hippel). gr. 8. Berl. 791. Lagarde. (Köchly). 10 ℊ

Stapel-Recht, das Königsbergsche, eine Geschichts- u. Rechts-Erzählung mit Urkunden. gr. 8. Berlin 799. (Leipzig, Fr. Fleischer.) ⅓ ₰

Stapenhorst, Ulrich, Referendar: **Geschäftsführung** und Vertretungsmacht bei der Gesellschaft des bürgerl. Gesetzbuchs. *Greifswald 1901: J. Abel.* (55 S.) 8°
Greifswald, Jur. Diss. v. [9. Okt.] 1901

Stapf, Ambros Josef, s. Stapf, Josef Ambros.

Stapf, August [cand. med. aus Moenchberg]: Beiträge zur pathologischen Anatomie der Placenta, speciell zur Anatomie des central, direct unter dem Chorion gelegenen weissen Infarktes der Placenta. ... Würzburg, Buchdr. v. N. Scamoni, *1890;* 29 S. 8°
Würzburg, Med. Fak., Inaug.-Diss. v. März 1890

Stapf, C. F., s. Stapf, Karl Friedrich.

Stapf, Ernst (Hrsg.):
s.: Archiv für homöopathische Heilkunst.

Stapf, E., neues Archiv für die homöopathische Heilkunst, s. Archiv.

Stapf, Ernst, Beiträge z. reinen Arzneimittellehre, s. Beiträge.

Stapf, Er., Beiträge zur reinen Arzneimittellehre. Gesammelt u. herausg. 1r Bd. gr. 8. Leipzig 836. Reclam. 2 ₰

Stapf, Ernst, s. Hahnemann, Sam.: Materia medica pura.

Stapf, Ernst (Hrsg.):
s.: Hahnemann, Samuel (Friedrich Christian): Kleine medicinische Schriften. Bd 1 - 2. Dresden u. Leipzig: 1829

Harmonium-Album. Sammlung beliebter Tonstücke, für Harmonium übertragen von Ernst Stapf. Leipzig u. Berlin: Peters [ca 1875]. 38 S. 2°
Tt. 2302. 439.

Stapf, Er., s. Homöopathie, die.

Stapf, E., Lucina. (Eine neue Ausgabe d. Schrift: üb. die vorzüglichsten Fehler im Verhalten der Schwangern, Wöchnerinnen und Säugenden rc.) 8. Berlin, Maurersche Buchhdl. 821.

— Diss. inaug. de antagonismo meletemata. 4. Leipz. 810.

Stapf, (Dr.,) Rückblicke auf die 5 ersten Bde des Archivs f. die homöopath. Heilkunst, s. Archiv.

Stapf, Franz

Stapf, Frz., Geistesübungen f. Geistliche, s. Geistesübungen.

— Handbuch zum neuen Katechismus des Bisth. Bamberg, für Katecheten als auch z. Erbauung für Jedermann. 8. Bamb. 815. 2e A. 818. (Münch., Lentner). 14 ℊ 3e A. 828. (Neureutter in Prag). 13 ℊ (a. Wesché in Frankf.) 12 ℊ

— Katechismus der christ-kathol. Religion rc. zum Gebr. f. Schulen. Mit e. Anh. 8. Bamb. 812. (Münch., Lentner). 5 ℊ (a. Wesché in Frankf. a. M.) 4 ℊ

Stapf, Frz., die erste Communion der Kinder in der obern Pfarrkirche zu Bamberg. 8. Bamb. 796.

— merkwürd. Lebensgeschichte des verstorb. Prof. K. Schäffer zu Memmelsdorf. Ein Musterbild. 8. Bamb. 818. Göbhardt. (Frankf. a. M., Wesché). 3 ℊ

— Materialien z. populären Predigten üb. die sonntägl. Evangelien des kathol. Kirchenjahres, mit steter Hinsicht auf die ausführl. Predigt-Entwürfe nach d. Leitfaden des neuen Bamberg. Diöcesan-Katechismus. gr. 8. Bamb. 823. 2e A. gr. 8. Frankf. 828. Wesché. 2 ₰

Stapf, (F.,) Materialien zu populären Predigten üb. die sonntäg. Evangelien des kathol. Kirchenjahrs, mit steter Hinsicht auf die ausführl. Predigtentwürfe nach d. Leitfaden d. neuen bamberg. Diöcesan-Katechismus. 2e Aufl. 8. Frankf. 827, Wesché. Rthlr.

Stapf, Frz., Materialien zu popul. Predigten üb. d. sonntäg. Evangelien d. kathol. Kirchenjahrs, mit steter Hinsicht auf d. ausführl. Predigt-Entwürfe nach d. Leitfaden d. neuen bamberg. Diözesan-Katechismus. 3., verb. Aufl. gr. 8. (31¼ B.) Frankfurt a. M. 836, Wesché'sche Vrlsb.

— vollständ. Pastoralunterricht üb. die Ehe, od. üb. das gesetz- u. pflichtmäß. Verhalten des Pfarrers vor, bei u. nach der ehelichen Trauung nach den Grundsätzen der kathol. Kirche. gr. 8. Bamb. 820. 2e A. 821. 3e A. 824. 4e Aufl. hrsgg. u. verm. v. Karl Egger. gr. 8. Frankf. a. M. 829. 5e Aufl. 831. Wesché. 2 ₰ — Anh. dazu, s. Ehestand, der.

—— vollständ. Pastoralunterr. üb. d. Ehe, od. üb. d. gesetz- u. pflichtmäß. Verhalten d. Pfarrers vor, bei u. nach d. ehelichen Trauung, nach d. Grundsätzen d. kathol. Kirchenrechts, mit steter Rücksicht auf Civilgesetze. Neu hrsg. u. bedeutend verm. v. C. Egger. 4. u. 5. Aufl. (à 31½ B.) gr. 8. Frankfurt a. M. 829, 31, [Wesché'sche Vrlsh.] à

—— vollständ. Pastoralunterricht üb. d. Ehe, od. üb. d. gesetz- u. pflichtmäß. Verhalten d. Pfarrers vor, bei u. nach d. ehel. Trauung, nach d. Grundsätzen d. kathol. Kirchenrechts, mit steter Rücksicht auf Civilgesetze. Neu hrsg. u. bedeut. verm. v. Carl Egger. 6., verm. Aufl. gr. 8. (29¼ B.) Frankfurt a. M. 838, Wesché'sche Vrlsbuchh.

Stapf's, Fr., vollständ. Pastoralunterricht über die Ehe nach den Grundsätzen des kathol. Kirchenrechts, mit steter Rücksicht auf die Civilgesetze. Nach der 6., von Carl Egger bearb. Aufl. auf's Neue gänzl. umgearb. von Riffel. 7. Aufl. gr. 8. (XXIV u. 455 S.) Frankfurt a. M. 847, Wesché. 2 ₰

— ausführl. Predigtentwürfe nach d. Leitfaden des neuen Bamberg. Diöcesan-Katechismus, z. Gebrauche f. alle Religionslehrer in jedem Bisthum. 2 Thle. 8. Bamb. 1e u. 2e Aufl. 817. 3e A. 820. 4e A. 825. Wesché in Frankf. 2 ₰ 20 gr (Prag, Neureutter). 1 ₰ 8 gr

— ausführl. Predigtentwürfe nach dem Leitfaden des neuen Bambergischen Diözesan-Katechismus, zum Gebrauche für alle Religionslehrer in jedem Bisthum. 2 Thle. 3te verm. und verb. Aufl. 8. Ebend. 820.

—— ausführl. Predigt-Entwürfe nach d. Leitfaden d. neuen bamberg. Diözesan-Katechismus, z. Gebr. f. alle Religions-Lehrer in jedem Bisthume. 2 Bde. 5., verb. Aufl. gr. 8. (.. B.) Frankfurt a. M. 835, Wesché'sche Vrlsbuchh.

Stapf, Franz, s. Sambuga, J. A.: Briefe

— Sammlung verschied. Gedanken rc. s. Sambuga, J. A.

— Unterricht von Testamenten u. andern letztwilligen Verfügungen nach d. Bamberg. Provinzialrechte u. den königl. baier. Verordnn., mit steter Hinsicht auf die Gesetze des gemeinen Rechts. gr. 8. Frankf. a. M. 820. Wesché. 1 ₰ 16 gr

— die geistlichen Weihen. Aus dem römischen Pontifikalbuche übers. u. mit Anmerkungen begleitet, zunächst für die Ordinanden und die gesammte Geistlichkeit rc. 8. Ebend. 818.

— d. geistl. Weihen aus d. römischen Pontifical-Buche, übersetzt u. mit Anmerkk. begleitet. 2e Aufl. 8. Frankfurt 826, Wesché.

Stapf, J. B., Repertorium zu Reinhard's Predigten, s. F. V. Reinhard's Predigten. 29r—39r Bd.

Stapf, (J. B.,) Repertorium sämmtl. Predigtensamml. F. W. Reinhards rc., mit e. Vorr. v. H. Th. Stiller. 8. Anspach 822. v. Seidel in S.

Stapf, J. B., Repertorium sämmtl. Predigt-Sammlungen d. Hrn. D. F. V. Reinhard. Mit Vorr. v. H. Th. Stiller. 2., verm. u. verb. Aufl. 8. (12½ B.) Sulzbach 828, v. Seidel.

Stapf, J. S.: Jus naturae et gentium in duos divisum tractatus, quorum primus continet jus publicum universale, alter *Hugonis Grotii* jus belli et pacis explicatum. *Mogunt.* 735. 4.

Stapf, Josef

— zuverläss. Mittel zu Vermeidung des Höhedrucks d. Wassers auf alle tiefliegende Bodenflächen, durch welche die Schleusen u. Schiffsdocken gegen die Sprengung des Bodens auf immer gesichert werden. Mit 3 Kpf. gr. 8. Insbr. 798. Wagner. (Barth in Leipz.) 1 ₰ 16 gr

Stapf, Jos., Nachricht von d. öffentlich. Unterricht und Uebersicht d. Lehrgegenstände d. prakt. Mathematik u. Technologie a. d. Universität Insbruck. gr. 8. Insbruck, Wagner. (Barth in Leipz.) 798.

Stapf, Jos., Nachr. von dem öffentl. Unterricht u. Uebersicht d. Lehrgegenstände der prakt. Mathematik u. Technologie auf der Universität Insbruck. gr. 8. Insbr. 799. Wagner. (Barth in Leipz.)

— Rede bei der feierlichen Einsetzung d. Erzherzogs Johann als beständ. Rector d. Insbruck. Universität. gr. 8. Insbr. 800. Wagner. (Barth in Leipz.) 6 gr

Stapf, Josef Ambros

— Epitome theologiae moralis publicis praelectionibus accommodata. Partes II. 8maj. (Innsbruck 832. Wagner.) 2 ₰

— Epitome theologiae moralis publicis praelectionibus accommodata. II Tomi. 8maj. Oeniponte 832. (Landsh., Krüll).

—— Epitome theologiae moralis publicis praelectionibus accommodata. II Ti. 8maj. ... Oeniponti 832. (Ratisbonae, Manz.)

—— Epitome theologiae moralis publicis praelectionibus accommodata, et iteratis curis recognita. 2 Vol. Edit. II. 8maj. Innsbruck 842, Wagner'sche Buchh. [1. (23¼ B.) 842., 2. (27½ B.) 43.]

Stapf, Jos. Ambr., Epitome theologiae moralis. Editio III. post auctoris obitum novis curis recognita studio J. V. Hofmann. Tomus I. gr. 8. (X und 288 S.) Innsbruck 863, Wagner'sche Universitäts-Buchh.

Stapf, Jos. Ambr., Epitome theologiae moralis. Editio III. post auctoris obitum novis curis recognita studio Sim. Aichner. Tomus II. 2 Fasc. Innsbruck 865 Wagner'sche Univ.-Buchh. gr. 8. (VIII, 343 S.) n. 1 ₰ 9 ngr.

Stapf, Jos. Ambros., Erziehungslehre im Geiste d. kathol. Kirche. gr. 8. Insbr. 832. (Landsh., Krüll). 1 ₰ 3 gr

Stapf, Ambr. Jos., Erziehungslehre im Geiste d. kathol. Kirche. gr. 8. (23½ B.) Innsbruck 832. (Regensburg, Manz.)

Stapf, Jos. Ambros, Erziehungslehre im Geiste d. kathol. Kirche. 2. u. 3., verb. Aufl. gr. 8. (21 u. 24¼ B.) Innsbruck 836, 42, Wagner'sche Buchh. à

—— Erziehungslehre im Geiste der kathol. Kirche. 4. Aufl. gr. 8. (24 B.) Innsbruck 846, Wagner'sche Buchh.

Stapf, Jos. Ambros, Erziehungslehre im Geiste der katholischen Kirche. 5., mit einigen Zusätzen und Veränderungen von J. B. Hofmann besorgte Aufl. gr. 8. (XVI und 330 S.) Innsbruck 854, Wagner'sche Buchh.

— Expositio casuum reservatorum in Dioecesi Brixinensi. 8. Brixinae 836, Wegerianis. (Innsbruck, Wagner.) 1/4 ₰

Stapf, Doktor Ambros.— Christkatholische Glaubens- und Sittenlehre für Real-Schulen. Verfaßt von — —. 8. (X. 308 S.) Wien. Gedruckt bei Leopold Grund. 1845. Ungebunden 30 kr. C. M. Gebunden in ledernen Rücken 38 kr. C. M.
Vlg.d.Schulbücher-Verschleiß-Administr.

—— die christl. Moral. Als Antwort auf d. Frage: Was wir thun müssen, um in das Reich Gottes einzugehen. 4 Bde. gr. 8. Innsbruck, Wagner'sche Buchh. [1. (27 B.) 1 1/6 Thlr., 2. (35 B.) 841. 1 5/6 Thlr., 3. (33 1/2 B.) 1 5/6 Thlr., 4. (15 3/4 B.) 842. 3/4 Thlr.]

Stapf, Jos. Ambros, die christliche Sittenlehre. 2., nach des Verf. Tode von J. B. Hofmann besorgte und überarb. Aufl. 3 Bde. gr. 8. (1. und 2. Bd. XXIII und 1044 S.) Innsbruck 848—49, Wagner'sche Buchh.

—— Theologia moralis in Compendium redacta. IV Ti. Edit. I. (105 1/2 B.) 827—30. 4 Thlr. 6 Gr., Edit. II. ...?, E. III. ... 8 maj. Oenipontl. (August. Vindel., Kollmann; Ratisbonae, Manz.) à

Stapf, (Prof.) Ambros. Jos., Theologia moralis in Compendium redacta. Tom. I. — IV. 8maj. Oeniponti 827—830. (Krüll in Landsh.) 4 ₰ 6 gl Tom. I. et II. Ed. III. 8maj. ibid. 832. 2 ₰

— Theologia moralis in compendium redacta. Tom. III. et IV. Edit. III. 8maj. Oeniponti 833. (Augustae Vindel., libr. Kollmann; Landishutae, Krüll.) 2 ₰

—— Theologia moralis in compend. redacta. IV Tom. Edit. IV. et V. 8maj. (à 88 B.) Oeniponti 836; 41, 42, libr. Wagner. à

Stapf, Jos. Ambr., Theologia moralis in compendium redacta. Tom. I et II. Edit. V. et Tom. III et IV. Edit. II. 8maj. Innsbruck 841, 42, Wagner. 3 1/3 ₰ — Edit. VI. IV Tomi. 8maj. ibid. 846. 3 ₰ 11 ngl

— theologia moralis in compendium redacta. 4 tomi. Edit. VII. Oeniponti 855—57. Wagner. 8. (5 Bl., 324; 4 Bl., 352; 4 Bl., 280; 4 Bl, 328 S.) 3 ₰ 10 ngr

Stapf, Karl Friedrich

Stapf, Carl Friedr., gegen die Rentenanstalten, oder Beweis, daß dieselben mit alleiniger Ausnahme der sächs. in Dresden weiter nichts als bloße Lotterien u. für die Betheiligten weit ungünstiger, ja f. das allgemeine Wohl weit nachtheiliger, als diese sind. gr. 4. (10 B.) Weimar 845, Voigt. Thlr.

Stapf, C. F., Zinstafeln zur Zinsenberechnung f. die neue deutsche Markwährung aber auch bei allen denjenigen Kapitalwerthen anwendbar, deren Münzeinheit in 100 Theile zerfällt u. zwar von 1, 1 1/2 u. sofort bis 10 Prozent Zins auf 1—29 Tage, 1 Monat bis 11 Monate incl., sowie auf e. volles Jahr. gr. 16. (278 S.) Weimar 874. B. F. Voigt. 2. 25

Stapf, C. F., Zinstafeln f. deutsche Reichswährung, österreich.-ungar. Währung u. andere 100teilige Münzsysteme, enth. die Zinsfüße 1, 1 1/2, 2, 2 1/2, 3, 3 2/10, 3 3/10, 3 1/3, 3 4/10, 3 1/2, 3 6/10, 3 3/4, 4, 4 2/10, 4 1/4, 4 4/10, 4 1/2, 4 3/4, 5, 5 1/2, 6, 6 1/2 vom Hundert auf 1 bis 29 Tage u. 1 bis 12 Monate. 2., verm. Aufl., neu bearb. v. B. Sattler. gr. 16. (V, 308 S.) Weimar 887. B. F. Voigt. cart. 2. 25

Stapf, C. F., Zinstafeln f. sämtliche 100-teilige Münzsysteme, enth. die Zinsfüße 1, 1 1/2, 2, 2 1/4, 2 1/2, 2 3/4, 3, 3 2/10, 3 1/4, 3 3/10, 3 1/3, 3 1/2, 3 6/10, 3 3/4, 3 8/10, 4, 4 2/10, 4 1/4, 4 1/3, 4 4/10, 4 1/2, 4 3/4, 5, 5 1/2 u. 6 vom Hundert auf 1 bis 29 Tage u. 1 bis 12 Monate. 3., verm. Aufl., neubearb. v. Bruno Sattler. (IV, 324 S.) kl. 8. Leipzig 905. B. F. Voigt. Geb. in Leinw. 2. 50

Stapf, Otto

Stapf, O., die Arten der Gattung Ephedra. [Aus: „Denkschr. der k. Akad. d. Wiss."] Imp.-4. (112 S. m. 1 Karte u. 4 Taf.) Wien 889. (Tempsky.) n. 9. —

Stapf, Otto, Beiträge zur Flora v. Lycien, Carien u. Mesopotamien. Plantae collectae a Fel. Luschan ann. 1881, 1882, 1883. 1. u. 2. Thl. Imp.-4. Wien, (Gerold's Sohn). n. 4. 50
1. (48 S.) 885. n. 2. 50. — 2. (39 S.) 886. n. 2. —

Stapf, Otto, Beiträge zur Flora von Lycien, Carien und Mesopotamien. Plantae collectae a Fel. Luschan ann. 1881, 1882, 1883. 2 Thle. Imp.-4. Wien, (Tempsky.) [1. Thl. (48 S.) 885. *M 2.50.; 2. Thl. (39 S.) 886. *M 2.—.] *

Stapf, Dr. Otto, Beiträge zur Flora von Syrien, Carien und Mesopotamien. Anno 1881, 1882, 1883. Plantae collectae a Dr. Fel. Luschan. II. Theil. (Abdruck aus den Denkschriften der mathemat.-naturwissenschaftl. Classe der k. Akademie der Wissenschaften.) 4°. (39 S.) Wien, Gerold's Sohn. In Comm. fl. 1.—. 1. u. 2. fl. 2.25. 1886.

—— die botanischen Ergebnisse der Polak'schen Expedition nach Persien im J. 1882. Plantae collectae a J. E. Polak et Th. Pichler. 2 Thle. Imp.-4. (Ebendas.) [1. Thl. (71 S.) 885. *M 3.70.; 2. Thl. (79 S.) 886. *M 4.—.] *
Vorstehende zwei Schriften sind aus: Denkschriften der k. Akademie der Wissenschaften, besonders abgedruckt.

Stapf, O., Podaliaceae, Martyniaceae, s.: Engler, A., u. K. Prantl, d. natürl. Pflanzenfamilien, IV, 3 b.

—— die Pflanzenreste des Hallstätter Heidengebirges. gr. 8. (12 S.) Wien 886, (Hölder. — Leipzig, Brockhaus' Sortiment und Antiqu.) *
Aus: Verhandlungen der k. k. zoologisch-botanischen Gesellschaft in Wien, besonders abgedruckt.

Stapfer, u. N. Martin, Personalstatus der Gymnasien, Progymnasien etc. im Königr. Bayern, s.: Reisert's, K., Taschenbuch.

Stapfer, Personalstatus der Gymnasien, Progymnasien, Lateinschulen, Industrieschulen und Realschulen im Königr. Bayern, s.: Taschenbuch, neues, f. d. höh. Unterrichtsanstalten.

Stapfer, Augustin, kurzgefaßte griechische Schulgrammatik, s.: Pistner, Jos.

Stapfer, Aurelius Augustinus: Studia in Aritstotelis de anima libros collata . . . Pars prior. Landishutae, typ. Jos. Thomanni, 1888. 31, 1 S. 8°
Erlangen, Phil. Fak., Inaug.-Diss. v. 1887

Studia in Aristotelis de anima libros. Pars prior. Dissertat. — Scrips. Aurelius Augustinus Stapfer, Dr. ph. — 1888, Landishutae, ibid. — Pag. 3 31.
Progr. Landshut, K. Gymn.

Kritische Studien zu Aristoteles' Schrift von der Seele. — Von Dr. Augustin Stapfer. — 1890, Landshut, Jos. Thomann. — S. 3—34.
Progr. Landshut, K. Gymn.

Stapfer, Augustin, griechisches Übungsbuch, s.: Bauer, Wolfg.

Stapfer, Johann

— Anweis. zu einer wahren u. nützl. Gelehrsamkeit f. die akadem. Jugend. 8. Bern 768. Haller. 8 gr.

Stapfer, Jh., († ...) neues Gebetbuch. 8. Bern 768. Haller. 5 gr.

— Predigten. 5 Thle. 8. Bern 761—76. Haller. 2 Thlr. 2 gr.

— Predigten. 5 Thle. 8. Ebend. 762–72.

— neue Predigten. 6 Thle. 8. Bern 776—81. Haller. ... (6r Thl. A. u. d. T.: Neueste Predigten. 8. Ebd. 781. 10 gr.) 7r Thl. A. u. d. T.: Hinterlass. Predigten, herausgg. v. Fr. Stapfer. 8. Ebd. 805. 16 gr.

— — 7r Thl. a. unter d. Titel: hinterlassene Predigten. 8. Ebend. 806.

— theologia analytica. Tom. I. 4. Bern 763. Typ. Soc. 21 gr.

Stapfer, Johann Fr.

— Abhandl. von der besten Art zu predigen. 8. Duisb. 756. Böttcher. 2 gr.

Stapfer, J. F., Abhandl. v. der besten Art zu predigen. 8. Duisburg, Böttcher. 758. Rthlr.

— Anweis. zur wahren christl. Religion in Fragen u. Antworten. gr. 8. Zürich 753. N. A. 768. Orell. 5 gr.

— Grundlegung zur wahren christl. Religion. 12 Thle. 8. Zürich 746—53. (Geßner). 10 Thlr.

— Auszug aus derselben. 8. Ebd. 754. 1 Thlr. 8 gr.

— instit. Theologiae polemicae universae ordine scientifico dispositae. V Tmi. 8. ibid. 743–47.

— christl. Sittenlehre. 6 Thle. 8. Zürich 756—766. Orell. 7 Thlr. 6 gr.

Stapfer, Jh. Fr., († im Mai 1775.) Unterricht vom Eide an diejenigen, welche ihren Rechtshandel durch denselben zu Ende bringen. 8. Zürich 758. Orell. 7 gr.

Stapfer, Johann Jacob s. Cortez, Hernando. Briefe.... Bern 1779.

Stapfer, J. J. Ferdinand Cortez. Die Eroberung von Mexiko, in Briefen an Kaiser Carl den Fünften. Neue Aufl. (2 Bde.) 8. Bern 1793.

Stapfer, J. J., Ferdinand Cortes, d. Eroberer v. Mexico, in Briefen an K. Karl V. 2 Thle. (neuer Tit. d. B. Briefe des Cortes üb. Mexico.) 8. Bern, Typogr. Soc. 793.

Stapfer, Johann Jacob. Denkmal (*Umschlag*: Dem Andenken) der Herren Niklaus Emanuel Tscharner (1727–[1794]), deutsch Seckelmeisters der Republick Bern, und Abraham Rengger (1732–[1794]), dritten Pfarrers, am Münster zu Bern. Von J' J' St'.... Vorgelesen in der Helvetischen Gesellschaft zu Olten den 4ten Brachmonat 1794. 8. Basel 1794.

Stapfer, P[hilipp] A[lbert]. Einige Bemerkungen über den Zustand der Religion und ihrer Diener in Helvetien. 8. Bern 1800.

(Stapfer, Philipp Albert.) Bonaparte, Talleyrand et St', 1800–1803. (Lettres et missives de Philippe-A' St' au conseil exécutif de la république helvétique et à son ministère des relations extérieures. [Publiées par] Albert Jahn.) 8. Zurich 1869.

Stapfer, Philipp Albert s. Luginbühl, Rudolf. Aus Ph' A' Stapfer's Briefwechsel. Basel 1891.

Stapfer's, Phpp. Alb., Briefwechsel, s.: Quellen zur Schweizer Geschichte.

Stapfer, Ph. Albr., die fruchtbarste Entwickelungsmethode d. Anlagen des Menschen. 8. Bern 793. Haller. 9 gr.

Stapfer, P. A., histoire et description des principales Villes d'Europe. Suisse. Berne. 4. Paris 835. Brockhaus et Av. $1\frac{1}{4}$ Thlr.

— de natura, conditore et incrementis reipublicae ethicae. 8maj. Bern 797. Haller. 8 gr.

— de philosophia Socratis. 8. Bern 786

(Stapfer, [Philipp Albert].) Der Minister der Künste und Wissenschaften der... helvetischen Republik, An die Religionslehrer Helvetiens, über ihre Pflichten und Bestimmung. 8. o. O. 1798.

— de vitae immortalis spe firmata per resurrectionem Christi. 8. Bern 787.

— Versuch e. Beweises der göttl. Sendung u. Würde Jesu aus seinem Charakter. 8. Bern 797. Haller. 4 gr.

— Voyage pittoresque de l'Oberland Bernois, ou description de l'Oberland accompagnée de notices historiques. Mit 15 ill. Kpf. u. 1 Karte. 4. Paris 812. (Zürch, Orell). 21 Thlr.

Stapfer-Schäppi, Cäsar. Moderne Bankprinzipien u. klingende Manipulationen. Offenes Wort über den plötzlichen Konkurs der Aktiengesellschaft Bijouteriefabrik Zch. In-8°, 33 S. Zürich, J. Herzog. 1886. — 40

Stapff, Arthur: Die wirtschaftliche Bedeutung des Arbeitstarifvertrags. Weimar (1909): Wagner. 65 S. 8°
Jena, Phil. Diss. v. 8. Mai 1909, Ref. Pierstorff
[Geb. 9. Jan. 84 Vacha; Wohnort: Weimar; Staatsangeh.: Sachsen-Weimar; Vorbildung: Realgymn. Weimar Reife O. 03; Studium: Jena 6 S.; Rig. 4. März 07.] [U 09. 2228

Stapff, Friedrich Moritz

Stapff, F. M.: Geologische Beobachtungen im Tessinthal während Tracirung und Baues der Gotthardbahn. Mit 6 lithographirten Tafeln. Inhalt: 1. Bau des oberen Tessinthales. — 2. Strandbilder. — 3. Gletscher. — 4. Seebildungen. — 5. Spuren der ältesten Bewohner. — Geologische Zeitschätzungen. — Nachwort. Berlin 1883. 171 S., 6 Tf. 8°.

——— Geologische Betrachtungen im Tessinthal während Tracirung und Baues der Gotthardbahn. Berlin 1883. 8. — Mit 6 Tafeln.

Stapff, F. M., Bodentemperaturbeobachtungen im Hinterlande der Walfischbay. [Mit 2 Taf. u. 1 Holzschn.] [Aus: „Sitzungsber. d. k. Akad. der Wiss."] Lex.-8. (23 S.) Wien 888. (Tompsky.) n. 1. 30

Stapff, F. M.: Zur Diluvialfrage. Briefliche Mittheilungen vom 3. Juli 1890. ([S.-A.] Mittheilungen aus dem Mineralogischen Institut der Universität Kiel. Bd. 1. Heft 3. 1890. S. 174—186.) Kiel 1890. 13 S. 8°.

Stapff, F. M.: Diluvialstudien in Lappmarken. Mit mehreren Abbildungen. 1. Eisbewegung quer über die skandinavische Wasserscheide. 2. Strandmale im Hochgebirge. ([S.-A.] Gaea. Natur und Leben. Jahrg. 26. 1890.) (Leipzig 1890.) 57 S. 8°.

Stapff, F. M.: Das „glaziale" Dwykakonglomerat Südafrikas. (Allgemein-verständliche naturwissenschaftliche Abhandlungen. Heft 5.) ([S.-A.] Naturwissenschaftliche Wochenschrift.) Berlin 1889. 25 S., 1 Tf. 8°.

— das 'glaziale' Dwykakonglomerat Südafrikas, s. a. Abhandlungen, allgemein-verständl. naturwissenschaftliche.

Stapff, F. M. Les eaux du tunnel du St.-Gothard. Fol. (168 S. m. 14 Tab., 3 Taf., davon 2 in Farbendr., u. 6 Fig. im Text.) Weissensee bei Berl. 891, Selbstverl. d. Verf. * 16 —

Stapff, F. M., Eine zerbrocheue Fensterscheibe. [Zur Theorie des Erddrucks.] Essen, 1893. 16 S.

Stapff, F. M., über Gesteinsbohrmaschinen. 4. (VII, 260 S. mit 2 Tab. in qu. Fol. und 1 Atlas in 11 Stnt. in Imp.-Fol.) Stockholm 869, (Bonnier.)

Stapff, F[riedrich] M[oritz]. Das untere! Khuisebthal und sein Strandgebiet. [SA.] 8. ([Berlin] 1887.)

Stapff. F. M.: Ueber Niveauschwankungen zur Eiszeit nebst Versuch einer Gliederung des Eulengebirgischen Gebirgsdiluviums. ([S.-A.] Jahrbuch der Koniglich Preussischen Geologischen Landesanstalt für 1888.) Berlin 1889. 109 S. 8°.

Stapff. F. M.: Notiz über das Klima von Walfischbai. ([S.-A.] Deutsche Kolonialzeitung. Bd. 1. 1887.) Berlin 1887. 8 S., 1 Tb. 8°.

Stapff, F. M. (Dr. Ingenieur-Geolog der Gotthardbahn). Generelles geologisches Profil in der Ebene des Gotthardtunnels. Bericht. In-8°. Mit einer geolog. Karte in Farbendruck, Massstab 1 : 25,000. Zürich, Orell Füssli & Cie. 8 — 1880.

Stapff. F. M. Schichtenbau des Ursernthales. Aut. 1878. 4.

Stapff (F. M.), Schichtenbau des Urserutbales. (Materialien für Gotthardprofil. VI.) (Bern 1879.) 8.

Stapf, F. M. (Dr., Ingenieur-Geolog d. Gotthardbahn in Airolo). Studien über den Einfluss der Erdwärme auf die Ausführbarkeit von Hochgebirgstunneln. 1880.

*** Sep.-Abdruck aus dem „Archiv für Anatomie u. Physiologie", 1879.

Stapff, F[riedrich] M[oritz]. Studien über die Wärmevertheilung im Gotthard. 1. [einziger] Theil. Der Schweizerischen naturforschenden Gesellschaft zu ihrer sechszigsten Jahresversammlung in Bex gewidmet. Mit einer lithographischen Tafel, zwei Holzschnitten und sechs Tabellen. 4. Bern 1877.

Stapff: Geologische Tabellen und Durchschnitte über den großen Gotthardtunnel. Südseite und Nordseite. Zürich 1882. Fol.

Stapff, F. M., geologische Uebersichtskarte der Gotthardbahnstrecke Kil. 38—149 [Erstfeld-Castione]. 10 Bl. 1 : 25,000. Profile. Skizzen. Im Auftrage der Direction der Gotthardbahn. Chromolithogr. qu. gr. Fol. Berlin 885, (Gropius'sche Buchh.)

—— Wärmezunahme nach den Inneren von Hochgebirgen. 8. (20 S.) Bern 880, [Dalp'sche Buchh.] Schmid, Francke und Comp. *

— was kann das Studium der dynamischen Geologie im praktischen Leben nützen, besonders in der Berufsthätigkeit des Bauingenieurs? Habilitationsvortrag, geh. in der kgl. techn. Hochschule zu Berlin am 18. Oktbr. 1893. [Aus: „Zeitschr. f. prakt. Geol."] Lex.-8. (III, 22 S.) Berlin 893. J. Springer. n. 1. —

Stapff, F[riedrich] M[oritz]: Ueber die angeblichen Yoldienthonkerne des schlesischen Diluviums. ([S.-A.] Neues Jahrbuch für Mineralogie etc. 1891. Bd. 2. S. 331–334.) (Stuttgart 1891.) 4 S. 8°

Stapff, Hermann: Ein Beitrag zur Pathologie und Therapie der Menisken-Verletzungen im Knie. Sonneberg 1906: A. Eichhorn. (30 S.) 8°
Jena, Med. Fak., Ref. Riedel, Diss. v. 29. Jan. 1906

Stapff, Johann Georg (Hallstadt) A. S. 96/5

Dissertatio juridica inauguralis sistens observationes juris feudalis Germanici, una cum corollariis ex universo jure desumtis.
Präs. Johann Heinrich Boeris.
Bamberg (Gertner) 13. XII. 1747. 104 S., 8 Bl.

Stapff, Moritz: Über Nervenverletzung und ihre Heilung. *Marburg 1897: O. Ehrhardt.* (60 S.) 8°
Marburg, Med. Diss. v. 8. Sept. 1897

Stapff, [Paul]: Die Eisenbahnanlagen in und bei Cöln in ihrer geschichtlichen Entwicklung. Vortrag geh. zu Cöln 1909. (Cöln 1909: Du Mont Schauberg.) 26 S. 8°
(Jahresbericht u. Mitteilungen d. Handelskammer zu Cöln. 1909. H. 3.Anl.)

STAPFNER, Korbinian (Dorfen): Zur Lehre vom Mechanismus der Nachgeburtslösung.- München: Kutzner 1893. 23 S.
6.3.1893 - Chr 1892/93,17; Jv 1892/93,212
Diss. Ingolst.-Landsh.-Mchn.

Staphorst, Nikolaus

Staphorst, Nic., Bekäntnisse u. Vorklaringe up dat Interim durch de dre Städte Lübeck, Hamborch u. Lüneborch. 4. Hamburg, Bohn.

[**Staphorst**, Nikolaus:] Jährliche Gestalt des Hamburgischen Predigt-Ampts, das ist deutliche Fürstellung was vom Anfange der Religions-Verbesserung bis auf gegenwärtige Zeiten für Männer ... in das hiesige Ehrwürdige Lehr-Ampt aufgenommen worden ... Hamburg. 1728. 4°. Bei desselben: Hamburgische Kirchen-Geschichte. Th. 2. Bd. 1.

— hamburg. Kirchengeschichte aus glaubwürd. u. mehrentheils noch ungedruckten Urkunden. 5 Thle. 4. Ebend. 723 - 29. Bohn.

Staphorst, Nikolaus: Hamburgische Kirchen-Geschichte. (A. u. d. T.: Historia ecclesiae Hamburgensis diplomatica etc.) 4°
Th. 1, Bd. 1, Darinnen die Bekehrung unserer Vorfahren zum Christenthum . . . vorgestellet, mithin die Zeiten von Anno 811. biss 1223. beleuchtet werden. Hamburg. 1723.
Th. 1, Bd. 2, darinnen die Geschichten aus dem dreizehenden und vierzehenden Jahr-hundert beigebracht und beleuchtet werden. ebd. 1725.
Th. 1, Bd. 3, darinnen die im 2. Bande übrig gelassene Beilagen und mittelst dererselben Urkunden und Nachrichten von denen Kirchen S. Catharinae, S. Nicolai, S. Petri, wie auch von denen Memorien im Dom gegeben werden. ebd. 1727.
Th. 1, Bd. 4, darin die Geschichten des funfzehenden Jahrhunderts enthalten sind. ebd. 1731.
Th. 2, Bd. 1, in welchem Die Geschichten der Reformation von An. 1521. bis 1531. dargestellet werden, wobei am Ende die Jährliche Gestalt des hiesigen Evangelischen Predigamts, die Formula committendi, und die Bekänntnüsse der Hamburgischen Kirche gefüget ist. ebd. 1729.

Stapleton, Aug. Granville, Geo. Canning's Leben als Staatsmann, von sein. Eintritte in's Ministerium d. auswärt. Angelegenheiten im Sept. 1822, bis zu sein. Tode im Aug. 1827. Nebst e. kurzen Ueberſicht der auf jene Begebenheit folgenden auswärt. Angelegenheiten. A. d. 2. Ausg. d. Orig., welche das in d. 1. Ausg. Ausgelassene enthält, verdeutscht u. mit Anmerkn. vers. 3 Hfte. gr. 8. (42 B. u. C's, Bild., Stahlst.) Quedlinburg 835—35, Basse. à 1 Thlr. 8 Gr.

Stapleton, Aug. Granville, George Cannings Leben als Staatsmann. A. d. 2. Ausg. d. Orig. 4. (letzt.) Hft. gr. 8. (19½ B.) Quedlinburg 837, Basse.
1–3. Hft. Ebendas. 1835–35. 4 Thlr.

Stapleton, Thomas

Stapleton Thom., promptuarium morale super evangel. dominicalia totius anni. 4. Augsb. 750.

— promptuarium morale in Festarum promptuario catholico. 4. Augsb. Wolf. 749.

Stacpoole, Henry de Vere, der Bourgeois, s.: Engelhorn's allgem. Roman-Bibliothek. XX, 11.

Augustus Stapp: De Gangraena. Gottingae (1793): Barmeier. 38 S. 8°
Göttingen, Med. Diss. v. 21. Dez. 1793

Stapp, K.

Stapp. Geschichte d. königl. bayerischen 6. Infanterie-Regiments Kaiser Wilhelm König v. Preußen von 1725—1891. Im Auftrage des Regiments f. Unteroffiziere u. Mannschaften bearb. 8. (VI, 171 S. m. 2 Bildnissen.) Berl. 1891, Mittler u. Sohn. * — 80

Stapp, Hauptm., das königl. bayerische 4. Infanterie-Regiment König Karl von Württemberg von 1706—1881. Im Auftrage des Regiments bearb. für Unteroffiziere und Mannschaften. 8. (VI, 90 S.) Berlin 882, Mittler und Sohn. *

Stapp, die Emmerlinge. Geschichte d. königl. bayer. 4. Infanterie-Regiments König Karl v. Württemberg von 1706—1884. Im Auftrage d. Regiments bearb. f. Unteroffiziere u. Mannschaften. 2. Aufl. 8. (VI, 158 S.) Berlin 884. Mittler & Sohn. n. — 60

Stappel, Wilhelm [aus Quincy '(N.-Amer.)']: Ueber einen merkwürdigen Fall von Uterusmissbildung ... Würzburg, A. Boegler'sche Buchdr., 1892; 18 S. 8.
Würzburg, Med. Fak., Inaug.-Diss. v. 1892

Stappen, Christian Friedrich [Praes.], s. Riemschneider, Gebhard Julius: De communi artium humanitatis vinculo et cognatione.

Stappenbeck, August. Joan. Car. (geb. Salzwedel 6. 3. 1842): De tumoribus retromaxillaribus eorumque operationis methodo. Berolini (1866). (32 S.) 8°
Berlin, Med. Diss. v. 2. Juli 1866

Stappenbeck, Martin, Assistenzarzt im Inf.-Reg. Prinz Moritz von Anhalt-Dessau (5. Pomm.) No 42: Über die Geschoßwirkung kleinkalibriger Mantelgeschosse. (Ein Vergleich d. Kriegserfahrungen im Burenkriege mit d. Resultaten d. Schießversuche auf Leichen d. Medizinal-Abteilung d. Kgl. Pr. Kriegsministeriums.) *Greifswald 1904: J. Abel.* (43 S.) 8°
Greifswald, Med. Diss. v. 8. Aug. 1904

Stappenbeck, Rich., geologische Beschreibung der Umgebung des Sees Musters in Patagonien. (7 S. m. 4 Fig., 1 Taf. 1 u. farb. Karte.) gr. 8. Wien 908. A. Hölder. 1.30
Sonderabdr. aus: „Sitzungsber. d. k. Akad. d. Wiss."

Stappenbeck, Richard, a. Salzwedel: Über Stephanospondylus n. g. und Phanerosaurus H. v. Meyer. (Berlin: J. F. Starke [vielm.: Starcke] 1905.) (S. 379—437.) 8° ¶(Aus: Zeitschr. d. Deutschen geolog. Gesellsch. Bd 57. 1905.)
Berlin, Phil. Fak., Ref. Branco, Diss. v. 11. Nov. 1905
[Geb. 2. Mai 80 Salzwedel; Wohnort: Salzwedel; Staatsangeh.: Preußen; Vorbildung: Gymn. Salzwedel Reife M. 01; Studium: Berlin 2, München 2, Berlin 4 S.; Rig. 11. Mai 05.]

Stappenbeck, Wilh., der Denktag Perlebergs, od. Perleberg im J. 1638. Eine Episode aus d. Gesch. d. 30jähr. Krieges. 8. (3¾ B.) Perleberg 839. (Berlin, Logier.) *

Stapper, Julius [aus Rheinberg]: Aus d. med. Klinik '(Ambulanz)' zu Bonn. Beitrag zur Diagnose der Pankreascysten ... Bonn, Buchdr. J. Bach Wwe., 1892; 35 S., 1 Bl. 8.
Bonn, Med. Fak., Inaug.-Diss. v. [26.] Febr. 1892

Stapper, Rich., die älteste Agende des Bist. Münster. Mit Einleitg. u. Erläutergn. als Beitrag zur Liturgie- u. Kulturgeschichte hrsg. Im Anh.: I. Ein münstersches Domrituale vom Anfang des 16. Jahrh. II. 4 Lichtdr.-Taf. m. Noten- u. Textproben aus der Agende. (VII, 148 S.) Lex.-8. Münster 906. Regensberg. n. 6. —

Stapper, R(ichard): Papst Johannes XXI. Eine Monographie. *Münster i. W. 1898: Westfäl. Vereinsdr.* (38 S.) 8° ¶(Erscheint vollständig in: Kirchengeschichtliche Studien, Bd 4 H. 4.)
Münster, Kath.-theol. Diss. v. [13. Juli] 1898

Stapper, Richard: Papst Johannes XXI. E. Monographie. Münster i. W.: H. Schöningh 1898. (VII, 128 S.) 8°
= Studien, Kirchengeschichtliche. Bd IV. H. 4.

Stapper, R[ichard]: Karls des Grossen römisches Messbuch. Ein Beitr. z. Geschichte d. Sacramentarium Gregorianum. Leipzig 1908: Teubner. 44 S. 8°
M.-Gladbach, G P 1908 (580) [S 08. 461

Stappert, Johannes: Das Carcinom der Tonsille und seine Behandlung ... Bonn: Buchdr. Jos. Bach Wwe., 1889. 42 S., 1 Bl. 8°
Bonn, Med. Fak., Inaug.-Diss. v. 5. Jun. 1889

Staps, Friedrich, erschossen zu Schönbrunn bei Wien, auf Napoleons Befehl im October 1809. Eine Biographie aus den hinterlass. Papieren seines Vaters, M. Fr. G. Staps. — Carl Joh. Friedr. Schulz, Kämmerer zu Kyritz, erschossen daselbst am 8. Sept. 1807 auf Befehl des französ. Gouvernements. Mit Fr. Staps Silhouette u. Handschrift. 8. Berlin 843, Buchh. des Berliner Lesecabinets. 1 ₰

Staps, e. Rekrute. Lstsp. 8. Frkft. u. Leipz. 749.

Staps, Fr. G., s. Staps, Fr., erschossen zu Schönbrunn bei Wien.

Staeps, Armin. (geb. Derne in Westf. 2. 6. 1840): De trichiniasi. Berolini (1866). (30 S.) 8°
Berlin, Med. Diss. v. 14 März 1866

Stäps, C. W. H., Schönschreibekunst, mit Vorschriften. Leipzig, Sommer.

Stäps (en), F.: „Fertiger und hinlänglicher Unterricht vor Handlungs-Beflisssene", 2 Teile, Leipzig 1748, 1749.

Staeps, *Friedrich Wilhelm* Hermann [aus Witten]: Über Friedrich Rohmer's „Wissenschaft von Gott" ... Erlangen, k. b. Hofbuchdr. v. A. Vollrath, 1897; 76 S., 2 Bl. 8.
Erlangen, Phil. Fak., Inaug.-Diss. v. 18. Dez. 1896

Johann Stäps, der zur gründlichen Schreiberey, Handlung und Rechnungs - Wercke sich anschickende Schreiber und Handlungs-Bediente. 2 Theile. Leipz. 4. 1739.

Staeps, Karl, Medizinalpraktikant u. Assistent am pathologisch-anatomischen Institut zu Jena: Aus der Augenklinik zu Jena. Über die Tätowierung von Hornhautnarben. Jena 1907: A. Kämpfe. (39 S.) 8°
Jena, Med. Fak., Ref. Wagenmann, Diss. v. 6. Febr. 1907
[Geb. 13. Dez. 80 Allstedt; Wohnort: Jena; Staatsangeh.: Sachsen-Weimar; Vorbildung: Gymn. Jena Reife O. 01; Studium: Jena 5, Berlin 1, Jena 3 S.; Coll. 22. Jan. 07; Approb. 6. Aug. 07.]

STÄPS, Richard: Die Wohnungsverhältnisse in den Gross-Städten Deutschland.- Berlin: Müller 1893. 96 S.
23.1.1893 - Chr 1892/93,13; Jv 1892/93,200
Diss. Ingolst.-Landsh.-Mchn.

Star of Empire: vol. 1, no. 1 - 8, Sept. 17 - Nov. 12, 1856.
The fourth page of the weekly STAR OF EMPIRE was printed in German, under the caption title DER DEUTSCHE PATRIOT. The editor states: "For Fremont of California. Will be published each Wednesday morning of every week till John C. Fremont is elected President of the U.S. Consequently, there will be eight numbers, 50 cents for the campaign." STAR OF EMPIRE was edited & published by C. A. Washburn, the German page edited by C. Muro. In volume 1, number 4, Oct. 8, 1856, the statement is made that circulation has increased from 15,000 to 20,000.
San Francisco, CA

Star, was Frauen erdulden. Berichte aus dem Leben. Mit e. Geleitwort v. Alice Salomon u. m. e. Umschlagzeichng. v. Käthe Kollwitz. (58 S.) kl. 8. Berlin-Schöneberg 910. Buchverlag der „Hilfe". (Urspr. Pr. 1. —)

Star, Numan Corn., Diatribe academ. in Nicol. Machiavelli opuscula de principe inscriptum. 8maj. (.. B.) (Lipsiae 833, Fr. Fleischer.)

Star, Numan Cornel., Untersuchung über Nikolo Machiavelli's Buch vom Fürsten. Nach d. Latein. Deutsch bearbeitet von Ferd. Ganter. gr. 8. Karlsruhe 840. Creuzbauer. n. 5/6 ꝛc.

—— Untersuchung üb. Nikolo Machiavelli's Buch vom Fürsten. N. d. Lat. Deutsch bearb. v. Ferd. Ganter. gr. 8. (10⅓ B.) Karlsruhe 840, [Nöldeke.] *

Star Numan, Corn., s. Star, N. C.

Stara Zagora, s.: Europa. Generalkarte.

STARA, Antonius: Dissertatio inauguralis in qua patres apostolicos, s. Justinum M., s. Irenaeum, nec non Tertullianum testes esse doctrinae catholicae de missae sacrificio contra Höfling („Die Lehre der ältesten Kirche vom Opfer", Erlangen 1851) & Rahnis („Die Lehre vom Abendmahle", Leipzig 1951). – (1855) 136 S. 8° (Handschr.) Diss. 163
Diss. Wien, Univ.

Stara, Dr. Anton, Die Dramaturgie, dargestellt nach katholischen Grundsätzen. Aesthetisch-sociologische Untersuchungen. Gr.-8. (202 S.) 1.50
Wien: Breitenstein 1893.

Stára, Ant., die Dramaturgie, dargestellt nach kathol. Grundsätzen. Aesthetisch-sociolog. Untersuchgn. gr. 8. (III, 202 S.) Wien 898. Verl. „Austria" (F. Doll). n. 3. —

Stára, Ant., die wirklichen und die vorgeblichen Mängel des jetzigen österreichischen Volksschulgesetzes. Dem hohen Reichsrathe dargestellt. gr. 8. (III, 31 S.) Znaim 881. (Wien, Woerl.) *

Stára, Dr. A., 1683. Vaterländisches Schauspiel in 3 Act. u. einem Nachspiele. 8. (35 S.) Brünn, Benedict.-Buchdr. 30 kr.
1885.

Stára, Ant., die Tagsatzung. Tragikomisches Volksstück in 2 Akten. Brünn 860. Nitsch in Comm. gr. 8. (47 S.) n. 6 ngr.

Staravasnig, (zu deutsch Neuhofer), Geo. Karl, († d. 26. März 1792.) Abhandl. von den außerordentl. Fasten d. Maria Monika, Mitschülerin zu Rotweil. 2 Thle. 8. Freiburg u. Wien 780. 83. Camesina. 20 ℊ

Staravasnig, Go. K., Abh. v. d. außerord. Fasten der Maria Monika Mutschla zu Rothweil. Freib. 1780. 8°. Mit Abbild. 2 Th. Wien 1782.

Staravolsci, Si., de claris oratoribus Sarmatiae Libellus. 8. Warschau et Lips. 758. — 5

— Tract. tres: 1) Polonia; 2) Sarmatiae bellatores, 3) Scriptorum Polonicorum ἑκατόντας. 4. Breslau, W. G. Korn. 733.

Starbäck, C. G., Engelbrekt Engelbrektsson. Historischer Roman in 2 Bdn. Aus dem Schwed. übers. von Ella Freiin v. Wangenheim. 2 Bde. 8. (383 u. 550 S.) Aurich 889. Dunkmann. n. 8. —

Starbäck, Karl, Ascomyceten der ersten Regnellschen Expedition. III. (22 S. m. 2 Taf.) gr. 8. Stockholm 904. (Berlin, R. Friedländer & Sohn.) n.n. 1. 25
Sonderabdruck aus: Arkiv f. botanik". — I u. II sind nicht als Sonderdrucke erschienen.

Discomyceten-Studien. Von Karl Starbäck. M. 2 Taf. ... *Stockholm: Boktr. P. A. Norstedt & söner 1895.* (42 S., 2 Taf.) 8.
— Bihang till K. Svenska Vet.-Akad. Handlingar. Bd 21. Afd. III. No 5.
[97. 3633

Starbuck, Edwin Diller, Religionspsychologie, s. Bücherei, philosophisch-soziologische. Bd. 14. 15.

Religionspsychologie [Psychology of religion]. Empirische Entwicklungsstudie religiösen Bewußtseins. Von Dr. Edwin Diller **Starbuck**, Prof. Mit Vorw. von William James, Prof., Cambridge, Mass. Unter Mitw. von G. Vorbrodt übers. von Pastor Friedr. Beta. Bd 1. 2. Leipzig: Klinkhardt 1909. 8°
(Philosophisch-soziologische Bücherei. Bd 14. 15.)

Starck, s. Stark.

Starck, Frhr. v., s.: Jagd u. Fischerei.

Starck, Adolf (geb. am 10 Dez. 1859 in Düsseldorf): Ueber das Verhältniss zwischen Chorea minor und Endocarditis ... Bonn, Hauptmann'sche Buchdr. 1885. 31 S. 8.
Bonn, Med. Fak., Diss. v. 1 Aug. 1885

Starck, Alfr., Geschichte der Entwicklung des badischen Notariats. M. Anh. enth.: D. Gesetz üb. Verwaltg. d. freiwill. Gerichtsbarkeit u. d. Notariat, nebst Gebührentarif. gr. 8. (VIII, 249 S.) Heidelberg 897. J. Hörning. n. 3. —; geb. n. 3. 80

Starck, August Christian (Mühlhausen) F,o:28

Dissertatio theologica de supremis iustitiae divinae regulis libro: de religione essentiali opposita.
Präs. Johann Martin Chladenius.
Erlangen (Cameratius) 20. XII. 1758. 55 S.

Gew.: Stadt Mühlhausen.
W. v.: Präs., Johann Gerhard Theodor Scheler (Opp.), Johann Christoph Heinrich Pertsch (Opp.), Christian Gottfried Tilesius, Theophil Harles. 33166

Starck, Benj., Beschreib. d. Stadt Mühlhausen in Thüringen. 2 Thle. 8. Eisenach 767. Wittekind. 6 ℊ

Starck, Bernh., Naturgeschichte für die Oberklassen der Volksschulen. Nach monographisch-gruppierender Methode bearb. 8. (VI, 104 S.) Nürnberg 886, Korn'sche Buchh. *

Starck, Bernh., Naturgeschichte f. die Oberklassen der Volksschulen. Nach monographisch-gruppiert. Methode bearb. 2. Aufl. 8. (VI, 119 S.) Nürnberg 898. F. Korn. Kart. n.n. — 55

Starck, Bernh., Naturgeschichte f. Schule u. Haus. 3. Aufl. gr. 8. (VI, 128 S. m. Abbildgn.) Nürnberg 903. F. Korn. Kart. n. — 80

Starck, Bernh., J. H. Pestalozzi, e. Wohlthäter d. Volkes. Vortrag. Mit e. Begleitworte v. J. Helm. gr. 8. (28 S.) Nürnberg 886. (Korn.) n.n. — 25

Starck, Bernh[ard]. J(ohann) H(einrich) Pestalozzi, ein Wohlthäter des Volkes. Vortrag, zum 150. Geburtstag des grossen Pädagogen in 2. Aufl. hrg. von Bernh. St.... Mit einem Begleitworte des Hrn. Seminarinspektors J[ohannes] Helm.... 8. Nürnberg 1896.

Starck, Bernh., J. H. Pestalozzi, e. Wohlthäter des Volkes. Vortrag, z. 150. Geburtstag d. großen Pädagogen in 2. Aufl. hrsg. Mit e. Begleitworte v. J. Helm. 8. (31 S.) Nürnberg 896. F. Korn. n. — 25

Starck, C., s.a. Starck, Karl

Starck, C. Frhr. v., Offizier-Stammliste des Leib-Dragoner-Regiments (2. großh. hess.) Nr. 24 seit seiner Errichtung nebst e. Rückblick auf die seit dem 1. I. 1860 verflossenen 50 Jahre. Abgeschlossen am 4. XI. 1909. (V, 90 S.) gr. 8. Darmstadt 910. A. Bergstraeßer. Geb. in Leinw. 4. —

Starck, G. E. A. Frh. v., Anleitung f. d. Großh. Hessischen Bürgermeister u. Beygeordneten in d. Provinzen Starkenburg u. Oberhessen, zur Versehung ihres Dienstes. 4. (21 B.) Darmstadt 827, [Heyer'sche Vrlsbuchh.]

Starck, C. Fr., das Städelsche Kunst-Institut in Frankfurt a. M., dessen Stiftung, Fortgang u. gegenwärt. Zustand. 8. Frkf. a. M. 819. (Varrentrapp). 9 *ℋ*

Starck, Carl, s. Starck, Karl

Starck, Carl Julius, s. Starck, Karl Julius

Starck, Chr. Fr., Beobachtt. üb. d. Sommerflug u. die Spinne rc. s. Schriften der naturforsch. Gesellschaft in Halle, 5s Heft.

Starck, Chr. L. W., s. Stark, Chr. Ludwig Wilhelm

Starck, Christ. Die Darstellungsmittel des Wolframschen Humors. 33 S. Progr. G. *Schwerin* 1879.

STARCK, CHRISTIAN. Manualis Arithmetici Breviarium Das ist: Außzug aus Christian Starckens Arithmetischen Hand-Büchlein. Darinnen zu befinden eine Beschreibung der Metallen, die Resolvirung Inn- und Ausländischer Muntzwehrungen, der Gewichte, Maaß und anderer Dinge, ein zweyfaches Multiplicir- und Dividir-Täfflein, wie auch unterschiedliche Cassir- In- und Ausländische Wechsel-Interesse und Kram-Rechnungen etc. 89 S., XXIII Bll. O. O. Dr. u. J. [Leipzig, ca. 1730]. Nach dem Register folgt ein „Verzeichniß der Kram- Vieh- Pferde- und Fluchs-Märckte, so in den furnehmsten Städten und Flecken Deutschlands: Insonderheit Sachsen, Thüringen, Ober- und Nieder-Lausitz, Pommern, Schlesien, Polen, Preussen . . . gehalten werden".

Christian Starck

Museum mercatorio-arithmeticum, oder Mercatorische Rechen-Stube, darinnen die Species und regula de Tri mit gantzen und gebrochenen Zahlen... vorgestellet, auch nach Erforderung solviret und erörtert seyn. ... Verfertiget u.in Druck gegeben von Christiano Starcken [Starck]. Leipzig: Emmerich 1706. 667 S. 8°

Starck, Emil von

Starck, E. v., Babylonien u. Assyrien, nach ihrer alten Geschichte u. Kultur dargestellt. (VIII, 443 S.) gr. 8. Marburg 907. A. Ebel. 8. —

Starck, Emil v., Dr. Martin Luther's kleiner Katechismus mit Sprüchen der heil. Schrift und erklär. Lehrsätzen versehen. gr. 8. (IV, 142 S.) Erlangen 873, Deichert. (70 Pf.) *

Starck, E. v., Dr. M. Luther's kleiner Katechismus, mit Sprüchen der heil. Schrift u. erklärenden Lehrsätzen versehen. 2. Aufl. gr. 8. (III, 149 S.) Ludwigslust 881. Hinstorff's Verl. n. 1. 20

Starck, E. v., Palaestina u. Syrien von Anfang der Geschichte bis zum Siege des Islam. Lexikalisches Hilfsbuch f. Freunde des hl. Landes. gr. 8. (VII, 168 S.) Berlin 894. Reuther & Reichard. n. 4. 60

STARCK, Ernst (fehlt in Weller's Lex. Pseud.). — Die Betrogene Geld-Freyerey, oder Das gantz wundersame Leben Dorotheen Grieblerin, Einer gebohrenen Zigeunerin, erzogenen Bäuerin, verheyratheten Doctorin, zweymal verehligten Kaufmannin, und endlich in die vielen Jahre gewesene Höckin. — Kleines Kupfer. — Von ihr selbst in die Feder dictiret, und zum Druck befördert von deroselben letzten Stuben-Purschen *Ernst Starcken*, L. L. Stud. Leipzig, 1722. (bey denen Cörnerischen Erben auf dem Neuen Neumarckt.) 8°. (24 Sgr. Scheible, vor 1875; jetzt theurer!)

Derber, doch nicht erotischer Avanturière-Roman. Tit., 2 Bll. Vorr., S. 7—86 Text u. 4 Bll. Reg. — Aeusserst selten!

Starck, Fr., Paniken, s. a. Beiheft zum Milit.-Wochenbl. 1904. Hft. 10.

Paniken. Ein Beitrag z. Psychologie d. Krieges. Von Fr. **Starck,** Oberlt., Schutztruppe, Südwestafrika. *Berlin: E. S. Mittler & Sohn (1904).* (S. 447–463.) 8° [F.]
— Militär-Wochenblatt. 1904. Beiheft 10. [2.] 04 11104

Starck, Friedr.: Höre den Einen u. auch den Andern, oder Entgegnung der Vertheidigung des Peter Ant. Fonck welche unter dem Titel: Kampf für Recht u. Wahrheit vor kurzem erschienen. Hrsg. von dem i. J. 1817 mit der Untersuchung der Fonckischen Handlungs-Bücher gehörig Bevollmächtigten. Düsseldorf u. Elberfeld 1822.

Starck, (Fr.,) Höre den Einen u. auch den Andern, oder Entgegnung der Vertheidigung des P. A. Fonck. 8. Düsseld. 822, Schaub.

Starck, Fr., höre den Einen u. auch den Andern, od. Entgegnung der Vertheidigung, welche unt. d. Tit.: „Kampf für Recht u. Wahrheit" vor kurzem erschienen ist. 8. Düsseld. 822. (Schreiner). 12 *ℋ*

Starck, Fritz, das Geheimnis der Langlebigkeit, s.: Oesterlen, Fr.

— Die Heilung u. Verhütung der Erkältung u. Erkältungskrankheiten. Neue Mittel u. Wege zur Heilg. u. Wetterfestigkeit, insbesondere f. alle, die zu Erkältgn. neigen, sowie f. die, welche durch die bisher. Abhärtungsweisen nur noch empfindlicher werden. (48 S.) gr. 8. Leipzig (907). Deutscher Reform-Verlag. 1. —

— Die Kunst, gut zu schlafen u. früh aufzustehen. Eine Anleitg., sich e. gesunden festen Schlaf zu erhalten, die Schlaflosigkeit zu heilen, plötzl. Aufschrecken, Schnarchen, Alpdrücken zu beseitigen, schön zu träumen u. früh aufzustehen. (115 S.) 8. München (908). M. Kupferschmid. 3. —

— Wetterfest! Neue Mittel u. Wege zur Abhärtg. gegen Witterungseinflüsse sowie zur Verhütg. v. Erkältgn. u. zur Heilg. v. Erkältungskrankheiten. (Neue [Titel-]Ausg. v.: „Die Heilg. u. Verhütg." der Erkältg.") (48 S.) 8. Leipzig [907] (908). Modern-medizin. Verlag. — 75

Starck, Fritz, wie beseitige ich mein Ohrenleiden? (Praktische Anleitg. nach der neuesten, preisgekrönten Methode des Dr. Marage, v. welcher vor kurzem der Pariser Akademie der Wissenschaften berichtet wurde.) (III, 89 S.) 8. Leipzig (906). Deutscher Reform-Verlag. 3. —

Ⓑ — Wie beseitige ich mein Ohrenleiden. 905. (KVL 34.) Jetzt: Leipzig, Fritzsche & Schmidt. Erm. Pr. 2. —

Starck, G. N., vermischte Gedichte ernsten und heitern Inhalts. 16 Bdchen. 8. Nürnberg 834. Riegel u. Wießner. 5/6 ₰

Starck, Georg Christoph

— s. Abhandl. üb. die Aufgabe.

Starck, Georg Christoph (Frankfurt/M.) A. S. 146/20

Dissertatio iuridica inauguralis de summa appellabili in deferendis ad summa imperii tribunalia provocationibus rite aestimanda.
Giessen (Braun) 25. XI. 1758. 86 S.
33170
Gew.: Stadt Frankfurt/M.

Starck, Geo. Cph., de summa appellabili in deferendis ad summa imperii tribunalia provocationibus rite aestimanda. 8. Wetzlar 791. Winckler. 6 gr

Starck, Georg Friedrich A. S. 575/13a

Dissertatio inauguralis de usufructu nominum maritali. Präs. Karl Friedrich Walch.
Jena (Strauss) 13. II. 1767. 30 S.
33171

Starck, Henr. Gust. (geb. Demmin 13. 7. 1832): De scorbuti historia. Berolini (1856). (32 S.) 8°
Berlin, Med. Diss. v. 21. Juni 1856

Starck, Henri, Volapük. Aperçu de la langue commerciale universelle de J. M. Schleyer. 8. (IV, 48 S.) Ueberlingen 885. Schoy. n. — 80

Starck, Hugo, die direkte Besichtigung der Speiseröhre. Ösophagoskopie. Ein Lehrbuch f. den Praktiker. (XI, 219 S. m. 20 Abbildgn. u. 3 farb. Taf.) gr. 8. Würzburg 905. C. Kabitzsch. n. 7. —; geb. n. 8. —

Starck, Hugo, Dr., Privatdoc. f. innere Med., Assistenzarzt d. med. Universitätsklinik in Heidelberg: Die **Divertikel** der Speiseröhre. Mit 2 Abb. im Text. *Leipzig: F. C. W. Vogel 1900.* (VII, 206 S.) 8°
Heidelberg, Med. Hab.-Schr. v. 1901

Starck, Hugo, die **Divertikel der Speiseröhre.** gr. 8. (VII, 206 S. m. 2 Abbildgn.) Leipzig 900. F. C. W. Vogel. n. 4. —

— die Erkrankungen d. Speiseröhre, s.: Abhandlungen, Würzburger, aus dem Gesamtgebiet der prakt. Medizin. III. 8. 9.

— die diffuse Erweiterung der Speiseröhre. (18 S.) gr. 8. München 903. Seitz & Schauer. n. — 60
Sonderabdruck aus: „Deut. Praxis".

Ⓑ **Starck,** Hugo, Erweiterg. d. Speiseröhre. 903. (KBL 34.) Jetzt: München, Verlag der ärztl. Rundschau.

Starck, Hugo, über Magendurchleuchtg., s. a. Sammlung klin. Vorträge.

Über Magendurchleuchtung v. Hugo Starck (Heidelberg). *Leipzig: Breitkopf & Härtel 1898.* (26 S.) 8.
= Sammlung klinischer Vorträge. No 217. [98. 8642

— Neurologie u. Chirurgie. (24 S.) 8. Leipzig 904. B. Konegen. n. — 60

Starck, Hugo [Volontärassist. d. chir. Klinik]: Der Zusammenhang von einfachen chronischen und tuberkulösen Halsdrüsenschwellungen mit cariösen Zähnen ... (Aus: Beitr. z. klin. Chir., Bd XVI Heft 1.) Tübingen, H. Laupp, 1896; 1 Bl., 29 S. 8.
Heidelberg, Med. Fak., Inaug.-Diss. v. [28. Okt.] 1895

Starck, J. C., s. Stark, Johann Christian

Documentirter Anti-Werht, nebst einer kurzen Abfertigung der drei Berliner [Christoph Friedr. Nicolai, Friedr. Gedike, Joh. Erich Biester] und des Herrn Karl v. Sacken; von Joh. Aug. [Frh. v.] **Starck.** Frankfurt u. Leipzig: Gråf 1789. VIII, 391 S. 8°
cf. D. neuesten Religionsbegebenheiten. 12 (1789) S. 589—622; Berlinische Monatsschrift. 15 (1790) S. 273—284.
Kl. 3418.

— documentirter Anti-Werbt, nebst e. kurzen Abfertigung d. 3. u. K. v. Sacken. 8. Frankf. 789. (Wienbrack in Leipz.) 1 ₰

— Antrittspredigt zum Hofpredigeramt. 8. Königsb. 770.

– s.a. Apologie des Ordens der Freimaurer.

Apologie des Ordens der Frey Maurer. Von dem Bruder **** [d. i. Joh. Aug. Frh. v. **Starck**]. Philadelphia im Jahr 5651. d. i. 3882. Kønigsberg: Kanter 1770. 146 S. 1 Kpfr. 8°
Orig. Ausg. Im Anh. einige Oden.

[Dasselbe.] [Nachdr. ohne die Oden.] [Kassel ca 1770.] 128 S. 8°

[Dasselbe.] 2. Ausg. Kønigsberg: Kanter 1772. 136 S. 1 Titelkpfr. 8°
Ohne Oden.

[Dasselbe.] [Königsberg: Kanter] 1778. XVIII, 116 S. 8°

°[Dasselbe.] [Göttingen: Dietrich 1805.] 8⁰
[*Kayser*: *Bücher Lexikon.* *1 (1834) S. 94.*]
Recens: Archiv f. Frmr u. Rosenkreuzer. 2 (1785) S. 377—378; Goué, A. G. v.: Notuma 2 (1788) S. 121; Mrisches Taschenbuch. 1803 bis 1804 S. 187—189.
cf. Berlinische Monatsschr. 11 (1788) S. 453 bis 458.
Kl. 371. 372, Tt. 1795. Holzmann u. Bohatta 1 (1902) S. 97 gibt eine Ausg. [Göttingen] 1760 an. Nach der Zeitschrift für Frmr 1826 S. 36 gibt es auch eine schwed. Übers. von 1773. (Kl. 374.)

[N. Ausg. u. d. Tit.:]
Apologie des Ordens der Frey-Måurer. Von dem Bruder **** [Joh. Aug. Frh. v. Starck.] Neue ganz umgearb., und einzige authent. Ausg. Berlin: Stahlbaum 1778. 246 S. 1 Kpfr. 8⁰

[Dasselbe.] 2. ganz umgearb. u. einzig authent. Ausg. Ebendas. 1783. 246 S. 1 Kpfr. 8⁰

[Dasselbe.] 3. Ausg. Ebendas. 1785. 264 S. 1 Kpfr. 8⁰

[Dasselbe.] 4. Ausg. Berlin: Schöne 1809. 264 S. 1 Kpfr. 8⁰
Recens: f. 4. Ausg. Neues JfFr. 1812—1820 S. 273—274.
cf. Frmr-Bibliothek. 2 (1782) S. 116—127.
Kl. 373, Tt. 1796—1797.

— Apologismos an das bessere Publikum. gr. 8. Halle 789. (Reinike u. G.) 12 gr

— Apologismus an das bessere Publikum. gr. 8. Halle, Ruff. 789.

Apologismos [!] an das bessere Publikum von Joh. Aug. Frh. v. Starck. Leipzig: Walther 1789. VI, 178 S. 8⁰
cf. D. neuesten Religionsbegebenheiten. 12 (1789) S. 367—374; Schneider, Ch. W.: Ueb. d. gegen Starck erregten Verdacht d. heiml. Katholicismus. 2 (1790) S. 117 bis 124; Berlinische Monatsschrift. 7 (1786) S. 366—378 (F. Gedike u. J. E. Biester).
Kl. 3415.

v. Starck, Frhrr. Jh. Aug., († d. 3. März 1816.) de Aeschylo et ejus imprimis tragoedia „Prometheus vinctus" libellus. 4. Götting. 763. Vandenhöck u. R. 5 gr

Auch Etwas wider das Etwas der Frau [Charlotte Elisabeth Konstantia] v. der Recke über des Oberhofprediger [Joh. Aug. Frh. v.] Starcks Vertheidigungsschrift. Von Joh. Aug. [Frh. v.] Starck. Leipzig: Beer 1788. IV, 185 S. 8⁰
cf. Berlinische Monatsschrift. 12 (1788) S. 94 bis 96, 189—195; D. neuesten Religionsbegebenheiten. 11 (1788) S. 606—616.
Kl. 3406.

— auch Etwas wid. d. Etwas d. Frau v. Recke üb. Starks Vertheidigungsschr. 8. Leipz. Beer. (Graffs in Weißenf.) 788.

Wahrhafte Begebenheiten einiger Brůder Freymaurer, die sich durch ein falsches Licht blenden liessen, und endlich zur wahren Erkenntniss gelangten. Von ihnen selbst in Briefen an ihre Freunde geschrieben. [Von Joh. Aug. Frh. v. Starck.] Frankfurt u. Leipzig [Regensburg: Montag] 1786. 124 S. 8⁰
Aus: Starck, J. A.: Ueber d. Zweck d. Frmrordens. 1781 S. 30—115; 2. Aufl. S. 36 bis 115; Frankf. gel. Anzeiger 1787 No 30; ALZ. 1788 No 19.
Kl. 3955, Tt. 2676, TB. 46. 2 Erzählungen.

Beleuchtung der lezten [!] Anstrengung des Herrn [Christian Friedr.] Kessler v. Sprengseysen, seine verehrungswůrdigen Obern, die Berliner, und sich selbst vor aller Welt zu vertheidigen. Nebst einigen Erwågungen, das neue Betragen der Berliner betreffend. Von Joh. Aug. [Frh. v.] Starck. Dessau u. Leipzig: Köhler in Comm. [1788]. 215 S. 8⁰
cf. D. neuesten Religionsbegebenheiten. 11 (1788) S. 668—684.

— Beleuchtung d. Anstrengung Keßlers v. Sprengseysen. 8. Leipz. Köhler. 789.

— s.a. Betrachtungen, Freimütige, über das Christentum.

Freimůthige Betrachtungen ůber das Christenthum. [Von Joh. Aug. Frh. v. Starck.] Berlin: Himburg 1780. 284 S. 8⁰

[Dasselbe] sehr verm. u. verb. Ausg. Ebendas. 1782. XXIX, 432 S. 8⁰

°[Dasselbe.] 2. Ausg. mit Vign. Berlin: [Reimer] 1782. 284 S. 8°

Kl. 2313. Nach Starck's Brief an Röpert vom 13. März 1780, sind darin klerikalische Mitteil. verborgen.
[Heinsius: Allgem. Bücher-Lexikon. 1 (1812) Sp. 287; Kayser: Vollst. Bücher-Lexikon. 1 (1834) S. 244.]

(Stark, Joh. Aug. v.,) Theoduls Briefwechsel u. Gastmahl, s.a. Theodul.

—— Theoduls Briefwechsel. Ein Seitenstück zu Theoduls Gastmahl. Das. 1828, gr. 8°.
Aus den hinterlassenen Papieren des verstorb. Hofkaplans Denneville zu Dresden, herausgeg. v. J. A. Starck.

v. Starck, Frhrr. Jh. Aug., Davidis aliorumque poetarum hebraeorum carmina. Vol. I. P. I. et II. 8. Königsb. 776. (Unzer). 3 ℔

Nicolai, Friedr.: Christian Nikolai Buchführers zu Bebenhausen in Schwaben. Wichtige Entdeckungen auf einer gelehrten Reise durch Deutschland und aus Eifer für die christliche, vornehmlich evangelische Kirche durch den Druck bekannt gemacht. [Von Joh. Aug. Frh. v. Starck.] Bebenhausen [Dessau u. Leipzig]: Selbstverl. 1788. 124 S. 8°

cf. D. neuesten Religionsbegebenheiten. 11 (1788) S. 795—796; Archiv d. Schwärmerey u. Aufklärung. 3 (1790) S. 15–26, 93—99.
Kl. 3408, Tt. 2732. Gegen F. Nicolai. — Üb. Nicolai s. Allgem. Deutsche Biographie Bd 23 1886 S 580—590 (Muncker); Goedeke: Grundriss der Gesch. der deutschen Dichtung 2. Aufl. Bd 4 1891 S. 168—175, wo weitere Literatur zu finden ist.

– Dass., s.a. Nicolai, Christian

(Starck, J. A. v.,) Theoduls Gastmahl, oder über die Vereinigung der verschiedenen christlichen Religionssocietäten. Frankfurt a. M., Hermann, 1809, gr. 8°. — 2. sehr verm. Aufl.: Das. 1810, gr. 8°, 275 S.; 7. Aufl.: Das. 1828, 4 Mk.

– (Übers.), s. Geschichte des alten Griechenlands.

Geschichte der christlichen Kirche des ersten Jahrhunderts von Joh. Aug. Starck. Bd 1—3. Berlin und Leipzig: Decker 1779—1780. 8°

1. 704 S.

°[Dasselbe.] Berlin: Rottmann 1779 bis 1780. 8°

Kl. 3398. Erwähnt in der Vorrede zum 3. Teil Starcks Streitigkeiten in Königsberg.
[Heinsius: Allgem. Bücher-Lexikon. 3 (1812) Sp. 810.]

— Geschichte d. Taufe u. Taufgesinnten. gr. 8. Leipzig, Fritsch. 789.

— Geschichte der Taufe u. Taufgesinnten. gr. 8. Leipz. 789. (Hahn). 1 ℔ 4 gr

Die Starckschen Streitigkeiten: Hephaestion von Joh. Aug. [Frh. v.] Starck. Königsberg: Hartung 1775. 188 S. 8° [Kupfertit.]

[Dasselbe.] 2. Aufl. Berlin u. Königsberg: Decker & Hartung 1776. 190 S. 8°

Kl. 3397. Durch diese Schrift soll Starck Religionsneuerungen beabsichtigt haben.

— Hephästion. 8. Königsb. Hartung. 776.

Joh. Aug. Starck: Über Krypto-Katholicismus, Proselytenmacherey, Jesuitismus, geheime Gesellschaften, und besonders die ihm selbst von den Verf. der Berliner Monatschrift gemachte Beschuldigungen mit Acten-Stücken belegt. Th. 1. 2. [Nebst] Nachtr. Frankfurt und Leipzig: Fleischer, [Nachtr.:] Giessen: Krieger 1787 bis 1788. 8°

1. 608 S. 1787; 2. getr. Pag. 1787. Nachtr. XIV, 637, 72 S. 1788.

— üb. den angebl. Krypto-Katholicismus u. Proselytenmacherei. 3 Thle. gr. 8. Frankf. a. M. 787—89. Fleischer. 5 ℔ 16 gr Nachtr. dazu. gr. 8. Marb. 788. Krieger. 16 gr

Starck, J. A. Frhr. von: Der Weisheit Morgenröthe, s. Morgenstern, Reinhard.

– s.a. Mysterien, Über die alten und neuen.

(Starck, J. A., Frhr. v.) Ueber die *alten u. neuen Mysterien*. Mit color. Titelvign. von *D. Berger*. Berlin, bey Frdr. Maurer, 1782. 8°. Wohlerhalt. gleichzeit. Hfrzb. m. ex-libris (Aloys. Com. de Larosée).
Erste Ausg. 5 Bll. (incl. Tit. auf rosa Pap.), VIII–380 S. Berühmtes, noch jetzt gesuchtes Buch! Cfr. C. Lenning (d. i. Fr. Mossdorf), Encycl. d. Freimaurerei, Th. III. Lpz. 1828. 8°. S. 316; Kloss. no. 3820; Taute no. 2730–31.
Enth. u. a.: Von den kleinen u. grossen eleusin. Geheimnissen; von den Mithra-Geheimnissen der Perser; von den Orphikern u. Pythagoräern; von der verborgenen Lehrart; über d. Ursprung des Freymaurer-Ordens etc. Die 2. Aufl. erschien ebendas. 1817. 8°. (4 Bll., VIII–360 S.)
Dr. Joh. Aug. Starck, geb. 29. Octob. 1741 zu Schwerin, 1781 Oberhofpred. in Darmst., 1811 in den Frhrnstand erhoben, † 3. März 1816 in Darmstadt.

[Dasselbe.] 2. Aufl. Ebendas. 1817. VIII, 360 S. 8°

Recens: Goué, A. S. v.: Notuma. 2 (1788) S. 122.
cf. Berlinische Monatsschr. 11 (1788) S. 537 bis 545.
Kl. 3820, Tt. 2730, 2731.

Nachricht von den letzten und wichtigsten Schriften [Joh. Aug. Frh. v.] Starck und dessen berüchtigtes Clericat betreffend. Berlin 1792. 88 S. 8°

Kl. 3432.

— Neujahrs- u. Abschiedspredigt. 8. Königsb. 777.

– s. Predigten von dem Verfasser des Hephästions.

– s.a. Saint-Nicaise.

Saint Nicaise oder Eine Sammlung merkwürdiger maurerischer Briefe, für Freymäurer und die es nicht sind. [Von Joh. Aug. Frh. v. Starck.] Aus d. Franz. übers. [Frankfurt a. M.: Fleischer] 1785. 360 S. 8⁰ [Kupfertit.]

Kl. 2326, Tt. 818. Verteidigung der Strikten Observanz u. ihrer Obern gegen Angriffe des Saint-Nicaise. Nach Holzmann u. Bohatta: Deutsch-Anonymen-Lexikon. 1 (1902) S. 82 kann möglicherweise auch J. Chr. Schubart v. Kleefeld Verf. sein.

[Dasselbe.] 2. Aufl. Mit berichtigenden Anm. von einer deutschen Hand. Ebendas. 1786. 398 S. 8⁰

Recens: WJ. 2, 4 (1785) S. 237; Goué, A. S. v.: Notuma. 2 (1788) S. 122—123.
cf. Berlinische Monatsschr. 7 (1786) S. 127 bis 154; 11 (1788) S. 545—552; D. neuesten Religionsbegebenheiten. 9 (1786) S. 778 bis 780; ArSt. 6 (1909) S. 194—198.
Kl. 2325, Tt. 836. Deutsches Orig. Niemals franz. erschienen. Gegen die Strikte Observanz u. ihre Obern (namentlich v. Hund u. Schubart) gerichteter Roman.

— sylloge commentationum etc. observationum philologico-criticarum. 8. Königsb. Kanter. (Unzer.) 769.

– s. Theoduls Briefwechsel und Gastmahl.

— de Tralatitiis liber singularis. 4. Königsb. Hartung. (Unzer.) 774.

Der Triumph der Philosophie im achtzehnten Jahrhundert. [Von Joh. Aug. Frh. v. Starck.] Th. 1. 2. Germantown: Rosenblatt, [Frankfurt: Hermann] 1803. 8⁰

1. XV, 671 S.; 2. V, 636 S.

[Dasselbe.] [Augsburg: Polling] 1804. 8⁰

1. VIII, 520 S.; 2. IV, 442 S.
Kl. 3529, Tt. 1798. Betr. den Einfluss der Frmr u. Illuminaten auf die franz. Revolution.

—— Triumph d. Philosophie im 18. Jahrh.; od. Geschichte d. Verschwörung d. Nationalismus geg. Religion u. Kirche, Fürsten u. Staaten, zum Verständnisse d. revolutionär. Zustandes v. Europa im 19. Jahrh. Neu bearb. v. S. Buchfelner. gr. 8. (33½ B.) Landshut 834. [Regensburg, Manz.]

v. Starck, Joh. Aug. Frhr., († d. 3. März 1816), Triumph der Philosophie im 18. Jahrhundert. Zum Verständnisse des gegenwärtigen revolutionären Zustandes in Kirche u. Staat. In der 3. Aufl. neu bearb. von Wilh. Chr. Binder. gr. 8. (XII u. 479 S.) Regensburg 847, Manz. 1½ ₰

– s.a. Versuch einer Geschichte des Arrianismus.

— Versuch einer Geschichte d. Arianismus. 2 Bde. gr. 8. Berlin, Maurer. 784-85. (à 1 Rthlr.)

– s.a. Zweck, Über den, des Freimaurerordens.

Ueber den Zweck des Freymaurerordens. [Von Joh. Aug. Frhrn. v. Starck.] Germanien [Berlin: Himburg] 1781. 240 S. 8⁰

[Dasselbe.] 2. rev. Aufl. Berlin: Himburg 1781. 231 S. 8⁰ [Umschlagtit.]

Recens: Archiv f. Frmr. u. Rosenkreuzer. 2 (1785) S. 379—385; Goué, A. S. v.: Notuma. 2 (1788) S. 121.
cf. Berlinische Monatsschr. 11 (1788) S. 528 bis 537.
Kl. 432. Selten.

Starck, Johann Balthasar (Frankfurt/M.) A. S. 571/26

Dissertatio inauguralis de discrimine suorum et emancipatorum in successione intestati iure novo sublato.
Präs. Georg Ludwig Boehmer.
Göttingen (Barmeier) 25. IV. 1766. 24 S.

Gew.: Stadt Frankfurt/M.
W. v.: Gerhard Matthaeus Wallacher (Opp.), Friedrich Jakob Dietrich von Bostell (Opp.), Johann Martin Starck (Verw.). 33173

Starck, Johann Ferdinand Heinrich (Gundheim) A. S. 607/21

Num elector saecularis impuber sit in tutela electoris clerici agnati ? Dissertatio inauguralis.
Präs. Johann Georg Estor.
Marburg (Müller) IX. 1745. 55 S. 33176

Starck, Joh. Friedr., s.: Stark, Joh. Friedr.

Starck, Johann Gottfried (Luckau/NL) A. S. 182/23

Exercitatio iuris publici, qua ius restituendi famam principibus asseritur et vindicatur.
Präs. Michael Heinrich Gribner.
Wittenberg (Gerdes) 28. IV. 1710. 48 S. 33178

Starck, Jh. Jak., s. Jh. Fr. Stark's tägl. Handbuch, u. bess. Gebetbuch für Schwangere.

Starck, Johann Martin (Frankfurt/M.) A. S. 30/27

Dissertatio iuridica inauguralis de foro arresti privilegiato. Präs. Johann Friedrich Wahl.
Göttingen (Schulz) 10. V. 1749. 94 S.

Gew.: Stadt Frankfurt/M.
W. v.: Präs. 33180

Starck, Johann Martin (Frankfurt/M.) A. S. 1174/10

Dissertatio medica inauguralis de medicinae utilitate in iurisprudentia. Präs. Lorenz Heister.
Helmstedt (Schnorr) 12. VI. 1730. 60 S.

Gew.: Johann Balthasar Starck (Vater).
W. v.: Präs. 33179

Starck, Johann Sigismund (Meissen) A. S. 271/18

De catechizatione veterum maxime ex antiquitate ecclesiastica et theologia catechetica.
Präs. Michael Walther. Ed. nova.
Wittenberg (Eichsfeld) 1742. 38 S.

Diss. 3. II. 1688. 33182

Starck, Johann Wolfgang (Frankfurt/M.) A.S. 124/21

De Iudaeorum tolerantia legum series temporum ordine digesta juncto spicilegio De ejusdem formula Moeno-Francofurtensi ad reformat. p. II. tit. XII.
Präs. Johann Christian Majer.
Tübingen (Frank) 23. IX. 1772. 72 S.

Gew.: Stadt Frankfurt/M. 33183

Starck, Johannes Georg (Frankfurt a.M.)
Dissertatio inauguralis de civitatum magistratibus in Regno Francorum veteri. Giessae 15. [Im ersten Gießener Exemplar hs. verb. zu 17.] Sept. 1725: Joh. Reinh. Vulpius. (6), 40 S. 4°
pro licentia summos in jure honores rite impetrandi.

Starck, Julius *Gustav Wilhelm* [aus Stargard in Pomm.]: Ein Fall von Gliosarkoma orbitae dextrae ... Greifswald, Buchdr. C. Sell, 1897; 31 S., 1 Bl. 8.
Greifswald, Med. Fak., Inaug.-Diss. v. 12. März 1897

Starck, Karl, Marienburg, das Haupthaus d. deutschen Ritterordens, 3. Aufl., s.: **Schwandt, W., Marienburg.**

Starck, C., Marienburg, s.: **Städte u. Landschaften, nordostdeutsche.**

Starck, Carolus *(geb. Berlin 11. 7. 1832)*: Paucis praemissis de omnibus testiculorum tumoribus accuratius inquiritur in tumores hujuscemodi aliquot galvanocaustice adhibita extirpatos[!]. Vratislaviae (1857). (72 S.) 8°
Breslau, Med. Diss. v. 12. Sept. 1857

Starck, Karl Julius

Starck, Carl Jul., der Barde. Dramatische Phantasie in 5 Abthlgn. St. Petersburg 860. (Schmiedekampff.) gr. 8. (135 S.) n. 1 Thlr.

— die Schlacht bei Poltawa. Dramatisches Gedicht in fünf Aufzügen. St. Petersburg 859. (Leipzig, Brauns.) 8. (178 S.) n. 1 Thlr. 10 ngr.

Starck, Ludw. v., Sammlung polizeilicher Strafbestimmungen für den Landrathamtsbezirk Hanau. Hanau 860. König's Verlag in Comm. 8. (VI, 105 S.) n. 14 ngr.

Starck, M. Medizin. Unterr. für angehende Feldscheerer z. Nutzen d. K. poln. u. chursächs. Armee. Leipzig 1745.

Starck, Marie Helene, Lebenswellen. Gedichte. (88 S.) kl. 8. Eisenach (906). B. Eifert & E. Scheibe. Geb. in Leinw. 1.25

Starck, Martin Simeon (Bunzlau) A.S. 1275/8

Disputatio inauguralis medica, de diaeta nonnunquam salutariter neglecta et negligenda.
Präs. Johann Friedrich de Pre.
Erfurt (Grosch) 6. IX. 1718. 28 S. 33186

Starck, Max [aus Trarbach]: Ueber die Anwendungsweise der neueren Cannabispräparate .... Bonn, Hauptmann'sche Buchdr., 1887; 31 S. 8°.
Bonn, Med. Fak., Inaug.-Diss. v. 19. Jul. 1887.

Starck, Max, über die Anwendungsweise der neueren Cannabispräparate. Diss. Bonn 1887, Emil Strauss. 8°. 31 S.

Starck, R., Dr. Martin Luthers kleiner Katechismus m. Worterklärungen u. Bibelsprüchen. 4. Aufl. 12. (47 S.) Dresden 898. Bleyl & Kaemmerer. Kart. n. — 30

— s. a. Wegweiser durch Bibel u. Gesangbuch.

Starck, R., Wegweiser durch Bibel und Gesangbuch zum Gebrauche beim häuslichen Gottesdienste für das Kirchenj. 1874/75. 17. Jahrg. 16. (64 S.) Riga 874. (Kymmel.) *

Starck, R., Wegweiser durch Bibel und Gesangbuch zum Gebrauche beim häuslichen Gottesdienste für die Kirchenj. 1875—1879. 18.—22. Jahrg. 16. (à ca. 62—64 S. mit Musikbeilage in qu. Fol.) Riga, (Kymmel.) à Jahrg. *

Starck, R., Wegweiser durch Bibel u. Gesangbuch zum Gebrauche beim häuslichen Gottesdienste für das Kirchenjahr 1881/82. 24. Jahrg. 16. (64 S.) Riga 880. Kymmel in Comm. n. — 40

Starck, R., Wegweiser durch Bibel und Gesangbuch zum Gebrauche beim häusl. Gottesdienste für das Kirchenj. 1885/86. 28. Jahrg. 16. (64 S.) Riga 886, Kymmel's Verlag. *

—— dass. — für die Kirchenj. 1886/87, 1887/88, 1888/89. 29.—31. Jahrg. 16. (à Jahrg. ca. 64 S.) Ebendas. à Jahrg. *

Starck, R. Wegweiser durch Bibel u. Gesangbuch zum Gebrauche beim häuslichen Gottesdienste f. das Kirchenjahr 1889/90 — 1892/93. 32.—35. Jahrg. 16°. (62 S. m. Musikbeilage; 64; 68; 65 S.) Berl., Buchh. d. Berliner Stadtmission. — Riga, Kymmel's Verlag. à Jahrg. * — 40
32.—34. Jahrg. erschienen nur bei Kymmel in Riga.

Starck, R., Wegweiser durch Bibel u. Gesangbuch zum Gebrauche beim häuslichen Gottesdienste f. d. Kirchenj. 1893/94. 16. (60 S. m. 1 Musikbeilage.) Berlin 893. Buchh. der Berliner Stadtmission. n. — 20

— dasselbe f. d. Kirchenj. 1894/95. 37. Jahrg. 16. (66 S. m. 1 Musikbeilage.) Riga 894. N. Kymmel's Verl. n. — 40

Starck, R., Wegweiser durch Bibel u. Gesangbuch zum Gebrauche beim häusl. Gottesdienste f. d. Kirchenj. 1895/96 — 1897/98. 38.—40. Jahrg. 16. (64, 64 u. 66 S.) Riga 895—897. N. Kymmel's Verl. à n. — 40

Starck, R., Wegweiser durch Bibel u. Gesangbuch zum Gebrauche beim häuslichen Gottesdienste f. d. Kirchenjahre 1898/99 u. 1899/1900. 41. u. 42. Jahrg. 16. (66 u. 64 u. 2 S.) Riga, N. Kymmel's Sort. à n. — 40

Starck, R., Wegweiser durch Bibel u. Gesangbuch zum Gebrauche beim häuslichen Gottesdienste f. d. Kirchenjahr 1905/1906. 48. Jahrg. (67 S.) 16. Riga, N. Kymmel's Sort. n. — 40

Starck, R., Wegweiser durch Bibel u. Gesangbuch zum Gebrauche beim häuslichen Gottesdienste f. d. Kirchenj. 1906/1907. 49. Jahrg. (66 S.) 16. Riga, N. Kymmel's Verl. — 40

Starck, Rich., die bleiche Agathe od. die Hellseherin vom rothen Thurm. Roman nach einer wahren Begebenheit. 1—20. Lfg. gr. 8. (1. Bd. 312, 2. Bd. 308 u. 3. Bd. 328 S.) Berlin 872. Sacco Nachf. à — 30

Starck, Rich., die bleiche Agathe oder die Hellseherin vom rothen Thurm. Roman nach einer wahren Begebenheit. 3 Bde. in 20 Lfgn. gr. 8. (312; 308; 328 S.) Berlin 872,73, Sacco Nachf. à Lfg. 30 Pf.

—— Diavola die Geheimnißvolle, oder der Kampf eines Weibes. Roman nach einer wahren Begebenheit. 3 Bde. in 18 Lfgn. gr. 8. (287; 304; 270 S.) Ebendas. 870. à Lfg. 30 Pf.

Starck, Rich., der rothe Thurm oder der Mörder auf dem Todtenbette. Romantische Erzählung nach einer wahren Begebenheit. 20 Lfgn. gr. 8. (312; 308; 328 S.) [Dresden 877.] Berlin, Lindenberg und Comp. à Lfg. 40 Pf.

Starck, Rudolf, das Notariats-Institut und der Revisions-Antrag des Herrn Abgeordneten Kromer. 8. (25 S.) Korneuburg 861, Kühkopf.

Starck, Rud., die Stadt Zistersdorf im Erzherzogthum Oesterreich unter der Enns u. die feindlich preußische Invasion im Jahre 1866. Korneuburg 866. Kühkopf. gr. 8. (68 S.) 10 ngr.

Starck, W., über die ferromagnetischen Eigenschaften v. Legierungen unmagnetischer Metalle, s.: Heusler, Fr.

von Starck, W. [Dr. med.]: Die Lage des Spitzenstosses und die Percussion des Herzens im Kindesalter .... Stuttgart, Druck v. Gebr. Kröner, 1888; 1 Bl. + 53 S. 8°
Kiel, Med. Fak., Hab.-Schr. v. 5. Jan. 1888

Starck, W. von, die Lage des Spitzenstosses und die Percussion des Herzens im Kindesalter. Hab.-Schr. Kiel 1888, Haeselersche Sort.-Buchh. 8°. 53 S.

Das 'Weiße Kreuz'. In d. Praxis bewährte Vorschläge z. Betrieb d. Missionsarbeit d. 'Weißen Kreuzes' in Ev. Jünglings-Vereinen ... Von Frhr. W[aldemar] v. Starck, Sekr. im Weltkomitée zu Genf. 2. umgearb. Aufl. *Berlin: A. Dartsch 1904.* (16 S.) 8° [Umschlagt.] (64 r.46

Starck, Frhr. W. v., das „weisse Kreuz". In der Praxis bewährte Vorschläge zum Betrieb der Missionsarbeit des „weissen Kreuzes" in evang. Jünglings-Vereinen u. christl. Vereinen junger Männer. 2. umgearb. Aufl. (16 S.) 8. Berlin 904. (Leipzig. H. G. Wallmann.) n. — 25

— Mitteilungen aus der Arbeit der evangelischen Jünglingsvereine u. christlichen Vereine junger Männer aller Länder. (45 S. m. Abbildgn.) 8. Berlin 904. P. Pittius. n. — 60
Sonderabdruck aus: „Die Wacht".

Starck, Walter, Ingenieur aus Berlin: Über die elektrische Leitfähigkeit glycerinhaltiger Salzlösungen bei hohen Temperaturen. *Rostock 1899: C. Boldt.* (33 S.) 8°
Rostock, Phil. Diss. v. [6. Mai] 1899

Starck, Wilhelm, aus Stralsund: Neue Beiträge zur Kenntnis der Jonen verdünnter Schwefelsäure. *Stralsund 1899: Kgl. Regierungs-Buchdr.* (32 S.) 8°
Greifswald, Phil. Diss. v. 20. Mai 1899

Starcke

— vergl. Starke.

Starcke, mein Kriegs-Tagebuch 1870. gr. 8. (49 S.) Uelzen 890. Starcke. n. — 80

Starcke, C., s. Starcke, Karl

Starcke, C. N., die primitive Familie in ihrer Entstehung und Entwickelung, s. a. Bibliothek, internationale wissenschaftliche.

Starcke, d. primitive Familie in ihrer Entstehung u. Entwickelung dargestellt. Leipzig 888.

Starcke, C. N., Ludwig Feuerbach. gr. 8. (XVII, 288 S.) Stuttgart 885. Enke. n. 9. —

Starcke, Carl, s. Starcke, Karl

Starcke, Caspar Heinrich, s. Starcke, Kaspar Heinrich

Starcke, Chr. Glo., († d. 23. Aug. 1824.) Exercitatio juris civilis ad LXXXI. §. I. D. depositi vel contra. (Praes. Chr. Rau). 4. Leipz. 775.

— Diss. juris criminalis de lubrico indiciorum. 4. Leipz. 785.

Starcke, Christian Lewin (Nordstemmen) A. S. 821/28

Disputatio inauguralis de fundata pro lege, ejusque observantia, intentione. Präs. Konrad Ludeking. Rinteln (Enax) 8. X. 1712. 37 S.

Gew.: Thomas Starcke (Vater). 33190

STARCKE, Cph., s. Ordnung des Heils. 1756.

Starcke, E., u. Kohlmann, der Emder Silberschatz, beschrieben. [Aus: „Jahrb. d. Gesellsch. f. bild. Kunst u. vaterländ. Alterth. in Emden".] Nebst 8 Taf. Abbildgn. in Lichtdr. gr. 8. (15 S. m. eingedr. Holzschn.) Emden 881. Haynel. n. 1. 50

Starcke, E. A., in colloquium Jesu cum muliere Samaritana. Lips. 1809. 8.

Starcke, E. A., Specimen criticum in Callimachum et Propertium. Lips. 810. 8.

Starcke, Ernst, approb. Arzt aus Vieselbach: ⟨Aus d. med. Klinik in Jena.⟩ Zur congenitalen Chorea. *Jena 1900: G. Neuenhahn.* (38 S.) 8°
Jena, Med. Diss. v. (30. Sept.) 1900

Starcke, Georg Christoph (Nordstemmen) U. S. Göttingen 1744/7

Dissertatio medica inauguralis de erysipelate. Präs. Georg Gottlob Richter. Göttingen (Vandenhoeck) 17. XII. 1744. 30 S.

Gew.: Gerlach Adolph Fhr. von Münchhausen. 33191

Starcke, Gust., Komödianten-Lieder. 8. (159 S. m. Bildn.) Graz 895. H. Wagner. Geb. in Leinw. n. 4. —

Starcke, Gust., ein Sommer-Idyll. Stimmungen auf dem Schloßberg in Graz. (56 S.) gr. 8. Graz 906. Leykam. n. 1. 50

Starcke, Gust., die Wunderblume od. Muttersegen — Kinderglück. Orig.-Weihnachtsmärchen m. Gesang u. Tanz in 6 Bild. Musik v. Rud. Dellinger. 8. (67 S.) Dresden 897. E. Pierson. Kart. n. 1. —

Ⓑ Starcke, Gust., d. Wunderblume. 897. (KBL 30.) Jetzt: Berlin, Verlag Berlin-Wien.

— der Zauberschleier. Orig.-Weihnachtsmärchen in 6 Bildern. Musik v. Geo. Pittrich. (84 S.) 8. Dresden 906. E. Weise. n. — 60

Starcke, Hans [app. Arzt aus Ratibor]: Über einen künstlichen Abort bei einem infantilen rachitischen Zwergbecken ... Strassburg i. E., Buchdr. W. Friedrich, 1896; 38 S., 1 Bl. 8.
Strassburg, Med. Fak., Inaug.-Diss. v. 1896

Starcke, Heinrich Christian (Lüneburg) A. S. 212/9

Dissertatio de furtis non agnitis. Präs. Jakob Brunnemann. Halle (Zeitler) III. 1700. 62 S. 33192

Starcke, Herrm., die Geige, ihre Entstehg., Verfertigg. u. Bedeutg., die Behandlg. u. Erhaltg. aller ihrer Bestandtheile, u. die Meister der Geigen- u. Lautenbaukunst m. Angabe aller Zettel-Inschriften. Eine Studie nach alten Quellen u. Traditionen. 8. (178 S.) Dresden 884. Seeling. 1. 50

Starcke, Herm., der letzte Gruß, s.: Wallner's Volks- u. National-Theater.

Starcke, Herm., die Inscenirung und Characteristik deutscher, italienischer und französischer Opern. Leitfaden für Theater-Verwaltungen, Regisseure, Opernsänger, Capellmeister etc. 1.—3. Lfg. gr. 8. Erfurt, Bartholomäus. à Lfg. * ℳ 1,50. *

Inhalt:

Lfg. 1. Lucrezia Borgia. Oper von Donizetti. (81 S.) 874.
» 2. Die Jüdin. Oper von Halévy. (VII, 67 S.) 875.
» 3. Romeo und Julia. Oper von Gounod. (90 S.) 875.

Starcke, Herm., die Inscenirung und Charakteristik deutscher, italienischer und französischer Opern. Leitfaden für Theater-Verwaltungen, Regisseure, Opernsänger, Capellmeister etc. 4.—7. Lfg. gr. 8. Erfurt, Bartholomäus. *

Inhalt:

Lfg. 4. Meyerbeer, G., Robert der Teufel. Oper. [Unvollständig. Vom Autor nur bis Act IV, Scene 4 geliefert.] (89 S.) 879. *ℳ 3.
» 5. Bellini, Norma. Oper. (90 S.) 877. *ℳ 2.
» 6. Verdi, Rigoletto. Oper in 4 Acten. (92 S.) 876. *ℳ 2.
» 7. Santa Chiara. Oper von Sr. H. dem H. E. von S.-C.-G. (132 S.) 877. *ℳ 4.
1.—3. Lfg. Ebendas. 1874,75. à *ℳ 1,50.

— die Inscenirung u. Charakteristik deutscher, italienischer u. französisch. Opern. Leitfaden für Theater-Verwaltungen, Regisseure, Opernsänger, Capellmeister etc. 2., verb. Aufl. 1—5. u. 7. Lfg. gr. 8. Erfurt 879—82. Bartholomäus. n. 12. 50 (1—7.: n. 14. 50)

1. Lucrezia Borgia, Oper von Donizetti. (V, 34 S.) 1. 50
2. Die Jüdin, Oper von Halévy. (VII, 67 S.) 1. 50
3. Romeo u. Julia, Oper von Gounod. (90 S.) 1. 50
4. Robert der Teufel, Oper von G. Meyerbeer. [Unvollständig. Vom Autor nur bis Act IV, Scene 4 geliefert.] (80 S.) n. 3. —
5. Norma, Oper von Bellini. (90 S.) n. 2. —
7. Santa Chiara, Oper von Sr. H. d. H. E. v. S. C. G. (132 S.) n. 3. —

Starcke, Herrm., die Inscenirung und Characteristik deutscher, italienischer und französischer Opern. Leitfaden für Theater-Verwaltungen, Regisseure, Opernsänger, Capellmeister etc. 2. verb. Aufl. 1.—3., 5. und 7. Lfg. gr. 8. Erfurt 882, Bartholomäus.

Inhalt:

Lfg. 1. Lucrezia Borgia. Oper von Donizetti. (V, 34 S.) ℳ 1,50.
» 2. Die Jüdin. Oper von Halévy. (VII, 67 S.) ℳ 1,50.
» 3. Romeo und Julia. Oper von Gounod. (90 S.) ℳ 1,50.
» 5. Norma. Oper von Bellini. (90 S.) *ℳ 2.
» 7. Santa Chiara. Oper von Sr. H. des H. E. v. S. C. G. (132 S.) *ℳ 3.

— aus dem Tagebuche eines wandernden Musikanten, s.: Lindau's Reisebibliothek.

—— aus dem Tagebuche eines wandernden Musikanten. 8. (XII, 244 S.) Dresden 881, Seeling.

— der Vagabund, s.: Wallner's Volks- u. National-Theater.

Starcke, H., Friedrichs erster Waffengang, s.: Wallner's allgemeine Schaubühne.

Starcke, Hermann Albert Carl, s. Starcke, Karl

Starcke, Johann (Magdeburg) A. S. 59/9

De foro competente et subiectione clericorum sub potestate civili. Präs. Christian Thomasius. Halle (Montag) VI-1709. 50 S.

W. v.: Präs., Samuel Stryk, Jakob Friedrich Ludovici. 33194

Starcke, Johann (Magdeburg) A. S. 210/21

Disputatio inauguralis iuridicam de foro competente et subiectione clericorum sub potestate civili. Präs. Christian Thomasius. Rec. Halle (Henckel) 1715. 50 S.

Diss. VI. 1709.
W. v.: Samuel Stryk, Jakob Friedrich Ludovici. 33195

Starcke, Johann (Magdeburg) A. S. 261/25

Disputatio inauguralis iuridica, de foro competente et subiectione clericorum sub potestate civili. Präs. Christian Thomasius. Rec. Halle (Henckel) 1720. 50 S.

Diss. VI. 1709.
W. v.: Präs., Samuel Stryk. 33196

Starcke, Johann (Magedeburg) A. S. 279/14

Dissertatio iuridica, de promotionibus per saltum. Präs. Johann Friedemann Schneider. Halle (Montag) IV. 1706. 56 S. 33193

Starcke, Johann Friedrich (Luckau/NL.) A. S. 187/2

De iure phasianorum eorumque banno Vom Rechte der Fasanen und Fasan=Geheege. Präs. Ernst Martin Chladen. Wittenberg (Schlomach) 4. II. 1752. 32 S.

Gew.: Kurt Ehrenreich von Muschwitz, Johann Friedrich von Patow.
W. v.: Präs. 33197

Starcke, Joh. (geb. Drebkau in d. Mark 24. 4. 1844). De arteriae aortae aneurysmatibus. Berolini (1867). (32 S.) 8°
Berlin, Med. Diss. v. 30. Juli 1867

Starcke, [Karl]. Als die Inaug.-Schrift vertretend wurde angenommen d. Verf. Druckschrift: Die Kolonisation in der Wendenmark und Albrecht der Bär. Stargard (1882): Zantz. 30 S. 8° (4°) Stargard, Städt. Höh. Bürgerschule, Progr. 1882.
[Halle-Wittenberg, Phil. Diss. v. 20. Juli 1882]
Geb. [Schmerzke (Kr. Zauch-Belzig) 3. 7. 1846]
Kopft. u. Diplom: Die Colonisationen ...
Nicht f. d. Austausch.

Starcke, Hermann Albert Carl. Über die Pastoralbriefe. 4 (39 S.). Progr. Städt. Bprg. Stargard i. Pr. 1888.
Nicht im Tauschverkehr.

Starcke, Kaspar Heinrich

Lubeca lutherano-evangelica, das ist, der Kayserlichen, Freyen, und des Heil. Römischen Reichs Hanse- und Handel-Stadt Lübeck Kirchen-Historie, darin die vornehmsten Geschichte, welche sich seit der Reformation Lutheri seel. bisz auf gegenwärtige Zeiten in den Kirchen daselbst begeben ... ordentlich beschrieben ... v. Caspar Henric. Starcken. Hamburg. 1724. 8°

Starke, Casp. Heinr., Lubeca Lutherano-Evangelica, od. d. Stadt Lubeck Kirchenhistorie seit Luthers Reformation. 4. Hamburg, Bohn. 724.

Starcke, Paul

Starcke u. Rühlemann, Leitfaden f. den Unterricht der freiwilligen Krankenträger der Kriegervereine. Im Auftrage d. Centralcomité's der preuß. Vereine zur Pflege im Felde verwundeter u. erkrankter Krieger auf Grund der Instruction f. die Militärärzte zum Unterricht der Krankenträger vom 25. Jan. 1875 u. der Kriegssanitätsordng. vom 10. Jan. 1878 zusammengestellt. v. St., illustrirt v. R. 8. (56 S.) Berlin 883. (Mittler & Sohn.) n.n. — 70

Starcke (I.). Leitfaden f. den Unterricht der freiwilligen Krankenträger [Sanitäts-Kolonnen]. Im Auftrage d. Centralcomités der preuß. Vereine zur Pflege im Felde verwundeter u. erkrankter Krieger zusammengestellt. Illustr. von Rühlemann. 6. Aufl. Auf Grund aller einschlag. amtl. Bestimmgn. neu bearb. von Rühlemann. 12. (152 S.) Dresd. 891. (Berl., Mittler u. Sohn). * 1 —

— **dasselbe. 7. Aufl., s.: Rühlemann.**

Starcke, Paul, die Missstaltung der Füsse durch unzweckmässige Bekleidung, s.: Sammlung klinischer Vorträge.

Starcke, Paul. (Eduard.) (geb. Kolberg 14. 10. 1837): Quomodo cartilaginea tela mutetur in osseam, quaeritur. Berolini (1860). (34 S.) 8°
Berlin, Med. Diss. v. 20. März 1860

Starcke, Paul, Ratgeber f. das Studium des Französischen u. Englischen, s.: Dietze, Erwin.

—— **der naturgemässe Stiefel.** Auf Grund **anatomisch-physiolog. Betrachtungen mit specieller Berücksicht.** der Einführung und Controle rationeller Fussbekleidung bei der Armee, für Offiziere, Aerzte, Schuhmacher und Fussleidende bearb. gr. 8. (79 S. mit 19 eingedr. Abbild. in Holzschn.) Berlin 880, Mittler und Sohn. *

— **der naturgemässe Stiefel.** Auf Grund anatomisch-physiolog. Betrachtungen mit specieller Berücksichtigung der Bekleidung u. Pflege des Fusses bei der Armee. 2., völlig umgearb. Aufl. Mit 2 (Holzschn.-) Taf. u. Abbildgn. im Text. gr. 8. (88 S.) Berlin 881. Mittler & Sohn. n. 2. —

Starcke, Paul Eduard, s. Starcke, Paul

Staercke, Max, Wassersnot in der Oder-Niederung. Kritische Gedanken u. Wünsche zu dem Gesetze, betr. die Verbesserg. der Vorflut in der unteren Oder. (26 S.) 8. Berlin 904. L. Frobeen Verl. n. — 50

Die lippischen Ziegler. Beiträge z. geschichtl. Entwickelung d. lipp. Zieglergewerbes. Von **Max Staercke.** *Detmold: Meyer 1901.* (60 S.) 8° [F.] [09. 13,468 6

Staercker, Nicolaus, pract. Arzt aus Riga: **Ueber den Einfluss der Leber auf das Wachstum der Tuberkelbacillen.** *Freiburg i. B. 1898: Ch. Lehmann's Nachf.* (51 S.) 8°
Freiburg i. B., Med. Diss. v. 1898

Starcklof, J. M., praes. M. **Alberti,** De sputatione hypochondriacorum. 24 pp. Hal. 4°. 1730

Starckmann, Andreas Joachim (Weiden/Opf.) A. S. 1034/15

Dissertatio inauguralis medica sistens Herm. Boerhaavii et Frid. Hoffmanni in principiis mechanico-medicis convenientiam et differentiam eorumque doctrinae ad praxin praestantiam.
Altdorf (Meyer) 21. IV. 1752. 34 S.

W. v.: Jo. Nikolaus Weis, C. J. Schreck (Opp.), Georg Friedrich Kordenbusch (Opp.), Johann Wilhelm Kretschmann (Opp.). 33202

Starckmann, Andreas Joachim (Weiden/Opf.) A. S. 1034/43

Theorema medicum quod alia sensatio alium motum inferat. Präs. Johann Nikolaus Weis.
Altdorf (Hessel) 20. IV. 1752. 32 S.

Gew.: Johann Georg Starckmann (Vater). 33201

Starckmann, Johann Georg, s. Starkmann

Starckmann, Ludw. Friedr. Wilh. (Wetzlar)
Disputatio inauguralis juridica, de foro competente.
Gissae 10. Aug. 1713: Joh. Reinh. Vulpius. (4), 40 S. 4°
pro summis in utroque jure honoribus rite consequendis.

Starcky, Konrad (Hamburg) A. S. 1145/9

Disputatio medica inauguralis, de morbis malignis.
Utrecht (vande Water) 1. XI. 1701. 18 S.

Gew.: Samuel Boevier, Andreas de la Fontain.
W. v.: J. Le Mortius, Johann Gottfried Seidler, Johann Turninger. 33203

de Starczewski, Adalb., s. Scriptores exteri saeculi XVI.

Staré, Josip. Kitajci in Japonci. V Celovcu, St. Hermagoras-Druck., 1893. 144 S.

Staré, Jos., die Kroaten im Königr. Kroatien und Slavonien, s. Völker, die, Oesterreich-Ungarns.

Völker, Die, Oesterreich-Ungarns. Ethnographische und culturhistorische Schilderungen. 10. Bd. 2. Hälfte. Inh.: Josef Staré, Die Kroaten im Königreich Kroatien und Slavonien. gr. 8. (153 S.) geh. 1 fl. 50 kr.
Teschen: Prochaska 1882.

Stare J, die Kroaten. (Völker Österreich-Ungarns 10, II) Wien 1882

Staré, Josip. Občna zgodovina za slovensko ljudstvo. V Celovcu, St. Hermagoras-Druck., 1874—88. 5 Bde.

Starein, s.: Stockhorner v. Starein.

Starek, Wenzel: Beitrag zur Reformbestrebung im Zeichenunterrichte. (Mit zahlreichen Abbildungen von Schülerzeichnungen.) S. 2—51. 8.
K. k. Carl Ludwig-Gymn. im XII. Bezirke *Wien (Untermeidling)* 1905.
Progr.

Staren, die, u. die Spatzen. Der Frühling kommt, s.: Bilderbücher, kleine lustige, Nr. 1.

Starey Johann: Beiträge zur Geschichte der Cultur Österreichs am Ende des 13. Jahrh. nach „Seifried Helbling". 18. (7). Kaaden 95. 96.
Progr.

Starfinger, Emil, prakt. Arzt aus Angerburg (Ostpr.): **Sarcom der Vagina bei Kindern.** *Berlin (1900): G. Schade.* (29 S.) 8°
Berlin, Med. Diss. v. 14. Dez. 1900

Starflinger, Hermann Dr. „Die Entwickelung der Domvogtei in den altbayerischen Bistümern". I. Teil. pg. 3—54. 8°. Julius Waldkirch & Cop.
Ludwigshafen a. Rh., Progr. 1907/08

Starflinger, Hermann Dr. „Die Entwickelung der Domvogtei" etc. II. Teil pg. 3—36. 8°. Julius Waldkirch & Cop.
Ludwigshafen a. Rh., Progr. 1908/09

Starflinger, Hermann: Die Entwickelung der Domvogtei in den altbayerischen Bistümern. Ludwigshafen a. Rh. 1908: Waldkirch. 84 S. 8°
München, Phil. Diss. v. 1. Juni 1908, Ref. v. Riezler, v. Heigel
[Geb. 10. Jan. 79 Jettingen, Reg.-Bez. Schwaben u. Neuburg; Wohnort: Ludwigshafen a. Rh.; Staatsangeh.: Bayern; Vorbildung: Gymn. Neuburg Reife Juli 98; Studium: München 8 S.; Rig. 1. Juni 08.] [U 09. 3523

Stargard [Schlagwort]

— s. a.: Danzig, Reg.-Bez.

Stargard, s. a. Deutschland. Kürschner-Pelp.

— s. a.: Forstkarten.

Stargard, s. a. Radfahrerkarten, Strassenprofilkarte.

Stargard, Kreis. Baron, P., Spezial-Karte vom Kreise Pr. Stargard in 5fachem Farbendr. Rev. v. den zuständ. Behörden. 1 : 100,000. 45×50 cm. Lissa (904). O. Eulitz. n. — 50; auf Leinw. in Taschenform. n. 1. —

Stargard (Pr.). Baron, Paul, Wandkarte des Kreises Pr. Stargard, entworfen nach d. neuest. Hilfsquellen. 1 : 40,000. 2. Aufl. 116×129 cm. Farbdr. Preuss.-Stargard (908). E. Schultz. Auf Leinw. m. Stäben 12. —

— Karte des Kreises Pr. Stargard im Reg.-Bez. Danzig. Hrsg. v. der kartogr. Abteilg. der königl. preuss. Landesaufnahme 1906. Aufgenommen vom königl. preuss. Generalstab 1862–74. Einzelne Nachträge bis 1905. 1 : 100,000. 57×62 cm. Farbdr. Berlin (R. Eisenschmidt). n.n. 2. —; ermäss. Preis n.n. 1. 50

Stargardt. Die strategische Lage u. Befestigung Berlins. (28) 8. Berlin 1838. 0,50.

Stargardt, die strategische Lage u. Befestigung Berlins. Eine jetzt im Anfange des Europäischen Revolutionskrieges wohl zu erwägende Zeitfrage. gr. 8. (28 S.) Berlin 848, Laffar in Comm. n. ⅙ ₰

Stargardt, E., Handbuch der Deutschen in England m. Wegweiser f. London. 8. (III, 80 S.) Heilbronn 889. [Gebr. Henninger.] Ulm, Kerler. n. 1. —; geb. n. 1. 30

Stargardt, Ernst (Red.), s. a. Ärzteführer durch Berlin.

Ärzteführer durch Berlin. Ein prakt. Wegweiser f. Ärzte ... Mit e. Vorw. von Prof. Dr. J[ulius] Pagel. Red. von Ernst Stargardt. Berlin: Caspari (1909). IV, 135 S. 8°

Stargardt, F. W., Bedeutung u. Anforderung der Zeit, rücksichtlich auf Preußen. gr. 8. Berl. 816. Maurers B. 8 gr

Verlags-Katalog v. J. A. Stargardt, Berlin ... Mit Abb. (Berlin: J. A. Stargardt) 1892. (44 S.) 8°

Stargardt, Karl, approb. Arzt aus Berlin: Über Chorioiditis disseminata. *Kiel 1899: H. Fiencke.* (20 S.) 8°
Kiel, Med. Diss. v. [31. Aug.] 1899

Stargardt, K[arl], Dr., Assist. an d. Kgl. Univ.-Augenklinik: Aus d. Universitäts-Augenkliniken zu Kiel u. Zürich. Ueber Pseudotuberculose und gutartige Tuberculose des Auges mit besonderer Berücksichtigung der binocularmikroskopischen Untersuchungsmethode. Mit 1 Taf. *Leipzig: W. Engelmann 1903.* (40 S.) 8° ¶ (Aus: v. Graefe's Archiv f. Ophthalmologie. Bd 55, H. 3.)
Kiel, Med. Hab.-Schr. v. [27. Febr.] 1903
(Nicht für den Austausch)

Stargardt, Otto: Anspruchsverjährung und Klageverjährung. Berlin 1898: A. Unger. (62 S.) 8°
Erlangen, Jur. Diss. v. 8. Juni 1898

Stargardter, Julius, appr. Arzt a. Zempelburg (Westpreußen): Bakteriologische Lochial-Untersuchungen und klinische Befunde bei normalen und kranken Wöchnerinnen. München 1906: C. Wolf & Sohn. (31 S.) 8°
Freiburg i. B., Med. Fak., Ref. Krönig, Diss. v. 1907
[Geb. 19. Febr. 81 Zempelburg (Westpr.); Wohnort: Freiburg i. B.; Staatsangeh.: Preußen; Vorbildung: Luisenstädt. Gymn. Berlin Reife O. 01; Studium: Berlin 6, Freiburg i. B. 3 S.; Coll. 23. Febr. 06; Approb. 26. Jan. 06.]

Starhemberg's, Ludwig Fürst, Lebens-Skizze, s.: Thürheim, A. Graf.

Staricii, Jh., großer Heldenschatz, od. Unterricht in der Heilkunst d. Wunden. 9 Thle. 8. Frankf. a. M. 769. Varrentrapp. 12 gr

Staricius, Johannis, Neu vermehrter Helden-Schatz, Das ist: Naturkündliches Bedencken über und bey Vulcanischer, auch natürlich-magischer Fabrefaction und Zubereitung der Waffen des berühmten Helden Achillis im Griechen-Land. Daraus neben vielen Secretis zu vernehmen, was zu Martialischer Ausrüstung eines Kriegs-Helden vornehmlich gehörig. Erstlich in vier Theile abgetheilet, nunmehro aber nicht allein in solchen vier Theilen mercklich gebessert, sondern auch mit dem fünfften und sechsten Theile, worinnen über 300 schöne zur Gesundheit, Wollust, Schimpf und Ernst dienende Kunst-Stücke vermehrt und von neuem in Druck befördert. (Dotation Liechtenstein.)
kl. 8. Franckfurt und Leipzig 1720.

— neuvermehrter Heldenschatz. 8. Frkf. u. Leipz. 750. Haude. 8 gr

Starick, Paul: Die Belesenheit von John Keats und die Grundzüge seiner literarischen Kritik. (Berlin: Mayer & Müller 1910.) 102 S. 8°
Berlin, Phil. Diss. v. 1. Aug. 1910, Ref. Brandl
[Geb. 10. Nov. 74 Jocksdorf; Wohnort: Berlin; Staatsangeh.: Preußen; Vorbildung: Luisenstädt. Realgymn. Berlin Reife O. 08; Studium: Berlin 14 S.; Rig. 26. Mai 10.] [U 10. 267

Starick, Paul, die Belesenheit v. John Keats u. die Grundzüge seiner literarischen Kritik. (V, 102 S.) gr. 8. Berlin 910. Mayer & Müller. 2. 50

Starikoff, A. H., die Welt u. ihre Gesetze. (In russ. Sprache.) Leipzig 868. Gerhardt. gr. 8. (XI, 139 S. mit eingedr. Holzschn.) n. 1 ₰ 10 ngr.

Staring W. C. H.: Das Molkereiwesen in Holland. Aus d. Holländ. übers. v. J. H. Wien 1872. 16 S. 1 Kt. P.

Staritz, Carl Über einen neuen Inhaltskörper der Siebröhren einiger Leguminosen. 8 (S. 181—197, 1 S. Litteratur, 1 S. Erklärung der Fig, 1 Taf.)
In: Festschrift z. 250j. Jubelfeier d. G. Maria Magdalena. II. *Breslau* 1893.
Nicht im Tauschverkehr.
Progr.

Staritz, Carl, üb. e. neuen Inhaltskörper der Siebröhren einiger Leguminosen. [Aus: „Festschrift zur Jubelfeier des Gymnasiums zu St. Maria Magdalena".] gr. 8. (19 S. m. 1 Taf.) Breslau 893. (E. Morgenstern's Verl.) n. — 75

Staritz, L., Blondine und Brünette, s. Bloch's, E., Theater-Correspondenz.

Staritz, Oscarius Fridericus: De stricturis urethrae. Halae (1857): Hendel. 27. VI [vielmehr II] S. 8°
Halle-Wittenberg. Med. Diss. v. 6. Aug. 1857
Geb. Freyburg a. d. Unstrut 24. 7. 1830. V.

Stark, Bernh., ehemal. Capitular etc. Leben u. Wirken. 4. (.. B.) Landshut 810, Thomann'sche Buchh.
Abdruck aus Stark, Bernh.: Paläograph. Bemerkungen ...

— Laurent, Peinture de caractère d'après l'allemand de J. J. Engel. 8. Berlin, Quien. 802.

Stark, Herr Lorenz, ein Charaktergemählde.. [Tübingen 1795.] V: *Engel, Johann Jacob.* (MGT)

Stark, Lorenz; od. d. deutsche Familie. Schsp. in 5 A. von F. L. Schmidt. 8. Lpz. Rein. 804.

Stark, Herr Lorenz; e. Charaktergemälde v. J. J. Engel. 8. Berlin, Mylius. 806.

Stark, Frau, die gottesfürchtige Wittwe, an zwei Sterbebetten. 12. (47 S. mit 1 Stnt. und lithogr. Titel.) Straßburg 851, Berger-Levrault Witwe und Sohn.

Stark, s.a. Erös, Lajos.

STARK, Frhr. v.: Die Fischereigesetzgebung im Großherzogtum Hessen nebst den zugehörigen Ausführungsbestimmungen und Staatsverträgen. Amtliche Handausgabe mit Erläuterungen und einem Sachregister. - Darmstadt 1905. 50 S. - Nachtrag ebd. 1925. 31 S. - (Jagd u. Fischerei H. 1)

– Rede zur Feier des Geburtstages Sr. Majest. König Wilhelm I. Halle, Schul-/Univ.-Schrift 1865

Stark, Wesen und Heilung der Epilepsie — Fallsucht — Krämpfe. Die Stärkg. der Nerven überhaupt. Eine populär-wissenschaftl. Abhandlg. Nebst e. Anh.: Amtlich beglaubigte Atteste üb. die bereits erzielten Heilresultate. 25. Ausg. 8. (47 S.) Altona 872. Verlagsbureau in Comm. n. — 50

Stark, A., die Gewerbefreiheit für Bayern. Leipzig 861. O. Wigand. gr. 8. (56 S.) n. 10 ngr.

Stark, A., statistische Tafel von Deutschland seit der Bildung des norddeutschen Bundesstaates. 1866/67. Imp.-Fol. Gera 867, Kanitz. *

Stark, A., statistische Tafel von Deutschland. Enthält: Land, Eintheilung, Größe etc. 2., gänzlich umgearb. Aufl. Imp.-Fol. Gera 868, Kanitz' Verlag.

Stark, Adf., im Banne der Leidenschaft, s.: Kriminal-Romane aller Nationen.

— Ein verschwundenes Depot, s.: Kürschner's Bücherschatz.

Ein verschwundenes Depot. Kriminalroman von Adolf Stark. Mit Ill. von A. Lewin. Berlin, Leipzig: Hillger [1908]. 96 S. 8°
(Kürschners Bücherschatz. Nr 627.)

— Ein Frauenschicksal, s.: Weichert's Wochen-Bibliothek.

Stark, Adf., ärztlicher Ratgeber f. Marienbader Kurgäste. 1. u. 2. Bd. 8. Marienbad, H. Fink. à — 60
1. Die Heilmittel u. Heilanzeigen Marienbads. (26 S.) (907.)
2. Die Fettleibigkeit u. ihre Behandlung. (27 S.) (907.)

Stark, Adolf, aus Celle i. H.: Syntaktische Untersuchungen im Anschluß an die Predigten und Gedichte Olivier Maillards ⟨1430—1502⟩ mit besonderer Berücksichtigung des ersten Auftretens des neufranzösischen Sprachgebrauchs. *Erlangen 1903: Junge & Sohn.* (85 S.) 8° ¶ (Aus: Romanische Forschungen Bd 15, H. 3.)
Berlin, Phil. Diss. v. 21. Dez. 1903

Stark, Amadeus, die Heilung aller Krankheiten ohne Arzt u. Apotheke durch Wasser u. Diät. Ein unentbehrliches Hausbüchlein für Jedermann. gr. 16. Reutlingen 844, Kalbfell-Kurtz. 9½ ngl

Stark, Amadeus, die Heilung aller Krankheiten ohne Arzt und Apotheke durch Wasser und Diät. Ein unentbehrl. Hausbüchlein für Jedermann. Nach den besten Schriften über die Wasserheilmethode und nach eigenen Erfahrungen einfach und kurz zusammengestellt. 8. (96 S.) Reutlingen 887, Bardtenschlager.

Stark, Amath., neuester u. vollständ. Liebes-Briefsteller. gr. 8. (14⅜ B.) Ulm 845, Friedr. Ebner.

Stark Anton: Die Habsburger als Förderer der chemischen Großindustrie und des damit verbundenen allgemeinen Volkswohles. (20). 30. Gablonz 03. 04.
Progr.

Stark Anton: Welche Tatsachen sprechen für einen entwicklungsgeschichtlichen Zusammenhang zwischen den sogenannten Kryptogamen und Phanerogamen? 26. Gablonz 02.
Progr.

Stark, Armin, zu Schutz und Trutz! Deutscher Sang aus der Ostmark. Gesammelt und hrsg. 8. (44 S.) Zürich 884, Schmidt. *

Stark, Augustin

— Beschreib. meteorolog. Instrumente, nebst einer Anleit. zum Gebrauche derselben etc. Mit Kpf. gr. 4. Augsb. 815. (Köhler in Leipz.) 3 ℔ 12 gl

Stark, Ritter A., sieh: Meteorologisches Jahrbuch. 1824—26.

Stark, Ritter Augustin, meteorolog. Jahrbuch v. 1810—28. mit Inbegriff der meteor. u. astronom. Beobachtt., der Aspecten der Sonne, der Planeten u. des Mondes, wie auch der Veränderungen der positiven u. negativen atmosphär. Elektricität. Fol. Augsb. 812—828. (Leipz., Köhler). (à 2 ℔) 38 ℔

Stark, Augustin, meteorolog. Jahrbuch v. 1831—1834, mit Inbegriff d. meteorisch. u. astronom. Beobachtn., d. Aspecten d. Sonne, d. Planeten u. d. Mondes, wie auch d. Verändern. d. positiven u. negativen atmosphär. Electricität. Fol. (à 16½ B.) Augsburg 836. (Leipzig, K. F. Köhler.) à *

— kurze Lebensbeschreibung. Ein biograph. Beitr. zur neuern Zeitgeschichte. gr. 8. Passau 826. Ambrosius. 8 gl

— 32 große Reduktionstabellen d. k. baier. Civil- u. Medicinalgerichts. Mit Vergleichung d. Gewichte von 15 d. berühmten Städte Europens. Münch. 811.

Stark, B.: J. H. Pestalozzi, ein Wohltäter des Volkes, s. Starck, Bernhard

Stark, Bernhard, s.a. Stark, Karl Bernhard

Stark, Bernh., palaeograph. Abhandl. üb. einen zum Andenken d. Kaisers Decius u. seiner beiden Söhne errichteten, u. in d. Stift Wilten bei Innsbruck aufbewahrt. Meilenstein. Nebst Bemerkn. üb. eine in d. kgl. Antiquarium zu München befindl. Tabula Honestae Missionis v. d. Kaiser Philippus. gr. 4. (10¼ B. u. 1 Stnt.) Augsburg 832, (Kollmann.) Thlr.

Stark, Bernh., paläograph. Bemerkungen üb. ein. bei Zirl in Tyrol aufgefund., zum Andenken d. Kaisers Decius u. seiner beiden Söhne errichteten Meilenstein. Nebst ein. Abfertig. des in d. bayer. Annalen im J. 1833 No. 64 u. 67 abgedr. Referates u. e. archäoleg. Zugabe üb. d. Cinctus Gabinus. M. d. Verfassers Leben. 4. (17 B. u. 4 Stnt.) Landshut 840. Thomann'sche Buchh. 2 Thlr. 3 Gr., hrbgs. Pr.

Stark's, Bernh., Capitularus d. aufgel. fürstl. Reichs- u. Benedictiner-Stiftes St. Emmeram in Regensburg, Mitgliedes der k. Akademie der Wissenschaften u. ehemal. Conservators d. k. Antiquariums zu München, Leben und Wirken. 4. Landshut 840. Attenkofer. (Thomann.) ½ ℔

Stark, C., s. S t a r k , Karl

Stark, C. A., s. S t a r k , Augustin

Stark, C. B., s. S t a r k , Karl Bernhard

Stark, C. W., s. S t a r k , Karl Wilhelm

Stark, Carl, s. S t a r k , Karl

Stark, Carl Bernhard, s. S t a r k , Karl Bernhard

Stark, Chr. Ludwig Wilhelm

— Beitrr. zur Vervollkommnung der Hermeneutik insbesondere der d. N. Testaments. 1r u. 2r Beitr. gr. 8. Jena 817 u. 18. Schmid. 18 gr

Stark, Chr. Ldw. Wlh., († d. 1. Juli 1818.) das Leben u. dessen höchste Zwecke in ihrer allmähl. Entwickelung u. in ihrer Vollendung durch das Christenthum. 1r Thl. Universalhistor. Ueberblicke üb. d. Leben u. die Entwickelung der Völker von Anfang bis auf unsere Zeiten. gr. 8. Jena 817. Cröker. 1 Thlr 12 gr 2r Thl. A. u. d. T.: Das Christenthum in seinem eigentl. Wesen. gr. 8. Ebd. 818. 1 Thlr 4 gr 2e Ausg. beider Thle. 822. Hbg. Pr. 1 Thlr 16 gr

— Diss. de notione, quam Jesus in iis locis, ubi ad *Εργα* sua provocat, huic vocabulo tribuerit. 8. Jena 813.

— Paraphrasis et Commentarius in Evangel. Joannis Cap. 13—17. ultimos Christi sermones contin. 8maj. Jena 814. Göpfert. (Joachim in Leipz.) 18 gr

Stark E.: Ueber die Wirkung d. Verdauungsfermente auf die Antikörper speziell auf die Agglutinine u. Praecipitine. Diss. Würzb. 1905. 48 S. P.

Stark, Edmund, approb. Arzt aus Tübingen: Ueber die Wirkung fluoreszierender Stoffe auf Diastase. *München 1903: C. Wolf & Sohn.* (21 S.) 8°
München, Med. Diss. v. 1903

Stark, Eduard — k. k. Finanzwache-Kommissär. Die Einführung, der Gebrauch und der Verschleiß der Stempelmarken. Eine Zusammenstellung aller hierauf sich beziehenden Verordnungen und Allerhöchsten Patente mit besonderer Rücksicht auf die hiedurch erfolgten Abänderungen des Gefälls-Straf-Gesetzes. Dargestellt und herausgegeben von — —. Mit vielen Mustern. Leitmeritz. Gedruckt bei Karl Wilh. Medau. (VI, 88 S. 8.) geh.
1855.

Stark, Emil, la b i l d o en la esperanta instruado (kun plena gramatiko de Esperanto). Das Bild im Esperanto-Unterricht (m. vollständ. Grammatik des Esperanto). (164 S.) 8. Magdeburg 909. (Lichtenberg & Bühling.) 1.60

La bildo en la esperanta instruado. Das Bild im Esperanto-Unterricht. Von E[mil] Stark, Magdeburg. Magdeburg: Wuttke 1909. 161 S. 8°
[Aus: Germana Esperanto-Gazeto.] [10. 7077

Elementarbuch der internationalen Hilfssprache Esperanto. Hrsg. von E(mil) Stark, Magdeburg. [Nebst] Schlüssel u. Wörter-Verzeichnis. Berlin: H. Th. Hoffmann 1906. 3 Bde 8° [07. 10660 3

Elementarbuch der internationalen Hilfssprache Esperanto. Hrsg. von E[mil] Stark, Magdeburg. 2. Aufl. Berlin: H. Th. Hoffmann (1907). 110 S. 8° [09 6988

— E l e m e n t a r b u c h der internationalen Hilfssprache Esperanto. 3. Aufl. (VI, 110 S.) gr. 8. Berlin (908). H. Th. Hoffmann. 1.20; geb. 1.80; Schlüssel. 2. Aufl. (45 S.) 8. 908. — 60; Wörter-Verzeichnis. (45 S.) 907. — 60

— dasselbe. 5. Aufl. (110 S.) 8. Leipzig (910). Deutsche Esperanto-Buchh. 1.20

Etwas über Wert und Wesen der internationalen Hilfssprache Esperanto. Von E[mil] Stark, Magdeburg. 2. Aufl. Magdeburg: Wuttke [um 1910]. 12 S. 8° [10. 17303

Gvidlibro tra Magdeburg. Führer durch Magdeburg. Verkita de Emil Stark. Magdeburg: Wuttke 1909. 12 S. 4°
[Esperanto.] [09. 16510

— u. Fr. Rockmann, internacia legolibro. 1. parto. (Esperanto internacia helpa lingvo.) (88 S.) 8. Ebd. 908. 1.20

Stark, E., Lehrbuch d. vereinf. Stenographie, s.: P u f f , L.

— Stenographische Lehrbücher, s.: P u f f , L.

Kurzer L e h r g a n g der internationalen Hülfssprache 'Esperanto'. Hrsg. von Emil Stark, Magdeburg. Magdeburg: Wuttke 1908. 23 S. 4° [Umschlagt.]
Aus: Germana Esperanto-Gazeto.

— Kurzer L e h r g a n g d. internationalen Hülfssprache „Esperanto". 2. Aufl. (95 S.) kl. 8. Magdeburg 909. (Lichtenberg & Bühling.) — 50

Kurzer Lehrgang der internationalen Hülfssprache 'Esperanto'. Hrsg. von Emil Stark, Magdeburg. 2. Aufl. Magdeburg: Wuttke 1909. 95 S. 8° [09. 11807

Praktika metodo por la instruado de la internacia helplingvo Esperanto. Praktische Methode des Esperanto-Unterrichts. De Emil Stark, Magdeburg. (P. 1.) Magdeburg: Wuttke [1909]. 8°
[Umschlagt.:] De E. S t a r k. Metoda gvidlibro ... Method. Handbuch ... [10. 17691

Stark, E., s.: N u t z e n d. Kurzschrift f. d. Lehrer.

— N u t z e n d. S t e n o g r a p h i e f. Seminaristen u. Lehrer. Vortrag, geh. auf d. VIII. deutschen Lehrertage am 27. V. 1890 zu Berlin. (Neudruck.) gr. 8. (8 S.) Magdeburg 897. Selbstverlag. n.n. — 20

S c h u l e und Stenographie. Ein Wort z. Aufklärung f. Schulverwaltungen ... Von E[mil] Stark, Lehrer. Magdeburg: Wuttke 1908. 20 S. 8° [Umschlagt.]
Aus: Deutsche Stenogr. Lehrerzeitung.

Das Stenographie-System S t o l z e - S c h r e y . Kurze Darstellung d. Entstehung u. d. Wesens derselben [!]; e. Beitrag z. sachl. Prüfung d. Syst. f. jedermann. Von Emil Stark. Magdeburg: E. Grudzinski 1897. (8 S.) 8° [Umschlagt.]

— Unterrichtsbriefe zur Erlerng. d. vereinf. deutschen Stenographie, s.: P u f f , L.

Stark, Emil [aus Wunsiedel]: Untersuchungen über die Gewöhnung des thierischen Organismus an Gifte und über die Wirkung des Isonitrils auf den thierischen Organismus .... Erlangen, Druck d. Univ.-Buchdr. v. E. Th. Jacob, 1887; 25 S. 8°.
Erlangen, Med. Fak., Inaug.-Diss. v. 30. Jul. 1886.

Stark, Emil, Untersuchungen über die Gewöhnung des thierischen Organismus an Gifte und über die Wirkung des Isonitrils auf den thierischen Organismus. Diss. Erlangen 1887, Th. Blaesing. 8°. 25 S.

Wörterbuch. Esperanto-Deutsch. Von Emil **Stark**, Magdeburg. 2. Aufl. Berlin: H. Th. Hoffmann (1909). 95 S. 8°

Stark, Ernst, appr. Arzt: Aus d. Unterrichts-Anst. f. Staatsarzneik. d. Univ. Berlin. Die Feuerbestattung vom gerichtsärztlichen Standpunkte. Leipzig: Vogel 1909. 47 S. 8° ¶(Aus: Archiv f. Kriminalanthropol. u. Kriminalistik.)
Berlin, Med. Diss. v. 7. Juli 1909, Ref. Orth
[Geb. 15. Jan. 84 Ludwigsburg; Wohnort: Freiburg i. B.; Staatsangeh.: Württemberg; Vorbildung: Gymn. Ulm Reife M. 02; Studium: Berlin K. W. A. 10 S.; Coll. 2. Juli 09; Approb. 6. Juli 09.] [U 09. 113

Stark, Ernst, a. Regensburg: Über die Wirkung der Verdauungsfermente auf die Antikörper speziell auf Agglutinine und Praecipitine. Würzburg 1905: F. Staudenraus. (48 S.) 8°
Würzburg, Med. Fak., Ref. v. Leube, Diss. v. 0. Sept. 1905
[Geb. 15. Juni 81 Regensburg; Wohnort: Würzburg; Staatsangeh.: Bayern; Vorbildung: Altes Gymn. Regensburg Reife Juli 00; Studium: Berlin 1, Würzburg 9 S.; Coll. 19. Juli 05; Approb. 13. Juni 05.]

Stark, F., u. F. Tschauder, Hilfsbuch f. den Geschichtsunterricht in Präparandenanstalten. Nach dem Lehrplan vom 1. VII. 1901 bearb. 1. Tl.: Deutsche u. brandenb.-preuß. Geschichte. gr. 8. (VII, 247 S.) Breslau 902. H. Handel. n. 2.—; geb. n.n. 2. 40

Hilfsbuch für den Geschichtsunterricht in Präparandenanstalten. Nach d. Lehrplan v. 1. Juli 1901 bearb. von Dr. F. **Stark**, Sem.Dir., u. F[ranz] Tschauder, Präparandenanstaltsvorsteher. T. 1. 2. *Breslau: H. Handel 1902-03.* 2 Bde 8° [F.]
1. Deutsche u. brandenburg.-preuß. Geschichte. 1902.
2. Geschichte d. Altertums. Mit 14 Abb. 1903. [04. 7418 2

Hilfsbuch für den Geschichtsunterricht in Präparandenanstalten. Nach d. Lehrplan v. 1. Juli 1901 bearb. von Dr. F. **Stark** u. F[ranz] Tschauder. 2. verb. Aufl. T. 1. *Breslau: H. Handel 1903.* 8° [F.] [04. 7419 2

Hilfsbuch für den Geschichtsunterricht in Präparandenanstalten. Nach d. Lehrplan v. 1. Juli 1901 bearb. von Dr. F. **Stark**, Sem.Dir., u. F[ranz] Tschauder. Mit Bilderanh. 3., verb. Aufl. T. 1. 2. Breslau: H. Handel 1905–06. 2 Bde 8° [F.]
1. Deutsche u. brandenb.-preuß. Geschichte. 1905.
2. Geschichte d. Altertums. 1906. [08. 9631

Stark, F., u. F. Tschauder, Hilfsbuch für den Geschichtsunterricht in Präparandenanstalten. Nach dem Lehrplan vom 1. VII. 1901 bearb. 1. u. 2. Tl. gr. 8. Breslau, H. Handel. n. 2. 85; geb. n. 3. 55
1. Deutsche u. brandenburgisch-preuß. Geschichte. Mit e. Bilderanh. 4., verb. Aufl. (VII, 228 u. 10 S.) 906. n. 1. 85; geb. n. 2. 25
2. Geschichte des Altertums. Mit e. Bilderanh., 3., verb. Aufl. (IV, 143 S.) 905. n. 1. —; geb. n.n. 1. 30

Hilfsbuch für den Geschichtsunterricht in Präparandenanstalten. Nach d. Lehrplan v. 1. Juli 1901 bearb. von Dr. F. **Stark**, Sem.Dir., u. F[ranz] Tschauder, Sem.Oberl. 5. verb. Aufl. T. 1. Breslau: H. Handel 1907. 8° [F.] [08. 7033 2

Stark, F., u. F. Tschauder, Hilfsbuch f. d. Geschichtsunterricht in Präparandenanstalten. Nach dem Lehrplan vom 1. VII. 1901 bearb. 1. u. 2. Tl. gr. 8. Breslau, H. Handel. 2.85; geb. in Leinw. 3. 55
1. Deutsche u. brandenburgisch-preuß. Geschichte. Mit e. Bilderanh. 7., verb. Aufl. (VII, 216 u. 16 S.) 910. 1.85; geb. 2.25
2. Geschichte des Altertums. Mit e. Bilderanh. 4. Aufl. (IV, 139 S.) 908. 1.—; geb. n 1. 30

Stark, F., Karlsruhe in Baden mit Umgebung, s.: Beckmann-Führer.

Stark, F. G.: De delirio tremente. D. Jenae. 1837.

Stark, F. G., Gedanken b. Kreuze Jesu auf Golgatha. Fol. Breslau, Barth. 802.

Stark, F. W., u. K. Schmidt, Baukunde f. Maschinentechniker. Leitfaden f. techn. Lehranstalten u. zum Selbstunterricht. (V, 82 S. m. 134 Abbildgn. u. 2 lith. Taf.) Lex. 8. Wiesbaden 909. C. W. Kreidel. 2. 50

Stark, Fr.: Pathologische Fragmente, s. Stark, Karl Wilhelm

Stark, Fr. Glo., († d. 30. Mai 1807.) Gedanken u. Empfindungen beim Kreuze Jesu auf Golgatha. Fol. Bresl. 802. (Graß, Barth u. C.) 1 ß

Stark, Franz, Dietrichs erste Ausfahrt. Hrsg. von F. S., s. Bibliothek des litterarischen Vereins in Stuttgart, Bd. 52.

Stark Franz, Dr.: Beiträge zur Kunde germanischer Personennamen. S. 23. 654 . . . vgr.
Separatabdruck

Stark, Frz., Beiträge zur Kunde germanischer Personennamen. (Aus d. Sitzungsberichten d. k. Akad. d. W.) Wien 857. Gerold in Comm. gr. 8. (23 S.) n. 4 ngr.

Stark, Frz., Beiträge zur Kunde germanischer Personennamen. Lex.-8. (23 S.) Wien 857,58, (Gerold's Sohn.) *

Stark, Dr. Franz, Beleuchtung der sogen. „Berichtigung" des Herrn Dr. Wiedemann; s. a. Archiv f. österr. Geschichte.

— Beleuchtung der sogenannten „Berichtigung" des Herrn Dr. Theodor Wiedemann im Archiv, Band XXXV, S. 459–462. Ar. 36. 473 20
Separatabdruck

Stark, Frz., Beleuchtung der sogenannten „Berichtigung" des Herrn Dr. Wiedemann im Archiv, Bd. XXXV, S. 459—462. [Aus: Archiv für Kunde österr. Geschichtsquellen.] Wien 866. (Gerold's Sohn.) Lex.-8. (11 S.) n. 2 ngr.

— Berichtigungen und Ergänzungen zu dem in den *Fontes rerum austriacarum. Diplomataria et acta, Vol. XXI.* abgedruckten Nekrologium des ehemaligen Augustiner-Chorherrenstiftes St. Pölten. Ar. 34. 371 . . . . . . —90
Separatabdruck

Stark, Frz., Berichtigungen u. Ergänzungen zu dem in den Fontes rerum austriacarum: Diplomata et acta, Vol. XXI. abgedr. Necrologium des ehemal. Augustiner-Chorherren-Stiftes St. Pölten. Ebend. 865. Lex.-8. (63 S.) n.n. 9 ngr.

Stark, Frz., s.: Blätter, technische.

S[tark], Franz: Fahrt nach Spalato und Salona vom 21. bis 23. Mai. S. 62—65. 8. **Progr.** K. k. Staats-Gymn. *Triest* 1910.

Stark, Franz. Über einige neuere Festigkeitsversuche. Graz 1877. 4.

— Keltische Forschungen. I. Keltische Namen im Verbrüderungsbuche von St. Peter in Salzburg. 1. Teil. S. 59. 159 . . . . . . 1.20
— — 2. Teil. S. 61. 215 . . . . . . vgr.
— — 3. Teil. S. 62. 53 . . . . . . vgr.
Separatabdruck

— Keltische Forschungen. II. Keltische Personennamen, nachgewiesen in den Ortsbenennungen des *Codex traditionum ecclesiae Ravennatensis* aus dem VII. bis X. Jahrhundert. 1. Teil. S. 62. 209 . . . . . . vgr.
— — 2. Teil. S. 62. 245 . . . . . . vgr.
Separatabdruck

Stark, Frz., keltische Forschungen. I. und II. Lex.-8. Wien 869, (Gerold's Sohn.) *
Inhalt:
I. 1.—3. Thl. Keltische Namen im Verbrüderungsbuche von St. Peter in Salzburg. [1. Thl. (82 S.) *M 1,20.; 2. und 3. Thl. (102 S.) *M 1,50.]
II. 1. und 2. Thl. Keltische Personennamen nachgewiesen in den Ortsbenennungen des Codex traditionum ecclesiae Ravennatensis aus dem 7.—10. Jahrh. (64 S.) *M 1.
Aus: Sitzungsberichte der k. Akademie der Wissenschaften, besonders abgedruckt.

Stark, Franz: Geschichte des Staatsgymnasiums in Landskron in den ersten 25 Jahren. 8 (53 S.).
Progr. K. k. Staats-Oberg. *Landskron i. Böhm.* 1897.

Separatabdruck

— die Kosenamen der Germanen. I. und II. Lex.-8. Wien 866, (Gerold's Sohn.) [I. (90 S.) * 15 Ngr., II. (52 S.) * 10 Ngr.] +
Aus: Sitzungsberichte der k. Akademie der Wissenschaften, besonders abgedruckt.

— die Kosenamen der Germanen. Eine Studie. Mit drei Excursen. Wien 868. Leipzig, Fues' Verl. gr. 8. (III, 204 S.) n. 2 ℳ

— die Kosenamen der Germanen. Eine Studie. Mit drei Excursen. 1. über Zunamen; 2. über den Ursprung der zusammengesetzten Namen; 3. über besondere friesische Namensformen. gr. 8. (III, 204 S.) Wien 868, Tendler und Comp. [Frankfurt a. M., Baer und Comp.] (*M 6.) *

Stark, Frz. Deutsche Sinn- u. Trinksprüche, gesammelt u. zusammengestellt. Wien 1892. 16.

— — s.a. Stark, Friedrich

Stark, Frz., die sociale und staatliche Stellung des Technikers. Referat, gehalten in der Wochenversammlung des „Polytechn. Clubs in Graz" am 10. März 1877. gr. 8. (70 S.) Graz 877. (Wien, Lehmann und Wentzel.) *

Stark, Frz., die sociale u. staatliche Stellung des Technikers. Referat, geh. in der Wochenversammlung des „Polytechn. Clubs in Graz" am 10. März 1877. gr. 8. (70 S.) Graz 877. (Wien, Spielhagen & Schurich.) n 1.20

Stark, Frz., die Volksschule in Oesterreich. Ein Beitrag zu ihrer Neugestaltung. Wien 864. Sallmayer & Co. gr. 8. (96 S.) n. 16 ngr.

— Das Wiener Weichbildrecht. Nach einer Handschrift der Grazer k. k. Universitäts-bibliothek, verglichen mit dem Texte bei Rauch und mit dem sogenannten Schwabenspiegel. S. 36. 86 . . . . ngr.
Separatabdruck

— das Wiener Weichbildrecht. Nach einer Handschrift der Grazer k. k. Universitäts-Bibliothek verglichen mit dem Texte bei Rauch u. mit dem sogenannten Schwabenspiegel. (Aus den Sitzungsber. der k. k. Akad. d. Wiss.) Wien 861. Gerold in Comm. gr. 8. (28 S.) n. 4 ngr.

Stark, Frz. Ant., praktische Anleitung zur Anlegung und zum wirthschaftl. Betrieb der wilden und zahmen Fischerei rc. nebst einem Fischerei-Kalender. 8. (VIII und 76 S.) Heilbronn 847, Landherr.

Stark, Friedrich [cand. med. aus Neustadt a. d. Haardt]: Ueber einen Fall von Hodensarkom mit multiplen Metastasen ... München, Buchdr. Kastner & Lossen, 1896; 20 S. 8.
München, Med. Fak., Inaug.-Diss. v. 1896

Stark, Friedrich: Der Kehrreim in der deutschen Literatur ... Duderstadt, Druck v. Gerlach & Haensch, 1886; 33 S. + 1 Bl. 8°.
Göttingen, Phil. Fak., Inaug.-Diss. v. 1886.

Stark, Frdr., der Kehrreim in der deutschen Literatur. gr. 8. (33 S.) Duderstadt 886. (Göttingen, Vandenhoeck & Ruprecht.) n. 1. —

Stark, Frdr., üb. die Möglichkeit e. Axenänderung der Erde. gr. 8. (32 S. m. 4 Steintaf.) München 875. Th. Ackermann. n. 1. 20

— —, die bayerischen Seen und die alten Moränen. Hiezu eine Karte: Ideale Uebersicht von Südostbayern zur Eiszeit, und eine lithogr. Tafel. München 1873. 8.

Stark, Hauptm. F., die bayerischen Seen und die alten Moränen. Eine Erläuterung zur Karte. Ideale Uebersicht von Südostbayern zur Eiszeit. gr. 8. (14 S. mit chromolithogr. Karte in Fol. und 1 lithogr. Taf. in qu. gr. 4.) München 874, Mey und Widmayer. *

Stark, Frdr., deutsche Sinn- u. Trinksprüche. Gesammelt u. zusammengestellt. 16. (69 S.) Wien 892. (Lesk & Schwidernoch.) n. — 60

— — s.a. Stark, Franz

Stark, G. v., Jacomino, s.a. Sammlung kl. Volksschriften.

Jacomino. Von G. v. Stark. *Barmen: D. B. Wiemann [1899].* (35 S.) 8° [F.]
= Sammlung kleiner Volksschriften. No 30. [∞. 471

Stark, Gerta v., Prinzessin Christelchen. Ein Hofroman. Mit Illustr. v. Th. Volz. (174 S.) kl. 8. Berlin (904). W. Vobach & Co. n. 2. —; geb. in Leinw. n. 3. —

Stark, Hanns, 1870. Deutschland über Alles. Ein Roman der Gegenwart. (In ca. 20 Liefgn.) 1—4. Liefg. Wien 870. Manz. gr. 8. (S. 1—192 mit Holzschntaff.) Jede Liefg. 5 ngr.

Stark, Hanns, 1870. Deutschland üb. Alles. Ein Roman der Gegenwart. 5—20. Lfg. gr. 8. (1. Bd. S. 193—477 u. 2. Bd. S. 1—479 m. 17 Holzschntaf.) Wien 871. 72. Manz. à — 50

Stark, Hans [Assistenzarzt zu Stephansfeld aus Kennenburg i. Württemb.]: Ein Beitrag zur Lehre von der Farbenblindheit ... Freiburg i. B., Speyer & Kaerner, 1897; 24 S., 1 Bl. 8.
Freiburg i. B., Med. Fak., Inaug.-Diss. v. 1897

Stark, Hans, e. Beitrag zur Lehre v. d. Farbenblindheit. Diss. gr. 8. (26 S. m. 3 Kurven.) Freiburg i/B. 897. Speyer & Kaerner. 1. 50

Stark, Hans [Tierarzt von Erlangen]: Aus dem veterinärpathologischen Institut der Universität Zürich. Beiträge zur pathologischen Anatomie der Agalactia catarrhalis-contagiosa (Kitt) (Gelber Galt). Mit vier Tafeln. Zürich 1903. 47 S. 8°.
Zürich, Vet.-med. Diss. 1902 1903.

Stark, Hans. Beiträge zur Pathologischen Anatomie der Agalactia catarrhalis-contagiosa (Kitt) (Gelber Galt). Diss. Vet.-Med. Univ. Zürich. Mit vier Tafeln. *Kopftitel:* Aus dem veterinärpathologischen Institut der Universität Zürich. 47 S. 8. Zürich, Art. Institut Orell Füssli, 1903.

Stark, J., das Entfernungsschätzen der Infanterie. Wie können wir die Leistgn. im Entfernungsschätzen erhöhen u. die Fertigkeit am einfachsten beurteilen? gr. 8. (41 S. m. 4 Beilagen.) Neuburg a/D. 900. Griessmayer. n. 1.20

Stark, J. Versuch e. wahren u. falschen Politik d. Ärzte. Jena 1784.

Stark, J. A., s. Starck, Johann August Frhr. von

STARK, J. B., Das Harte im Ehestand oder der vielfältige Mangel, der solchen Stand insgemein zu einem Wehestand macht. Nürnberg 1756. 4°. 24 S. (1 Mk. 50 Pfg. Frdr. Klüber, München, c. 1905.) Rar!

Stark J. B., Dr.: Eine neue Methode des Doppelsprechens in derselben Richtung auf einem Drahte (mit 1 Taf.). S. 20. 20 . . . . --60
Separatabdruck

Stark, J. B., eine neue Methode des Doppeltsprechens in derselben Richtung auf einem Drathe. Lex.-8. (10 S. mit 1 Stnt. in qu. Fol.) Wien 856, (Gerold's Sohn.) *
Aus: Sitzungsberichte der k. Akademie der Wissenschaften, J. 1856 besonders abgedruckt.

Stark, J. B., Resultate der in den Jahren 1822—41 an der Wiener Sternwarte gemachten Barometer- und Thermometer-Beobachtungen. (Aus dem XXII. B. der Annal. der k. k. Sternw. zu Wien.)

Der Hughes'sche Typendruck-Telegraph. Mit VI grossen lithographirten Tafeln. (Separat-Abdruck aus der Zeitschrift: „Das Telegramm.") Wien: Geitler 1868. 66 S. 8°

Stark J. E.: Über die Bahnbestimmung des Planeten (100) Hecate. 1. Abhandlung.
S. 69. II. 49 . . . . -60
2. Abhandlung S. 72. II. 13 . . . . -50
3. Abhandlung S. 74. II. 8 . . . . -60
Separatabdruck

Stark, J. E., über die Bahnbestimmung des Planeten (100) Hecate. I. und II. Lex.-8. Wien, (Gerold's Sohn.) [I. (32 S.) 874. * 60 Pf.; II. (31 S.) 875. ** 50 Pf.] **
Aus: Sitzungsberichte der k. Akademie der Wissenschaften, besonders abgedruckt.

Stark, J. E., über die Bahnbestimmung des Planeten (100) Hecate. (III.) Lex.-8. (35 S. mit 1 Tab. in qu. gr. 4.) Wien 876, (Gerold's Sohn.) *
I. und II. (Ebendas.) 1874,75. ** M 1,10.
Aus: Sitzungsberichte der k. Akademie der Wissenschaften, besonders abgedruckt.

Stark, J. G., Abschieds-Predigt, am 18. Sonntage nach Trinitatis, 20. Octbr. 1878 in der Stadtkirche zu Wunsiedel gehalten. gr. 8. (8 S.) Wunsiedel 878, Nehring.

Stark, J. G., der Messias. Zum 100jähr. Gedächtnis des Todestages Friedrich Gottlieb Klopstocks. (52 S.) 8. Rothenburg o/T. 903. J. P. Peter. — 75

Stark, J. G., die Reformation in Bayern und den angrenzenden Pfalzen. Eine specialgeschichtl. Abhandlung. gr. 8. (IV, 52 S.) Hof 881, [Grau und Comp.] Lion. *

Stark, J. G., historische Statistik der evangelischen Kirche in Bayern d/Rh. Nach dem neusten Stande bearb. gr. 8. (VI, 177 S.) [Nördlingen 887.] München, Beck'sche Verlagsh. cart. * 2 50

Stark, L. C., de usu sachari saturni. 4. Marburg, Krieger. 803.

Stark, J. St., s. Stark, Johann Martin

Stark, Johann: Untersuchungen ueber einige physikalische, vorzüglich optische Eigenschaften des Russes ... Leipzig, J. A. Barth, 1897; 62 S. 8.
München, Phil. Fak., Inaug.-Diss. v. 1897

Stark, Johann August Frhr. von, s. Starck

Stark, Johann Christian

— Abhandl. von d. Schwämmchen, nebst e. Uebersetz. d. Ketelars u. Stevogts von d. Schwämmchen, mit Anmerkk. begleitet. gr. 8. Jena 784. 2e A. 812. (Voigt). 12 gr (a. Schmid). 15 gr

Stark, J.C.(Hrsg.), s. Abhandlungen, Theoret.-prakt., über die Geburtshülfe u.d. Krankheit der Schwangeren.

Stark, Joh. Chr., Anleitung zum chirurg. Verbande, s.a. Henkel, Joh. Fr.

Stark, Johann Christian,(junior): Anleitung zum chirurgischen Verbande. (Nebst) Abbildungen, gbd., Abb.

Jena: Cröcker 1830

JB 3.491

Stark, Johann Christian, sen. (Hrsg.):

s.: Archiv für die Geburtshülfe, Frauenzimmer- und neugebohrner Kinderkrankheiten. Bd 1-6. N.F. 1-2. Jean: 1787-1801.

JB 6.127

Starke, J. C., Archiv für Geburtshülfe, Frauenzimmer- und neugeborner Kinderkrankheiten. 1r Band. 4 Stück. 8. Jena, Akad. Buchhdl. 788

— — dess. 2r-6r Bd. 8. Jena, Cuno. (Stahl.) 790-96. (à Stck. 12 gr.)

Stark, Ritter Jh. Chr. I., († d. 11. Jan. 1811.) Archiv f. Geburtshülfe, Frauenzimmer- u. neugeborner Kinderkrankheiten. 1r Bd. 4 Stcke. 8. Jena 788. (Hennings in Neisse); (a. Ettinger in Gotha). 2 rthl 2r—6r Bd. à 4 Stcke. 8. Jena 790. Schmid; (a. Barth in Leipz.) 10 rthl

Starck, J. C., Archiv für die Geburtshülfe, Frauenzimmer- und neugeborner Kinder-Krankheiten. 2n Bandes 1s bis 6n Bandes 4s Stück. 8. Jena. 789 — 97. Jetzt Barth in Leipzig.

— neues Archiv f. die Geburtshülfe, Frauenzimmer- u. Kinderkrankheiten, mit Hinsicht auf die Physiologie, Diätetik u. Chirurgie. 1r u. 2r Bd. à 4 Stcke. u. 3r Bd. 1s Stck. 8. Jena 798—804. (Barth in Leipz.) 4 rthl 12 gr

— Auszüge a. d. Tagebuche des klin. Instituts in Jena, dessen Einricht. des Witterungsstandes u. d. verschieden. Krankheiten v. 1781-82, nebst e. tabellarischen Uebersicht. 1e Lief. 4. Jena, Cuno. (Stahl.) 789. Rthlr. — 20

— Auszüge aus d. Tagebuche des klin. Instituts in Jena, dessen Einricht. des Witterungsstandes u. d. verschied. Krankheiten von 1781—82, nebst e. tabellar. Uebersicht. 1e Lieferg. 4. Jena 2e Ausg. 789. (Schmid). 20 gr

Johann Christian Stark
+ 1769

De Cancro labii inferioris observationibus illustrato. Ienae (1812:) Goepferdt. 36 S. 8°

Jena, Med. Diss. v. 19. März 1812

Johann Christian Stark
1769

Io[annis] Christ[iani] Stark, Commentatio medico-chirurgica de Cancro labii inferioris observationibus illustr. Ienae: Goepferdt 1812. 36 S. 8°

[Erschien zuerst als Med. Diss. Jena v. 19. März 1812.]

Stark, Ritter Jh. Chr. II., Commentatio medico-chirurgica de Cancro labii inferioris observationibus illustrato, cum tab. aen. 8maj. Jena 812. (Schmid). 12 gr

– (Hrsg.), s. C a r r e r e : Abhandlung über die Eigenschaften, den Gebrauch und die Wirkungen des Nachtschattens oder Bittersüßes bei der Behandlung verschiedener Krankheiten.

— Einrichtung des klin. Instituts, nebst tabellar. Uebersicht des Witterungsstandes in jedem Monat. 8. Dessau 782. Gelehrten-Buchh. 4 gr

– (Hrsg.), s. H a g e n , Johann Philipp: Biographie.

Johann Christian Stark
1753-1811

Johann Christian Stark's Handbuch zur Kenntniß und Heilung innerer Krankheiten des menschlichen Körpers vorzüglich aus eigenen Beobachtungen und Erfahrungen am Krankenbette gezogen. Th.(1.) 2. Jena: Göpferdt 1799-1800. 8°

— Handbuch zur Kenntniß u. Heilung innerer Krankheiten des menschl. Körpers etc. 2 Thle. gr. 8. Jena 799. Göpferdt; (u. Schmid). 4 rth 20 gr

— Hebammenunterricht in Gesprächen, nebst d. Verhalten u. der Behandl. Schwangerer, Gebährender, Kindbetterinnen u. geborner Kinder. gr. 8. Jena ... 2e A. 801. Stahl. 16 gr

Stark, J(ohann) C(hristian,junior) (Bearb.u. Comm.):

s.: Henckel, J(oachim) F(riedrich): Anleitung zum chirurgischen Verbande. Von neuem bearb.und mit Zusätzen vermehrt von J(ohann) F(riedrich) Dieffenbach. (Nebst) Abbildungen. Berlin: 1829

JB 3.475

Stark, Johann Christian,junior (Bearb., Comm. u.Hrsg.):

s.: Henckel, Joachim Friedrich: Anweisung zum verbesserten chirurgischen Verbande. 2.Aufl. Wien: 1809

JB 3.474

— Diss. inaug. de hydrocele. 8. Jena 793.

– (Hrsg.), s. J a d e l o t , Nicolas: Lehre von der Natur des gesunden menschlichen Körpers.

—— und W. C. Fr. Suckow, Jahresbericht nebst prakt. Bemerkn. üb. die im J. 1829 in d. Grossh. Land-Krankenhause u. d. ambulator. Klinik zu Jena behandelten Krankheiten. gr. 4. (7¼ B.) Jena 831, Cröker.

Stark, Johann Christian,(junior): Lehrbuch der Geburtshülfe zum Unterrichte für Hebammen. 292 S., gbd., 1 Taf.

Jena: Bran 1837 JB 4.025

— Lehre vom chirurg. Verbande. Mit 48 Kpft. gr. 8. Jena 830. Cröker. 4 rth

— de s c r o f u l o r u m natura praesertim steomatosarum casu rariori adjecto et tabulis aeneis illustrato. m. 2 K. 8. Ion. Göpferdt. 803. — 9

— Diss. de scrofulorum natura, praesertim steomatosarum casu rariori adjecto et tabulis aeneis illustrato. Mit 2 Kpf. 8. Jena 803. (Schmid). 9 gr

– (Hrsg.), s. O n t y d , Konrad Georg: Theoretisch-praktische Untersuchung über die Ursachen des Todes bei den meisten akuten und chronischen Krankheiten ...

— Diss. exhib. quaedam de hernia vaginali et strictura uteri observatione illustrata. 8. Jena 796.

Stark, (Johann Christian, senior) (Comm.u. Hrsg.):

s.: Röderer, J(ohann) G(eorg): Anfangsgründe der Geburtshülfe. (Elementa artis obstetriciae... Dt.) Übers.von Henckenius. Jena: 1793

JB 3.931

Starke, J. Chr., De tetano ejusque speciebus praecipuis, partis historicae sectio prior. 62 pp. Jen. 4°. 1777. P. II. Jen. 1778. 1781. 8°.

Johann Christian Stark
1753-1811

Commentatio theoretico-practica de tetano eiusque speciebus praecipuis. Ed. Ioan[nes] Christianus Starke [Stark]. Ienae: Croecker 1781. XXIV,198 S. 8°

— 2e tabellar. Uebersicht des klin. Instituts, nebst e. Abhandl. v. e. glücklich vollbrachten Kaisergeburt. 4. Jena 784. (Schmid). 9 gr

— de u n i v e r s a l i nuperr. celebrato partum levante etc. 4. Ien. Cuno. 781.

— üb. ein Universalmittel zur Erleichter. der Geburt u. üb. die Anwendung des Mohnsaftes etc. 8. Dessau 781. Gelehrten-B. (W. Nauck in Leipz.) 5 gr

— üb. e. U n i v e r s a l m i t t e l z. Erleicht. d. Geburt u. üb. d. Anwend. d. Mohnsaftes etc. 8. Dessau, Gelehrte Buchhandl. (Sommer in Leipz.) 781.

— Versuch e. wahren u. falschen Politik der Aerzte. gr. 8. Jena 784. (Schmid). 21 gr

— Versuch e. wahren u. falschen P o l i t i k d. Aerzte. gr. 8. Ebend. (Voigt.) 784.

Stark, Johann Franz Xaver, s. S t a r k , Josef Franz Xaver

Starck (Stark), Joh. Frdr., A n d a c h t e n frommer Christen auf alle Tage im Jahre, wie solche aus der Quelle des göttlichen Wortes fließen, darin das lebendige Christenthum, wie ein wahrer Christ inwendig und auswendig, vor Gott und den Menschen beschaffen sein soll, beschrieben wird. In einem kurzen Auszuge dargestellt. Neu-Ruppin 859. Bergemann. 8. (368 S.) 12 ngr.

— c o m m e n t a r i u s in Eszechielem. 4. Francof. Kochendörfer. (Brönner.) 731.

Stark, Joh. Friedr., E p i s t e l - P r e d i g t b u c h, d. i. Glaubens-, Lebens-, u. Trostlehren aus den ordentlichen Sonn- u. Festtags-Episteln. Auf's Neue durchgesehen v. Friedr. Jak. Phil. Heim. 4 Hfte. gr. 8. (47 B. u. 1 Stahlst.) Stuttgart 845, 46, Belser'sche Buchh. à 7½ Ngr.

—— Epistel-Predigtbuch, d. i.: Glaubens-, Lebens- und Trostlehren aus den ordentl. Sonn- und Festtags-Episteln. Neue und mit einem Anhang von 7 Passions-Andachten und Liedern über die Kreuzigung und den Tod Jesu Christi, von gleichem Verf., verm. Ausg. 2. Aufl. gr. 8. (VI, 830 S.) Reutlingen 881, Baur.

Stark (Starck), Joh. Friedr., Epistel-Predigtbuch. Das ist Glaubens-, Lebens- und Trostlehren aus den ordentlichen Sonn- und Festtags-Episteln. 4. und mit einem Anhange von sieben Passions-Andachten verm. Ausg., nebst einer Charfreitags-Predigt. 4. (683 S.) Stuttgart 888, Pfautsch und Comp.
geb. *ℳ 8.—.; mit Goldschn. *

Stark's, Joh. Frdr., Epistel-Predigtbuch d. i. Glaubens-, Lebens- u. Trostlehren aus den ordentl. Sonn- u. Festtags-Episteln. 4. u. m. e. Anh. v. 7 Passions-Andachten verm. Ausg., nebst e. Charfreitag-Predigt v. G. Reusch. 4. (VI, 675 S.) Stuttgart 889. (Leipzig, Albin Stein.) Geb. in Leinw. 7. —

— Erklärung d. Gesch. d. Leidens Jesu Chr. 8. Frankf. Möller. (Brönner.) 762.

— auserles. Festpredigten üb. wichtige Stellen d. heil. Schrift Alt. u. Neuen Bundes. 8. Frkf. a. M. 754. Neue Aufl. hrsgg. v. J. J. Stark. 8. Ebd. 777. Hechtel. 16 kr

— Gebetbuch f. Schwangere, Gebärende u. Kindbetterinnen 2c. Neue Aufl. 8. Frankf. 824, Brönner. 5 gr. Weiß P. 8 gr. Schreibpap.

Starck, Joh. Friedr., Gebetbuch f. Schwangere, Gebärende, Kindbetterinnen u. Unfruchtbare, enthalt. Morgen-, Abend- u. Trost-Gebete, sammt Aufmunterungen u. Gesängen, wie auch Sprüche u. Seufzer in Nöthen vorzusprechen. Als 6. u. 7. Abschnitt d. tägl. Handbuchs. Aufs neue durchges. u. hrsg. v. Joh. Jac. Starck. 20., verb. Orig.-Ausg. 8. ($7^1/_2$ B.) Frankfurt a. M. 833, Brönner. 8 Gr., wß. Drckp.

—— Tägliches Gebetbuch in guten und bösen Tagen. Aufmunterung, Gebete und Gesänge für Gesunde, Betrübte, Kranke und Sterbende u. s. w. Festandachten, Buß-, Beicht-, Communion- und Wettergebete u. s. w. Nebst einem Gebetbüchlein für Schwangere, Gebärende, Wöchnerinnen und für Unfruchtbare. Großer Druck. 61.—64. [Ster.-]Abdr. 8. (392, 78 S.) Stuttgart 885—88, J. F. Steinkopf. *
geb. in Leinwd. *

—— dass. — 3. Abdruck. kl. 8. (642 S.) Ebendas. 886. *
geb. *

— tägl. Gebetbüchlein f. Schwangere, Gebährende, Kindbetterinnen 2c. 12. Frkf. a. M. 770. N. A. hrsgg. v. J. J. Stark. 777. N. Aufl. 8. Ebd. 824. Brönner. 5 kr Weiß Pap. 8 kr Schrbp. 12 kr

— tägl. Gebetbüchlein f. Schwangere u. Gebährende 2c. 12. Frankf. Kochendörfer. (Brönner.) 777.

—— tägliches Gebetbüchlein für Schwangere, Gebärende, Wöchnerinnen und Unfruchtbare, enth. Morgen- und Abendgebete, Aufmunterungen, Trost- und Erquickungs-Andachten 2c. (Neue Ausg.) 8. (69 S.) Harburg 870, (Elkan.) **

— Gründe, die Freudigkeit zu sterben zu erwecken, auf alle Tage des Monats eingerichtet. 3 Thle. 8. Nürnb. 748—52. Riegel u. W. 22 kr

—— schriftmäßige Gründe die Freudigkeit zum sterben zu erwecken. In 90 Andachten. 6 Lfgn. gr. 8. (IV, 379 S.) Reutlingen 868,69, Baur. à Lfg. 60 Pf.

Stark, Johann Friedrich. Tägliches Hand-Buch. Milw, n. d.

— tägl. Handbuch a. alle Tage im Jahre. 2 Thle. m. K. 8. Stuttg. Steinkopf.

— tägl. Handbuch in guten u. bösen Tagen. 12. Frankf. a. M. 727. 2e A. 734. N. A. 738 Neueste Aufl. 790. N. A. hrsgg. v. J. J. Stark. 8. Ebd. 799. 2e A. 810. Neue Orig.-Ausg. Mit 5 Holzschn. 8. Ebd. 824. Brönner. 16 kr Weiß P. 20 kr Schrbp. 1 fl 16 kr

— — dass. m. K. 8. Stuttgart, Steinkopf.
grober Druck

—— tägl. Handbuch in guten u. bösen Tagen. Enthalt.: Aufmunterungen, Gebete u. Lieder, zum Gebr. gesunder, betrübter, kranker u. sterbender Christen. Durchges., veränd. u. verm. v. Joh. Jac. Starck. 20., verb. Orig.-Ausg. 8. ($43^1/_2$ B. u. 5 Holzschn.) Frankfurt a. M. 833, Brönner. 8 Gr., wß. Drckp.

Stark, Joh. Friedr., tägl. Handbuch in guten u. bösen Tagen, enth. Aufmunterungen, Gebete u. Gesänge, ferner Sprüche, Seufzer u. Gebete, den Sterbenden vorzusprechen, mehrere Festandachten 2c., mit Bildern gezieret. Wohlf. Ausg. m. großem Druck. 8. ($50^1/_2$ B.) Stuttgart 841, J. F. Steinkopf. *

—— tägliches Handbuch in guten u. bösen Tagen. Enth.: Aufmunterungen, Gebete u. Lieder zum Gebrauche gesunder, betrübter, kranker u. sterbender Christen. Mit der Lebensbeschr. des sel. Verfass. v. Joh. Jak. Stark. 21. Ausg. (36 B. u. 5 Holzstiche 842. $13^3/_4$ Ngr. u. 22., rechtmäß. Original-Ausg. 8. ($53^1/_2$ B. u. 5 Holzstiche.) Frankfurt 846, Brönner.

—— tägl. Hand-Buch in guten u. bösen Tagen, enthalt. Aufmunterungen, Gebete u. Gesänge f. Gesunde, Kranke, Betrübte u. Sterbende. Nebst mehr. Fest-Andachten 2c. Wohlf. Ausg. in grobem Druck. 8. ($22^1/_4$ B. u. 5 Holzschn.) Reutlingen 842, Kurtz'sche Buchh. (Leipzig, Herbig.) **

tägl. Handbuch in guten u. bösen Tagen, enth. Aufmunterungen, Gebete u. Gesänge f. Gesunde, Betrübte, Kranke u. Sterbende 2c., nebst einem Gebetbüchl. f. Schwangere, Gebärende, Wöchnerinnen u. f. Unfruchtbare. Neue wohlf. Ausg. in großem Druck u. Format. Lex.-8. (31 B. m. 4 Bildern u. S's. Portr.) Stuttgart 846, J. F. Steinkopf. *

— tägliches Hand-Buch, in guten u. bösen Tagen, enth. Aufmunterungen, Gebete u. Gesänge. 1. Für Gesunde. 2. Für Betrübte. 3. Für Kranke. 4. Für Sterbende. Nebst mehreren Festandachten u. viel schönen Buß-, Beicht-, Communion- u. Wetter-Gebeten 2c. Mit einem Anhange von Morgen- u. Abend-Gebeten, Aufmunterungen u. Gesängen f. Schwangere u. Gebärende auf allerlei Zufälle. Wohlfeile Ausg. in grobem Druck. 8. (IV u. 716 S. m. 5 Holzschn.) Reutlingen 849, Kurtz. n. $^1/_3$ ℛ — Wohlfeile Ausg. in kleinem Druck. 8. (IV u. 516 S. m. 5 Holzschn.) Ebd. 850. — Wohlf. Ausg. in kleinem Druck. 8. (450 S.) Ebd. 850. n. 9 ngr — Wohlf. Ausg. in grobem Druck. 8. (IV u. 708 S.) Ebd. 851. 12 ngr

— tägliches Handbuch in guten u. bösen Tagen, enth. Aufmunterungen, Gebete u. Gesänge für Gesunde, Betrübte, Kranke u. Sterbende, ferner Sprüche, Seufzer u. Gebete, den Sterbenden vorzusprechen, mehrere Fastenandachten 2c. nebst einem Gebetbüchlein für Schwangere, Gebärende, Wöchnerinnen u. für Unfruchtbare. Neue wohlfeile Ausg. in großem Druck. Mit dem Bildniß des sel. Verf. u. 4 weiteren Bildern (in Holzschn.) gr. 12. (461 S.) Stuttgart 849, J. F. Steinkopf. n. $^1/_3$ ℛ

Starck, Joh. Frdr., tägliches Handbuch in guten u. bösen Tagen. Enthaltend: Aufmunterungen, Gebete u. Lieder zum Gebrauche gesunder, betrübter, kranker u. sterbender Christen. Mit der Lebensbeschreibung des sel. Verfassers von Joh. Jak. Starck. 24. einzig rechtmäß. Orig.-Ausg. 8. (XXXII u. 696 S. m. 1 Holzschn.) Frankfurt a. M. 850, Brönner. — 25. einzig rechtmäß. Orig.-Ausg. 8. (XXXII u. 696 S. m. 1 Holzschn.) Ebd. 850. n. $^5/_{12}$ ℛ

— tägliches Hand-Buch in guten u. bösen Tagen, d. i. Aufmunterung, Gebete u. Gesänge 1. für Gesunde, 2. für Betrübte, 3. f. Kranke, 4. f. Sterbende. Nebst Fest-Andachten m. Kriegs-, Theurungs-, Pest- u. Friedensgebeten, u. einem täglichen Gebetbüchlein rc. für Schwangere rc. Ster.-Ausg. 8. (VIII u. 742 S. mit 2 Holzschn.) Schaffhausen 850, Schalch. — 2. Ster.-Ausg. 8. (VIII u. 742 S.) Ebd. 852. 12 ngr.

—— dass. — enth.: Aufmunterungen, Gebete und Gesänge. 1. für Gesunde, 2. für Betrübte, 3. für Kranke, 4. für Sterbende. Nebst mehreren Festandachten und viel schönen Buß-, Beicht-, Communion-Gebeten auf alle Tage in der Woche rc. Mit einem Anhange von Morgen- und Abend-Gebeten. Aufmunterungen und Gesängen für Schwangere und Gebärende auf allerlei Zufälle. [Ausg. von 1850. (IV und 716 S. mit 5 Holzschn.) * 10 Ngr. und] wohlf. Ausg. in grobem Druck. 8. (IV und 708 S.) Reutlingen 851, Kurtz'sche Buchh.

—— dass. — enth. Aufmunterungen, Gebete und Gesänge für Gesunde, Betrübte, Kranke und Sterbende. Nebst Fest-Andachten und Kriegs-, Theurungs-, Pest- rc. Gebeten; Morgen- und Abend-Andachten. [Ausg. von 1850. (IV und 516 S. mit 5 Holzschn.) * 8¾ Ngr. und] wohlf. Ausg. in kleinem Druck. 8. (450 S.) Reutlingen 851, Kurtz'sche Buchh. *

(Starck), Joh. Friedr., tägliches Hand-Buch in guten und bösen Tagen, d. i. Aufmunterung, Gebete und Gesänge. 1. Für Gesunde, 2. Für Betrübte, 3. Für Kranke, 4. Für Sterbende. Wie auch Sprüche, Seufzer und Gebete den Sterbenden vorzusprechen. Nebst Fest-Andachten rc. 3. Ausg. 1853. und 4. Ster.-(Titel-)Ausg. 8. (VIII und 742 S. mit 2 Holzschn.) Schaffhausen 855, Schalch.

—— dass. — 5. Ster.-Ausg. 8. (VI und 742 S. mit 2 Holzschnt.) Ebds. 856.

—— dass. — Nebst mehreren Fest-Andachten und viel schönen Buß-, Beicht-, Communion- und Wetter-Gebeten rc. Bei allen Angelegenheiten nützlich zu gebrauchen, und mit Kpfrn. geziert. Mit einem Anhange von Morgen- und Abend-Gebeten rc. Wohlfeile Ausg. in grobem Druck. gr. 12. (720 S. mit 5 Holzschn.) Reutlingen 854, Kurtz'sche Buchh. *

—— dass. — Wohlfeile Ausg. in kleinem Druck. Ster.-Ausg. 8. (552 S. mit 5 Holzschnt.) Ebds. 856. *

—— dass. — Mit einem Anhang. Wohlfeile Ausg. in grobem Druck. Ster.-Ausg. gr. 12. (718 S. mit 5 Holzschnt.) Ebds. 856. *

—— dass. — Wohlfeile Ausg. in grobem Druck. gr. 12. (VI und 596 S. mit Anhang 106 S.) Philadelphia 857, (Schäfer und Koradi.) geb.

Starck's, Joh. F., tägliches Handbuch in guten und bösen Tagen. Enthltd.: Aufmunterungen, Gebete u. Lieder zum Gebrauche gesunder, betrübter, kranker u. sterbender Christen. Mit der Lebensbeschreibung des sel. Verf. von Joh. Jak. Starck. 30. einzig rechtmäß. Orig.-Ausg. Frankfurt a. M. Brönner. 8. (XXXII, 696 S. u. 5 Holzschn. nebst Anh.: Gebetbuch für Schwangere, Gebärende rc. 2 Bl., 124 S.) n. 12½ ngr.

— — Mit der Lebensbeschreibung des sel. Verf. von Joh. Jak. Starck. 31—39. einzig rechtmäßige Orig.-Ausg. Frankfurt a. M. 858—64. Brönner. (Ch. Winter.) 8. (XXXII, 774 S. u. 5 Holzschntaf.) n. 12 ngr.

—— dass. — Wohlfeile Ausg. in grobem Druck. Ster.-Ausg. 8. (722 S. mit Portr. in Holzschn. und 4 Holzschnt.) Reutlingen 858, Kurtz'sche Buchh. *

— — 6. Stereot.-Ausg. Schaffhausen 858. Schalch. 8. (VIII, 742 S. u. Bildniß in Holzschn.) 12 ngr.

—— dass. — Enthaltend Aufmunterungen, Gebete und Gesänge für Gesunde, Betrübte, Kranke und Sterbende; wie auch Sprüche, Seufzer und Gebete, den Sterbenden vorzusprechen, nebst Fest-Andachten, Buß-, Beicht-, Communion- rc. Gebeten, und einem tägl. Gebetbüchlein für Schwangere, Gebärende, Wöchnerinnen und Unfruchtbare. Mit dem (lithogr.) Bildniß des Verf. und 4 (lithogr.) bibl. Bildern. gr. 8. (426 S. mit Anhang VI und 86 S.) Neu-Ruppin 859, Bergemann. *

—— tägliches Handbuch in guten und bösen Tagen. Enthaltend: Aufmunterungen, Gebete und Lieder zum Gebrauche gesunder, betrübter, kranker und sterbender Christen. Mit der Lebensbeschreibung des sel. Verf. von Joh. Jak. Starck. 30—32., einzig rechtmäß. Orig.-Ausg. 8. (XXXII und 696 S. mit: Gebetbuch für Schwangere, Gebärende, Kindbetterinnen und Unfruchtbare rc. 77 S. mit 4 Holzschnt. und Portr. in Holzschn.) Frankfurt a. M. 860, Brönner. *

—— dass. — 6. Aufl. 1858. und 7. Ster.-Ausg. 8. (VI und 742 S. mit 2 Holzschnt.) Schaffhausen 861, Schalch. *

— — Neue wohlfeile Ausgabe in großem Druck. Mit dem Bildniß des Verf. u. vier weitern Bildern (in Holzschn.). Bremen 862. Strack. gr. 8. (XII, 474 S.) n. 10 ngr.

—— tägliches Handbuch in guten und bösen Tagen. Enth.: Aufmunterungen, Gebete und Lieder zum Gebrauche gesunder, betrübter, kranker und sterbender Christen. Mit der Lebensbeschreibung des sel. Verf. von Joh. Jak. Starck. 34.—46., einzig rechtmäß. Orig.-Ausg. 8. (XXXII und 774 S. mit 5 Holzschntaf.) Frankfurt a. M. 862—67, Winter. *

Starck's (Stark), Joh. Friedr., tägliches Handbuch in guten und bösen Tagen. Enth.: Aufmunterungen, Gebete und Lieder zum Gebrauche gesunder, betrübter, kranker und sterbender Christen. Mit der Lebensbeschreibung des sel. Verf. von Joh. Jak. Starck. Neue wohlf. Ausg. 24. Ster.-Druck. gr. 8. (VI und 470 S. mit dem Bildn. des Verf. und 4 Bildern in Holzschn.) Stuttgart 862, J. F. Steinkopf. *

— — Vollständige u. wohlfeile Stereot.-Ausg. Reutlingen 863. Rupp & Baur. 8. (VIII, 696 S. m. Holzschn.) n. 10 ngr.; wohlf. Ausg. in kleinem Druck. Ebend. 864. 8. (556 S. m. Holzschn.) n. 9 ngr.; Ausg. in grobem Druck (721 S.) n. 12 ngr.

— — Durchgesehen, veränd. u. verm. von Joh. Jac. Starck. Neue (20.) Aufl. Philadelphia 864. Schäfer & Koradi. 8. (644 S. mit 5 Holzschn.) In Leder geb. 1 $

— — Ster.-Ausg. Berlin 865. (E. Beck.) 8. (557 S. mit Port. in Holzschn.) geb. n. 18½ ngr.

— tägliches Handbuch in guten u. bösen Tagen. Enthltd.: Aufmunterungen, Gebete u. Lieder zum Gebrauche gesunder, betrübter, kranker u. sterbender Christen. Mit der Lebensbeschreibung des seligen Verf. von Joh. Jac. Starck. 40—48., einzig rechtmäß. Orig.-Ausg. Frankfurt a. M. 865-69. Winter. 8. (XXXII, 774 S. mit 5 Holzschn.-taf.) n. 12 ngr.

—— tägliches Hand-Buch in guten und bösen Tagen, das ist: Aufmunterungen, Gebete und Gesänge für Gesunde; für Betrübte; für Kranke; für Sterbende; wie auch Sprüche, Seufzer und Gebete, den Sterbenden vorzusprechen, nebst den Fest-Andachten rc. Wohlfeile Ausg. in grobem Druck. 8. (704 S. mit eingedr. Holzschn.) Reutlingen 865, Enßlin und Laiblin's Verlag.

— — Kleinere Ausg. Ebend. 868. 8. (604 S. mit eingedr. Holzschn.) 9 ngr.

—— tägliches Handbuch in guten und bösen Tagen, enth. Aufmunterungen, Gebete und Gesänge für Gesunde, Betrübte, Kranke und Sterbende. Wohlf. Ausg. in kleinem Druck. Ster.-Ausg. 8. (557 S. mit eingedr. Holzschn.) Reutlingen 866, Kurtz'sche Buchh. *

— — Vollständige u. wohlf. Ster.-Ausg. (Neue Aufl.) Reutlingen 867. Baur. 8. (VIII, 562 S. mit eingedr. Holzschn.) 12 ngr.; Ausg. in grobem Druck. 8. (721 S.) n. 12 ngr.

— — Vollständ. wohlf. Ster.-Ausg. Ebend. 869. 8. (VIII, (696 S.) n. 10 ngr.

—— dass. — Enth.: Aufmunterungen, Gebete und Lieder zum Gebrauche gesunder, betrübter, kranker und sterb. Christen. Mit der Lebensbeschreibung des sel. Verf. von weil. Pred. M. Joh. Jak. Starck. 47.—52. einzig rechtmäß. Orig.-Ausg. gr. 8. (XVI, 774 S. mit 5 Holzschntaf.) Frankfurt a. M. 868—75, Winter. *

— — Hrsg. von F. W. Bodemann. 2. Aufl. Hannover 870, evang. Bücherverein. 8. (VI, 498 S.) n. 9 ngr.; geb. n. 12½ ngr.

— — (Neue Ausg.) Harburg & Uelzen 870. (Elkan.) 8. (IV, 490 S.) geb. n.n. 10 ngr.

— — Wohlf. Ausg. in grobem Druck. Ster.-Ausg. Reutlingen 870. Kurtz'sche Buchh. 8. (557 S. mit eingedr. Holzschn.) n. 9 ngr.

—— dass. — nebst Fest-Andachten. Viele schöne Buß-, Beicht-, Communion- und Wettergebete, Morgen- und Abend-Andachten auf alle Tage in der Woche, Trost- und Erquickungs-Gebete, sammt Gesängen und Kriegs-, Theuerungs-, Pest- und Friedens-Gebete, bei allen Angelegenheiten nützlich zu gebrauchen und mit (2) Kpfrn. (Holzschntaf.) geziert. Kleine billige Ausg. gr. 8. (564 S. mit einem Anhang von 40 S.) Reutlingen 872, Enßlin und Laiblin.

Starck (Stark), Joh. Friedr., tägliches Handbuch in guten und bösen Tagen d. i. Aufmunterungen, Gebete und Gesänge 1. für Gesunde; 2. für Betrübte; 3. für Kranke; 4. für Sterbende; wie auch Sprüche, Seufzer und Gebete, den Sterbenden vorzusprechen, nebst Gebeten für Schwangere, Gebärende und für Unfruchtbare, als der 5. und 6. Thl. dieses Handbuchs. Vollst. wohlf. Ausg. in grobem Druck. gr. 8. (672 S.) Reutlingen 872, Enßlin und Laiblin.

— dasselbe, nebst Gebeten f. Schwangere, Gebärende u. f. Unfruchtbare, als der 5. u. 6. Thl. dieses Handbuchs. Vollst. wohlf. Ausg. in grobem Druck. gr 8. (672 S.) Ebend. 874. 1. 20

—— dass. — Nebst mehreren Fest-Andachten und viel schönen Buß-, Beicht-, Communion- und Wetter-Gebeten &c. bei allen Angelegenheiten nützlich zu gebrauchen und mit Kpfrn. (in Holzschn.) geziert. Mit einem Anhang von Morgen- und Abend-Gebeten, Aufmunterungen und Gesängen für Schwangere und Gebärende auf allerlei Zufälle. Wohlfeile Ausg. in grobem Druck. Ster.-Ausg. gr. 8. (704 S.) Reutlingen 872, Kurtz. *

—— dass. — wie auch Sprüche, Seufzer und Gebete, den Sterbenden vorzusprechen, nebst Fest-Andachten. Viele schöne Buß-, Beicht-, Communion- und Wettergebete &c., sammt Gesängen und Kriegs-, Theuerungs-, Pest- und Friedensgebeten, bei allen Angelegenheiten nützlich zu gebrauchen. Mit (5) Kpfrn. (Holzschntaf.) geziert. Nebst Gebeten für Schwangere, Gebärende und Unfruchtbare als der 5. und 6. Thl. dieses Handbuchs. gr. 8. (642 S.) Leipzig 873, J. Naumann. geb. * Mit Familien-Chronik. geb. *

—— dass. — Mit Illustrationen. gr. 8. Leipzig 873. Stuttgart, J. F. Steinkopf. * 1 —

— dasselbe, d. i.: Aufmuntergn., Gebete u. Gesänge 1. f. Gesunde; 2. f. Betrübte; 3. f. Kranke; 4. f. Sterbende wie auch Sprüche, Seufzer u. Gebete, den Sterbenden vorzusprechen, nebst den Fest-Andachten; viele schöne Buß-, Beicht-, Communion- u. Wetter-Gebete. Vollständige u. wohlfeile Ster.-Ausg. in grobem Druck. gr. 8. (VIII, 562 S. m. Holzschntaf.) Reutlingen 873. Baur. n. 1. 20; geb. n. 1. 80

Starck, Joh. Friedr., tägliches Handbuch in guten und bösen Tagen. 53. Aufl. gr. 8. Frankfurt a. M. 875, Schriften-Niederlage des Evangel. Vereins. * 1 60 geb. in Halbfrzbd. * ℳ 2.; geb. mit Goldschn. * 3 —

— tägliches Handbuch in guten u. bösen Tagen. Enth.: Aufmuntergn., Gebete u. Lieder zum Gebrauche gesunder, betrübter, kranker u. sterb. Christen. Mit der Lebensbeschreibg. d. sel. Verf. v. Joh. Jak. Starck. 52. einzig rechtmäß. Orig.-Ausg. gr. 8. (XVI. 774 S. m. 5 Holzschntaf.) Frankfurt a/M. 875. Winter. n. 1. 50

Stark, Joh. Friedr., tägliches Hand-Buch in guten und bösen Tagen, das ist: Aufmunterungen, Gebete und Gesänge. 1) Für Gesunde; 2) Für Betrübte; 3) Für Kranke; 4) Für Sterbende; wie auch Sprüche, Seufzer und Gebete, den Sterbenden vorzusprechen, nebst Fest-Andachten. Vollständige wohlf. Ausg. in grobem Druck. 8. (562 S.) Leipzig 879, Drescher. geb. in Leinwbd. ** ℳ 1 25.; geb. in Halbfrzbd. **

—— dass. — Nebst Gebeten für Schwangere, Gebärende und Unfruchtbare, als der 5. und 6. Thl. dieses Handbuchs. 8. (670 S.) Ebendas. 879. geb. in einfachen Halbfrzbd. ** geb. in Leinw. ** ℳ 1,80.; geb. in fein Halbfrzbd. ** Feine Ausg. geb. in Leinw. * ℳ 1,80.; geb. in Halbfrz. *

— dasselbe. Nebst mehreren Fest-Andachten u. viel schönen Buß-, Beicht-, Communion- u. Wetter-Gebeten, Morgen- u. Abend-Andachten auf alle Tage in der Woche, wie auch Kriegs-, Theuerungs-, Pest- u. Friedens-Gebeten. Bei allen Angelegenheiten nützlich zu gebrauchen u. mit Kupfern geziert. Mit einem Anh. von Morgen- u. Abend-Gebeten, Aufmunterungen u. Gesängen für Schwangere u. Gebärende auf allerlei Zufälle. Wohlfeile Ausg. in grobem Druck. Ster.-Ausg. 8. (704 S.) Reutlingen 880. Kurtz. n. 1. 20

Stark, Joh. Frdr., tägl. Hand-Buch, in guten u. bösen Tagen, d. i.: Aufmunterungen, Gebete u. Gesänge, 1) Für Gesunde; 2) Für Betrübte; 3) Für Kranke; 4) Für Sterbende; wie auch Sprüche, Seufzer u. Gebete, den Sterbenden vorzusprechen, nebst Fest-Andachten. Viele schöne Buß-, Beicht-, Communion- u. Wettergebete, Morgen- u. Abendandachten auf alle Tage in der Woche, Trost- u. Erquickungs-Gebete sammt Gesängen u. Kriegs-, Theurungs-, Pest- u. Friedens-Gebete, bei allen Angelegenheiten nützlich zu gebrauchen u. mit Kpfrn. (eingedr. Holzschn.) geziert. Ster.-Ausg. 8. (670 S.) Basel 881. Spittler. geb. n. 1. 60

— dasselbe, in Aufmunterungen, Gebeten u. Gesängen für Gesunde, Betrübte, Kranke u. Sterbende, nebst Festandachten, sowie auch Buß-, Beicht-, Communion-, Trost-, Erquickungs-, Wetter- u. sonstigen Gebeten bei allen Angelegenheiten. Mit Bildern von Richter u. Gaber, sowie Portr. des Verf. u. Familienchronik. Neue Ster.-Ausg. 8. (VIII, 528 S.) Leipzig 881. Drescher. n. — 75; geb. n.n. 1. 15; 1. 20; 1. 25 u. 1. 30; feine Ausg. n. 1. —; geb. n.n. 1. 75 u. n.n. 1. 85

Stark, Joh. Frdr., tägliches Hand-Buch in guten u. bösen Tagen, in Aufmunterungen, Gebeten u. Gesängen für Gesunde, Betrübte, Kranke u. Sterbende, nebst Festandachten, sowie auch Buß-, Beicht-, Communion-, Trost-, Erquickungs-, Wetter- u. sonstigen Gebeten bei allen Angelegenheiten. Nebst täglichem Gebetbüchlein für Schwangere, Gebärende u. Wöchnerinnen. Mit Bildern von Richter u. Gaber, sowie Portr. des Verf. u. Familienchronik. Neue Ster.-Ausg. 8. (VIII, 528 u. 104 S.) Leipzig 881. Drescher. n. — 80; geb. n.n. 1. 20; 1. 25; 1. 30 u. 1. 35; feine Ausg. n.n. 1. 5; geb. n.n. 1. 80 u. n.n. 1. 90; Gebetbüchlein ap. n.n. — 25; geb. in Leinw. n.n. — 60

— dasselbe. Ausg. in grobem Druck. 8. (562 S.) Ebend. 879. geb. in Leinw. n.n. 1. 30; in Halbfrz. n.n. 1. 35

Stark's, Joh. Friedr., tägliches Hand-Buch in guten und bösen Tagen in Aufmunterungen, Gebeten und Gesängen für Gesunde, Betrübte, Kranke und Sterbende, nebst Festandachten, sowie auch Buß-, Beicht-, Communion-, Trost-, Erquickungs-, Wetter- und sonst. Gebeten bei allen Angelegenheiten. Mit Bildern von Richter und Gaber, sowie Portr. des Verf. und Familienchronik. Neue Ster.-Ausg. 8. (VIII, 528 S.) Leipzig 881, Rother. * — 75
geb. ** *M* 1,15.; ** *M* 1,20.; ** *M* 1,25 und ** 1 30
Feine Ausg. * 1 —
geb. ** *M* 1,75 und ** 1 85

—— dass. — Nebst tägl. Gebetbüchlein für Schwangere, Gebärende und Wöchnerinnen. 8. (VIII, 528; 104 S.) Ebendas. 881. * — 80
geb. ** *M* 1,20.; ** *M* 1,25.; ** *M* 1,30 und ** 1 35
Feine Ausg. ** 1 5
geb. ** *M* 1,80 und ** 1 90
Gebetbüchlein allein ** 25 Pf.; geb. in Leinw. ** — 60

— dasselbe. Ster.-Ausg. 8. (670 S.) Reutlingen 881. Enßlin & Laiblin. 1. 20; geb. n. 1. 60

—— dass. — Mit Kpfrn. (eingedr. Holzschn.) geziert. Mit einem Anhang von Morgen- und Abend-Gebeten, Aufmunterungen und Gesänge für Schwangere und Gebärende auf allerlei Zufälle. Wohlfeile Ausg. in grobem Druck. Ster.-Ausg. 8. (704 S.) Reutlingen 883, Fleischhauer und Spohn. *
geb. *

— tägliches Hand-Buch in guten u. bösen Tagen, d. i.: Aufmunterungen, Gebete u. Gesänge 1) f. Gesunde; 2) f. Betrübte; 3) f. Kranke; 4) f. Sterbende; wie auch Sprüche, Seufzer u. Gebete, dem Sterbenden vorzusprechen, nebst den Fest-Andachten. Viele schöne Buß-, Beicht-, Communion- u. Wettergebete, Morgen- u. Abend-Andachten auf alle Tage in der Woche, Trost- u. Erquickungs-Gebete sammt Gesängen, beineben auch Kriegs-, Theurungs-, Pest- u. Friedens-Gebete, bei allen Angelegenheiten nützlich zu gebrauchen u. m. Kupfern geziert, dem noch beigefügt: e. tägl. Gebetbüchlein für Schwangere, Gebärende u. Unfruchtbare, als der 5. u. 6. Thl. dieses Handbuchs. Vollständige wohlf. Ster.-Ausg. in grobem Druck. 8. (670 u. 126 S.) Anklam 884. Schmidt's Verl. geb. n. 1. 50

— dasselbe. Mit dem (eingedr.) Bilde d. Verf. u. dem in Photolith. ausgeführten Christuskopfe v. Reni. 1—20. Tausend. gr. 8. (XVI, 572 S.) Kaiserslautern 884. A. Gotthold's Verl. geb. n. 1. 40; n. 2. —; n. 2. 80; n. 4. —; n. 5. —; n. 7. —

— dasselbe. Mit Anh.: Tägliches Gebetbüchlein f. Schwangere, Gebärende u. Wöchnerinnen, sowie auch f. Unfruchtbare. gr. 8. (XVI, 572 u. 80 S.) Ebend. 884. geb. n. 1. 40; n. 2. —; n. 2. 80; n. 4. —; n. 5. —; n. 7. —

—— dass. — enthaltend Aufmunterungen, Gebete und Gesänge 1. für Gesunde, 2. für Betrübte, 3. für Kranke, 4. für Sterbende. Nebst mehreren Fest-Andachten und viel schönen Buß-, Beicht-, Communion- und Wetter-Gebeten, Morgen- und Abend-Andachten auf alle Tage in der Woche, wie auch Kriegs-, Theurungs-, Pest- und Friedens-Gebeten. Bei allen Angelegenheiten nützlich zu gebrauchen. Mit einem Anh. von Morgen- und Abend-Gebeten, Aufmunterungen und Gesänge für Schwangere und Gebärende auf allerlei Zufälle. Wohlfeile Ausg. in grobem Druck. Ster.-Ausg. 8. (704 S. mit Kupfern [eingedr. Holzschn.].) Reutlingen 885,86, Fleischhauer und Spohn. *
geb. *

— tägliches Handbuch in guten u. bösen Tagen. Enth.: Aufmunterungen, Gebete u. Lieder zum Gebrauche gesunder, betrübter, kranker u. sterb. Christen. Mit der Lebensbeschreibung d. sel. Verf. Joh. Jak. Starck. 56. Aufl. Einzige vollständ. Orig.-Ausg. gr. 8. (XVI, 696 u. Anh. 78 S. m. 4 Taf. u. 1 Portr.) Calw 886. (Vereinsbuchhandlung.) n. 1. —; geb. n. 1. 60; n. 2. — u. n. 3. —

—— dass. — Enthaltend: Aufmunterungen, Gebete und Lieder zum Gebrauche gesunder, betrübter, kranker und sterbender Christen. Mit der Lebensbeschreibung des sel. Verf. Joh. Jak. Starck. 56. Aufl. Einzige vollständige Orig.-Ausg. gr. 8. (XVI, 696 und Anhang 78 S. mit 4 Taf. und 1 Portr.) [Frankfurt a. M. 886, Schriften-Niederlage des Evangel. Vereins.] Stuttgart, Vereinsbuchhandlung. *
geb. * *M* 1.60.; * *M* 2.—. und *

— dasselbe. Mit e. Anh. v. Morgen- u. Abend-Gebeten, Aufmuntergn. u. Gesängen f. Schwangere u. Gebärende auf allerlei Zufälle. Wohlf. Ausg. in grobem Druck. Ster.-Ausg. 8. (704 S.) Reutlingen 886. Fleischhauer & Spohn. n. 1. —; geb. n. 1. 50

—— dass. — d. i.: Aufmunterungen, Gebete und Gesänge 1) für Gesunde; 2) für Betrübte; 3) für Kranke; 4) für Sterbende; wie auch Sprüche, Seufzer und Gebete, den Sterbenden vorzusprechen, nebst Fest-Andachten. Viele schöne Buß-, Beicht-, Communion- und Wettergebete, Morgen- und Abend-Andachten auf alle Tage in der Woche, Trost- und Erquickungs-Gebete sammt Gesängen, und Kriegs-, Theurungs-, Pest- und Friedens-Gebete, bei allen Angelegenheiten nützlich zu gebrauchen. Nebst Gebeten für Schwangere, Gebärende und für Unfruchtbare, als der 5. und 6. Theil dieses Handbuches. Vollständige wohlfeile Ster.-Ausg. in grobem Druck. [9. Aufl.] 8. (V, 700 und Familienchronik 8 S. mit Kupfern [5 Holzschntaf.].) Berlin 887, Evangel. Bücherverein. geb. in Halbleinwd. *
geb. in Halbfrz. mit Futteral *
Ausg. ohne Anhang, geb. in Halbfrz. *

—— tägliches Hand-Buch in guten und bösen Tagen. Aufmunterung, Gebete und Gesänge für Gesunde, Betrübte, Kranke und Sterbende. Sprüche, Seufzer und Gebete, den Sterbenden vorzusprechen. Nebst Fest-Andachten mit Kriegs-, Theurungs-, Pest- und Friedens-Gebeten. 21.—40. Tausend. 8. (XIII, 572 und Anh. 80 S. mit dem Bilde des Verf. und dem in Photolithogr. ausgeführten Christuskopfe von Reni.) Kaiserslautern 888, Gotthold's Verlag. **
geb. ** *M* 1.40.; * 2.—.; * 3.—.; * 4.—.; * 5.—. und *

—— dass. — 62. Aufl. 8. (VIII, 696, 78 S.) Calw u. Stuttg. 889, Vereinsbuchh. * 1 —; geb. in Halbleinw. * 1 60

— dasselbe. Mit Kupfern geziert. Ster.-Ausg. auf Velinpap. 8. (670 S.) Reutlingen 889. Enßlin & Laiblin. geb. m. Goldschn. n. 3. —

Stark, Joh. Friedr., tägliches Hand-Buch in guten u. bösen Tagen. Enth.: Aufmunterungen, Gebete u. Lieder 1) f. Gesunde; 2) f. Betrübte; 3) f. Kranke; 4) f. Sterbende; wie auch Sprüche, Seufzer u. Gebete, den Sterbenden vorzusprechen, nebst Fest-Andachten. Morgen- u. Abend-Andachten auf alle Tage in d. Woche, Trost- u. Erquickungs-Gebete sammt Gesängen, Buß-, Beicht-, Communion- u. Wettergebete, u. Kriegs-, Theurungs-, Pest- u. Friedens-Gebete. 60. Aufl. Nebst Gebetbuch f. Schwangere, Gebärende, Kindbetterinnen u. Unfruchtbare. 62. Aufl. 8. (VIII, 696 u. 78 S.) Calw u. Stuttgart 889. Vereinsbuchhandlg. n. 1. —; geb. in Halbleinw. n. 1. 60

— dasselbe. Neue wohlf. Ausg. in großem Druck. gr. 8. (V, 504 S. m. 3 Bildern.) Eßlingen 890. Langguth. geb. n. 1. 60

— dasselbe. Wohlf. Ausg. in grobem Druck. 8. (704 S.) Reutlingen 890. Fleischhauer & Spohn. geb. n. 1. 50

— dasselbe. Neue wohlf. Ausg. in großem Druck. 61. Ster.-Druck. Mit dem Bildnis des sel. Verf. u. 4 weiteren Bildern. gr. 8. (VI, 392 u. 78 S.) Stuttgart 890. J. F. Steinkopf. n. 1. —; geb. in Leinw. n.n. 1. 55

— dasselbe. Mit der Lebensbeschreibg. d. sel. Verf. v. Joh. Jak. Starck u. Bildern v. Richter u. Gaber, sowie Portr. d. Verf. u. Familienchronik. Neue vollständ. Orig.-Ausg. 8. (XVI, 642 u. 80 S.) Leipzig 891. Th. Rother. Geb. n.n. 1. 35

— dasselbe, m. Kupfern geziert. Ster.-Ausg. 8. (670 S. m. Bildnis.) Herborn 892. Buchh. d. Nass. Colportage-Vereins. Geb. n.n. 1. 30

— dasselbe, m. Kupfern geziert. Wohlfeile Ausg. in grobem Druck. Neuer Abdr. 8. (704 S.) Reutlingen 892. Fleischhauer & Spohn. Geb. in Halbfrz. n. 1. 60

— dasselbe. Neue wohlf. Ausg. in großem Druck. 66. Ster.-Druck. Mit dem Bildnis des sel. Verf. u. 4 weiteren Bildern. gr. 8. (VI, 392, 78 u. Familien-Chronik 16 S.) Stuttgart 892. J. F. Steinkopf. n. 1. —; geb. in Leinw. n. 2. —

— dasselbe. 8. (XIII, 572 u. 80 S. m. 1 Bilde u. 1 Bildnis.) Kaiserslautern 893. Buchh. d. evangel. Vereins f. die Pfalz. n. — 45

— tägliches Hand-Buch in guten u. bösen Tagen. Enth.: Aufmuntergn., Gebete u. Gesänge: 1. f. Gesunde, 2. f. Betrübte, 3. f. Kranke, 4. f. Sterbende, wie auch Sprüche, Seufzer u. Gebete, den Sterbenden vorzusprechen, nebst Fest-Andachten. Morgen- u. Abend-Andachten auf alle Tage der Woche, Trost- u. Erquickungsgebete sammt Gesängen, Buß-, Beicht-, Kommunion- u. Wettergebete u. Kriegs-, Theuerungs-, Pest- u. Friedens-Gebete. 66. Aufl. Einzige vollständ. Orig.-Ausg. 8. (VIII, 696 u. 78 S. m. Abbildgn.) Calw u. Stuttgart 894. Vereinsbuchh. Geb. in Leinw. n. 1. 80

— dasselbe. Nebst mehr. Fest-Andachten u. vielen schönen Buß-, Beicht-, Communion- u. Wettergebeten ꝛc. M. e. Anh. v. Morgen- u. Abendgebeten, Aufmunterungen u. Gesängen f. Schwangere u. Gebärende auf allerlei Zufälle. Wohlf. Ausg. in grobem Druck. 8. (704 S. m. Bildn.) Reutlingen 895. Fleischhauer & Spohn. Geb. in Halbfrz. n. 1. 60

Stark's, Joh. Frdr., tägliches Hand-Buch in guten u. bösen Tagen. Enth. Aufmuntergn., Gebete u. Lieder 1. f. Gesunde, 2. f. Betrübte, 3. f. Kranke, 4. f. Sterbende, wie auch Sprüche, Seufzer u. Gebete, d. Sterbenden vorzusprechen, nebst Fest-Andachten. Morgen- u. Abend-Andachten auf alle Tage d. Woche, Trost- u. Erquickungsgebete sammt Gesängen, Buß-, Beicht-, Kommunion- u. Wettergebete u. Kriegs-, Teuerungs-, Pest- u. Friedens-Gebete. 69. Aufl. Einz. vollständ. Orig.-Ausg. 8. (VIII, 696 u. 78 S. m. Abb.) Calw u. Stuttgart 897. Vereinsbuchhandlung. Geb. in Halbleinw. n. 1. 60

— dasselbe. Mit e. Anh. (Gebetbüchlein f. Frauen in gesegneten Umständen, bei d. Geburt, f. Wöchnerinnen u. Kinderlose.) 1. Neubearbeitg. m. Predigten v. Augustin, Luther, Joh. Arndt, A. H. Francke, Steinhofer, L. Hofacker, Cl. Harms u. a. Hrsg. v. Rud. Krone. Mit 8 Bild. u. Zierstücken, sowie e. Portr. d. Verf. gr. 8. (VIII, 488 u. 16 S.) Freiburg i/B. 898. P. Waetzel. n. 2. —; geb. n. 3. —; eleg. geb. n. 3. 50
Erschien auch in 10 Lfgn. à — 20.

— dasselbe. Enth. Morgen- u. Abend-Gebete f. alle Tage der Woche u. Fest-Andachten, Aufmuntergn., Gebete u. Gesänge f. Gesunde, Betrübte, Kranke u. Sterbende, Buß-, Beicht- u. Abendmahls-Gebete, sowie Gebete bei Gewitter, Ernte, Teurung, Krieg u. Frieden. M. Abb. Ster.-Ausg. 8. (672 S.) Reutlingen 898. R. Bardtenschlager. Geb. in Halbfrz. 1. 40; m. Familien-Chronik. (VIII, 672 S.) Geb. 1. 60

Tägliches Hand-Buch in guten und bösen Tagen. Aufmunterung, Gebete u. Gesänge f. Gesunde, Betrübte, Kranke u. Sterbende. Nebst Fest-Andachten. Von Joh. Friedr. Stark, Pred. zu Frankfurt a. M. Mit d. Bilde d. Verf. u. 4 bibl. Bild. *Berlin: Buchh. d. Stadtmiss. [1899].* (Getr. Pag.) 8° [J.] [ww. 7054]

Stark, Joh. Friedr., tägliches Hand-Buch in guten u. bösen Tagen. Aufmunterung, Gebete u. Gesänge f. Gesunde, Betrübte, Kranke u. Sterbende. Sprüche, Seufzer u. Gebete, den Sterbenden vorzusprechen. Nebst Fest-Andachten m. Kriegs-, Teuerungs-, Fest- u. Friedens-Gebeten. Mit dem Bilde des Verf. u. 4 bibl. Bildern auf feinem Kupferdr.-Pap. gr. 8. (XI, 572, 80 u. Familien-Chronik XIV S.) Berlin (899). Vaterländ. Verlags- u. Kunstanstalt. Geb. in Halbfrz. n. 1. 80

Stark, Joh. Friedr., tägliches Hand-Buch in guten u. bösen Tagen, enth. Aufmuntergn., Gebete u. Gesänge, für Gesunde, Betrübte, Kranke u. Sterbende; ferner Sprüche, Seufzer u. Gebete, d. Sterbenden vorzusprechen, mehrere Festandachten, Buß-, Beicht-, Communion- u. Wetter-Gebete, Trost- u. Erquickungs-Gebete u. Gesänge, wie auch Kriegs-, Teuerungs-, Pest- u. Friedens-Gebete, nebst e. Gebetbüchlein f. Schwangere, Gebärende, Wöchnerinnen u. für Unfruchtbare. Neue wohlf. Ausg. in großem Druck. 72. Ster.-Dr. Mit dem Bildnis des sel. Verf. u. 4 weiteren Bildern. gr. 8. (VI, 392, 78 u. Familien-Chronik 16 S.) Stuttgart (899). J. F. Steinkopf. n. 1. —; geb. in Leinw. n. 1. 70; m. Goldschn. n. 2. 40

— dasselbe. 8. (XI, 572, 80 u. Familien-Chronik XIV S.) Konstanz (900). C. Hirsch. Geb. in Halbfrz. 1. 20

— dasselbe. Enth.: Aufmunterungen, Gebete u. Lieder zum Gebrauche 1. f. Gesunde, 2. f. Betrübte, 3. f. Kranke, 4. f. Sterbende, sowie 5. bei besond. Gelegenheiten. Nebst e. Anh. für Schwangere, Gebärende, Kindbetterinnen u. Unfruchtbare. Neue Ausg., durchgesehen v. F. Pieper. gr. 8. (X, 666, 100 u. Familienchronik 16 S. m. Bildnis.) St. Louis, Mo. 900. (Zwickau, Schriften-Verein.) n. 2. 50

— dasselbe. 8. (XI, 572 u. 80 S.) Hugsweier (901). O. Fleig. Geb. in Halbfrz. 1. 50

— dasselbe, d. i.: Aufmunterungen, Gebete u. Gesänge, Sprüche u. Seufzer 1) f. Gesunde, 2) f. Betrübte, 3) f. Kranke, 4) f. Sterbende; nebst Fest-Andachten, vielen schönen Buß-, Beicht-, Kommunion- u. Wettergebeten, Morgen- u. Abend-Andachten auf alle Tage in der Woche, Trost- u. Erquickungsgebeten samt Gesängen; sowie Gebeten, die in Kriegs-, Teuerungs- u. Krankheits-Zeiten sowie bei sonst. Angelegenheiten nützlich zu gebrauchen sind. 174. Aufl. 8. (670 u. Familienchronik 8 S. m. 1 Bildnis.) Reutlingen (901). Enßlin & Laiblin. Geb. in Halbfrz. 1. —; m. Bildern 1. 20; geb in Leinw. 1. 75

Stark, Joh. Frdr., tägliches Hand-Buch in guten u. bösen Tagen. Enth.: Morgen- u. Abend-Gebete f. alle Tage der Woche u. Fest-Andachten, Aufmuntergn., Gebete u. Gesänge für Gesunde, Betrübte, Kranke u. Sterbende, Buß-, Beicht- u. Abendmahls-Gebete, sowie Gebete bei Gewitter, Ernte, Teuerg., Krieg u. Frieden. Ster.-Ausg. (672 u. Familienchronik 8 S. m. Bildnis u. 3 Vollbildern.) 8. Reutlingen (904). R. Bardtenschlager. Geb. in Halbfrz. 1. 60; in Chagrin, m. 6 Vollbildern, 1. 80; in Leinw. m. Goldschn. 2. 50

— dasselbe. Aufmunterungen, Gebete u. Lieder. Mit der Lebensbeschreibg. des Verf. u. hrsg. v. Joh. Jak. Starck. Mit 16 Holzschn. v. Albr. Dürer. 3. Aufl. (XVI, 642 u. Familienchronik 8 S.) 8. Köln (906). H. & F. Schaffstein. Geb. in Leinw. n. 1. 50

— dasselbe. Schriftworte, Gebete u. Lieder für Gesunde, Betrübte, Kranke u. Sterbende. Mit e. Anh. Erste Neubearbeitg. m. Predigten v. Augustin, Luther, Joh. Arndt u. a. Hrsg. von Rud. Krone. Mit 8 Bildern u. Zierstücken, sowie 1 Portr. des Verf. 3. Aufl. 10.–15. Taus. (VIII, 474 u. 29 S.) 8. Karlsruhe 909. Ev. Schriftenverein. Geb. in Leinw. 2. 50

Stark, Joh. Frdr., tägliches Handbuch in guten u. bösen Tagen, enth. Aufmunterungen, Gebete und Gesänge für Gesunde, Betrübte, Kranke u. Sterbende, wie auch Sprüche, Seufzer u. Gebete, den Sterbenden vorzusprechen, nebst Fest-Andachten, Buß-, Beicht-, Kommunion-, Wetter-, Kriegs-, Teuerungs-, Pest- u. Friedens-Gebeten u. einem tägl. Gebetbüchlein f. Schwangere, Gebärende, Wöchnerinnen u. Unfruchtbare. Mit dem Bildnis des Verf. u. 4 bibl. Bildern. Neue Ausg. (480 S.) 8. Neu-Ruppin, F. W. Bergemann. 1.—; geb. in Ldr. 1. 75

—— evangelisches Haus-Predigtbuch für alle Sonn- und Festtage des Jahres. Aus Anlaß des 400jähr. Luther-Jubiläums unter Mitwirkung eines Vereins evang. Prediger, neu hrsg. von Schneider. Jubiläums-Ausg. 12 Lfgn. gr. 8. (624 S. mit 2 Titelbildern in Holzschn.) Eßlingen 884, Langguth's Verlag. à Lfg.
compl. geb. *

Stark, Jh. Fr., das Gott geheiligte Herz u. Leben eines wahren Christen. 2 Thle. 8. Frkf. u. Leipz. 764. (Brönner). 10 kr

Starck, Joh. Frdr., Catechismus-Lehren f. Erwachsene, zur Ehre Gottes u. Erbaug. seiner Beichtkinder, sowie zur Haus-Andacht. Sammt e. Gebetbüchlein f. Reisende. 8. (196 S.) Philadelphia 874. (Schäfer & Koradi.) geb. n. 2. —

Stark, Jh. Fr., († d. 17. Juli 1756.) Communionbuch. 12. Frankf. a. M. ... 4e A. 736. N. Aufl. 788. Brönner. 6 kr. Schrbp. 12 kr

Stark's, Joh. Friedr., Communionbuch, oder die andächt. Seele in der Beicht und bei dem heil. Abendmahl, sammt 12 Regeln einer feinen äußerl. Zucht, wie man sich zu des Herrn Tisch nahen soll. Neue durchges. Ausg. 8. (190 S. mit 1 Stahlst.) Ducherow 867, (Leipzig, Buchh. des Vereinshauses.) geb. *

Starck's (Stark), Joh. Friedr., Communion-Buch oder die andächtige Seele in der Beichte u. bei dem heiligen Abendmahl sammt 12 Regeln einer feinen äußerlichen Zucht, wie man sich zu des Herrn Tisch nahen soll. Neue, durchgeseh. Ausg. Reutlingen 867. Baur. 8. (190 S. mit 1 Stahlst.) geb. 12 ngr.

Starks, Joh. Frdr., Communionbuch, od. die andächt. Seele in der Beicht u. bei dem heil. Abendmahl, sammt 12 Regeln e. feinen äußerl. Zucht, wie man sich zu d. Herrn Tisch nahen soll. Neue Ausg. 8. (190 S. m. 1 Stahlst.) Ducherow 884. (Leipzig, Buchh. d. Vereinshauses.) geb. n. — 75

— Kreuz- u. Trostschule, in Betrachtt. u. Gebeten; nebst Morgen- u. Abendgebete u. Lieder. Mit Kpf. 8. Frankf. a. M. 754. Brönner. 12 kr

— erbaul. neue Lieder, 8. Nürnb. 750. Riegel u. W. 4 kr

— sämmtl. noch nie gedruckte Lieder u. Gesänge. Gesammelt u. hrsgg. v. Jh. J. Stark. 8. Frankf. a. M. 768. Kochendörfer. (Brönner). 1 Thlr

— Morgen- u. Abendandachten frommer Christen, auf alle Tage im Jahre, mit S. J. Baumgartens Vorrede u. Kpf. 8. Frkf. a. M. 744. N. A. 755 u. 799. (Brönner). 1 Thlr 12 kr

— Morgen- u. Abend-Andachten frommer Christen, a. alle Tage im J. m. S. J. Baumgartens Vorrede u. Kpf. 8. Frankf. Garbe. (Brönner.) 799.

—— Morgen- u. Abend-Andachten frommer Christen auf alle Tage im Jahre, wie solche aus d. Quelle d. göttl. Worts fließen, darin d. lebendige Christenthum, wie e. wahrer Christ inwendig u. auswendig, vor Gott u. den Menschen beschaffen seyn soll, beschrieben wird. 2 Thle. Jan.—Dec. Neue, durchgesch. u. im Ausdrucke verb. Aufl. (Von Herwig.) gr. 8. (120 B.) Stuttgart 833, Belser.

— Morgen- u. Abend-Andachten frommer Christen auf alle Tage im Jahre, wie solche aus d. Quelle des göttl. Worts fließen 2c. 2 Thle. N. A. gr. 8. Stuttgart 833. Belser's Buchh. $2^1/_3$ Thlr (bei Mäcken jun. in Reutlingen) nur 2 Thlr

—— Morgen- u. Abendandachten frommer Christen auf alle Tage im Jahr, wie solche aus der Quelle des göttl. Worts fließen. Mit S. J. Baumgarten's Vorrede. 6., verb. Ausg. 4 Lfgn. Lex.-8. ($51^1/_4$ B.) Frankfurt a. M. 843, 44, Brönner. *

— Morgen- u. Abendandachten frommer Christen auf alle Tage im Jahr, wie solche aus der Quelle des göttlichen Worts fließen. Mit S. J. Baumgartens Vorrede. 7. Ausg. gr. 8. (799 S.) Frankfurt a. M. 850, Brönner. n. 1 Thlr

—— Morgen- und Abend-Andachten frommer Christen auf alle Tage im Jahre, wie solche aus der Quelle des göttl. Worts fließen, darin das lebendige Christenthum, wie ein wahrer Christ inwendig und auswendig, vor Gott und den Menschen beschaffen seyn soll, beschrieben wird. 2., unveränd. und zugleich wohlfeilere Aufl. 2 Thle. Mit 1 Stahlst. gr. 8. Stuttgart, Belsersche Buchh. [1. (576 S.) 2. (552 S.) 853.]

— Morgen- und Abendandachten frommer Christen auf alle Tage im Jahr, wie solche aus der Quelle des göttlichen Worts fließen. Mit S. J. Baumgartens Vorrede. 8. Aufl. Frankfurt a. M. 855. Brönner. gr. 8. (XVI, 799 S.) n. 1 Thlr.

—— Morgen- und Abendandachten frommer Christen auf alle Tage im Jahr, wie solche aus der Quelle des göttl. Worts fließen. 9. Aufl. gr. 8. (IV und 648 S.) Frankfurt a. M. 862, Winter. *

— Morgen- u. Abend-Andachten frommer Christen für alle Tage im Jahre. In einem vollständ. Auszuge nebst einem Anh. von kurzen Gebeten für besondere Fälle des häusl. Lebens aus J. F. Starck's tägl. Handbuche. 6 Hefte. Stuttgart 866. Belser's Verl. gr. 8. (1. Thl. 376 S. mit Portr. in Stahlst. u. 2. Thl. 468 S.) 1 Thlr 6 ngr.

—— Morgen- und Abendandachten frommer Christen auf alle Tage des Jahres. 11. Aufl. gr. 8. Frankfurt a. M. 874, Schriften-Niederlage des Evangel. Vereins. M 6.; geb. 7 60

— Morgen- u. Abendandachten frommer Christen auf alle Tage im Jahr, wie solche aus der Quelle d. göttl. Worts fließen. 11. verb. u. m. e. Anh. v. Festgebeten verseh. Aufl. gr. 8. (1. Hälfte 480 S.) Frankfurt a/M. 874. Winter. n. 6. —

—— Morgen- und Abend-Andachten frommer Christen auf alle Tage im Jahr. Nebst einem Anhang für die Festtage und besonderen Veranlassungen, bearb. von K. Ch. E. Ehmann. gr. 8. (IV, 764 S. mit 1 Stahlst.) Reutlingen 877, Enßlin und Laiblin's Verlagsb. M 2,40.; geb.

—— Morgen- und Abend-Andachten frommer Christen auf alle Tage im Jahr. Nebst einem Anhang für Sonn- und Festtage, sowie für besond. Veranlassungen, bearb. von K. Ch. E. Ehmann. 2. Aufl. [Ster.-Ausg.] gr. 8. (IV, 796 S.) Reutlingen 881, Enßlin und Laiblin's Verlagsb.
geb. *

— Morgen- u. Abend-Andachten frommer Christen auf alle Tage im Jahre, wie solche aus der Quelle d. göttl. Wortes fließen, darin das lebendige Christenthum beschrieben wird. Nebst e. Anh. f. Sonn- u. Fest-Tage, sowie f. besond. Veranlassgn., bearb. v. Fr. Oehler. 2. Aufl. (In 10 Hftn.) 1. Hft. 4. (80 S.) Reutlingen 883. Baur. — 50

— dasselbe, bearb. v. K. Ch. E. Ehmann. 2. Aufl. [Ster.-Ausg.] (In 10 Hftn.) 1. Hft. gr. 8. (IV u. S. 1—64 u. 785—796.) Reutlingen 884. Enßlin & Laiblin. — 40

— Morgen- u. Abend-Andachten frommer Christen auf alle Tage im Jahr. Nebst e. Anhang v. Gebeten f. Sonn- u. Festtage, sowie f. besond. Veranlassgn., bearb. v. K. Ch. E. Ehmann. 3., v. P. Steudel neu durchgesch. u. verb., sowie m. e. Lebensabriß d. Verf. verm. Aufl. (Ausg. m. großem Druck.) 12 Hfte. 4. (808 S. m. 4 Holzschntaf.) Reutlingen 887. 888. Enßlin & Laiblin. à — 50 (cplt. in Halbfrz. geb.: 7. —)

Stark (Starck), Joh. Friedr., Morgen- und Abendandachten frommer Christen auf alle Tage des Jahres, wie solche aus der Quelle des göttlichen Wortes fließen, darin das lebendige Christentum beschrieben wird. Nebst einem Anhang für Sonn- und Festtage, sowie für besondere Veranlassungen. 4. (784 S.) Stuttgart 888, Pfautsch und Comp.
Schwarzleinwd. mit Lederrücken *
Rotleinwd. mit Goldschn. *

— Morgen- u. Abendandachten frommer Christen auf alle Tage d. Jahres, wie solche aus der Quelle d. göttl. Wortes fließen, darin das lebend. Christenthum beschrieben wird. Nebst e. Anh. f. Sonn- u. Festtage, sowie f. besondere Veranlassgn. bearb. v. B. Fr. Öhler. 4. (VI, 776 S.) München 890. (Leipzig, Albin Stein.) Geb. in Leinw. 8. —

— Morgen- u. Abendandachten frommer Christen auf alle Tage des Jahres. Neu bearb. Ausg. Nebst e. Verzeichnis der Kernsprüche f. besond Veranlassgn. Geziert m. dem Bilde des Verf., sowie e. Familien-Chronik u. 4 bibl. Bildern in feinstem Farbendr. Mit e. Vorwort v. H. Josephson. gr. 8. (VII, 743 u. XV S.) Konstanz (901). C. Hirsch. Geb. in Leinw. 2. 50

— dasselbe auf alle Tage im Jahre, darin das lebendige Christentum auf Grund des göttlichen Wortes beschrieben wird. Nebst e. Anh. v. Gebeten f. Sonn- u. Festtage, sowie f. besond. Veranlassgn., e. Lebensbeschreibg. des Verf. u. e. Sachregister, bearb. von Paul Bernstein. Lex.-8. (XIV, 767 S. m. 10 Farbdr.) Nürnberg (901). Anstalt f. religiösen Verlag. A. Leimann. (Nur direkt.) Geb. in Halbfrz. 10. —; m. Goldschn. 11. 50

— Morgen- u. Abend-Andachten frommer Christen auf alle Tage im Jahr. Nebst e. Anh. v. Gebeten für Sonn- u. Festtage, sowie f. besond. Veranlassgn. bearb. v. K. Th. E. Ehmann. 4., v. Drehmann neu durchgesch. u. verb. Aufl. m. e. Lebensabriß des Verf. (820 u. Hauschronik 8 S. m. 12 [5 farb.] Taf.) Lex.-8. Reutlingen (904). Enßlin & Laiblin. Geb. in Leinw. m. Nägeln 10. —; m. Goldschn. 12. —

— Morgen- u. Abendandachten frommer Christen auf alle Tage des Jahres. Nebst e. Anh. für Sonn- u. Festtage, sowie e. Verzeichnis der Kernsprüche f. besond. Veranlassgn. Neu bearb. Ausg. Geziert m. dem Bilde des Verf., 4 bibl. Bildern, sowie e. Familien-Chronik. Mit Vorwort v. H. Josephson. (15, IV, 743 u. 116 S.) gr. 8. Konstanz (910). Christl. Buch- u. Kunstverl. C. Hirsch. Geb. in Leinw. 2.50; m. Goldschn. 3. —

— zweifaches Morgen- u. Abendopfer frommer Christen sowohl zu Hause als auf der Reise. 2e Aufl. 12. Frankf. a. M. 787. Brönner. 6 gr

Starke, Joh. Fr., praxis catechetica, od. Catechismus f. Erwachsene. 8. Frankf. Andreä. 740.

— Predigten v. Abendmal d. Herrn. 2 Thle. 4. Frankf. Hermann. (Brönner.) 740.

—— Predigten über die Sonn-, Fest- und Feiertags-Evangelien, d. i.: Glaubens-, Lebens- und Trost-Lehren für Gott liebende Seelen. Neue mit dem (in Stahl gest.) Bildniß und Lebenslauf des sel. Verf., mit 78 Holzschn. und 134 geistreichen Liedern verm. Ausg. Hrsg. von mehreren Verehrern des Verf. 9. Aufl. gr. 8. (XIV und 662 S.) Reutlingen 854, Rupp und Baur.

—— Predigten über die Sonn-, Fest- und Feiertags-Evangelien, d. i.: Glaubens-, Lebens- und Trost-Lehren für Gott liebende Seelen. Neue mit dem Lebenslauf des sel. Verf., mit 78 (eingedr.) Holzschn. und 134 geistreichen Liedern verm. Aufl. Hrsg. von mehreren Verehrern des Verf. 10. Aufl. gr. 8. (XIV und 759 S. mit 1 Stahlst.) Reutlingen 862, Baur.

— Predigten über die Sonn-, Fest- u. Feiertags-Evangelien, das ist: Glaubens-, Lebens- u. Trost-Lehren für Gott liebende Seelen. Neue mit dem Lebenslauf des Verf., mit 78 (eingedr.) Holzschn. u. 134 geistreichen Liedern verm. Ausg. Mit (Portr. in) Stahlst. Hersg. von mehreren Verehrern des Verf. 11. Aufl. Reutlingen 870. Baur. gr. 8. (XVIII, 769 S.) 1 Thlr

— Predigten üb. die Sonn-, Fest- u. Feiertags-Evangelien, das ist: Glaubens-, Lebens- u. Trost-Lehren f. Gott lieb. Seelen. Neue m. dem Lebenslauf d. sel. Verf., m. 78 (eingedr.) Holzschn. u. 134 geistreichen Liedern verm. Ausg. Mit e. Stahlst. Hrsg. v. mehreren Verehrern d. Verf. 12. Aufl. gr. 8. (XVIII, 769 S.) Reutlingen 875. Baur. n. 3. —

—— Predigten über die Sonn-, Fest- und Feiertags-Evangelien, d. i.: Glaubens-, Lebens- und Trostlehren für Gott liebende Seelen. Neu revid., mit dem Lebenslauf des sel. Verf. und einer Familienchronik, sowie mit einer Anzahl geistl. Lieder verm. Aufl. Neue Ster.-Ausg. (In 15 Heften.) 1.—4. Heft. gr. 8. (240 S.) Ebendas. 885. à Heft 40 Pf.

—— Predigten über die Sonn-, Fest- u. Feiertags-Evangelien, d. i.: Glaubens-, Lebens- u. Trostlehren f. Gott liebende Seelen. Neu rev., m. dem Lebenslauf des sel. Verf. u. e. Familienchronik, sowie m. e. Anzahl geistl. Lieder verm. Aufl. Neue Ster.-Ausg. gr. 8. (VIII, 776 S. m. dem Bildniß d. Verf.) Reutl. 885, Enßlin u. Laiblin. * 3 —; geb. in Hlbfrz. * 4 —

— Predigten üb. die Sonn-, Fest- u. Feiertags-Evangelien, d. i.: Glaubens-, Lebens- u. Trostlehren f. Gott lieb. Seelen. Aus Anlaß d. 400jähr. Luther-Jubiläums unter Mitwirkg. e. Vereins evang. Prediger neu hrsg. v. Schneider. Jubiläums-Ausg. Mit 10 Vollbild. u. e. Familien-Chronik. gr. 8. (620 u. 36 S.) Stuttgart (890). Zeller & Schmidt. Geb. in Halbfrz. 4. —

— erweckende Reden z. Frömmigkeit, nebst 7 Betracht. üb. Lucas XIII. 24. 8. Frankf. Andreä. 746.

— Rettung d. Hirtenrufs. 8. Frankf. Brönner. 731.

—— güldenes Schatz-Kästlein frommer Christen, worin besondere Kernsprüche der heil. Schrift mit erbaul. Anmerkungen und geistreichen Versen zu allgemeiner Erweckung mitgetheilt werden. Mit Vorwort und Biographie des Verf. von Karl Friedr. Ledderhose. 16. (XV und 732 S. mit 1 lithogr. Portr.) Frankfurt a. M. 856(57.) Völcker. — Schaffhausen, Schalch. — Schw. Hall 856(57.) [Stuttgart, Fischhaber.] *

— — Schw. Hall 856. (Haspel.) 16. (XV, 732 S.) 12 ngr.

— güldenes Schatz-Kästlein frommer Christen, worin besond. Kernsprüche d. hl. Schrift m. erbaul. Anmerkgn. u. geistr. Versen zu allgem. Erweckg. mitgeteilt werden. Zum Gebrauche bei d. tägl. Hausandachten eingerichtet v. Kypke. Ster.-Ausg. 12. (528 S.) Reutlingen 898. Enßlin & Laiblin. Geb. in Halbfrz. 1.20; auf Schreibpap., geb. in Leinw. m. Goldschn. 2.—

Starck, Johann Friedrich, D. Phil. Jacob Speners // GOtt-geheiligte // Sing-Schule /// Das ist // Dieses berühmten Lehrers // Catechismus-Tabellen /// darinn der gantze Catechismus // D. Martin Luthers // Deutlich und gründlich erkläret / aber // auch zugleich der Kern der GOttes-Ge- //lehrsamkeit erbaulich vorgestellet wird /// Sammt // IOH. GEORG. PRITII // der H. Schrifft Doctorn und des Mi- //nisterii zu Franckfurt am Mayn Seniorn // Einleitungs-Tabellen /// in gebundener Rede verfasset // Von // Johann Friederich Starck /// Evangel. Pred. zu Franckf. am Mayn. // Franckfurt am Mayn /// Verlegts Reinh. Eustach. Möller / 1735. - 6 Blatt (nicht paginiert) Titelkupfer, Titelblatt, Widmung und Vorrede. - 343 S. E. C. T. 8°.681.

— erbaul. Sonn- u. Festtags-Andachten über die Episteln. 8. Nürnb. 770. Riegel u. W. 1 ℛ 4 gr

— Sonn- u. Festtags-Andachten, d. i. Glaubens- u. Trostlehren aus d. Evangelien. 8. Nürnb. 742. N. A. 785. Riegel u. W. 1 ℛ

Stark, J. F., Sonn- u. Festtagsandachten üb. die Episteln des ganzen Jahres. 8. Mannheim, Löffler. 814.

— Vermahnung zur Prüfung s. selbst. 8. Frankf. Brönner. 731.

— Warnung. v. Absonderung v. d. Kirchenversamml u. v. H. Abendmal, wie auch in d. Glaubenslehren. 4. Ebend. 733. Rthlr.

Stark, Johann Jakob

— Predigten üb. die Evangelien. 4. Frankf. a. M. 766.

Stark, Jh. Jak., († ...) Samml. e. Predigten. 2 Thle. 8. Frankf. a. M. 759, 60. (Brönner). 16 gr

Starke, Joh. Jac., Samml. e. Predigten. 2 Thle. 8. Frankf. Möller. 759-60.

— heilsame Sitten und Erkenntniß, oder Predigten über Evangelia. 4. Ebend. 762.

— heilsame Sitten u. Erkenntniß, od. Predigten üb. Evangelien. 4. Frankf. 762, (Brönner). 2 ℛ

— s. Jh. Fr. Stark, tägl. Handbuch u. dess. Gebetbüchlein.

Stark, Jh. Mart., Gedanken und Vorschläge über das Armenwesen in Frankfurt a. M. gr. 8°. Frankfurt a. M., Varrentrapp, 1810.

— Weitere Gedanken und Vorschläge über das Armenwesen in Frankfurt a. M. gr. 8°. Frankfurt a. M., Varrentrapp, 1817.

Stark, Joh. Mart.: Cölner Reichsabschied von 1512 oder Kaisers Maximilian des Ersten Ordnung der Notarien. Nach dem Gerstlacherschen Texte mit einer histor. u. jur. Einl. u. erl. Anm. versehen. Frankfurt a. M. 1799.

Stark, J. St., Cöllner, Reichsabschied von 1512, od. Kaiser Maximilian I. Ordnung d. Notarien. gr. 4. Frankf. a. M. 799. Guilhaumann. 8 gr

Starke, J. St., Cölner Reichsabschied von 1512 rc. gr. 8. Frankf. Guilhaumann. 801.

Stark, Johs., Beiträge zur Frage des Unterrichts in Physik u. Astronomie, s.: Behrendsen, O.

— **die Dissoziierung u. Umwandlung chemischer Atome. (VIII, 57 S.) gr. 8. Braunschweig 903. F. Vieweg & Sohn. n. 1.60**

Stark, Johs., die Elektrizität in Gasen. gr. 8. (XXVIII, 509 S. m. 144 Abbildgn.) Leipzig 902. J. A. Barth. n. 12.—; geb. in Leinw. n. 13.—

Stark, Johs., s.: Jahrbuch d. Radioaktivität u. Elektronik.

— **u. W. Steubing, über die spektrale Intensitätsverteilung der Kanalstrahlen in Wasserstoff. (S. 578—585 m. 2 Fig.) Lex. 8. Berlin 908. G. Reimer. —50**
Sonderabdr. aus: „Sitzungsber. d. preuß. Akad. d. Wiss."

— **Prinzipien der Atomdynamik. 1. Tl. Die elektr. Quanten. (X, 124 S.) 8. Leipzig 910. S. Hirzel. 8.20; geb. 4.—**

Die elektrischen Quanten. Von Dr. J[ohannes] **Stark**, Prof. Leipzig: Hirzel 1910. X, 124 S. 8°
(Stark: Prinzipien d. Atomdynamik. T. 1.) [10. 1,574

— **Über die Spektra des Sauerstoffs (Doppler-Effekt bei Kanalstrahlen). (S. 554—577.) Lex. 8. Berlin 908. G. Reimer. 1.—**
Sonderabdr. aus: „Sitzungsber. d. preuß. Akad. d. Wiss."

— **das Wesen der Kathoden- u. Röntgenstrahlen, s. a. Abhandlungen, zwanglose, aus dem Gebiete der Elektrotherapie u. Radiologie. 1. Hft.**

Das Wesen der Kathoden- und Röntgenstrahlen von Dr. J(ohannes) **Stark**, Privatd. Leipzig: J. A. Barth 1904. 29 S. 8°
Aus: Zeitschrift f. Elektrotherapie u. d. physikal. Heilmethoden.
(Zwanglose Abhandlungen aus d. Gebiete d. Elektrotherapie u. Radiologie. H. 1.) [11. 2990

Stark J.: Zahl der Zentren von Lichtemission und Intensitätsverhältnis verschiedener Interferenzordnungen (mit 8 Textfiguren). S. 119. IIa. 779 . . . . —95
Separatabdruck

— **Zahl der Zentren v. Lichtemission u. Intensitätsverhältnis verschiedener Interferenzordnungen. (19 S. m. 8 Fig.) gr. 8. Wien 910. A. Hölder. —95**
Sonderabdr. aus: „Sitzungsber. d. k. Akad. d. Wiss."

Stark, Josef, s.a. Stark, Josef Franz Xaver

Stark, Jos., deutsch-böhmische Ansiedelungen in Ost-Oesterreich. Beiträge zur Geschichte der Deutschböhmen in der Bukowina u. in Galizien. Mit 1 Deutschtumskarte u. e. Ansiedelungsvertrag. (36 S.) 8. Leipzig 910. Teutonia-Verlag. —80

Stark, Josef: Deutschtumskarte der Bukowina nach den Bezirksgerichtssprengeln. Leipzig: Teutonia 1909.

—: Karte der deutschböhmischen Siedlungen in der Bukowina. Leipzig: Teutonia 1910. *(Beilage zu: Josef Stark, Deutsch-böhmische Ansiedlungen in Ost-Österreich . . .)*

Stark, Josef: Ein Jahr deutsche Schutzarbeit in der Bukowina. Leipzig: Teutonia 1908.

Stark, Jos.: Der latente Sprachschatz Homers. Eine Ergänzung zu d. Homer-Wörterbüchern u. e. Beitrag z. griech. Lexikographie. T. 1. München 1906: R. Oldenbourg. (56 S., 1 Bl.) 8°
Landau, k. G P 1906*

Stark, Jos.: Der latente Sprachschatz Homers. Eine Ergänzung zu den Homer-Wörterbüchern und ein Beitrag zur griechischen Lexikographie. T. 2. München 1907: R. Oldenbourg. (S. 58—128.) 8° ¶[Forts. d. P-Beil. 1906.]
Landau, k. G P 1907*

Stark, Jos., der latente Sprachschatz Homers. Eine Ergänzung zu den Homer-Wörterbüchern u. e. Beitrag zur griech. Lexikographie. (V, 128 S.) Lex. 8. München 908. R. Oldenbourg. 1.50

Stark, Josef Franz Xaver

Stark, Jos., Andacht zum heiligen Joseph, dem glorreichen Nährvater Jesu Christi. Mit Morgen-, Abend-, Meß- 2c. Gebeten. 18., verb. Aufl. gr. 16. (214 S. mit 1 Stahlst.) Augsburg 864, Doll'sche Buchh.

— s. Andacht zum glorr. Nährvater Jesu Christi.

Stark, Jos., Andacht auf die sechs Sonntage, s. a. Andacht auf die sechs Sonntage zu Ehren und Nachahmung des heil. Aloysius Gonzaga.

Stark, Jos., Andacht auf die sechs Sonntage zu Ehren und Nachahmung des heil. Aloysius Gonzaga, aus der Gesellschaft Jesu. Aus dem Ital. übers. und mit Morgen-, Abend-, Meß-, Beicht-, Kommunion- und anderen Gebeten verm. 27. Aufl. 8. (190 S. mit 1 Stahlst.) Lindau 880, Stettner.

Stark, Jos. Frz. Xav., († d. 31. Oct. 1816.) christl. Andachtsübungen zum allgem. Gebrauche. 8. Augsb. 818. 2e A. 824. 3e A. 828. Doll. 9 gr

Stark, (Jos.,) christl. Andachtsübungen zum allgem. frommen Gebrauche sowohl in der Kirche als zu Hause. 2e Aufl. 8. Augsb. 824, Doll. (Landsh., Krüll.)

Stark, Joh. Frz. Xav., christl. Andachtsübungen zum allgem. frommen Gebr., sowohl in d. Kirche als zu Hause. 3. Aufl. gr. 8. (17 B. u. Titkpfr.) Augsburg 828, Doll. (Regensburg, Manz.)

Stark, Jos. Frz. Xav., christl. Andachtsübungen zum allgemeinen frommen Gebrauche, sowohl in der Kirche als zu Hause. 3e Aufl. Mit Titelbild. 8. Augsb. 839. (Regensb., Manz.) 1/3 rf

— Berichte von den Ablässen, welche auf Cruzifixe, Pfennige, Rosenkränze 2c. verliehen werden. 12. Augsb. 808.

— s. Croiset, Andacht zum göttl. Herzen Jesu Christi.

— christl. Gedanken z. Nutzen d. Sünder, sowohl um sich zu bekehren, als d. Gerechten, um sich in d. Gnade zu erhalten; aus d. Wälschen übersetzt. 8. Augsb. 789. 2e A. 810, N. A. 818. Doll. 4 gr

– (Übers.), s. H u b i, Vinc.: Übung der Liebe Gottes ...

— s. Th. v. Kempen, vier Bücher von der Nachfolge Christi.

— s. Leonhard von Portu Mauritio, Weg zum Himmel.

– (Hrsg.), s. L i g u o r i, Alfonso Maria de: Andacht des heiligen Kreuzweges.

– (Übers.), s. P a l l a v i c i n i, Karl Emanuel: De modo administrandi sacrament. poenitent.

– (Hrsg.), s. S c h a u e n b u r g, Franz: Heiliger Liebesbund ...

— die Schule der reinen Liebe Gottes, od. d. wunderbare Leben d. Antoinette Nicolaus. 8. Augsb. 802. (Kranzfelder). 18 gr

— der Tag des Christen, geheiliget durch Andacht u. Gebete. 8. Augsb. 819. Kranzfelder. 8 gr

— Ebenderselbe im Auszuge. 18. Ebd. 824. 4 gr

– (Übers.), s. T h o m a s von Jesu: Das Leiden unsers Herrn und Heilandes Jesu Christi ...

— s. A. Wille, Gebet- u. Tugendbuch.

Stark, Jos. Karl, Ergebnisse der Obstbaumzählung im Vereinsgebiete des Obst- u. Gartenbau-Vereines f. das deutsche Elbetal in Böhmen nach d. Stande v. J. 1905. Gesammelt u. zusammengestellt. (14 Tab. m. VII S. Text.) 35×24,5 cm. Aussig 907. (Tetschen, O. Henckel.) nn 1.50

Stark, K., Beantwort. der Preisfr. v. Blattergift. 8. Frankf. Andreä. 780.

— Beobachtungen über die Wechselfieber. 8. Offenbach. (Haslinger in Linz.) 786.

Stark, K., das Damenfrisieren. Von der einfachsten bis zur modernsten elegantesten Frisur. Mit e. Anh.: Das Hervorheben körperl. Vorzüge. Mit vielen sehr hübschen Abbildgn. u. genauer Anleitg. gr. 8. (52 S.) Regensburg (898). Backnang, J. Rath. n. 1.—

Ⓑ Stark, K., d. Damenfrisieren. — Das Schminken u. Pudern. 898. (KBL 32.) Jetzt: Gotha, P. Hartung.

— an d. Mütter üb. d. Selbststillen ihrer Kinder, a. d. Lat. v. Jos. Uehlein. 12. Frankf. Andreä. 801.

— Observationes medicinales de una prae ceteris causa propter quam sanguis e foeminarum utero nimius profluit 8. maj. Berl. Voss. 794.
Schreibn.

— observationes medicinales de diversa febris etc. 8. Lips. Sommer. 789.

— observationes medicinales de febribus intermittentibus. 8. Offenbach, Brede. 785.

— — dass. in deutscher Sprache. 8. Ebend.

— das Schminken u. Pudern. Praktische Anleitg. in der Kunst, sich zu schminken, wie Angabe der Erhaltung der Schönheit des Gesichtes u. Körpers, u. deren kosmet. Pflege. Mit Anh.: Der gute Teint u. Herstellung aller Arten Wohlgerüche f. die Toilette, sowie der unschädl. kosmet. Mittel zur Pflege u. Verschönerg. des Körpers, wie wohlriech. Wasser, Riechfläschchen, wohlriech. Seifen, Haarpomaden, Schminken, Haarfärbemittel 2c. 2c. gr. 8. (20 S.) Ebd. (898). n. 1.—

Stark, K., die m. der Post vereinigte Telegraphen-Station, s.: Brandt, K.

Stark, Karl

Stark, Carl, die psychische Degeneration des französischen Volkes, ihr pathologischer Charakter, ihre Symptome und Ursachen. Ein irrenärztl. Beitrag zur Völkerpathologie. gr. 8. (32 S.) Stuttgart 871, Werther.

Stark, Karl, der Kampf wider die Trunksucht. Vortrag, geh. auf dem 23. Kongreß f. innere Mission zu Karlsruhe. gr. 8. (40 S.) Frankfurt a/M. 885. Drescher's Verl. n. — 25

Stark, Karl, der Kampf wider die Trunksucht. Vortrag, gehalten auf dem 23. Kongreß für innere Mission zu Karlsruhe. gr. 8. (40 S.) [Frankfurt a. M. 885, Schriften-Niederlage des Evangel. Vereins.] Stuttgart, Vereinsbuchhandlung. *
Aus: Verhandlungen des 23. Kongresses für innere Mission, besonders abgedruckt.

Stark, C., die Heilanstalt Kennenburg, ihre Lage, Einrichtungen u. Leistungen innerhalb der letzten 9 Jahre. Ein Rechenschaftsbericht. Stuttgart 869. (Grüninger.) gr. 8. (39 S. mit 1 Steintaf.) n. 12 ngr.

—— König Lear. Eine psychiatr. Shakespeare-Studie für das gebildete Publikum. gr. 16. (VIII, 96 S.) Stuttgart 871, Lindemann. *

Stark, Karl — Zweites Programm der öffentlichen Unterrealschule der k. Freistadt Zombor am Schlusse des Schuljahres 1856. Veröffentlicht am 31. Juli durch den prov. Direktor der Unterrealschule — —. Wien, 1856. Druck und Papier von Leopold Sommer. (103 S. 8.)

Stark, Karl, neuester Schwarzwaldführer, s.: Schnars, C. W.

Stark, Karl Bernh., zwei Alexanderköpfe der Sammlung Erbach u. des britischen Museums zu London. Zum ersten Mal veröffentlicht. Mit 3 phototyp. Taf. [Festschrift, dem kaiserl. deutschen Archäolog. Institut zu Rom zur 50jähr. Stiftungsfeier am 21. April 1879 überreicht von der Universität Heidelberg.] Imp.-4. (21 S.) Leipzig 879. Engelmann. n. 5. —

Stark, Car. Bern., s. Anacreonticarum quaest. libri.

— Ueber einen Ares Soter mit der Aegis und die Bedeutung der letzteren. S.-A. 1864. 48 S. 1.—

Stark, K. B., Beiträge z. antiken Denkmälerkunde. I. Monumenta musei Meermanno-Westreenian, nebst Veröffentlichung e. unedirten Statue des Antiquariums zu Mannheim. Ak. 1860. 45 S. u. 5 Taf.

— Ueber das Niobidenrelief Campana. Gel. 1862. 25 S. u. 1 Taf.

—— Friedrich Creuzer, sein Bildungsgang und seine bleibende Bedeutung. Eine Prorektoratsrede nebst Beilagen aus Creuzer's handschriftl. Nachlass. gr. 4. (64 S.) [Heidelberg 875.] Freiburg i. Br., Mohr. *

Stark, K. B., Friedrich Creuzer, sein Bildungsgang u. seine wissenschaftl. wie akadem. Bedeutung. Gel. 1874. 64 S. 4°. 1.—

Stark, K. B., Zur Erinnerung an Karl Ludwig Kayser. S.-A. 1872. 22 S.

—— und (Geo.) Weber, zur Erinnerung an das Schillerfest in Heidelberg, s. Weber, Geo.

— Die Erosbildungen des Praxiteles. S.-A. 1866. 22 S.

Stark, Carl Bernh., Forschungen zur Geschichte u. Alterthumskunde des hellenistischen Orients. Mit 2 (in Kpfr. gest. u. lith.) artist. Taf. (in gr. 8. u. qu. gr. 4.) A. u. d. T.: Gaza u. die philistäische Küste. Eine Monographie. gr. 8. (XVI u. 648 S.) Jena 852, Mauke. 3 ₰

Stark, Carl Bernh., s. Frommel, W.

Stark, K. Bernh., Gigantomachie auf antiken Reliefs u. der Tempel des Jupiter Tonans in Rom. Festschrift. Nebst 1 lith. Taf. Heidelberg 869. J. C. B. Mohr. 4. (27 S.) n. 10 ngr.

—— Handbuch der Archaeologie der Kunst. 1. Bd.: Einleitender und grundlegender Theil. 1. Abthl.: Systematik und Geschichte der Archäologie der Kunst. 1. Hälfte. gr. 8. (256 S.) Leipzig 878, Engelmann. *

Stark, Carl Bernh., Handbuch der Archäologie der Kunst. 1. Abthl. A. u. d. T.: Systematik und Geschichte der Archäologie der Kunst. 2. Lfg. gr. 8. (VIII, S. 257—400.) Leipzig 880, Engelmann. *
Nicht weiter erschienen.
1. Lfg. Ebendas. 1878. *M 6,75.

— Herakles u. die Winter-Hora. S.-A. 1851. 4 S. u. 1 Taf. 4°.

— Jahresbericht über Archäologie der Kunst 1871—1874. S.-A. 1875. 80 S.

Katalog zu einer Ausstellung von Kupferstichen nach Rafael und den auf ihn von Einfluss gewesenen italienischen Malern verfasst v. K. B. Stark. Jena 1850. 8°

— über Kunst und Kunstwissenschaft auf deutschen Universitäten. Rede. 4. (52 S.) Heidelberg 874 E. Mohr. n. 1. 60

— Kunst u. Schule. Zur deutschen Schulreform. gr. 8. (36 S.) Jena 848, Frommann. 1/4 ₰

— Lehrbuch der griech. Privatalterthümer, s.: Hermann, K. F.

Stark, C. B., Leonardo da Vinci, s. Album des pädagogischen Seminars an der Universität Jena.

— zwei Mithraeen der grossherzoglichen Alterthümersammlung in Karlsruhe, s.a. Festschrift zur 24. Versammlung deutscher Philologen u. Schulmänner.

— Zwei Mithraeen der grossherzogl. Altertümersammlung in Karlsruhe. S. 44 S. u. 2 Taf.

—— Niobe und die Niobiden in ihrer literar., künstler. und mytholog. Bedeutung. Lex.-8. (XVI und 464 S. mit 20 Stnt., wovon 3 in Buntdr., in Lex.-8., gr. 4. und Fol.) Leipzig 863, Engelmann.

— nach dem griechischen Orient. Reise-Studien. Nebst e. (lith.) Situationskarte u. photolith. Taf. 8. (XII, 408 S.) Heidelberg 874. C. Winter. n. 7. 50

—— nach dem griechischen Orient. Reise-Studien. 2. (Titel-) Ausg. gr. 8. (XII, 408 S. mit 1 lithogr. Situationskarte und 1 photolithogr. Taf.) Heidelberg 882, C. Winter's Universitäts-Buchh. *M 5.; geb. *

— Mythologische Parallelen. I. Die Wachtel, Sterneninsel und der Oelbaum in phönikischer und griechischer Mythen. S.-A. 1856. 89 S.

— aus dem Reiche d. Tantalus u. Croesus, s. a. Sammlung gemeinverständl. wissenschaftl. Vorträge.

Stark KB, aus dem Reiche des Tantalus und Krösus. (Sammlung gemeinverständlicher, wissenschaftlicher Vorträge 147-48) Berlin 1872

— das Heidelberger Schloss in seiner kunst- u. culturgeschichtlichen Bedeutung. [Aus: „Quellen zur Geschichte des Heidelberger Schlosses von M. Rosenberg".] Imp.-4. (35 S.) Heidelberg 881. C. Winter. n.n. 2. 50

Stark, K. Bernh., Städteleben, Kunst und Alterthum in Frankreich. Nebst einem Anhang über Antwerpen. Mit 7 lith. Grundrissen. Jena 855. Frommann. gr. 8. (XII, 619 S.) n. 3 ℛ.

— archäologische Studien zu einer Revision von Müllers Handbuch der Archäologie. [Abdr. aus der Zeitschrift für die Alterthumswissenschaft.] gr. 8. (IV u. 105 S.) Wetzlar 852, Rathgeber. 1/2 ℛ

Stark, Dr. C. B., Systematik u. Geschichte der Archäologie der Kunst. Leipzig 1880. 8°.

—— de Tellure dea deque ejus imagine a Manuele Phile descripta. Dissert. inaug. 8maj. (IV und 48 S. mit 1 Stnt. in qu. 4.) Jena 848, Frommann.

— Der cyprische Torso d. Berliner Museums. S.-A. 1863. 6 S. u. 1 Taf. 4°.

— Unedierte Venusstatuen und das Venusideal seit Praxiteles. S.-A. 1860. 55 S.

—— Vorträge und Aufsätze aus dem Gebiete der Archäologie und Kunstgeschichte. Nach dem Tode des Verf. hrsg. von Gfr. Kinkel. gr. 8. (VI, 509 S.) Leipzig 880, Teubner. *

Stark, K. B., Wanderungen u. Wandlungen der Antike. S.-A. s. a. 29 S.

—— Johann Joachim Winckelmann, s. Sammlung gemeinverständlicher wissenschaftlicher Vorträge. 42. Heft.

Stark, K. Bernhard. Johann Joachim Winckelmann, sein Bildungsgang und seine bleibende Bedeutung. Berlin 1867. 8°.

Stark, Karl Fr., Diss. inaug. jur. de commerciorum favore in jure tam publico quam privato Francofurtensi conspicuo. 4. Götting. 796. Dieterich. 4 ℊℊ

Stark, Karl Fr., d. Reformation im unt. Allgäu, in Memmingen u. dessen Umgebg., s. a. Schriften f. d. deutsche Volk, Nr. 27.

[F.] Die Reformation im unteren Allgäu: in Memmingen u. dessen Umgebg v. Karl Fr. Stark, Pfarrer in Steinheim b. Memmingen. *Halle a. S.: Ver. f. Reformationsgesch.; (Commc. c. M. Niemeyer) 1895.* (56 S.) 1 Bd 8. = Schriften f. d. deutsche Volk hrsg. v. Ver. f. Reformationsgesch. [No] 27. (96. 9367

Stark, Karl Wilhelm

Car. Guil. Stark analecta medica ex veterum scriptoribus non medicis. Part. I. qua locus apud Herodotum IX. 83. tractatur. Progr. 1—8. Jenae 1827—28. 4.

Karl Wilhelm Stark

Carolus Guil[elmus] Stark: Analecta medica ex veterum scriptoribus non medicis. P. 1. Jenae (1828:) Schlotter 8

P.1: Qua locus apud Herodotum Lib. 9. cap. 83 tractatur. Cont. 6. (1828.)

Cont. 6: De commissurarum capitis coalitione speciatim agens. (1828.)

[Einladungsschrift zur Dr. med.- Promotion von Heinrich Christian Eduard Richter, Jena 18. Okt. 1828.]

Karl Wilhelm Stark

Carolus Guilielmus Stark: Intimus graviditatis lactationis mensiumque profluvii Consensus et convenientia ex propria mulieris vi et natura deductus. P.1. Ienae 1811: Goepferdt. 8

P.1: De utriusque sexus ratione et uterum gerendi munere. 1811.

Jena, Med. Diss. v. 18. Mai 1811

Stark, D. Fr., patholog. Fragmente. 2 Bde. gr. 8. Weimar 824, 25. Industr.-Compt. 3 ℛ 21 ℊℊ (2r Bd. A. u. d. T.: Beitr. zur psychischen Anthropologie u. Pathologie. 825. 1 ℛ 21 ℊℊ)

Stark, Car. Guil., Commentatio anatom.-physiolog. de venae azygos natura. 4maj. (6¾ B. u. 2 Taf.) Lipsiae 835, Breitkopf et Haertel.

Stark, (C. W.,) de νουσῳ θηλεια apud Herodotum. gr. 4. Jena 826, Cröker.

Car. Guil. Stark de νούσῳ θηλείᾳ apud Herodotum, prolusio. Jen. 1827. 4. (Cfr. Friedreich Magazin zur Seelenheilkunde Hft. 1 1829. S. 71. ejusdemque Analekten zur Natur- u. Heilk. 1831. S. 28; Rosenbaum die Lustseuche im Alterthum 1839. S. 141.)

Stark, Karl Wlh., allgemeine Pathologie, od. allg. Naturlehre d. Krankheit. 2 Abthll. gr. 8. Leipzig 838. Breitkopf u. Härtel. 6 ℛ

Stark, Carl Wilh., allgemeine Pathologie oder allgemeine Naturlehre der Krankheit. 2., verm. u. verb. Ausg. 2 Bde. gr. 8. Leipzig, Breitkopf u. Härtel. [1. (54¼ B.) 844., 2. (49½ B.) 46.]

Stark, Carl Wilh., Plan zur innern Einrichtung u. Verwaltung e. öffentl. Krankenanstalt, vom ärztl. Standpuncte aus entworfen. gr. 8. (4¼ B.) Erlangen 839, Palm u. Enke. Thlr.

Stark, Ludw., Onkel Adolar, s.: Universal-Bibliothek.

Stark, Ludw., kleine Blumen, kleine Blätter. Gedichte. 16. (96 S.) Würzburg 880, Stahel'sche Universitäts-Buchh. * 2 —
geb. mit Goldschn. * 3 20

Stark, L., Elementar- u. Chorgesang-Schule, s.: Faisst, J.

– u. Sigm. Lebert

—— —— systematische, theoretisch-praktische Elementar-Singschule zum Gebrauch beim Privat-Unterricht sowie in den höheren Lehranstalten und Chorknabenschulen beider Confessionen. Unter Imman. Faißt's Mitwirkung verfaßt und hrsg. gr. 8. (XIII und 343 S. mit 1 Tab. in qu. Fol.) Stuttgart 859, (Cotta'sche Buchh.) *

— der Jungherr v. Rothenburg. Ein Sang aus dem Tauberthale. Mit 6 Lichtdr.-Bildern nach Tuschzeichngn. v. Fritz Birkmeyer. 8. (92 S.) Stuttgart 891. Greiner & Pfeiffer. Geb. in Leinw. n. 3. 60

Stark, Ludw., der Jungherr v. Rothenburg. Ein Sang aus dem Tauberthale. 2. Aufl. 12. (92 S. m. Titelbild.) Rothenburg o/T. (901). J. P. Peter. Geb. in Leinw. 1. 80

Stark, Ludw., und Siegm. Lebert, grosse theoretisch-praktische Klavierschule, s. Lebert, S.

—— Kunst und Welt. Eine Auswahl musikal. und tourist. Tagebuchsblätter. 8. (VII, 315 S. mit dem Lichtdr.-Portr. des Verf.) Stuttgart 884, Bonz und Comp. *
geb. *

Stark, Ludw., deutsche Liederschule. Eine leichtfassl. systemat. nach künstler. Principien eingerichtete Anleitung zum Sologesang mit besond. Rücksicht auf das deutsche Lied. Für den Gebrauch in Musikschulen und zum Privatunterricht unter S. Lebert's Mitwirkung entworfen und hrsg. Imp.-4. (VII und 180 S.) Stuttgart 861, Cotta'sche Buchh. *
Suppl. dazu (26 S.) *

Stark, L., neuer compendiöser Literaturführer durch die meist gepflegten Musik-Gattungen. Nach pract. Erfahrgn. zusammengestellt. gr. 16. (IV, 53 S.) Stuttgart 874. Galler. n. — 75

Stark, L. Neuer compendiöser Literaturführer durch die meistgepflegten Musik-Oattungen. Stuttgart 1875.

Stark, Ludw., gereizte Löwen. Schwank in 1 Akt. m. Benutzg. e. vorhand. Stoffes. 12. (39 S.) Regensburg (894). H. Bauhof. n. — 40

—— Stimmen der Heimat. 88 ausgewählte Volkslieder und volksthüml. Gesänge in theils zweistimm. theils vierstimm. Satze zum Gebrauche in häusl. Kreisen, Chorschulen und Singvereinen hrsg. 8. (144 S.) Stuttgart 868, C. Ebner. [Vogler und Beinhauer.] cart. *

Stark, Ludw., Stimmen der Heimat. 88 ausgewählte Volkslieder u. volksthüml. Gesänge in theils zweistimmigem, theils vierstimmigem Satze zum Gebrauche in häuslichen Chorschulen u. Singvereinen hersg. Stuttgart 868. Moser. 8. (144 S.) n. 10 ngr.

Stimmen der Heimat. 122 ausgew. Volkslieder u. volkstüml. Gesänge in teils zweistimmigem, teils neuem vierstimmigem Satze z. Gebr. in häusl. Kreisen ... hrsg. von Ludwig **Stark**, weil. Prof. 3. Aufl. Leipzig, London [usw.]: Bosworth (1902). 242 S. 8°
(Bosworth Edition. No 199.) [U. 12713

Stark M.: Die Schriftgelehrten. (28). Prag I. St. R. 92.
Progr.

Stark, Mariane, Briefe über Italien in d. J. 1792—98, a. d. Engl. v. Valentini, m. K. gr. 8. Gießen, Tasché. 802.

Stark Michael Dr.: Vorläufiger Bericht über geologische Aufnahmen im östlichen Sonnblickgebiet und über die Beziehungen der Schieferhüllen des Zentralgneises (mit 1 Taf. und 5 Textfiguren). S. 121. I. 196 . . . . „ 1.80
Separatabdruck

— Vorläufiger Bericht über die geologisch-petrographischen Aufnahmsarbeiten in den Euganeen im Jahre 1911. S. 121. I. 227 . . . . „ —.45
Separatabdruck

Stark, Mich., die Interferenzbilder der Kristalle, s.: Vorträge des Vereines zur Verbreitung naturwissenschaftl. Kenntnisse in Wien. 48. Jahrg. 6. Heft.

Stark, R. Erinnerungs-Blätter an die Schlachttage bei Abensberg am 19. u. 20. April 1809. Mit Krt. u. Abb. Abensberg 1908. 149 S. 4°

Stark, Odilo

(F) **Stark,** O., Vom Königshofe ins Kloster und zum Märtyrertode. 8°. (78 S.) K --.30
Linz: Preßverein 1906.

Stark, Otto, Referendar: Die Bestechung von Angestellten in Handel und Gewerbe. Breslau: Schletter 1908. 59 S. 8° ¶(Ersch. auch als: Strafrechtl. Abhandlungen. H. 95.)
Tübingen, Jur. Diss. v. 29. Dez. 1908, Ref. Beling
[Geb. 20. Okt. 82 Ludwigsburg; Wohnort: Ulm; Staatsangeh.: Württemberg; Vorbildung: Gymn. Ravensburg Reife 00; Studium: Tübingen 3, Leipzig 2, Berlin 1, Tübingen 3 S.; Rig. 6. Nov. 08.] [U 09. 3916

Stark, Otto, die Bestechung von Angestellten in Handel u. Gewerbe, s. a. Abhandlungen, strafrechtliche. 95.

Die Bestechung von Angestellten in Handel und Gewerbe. Von Dr. Otto **Stark** in Ulm. Breslau: Schletter 1909. 59 S. 8°
(Strafrechtliche Abhandlungen. H. 95.)

Stark, Otto, aus Stephansfeld i. Els.: **Ueber eine Diketonsäure und ein Ketolacton aus dem Acetylaceton.** *Strassburg i. E. 1902: C. & J. Goeller.* (29 S.) 8°
Strassburg, Math.-naturw. Diss. v. 1902

Stark P, fürstliche Personen des Hauses Württemberg und ihre bewährten Diener im Zeitalter Friedrichs des Grossen. 4° Stuttgart 1876

Das Eiserne Kreuz der Hohenzollern in Drei Generationen v. Paul **Stark** '(in Firma Petri & Stark)'. Offenbach a. M.: Selbstv. (1897). (54 S., 1 Bl.) 1 Bd 8°

Stark, Paul (in Fa. Petri & Stark), das eiserne Kreuz d. Hohenzollern in drei Generationen. Z. 100jähr. Geburtstag Sr. Maj. des Kaisers Wilhelms des Großen (weiland) 1797—1897. 8. (55 S.) Offenbach 897. (J. P. Strauß.) n. — 50

Stark, Paul, approb. Arzt aus Strassburg i. E.: **Selbstmord in der Schule.** *Strassburg i. E. 1900: C. & J. Goeller.* (31 S.) 8°
Strassburg, Med. Diss. v. 1900

Stark, Paul, Weibergeschichten. 2. Aufl. 8. (129 S.) Berlin 898. H. Steinitz. n. 1. —

Stark, Richard, s. Starck

Stark, Th. E. H., der deutschen Jugend goldener Hausschatz. 1. Bd. 10 Hfte. (à 3 B. m. 1 Holzschntaf.) gr. 8. Berlin 873. Kobligk. à Hft. n. 60

Stark, Thdr., kaufmännische Buchführung „Aus der Praxis — f. die Praxis". (71 S. u. 6 Uebungshefte: 12 Bl., 8 Bl., 11 S., 6 Bl., 17 u. 15 S. in qu. 16.) kl. 8. Fürth 903. (München, M. Kellerer.) Kart. in Mappe 2. —

Stark, W., Calvin, ein Lebensbild. Ein Gedenkblatt zu seinem 400. Geburtstage. (32 S. m. 1 Bildnis.) 8. Posen 907. Ev. Vereinsbuchh. p — 25

Calvin, ein Lebensbild. Ein Gedenkblatt zu s. 400. Geburtstage von Pastor W. **Stark**. Posen: Evang. Vereinsbuchh. 1909. 32 S. 8°
[Umschlagt.]

— Das evangelische Johannesstift, eine Brüderbildungs- u. Kindererziehungsanstalt, s.: Für Feste u. Freunde d. inneren Mission.

Stark, Walter, appr. Arzt a. Ilshofen ⟨Württemberg⟩: Ein Fall von periostalem Rundzellensarkom der Lendenwirbelsäule. München 1905: C. Wolf & Sohn. (24 S.) 8°
München, Med. Fak., Ref. v. Bauer, Diss. v. 19. Mai 1905
[Geb. 27. Jan. 81 Ilshofen, O.-A. Hall, Württemberg; Wohnort: Ilshofen; Staatsangeh.: Württemberg; Vorbildung: Gymn. Heilbronn a. N. Reife Juli 99; Studium: Tübingen 4, Kiel 1, München 4 S.; Coll. 10. März 05; Approb. 13. Juli 04.]

William Stark
1740–1770

William Stark's [Works, consisting of clinical and anatomical observations. Deutsch:] Klinisch und anatomische Bemerkungen nebst diätetischen Versuchen hrsg. von James Carmichael Smyth [1741–1821] u. aus d. Engl. übers. von Christian Friedrich Michaelis [1727–1804]. Breßlau & Hirschberg: Korn 1789. XXXII,254 S. 8°

Stark, Will., klinische u. anatom. Bemerkk., nebst diätetischen Versuchen; herausgg. v. Jam. Carm. Smyth. Aus d. Engl. übers. v. Chr. Fr. Michaelis II. Mit 3 Kpf. gr. 8. Bresl. 799. J. F. Korn. 1 ₰ 4 𝒦

D. Johannes Hesekiel. Ein Gedenkblatt bei s. Scheiden aus Posen von W[illy] Stark. [Posen: Evang. Pressverband f. d. Prov. Posen 1910.] 8 Bl. 8° [Umschlagt.] 10 1:77

Stark, X. M., lehrreiches und unterhalt. Gedankenspiel von 400 auserles. Fragen und Antworten, durch welche eine jede in das Gedächtniß genommene Frage errathen wird. Auf 40 Blättern. Schreibpap. 8. Prag, Buchler. 817.

— — kleine Haus- oder Handbibel zu Jedermanns Gebrauche. 2te Aufl. 8. Ebend. 820.

Staerk, Dom Anton, O. S. B., der Taufritus in der griechisch-russischen Kirche, sein apostolischer Ursprung u. seine Entwickelung. (XV, 194 S.) gr. 8. Freiburg i/B. 908. Herder. n. 7. —

Stärk, J., Normallehrplan f. d. württemberg. Volksschulen, s.: Frick, Paul.

Stärk, J. F., vollständ. deutsche Stenographie, od. Schnellschreibekunst, auf 50 leichtfaßl. Regeln gegründet ꝛc. 8. Berl. 822. 2e A. 829. L. Oehmigke. 14 𝒦

Stärk, J. F., vollständ. deutsche Stenographie od. Schnell-Schreibekunst, auf so leichtfassl. Regeln gegründet, dass man bei Durchlesung dies. Buchs d. Grund dies. Kunst ersehen u. in einigen Wochen dies. erlernen kann etc. 2. Aufl. 8. (2½ lith. B.) Berlin 829, Oehmigke.

Stärk, Jos., s.: Kommentar zum Lesebuch f. die katholischen Volksschulen Württembergs.

Staerk, Peter: Über die neuzeitliche Kulturentwicklung Ägyptens und ihre verschiedenen materiellen Grundlagen. Bonn 1908: Hauptmann. 84 S. 8°
Bonn, Phil. Diss. v. 12. Aug. 1908, Ref. Rein
[Geb. 17. Sept. 81 Brand b. Aachen; Wohnort: Cochem; Staatsangeh.: Preußen; Vorbildung: Kaiser-Karls-Gymn. Aachen Reife O. 02; Studium: Münster 2, Bonn 5 S.; Rig. 13. Mai 08.] [U 09.434

Staerk, Willy

Staerk, W., s.: Amos. Nahum. Habakuk.

— Die Anfänge der jüdischen Diaspora in Aegypten, s.: Literatur-Zeitung, orientalistische. 2. Beiheft.

Staerk, Willy [Dr. phil. aus Berlin]: Beiträge zur Kritik des Deuteronomiums ... (Erscheint vollst. bei J. C. Hinrichs in Leipzig.) Leipzig, Druck v. A. Pries, 1894; 1 Bl., 44 S., 1 Bl. 8.
Halle, Theol. Fak., Inaug.-Diss. v. 28. Juli 1894

— s.: Christentum, das.

Staerk, Willy, das Deuteronomium, sein Inhalt u. seine literar. Form. Eine krit. Studie. gr 8. (VII, 119 S.) Leipzig 894. J. C. Hinrichs' Verl. n. 4. —

Staerk, Willy, die Entstehung des Alten Testaments, s. Sammlung Göschen.

Die Entstehung des Alten Testaments von Dr. W[illy] Staerk. Leipzig: Göschen 1905. 170 S. 8°
(Sammlung Göschen. 272.) A 12.1216 II

— s.: Gebete, altjüdische liturgische.

— s.: Jesaias. Dichtungen.

— s.: Mišnatraktat, der, Berakhoth.

— Die jüdisch aramaeischen Papyri von Assuan, s.: Texte, kleine, f. theologische Vorlesungen u. Übungen.

— Religion u. Politik im alten Israel, s. a. Sammlung gemeinverständlicher Vorträge u. Schriften aus dem Gebiet der Theologie. 43. Hft.

Religion und Politik im alten Israel. Von Lic. Dr. Willy Staerk. Privatd., Jena. Tübingen: J. C. B. Mohr 1905. (25 S.) 8°
= Sammlung gemeinverständl. Vorträge u. Schriften aus d. Geb. d. Theol. u. Religionsgeschichte. 43.

— s.: Salomo's Oden.

— s.: Schriften, die, des Alten Testaments in Auswahl.

Staerk, Wilh., Studien zur Religions- u. Sprachgeschichte des alten Testaments. 1. u. 2. Hft. gr. 8. Berlin 899. G. Reimer. à n. 3. —
1. I. Prolegomena zu e. Geschichte der israelit. Vätersage. II. Zur Geschichte der hebr. Volksnamen. (VI, 96 S.)
2. I. Prolegomena zu e. Geschichte der israelit. Vätersage. (Die Gestalten der Jaqobsage — Kultusstätten u. Ortsnamen). II. Zur Geschichte der hebr. Volksnamen. (Fortsetzung u. Schluss.) (IV, 85 S.)

Staerk, Willy, Lic. theol. Dr. phil.: Sünde und Gnade nach der Vorstellung des älteren Judentums, besonders der Dichter der sog. Bußpsalmen. Tübingen 1905: H. Laupp jr. (41 S.) 8° ¶ (Ersch. vollst. unt. gleich. Tit. bei J. C. B. Mohr, Tübingen.)
Jena, Theol. Fak., Ref. Baentsch, Hab.-Schrift v. 1905

— Sünde u. Gnade nach der Vorstellung des älteren Judentums, besonders der Dichter der sog. Busspsalmen. Eine biblisch-theolog. Studie. (III, 75 S.) gr. 8. Tübingen 905. J. C. B. Mohr. n. 1. 50

— (Hrsg.), s. Texte, Ausgewählte poetische, des alten Testamentes.

Staerk, Willy [aus Berlin]: Untersuchungen über die Komposition und Abfassungszeit von Zach. 9 bis 11 mit eingehender Berücksichtigung der neuesten Hypothese. . . . Halle, A. W. *Schade's Buchdr., Berlin*, 1891; 101 S. 8°
Halle, Phil. Fak., Inaug.-Diss. v. [13. Jun.] 1891

— s.: Urkunden, aramaeische, zur Geschichte d. Judentums im VI. u. V. Jahrh. v. Chr.

Ueber den Ursprung der Grallegende. Ein Beitrag z. christl. Mythologie von Lic. Dr. Willy **Staerk**. *Tübingen & Leipzig: J. C. B. Mohr 1903.* (57 S.) 8° [03. 5524]

— Das assyrische Weltreich im Urteil der Propheten. (VI, 240 S.) gr. 8. Göttingen 908. Vandenhoeck & Ruprecht. 8.—; geb. 9.—

— Neutestamentliche Zeitgeschichte, s. a. Sammlung Göschen.

Neutestamentliche Zeitgeschichte. Von Lic. Dr. W[illy] **Staerk**. 1. 2. Leipzig: Göschen 1907. 8⁰
1. Der hist. u. kulturgeschichtl. Hintergrund d. Urchristentums.
2. Die Religion d. Judentums im Zeitalter d. Hellenismus u. d. Römerherrschaft.
(Sammlung Göschen. 325. 326.)

Starke, Director Prof. Dr., die rationalistischen Bewegungen der Gegenwart. Rede gehalten am 15. Octbr. zur Feier des Geburtsfestes Sr. Maj. des Königs Friedrich Wilhelm IV. gr. 8. Neu-Ruppin 845. (Leipzig, Thomas.) n. 1/6 ℛ

Starke, die primitive Familie in ihrer Entstehung und Entwicklung. (Bibliothek, Internationale wissenschaftliche 66) Leipzig 1888

Starke, kleines Liederbuch für Schule und Leben. Eine Auswahl der besten Lieder, geordnet nach den Jahreszeiten und nach dem Kirchenjahr, nebst Vaterlandsliedern ꝛc. 4. verm. Aufl. 8. (VIII, 80 S.) Riesa 878. (Leipzig, J. Naumann.) cart. *

Starke, die Messung von Schallstärken, s. Studien, philosophische.

Starke, der böse Vater u. d. schalkhafte Sohn; Lstspl. 8. Prag 787. Schönfeld. 4 Gr

Starke's Zeichenmethode auf Grundlage des goldenen Schnittes. Vorlagen f. den Schul- u. Selbstunterricht zur Wiedergabe v. Naturformen an der Hand künstler. Massverhältnisse. (24 z. Tl. farb. Taf. m. III S. Text.) gr. 4. Dresden (904). G. Kühtmann. In Mappe n. 12.—

Starke, **A. G.**, Diss. inaug. med.-chirurg., exhibens inflammationis theoriarum epicrisin adjuncta nova hujus morbi formae theoria. 8maj. Helmst. 806. Fleckeisen. 4 Gr

Lebensbild der Loge zur goldnen Mauer in Budissin. Sylvester-Vortrag gehalten am 31. Dec. 1847 von [Adolf Traugott Edu.] **St[arke]**. [Bautzen 1848]: Monse. IV, 5—44 S. 8⁰ [Umschlagtit.]
cf. L. 12 (1848) S. 302.

Alphabetarisches Register über diejenigen Vorgänge und Verhandlungen welche in der Zeit vom Monat Mai 1844 bis Ausgang des Jahres 1846 bei der Loge zur goldenen Mauer in Budissin sich ereignet haben und gepflogen worden sind. Als Ms. für die Brr. der gedachten Loge und zu deren ausschliesslichem Gebrauche bestimmt und red. von [Adolf Traugott Edu.] **St[arke]**. [Bautzen 1847]: Monse. 56 S. 8⁰ [Umschlagtit.]

Starke, Alexander, Referendar in Leipzig: Die Behandlung der Aussteuer und des Aussteueranspruchs im Bürgerlichen Gesetzbuch. Leipzig: Veit & Co. 1905. (100 S.) 8°
Leipzig, Jur. Fak., Diss. v. 10. Mai 1905
[Geb. 13. März 79 Leipzig; Wohnort: Dresden; Staatsangeh.: Sachsen; Vorbildung: Nikolaigymn. Leipzig Reife O. 98; Studium: Leipzig 6 S.; Rig. 3. Juli 01.]

Starke, Alex., die Behandlung der Aussteuer u. des Aussteueranspruchs im bürgerlichen Gesetzbuch. (III, 100 S.) gr. 8. Leipzig 905. Veit & Co. n. 2. 60

Starke, A[rthur], Referendar: Der Besitz bei der Erbschaftsklage des römischen Rechtes. Ein rechtsgeschichtlicher Beitrag. Berlin 1905: W. Pilz. (XII, 106 S.) 8°
Berlin, Jur. Fak., Ref. Seckel, Diss. v. 30. Jan. 1905
[Geb. 14. Okt. 77 Gleiwitz; Wohnort: Berlin; Staatsangeh.: Preußen; Vorbildung: Luisenstädtisches Gymn. Berlin Reife O. 97; Studium: Berlin 2, Heidelberg 1, Berlin 3 S.; Rig. 17. Mai 04.]

Starke, A., der Besitz bei der Erbschaftsklage des römischen Rechtes. Ein rechtsgeschichtl. Beitrag. (Diss.) (X, 106 S.) gr. 8. Berlin 905. Struppe & Winckler. n. 2. 50

Starke, Aug., Briefsteller für alle Stände und alle Lebenslagen mit besond. Berücksicht. des Inseraten- und Annoncenwesens, sowie Rathgeber in allen bürgerl. Rechtsstreitigkeiten. gr. 8. (VIII, 140 S.) Schweidnitz 887, Brieger.

Starke, A., Briefsteller f. alle Stände u. alle Lebenslagen, m. besond. Berücksicht. d. Inseraten- u. Annoncenwesens, sowie Rathgeber in allen bürgerl. Rechtsstreitigkeiten. 2. Aufl. gr. 8. (VIII, 197 S.) Schweidnitz 889. Brieger. 1. 20

Starke, Aug., Briefsteller f. alle Stände u. alle Lebenslagen m. besond. Berücksicht. des Inseraten- u. Annoncenwesens. 8. verm. Aufl. v. Ferd. Neumann. gr. 8. (VIII, 128 S.) Schweidnitz (902). G. Brieger. n. — 50

Starke, Benj. Gottfr., Beschreib. d. Stadt Mühlhausen in Thüringen. 2 Thle. 8. Eisenach, Wittekind. 767.

Starke, C. C., s. Starke, K. K.

Starke, C. Ch., s. Starke, Karl Christoph

S[tarke], C. L.: Decas observationum de juribus quibusdam singularibus episcopatus Hildesiensis. Von einigen gantz bes. Rechten u. Gerechtigkeiten des Bißthum Hildesheim. o. O. 1724.

Starke, C. L. F.

— s. J. J. Weiß, die neuest. Erfahrr. aus d. Gebiete d. Wasserheilungen.

Starke, C. L. F., freimüth. Worte üb. d. Gesundheits-Wohl d. Staatsbürger im Allgem., besond. aber üb. d. diätet. Verhältnisse d. Kinder bei deren Erzieh. u. Unterr., nebst mehr. Vorschlägen z. Abhülfe d. dabei stattfindenden Mängel u. a., das Gesundheits-Wohl störenden Uebelstände; so wie auch üb. d. diätet. Gebr. d. gewöhnl. kalten u. d. kohlensauren Wassers. 8. (5 1/4 B.) Breslau 835, [Berlin,] Richter'sche Buchh.

Starke, C. L. F., über die Zweckmäßigkeit der Verbindung der Homöopathie mit der Wasserheilmethode u. über die Vortheile u. Nachtheil: bei der Anwendung des kalten Wassers. gr. 8. Schweidnitz 841. (Leipzig, Kößling.) 1/8 ℛ

—— üb. d. Zweckmäßigkeit d. Verbindung d. Homöopathie mit d. Wasserheilmethode u. üb. d. Vortheile u. Nachtheile bei d. Anwend. d. kalten Wassers. gr. 8. (1 B.) Schweidnitz 841. (Leipzig, Peter.)

Starke, Carl Theodor, s. Starke, Karl Theodor

Starke, Caspar Heinrich, s. Starke, Kaspar Heinrich

Starke, Charlotte S. H., Adeline, od. d. Fügung d. Geschicks. Eine Dichtung in 3 Ges. 8. (6¼ B.) Oldenburg 830. (Bremen, Geisler.)

Starke, Charlotte S. H., der Weihnachtsabend. Eine Herzensgabe, insbesondere für die Jugend. (Gedichte.) 16. Oldenburg 833. Schulze. 3/8 ₰

Starke, Christian

— Mercatorische Rechenstube. Leipzig, Joh. Corners Erben. 12. 1720.

— — 1732. — 8.

— — 1735. — 8.

Starke, Christian Gottlob (Hubertusburg) A. S. 602/89

Exercitatio iuris civilis ad l. XXXI. § I. D. depositi vel contra. Präs. Christian Rau.
Leipzig (Langenheim) 22. II. 1775. 16 S.
33204

Starke, Christoph

— Hausbibel. 4. Ebend. 759.

— sechsfache kurzgef. Ordnung d. Heils. 2 Thle. 8. Leipz. Schwickert.

— — — u. Ordnung des Heils in Tabellen. 2 Thle. 8. Brandenb. Halle. 783.

Starke Christoph und Gustav: Kleines Passage- und Höhenmeß-Instrument. S. 31. 3 . vgr.
Separatabdruck

— synopsis bibliothecae exegeticae Novi Test. od. Auszug. d. gründl. Ausleg. d. H. Schrift N. Test. 5 Thle. gr. 4. Ebend.

— — 22 Kupfertafeln zu dies. Bibelwerke. Ebend. das ganze Werk complet m. d. Kupfern.

Starke, Ch., synopsis bibliothecae exegeticae in Vetus Test. od. Ausz. d. gründl. Ausleg. d. H. Schrift alt. Test. 6 Thle u. Reg. gr. 4. Leipz. Breitkopf. 763–67.

Starke, Chrph., Synopsis bibliothecae exegeticae in Vetus et Novum Testamentum, das ist kurzgefaßter Auszug der gründlichsten u. nutzbarsten Auslegungen über alle Bücher der heil. Schrift. Neue correcte u. vollständ. Ausg. (5. Aufl.) 48 Liefgn. Berlin 865—68. E. Beck. Lex.-8. [N. T. 1. Bd. (446 S. mit 1 lith. Karte in 4.), 2. Bd. 1. Thl. (S. 1—272.), 2. Bd. 2. Thl. (S. 273–595.), 3. Bd. (460 S.), 4. Bd. (IV, 405 S.), 5. Bd. (247 S.), 6. u. 7. Bd. (727 S.), 8. Bd. (VIII, 334 S.), 9. Bd. (294 S.), 10. Bd. (X, 283 S.) n. 8 ₰

Starke, Chrph., Synopsis bibliothecae exegeticae in Vetus et Novum Testamentum, d. i. kurzgefaßter Auszug der gründlichsten und nutzbarsten Auslegungen über alle Bücher der heil. Schrift. Mit Hülfe einiger Gelehrten zusammengetragen. Ein Handbuch für Lehrer in Kirchen, Schulen und Häusern, sowie für alle Studir. und Liebhaber der heil. Schrift. Correct und vollständig aufs neue hrsg. von Traugott Siegmund. Des Alten Testamentes 1. Bd. [Das 1.—5. Buch Mosis.] 3 Bde. in 23 Lfgn. Lex.-8. (466; XVI, 505; 512 S.) Berlin 870, Beck. à Lfg. * 50 Pf. *

— — Correct u. vollständig aufs Neue hrsg. von Traug. Siegmund. Altes Testament. 1—9. Liefg. Ebend. 870. Lex.-8. (1. Bd. 466 S. u. 2. Bd. S. 1—96.) Jede Liefg. n. 5 ngr.

Starke, Chrph., Synopsis bibliothecae exegeticae in Vet. et Nov. Testamentum, d. i. kurzgefaßter Auszug der gründlichsten u. nutzbarsten Auslegn. üb. alle Bücher der heil. Schrift. Ein Handbuch f. Lehrer in Kirchen, Schulen u. Häusern, sowie f. alle Studirende u. Liebhaber der heil. Schrift. Correkt u. vollständig aufs neue hrsg. von Traugott Siegmund. Des Alten Testamentes. 10—23. Lfg. [Das 2—5. Buch Moses.] Lex.-8. (2. Bd. S. 97—512 u. 3. Bd. 505 S.) Berlin 871. Beck. à n. — 50

—— dass. — Neue correcte und vollständ. Ausg. 2. Abdr. Das Neue Testament. 10 Bde. Lex.-8. Ebendas. *

Inhalt:
Bd. 1. Das Evangelium St. Matthäi. (446 S. mit 1 lithogr. Karte in 4.) 870. * ℳ 4.
" 2. Das Evangelium St. Marci und St. Lucä. (595 S.) 870. * ℳ 4,80.
" 3. Das Evangelium St. Johannis sammt Wort- und Sachregister zu den vier Evangelien. (460 S.) 874. * ℳ 4,50.
" 4. Die Apostelgeschichte St. Lucä. (405 S.) 872. * ℳ 3,25.
" 5. 6. Die Epistel St. Pauli an die Römer. Die erste und andere Epistel St. Pauli an die Corinther. (X, 247; VIII, 303 S.) 874. * ℳ 5,40.
" 7. Die Episteln St. Pauli an die Galater, Epheser, Philipper, Colosser und Thessalonicher. (424 S.) 872. * ℳ 3,30.
" 8. 9. Die Hirtenbriefe St. Pauli an den Timotheus und Titus, nebst der Epistel an Philemon und die Ebräer. Die 7 kathol. Briefe, 1. und 2. Petri, 1. 2. und 3. Johannis, Jacobi und Judä. (334; 294 S.) 874. * ℳ 6.
" 10. Die Offenbarung St. Johannis. Nebst den Wort- und Sachregistern zum 4.—10. Bde. (284 S.) 874. * ℳ 2,70.

STARKE, E. Hans (ps.?), Im süssen Joch der Liebe. 10 humoristische Künstlerkarten nach Originalen von —. (c. 1900.) (Mk. 1—.)
1. Don Juan in Rosenketten. 2. Der Liebe Anfang. 3. Der Liebe Schluss. 4. Von Herz zu Herz. 5. Das dicke Brummerchen. 6. Das Streitobjekt. 7. Auf dem Herzbummel. 8. Ein Paar Eheringe gefällig? 9. Der goldene Adonis. 10. Ein Opfer Terpsichore's.

Starke, E. M., s.a. Starke, Moritz

Starke's, E. M., Aufklebe-Adreßbücher. Nr. 33. Delicatessenhandlungen. (2. Aufl.) 4. (XIII, 492 S.) Leipzig 888. E. M. Starke. geb. n. 15. 50

Starke's, E. M., Branchen-Adreßbücher. Nr. 4. 5—7. 11—13. 16. 17. 19. 21. 24a. 24b. 24c. 24d. 24e. 24g. 25. 27—30. 33. 34. 36. 38. 39. 42. 44. 46. 48a. 49—53. 55. 58. 60. 62. 63. 63a. 64. 68—71. 74. 75. 77. 82. 86. 90. 91. 93. 95a. 101. 103a. 105. 106. 106a. 108. 109. 130. gr. 8. Leipzig 883. 85. E. M. Starke. 302. 55

4. Antiquitäten, ca. 200 Adressen. (4 S.) — 75
5. Apotheken, ca. 4500 Adressen. (94 S.) 6. —
6. Appreturen, ca. 1000 Adressen. (21 S.) n. 2. —
7. Aerzte [ausschließlich Thier- u. Zahnärzte], ca. 10,000 Adressen. (95 S.) 10. —
11. Baumaterialien, ca. 3000 Adressen. (48 S.) 4. —
12. Baumeister [Architekten, Ingenieure, Maurer- u. Zimmermeister], ca. 15,000 Adressen. (180 S.) 12. —
13. Berg- u. Hüttenwerke, ca. 2000 Adressen. (43 S.) 3. —
16. Blechwaarenfabriken, ca. 7000 Adressen. (115 S.) 7. 50
17. Blumenfabriken, ca. 800 Adressen. (14 S.) 2. —
19. Buchbindereien, Liniir-, Perforir- u. Punktir-Anstalten, ca. 7000 Adressen. (91 S.) 7. —
21. Büchsenmacher [Sporer, Waffenschmiede], ca. 1500 Adressen. (23 S.) 2. —
24a. Basen, Laugen, Salze, Säuren ꝛc. (II, 156 S.) n. 7. —
24b. Droguen, Farben, Tinte, Wichse. (174 S.) n. 8. 50
24c. Fette, Harze, Oele, Schmiere ꝛc. (209 S.) cart. n. 7. 50
24d. Aetherische Oele ꝛc., ca. 250 Adressen. (8 S.) 1. 50
24e. Chemische Fabriken, ca. 2500 Adressen. (52 S.) 5. —
24g. Feuerwerkskörper ꝛc. (42 S.) n. 3. —
25. Chocolade, Bonbons, Zuckerwaaren-Fabriken, ca. 400 Adressen. (13 S.) 1. 50
27. Colonialwaarenhändler, ca. 44,000 Adressen. (320 S.) cart. n. 20. —
28. Conditoreien, ca. 5000 Adressen. (96 S.) n.n. 6. —
29. Confections-Geschäfte, ca. 18,000 Adressen. (250 S.) 12. —
30. Corset-Fabriken, ca. 500 Adressen. (8 S.) 1. 50
33. Delicatessenhandlungen, ca. 2500 Adressen. (27 S.) 4. —
34. Drahtfabriken, ca. 1500 Adressen. (28 S.) 2. 50
36. Eisen-, Stahl- u. Kurzwaaren, ca. 5000 Adressen. (78 S.) 6. —
38. Elfenbeinwaaren [Bernstein, Meerschaum], ca. 300 Adressen. (5 S.) — 75

39. Färbereien [Bleichereien, Druckereien], ca. 3000 Adressen. (50 S.) 4. —
42. Fleischer [Metzger, Schlächter, Fleischhauer], Wurstfabrikanten, Vieh- u. Darmhändler, Fleischbeschauer, Viehversicherungen, ca. 25,000 Adressen. (232 S.) cart. n. 10. —
44. Galanteriewaaren, ca. 5000 Adressen. (71 S.) n. 5. —
46. Gas-, Wasser- u. Canalisations-Anlagen, ca. 4500 Adressen. (99 S.) n. 7. —
48a. Glas-, Porzellan- u. Steingutfabriken, ca. 4500 Adressen. (70 S.) 5. —
49. Goldleisten-Fabriken [Bilderrahmen, Vergolder], ca. 1500 Adressen. (28 S.) 3. —
50. Graveure [Stempelfabriken], ca. 1500 Adressen. (27 S.) 3. —
51. Gummi- u. Guttapercha-Fabriken u. Handlungen, ca. 1000 Adressen. (20 S.) 1. 50
52. Haus- u. Küchengeräthe, ca. 500 Adressen. (26 S.) 1. 50
53. Hefe-Fabriken, ca. 400 Adressen. (8 S.) 1. 50
55. Hôtels u. Gasthöfe, ca. 7000 Adressen. (93 S.) 8. 50
58. Chirurgische Instrumente, ca. 500 Adressen. (18 S.) 1. 50
60. Optische Instrumente [Mechaniker], ca. 2000 Adressen. (39 S.) 3. —
62. Kaffee-Surrogatfabriken, ca. 300 Adressen. (8 S.) — 50
63. Korbwaaren, ca. 2600 Adressen. (32 S.) 4. —
63a. Kork- u. Korkwaarenfabriken. ca. 350 Adressen. (8 S.) 1. 50
64. Kürschner [Pelzwaaren, Zurichter], ca. 4000 Adressen. (59 S.) 4. —
68. Maschinenfabriken, ca. 7000 Adressen. (85 S.) 7. —
69. Metallgießereien, ca. 2000 Adressen. (47 S.) 3. —
70. Metallwaaren, ca. 2000 Adressen. (43 S.) 3. —
71. Militär-Effekten, ca. 300 Adressen. (8 S.) — 75
74. Ofenfabriken, ca. 1000 Adressen. (24 S.) 1. 50
75. Papier-Industrie. (468 S.) geb. n. 15. 50
77. Photographen, ca. 3000 Adressen. (48 S.) n. 5. —
82. Schirmfabriken, ca. 1500 Adressen. (34 S.) 3. —
86. Schuhmacherartikel u. Geräthefabriken, ca. 800 Adressen. (15 S.) 2. —
90. Spielwaaren, ca. 3000 Adressen. (38 S.) 4. —
91. Spinnereien u. Webereien, ca. 10,000 Adressen. 2. Aufl. (214 S.) cart. n. 10. —
93. Tapetenfabriken, ca. 1000 Adressen. (18 S.) 2. —
95a. Thierärzte, ca. 1200 Adressen. (23 S.) 2. —
101. Wachstuchfabriken, ca. 250 Adressen. (6 S.) — 80
103a. Weinhandlungen [Weinstuben, Champagner], ca. 7000 Adressen. (76 S.) 6. —
105. Wildprethandlungen [Fische, Geflügel], ca. 1500 Adressen. (34 S.) 2. —
106. Wollwaaren, ca. 14,000 Adressen. (175 S.) cart. 10. —
106a. Zahnärzte, ca. 1000 Adressen. (14 S.) 2. —
108. Zuckerfabriken, ca. 350 Adressen. (16 S.) 1. 50
109. Fabriken m. Dampfbetrieb außer Berg- u. Hüttenwerken, Maschinenfabriken, Metallgießereien, Papier- u. Zuckerfabriken, ca. 12,000 Adressen. (144 S.) cart. n. 12. —
130. Größere Gutsbesitzer der Prov. Sachsen m. Angabe d. Besitzthums. (61 S.) 2. —

Starke's, E. M., Branchen-Adreßbücher. Nr. 4. 5. 6. 7. 11—13. 16. 17. 19. 21. 24a. 24b. 24d. 24e. 24g. 25. 27. 28. 29. 30. 33. 34. 36. 38. 39. 42. 44. 46. 48a. 49—53. 55. 58. 60. 62. 63. 63a. 64. 68—71. 74. 75. 76. 77. 82. 86. 90. 91. 93. 95a. 101. 103a. 105. 106. 106a. 108. 109. 130. gr. 8. Leipzig 884, E. M. Starke.

Inhalt:

Nr. 4. Antiquitäten, ca. 200 Adressen. (4 S.) 75 Pf.
„ 5. Apotheken, ca. 4500 Adressen. (94 S.) ℳ 6.
„ 6. Appreturen. ca. 1000 Adressen. (21 S.) *ℳ 2.
„ 7. Aerzte [ausschließlich Thier- und Zahnärzte], ca. 10,000 Adressen. (95 S.) ℳ 10.
„ 11. Baumaterialien, ca. 3000 Adressen. (48 S.) ℳ 4.
„ 12. Baumeister [Architekten, Ingenieure, Maurer- und Zimmermeister], ca. 15,000 Adressen. (180 S.) ℳ 12.
Nr. 13. Berg- und Hüttenwerke, ca. 2000 Adressen. (43 S.) ℳ 3.
„ 16. Blechwaarenfabriken, ca. 7000 Adressen. (115 S.) ℳ 7,50.
„ 17. Blumenfabriken, ca. 800 Adressen. (14 S.) ℳ 2.
„ 19. Buchbindereien, Liniir-, Perforir- und Punktir-Anstalten, ca. 7000 Adressen. (91 S.) ℳ 7.
„ 21. Büchsenmacher [Sporer, Waffenschmiede], ca. 1500 Adressen. (23 S.) ℳ 2.
„ 24a. Chemische Fabriken, ca. 1200 Adressen. (24 S.) ℳ 3.
„ 24b. Farbewaaren, ca. 2200 Adressen. (37 S.) ℳ 4.
„ 24d. Aetherische Oele ꝛc., ca. 250 Adressen. (8 S.) ℳ 1,50.
„ 24e. Chemische Fabriken, ca. 2500 Adressen. (52 S.) ℳ 5.
„ 24g. Pulver, Sprengstoffe, Feuerwerkskörper, Zündwaaren, ca. 400 Adressen. (10 S.) ℳ 1,50.
„ 25. Chocolade-, Bonbons-, Zuckerwaaren-Fabriken, ca. 400 Adressen. (18 S.) ℳ 1,50.
„ 27. Colonialwaarenhändler, ca. 44,000 Adressen. (320 S.) cart. *ℳ 20.
„ 28. Conditoreien, ca. 5000 Adressen. (96 S.) **ℳ 6.
„ 29. Confections-Geschäfte, ca. 18,000 Adressen. (250 S.) ℳ 12.
„ 30. Corset-Fabriken, ca. 500 Adressen. (8 S.) ℳ 1,50.
„ 33. Delicatessenhandlungen, ca. 2500 Adressen. (27 S.) ℳ 4.
„ 34. Drahtfabriken, ca. 1500 Adressen. (28 S.) ℳ 2,50.
„ 36. Eisen-, Stahl- und Kurzwaaren, ca. 5000 Adressen. (78 S.) ℳ 6.
„ 38. Elfenbeinwaaren [Bernstein, Meerschaum], ca. 300 Adressen. (5 S.) 75 Pf.
„ 39. Färbereien [Bleichereien, Druckereien], ca. 3000 Adressen. (50 S.) ℳ 4.
„ 42. Fleischer [Metzger, Schlächter, Fleischhauer], Wurstfabrikanten, Vieh- und Darmhändler, Fleischbeschauer, Viehversicherungen, ca. 25,000 Adressen. (232 S.) cart. *ℳ 10.
„ 44. Galanteriewaaren, ca. 5000 Adressen. (71 S.) ℳ 5.
„ 46. Gas-, Wasser- und Canalisations-Anlagen, ca. 4500 Adressen. (99 S.) *ℳ 7.
„ 48a. Glas-, Porzellan- und Steingutfabriken, ca. 4500 Adressen. (70 S.) ℳ 5.
„ 49. Goldleisten-Fabriken [Bilderrahmen, Vergolder], ca. 1500 Adressen. (28 S.) ℳ 3.
„ 50. Graveure [Stempelfabriken], ca. 1500 Adressen. (27 S.) ℳ 3.
„ 51. Gummi- und Guttapercha-Fabriken und Handlungen, ca. 1000 Adressen. (20 S.) ℳ 1,50.
„ 52. Haus- und Küchengeräthe, ca. 500 Adressen. (26 S.) ℳ 1,50.
„ 53. Hefe-Fabriken, ca. 400 Adressen. (8 S.) ℳ 1,50.
„ 55. Hôtels und Gasthöfe, ca. 7000 Adressen. (93 S.) ℳ 8,50.
„ 58. Chirurgische Instrumente, ca. 500 Adressen. (18 S.) ℳ 1,50.
„ 60. Optische Instrumente [Mechaniker], ca. 2000 Adressen. (39 S.) ℳ 3.
„ 62. Kaffee-Surrogatfabriken, ca. 300 Adressen. (8 S.) 50 Pf.
„ 63. Korbwaaren, ca. 2600 Adressen. (32 S.) ℳ 4.
„ 63a. Kork- und Korkwaarenfabriken, ca. 350 Adressen. (8 S.) ℳ 1,50.
„ 64. Kürschner [Pelzwaaren, Zurichter], ca. 4000 Adressen. (59 S.) ℳ 4.
„ 68. Maschinenfabriken, ca. 7000 Adressen. (85 S.) ℳ 7.
„ 69. Metallgießereien, ca. 2000 Adressen. (47 S.) ℳ 3.
„ 70. Metallwaaren, ca. 2000 Adressen. (43 S.) ℳ 3.
„ 71. Militär-Effekten, ca. 300 Adressen. (8 S.) 75 Pf.
„ 74. Ofenfabriken, ca. 1000 Adressen. (24 S.) ℳ 1,50.
„ 75. 76. Papier-Industrie und die damit verwandten Geschäftszweige. (468 S.) geb. ℳ 15.
„ 77. Photographen, ca. 3000 Adressen. (48 S.) *ℳ 5.
„ 82. Schirmfabriken, ca. 1500 Adressen. (34 S.) ℳ 3.
„ 86. Schuhmacherartikel- und Geräthefabriken, ca. 800 Adressen (15 S.) ℳ 2.
„ 90. Spielwaaren, ca. 3000 Adressen. (38 S.) ℳ 4.
„ 91. Spinnereien und Webereien, ca. 10,000 Adressen. 2. Aufl. (214 S.) cart. *ℳ 10.
„ 93. Tapetenfabriken, ca. 1000 Adressen. (18 S.) ℳ 2.
„ 95a. Thierärzte, ca. 1200 Adressen. (23 S.) ℳ 2.
„ 101. Wachstuchfabriken, ca. 250 Adressen. (6 S.) 80 Pf.
„ 103a. Weinhandlungen [Weinstuben, Champagner], ca. 7000 Adressen. (76 S.) ℳ 6.
„ 105. Wildprethandlungen [Fische, Geflügel], ca. 1500 Adressen. (34 S.) ℳ 2.
„ 106. Wollwaaren, ca. 14,000 Adressen. (175 S.) cart. ℳ 10.
„ 106a. Zahnärzte, ca. 1000 Adressen. (14 S.) ℳ 2.
„ 108. Zuckerfabriken, ca. 350 Adressen. (16 S.) ℳ 1,50.
„ 109. Fabriken mit Dampfbetrieb außer Berg- und Hüttenwerken, Maschinenfabriken, Metallgießereien, Papier- und Zuckerfabriken, ca. 12,000 Adressen. (144 S.) cart. *ℳ 12.
„ 130. Größere Gutsbesitzer der Prov. Sachsen mit Angabe des Besitzthums. (61 S.) ℳ 2.

Die übrigen Nummern sind noch nicht erschienen.

Starke, Ed. Jul., vollständ. Handbuch der Strumpfwaarenfabrikation. Nebst einer genauen Beschreibung der Construction der neuesten u. besten Strumpfwirkerstühle u. Appretirmaschinen. Mit Abbild. 8. (VIII u. 141 S. m. 15 lith. Taf.) Meißen 847, Goedsche. 26 ngl

Starke, Erich, appr. Arzt a. Naumburg a. S.: Aus der Königl. chirurgischen Klinik zu Kiel. Ein Beitrag zur Aetiologie der freien Gelenkkörper. Kiel 1906: H. Fiencke. (25 S.) 8°

Kiel, Med. Fak., Ref. Helferich, Diss. v. 14. Juli 1906

[Geb. 28. Nov. 78 Naumburg a. S.; Wohnort: Naumburg; Staatsangeh.: Preußen; Vorbildung: Gymn. Nordhausen Reife M. 99; Studium: München 1, Freiburg i. B. 1, Berlin 1, Jena 2, München 1, Kiel 3, Heidelberg 1, Kiel 3 S.; Coll. 22. Juni 06; Approb. 30. März 06.]

Starke, Ernst, Handbuch des gesamten Verkehrswesens des Deutschen Reiches, s.: Lange.

— u. **Schönfelder,** grosses Ortslexikon des Deutschen Reiches. Nach amtl. Material bearb. Ein Nachschlagebuch f. die Geschäfts- u. Beamtenwelt. Mit e. Eisenbahnkarte. Sonderausg. der VI. Aufl. v. Lange's Handbuch des gesamten Verkehrswesens. Enth.: ca. 125000 Orte m. allen Verkehrsangaben. (XXIV, 1165 u. 7 S.) Lex.-8. Dresden 904. G. Kühtmann. Geb. n. 12. —

Starke, Ernst Richard, s. Starke, Richard

Starke, F. F. H., s. Starke, Friedrich Aenotheus Hermann

Starke, F. G., Commentatio qua exposita est Aristotelis de intelligentia sive mente sententia. 4maj. (5 B.) Neo-Ruppini 833, Oehmigke et Riemschneider.

Starke, F. G. De Aristotelis Metaphysicor. libro II. 14 S. . . .
Neu-Ruppin, Progr. 1838

Starke, F. G. De litterarum human. et eccles. evang. conjunctione oratio, 26. Juni 1830 hab. 20 S. . . . . . .
Neu-Ruppin, Progr. 1831

Starke, F. G. Aristotelis de tragicar. personar. honestate sententia. 11 S. . . . .
Neu-Ruppin, Progr. 1829

Starke: Aristotelis de unitate Dei sententia. 10 S. –
Neu Ruppin, Progr. 1864

Starke, F. G. Plotini de amore sententia. 12 S.
Neu-Ruppin, Progr. 1854

Starke, F. G. De eruditionis liberalis vi ac ratione. 8 S. . . .
Progr. Neu-Ruppin 1837

Sarke, F. H., Versuch eines Amtscalenders für Prediger Sachsens. gr. 8. Oschatz, Oldecop. (G. Fleischer in Lpz.) 798.

Starke, F. W. Zur Hagelversicherungsfrage. Referat zur Begründung eines Antrags dem Direktorium des landwirtschaftlichen Kreisvereins Dresden überreicht. Dresden 1893.

Starke, F. W., zur Hagelversicherungsfrage. Referat, zur Begründg. e. Antrages dem Direktorium d. landwirthschaftl. Kreis-Vereins Dresden überreicht. 12. (28 S.) Sayda 893. (M. Förster.) n.n. — 35

Starke, Felix, bacc. jur., Ref. a. Leipzig: Das Schiffspfandrecht nach dem Deutschen Bürgerlichen Gesetzbuche unter Berücksichtigung der darauf bezüglichen Bestimmungen des Gesetzes über die Angelegenheiten der freiwilligen Gerichtsbarkeit. Borna-Leipzig 1906: R. Noske. (VI, 64 S.) 8°
Leipzig, Jur. Fak., Diss. v. 31. Juli 1906
[Geb. 7. Sept. 81 Leipzig; Wohnort: Leipzig; Staatsangeh.: Sachsen; Vorbildung: Nikolai-Gymn. Leipzig Reife O. 01; Studium: Leipzig 6 S.; Rig. 28. Juni 04.]

†Starke, Fr. Chr. (J. A. Bergk)

Starke, Fr. Er., s. Imm. **Kant's vorzügl. kl. Schriften. — dess. Anweisung zur Menschen- und Weltkenntniß. — dess. Menschenkunde.**

Starke, Fr. Heinrich

— s. Toup, Opuscula.

Starke, Fr. Hnr., († ...) **Versuch eines Amtskalenders f. Prediger Sachsens. gr. 8. Oschatz 798. Oldecop. 8 ℊ**

Starke, Fr. Gottl. Aristotelis de principiis agendi eorumque ratione sententia. 16 S. . . . .
Neu-Ruppin, Progr. 1850

Starke, Friedrich, Referendar: Der Zeitpunkt des Wirksamwerdens eines Vertragsangebotes an einen Anwesenden. Borna-Leipzig 1909: Noske. IX, 68 S. 8°
Breslau, Jur. Diss. v. 15. Febr. 1909, Ref. Schott-Leonhard
[Geb. 19. Sept. 87 Hagen i. W.; Wohnort: Breslau; Staatsangeh.: Preußen; Vorbildung: Stadtgymn. Halle a. S. Reife M. 05; Studium: Halle 1, Genf 1, Breslau 4 S.; Rig. 17. Dez. 08.] [U 09. 526

Starke, Frid. Albert. Augustus) (geb. Neu-Ruppin 6. 12. 1832): De curatione aneurysmatum nonnulla. Berolini (1854). (31 S.) 8°
Berlin, Med. Diss. v. 31. Aug. 1854

Starke, Frid. Aenotheus Herm. (geb. Neu-Ruppin 11. 8. 1821): De Isocratis orationibus forensibus commentationis specimen primum. Berolini (1845). (40 S.) 8°
Berlin, Phil. Diss. v. 2. Apr. 1845

Starke, Fridericus Gottlob: De numinis divini cum rebus humanis societate ab Herodoto proposita.
Halle-Wittenberg, Phil. Diss. v. 4. Mai 1820
Geb. [Pleismar (Kr. Eckartsberga) 28. 1. 1792]
Ms. fehlt. Verf. wurde nach dem KB getauft: Christian Gottlob Stärke, und abwesend promoviert.

Starke, Friedrich Gottlob Das Aristotelische Staatsprincip. Ein Vortrag, gehalten zum Geburtstage Seiner Majestät des Königs den 15. October 1847. 10 S. . . . .
Neu-Ruppin, Progr. 1848

Starke, Friedr. Gottlob. Ueber das Verhältniß der evangelischen Kirche zur Gymnasialbildung. 5 S.
Neu-Ruppin, Progr. 1854

Starke, Fritz, der Brunnen. Schauspiel in 1 Aufzuge. (52 S.) 8. Berlin (903). H. A. Weber. — 75

Der Brunnen. Schauspiel in 1 Aufz. Von Fritz **Starke**. *(Berlin: H. A. Weber [1904].)* (52 S.) 8° [F.] [04. 6707

— Eigenliebe. Schauspiel in 2 Akten. (72 S.) 8. Ebd. (903). n. 1. —

Eigenliebe. Schauspiel in 2 Akten. Von Fritz **Starke**. *(Berlin: H. A. Weber [1904].)* (72 S.) 8° [F.] [04. 6708

Starke, Fritz, Erlösung. Ein Drama in 3 Aufzügen (48 S.) 8. Berlin (903). H. A. Weber. — 75

Erlösung. Ein Drama in 3 Aufz. Von Fritz **Starke**. *(Berlin: H. A. Weber [1904].)* (48 S.) 8° [F.] [04. 6709

Starke, G., s.a. Starke, G. F.

Starke, G., mein Fall v. Diabetes mellitus u. s. vollst. Heilung. gr. 8. (15 S.) Wien 897. (Leipzig, Literar. Anstalt, A. Schulze.) — 30

— dasselbe. 2., verm. Aufl. gr. 8. (56 S.) Leipzig 898. A. Strauch. n. 1. —

Starke, G., Ein Sommeridyll. Gr. 8°. (50 S.) Graz: Leykam 1905.

Starke, G., logarithmisch-tachymetrische Tafeln für den Gebrauch der logarithmischen Tachymeter nach Patent: Tichý und Starke, nebst Beschreibung und Theorie des Instrumentes. gr. 8. (XLVIII, 101 S. mit 21 in den Text gedr. Holzschn.) Wien 885, Seidel und Sohn. *

Starke, G. C., de summa appellabili in deferendis ad summa imperii tribunalia provocationibus rite aestimanda. 8. Wetzlar, Winkler. 791.

Starke, G. F.: Er hat seine Handschuhe vergessen, s.a. Bloch's, E., Theater-Gartenlaube.

Starke, G., Er hat seine Handschuhe vergessen, s. a. Theater, das, des Auslandes.

Starke, G. F., er hat seine Handschuhe vergessen! Posse in 1 Aufz. (nach d. Franz.). Zur Aufführg. durchgeseh. u. m. d. vollst. Scenarium hrsg. v. P. Sonnekalb. 8. (28 S.) Berlin (897). M. Böhm. 1. 50.

[F.] Er hat seine Handschuhe vergessen! Posse in 1 Aufz. '(nach d. Französ.)' v. G. F. **Starke**. Z. Aufführg durchges. u. m. d. vollständ. Scenarium hrsg. v. Paul Sonnekalb ... *Berlin: M. Böhm [1898?].* (23 S.) 1 Bd 8. [98. 8178

– Mamsell Rosa, s. Bloch's, E., Theater-Gartenlaube.

– Der Universal-Erbe, s. Bloch's, E., Theater-Gartenlaube.

Starke, G., der Universal-Erbe, s. Theater, das, des Auslandes.

Starke, Georg, appr. Arzt, Assistenzarzt b. Inf.-Reg. Nr. 147: Ein Fall von traumatischem Aneurysma der Subclavia durch Stichverletzung. Berlin 1909: G. Schade. 30 S. 8°
Berlin, Med. Diss. v. 10. Dez. 1909, Ref. Bier
[Geb. 25. Okt. 82 Weida, Sachsen-Weimar; Wohnort: Lötzen; Staatsangeh.: Sachsen-Weimar; Vorbildung: Gymn. Gera Reife O. 02; Studium: Berlin K. W. A. 10 S.; Coll. 8. Dez. 09; Approb. 3. Aug. 08.] [U 10. 101

Starke, Geo., wenn Leute kein Geld haben. Komisches Characterbild mit Gesang in 3 Abtheilgn. Mit 1 (lith. u. color.) Abbild. [Den Bühnen gegenüber als Mscr. gedr.] 8. (IV u. 60 S.) Hamburg 851, Berendsohn. n. 1/3 ₰

Starke, Geo. Frdr., Einquartierung od. Die Millionenbraut, s.: Heidelmann's, A., Theaterbibliothek. 175. Hft.

Starke, Gotthelf Wilhelm Christoph

Starke, G. W. C., Einige Gedanken über die Übersetzung griechischer u. römischer Dichter, nebst einigen Gedichten ins Deutsche übersetzt. Halle 790. 8. 3 gr.

— Gedanken üb. d. Verdeutschung griech. u. röm. Dichter. 8. Halle, Hemmerde. 790.

— Gedanken über die Verdeutschung griech. u. röm. Dichter. 8. Halle 790. Schwetschke u. S. 3 ₰

Starke, Gthf. Wilh. Chr., Gedichte. 8. Halle, Hemmerde, 788.

Starke, Gtthlf. Wlh. Cph., Gedichte. 8. (Halle) 788. Schwetschke u. S. 10 ₰

Starke, G. W. C. Gemählde aus dem häuslichen Leben, 3 Theile mit Kupf. 8. Berlin, 793-96. Fr. Vieweg. 2 Rthl. 22 sgl.

— Gemälde aus d. häusl. Leben u. Erzähll. 4 Thle. Mit Kpf. 8. Braunschw. 793—98. 2e Aufl. 5 Bde. 803. 3e A. Mit 10 Kpf. 827. Vieweg. 4 ₰ 12 ₰ Velinp. 6 ₰ 16 ₰ 5r Thl. für die Besitzer der ersten Ausg. 8. Ebd. 803. 21 ₰

Starke, G. W. C., Progr. Ueber einige Gleichnisse des Homer. Bernb. 793. 8.

— s. 1) Horaz, Dichtkunst. 2) Jugendbibliothek.

— Kirchenlieder. 8. Halle 804. Schwetschke u. S. 6 ₰

— Progr. Nachtrag zu den Schriften über fernere Beschäftigung studir. Jünglinge mit d. Sprachen u. Schriften der Alten. 8. Bernburg 792. (Schwetschke u. S. in Halle). 3 ₰

— Predigt am Sonnt. Palmarum, d. 11. April 1813, Gott ist den glaubenden Völkern nahe u. den Vertrauenden Schutz u. Hülfe. gr. 8. Berl. 813. Maurers B. 4 ₰

— Predigten. gr. 8. Berl. 797. Maurer; (a. Heinemann in Stolp.) 12 ₰

— Predigten, nebst einigen andern Reden, in der Schloßkirche zu Ballenstädt gehalten. gr. 8. Stuttg. 828. Hoffmann. 1 ₰ 12 ₰

Starke, Gthe. Wilh. Chrstph., Predigten nebst einigen and. Reden, in d. Schloßkirche zu Ballenstedt gehalt. gr. 8. (20 B.) Stuttgart 828, [Weise u. Stoppani.]

— vier Predigten üb. die Vereinigung d. evangel. Christen. gr. 8. Quedlinb. 820. Basse. 10 ₰

— vermischte Schriften. 1r Thl. (A. u. d. T.: vermischte Aufsätze für Freunde ernster Unterhaltung.) 8. Berl. 796. Maurers Buchh. 14 ₰

Starke, Gtth. Wlh. Cph., vermischte Schriften. 1r Thl. 8. 796. Jetzt Heymann in Berlin. 7/12 ₰

Starke, Gustav, Komödianten-Lieder. 8. (159 S.) Eleg. geb. 2.40
Graz: Wagner 1896.

Starke, H.

—— kontrollierende Buchführung für Sortimenter, nach den Prinzipien der doppelten Buchhaltung entworfen und mit Benutzung der einfachen buchhändler. Buchführung in Anwendung gebracht und zur Selbstbelehrung eingerichtet. Ein Suppl. zu des Verf. vorangeschickten Werkchen: Wie ich den Buchhandel erlernte. 2. teilweise veränd. Aufl. 8. (II, 69 S.) Ebendas. 885. *

Starke, H., wie ich den Buchhandel erlernte. Ein Versuch, das Technische wie das Geistige im deutschen Buchhandel dem Lehrling desselben auf eine unterhaltende Art anschaulich zu machen. Aus dem Leben und der vieljähr. Praxis eines Fachgenossen. 4. alle Zweige des Buchhandels besprechende, zeitgemäss verb. und praktisch verm. Aufl. 8. (IV, 143 S.) [Leipzig, 884.] Reudnitz, Rühle. *
cart. *

Starke, H., wie ich den Buchhandel erlernte. Ein Versuch, das Technische wie das Geistige im deutschen Buchhandel auf unterhaltende Art anschaulich zu machen. Aus dem Leben und der vieljähr. Praxis eines Fachgenossen. 5. alle Zweige des Buchhandels besprechende, zeitgemäß verb. und verm. Aufl. 8. (IV, 188 S.) Leipzig-Reudnitz 886, Rühle. ℳ 8.—; cart.

Starke, H., wie ich den Buchhandel erlernte. Ein Versuch, d. Technische wie d. Geistige im deutschen Buchhandel auf unterhalt. Art anschaulich zu machen. Aus d. Leben u. d. vieljähr. Praxis e. Fachgenossen. 6., verb. u. verm. Aufl. (Neu bearb. v. Carl Rühle.) gr. 8. (IV, 143 S.) Leipzig 895. C. Rühle.
n. 2. —; geb. in Leinw. n. 2.80

Starke, H., wie ich den Buchhandel erlernte. Ein Versuch, das Technische wie das Geistige im Buchhandel auf unterhalt. Art anschaulich zu machen. Aus dem Leben u. d. vielseit. Praxis e. Fachgenossen. 7., völlig umgearb. u. bedeutend verm. Aufl., hrsg. v. Herm. Oesterwitz. Mit Beiträgen von E. Challier, Adf. Geipel, H. Lincke usw. (VI, 402 S.) gr. 8. Leipzig (910). G. Uhl. 4.—;
geb. in Leinw. 5. —

Starke, H. W. C., Kirchenlieder. 8. Halle, Hemmerde u. Schw. 804.

Starke, Heinr., die thierische Abstammung des Menschen. Neue, sichere und unumstößl. Beweisführungen, wie auch sonst wicht. Aufschlüsse über den thier. Ursprung des Menschen. 1.—7. verm. Aufl. 8. (46 S.) Berlin 878, Dreyer's Verlag. Verklebt *

Starke, Heinrich Benedikt

— hebraismi etymologici Veter. Testam. 8. Lips. Hilscher. 709.

Starke, Hch. Ben., lux grammaticae chaldaicae. 8. Lips. Hilscher. 706.

Starke, H. B., Notae selectae criticae in loca difficil. V. et N. T. Lips. 710-29. 5 P. 4. 1 rthlr. 18 gr.

Starke, Hnr. Bdkt., אור דיקדוק lux grammatices ebraicae. Ed. V. cur. J. G. Bosseck. 8. Lpz. 764. Breitkopf u. H. 21 gr

Starke, Henriko, Epistel an die Hagestolze. 16. (35 S.) Berlin 873, Großer. *

—— der Mensch stammt vom Thiere ab. Ganz unumstößl. Beweisführungen. Thierfreundliche Humoreske. 13.—15. Aufl. 16. (40 S.) Königsberg i. Pr. 871, Meyer und Comp. *

—— die psychologische Posaune. Humoristisch-satyr. Blätter zur Unterhaltung und zum Zeitvertreib. gr. 8. (178 S. mit dem Portr. des Verf. in Photogr.) Königsberg i. Pr. 871, Braun und Weber. *

— Sieg der Unfehlbarkeit der thierischen Abstammung d. Menschen. Verkündigung u. wissenschaftl. Darstellg der thier. Menschenabstammg. u. letztes Wort auf die Gegenschrift d. Herrn Herm. Sallmayer. Allen menschl. u. thier. Racenmischgn. gewidmet. 2. Aufl. gr. 8. (24 S.) Ebend. 872. — 30

— dasselbe. 3. Aufl. gr. 8. (24 S.) Ebend. 872. n. — 40

— erbauliches Sträußlein päpstlicher Unfehlbarkeit. Ein frommes Traktätlein zur Aufklärg. schwachsicht. Menschen, wie auch zu Nutz u. Frommen u. zur Erbaug. freiblick. Katholiken m. erläut. Anmerkgn. zur Nutzanwendg. bei andächt. Betrachtgn. gr. 8. (8 S.) Ebend. 871. n. — 10

Starke, Hermann [app. Arzt aus Halle a./S.]: Aus d. Anscharkrankenhause zu Kiel. Operative Behandlung der coxa vara ... Kiel, Druck v. P. Peters, 1896; 19 S., 2 Bl. 8.
Kiel, Med. Fak., Inaug.-Diss. v. [17. Sept.] 1896

Starke, Herm., experimentelle Elektrizitätslehre. Mit besond. Berücksicht. der neueren Anschaugn. u. Ergebnisse. (XIV, 422 S. m. 275 Abbildgn.) gr. 8. Leipzig 904. B. G. Teubner. Geb. in Leinw. n. 6. —

Experimentelle Elektrizitätslehre verbunden mit e. Einführung in d. Maxwellsche u. d. Elektronentheorie d. Elektrizität u. d. Lichts dargest. von Dr. Hermann Starke, Prof. 2. umgearb. Aufl. Mit 334 Abb. Leipzig & Berlin: Teubner 1910. XVI, 662 S. 8° 10. 10556 7

Starke, Herm. Zur Geschichte des kön. Friedrich-Wilhelms-Gymnasiums zu Posen. 68 S. Progr. Fr. Wi. G. *Posen 1884.

Starke, Herm., zur Geschichte d. königl. Friedrich-Wilhelms-Gymnasiums zu Posen. gr. 4. (68 S.) Posen 884. (Merzbach.) n. 1. 50

Starke, *Oscar Ludwig Richard* Hermann [aus Posen]: Ueber eine Methode zur Bestimmung der Dielectricitätsconstanten fester Körper ... Berlin, C. Vogts Buchdr., *1896*; 31 S. 8.
Berlin, Phil. Fak., Inaug.-Diss. v. 9. Dez. 1896

— Physikalische Musiklehre. Eine Einführg. in d. Wesen u. die Bildung der Töne in der Instrumentalmusik u. im Gesang. (VIII, 232 S. m. Abbildgn.) 8. Leipzig 908. Quelle & Meyer. 3.80; geb. in Leinw. 4. 20

Starke, J., die Berechtigung des Alkoholgenusses. Wissenschaftlich begründet u. allgemeinverständlich dargestellt v. e. Physiologen. (XXIV, 256 S.) 8. Stuttgart (906). J. Hoffmann. n. 4. —; geb. n. 5. —

Starke, J., die Schule der reinen Liebe Gottes, oder das wunderbare Leben d. Armella Nicolas. 8. Augsb. Veit. 802.

Starke, J. A., s. Starck, Johann August Frhr. von

Starke, J. H. G., Vaterlandspredigten. gr. 8. Chemnitz 819. Starke. 12 gr

Starke, J. H. G., Vaterlandspredigten u. Reden. gr. 8. Chemnitz, Starke. 819.

Starke, J. St., s. Stark, Johann Martin

Starke, Ioh., thesaurus epistolicus. 8. Hamb. 705.

Starke, Johann Chr., s. Starck, Johann Christian

Starke, Johann Fr., s. Stark, Johann Friedrich

Starke, Johann Jakob, s. Stark

Starke, Johann Peter

— Predigt üb. religiöse Duldung. 8. Bayr. 801. Lübecks Erb. 3 gr

Starke, Jh. Pt., Predigten zur Beförder. d. thätigen Christenthums. gr. 8. Bayr. 803. Mit n. Titelbl. 808. (Schnuphase in Altenb.); (a. Grau in Hof). 1 Thlr

Starke, Johs., Elemente der physiolog. Chemie, s.: Arthus, Maurice.

Starke, K., die Schule im Freien. Ein Beitrag zur Förderg. freier einfacher Erziehungsweise, der Familie gewidmet. gr. 8. (VII, 80 S.) Halle 875. Buchh. d. Waisenh. n. 1. —

Starke, K., botanischer Wegweiser f. die Umgegend von Weißenfels, als Beitrag zur Förderg. der Heimatskunde zusammengestellt. 12. (126 S.) Weißenfels 886. Prange. geb. n. 1. —

Starke, K. K.

Starke, C. C., der Hufbeschlag mit Erfahrungen aus dem letzten Feldzuge. 1. Aufl. 1867 u. 2. verb. u. verm. Aufl. Minden 868. (Volkening.) gr. 8. (24 S.) n. 4 ngr

Starke, Der Hufbeschlag und die Pflege des Hufes. (II.) (24 S.) Ebd. 68. Siegismund & Volkening. M. —.40

Starke, Karl, prakt. Arzt a. Detmold: Zur Kasuistik der Spontanresorption seniler Katarakte. Leipzig 1908: B. Georgi. (26 S.) 8°
Leipzig, Med. Fak., Ref. Sattler, Diss. v. 21. Febr. 1908
[Geb. 5. Okt. 62 Detmold; Wohnort: Schlange (Lippe-Detmold); Staatsangeh.: Lippe-Detmold; Vorbildung: Gymn. Burgsteinfurt (Westfalen) Reife O. 83; Studium: Jena 5, Leipzig 1, Würzburg 7 S.; Coll. 28. Febr. 08; Approb. 4. Mai 92.]

Starke, Karl [aus Görlitz]: Über die Wirkung des Cocaïns und Hyoscins auf die psychomotorischen Centren ... Jena, Druck v. B. Engau, 1890; 40 S. 8.
Jena, Med. Fak., Inaug.-Diss. v. [16. Juni] 1890

Starke, Karl Christoph

STARKE, K. Cp.: Lehrb. d. kursächs. Kriegsrechts, e. Versuch. *Leipzig*, Böhme. 799—800. 2 Bde. 8. (3 Thl. 6 Gr.)

Starke, Karl Cph., († d. 7. Oct. 1806.) Lehrbuch des Kursächs. Kriegsrechts. 2 Thle. gr. 8. Leipz. 799—800. (Enobloch). 3 Thlr 6 gr

Starke, Karl Theodor

Starke, Car. Theod. (geb. Halle a. S. 8. 7. 1823): De scarlatinae exanthemate ejusque prole. Berolini (1847). (35 S.) 8°
Berlin, Med. Diss. v. 7. Apr. 1847

Starke, Kaspar Heinrich, s. Starcke

Starke, Kurt: Zur Kenntnis der Dinitrile. 1908. 51 S. 8° ¶ Vgl. Journal f. prakt. Chemie. Bd 186. N. F. Bd 78. S. 521 ff.
Dresden, Dr.-Ing.-Diss. v. 2. 7. 1908

Starke, M. S., der im Tode siegende Fürst d. Lebens, in Gedichten. 8. Leipz. 755. Gerlach. 6 gr

— medicin. Unterricht für angeh. Feldscherer z. Nutzen der Armee. 8. Dresden, Heckel. 745.

Starke, Max, künstlerische Anregungen f. die Industrie. I. Serie. (14 Lichtdr.-Taf.) gr. Fol. Plauen (903). Ch. Stoll. In Mappe n. 20. —

Starke M, Künstlerische Anregungen für die Industrie. 1 (14 T) fol Plauen (1904)

— Farbenlehre u. Farbenharmonie f. den Schul- u. Selbstunterricht. (25 S. m. 1 farb. Taf.) kl. 8. Dresden (906). (A. Müller-Fröbelhaus.) n. — 60

Starke, Max, gemalte Orig.-Skizzen f. Dekorationsmaler. D. R. G. M. (25 farb. Taf.) 49,5×33,5 cm. Dresden (908). Holze & Pahl. In Mappe 30. —

Starke, M., Skizzenmappe 1 f. Goldschmiede. (20 Taf. m. 1 Bl. Text.) 23×31,5 cm. Bautzen. Plauen, Ch. Stoll. In Mappe 20. —; erm. Pr. 6. —

— Vorlagen f. modernen Flächenschmuck, s.: Kühnel, Rich.

Starke, Moritz

—— statistisches Handbuch der Landwirthschaft und geographisches Ortslexikon. 1.—3. Bd. Nach amtl. und authent. Quellen bearb. gr. 8. Leipzig, A. F. Thieme. *M 22.; geb. *
Inhalt:
Bd. 1. Das Königreich Sachsen. (LII, 926 S.) 878. *M 12.; geb. *M 13,50.
Bd. 2. Das Herzogthum Anhalt. (VIII, 256 S.) 879. *M 4,50.; geb. *M 5,50.
" 3. Der Regierungs-Bezirk Erfurt. (VII, 309 S.) 879. **M 5,50.; geb. *M 6,50.
Der 4. Bd. erschien u. d. T.: Starke: Statistisches Universal-Handbuch ...

Starke, Mor., statistisches Handbuch der Landwirthschaft u. geographisches Ortslexikon vom Herzogthum Anhalt. Nach amtl. u. authent. Quellen bearb. gr. 8. (VIII, 256 S.) Leipzig 879. E. M. Starke. — A. F. Thieme. n. 4. 50; geb. n. 5. 50
Auch einzeln:
1. Kreis Dessau. — 2. Kreis Köthen. — 3. Kreis Zerbst. — 4. Kreis Bernburg. — 5. Kreis Ballenstedt. à n. 1. 20

— dasselbe vom Reg.-Bez. Erfurt. Nach amtl. u. authent. Quellen bearb. gr. 8. (VII, 309 S.) Ebend. 879. n.n. 5. 50; geb. n. 6. 50
Auch einzeln:

1.	Stadt- u. Landkreis Erfurt.	n.n. 1. 50
2.	Kreis Weißensee.	n.n. 1. 20
3.	" Langensalza.	n.n. 1. 20
4.	" Mühlhausen.	n.n. 1. 20
5.	" Heiligenstadt.	n.n. 1. —
6.	" Worbis.	n.n. 1. —
7.	" Nordhausen.	n.n. 1. 20
8.	" Schleusingen.	n.n. — 90
9.	" Ziegenrück.	n.n. — 90

— dasselbe vom Königr. Sachsen. Nach authent. Quellen aufgenommen u. bearb. gr. 8. (LII, 926 S.) Ebend. 878. n. 12. —; geb. n. 13. 50
Auch einzeln:

1.	Kreishauptmannschaft	Dresden.	n. 3. 50
2.	"	Leipzig.	n. 3. 50
3.	"	Zwickau.	n. 3. 50
4.	"	Bautzen.	n. 3. —

—— die landwirthschaftlichen Institute im Königr. Sachsen. gr. 8. (VIII, 52 S.) Ebendas. 878.
Aus: Statistisches Handbuch, besonders abgedruckt.

—— die landwirthschaftlichen Institute im Königr. Sachsen. Genaue Nachweisung der dem sächs. Landwirthe zu Gebote stehenden Hilfsquellen, Credit-, Versicherungs- und Lehrinstitute, der landwirthschaftl. Vereine, sowie der Bodenarten, nach authent. Quellen bearb. gr. 8. (52 S.) Ebendas. 882. *
Aus: Statistisches Handbuch der Landwirthschaft, besonders abgedruckt.

—— statistisches Universal-Handbuch und geographisches Ortslexikon vom Herzogth. Sachsen-Altenburg. Zum prakt. Gebrauch für Staats- und Gemeindebehörden, Industrie, Handel, Gewerbe und Landwirthschaft, nach amtl. Quellen bearb. gr. 8. (VIII, 356 S.) Leipzig 880, A. F. Thieme. *M 5.; geb. *
Fortsetzung s. Universal-Handbuch, statistisches, ꝛc.

Starke, Mor., statistisches Universal-Handbuch, Ortslexikon u. Landeskunde f. Deutschland. Fortgesetzt v. Alb. Ferd. Thieme. 8. Bd. gr. 8. Leipzig 884. A. F. Thieme. geb. n.n. 7. 50
Staatshandbuch u. geographisches Ortslexikon f. die Herzogthümer Sachsen-Coburg u. -Gotha. Auf Grund amtl. Quellen bearb. (XL, 523 S.)

Starke, Oskar Ludwig Richard Hermann, s. Starke, Hermann

Starke, P., Arbeitsleistung u. Wärmeentwickelung bei der verzögerten Muskelzuckung. [Aus: „Abhandlgn. d. k. sächs. Gesellschaft d. Wiss."] Lex.-8. (146 S. m. 9 Taf. u. 3 Holzschn.) Leipzig 890. Hirzel. n. 6. —

Starke, Paul, die praktische Kaninchenzucht. Leitfaden für Anfänger u. erfahrene Züchter. 12. (102 S. m. Abbildgn.) Leipzig (900). Dr. F. Poppe. Geb. in Leinw. n. 2. —

Starke, Paul, die praktische Kaninchenzucht. Handbuch f. Anfänger u. erfahrene Züchter. 2. u. 3. Aufl. (IV, 187 S. m. Abbildgn.) 8. Leipzig (908). Dr. F. Poppe. Geb. in Leinw. n. 2. —

Starke's praktische Kaninchenzucht. Handbuch f. Anfänger u. erfahrene Züchter. Neu bearb. unter Mitwirkg. v. Barth, Bartels, Behrens u. a. von F. Poppe. 4. Aufl. (229 S. m. 58 Abb.) 8. Leipzig (907). Dr. F. Poppe. Geb. 2.50

Starke, Paul: Planimetrische Konstruktionsaufgaben mit Verwendung der harmonischen Teilung und des Apollonischen Kreises. Leipzig 1909: Jachner & Fischer. 71 S. 4°
Leipzig, 4. st. R OP 1909 (777) [S 09. 454

Starke, Paul [aus Leipzig]: Die Messung von Schallstärken .... Leipzig, W. Engelmann, 1886; 41 + 1 S. u. 1 Taf.
Leipzig, Phil. Fak., Inaug.-Diss. v. 1. März 1886.

Starke, Paul, moderne Monogramme. (16 Taf. m. IV S. Text.) hoch 4. Dresden (903). G. Kühtmann. In Mappe n. 6. —

Starke, Paul, aus Dresden: Über Orthoazoxy-, -azo- und -hydrazoanisol, die Überführung des letzteren in Dianisidin und einige Präparate des letzteren. *Halle a. S. 1898: C. A. Kaemmerer & Co.* (34 S.) 8°
Halle, Phil. Diss. v. 1898

— das belgische Riesenkaninchen, seine Zucht u. Pflege. 2. Aufl. (31 S. m. 1 Taf.) gr. 8. Ebd. (903). n. — 60

— dasselbe, bearb. v. Karl Marpmann, s.: Poppe's, F., Bibliothek f. Kaninchenzüchter. 9. Bd.

Starke, P., d. flandrische Riesenkaninchen, s.: Universal-Bibliothek f. Thierfreunde.

— d. Widderkaninchen. E. Anleitg. zur Zucht schöner Ausstellungsthiere. 8. (46 S. m. 1 Taf.) Leipzig 895. Exped. d. Geflügel-Börse. — 75

Starke, Richard

Starke, Ernst Richard: Die **Geschichte** des mathematischen Unterrichts in den Gymnasien Sachsens seit 1700. *Chemnitz 1897: J. C. F. Pickenhahn & Sohn.* (V, 71, II S.) 4° Leipzig, Phil. Diss. v. [11. Juni] 1898

Starke, *Ernst Richard*: Die Geschichte des mathematischen Unterrichts in den höheren Lehranstalten Sachsens von 1700 bis in den Anfang des 19. Jahrhunderts. 4 (V, 42 S.). **Progr.** Städt. Rsch. *Chemnitz* 1898 (586).
Ist die 1. Hälfte von des Verf. Leipziger Dissertation: Die Geschichte . . . in den Gymnasien Sachsens seit 1700. 4 (V, 71, II S.). Chemnitz 1897.

Starke, Sam. Fr., Auswahl e. Passionspredigten u. Homilien, zur Erbauung im mittl. u. niedern Stande. gr. 8. Stendal 803. Franzen u. Gr. 12 gl.

Starke, Thdr., Christlich oder Katholisch? s. Streitschriften, freundschaftliche.

Christlich oder Katholisch? Eine geschichtl.-religiöse Untersuchung von Theodor **Starke.** Barmen: D. B. Wiemann [1888]. (52 S.) 8° [J.]
— Streitschriften, Freundschaftliche. No 7.

—— Israel, so du verdirbst, ist's deine eigene Schuld. Ein Christenwort an die Juden. 2. Aufl. [6.—10. Tausend.] 8. (42 S.) Kaiserslautern 888, Gotthold's Verlag.

Starke, W., über die Arbeit der Gefangenen außerhalb der Gefängnißräume, insbesondere über die Beschäftigung derselben mit landwirthschaftl. Arbeiten und die Errichtung von landwirthschaftl. Kolonien für Gefangene. Vortrag, gehalten in der General-Versammlung der Rheinisch-Westfäl. Gefängniß-Gesellschaft zu Düsseldorf am 26. Aug. 1880. Mit Genehmigung des Verf. vervielfältigt von dem Vereine zur Besserung entlassener Strafgefangener zu Berlin. gr. 8. (46 S.) Plötzensee 881. (Berlin, Puttkammer und Mühlbrecht.) *

Starke, W., klinische u. anatomische Bemerk. a. d. Engl. gr. 8. Breslau, Korn d. ält. 789.

Starke, W . Der Blick für die Natur der Alpenwelt. Aus einem in der Section Berlin des D. u. Ö. A.-V.... gehaltenen Vortrag. [A.] 8. ([München] 1888.)

—— die **Ergebnisse der Strafrechtspflege im Königreich Preussen,** s. **Zeitschrift des königl. preuss. statist. Bureaus.**

Starke, W.: Die Ergebnisse der Strafrechts-Pflege im Königreiche Preußen, . . . während des Jahres 1881. Im Auftr. des Königl. preuß. Justizministeriums bearb. Berlin 1883. **fol.**
(Zeitschrift des Königl. Preuß. Statistischen Bureaus. Erg.H. 14.)

Starke, W., das belgische Gefängnisswesen. Ein Beitrag zu den Vorarbeiten für die Gefängnissreform in Preussen. gr. 8. (XII, 278 S. mit 4 lithogr. Taf. Abbild.) Berlin 877, Enslin. *

— Verbrechen u. Verbrecher in Preußen 1854—1878. Eine kulturgeschichtl. Studie. Mit 12 graph. (lith.) Taf. gr. 8. (VIII, 249 S.) Berlin 884. Th. Ch. F. Enslin. n. 10. —

Starke, W. E., Betrachtung v. Baume d. Erkenntniß gutes u. böses, Zustand d. Menschen in d. Erbsünde rc. in 3 Thlen. 8. Frankf. u. Leipz. (Ernst in Quedlinb.) 747.

— güldene Schaalen voll Rauchwerks der Heiligen, enth. Gebete. 8. Bamberg. 742.

Starke, W. F. C.: Beiträge zur Kenntniss d. bestehenden Gerichtsverfassung u. d. neuesten Resultate d. Justizverwaltung in dem Preuss. Staate. Mit Benutzung d. Acten d. s Königl. Justiz-Ministeriums herausgeg. 1r Thl. Darstellung der bestehenden Gerichtsverfassung. — A. u. d. T.: Darstellung der bestehenden Gerichtsverfassung in dem Preuss. Staate. Mit Benutzung u. s. w. entworfen u. herausgeg. *Berlin*, Heymann. 839. Lex. 8. (Subscr.-Pr. 2 Thl. 20 Gr.)
— 2r Thl. Justiz-Verwaltungs-Statistik. 1e Abtheil. Preussen, Posen, Pommern, Schlesien. *Ebend.* 839. (Subscr.-Pr. 3 Thl.)
— 3r Thl. Der Preuss. Staat nach Justiz-Verwaltungs-Bezirken, in Karten u. statistischen, sowohl die allgemeine Verwaltung, als insbesondere die Justiz-Verwaltung betreffenden Uebersichten, nach amtlichen Quellen dargestellt. *Ebend.* 838. (Subscr.-Pr. 4 Thl.)

Starke, W. F. C., Beiträge z. Kenntniß d. besteh. Gerichtsverfassung u. d. neusten Resultate d. Justizverwaltung in d. preuß. Staate. Mit Benutz. d. Akten d. k. p. Justiz-Ministeriums. 4 Thle. Lex.-8. u. Fol. Berlin 839, Heymann.
A. u. d. Tiln.:
Thl. 1. Darstellung d. besteh. Gerichtsverfassung in d. preuß. Staate. Lex.-8. (29¼ B.) * 2 Thlr. 20 Gr.
" 2. Justiz-Verwaltungs-Statistik d. preuß. Staates. 3 Abthln. Lex.-8.
1. Abthl. Die Provinz Preußen, Posen, Pommern, Schlesien. (31⅝ B.) * 3 Thlr.
2. " Die Provinzen Brandenburg, Sachsen u. Westphalen. (31 B.) 839. * 3 Thlr. 4 Gr.
3. " Die Rheinprovinz. — Die Central-Justizverwaltungs-Behörden nebst d. General-Kommissionen u. d. Revisions-Kollegien. — Gerichtsverfassung d. Fürstenth. Neufchatel u. Valangin. — Allgem. Geschäfts- u. Justiz-Verwaltungs-Uebersichten. (10 B. u. 7½ B. Tab.) * 2 Thlr.
" 3. Der preuss. Staat nach Justiz-Verwaltungs-Bezirken in Karten u. statist., sowohl d. allgem. Verwalt., als insbesond. d. Justiz-Verwalt. betreff. Uebersichten, nach amtl. Quellen dargest. gr. Fol. (9 Kart. u. 17 B. Text.) 839. 4 Thlr.
" 4. Justiz-Adreßbuch f. d. preuß. Staat rc. Lex.-8. (14¾ B.) 839. 1 Thlr. 4 Gr.
Von diesem Werke wurde auch eine Ausgabe in 15 Lief. veranstaltet.

Starke, W. F. C., Beiträge zur Kenntniß der bestehenden Gerichtsverfassung und der neuesten Resultate der Justizverwaltung in dem Preußischen Staate. — Ausg. in Liefg. — 1.—3. Liefg. Lex.-8. Berlin 841, Heymann. n. 2⅚ Thlr.

Starke, W. F. C.: „Justiz-Verwaltungs-Statistik des preussischen Staats", 2 Bände, Berlin 1839. — Vorh.: Preuß. Oberbergamt Dortmund — K. e. 9.

Starke, Wlh., s. Adreß-Buch v. Chemnitz.

Starke, Wilh. (I.), üb. d. Anwendung d. homöopath. Arzneimittel u. d. kalten Wassers in d. Thierheilkunst, mit besond. Rücksicht auf Schlesien, nebst e. Aufstellung ganz in die Augen fallender, unumstößl. Beweise üb. d. stattfind. Wirksamkeit d. homöopath. Arzneimittel. 8. (2¼ B.) Leipzig 836. [Nürnberg, Heerdegen.]

Starke, Wlh., über die Anwendung der homöopath. Arzneimittel und des kalten Wassers in der Thierheilkunst, mit besond. Rücksicht auf Schlesien, nebst einer Aufstellung ganz in die Augen fallender, unumstößlicher Beweise über die stattfind. Wirksamkeit d. homöop. Arzneimittel. 8. Leipz. 836. (Melzer.) ⅓ Thlr.

Starke, Wilh., Über die Anwendung der homöopathischen Arzneimittel und des kalten Wassers in der Tierheilkunst, mit besonderer Rücksicht auf Schlesien, nebst einer Aufstellung ganz in die Augen fallender unumstößl. Beweise über die stattfindende Wirksamkeit d. homöopathischen Arzneimittel. 8. Leipzig 36. Reimann. M. —.75

Starke, Wilhelm [aus Barmen]: Aus d. Bonner Universitätsklinik f. Hautkrankheiten u. Syphilis. Die Behandlung der Syphilis mit salicylsaurem Quecksilber ... Bonn, Buchdr. J. Bach Wwe, 1893; 41 S. 8.
Bonn, Med. Fak., Inaug.-Diss. v. [5. Aug.] 1893

Stärke u. Schwäche, außerordentliche, des weibl. Herzens in merkwürd. Geschichten. 8. Bregenz, Brentano. — 16

— entdeckte, d. Grundes d. offenbarten Weisheit. 8. Tübingen. 741. — 6

Stärke, die, d. Freundschaft. Eine Comödie a. d. Ital. 8. Lpz. Linke. 776.

Starke, d., d. Freundschaft; e. Novelle, v. le Sage. 8. Gera, Rothe. 787.

Stärke, die, der Freundschaft, eine Novelle von le Sage, 8. Gera, 788. Rothe. 10 sgl.

Stärke, die, des Glaubens. Ein Gebetbb. f. kathol. Christen. 2—8., verb. Aufl. (à 9 B. u. 6 Kpfr.) gr. 12. Wien 832—34, Pfautsch. à

Stärke, die, des Glaubens. Ein Gebetbuch für kathol. Christen. Mit 6 Kpf.. 3e A. 12. Wien 832. Pfautsch. 1 ₰ 8 gr

Stärke, die, des Glaubens. Ein Gebetb. f. kathol. Christen. 8., verb. u. verm. Aufl. gr. 12. (9 B. u. 6 Kpfr.= u. Stahlst.) Wien 835, [Pfautsch u. Voß.] *

Stärke, die, des Glaubens. Ein Gebetbuch f. kathol. Christen. Hrsg. v. einem ihrer Seelsorger. Nebst Anhang aller Kirchengesänge u. Litaneyen. 9., verb. u. verm. Aufl. gr. 12. (10 B. u. 6 Kpfrst.) Wien 843, [Pfautsch u. Voss.]

Stärke, Commando's, Dislocation und Ordres de Bataille der gesammten russischen, sowie der englischen und französischen Orient-Armee zu Anfang des Jahres 1855, nach besten Quellen zusammengestellt . . . Potsdam 1855. V: *Köhler, Carl Hch Aug.* (*Oberst.*) (Russell IX, 300)

Stärke, Commando's, Dislocationen und Ordres de Bataille der gesammten russischen, sowie der englischen und französischen Orient-Armee zu Anfang des J. 1855, nach besten Quellen zusammengestellt von einem Officier. gr. Lex.-8. (18 S.) Potsdam 855, Riegel'sche Buchh. *

— die, d. väterlichen Liebe. Schsp. 8. Frkft. Eßlinger. 769.

Stärke, Die, der väterlichen Liebe. Ein Schauspiel in drey Handlungen. Mannh. 1769. Ü: *Sebastiani.* (Haydinger)

Stärke, Die, der väterlichen Liebe. Ein Schauspiel in drey Handlungen. Mannheim 1769. V: ***Sebastiani, Frz. Joseph.*** (BiblPort)

— die, der väterlichen Liebe. Schspl. 8. Frankf. 770. (Schwan u. G. in Mannh.) 5 gr

— die, d. Naturells. Lstsp. 8. Wien, Kraus. 762.

J. A. B. H. Preussens Stärke und Oesterreichs Schwäche deutlich verglichen und erwiesen in einem aufgefangenen Schreiben eines Oestreich. Officiers an seinen Bruder. Deutschland 1763. 8. 72 S.

Die Stärke und der Zustand der russischen Armee im Falle einer Mobilisirung. Von Petersburger Korrespondenten der „Oesterr.-Ungar. Militärischen Blätter". (26) 8. Teschen 1876. 0,80

Die Stärke und der Zustand der russ. Armee im Falle einer Mobilisirung. Wien 1876. 8°.

Stärke, die, u. der Zustand der russischen Armee im Falle einer Mobilisirung. Vom Petersburger Correspondenten der „Oesterreichisch-ungar. militär. Blätter". gr. 8. (26 S.) Teschen 877. Prochaska. n. — 80

Stärke, Walter, a. Berlin: Ueber Lokalanaesthesie mit besonderer Berücksichtigung ihrer Anwendung in der Zahnheilkunde. Leipzig 1907: B. Georgi. (40 S.) 8°
Leipzig, Med. Fak., Ref. Trendelenburg, Diss. v. 28. Sept. 1907
[Geb. 13. Sept. 77 Berlin; Wohnort: Berlin; Staatsangeh.: Preußen; Vorbildung: Friedrich-Wilhelms-Gymn. Berlin Reife O. 97; Studium: Berlin 11 S.; Coll. 23. Okt. 07; Approb. 9. Mai 05]

Stärke-Etat für die Friedensbesetzung der Landbehörden und Stämme der Marineteile am Lande (Landetat). (L.E.) Berlin: Reichs-Marine-Amt 1908. (X, 78 S.) 8° [F.]
D. E. No 15a.) [illegible]

Starkel, Frz., kurzgef. Leitfaden f. Handels- u. Gewerbetreibende üb. die neuen Civilprocessgesetze gr. 8. (29 S.) Graz 898. H. Wagner. — 50

Stärkel, W., der größte Feind Deutschlands! 31 apokalypt. Thesen wider Rom. Auf Grund v. Offenbarg. Johannis, Kap. 13 u. 17. In 2 Serien. gr. 8. (46 S.) Emden 893. A. Gerhard. n. — 50

Stärkel, W., mene, mene, tekel, upharsim. Ein flieg. Brief an den Chaldäer-König Belsazar. Zur Beherzigg. f. die Kirchen, die Fürsten u. Völker der Gegenwart. gr. 8. (107 S.) Neusalz 873. Lange in Comm. n. 1. —

Staerkel, W. Napoleans des Dritten Riesenplan oder: Die drei grossartigen Leichenbegängnisse der Jahre 1868 bis 1880: In Prosa und Poesie. Allentown, Pa.: Trexler, 1868. GSP

Stärkel, W., Schlüssel zur Offenbarung Johannis, v. e. christgläub. israelit. Bürger zu Ehren Jesu Christi verf. Gewidmet d. Gemeinde d. Herrn in d. Endzeit, zu welcher auch Israel gehören wird. 3. Aufl. gr. 8. (XIII, 319 S.) Emden 890. A. Gerhard. 2. —

Stärkel, W., „666" Hört, hört, alle Glaubigen hört! Gefunden ist endlich: 1. Der Name und die Namenszahl des Thieres in der Offenbarung Johannis, Kap. 13, 17. — 2. Die Bedeutung der Zahl 666 in Kap. 13, 18 rc. 16. (80 S.) Allentown, Pa. 868. (Philadelphia, Schäfer und Koradi.) geb. *

Starken, J. N., Heimatskunde der Prov. Schleswig-Holstein. gr. 8. (16 S. m. 4 farb. Karten.) Gera 892. Th. Hofmann. n. — 25

Starken, J. N., Heimatkunde d. Prov. Schleswig-Holstein. Mit 4 (farb.) Karten. 2. Aufl. gr. 8. (16 S.) Gera 896. Th. Hofmann. n. — 25

Heimatkunde der Provinz Schleswig-Holstein v. **J. N. Starken.** Mit 4 Karten. (3. Aufl.) Leipzig o. J. 8°

— die Stadt Kiel m. ihrer nächsten Umgebung. Ein Bild der Heimat. gr. 8. (V, 99 S.) Kiel 891. (Lipsius & Tischer.) Kart. n.n. 1. 50

Stärkenachweisung des Personals der Kommandobehörden am Lande sowie des bei den übrigen Landbehörden kommandirten Mannschaftspersonals. ⟨Friedensstärkenachweisung.⟩ ⟨F. St. N.⟩ Berlin: Reichsmarine-Amt 1902. (VII, 50 S.) 8°
= Bestimmungen, Organisator., f. d. Personal d. Soldatenstandes d. Kais. Marine. Anlage 1.

Stärkenachweisung des Personals der Kommandobehörden am Lande, sowie des bei d. übrigen Landbehörden kommandierten Mannschaftspersonals. ⟨Friedensstärkenachweisung.⟩ ⟨F. St. N.⟩ Neudr. (Berlin): Reichs-Marine-Amt 1904. (VII, 63 S.) 8° (D. E. No 15a.)
= Bestimmungen, Organisator., f. d. Personal d. Soldatenstandes d. Kais. Marine. Anl. 1.

Starkenbach [Schlagwort]

Starkenbach. Stelzig, Heinr., Karte des Bezirkes Starkenbach. 1 : 75,000. 44,5 × 32 cm. Farbdr. Aussig 897. (Trautenau, G. Lorenz.) n. — 20

Starkenbacher, J. H., Gedichte. 8. Wien 830. (Beck). 8 gr.

Starkenburg [Schlagwort]

Starkenburg, Prov., s.: Radfahrerkarten.

Starkenburg [Verfasser]

Starkenburg, Heinz, die Bevölkerungs-Wissenschaft u. ihre prakt. Bedeutg. f. d. Gegenwart. E. krit. Studie. gr. 8. (VII, 103 S.) Leipzig 895. W. Friedrich. n. 2. —

Starkenburg, Heinz, das sexuelle Elend der oberen Stände. Ein Notschrei an die Öffentlichkeit. 1.—3. (Titel-)Aufl. 8. (130 S.) Leipzig 893. 894. W. Friedrich. n. 2. —

— das sexuelle Elend der oberen Stände. Ein Notschrei an d. Oeffentlichkeit. 4. [Titel-] Aufl. 8. (139 S.) Ebd. (894) 898. n. 2. —

— Die Entwickelungstendenz d. Mittelstandes im 19. Jahrh., s.a. Fragen d. öffentl. Lebens, II. Jahrg., 8. Hft.

— Die Entwickelungstendenz des Mittelstandes im 19. Jahrhundert. Von Heinz Starkenburg. Berlin: Kritik-Verl. 1897. (14 S.) 1 Bd 8°
= Fragen des öffentlichen Lebens. Jg. II. H. 8.

— die Wertung der Persönlichkeit als massgebender Faktor in dem Entwicklungsgang der moralischen Anschauungen. Bausteine zu e. exakten Moralwissenschaft, auf der Basis der Völkerkunde u. Wirtschaftsgeschichte. 8. (143 S.) Ebd. 894. n. 2. —

Starkenfels s.a. Weiss v. Starkenfels.

Starkenfels, Alois Frhr. v., u. Joh. Evang. Kirnbauer v. Erzstätt, oberösterr. Adel, s.: Siebmacher, J., grosses u. allgem. Wappenbuch. IV. 5.

Starkenfels, Sofie. Das Taufwunder. Dramatisirte Legende aus dem Leben der heil. Odilia. 12. (40 S.) Bonn 889, Hauptmann. * — 25

v. Starkenfels, Vict. Weiß Edler, s. Kel-Kawus in Masenderan.

Starkenhort, H., Klänge aus dem Reiche der Unsterblichkeit. 8. (V, 183 S.) München 890. (Ferd. Fricke.) n. 2. 50

Starker, Elise, hygieinisches Kochbuch zum Gebrauch f. ehemalige Curgäste v. Lahmann's Sanatorium auf Weisser Hirsch bei Dresden. 2. Aufl. gr. 8. (197 S.) Dresden 893. (A. Köhler.) In Leinw. kart. n.n. 2. —

Starker, Elise, hygieinisches Kochbuch zum Gebrauch f. ehem. Curgäste v. Dr. Lahmann's Sanatorium auf Weisser Hirsch bei Dresden. 4. Aufl. gr. 8. (LXIV, 177 S.) Dresden 896. (A. Köhler.) Geb. n. 2. —

Starker, Elise, hygieinisches Kochbuch zum Gebrauch f. ehemalige Kurgäste v. Dr. Lahmann's Sanatorium auf Weisser Hirsch bei Dresden. 5. (Einband 6.) Aufl. gr. 8. (LXIV, 163 S.) Dresden 898. (A. Köhler.) Geb. n. 2. —

Starker, Elise, hygienisches Kochbuch zum Gebrauch f. ehemalige Curgäste v. Dr. Lahmann's Sanatorium auf Weisser Hirsch bei Dresden. 9. Aufl. (LXIV, 163 S.) gr. 8. Dresden 904. (A. Köhler.) Geb. n. 2. —

Starker, Elise, hygienisches Kochbuch zum Gebrauch f. ehemalige Kurgäste v. Dr. Lahmanns Sanatorium auf Weisser Hirsch bei Dresden. (12. Aufl.) (XI, 218 S.) 8. Dresden (907). (A. Köhler.) Geb. in Leinw. 2. 50

[J. u. Ant.] **Starker,** Heinrich [Gerichtsref.]: Inwiefern umfasst die actio redhibitoria auch Ersatz von Schaden? E. Beitr. z. Lehre v. d. ädilitischen Rechtsmitteln im gemeinen Recht ... Düsseldorf, Druck v. J. Güldenmeister, *1895*; 44 S. 8.
Erlangen, Jur. Fak., Inaug.-Diss. v. 1895

Starker, J. Die Wortstellung der Nachsätze in den ahd. Übersetzungen des Matthäusevangeliums, des Isidor und des Tatian. 16 S. Progr. *Beuthen O.S.* 1883.

Starker, Josephus (*geb. Neiße 13.12.1852*): De nomophylacibus Atheniensium. Nissae (1880). (54 S.) 8° [*Im Buchhandel 1880 bei Koebner, Aderholz, Köhler in Breslau*]
Breslau, Phil. Diss. v. 8. Mai 1880

Starker, Jos., de Nomophylacibus Atheniensium. Dissertatio inauguralis philologica. gr. 8. (54 S.) Nissae 880. (Breslau, Aderholz' Buchh. — Koebner. — Köhler.) *

Starker, Paulus (*geb. Neiße 16. 2. 1854*): Symbolae criticae ad M. Tullii Ciceronis epistulas. Vratislaviae: Goerlich & Coch (1882). (47 S.) 8° [*Buchhandl. ebenda*]
Breslau, Phil. Diss. v. 4. Juli 1882

Starker, Paul, symbolae criticae ad M. Tullii Ciceronis epistulas. gr. 8. (47 S.) Nissae 882. (Breslau, Görlich & Coch.) n. 1. —

Stärker: Der Zweck des Studierens, bündig dargestellt und gerichtet an die Schüler des k.k.OG. in Zara am Schlusse des Schuljahres 1854.– Zara, Progr.1854.

Stärker, Emil: Die Phosphorbehandlung der Rachitis .... Freiburg i. B., akad. Verlagsbuchh. v. J. C. B. Mohr (Paul Siebeck), 1887; 2 Bl. + 25 S. u. 1 Taf. 8°.
Freiburg i. B., Med. Fak., Inaug.-Diss. v. 1887.

Stärker, Emil, die Phosphorbehandlung der Rachitis. gr. 8. (25 S. mit 1 Tab.) Freiburg i. Br. 887, Mohr. *

Stärker, Hermann Eugen: Der Einfluß der Industrie auf die deutsche Arbeiterschutz- und Arbeiter-Versicherungs-Gesetzgebung. Chemnitz [1909]: Pickenhahn. 52 S. 8°
München, Staatswirtsch. Diss. v. 23. Juni 1909, Ref. Brentano
[Geb. 6. Mai 84 Chemnitz i. S.; Wohnort: Chemnitz; Staatsangeh.: Sachsen; Vorbildung: Gymn. Chemnitz Reife O. 04; Studium: Jura Grenoble 1, Leipzig 2, Kiel 1, Berlin 1, Staatsw. München 3 S.; Rig. 23. Juni 09.]
[U 10. 3471

Die Stärkeverhältnisse im deutsch-franz. Kriege bis zum Sturze des Kaiserreiches. Berlin 1888—89. 8°.

Starkey, Geo., Chymie, oder Erklär. der Natur. 12. Nürnberg. 722.

George Starkey

Eirenaei Philalethae ([d.i. George Starkey]:Ripley reviv'd or, An exposition upon Sir George Ripley's hermetico- poetical works.[Deutsch:]) Erklärung der hermetisch poetischen Werke Georgii Riplaei. Aus d. Engl. übers. Hamburg: Richter 1741. 466 S. 8°

Starkl Dr. Gottfried: Der botanische Garten des Collegiums. 28. 8. S. Kalksburg 99—01. Progr.

Starklauf, Joh. Mit Gott f. König u. Vaterland! od. der Soldat, wie er sein soll im Krieg u. im Frieden. Pflichten-, Gebet- u. Gesangbuch f. kathol. Soldaten u. Veteranen. 4. verm. Aufl. 32. (256 S. m. 1 Farbendr.) Ansbach 889, (Eichinger). geb. * — 80

Starklauf, Joh., mit Gott f. König u. Vaterland! od. Der Soldat, wie er sein soll im Krieg u. im Frieden. Pflichten-, Gebet- u. Gesangbuch f. kathol. Soldaten u. Veteranen. 12. verm. Aufl. 16. (336 S. m. 2 Farbdr.) Nürnberg (900). (F. Korn.) Geb. in Leinw. n. — 80

Starklauf, Joh., mit Gott f. König u. Vaterland! od. Der Soldat, wie er sein soll im Krieg u. im Frieden. Pflichten-, Gebet- u. Gesangbuch f. kathol. Soldaten der deutschen Land- u. Seemacht. 13. verm. Aufl. 16. (336 S. m. 1 Farbdr.) Leipzig (900). (X. Pflugmacher.) Geb. in Leinw. n. — 80

Starklauf, Joh., Mit Gott f. König u. Vaterland! od. Der Soldat, wie er sein soll im Krieg u. im Frieden. Pflichten-, Gebet- u. Gesangbuch für kathol. Soldaten. 15. Aufl. (304 S. m. Titelbild.) 16. München (904). J. J. Lentner. Geb. in Leinw. n. — 60

Staerkle, Arnold [prakt. Arzt von Gaiserwald, Kt. St. Gallen, Assistent am Laboratorium der Universitäts-Augenklinik Basel]: Ein Beitrag zur Therapie der Netzhautablösung. Basel 1900. 72 S. 4 Taf. 8°. Basel. Med. Diss. 1900/1901.

Staerkle, Arnold. Ueber die Schädlichkeit moderner Lichtquellen auf das Auge und deren Verhütung. Hierzu die Tafeln 9/13. (Aus der Universitäts-Augenklinik Basel (Professor (Dr. Carl) Mellinger).) (Separat-Abdruck aus dem Archiv für Augenheilkunde.... Band 50 [1904]. Heft 2.) II S. + S. 121—145. 8. (Wiesbaden, J. F. Bergmann.)

Starklof, Ernst [app. Arzt aus Oldenburg i/Gr.]: Ueber penetrirende Bauchwunden und ihre Behandlung m. bes. Berücks. d. Stichverletzgn ... München, Druck d. Akad. Buchdr. v. F. Straub, 1892; 27 S. 8. München, Med. Fak., Inaug.-Diss. v. [17. März] 1892

Starklof, Ludwig

Starklof, L., Alma. Ein Roman. 2 Thle. 8. Hamburg 834. Hoffmann u. Campe. 3 ₰

Starklof, L., durch die Alpen. Kreuz- u. Quer-Züge. 8. (XVI u. 367 S.) Leipzig 850, Weber. n. 1⅓ ₰

Starkloff, Ldw. Denkwürdigkeiten des Herzogs von Saint-Simon. 8. Leipzig 1847.

Starklof, Ldw., Erzählungen. 8. Frankf. 827. Sauerländer. 1 ₰ 16 gr

Starklof, L., Armin Galoor. 2 Bde. 8. (40¼ B.) Leipzig 846, Otto Wigand.

—— Helgoland. Ein See-Mährchen. 8. (7½ B. u. 1 Titlvign.) Hamburg 832, Hoffmann u. Campe.

—— Just Ulrik Jerndorff. Ein Karakterbild. gr. 8. (31 S.) Oldenburg 848, Schulze'sche Buchh. *

— die deutsche Kriegs-Marine, siehe: Andresen-Siemens, Jac.

(——) Prinz Leo. Eine phantast.-trag. Hof- u. Staats-Action. 8. (10 B.) Hamburg 834, Hoffmann u. Campe.

—— Moor-Kanäle u. Moor-Colonien zwischen Hunte u. Ems. Vier Briefe. 8. (3¼ B.) Oldenburg 846, (47,) Schulze'sche Bh.

— Olaf; e. Geschichte aus d. 30jähr. Kriege. 2 Thle. 8. Frankf. 817. Barrentrapp. (Stenz in Mainz). 2 ₰ 12 gr Velinp. 4 ₰ 2 gr

—— historische Portraits u. Scenen, s. a. Portraits.

— historische Portraits u. Scenen aus den Memoiren des Herzogs v. Saint-Simon. 2. (Titel-)Ausg. in 1 Bd. 8. (393 S.) Leipzig (847) 851, Costenoble. 1 ₰

STARKLOF, Ludw., Historische Portraits und Scenen aus den Memoiren des Herzogs von Saint-Simon. Leipzig 1851. 8°. (In Hamburg, Bibl. der „Harmonie".)
Der Tod des Dauphins, Herzogs v. Burgund. - Verzichtung des Herzogs v. Berry. — Charakter u. Thorheiten des Herzogs v. Berry. — Die letzten Lebenstage Ludwig's XIV. — Les entrées. — Der berühmte Diamant le Régent. — Czar Peter I. in Paris. — Das Ballet des Königs. — Türk. Ambassadeur. — Law's Flucht u. Ende. — Der Tod des Herzogs v. Orleans.

— die Prinzessinnen. 2 Bde. 8. Aarau 818. R. A. 820. Sauerländer. 2 ₰ 18 gr Hbg. Pr. 2 ₰

— — Rouge et Noir oder die Geschichte von den vier Königen. Aus den Papieren des Staatskanzlers Rolichon (satyr.-komischer Original-Roman). Mit 1 (merkw.) illum. Tafel. Mainz, 1829. Bei Florian Kupferberg. 8°.
Sehr amüsant, mit zieml. freien Liebeshändeln. Tit. (roth u. schwarz gedr.) u. 248 S. (incl. 62 S. humorist. Vorr. über die Erfindung der Kartenspiele).

Starklof, L., Sirene, s. a. Novellenschatz, neuer deutscher.

Starklof, L., Sirene, s. a. Volksbücher, Wiesbadener.

—— Sirene. Eine Schlösser- u. Höhlen-Geschichte. 8. (15¼ B.) Leipzig 846, Otto Wigand.

Starklof, Ludw., Sirene, s. a. Schaffstein's Hausbücher.

Sirene. Eine Schlösser- u. Höhlengeschichte von Ludwig Starklof. Köln: Schaffstein [1908]. 283 S. 8°
(Schaffsteins Hausbücher. Bd 2.)

Sirene. Eine Schlösser- u. Höhlengeschichte. Von Ludwig Starklof. Berlin: Scherl [1909]. 250 S. 8°
(Bibliothek August Scherl. Bd 550.)

— der verlorne Sohn. 2 Thle. 8. Mainz 824. Kupferberg. 2 ₰ 6 gr

—— drei Tage in Mainz am Gutenbergsfeste. (14., 15., 16. Aug. 1837). Eine Skizze. 8. (5¼ B.) Mainz 837, Kupferberg.

Starklof, L., vierzehn Tage im Gebirge. Ein Fragment aus meinem Wanderbuche. 8. (26 B.) Bremen 837, Kaiser.

Starklof, Ldw., Tagebuch meiner Wanderung durch die Schweiz. 8. Bremen 818. Kaiser. 1 Thlr

Starklof, [Ludwig]. Tagebuch meiner Wanderung (*Umschlag*: Reise) durch die Schweiz. 8. Bremen und Leipzig 1819.

——, Wittekind. Ein Gemälde altdeutscher Heldenzeit. 4 Thle. 1. u. 2. Aufl. (à 91½ B.) 8. Mainz 832, 35, Kupferberg. 6 Thlr, hrbgs. Pr.

Starklof, R., Geschichte des königlich württembergischen vierten Reiterregiments Königin Olga 1805—1866. Mit besonderer Berücksichtigung der Brigade Normann im Feldzuge von 1813. Stuttgart 867. Aue. gr. 8. (VIII, 306 S.) n. 1 Thlr 18 ngr.

Starklof, Geschichte des Königlich Württembergischen zweiten Reiter-Regiments, ehemaligen Jäger-Regiments zu Pferde Herzog Louis. Mit 2 (lith. u.) color. Abbildgn. u. 1 lith. Plan des Gefechts bei Linz (in 4.). Darmstadt 862. Zernin. gr. 8. (IX, 725 S.) n. 4 Thlr

— das Leben des Herzogs Bernhard von Sachsen-Weimar-Eisenach, Königlich niederländischer General der Infanterie. 2 Bde. Gotha 865,66. Thienemann. gr. 8. (375 S., III, 356 S.) Jeder Bd. n. 2 Thlr 10 ngr.

Starklof, R. von: Rouge et Noir, s. Starklof, Ludwig

Starkloff, v., Exerzir- u. Dienst-Vorschrift f. Bürgergarden, s. Exerzir- u. Dienst-Vorschrift.

(——) Vorschrift f. d. Verhalten d. Unterofficiere, s. Vorschrift.

Starkloff, Friedrich Ernst Hermann: Beiträge zur serologischen Diagnostik der Lungentuberkulose. Würzburg: Kabitzsch 1910. 17 S. 8° (Aus: Beiträge z. Klinik d. Tuberkulose. Bd 10.)
Marburg, Med. Diss. v. 7. Juni 1910, Ref. Brauer
[Geb. 21. März 81 Neudietendorf; Wohnort: Stadtwald-Melsungen; Staatsangeh.: Sachsen-Koburg-Gotha; Vorbildung: Lat. Hauptsch. Halle Reife O. 01; Studium: Phil. Marburg 2, Leipzig 2, Med. Leipzig 5, Jena 6 S.; Coll. 25 Febr. 10; Approb. 27. Mai 10.] [U 10. 3331

Starkloff, Joh. Geo., zergliederter Gothaischer Catechismus rc. m. J. B. Huhns Vorrede. 8. Gotha. (Dieterich in Göttingen.) 734.

Starkloff, Ludwig, s. Starklof

Johann Georg Starkmann

Des weit berühmten Eger-Sauer-Brunnens gründliche Untersuchung, neue und ausführliche Beschreibung, in welcher desselben wahre Bestand-Theile, mineralische Innhalt...vorgestellet, umständlich erkläret ...werden von... Johann Georg Starckmann [Starkmann].Eger 1750:Orwansky. 452[vielm.422] S. 8°

Starkotter, Tragödie v. A. Oehlenschläger. 8. Stuttgart, Cotta. 821.

Starkowski, E., Kinder d. Zeit, s.: Volksbücher, neue.

Starkowski, Stanislaus, a. Posen: Aus der Hoffa'schen Klinik. Plattfusstherapie unter Berücksichtigung verbesserter Einlagen. Leipzig 1906: B. Georgi. (20 S.) 8°
Leipzig, Med. Fak., Ref. Trendelenburg, Diss. v. 3. Aug. 1906
[Geb. 29. Mai 60 Posen; Wohnort: Berlin; Staatsangeh.: Preußen; Vorbildung: Marien-Gymn. Posen Reife O. 80; Studium: Berlin 14 S.; Coll. 10. Aug 00; Approb. 17. Jan. 01.]

° **Brief an seinen Freund und Vetter [Joh. Aug. Frh. v.] Starck. Aus d. Franz. übers. von [J. A.] Starkowsky. Germanien [Braunschweig: Schulbuchhdlg] 1789. 32 S. 8°**
cf. D. neuesten Religionsbegebenheiten. 12 (1789) S. 906—910.
Kl. 3426.

Starkstromtechnik. Taschenbuch f. Elektrotechniker. Hrsg. von E[dmund] v. Rziha [&] J[osef] Seidener. Lfg 1. Berlin: Ernst 1909. 8°

Stärkung, die, des Mannes durch bewährte Mittel. Von einem Sachverständigen. Leipzig (854.) Naumburg. 32. (51 S.) verklebt n. 10 ngr.

Stärlein, das, s.: Immergrün, Hft. 79.

Starmanns, J. (Red.), s. Platt, Oecher.

Starnberg, Märta, gebunden u. doch frei. Autoris. Übersetzg. aus dem Schwed. von F. E. Mit Orig.-Buchschmuck v. Hans Kaufmann. (276 S.) 8. Bielefeld 908. Verlagshandlg. d. Anstalt Bethel. Geb. in Leinw. 3. 60

Starnberg, Märta. Beim Lampenschein. Märchen für Grosse und Kleine. Autorisierte Übersetzung aus dem Schwedischen von Friedrich v[on] Känel. IV + 123 S. 8. Lyss, Verlag «Helvetia» <A. Wenger-Kocher>, [1906]. [geb. fr. 2.—]

— Beim Lampenschein. Märchen für Große u. Kleine. Autoris. Übersetzg. aus dem Schwed. v. Frdr. v. Känel. (III, 123 S.) 8. Lyß (907). A. Wenger-Kocher. Geb. in Leinw. 1. 60

Starnberger See [Schlagwort]

— s. a.: Ammer-See.

Starnbergersee, s.a. Isarthal.

Starnberger See, s.a. München.

Starnberger See, s.a. Woerl's Reisehandbücher.

Starnbergersee. Brunn's, Osk., Plan von Starnberg m. der Umgebung des Starnberger See's u. e. Panorama des bayerischen Hochgebirges. Hrsg. vom Verschönerungs-Verein Starnberg (a. V.) 1:4000. (Ausg. 1900.) 38,5×48 cm. Farbdr. München (Ohlmüllerstr. 1) (900). O. Brunn. — 50

— — Spezialkarte der Umgebung des Starnberger- u. Ammersees. 1 : 100,000. Nebst e. Panorama d. bayer. Hochgebirges. (Ausg. 1900.) 46,5×33,5 cm. Ebd. (900). — 75

Starnfeld, T. G., Frühlingsstürme. Ein Akt. (III, 47 S. m. Bildnis.) 8. Dresden (906). E. Pierson. n. 1.—

-- Passion. Dramatisches Gedicht in 1 Aufzug. In der grünen Mühlau 1899. (III, 34 S.) 8. Ebd. 906. n. 1.—

Starnfeld, T. G., Pickerl. Ein lust. Wiener Märchen. Bilder (im Text u. auf 4 farb. Taf.) v. Hans Printz. (V, 104 S.) 8. Wien (907). Gerlach & Wiedling. Kart. 4. 50

Starokotlitski, Nikolai, cand. med.: Aus d. Laboratorium d. psychiatr. Klinik zu Breslau (Prof. Wernicke). Das untere Längsbündel des menschlichen Großhirns. *Breslau 1903: R. Nischkowsky.* (32 S.) 8°
Breslau, Med. Diss. v. 31. Juli 1903

Staropolski, Naftel: Aus d. chir. Univ.-Klinik zu Königsberg i. P. Beiträge zur Pathologie und Therapie des Volvulus der Flexura sigmoidea und des Dünndarmes im Anschluss an 6 Fälle. Königsberg i. P. 1909: Jaeger. 30 S. 8°
Königsberg, Med. Diss. v. 13. Febr. 1909, Ref. Lexer
[Geb. 13. Juli 79 Suwalki; Wohnort: Suwalki; Staatsangeh.: Rußland; Vorbildung: Gymn. Marjampol Reife M. 03; Studium: Königsberg 10 S.; Rig. 6. Febr. 09.] [U 09. 2385

Staroſt. Evolutionen der Infanterie, bildl. dargeſtellt. Oppeln 1834. 44 S.

Starost, Evolutionen d. Infanterie, mit Bezug auf d. Exerzir-Reglement u. d. neuesten Erläuterungen zu demselben bildl. dargest. gr. 8. (44 lith. Bl.) Oppeln 836. (Neisse, Hennings.) Thlr. *

Starost. Evolutionen der Infanterie. 2. Aufl. Neisse 1839. 8°. (1. Aufl. 1838.)

—— daſſ. 2., verm. u. völlig umgearb. Aufl. gr. 8. (5½ B. u. 61 ill. Fig. auf 4 B., gr. Fol.) Neiſſe 839, Hennings. *

Staroſt, (Hauptmann,) ..., das percuſſionirte Preuß. Gewehr-Schloß mit ſeinen einzelnen Theilen erklärt u. abgebildet zur Inſtruction u. Selbſtbelehrung für den Soldaten. Nebſt e. Anhange: über Reinigung u. Behandlung des Percuſſions-Gewehres. gr. 8. (Mit 4 Steintafeln.) Neiße 842, Burckhardt. n. 1/6 ₰

—— das Tirailliren d. Infanterie, mit Bezug auf d. Exercir-Reglement u. d. neueſten Beſtimmn. u. Feſtſtellungen zu demſ. Als Leitfaden f. dieſ. Dienſtzweig, mit Aufnahme d. Kompagnie-Kolonne u. d. kleinen Bataillone bildl. dargeſt. gr. 8. (4⅛ B. u. 31 ill. Abbild. auf 16 Stnt. u. 1 Bl. Signale.) Neiße 838, Hennings. *

Staroſt, L., „Hoch lebe der „Alte Fritz" in der Armee!" Ein Salut zur Gedächtnißfeier ſeines 150jähr. Geburtstages am 24. Jan. 1862 in 101 militäriſch-aphoriſt. Charakterzügen, nebſt einer Lebensſkizze. 8. (132 S.) Magdeburg 862, (Baenſch.) *

Staroſt, L., Verordnungen über den Dienſt der franzöſiſchen Armee im Felde. Berlin 1867. 8.

Staroſt, L., was ſich Preußens Volk u. Soldaten vom „alten Fritz" erzählen. 101 militäriſche Charakterzüge. 2. Ausg. Berlin 868. Schroeder. 8. (IV, 132 S.) n. 5 ngr.

Staroſt, Louis, zur Geſchichte der polniſchen Beſtrebungen im Anfange des J. 1846. Mit 2 (lith.) Karten (in 4.) Lex. 8. (IV u. 104 S.) Berlin 852, A. Duncker. 27 ngr

Staroſte, Erzählungen in der Wachſtube u. im Bivouak. 2 Bde. 12. (1. Bd.:) Eine Sammlung charakteriſt. Züge u. ausgezeichneter Heldenthaten aus den Feldzügen von 1813–15. Zuſammengeſtellt u. dem Preuß. Heere gewidmet. (XXVIII u. 362 S.) 2. Bd.: Eine Sammlung charakteriſt. Züge u. ausgezeichneter Thaten aus den Kämpfen der J. 1848—49. (XX u. 389 S.) Potsdam 850. 51, Riegel'ſche Buchh. (1: n. 7/12 ₰ 2: n. 2/3 ₰) n. 1¼ ₰

—— daſſ. — 2. Bd.: Eine Sammlung charakteriſt. Züge und ausgezeichneter Thaten aus den Kämpfen der J. 1848 — 49. 12. (XX und 389 S.) Ebdſ. 852. *

— Tagebuch über die Ereigniſſe in der Pfalz u. Baden im J. 1849. Ein Erinnerungsbuch für die Zeitgenoſſen u. für Alle, welche Theil nahmen an der Unterdrückung jenes Aufſtandes. Mit 20 Beilagen u. 2 (lith.) Ueberſichts-Karten (in Fol.) 2 Bde. gr. 8. (1: VIII u. 384 S. 2: IV u. 288 S.) Ebd. 852. n. 4 ₰

Staroste, Oberstlieut. a. D. Tagebuch über die Ereignisse in der Pfalz und Baden im Jahre 1849. Ein Erinnerungsbuch für die Zeitgenossen und für Alle, welche Theil nahmen an der Unterdrückung jenes Aufstandes. Mit 20 Beilagen und 2 Uebersichtskarten. (2 Bde. in 1 Bd. gebd.) Potsdam 1852—1853.

Starostzik, Hermann: Ueber eine von Steiner gefundene, noch wenig beachtete Eigenschaft der Leitstrahlen der Kegelschnitte und über Kurven, die mit den einen Kegelschnitt doppelt berührenden Kreisen zusammenhängen. Breslau 1907: H. Fleischmann. (121 S.) 8°
Breslau, Phil. Fak., Ref. Sturm, Diss. v. 3. Juli 1907
[Geb. 27. April 82 Breslau; Wohnort: Breslau; Staatsangeh.: Preußen; Vorbildung: Oberrealsch. Breslau Reife O. 02; Studium: Breslau 11 S.; Rig. 1. Mai 07.]

Starowski Edmund, Bilder aus der deutschen Literaturgeschichte für den Sprachunterricht in den mit Bürgerschulen verbundenen einjährigen Lehrkursen. Mit 27 Abbildungen. Wien 1909. A. Pichlers Witwe und Sohn. Kart. K 1.—.

Starowski, Edm., **Bilder aus der deutſchen Literaturgeſchichte. Ein Hilfsbuch f. den Sprachunterricht in den m. Bürgerſchulen verbundenen einjähr. Lehrkurſen. (IV, 73 S. m. 27 Abb.) 8. Wien 910. A. Pichler's Wwe. & Sohn. Geb. 1.—**

(F) **Starowski,** E., Kleine Heimatkunde von Schlesien. Ein Wiederholungsbüchlein für Volksschüler. 8°. (32 S. mit 1 Karte) Wien: Pichler 1908. K —.50

— Kleine Heimatkunde von Schleſien. Ein Wiederholungsbüchlein für Volksſchüler. Mit 13 Abb. im Texte u. 1 Landkarte. 2. Aufl. (32 S.) 8. Ebd. 910. —50

Starowski Edmund, Unser Heimatland Schlesien. Bilder aus der Sage, Geschichte und Erdkunde. Heimatkundliche Beigaben zu dem deutschen Lesebuche für allgemeine österreichische Volksschulen von Franz Frisch und Franz Rudolf. Mit 15 Abbildungen. Wien 1908. A. Pichlers Witwe und Sohn. Geb. K —.30.

— Unſer Heimatland Schleſien. Bilder aus d. Sage, Geſchichte u. Erdkunde. Heimatkundliche Beigaben zu d. **deutſchen Leſebuche f. allgem. öſterreich. Volksſchulen v. Frz. Friſch u. Frz. Rudolf. (47 S. m. 15 Abb.) 8. Wien 909. A. Pichler's Wwe. & Sohn. — 30**

Starožitnosti a památky země české. Nákresy od Jos. Hellicha a Viléma Kandlera. Popisují Ferd. B. Mikovec a Karel Vlad. Zap. Díl I. Ses. 1—12. — Díl II. Ses. 1—11. Prag 859—64. Kober. qu. 4. (1. Bd.: VII, 210 S.; 2. Bd.: S. 1—196.) Jedes Heft mit 3 Stahlst. n. 12 ngr.

Starr, Allen, Hirnchirurgie. Deutsche autor. Ausg. v. Max Weiss. gr. 8. (VIII, 197 S. m. 59 Abb.) Wien 894. F. Deuticke. n. 6. —

Starr, Frz., die Behandlung d. Nachlaſſes der Ausländer in Oeſterreich. Darſtellung ſämmtl. dieſen Gegenſtand betr. u. damit im Zuſammenhange ſteh. Verordngn., nebſt e. Anh., betr. die Correſpondenz der öſterreich. Gerichtsbehörden m. jener d. Auslandes. gr. 8. (232 S.) Wien 873. Manz. n. 4. —

Starr, Frz., die Rechtshülfe in Oeſterreich gegenüber dem Auslande. Sammlung und Darſtellung aller dieſen Gegenſtand betr. Staatsverträge, Geſetze, Verordnungen und Juſtizminiſterial-Acte, zugleich 2. Aufl. „Nachlaßbehandlung der Ausländer in Oeſterreich". gr. 8. (VI, 428 S.) Wien 878, Manz'ſche Hofbuchh. *
Die 1. Aufl. erſchien u. d. T.: Die Behandlung des Nachlaſſes der Ausländer in Oeſterreich.

Starr, Frz., vollständiges Sach- und Nachschlage-Register zu sämmtl. Landesgesetzblättern der im Reichsrathe vertretenen Königreiche und Länder von deren Beginn 1849 bis zum J. 1873 nach Materien chronologisch geordnet. 5 Bde. gr. 8. Ebendas. à Bd. *M. 4. *

Inhalt:

Bd. 1. Niederösterreich und Salzburg. (VI, 358 S.) 873.
» 2. Steiermark, Kärnthen und Krain. (288 S.) 873.
» 3. Böhmen, Mähren und Schlesien. (408 S.) 874.
» 4. Tirol, Vorarlberg, Küstenland und Dalmatien. (428 S.) 874.
» 5. Galizien. — Krakau. — Bukowina. (268 S.) 874.

—— dass. — bis zum Schlusse des J. 1874, nach Materien chronologisch geordnet. Ergänzungsband für alle 5 Ländergruppen. gr. 8. (136 S.) Ebendas. 875. *

Starr, Frz., Ergänzungsband zum vollständigen Sach- u. Nachschlage-Register zu sämmtlichen Landesgesetzblättern der im Reichsrathe vertretenen Königreiche u. Länder von deren Beginn 1849 bis zum Schlusse des J. 1878, nach Materien chronologisch geordnet. gr. 8. (IV, 220 S.) Wien 879. Manz. n. 3. 60 (Hauptwerk u. Ergänzungsbd.: n. 7. 60)

— vollständiges Sach- u. Nachschlage-Register zum österreichischen Reichsgesetzblatte von dessen Beginn 1849 bis zum Jahre 1872 nach Materien chronologisch geordnet. gr. 8. (428 S.) Ebend. 872. n. 6. —

—— Ergänzungs-Band [1872 bis Ende 1875] des vollständigen Sach- und Nachschlage-Registers zum österreichischen Reichsgesetzblatte nach Materien chronolog. geordnet mit einem 8000 Schlagwörter umfassenden Index über sämmtl. Bände des österreich. Reichsgesetzblattes von 1849 bis Ende des J. 1875. gr. 8. (IV, 256 S.) Ebendas. 876. *
Hauptwerk. Ebendas. 1872. *M 6.

Starr, Frz., vollständiges Sach- und Nachschlage-Register zum österreichischen Reichsgesetzblatte von dessen Beginn 1849 bis zum Schlusse des J. 1880, nach Materien chronologisch geordnet, mit einem 10000 Schlagworte umfass. alphabet. Index über sämmtl. Bände des österreich. Reichsgesetzblattes von 1849 bis Ende des J. 1880. 3. Aufl. gr. 8. (XII, 592 S.) Wien 881, Manz'sche Hofverlagsb. *

Starschedel, Alb. von

—— et G. Fries, nouveau dictionnaire proverbial complet. Franç.-allem. et allem.-franç. gr. in-12. (19 B.) Arau 836, [Sauerlaender, Vrlsh.]

Starschedel, Alb. de, Manuel de la Conversation des deux nations. — Neuestes Handb. d. Unterhaltungssprache beider Völker. 16. (15 B.) Paris 836, Merklein. (Leipzig, Hermann.) *

—— französ. Schulgrammatik. gr. 12. (11 B.) Iserlohn u. Barmen 837, Langewiesche. *

Starschedel, Alb. v., französische Schulgrammatik. (Neue Ausg.) 8. (258 S.) Barmen 847, Langewiesche.

Start 1894, enth. die im J. 1894 in Deutschland gelauf. Flach-, Hinderniss- u. Trabrennen. gr. 16. (II, 193 S.) Berlin 895. (H. Steinitz.) n. 1. —

— 1895, enth. d. im J. 1895 in Deutschland u. Dänemark gelauf. Flach-, Hinderniss- u. Trab-Rennen. 12. (XVI, 197 S.) Ebd. 896. n.n. 1. 50; kart. n. 2. —

— 1896, enth. die im J. 1896 bis incl. 10. Aug. in Deutschland gelauf. Flach-, Hinderniss- u. Trab-Rennen. 12. (139 u. 31 S.) Ebd. 896. n.n. 1. 20

— 1896, enth. die im J. 1896 in Deutschland gelauf. Flach-, Hinderniss- u. Trab-Rennen, sow. Anh. üb. d. in Oesterreich-Ungarn u. Dänemark gelauf. deutschen Pferde. (Jahres-Ausg.) Hrsg. v. Benno Fürstenheim. 12. (204 u. 64 S.) Ebd. 897. n.n. 2. —

— 1897, enth. die im J. 1897 in Deutschland gelauf. Flach-, Hinderniss- u. Trab-Rennen, sow. Anh. üb. d. in Oesterreich-Ungarn gelaufenen deutschen Pferde. Hrsg. v. Benno Fürstenheim. 12. (200 u. 68 S.) Ebd. 897. n.n. 2. 50; geb. n.n. 3. —

Start 1898—1902. (Jahres-Ausg.) 12. Berlin (H. Steinitz.) n.n. 15. 50

1898. Enth. die im J. 1898 in Deutschland gelaufenen Flach- u. Hinderniss-Rennen. Hrsg. von Benno Fürstenstein. (246 u. 77 S.) 899. n.n. 2. 50
1899. Enth. die im J. 1899 in Deutschland u. Dänemark gelaufenen Flach- u. Hinderniss-Rennen nebst Register, Gewinn-Statistik, Gewichts-Tabellen etc. (XXX, 271 u. 68 S.) (900.) n.n. 4. —
1900. Enth. die im J. 1900 in Deutschland u. Dänemark gelaufenen Flach- u. Hinderniss-Rennen, nebst Register, Statistiken, Gewichts-Tabellen etc. (VII, 314 S.) (901.) n.n. 3. —; Ausg. m. Trabrennen. (VII, 314 u. 85 S.) n.n. 4. —
1901. Dasselbe 1901. (IV, 364 S.) (902.) n.n. 3. —
1902. Enth. die im J. 1902 in Deutschland, Schweiz u. Dänemark gelaufenen Flach- u. Hinderniss-Rennen, nebst Register, Statistiken, Gewichts-Tabellen etc. etc. (IV, 389 S.) (902.) n.n. 3. —

Start 1903—1906. (Jahres-Ausg.) 12. Berlin (H. Steinitz.) n.n. 13. —

1903. Enth. die im J. 1903 in Deutschland, Schweiz u. Dänemark gelaufenen Flach- u. Hinderniss-Rennen, nebst Register, Statistiken, Gewichts-Tabellen etc. etc. (IV, 414 S.) n.n. 3. —; m. Trab-Rennen. (IV, 414 u. 107 S.) n.n. 4. —
1904. Enth. die im J. 1904 in Deutschland, Schweiz u. Dänemark gelaufenen Flach- u. Hinderniss-Rennen. (IV, 430 S.) (905.) n.n. 3. —; m. Trab-Rennen. (IV, 430 u. 118 S.) n.n. 4. —
1905. Enth. die im J. 1905 in Deutschland, Schweiz u. Dänemark gelaufenen Flach- u. Hinderniss-Rennen. (IV, 428 S.) (906.) n.n. 3. —; m. Trab-Rennen. (IV, 428 u. 125 S.) n.n. 4. —
1906. Enth. die im J. 1906 in Deutschland, Luzern u. Kopenhagen gelaufenen Flach- u. Hindernis-Rennen. (IV, 430 S.) n.n. 4. —

Start 1907, enth. d. im J. 1907 in Deutschland, Luzern u. Kopenhagen gelaufenen Flach- u. Hindernis-Rennen, nebst Register, Statistiken, Gewichts-Tabellen etc. etc. (Jahres-Ausg.) (LVIII, 433 S.) 16. Berlin (H. Steinitz). n.n. 5. —

Startchevsky, A. de, la Russie polyglotte. Guide linguistique, pour les voyageurs en Russie, contenant 14 langues: russe, polonaise, allemande, suédoise, finnoise, petite-russe, tatare [de Kazane], yacoute, toungouse [haute], sarte, persanes [tadjique], arménienne, géorgienne et tatare de Caucase. [Mots les plus nécessaires, phrases et aperçus grammaticales.] 16. (XX, 322 S.) St. Petersburg 888. (Hoenniger.) 3. —

Startschewsky, A. v. Die wahre [lebende] Weltsprache. [Vereinfachte Methode zur Erlernung derselben.] Autoris. Uebersetzung v. Mieskowski. 12. (62 S.) St. Petersb. 890, Hoenniger. 1 —

Startz, Gustav [aus Cleve am Rh.]: Ueber Harnsäureausscheidung bei Diabetes mellitus. . . . Cleve am Rhein, Buchdr. v. W. Startz, 1891: 35 S.
Freiburg i. B., Med. Fak., Inaug.-Diss. v. 1891

Startz, Wilh., der Käserechner oder prakt. Rechenknecht für Käse-Producenten und für das damit Handel treibende Publikum. 8. (III und 169 S.) Cleve 863, Startz. geb. *

Stärtzenbach, C. O., das Versandgeschäft. Erfahrungen aus d. Praxis f. die Gründg., Leitg., Korrespondenz u. Reklamekunst e. Versandgeschäftes f. Kaufleute, Fabrikanten, Gewerbetreibende, Erfinder u. Reklamechefs. (94 S.) 8. Berlin (909). Kommerzieller Verl. 3. 50

Starving, H., Upton Sinclairs Hungerkur od. das gelöste Geheimnis: Wie man vollkommen gesund wird u. bleibt, s.: Willst du gesund werden? Nr. 80.

Starý, A., der Einjährig-Freiwillige. Zusammenstellung u. Erläuterg. der f. die im Reichsrathe vertretenen Königreiche u. Länder gilt. einschläg. Bestimmg. d. Gesetzes vom 2. Octbr. 1882, d. Artikels VI. der m. Circular-Verordng. d. k. k. Reichs-Kriegs-Ministerium vom 1. Novbr. 1882 Präs.-Nr. 6731 herabgelangten Durchführungsbestimmgn. der bisher in Kraft besteh. Instruction zur Ausführg. der Wehr-Gesetze vom J. 1868 u. sonst. Nachtrags-Verordngn. gr. 8. (55 S.) Leitmeritz 884. Martin. n. 1. —

Stary, Josef *Landes-Schulinspector Dr. Ferdinand Maurer.* 8 (S. 36—38). **Progr.** K. k. erstes Staats-G. *Graz* 1892.

Starý, W., u. Frdr. Čecháč, physikalische Diagramme u. Bilder zur Erläuterung der Prinzipien u. Apparate beim Unterrichte in der Physik an Hochschulen, Militäranstalten, Mittelschulen, Gewerbeschulen, Lehrer- u. Lehrerinnenbildungsanstalten etc. 8 (lith., z. Thl. farb.) Taf. in 11 Blättern. Imp.-Fol. Nebst kurzgefasster Beschreibg. gr. 8. (7 S.) Prag 886. (Neugebauer.) n. 8. —

Starykoń, Jos., dawniéj za wcześnie dzisiaj z późno. Obrazek z życia codziennego w III. aktach. Dresden 870. Kraszewski. 8. (64 S.) n. 10 ngr.

— Opiekun. Komedya w V. aktach. Ebend. 870. 8. (165 S.) n. 24 ngr.

Starż, Józef Aleks., Stanisław Żółkiewski. Obraz historyczny z czasów Stefana i Zygmunta III. królów. 2 Tomy. gr. 8. (CXXII und 415 S. mit chalkotyp. Portr.) Berlin 851, Behr's Buchh.

Starzec z gór powieść dla dzieci. 8. (4½ B.) W Toruniu 843, Lambeck.

STARZENBACH H. M von. Systematische und historische Abhandlung von den Haaren des menschl. Körpers . . . von –. Kurzbeck, Wien 1781. 1 vol. 43 S.

Starzenbecher, Dr, In der Veranda. Gewählte Feuilletons. Leipzig 1863. Kl. 8⁰. (1 Mk. 50 Pfg. A. Bielefeld, 1897.)

Starzengruber, Jos., die Jod-, Brom- u. Lithionhaltige Salzquelle zu Hall nächst Steyr in Oesterreich ob der Enns. 12. (4⅔ B.) Linz 843, Fink.

Starzengruber, Thdr., die Wahrheit über die Fleischtheuerung in Wien. Ein Beitrag zur Lösung der Fleisch-Approvisionirungsfrage mit besond. Berücksicht. der Regierungs-Enquête des J. 1881. gr. 8. (V, 122 S. mit 1 Tab.) Wien 882, (Hölder.) *

Starzer Albert: Beiträge zur Kritik der steirischen Reimchronik.
H. 1888 PN 525 Diss. Wien. Univ. 716

Starzer, Alb., s.: Briefsammlung, e. Wiener, zur Geschichte des Deutschen Reiches etc.

Geschichte der landesfürstlichen Stadt Klosterneuburg von Dr. Albert Starzer. Aus Anlaß d. 600jähr. Jubelfestes d. Stadt Klosterneuburg hrsg. von d. Stadtgemeinde Klosterneuburg. Klosterneuburg: Stadtgemeinde 1900. (XIV, 629 S.) 8° [F.] [07. 6341]

Geschichte der landesfürstlichen Stadt Korneuburg. Von Albert Starzer. *Korneuburg: Stadtgemeinde 1899.* (XVI, 752 S.) 8° [F.] [07. ...]

Starzer, Alb., die Konstitutionierung der Ortsgemeinden Niederösterreichs. Im Auftrage des Statthalters in Niederösterreich u. m. Benützg. der amtl. Quellen verf. (VII, 244 S.) gr. 8. Wien 904. Niederösterreich. Statthalterei. (Nur direkt.) n. 1. 80

— die landesfürstl. Lehen in Steiermark von 1421—1546, s. a. Veröffentlichungen der histor. Landes-Commission f. Steiermark.

Dr. Albert Starzer. (Wien.) Die landesfürstlichen Lehen in Steiermark von 1421–1546. *Graz: Hist. Landes-Comm. 1902.* (456 S.) 8° [F.]
= Veröffentlichungen d. Hist. Landes-Commission f. Steiermark. 17. [04. 4701]

Starzer, Dr. Albert. Die landesfürstlichen Lehen in Steiermark von 1421—1546. (Aus:) „Veröffentlichungen der historischen Landes-Commission für Steiermark.“ XVII. 8. Graz 1903.

Starzer, Alb., s.: Mitteilungen d. k. k. Archivs f. Niederösterreich.

— s.: Quellen zur Geschichte der Stadt Wien.

Starzer, Alb., s.: Topographie v. Niederösterreich.

Starzyński, Stanisl. Ritter von. Das Reichsgericht u. die Virilstimmen. Ein staatsrechtl. Studium. gr. 8. (III, 79 S.) Lemberg 890, (Milikowski). * 2 —

Staś i jadwisia. Powiastki dla grzecznych dzieci przez autorkę obrazów wieku dziecinnego (Bronisł. Kamińskę). qu. 16. (81 S. mit 8 ill. Stnt.) Breslau 853. [Berlin,] Schletter's Verlag.

Stas, Jean Servais

Stas, J. S. Untersuchungen über die Gesetze der chemischen Proportionen, über die Atomgewichte u. ihre gegenseitigen Verhältnisse. Uebers. von L. Aronstein. Leipzig 867. Quandt & Händel. gr. 8. (XII, 345 S. mit 23 in den Text gedr. Abbild. in Holzschn. u. 1 Taf. in Holzschn.) n. 2 Thlr 20 ngr.

Staesche, Traugott: De Demetrio Ixione grammatico. Halis Saxonum 1883: Gebauer-Schwetschke. 59 S. 8°
Halle-Wittenberg, Phil. Diss. v. [10. Febr.] 1883
Geb. Klein-Ellguth (Kr. Oels) 28. 2. 1859. V.

Stascheck, Theodorus *(geb. Rybnik in Oberschles. 18. 5. 1816)*: Descriptio casus rarioris febris puerperalis. Vratislaviae (1841). (32 S.) 8°
Breslau, Med. Diss. v. 30. Nov. 1841

Staschek, Fl.: Ein Beitrag zur speziellen Kenntniss des gestirnten Himmels zum Behufe der klssischen Lektüre in Gymnasien. Je 13 S.– Leitomischl, Progr. 1853 - 56 .

Staschek, Fl.: 1. Etwas über Astrognosie. 8 S.
2. Beitrag zur speziellen Kenntnis des gestirnten Himmels. 52 S. in 4 Jahrg.–Leitomischl, Progr. 1852–1856

Staschek, J. Florus, die erleuchtete Vorhalle zum Tempel des Unendlichen. Anleitung zur näheren Kenntniß der sichtbaren Himmelskörper mit Angabe der Mythen, welche das Alterthum an die ihm bekannten Sterngruppen knüpfte, und der Veranlassung zur Aufnahme mehrerer Sternbilder in neuerer Zeit. Leitomischl 859. (Leipzig, Volckmar.) gr. 8. (VIII, 336 S. m. 2 Tab. in 4. u. Fol. u. Portr. des Verf. in Stahlst.) n. 1 Thlr 20 ngr.

Stasiński, Jan [aus Konarzewo]: '(Aus d. pharmakolog. Institut d. Univ. Würzburg.)' Beiträge zur Physiologie des Geruchsinnes ... Posen, gedr. in d. Buchdr. v. F. Chocieszyński, 1894; 2 Bl., 34 S., 1 Bl. 8.
Würzburg, Med. Fak., Inaug.-Diss. v. 1894

Stasiński, Joseph. (geb. Mrozowo in Posen 18. 5. 1837): De rationibus quae inter Poloniam et imperium Romano-Germanicum Ottonum imperatorum aetate intercedebant. Berolini (1862). (80 S.) 8°
Berlin, Phil. Diss. v. 7. Aug. 1862

Stasiński, Jos., de rationibus quae inter Poloniam et imperium romano-germanicum Ottonum imperatorum aetate intercedebant. (Dissertatio inauguralis.) gr. 8. (III und 80 S.) Berlin 862, Peiser.

Stasov, Vladimir Vasil'evič

— über Shakespeares Kaufmann von Venedig u. das Shylok-Problem. Autoris. Uebersetzg. aus dem Russ. v. Wilh. Henckel. (60 S.) gr. 8. München 905. A. Buchholz. n. 1. —

Stassoff, Wladimir, L'ornement hébraique, s.a. Günsburg, Dav.

L'Ornement Hébreu par Vladimir Stassof [Vladimir Vasil'evič Stasov] et David Gunzburg [Günzburg]. [Texte. Atlas.] Berlin: S. Calvary (1886–)1905. 1 Bd 2°, 1 Bd gr.2°
[Texte.] 1905.
[Atlas.] Ornementation des anciens manuscrits hébreux de la bibliothèque imp. publ. de St. Pétersbourg. Texte archéol. par le bn D. Gunzburg [Günzburg]. Texte artist. et hist. par Wladimir Stassoff [Stasov]. Publ. par Mr le bn Horace Gunzburg [Günzburg]. 1886(–1905).
[Umschlagt.:] [Hebr. u. Ant.] Sijjūrē Jisrāēl. L'ornement hébraique par D. Gunzburg [Günzburg] et V. Stassoff. [05. 366

Stassoff, W., L'Ornement national russe. 1re livr. Broderies, tissus, dentelles. Édition de la Société d'encouragement des artistes. Avec texte explicatif. Fol. (XX, 25 S. mit eingedr. Holzschn. und 75 Chromolithogr. in Fol. und Imp.-Fol.) Petersburg 872, Devrient. *

Staum, J. H., de omine in nomine. Goth. 735. 4.

Stassart, de, Fables. Translated from the 7. edition of the original by John Henry Keane. gr. 18. (XXIV und 349 S.) Brussels and Leipzic 850, Muquardt. *

— s.: Lettres, 18, de Frédéric-Guillaume de Brandebourg.

—— Notice sur Guillaume-Eugène-Joseph Baron de Wal, commandeur de l'ordre teutonique. gr. 8. (15 S.) Bruxelles 848, (Muquardt.) *

Staffen, Frz., ein Dantekranz, s.: Hochhammer, Paul.

— s.: Familien-Chronik.

Staffen, Frz., Faust, s.: Teuerdank.

— Götter, s.: Teuerdank.

Stassen, Frz., u. Emil Henschel, der Kampf um's Dasein, ausgef. nach Ideen v. Carl Wilh. Küchenmeister. gr. 4. (32 farb. Blatt.) Friedenau-Berlin 896. C. W. Küchenmeister. In Mappe 45. —

— Parsifal. 15 Bilder zu Richard Wagner's Bühnenweihfestspiel. (15 S. Text.) 47×38 cm. Berlin 901. Fischer & Franke. In Tuch-Mappe 80. —

— Romanzen, Balladen, Legenden in Bildern, s.: Jungbrunnen.

— Tristan u. Isolde. 12 Bilder zu Richard Wagner's Tondichtg. gr. Fol. (2 Bl. Text.) Berlin (899). Düsseldorf, Fischer & Franke. Auf Japanpap. in Leinw.-Mappe 75. —; Luxusausg. auf Atlas n. 500. —

Stassen, Julius: Ansprüche des Besitzers wegen Verwendungen dem klagenden Eigentümer gegenüber. *Bonn 1898: K. Drobnig.* (34 S.) 8°
Erlangen, Jur. Diss. v. 11. Jan. 1898

Stassen, Karl, a. Bonn: Synthesen mittelst Acetondicarbonsäureestern. Bonn 1907: S. Foppen. (72 S.) 8°
Bonn, Phil. Fak., Ref. Anschütz, Diss. v. 6. Aug. 1907
[Geb. 16. Febr. 81 Königswinter; Wohnort: Bonn; Staatsangeh.: Preußen; Vorbildung: Oberrealsch. Bonn Reife O. 03; Studium: Bonn 2, München 1, Bonn 7 S.; Rig. 5. Juni 07.]

Stassfurt [Schlagwort]

Stassfurt, s.a. Bergbau. Precht.

— s. a.: Preussen. Messtischblätter.

Stassfurt. Keutel, Karte v. Stassfurt u. Leopoldshall. Im J. 1894 nach vorhand. Plänen gezeichnet u. durch neue Aufnahmen vielfältig ergänzt. 1 : 4000. 71 × 106,5 cm. Aubeldr. Stassfurt 895. (R. Weicke.) n.n. 5. —

Stassfurt. Plan v. Stassfurt u. Leopoldshall. Reducirt nach vorhandenen Plänen v. F. Reuter. 1 : 6000. 46× 61 cm. Autogr. u. kolor. Stassfurt (906). Gebr. Schenoker. n. 1. —

Stassoff, s. Stasov

Stastny, Alf., das Programm der Bauernschaft Österreichs f. die nächste Reichsrathsperiode. Festgestellt v. der hiezu beauftragten Kommission. Die Begründg. desselben ausgearb. v. A. S. 12. (224 S.) Tábor 891. (W. Kraus.) n. — 60

Šťastný, J., Lepař, J., a Sokol, J., Čítanka pro školy obecné. Ausgabe in acht Theilen. 5. Theil Durchgesehene Ausgabe. K. k. Schulbücher-Verlag. 1893. Inhalbleinen-Einband —.40
(Min.-Erl. v. 18. October 1893, Z. 1545.)
Wien.

— Čítanka pro školy obecné. Ausgabe in fünf Theilen. 4. Theil. Durchgesehene Ausgabe. K. k. Schulbücher-Verlag. 1893. In Leinwand gebunden — 50
Wien.

Šťastný, J., Lepař, J., a Sokol, J., Čítanka pro školy obecné. Ausgabe in drei Theilen. 2. Theil. Durchgesehene Ausgabe. K. k. Schulbücher-Verlag. 1893 In Leinwand geb. — 36
Wien.

Stastny, Jarosl., die Beköstigung im Prager k. k. allg. Krankenhause, m. Berücksicht. der Beköstigg. in anderen öffentl. Krankenanstalten des Pachtsystems u. der Eigenregie dargestellt gr. 8. (III, 85 S. m. 2 Formularen.) Wien 893. Urban & Schwarzenberg. n. 2. 50

Stastny, Jar., grundsätzl. Bestimmungen (Statut) f. Krankenhäuser in fremden Ländern. (128 S.) 8. Leipzig 910. F. Leineweber. 2. 40

Šťastný, Jaroslav. Die Geschichte u. der gegenwärtige Zustand d. k. k. allgemeinen Krankenhauses in Prag. Zur Feier d. 100jähr. Bestandes übersichtl. dargestellt. gr. 8. (67 S. m. 8 Plänen, 8 Bl. Erklärgn. u. 1 Portr.) Prag 891, Calve. * 4 —

— Über die Kontrolle des Verbrauches d. Roh-Ware f. die Beköstigung in Krankenhäusern. (32 S.) 8. Ebd. 907. — 80

— **Speise-Ordnung des Prager allgem. Krankenhauses im J. 1905. (28 S.) 31×23,5 cm. Ebd. 907. 2.—**
2 Sonderabdrucke aus: „Ztschr. f. Krankenanst."

– Der gegenwärtige Stand der Nibelungenfrage. Prag, Phil. Diss. 1896/97

de Staszewski, Car. (geb. Allenstein): De intestinorum ulceribus tuberculosis et perforatione inde orta. Berolini (1843). (27 S.) 8°
Berlin, Med. Diss. v. 31. Jan. 1843

State, the present, of the finances and currency in Austria. By an impartial observer. Translated from the 2. Edition of the German Original. Leipzic 853. Armbruster. (Baireuth, Seligsberg.) gr. 8. (64 S.) 15 ngr.

A **Statement** of the German-Danish Question with reference to the propositions for its adjustements lately made by Great Britain. Leipzig. 1863. 8°.

Der Deutsche Staten Islander : 1867t—1909t
Weekly. Democratic, 1881–1908. Dated also at Stapleton (Town of Edgewater). Circulation: 1880, 680; 1890, 800; 1900, 900. Edited & published by John Schiefer, 1878?—1890; edited by Paul Mellien, & published by M. & Paul Mellien, 1891; edited & published by Adolph Schenck, 1892—1909.
Staten Island, NY

Staten Islander Deutsche Zeitung : 1876t—1879t
Democratic weekly. Dated also at Stapleton (Town of Edgewater). Circulation: 1878, 300. Edited & published by Carl Herborn, 1876—79.
Staten Island, NY

Staten Island Post : 1888—1924t
Weekly. Title varies: STATEN ISLAND POST UND SÜD NEW YORKER ANZEIGER, 1920—24. Dated at Stapleton (Town of Edgewater), 1888–1917. Circulation: 1890, 1200; 1900, 700; 1910, 1200; 1915, 1100. Edited by R. Tornwaldt, & published by Hugo Ackler, 1888–89; edited & published by Hugo Kessler, 1890—1901; edited by Andreas Schaefer & published by Hugo Kessler, 1902—29; edited & published by Hugo Kessler, 1910–20; edited by Louis Heymann, & published by Hugo Kessler Estate, 1921–24.
Staten Island, NY

States: The United States of Europa
① A Weekly Paper published by the International Leage of Peace and Liberty - Supplement for English Reader ⑤ 5. 1. 1868 ⑥ 2° ⑦ Wochenblatt ⑧ Bern: Rieder & Simmen ⑫ international ⑭ Ge: P ⑮ v. aussi: Les Etats-Unis d'Europe (sous 15) et Die Vereinigten Staaten von Europa (sous 15).

States: The United States of Europe
v. Les Etats-Unis d'Europe.

Statescu, Constantin: Beiträge zur Kenntnis der Reflexion des Lichtes an einer dünnen Metallschicht. Göttingen 1909: Kaestner. 42 S. 8°
Göttingen, Phil. Diss. v. 20. Nov. 1909, Ref. Voigt
[Geb. 1. Dez. 78 Pitesti; Wohnort: Pitesti; Staatsangeh.: Rumänien; Vorbildung: Gymn. Pitesti Reife 97; Studium: Bukarest 6, Berlin 1, Göttingen 4 S.; Rig. 23. Juni 09.] [U 10. 1471

States-Weltmann, Der Untadeliche. O. O. u. J. V: *Sehestedt, J. S.* (Collin, Anonymer. Kiobenh. 1869.)

[S.] Süd-Afrika wie es ist. Von F[rancis] Reginald Statham. Aus d. Engl. übs. v. P. Baltzer. *Berlin: J. Springer 1897.* (2 Bl., 299 S.) 1 Bd 8. [97. 1137

Stathaus, Vict., neuester Rathgeber u. Wegweiser, Briefsteller u. Gelegenheits-Dichter f. Personen beiderlei Geschlechts z. Behufe ihres guten u. wahren Glückes in d. Liebe. 8. ($10\frac{1}{8}$ B.) Grätz 836, [Kienreich's Vrlg.-Compt.]

– – s.a. Statthäus

Stati: Gli Stati Uniti d'Europa
v. Les Etats-Unis d'Europe.

Stati, s.: Statius.

STATINS, FRANZ. Beiträge zur Kenntnis der Benzenyltetrazotsäure. Königsberg in Pr., 1896.

Station, die, im Busch, s.: Indianer- u. Volksbibliothek.

Station, la, climatérique du Bürgenstock, s.a. L'Europe, illustrée. 188.

Station. La st' climatérique du Bürgenstock au bord du lac des IV Cantons. Avec 1 vue coloriée [hors texte], 14 Illustrations [dont 3 planches], 2 gravures doubles et un plan. [Avec] Une carte au revers. (L'Europe illustrée. N° 188.) 8. Zurich ([18]98).

Station climatérique de Schoeneck sur le Lac des Quatre-Cantons.... 5e éd. revue et considérablement augmentée. [Avec 1 vignette, 1 planche et 1 carte.] 8. (Zürich) 1894.

Station, erdmagnetische, zu Lübeck. Beiheft zu den Mitteilgn. der geograph. Gesellschaft u. des naturhistor. Museums zu Lübeck. Bearb. v. W. Schaper. 6. Heft. (41 S.) gr. 8. Lübeck 903. Lübcke & Nöhring.
Heft 1—5 sind nicht separat erschienen. n. 2. —

Station, die lustige. Briefe aus u. üb. Wörrishofen. Von Quidam. gr. 8. (47 S.) Nürnberg 896. Wörlein & Co. — 60

Station, Die neolithische von Butmier bei Sarajewo in Bosnien. Herausgegeben vom bosnisch-hercegovinischen Landesmuseum. Ausgrabungen im Jahre 1893. Bericht von W. Radimzký. Vorwort von M. Hörnes. Mit einem Beitrage von C. Schröter und 1 Plane, 20 Tafeln und 25 Abbildungen im Text. Folio. (54 S.) Geb. 25. –
Wien: Holzhausen 1895.

Station f. Pflanzenschutz zu Hamburg. (Botanische Staatsinstitute, Abteilung f. Pflanzenschutz). X. 1907/08. Hamb. 1909. 4°.

POSTILLONS, Des Neu-erscheinenden, erste Station, darinnen in 12 Felleisen allerhand Alte u. Neue, Inn u. Ausländische rare Historische Curiositäten eröffnet werden. 12 Hfte. Dressden 1720—23. 8°. (Cplt. in Dresden.)
Sehr selten! Stellenw. derb u. frei. — Noch mehr erschienen?

Station, Des Neu-erscheinenden Postillons Erste [und zweite], darninnen in zwölf Felleisen allerhand Alte und Neue Inn- und Ausländische Historische Curiositäten eröffnet werden von J. C. C. Dresden 1720—1723. V: *Crell, Johann Christian* (?). (BGE II³, 78—79)

Stationen, 3mal 15, d. Kreuzstrafe für die im Wege der Reinigung büßenden Pilger. 8. Würzb. 775. (Frkf. a. M., Wesché). 4 gr

(U.-Titel:) Stationen | oder: | Kreuzwegsandacht. | (Fig.: *Kreuz mit Pflanzenschmuck*, 33 × 30) | Eine nützliche Uebung zur Fastenzeit, | und zu jeder andern, wenn wir etwas | recht Wichtiges und Heiliges denken und | thun wollen. Das Wort Station | bezeichnet den Punkt, wo wir mit unserer | Betrachtung verweilen. | Ottobeuren, | gedruckt bei Joh. Baptist Ganser 1852.
24 S., 132 × 85.
Diöz.-B. Rottenburg.

Stationen der Liebe Jesu und unserer Gegenliebe. Regensburg 1873. V: *Stöger, Johann Nep.* (Jes)

Stationen der Liebe Jesu u. unsere Gegenliebe. [Aus den kleinen Lesungen.] 2. Aufl. 16. (16 S.) Graz 873. Moser. — 20

Stationen der Deutschen Tiefsee-Expedition 1898–99. Leipzig-Reudnitz 1899: A. Hoffmann. (33 S.) 4° [Umschlagt.]

Stationen, die vier, des Lebens. Ein Gesellschaftsspiel. Mit ill. Karten. Wien, Müller. 20 Ngr

Stationen, die vierzehn, des heiligen Kreuzweges in Liedern, Freysing 859. (Datterer.) 16. (53 S.) n. 5 ngr

Stationen, Die vierzehn, des heiligen Kreuzweges in Liedern. 2. Aufl. Freising 1860. V: *Lösch, Hedwig.* (Bücher-Samml. d. hist. Ver. v. u. f. Oberbayern. Münch. 1867.)

Stationen, die XIV, d. heiligen Kreuzwegs nach Compositionen der Malerschule d. Klosters Beuron. qu. Fol. (14 Lichtdr.) Mit einleit. u. erklär. Text v. Paul Keppler. gr. 8. (IV, 67 S.) Freiburg i/B. 891. Herder. In Mappe u. kart. n. 10.—; in Leinw.-Mappe u. kart. n. 13. 50; Text allein kart. n. 1. 20

— dasselbe. qu. Fol. (14 Lichtdr.) Mit einleit. u. erklär. Text v. Paul Keppler. 2. Aufl. gr. 8. (IV, 76 S. m. Illustr.) Ebd. 892. In Halbleinw.-Mappe n. 10. —; in Leinw.-Mappe n. 13. 50

Stationen, die XIV. des hl. Kreuzwegs nach Compositionen der Malerschule des Klosters Beuron. qu. Fol. (14 Lichtdr.) Mit einleit. u. erklär. Text von Paul Wilh. v. Keppler. 3. Aufl. gr. 8. (III, 77 S. m. 4 Abb.) Freiburg i/B. 899. Herder. In Halbleinw.-Mappe n. 10.—; in Leinw.-Mappe n. 13.50

Stationen, die XIV, des hl. Kreuzwegs nach Kompositionen d. Malerschule d. Klosters Beuron. (14 Lichtdr.) 35×45 cm. Mit einleit. u. erklär. Text von Paul Wilh. v. Keppler. 4. Aufl. (III, 77 S. m. 4 Abb.) gr. 8. Freiburg i/B. 904. Herder. In Halbleinw.-Mappe n. 12.—; in Leinw.-Mappe n. 15. 50

Stationen, die auf dem Wege nach dem St. Johannikirchhof zu Nürnberg aufgestellten sieben, nebst der Kreuzigung und Grablegung Christi ein Meisterwerk des Bildhauers Adam Kraft aus dem Ende des XV. Jahrhunderts. Gez. von Carl Heller. Lithogr. von Thdr. Rothbart. 2. Aufl. — Les sept stations et crucifiement et descente de croix de N. S. Jésus Christ. Chef-d'oeuvre du sculpteur Adam Kraft de Nuremberg. 2. Édition. gr. 4. (9 Stnt. in Tondr. und 8 S. deutscher und französ. Text.) Nürnberg 850, Bauer und Raspe.

Stationen, zwey, Lustspiel von Th. Hell. 8. Leipzig, Hinrichs. 817.

Stationen, zwei; Lstspl. nach d. Französ. d. Picard v. Th. Hell. 8. Leipz. 818. Hinrichs. 8 Ngr

Stationenandacht, eucharistische, zum Gebrauche beim 40stünd. Gebete u. bei Sühnandachten vor ausgesetztem hochwst. Gute. Passend f. private Betrachtgn. Hrsg. v. d. General-Direktion d. „Priester d. Anbetg.". 240.—280. Taus. 16. (32 S.) Feldkirch 896. Lindau, J. Lutz. n. — 10; Ausg. m. großem Druck, 280.—300. Taus. (61 S.) n. — 20; m. Sühnungs-Offizium zu Ehren des allerhlst. Altarsakraments. (64 S.) n. — 20

Stationenbüchlein, od. d. Schmerzensweg unsr. Heilandes J. Chr. in Jerusalem. 12. Würzb. Stahel. 791.

Tiroler Stationen- und Touren-Tabellen. Mit Zusammenstellung der Gebirgsgruppen und höchsten Gipfel, Wagentouren, Alpenpässe und neuen Höhencoten — bearbeitet von Julius Meurer. Wien. 1899. Artaria & Co. 8°. fl. —.90

(F) Prochaska's Stationenverzeichnis des Post-, Eisenbahn-, Telegraphen-, Telephon- und Dampfschiffverkehres in Oesterreich-Ungarn. XXVIII. Jahrgang 33. vollständig berichtigte und erweiterte Auflage von Albin Edlen von Manussi-Montesole. Wien und Teschen. [1899.] Prochaska. 8°. 169 S. fl. —.80

(F) **Prochaska's** Stationen-Verzeichnis des Post-, Eisenbahn-, Telegraphen-, Telephon- und Dampfschiff-Verkehrs in Oesterreich-Ungarn. 31. Jahrg. 1902. 36. Aufl. Gr.-8°. (178 S.)
Teschen: Prochaska.

(F) **Prochaskas** Stationenverzeichnis des Post-, Eisenbahn-, Telegraphen-, Telephon- und Dampfschiffverkehrs in Österreich-Ungarn. 88. Aufl. 33. Jahrg. Ausgabe für 1904. 8°. (176 S.) K 1.60
Teschen: Prochaska.

Prochaskas Stationenverzeichnis des Post-, Eisenbahn-, Telegraphen-, Telephon- und Dampfschiffverkehres in Österreich-Ungarn. 1905. 34. Jahrg. Gr.-8°. (179 S.) K 1.60
Teschen: Prochaska.

Prochaskas Stationenverzeichnis des Post-, Eisenbahn-, Telegraphen-, Telephon- und Dampfschiffverkehres in Österreich-Ungarn. 35. Jahrg. 40. Aufl. Gr.-8°. (179 S.) K 1.60
Teschen: Prochaska.

Prochaska's Stationenverzeichnis des Post-, Eisenbahn-, Telegraphen-, Telephon- und Dampfschiffverkehrs in Österreich-Ungarn. 41. Aufl. 36. Jahrg. 1907. 8°. (182 S.) K 1.60
Teschen: Prochaska.

Prochaskas Stationenverzeichnis des Post-, Eisenbahn-, Telegraphen-, Telephon- und Dampfschiffverkehrs in Österreich-Ungarn. 39. Jahrg. Ausgabe für 1910. 8°. (203 S.) K 2
Teschen: Prochaska.

Vollständiges Stationen-Verzeichniß für den Post-, Eisenbahn-, Telegraphen- und Dampfschiff-Verkehr in Österreich-Ungarn. 10. Aufl. Teschen 1875. 8°. (1. Aufl. 1872.)

— Dass. 15. Aufl. 1880.

— Dass. 28. Aufl. 1894.

Stationen-Verzeichniss, vollständiges, für den Post-, Eisenbahn-, Telegraphen- und Dampfschiff-Verkehr in Oesterreich-Ungarn. Mit einer (lithogr.) Verkehrskarte der ganzen Monarchie in 4 Blättern (gr. Fol.). 8. Aufl. 1873. *M* 1,20., und 9. und 10. verm. und verb. Aufl. 16. (95 S.) Teschen 874,75. Prochaska. *

Stationes viae S. Crucis, Editio nova. 32. (14 S.) Bregenz 886, Teutsch. *

Stationsbüchlein des heil. Kreuzweges. 12. Würzb. 782. Stahel. 2 Ngr

[F.] Stations-Statistik der Preussischen Staatseisenbahnen. Hrsg. im Minist. d. öffentl. Arb. nach d. Angaben d. kgl. Eisenbahn-Direktionen. *Berlin: Dr. v. H. S. Hermann* 1895. (1063 S.) 1 Bd 8.

Stations-Statistik d. preußischen Staatseisenbahnen. Hrsg. im Ministerium d. öffentl. Arbeiten nach d. Angaben d. kgl. Eisenbahn-Direktionen. gr. 8. (1063 S.) Berlin 895. (J. Springer.) Kart. n. 10.—

Stations-Tarif, alphabet. geordneter, f. Frankfurt a. M., enth.: Eil- u. Frachtgut-(Staffel-)Sätze nach u. von deutschen Stationen. Giltig ab 1. X. 1898. Nach amtl. Quellen bearb. schmal gr. 8. (107 S.) Frankfurt a/M. 898. (R. Hülsen.) n. 3. —

Stations-Verzeichniß der preußischen Staatseisenbahnen, nebst Angabe üb. Lage, Verhältnisse, Betriebseinrichtgn. etc. der einzelnen Stationen. Hrsg. im Ministerium der öffentl. Arbeiten nach den Angaben der königl. Eisenbahn-Direktionen. gr. 8. (966 S.) Berlin 892. J. Springer. Kart. n. 10. —

Stationsverzeichnis f. die königl. sächs. Staatseisenbahnen u. der mitverwalteten Privatbahnen. Nach dem Stand vom 1. XI. 1899 u. unter Berücksicht. der Neuorganisation aufgestellt. Amtl. Ausg. 12. (236 S.) Dresden 899. C. Heinrich. n. — 80

STATIST, DER RAFFINIRTE, Nach seiner Regiersucht in Politicis, Verkehrten Art in Oeconomicis, Und Passionirtem Wesen in Judiciariis. Andern zur ergötzenden Warnung und reifferm Nachdencken aufgeführet. Nebst einer Vorrede. Hamburg, S. Heyl und G. Liebezeit, 1709. 12°. 6 Bl. 288 S. 12 Bl. *Mit einem gefalteten Titelkupfer (Der Statist als modisch gekleideter Stutzer „aposteriori" dargestellt).* Leicht benutzter roter Pbd. d. Z. m. Goldornamenten, Rücken verblaßt.

Statistica della Svizzera. 154ª Dispensa. 1° Volume. Fascicolo 6°. 4. Berna, A. Francke, Libraio Editore, stamperia Neukomm & Zimmermann, 1907. [fr. 2.50]

s. Risultati del [primo] censimento federale delle aziende....
Nur italienisch ersch.; die übrigen Hefte nur deutsch-französisch,
s. Statistik der Schweiz — Statistique de la Suisse.

Statistik der Aktiengesellschaften. Eine tabellarische Uebersicht der Banken, Eisenbahnen, Versicherungen, Dampfschiffahrt, Spinnereien, Berg- und Hüttenwerke etc. mit Angabe ihres Gesammtkapitals, Zahl und Nominalbetrags der Aktien, geleistete Einzahlungen und bisherige Dividende. 1 Bog. in Fol. Frankfurt a. M. 857, Brönner. *

Aus dem „Aktionär" besonders abgedruckt.

Statistik der deutschen und österreichisch-ungarischen Aktien-Gesellschaften. [Bis Ende 1883,84,85,86.] Fol. (à Jahrg. 12 S.) Frankfurt a. M. 885—88, (Jaeger'sche Buchh.) à Jahrg. *

Vorstehende vier Jahrgänge sind aus: Frankfurter Aktionär, besonders abgedruckt.

Statistik der deutschen u. österreichisch-ungarischen Aktien-Gesellschaften pro 1887/88—88/89. [Beilage zum »Aktionär«.] Frankfurt a. M. 1889—90. Fol.

Statistik d. deutschen u. österreich-ungar. Aktiengesellschaften pro 1888/89—1891/92. [Beilage d. Aktionärs.] Fol. (à Jahrg. 12 —16 S.) Frankf. a. M., (Jaeger's Verlag). à Jahrg. * 1 —

Allgemeine Statistik der Reichstagswahlen von 1903. Nebst e. kartogr. Darstellung. Bearb. im Kais. Statist. Amt. *Berlin: Puttkammer & Mühlbrecht 1904.* (93 S.) 4°
= Vierteljahrshefte z. Statistik d. Dtsch. Reichs. 1903, Erg.H. 4. [04. 8783]

Allgemeine Statistik der Reichstagswahlen von 1903. Nebst e. kartogr. Darstellung. Bearb. im Kais. Statist. Amt. T. [1.] 2. Berlin: Puttkammer & Mühlbrecht 1904. 2 Bde 4° [Umschlagt. J.]
= Vierteljahrshefte z. Statistik d. Dtsch. Reichs. Erg.H. zu 1903, IV u. 1904, I. [04. 8163]

Statistik der Alpen von Deutsch-Tirol. Hrsg. auf Kosten des k. k. Ackerbau-Ministeriums vom Central-Ausschusse der k. k. nordtirol. Landwirthschafts-Gesellschaft unter der Redaction von Ludw. Graf: I.—IV. Imp.-4. Innsbruck, Wagner'sche Universitäts-Buchh. *

Inhalt:
I. Gerichtsbezirk Kitzbühel. (S. 1—86.) 878. * M 1,50.
II. Gerichtsbezirk Hopfgarten. (S. 87—136.) 878. * M 1,30.
III. Gerichtsbezirke Kufstein und Rattenberg. (S. 137—232.) 879. * M 1,60.
IV. Gerichtsbezirke Zell, Fügen und Schwaz. (S. 233—345.) 879. * M 2.

Statistik der Alpen von Deutsch-Tirol. Hrsg. auf Kosten des k. k. Ackerbau-Ministeriums vom Central-Ausschusse der k. k. nordtirol. Landwirthschafts-Gesellschaft unter der Redact. von Ludw. Graf. V.—XII. (Schluß). gr. 4. Innsbruck, (Wagner'sche Universitäts-Buchh.) *

Inhalt:
V. Gerichtsbezirke Hall, Innsbruck, Mieders und Steinach. (S. 347—436.) 880. * M 1,60.
VI. Gerichtsbezirke Telfs, Silz und Imst. (S. 437—520.) 881. * M 1,50.
VII. Gerichtsbezirke Landeck, Ried und Nauders. (S. 521—582.) 881. * M 1,20.
VIII. Gerichtsbezirk Reutte. (S. 583—626.) 881. * 90 Pf.
IX. Gerichtsbezirke Glurns, Schlanders, Passeier, Meran, Lana. (S. 627—724.) 881. * M 1,92.
X. Gerichtsbezirke Kaltern, Neumarkt, Bozen, Kastelruth, Klausen, Sarnthal, Sterzing und Brixen. (S. 725—834.) 881. * M 2,24.
XI. Gerichtsbezirke Taufers, Bruneck, Enneberg, Buchenstein, Ampezzo, Welsberg, Sillian, Lienz und Windischmatrei. (S. 835—1022.) 882. * M 3,40.
XII. Die Alpenwirthschaft in den einzelnen deutsch-tirolischen Gebieten, nebst einer übersichtl. Zusammenstellung sämmtl. Alpen in Deutschtirol und Namensregister. (S. 1023—1081.) 882. * 84 Pf.
I.—IV. (Ebendas.) 1878,79. * M 6,40.

Statistik, die amtliche, Deutschlands. Der 9. Tagung des internationalen statist. Instituts, Berlin, den 21.—25. IX. 1903, vorgelegt vom kaiserl. statist. Amt. (38 S.) gr. 8. Berlin 903. C. Heymann. n. 1. —

Statistik (Zur) der Arbeiterverhältnisse. Hrsg. auf Veranlassung des K. K. Handelsministeriums. I. Humanistische Anstalten. gr. 8°. Wien, Hof- u. Staatsdr., 1869.

Statistik der öffentlichen Armenpflege im Jahre 1885. Hrgg. vom Kaiserlichen Statistischen Amt. Berlin. 1887. = Statistik des Deutschen Reichs. Neue Folge. Bd. 29. 4°.

Statistik d. öffentl. Armenpflege im Königr. Böhmen, im Auftr. d. h. Landesausschusses zusammengest. v. statist. Bureau d. Landesculturrathes f. das Königr. Böhmen auf Grund d. individuellen Erhebungen vom J. 1890. gr. 8. (VIII, XXVIII, 71 S. m. 3 farb. Karten.) Prag 894. (J. G. Calve.) n. 3. —

Statistik der in der Schweiz niedergelassenen Aerzte, Zahnärzte, Apotheker und Hebammen, auf den 1. Januar 1902 abgeschlossen. Separat-Abdruck aus dem Sanit.-demograph. Wochenbulletin der Schweiz, Jahrg. 1902. — Statistique des médecins, dentistes, pharmaciens et sages-femmes pratiquant en Suisse, au 1er Janvier 1902. Extrait du « Bulletin sanitaire et démographique suisse », Année 1902. 8 S. 8. Berne, C. Sturzenegger, 1902.

Statistik d. ansteck. Augenkrankhn unt. d. Militärpflicht. d. preuß. Staates i. d. J. 1895, 96 u. 97. Berlin 1899.

Statistik der Ausverkäufe im Jahre 1895. Zusammengestellt vom statistischen Departement im k. k. Handelsministerium. (Separat-Abdruck aus der Monatsschrift „Austria". September-Heft 1896.) Lex.-8. (16 S.) —.30
Wien: Hof- u. Staatsdruckerei 1896.

Statistik der Ausverkäufe im Jahre 1896. Zusammengestellt von statistischen Departements im k. u. k. Handelsministerium. Lex. 8. (16 S.) —.30
Wien: Hof- u. Staatsdruckerei 1897.

Statistik der Ausverkäufe im Jahre 1897. Zusammengestellt vom statistischen Departement im k. k. Handelsministerium. Lex.-8. (17 S.) Wien: Hof- u. Staatsdruckerei 1898. —.30

Statistik der Ausverkäufe im Jahre 1898. Zusammengestellt vom Statistischen Departement im k. k. Handelsministerium. Separatabdruck aus der Monatsschrift „Austria“ (Augustheft 1899). Wien. 1899. Hof- und Staatsdruckerei. 4°. 17 S. fl. —.30

Statistik der Ausverkäufe im Jahre 1900. Zusammengestellt vom Statistischen Departement im k. k. Handelsministerium. Wien. 1901. Hof- und Staatsdruckerei. 4°. 17 S. K—.60

Statistik der Ausverkäufe im J. 1901. Zusammengestellt vom statist. Departement im k. k. Handelsministerium. gr. 4. (17 S.) Wien 902. (Hof- u. Staatsdruckerei.) n. — 60

Statistik der Ausverkäufe im J. 1902. Zusammengestellt vom statist. Departement im k. k. Handelsministerium. (17 S.) Lex.-8. Wien 903. (Hof- u. Staatsdruckerei.) n. — 60

— der Ausverkäufe im J. 1906. Zusammengestellt v. handelsstatist. Amte im k. k. Handelsministerium. (25 S.) Lex. 8. Ebd. 907. — 60
Fortsetzg. u. d. T.:

— der Ausverkäufe in d. im Reichsrate vertretenen Königreichen u. Ländern im J. 1907. Hrsg. v. handelsstatist. Amte im k. k. Handelsministerium. (23 S.) Lex. 8. Ebd. 908. — 60

— der Banken, s.: Statistik, österreichische.

— u. Beamten-Schematismus d. Grossgrundbesitzes u. der landwirthschaftlichen Industrien Böhmens. Mit e. (farb.) agronomisch-industrialen Karte d. Königr. Böhmen. gr. 4. (IV, 461 S.) Prag 891. (H. Dominicus.) Kart. n. 20. —

— des Bergbaues in Österreich f. d. J. 1906. Als Fortsetzg. d. statist. Jahrbuches des k. k. Ackerbauministeriums, 2. Heft: „Der Bergwerksbetrieb Österreichs“. 3. Lfg. Hrsg. vom k. k. Ministerium f. öffentl. Arbeiten. 31,5×24,5 cm. Ebd. 4. —
Gebarung, die, u. die Ergebnisse der Krankheits-, Mortalitäts- u. Invaliditätsstatistik der Bergwerksbruderladen im J. 1905. Zugleich als Bericht vom Minister f. öffentl. Arbeiten dem Reichsrate in Gemäßheit d. Gesetzes v. 28. VII. 1889, R.G.Bl. Nr. 127, mitgeteilt. (161 S.) 908.

— dasselbe f. d. J. 1907. 3 Lfgn. Hrsg v. k. k. Ministerium f. öffentl. Arbeiten. Ebd. 12. —
1. Die Bergwerksproduktion (m. Ausschluss d. Naphthagewinng.). (208 S.) gr. 8. 908. 3. —
2. Betriebs- u. Arbeiterverhältnisse beim Bergbau. Naphthastatistik. Hrsg. v. k. k. Ministerium f. öffentl. Arbeiten. (371 S.) gr. 8. 908. 5. —
3. Die Gebarg. u. die Ergebnisse der Krankheits-, Mortalitäts- u. Invaliditätsstatistik der Bergwerksbruderladen im J. 1906. Zugleich als Bericht v. Minister f. öffentl. Arbeiten dem Reichsrate in Gemäßheit d. Gesetzes v. 28. VII. 1889, R.G.Bl. Nr. 127, mitgeteilt. Hrsg. vom k. k. Ministerium f. öffentl. Arbeiten. (156 S.) 31,5×24.5 cm. 909. 4. —

— dasselbe f. d. J. 1908. 3 Lfgn. Hrsg. v. k. k. Ministerium f. öffentl. Arbeiten. Ebd. 12. —
1. Die Bergwerksproduktion (m. Ausschluss d. Naphthagewinng.). (201 S.) gr. 8. 909. 3. —
2. Betriebs- u. Arbeiterverhältnisse beim Bergbau. Naphthastatistik. (383 S.) gr. 8. 909. 5. —
3. Die Gebarg. u. die Ergebnisse der Krankheits-, Mortalitäts- u. Invaliditätsstatistik der Bergwerksbruderladen im J. 1907. Zugleich als Bericht vom Minister f. öffentl. Arbeiten dem Reichsrate in Gemäßheit d. Gesetzes v. 28. VII. 1889, R.G.Bl. Nr 127, mitgeteilt. Hrsg. vom k. k. Ministerium f. öffentl. Arbeiten. (155 S.) 32×24,5 cm. 910. 4. —

— dasselbe f. d. J. 1909. Als Fortsetzg. d. statist. Jahrbuches d. k. k. Ackerbau-Ministeriums. 2. Heft: „Der Bergwerksbetrieb Österreichs“. 1. Lfg. Die Bergwerksproduktion (m. Ausschluss d. Naphthagewinng.). Hrsg. v. k. k. Ministerium f. öffentl. Arbeiten. (230 S.) gr. 8. Ebd. 910. 3. —

Statistik der Oberschlesischen Berg- und Hüttenwerke. Hrsg. vom Oberschlesischen Berg- und Hüttenmännischen Verein. Jg. 1882—1903. Kattowitz, 1883—1904.

Statistik der Oberschlesischen Berg- und Hüttenwerke für das Jahr 1909. Kattowitz 1910

Statistik d. Stadt Berlin. Geburt., Aufgebote u Eheschliess. usw. 1904. 4° Berlin 1905

Statistik der Universität Berlin. (Verf.: Dr. Friedrich Lenz.) [Halle a. d. S.: Waisenhaus 1910.] S. 484–536. 4°
Aus: Lenz, Max: Geschichte d. Univ. Berlin. 3. (11. 1410 9

— Berliner, hrsg. vom statist. Amt der Stadt Berlin. 1.—4. Heft. gr. 4. Berlin, P. Stankiewicz. n.n. 14. 40
1. A. Der Milchverbrauch in Berlin. B. Der Omnibus-, Strassenbahn- u. Eisenbahn-Personenverkehr in Berlin von 1896—1902. (V, 48 S. m. 3 Taf.) 903. n. 2. 40
2. Die Ergebnisse der Grundstücks- u. Wohnungsaufnahmen im J. 1900 in Berlin u. den Nachbargemeinden, die seit 1900 in Berlin alljährlich leerstehenden Wohnungen u. entstandenen Neubauten. (V, 85 S. m. 1 Taf.) 904. n. 3 —
3. Lohnermittelungen u. Haushaltrechnungen der minder bemittelten Bevölkerung im J. 1903. (VIII, 61 u. 75 S. m. 1 Taf.) 904. n.n. 5. 40
4. Beiträge zur Finanzstatistik der Stadt Berlin u. der benachbarten Gemeinden. (V, 89 S. m. 1 farb. Karte.) 906. n.n. 3. 60

Statistik der Berufsarten des Kantons Zürich nach der Volkszählung vom 1. Dez. 1870. Zürich 1875. 4.

Statistik über die Beteiligung der Turnvereinsmitglieder des Königreiches Sachsen (XIV. Turnkreis) am deutsch-französischen Kriege 1870/71, Leipzig 1872, 16 S., 8°.

Statistik d. Bevölkerung Ungarns. Mit 20 polychrom. Cartogrammen. Deutscher Auszug aus d. in ungar. Sprache erscheinenden Statistik Ungarns. gr. 8. (VIII u. 198 S.) Wien, Georg Szelinsky. 2 fl. 50 kr. 1885.

Statistik der Bewegung der Gefängnisbevölkerung in der Schweiz während des Jahres .... Hrg. vom statistischen Bureau des eidg. Departements des Innern ... = Statistique du mouvement d'entrée et de sortie dans les prisons de la Suisse pendant l'année .... Par le Bureau de statistique du Département fédéral de l'Intérieur. ... 8 S. 8. [Bern.] St[alder] & S[ieber] (*1900/05: [B' St', & S']).
... 1900. ... Ausgegeben den 25. April 1901. ... — ... 1901. ... Ausg' den 10. Mai 1902. ... — ... 1902. ... Ausg' den 10 Mai 1903. ... — ... 1903. ... Ausg' den 25. Juni 1904. ... — ... 1904. ... Ausg' den 25. April 1905. ... — ... 1905. ... Ausg' den 25. April 1906. ... — ... 1906. ... Ausg' den 25. Mai 1907. .. — ... 1907. ... Ausg' den 25. Mai 1908. ... — ... 1908. ... Ausg' den 25. Mai 1909. ... — ... 1909. ... Ausg' den 25. März 1910. ... — ... 1910. ... Ausg' den 25. Mai 1911. ...

—— des Bezirkes der Handels- und Gewerbekammer Zittau [Kreishauptmannschaft Bautzen]. Tabellarischer Theil des Berichtes der Handels- und Gewerbekammer Zittau für die J. 1871—1877. gr. 8. (XV, 598 S.) Bautzen 879, (Rühl.) *

Statistik, bildliche, oder graphische Darstellung der wichtigsten statist. Verhältnisse europäischer Staaten, mit besonderer Berücksichtigung d. Oesterreichischen Monarchie, in farbigen Karten mit erläut. Notizen. 1. Lfg. enthaltend die Uebersichten der relativen Bevölkerung von 1) Oesterreich u. 2) Preußen u. Norddeutschland. gr. Fol. (2 farbige lith. Karten, m. 4 S. Text in 4.) Wien 848, J. Bermann. 1/2 ß

Statistik der Binnenschiffahrt [im Deutschen Reich]. Bearb. im Kaiserlichen Statistischen Amt. Jg. 1883. 1884. 1892—1907. Berlin, 1884—1908.

Statistik der landwirtschaftlichen Bodenbenutzung und des Ernteertrags in Württemberg im Jahre 1901. Stuttgart: W. Kohlhammer in Komm. 1903. (49 S.) 4° [Umschlagt. F.]
Aus: Württemb. Jahrbücher f. Statistik u. Landeskunde. Jg. 1903. (03. 3316 9

— der Brände im preußischen Staat, s.: Statistik, preußische.

Statistik d. böhmischen Braunkohlenverkehrs. Mit 9 (lith.) Uebersichtskarten (in qu. u. gr. Fol.) Teplitz 871. (Pörzler.) n. 1. 20

— dasselbe im Jahre 1872. Mit e. (chromolith.) Specialkarte d. Eisenbahnnetzes im nordwestl. Böhmen, e. graph. Karte der Verfrachtgn. der Kohlen zu Wasser u. zu Lande in Fol.) u. mehreren graph. Darstellgn. (in 4. u. Fol.) hoch 4. (92 S.) Dresden 873. (Gilbers.) n.n. 3. —

Statistik des Böhmischen Braunkohlenverkehrs. Hrsg. von der Direktion der Außig-Teplitzer Eisenbahngesellschaft. 4., 6., 20.—34 Jg. (1872. 1874. 1888—1903). Teplitz, 1873—1904.

—— des böhmischen Braunkohlen-Verkehrs im J. 1876 und 1878. Hrsg. von der Direction der Aussig-Teplitzer Eisenbahn-Gesellschaft. Lex.-8. (74 S. mit 1 lithogr. und color. Verfrachtungskarte in gr. Fol.; XXII, 48 S.) Teplitz 877,79. (Dresden, Gilbers'sche Verlagsh.) à Jahrg. *

— d. böhmischen Braunkohlen-Verkehrs im J. 1888. Mit 1 graph. Verfrachtungskarte. Hrsg. v. der Direction der Aussig-Teplitzer Eisenbahn-Gesellschaft. Lex.-8. (XXXV, 63 S.) Teplitz 889. (Dominicus Nachf.) n. 2. —

— dasselbe, im J. 1889. Mit e. chronologisch-statist. Taf. üb. Productions-, Transport- u. Absatz-Verhältnisse böhm. Braunkohlen v. J. 1861—1889. Hrsg. v. der Direction der Aussig-Teplitzer Eisenbahn-Gesellschaft. Lex.-8. (XLIII, 71 S.) Ebd. 890. n. 2. —

—— d. böhmischen Braunkohlen-Verkehrs im J. 1888—1891. XX.—XXIII. Jahrg. Hrsg. v. der Direction der Aussig-Teplitzer Eisenbahn-Gesellschft. Lex.-8. (XXXV, 63; XLIII, 71; XLIII, 78; XXXVI, 80 S.) Teplitz, (Becker). à Jahrg. * 2 —
Ausserdem liegt bei: Dem XX. u. dem XXIII. Jahrg. je 1 graph. Verfrachtungskarte, dem XXI. Jahrg. 1 chronolog.-statist. Taf. über Productions-, Transport- u. Absatz-Verhältnisse böhm. Braunkohlen v. J. 1861—1889, u. dem XXII. Jahrg. 1 Uebersichtskarte d. Teplitz-Brüx-Komotauer Kohlenreviers.

— dasselbe im J. 1892. Mit e. chronologisch-statist. Taf. üb. Productions-, Transport- u. Absatz-Verhältnisse böhm. Braunkohlen vom J. 1861 bis 1892. 24. Jahrg. Lex.-8. (XLVII, 80 S.) Ebd. 893. n. 2. —

— dasselbe im J. 1893. Mit 1 graph. Verfrachtungs-Karte u. 1 Situations-Plan der Station Aussig sammt Umschlagsplätzen. 25. Jahrg. Lex.-8. (XLVII, 97 S.) Ebd. 894. n. 2. —

— des böhmischen Braunkohlen-Verkehrs im J. 1894. Mit 1 Karte der Teplitz-Brüx-Komotauer Kohlenreviere. 26. Jahrg. Hrsg. v. der Direction d. Aussig-Teplitzer Eisenbahn-Gesellschaft. Lex.-8. (XLIII, 82 S.) Teplitz 895. (A. Becker.) n. 2. —

— dasselbe im J. 1895. M. 1 Karte d. Kohlenreviere Komotau, Elbogen u. Falkenau. 27. Jahrg. Lex.-8. (XLIII, 87 S.) Ebd. 896. n. 2. —

— dasselbe im J. 1896. M. d. bis m. 1896 ergänzten chronologisch-statist. Tabelle d. Kohlenproduction u. d. Kohlentransporte. 28. Jahrg. gr. 8. (XLII, 80 S.) Ebd. 897. n. 2. —

— dasselbe im J. 1897. M. ein. graph. Darstellungen. (1 farb. Taf.) 29. Jahrg. gr. 8. (XLIV, 82 S.) Ebd. 898. n. 2. —

— des böhmischen Braunkohlenverkehrs in d. J. 1898—1901. 30.—33. Jahrg. Hrsg. v. der Direction der Aussig-Teplitzer Eisenbahn-Gesellschaft. gr. 8. Teplitz (A. Becker). à n. 2. —
30. Mit einigen graph. Darstellgn. (1 farb. Taf.) (XIV, 80 S.) 899.
31. (L, 90 S.) 900.
32. (LXIII, 98 S. m. 1 farb. Taf.) 901.
33. (LXIII, 92 S. m. 1 farb. Taf.) 902.

— des böhmischen Braunkohlenverkehrs in d. J. 1902—1905. 34.—37. Jahrg. Hrsg. v. der Direktion der Aussig-Teplitzer Eisenbahn-Gesellschaft. (LXIII, 92; LXIX, 94; LXIV, 98 u. LXVII, 100 S. m. 1, 1, 3 u. 3 farb. Taf.) Lex.-8. Teplitz-(Schönau) 903—906. (A. Becker.) à n. 2. —

— des böhmischen Braunkohlenverkehrs in d. J. 1906—1909. 38.—41. Jahrg. Hrsg. v. d. Direktion d. Aussig-Teplitzer Eisenbahn-Gesellschaft. (LXVIII, 105; LXXI, 113; LXXI, 112 u. CXXXII, 114 S. m. je 3 farb. Taf.) Lex. 8. Teplitz-Schönau 907—10. (A. Becker.) à 2. —

—— Breslauer. Im Auftrage des Magistrats der königl. Haupt- und Residenzstadt Breslau hrsg. vom städt. statist. Bureau. 1. Serie: Die Errichtung und Einrichtung des städtischen statistischen Bureaus von Ernst Bruch. 5 Hefte. Lex.-8. Breslau, Morgenstern. [1. Heft. (S. 1—60.) 876. *ℳ 1,60.; 2. Heft. (S. 61—164 mit 1 Uebersichtsplan von Breslau und 1 lithogr. Taf.) 876. *ℳ 3.; 3. Heft. (S. 165—234 mit 11 autogr. Taf.) 876. *ℳ 2,40.; 4. und 5. Heft. (S. 235—410.) 877. *ℳ 5.] * 12 —

Statistik, Breslauer. Im Auftrage des Magistrats der königl. Haupt- und Residenzstadt Breslau hrsg. vom städt. statist. Bureau. 2. Serie. 4 Hefte. gr. 8. Ebendas. 877. [1. Heft. ($6^3/_4$ Bog.) *ℳ 1,50.; 2. Heft. ($7^3/_4$ Bog.) *ℳ 3.; 3. Heft. ($8^3/_4$ Bog.) *ℳ 3,60.; 4. Heft. (4 Bog.) *ℳ 2,80.] * 11 —

—— dass. — 3. Serie. 3 Hefte. gr. 8. Ebendas. 879. [1. Heft. ($6^3/_4$ Bog.) *ℳ 2.; 2. Heft. (6 Bog.) *ℳ 2,40.; 3. Heft. ($6^1/_4$ Bog.) *ℳ 2,60.] * 7 —

—— Breslauer. Im Auftrage des Magistrats der königl. Haupt- und Residenzstadt Breslau hrsg. vom städt. statist. Bureau. 4. Serie. 4 Hefte. Lex.-8. Breslau 879, Morgenstern's Verlag. [1. Heft. (III, S. 1—104.) *ℳ 1,50.; 2. und 3. Heft. (S. 105—318.) *ℳ 5.; 4. Heft. (S. 319—434.) *ℳ 3.] *

—— dass. — 5. Serie. 3 Hefte. Lex.-8. Ebendas. 880. [1. und 2. Heft. (XVI, S. 1—194 mit 2 Stnt.) *ℳ 4,40.; 3. Heft. (S. 195—282.) *ℳ 2,60.] *

—— dass. — 6. Serie. 3 Hefte. Lex.-8. Ebendas. 881. [1. Heft. (S. 1—118.) *ℳ 3.; 2. und 3. Heft. (S. 119—276.) *ℳ 4,20.] *

—— dass. — 7. Serie. 3 Hefte. Lex.-8. Ebendas. 882. [1. Heft. (S. 1—124.) *ℳ 3.; 2. und 3. Heft. (S. 125—284.) *ℳ 4,40.] *

—— dass. — 8. Serie. 3 Hefte. Lex.-8. Ebendas. 883. [1. Heft. (S. 1—98.) *ℳ 3.; 2. Heft. (S. 99—166 b mit 1 Stnt.) *ℳ 1,80.; 3. Heft. (III, S. 167—276.) *ℳ 3.] *

—— dass. — 9. Serie. 4 Hefte. Lex.-8. Ebendas. [1. und 2. Heft. (XII, 156 S.; S. 1—128.) 885. *ℳ 7,50.; 3. Heft. (S. 129—248 mit 2 Stnt.) 884. *ℳ 3.; 4. Heft. (S. 249—328.) 885. *ℳ 2.] *

—— Breslauer. Im Auftrage des Magistrats der königl. Haupt- und Residenzstadt Breslau hrsg. vom statist. Amt der Stadt Breslau. 10. Serie. 5 Hefte. Lex.-8. Breslau, Morgenstern Verlagsh. [1. und 2. Heft. (S. 1—202 mit 4 Stnt.) 885. *ℳ 5.—; 3. und 4. Heft. (XIV, S. 203—376.) 887. *ℳ 6.—; 5. Heft. (S. 377—482 mit 4 Stnt.) 886. *ℳ 2.50.] *

—— dass. — 11. Serie. 4 Hefte. gr. 8. Ebendas. [1. Heft. (90 S. mit 1 Chromolithogr.) 887. *ℳ 2.40.; 2. Heft. (VI, 114 S.) 888. *ℳ 3.—; 3. Heft. (94 S.) 888. *ℳ 2.40.; 4. Heft. (138 S. mit 2 graph. Stnt.) 888. *ℳ 3.60.) *

—— Breslauer. Im Auftrage d. Magistrats der königl. Haupt- u. Residenzstadt Breslau hrsg. vom statist. Amt der Stadt Breslau. 12. Bd. 1. u. 3. Heft. gr. 8. Bresl. 888, Morgenstern's Verlag. [1. Heft. (132 S. * 3 40; 3. Heft. (128 S. m. 2 graph. Steintaf.) * 3 60.] * 7 —
2. Heft ist noch nicht erschienen.

— Breslauer. Im Auftrage des Magistrats der königl. Haupt- u. Residenzstadt Breslau hrsg. vom statist. Amt der Stadt Breslau. 12. Bd. 2. Hft. gr. 8. (VI, VIII, 300 S. m. 1 graph. Taf.) Breslau (899). E. Morgenstern, Verl. n. 8. —; (12. Bd. kplt. n. 15. —)

—— dass. — 13. Bd. 4 Hefte. gr. 8. Ebd. [1. Heft. (120 S.) 890. * 2 —; 2. Heft. (138 S.) 889. * 2 —; 3. Heft. (IV, 106 S.) 891. * 1 80; 4. Heft. (IV, 180 S.) 890. * 2 40.] * 8 60

—— dass. — 14. Bd. 1., 2., 4. u. 5. Heft. gr. 8. Ebd. 892. [1. Heft. (112 S.) * 2 —; 2. Heft. (204 S.) * 2 40; 4. Heft. (204 S.) * 4 —; 5. Heft. (108 S.) * 2 80.] * 11 20
3. Heft ist noch nicht erschienen.

— Breslauer. Im Auftr. d. Magistrats d. kgl. Haupt- u. Residenzstadt Breslau hrsg. v. statist. Amt d. Stadt Breslau. 14. Bd. 3. Hft. gr. 8. (VIII, 114 S.) Breslau 895. E. Morgenstern, Verl. n. 3. 50
(14. Bd. kplt.: n. 14. 70)

— dasselbe. 15. Bd. 4 Hfte. Lex.-8. Ebd. n. 14. 50
1. (118 S. m. 2 graph. Taf.) 893. n. 3. —
2. (247 S. m. 5 Taf. u. 1 farb. Plan.) 893. n. 4. 50
3. 4. (V, 132 u. 149 S. m. 3 farb. Taf.) 894. n. 7. —

— dasselbe. 16. Bd. 4 Hfte. Lex.-8. Ebd. n. 14. 20
1. (126 S. m. 2 graph. Taf.) 895. n. 3. 20
2. (212 S. m. 2 graph. Taf.) 895. n. 3. —
3. (144 S.) 896. n. 3. —. — 4. (VIII, 251 S.) 896. n. 5. —

— dasselbe. 17. Bd. 3 Hfte. gr. 8. Ebd. n. 16. 50
1. (134 S.) 897. n. 3. —. — 2. (353 S.) 897. n. 7. 50
3. (VI, 306 S. m. 1 graph. Taf.) 898. n. 6. —

— dasselbe. 18. Bd. 1.—3. Hft. gr. 8. Ebd. n. 13. 20
1. Ergebnisse der Berufs- u. Gewerbezählung vom 14. VI. 1895. (VI, 180 S.) 900. n. 4. 60
2. (172 S. m. 3 graph. Taf.) 899. n. 4. 40
3. Beiträge zur Schülerstatistik. (163 S. m. 1 graph. Taf.) 900. n. 4. 20

— dasselbe. 19. Bd. 4 Hfte. gr. 8. Ebd. n. 16. —
1. (342 S.) 899. n. 6. —. — 2. (180 S.) 899. n. 4. 60
3. Der Grundbesitzwechsel, die Boden- u. Häuserpreise in Breslau während der letzten Jahrzehnte. Mit 4 Kurventaf. u. 1 Plane üb. die baul. Entwickelg. Breslaus. (VIII, 140 S.) 902. n. 2. —
4. (126 S.) 899. n. 3. 40

Statistik, Breslauer. Im Auftrage des Magistrats der königl. Haupt- u. Residenzstadt Breslau hrsg. vom statist. Amt der Stadt Breslau. 20. Bd. 3 Hfte. gr. 8. Breslau, E. Morgenstern, Verl. n. 13. 30
1. (108 S.) 900. n. 2. 80. — 2. (362 S.) 900. n. 7. 50
3. Jahresberichte städtischer Verwaltungen f. 1899/1900. (VIII, 379 S.) 901. n. 3. —

— dasselbe. 21. Bd. 3 Hfte. gr. 8. Ebd. n. 4. —
1. Bevölkerungswechsel, Erkrankungen, meteorologische u. physikalische Verhältnisse, Preise f. Nahrungsmittel etc. im J. 1899. (102 S.) 901. n. 1. —
2. Jahresberichte städtischer Verwaltungen f. d. Rechnungsj. 1900. (330 S. m. 4 [2 farb.] Taf.) 902. n. 2. —
3. Bevölkerungswechsel, Erkrankungen, meteorologische u. physikalische Verhältnisse, Preise f. Nahrungsmittel etc. im J. 1900. (VIII, 104 S.) 902. n. 1. —

— Breslauer. Im Auftrage des Magistrats der königl. Haupt- u. Residenzstadt Breslau Hrsg. vom statist. Amt der Stadt Breslau. 22. Bd. 3 Hefte. gr. 8. Breslau, E. Morgenstern, Verl. n. 4. 50
1. Ergebnisse der Bevölkerungs-, Grundstücks- u. Wohnungsaufnahme vom 1. XII. 1900. (112, 98 u. 7 S. m. 5 farb. Taf. u. 1 Formular.) 903. n. 1. 50
2. Bevölkerungswechsel, Erkrankungen, meteorologische Verhältnisse, Nahrungsmittelpreise im J. 1901, Sterblichkeitstafeln f. 1881/1900. (VIII, 132 S. m. 1. Taf.) 903. n. 1. —
3. Jahresberichte städtischer Verwaltungen f. d. Rechnungsjahr 1901. (351 S. m. 3 [2 farb.] Taf.) 903. n. 2. —

— dasselbe. 23. Bd. 3 Hefte. gr. 8. Ebd. n. 5. —
1. Krankenversicherung in den J. 1896—1900. Alters- u. Invalidenrenten seit 1891. (152 S. m. 4 graph. Taf.) 903. n. 2. —
2. Bevölkerungswechsel, Erkrankungen, meteorologische u. physikalische Verhältnisse, Preise f. Nahrungsmittel etc. im J. 1902. (104 S.) 904. 2. —
3. Jahresberichte städtischer Verwaltungen f. d. Rechnungsjahr 1902. (VIII, 380 S.) 904. 2. —

— dasselbe. 24. Bd. 3 Hefte. gr. 8. Ebd. n. 4 —
1. Statistisches üb. Löhne u. Arbeiter-Fürsorge. Zur Lehrerstatistik. (VIII, 88 S. m. 2 Taf.) 905. n. 1. —
2. Jahresberichte städtischer Verwaltungen f. d. Rechnungsjahr 1903. (324 S. m. 4 Taf.) 905. n. 2.
3. Bevölkerungswechsel, Erkrankungen, meteorologische u. physikalische Verhältnisse, Preise f. Nahrungsmittel etc. im J. 1903. Die leersteh. Wohngn. u. Geschäftslokale im Oktbr. 1904. (122 S. m. 1 Formular.) 905. n. 1. —

— dasselbe. 25. Bd. 3 Hefte. gr. 8. Ebd. n. 4. 50
1. Zur Statistik des Breslauer Grundbesitzes. (IX, 174 u. 12 S. m. 9 Taf.) 906. n. 1. 50
2. Bevölkerungswechsel, Erkrankungen, meteorologische u. physikalische Verhältnisse, Preise f. Nahrungsmittel etc. im J. 1904. (112 S.) 906. n. 1. —
3. Jahresberichte städtischer Verwaltungen f. d. Rechnungsjahr 1904. (423 S. m. Abbildgn. u. 7 Taf.) 906. n. 2. —

Statistik, Breslauer. Im Auftrage des Magistrats der kgl. Haupt- u. Residenzstadt Breslau hrsg. vom statist. Amt d. Stadt Breslau. 26. Bd. 3 Hefte. Lex. 8. Breslau, E. Morgenstern, Verl. 4. 50
1. Löhne in städtischen Betrieben. Preise f. Nahrungsmittel usw., Erkrankungen, Bevölkerungswechel im J. 1905. (180 S. m. 1 Taf.) 907. 1. 50
2. Kranken-, Alters- u. Invalidenversicherung seit 1901. (VIII, 146 S.) 909. 1. —
3. Jahresberichte städt. Verwaltgn. f. d. Rechnungsj. 1905. (376 S. m. 6 Taf.) 907. 2. —

— dasselbe. 27. Bd. 3 Hefte. Lex. 8. Ebd. 5. 20
I. Ergebnisse der Bevölkerungs-, Grundstücks- u. Wohnungsaufnahme v. 1. XII. 1905. (168 u. 8 S. m. 5 farb. Plänen u. 2 Formularen.) 909. 1. 10
II. Jahresberichte städt. Verwaltungen f. d. Rechnungsj. 1906. (482 S. m. 4 Taf.) 908. 2. 60
III. Bevölkerungswechsel, Erkrankgn., Witterg., Wasserstand, Preise f. Lebensmittel etc. in den J. 1906 u. 1907. (VIII, 226 S.) 909. 1. 50

— dasselbe. 28. Bd. I. u. II. Heft. Lex. 8. Ebd. nn 3. 50
I. Steuervorrechte u. Einkommen der Beamten, Einkommen v. Angestellten, Löhne der Arbeiter, Renten städtischer Arbeiter, Verhältnis d. Wohnungsmiete zum Einkommen, Ehen, Sterblichkeitstafel. (154 S.) 909. 1. —
II. Jahresberichte städt. Verwaltgn. f. d. Rechnungsj. 1909. (468 S. m. 4 Taf.) 909. nn 2. 50

— dasselbe. 29. Bd. II. Heft. Lex. 8. Ebd. 2. 50
II. Jahresberichte städt. Verwaltgn. f. d. J. 1908. (470 S. m. 5 Taf.) 910.
Heft I ist noch nicht erschienen.

Statistik der Deutschen Buchdrucker-Berufsgenossenschaft über die Betriebsverhältnisse des Jahres 1887, sowie über die Betriebsunfälle in der Zeit vom 1. Oct. 1885 bis 31. Dec. 1888. Herausg. vom Vorstande der Deutschen Buchdrucker-Berufsgenossenschaft. Leipzig 1889. 4. . . . . (ne.)

Statistik, Charlottenburger.
Hsg. vom Statistischen Amt der Stadt. Charlottenburg 1897 ff. V(Vorrede): *Hirschberg, Ernst.* (Berl)

[J.] Charlottenburger **Statistik.** Hrsg. v. Statist. Amt d. Stadt. (Vorr.. E[rnst] Hirschberg.) H. 1. *Charlottenburg: Dr. v. A. Gertz 1897.* 4. 198. 195

— Charlottenburger. Hrsg. vom statist. Amt d. Stadt. 1.–13. Hft. Lex.-8. Charlottenburg (C. Ulrich & Co.). n.n. 13. 95

1. Ergebnisse der Bevölkerungs- u. Wohnungsaufnahme vom 2. XII. 1895. (V, 41 S. m. 6 farb. Taf. u. 1 farb. Plan.) 897. n.n. 1. —
2. Stand der Bevölkerung, Eheschließungen, Geburten, Sterbefälle, Zuzüge u. Fortzüge. (V, 37 S. m. 2 farb. Plänen.) 898. n.n. — 80
3. A. Armenstatistik. B. Arbeiter-Kranken-Versicherung. (III, 33 S.) 898. n.n. — 80
4. Statistik der Neubauten, der leerstehenden Wohnungen, des Grundstückswerthes u. des Grundbesitzwechsels. (III, 30 S. m. 2 farb. Taf.) 898. n.n. — 80
5. Stand der Bevölkerung, Eheschließungen, Geburten, Sterbefälle, Zuzüge u. Fortzüge im J. 1898. (III, 35 S. m. 1 Taf.) 899. n.n. — 80
6. Statistik der Neubauten, der leerstehenden Wohnungen, des Grundstückswerthes u. des Grundbesitzwechsels im J. 1898. (V, 42 S.) 899. n.n. 1. —
7. A. Armenstatistik. B. Arbeiter-Kranken-Versicherung. C. Vereinsstatistik. (III, 52 S.) 899. n. 1. —
8. Stand, der, der Bevölkerung, die Eheschließungen, Geburten, Sterbefälle, Zuzüge u. Fortzüge sowie die Neubauten u. die leerstehenden Wohnungen im J. 1899, m. 2 farb. Stadtplänen. (54 S.) 900. n. 1. —
9. Beiträge zur Schulstatistik in Charlottenburg. (V, 50 S.) 900. n. 1. —
10. Stand, der, der Bevölkerung, die Eheschließungen, Geburten, Sterbefälle, Zuzüge u. Fortzüge, die Neubauten u. die leerstehenden Wohnungen, sowie Mittheilungen aus der Grundstücksaufnahme im J. 1900, m. e. farb. Stadtplan. (III, 52 S.) 901. n.n. 1. 75
11. Arbeiter-Kranken-Versicherung, Vereinsstatistik, Grundbesitzwechsel, sowie weitere Beiträge zur Schulstatistik. (V, 69 S.) 901. n.n. 1. 75
12. Stand u. Bewegung der Bevölkerung bis zum J. 1901 (Zu- u. Fortzüge, Eheschließungen, Geburten, Sterbefälle), die Neubauten, der Bodenwerth, der Grundbesitzwechsel u. die leerstehenden Wohnungen bis zum J. 1901. (III, 74 S.) 902. n.n. 1. 25
13. Ergebnisse der Grundstücks-Aufnahme vom 27. X. 1900 u. der Wohnungs-Aufnahme vom 1. XII. 1900 in der Stadt Charlottenburg sowie in den Nachbargemeinden Wilmersdorf, Friedenau, Schmargendorf, Grunewald. (V, 48 S.) 902. n. 1. —

Statistik, Charlottenburger. Hrsg. vom statist. Amt der Stadt. I. u. II. Ergänzungsheft. Charlottenburg (C. Ulrich & Co.) à n.n. 3. —

I. Grundstücks-Aufnahme, die, vom 27. X. 1900 u. die Wohnungs-Aufnahme vom 1. XII. 1900 in der Stadt Charlottenburg sowie in den Nachbargemeinden Wilmersdorf, Friedenau, Schmargendorf u. Grunewald. (VII, 64 S.) Imp.-4. 902.
II. Pläne, 20, v. Charlottenburg. Bevölkerungs- u. Wohnungs-Verhältnisse der Stadt graphisch darstellend. (III, 20 Bl. Text.) qu. Fol. (903.)

— Charlottenburger. Hrsg. vom statist. Amt der Stadt. 14.—19. Heft. Lex.-8. Charlottenburg (C. Ulrich & Co.) n.n. 6. 30

14. A. Armenstatistik der J. 1900/01 u. 1901/02 u. B. Neubauten des J. 1902. (III, 50 S.) 903. n.n. 1. —
15. Stand u. Bewegung der Bevölkerung bis zum J. 1902. (Zu- u. Fortzüge, Eheschließgn., Geburten, Sterbefälle) u. der Grundbesitzwechsel bis zum J. 1902. (III, 47 S.) 903. n.n. — 80
16. Beiträge zur Schulstatistik in Charlottenburg. (V, 59 S.) 904. n.n. 1. —
17. Grundstückswerte, Grundbesitzwechsel, leerstehende Wohnungen u. Neubauten bis zum J. 1903. (IV, 59 S.) 904. n.n. 1 —
18. Stand u. Bewegung der Bevölkerung bis zum J. 1903 (Eheschließungen, Geburten, Sterbefälle, Zu- u. Fortzüge) u. die gemeldeten Infektionskrankheiten, m. graph. Darstellgn. (IV, 72 S. m. 3 Taf.) 904. n.n. 1. 50
19. Arbeiter-Kranken-Versicherung. (V, 56 S. m. 2 graph. Taf.) 905. n.n. 1. —

— Charlottenburger. Hrsg. v. statist. Amt d. Stadt. 20.—22. Heft. Lex. 8. Charlottenburg, C. Ulrich & Co. nn 4. 50

20. Stand u. Bewegung der Bevölkerung in d. J. 1904 u. 1905 u. d. gemeldeten Infektionskrankheiten 1904/05. Mit 8 graph. Darstellgn. u. e. Plan v. Charlottenburg. (VI, 165 S.) 907. nn 2. —
21. Grundstücksstatistik f. d. J. 1904, 1905 u. 1906 u. die Ergebnisse d. Grundstücksaufnahme bei Gelegenheit d. Volkszählg. im J. 1905. (55 S.) 907. nn 1. —
22. Stand u. Bewegung der Bevölkerung in d. J. 1906–1908. (IV, 23 S.) 909. nn 1. 50

— der Dampfkessel, s.: Nachrichten üb. Industrie, Handel u. Verkehr.

— über die Dauer der Schienen in den Hauptgleisen der Bahnen d. Vereins deutscher Eisenbahn-Verwaltungen. Erhebungs-Jahre 1879/1881. Hrsg. v. der geschäftsführ. Direktion d. Vereins deutscher Eisenbahn-Verwaltgn. Imp.-4. (IV, 154 S. m. Abbildgn.) Berlin 884. (Wiesbaden, Kreidel.) n. 16. —

— über die Dauer der Schienen in den Hauptgeleisen der Bahnen. Erhebungs-Jahre 1879/1884. Hrsg. v. der geschäftsführ. Direktion des Vereins deutscher Eisenbahn-Verwaltgn. gr. 4. (IV, 125 S. m. 23 Taf.) Berlin 887. (Wiesbaden, Kreidel.) n. 20. —

— über die Dauer der Schienen. Erhebungs-Jahre 1879/90. Mit 18 Bl. Zeichngn. Hrsg. v. der geschäftsführ. Verwaltg. d. Vereins deutscher Eisenbahn-Verwaltgn. Fol. (VIII, 123 S.) Berlin 893. (Wiesbaden, C. W. Kreidel.) n. 20. —

— über d. Dauer d. Schienen. Erhebungs-J. 1879/1893. Mit 3 Bl. Zeichngn. Hrsg. v. d. geschäftsführ. Verwaltung des Vereins deutscher Eisenbahn-Verwaltgn. Fol. (IX, 171 S.) Berlin 897. (Wiesbaden, C. W. Kreidel.) n. 18. —

— über die Dauer der Schienen. Erhebungs-Jahre 1879/96. Mit 21 Bl. Zeichngn. Hrsg. v. der geschäftsführ. Verwaltung des Vereins deutscher Eisenbahn-Verwaltgn. Fol. (X, 185 S.) Berlin 899. (Wiesbaden, C. W. Kreidel.) n. 15. —

—— des zollvereinten und nördlichen Deutschlands. In Verbindung mit v. Dechen, Dove, Klotzsch und Ratzeburg unter Benutzung amtl. Aufnahmen hrsg. von Geo. v. Viebahn. (In 3 Thln.) 1. und 2. Thl. Lex.-8. Berlin, G. Reimer. à Bd. * 4 Thlr. 10 Ngr. *

Inhalt:

Thl. 1. Landeskunde. (XXVII und 1120 S.) 858.
" 2. Bevölkerung. Bergbau. Bodenkultur. (XVII und 1038 S.) 862.

Statistik des zollvereinten u. nördlichen Deutschlands. In Verbindung mit v. Dechen, Beutner I., Maron, Jäger u. Beutner II. unter Benutzung amtlicher Aufnahmen hrsg. von Geo. v. Viebahn. 2. Thl.: Bevölkerung, Bergbau, Bodenkultur. Berlin 862. G. Reimer. Lex.-8. (XVI, 1038 S.) n. 4 ℛ 10 ngr

— des zollvereinten u. nördlichen Deutschlands. Unter Benutzung amtl. Aufnahmen hersg. von Geo. v. Viebahn. 3. u. letzter Thl.: Thierzucht, Gewerbe, politische Organisation. Berlin 868. G. Reimer. Lex.-8. (XVI, 1208 S.) 5 ℛ 10 ngr

Statistik der württembergischen Einkommensteuer für 1905. – Ergebnisse der Veranlagung zur Einkommensteuer auf 1. 4. 05 von H v Zeller. (75 S) (Sonderdruck aus den Württ. Jahrbüchern 1906) 4° Stuttgart 1907

— — für 1907. 08. 09. 10. 4° Stuttgart 1908-11

Statistik und Einrichtungen der Jugend- und Schulsparkassen. Frankf. a. O. 1882. V: *Senckel, Ernst*. (Kat. der stat. Bureaus. Dresden 1890.)

Statistik der im Betriebe befindlichen Eisenbahnen Deutschlands, nach den Angaben der Eisenbahn-Verwaltgn. bearb. im Reichs-Eisenbahn-Amt. 1. Bd. Betriebsjahr 1880/1881. Fol. (XXIV, 673 S. m. 5 chromolith. Karten.) Berlin 882. Mittler & Sohn. n.n. 24. —

— dasselbe. 2. Bd. Betriebsjahr 1881/82. Fol. (VI, 543 S. m. 2 chromolith. Karten u. 1 Steintaf.) Ebend. 883. n.n. 16. —

— dasselbe. 3. Bd. Betriebsj. 1882/1883. Fol. (V, 534 S. m. 1 chromolith. Karte u. 1 graph. Steintaf.) Ebend. 884. n.n. 16. —

— dasselbe. 4. Bd. Betriebsj. 1883/1884. Fol. (IV, 535 S. m. 1 chromolith. Karte u. 2 graph. Steintaf.) Ebend. 885. n.n. 16. —

— dasselbe. 5. Bd. Betriebsj. 1884/1885. Fol. (IV, 542 S. m. 1 chromolith. Karte u. 2 graph. Steintaf.) Ebend. 886. n.n. 16. —

Statistik der im Betriebe befindlichen Eisenbahnen Deutschlands, nach den Angaben der Eisenbahn-Verwaltgn. bearb. im Reichs-Eisenbahn-Amt. 6. Bd. Betriebsj. 1885/1886. Fol. (IV, 541 S. m. 1 chromolith. Karte.) Berlin 887. (Mittler & Sohn.) n.n. 16. —

— dasselbe. 7. Bd. Betriebsj. 1886/87. Fol. (V, 560 S. mit 1 chromolith. Karte u. 1 graph. Steintaf.) Ebd. 887. n.n. 16. —

— dasselbe. 8. Bd. Betriebsj. 1887/88. Fol. (IV, 557 S. mit 1 chromolith. Karte u. 2 graph. Steintaf.) Ebd. 888. n.n. 16. —

— dasselbe. 9. Bd. Betriebsj. 1888/89. Imp.-4. (IV, 564 S. m. 1 Karte u. 1 graph. Taf.) Ebd. 889. n.n. 16. —

Statistik der im Betriebe befindlichen Eisenbahnen Deutschlands, nach den Angaben der Eisenbahn-Verwaltgn. bearb. im Reichs-Eisenbahn-Amt X. Bd. Betriebsjahr 1889/1890. Fol. (V, 568 S. m. 1 farb. Karte.) Berlin 891. E. S. Mittler & Sohn. n. 16. —

— dasselbe. XI. Bd. Betriebsj. 1890/1891. Fol. (IV, 40, 19, 16, 20, 10, 21, 41, 18, 8, 18, 12, 12, 18, 26, 9, 16, 10, 11, 8, 8, 8, 18, 28, 14, 14, 26, 11, 12, 16, 10, 14, 10, 15, 7, 6, 29 u. 8 S. m. 1 farb. Karte u. 8 graph. Taf.) Ebd. 891. n.n. 16. —

— dasselbe. XII. Bd. Betriebsj. 1891/1892. Fol. (V, 39; 19, 15, 20, 10, 21, 41, 18, 8, 18, 12, 12, 18, 24, 9, 16, 10, 11, 8, 8, 8, 18, 28, 14, 14, 26, 11, 12, 16, 10, 14, 10, 16, 9, 6, 29, 9 u. 8 S. m. 1 farb. Karte.) Ebd. 892. n.n. 16. —

— dasselbe. XIII. Bd. Betriebsj. 1892/1893. Fol. (V, 38, 19, 15, 20, 10, 21, 43, 18, 8, 18, 12, 12, 18, 218, 9, 16, 10, 11, 8, 8, 8, 18, 29, 14, 14, 26, 11, 12, 16, 10, 14, 11, 16, 9, 6, 29, 9 u. 8 S. m. 1 farb. Karte.) Ebd. 893. n.n. 16. —

Statistik d. im Betriebe befindl. Eisenbahnen Deutschlands, nach d. Angaben d. Eisenbahn-Verwaltgn. bearb. i. Reichs-Eisenbahn-Amt. XIV. Bd. Betriebsj. 1893/1894. Fol. (V, 38, 19, 16, 20, 10, 19, 44, 12, 8, 18, 12, 12, 13, 23, 9, 16, 11, 11, 8, 9, 8, 18, 25, 14, 14, 27, 11, 13, 16, 10, 14, 10, 18, 9, 6, 29, 9 u. 3 S. m. 1 farb. Karte.) Berlin 894. (E. S. Mittler & Sohn.) n.n. 16. —

— dasselbe. XV. Bd. Betriebsj. 1894/1895. Fol. (IV, 37, 21, 16, 20, 10, 15, 44, 12, 8, 18, 12, 12, 18, 20, 9, 16, 11, 11, 8, 9, 8, 22, 29, 14, 14, 27, 11, 12, 17, 10, 14, 10, 18, 9, 6, 29, 9 u. 8 S. m. 1 farb. Karte.) Ebd. 895. n.n. 16. —

— dasselbe. XVI. Bd. Betriebsj. 1895/1896. Fol. (V, 43, 23, 18, 20, 10, 15, 53, 12, 8, 18, 12, 12, 18, 24, 9, 16, 11, 11, 8, 9, 8, 18, 29, 14, 14, 27, 11, 12, 16, 10, 14, 10, 18, 9, 6, 29, 9 u. 3 S. m. 1 farb. Karte.) Ebd. 896. n.n. 16. —

— dasselbe. XVII. Bd. Betriebsj. 1896/1897. Fol. (IV, 45, 24, 18, 20, 10, 15, 56, 11, 8, 18, 12, 12, 13, 22, 10, 16, 11, 11, 8, 9, 8, 18, 29, 14, 14, 27, 11, 12, 16, 10, 14, 11, 18, 9, 6, 29, 9 u. 3 S. m. 1 farb. Karte.) Ebd. 897. n.n. 16. —

Statistik der im Betriebe befindlichen Eisenbahnen **Deutschlands nach d. Angaben d. Eisenbahn-Verwaltgn.** bearb. im Reichs-Eisenbahn-Amt. XVIII. Bd. Betriebsj. 1897/1898. Fol. (IV, 47, 26, 19, 20, 10, 15, 56, 11, 8, 18, 12, 12, 13, 26, 10, 16, 11, 11, 8, 9, 8, 18, 29, 14, 14, 27, 11, 12, 16, 10, 14, 10, 18, 9, 6, 29, 9 u. 3 S. m. 1 farb. Karte.) Berlin 898. (E. S. Mittler & Sohn.) n.n. 16. —

— dasselbe. XIX. Bd. Rechnungsj. 1898. Fol. (V, 44, 32, 9, 10, 14, 44, 6, 8, 6, 6, 12, 6, 14, 10, 8, 12, 11, 11, 7, 14, 28, 13, 13, 18, 11, 11, 15, 9, 7, 15, 6, 11, 8, 4, 8, 3 u. 9 S. m. 1 Tab. u. 1 farb. Karte.) Ebd. 900. n.n. 10. —

— dasselbe. XX. Bd. Rechnungsj. 1899. Fol. (VI, 43; 11, 14, 46, 6, 8, 6, 6, 12, 6, 14, 10, 8, 12, 11, 11, 7, 14, 28, 13, 13, 18, 11, 11, 15, 9, 7, 15, 6, 11, 8, 4, 8 u. 3 S. m. 1 farb. Karte.) Ebd. 901. n.n. 10. —

— dasselbe. XXI. Bd. Rechnungsj. 1900. Fol. (VI, 43; 11, 12, 48, 6, 8, 6, 6, 12, 6, 14, 10, 8, 12, 11, 11, 7, 14, 28, 13, 14, 18, 11, 11, 15, 9, 7, 15, 6. 11, 8, 4, 8 u. 3 S. m. 1 farb. Karte.) Ebd. 902. n.n. 10. —

— der im Betriebe befindlichen Eisenbahnen Deutschlands, nach den Angaben der Eisenbahn-Verwaltgn. bearb. im Reichs-Eisenbahn-Amt. XXII.—XXV. Bd. Rechnungsj. 1901—1904. Fol. Berlin (E. S. Mittler & Sohn.) à n.n. 10. —

XXII. (VI, 49, 11, 14, 62, 6, 8, 6, 8, 12, 6, 14, 10, 8, 12, 11, 11, 7, 14, 20, 17, 16, 18, 11, 12, 15, 9, 7, 15, 6, 13, 8, 4, 8 u. 3 S. m. 1 farb. Karte.) 903. — XXIII. (VI, 50, 11, 14, 64, 6, 8, 6, 8, 13, 6, 11, 10, 8, 12, 11, 11, 7, 14, 28, 17, 16, 18, 10, 12, 14, 9, 7, 15, 6, 13, 8, 4, 8, 3 u. 2 S. m. 10 farb. Taf. u. 1 farb. Karte.) 904. — XXIV. (VI, 52, 11, 14, 66, 6, 8, 6, 8, 13, 6, 14, 10, 8, 12, 11, 11, 7, 14, 28, 16, 15, 18, 10, 12, 14, 9, 7, 15, 6, 13, 8, 4, 8 u. 3 S. m. 1 farb. Karte.) 905. — XXV. (VI, 52, 9, 11, 11, 68, 6, 8, 6, 8, 12, 6, 14, 10, 8, 12, 11, 11, 7, 14, 28, 16, 15, 18, 10, 12, 14, 9, 7, 15, 6, 13, 7, 4, 8 u. 3 S. m. 1 farb. Karte.) 906.

Statistik der im Betriebe befindlichen Eisenbahnen Deutschlands, nach den Angaben der Eisenbahn-Verwaltgn. bearb. im Reichs-Eisenbahn-Amt. XXVI.—XXIX. Bd. Rechnungsj. 1905—1908. 39,5×30 cm. Berlin (E. S. Mittler & Sohn). nn 10. —

XXVI. 1905. (VI, 52, 11, 14, 70, 6, 8, 6, 8, 12, 6, 14, 10, 8, 12, 11, 11, 7, 14, 28, 16, 15, 18, 11, 12, 14, 9, 7, 15, 6, 13, 7, 4, 7 u. 3 S. m. 1 farb. Karte.) 907.
XXVII. 1906. (VI, 53, 11, 15, 74, 6, 8, 6, 8, 12, 6, 14, 10, 8, 12, 11, 11, 7, 14, 28, 16, 15, 18, 10, 12, 14, 9, 7, 15, 6, 13, 7, 4, 7 u. 3 S. m. 1 farb. Karte.) 908.
XXVIII. 1907. (VI, 54, 11, 15, 74, 6, 8, 6, 8, 12, 6, 14, 10, 8, 12, 11, 11, 7, 14, 28, 16, 14, 18, 10, 12, 14, 9, 7, 15, 6, 13, 7, 4, 5, 3 u. 1 S. m. 1 farb. Karte.) 909.
XXIX. 1908. (IV, 46, 8, 13, 8, 6, 8, 6, 6, 10, 6, 12, 10, 8, 12, 10, 10, 6, 14, 28, 16, 14, 18, 10, 9, 14, 9, 7, 14, 6, 13, 7, 4, 4, 3 u. 1 S. m. 1 farb. Karte.) 910.

— der europäischen Eisenbahnen f. d. J. 1882, nebst deren Hauptergebnissen im J. 1883. Hrsg. v. der fachmänn. Commission f. die internationale Eisenbahnstatistik. (Deutsch u. französisch.) Lex.-8. (XIII, 631 S.) Wien 885. Hölder. n. 12. —

Statistik der in den im Reichsrathe vertretenen Königreichen und Ländern im Betriebe gestandenen elektrischen Eisenbahnen, Drahtseilbahnen und Tramways mit Pferdebetrieb für die Jahre 1898 und 1899. Bearbeitet vom statistischen Departement im k. k. Eisenbahn-Ministerium. Wien. 1901. Hof- und Staatsdruckerei. Lex.-8°. VII, 115 S. K 2.—

— dasselbe f. d. J. 1900. gr. 4. (V, 113 S.) Ebd. 902. n. 2. —

— der in den im Reichsrate vertretenen Königreichen u. Ländern im Betriebe gestandenen elektrischen Eisenbahnen, Drahtseilbahnen u. Tramways mit Pferdebetrieb f. d. J. 1901 u. 1902. Bearb. im statist. Departement im k. k. Eisenbahn-Ministerium. (V, 127 u. V, 133 S.) gr. 4. Wien 903. 904. Hof- u. Staatsdruckerei. à n. 2. —

Statistik der schmalspurigen Eisenbahnen. Jg. 1—3. 1890—1892. Wiesbaden

— der Elektrizitätswerke in Deutschland nach dem Stande vom 1. IV. 1909. Im Auftrage des Verbandes deutscher Elektrotechniker, e. V., hrsg. v. Geo. Dettmar. (XII, 174 S.) Lex. 8. Berlin 909. J. Springer. Kart. nn 6. —

— dasselbe, Nachtrag, s.: Nachtrags-Statistik.

— der Elektrizitätswerke in Österreich nach d. Stande vom 1. VII. 1910. Hrsg. vom elektrotechn. Vereine in Wien, VI, Theobaldgasse 12. (32 S.) 31×23,5 cm. Wien 910. (Spielhagen & Schurich.) 2. 20

— dasselbe, s. a. Elektrotechnik u. Maschinenbau.

Statistik über die Entwicklung Esslingens zur Fabrikstadt. Esslingen 1882. V: *Kienlin, J. G. Ch.* (Heyd)

Statistik der Epidemien. Ansichten zur Besprechung für den Kongress in Budapest. Stockholm 1876. V: *Berg, Frederik, Theodor.* (Kat. des stat. Bureaus Dresden 1890.)

Statistik üb. die Ergebnisse d. Arbeiterwohnungsgesetzes ex 1902 in den J. 1902 inkl. 1908. (150 S.) Lex. 8. Wien (910). (Hof- u. Staatsdruckerei.) 2. —

Statistik der Ernte und der wichtigsten Zweige der landwirtschaftlichen Industrie im Königreiche Böhmen für die Betriebsperiode 1906—1907. 1. Teil. Text. [Mitteilungen des statistischen Landesamtes des Königreiches Böhmen. Bd. XI. Heft 1.] Lex.-8°. (CLX S.) † Prag: Calvé 1909. K 3.—

Statistik der Ernte und der wichtigsten Zweige der landwirtschaftlichen Industrie im Königreiche Böhmen für die Betriebsperiode 1906—1907. 2. Teil: Haupttabellen. [Mitteilungen des statistischen Landesamtes des Königreiches Böhmen. Bd. XI. Heft 1.] Lex.-8°. (65 S.) † Prag: Calvé 1908. K 1.80

Statistik über die Erträge verschiedener Alpen des Kantons Graubünden im Sommer 1887 [u. 1888]. Chur 1888 [—89.] V: *Zucchi, Elisa.* (BSchwLk V, 9 ab)

— Erwerbsunfähigkeit, s. Nachrichten, amtl.

Zur Statistik der Fabriks-Etablissements von J. J. Pollak und Söhne in Prag. 8. (12 S.) Prag. Buchdruckerei von M. J. Landau. 1854.

Statistik d. Ferienkolonieen, Kinderheilstätten u. s w. im J. 1886. Einladungsschrift zu d. am 31. V. u. 1. VI. 1887 in Frankfurt a. M. stattfind. 3. Conferenz d. deutschen Vereinigg. f. Sommerpflege. Hrsg. v. der Centralstelle d. Vereinigg. f. Sommerpflege. gr. 8. (79 S.) Berlin 887. (Puttkammer & Mühlbrecht.) n. 2. —

— s. a.: Verhandlungen etc. f. Sommerpflege.

Statistik der Forstdienststellen in Baiern nach dem Stande vom 16. August 1874. - München 1875. 315 S.

— der Forstpolizei- u. Gemeindeforstverwaltung im Großherzogth. Baden, s.: Beiträge zur Statistik der innern Verwaltung des Großherzogth. Baden.

— der Frauenorganisationen im Deutschen Reiche, s. a. Reichs-Arbeitsblatt.

Statistik der Frauenorganisationen im Deutschen Reiche. Bearb. im Kais. Statist. Amte, Abt. f. Arbeiterstatistik. — Berlin: Heymann 1909. 28*, 70 S. 4° (Reichs-Arbeitsblatt. Sonderh. 1.)

Statistik der in Dresden sich aufhaltenden Fremden. [Dresden 1877.] V: *Jannasch, Robert.* (Kat. d. stat. Bureaus Dresden 1890.)

Statistik der Fursorge für Arme und Notleidende Württembergs. Stuttgart 1876

Statistik über die Fürsorgeerziehung Minderjähriger (Gesetz vom 2. Juli 1900) und über die Zwangserziehung Jugendlicher (§ 56 des Strafgesetzbuches). Bearb. im Königl. Preuß. Ministerium des Innern. Für die Etatsjahre 1901—10. Berlin, [später:] Rawitsch 1903—12. 10 Bde

Statistik über die Fürsorgeerziehung Minderjähriger (Gesetz v. 2. Juli 1900) und über die Zwangserziehung Jugendlicher (§ 56 d. Strafgesetzbuches). [1.] Für d. Etatsjahr 1901. Bearb. im Kgl. Preuß. Minist. d. Innern. Berlin 1903: Dr. d. Strafanstaltsverwalt. 4°(8°) [F.] 105. 1531

— über die Fürsorgeerziehung Minderjähriger (Ges. v. 2. Juli 1900) u. über d. Zwangserziehung Jugendlicher (§ 56 St.G.B.) für das Rechnungsjahr 1902. Bearb. im k. preuss. Minist. d. Innern. (LIV u. 176 S.) gr. 8. Berlin, Druckerei d. Strafanstaltsverwaltung. 1904. 2. 50.

—— der deutschen Gas-Anstalten. 4. (23 S.) München 859, [Oldenbourg.] *
Aus: Journal für Gasbeleuchtung, besonders abgedruckt.

Statistik über die Gebäude-Brandversicherung des Kantons Solothurn in der Zeit von 1868—1900 ([durch] die Brandversicherungs-Anstalt des K'S'). Separat-Abdruck aus dem Rechenschaftsbericht des Regierungsrates für das Jahr 1900. 55 S. 8. Solothurn, Union, 1901.

— der Gebäude- u. Mobiliar-Feuerversicherung, s.: Beiträge zur Statistik d. Grossherzogth. Hessen.

— der Gebäudesteuer f. die J. 1890 u. 1900. (51 S.) Lex.-8. Wien (904). (Hof- u. Staatsdruckerei.) n. — 80

Statistik, Die, der Gebrechlichen im Königreich Sachsen, in den Jahren 1834—75. [Dresden] 1877. V: *Böhmert, Victor.* (Bibl. d. stat. Bureaus. Dresden 1890.)

Statistik über die Gefängnisse der Justizverwaltung in Preußen. Für die Rechnungsjahre 1902—10. Berlin, (1910 ff.:) Tegel 1904—11. 9 Bde

Statistik über die Gefängnisse der Justizverwaltung in Preußen. [1.] Für d. Rechnungsjahr 1902. *Berlin 1904: Reichsdr.* 4° [F.]

— d. Gemeindesteuern im Kanton Bern pro 1893, s.: Mitteilungen d. bern. statist. Bureaus.

— u. Geschichte des königl. preußischen Kreises Ziegenrück im Regierungsbezirk Erfurt. Ranis 865. (Poesneck, Latendorf.) gr. 8. (IV, 232 S.) n. 20 ngr.

Statistik der Goldproduction der Süd-Afrikanischen Republik. Pretoria, 1897.

— der Güterbewegung auf deutschen Eisenbahnen, nach Verkehrsbezirken geordnet. Jahrg. 1883. 8 Bde. Fol. (1. Bd. 365 S.) Berlin 883. C. Heymann's Verl. n. 96. —; geb. n.n. 108. —; einzelne Bde. à n.n. 12. —; geb. à n.n. 13. 50

— dasselbe. Nr. 1—36. Jahrg. 1883. à 8 Hfte. Fol. (1. Hft. 15 S.) Ebend. 883. à Hft. n. 1. —; pro cplt. à Nr. v. 8 Hftn. n. 8. —

1. Die Provinzen Ost- u. Westpreußen. — 2. Die ost- u. westpreußischen Häfen Memel, Pillau, Königsberg, Elbing, Danzig u. Neufahrwasser. — 3. Die Prov. Pommern. — 4. Die pommerschen Häfen Stolpmünde, Rügenwalde, Colberg, Stettin, Swinemünde, Wolgast, Stralsund. — 5. Die Großherzogthümer Mecklenburg-Schwerin u. -Strelitz. — 6. Die Häfen Rostock, Wismar, Lübeck, Kiel, Flensburg. — 7. Die Prov. Schleswig-Holstein m. dem Fürstenth. Lübeck. — 8. Die Elbhäfen Hamburg, Altona, Glückstadt, Harburg, Stade, Cuxhafen. — 9. Die Weserhäfen Bremen, Vegesack, Geestemünde, Bremerhafen, Nordenham, Brake, Elsfleth. — 10. Die Emshäfen Emden, Leer u. Papenburg. — 11. Die Prov. Hannover u. der Kreis Rinteln, der Reg.-Bez. Cassel, sowie das Herzogth. Braunschweig u. das Herzogth. Oldenburg, das Fürstenth. Schaumburg-Lippe u. v. dem Fürstenth. Waldeck der Kreis Pyrmont. — 12. Die Prov. Posen. — 13. Der Reg.-Bez. Oppeln. — 14. Die Stadt Breslau. — 15. Der Reg.-Bez. Breslau u. der Reg.-Bez. Liegnitz. — 16. Berlin. — 17. Die Prov. Brandenburg. — 18. Der Reg.-Bez. Magdeburg u. das Herzogth. Anhalt. — 19. Reg.-Bez. Merseburg u. Thüringen. — 20. Königr. Sachsen. — 21. Die Prov. Hessen-Nassau, der Kreis Wetzlar, sowie die großherzogl. hessische Prov. Oberhessen. — 22. Das Ruhrrevier, soweit dasselbe zu Westfalen gehört. — 23. Das Ruhrrevier, soweit dasselbe zur Rheinprovinz gehört. — 24. Die Prov. Westfalen u. die Fürstenthümer Lippe-Detmold u. Waldeck [Arolsen]. — 25. Die Rheinprovinz rechts d. Rheins. — 26. Die Rheinprovinz links d. Rheins u. das Fürstenth. Birkenfeld. — 27. Das Saarrevier v. Neunkirchen bis Trier. — 28. Die Rheinhafenstationen Duisburg, Hochfeld, Ruhrort. — 29. Lothringen. — 30. Elsaß. — 31. Die bayerische Pfalz. — 32. Das Großherzogth. Hessen. — 33. Das Großherzogth. Baden. — 34. Mannheim u. Ludwigshafen. — 35. Das Königr. Württemberg, sowie die Hohenzollernschen Lande. — 36. Das Königr. Bayern.

Statistik der Güterbewegung auf deutschen Eisenbahnen, nach Verkehrsbezirken geordnet. 9—16. Bd. 2. u. 3. Jahrg. 1884 u. 1885. à 4 Bde. Imp.-4. (à 363 S.) Berlin, C. Heymann's Verl. à Bd. n.n. 12. —; geb. à Bd. n.n. 13. 50

—— der Güterbewegung auf deutschen Eisenbahnen, nach Verkehrsbezirken geordnet. Hrsg. im königl. preuß. Ministerium der öffentl. Arbeiten. 13.—16. Bd. 3. Jahrg. 1885. 4 Quartale. Fol. (364; 364; 364; 406 S.) Berlin, C. Heymanns Verlag. à Bd. (Quartal) ** M 12.—.; geb. à Bd. ** 13 50

—— dass. — 17.—20. Bd. 4. Jahrg. 1886. 4 Quartale. Fol. (364; 364; 364; 406 S.) Ebendas. à Bd. ** 12 — geb. à Bd. ** 13 50

—— dass. — 21.—24. Bd. 5. Jahrg. 1887. 4 Quartale. Fol. (364; 364; 364; 406 S.) Ebendas. à Bd. ** 12 — geb. à Bd. ** 13 50

—— dass. — 25.—28. Bd. 6. Jahrg. 1888. 4 Quartale. Fol. (364; 364; 364; 406 S.) Ebendas. à Bd. ** 12 — geb. à Bd. ** 13 50

—— der Güterbewegung auf deutschen Eisenbahnen, nach Verkehrsbezirken geordnet. Hrsg. im königl. preuß. Ministerium der öffentl. Arbeiten. 29.—32. Bd. 7. Jahrg. 1889. 4 Quartale. Fol. (363; 363; 363; 405 S.) Berl., C. Heymann. à Quartal * 12 —; * 48 — geb. à Quartal ** 13 50; ** 54 —

—— dass. — 33.—36. Bd. 8. Jahrg. 1890. 4 Quartale. Fol. (363; 363; 363; 405 S.) Ebd. à Quartal * 12 —; * 48 — geb. à Quartal ** 13 50; ** 54 —

—— dass. — 37.—40. Bd. 9. Jahrg. 1891. 4 Vierteljahre. Fol. (363; 363; 363; 405 S.) Ebd. à Vierteljahr * 12 —; * 48 — geb. à Vierteljahr ** 13 50; ** 54 —

— dasselbe. 41.—44. Bd. 10. Jahrg. 1892. 1.—4. Vierteljahr. Fol. (363, 363, 405, 405 S.) Ebd. 892. 893. à Bd. n. 12. —; geb. à n.n. 13. 50

— dasselbe. 45.—48. Bd. 11. Jahrg. 1893. 1.—4. Vierteljahr. Fol. (363, 363, 363, 405 S.) Ebd. 893. 894. à Bd. n. 12. —; geb. à n.n. 13. 50

— dasselbe. 49. u. 50. Bd. 12. Jahrg. 1894. 1. u. 2. Vierteljahr. Imp.-4. (à 363 S.) Ebd. 894. à Bd. n. 12. —; geb. à n.n. 13. 50

— der Güterbewegung auf deutschen Eisenbahnen, nach Verkehrsbezirken geordnet. Hrsg. im kgl. preuß. Ministerium d. öffentl. Arbeiten. 51. u. 52. Bd. 12. Jahrg. 1894. 3. u. 4. Vierteljahr. Imp.-4. (363 u. 405 S.) Berlin 895. 96. C. Heymann's Verl. à Bd. n. 12. —; geb. à n.n. 13. 50

— dasselbe. 53.—56. Bd. 13. Jahrg. 1895. 1.—4. Vierteljahr. Imp.-4. (363, 363, 363 u. 405 S.) Ebd. 895. 96. à Bd. n. 12. —; geb. à n.n. 13. 50

— dasselbe. 57.—60. Bd. 14. Jahrg. 1896. 1.—4. Vierteljahr. Imp.-4. (363, 363, 363 u. 405 S.) Ebd. 896. 97. à Bd. n. 12. —; geb. à n.n. 13. 50

— dasselbe. 61.—64. Bd. 15. Jahrg. Jahr 1897. 1.—4. Viertelj. Imp.-4. (363, 363, 363 u. 405 S.) Ebd. 897. 98. à Bd. n. 12. —; geb. à n. 13. 50

— der Güterbewegung auf deutschen Eisenbahnen, nach Verkehrsbezirken geordnet. Hrsg. im königl. preuß. Ministerium der öffentl. Arbeiten. 65—68. Bd. 16.—19. Jahrg. 1898—1901. Imp.-4. (à 405 S.) Berlin 899—902. C. Heymann's Verl. à n. 17.—; geb. à n. 18.—

— der Güterbewegung auf deutschen Eisenbahnen, nach Verkehrsbezirken geordnet. Hrsg. im kgl. preuß. Ministerium der öffentl. Arbeiten. 69.—72. Bd. 20.—23. Jhrg. Jahr 1902—1905. (405, 405, 415 u. 419 S.) gr. 4. Berlin 903—906. C. Heymann. à n. 17. —; geb. à n. 18.—

— der Güterbewegung auf deutschen Eisenbahnen, nach Verkehrsbezirken geordnet. Hrsg. vom kaiserl. statist. Amte. 73.—76. Bd. 24.—27. Jahrg. Jahrg. 1906—1909. (435, 435, 455 u. 457 S.) 37,5×30 cm. Berlin 907—10. C. Heymann. à 17.—; geb. à 18. —

Zur **Statistik** des Königl. Joachimsthalschen Gymnasiums. Beiträge von Prof. Dr. Ernst Bahn, Oberl. Dr. Ernst Fritze, Oberl. Karl Todt, Oberl. Erich Wetzel. Halle a. S.: Waisenhaus 1907. (Getr. Pag.) 4°(8°)
— **Festschrift** z. dreihundertjährigen Jubiläum d. Kgl. Joachimsthalschen Gymn. T. 2.

Statistik und Hand-Adressbuch der Rheinprovinz, für das Jahr 1842. Coblenz 1842. V: *Avenarius*. (KGBerlin II, 2647)

Statistik u. Hand-Adreßbuch der Rheinprovinz für d. J. 1842. 4. Coblenz 844. (Hölscher.) baar 1 1/3 ℛ

—— des auswärtigen Handels, s. a. Gesetze, Ser.-Ausg. der neuen oesterreichischen, Nr. 65.

Statistik des auswärtigen Handels nach dem Gesetze vom 26. Juni 1890 u. den Durchführungsbestimmungen vom 10. Decbr. 1890 sammt den vorgeschriebenen Formularien u. den Waren-Verzeichnissen f. die Einfuhr, Ausfuhr u. Durchfuhr. Ergänzt durch die Instruction f. die ausüb. Zollämter vom 10. Decbr. 1890. 8. (143 S.) Prag 891. Höfer & Klouček. n. 1. 60

— dasselbe, giltig vom 1. Febr. 1892 ab. 2. Aufl. 8. (154 S.) Ebd. 892. n. 1. 60

— dasselbe nach dem Gesetze vom 26. Juni 1890 u. den Durchführungsbestimmungen vom 18. Decbr. 1893 u. den Waren-Verzeichnissen f. die Einfuhr, Ausfuhr u. Durchfuhr, giltig vom 1. Jan. 1894 ab. Ergänzt durch die Instruction f. die ausüb. Zollämter vom 18. Decbr. 1893. 3. Aufl. 8. (90 S.) Ebd. 894. n. 2. —

Statistik des auswärtigen Handels des Vertragszollgebiets der beiden Staaten der österr.-ungar. Monarchie im J. 1907. Hrsg. vom handelsstatist. Dienste des k. k. Handelsministeriums. 3 Bde. Lex. 8. Wien, Hof- u. Staatsdruckerei. 18. —
I. (Spezialhandel.) (XXXVI, 617 S.) 908. 6. —
II. (Vormerkverkehr — Durchfuhr.) (VI, 309 S.) 908. 6. —
III. (Hauptergebnisse, Verkehr m. d. einzelnen Herkunfts- u. Bestimmungsländern.) (VI, 756 S.) 909. 6. —

— dasselbe im J. 1908. Hrsg. vom handelsstatist. Dienste des k. k. Handelsministeriums. Ebd. 4 Bde. Lex. 8. 28. —
1. (Spezialhandel.) (XXXVI, 923 S.) 909. 6. —
2. (Vormerkverkehr — Durchfuhr.) (VI, 385 S.) 909. 6. —
3. Verkehr m. d. einzelnen Herkunfts- u. Bestimmungsländern. (VI, 1316 S.) 910. 8. —
4. (Hauptergebnisse — Hafenverkehr.) (VI, 457 S.) 910. 8. —

— dasselbe. (In 4 Bdn.) 1. u. 2. Bd. Lex. 8. Ebd. 16. —
1. (Spezialhandel.) (XXXVI, 1075 S.) 910. 8. —
2. (Vormerkverkehr — Durchfuhr.) (VI, 449 S.) 910. 8. —

— des auswärtigen Handels des österreichisch-ungarischen Zollgebiets im J. 1891. Verf. u. hrsg. vom statist. Departement im k. k. Handelsministerium. 3 Bde. Lex.-8. Wien, Hof- u. Staatsdruckerei. n. 20. —
1. Einleitung. Hauptergebnisse. Waren-Verkehr m. den einzelnen Staaten u. Gebieten. Generalhandel. (III, CXLVI, 777 S.) 893. n. 8. —
2. Waren-Ein- u. Ausfuhr im freien Verkehr. (VI, 517 S.) 892. n. 6. —
3. Vormerkverkehr. Waren-Durchfuhr. (VIII, 703 S.) 892. n. 6. —

— dasselbe im J. 1892. 3 Bde. Lex.-8. Ebd. n. 20. —
1. Einleitung. Hauptergebnisse. Waren-Verkehr m. den einzelnen Staaten u. Gebieten. Generalhandel. (III, CLXVI, 865 S.) 894. n. 8. —
2. Waren-Ein- u. Ausfuhr im freien Verkehr. (VI, 583 S.) 893. n. 6. —
3. Vormerkverkehr. — Warendurchfuhr. (XI, 672 S.) 894. n. 6. —

— dasselbe im J. 1893. 2. Bd. Lex.-8. Ebd. 894. n. 6. —
Ein- u. Ausfuhr im freien Verkehre. (VII, 503 S.)

— des auswärtigen Handels d. österreichisch-ungar. Zollgebiets im Jahre 1893. Verf. u. hrsg. v. statist. Departement im k. k. Handelsministerium. 1. u. 3. Bd. Lex.-8. Wien 895. Hof- u. Staatsdruckerei. n. 14. — (3 Bde. kplt.: n. 20. —)
1. Einleitg. — Hauptergebnisse — Waren-Verkehr m. d. einz. Staaten u. Gebieten. (LIV, 832 S.) n. 8. —
3. Vormerkverkehr. — Durchfuhr. (VIII, 205 u. 260 S.) n. 6. —

— dasselbe im J. 1894. 3 Bde. gr. 8. Ebd. n. 21. —
1. Einleitg. — Vorbemerkgn. — Hauptergebnisse. Verkehr m. d. einz. Staaten u. Gebieten. Verkehr üb. österreich. u. ungar. Seehäfen. (XXVI, 262 u. 769 S.) 896. n. 8. —
2. Specialhandel. (VII, 673 S.) 895. n. 7. —
3. Vormerkverkehr. — Durchfuhr. (VI, 395 u. 162 S.) 897. n. 6. —

— dasselbe im J. 1895. 3 Bde. gr. 8. Ebd. n. 20. —
1. Einleitg. — Vorbemerkgn. — Hauptergebnisse. Verkehr üb. österr. u. ungar. Seehäfen. (XXXII, 473 S.) 897. n. 8. —
2. Special-Handel. (VIII, 831 S.) 896. n. 6. —
3. Vormerkverkehr — Durchfuhr. (VI, 205 u. 197 S.) 897. n. 6. —

— dasselbe im J. 1896. 2. u. 3. Bd. Lex.-8. Ebd. n. 12. —
2. Special-Handel. (VIII, 779 S.) 897. n. 6. —
3. Vormerkverkehr. — Durchfuhr. (VI, 248 u. 199 S.) 898. n. 6. —
Bd. 1. ist noch nicht erschienen.

— des auswärtigen Handels des österreich-ungarischen Zollgebiets im J. 1896. Verf. u. hrsg. vom statist. Departement im k. k. Handelsministerium. 1. Bd. 2 Abthlgn. Lex.-8. Wien, Hof- u. Staatsdruckerei. à n. 4. —; (1896 kplt. n. 20. —)
1. Abth. Hauptergebnisse. — Hafenverkehr. — Veredlungsverkehr m. den einzelnen Staaten u. Gebieten. (XXXII, 585 S.) 898.
2. Abth. Specialhandel m. den einzelnen Staaten u. Gebieten. (VIII, 586 S.) 897.

— im J. 1897. 2. Bd. (Special-Handel.) Lex.-8. (VIII, 811 S.) Ebd. 898. n. 6. —
D. 1. Bd. erscheint später.

— dasselbe im J. 1897. 1. Bd. 2 Abthlgn. u. 3. Bd. Lex.-8. Ebd. n. 14. —; (1897 kplt. n. 20. —)
I. 1. Abth. Hauptergebnisse. — Hafenverkehr. — Veredlungsverkehr m. den einzelnen Staaten u. Gebieten. (XXXII, 605 S.) 899. n. 4. —
2. Abth. Specialhandel m. den einzelnen Staaten u. Gebieten. (VI, 594 S.) 898. n. 4. —
III. Vormerkverkehr. — Durchfuhr. (VI, 247 u. 201 S.) 899. n. 6. —

— dasselbe im J. 1898. 1. Bd. 2 Abthlgn. 2. u. 3. Bd. Lex.-8. Ebd. n. 20. —
I. 1. Abth. Hauptergebnisse. — Hafenverkehr. (XXX, 475 S.) 899. n. 4. —
2. Abth. Gesammt-Ein- u. Ausfuhr. Verkehr m. den einzelnen Staaten u. Gebieten. (VI, 722 S.) 899. n. 4. —
II. Special-Handel. (VIII, 837 S.) 899. n. 6. —
III. Vormerkverkehr. — Durchfuhr. (VI, 467 S.) 899. n. 6. —

— dasselbe im J. 1899. 1. Bd. 2 Abthlgn. u. 2. u. 3. Bd. Lex.-8. Ebd. 900. n. 20. —
I. 1. Hauptergebnisse. — Hafenverkehr. (XXXII, 590 S.) n. 4. —
2. Gesammt-Ein- und Ausfuhr. Verkehr m. den einzelnen Staaten u. Gebieten. (VI, 728 S.) n. 4. —
II. Special-Handel. (VIII, 853 S.) n. 6. —
III. Vormerkverkehr. — Durchfuhr. (485 S.) n. 6. —

— dasselbe im J. 1900. I. Bd. 2 Abtheilgn., II. und III. Bd. Lex.-8. Ebd. 901. n. 20. —
I. 1. Hauptergebnisse. — Hafenverkehr. (XXXI, 546 S.) n. 4. —
2. Gesamt-Ein- u. Ausfuhr. Verkehr m. den einzelnen Staaten u. Gebieten. (VI, 742 S.) n. 4. —
II. Special-Handel. (VIII, 855 S.) n. 6. —
III. Vormerkverkehr. — Durchfuhr. (VI, 486 S.) n. 6. —

— dasselbe im J. 1901. I. Bd. 2 Abthlgn., II. u. III. Bd. Lex.-8. Ebd. 902. n. 20. —
I. 1. Hauptergebnisse. — Hafenverkehr. (XXXII, 560 S.) n. 4. —
2. Gesamt-Ein- und Ausfuhr. Verkehr m. den einzelnen Staaten u. Gebieten. (VI, 754 S.) n. 4. —
II. Special-Handel. (VIII, 829 S.) n. 6. —
III. Vormerkverkehr. — Durchfuhr. (VI, 494 S.) n. 6. —

— des auswärtigen Handels des österreichisch-ungarischen Zollgebiets in d. J. 1902—1905. Verf. u. hrsg. vom statist. Departement im k. k. Handelsministerium. à 3 Bde. Lex.-8. Wien, Hof- u. Staatsdruckerei. à Jhrg. n. 20. —

1902. I, 1. Hauptergebnisse. — Hafenverkehr. (XXXII, 558 S.) 903. n. 4. —. — I, 2. Gesammt-Ein- u. Ausfuhr. Verkehr m. den einzelnen Staaten u. Gebieten. (VI, 760 S.) 903. n. 4. —. — II. (Special-Handel.) (VIII, 845 S.) 903. n. 6. —. — III. (Vormerkverkehr — Durchfuhr.) (VI, 507 S.) 903. n. 6. —

1903. I, 1. Hauptergebnisse. — Hafenverkehr. (XXXIII, 552 S.) 904. n. 4. —. — I, 2. Gesamt-Ein- u. Ausfuhr. Verkehr mit den einzelnen Staaten u. Gebieten. (VI, 776 S.) 904. n. 4. —. — II. (Spezial-Handel.) (VIII, 847 S.) 904. n. 6. —. — III. (Vormerkverkehr — Durchfuhr.) (VI, 513 S.) 904. n. 6. —

1904. I, I. Hauptergebnisse. — Hafenverkehr. (XXXII, 554 S.) 905. n. 4. —. — I, 2. Gesamt-Ein- u. Ausfuhr. Verkehr m. den einzelnen Staaten u. Gebieten. (VI, 782 S.) 905. n. 4. —. — II. (Spezialhandel.) (VIII, 843 S.) 905. n. 6. —. — III. (Vormerkverkehr — Durchfuhr.) (VI, 501 S.) 905. n. 6 —

1905. I, 1. Hauptergebnisse. — Hafenverkehr. (XXXII, 566 S.) 906. n. 4. —. — I, 2. Gesamt-Ein- u. Ausfuhr. Verkehr m. den einz. Staaten u. Gebieten. (VI, 786 S.) 906. n. 4. —. — II. (Spezialhandel.) (VIII, 839 S.) 906. n. 6. —. — III. (Vormerkverkehr. — Durchfuhr.) (VI, 497 S.) 906. n. 6. —

— des auswärtigen Handels des österreichisch-ungarischen Zollgebiets im J. 1906. Verf. u. hrsg. vom handelsstatist. Amte im k. k. Handelsministerium. 3 Bde. Lex. 8. Wien, Hof- u. Staatsdruckerei. 15. —
I. (Spezialhandel.) (XXXVI, 887 S.) 908. 6. —
II. (Vormerkverkehr — Durchfuhr.) (VI, 354 S.) 908. 6. —
III. (Hauptergebnisse.) (VI, 85 S.) 908. 3. —

Statistik des Handels, der Schifffahrt u. der Industrie der Herzogthümer Schleswig u. Holstein, nebst Bemerkungen, Berechnungen u. Vorschlägen über dahin gehörende Gegenstände. 8. Schleswig 835. (Altona, Aue.) n. 1¾ ℛ︀ — Wohlf. Ausg. 8. (Kiel 840. Bünsow.) ¾ ℛ︀

Statistik d. Handels, d. Schifffahrt u. d. Industrie d. Hrzth. Schleswig u. Holstein, nebst Bemerkn., Berechn. u. Vorschläge gen üb. dahin gehör. Gegenstände. Nach zuverläß. Nachrichten ausgearb. von einigen Männern vom Fache. 8. (22½ B.) Schleswig 835. (Dessau, Aue.) • 1 Thlr. 18 Gr., wohlf. Ausg. 840.

Statistik, Zur, des Königreichs Hannover. (Aus dem statistischen Bureau.) Heft 1—5, 7. (6 Hefte.) Fol. Hannover 1850—1860.

Statistik der Heilbehandlung von tuberkulösen und an anderen Leiden erkrankten Versicherten bei den deutschen Versicherungsanstalten und zugelassenen Kasseneinrichtungen der Invalid.- u. Altersversicherung für die Jahre 1897 und 1898 gewidmet dem Kongr. z. Bekämpfung der Tuberkulose als Volkskrankheit 1899 zu Berlin vom Reichs-Versicherungsamt. (Berlin 1899: Reichsdruckerei.) (61 S.) 4°

— der Heilbehandlung bei d. Versicherungsanstalten u. zugelass. Kasseneinrichtungen d. Invalidenversicherung, s. a. Nachrichten, amtl. des Reichs-Versicherungsamts.

Statistik der Heilbehandlung bei den Versicherungsanstalten und zugelassenen Kasseneinrichtungen der Invalidenversicherung. [1.] Für d. Jahre 1897, 1898, 1899, 1900, 1901. Bearb. im Reichs-Versicherungsamt. *Berlin: A. Asher & Co. 1902.* 4° [F.]
— Nachrichten, Amtliche, d. Reichs-Versicherungsamts. 1902, Beih. 1.
[03. 15039

Statistik der Heilbehandlung bei den Versicherungsanstalten und zugelassenen Kasseneinrichtungen der Invalidenversicherung. Bearb. im Reichsversicherungsamt. [1.] Für d. Jahre 1898, 1899, 1900, 1901, 1902. *Berlin: A. Asher & Co. 1903.* 4° [F.]
— Nachrichten, Amtliche, d. Reichs-Versicherungsamts. 1903, Beih. 1.
[03. 20079

Statistik der Heilbehandlung bei den Versicherungsanstalten und zugelassenen Kasseneinrichtungen der Invalidenversicherung für die Jahre 1901—1905. Ebd. 1906. 4°k.
(= Amtl. Nachrichten des Reichs-Versicherungsamts. 1906, Beih. 2)

— des Kreises Hersfeld im preußischen Reg.-Bez. Cassel. Nach amtl. Quellen vom königl. Landrathsamte bearb. Hersfeld 867. Maier's Buchh. gr. 4. (98 S.) n. 1 ℛ︀

Statistik der Grossherzoglich Badischen Technischen Hochschule zu Karlsruhe. Weltausstellung zu Chicago 1893. 26 Bl. 2° *K*

Statistik der Kgl. Technischen Hochschule zu Berlin pro (1890 ff.: für das) W.-S. 1882-83. S.-S. 1883 [usw.]—S.-S. 1900. ¶ 1881/82 u. 1882 abgedr. in Centralblatt d. Bauverwaltung. Jg. 1. 1881. S. 330. Jg. 2. 1882. S. 184 u. in: Deutsche Bauzeitung. Jg. 15. 16. 1881. 82; 1900/01ff. Statistische Uebersichten der Studirenden in: Personal-Verzeichniss f. 1900-01 ff. [Nr 310.]

— der Industrie Mährens. Hrsg. v. dem gemeinsamen statist. Bureau der Handels- u. Gewerbe-Kammern Brünn u. Olmütz. 1. Bd. 1—6. Lfg. u. 2. Bd. 1. Lfg. Lex.-8. (1. Bd. S. 1—480 u. 2. Bd. S. 1—80.) Brünn 882 u. 83. Winkler. à Lfg. n. 1. 20

— der österreichischen Industrie, s.: Nachrichten üb. Industrie, Handel u. Verkehr.

— der Invalidenversicherung f. die J. 1891 bis 1899, s. a. Nachrichten, amtliche, des Reichsversicherungsamts. 1901. Beil. Hft. 1.

Statistik der Invalidenversicherung für die Jahre 1891 bis 1899. Bearb. im Reichs-Versicherungsamt. *Berlin: A. Asher & Co. 1901.* (177 S.) 4° [F.]
— Nachrichten, Amtliche, d. Reichs-Versicherungsamts. 1901, Beih. 1.
[03. 15037

Statistik der schweizerischen Journale vom J. 1872 f. die Wiener Weltausstellung bearb. v. der eidgen. statist. Commission zur Gruppe 26. gr. 4. (X, 10 S.) Basel 874. (Georg.) n. 1. —

Statistik des Judentums der im Reichsrat vertretenen Königreiche und Länder, bearbeitet von Schimmer. Wien 1873

Statistik, jüdische. Hrsg. v. „Verein f. jüd. Statistik" unter der Red. v. Alfr. Nossig. (Systemat. Bibliographie der jüd. Statistik. Statistische Arbeiten jüd. Organisationen. Beiträge zur Statistik der Juden in einzelnen Ländern. Beiträge zur Gesamtstatistik der Juden.) (IV, 452 S.) gr. 8. Berlin 903. Köln, Jüd. Verlag. n. 7. —; geb. n. 8. 50

Nationaler Deutsch-Amerikanischer Lehrerbund.
--Kindergarten - Comite für . . . Statistik d Kindergarten in d VS . . . Bericht des Comites . . . Chicago, 1885.

— kirchl., für das Bisthum Mainz im Großherzogth. Hessen. gr. 8. Mainz 830. (Müller). 8 gr.

Statistik, kirchliche, f. d. Bisthum Mainz im Großh. Hessen. gr. 8. (10 B.) Mainz 830, (Kirchheim, Schott u. Thielmann.)

— kirchliche, für das Bisthum Mainz im Großherzogth. Hessen. 8. Mainz 838. Wirth. ⅓ ℛ︀

— kirchliche, für das Bisthum Mainz im Großherzogth. Hessen u. bei Rhein 1866. Mainz 866. (Kirchheim.) 8. (IV, 176 S.) n. 24 ngr.

Statistik, Kleine, von Göttingen. Göttingen 1785. V: *List, Gottlieb Christian Heinrich.* (Ky) (MGT)

Statistik, kleine, von Göttingen, (von G. C. H. List). 8. Götting. 785.

[J.] **Statistik** der Knappschafts-Berufsgenossenschaft für das Deutsche Reich über die in d. Zeit v. 1. Okt. 1885 bis 1. Jan. 1895 vorgekommenen 31679 entschädiggspflichtigen Betriebsunfälle. Bearb. im Centralbureau d. Knappschafts-Berufsgenossensch. zu Berlin. Hrsg. v. Genossenschaftsvorst. M. 1 geogr. Kt. u. 4 Taf. im Anh., sowie 8 graph. Darstellgn im Text. *[Berlin]: C. Heymanns [1897.]* (2 Bl., 160 S., 1 Kt., 4 Taf.) 1 Bd 4.(8.) [98. 6951

Statistik der Knappschaftsvereine im bayerischen Staate. Für die Jahre 1881—94 und ferner 1899. München. Fol.

Statistik der Knappschaftsvereine des Preussischen Staates. Berlin, Jgg. 1893 bis zur Gegenwart.

Statistik des Kohlenbergbaues im Oberbergamtsbezirk Breslau. Jg. 1899—1903. (Autographiert.)

Königsberger **Statistik**. Im Auftr. d. Magistrats hrsg. v. Statistischen Amte d. Stadt Königsberg i. Pr. (Hrsg.: 1–7: A[ndreas] Dullo; [8]: Georg Neuhaus.) No 1–[8]. Königsberg i. Pr. 1901–08: Hartung. 8° u. 4°

1. Dullo: Die leer stehenden Wohnungen in Königsberg i. Pr. im Oct. 1901. 1901. 2. Dullo: Das Wachstum d. Bevölkerung Königsbergs u. d. dadurch bedingte Notwendigkeit d. Stadterweiterung. 1903. 3. Dullo: Die Löhne u. d. Arbeitszeit d. in d. Königsberger städt. Betrieben angestellten Arbeiter. 1903. 4. Dullo: Die Reichstags-, Landtags- u. Stadtverordneten-Wahlen in Königsberg i. Pr. 1903 u. in d. früheren Jahren. 1904. 5. Dullo: Die leer stehenden Wohnungen in Königsberg i. Pr. im Oct. 1904. 1905. 6. Dullo: Das Wachstum d. Stadt Königsberg i. Pr. nach d. Ergebnissen d. Volkszählung v. 1. Dez. 1905. 1906. 7. Dullo: Die Bevölkerungsbewegung in Königsberg i. Pr. 1906. [8.] Jg. 1907, Abt. 1. 2. [Mehr nicht ersch.] 1908.

Forts. u. d. T.: Statist. Jahrbuch f. d. Kgl. Haupt- u. Residenzstadt Königsberg i. Pr. 1908. (11. 4839

— **Königsberger.** Im Auftrage des Magistrats hrsg. vom statist. Amte der Stadt Königsberg i. Pr. Jahrg. 1907. 1. u. 2. Abtlg. 31×24 cm. Königsberg 908. Hartung. 1. 80
1. (42 S. m. 1 Karte.) 1.—. — 2. (S. 43—76.) — 80

Statistik der registrierten Consumvereine in den im Reichsrathe vertretenen Königreichen und Ländern für das Jahr 1898. [Oesterr. Statistik. 57. Bd. 1. Heft. 2. Abt.] 4°. (XXXI, 35 S.) † Wien: Gerold 1902.

— **der öffentlichen Krankenpflege im Kanton Bern, m. Bezugnahme auf die Krankenversicherung,** s.: **Mittheilungen d. bernischen statistischen Bureaus.**

— **der Krankenversicherung der Arbeiter,** s.: **Statistik d. Deutschen Reichs.**

Oesterreichische **Statistik.** Herausgegeben von der k. k. statistischen Central-Commission. LVII. Bd. 1. Heft. 1. Abtheilung. Enthält:

Statistik der registrierten Creditgenossenschaften in den im Reichsrathe vertretenen Königreichen und Ländern für das Jahr 1898. 1. Abtheilung der Statistik der registrierten Erwerbs- und Wirtschaftsgenossenschaften in den im Reichsrathe vertretenen Königreichen und Ländern für das Jahr 1898. Bearbeitet von dem Bureau der k. k. statistischen Central-Commission. Wien. 1901. In Comm. Gerold's Sohn. 4°. LVIII, 153 S. K 6.50

Statistik der registrierten Kreditgenossenschaften in den im Reichsrate vertretenen Königreichen und Ländern für das Jahr 1902. [Österreichische Statistik. Bd. LXXVII. 3. Heft.] 4°. (LXXIII, 262 S.) † Wien: Gerold 1906. K 10.30

—— **des bütower Kreises.** Bütow 1858. 4. (IV und 122 S. mit Anhang 56 S. und 6 Tab. in Fol., gr. Fol. und qu. Imp.-Fol.) Bütow 858. (Stettin, Saunier.)

Statistik des Bütower Kreises. Bütow 858. (Stettin, Saunier. — Stolp, Stein.) 4. (2 Bl., 122 S., 31 S. u. 12 Tab. in Fol.) nn. 25 ngr.

Statistik des XIII. Kreises der Deutschen Turnerschaft (Thüringen), Gera 1892. 23 S., Kl.-8°.

Statistik, Die, des eisernen Kreuzes. Beihft. z. „Milit.-Wochenblatt". — Berlin 1872.

Zur Statisik der Kriminalstrafanstalten in der Schweiz im Jahre 1874. Veröffentlicht vom statistischen Büreau des eidgen. Departements des Innern. 24 S. 4. Zürich, Druck von Orell Füssli & Co. Eidgenossenschaft 1876.

Statistik der Evangelisch-protestantischen Landeskirche im Grossherzogtum Baden. Hrsg. vom Ev. Pfarrverein im Grossh. Baden. (Karlsruhe:) Ev. Pfarrver. (1900). (218 S.) 8°

Statistik der evangelisch-protestant. Landeskirche im Großherzogt. Baden. Hrsg. vom evangel. Pfarrverein im Großherzogt. Baden. gr. 8. (IV, 220 S.) Karlsruhe (900). (J. J. Reiff.) n.n. 9. 50

— **der preußischen Landesuniversitäten m. Einschluß der theologisch-philos. Akademie zu Münster u. d. Lyceum Hosianum zu Braunsberg,** s.: **Statistik, preußische.**

— der Landtagswahlen (Böhmen), s. Mitteilungen des statist. Landesamtes (Böhmen), XII.

Statistik der zu Beginn des Jahres 1908 im Königreiche Böhmen durchgeführten allgemeinen Landtagswahlen. [Mitteilungen des statistischen Landesamtes des Königreiches Böhmen. Bd. XII. Heft 1.] Gr.-8°. (XXXII, 80 S.) † K 1.60 Prag: Calvé 1908.

Statistik d. Landwirtsch., s. Statistik, preussische.

Statistik der Landwirtschaft. ⟨Anbauflächen, Saatenstand, Ernteerträge, Geldwert u. Ernteschäden⟩ im Grossherzogt. Luxemburg. (F. d. J. 1907 ff.) Luxemburg 1908 ff. 8°
1907, 1908, 1908, 1909.
(Publikationen d. ständ. Kommiss. f. Statistik im Grossherzogt. Luxemburg, 17. 20.)

— **landwirtschaftliche, f. d. J. 1891 u. 1892, nebst Beilage üb. Stand u. Entwicklg. des landwirtschaftl. Genossenschaftswesens,** s.: **Mittheilungen des bernischen statistischen Bureaus.**

— **landwirthschaftliche, des Kantons Bern,** s.: **Mittheilungen d. bernischen statist. Bureaus.**

Landwirtschaftliche **Statistik** der Länder der ungarischen Krone. Im Auftr. d. Kgl. Ungar. Ackerbauministers verf. u. hrsg. durch d. Kgl. Ungar. Statist. Bureau. (Vorr.: Dr. Ignaz v. Darányi, Minister; 2–4: Dr. Josef v. Jekelfalussy.) Bd 1–5. *Budapest: Pester Buchdr.-A.-G. 1897–1900.* 5 Bde 4°
[Nebent.:] A magyar korona országainak mezögazdasági statisztikája.
1. Die Entw. d. ung. landw. Stat. u. d. Hauptergebn. nach Gemeinden. 1897.
2. Adressenbuch d. Landwirte. 1897. 3. Landw. Production 1895 u. 1896. 1897.
4. Vertheilung d. Wirthschaften nach Karakter u. Grösse. 1900.
5. Endergebnisse. 1900. [02. 798

Landwirtschaftliche **Statistik** der Länder der ungarischen Krone. Im Auftr. d. Kgl. Ungar. Handelministers verf. u. hrsg. durch d. Kgl. Ungar. Statist. Bureau. (Vorr.: Dr. Josef v. Jekelfalussy.) Bd 1–4. Budapest: Pester Buchdr.-A.-G. 1897–1900. 4 Bde 4°
[Nebent.:] A magyar korona országainak mezögazdasági statisztikája.
1. Die Entw. d. ung. landw. Stat. u. d. Hauptergebn. nach Gemeinden. 1897.
2. Landw. Production 1895 u. 1896. 1897.
3. Vertheilung d. Wirthschaften nach Karakter u. Grösse. 1900.
4. Endergebnisse. Mit 17 graph. Karten. 1900.
(Mitteilungen, Ungarische statistische. N. F. Bd 15. 18. 24. 27.)

Statistik, landwirtschaftliche, d. Länder d. ungar. Krone. 1. u. 3. Bd. (Ungarisch u. deutsch.) gr. 4. Budapest (O. Nagel jun.). Geb. in Leinw. 20. 40

1. D. Entwickelg. d. ungar. landwirtschaftl. Statistik u. d. Hauptergebnisse nach Gemeinden d. auf Grund des G.-A. VIII. v. J. 1895 vollzog. Konskription. Im Auftr. d. kön. ung. Ackerbauministers verf. u. hrsg. durch d. kön. ung. statist. Bureau. (X, 276 u. 765 S.) 897. Geb. n. 17. —
3. Landwirtschaftl. Production in d. J. 1895 u. 1896. Im Auftr. d. kön. ung. Ackerbauministers verf. u. hrsg. durch d. kön. ung. statist. Central-Amt. (VII, 54 u. 121 S.) 898. Geb. 3. 40

— dasselbe, 2. Bd., s.: Adressenbuch d. Landwirte im Kgr. Ungarn.

— landwirtschaftliche, der Länder der ungarischen Krone. 4. u. 5. Bd. Im Auftrage des königl. ungar. Ackerbauministers verf. u. hrsg. durch d. kön. ungar. statist. Central-Amt. (Ungarisch u. deutsch.) gr. 4. Budapest 900. (O. Nagel jun.). Geb. in Leinw. 15. 50

4. Vertheilung der Wirtschaften nach Karakter u. Grösse. (X, 111 u. 333 S.) 900. n. 8. 50
5. Ernteergebnisse. Mit 17 graph. Karten. (X, 118 u. 234 S.) 900. n. 7. —

*Statistik des deutschen Lebensversicherungs-Geschäftes im Bremer Handelsblatt 1856, später: Zustand und Fortschritte der deutschen Lebensversicherungs-Anstalten von 1869 ab.

Statistik der schweizerischen Lebensversicherungs-Gesellschaften. Herausgegeben vom schweizerischen Handels- und Industrie-verein. Zürich.

STATISTIK der Liebe. (Philosophische u. kulturhistor. Abhandlung.) Wien 1797. In Kommißion bey Christoph Peter Rehm. 8°. 74 S. Zahm.

Von Kayser irrig unter Romane eingereiht. — Selten!

Statistik über die Lohn- und Arbeitsverhältnisse genossenschaftlicher Angestellter und Arbeiter. Hamburg: Zentralverband dt. Konsumvereine 1906.

— der in d. im Reichsrathe vertretenen Königreichen u. Ländereien im Betriebe gestandenen Locomotiv-Eisenbahnen. 1.—3. Bd. 1898—1900. Bearb. vom statist. Departement im k. k. Eisenbahn-Ministerium. gr. Fol. (XLIV, 721; XLV, 769 u. XLVII, 861 S.) Wien 900. 901. Hof- u. Staatsdruckerei. à n. 12.—

— der in den im Reichsrate vertretenen Königreichen u. Ländern im Betriebe gestandenen Lokomotiveisenbahnen. 4. u. 5. Bd. 1901 u. 1902. Bearb. vom statist. Departement im k. k. Eisenbahn-Ministerium. (XLVII, 875 u. XLIX, 893 S.) gr. Fol. Wien 902. 903. Hof- u. Staatsdruckerei. à n. 12.—

Fortsetzg., s.: Eisenbahnstatistik, österreichische.

Statist. Amt d. Stadt Magdeburg. Magdeburger **Statistik**. [1.] 1905. Magdeburg 1906: R. Zacharias. 4° [J.]

Aus: Bericht uber d. Verwalt. u. d. Stand d. Gemeinde-Angelegenheiten d. Stadt Magdeburg 1905/06. [06. 1099 3

Statistik des Medizinalpersonals im Kanton St. Gallen im Vergleich zu den meisten andern Kantonen. Mit daran geknüpften Betrachtungen über allgemeine Approbation und Freizügigkeit des schweizer. Medizinalpersonals. Von einem St. Gallischen Arzte A. T....r. gr. 8. (50 S.) St. Gallen 855, Scheitlin und Zollikofer.

—— des Medicinal-Standes, der Kranken- und Humanitäts-Anstalten, der Mineralwässer, Bäder, Trink- und Gesundbrunnen von Ungarn. hoch 4. (VIII und 360 S.) Wien 859, Braumüller's Sortiment. *

— medizinische, der Stadt Würzburg f. d. J. 1898, 1899, 1900, 1901 u. 1902. Bearb. v. Frz. Kasim. Stubenrath. Mit zahlreichen Tab. (S. 193—246.) gr. 8. Würzburg 904. C. Kabitzsch. n. 2. 50

Sonderabdruck aus: „Verhandlgn. d. phys.-med. Gesellsch. zu Würzburg".

— dasselbe f. 1903 u. 1904, s.: Hofmann, F. E.

Statistik des Milchverbrauchs in Berlin. Berlin 1903. 4°
(Berliner Statistik. H. 1.)

— d. Milchwirtschaft d. Kantons Bern, s.: Mitteilungen d. bern. statist. Bureaus.

Statistik der Inneren Mission der deutschen evangelischen Kirche. Bearb. u. hrsg. von d. Central-Ausschuss f. d. Inn. Miss. d. deutschen ev. Kirche. Berlin: Centr.-Aussch. f. Inn. Miss. 1899. (XI, 452 S.) 8°

— der inneren Mission der deutschen evangel. Kirche. Bearb. u. hrsg. v. dem Central-Ausschuß f. die innere Mission der deutschen evangel. Kirche. gr. 8. (XI, 452 S.) Berlin 899. (M. Warneck.) n. 4. —; erm. Pr. n.n. 2.50

— neueste, des Königreichs Bayern u. seiner 8 Kreise. Genaue Angabe der Gerichtshofe, Kreisstellen, der obersten Kirchenstellen, der hoheren Lehranstalten, Landgerichte, Rentamter, Forstamter, Bauinspectionen, Klöster, Gebirge, Seen, Flusse etc. Nurnberg 857. Lotzbeck. gr. 8. (64 S.) 7½ ngr.

Statistik, neueste, des Konigreichs Bayern und seiner acht Kreise. Genaue Angabe der Gerichtshöfe und Gerichtsbehorden nach der neuesten Organisation, Central- u. Kreisstellen, der obersten Kirchenstellen, der höheren Lehranstalten etc. 2. verm. Aufl. Nürnberg 858. Lotzbeck. gr. 8. (90 S.) 9 ngr.

Statistik des Königreichs Norwegen 1874 76. Christiania 1877 78. 2 Bde. 4°

Statistik des thurgauischen Obstbaues. Frauenfeld 1861.

— die officielle, des Großherzogthums Posen und deren Consequenzen. (In deutscher u. polnischer Sprache.) Posen 861. (Merzbach.) 8. (19 S.) n. 4 ngr.

Statistik der Organisation der Zoll und Steuerverwaltung des deutschen Reiches nach dem Stande des J. 1872. — 2. Geschäftsstatistik der Zollverwaltung des deutschen Reichs für das Jahr 1872. — 3. Statistik der Straffälle in Bezug auf die Zölle und Steuern des deutschen Reichs für das Jahr 1872. Herausg. vom Kais. Stat. Amt. Berlin 1874. Fol.

Ist: Statistik d. d. Reiches. Bd. 6. (D.)

—— österreichische. Hrsg. von der k. k. statist. Central-Commission. 1. Bd. 3 Hefte, 2. Bd. 2 Hefte, 3. Bd. 2 Hefte, 4. Bd. 4 Hefte, 5. Bd. 3 Hefte, 6. Bd. 1., 2. und 4. Heft und 7. Bd. 4 Hefte. Imp.-4. Wien, (Gerold's Sohn.) * 1

Inhalt:

Bd. 1. 1. Heft: Die Bevölkerung der im Reichsrathe vertretenen Königreiche und Länder nach Aufenthalt und Zuständigkeit. (V, 231 S.) 882. *M 7.

Statistik, österreichische etc.

Bd. 1. 2. Heft: Die Bevölkerung der im Reichsrathe vertretenen Königreiche und Länder nach Religion, Bildungsgrad, Umgangssprache und nach ihren Gebrechen. (III, 121 S.) 882. *M 1,80.
» 1. 3. Heft: —— dass. — nach Beruf und Erwerb. (III, 357 S.) 882. *M 10,70.
» 2. 1. Heft: —— dass. — nach Alter und Stand. (III, 565 S.) 882. *M 16,90.
» 2. 2. Heft: Ergebnisse der mit der Volkszählung vom 31. Decbr. 1880 verbundenen Zählung der häuslichen Nutzthiere. (II, 79 S.) 882. *M 2,40.
» 3. 1. Heft: Statistik des Sanitätswesens der im Reichsrathe vertretenen Königreiche und Länder für das J. 1880, nach amtl. Berichten bearb. von der k. k. Direction der administrativen Statistik. (XL, 225 S.) 883. *M 9,40.
» 3. 2. Heft: Statistik der Unterrichts-Anstalten in den im Reichsrathe vertretenen Konigreichen und Ländern für die J. 1881 82, bearb. von der k. k. Direction der administrativen Statistik. (XXII, 83 S.) 884. *M 3.
» 4. 1. Heft: Bericht über die Erhebung der Handelswerthe und Haupt-Ergebnisse des auswärtigen Handels im J. 1882 in Vergleichung mit den Vorjahren. 1. Heft der Statistik des auswärt. Handels der österreichisch-ungar. Monarchie im J. 1882 [43. Jahrg. der Handels-Ausweise]. Bearb. von der k. k. Direction der auswart. Statistik. (191 S.) 884. *M 6.
» 4. 2. Heft: Waaren-Einfuhr in das allgemeine österreichisch-ungarische Zollgebiet im J. 1882. 2. Heft der Statistik des auswärt. Handels der österreichisch-ungar. Monarchie im J. 1882 [43. Jahrg. der Handels-Ausweise]. Bearb. von der k. k. Direction der administrativen Statistik. (235 S.) 883. *M 7.
» 4. 3. Heft: Waaren-Ausfuhr aus dem allgemeinen österreichisch-ungarischen Zollgebiete im J. 1882. 3. Heft der Statistik des auswärt. Handels der österreichisch-ungar. Monarchie im J. 1882 [43. Jahrg. der Handels-Ausweise]. Bearb. von der k. k. Direction der administrativen Statistik. (120 S.) 883. *M 3,00.

» 4. 4. Heft: Waaren-Durchfuhr durch das allgemeine österreichisch-ungarische Zollgebiet im J. 1882. 4. Heft der Statistik des auswärt. Handels der österreichisch-ungar. Monarchie im J. 1882 [43. Jahrg. der Handels-Ausweise]. Bearb. von der k. k. Direction der administrativen Statistik. (131 S.) 883. *ℳ 4.

» 5. 1. Heft: Bewegung der Bevölkerung der im Reichsrathe vertretenen Königreiche und Länder in den J. 1881 und 1882. (XXX, 273 S.) 884. *ℳ 9,20.

» 5. 2. Heft: Statistik des Sanitätswesens der im Reichsrathe vertretenen Königreiche und Länder für das J. 1881. (XLI, 299 S.) 884. *ℳ 9,40.

» 5. 3. Heft: Die Ergebnisse der Volkszählung vom 31. Decbr. 1880 in den im Reichsrathe vertretenen Königreichen und Ländern in analytischer Bearbeitung. 6. Heft „der Ergebnisse der Volkszählung und der mit derselben verbundenen Zählung der häusl. Nutzthiere vom 31. Decbr. 1880". Bearb. von dem Bureau der k. k. statist. Central-Commission. (LXXIV, 81 S.) 884. *ℳ 4,80.

» 6. 1. Heft: Die Ergebnisse der Civilrechtspflege in den im Reichsrathe vertretenen Königreichen und Ländern im J. 1882. 1. Heft der „Statistik der Rechtspflege" für das J. 1882. Bearb. im k. k. Justiz-Ministerium unter Mitwirkung der k. k. statist. Central-Commission. (XI, 103 S.) 885. *ℳ 3,60.

» 6. 2. Heft: Die Ergebnisse des Concursverfahrens in den im Reichsrathe vertretenen Königreichen und Ländern im J. 1882. 2. Heft der „Statistik der Rechtspflege" in den im Reichsrathe vertretenen Königreichen und Ländern für das J. 1882. Bearb. im k. k. Justiz-Ministerium. (XV, 79 S.) 884. *ℳ 2,80.

» 6. 4. Heft: XV. statistische Uebersicht der Verhältnisse der österreichischen Strafanstalten und der Gerichts-Gefängnisse im J. 1882. Bearb. im k. k. Justiz-Ministerium. (XXVI, 104 S.) 884. *ℳ 4.

» 7. 1. Heft: Bericht über die Erhebung der Handelswerthe und Haupt-Ergebnisse des auswärtigen Handels im J. 1883 in Vergleichung mit den Vorjahren. 1. Heft der Statistik des auswärtigen Handels der österreichisch-ungar. Monarchie im J. 1883 [44. Jahrg. der Handels-Ausweise]. (VI, 178 S.) 884. *ℳ 6.

» 7. 2. Heft: Waaren-Einfuhr in das allgemeine österreichisch-ungarische Zollgebiet im J. 1883. 2. Heft der Statistik des auswärt. Handels der österreichisch-ungar. Monarchie im J. 1883 [44. Jahrg. der Handels-Ausweise]. Bearb. von dem Bureau der k. k. statist. Central-Commission. (89 S.) 884. *ℳ 2,80.

» 7. 3. Heft: Waaren-Ausfuhr aus dem allgemeinen österreichisch-ungarischen Zollgebiete im J. 1883. 3. Heft der Statistik des auswärt. Handels der österreichisch-ungar. Monarchie im J. 1883 [44. Jahrg. der Handels-Ausweise]. (56 S.) 884. *ℳ 1,80.

» 7. 4. Heft: Waaren-Durchfuhr durch das allgemeine österreichisch-ungarische Zollgebiet im J. 1883. 4. Heft der Statistik des auswärt. Handels etc. (65 S.) 884. *ℳ 2.

—— österreichische. Hrsg. von der k. k. statist. Central-Commission. 6. Bd. 3. Heft, 8. Bd. 3 Hefte, 9. Bd. 5 Hefte, 10.—14. Bd. à 4 Hefte, 15. Bd. 3 Hefte, 16.—20. Bd. à 4 Hefte. Imp.-4. Wien, (Gerold's Sohn.) * 217 20

Inhalt:

Bd. 6. 3. Heft: Die Ergebnisse der Strafrechtspflege in den im Reichsrathe vertretenen Königreichen und Ländern im J. 1882. (LIV, 224 S.) 886. *ℳ 8.60.

» 8. 1. Heft: Statistik der Sparcassen in den im Reichsrathe vertretenen Königreichen und Ländern für das J. 1882. (XLVIII, 31 S.) 884. *ℳ 2.40. — 2. Heft: Bewegung der Bevölkerung der im Reichsrathe vertretenen Königreiche und Länder im J. 1883. (XVI, 137 S.) 884. *ℳ 4.80. — 3. Heft: Statistik des Sanitätswesens der im Reichsrathe vertretenen Königreiche und Länder für das J. 1882. (XLI, 230 S.) 885. *ℳ 9.40.

» 9. 1. Heft: Statistik der Unterrichts-Anstalten in den im Reichsrathe vertretenen Königreichen und Ländern für das J. 1882/83. (XIII, 83 S.) 885. *ℳ 3.—. — 2. Heft: Statistik der Banken in den im Reichsrathe vertretenen Königreichen und Ländern für das J. 1882 und 1883. (XIII, 25 S.) 885. *ℳ 1.40. — 3. Heft: Statistik der Sparcassen in den im Reichsrathe vertretenen Königreichen und Ländern für das J. 1883. (XX, 31 S.) 885. *ℳ 2.—. — 4. Heft: Der österreichische Haushalt in der Periode 1868—1882, nebst Uebersichten über die Landes-, Fonds- und Gemeinde-Finanzen für das J. 1882. (LXVIII, 83 S.) 885. *ℳ 4.60. — 5. Heft: Statistik der Reichsrathswahlen im J. 1885. (XVI, 18 S. mit 2 Kartogrammen.) 885. *ℳ 1.40.

» 10. 1. Heft: Bericht über die Erhebung der Handelswerthe und Hauptergebnisse des auswärtigen Handels im J. 1884 in Vergleichung mit den Vorjahren. 1. Heft der Statistik des auswärtigen Handels der österreichisch-ungarischen Monarchie im J. 1884. (XLV. Jahrg. der Handels-Ausweise.) Bearb. von dem Bureau der k. k. statist. Central-Commission. (VI, 104 S.) 886. *ℳ 6.—. — 2. Heft: Waaren-Einfuhr in das allgemeine österreichisch-ungar. Zollgebiet im J. 1884. 2. Heft der Statistik des auswärt. Handels der österreichisch-ungar. Monarchie im J. 1884 [45. Jahrg. der Handels-Ausweise]. (89 S.) 885. *ℳ 2.80. — 3. Heft: Waaren-Ausfuhr aus dem allgemeinen österreichisch-ungarischen Zollgebiete im J. 1884. 3. Heft der Statistik des auswärt. Handels der österreichisch-ungar. Monarchie im J. 1884 [45. Jahrg. der Handels-Ausweise]. (56 S.) 885. *ℳ 1.80. — 4. Heft: Waaren-Durchfuhr durch das allgemeine österreichisch-ungarische Zollgebiet im J. 1884. 4. Heft der Statistik des auswärt. Handels der österreichisch-ungar. Monarchie im J. 1884 [45. Jahrg. der Handels-Ausweise]. (65 S.) 885. *ℳ 2.—.

Bd. 11. 1. Heft: Die Ergebnisse der Civilrechtspflege in den im Reichsrathe vertretenen Königreichen und Ländern im J. 1883. 1. Heft der „Statistik der Rechtspflege" für das J. 1883. (XIV, 105 S.) 886. *ℳ 3.60. — 2. Heft: Die Ergebnisse des Concursverfahrens in den im Reichsrathe vertretenen Königreichen und Ländern im J. 1883. 2. Heft der „Statistik der Rechtspflege" für das J. 1883. Bearb. im k. k. Justiz-Ministerium. (XIII, 79 S.) 886. *ℳ 2.80. — 3. Heft: Die Ergebnisse der Strafrechtspflege in den im Reichsrathe vertretenen Königreichen und Ländern im J. 1883. 3. Heft der „Statistik der Rechtspflege" in den im Reichsrathe vertretenen Königreichen und Ländern für das J. 1883. Bearb. unter Mitwirkung des k. k. Justiz-Ministeriums. (XXV, 227 S.) 887. *ℳ 7.60. — 4. Heft: XVI. statistische Übersicht der Verhältnisse der österreichischen Strafanstalten und der Gerichts-Gefängnisse im J. 1883. Bearb. im k. k. Justiz-Ministerium. (XXIV, 109 S.) 886. *ℳ 4.—.

» 12. 1. Heft: Erläuterungen und Ergänzungen zu den Daten der Viehzählung vom 31. Decbr. 1880. Bearb. im k. k. Ackerbau-Ministerium unter Mitwirkung der k. k. statist. Central-Commission. (110 S.) 886. *ℳ 3.40. — 2. Heft: Bewegung der Bevölkerung der im Reichsrathe vertretenen Königreiche und Länder im J. 1884. Bearb. von dem Bureau der k. k. statist. Central-Commission. (XXI, 137 S.) 886. *ℳ 4.80. — 3. Heft: Statistik der Unterrichtsanstalten in den im Reichsrathe vertretenen Königreichen und Ländern für die J. 1883/84. (XX, 84 S.) 886. *ℳ 3.40. — 4. Heft: Statistik des Sanitätswesens der im Reichsrathe vertretenen Königreiche und Länder für das J. 1883. (XLVIII, 231 S.) 886. *ℳ 9.40.

» 13. 1. Heft: Bewegung im Besitz- und Lastenstande der Realitäten in den im Reichsrathe vertretenen Königreichen und Ländern im J. 1884. (X, 55 S.) 886. *ℳ 2.—. — 2. Heft: Statistik der Sparkassen in den im Reichsrathe vertretenen Königreichen und Ländern für das J. 1884. (XXIV, 84 S.) 886. *ℳ 2.—. — 3. Heft: Statistik des Sanitätswesens der im Reichsrathe vertretenen Königreiche und Länder für das J. 1884. (XLVII, 249 S.) 887. *ℳ 9.40. — 4. Heft: Bewegung der Bevölkerung der im Reichsrathe vertretenen Königreiche und Länder im J. 1885. (XXII, 137 S.) 887. *ℳ 4.80.

» 14. 1. Heft: Bericht über die Erhebung der Handelswerthe und Haupt-Ergebnisse des auswärtigen Handels im J. 1885 in Vergleichung mit den Vorjahren. 1. Heft der Statistik des auswärt. Handels der österreichisch-ungar. Monarchie im J. 1885 [46. Jahrg. der Handels-Ausweise]. (VI, 191 S.) 887. *ℳ 6.—. — 2. Heft: Waaren-Einfuhr in das allgemeine österreichisch-ungarische Zollgebiet im J. 1885. 2. Heft der Statistik des auswärt. Handels der österreichisch-ungar. Monarchie im J. 1885 [46. Jahrg. der Handels-Ausweise]. (89 S.) 887. *ℳ 2.80. — 3. Heft: Waaren-Ausfuhr aus dem allgemeinen österreichisch-ungarischen Zollgebiete im J. 1885. 3. Heft der Statistik des auswärt. Handels der österreichisch-ungar. Monarchie im J. 1885 [46. Jahrg. der Handels-Ausweise]. (56 S.) 886. *ℳ 1.80. — 4. Heft: Waaren-Durchfuhr durch das allgemeine österreichisch-ungarische Zollgebiet im J. 1885. 4. Heft der Statistik des auswärt. Handels der österreichisch-ungar. Monarchie im J. 1885 [46. Jahrg. der Handels-Ausweise]. (65 S.) 886. *ℳ 2.—.

» 15. 1. Heft: Die Ergebnisse der Civilrechtspflege in den im Reichsrathe vertretenen Königreichen und Ländern im J. 1884. 1. Heft der „Statistik der Rechtspflege" in den im Reichsrathe vertretenen Königreichen und Ländern für das J. 1884. Bearb. unter Mitwirkung des k. k. Justiz-Ministeriums. (XVI, 120 S.) 887. *ℳ 3.60. — 2. Heft: Die Ergebnisse des Concursverfahrens in den im Reichsrathe vertretenen Königreichen und Ländern im J. 1884. 2. Heft der „Statistik der Rechtspflege" in den im Reichsrathe vertretenen Königreichen und Ländern für das J. 1884. Bearb. im k. k. Justiz-Ministerium. (VII, 79 S.) 887. *ℳ 2.80. — 3. Heft: Die Ergebnisse der Strafrechtspflege in den im Reichsrathe vertretenen Königreichen und Ländern im J. 1884. 3. Heft der „Statistik der Rechtspflege" in den im Reichsrathe vertretenen Königreichen und Ländern für das J. 1884. Bearb. unter Mitwirkung des k. k. Justiz-Ministeriums. (XXII, 247 S.) 888. *ℳ 8.60.

» 16. 1. Heft: Statistik der Banken in den im Reichsrathe vertretenen Königreichen und Ländern für die J. 1884 und 1885. (XX, 25 S.) 887. *ℳ 1.40. — 2. Heft: Statistik der Unterrichts-Anstalten in den im Reichsrathe vertretenen Königreichen und Ländern für die J. 1884/85. (XXXV, 134 S.) 887. *ℳ 5.40. — 3. Heft: Der österreichische Staatshaushalt in den J. 1883 und 1884. (XXI, 69 S.) 887. *ℳ 2.80. — 4. Heft: Statistik der Sparcassen in den im Reichsrathe vertretenen Königreichen und Ländern für das J. 1885. (XXXIV, 40 S.) 887. *ℳ 2.—.

Bd. 17. 1. Heft: Bericht über die Erhebung der Handelswerthe und Hauptergebnisse des auswärtigen Handels im J. 1886 in Vergleichung mit den Vorjahren. 1. Heft der Statistik des auswärt. Handels der österreichisch-ungar. Monarchie im J. 1886 [47. Jahrg. der Handels-Ausweise]. (VI, 125 S.) 888. *ℳ 4.—. — 2. Heft: Waaren-Einfuhr in das allgemeine österreichisch-ungarische Zollgebiet im J. 1886. 2. Heft der Statistik des auswärt. Handels der österreichisch-ungar. Monarchie im J. 1886 [47. Jahrg. der Handels-Ausweise]. (89 S.) 887. *ℳ 2.80. — 3. Heft: Waaren-Ausfuhr aus dem allgemeinen österreichisch-ungarischen Zollgebiete im J. 1886. 3. Heft der Statistik des auswärt. Handels der österreichisch-ungar. Monarchie im J. 1886 [47. Jahrg. der Handels-Ausweise]. (56 S.) 887. *ℳ 1.80. — 4. Heft: Waaren-Durchfuhr durch das allgemeine österreichisch-ungarische Zollgebiet im J. 1886. 4. Heft der Statistik des auswärt. Handels der österreichisch-ungar. Monarchie im J. 1886 [47. Jahrg. der Handels-Ausweise]. (65 S.) 887. *ℳ 2.—.

» 18. 1. Heft: Bewegung der Bevölkerung der im Reichsrathe vertretenen Königreiche und Länder im J. 1886. (XXV, 169 S.) 888. *ℳ 6.—. — 2. Heft: Statistik der Unterrichts-Anstalten in den im Reichsrathe vertretenen Königreichen und Ländern für die J. 1885/86. (XXXV, 86 S.) 888. *ℳ 3.80. — 3. Heft: Statistik der Sparcassen in den im Reichsrathe vertretenen Königreichen und Ländern für das J. 1886. (XXXV, 46 S.) 888. *ℳ 2.40. — 4. Heft: Statistik des Sanitätswesens in den im Reichsrathe vertretenen Königreichen und Ländern für das J. 1885. (XLVIII, 250 S.) 888. *ℳ 9.20.

» 19. 1. Heft: Die Ergebnisse der Civilrechtspflege in den im Reichsrathe vertretenen Königreichen und Ländern im J. 1885. 1. Heft der „Statistik der Rechtspflege" in den im Reichsrathe vertretenen Königreichen und Ländern für das J. 1885. Bearb. unter Mitwirkung des k. k. Justiz-Ministeriums. (XXI, 120 S.) 889. *ℳ 4.40. — 2. Heft: Die Ergebnisse des Concursverfahrens in den im Reichsrathe vertretenen Königreichen und Ländern im J. 1885. 2. Heft der „Statistik der Rechtspflege" in den im Reichsrathe vertretenen Königreichen und Ländern für das J. 1885. Bearb. im k. k. Justiz-Ministerium. (IX, 79 S.) 888. *ℳ 2.80. — 3. Heft: Die Ergebnisse der Strafrechtspflege in den im Reichsrathe vertretenen Königreichen und Ländern im J. 1885. 3. Heft der „Statistik der Rechtspflege" in den im Reichsrathe vertretenen Königreichen und Ländern für das J. 1885. Bearb. unter Mitwirkung des k. k. Justiz-Ministeriums. (XX, 247 S.) 889. *ℳ 8.60. — 4. Heft: Statistische Uebersicht der Verhältnisse der österreichischen Strafanstalten und der Gerichts-Gefängnisse im J. 1885. Bearb. im k. k. Justiz-Ministerium. (XXVI, 112 S.) 889. *ℳ 4.60.

» 20. 1. Heft: Bericht über die Erhebung der Handelswerthe und Haupt-Ergebnisse des auswärtigen Handels im J. 1887 in Vergleichung mit den Vorjahren. 1. Heft der Statistik des auswärtigen Handels der österreichisch-ungarischen Monarchie im J. 1887. [48. Jahrg. der Handels-Ausweise.] (VI, 120 S.) 889. *ℳ 4.—. — 2. Heft: Waaren-Einfuhr in das allgemeine österreichisch-ungarische Zollgebiet im J. 1887. 2. Heft der Statistik des auswärtigen Handels der österreichisch-ungarischen Monarchie im J. 1887. [48. Jahrg. der Handels-Ausweise.] (III, 69; 89, 75 S.) 889. *ℳ 7.40. — 3. Heft: Waaren-Ausfuhr aus dem allgemeinen österreichisch-ungarischen Zollgebiete im J. 1887. 3. Heft der Statistik des auswärtigen Handels der österreichisch-ungarischen Monarchie im J. 1887. [48. Jahrg. der Handels-Ausweise.] Bearb. von dem Bureau der k. k. statist. Central-Commission. (III, 46; 62; 56 S.) 888. *ℳ 4.80. — 4. Heft: Waaren-Durchfuhr durch das allgemeine österreichisch-ungarische Zollgebiet im J. 1887. 4. Heft der Statistik des auswärtigen Handels der österreichisch-ungarischen Monarchie im J. 1887. [48. Jahrg. der Handels-Ausweise.] (IV, 70 S.) 889. *ℳ 2.—.

—— österreichische. Hrsg. von der statist. Central-Commission. 21.—29. Bd. à 4 Hefte, 30. Bd. 1., 3. u. 4. Heft, 31. Bd. 4 Hefte, 32. Bd. 1. Heft u. 34. Bd. 1. Heft. Imp.-4. Wien, (Gerold's Sohn). * 205 80

21. Bd. 1. Heft. Statistik der Unterrichts-Anstalten für d. J. 1886/87. (XXII, 86 S.) 889. * 3 40. — 2. Heft. Statistik der Banken für die J. 1886 u. 1887. (III, 25 S.) 889. * 1 40. — 3. Heft. Bewegung d. Bevölkerung im J. 1887. (XVII, 169 S.) 889. * 6 —. — 4. Heft. Statistik d. Sanitätswesens für das J. 1886. (XLII, 250 S.) 889 * 9 40.

22. Bd. 1. Heft. Der österreichische Staatshaushalt in den J. 1885 u. 1886. (XVI, 126 S.) 889. * 5 —. — 2. Heft. Statistik der Sparcassen f. d. J. 1887. (XXXIX, 55 S.) 889. * 3 —. — 3. Heft. Statistik des Sanitätswesens für d. J. 1887. (XLII, 250 S.) 890. * 9 40. — 4. Heft. Statistik d. Unterrichtsanstalten für d. J. 1887/88. (XIX, 88 S.) 890. * 3 40.

23. Bd. 1. Heft. Bericht über die Erhebung der Handelswerthe u. Haupt-Ergebnisse d. auswärtigen Handels im J. 1888 in Vergleichung m. den Vorjahren. 1. Heft. der Statistik d. auswärt. Handels d. österreichisch-ungar. Monarchie im J. 1888 [49. Jahrg. der Handels-Ausweise]. (VI, 122 S.) 890. * 4 —. — 2. Heft. Waaren-Einfuhr in d. allgemeine österreichisch-ungar. Zollgebiet im J. 1888. 2. Heft der Statistik d. auswärt. Handels der österreichisch-ungar. Monarchie im J. 1888 [49. Jahrg. der Handels-Ausweise]. (109 S.) 889. * 3 40. — 3. Heft. Waaren-Ausfuhr aus dem allgemeinen österreichisch-ungarischen Zollgebiete im J. 1888. 3. Heft der Statistik d. auswärt. Handels der österreichisch-ungarischen Monarchie im J. 1888. [49. Jahrg. d. Handels-Ausweise]. (72 S.) 889. * 2 —. — 4. Heft. Waaren-Durchfuhr durch das allgemeine österreichisch-ungarische Zollgebiet im J. 1888. 4. Heft der Statistik d. auswärtigen Handels der österreichisch-ungarischen Monarchie im J. 1888. [49. Jahrg. der Handels-Ausweise]. (67 S.) 889. * 2

24. Bd. 1. Heft. Die Ergebnisse der Civilrechtspflege im J. 1886. 1. Heft der „Statistik der Rechtspflege" für d. J. 1886. Bearb. von dem Bureau der k. k. statist. Central-Commission unter Mitwirkg. d. k. k. Justiz-Ministeriums. (XXVII, 113 S.) 890. * 4 40. — 2. Heft. Die Ergebnisse d. Concursverfahrens im J. 1886. 2. Heft der „Statistik der Rechtspflege" für d. J. 1886. Bearb. im k. k. Justiz-Ministerium. (X, 77 S.) 890. * 2 80. — 3. Heft. Die Ergebnisse der Strafrechtspflege im J. 1886. 3. Heft der „Statistik d. Rechtspflege" für das J. 1886. Bearb. unter Mitwirkg. d. k. k. Justiz-Ministeriums. (XXV, 347 S.) 890. * 8 60. — 4. Heft. Statistische Übersicht der Verhältnisse der österreichischen Strafanstalten u. der Gerichts-Gefängnisse im J. 1886. Bearb. im k. k. Justiz-Ministerium. (XXVI, 112 S.) 891. * 4 60.

25. Bd. 1. Heft. Bewegung der Bevölkerung im J. 1888. (XVII, 168 S.) 890. * 6 —. — 2. Heft. Statistik der Sparcassen für d. J. 1888. (XLIII, 55 S.) 890. * 3 —. — 3. Heft. Statistik der Unterrichts-Anstalten f. d. J. 1888/89. (XXI, 88 S.) 891. * 3 40. — 4. Heft. Statistik der Banken für die J. 1888 u. 1889. (II, XXI, 25 S.) 891. * 1 40.

26. Bd. 1. Heft: Bericht üb. die Erhebung der Handelswerthe u. Haupt-Ergebnisse d. auswärtigen Handels im J. 1889 in Vergleichung m. d. Vorjahren. 1. Heft der Statistik d. auswärt. Handels der österreich-ungar. Monarchie im J. 1889. [50. Jahrg. der Handels-Ausweise.] (VI, 123 S.) 891. * 4 —. — 2. Heft: Waaren-Einfuhr in das allgemeine österreichisch-ungarische Zollgebiet im J. 1889. 2. Heft der Statistik d. auswärt. Handels der österreich-ungar. Monarchie im J. 1889 [50. Jahrg. der Handels-Ausweise]. (113 S.) 891. * 3 40. — 3. Heft: Waaren-Ausfuhr aus dem allgemeinen österreichisch-ungarischen Zollgebiete im J. 1889. 3. Heft der Statistik d. auswärt. Handels der österreich.-ungar. Monarchie im J. 1889 [50. Jahrg. d. Handels-Ausweise]. (72 S.) 890. * 2 —. — 4. Heft: Waaren-Durchfuhr durch das allgemeine österreichisch-ungarische Zollgebiet im J. 1889. 4. Heft der Statistik d. auswärt. Handels d. österreich.-ungar. Monarchie im J. 1889 [50. Jahrg. der Handels-Ausweise]. (68 S.) 890. * 2 —.

27. Bd. 1. Heft: Die Ergebnisse der Civilrechtspflege im J. 1887. 1. Heft der „Statistik der Rechtspflege" f. d. J. 1887. Bearb. v. dem Bureau der k. k. statist. Central-Commission unter Mitwirkg. d. k. k. Justiz-Ministeriums. (XXXI, 113 S.) 891. * 4 40. — 2. Heft: Die Ergebnisse d. Concursverfahrens im J. 1887. 2. Heft der „Statistik der Rechtspflege" f. d. J. 1887. Bearb. im k. k. Justiz-Ministerium. (X, 79 S.) 891. * 2 80. — 3. Heft: Die Ergebnisse der Strafrechtspflege im J. 1887. 3. Heft der „Statistik der Rechtspflege" f. d. J. 1887. Bearb. unter Mitwirkg. d. k. k. Justiz-Ministeriums. (XXX, 191 S.) 891. * 7 —. — 4. Heft: Statistische Übersicht der Verhältnisse der österreich. Strafanstalten u. der Gerichtsgefängnisse im J. 1887. Bearb. im k. k. Justiz-Ministerium. (II, XXVII, 111 S.) 891. * 4 60.

28. Bd. 1. Heft: Bewegung der Bevölkerung im J. 1889. (II, XVII, 169 S.) 891. * 6 —. — 2. Heft: Statistik d. Sanitätswesens f. d. J. 1888. (II, XLIII, 279 S.) 891. * 10 —. — 3. Heft: Statistik der Sparcassen f. d. J. 1889. (II, XLV, 57 S.) 892. * 3 —. — 4. Heft: Statistik der Unterrichtsanstalten f. d. J. 1889/90. (IV, XL, 122 S.) 892. * 5 —.

29. Bd. 1. Heft: Bericht üb. die Erhebung der Handelswerthe u. die Haupt-Ergebnisse d. auswärtigen Handels im J. 1890 in Vergleichung m. den Vorjahren. 1. Heft der Statistik d. auswärt. Handels der österreich.-ungar. Monarchie im J. 1890 [51. Jahrg. der Handels-Ausweise]. (II, VI, 125 S.) 892. * 4 —. — 2. Heft: Waaren-Einfuhr in das allgemeine österreichisch-ungarische Zollgebiet im J. 1890. 2. Heft der Statistik d. auswärt. Handels der österreich.-ungar. Monarchie im J. 1890 [51. Jahrg. der Handels-Ausweise]. (113 S.) 892. * 3 40. — 3. Heft: Waaren-Ausfuhr aus dem allgemeinen österreichisch-ungarischen Zollgebiete im J. 1890. 3. Heft der Statistik d. auswärt. Handels der österreich.-ungar. Monarchie im J. 1890 [51. Jahrg. der Handels-Ausweise]. (73 S.) 892. * 2 —. — 4. Heft: Waaren-Durchfuhr durch das allgemeine österreichisch-ungarische Zollgebiet im J. 1890. 4. Heft der Statistik d. auswärt. Handels der österreich.-ungar. Monarchie im J. 1890 [51. Jahrg. der Handels-Ausweise]. (II, 68 S.) 891. * 2 —.

30. Bd. 1. Heft: Die Ergebnisse der Civilrechtspflege im J. 1888. 1. Heft der „Statistik der Rechtspflege" f. d. J. 1888. Bearb. unter Mitwirkg. d. k. k. Justiz-Ministeriums. (II, XXXIV, 113 S.) 892. * 4 40. — 3. Heft: Die Ergebnisse der Strafrechtspflege im J. 1888. 3. Heft der „Statistik der Rechtspflege" f. d. J. 1888. Bearb. unter Mitwirkg. d. k. k. Justiz-Ministeriums. (II, XXIV, 165 S.) 892. * 6 —. — 4. Heft: Statistische Übersicht der Verhältnisse der österreichischen Strafanstalten u. der Gerichts-Gefängnisse im J. 1888. Bearb. im k. k. Justiz-Ministerium. (XXX, 111 S.) 892. * 4 60.

31. Bd. 1. Heft: Der österreichische Staatshaushalt in den J. 1887 u. 1888. (II, XVI, 127 S.) 892. * 5 —. — 2. Heft. Die Finanzen der autonomen Verwaltung (Landesfonde, Grundentlastungsfonde, Bezirksvertretungen, Städte u. Landgemeinden) vornehmlich in den J. 1883–1887. (LV, 163 S.) 892. * 6 80. — 3. Heft: Bewegung der Bevölkerung im J. 1890. (II, XVII, 169 S.) 892. * 6 —. — 4. Heft: Statistik d. Sanitätswesens f. d. J. 1889. (II, II, XLIII, 279 S.) 892. * 10 —.

32. Bd. Die Ergebnisse der Volkszählung vom 31. Decbr. 1890. 1. Heft: Die summar. Ergebnisse der Volkszählg. (VI, LXV, 185 S.) 892. * 8 —.
34. Bd. Die Ergebnisse der Viehzählg. vom 31. Decbr. 1890. 1. Heft. (V, 79 S.) 892. * 2 80.

— dasselbe. 30. Bd. 5 Hfte. Imp.-4. Ebd. n. 21.80
1. Die Ergebnisse der Civilrechtspflege in den im Reichsrathe vertretenen Königreichen u. Ländern im J. 1888. 1. Hft. der „Statistik der Rechtspflege" in den im Reichsrathe vertretenen Königreichen u. Ländern f. d. J. 1888. Bearb. unter Mitwirkg. d. k. k. Justiz-Ministeriums. (II, XXXIV, 113 S.) 892. n. 4.40
2. Die Ergebnisse d. Concursverfahrens in den im Reichsrathe vertretenen Königreichen u. Ländern im J. 1888. 2. Hft. der „Statistik der Rechtspflege" in den im Reichsrathe vertretenen Königreichen u. Ländern f. d. J. 1888. Bearb. im k. k. Justiz-Ministerium. (X, 79 S.) 893. n. 2.80.
3. Die Ergebnisse der Strafrechtspflege in den im Reichsrathe vertretenen Königreichen u. Ländern im J. 1888. 3. Hft. der „Statistik der Rechtspflege" in den im Reichsrathe vertretenen Königreichen u. Ländern f. d. J. 1888. Bearb. unter Mitwirkg. d. k. k. Justiz-Ministeriums. (II, XXIV, 165 S.) 892. n. 6.—
4. Statistische Übersicht der Verhältnisse der österreichischen Strafanstalten u. der Gerichts-Gefängnisse im J. 1888. Bearb. im k. k. Justiz-Ministerium. (XXX, 111 S.) 892. n. 4.60
5. Statistische Nachweisungen üb. das civilgerichtliche Depositenwesen, die cumulativen Waisencassen u. üb. die Veränderungen im Besitz- u. Lastenstande der Realitäten im J. 1888. 5. Hft. der „Statistik der Rechtspflege" in den im Reichrathe vertretenen Königreichen u. Ländern f. d. J. 1888. (II, XXVI u. 101 S.) 892. n. 4.—

Statistik, österreichische. Hrsg. v. der k. k. statist. Central-Commission. 32. Bd. 4 Hfte. Imp.-4. Wien, (C. Gerold's Sohn). n. 26.—
1. Die Ergebnisse der Volkszählung vom 31. Decbr. 1890 in den im Reichsrathe vertretenen Königreichen u. Ländern. 1. Hft. Die summar. Ergebnisse der Volkszählg. (VI. LXV, 185 S.) 892. n. 8.—
2. — dasselbe. 2. Hft. Die Bevölkerg. nach Heimatsberechtigg. u. Gebürtigkeit. (LXXXVIII, 70 S. m. 4 Kartogrammen.) 893. n. 6.—
3. — dasselbe. 3. Hft. Die Bevölkerg. nach Grössenkategorien der Ortschaften, Stellg. zum Wohnungsinhaber, Geschlecht, Alter u. Familienstand, Confession, Umgangssprache, Bildungsgrad, Gebrechen. (XL, 208 S.) 893. n. 8.—
4. — dasselbe. 4. Hft. Die Wohnungsverhältnisse in den grösseren Städten u. ihren Vororten. (V, L, 49 S. m. 12 farb. Kartogr. auf 6 Taf.) 893. n. 4.—

— dasselbe. 32. Bd. 5. (Schluss-) Hft. Imp.-4. Ebd. 895. n. 7.20 (32. Bd. kplt.: n. 33.20)
D. Ergebnisse d. Volkszählg. v. 31. Decbr. 1890 in d. im Reichsrathe vertret. Königreichen u. Ländern. 5. Hft. D. Ausländer in d. im Reichsrathe vertret. Königreichen u. Ländern, sow. d. Angehörigen dieser letzteren im Auslande. (II, II, XLVII, 227 S.)

— dasselbe. 33. Bd. 13 Hfte. Imp.-4. Ebd. 894. n. 117.—
1. Berufsstatistik nach den Ergebnissen der Volkszählung vom 31. Decbr. 1890 in den im Reichsrathe vertretenen Königreichen u. Ländern. 1. Hft. Analytische Bearbeitg. u. Reichsübersicht. Mit 4 Kartogrammen. (VIII, CLXXXIII, 178 S.) n. 11.—
2. — dasselbe. 2. Hft. Nieder-Österreich. (IV, 213 S.) n. 6.40
3. — dasselbe. 3. Hft. Ober-Österreich u. Salzburg. (IV, 155 S.) n. 4.40
4. — dasselbe. 4. Hft. Steiermark. (IV, 347 S.) n. 10.40
5. — dasselbe. 5. Hft. Kärnten u. Krain. (IV, 155 S.) n. 4.80
6. — dasselbe. 6. Hft. Triest u. Gebiet, Görz u. Gradiska, Istrien. (IV, 213 S.) n. 6.40
7. — dasselbe. 7. Hft. Tirol u. Vorarlberg. (IV, 371 S.) n. 11.20
8. — dasselbe. 8. Hft. Böhmen. (IV, 651 S.) n. 19.60
9. — dasselbe. 9. Hft. Mähren. (IV, 360 S.) n. 11.—
10. — dasselbe. 10. Hft. Schlesien. (IV, 77 S.) n. 2.40
11. — dasselbe. 11. Hft. Galizien. (IV, 615 S.) n. 18.60
12. — dasselbe. 12. Hft. Bukowina. (IV, 77 S.) n. 2.40
13. — dasselbe. 13. Hft. Dalmatien. (IV, 277 S.) n. 8.40

— dasselbe. 34. Bd. 1. u. 2. Hft. Imp.-4. Ebd. n. 9.80
1. Die Ergebnisse der Viehzählung vom 31. Decbr. 1890 in den im Reichsrathe vertretenen Königreichen u. Ländern. 1. Hft. (V, 79 S.) 892. n. 2.80
2. — dasselbe. 2. Hft.: Detailbearbeitung. Bearb. unter Mitwirkg. d. k. k. Ackerbau-Ministeriums. (V, LX, 168 S.) 893. n. 7.—

— dasselbe. 35. Bd. 4 Hfte. Imp.-4. Ebd. n. 26.80
1. Statistik der allgemeinen Volksschulen u. Bürgerschulen in den im Reichsrathe vertretenen Königreichen u. Ländern. Auf Grund der statist. Aufnahme vom 30. Apr. 1890 bearb. (III, LXXXVI, 309 S.) 892. n. 12.—
2. Statistik der Sparcassen in den im Reichsrathe vertretenen Königreichen u. Ländern f. d. J. 1890. (XLVI, 57 S.) 893. n. 3.—
3. Der österreichische Staatshaushalt in den J. 1889 u. 1890. (II, XVI, 128 S.) 893. n. 5.—
4. Statistik der Unterrichtsanstalten in den im Reichsrathe vertretenen Königreichen u. Ländern f. d. J. 1890/91. (IV, XXXVIII, 190 S.) 893. n. 6.80

— dasselbe. 36. Bd. 5 Hfte. Imp.-4. Ebd. n. 21. —
1. Die Ergebnisse der Civilrechtspflege in den im Reichsrathe vertretenen Königreichen u. Ländern im J. 1889. 1. Hft. der „Statistik der Rechtspflege" in den im Reichsrathe vertretenen Königreichen u. Ländern f. d. J. 1889. Bearb. unter Mitwirkg. d. k. k. Justiz-Ministeriums. (II, XXXVIII, 113 S.) 893. n. 4. 40
2. Die Ergebnisse des Concursverfahrens in den im Reichsrathe vertretenen Königreichen u. Ländern im J. 1889. 2. Hft. der „Statistik der Rechtspflege" in den im Reichsrathe vertretenen Königreichen u. Ländern f. d. J. 1889. Bearb. im k. k. Justiz-Ministerium. (X, 55 S.) 894. n. 2. —
3. Die Ergebnisse der Strafrechtspflege in den im Reichsrathe vertretenen Königreichen u. Ländern im J. 1889. 3. Hft. der „Statistik der Rechtspflege" in den im Reichsrathe vertretenen Königreichen u. Ländern f. d. J. 1889. Bearb. unter Mitwirkg. d. k. k. Justiz-Ministeriums. (II, XXXVIII, 167 S.) 893. n. 6. —
4. Statistische Übersicht der Verhältnisse der österreichischen Strafanstalten u. der Gerichts-Gefängnisse im J. 1889. Bearb. im k. k. Justiz-Ministerium. (II, XXXII, 109 S.) 894. n. 4. 60
5. Statistische Nachweisungen üb. das civilgerichtliche Depositenwesen, die cumulativen Waisencassen u. üb. den Geschäftsverkehr der Grundbuchsämter (Veränderungen im Besitz- u. Lastenstande der Realitäten) im J. 1889. 5. Hft. der „Statistik der Rechtspflege" in den im Reichsrathe vertretenen Königreichen u. Ländern f. d. J. 1889. (IV, XXIV, 106 S.) 894. n. 4. —

— dasselbe. 37. Bd. 4 Hfte. Imp.-4. Ebd. n. 25. 80
1. Bewegung der Bevölkerung der im Reichsrathe vertretenen Königreiche u. Länder im J. 1891. (II, XVIII, 169 S.) 893. n. 6. —
2. Statistik des Sanitätswesens der im Reichsrathe vertretenen Königreiche u. Länder f. d. J. 1890. (II, XLIV, 282 S.) 893. n. 10. —
3. Statistik der Banken in den im Reichsrathe vertretenen Königreichen u. Ländern f. die J. 1890 u. 1891. (II, XXIV, 25 S.) 894. n. 1. 40
4. I. Statistik des Verkehrs in den im Reichsrathe vertretenen Königreichen u. Ländern, vornehmlich f. die J. 1881 bis 1891. 1. Abth.: Landstrassen, Wasserstrassen, Flussschiffahrt. (V, 113 S.) 893. n. 3. 20
4. II. — dasselbe. 2. Abth.: Seeschiffahrt u. Seehandel, Eisenbahnen, Posten, Telegraphen u. Telephone, Aussenhandel u. Handel zwischen Oesterreich u. Ungarn. (II, IV, 169 S.) 894. n. 5. 20

Statistik, österreichische. Hrsg. v. der k. k. statist. Central-Commission. 38. Bd. 1. u. 2. Hft. Imp.-4. Wien 894. (C. Gerold's Sohn.) n. 13. —
1. Statistik der Sparcassen in den im Reichsrathe vertretenen Königreichen u. Ländern f. d. J. 1891. (II, XLV, 57 S.) n. 3. —
2. Statistik des Sanitätswesens der im Reichsrathe vertretenen Königreiche u. Länder f. d. J. 1891. (II, LXIV, 280 S.) n. 10. —

— dasselbe. 38. Bd. 3. u. 4. Hft. Imp.-4. Ebd. 895. n. 12. 80 (38. Bd. kplt.: n. 25. 80)
3. Bewegg. d. Bevölkerg. d. im Reichsrathe vertret. Königreiche u. Länder im J. 1892. (II, XVII, 173 S.) n. 6. —
4. Statistik d. Unterrichts-Anstalten in d. im Reichsrathe vertret. Königreichen u. Ländern f. d. J. 1891/92. (IV, XXXVII, 196 S.) n. 6. 80

— dasselbe. 39. Bd. 1.—5. Hft. Imp.-4. Ebd. 894. n. 21. —
1. Die Ergebnisse der Civilrechtspflege in den im Reichsrathe vertretenen Königreichen u. Ländern im J. 1890. 1. Hft. der „Statistik der Rechtspflege" in den im Reichsrathe vertretenen Königreichen u. Ländern f. d. J. 1890. Bearb. v. dem Bureau der k. k. statist. Central-Commission unter Mitwirkg. d. k. k. Justiz-Ministeriums. (II, XLIII, 113 S.) n. 4. 40
2. Die Ergebnisse des Concursverfahrens in den im Reichsrathe vertretenen Königreichen u. Ländern im J. 1890. 2. Hft. der „Statistik der Rechtspflege" in den im Reichsrathe vertretenen Königreichen u. Ländern f. d. J. 1890. Bearb. im k. k. Justiz-Ministerium. (II, II, XII, 55 S.) n. 2. —
3. Die Ergebnisse der Strafrechtspflege in den im Reichsrathe vertretenen Königreichen u. Ländern im J. 1890. 3. Hft. der „Statistik der Rechtspflege" in den im Reichsrathe vertretenen Königreichen u. Ländern f. d. J. 1890. Bearb. unter Mitwirkg. d. k. k. Justiz-Ministeriums. (II, XLII, 167 S.) n. 6. —
4. XXIII. statistische Übersicht der Verhältnisse der österreichischen Strafanstalten u. der Gerichts-Gefängnisse im J. 1890. Bearb. im k. k. Justiz-Ministerium. (II, XXIX, 109 S.) n. 4. 60
5. Statistische Nachweisungen üb. das civilgerichtliche Depositenwesen, die cumulativen Waisencassen u. üb. den Geschäftsverkehr der Grundbuchsämter (Veränderungen im Besitz- u. Lastenstande der Realitäten) im J. 1890. 5. Hft. der „Statistik der Rechtspflege" in den im Reichsrathe vertretenen Königreichen u. Ländern f. d. J. 1890. (II, XXVIII, 107 S.) n. 4. —

— dasselbe. 40. Bd. 3 Hfte. Imp.-4. Ebd. n. 21. 80
1. D. österreichische Staatshaushalt in d. J. 1891 u. 1892. (III, XVI, 180 S.) 895. n. 5. —
2. Statistik d. Sanitätswesens d. im Reichsrathe vertret. Königreiche u. Länder f. d. J. 1892. (II, XLIV, 286 S.) 895. n. 10. —
3. D. Finanzen d. autonomen Verwaltg. in d. J. 1888—1892. (II, III, CVIII, 163 S.) 896. n. 6. 80

— dasselbe. 41. Bd. 1. u. 3. Hft. Imp.-4. Ebd. 894. n. 10. 40
1. Die Ergebnisse der Civilrechtspflege in den im Reichsrathe vertretenen Königreichen u. Ländern im J. 1891. 1. Hft. der „Statistik der Rechtspflege" in den im Reichsrathe vertretenen Königreichen u. Ländern f. d. J. 1891. Bearb. unter Mitwirkg. d. k. k. Justiz-Ministeriums. (II, XXXVIII, 113 S.) n. 4. 40
3. Die Ergebnisse der Strafrechtspflege in den im Reichsrathe vertretenen Königreichen u. Ländern im J. 1891. 3. Hft. der „Statistik der Rechtspflege" in den im Reichsrathe vertretenen Königreichen u. Ländern f. d. J. 1891. Bearb. unter Mitwirkg. d. k. k. Justiz-Ministeriums. (II, XLI, 167 S.) n. 6. —

— dasselbe. 41. Bd. 2., 4. u. 5. Hft. Imp.-4. Ebd. n. 10. 60 (41. Bd. kplt.: n. 21. —)
2. Die Ergebnisse d. Concursverfahrens in d. im Reichsrathe vertret. Königreichen u. Ländern im J. 1891. 2. Hft. der „Statistik d. Rechtspflege" in d. im Reichsrathe vertret. Königreichen u. Ländern f. d. J. 1891. Bearb. im k. k. Justiz-Ministerium. (IV, XI, 53 S.) 895. n. 2. —
4. XXIV. statist. Uebersicht d. Verhältnisse d. österr. Strafanstalten u. d. Gerichts-Gefängnisse im J. 1891. Bearb. im k. k. Justiz-Ministerium. (II, XXIX, 109 S.) 895. n. 4. 60
5. Statist. Nachweisgn. üb. d. civilgerichtl. Depositenwesen, d. cumulativen Waisencassen u. üb. d. Geschäftsverkehr d. Grundbuchsämter (Verändergn. im Besitz- u. Lastenstand d. Realitäten) im J. 1891. 5. Hft. d. „Statistik d. Rechtspflege" in d. im Reichsrathe vertret. Königreichen u. Ländern f. d. J. 1891. (II, XXVII, 109 S.) 894. n. 4. —

— dasselbe. 42. Bd. 3 Hfte. Imp.-4. Ebd. 895. n. 24. 20
1. D. Aufwand f. d. öffentl. Unterrichtswesen in d. im Reichsrathe vertret. Königreichen u. Ländern. Auf Grund der Erhebg. d. J. 1890 hrsg. (V, CCII, 243 S.) n. 13. 40
2. Statistik d. Sparcassen in d. im Reichsrathe vertretenen Königreichen u. Ländern f. d. J. 1892. (II, XLIII, 57 S.) n. 5. 40
3. Statistik d. Verkehrs in d. im Reichsrathe vertret. Königreichen u. Ländern f. J. 1892 u. 1893. (II, LXXI, 106 S.) n. 5. 40

— dasselbe. 43. Bd. 5 Hfte. Imp.-4. Ebd. n. 21. —
1. D. Ergebnisse d. Civilrechtspflege in d. im Reichsrathe vertret. Königreichen u. Ländern im J. 1892. 1. Hft. d. „Statistik d. Rechtspflege" in d. im Reichsrathe vertret. Königreichen u. Ländern f. d. J. 1892. Bearb. unt. Mitwirkg. des k. k. Justiz-Ministeriums. (II, XLIII, 113 S.) 895. n. 4. 40
2. Die Ergebnisse d. Concursverfahrens in d. im Reichsrathe vertret. Königreichen u. Ländern im J. 1892. 2. Hft. d. „Statistik d. Rechtspflege" in d. im Reichsrathe vertret. Königreichen u. Ländern f. d. J. 1892. Bearb. im k. k. Justiz-Ministerium. (II, II, XI, 53 S.) 896. n. 2. —
3. D. Ergebnisse d. Strafrechtspflege in d. im Reichsrathe vertret. Königreichen u. Ländern im J. 1892. 3. Hft. d. „Statistik d. Rechtspflege" in d. im Reichsrathe vertret. Königreichen u. Ländern f. d. J. 1892. Bearb. unt. Mitwirkg. d. k. k. Justiz-Ministeriums. (II, XLIV, 167 S.) 895. n. 6. —
4. Statist. Uebersicht d. Verhältnisse d. österr. Strafanstalten u. d. Gerichtsgefängnisse im J. 1892. Bearb. im k. k. Justiz-Ministerium. (II, XXVIII, 109 S.) 895. n. 4. 60
5. Statist. Nachweisgn. üb. d. civilgerichtl. Depositenwesen, d. cumulativen Waisencassen u. üb. d. Geschäftsverkehr d. Grundbuchsämter (Verändergn. im Besitz- u. Lastenstande d. Realitäten) im J. 1892. 5. Hft. d. „Statistik d. Rechtspflege" in d. im Reichsrathe vertret. Königreichen u. Ländern f. d. J. 1892. (II, XXVIII, 109 S.) 895. n. 4. —

Statistik, österreichische. Hrsg. v. d. k. k. statist. Central-Commission. 44. Bd. 4 Hfte. Imp.-4. Wien (C. Gerold's Sohn). n. 21. 20
1. D. landwirtschaftl. Löhne in d. im Reichsrathe vertret. Königreichen u. Ländern. Nach d. Stande d. J. 1893. Auf Grund e. v. k. k. Ackerbau-Ministerium eingeleit. Specialerhebg. (II, XXXV, 70 S.) 895. n. 3. —
2. Statistik d. Banken in d. im Reichsrathe vertret. Königreichen u. Ländern f. d. J. 1892 u. 1893. (II, XXVI, 25 S.) 896. n. 1. 40
3. Statistik d. Sanitätswesens d. im Reichsrathe vertretenen Königreiche u. Länder f. d. J. 1893. (XLIV, 287 S.) 896. n. 10. —
4. Statistik d. Unterrichts-Anstalten in d. im Reichsrathe vertret. Königreichen u. Ländern f. d. J. 1892/93. (II, II, XXXVII, 202 S.) 896. n. 6. 80

— dasselbe. 45. Bd. 5 Hfte. Imp.-4. Ebd. n. 21. —
1. Die Ergebnisse d. Civilrechtspflege in d. im Reichsrathe vertret. Königreichen u. Ländern f. d. J. 1893. 1. Hft. d. „Statistik d. Rechtspflege" in d. im Reichsrathe vertret. Königreichen u. Ländern f. d. J. 1893. Unt. Mitwirkg. d. k. k. Justiz-Ministeriums. (II, XLIII, 113 S.) 896. n. 4. 10
2. Ergebnisse, die, d. Concursverfahrens in d. im Reichsrathe vertret. Königreichen u. Ländern im J. 1893. 2. Hft. d. „Statistik d. Rechtspflege" in d. im Reichsrathe vertret. Königreichen u. Ländern f. d. J. 1893. Bearb. im k. k. Justiz-Ministerium. (II, IX, 53 S.) 897. n. 2. —
3. Die Ergebnisse d. Strafrechtspflege in d. im Reichsrathe vertret. Königreichen u. Ländern im J. 1893. 3. Hft. d. „Statistik d. Rechtspflege" in d. im Reichsrathe vertret. Königreichen u. Ländern f. d. J. 1893. Bearb. unt. Mitwirkg. d. k. k. Justiz-Ministeriums. (II, XLI, 167 S.) 896. n. 6. —
4. XXVI. statist. Uebersicht d. Verhältnisse d. österr. Strafanstalten u. d. Gerichts-Gefängnisse im J. 1893. Bearb. im k. k. Justiz-Ministerium. (IV, XXVIII, 109 S.) 897. n. 4. 60
5. Statist. Nachweisgn. üb. d. civilgerichtl. Depositenwesen, d. cumulativen Waisencassen u. üb. d. Geschäftsverkehr d. Grundbuchsämter (Veränderngn. im Besitz- u. Lastenstande d. Realitäten) im J. 1893. 5. Hft. d. „Statistik d. Rechtspflege" in d. im Reichsrathe vertret. Königreichen u. Ländern f. d. J. 1893. (II, XXX, 109 S.) 896. n. 4. —

— dasselbe. 46. Bd. 4 Hfte. (in 5 Abthlgn.) Imp.-4. Ebd. n. 23. 20
1. Statistik d. Sparcassen in d. im Reichsrathe vertretenen Königreichen u. Ländern f. d. J. 1893. (II, XL, 57 S.) 896. n. 3. —
2. Bewegg. d. Bevölkerg. d. im Reichsrathe vertret. Königreiche u. Länder in d. J. 1893 u. 1894. (II, XXIII, 345 S.) 896. n. 10. —
3. Der österreichische Staatshaushalt in d. J. 1893 u. 1894. (II, XVII, 124 S.) 896. n. 4. —
4. I. Statistik d. Verkehrs in d. im Reichsrathe vertretenen Königreichen u. Ländern f. d. J. 1894 u. 1895. Landstrassen, Wasserstrassen, Flussschifffahrt. (XXVI, 60 S.) 896. n. 2. 60
4. II. Dasselbe. Seeschifffahrt u. Seehandel, Eisenbahnen, Posten, Telegraphen u. Telephone, Aussenhandel u. Handel zwischen Oesterreich u. Ungarn. Nebst Anh.: Flussschifffahrt in Ober- u. Nieder-Oesterreich. (II, IV, XLIV, 74 S.) 898. n. 3. 60

— dasselbe. 47. Bd. 5 Hfte. Imp.-4. Ebd. n. 21. 20
1. Ergebnisse, die, d. Civilrechtspflege in d. im Reichsrathe vertret. Königreichen u. Ländern im J. 1894. 1. Hft. der „Statistik d. Rechtspflege" in d. im Reichsrathe vertret. Königreichen u. Ländern f. d. J. 1894. Bearb. v. d. Bureau d. k. k. statist. Central-Commission unt. Mitwirkung d. k. k. Justiz-Ministeriums. (II, XLIV, 105 S.) 898. n. 4. 40
2. Ergebnisse, die, d. Concursverfahrens in d. im Reichsrathe vertret. Königreichen u. Ländern im J. 1894. 2. Hft. d. „Statistik d. Rechtspflege" in d. im Reichsrathe vertret. Königreichen u. Ländern f. d. J. 1894. Bearb. unt. Mitwirkg. d. k. k. Justiz-Ministeriums. (II, XV, 53 S.) 898. n. 2. 20
3. Ergebnisse, die, d. Strafrechtspflege in d. im Reichsrathe vertret. Königreichen u. Ländern im J. 1894. 3. Hft. d. „Statistik d. Rechtspflege" in d. im Reichsrathe vertret. Königreichen u. Ländern f. d. J. 1894. Bearb. v. d. Bureau d. k. k. statist. Central-Commission unt. Mitwirkg. des k. k. Justiz-Ministeriums. (II, XLIII, 169 S.) 897. n. 6. —
4. Statist. Uebersicht d. Verhältnisse d. österr. Strafanstalten u. d. Gerichts-Gefängnisse im J. 1894. Bearb. im k. k. Justiz-Ministerium. (II, XXVII, 83 S.) 898. n. 4. 60
5. Nachweisgn., statist., üb. d. civilgerichtl. Depositenwesen, die cumulativen Waisencassen u. üb. d. Geschäftsverkehr d. Grundbuchsämter (Veränderngn. im Besitz- u. Lastenstande d. Realitäten) im J. 1894. 5. Hft. d. „Statistik d. Rechtspflege" in d. im Reichsrathe vertret. Königreichen u. Ländern f. d. J. 1894. (II, XXXII, 107 S.) 896. n. 4. —

Statistik, österreichische. Hrsg. v. d. k. k. statist. Central-Commission. 48. Bd. 4 Hfte. Imp.-4. Wien 897. (C. Gerold's Sohn.) n. 21. 40
1. Statistik d. Sparcassen in d. im Reichsrathe vertretenen Königreichen u. Ländern f. d. J. 1894. (II, XL, 57 S.) n. 3. —
2. Statistik d. Banken in d. im Reichsrathe vertret. Königreichen u. Ländern f. d. J. 1894 u. 1895. (II, XXXII, 25 S.) n. 1. 60
3. Statistik d. Sanitätswesens d. im Reichsrathe vertretenen Königreiche u. Länder f. d. 1894. (II, XLV, 279 S.) 897. n. 10. —
4. Statistik d. Unterrichts-Anstalten in d. im Reichsrathe vertret. Königreichen u. Ländern f. d. J. 1893/94. (IV, XXXVII, 210 S.) 897. n. 6. 80

— dasselbe. 49. Bd. 4 Hfte. Imp.-4. Ebd. n. 23. 20
1. Ergebnisse, die, d. Reichsrathswahlen in d. im Reichsrathe vertret. Königreichen u. Ländern f. d. J. 1897. (II, XXVIII, 27 S. m. 2 farb. Karten.) 897. n. 2. —
2. Bewegg. d. Bevölkerg. d. im Reichsrathe vertret. Königreiche u. Länder im J. 1895. (II, LIII, 263 S.) 898. n. 9. 60
3. Statistik d. Sparcassen in d. im Reichsrathe vertretenen Königreichen u. Ländern f. d. J. 1895. (II, XLI, 59 S.) 898. n. 3. —
4. Statistik d. Sanitätswesens d. im Reichsrathe vertretenen Königreiche u. Länder f. d. J. 1895. (II, III, XXXIV, 251 S.) 898. n. 8. 60

— österreichische. Hrsg. v. der k. k. statist. Central-Commission. 50. Bd. 1., 2., 4. u. 5. Hft. Imp.-4. Wien (C. Gerold's Sohn). n. 15. 20; (50. Bd. kplt. n. 21. 20)
1. Ergebnisse, die, der Civilrechtspflege in den im Reichsrathe vertretenen Königreichen u. Ländern im J. 1895. 1. Hft. der „Statistik der Rechtspflege" in d. im Reichsrathe vertret. Königreichen u. Ländern f. d. J. 1895. Bearb. v. dem Bureau der k. k. statist. Central-Commission unter Mitwirkg. des k. k. Justiz-Ministeriums. (II, XLVII, 113 S.) 899. n. 4. 40
2. Ergebnisse, die, des Concursverfahrens in den im Reichsrathe vertret. Königreichen u. Ländern im J. 1895. 2. Hft. der „Statistik der Rechtspflege" in den im Reichsrathe vertret. Königreichen u. Ländern f. d. J. 1895. Bearb. unter Mitwirkg. des k. k. Justiz-Ministeriums. (II, XVI, 57 S.) 899. n. 2. 20
4. Übersicht, statistische, der Verhältnisse der österreich. Strafanstalten u. der Gerichts-Gefängnisse im J. 1895. Bearb. im k. k. Justiz-Ministeriums. (II, XXVI, 90 S.) 899. n. 4. 60
5. Nachweisungen, statistische, üb. das civilgerichtl. Depositenwesen, die cumulativen Waisencassen u. über den Geschäftsverkehr der Grundbuchsämter (Veränderungen im Besitz- u. Lastenstande der Realitäten) im J. 1895. (II, XXXII, 107 S.) 898. n. 4. —

— dasselbe. 50. Bd. 3. Hft. Imp.-4. Ebd. 898. n. 6. —
Ergebnisse, die, d. Strafrechtspflege in d. im Reichsrathe vertret. Königreichen u. Ländern im J. 1895. 3. Hft. der „Statistik d. Rechtspflege" in d. im Reichsrathe vertret. Königreichen u. Ländern f. d. J. 1895. Bearb. v. d. Bureau d. k. k. statist. Central-Commission unt. Mitwirkg. des k. k. Justiz-Ministeriums. (II, XLVII, 169 S.)

— dasselbe. 51. Bd. 1. u. 2. Hft. Imp.-4. Ebd. 898. n. 13. 40
1. Statistik d. Unterrichts-Anstalten in d. im Reichsrathe vertret. Königreichen u. Ländern f. d. J. 1894/95. (II, LIX, 270 S.) n. 10. —
2. Statistik d. Sparcassen in d. im Reichrathe vertret. Königreichen u. Ländern f. d. J. 1896. (II, XLIII, 65 S.) n. 3. 40

— dasselbe. 51. Bd. 3. u. 4. Hft. Imp.-4. Ebd. n. 5. 60; (51. Bd. kplt. n. 19. —)
3. Statistik der Banken in d. im Reichsrathe vertret. Königreichen u. Ländern f. die J. 1896 u. 1897. (II, XXXVIII, 25 S.) 898. n. 1. 60
4. Staatshaushalt, der österreichische, in den J. 1895 u. 1896. (III, XVII, 126 S.) 899. n. 4. —

— dasselbe. 52. Bd. 1.—3. Hft. Ebd. n. 7. 20
1. Statistik des Sanitätswesens der im Reichsrathe vertret. Königreiche u. Länder f. d. J. 1896. (II, XXXIV, 252 S.) 899. n. 10. —
2. Bewegung der Bevölkerung der im Reichsrathe vertret. Königreiche u. Länder im J. 1896. (LXIV, 277 S.) 899. n. 9. 60
3. Statistik der Unterrichts-Anstalten in den im Reichsrathe vertretenen Königreichen u. Ländern f. d. J. 1895/96. (II, XXXVII, 216 S.) 899. n. 7. 60

— dasselbe. 53. Bd. 5 Hfte. Imp.-4. Ebd. n. 21. 20
1. Ergebnisse, die, der Civilrechtspflege in den im Reichsrathe vertretenen Königreichen u. Ländern im J. 1896. 1. Hft. der „Statistik der Rechtspflege" in d. im Reichsrathe vertretenen Königreichen u. Ländern f. d. J. 1896. Bearb. v. dem Bureau der k. k. statist. Central-Commission unter Mitwirkg. d. k. k. Justiz-Ministeriums. (II, XLVII, 115 S.) 900. n. 4. 40
2. Ergebnisse, die, des Concursverfahrens in den im Reichsrathe vertretenen Königreichen u. Ländern im J. 1896. 2. Hft. der „Statistik der Rechtspflege" in d. im Reichsrathe vertretenen Königreichen u. Ländern f. d. J. 1896. Bearb. von dem Bureau der k. k. statist. Central-Commission unter Mitwirkg. des k. k. Justiz-Ministeriums. (II, XVI, 55 S.) 900. n. 2. 20
3. Ergebnisse, die, der Strafrechtspflege in den im Reichsrathe vertretenen Königreichen u. Ländern im J. 1896. 3. Hft. der „Statistik der Rechtspflege" in d. im Reichsrathe vertretenen Königreichen u. Ländern f. d. J. 1896. Bearb. von dem Bureau der k. k. statist. Central-Commission unter Mitwirkg. des k. k. Justiz-Ministeriums. (II, II, XLVI, 209 S.) 900. n. 6. —
4. Uebersicht, statistische, der Verhältnisse der österreich. Strafanstalten u. der Gerichts-Gefängnisse im J. 1896. Bearb. im k. k. Justiz-Ministerium. (II, XXVII, 89 S.) 900. n. 4. 60
5. Nachweisungen, statistische, über das civilgerichtliche Depositenwesen, die cumulativen Waisencassen u. über den Geschäftsverkehr der Grundbuchsämter (Veränderngn. im Besitz- u. Lastenstande der Realitäten) im J. 1896. 5. Hft. der „Statistik der Rechtspflege in den im Reichsrathe vertret. Königreichen u. Ländern f. d. J. 1896". (II, XXXIV, 112 S.) 899. n. 4. —

Statistik, österreichische. Hrsg. v. der k. k. statist. Central-Commission. 54. Bd. 1. u. 2. Hft. u. 3. Hft. 2 Abthlgn. Imp.-4. Wien (C. Gerold's Sohn). n. 28.40
1. Bewegung der Bevölkerung der im Reichsrathe vertret. Königreiche u. Länder im J. 1897. (II, LXIX, 277 S.) 900. n. 10.—
2. Statistik der Unterrichts-Anstalten in d. im Reichsrathe vertretenen Königreichen u. Ländern f. d. J. 1896/97. (II, XXXVII, 218 S.) 900. n. 7.60
3 I. Statistik des Verkehrs in den im Reichsrathe vertretenen Königreichen u. Ländern f. die J. 1896 u. 1897. 1. Abth.: Landstrassen, Wasserstrassen, Flussschifffahrt. (XXVIII, 70 S.) 900. n. 2.60
II. Dasselbe. 2. Abth. Seeschifffahrt u. Seehandel, Eisenbahnen, Posten, Telegraphen u. Telephone, Aussenhandel u. Handel zwischen Österreich u. Ungarn. (IV, XLVI, 62 S.) 900. n. 3.20

— dasselbe. 55. Bd. 4 Hfte. Imp.-4. Ebd. n. 31.—
1. Statistik des Sanitätswesens der im Reichsrathe vertret. Königreiche u. Länder f. d. J. 1897. (II, XXXIV, 258 S.) 900. n. 10.—
2. Statistik der Sparcassen in den im Reichsrathe vertret. Königreichen u. Ländern f. d. J. 1897. (II, XLV, 65 S.) 900. n. 3.40
3. Bewegung der Bevölkerung der im Reichsrathe vertret. Königreiche u. Länder im J. 1898. (II, II, LXXIII, 263 S.) 902. n. 10.—
4. Statistik der Unterrichts-Anstalten in d. im Reichsrathe vertretenen Königreichen u. Ländern f. d. J. 1897/98. (II, XXXV, 224 S.) 901. n. 7.60

— dasselbe. 56. Bd. I.—III. Hft. Imp.-4. Ebd. n. 6.40
1. Ergebnisse der Grundbesitzstatistik in d. im Reichsrathe vertretenen Königreichen u. Ländern nach dem Stande v. 31. XII. 1896. 1. Hft.: Nieder-Oesterreich. (II, XLVI, 33 S.) 902. n. 2.40
2. Dasselbe. 2 Hft.: Ober-Oesterreich u. Salzburg. (II, XLVI, 21 S.) 900. n. 2.—
3. Dasselbe. 3. Hft.: Steiermark. (II, XXXIX, 21 S.) 901. n. 2.—

— österreichische. Hrsg. v. der k. k. statist. Zentral-Kommission. 56. Bd. IV. u. V. Heft. Imp.-4. Wien (C. Gerold's Sohn). n. 7.50 (I.—V.: n. 13.90)
IV. Ergebnisse der Grundbesitzstatistik in den im Reichsrate vertret. Königreichen u. Ländern nach dem Stande vom 31. XII. 1896. 4. Heft: Böhmen. (II, XLIV, 91 S.) 904. n. 4.20
V. Dasselbe. 5. Heft: Mähren u. Schlesien. (II, LIII, 52 S.) 903. n. 3.30

— österreichische. Hrsg. v. d. k. k. statist. Zentralkommission. 56. Bd. VI. Heft. 35,5×26 cm. Wien 907. (C. Gerold's Sohn.) 2.60 (I—VI: 16.50)
Ergebnisse der Grundbesitzstatistik in den im Reichsrate vertretenen Königreichen u. Ländern nach dem Stande vom 31. XII. 1896. 6. Heft: Tirol u. Vorarlberg. (II, L, 35 S.)

— dasselbe. 57. Bd. I. Hft. 2 Abthlgn., II. u. III. Hft. Imp.-4. Ebd. n. 16.10
1. I. Statistik der registrierten Creditgenossenschaften in den im Reichsrathe vertretenen Königreichen u. Ländern f. d. J. 1898. 1. Abth. der „Statistik der registrierten Erwerbs- u. Wirthschaftsgenossenschaften in d. im Reichsrathe vertretenen Königreichen u. Ländern f. d. J. 1898". Bearb. von dem Bureau der k. k. statist. Central-Commission. (IV, LVIII, 153 S.) 901. n. 6.50
II. Statistik der registrierten Consumvereine in d. im Reichsrathe vertretenen Königreichen u. Ländern f. d. J. 1898. 2. Abth. der „Statistik der registrierten Erwerbs- u. Wirthschaftsgenossenschaften in den im Reichsrathe vertretenen Königreichen u. Ländern f. d. J. 1898". Bearb. v. dem Bureau d. k. k. Central-Commission. (II, XXXI, 35 S.) 902. n. 2.20
2. Statistik der Sparcassen in den im Reichsrathe vertret. Königreichen u. Ländern f. d. J. 1898. (II, XLIX, 65 S.) 901. n. 3.40
3. Staatshaushalt, der österreichische, in den J. 1897 u. 1898. (III, XXV, 130 S.) 901. n. 4.—

— dasselbe. 58. Bd. 5 Hfte. Imp.-4. Ebd. n. 21.80
1. Ergebnisse, die, der Civilrechtspflege in den im Reichsrathe vertretenen Königreichen u. Ländern im J. 1897. 1. Hft. der „Statistik der Rechtspflege" in den im Reichsrathe vertretenen Königreichen u. Ländern f. d. J 1897. Bearb. v. dem Bureau der k. k. statist. Central-Commission unter Mitwirkg. des k. k. Justiz-Ministeriums. (II, XLVIII, 116 S.) 901. n. 5.—
2. Ergebnisse, die, des Concursverfahrens in den im Reichsrathe vertretenen Königreichen u. Ländern im J. 1897. 2. Hft. der „Statistik der Rechtspflege" in den im Reichsrathe vertretenen Königreichen u. Ländern f. d. J. 1897. Bearb. v. dem Bureau der k. k. statist. Central-Commission unter Mitwirkg. des k. k. Justiz-Ministeriums. (II, XVI, 57 S.) 901. n. 2.20
3. Ergebnisse, die, der Strafrechtspflege in den im Reichsrathe vertretenen Königreichen u. Ländern im J. 1897. 3. Hft. der „Statistik der Rechtspflege" in den im Reichsrathe vertretenen Königreichen u. Ländern f. d. J. 1897. Bearb. v. dem Bureau der k. k. statist. Central-Commission unter Mitwirkung des k. k. Justiz-Ministeriums. (II, II, XLV, 209 S.) 902. n. 6.—
4. Übersicht, statistische, der Verhältnisse der österreich. Strafanstalten u. der Gerichts-Gefängnisse im J. 1897. Bearb. im k. k. Justiz-Ministerium. (II, XXVII, 89 S.) 901. n. 4.60
5. Nachweisungen, statistische, üb. das civilgerichtliche Depositenwesen, die cumulativen Waisencassen u. üb. den Geschäftsverkehr der Grundbuchsämter (Veränderungen im Besitz- u. Lastenstande der Realitäten) im J. 1897. 5. Hft. der „Statistik der Rechtspflege" in den im Reichsrathe vertretenen Königreichen u. Ländern f. d. J. 1897. (II, XXXIV, 114 S.) 901. n. 4.—

— dasselbe. 59. Bd. 4 Hfte. Imp.-4. Ebd. n. 22.20
I. Statistik des Sanitätswesens in den im Reichsrathe vertretenen Königreichen u. Ländern f. d. J. 1898. (II, XXXIII, 248 S.) 901. n. 10.—
II. 1. Statistik des Verkehrs in den im Reichsrathe vertretenen Königreichen u. Ländern f. die J. 1898 u. 1899. 1. Abth.: Landstrassen, Wasserstrassen, Flussschifffahrt. (XXXII, 76 S.) 901. n. 2.60
2. Dasselbe. 2. Abth.: Seeschifffahrt u. Seehandel, Eisenbahnen, Posten, Telegraphen u. Telephone, Aussenhandel u. Handel zwischen Oesterreich u. Ungarn. (II, IV, LXII, 63 S.) 903. n. 3.20
III. Ergebnisse, die, der Reichsrathswahlen in den im Reichsrathe vertretenen Königreichen u. Ländern f. d. J. 1900/01. (III, XXXII, 73 S. m. 1 farb. Karte.) 902. n. 3.—
IV. Statistik der Sparcassen in den im Reichsrathe vertretenen Königreichen u. Ländern f. d. J. 1899. (III, LVI, 67 S.) 902. n. 3.40

Statistik, österreichische. Hrsg. v. der k. k. statist. Central-Commission. 60. Bd. I. u. II. Hft. u. III. Hft. 1. Abth. Imp.-4. Wien (C. Gerold's Sohn). n. 13.50
I. Statistik des Sanitätswesens in den im Reichsrathe vertretenen Königreichen u. Ländern f. d. J. 1898. (II, XXXIV, 251 S.) 902. n. 8.50
II. Statistik der Banken in den im Reichsrathe vertretenen Königreichen u. Ländern f. die J. 1898 u. 1899. (III, XXXVI, 38 S.) 902. n. 2.20
III. 1. Viehzählung, die, vom 31. XII. 1900 in den im Reichsrathe vertretenen Königreichen u. Ländern. 1. Abth.: Summarische Ergebnisse. (III, 95 S.) 902. n. 2.80

— dasselbe. 60. Bd. III. Heft. 2. Abtlg. Imp.-4. Ebd n. 3.90 (60. Bd. vollst. n. 17.40)
Viehzählung, die, vom 31. XII. 1900 in den im Reichsrate vertret. Königreichen u. Ländern. 2. Abtlg.: Verhältniszahlen. (II, III, XXIX, 135 S.) 905. n. 3.90 (1. u. 2.: n. 6.70)

— dasselbe. 61. Bd. I.—IV. Hft. Imp.-4. Ebd. n. 21.60
I. Ergebnisse, die, der Civilrechtspflege m. Einschluss des Executions- u. Concursverfahrens im J. 1898. 1. Hft. der „Statistik der Rechtspflege" in den im Reichsrathe vertretenen Königreichen u. Ländern f. d. J. 1898. Bearb. v. dem Bureau der k. k statist. Central-Commission unter Mitwirkung des k. k. Justiz-Ministeriums. (II, XLVIII, 179 S.) 902. n. 7.—
II. Nachweisungen, statistische, üb. das civilgerichtliche Depositenwesen, die cumulativen Waisencassen u. üb. den Geschäftsverkehr der Grundbuchsämter (Veränderungen im Besitz- u. Lastenstande der Realitäten) im J. 1898. 2. Hft. der „Statistik der Rechtspflege" in den im Reichsrathe vertretenen Königreichen u. Ländern f. d. J. 1898. (II, XXXIII, 114 S.) 902. n. 4.—
III. Ergebnisse, die, der Strafrechtspflege in den im Reichsrathe vertretenen Königreichen u Ländern im J. 1898. 3. Hft. der „Statistik der Rechtspflege" in den im Reichsrathe vertretenen Königreichen u. Ländern f. d. J. 1898. Bearb. v. dem Bureau der k. k. statist. Central-Commission unter Mitwirkg. des k. k. Justiz-Ministeriums. (II, XLVI, 161 S.) 902. n. 6.—
IV. Übersicht, statistische, der Verhältnisse der österreich. Strafanstalten u. der Gerichts-Gefängnisse im J. 1898. Bearb. im k. k. Justiz-Ministerium. (II, XXVII, 91 S.) 902. n. 4.60

— dasselbe. 62. Bd. I. u. III. Hft. Imp.-4. Ebd. n. 17.60
I. Statistik der Unterrichts-Anstalten in den im Reichsrathe vertretenen Königreichen u. Ländern f. d. J. 1898/99. (II, XXXIV, 236 S.) 902. n. 7.60
III. Bewegung der Bevölkerung der im Reichsrathe vertretenen Königreiche u. Länder im J. 1899. (II, LXXV, 269 S.) 902. n. 10.—

— dasselbe. 62. Bd. II. Heft. Imp.-4. Ebd. n. 14.— (vollst. n. 31.60)
Statistik der allgemeinen Volksschulen u. Bürgerschulen in den im Reichsrathe vertret. Königreichen u. Ländern. Auf Grund der statist. Aufnahme vom 15. V. 1900 bearb. Mit 1 Kartogramm. (V, XCVII, 354 S.) 903.

— dasselbe. 63. Bd. I. Hft. Imp.-4. Ebd. n. 9. —
Ergebnisse, die, der Volkszählung vom 31. XII. 1900 in den im Reichsrathe vertretenen Königreichen u. Ländern. 1. Hft. Die summar. Ergebnisse der Volkszählung. (II, CXIII, 131 S. m. 5 farb. Karten.) 902.

— dasselbe. 63. Bd. II. u. III. Heft. Imp. 4. Ebd. n. 13. — (I.—III.: n. 22. —)
II. Ergebnisse, die, der Volkszählung vom 31. XII. 1900 in den im Reichsrathe vertret. Königreichen u. Ländern. II. Bd. 2. Heft. Die Bevölkerg. nach Grössenkategorien der Ortschaften, nach der Gebürtigkeit, nach der Confession u. Umgangssprache in Verbindung m. dem Geschlechte, nach dem Bildungsgrade innerhalb der Grössenkategorien der Ortschaften u. dem Familienstande. (LXV, 150 S.) 903. n. 6. —
III. Dasselbe. II. Bd. 3. Heft. Die Alters- u. Familienstandsgliederung, die Bevölkerung nach Altersklassen u. der Aufenthaltsdauer innerhalb der Grössenkategorien der Ortschaften, die Umgangssprache in Verbindg. m. der sozialen Gliederg. der Wohnparteien, m. der Alters- u. Familienstandsgliederung, m. dem Bildungsgrade nach Altersklassen, m. der Konfession. (II, LVI, 180 S.) 903. n. 7.—

— dasselbe. 64. Bd. I. Hft. Imp.-4. Ebd. n. 5. 60
Ergebnisse, die, der Volkszählung vom 31. XII. 1900 in den im Reichsrathe vertretenen Königreichen u. Ländern. 2. Bd., 1. Hft. Die anwes. Bevölkerg. nach ihrer Heimatsberechtigg. (XXXIV, 147 S.) 902.

— dasselbe. 64. Bd. II. Heft. Imp.-4. Ebd. n. 2. 30 (I. u. II.: 8. 80)
Ergebnisse, die, der Volkszählung vom 31. XII. 1900 in den im Reichsrate vertret. Königreichen u. Ländern. 2. Heft. Die Ausländer in den im Reichsrate vertret. Königreichen u. Ländern sowie die Angehörigen dieser letzteren im Auslande. (II, XXX, 45 S.) 905. n. 2. 30

— dasselbe. 65. Bd. 6 Hefte. Imp.-4. Ebd. n. 23. 50
I. Ergebnisse, die, der Volkszählung vom 31. XII. 1900 in den im Reichsrate vertret. Königreichen u. Ländern. 1. Hft. Erweiterte Wohnungsaufnahme. (IV, LIII, 199 S.) 904. n. 7. 80
II. Dasselbe. 2. Heft. Beschränkte Wohnungsaufnahme. (III, LXX, 41 S.) 903. n. 3. 30
III. Dasselbe. 3. Heft. Die Aufnahme der Häuser in den Gemeinden der erweit. Wohnungsaufnahme. (XXXV, 14 S.) 901. n. 1. 50
IV. Dasselbe. 4. Heft. Die Zählg. der Arbeitslosen in den Gemeinden der erweiterten Wohnungsaufnahme. (XLI, 60 S.) 904. n. 3. —
V. Dasselbe. 5. Heft. Die Haushaltungs- u. Familienstatistik in Grossstädten. Anh.: Sterblichkeitstafeln Oesterreichs auf Grund der Volkszählg. v. 31. XII. 1900. (II, XXXIV, 171 S.) 905. n. 6. 20
VI. Dasselbe. 6. Heft. (Suppl.) Die erweiterte Wohnungsaufnahme u. die Aufnahme der Häuser in der Stadt Prag u. den Vorortegemeinden. (IV, 52 S.) 905. n. 1. 70

— dasselbe. 66. Bd. I.—XII. Heft. Imp.-4. Ebd. n. 67. 60
I. Berufsstatistik nach den Ergebnissen der Volkszählung vom 31. XII. 1900 in den im Reichsrate vertret. Königreichen u. Ländern. 1. Heft. Analytische Bearbeitg. u. Reichsübersicht. Bearb. v. dem Bureau der k. k. statist. Zentralkommission. (III, IV, CLXXI u. 121 S.) 904. n. 8. 80
II. Dasselbe. 2. Heft. Niederösterreich. (V, 141 S.) 903. n. 4. 30
III. Dasselbe. 3. Heft. Oberösterreich u. Salzburg. (V, 149 S.) 903. n. 4. 50
IV. Dasselbe. 4. Heft. Steiermark. (V, 161 S.) 903. n. 4. 90
V. Dasselbe. 5. Heft. Kärnten u. Krain. (V, 105 S.) 904. n. 4. 40
VI. Berufsstatistik nach den Ergebnissen der Volkszählung vom 31. XII. 1900 in den im Reichsrate vertret. Königreichen u. Ländern. 6. Heft. Triest u. Gebiet, Görz u. Gradiska, Istrien. (V, 89 S.) 904. n. 3. 80
VII. Dasselbe. 7. Heft. Tirol u. Vorarlberg. (V, 137 S.) 904. n. 5. 60
VIII. Dasselbe. 8. Heft. Böhmen. (V, 245 S.) 905. n. 10. —
IX. Dasselbe. 9. Heft. Mähren. (V, 131 S.) 904. n. 5. 50
X. Dasselbe. 10. Heft. Schlesien. (V, 53 S.) 904. n. 2. 30
XI. Dasselbe. 11. Heft. Galizien. (V, 205 S.) 904. n. 9. —
XII. Dasselbe. 12. Heft. Bukowina u. Dalmatien. (V, 107 S.) 904. n. 4. 50

Statistik, österreichische. Hrsg. v. der k. k. statist. Zentral-Kommission. 67. Bd. 3 Hefte. Imp.-4. Wien (C. Gerold's Sohn.) n. 15. 60
I. Bewegung der Bevölkerung der im Reichsrate vertretenen Königreiche u. Länder im J. 1900. (II, LXXXI, 269 S.) 902. n. 10. —
II. Statistik der Sparkassen in den im Reichsrate vertretenen Königreichen u. Ländern f. d. J. 1900. (III, LVI, 69 S.) 903. n. 3. 40
III. Statistik der Banken in den im Reichsrate vertretenen Königreichen u. Ländern f. die J. 1900 u. 1901. (II, II, XLI, 33 S.) 903. n. 2. 20

— dasselbe. 68. Bd. 3 Hefte. Imp.-4. Ebd. n. 22. 80
I. 1. Statistik des Verkehrs in den im Reichsrate vertretenen Königreichen u. Ländern f. die J. 1900 u. 1901. 1. Abtlg.: Landstrassen, Wasserstrassen, Flussschiffahrt. (XXXIII, 77 S.) 903. n. 2. 60
2. Dasselbe. 2. Abtlg. Seeschiffahrt u. Seehandel, Eisenbahnen, Posten, Telegraphen u. Telephone. Aussenhandel u. Handel zwischen Oesterreich u. Ungarn. (II, IV, LXXI, 64 S.) 905. n. 4. 10
II. Statistik des Sanitätswesens in den im Reichsrathe vertretenen Königreichen u. Ländern f. d. J. 1900. (II, XXXIV, 251 S.) 903. n. 8. 50
III. Statistik der Unterrichts-Anstalten in den im Reichsrathe vertretenen Königreichen u. Ländern f. d. J. 1899/1900. (II, XXXIV, 250 S.) 903. n. 7. 60

— dasselbe. 69. Bd. 4 Hefte. Imp.-4. Ebd. n. 21. 60
I. Ergebnisse, die, der Zivilrechtspflege, m. Einschluss des Exekutions- u. Konkursverfahrens im J. 1899. 1. Heft der „Statistik der Rechtspflege" in dem im Reichsrate vertret. Königreichen u. Ländern f. d. J. 1899. Bearb. unter Mitwirkg. des k. k. Justiz-Ministeriums. (II, LVI, 179 S.) 903. n. 7. —
II. Nachweisungen, statistische, über das zivilgerichtliche Depositenwesen, die kumulativen Waisenkassen u. üb. den Geschäftsverkehr der Grundbuchsämter (Veränderungen im Besitz- und Lastenstande der Realitäten) im J. 1899. 2. Heft der „Statistik der Rechtspflege" in dem im Reichsrate vertret. Königreichen u. Ländern f. d. J. 1899. (II, XXXIV, 116 S.) 903. n. 4. —
III. Ergebnisse, die, der Strafrechtspflege in den im Reichsrate vertretenen Königreichen u. Ländern im J. 1899. 3. Heft der „Statistik der Rechtspflege" in den im Reichsrate vertret. Königreichen u. Ländern f. d. J. 1899. Bearb. v. dem Bureau der k. k. statist. Zentralkommission unter Mitwirkg. des k. k. Justiz-Ministeriums. (II, XLVIII, 168 S.) 903. n. 6. —
IV. Uebersicht, statistische, der Verhältnisse der österreich. Strafanstalten u. die Gerichts-Gefängnisse im J. 1899. Bearb. im k. k. Justiz-Ministerium. (II, II, XXVII, 91 S.) 903. n. 4. 60

— dasselbe. 70. Bd. 3 Hefte. Imp.-4. Ebd. n. 15. —
I. Staatshaushalt, der österreichische, in den J. 1899 u. 1900. (III, XXXI, 130 S.) 904. n. 4. —
II. Statistik der Sparkassen in den im Reichsrate vertretenen Königreichen u. Ländern f. d. J. 1901. (II, L, 69 S.) 903. n. 3. 40
III. Statistik der Unterrichtsanstalten in den im Reichsrathe vertretenen Königreichen u. Ländern f. d. J. 1900/1901. (II, II, XXXIV, 258 S.) 904. n. 7. 60

— dasselbe. 71. Bd. 4 Hefte. Imp.-4. Ebd. n. 31. 90
I. Ergebnisse, die, der Zivilrechtspflege in den J. 1900 u. 1901. 1. Heft der „Statistik der Rechtspflege" in den im Reichsrate vertret. Königreichen u. Ländern f. die J. 1900 u. 1901. Bearb. v. dem Bureau der k. k. statist. Zentral-Kommission unter Mitwirkg. des k. k. Justiz-Ministeriums. (II, LXIX, 193 S.) 904. n. 8 —
II. Nachweisungen, statistische, über das zivilgerichtliche Depositenwesen, die kumulativen Waisenkassen u. über den Geschäftsverkehr der Grundbuchsämter (Veränderungen im Besitz- u. Lastenstande) in d. J. 1900 u. 1901. 2. Heft der „Statistik der Rechtspflege" in den im Reichsrate vertret. Königreichen u. Ländern f. die J. 1900 u. 1901. (II, XXXVIII, 202 S.) 904. n. 7. 40
III. Ergebnisse, die, der Strafrechtspflege in den im Reichsrate vertretenen Königreichen u. Ländern in den J. 1900 u. 1901. 3. Heft der „Statistik der Rechtspflege" in den im Reichsrate vertret. Königreichen u. Ländern f. die J. 1900 u. 1901. Bearb. v. dem Bureau der k. k. statist. Zentral-Kommission unter Mitwirkg. des k. k. Justiz-Ministeriums. (II, CVI, 259 S.) 904. n. 11. 20
IV. Uebersicht, 33., statistische, der Verhältnisse der österreichischen Strafanstalten u. der Gerichts-Gefängnisse in den J. 1900 u. 1901. Bearb. im k. k. Justiz-Ministerium. (II, XXIX, 140 S.) 904. n. 5. 30

— dasselbe. 72. Bd. 3 Hefte. Imp.-4. Ebd. n. 20. —
I. Bewegung der Bevölkerung der im Reichsrate vertret. Königreiche u. Länder im J. 1901. (III, VIII, 245 S.) 904. n. 7. 50
II. Statistik der Sparkassen in den im Reichsrate vertret. Königreichen u. Ländern f. d. J. 1902. (II, XLIX, 73 S.) 905. n. 3. 70
III. Statistik des Sanitätswesens in den im Reichsrate vertretenen Königreichen u. Ländern f. d. J. 1901. (II, II, XXXIX, 252 S.) 905. n. 8. 80

Statistik, österreichische. Hrsg. v. der k. k. statist. Zentral-Kommission. 73. Bd. 3 Hefte. Imp.-4. Wien (C. Gerold's Sohn.) n. 20. 40
I. Statistik der Unterrichtsanstalten in den im Reichsrate vertretenen Königreichen u. Ländern f. d. J. 1901/1902. (II, XXXV, 272 S.) 905. n. 8. —
II. Staatshaushalt, der österreichische, in den J. 1901 u. 1902. (III, XXXI, 132 S.) 905. n. 4. 70
III. Bewegung der Bevölkerung der im Reichsrate vertret. Königreiche u. Länder im J. 1902. Bearb. v. dem Bureau der k. k. statist. Zentralkommission. (III, III, VIII, 245 S.) 906. n. 7. 70

— dasselbe. 74. Bd. 4 Hefte. Imp.-4. Ebd. n. 33. 10

I. Ergebnisse, die, der Zivilrechtspflege in den J. 1902 u. 1903. 1. Heft der „Statistik der Rechtspflege" in den im Reichsrate vertretenen Königreichen u. Ländern f. die J. 1902 u. 1903. Bearb. v. dem Bureau der k. k. statist. Zentral-Kommission unter Mitwirkg. des k. k. Justiz-Ministeriums. (II, XCVI, 203 S.) 905. n. 9. —

II. Nachweisungen, statistische, über das zivilgerichtliche Depositenwesen, die kumulativen Waisenkassen u. über den Geschäftsverkehr der Grundbuchsämter (Veränderungen im Besitz- u. Lastenstande) in den J. 1902 u. 1903. 2. Heft der „Statistik der Rechtspflege" in den im Reichsrate vertretenen Königreichen u. Ländern f. die J 1902 u. 1903. (II, XXXIV, 206 S.) 905. n. 7. 30

III. Ergebnisse, die, der Strafrechtspflege in den im Reichsrate vertretenen Königreichen u. Ländern in den J. 1902 u. 1903. 3. Heft der „Statistik der Rechtspflege" in den im Reichsrate vertretenen Königreichen u. Ländern f. die J. 1902 u. 1903. Bearb. v. dem Bureau der k. k. statist. Zentralkommission unter Mitwirkg. des k. k. Justiz-Ministeriums. (II, II, CI, 280 S.) 906. n. 11. 60

IV. Uebersicht, XXXIV. statistische, der Verhältnisse der österreichischen Strafanstalten u. d. Gerichts-Gefängnisse in den J. 1902 u. 1903. Bearb. im k. k. Justiz-Ministerium. (II, XXXI, 140 S.) 905. n. 5. 20

— dasselbe. 75. Bd. 1. Heft 2 Abtlgn. u. 2. Heft. 35,5×26 cm. Ebd. 27.20 (75. Bd. klplt. 55.—)

I, 1. Ergebnisse der gewerblichen Betriebszählung vom 3. VI. 1902 in den im Reichsrate vertretenen Königreichen u. Ländern. 1. Heft. 1. Abtlg. Analytische Bearbeitg. (II, CLII, 163 S.) 908. 9. 40

I, 2. Dasselbe. 1. Heft. 2. Abtlg. Reichsübersichten nach Gewerbearten. (L, 334 S.) 907. 11. 60

II. Dasselbe. II. Heft. Reichsübersichten nach Gewerbeklassen u. Ländern. (XI, 193 S.) 907. 6. 20

— dasselbe. 75. Bd. III.—XI. Heft. Imp.-4. Ebd. n. 27. 80

III. Ergebnisse der gewerblichen Betriebszählung vom 3. VI. 1902 in den im Reichsrate vertretenen Königreichen u. Ländern. 3. Heft. Niederösterreich. (XVIII, 72 S.) 905. n. 3. 20

IV. Dasselbe. 4. Heft. Oberösterreich u. Salzburg. (XVIII, 43 S.) 905. n. 1. 90

V. Dasselbe. 5. Heft. Steiermark. (XVIII, 59 S.) 904. n. 2. 40

VI. Dasselbe. 6. Heft. Kärnten u. Krain. (XVIII, 33 S.) 905. n. 1. 60

VII. Dasselbe. 7. Heft. Küstenland u. Dalmatien. (XVIII, 45 S.) 905. n. 1. 90

VIII. Dasselbe. 8. Heft. Tirol u. Vorarlberg. (XVIII, 71 S.) 905. n. 2. 70

IX. Dasselbe. 9. Heft. Böhmen. (XVIII, 188 S.) 905. n. 5. 90

X. Dasselbe. 10. Heft. Mähren u. Schlesien. (XVIII, 99 S.) 1905. n. 3. 60

XI. Dasselbe. 11. Heft. Galizien u. Bukowina. (XVIII, 134 S.) 905. n. 4. 60

— dasselbe. 76. Bd. 3 Hefte. Imp.-4. Ebd. n. 18. 10

I. Statistik der Unterrichtsanstalten in den im Reichsrate vertretenen Königreichen u. Ländern f. d. J. 1902/1903. (II, XXXV, 280 S.) 905. n. 9. 50

II. Statistik der Sparkassen in den im Reichsrate vertret. Königreichen u. Ländern f. d. J. 1903. (II, LV, 75 S.) 905. n. 3. —

III. Statistik der Banken in den im Reichsrate vertretenen Königreichen u. Ländern f. die J. 1902, 1903 u. 1904. (II, XXXIII, 55 S.) 906. n. 5. 60

— dasselbe. 77. Bd. 3 Hefte. Imp.-4. Ebd. n. 27. 40

I. Statistik des Sanitätswesens in den im Reichsrate vertretenen Königreichen u. Ländern f. d. J. 1902. (II, XXX, 252 S.) 906. n. 8. 50

II. Statistik der Unterrichtsanstalten in den im Reichsrate vertretenen Königreichen u. Ländern f. d. J. 1903/1904. (III, II, XXXV, 288 S.) 906. n. 8. 60

III. Statistik der registrierten Kreditgenossenschaften in den im Reichsrate vertretenen Königreichen u. Ländern f. d. J. 1902. Bearb. v. dem Bureau der k. k. statist. Zentralkommission. (VI, LXXIII, 262 S.) 906. n. 10. 30

— dasselbe. 78. Bd. I. u. IV. Heft. Imp.-4. Ebd. n. 8. 30

I. Ergebnisse, die, der Zivilrechtspflege im J. 1904. 1. Heft der „Statistik der Rechtspflege" in den im Reichsrate vertretenen Königreichen u. Ländern f. d. J. 1904. Bearb. von dem Bureau der k. k. statist. Zentral-Kommission unter Mitwirkg. des k. k. Justizministeriums. (II, LXIII, 111 S.) 906. n. 5. 30

IV. Uebersicht, XXXV. statistische, der Verhältnisse der österreichischen Strafanstalten u. der Gerichtsgefängnisse im J. 1904. Bearb. im k. k. Justizministerium. (II, XXI, 72 S.) 906. n. 3. —

— dasselbe. 78. Bd. II. u. III. Heft. 35,5×26 cm. Ebd. 10.80 (78. Bd. kplt. 19.10)

II. Nachweisungen, statistische, üb. das zivilgerichtliche Depositenwesen, die kumulativen Waisenkassen u. üb. den Geschäftsverkehr der Grundbuchämter (Veränderungen im Besitz- u. Lastenstande) im J. 1904. 2. Heft der „Statistik der Rechtspflege" in den im Reichsrate vertretenen Königreichen u. Ländern f. d. J. 1904. (II, XXVI, 116 S.) 906. 4. 40

III. Ergebnisse, die, der Strafrechtspflege in den im Reichsrate vertretenen Königreichen u. Ländern im J. 1904. 3. Heft der „Statistik der Rechtspflege" in den im Reichsrate vertretenen Königreichen u. Ländern f. d. J. 1904. Bearb. v. dem Bureau der k. k. statist. Zentralkommission unter Mitwirkg. d. k. k. Justizministeriums. (II, II, LXX, 142 S.) 907. 6. 40

— dasselbe. 79. Bd. 3 Hefte. 35,5×26 cm. Ebd. 24. 50

I. Bewegung der Bevölkerung der im Reichsrate vertretenen Königreiche u. Länder im J. 1903. (XIII, 121 S.) 906. 4. —

II. Statistik des Sanitätswesens in den im Reichsrate vertretenen Königreichen u. Ländern f. d. J. 1903. (II, XXIX, 253 S.) 907. 8. 50

III. Statistik der Unterrichtsanstalten in den im Reichsrate vertretenen Königreichen u. Ländern f. d. J. 1904/1905. Bearb. v. dem Bureau der k. k. statist. Zentralkommission. (II, III, LXIII, 348 S.) 908. 12. —

— dasselbe. 80. Bd. I. Heft. Imp.-4. Ebd. n. 4. —
Statistik der Sparkassen in den im Reichsrate vertret. Königreichen u. Ländern f. d. J. 1904. (II, LIV, 75 S.) 906.

— dasselbe. 80. Bd. II. u. III. Heft. 35,5×26 cm. Ebd. 10.70 (I—III: 14.70)

II. Statistik der Banken in den im Reichsrate vertretenen Königreichen u. Ländern f. die J. 1905 u. 1906. (II, II, XXXIV, 37 S.) 908. 2. 20

III. Statistik des Sanitätswesens in den im Reichsrate vertretenen Königreichen u. Ländern f. d. J. 1904. (II, XXIX, 253 S.) 908. 8. 50

— dasselbe. 81. Bd. I.—IV. Heft. 35,5×26 cm. Ebd. 26. 40

I, 1. Ergebnisse, die, der Zivilrechtspflege im J. 1905 m. Ausschluss des Konkursverfahrens. 1. Abtlg. des 1. Heftes der „Statistik der Rechtspflege" in den im Reichsrate vertretenen Königreichen u. Ländern f. d. J. 1905. Bearb. v. dem Bureau der k. k. statist. Zentralkommission unter Mitwirkg. des k. k. Justizministeriums (II, LIII, 67 S.) 907. 3. 80

I, 2. Ergebnisse, die, des Konkursverfahrens im J. 1905. 2. Abteilg. des 1. Heftes der „Statistik der Rechtspflege" in den im Reichsrate vertretenen Königreichen u. Ländern f. d. J. 1905. Bearb. v. dem Bureau der k. k. statist. Zentralkommission unter Mitwirkg. des k. k. Justizministeriums. (II, II, XX, 47 S.) 908. 2. 10

II. Nachweisungen, statistische, üb. das zivilgerichtliche Depositenwesen, die kumulativen Waisenkassen u. üb. den Geschäftsverkehr der Grundbuchsämter (Veränderungen im Besitz- u. Lastenstande) im J. 1905. 2. Heft der „Statistik der Rechtspflege" in den im Reichsrate vertretenen Königreichen u. Ländern f. d. J. 1905. (II, XXXII, 120 S.) 907. 4. 50

III. Ergebnisse, die, der Strafrechtspflege in den im Reichsrate vertretenen Königreichen u. Ländern im J. 1905. 3. Heft der „Statistik der Rechtspflege" in den im Reichsrate vertretenen Königreichen u. Ländern f. d. J. 1905. Bearb. v. dem Bureau der k. k. statist. Zentralkommission unter Mitwirkg. des k. k. Justizministeriums. (II, CLIX, 295 S.) 908. 13. —

IV. Übersicht, statistische, der Verhältnisse der österreichischen Strafanstalten u. der Gerichtsgefängnisse im J. 1905. Bearb. im k. k. Justizministerium. (II, XXIV, 72 S.) 907. 3. —

Statistik, österreichische. Hrsg. v. d. k. k. statist. Zentralkommission. 82. Bd. I.—III. Heft. 35,5×26 cm. Wien 907. (C. Gerold's Sohn.) 22. 20

I. Statistik des Sanitätswesens in den im Reichsrate vertretenen Königreichen u. Ländern f. d. J. 1905. (II, XXXI, 253 S.) 908. 8. 50

II. Statistik der Sparkassen in den im Reichsrate vertretenen Königreichen u. Ländern f. d. J. 1905. (III, LVI, 75 S.) 907. 4. —

III, 1. Statistik des Verkehrs in den im Reichsrate vertretenen Königreichen u. Ländern f. die J. 1902 bis 1905. 1. Abtlg.: Landstrassen, Wasserstrassen, Flussschiffahrt. (III, III, XLIII, 147 S.) 909. 5. 70

III, 2. Statistik des Verkehrs in den im Reichsrate vertretenen Königreichen u. Ländern f. die J. 1902 bis 1905. 2. Abtlg. Seeschiffahrt u. Seehandel, Eisenbahnen, Posten, Telegraphen, Aussenhandel u. Handel zwischen Österreich u. Ungarn. Bearb. v. dem Bureau der k. k. statist. Zentralkommission. (IV, LXXII, 59 S.) 908. 4. —

— dasselbe. 83. Bd. 5 Hefte u. Sonderheft. 35,5×25,5 cm. Ebd. 16. 50

I. Ergebnisse der landwirtschaftlichen Betriebszählung vom 3. VI. 1902 in den im Reichsrate vertretenen Königreichen u. Ländern. I. Heft: Analytische Bearbeitg. Summarische Daten f. das Reich, die Verwaltungsgebiete u. Länder, nebst Anh., enth. Übersichten nach natürl. Gebieten. (II, XLV, 65 S.) 909. 3. 40

II. Dasselbe. Bezirksübersichten f. Niederösterreich, Oberösterreich, Salzburg, Steiermark. Nebst Anh., enth. die summar. Daten f. das Reich, die Verwaltungsgebiete u. Länder. Zusammengestellt v. dem Bureau der k. k. statist. Zentralkommission. (IV, 54 u. 45 S.) 908. 1. 80

III. Dasselbe. Bezirksübersichten f. Kärnten, Krain, Triest u. Gebiet, Görz u. Gradisca, Istrien, Dalmatien, Tirol u. Vorarlberg. Nebst Anh., enth. die summar. Daten f. das Reich, die Verwaltungsgebiete u. Länder. Zusammengestellt v. dem Bureau der k. k. statist. Zentralkommission. (IV, 63 u. 45 S.) 908. 2. 20

IV. Dasselbe. Bezirksübersichten f. Böhmen, Mähren u. Schlesien. (IV, 105 S.) 907. 3. 30

V. Dasselbe. Bezirksübersichten f. Galizien u. die Bukowina. (IV, 68 u. 45 S.) 908. 3. 80

Sonderheft. Ergebnisse, vorläufige, der landwirtschaftlichen Betriebszählung vom 3. VI. 1902 in den im Reichsrate vertretenen Königreichen u. Ländern. Summarische Daten f. das Reich, die Länder u. die Verwaltungsgebiete. Zusammengestellt v. dem Bureau der k. k. statist. Zentralkommission. (IV, 45 S.) 907. 2. —

— dasselbe. 84. Bd. 4 Hefte. 35,5×26 cm. Ebd. 22. 70

I. Bewegung der Bevölkerung der im Reichsrate vertretenen Königreiche u. Länder im J. 1904. (LXV, 249 S.) 908. 9. 50

II. Ergebnisse, die, der Reichsratswahlen in den im Reichsrate vertretenen Königreichen u. Ländern im J. 1907. (II, XIX, 112 u. 36 S.) 908. 5. —

III. Bewegung der Bevölkerung der im Reichsrate vertretenen Königreiche u. Länder im J. 1905. (XIII, 123 S.) 908. 4. 20

IV. Statistik der Sparkassen in den im Reichsrate vertretenen Königreichen u. Ländern f. d. J. 1906. (II, III, LVII, 77 S.) 909. 4. —

— dasselbe. 85. Bd. 4 Hefte. 35,5×26 cm. Ebd. 32. 30

I, 1. Ergebnisse, die, der Zivilrechtspflege im J. 1906 m. Ausschluss des Konkursverfahrens. 1. Abtlg. des 1. Heftes der „Statistik der Rechtspflege“ in den im Reichsrate vertretenen Königreichen u. Ländern f. d. J. 1906. Bearb. v. dem Bureau der k. k. statist. Zentralkommission unter Mitwirkg. des k. k. Justizministeriums. (II, LIX, 185 S.) 908. 7. 40

, 2. Ergebnisse, die, des Konkursverfahrens im J. 1906 2. Abtlg. des 1. Heftes der „Statistik der Rechtspflege“ in den im Reichsrate vertretenen Königreichen u. Ländern f. d. J. 1906. Bearb. v. dem Bureau der k. k. statist. Zentralkommission unter Mitwirkg. des k. k. Justizministeriums. (II, XXII, 49 S.) 908. 2. 20

II. Nachweisungen, statistische, üb. das zivilgerichtliche Depositenwesen, die kumulativen Waisenkassen u. üb. den Geschäftsverkehr der Grundbuchsämter (Veränderungen im Besitz- u. Lastenstande) im J. 1906. 2. Heft der „Statistik der Rechtspflege“ in den im Reichsrate vertretenen Königreichen u. Ländern f. d. J. 1906. (II. XXXII. 118 S.) 908. 4. 50

III. Ergebnisse, die, der Strafrechtspflege in den im Reichsrate vertretenen Königreichen u. Ländern im J. 1906. 3. Heft der „Statistik der Rechtspflege“ in den im Reichsrate vertretenen Königreichen u. Ländern f. d. J. 1906. Bearb. v. dem Bureau der k. k. statist. Zentralkommission unter Mitwirkg. des k. k. Justizministeriums. (II, CLIX, 344 S. m. 1 Taf.) 909. 15. 20

IV. Übersicht, 37. statistische, der Verhältnisse der österreichischen Strafanstalten u. der Gerichtsgefängnisse im J. 1906. Bearb. im k. k. Justizministerium. (II, XXI. 72 S.) 908. 3. —

Statistik, österreichische. Hrsg. v. d. k. k. statist. Zentralkommission. 86. Bd. 3 Hefte. 35,5×26,5 cm. Wien 907. (C. Gerold's Sohn.) 24. 10

I. Bewegung der Bevölkerung der im Reichsrate vertretenen Königreiche u. Länder im J. 1906. (XIV, 123 S.) 908. 4. 20

II. Statistik der Unterrichtsanstalten in den im Reichsrate vertretenen Königreichen u. Ländern f. d. J. 1905/1906. (II, XLVI, 323 S.) 909. 11. 20

III. Statistik des Sanitätswesens in den im Reichsrate vertretenen Königreichen u. Ländern f. d. J. 1906. Bearb. im Bureau der k. k. statist. Zentralkommission. (II, III, XXXII, 254 S.) 910. 8. 70

— dasselbe. 87. Bd. I.—IV. Heft. 35,5×25,5 cm. Ebd. 33. 20

I, 1. Ergebnisse, die, der Zivilrechtspflege im J. 1907 m. Ausschluss des Konkursverfahrens. 1. Abtlg. des 1. Heftes der „Statistik der Rechtspflege“ in den im Reichsrate vertretenen Königreichen u. Ländern f. d. J. 1907. Bearb. v. dem Bureau der k. k. statist. Zentralkommission unter Mitwirkg. des k. k. Justizministeriums. (II, LXV, 185 S.) 909. 7. 60

I, 2. Ergebnisse, die, des Konkursverfahrens im J. 1907. 2. Abteilg. des 1. Heftes der „Statistik der Rechtspflege“ in den im Reichsrate vertretenen Königreichen u. Ländern f. d. J. 1907. Bearb. v. der k. k. statist. Zentralkommission unter Mitwirkg. des k. k. Justizministeriums. (II. XXII. 59 S.) 909. 2. 50

II. Nachweisungen, statistische, üb. das zivilgerichtliche Depositenwesen, die kumulativen Waisenkassen u. üb. den Geschäftsverkehr der Grundbuchsämter (Veränderungen im Besitz- u. Lastenstande) im J. 1907. 2. Heft der „Statistik der Rechtspflege“ in den im Reichsrate vertretenen Königreichen u. Ländern f. d. J. 1907. (II, XXXVIII, 118 S.) 909. 4. 80

III. Ergebnisse, die, der Strafrechtspflege in den im Reichsrate vertretenen Königreichen u. Ländern im J. 1907. 3. Heft der „Statistik der Rechtspflege“ in den im Reichsrate vertretenen Königreichen u. Ländern f. d. J. 1907. Bearb. v. dem Bureau der k. k. statist. Zentralkommission unter Mitwirkg. des k. k. Justizministeriums. (II. CLXIII. 348 S.) 910. 15. 40

V. Übersicht, 38. statistische, der Verhältnisse der österreichischen Strafanstalten u. der Gerichtsgefängnisse im J. 1907. Bearb. im k. k. Justizministerium. (II, XXI. 72 S.) 909. 2. 90

— dasselbe. 88. Bd. II. u. IV. Heft. 34,5×26,5 cm. Ebd. 15. 10

II. Statistik der Unterrichtsanstalten in den im Reichsrate vertretenen Königreichen u. Ländern f. d. J. 1906/1907. Bearb. v. dem Bureau der k. k. statist. Zentralkommission. (II, XLVI, 316 S.) 910. 11. —

IV. Statistik der Sparkassen in den im Reichsrate vertretenen Königreichen u. Ländern f. d. J. 1907. (II, LVII u. 77 S.) 910. 4. 10

— dasselbe. 89. Bd. I. Heft, 2 Abtlgn. u. II. Heft. 35,5×26,5 cm. Ebd. 15. 10

I, 1. Ergebnisse, die, der Zivilrechtspflege im J. 1908 m. Ausschluss des Konkursverfahrens. 1. Abtlg. des 1. Heftes der „Statistik der Rechtspflege“ in den im Reichsrate vertretenen Königreichen u. Ländern f. d. J. 1908. Bearb. v. dem Bureau der k. k. statist. Zentralkommission unter Mitwirkg. des k. k. Justizministeriums. (III, LXIX, 185 S.) 910. 7. 70

I, 2. Ergebnisse, die, des Konkursverfahrens im J. 1908. 2. Abtlg. des 1. Heftes „der Statistik der Rechtspflege“ in den im Reichsrate vertretenen Königreichen u. Ländern f. d. J. 1908. Bearb. v. dem Bureau der k. k. statist. Zentralkommission unter Mitwirkg. des k. k. Justizministeriums. (II, XXII, 59 S.) 910. 2. 50

II. Nachweisungen, statistische, üb. das zivilgerichtliche Depositenwesen, die kumulativen Waisenkassen u. üb. den Geschäftsverkehr der Grundbuchsämter (Veränderungen im Besitz- u. Lastenstande) im J. 1908. 2. Heft der „Statistik der „Rechtspflege“ in den im Reichsrate vertretenen Königreichen u. Ländern f. d. J. 1908. Bearb. v. dem Bureau der k. k. statist. Zentralkommission. (II, XL, 120 S.) 910. 4. 90

Statistik des Grossherzoglichen Polytechnikums zu Karlsruhe. Weltausstellung zu Melbourne 1880. 25 Taf. Text, 3 Taf. Grundrisse. 2° *K*

Statistik der Postverwaltung des Norddeutschen Bundes. Jahrg. 1869, 1870. Berlin. gr. 4.
(Später: Bericht u. d. Ergebnisse der Reichs-Postverwaltung.) . . . . (LBK.; HC.)

— **d. österreichischen Post- u. Telegraphenwesens, s. a. Nachrichten üb. Industrie, Handel u. Verkehr.**

Statistik des österreichischen Post- u. Telegraphenwesens in d. J. 1906—1908. Zusammengestellt im k. k. Handelsministerium. (IV, 122; IV, 122 u. IV, 121 S.) Lex. 8. Wien 907—09. (Hof- u. Staatsdruckerei.) à 1. 50

—— der königl. Hauptstadt Prag. Hrsg. von der statist. Kommission der königl. Hauptstadt Prag unter Redact. des Vortandes des städt. statist. Bureau's Prof. Jos. Erben. 1. Bd.: Topografie. — Klimatografie. — Bevölkerung. — Beilagen. hoch 4. (XXX, 315 S. mit 1 lithogr. Plano von Prag und 1 lithogr. Bl. Diagramme in Fol.) Prag 871, (Mourek.) cart. *

Preussische Statistik. Hrsg. in zwanglosen Heften vom Königl. Statistischen Bureau in Berlin. Berlin. 100 Bde

1—4. Vergleichende **Uebersicht** des Ganges der Industrie, des Handels u. Verkehrs im preuß. Staate 1859—62. 1861—63.

5. Die **Ergebnisse** der Volkszählung u. Volksbeschreibung nach den Aufnahmen vom 3. Dec. 1861, resp. Anfang 1862. 1864.

6. Die **Witterungserscheinungen** des nördl. Deutschlands im Zeitraum von 1858 - 63. Dargest. von H. W. Dove. 1864.

8. 9. Vergleichende **Uebersicht** des Ganges der Industrie, des Handels u. Verkehrs im preuß. Staate 1863. 64. 1865. 66.

10. Die **Ergebnisse** der Volkszählung u. Volksbeschreibung, der Gebäude- u. Viehzählung, nach den Aufnahmen vom 3. Dec. 1864. resp. Anfang 1865 u. die Statistik der Bewegung der Bevölkerung in den J. 1862 64. 1867.

13. Vergleichende **Uebersicht** des Ganges der Industrie, des Handels und Verkehrs im preuß. Staate 1866. 1868.

15. **Klimatologie von Norddeutschland nach den Beobachtungen des preuß. Meteorolog. Instituts von 1848—70. Abth. 2. Regenhöhe. Veröff. von H. W. Dove. 1871.**

16. **Die Ergebnisse der Volkszählung u. Volksbeschreibung im preuß. Staate vom 3. Dec. 1867. Th. 1. 2. 1869. 71.**

17. Die **Bewegung der Bevölkerung des Preuß. Staates in den J. 1865—67. 1870.**

18. **Die Gebäude im Preuß. Staate nach den Aufnahmen der Gebäudesteuer-Veranlagung auf Grund des Gesetzes v. 21. Mai 1861. 1871.**

19. Monatl. **Mittel** des Jg. 1868 für Druck, Temperatur, Feuchtigkeit u. Niederschläge und fünftägige Wärmemittel nebst Abweichungen derselben für die J. 1866—68. Veröff. von H. W. Dove. 1869.

20. Vergleichende **Uebersicht** des Ganges der Industrie, des Handels und Verkehrs in Norddeutschland 1867. 1869.

21. Miscellen. Anstalten u. Personal für **Gesundheitspflege** [u.] die **Seelsorge** im preuß. Staate nach den Aufnahmen vom Ende Dec. 1867. Die **Viehhaltung** im preuß. Staate nach der Zählung vom 7. Dec. 1867. 1871.

22. Vergleichende **Uebersicht** des Ganges der Industrie, des Handels und Verkehrs im preuß. Staate 1868. 1870.

23—25. Monatl. **Mittel** der Jg. 1869—71 für Druck, Temperatur, Feuchtigkeit u. Niederschläge u. fünftägige Wärmemittel. Veröff. von H. W. Dove. 1870—72.

26. Die **Einwanderung** und Auswanderung des preuß. Staates in den J. 1862—71 und die Nachrichten über den Erwerb und Verlust der Reichs- u. Staatsangehörigkeit im J. 1872. 1874.

27. Monatl. **Mittel** des Jg. 1872 für Druck, Temperatur, Feuchtigkeit u. Niederschläge und fünftägige Wärmemittel. Veröff. von H. W. Dove. 1873.

28. Die gewaltsamen **Todesfälle** u. Verletzungen im preuß. Staate während der J. 1869—72. T. 1. [einz.] 1874.

29. Die **Geburten**, Trauungen u. Sterbefälle im Preuß. Staate während der J. 1868—72. 1874.

30. Die **Ergebnisse** der Volkszählung u. Volksbeschreibung im Preuß. Staate vom 1. Dec. 1871. 1875.

31. Definitive **Ergebnisse** der Viehzählung im Preuß. Staate am 10. Jan. 1873. 1876.

32. **Klimatologie** von Deutschland nach den Beobachtungen des preuß. meteorologischen Instituts von 1848—72. Luftwärme. Veröff. von H. W. Dove. 1874.

33. 34. Monatl. **Mittel** der Jg. 1873 u. 74 für Druck, Temperatur, Feuchtigkeit u. Niederschläge u. fünftägige Wärmemittel. Veröff. von H. W. Dove. 1874. 75.

35. **Finanzstatistik** der Kreise und Provinzialverbände für das J. 1869. 1875.

36. Die **Bewegung** der Bevölkerung im preuß. Staate während der J. 1873. 74. Bd 1, Th. 1. 2. 1876.

37. Monatl. **Mittel** des Jg. 1875 für Druck, Temperatur, Feuchtigkeit u. Niederschläge und fünftägige Wärmemittel. Von H. W. Dove. 1876.

38. Die gewaltsamen **Todesfälle** u. Verletzungen (Verunglückungen und Selbstmorde) im preuß. Staate während der J. 1873—75. 1876.

39, Hälfte 1. Die **Ergebnisse** der Volkszählung u. Volksbeschreibung vom 1. Dec. 1875 im preuß. Staate. 1877.

39, Hälfte 2. Actenmäßige **Darstellung** der Vorbereitung und Ausführung der Volks- und Gewerbezählung vom 1. Dec. 1875 im preuß. Staate nebst Nachträgen zu den definitiven Ergebnissen der Volkszählung, betr. die Altersverhältnisse der Bevölkerung. 1882.

40. 41. Die definitiven **Ergebnisse** der Gewerbezählung vom 1. Dec. 1875 im preuß. Staate. 1877.
Th. 1. Die Gewerbebetriebe in den einzelnen Verwaltungsbezirken, Kreisen u. größeren Städten des preuß. Staates. 1878.
„ 2. Die Sitze der Industrie oder die Verbreitung der einzelnen Klassen und Ordnungen der Gewerbebetriebe über die Bezirke und Kreise des preuß. Staates. 1880.

42. Die **Bewegung** der Bevölkerung im preuß. Staate während des J. 1875. 1876.

43. **Beiträge** zur Medicinalstatistik des preuß. Staates und zur Mortalitätsstatistik der Bewohner desselben, die J. 1870—76 umfassend. 1877.

44. Monatl. **Mittel** des Jg. 1876 für Druck, Temperatur, Feuchtigkeit u. Niederschläge und fünftägige Wärmemittel. Von Dove. 1877.

45. Die **Bewegung** der Bevölkerung im preuß. Staate während des J. 1876. 1878.

46. **Beiträge** zur Medicinalstatistik des preuß. Staates und zur Mortalitätsstatistik der Bewohner desselben für das J. 1876. 1878.

47. Monatl. **Mittel** des Jg. 1877 für Druck, Temperatur . . . Von Dove. 1878.

48. Die **Bewegung** der Bevölkerung im preuß. Staate während des J. 1877. 1879.

48 A. **Rückblick** auf die Bewegung der Bevölkerung im preuß. Staate während des Zeitraumes vom J. 1816 bis zum J. 1874 . . . bearb. von A. Frh. v. Fircks. 1879.

49. Monatl. **Mittel** des Jg. 1878 für Druck, Temperatur . . . Veröff. vom meteorolog. Institute. 1879.

50. Die **Sterbefälle** im preuß. Staate mit Einschl. der Verunglückungen und Selbstmorde im J. 1877. 1879.

51. Die **Bewegung** der Bevölkerung im preuß. Staate während des J. 1878. 1880.

52. Die **Ergebnisse** der Ermittelung der landwirthschaftl. Bodenbenutzung und des Ernteertrages im preuß. Staate im J. 1878. 1879.

53. Die **Dampfkessel** und Dampfmaschinen im preuß. Staate. Nach der Katasteraufnahme in den J. 1877/78. 1880.

54. **Ergebnisse** der meteorolog. Beobachtungen im J. 1879. Veröff. vom königl. meteorolog. Institute. 1880.

55. Die **Sterbefälle** im preuß. Staate nach Todesursachen u. Altersklassen der Gestorbenen und die Verunglückungen u. Selbstmorde während des J. 1878. 1880.

56. Die **Bewegung** der Bevölkerung mit Einschl. der Wanderungen im preuß. Staate während des J. 1879. 1881.

57. Die **Ergebnisse** der Ermittelung des Ernteertrages im J. 1879 nebst Anh. 1880.

58. Die **Irrenanstalten** im preuß. Staate in den J. 1877—79. 1882.

59. **Ergebnisse** der meteorolog. Beobachtungen im J. 1880. 1881.

60. Die **Sterbefälle** im preuß. Staate nach Todesursachen u. Altersklassen der Gestorbenen und die Selbstmorde u. Verunglückungen während des J. 1879. 1881.

61. **Die Bewegung der Bevölkerung, mit Einschl. der Wanderungen, im preuß. Staate während des J. 1880. 1882.**

62. Die **Ergebnisse** der Ermittelung des Ernteertrages in Preussen im J. 1880. 1881.
63. Die **Sterbefälle** im preuß. Staate . . . während des J. 1880. 1882.
64. **Ergebnisse** der meteorolog. Beobachtungen im J. 1881. 1882.
65. Die **Heilanstalten** im preuß. Staate in den J. 1877—79. 1883.
66. Die definitiven **Ergebnisse** der Volkszählung vom 1. Dec. 1880 im preuß. Staate. 1883.
67. Die **Ergebnisse** der Ermittelung des Ernteertrages in Preussen im J. 1881. 1882.
68. Die **Bewegung** der Bevölkerung, mit Einschl. der Wanderungen, im preuß. Staate während des J. 1881. 1883.
69. Die **Gebrechlichen** in der Bevölkerung des preuß. Staates nach den Ergebnissen der Volkszählung vom 1. Dec. 1880. 1883.
70. **Statistik** der Brände im preuß. Staate in den J. 1881—84. Th. 1. 2. 1887. 88.
71. **Ergebnisse** der meteorolog. Beobachtungen im J. 1882. 1883.
72. Die **Sterbefälle** im preuß. Staate nach Todesursachen u. Altersklassen der Gestorbenen . . . während des J. 1881. 1883.
73. Die **Ergebnisse** der Ermittelung des Ernteertrages in Preussen im J. 1882. 1883.
74. Die **Bewegung** der Bevölkerung, mit Einschl. der Wanderungen, im preuß. Staate während des J. 1882. 1884.
75. Die **Kindersterblichkeit** in Preußen während des J. 1882, mit Unterscheidung des Religionsbekenntnisses der gestorbenen Kinder. 1884.
76. Die **Ergebnisse** der Berufszählung v. 5. Juni 1882 im preuß. Staate.
    Th. 1. Beruf und Erwerbsthätigkeit der Bevölkerung. 1884.
    „ 2. Hauptberuf, Alter und Familienstand der Bevölkerung. 1884.
    „ 3. Landwirthschaftsbetriebe sow. Hauptberuf und Religionsbekenntniß der Bevölkerung. 1885.
77, Th. 1. Die endgültigen **Ergebnisse** der Viehzählung im preuß. Staate nach der Aufnahme vom 10. Jan. 1883. 1884.
    „ 2. Der Viehbesitzstand der Gehöfte im preuß. Staate nach den Ergebnissen der Viehzählung v. 10. Jan. 1883. 1886.
78. **Ergebnisse** der meteorolog. Beobachtungen im J. 1883. 1884.
79. Die **Bewegung** der Bevölkerung, mit Einschl. der Wanderungen, im preuß. Staate während des J. 1883. 1884.
80. Die **Sterbefälle** im preuß. Staate nach Todesursachen u. Altersklassen der Gestorbenen sowie die Selbstmorde u. Verunglückungen während des J. 1882. 1885.
81. Die **Ergebnisse** der Ermittelung der landwirthschaftl. Bodenbenutzung und des Ernteertrages im preuß. Staate im J. 1883. 1884.
82. **Ergebnisse** der meteorolog. Beobachtungen im J. 1884. 1884.
83. Die **Gewerbebetriebe** im preuß. Staate nach der Aufnahme vom 5. Juni 1882.
    Th. 1. Uebersichten für den Staat, die Provinzen, Bezirke u. Großstädte. 1885.
    „ 2. Uebersicht für die einzelnen Kreise, nebst e. Darst. der Gewerbe nach ihrer örtl. Wichtigkeit u. e. Uebersicht der gewerbl. beschäftigten Gefangenen. 1886.
84. Die **Sterbefälle** im preuß. Staate nach Todesursachen u. Altersklassen der Gestorbenen . . . während des J. 1883. 1886.
85. Die **Ergebnisse** der Ermittelung des Ernteertrages im preuß. Staate für das J. 1884 nebst e. Anh. u. e. bes. Beil. 1885.
86. Die **Bewegung** der Bevölkerung, mit Einschl. der Wanderungen, im preuß. Staate während des J. 1884. 1885.
87. Die **Sterblichkeit** nach Todesursachen und Altersklassen der Gestorbenen . . . im preuß. Staate während des J. 1884. 1887.
88. Die **Ergebnisse** des Ernteertrages im preuß. Staate für das J. 1885 nebst 2 bes. Beil. 1886.
89. Die **Bewegung** der Bevölkerung, mit Einschl. der Wanderungen, im preuß. Staate während des J. 1885. 1886.
90. Die **Heilanstalten** im preuß. Staate während der J. 1880—85. 1889.
91. Die **Sterblichkeit** nach Todesursachen und Altersklassen der Gestorbenen . . . im preuß. Staate während des J. 1885. 1887.
92. Die **Ergebnisse** der Ermittelung des Ernteertrages im preuß. Staate für das J. 1886 nebst 2 bes. Beil. 1887.
93. Der **Wildabschuß** im preuß. Staate während der Zeit vom 1. April 1885 bis zum 31. März 1886. 1887.
94. Die **Bewegung** der Bevölkerung, mit Einschl. der Wanderungen, im preuß. Staate während des J. 1886. 1888.
95. Die **Sterblichkeit** nach Todesursachen und Altersklassen der Gestorbenen . . . im preuß. Staate während des J. 1886. 1888.
96. Die endgültigen **Ergebnisse** der Volkszählung im preuß. Staate v. 1. Dez. 1885. 1888.
97. Die **Ergebnisse** der Ermittelung des Ernteertrages im preuß. Staate für das J. 1887 nebst 2 bes. Beil. 1888.
98. Die **Geburten**, Eheschließungen und Sterbefälle im preuß. Staate während des J. 1887. 1889.
99. Die **Sterblichkeit** nach Todesursachen und Altersklassen der Gestorbenen sowie die Selbstmorde und Verunglückungen im preuß. Staate während des J. 1887. 1889.
100. Die **Irrenanstalten** im preuß. Staate während der J. 1880—85. 1890.
101. Das gesammte **Volksschulwesen** im preuß. Staate im J. 1886 . . . bearb. vom Königl. statist. Bureau. Mit e. einl. Denkschrift von K. Schneider u. A. Petersilie. 1889.
102. **Statistik** der preuß. Landesuniversitäten mit Einschl. der theol.-philos. Akademie zu Münster und des Lyceum Hosianum zu Braunsberg, für das Studienjahr Michaelis 1886/87. 1890.
103. **Grundeigenthum** und Gebäude im preuß. Staate auf Grund der Materialien der Gebäudesteuerrevision vom J. 1878. 1889.
104. **Statistik** der Brände im preuß. Staate für die J. 1885—87. Th. 1. 2. 1893.
105. Die **Ergebnisse** der Ermittelung des Ernteertrages im preuß. Staate für das J. 1888 nebst 2 bes. Beil. 1889.
106. **Statistik** der preuß. Landesuniversitäten mit Einschl. der theol.-philos. Akademie zu Münster und des Lyceum Hosianum zu Braunsberg für das Studienjahr Michaelis 1887/88. 1892.
107. Die **Geburten**, Eheschließungen u. Sterbefälle im preuß. Staate während des J. 1888. Nebst e. Anh. 1890.
108. Die **Sterblichkeit** nach Todesursachen und Altersklassen der Gestorbenen sowie die Selbstmorde und Verunglückungen im preuß. Staate während des J. 1888. 1890.
109. Die **Heilanstalten** im preuß. Staate während der J. 1886—88. 1890.
110. Die **Ergebnisse** der Ermittelung des Ernteertrages im preuß. Staate für das J. 1889 nebst 2 bes. Beil. 1890.
111. Die **Irrenanstalten** im preuß. Staate während der J. 1886—88. 1891.
112. **Statistik** der preuß. Landesuniversitäten . . . für das Studienjahr Michaelis 1888/89. 1892.
113. Die **Geburten**, Eheschließungen u. Sterbefälle im preuß. Staate während des J. 1889. 1890.
114. Die **Sterblichkeit** nach Todesursachen und Altersklassen der Gestorbenen . . . im preuß. Staate während des J. 1889. 1891.
115. Die **Ergebnisse** der Ermittelung des Ernteertrages im preuß. Staate für das J. 1890 nebst 2 bes. Beil. 1891.
116. **Statistik** der preuß. Landesuniversitäten . . . für das Studienjahr Michaelis 1889 90 und der militärärztl. Bildungsanstalten zu Berlin für das Sommersemester 1890. 1892.
117. Die **Geburten**, Eheschließungen und Sterbefälle im preuß. Staate während des J. 1890. 1892.
118. Die **Sterblichkeit** nach Todesursachen und Altersklassen der Gestorbenen . . . im preuß. Staate während des J. 1890. 1892.
119. Die **Ergebnisse** der Ermittelung des Ernteertrages im preuß. Staate für das J. 1891 . . . nebst 2 bes. Beil. 1892.
120. Das gesammte **Volksschulwesen** im preuß. Staate im J. 1891. Th. 1. 2. 1893. 92.
121. Die endgültigen **Ergebnisse** der Volkszählung im preuß. Staate vom 1. Dec. 1890. Th. 1. 2. 1893.
122. Die **Dampffässer** im preuß. Staate nach der Katasteraufnahme in den J. 1889—91. 1892.
123. Die **Geburten**, Eheschließungen und Sterbefälle im preuß. Staate während des J. 1891. 1893.

124. Die **Sterblichkeit** nach Todesursachen und Altersklassen der Gestorbenen . . . im preuß. Staate während des J. 1891. 1893.

125. **Statistik** der preuß. Landesuniversitäten mit Einschl. der Akademie zu Münster u. des Lyceum Hosianum zu Braunsberg, der bischöfl. Klerikalseminare sowie der militärärztl. Bildungsanstalten für die Studienjahre Michaelis 1890/91 u. 1891/92. 1895.

126. Die **Ergebnisse** der Ermittelung des Ernteertrages im preuß. Staate für das J. 1892. 1893.

127. Die **Geburten**, Eheschließungen und Sterbefälle im preuß. Staate während des J. 1892. 1893.

128. Die **Heilanstalten** im preuß. Staate während der J. 1889–91. 1894.

129. Die endgültigen **Ergebnisse** der Viehzählung vom 1. Dec. 1892 im preuß. Staate. Th. 1. 2. 1894. 97.

130. Die **Irrenanstalten** im preuß. Staate während der J. 1889—91. 1894.

131. **Statistik** der Brände im preuß. Staate für die J. 1888—90. Th. 1. 2. 1897. 95.

132. Die **Sterblichkeit** nach Todesursachen und Altersklassen der Gestorbenen sowie die Selbstmorde u. die tödtl. Verunglückungen im preuß. Staate während des J. 1892. 1894.

133. Die **Ergebnisse** der Ermittelung der landwirthschaftl. Bodenbenutzung und des Ernteertrages im preuß. Staate im J. 1893. 1894.

134. Die **Geburten**, Eheschließungen und Sterbefälle im preuß. Staate während des J. 1893. 1895.

135. Die **Sterblichkeit** nach Todesursachen und Altersklassen der Gestorbenen sowie die Selbstmorde u. die tödtl. Verunglückungen im preuß. Staate während des J. 1893. 1895.

136. **Statistik** der preuß. Landesuniversitäten mit Einschl. der theol.-philos. Akademie zu Münster und des Lyceum Hosianum zu Braunsberg, der bischöfl. Klerikalseminare sowie der militärärztl. Bildungsanstalten für die Studienjahre Michaelis 1892/93, 1893/94 und das Wintersemester 1894/95. 1896.

137. Die **Ergebnisse** der Ermittelung des Ernteertrages im preuß. Staate für das J. 1894 nebst e. Anh. 1895.

138. Die **Geburten**, Eheschließungen und Sterbefälle im preuß. Staate während des J. 1894. 1895.

139. Die **Sterblichkeit** nach Todesursachen und Altersklassen der Gestorbenen sowie die Selbstmorde u. die tödtl. Verunglückungen im preuß. Staate während des J. 1894. 1896.

140. Die **Heilanstalten** im preuß. Staate während der J. 1892—94. 1896.

141. Die **Ergebnisse** der Ermittelung des Ernteertrages im preuß. Staate für das J. 1895. 1896.

142. **Hauptergebnisse** der Berufszählung vom 14. Juni 1895 für den preuß. Staat im Ganzen und die Ortsgrößenklassen im Besonderen. Th. 1. 2. 1898. 1902.

143. Die **Geburten**, Eheschließungen und Sterbefälle im preuß. Staate während des J. 1895 sowie Absterbeordnung, Mortalität und Lebenserwartung für die J. 1890/91. 1897.

144. Die **Irrenanstalten** im preuß. Staate während der J. 1892—94. 1897.

145. Die **Sterblichkeit** nach Todesursachen und Altersklassen der Gestorbenen sowie die Selbstmorde u. die tödtl. Verunglückungen im preuß. Staate während des J. 1895. 1897.

146. **Grundeigenthum** und Gebäude im preuß. Staate, auf Grund der Materialien der Gebäudesteuerrevision vom J. 1893. Th. 1. 2. 1898.

147. Die **Ergebnisse** der Ermittelung des Ernteertrages im preuß. Staate f. das J. 1896. 1897.

148. Die endgültigen **Ergebnisse** der Volkszählung vom 2. Dez. 1895 im preuß. Staate nebst e. aktenmäßigen Berichte über die Ausführung dieser Zählung. Th. 1. 2. 1897. 98.

149. Die **Geburten**, Eheschließungen und Sterbefälle im preuß. Staate während des J. 1896 sowie Berichtigungen zur Absterbeordnung, Mortalität und Lebenserwartung in den preuß. Großstädten für die J. 1890/91. 1898.

150. **Statistik** der preuß. Landesuniversitäten mit Einschl. der theol.-philos. Akademie zu Münster und des Lyceum Hosianum zu Braunsberg, der bischöfl. Klerikalseminare und der Kaiser Wilhelms-Akademie für das militärärztl. Bildungswesen zu Berlin für das Studienjahr Ostern 1895/96. Nebst e. Anh. 1899.

151. Das gesammte niedere **Schulwesen** im preuß. Staate im J. 1896. Th. 1. 2. 1898.

152. Die **Sterblichkeit** nach Todesursachen und Altersklassen der Gestorbenen sowie die Selbstmorde u. die tödtl. Verunglückungen im preuß. Staate während d. J. 1896. 1898.

153. Die **Ergebnisse** der Viehzählung vom 1. Dez. 1897 im preuß. Staate. 1898.

154. Die **Ergebnisse** der Ermittelung des Ernteertrages im preuß. Staate für das J. 1897. 1898.

155. **Die Geburten, Eheschließungen und Sterbefälle im preuß. Staate während des J. 1897 nebst einer Uebersicht über den Stand der Bevölkerung des preuß. Staates zu Ende der J. 1815—95 [usw.]. 1898.**

156. **Statistik der Brände im preuß. Staate für die J. 1891—94. 1900.**

157. Die **Sterblichkeit** nach Todesursachen und Altersklassen der Gestorbenen sowie die Selbstmorde u. die tödtl. Verunglückungen im preuß. Staate während des J. 1897. 1899.

158. Die **Heilanstalten** im preuß. Staate während der J. 1895—97. 1899.

159. Die **Ergebnisse** der Ermittelung des Ernteertrages im preuß. Staate für das J. 1898. 1899.

160. Die **Geburten**, Eheschließungen und Sterbefälle im preuß. Staate während des J. 1898. 1900.

161. Die **Ergebnisse** des Anbaues und Ernteertrages im preuß. Staate für das J. 1899. 1900.

162. Die **Sterblichkeit** nach Todesursachen und Altersklassen der Gestorbenen sowie die Selbstmorde u. die tödtl. Verunglückungen im preuß. Staate während des J. 1898. 1900.

163. Die **Irrenanstalten** im preuß. Staate während der J. 1895—97. 1900.

164. Die **Geburten**, Eheschließungen und Sterbefälle im preuß. Staate während des J. 1899 nebst e. Uebersicht der im preuß. Staate in den einzelnen Jahren von 1816—99 vorgekommenen Geburten, Eheschließungen und Sterbefälle. 1901.

165. **Statistik** der Landwirthschaft (Anbau, Saatenstand, Ernteerträge, Hagelwetter u. Wasserschäden) im preuß. Staate für das J. 1900. 1901.

166. Die **Sterblichkeit** nach Todesursachen und Altersklassen der Gestorbenen sowie die Selbstmorde u. die tödtl. Verunglückungen im preuß. Staate während des J. 1899. 1901.

167. **Statistik** der preuß. Landesuniversitäten mit Einschl. der theol.-philos. Akademie zu Münster und des Lyceum Hosianum zu Braunsberg, der bischöfl. Klerikalseminare und der Kaiser Wilhelm-Akademie für das militärärztl. Bildungswesen zu Berlin für das Studienjahr Ostern 1899/1900. 1901.

168. **Statistik** der Landwirthschaft (land- und forstwirthschaftliche Bodenbenutzung) im preuß. Staate für das J. 1900. [T.] 1. 2. 1902.

169. Die **Geburten**, Eheschließungen und Sterbefälle im preuß. Staate während des J. 1900. 1902.

170. **Statistik** der Landwirthschaft (Anbau, Saatenstand, Ernteerträge, Hagelwetter u. Wasserschäden) im preuß. Staate für das J. 1901. 1902.

171. Die **Sterblichkeit** nach Todesursachen und Altersklassen der Gestorbenen sowie die Selbstmorde u. die tödtl. Verunglückungen im preuß. Staate während des J. 1900. 1902.

172. Die endgültigen **Ergebnisse** der Vieh- und Obstbaumzählung vom 1. Dez. 1900 im preuß. Staate sowie in den Fürstentümern Waldeck u. Pyrmont. T. 1—3. 1905—07.

173. Die **Heilanstalten** im preuß. Staate während der J. 1898—1900. 1902.

174. **Statistik** der Brände im preuß. Staate für die J. 1895—98. Anh.: Hauptergebnisse der neuesten Jahre. Brände während der J. 1899—1904. 1906.

175. Die **Irrenanstalten** im preuß. Staate während der J. 1898—1900. 1902.

176. Das gesamte niedere **Schulwesen** im preuß. Staate im J. 1901.
T. 1. Bearb. von A. Petersilie. 1905.
„ 2. 3. Bearb. im Kgl. statist. Bureau. 1903.02.

177. Die **endgültigen Ergebnisse** der Volkszählung vom 1. Dez. 1900 im preuß. Staate sowie in den Fürstentümern Waldeck u. Pyrmont nebst einem aktenmäßigen Berichte über die Ausführung dieser Zählung. T. 1—3. 1902. 03.

178. Die **Geburten**, Eheschließungen und Sterbefälle im preuß. Staate während des J. 1901. 1903.

179. Die **Sterblichkeit** nach Todesursachen und Altersklassen der Gestorbenen sowie die Selbstmorde u. die tödtl. Verunglückungen im preuß. Staate während des J. 1901. 1903.

180. **Statistik** der Landwirtschaft (Anbau, Saatenstand, Ernteerträge, Hagelwetter u. Wasserschäden) im preuß. Staate für das J. 1902. 1903.

181. **Lebens- u. Unfallversicherung**. T. 1, Abt. 1. 2. 1900. 09.

182. Die **Heilanstalten** im preuß. Staate während des J. 1901. 1904.

183. Die **Geburten**, Eheschließungen und Sterbefälle im preuß. Staate während des J. 1902. 1903.

184. Die **Sterblichkeit** nach Todesursachen und Altersklassen der Gestorbenen sowie die Selbstmorde u. die tödl. Verunglückungen im preuß. Staate während des J. 1902. 1904.

185. Die endgültigen **Ergebnisse** der außerordentl. Viehzählung vom 1. 12. 1902 im preuß. Staate sowie in dem Fürstentümern Waldeck und Pyrmont. 1906.

186. **Statistik** der Landwirtschaft (Anbau, Saatenstand und Ernteerträge) im preuß. Staate für das J. 1903. 1904.

187. Die **Heilanstalten** im preuß. Staate während des J. 1902. 1904.

188. **Rückblick** auf die Entwickelung der preuß. Bevölkerung von 1875—1900 bearb. von Max Broesike. 1904.

189. Die **Sterblichkeit** nach Todesursachen und Altersklassen der Gestorbenen im preuß. Staate während des J. 1903. 1905.

190. Die **Geburten**, Eheschließungen und Sterbefälle im preuß. Staate während des J. 1903. (1905.)

191. Die ländliche **Verschuldung** in Preußen. Bearb. von F. Kühnert. T. 1, Hälfte 1. 2. T. 2. 3. 1905—08.

192. **Statistik** der Landwirtschaft (Anbau, Saatenstand, Ernte, Hagelwetter u. Wasserschäden) im preuß. Staate für das J. 1904. 1905.

193. **Statistik** der preuß. Landesuniversitäten mit Einschl. des Lyceum Hosianum zu Braunsberg, der bischöfl. Klerikalseminare und der Kaiser Wilhelms-Akademie für das militärärztl. Bildungswesen zu Berlin für das Studienjahr Ostern 1902/03. 1905.

194. Die **Heilanstalten** im preuß. Staate während des J. 1903. 1905.

195. Die **Sterblichkeit** nach Todesursachen und Altersklassen der Gestorbenen im preuß. Staate während des J. 1904. 1905.

196. Die **Geburten**, Eheschließungen und Sterbefälle im preuß. Staate während des J. 1904. 1905.

197. **Statistik** der Landwirtschaft (Anbau, Saatenstand, Ernte, Hagelwetter u. Wasserschäden) im preuß. Staate für das J. 1905. 1906.

198. Die **Heilanstalten** im preuß. Staate während des J. 1904. 1906.

199. Die **Sterblichkeit** nach Todesursachen und Altersklassen der Gestorbenen im preuß. Staate während des J. 1905. 1907.

200. Die **Geburten**, Eheschließungen und Sterbefälle im preuß. Staate während des J. 1905. 1906.

201. Die endgültigen **Ergebnisse** der Viehzählung vom 1. Dez. 1904 im preuß. Staate sowie in den Fürstentümern Waldeck und Pyrmont. 1907.

202. **Statistik** der Landwirtschaft (Anbau, Saatenstand, Ernte, Hagelwetter u. Wasserschäden) im preuß. Staate für die J. 1906. 1907.

203. Die **Heilanstalten** im preuß. Staate während des J. 1905. 1907.

204. **Statistik** der preuß. Landesuniversitäten mit Einschl. des Lyceum Hosianum zu Braunsberg, der bischöfl. Klerikalseminare und der Kaiser Wilhelms-Akademie für das militärärztl. Bildungswesen zu Berlin für das Studienjahr Ostern 1905/06. 1908.

205. **Finanzstatistik** der preuß. Landkreise für das Rechnungsjahr 1903 bearb. von Osk. Tetzlaff. T. 1—3. 1908.

206. Die endgültigen **Ergebnisse** der Volkszählung vom 1. Dez. 1905 im preuß. Staate sowie in den Fürstentümern Waldeck und Pyrmont nebst e. aktenmäßigen Berichte über die Ausführung dieser Zählung. T. 1. 2. 1908.

207. Die **Geburten**, Eheschließungen und Sterbefälle im preuß. Staate während des J. 1906. (1907.)

208. Die **Sterblichkeit** nach Todesursachen und Altersklassen der Gestorbenen im preuß. Staate während des J. 1906. 1908.

209. Das gesamte niedere **Schulwesen** im Preuß. Staate im J. 1906. T. 1—3. 1908. T. 1. Bearb. von A. Petersilie.

210. Die endgültigen **Ergebnisse** der außerordentl. Viehzählung vom 1. Dez. 1906 im preuß. Staate sowie in den Fürstentümern Waldeck und Pyrmont bearb. von Erich Petersilie. 1908.

211. **Statistik** der Landwirtschaft (Anbau, Saatenstand, Ernte, Hagelwetter u. Wasserschäden) im preuß. Staate für das J. 1907. 1908.

212. Die **Heilanstalten** im preuß. Staate während des J. 1906. 1908.

213. Die **Geburten**, Eheschließungen und Sterbefälle im preuß. Staate während des J. 1907. Nebst e. Anh. 1908.

214. Die **Sterblichkeit** nach Todesursachen und Altersklassen der Gestorbenen im preuß. Staate während des J. 1907. 1908.

215. **Finanzstatistik** der preuß. Provinzial- (Bezirks- usw.) Verbände für das Rechnungsjahr 1903 bearb. von Osk. Tetzlaff. 1909.

216. **Statistik** der Landwirtschaft (Anbau, Saatenstand, Ernte, Hagelwetter u. Wasserschäden) im preuß. Staate für das J. 1908. 1909.

217. Die **Schulden** der preuß. Städte und der mehr als 10000 Einwohner zählenden preuß. Landgemeinden nach dem Stande vom 31. März 1906 bearb. von Osk. Tetzlaff. T. 1. 2. 1909.

218. Die endgültigen **Ergebnisse** der Viehzählung vom 2. Dez. 1907 im preuß. Staate sowie in den Fürstentümern Waldeck und Pyrmont bearb. von Erich Petersilie. 1910.

219. Die endgültigen **Ergebnisse** der Viehzählung vom 2. Dez. 1907 im preuß. Staate. Der Viehstand der Haushaltungen nach den einzelnen Viehgattungen und nach Gruppen der einzelnen Viehgattungen bearb. von Erich Petersilie. 1910.

220. Die **Geburten**, Eheschließungen und Sterbefälle im preuß. Staate während des J. 1908. Nebst e. Anh. 1909.

221. **Statistik** der Landwirtschaft (Anbau, Saatenstand, Ernte, Hagelwetter u. Wasserschäden) im preuß. Staate für das J. 1909. 1910.

222. **Monats-** und **Jahrespreise** wichtiger Verpflegungsmittel in 154 preuß. Berichtsorten im J. 1909. Mit e. Einl. von F. Kühnert. 1910.

223. **Statistik** der preuß. Landesuniversitäten mit Einschl. des Lyceum Hosianum zu Braunsberg, der bischöfl. Klerikalseminare und der Kaiser Wilhelms-Akademie für das militärärztl. Bildungswesen zu Berlin für das Studienjahr Ostern 1908/09 bearb. von A. Petersilie. 1910.

224. Die **Geburten**, Eheschließungen und Sterbefälle im preuß. Staate während des J. 1909. 1910.

225. **Statistik** der Landwirtschaft (Anbau, Saatenstand, Ernte, Hagelwetter u. Wasserschäden) im preuß. Staate für das J. 1910. 1911.

226. **Finanzstatistik** der preuß. Landkreise für das Rechnungsjahr 1908 bearb. von Osk. Tetzlaff. T. 1, a. b. 2. 1911. 12.

227. **Monats-** und **Jahrespreise** wichtiger Lebens- und Verpflegungsmittel in 154 preuß. Berichtsorten im J. 1910. Mit e. Einl. von F. Kühnert. 1911.

228. **Finanzstatistik** der preuß. Provinzial- (Bezirks- usw.) Verbände für das Rechnungsjahr 1908 bearb. von Osk. Tetzlaff. 1912.

229. Die **Geburten**, Eheschließungen und Sterbefälle im preuß. Staate während des J. 1910. 1911.

Statistik, preussische. Hrsg. in zwanglosen Heften vom königl. statist. Bureau in Berlin. I. Vergleichende Uebersicht des Ganges der Industrie, des Handels und Verkehrs im preuss. Staate 1859. Nach den Berichten der Handelskammern und kaufmänn. Corporationen. Fol. (X und 90 S.) Berlin 861, Decker'sche geheime Ober-Hofbuchdruckerei. Thlr. *

Statistik, preussische. Hrsg. vom königl. statist. Bureau in Berlin. II—XII. Fol. Berlin, Verlag des königl. statist. Bureaus. *

Inhalt:

II. Vergleichende Uebersicht des Ganges der Industrie, des Handels und Verkehrs im preuss. Staate 1860. Nach den Berichten der Handelskammern und kaufmänn. Corporationen. (VI und 98 S.) 862. * 20 Ngr.

III. —— dass. — für 1861. (VIII und 156 S.) 863. * 1 Thlr. 2 Ngr.

IV. —— dass. — für 1862. (XXVIII und 170 S.) 863. * 1 Thlr. 8 Ngr.

V. Die Ergebnisse der Volkszählung und Volksbeschreibung nach den Aufnahmen vom 3. Decbr. 1861 resp. Anfang 1862. (XII und 273 S.) 864. * 1 Thlr. 24 Ngr.

VI. Die Witterungserscheinungen des nördlichen Deutschlands im Zeitraum von 1858—1863, dargestellt von H. W. Dove. (80 und 56 S. mit 7 lithogr. Karten in qu. Fol.) 864. * 2 Thlr.; ohne Karten * 25 Ngr.

VII. Vergleichende Uebersicht des Standes und Ganges der preussischen Landwirthschaft in den J. 1862 und 1863. Nach den Berichten der landwirthschaftl. Provinzial- und Centralvereine. (VIII und 116 S.) 865. * 25 Ngr.

VIII. Vergleichende Uebersicht des Ganges der Industrie, des Handels und Verkehrs im preussischen Staate 1863. (XXVI und 227 S.) 865. * 1 Thlr. 18 Ngr.

IX. —— dass. — für 1864. (X und 282 S.) 866. * 1 Thlr. 24 Ngr.

X. Die Ergebnisse der Volkszählung und Volksbeschreibung, der Gebäude- und Viehzählung nach den Aufnahmen vom 3. Decbr. 1864, resp. Anfang 1865 und die Statistik der Bewegung der Bevölkerung in den J. 1862, 1863 und 1864. (IX und 341 S.) 867. * 2 Thlr. 6 Ngr.

XI. Vergleichende Uebersicht des Ganges der Industrie, des Handels und Verkehrs im preuss. Staate 1865. (X und 276 S.) 867. * 1 Thlr. 26 Ngr.

XII. Monatliche Mittel der Jahrgänge 1864, 1865, 1866 für Druck, Temperatur, Feuchtigkeit und Niederschläge und fünftägige Wärmemittel sämmtlicher mit dem meteorolog. Institut zu Berlin vereinigten deutschen Stationen. Veröffentlicht von H. W. Dove. (84 S.) 867. * 16 Ngr.

I. Ebendas. 1861. * 20 Ngr.

—— preussische. Hrsg. vom kgl. preuss. statist. Bureau in Berlin. XIII—XXVIII, 1., XXIX—XXXV. gr. 4. Berlin, Verlag des k. statist. Bureaus. *]

Inhalt:

XIII. Vergleichende Uebersicht des Ganges der Industrie, des Handels und Verkehrs im preussischen Staate 1866. (X, 363 S.) 868. *ℳ 7,20.

XIV. Monatliche Mittel des Jahrganges 1867 für Druck, Temperatur, Feuchtigkeit und Niederschläge und fünftäg. Wärmemittel sämmtl. mit dem meteorolog. Institut zu Berlin vereinigten deutschen Stationen, veröffentlicht von H. W. Dove. (34 S.) 868. *ℳ 1,60.

XV. Klimatologie von Norddeutschland nach den Beobachtungen des preuss. meteorologischen Instituts von 1848 bis incl. 1867. 1. Abthl.: Luftwärme. Veröffentlicht von H. W. Dove. (XIV, 40 S. mit 1 lithogr. Taf. in qu. Fol.) 869. *ℳ 2. —

XV. —— dass. — von 1848 bis incl. 1870. 2. Abthl.: Regenhöhe. Veröffentlicht von H. W. Dove. (XIV, 58 S.) 872. *ℳ 2.

XVI. Die Ergebnisse der Volkszählung und Volksbeschreibung im preuss. Staate vom 3. Decbr. 1867. 1. Thl.: Die Provinzen, Regierungs-, resp. Landdrostei-Bezirke und Städte mit über 20,000 Einwohnern. (282 S.) 870. *ℳ 5,40. — 2. Thl.: Die landräthl. Kreise und die Städte, Flecken und grösseren Landgemeinden. (XXXII, 208 S. mit 8 Stat., wovon 4 in Buntdr.) 871. *ℳ 5,40.

XVII. Die Bewegung der Bevölkerung des preussischen Staats in den J. 1865, 1866 und 1867. (VII, 471 S.) 870. *ℳ 9.

XVIII. Die Gebäude im preuss. Staate nach den Aufnahmen der Gebäudesteuer-Veranlagung auf Grund des Gesetzes vom 21. Mai 1861. (LXI, 311 S.) 871. *ℳ 7.

XIX. Monatliche Mittel des Jahrg. 1868 für Druck, Temperatur, Feuchtigkeit und Niederschläge und fünftäg. Wärmemittel nebst Abweichungen derselben für die J. 1866, 1867, 1868. Veröffentlicht von H. W. Dove. (56 S.) 870. *ℳ 1,80.

XX. Vergleichende Uebersicht des Ganges der Industrie, des Handels und Verkehrs in Norddeutschland 1867. Nach den Berichten der Handelskammern und kaufmänn. Corporationen. (XII, 247 S.) 870. *ℳ 5,40.

XXI. Miscellen. 1. Anstalten und Personal für Gesundheitspflege im preuss. Staate nach den Aufnahmen Ende Decbr. 1867. — 2. Anstalten und Personal für die Seelsorge im preuss. Staate nach den Aufnahmen von Ende Decbr. 1867. — 3. Die Viehhaltung im preuss. Staate nach der Zählung vom 7. Decbr. 1867. (III, 296 S.) 871. *ℳ 5,40.

XXII. Vergleichende Uebersicht des Ganges der Industrie, des Handels und Verkehrs im preuss. Staate 1868. Nach den Berichten der Handelskammern und kaufmänn. Corporationen. (XII, 271 S.) 870. *ℳ 5,40.

XXIII. Monatliche Mittel des Jahrg. 1869 für Druck, Temperatur, Feuchtigkeit und Niederschläge und fünftäg. Wärmemittel. Veröffentlicht von H. W. Dove. (48 S.) 870. *ℳ 1,60.

XXIV. —— dass. — des Jahrg. 1870 für Druck, Temperatur, Feuchtigkeit und Niederschläge mit fünftäg. Wärmemittel. Veröffentlicht von H. W. Dove. (IV, 49 S.) 871. *ℳ 1,60.

XXV. —— dass. — des Jahrg. 1871 für Druck, Temperatur, Feuchtigkeit und Niederschläge und fünftäg. Wärmemittel. Veröffentlicht von H. W. Dove. (56 S.) 872. *ℳ 1,60.

XXVI. Die Einwanderung und Auswanderung des preuss. Staates in den J. 1862—1871 und die Nachrichten über den Erwerb und Verlust der Reichs- und Staatsangehörigkeit im J. 1872. (XLIV, 413 S.) 874. *ℳ 10.

XXVII. Monatliche Mittel des Jahrg. 1872 für Druck, Temperatur, Feuchtigkeit und Niederschläge und fünftäg. Wärmemittel. Veröffentlicht von H. W. Dove. (66 S.) 874. *ℳ 2.

XXVIII. 1. Die gewaltsamen Todesfälle und Verletzungen im preuss. Staate während der J. 1869 bis 1872. 1. Thl. (XIV, 619 S.) 874. *ℳ 12.

XXIX. Die Geburten, Trauungen und Sterbefälle im preuss. Staate während der J. 1868, 1869, 1870, 1871 und 1872. (XXX, 821 S.) 874. *ℳ 14.

XXX. Die Ergebnisse der Volkszählung und Volksbeschreibung im preuss. Staate vom 1. Decbr. 1871. (385 S.) 874. *ℳ 9.

XXXI. Die Ergebnisse der Viehzählung im preuss. Staate nach den Aufnahmen vom 10. Jan. 1873. (130 S.) 874. *ℳ 3.

XXXII. Klimatologie von Deutschland nach den Beobachtungen des preuss. meteorolog. Instituts von 1848 bis 1872. Luftwärme. Veröffentlicht von H. W. Dove. (82 S. mit 1 lithogr. Taf. in qu. Fol.) 874. *ℳ 2.

XXXIII. Monatliche Mittel des Jahrg. 1873 für Druck, Temperatur, Feuchtigkeit und Niederschläge und fünftäg. Wärmemittel. Veröffentlicht von H. W. Dove. (II, 50 S.) 874. *ℳ 1,60.

XXXIV. —— dass. — des Jahrg. 1874 für Druck, Temperatur, Feuchtigkeit und Niederschläge und fünftäg. Wärmemittel. Veröffentlicht von H. W. Dove. (IV, 90 S.) 875. *ℳ 2,40.

XXXV. Finanzstatistik der Kreise und Provinzialverbände für das J. 1868. (XX, 372 S.) 875. *ℳ 8.

I—XII. Ebendas. 1861—67. *ℳ 44,80.

—— preussische. Hrsg. in zwanglosen Heften vom königl. statist. Bureau in Berlin. XXXVI—LII. Imp.-4. Berlin, Verlag des statist. Bureaus. *

Inhalt:

XXXVI. Die Bewegung der Bevölkerung im preussischen Staate während der J. 1872 und 1874. 1. Bd. I. Erwerb und Verlust der Reichs- und Staatsangehörigkeit. II. Geburten, Eheschliessungen und Sterbefälle. (VI, 305 S.) 876. *ℳ 8.

XXXVII. Monatliche Mittel des Jahrganges 1875 für Druck, Temperatur, Feuchtigkeit und Niederschläge und fünftägige Wärmemittel. Veröffentlicht von H. W. Dove. (IV, 88 S.) 876. *ℳ 2,40.

XXXVIII. Die gewaltsamen Todesfälle und Verletzungen [Verunglückungen und Selbstmorde] im preussischen Staate während der J. 1873, 1874 und 1875. (III, 288 S.) 876. *ℳ 6.

XXXIX. 1. Abthl.: Die Ergebnisse der Volkszählung und Volksbeschreibung vom 1. Decbr. 1875 im preussischen Staate. (VIII, 223 S.) 877. *ℳ 6.

XL. Die definitiven Ergebnisse der Gewerbezählung vom 1. Decbr. 1875 im preussischen Staate. 1. Thl.: Die Gewerbebetriebe in den einzelnen Verwaltungsbezirken, Kreisen und grösseren Städten des preussischen Staates. (XX, 148, 492 S.) 878. *ℳ 20.

XLI. —— dass. — 2. Thl.: Die Sitze der Industrie oder die Verbreitung der einzelnen Klassen und Ordnungen der Gewerbebetriebe über die Bezirke und Kreise des preussischen Staates. (X, 529 S.) 880. *ℳ 13,40.

XLII. Die Bewegung der Bevölkerung im preussischen Staate während des J. 1875. 1. Erwerb und Verlust der Reichs- und Staatsangehörigkeit. 2. Geburten, Eheschliessungen und Sterbefälle. (VIII, 16, IV, 231 S.) 876. *ℳ 6,40.

XLIII. Beiträge zur Medicinalstatistik des preussischen Staates und zur Mortalitätsstatistik der Bewohner desselben, die Jahre von 1870 bis 1876 umfassend. (XXV, 360 S.) 877. *ℳ 9.

XLIV. Monatliche Mittel des Jahrganges 1876 für Druck, Temperatur, Feuchtigkeit und Niederschläge und fünftägige Wärmemittel. Veröffentlicht von H. W. Dove. (XIX, 66 S.) 877. *ℳ 2,40.

XLV. Die Bewegung der Bevölkerung im preussischen Staate während des J. 1876. 1. Erwerb und Verlust der Reichs- und Staatsangehörigkeit. II. Geburten, Eheschliessungen und Sterbefälle. (XXVIII, 22, 235 S.) 878. *ℳ 6,40.

XLVI. Beiträge zur Medicinalstatistik des preussischen Staates und zur Mortalitätsstatistik der Bewohner desselben für das J. 1876. (XXII, 344 S.) 878. *ℳ 8.

XLVII. Monatliche Mittel des Jahrganges 1877 für Druck, Temperatur, Feuchtigkeit und Niederschläge und fünftägige Wärmemittel. Veröffentlicht von H. W. Dove. (VII, 89 S. mit lithogr. Portr. von H. W. Dove.) 878. *ℳ 2,40.

XLVIII. Die Bewegung der Bevölkerung im preussischen Staate während des J. 1877. I. Erwerb und Verlust der Reichs- und Staatsangehörigkeit. II. Geburten, Eheschliessungen und Sterbefälle. (XVI, 381 S.) 879. *ℳ 10.

XLVIII a. Rückblick auf die Bewegung der Bevölkerung im preussischen Staate während des Zeitraums vom J. 1816 bis zum J. 1874. Im Auftrage des Directors des königl. statist. Bureaus, Hrn. Geh. Ob.-Reg.-R. Dr. Engel, bearb. von Hauptm. a. D. A. Frhr. v. Fircks. (IV, 203, 112 S.) 879. *ℳ 8.

XLIX. Monatliche Mittel des Jahrganges 1878 für Druck, Temperatur, Feuchtigkeit und Niederschläge und fünftägige Wärmemittel. Veröffentlicht vom meteorolog. Institute. (X, 86 S.) 879. *ℳ 2,40.

L. Die Sterbefälle im preussischen Staate mit Einschluss der Verunglückungen und Selbstmorde im J. 1879. (X, 327 S.) 879. *ℳ 8.

LI. Die Bewegung der Bevölkerung im preussischen Staate während des J. 1878. I. Erwerb und Verlust der Reichs- und Staatsangehörigkeit. II. Die Geburten, Eheschliessungen und Sterbefälle. (III, 16, XXX, 384 S.) 880. *ℳ 10,60.

LII. Die Ergebnisse der Ermittelung der landwirthschaftlichen Bodenbenutzung und der Ernteertrag im preussischen Staate im J. 1878. (XLVIII, 239 S.) 879. *ℳ 7,20.

I—XXVIII, 1. und XXIX—XXXV. Ebendas. 1861—75. *ℳ 171,20.

Statistik, preussische. [Amtliches Quellenwerk.] Hrsg. in zwanglosen Heften vom königl. statist. Bureau in Berlin. 39. Heft 2. Hälfte, 53.—69. und 71.—81. Heft. Imp.-4. Berlin, Verlag des k. statist. Bureaus. * 200 20

Inhalt:

Heft 39. 2. Hälfte: Actenmässige Darstellung der Vorbereitung und Ausführung der Volks- und Gewerbezählung vom 1. Decbr. 1875 im preussischen Staate, nebst Nachträgen zu den definitiven Ergebnissen der Volkszählung betreffend die Altersverhältnisse der Bevölkerung. (VIII, 120, 161 S. mit 8 chromolithogr. Darstellungen.) 882. *M 9.

» 53. Die Dampfkessel und Dampfmaschinen im preussischen Staate. Nach der Katasteraufnahme in den J. 1877/78. (VI, 121, 90 S. mit 4 lithogr. Fig.-Taf.) 880. *M 6,20.

» 54. Ergebnisse der meteorologischen Beobachtungen im J. 1879. Veröffentlicht vom königl. meteorolog. Institut. (VIII, 80 S.) 880. *M 2,40.

» 55. Die Sterbefälle im preussischen Staate nach Todesursachen und Altersklassen der Gestorbenen und die Verunglückungen und Selbstmorde während des J. 1878. (XVI, 186 S.) 880. *M 4,80.

» 56. Die Bewegung der Bevölkerung mit Einschluss der Wanderungen, im preussischen Staate während des J. 1879. (XXXII, 271 S.) 881. *M 7,40.

» 57. Die Ergebnisse der Ermittelung des Ernteertrages im J. 1879, nebst Anhang, enthaltend die Angaben über die Bodenbenutzung der Gemarkungen der Städte, Landgemeinden, Guts- und Forstbezirke und die Bonitätsziffern des Ackerlandes derselben. (XVI, 155 S.) 881. *M 4,40.

» 58. Die Irrenanstalten im preussischen Staate in den J. 1877, 1878 und 1879. (XVIII, 220 S.) 881. *M 6,40.

» 59. Ergebnisse der meteorologischen Beobachtungen im J. 1880. Veröffentlicht im königl. meteorolog. Institut. (VIII, 92 S.) 881. *M 2,40.

» 60. Die Sterbefälle im preussischen Staate nach Todesursachen und Altersklassen der Gestorbenen und die Selbstmorde und Verunglückungen während des J. 1879. (VIII, 185 S.) 881. *M 5.

» 61. Die Bewegung der Bevölkerung, mit Einschluss der Wanderungen, im preussischen Staate während des J. 1880. Nebst einer Uebersicht über die evangelischen Taufen und Trauungen in den J. 1876 bis 1880. (V, XXXVIII, 287 S.) 882. *M 8.

» 62. Die Ergebnisse der Ermittelung des Ernteertrages in Preussen im J. 1880. (XIV, 162 S.) 881. *M 4,40.

» 63. Die Sterbefälle im preussischen Staate nach Todesursachen und Altersklassen der Gestorbenen und die Selbstmorde und Verunglückungen während des J. 1880. (XXIII, 187 S.) 882. *M 5,20.

» 64. Ergebnisse der meteorologischen Beobachtungen im J. 1881. Veröffentlicht vom königl. meteorolog. Institut. (VII, 100 S.) 882. *M 2,80.

» 65. Die Heilanstalten im preussischen Staate in den J. 1877, 1878 und 1879. (VI, XLIV, 165 S.) 883. *M 5.

» 66. Die definitiven Ergebnisse der Volkszählung vom 1. Decbr. 1880 im preussischen Staate. Nebst einer actenmäss. Darstellung der Vorbereitung und Ausführung der Volkszählung vom 1. Decbr. 1880, sowie Nachträgen zu den definitiven Ergebnissen der Volkszählung, betreffend die Altersverhältnisse der Bevölkerung am 1. Jan. 1881. (LXXXVIII, 295 S. mit 9 Taf. diagrammat. bezw. kartograph. Darstellung.) 883. *M 12.

» 67. Die Ergebnisse der Ermittelung des Ernteertrages in Preussen im J. 1881. (XV, 125 S.) 882. *M 4.

» 68. Die Bewegung der Bevölkerung, mit Einschluss der Wanderungen, im preussischen Staate während des J. 1881. (XXXIV, 396 S. mit 2 lithogr. Taf. graph. Darstellungen.) 883. *M 11,20.

» 69. Die Gebrechlichen in der Bevölkerung des preussischen Staates nach den Ergebnissen der Volkszählung vom 1. Decbr. 1880. (V, XLIV, 212 S.) 883. *M 6,80.

» 71. Ergebnisse der meteorologischen Beobachtungen im J. 1882. Veröffentlicht vom königl. meteorolog. Institut. (V, 120 S. mit 1 lithogr. und color. Karte.) 883. *M 3,60.

» 72. Die Sterbefälle im preussischen Staate nach Todesursachen und Altersklassen der Gestorbenen und die Selbstmorde und Verunglückungen während des J. 1881. (XXIV, 185 S.) 883. *M 5,40.

» 73. Die Ergebnisse der Ermittelung des Ernteertrages in Preussen im J. 1882. (XXV, 117 S.) 883. *M 4.

» 74. Die Bewegung der Bevölkerung mit Einschluss der Wanderungen, im preussischen Staate während des J. 1882. (XXI, 268 S.) 884. *M 7,60.

» 75. Die Kindersterblichkeit in Preussen während des J. 1882, mit Unterscheidung des Religionsbekenntnisses der gestorbenen Kinder. (XIV, 71 S.) 884. *M 2,40.

» 76. 1. Thl.: Die Ergebnisse der Berufszählung vom 5. Juni 1882 im preussischen Staate. 1. Thl.: Beruf und Erwerbsthätigkeit der Bevölkerung. (V, 486 S.) *M 12,40. — 2. Thl.: Hauptberuf, Alter und Familienstand der Bevölkerung. (V, 715 S.) *M 18. — 3. Thl.: Landwirthschaftsbetriebe, sowie Hauptberuf und Religionsbekenntniss der Bevölkerung. (V, 386 S.) 884. *M 9,80.

Heft 77. Die endgültigen Ergebnisse der Viehzählung vom 10. Jan. 1883 im preussischen Staate. (XXXII, 187 S.) 884. *M 5,60.

» 78. Ergebnisse der meteorologischen Beobachtungen im J. 1883. Veröffentlicht vom königl. meteorolog. Institut. (XIV, 158 S. mit 1 chromolithogr. Karte.) 884. *M 4,60.

» 79. Die Bewegung der Bevölkerung, mit Einschluss der Wanderungen, im preussischen Staate während des J. 1883. (XIX, 271 S.) 884. *M 7,40.

» 80. Die Sterbefälle im preussischen Staate nach Todesursachen und Altersklassen der Gestorbenen, sowie die Selbstmorde und Verunglückungen während des J. 1882. (XXVI, 185 S.) 885. *M 5,60.

» 81. Die Ergebnisse der Ermittelung der landwirthschaftlichen Bodenbenutzung und des Ernteertrages im preussischen Staate im J. 1883. (IV, LXXIII, 171 S.) 884. *M 6,40.

70. Heft ist noch nicht erschienen.

— **preussische.** [Amtl. Quellenwerk.] Hrsg. in zwanglosen Heften vom königl. statist. Bureau in Berlin. 70. Heft 2 Thle., 77. Heft 2. Thl., 82. Heft, 83. Heft 2 Thle. und 84.—97. Heft. Imp.-4. Berlin, Verlag des königl. statist. Bureaus. *]

Inhalt:

Heft 70. I.: Statistik der Brände im preussischen Staate. 1. Thl.: Die Brände in den J. 1881 und 1882. (XX, 349 S. mit 1 Karte.) 887. *M 9.60. — II.: Dass. — 2. Thl.: Die Brände in den J. 1883 und 1884. Mit einer Einleitung, die Ergebnisse der Brandstatistik der J. 1884 bis 1881 behandelnd. (12, CLX, 307 S.) 888. *M 12.—.

Heft 77. 2. Thl.: Der Viehbesitzstand der Gehöfte im preussischen Staate nach den Ergebnissen der Viehzählung vom 10. Jan. 1883. (V, XIX, 217 S.) 885. *M 6.40.

» 82. Ergebnisse der meteorologischen Beobachtungen im J. 1884. Veröffentlicht vom königl. meteorolog. Institute. (XVI, 170 S. mit 1 Karte.) 885. *M 5.20.

» 83. I.: Die Gewerbebetriebe im preussischen Staate nach der Aufnahme vom 5. Juni 1882. 1. Thl.: Uebersichten für den Staat, die Provinzen, Bezirke und Grossstädte. (XII, 551 S.) 885. *M 14.20. — II.: Dass. — 2. Thl.: Uebersichten für die einzelnen Kreise, nebst einer Darstellung der Gewerbe nach ihrer örtl. Wichtigkeit und einer Uebersicht der gewerblich beschäftigten Gefangenen. (V, 628 S.) 886. *M 16.40.

» 84. Die Sterbefälle im preussischen Staate nach Todesursachen und Altersklassen der Gestorbenen sowie die Selbstmorde und Verunglückungen während des J. 1883. (XIII, 187 S.) 886. *M 5.20.

» 85. Die Ergebnisse der Ermittelung des Ernteertrages im preussischen Staate für das J. 1884, nebst einem Anhang, enthaltend die Nachweisung über die Bodenbenutzung der Gemarkungen der Städte, Landgemeinden, Guts- und Forstbezirke im J. 1883, und einer besondern Beilage, enthaltend die Ergebnisse der von den landwirthschaftl. Vereinen im Juli 1885 kreisweise bewirkten Schätzung der Ernte-Aussichten der wichtigsten feldmässig angebauten Früchte in Preussen, in Prozenten einer Mittelernte ausgedrückt. (XL, 140 S.) 885. *M 4.80.

» 86. Die Bewegung der Bevölkerung mit Einschluss der Wanderungen, im preussischen Staate während des J. 1884. Nebst einer Uebersicht über die während der J. 1881 bis 1884 vorgekommenen Eheschliessungen von Analphabeten. (XXXII, 130 S.) 885. *M 8.60.

» 87. Die Sterblichkeit nach Todesursachen und Altersklassen der Gestorbenen, sowie die Selbstmorde und Verunglückungen im preussischen Staate während des J. 1884. (XIII, 187 S.) 887. *M 5.20.

» 88. Die Ergebnisse der Ermittelung des Ernteertrags im preussischen Staate für das J. 1885 nebst zwei besondern Beilagen, enthaltend die Ergebnisse der von den landwirthschaftl. Vereinen 1) Ende Juli 1886 kreisweise bewirkten Schätzungen der Ernte-Aussichten der wichtigsten feldmässig angebauten Früchte in Preussen, in Prozenten einer Mittelernte ausgedrückt, und 2) im Oktober 1886 kreisweise bewirkten Ermittelung des Ernteertrages der wichtigsten feldmässig angebauten Früchte im J. 1886. (IV, XXXVII, 113; 15; 32 S.) 886. *M 5.20.

» 89. Die Bewegung der Bevölkerung mit Einschluss der Wanderungen, im preussischen Staate während des J. 1885. (XX, 274 S.) 887. *M 7.60.

» 90. Heilanstalten im preussischen Staate während der J. 1880—1885. (XX, 302 S.) 889. *M 8.20.

» 91. Die Sterblichkeit nach Todesursachen und Altersklassen der Gestorbenen, sowie die Selbstmorde und Verunglückungen im preussischen Staate während des J. 1885. (XVIII, 193 S.) 887. *M 5.40.

» 92. Die Ergebnisse der Ermittelung des Ernteertrags im preussischen Staate für das J. 1886, nebst zwei besondern Beilagen, enthaltend die Ergebnisse der von den landwirthschaftl. Vereinen 1) Ende Juli 1887 kreisweise bewirkten Schätzungen der Ernte-Aussichten der wichtigsten feldmässig angebauten Früchte in Preussen, in Prozenten einer Mittelernte ausgedrückt, und 2) im Oktober 1887 kreisweise bewirkten Ermittelung des Ernteertrages der wichtigsten feldmässig angebauten Früchte im J. 1887. (IV, XXXIV, 115; 15; 34 S.) 887. *M 5.20.

» 93. Der Wildabschuss im preussischen Staate während der Zeit vom 1. April 1885 bis 1. März 1886. (IV, XLI, 47 S. mit 6 Taf. kartogr. Darstellungen.) 887. *M 3.80.

» 94. Die Bewegung der Bevölkerung, mit Einschluss der Wanderungen im preussischen Staate während des J. 1886. (XXIV, 486 S.) 888. *M 13.—.

» 95. Die Sterblichkeit nach Todesursachen und Altersklassen der Gestorbenen, sowie die Selbstmorde und Verunglückungen im preussischen Staate während des J. 1886. (XVII, 203 S.) 888. *M 5.80.

» 96. Die endgültigen Ergebnisse der Volkszählung im preussischen Staate vom 1. Dezbr. 1885, nebst einem aktenmäss. Berichte über die Vorbereitung und Ausführung dieser Volkszählung, sowie Nachträgen zu ihren endgült. Ergebnissen, betreffend die Altersverhältnisse der Bevölkerung am 1. Jan. 1886. (LXXXIV, 256 S. mit 12 Taf. graph. Darstellungen.) 888. *M 11.—.

» 97. Die Ergebnisse der Ermittelung des Ernteertrags im preussischen Staate für das J. 1887, nebst zwei besonderen Beilagen, enthaltend die Ergebnisse der von den landwirthschaftl. Vereinen 1) Ende Juli 1888 kreisweise bewirkten Schätzung der Ernteaussichten der wichtigsten feldmässig angebauten Früchte in Preussen, in Prozenten einer Mittelernte ausgedrückt, und 2) im Oktober 1888 kreisweise bewirkten Ermittelung des Ernteertrages der wichtigsten feldmässig angebauten Früchte im J. 1888. (XL, 121; 27; 34 S. mit 7 Taf. graph. Darstellungen.) 888. *M 7.20.

— preussische. [Amtliches Quellenwerk.] Hrsg. in zwanglosen Heften vom königl. statist. Bureau in Berlin. 98.—120. Heft. Imp.-4. Berl., Verlag d. k. statist. Bureaus. * 218 40

98. Die Geburten, Eheschliessungen u. Sterbefälle im preussischen Staate während d. J. 1887. (XX, 302 S.) 889. * 8 20.

99. Die Sterblichkeit nach Todesursachen u. Altersklassen der Gestorbenen, sowie die Selbstmorde u. Verunglückungen im preuss. Staate während d. J. 1887. (XX, 205 S.) 889. * 5 80.

100. Die Irrenanstalten im preussischen Staate während der J. 1880—1885. (XII, 298 S.) 890. * 8 —.

101. Das gesammte Volksschulwesen im preußischen Staate im J. 1886. Im Auftrage d. Hrn. Ministers der geistl., Unterrichts- u. Medizinalangelegenheiten bearb. vom königl. statist. Bureau. Mit e. einleit. Denkschrift v. K. Schneider u. A. Petersilie. Hierzu 1 Karte. (VIII, 122, 530 S.) 889. * 16 80.

102. Statistik der preußischen Landesuniversitäten m. Einschluß der theologisch-philosophischen Akademie zu Münster u. d. Lyceum Hosianum zu Braunsberg, f. d. Studienj. Michaelis 1886/87. Im Auftrage d. Hrn. Ministers der geistl., Unterrichts- u. Medizinal-Angelegenheiten bearb. (VIII, 76, 409 S.) 890. * 12 40.

103. Grundeigenthum u. Gebäude im preußischen Staate auf Grund der Materialien der Gebäudesteuerrevision vom J. 1878. (IV, XCVIII, 400 S.) 889. * 12 80.

104. Statistik der Brände im preußischen Staate für die J. 1885, 1886 u. 1887. I.: Darstellung der Hauptergebnisse mit Beifügung von Besonderheiten. (14, CCXLIII S.) II.: Tabellarische Uebersichten. (539 S.) 893. Zwei zusammengehörige Bände. * 20 40.

105. Die Ergebnisse der Ermittelung d. Ernteertrags im preußischen Staate f. d. J. 1888, nebst 2 besonderen Beilagen, enth. die Ergebnisse der von den landwirthschaftl. Vereinen 1) Ende Juli 1889 kreisweise bewirkten Schätzung der Ernteaussichten der wichtigsten feldmäßig angebauten Früchte in Preußen, in Prozenten e. Mittelernte ausgedrückt, u. 2) im Oktbr. 1889 kreisweise bewirkten Ermittelg. d. Ernteertrages der wichtigsten feldmäßig angebauten Früchte im J. 1889. Mit 4 Taf. graph. Darstellgn. (XLIII, 175; 27, 34 S.) 889. * 8 —.

106. Statistik der preußischen Landesuniversitäten m. Einschluß der theologisch-philosoph. Akademie zu Münster u. d. Lyceum Hosianum zu Braunsberg f. d. Studienj. Michaelis 1887/88. Im Auftrage d. Hrn. Ministers der geistl., Unterrichts- u. Medizinal-Angelegenheiten bearb. (VI, 60, 523 S.) 892. * 14 80.

107. Die Geburten, Eheschließungen u. Sterbefälle im preußischen Staate während d. J. 1888. Nebst e. Anh., enth. besondere Nachrichten üb. die Eheschließenden in den J. 1881—1886. (XX, 367 S.) 890. * 9 80.

108. Die Sterblichkeit nach Todesursachen u. Altersklassen der Gestorbenen, sowie die Selbstmorde u. Verunglückungen im preußischen Staate während d. J. 1888. (XVIII, 205 S.) 890. * 5 80.

109. Die Heilanstalten im preußischen Staate während d. J. 1886, 1887 u. 1888. (XIX, 161 S.) 891. * 4 80.

110. Die Ergebnisse der Ermittelung d. Ernteertrages im preußischen Staate f. d. J. 1889, nebst 2 besonderen Beilagen, enth. die Ergebnisse der von den landwirthschaftl. Vereinen 1) Ende Juli 1890 kreisweise bewirkten Schätzung der Ernteaussichten der wichtigsten feldmäßig angebauten Früchte in Preußen, in Prozenten e. Mittelernte ausgedrückt, u. 2) im Oktbr. 1890 kreisweise bewirkten Ermittelg. d. Ernteertrages der wichtigsten feldmäßig angebauten Früchte im J. 1890. Mit 4 Taf. graph. Darstellgn. (XLVI, 169; 27, 34 S.) 890. * 8 —.

111. Die Irrenanstalten im preußischen Staate während der J. 1886—1888. (XVIII, 128 S.) 891. * 3 80.

112. Statistik d. preuß. Landesuniversitäten m. Einschluß d. theologisch-philosoph. Akademie zu Münster u. d. Lyceum Hosianum zu Braunsberg f. d. Studienj. Michaelis 1888/89. (III, 6, 161 S.) 892. * 4 20.

113. Die Geburten, Eheschließungen u. Sterbefälle im preußischen Staate während d. J. 1889. (XXXIV, 312 S.) 890. * 8 80.

114. Die Sterblichkeit nach Todesursachen u. Altersklassen der Gestorbenen, sowie die Selbstmorde u. die tödtl. Verunglückgn. im preußischen Staate während d. J. 1889. (XVI, 176 S.) 891. * 5 —.

115. Die Ergebnisse der Ermittelung d. Ernteertrages im preußischen Staate f. d. J. 1890, nebst 2 besonderen Beilagen, enth. die Ergebnisse der v. den landwirthschaftl. Vereinen 1) Ende Juli 1891 kreisweise bewirkten Schätzg. der Ernteaussichten der wichtigsten feldmäßig angebauten Früchte in Preußen, in Prozenten e. Mittelernte ausgedrückt, u. 2) im Oktbr. 1891 kreisweise bewirkten Ermittelg. d. Ernteertrages der wichtigsten feldmäßig angebauten Früchte in Preußen im J. 1891. Mit 3 Taf. graph. Darstellgn. (IV, XLVII, 196, 27, 34 S.) 891. * 8 60.

116. Statistik der preußischen Landesuniversitäten m. Einschluß der theologisch-philosoph. Akademie zu Münster u. d. Lyceum Hosianum zu Braunsberg f. d. Studienj. Michaelis 1889/90 u. der militärärztlichen Bildungsanstalten zu Berlin f. das Sommersemester 1890. Im Auftrage d. Hrn. Ministers der geistl., Unterrichts- u. Medizinal-Angelegenheiten bearb. (VI, 6, 174 S.) 892. * 4 60.

117. Die Geburten, Eheschließungen u. Sterbefälle im preußischen Staate während d. J. 1890. (XXII, 310 S.) 892. * 8 40.

118. Die Sterblichkeit nach Todesursachen u. Altersklassen der Gestorbenen, sowie die Selbstmorde u. die tödtl. Verunglückungen im preußischen Staate während d. J. 1890. (XXVIII, 247 S.) 892. * 7 —.

119. Die Ergebnisse der Ermittelung d. Ernteertrages im preußischen Staate f. d. J. 1891, nebst 2 besonderen Beilagen, enth. die Ergebnisse der v. den landwirthschaftl. Vereinen 1) Ende Juli 1892 kreisweise bewirkten Schätzg. der Ernteaussichten der wichtigsten feldmäßig angebauten Früchte in Preußen, in Prozenten e. Mittelernte ausgedrückt, u. 2) im Oktbr. 1892 kreisweise bewirkten Ermittelg. d. Ernteertrages der wichtigsten feldmäßig angebauten Früchte im J. 1892. Mit 3 Taf. graph. Darstellgn. (IV, XLV, 169; 27, 34 S.) 892. * 7 60.

120. Das gesammte Volksschulwesen im preußischen Staate im J. 1891. I. Thl.: Die öffentlichen Volks- u. die Mittelschulen, die Privatschulen u. die sonstigen niederen Schulen im Staate, in den Provinzen u. Regierungsbezirken mit Unterscheidung der Stadt- u. Landschulen. Mit einer einleitenden Denkschrift von K. Schneider u. A. Petersilie. (XII, 346, 314 S.) 893. * 16 —; II. Thl.: Die öffentl. Volksschulen in den einzelnen Kreisen u. Oberämtern m. Unterscheidg. der Stadt- u. Landschulen. (V, 347 S.) 892. * 8 80.

112. Statistik der preußischen Landesuniversitäten m. Einschluß der theologisch-philosoph. Akademie zu Münster u. d. Lyceum Hosianum zu Braunsberg f. d. Studienj. Michaelis 1888/89. (III, 6, 161 S.) 892. n. 4. 20

113. Die Geburten, Eheschließungen u. Sterbefälle im preußischen Staate während d. J. 1889. (XXXIV, 312 S.) 890. n. 8. 80

114. Die Sterblichkeit nach Todesursachen u. Altersklassen der Gestorbenen, sowie die Selbstmorde u. die tödtl. Verunglückgn. im preuß. Staate während d. J. 1889. (XVI, 176 S.) 891. n. 5. —

115. Die Ergebnisse der Ermittelung d. Ernteertrages im preußischen Staate f. d. J. 1890, nebst 2 besonderen Beilagen, enth. die Ergebnisse der v. den landwirthschaftl. Vereinen 1) Ende Juli 1891 kreisweise bewirkten Schätzg. der Ernteaussichten der wichtigsten feldmäßig angebauten Früchte in Preußen, in Prozenten e. Mittelernte ausgedrückt, u. 2) im Oktbr. 1891 kreisweise bewirkten Ermittelg. d. Ernteertrages der wichtigsten feldmäßig angebauten Früchte in Preußen im J. 1891. Mit 3 Taf. graph. Darstellgn. (IV, XLVII, 196, 27 u. 34 S.) 891. n. 8. 60

116. Statistik der preußischen Landesuniversitäten m. Einschluß der theologisch-philosophischen Akademie zu Münster u. d. Lyceum Hosianum zu Braunsberg f. d. Studienj. Michaelis 1889/90 u. der militärärztlichen Bildungsanstalten zu Berlin f. das Sommersemester 1890. (VI, 6 u. 174 S.) 892. n. 4. 60

117. Die Geburten, Eheschließungen u. Sterbefälle im preußischen Staate während d. J. 1890. (XXII, 310 S.) 892. n. 8. 40

118. Die Sterblichkeit nach Todesursachen u. Altersklassen der Gestorbenen, sowie die Selbstmorde u. die tödtlichen Verunglückungen im preußischen Staate während d. J. 1890. (XXVIII, 247 S.) 892. n. 7. —

119. Die Ergebnisse der Ermittelung d. Ernteertrages im preußischen Staate f. d. J. 1891, nebst 2 besonderen Beilagen, enth. die Ergebnisse der v. den landwirthschaftl. Vereinen 1) Ende Juli 1892 kreisweise bewirkten Schätzg. der Ernteaussichten der wichtigsten feldmäßig angebauten Früchte in Preußen, in Prozenten e. Mittelernte ausgedrückt, u. 2) im Oktbr. 1892 kreisweise bewirkten Ermittelg. d. Ernteertrages der wichtigsten feldmäßig angebauten Früchte im J. 1892. Mit 3 Taf. graph. Darstellgn. (IV, XLV, 169; 27 u. 34 S.) 892. n. 7. 60

120. I. Das gesamte Volksschulwesen im preußischen Staate im J. 1891. I. Thl. Die öffentl. Volks- u. die Mittelschulen, die Privatschulen u. die sonst. niederen Schulen im Staate, in den Provinzen u. Regierungsbezirken, m. Unterscheidg. der Stadt- u. Landschulen. Mit e. einleit. Denkschrift v. K. Schneider u. A. Petersilie. (XII, 340 u. 314 S.) 893. n. 16. —

120. II. — dasselbe. II. Thl. Die öffentl. Volksschulen in den einzelnen Kreisen u. Oberämtern m. Unterscheidg. der Stadt- u. Landschulen. (V, 347 S.) 892. n. 8. 80

121. I. Die endgültigen Ergebnisse der Volkszählung im preußischen Staate vom 1. Dezbr. 1890, nebst e. aktenmäß. Berichte üb. die Ausführg. dieser Zählg. (V, LXIII, 226 S.) 893. n. 7. 60

121. II. Die endgültigen Ergebnisse der Volkszählung im preußischen Staate vom 1. Dezbr. 1890. (V, 367 S. m. 6 graph. Taf.) 893. n. 10. 40

122. Die Dampffässer im preußischen Staate nach der Katasteraufnahme in den J. 1889, 1890 u. 1891. (V, 69 S. m. 3 Fig.-Taf.) 892. n. 2. 60

123. Die Geburten, Eheschließungen u. Sterbefälle im preußischen Staate während des J. 1891. (XXII, 518 S.) 893. n. 13. 60

124. Die Sterblichkeit nach Todesursachen u. Altersklassen der Gestorbenen, sowie die Selbstmorde u. die tödtlichen Verunglückungen im preußischen Staate während des J. 1891. (IV, XLVIII, 251 S.) 893. n. 7. 80

126. Die Ergebnisse der Ermittelung des Ernteertrages im preußischen Staate f. d. J. 1892. (IV, LVI, 196 S. m. 2 graph. Taf.) 893. n. 7. —

127. Die Geburten, Eheschließungen u. Sterbefälle im preußischen Staate während des J. 1892. (XXII, 310 S.) 893. n. 8. 40

128. Die Heilanstalten im preußischen Staate während der J. 1889, 1890 u. 1891. (XXXII, 171 S.) 894. n. 5. 20

129. I. Die endgiltigen Ergebnisse der Viehzählung vom 1. Dezbr. 1892 im preußischen Staate. I. Thl. Der Viehstand nach Stückzahl, Verkaufswerth u. Lebendgewicht der Thiere. Mit 6 Taf. graph. Darstellgn. (LVIII, 340 S.) 894. n. 11. 40

130. Die Irrenanstalten im preußischen Staate während d. J. 1889—1891. (XII, 128 S.) 894. n. 3. 60

132. Die Sterblichkeit nach Todesursachen u. Altersklassen der Gestorbenen, sowie Selbstmorde u. die tödtlichen Verunglückungen im preußischen Staate während des J. 1892. (IV, XXVI, 248 S.) 894. n. 7. 20

133. Die Ergebnisse der Ermittelung der landwirthschaftlichen Bodenbenutzung u. des Ernteertrages im preußischen Staate im J. 1893. (IV, XCVI, 221 S.) 894. n. 8. 60

— preußische. (Amtliches Quellenwerk.) Hrsg. in zwanglosen Hftn. vom königl. statist. Bureau in Berlin. 104. Hft. 2 Thle., 106., 109., 111.—119. Hft., 120. Hft. 2 Thle., 121. Hft. 2 Thle., 122.—124., 126.—128. Hft., 129. Hft. 1. Thl., 130., 132. u. 133. Hft. Imp.-4. Berlin, Verlag d. k. statist. Bureaus. n. 216. 20

104. Statistik der Brände im preußischen Staate f. die J. 1885, 1886 u. 1887. 2 Thle. (1. Darstellung der Hauptergebnisse der Statistik der Brände, m. Beifügg. v. Besonderheiten. — 2. Tabellarische Übersichten zur Statistik der Brände.) (14, CCXLIII u. 6, 539 S.) 893. n. 20. 40

106. Statistik der preußischen Landesuniversitäten m. Einschluß der theologisch-philosoph. Akademie zu Münster u. d. Lyceum Hosianum zu Braunsberg f. d. Studienj. Michaelis 1887/88. (VI, 60, 523 S.) 892. n. 14. 80

109. Die Heilanstalten im preußischen Staate während der J. 1886, 1887 u. 1888. (XIX, 161 S.) 891. n. 4. 80

111. Die Irrenanstalten im preußischen Staate während der J. 1886—1888. (XVIII, 128 S.) 891. n. 3. 80

— dasselbe. 125. Hft., 129. Hft. II. Thl., 131. Hft. 2 Thle., 134.—141. Hft., 142. Hft. 1. Thl., 143.—145. Hft., 146. Hft. 2 Thle., 147. Hft., 148. Hft. 2 Thle., 149. Hft., 151. Hft. 2 Thle. u. 152—154. Hft. Imp.-4. Ebd. n. 252. —

125. Statistik der preuß. Landesuniversitäten m. Einschluß der theologisch-philosoph. Akademie zu Münster u. des Lyceum Hosianum zu Braunsberg, d. bischöfl. Klerikalseminare, sow. der militärärztl. Bildungsanstalten f. d. Studienj. Michaelis 1890/91 u. 1891/92. Im Auftr. d. Hrn. Ministers d. geistl., Unterrichts- u. Medizinal-Angelegenheiten bearb. (VIII, 103 u. 544 S.) 895. n. 16. 80

129. II. Ergebnisse, d. endgült., d. Viehzählg. v. 1. XII. 1892 im preußischen Staate. II. Thl. Der Viehbestand der Gehöfte. (LXII, 535 S.) 897. n. 14. 60 (kplt.: n. 26. —)

131. I. Statistik d. Brände im preuß. Staate f. d. J. 1888, 1889 u. 1890. I. Thl. Darstellgn. d. Hauptergebnisse m. Beifügg. v. Besonderheiten. (XII, 248 S.) 897. n. 6. 60

131. II. Thl. Tabellar. Uebersichten zur Statistik der Brände. (VI, 291 S.) 895. n. 7. 60

135. D. Sterblichkeit nach Todesursachen u. Altersklassen d. Gestorbenen, sow. Selbstmorde u. d. tödtl. Verunglückgn. im preuß. Staate währ. d. J. 1893. (IV, XVII, 247 S.) n. 7. —

136. Statistik der preuß. Landesuniversitäten m. Einschluß der theologisch-philosoph. Akademie zu Münster u. des Lyceum Hosianum z. Braunsberg, d. bischöfl. Klerikalseminare, sow. d. militärärztl. Bildungsanst. f. d. Studienj. Michaelis 1892/93, 1893/94 u. das Wintersemester 1894/95. Im Auftr. d. Hrn. Ministers der geistl., Unterrichts- u. Medizinal-Angelegenheiten bearb. (X, 533 S.) 896. n. 15. 40

137. Die Ergebnisse der Ermittelg. des Ernteertrages im preuß. Staate f. d. J. 1894, nebst e. Anh., enth. Nachweisgn. üb. d. Bodenbenutzg. d. Gemarkgn. d. Städte, Landgemeinden, Guts-, Forst- u. sonst. Erhebungsbezirke im J. 1893. Mit 2 Taf. graph. Darstellgn. (IV, LXV, 214 S.) 896. n. 7. 60

138. Die Geburten, Eheschließgn. u. Sterbefälle im preuß. Staate währ. d. J. 1894. (XXXV, 310 S. m. 8 graph. Taf.) 896. n. 10. 40

139. D. Sterblichkeit nach Todesursachen u. Altersklassen d. Gestorbenen, sow. d Selbstmorde u. d. tödtl. Verunglückgn. im preuß. Staate währ. d. J. 1894. (IV, XVII, 245 S.) 897. n. 6. 80

140. Die Heilanstalten im preuß. Staate währ. der J. 1892 1893 u. 1894. (XLV, 173 S.) 896. n. 5. 60

141. Die Ergebnisse der Ermittelg. des Ernteertrages im preuß. Staate f. d. J. 1895. M. 2 Taf. graph. Darstellgn. (LVI, 165 S.) 896. n. 6. 20

142. I. Hauptergebnisse der Berufszählg. v. 14. VI. 1895 f. den preuß. Staat im Ganzen u. d. Ortsgrößenklassen im Besond. 1. Thl. Beruf u. Berufsstellg. d. männl. u. weibl. Personen. (VI, 164 u. 431 S.) 898. n. 15. 20

143. Geburten, Eheschließgn. u. Sterbefälle, die, im preuß. Staate währ. d. J. 1895, sow. Absterbeordng., Mortalität u. Lebenserwartg. f. d. J. 1890 91. Nebst besond. Nachrichten üb. d. Sterbefälle der m. alkohol. Getränken berufsmäßig beschäft. Männer. (XXXVI. 332 S.) 897. n. 9. 40

144. Irrenanstalten, die, im preuß. Staate währ. d. J. 1892 bis 1894. (X, 81 S.) 897. n. 2. 40

145. Sterblichkeit, die, nach Todesursachen u. Altersklassen der Gestorbenen, sow. d. Selbstmorde u. d. tödtl. Verunglückgn. im preuß. Staate währ. des J. 1895. (IV, XIV, 247 S.) 897. n. 6. 80

146. I. Grundeigenthum u. Gebäude im preuß. Staate, auf Grund d. Materialien d. Gebäudesteuerrevision v. J. 1893. 1. Thl. D. Grundeigenthum. M. 2 (farb.) Taf. graph. Darstellgn. (IV, CIV, 469 S.) 898. n. 15. —

146. II. Dasselbe. II. Thl. Die Gebäude. Mit 2 (farb.) Taf. graph. Darstellgn. (IV, XXXVI, 189 S.) 898. n. 6. 40

147. Ergebnisse, die, der Ermittelg. des Ernteertrages im preuß. Staate f. d. J. 1896. M. 2 Taf. graph. Darstellgn. (IV, LVIII, 192 S.) 897. n. 7. —

148. I. Ergebnisse, d. endgültt., d. Volkszählg. v. 2. XII. 1895 im preuß. Staate, nebst e. aktenmäß. Berichte üb. d. Ausführg. dieser Zählg. 1. Thl. (VI, LVI, 203 S.) 897. n. 6. 80

148. II. Dasselbe. 2. Thl. (IV, 405 S.) 898. n. 10. 40

149. Geburten, Eheschließgn. u. Sterbefälle, die, im preuß. Staate währ. des J. 1896, sowie Berichtiggn. zur Absterbeordng., Mortalität u. Lebenserwartg. in d. preuß. Großstädten f. die J. 1890 91. (XXIII, 518 S.) 898. n. 13. 80

151. I. Schulwesen, d. ges. niedere, im preuß. Staate im J. 1896. 1. Thl.: D. öffentl. Volks- u. Mittelschulen, d. Privatschulen u. sonst. nied. Unterrichtsanst. im Staate, in den Provinzen u. Regierungsbezirken, m. Unterscheidg. d. Stadt- u. Landschulen. Im Auftr. d. Hrn. Ministers d. geistl., Unterrichts- u. Medizinalangelegenheiten bearb. v. kgl. statist. Bureau. M. e. einleit. Denkschrift v. K. Schneider u. A. Petersilie. (IX, 414 u. 259 S.) 898. n. 17. 20

151. II. Dasselbe. 2. Thl. D. öffentl. Volksschulen in d. einz. Kreisen u. Oberämtern m. Unterscheidg. d. Stadt- u. Landschulen. Im Auftr. d. Hrn. Ministers d. geistl., Unterrichts- u. Medizinal-Angelegenheiten bearb. v. kgl. statist. Bureau. (IV, 349 S.) 898. n. 9. —

152. Sterblichkeit, die, nach Todesursachen u. Altersklassen d. Gestorbenen, sow. d. Selbstmorde u. d. tödtl. Verunglückgn. im preuß. Staate währ. d. J. 1896. (IV, XVI, 250 S.) 898. n. 7. —

153. Ergebnisse, die, der Viehzählg. v. 1. XII. 1897 im preuß. Staate. (XLVI, 189 S.) 898. n. 6. —

154. Ergebnisse, die, d. Ermittelg. des Ernteertrages im preuß. Staate f. d. J. 1897. M. 2 Taf. graph. Darstellgn. (IV, LXVIII, 165 S.) 898. n. 6. 60

— preußische. (Amtliches Quellenwerk.) Hrsg. in zwanglosen Heften vom königl. statistischen Bureau in Berlin. 142. Hft. 2. Thl., 150., 155.—167. Hft., 168. Hft. I u. II, 169.—171. Hft., 173., 175., 176. Hft. III. Thl. u. 177. Hft. III. Thl. Imp.-4. Berlin, Verlag des königl. statist. Bureaus. n. 173. 60

142. Berufs- u. Gewerbezählung vom 14. VI. 1895. II. Thl. Die landwirthschaftl. Betriebe, insbesondere die landwirthschaftl. Hauptbetriebe. (V, 425 S.) 902. n. 12. —; (I u. II. n. 27. 20)

150. Statistik der preuß. Landesuniversitäten m. Einschluß der theologisch-philosophischen Akademie zu Münster u. des Lyceum Hosianum zu Braunsberg, der bischöfl. Klerikalseminare u. der Kaiser Wilhelms-Akademie f. das militärärztl. Bildungswesen zu Berlin f. das Studienj. Ostern 1895/96. Nebst e. Anh., behandelnd: die privaten u. sonst. entgeltl. Vorlesgn. an den preuß. Universitäten (m. Einschluß der Akademie zu Münster, jedoch m. Ausschluß des Lyceum Hosianum zu Braunsberg) im Sommerhalbj. 1896 u. im Winterhalbj. 1896/97, unter besond. Berücksicht. der Honorarverhältnisse. Im Auftrage des Hrn. Ministers der geistl., Unterrichts- u. Medizinal-Angelegenheiten bearb. (VI, 213 u. 151 S.) 899. n. 10. 40

155. Geburten, Eheschließungen u. Sterbefälle, die, im preußisch. Staate während d. J. 1897, nebst e. Übersicht üb. den Stand der Bevölkerg. des preuß. Staates zu Ende d. J. 1815 bis 1895, sowie üb. den Stand der mittleren Bevölkerung, die natürl. Bevölkerungsvermehrg. u. d. Gewinn bezw. Verlust durch Wandergn. währ. dies. Zeitraumes. (XXVI, 310 S.) 898. n. 8. 60

156. Statistik der Brände im preußischen Staate f. die J. 1891, 1892, 1893 u. 1894. (XII, 376 S.) 900. n. 9. 80

157. Sterblichkeit, die, nach Todesursachen u. Altersklassen der Gestorbenen, sowie die Selbstmorde u. die tödtlichen Verunglückungen im preuß. Staate während des J. 1897. (IV, XXXII, 256 S.) 899. n. 7. 40

158. Heilanstalten, die, im preuß. Staate während der J. 1895, 1896 u. 1897. (XVIII, 181 S.) 899. n. 5. 20

159. Ergebnisse, die, der Ermittelung des Ernteertrages im preuß. Staate f. d. J. 1898. Mit 2 Taf. graph. Darstellgn. (IV, LXVI, 192 S.) 899. n. 7. 20

160. Geburten, Eheschließungen u. Sterbefälle, die, im preußischen Staate während des J. 1898. (XXII, 310 S.) 900. n. 8. 40

161. Ergebnisse, die, der Ermittelung des Anbaues u. Ernteertrages im preuß. Staate f. d. J. 1899. Mit 2 Taf. graph. Darstellgn. (IV, LIV, 25 S.) 900. n. 2. 60

162. Sterblichkeit, die, nach Todesursachen u. Altersklassen der Gestorbenen sowie die Selbstmorde u. die tödtlichen Verunglückungen im preuß. Staate während des J. 1898. (IV, XIV, 256 S.) 900. n. 7. —

163. Irrenanstalten, die, im preuß. Staate während der J. 1895 bis 1897. (XII, 82 S.) 900. n. 2. 60

164. Geburten, Eheschließungen u. Sterbefälle, die, im preuß. Staate während des J. 1899, nebst e. Übersicht der im preuß. Staate in den einzelnen Jahren von 1816 bis 1899 vorgekommenen Geburten, Eheschließgn. u. Sterbefälle sowie der entsprech. Geburts-, Heirats- u. Sterbeziffern. (XXII, 310 S.) 901. n. 8. 40

165. Statistik der Landwirthschaft (Anbau, Saatenstand, Ernteerträge, Hagelwetter u. Wasserschäden) im preuß. Staate f. d. J. 1900. Mit 2 (farb.) Taf. graph. Darstellungen. (IV, LXIV, 52 S.) 901. n. 3. 60

166. Sterblichkeit, die, nach Todesursachen u. Altersklassen der Gestorbenen, sowie die Selbstmorde u. die tödtlichen Verunglückungen im preuß. Staate während des J. 1899. (IV, XVI, 262 S.) 901. n. 7. 20

167. Statistik der preuß. Landesuniversitäten m. Einschluß der theologisch-philosophischen Akademie zu Münster u. des Lyceum Hosianum zu Braunsberg, der bischöfl. Klerikalseminare u. der Kaiser Wilhelms-Akademie f. das militärärztliche Bildungswesen zu Berlin f. das Studienj. Ostern 1899/1900. Im Auftrage des Hrn. Ministers der geistl., Unterrichts- u. Medizinal-Angelegenheiten bearb. (VIII, 198 u. 213 S.) 901. n. 10. 60

168. I. Statistik der Landwirthschaft (land- u. forstwirthschaftliche Bodenbenutzung) im preuß. Staate f. das J. 1900. 1. Die Bodenbenutzg. im allgemeinen. (IV, L, 162 S.) 902. n. 5. 60

II. Dasselbe. II. Die Forsten u. Holzggn. im besonderen. Mit 2 Taf. graph. Darstellgn. (III, XXII, 91 S.) 902. n. 3. 60

169. Geburten, Eheschließungen u. Sterbefälle, die, im preuß. Staate während d. J. 1900 (XXII, 358 S.) 902. n. 9. 60

170. Statistik der Landwirthschaft (Anbau, Saatenstand, Ernteerträge, Hagelwetter u. Wasserschäden) im preuß. Staate f. d. J. 1901. Mit e. graph. Darstellg. (IV, XL, 45 S.) 902. n. 2. 60

171. Sterblichkeit, die, nach Todesursachen u. Altersklassen der Gestorbenen, sowie die Selbstmorde u. die tödtlichen Verunglückungen im preuß. Staate während des J. 1900. (IV, XXVI, 268 S.) 902. n. 7. 60

173. Heilanstalten, die, im preuß. Staate während der J. 1898, 1899 u. 1900. (XX, 193 S.) 902. n. 5. 60

175. Irrenanstalten, die, im preuß. Staate während der J. 1898 bis 1900. (XVI, 90 S.) 902. n. 2. 80

176. III. Schulwesen, das gesammte niedere, im preuß. Staate im J. 1901. III. Thl. Die öffentl. Volksschulen in den einzelnen Kreisen u. Oberämtern des preuß. Staates, m. Unterscheidg. der Schulen in den Städten u. auf dem Lande. Im Auftrage des Hrn. Ministers der geistl., Unterrichts- u. Medizinal-Angelegenheiten bearb. (IV, 563 S.) 902. n. 13. 60

177. III. Ergebnisse, die endgültigen, der Volkszählung vom 1. XII. 1900 im preuß. Staate sowie in den Fürstenthümern Waldeck u. Pyrmont. III. Thl. Die Muttersprache. (XXVIII, 432 S.) 902. n. 11. 60

Thl. 1 u. 2 des 176. u. 177. Heftes erscheinen später.

— preußische. (Amtliches Quellenwerk.) Hrsg. in zwanglosen Heften vom königl. preuß. statist. Landesamt in Berlin. 172. Heft, I. u. II. Tl., 174. Heft, 176. Heft, I. u. II. Tl., 177. Heft, I. u. II. Tl., 178.—180., 182. bis 190. Heft, 191. Heft, I. u. II. Tl., 192.—198. u. 200. Heft. Imp.-4. Berlin, Verlag des k. statist. Landesamts. n. 260. 80

172. I. Ergebnisse, die endgültigen, der Vieh- u. Obstbaumzählung vom 1. XII. 1900 im preuß. Staate sowie in den Fürstenthümern Waldeck u. Pyrmont. I. Thl. Der Viehstand nach Stückzahl, Verkaufswerth u. Lebendgewicht sowie der Obstbaumbestand nach der Stückzahl. Mit 2 Taf. graph. Darstellgn. (LXXXIV, 501 S.) 905. n. 15. 20

II. Dasselbe. II. Tl. Der Viehbesitzstand der Gehöfte. (XX, 226 S.) 906. n. 6. 40

174. Statistik der Brände im preußischen Staate f. d. J. 1895, 1896, 1897 u. 1898. Anh.: Hauptergebnisse der neuesten Jahre. Brände während der Jahre 1899—1901. (XVI, 562 S.) 906. n. 11. 60

176. I. Schulwesen, das gesamte niedere, im preußischen Staate im J. 1901. I. Tl. Textliche Darstellg. der öffentl. u. privaten Volks-, Mittel- u. höheren Mädchenschulen sowie der sonst. niederen Unterrichtsanstalten. Mit 2 kartograph. Darstellgn. Im Auftrage des Hrn. Ministers der geistl., Unterrichts- u. Medizinal-Angelegenheiten bearb. v. A. Petersilie. (X, 284 u. 42 S.) 905. n. 9. —

II. Dasselbe. II. Tl. Die öffentl. u. privaten Volks-, Mittel- u. höheren Mädchenschulen sowie die sonst. niederen Unterrichtsanstalten im Staate, in den Provinzen u. den Regierungsbezirken m. Unterscheidg. der Schulen in den Städten u. auf dem Lande. Im Auftrage des Hrn. Ministers der geistl. Unterrichts- u. Medizinal-Angelegenheiten bearb. (VIII, 458 S.) 903. n. 11.60

177. I. Ergebnisse, die endgültigen, der Volkszählung vom 1. XII. 1900 im preußischen Staate sowie in den Fürstentümern Waldeck u. Pyrmont, nebst e. altenmäß. Berichte üb. die Ausführg. dieser Zählg. 1. Tl. (VI, LXII, 431 S.) 903. n. 12.60

II. II. Tl. Gebürtigkeit. Blinde. Taubstumme. Arbeitsort u. Wohnort. (IV, 539 S.) 903. n. 13.80

178. Geburten, Eheschließungen u. Sterbefälle, die, im preuß. Staate während des J. 1901. (XXII, 612 S.) 903. n. 16.—

179. Sterblichkeit, die, nach Todesursachen u. Altersklassen der Gestorbenen, sowie die Selbstmorde u. die tödtlichen Verunglückungen im preuß Staate während des J. 1901. Mit 2 Taf. (IV, XXIV, 268 S.) 903. n. 8.—

180. Statistik der Landwirtschaft (Anbau, Saatenstand, Ernteerträge, Hagelwetter u. Wasserschäden) im preuß. Staate f. d. J. 1902. Mit 2 Taf. graph. Darstellgn. (IV, XLII, 74 S.) 903. n. 3.60

182. Heilanstalten, die, im preußischen Staate während des J. 1901. (XXII, 108 S.) 904. n. 8.40

183. Geburten, Eheschließungen u. Sterbefälle, die, im preuß. Staate während des J. 1902. (XXIV, 266 S.) 903. n. 7.20

184. Sterblichkeit, die, nach Todesursachen u. Altersklassen der Gestorbenen, sowie die Selbstmorde u. die tödlichen Verunglückungen im preußischen Staate während des J. 1902. (IV, XVIII, 195 S.) 904. n. 5.60

185. Ergebnisse, die endgültigen, der außerordentl. Viehzählung vom 1. XII. 1902 im preuß. Staate sowie in den Fürstentümern Waldeck u. Pyrmont. Mit 1 Taf. graph. Darstellgn. (XXX, 67 S.) 906. n. 2.80

186. Statistik der Landwirtschaft (Anbau, Saatenstand u. Ernteerträge) im preußischen Staate f. d. J. 1903. (IV, XXVIII, 25 S.) 904. n. 1.60

187. Heilanstalten, die, im preußischen Staate während des J. 1902. (XXVIII, 102 S.) 904. n. 3.40

188. Rückblick auf die Entwickelung der preußischen Bevölkerung von 1875—1900. Von Max Broesike. Mit 17 Taf. graph. Darstellgn. Im amtl. Auftrage bearb. (X, 105, 160 u. X S.) 904. n. 10.—

189. Sterblichkeit, die, nach Todesursachen u. Altersklassen der Gestorbenen im preußischen Staate während des J. 1903. (IV, XXIV, 203 S.) 905. n. 6.—

190. Geburten, Eheschließungen u. Sterbefälle, die, im preuß. Staate während d. J. 1903. (XVIII, 248 S.) 904. n. 6.80

191. I. Verschuldung, die ländliche, in Preußen. I. Tl. Verschuldg. u. sonst. wirtschaftl. Verhältnisse der Eigentümer v. Grundstücken m. mindestens 60 Mark Grundsteuer-Reinertrag nach Grundsteuer-Reinertragsklassen sowie nach Einkommensgruppen im J. 1902. Mit 9 Taf. graph. Darstellgn. Im amtl. Auftrage bearb. v. F. Kühnert. 2 Hälften. (IV, IV, 1417 S.) 905. n. 40.—

II. Dasselbe. II. Tl. Verschuldg. u. sonst. wirtschaftl. Verhältnisse der Grundeigentümer m. mind. 60 Mark Grundsteuer-Reinertrag u. m. Haupterwerb aus Land- u. Forstwirtschaft nach Grundsteuer-Reinertragsklassen sowie nach Verschuldungsgruppen im J. 1902. Im amtl. Auftrage bearb. v. F. Kühnert. (IV, LXI, 625 S.) 906. n. 17.—

192. Statistik der Landwirtschaft (Anbau, Saatenstand, Ernte, Hagelwetter u. Wasserschäden) im preußischen Staate f. d. J. 1904. Mit 6 Taf. graph. Darstellgn. (IV, L, 65 S.) 905. n. 4.40

193. Statistik der preußischen Landesuniversitäten m. Einschluß des Lyceum Hosianum zu Braunsberg, der bischöfl. Klerikalseminare u. der Kaiser-Wilhelms-Akademie f. das militärärztliche Bildungswesen zu Berlin f. das Studienj. Ostern 1902/03. Im Auftrage des Hrn. Ministers der geistl., Unterrichts- u. Medizinal-Angelegenheiten bearb. (VIII, 188 u. 213 S.) 905. n. 10.20

194. Heilanstalten, die, im preußischen Staate während d. J. 1903. (VI, XVI, 138 S.) 905. n. 4.20

195. Sterblichkeit, die, nach Todesursachen u. Altersklassen der Gestorbenen im preußischen Staate während des J. 1904. (IV, XXIV, 205 S.) 905. n. 6.—

196. Geburten, Eheschließungen u. Sterbefälle, die, im preuß. Staate während d. J. 1904. (XVIII, 250 S.) 905. n. 7.—

197. Statistik der Landwirtschaft (Anbau, Saatenstand, Ernte, Hagelwetter u. Wasserschäden) im preußischen Staate f. d. J. 1905. (IV, XLVII, 65 S.) 906. n. 3.—

198. Heilanstalten, die, im preußischen Staate während des J. 1904. (VI, XXII, 180 S.) 906. n. 4.20

200. Geburten, Eheschließungen u. Sterbefälle, die, im preuß. Staate während des J. 1905. (XXIV, 250 S.) 906. n. 7.—

— preußische. (Amtliches Quellenwerk.) Hrsg. in zwanglosen Heften vom königl. preuß. statist. Landesamt in Berlin. Heft 172. III. Tl., 181. I. Tl., 191. III. Tl., 199. 201—205. 206. I. u. II. Tl., 207. 208. 209. I.—III. Tl., 210—222 u. 224. 33,5×24,5 cm. Berlin, Verlag des königl. statist. Landesamts. 256.80

172. III. Ergebnisse, die endgültigen, der Vieh- u. Obstbaumzählung v. 1. XII. 1900 im preußischen Staate sowie in den Fürstentümern Waldeck u. Pyrmont. III. Tl. Der Obstbaumbestand der Gehöfte. (XXII, 153 S.) 907. 4.60

181, I. Lebens- u. Unfallversicherung. I. Tl. 1. Abtlg.: Die Lebensversicherg. in Preußen 1895—1900. 2. Abtlg.: Die Unfallversicherg. in Preußen 1891—1900 nebst Übersichten üb. den Betrieb dieses Zweiges auch in anderen Ländern (nach privaten Quellen). Nachtrag: Der Betrieb der Lebensversicherg. im Deutschen Reiche u. in anderen Ländern 1900, nach privaten Quellen. (XIV, 266 S.) 909. 7.20

191, III. Verschuldung, die ländliche, in Preußen. III. Tl. Verhältnis der Schulden der Eigentümer v. Grundstücken m. mindestens 60 Mark Grundsteuer-Reinertrag zum Gesamt-, Grund- u. Kapitalvermögen sowie zum Grundsteuer-Reinertrage im J. 1902. Im amtl. Auftrage bearb. v. F. Kühnert. (IV, LXII, 53 S. m. 3 farb. Karten.) 908. 3.80

199. Sterblichkeit, die, nach Todesursachen u. Altersklassen der Gestorbenen im preußischen Staate während des J. 1905. (IV, XXVI, 210 S.) 907. 6.20

201. Ergebnisse, die endgültigen, der Viehzählung vom 1. XII. 1904 im preußischen Staate sowie in den Fürstentümern Waldeck u. Pyrmont. (XXXVI, 73 S.) 907. 3.—

202. Statistik der Landwirtschaft (Anbau, Saatenstand, Ernte, Hagelwetter u. Wasserschäden) im preußischen Staate f. d. J. 1906. (IV, XLIV, 65 S.) 907. 3.—

203. Heilanstalten, die, im preußischen Staate während d. J. 1905. (VI, XXI, 128 S.) 907. 4.—

204. Statistik der preußischen Landesuniversitäten m. Einschluß des Lyceum Hosianum zu Braunsberg, der bischöflichen Klerikalseminare u. der Kaiser Wilhelms-Akademie f. das militärärztliche Bildungswesen zu Berlin f. das Studienj. Ostern 1905/06. Im Auftrage des Hrn. Ministers der geistl., Unterrichts- u. Medizinal-Angelegenheiten bearb. (VIII, 206 u. 213 S.) 908. 10.80

205. Finanzstatistik der preuß. Landkreise f. das Rechnungsj. 1903. Im amtl. Auftrage bearb. v. Osk. Tetzlaff. I. Tl. Einleitung. Tab. 1: Die Kreissteuern der preuß. Landkreise im Rechnungsj. 1903. Tab. 2: Das Vermögen u. die Schulden der preuß. Landkreise nach dem Stande vom 31. III. 1904. Tab. 3: Die Ist-Einnahmen u. -Ausgaben der preuß. Landkreise im Rechnungsj. 1903 nach ihren hauptsächl. Quellen u. Verwendungszwecken. (CXXX, 25 S.) 908. 15.—. — II. Tl. Tab. 4: Die Anleiheschulden der preuß. Landkreise nach dem Stande vom 31. III. 1904. (III, 104 S.) 908. 2.80. — III. Tl. Tab. 5: Die Ist-Einnahmen u. -Ausgaben der preuß. Landkreise im Rechnungsj. 1903 nach ihren einzelnen Quellen u. Verwendungszwecken. a. Die Landkreise der Provv. Ostpreußen, Westpreußen, Brandenburg u. Pommern. (IV, 473 S.) 908. 12.20. — III. Tl. Dasselbe. b. Die Landkreise der Provv. Posen u. Schlesien. (III, 405 S.) 908. 10.40. — III. Tl. Dasselbe. c. Die Landkreise der Provv. Sachsen, Schleswig-Holstein u. Hannover. (III, 457 S.) 908. 11.80. — IV. Tl. Dasselbe. d. Die Landkreise der Provv. Westfalen, Hessen-Nassau u. der Rheinprovinz sowie die Oberamtsbezz. der Hohenzollernschen Lande. (III, 449 S.) 908. 11.60 (205 zusammen bezogen: 50. —)

206, I. Ergebnisse, die endgültigen, der Volkszählung vom 1. XII. 1905 im preuß. Staate sowie in den Fürstentümern Waldeck u. Pyrmont, nebst e. altenmäß. Berichte üb. die Ausführg. dieser Zählg. I. Tl. (VI, L, 435 S.) 908. 12.40

II. Dasselbe. II. Tl. Gebürtigkeit u. Alter. Gebrechliche. Bestehende konfessionelle Mischehen. (IV, 358 S.) 908. 9.20

207. Geburten, Eheschließungen u. Sterbefälle, die, im preuß. Staate während der J. 1906. (XXIV, 250 S.) 907. 7.—

208. Sterblichkeit, die, nach Todesursachen u. Altersklassen der Gestorbenen im preußischen Staate während d. J. 1906. (IV, XXIV, 212 S.) 908. 6.20

209, I. Schulwesen, das gesamte niedere, im Preußischen Staate im J. 1906. I. Tl. Textliche Darstellg. der öffentl. u. privaten Volks-, Mittel- u. höh. Mädchenschulen sowie der sonst. niederen Unterrichtsanstalten, im Auftrage des Hrn. Ministers der geistl. Unterrichts- u. Medizinal-Angelegenheiten bearb. v. A. Petersilie. (VIII, 200 S.) 908. 5.60

II. Dasselbe. II. Tl. (1. Abtlg.) A. Die öffentl. Volksschulen im Staate, in den Provinzen u. in den Regierungsbezirken m. Unterscheidg. der Schulen in den Städten u. auf dem Lande. Im Auftrage des Hrn. Ministers der geistl., Unterrichts- u. Medizinal-Angelegenheiten bearb. (VI, 244 S.) 908. 6.80. — II. Tl. (2. Abtlg.) B—G. Die öffentl. u. privaten mittleren Schulen, die höheren Mädchenschulen u. die sonst. niederen Unterrichtsanstalten im preuß. Staate. (VI, 198 S.) 908. 5.60

209, III. Schulwesen, das gesamte niedere, im preußischen Staate im J. 1906. III. Tl. Die öffentl. Volksschulen in den einzelnen Kreisen u. Oberämtern des preuß. Staates, m. Unterscheidg. der Schulen in den Städten u. auf dem Lande sowie der Schulverbände m. mehr als 25 Schulstellen u. der Landgemeinden m. unter 2000 Einwohnern. Im Auftrage des Hrn. Ministers der geistl., Unterrichts- u. Medizinal-Angelegenheiten bearb. (IV, 582 S.) 908. 14.80

210. Die endgültigen Ergebnisse der außerordentlichen Viehzählung vom 1. XII. 1906 im preußischen Staate sowie in den Fürstentümern Waldeck u. Pyrmont. Mit e. Taf. graph. Darstellgn. Im amtl. Auftrage bearb. Von Erich Petersilie. (XXXIV, 67 S.) 908. 3.—

211. Statistik der Landwirtschaft (Anbau, Saatenstand, Ernte, Hagelwetter u. Wasserschäden) im preuß. Staate f. d. J. 1907. (IV, XLVI, 65 S.) 908. 3.—

212. Heilanstalten, die, im preuß. Staate während des J. 1906. (VI, XXII, 124 S.) 908. 4.—

213. Geburten, Eheschließungen u. Sterbefälle, die, im preuß. Staate während d. J. 1907. Nebst e. Anh., enth. preuß. Sterbetafeln f. die J. 1901/1905 u. 1905/1906. (XXVI, 331 S.) 908. 9.20

214. Sterblichkeit, die, nach Todesursachen u. Altersklassen der Gestorbenen im preuß. Staate während d. J. 1907. (III, XXIV, 213 S.) 908. 6.20

215. Finanzstatistik der preuß. Provinzial-(Bezirks- usw.)Verbände f. d. Rechnungsj. 1903. Im amtl. Auftrage bearb. Von Ost. Tetzlaff. ((XCIV, 107 S.) 909. 5. 20

216. Statistik der Landwirtschaft (Anbau, Saatenstand, Ernte, Hagelwetter u. Wasserschäden) im preuß. Staate f. d. J. 1908. (IV, XLVI, 65 S.) 909. 3. —

217. Die Schulden der preußischen Städte u. der mehr als 10000 Einwohner zählenden preußischen Landgemeinden nach dem Stande vom 31. III. 1908. 2 Tle. Im amtl. Auftrage bearb. Von Ost. Tetzlaff. (VI, 283 u. IV, 880 S.) 909. 24. —

218. Die endgültigen Ergebnisse der Viehzählung vom 2. XII. 1907 im preußischen Staate sowie in den Fürstentümern Waldeck u. Pyrmont. Mit 1 (farb.) Taf. graph. Darstellgn. Im amtl. Auftrage bearb. Von Erich Peterstilie. (LXX, 141 S.) 910. 5. 60

219. Dasselbe. Der Viehstand der Haushaltgn. nach den einzelnen Viehgattgn. u. nach Gruppen der einzelnen Viehgattgn. Im amtl. Auftrage bearb. (XXXIV, 385 S.) 910. 10. 60

220. Geburten, Eheschließungen u. Sterbefälle, die, im preuß. Staate während d. J. 1908. Nebst e. Anh., enth. Die Altersverhältnisse der eheschließ. Männer u. Frauen 1905/1908 im preuß. Staate. (XXVI, 258 S.) 909. 7. 20

221. Statistik der Landwirtschaft (Anbau, Saatenstand, Ernte, Hagelwetter u. Wasserschäden) im preuß. Staate f. d. J. 1909. (IV, XLIV, 65 S.) 910. 3. —

222. Monats- u. Jahrespreise wichtiger Verpflegungsmittel in 154 preuß. Berichtsorten im J. 1909. Mit e. Einleitg. Von F. Kühnert. (III, XV, 198 S.) 910. 5. 60

224. Geburten, Eheschließungen u. Sterbefälle, die, im preuß. Staate während d. J. 1909. (XXVI, 250 S.) 910. 7. —

Statistik der Produktion, der Ein- u Ausfuhr von Eisen in Osterreich. Prag 1859

Statistik des thurgauischen Rebbaues. Frauenfeld 1858.

— der Rechtspflege in Bern, s. Mitteilgn. d. bern. stat. Bureaus.

—— der gesammten Rechtspflege im J. 1863 für das Großherzogth. Sachsen-Weimar und die Fürstenth. Schwarzburg-Rudolstadt, Schwarzburg-Sondershausen und Reuß j. L. Amtliche Veröffentlichung. gr. 8. (62 S.) Jena 864, Fr. Frommann.

—— dass. — im J. 1864. gr. 8. (48 S. mit 1 Tab. in qu. Fol.) Ebendas. 865.

—— dass. — im. J. 1865, sowie General-Geschäftstabelle des Gesammt-Oberappellationsgerichts zu Jena hrsg. von A. Vollert. gr. 8. (IV und 170 S.) Ebendas. 867.

—— dass. — im J. 1866. gr. 8. (181 S.) Ebendas. 868.

—— der Rechtspflege im J. 1867 und 1868 für das Großherzogth. Sachsen-Weimar und die Fürstenthümer Schwarzburg-Rudolstadt, Schwarzburg-Sondershausen und Reuß j. L. rc., sowie die General-Geschäftstab. des Gesammt-Oberappellationsgerichts zu Jena hrsg. von A. Vollert. gr. 8. Jena 870, Fr. Frommann. [1867. (184 S.) ℳ 3,75.; 1868. (120 S.) ℳ 3.] 6 75

—— dass. — im J. 1869 für das Großherzogth. Sachsen-Weimar, das Herzogth. Sachsen-Coburg-Gotha, die Fürstenthümer Schwarzburg-Rudolstadt, Schwarzburg-Sondershausen rc. gr. 8. (122 S.) Ebendas. 871. 3 —

—— der Rechtspflege in den J. 1870—1878 für das Großherzogth. Sachsen-Weimar, das Herzogth. Sachsen-Coburg-Gotha, die Fürstenth. Schwarzburg-Rudolstadt, Schwarzburg-Sondershausen rc. Hrsg. von A. Vollert. gr. 8. (à ca. 122 S.) Jena, Fr. Frommann. à Jahrg.
Nicht weiter erschienen.

Zur Statistik der Rechtspflege im Herzogt. Oldenburg 1863. Oldenburg 1864

—— der Rechtspflege im J. 1864 für die Herzogth. Sachsen-Coburg-Gotha, Sachsen-Meiningen-Hildburghausen, Sachsen-Altenburg und Anhalt, sowie die General-Geschäftstabelle des Gesammt-Oberappellationsgerichts zu Jena hrsg. von J. Chr. Holtzel. gr. 8. (IV und 99 S.) Ebendas. 865.

Statistik der Rechtspflege ... für das Großherzogthum Sachsen-Weimar ..., s. Statistik der gesamten Rechtspflege ...

Statistik der Rechtspflege des Kantons Zürich. Jahrg. 1867–84. Zürich und Winterthur. 4° (Fortgesetzt durch: Mittheilungen, statistische, betr. d. Kt. Zürich).

—— der Rechtspflege des Kantons Zürich 1867. gr. 4. (IV, 156 S.) Zürich 869, Orell, Füssli und Comp. * 2 —

Statistik der Rechtspflege des Kantons Zürich im Jahre 1869. 110 Seit. 4. 1871.

Statistik der Rechtspflege des Kts. Zürich üb. d. J. 1871. II u. 112 Stn. 4. Winterthur, Bleuler-Hausheer & Co. 1873.

Statistik der Rechtspflege des Kantons Zürich vom Jahre 1874. Winterthur, Bleuler-Hausheer & Cie. 94 Stn. 4. 1876.

Statistik der Rechtspflege des Kant. Zürich, 1877. In-4°, 86 S. Winterthur, Bleuler-Hausheer & Cie. 1879.

Statistik der Rechtspflege des Kantons Zürich 1879. In-4°, 84 S. Winterthur, Druck von Bleuler, Hausheer & Cie. 1880.

Statistik der Rechtspflege des Kanton Zürich. 1881. In-4°, 88 S. Winterthur, Druck von Bleuler-Hausheer. 1882.

—— des deutschen Reichs. Hrsg. vom kaiserl. statist. Amt. 1.—14. Bd. gr. 4. Berlin, Verlag des k. statist. Bureaus. * 146 —

Inhalt:

Bd. 1. Die Anordnungen des Bundesrathes für die gemeinsame Statistik der deutschen Staaten mit den vorbereit. Verhandlungen, insbesondere den Protokollen und Berichten der Kommission für die weitere Ausbildung der Statistik des Zollvereins. (XX, 319 S.) 873. *ℳ 17.

» 2. Vierteljahrs-Hefte zur Statistik des deutschen Reichs für das J. 1873. 1. Jahrg. 4 Hefte in 6 Abthlgn. *ℳ 12.

» 3. Auswärtiger und überseeischer Waarenverkehr des deutschen Zollgebiets und der Zollausschlüsse sowie Seeschiffahrtsverkehr im J. 1872. 1. Thl.: Waaren-Einfuhr des deutschen Zollgebietes und berechnete Eingangszoll-Erträge. (XXXII, 345 S.) 874. *ℳ 9.

» 4. —— dass. — 2. Thl.: Waaren-Aus- und Durchfuhr des deutschen Zollgebiets sowie vergleich. Uebersichten der Menge und des Werthes der Ein-, Aus- und Durchfuhr und der berechneten Zollerträge, auch Niederlage-Verkehr und Verkehrs-Erleichterungen im J. 1872. (323 S.) 873. *ℳ 8.

» 5. —— dass. — 3. Thl.: Seeschiffahrtsverkehr des deutschen Zollgebietes, sowie Waarenverkehr des Zollgebietes mit den Zollausschlüssen und dem Auslande auf der untern Elbe, Weser und Ems, mit Angabe des Verkehrs der einzelnen Hafenplätze in den wichtig. Waaren-Artikeln, nebst Anh. enth. den überseeischen Waarenverkehr der Zollausschlüsse, sowie Waaren-Einfuhr- und Ausfuhr des Zollgebiets auf dem Bodensee und auf den Strömen, bedeutenderen Flüssen und Canälen. (XI, 483 S.) 874. *ℳ 12.

» 6. 1. Statistik der Organisation der Zoll- und Steuerverwaltung des deutschen Reiches nach dem Stande des J. 1872. — 2. Geschäftsstatistik der Zollverwaltung des deutschen Reichs für das J. 1872. — 3. Statistik der Straffälle in Bezug auf die Zölle und Steuern des deutschen Reichs für das J. 1872. (205 S.) 874. *ℳ 5.

Statistik des deutschen Reichs etc.

Bd. 7. Der Verkehr auf den deutschen Wasserstrassen, insbesondere der Bestand der Fluss-, Kanal-, Haff- und Küstenschiffe, der Schiffs- und Güterverkehr auf den deutschen Wasserstrassen, nebst den beobachteten Wasserständen im J. 1872 und der Wasserverkehr der Stadt Berlin in den J. 1840–1872. (331 S.) 874. *ℳ 9.

» 8. Vierteljahrs-Hefte zur Statistik des deutschen Reichs für das J. 1874. 2. Jahrg. 4 Hefte in 7 Abthlgn. *ℳ 12.

» 9. Auswärtiger und überseeischer Waarenverkehr des deutschen Zollgebiets und der Zollausschlüsse im J. 1873. 1. Thl.: Waaren-Einfuhr des deutschen Zollgebiets und berechnete Eingangszoll-Erträge. (XXVII, 331 S.) 875. *ℳ 9.

» 10. —— dass. — 2. Thl.: Waaren-Aus- und Durchfuhr des deutschen Zollgebiets, sowie vergleichende Uebersichten der Menge und des Werths der Ein-, Aus- und Durchfuhr und der berechneten Zollerträge, auch Niederlage-Verkehr und Verkehrs-Erleichterungen im J. 1873. (X, 346 S.) 875. *ℳ 8.

» 11. —— dass. — 3. Thl.: Waarenverkehr des deutschen Zollgebiets zur See, mit Angabe des Seeverkehrs der einzelnen Hafenplätze desselben in den wichtigeren Waaren-Artikeln, sowie Waarenverkehr des Zollgebiets mit dem Zoll-Ausland auf der untern Elbe, Weser und Ems, auf dem Bodensee und den die Zollgrenze überschreitenden Strömen, bedeutenderen Flüssen und Kanälen, nebst Anh., enth.: den überseeischen Waarenverkehr der Zollausschlüsse des deutschen Reichs mit dem Ausland. (VIII, 497 S.) 875. *ℳ 12.

» 12. Der Verkehr auf den deutschen Wasserstrassen, insbesondere der Schiffs- und Güterverkehr auf den deutschen Wasserstrassen, nebst den beobachteten Wasserständen im J. 1873. (VIII, 365 S.) 875. *ℳ 9.

» 13. Statistik der Seeschiffahrt, enth.: den Bestand der deutschen Kauffahrteischiffe am 1. Jan. 1874 und die Bestandsveränderungen seit dem 1. Jan. 1873, den Seeverkehr in den deutschen Hafenplätzen, die Seereisen deutscher Schiffe und die Schiffsunfälle an der deutschen Küste im J. 1873. (XXVIII, 380 S.) 875. *ℳ 12.

» 14. Vierteljahrs-Hefte zur Statistik des deutschen Reichs für das J. 1875. 3. Jahrg. 4 Hefte in 11 Abthlgn. *ℳ 12.

Bd. 2., 8. u. 14. s. a. Vierteljahrshefte zur Statistik d. Deutschen Reiches.

—— des Deutschen Reiches. Hrsg. vom kaiserl. statist. Amt. 15.—40. Bd. Imp.-4. Berlin, Puttkammer und Mühlbrecht. * 349 —

Inhalt:

Bd. 15. Die deutschen Wasserstrassen. Beschreibendes Verzeichniss nach dem Stande des J. 1873. (XVI, 344 S.) 876. *ℳ 10.

» 16. Auswärtiger und überseeischer Waarenverkehr des deutschen Zollgebiets und der Zollausschlüsse im J. 1874. 1. Thl.: Auswärtiger Waarenverkehr des deutschen Zollgebiets. (XXXV, 184, 214 S.) 875. *ℳ 12.

» 17. —— dass. — 2. Thl.: Waarenverkehr des deutschen Zollgebiets zur See, mit Angabe des Seeverkehrs der einzelnen Hafenplätze desselben in den wichtigeren Waarenartikeln und des Waarenverkehrs auf dem Bodensee, sowie Waarenverkehr des Zollgebiets mit dem Zoll-Ausland auf der unteren Elbe, Weser und Ems und auf den übrigen die Zollgrenze überschreitenden Strömen, bedeutenderen Flüssen und Kanälen, nebst Anhang, enth.: den überseeischen Waarenverkehr der Zollausschlüsse des Deutschen Reiches mit dem Ausland. (VII, 264, 249 S.) 876. *ℳ 12.

» 18. Statistik der Seeschiffahrt. 1. Abthl. Enth. den Nachweis der im J. 1874 als verunglückt angezeigten deutschen Seeschiffe, den Bestand der deutschen Kauffahrteischiffe am 1. Jan. 1875 und die Bestandesveränderungen vom 1. Jan. 1874 bis 1. Jan. 1875, sowie die Schiffsunfälle an der deutschen Küste im J. 1874. (138 S.) 876. *ℳ 4. — 2. Abthl. Enth. den Seeverkehr in den deutschen Hafenplätzen und die Seereisen deutscher Schiffe im J. 1874. (XXVII, 219, 182 S.) 876. *ℳ 8.

» 19. Der Verkehr auf den deutschen Wasserstrassen, insbesondere: der Schiffs- und Güterverkehr auf den deutschen Wasserstrassen, nebst den beobachteten Wasserständen im J. 1874. (VIII, 176, 191 S.) 876. *ℳ 9.

» 20. Vierteljahrsschrift zur Statistik des Deutschen Reichs für das J. 1876. Hrsg. vom kaiserl. statist. Amt. 4. Jahrg. 4 Hefte. (à Heft ca. 45 S.) *ℳ 12.

» 21. Statistik der Seeschiffahrt. 1. Abthl., enth. die Schiffsunfälle an der deutschen Küste im J. 1876, den Nachweis der im J. 1875 als verunglückt angezeigten deutschen Seeschiffe, sowie den Bestand der deutschen Kauffahrteischiffe am 1. Jan. 1876 und die Bestandesveränderungen vom 1. Jan. 1875 bis 1. Jan. 1876. (138 S.) 876. *ℳ 4. — 2. Abthl., enth. den Seeverkehr in den deutschen Hafenplätzen und die Seereisen deutscher Schiffe im J. 1875. (XIX, 192, 171 S.) 877. *ℳ 8.

» 22. Auswärtiger und überseeischer Waarenverkehr des deutschen Zollgebiets und der Zollausschlüsse im J. 1875. 1. Thl.: Auswärtiger Waarenverkehr des deutschen Zollgebiets. (XXXII, 182, 214 S.) 876. *ℳ 12.

» 23. —— dass. — 2. Thl.: Waarenverkehr des deutschen Zollgebiets zur See, mit Angabe der einzelnen Hafenplätze derselben in den wichtigeren Waarenartikeln und des Waarenverkehrs auf dem Bodensee, sowie Waarenverkehr des Zollgebiets mit dem Zollausland auf der untern Elbe, Weser und Ems und auf den übrigen die Zollgrenze überschreitenden Strömen, bedeutenderen Flüssen und Kanälen, nebst Anhang, enth.: den überseeischen Waarenverkehr der Zollausschlüsse des Deutschen Reichs mit dem Ausland. (260, 250 S.) 877. *ℳ 12.

» 24. Der Verkehr auf den deutschen Wasserstrassen, insbesondere: der Schiffs- und Güterverkehr auf den deutschen Wasserstrassen, nebst den beobachteten Wasserständen im J. 1875. (VIII, 160, 160, 31 S.) 877. *ℳ 9.

» 25. Monatshefte der Statistik des Deutschen Reichs für das J. 1877. Hrsg. vom kaiserl. statist. Amt. 12 Hefte. (à Heft 150—170 S.) *ℳ 18.

» 26. Statistik der Seeschiffahrt. 1. Abthl., enth. die Schiffsunfälle an der deutschen Küste im J. 1876, den Nachweis der im J. 1876 als verunglückt angezeigten deutschen Seeschiffe, sowie den Bestand der deutschen Kauffahrteischiffe am 1. Jan. 1877 und die Bestandesveränderungen vom 1. Jan. 1876 bis 1. Jan. 1877. (132 S.) 877. *ℳ 4. — 2. Abthl., enth. den Seeverkehr in den deutschen Hafenplätzen und die Seereisen deutscher Schiffe im J. 1876. (XXV, 212, 172 S.) 878. *ℳ 8.

» 27. Auswärtiger und überseeischer Waarenverkehr des deutschen Zollgebiets und der Zollausschlüsse im J. 1876. 1. Thl.: Auswärtiger Waarenverkehr des deutschen Zollgebiets. (XXXII, 103, 200 S.) 877. *ℳ 12.

» 28. —— dass. — 2. Thl.: Waarenverkehr des deutschen Zollgebiets zur See, mit Angabe des Seeverkehrs der einzelnen Hafenplätze desselben in den wichtigeren Waarenartikeln und des Waarenverkehrs auf dem Bodensee, sowie Waarenverkehr des Zollgebiets mit dem Zoll-Ausland auf der untern Elbe, Weser und Ems und auf den übrigen die Zollgrenze überschreitenden Strömen, bedeutenderen Flüssen und Kanälen, nebst Anhang, enth.: den überseeischen Waarenverkehr der Zollausschlüsse des Deutschen Reichs mit dem Ausland. (260, 248 S.) 878. *ℳ 12.

Bd. 29. Der Verkehr auf den deutschen Wasserstrassen, insbesondere: der Schiffs- und Güterverkehr auf den deutschen Wasserstrassen, nebst den beobachteten Wasserständen im J. 1876. (VIII, 118, 124, 25 S.) 878. *ℳ 9.

» 30. Monatshefte zur Statistik des Deutschen Reichs für das J. 1878. Hrsg. vom kaiserl. statist. Amt. 12 Hefte. Imp.-Fol. (à Heft 150—170 S.) *ℳ 18.

» 31. Statistik der Seeschiffahrt. 1. Abthl., enth. die Schiffsunfälle an der deutschen Küste im J. 1877, den Nachweis der im J. 1877 als verunglückt angezeigten deutschen Seeschiffe, sowie den Bestand der deutschen Kauffahrteischiffe am 1. Jan. 1878 und die Bestandesveränderungen vom 1. Jan. 1877 bis 1. Jan. 1878. (129 S.) 878. *ℳ 4. — 2. Abthl., enth. den Seeverkehr in den deutschen Hafenplätzen und die Seereisen deutscher Schiffe im J. 1877, sowie einen Nachtrag zum Seeverkehr für das J. 1876. (XXVII, 204, 180 S.) 879. *ℳ 8.

» 32. Auswärtiger und überseeischer Waarenverkehr des deutschen Zollgebiets und der Zollausschlüsse im J. 1877. 1. Thl.: Auswärtiger Waarenverkehr des deutschen Zollgebiets. (XXXII, 103, 215 S.) 878. *ℳ 12.

» 33. —— dass. — 2. Thl.: Waarenverkehr des deutschen Zollgebiets zur See, mit Angabe des Seeverkehrs der einzelnen Hafenplätze desselben in den wichtigeren Waarenartikeln und des Waarenverkehrs auf dem Bodensee, sowie Waarenverkehr des Zollgebiets mit dem Zoll-Ausland auf der untern Elbe, Weser und Ems und auf den übrigen die Zollgrenze überschreitenden Strömen, bedeutenderen Flüssen und Kanälen, nebst Anhang, enth. den überseeischen Waarenverkehr der Zollausschlüsse des Deutschen Reichs mit dem Ausland. (258, 248 S.) 879. *ℳ 12.

» 34. 1. Thl.: Die Ergebnisse der Gewerbezählung vom 1. Decbr. 1875. Einleitung. 1. Abthl.: Die Uebersicht sämmtlicher Gewerbebetriebe des Deutschen Reichs. (140, 549 S.) 879. *ℳ 15. — 2. Thl. 2. Abthl.: Die Uebersicht sämmtlicher Gewerbebetriebe des Deutschen Reichs. Hauptwiederholungen. Nachweis der Eisenbahn-, Post- und Telegraphenverkehrstätten. (62, 574 S.) 879. *ℳ 12.

» 35. —— dass. — Die am 1. Decbr. 1875 im Deutschen Reiche gezählten Gewerbebetriebe mit mehr als 5 Gehülfen. 1. Abthl.: Betriebs- und Personalverhältnisse, sowie Hauptwiederholung nach Staaten, Bezirken, Gruppen und Ordnungen, auch Nachweisungen der über 5 Gehülfen beschäftigenden Werkstätten des Eisenbahn-, Post- und Telegraphenbetriebs. (33, 387 S.) 879. *ℳ 20. — 2. Abthl.: Umtriebs- und charakteristische Arbeitsmaschinen, sowie Hauptwiederholung nach Staaten, Bezirken, Gruppen und Ordnungen, auch Nachweis der beim Eisenbahn-, Post- und Telegraphenbetrieb verwendeten Umtriebs- und Arbeitsmaschinen. (33, 254, 197 S.) 879. *ℳ 10.

» 36. Der Verkehr auf den deutschen Wasserstrassen, insbesondere: der Schiffs- und Güterverkehr auf den deutschen Wasserstrassen, nebst den beobachteten Wasserständen im J. 1877. (VIII, 272 S.) 879. *ℳ 9.

» 37. Monatshefte zur Statistik des Deutschen Reichs für das J. 1879. Hrsg. vom kaiserl. statist. Amt. 12 Hefte. Imp.-Fol. (à Heft 150—170 S.) *ℳ 18.

» 38. 1. Thl.: Statistik der Seeschiffahrt. 1. Abthl., enth. die Schiffsunfälle an der deutschen Küste im J. 1878, den Nachweis der im J. 1878 als verunglückt angezeigten deutschen Seeschiffe, sowie den Bestand der deutschen Kauffahrteischiffe am 1. Jan. 1879 und die Bestandesveränderungen vom 1. Jan. 1878 bis 1. Jan. 1879. (148 S.) 879. *ℳ 4. — 2. Thl. 2. Abthl., enth. den Seeverkehr in den deutschen Hafenplätzen und die Seereisen deutscher Schiffe im J. 1878. (XXVIII, 232, 199 S.) 880. *ℳ 8.

» 39. Auswärtiger und überseeischer Waarenverkehr des deutschen Zollgebiets und der Zollausschlüsse im J. 1878. 1. Thl.: Auswärtiger Waarenverkehr des deutschen Zollgebiets. (XXXII, 99, 215 S.) 879. *ℳ 12.

» 40. —— dass. — 2. Thl.: Waarenverkehr des deutschen Zollgebiets zur See, mit Angabe des Seeverkehrs der einzelnen Hafenplätze desselben in den wichtigeren Waarenartikeln und des Waarenverkehrs auf dem Bodensee, sowie Waarenverkehr des Zollgebiets mit dem Zoll-Ausland auf der untern Elbe, Weser und Ems und auf den übrigen die Zollgrenze überschreitenden Strömen, bedeutenderen Flüssen und Kanälen, nebst Anhang, enth. den überseeischen Waarenverkehr der Zollausschlüsse des Deutschen Reichs mit dem Ausland. (256, 236 S.) 880. *ℳ 12.

1.—14. Bd. Ebendas. 1873—75. *ℳ 146.

—— des deutschen Reichs. Hrsg. vom kaiserl. statist. Amt. 41.—63. Bd. Imp.-4. Berlin, Puttkammer und Mühlbrecht. *

Inhalt:

Bd. 41. Der Verkehr auf den deutschen Wasserstrassen, insbesondere: der Schiffs- und Güterverkehr auf den deutschen Wasserstrassen, nebst den beobachteten Wasserständen im J. 1878 und der Bestand der deutschen Fluss-, Kanal-, Haff- und Küstenschiffe am 31. Dezbr. 1877. (X, 355 S.) 880. *ℳ 9.

Bd. 42. Tabackbau, Tabackfabrikation und Tabackhandel im Deutschen Reich und in Luxemburg nach den statist. Ergebnissen der Arbeiten der Taback-Enquête-Kommission. (VI, 301 S. mit 8 chromolithogr. Karten.) 880. *ℳ 12.

» 43. Monatshefte zur Statistik des deutschen Reichs für das J. 1880. Hrsg. vom kaiserl. statist. Amt. 12 Hefte. Imp.-Fol. (à Heft 100 S.) *ℳ 18.

» 44. Statistik der Seeschiffahrt. 1. Abthl. Enthaltend: die Schiffsunfälle an der deutschen Küste im J. 1879, den Nachweis der im J. 1879 als verunglückt angezeigten deutschen Seeschiffe, sowie den Bestand der deutschen Kauffahrteischiffe am 1. Jan. 1880 und die Bestandesveränderungen vom 1. Jan. 1879 bis 1. Jan. 1880. (156 S.) 880. *ℳ 4. — 2. Abthl. Enthaltend: den Seeverkehr in den deutschen Hafenplätzen und die Seereisen deutscher Schiffe im J. 1879. (XXVII, 224; 150, 42 S.) 881. *ℳ 8.

» 45. Auswärtiger und überseeischer Waarenverkehr des deutschen Zollgebiets und der Zollausschlüsse im J. 1879. 1. Thl.: Auswärtiger Waarenverkehr des deutschen Zollgebiets. (XXXII, 107; 235 S.) 880. *ℳ 12.

» 46. —— dass. — 2. Thl.: Waarenverkehr des deutschen Zollgebiets zur See, mit Angabe des Seeverkehrs der einzelnen Hafenplätze desselben in den wichtigeren Waarenartikeln und des Waarenverkehrs auf dem Bodensee, sowie Waarenverkehr des Zollgebiets mit dem Zoll-Ausland auf der untern Elbe, Weser und Ems und auf den übrigen die Zollgrenze überschreit. Strömen, bedeutenderen Flüssen und Kanälen, nebst Anhang, enthaltend den überseeischen Waarenverkehr der Zollausschlüsse des deutschen Reichs mit dem Ausland. (246; 236 S.) 881. *ℳ 12.

» 47. Der Verkehr auf den deutschen Wasserstrassen, insbesondere: der Schiffs- und Güterverkehr auf den deutschen Wasserstrassen, nebst den beobachteten Wasserständen im J. 1879. (VIII, 269 S.) 881. *ℳ 9.

» 48. Monatshefte zur Statistik des deutschen Reichs für das J. 1881. Hrsg. vom kaiserl. statist. Amt. 12 Hefte. Imp.-Fol. (à Heft 100 S.) *ℳ 18.

» 49. Waarenverkehr des deutschen Zollgebiets mit dem Auslande im J. 1880. 1. Thl.: Der auswärt. Waarenverkehr des deutschen Zollgebiets, geordnet nach den einzelnen Waarengattungen, sowie der Veredlungsverkehr. (582 S.) 881. *ℳ 12.

» 50. 1. Abthl.: Waarenverkehr des deutschen Zollgebiets mit dem Auslande im J. 1880. 2. Thl. 1. und 2. Abschn.: Der auswärt. Waarenverkehr des deutschen Zollgebiets, dargestellt nach den Ländern der Herkunft bezw. Bestimmung und nach den Grenzstrecken des Eingangs und Ausgangs. (192 S.) 881. *ℳ 6. — 2. Abthl.: Waarenverkehr des deutschen Zollgebiets mit dem Auslande im J. 1882. 2. Thl. 3. Abschn.: Ueberseeischer Waarenverkehr in den wichtigeren Seehäfen des Zollgebiets und den Zollausschlüssen. (93 S.) 882. *ℳ 6.

» 51. Statistik der Seeschiffahrt. 1. Abthl. Enthaltend: die Schiffsunfälle an der deutschen Küste im J. 1880, den Nachweis der im J. 1880 als verunglückt angezeigten deutschen Seeschiffe, sowie den Bestand der deutschen Kauffahrteischiffe am 1. Jan. 1881 und die Bestandesveränderungen vom 1. Jan. 1880 bis 1. Jan. 1881. (183 S.) 881. *ℳ 4. — 2. Abthl. Enthaltend: den Seeverkehr in den deutschen Hafenplätzen und die Seereisen deutscher Schiffe im J. 1880. (XXVII, 202; 170 S.) 882. *ℳ 8.

» 52. Der Verkehr auf den deutschen Wasserstrassen, insbesondere der Schiffs- und Güterverkehr auf den deutschen Wasserstrassen, nebst den beobachteten Wasserständen im J. 1880. (VIII, 117; 113, 23 S.) 882. *ℳ 9.

» 53. Monatshefte zur Statistik des deutschen Reichs für das J. 1882. Hrsg. vom kaiserl. statist. Amt. 12 Hefte. Imp.-Fol. (à Heft 100 S.) *ℳ 18.

» 54. Waarenverkehr des deutschen Zollgebiets mit dem Auslande im J. 1881. 1. Thl.: Der auswärt. Waarenverkehr des deutschen Zollgebiets, geordnet nach den einzelnen Waarengattungen, sowie der Veredlungsverkehr. (V, 579 S.) 882. *ℳ 12.

» 55. —— dass. — 2. Thl.: Der auswärt. Waarenverkehr des deutschen Zollgebiets, dargestellt nach den Ländern der Herkunft bezw. Bestimmung und nach den Grenzstrecken des Eingangs und Ausgangs, sowie überseeischer Waarenverkehr in den wichtigeren Seehäfen des Zollgebiets und den Zollausschlüssen. (V, 332 S.) 882. *ℳ 12.

» 56. Statistik der Seeschiffahrt. 1. Abthl. Enthaltend: die Schiffsunfälle an der deutschen Küste im J. 1881, den Nachweis der im J. 1881 als verunglückt angezeigten deutschen Seeschiffe, sowie den Bestand der deutschen Kauffahrteischiffe am 1. Jan. 1882 und die Bestandesveränderungen vom 1. Jan. 1881 bis 1. Jan. 1882. (177 S.) 882. *ℳ 4. — 2. Abthl. Enthaltend: den Seeverkehr in den deutschen Hafenplätzen und die Seereisen deutscher Schiffe im J. 1881. (XXVIII, 208; 162 S.) 883. *ℳ 8.

» 57. Die Volkszählung im deutschen Reiche am 1. Dezbr. 1880. 1. Thl.: Bevölkerungs-Zahl und Dichtigkeit, Wohnorte, Gebäude, Haushaltungen. (I—LII, 1—74 S.) 882. *ℳ 4. — 2. Thl.: Alter und Geschlecht, Familienstand, Geburtsort und Religionsbekenntniss der Bevölkerung. (LIII—LXXXIV, S. 75—251.) 884. *ℳ 5.

Bd. 58. Der Verkehr auf den deutschen Wasserstrassen, insbesondere der Schiffs- und Güterverkehr auf den deutschen Wasserstrassen nebst den beobachteten Wasserständen im J. 1881. (VIII, 108; 112, 21 S.) 882. *ℳ 9.

» 59. Monatshefte zur Statistik des deutschen Reichs für das J. 1883. Hrsg. vom kaiserl. statist. Amt. 12 Hefte. Imp.-Fol. (à Heft 100 S.) *ℳ 18.

» 60. Waarenverkehr des deutschen Zollgebiets mit dem Auslande im J. 1882. 1. Thl.: Der auswärtige Waarenverkehr des deutschen Zollgebiets, geordnet nach den einzelnen Waarengattungen, sowie der Veredlungsverkehr. (V, 18, 56, 210, 61, 60, 58, 90 S.) 883. *ℳ 12.

» 61. —— dass. — 2. Thl.: Der auswärt. Waarenverkehr des deutschen Zollgebiets, dargestellt nach den Ländern der Herkunft bezw. Bestimmung und nach den Grenzstrecken des Eingangs und Ausgangs, sowie überseeischer Waarenverkehr in den wichtigeren Seehäfen des Zollgebiets und den Zollausschlüssen. (V, 335 S.) 884. *ℳ 12.

» 62. Statistik der Seeschiffahrt. 1. Abthl. Enthaltend: Die Schiffsunfälle an der deutschen Küste im J. 1882, den Nachweis der im J. 1882 als verunglückt angezeigten deutschen Seeschiffe, sowie den Bestand der deutschen Kauffahrteischiffe am 1. Jan. 1883 und die Bestandesveränderungen vom 1. Jan. 1882 bis 1. Jan. 1883. (177 S.) 883. *ℳ 4. — 2. Abthl. Enthaltend: Den Seeverkehr in den deutschen Hafenplätzen und die Seereisen deutscher Schiffe im J. 1882. (XXIX, 374 S.) 884. *ℳ 8.

» 63. Der Verkehr auf den deutschen Wasserstrassen, insbesondere: der Schiffs- und Güterverkehr auf den deutschen Wasserstrassen, nebst den beobachteten Wasserständen im J. 1882. (X, 112; 61, 25 S.) 884. *ℳ 9.

Bd. 25, 30, 37, 40, 48, 53 s.a. Monatsheft zur Statistik des Deutschen Reichs.

—— dass. — Neue Folge. 1.—5. Bd., 6. Bd. 2. Thl. und 7.—12. Bd. Imp.-4. Berlin, Puttkammer und Mühlbrecht. * 144 —

Inhalt:

Bd. 1. Zusammenstellung der zu Anfang des J. 1884 geltenden Bestimmungen für die gemeinsame Statistik des deutschen Reichs. (IV, 247 S.) 884. *ℳ 6.

» 2. Berufsstatistik nach der allgemeinen Berufszählung vom 5. Juni 1882. 1. Thl.: Berufsstatistik des Reichs und der kleineren Verwaltungsbezirke, mit einer Einleitung, betr. die gesammte in den Bdn. 2 bis 4 der neuen Folge der Statistik des deutschen Reichs enthaltene Berufsstatistik, und (18 chromolithogr.) kartograph. Darstellungen. (VI, 191; 67, 575 S.) 884. *ℳ 15.

» 3. —— dass. — 2. Thl.: Berufsstatistik der deutschen Großstädte. (67, 351 S.) 884. *ℳ 8.

» 4. Berufsstatistik der Staaten und größeren Verwaltungsbezirke nach der allgemeinen Berufszählung vom 6. Juni 1882. 3 Thle. (XX, 1349 S.) 884. *ℳ 30.

» 5. Landwirthschaftliche Betriebsstatistik nach der allgemeinen Berufszählung vom 5. Juni 1882. (VI, 49, 323 S. mit 6 chromolithogr. Karten.) 885. *ℳ 10.

» 6. Gewerbestatistik des Reichs im Ganzen und der Großstädte nach der allgemeinen Berufszählung vom 5. Juni 1882. 2. Thl.: Gewerbestatistik der Großstädte. (IV, 407 S.) 885. *ℳ 6.

» 7. Gewerbestatistik der Staaten und größeren Verwaltungsbezirke nach der allgemeinen Berufszählung vom 5. Juni 1882. 1. Abschn.: Anzahl und Personal der Gewerbebetriebe. (X, 930 S.) — 2. Abschn.: Betriebsumfang, Motorenbenutzung, Hausindustrie und Besitzverhältniß der Gewerbebetriebe mit Mitinhabern, Gehülfen oder Motoren. (X, 829 S.) 885. *ℳ 23.

» 8. Kriminalstatistik für das J. 1882. 1. Thl.: Die im J. 1882 rechtskräftig erledigten Strafsachen wegen Verbrechen und Vergehen gegen Reichsgesetze nach dem Sitze des erkennenden Gerichts. [Die Amts- und Landgerichte zusammengefaßt nach Oberlandesgerichten.] (IV, S. 1—144.) 884. *ℳ 4. — 2. Thl.: Die im J. 1882 rechtskräftig erledigten Strafsachen wegen Verbrechen und Vergehen gegen Reichsgesetze nach dem Ort der That, der Zeit der That, sowie nach Heimath, Wohnort und persönl. Verhältnissen der Abgeurtheilten; nebst Erläuterungen zu den Uebersichten. (LXXVIII, S. 145—331.) 884. *ℳ 6.

» 9. 1. Thl.: Der auswärtige Waarenverkehr des deutschen Zollgebiets im J. 1883, geordnet nach den einzelnen Waarengattungen, sowie der Veredlungsverkehr. (551 S.) 884. *ℳ 14.

» 10. 2. Thl.: Der auswärtige Waarenverkehr des deutschen Zollgebiets, dargestellt nach den Ländern der Herkunft bezw. Bestimmung und nach den Grenzstrecken des Eingangs und Ausgangs, sowie überseeischer Waarenverkehr in den wichtigeren Seehäfen des Zollgebiets und den Zollausschlüssen. (162; 75, 100 S.) 884. *ℳ 7.

» 11. Statistik der Seeschiffahrt für das J. 1883. 1. Thl. Enthaltend: Die Schiffsunfälle an der deutschen Küste im J. 1883, den Nachweis der im J. 1883 als verunglückt angezeigten deutschen Seeschiffe, sowie den Bestand der deutschen Kauffahrteischiffe am 1. Jan. 1884 und die Bestandesveränderungen vom 1. Jan. 1883 bis 1. Jan. 1884. (172 S.) 884. *ℳ 4. — 2. Thl.: Seeverkehr in den deutschen Hafenplätzen und Seereisen deutscher Schiffe. (VIII, 214; 173 S.) 884. *ℳ 6.

Bd. 12. Der Verkehr auf den deutschen Wasserstraßen, insbesondere: der Schiffs- und Güterverkehr auf den deutschen Wasserstraßen nebst den beobachteten Wasserständen im J. 1883. (III, 134; 63, 27 S.) 884. *ℳ 5.

—— des Deutschen Reichs. Hrsg. vom kaiserl. statist. Amt. Neue Folge. 6. Bd. 1. Thl. und 13.—35. Bd. Imp.-4. Berlin, Puttkammer und Mühlbrecht.

Inhalt:

Bd. 6. Gewerbestatistik des Reichs und der Großstädte nach der allgemeinen Berufszählung vom 5. Juni 1882. 1. Thl.: Gewerbestatistik des Reichs mit einer Einleitung und mit kartograph. Darstellungen. (124, 73, 193 S.) 887. *ℳ 8.—.

» 13. Kriminalstatistik für das Jahr 1883. Bearb. im Reichs-Justizamt und im kaiserl. statist. Amt. (46, 331 S.) 885. *ℳ 10.—.

» 14. Waarenverkehr des deutschen Zollgebiets mit dem Auslande im J. 1884. 1. Thl.: Der auswärtige Waarenverkehr des deutschen Zollgebiets, geordnet nach den einzelnen Waarengattungen, sowie der Veredlungsverkehr. (19, 54, 210, 62, 64, 58, 104 S.) 885. *ℳ 12.—.

» 15. —— dass. — 2. Thl.: Der auswärtige Waarenverkehr des deutschen Zollgebiets im J. 1884, dargestellt nach den Ländern der Herkunft bezw. Bestimmung und nach den Grenzstrecken des Eingangs und Ausgangs, sowie überseeischer Waarenverkehr in den wichtigeren Seehäfen des Zollgebiets und den Zollausschlüssen. (343 S.) 885. *ℳ 7.—.

» 16. I. Bestand der deutschen Fluß-, Kanal-, Haff- und Küstenschiffe am 31. Dezbr. 1882, mit Nachweis der registrirten Seeschiffe bis zu 50 Kubikmeter Bruttoraumgehalt. (94 S.) 885. *ℳ 2.—.

» 16. II. Verkehr der Schiffe und Güter auf den deutschen Wasserstraßen, nebst den beobachteten Wasserständen im J. 1884. (III, S. 95—209, 85 S.) 885. *ℳ 4.—.

» 17. I. Statistik der Seeschiffahrt für das J. 1884 bezw. den 1. Jan. 1885. 1. Abthl.: Schiffsunfälle an der deutschen Küste im J. 1884, Nachweis der im J. 1884 als verunglückt angezeigten deutschen Seeschiffe, Bestand der deutschen Kauffahrteischiffe am 1. Jan. 1885 und Bestandsveränderungen vom 1. Jan. 1884 bis 1. Jan. 1885. (160 S.) 885. *ℳ 4.—.

» 17. II. —— dass. — 2. Abthl.: Seeverkehr in den deutschen Hafenplätzen und Seereisen deutscher Schiffe. (220, 180 S.) 885. *ℳ 6.—.

18. Kriminalstatistik für das J. 1884. Bearb. im Reichs-Justizamt und im kaiserl. statist. Amt. (85, 331 S.) 886. *ℳ 10.—.

» 19. Waarenverkehr des deutschen Zollgebiets mit dem Auslande im J. 1885. 1. Thl.: Der auswärtige Waarenverkehr des deutschen Zollgebiets, geordnet nach den einzelnen Waarengattungen, sowie der Veredlungsverkehr. (446 S.) 886. *ℳ 12.—.

» 20. —— dass. — 2. Thl.: Der auswärtige Waarenverkehr des deutschen Zollgebiets, geordnet nach den Ländern der Herkunft bezw. Bestimmung und nach den Grenzstrecken des Eingangs und Ausgangs, sowie überseeischer Waarenverkehr in den wichtigeren Seehäfen des Zollgebiets und den Zollausschlüssen. 3. Thl.: Darstellung des auswärtigen Waarenverkehrs überhaupt und mit den einzelnen Ländern in systematischer Gruppirung der Waaren. (327 S.) 886. *ℳ 7.—.

Bd. 21. I. Statistik der Seeschiffahrt für das J. 1885 bezw. den 1. Jan. 1886. 1. Abthl.: Schiffsunfälle an der deutschen Küste im J. 1885, Nachweis der im J. 1885 als verunglückt angezeigten deutschen Seeschiffe, Bestand der deutschen Kauffahrteischiffe am 1. Jan. 1886 und Bestandesveränderungen vom 1. Jan. 1885 bis 1. Jan. 1886. (120 S.) 886. *ℳ 4.—.

" 21. II. —— dass. — 2. Abthl.: Seeverkehr in den deutschen Hafenplätzen und Seereisen deutscher Schiffe. (VII, 353 S.) 886. *ℳ 6.—.

" 22. Der Verkehr auf den deutschen Wasserstraßen, insbesondere: der Schiffs- und Güterverkehr auf den deutschen Wasserstraßen nebst den beobachteten Wasserständen im J. 1885. (14, 104, 81 S.) 886. *ℳ 5.—.

" 23. Kriminalstatistik für das J. 1885. Bearb. im Reichs-Justizamt und im kaiserl. statist. Amt. (40, 22, 331 S. mit 2 chromolithogr. Karten.) 887. *ℳ 10.—.

" 24. Statistik der Krankenversicherung der Arbeiter im J. 1885. (15, 183 S.) 887. *ℳ 5.—.

" 25. Waarenverkehr des deutschen Zollgebiets mit dem Auslande im J. 1886. 1. Thl.: Der auswärtige Waarenverkehr des deutschen Zollgebiets, geordnet nach den einzelnen Waarengattungen, sowie der Veredlungsverkehr. (18, 24, 65, 64, 74, 78, 80, 30 S.) 886. *ℳ 12.—.

" 26. —— dass. — 2. und 3. Thl.: (VII, 87; 61, 83, 90 S.) 887. *ℳ 7.—.

" 27. I. Statistik der Seeschiffahrt für das J. 1886 bezw. den 1. Jan. 1887. 1. Abthl.: Schiffsunfälle an der deutschen Küste im J. 1886, Nachweis der im J. 1886 als verunglückt angezeigten deutschen Seeschiffe, Bestand der deutschen Kauffahrteischiffe am 1. Jan. 1887 und Bestandesveränderungen vom 1. Jan. 1886 bis 1. Jan. 1887. (124 S.) 887. *ℳ 4.—.

" 27. II. —— dass. — 2. Abthl.: Seeverkehr in den deutschen Hafenplätzen und Seereisen deutscher Schiffe im J. 1886. (VII, 194, 155 S.) 887. *ℳ 6.—.

" 28. Der Verkehr auf den deutschen Wasserstraßen, insbesondere der Schiffs- und Güterverkehr auf den deutschen Wasserstraßen, nebst den beobachteten Wasserständen im J. 1886. (177 S.) 887. *ℳ 5.—.

" 29. Statistik der öffentlichen Armenpflege im J. 1885. (VI, 67, 351 S. mit 2 chromolithogr. Karten.) 887. *ℳ 8.—.

" 30. Kriminalstatistik für das J. 1886. Bearb. im Reichs-Justizamt und im kaiserl. statist. Amt. (44, 34, 331 S. mit 5 chromolithogr. Karten.) 888. *ℳ 10.—.

" 31. Statistik der Krankenversicherung der Arbeiter im J. 1886. (17, 157 S.) 888. *ℳ 5.—.

" 32. Die Volkszählung im Deutschen Reich am 1. Dezbr. 1885. (VI, 96, 245 S. mit 1 karthograph. Darstellung.) 888. *ℳ 8.—.

" 33. Waarenverkehr des deutschen Zollgebiets mit dem Auslande im J. 1887. 1. Thl. (IV, 24; 65, 64, 74, 76, 80, 26 S.) 888. *ℳ 12.—.

" 34. —— dass. — 2. Thl.: Der auswärtige Waarenverkehr des deutschen Zollgebiets, geordnet nach den Ländern der Herkunft bezw. Bestimmung und nach den Grenzstrecken des Eingangs und Ausgangs, sowie überseeischer Waarenverkehr in den wichtigeren Seehäfen des Zollgebiets und den Zollausschlüssen. 3. Thl.: Darstellung des auswärtigen Waarenverkehrs überhaupt und mit den einzelnen Ländern in systematischer Gruppirung der Waaren. (16, 87, 61, 86, 90 S.) 888. *ℳ 7.—.

" 35. I. Statistik der Seeschiffahrt für das J. 1887 bezw. den 1. Jan. 1888. 1. Abthl.: Schiffsunfälle an der deutschen Küste im J. 1887, Nachweis der im J. 1887 als verunglückt angezeigten deutschen Seeschiffe, Bestand der deutschen Kauffahrteischiffe am 1. Jan. 1888 und Bestandesveränderungen vom 1. Jan. 1887 bis 1. Jan. 1888. (109 S.) 888. *ℳ 4.—.

" 35. —— dass. — 2. Abthl.: Seeverkehr in den deutschen Hafenplätzen und Seereisen deutscher Schiffe im J. 1887. (110, 90 S.) 888. *ℳ 4.—.

—— des Deutschen Reichs. Hrsg. vom kaiserl. statist. Amt. Neue Folge. 36.—41. Bd., 42. Bd. 2 Thle., 43.—48. Bd., 49. Bd. 2 Thle., 50. Bd., 51. Bd. 15 Hefte, 52.–55. Bd., 56. Bd. 2 Abthlgn., 57. Bd., 59., 60., u. 62. Bd. Imp.-4. Berl., Puttkammer u. Mühlbrecht. ** 191 70

36. Der Verkehr auf den deutschen Wasserstraßen, insbesondere: Verkehr d. Schiffe u. Güter auf den deutschen Wasserstraßen, nebst d. beobachteten Wasserständen, im J. 1887 u. Bestand d. deutschen Fluß-, Kanal-, Haff- u. Küstenschiffe am 31. Dezbr. 1887. (X, 102, 79, 70 S.) 889. * 6 —.

37. Kriminalstatistik für das J. 1887. Bearb. im Reichs-Justizamt u. im kaiserl. statist. Amt. (46, 41, 331 S. m. 5 Karten.) 889. * 10 —.

38. Statistik d. Krankenversicherung d. Arbeiter im J. 1887. (167 S.) 889. * 5 —.

39. Die Stromgebiete d. Deutschen Reichs. Hydrographisch u. orographisch dargestellt m. beschreib. Verzeichniß d. deutschen Wasserstraßen. (In 3 Thln.) 1. Thl. Gebiet der Ostsee. (XI, 301 S. m. Abbildgn. u. 3 Karten.) 891. * 10 —.

40. Waarenverkehr d. deutschen Zollgebiets m. dem Auslande im J. 1888. 1. Thl. (22, 24, 71, 82, 82, 76, 31 S.) 889. * 12 —.

41. —— dass. — 2. Thl. Der auswärt. Waarenverkehr d. deutschen Zollgebiets, geordnet nach den Ländern der Herkunft bezw. Bestimmung u. nach den Grenzstrecken d. Eingangs u. Ausgangs, sowie überseeischer Waarenverkehr in den wichtigeren Seehäfen d. Zollgebiets u. den Zollausschlüssen. 3. Thl. Darstellung d. auswärt. Waarenverkehrs überhaupt u. m. den einzelnen Ländern in systemat. Gruppirg. der Waaren. (6, 82, 61, 82, 86 S.) 890. * 7 —.

42. I. Statistik der Seeschiffahrt für d. J. 1888 bezw. den 1. Jan. 1889. 1. Abthl. (106 S.) 889. * 4 —. — II. —— Dass. — 2. Abthl. Seeverkehr in d. deutschen Hafenplätzen u. Seereisen deutscher Schiffe im J. 1888. (VII, 114, 88 S.) 889. * 4 —.

43. Der Verkehr auf den deutschen Wasserstraßen, insbesondere: Verkehr d. Schiffe u. Güter auf d. deutschen Wasserstraßen, nebst den beobachteten Wasserständen im J. 1888. (III, 102, 77 S.) 890. * 5 —.

44. Stand u. Bewegung der Bevölkerung d. Deutschen Reichs u. fremder Staaten in d. J. 1841 bis 1886. Mit graph. Darstellgn. (VIII, 90, 211 S.) 892. * 6 —.

45. Kriminalstatistik für d. J. 1888. Bearb. im Reichs-Justizamt u. im kaiserl. statist. Amt. (44, 418, 335 S.) 890. * 10 —.

46. Statistik der Krankenversicherung der Arbeiter im J. 1888. (XVII, 159 S.) 890. * 5 —.

47. Waarenverkehr d. deutschen Zollgebietes m. dem Auslande im J. 1889. 1. Thl. Der auswärt. Waarenverkehr d. deutschen Zollgebietes, geordnet nach den einzelnen Waarengattgn., sowie der Veredlungsverkehr. (27, 24, 71, 70, 86, 78, 90, 31 S.) 890. * 12 —.

48. —— dass. —. 2. Thl. Der auswärt. Waarenverkehr des deutschen Zollgebiets, geordnet nach den Ländern der Herkunft bezw. Bestimmg. u. nach den Grenzstrecken des Eingangs u. Ausgangs, sowie überseeischer Waarenverkehr in den wichtigeren Seehäfen d. Zollgebiets. 3. Thl. Darstellung d. auswärt. Waarenverkehrs überhaupt u. m. den einzelnen Ländern in systemat. Gruppirung der Waaren. (8, 122. 61, 89, 131 S.) 890. * 7 —.

49. Statistik der Seeschiffahrt für das J. 1889 bezw. den 1. Jan. 1890. 1. Abthl. Schiffsunfälle an der deutschen Küste im J. 1889, Nachweis der im J. 1889 als verunglückt angezeigten deutschen Seeschiffe, Bestand der deutschen Kauffahrteischiffe am 1. Jan. 1890 u. Bestandesveränderungen vom 1. Jan. 1889 bis 1. Jan. 1890. (94 S.) 890. * 4 —. — 2. Abthl. Schiffsunfälle an d. deutschen Küste, Nachweis der als verunglückt angezeigten deutschen Seeschiffe, Bestand u. Bestandesveränderungen der deutschen Kauffahrteischiffe. Seeverkehr in den deutschen Hafenplätzen und Seereisen deutscher Schiffe. (VII, 118, 92 S.) 890. * 4 —.

50. Der Verkehr auf den deutschen Wasserstraßen, insbesond.: Verkehr der Schiffe u. Güter auf den deutschen Wasserstraßen, nebst den beobachteten Wasserständen, im J. 1889. (III, 110, 75 S.) 891. * 5 —.

51. 1. Heft. Waarenverkehr des deutschen Zollgebiets m. dem Auslande in den J. 1880 bis 1889, geordnet nach den Ländern der Herkunft u. Bestimmg. (Einfuhr in d. freien Verkehr u. Ausfuhr aus demselben.) 1. Heft. Waarenverkehr m. Oesterreich-Ungarn. (21 S.) 891. * — 70. — 2. Heft. desgl. — m. Italien. (17 S.) 891. * — 60. — 3. Heft. desgl. — m. d. Schweiz. (21 S.) 891. * — 80. — 4. Heft. desgl. — m. Spanien [einschl. der Canarischen Inseln] u. m. Portugal [einschließl. der Azoren u. Madeira]. (17 S.) 891. * — 60. — 5. Heft. desgl. — m. Bulgarien, Griechenland, Rumänien, Serbien u. m. der Türkei. (23 S.) 891. * — 80. — 6. Heft. desgl. — m. Frankreich [einschl. Algier]. (25 S.) 891. * 1 —. — 7. Heft. desgl. — m. Rußland. (17 S.) 891. * — 60. — 8. Heft. desgl. — m. Belgien. (23 S.) 891. * — 80. — 9. Heft. desgl. — m. Dänemark, Norwegen u. m. Schweden. (33 S.) 891. * 1 20. — 10. Heft. desgl. — m. den Niederlanden. (25 S.) 891. * 1 —. — 11. Heft. desgl. — m. Großbritannien [einschl. Irland u. der europäischen Besitzungen]. (27 S.) 891. * 1 —. — 12. Heft. desgl. — m. Egypten, Afrika [ausschl. Algier und Egypten], Britisch Vorder- u. Hinterindien, China, Japan, m. d. Ostind. Inseln u. m. dem übr. Asien. (35 S.) 891. * 1 20. — 13. Heft. desgl. — m. den Vereinigten Staaten v. Amerika. (21 S.) 891. * — 80. — 14. Heft. desgl. — m. der Argentinischen Republik, Paraguay u. Uruguay; Brasilien, Britisch Nordamerika, Chile, Mexiko u. Zentralamerika, Peru, dem Westind. Archipel, dem übr. Amerika u. m. Australien. (43 S.) 891. * 1 60. — 15. Heft. desgl. — m. d. deutschen Zollausschlüssen u. Anh.: Hauptergebnisse der Statistik d. Waarenverkehrs in den J. 1880 bis 1889. (IV, 2, 26 S.) 891. * 1 —.

52. Kriminalstatistik für d. J. 1889. Bearb. im Reichs-Justizamt u. im kaiserlichen statist. Amt. (IV, 52, 40, 335 S.) 891. * 10 —.

53. Statistik der Krankenversicherung der Arbeiter im J. 1889. (IV, XIX, 179 S.) 891. * 5 —.

54. Waarenverkehr d. deutschen Zollgebiets m. dem Auslande im J. 1890. 1. Thl. Statistik des auswärt. Handels nach Waarengattgn. (IV, 20, 24, 71, 68, 84, 78, 94, 31 S.) 891. * 12 —.

55. —— dass. — 2. Thl. Statistik des auswärt. Handels nach Herkunfts- u. Bestimmungsländern, auch nach Grenzstrecken u. wichtigeren Seehäfen, nebst Anh.: Waarenverkehr in systemat. Gruppirg. der Waaren. (IV, 156, 61, 90, 24 S.) 891. * 7 —.

56. I. Statistik der Seeschiffahrt für d. J. 1890 bezw. den 1. Jan. 1891. 1. Abthl. Schiffsunfälle an der deutschen Küste im J. 1890, Nachweis der im Ja.1890 als verunglückt angezeigten deutschen Seeschiffe, Bestand der deutschen Kauffahrteischiffe am 1. Jan. 1891 u. Bestandesverändergn. vom 1. Jan. 1890 bis 1. Jan. 1891. (II, 112 S.) 891. * 4 —. — II. Dass. — 2. Abthl. Seeverkehr in den deutschen Hafenplätzen u. Seereisen deutscher Schiffe im J. 1890. (VIII, 114, 96 S.) 892. * 4 —.

57. Der Verkehr auf d. deutschen Wasserstraßen im J. 1890. (IV, III, 105, 77 S.) 892. * 5 —.

59. Statistik der Krankenversicherung der Arbeiter im J. 1890. (IV, XX, 179 S.) 892. * 5 —.

60. Auswärtiger Handel d. deutschen Zollgebiets im J. 1891. 1. Thl. Darstellung nach Waarengattgn. 2 Hefte. (IV, XXIV, 53, II, 12; 158, 131 S.) 892. * 6 —.

62. I. Statistik der Seeschiffahrt für d. J. 1891. 1. Abthl. Schiffsunfälle an der deutschen Küste. Verunglückungen deutscher Seeschiffe. Bestand der deutschen Seeschiffe (Kauffahrteischiffe). (II, 134 S.) 892. * 4 —.

— des Deutschen Reichs. Hrsg. vom kaiserl. statist. Amt. Neue Folge. 39. Bd. 1. Thl., 44. Bd., 48 Bd., 49. Bd. 2. Abth., 50.—55. Bd., 56. Bd. 1. u. 2. Abth., 57.–61. Bd., 62. Bd. 1. u. 2. Abth., 63.—68. Bd., 69. Bd. 1. u. 2. Abth., 70.—74. Bd. u. 75. Bd. 1. Abth. Imp.-4. Berlin, Puttkammer & Mühlbrecht. n. 204. —

39. I. Die Stromgebiete d. Deutschen Reichs. Hydrographisch u. orographisch dargestellt m. beschreib. Verzeichniß der deutschen Wasserstraßen. (In 3 Thln.) 1. Thl. Gebiet der Ostsee. (XI, 301 S. m. Abbildgn. u. 3 Karten.) 891. n. 10. —

44. Stand u. Bewegung der Bevölkerung d. Deutschen Reichs u. fremder Staaten in den J. 1841 bis 1886. Mit graph. Darstellgn. (VIII, 90 u. 211 S.) 892. n. 6. —

48. Waarenverkehr d. deutschen Zollgebiets m. dem Auslande im J. 1889. 2. Thl.: Der auswärt. Waarenverkehr d. deutschen Zollgebiets, geordnet nach den Ländern der Herkunft bezw. Bestimmg. u. nach den Grenzstrecken d. Eingangs u. Ausgangs, sowie überseeischer Waarenverkehr in den wichtigeren Seehäfen d. Zollgebiets. 3. Thl.: Darstellung d. auswärt. Waarenverkehrs überhaupt u. m. den einzelnen Ländern in systemat. Gruppirg. der Waaren. (8, 122, 61, 89 u. 131 S.) 890. n. 7. —

49. II. Statistik der Seeschiffahrt f. d. J. 1889 bezw. den 1. Jan. 1890. Schiffsunfälle an der deutschen Küste, Nachweis der als verunglückt angezeigten deutschen Seeschiffe, Bestand u. Bestandesverändergn. der deutschen Kauffahrteischiffe. Seeverkehr in den deutschen Hafenplätzen u. Seereisen deutscher Schiffe. (VII, 118 u. 92 S.) 890. n. 4. —

50. Der Verkehr auf den deutschen Wasserstraßen, insbesondere: Verkehr der Schiffe u. Güter auf den deutschen Wasserstraßen, nebst den beobachteten Wasserständen, im J. 1889. (III, 110 u. 75 S.) 891. n. 5. —

51. (15 Hfte.) Waarenverkehr d. deutschen Zollgebiets m. dem Auslande in den J. 1880 bis 1889, geordnet nach den Ländern der Herkunft u. Bestimmg. (Einfuhr in den freien Verkehr u. Ausfuhr aus demselben.) 891. Für den Bd. n. 7. —; Einzelpreise:

1. Waarenverkehr m. Oesterreich-Ungarn. (21 S.) n. — 70
2. Dasselbe m. Italien. (17 S.) n. — 60
3. Dasselbe m. der Schweiz. (21 S.) n. — 80
4. Dasselbe m. Spanien [einschl. der Canarischen Inseln] u. m. Portugal [einschl. der Azoren u. Madeira]. (17 S.) n. — 60
5. Dasselbe m. Bulgarien, Griechenland, Rumänien, Serbien u. m. der Türkei. (23 S.) n. — 80
6. Dasselbe m. Frankreich [einschl. Algier]. (25 S.) n. 1. —
7. Dasselbe m. Rußland. (17 S.) n. — 60
8. Dasselbe m. Belgien. (23 S.) n. — 80
9. Dasselbe m. Dänemark, Norwegen u. m. Schweden. (33 S.) n. 1. 20

10. Dasselbe m. den Niederlanden. (25 S.) n. 1. —
11. Dasselbe m. Großbritannien [einschl. Irland u. der europäischen Besitzungen]. (27 S.) n. 1. —
12. Dasselbe m. Egypten, Afrika [ausschl. Algier u. Egypten], Britisch Vorder- u. Hinterindien, China, Japan, m. den Ostind. Inseln u. m. dem übr. Asien. (25 S.) n. 1. 20
13. Dasselbe m. den Vereinigten Staaten v. Amerika. (21 S.) n. — 80
14. Dasselbe m. der Argentinischen Republik, Paraguay u. Uruguay; Brasilien, Britisch Nordamerika, Chile, Mexiko u. Zentralamerika, Peru, dem Westind. Archipel, dem übr. Amerika u. m. Australien. (43 S.) n. 1. 60
15. Dasselbe m. den deutschen Zollausschlüssen u. Anh.: Hauptergebnisse der Statistik d. Waarenverkehrs in den J. 1880 bis 1889. (IV, 2 u. 26 S.) n. 1. —

52. Kriminalstatistik f. d. J. 1889. Bearb. im Reichs-Justizamt u. im kaiserl. statist. Amt. (IV, 52; 40 u. 335 S.) 891. n. 10. —
53. Statistik der Krankenversicherung der Arbeiter im J. 1889. (IV, XIX, 179 S.) 891. n. 5. —
54. Waarenverkehr d. deutschen Zollgebiets m. dem Auslande im J. 1890. 1. Thl. Statistik d. auswärt. Handels nach Waarengattgn. (IV, 20; 24, 71, 68, 84, 78, 94 u. 31 S.) 891. n. 12. —
55. — dasselbe. 2. Thl.: Statistik d. auswärt. Handels nach Herkunfts- u. Bestimmungsländern, auch nach Grenzstrecken u. wichtigeren Seehäfen, nebst Anh.: Waarenverkehr in systemat. Gruppirg. der Waaren. (IV, 156, 61, 90 u. 24 S.) 891. n. 7. —
56, I. Statistik der Seeschiffahrt f. d. J. 1890 bezw. den 1. Jan. 1891. 1. Abth. Schiffsunfälle an der deutschen Küste im J. 1890, Nachweis der im J. 1890 als verunglückt angezeigten deutschen Seeschiffe, Bestand der deutschen Kauffahrteischiffe am 1. Jan. 1891 u. Bestandesverändergn. vom 1. Jan. 1890 bis 1. Jan. 1891. (II, 112 S.) 891. n. 4. —
56, II. — dasselbe. 2. Abth. Seeverkehr in den deutschen Hafenplätzen u. Seereisen deutscher Schiffe im J. 1890. (VIII, 114 u. 96 S.) 891. n. 4. —
57. Der Verkehr auf den deutschen Wasserstraßen im J. 1890. (IV, III, 105 u. 77 S.) 892. n. 5. —
58. Kriminalstatistik f. d. J. 1890. Bearb. im Reichs-Justizamt u. im kaiserl. statist. Amt. (IV, 48; 42 u. 353 S.) 892. n. 10. —
59. Statistik der Krankenversicherung der Arbeiter im J. 1890. (IV, XX, 179 S.) 892. n. 5. —
60. Auswärtiger Handel d. deutschen Zollgebiets im J. 1891. 1. Thl. Darstellung nach Waarengattgn. 2 Hfte. (IV, XXIV, 63 u. II, 12; 158 u. 131 S.) 892. n. 6. —
61. — dasselbe. 2. Thl. Darstellung nach Herkunfts- u. Bestimmungs-Ländern. (IV, VII, 447 S.) 892. n. 6. —
62, I. Statistik der Seeschiffahrt f. d. J. 1891. 1. Abth. Schiffsunfälle an der deutschen Küste. Verunglückungen deutscher Seeschiffe. Bestand der deutschen Seeschiffe (Kauffahrteischiffe). (II, 134 S.) 892. n. 4. —
62, II. — dasselbe. 2. Abth. Seeverkehr in den deutschen Hafenplätzen — Seereisen deutscher Schiffe. (VIII, 120 u. 96 S.) 892. n. 4. —
63. Der Verkehr auf den deutschen Wasserstraßen im J. 1891. (III, 173 S.) 892. n. 5. —
64. Kriminalstatistik f. d. J. 1891. Bearb. im Reichs-Justizamt u. im kaiserl. statist. Amt. (IV, 49, 40 u. 348 S.) 894. n. 10. —
65. Statistik der Krankenversicherung der Arbeiter im J. 1891. (IV, XXVII, 183 S.) 893. n. 5. —
66. Auswärtiger Handel des deutschen Zollgebiets im J. 1892. 1. Thl. Darstellung nach Waarengattgn. (IV, 24, XXXIII, 53, 140 u. 138 S.) 893. n. 6. —
67. — dasselbe. 2. Thl. Darstellung nach Herkunfts- u. Bestimmungs-Ländern. (IV, XXXV, 451 S.) 893. n. 6. —
68. Die Volkszählung am 1. Dezbr. 1890 im Deutschen Reich. Tabellen m. Erläutergn. u. graph. Darstellgn. (VIII, 91 u. 201 S. m. 4 farb. Karten.) 894. n. 6. —
69, I. Statistik der Seeschiffahrt f. d. J. 1892. 1. Abth. Bestand der deutschen Seeschiffe (Kauffahrteischiffe). Schiffsunfälle an der deutschen Küste. Verunglückungen deutscher Seeschiffe. (II, 131 S.) 893. n. 4. —
69, II. Statistik der Seeschiffahrt f. d. J. 1892. 2. Abth. Seeverkehr in den deutschen Hafenplätzen — Seereisen deutscher Schiffe. (VIII, 223 S.) 894. n. 4. —
70. Statistik der Binnen-Schiffahrt f. d. J. 1892, sowie der Bestand der deutschen Fluß-, Kanal-, Haff- u. Küstenschiffe am 31. Dezbr. 1892. (IV, 38 u. IV, 179 S.) 893. n. 6. —
71. Kriminalstatistik f. d. J. 1892. Bearb. im Reichs-Justizamt u. im kaiserl. statist. Amt. 2 Hfte. (1. Hft. III, 341 S.) 894. n. 10. —
72. Statistik der Krankenversicherung der Arbeiter im J. 1892. (IV, XL, 184 S.) 894. n. 5. —
73. Auswärtiger Handel des deutschen Zollgebiets im J. 1893. 1. Thl. Der auswärt. Handel nach Menge u. Werth der Waaren-Gattgn. u. der Verkehr m. den einzelnen Ländern. (IV, 6, XXXII, 494 S.) 894. n. 6. —
74. — dasselbe. 2. Thl. Darstellung nach Waaren-Gattgn. (IV, 56 u. 298 S.) 894. n. 6. —
75, I. Statistik der Seeschiffahrt f. d. J. 1893. 1. Abth. Bestand der deutschen Seeschiffe (Kauffahrteischiffe). Schiffsunfälle an der deutschen Küste. Verunglückungen deutscher Seeschiffe. (II, 137 S.) 894. n. 4. —

— des Deutschen Reichs. Hrsg. v. kaiserl. statist. Amt. Neue Folge. 75. Bd. 2. Abth., 76.—80. Bd., 81. Bd. 2 Abthlgn., 82.—86. Bd., 87. Bd. 2 Abthlgn., 88.—92. Bd., 93. Bd. 2 Abthlgn., 94.—97. Bd., 101.—110. Bd. u. 112.—118. Bd. Imp.-4. Berlin, Puttkammer & Mühlbrecht. n. 247. —

75, II. Statistik der Seeschiffahrt f. d. J. 1893. 2. Abth.: Seeverkehr in d. deutschen Hafenplätzen. — Seereisen deutscher Seeschiffe. (VIII, 124 u. 104 S.) 895. n. 4. —
76. D. Binnen-Schiffahrt im J. 1893. (III, 177 S.) 895. n. 5. —
77. Kriminalstatistik f. d. J. 1893. Bearb. im Reichs-Justizamt u. im kaiserl. statist. Amt. (IV, 46, 77 u. 369 S. m. 5 Karten u. 1 graph. Darstellg.) 896. n. 10. —
78. Statistik d. Krankenversicherg. im J. 1893. (VI, LX, 191 S.) 895. n. 5. —
79. Auswärt. Handel d. deutschen Zollgebiets im J. 1894. 1. Thl.: D. auswärt. Handel nach Menge u. Werth d. Waaren-Gattungen u. d. Verkehr m. d. einz. Ländern. (IV, 6, XXXI u. 499 S.) 895. n. 6. —
80. Dasselbe. 2. Thl.: Darstellg. nach Waaren-Gattungen. (IV, 296 S.) 895. n. 6. —
81, I. Statistik d. Seeschiffahrt f. d. J. 1894. 1. Abth.: Bestand d. deutschen Seeschiffe (Kauffahrteischiffe). — Schiffsunfälle an d. deutschen Küste. — Verunglückgn. deutscher Seeschiffe. (II, 131 S.) 895. n. 4. —
81, II. Dasselbe. 2. Abth.: Seeverkehr in den deutschen Hafenplätzen. — Seereisen deutscher Schiffe. (VIII, 124 u. 109 S.) 896. n. 4. —
82. D. Binnen-Schiffahrt im J. 1894. (III, 187 S.) 896. n. 5. —
83. Kriminalstatistik f. d. J. 1894. Tabellenwerk. (III, 377 S.) 897. n. 10. —
84. Statistik d. Krankenversicherung im J. 1894. (VI, XCVII, 191 S.) 897. n. 5. —
85. Auswärt. Handel d. deutschen Zollgebiets im J. 1895. 1. Thl.: D. auswärt. Handel nach Menge u. Werth d. Waaren-Gattungen u. d. Verkehr m. d. einz. Ländern. (IV, 6, XXXII, 507 S.) 896. n. 6. —
86. Auswärt. Handel d. deutschen Zollgebiets im J. 1895. 2. Thl.: Darstellg. nach Waaren-Gattgn. (IV, 63 u. 302 S.) 896. n. 6. —
87, I. Statistik d. Seeschiffahrt f. d. J. 1895. 1. Abth.: Bestand der deutschen Seeschiffe (Kauffahrteischiffe). — Schiffsunfälle an d. deutschen Küste. — Verunglückgn. deutscher Seeschiffe. (II, 145 S.) 896. n. 4. —
87, II. Dasselbe. 2. Abth.: Seeverkehr in den deutschen Hafenplätzen. — Seereisen deutscher Schiffe. (VIII, 128 u. 107 S.) 897. n. 4. —
88. Binnen-Schiffahrt, die, im J. 1895. (III, 189 S.) 897. n. 5. —
89. Kriminalstatistik f. d. J. 1895. Tabellenwerk. (III, 313 S.) 897. n. 10. —
90. Statistik d. Krankenversicherg. im J. 1895. (IV, XIX, 191 S.) 897. n. 5. —
91. Handel, auswärtiger, des deutschen Zollgebiets im J. 1896. 1. Thl.: Der auswärt. Handel nach Menge u. Werth der Waaren-Gattgn. u. der Verkehr m. den einzelnen Ländern. (IV, 6, XXXVI, 522 S.) 897. n. 6. —
92. Dasselbe. 2. Thl.: Darstellung nach Waaren-Gattgn. (IV, 75 u. 306 S.) 898. n. 6. —
93, I. Statistik d. Seeschiffahrt f. d. J. 1896. 1. Abth.: Bestand der deutschen Seeschiffe (Kauffahrteischiffe). — Schiffsunfälle an d. deutschen Küste. — Verunglückgn. deutscher Seeschiffe. (II, 157 S.) 897. n. 4. —
93, II. Dasselbe. 2. Abth.: Seeverkehr in den deutschen Hafenplätzen. — Seereisen deutscher Schiffe. (VI, 128 u. 114 S.) 898. n. 4. —
94. Binnen-Schiffahrt, die, im J. 1896. (III, 199 S.) 897. n. 5. —
95. Kriminalstatistik f. d. J. 1896. (Tabellenwerk, 315 S.) Für Tabellenwerk u. Erläutergn. 898. n. 10. —
96. Statistik d. Krankenversicherung im J. 1896. (IV, XXX, 191 S.) 898. n. 5. —
97. Handel, auswärtiger, des deutschen Zollgebiets im J. 1897. 1. Thl.: Der auswärt. Handel nach Menge u. Werth der Waaren-Gattgn. u. der Verkehr m. d. einz. Ländern. (IV, 12, XXXVI, 594 S.) 898. n. 6. —
101. Statistik, die, d. deutschen Reichs im J. 1897. (IV, VIII, 293 S.) 897. n. 5. —
102. Berufs- u. Gewerbezählung v. 14. VI. 1895. Berufsstatistik f. d. Reich im Ganzen. 1. Thl. (VIII, 153 u. 341 S.) 897. n. 6. —
103. Dasselbe. 2. Thl. (IV, 379 S.) 897. n. 6. —
104. Berufs- u. Gewerbezählung v. 14. VI. 1895. Berufsstatistik d. Bundesstaaten. 1. Thl. (VIII, 622 S.) 897. n. 6. —
105. Dasselbe. 2. Thl. (VIII, 690 S.) 897. n. 6. —
106. Dasselbe. 3. Thl. (V, 696 S.) 897. n. 6. —
107. Berufs- u. Gewerbezählung v. 14. VI. 1895. Berufsstatistik der deutschen Großstädte. 1. Thl. (VIII, 422 S.) 897. n. 5. —
108. Dasselbe. 2. Thl. (VIII, 624 S.) 897. n. 5. —
109. Berufs- u. Gewerbezählung v. 14. VI. 1895. Berufsstatistik d. kleineren Verwaltungsbezirke. (XII, 724 S.) 897. n. 8. —
110. Dasselbe. Berufsstatistik nach Ortsgrößenklassen. (VIII, 575 S.) 897. n. 5. —
112. Dasselbe. Die Landwirthschaft im Deutschen Reich. Nach d. landwirthschaftl. Betriebszählg. v. 14. VI. 1895 bearb. (VIII, 70 u. 560 S. m. 7 farb. Karten.) 898. n. 8. —
113. Dasselbe. Gewerbe-Statistik f. d. Reich im Ganzen. (XIV, 543 S.) 898. n. 6. —
114. Dasselbe. Gewerbe-Statistik d. Bundesstaaten. 1. Thl. (X, 475 S.) 898. n. 5. —
115. Dasselbe. 2. Thl. (X, 390 S.) 898. n. 5. —
116. Dasselbe. Gewerbe-Statistik der Großstädte. (X, 391 S.) 898. n. 5. —
117. Dasselbe. Gewerbe-Statistik d. Verwaltungsbezirke. 1. Thl. (Kleinere Verwaltungsbezirke Preußens.) (XVII, 413 S.) 898. n. 5. —
118. Dasselbe. 2. Thl. (XVII, 480 S.) 898. n. 5. —

— des Deutschen Reichs. Hrsg. vom kaiserl. statist. Amt. Neue Folge. 39. Bd. 2. Thl., Abth. a—c., 98. Bd., 99 Bd. 2 Abthlgn., 100., 111., 119.—123. Bd., 124. Bd. 2 Abthlgn., 125.—129. Bd., 130. Bd. 2 Abthlgn., 131.—136. Bd., 137. Bd. 2 Abthlgn., 138., 139., 141.—143., 145. u. 148. Bd. Imp.-4. Berlin, Puttkammer & Mühlbrecht. n. 207. —

39. II a. Stromgebiete, die, des Deutschen Reichs. Hydrographisch u. orographisch dargestellt. m. beschreib. Verzeichniß der deutschen Wasserstraßen. Thl. II, a. Gebiet der Elbe u. der Küstenflüsse der Nordsee nördlich der Elbe. (IV, 398 S. m. 2 farb. Karten.) 900. n. 4. —

b. Dasselbe. Thl. II, b: Gebiet der Weser. (IV, 165 S. m. 8 Karten u. 3 Taf.) 901. n. 2. —

c. Dasselbe. Thl. II, c: Gebiet der Ems. (VI, 92 u. 5 S. m. 1 Taf.) 902. n. 2. —; (I u. II a—c n. 18. —)

98. Handel, auswärtiger, des deutschen Zollgebiets im J. 1897. 2. Thl. Darstellung nach Waarengattgn. (IV, 110 u. 330 S.) 898. n. 6. —

99. I. Statistik der Seeschiffahrt f. d. J. 1897. 1. Abth.: Bestand der deutschen Seeschiffe (Kauffahrteischiffe) — Schiffsunfälle an der deutschen Küste — Verunglückungen deutscher Seeschiffe. (II, 159 S.) 899. n. 4. —

II. Dasselbe. 2. Abth. Seeverkehr in den deutschen Hafenplätzen — Seereisen deutscher Schiffe. (VIII, 246 S.) 899. n. 4. —

100. Binnen-Schiffahrt, die, im J. 1897. (IV, 42, 4 u. 201 S.) 899. n. 6. —

111. Berufs- u. Gewerbezählung vom 14. VI. 1895. Die berufl. und sociale Gliederg. des deutschen Volkes nach der Berufszählg. v. 14. VI. 1895. (X, 279 u. 427 S. m. 7 farb. Taf. u. 18 farb. Karten.) 899. n. 8. —

119. Dasselbe. Gewerbe u. Handel im Deutschen Reich. Nach der gewerbl. Betriebszählg. vom 14. VI. 1895. (X, 245 u. 313 S. m. 14 farb. Karten.) 899. n. 8. —

120. Kriminalstatistik f. das J. 1897. (Tabellenwerk.) (331 S.) 899. Für Tabellenwerk u. Erläutergn. n. 10. —

121. Statistik der Krankenversicherung im J. 1897. (Tabellenwerk 191 u. XII S. u. Einleitg. 78 S. u. 5 lith. Taf.) 899. n. 5. —

122. Handel, auswärtiger, des deutschen Zollgebiets im J. 1898. 1. Thl. Der auswärt. Handel nach Menge u. Werth der Waaren-Gattgn. u. der Verkehr m. den einzelnen Ländern. (IV, 746 S.) 899. n. 6. —

123. Dasselbe. 2. Thl. Darstellungen nach Waarengattgn. (IV, 315 S.) 900. n. 6. —

124. I. Statistik der Seeschiffahrt f. d. J. 1898. 1. Abth.: Bestand der deutschen Seeschiffe (Kauffahrteischiffe). — Schiffsunfälle an der deutschen Küste. — Verunglückungen deutscher Seeschiffe. (II, 157 S.) 900. n. 4. —

II. Dasselbe. 2. Abth. Seeverkehr in den deutschen Hafenplätzen. — Seereisen deutscher Schiffe. (VIII, 249 S.) 900. n. 4. —

125. Binnen-Schiffahrt, die, im J. 1898. (IV, 203 S.) 899. n. 5. —

126. Kriminalstatistik f. d. J. 1898, nebst Erläutergn. f. die Jahrgänge 1897 u. 1898. Bearb. im Reichs-Justizamt u. im kaiserl. statist. Amt. (IV, 102, 84 S. u. Tabellenwerk 331 S. m. 5 farb. Karten.) 901. n. 10. —

127. Statistik der Krankenversicherung im J. 1898. (IV, 38 und 191 S. m. 1 Taf.) 900. n. 5. —

128. Handel, auswärtiger, des deutschen Zollgebiets im J. 1899. 1. Thl. Der Verkehr in den einzelnen Ländern in den J. 1899, 1898 u. 1897. 24 Hfte. (39, 31, 44, 31, 62, 41, 43, 31, 55, 40, 52, 39, 40, 156, 57, 48, 53, 33, 50, 88, 48, 39, 63 u. 11 S.) 900. n. 8. —

129. Dasselbe. 2. Thl. Darstellung nach Waarengattungen. (IV, 892 S.) 900. n. 6. —

130. I. Seeschiffahrt, die, im J. 1899. 1. Abth.: Bestand der deutschen Seeschiffe (Kauffahrteischiffe). — Schiffsunfälle an der deutschen Küste. — Verunglückungen deutscher Seeschiffe. (II, 175 S.) 901. n. 4. —

II. Dasselbe. 2. Abth.: Seeverkehr in den deutschen Hafenplätzen. — Seereisen deutscher Schiffe. (VIII, 124 S.) 901. n. 4. —

131. Binnen-Schiffahrt, die, im J. 1899. (IV, 215 S.) 900. n. 5. —

132. Kriminalstatistik f. d. J. 1899. (333 u. 11, 72, 65 u. 42 S.) 901. n. 10. —

133. Statistik der Krankenversicherung im J. 1899. (IV, 39 und 191 S. m. 1 Taf.) 901. n. 5. —

134. Streiks u. Aussperrungen im J. 1899. (IV, XXVIII, 171 S.) 900. n. 2. —

135. Handel, auswärtiger, des deutschen Zollgebiets im J. 1900. Bearb. im kaiserl. statist. Amt. 1. Thl. Der Verkehr m. den einzelnen Ländern im J. 1900, unter Vergleichg. m. den Zahlen der J. 1897 bis 1899. 24 Hfte (IV, II, II, 54, 45, 61, 46, 84, 52, 82, 44, 79, 54, 75, 55, 55, 223, 118, 73, 76, 48, 69, 124, 71, 59, 95, 11 u. 8 S.) 901. n. 10. —

136. Dasselbe. 2. Thl. Darstellung nach Waarengattgn. (IV, 394 u. 28 S.) 901. n. 6. —

137. I. Seeschiffahrt, die, im J. 1900. 1. Abth.: Bestand der deutschen Seeschiffe (Kauffahrteischiffe). — Schiffsunfälle an der deutschen Küste. — Verunglückungen deutscher Seeschiffe. (II, 169 S.) 902. n. 4. —

II. Dasselbe. 2. Abth.: Seeverkehr in den deutschen Hafenplätzen. — Seereisen deutscher Schiffe. (VIII, 128 S.) 902. n. 4. —

138. Binnen-Schiffahrt, die, im J. 1900. (IV, 227 S.) 901. n. 5. —

139. Kriminalstatistik f. d. J. 1900. Bearb. im Reichs-Justizamt und im kaiserl. statist. Amt. (IV, 55, 50 u. 333 S.) 902. n. 10. —

141. Streiks u. Aussperrungen im J. 1900. (63 u. 261 S.) 901. n. 2. —

142. Handel, auswärtiger, des deutschen Zollgebiets im J. 1901. Bearb. im kaiserl. statist. Amt. 1. Thl. Der Verkehr m. den einzelnen Ländern im J. 1901, unter Vergleichg. m. den J. 1897 bis 1900. 24 Hfte. (57, 51, 67, 52, 95, 57, 98, 50, 90, 60, 83, 59, 61, 244, 151, 75, 84, 52, 78, 132, 80, 61, 101 u. 12 u. 8 S.) 902. n. 10. —

143. Dasselbe. 2. Thl. Darstellung nach Waarengattgn. (IV, 409 u. 30 S.) 902. n. 6. —

145. Binnen-Schiffahrt, die, im J. 1901. (IV, 293 S.) 902. n. 5. —

148. Streiks u. Aussperrungen im J. 1901. (II, 80, 57 u. 169 S.) 902. n. 2. —

— des Deutschen Reichs. Hrsg. vom kaiserl. statist. Amt. Neue Folge. 39. Bd. 3. Tl. Abt. a; 140. Bd., 144. Bd. 2 Abtlgn., 146. 147. 149.—153. Bd., 154. Bd. 2 Abtlgn., 155.—166. Bd., 167. Bd. 1. 3. u. 4. Tl., 168. 171.—174. u. 178. Bd. Imp.-4. Berlin, Puttkammer & Mühlbrecht. n. 189. —

39. 3. Tl. Abt. a. Stromgebiete, die, des Deutschen Reichs. Hydrographisch u. orographisch dargestellt m. beschreib. Verzeichnis der deutschen Wasserstraßen. Tl. III, a; Gebiet des Rheins. (IV, 180 S. m. 1 farb. Karte.) 905. 3. — (I—III, a: 21. —)

140. Krankenversicherung, die, im J. 1900. (XII, 57 u. 192 S. m. 4 [1 farb.] Taf.) 903. n. 5. —

144. I. Seeschiffahrt, die, im J. 1901. 1. Abth. Bestand der deutschen Seeschiffe (Kauffahrteischiffe). — Schiffsunfälle an der deutschen Küste. — Verunglückungen deutscher Seeschiffe. (II, 175 S.) 903. n. 4. —

II. Dasselbe. 2. Abth.: Seeverkehr in den deutschen Hafenplätzen. — Seereisen deutscher Schiffe. (VIII, 174 u. 132 S.) 903. n. 4. —

146. Kriminalstatistik f. d. J. 1901. Bearb. im Reichs-Justizamt u. im kaiserl. statist. Amt. (II, 128, 77 u. 339 S. m. 5 farb. Taf.) 904. n. 10. —

147. Krankenversicherung, die, im J. 1901. (IV, 48, 192 S.) 904. n. 5. —

149. Binnen-Schiffahrt, die, im J. 1902, sowie der Bestand der Fluß-, Kanal-, Haff- u. Küstenschiffe am 31. XII. 1902. (IV, 60, 4, 130 u. 97 S.) 903. n. 6. —

150. Volkszählung, die, vom 1. XII. 1900 im Deutschen Reich. 1. Tl. (VIII, 204 u. 372 S. m. 13 farb. Taf.) 903. n. 8. —

151. Dasselbe. 2. Tl. (IV, 789 S.) 903. n. 4. —

152. Handel, auswärtiger, des deutschen Zollgebiets im J. 1902. Bearb. im kaiserl. statist. Amt. 1. Tl. Der Verkehr m. den einzelnen Ländern im J. 1902, unter Vergleichg. m. den J. 1897—1901. 24 Hefte. (5. Heft. 107 S.) 903. n. 10. —

153. Dasselbe. 2. Tl. Darstellung nach Warengattgn. (IV, 434 u. 30 S.) 903. n. 6. — (1. u. 2.: n. 16. —)

154. I. Seeschiffahrt, die, im J. 1902. 1. Abtlg.: Bestand der deutschen Seeschiffe (Kauffahrteischiffe). — Schiffsunfälle an der deutschen Küste. — Verunglückungen deutscher Seeschiffe. (II, 179 S.) 904. n. 4. —

II. Dasselbe. 2. Abtlg.: Seeverkehr in den deutschen Hafenplätzen. — Seereisen deutscher Schiffe. (IV, 144 u. 136 S.) 904. n. 4. —

155. Kriminalstatistik f. d. J. 1902. (Tabellenwerk. II, 12 u. 411 S.) 904. n. 10. —

156. Krankenversicherung, die, im J. 1902. (XII, 52 u. 192 S.) 904. n. 5. —

157. Streiks u. Aussperrungen im J. 1902. (IV, 78, 53 u. 169 S.) 903. n. 2. —

158. Handel, auswärtiger, des deutschen Zollgebietes im J. 1903. Bearb. im kaiserl. statist. Amt. 1. Tl. Der Verkehr m. den einzelnen Ländern im J. 1903, unter Vergleichg. m. d. J. 1897—1902. 24 Hefte. (3. Heft. 80 S.) 904. n. 10. —

159. Dasselbe. 2. Tl. Darstellung nach Warengattgn. (IV, 58, XXXII, 455 u. 31 S.) 904. n. 6. —

160. Seeschiffahrt, die, im J. 1903. 1. u. 2. Tl.: Bestand der deutschen Seeschiffe (Kauffahrteischiffe). — Schiffsunfälle an der deutschen Küste. Verunglückungen deutscher Seeschiffe. (II, 17, 54 u. II, 22, 120 S.) 904. 905. n. 4.; 3. u. 4. Tl. Seeverkehr in den deutschen Hafenplätzen. — Seereisen deutscher Schiffe. (35, 148 u. VIII, 40 S.) 905. n. 4. —

161. Binnen-Schiffahrt, die, im J. 1903. (42, 132 u. 97 S. m. 4 farb. Taf.) 904. n. 5. —

162. Kriminalstatistik f. d. J. 1903. (Tabellenwerk II, 13 u. 413 S.) 905. n. 10. —

163. Krankenversicherung, die, im J. 1903. (XII, 62 u. 192 S.) 905. n. 5. —

164. Streiks u. Aussperrungen im J. 1903. (IV, 98, 59 u. 203 S.) 904. n. 2. —

165. Handel, auswärtiger, des deutschen Zollgebiets im J. 1904. Bearb. im kaiserl. statist. Amt. 1. Tl. Der Verkehr m. den einzelnen Ländern im J. 1904, unter Vergleichg. m. den J. 1900—1903. 24 Hefte. (1. Hft. 61 S.) 905. n. 10. —

166. Dasselbe. 2. Tl. Darstellg. nach Warengattgn. (IV, 452 u. 30 S.) 905. n. 6. —

167. I. Seeschiffahrt, die, im J. 1904. 1. Tl. Bestand der deutschen Seeschiffe (Kauffahrteischiffe). (II, 54 S.) 905. Für Tl. 1 u. 2: n. 4. —

III. IV. Dasselbe. 3. u. 4. Tl. Seeverkehr in den deutschen Hafenplätzen. Seereisen deutscher Schiffe. (VI, II, 26, 152, 104 u. 40 S.) 906. n. 4. —

168. Binnen-Schiffahrt, die, im J. 1904. (IV, 3, 13, 132 u. 97 S.) 905. n. 5. —

171. Streiks u. Aussperrungen im J. 1904. (119, 61 u. 269 S.) 905. n. 2. —

172. Handel, auswärtiger, des deutschen Zollgebiets im J. 1905. 1. Tl. Verkehr m. den einzelnen Ländern im J. 1905 unter Vergleichg. m. d. J. 1900—1904. (13. Heft. 75 S.) 906. n. 10. —

173. Handel, auswärtiger, des deutschen Zollgebiets im J. 1905. 2. Tl. Darstellung nach Warengattgn. 6 Hefte. (IV, 89; 118, 256, 163, 72 u. 80 S.) 906. n. 6. —
174. Seeschiffahrt, die, im J. 1905. 1. Tl. Bestand der deutschen Seeschiffe (Kauffahrteischiffe). (II, 18 u. 54 S.) 906. — 2. Tl. Schiffsunfälle an der deutschen Küste. Verunglückungen deutscher Seeschiffe. (II, 151 S.) 907. n. 4. —
178. Streiks u. Aussperrungen im J. 1905. (II, 149, 67 u. 343 S.) 906. n. 2. —

— des Deutschen Reichs. Hrsg. vom kaiserl. statist. Amt. Bd. 169, 170, 174 III. u. IV. Tl., 175—177, 179 I. Tl., II. Tl. a—c u. III. Tl. a, b, 180—186, 187 4 Tle.; 188—200, 202—210, 212—219, 223—232 u. 239. 33,5×26,5 cm. Berlin, Puttkammer & Mühlbrecht. 321. 40

169. Kriminalstatistik f. d. J. 1904. Bearb. im Reichs-Justizamt u. im kaiserl. statist. Amt. (IV, 16, 129 u. 423 S. m. 7 farb. Taf.) 906. 10. —
170. Krankenversicherung, die, im J. 1904. (XII, 52 u. 192 S.) 907. 5. —
174. III. IV. Seeschiffahrt, die, im J. 1905. III. u. IV. Tl. Seeverkehr in den deutschen Hafenplätzen — Seereisen deutscher Schiffe. (II, 26, 152, 110 u. II, 7 u. 40 u. VI S.) 907. 4. —
175. Binnen-Schiffahrt, die, im J. 1905. (II, III, 134 u. 99 S.) 907. 5. —
176. Kriminalstatistik f. d. J. 1905. Bearb. im Reichs-Justizamt u. im kaiserl. statist. Amt. (IV, 16, 30, 36 u. 425 S.) 907. 10.—
177. Krankenversicherung, die, im J. 1905. (XII, 39 u. 81 S.) 907. 2. 50
179, I. Stromgebiete, die, des Deutschen Reichs. Hydrographisch u. orographisch dargestellt m. beschreib. Verzeichnis d. deutschen Wasserstraßen. Berichtigte u. auf d. neuesten Stand ergänzte Ausg. I. Tl.: Gebiet der Ostsee. (V, 295 S.) 908. 3. —
II a. Dasselbe. Tl. II a: Gebiet der Elbe. (III, 385 S.) 907. 4. —
II b. Dasselbe. Tl. II b: Gebiet d. Weser. (III, 97 S.) 907. 2. —
II c. Dasselbe. Tl. II c: Gebiet der Ems. (III, 97 S.) 907. 2. —
III a. Dasselbe. Tl. III a: Gebiet d. Rheins. (III, 187 S.) 907. 3. —
III b. Dasselbe. Tl. III b: Gebiet der Donau. (Zugleich Schlußheft v. Bd. 39 der 1. Bearbeitg.) (III, 51 S.) 907. 1. —
180. Seeschiffahrt, die, im J. 1906. 4 Tle. (1. Tl. Bestand der deutschen Seeschiffe [Kauffahrteischiffe]. II, 18 u. 53 S.) 907. 8. —
181. Handel, auswärtiger, im J. 1906. Darstellung nach Warengattgn. im J. 1906. 6 Hefte. (IV, 148, 156, 100, 52, 23 u. 59 S.) 908. 3.—; einz. à —80
182. Dasselbe. 1. Tl. Der Verkehr m. den einzelnen Ländern im J. 1906. 24 Hefte. (78, 60, 91, 54, 123, 79, 113, 59, 102, 85, 103, 78, 74, 282, 169, 96, 108, 62, 96, 170, 84, 89, 52 u. IV, IV, II, 4 S.) 907. 10.—; einz. Hefte 1—13 u. 16—24 à —60; 14 u. 15 à 1. 60
183. Dasselbe. Durchfuhr. Niederlage-, Veredelungsverkehr. Zollerträge usw. Seefischerei. 4 Hefte. (306, 144, 19 u. IV, 100 S.) 908. 3.—; in einz. Heften: 1. Durchfuhr nach wichtigeren Herkunfts- u. Bestimmungsländern. Niederlageverkehr. Veredelungsverkehr. 1.60; 2. Zollerträge. Einfuhrscheine. Zollnachlässe. Schiffbaumaterialien. Schiffsbedarf. —80; 3. Deutsche Seefischerei. —80; 4. Erläuterungen zu den Tab. in den Bdn. 181, 182 u. 183. 1. 60
184. Die Binnenschiffahrt im J. 1906. Bearb. im kaiserl. statist. Amt. (IV, III, 17, 132 u. 95 S.) 907. 5. —
185. Kriminalstatistik f. d. J. 1906. Bearb. im Reichs-Justizamt u. im kaiserl. statist. Amte. (IV, 16, 194, 67 u. 427 S.) 908. 10. —
186. Krankenversicherung, die, im J. 1906. (IV, 33 u. 81 S.) 908. 2. 50
187. I. II. Seeschiffahrt, die, im J. 1907. (In 4 Tln.) I. u. II. Tl. (II, 52 u. II, 22 u. 159 S.) 908. 4. —
187. III. IV. Dasselbe. 3. u. 4. Tl. Seeverkehr in den deutschen Hafenplätzen. — Seereisen deutscher Schiffe. (IV, 150, 110 u. II, 8 u. 41 S.) 909. 4. —
188. Streiks u. Aussperrungen im J. 1906. (IV, 90 u. 207 S.) 907. 2. —
189. Handel, auswärtiger, im J. 1907. Darstellung nach Warengattgn. 5 Hefte. (IV, 77, 103, 53, 23 u. 62 S.) 3.—; einzeln à —80
190. Dasselbe. Der Verkehr in den einzelnen Ländern im J. 1907. (8., 11., 13. u. 19. Heft. 41, 66, 50 u. 61 S.) 908. Für vollst. 10. —
191. Dasselbe. Durchfuhr. Niederlage-, Veredelungsverkehr. Zollerträge usw. Seefischerei. (3. Heft. 105 S.) 909. Für vollst. 3.—; in einz. Heften: 1. Erläuterungen zu den Tabellen in den Bdn. 189, 190 u. 191. —80; 2. Durchfuhr nach wichtigeren Herkunfts- u. Bestimmungsländern. Niederlageverkehr. Veredelungsverkehr. 1.60; 3. Zollerträge. Einfuhrscheine. Zollnachlässe. Schiffbaumaterialien. Schiffbedarf. —80
192. Binnen-Schiffahrt, die, im J. 1907 sowie der Bestand der deutschen Binnenschiffe am 31. XII. 1907. (III, 110, 4, 15, 130 u. 97 S.) 909. 6. —
193. Kriminalstatistik f. d. J. 1907. Bearb. im Reichs-Justizamt u. im kaiserl. statist. Amte. (IV, 16, 30, 72 u. 435 S.) 909. 10. —
194. Krankenversicherung, die, im J. 1907. (IV, 35 u. 81 S.) 908. 1. 20
195. Streiks u. Aussperrungen im J. 1907. (IV, 92 S. m. Fig.) 908. 2. —
196. Handel, auswärtiger, im J. 1908. Bearb. im kaiserl. statist. Amte. Darstellgn. nach Warengattgn. 2 Hefte. (IV, 19 S. u. 229 S.) 909. 3.—; Einzelpr. 1: —80; 2: 2. 40
197. Dasselbe. Der Verkehr m. den einzelnen Ländern im J. 1908 unter Vergleichg. m. dem Vorjahre. 24 Hefte. (43, 35, 47, 33, 73, 44, 66, 32, 54, 47, 41, 40, 152, 94, 52, 60, 33, 49, 92, 44, 49, 21 u. X, 8 S.) 909. 10.—; Einzelpr. 1—13, 16—24 je —80; 14. 15 je 1. 60
198. Dasselbe. Bearb. im kaiserl. statist. Amte. Durchfuhr. Niederlage-, Veredelungsverkehr. Zollerträge usw. Seefischerei. 4 Hefte. (IV, 40, 42, 62 u. 42 S.) 909. 3.—; einz. Hefte —80
199. Flagge, die deutsche, in den außerdeutschen Häfen i. J. 1907. (VI, 143 S.) 909. 2. —
200. Sterbetafeln, deutsche, f. d. Jahrzehnt 1891—1900. (VII, 54 u. 215 S. m. 6 farb. Taf.) 910. 5. —
202. Berufs- u. Betriebszählung v. 12. VI. 1907. Berufsstatistik. (I. Abtlg. 1. Heft. V, 240 u. 134 S.) 909. Für vollst. 6. —
203. Dasselbe. Berufsstatistik. II. Abtlg. 1. u. 2. Heft. Die Reichsbevölkerg. nach Alter, Familienstand u. Religionsbekenntnis, Witwen u. Waisen u. Alter u. Familienstand in einigen besond. Berufen. (III, III, 4, 281 S.) 910. 6. —
204. Dasselbe. 3. Abtlg. Die Bevölkerung Preußens nach Haupt- u. Nebenberuf. (V, 4 u. 834 S.) 909. 6. —
205. Dasselbe. IV. Abtlg. Die Bevölkerung der Bundesstaaten außer Preußen nach Haupt- u. Nebenberuf. (V, 4 u. 907 S.) 910. 6. —
206. Dasselbe. V. Abtlg. Die Bevölkerung der Bundesstaaten nach Alter, Familienstand u. Religionsbekenntnis. (VI, 4 u. 288 S.) 910. 6. —
207. Dasselbe. VI. Abtlg. (Großstädte.) (1. Heft. III, 359 S.) 909. Für vollst. 6. —
208. Dasselbe. Abtlg. VII. Gemeinden m. weniger als 2000 Einwohnern. (VII, 5, 623 S.) 910. 6. —
209. Dasselbe. Abtlg. VIII. Kleinere Verwaltungsbezirke. (V, 10, 801 S.) 910. 6. —
210. Dasselbe. IX. Abtlg. Die Bevölkerung nach Hauptberuf u. Gebürtigkeit. 2 Tle. Landesteile u. Großstädte. (VI, 4, 611 u. V, 419 S.) 910. 6. —
212. Dasselbe. Landwirtschaftl. Betriebsstatistik. Tl. I a. Gliederg. der Betriebe, Reich u. Bundesstaaten. (V, 14, 366 S.) 909. Für vollst. 12. —
213. Dasselbe. Gewerbliche Betriebsstatistik. I. Abtlg. (1. Heft. III, 166 u. 67 S.) 909. Für vollst. 6. —
214. Dasselbe. II. Abtlg. 2 Hefte. Reichsübersichten: Motoren. — Arbeitsmaschinen. — Motoren in Gesamtbetrieben. — Unternehmungsformen. — Betriebe in der Hand 1 Inhabers. — Öffentl. Betriebe. (V, III, 5, 325 u. 5, 153 S.) 910. 6. —
215. Dasselbe. III. Abtlg. (Bundesstaaten.) (1. Heft. II, 5 u. 462 S.) 909. Für vollst. 6. —
216. Dasselbe. IV. Abteilg. Bundesstaaten: Offene Verkaufsstellen — Motoren — Öffentliche Betriebe. (V, 5, 640 S.) 910. 6. —
217. Dasselbe. Abteilg. V. (Großstädte.) (1. Heft. III, 5 u. 406 S.) 909. Für vollst. 6. —
218. Dasselbe. VI. Abtlg. Kleinere Verwaltungsbezirke; Preußen. (V, 9, 580 S.) 909. 6. —
219. Dasselbe. VII. Abtlg. Kleinere Verwaltungsbezirke; Bundesstaaten außer Preußen. (V, 8 u. 504 S.) 909. 6.—
223. Bewegung der Bevölkerung im J. 1907. (VII, 54 u. 199 S. m. 5 farb. Karten.) 909. 4. —
224. Flagge, die deutsche, in den außerdeutsch. Häfen im J. 1908. (V, 122 S.) 910. 2. —
225. Seeschiffahrt, die, im J. 1908. Bearb. im kaiserl. statist. Amte. 4 Tle. (II, 47; II, 119; VII, 248, 84; II, 6 u. 32 S. m. 2 Karten.) 910. 8. —
226. Binnen-Schiffahrt, die, im J. 1908. Bearb. im kaiserl. statist. Amte. (V, 3, 16, 128 u. 96 S.) 910. 5. —
227. Bewegung der Bevölkerung im J. 1908. Bearb. im kaiserl. statist. Amte. (VII, 171 S.) 910. 4. —
228. Kriminalstatistik f. d. J. 1908. Bearb. im Reichs-Justizamt u. im kaiserl. statist. Amte. (IV, 16, 38, 44 u. 437 S.) 910. 10. —
229. Krankenversicherung, die, im J. 1908. (IV, 21 u. 81 S.) 909. 1. 20
230. Streiks u. Aussperrgn. im J. 1908. (IV, 61 S. m. Kurven.) 909. 1. —
231. Handel, auswärtiger, im J. 1909. Bearb. im kaiserl. statist. Amte. Spezialhandel u. Gesamteigenhandel nach Warengattgn. u. Ländern, Durchfuhr, Niederlage- u. Veredelungsverkehr, Zollerträge u. s. w., Seefischerei einschl. der Bodenseefischerei. II. Heft. Spezialhandel nach wichtigeren Herkunfts u. Bestimmungsländern. (104 S.) 910. 6.—; Einzelpr. 1. 60
232. Dasselbe. Der Verkehr m. den einzelnen Ländern im J. 1909 unter Vergleichg. m. dem Vorjahre. 24 Hefte. (36, 27, 40, 28, 58, 35, 56, 27, 45, 37, 45, 31, 32, 129, 74, 16, 52, 27, 40, 75, 35, 42, 17 u. X, 8 S.) 910. 10.—; Einzelpr. 1—13, 16—24 à —80; 14, 15 à 1. 60
239. Streiks u. Aussperrungen im J. 1909. Bearb. im kaiserl. statist. Amte. (IV, 62 S.) 910. 1. —

—— der Deutschen Reichs-Postverwaltung für das Jahr 1871—75. (Berlin 1871—76.) 4. Jhg. 1873 nebst einer geographischen Darstellung der statistischen Ergebnisse des Preussischen demnächst Deutschen Reichs-Postwesens für die Jahre 1850 bis 1873. (LHK.; PC.)

Statistik der Deutschen Reichs-Post- und Telegraphenverwaltung für die Jahre 1873—82. 1884—1900. 1902—04. Berlin 1875—1904. 4°.

Statistik der deutschen Reichs-Post- und Telegraphen-Verwaltung für das Kalenderjahr —. 1876—1901. Berlin 1877 ff. 4°.

Statistik der Deutschen R e i c h s - P o s t - und Telegraphen-v e r w a l t u n g. Fol.
für das Kalenderjahr 1886, 87 u. 89. Berlin 1887, 88 u. 90.
für das Kalenderjahr 1892 ff. ebd. 1893 ff.

Statistik der Deutschen Reichs-Post- und Telegraphen-Verwaltung für das Kalenderjahr 1906(—08). Berlin: (Reichsdruckerei). 3 Hefte fol.

Berlin.
— **Reichs-Post- und Telegraphen-Verwaltung,** Statistik für 1898, 99. Berlin 1899, 1900. 4°.

Statistik der Reichstagswahlen v. 1893 (9. Legislaturperiode). I. Die Reichstagswahlen v. 1893 in den einzelnen Staaten u. preuß. Provinzen. II. Die Reichstagswahlen v. 1893 in den einzelnen Wahlkreisen. Bearb. im kaiserl. statist. Amt. Fol. (55 S.) Berlin 893. C. Heymanns Verl. n. 1. —

— dasselbe. Bearb. im kaiserl. statist. Amt. [Aus: „Vierteljahrshefte zur Statistik des Deutschen Reichs".] Imp.-4. (55 S.) Berlin 893. Puttkammer & Mühlbrecht. n. 1. —

Statistik d. **Reichstagswahlen** v. 1898, s. a. **Vierteljahreshefte** z. Statistik d. Deutschen Reichs.

Statistik der Reichstagswahlen von 1898. Bearb. im Kais. Statist. Amt. Th. [1.] 2. Berlin: Puttkammer & Mühlbrecht 1898–99. 2 Bde 4° [Umschlagt. F.]
[1.] Nebst 1 kartogr. Darstellung. 1898.
2. Nebst 2 graph. Darstellungen betr. d. Reichstagswahlen 1871–1898. 1899.
= **Vierteljahrshefte** z. Statistik d. Deutschen Reichs. Erg.H. zu 1898, III u. 1899, I.
[illegible]

Statistik der **Reichstagswahlen** v. 1898. (10. Legislatur-Periode.) Bearb. im kaiserl. statist. Amt. Fol. (91 S.) Berlin 899. (C. Heymann's Verl.) n. 2. —

Statistik der **Reichstagswahlen** v. 1907, s. a. **Vierteljahrshefte** zur Statistik des Deutschen Reichs. Erg.-Heft.

Statistik der Reichstagswahlen von 1907. T. 1–3. Berlin: Puttkammer & Mühlbrecht 1907. 4° [F.]
1. Vergleich. Übersicht d. Reichstagswahlen von 1903 u. 1907.
= **Vierteljahrshefte** z. Statistik d. Deutschen Reichs. Erg.H. zu 1907, I. III. IV.
[illegible]

Statistik von Rendsburg. O. O. 1823. V: *Wagner, Marcus David.* (NN)

— u. **Rennberichte** in Österreich-Ungarn 1897. Hrsg. v. d. Red. d. „Sport". (I.) Ausg. v. 15. III. — Pferde in Training. gr. 16. (IV, 28 S.) Ebd. 897. n. — 40

— d. evang. **Rettungshäuser Deutschlands.** Zusammengest. u. hrsg. v. d. Central-Ausschuß f. d. inn. Mission d. deutschen evang. Kirche. Mit e. Vorwort von Kirstein. Fol. (VI, 37 S.) Berlin 897. (M. Warneck.) n. 1. 50

Statistik der Preussischen Rhein-Provinzen . . . Cöln 1817 [1819]. V: *Neugebauer (Neigebaur), Johann Daniel Ferdinand.* (Nowack, Schles. Schriftst.-Lex. Bresl. 1836—43. III, 98.)

Statistik der Preuß. Rheinprovinzen in den drey Perioden ihrer Verwaltung. gr. 8. Cölln, Rommerskirchen. 817. Druckpap.
Velinpapier

— der Preuß. Rheinprovinzen in den 3 Perioden ihrer Verwaltung. gr. 8. Cöln 819. Rommerskirchen. 20 gr Velinp. 1 —

Statistik des R o l l m a t e r i a l e s der schweizerischen Eisenbahnen. 1886–94. Bern. fol.

— des **Rollmaterials** der schweizerischen Eisenbahnen nach dem Bestand am Ende d. J. 1898, 1899 u. 1900. Hrsg. vom schweizer. Post- u. Eisenbahndepartement. Fol. (96, 98 u. 102 S.) Bern (899—901). (H. Körber.) à n. 4. —

Statistik des **Rollmaterials** der schweizer. Eisenbahnen, Bestand am Ende d. J. 1901—1905. — Statistique du matériel roulant des chemins de fer suisses, état fin 1901—1905. Hrsg. vom schweizer. Post- u. Eisenbahndepartement. (104, 114, 126, 138 u. 162 S.) Fol. Bern 902—906. (H. Körber.) à n. 4. —

Statistik des Rollmaterials der Schweizerischen Eisenbahnen. Bestand am Ende des Jahres 1904. Hrg. vom Schweizerischen Post- und Eisenbahndepartement = **Statistique** du matériel roulant des chemins de fer suisses. État fin 1904. Publié par le Département fédéral des postes et des chemins de fer. 138 S. fol. Bern, Hans Feuz, Juni 1905.

Statistik des Rollmaterials der Schweizerischen Eisenbahnen. Bestand am Ende des Jahres 1905. Hrg. vom Schweizerischen Post- und Eisenbahndepartement = **Statistique** du matériel roulant des chemins de fer suisses. État fin 1905. Publié par le Département fédéral des postes et des chemins de fer. 162 S. fol. Bern, Hans Feuz, Juni 1906.

Statistik des Rollmaterials der Schweizerischen Eisenbahnen. Bestand am Ende des Jahres 1906. Hrg. vom Schweizerischen Post- und Eisenbahndepartement = **Statistique** du matériel roulant des chemins de fer suisses. État fin 1906. Publié par le Département fédéral des postes et des chemins de fer. 164 S. fol. Bern, Hans Feuz, Juli 1907.

Statistik des Rollmaterials der Schweizerischen Eisenbahnen. Bestand am Ende des Jahres 1907. Hrg. vom Schweizerischen Post- und Eisenbahndepartement = **Statistique** du matériel roulant des chemins de fer suisses. État fin 1907. Publié par le Département fédéral des postes et des chemins de fer. 172 S. fol. Bern, Hans Feuz, Juli 1908.

Statistik des Rollmaterials der Schweizerischen Eisenbahnen. Bestand am Ende des Jahres 1908. Hrg. vom Schweizerischen Post- und Eisenbahndepartement = **Statistique** du matériel roulant des chemins de fer suisses. État fin 1908. Publié par le Département fédéral des postes et des chemins de fer. 170 S. fol. Bern, Hans Feuz, September 1909.

— des **Rollmaterials** der schweizerischen Eisenbahnen. Bestand am Ende des J. 1908. — Statistique du matériel roulant des chemins de fer suisses. État fin 1908. Hrsg. vom schweizer. Post- u. Eisenbahndepartement. (170 S.) 35,5×22,5 cm. Bern 909. Raillard & Co. 5. —

Statistik des Rollmaterials der Schweizerischen Eisenbahnen. Bestand am Ende des Jahres 1909. Hrg. vom Schweizerischen Post- und Eisenbahndepartement = **Statistique** du matériel roulant des chemins de fer suisses. État fin 1909. Publié par le Département fédéral des postes et des chemins de fer. 171 S. fol. Bern, Hans Feuz, Juni 1910.

— d. **Sanitätsverhältnisse** d. Mannschaft d. k. u. k. Heeres in den J. 1895, 1896 u. 1897. Ueber Anordng. d. k. u. k. Reichs-Kriegs-Ministeriums bearb. u. hrsg. v. d. III. Section d. k. u. k. techn. Militär-Comité. gr. 4. (IV, 277 u. LIII; IV, 280 u. LIII u. IV, 289 u. LIII S.) Wien 897—898. (Hof- u. Staatsdruckerei.) à n. 4. —

— der Sanitätsverhältnisse der Mannschaft des k. u. k. Heeres i. d. J. 1898, 1899 u. 1900. Über Anordng. d. k. u. k. Reichs-Kriegs-Ministeriums bearb. u. hrsg. v. der III. Section des k. u. k. techn. Militär-Comité. gr. 4. Wien (Hof- u. Staatsdr.). n.n. 13.—
1898. (IV, 287 u. LII S.) 899 n. 4.—
1899. (IV, 278 u. LII S.) 900. n.n. 4.50
1900. (IV, 278 u. LII S.) 901. n.n. 4.50

— der Sanitätsverhältnisse der Mannschaft des k. u. k. Heeres in d. J. 1901—1904. Ueber Anordn. des k. u. k. Reichskriegsministeriums bearb. u. hrsg. v. der III. Sektion des k. u. k. techn. Militärkomitee. gr. 4. Wien (Hof- u. Staatsdruckerei). à 6.—
1901. (IV, 274 u. LII S.) 902. — 1902. (IV, 267 u. LII S.) 902. 1903. (IV, 264 S.) 904 — 1904. (IV, 264 S.) 905.

— der Sanitätsverhältnisse der Mannschaft des k. u. k. Heeres, Fortsetzg., s.: Bericht, sanitätsstatistischer, des k. u. k. Heeres.

— des Sanitätswesens, s. a. Statistik, österreichische.

—— des Sanitätswesens der im Reichsrathe vertretenen Königreiche und Länder [ohne Dalmatien]. Nach den für das J. 1873 vorgelegten Berichten bearb. von Alex. Killiches. Hrsg. von der k. k. Central-Commission. Fol. (XXVIII, 179 S.) Wien 877, (Gerold's Sohn.) *

—— dass. — Nach den für das J. 1874 vorgelegten Berichten [mit 2 graph. Darstellungen] bearb. von Alex. Killiches. Hrsg. von der k. k. statist. Central-Commission. Fol. (XXXII, 191 S.) (Ebendas.) 878. *

—— des Sanitätswesens der im Reichsrathe vertretenen Königreiche und Länder [ohne Dalmatien]. Nach den für das J. 1875 vorgelegten Berichten bearb. von Alex. Killiches. Hrsg. von der k. k. statist. Central-Commission. gr. 4. (III, XXXIII, 195 S.) Wien 880, (Gerold's Sohn.) * 9 —

—— dass. — Nach den für das J. 1876 vorgelegten Berichten bearb. Imp.-4. (V, XXXVI, 203 S.) (Ebendas.) 880. * 9 —

—— dass. — Nach den für das J. 1877 vorgelegten Berichten bearb. Imp.-4. (XXXVII, 207 S.) (Ebendas.) 881. * 9 —

—— dass. — Nach den für das J. 1878 vorgelegten Berichten bearb. Imp.-4. (XXXIX, 223 S.) (Ebendas.) 882. * 9 40

—— dass. — Für das J. 1879, nach amtl. Berichten bearb. Imp.-4. (XL, 221 S.) (Ebendas.) 883. * 9 40

—— des Sanitätswesens der im Reichsrathe vertretenen Königreiche 1882 u. ff., s. Statistik, österreichische.

Statistik des Sanitätswesens der im Reichsrathe vertretenen Königreiche und Länder für das Jahr 1896. Bearbeitet von dem Bureau der k. k. statistischen Central-Commission. Wien. 1899. In Comm. Gerold's Sohn. 4°. XXXIV, 252 S. fl. 5.—

Oesterreichische Statistik. Herausgegeben von der k. k. statistischen Central-Commission. LV. Bd. 1. Heft.
Enthält:
Statistik des Sanitätswesens der im Reichsrathe vertretenen Königreiche und Länder für das Jahr 1897. Bearbeitet von dem Bureau der k. k. statistischen Central-Commission. Wien. 1900 In Comm. Gerold's Sohn. 4°. XXXIV, 253 S. K 10.—

Oesterreichische Statistik. Herausgegeben von der k. k. statistischen Central-Commission. LIX. Bd. 1. Heft.
Enthält:
Statistik des Sanitätswesens in den im Reichsrathe vertretenen Königreichen und Ländern für das Jahr 1898. Bearbeitet von dem Bureau der k. k. statistischen Central-Commission. Wien. 1901. In Comm. Gerold's Sohn. 4°. XXXIII, 248 S. K 10.—

Statistik des Sanitätswesens in den im Reichsrate vertretenen Königreichen und Ländern für das Jahr 1899. [Oesterr. Statistik. 60. Bd. 1. Heft.] 4°. (XXXIV, 251 S.) † K 8.50
Wien: Gerold 1902.

Statistik des Sanitätswesens in den im Reichsrathe vertretenen Königreichen und Ländern für das Jahr 1900. [Oesterr. Statistik. 68. Bd. 2. Heft.] 4°. (XXXIV, 251 S.) † K 8.50
Wien: Gerold 1903.

Statistik des Sanitätswesens in den im Reichsrate vertretenen Königreichen und Ländern für das Jahr 1901. [Österr. Statistik. 72. Bd. 3. Heft.] Fol. (XXXIX, 252 S.) † K 8.80
Wien: Gerold 1905.

Statistik des Sanitätswesens in den im Reichsrate vertretenen Königreichen und Ländern für das Jahr 1902. [Österr. Statistik. LXXVII. Bd. 1. Heft.] 4°. (XXX, 252 S.) K 8.50
Wien: Gerold 1906.

Statistik des Sanitätswesens in den im Reichsrate vertretenen Königreichen und Ländern für das Jahr 1903. [Österr. Statistik, LXXIX. Bd., 2. Heft.] Fol. (XXIX, 253 S.) † K 8.50
Wien: Gerold 1907.

Statistik des Sanitätswesens in den im Reichsrate vertretenen Königreichen und Ländern für das Jahr 1904 [Österr. Statistik. LXXX. Bd. 3. Heft.] 4°. (XXIX, 253 S.) † K 8.50
Wien: Gerold 1908.

Statistik des Sanitätswesens in den im Reichsrate vertretenen Königreichen und Ländern für das Jahr 1905. [Österr. Statistik. LXXXII. Bd. 1. Heft.] 4°. (XXX, 253 S.) †
Wien: Gerold 1909.

Statistik d. Sanitätswesens i. Lande Steiermark f. 1889. Graz 1891. 4.

(Statistik des Kantons St. Gallen. Heft 15.) 4. Bern, Stämpfli & Cie., 1901.
s. Zuppinger, C[arl].

(Statistik des Kantons St. Gallen. Heft 16.) 4. Bern, Stämpfli & Cie., 1901.
s. Müller, Othmar.

Statistik des Kantons St. Gallen. Heft 17. 4. St. Gallen, Zollikofer, 1901.
s. Zuppinger, C[arl].

Statistik des Kantons St. Gallen. Heft 18: Landwirtschaftliche Statistik. a) ... — d).... 4. St. Gallen, Zollikofer, 1902.
a) ... u. b) ... u. d) ... s. Heeb, G[ebhard].
c) ... s. Zuppinger, C[arl].

Statistik des Kantons St. Gallen. Heft 19. 4. St. Gallen, Zollikofer, 1903.
s. Zuppinger, C[arl].

(Statistik des Kantons St. Gallen. Heft 20.) 4. Bern, Stämpfli & Cie., 1903.
s. Müller, Othmar.

(Statistik des Kantons St. Gallen. Heft 21.) 4. St. Gallen, Zollikofer, 1904.
s. Gsell, W[alther].

Statistik des Kantons St. Gallen. Heft 22. 4. St. Gallen, A. Loehrer, 1907.
s. Bersinger, F[riedrich].

Statistik des Kantons St. Gallen. Heft 23—26. 4. 1908—1909.
Heft 23. St. Gallen, Herm. Honer, 1908. s. Zuppinger, C[arl].
Heft 24. St. G., V. Schmid & Co., 1908. s. Brüschweiler, Carl.
Heft 25. Bern, Stämpfli & Cie., 1909. s. Gross, Paul.
Heft 26. St. Gallen, W. Müller, 1909. s. Gross, Paul.

Statistik des Kantons St. Gallen. Heft 27. 4. St. Gallen, Honegger, 1910.
s. Gross, Paul.

Statistik der abgelegten Schachtförderseile im Oberbergamtsbezirk Bonn (mit Ausschluß der staatlichen Saarbrücker Steinkohlenbergwerke). Jg. 1896—1907. Bonn, 1897—1908.

Statistik der abgelegten Schachtförderseile im Oberbergamtsbezirk Breslau. Jg. 1897—1907. Breslau. 1898—1908.

Statistik der Schachtförderseile im Oberbergamtsbezirk Breslau. Breslau, Jgg. 1895 bis zur Gegenwart.

Zur **Statistik** der Schachtförderseile im Oberbergamtsbezirk Dortmund 1874. o. O. u. J. (Autographiert.) 29 S.

Statistik der Schachtförderseile im Oberbergamtsbezirk Dortmund. Dortmund, Jggg. 1876—1884. und 1890 bis zur Gegenwart.

Statistik der Schacht-Förderseile im Oberbergamtsbezirk Dortmund. Jg. 1882—1903. Dortmund, 1883—1904.

Statistik der Schachtförderseile im Oberbergamtsbezirke Dortmund. [1.] 1905. Dortmund 1905: H. Bellmann. 2° [v.] (cd. 1408 6

Statistik der Schachtförderseile im Bergwerksdirektionsbezirk Saarbrücken. Jg. 1880. 1881. 1884–1889. 1891–1894. 1897–1907. Saarbrücken, 1881–1908.

— des Kreises Schaumburg nach den Daten vom 1. Janr. 1867. Aufgestellt von der königl. Regierungs-Commission zu Rinteln, gedruckt in Gemäßheit Verfügung königl. Administration in Kurhessen, Abtheilung des Innern vom 17. Aug. 1867. Rinteln 867. (Bösendahl.) gr. 1. (52 S.) n. 10 ngr.

— u. **Schematismus** der landwirthschaftlichen Industrie Böhmens. Authentische Darstellg. gr. 4. (IV, 228 S.) Ebd. 892. n. 8. —

Statistik der Provinz Schleswig-Holstein im Rahmen des deutschen Reichs und Preussens. Nach amtlichen Quellen bearb. v. **O.** von **Wobeser.** Altona. 1887. 8°.

—— der deutschen Schulen im Reg.-Bez. Oberpfalz und von Regensburg. Mit hoher Regierungsbewilligung aus amtl. Quellen bearb. von Friedr. Zahn und Leonh. Reisinger. 2. verm. und verb. Aufl. gr. 8. (544, 64 S. mit 1 lithogr. und color. Karte der Oberpfalz.) Regensburg 886, (Pustet.) * 5 20

Zweite Statistik des Schulturnens in Deutschland, hrsg. v. Carl Roßow, Gotha 1908, 538 S., 8°.

— schweizer., s.a. Ergebnisse d. Eidgenöss. Volkszählung.

Statistik, Schweizerische, s.a. Statistique de la Suisse.

— schweizerische. I—IV. Herausg. vom statistischen Bureau des eidgenössischen Departement des Innern. Bern 862—64. (Blom in Comm.) gr. 4. n. 4 ℛ 13 ngr.
I. Bevölkerung. Eidgenöss. Volkszählung vom 10. Decbr. 1860. (XII, 441 S.) n. 2 ℛ 20 ngr.
II. Heimaths- u. Aufenthaltsverhältnisse. (IV, 62 S.) n. 15 ngr.
III. Die Ersparnisskassen der Schweiz von J. L. Spyri. — Les caisses d'épargne de La Suisse. (XIX, 124 S.) n. 24 ngr.
IV. Handel der Schweiz mit dem Königreich Italien. — Commerce de la Suisse avec le Royaume d'Italie. (VIII, 40 S.) n. 14 ngr.

—— schweizerische. — Statistique de la Suisse. Hrsg. vom statist. Bureau des eidgenöss. Departement des Innern. I—IX. gr. 4. Zürich, Orell, Füssli und Comp. *
Inhalt:
I. Bevölkerung. Eidgenössische Volkszählung vom 10. Decbr. 1860. 1. Lfg. (XII und 441 S.) 862. * 2 Thlr. 20 Ngr.
II. —— dass. — 2. Lfg.: Heimaths- und Aufenthaltsverhältnisse. (IV und 62 S.) 863. * 17 Ngr.
III. Mittheilungen über das Brandversicherungswesen in der Schweiz. (X und 160 S.) 862. * 1 Thlr. 12½ Ngr.
IV. Commerce de France avec la Suisse pendant les onze années 1851—1861. (IV und 27 S.) 863. * 8 Ngr.
V. Handel der Schweiz mit dem Königr. Italien. — Commerce de la Suisse avec le royaume d'Italie. (VIII und 40 S.) 864. * 13 Ngr.
VI. Die Ersparnisskassen der Schweiz von J. L. Spyri. — Les caisses d'épargne de la Suisse. (XIX und 124 S.) 864. * 1 Thlr. 6 Ngr.
VII. Waarenverkehr der Schweiz mit besond. Rücksicht auf den deutschen Zollverein und Oesterreich. — Commerce de la Suisse en vue spéciale du commerce avec l'association douanière allemande et l'Autriche. (XXXVI und 132 S.) 865. * 1 Thlr. 12 Ngr.
VIII. Bevölkerung. — Eidgenössische Volkszählung. — 10. Decbr. 1860. 3. Lfg.: Alter, Geschlecht und Familienstand. (XLVIII und 225 S.) 866. * 2 Thlr. 10 Ngr.
IX. Eidgenössische Viehzählung vom 21. April 1866. (107 S.) 866. * 1 Thlr.

—— schweizerische. Hrsg. vom statist. Bureau des eidgenöss. Departement des Innern. 10.—24. Heft. gr. 4. Ebendas. * 79 20
Inhalt:
Heft 10. Die Alpenwirthschaft der Schweiz im J. 1364. (XXI, 433 S.) 868. * ℳ 11,60.
» 11. Eidgenössisische Volkszählung vom 10. Decbr. 1860. 4. Lfg.: Die Bevölkerung nach den Beschäftigungsarten. (XXXI, 88 S.) 869. * ℳ 3.
» 12. Geburten, Sterbefälle und Trauungen in der Schweiz im J. 1867. (XXVIII, 101 S.) 871. * ℳ 3,60.
» 13. Statistik der Viehbesitzer in der Schweiz am 21. April 1866. (IV, 21 S.) 871. * ℳ 1.
» 14. Geburten, Sterbefälle und Trauungen in der Schweiz im J. 1868. (101 S.) 871. * ℳ 3.
» 15. Eidgenössische Volkszählung vom 1. Dezbr. 1870. 1. Bd.: Die Bevölkerung nach Geschlecht, Civilstand, Heimath, Aufenthalt, Religion, Gebrechen, Sprachverhältnissen, nebst der Zahl der Haushaltungen, Wohnhäuser und bewohnbaren Räume. (LXXIII, 304 S.) 872. * ℳ 10.
» 16. Geburten, Sterbefälle und Trauungen in der Schweiz im J. 1869. (101 S.) 873. * ℳ 3.
» 17. —— dass. — im J. 1870. (101 S.) 873. * ℳ 4.
» 18. Schweizerische Eisenbahnstatistik. 1. Jahrg.: Betriebsjahr 1868. (XLVIII, 94 S. mit 1 lithogr. Karte in qu. gr. 4.) 874. * ℳ 6.
» 19. Geburten, Sterbefälle und Trauungen in der Schweiz im J. 1871. (101 S.) 874. * ℳ 4.
» 20. Eidgenössische Volkszählung vom 1. Decbr. 1870. 2. Bd.: Die Bevölkerung nach Alter, Geschlecht und Familienstand. (XXV, 514 S.) 874. * ℳ 16.
» 21. Die Ersparnisskassen der Schweiz von J. L. Spyri. (XXVI, 142 S.) 875. * ℳ 5.
» 22. Geburten, Sterbefälle und Trauungen in der Schweiz in den J. 1867—1871. (VIII, 86 S.) 874. * ℳ 3.

Statistik, schweizerische etc.
Heft 23. Handel der Schweiz mit dem Königr. Italien. (VII, 149 S.) 875. * ℳ 4.
» 24. Geburten, Sterbefälle und Trauungen in der Schweiz im J. 1872. (101 S.) 875. * ℳ 3.
Sämmtliche Theile der „Schweizerischen Statistik" sind mit Ausnahme des 4. zugleich in deutscher und französischer Sprache abgefasst.
1.—9. Heft. Ebendas. 1862—66. * ℳ 33,75.

—— schweizerische. 25.—45. Heft. Hrsg. vom statist. Bureau des eidgenöss. Departements des Innern. gr. 4. Zürich, Orell, Füssli und Comp. *
Inhalt:
Heft 25.} 26.} Geburten, Sterbefälle und Trauungen in der Schweiz in den J. 1873 und 1874. (Französisch und deutsch.) (à 101 S.) 876. à * ℳ 3.
» 27. Rekruten-Prüfung im J. 1875. (VII, 15 S. mit 2 chromolithogr. Karten in qu. Fol.) 876. * ℳ 2.
» 28. Eidgenössische Volkszählung vom 1. Decbr. 1870. 3. Bd.: Die Bevölkerung nach den Beschäftigungsarten. (IX, 187 S. mit 1 Chromolithogr. in qu. gr. Fol.) 876. * ℳ 8.
» 29. Handel Frankreichs mit der Schweiz von 1862—1874. (XXX, 305 S. mit 3 Chromolithogr. in qu. Fol.) 876. * ℳ 10.
» 30. Waarenverkehr über die Grenze zwischen Oesterreich und der Schweiz in den J. 1866—1873. (Französisch und deutsch.) (VI, 27 S.) 876. * ℳ 1.
» 31. Schweizerische Viehzählung vom 21. April 1876. 1. Thl. (III, 122 S.) 876. * ℳ 3.
» 32. Geburten, Sterbefälle und Trauungen in der Schweiz im J. 1875. (101 S.) 876. * ℳ 3.
» 33. Waarenverkehr über die Grenze zwischen Deutschland und der Schweiz in den J. 1872—1875. (IX, 63 S.) 876. * ℳ 2.
» 34. Rekruten-Prüfung im J. 1876. (VI, 15 S.) 877. * ℳ 1.

Heft 35. Die Bevölkerungs-Bewegung der Schweiz im J. 1876. (Französisch und deutsch.) (XXIV, 136 S.) 878. *ℳ 4.
» 36. Pädagogische Prüfung bei der Rekrutirung für das J. 1877. (VI, 15 S. mit 1 chromolithogr. Karte.) 878. *ℳ 2.
» 37. Schweizerische Viehzählung vom 21. April 1876. Statistik der Viehbesitzer (45 S. mit 2 chromolithogr. Taf. in qu. Fol.) 878. *ℳ 2.
» 38. Pädagogische Prüfung bei der Rekrutirung für das J. 1878. (Deutsch und Französisch.) (IV, 15 S. mit 1 chromolithogr. Karte in qu. gr. Fol.) 878. *ℳ 2.
» 39. Die Bevölkerungs-Bewegung der Schweiz im J. 1877. (XXIV, 116 S.) 878. *ℳ 3,50.
» 40. Pädagogische Prüfung bei der Rekrutirung für das J. 1879. (Deutsch und französisch.) (III, 15 S. mit 1 chromolithogr. Karte.) 879. *ℳ 2.
» 41. Handel der Schweiz mit dem Königr. Belgien [1871—1877]. (Deutsch und französisch.) (XVIII, 21 S.) 879. *ℳ 2.
» 42. Waarenverkehr über die Grenze zwischen Deutschland und der Schweiz in den J. 1875—1877. (Französisch und deutsch.) (VII, 72 S.) 879. *ℳ 3.
» 43. Handel der Schweiz in Frankreich in den J. 1875—1877. (Deutsch und französisch.) (VIII, 110 S. mit 4 chromolithogr. Tab.) 879. *ℳ 4.
» 44. Die Gesetzgebung über das Versicherungswesen der Schweiz. [Aus: „Zeitschrift für schweizer. Statistik".] (II, 63 S.) 879. *ℳ 3.
» 45. Die Bewegung der Bevölkerung in der Schweiz im J. 1878. (XXXVI, 120 S.) 879. *ℳ 4.
1.—24. Heft. Ebendas. 1862—75. *ℳ 112,95.

—— schweizerische. Hrsg. vom statist. Bureau des eidgenöss. Departement des Innern. 46.—60. Heft. gr. 4. Bern. (Zürich, Orell, Füssli und Comp.) 56 50

Inhalt:

Heft 46. Waarenverkehr über die Grenze zwischen der Schweiz und Oesterreich in den J. 1875—1877. (Deutsch und Französ.) (VIII, 42 S.) 879. *ℳ 2,50.
» 47. Pädagogische Prüfung bei der Rekrutirung für das J. 1880. (Deutsch und Französ.) (VIII, 15 S. mit 1 chromolithogr. Karte.) 880. *ℳ 2.
» 48. Handel der Schweiz mit Italien in den J. 1874—1878. (Deutsch und Französ.) (XXVII, 72 S. mit 3 chromolithogr. Tab.) 880. *ℳ 4.
» 49. Pädagogische Prüfung bei der Rekrutirung für das J. 1881. (Deutsch und Französ.) (VIII, 16 S. mit 1 chromolithogr. Karte.) 880. *ℳ 2.
» 50. Die Bewegung der Bevölkerung in der Schweiz im J. 1879. (XVI, 119 S.) 881. *ℳ 4.
» 51. Eidgenössische Volkszählung vom 1. Dezbr. 1880. 1. Bd.: Die Bevölkerung nach Geschlecht, Altersperioden, Civilstand, Heimath, Aufenthalt, Konfession und Sprache, nebst der Zahl der Haushaltungen und der bewohnten Häuser und Räumlichkeiten. (Deutsch und Französ.) (XLIX, 296 S. mit 4 chromolithogr. Karten.) 881. *ℳ 10.
» 52. Pädagogische Prüfung bei der Rekrutirung für das J. 1882. (Deutsch und Französ.) (VIII, 16 S. mit 1 chromolithogr. Karte.) 882. *ℳ 2.
» 53. Die Bewegung der Bevölkerung in der Schweiz im J. 1880. (XVIII, 124 S.) 882. *ℳ 4.
(Französisch und Italienisch zu gleichem Preise.)
» 54. Pädagogische Prüfung bei der Rekrutirung für das J. 1883. (Deutsch und Französ.) (VIII, 16 S. mit 1 chromolithogr. Karte.) 883. *ℳ 2.
» 55. Die Bewegung der Bevölkerung in der Schweiz im J. 1881. (XXII, 126 S.) 883. *ℳ 4.
» 56. Eidgenössische Volkszählung vom 1. Dezbr. 1880. 2. Bd.: Die Bevölkerung nach Alter, Geschlecht und Civilstand. (XXIX, 192 S. mit 2 Stnt.) 883. *ℳ 5.
» 57. Die Bewegung der Bevölkerung in der Schweiz im J. 1882. (XXIV, 128 S.) 884. *ℳ 4.
» 58. Pädagogische Prüfung bei der Rekrutirung für das J. 1884. (Deutsch und Französ.) (VIII, 16 S. mit 1 chromolithogr. Karte.) 884. *ℳ 2.
» 59. Eidgenössische Volkszählung vom 1. Dezbr. 1880. 3. Bd.: Die Bevölkerung nach den Berufsarten. (Deutsch und Französ.) (XLVII, 184 S. mit 2 Karten.) 884. *ℳ 5.
» 60. Die Bewegung der Bevölkerung in der Schweiz im J. 1883. (XXII, 136 S.) 884. *ℳ 4.

—— schweizerische. Hrsg. von dem statist. Bureau des eidgenöss. Departements des Innern. 61.—73. Heft. gr. 4. Bern. (Zürich, Orell, Füssli und Comp., Verlag.) * 41 —

Inhalt:

Heft 61. Pädagogische Prüfung bei der Rekrutirung für das J. 1885. (Deutsch und französisch.) (VIII, 16 S. mit 1 chromolithogr. Karte.) 885. *ℳ 2.—.
» 62. Resultate der ärztlichen Recrutenuntersuchung im Herbste 1884. (XVIII, 31 S.) 885. *ℳ 3.—. — (Französ. Ausg.) zu gleichem Preise.
» 63. Die Bewegung der Bevölkerung in der Schweiz im J. 1884. (XIV, 130 S.) 886. *ℳ 4.—. — Ausg. in französ. und italien. Sprache. *ℳ 4.—.
» 64. Pädagogische Prüfung bei der Recrutirung im Herbste 1885. (Deutsch und französisch.) (XVI, 10 S. mit 1 chromolithogr. Karte.) 886. *ℳ 2.—.
» 65. Resultate der ärztlichen Recrutenuntersuchung im Herbste 1885. (XV, 40 S.) 886. *ℳ 3.—.
» 66. Die Bewegung der Bevölkerung in der Schweiz im J. 1885. (XX, 110 S. mit 2 chromolithogr. Karten.) 887. *ℳ 4.—.
» 67. Pädagogische Prüfung bei der Recrutirung im Herbste 1886. (VII, 18 S. mit 1 Karte.) 887. *ℳ 2.—.
» 68. Resultate der ärztlichen Recrutenuntersuchung im Herbste 1886. (XII, 49 S.) 887. *ℳ 3.—.
» 69. Die Bewegung der Bevölkerung in der Schweiz im J. 1886. (36 S.) 887. *ℳ 2.—. — Französ. Ausg. zu gleichem Preise.
» 70. Die schweizerische Viehzählung vom 21. April 1886. (Deutsch und französisch.) (XL, 218 S. mit 1 Karte.) 887. *ℳ 9.—.
» 71. Pädagogische Prüfung bei der Recrutirung im Herbste 1887. (VIII, 19 S. mit 1 Karte.) 888. *ℳ 2.—.
» 72. Resultate der ärztlichen Recrutenuntersuchung im Herbste 1887. (49 S.) 889. *ℳ 3.—.
» 73. Die Bewegung der Bevölkerung in der Schweiz im J. 1887. (37 S.) 889. *ℳ 2.—.

Statistik, schweizerische. Hrsg. vom statist. Bureau d. eidgenöss. Departements des Innern. 74.—87. Lfg. 4. Bern. Zür., Artist. Institut, Orell, Füssli Verlag. * 50 35

74. Statistik der schweizerischen Sparkassen f. 1881 u. 1882, m. e. Nachtrage f. 1886. Tabellarischer Thl. (Deutsch u. französ.) (V, 172 S.) 889. * 5 —.
75. Pädagogische Prüfung bei der Recrutirung im Herbste 1888. (X, 19 S. m. 1 Karte.) 889. * 2 —.
76. Die Bewegung der Bevölkerung in der Schweiz im J. 1888. (37 S.) 889. * 2 —.
77. Resultate der ärztlichen Recrutenuntersuchung im Herbste 1888. (IV, 49 S.) 890. * 3 —.
78. Pädagogische Prüfung bei der Recrutirung im Herbste 1889. (IX, 19 S. m. 1 Karte.) 890. * 2 —.
79. Die Bewegung der Bevölkerung in der Schweiz im J. 1889. (39 S.) 890. * 2 —.
80. Statistisches Jahrbuch der Schweiz. 1. Jahrg. 1891. (Deutsch u. französ.) (XIV, 265 S. m. 2 farb. Karten.) 891. * 5 —.
81. Ergebnisse der ärztlichen Recrutenuntersuchung im Herbste 1889. (III, 49 S.) 891. * 3 —; französ. Ausg. * 3 —.
82. Pädagogische Prüfung bei der Recrutirung im Herbste 1890. (23 S. u. 19 S. Tab. m. 1 farb. Karte.) 891. * 2 —; französ. Ausg. * 2 —.
83. Die Bewegung der Bevölkerung in der Schweiz im J. 1890. (39 S.) 892. * 2 —; französ. Ausg. * 2 —.
84. Die Ergebnisse der eidgenöss. Volkszählung vom 1. Decbr. 1888. 1. Bd.: Zahl der Häuser, der Haushaltgn., der Gesammtbevölkerg., letztere unterschieden nach dem Heimatsverhältnisse, dem Geburtsort, nach der Confession u. der Muttersprache. (75, 287 S. m. 3 farb. Karten.) 892. * 10 —; französ. Ausg. * 10 —.
85. Ergebnisse der ärztlichen Recrutenuntersuchung im Herbste 1890. (III, 49 S.) 892. * 3 —; französ. Ausg. * 3 —.
86. Statistisches Jahrbuch der Schweiz. 2. Jahrg. 1892. (In deutscher u. französ. Sprache. Lex.-8. (XVI, 364 S. m. 1 farb. Karte.) 892. * 6 75.
87. Pädagogische Prüfung bei der Recrutirung im Herbste 1891. (39 S. u. 17 S. Tab. m. 1 farb. Karte.) 892. * 2 60; französ. Ausg. * 2 60.

— schweizerische. Hrsg. vom statist. Bureau des eidgenöss. Departement d. Innern. 80.—98. Lfg. gr. 4. Bern. Zürich, Art. Institut Orell Füssli, Verl. n. 88. 45

80. Statistisches Jahrbuch der Schweiz. 1. Jahrg. 1891. (Deutsch u. französisch.) Lex.-8. (XIV, 265 S. m. 2 farb. Karten.) 891. n. 5. —
81. Ergebnisse der ärztlichen Recrutenuntersuchung im Herbste 1889. Lex.-8. (III, 49 S.) 891. n. 3. —; französ. Ausg. n. 3. —
82. Pädagogische Prüfung bei der Recrutirung im Herbste 1890. gr. 4. (23 S. u. 19 S. Tab. m. 1 farb. Karte.) 891. n. 2. —; französ. Ausg. n. 2. —
83. Die Bewegung der Bevölkerung in der Schweiz im J. 1890. gr. 4. (39 S.) 892. n. 2. —; französ. Ausg. n. 2. —
84. Die Ergebnisse der eidgenössischen Volkszählung vom 1. Decbr. 1888. 1. Bd. Zahl der Häuser, der Haushaltgn., der Gesammtbevölkerg., letztere unterschieden nach dem Heimatsverhältnisse, dem Geburtsort, nach der Confession u. der Muttersprache. gr. 4. (75 u. 287 S. m. 3 farb. Karten.) 892. n. 10. —; französ. Ausg. n. 10. —
85. Ergebnisse der ärztlichen Recrutenuntersuchung im Herbste 1890. gr. 4. (III, 49 S.) 892. n. 3. —; französ. Ausg. n. 3. —
86. Statistisches Jahrbuch der Schweiz. 2. Jahrg. 1892. (In deutscher u. französ. Sprache.) Lex.-8. (XVI, 361 S. m. 1 farb. Karte.) 892. n. 6. 75
87. Pädagogische Prüfung bei der Recrutirung im Herbste 1891. gr. 4. (39 S. u. 17 S. Tab. m. 1 farb. Karte.) 892. n. 2. 60; französ. Ausg. n. 2. 60
88. Die Ergebnisse der eidgenössischen Volkszählung vom 1. Decbr. 1888. 2. Bd. Die Unterscheidg. der Bevölkerg. nach dem Geschlechte, nach dem Familienstande u. nach dem Alter. gr. 4. (53 u. 215 S. m. 3 farb. Karten u. 1 graph. Taf.) 892. n. 9. —
89. Schweizerisches Ortschaftenverzeichnis. Dictionnaire des localités de la Suisse. 8 Hfte. gr. 8. (IV, 121 S.) 894. n. 6. 60
90. Die Bewegung der Bevölkerung in der Schweiz im J. 1891. gr. 4. (33 S.) 893. n. 3. —
91. Pädagogische Prüfung bei der Recrutierung im Herbste 1892. gr. 4. (23 u. 35 S. m. 1 farb. Karte.) 893. n. 2. —; französ. Ausg. (20 u. 35 S. m. 1 farb. Karte). n. 2. —
92. Schweizerische Gefängnis-Statistik. (Deutsch u. französ.) gr. 4. (128 S.) 893. n. 5. —
93. Statistisches Jahrbuch der Schweiz. 3. Jahrg. 1893. (Deutsch u. französisch.) Lex.-8. (XVI, 450 S.) 894. n. 8. —
94. Die Bewegung der Bevölkerung in der Schweiz im J. 1892. gr. 4. (34 S.) 894. n. 3. —; französ. Ausg. n. 3. —
95. Ergebnisse der schweizerischen Unfallzählung vom 1. Apr. 1888 bis zum 31. März 1891. gr. 4. (29 u. 59 S. m. 1 farb. Karte.) 894. n. 3. 50; französ. Ausg. (27 u. 59 S. m. 1 farb. Karte.) n. 3. 50
96. Ergebnisse der ärztlichen Recrutenuntersuchg. im Herbste 1891. gr. 4. (49 S.) 894. n. 3. —; französ. Ausg. n. 3. —
97. Die Ergebnisse der eidgenössischen Volkszählung vom 1. Dezbr. 1888. 3. Bd. Die Unterscheidg. der Bevölkerg. nach dem Berufe. gr. 4. (37 u. 248 S. m. 4 farb. Karten.) 894. n. 10. —; französ. Ausg. n. 10. —
98. Pädagogische Prüfung bei der Recrutierung im Herbste 1893. gr. 4. (28 u. 24 S. m. 1 farb. Karte.) 894. n. 2. —; französ. Ausg. (25 u. 24 S. m. 1 farb. Karte.) n. 2. —

— schweizerische. Hrsg. v. statist. Bureau d. eidgenöss. Departements d. Innern. 89. Lfg. 9. u. 10. Hft. gr. 8. Bern 895. Zürich, Artist. Institut Orell Füssli, Verl. à n. — 70; Anh. Abeceliches Inhaltsverzeichnis. (S. 149—221.) Für Abnehmer des Hauptwerkes unberechnet.

Schweizerisches Ortschaftenverzeichnis. Dictionnaire des localites de la Suisse. 9. u. 10. Hft. (II u. S. 123—148.)

Statistik, schweizerische. Hrsg. v. statist. Bureau d. eidgenöss. Departements d. Innern. 99.—109., 111., 112. u. 116.—118. Lfg. Bern, Artist. Institut Orell Füssli Verl. n. 74.75

99. Statist. Angaben üb. d. in d. staatl. u. wichtigsten privaten Irren-Heil- u. Pflegeanstalten d. Schweiz im J. 1892 ein- u. ausgetret. Geisteskranken. (Deutsch u. französisch.) gr. 4. (10 u. 76 S.) 894. n. 3.50
100. Statist. Jahrbuch d. Schweiz. 4. Jahrg. 1894. (Deutsch u. französisch.) gr. 8. (XVIII, 444 S.) 894. n. 8.—
101. D. Bewegg. d. Bevölkerung in d. Schweiz im J. 1893. gr. 4. (38 S.) 895. n. 3.—; französ. Ausg. n. 3.—
102. Pädagog. Prüfg. bei d. Rekrutierung im Herbste 1894. (VIII, 21 S. m. 1 farb. Karte.) 895. n. 2.—; französ. Ausg. n. 2.—
103. Ehe, Geburt u. Tod in d. schweizer. Bevölkerg. während d. 20 Jahre 1871—90. 1. Tl. Die Eheschliessgn. u. Ehelösgn. (47 u. 75 S. m. 1 graph. Taf. u. 3 farb. Karten.) 895. n. 4.60; franz. Ausg. (46 u. 75 S.) n. 4.50
104. Statist. Jahrbuch d. Schweiz. 5. Jahrg. 1895. (Deutsch u. französisch.) gr. 8. (XVIII, 408 S.) 896. n. 7.50
105. Die Bewegg. der Bevölkerg. in der Schweiz im J. 1894. gr. 4. (39 S.) 896. n. 3.—; französ. Ausg. n. 3.—
106. Pädagog. Prüfg. bei der Rekrutierg. im Herbste 1895. (22 u. 36 S. m. 2 farb. Karten.) 896. n. 2.—; französ. Ausg. (21 u. 36 S.) zu gleichem Preise.
107. Ergebnisse d. schweizer. Brandzählung vom 1. Jan. 1893 bis z. 31. Dezbr. 1894. (54 u. 72 S.) 896. n. 4.25; französ. Ausg. (56 u. 72 S.) n. 4.25
108. Bewegg., d., d. Bevölkerg. in d. Schweiz im Jahre 1895. gr. 4. (33 S.) 896. n. 3.—; französ. Ausg. n. 3.—
109. Jahrbuch, statist., d. Schweiz. 6. Jahrg. 1896. — Annuaire statistique de la Suisse. gr. 8. (IV, 328 S.) 897. n. 6.—
111. Prüfung, pädagog., bei d. Rekrutierg. im Herbste 1896. (13 u. 20 S. m. 1 farb. Karte.) 897. n. 2.—; französ. Ausg. n. 2.—
112. Ehe, Geburt u. Tod in d. schweizer. Bevölkerg., währ. d. 20 Jahre 1871—90. 2. Tl. Die Geburten. (54 u. 83 S. m. 8 farb. Karten.) 897. n. 6.—; französ. Ausg. n. 6. — (1. u. 2.: n. 10.50)
116. Ergebnisse, die, d. eidgenöss. Viehzählg. v. 20. IV. 1896. gr. 4. (31 u. 286 S. m. 3 farb. Karten.) 898. n. 10.—; französ. Ausg. n. 10.—
117. Prüfg., pädagog., bei der Rekrutierg. im Herbste 1897. gr. 4. (16 u. 20 S. m. 1 farb. Karte.) 898. n. 2.—; französ. Ausg. n. 2.—
118. Jahrbuch, statist., d. Schweiz. — Annuaire statistique de la Suisse. 7. Jahrg. 1898. Lex.-8. (IV, 453 S.) 898. n. 8.—

— dasselbe. 110., 114. u. 115. Lfg. gr. 8. Bern (Schmid & Francke). Kart. n.n. 10.—

110. Atlas, graphisch-statist. d. Schweiz. Hrsg. vom statist. Bureau des eidg. Departements d. Innern. 1897. (Deutsch u. französisch.) (XXVI, 96 S. m. 22 farb. Taf.) 897. Kart. n.n. 5.—
114. Zählg., die, d. schwachsinn. Kinder im schulpflichtigen Alter m. Einschluss d. körperl. gebrechlichen u. sittlich verwahrlosten, durchgef. im Monat März 1897. I. Tl. (Deutsch u. französisch.) (XXX, 91 S.) 897. n. 2.—
115. Bewegg., die, der Bevölkerg. in d. Schweiz im J. 1896. (33 S.) 898. n. 3.—; französ. Ausg. n. 3.—

Lfg. 113 ist noch nicht erschienen.

Statistik. Schweizerische Statistik. Liefg. 113. (Band 1 *u.* 2.) 4. Bern, Stämpfli & Cie. (Komm. Schmid & Francke), 1901. (*je* fr. 5. —, M. 5. —)

s. Statistik. II. schweizerische Statistik der Amtlichen Armenpflege.

Statistik, schweizerische. Hrsg. vom statist. Bureau des eidgen. Departements des Innern. 113. Lfg. I. u. II. Bd. 119, 122, 123, 125—127, 130, 131, 133 u. 134. Lfg. Bern (A. Francke). n. 36.65

113. I. Statistik, II. schweizerische, der amtlichen Armenpflege. I. Bd. I. Tl.: Die Ergebnisse der Erhebung pro 1890. 1. Abtlg.: Bund bis Solothurn m. Vorbericht u. Einleitg. gr. 4. (LII, 638 S.) 901. n. 5.—
II. Dasselbe. I. Tl. 2. Abtlg. Basel bis Genf nebst Generalübersichten. gr. 4. (S. 639—1372.) 901. n. 5.—
119. Bewegung, die, der Bevölkerung in der Schweiz im J. 1897. gr. 4. (32 S.) n. 3.—; erm. Pr. n. 2.—; französ. Ausg. n. 3.—; erm. Pr. n. 2.—
122. Dasselbe im J. 1898. gr. 4. (32 S.) 900. n. 2.—; französ. Ausg. n. 2.—
123. Zählung, die, der schwachsinnigen Kinder im schulpflicht. Alter m. Einschluss der körperlich gebrechl. u. sittlich verwahrlosten, durchgeführt im Monat März 1897. II. Tl. (Deutsch u. französisch.) gr. 4. (100 S.) 900. n. 1.50; (I u. II n. 3.50)
125. Ergebnisse, die, der schweizer. Kriminalstatistik während der J. 1892—1896. Im Auftrage des eidgen. Justiz- u. Polizeidepartements hrsg. gr. 4. (IV, 56 S.) 900. n. 2.—
126. Jahrbuch, statistisches, der Schweiz. — Annuaire statistique de la Suisse. 9. Jahrg. 1900. gr. 8. (II, 313 S.) 900. n. 6.—
127. Bewegung, die, der Bevölkerung in der Schweiz im J. 1899. gr. 4. (32 S.) 901. n. 2.—; französ. Ausg. n. 2.—
130. Jahrbuch, statistisches, der Schweiz. — Annuaire statistique de la Suisse. 10. Jahrg. 1901. gr. 8. (II, 367 S.) 901. n. 6.—; geb. n. 7.—
131. Inhaltsverzeichnis, alphabet. der Jahrgänge I—X (1891—1901) des statist. Jahrbuches der Schweiz u. des graphisch-statist. Atlasses, vom J. 1897. — Index alphabétique de l'annuaire statistique de la Suisse, tome I à X (1891 à 1901) et de l'atlas graphique et statistique année 1897. gr. 8. (94 S.) 901. n.n. — 65.—; geb. n.n. — 90
133. Bewegung, die, der Bevölkerung in der Schweiz im J. 1900. gr. 4. (32 S.) 902. n. 3.—; französ. Ausg. n. 3.—
134. Prüfung, pädagogische, bei der Rekrutierung im Herbste 1901. gr. 4. (16 S. m. 1 farb. Karte.) 902. n. 1.50; französ. Ausg. n. 1.50

— dasselbe. 120., 121., 124., 128. u. 129. Lfg. gr. 4. Bern (Zürich, Art. Institut Orell Füssli). n. 21.50

120. Prüfung, pädagogische, bei der Rekrutierung im Herbste 1898. (21 u. 20 S. m. 1 farb. Karte.) 899. n. 2.—; französ. Ausg. n. 2.—
121. Jahrbuch, statistisches, der Schweiz. — Annuaire statistique de la Suisse. 18. Jahrg. 1899. (IV, 410 S.) 899. 7.50
124. Prüfung, pädagogische, bei der Rekrutierung im Herbste 1899. (6 u. 16 S. m. 1 farb. Karte.) 900. n. 2.—; französ. Ausg. n. 2.—
128. Ehe, Geburt u. Tod in der schweizerischen Bevölkerung, während der 20 Jahre 1871—90. 3. Tl. 1. Hälfte: Die Sterbefälle. (45 u. 198 S. m. 6 farb. Karten u. 1 farb. Taf.) 901. n. 8.—; französ. Ausg. n. 8.—; (1—3 n. 18.50)
129. Prüfung, pädagogische, bei der Rekrutierung im Herbste 1900. (7 u. 16 S. m. 1 farb. Karte.) 901. n. 2.—; französ. Ausg. n. 2.—

Statistik. Schweizerische Statistik. 4. Bern, Art. Institut Orell Füssli in Zürich, 1901.

Liefg. 128. [fr. 8. —] s. Ehe.
Liefg. 129. [fr. 2. —] s. Prüfung.

Statistik. Schweizerische Statistik. 4. Bern, Komm. Schmid & Francke....

Liefg. 130 *u.* 131. 1901. [geb. fr. 6. — *u.* fr. —. 80] s. Jahrbuch, Statistisches.

— **schweizerische.** Hrsg. vom statist. Bureau des eidgenöss. Departements des Innern. 132., 135., 136., 138.—150. u. 153. Lfg. gr. 4. Bern (A. Francke.) n. 73.—

132. Viehzählung, V. allgemeine schweizerische, vorgenommen am 19. IV. 1901. 1. Bd. (XXIV, 46 u. 196 S. m. 5 farb. Taf.) 903. n. 5.—
135. Bewegung, die, der Bevölkerung in der Schweiz im J. 1901. (32 S.) 902. n. 2.—; französ. Ausg. (32 S.) n. 2.—
136. Jahrbuch, statistisches, der Schweiz. Hrsg. vom statist. Bureau des eidg. Departements des Innern. — Annuaire statistique de la Suisse. 11 Jahrg. 1902. (II, 341 S.) gr. 8. 902 n. 6.—; geb. n. 7.—
138. Prüfung, pädagogische, bei der Rekrutierung im Herbste 1902. (18 S. m. 1 farb. Karte.) 903. n. 1.50; französ. Ausg. n. 1.50
139. Bewegung, die, der Bevölkerung in der Schweiz im J. 1902. (32 S.) 903. n. 2.—; französ. Ausg. (32 S.) n. 2.—
140. Ergebnisse, die, der eidgenössischen Volkszählung vom 1. XII. 1900. 1. Bd. Zahl der Häuser, der Haushaltgn., der Bevölkerg.: Unterscheidg. der Wohnbevölkerg. nach Heimat, Geburtsort, Geschlecht, Konfession u. Muttersprache, die Schweizerbürger nach Heimatkanton u. Heimatgemeinde. (II, 52 u. 870 S. m. 5 farb. Karten.) 904. n. 10.—
141. Jahrbuch, statist., der Schweiz. — Annuaire statistique de la Suisse. 12. Jahrg. 1903. (II, 334 S.) gr. 8. 904. n. 6.—; geb. n. 7.—
142. Prüfung, pädagogische, bei der Rekrutierung im Herbste 1903. (7 u. 16 S. m. 1 farb. Karte.) 904. n. 1.50; französ. Ausg. n. 1.50
143. Bewegung, die, der Bevölkerung in der Schweiz im J. 1903. (32 S.) 905. n. 2.—; französ. Ausg. (32 S.) n. 2.—
144. Jahrbuch, statist., der Schweiz. — Annuaire statistique de la Suisse. 13. Jahrg. 1904. (II, 366 S.) 905. n. 6.—; geb. n. 7.—
145. Ergebnisse, die, der eidgenössischen Volkszählung vom 1. XII. 1900. 2. Bd. Die Unterscheidg. der Bevölkerung nach dem Geschlechte, nach dem Familienstande u. nach dem Alter. (31 u. 406 S. m. 6 Karten, 1 Taf. u. 1 Tab.) 905. n. 10.—; französ. Ausg. n. 10.
146. Prüfung, pädagogische, bei der Rekrutierung im Herbste 1904. (8 u. 16 S. m. 1 farb. Karte.) 905. n. 1.50; französ. Ausg. n. 1.50
147. Resultate, vorläufige, der eidg. Betriebszählung vom 9. VIII. 1905. — Résultats provisoires du recensement fédéral des entreprises agricoles, industrielles et commerciales. (VIII, 184 S.) (905.) n. 2.—
148. Bewegung, die, der Bevölkerung in der Schweiz im J. 1904. (32 S.) 906. n. 2.—; französ. Ausg. (32 S.) n. 2.—
149. Jahrbuch, statist., der Schweiz. — Annuaire statistique de la Suisse. 14. Jahrg. 1905. (II, 355 S.) 906. n. 6.—; geb. n. 7.—
150. Ortschaftenverzeichnis, schweizerisches. — Dictionnaire des localités de la Suisse. (355 S.) 906 n. 8.—
153. Prüfung, pädagogische, bei der Rekrutierung im Herbste 1905. (5 u. 16 S. m. 1 farb. Karte.) 906. n. 1.50; französ. Ausg. n. 1.50

Lfg. 151 u. 152 sind noch nicht erschienen.

— dasselbe. 137. Lfg. gr. 4. Zürich (Art. Institut Orell Füssli). n. 8. — ; französ. Ausg. n. 8. —
Ehe, Geburt u. Tod in der schweizerischen Bevölkerung, während der 20 Jahre 1871—90. III. Tl., 2. Hälfte: Die Todesursachen. Hrsg. vom statist. Bureau d. eidg. Departements des Innern. (75 u. 163 S. m. 5 farb. Taf.) 903.

Statistik. Schweizerische St'. Liefg. 132. 4. Bern, Buchdr. Lack Aeschlimann & Jost, Komm. A. Francke, 1903. (fr. 5. —)
s. Viehzählung. 5. allgemeine schweizerische V'....

Statistik. Schweizerische St'. Bern, Komm. A. Francke....
Liefg. 132. 4. B', Buchdr. Lack & Grunau, 1904. (fr. 4. —) s. Viehzählung.
Liefg. 133. 1902. [fr. 2. —] s. Bewegung.

Statistik. Schweizerische Statistik. Liefg. 135. 4. Bern, Komm. A. Francke, Haller'sche Buchdr., 1902. [fr. 2. —]
s. Bewegung.

Statistik. Schweizerische Statistik. Liefg. 136. 8. Bern, Buchdr. Stämpfli & Cie., Komm. A. Francke, 1902. [fr. 6. —, geb. fr. 7. —]
s. Jahrbuch, Statistisches.

Statistik. Schweizerische Statistik. Liefg. 137 u. 138. 4.
Liefg. 137. Bern, Art. Institut Orell Füssli in Zürich, 1903. [fr. 8. —] s. Ehe.
Liefg. 138. Bern, Komm. A. Francke; Buchdr. «Effingerhof», Brugg, 1903. [fr. 1. 50] s. Prüfung.

Statistik. Schweizerische St'. Bern, Komm. A. Francke..., 1903.
Liefg. 139. 4. Haller'sche Buchdr. [fr. 2. —] s. Bewegung.

Statistik. Schweizerische St'. Liefg. 140. 4. Bern, Buchdr. Lack & Grunau, Komm. A. Francke, 1904. [fr. 10. —]
s. Ergebnisse.

Liefg. 141. 8. Buchdr. Stämpfli & Cie. [fr. 6. —; geb. 7. —] s. Jahrbuch, Statistisches.

Statistik. Schweizerische St'. Liefg. 142. 4. Bern, Komm. A. Francke; Buchdr. «Effingerhof», Brugg, 1904. [fr. 1. 50]
s. Prüfung.

Statistik. Schweizerische St'. Liefg. 143. 4. Bern, Komm. A. Francke, Haller'sche Buchdr., 1905. [fr. 2. —]
s. Bewegung.

Liefg. 144. 8. B', Buchdr. Stämpfli & Cie., 1905. [fr. 6. —, geb. 7. —]
s. Jahrbuch, Statistisches.

Statistik. Schweizerische St'. Liefg. 145. 4. Bern, Buchdr. Gustav Grunau, Komm. A. Francke, 1905. [fr. 10. —]
s. Ergebnisse.

Statistik. Schweizerische St'. 4.
Liefg. 146. Bern, Komm. A. Francke; Buchdr. «Effingerhof», Brugg, 1905. [fr. 1. 50] s. Prüfung.
Liefg. 147. Bern, Neukomm & Zimmermann, (1906). [fr. 2. —] s. Resultate.

Statistik. Schweizerische St'. Bern, Komm. A. Francke ..., 1906.
Liefg. 148. 4. B', Haller'sche Buchdr. (fr. 2. —) s. Bewegung. Die B' der Bevölkerung....
Liefg. 149. 8. B', Buchdr. Stämpfli & Cie. [fr. 6. —, geb. 7. —] s. Jahrbuch, Statistisches.

Statistik. Schweizerische St'.
Liefg. 150. gr.-8. Bern, Komm. A. Francke; Druck Conzett & Cie., Zürich, 1906. [fr. 8. —] s. Ortschaftenverzeichnis.

— **schweizerische.** Hrsg. vom statist. Bureau des eidgen. Departements des Innern. Lfg. 151. 152. 154 Heft I—VIII, 155—169 u. 171. Lex. 8. Bern, A. Francke. 92. 50

151. Ergebnisse, die, der eidgenössischen Volkszählung vom 1. XII. 1900. 3. Bd. Die Unterscheidg. der Bevölkerg. nach dem Berufe. (48 u. 460 S. m. 4 Karten.) 907. 10.—; französ. Ausg. 10. —
152. Viehzählung, VI. allgemeine schweizer., vorgenommen am 20. IV. 1906. (VIII, 20 u. 272 S. m. 6 farb. Taf.) 908. 9.—; französ. Ausg. 9. —

154, I. Ergebnisse der eidg. Betriebszählung vom 9. VIII. 1905. Résultats du recensement fédéral des entreprises agricoles, industrielles et commerciales du 9. VIII. 1905. I. Bd. Die Betriebe u. die Zahl der darin beschäftigten Personen. 1. Heft. Kanton Zürich. (XX, 248 S.) 906. 2. 50
II. Dasselbe. 2. Heft. Kanton Bern. (XVI, 495 S.) 907. 2. 50
III. Dasselbe. 3. Heft. Kantone Luzern, Uri, Schwyz, Obwalden, Nidwalden, Glarus, Zug. (X, 208 S.) 907. 2. 50
IV. Dasselbe. 4. Heft. Kantone Freiburg, Solothurn, Baselstadt, Baselland, Schaffhausen, Appenzell A.-Rh., Appenzell I.-Rh. (XVI, 359 S.) 907. 2. 50
V. Dasselbe. 5. Heft. Kantone St. Gallen, Graubünden, Aargau u. Thurgau. (X, 394 S.) 907. 2.50.

154. VI. Ergebnisse der eidg. Betriebszählung vom 9. VIII. 1905. Résultats du recensement fédéral des entreprises agricoles, industrielles et commerciales du 9. VIII. 1905. I. Bd. Die Betriebe u. die Zahl der darin beschäftigten Personen. 6. Heft. Cantone Ticino. (In italien. Sprache.) (XVII, 125 S.) 907. 2. 50
VII. Dasselbe. 7. Heft. Cantons de Vaud, Valais, Neuchâtel et Genève. Kantone Waadt, Wallis, Neuenburg u. Genf. (XVI, 397 S.) 908. 2. 50
VIII. Dasselbe. 8. Heft. Zugleich Schlussheft des I. Bds. Schweiz u. Kantone. (II, 172, 626 u. Formulare 24 u. 24 S. m. 4 farb. Taf.) 908. 5. — (I. Bd. vollst.: 22. 50)
155. Bewegung, die, der Bevölkerung in der Schweiz im J. 1905. (32 S.) 907. 2.—; französ. Ausg. 2. —
156. Jahrbuch, statistisches, der Schweiz. Annuaire statistique de la Suisse. 15. Jahrg. 1906. (II, 360 S.) 907. 6.—; geb. 7. —
157. Prüfung, pädagogische, bei der Rekrutierung im Herbste 1906. (7 u. 16 S. m. 2 farb. Karten.) 907. 1.50; französ. Ausg. 1. 50
158. Ehe, Geburt u. Tod in der schweizer. Bevölkerung, während der zehn Jahre 1891—1900. 1. Tl. Die Eheschliessgn. u. Ehelösgn. (70 u. 83 S. m. 6 Taf.) 908. 4.50; französ. Ausg. 4. 50
159. Irren-, Heil- u. Pflegeanstalten, die kantonalen, der Schweiz. Statistische Angaben üb. die während der J. 1900—1904 ein- u. ausgetretenen Geisteskranken. (18 u. 43 S.) 908. 1.50; französ. Ausg. 1. 50
160. Bewegung, die, der Bevölkerung in der Schweiz im J. 1906. (36 S.) 908. 2.—; französ. Ausg. 2. —
161. Jahrbuch, statistisches, der Schweiz. Annuaire statistique de la Suisse. 16. Jahrg. 1907. (II, 392 S.) 908. 6.—; geb. 7. —
162. Ergebnisse, die, der eidgenössischen Volkszählung vom 1. XII. 1900. 4. Bd. Die Besprechg. der wichtigeren Zählergebnisse. (II, 100 u. 64 S. m. 1 farb. Taf.) 908. 2.—; französ. Ausg. 2. —
163. Prüfung, pädagogische, bei der Rekrutierg. im Herbste 1907. (14 u. 19 S. m. 2 farb. Karten.) 908. 1.50; französ. Ausg. 1. 50
164. Bewegung, die, der Bevölkerung in der Schweiz im J. 1907. (38 S.) 909. 2.—; französ. Ausg. 2. —
165. Jahrbuch, statistisches, der Schweiz. — Annuaire statistique de la Suisse. 17. Jahrg. 1908. (II, 390 S.) 909. 6.—; geb. 7.—
166. Prüfung, pädagogische, bei der Rekrutierung im Herbste 1908. (13 u. 17 S. m. 2 farb. Karten.) 909. 1. 50; französ. Ausg. 1. 50
167. Bewegung, die, der Bevölkerung in der Schweiz im J. 1908. (36 S.) 910. 2.—; französ. Ausg. 2.—
168. Ergebnisse der eidg. Betriebszählung vom 9. VIII. 1905. Résultats du recensement fédéral des entreprises agricoles, industrielles et commerciales du 9. VIII. 1905. 2. Bd. Die Betriebe der Urproduktion. I. Tl.: Landwirtschaft. II. Tl.: Forstwirtschaft. III. Tl.: Bergbau, Jagd u. Fischerei. (VII, 86, 569 u. 20 S. m. 17 farb. Taf. u. Karten.) 910. 5.—
169. Jahrbuch, statistisches, der Schweiz. — Annuaire statistique de la Suisse. 18. Jahrg. 1909. (343 S.) 910. 6.—; geb. 7.—
171. Prüfung, pädagogische, bei der Rekrutierung im Herbste 1909. (13 u. 17 S. m. 2 farb. Karten.) 910. 1.50; französ. Ausg. 1. 50

Lfg. 170 ist noch nicht erschienen.

Statistik. Schweizerische St'. Bern, Komm. A. Francke....
Liefg. 151. 4. B', Buchdr. Gustav Grunau, 1907. [fr. 10. —] s. Ergebnisse. Die E' der Eidgenössischen Volkszählung....

Statistik. Schweizerische St'. 4.
Liefg. 152. Bern, Komm. A. Francke, Buchdr. Hans Feuz, 1908. (fr. 9. —) s. Viehzählung. 6. allgemeine schweizerische V'....
Liefg. 153. 4. Bern, Komm. A. Francke; Buchdr. «Effingerhof», Brugg, 1906. [fr. 1. 50] s. Prüfung.

Statistik. Schweizerische St'. Liefg. 154. 4. Bern, Komm. A. Francke, Druck Neukomm & Zimmermann, 1906. (fr. 2.50)
s. Ergebnisse der (ersten) eidg. Betriebszählung....

Statistik. Schweizerische St'. 4. Bern, Komm. A. Francke....
Liefg. 154. Band 1. Heft 2 u. 3. B', Druck Neukomm & Zimmermann, 1907. (je fr. 2.50) s. Ergebnisse der [ersten] eidg. Betriebszählung....

Statistik. Schweizerische St'. 4. Bern, Komm. A. Francke....
Liefg. 154. Band 1. Heft 4. B', Druck Neukomm & Zimmermann, 1907. (fr. 2.50) s. Ergebnisse der [ersten] eidg. Betriebszählung....

Statistik. Schweizerische St'. Liefg. 154. Band 1. Heft 5 [u. Heft 6]. 4. 1907.
Schw' St'. Liefg. 154. Band 1. Heft 5. Bern, Komm. A. Francke; Druck Neukomm & Zimmermann, 1907. (fr. 2.50) s. Ergebnisse der [ersten] eidg. Betriebszählung....
[Schw' St' ... =] Statistica della Svizzera. 154ª Dispensa. 1° Volume. Fascicolo 6°. Berna ... 1907. [fr. 2.50] s. Risultati del [primo] censimento....

Statistik. Schweizerische St'.
Liefg. 154. Band 1. Heft 7. 4. Berne, comm. A. Francke, Impr. Neukomm & Zimmermann, 1908. (fr. 2.50) s. Résultats du [premier] recensement fédéral des entreprises....
Liefg. 154. Band 1. Heft 8, zugleich Schlussheft des Bandes 1. B', Komm. A F', Druck Neukomm & Zimmermann, 1908. (fr. 5.—) s. Ergebnisse der (ersten) eidg. Betriebszählung....
Liefg. 155. B', Haller'sche Buchdr., 1907. [fr. 2.—] s. Bewegung. Die B' der Bevölkerung....
Liefg. 156. 8. B', Buchdr. Stämpfli & Cie., 1907. [fr. 6.—, geb. 7.—] s. Jahrbuch. Statistisches J' der Schweiz....
Liefg. 157. Brugg, Buchdr. «Effingerhof», 1907. (fr. 1.50) s. Prüfung. Pädagogische P'....
Liefg. 158. Teil 1. 4. Bern, Komm. A. F'; Buchdr. «Effingerhof», Brugg, 1908. [fr. 1.50] s. Ehe, Geburt und Tod ... 1891—1900.
Liefg. 159. 4. B', Komm. A. F', Buchdr. A. Benteli & C°, 1908. [fr. 1.50] s. Irrenanstalten. Die kantonalen Irren-, Heil- und Pflegeanstalten....
Liefg. 160. 4. B', Komm. A. F', Haller'sche Buchdr., 1908. (fr. 2.—) s. Bewegung. Die B' der Bevölkerung....
Liefg. 161. 8. B', Komm. A. F', Buchdr. Stämpfli & Cie., 1908. [fr. 6.—, geb. 7.—] s. Jahrbuch. Statistisches J' der Schweiz....
Liefg. 162. B', Komm. A. F', Buchdr. Gustav Grunau, 1908. (fr. 2.—) s. Ergebnisse. Die E' der Eidgenössischen Volkszählung....
Liefg. 163. B', Komm. A. F'; Buchdr. «Effingerhof», Brugg, 1908. (fr. 1.50) s. Prüfung. Pädagogische Pr'....

Statistik. Schweizerische St'. Liefg. 164. 4. Bern, Komm. A. Francke, Haller'sche Buchdr., 1909. (fr. 2.—)
s. Bewegung.

Statistik. Schweizerische St'. Liefg. 165 u. 166. Bern, Komm. A. Francke....
Liefg. 165. 8. B', Buchdr. Stämpfli & Cie., 1909. [fr. 6.—, geb. 7.—] s. Jahrbuch. Statistisches J' der Schweiz....
Liefg. 166. 4. B', Komm. A. F'; Buchdr. «Effingerhof», Brugg, 1909. (fr. 1.50) s. Prüfung. Pädagogische Pr'....

Statistik. Schweizerische St'. Liefg. 167. 4. Bern, Komm. A. Francke, Haller'sche Buchdr., 1910.
s. Bewegung.

Statistik. Schweizerische St'. Liefg. 168. 4. Bern, Komm. A. Francke, Druck Neukomm & Zimmermann, 1910.
s. Ergebnisse der [ersten] eidg. Betriebszählung....

Statistik. Schweizerische St'. Liefg. 169 u. 171. Bern, Komm. A. Francke ....
Liefg. 169. 8. B', Buchdr. Stämpfli & Cie., 1910 s. Jahrbuch. Statistisches J' der Schweiz....
Liefg. 171. 4. B', Komm. A. F'; Buchdr. «Effingerhof», Brugg, 1910 s. Prüfung. Pädagogische Pr'....

Statistik. Schweizerische St'. Liefg. 170 u. 173 u. 174. Bern, Komm. A. Francke ....
Liefg. 170. 4 B', Komm. A. Fr'; Buchdr. «Effingerhof», Brugg, 1910 s. Ehe, Geburt und Tod ... 1891—1900. Teil 2.
Liefg. 173. 8. B', Buchdr. Stämpfli & Cie., ... 1911 s. Jahrbuch. Statistisches J' der Schweiz....
Liefg. 174. 4. B', Komm. A. Fr', Haller'sche Buchdr. A.-G., 1911 s. Bewegung. Die B' der Bevölkerung....

Statistik. II. schweizerische Statistik der Amtlichen Armenpflege. Vom Statistischen Bureau des Eidgenössischen Departements des Innern. (Teil 1: Die Ergebnisse der Erhebung pro 1890. 2 Bände.) 4. Bern, Stämpfli & Cie. (Komm. Schmid & Francke), 1901. (je fr. 5.—, M. 5.—)
(Band 1: Teil 1.... Abteilung 1: Bund bis Solothurn mit Vorbericht und Einleitung.) IV + LII + 688 S.
(Band 2: Teil 1.... Abteilung 2: Basel bis Genf nebst Generalübersichten.) IV S. + S. 689—1872.
Schweizerische Statistik. Lieferung 113.

Statistik der Preußischen Schwurgerichte (1874 ff.:) und der von denselben erkannten Strafen und Freisprechungen für d. J. 1855—78 [u.] 1880. Angefertigt im Königl. Justiz-Ministerium. Berlin: Decker, [später:] Reichsdruckerei 1856-81.
4 Bde

Hamburg.

— Seemanns-Amt zu —, Statistik des — für das Jahr 1882, 83, 85, 87—98. Hamburg 1883, 84, 86, 88—99. Fol.

Statistik der Seeschiffahrt, s.a. Statistik d. deutschen Reichs.

Statistik der Seeschiffahrt enthaltend: den Bestand der Deutschen Kauffahrteischiffe am 1. Januar 1874 ff. ... den Seeverkehr in den Deutschen Hafenplätzen, die Seereisen Deutscher Schiffe und die Schiffsunfälle an der Deutschen Küste im Jahre 1873 ff. Berlin 1875 ff. = Statistik des Deutschen Reichs. Bd. 13 etc. 4°.

Statistik des Kreises Soest. Zusammengestellt auf dem Bureau des königl. Landrathsamtes des Kreises Soest. gr. 4. (VI, 309 S.) Soest 881. (Ritter.) n.n. 5. —

— der Sparcassen, s.a. Statistik, österreichische.

Oesterreichische Statistik. Herausgegeben von der k. k. statistischen Central-Commission. LVII. Bd. 2. Heft.
Enthält:
Statistik der Sparcassen in den im Reichsrathe vertretenen Königreichen und Ländern für das Jahr 1898. Bearbeitet von dem Bureau der k. k. statistischen Central-Commission. Wien. 1901. In Comm. Gerold's Sohn. 4°. XLIX, 65 S. K 3.40

— der Spar- u. Darlehnskassen-Vereine Raiffeisenscher Organisation f. d. J. 1897. gr. Fol. (207 S.) Neuwied (900). Raiffeisen u. Kons. n.n. 8. —

— des Hamburgischen Staats. Zusammengestellt vom statist. Bureau der Deputation für directe Steuern. Heft I.: Ergebnisse der Volkszählung vom 3. Decbr. 1866. Stand der Bevölkerung. Hamburg 867. (Grüning.) gr. 4. (VIII, 183 S.) n. 1 ℛ 6 ngr.

— des Hamburgischen Staats. Zusammengestellt vom statist. Bureau der Deputation für directe Steuern. 2.—7. Heft. gr. 4. Hamburg, O. Meissner. *
Inhalt:
Heft 2. Ergebnisse der Volkszählung vom 3. Decbr. 1867. Bevölkerungs- und Wohnungsverhältnisse. Statistik der Unterrichtsanstalten von 1869. (LVI, 130 S. mit 1 lithogr. und color. Karte in qu. Fol.) 869. *ℳ 6.
» 3. Darstellung der natürlichen Bewegung der Bevölkerung. Die Hauptergebnisse der zu Verwaltungszwecken vorgenommenen Zählungen in den J. 1868, 1869 und 1870. Ueberblick über die Wirksamkeit der „allgemeinen Armenanstalt". Die persönlichen Steuern. (IV, 164 S.) 871. *ℳ 6.
» 4. Die Grundsteuer nach den Erträgen von 1833 bis 1870. — Allgemeine Uebersicht über die Witterungs-Verhältnisse in Hamburg und Cuxhaven. — Ergebnisse der Volkszählung vom 1. Decbr. 1871. [1. Thl.] — Die Auswanderung über Hamburg nach transatlant. Plätzen seit dem J. 1836. — Die Besitzveränderungen im Grundeigenthum während des letzten Jahrzehnts. (IV, 140 S.) 872. *ℳ 6.
» 5. Das Unterrichtswesen im Hamburgischen Staat. (66 S.) 872. *ℳ 3.

» 6. Ergebnisse der Viehzählung vom 10. Jan. 1873. Ergebnisse der Volkszählung vom 1. Decbr. 1871. [2. Thl.] — Eine Häuserinsel der innern Stadt. — Die Statistik der Gebäude. Nach den Specialerhebungen von 1872/73. 1. Thl.: Der Sielanschluss, die Einrichtungen zur Entfernung des Unraths, des Spülwassers und der Abfälle, die Wasserversorgung. — Die Auswanderung über Hamburg nach transatlant. Plätzen im J. 1872. — Die Bewegung der Bevölkerung in den J. 1870 bis 1872. — Kleinere Mittheilungen. [Die jährl. Vermehrung der Hamburg. Bevölkerung. Aufnahme in und Entlassung aus dem Staatsverband. Anmeldung zum Gewerbebetrieb. Das Grundeigenthum. Die Sparkassen.] 873. *ℳ 6.

» 7. Die direkten Steuern. — Die Choleraepidemie im J. 1873. Mit einer graph. Darstellung (Stnt.). — Die Sparkassen. — Ergebnisse der Volkszählung von 1871. [3 Thl.] – Wohnungen und Miethen. — Die Zahl der Bewohner im Verhältniss zur Bodenfläche. Mit einer (chromolithogr.) Karte der Bevölkerungsdichtigkeit. — Die Bewegung der Bevölkerung in den J. 1873 und 1874. — Die Auswanderung über Hamburg nach transatlant. Plätzen in den J. 1873 und 1874. (IV, 176 S.) 875. *ℳ 8.

1. Heft. [Ebendas.] 1867. *ℳ 3,60.

Statistik des Hamburgischen Staats. Bearb. vom statist. Bureau der Deputation für direkte Steuern. 8. Heft 2 Abthlgn. und 9. Heft. gr. 4. Hamburg, O. Meissner. *

Inhalt:

Heft 8. 1. Abthl.: Die Kranken- und Sterbekassen. — Die Auswanderung nach transatlant. Plätzen in den J. 1873, 1874, 1875. — Die Volkszählung und Gewerbeaufnahme am 1. Decbr. 1875. — Die Bewegung der Bevölkerung im J. 1875. — Ein Beitrag zur Statistik der Löhne und Preise. — Nachtrag. (120 S.) 876. *ℳ 6. — 2. Abthl.: Statistik der Unterrichtsanstalten am Schluss des Schuljahrs 1875/76 (mit einer graph. Darstellung). — Aeltere Nachrichten über Hamburg's Bevölkerungswechsel. — Nachtrag zu den Resultaten der Volkszählung vom 1. Decbr. 1875. — Die Bewegung der Bevölkerung im J. 1876. — Statistik der Wahlen im J. 1877. — Die Production von Eisengusswaaren und Schwefelsäure aus Erzen 1871—1876. (IV, 82 S. mit 1 chromolithogr. Karte.) 878. *ℳ 4,40.

» 9. Die Gelasse, die Wohnungen, deren Bevölkerung und die Miethen, nach den Ergebnissen der Volkszählung von 1875. — Der Bevölkerungswechsel in den einzelnen Gebietstheilen. — Die Bewegung der Bevölkerung im J. 1877. — Die Auswanderung über Hamburg nach transatlant. Ländern in den J. 1876 und 1877. — Der Erwerb und Verlust der Staatsangehörigkeit im Hamburgischen Staate. — Die endgültigen Ergebnisse der Gewerbeaufnahme vom 1. Decbr. 1875. — Die Ergebnisse der 8 Sparkassen im Hamburgischen Gebiete in den J. 1875—1877. (IV, 162 S.) 878. *ℳ 8.

1.—7. Heft. Ebendas. 1867—75. *ℳ 38,60.

—— des Hamburgischen Staats. Bearb. vom statist. Bureau der Deputation für direkte Steuern. 10.—12. Heft. gr. 4. Hamburg, O. Meissner's Verlag. *

Inhalt:

Heft 10. Die in den J. 1868 bis 1877 öffentlich verkauften Grundstücke. — Die Statistik der Landwirtschaft. — Sterblichkeitstafeln für die J. 1872 und 1876. — Statistik der Dampfkessel und Dampfmaschinen. — Die Auswanderung über Hamburg in den J. 1878 und 1879. — Statistik der Wahlen in den J. 1878 und 1880. — Die directen Steuern. — Die Bewegung der Bevölkerung in den J. 1878 und 1879. (IV, 116 S.) 880. *ℳ 8.

» 11. Die Hauptergebnisse der Hamburgischen Gewerbestatistik von 1875 verglichen mit den Ergebnissen in mehreren Deutschen Städten. — Die Auswanderung über Hamburg nach transatlantischen Ländern im J. 1880. — Die Ernteerträge im J. 1880. — Die Volkszählung vom 1. Decbr. 1880. 1. Thl. — Die Bewegung der Bevölkerung im J. 1880. — Die Ergebnisse der acht Sparkassen im Hamburgischen Gebiet in den J. 1878 bis 1880. — Überblick über die Wirksamkeit der Allgemeinen und der St. Pauli Armenanstalt bis zum J. 1880. (IV, 192 S.) 881. *ℳ 9.

» 12. 1. Abthl.: Statistik der Reichstagswahlen im J. 1881. — Die Bewegung der Bevölkerung im J. 1881. — Die Volkszählung vom 1. Decbr. 1880. 2. Thl. — Die Auswanderung über Hamburg nach transatlantischen Ländern im J. 1881. — Die berufsstatistischen Erhebungen im Juni 1882. (IV, 120 S.) 882. *ℳ 6.

» 12. 2. Abthl.: Eigenthümlichkeiten einzelner Stadt- und Gebietstheile in Bezug auf die Zusammensetzung der Bevölkerung. — Der Bevölkerungswechsel in den J. 1880 und 1881 im Vergleich mit dem Stande der Bevölkerung nach der Zählung vom 1. Decbr. 1880. — Die Auswanderung über Hamburg nach transatlantischen Plätzen im J. 1882. — Einkommen und Miethe. — Die Selbstmordfälle im Hamburgischen Staate während des Decenniums 1872/1881. — Die Ergebnisse der Viehzählung vom 10. Jan. 1883. — Statistik der Wahlen im J. 1883. — Die Aufnahme der Flussfahrzeuge Ende 1882. — Die Ernteerträge in den J. 1881 und 1882. — Die Bewegung der Bevölkerung im J. 1882. (IV, 136 S.) 883. *ℳ 7.

—— des Hamburgischen Staates. Bearb. und hrsg. von dem statist. Bureau der Steuer-Deputation. 13. Heft und 14. Heft in 2 Abthlgn. gr. 4. Hamburg, O. Meissner's Verlag. * 25 40

Inhalt:

Heft 13. Die Ergebnisse der Einkommensteuer in den J. 1878 bis 1882. — Die Ergebnisse der Berufszählung vom 5. Juni 1882. — Statistik der Reichstagswahlen im J. 1884. — Beiträge zur Statistik der Landwirthschaft. — Die Auswanderung über Hamburg nach überseeischen Ländern in den J. 1883 und 1884. — Die Besitzveränderungen im Grundeigenthume in den J. 1878 bis 1885. — Die Bewegung der Bevölkerung in den J. 1883 und 1884. (IV, 226 S.) 886. *ℳ 11.60.

» 14. 1. Abthl.: Die Volkszählung vom 1. Decbr. 1885. Einleitung. — 1. Thl.: Die Ausführung der Zählung. — 2. Thl.: Die Zählung der Personen. (IV, 129 S.) 887. *ℳ 6.80.

» 14. 2. Abthl.: Die öffentliche Armenpflege im Hamburgischen Staate im J. 1885. — Statistik der Wahlen. — Die Gewerbebetriebe im Hamburgischen Staate im J. 1882. — Erwerbung und Verlust der Reichs- und Staatsangehörigkeit im Hamburgischen Staate während der J. 1876 bis 1885. — Die Auswanderung über Hamburg nach überseeischen Ländern in den J. 1885 und 1886. — Die Bewegung der Bevölkerung in den J. 1885 und 1886. (IV, 134 S.) 887. *ℳ 7.—.

—— des Hamburgischen Staates. Bearb. u. hrsg. v. dem statist. Bureau d. Steuer-Deputation. 15. Heft. 1. Abth. gr. 4. (IV, 117 S.) Hamb. 890, Meissner's Verlag. * 6 —

— des Hamburgischen Staates. Bearb. u. hrsg. v. dem statist. Bureau der Steuer-Deputation. 15. Hft. 2. Abth. gr. 4. (IV, 166 S.) Hamburg 894. O. Meissner's Verl. n. 8. — (1 u. 2.: n. 14. —)

— des Hamburgischen Staates. Bearb. u. hrsg. v. d. statist. Bureau d. Steuer-Deputation. 16. u. 17. Hft. u. 18. Hft. I.—IX. Abth. gr. 4. Hamburg, O. Meissner's Verl. n. 41. 20

16. (VI, 176 S.) 894. n. 8. —. — 17. (IV, 214 S.) 895. n. 10. —

18. I. Die Ergebnisse d. Berufs- u. Gewerbezählg. v. 14. Juni 1895 im hamburg. Staate. 1. Abth. D. Bevölkerg. nach Haupt- u. Nebenberuf. (121 S.) 896. n. 6. —
II. III. Dasselbe. II. Die Bevölkerg. nach Hauptberuf, Alter u. Familienstand. III. Die Hausiergewerbetreibenden. (39 u. 2 S.) 897. n. 2. —
IV. V. Dasselbe. IV. Einige besond. sociale Klassen d. Bevölkerg. — V. D. erwerbsthät. Bevölkerg. nach Hauptberuf u. Religionsbekenntniss. (11 u. 14 S.) 897. n. 1. 20
VI. Dasselbe. VI. Die beschäftigungslosen Arbeitnehmer am 14. Juni, sowie am 2. Dezbr. 1895. (53 S.) 896. n. 3. —
VII. Dasselbe. VII. Land- u. forstwirthschaftl. Betriebsstatist. (36 S.) 897. n. 2. —
VIII. Dasselbe. VIII. D. Gewerbebetriebe nach Grössenklassen, sow. d. Personal derselben nach d. Stellg. im Betriebe. (II, 71 S.) 897. n. 4. —
IX. Dasselbe. IX. D. Arbeiterpersonal in d. Gewerbebetrieben nach d. Beschäftigungsweise der Arbeiter. Die Betriebe d. Hausindustrie. D. Beschäftigg. v. Personen ausserhalb d. Betriebsstätten. D. Motorenbetriebe. (93 S.) 898. n. 5. —

— des Hamburgischen Staates. Bearb. u. hrsg. v. dem statist. Bureau d. Steuer-Deputation. XVIII. Hft. 10. Abth., XIX. u. XX. Hft. u. XXI. Hft. 1. Hälfte. gr. 4. Hamburg, O. Meissner's Verl. n. 28. 20

XVIII. Die Ergebnisse der Berufs- u. Gewerbezählg. vom 14. VI. 1895 im Hamburg. Staate. (X. (Schluss-)Abth. Die Gewerbebetriebe m. Benutzg. v. Arbeitsmaschinen, Apparaten, Oefen u. s. w. — Grösse u. Unternehmungsform der Gewerbebetriebe bei Nachweisg. der Gesamtbetriebe als Betriebseinheiten. — Titel, Inhaltsverzeichniss, Vorwort u. textl. Thl. (25 u. VI, 126 S.) 900. n. 7. 20

XIX. Die Volkszählg. vom 2. XII. 1895. 1. Thl. Die Ausführg. der Zählg. u. die Feststellg. der Ergebnisse. 2. Thl. Die Zählg. der Personen. 3. Thl. Die Zählg. der Gelasse. 4. Thl. Die Zählg. der Haushaltgn. Titel, Inhaltsverzeichniss u. Vorwort. (IV, 176 S.) 900. n. 9. —

XX. Die Bewegung der Bevölkerung in den J. 1892 bis 1899. Statistik der Wahlen in den J. 1887 bis 1901. Die Einkommensteuer in den J. 1893 bis 1899. (III, 134 S.) 902. n. 6. —

XXI. 1. Volkszählung, die, vom 1. XII. 1900. 1. Thl.: Die Ausführg. der Zählg. u. die Feststellg. der Ergebnisse. 2. Thl.: Die Zählg. der Personen. (140 S.) 902. n. 6. —

— des Hamburgischen Staates. Bearb. u. hrsg. von dem statist. Bureau der Steuer-Deputation. XXI. Heft. 2. Hälfte u. XXII. Heft. gr. 4. Hamburg, O. Meissner's Verl. n. 11. —

XXI. 2. Volkszählung, die, vom 1. XII. 1900. 2. Hälfte. 3. Tl.: Die Zählung der Grundstücke, der Wohngebäude u. der Gelasse. 4. Tl.: Die Zählg. der Haushaltgn. (V u. S. 141—261.) 903. n. 6. —

XXII. Statistik der hamburg. Bürger. Die Einkommenverhältnisse der hamburg. Bevölkerg. in den J. 1866 bis 1901. Das Verhältnis zwischen Miete u. Einkommen. Die Bewegg. der Bevölkerg. in den J. 1900 bis 1903. Hamburgische Sterblichkeitstafeln f. die J. 1896 u. 1901. Die Mieten u. ihre Aenderg. in Hamburg in den J. 1893 bis 1903. (IV, 111 S.) 904. n. 5. —

— des hamburgischen Staates. Hrsg. vom statist. Bureau. 23.—25. Heft. 32×24,5 cm. Hamburg, O. Meissner's Verl. 15. —

23. Ausführung u. Ergebnisse der Volkszählung v. 1. XII 1905 im hamburgischen Staate. 1. Tl. (III, 77 S.) 909. 4. —
24. Alter, Familienstand, Staatsangehörigkeit, Religionsbekenntnis u. Geburtsort der Bevölkerung im hamb. Staate (Volkszählung 1905. 2. Tl.) Ergebnisse der Bevölkerungsaufnahmen vom 1. XI. 1906, 1907 u. 1908. Sterblichkeitstafel f. den hamburg. Staat f. 1906. (III, 82 S.) 909. 4. —
25. Grundstücke, Wohnungen, Geschäftsräume, Mieten u. Haushaltungen im hamburgischen Staate (Volkszählung 1905. 3. Tl.), nebst Ergebnissen der Grundstücksaufnahmen der J. 1906—1909. (VI, 137 S.) 910. 7. —

Statistik des Lübeckischen Staates. Hrsg. vom statist. Bureau des Stadt- und Landamtes. 1.—3. Heft. gr. 4. Lübeck, Grautoff. *

Inhalt:

Heft 1. Die Resultate der Volkszählung am 3. Decbr. 1867. (XIV, 81 S.) 871. *ℳ 1,20.
» 2. Die natürliche Bewegung der Bevölkerung in den J. 1846—1870. (XL, 133 S. mit 4 Stnt.) 873. *ℳ 3.
» 3. Die Resultate der Volkszählung vom 1. Decbr. 1871. 1. Thl. (XVI, 86 S. mit 5 chromolithogr. Taf. graph. Darstellungen.) 874. *ℳ 2.

—— des Lübeckischen Staates. Hrsg. vom statist. Bureau des Stadt- und Landamtes. 4. Heft: Berufs- und Erwerbsverhältnisse auf Grund der Volkszählung vom 1. Decbr. 1871. — Geburten, Sterbefälle und Eheschliessungen in den J. 1873—1877. — Ergebnisse der Gewerbeaufnahme vom 1. Decbr. 1875. — Resultate der Volkszählung vom 1. Decbr. 1875. — Statistik der Reichstagswahlen vom 10. Jan. 1874 und vom 10. Jan. 1877. gr. 4. (210, LXXXVIII S. mit 6 chromolithogr. Taf. von Darstellungen.) Lübeck 878, Grautoff. cart. *

1.—3. Heft. Ebendas. 1871—74. *ℳ 6,20.

Statistik des preussischen Staats. Versuch einer Darstellung seiner Grundmacht und Cultur . . . Berlin 1845. V: *Berghaus, Heinrich Carl.* (Wr) (Ky) (EngG) (ADB 46, 377)

— des Preußischen Staats; Versuch einer Darstellung seiner Grundmacht und Kultur, seiner Verfassung, Regierung und Verwaltung im Lichte d. Gegenwart. (Von Hnr. Berghaus.) gr. 8. (Mit 3 Tab.) Berlin 845, Reimer. 2 2/3 Thlr.

Statistik des Stadtkreises in der Ober-Bürgermeisterei Barmen, zusammengestellt mit besond. Berücksichtigung der Jahre 1862, 1863 u. der Resultate der Volkszählung des Jahres 1864. Nach amtl. Quellen bearb. im Bureau des Ober-Bürgermeister-Amtes. Barmen 867. (Bädeker'sche Buchh.) gr. 4. (161 S.) n.n. 1 Thlr.

Statistik über Starkstromanlagen. Allgemeiner Teil: Zentral-Anlagen Kategorie A ⟨eigentliche Elektrizitätswerke mit Stromlieferung an Dritte⟩ pro 1901. Beilage zum Jahrbuch des Schweizerischen Elektrotechnischen Vereins. Jahrg. 13 - 1902. Redigiert vom Generalsekretariat des S. E. V. [Herausgeber:] Schweizerischer Elektrotechnischer Verein und Verband schweizerischer Elektrizitätswerke. — Statistique des installations électriques à courant fort. Partie générale.... Année 1901. Annexe de l'Annuaire.... II + 50 S. fol. Zürich, Jacques Bollmann.

Statistik über Starkstromanlagen. Allgemeiner Teil: Zentral-Anlagen Kategorie A ⟨eigentliche Elektrizitätswerke mit Stromlieferung an Dritte⟩ pro 1902. Beilage zum Jahrbuch des Schweizerischen Elektrotechnischen Vereins.... Jahrg. 14 – 1903. Redigiert vom Generalsekretär des S. E. V.: Prof. Dr. W[alther] Wyssling. [Herausgeber:] Schweizerischer Elektrotechnischer Verein und Verband schweizerischer Elektrizitätswerke = Statistique des installations électriques à courant fort. Partie générale ... 1902. Annexe de l'Annuaire.... [II + 71 S.] fol. Zürich..., Jacques Bollmann; Bern, Polytechnische Verlagsanstalt A.-G.

Statistik über Starkstromanlagen. Allgemeiner Teil: Zentral-Anlagen Kategorie A ⟨eigentliche Elektrizitätswerke mit Stromlieferung an Dritte⟩ pro 1903. Beilage zum Jahrbuch des Schweizerischen Elektrotechnischen Vereins.... Jahrg. 15 — 1904. Redigiert vom Generalsekretariat des S. E. V. [Herausgeber:] Schweizerischer Elektrotechnischer Verein und Verband schweizerischer Elektrizitätswerke = Statistique des installations électriques à courant fort. Partie générale ... 1903. Annexe de l'Annuaire.... [86 S.] fol. Zürich ..., Jacques Bollmann.

Statistik über Starkstromanlagen. Allgemeiner Teil: Zentral-Anlagen. Kategorie A ⟨eigentliche Elektrizitätswerke mit Stromlieferung an Dritte⟩ pro 1904. Beilage zum Jahrbuch des Schweizerischen Elektrotechnischen Vereins. Jahrg. 16 – 1905. Redigiert vom Generalsekretariat des S. E. V. [Herausgeber:] Schweizerischer Elektrotechnischer Verein und Verband schweizerischer Elektrizitätswerke = Statistique des installations électriques à courant fort. Partie générale ... 1904. Annexe de l'Annuaire.... [II + 120 S.] fol. Zürich..., Jacques Bollmann. [fr. 5. —]

Statistik über Starkstromanlagen. Allgemeiner Teil: Zentralanlagen Kategorie A ⟨eigentliche Elektrizitätswerke mit Stromlieferung an Dritte⟩ pro 1909. Bearb. vom Generalsekretariat des S. E. V. [Herausgeber:] Schweizerischer Elektrotechnischer Verein und Verband schw' Elektrizitätswerke = Statistique des installations électriques à courant fort. Partie générale ... Année 1909. ... [VIII + 185 S.] fol. Zürich, Fachschriften-Verlag A. G. (Druck Jean Frey), 1910. [cart. fr. 8. —]

Forts. von: Jahrbuch des Schweizerischen Elektrotechnischen Vereins.... Teil 2.

Statistik der Sterbens- und Dienstunfähigkeitsverhältnisse der Eisenbahnbeamten. Herausg. vom Verein Deutscher Eisenbahnverwaltungen. Berlin 1887 u. 1888.

Statistik über Steuern und Lasten des Haus- und Grundbesitzes sowie über die Erhebung des Wassergeldes. Veranstaltet v. Zentralverbande d. städt. Haus- u. Grundbesitzer-Vereine Deutschlands im Winterhalbj. 1907/08. Berlin 1908: Grassmann in Stettin. 48 S. 8°

(Schriften d. Zentralverbandes d. städt. Haus- u. Grundbesitzer-Vereine Deutschlands. N. F. Bd 13, H. 1.)

— der Straf- u. Gefangen-Anstalten im Grossherzogth. Hessen, s.: Beiträge zur Statistik d. Grossherzogth. Hessen.

—— der zum Ressort des Ministeriums des Innern gehörenden Straf- und Gefangen-Anstalten für die J. 1869 und 1870. gr. 4. (à VI, 252 S.) Berlin 871, 72, v. Decker'sche Geh. Ober-Hofbuchdr. à Jahrg. * 6 —

—— dass. — für das J. 1871. gr. 4. (262 S.) Ebendas. 874.

—— der zum Ressort des Ministeriums des Innern gehörenden Straf- und Gefangen-Anstalten für die J. 1872, 1873 und 1874. Imp.-4. (LXXXVI, 514 S.) Berlin 876, v. Decker's Verlag. * 22 —

—— dass. — für die J. 1875 und 1876. gr. 4. (460 S.) Ebendas. 878. * 20 —

—— dass. — pro 1. April 1877/78. gr. 4. (IV, 314, 26 S.) (Ebendas.) 879. * 16 40

—— der zum Ressort des Ministeriums des Innern gehörenden Straf- und Gefangen-Anstalten pro April 1878/79. gr. 4. (IV, 308 S.) Berlin 880, (v. Decker's Verlag.) * 16 40

—— der zum Ressort des königl. preußischen Ministeriums des Innern gehörenden Straf- und Gefangen-Anstalten pro 1. April 1879/80. gr. 8. (IV, 307 S.) (Ebendas.) 881. *

—— dass. — pro 1. April 1880/81. gr. 4. (IV, 311 S.) (Ebendas.) 882. *

—— dass. — pro 1. April 1881/82. gr. 4. (IV, 331 S.) (Ebendas.) 883. *

—— dass. — pro 1. April 1882/83. gr. 4. (IV, 336 S. mit 1 Taf.) (Ebendas.) 884. *

—— der zum Ressort des königl. preussischen Ministeriums des Innern gehörenden Straf- und Gefangen-Anstalten pro 1. April 1883/84. gr. 4. (IV, 349 S. mit 1 Taf.) Berlin 885, (v. Decker's Verlag.) ** 17 —

—— dass. — pro 1. April 1884/85. gr. 4. (IV, 450 S.) (Ebendas.) 886. ** 21 60

—— dass. — pro 1. April 1885/86. gr. 4. (IV, 349 S.) (Ebendas.) 887. ** 19 —

—— dass. — pro 1. April 1886/87. gr. 4. (IV, 256 S.) (Ebendas.) 888. * 15 —

—— der zum Ressort d. königl. preuss. Ministerium d. Innern gehörenden Straf- u. Gefangen-Anstalten f. 1. April 1887/88, 1888/89, 1889/90 u. 1890/91. gr. 4. (IV, 237; IV, 239; IV, 237; IV, 245 S.) Berl. 892, (v. Decker). Ausg. 1887/88—1889/90 à ** 15 —
Ausg. 1890/91 * 16 —

— dasselbe f. 1. April 1891/92. gr. 4. (IV, 240 S.) Ebd. 893. n.n. 16. —

— dasselbe f. 1. April 1892/93. gr. 4. (IV, 237 S.) Ebd. 894. n.n. 15. —

— der z. Ressort d. kgl. preuss. Ministeriums d. Innern gehör. Straf-Anstalten u. Gefängnisse f. 1. Apr. 1893/94. gr. 4. (IV, 246 S.) Berlin 895. (R. v. Decker.) n.n. 15. —

— dasselbe f. d. 1. Apr. 1894/95. Lex.-8. (XXIV, 187 S.) Ebd. 896. n. 10. —

— dasselbe f. d. 1. IV. 1895/96. Lex.-8. (XXXIV, 195 S.) Ebd. 897. n. 10. —

— dasselbe f. d. 1. IV. 1896/97. Lex.-8. (XXIV, 221 S.) Ebd. 898. n. 10. —

— der zum Ressort des königl. preuss. Ministeriums des Innern gehörenden Strafanstalten u. Gefängnisse f. den 1. IV. 1898/99. Lex.-8. (XXXII, 237 S.) Berlin 900. (R. v. Decker.) n. 8. —

Statistik der Straffälle in Bezug auf die Zölle und Steuern des Deutschen Reichs für das Jahr 1872. Berlin. 1874. = Statistik des Deutschen Reichs. Bd. 6, III. 4°.

— der Trabrennen in Oesterreich 1896 u. 1897. 12. (V, 488 u. VI, 507 S.) Wien 897. 98. (F. Beck.) à n. 3. —

— der Trabrennen in Oesterreich pro 1898, 1899 u. 1900. 12. (VII, 612; VII, 640 u. XII, 615 S.) Wien 899—901. (F. Beck.) à n. 4. —

Statistik der Trabrennen in Oesterreich pro 1900. Wien. 1901. Verlag des Wiener Trabrenn-Vereines. [In Comm. Beck.] 8°. XII, 615 S. K 4.—

— dasselbe pro 1901. 12. (XII, 767 S.) Ebd. 902. n. 5. —

— der Trabrennen in Oesterreich-Ungarn, Fortsetzung, s.: Jahres-Buch.

Statistik des Travenbezirkes im Niedersächsischen Turngau v. J. 1863, Lübeck, 12 S., 8°.

Statistik der Universität Tübingen. Herausgegeben vom statistisch-topogr. Bureau. Stuttgart 1877. V: *Riecke, Carl Vict. v.* (EB)

—— der Universität Tübingen. Hrsg. von dem k. statistisch-topograph. Bureau. Lex.-8. (X, 174 S. mit 2 lithogr. Curventaf.) Stuttgart 877, Lindemann's Buchh. * 2 —
Aus: Württembergische Jahrbücher für Statistik und Landeskunde, besonders abgedruckt.

Statistik über das Turnen an den Schulen des Gerichtsbezirks zu Gabel, erhoben am 1. 1. 1885 v. T. V. Gabel, Gabel, 8 S., 8°.

Statistik von 6 Turnvereinen und 2 Turngesellschaften von Oberösterreich und Salzburg, Salzburg 1866, 81 S., 8°.

— der entschädigungspflichtigen Unfälle f. d. J. 1887. Bearb. im Reichs-Versicherungsamt. [Sonder-Ausg. der „Amtliche Nachrichten“ des Reichs-Versicherungsamts. Jahrg. VI. Nr. 10. (1890. 15. Mai.)] gr. 4. (S. 199—448.) Berlin 890. Asher & Co. n. 2. —

— der entschädigungspflichtigen Unfälle der Land- u. Forstwirthschaft des Deutschen Reichs f. d. J. 1891. Bearb. im Reichsversicherungsamt. [Amtliche Nachrichten d. Reichs-Versicherungsamts, Gesammtausg. 1893, Nr. 19.] 4. (S. 231—426.) Berlin 893. A. Asher & Co. n. 2. —

Statistik der Unfallversicherung. Tabellen: Umfang, Ausgaben u. Einnahmen. 1885 bis 1898. Bearb. im Reichs-Versicherungsamt. *Berlin: A. Asher & Co. 1900.* (331 S.) 4° [F.]
— Nachrichten, Amtliche, des Reichs-Versicherungsamts. 1900, Beih. 1. (03. 15036

Statistik der Unfallversicherung. Unfallstatistik für Land- und Forstwirtschaft 1901. Bearb. im Reichs-Versicherungsamt. Tl 1. 2. Berlin 1904. 4°
(Amtl. Nachrichten d. Reichs-Versicherungsamts 1904. Beih. 1. 2.)

Statistik der Unterrichts- und Erziehungs- Anstalten im Großherzogtum Sachsen, einschl. d. Großherzogl. u. Herzogl. Sächsischen Gesamt-Univ. Jena veröff. v. Kultusdepartement d. Großh. Staatsministeriums. Weimar 1903: Wagner. 78 S. 4°

Statistik der gewerblichen Unterrichtsanstalten im Grossherzogtum Hessen. 1894-99
Darmstadt 1894-99

— der Hamburgischen Unterrichtsanstalten. Zusammengestellt vom statist. Bureau der Deputation für directe Steuern. [Aus „Statistik des Hamburg. Staats.“] Ebend. 869. gr. 4. (II, 30 S.) n. 18 ngr.

Statistik der Unterrichtsanstalten, s.a. Statistik, Österreichische.

Statistik der Unterrichtsanstalten in den im Reichsrathe vertretenen Königreichen und Ländern für das Jahr 1895/1896, bearbeitet von dem Bureau der k. k. statistischen Central-Commission. Wien. 1899. In Comm. Gerold's Sohn. 4°. XXXVII, 216 S. fl. 3.80
Österreichische Statistik. Herausgegeben von der k. k. statistischen Central-Commission LII. Bd. 3. Heft.

Oesterreichische Statistik. Herausgegeben von der k. k. statistischen Central-Commission. LIV. Bd. 2. Heft.
Enthält:
Statistik der Unterrichts-Anstalten in den im Reichsrathe vertretenen Königreichen und Ländern für das Jahr 1896/97. Bearbeitet von dem Bureau der k. k. statistischen Central-Commission Wien. 1900. In Comm. Gerold's Sohn. 4°. XXXVII, 18 S.

Oesterreichische Statistik. Herausgegeben von der k. k. statistischen Central-Commission. LV. Bd. 4. Heft.

Enthält:

Statistik der Unterrichtsanstalten in den im Reichsrathe vertretenen Königreichen und Ländern für das Jahr 1897/98 bearbeitet von dem Bureau der k. k. statistischen Central-Commission. Wien. 1901. In Comm. Gerold's Sohn. 4°. XXXV, 224 S. K 7.60

Statistik der Unterrichts-Anstalten in den im Reichsrathe vertretenen Königreichen und Ländern für das Jahr 1898/99. [Oesterr. Statistik. 62. Bd. 1. Heft.] 4°. (XXXIV, 236 S) †
Ebd. 1902.

Statistik der Unterrichtsanstalten in den im Reichsrathe vertretenen Königreichen und Ländern für das Jahr 1899/1900. [Österreichische Statistik. 68. Bd. 3. Heft.] Fol. (XXXIV, 250 S.)
Ebd. 1903. † K 7.60

Statistik der Unterrichtsanstalten in den im Reichsrate vertretenen Königreichen und Ländern für das Jahr 1900/1901. [Österr. Statistik. 70. Bd. 3. Heft.] Fol. (XXXIV, 258 S.) †
Ebd. 1904. K 7.60

Statistik der Unterrichtsanstalten in den im Reichsrate vertretenen Königreichen und Ländern für das Jahr 1901/1902. [Österr. Statistik. 73. Bd. 1. Heft.] Fol. (XXXV, 272 S.) † K 8.—
Ebd. 1905.

Statistik der Unterrichtsanstalten in den im Reichsrate vertretenen Königreichen und Ländern für das Jahr 1902/1903. [Österr. Statistik. 76. Bd. 1. Heft.] Fol. (XXXV, 280 S.) † K 9.50
Ebd. 1905.

Statistik der Unterrichtsanstalten in den im Reichsrate vertretenen Königreichen und Ländern für das Jahr 1903/1904. Österr. Statistik, Bd. LXXVII, 2. Heft] Fol. XXXV, 288 S.) † K 8.60
Ebd. 1906.

Statistik der Unterrichtsanstalten in den im Reichsrate vertretenen Königreichen und Ländern für das Jahr 1904/1905. [Österr. Statistik. LXXIX. Bd. 3. Heft.] 4°. (LXIII, 348 S.) †
Ebd. 1908. K 12.

Statistik der Unterrichtsanstalten in den im Reichsrate vertretenen Königreichen und Ländern für das Jahr 1905/1906. [Österr. Statistik. LXXXVI. Bd. 2. Heft.] Fol. (XLVI, 823 S.) †
Ebd. 1909.

— der landwirtschaftlichen u. zweckverwandten Unterrichts-Anstalten Preussens, s.a. Jahrbücher, landwirtschaftliche.

Statistik der landwirthschaftlichen und zweckverwandten Unterrichts-Anstalten Preußens nach dem Stande am Schluß der Jahre ... Bearb. im Kgl. Minist. f. Landwirtsch., Domänen und Forsten. - Berlin. 1-16. 1881-1897. - (M. n. erm.)

Statistik der landwirthschaftlichen und zweckverwandten Unterrichts-Anstalten Preussens nach dem Stande am Schlusse des Jahres 1893 ff. Bearb. im Kgl. Preuss. Ministerium für Landwirthschaft, Domänen und Forsten. Berlin. 1894 ff. 8°.
[Besonders abgedruckt aus „Landwirthschaftliche Jahrbücher". Berlin. 1894 ff.]

Statistik der landwirtschaftlichen und zweckverwandten Unterrichts-Anstalten Preussens ... Bearb. im Kgl. Preuss. Ministeriam f. Landwirtschaft, Domänen u. Forsten f. d. J. 1900—1905. Berlin 1903—1906. 8°.
[Fortges. u. d. Tit.:]
Unterrichtswesen, Das landwirtschaftliche und zweckverwandte, im Königreich Preussen, zugleich landwirtschaftl. Schulstatistik f. d. J 1906 1907. 1908. Berlin 1910. 8°.
f. d. J. 1906, 07, 08 [bearb. von] G. *Oldenburg.* 1910.
(Landwirtschaftl. Jahrbücher. Bd 32, Erg.-Bd 2 ff.)

Statistik **d. landwirtschaftlichen u. zweckverwandten Unterrichts-Anstalten Preussens f. d. Jahre 1900/02—1906/08. Berl. 1903—10. 4°.**
(Landwirtschaftliche Jahrbücher. Bd. 32 Erg.-bd. 2, Bd. 35 Erg.-bd. 5, Bd. 39 Erg.-bd. 2). 373.

Statistik der landwirtschaftlichen und zweckverwandten Unterrichts-Anstalten Preußens. Bearb. im Kgl. Preuß. Minist. f. Landw., Domänen u. Forsten. [1.] Für d. Jahre 1900, 1901 u. 1902. *Berlin: P. Parey 1903.* 4°(8°)
= Jahrbücher, Landwirtschaftliche. Bd 32, Erg. Bd 2. [04. 38,6 9

[F.] **Statistik** der dem Cultusdepartement des Grossherzogl. Staatsministeriums unterstellten Unterrichts- und Erziehungs-Anstalten im Grossherzogthum Sachsen, einschl. d. Grossh. u. Herzogl. Sächs. Gesammt-Univ. Jena, veröff. v. Cultusdepartem. d. Grossh. Staatsministeriums. *Weimar: Dr. v. R. Wagner Sohn 1895.* (51 S.) 1 Bd 4. [98. 4590

Statistik der dem Cultusdepartement des Grossherzogl. Staatsministeriums unterstellten Unterrichts- u. Erziehungs- Anstalten im Grossherzogthum Sachsen, einschliessl. der Grossherzogl. u. Herzogl. Sächs. Gesammt-Univ. Jena, veröff. vom Cultusdepartement d. Grossh. Staatsministeriums. Weimar 1899: R. Wagner Sohn. (90 S.) 4°

—— der Unterrichts-Verwaltung in der Prov. Schleswig-Holstein. gr. 8. (70 S.) Kiel 880, Homann. *

Statistik des Unterrichtswesens im Kanton Bern. Bern: A. Francke in Komm. 1907. (IV, 200 S.) 8°
= **Mitteilungen** d. Bernischen statist. Bureaus. Jg. 1907, Lfg 1. [08. 3613

— des Unterrichtswesens der Hauptstadt Budapest, s.: Publikationen d. statistischen Bureau's der Haupt- und Residenzstadt Budapest. Nr. 38.

Statistik des Unterrichts- und Erziehungswesens in Württemberg. 1902-12. 4° und 8° Stuttgart 1904-13

Statistik des Unterrichts- und Erziehungswesens im Kgr. Württemberg. Für die Jahre 1869/70 bis 1904/5 (ff.). Stuttgart 1872--1906 (ff.). 4°.

Statistik des Unterrichtswesens in der Schweiz. 1871, 1.2. 5. 1881, 1-7. Basel 1875. 83
Berlin 1875

Statistik des Unterrichtswesens in der Schweiz im Jahre 1871. Im Auftrag des schweiz. Departements des Innern bearbeitet von Dr. Herm. Kinkelin. V. Theil. Die Lehrerbildungsanstalten verfasst von J. J. Schlegel, Reallehrer in St. Gallen. 90 Stn. 4. Basel. H. Georgs Verlag. 1876.

— der Ursachen der Erwerbsunfähigkeit (Invalidität) nach dem Invaliditäts- u. Altersversicherungsgesetz f. die J. 1896—1899, s.a. Nachrichten, amtl., des Reichs-Versicherungsamts. 1903. Beihft. 2.

[F.] **Statistik** der Ursachen der Erwerbsunfähigkeit '(Invalidität)' nach d. Invaliditäts- u. Altersversichergsgesetz aufgest. im Reichs-Versichergsamt. *Berlin: A. Asher & C. 1898.* (1 Bl., XVI, 227 S.) 1 Bd 8.
= **Beiheft** zu d. Amtl. Nachrichten d. Reichs-Versichergsamts. Jg. 1898. [98. 7639

[**Statistik.**] Verein Deutscher Eisen- und Stahl- Industrieller. Statistik 1902 ff. Dresden-Blasewitz [später] Berlin 1902 ff. 4°
1902, Nr 1–22. 1903, Nr 1–19. 1904, Nr 1-19. 1905, Nr 1–19. 1906. Nr 1–20. 1907, Nr 1–18. 1908, Nr 1–18. 1909, Nr 1–18.

—— der mit der Gesellschaft für Verbreitung von Volksbildung in Verbindung stehenden Vereine für Volksbildungszwecke nach dem Stande des Verwaltungsjahres 1874/75. Mit 1 Karte in Farbendr. (in qu. gr. Fol.), die Verbreitung der mit der Gesellschaft in Verbindung stehenden Vereine für Bildungszwecke und das Verhältniß der Theilnahme der Bevölkerung in Deutschland darstellend. 4. (48 S.) Berlin 875, Gesellschaft für Verbreitung von Volksbildung. 1 50

— über die Verhältnisse der Volksschullehrer im Großherzogt. Sachsen. Hrsg. durch das statist. Bureau des weimar. Lehrervereins. (55 S.) gr. 8. Weimar 903. (R. Wagner Sohn.) n. 1. —

Statistik des Verkehrs

—— —— der Ämter des Deutschen Reichs-Telegraphen-Gebietes f. d. J. 1875. Berlin 1873—76. 4.

Statistik des Verkehrs, s.a. Statistik, Österreichische.

Oesterreichische Statistik. Herausgegeben von der k. k. statistischen Central-Commission. LIV. 3. Heft. I. Abtheilung.

Enthält:

Statistik des Verkehrs in den im Reichsrathe vertretenen Königreichen und Ländern für die Jahre 1896 und 1897. 1. Abtheilung: Landesstrassen, Wasserstrassen, Flussschiffahrt. Bearbeitet von dem Bureau der k. k. statistischen Central-Commission. Wien. 1900. In Comm. Gerold's Sohn. 4°. XXVIII, 70 S. K 2.60

Oesterreichische Statistik. Herausgegeben von der k. k. statistischen Central-Commission. LIV. Bd. 3. Heft. 2. Abtheilung.

Enthält:

Statistik des Verkehrs in den im Reichsrathe vertretenen Königreichen und Ländern für die Jahre 1896 und 1897. 2. Abtheilung. Seeschifffahrt und Seehandel, Eisenbahnen, Posten, Telegraphen und Telephone, Aussenhandel und Handel zwischen Oesterreich und Ungarn. Bearbeitet von dem Bureau der k. k. statistischen Central-Commission. Wien. 1900. In Comm. Gerold's Sohn. 4°. XLVI, 62 S. K 3.20

Statistik des Verkehrs in den im Reichsrathe vertretenen Königreichen und Ländern für die Jahre 1898 und 1899. 1. Abtheilung: Landstrassen, Wasserstrassen, Flussschifffahrt. [Oesterr. Statistik. LIX. Bd. 2. Heft. 1. Abtheilung.] Fol. (XXXII. 76 S.) †
Ebd. 1902.

Statistik des Verkehres in den im Reichsrathe vertretenen Königreichen und Ländern für die Jahre 1898 und 1899. [Oesterr. Statistik. Bd. 59. 2. Heft. 2. Abtheilung.] 4°. (LXII, 68 S.) †
Ebd. 1903. K 3.20

Statistik des Verkehres in den im Reichsrate vertretenen Königreichen und Ländern für die Jahre 1900 und 1901. [Österr. Statistik. 58. Bd. 1. Heft. 1. Abt.] Fol. (XXXIII, 77 S.) †
Ebd. 1903. K 2.60

Statistik des Verkehres in den im Reichsrate vertretenen Königreichen und Ländern für die Jahre 1900 und 1901. II. Abteilung. Seeschiffahrt und Seehandel, Eisenbahnen, Posten, Telegraphen und Telephone, Außenhandel und Handel zwischen Österreich und Ungarn. [Österreichische Statistik. 68 Bd. 1. Heft. II. Abteilung.] 4°. (LXXI, 64 S) † Ebd. 1905. K 4.10

Statistik des Verkehrs in den im Reichsrate vertretenen Königreichen und Ländern für die Jahre 1902 bis 1905. 1. Abteilung: Landstraßen, Wasserstraßen, Flußschiffahrt. [Österr. Statistik. Bd. LXXXII 3. Heft. 1. Abt.] Fol. (XLIII, 147 S.) †
Ebd. 1909. K 5.70

Statistik des Verkehrs in den im Reichsrate vertretenen Königreichen und Ländern für die Jahre 1902 bis 1905. 2. Abt. Seeschiffahrt und Seehandel, Eisenbahnen, Posten, Telegraphen, Außenhandel und Handel zwischen Österreich und Ungarn. [Österr. Statistik. LXXXII. Bd. 3. Heft. 2. Abt.] 4°. (LXXII, 59 S.) † Ebd. 1908. K 4.—

—— des Deutschen Reichs-Telegraphen-Gebietes pro 1872—74. Berlin. 4.

Statistik des Verkehrs der Stationen des Deutschen Reichs-Telegraphen-Gebietes für das Jahr —. 1872—1875. Berlin 1873—1876. 4 Bde. 4°.

—— des Verkehrs der Stationen des Norddeutschen Telegraphen-Gebiets pro 1868. —1870.—1871. Berlin. Fol. u. 4. . . . . (LBK.; MoA.; RPA.)

Statistik des Verkehrs der Stationen des Norddeutschen Telegraphen-Gebietes pro 1871. Berlin 1872. 4°.

— der kirchlichen u. Unterrichts-Verwaltung in der Prov. Schleswig-Holstein. gr. 8. (91 S.) Kiel 880. Homann. n. 1. 50

— der kirchlichen u. Unterrichts-Verwaltung in der Prov. Schleswig-Holstein im J. 1891. gr. 8. (104 S.) Kiel 891. [E. Homann.] H. Eckardt. n. 1. 50

— d. kirchl. u. Unterrichts-Verwaltg. in d. Prov. Schleswig-Holstein im J. 1897. gr. 8. (108 S.) Kiel 897. H. Eckardt. n. 1. 50

— des Viehstandes in Siebenbürgen. Aus der Zählg. im J. 1870 zusammengestellt u. erläutert v. der Handels- u. Gewerbe-Kammer in Kronstadt. gr. 8. (23 S.) Kronstadt 876. (Frank & Dreßnandt.) n. — 50

Statistik über die im Rechnungsjahre 1903 im Regierungsbezirk Oppeln vorhandenen u. größtenteils aus Staatsmitteln unterstützten Volksbibliotheken. Gleiwitz [1905?]: Neumann. (42 S.) 4° [F.] [05. 1031] 2

Statistik der allgemeinen Volksschulen, s.a. Statistik, Österreichische.

Statistik der allg. Volksschulen und Bürgerschulen in den im Reichsrate vertretenen Königreichen und Ländern. [Österr. Statistik. 62. Bd. 2. Heft.] 4°. (XCVII 854 S.) † K 14.—
Wien: Gerold 1903.

—— der deutschen Volksschulen im Reg.-Bez. Niederbayern. Lex.-8. (IV, 509 S.) Landshut 878, (Krüll'sche Universitäts-Buchh.) 3 —

— der deutschen Volksschulen im Reg.-Bez. Oberbayern. Hrsg. vom Ausschusse d. oberbayr. Kreis-Lehrervereins. Mit 1 Karte. gr. 8. (XIX, 824 S.) München 885. Lindauer. n.n. 7. —

—— der öffentlichen und Privat-Volksschulen in den im Reichsrathe vertretenen Königreichen und Ländern. Nach den von den Bezirks-Schulbehörden für das Schuljahr 1870—1871 vorgelegten Erhebungen bearb. von Gust. Ad. Schimmer. Hrsg. von der k. k. statist. Central-Commission. gr. 4. (XX, 107 S. mit 3 chromolithogr. Karten in Fol.) Wien 873, (Gerold's Sohn.) * 6 —

—— der öffentlichen und Privat-Volksschulen in den im Reichsrathe vertretenen Königreichen und Ländern. Nach den von den Bezirks-Schulbehörden für das Schulj. 1875 vorgelegten Erhebungen bearb. von Gustav Adolf Schimmer. Hrsg. von der k. k. statist. Central-Commission. 4. (XXX, 129 S. mit 8 lithogr. Karten.) Wien 876, (Gerold's Sohn.) *

Statistik der öffentlichen und Privat-Volksschulen in den im Reichsrathe vertretenen Königreichen und Ländern für das J. 1884/85. Imp.-4. (XXVIII, 54 S.) Wien 887, (Gerold's Sohn.) * 2 60
Aus: Oesterreichische Statistik, Bd. 16, Heft 2, besonders abgedruckt:

— über Volksschul- u. Lehrerverhältnisse im Herzogt. Meiningen. Hrsg. im Auftrage des allgemeinen meining. Lehrervereins v. der statist. Zentralstelle Camburg. (56 S.) gr. 8. Pößneck 904. (B. Feigenspan.) n. 1. —

Statistik der Volkswirthschaft in Nieder-Oesterreich 1855—1866. Hersg. von der Handels- u. Gewerbekammer in Wien. 2 Bde. Wien 867. Gerold's Sohn. gr. 8. (VIII, 1743 S.) n. 6 ₰ 20 ngr.

Statistik des Warenverkehrs der Schweiz mit dem Auslande 1885–94. Bern. fol. u. 4°

— des Waarenverkehrs der Schweiz mit dem Auslande im J. 1886. Hrsg. vom schweizer. Zolldepartement. Fol. (420, 140 S.) Bern 887. (Zürich, Orell Füssli Verl.) n. 12. —

—— dass. — im J. 1887. Hrsg. vom schweizer. Zolldepartement. (Deutsch und französisch.) Fol. (XXXVIII, 324, 158, 38, 72 S. mit 2 graph. Taf.) Bern 888, (Schmid, Francke und Comp.) * 5 —

Statistik des Waarenverkehrs der Schweiz mit dem Auslande im J. 1889. Hrsg. vom Schweizer. Zolldepartement. Statistique du commerce de la Suisse avec l'étranger en 1889. Publiée par le département fédéral des péages. Mit 2 color. Tab. (gr. in-fol.) Gr. in-fol. 283, 81, 28 u. 24 S. Bern, Typ. S. Collin. 1890.

Statistik des Warenverkehrs der Schweiz mit dem Auslande im Jahre 1898. Hrsg. vom schweizer. Zolldepartement. 4°. 366 S. Bern. Schweizer. Oberzolldirektion. Abteilung Handelsstatistik. 1899.

Statistik des Warenverkehrs der Schweiz mit dem Auslande im Jahre 1900. Hrg. vom Schweiz. Zolldepartement. (Ausgegeben am 22. August 1901.) — Statistique du commerce de la Suisse avec l'Étranger en 1900. Publiée par le Département fédéral des douanes. (Publié le 22 août 1901.) [Mit 2 Tabellen.] (VIII + *zus.* 392 S.) fol. Bern, A. Benteli, 1901. [fr. 5. —]

Statistik des Warenverkehrs der Schweiz mit dem Auslande im Jahre 1901. Hrg. vom Schweiz. Zolldepartement. (Ausgegeben am 15. August 1902.) — Statistique du commerce de la Suisse avec l'Étranger en 1901. Publiée par le Département fédéral des douanes. (Publié le 15 août 1902.) [Mit 2 Tabellen.] (VIII + *zus.* 393 S.) fol. Bern, A. Benteli, 1902. [fr. 5. —]

Statistik des Warenverkehrs der Schweiz mit dem Auslande im Jahre 1902. Hrg. vom Schweiz. Zolldepartement. (Ausgegeben den 12. August 1903) = Statistique du commerce de la Suisse avec l'étranger en 1902. Publiée par le Département fédéral des douanes. (Publié le 12 août 1903.) [Mit 2 graphischen Tabellen.] (VIII + *zus.* 383 S.) fol. Bern, A. Benteli, 1903. [fr. 5. —]

Statistik des Warenverkehrs der Schweiz mit dem Auslande im Jahre 1903. Hrg. vom Schweiz. Zolldepartement. (Ausgegeben den 25. August 1904) = Statistique du commerce de la Suisse avec l'étranger en 1903. Publiée par le Département fédéral des douanes. (Publié le 25 août 1904.) [Mit 2 graphischen Tabellen.] (VIII + *zus.* 395 S.) fol. Bern, A. Benteli, 1904. [fr. 5. —]

Statistik des Warenverkehrs der Schweiz mit dem Auslande im Jahre 1904. Hrg. vom Schweiz. Zolldepartement. (Ausgegeben den 25. August 1905) = Statistique du commerce de la Suisse avec l'étranger en 1904. Publiée par le Département fédéral des douanes. (Publié le 25 août 1905.) [Mit 2 graphischen Tabellen.] (VIII + *zus.* 385 S.) fol. Bern, A. Benteli, 1905.

Statistik des Warenverkehrs der Schweiz mit dem Auslande im Jahre 1905. Hrg. vom Schweiz. Zolldepartement. (Ausgegeben den 10. September 1906) = Statistique du commerce de la Suisse avec l'étranger en 1905. Publiée par le Département fédéral des douanes. (Publié le 10 septembre 1906.) [Mit 2 graphischen Tabellen.] (VIII + *zus.* 389 S.) fol. Bern, A. Benteli, 1906.

Statistik des Warenverkehrs der Schweiz mit dem Auslande im Jahre 1906. Hrg. vom Schweiz. Zolldepartement. (2 Teile. Ausgegeben den 16. September 1907) = Statistique du commerce de la Suisse avec l'étranger en 1906. Publiée par le Département fédéral des douanes. (2 parties. Publié le 16 septembre 1907.) fol. Bern, A. Benteli & Cie, 1907.

(Teil 1: A. Einfuhr und Ausfuhr = 1re partie: A. Importation et Exportation.) [Mit 1 graphischen Tabelle.] II + VIII + 349 S.
Teil 2: B. Durchfuhr und spezielle Verkehrsarten; C. Zollerträgnisse = 2me partie: B. Transit et genres spéciaux de trafic; C. Recettes de douanes. [Mit 1 graphischen Tabelle.] II + II + 129 + 59 + 23 S.

Statistik des Warenverkehrs der Schweiz mit dem Auslande im Jahre 1907. Hrg. vom Schweiz. Zolldepartement. (2 Teile. Ausgegeben den 8. September 1908) = Statistique du commerce de la Suisse avec l'étranger en 1907. Publiée par le Département fédéral des douanes. (2 parties. Publié le 8 septembre 1908.) fol. Bümpliz, Benteli A. G., 1908.

(Teil 1: A. Einfuhr und Ausfuhr = 1re partie: Importation et Exportation.) [Mit 1 graphischen Tabelle.] II + VIII + 367 S.
Teil 2: B. Durchfuhr und spezielle Verkehrsarten; C. Zollerträgnisse = 2me partie: B. Transit et genres spéciaux de trafic; C. Recettes de douanes. [Mit 1 graphischen Tabelle.] II + II + 133 + 37 + 24 S.

Statistik des Warenverkehrs der Schweiz mit dem Auslande im Jahre 1908. Hrg. vom Schweiz. Zolldepartement. (2 Teile. Ausgegeben den 16. September 1909) = Statistique du commerce de la Suisse avec l'étranger en 1908. Publiée par le Département fédéral des douanes. (2 parties. Publié le 16 septembre 1909.) fol. Bümpliz, Benteli A. G., 1909.

(Teil 1: A. Einfuhr und Ausfuhr = 1re partie: A. Importation et Exportation.) [Mit 1 graphischen Tabelle.] II + VIII + 365 S.
Teil 2: B. Durchfuhr und spezielle Verkehrsarten; C. Zollerträgnisse = 2me partie: B. Transit et genres spéciaux de trafic; C. Recettes de douanes. [Mit 1 graphischen Tabelle.] II + II + 123 + 35 + 24 S.

Statistik des Warenverkehrs der Schweiz mit dem Auslande im Jahre 1909. Hrg. vom Schweiz. Zolldepartement. (2 Teile. Ausgegeben den 31. August 1910) = Statistique du commerce de la Suisse avec l'étranger en 1909. Publiée par le Département fédéral des douanes. (2 parties. Publié le 31 août 1910.) fol. Bümpliz, Benteli A.-G., 1910.

(Teil 1: A. Einfuhr und Ausfuhr = 1re partie: A. Importation et Exportation.) [Mit 1 graphischen Tabelle.] II + VIII + 371 S.
Teil 2: B. Durchfuhr und spezielle Verkehrsarten; C. Zollerträgnisse = 2me partie: B. Transit et genres spéciaux de trafic; C. Recettes de douanes. [Mit 1 graphischen Tabelle.] II + II + 127 + 35 + 24 S.

— des schweizerischen Waarenverkehrs von 1851—1884. Zusammengestellt auf Grundlage der Zolltabellen vom schweizer. Handelsdepartement. gr. 4. (VIII, 207 S.) Bern 887. (Schmid, Francke & Co.) n. 3. —; französ. Ausg. n. 3. —

Statistik der Stadt Wien. Herausgegeben vom Präsidium des Gemeinderathes und Magistrats der k. k. Reichshaupt- und Residenzstadt. 1. Heft. Probeheft. Zur Vorlage an den 3. internationalen statist. Congress. 2. Heft. Mit 3 Uebersichtskarten. (2 Hefte.)
4. Wien 1857—1861.

—— der Stadt Wien. Hrsg. von dem Präsidium des Gemeinderathes und Magistrats der k. k. Reichshaupt- und Residenzstadt. 2. Heft. Imp.-4. (V und 210 S. mit 2 Uebersichtskarten, wovon 1 lithogr. in Imp.-4. und 1 in 4 chromolithogr. Bl. in Imp.-Fol.) Wien 861, (Prandel und Ewald.) *

— Wiesbadener. Hrsg. v. städt. statist. Amt. 2.—5. Heft. Lex. 8. Wiesbaden, J. F. Bergmann. 4. 10
Rahlson, H., zum Finanzwesen der Stadt Wiesbaden. I. A. Einleitender Gesamtüberblick über das Finanzwesen f. die J. 1884—1908. B. Die Einnahmen u. Ausgaben der Stadt Wiesbaden in den J. 1888—1907. (53 S.) 908. (3. Heft.) nn 1. 30
— Die Lohnverhältnisse der städt. Arbeiterschaft zu Wiesbaden am 1. V. 1909. (23 S.) 909. (4. Heft.) 1. —
— Der Wiesbadener Wohnungsmarkt auf Grund der Zählung der leerstehenden Wohnungen vom 15. X. 1907. (32 S. m. 1 eingedr. Plan.) 908. (2. Heft.) 1.—
— Wiesbadens bewohnte Wohnungen sowie die nicht Wohnzwecken dienenden Räume auf Grund d. Zählg. vom 15. X. 1907. (18 S. m. 1 eingedr. Plan.) 910. (5. Heft.) - - 80
Heft 1 s.: Beiträge zur Wiesbadener Statistik.

— der hauszinssteuerpflichtigen Wohnungen nach dem Stande v. 1908. (XXXVII, 643 S.) Lex. 8. Wien 909. (Hof- u. Staatsdruckerei.) 10.—

Central-Auskunftsstelle f. Auswanderer. Statistik 1902—14. o. O. ('02—14.)

Statistik des Civilstandes im Kanton Glarus im Jahre 1900 *u.* 1901. [SA. aus dem Amtsbericht des Regierungsrates ....] [*je* 10 S.] querfol. Schwanden, Dl. Tschudy-Aebly, 1901 *u.* 1902.
Der Titel in Bulletin 1902, S. 393 ist zu tilgen!

Statistik des Civilstandes im Kanton Glarus.... [SA. aus dem Amtsbericht des Regierungsrates ....] [II S. + 8 Tabellen.] 4.

... im Jahre 1902. Schwanden, Dl. Tschudy-Aebly, 1903. — ... im J' 1903. Sch', Dl'. T'-Aeb', 1904. — ... vom J' 1904. Sch', Dl. T'-Aeb', 1905. — ... vom J' 1905. Sch', Dl. T'-Aeb', 1906. — ... vom J' 1906. Sch', Dl. T'-Aeb', 1907. — ... vom J' 1907. Sch', Rud. Tschudy, 1908. — ... vom J' 1908. Sch', Rud. T', 1909. — ... vom J' 1909. Glarus, Rud. T', 1910.

— der Stadt Zürich. Hrsg. vom statist. Amt der Stadt Zürich. Nr. 1. 4. Zürich (Rascher & Co.) n. 1. 60
Arbeits- u. Lohnverhältnisse, die, der im Dienste der Stadt Zürich stehenden Arbeiter. Nach dem Stande vom 31. X. 1902. (VI, 100 u. 42 S.) 904.

— der Stadt Zürich. Hrsg. v. statist. Amt der Stadt Zürich. Nr. 2—10. Zürich (Rascher & Co.). 7. 40
2. I. Statistik der Einbürgerungen 1902—1904. II. Statistik der v. der bürgerlichen Armenpflege der Stadt Zürich in den J. 1893—1904 unterstützten Neubürger. (32 S.) 34,5×27 cm. 905. — 80
3. Nachweis, tabellarischer, der Bevölkerungsvorgänge in der Stadt Zürich f. die J. 1901—1903. Mit besond. Berücksicht. der Wandergn. Nebst e. Nachtrag zur Wanderungsstatistik der J. 1899 u. 1900. (II, 61 S.) 33,5×25,5 cm. 906. 1. 20
4. Bevölkerungsbewegung, die, in der Stadt Zürich 1899—1903. Mit besond. Berücksicht. der Wandergn. u. m. 2 graph. Darstellgn. (IV, 144 S.) gr. 8. 907. 1. 60
5. Nachweis der Bevölkerungsvorgänge in der Stadt Zürich im J. 1904. (II, 16 S.) 33,5×25,5 cm. 906. — 80
6. Zürichs Bevölkerung seit der Stadtvereinigung (1893 bis 1906). Vortrag, geh. am 16. XI. 1906 in der statist.-volkswirtschaftl. Gesellschaft des Kantons Zürich. Von H. Wolff. (26 S. m. 3 Fig.) gr. 8. 906. — 40
7. Bautätigkeit, die, in der Stadt Zürich. 1896—1905. (80 S.) gr. 8. 907. — 80
8. Betriebszählung, eidgenössische, vom 9. VIII. 1905. 1. Heft. Die Betriebe u. die darin beschäftigten Personen in Zürich u. Umgebg. Ausg. A (ohne tabellar. Anh.) (36 S. m 1 Fig.) gr. 8. 907. — 40
9. Arbeitsort u. Wohnort. Eine wanderungs- u. steuerstatist. Untersuchg. der nicht an ihrem Wohnort erwerbstät. Personen. f. Zürich u. Umgebg. im Dezbr. 1900. Mit 2 graph. Darstellgn. (VII, 88 S.) gr. 8. 908. — 80
10. Zuzug, der, in die Stadt Zürich nach d. kilometrischen Entfernung der Zuzugsgebiete. Mit 1 Karte. (52 S.) gr. 8. 908. 1.—

Statistik der Stadt Zürich. Hrg. vom Statistischen Amt der Stadt Zürich. Nr. 1: Die Arbeits- und Lohnverhältnisse der im Dienste der Stadt Zürich stehenden Arbeiter. Nach dem Stande vom 31. Oktober 1902. VI + 100 + *Tabellen* 42* S. 4. Zürich, Komm. Ed. Rascher's Erben, Buchdr. des Schweiz. Grütlivereins, 1904. fr. 2. —

Statistik der Stadt Zürich. Hrg. vom Statistischen Amt der St' Z'. Nr. 2: I. Statistik der Einbürgerungen 1902—1904; II. Statistik der von der bürgerlichen Armenpflege der St' Z' in den Jahren 1893—1904 unterstützten Neubürger. 32 S. 4. Zürich, Komm. Ed. Rascher's Erben, Buchdr. Berichthaus, 1905. fr. 1. —

Statistik der Stadt Zürich. Hrg. vom Statistischen Amt der St' Z'. Nr. 3—6. 4 u. 8. Zürich, Komm. Rascher & Cie. ..., 1906—1907.
Nr. 3 u. Nr. 5. 4. 1906. fr. 1.50 u. 1.— s. Nachweis.
Nr. 4 u. Nr. 6. 8. 1907 u. 1906. fr. 2.— u. —.50 s. Bevölkerungsbewegung — Wolff, H[ellmuth].

Statistik der Stadt Zürich. Hrg. vom Statistischen Amt der St' Z'. Nr. 7 *und* Nr. 8, Ausgabe A ... u. Ausgabe B.... 8. Zürich, Komm. Rascher & Cie. ..., 1907.
Nr. 7. fr. 1.— s. Bauthätigkeit.
Nr. 8. fr. —.50 u. 1.— s. Betriebszählung.

Statistik der Stadt Zürich. Hrg. vom Statistischen Amt der St' Z'. Nr. 9 u. Nr. 10. 8. Zürich, Komm. Rascher & Cie. ..., 1908. *je* fr. 1. —
s. Arbeitsort — Zuzug.

Statistik, chemische Zusammensetzung und Heizwert von Gaskohlen aus deutschen Kohlengebieten, welche in deutschen Gasanstalten verwendet werden. Hrsg. von der Lehr- und Versuchsgasanstalt des Deutschen Vereins von Gas- und Wasserfachmännern. München, 1907. 113 S. mit 2 Taf.

— über die auf die direkten Steuern umgelegten Zuschläge in den J. 1898 bis 1900. (157 S.) Lex.-8. Wien (904). (Hof- u. Staatsdruckerei.) n. 1. 40

Statistik, über den Zustand und die Amtsthätigkeit der k. k. Finanz-Wache im Jahre 1866. Zusammengestellt vom Rechnungs-Departement des k. k. Finanz-Ministeriums. (Abtheilung für die indirecten Abgaben.) 4. Wien 1868.

— — über den Zustand und die Amtsthätigkeit der k. k. Finanz-Wache, bezüglich der im Reichsrathe vertretenen Königreiche und Länder. In den Jahren 1878—1892. Zusammengestellt vom Rechnungs-Departement 2 des k. k. Finanz-Ministeriums. (15 Bde.)
Fol. Wien 1879—1894.

——, der Zwangszöglinge nach § 56 und 55 des Str.-G.-B. und der Korrigenden
für das Etatsjahr 1899 ff. ebd. 1901 ff. 4°.

— des Zwischenverkehres zwischen den im Reichsrathe vertretenen Königreichen u. Ländern u. den Ländern der ungar. Krone im J. 1900 u. 1901. Hrsg. vom k. k. zwischenverkehrsstatist. Amte im k. k. Handelsministerium. Lex.-8. (IV, XXXIX, 293 u. XXXIV, 373 S. m. 4 graph. Darstellgn.) Wien 901. 902. Hof- u. Staatsdruckerei. à n. 5.—

— des Zwischenverkehres zwischen den im Reichsrate vertretenen Königreichen u. Ländern u. den Ländern der ungarischen Krone in den J. 1902—1905. Hrsg. vom k. k. zwischenverkehrsstatist. Amte im k. k. Handelsministerium. (XLV, 402; XXXI, 415; XXXVII, 419 u. XXIX, 413 S. m. je 4 graph. Darstellgn.) Lex.-8. Wien 903—906. Hof- u. Staatsdruckerei. à n. 5.—

Statistik des Zwischenverkehres zwischen d. im Reichsrate vertretenen Königreichen u. Ländern u. den Ländern der hl. ungarischen Krone in d. J. 1906—1909. Hrsg. vom handelsstatist. Dienste des k. k. Handelsministeriums. (XXXII, 414 S. m. 4 graph. Darstellgn.; XXXII, 526 S. m. 4 [2 farb.] graph. Darstellgn.; XXX, 478 S. u. XXXI, 487 S.) Lex. 8. Wien 907—10. Hof- u. Staatsdruckerei. à 5.—

Statistiker, Der. Wien [1906]
V: *Mayer, Anton M.* (EB)

Statistique agricole du Canton de Fribourg. Le terrain, les machines et les moteurs. Elaborée d'après les résultats du recensement fédéral des entreprises du 9 août 1905 par le Bureau cantonal de statistique. Publiée, mai 1907 = Landwirtschaftsstatistik des Kantons Freiburg. Grund und Boden, Maschinen und Motoren. Auf Grund der eidgenössischen Betriebszählung vom 9. August 1905 bearb. von dem kantonalen statistischen Bureau.... II + 106 S. 4. Fribourg = Freiburg, (Delaspre & fils,) 1907.

Statistique agricole, industrielle et commerciale de la Prusse. (Extrait du Moniteur prussien.) Berlin 867. v. Decker. 8. (75 S.) n. 5 ngr.

Statistique des alpages de la Suisse. 17. livr. gr. 8. Solothurn, A. Lüthy. nn 3. 50
L'économie alpestre dans le canton de Vaud, édité par la société suisse d'économie alpestre. Par Edourd Décombaz. Avec la collaboration de Chef de service Gilliéron-Duboux. H. Volet et C. Pelichet. (302 S. m. 10 Taf.) 908.
Vergl. Alpstatistik, schweizerische.

Statistique des alpages de la Suisse. 19e livraison s. Alpstatistik. Schweizerische A'.

Statistique du canton de Berne. Année 1891. 2e livr.: Statistique agricole du Jura bernois de 1885—1890. Gr. in-8°. II, 67 p. Berne (Schmid, Francke & Co.). 1892. 1 —

Statistique du canton de Vaud. 5e Livr. 4. Berne, Stæmpfli & Cie, 1903.
s. Koller, Arnold.

Statistique du canton de Vaud. 6e Livraison. 4. Berne, Stæmpfli & Cie, 1908.
s. Morax, J[ean-Marc].

Statistique des chemins de fer l'Europe pour l'année 1882 et résultats généraux de cette statistique pour l'exercice 1883. Publiée par la commission internationale pour la statistique des chemins de fer. (In französischer und deutscher Sprache.) (1 Bd.)
8. Vienne, Wien 1885.

Statistique des chemins de for suisses, s.: Eisenbahn-Statistik, schweizerische.

Statistique des chemins de fer suisses pour l'exercice 1868. Publié par le bureau de statistique du département fédéral de l'intérieur. 1. Année. gr. 4. (XLVIII, 94 S. m. 1 lith. Karte in qu. gr. 4.) Zürich 874. Orell, Füssli & Co. n. 6. —

Statistique du commerce de la Suisse, s.: Handelsstatistik, schweizerische.

Statistique du commerce de la Suisse avec l'Étranger, s.a. Statistik des Warenverkehrs der Schweiz mit dem Auslande.

Statistique du commerce suisse. Rapport annuel 1900. Publié par le Département fédéral des douanes. Publié le 8 octobre 1901. ([Avec] Annexe...: Récapitulation du commerce spécial de 1885 à 1900.) II + 111 + *Annexe* 47 p. kl.-4. Berne, A. Benteli, 1901.

Statistique du commerce suisse. Rapport annuel 1901. Publié par le Département fédéral des douanes. Sorti de presse le 16 septembre 1902. [Avec Annexe.] II + 106 p. + *Annexe* VIII + 215 p. kl.-4. Berne, A. Benteli, 1902. [fr. 1. - + *Annexe* fr. 1. 50]

Statistique du commerce suisse. Rapport annuel 1902. Publié par le Département fédéral des douanes. Publié le 31 août 1903. [Avec 2 tableaux graphiques.] II + 113 p. kl.-4. Berne, A. Benteli, 1903. [fr. 1. —]

Bureau cantonal de statistique [du] Département du commerce et de l'industrie [de la] République et Canton de Genève. (5e Statistique du corps électoral [d'après le] tableau arrêté à fin mars 1901.) 4 p. 8.

Bureau Cantonal de Statistique [du] Département du commerce et de l'industrie [de la] République et Canton de Genève. (6e Statistique du corps électoral [d'après le] tableau arrêté à fin mars 1902.) 4 p. 8.

Statistique générale du service postal, publiée par le Bureau international [de l']Union postale universelle. Année 1899 *et* Année 1900 *et* Année 1901 *et* Année 1902. 34 *et* 34 *et* 33 *et* 34 p. fol. Berne, Suter & Lierow, 1901 *et* 1902 *et* 1903 *et* R. Suter, 1904.

Statistique générale du service postal, publiée par le Bureau international [de l']Union postale universelle. Année 1903. 34 p. fol. Berne, R. Suter, 1905.

Statistique générale du service postal, publiée par le Bureau international [de l']Union postale universelle. Année 1904. 34 p. fol. Berne, R. Suter, 1906.

Statistique générale du service postal, publiée par le Bureau international [de l']Union postale universelle. Année 1905. 35 p. fol. Berne, R. Suter, 1907.

Statistique générale du service postal, publiée par le Bureau international [de l']Union postale universelle. Année 1906. 35 p. fol. Berne, R. Suter & Cie, 1908.

Statistique générale du service postal, publiée par le Bureau international [de l'] Union postale universelle. Année 1907. 36 p. fol. Berne, R. Suter & Cie, 1909.

Statistique générale du service postal, publié par le Bureau international [de l'] Union postale universelle. Année 1908. 36 p. fol. Berne, R. Suter & Cie, 1909.

Statistique générale de la télégraphie dressée d'après des documents officiels par le Bureau international des Administrations télégraphiques. Année 1899. 21 p. 4. Berne, Bureau international des Administrations télégraphiques, 1901. [fr. 1. 15, y compris les frais de port]
On y a joint: Complément de la statistique de 1898. Portugal. 1 p. 4.

Statistique générale de la télégraphie dressée d'après des documents officiels par le Bureau international des Administrations télégraphiques. Année 1900. 21 p. 4. Berne, Bureau international des Administrations télégraphiques, 1902. [fr. 1. 15, y compris les frais de port]

Statistique générale de la télégraphie dressée d'après des documents officiels par le Bureau international des Administrations télégraphiques. Année 1901. 18 p. 4. Berne, Bureau international des Administrations télégraphiques, 1903. [fr. 1. 15, y compris les frais de port]

Statistique générale de la télégraphie dressée d'après des documents officiels par le Bureau international des Administrations télégraphiques. Année 1902. 17 p. 4. Berne, Bureau i' des A' t', 1904. [fr. 1. 15, y compris les frais de port]

Statistique générale de la télégraphie dressée d'après des documents officiels par le Bureau international des Administrations télégraphiques. Année 1903. 18 p. 4. Berne, Bureau i' des A' t', 1905. [fr. 1. 15, y compris les frais de port]

Statistique générale de la télégraphie dressée d'après des documents officiels par le Bureau international des Administrations télégraphiques. Année 1904. 19 + 1 p. 4. Berne, Bureau i' des A' t', 1906. [fr. 1. 15, y compris les frais de port]

Statistique générale de la télégraphie dressée d'après des documents officiels par le Bureau international des Administrations télégraphiques. Année 1905. 22 p. 4. Berne, Bureau i' des A' t', 1907. [fr. 1. 15, y compris les frais de port]

Statistique générale de la télégraphie, dressée d'après des documents officiels par le Bureau international des Administrations télégraphiques. Année 1906. 22 p. 4. Berne, Bureau i' des A' t', 1908. [fr. 1. 15, y compris les frais de port]

Statistique générale de la télégraphie, dressée d'après des documents officiels par le Bureau international de l'Union télégraphique. Année 1907. 22 p. 4. Berne, Bureau int' de l'Union tél', 1909. [fr. 1. 15, y compris les frais de port]

Statistique générale de la télégraphie, dressée d'après des documents officiels par le Bureau international de l'Union télégraphique. Année 1908. 23 p. 4. Berne, Bureau int' de l'Union tél', 1910. [fr. 1. 15, y compris les frais de port]

Statistique générale de la télégraphie dans les différents pays de l'ancien continent (1849—1869) publiée par le bureau international des administrations télégraphiques. gr. 4. (VII, 65 S.) Bern 871, (Jent und Reinert.) * 8 50
—— dass. — Année 1870. gr. 4. (7 S.) Ebendas. 873. * 1 —

Statistique générale de la téléphonie dressée d'après des documents officiels par le Bureau international des Administrations télégraphiques. Année 1899. 14 p. 4. Berne, Bureau international des Administrations télégraphiques, 1901. [fr. —. 25]

Statistique générale de la téléphonie dressée d'après des documents officiels par le Bureau international des Administrations télégraphiques. Année 1900. 13 p. 4. Berne, Bureau international des Administrations télégraphiques, 1902. [fr. —. 25]

Statistique générale de la téléphonie dressée d'après des documents officiels par le Bureau international des Administrations télégraphiques. Année 1901. 15 p. 4. Berne, Bureau international des Administrations télégraphiques, 1903. [fr. —. 50]

Statistique générale de la téléphonie dressée d'après des documents officiels par le Bureau international des Administrations télégraphiques. Année 1902. 14 p. 4. Berne, B' i' des A' t', 1904. [fr. —. 50]

Statistique générale de la téléphonie dressée d'après des documents officiels par le Bureau international des Administrations télégraphiques. Année 1903. 15 p. 4. Berne, Bureau int' des Adm' tél', 1905. [fr. —. 50]

Statistique générale de la téléphonie dressée d'après des documents officiels par le Bureau international des Administrations télégraphiques. Année 1904. 17 p. 4. Berne, Bureau int' des Adm' tél', 1906. [fr. —. 50]

Statistique générale de la téléphonie dressée d'après des documents officiels par le Bureau international des Administrations télégraphiques. Année 1905. 16 p. 4. Berne, Bureau int' des Adm' tél', 1907. [fr. —. 50]

Statistique générale de la téléphonie, dressée d'après des documents officiels par le Bureau international de l'Union télégraphique. Année 1906 *et* A' 1907. 16 *et* 18 p. 4. Berne, Bureau int' de l'Union tél', 1908 *et* 1909. [à fr. —. 50]

Statistique générale de la téléphonie, dressée d'après des documents officiels par le Bureau international de l'Union télégraphique. Année 1908. 20 p. 4. Berne, Bureau int' de l'Union tél', 1910. [fr. —. 90]

Statistique des installations électriques ..., s. Statistik über Starkstromanlagen ...

Statistique internationale, publiée sur l'ordre du Congrès international de statistique. Tome I: Statistique internationale des grandes villes. 2 Sections. gr. 4. Budapest, Räth. à Sect. *ℳ 12. * 24 —

Inhalt:

Sect. 1. Mouvement de la population. Tome I. Rédigé par Jos. Körösi. Ouvrage publié par la commune de Budapest. (XXVII, 283 S.) 876.

- 2. Statistique des finances. Tome I. Rédigé par Jos. Körösi. Ouvrage publié par la commune de Budapest. (XIV, 352 S.) 877.

Statistique internationale de l'Administration de la Justice civile et commerciale en Europe p. **Vernés**. Graz 878. (25. —)

Statistique internationale des chemins de fer pour l'année 1876. — Internationale Eisenbahnstatistik für das J. 1876. Hrsg. von der fachmänn. Commission für die internationale Eisenbahnstatistik. Imp.-4. (VIII, 150 S.) Wien 880, Hof- und Staatsdruckerei. *
Nicht weiter erschienen.

— des journaux suisses en 1872. Exposition universelle de Vienne. Présentée par la commission féderale de statistique pour le groupe. 26. gr. 4. (X, 10 S.) Basel 874. (Georg.) n. 1. —

Statistique du matérial roulant, s. Statistik d. Rollmat.

Statistique des médicins, dentistes, pharmaciens et sages-femmes pratiquant en Suisse, s. Statistik der in der Schweiz niedergelassenen Aerzte, Zahnärzte ...

Statistique du mouvement commercial suisse de 1851 à 1884 d'après les tableaux généraux des péages suisses. In-4⁰, 204 p. Berne, Schmid, Francke & Cie. 1887. 3 50

Statistique du mouvement d'entrée et de sortie dans les prisons de la Suisse ..., s. Statistik der Bewegung der Gefängnisbevölkerung in der Schweiz ...

Statistique suisse, s. Fabrikstatistik.

Statistique de la Suisse, s. Mouvement de la population.

Statistique de la Suisse, s.a. Statistik, Schweizerische.

Statistique de la Suisse. Population. Recensement fédéral du 10 décembre 1860. 1ᵉ livraison. (Édition française.) Publié par le bureau de statistique du departement fédéral de l'intérieur. 4. Berne 1862.

Statistique de la Suisse. Commerce de la France avec la Suisse pendant les onze années 1851—1861. Publié par le Bureau de statistique du département fédéral de l'intérieur. Bern 863. (Blom.) gr. 4. (IV, 27 S.) n. 10 ngr.

Statistique de la Suisse. 63ᵉ livr. Mouvement de de la population dans la Suisse pendant l'année 1884. En franç. et en ital. Publié par le bureau de statistique du département fédéral de l'intérieur. In-4⁰, XIV et 130 p. Berne, Orell Füssli & Cie. 1886. 4 —

Statistique de la Suisse. Livr. 65. Résultats de la visite sanitaire des recrues en automne 1885. Publié par le bureau de statistique du Département fédéral de l'Intérieur. In-4⁰, XVI et 40 p. Berne, Orell Füssli & Cie., Zürich. 3 — 1886.

Statistique de la Suisse. Livr. 66. Mouvement de la population dans la Suisse pendant l'année 1885. Publié par le bureau de statistique du département fédéral de l'intérieur. In-4⁰, XVIII et 108 p. Berne, Orell Füssli & Cie à Zurich. 1887. 4 —

Statistique de la Suisse. Livr. 67. Examen pédagogique des recrues en automne 1886. Publié par le bureau de statistique du Département fédéral de l'Intérieur. In-4⁰, 18 p., av. 1 carte. Berne, Orell Fussli & Cie. à Zurich. 1887. 2 —

— Livr. 68. Résultats de la visite sanitaire des recrues en automne 1886. Publiés par le bureau de statistique du Département fédéral de l'Intérieur. In-4⁰. Berne, ibid. 1887. 3 —

— Livr. 69. Mouvement de la population de la Suisse pendant l'année 1886. Publié par le bureau de statistique du Département fédéral de l'Intérieur. In-4⁰, 36 p. Berne, ibid. 1887. 2 —

Statistique de la Suisse. 77ᵉ livr.: Résultats de la visite sanitaire des recrues en automne 1888. Gr. in-4⁰. IV, 49 p. Zürich, Orell Füssli & Co. 1890. 3 —

Statistique de la Suisse. Livr. 83: Mouvement de la population pendant l'année 1890. In-4⁰. 40 p. Ibd. 1892. 2 —

Statistique de la Suisse. 84. et 85. livr. gr. in-4°. Zürich, Art. Institut Orell Füssli. — 84. Les résultats du recensement fédéral du 1. Décembre 1888. Vol. I. Nombre des maisons des ménages et population totale, celle-ci répartie selon l'origine, le lieu de naissance, la confession et la langue maternelle. Av. 3 cartes col. 72 et 287 p. — 85. Résultats de la visite sanitaire des recrues en automne 1890. III. 49 p. 3 — 86e livraison: Annuaire statistique de la Suisse. Publié par le bureau de statistique du Département fédéral de l'intérieur. Deuxième année 1892. Avec 1 carte. gr. in-8°. XVI et 364 p. Ibd. 1892. 6 —

Statistique de la Suisse. 87: examen pédagogique des recrues en automne 1891. In-4°. 54 p. Zürich, Art. Inst. Orell Füssli Verlag. 1892. 2 60

Statistique de la Suisse. Publié par le bureau fédéral de statistique. 89. Dictionnaire des localités de la Suisse. Gr. in-8°. 17 p. Zürich, Art. Inst. Orell Füssli. 1893. — 70

Statistique de la Suisse. Publié par le bureau de statistique du Département fédéral de l'intérieur. 97. livr. Les résultats du recensement fédéral du 1er Décembre 1888. 3me vol. La population d'après les professions. Avec 4 cart. col. Gr. in-4°. 37 et 248 p. Zürich, Art. Inst. Orell Füssli. 1894.

Statistique (de la) Suisse. 113e livr. (Tome 1er, 1er *et* 2e Volume). 4. Berne, Stæmpfli & Cie, 1901.
s. Statistique. Deuxième St' suisse de l'assistance officielle.

Statistique de la Suisse. 122me livraison. In-4°. 32 p. Bern, Schmid & Francke. 1900. 3 —
Mouvement de la population de la Suisse pendant l'année 1898. Publication du Bureau de statistique du Département fédéral de l'Intérieur.

Statistique de la Suisse. 4. Berne, Institut Art. Orell Füssli à Zurich, 1901.
128e livr. (fr. 8. —) s. Mariages.
129e livr. [fr. 2. —] s. Examen.

Statistique de la Suisse.... 1905.
132e Livr. 4. Berne, Impr. Gustave Grunau, comm. A. Francke. (fr. 4. —) s. Résultats du [5e] recensement fédéral du bétail....

Statistique de la Suisse. 132e Livraison. 4. Berne, Impr. Lack Aeschlimann & Jost, comm. A. Fran(c)ke, 1904 (* *Umschlag:* 1903). (fr. 5. —)
s. Résultats du (5e) recensement fédéral du bétail....

Statistique de la Suisse. 134e livr. 4. Berne, comm. A. Francke; Impr. «Effingerhof», Brugg, 1902. [fr. 1. 50]
s. Examen.

Statistique de la Suisse. 135e livr. 4. Berne, comm. A. Francke, Impr. Haller, 1902. [fr. 2. —]
s. Mouvement.

Statistique de la Suisse. 136e livr. 8. Bern, Buchdr. Stämpfli & Cie., Komm. A. Francke, 1902. [fr. 6. —, relié fr. 7. —]
s. Jahrbuch, Statistisches.

Statistique de la Suisse. 137e *et* 138e livr. 4.
137e livr. Berne, Institut Art. Orell Füssli à Zurich, 1903. (fr. 8. —) s. Mariages.
138e livr. Berne, comm. A. Francke; Impr. «Effingerhof», Brugg, 1903. [fr. 1. 50] s. Examen.

Statistique de la Suisse. ... 1903.
139e livr. 4. Berne, comm. A. Francke, Impr. Haller, 1903. [fr. 2. —] s. Mouvement.

Statistique de la Suisse. 140e Livr. 4. Berne, Impr. Lack & Grunau, comm. A. Francke, 1904. (fr. 10. —)
s. Résultats.

141e livr. 8. Bern, Buchdr. Stämpfli & Cie., Komm. A. Francke, 1903. [fr. 6. —, geb. 7. —] s. Jahrbuch, Statistisches.

Statistique de la Suisse. 142e livr. 4. Berne, comm. A. Francke; Impr. «Effingerhof», Brugg, 1904. [fr. 1. 50]
s. Examen.

Statistique de la Suisse. 143e livr. 4. Berne, comm. A. Francke, Impr. Haller, 1905. [fr. 2. —]
s. Mouvement.

144e Livr. 8. Bern, Buchdr. Stämpfli & Cie., Komm. A. Francke. [fr. 6. —, geb. 7. —] s. Jahrbuch, Statistisches.

Statistique de la Suisse. 145e Livr. 4. Berne, Impr. Gustave Grunau, comm. A. Francke, 1905. [fr. 10. —]
s. Résultats.

Statistique de la Suisse. 4.
146e livr. Berne, comm. A. Francke; Impr. «Effingerhof», Brugg, 1905. [fr. 1. 50] s. Examen.
147e livr. Bern, Neukomm & Zimmermann, (1905). [fr. 2. —] s. Résultate.

Statistique de la Suisse. ... 1906.
148e Livr. 4. Berne, comm. A. Francke, Impr. Haller. (fr. 2. —) s. Mouvement de la population....
Liefg. 149. 8. Bern. Buchdr. Stämpfli & Cie., Komm. A. Francke. [fr. 6. —, geb. 7. —] s. Jahrbuch, Statistisches.

Statistique de la Suisse.
150e livr. gr.-8. Bern, Komm. A. Francke; Druck Conzett & Cie., Zürich, 1906. [fr. 8. —] s. Ortschaftenverzeichnis.

Statistique de la Suisse ....
151e Livr. 4. Berne, Impr. Gustave Grunau, comm. A. Francke, 1907. [fr. 10. —] s. Résultats (statistiques) du recensement....

Statistique de la Suisse. 4.
152e livr. Berne, comm. A. Francke, Impr. Hans Feuz, 1908. (fr. 9. —) s. Résultats du (6e) recensement fédéral du bétail....
153e livr. 4. Berne, comm. A. Francke; Impr. «Effingerhof», Brugg, 1906. [fr. 1. 50] s. Examen.

Statistique de la Suisse. 154e livr. 4. Bern, Komm. A. Francke, Druck Neukomm & Zimmermann, 1906. (fr. 2. 50)
s. Ergebnisse der (ersten) eidg. Betriebszählung....

Statistique de la Suisse. 4.
154e livr. 1er volume. 2e *et* 3e Fascicule. Bern. Komm. A. Francke, Druck Neukomm & Zimmermann, 1907. (à fr. 2. 50) s. Ergebnisse der [ersten] eidg. Betriebszählung....

Statistique de la Suisse. 4.
154e livr. 1er volume. 4e Fascicule. Bern, Komm. A. Francke. Druck Neukomm & Zimmermann, 1907. (fr. 2. 50) s. Ergebnisse der [ersten] eidg. Betriebszählung....

Statistique de la Suisse. 154e livr. 1er volume. 5e Fascicule [*et* 6e Fasc']. 4. 1907.
St' de la S'. 154e livr. 1er vol'. 5e Fasc'. Bern, Komm. A. Francke, Druck Neukomm & Zimmermann, 1907. (fr. 2. 50) s. Ergebnisse der [ersten] eidg. Betriebszählung....
[St' de la S' ... =] Statistica della Svizzera. 154a Dispensa. 1o Volume. Fascicolo 6o. Berna ... 1907. [fr. 2. 50] s. Risultati del [primo] censimento....

Statistique de la Suisse.

154ᵉ livr. 1ᵉʳ volume. 7ᵉ Fascicule. 4. Berne, comm. A. Francke, Impr. Neukomm & Zimmermann, 1908. (fr. 2.50) s. Résultats du [premier] recensement fédéral des entreprises....

154ᵉ livr. 1ᵉʳ volume. 8ᵉ et dernier fascicule du 1ᵉʳ volʼ. Bern, Komm. A. Fʼ, Druck Neukomm & Zimmermann, 1908. (fr. 5.—) s. Ergebnisse der (ersten) eidg. Betriebszählung....

155ᵉ livr. Berne, comm. A. Francke. Impr. Haller, 1907. (fr. 2.—) s. Mouvement de la population....

156ᵉ livr. 8. Bern, Buchdr. Stämpfli & Cie., Komm. A Francke, 1907. [fr. 6. —, geb. 7. —] s. Jahrbuch. Statistisches Jʼ....

157ᵉ livr. Berne, comm. A. Francke: Impr. «Effingerhof», Brugg. 1907. (fr. 1.50) s. Examen pédagogique....

158ᵉ livr. 1ʳᵉ partie. 4. Bʼ, comm. A. Fʼ; Impr. «Effingerhof», Brugg, 1908. [fr. 4.50] s. Mariages, naissances et décès ... de 1891 à 1900.

159ᵉ livr. 4. Bʼ, comm. A. Fʼ, Impr. A. Benteli & Cᵒ, 1908. [fr. 1.50] s. Asiles. Les Aʼ cantonaux d'aliénés....

160ᵉ livr. 4. Bʼ, comm. A. Fʼ, Impr. Haller, 1908. (fr. 2.—) s. Mouvement de la population....

161ᵉ livr. 8. Bern, Buchdr. Stämpfli & Cie., Komm. A. Francke, 1908. [fr. 6. —, geb. 7. —] s. Jahrbuch. Statistisches Jʼ der Schweiz....

162ᵉ Livr. Berne, comm. A. Fʼ, Impr. Gustave Grunau, 1908. (fr. 2.—) s. Résultats (statistiques) du recensement....

163ᵉ livr. Bʼ, comm. A. Fʼ; Impr. «Effingerhof», Brugg, 1908. (fr. 1.50) s. Examen pédagogique...

Statistique de la Suisse. 164ᵉ livr. 4. Berne, comm. A. Francke, Impr. Haller, 1909. [fr. 2. —]
s. Mouvement.

Statistique de la Suisse. 165ᵉ *et* 166ᵉ livr. ...

165ᵉ livr. 8. Bern, Buchdr. Stämpfli & Cie., Komm. A. Francke, 1909. [fr. 6. —, geb. 7. —] s. Jahrbuch. Statistisches Jʼ der Schweiz....

166ᵉ livr. 4. Berne, comm. A. Fʼ; Impr. «Effingerhof», Brugg, 1909. (fr. 1.50) s. Examen pédagogique....

Statistique de la Suisse. 167ᵉ livr. 4. Berne, comm. A. Francke, Impr. Haller, 1910.
s. Mouvement.

Statistique de la Suisse. 168ᵉ livr. 4. Bern, Komm. A. Francke, Druck Neukomm & Zimmermann, 1910.
s. Ergebnisse der [ersten] eidg. Betriebszählung....

Statistique de la Suisse. 169ᵉ *et* 171ᵉ livr. ...

169ᵉ livr. 8. Bern, Buchdr. Stämpfli & Cie., Komm. A. Francke, 1910 s. Jahrbuch. Statistisches Jʼ der Schweiz....

171ᵉ livr. 4. Berne, comm. A. Fʼ; Impr. «Effingerhof», Brugg, 1910 s. Examen pédagogique....

Statistique de la Suisse. 170ᵉ *et* 173ᵉ *et* 174ᵉ livr....

170ᵉ livr. 4. Berne, comm. A. Francke; Buchdr. (**Umschlag*: Impr.) «Effingerhof A.-G.», Brugg, 1911 s. Mariages, naissances et décès ... de 1891 à 1900. 2ᵐᵉ partie.

173ᵉ livr. 8. Bern, Buchdr. Stämpfli & Cie., Komm. A. Frʼ, 1911 s. Jahrbuch. Statistisches Jʼ der Schweiz....

174ᵉ livr. 4. Berne, comm. A. Frʼ, Impr. Haller S. A., 1911 s. Mouvement de la population....

Statistique suisse des alpages s. Alpstatistik.

Statistique. Deuxième Stʼ suisse de l'assistance officielle. Publiée par le Bureau de statistique du Département fédéral de l'Intérieur. (Tome 1ᵉʳ: Résultats de la statistique de 1890. 2 Volumes.) 4. Berne, Stempfli & Cⁱᵉ (comm. Schmid & Francke), 1901. (à fr. 5.—)

(1ᵉʳ Volume: Confédération jusqu'à Soleure avec avant-propos et introduction.) IV + LII + 638 p.
(2ᵉ Volume: Bâle jusqu'à Genève et Tableaux synoptiques sur l'assistance officielle.) IV p. + p. 639—1372.
Statistique (de la) Suisse. 113ᵉ livraison.

Statistisches über den Kreis Düren im Regierungsbezirke Aachen. Düren[1839]. V: *Egidy, von.* (STBKöln I, 19)

Statistisches über die Wiener Gemeinderaths-Wahlen v. 1891, 1893, 1895 April u. 1895 Septbr. 4. (4 farb. S.) Wien 895. G. Freytag & Berndt. n. — 20

Statistisches zur modernen Judenfrage. Von K. H. (70 S.) gr. 16. Warnsdorf (904). A. Opitz. — (Lingen, R. van Acken.) n. — 40

Statistisches über das Volksschulwesen im herzogl. sachsen-meiningischen Kreise Saalfeld und auf das Schulj. 1883/84. 4. (19 S.) Saalfeld 884, (Niese.) *

Statistisches über das Volksschulwesen im Herzogl. Sachsen-Meiningischen Kreise Saalfeld auf das Schulj. 1884/85. 4. (17 S.) Saalfeld 885, (Niese.) ** — 50

Statistisches aus der Deutschen Zimmererbewegung im 19. Jahrhundert. Herausgegeben von dem Vorstand des Zentralverbandes der Zimmerer und verw. Berufsgenossen Deutschlands. Hamburg, F. Schrader. 4. —

Budapest Székesfőváros közoktatásügyi statisztikája az 1900/1901—1904/1905. iskolai évekről. Budapest 1907. [Nebent.:] Statistik des Unterrichtswesens der Hauptstadt Budapest für die Jahre 1900/1901—1904/1905. Berlin: Puttkammer & Mühlbrecht in Komm. 1907. IV, 120 S. 4°(8°)
(Publikationen d. statist. Bureaus d. Haupt- u. Residenzstadt Budapest. Nr 38.)
10

Statii, comici Caji Caecilii, deperditarum fabularum fragmenta, edid. L. Spengel. 4maj. Münch. 829. Finsterlin. 12 Gr.

Statius, Franz: Beiträge zur Kenntnis der Benzenyltetrazotsäure ... Königsberg i. Pr., Buch- u. Steindr. E. Erlatis, 1896; 48 S., 1 Bl. 8.
Königsberg, Phil. Fak., Inaug.-Diss. v. 9. März 1896

STATIUS, Joh. Joach., Der wohlgebahnte Weg zu der deutschen Poesie. Bremen 1716. 8⁰.
Goedeke III, 25, 52 (nach Rüdiger 4, 87). — Selten!

Statius, Martin

Statius, M., Luther's wahres Christenthum, s. Luther.

Statius, M., Lutherus redivivus, d. i. Christenthum Lutheri. 8. Bresl. 753. (Gosohorsky). 14 Gr.

Statius, M., Lutherus redivivus, d. i. Christenthum Lutheri. 8. Breslau, Meyer. 753.

—— geistliche Schatzkammer der Gläubigen, s. Schatzkammer.

— Schatzkammer d. Gläubigen. 8. Prenzlau, Hartwig. 758.

— Schatzkammer der Gläubigen. 8. Prenzlau 758. (Ragoczy). 16 Gr. 5e X. 183.. (Hassel in Elberf.) 20 Pf.

Statius, Publius Papinius

P. Papini Stati Achilleidos lib. I v. 1—896 cum scholiis recens. P. Kohlmann. 1877. 28 S. 4°.

P. Papini Stati Achilleis ed. Alfredus Klotz. *Lipsiae: B. G. Teubner 1902.* (XLIII, 61 S.) 8°
— Statius. Vol. 2, Fasc. 1.

— s. Auswahl e. Sylven des Statius.

Statius, P. P. Auswahl einiger Sylven ... in gebundener und ungebundener Uebersetzung. Leipz. 1817. H: *Röhrer, Johann Gottlieb.* Ü: *Breitenbauch, Georg August von.* (GGr) (Gi) (MGT) (Ebert) (Hallesche Litt.-Ztg. 1818. Nr. 27.)

— carmina antiquis libris adhibitis recensuit et commentario illustravit F. Handius. Vol. I. contin. Sylvas cum commentar. Marklandi et Handii, charta impress. et belg. 8maj. Leipz. 816. Göschen. 2 ₰ 12 gr

— — Cum commentario ed. Ferd. Handius. Lips. 817. Tom. I. 8. 2 rthlr. 12 gr. (Enth. Statii *Silvae* cum notis Gronovii, Marklandi, aliorum et Handii lib. I. c. 1-3.)

— ecloga ultima. Emendatiorem edid. Robert. Unger. Accedunt ejusdem de Statii locis controversis conjectanea. Neustrelitz 868. Barnewitz. gr. 8. (III, 308 S.) n. 2 ₰

Statius, P. Papinius, ecloga ad uxorem, emendavit et adnotavit Alb. Imhof. Halle 863. (Buchhdlg. des Waisenhauses.) 4. (28 S.) n. 10 ngr

Stati Epithalamium [Silv. I, 2], denuo editum adnotavit quaestionesque adjecit archaeologicas Aug. Herzog. gr. 8. (V, 47 S. mit 2 Taf.) Leipzig 881, Breitkopf und Härtel. *

Stati Epithalamium [Silv. I, 2], denuo editum adnotavit quaestionesque adjecit archaeologicas Aug. Herzog. gr. 8. (V, 47 S. m. 2 Taf.) Leipzig 881. 82. Breitkopf & Härtel. n. 1. 80

Statii, P. Papinii, Hercules Epitrapezios Novii Vindicis cum commentariis F. Handii. (Programma academiae Jenensis.) gr. 4. (33 S.) Jenae 849. Bran. 1/4 ₰

— Lied v. Theben, deutsch v. A. Imhof. Mit gelegentl. sachl. u. krit. Erläutergn. 1. Thl. 1. bis 6. Buch. gr. 8. (VI, 152 S.) Ilmenau 885. Schröter. n. 2. 50

— Lied v. Theben, deutsch v. A. Imhof. Mit gelegentl. sachl. u. krit. Erläutergn. 2. Thl. VII—XII. Buch. gr. 8. (S. 153—328.) Ilmenau 889. Schroeter's Verl. n. 3. — (1. u. 2.: n. 5. 50)

Statius, Pub. Pap., Opera. Ed. Fr. Diebner, s. Bibliotheca nova scriptor. lat.

Statius, P. Pap., Opera ex recens. I. F. Gronovii. 2 Vol. 8. Mannheim, Academ. Buchhdl. (Löffler.) 783. (apart I. 12 gr. II. 9 gr.) Postp.

— opera. 8maj. Biponti 786. (Treuttel u. W. in Strassb.) 18 gr Schrbp. 20 gr

Statii, P. Papini, Opera quae extant edid. Dubner. Vol. I. et II. Lex.-8. Leipzig 837. Barth. $2^{1}/_{3}$ ₰ (Vgl. Bibliotheca nova Scriptorum latin. Vol. IX. et Vol. XI.)

[**Statius.**] Stati, P. Papini, operum vol. II, fasc. II. Thebais. Cum Ottonis Müller tum aliis copiis usus ed Alfred. Klotz. Accedit index nominum ad Stati Achilleidem et Thebaidem. (LXXVIII, 583 S.) kl. 8. Leipzig 908. B. G. Teubner. 8.—; geb. in Leinw. 8. 60

—— ad Calpurnium Pisonem Poemation. Auctori vindicavit, recogn. et adnotat. instr. Car. Beck. 8maj. (6 B.) Onoldi 835, Bruegel.

— Silvae, s. a. Dichter, römische, in neuen Uebersetzungen.

Statius, P. P. Libri quinque silvarum, ex vetustis exemplaribus recensuit . . . J. Marklandus. Editio auctior . . . Dresdae 1827. H: *Sillig, Carl Jul.* (Gi) (Ky)

— libri quinque silvarum, ex vetustis exemplaribus recensuit et notas atque emendationes adj. J. Marklandus. Editio auct. indicibusque instructa, (c. Sillig). 4maj. Dresd. 827. Wagner. 4 ₰ 18 gr Hbg. Pr. 1 ₰ 20 gr Velinp. 6 ₰ 12 gr Hbg. Pr. 2 ₰ 12 gr

— Specimen novae Silvarum Statii editionis. Auctore C. H. Volkmar. Pr. 1860. 18 S. 4°. 1.—

— Statii, Papinii P., silvarum libri, hrsg. u. erklärt v. Frdr. Vollmer. gr. 8. (XVI, 598 S.) Ebd. 898. n. 16. —

P. Papini Stati Silvae. Krohni copiis usus ed. Alfred Klotz. Lipsiae: B. G. Teubner 1900. (XCII, 204 S.) 8°
= Statius. [Vol. 1.]
(Bibliotheca script. graec. et rom. Teubneriana.)

Statius, P. Papinius, Silvae, recognovit brevique adnotatione critica instruxit Johs. S. Phillimore. (XXIV, 147 S.) 8. Oxford (904). Clarendon Press. n.n. 3. —

— Silvae. Varietatem lectionis selectam exhibuit Gregor. Saenger. (VIII, 232 S.) 8. Petropoli 909. Leipzig, Simmel & Co. 2.—

— Die den Atedius Melior betreff. Silven des Statius, metr. übers. v. J. G. Dölling. Pr. 1816. 16 S. 4°. 2.50

—— erste Sylve: Das kolossale Standbild Domitian's zu Pferde, übers. u. erläut. v. Joh. Otto. Dölling. Einladungsschrift. gr. 8. (2 B.) Plauen 837, Schmidt. *

Statius, übersetzt von K. W. Bindewald, s. Bibliothek, Langenscheidt'sche, sämmtlicher griechischer und römischer Klassiker.

Statius, Publius Papinius. Recognovit Gust. Queck. II Tomi. Lipsiae 854. Teubner. 8. (XXX, 151; XVI, 274 S.) 1 ₰; Velinp. 1 ₰. 20 ngr.
Inhalt: I. Silvae. Achilleis. 12 ngr; Velinp. 20 ngr. — II. Thebais. 18 ngr; Velinp. 1 ₰.

Statius, P. Papinus. Vol. I. Siluae. Rec. Aem. Baehrens. 8. (XX, 157 S.) Leipzig 876. Teubner. 1. 80

Statius, P. Papinius. Vol. II. Achilleis et Thebais. Fasc. 1. Achilleis. Rec. Phpp. Kohlmann. 8. (XVI, 49 S.) Leipzig 879. Teubner. — 75 (I et II, 1.: 2. 55)

Statius, P. Papinius. Vol. II. Achilleis et Thebais. Rec. Phpp. Kollmann. Fasc. II. Thebais. Cum indice nominum. 8. (XVIII, 475 S.) Leipzig 884. Teubner. 4. 80 (cplt.: 7. 35)

Statius, P. Papinius. Vol. III. Lactanti Placidi qui dicitur commentarios in Statii Thebaida et commentarium in Achilleida recensuit Ricard. Jahnke. 8. (XII, 522 S.) Leipzig 898. B. G. Teubner. n. 8. — (I.—III.: n. 15. 35)

P. Papinius Statius. Ed. Alfredus Klotz. Vol. [1.] 2, fasc. 1. 2. Lipsiae: B. G. Teubner 1900–08. 3 Bde 8°
[1.] Silvae. Krohni copiis usus ed. 1900.
2, fasc. 1. Achilleis. 1902.
Fasc. 2. Thebais. Cum Ottonis Muller tum aliis copiis usus ed. Accedit index nominum ad Achilleidem et Thebaidem. 1908.
(Bibliotheca script. graec. et rom. Teubneriana.) [..8. 1654]

— Thebaïs, s. a. Sammlung griech. u. röm. Classiker.

— Thebais et Achilleis cum scholiis veteribus rec. Otto Mueller. Vol. I. Thebaidos libri 1—6. Leipzig 870. Teubner. gr. 8. (XIV, 304 S.) n. 2 ₰ 20 ngr.

— **Thebais et Achilleis.** Recognovit brevique adnotatione critica instruxit H. W. Garrod. (XII, 395 S.) 8. Ebd. (906). n.n. 5.—

— **Thebais.** Deutsch im Versmaße der Urschrift v. K. W. Bindewald. 1.—6. Lfg. 2. Aufl. (1 Bd. S. 1—107 u. 2. Bd. S. 1—110.) kl. 8. Berlin-Schöneberg (907). Langenscheidt's Verl. à Lfg. — 35

— Statius' Trostgedicht an den Claudius Etruscus (silv. III 8) mit sachl. u. krit. Erklär. v. O. Lottich. Pr. 1898. 84 S. 4°. 1.25

– Werke, s. Bibliothek der Übersetzungen sämtlicher griechischer und römischer Klassiker.

Statius Werke, s. Sammlung griechischer u. römischer Classiker.

Statius-Müller, s. Ph. Ldw. **Müller-Statius.**

Statius Müller, Anton (Leeuwarden) F,zd:12

Adversariorum argumenti physico medici collectio.
Präs. Heinrich Friedrich Delius.
Erlangen (Walther) (23.) XI. 1775. 63 S.

W. v.: Präs., Jakob Friedrich Isenflamm, Christian Daniel Schreber, Johann Philipp Julius Rudolph, Christian Masius (Opp.), H. E. Schroeder (Opp.), G. W. F. Panzer (Opp.). 33207

Statius-Müller, Philipp Ludwig [Praes.], s. Seiler, Georg Friedrich: Dissertationis de iusto probabilitatis valore et usu sectio II.

Stats-Anzeigen, gesammelt von A. L. Schlözer. 18 Bde. Göttingen 1782–95.

Teutsche Stats-Literatur. Jg. 1–3 (zu je 12 St.). Tübingen: Cotta 1790–92. 8°
Hrsg.: Chr. Friedr. Cotta.

Statsmann, Karl, das Fachzeichnen, s.: Lange, Walth.

Statsmann, Karl, zur Geschichte der deutschen Frührenaissance in Strassburg i/E. Mit 77 Textabbildgn., Tabellenverzeichnis v. Bauwerken des 15. u. 16. Jahrh. zu Strassburg u. m. Namenregister. (88 S.) 4. Strassburg 906. L. Beust. Geb. in Leinw. n. 7.—

— **Methode** des Linearzeichnens als Vorstufe zum geometrischen Zeichnen. 30 Vorlagen zur 1. Einführg. in das Zeichnen m. Schiene, Winkel u. Reisszeug, zugleich als Grundlage f. das Ornament-Zeichnen. Zum Gebrauche an Elementar-, Fortbildungs- u. gewerblichen Fachschulen, Mittel- u. höheren Schulen, Seminaren etc. qu. gr. 8. (6 S. Text m. 30 Taf.) Dresden 894. G. Kühtmann. n. —80; geb. n. 1.—

— eingebaute **Wohnhäuser** modernen Charakters. Entwürfe. 10 Taf. m. erläut. Text. (VII S. m. Grundrissen.) gr. Fol. Lübeck (906). Ch. Coleman. n. 6.—

Stats-Zeitung. – Stats- und Gelehrte Zeitung des Königlichen Dänischen gantz unpartheyischen Correspondenten. – Hamburg-Altona. – 1729(?) – 1736(?).
Vorh. u.d.T.: Stats- und gelehrte Zeitung des hollsteinischen gantz unpartheyischen Correspondenten.
Fortges. u.d.T.: Staats- und Gelehrte Zeitung des Königlich Dänischen unpartheyischen Correspondenten.

Stats-Zeitung. – Stats- u. Gelehrte Zeitung Des Hamburgischen unpartheyischen Correspondenten. – 1.I.1731 – 18.III.1748.
Vorh. u.d.T.: Zuerst-bekandte Schiffbecker Stats- u. Gelehrte Zeitung Des Hollsteinischen unpartheyischen Correspondenten.
Fortges. u.d.T.: Staats- u. Gelehrte Zeitung Des Hamburgischen unpartheyischen Correspondenten.

Stats-Zeitung. – Stats- u. Gelehrte Zeitung Des Hollsteinischen unpartheyischen Correspondenten. – Hamburg. – 1.I.1723 – 6.I.1727.
Vorh. u.d.T.: Staats/gelehrte und Ordinaire (Extra-ordinaire) Zeitung Des Hollsteinischen unpartheyischen Correspondenten.
Fortges. u.d.T.: Zuerst bekandte Schiffbecker Stats- u. Gelehrte Zeitung Des Hollsteinischen unpartheyischen Correspondenten.

Stats-Zeitung. – Stats- und gelehrte Zeitung des hollsteinischen gantz unpartheyischen Correspondenten. – Hamburg-Altona. – 1727 – 1729(?).
Vorh. u.d.T.: Altonaischer Mercurius und desselben Relation aus dem Parnasso.
Fortges. u.d.T.: Stats- und gelehrte Zeitung des Königlichen Dänischen gantz unpartheyischen Correspondenten.

Stats-Zeitung. – Zuerst-bekandte Schiffbecker Stats- u. Gelehrte Zeitung Des Hollsteinischen unpartheyischen Correspondenten. – Hamburg. – 7.I.1727 – 31.XII.1730.
Vorh. u.d.T.: Stats- u. Gelehrte Zeitung Des Hollsteinischen unpartheyischen Correspondenten.
Fortges. u.d.T.: Stats- u. Gelehrte Zeitung Des Hamburgischen unpartheyischen Correspondenten.

Stätten, die, des Gewerbfleißes. Hrsg. unter Mitwirkung von J. Engelmann, F. W. Grüner, H. Hirzel rc. Enthltd. kleine u. große Industrien, als: Herstellung kleinerer Metallwaaren (Schlösser, Stahlfedern, Näh- u. Stecknadeln rc.), Pumpen, Spritzen u. hydraul. Pressen; Pianoforte-Fabrikation rc. [Aus: Buch der Erfindungen, Gewerbe u. Industrien.] Leipzig 865. Spamer. br. 8. (VIII, 304 S. mit 3 Tondruckbildern u. 180 in den Text gedr. Abbild. in Holzschn.) n. 1 ℳ

Stätten, heilige. 32. (8 Stnt. mit Text.) Basel 882, Spittler. cart.

Stätten der Kultur. Eine Sammlg. künstlerisch ausgestatteter Städte-Monographien. Hrsg. v. Geo. Biermann. 1.—24., 26. u. 27. Bd. 8. Leipzig, Klinkhardt & Biermann. 3.—; geb. 4.—; in Ldr. 5.—

Behrend, Walt., 2 Ostseestädte, Rostock u. Wismar. (Buchschmuck v. Bruno Gimpel.) (VI, 142 S. m. 25 Vollbildern.) (909.) (21. Bd.)
Boehn, Max v., Toledo. (VIII, 184 S. m. 44 Abbildgn.) (910.) (24. Bd.)
Bruckner, Wilh., Hermannstadt in Siebenbürgen. Mit 25 Illustr. nach Orig.-Aufnahmen des Senator Gust. Theis. (VII, 107 S.) (909.) (23 Bd.)
Delpy, Egbert, Köln. Buchschmuck v. Loyse Amiet. (VI, 184 S. m. Abbildgn. u. 18 Taf.) (908.) (11. Bd.)
Dirr, Pius, Augsburg. (VII, 268 S. m. Abbildgn.) (909.) (20. Bd.)
Doenges, Willy, Dresden. Buchkünstlerische Ausstattg. unter Zuhilfenahme e. wertvollen Sammlg. alter Dresdensia aus dem Besitze des Verf. (VII, 149 S. m. Abbildgn. u. 23 Taf.) (908.) (14. Bd.)
Gerstfeldt, O. v., umbrische Städte. Orvieto, Narni und Spoleto. (Buchschmuck und Zeichngn. v. Adf. Hiremy.) (VI, 132 S. m. 31 [1 farb.] Taf.) (909.) (17. Bd.)
Grautoff, Otto, Lübeck. Buchschmuck v. Fidus. (VIII, 164 S. m. 18 Taf.) (908.) (9. Bd.)
Grisebach, Aug., Danzig, m. Zeichngn. v. Paul Renner. (VIII, 89 S. m. Abbildgn. u. 20 Taf.) (908.) (6. Bd.)
Kesser, Herm., Luzern, der Vierwaldstätter See u. der St. Gotthard. Buchschmuck v. E. Stiefel. (171 S. m. Abbildgn.) (908.) (7. Bd.)
Kroker, Ernst, Leipzig. Buchschmuck u. (7) Orig.-Lithogr. v. Bruno Héroux. (IV, 144 S.) (908.) (5. Bd.)
Kühn, Paul, Weimar. (IV, 210 S. m. 31 Taf.) (908.) (13. Bd.) Luxusausg., geb. 20.—

Kühnel, Ernst, Algerien. (VIII, 156 S. m. Abbildgn. u. 1 Kartenskizze.) (909.) (18. Bd.)
— Granada. Buchschmuck v. Friedo Witte. (VII, 151 S. m. Abbildgn., 14 Taf. u. 1 Plan.) (908.) (12. Bd.)
Lorenz, Fel., Sizilien. (VII, 170 S. m. Abbildgn.) (909.) (19. Bd.)
Lux, Jos. Aug., Alt-Holland. Mit e. Schlußkapitel: Die Kunst v. Alt-Holland, v. Geo. Biermann. (V, 120 S. m. Abbildgn.) (908.) (10. Bd.)
Meier, P. J., Braunschweig. Buchschmuck v. Anna Löhr. (VII, 100 S. m. 10 Taf.) (910.) (27. Bd.)
Nowak, K. F., Sanssouci. Buchschmuck v. Frz. v. Bayros. (VI, 118 S. m. 6 Taf.) (908). (15. Bd.)
Luxusausg., geb. 24. —
Oettingen, Wolfg. v., Berlin. Buchschmuck v. Reinhard Jacobi. (III, 157 S. m. 19 Taf.) (907.) (1. Bd.)
Schaefer, Karl, Bremen. Buchschmuck v. E. Weidemeyer. (136 S. m. Abbildgn. u. 20 Vollbildern.) (907.) (3. Bd.)
Scheffer, Thassilo v., Neapel. (VIII, 205 S. m. Abbildgn.) (909.) (16. Bd.)
Schmidt, Paul Ferd., Frankfurt a. M. Buchschmuck v. L. Pollitzer. (III, 151 S. m. 19 Taf.) (907.) (2. Bd.)
Schubring, Paul, Urbino. Mit 58 Abbildgn. (VIII, 118 S.) (909.) (22. Bd.)
Servaes, Frz., Wien. Briefe an eine Freundin in Berlin. Buchschmuck v. Hermine Heller-Ostersetzer. (VIII, 134 S. m. Abbildgn. u. 14 Taf.) (908.) (8. Bd.)
Stahl, Fritz, Brüssel. (VI, 227 S. m. Abbildgn.) (910.) (26. Bd.)
Uhde-Bernays, Herm., Rothenburg ob der Tauber. Buchschmuck v. M. Ressel. (IV, 131 S. m. 17 [1 farb.] Taf.) (907). (4. Bd.)
Bd. 25 ist noch nicht erschienen.

Stätten und Werke der inneren Mission im Königreich Sachsen. In Einzelschilderungen, hrsg. v. Landesverein f. innere Mission d. ev.-luth. Kirche im Kgr. Sachsen. H. 1. Dresden: Landesver. f. innere Mission. 1908. 8°

Stätten u. Werke d. inneren Mission im Königr. Sachsen. In Einzelschildergn. hrsg. v. Landesverein f. inn. Mission der ev.-luth. Kirche i. Königr. Sachsen. 1.—6. Heft. gr. 8. Dresden, (Niederlage des Vereins zur Verbreitg. christl. Schriften). à nn — 10
Bethlehemstift, das Lausigker, u. das Frauen-Genesungsheim des Vereins f. innere Mission zu Leipzig. Mit 7 Bildern. (II, 18 S.) 909. (5. Heft.)
Gang, ein, durch die Arbeitsstätten des Vereins f. innere Mission zu Leipzig. (Umschlag: Kommt u. sehet!) Mit 20 Bildern. (32 S.) 909. (2., 3. Heft.)
Höhne, Hausvater, das Rettungshaus Moritzburg. Nach Aufzeichngn. v. Vater H., 1872—1898 Hausvater der Anstalt. (24 S. m. 6 Abbildgn.) 910. (6. Heft.)
Rosenkranz, H., das Mädchenerziehungsheim Bnt… in Loschwitz. Zugleich e. Blick in die Geschichte der Rettungsarbeit an der weibl. Jugend. Mit 5 Bildern. (20 S.) 909. (4. Heft.)
Trenck, H. v. d., das Frauenheim Toblasmühle bei Radeberg. Mit 4 Bildern. (16 S.) 908. (1. Heft.) — 10

Stätter, Val.

Stätter, V., über Nothwendigkeit einer Lehrkunst. 8. Wien, Wappler. (Beck.) 797.

Stätter, Val., über Nothwendigkeit einer Lehrkunst f. Lehrer, Aeltern rc. gr. 8. Wien 797. Neuer Abdr. 807. Beck. 6 gl.

Statthaftigkeit, Die, des Recurses und die warhaft vorhandene allgemeine Beschwerde sämtl. des H. R. R. Churfürsten, Fürsten und Stände in vollem Licht ... O. O. 1771. V: *Preuschen, Georg Ernst Ludwig von.* (Holz)

Statthalter

— der. Trsp. n. d. Engl. 8. Lpz. Sommer.

Statthalter, Der, ein Trauerspiel in fünf Aufz. Berlin 1790. V: *Greatheed, Bertin.* Ü: *Rehdiger, Carl von.* (GGr) (ML) (MGT) (Ky)

Statthalter, der,. Trsp. 8. Berl. Himburg. 790.

Statthalter, der, Trauerspiel nach d. Engl. 8. Berlin, Himburg. 791. (Reimer.)

Statthalter, der; Trspl. (von Karl v. Rehdiger). 8. Berl. 791. (Reimer; a. Nauck in Leipz.) 8 gl.

Statthalter, Der, Jesu Christi und sein weltliches Besitzthum. Bozen 1870. V: *Di Pauli, Joseph Freiherr von.* (Margr)

— der, v. Corfu; ein Trspl. 8. Manh. 782. Schwan u. G. 5 gl.

— d., v. Corsu. Trsp. v. Christmann. gr. 8. Mannh. Schwan. 783.

Statthalterschaft, Die, und der Krieg im Jahre 1849. Stuttgart 1851. V: *Lüders, Theod.* (Schles)

Statthäus, Victor, neuester Rathgeber und Wegweiser, Briefsteller und Gelegenheits-Dichter für Personen beiderlei Geschlechts. 8. Grätz 836. Kienreich. 7/12 ß

— s.a. Stathäus

Stättigkeit u. Ordnung der Juden in Frankfurt a. M. Fol. Frankf. a. M. 754. Andreä. 8 gl.

Stättigkeits- u. Schutz-Ordnung der Judenschaft zu Frankfurt a. M. 4. Frankf. a. M. 808. (Varrentrapp). 4 gl.

Stattler, Benedikt, s. Anhang zu der wahren und allein hinreichenden Reformationsart des katholischen gesamten Priesterstandes ...

Stattler, Benedict, Anti-Kant. 3 Bde. gr. 8. München, Lentner. 785.

Stattler, Bdkt., († d. 21. Aug. 1797.) Anti-Kant. 2 Bde u. Anh. gr. 8. Münch. 788. Lentner. 2 ß

— — im Kurzen od. Widerleg. des Joh. Schulz in Königsberg. 8. München, Lindauer. 792. — 5

Stattler, Benedict. Aphorismi logici et metaphysici ... Altdorfii ad Vineas 1785. H: *Brem, Bonaventura.* (Jes)

— s. Behauptung. Fernere, der Kritik über die kritischen Beiträge zur Metaphysik ...

— Diss. de bono conjugali, et sanctitate coelibatus in ecclesia. 4. Eichst. u. Leipz. 782.

— compendium demonstrationis evangelicae ed. Sailer 8. ibid. 780.

Stattler, Bdkt., compendium philosophiae. Vol. I: complectens quinque primas partes. 8maj. Ingolst. 773.

Stattler, Bened., Demonstratio catholica sive ecclesiae catholicae sub ratione societatis legalis inaequalis lege fundamentali a Iesu Christo Deo homine institutae genuinum systema universum accurata methodo demonstratum, cum ostensione felicis nexus potestatis spiritualis cum temporali seu concordiae sacerdotii catholici cum imperio politico, modo soli divinae institutionis regulae et iuri naturae sociali rite insistatur. Augsburg 1774 u. 1781, gr. 8°; Pappenheim 1775, 8°; Eichstätt u. Günzburg 1781.

—demonstratio catholica, sive religionis ecclesiae cathol. etc. 8maj. Augsb. 774 u. 81. Pappenheim 775. Eichstädt 781. Widemann. 20 gr

— demonstratio catholica, sive ecclesiae cathol. a Christo instit. etc. 8, maj, ibid. 789.

Stattler, Bened., Demonstratio evangelica sive religionis a Jesu Christo revelatae certitudo accurata methodo demonstrata adversus theistas et omnes antiqui et nostri aevi philosophos antichristianos, quin et contra Judaeos et Mahumetanos. Aug. Vind., sumptibus Matth. Rieger, 1770, in 8°, pp. 768.

—demonstratio evangelica in compend. redacta, ed. J. M. Seiler. 8maj. Münch. 777. Widemann. 12 gr

—Dissertat. de duello. 4maj. Eichstädt 782. Widemann. 1 rf 16 gr

—kurzer Entwurf der unausstehlichen Ungereimtheiten der Kantischen Philosophie ꝛc. 8. Münch. 791. Lindauer. 3 gr

— Entwurf der unausstehl. Ungereimtheiten der Kantischen Philosophie ꝛc. 8. München, Lindauer. 792.

—epistola paraenetica ad vir. clar. D. Car. Fr. Bahrdt, ex occasione professionis fidei ab ipso ad Caesarem missae. 8. Eichst. u. Günzb. 780.

—ethica christiana communis. III Tomi in VI Ptes. 8maj. Augsb. et Eichst. 782—89. Nova Edit. 8maj. Augsb. 791 —802. Riegers B. 6 rf 12 gr

—ethica christiana universalis. 8maj. Ingolst. 772. Nov. Ed. 8maj. Augsb. 793. (Rieger). 1 rf 4 gr

Drey Fragen: I. Wie entstund die heutige Freydenkerey, Maurerey &c.? II. Wie verbreitete sie sich so sehr? III. Wie kann sie unterdrücket werden? In eben so vielen Kapiteln beantwortet, und anderen zum beantworten übergeben von einem kathol. Patrioten Deutschlands. [d. i. Benedikt Stattler. Augsburg: Rieger] 1795. XII, 186 S. 8°
Kl. 3477: „Bernhard" Stattler. Allgem. Verderbnis, Ursache der Entstehung der Frmrei.

— s.a. Geheimnis, Das, der Bosheit des Stifters ...

Weishaupt, Adam: Das Geheimniss der Bosheit des Stifters des Illuminatismus in Baiern [d. i. Adam Weishaupt] zur Warnung der Unvorsichtigen hell aufgedeckt von einem seiner alten Kenner und Freunde [d. i. Benedikt Stattler]. Mit Begnehmigung [!] des hochw. Ordinariats. München u. Augsburg: [Lentner] 1787. 108 S. 8°
cf. D. neuest. Religionsbegebenheiten. 11 (1788) S. 68—71, 879—880; Deutscher Zuschauer. 23 (1788) S. 205; Berlinische Monatsschr. 24 (1794) S. 274—294; 25 (1795) S. 61—96.
Kl. 3253. Kloss' Angabe, dass „Bernh." Stattler Verf. sei, ist unrichtig. — Weishaupt, ein Feind der Religion u. des Staates, ein Verführer der Jugend. — Üb. Weishaupt s. Allgem. Deutsche Biographie Bd 41 1896 S. 539—550 (Jacoby), wo weitere Literatur angegeben ist.

* Stattler, B., moral. Grundsätze z. Bildung junger Herzen. 8. Landshut, Kopp. 791. -

— s. Heuchelei, Unverschämte, der Revolutionsbischöfe in Frankreich ...

Stattler, Bened., Wahres Jerusalem oder über die religiöse Macht u. Toleranz in jedem u. besonders im kath. Christentume bei Anlaß des Mendelssohnischen Jerusalem u. einiger Gegenschriften. Nebst einem Nachtrage an Herrn Nicolai in Berlin. Augsburg, Rieger, 1787, 8°, 488 S.
Vgl. Moses Mendelssohn, Jerusalem oder über die religiöse Macht u. Judentum. Berlin, 1783, 8°. Über Stattlers Buch vgl. Werner, a. a. O. S. 226 ff.

— Katechismus d. kathol. christlichen Glaubens- u. Sittenlehre für Kinder d. ersten zwey Classen deutscher Schulen. 8. München. (Strobl.) Fleischmann. 794.

— Katechismus der kathol.-christl. Glaubens- u. Sittenlehre für Kinder der ersten zwei Klassen deutscher Schulen. 8. Münch. 794. (Landsh., Storno). 6 gr

—kleiner Katechismus für Kinder von den ersten Vernunftjahren. 8. Münch. 794. (Storno in Landsh.) 1½ gr

— s. Kritik der kritischen Beiträge zur Metaphysik ...

— liber Psalmorum christianus seu religio omnis christiana theor. et pract. in exercit. precum sub forma Psalmor. redacta. 8. maj. ibid. 791.

—de locis theologicis. 8. Weissenburg 775. Eichstädt 780. Widemann. 9 gr

—mineralogia specialis. Pars I. et II. Oeniponti 766.

—abgedrungene Nothwehre für meine Lehre von der Nothwehre in der kathol.-christl. Sittenlehre ꝛc. 8. Münch. 791.

— Philosophia methodo scientiis propria explanata. VIII Ptes. 8. maj. Augsb. M. Rieger. 769 - 72. 6 —

—philosophia, methodo scientiis propria explanata. VIII Partes. 8maj. Oeniponti 769—72. (M. Rieger). 6 rf

—— Plan zu der allein möglichen Vereinigung im Glauben der Protestanten mit der kath. Kirche, u. von den Grenzen dieser Möglichkeit, samt einem Anhange gegen einen neuen u. weiter fortschreitenden Febronius in Wien [Beda Mayr O. S. B.]. Augsburg u. München 1791, 8°. 280 S.

Wie in seiner demonstratio evang. u. cathol., a. S. 49 u. 486, geht St. in seinen Zugeständnissen an die Protestanten der Union zuliebe auch in dieser Schrift viel zu weit. Vgl. die Schriften darüber pro u. contra bei Backer a. a. O. V, 709. Über Sattlers iren. Tendenzen überhaupt s. Werner, a. a. O. S. 230 ff

— Plan zu der allein mögl. Vereinigung im Glauben der Protestanten mit der kathol. Kirche, u. den Gränzen dieser Möglichkeit 2c. gr. 8. Augsb. u. Münch. 791, (Rieger). 12 ℊ

— mineralogiae et metallurgicae principia physica. 8. Oeniponti 765.

— neues christl. Psalmbuch. gr. 8. Augsb. 792. (M. Rieger). 20 ℊ

— Reflexionen üb. d. Protest. d. päbstl. Nuntius an d. churfürstliche Collegium in Frankfurt 1782 2c. 4. Ebend. 793.

s. Reformationsart, Wahre und alleinhinreichende, des katholischen Priesterstandes ...

Stattler, Bened., Refutatio amica reflexionum in litteras retractatorias I. Febronii ab auctore anonymo editarum. Frankfurt u. Leipzig 1779. Eichstätt u. Günzburg 1780, 8°, 61 S.

Die von St. bekämpfte Schrift: Reflexiones in litteras retractatorias I. Febronii die I. Nov. anni 1778. Romam missas. Frankf. u. Leipzig 1779.

— refutatio amica reflexionum in litteras retractatorias Just. Febronii. 8. Eichst. 780. Widemann. 3 ℊ

— allgemeine kathol. christl. theoretische Religionslehre. 2 Bde, gr. 8. Landshut, Hagen. 793.

— allgem. kathol.-christl.-theoret. Religionslehre. 2 Bde. gr. 8. Münch. 793. (Landsh., Storno). 2 ƒ

— — dass. 2 Bde. gr. 8. München. 794.

— responsa praecisiora autoris demonstrationis catholicae ad sibi objecta a Monacho congregat. Bened. Bad. 8maj. Eichstädt 780.

Stattler, Bened., Responsio amica data Baccalaureo Moguntino [Max. Ign. Herzog] nuper de solutione obiectionis Lockianae et de subiecto activae infallibilitatis in Ecclesia Christi contra ipsum disserenti. Cum appendice congrua adversus Reflexionem monachi Congreg. Benedictino-Bavaricae. Eichstätt u. Günzburg 1780, 8°, 61 S.

— responsio amica, data Baccalaureo Moguntino nuper de solutione objectionis Lockianae et de subjecto activae infallibilitatis in ecclesia Christi contra ipsam disserenti etc. 8maj. Eichstädt 780. Widemann. 14 ℊ

— Recension d. Recension üb. d. Abhdl. v. Einsetzung d. Landesbischöfe 2c. 8. München, Lentner. 790.

— vollständ. christl. Sittenlehre für den gesammten christl. Haus- od. Familienstand 2c. 2 Bde. gr. 8. Augsb. u. Münch. 789, 791. (M. Rieger). (Storno in Landsh.) 2 ƒ — Dass. im Auszug. 2 Thle. gr. 8. Ebd. 791. 9 ℊ

— solutio problematis hydrostatici cum tab. aen. München, (G. Franz). 12 ℊ

— theologia christiana theoretica. VI Ptes. (P. I—IV. Ingolst. u. Münch.) 8maj. Eichst. 776—780. Widemann. 4 ƒ

Stattler, B. Theologia christiana theoretica in brevissimam Epitomen redacta ... Altdorfii ad Vineas 1788. H: *Brem, Bonaventura.* (Jes)

—— Meine noch immer feste Überzeugung von dem vollen Ungrunde der Kantischen Philosophie u. von dem aus ihrer Aufnahme in christlichen Schulen unfehlbar entstehenden äußersten Schaden der Moral u. Religion; gegen zween neue Verteidiger ihrer Gründlichkeit u. Unschuld. Landshut 1794, 8°, 215 S.

— meine noch immer feste Ueberzeug. v. d. vollen Ungrunde d. Kantischen Philosophie 2c. gr. 8. Landshut, Hagen. 794.

— meine noch immer feste Ueberzeugung von dem vollen Ungrunde der Kantischen Philosophie 2c. gr. 8. Landsh. 794. (Storno). 10 ℊ

— Unsinn der französ. Freiheitsphilosophie 2c. in das helle Licht gestellt. gr. 8. Augsb. 791. M. Rieger. 4 ℊ

— *Diss.* logica de valore sensus communis naturae tanquam criterio veritatis. 8. Münch. u. Eichst. 780.

(Stattler, Bened.,) Wahres Verhältnis der Kantischen Philosophie zur christlichen Religion u. Moral nach dem nunmehr gethanen Geständnis des Herrn Kants (sic!) u. seiner eifrigsten Anhänger. Allen redlichen Christen zum reifen Bedacht vorgestellt vom Verfasser des Anti-Kant. München 1794, 8°. 158 S.

Recens. Oberdeutsche Littztg 1795, Bd. 1 S. 19—69.

— wahres Verhältniß der Kantischen Philosophie zur Religion u. Moral. gr. 8. Münch. 795. (Kopp in Landsh.; a. Storno). 8 ℊ

— wahres Verhältn. d. Kantischen Philosophie zur Religion u. Moral. gr. 8. München, Lindauer. 795.

— tractatio cosmologica de viribus et natura corporum. 4. Münch. 763.

Stattler, Const., moral. Grundf. z. Bild. jung. Herzen, m Bew. a. d. Worte Gottes. 8. Landsh. Hagen. 791. 1 Rthlr.

Stattler, Sophia geb. Gottlieb. Lehrplan der für die israelitische weibliche Jugend neu errichteten Mädchen-Lehranstalt. 8. (16 S.) Wien. Adalbert della Torre 1853.

Stättler, Georg Mathias. [Webmusterbuch.] o. O. 1770.
25 Bl. Muster in Sepia. 8°.
Bl. 45 u. 95 fehlen.

Stattmatten [Schlagwort]

Stattmatten. s.: Preussen. Messtischblätter.

Stattmüller, Markus

— Enchiridion theologico-practicum. 8. Günzburg 764.

Stattmüller, Markus, († ...) rhetoricae Neumayrianae epitome. 8. Günzburg 765. (Wolff in Augsb.) 4 ℊ

— kathol. Katechismus. 12. Ulm, 771.

Statu, de, ecclesiae tempore apostolor. etc. 8. maj. Vien. Gerold. 781.

Statua, d. belebte,. Nachsp. 8. Münster, Perrenon. 769.

Statue, la, de Pierre le grand. Drame en 1 Acte. 8. Dresde, Walther. 806.

Statüe, die belebte. 8. Leipz. Sommer.

Statuen der Prager-Brücke, die. Nach den Originalen gezeichnet, lithogr. und herausgegeben v. Fr. v. Wachsmann. 1. Heft. mit 8 Bl. gr. Fol. 9½" h. 6½" br. Prag, F. A. Credner. in Comm. 5 fl. 1860.

Statuen deutscher Kultur. (Hrsg. v. Will Vesper.) I. bis XII. Bd. kl. 8. München, C. H. Beck. Kart. n. 18. 80; geb. in Ldr. n.n. 38. —
Brentano, Clem., Gedichte. Ausgewählt v. Herm. Todsen. (127 S.) 907. (Bd. X.) Kart. n. 1. 80; geb. in Ldr. n.n. 3. 50
Gessner's Idyllen. Ausgewählt v. Will Vesper. (93 S.) 907. (Bd. XII.) Kart. n. 1. 60; geb. in Ldr. n.n. 3. —
Hartmann v. Aue, Lieder. Der arme Heinrich. Neudeutsch v. Will Vesper. (95 S.) 906. (Bd. II.) Kart. n. 1. 60; geb. in Ldr. n.n. 3. —
Hohelied, das, Salomonis in 43 Minneliedern. Neudeutsch v. Will Vesper. (54 S.) 906. (Bd. III.) Kart. n. 1. 20; geb. in Ldr. n.n. 3. —
Hölderlin's Dichtungen. Ausgewählt v. Will Vesper. (104 S.) 906. (Bd. VI.) Kart. n. 1. 60; geb. in Ldr. n.n. 3. —
Jean Paul's Träume. Ausgewählt v. Will Vesper. (82 S.) 906. (Bd. VII.) Kart. n. 1. 20; geb. in Ldr. n.n. 3. —
Luther's Dichtungen. Ausgewählt v. Will Vesper. (103 S.) 906. (Bd. IV.) Kart. n. 1. 80; geb. in Ldr. n.n. 3. 50
Lyriker, vorgoethesche. Ausgewählt von Hans Brandenburg. (133 S.) 906. (Bd. V.) Kart. n. 1. 80; geb. in Ldr. n.n. 3. 50
Novalis, Märchen. Zusammengestellt u. eingeleitet von Emil Sulger-Gebing. (103 S.) 906. (Bd. IX.) Kart. n. 1. 60; geb. in Ldr. n.n. 3. —
Tacitus, des, Germania. Deutsch v. Will Vesper. (57 S.) 906. (Bd. I.) Kart. n. 1. 20; geb. in Ldr. n.n. 3. —
Vesper, Will, deutsche Gedichte des 17. Jahrh. (106 S.) 907. (Bd. XI.) Kart. n. 1. 80; geb. in Ldr. n.n. 3. 50
Wernher der Gärtner, Meier Helmbrecht. Neudeutsch v. Will Vesper. (95 S.) 906. (Bd VIII.) Kart. n. 1. 60; geb. in Ldr. n.n. 3. —

Statuen deutscher Kultur. XIII.—XVI. Bd. kl. 8. München, C. H. Beck. Kart. 7.10; geb. in Ldr. 14. —
Eichendorff, Jos. Frhr. v., Dichter u. ihre Gesellen. Novelle. Hrsg. v. Alex. v. Bernus. (342 S.) (907.) (XIV. Bd.) Kart. 2.50; geb. in Ldr. 4. 50
— Gedichte. Ausgewählt v. Will Vesper. (138 S.) (907.) (XV. Bd.) Kart. 1.20; geb. in Ldr. 3. —
Geschichte, die, v. Gisli dem Geächteten. Aus dem Isländ. des 12. Jahrh. Deutsch v. Frdr. Ranke. (95 S.) (907.) (XIII. Bd.) Kart. 1.60; geb. in Ldr. 3. —
Runge, Philipp Otto, Gedanken u. Gedichte. Ausgew. u. eingeleitet v. Emil Sulger-Gebing. (151 S.) (907.) (XVI. Bd.) Kart. 1.80; geb. in Ldr. 3. 50
I.—XII. Bd. 1. Ebd. 906. 07. Kart. 18.80; geb. 38. —

Statuen, Die, in der Wöllwarthischen Todtenhalle im Kloster Lorch. Gmünd 1808. V: *Baumeister, Joh. Sebastian.* (Tübz 26, 42)

Statuen, die zwölf, des Marmorbades zu Cassel. Cassel 867. Krieger'sche Buchh. hoch 4. (12 Photogr. u. 4 S. Text.) In Mappe 6 ℳ

Statues de marbre, les, du pont du palais à Berlin. gr. Fol. (8 S. und 17 Holzschnt.) Berlin 857, Decker'sche geheime Ober-Hofbuchdruckerei. geb. *

Status der Adjunkten der Kgl. bayer. Staatseisenbahnen u. d. Bodensee-Dampfschifffahrt- u. Ludwigs-Donau-Main-Kanal-Amtes. Nebst e. Verzeichniss der Adspiranten u. der Ostbahnbeamten der Categorie VII u. VIII u. e. Anh.: Auszug aus dem Gehalts-Regulativ, dem Pensionsnormativ, den Bestimmgn. über Diäten, Emolumente, Umzugsgebühren, Kautionspflicht, Verehelichg. etc. Zusammenstellung der besteh. Beamtenvereinigqn. mit ihren humanitären Bestrebgn. Stand vom 1. Febr. 1888. br. 8. (116 S.) München 888. Literar. Institut v. Dr. M. Huttler. n. 1. 50

— dasselbe der Oberexpeditoren, Expeditoren u. Assistenten. Stand vom 1. Febr. 1888. br. 8. (110 S.) Ebd. 889. n. 1. 50

Status assistentiae Galliae Societatis Jesu 1762–1768. (Hrsg.: Alexander Vivier, S. J.) (Auf den Orig.-Sondert.: Catalogus personarum et officiorum provinciae Aquitaniae [&c.] Societatis Jesu ...) Paris: Impr. M.-R. Leroy; (a. d. Umschl. übergekl.: A. Picard & F.) 1899. (XXIV, 308 S., 1 Bl.) 1 Bd 8°

Bandfabrikarbeiter-Kranken- und Begräbniskasse [in Basel]. Status No. 76 u. No. 77 u. No. 78 vom Jahre 1900 u. 1901 u. 1902. *je* 1 S. fol. [1901 u. 1902 u. 1903.]

Frauenverein Binningen. Status Nr. 16 ([und] Bericht) vom 1. November 1900 bis 31. Oktober 1901. [2 S.] 4.

Frauenverein Binningen. Status Nr. 17 vom 1. Nov. 1901 bis 31. Okt. 1902 ([und Bericht] Zur 50. Jahresfeier. 1902 Dez. 10). [4 S.] 4.

Status causae et assertio juris pro collegio patrum societatis Jesu Leod. Appellantium: contra Petr. **Crepin** Appellatum. o. O. [um 1700].

Status causae in Sachen der Frau Regierungsräthin Bonsery geb. Reich, wider den Executor des Kammerrath **Reich**schen Testaments und den Curator des Reichschen Fideicommisses. Berlin **1814.**

Status Causae in Sachen Burgermeister und Raths des H. R. Reichsstadt Windsheim . . . die . . . angemasste Getraid-Visitation . . . betreffend. O. O. 1774. V: *Rücker, Georg Friedrich.* (Holz)

Status caussae affectatam . . . Commissionem concernens. Gedani 1761. V: *Lengnich, Gottfried.* (Ky) (Ml.)

Status causae, affectatam a perillustri et reverendissimo Domino Referendario regni in civitate Gedanensi Commissionem concernens (a Gf. Lengnich). 4. Danzig 761. ... Deutsch, (aber nicht von ihm). 4. Ebd. 761.

Status causae in Sachen der Freyherrl. Görzischen Frauen Erbinnen gegen das Durchl. Groszfürstl. Schleszwig-Holsteinische Haus zu Kiel decisi mandati di — et immissorialis nunc executionis. U. St. (efter 1771). Fol. P.

Status causae und Extractus Actorum in Sachen: von Steinberg contra den Grafen von Plettenberg, die Steinberg-Wispensteinische Lehen-Güter betreffend. (Hildesheim) 1740. V: *Moser, Joh. Jacob.* (Joh. Jacob Moser, Lebengeschichte von ihm selbst beschrieben, Frankfurt u. Leipzig 1777, III, 148)

Status Causae in Sachen Genth contra Creichgau . . . Wezlar 1768. V: *Genth, Adam Frdr.* (Holz)

Status causae in Sachen des Closters zum St. Jacobsberg contra Hanau . . . das Lehn der Vogtey des Dorfs Dörnigsheim betreffend. O. O. 1721. V: *Wolfart, Johann Daniel.* (stri)

Status causae Leiningen-Dagsburg-Guntersblum gegen Leiningen-Hartenburg . . . O. O. 1780. V: *Tröltsch, Johann Friedrich Reichsfreiherr von.* (ML) (Holz)

Status Cleri Sæcularis Diœcesis Curiensis ... s. Directorium Romano-Curiense....

Status Cleri sæcularis Diœcesis Sangallensis conscriptus initio mensis Decembris 1900 *et* 1901 *et* 1902 *et* 1903 *et* 1904 *et* 1905. *je* XIV p. 8.
Ed. A: Appendix zu: Directorium Romano-Sangallense ... *je des nachfolgenden Jahres.* Ad S. Gallum, Typis «Ostschweiz».
Ed. B, sep.

Status Cleri sæcularis Diœcesis Sangallensis conscriptus initio mensis Decembris 1906. XV p. 8.
Ed. A: Appendix zu: Directorium Romano-Sangallense ... 1907. Ad S. Gallum, Typis «Ostschweiz».
Ed. B, sep.

Status Cleri sæcularis Diœcesis Sangallensis conscriptus initio mensis Decembris 1907 *et* 1908. XVI *et* XV p. 8.
Ed. A: Appendix zu: Directorium Romano-Sangallense ... 1908 *et* ... 1909. Ad S. Gallum, Typis «Ostschweiz».
Ed. B, sep.

Status Cleri sæcularis Diœcesis Sangallensis conscriptus initio mensis Decembris 1910. XVI p. 8.
Ed. A, Appendix zu: Directorium Romano-Sangallense ... 1911. Ad S. Gallum, Typis «Ostschweiz».
Ed. B, sep.

Status cleri saecularis et regularis Helvetiae dioecesium pro anno communi 1885. 8. (120 S.) Solothurn 885, (Burkard und Frölicher.) *
Vergriffen.

Status cleri saecularis et regularis Helvetiae dioecesium pro anno communi 1885. 8. (120 S.) Solothurn 885. (Schwendimann.) n. — 60

Status Seu Epocha Ecclesiæ Aventicensis.... 1724 s. (Duding, Claude-Antoine).

Status, Geschichts- und Actenmässiger, caussae in Sachen der älteren verwitt. Frau Rheingräfin Louise zu Dhaun geb. Gräfin zu Nassau . . . contra die jüngere verwitt. Frau Rheingräfin Carolina Friderica zu Dhaun, geb. Rheingräfin zu Grumbach . . . O. O. [1755]. V: *König von Königsthal, Gustav Georg.* (ML) (will)

Status sämmtl. patriot. Gesellschaften in den kaiserl. Erblanden. 8. Wien, Kraus. 778.

— Hierarchicae ecclesiasticae. 4. Lips. Compt. f. Lit.

Status, Kurzer, caussae, und vollständiger Extractus Actorum in Appellationssachen derer von Steinberg . . . die eventuale Succession in denen Steinberg-Wischensteinischen Lehngütern betreffend. Hildesh. 1740. V: *Moser, Joh. Jacob.* (ML)

Status, Kurzgefaßter, causae in Sachen Hupfer contra das Stadtgericht zu Heilbronn, s.a. Becht, Johann Moritz

Status, Kurzgefasster, causae in Sachen Hupfer contra das Stadtgericht zu Heilbronn . . . Wezlar 1771. V: *Becht, Joh. Mor.* (Holz) (MGT)

Kurzgefasster **Status** sowol der ursprünglich und bis auf die neuerliche Attentata, beybehaltenen ReligionsVerfassung in der pure Evangelisch lutherischen Reichsgrafschaft Hohenlohe, als der neuerlichsten harten Bedruckungen. o. O. 1748. [3 in II.]

Kranken- und Unterstützungs-Kassa der Arbeiter bei De Bary & Co. in Basel und St. Jakob. Status Nr. 30 vom 1. Februar 1900 bis 31. Januar 1901. 1 S. 4.

Kranken- und Unterstützungs-Kassa der Arbeiter bei De Bary & Co. in Basel und St. Jakob. Status Nr. 31 vom 1. Februar 1901 bis 31. Januar 1902 u. Nr. 32 vom 1. Februar 1902 bis 31. Januar 1903. *je* 1 S. 4.

Krankenkasse für die Arbeiter der öffentlichen Verwaltungen des Kantons Basel-Stadt. (Status N° 1 vom Jahr 1899 ⟨1. August bis 31. Dezember⟩ [und] N° 2 vom Jahre 1900.) [3 S.] 4. Basel, Buchdr. des Schweiz. Typographenbundes, 1901.

Krankenkasse für die Arbeiter der öffentlichen Verwaltungen des Kantons Basel-Stadt. Status.... *je* 1 S. 4.
... N° 3 vom Jahre 1901. Basel, Typographenbundsdr., 1902.
... N° 4 vom Jahre 1902. Basel, J. Frehner, 1903.

Krankenkasse der Röm.-Kath. Gemeinde Basel. Status No. 54 *u.* No. 55 *u.* No. 56 vom Jahre 1900 *u.* 1901 *u.* 1902. *je* 1 S. fol. [1901 *u.* 1902 *u.* 1903.]

—— der Oberexpeditoren, Expeditoren u. Adjunkten, nebst e. Verzeichniss der Adspiranten der kgl. bayer. Verkehrsanstalten, Abthl. f. Post u. Telegraphen. Stand vom 1. Decbr. 1887. br.-8. (64 S.) Ebd. 888. * 1 —

– s.a. Status der Adjunkten ...

— (praesens) ecclesiae catholicae in Anglia. Augsb. 793. Doll. (Landsh., Krüll). 4 gl.

Prediger-Witwen- und Waisen-Kasse (Basel). Status. *je* 1 S. 4. [Basel,] Basler Druck- und Verlags-Anstalt.
№ 123 vom 31. Dezember 1900. (1901.)
Nr. 124 vom 31. Dezember 1901. (1902.)

Prediger-Witwen- und Waisen-Kasse (Basel). Status Nr. 125 vom 31. Dezember 1902. 1 S. 4. [Basel,] Basler Berichthaus A.-G., (1903).

Status der Professoren u. Lehrer an österreichischen Handelslehranstalten. Im Auftrage des Vereins-Ausschusses zusammengestellt auf Grund v. Orig.-Berichten v. Eduard Bittner. Subventioniert vom hohen k. k. Ministerium f. Kultus u. Unterricht. (III, 142 S. m. 2 Tab.) 8. Wien 906. (A. Hölder.) Geb. n. 2 60

Status quaestionis de Probabilismo in terminis magis restrictis . . . Aug. Vind. 176? V: *Herz, Joseph.* (MI.)

Status regni Hungariae anno 1792. S. l. H: *Martinovics, Georg.* (Pk)

Seidenfärber-Kranken- und Unterstützungs-Kasse [in Basel]. Status No. 53 u. No. 54 u. No. 55 vom Jahre 1900 u. 1901 u. 1902. *je* 1 S. fol. [1901 u. 1902 u. 1903.]

Unterstützungs-Kasse der Feuerwehr [Basel] bei Todesfällen. 1900 u. 1901 u. 1902. Status No. 32 u. No. 33 u. No. 34. *je* 1 S. fol. [1901 u. 1902 u. 1903.]

Unterstützungs-Kasse kranker Posamenter [in Basel]. Status No. 66 u. No. 67 u. No. 68 vom Jahre 1900 u. 1901 u. 1902. *je* 1 S. fol. [1901 u. 1902 u. 1903.]

Status, Wahrer, derer Stollbergischen und Löwensteinischen obiectorum litis et transactionis . . . O. O. 1753. V: *Hinkeldey, Hieron. Hnr. von.* (Holz)

Basler Witwen- und Waisen-Kasse von 1845 (vormals Arbeiter-Witwen- und Waisen-Kasse) (Basel). Status No. 56 u. No. 57 u. No. 58, abgeschlossen auf den 31. Dezember 1900 u. 31. Dezember 1901 u. 31. Dezember 1902. [*je* 2 S.] fol. (1901 u. 1902 u. 1903.)

Wittwen- und Waisenkasse der Handlungsdiener in Basel. Status Nr. 25. Vom 1. Oct. 1873 bis 30. Sept. 1874. 3 Stn. 4.

Witwen- und Waisenkasse des Polizeikorps ([des Kantons] Basel[-Stadt]). Status Nr. 27 pro 1900 u. Nr. 28 pro 1901 u. Nr. 29 pro 1902. *je* 1 S. fol. (1901 u. 1902 u. 1903.)

— **Causa, Zweybrücker,** nebst rechtl. Ausführ. des Herzogs Christian III. bevorsteh. Succession. Fol. Strasb. 729.

A b g e ä n d e r t e s **Statut** für die Bergschule zu Dillenburg. Dillenburg 1899: E. Weidenbach. (7 S.) 8⁰

A b g e ä n d e r t e s **Statut** der Ländlichen Genossenschafts-Bank zu Königsberg i. Pr. (Eingetr. Gen. m. unbeschr. Haftpfl.) *(Königsberg 1903: E. Rautenberg.)* (20 S.) 8° [Kopft. F.] [03. 4183] 10

A b g e ä n d e r t e s **Statut** des Hanauer Credit-Vereins eingetr. Gen. mit unbeschr. Haftpflicht. Gültig v. 1. Jan. 1890 unter Berücks. d. am 27. Febr. 1893 beschlossenen Abänderung d. §§ 41 u. 48. Hanau (1893): J. G. Kittsteiner. (28 S.) 8⁰

Abgeändertes **Statut** der Pensions-Zulage-Kasse für Witwen und Waisen der an den öffentlichen Schulen der Stadt Eckernförde und des Kirchorts Borby, sowie am Eckernförder Seminar angestellten Lehrer. Eckernförde. 1887. 8°

Statut der **Adolf Ginsberg-Stiftung.** Berlin 1884.

Statut der A[dolf] Schluss-Stiftung [der Loge zur goldnen Krone]. Stendal 1895. [Stendal 1895.] 2 Bl. 8⁰ [Umschlagtit.]

Statut der Königlichen Akademie der Künste zu Berlin. Berlin 1882. 4°.

Statut der Königlichen A k a d e m i e der Künste zu Berlin. Berlin 1908: Reichsdr. 32 S. 4⁰

Die Akademie für Landw. und Brauerei. **Statut** der A k a d e m i e für Landw. und Brauerei in Weihenstephan. Freising 1905.

Statut der Aktien-Gesellschaft zur Herausgabe der politischen Zeitung für Deutschland — Bücher. Goldstücker. Virchow. Druck von Marquardt u. Steinthal. 5 S. 8.
Flugblatt. Berlin, 21. April 1849.

Statut der Aktiengesellschaft zur Herausgabe der politischen Zeitschrift: Zeitung für Deutschland. Berlin 1849. 35 S. 8.

Statut der Schlesischen Aktien-Gesellschaft für Bergbau und Zinkhüttenbetrieb. Lipine O.-S. *Beuthen O.-S. [1900]: B. Wylezol & Co.* (15 S.) 8° [F.] [04. 5948] 2

Statut der **Albert Croon-Stiftung** für die **Oberrealschule** nebst Progymnasium zu Rheydt (vom 3. April 1900). *Rheydt 1900: Th. Buresch.* (2 ungez. S.) 4°
Rheydt, OR u. PG, P 1900 (538)

Allgemeines Statut der Großherzoglich und Herzoglich Sächsischen Gesamt-Universität Jena. Jena 1907: [G. Neuenhahn.] (92 S.) 8° [F.]
(Nicht für den Austausch)

— allgemeines, der kaiserl. russischen U n i v e r s i t ä t e n vom 23. Aug. 1884. gr. 8. (68 S.) St. Petersburg 884. (Ricker.) n. 2. —

[Lithogr.] **Statut** das Almosen Amt der Loge Ernst zum Compass im Or. zu Gotha und dessen Wirksamkeit betreffend. [Dat.:] Gotha 1848—1849. 6 S. 8⁰ [Kopftit.]

[**Statut** des Almosen-Amtes der Freimaurer-Loge Janus in Bromberg. Bromberg 1876: Gruenauer.] 2 Bl. 8⁰

Statut der Ancke-Stiftung [in Chemnitz]. Gültig seit 1. Mai 1891. [Chemnitz] o. J. 1 Bl. 8⁰ [Kopftit.] (Supplemente zum Gesetzbuch der Loge zur Harmonie in Chemnitz. 6.)

[Autogr.] **Statut** über die Annahme und Beschäftigung der dienenden Brüder bei der Loge Horus im Or. Breslau, deren Pflichten und Befugnisse, sowie der an dieselben zu leistenden Entschädigungen. [Dat.:] Breslau 1906. 2 Bl. 2⁰ [Kopftit.]

Statut für das A n s c h a r - S c h w e s t e r n und Kranken h a u s in Kiel. Kiel, den 17. Juli 1891. Kiel 1892. 8⁰
Nebst: Pflegeordnung. Dienstordnung für die Oberin. Von den Schwestern. Hausordnung. Bedingungen für die Aufnahme von Kranken in das Anschar-Krankenhaus in Kiel, Annenstrasse 63. o. O. u. J. 8⁰

Chemnitz: **Statut für die Anstalt zur Bekleidung armer würdiger Confirmanden bei der Loge Harmonie [in Chemnitz.] [Chemnitz o. J.: Pickennahn.] 4 S. 8° [Kopftit.]**

Statut des Arbeiterturnbundes v. 1. 1. 1910, Leipzig, Kl.-8°.

Statut des *Lassalle*'schen „Allgemeinen Deutschen Arbeitervereins" (de dato: Leipzig, d. 23. Mai 1863). Nebst 3 weiteren von *Lassalle* (s. weiter unt.) unterz. Circulären u. Instructionen de 1863, 64. 8°. (Zus. 15 Bll.) Cart.

Statut für das Arbeits- und Versorgungs- Haus zu Jena und Hausordnung für dieselbe Anstalt. [Jena 1847.] 4°

Arnstadt: **Statut über die mit der Loge „Zu den drei Gleichen" im Or. Arnstadt verbundene Armencasse. [Arnstadt 1885: Bussjaeger.] 4 S. 8° [Kopftit.]**

Statut für das Armen-Stift des Vereins der jungen Kaufmannschaft zu Königsberg in Preußen. Begründet am 6. Juli 1806. *Königsberg 1901: Hartung.* (28 S.) 8° [F.] 03. 9000 10

Statut der Armen-Stiftung der Johannisloge Blücher von Wahlstadt im Or. Charlottenburg. Charlottenburg 1905: Gertz. 5 S. 8° [Umschlagtit.]

Statut für das Armenwesen in Klgft. Klgft., Leon, (1871). 52 S.

Statut der Internationalen Artisten-Loge, E. V. Berlin o. J.: Dalmer. 16 S. 8°. [Umschlagtit.]

Statut der Münchener *Bäcker*-Genossenschaft. O. O. u. J. (München 1869.) 8°. 21 S. Cart.

Statut der Actiengesellschaft Kieler Bank in Kiel, festgest. in Gemäßheit d. Beschlüsse d. General-Versammlungen v. 27. Nov. 1899 u. 14. Febr. 1900, sowie 11. Febr. 1902. Kiel 1902. (14 S.) 8° [F.] 03. 14419 8

—— und Gerichts-Ordnung, der Statt Basel, hiebevor durch vielfaltige **Mandata** und Erkanntnussen an den Tag gegeben, nun aber auf hoch-obrigkeitl. Befehl zusammen getragen, in gute Ordnung gebracht, verb., verm. und durch offentl. Druck public gemacht. 1719. Mit Inbegriff der neuen Proceßordnung vom J. 1848 und zur Ergänzung der Gerichts-Ordnung dienender sonstiger Gesetze und Verordnungen von 1719 bis 1849. gr. 8. (XVII und 496 S.) Basel 849, Bahnmaier's Buchh. *

— s.a. Statuta ...

Statut der Bauer-Jubel-Stiftung [der Loge zum Tempel der Eintracht in Posen]. Posen 1872: Neumeyer. 8 S. 8°
Tt. 1277. Stipendienstiftung für studierte Söhne von Frmrn.

Statut der Baugewerks-Berufsgenossenschaften: Hamburg. Hannover. Hessen-Nassau. Magdeburg. Nordöstliche. Rhein.-Westphälische. Sächsische. Schlesisch-Posen'sche. Südwestliche. Thüringische. Württembergische. 1885-86

Statut der Aktiengesellschaft „Bauhütte". [Leipzig o. J.: Findel.] 8 S. 8°.
Selten.

Statut der Aktiengesellschaft „Bauhütte". (Gesellschaftsvertrag vom 13. Juni 1891.) Frankfurt a. M. 1892: Mahlau & Waldschmidt. 8 S. 8° [Umschlagtit.]

Statut der Beamten- und Arbeiter-Pensions-Kasse der Chemischen Fabrik auf Aktien (vorm. E. Schering) zu Berlin. *Berlin: J. Sittenfeld 1896.* (19 S.) 8° [F.] 00. 9788

Statut für den Beamten-Wirtschaftsverein zu Klgft. Klgft., Leon, 1909. 27 S.

Statut der Städtischen Beamten- und Lehrer-Wittwen- und Waisen-Kasse in Altona. [Altona.] 1889. 8°

Statut des Beamten-Wohnungs-Vereins zu Kiel, e. G. m. b. H. (Kiel 1901: K. Jansen.) (16 S.) 8° [Kopft. F.] 03. 8839 8

Statut des Begräbnis-Vereins der Loge Horus [in Breslau]. [Breslau 1849.] 8 S. 8°.

[Dasselbe.] [Ebendaselbst 1857: Storch & Co.] 7 S. 8°.
Vgl. W. 37531.

Statut des Begräbnis-Vereins der „Loge Horus" im Or. Breslau. Gültig vom 12. Mai 1910 ab. Breslau [1910]: Pietsch. 8 S. 8° [Umschlagtit.]

Statut für die Beigeordneten-Stiftung in Ploen. (Ploen. 1886.) 8°

— der Bekleidungsindustrie-Berufsgenossenschaft. Berlin 1885

Statut der kgl. sächs. Bergakademie zu Freiberg. (Erlassen am 22/3 1872.) Dresden. 4°.

Statut für die Bergwerks-Genossenschaft in Klgft. Klgft., Bertschinger, 1898. 35 S.

Statut der anhaltischen land- und forstwirtschaftlichen Berufsgenossenschaft, nebst Reichsgesetz betreffend die Unfall- und Krankenversicherung der in land- und forstwirtschaftl. Betrieben beschäftigten Personen vom 5. Mai 1886, sowie Ausführungsverordnung des herzogl. anhalt. Staatsministeriums vom 30. Novbr. 1886 und 12. Decbr. 1887. Auf Veranlassung des provisor. Vorstandes der anhalt. land- und forstwirtschaftl. Berufsgenossenschaft zusammengestellt und hrsg. 8. (92 S.) Cöthen 888, Schettler's Erben, Verlag. **

— für die Berufsgenossenschaft der Feinmechanik. Berlin (1885)

— für die Berufsgenossenschaft der Gas- und Wasserwerke. München 1885

— f. die hannoversche landwirthschaftliche Berufsgenossenschaft. gr. 8. (15 S.) Hannover 888. C. Meyer. n. — 25

Statut für die Hessen-Nassauische landwirthschaftliche Berufsgenossenschaft. Gültig v. 1. Jan. 1902. *Cassel (1902): Gebr. Gotthelft.* (26 S.) 8° [F.] 03. 112 2

— für die Berufsgenossenschaft der chemischen Industrie. 4° Berlin 1886

— für die Berufsgenossenschaft der Musikinstrumenten-Industrie. Leipzig (1885)

Statut für die Rheinische landwirthschaftliche Berufsgenossenschaft vom 28./29. December 1887. Nebst: Reichs-Gesetz vom 5. Mai 1886 und Preussisches Gesetz vom 20. Mai 1887. 8°.

Statut für die Schleswig-Holsteinische landwirthschaftliche Berufsgenossenschaft (nebst Reichsgesetz betreffend die Unfall- und Krankenversicherung der in land- und forstwirthschaftlichen Betrieben beschäftigten Personen. Vom 5. Mai 1886 und dem Preussischen Gesetz betreffend die Abgrenzung und Organisation der Berufsgenossenschaften auf Grund des § 110 des Reichsgesetzes vom 5. Mai 1886 über die Unfall- und Krankenversicherung der in land- und forstwirthschaftlichen Betrieben beschäftigten Personen. Vom 20. Mai 1887.) Schleswig. (1888.) 8°.

— der Berufsgenossenschaft der Schornsteinfegermeister d. D. R. Berlin 1885

Statut der Betriebs-⟨Fabrik⟩-Krankenkasse für die Arbeiter etc. des v. Arnim'schen Eisenwerkes 'Marienhütte' Groß-Anheim. *Hanau (1902): Waisenhaus-Buchdr.* (19 S.) 8° [F.] [03. 7313 4

Statut der Betriebs- ⟨Fabrik-⟩ Krankenkasse für die Arbeiter etc. des von Arnim'schen Eisenwerkes 'Marienhütte' Groß-Anheim. Hanau 1904: Waisenhaus. (28 S.) 8° [F.] [05. 10087 4

Statut der Betriebs-Krankenkasse für das Baugeschäft des Maurer- und Zimmermeisters Paul Lauffer (zu Königsberg i. Pr.). ⟨Beschluss d. Bundesraths v. 3. Juli 1892.⟩ (Königsberg i. Pr. 1902: Ostpreuss. Dr. u. Verlagsanst.) (30 S.) 8° [Kopft. F.]

Statut der Betriebs-⟨Fabrik-⟩Kranken-Kasse der oberschlesischen industriellen Betriebsstätten der Erben des Kgl. Geh. Commerzienraths Herrn A. Borsig in Berlin. [Nebst] Nachtrag. *Pless 1900 (1903): A. Krummer.* 2 Bde 8° [F. u. Ant.] [04. 5969 2

Statut für die Betriebs-Krankenkasse für das Hüttenwerk der Vereinigte Königs- und Laurahütte in Eintrachthütte. (Eintrachthütte 1904): M. Hautzinger. (23 S.) 8° [F.] [05. 5625 2

Statut der Betriebskrankenkasse des Hochofenwerkes Julienhütte der Oberschlesischen Eisenindustrie Aktien-Gesellschaft für Bergbau und Hüttenbetrieb Bobrek O.-S. [Nebst] Nachtrag [1]–4. *Beuthen O.-S. (1893–1904): M. Immerwahr.* (Getr. Pag.) 8° [F.]
Nachtr. 1896–1904. [04. 6304 2

Statut der Betriebs-⟨Fabrik-⟩Krankenkasse der Planiawerke, Aktienges. f. Kohlenfabrikation in Plania, Kr. Ratibor. [Nebst] Nachtr. 1. 2. *Ratibor (1899–1901): R. Adler & Co.* (24 S.) 8° [F.] [04. 5910 2

F.] **Statut** und Bezirks-Eintheilung des Vaterländischen Frauenvereins Ortsverein zu Königsberg. *Königsberg i. Pr.: Ostpreuss. Zeitgs- u. Verl.-Dr. 1895.* (32 S.) 1 Bd 8. [96. 1960

Statut für die Bezirkskrankenkassa. 8. (27 S.) —.12
Dasselbe böhmisch. 8. (24 S.) —.12
Brünn: Winiker 1889.

Statut, das, der Bezirkskrankenkasse in Wien, s.a. Gesetze u. Verordnungen, österreichische. Hand-Ausg.

– das, der Bezirkskrankencasse in Wien. Genehmigt zu Folge Erlasses der k. k. n.-ö. Statthalterei vom 15. Febr. 1889, Zahl 6932. Autoris. Ausg. 12. (IV, 23 S.) Wien 889. Manz. n. — 40

⊙ **Statut** betr. die Bildung einer gewählten Gemeinde-Vertretung für die Gemeinde Laboe im Kreise Plön. (Kiel. 1874.) 0

— der Ostdeutschen Binnenschiffahrts-Berufsgenossenschaft. Bromberg (1885)

— der Westdeutschen Binnenschiffahrts-Berufsgenossenschaft. Duisburg (1885)

Statut für den Börsenverein der deutschen Buchhändler zu Leipzig vom 14. März 1838. unveränderter Abdruck nebst Einleitung und Beilagen. Leipzig 1841, gedruckt bei B. G. Teubner. 8°.

Statut für den Börsenverein der Deutschen Buchhändler zu Leipzig. Extrabeilage zu № 80 des Börsenblattes. Entwurf des in der O.-M. 1850 gewählten zweiten Revisions-Ausschusses. (Ohne bes. Titelblatt.) 4°.

Statut für den Börsenverein der Deutschen Buchhändler zu Leipzig (wie es in der Generalversammlung vom 9. Mai 1852 einstimmig genehmigt wurde). — Entwurf. Statut des Börsenvereins der Deutschen Buchhändler zu Leipzig. (Revidirt auf Grundlage des Statuts vom 9. Mai 1852 und angenommen in der Hauptversammlung vom ...) (Als Manuscript gedruckt. — Eine Zusammenstellung des Statuts vom 9. Mai 1852 mit dem Entwurf eines Statuts, wie solcher seitens des vom Vorstande des Börsenvereins hierzu berufenen ausserordentlichen Ausschusses im November 1879 in Leipzig ausgearbeitet ist; herausgegeben im Auftrage des Vorstandes von H. KAISER. — Ohne bes. Titelblatt. Berlin 1879. Druck von G. Bernstein.) fol.

Statut des Börsenvereins der Deutschen Buchhändler zu Leipzig. Revidirt auf Grundlage des Statuts vom 9. Mai 1852 und angenommen in der Hauptversammlung vom 25. April 1880. ib. 1880. — 8°.

— der Brauerei- und Mälzerei-Berufsgenossenschaft. Frankfurt a. M. 1885

— der Brennerei-Berufsgenossenschaft. Berlin 1885

Statut für die Hanauer Bruchwiesen-Genossenschaft zu Hanau im Kreise Hanau. *Hanau (1901): Waisenhaus-Buchdr.* (11 S.) 8° [F.] [03. 7324 4

Statut der Bruder-Bauer-Jubel-Stiftung (Loge zum Tempel der Eintracht; Posen 1872. 8. 8 S.

Delitzsch: **Statut** des Bruderklubs in Delitzsch. 1860. Leipzig [1860]: Andrä. 11 S. 8°

Statut der Bruderlade... [Aus: „Beibl. zu den amtl. Nachrichten".] Fol. (38 S.) Wien 892. (Hof- u. Staatsdruckerei.) n. — 80

Statut der Bruderlade .... [Aus: „Beiblatt zu d. Amtl. Nachrichten".] Fol. (91 S.) Wien 895. Hof- u. Staatsdruckerei. n. 2. 40

Statut der Bruderlade der Loge „Lessing zu den drei Ringen". Or. Pressburg. Wien 1904: Zenker & Co. 16 S. 8°. [Umschlagtit.]

Statut der Bruderlade der Loge „Treue" Or. Pressburg. Wien 1910. 9 S. 8°. [Umschlagtit.]

— für die Deutsche Buchdrucker-Berufsgenossenschaft. Leipzig 1885

Münster: **Statut** der bei der St. Johannis-Freimaurer-Loge zu den drei Balken des neuen Tempels im Or. zu Münster gegründeten Buch- von Olfers-Stiftung zur Unterstützung von Wittwen und Waisen. Münster 1862: Brunn. 16 S. 8°

Statut des Bürger-Schützen-Vereins der Residenzstadt Detmold. 1. März 1887. Detmold, Meyer, 1887, 48 S. 821

Statut des Bürger-Schützen-Vereins zu Soest. *Soest 1901: Rochol.* (20 S.) 8° [F.] [03. 11329

Statut des Altonaer Bürger-Vereins. Beschlossen in der Generalversammlung am 25. Febr. 1846, revidirt in der Generalversammlung am 3. Decbr. 1852. Altona. 1852. 8°

Statut der Altonaer Bürgerwehr. Altona. (1850.) 8°

⊙ Statut der Kieler Bürgerwehr. Kiel. 1849. 8°
—— (Kiel. 1850.) 8°

Statut des permanenten Bürgerwehr-Ausschusses zu Berlin. Gedruckt bei J. Sittenfeld. 2 Bl. 4.
Flugblatt. Berlin, 20. Aug. 1848.

Statut der Caesar Butschke-Stiftung am Carl Friedrich-Gymnasium in Eisenach. Eisenach, Hofbuchdr., 1893; 6—7 S. 4.
Eisenach, Carl Friedrich-G, OP 1893 (669)

Statut des Damenstifts aus Dankbarkeit in Kiel. Kiel. 1885. 8°

Statut der Dechandt-Stiftung für dienende Brr der □ „Zur Harmonie" im Or. Chemnitz. [Dat.:] Chemnitz 1900. 1 Bl. 8° [Kopftit.]

Statut für den I. Schleswigschen Deichband. (Tondern. 1908.) 8° [Kopft.]

Statut der Dienstboten-Versicherung des Johanniter-Hospitals in Plön. Plön. (1903.) 8° [Kopft.]

Statut und Dienstvorschrift für die k. u. k. Marine-Akademie. (M. N. V. Bl. XIII. Stück ex 1902.) Wien 1902. 8°

Auszug aus dem **Statut** und den Dienst-Vorschriften für die k. k. Marine-Akademie. Wien 1886. 4°

Statut und Dienstvorschriften für das k. und k. See-Arsenal. Genehmigt mit Allerhöchster Entschliessung vom 5. Mai 1895. 1.—6. Hauptstück. Mit Nachtrag 1. (M.-N.-V.-Bl. XX. Stuck P. K./M. S. Nr. 1894 ex 1895.) (4 Bde.) 8. Wien 1895.

Statut und Dienstvorschriften für das k. und k. See-Arsenal. (Ergänzung.) Beigeb.: Die Nachträge 7—14, 16—18, 23, 25, 32, 33, 35, 36, 38 u. 39. (Die Nachträge 19—22, 24, 26—31, 34 u. 37, siehe Normal-Verordnungsblatt für die k. u. k. Kriegsmarine.) 8. Wien 1897—1903.

[J.] **Statut für die bei dem Königlichen Gymnasium zu Quedlinburg für Schüler begründete Dihle-Stiftung. Quedlinburg, Druck v. K. Voges,** 1894; 11—12 S. 4.
Quedlinburg, k. G, OP 1894 (248)

[J.] **Statut für das Dihle-Stipendium am Königl. Gymnasium zu Quedlinburg. Quedlinburg, Druck v. K. Voges,** 1896; S. 18. 4.
Quedlinburg, k. G, OP 1896 (251)

Statut für die Diplomprüfung der Abteilung für Architektur an der Kgl. Technischen Hochschule in Stuttgart. Vom 16. 1. 1894.

Statut für die Diplomprüfung der Abteilung für Bauingenieurwesen an der Kgl. Technischen Hochschule in Stuttgart. Vom 16. 1. 1894.

Kgl. Württembergisches Polytechnikum zu Stuttgart. **Statut** für die Diplomprüfung an der Fachschule für Architektur. Vom 7. 7. 1871, 19. 1. 1877 u. 14. 5. 1881. — [Dasselbe u. d. T.:] Kgl. Technische Hochschule in Stuttgart. Statut für die Diplomprüfung an der Abteilung für Architektur.

Kgl. Württembergisches Polytechnikum zu Stuttgart. **Statut** für die Diplomprüfung an der Fachschule für Bauingenieurwesen. Vom 7. 7. 1871, 19. 1. 1877 u. 14. 5. 1881. — [Dasselbe u. d. T.:] Kgl. Technische Hochschule in Stuttgart. Statut für die Diplomprüfung an der Abteilung für Bauingenieurwesen.

Kgl. Württembergisches Polytechnikum in Stuttgart. a) **Statut** für die Diplomprüfung an der Fachschule für chemische Technik. Vom 27. 8. 1872. [Folgt:] b) Prüfungs-Instruktion der Fachschule für chemische Technik. Vom 11. 8. 1875.

Statut für die geodätische Diplomprüfung an der Abteilung für Mathematik und Naturwissenschaften der Kgl. Technischen Hochschule in Stuttgart. Vom 13. 2. 1897.

Statut für die Diplomprüfungen der Abteilung für Chemie einschliesslich Hüttenwesen etc. an der Kgl. Technischen Hochschule in Stuttgart. Vom 20. 3. 1896.

Statut für die Diplomprüfungen der Abteilung für allgemein bildende Fächer an der Kgl. Technischen Hochschule in Stuttgart. Vom 21. 3. 1896.

Statut für die Diplomprüfungen der Abteilung für Maschineningenieurwesen einschliesslich Elektrotechnik an der Kgl. Technischen Hochschule in Stuttgart. Vom 22. 12. 1898. — [Dasselbe] mit Ergänzungen v. 8. 8. 1899. *1898: S LB*

Statut für die Diplomprüfungen der Abteilung für Maschineningenieurwesen an der Kgl. Technischen Hochschule in Stuttgart. Vom 7. u. 26. 6. 1893. [Nebst Deckbl. zu § 5 u. 9.]

Statut für die Diplomprüfungen der Abteilung für Mathematik und Naturwissenschaften an der Kgl. Technischen Hochschule in Stuttgart. Vom 9. 10. 1895.

Stuttgart. Kgl. Polytechnische Schule. **Statut** für die Diplomprüfungen an der Fachschule für allgemein bildende Fächer. Vom 4. 4. 1876.

Kgl. Württembergisches Polytechnikum in Stuttgart. a) **Statut** für die Diplomprüfungen an der Fachschule für Maschineningenieurwesen. Vom 1. 6. 1886. [Folgt:] b) Prüfungs-Instruktion.

Statut für die Diplomprüfungen der Kgl. Technischen Hochschule in Stuttgart v. 22. 12. 1898 mit Ergänzungen v. 8. 8. 1899.

Statut nebst Disziplinarvorschriften u. Hausordnung für die Kgl. *Musikschule* in München. München 1883. 8°. 19 S. Cart.

Heide: **Statut des geselligen Vereins „Ditmarsia" für Freimaurer in Heide. Heide [1882]: Pauly. 7 S. 8°** [Umschlagtit.]

[F.] **Statut** *der Dr. Hermann Schilling-Stiftung am Königlichen Pädagogium und Waisenhaus bei Züllichau.* Züllichau, Druck v. H. Hampel, 1897; S. 16. 4.
Züllichau, k. Pd u. Waisenhaus '(Steinbartsche Erz.- u. Unt.-A)', OP 1897 (90)

Statut der Dr. Paul Schultze-Stiftung. Berlin 1888.

Statut der Dr. Walther Simon-Stiftung für die weiblichen Hinterbliebenen des Lehrer Kollegiums des Altstädtischen Gymnasiums zu Königsberg i. Pr. Königsberg, Hartungsche Buchdr., 1892; 35—37 S. 4.
Königsberg in Pr., Altstädt. G, OP 1892 (9)

Statut der Donnersmarckhütte Oberschles. Eisen- u. Kohlenwerke Actien-Ges. *Zabrze 1900: J. Mücke.* (22 S.) 8° [04. 397] 2

Statut der Edu. Maass und Rud. Lutter- Stiftung . . ., s. Statut der Maass . . . Stiftung . . .

Statut für die Schleswig'sche Eisenbahn-Actien-Gesellschaft. (Frankfurt a. M.) o. J. 4° [Kopft.]

Statut der Altona-Kaltenkirchener Eisenbahn-Gesellschaft. Altona 1883. 8°.

Statut der Altona-Kieler Eisenbahn-Gesellschaft nebst der Allerhöchsten Bestätigungsurkunde. Altona. 1843. 4°.

Statut der Altona-Kieler Eisenbahngesellschaft. 1843. 4. Mit Nachtrag 1845.

Statut der Berlin-Sächsischen Eisenbahngesellschaft. 1839. 4.

Statut für die Krakauer Oberschlesische Eisenbahngesellschaft. 1845?

Statut der Magdeburg-Köthen-Halle-Leipziger Eisenbahngesellschaft. 1844.

Statut der Neisse-Brieger Eisenbahngesellschaft. 1846.

Statut der Niederschlesischen Eisenbahngesellschaft. 1842. 4.

Statut der Oberschlesischen Eisenbahngesellschaft. 1841. Mit Nachträgen.

Statut der Thüringischen Eisenbahngesellschaft in 62 §, nebst den Schemas der Actien- u. Dividendenscheine. gr. 8. Weimar 845, Voigt. 1 n⁄

— für die Nordöstliche Eisen- und Stahl-Berufsgenossenschaft. Berlin 1885

— für die Nordwestliche Eisen- und Stahl-Berufsgenossenschaft. Hannover 1885

— der Sächsisch-Thüringischen Eisen- u Stahl-Berufsgenossenschaft. Leipzig (1885)

— für die Schlesische Eisen- und Stahl-Berufsgenossenschaft. Breslau 1885

— für die Süddeutsche Eisen- u Stahl-Berufsgenossenschaft. Frankfurt a. M. (1885)

— der Südwestdeutschen Eisen- und Stahl-Berufsgenossenschaft. Saarbrücken 1885

Statut der Oberschlesischen Eisen-Industrie, Actien-Ges. f. Bergbau u. Hüttenbetrieb Gleiwitz. *Berlin 1899: O. v. Holten.* (17 S.) 8° [F.] [04. 397] 2

[F.] Statut der Altonaer Häringsfischerei-Gesellschaft 'Elbe' in Altona. *Altona: Dr. v. H. W. Kobner & C. 1898.* (15 S.) 1 Bl 8. [99 73]

— der Elbschiffahrts-Berufsgenossenschaft. Magdeburg (1885)

Statut des wissenschaftlichen Engbundes der Loge Balduin zur Linde in Leipzig. Beschlossen den 14. März 1871. Genehmigt den 13. Jan. 1872. [Leipzig 1872: Naumann.] 4 S. 8° [Umschlagtit.]
Abgedr. in: R. 1 (1874) S. 7; Schauerhammer, G.: D. Engbund d. L. Balduin z. Linde, Leipzig. [1910] S. 91—92.

—— für die Ent- und Bewässerungs-Genossenschaft zu . . . im Kreise . . ., anzuwenden als Normal-Statut (-Formular) laut Erlass des preuss. Ministers für Landwirthschaft etc. vom 7. Jan. 1886. (Hrsg. von Müller-Köpen.) Fol. (6 S.) Berlin 886, Müller-Köpen. **

Statut der Bergwerks-Gesellschaft Georg von Giesche's Erben v. 18. Mai 1864, erg. durch d. 3. Nachtrag v. 22. Febr. 1893. *Breslau 1893: (R. Nischkowsky).* (21 S.) 8° [F.] [04. 397] 2

Altona: **Statut des Erziehungs-Vereins von 1877 in Altona. Gegründet von Mitgliedern der Loge Carl zum Felsen** [in Altona] **am 21. Nov. 1877. Altona** [1877]: **Jürgensen. 5 Bl. 8°** [Umschlagtit.]

Statut des freimaurerischen Erziehungs-Vereins zu Flensburg. [Flensburg 1874: Herzbruch.] 2 Bl. 8° [Kopftit.]

Wilhelmshaven: **Statut** des freimaurerischen Erziehungs-Vereins der Loge Wilhelm zum silbernen Anker in Wilhelmshaven. 1883.

Statut des freimaurerischen Erziehungs-Vereins der Loge „Wilhelm zur nordischen Treue" [in Flensburg]. Flensburg 1877: Herzbruch. 16 S. 8°.

Danzig: **Statut** der Freimaurer-Loge Eugenia zum gekrönten Löwen zu Danzig über die Verwaltung ihrer Armen-Fonds und Armenkasse. Danzig 1841: Gerhard. 20 S. 8° [Umschlagtit.]

Statut für die Johannis-Loge Eugenia zum gekrönten Löwen in Danzig. Danzig 1893: Groening.. 28 S. 8° [Umschlagtit.]

Vorhergehende Ausg. u.d.T.: Local-Statut...

Statut der Fabrik-Krankenkasse der Firma Menk & Hambrock zu Altona. *(Altona [1900]): H. W. Köbner & Co.* (16 S.) 8° [F.] [01. 2398

Statut der von Scheliha'schen Familienstiftung. Nebst Stammtfl. 1869.

Statut des Familien-Unterstützungs-Vereins der vereinigten St. Johannis-Loge „Zu den 3 Todtengerippen, Zur Säule und Zur Glocke" in Breslau. [Dat.:] Breslau 1847. 7 S. 4° [Umschlagtit.]

Ostpreußische Feuerungsmaterial-Einkaufs-Genossenschaft, e. G. m. b. H. Königsberg i. Pr. (**Statut**.) *Königsberg i. Pr. 1902: P. Borkowki.* (27 S.) 8° [F.] [03. 15103 10

Statut der Freiwilligen Feuerwehr in Bramstedt. Bramstedt. (1907.) 8°

Statut einer Feuerwehrordnung für das adelige Gut Bothkamp mit Einschluss des Barkauer Küchenhofes Ovendorf. (Kiel 1889.) 8°

Statut der Glückstädter Fischerei-Actiengesellschaft in Glückstadt. Glückstadt. 1893. 8°

Statut der Königsberger Fleisch-Einkaufs-Genossenschaft, e. G. m. b. H. *Königsberg 1903: Ostpr. Dr. u. Verlagsanst.* (32 S.) 8° [F.] [03. 15104 10

Statut der Fleischerinnung zu Marburg. Marburg: Univ. Buchdr. '(R. Friedrich)' 1899. (28 S.) 1 Bd 8°

Deutscher Flotten-Verein. **Statut**. (Berlin 1898.) (1 Bl.) 8° [Kopft. F.] [03. 6040 10

Statut für die Forstarbeiter-Unterstützungs-Kasse zu Clausthal vom 1. Juni 1891. - Clausthal 1891. 47 S.

Statut der bei der St. Joh.-Loge „Zu den drei Goldenen Schlüsseln" zu Berlin am 30. Nov. 1886 gegründeten Franz Grunert-Stiftung zur Unterstützung hilfsbedürftiger Wittwen und Waisen von Brüdern der St. Joh.-Loge „Zu den drei Goldenen Schlüsseln", sowie solcher hilfsbedürftiger Brüder selbst. Berlin 1887: v. Holten. 8 S. 8° [Umschlagtit.]

Statut der Freimaurer-Loge zur gekrönten Schlange, betreffend die zum Bau des neuen Logenhauses zu erwerbenden Geldmittel und aufgenommenen Darlehne. [Görlitz 1862: Gretsel.] 8 S. 8° [Umschlagtit.]

[Dasselbe.] Ebendas. [1862]. 8 S. 4°
Tt. 1171.

Glauchau: **Statut** der Freimaurerloge zur Verschwisterung der Menschheit im Or. Glauchau. Rev. und erg. nach den seit Gründung der Loge in ihren Protokollen niedergelegten Beschlüssen. Johannisfest 1886. [Nebst] Nachtr. Glauchau [1886]: Dulce. 29 S. 8° [Umschlagtit.]
Nachtr. 1 Bl.

Statut der Freimaurer-Wittwen-Pensions-Stiftung zu Duisburg. Duisburg 1860: Nieten. 32 S. 8°

Statut des Personen-Vereins Freimaurer-Loge Friedrich August zu den 3 Zirkeln in Zittau. Zittau 1884: Neboisa & Böhme. 8 S. 8° [Umschlagtit.]

Statut der Loge Friedrich zum weissen Pferde über Bildung einer Commission zur Prüfung von Aufnahme- und Affiliationsgesuchen. Hannover 1855: Schlüter. 8 S. 8° [Umschlagtit.]
Abgedr. in: FZ. 9 (1855) S. 206—207.

Statut der Friedrich Eggers-Stiftung zur Förderung der Künste und Kunstwissenschaften zu Berlin. Berlin 1875. 8°.

Statut der Friedrich Hofrichter-Stiftung. Beuthen O.-S., Druck v. Haenel & Stratmann, 1897; 21—22 S. 4.
Beuthen O.-S., k. G, OP 1897 (179)

Statut für die „Friedrich-Stiftung" bei dem Königlichen Gymnasium zu Flensburg. 4 (S. 27—28). Aus den Statuten für ... 4 (S. 26).
Progr. Kgl. G. u. Rg. *Flensburg* 1897 1898

Statut der Friedr. Wilh. Wölker-Stiftung ..., s. Statut der Wölker-Stiftung ...

Statut betreffend die Fristen für die Legung und Feststellung der städtischen Jahresrechnungen. (Hanau: [Waisenhaus] 1899.) (1 Bl.) 8° [Kopft.]

Frankfurt a. O.: **Statut** für die Fritze-Stiftung der St. Joh.-Loge „Zum Aufrichtigen Herzen" Or. Frankfurt a. O. Frankfurt a. O. [1891]: Haensch & Pahl. 7 S. 8° [Umschlagtit.]

— der Fuhrwerks-Berufsgenossenschaft. Berlin 1885

Statut betreffend die Fürsorge für die Witwen und Waisen der Lehrer und Beamten der Realschule und der mit derselben organisch verbundenen Vorschule in Gross-Lichterfelde. *Gr. Lichterfelde, J. Unverdorben, 1896*; 34—37 S. 4.
Grofs-Lichterfelde, R, P 1896 (130)

Statut der Fürsorge für die Witwen und Waisen der Lehrer an den höheren Knabenschulen *der Stadt Barmen*. Barmen, Druck v. Steinborn & C., 1894; 27—28 S. 4.
Barmen, G, P 1894 (424)

Statut betreffend die Fürsorge für die Witwen und Waisen der Lehrer des von Conradischen Schul- und Erziehungs-Instituts zu Jenkau bei Danzig. Danzig, Druck v. E. Groening, 1896; 18—20 S. 4.
Jenkau b. Danzig, RPG (v. Conradisches Prov.-Schul- u. Etz.-Inst.), OP 1896 (47)

Statut der Gasanstalt Gaarden A.-G. festgest. laut Beschlüssen d. Generalversammlungen v. 28. Nov. 1899 u. 20. Dec. 1900. Kiel 1901: Vollbehr & Riepen. (15 S.) 8° [F.] [05. 1410 8

Statut der Lauenburgischen Gelehrtenschule v. 29. Dec. 1873. Ratzeburg. 1874. 4°. Gymn.-Progr.

KLEIDERMACHER. — Statut der Genossenschaft der Kleidermacher der k. k. Reichshauptstadt u. Residenzstadt Wien. Wien 1866. 8°. 28 S.
Thesaurus libror. Phil. Pfister. No. 3095.

1. **Statut** der Genossenschaft der Familie v. Puttkamer. 2. Urkunde d. Puttkamer'schen Familienstiftung genannt Genossenschaftsstiftung. 3. Statut d. v. Puttkamer'schen Lehnsstiftung. Stettin 1904: L. Pasenow. (31 S.) 8° [F.] [05. 2125 9

Statut der .... registrierte Genossenschaft m. beschränkter Haftung. (XIII, 38 S.) 8. Wien 910. (Hof- u. Staatsdruckerei.) — 40

Statut für die Gesammtorganisation der schleswig-holsteinischen Vereine (Itzehoe.) o. J. 8°

— und Geschäfts-Ordnung für das k. u. k. Reichs-Kriegs-Ministerium, Marine-Section. (Hinausgegeben mit N. V. Bl. VII. Stück P. K./M. S. Nr. 742 ex 1901.) Wien 1901. 4°

Statut und Geschäfts-Ordnung des Vereines deutscher Zeichenlehrer. Berlin 1882. 8°.

Statut und Geschäftsordnungsbestimmungen der Genossenschaft vereinigter Milchproduzenten e. G. m. b. H., München. München 1900.

Statut der Aktien-Gesellschaft Gesellschaft zur Förderung der Luftschifffahrt in Stuttgart. Stuttgart 1897

STATUT der Naturforschenden Gesellschaft zu Danzig, angenommen in der ausserordentlichen Sitzung am 15. Dezember 1897. (Danzig. 1898: Druck von A. W. Kafemann.) (Ohne bes. Titelbl.) 8°.

Statut der Gesellschaft für Verbreitung von Volksbildung. 8. (14 S.) Berlin 876, (Gesellschaft für Verbreitung von Volksbildung.) gratis

Statut der städtischen Gewerbeschulen zu Stuttgart. Stuttgart 1872

Statut für die Mansfeld'sche Kupferschieferbauende Gewerkschaft: 1851/1852. Leipzig, 1852. 29 S.

— der Glas-Berufsgenossenschaft für das Deutsche Reich. Berlin 1885

Statut der Glaser-Innung ⟨Zwangs-Innung⟩ zu Halle a. S. und Umgegend. Halle 1899: Heynemann. (24 S.) 8°

Statut der Görres-Gesellschaft zur Pflege der Wissenschaft im katholischen Deutschland. Verb. auf Grund d. Beschlüsse d. Generalversammlungen zu Münster, Paderborn, Coblenz u. Köln. *(Köln 1899: Bachem.)* (12 S.) 8° [04. 1924 6

Statut des deutschen Grosslogen-Bundes. [Dat.:] Berlin, den 19. Mai 1872. 2 Bl. 4° [Kopftit.]
Abgedr. in: MitthW. 3 (1871—1872) S. 260 bis 263; Bh. 15 (1872) S. 235; MittS. 100 (1872) S. 5—6; DrL. 2 (1872—1873) S. 75—77; AuszPtkD. 68—70 (1873) S. 5—7; UMS. 2 (1873) S. 76—78.
Holländ. Übers. in: BN. 6 (1879) S. 34—37.
cf. Bh. 15 (1872) S. 236 (J. G. Findel).

Statut des deutschen Grosslogen-Bundes. Nach der Revision vom Jahre 1876. [Nebst] Anh. [Berlin 1876: Büxenstein.] 11 S. 8° [Kopftit.]
[Anh. u. d. Tit.:]
Fortsetzung der prinzipiellen Beschlüsse der Grosslogentage. Zsgest. im Jahre 1880. [Berlin 1880: Mittler & S.] 4 S. 8°
Abgedr. in: SL. 1 (1881) S. 101—102, 110—111, 114—115, 124—125.
Holländ. Übers. in: BN. 6 (1879) S. 37—43.
Nebst Geschäftsordnung für den Grlogentag u. dessen prinzipiellen Beschlüssen.

Statut des deutschen Grosslogenbundes nach der Revision vom Jahre 1884. o. O. [1884]. 2 Bl. 2° [Kopftit.]
Abgedr. in: BrL. 2 (1883—1884) S. 70—71; BstF. 3 (1894) S. 82—84; Bericht üb. d. Verbandsfest d. rhein.-westfäl. Logen. 19 (1899) S. 25—28.
cf. MitthW. 16 (1884—1885) S. 72—75.
Tt. 1063.

Statut der Grubenbeamten-Wittwen- und Waisen-Kasse des Oberbergamtsbezirks Dortmund. Gelsenkirchen, 1890. 15 S.

Statut der Grundkredit-Bank zu Königsberg i. Pr. *Königsberg i. Pr. 1900: R. Leupold.* (25 S.) 8° [F.] [03. 1184 10

Wolfenbüttel: **Statut** die Gründung und Verwaltung eines Fonds zur Unterstützung hülfsbedürftiger Wittwen und Waisen verstorbener Mitglieder der Loge „Wilhelm zu den drei Säulen" in Wolfenbüttel betreffend. [Wolfenbüttel 1855.] 2 Bl. 8° [Kopftit.]

Statut der Gustav Levinstein-Stiftung des Askanischen Gymnasiums. Berlin, Druck v. W. Pormetter, 1897; 19—20 S. 4.
Berlin, Askanisches G, OP 1897 (50)

Statut der Gymnasial-Spielplatz-Stiftung in Detmold. Detmold, Meyersche Hofbuchdr., 1895; 34—35 S. 4.
Detmold, G Leopoldinum u. RPG, P 1895 (735)

Statut der Gymnasien u. Progymnasien. Allerhöchst bestätigt v. Sr. Maj. dem Kaiser am 30. Juli 1871. gr. 8. (157 S.) St. Petersburg. 871. (Leipzig, Häffel.) n. 2. —

Statut für das k. k. Hafen-Admiralat in Pola und dessen Vollzugs Behörden sammt Geschäfts-Ordnung. Genehmigt mit Allerhöchster Entschliessung vom 29. August 1889. P. K/M. S. Nr. 1651. Beilage zum M.-N.-V.-Bl. XXV. Stück vom 3. September 1889. 4. Wien 1889.

Statut für die Haftpflicht-Versicherungsanstalt der Pommerschen land- u. forstwirtschaftlichen Berufsgenossenschaft. Dat.: 13. Aug. 1908. 8°. *[Kopftit.]* (Pommersches Genossenschafts-Blatt. Beil.)

Statut des Haftpflichtversicherungsvereins für Landwirthe der Provinz Westfalen u. der niederrhein. Kreise Rees, Mühlheim a. d. Ruhr, Duisburg u. Essen. [Münster 1896: Der Westfale.] (17 S.) 8° [Kopft. F.]

Statut der Firma Hofbrauhaus Hanau vormals G. Ph. Nicolay Actien-ges. *Hanau (1896): Waisenh.-Buchdr.* (19 S.) 8° [Umschlagt. F.]

Statut der mit der Freimaurer-Loge „Zur Alten Linde" in Dortmund verbundenen Gesellschaft Harmonie. [Dortmund 1866: Crüwell.] 8 S. 8°
[Umschlagtit.:] Statut der Gesellschaft „Harmonie" in Dortmund.

Statut der Landwirtschaftlichen Haupt-Genossenschaft für Westfalen, e. G. m. b. H., zu Münster i. W. [Münster 1897: Der Westfale.] (19 S.) 8° [Kopft. F.]

Statut des Haupt-Knappschafts-Vereins zu Clausthal. Clausthal 1893. 8°.

Statut für den Haushalt der Loge zur edlen Aussicht im Or. Freiburg im Breisgau. [Freiburg i. B. 1862: Poppen & S.] 4 S. 8°

(Statut etc. des Haus- und Verdienst-Ordens des Herzogs Peter Friedrich Ludwig von Oldenburg. Mit Nachträgen. Oldenburg 1838—60.) Fol.

Statut des Hebbel-Vereins. [Datiert: (Wesselburen i. H., im Mai 1883.)] o. O. (1883.) 8° [Kopft.]

[F.] Statut der Hegenscheidt-Wernicke-Stiftung an der Kgl. Ober-Realschule zu Gleiwitz. Gleiwitz, Neumanns Stadtbuchdr., *1893*; 28—30 S. 4.
Gleiwitz OS., k. OR u. techn. Fach-S, OP 1893 (228)

Statut der vereinigten Heinr. Middeldorpf — Ferd. Karl Kleemann-Stiftung ..., s. Statut der... Middeldorpf-Kleemann-Stiftung ...

Statut der Hengsthaltungsgenossenschaft zu Dülmen eingetr. Genossensch. m. beschr. Haftpflicht. Dülmen, Münster i. W.: Akt.-Ges. f. Verl. u. Dr. 'Der Westfale' 1897. (24 S., 4 Bl.) 1 Bd 8°

***Statut** des Henriette Meyer-Stipendiums am Gymnasium in Glückstadt.* Glückstadt, Druck v. J. J. Augustin, 1896; 13—14 S. 4.
Glückstadt, k. G, OP 1896 (283)

Statut der Kgl. Sächsischen Technischen Hochschule (v. 3. 2. 1890. Nebst Deckbl. zu § 28 u. 36 v. 22. 12. 1897 u. zu § 31 v. 25. 3. 1898). ¶ Auch in: Gesetz- u. Verordnungsblatt f. d. Kgr. Sachsen v. J. 1890. S. 6 ff.

Statut der Kgl. Sächs. Technischen Hochschule (v. 12. 2. 1902; § 30a v. 10. 9. 1903). 1905. (Nebst Deckbl. § 37a.) ¶ Auch in: Gesetz- u. Verordnungsblatt f. d. Kgr. Sachsen v. J. 1902. 1903; daraus auch als S.-A.; Bekanntmachung wegen Änderung des § 13 v. 22. 6. 1908 u. § 28 v. 31. 7. 1908: ebd. 1908.

—— der grossherzogl. Hof- und Landesbibliothek. Von der Bibliothekverwaltung veranstaltete Ausg. gr. 8. (8 S.) Carlsruhe 875, Braun'sche Hofbuchh.

— für die Sächsische Holz-Berufsgenossenschaft. Dresden 1885

— der Südwestdeutschen Holz-Berufsgenossenschaft. Stuttgart 1885

— der Bayerischen Holzindustrie-Berufsgenossenschaft. München (1885)

[Kopft.:] [F.] Statut der Holzmesser-Sterbe-Kasse zu Königsberg in Pr. *([Königsberg:] Ostpreuss. Zeitgs- u. Verl.-Dr. [1896].)* (24 S.) 1 Bd 8.

Statut der Horrmann-Stiftung II (des Gymnasium Leopoldinum in Detmold). *Detmold 1900: Meyer.* (S. 25.) 4°
Detmold, G Leopoldinum u. R, P 1900 (702)

— der Rhein.-Westfäl. Hütten- u Walzwerks-Berufsgenossensch. Düsseldorf (1885)

Statut der Hypotheken-Bank des Königreichs Böhmen, s. Landes-Gesetze für das Königreich Böhmen.

Statut der ostfriesischen Hypotheken-Bank und Hypotheken-Tilgungs-Casse in Emden, eingetragene Genossenschaft. gr. 8. (24 S.) Emden 869, (Haynel.) **

Statut der schleswig-holsteinischen Hypothekenbank, eingetragene Genossenschaft in Itzehoe. Kiel 1886. 8°

Statut des Hypotheken-Vereins Eingetr. Genossensch. m. unb. Haftpflicht zu Stralsund. *Stralsund 1892: E. Berndt.* (29 S.) 8° [F.]

Statut des Hypotheken-Vereins Eingetr. Genossensch. m. unb. Haftpflicht zu Stralsund. *Stralsund 1899: Reg.-Buchdr.* (31 S.) 8° [F.]

Statut der freien Innung für ... Handwerk zu ... *(Berlin: C. Heymann [1901].)* (25 S.) 4° [Kopft. F.]

Statut der freien Innung für das gesammte Handwerk der Gemeinden des Amtes Roxel. Münster i. W. (1899): 'Der Westfale'. (26 S.) 8°

Statut des Innungs-Ausschusses der ver. Innungen zu Marburg (Hessen). *(Marburg 1901.)* (12 S.) 8° [Kopft. F.]

Statut des kaiserl. histor.-philolog. Instituts. St. Petersburg 1874.

Statut für das Königliche Geodätische Institut. Berlin 1887. 5 S. 8°.

Statut für die Interessentschaft der Privat-Töchterschule in Eckernförde. Eckernförde. 1883. 8°

Statut der von Tiele-Winckler'schen Invaliden-Kasse zu Kattowitz. [Nebst] Nachtrag. *Kattowitz [1900?]: G. Siwinna.* 2 Bde 8° [F.]

Statut der Invaliditäts- u. Alters-Versicherungs-Anstalt f. d. Prov. Posen vom 22. Novbr. 1890, nebst dem Reichsgesetz, betr. die Invaliditäts- u. Altersversicherg. vom 22. Juni 1889, sowie Ausführungs-Verordngn. u. Anweisgn. Hrsg. v. dem Vorstande der Invaliditäts- u. Alters-Versicherungs-Anstalt Posen. gr. 8. (24, 56, 72 S.) Posen 890, Decker u. Comp. * 1 —; cart. * 1 30

Statut der ger. u. vollk. Johannis-Freimaurerloge „Zum Tempel der Eintracht“ im Or. Posen. Posen 1900: Neumeyer. 15 S. 8⁰ [Umschlagtit.]

Oedenburg: **Statut** der Johannis-Loge zur Verbrüderung im Or.·. Oedenburg, durch die Ehrw. Grossloge von Ungarn bestätigt unter 30. April, in der Loge verkündet am 27. Mai 1877. Oedenburg: Selbstverl. d. Loge 1877. 15 S. 8⁰ [Umschlagtit.]

Statut des Johannis-Unterstützungs-Fonds der Loge zur Eintracht und Standhaftigkeit in Cassel. [Dat.:] Cassel 1885. 1 Bl. 4⁰ [Kopftit.]

***Statut** der Jubiläumsstiftung am Grossherzogl. Gymnasium in Baden.* Baden-Baden, E. Kölblin, Hof-Buchdr., 1896; S. 5. 4.
Baden, grossh. G u. RPG, P 1896 (613)

Statut für die bei dem Königlichen Kaiserin-Augusta-Gymnasium zu Charlottenburg begründete Jubiläums-Stiftung. Charlottenburg, Buchdr. „Gutenberg“, 1895; 11—12 S. 4.
Charlottenburg, k. Kaiserin Augusta-G, P 1895 (70)

***Statut** der Jubiläums-Stipendien-Stiftung.* Beuthen O.-S., Druck v. Haenel & Stratmann, 1893; S. 22. 4.
Beuthen O.-S., k. G, OP 1893 (174)

Statut für das Kaiser Wilhelm I. Stift. (Beschlossen d. 19. Juli 1889.) o. O. u. J. 8⁰ [Kopft.]

[F.] **Statut** betr. die Kanalbaukostenbeiträge [in der Stadt Cassel]. *Cassel: Hof- u. Waisenhaus-Buchdr. 1894.* (11 S.) 1 Bl. S. [96. 4323]

Statut betreffend die Kanalbaukostenbeiträge. Cassel 1902: Weber & Weidemeyer. (14 S.) 8⁰

Statut betreffend die Kanalbaukostenbeiträge (für die Gemeinde Wehlheiden). *(Wehlheiden 1898.)* (10 S.) 8⁰ [F.] [00. 6796]

— der Carl Zeiss-Stiftung zu Jena. Ausg. im Aug. 1896. gr. 4. (63 S.) Jena 897. (B. Vopelius.) Kart n. 1. 50

— der v. Ernst Abbe errichteten Carl Zeiss-Stiftung zu Jena. Ausg. im Jan. 1906. (54 S.) gr. 8. Jena 906. G. Fischer. n. — 50

Statut für das „Catharina-Heim“ in Hadersleben. Kiel. 1897. 8⁰. Nebst:
Haus-Ordnung für das Catharina-Heim nebst Instruction für den Hauswart. Hadersleben. o. J. 8⁰.

Anhang zum Statut der Kaufleute und Schiffer-Brüderschaft in Stade. Dem Bruderkreise gewidmet vom Vorstande. (Stade 1848.) 8. VIII, 75 S.
Enthält die interessante Geschichte und die Gesetze dieser 1556 gegründeten Gesellschaft, in deren Formen sich vielfache Anklänge an mr. Gebräuche finden. Zum Theil in plattdeutscher Sprache.

Statut der Kinder-Unterstützungs-Kasse der Loge „Zur Alten Linde“ im Or. Dortmund. [Dortmund 1885.] 6 S. 8⁰ [Umschlagtit.]

[Dasselbe.] Ebendas. [1886]. 4 S. 8⁰ [Kopftit.]

Dortmund: **Statut** der Kinder-Unterstützungs-Kasse der Loge „Zur alten Linde“ im Orient Dortmund. Dortmund 1898: Meyer. 4 S. 8⁰.
Vgl. W. 37555.

Statut des Constitutionellen Clubs in Berlin. Gedruckt bei J. Sittenfeld. 1 Bl. 4.
Flugblatt. Berlin, 8. Juni 1848.

Statut der Knappschafts-Berufsgenossenschaft: [1.] Statut vom 27. Juni 1885. Berlin, 1885. 80 S.

—— für die Knappschafts-Berufsgenossenschaft. 12. (80 S.) Essen 885, Bädeker. geb. *

Dasselbe. 2. Statut vom 1. Januar 1893. Ebd., 1892. 82 S.
Dasselbe. 3. Statut vom 1. Januar 1902. Ebd., 1901. 127 S.

—— für das Jaworzno'er Knappschafts-Institut. gr. 8. (XV, 127 S. deutscher und polnischer Text.) Krakau 875. (Teschen, Prochaska.) cart. *

Statut für den Knappschafts-Verein der Bergarbeiter im Bezirke des Königlichen Bergamts zu Bochum nebst Reglement und 2 Nachträgen. Bochum, 1857—1866. 66 S.

Statut für den Knappschafts-Verein der Berg-Arbeiter im Bezirke des königl. Berg-Amts zu Essen. 8. (32 S.) Essen 856, Bädeker.

Statut für den Brandenburger Knappschafts-Verein [vom 30. Dezember 1871]. Guben, 1872. 17 S.

Statut für den Mansfelder Knappschafts-Verein zu Eisleben. Eisleben 1902. 8⁰.

— für den Neunkircher Knappschafts-Verein. Neunkirchen

Statut für den Niederschlesischen Knappschafts-Verein zu Waldenburg (Schlesien). In Kraft seit d. 1. Mai 1897. Waldenburg (1901). 8⁰.

Statut des Oberschlesischen Knappschafts-Vereins. Vom 12. Dez. 1899. (In Kraft getreten am 1. Jan. 1900.) Tarnowitz (1901). 8⁰.

Statut für den Kommunalverband des Kirchspielvogteibezirks Bramstedt nebst dem Flecken Bramstedt. Segeberg. 1879. 4⁰.

Akademie der Künste in Berlin. Statut für die Konkurrenz um den grossen Staatspreis auf dem Gebiete der bildenden Künste. Berlin 1892. 4⁰.

Statut des Konsumvereins für Königsberg und Umgegend, E. G. m. b. H., beschlossen in d. konstit. Versammlung 1902. *(Königsberg i. Pr. 1902: H. Jäger.)* (16 S.) 8⁰ [Kopft. F.] [04. 12410]

Statut für die k. und k. maritim-technische Controls-Commission sammt Geschäfts-Ordnung. Genehmigt mit Allerhöchster Entschliessung vom 17. October 1894. (Beilage zum Marine-Normal-Verordnungsbl. XXVI. Stück vom 26. November 1894, P. K./M. S. Nr. 2487 ex 1894.) 4. Wien 1894.

Statut des Schlesischen Convictes für Studirende der Theologie zu Halle a. S. Halle 1871: Waisenhaus. 8 S. 4⁰
Stand vorher in: Centralblatt f. d. ges. Unterr.-Verw. 1870. S. 79—86.

Statut des Tholuckischen Convictes für Studirende der evangelischen Theologie zu Halle a./S. Halle (1879): Heynemann. 11 S. 8⁰

Statut der Krab-Stiftung für Schüler des Gymnasiums und Realgymnasiums zu Insterburg. 4 (S. 34—37 der Schuln.) — Schulordnung für das Königliche Gymnasium und Realgymnasium zu Insterburg. 4 (S. 39—42 der Schuln.). G. u. Rg. *Insterburg* 1889 (6)
Progr.

Statut der **Kranken-Kasse** der Kattowitzer Aktien-Gesellschaft für Bergbau und Eisenhüttenbetrieb in Kattowitz. *(Kattowitz [1904]: J. Herlitz.)* (40 S.) 8° [F.] [04. 5075 2

Statut der **Krankenkasse** für die gewerblichen Anlagen und Betriebsstätten des Grafen Guido Henckel-Donnersmarck nach d. Kranken-versicherungs-Gesetz in d. Fassung d. Gesetzes v. 10. April 1892. [Nebst] Zusammenstellung der Statutenänderungen [&] Nachtrag z. Statut. *Tarnowitz (1893—1904): Th. Konopka.* (30, 3 S., 2 Bl.) 8° [F.] Zusammenstellung d. Statutenänder. 1900. Nachtr. z. Statut. 1904. [04. 6305 2

Statut der Kranken-u. Begräbniss kasse des Arbeiter-Fortbildungs-Vereins zu Cassel. (Eingeschr. Hilfskasse.) Cassel 1892: Weber & Weidemeyer. (16 S.) 8°

Krankenkasse für die Betriebe der Altonaer Gas- und Wasser-Werke in Altona und Blankenese. **Abgeändertes Statut** genehmigt 1894. *Altona [1900]: H. W. Kobner & Co.* (23 S.) 8° [F.] [01. 2596

Statut der **Krankenkasse der Bismarckhütte.** (Nach d. Reichsges. v. 10. Apr. 1892.) *Kattowitz 1902: Gebr. Böhm.* (47 S.) 8° [F.] [04. 6306 2

[F.] **Statut** der **Krankenkasse** für die Chemische Fabrik auf Actien (vorm. E. Schering)' Berlin-Charlottenburg. *Berlin: Gedr. b. J. Sittenfeld (1891).* (25 S.) 1 Bd 8. [94. 11238

Statut der Krankenkasse für die von der Firma Caesar Wollheim in Berlin in ihren Betrieben zu Breslau und Cosel bei Breslau beschäftigten Personen. [Nebst] Nachtrag. Kattowitz 1902: Gebr. Böhm. (20 S., 1 Bl.) 8° [Umschlagt. F.]

Statut der Krankenkasse für Studierende der Universität Gießen vom 23. September 1894. Zusatz vom 22. Dezember 1905. [Gießen 1906]: [v. Münchow] (1 Bl.) 8° [Kopft.] [F.] ¶ [Vgl. 1903/1904 Gießen No. 2.]

Statut für die Krankenkasse der Studierenden und Hörer der Grossherzogl. Technischen Hochschule zu Darmstadt (v. 13. 3. 1909).

⊙ **Statut** der Kieler Creditbank. Kiel. 1869. 1870. 1875. 1890. 1907. 8°

Statut des Altonaer Credit-Vereins. Revidirt in der General-versammlung am 15. Juni 1863. (Altona. 1865.) 8°. [Kopft.]

[F.] Statut des Altonaer Credit-Vereins ... *Altona: Dr. v. H. W. Kobner & C. 1896.* (24 S.) 1 Bd 8. [98. 5464

[F.] Statut des Altonaer Credit-Vereins ... *Altona: Dr. v. H. W. Kobner & C. 1898.* (24 S.) 1 Bd 8. [99. 219

Statut des Altonaer Credit-Vereins. Revidiert in d. General-Versammlungen: am 15. Juni 1863 ... u. 27. Oct. 1899. *Altona 1900: H. W. Kobner & Co.* (24 S.) 8° [F.] [01. 2597

Statut d. Neuen Landschaftl. Kredit-Vereins für die Prov. Posen. Amtl. Ausg. Posen 886.

— **des Neuen Kreditvereins für die Provinz Posen nebst Allerh. Erlaß vom 13. Mai 1857.** — Statut nowego towarzystwa kredytowego dla prowincyi Poznańskiéj etc. Berlin 857. Decker. 16. (111 S.) 6 ngr

Statut des Oldenburger Kreditvereins 'eingetragene Genossenschaft m. beschränkter Haftpflicht)' zu Oldenburg in Holstein. Kiel: Dr. v. Schmidt & Klaunig 1897. (36 S.) 1 Bd 8°

[Umschlagt.:] [A.] Statut der Wehlau-Friedländer Kreisbahn-Aktiengesellschaft. *(Wehlau: Dr. v. C. A. Scheffler [1898].)* (30 S.) 1 Bd 8. [98. 7874

Statut der Kreis-Müller-Innung zu Jauer. Bestätigt durch das hohe Ministerium für Handel, Gewerbe u. öffentl. Arbeiten, mittelst Dekret vom 13. Septbr. 1851. In vorliegender Fassung zur hohen Bestätigung eingebracht am 9. Juli 1851 durch den zeitigen Obermeister der vorgenannten Innung, Frz. Staude. gr. 4. (22 S.) Brandenburg 851, Müller. 1/4 ℛ

Statut für den Kreis-Verein zur Pflege im Felde verwundeter und erkrankter Krieger im Kreise Norderdithmarschen. Wesselburen. 1890. 8°

Statut der *israelitischen Kultusgemeinde* in München. München 1865. 8°. 26 S. Cart.

Statut der *israelitischen Cultusgemeinde* in München (mit Wirksamkeit vom 15. Novbr. 1871 an). München 1871. 8°. 32 S. Cart.

Statut der allgemeinen **Künstler-Unterstützungs-Kasse.** Berlin 1859. 4°.

Statut für den Kunstverein in Krakau. 4. (8 S.) Krakau, in der k. k. Universitäts-Buchdruckerei. 1854. Verlag des Kunstvereines.

Statut der Schleswig-Holsteinischen Landesbank. (Als Manuscript gedruckt.) [Berlin 1864.] 4°

Statut für die kaiserl. königl. Landes-Schützen der Länder Tirol und Vorarlberg. (Genehmigt mit Allerhöchster Entschliessung vom 15. Februar 1871.) 4. Wien 1871.

— **der neuen Westpreußischen Landschaft.** (Abdr. aus der Gesetz-Sammlung von 1861.) Danzig 861. Kafemann. gr. 8. (18 S.) 2½ ngr

Statut der **Neuen Westpreussischen Landschaft.** Allerhöchst genehmigt am 3. Mai 1861 ... u. in seiner jetzigen Geltung zsgest. Anlagen ... *Marienwerder 1902: R. Kanter.* (58 S.) 8° [F.] [03. 4870

Statut der **Landschaft** der Provinz Westfalen. Beschlossen in d. General-Versamml. d. Landsch. vom 25. Nov. 1898. *Münster i. W. (1898): Der Westfale.* (33 S.) 8° [F.] [00. 3518

Statut der Landschaft der Provinz Westfalen nebst Tax-Reglement. [Münster 1898: A. G. 'Der Westfale'.] (20, 8 S.) 8°

Statut für die k.-k. Landwehr. Wien 1870. 4°.

Eilenburg: **Statut** des maurerischen Vereins „Latomia", gegründet am 22. März 5859 im Or. von Eilenburg. Leipzig [1859]: Bär. 7 S. 8° [Umschlagtit.]

Statut der Lebensversicherungs-Anstalt der Angestellten und ständigen Arbeiter der Pfälzischen Eisenbahnen. Ludwigshafen 1866.

**Statut der Lebensversicherungs-Anstalt für die Armee und Marine. Berlin 1872. 8°.
Dass. 1879.**

Berlin, Lebensversicherungs-Anstalt für die Armee und Marine, Statut von 1897 nebst Sparkassen-Ordnung. Berlin [o. J.]

— für die Lederindustrie-Berufsgenossenschaft. Berlin (1885)

Statut für die k. k. militär-administrative Lehr-Anstalt. 4. Wien 1855.

Statut des Allgemeinen schleswig-holsteinischen Lehrervereins. Kiel. 1878. 2 Bl. 8°. Bei: Verhandlungen der 12. allgem. schleswig-holst. Lehrerversammlung. Kiel. 1878. 8°.

[F.] **Statut** der Lehrer-Witwen- und Waisen-Unterstützungskasse des Falk-Realgymnasiums zu Berlin. Berlin, Druck v. C. H. Müller, 1892; 21—22 S. 4.
Berlin, Falk-RG, P 1892 (95)

***Statut** der Lehrer-Witwen- und Waisen-Unterstützungskasse des Realprogymnasium und Progymnasium Georgianum zu Forst i. L.* Forst i. L., Druck v. E. Hoene, 1894; 21—23 S. 4.
Forst i. L., RPG u. PG Georgianum, OP 1894 (103)

Statut und Lehrplan der ersten deutschen Waldbauschule für Böhmen in Eger ... - Eger 1899. 16 S.

— für die Leinen-Berufsgenossenschaft. Bielefeld (1885)

Statut der Leopold Nerlich Stiftung. Beuthen O.-S., Druck v. Haenel & Stratmann, 1896; 19—20 S. 4.
Beuthen O.-S., k. G, OP 1896 (176)

Statut für den Lesezirkel der Cedernloge. [Dat.:] Stuttgart 1893. 2 Bl. 8° [Kopftit.]

Statut für die Lessing-Stiftung des Askanischen Gymnasiums. 4 (S. 19—21 der Schuln.). **Progr.** Askanisch. G. *Berlin* 1890 (52)

(F) **Statut** der Landeshauptstadt Linz, gültig vom 1. Jänner 1906. 8°. (37 S.) * geb. K —.60
Linz: Feichtinger 1904.

Statut des Liquidations-Vereins für Zeit-Geschäfte an der Berliner Fonds-Börse vom 18. März 1869, abgeändert nach den Beschlüssen der General-Versammlungen vom 26. Jan. 1870 u. 23. Febr. 1872. Berlin, den 1. März 1872.

— abgeändert nach den Beschlüssen der General-Versammlungen. Berlin, den 23. 2. 1874.

Reglement des von der Bank des Berliner Kassen-Vereins errichteten Liquidations-Bureaus des hiesigen Liquidations-Vereins für Zeit-Geschäfte an der Berliner Fonds-Börse vom 24. März 1869. Abgeändert nach den später ergangenen Bestimmungen. Berlin, den 15. 3. 1874.

Statut der Loge zur goldenen Harfe im Or. zu Marienwerder. Marienwerder 1886: Kanter. 12 S. 8° [Umschlagtit.]

***Dortmund:* Statut der Logenstiftung der Freimaurerloge „Zur Alten Linde" im Or. Dortmund. [Dortmund 1882.] 5 S. 8° [Umschlagtit.]**

[Dasselbe.] Dortmund 1882: Crüwell. 8 S. 8° [Kein Umschlagtit.]

Statut der Logen-Unterstützungskasse für die Mitglieder der Freimaurer-Loge „In Treue fest" a. V. in München. [Dat.:] München 1897. 2 Bl. 8° [Kopftit.]

Statut für den Logen-Verband von Bochum, Essen, Duisburg, Wesel, Emmerich und Mülheim a. d. Ruhr. Mülheim a. d. R. 1880: Wacker. 7 S. 8° [Umschlagtit.]

(F) **Statut** der ersten österr. Lokalkreditgenossenschaft Nr. 0—1—I in Wien. 8°. (18 S.) K 2.—
Linz: Preßverein 1906.

Statut des Schleswig-Holsteinischen Lokalvereins in Elmshorn. Elmshorn. 1864. 8°

Statut der Kranken-Kasse Lötzen. *Lötzen 1904: J. von Riesens Nachf.* (48 S.) 8° [F.] (04. ...) 10

Statut für die Ludwig Rudolph-Stiftung zur Gewährung freien Unterrichts an der Luisenschule. *Berlin 1898: C. H. Müller.* (29—30 S.) 4°
Berlin, Luisen-S, OP 1898**

Statut der Luisenstiftung der Gr. National-Mutterloge zu den drei Weltkugeln. Berlin 1900: Denter & Nicolas. 6 S. 8° [Umschlagtit.]
Aus: Bbl. 6 (1892) S. 263—266.
1892 angenommen.

***Charlottenburg:* Statut der [Edu.] Maass und [Rud.] Lutter-Stiftung der Johannisloge Blücher von Wahlstadt im Or. Charlottenburg. [Dat.:] Charlottenburg, den 21. April 1903. 2 Bl. 8° [Kopftit.]**

Statut für die Mannschaft in der Central-Feuer-Lösch-Anstalt der k. k. Haupt- und Residenzstadt Wien. Wien, 1856. Druck von Karl Gerold's Sohn. (VI. 54 S. 8.)

Statut für das k. und k. Marine-Pfarr-Amt und Dienst-Vorschrift für die Marine-Geistlichkeit. Genehmigt mit Allerhöchster Entschliessung vom 15. Juli 1890. Beilage zum M.-N.-V.-Bl. XXVI. Stück vom 24. Juli 1890, P. K./M. S. Nr. 1349. 4. Wien 1890.

***Breslau:* Statut der Martinsstiftung der L. zu den drei Todtengerippen in Breslau. o. O. 1841.**

— der Rheinisch-Westphälischen Maschinenbau- und Kleineisen-Industrie-Berufsgenossenschaft. Dusseldorf (1885)

Statut für das k. und k. Matrosen-Corps. Genehmigt mit Allerhöchster Entschliessung vom 12. Jänner 1890. Beilage zum M.-N.-V.-Bl. V. Stück. P. K./M. S. Nr. 101 ex 1890. 4. Wien 1890.

— für die Norddeutsche Metall-Industrie-Berufsgenossenschaft. 2. Aufl. Berlin 1885

— für die Süddeutsche Metall-Industrie-Berufsgenossenschaft. Stuttgart 1885

Statut der vereinigten [Heinr.] Middeldorpf- [Ferd. Karl] Kleemann-Stiftung bei der St. Joh.-Loge Horus im Or. Breslau. Reichenbach i. Schl. [1898]: Dittrich. 12 S. 8° [Umschlagtit.]

Statut der Middeldorpf-Stiftung bei der St. Joh. Loge Horus im Or. Breslau. Eröffnet am 19. September 1863. Breslau 1863: Storch & Co. 10 S. 8°.

Statut der bayerischen Militärkrankenkasse. Mit Beil. München 1905. 31 S. 8° u. 4°

Statut für die k. k. Militär-Verpflegs-Anstalten und Betten-Magazine. 4. Wien 1864.

Statut für die Miliz des Freistaates Krakau. Nebst Beilagen in Fol. (2 Bde.) 8. Krakau 1842.

Statut und Mitglieder-Verzeichnis des Verschönerungs-Vereins Rauschen. Eingetr. Ver. Gegr. in Königsberg i. Pr. am 23. Jan. 1903. *Königsberg i. Pr. 1903: Hartung.* (16 S.) 8° [F. u. Ant.] [04. 6710 10

— der Molkerei-Genossenschaft zu ...., eingetragene Genossenschaft m. unbeschränkter Haftpflicht. Von e. Genossenschafts-Register-Richter verf. gr. 8. (20 S.) Königsberg i/Pr. 890. Beerwald. n. 1. —

[F.] Statut der Molkerei-Genossenschaft, eingetragene Genossenschaft m. unbeschränkter Haftpflicht zu Marköbel. *Hanau: Waisenhaus-Buchdr. (1898.)* (19 S.) 1 Bd 8.

Statut der Molkerei-Genossenschaft eingetragene Genossenschaft mit unbeschränkter Haftpflicht zu Roßdorf. *Hanau 1903: Waisenhaus.* (15 S.) 8° [F.] [04. [illegible] 4

— der Müllerei-Berufsgenossenschaft. Berlin 1885

Statut des Naturforscher-Vereins zu Riga. Angenommen v. d. allg. Versammlg d. Vereinsmitgl. am 15 ‹28› Mai 1906. Riga 1906. 11 S.

Statut des Nemonien-Deichverbandes (Entwurf) [und] Allgemeine Bestimmungen f. künftig zu erlassende Deichstatute. ‹Allerhöchster Erlass v. 14. November 1853.› (Königsberg i. Pr. [1902] : Ostpr. Dr. u. Verlagsanst.) (3 Bl., 10 S.) 4° (2°) [Kopft. F.]

Neues **Statut** der Magdeburgischen Baugewerks-Berufsgenossenschaft. Gültig v. 1. Jan. 1902 ab. *Magdeburg 1902: E. Baensch jun.* (45, 96 S.) 8° [F.] [04. 10350 3

Neues **Statut** für die Schleswig-Holsteinische land- und forstwirthschaftliche Berufsgenossenschaft. Gültig vom 1. Jan. 1902 ab. — Beigegeben sind:
1. Gesetz vom 30. Juni 1900, betr. die Abänderung der Unfallversicherungsgesetze.
2. Unfallversicherungsgesetz für Land- und Forstwirthschaft in der Fassung der Bekanntmachung vom 5. Juli 1900.

Kiel. 1902. 8°.

Neues **Statut** für die Schleswig-Holsteinische land- und forstwirthschaftliche Berufsgenossenschaft. Gültig v. 1. Jan. 1902 ab. (Kiel 1902: Vollbehr & Riepen.) (16 S.) 8° [Kopft. F.] [05. 14813 8

Neues **Statut** der Westfälischen landwirthschaftlichen Berufsgenossenschaft. ‹Gültig v. 1. Jan. 1902 ab.› (Dat. Münster, am 24. Sept. 1901.) *o. O. (1901).* (18 S.) 8° [Kopft. F.] [02. [illegible] 2

Neues Statut für den Börsenverein der deutschen Buchhändler zu Leipzig, wie dasselbe unter Zugrundlegung des alten vom 14. März 1838 am 13. Mai 1852 angenommen wurde nebst Einleitung und Beilagen. Leipzig 1852. Druck von B. G. Teubner. 8°.

Neues Statut für den Börsenverein der Deutschen Buchhändler zu Leipzig, wie dasselbe unter Zugrundlegung des alten vom 14. März 1838 am 13. Mai 1852 angenommen wurde. (Nebst Einleitung und Beilagen.) ib. 1861. —
Dasselbe. ib. 1867. —
Dasselbe. ib. 1879. —

Neues **Statut** der Nordöstlichen Eisen- und Stahl-Berufsgenossenschaft. Gültig v. Jan. 1902. *Berlin 1901: J. Sittenfeld.* (34 S.) 8° [F.] [02. 500

Statut, neues fürstl. Primatisches, d. Bürger-Rechte &c. 4. Frankf. Brönner. 808.

Neues **Statut** der Norddeutschen Knappschafts-Pensionskasse zu Halle ‹Saale›. Halle ‹Saale› 1900: Waisenhaus. (46 S.) 8°

Statut, Neues, und Nebenstatut für die Nordöstliche Baugewerks-Berufsgenossenschaft ... Gültig vom 1. Okt. 1902. M. e. Anh.: Abänderungsges., Gewerbe-Unfallversicherungsges. u. Bau-Unfallversicherungsges. vom 30. Juni 1900. Berlin o. J. 8°.

Statut, neues, für den Verein z. Beförd. des Gewerbfleisses. Mit der Eröffnungs-Rede Beuths. Berlin 1821. 4.

Neu Guinea Compagnie. Statut. Berlin 1886.

Statut der Ein- u. Verkaufsgenossenschaft Nordwalde eingetr. Genossensch. m. beschr. Haftpflicht zu Nordwalde. Münster i. W.: 'Der Westfale' [1897]. (24 S.) 1 Bd 8°

Statut der Gemeinde Oberstein bezw. Idar betreffend die Oberstein-Idarer Realschule. 4 (S. 22—24 der Schuln.). **Progr.** Rsch. *Oberstein-Idar* 1897

Statut des deutschen Offizier-Vereins. Berlin 1892. 14 S.

—— der auf Grund d. Reichsgesetzes vom 22. Juni 1889, betr. die Invaliditäts- u. Altersversicherung, f. das Herzogth. Oldenburg errichteten Versicherungsanstalt Oldenburg. 8. (10 S.) Oldenb. 890, Stalling's Verlag. * — 15

—— dass. — nebst den f. die Versicherten u. deren Arbeitgeber wicht. Bestimmgn. d. Gesetzes vom 22. Juni 1889, betr. die Invaliditäts- u. Altersversicherg. 8. (37 S.) Ebd. 891. * — 25

— dasselbe, nebst dem Gesetz vom 22. Juni 1889, betr. die Invaliditäts- u. Altersversicherg., den zur Ausführg. d. Gesetzes erlassenen Ministerialbekanntmachungen vom 8. Apr. u. 30. Oktbr. 1890 u. der Anleitg. d. Reichs-Versicherungsamts vom 31. Oktbr. 1890, betr. den Kreis der nach dem Gesetz versicherten Personen. gr. 8. (73 S.) Ebd. 891. n. — 40

—— organisches, der höheren landwirthschaftlichen und landwirthschaftlich-industriellen Landes-Lehranstalt in Teschen-Liebwerd nebst dem Wirkungskreise und der Geschäfts-Ordnung des Curatoriums und den einschläg. Instructionen. gr. 8. (VII, 77 S.) Prag 869, (Calve'sche Universitäts-Buchh.) **

Statut, Organisches, für die Klagenfurter National-Garde. Klgft., v. Kleinmayr, 1848. Quart. 3 S.

Statut der Orts-Krankenkasse für Kaufleute (in Cassel) für das Mitglied ... *Cassel (1896): W. Schlemming.* (25 S.) 8° [F.] [05. [illegible] 4

Statut der Otto Just-Stiftung, Confirmanden-Ausstattungskasse der Freimaurer-Loge Friedrich August z. d. 3 Zirkeln im Or. Zittau. Zittau [1890]: Neboisa & Böhme. 15 S. 8° [Umschlagtit.]

Statut des Vereins 'Palaestra Albertina' (zu Königsberg i. Pr.) (Königsberg i. Pr. 1894: E. Rautenberg.) (10 S.) 8° [Kopft. F. u. Ant.]

— der Papierverarbeitungs-Berufsgenossenschaft. Berlin 1886

Statut eines Pensionsfonds für die Wittwen der Loge „Friedrich zur Tugend" in Brandenburg a. d. H. [Brandenburg a. d. H. 1865: Wiesike.] 8 S. 8° [Umschlagtit.]

Statut der Pensions-Kasse der Graf Guido-Henckel-Donnersmarckschen Beamten. *Beuthen O.-S. (1900): R. Feist.* (28 S.) 8° [F.] 04. 6307 2

—— der Pensionskasse für die Betriebsarbeiter der Staatseisenbahnverwaltung. gr. 4. (32 S.) Berlin 886, C. Heymanns Verlag. *
Aus: Eisenbahn-Verordnungsblatt, besonders abgedruckt.

Statut für die Pensionskasse der Bismarckhütte. *Kattowitz 1899: Gebr. Böhm.* (39 S.) 8° [F.] 04. 6368 2

Statut der Pensions- und Unterstützungskasse für die Arbeiter der Fürstlich Hohenlohe'schen Werke im Oberschlesischen Industriebezirk. *Breslau (1895): Peterson.* (24 S.) 8° [F.] 04. 3676 2

***Perleberg*: Statut der Perle-Stiftung im Orient zu Perleberg. [Perleberg o. J.: Grunik.] 2 Bl. 8°. [Kopftit.]**
Vgl. W. 37974.

Perleberg: **Statut** der Perle-Stiftung im Or. zu Perleberg. [Perleberg 1874: Grunick.] 2 Bl. 8° [Umschlagtit.]

Statut [aus d. J. 1883] des in Dresden unter dem Namen „Freimaurerloge Zum Goldnen Apfel" bestehenden Personenvereins. [Nebst] Nachtr. u. Anh. 1—3. [Dresden 1981: Pässler.] 152 S. 8° [Kopftit.]
Darin:
[1.] Logenordnung.
[2.] Gesetze d. deutsch. Grlogen-Bundes.
[3.] Satzung d. Stift. z. Unterstützung d. hilfsbedürft. Hinterlass. d. BBr. v. d. L. z. g. Apfel.
[4.] Bestimmungen üb. die Verwendung des Stiftungsvermögens der vormal. Lehr- u. Erziehungsanstalt f. Töchter. Friedrichstadt-Dresden.
[5.] Satzungen d. Sterbe-Cassen-Vereins v. Mitgl. der Frmr.-Logen in Dresden.
[6.] Bestimmungen d. Bekleidung armer Kinder z. Confirm. betr.
[7.] Nachtr. zur 1891 angen. Logenordnung. 5 S. [1893.]

„Statut für das in Breslau zu errichtende Pfandbrief-Institut", Breslau o. J. — Vorh.: Preuß. Staatsbibliothek Berlin.

— für das in Breslau zu errichtende Pfandbrief-Institut. Entworfen von dem Comité zur Errichtung eines Pfandbrief-Instituts in Breslau. 4. (40 S.) Breslau 852. (Korn.) baar n. n. 5/12 ℞

Statut des Ostpreussischen Pfandbrief-Instituts für städtische Hausgrundstücke. *[Königsberg i. Pr. 1902.]* (19 S.) 4°(2°) [F.] 03. 6ns 10

⊙ **Statut** der Pferde-Gilde errichtet am 28. Mai 1851 in Neuheikendorf. Revidirt am 15. Sept. 1875. Kiel. 1875. 8°

Statut der Planck-Stiftung am Karls-Gymnasium zu Stuttgart. Stuttgart, k. Hofbuchdr. C. Liebich, 1893; S. 4. 4.
Stuttgart, Karls-G, P 1893 (591)

Statut für das Kgl. Sächsische Polytechnikum zu Dresden (v. 3. 4. 1878). ¶ Auch in: Gesetz- u. Verordnungsblatt f. d. Kgr. Sachsen v. J. 1878. S. 28 ff.

Statut des Post-Unterbeamten-Vereins zu Marburg a. L. *Marburg [1903]: H. Bauer.* (13 S.) 8° [F.] 04. 8386 4

Statut für die Danziger Privat-Actien-Bank in Danzig. Neu red. laut Beschluß d. außerordentl. Gen.-Versammlungen v. 28. Jan. u. 25. März 1899 u. 24. März 1900. *Danzig 1899: A. W. Kafemann.* (16 S.) 8° [F.] 03. 6911 10

— der Privatbahn-Berufsgenossenschaft. Schwerin 1885

Statut des Progymnasiums der Stadt Schwerte (vom 17. Juli 1900). *Schwerte i. W. 1901: C. Braus.* (S. 19—21.) 4°
Schwerte, PG m. Realabt., OP 1901 (396a)

(**Statut** des städtischen Progymnasiums mit wahlfreiem Englisch zu Kalk.) *Kalk 1903: A. H. Kirmse.* (S. 33—36.) 4° [F.]
Kalk, st. PG m. wahlfr. Engl., P 1903 (512)

Statut der Fischdampfer-Rhederei 'Proteus' und 'Triton' in Altona. *Altona 1899: H. W. Kobner & Co.* (8 S.) 8° [F.] 00. 11737

Statut der Provinzial-Hilfskasse für die Provinz Preussen und Revidirtes Regulativ für den Meliorationsfonds der Provinz Preussen. Königsberg. [1859.] 4°

Statut des Provinzial-Vereins zur Pflege im Felde verwundeter und erkrankter Krieger in der Provinz Schleswig-Holstein. (Kiel. 1868.) 8° Kopft.

Statut des Schleswig-Holsteinischen Provinzialvereins für das höhere Mädchenschulwesen. Altona. 1879. 8°

Provisorisches **Statut** der Königlichen Akademie der Künste zu Berlin 1875. 4°.

Statut. Provisorisches, für das k. u. k. Hafen-Admiralat in Pola, sammt Geschäftsordnung. Genehmigt mit Allerhöchster Entschliessung vom 19. November 1901 (N. V. Bl. f. d. k. u. k. Kriegs-Marine XXVIII. Stück P. K. M. S. Nr. 3133 ex 1901.)
4. Wien 1901.

Provisorisches Statut d. königl. thierärztlichen Hochschule in *Berlin.* (Berl. 1887). 12 S. P.

Statut. Provisorisches, für die See-Aspiranten-Schule der k. u. k. Kriegs-Marine. (M. N. V. Bl. XIII. Stück ex 1902.)
gr. 8. Wien 1902.

— — Provisorisches, für den See-Kadetten-Kurs sammt provisorischer Vorschrift für die See-Officiersprüfung. (M. N. V. Bl. XIII. Stück ex 1902.) gr. 8. Wien 1902.

Statut, Provisorisches, (L. 35.) für die k. und k. Seetransportleitung in Triest. Hinausgegeben mit Erlass P. K./M. S. Nr. 2043 ex 1902. (Normal-Verordnungsblatt f. d. k. u. k. Kriegs-Marine, XIII. Stück ex 1902.) 4. Wien 1902.

Provisorisches **Statut** für die Universität Strassburg. Strassburg. Univ.-Buchdr. v. J. H. Ed. Heitz, 1872. 8. 26 S.

— provisorisches, des Versorgungsinstituts f. Zivilbedienstete der k. u. k. Heeresverwaltung. (III, 17 S.) Lex. 8. Ebd. 907. — 50

Statut der ger. und vollk. St. Johannis-Loge Pythagoras zu den 3 Höhen im Or. zu Liegnitz. [Dat. v. 2. Nov. 1886. Nebst] Nachtr. Haynau [1887]: Raupbach. 19 S. 8⁰
Nachtr. 1 Bl. [1900.]

[F.] **Statut** *der Queck-Stiftung für Schüler des Königlichen Gymnasiums in Dramburg.* Dramburg, Druck v. W. Schade & C., 1894; 33—34 S. 4.
Dramburg, k. G, P 1894 (134)

Statut für das Realgymnasium in Mannheim. 4 (S. 7—11 der Schuln.). **Progr.** Rg. *Mannheim* 1889 (591).

Statut der Reallehrer-, Witwen- u. Waisenkasse in Siegen. --Siegen, Progr. 1870.

Statut der in der Stadt Altona zu gründenden Realschule. Altona. 1871. 8⁰

Statut der Realschulen im Ressort des Ministeriums. St. Petersburg 1872

Statut betreffend Regelung der Wahlen zur Handelskammer Graudenz für die Kreise Graudenz Stadt, Graudenz Land, Marienwerder, Rosenberg, Stuhm, Schwetz, Tuchel, Konitz, Schlochau, Flatow u. Dt.-Krone. Graudenz 1905: G. Röthe. (2 Bl.) 8⁰ [F.] [illegible] 10

Statut und Reglement für den Knappschafts-Verein der Bergarbeiter des Reviers Mülheim auf den in der Herrschaft Broich und im Kirchspiel Mülheim belegenen Bergwerken im Bezirke des Königlichen Bergamts zu Essen-Ruhr. Essen-Ruhr, [1858]. 48 S.

Statut der Reichsbank. Vom 21. Mai 1875. Vertrag zwischen Preußen u. dem deutschen Reiche üb. die Abtretg der preuß. Bank an das deutsche Reich. Vom 17/18. Mai 1875. gr. 8. (27 S.) Berlin 875. v. Decker. — 40

— dasselbe. Lex.-8. (28 S.) Berlin 875. C. Heymann's Verl. n. — 60

Statut der Gesellschaft '**Ressource**' zu Soest. *Soest 1896: Rochol.* (24 S.) 8⁰ [F.]
[Umschlagt.:] Statut u. Reglement d. Ges. ... [illegible]

Statut des Baur'schen Rettungshauses für sittlich verwahrloste Knaben. Altona. (1870.) 8⁰

Entwurf. **Statut** für die Aktien-Gesellschaft Logenhaus Reutlingen. [Reutlingen 1892]: Bofinger. 10 S. 8⁰ [Umschlagtit.]

Revidirtes **Statut** des Vereins Arbeiterbund zu Neumünster. Bordesholm. 1892. 8⁰

Revidirtes Statut der Belohnungs- und Unterstützungs-Anstalt für das Gesinde zu Berlin. Berlin: Sittenfeld 1864.

—— revidirtes, des Hebbedsdorfer Darlehnskassen-Vereins, [eingetragene Genossenschaft]. gr. 8. (15 S.) Neuwied 868, Strüder. — 30

Revidirtes **Statut** der Altona-Kieler Eisenbahn-Gesellschaft. Altona. 1877. 4⁰.

Revidirtes **Statut** der Fischer-Wittwencasse in Eckernförde. Eckernförde. 1888. 8⁰

Revidirtes Statut der Freimaurerloge zum Frankfurter Adler. Beglaubigte Abschrift. Frankfurt a. M. 1896: Kazen. 10 S. 8⁰ [Umschlagtit.]

Revidiertes **Statut** des Eckernförder Gesangvereins. Eckernförde. 1887. 8⁰

Beil. zu der Tagesordnung für den am 16. Mai 1880 in Berlin abzuhaltenden Grosslogentag. Revidirtes **Statut** des deutschen Grosslogen-Bundes. [Dresden 1880: Heinrich.] 15 S. 8⁰ [Kopftit.] (Beil. z. MittS. 127.)
Entwurf mit Abänderungsvorschlägen der Gr. LL. von Sachsen. Darin: Rev. Geschäftsordnung für den Grlogentag u. Entwurf zu der Bundesverfassung der vereinigten 8 deutschen Grlogen.

Revidiertes Statut der Hansa-Schule in Bergedorf. 4 (S. 93—95 der Schuln.). **Progr.** Hansasch. *Bergedorf* 1889 (687).

Revidirtes Statut der Freimaurerloge Carl zum Lindenberg zu Frankfurt a. M. vom 30. Juli 1892. [Frankfurt a. M. 1892: Weisbrod.] 10 S. 8⁰ [Umschlagtit.]

Revidirtes **Statut** der Korporation der Kaufmannschaft zu Danzig. ⟨Abgedr. im 'Amtsblatt d. Kgl. Regierung zu Danzig' 1894, No 4.⟩ *(Danzig 1893: A. W. Kafemann.)* (21 S.) 8⁰ [F.] [illegible] 10

Revidirtes **Statut** der Krankenkasse der Segelmacher für Altona und Hamburg, genannt 'Harmonie' ⟨E. H. Nr. 40⟩. *Altona [1901]: H. W. Köbner.* (16 S.) 8⁰ [F.] [illegible]

Revidiertes **Statut** des Allgemeinen Deutschen Musiker-Verbandes gemäß den Beschlüssen der 18. Delegirten-Versammlung vom 19., 20., 21. u. 22. Juli 1899 in Hamburg. Berlin 1899: (W. Röwer). (22 S.) 8⁰ [F.]
= [**Musiker-Zeitung**, Deutsche. 1899, No 52, Beilage.] [illegible]

Statut, revidirtes, der Pensions- und Wittwen Casse der Magdeburg-Cöthen-Halle-Leipziger Eisenbahngesellschaft. 1854.

Revidiertes **Statut** der Saß-Stiftung in Altona. Altona. (1883.) 8⁰

Revidirtes **Statut** der Schiffergilde am Kieler Hafen. Kiel. 1870. 8⁰

Halberstadt: **Revidirtes Statut** für die bei der Freimaurer-Loge zu den drei Hammern in Halberstadt errichtete Sterbe-, Wittwen- und Waisen-Casse. Halberstadt [1837]: Dölle. 14 S. 8⁰ [Umschlagtit.]

[Dasselbe.] Ebendas. [1852]. 14 S. 8⁰

Revidirtes **Statut** der Guido Graf Henckel-Donnersmarck'schen Sterbe-Kasse zu Neudeck. *Beuthen O. S. (1900): R. Feist.* (11 S.) 8⁰ [F.] [illegible] 2

Hirschberg i. Schl.: Revidirtes **Statut** des am 20sten Aug. 1861 gestifteten Sterbe Kassen-Vereins der Loge zur heissen Quelle zu Hirschberg. Hirschberg [1867]: Krahn. 4 Bl. 8⁰ [Umschlagtit.]

Revidirtes **Statut** des bei der St. Johannis-Loge zu den drei goldenen Schlüsseln in Berlin gegründeten Stipendien-Fonds. [Nebst] Nachtr. [Berlin 1880:] Denter & Nicolas. 7 S. 8⁰ [Umschlagtit.]
Nachtr. Logenbeschluss vom 6. März 1883. 1 Bl.

Revidiertes Statut des bayer. Vereines zur Pflege u. Unterstützung im Felde verwundeter u. erkrankter Krieger. München 1868. 16 S.

Revidirtes Statut des Vereins nassauischer Land- und Forstwirthe im Regierungs-Bezirk Wiesbaden. - Wiesbaden 1868. 15 S.

Revidirtes **Statut** des Vereins Neurossgärter Vereinshaus zu Königsberg i. Pr. *(Königsberg) 1893: E. Erlatis.* (4 Bl.) 8° [F.] (03. 15103 10

Revidirtes **Statut** über die Vertheilung der Einkünfte der Scharff v. Werth'schen Familienstiftung (v. 29. Dez. 1880). [Nebst] Zusatzbestimmungen. *(Königsberg i. Pr. 1880–1903: E. J. Dalkowski.)* 2 Bde 8° [Kopft. F.] (03. 13049 10

R e v i d i r t e s **Statut** für die Verwaltung der öffentlichen Brandversicherungs-Anstalt der Provinz Schleswig-Holstein. [1884.] 4⁰

R e v i d i r t e s **Statut** für die Verwaltung der Brandversicherungsanstalt der Provinz Schleswig-Holstein, (vom 10. November 1884, publicirt im Amtsblatt pro 1884, Stück 63). Kiel 1885. 8⁰

Revidirtes **Statut** des Viehzucht-Vereins für die Holsteinische Elbmarsch. Glückstadt. (1890.) 8⁰.

Revidiertes Statut des Vorschuß-Vereins zu Marburg, e. G. m. u. H. *Marburg 1903: H. Bauer.* (32 S.) 8° (03. 9867 4

Revidirtes **Statut** der Wittwen- und Waisenkasse für die Volksschullehrer in Holstein. Schleswig. (1874.) 8⁰ [Umschlagt.]

R e v i d i r t e s **Statut** für die von der Freimaurer-Loge Vorwärts in Gladbach errichtete Wittwen- & Waisenstiftung ..., s. S t a t u t e n für die Wittwen- & Waisenstiftung ...

°Revidiertes **Statut** für den Wohlthätigkeits-Fond der St. J. Loge Carl z[u] d[en] 3 Adlern, O. Erfurt. Genehmigt unterm 16. Nov. 1864 und 7. Dec. 1864. Erfurt: Conrad 1880.

Statut für das Polytechnikum Riga. 1879.

Statut des Rindvieh-Versicherungs-Vereins in Altersbach. *Steinbach-Hallenberg (1903): G. Vogt.* (12 S.) 8° [F.] (04. 3333 4

Statut für das evangelische Säcular-Stipendium der Stadt Berlin. Berlin 1850.

Statut des Halle'schen Salinen-Knappschaftsvereins. Halle 1874

Annaberg: **Statut** für die ger. und vollk. St. Joh. Loge zum treuen Bruderherzen zu Annaberg. Ehrenfriedersdorf 1862: Löscke. 30 S. 8⁰

Statut der Invaliditäts- und Altersversicherungs-Anstalt Schleswig-Holstein vom 31. October/8. December 1890. Kiel. 1890. 8⁰. (in 4⁰ gebunden). Nebst
Nachtrag 1 vom 16. August/22. November 1892 und
Nachtrag 2 vom 27. Juni/31. Oktober 1895.

Statut der Schmidt-Stiftung. S. 21—23. 4.
Progr. Kgl. Gymn. u. verb. Vorschule *Duisburg* 1905 (516).

Statut der Schule für Kunstweberei in Scherrebek. Eingetragene Genossenschaft mit beschränkter Haftpflicht in Scherrebek. Tondern. (1896.) 8⁰

Statut der Schuhmacher-Innung (Zwangs-Innung) zu Altona. *(Altona) 1899: H. W. Köbner & Co.* (24 S.) 8° [F.] (00. 19758

Statut der Schumacher-Stiftung [in Goslar] vom 30. Nov. 1907, genehmigt vom Bundes-Direktorium am 11. Dez. 1907.

Statut über den Schutz der verlassenen Kinder. ⟨Vollzugsverordnung zu d. Gesetzartikel VIII u. XXI v. J. 1901.⟩ Dat. 24. Juni 1903. (Pest 1903: Könyvnyomda-részvény-társaság.) (34 S.) 4° [Kopft.] (06. 1404 3

[F.] **Statut** der Schützengilde zu Rathenow. *Rathenow: Dr. v. M. Babenzien 1893.* (24 S.) 1 Bd 8. (98 9410 Ki

Statut der Schützengilde zu Schöneck. Pr. Stargardt, 1859. Neudruck mit Änderungen und Ergänzungen von 1878—1891. 2481

Statut des Schutzverbandes der Turnvereine von Gera und Umgegend, gegr. 1878, v. 1. 12. 1880 (Hektogr.), 8 S., 8°.

Zerbst: **Statut** des Schwester-Helferinnen-Vereins, Filialanstalt der Loge Friedrich zur Beständigkeit in Zerbst. [Zerbst 1870: Zeidler.] 6 S. 8⁰ [Umschlagtit.]

Statut des Schwestern-Vereins der Loge „Vorwärts" zu M.-Gladbach-Rheydt. Gestiftet am 24. Sept. 1878. Wesel [1878]: Kühler. 7 S. 8⁰ [Umschlagtit.]

Statut der Seligo-Stiftung zu Posen. Posen 1878: Merzbach. 4 S. 8⁰ [Umschlagtit.]

Statut für das pädagogische Seminar der Universität Halle-Wittenberg [Am Ende:] Berlin, d. 16. Sept. 1882. Der Minister der geistlichen, Unterrichts- und Medicinal-Angelegenheiten. I. V.: Lucanus. (Halle a./S.) o. J.: Hendel. 4 S. 8⁰ [Kopft.]
Auch abgedr. in: Centrablatt f. d. ges. Unterrichts-Verwaltung in Preussen. 1882. S. 615—18.

Statut für die städtische Sicherheitswache in Klgft. Klgft., Leon, 1862. 64 S.

Statut für die Königlich Preußische Kreisstadt Sorau. Sorau: Rauert 1837.

Statut der Sparcassa in . . . . Fol. (17 S.) Geh. —.20
Wien: Hof- u. Staatsdr. 1897.

Statut der Spar- und Leihkasse der Stadt Schleswig. (Schleswig. 1895.) 8°

Statut der Plöner Städtischen Spar- und Leihkasse. Plön. 1900. 8°

Statut der städtischen Sparcasse in Klgft. Klgft., ?, 1896. 14 S. (V. auch: Statuten.)

Statut für das Spar- u. Vorschuss-Consortium des 1. allgem. Beamten-Vereines der österr.-ungar. Monarchie in Klgft. Klgft., Bertschinger & Heyn, 1881. 16 S.

Statut des Altonaer Spar- und Bauvereins. Eingetr. Genoss. m. beschr. Haftpflicht. *[Altona] 1899: H. W. Köbner & Co.* (15 S.) 8° [F.] 00. 19756

Statut des Altonaer Spar- und Bauvereins. Eingetr. Genossensch. mit beschr. Haftpflicht. [Altona] 1903: H. W. Köbner & Co. (15 S.) 8° [F.] 07. 17438

— der Speditions-, Speicherei- u Kellerei-Berufsgenossenschaft. Berlin 1889

Statut über den Stand und die Bezüge der Lehrerstellen am ev. Gymnasium A. B. und der Realschule in Hermannstadt. 4 (S. 78—79).
Ev. G. A. B. u. verb. Rsch. sowie ev. Elementarsch. A. B. *Hermannstadt* 1898.
Progr.

— der Steinbruchs-Berufsgenossenschaft. Berlin 1885

Bromberg: **Statut** der Sterbekasse der Loge Janus in Bromberg. [Bromberg 1865: Fischer.] 4 S. 4° [Kopftit.]
Tt. 1269.

Insterburg: **Statut** der Sterbe-Kasse in der Loge „Zum Preussischen Adler", Or. Insterburg. Darkehmen [Dat.] 1867: Siltmann. 4 Bl. 8° [Umschlagtit.]

Statut der Sterbe-Kasse der Loge zur heissen Quelle im Or. Hirschberg. [Hirschberg 1896]: Iko. 10 S. 8° [Umschlagtit.]

Statut für die Sterbekasse der Loge zum wiedererbauten Tempel der Bruderliebe zu Worms. [Worms 1871: Boeninger.] 2 Bl. 8° [Kopftit.]
Abgedr. in: Hausgesetz d. Loge z. w. Tempel, Worms. 1874 S. 11—14.
Tt. 1276.

Quedlinburg: **Statut** der Sterbe- und Wittwen-Casse bei der Loge zur goldenen Waage in Quedlinburg. Quedlinburg [1851]: Franke. 8 S. 8° [Umschlagtit.]

Elbing: **Statut** des unter den Brüdern der Loge Constantia zur gekrönten Eintracht zu Elbing errichteten Sterbe-Kassen-Vereins. Elbing 1886: Gaartz. 7 S. 8° [Umschlagtit.]

Bonn: **Statut** für den von der Freimaurer-Loge Friedrich Wilhelm zum eisernen Kreuz in Bonn gegründeten Sterbekassen-Verein. Bonn [1869]: Georgi. 6 S. 8° [Umschlagtit.]

Statut des Sterbekassen-Vereins der Joh.-Freimaurerloge „Zum Tempel der Eintracht" im Or. Posen. Errichtet am 11. Mai 1822. Erneuert und erg. am 26. Febr. 1831, 20. Febr. 1839, 5. April 1845, 28. Sept. 1859, 4. Juni 1875 und 31. Okt. 1900. Posen 1901: Neumeyer. 12 S. 8°

Statut des Sterbe-Kassen-Vereins der Johannis-Loge zum Tempel der Eintracht im Or. zu Posen. Beschlossen am 11. Mai 1822. Erneuert und erg. am 26. Febr. 1831, 20. Febr. 1839, 5. April 1845, 28. Sept. 1859 und 4. Juni 1875. Posen 1875: Neumeyer. 10 S. 8° [Umschlagtit.]

Stendal: **Statut** des Sterbecassen-Vereins der Loge zur goldenen Krone im Or. Stendal. [Stendal 1869.] 2 Bl. 8° [Kopftit.]

(F) **Statut** der landesfürstlichen Stadt Steyr. 8°. (35 S.)
Linz: Feichtinger 1904. * geb. K —.60

Statut für eine Stiftung zum Andenken an die am 5. Nov. 1853 durch unsern Allerdurchlauchtigsten Protektor vollzogene Aufnahme des Durchlauchtigsten stellvertretenden Protektors Kronprinzen des Deutschen Reiches und von Preussen Friedrich Wilhelm Kaiserliche und Königliche Hoheit als Freimaurer. Berlin 1879: Fickert. 6 S. 8° [Umschlagtit.]
Statut der Kronprinz Friedrich Wilhelm-Stiftung.

Die altpreuss. Grosslogen: **Statut** für eine Stiftung zum Andenken an das Jubelfest der fünfundzwanzigjährigen Ehe des Durchlauchtigsten Protektors, des Prinzen [Wilhelm] von Preussen und Seiner Durchlauchtigsten Gemahlin Maria Luise Auguste Katharina, geb. Prinzessin von Sachsen-Weimar, Königliche Hoheiten. (Als Ms. gedruckt.) Bielefeld 1854: Küster Wwe. 6 S. 8⁰ [Umschlagtit.]
Entwurf.

[Dasselbe.] Berlin 1855: Sittenfeld 8 S. 8⁰
Endgült. Fassung.

[Dasselbe] [Nebst Nachtr. aus d. J. 1879.] Berlin 1879: Büxenstein. 8 S. 8⁰
Statut der Augustenstiftung der preuss. **Frmrlogen.**

[F.] **Statut** über die Klander'sche Stiftung. Ploen, S. W. Hirt's Buchdr., 1895; 24—28 S. 4.
Ploen, k. G, OP 1895 (287)

Landeshut: **Statut** der Loge'schen Stiftung zur Unterstützung nachgelassener und bedürftiger Wittwen und Waisen verstorbener Brüder Freimaurer und vorzüglich von Mitgliedern der g. u. v. St. Joh.-Loge zum innigen Verein am Riesengebirge im O. Landeshut. Mit Genehmigung der hochw. Provinzial Gr.-Loge von Schlesien [in Breslau]. Landeshut [1842]: Lips. 16 S. 8⁰ [Umschlagtit.]

Statut für die Ludw. Hirt'sche Stiftung. [Breslau 1893: Grass, Barth & Co.] 2 Bl. 8⁰ [Kopftit.]

Statut der von Rohr'schen Stiftung. Berlin 1869.

Statut der von dem Grafen Leopold von Sedlnitzky unter dem Namen „Johanneum" errichteten Stiftung für Studirende der evangelischen Theologie in Breslau (vom 19. December 1872). [(Breslau) 1873.] (2 Bl.) 2⁰ [Kopft., F.]

Statut der Sorof'schen Stiftung. 4 (S. 16—17).
Progr. Kgl. G. *Köslin* 1899

Statut der [Karl Gottfr. Theod.] Winkler'schen Stiftung. [Dresden 1851: Ramming.] 8 S. 8⁰ [Kopftit.]

Statut für den Stipendien-Fonds der Loge „Zur Gekrönten Schlange" in Görlitz. Görlitz 1882: Gretsel. 2 Bl. 8⁰ [Umschlagtit.]

Statut der Deusner-Hasselbach'schen Stipendien-Stiftung (für Studirende an der Technischen Hochschule zu Aachen. Unterz.: Aachen am 28. 9. 1881. Die Testaments-Executoren; genehmigt 22. 11. 1881).

Statut der Stipendien-Stiftung für bedürftige Schüler des König Wilhelms-Gymnasiums zu Höxter. Höxter, Druck v. C. D. Flotho, 1897; S. 17. 4.
Höxter a. d. Weser, König Wilhelms-G, OP 1897 (368)

***Statut** der Stadtpfarrer-Kollarschen Stipendienstiftung am Königl. kathol. Gymnasium zu Leobschütz.* Leobschütz, Druck v. J. Gomolka, *1897;* S. 21. 4.
Leobschütz, k. kath. G, OP 1897 (200)

Statut des Hofmann-Rathslebenschen Stipendiums am Realgymnasium zu Borna. 4 (S. 28 der Schuln.).
Progr. Städt. Rg. *Borna* 1898

Statut für die C. A. Schwarz'sche Stipendiumstiftung (vom 24. Jan. 1884). (Berlin o. J.) (4 S.) 4⁰ [Kopft.] ¶ Wieder abgedr. bei Daude, Die Kgl. Friedrich-Wilhelms-Univ. zu Berlin 1887 S. 626-628.

Statut für die Universität Strassburg. Strassburg, Univ.-Buchdr. v. J. H. Ed. Heitz, 1875. 8. 27 S.

—— für die Synagogen-Gemeinde zu Frankfurt a. d. O. 4. (23 S.) Frankfurt a. d. O. 855, Trowitzsch und Sohn.

— für die Tabak-Berufsgenossenschaft. Berlin 1885

Statut für das Taubstummenheim zu Schleswig. Schleswig (1898): F. Johannsen. (9 S.) 8⁰ [F.] [illegible] 8

Statut und Tax-Grundsätze des Neuen Kreditvereins für die Provinz Posen. Posen 857. Merzbach. gr. 8. (28 S.) 6 ngr.

Statut der zum Freimaurerbunde der Gross□ zur Eintracht gehörigen Johannisloge Tempel der Freundschaft im Or. von Bingen. Kreuznach [1867]: Voigtländer. 16 S. 8⁰ [Umschlagtit.]

[Dasselbe.] Erneuert im Febr. 1876. Ebendas. 1876. 16 S. 8⁰
Tt. 1172.

— für die Textil-Berufsgenossenschaft von Elsass-Lothringen. Mulhausen 1885

— der Norddeutschen Textil-Berufsgenossenschaft. Berlin 1885

— der Rhein.-Westfälischen Textil-Berufsgenossenschaft. München-Gladbach (1885)

— für die Sächsische Textil-Berufsgenossenschaft. Leipzig (1885)

— der Schlesischen Textil-Berufsgenossenschaft. Breslau 1885

Statut des 'Königsberger Theater-Verein'. Gegr. am 1. Nov. 1902. *Königsberg i. Pr. (1903).* (17 S.) 8⁰ [Autogr.] [illegible] 10

Statut der Töpferei-Berufsgenossenschaft. Revid. A. v. 1.10.93. Berlin 1893

Statut für den Schleswig-Holsteinischen Turnbezirk v. Mai 1866, Kiel 1866, 4 S., 8⁰.

[F.] Statut des Königsberger Turn-Club nach den Beschlüssen d. Generalversammlg v. 5. Nov. 1879 (resp. v. 25. März 1891 u. 27. März 1895). *Königsberg: Ostpreuss. Zeitgs- u. Verlags-Dr. 1895.* (33 S.) 1 Bd 8. [56. 1961

Statut des Vereins Casseler Typographia. Gegründet am 22. Mai 1880. (Cassel 1899: H. Siebert.) (8 S.) 8°

Statut der Unfallkasse des Schmalkalde-Fulda-Gaues vom 7. 12. 1902, Schmalkalden 1902, 6 S., 8°.

Statut d. kaiserl. russ. Univers. v. 23. Aug. 1884. St. Petersb. 884.

Statut der Unterstützungs-Anstalt für nachgelassene Wittwen und Waisen verstorbener Brüder Mitglieder der drei Freimaurerlogen Augusta zum goldenen Zirkel zu Göttingen, zum Tempel der Freundschaft zu Heiligenstadt, und Pythagoras zu den drei Strömen zu Münden. Heiligenstadt [ca 1838]: Brunn. 12 S. 8° [Umschlagtit.]

[Dasselbe.] Ebendas. [1840]. 12 S. 8° [Umschlagtit.]

[N. Ausg. u. d. Tit.:]
Statut der Unterstützungs-Anstalt für nachgelassene Wittwen und Waisen verstorbener Brüder Mitglieder der vier Freimaurerlogen Augusta zum goldenen Zirkel zu Göttingen, zum Tempel der Freundschaft zu Heiligenstadt, Pythagoras zu den drei Strömen zu Münden, und zur Eintracht und Standhaftigkeit zu Kassel. Heiligenstadt 1867: Brunn. 14 S. 8° [Umschlagtit.]
Tt. 1272. Stiftung vom Fulda-Werra-Leinethal-Verband.

Statut des Unterstützungs-Fonds der Johannis-Loge zur Treue in Berlin. [Berlin 1873: Lindow.] 2 Bl. 8° [Kopftit.]

Statut der Unterstützungskasse für die Mitglieder des Arbeiter-Fortbildungs-Vereins zu Cassel bei deren Erwerbsunfähigkeit. Cassel 1904: Weber & Weidemeyer. (14 S.) 8° [F.] [05. 9666 4

—— der von den schlesischen Provinzial-Feuer-Societäten gegründeten Unterstützungs-Kasse für im Feuerlöschdienst verunglückte Feuerwehrmänner und deren Hinterbliebene. 8. (8 S.) Liegnitz 888, Gradenwitz. * — 10

Statut der Unterstützungs-Kasse der St. Johannis-Loge „Zur Verschwiegenheit" im Or. Berlin. Berlin 1868: Büxenstein. 7 S. 8° [Umschlagtit.]

***Torgau:* Statut der Unterstützungs-Kasse für Wittwen und Waisen der Loge Friedrich Wilhelm zu den drei Kränzen im Or. Torgau. [Torgau 1869: Tragmann.] 1 Bl. 8° [Kopftit.]**

***Pressburg:* Statut des Unterstützungsvereins der g. u. v. Johannis □ „Zur Verschwiegenheit" im Or. Pressburg. [Pressburg 1876.] 8 S. 8°**
Tt. 1280.

Statut des Unterstützungs-Vereins für Kinder verstorbener Justizbeamten, Rechtsanwälte und Notare im Bezirke des Oberlandesgerichts zu Kiel. Kiel 1901: Vollbehr & Riepen. (15 S.) 8° [F.] [03. 14813 8

Statut des Verbandes Ostpreußischer Aerzte. *[Königsberg i. Pr. 1896.]* (1 Bl.) 4° [Kopft.] [04. 7063 10

Statut des Verbandes der Deutschen Buchdrucker. Beschlossen in d. Generalversammlung zu Mainz 1899. Neustadt i. Meckl. (1899): Bettenworth & Hamburg. (15 S.) 8°

Statut des Verbandes der Genossenschaften. Musterstatut für Verbände von Gewerbegenossenschaften. Folio. (11 S.) —.10
Wien: Hof- u. Staatsdr. 1898.

Statut des Verbandes deutscher ärztl. Heilanstaltsbesitzer u. -Leiter. (4 S.) gr. 8. Berlin 901. Halle, C. Marhold. n. — 20

Statut d. Verbandes d. genossenschaftl. Molkereien d. Grossherzogtums. Luxemburg 1910. 16 S. P.

Statut des Vereins für Beamtenwohnungen zu Dresden, eingetragene Genossenschaft. Dresden 1873.

STATUT für den Verein zur Beförderung des Gewerbefleisses. Nebst der Rede Beuths, gehalten bei der Eröffnung des Vereins am 16. Januar 1821. Berlin. Leonhard Simion Nf., Buchdruckerei. 4°.

Statut des Vereins von 1830 zur Bespeisung der Dürftigen und Armen Altona's. o. O. (1881) 8° [Kopft.]

Statut des Vereins gegen Bettelei in Kiel (mit Beilage. Kiel. 1880.) 8°.

Statut des Vereines der Buchdrucker Kärntens. Klgft., St. Josefs-Druck., 1895. 26 S. — Klgft., v. Kleinmayr, 1910. 46 S. (V. auch: Statuten.)

⊙ Statut (Statuten) des Vereins zur Förderung des St. Nicolai-Kirchenchors zu Kiel. Kiel. 1872. 1873. 1879. 8°

***Sommerfeld:* Statut des freimaurerischen Vereins „Zum Aufgehenden Lichte" in Sommerfeld. [Dat.:] Sommerfeld 1905. 1 Bl. 8° [Kopftit.]**

Statut für den Verein deutscher Ingenieure nebst Ausführungsbestimmungen. Berlin 1892

Statut des Vereins Schleswig-Holsteinischer Kampfgenossen in Kiel. Kiel. 1864. 8°

Statut des V e r e i n s für Kinderheilstätten an den deutschen Seeküsten. Gegründet: 5. April 1881. [Berlin 1883.] 8⁰

Statut des Vereins für das Museum schlesischer Altertümer. Breslau 1894: R. Galle. (8 S.) 8° [F.] [04. 10466

Statut des Preuß. Vereins zur Pflege im Felde verwundeter und erkrankter Krieger. Berlin 1870. 8°.

STATUT des Thüringisch-Sächsischen Vereins für Erforschung des vaterländischen Altertums und Erhaltung seiner Denkmale (Thüringisch-Sächsischer Geschichts-Verein). Halle a. S. 1911. (o. Dr.) 8°.

Statut des Vereins zur Unterstützung hülfsbedürftiger Kinder verstorbener Justiz-Beamten im Bezirk des Königlichen Appellationsgerichts Kiel. Kiel. 1871. 8⁰
—— ebd. 1878. 8⁰

Vaterländischer Verein zur Rettung Schiffbrüchiger, Statut des —. Berlin 1870.

Statut des Volkswirthschaftlichen Vereins des Kreises Ploen. (Ploen.) o. J. 8⁰ [Kopft.]

Statut der Berliner Vereinigung der BBr. Mitglieder der ☐ Ferdinande Caroline zu Hamburg. Berlin [1888]: Denter & Nicolas. 7 S. 8⁰ [Umschlagtit.]

Statut der freien Vereinigung der fünf unabhängigen Logen in Deutschland. Leipzig 1883. V: *Carus, Julius Viktor.* (wolfstieg II, 48)

Statut der den Namen Freimaurer-Loge „Zur Freundschaft" führenden Vereinigung zu Cassel. Cassel 1896: Weber & Weidemeyer. 12 S. 8⁰ [Umschlagtit.]

Sagan: **Statut** für die gesellige Vereinigung bei der Loge Victoria vom Fels zum Meer in Sagan. Sorau 1867: Dynse. 4 Bl. 8⁰ [Umschlagtit.]

Statut für das Vereinswetturnen der Turnvereine des unteren Neckargaues XI, Schwaben (Autogr.), 8°.

Auszug aus dem **Statut**, betr. die V e r p f l i c h t u n g zum Feuerwehrdienst für die Gemeinde Niederrodenbach vom 30. Okt. 1895. *o. O. (1896).* (2 Bl.) 8° [Kopft. F.] [04. 157 4

Statut des Altona-Ottensener Verschönerungs-Vereins. (Altona.) o. J. 8⁰ [Kopft.]

Statut des Verschönerungs-Vereins der Stadt Ploen. Ploen. 1896. 8⁰

Statut der V e r s o r g u n g s k a s s e für unverheirathete Beamtentöchter und der Unterstützungskasse für idiotische, epileptische und nicht vollsinnige Kinder in der Provinz Schleswig-Holstein mit Ausnahme des Kreises Herzogthum Lauenburg vom 19. Januar/18. März 1889. Schleswig 1889.
Nebst:
Nachtrag zu dem „Statut der Versorgungskasse für unverheirathete Beamtentöchter in der Provinz Schleswig-Holstein vom 19. Januar/18. März 1889" vom 3. Dezember 1894/13. Februar 1895. Ebd. 1895. 8⁰

Statut der Versorgungskasse für unverheiratete Töchter von unmittelbaren und mittelbaren Staatsbeamten in der Provinz Schleswig-Holstein und der Unterstützungskasse für idiotische, epileptische und nicht vollsinnige Kinder in der Provinz Schleswig-Holstein mit Ausnahme des Kreises Herzogtum Lauenburg (vom 6. Juli 1903). (Kiel. 1903.) 8⁰

[Statut der] Vertrauens-Commission und Verlassenschaftspflege der St. Johs.-Loge Boanerges zur Bruderliebe 1886 [Hamburg 1886: J. H. Meyer.] 2 Bl. 8⁰ [Umschlagtit.]

Statut für die ständige Vertretung der Studierenden der Kgl. Tierärztlichen Hochschule zu Berlin. Berlin [1906]. 10 S.

[F.] **Statut** für die Verwaltung des Stipendienfonds am Progymnasium zu Kempen, festgestellt in Abänderg d. bisherigen Statuts v. 30. Sept. 1885. Kempen, gedr. in P. Amulongs Buchdr., *1895;* 22—23 S. 4.
Kempen (Posen), st. PG, OP 1895 (158)

Statut über V e r w a l t u n g und Verwendung des gemeinschaftlichen Fonds der Schleswig-Holsteinischen adeligen Güter und Klöster. [Kiel 1841.] 2⁰

Grossherzogl. Technische Hochschule zu Darmstadt. **Statut** für die Verwendung der Promotionsgebühren und die Verwaltung der Gebührenkasse (v. 9.12.1904).

Victoria-Stiftung in Dahme: **Statut** der zum Andenken an die am 25. Jan. 1883 stattgehabte silberne Hochzeit Ihrer K. K. Hoheiten des Kronprinzen und der Frau Kronprinzessin des Deutschen Reiches und von Preussen begründeten Victoria-Stiftung. Berlin 1885: Büxenstein. 8 S. 8⁰ [Umschlagtit.]

[Dasselbe.] Ebendas. 1895. 10 S. 8⁰

Statut des Mittelholsteinischen Viehzucht-Vereins zu Neumünster. Gegründet am 17. Jan. 1879. Neumünster. 1885. 8⁰

Statut des 5. Volks-Vereins. 13. August 1849. Druck von C. Striese. 1 Bl. Fol.
Flugblatt. Berlin, 13. Aug. 1849.

Statut des Ostpreussischen V o r s c h u s s - V e r e i n s zu Königsberg i. Pr., E. G. m. u. H. *([Königsberg i. Pr.] 1901.)* (23 S.) 8° [F.] [03. 10

[F.] **Statut** für die Walter-Ernst-Stiftung des Falk-Realgymnasiums. Berlin, Druck v. C. H. Müller, 1897; 24—25 S. 4.
Berlin, Falk-RG, P 1897 (94)

Statut für das neue Wasserwerk der Stadt Kiel. [Kiel 1880.] 8°

Statut der Weihnachts-Stiftung der Loge zur goldenen Harfe im Or. Marienwerder. Marienwerder 1902: Kanter. 8 S. 8° [Umschlagtit.]

Glogau: **Statut** der Wilhelminen-Stiftung. [Glogau 1859.] 8 S. 8° [Kopftit.]

Statut der Wilhelmsbahn-Gesellschaft. Nachtrag. Ratibor 1847.

Dinklage. Statut ... üb. die landwirtschaftliche Winterschule zu ... 1894(?). (11) S. (Autogr.). 4°.

Oldenburg. Statut üb. die landwirtschaftliche Winterschule zu Oldenburg. 1907. 11 S. (Maskinskrevet). 4°.

Wirthschaftsverband der Beamten zu Königsberg i. Pr. E. G. m. b. H. (**Statut.** ⟨Abgeänd. durch Beschluß d. Generalversamml. v. 2. Okt. 1903.⟩) *Königsberg i. Pr. 1903: Gutenberg-Dr.* (28 S.) 8° [F.] [04. 3383] 10

Waren: **Statut** der Wittwen- und Waisenkasse der Loge „Friedrich Franz zur Wahrheit" in Waren. Malchin [1883]: Hesse. 1 Bl. 8° [Kopftit.]

Statut der Wittwen- und Waisen-Kasse der Loge Horus [in Breslau]. [Breslau 1872: Bremer & Minuth.] 8 S. 8°. [Kopftit.]

Nachtrag zum Statut ... [Breslau 1880: Korn]. 1 Bl. 8°. [Kopftit.]

– Frühere Ausg. u. d. Tit.: Statuten ...

Statut der Wittwen- und Waisenkasse der Johannis-Loge zur gekrönten Schlange in Görlitz. Görlitz 1876: [Gretsel]. 7 S. 8°
Mit geschichtlichem Vorw.

Statut der Wittwen- und Waisenkasse der Volksschullehrer in Schleswig. Schleswig. (1871.) 8°

Erfurt: **Statut** des Witwen-Kassen-Instituts der St. Johannis-Freimaurer-Loge Carl zu den drei Adlern in Erfurt. Erfurt 1850: Ohlenroth. 8 S. 8° [Umschlagtit.]

Statut des Wittwencassen-Vereins der St. Johannis-Loge zur goldenen Krone im Or. Stendal. [Stendal 1869.] 2 Bl. 8° [Kopftit.]

Merseburg: **Statut** der Witwen- und Waisen-Stiftung, gegründet von der Loge zum goldenen Kreuz in Merseburg. [Dat.:] Merseburg 1845. 7 S. 8° [Umschlagtit.]
Abgedr. in: FZ. 3 (1849) S. 287—288.

Dahme: **Statut** der Wittwen- und Waisenstiftung und der damit verbundenen Verlassenschaftspflege der Loge Licht, Liebe, Leben im Or. Dahme. Dahme [1891]: Hilscher. 11 S. 8°

Statut der Wittwen- und Waisen-Unterstützungs-Casse der Loge Carl zum Felsen. Genehmigt in der oecon. □ am 13. Oct. 1882. Ottensen 1882: Adolff. 2 Bl. 8° [Umschlagtit.]

[N. Ausg. u. d. Tit.:]
Statut der Wittwen- und Waisen-Unterstützungs-Kasse der Johannis-Loge „Carl zum Felsen" in Altona. [Altona-Ottensen 1894]: Adolff. 5 S. 8°
[1.] in: Hausgesetz d. Joh.-Loge „Carl z. Felsen" in Altona. 1894.

Hildesheim: **Statut** über die von der Loge Pforte zur Ewigkeit in Hildesheim etablirte Wittwen- und Waisen-Unterstützungs-Societät. [Dat.:] Hildesheim 1822. 12 S. 4° [Kopftit.]

Statut für den Wohlthätigkeits-Fond der St. J. Loge Carl z. d. 3 Adlern, O. Erfurt. Genehmigt unterm 16. Nov. 1864 und 7. Dec. 1864. Erfurt [1864]: Ohlenroth. 4 Bl. 8° [Umschlagtit.]

Statut des Wohlthätigkeits-Fonds der Loge Sokrates zur Standhaftigkeit in Frankfurt a. M. 1834. [Frankfurt a. M. 1834.] 14 S. 8° [Umschlagtit.]
Kl. 663.

Steglitz: **Statut** der [Friedr. Wilh.] Wölker-Stiftung [der Loge] Bruderbund am Fichtenberg, Steglitz. Berlin 1890: Hönig. 7 S. 8° [Umschlagtit.]

Statut für die am Königl. Realgymnasium in Tarnowitz gegründete Wossidlo-Stiftung. Tarnowitz, Ch. Reimann's Buchdr., 1896; S. 22. 4.
Tarnowitz, k. RG, P 1896 (225)

Statut der Central-Genossenschaftsbank für Ost- und Westpreussen zu Königsberg i. Pr., e. G. m. b. H. *Königsberg in Pr. 1896: R. Leupold.* (16 S.) 8° [F.] [03. 41] 10

STATUT der Genossenschaftlichen Central-Kasse des Bundes der Landwirthe, eingetragene Genossenschaft mit beschränkter Haftpflicht zu Berlin. Berlin (1896). Druck von Wilhelm Issleib. 8°.

Mittelst allerhöchsten Erlasses vom 21. Mai 1873 genehmigtes Statut der Central-Landschaft für die preußischen Staaten nebst Nachtragsbestimmungen u. Ausführungs-Instruktionen. Zsgest. bezw. beschlossen von der Central-Landschafts-Direktion für die preußischen Staaten. Berlin. 1889. 4°

Mittelst Allerhöchsten Erlasses vom 21. Mai 1873 genehmigtes Statut der Central-Landschaft für die Preußischen Staaten nebst Nachtragsbestimmungen und Ausführungs-Instruktionen. Berlin 1909.

Statut des Zentralverbandes deutscher Konsumvereine. Dresden 1903: P. Kluge. (11 S.) 8° [F.] [05. 10315

Statut des Central-Vereins zur Fürsorge für entlassene Strafgefangene und Korrigenden in der Provinz Schleswig-Holstein und dem Herzogthum Lauenburg. [Kiel 1876.] 8°

— für die Ziegelei-Berufsgenossenschaft. Berlin (1885)

— für die Zucker-Berufsgenossenschaft. Berlin (1885)

Statut der **Zwangs-Innung** für das **Böttcher-Handwerk** zu Altona. *Altona 1899: H. W. Kobner & Co.* (48 S.) 8° [F.] [00. 12759

tatut der **Zwangsinnung** der **Glaser** und Schreiner im Stadtkreis Hanau. *Hanau 1900: Waisenhaus.* (24 S.) 8° [01. 994 4

ut der **Zwangsinnung** der **Maler und Weißbinder** im Stadt- u. ındkreis Cassel. *Cassel (1899): W. Schlemming.* (31 S.) 8° [F.] [03. ... 4

Statut für die **Zwangsinnung** der **Schlosser** und Schmiede in dem Amtsgerichtsbezirk Steinbach-Hallenberg mit Ausnahme d. Orte Ober- u. Unterschönau. *(Steinbach-Hallenberg 1901: Steinbach-Hallenb. Anzeiger.)* (31 S.) 8° [F.] [03. ... 4

Statuta academiae Argentinensis, das ist: Die Gesetze und Ordnungen der alten Universität Straßburg um die Mitte des 17. Jahrh. Zum ersten Male mit einer Einleitung und erläut. Anmerkungen hrsg. von Jul. Rathgeber. gr. 8. (94 S.) Karlsruhe 876, Braun'sche Hofbuchh. *

Statuta u. Gerichts-Ordnung, der Statt Basel, Hiebevor durch vielfaltige Mandata u. Erkanntnussen an Tag gegeben, Nun aber auf Hoch-Obrigkeitl. Befehl zusammengetr., in gute Ordn. gebracht, verbess., verm. u. durch öffentl. Druck public gemacht. 1719. Neu abgedruckt, nebst e. Anh., enthalt. e. Samml. der v. 1719—1830 ergang. u. noch in Kraft besteh. die Gerichtsordn. betreff. Gesetze u. Verordnungen. (2 Abthln.) gr. 8. (29 B.) Basel 830, Schweighauser.

Statuta u. Gerichts-Ordnung, der Statt Basel, hiebevor durch vielfaltige Mandata u. Erkanntnussen an den Tag gegeben, nun aber auf Hoch-Obrigkeitl. Befehl zusammen getragen, in gute Ordnung gebracht, verb., verm. u. durch offentl. Druck public gemacht. 1719. Mit Inbegriff der neuen Proceßordnung vom J. 1848 u. zur Ergänzung der Gerichts-Ordnung dienender sonstiger Gesetze u. Verordnungen von 1719 bis 1849. gr. 8. (XVIII u. 496 S.) Basel 849, Bahnmaier. n. 1½ ℛ

Statuta, der Statt Basel, und Gerichts-Ordnung 1719. Neue A. Basel 1756. fol.

— vel Sodalis mariani et hominis christiani Breviarium. 18. Einsiedeln 842, Gebr. Benziger. ½ ℛ

— **confraternitatum et corporationum Ragusinarum** (ab aevo XIII—XVIII), ed. Kosta v. Vojnović, s.: Monumenta historico-juridica Slavorum meridionalium. VII.

— **Curlandica, seu jura et leges in usum nobilitatis Curlandicae et Semigallicae, de Ao. MDCXVII. Kurländ. Statuten, od. Rechte u. Gesetze f. d. Adel in d. Herzogth. Kurland u. Semgallen vom J. 1617. Uebersetzt von H. L. Birkel. 8. Mitau 804.**

Statuta domestica Regulae S. P. N. Augustini conformia in Canonia ad S. Flor. Lincii. 1854. Ex Academica Typographia Joannis Huemer Viduae. (14 S. 4.) geh.

—— des vormal. erzbischöfl. Domkapitels zu Trier, s. 8. Bd.: Dom.

Der kurfürstl. Residenzstadt Dresden Statuta u. Stadtrecht. *Dresden*, Harpeter. 785. 4. (12 Gr.)

Statuta maioris ecclesiae Fuldensis, hrsg. v. Greg. Richter, s.: **Quellen u. Abhandlungen zur Geschichte der Abtei u. der Diözese Fulda. I.**

Statuta ecclesiae collegiatae ad B. V. Mariam in coelos assumtam et S. S. apostolos Petrum et Paulum, quae est Badenae in Marchionatu Typis data Rastadii, in typographia Joannis Jacobi Sprinsingli 1800. Rastatt, P 1800

Sanctae Metropolitanae Coloniensis ecclesiae **Statuta** provincialia ab anno Christi 1225 usque ad annum 1536, a diversis archiepiscopis ed. et in conciliis provincialibus recepta. o. O. u. J.

—— des deutschen Erzieherinnen-Heims in Wien. gr. 8. (8 S.) Wien 890. (Lpz., Literar. Anstalt.) — 10

Statuta Eschenwegensia. Marburgi [1854]. H: *Roestell, Frdr. Wilh.* (Tübz 4, 27)

Statuta facultatis jureconsultorum Vitebergensium a. 1508 p. C. n. composita e codice manu scripto ed. brevemque de conceptione eorum ac publicatione dissertationem praemisit etc. Jonnes Geo. Thdr. Alb. Ant. Muther. gr. 8. (XVIII und 22 S.) Leipzig 859, Hirzel. *

Statuta d. Stadt Freyberg m. Anmerk. u. Beweisurkunden, ein v. Klotzsch hinterl. Manuscr. herausg. v. J. Ch. F. Gerlach. 4. Freyberg, Craz u. G. 805.

Statuta de academicis gradibus obtinendis. Facultas theologica in Universitate Friburgensi apud Helvetios. Friburgi Helvetiorum 1898. 14 p. 8°.

STATUTA und Verordnungen, Die auf vielfältig angekommene Klagen und Beschwerden von der Versammlung zu Neuhäusel in Hinter-Pommern ergangene (sic!). O. O. u. J. (c. 1785?). 8°.
Hierher gehörige Satyre? — Haydinger's Bibl. I. 2. (Wien 1876); Nr. 731, Beibd.

Statuta nec non liber promotionum philosophorum ordinis in universitate studiorum Jagellonica ab a. 1402 ad a. 1849. Edidit Jos. Muczkowski. 8maj. (19, CCXL und 562 S.) Cracoviae 849, (Friedlein.) **

Statuta lingua croatica conscripta, s. Monumenta historico-juridica Slavorum meridionalium.

Der kais. freyen Reichsstadt Lübeck Statuta, Stadtrechte u. Ordnn., sammt d. Hanse-Städte Schiffsordn. u. Seerecht. *Lübeck.* 728. 4.

Statuta, Der sächsischen Nation in Siebenbürgen, oder Eigen-Landrecht. Leipzig 1744. H: *Reissner, Joh.* (Bücher Kat. Lántos 9—10/791) (biblport)

Statuta, der Sächsischen Nation in Siebenbürgen, oder: Eigen Land-Recht. 4. Hermannstadt 841, v. Hochmeister'sche B. 1/2 ℛ

Statuta et Oeconomia Suevicae historiarum Academiae. Tübingae 1721. II: *Moser, Johann Jacob.* (ML)

— **et ordinationes** archiepiscoporum, decreta officii ecclesiastici necnon leges civiles, quibus praesens disciplina archidioecesis Gnesnensis et Posnaniensis illustratur. Multis adjuvantibus collegit, accomodavit, ed. T. Trzcinski. (Mit latein. u. poln. Titel.) (XX, 526 S.) 8. Posen 906. Drukarnia i Księgarnia św. Wojciecha. n. 4. 50; geb. n. 6. —

— provincialia, synodalia, casus episcopales, papales excommunicationes contra raptores, praedones etc. 8. Kopenh. 787. Gyldendal. 8 ℛ

Statuta renovata Universitatis Tubingensis ad mandatum Caroli, Wurtembergiae ducis. 1752. Stuttgardiae: Cotta (1752).

Statuta oder Satzungen der Stadt Essen, Anno 1668 den 24. Febr. renov., u. in folgender Ordnung auf Leutung der Raths-Glocken in Gegenwart der Bürger publicirt. [Hs.] fol.

Statuta seminarii S. Wolfgangi. Ratisbonae 1867. V: *Schneider, Joseph.* (Jes)

STATUTA. – der von dem hiesigen burgerl. Handelsstande errichteten und ... 21. Okt. 1780 bestätigten Societät einer Witwenkasse. o. V. 1780 und 16. Sept. 1784. 1 vol. 2 Bl.

— der unter allergnäd. königl. Genehmigung von d. schles. Landschaft zur Aufnahme des Nahrungsstandes errichteten patriot. Societät. Fol. Bresl. 772. W. G. Korn. 6 ℛ

Statuta Stadensia de an. 1279 ex codice authentico accurate descripta ... Goetting. 1766. H: *Grotheus, Nic. Ant. Hnr. Jul. v.* (Rotermund, Gel. Hannover. Bremen 1823.)

Statuta der Clevischen Stifter. (Gesammelt auf Befehl Sr. Majestät des Königs von Preußen durch die Clevische Regierung.) [Dat.:] 26. Juni 1723. [Hs.] fol.

Statuta pierwszego powszechnego stowarzyszenia urzędników monarchie austryackiej. gr. 8. (39 S.) Wien 866, (Czermak.) *

— synodalia dioecesis Monasteriensis collegit, diposuit, edidit C. F. Krabbe. 8maj. (XXVIII und 261 S.) Monasterii 849, libr. Theissing. *

Statuta synodalia, ordinationes et mandata Archidioecesis Trevirensis. Nunc primum collegit et ed. Joan. Jac. Blattau. Tom. I—III. Tom. I. Ab Archiepiscopo Ratbodo usque ad obitum Archiepiscopi Jacobi a Sirck. Tom. II. Ab Archiepiscopo Joanne Badensi usque ad obitum Archiepiscopi Joannis a Schoenenberg. Tom. III. Ab Archiepiscopo Lothario a Metternich usque ad obitum Archiepiscopi Caroli e Ducibus Lotharingiae. 4maj. (169½ B.) Augustae Trevirorum 844, libr. Lintz. *

— id. Tom. IV. et V. Ab Archiepiscopo Francisco Ludovico Palatino - Neoburgico usque ad obitum Archiepiscopi Francisci Georgii ex comitibus de Schoenborn. — Ab Archiepiscopo Joanne Philippo ex Baronibus de Walderdorf usque ad annum 18 Regiminis Archiepiscopi Clementis Wenceslai. 4maj. (101 B.) Ibid. 846. *

— synodalia, ordinationes et mandata archidioecesis Trevirensis. Nunc primum colleg. et ed. Joan. Jac. Blattau. Tom. VI. Ab anno 18. usque ad finem regiminis archiepiscopi Clementis Wenceslai. 4maj. (X und 362 S.) Augustae Trevir. 847, libr. Lintz. Thlr. *

Statuta synodalia, ordinationes et mandata archidioecesis Trevirensis. Nunc primum colleg. et ed. Joan. Jac. Blattau. Tom VII. Ab initio regiminis episcopi Caroli Mannay 1802 usque ad a. 1824. 4maj. (XXIII und 608 S.) Ibid. 849. *

— id. — Tom. VIII. Ab initio regiminis episcopi Josephi ab Hommer 1824 usque ad a. 1842. 4maj. (VIII und 400 S.) Ibid. 849. *
Tom. I—V. Ibid. 1844—46. * 17 Thlr.

— Synodalia a Wenceslao Episcopo Wratislaviensi A. 1410 publicata, nunc primum ex tribus codicibus Mss. una cum varietate lectionis edita a Jh. Cph. Friedrich. 8maj. Hannov. 827. Hahn. 6 ℛ

Statuta und Willkühr der Kayserlichen Freyen und des Heil. Röm. Reiches Stadt Mühlhausen. Mühlhausen 1692.
— [Neudr.] 1788.

Statutar-Recht, Das, der Städte des Herzogthums Alt- Vor- und Hinterpommern nach Ordnung des Allg. Landrechts dargestellt ... Stettin 1836. H: *Zettwach.* (schz)

Statutar-Recht, das, d. Städte d. Hrzth. Alt-, Vor- u. Hinter-Pommern nach Ordn. d. allgem. Landrechts dargest. Aus amtl. Quellen bearb. gr. 8. (8½ B.) Stettin 836, Nicolaische Buchh.

Statutarrechte und Rechtsalterthümer der freien Reichsstadt Dortmund, s. Fahne, A., die Grafschaft ꝛc. Dortmund.

Revidirte Statute der im November 1825 gestifteten Ploener Spar- u. Leih-Kasse. Ploen. 1844. 8°

Statuten

— s. auch Stadtrecht.

Statuten D. Fr.—Mr.—O. (Berlin. Druck von Dreyer. 1876.) 8. 24 S.

Arbeiter-Krankenkasse Aarau. Statuten. (1902 November 23.) 8 S. 8.

Artillerie-Verein Aarau. Statuten. (1903 April 17.) II + 8 S. 8. Aarau, Buchdr. Aargauer Nachrichten.

Verkehrs- und Verschönerungs-Verein Aarau. Statuten. (1901 Februar.) 7 S. 8. Aarau, Buchdr. der Aargauer Nachrichten, 1901.

Statuten für die mit der Freimaurer-Loge „Alfred zur Linde" in Essen verbundene Abend-Gesellschaft. [Essen 1860: Krum.] 8 S. 8° [Umschlagtit.]

Wesel: **Statuten** für die mit der Freimaurer-Loge „Zum Goldenen Schwerdt" in Wesel verbundene Abendgesellschaft. Wesel [1859]: Bagel. 12 S. 8° [Umschlagtit.]
Abgedr. in: Fiedler, F.: Blätter d. Erinnerung. 1875 S. 65—69.

[Abgeänderte **Statuten** der] Vereinigung der fünf vereinigten Logen englischer Konstitution mit den drey vereinigten Logen der Constitution der Grossen Landesloge zu Berlin [in Hamburg] zur Unterstützung fremder nothleidender Brüder. [Dat.:] Hamburg, den 6ten Julius 1805. 4 Bl. 8°. [Kopftit.]

Statuten, Ablaß Und Gewöhnliche Andachten Der Ertz-Bruderschafft Deß Zarten Fronleichnambs Jesu Christi In Clagenfurt. Clagenfurt, Kleinmayr, 1732. Duodez. 24 S.

Statuten der Absalom-Stiftung in Hamburg. Gegründet am 1. Nov. 1875. [Hamburg 1875: Adler.] 14 S. 8° [Umschlagtit.]

[Dasselbe.] Rev. am 16. Juni 1885. Hamburg [1885]: Rademacher. 15 S. 8°

[Dasselbe.] Abänderungen der Statuten der Absalom-Stiftung lt. Beschluss der Mitglieder-Versammlungen vom 9. Juli u. 11. Oct. 1892. [Hamburg 1892.] 2 Bl. 8°

[Dasselbe.] Abgeändert laut Beschluss der Mitglieder-Versammlung vom 17. Juni 1907. Hamburg: Drexel & Adler [1907]. 15 S. 8°

Statuten der k. k. heraldischen Gesellschaft „Adler" in Wien. 8. Wien 1892.

Samariter-Verein Adliswil. Statuten. (1902 Mai 7/Juni 13.) II + 11 S. 8. Adliswil, Schläpfer & Co., 1902.

Statut der schlesischen Advokaten-Kammer. Druck von Adolf Traßler in Troppau. (7 S. 8.) 1857.

Statuten des waldeckschen Advokatenvereins im Auftrage dieses veröffentlicht mit einer Vorbemerkung (Zweck und Bestrebungen des Vereins: gutachtl. Betheiligung bei der Gesetzgebung; Schließung des Standes; Notariat) von dem Vorstande des Vereins. 8. (26 S.) Cassel 850. (Arolsen, Speyer.) *

Feldschützen-Verein Affoltern b. Zch. Statuten. (1901 Mai 4/21.) II + 7 S. 8. Zürich, Art. Institut Orell Füssli, 1901.

Landwirtschaftl(iche) Genossenschaft Affoltern b. Zürich. Statuten. (Vom 21. Januar 1894.) II + 6 S. 8. Zürich, Art. Institut Orell Füssli, 1902.

Statuten der von der Loge Hercynia zum flammenden Stern gegründeten und unter deren Verwaltung stehenden [Karl Anton] Agthe-Stiftung vom 22. März 1879, genehmigt vom Bundes-Direktorium am 16. April 1879.

Berlin, Königliche Akademie der Wissenschaften, Statuten der —. Berlin 1812, 35, 38.

Statuten für die Österreichisch-Kaiserliche Akademie der vereinigten bildenden Künste. Wien 1812. 4°.

Statuten der Marianischen Akademiker-Congregation. Bonn 1865. V: *Doss, Adolph von.* (Jes)

Winterthur: **Statuten** der Loge Akazia im Or.˙. v.˙. Winterthur. Winterthur 1878: Westfehling. 12 S. 8° [Umschlagtit.]

Aktiengesellschaft zum Betriebe des Kollegiums Karl Borromäus von Uri in Altdorf. Statuten. II + 11 S. 8. Altdorf, Högger, 1902.

Aktiengesellschaft zum Betriebe des Kollegiums Karl Borromäus von Uri in Altdorf. Statuten. (1903 Februar 18.) II + 8 S. 8. Altdorf, M. Gisler, 1903.

Statuten der Aktiengesellschaft zum Betriebe der Maschinen-Flachsgarn-Spinnerei nächst Heidenpiltsch. Typogr. Anstalt von A. Traßler Sohn. (12 S. 4.) 1856.

Statuten der Aktiengesellschaft für Boden- und Kommunalkredit in Elsass-Lothringen. Strassburg 1872

Statuten der Aktiengesellschaft für Erstellung von Arbeiterwohnungen. Zürich 1861.

Statuten der Kgl. concession. Aktien-Gesellschaft des *Volkstheaters* in München. München 1864. 8°. 31 S. Cart.

Actiengesellschaft für die Schweiz. Nordostbahn. Statuten. 19 Stn. 8. Zürich, Orell, Füssli & Co. 1873.

Statuten der reorganisirten Aktien-Gesellschaft für die Hermannstädter Runkelrüben Zucker-Fabrik. Buchdruck. von Josef Drotloff in Hermannstadt. (16 S. 8.) 1857.

Aktiengesellschaft der Viktoria Drahtseilbahn Grindelwald-Ofni in Grindelwald. Statuten. [Entwurf, 1901 Mai.] 13 S. 8.

Statuten für den Aktien-Verein zur Erwerbung eines Grundeigenthums nebst Gesellschaftshaus in der Augustenstrasse in Stuttgart für die Freimaurer-Loge Wilhelm zur aufgehenden Sonne. Stuttgart 1846: Wachendorf. 18 S. 8° [Umschlagtit.]

Statuten der Alberts-Bahn Aktiengesellschaft. Dresden 1854.

Albert Socin-Stiftung. (Verwaltung: K. Sächsische Gesellschaft der Wissenschaften in Leipzig.) Statuten. [1903.] 1 S. 4.
Dabei: Circular etc.

Statuten, Allgemeine, des Ordens der barmherzigen Schwestern in Bayern. München 1835. V: *Hauber, Joh. Mich.* (schmal)

Allgemeine Statuten u. Verwaltungs-Verordnungen der Internationalen Arbeiterassoziation (dat. London, d. 24. Octob. 1871). Amtl. deutsche Ausgabe, revidirt durch den Generalrath. Leipzig, Expedition des „Volksstaat", o. J. Kl. 8°. 16 S. Cart.

Die allgemeinen **Statuten** der Universität Frankfurt a.O. (1510–1610). Hrsg. v. Paul Reh. *Breslau: M. & H. Marcus 1898.* (1 Bl., 102 S.) 8. = Acten u. Urkunden d. Universität Frankfurt a. O. H. 2. 98 12260

Statuten, Die älteren, der Wiener medicinischen Facultät. Wien 1847. H: *Endlicher, Steph. Ladisl.* (Strakosch-Grassmann, Bibliogr. z. Gesch. des öst. Unter.-Wesens. Wien 1901. S. 63.)

Statuten älteren Fakultät
Die älteren Statuten der Wiener medizinischen Fakultät, nebst einer systematischen Zusammenstellung der auf diese bezüglichen Bestimmungen. Zu Folge hohen Studien-Hofkommissions-Dekretes vom 10.September 1844, Z.5863, im Auftrage der medizinischen Fakultät zum Behufe der Berathung neuer Fakultäts-Statuten gesammelt von einer Fakultäts-Kommission. 293 S., gbd.
Wien: Ueberreuter 1847 HB JB 5.508

Alters-Cassa für unverheirathete Ortsbürgerinnen von Brugg. Statuten. 11 Stn. 8. Brugg, Druck v. Fisch, Wild & Co. 1874.

[Umschlagt.] [Tit.] Statuten des Königlich Sächsischen Alterthumsvereins. *(Dresden: Dr. v. W. Baensch 1893.)* (7 S.) 1 Bd 8. 98 12259

Statuten des Alterthums-Vereines zu Wien. 8. (24 S.) Wien. Gedruckt bei Leopold Sommer. 1854.

Alt-Thurgovia (Jahresversammlung in Frauenfeld). Statuten. Revision: 8. April 1902. II + 5 S. 8. Frauenfeld, Huber & Co.

Frauenkrankenverein Amriswеil und Umgebung. Statuten. (1901 Januar 13.) [4 S.] 8.

Amtsbürgschafts-Genossenschaft für den Kanton Thurgau. Statuten. (1903 Februar 8/14.) 7 S. 8.

Statuten [seit 1905: Satzungen] für die gemeinsamen Angelegenheiten der Berliner Tochterlogen der Grossen National-Mutterloge in den preussischen Staaten, gen. Zu den drei Weltkugeln. Berlin 1891: Büxenstein. 24 S. 8°

[Dasselbe.] Als Hs: gedr. Berlin [1905]: Denter & Nicolas. 23 S. 8°

Statuten der von der ger. und vollk. St. Joh. Loge Ernst zum Compass zu Gotha unter dem Namen Ernst-Stiftung [1857] begründeten wohlthätigen Anstalt. Gotha 1859: Engelhard-Reyher. 8 S. 8°
Tt. 1260.

Statuten der Antisemiten-Liga. 12. (8 S.) Berlin 880, Hentze's Verlag. Verklebt *

Statuten des Waldeckschen Anwalts-Vereins. Mengeringhausen 862. (Arolsen, Speyer.) 8. (16 S.) n. 5 ngr.

Statuten des bei Gelegenheit der Olmützer Apotheker-Gremial-Versammlung am 14. März 1854 berathenen und einverständlich gutgeheißenen Mährischen Apotheker-Vereines. Olmütz, 1855. Buchdruckerei von Franz Slawik. (16 S. 8.)

Statuten des katholischen Arbeiter-Hilfsvereines unter dem Schutze des heil. Josef. 8. (8 S.) Linz. Druck von Johann Huemer's Wwe. 1854.

Armenerziehungsverein im Bezirk Aarau. Statuten. 7 Stn. 8. Aarau, Druck v. H. R. Sauerländer. 1872.

Statuten des unter dem obersten Schutze Ihrer k. k. Hoheit der durchlauchtigsten Frau Erzherzogin Hildegarde stehenden Pesther Armen-Kinder-Spitalvereins. 2. Ausgabe. (Aus dem Ungarischen übersetzt.) Pesth. 1855. Gedruckt bei Landerer und Heckenast. (22 S. 8) geh.

Freiwilliger Armenverein in Herisau. **Statuten.** Revidirt am 14. April 1901. 7 S. 8. Herisau, Schläpfer & Cie., 1901.

Freiwilliger Armenverein in Trogen. Statuten. 4 Stn. 8. 1872.

Statuten, die, das Aufnahms-Regulativ u. die Dienstes-Vorschriften der Wiener freiwilligen Rettungs-Gesellschaft, sowie die Belehrgn. üb. das Sanitäts-Materiale f. den Sanitäts-Dienst. gr. 16. (167 S.) Wien 883. (Huber & Lahme.) geb. n. 1. —

Statuten des Ausschusses der Studentenschaft der Grossh. Technischen Hochschule zu Karlsruhe. Genehmigt 25. 6. 1888. [Folgt:] Geschäftsordnung des Ausschusses. 1888. *M*

Statuten des Ausschusses der Studierenden der Grossherzogl. Technischen Hochschule zu Darmstadt. Genehmigt durch Direktorialerlass vom Sommer 1894.

Statuten der zu Gießen gegründeten Auswanderer-Gesellschaft. gr. 8. (2 B.) Gießen 833, Ricker. Thlr.

Statuten der am 21. März 1847 zu Ulm sich constituirten Auswanderungs-Ges. in das tropische Amerika, nebst einem Vorw., einer gedrängten Darstellung der Beschaffenheit des Landes, woselbst die Ansiedelung stattfinden soll . . . — Ulm: Müller in Comm. 1847. 30 S.

Kurhaus-Gesellschaft Baden im Aargau. Statuten. Druck v. J. Zehnder. 8 Stn. 8. *1871.*

Bank in Basel. Statuten. 1901 (März 12). II + 14 S. 8.

Bank in Basel. Statuten (vom 3. Juni 1887. Vorgeschlagene Aenderungen vom 12. März) 1901. II + 14 S. quer-4.

„Statuten der leipziger Bank", Leipzig 1849. — Vorh.: Com. Bibl. Hamburg.

Bank in Schaffhausen. Statuten. (Beschlossen ... 21. November 1900, in Kraft getreten am 1. Mai 1901.) IV + 22 S. 8. Schaffhausen, H. Meier & Cie., 1901.

Statuten der Schleswig-Holsteinischen Bank in Husum. Beschlossen in der Generalversammlung vom 14. Nov. 1890 einschl. der späteren Abänderungsbeschlüsse bis zur Generalversammlung vom 14. März 1908. Husum. 1908. 8°

Statuten der Schleswig-Holsteinischen Bank in Tönning. Beschlossen in der Generalversammlung vom 14. Nov. 1890 und gültig vom 1. Jan. 1891 an. Tönning. (1890.) 8°

Bank in Wyl. Statuten. Genehmigt ... 18. Juni 1902. II + 8 S. 8. Wyl, J. Meyerhans Erben, 1902.

Bank in Zürich. Statuten. 16 Stn. 8. Zürich, Druck von Orell, Füssli & Co. *1872.*

Statuten der Bank in Zürich 1882.

Handwerker-Bank Basel. Statuten. Entwurf. II + 12 S. 8. Basel, Franz Wittmer, 1901.

Elektra Baselland (in Liestal). **Statuten.** (1898 November 27/1899 März 5/15.) 14 S. 8. Liestal, Suter & Cie., 1901.

Aktienbrauerei Basel-Strassburg. Statuten. 14 Stn. 8. Basel, Druck v. C. Schultze. — Prospektus. 4 Stn. 4. *1873.*

Basler Bauverein. Statuten. 20 Stn. 8. Basel, Druck v. Chr. Krüsi. *1874.*

Statuten des *Pensionsvereines Bavaria* in München. „Anerkannter Verein." München 1871. 8°. 19 S. Cart.

Statuten des unter den Beamten in Brünn mit Genehmigung des h. k. k. Landesguberniums vom 17. Juni 1848, Z. 19708 gegründeten — seit dem 1. Juli 1848 bestehenden und dermal dem a. h. Patente vom 26. November 1852 gemäß neuerlich bestätigten Beamten-Vereins zur Unterstützung der Witwen und Waisen bei vorfallenden Todesfällen der diesem Vereine beigetretenen Beamten und zur Besorgung eines anständigen Leichenbegängnisses dieser Beamten. 8. (20 S.) Brünn. Gedruckt bei R. Rohrer's Erben 1853.

Statuten des ersten allgemeinen Beamten-Vereines der österreichischen Monarchie. Wien 865. Czermak. gr. 8. (40 S.) n. 3 *ngr.*

Statuten des preußischen Beamten-Vereins. [Begründet am 7. Septbr. und Allerhöchst bestätigt am 29. Octbr. 1875.] gr. 8. (20 S.) Berlin 875, (C. Heymann's Verlag.) *

Statuten des evangel. Beerdigungs-Vereines in der königl. Freistadt Preßburg. Bestätigt 1830 von der h. k. ungarischen Statthalterei ddo. 20. Juli. Nr. 18776, — „1852 von der h. k. k. Statthalterei für Ungarn den 13. Juli, Z. 11863. —" 1856 vom k. k. General-Gouvernement Ofen, am 7. November, Z. 19446 G. (1470 C.) III. sub. A. Preßburg, 1856. Dr. von Karl Friedrich Wigand. (15 S. 8.)

Statuten des *christkathol. Begräbniss-Vereins.* O. O. u. J. (18°°). 8°. 4 S. Cart.

Statuten des Begräbniss-Vereins in der Loge Minerva zu den drei Palmen im Or. Leipzig. [Leipzig 1863: Leiner.] 16 S. 8° [Umschlagtit.]

Statuten für die Benützung der Kgl. Öffentl. Bibliothek in Stuttgart. Stuttgart 1878

Statuten für die Benützung der K. Landesbibliothek in Stuttgart. Stuttgart 1904: W. Kohlhammer. (16 S.) 8°

Statuten der Berg-Schule in Klgft. Klgft., Bertschinger, 1874. 12 S.

Statuten der Bleiberger Bergwerks-Union. Klgft., Bertschinger, 1870. 12 S. — Klgft., Leon, 1883. 12 S.

Schweiz. Kindermehl-Fabrik Bern. Fabrik in Belp. Statuten. Entwurf. [1901.] 15 S. 8.

Statuten der schweiz. geologischen Commission Bern 1874.

Philatelisten-Verein Bern. 8.
Mitglieder-Verzeichnis pro 1903. 8 S. Bern, W. Wälchli.
Reglement über die Versicherungskasse. (1903 Februar 17.) 7 S.
Statuten. (1902 April 8.) II + 8 S. Bern, Obrecht & Käser, 1902.
Tausch-Reglement. (1902 Januar 1.) II + 7 S. Bern, Gottfr. Iseli, 1902.

Skiclub Bern.
Statuten. (1902 November 14.) 8 S. (Berne, J. Martin & Cie.)

Stadtturnverein Bern. Statuten. (1895.) 16 S. 8. Bern. Gottfr. Iseli, 1901.

Düsseldorf: Besondere **Statuten** für die gesetzm.·. ger.·. ehrw.·. und vollk.·. ▭ des heiligen Joh.·. gen. Zum Heiligen Joachim im Or.·. von Düsseldorf.·. [Düsseldorf 1809.] 48 S. 8° [Kopftit.]

Statuten der Betriebs-Krankenkasse der Firma J. C. Jaeger & J. M. Rumpf, Bauunternehmer in Hanau. *Hanau [1901]: Waisenhaus-Buchdr.* (22 S.) 8° [F.] [01. 7742 4

Statuten des Berliner Bezirks der deutschen Arbeiter-Verbrüderung. 8°. Berlin 1849.

Statuten des Niedersächsischen Bezirks-Turnvereins, 1 S., 8°.

Historischer Verein für die Saargegend. — STATUTEN UND BIBLIOTHEK. (I.) 1888. Saarbrücken 1888. Druck von Gebrüder Hofer. 8°.
BIBLIOTHEK II. 1893. ib. 1893. — BIBLIOTHEK III. 1898. ib. 1898. — BIBLIOTHEK IV. 1902. St. Johann a. d. Saar. Pecheur'sche Buchdruckerei.

Aktiengesellschaft Bierbrauerei am Uetliberg in Zürich III ⟨Wiedikon⟩. Statuten beschlossen ... 28. November 1901. II + 8 S. 8. Zürich, Arnold Bopp, 1901.

Binz: [Autogr.] **Statuten** der freimaurerischen Vereinigung „Binz zur Eintracht" zu Binz. [Dat.:] 16. Juni 1909. o. O. u. J. 3 Bl. 2°

Electra Birseck (Genossenschaft [mit] Sitz in Neuewelt, Gemeinde Münchenstein). Statuten. (1902 Dezember 14/1903 Januar 14.) 14 S. 8. Basel, Franz Wittmer, 1902.

Ostschweizerischer Blindenfürsorge-Verein [in St. Gallen]. Statuten. Entwurf. [1901 Mai.] 3 S. 8.

Ostschweizerischer Blindenfürsorge-Verein ⟨mit Sitz in St. Gallen⟩. Statuten. (1903 Juni 13.) 4 S. 8.

Statuten der k. k. priv. allgem. österreich. Boden-Kreditanstalt. Wien 1864

Statuten des Akademischen Turnvereins 'Borussia' zu Berlin. Mitglied des V.-C. (Leipzig-R.) 1892: (M. Hoffmann). (28 S.) 8° [illegible] 11

Footballclub Young-Boys Bern. Gegründet 14. März 1898. Statuten. (1902 Oktober 11.) II + 8 S. 8. Bern, Haller, 1902.

Football-Club «Young Boys» Schaffhausen. Statuten. (1902 April 26.) II + 8 S. 8. Schaffhausen, H. Meier & Cie., 1902.

Statuten der Struxdorfer Brandgilde. (Schleswig. 1862.) 4°

Statuten für die schleswig-holsteinischen adeligen Brandgilden. In Kraft getreten den 1. Januar 1894. Kiel. 1894. 8°

Statuten des Brandschaden-Versicherungs-Vereines zu Kilb. Fol. (4 Blätt.) St. Pölten. Gedruckt bei Franz Lorenz.

Schweizerischer Brauereiarbeiter-Verband. Statuten (1902 Oktober 1, [nebst] Geschäftsreglement für die Sektionsversammlungen und die Tätigkeit der Sektionsvorstände). 24 S. 8.

Konsumverein Bremgarten und Umgebung. Statuten. (1899 November 12.) II + 19 S. 8. [Bremgarten,] Dr. des «Bremgarter Volksblatt», 1903.

Spar- u. Leihkasse Bremgarten in Bremgarten. Statuten. (1901 Juni 23.) 16 S. 8.

Statuten, die, der Stadt Breslau, mit beigefügt. Commentar nach der Bearbeitung des versterb. Justiz-Commissions-Rath u. Notariats-Director Uber. 8. Bresl. 832. Aderholz. 16 gr. (8 B.)

Statuten der Bruderlade bei dem Berg- und Hüttenwerke Mißling in Steiermark. Wien, 1857, bei Leop. Sommer. (13 S. 8.)

Aue: **Statuten** für den Freimaurer-Klub „Bruderheim". Aue i. Erzgeb. Gegründet 1906. [Aue 1906.] 5 S. 8°

Reichenhall: **Statuten** des Freimaurer-Kränzchens Bruderkette am Untersberg, Bad Reichenhall. [Reichenhall 1905.] 8 S. 8° [Umschlagtit.]

[Autogr.] **Statuten** des Br.·. Loos-Vereins der □ z. d. 3 Cedern. Or.·. Stuttgart. [Dat.:] Stuttgart 1872. 2 Bl. 2° [Kopftit.]

Statuten der Gesellschaft 'Brudersinn'. *Marburg 1893: J. Hamel.* (4 Bl.) 8° [F.] [illegible] 4

Schweinfurt: **Statuten** der St. Johannis-Loge Brudertreue am Main in Schweinfurt. Anerkannter Verein. Schweinfurt o. J.: Reichardt. 7 S. 8° [Umschlagtit.]

— der Brüderunität. 2e A. 8. Leipz. 822. (Kummer). 1 gr.

Koburg: **Statuten** der Bruderwittwencasse der Loge Ernst für Wahrheit, Freundschaft und Recht im Or. Coburg. Neue Redaction. Ausgegeben zum Johannisfeste am 20. Juni 1858. [Koburg 1858: Dietz.] 8 S. 8° [Umschlagtit.] Abgedr. in: FZ. 12 (1858) S. 261—264.

[Dasselbe.] Nach den Beschlüssen der Loge vom 28. Dec. 1874. Ausgegeben zu Anfang des Jahres 1875. [Meiningen 1875: Marbach.] 8 S. 8°

Statuten für die allgemeine Krankenkasse Brugg. In-8°, 12 S. Brugg, Fisch Wild & Cie. 1887.

Statuten des altbayerischen *Buchdrucker*-Gauverbandes. München 1869. 8°. Cart.
7 S. u. 1 Bl. Fol

Internationales Buchdrucker-Sekretariat [in Bern]. Statuten. — Secrétariat typographique international. Statuts. (1901.) II + 23 S. 8. Basel, Buchdr. des Schweiz. Typographenbundes, 1902.

(Aargau). Männerchor Buchs. Statuten. (1901 Mai 4.) 8 S. 8. Aarau, H. R. Sauerländer & Co., 1901.

Statuten des Rigaschen Büchsenschützenvereins. Riga. 1859 2355

Statuten des Bundes der Freimaurer der Grossen National-Mutter-Loge der preussischen Staaten gen. Zu den drei Weltkugeln. Nach der Revision vom Jahre 1841, 1850, 1857, 1865, 1873, °1883, 1884, °1895. Berlin [1841—1895]: Petsch, [1857—1865]: C. Schultze, [1873—1895]: Büxenstein. [Für 1873 auch Ausg.: Ihring.] 8⁰
1841 IV. 116 S.
1850 IV, 116 S. [Dasselbe.] 2. Aufl. Ebendas. 1852. IV, 116 S. 8⁰
1857 IV, 120 S. [Dasselbe.] (Neuer Abdr.) Ebendas. [1861.] IV, 120 S. 8⁰
1865 IV, 122 S.
1873 in: Grundverfassung d. Gr. Nat. Mutterloge. 1873: Ihring S. 27—107.
1873 und mit den Abänderungen, welche seither durch die gesetzgebenden Conferenzen Gesetzeskraft erhalten haben. in: Grundverfassung d. Gr. Nat. Mutterloge. 1873: Büxenstein S. 27—110.
°1883 40 S.
1884 91 S. [Dasselbe.] Ebendas. 1884. 82 S. 8⁰
1895 108 S.
Kl. 179, Tt. 1057.

Statuten der Bürgerbewaffnung in Kiel. (Kiel 1848.) 8⁰

Statuten des Schleswiger Bürgervereins. Schleswig. 1864. 8⁰

Kammgarnspinnerei Bürglen. Statuten. 20 Stn. 8. Winterthur, Druck v. J. Westfehling. 1873.

Darmstadt: **Statuten** der „Charitas", des von der Freimaurer-Loge „Johannes der Evangelist zur Eintracht" in Darmstadt gegründeten Vereins zur Unterstützung kranker, namentlich in der Wieder-Genesung begriffener Armen. [Darmstadt 1870.] 2 Bl. 8⁰ [Kopftit.]
Abgedr. in: Bh. 13 (1870) S. 117—118.
Tt. 1278.

Meiningen: **Statuten** für die Freimaurerloge Charlotte z. d. 3 Nelken zu Meiningen. [Suhl 1890: Kaufmann.] 4 S. 8⁰ [Kopftit.]
[Beigedr.:] Gesetzbuch d. Joh.-Frmrl. Charlotte zu den 3 Nelken im Or. Meiningen. 55, V S.

Statuten der Christbescheerungs-Stiftung bei der vereinten Loge zu den drei Schwertern und Asträa zur grün. Raute im Or. Dresden. [Dresden 1860]: Wulffen. 8 S. 8⁰

Statuten der Stadt Coburg. s. a. Güntzel, Chr.

— der herzogl. Sächs. Residenzstadt Coburg, d. i. die sogen. alten Statuten geordnet, mit Anmerkk. u. hierher gehör. Entscheidungsurtheilen u. Rescripten versehen von Chr. Güntzel, als auch die 1675 neu projektirten Statuten, neben den alten in gespalt. Columnen abgedr. 2c., verglichen u. mit e. Einleit. 2c. begleit. v. J. A. Ortloff. 4. Cob. 818. (Riemann). 1 ⁄ 16 g

— des Vereins „Concordia; deutsch u. italienisch. In-24, 12 p. Roma, tip. Martelli. 1881.

Statuten des württemberg. Dampfkessel-Revisionsvereins für 1875 u 83. Stuttgart

Statuten der Tönninger Dampfschiffahrtsgesellschaft. Tönning 1871. 8⁰

Vereinigte Dampfschifffahrts-Gesellschaft für den Thuner- und Brienzersee. Statuten. Bern, Stämpfli'sche Buchdr. 13 S. 8. 1871.

Aktiengesellschaft «Elektricitätswerke Davos» (in Davos-Platz). Statuten. Revidiert 20. Mai 1895, 20. September 1898 und 29. März 1901. 32 S. 8. Davos, Buchdr. Davos A.-G., 1902.

Verkehrsverein Davos. Statuten. (Laut Beschluss ... vom 25. März 1901.) 8 S. 8. (Davos, Buchdr. Davos A.-G.)

Industrie-Verein Degersheim. Statuten. 1901 (April 13). Regierungsrätlich genehmigt. II + 4 S. 8. Lichtensteig, A. Mäder.

Statuten des unter dem hohen Protektorate Sr. Excellenz des hochgebornen Herrn Herrn Leopold Grafen Lazanzky, Freiherrn von Bukove, 2c. gegründeten und mit h. Statthalterei-Präsidial-Erlaß vom 27. Juni 1856 Nr. 5395 genehmigten Diener-Leichenbeerdigungs- und Unterstützungsvereines für das Markgrafenthum Mähren. Brünn, 1856. Druck von Rudolph Rohrers Erben. (26 S. 8.)

Statuten und Dienstes-Vorschriften für die Mitglieder der k. k. priv. bürgerl. Scharfschützenkorps der königl. freien Bergstadt Graslitz nebst einem Jungschützen-Reglement und den Statuten des Funeralvereines. kl. 8. Prag 1870.

— die, u. die Dienstes-Vorschriften der Wiener freiwilligen Rettungs-Gesellschaft. [5., verm. u. verb. Aufl.] 12. (392 S.) Wien 889. (Huber & Lahme.) geb. n. 1. —

Statuten u. Dienstes-Vorschriften [d. Wiener freiwilligen Rettungs-Gesellschaft. (8., geänd. Aufl.) 12. (124 S.) Wien 894. (Huber & Lahme.) n. 2. —

Leihkasse Dietikon. Statuten. Zürich, Druck von J. Schabelitz. (8 Stn. in kl.-8.) — Dieselbe, 10. Jahresbericht. Zürich, Druck v. Schiller u. Co. 1875. (19 Stn. in-8.)

Statuten der Dr. John Muir-Stiftung (vom 11. Mai 1882). (Berlin o. J.) (3 S.) 4⁰ [Kopft.] * Wieder abgedr. bei Daude. Die Kgl. Friedrich-Wilhelms-Univ. zu Berlin 1887 S. 654-656.

Statuten der Eisenbahngesellschaft Effretikon-Wetzikon-Hinweil vom 29. Mai 1873.

Ehrenritter Gesangverein v NY [City]. Statuten ... NY, 1888.

Statuten des Club: „Die Brüderliche Einigkeit" gegründet am 14. Oct. 1859. Rev. und in Kraft gesetzt am 1. Juli 1884. Hamburg [1884]: J. H. Meyer. 7 S. 8° [Umschlagtit.]

Statuten des Vereins: Die brüderliche Einigkeit [in Hamburg]. Hamburg 1860: Trübenbach. 8 S. 8° [Umschlagtit.]
Tt. 1168.

Sparkasse Altstätten. Gegründet 1842. Statuten für die Einleger. (1900 Dezember 24.) [4 S.] 8. Altstätten, A. Vetter, 1901.

Statuten für d. wissensch. u. gesellsch. Einricht. d. Kgl. sächs. Sanit.-Offizierkorps. Dresden 1879.

Statuten des Vereins Dienerverein 'Eintracht'. (Marburg 190 J. Hamel.) (6 S.) 8° [Kopft. F.]

Gesangverein Eintracht.
--Statuten ... 9. Febr 1888. Revised to 5. Juli 1892. Union Hill, NJ, 1892.

Musikverein «Eintracht» Dietikon. Statuten. (1901 September 7.) II + 20 S. 8. Dietikon, J. Kopp-Tanner, 1901.

Statuten des nichtpolitischen Vereines „Eintracht" in W[iene]r-Neustadt. Wiener-Neustadt: Verlag des Vereines 1883. 7 S. 8°. [Umschlagtit.]

Statuten der Aachen-Mastrichter Eisenbahn-Gesellschaft, errichtet vor Notar Weiler zu Aachen am 14./15. Juli 1845. Aachen 1846.

Statuten der Altona-Kieler Eisenbahn-Gesellschaft. Altona 1842. 4°

Statuten der Berlin-Stettiner Eisenbahngesellschaft. 1841.

Statuten der Chemnitz-Risaer Eisenbahngesellschaft 1845.

Statuten der k. k. priv. Aussig-Teplitzer-Eisenbahn- und Bergbau-Gesellschaft. Dr. von Gottlieb Haase Söhne in Prag. 1857. (12 S. 4.)

Statuten der k. k. priv. ersten Eisenbahngesellschaft. Wien 1835.

Verhandlungen der am 28. Dezember 1853 abgehaltenen sechzehnten, ordentlichen General-Versammlung der Aktionäre der k. k. priv. Wien-Raaber, vormals Wien-Gloggnitzer-Eisenbahn-Gesellschaft. Beigebunden: Statuten der k. k. priv. Wien-Raaber-Eisenbahn-Gesellschaft. Auch: Pensionsbestimmungen für die Beamten, Diener und deren Witwen. 4. f. 2 Tab. Wien. Druck von J. P. Sollinger's Witwe. 1854.

Statuten der Rheinischen Eisenbahngesellschaft. 1840.

— für d. Ruhrort-Crefeld-Kreis Gladbacher Eisenbahn-Gesellschaft, nach den Bestimmungen der General-Versammlung vom 13. u. 14. März 1844. gr. 8. Crefeld 844, Funcke'sche Buchh. n. 1/6 ℛ

Statuten der Wien-Raaber Eisenbahngesellschaft. Nebst den Pensionsbestimmungen. 1853. 4.

Statuten der Leipzig-Dresdner Eisenbahn-Compagnie. 1837.

Statuten der sächsisch-baierischen Eisenbahn-Compagnie. 1842.

Statuten des Elisabeth-Kinder-Hospitals-Vereines zu Hall in Oberösterreich. Wien. 1855. Gedruckt bei Karl Ueberreuter. (16 S. 8)

Erholungsstation schweizerischer Eisenbahner auf Grubisbalm am Rigiberg [Gemeinde Vitznau]. Statuten. (1901 Juli 14.) 8 S. 8.

Bank in Wyl. Erneuerte Statuten. Vom 20. Dez. 1873. 8 Stn. 8. Wyl, A. Zehnder'sche Buchdr. 1874.

Statuten zur Errichtung eines Begräbniß-Liebesvereins in Hainspach. Rumburg, 1857. Dr. von Jul. R. Stiepel. (21 S. 8.)

Ersparniss-Kasse der Stadt Biel. Statuten. 13 Stn. 8. m. 1 Tabelle. Biel, Druck v. W. Gassmann. 1873.

Zinstragende Ersparnisskasse in Basel. Statuten. Revidirt und genehmigt von der gemeinnützigen Gesellschaft den 31. October 1884. II + 4 S. 8. Basel, Hermann Krüsi, 1901.

Statuten d. deutschen Erzieherinnen-Heims in Wien. gr. 8. (8 S.) Wien 890. (Leipzig, Literar. Anstalt A. Schulze.) n. — 40

⟨Zürich⟩. Appenzeller'sche Erziehungsanstalten für Mädchen in Wangen und Tagelswangen ⟨Kt. Zürich⟩. gegründet ... durch Caspar Appenzeller. Statuten (1901 September 1, [nebst] Hausordnung). [4 S.] 8.

Statuten für den Erziehungsverein der Johannis-Loge „Zur Festen Burg am Alsensund" zu Sonderburg. [Dat.:] Sonderburg 1893. 6 S. 8° [Umschlagtit.]

Statuten des schleswig-holsteinischen Erziehungsvereins. o. O. u. J. 2 Bl. 8°

Eskompte-Gesellschaft Niederösterreichische (Statuten). 4. (16 pag.) Wien. Buchdruckerei von Karl Gerold und Sohn. 1853.

Aktiengesellschaft: Fabrik für Eisenbahn-Material in Bern. Statuten. 18 Stn. 8. 1872.

Statuten für die evangelisch-theologische Facultät der Königlich Preussischen Rheinischen Friedrich-Wilhelms-Universität. Abdruck der ursprünglichen Statuten vom 18. Oktober 1834, mit Hinzufügung der offiziellen Abänderungen und Zusätzen. *Bonn 1897: C. Georgi.* (26 S.) 4°
(Nicht für den Austausch)

Statuten der evangelisch-theologischen Facultät der Königl. Preussischen rheinischen Friedrich-Wilhelms-Universität. Offizieller Abdruck. (*Am Ende:* Berlin d. 18ten Oct. 1834 *etc.*) Bonn, gedr. bei C. Georgi 1835. 1 Bl., 22 S. 4. ¶ Wieder abgedr. bei Koch, Preuss Univ. I 1839 S. 219 ff.

Statuten. Die St' der Juristischen Fakultät der Universität Basel. Nach der ältesten vorhandenen Fassung hrg. von Carl Christoph Bernoulli. [Mit 1 Tafel.] IV + 29 S. gr.-8. Basel, Friedrich Reinhardt [Komm. Carl Beck, Leipzig], 1906. [M. 2. 20]
(Andreas Heusler zu seinem fünfzigjährigen Doctorjubiläum am 12. Juni 1906 dargebracht von den Bibliothekaren der Universitäts-Bibliothek Basel.)

Statuten der juristischen Facultät der Königl. Preussischen rheinischen Friedrich-Wilhelms-Universität. Officieller Abdruck (*Am Ende:* Berlin, d. 18ten Oct. 1834 *etc.*) Bonn, gedr. bei C. Georgi 1835. 1 Bl., 22 S. 4. ¶ Wieder abgedr. bei Koch, Preuss. Univ. I 1839 S. 248 ff.

Statuten der juristischen Facultät der Königlich Preußischen Rheinischen Friedrich-Wilhelms-Universität. Abdruck d. Statuten vom 18. Okt. 1834, mit Hinzufügung d. Abänderungen u. mit sonstigen Zusätzen. *Bonn 1901: C. Georgi.* (26 S.) 4°
(Nicht für den Austausch)*)

Statuten der juristischen Facultät in der vereinigten Friedrichs-Universität Halle-Wittenberg. Als Ergänzung der Universitäts-Statuten, insbesondere der §§ 6, 7. 23—39, 85, 86, 119—129. [Halle, nach 1. Nov. 1876.] 9 Bl. 4° (2°) [Kopft.] [Lithogr.]

Statuten für die katholisch-theologische Facultät der Königl. Preussischen rheinischen Friedrich-Wilhelms-Universität. Offizieller Abdruck. (*S. 25:* Berlin, d. 18ten Oct. 1834 *etc.* — *Folgt S. 26:* Auszug aus der Instruction f. d. Priester d. Königl. Schulen-Instituts in Schlesien als ein Anhang zu d. Allerh. Schulen-Reglement d. d. 11 Dec. 1774; — *S. 28:* Auszug aus d. neuen Schul-Reglement f. d. Univ. Breslau u. die damit verbundenen Gymnasia, d. d. Charlottenburg d. 26 Juli 1800.) Bonn, gedr. bei C. Georgi 1835. 2 Bl., 28 S. 4. ¶ Wieder abgedr. bei Koch, Preuss. Univ. I 1839 S. 232 ff.

Statuten für die katholisch-theologische Fakultät der Königlich Preußischen rheinischen Friedrich-Wilhelms-Universität. Neuer Abdruck mit Hinzufügung der späteren Änderungen[!] und Zusätze. Bonn 1904: C. Georgi. (31 S.) 4°
(Nicht für den Austausch)

Statuten für die medizinische Facultät der Königl. Preussischen rheinischen Friedrich-Wilhelms-Universität. Offizieller Abdruck. (*Am Ende:* Berlin, d. 18ten Oct. 1834 *etc.*) Bonn, gedr. bei C. Georgi 1835. 2 Bl., 32 S. 4. ¶ Wieder abgedr. bei Koch, Preuss. Univ. I 1839 S. 260 ff.

Statuten für die medizinische Facultät der Kgl. Preussischen Rheinischen Friedrich-Wilhelms-Universität. Abdruck d. ursprüngl. Statuten v. 18. Okt. 1834, m. Hinzufügg d. offiziellen Abändergn u. m. anderen Zusätzen. Bonn, Univ.-Buchdr. v. C. Georgi, 1890; 1 Bl., 41 S. 4.
(Nicht für den Austausch)

Statuten d. mediz. Fakultät d. K. Friedr. Wilhs-Univ. z. Berlin. Berlin 1886.

Statuten der medizinischen Fakultaet der Koenigl. Preussischen vereinigten Friedrichs-Universitaet Halle-Wittenberg. Dat. Berlin 12. März 1881. 16 S. 8° [Umschlagt.]

Statuten der medizinischen Fakultät der Königl. Preußischen vereinigten Friedrichs-Universität Halle-Wittenberg. Neudruck vom Januar 1907. (Jena 1907: Frommann.) (23 S.) 8° [Umschlagt.]
(Nicht für den Austausch)

Statuten für die philosophische Facultät der Königl. Preussischen rheinischen Friedrich-Wilhelms-Universität. Offizieller Abdruck. (*Am Ende:* Berlin, d. 18 Oct. 1834 *etc.*) Bonn, gedr. bei C. Georgi 1835. 1 Bl., 24 S. 4. ¶ Wieder abgedr. bei Koch, Preuss. Univ. I 1839 S. 278 ff.

Statuten für die philosophische Fakultät der Königlich Preußischen rheinischen Friedrich-Wilhelms-Universität. Abdruck der ursprünglichen Statuten mit Hinzufügung der späteren Abänderungen und Zusätze. Bonn 1887: C. Georgi. (31 S.) 4°
(Nicht für den Austausch)

— die, der philosophischen Fakultät der Universität Basel. Nach der in der Fakultätsmatrikel enth. Fassg. hrsg. v. Carl Christoph Bernoulli. (36 S. m. 1 Taf.) Lex. 8. Basel 907. (Leipzig, C. Beck.) nn 2. 50

Statuten. Die St' der Philosophischen Fakultät der Universität Basel. Nach der in der Fakultätsmatrikel enthaltenen Fassung hrg. von Carl Christoph Bernoulli. [Mit 1 Tafel.] IV + 36 S. gr.-8. Basel, Friedrich Reinhardt, 1907.
(Den deutschen Philologen und Schulmännern zu ihrer 49. Versammlung, September 1907, dargebracht von der Historischen und Antiquarischen Gesellschaft zu Basel.)

Die **Statuten** der philosophischen Fakultät der Universität Würzburg in ihrer frühesten Fassung. Hrsg. v. Dr. [Dietrich] Kerler, Oberbibliothekar. *Würzburg: Stahel 1898.* (1 Bl., 42 S., 2 Taf.) 1 Bd 8. (98.10359

Statuten, die, der theologischen Fakultät der Universität Basel. Im Auftrag der histor. u. antiquar. Gesellschaft zu Basel hrsg. v. C. C. Bernoulli. (42 S. m. 1 Taf.) Lex.-S. Basel. Leipzig, C. Beck. 1910. 2. 50.

Die Statuten der Theologischen Fakultät der Universität Basel. Im Auftr. d. Hist. u. Antiquar. Gesellschaft zu Basel hrsg. von Carl Christoph Bernoulli. Basel 1910: Reinhardt. 42 S. 4°

Statuten der theologischen Facultät der Königlichen Friedrich-Wilhelms-Universität zu Berlin. *Berlin 1903: G. Schade.* (53 S.) 4°
(Nicht für den Austausch)

Statuten der theologischen Facultaet der vereinigten Friedrichs-Universität Halle-Wittenberg [v. 24. Nov. 1885]. (Halle a. S., Plotz'sche Buchdr., R. Nietschmann, 1885); 21 S. 8°.

Statuten der fünf **Facultäten** der Kaiser-Wilhelms-Universität Strassburg. Strassburg, Univ.-Buchdr. J. H. E. Heitz, 1894; 28 S. 4.
(Nicht für den Austausch)

Statuten der Familienstiftung. Personalbestand. Protokoll des ersten Geschlechtstages. 8.

Statuten der von Stackelbergischen Familienstiftung. Reval 1864

Statuten des 1876 gestifteten Brandenstein'schen Familien-Verbandes. Goslar 1878. 8.

Statuten der Vereinigung „Felsenfest" [in: Hamburg], gestiftet am 12. Febr. 1873, rev. 12. Febr. 1895. Hamburg [1895]: Mangels. 8 S. 8° [Umschlagtit.]

Statuten der Ferdinand Piper Stiftung. *(Berlin 1901: G. Schade.)* (4 S.) 4° [Kopft.]
(Nicht für den Austausch)

Statuten des Festbezirkes der Turnvereine im Mittel-Weser-Kreise, Hameln 1863, 4 S., 8°.

Statuten des . . . Feuer-Assecuranz-Vereines in Altona, revidirt u. verbessert d. d. 11. Febr. 1834. Altona. 1839. 4°, geb. in Fol.

—— der allgem. Feuer-Versicherungs-Gesellschaft deutscher Landwirthe zu Preußen. 2. Aufl. 8. (2 B.) Erfurt 838. (Sondershausen, Eupel.)

Statuten d. Schloß Abfel'schen freiwilligen Feuerwehr nebst angrenzenden Brandbezirken. (143 S. m. Abbildgn. u. 4 Taf.) München (908). (Ph. L. Jung.) Geb. in Leinw. 3. —

Statuten der Fiaker-Genossenschaft in Klgft. Klgft., Leon, (1886). 15 S.

Luzern: „Fiat Lux". Freimaurer-Konferenz in Luzern. **Statuten.** [Aarau 1895: Sauerländer & Co.] 7 S. 8⁰ [Umschlagtit.]

Statuten der Stuttgarter Fleischer-Innung. (23 S) Stuttgart 1888

Fleisch-Konsum-Verein in Bern. Statuten. 4 Stn. 8. 1874.

Schul-Bibliothek Flurlingen. Statuten. (1902 Januar.) 3 S. 8. [Schaffhausen, H. Meier & Cie.]

— für die Fohlenweide im Oberamtsbezirk Rotweil. 8. Freiburg 825. Herder. 2 gr.

Statuten des Forstvereines für Oesterreich ob der Enns. Gmunden. 1855. Druck von Johann Habacher. (16 S 8.)

Statuten des Westgalizischen Forstvereins. Statuta towarzyztwa leśnego Galicyi zachodniej. (Mit Deutschem und Polnischem Texte.) 8. (4 Bl.) Bochnia, Druck von Laurenz Pisch 1852.

Gewerbliche Fortbildungsschule in Sursee. Statuten. (1901 November 4.) [4 S.] 8. (Sursee, Huber.)

Statuten für den kaiserlich österr. Franz Josef-Orden. Typogr. liter. artist. Anstalt in Wien. (16 S. 2 Bl. 4.) (Oh. A. d. J.) 1857.

Evangelisches Kapitel Frauenfeld. Statuten. (1902 April 30.) 8 S. 8. [Frauenfeld, Huber & Co.]

Konsumverein Frauenfeld und Umgebung. Statuten. Angenommen ... am 22. Januar 1898. II + 16 S. 8. Frauenfeld, Huber & Co., 1902.

Verkehrsverein Frauenfeld. Statuten. (1903 Januar 29.) 3 S. 8.

Statuten des Frauen-Hilfs-Vereines vom Rothen Kreuze für Kärnten. Klgft., v. Kleinmayr, (1891). 16 S. — Klgft., Bertschinger, (1899). 35 S.

Statuten f. d. bad. Frauen-Verein. Karlsruhe 1872.

Statuten des katholischen Frauen-Vereines zur Uebung werkthätiger Nächstenliebe zu Linz, unter dem Schutze der schmerzenreichen Mutter Gottes, des heil. Vincenz von Paul und der heil. Elisabeth. Dr. von Huemers Witwe und Danner. (10 S. 8.) (Ohne Angabe des Ortes und Jahres.) 1857.

Statuten des Frauenvereines für eine Mädchen-Arbeitsschule. Klgft., v. Kleinmayr, (1868). 20 S. — (Später: Frauen-Erwerb-Verein.)

Schweizerischer gemeinnütziger Frauenverein, Sektion Bern. Statuten. (1902 Mai 16.) 5 S. 8.

Statuten für den wohlthätigen Frauen-Verein in der Stadt Klgft. Klgft., v. Kleinmayr, 1833. 12 S. — Klgft., Leon, 1881. 14 S.

Statuten für den wohlthätigen Frauen-Verein in Villach. Villach, Bertschinger in Klgft., 1871. 16 S.

Statuten des Frauen-Wohlthätigkeits-Vereines in Essegg. Druck von E. Lehmann & Komp. in Essegg. 1857. (18 S. 8)

Statuten des Frauen-Wohlthätigkeits-Vereines für Troppau. 8. (16 S.) Troppau, A. Traßler 1853.

—— des von Wilhelmine Halberstadt seit Okt. 1823 gegründ. Fräulein-Stiftes f. Deutschlands vaterlose, unvermählte Töchter jedes Alters, jedes Standes u. jeder Konfession. 8. (5½ B.) Cassel 838, (Fischer.)

Statuten für das von Wayland Sr. K. K. Apostol. Maj. Leopold den II. im Jahr 1791 errichteten k. k. kärntnerischen Fräulein-Stift. Klgft., ?, 1804. Quart. 13 S.

Grossenhain: **Statuten** für den Freimaurer-Club zu Grossenhain gegründet am 26. Juli 1860. [Dat. v. 15. März 1881.] Riesa o. J.: Langer. 7 S. 8⁰

Kamenz: **Statuten** des Freimaurer-Clubs zu Kamenz. [Kamenz 1874: Krausche.] 8 S. 8⁰ [Umschlagtit.]

Olten: **Statuten** des Freimaurerclubs „Für Recht und Licht" in Olten. Aarau [1900]: Sauerländer & Co. 7 S. 8⁰ [Umschlagtit.]

Dessau: [Lithogr.] **Statuten** des Freimaurer-Kränzchens zu Dessau. Im Febr. 1868. 10 S. 8⁰ [Umschlagtit.]

Reutlingen: **Statuten** des Freimaurer-Kränzchens „Am Fusse der Alb". 1875. Reutlingen [1875]: Fehleisen. 8 S. 8⁰ [Umschlagtit.]

Esslingen: **Statuten** des Freimaurer-Kränzchens zur Katharinenlinde Or.·. Esslingen, nach dem Beschlusse vom 4. Febr. 1878. Esslingen 1878: Harburger. 7 S. 8⁰ [Umschlagtit.]

Lauterbach: **Statuten** des Freimaurer-Kränzchens zu Lauterbach. [Giessen 1876: Keller.] 7 S. 8⁰ [Umschlagtit.]

Northeim: **Statuten** des Northeimer Freimaurer-Kränzchens. Genehmigt in der Versammlung am 3. Febr. 1877. Northeim [1877]: Röhrs. 6 S. 8° [Umschlagtit.]
Tt. 1177.

Gmünd: **Statuten für das Freimaurer-Kränzchen im Remsthal 1878.** [Gmünd]: Selbstverl. [d. Loge] 1878. 9 S. 8° [Umschlagtit.]

Suhl: **Statuten des unter dem Schutze der g. u. v. St. Johannes-Loge Carl zu den 3 Adlern im Or. Erfurt arbeitenden Freimaurer-Kränzchens zur Henneberger Bruderkette in Suhl. Ausgegeben im April 1890.** Suhl [1890]: Kaufmann. 11 S. 8° [Umschlagtit.]

Bingen: **Statuten** des Freimaurer-Kränzchens zum Tempel der Freundschaft in Bingen am Rhein. Worms [1861]: Boeninger. 9 S. 8° [Umschlagtit.]
Nebst Verzeichn. der Mitgl.

Limburg: **Statuten** des Freimaurer-Kränzchens zu den drei Thürmen an der Lahn zu Limburg. Wetzlar 1894: Imgardt. 8 S. 8°

Wilhelmshaven: **Statuten** des Freimaurer-Kränzchens in Wilhelmshaven. [Wilhelmshaven 1876.] 8 S. 8° [Umschlagtit.]

Neudörfl: **A pesti „Egyesség a házában" czimü szabadkömives-páholynak a m. k. belügyi miniszterium által magerösitett alapszabályai, melyeket a „Humanitas czimü páholy L. m. Szent Miklóson" 1871 — ki évi márczius 9—en magáéinak elfogadott.** [Nebentitel:] **Statuten der Freimaurer-Loge zur „Einigkeit im Vaterlande", genehmigt von einem h. k. ung. Ministerium des Innern und als ihre Eigenen anerkannt von der Loge „Humanitas" zu Neudörfl a./L. am 9. März 1871.** [Neudörfl: Selbstverlag der Loge 1871.] 2 Bl. 4°. [Kopftit.]
Ganz doppelsprachig.

Statuten der Freimaurerloge zur Harmonie in Chemnitz. (In Kraft getreten seit 8. April 1889.) [Dat.:] Chemnitz, den 3. März 1889. 2 Bl. 8° [Kopftit.]

Statuten der Freimaurerloge zur Hoffnung in Bern. Bern 1903: Büchler & Co. 22 S. 8° [Umschlagtit.]

Statuten der Freimaurer-Loge „Zu den drei Cedern" in Stuttgart. Stuttgart: Selbstverl. [der Loge] 1879. 8 S. 8° [Umschlagtit.]
Tt. 1178.

– Neue Bearb. u. d. Tit.: Satzungen ...

Harburg: **Statuten** der Freimaurer-Sterbekasse der Loge Ernst August zum goldenen Anker Or. Harburg. Harburg 1904: Lühmann. 10 S. 8° [Umschlagtit.]

Köthen: **Statuten** des anhalt[ischen] Freimaurer-Sterbecasse-Vereins in Cöthen. [Köthen 1864: Schettler.] 8 S. 8° [Kopftit.]

[Dasselbe.] [Nebst] Nachtrag. Ebendas. [1872—1877]. 8 S. 8°
Nachtr. 1872. 1 Bl. 1877. 1 Bl.

[N. Ausg. u. d. Tit.:]
Entwurf und Motive dazu. Statuten des anhaltischen Freimaurer-Sterbekassen-Vereines zu Cöthen. (Gegründet am 1. Juli 1864.) Cöthen: Schettler 1880. 40 S. 8° [Umschlagtit.]
In den Anlagen Jahresbericht für 1879/80 u. Mitglieder-Verzeichnis.

Abänderungs-Vorschläge zu dem Statuten-Entwurfe des anhaltischen Freimaurer-Sterbekassen-Vereins, nebst Motiven. [Gera 1881: Hofbuchdr.] 8 S. 8° [Kopftit.]

Statuten des anhaltischen Freimaurer-Sterbekassen-Vereines zu Cöthen. (Gegründet am 1. Juli 1864.) Cöthen 1881: Schettler. 11 S. 8° [Umschlagtit.]

[Dasselbe.] [Nebst Nachtr. 1—3.] Ebendas. 1883—[1886]. 8°
[Nachtr. 1.] 1 Bl. [1883.]
[2.] Statutenänderungen nach den Beschlüssen der Generalversammlung vom 25. Okt. 1885. 1 Bl. [1885.]
[3.] Statutenänderung nach den Beschlüssen der Generalversammlungen vom 25. Okt. 1885 und 28. Nov. 1886. 1 Bl. [1886.]

[Dasselbe.] [Nebst Nachtr.] 1892—[1893]: Schettler. 12 S. 8⁰
[Nachtr.]: Statutenänderungen nach den Beschlüssen der Generalversammlung vom 26. Nov. 1893. 1 Bl. [1893.]

Statuten des Freimaurer-Sterbecasse-Vereins in Hannover. Gegründet am 2. März 1843. Allerhöchsten Orts mit Corporationsrechten versehen unterm 19. Jan. 1846. [nebst Änderungen]. [Hannover 1864.] 2 Bl. 4⁰ [Kopftit.]
Änderungen. 1865. 1 Bl. 8⁰
Tt. 1265.

[N. Ausg. u. d. Tit.:]
Statuten des Freimaurer-Sterbecasse-Vereins in Hannover. Gegründet am 2. März 1843. Allerhöchsten Orts mit Corporationsrechten versehen unterm 19. Jan. 1846. Die rev. Statuten sind beschlossen in der 25. General-Versammlung vom 7. Juli 1864 und in der 26. General-Versammlung vom 8. April 1865 und sind vom Königlichen Ministerio des Inneren genehmigt mittelst der Rescripte vom 27. Aug. 1864 und vom 16. April 1865. [Hannover 1865.] 2 Bl. 4⁰ [Kopftit.]

Statuten der Frankfurter Freimaurer-Stiftung zur Beförderung geistiger Bildung. Frankfurt a/M. [1879]: Stritt. 6 S. 8⁰ [Umschlagtit.]
Tt. 1282.

Statuten der Frankfurter Freimaurerstiftung zur Förderung geistiger Bildung. Frankfurt a. M. [nach 1879]: Stritt. 6 S. 8⁰ [Umschlagtit.]

Gardelegen: **Statuten** des Gardelegener Freimaurer-Vereins. Magdeburg 1886: Wohlfeld. 5 S. 8⁰

Holzminden: **Statuten** des Holzminder Freimaurer-Vereins. [Holzminden 1854: Stock.] 4 S. 8⁰ [Kopftit.]
Abgedr. in: FZ. 11 (1857) S. 111—112.
Tt. 1167.

Nr. 1. Der Traktanden der Versammlung der schweizerischen Grossloge Alpina, zusammenberufen für den 20. Juni 1874 im Or. von Neuenburg. **Statuten** des schweizerischen Freimaurervereins. [Lausanne 1874: Forster-Goodmann & Cie.] 8 S. 8⁰ [Kopftit.]
Abgedr. in: UMS. 3 (1874) S. 104—112.

Paderborn: **Statuten** des Freimaurer-Vereins „Zum Hellflammenden Schwerdt" zu Paderborn. Leipzig [1876]: Grumbach. 7 S. 8⁰ [Umschlagtit.]
Tt. 1176.

Statuten der Freimaurer-Wittwen-Pensions-Casse. Begründet von der „Loge zur Bruderkette" in Hamburg. Hamburg o. J.: Kümpel. 13 S. 8⁰. [Umschlagtit.]

Statuten des Freischießens in Lemgo. Lemgo, 1837, 22 S. 1732

§ **STATUTEN** der Freude ihren Priestern und Priesterinnen gewidmet. 2 Sammlgn. Mit 2 Titel-Vign. (roth auf schwarzem Grunde, unsign.) u. 4 Musikbeilagen. Breslau und Leipzig, bey Wilhelm Gottlieb Korn 1794. 16⁰. 112 + 112 S. Selten cplt.! (Besaß Regierungsrath Phil. Pfister in München.) (18 Mk. Max Perl's Berliner-März-Auct. 1909, no. 1039; Sammlg. 1 apart: 1 Mk. 50 Pfg. v. Zahn & Jaensch, Dresden, 1896.)
Kein Eroticum. Sammlung I, S. 86—112 Rätsel u. Charaden mit Auflösung.

Statuten der Loge „Die Vereinigten Freunde an der Nahe" im Or. zu Kreuznach. [Nebst Nachtr.] Kreuznach [1888]: Voigtländer. 16 S. 8⁰ [Umschlagtit.]
Nachtr. [1895.] 1 Bl.
Im Anh. Stiftungen der Loge.

Statuten für die vereinigten Freunde der Nahe und des Rheins über die unter sich errichtete Wittwen- und Waisen-Unterstützung. Kreuznach 1811: Henss. 16 S. 4⁰

— für die vereinigten Freunde der Nahe u. d. Rheins üb. die unter sich errichtete Wittwen- u. Waisen-Unterstützung. 4. Kreuznach 811. Kehr. 4 gl.

[Dasselbe.] Kreuznach [1815]: Pfeiffer. 15 S. 8⁰
Kl. 576.

Statuten des Unterstützungs-Vereins Freundeshülfe (der Loge Johannes z. wiedererb. Tempel) in Ludwigsburg. Druck v. Riehm 1856. 8. 8 S. nebst Nachtrag betr. Gründung u. Austheilung eines Stipendiums 1869 fol. 1 S.

Ludwigsburg: **Statuten** des Unterstützungs-Vereins Freundeshülfe [der Loge Johannes z. wiedererb. Tempel] in Ludwigsburg. Gegründet im Jahre 1856. [Ludwigsburg 1856: Riehm.] 8 S. 8⁰ [Umschlagtit.]

[Dasselbe.] Rev. im Jahre 1876. Ludwigsburg 1877: Greiner & Ungeheuer. 12 S. 8⁰

Statuten des von den Mitgliedern der □ Carl zum aufgehenden Lichte zu Frankfurt am Main unter der Benennung zur Eintracht errichteten Freundschafts-Zirkel für Maurer. [Frankfurt a. M.] 1819: Gerhard. 13 S. 8° [Umschlagtit.]
Kl. 604 b.

Aktiengesellschaft Kuranstalt Frieden bei Egerkingen. Statuten. 12 Stn. 8. — Prospectus 4 Stn. 4. 1873.

Schweiz. Friedensverein, Sektion Zürich. Statuten. (1903 Mai 4.) 3 S. 8. (Zürich, J. F. Kobold.)

Statuten der Johannis-Loge Friedrich zur aufgehenden Sonne im Or. zu Brieg nebst den Statuten der milden Stiftungen dieser Loge nach der Revision vom Jahre 1884. Brieg [1885]: Kirchner. 47 S. 8°

– Neue Ausg. u. d. Tit.: Satzungen ...

Eberswalde: **Statuten der Loge Friedrich Wilhelm zu den drei Hammern in Eberswalde.** [Berlin 1888: Hoffschläger.] 10 S. 8° [Umschlagtit.]

Statuten des Radfahrklubs Kaiser Friedrich. Gegründet d. 9. März 1906 zu Königsberg i. Pr. Königsberg i. Pr. 1906: Ostpr. Dr. (8 S.) 8° [𝔉.]
[o6. 1136a 10

Statuten der St. Johannis-Loge Friedrich zur aufgehenden Sonne für den Hülfs-Verein zur Bestreitung der Beerdigungs-Kosten seiner zum ewigen Osten eingegangenen Mitglieder. Brieg 1857. [Oppeln 1857: Weilshäuser.] 8 S. 8° [Umschlagtit.]

Brieg: **Statuten** der St. Johannis-Loge Friedrich zur aufgehenden Sonne für den [Edu. Ferd.] Sauermann'schen Stiftungs-Fonds zur Unterstützung hülfsbedürftiger Waisen und Wittwen von Mitgliedern dieser Loge. Brieg 1857. [Oppeln 1857: Weilshäuser.] 8 S. 8° [Umschlagtit.]

Statuten der **Friedr. Ludw. Schröder-Stiftung [der Loge Emanuel]. Hamburg o. J.: Rademacher. 2 Bl. 8° [Umschlagtit.]**
Andere Fassung in: HL. 8 (1875) S. 629.

Statuten der Friedr. Rich. Maurach-Stiftung ..., s. Statuten der Maurach-Stiftung ...

Wesel: **Statuten** der Friedrich Wilhelms-Augusten-Stiftung zur Unterstützung für Wittwen und Waisen verstorbener Brüder der Loge zum goldenen Schwerdt im Or. Wesel. Wesel [1855]: Bagel. 8 S. 8°
Abgedr. in: Ortssatzung d. L. „Z. Goldenen Schwerdt" Wesel. 1910 S. 18—22.

Statuten der Königl. Preussischen rheinischen Friedrich-Wilhelms-Universität. Offizieller Abdruck. (*Am Ende:* Berlin den 1ten Sept. 1827.) Bonn, gedr. bei P. Neusser 1828. 3 Bl., 66 S. 4. ¶ Wieder abgedr. bei Koch, Preuss. Univ. I 1839 S. 190 ff.

Statuten der Königl. Preussischen rheinischen Friedrich-Wilhelms-Universität. Offizieller Abdruck. (*Am Ende:* Berlin, d. 1ten Sept. 1827.) Bonn, Druck v. C. Georgi 1863. 3 Bl., 66 S. 4. ¶ Wohl Neudruck d. Ausg. v. 1828.

Statuten der Königlich **Preussischen Rheinischen Friedrich Wilhelms-Universität.** Neuer Abdruck mit Hinzufügung d. offiziellen Abänderungen u. Zusätze. *Bonn 1900: C. Georgi.* (70 S.) 4°
(Nicht für den Austausch)

A. V. Frisia Kiel. **Statuten.** (Kiel [1905]: L. Handorff.) (12 S.) 8° [Umschlagt. 𝔉.]
[o6. 668

Männerchor Frohsinn Basel. Statuten 1902 (April 19). II + 8 S. 8. Basel, G. Krebs.

Männerchor «Frohsinn» Frauenfeld. Statuten. (1901 März 13.) 4 S. 8.

Statuten des Bäcker-Vereins 'Frühauf' zu Hanau a. M. *Hanau (1897): Waisenhausbuchdr.* (7 S.) 8° [𝔉.]
[o6. 8837 4

Statuten des Trautenauer Funeralkosten-Vereines. Druck von L. Pospissil in Trautenau 1856. (7 S. 8.)

Statuten des Fürsorgevereins im Landesgerichtsbezirk Hanau. Hanau [1901]: Waisenhaus-Buchdr. (8 S.) 8°

Sängerbund Töss. Statuten ([und] Fusions-Vertrag zwischen Männerchor Töss u. Männerchor «Frohsinn» Töss). Angenommen ... 1. Februar 1903. 21 S. 8. Töss, J. Wirz, 1903.

Statuten des Bremer Fußballklubs, Bremen 1883, 12 S., 16°.

Gabelsberger Shorthand Soc (NY). Progr z Feier des 10-jhr Stiftungsfestes. NY, 1894.
--Statuten ... NY, 189-[?].

Musikverein Gächlingen. Statuten. (Neujahr 1901.) II + 6 S. 8. Schaffhausen, H. Meier & Cie., 1901.

Garantie-Genossenschaft der schweiz. landwirtsch. Ausstellung in Frauenfeld pro 1903. Statuten. II + 4 S. 8. Frauenfeld, F. Müller, 1902.

Statuten der bayer. Gartenbaugesellschaft in München. (Anerkannter Verein.) München, Carl Gerber's Buchdr., 1885. 12°. 11 S. Cart.

Statuten des Garten- und Weinbau-Vereins von Colmar. [Deutsch-französisch.] Colmar 1874: Decker. 7 S. -- Bibliothèque Nationale et Universitaire de Strasbourg*

Statuten der österreichischen Gasbeleuchtungs-Aktien-Gesellschaft in Wien. 8. (16 S.) Wien. Gedruckt bei Karl Ueberreuter. 1854.

Constantia: [Gedruckte **Statuten** des angeblich 1622 gestifteten Constantinerordens.]
cf. Tholuck: Das akadem. Leben des 17. Jhs. 1, 281.
Nach Fabricius 1777 gestiftet. Die Statuten waren in der Marburger Univ.-Bibl. vorhanden, nach einer Notiz im Katalog: „in das Comtoir der Hdss. niedergelegt"; schon 1853 abhanden gekommen.
[Erman, W., u. E. Horn: Bibliogr. d. deutschen Universitäten. 1 (1904) Nr 14061.]

— des Geflügelzüchter-Vereins zu *Dresden* (de dato 7. Octob. 1872). 8°. 11 S. Cart. Beibd.

Statuten der k. k. Gelehrten-Gesellschaft in Krakau. Statut Cesarsko-Królewskiego Towarzystwa naukowego Krakowskiego. Krakow, 1856. In der k. k. Universitäts-Buchdruckerei. (20 Bl. 8.) (Deutsch und polnisch zugleich.)

Statuten der Ersparnisskasse Gelterkinden. 13 S. 8. Gelterkinden, Druck von J. Abt. 1876.

Statuten für die Israelitische Gemeinde zu Breslau. Breslau 1826. V (Nachtr.): *Friedenthal, Marcus Beer.* (Nowack, Schles. Schriftst.-Lex. Bresl. 1836—43. III, 32.)

Statuten der unter dem Namen Loge Apollo in Leipzig bestehenden Genossenschaft. [Leipzig 1884: Vollrath.] 8 S. 8° [Kopftit.]

Statuten der unter dem Namen Loge Balduin zur Linde in Leipzig bestehenden Genossenschaft. (Eingetragen in dem Genossenschaftsregister für den Bezirk des Königl. Amtsgerichts Leipzig, am 21. März 1882.) Leipzig 1882: Naumann. 16 S. 8°

Statuten der Genossenschaft der *Gast- u. Schenkwirthe* in München (de dato München, 27. März 1869). 8°. 7 S. Polizei-Expl. m. vielen Bleistift-Aendergn.

Statuten der Genossenschaft der *Kleidermacher* in München. München 1869. Kl. 8°. 30 S., 1 Bl. Cart.

Landwirtschaftliche Genossenschaft des Bezirks Brugg (mit Sitz in Windisch). Gegründet ... 1887. Statuten. Entwurf (beschlossen 1903 März 29). 10 S. 8.

Landwirtschaftliche Genossenschaft von Mühleberg und Umgebung. Statuten. (1901 Juli 21/August 17.) II + 11 S. 8. Bern, Berger & Albrecht, 1901.

Statuten der Internationalen Genossenschaftsallianz. London: International Co-operative Alliance 1904.

Statuten der Genossenschafts-Bank für das Deutsche Baugewerbe zu Berlin. E. G. m. b. H. Schöneberg [1905]: J. Thiede. (16 S.) 8° [F.]
— **Architekten-Zeitung**, Allgemeine Berliner. Jg. 4, [Beilage.] [c6. 1904

Statuten der Georg Martin Ritt-Stiftung, s. Statuten der Ritt-Stiftung.

Statuten der Gesammt-Stiftungskasse der Johannisloge zu den drei Degen in Halle a. S. [Dat.:] Halle a. S. 1887. 8 S. 8° [Kopftit.]

Statuten des Gesang und Musik-Schulvereines zu B nkovce. Druck von A. Pichlers Witwe und Sohn. (8 S. 8.)

—— und Geschäfts-Ordnung der kaiserlichen Akademie der Wissenschaften. Lex.-8. (36 S.) Wien 869, (Gerold's Sohn.) *

Statuten und Geschäfts-Ordnung der kaiserlichen Akademie der Wissenschaften. 8. Wien 1896.

Statuten und Geschäftsordnung der Arbeitsnachweisungs-Anstalt in Altona. (Altona.) o. J. 8° [Kopft.]

Statuten und Geschäfts-Ordnung der Nieder-österreichischen Escompte-Gesellschaft. Wien, 1856. Druck von L. C. Zamarski. (47 S. 4.)

Statuten, Geschäfts-, Haus- und Nahrungs-Ordnung für die Krippe und Kleinkinderbewahranstalt der Stadt Reichenberg. 8. (32 S.) Reichenberg. Buchdruckerei von Philipp Gerzabek. 1854.

[F.] Statuten, Geschäftsordnung und Kneipkomment des kathol. Studentenvereins „Borussia" zu Königsberg. *Braunsberg: Dr. d. Ermländischen Zeitgs- u. Verlagsdr. 1895.* (40 S.) 1 Bd 8. [9t. 1118 R.

Statuten und Geschäftsordnung des maurerischen Clubbs: Maçonia im Or. von Leipzig nach deren neuer Feststellung in der Sitzung vom 1. Nov. 5848. Altenburg [1848]: Hofbuchdr. 8 S. 8° schlagtit.]

Statuten und Geschäftsordnung für den »Verein für Erfindungswesen« zu Berlin. Jg. 1904. Berlin (1904)

Statuten und Geschäfts-Reglement der k. k. priv. Donau-Dampfschifffahrts-Gesellschaft. 4. Wien, K. Gerold u. S. 1852.

Statuten und Geschäfts-Reglement der ersten k. k. privil. Donau-Dampfschifffahrts-Gesellschaft. Genehmigt mit allerhöchster Entschließung Sr. k. k. apostol. Majestät, dto Schönbrunn, am 16. Oktober 1852. Wien, 1855. Buchdruckerei von Karl Gerolds Sohn. (18 S. 4.)

Ersparniss-Cassa Olten. Statuten und Geschäftsreglement. 17 Stn. 8. 1871.

Statuten der Geschäftsstelle für den Austausch der Logenlisten (früher maur. Correspondenz-Bureau). [Leipzig] o. J. 1 Bl. 4° [Kopftit.]

Statuten des Geschlechtsverbandes derer von Eberstein, angenommen auf dem Familientage zu Berlin 30. Januar 1887. 4.

STATUTEN des Eisenstädter katholischen Gesellen-Vereines. Eisenstadt 1863: Heinrich Stoß. 8 S. - 8°

Statuten des katholischen Gesellen-Vereines in Gratz. Gegründet im Jahre 1854. 8. (16 S.) Gratz. Aus der C. Tanzer'schen Buchdruckerei. 1854.

STATUTEN des katholischen Gesellen-Vereines in Pest-Ofen. Pest 1858: Emich. 4 S. - 8°

- Dass. Pest 1863: Emich. 4 S. - 8°

Statuten des katholischen Gesellen-Vereines in Preßburg. Preßburg, 1856. Schnellpressendruck von Alois Schreiber. (7 S. 8.)

Statuten des katholischen Gesellen-Vereines in in St. Pölten. St. Pölten. Druck von F. Lorenz. (8 S. 8.) 1855.

Statuten des katholischen Gesellenvereines in Troppau. Gegründet im Jahre 1855. Troppau. 1855. Druck von Adolf Traßler. (8 S. 8.)

Statuten des Gesellen-Vereins zu Linz. (Gegründet am 2. Mai 1852.) 8. (12 S.) Linz. Druck von Joh. Huemer's Witwe. 1854.

Statuten des Gesellen-Vereines zu Ried. Ried, 1855. Druck von Josef Kränzl. (16 S. 8.)

Statuten des Geselligkeits-Vereins in Enns. 8. (12 S.) Linz. Feichtinger's Buchdruckerei. 1854.

Allgemeine Geschichtforschende Gesellschaft der Schweiz. Statuten, d. d. Solothurn, 28. Sept. 1874. 4 Stn. 8.

Statuten der Antiquarischen Gesellschaft in Zürich. 1871.

Statuten der astronomischen Gesellschaft v. 24. Sept. 1881. (Gegründet 1863).

Deutsche Gesellschaft von Canada--Quebec. Statuten, gegründet 1835; abgeändert 1893. Berlin, 1893.

Statuten der Deutschen Morgenländ. Gesellschaft angenommen von der Orientalisten-Versammlung zu Darmstadt den 2. October 1845. Mit den Zusatzbestimmungen der folgenden Generalversammlungen.

— -- ... mit Hinzufügung der späteren Aenderungen und Zusatzbestimmungen neu gedruckt im Mai 1892. 2 voll. [Leipzig 1867. 1892.]

Statuten der Deutschen Gesellschaft in Stockholm. Stockh. '09. 11 S.

Statuten der Gesellschaft zur Einigkeit zu Frankfurt a. M. Im 23ten Colleg-Jahr. [Frankfurt a. M.] 1838: Streng & Schneider. 28 S. 8°

Statuten der Gesellschaft zur Erbauung der Nydeckbrücke in Bern. 1837.

STATUTEN der am 20. April 1828 in Berlin gestifteten Gesellschaft für Erdkunde nach der Feststellung in der Sitzung vom 2. December 1882. Berlin. Druck von Kerskes & Hohmann. 8°.

STATUTEN der Gesellschaft für die Geschichte der Israeliten in Elsass-Lothringen. (Ohne bes. Titelbl.) kl. 8°.

[F.]**Statuten** der Gesellschaft für Schleswig-Holsteinische Geschichte. *(Kiel 1898.)* (4 S.) 1 Bd 8. [98. 7640 H2

Statuten der Hamburgischen Gesellschaft zur Beförderung der Künste und nützlichen Gewerbe. 5. Ausgabe. 4° Hamburg 1853

Statuten der Gesellschaft schweiz. Ingenieure und Architekten. Zürich 1840, St. Gallen 1843. Neuchâtel 1849.

Internationale Gesellschaft für Bergbahnen. Statuten. 21 Stn. 8. Basel, Druck v. F. Riehm. 1873.

Statuten der k. k. kärntnerischen Gesellschaft zur Beförderung der Landwirthschaft u. Industrie. Klgft., v. Kleinmayr, 1831. Quart. 16 S.

Kaufmännische Gesellschaft in Zürich. Statuten. 5 Stn. 8. Zürich, Druck v. Orell, Füssli & Co. 1874.

Statuten der Gesellschaft patriotischer Kunstfreunde für Böhmen in Prag. Genehmigt mittelst allerhöchster Entschließung vom 1. Dezemb. 1856. (Ministerial-Bestätigung vom 21. Juni 1856. Z. 8064—700.) K. k. Hofbuchdr. von Gottl. Haase Söhne in Prag. (6 Bl. 4.)

Statuten der k. k. mährisch-schlesischen Gesellschaft zur Beförderung des Ackerbaues, der Natur- und Landeskunde. Nach dem Beschlusse der Generalversammlung vom 5. Dez. 1850. Gedr. bei Rudolph Rohrers sel. Witwe. (10 S. 8.)

Statuten der Gesellschaft zu den vierzig Martyrern oder zum Triangel in München, nebst der Entstehungsgeschichte der Gesellschaft. München 1875. 12°. 23 S. Cart.

— n., d. naturf. Gesellsch. zu Jena. 8. Jena, Göpferdt. 800.

Statuten der naturforschenden Gesellschaft in Zürich, revid. 1843.

Statuten der Gesellschaft deutscher Naturforscher und Ärzte. Entwurf des Vorstandes 1891.

Statuten d. oberaargauischen Gesellschaft für Viehzucht. Herzogenbuchsee 1863. 15 S. P.

„Statuten der ökonomischen Gesellschaft im Königreiche Sachsen", Dresden 1820.

Statuten der „oesterreichischen Gesellschaft vom Weissen Kreuze". Wien 1892. 8°

Statuton der Ost- u. Westpreußischen Gesellschaft für Gynäkologie. *[Königsberg i. Pr. 1903.]* (2 Bl.) 8° [Kopft.] [04. 2010 10

Gesellschaft schweizerischer Paediater (Société suisse de Pédiatrie). Statuten. (1902 Mai 31.) 3 S. 8.

Statuten d. *pommerschen* ökonomischen Gesellschaft. Cöslin (1845). 15 S.

Statuten der Gesellschaft der Rebleute von der Stadt Colmar. Colmar 1845. -- [Zit. nach dem Realkatalog der DSB]

Statuten der Gesellschaft zur Saffran 1867—79. Zürich. 4.

Statuten der St. Gallischen naturwissenschaftlichen Gesellschaft. 1868.

Statuten der Schleswig-Holsteinischen patriotischen G e s e l l - s c h a f t . Altona 1812. 4⁰

Statuten der Gesellschaft ehemaliger Studierender der eidg. polytechnischen Schule in Zürich 1869 u. 1876.

Statuten der technischen Gesellschaft in Zürich 1843 u. 1858.

Statuten der Gesellschaft schweiz. Thierärzte. 1851.

Gesellschaft für Touristen-Bahnen des Berner Oberlandes. Statuten. 21 Stn. 8. Bern, Druck v. Rieder & Simmen. — Prospectus. 11 Stn. 8. mit 1 Karte. 1874.

Statuten der Gesellschaft der Braunschweigischen Turnhalle, Braunschweig 1862, 7 S., Kl.-8°.

Statuten der Gesellschaft zur Unterstützung armer Leidtragender . . . Breslau 1833. V [Vorw.]: *Friedenthal, Marcus Beer.* (Nowack, Schles. Schriftst.-Lex. Bresl. 1836—43. III, 32.)

***Stuttgart:* Statuten der Unterstützungs-Anstalt „Gesellschaft zu Rath und That". Stuttgart 1847: Greiner. 8 S. 8°.**

Statuten der Unterstützungs-Anstalt „Gesellschaft zu Rath und That". Stuttgart 1847. [Stuttgart 1847]: Greiner. 8 S. 8° [Umschlagtit.]

[Dasselbe.] Andrer Druck. Ebendas. [1847]. 8 S. 8°

Gesellschaft zum «Rätischen Volkshaus» in Chur. Statuten. (1901 März 18.) 8 S. 8.

STATUTEN der volkswirthschaftlichen Gesellschaft für Norddeutschland. (Lübeck 1862. Druck von H. G. Rahtgens.) 8°.

Statuten der Gesellschaft für Wasserversorgung der Stadt Basel nebst Vertrag mit der Stadtbehörde. 1864.

Statuten der Gesellschaft für die Weinverbesserung in Württemberg. o.O. u. J. -- [Zit. nach Angaben der UB Tübingen; 21: vermißt]

Statuten der Wetterauischen Gesellschaft für die gesammte Naturkunde. Hanau 1868.

„Statuten und Gesellschaftsvertrag der pommerschen ritterschaftlichen Privatbank", Berlin 1824. — Vorh.: Preuß. Staatsbibl. Berlin

— u. Gesellschafts-Vertrag der Pommerisch-ritterschaftl. Privat-Bank. 8. Berl. 825. Trautwein. 2¼ ℛ

Statuten und **Gesetze** der Lausitzer Prediger-Gesellschaft. Aus d. Urkunden d. Gesellschaftsarchivs zsgest. u. hrsg. von stud. theol. Johannes Hiecke. (T. 1.) Als Einladung z. 187. Stiftungsfeste hrsg. von Johannes Kappler, stud. theol. *(Leipzig 1903: Poeschel & Trepte.)* 4°
= **Jahresbericht** der Lausitzer Predigergesellschaft zu Leipzig. Mitteilung 28. 04. 170

Statuten und Gesetze der Lausitzer Prediger-Gesellschaft von 1778 bis 1790. Aus d. Urkunden d. Gesellschaftsarchivs zsgest. u. hrsg. von cand. theol. Johannes Hiecke. (Leipzig 1905: Pöschel & Trepte.) (24 S.) 4°
= **Jahresbericht** d. Lausitzer Predigergesellschaft zu Leipzig. Mitteilung 30. 06. 4003

— — der Gewehrschäfte,- Fournier- und Möbelfabrik in Luzern und Vernayaz. Vom 4. Febr. 1876. Luzern, Kantonsbl. 1876. Nr. 8.

Statuten der Gewerbehalle zu Basel. Basel 1862

Allgemeine Gewerbekasse in Kloten. Statuten. (1902 September 25.) II + 12 S. 8. Oerlikon, Gebr. Meyer, 1902.

Gewerbeverein des Bez(irkes) Bülach. Statuten. (Angenommen ... 15. Mai 1892 und revidiert ... am 21. Dezember 1902.) 4 S. 8. (Bülach, H. Graf.)

Statuten des Gewerbevereins in Leonberg. Leonberg 1858

Statuten des Gewerbe-Vereines in Linz. 8. (8 S.) Linz. Druck von Joseph Wimmer. 1854.

Statuten des Gewerbevereins in Ulm. Ulm 1876

Statuten der Naher Gilde. Oldesloe. 1886. 8°

Statuten der Glattthal-Eisenbahn 1853 u. 1856.

Basler Losverein «Glückauf» (in Basel). Statuten. 1901 Juni 10. 1 S. 4.

— die Goslarischen, s. Otto Göschen.

***Pössneck:* Statuten** für die Freimaurerloge Göthe zu Pössneck. [Pössneck 1884: H. Schneider.] 2 Bl. 8° [Kopftit.]

— Göttinger, bearb. v. Goswin Frhr. v. der Ropp, s.: Quellen u. Darstellungen zur Geschichte Niedersachsens. 25. Bd.

Fussball-Club «Grasläufer» Schaffhausen. Statuten. 1. November 1902. II + 8 S. 8. Schaffhausen, H. Meier & Cie., 1902.

Statuten für das Gremium der Buchdrucker in Kärnten. Klgft., Leon, 1899. 30 S. (V. auch: Statut.)

Spar- & Leihcasse Grenchen. Gegründet im Jahre 1868. Statuten. Revidiert am ... 31. März 1901. II + 15 S. 8. Grenchen, A. Niederhäuser, 1901.

Statuten für die Grimm-Stiftung (vom 15. Januar 1870). (Berlin o. J.) (2 Bl.) 4° [Kopft.] * Wieder abgedr. bei Daude, Die Kgl. Friedrich-Wilhelms-Univ. zu Berlin 1887 S. 423-424.

Statuten der Grossloge des Königreichs Hannover und der unter ihrer Direction arbeitenden St. Johannislogen. Angenommen im Jahre 1839. Hannover [1839]: Schlüter. 80 S. 8°

[Dasselbe.] Mit einem Nachtr. enth. die Statuten erg. Beschlüsse der Grossloge. Hannover [1860]: Culemann. 85 S. 8°

[Dasselbe.] [Nebst] Nachtr. 2. 3. Ebendas. [1860—1865]. 8°
Statuten 85 S. [1860.]
Nachtr. 2. 3 S. [1862.]
3. 4 S. [1865.]
cf. FZ. 4 (1850) S. 368.
Kl. 200. Beigefügt die Übers. der alten Pflichten 1723. Der Entwurf des Konstitutionsbuchs seinerzeit von W. Blumenhagen angefertigt, von der Grloge umgearb.

Statuten der Gust. Adolf Schiffmann-Stiftung..., s. Statuten der Schiffmann-Stiftung ...

Statuten der Gustav Magnus-Stiftung (vom 19. April 1883). (Berlin o. J.) (7 S.) 4° ¶ Wieder abgedr. bei Daude, Die Kgl. Friedrich-Wilhelms-Univ. zu Berlin 1887 S. 656-659.

Statuten des Dithmarsischen Hagel-Assecuranz-Vereins, revidirt u. verändert laut Beschlüssen der außerordentlichen Abgeordneten-Versammlung vom 7. Nov. 1873. Meldorf. 1874. 4°

— — der allgem. Halberstädtischen Hagelschaden-Assecuranz-Societät. gr. 8. Halberstadt. (Leipzig, Barth in Comm.) 820.

Statuten des Angler Hagelschaden-Vereins für das Herzogthum Schleswig. Gegründet zu Satrup, d. 27. März 1862. Schleswig. 1868. 8°
—— Kappeln. 1876. 8°

Statuten der Koeniglich Preussischen / vereinigten Friedrichs-Universitaet / Halle-Wittenberg. / (Dat.: Potsdam 24. April 1854.) (Halle) [1854]: (Hendel). 45 S. 4°
[Umschlagt.:] Statuten.
1. Abdruck.

Statuten / der Koeniglich Preussischen / vereinigten Friedrichs-Universitaet / Halle-Wittenberg. / (Dat.: Potsdam 24. April 1854.) [2. Abdr.] (Halle a. S.) o. J.: (Plötz'sche Buchdruckerei (R. Nietschmann)). 48 S. 4°
[Umschlagt.:] Statuten.

Statuten / der Koeniglich Preussischen / vereinigten Friedrichs-Univeritaet / Halle-Wittenberg. / (Dat.: Potsdam 24. April 1854.) [3. Abdr.] (Halle a. S.) o. J.: (Plötzsche Buchdruckerei R. Nietschmann). 45 S. 4°
Das Druckjahr war nicht feststellbar, aber der Druck erfolgte wahrscheinlich nach 1880 bis zu des Inhabers R. Nietschmann Tod 1893 (bzw. bis zur Ersetzung des Vornamens durch den seines Sohnes Kurt seit 1898).

Ein Neudruck mit Kommentar ersch. später:
Statuten der Koeniglich Preussischen vereinigten Friedrichs-Universitaet Halle-Wittenberg. Neudr. [Mit Anm. u. Anh., bearb. v. Friedrich Loofs u. Edgar Loening, hrsg. v. Friedrich Loofs.] (Halle a. S. 1908: Waisenhaus.) 87 S. 8°

Der Stadt Hamburg Statuten u. Gerichtsordn. *Hamb.*, König. 772. 4. (4 Thl.)

Verband der Deutschen Buchdrucker. **Statuten** für den Bezirksverein Hanau a. M. (Hanau 1903: Waisenhaus.) (7 S.) 8°
[Kopft. F.]

Verband d. Deutschen Buchdrucker. **Statuten** für den Ortsverein Hanau a. M. *[Hanau 1901: Waisenhaus-Buchdr.]* (7 S.) 8° [Kopft. F.] [illegible]

Statuten des Zweigvereins Hanau des Vereins deutscher Lokomotivführer. *Hanau [1903]: Waisenhaus.* (7 S.) 8° [F.] [illegible]

St. Galler Handelsbank in St. Gallen. Statuten. (1901 März 12.) II + 20 S. 8.

Schaffhauser Handelsbank. Statuten. 15 Stn. 8. Schaffhausen, Druck v. A. Gelzer. — Prospectus. 3 Stn. 4. *1873.*

Aargauischer Handels- und Industrie-Verein. Statuten. Genehmigt... 27. Oktober 1902. 8 S. 8. Aarau, H. R. Sauerländer & Co., 1902.

Kantonaler aargauischer Handwerker- & Gewerbeverband. Statuten. (1902 November 23.) II + 7 S. 8. Reinach, S. Tenger, 1902.
Beilage zur aargauischen Gewerbezeitung Nr. 4. 1903.

Statuten der Harmonie zu Flensburg vom 10. November 1803. V: *Nerong, Gottfried Johannes.* (NN)

Männerchor «Harmonie» Biel. Statuten. Vom 1. April 1901. II + 8 S. 8. [Biel,] Gebr. Würsten & Schurter.

Statuten für die Harmonie-Kränzchen der Loge Sokrates zur Standhaftigkeit. [Frankfurt a. M.] o. J. 8 S. 8° [Umschlagtit.]

Statuten des unter dem Allerhöchsten Schutze Ihrer Majestät der Kaiserin-Königin, Karolina Augusta stehenden Haupt-Vereines für Kinder-Bewahranstalten in Wien. Wien, 1855. Gedruckt bei Leopold Grund. (8 S. 4.)

STATUTEN des Pester Hauptvereines zur beständigen Anbetung des allerheiligsten Sakramentes des Altars und zur Ausstattung armer Kirchen. Pesth 1860: Jos. Beimel u. Bas. Kozma. 32 S. - 16°

STATUTEN des Pressburger Hauptvereines zur beständigen Anbetung des allerheiligsten Sakramentes des Altars und zur Ausstattung armer Kirchen. (Pressburg) 1860. Verlag des Vereines St. Norbertus Wien. Druck v. Alois Schreiber. 32 S. - 8°

Hauskranken- und Invaliden-Kasse für die Angestellten des Hauses Orell, Füssli & Comp. in Zürich. Statuten. 11 Stn. 8. Zürich, Druck von Orell, Füssli & Comp. *1872.*

Statuten des Grossherzoglichen Badischen Haus-Ordens der Treue und des Ordens vom Zähringer Löwen. Karlsruhe 1840.
4 S.; 1 Taf. in Lithogr., 4 S.; 1 Taf in Lithogr. 4°

Theologisches Pensionat (Rebhaus) in Basel, gegründet 1859. Statuten ([nebst] Hausordnung, auf Neujahr 1901, [und] Lehrplan... des... Gymnasiums). 14 S. 8. Basel, Fr. Reinhardt, 1900.

Hausverdienstverein für Zürich und Umgebung. Statuten. 15 Stn. 8. Zürich, Druck von J. Herzog. *1876.*

Statuten für die Hecker-Stiftung (vom 6. August 1879). (Berlin o. J.) (3 S.) 4° [Kopft.] ¶ Wieder abgedr. bei Daude, Die Kgl. Friedrich-Wilhelms-Univ. zu Berlin 1887 S. 633-634.

Statuten des Haide-Kultur-Vereins für Schleswig-Holstein. Wilster. 1885. Siehe in: Vereinsblatt des Haide-Kultur-Vereins. Jg. 13. Wilster. 1885. 8°.

Statuten der Heilanstalt in Sonderburg für idiotische und schwachsinnige Kinder.
Sonderborg. (1862.) 8°.

Bernische Heilstätte für Tuberkulöse (in Heiligenschwendi, Verein in Bern). Statuten vom 6. Mai 1901. 11 S. 8. Bern, Neukomm & Zimmermann, 1901.

Handwerkerverein Herisau. Statuten. Revidiert ... Oktober 1900. 10 S. 8. Herisau, U. Giezendanner, 1901.

Statuten der Herzog Friedrich-Stiftung. Hamburg. (1864.) 8°.

Schweizerische Centralbahn. Statuten der Hülfscasse für die Beamten. Gültig vom 1. September 1891 an. ([Mit Anhängen:] Regulativ für Vollzug der... Wahlen von 4 Mitgliedern der Hülfscassen-Commission, 1899 Juni 20, [und] Nachtrag 2 zu den Statuten..., 1900 Juni 19/August 28.) II + 29 + *Anhänge* 3 + 3 S. 8. [Basel, H.] K[rüsi]-S[chöllkopf], Januar 1903.
Schweizerische Centralbahn. Nr. 153.

München: **Statuten der Hilfs-Kasse der Frei-Maurer-Loge zur „Kette" in München.** Genehmigt durch Beschluss der General-Versammlung am 13. Dec. 1879. München [1879]: Knorr & Hirth. 12 S. 8°

Öls: **Statuten** des Hülfs-Vereins zur Bestreitung der Beerdigungskosten verstorbener Br Br Mitglieder der St. Johannis Loge Wilhelm zur gekrönten Säule in Oels. Rev. am 4ten Sept. 1852. [Oels 1852.] 16 S. 8° [Umschlagtit.]

Deutscher Hilfsverein zu Nizza, gegründet am 15. Januar 1875.... Statuten, umgeändert im Jahre 1903. 8 S. 8. (Aarau, H. R. Sauerländer & Co.)

Protestantisch-kirchlicher Hilfsverein des Kantons Schaffhausen. Gegründet... 1842. Statuten. (1902 März 11.) [4 S.] 8. Neuhausen, Weigel & Wenger.

Offenbach: **Statuten** des Hülfsvereins für entlassene Sträflinge in der □ Carl und Charlotte zu Offenbach am Main. o. O. u. J. 4 S. 4°. [Kopftit.]
Vgl. W. 37967.

Statuten des Züricher Hülfsvereins für Geisteskranke. Zürich, Druck von Orell Füssli & Co. 3 S. 8. 1876.

Statuten der freischlagenden Verbindung Hohenstaufia zu Tübingen. Tübingen 1892: H. Laupp jr. (25 S.) 8° [F.] 1oб. 7666 11

Wiesbaden: **Statuten** der Johannisloge Hohenzollern im Or. Wiesbaden. Wiesbaden [1889]: Hagen. 11 S. 8°

Männerchor Hohlenbaum. Statuten. (1901 Mai.) II + 5 S. 8. Schaffhausen, H. Meier & Cie., 1901.

Männerchor Hohlenbaum. Statuten. (1901 Mai.) II + 5 S. 8. Schaffhausen, H. Meier & Cie., 1903.

Actiengesellschaft Holzstoff-Fabrik an der Emme und Rhone. Statuten. 15 Stn. 8. Solothurn. 1873.

Statuten des ersten österreichischen Kinder-Asyls Humanitas in Kahlenbergerdorf, s. Statuten des ersten österreichischen Kinder-Asyls.

Wien: **Statuten** des nicht-politischen Vereins „Humanitas" [in Wien]. [Wien: Selbstverlag des Vereins 1871.] 2 Bl. 4°. [Kopftit.]

— — der Hypothekarbank in Winterthur. 23 S. 8. Winterthur, Druck von J. Westfehling. 1876

—— der bayer. Hypotheken- u. Wechselbank. Amtl. Abdruck. 12. (3 B.) München 835, (Franz.)

„Statuten der bayerischen Hypotheken- & Wechselbank vom 17. Juni 1835, mit den durch das Gesetz vom 15. April 1840 und die allerhöchsten Entschließungen vom 3. Februar 1839 und 4. Februar 1841 genehmigten Abänderungen und Zusätzen", München 1841. — Vorh.: Com. Bibl. Hamburg.

— der Bayerischen Hypotheken- und Wechselbank vom 17. Juni 1835, mit den durch das Gesetz vom 15. April 1840 rc. genehmigten Abänderungen und Zusätzen. gr. 8. München 841, Franz. 1/3 ₰

— der Bayerischen Hypotheken- u. Wechselbank vom 17. Juni 1835 mit den durch d. Gesetz vom 15. April 1840, u. die Allerhöchsten Entschließungen vom 3. Febr. 1839 u. 4. Febr. 1841 genehmigten Abänderungen u. Zusätzen rc. gr. 8. (38 S.) München 851, Franz. n. 4 ngr

— der Bayerischen Hypotheken- u. Wechsel-Bank vom 17. Juni 1835 mit den genehmigten Abänderungen u. Zusätzen. gr. 8. (39 S.) München 852, Franz. 1/6 ₰

Statuten der bayerischen Hypotheken- und Wechsel-Bank vom 17. Juni 1835 mit den durch das Gesetz vom 15. April 1840, und die allerh. Entschließungen vom 3. Febr. 1839, 4. Febr. 1841 rc. genehmigten Abänderungen und Zusätzen. gr. 8. (39 S.) München 861, Franz.

—— der bayerischen Hypotheken- und Wechselbank vom 17. Juni 1835 mit den durch das Gesetz vom 15. April 1840 rc. genehmigten Abänderungen und Zusätzen. Neue Ausg. mit Anh. gr. 8. (46 S.) München 867, Franz'sche Buchh.

Statuten des Industrie- u. Gewerb-Vereins im Kronlande Kärnten. Klgft., v. Kleinmayr, (ca. 1850). 17 S.

Infanterie-Schützenverein von Zürich u. Umgebung. Statuten. Druck v. Orell, Füssli & Co. 4 Stn. 8. 1871.

Statuten des Instituts für arme verwahrloste Mädchen in Linz. Dr. von A. Pichlers Witwe und Sohn. (3 S. 8.) (Ohne A. des O. und J.) 1857.

Statuten nebst der dazu gehörigen Instruktion des Schützen-Vereins zu Mülheim am Rhein. 15 S. Mülheim am Rhein 1862.

Metz: [Autogr.] Loge zum Tempel des Friedens zu Metz. **Statuten** der Joh. Bapt. Reinert Stiftung. [Metz 1877.] 9 S. 4° [Umschlagtit.]

[Dasselbe.] Rev. den 26. Febr. 1883. [Dat.:] Metz 1883. 9 S. 8°
Tt. 1281.

[Autogr.] Aenderung der Statuten der Joh.-Bapt.-Reinert-Stiftung [in Metz], beschlossen in der Generalversammlung vom 30. Jan. 1888. o. O. [1888]. 1 Bl. 4° [Kopftit.]

Statuten der Johannes-Stiftung der Loge Amalia im Or. Weimar. [Weimar 1875: Hofbuchdr.] 8 S. 8⁰ [Kopftit.]

Statuten [seit 1891: Satzungen] der Johannes-Stiftung der Loge Ferdinande Caroline [zu den 3 Sternen] gegründet am 20. Febr. 1865. [Hamburg 1865—1891]: Adler [1892]: Täschner. [1905]: Drexel & Adler. 8⁰ [Umschlagtit.]: Johannes-Stiftung.
[1865.] 14 S. [1891.] 12 S. [1892.] 12 S. [1905.] 14 S.

Altenburg: **Statuten** der von dem Sparkassen-Verein zu Altenburg ... gegründeten Johannes-Stiftung. Altenburg 1877: Bonde. 8 S. 8⁰.

Statuten der unter dem Schutz der Ehrw. Grossen National-Mutterloge, gen. „Zu den drei Weltkugeln" [in Berlin] arbeitenden Johannis-Freimaurerloge „Zu den drei Rosen im Walde" im Or. zu Sorau N.-L. Sorau [1889]: Rauert. 17, 4 S. 8⁰ [Umschlagtit.]
Beigefügt sind die Statuten der zur Unterstützung hilfsbedürftiger aktiver Mitgl. der Loge u. deren Witwen u. Waisen 1868 gegründeten Klinkmüller-Stiftung nach den Abänderungen v. J. 1889.

Prenzlau: **Statuten** der Johannis-Freimaurer-Loge „Zur Wahrheit" im Or. zu Prenzlau. Prenzlau 1895: Mieck. 2 Bl. 8⁰ [Umschlagtit.]

Statuten der ger. u. vollk. Johannis-Loge „Zu den drei Thürmen a. d. Lahn" im Or. Limburg. Wetzlar 1903: Imgardt. 16 S. 8⁰

[Autogr.] **Statuten der Johannis-Loge „Zum Treuen Herzen" in Strassburg.** [Strassburg 1872.] 16 Bl. 8⁰ [Kopftit.]
Tt. 1173.

Statuten der Johannis-Loge zum Tempel der Eintracht im Or. Posen. Posen 1885: Neumeyer. 8 S. 8⁰ [Umschlagtit.]

Statuten der ger. u. vollk. Johannislogen des Gr.·. Orients von Rio Grande do Sul. [Santa Cruz 1896: Hermsdorf.] IV, 47 S. 8⁰

Statuten der Jubiläumsstiftung am Großherzoglichen Gymnasium in Baden. 4 (S. 5 der Schuln.).
Progr. Großh. G. u. Rprg *Baden* 1896

Statuten des kathol. Jünglingsvereines. Wien, 1857. Dr. von A. Schweiger. (2 Bl. 8.)

'Jungs holt fast!' Plattdütsche Vereenigung för Altona, Ottensen un Umgegend. **Statuten.** [Altona 1901: H. W. Köbner & Co.] 8⁰ [Kopft. F.]

Bernische Jurabahn-Gesellschaft. Statuten. 10 Stn. 4. Verwaltungsreglement. 8 Stn. 8. 1871.

Schweizerischer Juraverein. **Statuten.** (1901 November 26.) 4 S. 8.

Statuten der Kaiser Ferdinands Nordbahn. Wien 1836. 4.

Statuten der k. k. privil. Kaiser Franz Josef Orientbahn-Gesellschaft. Wien. Mechitharisten-Congregations-Buchdr. (37 S. 4.) (Deutsch u. Französisch zugleich.) 1857.

Statuten der k. k. privil. **Kaiserin Elisabeth-Bahn-Gesellschaft.** Druck von L. C. Zamarski. (12 S. 4.) 1857.

Königsberg: [**Statuten** für die Kaiser Wilhelm-Augusta-Stiftung der St. Johannis-Loge zum Todtenkopf und Phönix in Königsberg i. Pr. Königsberg i. Pr. 1879: Dalkowski.] 5 Bl. 8⁰
Nebst statistischen Mitteilungen.

Salzungen: **Statuten** der Kaiser-Wilhelm-Stiftung des Freimaurer-Clubs zu Salzungen. [Salzungen ca 1875: Ruebsam.] 2 Bl. 8⁰ [Kopftit.]
Tt. 1279.

Statuten der freiburgischen Kantonalbank 1850.

Graubündner Kantonalbank. Statuten vom 3. Dezember 1874. Chur, Druck v. Gebr. Casanova, 1875. (16 Stn. in-8.)

Zürcher [C]Kantonal-Schützenverein. **Statuten. Entwurf** [1901 November]. 6 S. 8.

Zürcher **Kantonal-Schützenverein. Statuten. 2. Entwurf. Genehmigt vom neuen Centralvorstande.** ([**Februar**] 1902.) 6 S. 8.

Bernischer Kantonalverband für die **Naturalverpflegung** dürftiger Durchreisender. **Statuten.** (1902 Juni 24.) 4 S. 8.

Statuten des Kissder Kapitular-Wittwen- und Waisen-Pensions-Institutes. Kronstadt 1850. H: *Schuster, Mich. Ad.* (KU) (rk)

Statuten der Actiengesellschaft Carl zur Eintracht in Mannheim. Mannheim 1876: Hogrefe. 10 S. 8⁰ [Umschlagtit.]

Statuten der ... Karl Anton Agthe-Stiftung ..., s. Statuten der ... Agthe-Stiftung ...

— für die Karl Friedrichs-, Leopolds- u. Sophien-Stiftung zu Carlsruhe. Im December 1832. gr. 8. Carlsruhe 832. Braun. 1/12 ℛ

Statuten des Kartellverbandes Akademischer Turnvereine, Leipzig 1873, Hf., 1 S., 8°.

Statuten des Jägerndorfer Kasinos. Druck von C. Petschner in Jägerndorf. (14 S. 8.) 1856.

Statuten des neuen Casino in Klgft. Klgft., Leon. 1865. 8 S.

Statuten des Preßburger-Kasino. Preßburg, 1855. Druck von Alois Schreiber. (8 S. 8.)

Statuten des Casino-Vereins. 1854. 8. (8 S.) Wien. Gedruckt bei Leopold Sommer. 1854.

Statuten des Krakauer allgemeinen Casino-Vereins. Deutsch und Polnisch. 8. (32 S.) Krakau. Druck der k. k. Universitäts-Buchdruckerei. 1854. Verlag desselben Casino Vereins.

Statuten des Casino-Vereines in Villach. Villach, Tengg. 1835. Quart. 8 S.

Brooklyn: **Statuten** der Kasse für Erziehung, Bekleidung und Versorgung dürftiger Kinder oder Waisen und für Unterstützung von Wittwen. Pythagoras-Loge No 1 in Brooklyn. New-York 1860: Teubner. 8 S. 8° [Umschlagtit.]

Statuten und Katalog des Bezirksgewerbevereins Saulgau. Saulgau 1869

Saaz: **Statuten** des nichtpolitischen Vereins „Kette" in Saaz. Saaz o. J.: Butter. 1 Bl., 4 S. 8°. [Umschlagtit.]

Saaz: [**Statuten** des] Verein[s] Kette in Saaz. [Saaz 1883: Butter.] 4 S. 8° [Umschlagtit.]
Tt. 1217.

Statuten des ersten österreichischen Kinder-Asyls [Humanitas in Kahlenbergerdorf. Wien: Selbstverl. d. Humanitas 1873.] 8 S. 8° [Kopftit.]

[Dasselbe.] [Dat.:] Wien 1874. 8 S. 8° in: Rechenschafts-Bericht d. Kinder-Asyls „Humanitas" f. 1876, S. 9—14.
Tt. 1278.

STATUTEN der Kronstädter römisch-katholischen Kirchengemeinde-Vertretung. A Brassói róm. kath. egyházmegye képviseletének alapszabályai. Kronstadt 1871: Römer & Kramner.

— des christl. Kirchengesang-Vereins in Zürich. Bevorwortet von J. P. Lange. gr. 8. Zürich 844, Meyer u. Zeller. 1 3/4 ngl

STATUTEN des Kirchenmusik-Vereines an der Dom- und Stadtpfarrkirch zum heiligen Martin in der königlichen freien Krönungsstadt Preßburg. Alapszabályai az Egyházihangász-Egyesületének sz. kir. és koronazáti Pozsony városa fő és városi anya templomában Szent Mártonnál. Preßburg 1834: Ludwig Landerer von Füskut. 24 S. - 210 mm

- Dass. u. d. T.: Statuten des im Jahre 1833 gegründeten Kirchen-Musik-Vereines an der Dom- und Stadtpfarrkirche zum heiligen Martin in der königlichen freien Krönungsstadt Pressburg. Umgearbeitet im Jahre 1839. Gebunden mit dem ungarischen Text. Pressburg 1840: Anton Edler von Schmidt. 29 (2) S. - 210 mm
- Dass. Pressburg 1847: F. Schmidt u. J. J. Busch. 16 S. - 8°
- Dass. Pressburg 1909: Katholische Literarische A. G. S. 17-32. - 8°

Statuten des Kirchen-Musik-Vereines an der Pfarrkirche der h. PP. Piaristen zu Maria Treu in der Josephstadt. 8. (10 S.) Wien. Gedruckt bei J. B. Wallishausser. 1864.

STATUTEN des Kirchenmusikvereines zu Skt. Martin in Pozsony (Preßburg). Pozsony (Preßburg) 1909: Kathol. Literar. A. G. 31 S. - 220 mm

STATUTEN des Kirchenmusik-Vereins an der Stadtpfarrkirche des h. Nikolaus in Tyrnau. Tyrnau 1838. Gedr. bei Johann Bapt. Jelinek. 19 S. - gr. 8°

Statuten der Klein-Kinderschule in Darmstadt. kl. Fol. (1 1/2 B.) Darmstadt 835. (Diehl.) Thlr.

— der Klein-Kinderschule in Darmstadt. Fol. (Darmstadt 835. Dingeldey.) 5 gl

Statuten der zur Unterstützung hilfsbedürftiger aktiver Mitglieder der Loge „Zu den drei Rosen im Walde", Or. Sorau N.-L., und deren Witwen und Waisen am 25. Jan. 1858 gegründeten [Wilh. Aug.] Klinkmüller-Stiftung nach den in der Meisterberatung vom 25. Febr. 1889 beschlossenen Abänderungen. [Dat.:] Sorau 1889. 4 S. 8° [Kopftit.]

Statuten des demokratischen Clubs zu Berlin. Angenommen in der Sitzung des Clubs am 1. September. Druck von H. S. Hermann. 4 Bl. 8.
Flugblatt. Berlin, 1. Sept. 1848.

Statuten des Schweizer-Clubs in Wien. 8 Stn. 8. Wien, Druck v. E. Sieger. 1873.

Statuten der Knappschafts- oder Bruderladenkasse des Schwazer Bergwerksvereines. Wagner'sche Buchdruckerei in Innsbruck. (3 F. Bl.) 1856.

Statuten der wichtigeren Knappschafts-Vereine des Haller Oberbergamtsbezirks. Halle a/S., 1879.

Statuten der Krusenrotter Kneipe. Kiel. S. S. 1888. (Neumünster.) 8°.

Statuten der Königsberger Kohlengewerkschaft. Königsberg 1877

Statuten des musikalischen Collegiums der Grossen Loge der Freimaurer Royal York zur Freundschaft. Berlin 1830: Dieterici. 10 S. 8° [Umschlagtit.]

Statuten der europäisch-amerikanischen Colonisations-Gesellschaft in Texas, s. Auswanderung nach Hoch-Texas.

Statuten des Kommunisten-Klubs in New York. 8⁰. New York 1847.

Statuten der Confirmanden-Ausstattungscasse der □ F[riedrich] A[ugust] z. d. 3 Z[irkeln in Zittau. Bautzen 1880: Monse.] 2 Bl. 8⁰ [Kopftit.]

Statuten der Marianischen Congregation junger Kaufleute. Bonn 1865. V: *Doss, Adolph von.* (Jes)

Kongregation der Marienkinder in der römisch-kathol. Pfarrei in Bern, gegründet im Februar 1881. (Statuten, 1903 Februar 17/26.) II + 12 S. 8. Solothurn, Buch- und Kunstdr. Union, 1903.

Statuten d. königl. Conservatoriums für Musik in Dresden. Neue Ausg. gr. 8. (55 S.) Dresden 887. (Tamme.) n. — 20

Kontrollapparat-Fabrik A.-G. ⟨Société anonyme de l'Appareil Contrôleur⟩ in Zürich I. Statuten. (1901 Juni 15.) II + 12 S. 8. Zürich, Art. Institut Orell Füssli, 1901.

Statuten des maur. Corresp.-Bureau's für America u. Deutschland, unter Leitung des Vereins „Masonia" in New York. [Brooklyn 1865: Triangel.] 2 Bl. 8⁰ [Kopftit.]
Abgedr. in: T. 11 (1865) S. 166–167; Bh. 8 (1865) S. 874–875; FZ. 10 (1866) S. 872–873.
Tt. 1215.

Statuten des maurerischen Correspondenz-Bureau's für Deutschland und die angrenzenden Länder; unter Garantie der Loge Balduin zur Linde in Leipzig. [Leipzig 1837.] 2 Bl. 4⁰ [Umschlagtit.]

[Dasselbe.] Ebendas. 1857. 1 Bl. 4⁰ [Kopftit.]
Abgedr. in: [Rundschreiben d. L. Balduin z. Linde, Leipzig.] 1831 S. 3—4; Neue ZfFr. 1832—1833, 1 S. 92—95; Neue ZfFr. 1836 S. 486—489; FZ. 24 (1870) S. 262—263; 25 (1871) S. 207—208; R. 1 (1874) S. 8; T. 7 (1861) S. 4—5.

Krankenkassa-Verein in St. Gallen. Statuten. Gestiftet im Jahre 1836 und revidirt am 17. März 1901. II + 13 S. 8. St. Gallen, Victor Schmid, 1901.

Krankenkasse für die im Taglohne beschäftigten Arbeiter der städtischen Verwaltung und die Angestellten der Strassenbahn [der] Stadt Winterthur. Statuten. (1901 Juni 28/29.) 7 S. 8.

Krankenkasse der Spinnerei Arlesheim (der) Industrie-Gesellschaft für Schappe in Basel. Statuten. (1889 Sept. 7/12-1895 Febr. 9.) 12 S. 8. Liestal, Gebrüder Lüdin, 1903.

Elektricitäts- und Wasserwerke der Stadt Bern. Statuten der Krankenkasse. (1901 Mai 1.) 9 S. 8.

Statuten des zur heiligen Dreifaltigkeit genannten allgemeinen Krankenhauses in Kaschau, hinsichtlich der in dasselbe aufzunehmenden Kranken. 8. (8 S.) Kaschau, Druck von C. Werfer 1852.

Statuten der Kranken- und Hilfskasse für die Arbeiter des Eisen- und Drahtwerks Erlau. Aalen 1861

Statuten für die Krankenkasse der Grossherzogl. Technischen Hochschule in Karlsruhe (v. 28. 12. 1876). *K*

Statuten für die Krankenkasse der Grossherzogl. Technischen Hochschule zu Karlsruhe (v. 1. 9. 1892. § 1, Z. 2 : 3 Mark.) — [Dasselbe.] (§ 1, Z. 2 : 4 Mark 50 Pfennig.) [1905.] — [Dasselbe.] (§ 1, Z. 2 : 5 Mark.) [1911.] *1892: K*

Krankenkasse des nidwaldnerischen Kantonal-Verbandes der kathol. Männer- und Arbeitervereine. Gegründet den 7. Februar 1897. (Statuten. Revidiert den 31. März 1901.) 15 S. 8. Stans, Paul von Matt, 1901.

⊙ Statuten der Krankenkasse der Maschinen-Papierfabrik v. Ch. Schliemann zur Rastorffer-Mühle per Kiel. Kiel. 1872. 8⁰

Statuten für die Krankenkasse des Polytechnicums (v. 30. 1. 1874). *K**

Krankenkasse der vereinigten Schreiner, Basel. Statuten. (1902 Dezember 14.) 24 S. 8. Basel, Genossenschafts-Buchdr., 1902.

Mexiko: **Statuten** der Kranken- und Sterbekasse der Freimaurerloge „Germania No. 219 [in Mexiko. Mexiko 1902.] 8 S. 8⁰ [Umschlagtit.]

Statuten für die Krankenkasse der Studirenden am Kgl. Polytechnikum Dresden. 1880. *Dr**

Statuten für die Krankenkasse der Studirenden am Kgl. Polytechnikum Dresden. 1885. — [Dasselbe mit Änderungen.] 1891. 1895. *M*

Statuten für die Krankenkasse der Studirenden der Grossherzogl. Technischen Hochschule zu Darmstadt (v. 21. 7. 1891). — [Neudr.] (1895.)

Statuten für die Krankenkasse der Studierenden an der Kgl. Sächs. Technischen Hochschule (v. 24. 2. 1891). 1891.

Statuten für die Krankenkasse der Studierenden an der Kgl. Sächs. Technischen Hochschule (v. 13. 4. 1901). 1901. — [Dasselbe u. d. T.:] Statuten ... der Studentenschaft ....(v. 13. 4. 1901 u. 29. 7. 1902). *1901: Dr**

Statuten für die Krankenkasse der Studirenden und Hospitanten der Kgl. Technischen Hochschule zu Aachen (v. 12. 6. 1901).

Kranken- und Unterstützungskasse für die Angestellten und Arbeiter der Städt. Licht- & Wasserwerke Schaffhausen. Statuten. Entwurf. [Ende 1902.] 17 S. 8. [Schaffhausen, H. Meier & Cie., 1902.]

Statuten der Kranken- u. Unterstützungs-Casse des altbayerischen *Buchdrucker*-Gauverbands. O. O. u. J. (München, August 1869.) 8°. 2 Bll. Cart.

Statuten der Krankenkasse für die Alzenauer und Michelbacher Cigarrenfabriken der Firma Böhle & Co. Hanau (1900): Waisenhausbuchdr. (24 S.) 8°

Statuten f. d. Kranken- u. Unterstützungs-Kassen b. d. techn. Instituten d. Art. München 1879. — — 1885: Desgl. f. d. techn. Institute d. Art. u. d. Gewehrfabrik. Vom 31. 12. 1884.

Krankenmobilien-Magazin (des Samaritervereins) Mörschwil. Statuten. (1901 Juni 2.) 2 S. 8.

Allgemeine Krankenpflege (in Basel). Statuten. (1901 März 1.) 8 S. 8.

Verein «Krankenpflege» Zürich. Statuten. (1901 Oktober 1.) 8 S. 8.

Statuten des Kranken-Unterstützungs-Vereins der Arbeiter bei Herren Vogt & Wild in Küsnacht. Angenommen den 20. Dezember 1869. 11 S. 8°

Statuten des Kranken-Unterstützungsvereins in Brünn, Verzeichniß seiner Ehren- und wirkenden Mitglieder und Ausweis der Geldgebahrung vom Beginn seiner Wirksamkeit, d. i. vom 1. September 1852 bis Ende August 1853. 8. (20 S.) Brünn. Druck von Fr. Gastl. 1854.

Kranken-Unterstützungs-Verein in der Gemeinde Bürglen. Statuten (vom 29. Juli 1896). (Revidiert 26. Januar 1902; Genehmigung 1902 Juni 22/August 16.) [Mit 1 Tabelle.] 16 S. 8. [Altdorf,] Buchdr. Altorf, 1902.

Statuten des Krankenunterstützungs- und Leichenvereines zu Breitenfeld für Geschäfts- und Gewerbsleute und deren Frauen. Wien, 1857. Gedr. bei Leop. Sommer. (15 S. 8.)

Statuten des Kranken- und Leichen-Unterstützungs-Vereines in Gaudenzdorf Nr. 51. Wien. 1855. Gedruckt bei A. Pichler's Wtw. und Sohn. (10 S 8.)

Statuten des Krankenunterstützungs-Vereines zu „Maria Heil der Kranken" auf der Wieden. Mit dem Umschlagstitel: Maria, Heil der Kranken, * bitt für uns. Zu den leiblichen Werken der christlichen Barmherzigkeit gehört auch dieß, die * Kranken zu unterstützen. Gedruckt bei A. Pichlers Witwe & Sohn. (8 S. 2 Bl. 8.) 1856.

Statuten des St. Gallischen Kranken-Unterstützungs-Vereins. St. Gallen 1854

Statuten des Kranken-Unterstützungs-Vereines in Untermeidling Nr. 104 und 105. kl. 8. (4 Blätter.) Wien. Gedruckt bei A. Pichler's Witwe und Sohn. 1854.

Kranken-Unterstützungsverein für Wildegg und Umgebung. Statuten. (1901 November 10/Dezember 1.) 18 S. 8. Lenzburg, G. Müller, 1901.

[Statuten des Kränzchens im Remstal.] [Dat.:] Gmünd 1904. 4 S. 8°

Aargauische Credit-Anstalt in Aarau. Statuten. 17 Stn. 8. Aarau, Druck v. J. J. Christen. 1872.

—— der galizisch-ständischen Kredit-Anstalt. gr. 4. (1 B.) Lemberg 844, (Millikowski.)

Credit-Anstalt in Luzern. Statuten. Basel, Druck v. C. Schultze. 18 Stn. 8 1873.

Statuten der k. k. priv. österr. Kreditanstalt für Handel und Gewerbe. (O. A. des Druckes u. d. Jahres. (14 S. 8.) 1857.

—— der Creditanstalt in St. Gallen. (In Vereinigung einer Darleihkasse mit einer Ersparniß- und Deposito-Kasse.) Vom 25. Oktbr. 1854. gr. 8. (12 S.) St. Gallen 854, Scheitlin und Zollikofer.

Creditanstalt in St. Gallen. Statuten. St. Gallen 1873: M. Kälin.

Statuten der schweiz. Kreditanstalt in Zürich. 1856 u. 1861.

Zürcher [C]Kreditgenossenschaft. Statuten. II. Entwurf. (Zürich, 1901 Februar 18.) 13 S. 8. Zürich III, Arnold Bopp, 1901.

Basler Credit-Gesellschaft (in Basel). (Eingetragene Genossenschaft.) Statuten. Genehmigt... 2. Oktober 1888. 13 S. 8. Basel, Wackernagel, 1901.

— des wechselseitigen allgem. Kredit-Vereines (v. P. F. Fürst). gr. 8. (24 S.) Wien 848. (Wittenbecher, Siegel & Kollmann.) n. 7 ngr

Statuten des Reichenberger landwirthschaftlichen Kreis-Sektions-Vereines zu Reichenberg. 8. (8 S.) Reichenberg, Druck von Philipp Gerzabek 1852.

Statuten der Kreis-Sparkasse zu Hanau. *Hanau [1903]: Waisenhaus.* (12 S.) 4° [F.] 1903. 1904 4

Statuten des Vereins Krieger-Kameradschaft zu Marburg. (Revision v. Jan. 1891.) *Marburg 1900: J. Hamel.* (15 S.) 8° [F.] 1903. 1904 4

Statuten des Krieger-Vereins zu Darfeld. Münster i. W.: Buchdr. 'Der Westfale' [1898]. (1 Bl., 16 S.) 1 Bd 8°

Statuten des I. kärnt. Krieger-Vereines zu Klgft. Klgft., St. Hermagoras-Druck., 1880. 36 S.

Statuten des Kriegervereins zu Gross-Auheim. ([Hanau: Waisenhaus] 1899.) (7 S.) 8° [Kopft.]

Statuten der Gesellschaft „Kubus" [in Hamburg]. Entworfen und genehmigt in der General-Versammlung am 25. Febr. 1877. Rev. und genehmigt von der General-Versammlung am 15. April 1878. Hamburg [1878]: A. Meyer & Dieckmann. 5 Bl. 4° [Umschlagtit.]
Die Gesellschaft „Kubus" ist eine Vereinigung von Brüdern zur Förderung des geselligen Verkehrs u. freundschaftlichen Beziehungen.

⊙ Statuten für die Garbecker Kuhgilde. (Kiel. 1875.) 8°

Statuten des israelitischen Kultus-Vereines in Brünn. Brünn, 1856. Aus Franz Gastl's Buchdr. (14 S. 4.)

Kantonal-bernische Kunstgewerbe-Genossenschaft. Statuten. Entwurf. VII. 1901. 8 S. 8. (Bern, Büchler & Co.)

Künstlergesellschaft in Zürich. Statuten. 18 Stn. 8. Zürich, Druck v. Orell, Füssli & Co. 1873.

Statuten der K. Württ. Kunstschule zu Stuttgart. (Nebst) Programm. Stuttg. 1897

Kunstverein von Biel und Umgebung. Statuten. (1901 Febr. 14.) [Mit 1 Ansicht.] 8 S. 8.

Kunst-Verein der Stadt Solothurn. Statuten. 20. Dezember 1902. 7 S. 8. Solothurn, C. Gassmann.

Aktiengesellschaft Lagerhäuser der Centralschweiz in Aarau u. Olten. Statuten. 14 Stn. 8. Aarau, Druck v. Martin. — Prospectus. 3 Stn. 4. 1873.

Statuten des Kasinos Landeck. Hersfeld: Dr. v. L. Funk [1898]. (11 S.) 1 Bd 8°

Statuten des patriotischen Landeshilfsvereines für Kärnten. Klgft., v. Kleinmayr, (1880). 12 S.

Statuten des kärntnerischen Landes-Invaliden-Fondes. Klgft., v. Kleinmayr, 1850. 7 S.

Statuten des Vereines Naturhistorisches Landesmuseum von Kärnten. Klgft., Bertschinger, 1898. 10 S.

— oder eigne Landrecht der Sachsen in Siebenbürgen. 4. Hermannstadt ... v. Hochmeisters Buchh. $^1/_2$ ℛ

Landsturm-Schützengesellschaft. Statuten (1901 Februar 24/März 30.) 7 S. 8. [Bern, Gottfr. Iseli.]

Statuten der k. k. Landwirthschaft-Gesellschaft in Kärnten. Klagenfurt, 1856. Gedruckt bei Joh. Leon. (8 S. 4.)

Statuten der k. k. Landwirthschafts-Gesellschaft in Krain. Postave ces. kra'j. Krajnske Kmetijske družbe. 4. (16 S.) Laibach. Buchdruckerei des J. Blasnik. 1854.

Statuten f. die k. k. Landwirthschafts-Gesellschaft in *Wien*. Wien 1891. 24 S. P.

Statuten des Landwirthschaftsvereins für den Kreis Hanau. (Hanau 1903: Waisenhaus.) (2 Bl.) 8° [Kopft. F.]

Kuranstalt Langenbruck. Statuten. 9 Stn. 8. Basel, Druck v. C. Schultze. — Prospektus 3 Stn. fol. 1873.

Frauenverein Länggass-Brückfeld (in Bern). Statuten. [1901.] 4 S. 8.

Aktiengesellschaft La Salle & Co. in Kriens, Kanton Luzern (Schweiz). Statuten 1901. (1900 Dez. 17.) II + 10 S. 8. Buchdruckerei Kriens.

Statuten der Sechs Stadt Lauban vom Jahre 1604. Lauban 1776.

Thurgauische Lehrerstiftung. Statuten. Entwurf (Vorgeschlagen von der Verwaltungskommission). [1902.] 14 S. 8. [Frauenfeld, Huber & Co.]

Thurgauische Lehrerstiftung. Statuten. (Vom 7. Juli 1902.) (Vom Regierungsrate genehmigt den 1. August 1902.) II + 14 S. 8. Frauenfeld, Huber & Co.

Lehrer-Unterstützungskasse des Kantons Zug. Statuten. Antrag der Kommission des kantonalen Lehrerunterstützungsvereins vom 5. März 1903. 8 S. 4. Zug, Rey & Kalt.

Lehrer-, Witwen- und Waisen-Unterstützungs-Verein des Kantons Luzern. Statuten. (1902, X. 30./1903 März 12.) 12 S. 8. Luzern, Räber & Cie., 1903.

Basler Lehrer-Verein (Kantonalsektion Basel-Stadt des schweizer. Lehrervereins). Statuten. Entwurf. [Genehmigt 17. März 1903.] 4 S. 8.

Statuten des zürcherischen Lehrervereins. 1890?

— der beiden Lehrer-Vereine des Isarkreises in Bayern. gr. 8. München 835. Finsterlin. $^1/_8$ ℛ

Statuten für die königlich lombardisch-venetianische adelige Leibgarde. Wien 1840. 4°

Statuten der Hermannstädter Leichen-Gesellschaft. Hermannstadt. Druck von Georg v. Klosius. 1857. (16 S. 8)

Statuten des Bajaer 3ten Leichenvereines. Pest, 1857. Druck von Trattner-Karoly. (31 S. 8.). (Deutsch und Ungarisch zugleich.)

STATUTEN des in der heiligen Dreifaltigkeitskirche zu Pressburg bestehenden wohltätigen katholischen Leichenvereines, nebst Litaney. Pressburg 1850: Schmidtische Buchdruckerei. 16 S. - 8°

Statuten des Leichenvereines zu Mariahilf in Wien, welche am 8. Juli 1856, Z. 22470, von der hohen k. k. n. ö. Statthalterei genehmigt wurden. Wien. Gedr. bei A. Pichlers Witwe und Sohn. (13 S. Statuten, 7 S. Instruktion für die Sammler des Mariahilfer Leichenvereines. 8.) (Ohne Angabe des Jahres.)

Statuten des Mariahilfer Leichen = Vereines. II. Abtheilung. Verein aus Liebe des Nächsten. Wien. 1855. Gedruckt bei A. Pichler's Witwe und Sohn. (3 Bl. 1 Abbildung. 8.)

Statuten des Leichenvereines bei St. Josef zu Margarethen in Wien. Dr. von A. Pichlers Witwe und Sohn. 1857. (13 S. 4 Bl.)

Leihkasse für den Wahlkreis Stäfa. Statuten. 7 Stn. 8. 1872.

Leist vom Mattenhof und Umgebung ⟨Bezirke Brunnmatt, Mattenhof, Sulgenbach, Weissenbühl⟩ (in Bern). Statuten. (1903 Januar 15/Februar 18.) 4 S. 8.

Leistverband der Brunnmatt- und Sulgenbach-Schulbezirke (Bern). Statuten. (1903 Januar 20.) [2 S.] 8.

Hypothekar- und Leih-Kasse Lenzburg. Statuten, revidirt im Dezember 1872. 10 Stn. 8. Lenzburg, Druck v. J. H. Oechslin. 1873.

Karlsruhe: **Statuten** des Unterstützungsvereins „Leopold zur Treue" [in Karlsruhe]. [Karlsruhe] o. J.: [Malsch & Vogel.] 4 S. 8⁰ [Kopftit.]

Statuten für den erhabenen Österreichisch-Kaiserlichen Leopolds-Orden Wien 1808. [Neudruck.]
20 S., 3 Bl., 9 Taf. 2⁰
Nachträge von 1818—1901
5 Taf. Kopien nach den Kupferst. von J. Fischer von 1806

Statuten der mit der Loge zur aufgehenden Morgenröthe verbundenen Lesegesellschaft zur Harmonie. Frankfurt a. M. 1891: Fey. 9 S. 8⁰

Statuten der neuen theologischen Lesegesellschaft zu Darmstadt ... Darmstadt 1826. 2.... Abdr. 1829. H: *Scriba, Ludwig Heinrich Wilhelm Eduard.* (HS)

Statuten der akademischen Lesehalle zu Kiel. (Dat. Mai 1903.) (Kiel 1903: A. F. Jensen.) (2 Bl.) 8° [Kopft.] [o7. 307 8

Statuten der Lesehalle der deutschen Studenten in Prag. Prag, 1857. Dr. des artist. typ. Instituts von Karl Bellmann. (8 S. 8.)

Statuten des akademischen Lesevereins zu Bonn vom 5. December 1846, rev. nach d. Beschlüssen späterer Generalversammlungen, zuletzt nach Beschlüssen d. Generalversammlungen v. 21. Jan. u. 20. Mai 1897. (Bonn 1897: C. Georgi.) (8 S.) 8⁰ [Kopft.]

[Kopft.] **Statuten** des akademischen Lesevereins zu Königsberg. 1872. 1898. *(Königsberg i. Pr.:) Buch- u. Steindr. v. L. Krause & Ewerlien.* (8 S.) 1 Bd 8. [58. 6953 Ko

Statuten des akademischen Lesevereins in Zürich. 1869.

Statuten des Lese- und Geselligkeits-Vereins zu Hermannstadt. 8. (8 S.) Hermannstadt, Gro. v. Closius, 1853.

Statuten für den bestehenden Leseverein des Bezirkes Landstraße. 8. (10 S.) Sine loc. typ. et anni indicatione. 1854.

Statuten für den Lese- und Unterhaltungsverein in der Kreisstadt Pilsen. 1857. Bei J. M. Schmid. (2 Bl.)

STATUTEN der Liebesversammlung in der könig(lichen) Freystadt Ödenburg. Ödenburg 1832: Kultschar. 18 S. - 180 mm
- Dass. Oedenburg 1861. 38 S. - 8⁰

STATUTEN UND LIEDER DER PHILOMATHIE IN NEISSE, **gestiftet den 9. März 1838. Neisse 1849. Gedruckt bei Rosenkranz & Bär. 8⁰.**

Dasselbe. 2. Auflage. ib. 1858. —

Basler Liederkranz (in Basel). Statuten. Genehmigt ... 5. April 1902. II + 8 S. 8. Basel, Wackernagel, 1902.

Verkehrs- und Verschönerungsverein Liestal. Statuten. (1901 März 30.) 4 S. 8.

Statuten der Loge zum Füllhorn in Lübeck. Rev. 1873. [Lübeck 1873: Bock.] 14 S. 8⁰ [Umschlagtit.]

Statuten der Grossen Loge der Freimaurer, Royale York zur Freundschaft. Sanctionirt am 8. Mai 1815 und gültig vom Tage St. Johannis 1815 bis dahin 1824. Berlin 1815: Amelang. 144 S. 8⁰ [Kupfertit.:] **Statuten der Grossen Loge** der Freimaurer Royale York zur Freundschaft.

[Dasselbe.] Ebendas. 1815. 144 S. 4⁰

[Dasselbe.] Ebendas. 1815. 151 S. 8⁰

[Dasselbe.] Angenommen im Jahre 1824 und gültig bis Johannis 1833. Ebendas. 1824. 151 S. 8⁰

[Dasselbe.] Ebendas. 1824. 151 S. 4⁰

[Dasselbe.] Angenommen im Jahre 1836 und gültig bis Johannis 1845. Berlin 1836: [Feister]. 105 S. 8⁰

[Dasselbe.] Ebendas. 1836. 105 S. 4⁰

[N. Ausg. u. d. Tit.:]
Statuten der Grossen Loge von Preussen, gen. Royal York zur Freundschaft. Angenommen im Jahre 1845 und gültig bis Johannis 1854. Berlin 1845: [Sittenfeld]. IV, 140 S. 8⁰

[Dasselbe.] Ebendas. 1845 IV, 140 S. 4⁰

[Dasselbe.] Angenommen im Jahre 1854 und gültig bis Johannis 1863. Ebendas. 1854. IV, 123 S. 8⁰

[Dasselbe.] 2. Abdr. Ebendas. 1854. IV, 123, 4 S. 8⁰

[Dasselbe.] Ebendas. 1854. IV, 112 S. 8⁰

[Dasselbe.] Angenommen im Jahre 1863 und gültig bis Johannis 1872. Ebendas. 1863. IV, 110 S. 8⁰

[Dasselbe.] Angenommen im Jahre 1872 und gültig bis Johannis 1881. Ebendas. 1872. IV, 101 S. 8⁰
cf. Bh. 15 (1872) S. 268—271; FZ. 26 (1872) S. 273 bis 277; L. 29 (1873) S. 176—178.

[Dasselbe.] Angenommen im Jahre 1881 und gültig bis Johannis 1890. Berlin 1881: Fickert. 120 S. 8⁰
Kl. 183—185, Tt. 1058—1061.

Statuten der Loge „Zum Aufrichtigen Herzen" zu Frankfurt a. O. Frankfurt a. O. [1886]: Haensch & Pahl. 16 S. 8⁰ [Umschlagtit.]
Nebst Reglement üb. den Sterbekassen-Verein der Loge.

Sorau: **Statuten** der Logen-Gesellschaft zu Sorau. Sorau 1869: Rauert. 8 S. 8⁰ [Umschlagtit.]
Betr. eine Gesellschaft, zu der auch Nicht-Frmr Zutritt hatten.

Lennep: **Statuten** des Lenneper □ Kränzchens. Schwelm [1875]: Scherz. 7 S. 8⁰
Tt. 1174.

Statuten des schweizerischen Logenvereins. Lausanne 1874: Forster-Goodman & Co. 12 S. 8⁰

[Dasselbe.] Verb. u. berichtigte Ausg. Ebendas. 1874. 15 S. 8⁰
1. Ausg. abgedr. in: FZ. 28 (1874) S. 293—294, 308—310; Z. 4 (1874) S. 188—190.
Tt. 1098.

[Franz. Ausg. u. d. Tit.:]
Statuts de l'union des loges suisses. Texte corr. Lausanne 1874: Forster-Goodman & Co. 15 S. 8⁰
Abgedr. in: Vrt. 5 (1874) S. 12—15, 25—30; UMS. 3 (1874) S. 9—17.
cf. Ebendas. 5 (1874) S. 4—12.

Lokalkasse des Zugspersonals, Depot Schaffhausen. Statuten. (1902 Juni.) II + 4 S. 8. Schaffhausen, H. Meier & Cie. (fr. —. 50)

— der ersten österreichischen Lokal-Kreditgenossenschaft Nr. 0—1—I in Wien. (Registrierte Genossenschaft m. beschränkter Haftg.) (18 u. 31 S. m. 3 Tab.) gr. 8. Wien 906. (Linz, Preßverein.) n. 1. —

—— des anclamer Local-Vereins für das Wohl der gewerbtreibenden und arbeitenden Klassen. 8. (4 S.) Anclam 848, (Dietze.)

— für die Lokalvereine d. Mäßigkeitsvereins d. blauen Kreuzes in Deutschland. 8. (7 S.) Bern 886. Leipzig, Buchh. d. Vereinshauses. n.n. — 10; m. Anh.: Das Werk d. blauen Kreuzes. (15 S.) n.n. — 12

Crimmitschau: **Statuten** für den Freimaurer-Club Lotos zu Crimmitschau. [Crimmitschau 1889: Neumerkel.] 12 S. 8⁰

Renn-Club Luzern. Statuten. Beschlossen ... 27. Mai 1899 und revidiert ... 10. März 1901. 9 S. 8.

Statuten des Grossh. Lyceums zu Carlsruhe. 22 S. Karlsruhe, P 1842

Statuten der Mädchen-Lehr- und Erziehungs-Anstalt der Fanny v. Scharpf, geb. Zahn Edle v. Löwinhaid, geprüfte Lehr- und Erzieherin zu Steinamanger. 8. (8 S.) Steinamanger. Gedruckt bei Emerich v. Bertalanffy. 1854.

Statuten für den Magazinverein der Stadt Schleswig. Schleswig 1865. 8⁰

Statuten des deutschen Männergesang-Vereins in Triest. Triest. 1855. Druck des österr. Lloyd. (14 S.) geh.

Statuten des Katholischen Männer-Gesang-Vereins zu Königsberg i. Pr. (*Königsberg i. Pr. [1902]: A. Schwarz.*) (8 S.) 8⁰ [Kopft. ℱ.] [illegible] 10

Statuten des Männer-Gesang-Vereines zu Klgft. Klgft., v. Kleinmayr, 1847. 8 S. — 1884.

Statuten des Kuttenberger Männergesang-Vereines. K. k. Hofbuchdruckerei von Gottlieb Haase Söhne in Prag. (7 S. 8.) 1857.

Statuten des Männergesangs-Vereines in Villach. Villach, Hoffmann, 1863. 8 S.

STATUTEN des Maria-Elisabethen-Verein in Pest. Pest 1869: Kocsi. 16 S. - 8⁰

Statuten des löblichen militärischen Maria-Theresia-Ordens. Wien 1759. 4⁰

— für Marienkinder u. Tagzeiten zur unbefleckten Empfängnis Mariä. (32 S.) kl. 8. Saarlouis 905. F. Stein Nachf. n.n. — 15

Berlin: **Statuten** für die Marot-Stiftung zur Unterstützung hülfsbedürftiger Hinterbliebenen activer Mitglieder der St. Joh. □ „Zur Verschwiegenheit" im Or. Berlin. [Berlin 1849: Büxenstein.] 4 S. 8⁰ [Kopftit.]

Statuten des maurerischen Vereins Masonia. o. O. [1855]. 4 S. 8°
Abgedr. in: Sendschreiben an d. Brr. 1855 Bl. 2; FZ. 10 (1856) S. 87—88; T. 1 (1855 bis 1856) S. 117—118; T. 11 (1865) S. 149 bis 150.
Tt. 1214.

Statuten der My.·. in ihrem Wesen gegründet. o. O. u. J. 1 Bl. 4° [Kopftit.]

Statuten der [Friedr. Rich.] Maurach-Stiftung bei der St. Johannis-Loge zum preussischen Adler im Or. zu Insterburg. Stallupönen 1873: Siltmann. 4 Bl. 8° [Umschlagtit.]

Züllichau: **Statuten** des Maurer-Clubs zu Züllichau „Zur Kette für Geist und Herz". Züllichau 1880: Hampel. 4 Bl. 8° [Umschlagtit.]

Frankenthal: **Statuten** der aus der Mitgliedschaft der Loge „zur Freimüthigkeit am Rhein" im Or. zu Frankenthal neu zu bildenden Mr.-Kränzchen. [Worms, um 1871: Boeninger.] 2 Bl. 8°. [Kopftit.]

Statuten der *Maurermeister*-Genossenschaft in München. München 1869. 8°. 12 S. Cart.

Statuten des k. bayer. Max-Joseph-Ordens mit den hiezu allerhöchst ergangenen Nachträgen und Ergänzungen. München 1876. 8.

Allgemeine Mechaniker-Krankenkasse in Basel. Gegründet 1853. Statuten. Angenommen ... 16. November 1902. 20 S. 8. Basel, Genossenschaftsbuchdr., 1902.

Statuten der geselligen Verbindung 'Melitia' in Hanau a. M. *Hanau (1901): Waisenhaus-Buchdr.* (7 S.) 8° [F.] [03. 7306 4

Spar- u. Leihkasse Menziken. Statuten. 12 Stn. 8. 1874.

Statuten für das Militär-Casino in Olmütz. Olmütz, 1857. Ant. Halauska's Universitäts-Buchdruckerei. (12 S. 8.)

Statuten für das Militär-Casino in Wien. (Donation Liechtenstein.) 8. Wien 1868.

Statuten des k. bayer. Militär-Max-Joseph-Ordens mit den hiezu allerhöchst ergangenen Nachträgen und Ergänzungen. München 1876. 8.

Statuten des Milit.-Max-Joseph-Ordens. München 1876. 1897.

Statuten für das Militär-Verdienstkreuz der k. k. Armee. 4. Wien 1849.

— — Desgl. d. Milit.-Verdienst-Ordens, d. Milit.-Verdienst-Medaille u. d. Milit.-Sanit.-Ehrenzeichens. München 1877. 1905.

Statuten des ersten kärntnerischen Militär-Veteranen-Vereines zu Klgft. Klgft., Bertschinger, (1871). 14 S. — Klgft., St. Josefs-Druck., 1906. 42 S.

Statuten für die kurhessische Militär-Wittwen- und Waisen- Anstalt vom 18. Februar 1828. Cassel 1828. 8°

Statuten der Millykerzen-Fabriks-Aktien-Gesellschaft. Wien. J. B. Wallishaussers Druck. (23 S. 8.) 1857.

Statuten der unter Constitution der Grossen National-Mutterloge in den preussischen Staaten, gen. Zu den drei Weltkugeln [in Berlin] arbeitenden vereinigten Johannis-Freimaurer-Logen „Minerva" zum vaterländischen Verein „Rhenana" zur Humanität im Or.·. zu Cöln. Vom 22. Aug. 1885. Bonn [1885]: Georgi. 15 S. 8° [Umschlagtit.]

Männerkrankenkasse der Weberei Sirnach. Gegründet ... 1886. Statuten für die Mitglieder. (1903 Februar 1.) 8 S. 8. Eschlikon, J. Wehrli, 1903.

Gesellschaft, schweiz. statistische. Statuten u. Mitgliederverzeichniss auf 1. Januar 1888. Bern, Dr. von Wyss.

[**Statuten** und Mitglieder-Verzeichnis der Sterbekasse der Logen zu den drei Rosen, zur goldnen Kugel, zum roten Adler in Hamburg u. zum Pelikan in Altona. Hamburg 1880.] 4 Bl. 4°

Statuten der von Mittelstaedt-Stiftung der Loge zur Wahrheit und Treue zu Neuwied. Neuwied [1891]: Strüder. 2 Bl. 8° [Umschlagtit.]

Statuten der schweiz. Mobiliarversicherungsgesellschaft 1842—84.

Schweizerische Mobiliar-Versicherungs-Gesellschaft in Bern. Auf Gegenseitigkeit gegründet 1826. Statuten. (1901 April 11.) 22 S. 8. (Bern, Stämpfli & Cie.)

Statuten der schweiz. Mobiliar-Versicherungs-Gesellschaft, zu gegenseitiger Versicherung des Mobiliars gegen Brandschaden. Revidirt nach den Beschlüssen der Hauptversammlung vom 11. Oct. 1884. In-8°, 51 S. Bern, Stämpfli.

Turnverein Möhlin. Statuten 1903 (Januar 31/März 15). II + 7 S. 8. Rheinfelden, U. Herzog.

Statuten der Münchener *Molkerei*. Eingetragene Genossenschaft. München 1879. 8°. 14 S. u. 1 Fol.-Bl. Titelbl. etw. beschäd. Cart.

Samariter-Verein Mörschwil. Statuten. (1901 März 25/Mai 3.) 4 S. 8.

Viehzuchtgenossenschaft Mühleberg und Umgebung. Statuten. (1901 Januar 13/26.) 15 S. 8. Grüningen, J. Wirz, 1901.

Gewerbeverein Müllheim und Umgebung. Statuten. (1902 Juli.) 4 S. 8. (Müllheim, Accidenzdr.)

— — der „Militärischen Gesellschaft München". München 1868. 7 S.
— — Dasſ. 1879. — Dasſ. 1901.

Revolver-Klub Münchweilen. Statuten. (1901 Oktober 19/29.) 6 S. 8.

Statuten des nichtpolitischen Vereins Munificentia in Karlsbad. [Karlsbad]: Selbstverl. d. Vereins 1874. 11 S. 8° [Umschlagtit.]
Abgedr. in: Walther, H.: D. Frmrei. 1910 S. 149—153.
Tt. 1216.

Handwerker- und Gewerbe-Verein Münsingen. Statuten. (1881 Juli 13/September 14.) II + 8 S. 8. Münsingen. B. Fischer, 1902.

Statuten der Murgschifferschaft zu Gernsbach (vom 1. 6. 1878). - Karlsruhe 1878. 11 S.

Gewerbe- und Handwerkerverein Murgthal. Statuten. (1901 März 3.) 4 S. 8.

Statuten des Museum. Deutsche u. Schweizerische Gesellschaft in Neapel. Neapel '08. 8 S.

— der St. Petersburger Musiker-Wittwen Kasse, (von Fr. Adelung). 4. St. Petersb. 803.

Statuten der St. Petersburgischen Musiker-Wittwenkasse. St. Petersburg 1803. II: *Adelung, Frdr. von.* (Ky) (R-N) (MGT)

Statuten der Musik-Commission der vereinigten 5 Logen. Genehmigt in der Sitzung der Logenleitung am 21. April 1902. [Hamburg 1902.] 2 Bl. 8° [Umschlagtit.]

Statuten der Grossen Mutter-Loge von Kurhessen [in Kassel], Systems der Grossen Loge Royale York in Berlin. Sanctionirt am 8. Mai 1815 und gültig vom Tage St. Johannis 1815 bis dahin 1824. Cassel 1822: Hampe. 144 S. 8° [Kupfertit.:] Statuten angenommen von der Grossen Mutter Loge von Kur-Hessen in Vereinigung mit der Gr.·. Mutter-□ Royale York zur Freundschaft in Berlin. Im Or. zu Cassel 1815.

Gewerbeschulverein Nänikon-Werrikon. Statuten. (1902 August 31.) [II + 3 S.] 8. Nänikon, A. Ochsner, 1902.

Statuten des schweizerischen Nationalvereins, beschlossen zu Schinznach, den 5. Mai 1735. 8. Bern.

Statuten der Neander-Stiftung. (Berlin 1904: G. Schade.) (3 S.) 4° [Kopft.]
(Nicht für den Austausch)

STATUTEN des historischen Vereins Neuburg a. D. (1885.) Griessmayersche Buchdruckerei. 8°.

Statuten, neue, der Gesellschaft Baumwoll-Spinn- und Weberei Arlen. Zürich, Druck v. Orell, Füssli & Co. 1870. 10 Stn. 8.

— neue, der naturforsch. Gesellschaft zu Jena. 8. Jena 800. (Schmid): 2 Kr

— neue, der Ritter des Kreuz-Ordens mit d. Schwerdt des heil. Apost. Paulus, welche durch Friedr. Wilhelm Graf Dönhof angenommen worden. 8. Bresl. 778. W. G. Korn. 2 Kr

Neue Statuten des Vereins der Buchhändler zu Leipzig. Angenommen in der Generalversammlung des Vereins am 31. Januar 1870. (Leipzig. Druck von Breitkopf und Härtel.) 8°.

Statuten, Neue — für das Witwen- und Waisen-Pensions-Institut der an den Pfarrhauptschulen in Wien angestellten dirigirenden Oberlehrer. Wien, 1857. Gedr. bei A. Pichlers Witwe & Sohn. (14 S. 4.)

Samariter-Verein Neuhausen, Sektion des Schweiz. Samariterbundes.... Statuten. (1902 März 14/Mai 12.) II + 5 S. 8. Neuhausen, Adolf Weigel, 1902.

Verkehrs- und Verschönerungsverein Neuhausen. Statuten. (1901 März.) 4 S. 8.

New York Turnverein.
--Statuten ... 24. Feb 1906. NY, 1906.

Statuten der schweiz. Nordbahngesellschaft. 1846.

Statuten der schweiz. Nordostbahn 1853, 1860, 1877, 1884

Statuten der schweizer. Nordostbahn-Gesellschaft. Vom 30. Juni 1884. In-8°, 20 S. Zürich, Druck von Ulrich & Cie.

Statuten der bayerischen Notenbank. Nach Massgabe des Reichs-Bankgesetzes vom 14. März 1875 errichtet auf Grund Allerhöchster Conzession vom 6. Aug. 1875. München 1875. 8°. 25 S. Cart.

Not- und Hülfskasse der Evang. Schulvereine in den Kantonen Bern und Freiburg (in Bern). Statuten. Entwurf (1901). 10 S. 8.

Not- und Hülfskasse. der Evang. Schulvereine in den Kantonen Bern und Freiburg (in Bern). Statuten. (1901 September 14.) 12 S. 8. (Bern, Buchdr. «Berner Tagblatt».)

Gewerbeverein Oberengadin. Statuten. Nach Ausarbeitung der Vorstandssitzung vom 1. März 1900 = Società d'Arti e Mestieri nell' Alta Engadina. Elaborati ... 1° Marzo 1900. 7 + 7 S. 8. Samaden, Simon Tanner, 1901.

Sparkasse Oberfreiamt für den Bezirk Muri [derzeit in Merenschwand]. Statuten. (1901 Juni 16.) II + 11 S. 8. Muri, A. Heller, 1901.

Vieh-Versicherungs-Korporation Oberhofen. Statuten. (1902 Februar 24/März 1.) 7 S. 8. [Frauenfeld, Huber & Co.]

Männerchor Oberhofen-Münchweilen. Statuten. (1902 Januar 12.) 7 S. 8. Eschlikon, J. Wehrli, 1902.

Statuten für den Neusiedler Obstbau = Verein. Oedenburg, 1856. Druck von Adolf Reichard. (11 S. 8.)

Statuten für das Offizier-Kasino des Thüringischen Ulanen-Regiments No 6 (zu Hanau). *Hanau (1903): Waisenhaus.* (8 S.) 8° [F.] 03. 1023 4

Statuten für das Offizier-Korps des Landwehr-Bezirks Hanau. *Hanau [1901]: Waisenhaus-Buchdr.* (4 Bl.) 8° [Umschlagt. F.] 03. 1114 4

Statuten des Erzherzog Albrecht'schen Officiersfonds. 8. Wien 1892.

Statuten der (kgl. sächs.) Offiziers-Gesellschaft. Dresden 1860. 16 S.

Statuten für die Offiziers-Messe des k. k. Landwehr-Stabsoffiziers-Curses. [Wien 1898.] H: *Kailer, Carl Edler von.* (EB)

Statuten des oesterreichisch-ungarischen Officiers- und Militärbeamten-Vereines. 8. Wien (1900).

— der Diöcese Olmütz vom J. 1413. Nach e. Nikolsburger Handschrift. Mit Unterstützg. d. mähr. Landes-Ausschusses, hrsg. v. B. Dudik. gr. 8. (43 S.) Brünn 871. Winiker in Comm. n. 1. 60

— dasselbe vom J. 1568. Zum ersten Male aus dem Orig. veröffentlicht durch B. Dudik. gr. 8. (91 S.) Ebend. 870. n. 2. —

— des deutschen Ordens. Nach d. Originalexemplar, mit erläut. Anmerkk., histor.-diplomat. Beilagen u. e. vollständ. histor.-etymolog. Glossarium hrsgg. von Ernst Hennig. Mit e. Vorr. v. A. v. Kotzebue. gr. 8. Königsb. 806. Nicolovius. 1 ₰ 12 ℊ

Statuten des Ordens vom Zähringer Löwen. (Mit 1 Tafel.) Carlsruhe 1840. 2°

Statuten des neuen Königl. Schwed. Ordens Carls XIII. Aus d. schwed. Orig. Stockholm 1811. o. O. u. J. 11 S. 8° [Kopftit.]
Abgedr. in: °Geograph. Ephemeriden. 37, 3 (1812) S. 348—357; Neues JfFr. 1812—1820 S. 127—141.
Franz. Übers. in: Thory, Cl. A.: Acta latomorum. 2 (1815) S. 61—67.
Kl. 2973, Tt. 419. Mit Abb. des Bijou.

Statuten für den österreichisch-kaiserlichen Orden der eisernen Krone. Mailand 1816. 2°

Statuten für den Oesterreichisch-Kaiserlichen Orden der eisernen Krone. [Wien 1860.]
Deutscher Text: 16 S., 2 Bl. Nachträge — Italienischer Text: Tit., 7 Bl.; 6 Taf. in Kupferst. 2°.
5 Taf. (zum Ordensstatut von 1816) gezeichn. u. gestochen von Ph. v. Stubenrauch

Dasselbe. [Wien um 1908.]
16 S. deutscher Text. 5 Bl., 10 Bl. ital. Text; 8 Taf. in Kupferst. 2°.
5 Nachträge. Der letzte von 1908.

Statuten Des Königlichen Preußischen Ordens Vom Schwartzen Adler. Cölln an der Spree, Druckts Ulrich Liebpert ... [1701].
Titelkupfer, 29 S.; 9 Taf. in Kupferst. von H. J. Otto. 2°.
Eine Tafel zeigt König Friedrich I. in der Ordenstracht. Unter den Einzelblättern (Ordenstrachten) eine aquarellierte Rötelzeichn. gr. 2° sign. J. G. Wolfgang „Le roi de Prusse et sa famille", auf der der König ebenfalls die Ordenstracht trägt.

Statuten des Allgemeinen Organisten-Vereins. Gegründet am 12. April 1893 zu Köln. *Koeln (1893): Greven & Bechtold.* (2 Bl.) 8° 04. 1063

Statuten des Allgemeinen Organisten-Vereins. Gegründet am 18. Apr. 1893 zu Köln. *(Köln 1893: Greven & Bechtold.)* (4 S.) 8° [Kopft.] 04. 1069

Grossloge von Baden: **Statuten** des Grossen Orients von Baden. o. O. 1812. 62 S. 8°
Kl. 195 b.

Statuten des Innersten Orients der Grossen Loge von Preussen, gen. Royal York zur Freundschaft, zu Berlin, und der unter ihm arbeitenden Filial-Oriente. Berlin 1846: Sittenfeld. 42 S. 8°

[Dasselbe.] Angenommen im Jahre 1854 und gültig bis Sanct Andreas 1863. Ebendas. 1854. IV, 63 S. 8°

[Dasselbe.] Angenommen im Jahre 1863 und gültig bis Sanct Andreas 1872. Ebendas. 1863. IV, 66 S. 8°

°[Dasselbe.] Angenommen im Jahre 1872 und gültig bis Sanct Andreas 1881. Ebendas. 1872. IV, 46 S. 8°

[Dasselbe.] Angenommen im Jahre 1881 und gültig bis Sanct Andreas 1890. Ebendas. 1881. 44 S. 8°
Tt. 1062.

Zusätze zu den **Statuten** des Innersten Orients der Grossen Loge von Preussen genannt Royal York zur Freundschaft. o. O. (1857). 2 Bl. 8°. [Kopftit.]

—— für eine Orts-Krankenkasse, nebst Vorbemerkungen und Erläuterungen. Veröffentlicht laut Bundesraths-Beschluß. 1.—3. Aufl. 8. (51 S.) Berlin 884, C. Heymann's Verlag. *
Aus: Centralblatt für das Deutsche Reich, besonders abgedruckt.

Statuten des Sport-Club 'Ostpreußen' (zu Königsberg i. Pr.) *[Königsberg i. Pr. 1903: Ostpr. Dr.]* (9 S.) 8° 04. 3161 10

Statuten der schweiz. Ost-Westbahn. Bern 1858.

Aktiengesellschaft Palasthôtel in Interlaken. Statuten. (1901 September.) 8 S. 8. [Bern, Jent & Co.]

Statuten (Satzungen) der von Wilh. Albr. aus Rothenburg a. d. Tauber gegründeten Palmsonntagstiftung zu Frankfurt a. M. [Frankfurt a. M. 1871: Naumann.] 13 S. 8° [Umschlagtit.]

[Dasselbe.] [Frankfurt a. M. 1872: Mahlau & Waldschmidt.] 12 S. 8° [Kopftit.]

Statuten der Pelikan-Stiftung. Constituirt am 16. März 1875. Rev. 13. Juni 1883. Hamburg [1883]: Rademacher. 9 S. 8° [Umschlagtit.]

[Dasselbe.] Hamburg 1883: Jente. 9 S. 8°

Statuten der Kronstädter allgemeinen Pensionsanstalt. Kronstadt 1845. H: *Lange von Burgenkron, Peter Traugott.* (Trausch)

STATUTEN des Pensions Institutes für kath. Schullehrer deren Wittwen und Waisen. Oedenburg 1857. - 8°

Statuten des Pensions-Institutes für Witwen und Waisen der Volksschullehrer in den vereinigten Diöcesen Seckau und Leoben in Steiermark. 4. (8 S.) Gratz. Aus der C. Tanzer'schen Buchdruckerei. 1854.

Statuten der Pensionskasse für Witwen und Waisen von Mitgliedern der Frmrloge „Zu den 3 Rosen im Walde" in Sorau. Sorau N. L. [1899]: Rauert & Pittius. 7 S. 8° [Umschlagtit.]

Fabrikarbeiter-Krankenkasse Perlen. Statuten. (1902 Februar 16/März 26.) 21 S. 8. Luzern, Genossenschafts-Buchdr., 1902.

Statuten und Personal-Verzeichnisse des Sterbkasse-Vereins zu Darmstadt. Darmstadt 1839. H: *Schazmann, Ferd. Rudolph Christoph David.* (Hessische Biographien, hgbn. von Hermann Haupt, Darmstadt 1918, I. 382)

Statuten des nicht-politischen Vereines „Pestalozzi" [in Wien]. [Wien 1877: Schneeberger.] 2 Bl. 4°. [Kopftit.]

—— über das Pfandbrief-System der bayerischen Hypotheken- und Wechselbank genehmigt durch Allerhöchste Entschließung vom 1. Febr. und 11. März 1864. 8. (32 S.) München 864, Franz'sche Buchh.

STATUTEN des Pancsovaer röm. kath. Pfarrkirchenbau-Vereines. A Pancsovai róm. kath. Plébánia templomépitési egylet alapszabályai. Pancsova (Pantschowa) 1895: C. Wittigschlager. 16 S. - 220 mm

— der Philosophen-Versammlung in Gotha, s.: Fichte, Imm. Herm., Grundsätze.

Pillau: **Statuten** [der Freimaurer-Vereinigung Pilot in Pillau]. [Dat. v. 24. Mai 1897.] [Königsberg] o. J.: [Rautenberg]. 2 Bl. 8°

Statuten des Prämien-Vereins zur Belohnung und Versorgung treuer weiblicher Dienstboten. Königsberg i. Pr. 1892: R. Leupold. (6 S.) 8°

Statuten der Prediger, Wittwen- und Waisen-Casse des Rigaschen Kirchensprengels. Riga 1821. H: *Croon, Dionysius Gottfried.* (R-N)

Bundesstädtischer Pressverein (Bern). Statuten. (1901 Oktober 17.) 4 S. 8.

Statuten des Preußen-Vereins für constitutionelles Königthum. Berlin 1848. 15 S. 8°.

Statuten des Privat-Pensions-Instituts für die Witwen und Waisen der Schullehrer in der Prager Erzdiözese. Zweite und revidirte Auflage. Prag, 1856. Druck von Friedrich Rohlicek. (19 S. 8.)

— des Württembergischen Privat-Spar-Vereins. 3e abgeänd. Ausg. gr. 8. Stuttgart 837. Friz. 1/8 ₰

—— des württemberg. Privat-Spar-Vereins. 3., abgeänd. Ausg. gr. 8. (2 B.) Stuttgart 837, [Gärtner.]

—— der beiden Privat-Unterstützungs-Vereine der Lehrer Oberbayerns. I. Statuten des Vereins zur Unterstützung der Wittwen und Waisen. II. Statuten des Vereins zur Unterstützung dienstesunfähiger Lehrer. gr. 8. (26 S.) München 867. (J. A. Finsterlin.) *

Statuten der Privat-Viehversicherungs-Gesellschaft zu Fronhausen. Marburg (1901): J. Hamel. (10 S.) 8°

Statuten der Professoren-Wittwen- und Waisen-Versorgungs-Anstalt der Königlichen Universität zu Greifswald. *Greifswald 1900: J. Abel.* (7 S.) 4° [F.]

⊙ **Statuten**, Programme etc. des Kampfgenossenvereins von 1870—71. Kiel. 1871—84. 8°.

Statuten des Schleswig-Holsteinischen Provinzial-Vereins für ländliche Arbeiter-Kolonien. Neumünster, den 21. Januar 1884. [Bordesholm 1884.] 8°

– mit geringfügigen Abänderungen. Schleswig, den 27. October 1885. [Bordesholm 1885.] 8°

Nachtrag I zu den **Statuten** des Schleswig-Holsteinischen Provinzial-Vereins für ländliche Arbeiter-Kolonien. Neumünster, den 30. August 1893. o. O. u. J. 1 Bl. 8°

Statuten, provisorische, der philosophischen Facultät der k. Preussischen Universität Greifswald. Als Manuscript gedruckt. Revidirter Abdruck. Greifswald 1886, Jul. Bindewald. Fol. 16 S.

Reichenhall: **Provisorische Statuten** des Reichenhaller Kurfonds und Sanatoriums f. Freimaurer (milde Stiftung) [Δ] Bruderkette am Untersberg. Or. Bad Reichenhall. (Bayerische Hochalpen.) [Reichenhall 1906.] 4 Bl. 8° [Umschlagtit.]

Statuten, provisorische, des Sankt-*Marien-Frauen-Vereins* für arme verlassene Kinder. O. O. u. J. (München 18**). 8°. 16 S. Cart.

Prudentia, Actiengesellschaft für Rück- und Mitversicherungen in Zürich. Statuten. Nach den Beschlüssen der Generalversammlung vom 30. Mai 1901. 20 S. 8.

[Autogr.] **Statuten** zu einer Prüfungs-Comission [!]. [Hamburg 1863.] 4 Bl. 8° [Kopftit.]

Potsdam: **Statuten** der Puhlmann-Stiftung bei der St. Joh.-Loge Teutonia zur Weisheit im Or. zu Potsdam. [Potsdam 1857: Krämer.] 8 S. 8° [Umschlagtit.]
Tt. 1258.

Freier Abstinenten-Verein Ragaz-Pfäfers. Statuten. (1901 April 21.) 8 [+4] S. 8. Ragaz, Lehmann-Good, 1901.

Rangier-Personal-Verein, Sektion Schaffhausen. Statuten. (1902 Mai 10.) II + 6 S. 8. Schaffhausen, H. Meier & Cie., 1903.

— u. Rechte von Liefland, s. Gerh. Oelrichs.

— u. Rechte v. Liefland besond. d. Stadt Riga, die Bursprafen von 1375 u. 1412 und d. neuest. willkührl. Gesetze dieser Stadt aus Original-Handschriften. gr. 4. Bremen, Förster. (Müller.) 780.

— u. **Reformationen der Universität Heidelberg** vom 16. bis 18. Jahrh. Hrsg. v. der bad. histor. Kommission. Bearb. v. Aug. Thorbecke. gr. 4. (XXVI, 384 S.) Leipzig 891. Duncker & Humblot. n. 16. —

Kirchlicher Reformverein des Kantons Bern. Statuten. (1902 April 20.) [3 S.] 8.

Regina Montium. Gesellschaft für Bau und Betrieb von Eisenbahnen, Gast- und Pensionshäusern auf dem Rigi. Statuten. 21 Stn. 8. Basel, Druck von F. Riehm. *1873*.

Wasserversorgungs-Korporation Aspenreuti. Statuten und Reglement. (1903 April 17/Mai 13.) 6 S. 8.

Kaufmännischer Verein Luzern. Statuten und Reglement der Kaufmännischen Fortbildungsschule. Vom 6. September 1897. 16 + 12 S. 8. Kriens, Eigenmann & Cie., 1901.

Zürcherischer Frauenverein für zerstreut lebende Protestanten in der Schweiz. Statuten und Reglement. (1901 Februar.) 4 S. 8. (Zürich, Schulthess & Co.)

—— und Reglement d. k. k. Gartenbau-Gesellschaft in Wien. Lex.-8. (2½ B.) Wien 838, (Beck'sche Univ.-Buchh.) *

Statuten und Reglement der k. k. Gartenbau-Gesellschaft in Wien. 8. (32 S.) Wien. Kommission der Fr. Beck'schen Universitäts-Buchhandlung. Druck von J. P. Sollingers Witwe. 1853.

Statuten und Reglement der k. k. Gartenbau-Gesellschaft in Wien. Wien. 1855. Druck der Edlen von Ghelen'schen Erben. (32 S. 8.)

Kaufmännischer Verein Horgen (Sektion des schweizerischen Kaufmännischen Vereins). Statuten ... und Reglement der Handelsschule. (1901 Oktober 12.) II + 16 S. 8.

Eidgenössische Militär- und Volksmusik-Gesellschaft. Statuten und Reglement. IV + 13 S. 8. St. Gallen, Honegger, 1902.

„Statuten und Reglement der privilegierten österreichischen National-Bank", Wien 1841. — Vorh.: Com. Bibl. Hamburg.

Gewerbl. Fortbildungsschule Oberuzwil. Statuten und Reglement. (1903 März 14. [und] 20.) II + 4 S. 8.

Pontonnier-Fahr-Verein in Schaffhausen. Statuten und Reglement. (1900 November.) II + 9 S. 8. Schaffhausen, H. Meier & Cie., 1901.

Statuten und Reglement des Abstinenzvereins „Prosperitas" in Zürich. Zürich 1893.

Handwerker- u. Gewerbeverein Richtersweil. Statuten (1893 Januar 22), und Reglement für die Fortbildungsschule Richtersweil. ⟨Frühjahr 1902.⟩ II + 8 S. 8. Richtersweil, R. Ehrsam & Cie., 1902.

Statuten und Reglement der Reichenberger Sparkassa. 8. (14 S.) Reichenberg. Buchdruckerei von Philipp Gerzabek. 1854.

Statuten und Reglement der mit der ersten österreichischen Spar-Casse vereinigten allgemeinen Versorgungs-Anstalt für die Unterthanen des österreichischen Kaiserstaates.
8. Wien. den 4. October 1824.

Statuten und Reglement des Ruderklub Zürich. Zürich, Druck von Orell. Füssli & Co. 1871. 15 Stn. 8.

Statuten und Reglement der Stadtbibliothek Zürich. Vom 18. Oktob./26. Nov. 1886 und 10. März/April 1893. Zürich 1893: Buchdr. d. Schweiz. Grütliver. (24 S.) 8°

Männerchor Enge-Zürich. Statuten und Reglemente. (1903 Februar 14) u. Nachtrag 1903 ... (April 18/Mai 1). 19 u. *Nachtrag* [2] S. 8. Zürich, J. Rüegg, 1903.

Museums-Gesellschaft in St. Gallen. Statuten u. Reglemente. 16 Stn. 8. St. Gallen, Zollikofer'sche Buchdr. *1874*.

Museums-Gesellschaft in St. Gallen. Statuten und Reglemente. Neudruck von 1902 (April 17). 19 S. 8. St. Gallen, A. Loehrer, 1902.

Handwerker-Unterstützungs-Verein Willisau und Umgebung. Statuten und vier Reglemente. 1901 (November 27/1902 April 5). 24 S. 8. Willisau, Ad. Kuhn.

Football-Club «Viktoria» Schaffhausen. Statuten und Reglemente. (1901 Februar 18.) II + 11 S. 8. Schaffhausen, H. Meier & Cie.

Statuten und Reglemente für das Pestalozzianum Zürich. (15 S) Zürich 1892

Statuten und Reglements der Königlich Preussischen Akademie der Wissenschaften zu Berlin sowie der ihr angegliederten Institute u. Stiftungen. Berlin 1896: Reichsdr. 176 S. 4°

Statuten und Reglements der Königlich Preussischen Akademie der Wissenschaften sowie der ihr angegliederten Stiftungen und Institute. Berlin 1907: Reichsdr. (210 S.) 4° [07. 8581]

Statuten und **Reglements** des Preussischen **Beamten-Vereins** zu Hannover, Lebens-, Kapital-, ... Leibrenten- u. Begräbnissgeld-Versicherungsanst. f. d. deutschen Beamtenstand ... *Hannover: [Preuss. Beamten-Ver.] 1899.* (35 S.) 8° [F.] [00. 4310]

Statuten und **Reglements** des Preussischen **Beamten-Vereins** zu Hannover, Lebens-, Kapital-, ... Leibrenten- u. Begräbnissgeld-Versicherungsanst. f. d. deutschen Beamtenstand ... Juli 1900. *Hannover (1900): Gebr. Jänecke.* (35 S.) 8° [F.] [∞. 9789

[**Statuten** und Reglements der Provinzial-Verwaltung in der Provinz Sachsen.] Merseburg [1877]. 4°

STATUTEN UND REGLEMENTS des Vereins für Geschichte und Alterthümer der Herzogthümer Bremen und Verden und des Landes Hadeln. Nebst Mitgliederverzeichniss vom 1. Mai 1859 und Rechenschafts-Bericht über die Jahre 1857 und 1858. Stade s. a. Druck von A. Pockwitz. 8°.

Statuten des Oesterreichischen Reichsforstvereines. Nach dem Beschlusse der konstituirenden Versammlung am 7. und 8. Mai 1852. 8. (8 S.) Wien, Druck von J. P. Sollingers Witwe 1852.

Auf Grund des Reichsgesetzes vom 20. April 1892 betreffend Gesellschaften mit beschränkter Haftung festgesetzte Statuten und Versicherungsbedingungen der Allgemeinen Deutschen Versicherungsgesellschaft gegen Waldbrandschaden mit beschränkter Haftung zu Berlin. - Berlin o. J. 12 S.

Schweizerischer Renn-Verein. Statuten. Genehmigt... am 22. Dezember 1900. 8 S. 8. Basel, Emil Birkhäuser, 1901.

Schweizerischer Rennverein, Sektion Bern. Statuten. (1901 April 1.) 6 S. 8. [Bern, Jent & Co.]

—— der allgemeinen Renten-Anstalt zu Darmstadt. gr. 8. (4 B.) Darmstadt 844, (Jonghaus.)

— der allgemeinen Renten-Anstalt zu Stuttgart. 8. Stuttgart 833. Ebner'sche Kunsth. 1/12 ß — 2e Aufl. gr. 4. Ebd. (Metzler) gratis.

Statuten der schweiz. Rentenanstalt 1857. 1860. 1862. 1885

—— der hannoverschen Renten-Versicherungs-Anstalt zu Hannover. gr. 8. (3 B.) Hannover 844, Helwing'sche Hofbh. *

„Statuten der preussischen Renten-Versicherungs-Anstalt in Berlin", Berlin 1838. — Vorh.: Com. Bibl. Hamburg.

Statuten der Ressource in Reichenberg. Reichenberg, 1856. Buch- und Steindruckerei von Rudolph Gerzabek. (12 S. 8.)

Statuten der Esseger Ressource-Gesellschaft 1857. Esseg. Druck von Karl Lehmann und Kompagnie. (16 S. 8.)

Appenzellische Rettungsanstalt für Knaben in Wiesen, Gemeinde Herisau. Statuten. Von der appenzellischen Gemeinnützigen Gesellschaft genehmigt. 1903. 9 S. 8. Herisau, Schläpfer & Cie., 1903.

Wiener Freiw. Rettungs-Gesellschaft. Statuten der Wiener Freiwilligen Rettungs-Gesellschaft. Wien: Rett.-Gesellsch. 1897. (16 S.) 8°

—des Rettungs-Vereins bei Feuersbrünsten zu Tuttlingen. 8. Freiburg 828. Herder. 2 ℛ

Männer-Krankenkassa Aarau. Revidierte Statuten.... 8. Aarau, Buchdr. des Aargauer Tagblatt.

A: ... [Entwurf] mit Vorwort der bestellten Revisionskommission vom 8. September 1901, mit ... Einladung zur Generalversammlung auf ... 13. Oktober 1901.... 14 S.

B: ... vom 13. Oktober 1901. 10 S.

Aktion-Gesellschaft des Elektrizitäts-Werkes zur «Bruggmühle», Bremgarten. Revidierte Statuten. (1902 Dezember 7.) 12 S. 8. [Bremgarten,] **Druckerei des «Bremgarter Volksblatt».**

REVIDIERTE STATUTEN DES ALLER-VEREINS 1881. Neuhaldensleben (1881). C. A. Eyraud. 8°.

(Revidirte) **Statuten** der Actiengesellschaft Kieler Bank in Kiel. Kiel. 1872. 1875. 1885. 1891. 8°

Revidirte **Statuten** der allgemeinen Beamten-Conferenz der fünf vereinigten Logen zu Hamburg. [Nebst] Zusätze[n]. [Hamburg] 1868. 6 S. 8°
Zusätze. 2 Bl. [1869.]

[Kopft.:] [F.] Revidirte **Statuten** des Kriegervereins Creuzburg. *(Creuzburg 1897.)* (10 S.) 1 Bd 8. [98. 5408

Revidirte **Statuten** des Kriegervereins Creuzburg. [Königsberg 1902: Ostpr. Dr. u. Verl.-Anst.] (10 S.) 8° [Kopft. F.]

Allgem. Aargauische Ersparniss-Kasse. Revidirte Statuten. Aarau 1872: Druck v. H. R. Sauerländer. 17 S. 8°

Consumverein Gebenstorf. ⟨Gegründet 1899⟩. Revidierte Statuten. (1903 Februar 8.) II + 15 S. 8. Brugg, Epprecht.

Ostschweiz. Geographisch-Commercielle Gesellschaft in St. Gallen. Revidierte Statuten. (1901 Februar 12.) [2 S.] 8.

Statuten, revidirte, des Allgemeinen *Gewerbe-Vereins* in München. München 1883. 8°. 14 S. Cart.

Revidirte Statuten der bayerischen Hypotheken- u. Wechselbank. München 1875. 8°. 39 S., 2 Bll. Cart.

Revidirte **Statuten** des freimaurerischen Instituts zur Ueberwachung und Unterstützung der Hinterbliebenen vollendeter Brüder der ger. und vollk. Loge Hercynia zum flammenden Stern im Or. von Gosslar. Gosslar 1861: Brückner. 9 S. 8° [Umschlagtit.]

Revidirte Statuten der Jubiläum-Stiftung der Loge „Zur Bruderkette" in Hamburg. Begründet zur Erinnerung an das 25jährige Stiftungsfest der Loge 1872. Durch Mitgliederbeschluss vom 22. Okt. 1884 genehmigt. Hamburg: 1884. 18 S. 8°. [Umschlagtit.]

Revidirte **Statuten** [1902: Statuten] der Jubiläum-Stiftung der Loge „Zur Bruderkette" in Hamburg. Begründet zur Erinnerung an das 25-jährige Stiftungsfest der Loge 1872. Durch Mitglieder-Beschluss vom 22. Oct. 1884 genehmigt. Hamburg 1884. 19 S. 8° [Umschlagtit.]

[Dasselbe.] Durch Mitglieder-Beschluss vom 26. Febr. 1902 genehmigt. Ebendas. 1902. 11 S. 8°

Creditanstalt in St. Gallen, revidirte Statuten. St. Gallen, M. Kälin'sche Buchdr. 19 S. 8. 1871.

Revidirte **Statuten** des Krieger- und Landwehr-Vereins zu Marburg. *Marburg: J. Hamel 1896.* (12 S.) 8° [F.] [03. 3142 4

Statuten, revidierte, des Kunstgewerbevereins in München. München (1871)

Revidirte **Statuten** des Lehrinstituts der Loge zur Bruderkette [in Hamburg]. Hamburg 1865: Kümpel. 10 S. 8° [Umschlagtit.]

Revidirte Statuten des Lehrinstituts der Loge Zur Bruderkette [in Hamburg]. Hamburg 1871: Kümpel. 8 S. 8°. [Umschlagtit.]
Vgl. W. 37770.

Revidirte Statuten der Mobiliar-Brandgilde in den Aemtern Bordesholm, Kiel und Cronshagen. Kiel. 1857. 4°

Samariter-Verein Oerlikon. (Revidirte) Statuten. (1903 März.) 3 S. 8.

Revidirte Statuten d. Preisaufgaben-Stiftung. (Stiftung d. Stadt Freiburg .... Freiburg i. B. 1886); 4 S. 8°.
(Nicht für den Austausch.)

Rentenanstalt, Schweizerische. Revidirte Statuten. 14 Stn. 8. 1876.

— — Erläuterungen zu den revidirten Statuten. 19 Stn. 8. 1876.

— — Zwei Rechtsgutachten über die Revision der Statuten von Prof. Dr. Bluntschli und Prof. Dr. H. Fick. 40 Stn. 8. Zürich, Druck von Orell Füssli & Co. 1876.

Revidirte **Statuten** des bei dem 50jährigen Gründungsfeste der hiesigen Freimaurerloge „Friedrich zur Tugend" im Jahre 1829 gestifteten Schulstipendiums. [Brandenburg a. d. H. 1866: Wiesike.] 2 Bl. 8° [Kopftit.]

Sparkassa der Stadt Sursee. Revidirte Statuten. 17 Stn. 8. 1872.

Spar- & Leihkasse des Kreises Merenschwand (in Merenschwand). Revidierte Statuten. (1901 August 4.) II + 8 S. 8. Sins, Th. Amhof, 1901.

Revidirte Statuten des Sterbekassenvereins der Freimaurer-Loge „Friedrich zur Tugend" im Or. von Brandenburg a. d. H. [Brandenburg a. d. H. 1866: Wiesike.] 2 Bl. 8° [Kopftit.]

Oppeln: **Revidirte Statuten** des Sterbe-Cassen-Vereins bei der St. Johannis-Loge Psyche zu Oppeln. [Oppeln 1852]: Weilshäuser. 3 Bl. 8° [Kopftit.]

Revidirte **Statuten** des Sterbe-Kassen-Vereins bei der St. Johannis-Loge „Zur Goldnen Harfe" in Marienwerder. [Marienwerder 1857]: Kanter. 8 S. 8° [Umschlagtit.]

Revidirte Statuten des bei der St. Johannis-Loge zu den drei goldenen Schlüsseln in Berlin gegründeten Sterbe-Kassen-Vereins. [Nebst] Nachtr. [Berlin 1889:] Denter & Nicolas. 6 S. 8° [Umschlagtit.]
Nachtr. Logenbeschluss vom 29. Sept. 1894. 1 Bl.

Revidirte Statuten der [Georg Phil.] Holscherschen Stipendien-Stiftung [in Hannover]. Hannover 1858: Jänecke. 16 S. 8°
[Umschlagtit.:] Holschersche Stipendien-Stiftung.

Revidirte Statuten des zu der Loge Balduin zu Linde in Leipzig gehörigen Vereines zur Unterstützung der Hinterlassenen von in den ewigen Osten eingegangenen Brüder Mitgliedern der Loge. (Festgestellt durch Beschluss der Meisterschaft vom 7. Febr. 1889.) [Leipzig 1889: Zechel.] 2 Bl. 8° [Kopftit.]

REVIDIRTE STATUTEN DES VEREINS FÜR HANDEL UND GEWERBE ZU POTSDAM.
Erste Statuten vom 30. Januar 1844. — Erste Revision derselben im Dezember 1857. — Zweite Revision derselben im Mai 1873. — Dritte Revision derselben im April 1894. —

—, revidirte, des Huhnerologischen Vereins in *Görlitz*, gegr. am 18. Octob. 1852. 8°. 2 Bll. Cart. Beibd.

Revidirte Statuten d. Itzehoer-Vereins z. Verbesserung d. Pferdezucht 1831. Itzehoe 1831. 23 S.

Verein für die Ev(ang[elische]) Kapelle in Baden. Revidierte Statuten. (1902 April 29.) *autogr.* [4 S.] 4.

Revidierte Statuten des Vereins f. Off.-Wittwen-Pension in Bayern. München 1883. 38 S.

Revidirte Statuten des Vereins für Verpflegung kranker Studirender der Universität zu Greifswald. (Greifswald 1886); 4 S. 8°.
(Nicht für den Austausch.)

Zürcherischer [kantonaler] milchwirtschaftlicher Verein. Revidierte Statuten. (1903 März 20.) 4 S. 8.

Statuten, revidirte, des Vorschuß- und Spar-Vereins zu Celle, eingetragene Genossenschaft. gr. 8. (20 S.) Celle 868, H. Schulze.

Revidirte **Statuten** des Wittwen- und Waisen-Fiscus der ger. und vollk. Joh. Freimaurerloge Ernst zum Compass im Or. von Gotha. [Friedrichroda] 1882: [J. Schmidt & Co.]. 12 S. 8⁰ [Umschlagtit.]

Revidirte **Statuten** der Wittwen-Unterstützungsanstalt der St. Johannis-Loge Phöbus-Apollo zu Güstrow. Publicirt Johannis 1859. Güstrow 1859: Ebert. 16 S. 8⁰ [Umschlagtit.]

Statuten des Mittelbucher Rindvieh-Versicherungs-Vereins. *Hanau (1901): Waisenhaus-Buchdr.* (14 S.) 8⁰ [F.]

Statuten des Rindvieh-Versicherungs-Vereins zu Ravolzhausen. *Hanau (1903): Waisenhaus.* (16 S.) 8⁰ [F.]

Statuten der [Georg Martin] Ritt-Stiftung [in Hamburg]. Hamburg 1860: [F. M. Kümpel]. 11 S. 4⁰ [Umschlagtit.]

Kur- u. Wasserheilanstaltin Romanshorn. Statuten. 16 Stn. 8. Winterthur, Druck v. J. Westfehling. 1872.

Männorchor Romanshorn. (Statuten. 1889 Mai 10/1901 März 30.) 8 S. 8. Romanshorn, E. Billeter.

Statuten der Vorschuss- und Kreditbank Rottenburg. Rottenburg 1869

Gewerbe-Schule Rüti (Kanton Zürich). Statuten. (Revidiert im Mai 1903.) 7 S. 8. Rüti, Fr. Lehmann-Ritter, 1903.

Nordöstlicher Sängerbund von Amerika.
--Statuten . . . Trenton, NJ, 1897.

Vereinigte Sänger v. NY. Nordöstlicher Sängerbund. **Statuten** . . . revidirt am 10. Mai 1901. NY, 1901.

St. Georg-Stiftung, begründet von den Mitgliedern der Loge St. Georg zur grünenden Fichte im Or. von Hamburg den 24. Sept. 1868. **Statuten** [seit 1888: Satzungen]. Hamburg: Rademacher o. J. 8⁰ [Umschlagtit.]

[Dasselbe.] Rev. 1872, abermals rev. und von der allgemeinen Mitglieder-Versammlung genehmigt am 22. April 1881. Ebendas. 13 S. 8⁰

[Dasselbe.] [Entwurf von 1888 u. 1889.] Ebendas. 16 S. 8⁰

[Dasselbe.] Neu festgestellt am 24. Sept. 1889. Ebendas. 16 S. 8⁰

[Dasselbe.] Neu festgestellt am 13. Juni 1903. Ebendas. 16 S. 8⁰

Feuerwehr-Verein St. Jakob [Basel]. Statuten. Revidiert 1900. II + 7 S. 8. Basel, Emil Birkhäuser, 1901.

Statuten der St. Johannisloge zum preussischen Adler im Or. Insterburg. Beschlossen den 10. Juni 1886. Bestätigt den 22. Okt. 1887. Insterburg 1887: Driest. 8 S. 8⁰ [Umschlagtit.]

Stendal: **Statuten** der ger. und vollk. St. Johannis-Loge „Zur Goldenen Krone" im Or. Stendal. [Dat. v. 20. Nov. 1885.] [Leipzig] o. J.: [Zechel]. 16 S. 8⁰ [Umschlagtit.]

Bamberg: **Statuten** der ger. u. vollk. St. Joh.-Loge zur Verbrüderung an der Regnitz im Or. Bamberg. Angenommen im Jahre 5876. Bayreuth [1877]: Burger. 42 S. 8⁰ [Umschlagtit.]

Bamberg: Nachtrag zu den **Statuten** der St. Joh.-Loge zur Verbrüderung an der Regnitz im Or. Bamberg. [Dat.:] Bamberg, den 25. Oktober 5882. 1 Bl. 8⁰. [Kopftit.]
Vgl. W. 20857.

Statuten der unter dem Schutze des Gr.·. O.·. von Frankreich arbeitenden ger.·. u.·. v.·. St.·. Joh.·. Loge zum Frankfurter Adler im O.·. von Frankfurt a. M. 1842. [Frankfurt a. M. 1842.] 36 S. 8⁰ [Umschlagtit.]
Kl. 200 b.

Statuten der St. Joh.-Loge zur Verbrüderung an der Regnitz im Or. Bamberg. Bamberg [um 1898]: Handelsdruckerei. 18 S. 8⁰.

Statuten des St. Josef Kranken = Unterstützungs= und Leichenvereines in Gumpendorf. Druck von L. C. Zamarski. (3 Bl. 11 S. 8.) 1857.

Statuten des St. Leop. Krankenunterstützungs= und Leichenvereines in Sechshaus Nr. 123. Druck von A. Pichlers Witw: & Sohn. (14 S. und acht rastrirte Bl. 8.) 1857.

Statuten des *Kirchenbau-Vereins St. Paul* (a. V.). München 1883. 8°. 8 S. Cart.

Statuten des St. Salvator Kranken-Unterstützungs-Vereines auf der Wieden. Gedr. bei A. Pichlers Witwe und Sohn. (12 S. 8.) 1856.

Frauenverband Schaffhausen. 8. [Schaffhausen, H. Meier & Cie., 1902.]

[1.] Frauenverband Schaffhausen. Statuten. Entwurf. 2 S.
[2.] Frauenverband der Stadt Schaffhausen zur Förderung hauswirtschaftlicher Bildung. Verzeichnis der bis heute angemeldeten Mitglieder. 4 S.

Gewerbehalle Schaffhausen. Statuten 1895 (Mai 5). 7 S. 8. Schaffhausen, H. Meier & Cie., 1902.

Kantonaler Gewerbe-Verein Schaffhausen. Statuten. (1903 März 16.) 8. Schaffhausen, H. Meier & Cie., 1903.
Provisor. Ausg.: Entwurf. 10 S. — *Definitive Ausg.:* II + 8 S.

Naturheilverein Schaffhausen und Umgebung. Statuten. (1902 Juni 12.) 8 S. 8. Schaffhausen, Joos-Bäschlin, 1902.

Reitverein Schaffhausen. Statuten. Revidiert 19. Februar 1901. II + 4 S. 8. Schaffhausen, H. Meier & Cie., 1901.

Aktiengesellschaft Schappe- (**Entwurf:* Chappe-) und Cordonnet-Spinnerei in Altdorf. Statuten.... 8.
... [-Entwurf]. (Februar 1902.) 12 S. Altdorf, Buchdr. Altdorf.
... vom 26. September 1903. 10 S.

Statuten der k. k. privil. Prager bürgerlichen Scharfschützen. Prag, 1856. Druck bei M. J. Landau. (4 Bl. 32 S. 4.)

Statuten der Schönberger Scharfschützen-Gesellschaft. Olmütz, 1855. Anton Halauska's Universitäts-Buchdruckerei. (16 S. 8.)

Ryfflischützen Bern. Statuten (1900 November 18/Dezember 17 [und] Schiess-Reglement, 1901 Januar 20). II + 8 S. 8. Bern, Gottfr. Iseli, 1901.

Statuten des bürgerl. Schießstatt-Vereines zu Gratz. Gratz, 1855. Druck von Leykams Erben. (13 S. 8.)

Statuten der Schifffahrts-Gesellschaft in Prag, errichtet am 1. Mai 1822. Prag, 1855. Druck von Gottlieb Haase Söhne. (8 S. 8.)

Stettin: **Statuten** der [Gust. Adolf] Schiffmann-Stiftung der St. Johannis-Loge „Drei Goldene Anker zu Liebe und Treue" [in Stettin. Stettin 1876: Gentzensohn.] 4 S. 8° [Kopftit.]

Männerchor Schöftland. Gegründet 1828. Statuten. (1902 November 27.) II + 4 S. 8. Aarau, H. R. Sauerländer.

Stenographen-Verein Schönenwerd. Statuten. (1902 Oktober 29.) 4 S. 8.

Statuten für die Schüler an der mathematischen Abtheilung und der Handels-Classe der K. polytechnischen Schule zu Stuttgart. 1862. *S*

STATUTEN des Allerhöchst genehmigten Oedenburger kathol. Schullehrervereins 1846. Alapszábályai a legfelsőbb helyen jóváhagyott soproni kath. iskolatanító egyletnek. Pressburg 1846. Druck v. C. v. Wigand. 23 S. - 8°

—— der beiden Schullehrer-Vereine in Oberbayern.. 1. Statuten des Vereines zur Unterstützung der Wittwen und Waisen. 2. Statuten des Vereines zur Unterstützung dienstesunfähig gewordener Schullehrer. Neu redigirt. 8. (36 S.) München 848, (Finsterlin.) *

— der beiden Schullehrer-Vereine in Oberbayern. München 862. J. A. Finsterlin in Comm. gr. 8. (21 S.) n. 4 ngr.

Statuten der Eßegger bürgerl. Schützen-Gesellschaft. 1857. Eßegg, bei K. Lehmann und Komp. (20 S. 8.)

Statuten für die Ploener Schützengilde. (Ploen.) o. J. Nebst der Königlichen Confirmation v. 15. Febr. 1861. 8°.

Statuten des Arader bürgerlichen Schützen-Vereines. Arad, 1856. Gedruckt bei H. Goldscheider. (24 S. 8.)

Statuten des Hermannstädter bürgerl. Schützen-Vereins. 8. (12 S.) Hermannstadt. Gedruckt bei Sam. Filtsch. 1854.

Statuten für die Garbecker Schweinegilde. (Kiel. 1875.) 8°

Statuten des Rethwischer Schweine-Versicherungs-Vereins. Oldesloe. 1861. 8°

Statuten des Rothen-Clempenower Schweine-Versicherungs-vereins. *Stettin 1900: L. Pasenow.* (12 S.) 8° [F.] [01. 8944 9

Statuten der Vereinigten Schweizerbahnen. 1857. Auch franz.

Statuten des Schweizervereins in Bergamo. In-16°, 15 p. Bergamo, Gebr. Bolis. 1881.

Statuten der Schwesternhülfe zu Harburg, Elbe. Harburg [1905]: Priess. 7 S. 8°

Statuten für die „Schwesternhülfe" gegründet von Schwestern der Loge: „Wilhelm zu den 3 Säulen" im Or. von Wolfenbüttel. [Dat.:] Wolfenbüttel 1870. 2 Bl. 8° [Kopftit.]

Statuten des neben der Loge Alexius z. B[eständigkeit in Bernburg] gebildeten Schwester-Vereines der Helferinnen. Bernburg 1853: Gröning. 16 S. 8° [Umschlagtit.]

[N. Ausg. u. d. Tit.:]
Statuten des von der Loge Alexius z. B[eständigkeit] gebildeten und zu derselben gehörigen Schwestern-Vereins der Helferinnen. Nach einer Umarb. im Jahre 1867. Cöthen 1878: Schettler. 8 S. 8° [Umschlagtit.]

Statuten des von dem Freimaurer-Kränzchen zu Cöthen gebildeten und zu demselben gehörigen Schwestern-Vereins der Helferinnen. Gegründet im Febr. 1877. [Cöthen 1877: Schettler.] 7 S. 8° [Umschlagtit.]

[Dasselbe.] Cöthen [1879]: Schettler 7 S. 8°

Statuten des Schwestern-Vereins der **Loge zur Hoffnung** [in Bern. Bern 1878: Haller.] 4 S. 8° [Kopftit.]

Statuten der historisch-statistischen Sektion, als Zweigvereines der k. k. mähr. schles. Gesellschaft zur Beförderung des Ackerbaues, der Natur- und Landeskunde. Gedruckt bei R. Rohrers sel. Witwe. (2 Bl. 4.) 1857.

Statuten des juristischen Seminars. o. O. [1853]. 1 Bl. 8° (4°) [Kopft.]

Sensethal-Bahn. Statuten. (Vom 5. Juni 1902.) II + 15 S. 8. Bern, Büchler & Co., 1902.

Statuten des Severinus-Vereines. Wien 1855. Gedruckt bei A. Pichler's Witwe u. Sohn. (4 S. 8.)

Kissingen: **Statuten** des „Ständigen Sommer-Logen-Kränzchens" für Brüder Freimaurer in Bad Kissingen. [Kissingen ca 1906.] 1 Bl. 8° [Kopftit.]

STATUTEN DES SONNTAGS-VEREINS zu Berlin. Als Manuscript gedruckt. (Berlin 1835. Gedruckt bei A. W. Hayn.) 8°.*)

Statuten der Societaet für die gesamte Mineralogie zu Jena. Jena 1798: Etzdorf. 23 S. 8°

Statuten der Sparcassa. Lex.-8°. (14 S.) Wien, Hof- und Staatsdruckerei. fl. — 20. 1887.

Statuten der Egerer Sparkassa. 8. (24 S.) Eger. Druck von J. Kobrtsch und Gschihay. 1854.

Statuten der Eperieser Sparkassa. 8. (24 S.) Kaschau. Gedruckt bei C. Werfer. 1854.

Spar-Kassa des Hochdorfer Thales. Statuten in Kraft tretend den 1. Jan. 1875. 10 Sm. 8. Luzern, Buchdr. v. Gebr. Räber.

Statuten des kärntnerischen Sparkassa-Vereines. Klgft., ?, (1835). 7 S. (V. auch: Statut.)

Sparkasse von Aarau. Statuten, revidiert ... 5ten Mai 1901. In Kraft getreten den 1ten Juli 1901. 19 S. 8. Aarau, H. R. Sauerländer & Co.

Auszug aus den Statuten der allgemeinen Sparkasse in Linz. Linz. Feichtinger's Buchdruckerei. (8 Bl. 8.) 1855.

Statuten der ersten Mährischen Sparkasse in Brünn. 8. Brünn, Gastl 1852.

Statuten für die Sparkasse der Stadt Grein in Oberösterreich. Linz, 1856. Aus der Schmid'schen Buchdruckerei. (24 S. 8.)

Statuten der kärntnerischen Sparkasse in Klgft. Klgft., Leon, (1859). 21 S. (V. auch: Statut.)

— der Sparkasse und der Leihbank der Stadt Marburg. 8. Marburg 838. Garthe. 1/12

Statuten der Spar- und Leih-Casse zu Nortorf. Rendsburg 1847. 8°

⊙ **Statuten** der Spar- und Leihkasse für die Güter Seedorff und Hornstorff. Segeberg. 1847. 8°

Statuten der Spar- u. Leihkasse (E. G. m. u. H.) zu Wachenbuchen. *(Hanau [1903]: Waisenhaus.)* (7 S.) 8° [Kopft. F.] [Beigedr.:] Sparkassenbuch.

Statuten der in der k. Kreisstadt Pilsen in Böhmen unter der Garantie der Stadtgemeinde errichteten Sparkasse. Pilsen, 1857. Druck J. M. Schmid. (17 S. 8)

Statuten eines Sparkasse-Vereines und der durch denselben begründeten Sparkasse-Anstalt in der Stadt St. Pölten. 8. (26 S.) St. Pölten. Gedruckt bei F. Lorenz. 1854.

Statuten eines Sparkasse-Vereines und der durch denselben begründeten Sparkasse-Anstalt in der Stadt St. Pölten. (Genehmigt vom hohen Ministerium des Innern mit dem Erlasse vom 15. Februar 1854, Zahl 3685/172.) Zweite Auflage. Gedr. bei F. Lorenz in St. Pölten. (25 S. 8.)

Genossenschaft «Speiseanstalt der obern Stadt Bern». Statuten. (1901 April 20.) 8 S. 8.

Genossenschaft «Speiseanstalt der obern Stadt Bern». Statuten. (1902 Juli 2.) 8 S. 8.

Statuten der k. k. privilegirten österreichischen Staatseisenbahn-Gesellschaft. Wien. 1855. Druck von C. Gerold und Sohn. (22 S. 4.) geh.

Statuten des kurländischen Stadt-Hypotheken-Vereins nebst d. bis zum 1. Januar 1907 erfolgten Abänderungen. (Libau [um '07].) 24 S.

Statuten des *Sterbe-Kassa-Vereins in der Vorstadt Giesing* (de dato Jan. 1878). 12°. 8 S. u. 4 Bll. Formulare. Cart.

Bernische Kantonale Sterbekasse. Statuten. 11 Sm 8. Bern, Druck v. H. Körber. 1874.

Neu-Ruppin: **Statuten** der mit der Freimaurer-Loge Ferdinand zum rothen Adler im Or. zu Neu-Ruppin verbundenen Sterbe-, Wittwen- und Waisenkasse. Neu-Ruppin 1881: Kühn. 8 S. 8°

Kalbe a. S.: **Statuten** der mit der Freimaurer-Loge zur festen Burg an der Saale im Or. zu Calbe an der Saale verbundenen Sterbe-, Wittwen- und Waisen-Casse. Magdeburg [1840]: Faber. 16 S. 8° [Umschlagtit.]

Brandenburg: **Statuten** der Sterbe-Kasse der Loge Friedrich zur Tugend. [Dat.:] Brandenburg 1839. 4 S. 8° [Kopftit.]

Statuten für die Sterbe-Casse der Loge Friedrich Wilhelm zur Eintracht in Bremen 1878. [Bremen 1878: Guthe.] 7 S. 8° [Umschlagtit.]

Statuten der Sterbe-Kasse der im Or. zu Berlin arbeitenden fünf Johannis-Logen der Gr. National-Mutter-Loge zu den drei Weltkugeln [in Berlin]. Berlin 1889: Hönig. 15 S. 8° [Umschlagtit.]

Statuten der Sterbe-Casse der g. u. v. St. Johannis-Loge „Carl zur Gekrönten Säule" in Braunschweig. Neu red. und vervollständigt am 28. Febr. 1878. [Braunschweig 1878.] 4 Bl. 8° [Umschlagtit.]

Statuten des Sterbe-Kassen-Vereins der Freimaurer-Loge „Friedrich Wilhelm zur Gerechtigkeit" im Or. Ratibor. Ratibor 1866: Wichura & Co. 7 S. 8° [Umschlagtit.]

Statuten des Sterbe-Kassen-Vereins der Loge Friedrich zum goldenen Zepter im Or. zu Breslau. Breslau [1861]: Grass, Barth & Co. 14 S. 8° [Umschlagtit.]

[Dasselbe.] Ebendas. [1867]. 14 S 8°

[Dasselbe.] Ebendas. [1893]. 18 S. 8°

Statuten des Sterbe-Kassen-Vereins der Loge „Carl zur Treue" zu Schleswig. Schleswig 1882: Buchdr. der Taubstummen-Anstalt. 7 S. 8° [Umschlagtit.]

Stolp: **Statuten** des Sterbe-Kassen-Vereins der Loge „Zur Morgenröthe des Höhern Lichts" im Or. zu Stolp. Stolp 1861: Feige. 4 S. 8° [Umschlagtit.]

Statuten des Sterbe-Cassen-Vereins der Mitglieder der Freimaurer-Logen in Dresden. [Dresden 1848]: Liepsch & Reichardt. 8 S. 8° [Umschlagtit.]

[Dasselbe.] [Dresden 1848: Heinrich.] 4 S. 4° [Kopftit.]
Abgedr. in: FZ. 3 (1849) S. 190—192.

[Dasselbe.] [Dresden 1864]: Liepsch & Reichardt. 8 S. 4°

[Dasselbe.] Statuten von Mitgliedern ... Dresden [1882]: Heinrich. 12 S. 1 Bl. 4°

Siegen: **Statuten** des Sterbe-Kassen-Vereins bei der St. Johannis-Loge zu den drei eisernen Bergen in Siegen. [Nebst Nachtr.] Siegen [1854]: Vorländer. 8 S. 8° [Umschlagtit.]
Nachtr. [Giessen 1871: Keller.] S. 9—11. [Kopftit.]

Wetzlar: **Statuten** des Sterbekassen-Vereins bei der St. Johannis-Loge „Wilhelm zu den drei Helmen" zu Wetzlar. [Dat.:] Wetzlar 1868. 7 S. 4° [Umschlagtit.]

[**Statuten** des Sterbevereins der Loge Apollo in Leipzig. Leipzig 1836.] 4 S. 8°
Der Verein löste sich 1869 auf.

Statuten der Stiftung der Familie von Dehn. Dorpat 1869.

Statuten für die Dr. August Hammer'sche Stiftung (vom 16. Januar 1879). (Berlin o. J.) (2 Bl.) 4° [Kopft.] * Wieder abgedr. bei Daude, Die Kgl. Friedrich-Wilhelms-Univ. zu Berlin 1887 S. 631-633.

Statuten der Dr. Friedrich Tamnau'schen Stiftung (vom 21. Juli 1881). (Berlin o. J.) (4 S.) 4° [Kopft.] * Wieder abgedr. bei Daude, Die Kgl. Friedrich-Wilhelms-Univ. zu Berlin 1887 S. 651-654.

Statuten der unter dem Namen der „Droysen-Stiftung" auf der Königlichen Friedrich-Wilhelms-Universität zu Berlin gegründeten Stiftung (vom 19. Juni 1879). (Berlin o. J.) (7 S.) 4° * Wieder abgedr. bei Daude, Die Kgl. Friedrich-Wilhelms-Univ. zu Berlin 1887 S. 646-649.

Statuten für die Stiftung zur Erinnerung an weiland Leeser Rosenthal und seine Ehefrau Sophie, geb. Blumenthal (v. 18. 6. 1870). 1870.

Statuten der Stiftung der Loge Ferdinand zum Felsen in Hamburg, gegründet 1868. Rev. 1880. [Hamburg 1880]: Altschwager. 7 S. 8° [Umschlagtit.]

[Dasselbe.] Rev. 1893. Ebendas. 1893. 8 S. 8°

Zielenzig: **Statuten** der Haas'schen Stiftung zur Unterstützung von Wittwen und Waisen von BBr der Loge Stern Sanct Johannes im Or. Zielenzig 1868. Zielenzig [1868]: Koppe. 2 Bl. 8° [Umschlagtit.]

Sorau: **Statuten** der von dem Br [Wilh. Aug.] Klinkmüller, durch Circular vom 9. Jan. 1858 in Vorschlag gebrachten und durch die Meister-Conferenz vom 16. und 23. Jan. genehmigten Stiftung zur Unterstützung hülfsbedürftiger, activer Mitglieder der drei Rosen im Walde Or. Sorau und deren Wittwen und Waisen, gegründet am 25. Jan. 1858, dem Tage der Vermählung unseres Durchlauchtigsten Br, des Prinzen Friedrich Wilhelm von Preussen mit der Prinzess Royal Victoria von England, zur bleibenden Erinnerung an dieses für das ganze Land so glückliche Ereigniss. [Sorau 1858: Rauert.] 4 S. 8° [Kopftit.]

Statuten der Stiftung der fünf vereinigten Hamburger Logen zur Unterstützung hülfsbedürftiger Kinder. [Hamburg ca 1880.] 2 Bl. 8° [Kopftit.]
Abgedr. in: HL. 13 (1880) S. 1022—1023.
Statuten-Entwurf erschien in HL. 9 (1876) S. 679—680.

Wiesbaden: [Autogr.] **Statuten** der Stiftung der Loge Plato zur best[ändigen] Einigkeit Wiesbaden. [Dat.: Wiesbaden] 1883. 12 S. 8° [Umschlagtit.]

Statuten der Stiftung ehemaliger Schüler der Großen Schule, des Progymnasiums und des Gymnasiums zu Spandau vom Jahre 1903. S. 15—17. 4.
Progr.

Statuten der Stiftung für Waisen der Loge Carl zu den drei Schlüsseln im Orient zu Regensburg. Am St. Johannisfeste 1847. 8 S. 8°. [Umschlagtit.]

Statuten der zur Loge zum innigen Verein am Riesen-Gebirge gehörenden Stiftungen. Landeshut [1856]: Lips. 22 S. 8°
Enth. S. 8—13: Die Statuten der Loge'schen Stiftung. Neuaufl. 1856; S. 15—22: Statut der Frh. v. Brandenstein'schen Stiftung. Neuaufl. 1852.

Statuten der Stiftungen, welche bei den unter Constitution der Gr. Loge von Preussen, gen. Royal York zur Freundschaft, arbeitenden vier vereinigten Johannis-Logen im Or. von Berlin bestehen ... Anh.: Hinweisung auf das Institut zur Unterstützung der Hinterbliebenen verstorbener Brüder. Berlin 1878: Fickert. 23 S. 8° [Umschlagtit.]

Statuten der „Beuth'schen Stipendien"-Stiftung (vom 12. Oct. 1881). (Berlin o. J.) (3 S.) 4° [Kopft.] ¶ Wieder abgedr. bei Daude, Die Kgl. Friedrich-Wilhelms-Univ. zu Berlin 1887 S. 593-594.

Statuten der Dr. phil. Otto Marckwald'schen Stipendien-Stiftung (vom 17. Juli 1879). (Berlin o. J.) (3 S.) 4° [Kopft.] ¶ Wieder abgedr. bei Daude, Die Kgl. Friedrich-Wilhelms-Univ. zu Berlin 1887 S. 670-672.

Statuten der [Georg Phil.] Holscherschen Stipendien-Stiftung [in Hannover]. Hannover 1848: Jänecke. 6 S. 8° [Umschlagtit.]

Statuten der mit dem Neujahr 1837 begründeten Stipendien-Stiftung der ger. und vollk. St. Johannis-Loge zur Ceder im Or. von Hannover. [Hannover 1837.] 1 Bl. 2° [Kopftit.]

Statuten des Fürstlichen Theologischen Stipendii zu Tübingen, wie solche auf Befehl des Herzogs Carl zu Württemberg etc. bestätiget worden i. J. 1752. Stuttgart: Cotta (1752) -- 1 an: Statuta renovata univ. Tub. 1752.

Statuten des unter dem Namen „Stipendium Laurentianum" auf der Königlichen Friedrich-Wilhelms-Universität zu Berlin gegründeten Stipendiums (vom 21. Januar 1885). (Berlin o. J.) (4 S.) 4° [Kopft.] ¶ Wieder abgedr. bei Daude, Die Kgl. Friedrich-Wilhelms-Univ. zu Berlin 1887 S. 659-661.

Statuten des Studenten-Ausschusses zu Marburg. *Marburg 1898: J. A. Koch.* (7 S.) 8° [F.]

Statuten d. Studenten-Krankenkasse d. Universität Freiburg i. B. (Freiburg i. B., Univ.-Buchdr. v. Chr. Lehmann, 1885); 4 S. 8°. (Nicht für den Austausch.)

Statuten der staatlichen Studentenkrankenkasse der Universität Bern. Bern, den 4. März 1905. 4 S. 8°.
Bern. Univ.-Schr. 1905/1906.
Nicht zur Versendung bestimmt.

Statuten der staatlichen Studentenkrankenkasse der Universität Bern. [Bern 1909.] 4 S. 8°.
Bern Univ.-Schr. 1908/09.
Nicht zur Versendung bestimmt

Statuten für die Studirenden der technischen Abtheilung der K. polytechnischen Schulo zu Stuttgart. 1862. — [Veränderte Fassung.] 1865. *1862: S*; 1865: S*

— für die Studirenden der kgl. Forstakademie zu Eberswalde u. Münden. gr. 8. (13 S.) Berlin 884. Springer. n.n. — 50

—— für die Studirenden der königl. Forst-Akademien zu Eberswalde und Münden. 4. (12 S.) Berlin 880, Springer. **

—— dass. — gr. 8. (13 S.) Ebendas. 884. **

Statuten der Studierenden der Kgl. Technischen Hochschule zu Berlin (v. 9. 1. 1885). *Be**

Statuten der Studierenden der Kgl. Technischen Hochschule zu Berlin (v. 1. 2. 1887). *Be**

Statuten für die Studierenden der K. Technischen Hochschule in Stuttgart. [1894.] 32 S. — [Dasselbe. Mit Zusatz zu den Schlußbemerkungen auf S. 30. 1895.] 33 S. *SLB*

Statuten für die Studirenden des K. Polytechnikums zu Stuttgart. 1880. [Folgt:] Auszug aus der Bibliothek-Ordnung. [Nebst] Nachtrag zu S. 24 bis 26. — [Veränderte Fassung.] 1885.

Statuten (5. Abdr.: **Satzungen**) für die Studirenden der Polytechnischen Schule zu München (v. 5. 10. 1868). 1868. — ⟨2. Aufl.⟩ 1871. — ⟨3. rev. Abdr.⟩ (mit Abänderungen v. 13. 7. 1873.) 1873. — ⟨4. rev. Abdr.⟩ (mit Abänderungen v. 13. 7. 1873 u. 3. 8. 1875). 1875. — ⟨5. rev. Abdr.⟩ (mit Abänderungen v. 13. 7. 1873, 3. 8. 1875 u. 14. 8. 1876). 1876. [Folgt:] Allgemeine Gebührenordnung v. 24. 7. 1875. Inscriptions-Ordnung. — [6.—16. Abdr. s. Nr 2299.]

Statuten für die Studirenden der K. polytechnischen Schule zu Stuttgart. 1876. [Folgt:] Auszug aus der Bibliothek-Ordnung.

Statuten f. die Studirenden d. k. württ. Thierarzneischule in Stuttgart. 1880. 14 S. P.

Statuten des Rudervereins „Sturmvogel", Plagwitz-Leipzig, 7 S., 16°.

—— des mährisch-schlesischen Sudeten-Gebirgs-Vereines. gr. 8. (16 S.) Freiwaldau 884, (Blažek.)

Neue Schweiz. Aktien-Gesellschaft **Sumatra** (in Solothurn). Statuten. (1902 Juni 27.) 11 S. 8. Solothurn, Gassmann, Sohn, 1902.

°**Statuten des Sustentations-Fonds der Gesellschaft und der Loge zum Frankfurter Adler in Frankfurt a. M. Entworfen und angenommen 1834, rev. 1842. X, 32 S. 8°**
Kl. 688.

Statuten des von der Gesellschaft zur Vereinigung und der unter dem Schutze des Gr. Or. von Frankreich arbeitenden ger. und vollk. St. Joh. Loge zum Frankfurter Adler in Frankfurt a. M. errichteten Sustentations-Fonds. [Frankfurt a. M.] 1834. 36 S. 8° [Umschlagtit.]

Statuten des Sustentations-Fonds der Loge und Gesellschaft zum Frankfurter Adler in Frankfurt a. M. 1855. Frankfurt a. M. [1855]: Knatz. 16 S. 8° [Dasselbe.] Frankfurt a. M. [1889]: Fey. 16 S. 8° [Umschlagtit.]

Statuten des von der Loge zur aufgehenden Morgenröthe in Frankfurt a. M. errichteten Sustentations-Fonds. 1842. [Frankfurt a. M. 1842: Koenitzer.] 32 S. 8° [Umschlagtit.]
[Dasselbe.] 1879. [Frankfurt a. M. 1879: Fey.] 31 S. 8°

Statuten des von der unter dem Schutze der Grossen Loge der vereinten Brüder Freimaurer von England arbeitenden, ger. und vollk. Loge zur aufgehenden Morgenrŏthe in Frankfurt a. M. errichteten Sustentations-Fonds. [Frankfurt a. M.] 1819. 36 S. 8°
Kl. 604.

Statuten der goldenen und silbernen Tapferkeits-Medaille. 4. Wien 1789.

Statuten und Tarife der schweiz. Rentenanstalt in Zürich 1857.

Statuten der allgemeinen Renten-, Kapital- und Lebensversicherungsbank Teutonia in Leipzig. 16° Leipzig 1856

Spar- u. Leihkasse Thierstein. Statuten. 14 Stn. 8. Laufen, Vonburg'sche Buchdr. 1874.

Männer- und Gemischter Chor Thun. Statuten. (1902 Oktober 11.) 12 S. 8.

Statuten des Thierschutz-Vereins zu Kiel. Kiel, den 15. Mai 1875. [Kiel 1875.] 8°

Statuten des Münchener *Thierschutz*-Vereines. München 1868. 8°. 7 S. Cart.

Thurgauischer [kantonaler] Tierschutzverein. Statuten. (1901 Dezember 1.) 3 S. 8.

Statuten des österreichischen im Jahre 1847 gegegründeten Thierschutz-Central-Vereines in Wien, abgeändert und genehmigt mit Erlasse des hohen k. k. Ministeriums des Innern dd. 16. Dezemb. 1855, Z. 28893. Wien, 1856. Druck von Leopold Grund. (12 S. 8.)

Toggenburgerbahn-Gesellschaft. Statuten. (1885 Januar 29/März 9.) II + 10 S. 8. Wattwil, J. Kutz, 1901.

Statuten für die Meldorf-Ammerswurthersandberger Todtenzunft 1862. Meldorf. (1862.) 8°

Statuten für die Meldorfer älteste Todtenzunft 1861. Meldorf. 1861. 8°

Statuten der Hamburg-Altonaer Trambahn-Gesellschaft in Hamburg. M. den in d. General-Vers. v. 17. März 1894 beschlossenen Aendergn. *Altona: Dr. v. H. W. Koebner & C. 1894.* (15 S.) 1 Bd 8. [98. 2526

Statuten des Treu-Bundes für König und Vaterland. Druck von Carl Schultze. 4 Bl. 8.
Flugblatt. Berlin, 12. März 1849.

Anhang zu den Statuten der Univ. Tubingen. Tub.: Reiss 1770.

Statuten des Demokratischen Turnerbundes (1848), 1 S., 16°.

Statuten des Thüringer Turnerbundes, Erfurt, 8°.

Deutsch-Amerikanischer Turnverein.
--Statuten ... 6. Sept, 1881; rev, July, 1900. NY, 1900.

Neue Unfallkasse Schweizer. Schreinermeister in Luzern. Statuten. (1894 Mai 20.) (Revidiert und bereinigt ... 13 Oktober 1895, 25. Oktober 1897, 29. Oktober 1899 ... und 11. November 1900 ....) II + 30 S. 8. Luzern, J. Schill, 1901.

Schweizer. Unfallversicherungs-Actiengesellschaft in Winterthur. Statuten. 18 Stn. 8. Winterthur, Buchdr. v. J. Westfehling. 1875.

Schweizerische Uniformenfabrik (in Bern). Statuten. (1902 Dezember 20.) 8 S. 8.

Statuten der Universitaet zu Berlin. (Vom 31. Okt. 1816.) Berlin [1816].

Statuten für die Universität zu Breslau (gegeben den 21. Febr. 1816). [Breslau 1829.] (38 S.) 4° [F.] *(Seite 3, Zeile 3 von oben schließt: „Verlegung der“.) [Abgedr. bei Joh. Frdr. Wilh. Koch: Die preußischen Universitäten. Bd 1. 1839. S. 318-341.]*

Statuten für die Universität zu Breslau (gegeben den 21. Febr. 1816). [Breslau 1845.] (38 S.) 4° [F.] *(Seite 3, Zeile 3 von oben schließt: „Verlegung der Universität“.)*

Statuten für die Universität zu Breslau vom 21. Febr. 1816. Wieder abgedruckt mit Anmerkungen 1886. *Breslau, Druck v. Grass, Barth & Comp. (W. Friedrich)* (1886); 49 S. 4°.

Statuten für die Universität zu Breslau vom 21. Febr. 1816. Wieder abgedruckt mit Anmerkungen 1886. Breslau 1886, Wilhelm Koebner. 4°. 49 S.

Statuten der kaiserl. Universität zu Dorpat. Dorpat 1803. H: *Morgenstern, Carl von.* (R-N)

Statuten der Königlichen Universität zu Marburg. Marburg, Univ.-Buchdr. (R. Friedrich), 1886; 30 S. 4°.

Statuten für die Universitäts-Bibliothek zu Freiburg i. B. Freiburg i. B. 1888, Fr. Wagnersche Univ.-Buchh. 8°. 17 S.

Statuten für die Universitäts-Bibliothek zu Freiburg i. B. Genehmigt durch Erlaß vom 17. Dez. 1902. *Freiburg i. B. 1903: C. A. Wagner.* (16 S.) 8°
(Nicht für den Austausch)

Statuten der Unterstützungs-Anstalt für verünglückte, alte ... Holzhauer und deren hinterlassene Wittwen und Waisen in dem Forstbezirk Marienberg. - Marienberg 1838. 22 S.

Heilbronn: **Statuten** der Unterstützungs-Anstalt zur „Humanität“ [der Loge Karl zum Brunnen des Heils] in Heilbronn. 1857. Heilbronn [1857]: Schell. 10 S. 8°. [Umschlagtit.]

Statuten der Unterstützungs-Anstalt der Loge Carl zum Lindenberg [in Frankfurt a/M.]. Genehmigt durch Logen-Beschluss vom 24. Aug. 1861. [Frankfurt a. M. 1861]: Köbig. 8 S. 8° [Umschlagtit.]
Tt. 1263.

Ulm: **Statuten** der von der □ Carl zu den drei Ulmen gebildeten Unterstützungs-Anstalt. [Dat.:] Ulm 1846. 8 S. 8°
Tt. 1253.

Bayreuth: **Statuten** der Unterstützungs-Anstalt für Wittwen und Waisen bei der St. Johannis-Loge Eleusis zur Verschwiegenheit im Orient Bayreuth. Bayreuth [1858]: Burger. 10 S. 8°. [Umschlagtit.]

[Dasselbe.] Ebendaselbst. [1871?] 10 S. 1 Bl. (Nachtrag.) 8°. [Umschlagtit.]

Hanau: **Statuten** des Unterstützungsfond der Loge Braunfels zur Beharrlichkeit in Hanau. [Hanau 1880.] 2 Bl. 8° [Kopftit.]

Statuten des von der Loge Carl zum aufgehenden Lichte in Frankfurt a. M. errichteten Unterstützungs-Fonds. [Dat.:] Frankfurt a. M. 1857. 14 S. 8°

Statuten des von der Loge Carl zum aufgehenden Lichte in Frankfurt a. M. errichteten Unterstützungs-Fonds. (Nebst einem Anh., die Statuten der Kreusser-Stiftung enthaltend.) Frankfurt a. M. 1884: Mahlau & Waldschmidt. 16 S. 8° [Umschlagtit.]

[Dasselbe.] Ebendas. 1888. 17 S. 8°

Allgem. Unterstützungs-Gesellschaft der Seidenfärber für Krankheits- und Todesfälle [= Seidenfärber-Kranken- und Unterstützungs-Kasse] in Basel. Statuten. Gegründet im November 1846. Revidiert den 23. Januar 1876 und 12. Februar 1888. II + 8 S. 8. Basel, Meder, 1903.

Statuten der Unterstützungs-Gesellschaft von Kranken der Stadt Aarau. 1837.

Marne: **Statuten** des Unterstützungs-Instituts der Johannisloge Ditmarsia in Marne. Marne 1910: Altmüller. 2 Bl. 8° [Umschlagtit.]

Statuten der Unterstützungskasse für Beamte der Kgl. Sächs. Staatseisenbahn-, Strassen-, Wasserbau- und Forst-Verwaltung vom 24. Juni 1885. Nachträge vom 9. Januar 1888, 1. Januar 1889, 14. Dec. 1889 und 5. Mai 1890. - Dresden o. J.

Statuten der kaufmänn. Unterstützungskasse für Württemberg. Stuttgart 1883

Statuten der Unterstützungscasse der Loge zur Brudertreue a. d. Elbe in **Hamburg** für erwerbsunfähige hülfsbedürftige Bbr Mitglieder, deren Wittwen und Waisen, begründet am 25jährigen Stiftungsfeste der Loge den 15. Sept. 1870. [Hamburg 1870]: Kümpel. 15 S. 8° [Umschlagtit.]

[Dasselbe.] 1. [u.] 2. Revision, genehmigt durch die General-Versammlung am 18. Oct. 1876, [u.] 12. Oct. 1881. Ebendas. [1881.] 16 S. 8°
Tt. 1275.

Schleswig: **Statuten** der Unterstützungscasse für Wittwen und Waisen der Loge „Carl zur Treue" in Schleswig. Schleswig 1872: Jensen. 5 Bl. 8° [Umschlagtit.]

Statuten für den von der Freimaurer-Loge Alexius zur Beständigkeit in Bernburg als Tochter-Anstalt gegründeten [Konr. Friedr.] Schröder'schen Unterstützungsverein. Cöthen 1870: Schettler. 9 S. 8° [Umschlagtit.]

[Dasselbe.] Rev. im Jahre 1876. Marbach a. N. 1909: Remppis. 12 S. 8°
Tt. 1257.

Statuten des Aloisianischen Unterstützungsvereines zu Salzburg. Salzburg, 1857. Endl & Penker'sche Buchdr. (6 Bl. 8.)

Nienburg: **Statuten** des Unterstützungs-Vereins für Freimaurer-Witwen und Kinder. Gestiftet in Nienburg, am 12ten Nov. 1827. Hannover 1827: Wittig. IV, 5—16 S. 4° [Umschlagtit.]

Statuten des Unterstützungsvereines für Gewerbe und Ackerbau unter den Israeliten in Arad. Arad, 1855. Gedruckt bei H. Goldscheider.

Statuten des Unterstützungs-Vereins genannt „Hilfe in Noth". Stuttgart 1851. [Stuttgart 1851]: Greiner. 8 S. 8° [Umschlagtit.]
Gegründet von der Loge Wilhelm zur aufgeh. Sonne in Stuttgart.

Statuten des Unterstützungsvereins der Loge Carl zu den 3 Ulmen in Ulm. [Ulm 1878:] Nübling. 12 S. 8° [Umschlagtit.]
Tt. 1254.

Statuten für den Unterstützungsverein unverschuldet verarmter Meister, Fabrikanten und deren Witwen bei dem Gremium der Seidenzeug-Fabrikanten ꝛc. Druck von A. Pichlers Witwe & Sohn. (1 Bogen 1/2 Fol.)

Statuten des Unterstützungs-Vereines für sämmtliche Mitglieder der Buchdruckerkunst und anverwandten Nebenzweige in Lemberg. 1857. (17 Bl. lithogr. auf 1/2 Fol.)

Statuten des Preßburger israelitischen Unterstützungs- und Seelenheil-Vereins „Thoras Chessed" „Lehre des Wohlwollens." Preßburg, 1856. Vormals Schmid'sche Buchdruckerei. (16 S. 8.)

Statuten eines Unterstützungs-Vereins für die Weber und andere Gewerbsgenossen unter dem Schutze der allerheiligsten Dreifaltigkeit. 8. (9 S. 12 Bl. Tab.) Linz, Druck von Joh. Huemer's Witwe 1852.

Statuten eines Unterstützungs-Vereines für die Weber und andere Gewerbsgenossen unter dem Schutze der allerheiligsten Dreifaltigkeit. (O. Ang. des Druckes.) (9 S. 3 Bl.)
1857.

Handwerks- & Gewerbeverein Uster. Statuten. (1902 Juli 8.) 4 S. 8.

Kaninchenzucht-Verein Uster und Umgebung. Gegründet im Februar 1902. Statuten. (1902 Februar 27.) II + 4 S. 8. Aarau, H. R. Sauerländer & Co., 1902.

Velo-Club der Stadt Bern. Statuten. (1901 Oktober 9.) II + 6 S. 8. Bern, Gottfr. Iseli, 1901.

Statuten der deutschen evangelischen Kirchgemeinde V e n e z u e l a. (Hirschberg 1902: General-Anzeiger.) 2 Bl. 8° [Kopft.]

Veränderte Statuten betreffend die Witwen- u. Waisen-Kasse der Loge zum innigen Verein am Riesengebirge zu Landeshut i. Schl. Or. Landeshut in Schlesien, im Febr. 1892. Landeshut [1892]: Werner. 8 S. 8° [Umschlagtit.]

Verband dter Chor-dirigenten v Amerika. Statuten . . . NY, 1905.

Verband schweiz. F a b r i k a n t o n chemisch-technischer Produkte. Statuten. (Genchmigt ... 13. Juli 1900.) 4 S. 8. Basel, Franz Wittmer, 1901.

Verband deutsch-schweizerischer F r a u e n v e r e i n e zur Hebung der Sittlichkeit. Statuten. (1902 Juni 5.) 4 S. 8.

Verband für Freizügigkeit der K r a n k e n - V e r e i n e im Kanton Zürich. Gegründet im Jahre 1876. Statuten. (1901 Mai 27.) 16 S. 8. Pfäffikon, J. Peter, 1902.
[= K r a n k e n k a s s e n - V e r b a n d für Freizügigkeit des Kantons Z.]

Verband l a n d w i r t s c h a f t l i c h e r Genossenschaften der Zentralschweiz (mit Sitz in Luzern). Statuten. (1902 März 8.) 11 S. 8. Luzern, J. Hartmann, 1902.

Verband ostschweiz. landw. Genossenschaften. S t a t u t e n für den Verband. Winterthur 1895.

Interkantonaler **Verband** für N a t u r a l v e r p f l e g u n g bedürftiger Durchreisender. Statuten. (1902 Juli 14.) 5 S. 8.

Verband bündnerischer K r a n k e n k a s s e n und Krankenvereine. Statuten. Entwurf. [Angenommen 1902/3.] 5 S. 8.

Verband der Schweiz. L e h r l i n g s - P a t r o n a t e. Statuten. (1902 November 15.) 3 S. 8.

Verband des P e r s o n a l s schweiz. Transportanstalten ⟨V. P. S. T.⟩. Statuten vom 27. Oktober 1901. ([Mit Anhang:] Rechtsschutz-Reglement für die Mitglieder, mit 1. Juli 1902 in Kraft.) 15 S. 8.
Rechtsschutz-Reglement ... *auch in Sep.-Ausg.* 3 S. 8.

Verband der G a s t h o f b e s i t z e r Schaffhausen, Neuhausen, Dachsen, Rheinfall. Statuten. (1902 Juni 7.) 4 S. 8. [Schaffhausen, H. Meier & Cie.]

— verbeſſerte, der k. k. privil. wechſelſeitigen Brandſchaden-Verſicherungs-Anſtalt. 8. Wien 828. (Volke). 2 gr

Verbesserte Statuten des Wittwen- und Waisen-Fiscus der ger. und vollk. St. Joh. Loge Ernst zum Compass in Or. von Gotha. Gotha [1865]: Engelhard-Reyher. 12 S. 8° [Umschlagtit.]

Statuten einer unter dem Namen Verein für Bruderliebe zu gegenseitiger Unterstützung in Krankheits- und Sterbefällen geschlossenen Verbindung. Altenburg 1842: Hofbuchdr. 32 S. 8°

Statuten des Großherzoglich Hessischen V e r d i e n s t - O r d e n s Philipps des Großmüthigen. Darmstadt 1898. (13 S.) 8°

Statuten des Akadem.-Neuphilologischen V e r e i n s zu Marburg. Marburg 1902: J. Hamel. (12 S.) 8°

Statuten des Alpwirtschaftlichen V e r e i n s im Allgäu. Immenstadt.

Verein für freiwillige A r m e n p f l e g e in Chur. Statuten. ⟨Revidiert 1902.⟩ 4 S. 8.

Statuten des Vereines für freiwillige *Armenpflege* in München. (München) 1869. 8°. Cart.
8 S. u. 1 Bl. Formular in Fol.

Statuten des V e r e i n s Königsberger Ärzte. *Königsberg 1902: E. Rautenberg.* (2 Bl.) 8°
[03. 14706 10

S t a t u t e n des Vereines zur ſeinerzeitigen Ausbauung der Kirchthürme zu Maria Treu in der Joſefſtadt in Wien. Wien, 1856. Aus J. B. Wallishauſſer's k. k. Hoftheater-Druckerei. (12 S. 8.)

„Statuten des Grossherzoglich Badenschen landwirthschaftlichen Vereins zu Ettlingen; nebst Beylagen und Verzeichniss der Mitglieder", Rottweil 1820 und Pforzheim 1821. Dieselben Karlsruhe 1822 (Marx).

Statuten des V e r e i n s zur Beförderung und Vervollkommnung der bürgerlichen Gewerbe in der Stadt Schleswig. [Schleswig 1835.] 8°

Statuten des Berliner Vereins zur Förderung der Erwerbsfähigkeit des weiblichen Geschlechts. (Beschlossen Berlin, am 22. Jan. 1866. Gezeichnet von Wilhelm Adolf Lette u. a.) — (Berlin 1866: Duncker.) 2 Bl. [Kopft.] No 4167 und: (eingebunden in: Erwerbsgebiete d. weibl. Geschlechts:)

Statuten des in Bern unter dem Namen „Freimaurer-Loge zur Hoffnung" bestehenden Vereins. [Nebst] Reglement zu den Statuten. Bern 1882: Haller. 8° [Umschlagtit.]
Statuten. 18 S.
Reglement. 10 S. [D a s s e l b e.] Bern 1897: Michel & Büchler. 10 S. 8°

Statuten des V e r e i n s zur Besserung der aus den Straf- und Corrections-Anstalten des Großherzogthums Sachsen-Weimar-Eisenach entlassenen Sträflinge. Weimar 1829. 8°

Statuten des Vereines der Buchhändler zu Leipzig vom 10. December 1832. Nebst einem Nachtrag. (Leipzig. Druck von C. E. Elbert.) 8°.

Statuten des Vereins der Buchhändler in Leipzig. Confirmirt den 2. October 1852. (Leipzig. Druck von C. E. Elbert.) 8°.

Statuten des Vereins der Buchhändler zu Leipzig. 1863. (Leipzig. Druck von Breitkopf und Härtel.) 8°.

Statuten des Vereins der Buchhändler zu Leipzig. Januar 1870. (Leipzig. Druck von Breitkopf und Härtel.)

Statuten des Vereins für Geflügelzucht Columbia in *Cöln*, gegr. den 21. Dezbr. 1865. 12°. 16 S. Cart.

STATUTEN des Deutschen Vereins zur Erforschung Palästinas. (Dat.: Leipzig, 4. October 1889.) Leipzig. Druck von Breitkopf & Härtel. (Ohne bes. Titelbl.) 8°.

STATUTEN des Deutschen Vereins zur Erforschung Palästina's. (Dat.: Leipzig, 18. December 1897.) Leipzig. Druck von Breitkopf & Härtel. (Ohne bes. Titelbl.) 8°.

Statuten des Vereins zur geognostisch-montanistischen Durchforschung des Landes Tirol und Vorarlberg. Innsbruck 1839.

Statuten des Vereins der deutschen Eisenbahnbeamten. 1848.

Statuten des mit Allerhöchster Landesherrlicher Genehmigung bestehenden Vereins für Erdkunde und verwandte Wissenschaften zu Darmstadt. Zweiter Abdruck. Darmstadt 1852. 15 S. 8°

—— des Vereins zur Ermunterung d. Gewerbsgeistes in Böhmen. Fol. (2 lith. B.) Prag 833, (Haase Söhne.)

[Lithogr.] **Statuten** des in der Loge Ernst zum Compass errichteten Vereines zu gegenseitiger Uebertragung der Kosten der Beerdigung ihrer in den ewigen Osten eingehenden Mitglieder. [Dat.:] Gotha 1848—1849. 6 S. 8° [Kopftit.]

—— des evangel. Vereins der Gustav-Adolph-Stiftung, wie solche in der Versammlung der Abgeordneten am 22. Sept. 1843 zu Frankfurt a. M. angenommen sind. Mitgetheilt u. m. einigen Bemerkungen begleit. v. Ph. Sander. 1. Aufl. 8. (3 B.) 843. u. 2. Aufl. 12. (2⅙ B.) Göttingen 844, Vandenhoeck u. Ruprecht. *
Aus: Vierteljährliche Nachrichten rc., besond. abgedruckt.

[F.] **Statuten** des Evangelischen Vereins für innere Mission zu Hanau. *Hanau: Waisenhaus-Buchdr. (1897).* (8 S.) 1 Bd 8. [98. 10261 M.

Statuten des Vereins der christlichen Familien zur Verehrung der heil. Familie Jesus, Maria, Joseph. (Dülmen: A. Laumann 1892.) (8 S.) 8° [Kopft.]

Statuten des Vereins zur Förderung der weiblichen Erwerbsthätigkeit. Hamburg 1867.

Verein für Förderung des kantonalen historischen Museums zu Bern. Statuten. Entwurf. [Anfangs November 1901.] 5 S. 8.

Statuten des Vereins zur Förderung des St. Nicolai-Kirchenchors zu Kiel. Kiel. 1873. 8°

Statuten d. V. z. Förderung d. Turnens in Gmunden v. 1861, Gmunden 1861, 4 S., 8°.

Statuten des Vereins zur Förderung des geselligen Verkehrs in Linz, 3. Auflage. 8. (16 S.) Linz. Feichtinger's Buchdruckerei. 1854.

Statuten des Vereins deutscher Freimaurer, s.a. Statuten des Vereins deutscher Maurer.

Statuten des Vereins deutscher Freimaurer nebst Reglement für die Bibliothek. Leipzig: Findel 1870. 7 S. 8°

Statuten des freimaurerischen wissenschaftlichen Vereines der Loge zu den drei Degen im Or. Halle a/S. [Halle 1882: Gebauer-Schwetschke.] 4 S. 8° [Kopftit.]
Abgedr. in: Herzberg, G. F.: Geschichte d. Frmrl. z. d. drei Degen, Halle. 1893 S. 57—58.

Statuten des Vereins zur Fundirung einer Privat-Wittwen-Casse für Landleute in den adlichen und klösterlichen Districten der Herzogthümer Schleswig und Holstein. o. O. [1828.] 2°

Statuten des Vereins zur Fundirung einer Privat-Wittwen- und Waisen-Pensions-Kasse für die Aerzte der Herzogthümer Schleswig, Holstein und Lauenburg. Schleswig 1841. 4°

Statuten des Vereins für Gartenbau in den Herzogthümern Schleswig, Holstein u. Lauenburg. (Kiel. 1856.) 8°
—— (Ergänzt Kiel, im Januar 1860.) 8°

Statuten des Vereins für Gartenbau in den Herzogthümern Schleswig, Holstein und Lauenburg. Kiel, im Januar 1856. Ergänzt Kiel, im Januar 1860. 1 Bl. 8°

Statuten des Vereins der Gastwirthe u. Restaurateure von Stadt- u. Landkreis Hanau. *Hanau (1901): Waisenhaus-Buchdr.* (8 S.) 8° [F.] [03.73384

Statuten des Vereines der Münchener *Geflügel- u. Vogel-Freunde.* München 1871. Kl. 8°. 5 S. Expl. m. polizeil. Blaustift-Aenderungen. Cart.

— für Geflügelzucht des Stadt- u. Landkreises *Dortmund.* Dortmund 1875. 12°. 11 S. Cart. *) Beibd.

— des Vereins f. Geflügelzucht in *Muehldorf* (de dato 24. Juni 1875). 12°. 5 Bll. Cart.

Statuten des Vereins für Geflügel- u. Singvögelzucht in *Hannover* (de dato 25. Octob. 1869). 8°. 2 Bll. Cart. Beibd.

Statuten des geographischen Vereins zu Frankfurt am Main. 1836. (Frankfurt a. M. 1836.) 14 S. in: Jahresbericht des geographischen Vereins zu Frankfurt a. M. Jahrg. 3–17. (1839 bis 1853). 8°

STATUTEN des Vereins für Geschichte des Bodensee's und seiner Umgebung. Neu redigirt auf Grund von Vereinsbeschlüssen, insbesondere derjenigen der Vereinsversammlung am 3. September 1871 in Constanz. Friedrichshafen 1876. Buchdruckerei von A. Lincke. 8°.

[F.] **Statuten** des Vereins für Greizer Geschichte. *Greiz: Dr. v. F. Trommer 1893.* (24 S.) 1 Bd 8. [98 2527

Statuten des Vereins für hessische Geschichte und Landeskunde. *Cassel: Dr. v. L. Döll 1896.* (15 S.) 1 Bd 8. [96. 9368

Statuten des geselligen Verein der Monarchisch-Constitutionellen. im 45. Stadt-Bezirk. 1 Bl. 4.
Flugblatt. Berlin, 13. Aug. 1849

— des Vereins für Heilung von Gewohnheitstrinkern, Trinkerheilstätte Ellikon a. d. Thur. Zürich 1889. 7 S. 8°.

STATUTEN des Historischen Vereins für das Grossherzogtum Hessen. (Bestätigt durch Allerh. Entschliessung vom 2. Mai 1880.) Darmstadt 1899. Buchdruckerei der Neuen Hessischen Volksblätter. 8°.

Statuten des historischen Vereines für Krain zu Laibach. (Ohne Angabe des Druckes.) (4 S. 8.) 1856.

Statuten des historischen Vereines für Steiermark. Wien. Druck von C. Tanzer. (22 S. 8.) 1856.

Statuten des allerhöchsten Ortes genehmigten historischen Vereines für Steiermark, Kärnten u. Krain. Klgft., Leon, 1845. 15 S. — Für Kärnten. (1855.) 18 S. — Klgft., v. Kleinmayr, (1871). 8 S.

Statuten des Historischen Vereins für Württembergisch Franken. 1894. *Schwäb. Hall 1895: E. Schwend.* (6 S.) 8° [F.]

Statuten des Vereins der Holzhauer-Hilfskasse für den Forstbezirk Grillenburg und das Tharanter Revier vom 23. Mai 1877. - Tharant 1877. 20 S. u. 2 S. Nachtr. z. d. Statuten d. Ver.

Statuten des Vereins deutscher Ingenieure. 1856. fol.

Verein schweizerischer Irrenärzte. Zur 32. Jahresversammlung vom Pfingst-Montag und -Dienstag 1901 in Genf: Statuten. ... Jahresbericht. ... Programm der Versammlung in Genf. 56 S. 8. Bern, Gebhardt, Rösch & Schatzmann, 1901.

Kantonaler Verein zur Förderung des bernischen historischen Museums zu Bern. Statuten. (1901 Dezember 18.) 5 S. 8. (Bern, K. J. Wyss.)

Statuten des Vereins schwäbischer Käser. Memmingen 1886. Gegründet 1886 durch den damaligen Reallehrer Dr. Vogel, späteren Direktor der Akademie Weihenstephan.

Verein junger Kaufleute in Aarau. Statuten. 8 Stn. 8. Aarau, Druck v. H. R. Sauerländer. 1874.

Statuten des Kaufmännischen Vereins in Stuttgart. Stuttgart 1875

— für den Verein der Kinderfreunde zur Leitung u. Beaufsichtigung der Warteschule in Quedlinburg. Nebst einer kurzen Nachricht vom Entstehen der Kleinkinder-Warteschule zu Quedlinburg, und dem Verzeichnisse der Begründer und Erhalter derselben. gr. 8. Quedlinburg 842, Basse. 1/6 ℳ

Verein schweizerischer Konkordats-Geometer. Statuten. 8. [Schaffhausen, H. Meier & Cie.]
Entwurf. (1902 Januar.) 8 S. — (1902 Februar 2.) 3 S.

Verein für Krankenpflege Olten. Statuten. (1903 März 17.) 4 S. 8.

Statuten des Vereines für Krippen in Gratz. Druck von A. Leykams Erben in Gratz. (1 Bl. 4.) 1857.

Statuten des Vereins sächsischer Künstler zur Unterstützung hilfsbedürftiger Künstler und Künstlerinnen und deren unbemittelter Hinterlassenen. Dresden 1838. 4°.

Statuten des landwirthschaftlichen Vereins der Gemeinden Altenberge, Greven und Nordwalde. Münster i. W. 1898: A. G. 'Der Westfale'. (6 S.) 8°

Statuten des Landwirthschaftlichen Vereins zu Bordesholm. Kiel. 1882. 8°

Statuten des Vereins deutscher Lehrer in Süd-Chile. Valdivia ('03). 5 S.

Statuten des literarischen Vereins für die Prediger der Probstey Flensburg (vom 3. Nov. 1828). Zusätze, nähere Bestimmungen der vorstehenden Statuten enthaltend (von 1841). o. O. u. J. (1841?) 8°

STATUTEN des literarisch-geselligen Vereins zu Stralsund. 2. (erweiterter) Abdruck. Stralsund 1851. Druck der Königlichen Regierungs-Buchdruckerei. 8°.

Dasselbe. 3. (erweiterter) Abdruck. ib. 1855. — 8°.
Dasselbe. 4. Abdruck. ib. 1865. — 8°.

Statuten des Vereins deutscher Maurer nebst Bericht über die erste Jahres-Versammlung und Mitglieder-Verzeichniss. Leipzig: Luppe 1861. 16 S. 8° [Umschlagtit.]
Abgedr. in: Bh. 4 (1861) S. 169.
cf. L. 20 (1861) S. 249—252.
Tt. 1169.

[N. Ausg. u. d. Tit.:]
Statuten des Vereins deutscher Freimaurer nebst Reglement für die Bibliothek. Leipzig: Förster & Findel 1867. 7 S. 8° [Umschlagtit.]

[Dasselbe.] Findel 1870. 7 S. 8°

[Dasselbe.] 1871. 7 S. 8°
Tt. 1170.

[N. Ausg. u. d. Tit.:]
Statuten des Vereins deutscher Frmr. [Leipzig 1879: Zechel.] 4 S. 8° [Kopftit.]

[Dasselbe.] [Ebendas. 1889.] 4 S. 8°

„Statuten des Mecklenburgischen patriotischen Vereins", Rostock 1817 (Adler).

Statuten d. milchwirtschaftlichen Vereins im Allgäu e. V. 1909. U. St. 8 S. P.

Statuten des Mittelholsteinischen Landwirthschaftlichen Vereins zu Neumünster. Angenommen in der Generalversammlung am 7. April 1888. Neumünster. 1888. 8°

Statuten des bei der Nationalkirche in Wien bestehenden italienischen Vereines Statuto della Congregazione Italiana, aggiunta alla chiesa nazionale in Vienna. (Mit deutschem und italienischem Texte.) 8. (64 S.) Wien. Mechitharisten-Buchdruckerei. 1854.

Statuten des Vereins für Naturkunde zu Preßburg. Preßburg, 1856. Druck von Alois Schreiber. (2 Bl. 8.)

STATUTEN des Nordoberfränkischen Vereins für Natur-, Geschichts- und Landeskunde in Hof a./S. Hof. Oktober 1891. Druck der Mintzel'schen Buchdruckerei (H. Hörmann). 8°.

Statuten des oberösterreichischen selbstständigen Vereines zur Beförderung der bildenden Künste zu Linz. Linz. Feichtinger'sche Buchdruckerei. (1 Bl. 4.) 1855.

Statuten des patriotischen Vereins. Druck von G. Feister. 2 S. 8.
Flugblatt. Berlin, 16. Mai 1848.

Statuten des Pernauschen Vereins zur Unterstützung seiner Wittwen, Waisen, Alten . . . Pernau 1821. V: *Rosenplänter, Johann Heinrich.* (R-N)

Dürkheim, Pollichia, ein naturwissenschaftlicher Verein für die Rheinpfalz. Statuten des Vereins. 3. Ausg. Neustadt a. H. 1862.

Statuten des am 3ten Juni 1822 gestifteten Vereins Süderdithmarsischer Prediger zur bessern Versorgung ihrer Wittwen. Meldorf. o. J. 8°

Statuten des Ranniger'schen Vereins zu gegenseitiger Unterstützung in Krankheits- und Sterbefällen. Neue revidirte und mit 1862, bei Beginn des zweiten Vereins-Vierteljahrhunderts, in Wirksamkeit getretene Ausg. Altenburg, Hofbuchdr. 1862. 8. 24 S.

Statuten des Vereins zu Rath und That in Chemnitz. [Chemnitz 1866: Pickenhahn & S.] 4 S. 8° [Kopftit.]
Tt. 1271.

Statuten des Schleswig-Holsteinischen Vereins im Kirchspiel Nienstädten. Altona. 1864. 8°

Statuten des schleswig-holsteinischen patriotischen Vereins. Hadersleben 1846. 8°

– Mit Anhang: Bestimmungen in Betreff der Filialvereine. Ebd. 1847. 8°

Verein deutscher Schweizer in Lugano und Umgebung. Statuten. Revisions-Entwurf von Edm[und] Schmid. [1901 März.] 9 S. 8.

Verein deutscher Schweizer in Lugano und Umgebung. Statuten. (1901 April 6.) 8 S. 8.

Schweizerischer Verein für freies Christentum. **Statuten.** 1871. 4 S. 8°

Schweizerischer milchwirtschaftlicher Verein. Statuten. (1901 Juli 7.) 14 S. 8. (Bern, K. J. Wyss.)

Statuten des Segeberger Vereins zur Errichtung einer Spar- und Leihecasse. Segeberg. 1827. 8°.

***Parchim:* Statuten des Vereins zu einer Sterbe-Kasse unter den Mitgliedern der Loge zu Parchim. Parchim: Zimmermann 1821. 8 S. 4°**
Kl. 617.
[Kalender f. d. Prov.-Loge von Mecklenburg. 8 (1831) S. 137.]

Thurgauer-Verein in Zürich. **Statuten.** 1874. 4 S. 8°

— des Vereins für eine bernische Trinkerheilstätte. Bern 1890. 12 S. 8°.

Statuten des Vereins Berliner Turnlehrer, Berlin 1865, 2 S., 8°.

Statuten des Vereines zur geselligen Unterhaltung in Klgft. Klgft., ?, 1817. Quart. 7 S. — Klgft., v. Kleinmayr, (ca. 1845). Quart. 5 S.

Statuten des Vereines zur Unterstützung unbemittelter erwerbsfähiger Leute ohne Unterschied der Confession durch unverzinsliches Darlehen. Prag, 1856. Buchdr. des M. J. Landau. (8 S. 8.)

Statuten des Vereines zur Unterstützung und Pflege *weiblicher, hilfsbedürftiger Personen.* München 1870. 8°. 15 S. Cart.

Statuten des Vereins zur Unterstützung hülfsbedürftiger verwaister Predigertöchter in der Provinz Schleswig-Holstein mit Einschluß des Kreises Herzogthum Lauenburg (später: in Schleswig-Holstein-Lauenburg). Eckernförde 1877. 8°

– o. O. [1882.] 8° [Kopft.]

– (Entwurf.) o. O. [1899.] 8° [Kopft.]

Statuten des Vereins zur Unterstützung hilfsbedürftiger, verheiratheter Wöchnerinnen zu Leipzig. Leipzig [1849]: Melzer. 20 S. 4° [Umschlagtit.]

[Dasselbe.] Leipzig [1868]: Naumann. 13 S. 8°

Statuten des Vereins für Verbreitung naturwissenschaftlicher Kenntnisse, berathen und beschlossen in der ersten Vereinsversammlung in Kiel am 5. Mai 1855. Kiel 1855.

Statuten des Vereins nördlich der Elbe für Verbreitung naturwissenschaftlicher Kenntnisse, berathen und beschlossen in der ersten Vereinsversammlung in Kiel am 5. Mai 1855; rev. auf der 15. Vereinsversammlung, den 11. Juli 1868. Kiel 1868.

Statuten des Vereins zur Versicherung von Pferden im Kreise Eiderstedt. (Oldenswort. 1892.) 8°

Statuten des Vereins für agriculturchemische Versuchsstationen für das Königreich Bayern. München 1865.

—— des Vereins vom heil. Vincenz von Paul, nebst den Ablässen, welche von Papst Gregor XVI. sowohl den wirkl. Mitgliedern als den Theilnehmern des Vereins verliehen worden sind. 2. Aufl. 16. (34 S.) Freiburg im Br. 863, Herder'sche Verlagsh. *

— — der Vogelfreunde in *Württemberg* (de dato Stuttgart, d. 15. Jan. 1872). 8°. Cart. Beilul

„Statuten des Voigtländischen landwirthschaftlichen Vereins", Plauen 1820.

Statuten des Vereins für österreichische Volkskunde. Wien: Selbstv. d. Ver. 1896. 2 Bl. 8°

Statuten des Vereines für Pfälzer Weinproducenten. Speyer: Kranzbühler 1874. 6 S. -- 107*

Verein für landwirthschaftliche Wetterkunde, Statuten des Vereins. Magdeburg 1881.

Statuten des Wissenschaftl.-theol. Vereins an der Universität Marburg. Nach d. Revision vom S. S. 1901. Marburg 1901: J. Hamel. (10 S.) 8°

Statuten des Vereines zum Wohle entlassener Züchtlinge. Prag, 1855. Druck von Fr. Rohlicek. (6 Bl. 4.)

[Statuten der] Vereinigung der fünf vereinigten Logen englischer Constitution mit den drey vereinigten Logen der Constitution der Gr. Landesloge zu Berlin, zur Unterstützung fremder nothleidender Brüder. [Hamburg 1805.] 4 Bl. 8⁰ [Kopftit.]
Abgedr. in: Neues Frmrisches Taschenbuch 6 u. 7. (1806 u. 1807) S. 193--202.
Kl. 564.

[**Statuten der**] **Vereinigung der vier vereinigten Logen englischer Constitution, mit den drey vereinigten Logen berliner Constitution [in Hamburg] zur Unterstützung fremder, nothleidender Brüder.** o. O. u. J. 1 Bl. 8⁰. [Kopftit.]

[Statuten der] Vereinigung der vier vereinigten Logen englischer Constitution, mit den drey vereinigten Logen Berliner Constitution, zur Unterstützung fremder, nothleidender Brüder. [Hamburg 1793.] 1 Bl. 4⁰ [Kopftit.]

Statuten der 'Jüdisch wissenschaftl.-geselligen Vereinigung' zu Marburg. *Marburg [1903?]: J. Hamel.* (4 S.) 8° [Kopft. F.]

Schweizerisches Vereinssortiment (in Olten). Gesellschaft mit beschränkter Haftbarkeit. Statuten. Genehmigt ... am 28. Juni 1885; revidiert am 12. November 1893 und am 7. Juni 1903. 8 S. 8.

—— und Verhandlungen d. schles. Forst-Vereins 1841. gr. 8. (10 B.) Breslau 841, (Graß, Barth u. Comp.) *

Verkehrs-Verein für Bern und Umgebung. Statuten. Entwurf [1902]. 10 S. 8.

Verkehrs-Verein von Thun. Statuten. (1903 Mai 4.) 6 S. 8.

Vermittlungsstelle des landeskirchlichen Bezirksverbandes der Aemter Burgdorf und Fraubrunnen. Statuten. (1901 Dezember 12.) 4 S. 8.

Statuten u. Verordnn. über den neuen Adel in Frankreich u. die Majoratsgüter, welche Franzosen in Frankreich, Deutschland u. dem Großherzogth. Warschau besitzen; aus d. Französ. von Ant. Kiel. (Mit deutschen u. französ. Text.) gr. 8. Cöln 810. Keil. 14 gr

— — der deutsche Text besonders. gr. 8. Ebend. 810.

Statuten und Verordnungen für die Stadt Hannover. Zsgst. von Senator Dr. Plathner. Mit Sachreg. Hannover, Berlin: C. Meyer 1900. (XI, 465 S.) 8⁰

Statuten des Verschönerungs-Vereins in Hanau. Gegründet 1880. *Hanau (1902): Waisenhaus-Buchdr.* (7 S.) 8° [F.]

Schweizerische Hagel-Versicherungs-Gesellschaft in Zürich. Statuten und Versicherungs-Bedingungen. 31 S. 8. Zürich, J. Leemann, 1901.
... Statuten ... 18. März 1900 angenommen. Genehmigt ... 30. Juni 1900.

Statuten der Versicherungsgenossenschaft der Kaiserlich Japanischen Druckerei. Tokio 1910: Kais. Japan. Dr. 22 S. 8⁰

— des Allgemeinen deutschen Versicherungsvereins in Stuttgart. Stuttgart 1875

Statuten der allgemeinen Versorgungs-Anstalt. 2 Hefte. Wien, 1856. Gedr. bei Leopold Sommer. (34 S. 5 Bl. 18 S. 4.)

—— der allgemeinen Versorgungs-Anstalt im Großherzogth. Baden. 7. Aufl. gr. 4. (61 S.) Karlsruhe 864, (Braun'sche Hofbuchh.) *

Statuten der Allgemeinen Versorgungs-Anstalt im Grossherzogthum Baden zu Karlsruhe. Gegründet 1835. Gültig vom 1. Januar 1875 an. Karlsruhe 1874. 8⁰

—— des allgem. Versorgungsvereins zu Tübingen, enth. d. am 12/15. März 1838 daselbst zwischen d. Mitgliedern abgeschloss. Leibrenten- u. Gesellschaftsvertrag. gr. 8. (3¼ B.) Tübingen 838, (Zu-Guttenberg, Brlsh.)

Statuten für den Versorgungsverein der Privatkanzlei-Beamten in Wien. Wien, 1856. Druck von A. Schweiger. (33 S. 8.)

Statuten für die Verwaltung der Braunischen Stiftung zu Dorowitz Nr. 64 fur arme verwahrloste Mädchen. (16 S. 8.)
1857.

[Lithogr.] **Statuten** und Verwaltungsparagraphen des Wittwen u. Waisenpensions-Fonds der ger.·. und vollk.·. St.·. Joh.·. □.·. „Zur Freymüthigkeit am Rhein" im Or.·. Frankenthal. In Kraft getreten den 1ten des Monates Jan. 5861. Dürkheim [1861]: Rheinberger. 22 S. 8⁰ [Umschlagtit.]
Tt. 1262.

Statuten u. Verwaltungspläne d. Gärtner-Lehranstalt u. Landesbaumschule z. Schöneberg u. Potsdam. gr. 4. Berlin, 1824. (Rücker u. Püchler.) — 20

Statuten und Verwaltungsregeln der nordamerikanischen Föderation der Internationalen Arbeiter-Association. 8⁰. Philadelphia 1874.

Konstanz: **Statuten** über Verwendung und Verwaltung der Wittwen- und Waisenkasse gegründet am Sommer-Johannisfest 1879 [der Loge Constantia z. Zuversicht in Konstanz]. [Konstanz 1882.] 4 S. 8⁰. [Kopftit.]

STATUTEN UND VERZEICHNISS DER BÜCHER und Sammlungen des Voigtländischen Vereins für allgemeine und specielle Naturkunde in Reichenbach. Reichenbach 1866. Druck von E. Berthold. 8⁰.*)
In Heft 4: Katalog der Bibliothek des Vereins für Naturkunde zu Reichenbach i. Vogtl.

Statuten und Verzeichniß der Mitglieder der herzoglichen Societät für die gesammte Mineralogie zu Jena. Jena: Göpferdt 1804. 48 S. 8⁰

— u. Verzeichniß der Mitglieder der mineralog. Societät zu Jena. 8. Jena ... (Schmid). 4 gr

Statuten und nominatives Verzeichniß der Actienäre der Kaschauer Casino-Gesellschaft im Jahre 1855. 8. (24 S.) Kaschau. Gedruckt bei C. Werfer.

Statuten der unter dem Schutz der Ehrw. Grossen National-Mutterloge, gen. „Zu den drei Weltkugeln" [in Berlin] arbeitenden Johannis-Freimaurerloge „Victoria vom Fels zum Meer" im Or. zu Sagan. Sagan [1893]: Mertsching. 27 S. 8° [Umschlagtit.]

Statuten der Witwen- und Waisen-Kasse Vidua der Loge Friedrich Wilhelm zur Eintracht in Bremen. Bremen 1889: Guthe. 8 S. 8° [Umschlagtit.]

Statuten d. Magdeburger Vieh-Versicherungs-Gesellschaft. Magdeb. 1851. 23 S. P.

Milch-Genossenschaft Kaiseraugst. Statuten für die Viehversicherungs-Casse. In Kraft seit 1. Juli 1901. 7 S. 8. Rheinfelden, G. Zimmermann.

Statuten des Vieh-Versicherungs-Vereins in Dörnigheim. *Hanau [1901]: Waisenhaus-Buchdr.* (8 S.) 8° [F.] (01. 1143 4

Statuten der Büsumer Vogelgilde. (Wesselburen.) 1877. 8° [Kopft.]

Statuten der Segeberger Vogelgilde. Segeberg. 1846. 8°.

Volksbank in Luzern. Statuten. (1902 März 15.) 11 S. 8.

STATUTEN des Röm. Kath. Volksschullehrer-Vereines der Umgebung von Oedenburg. Sopron (Oedenburg) 1883: Litfass. 15 S. - 260 mm

Vorläufige **Statuten** des Vereins zur Verbreitung maurerischer Kenntnisse unter Brüdern [der Loge zu den drei Degen in Halle. Dat.:] Halle a/S. 1880. 6 S. 8° [Umschlagtit.]

Statuten der Vorschusskasse. Altenburg [1845]: Hofbuchdr. 8 S. 8° [Umschlagtit.]

Zürich: **Statuten** für den Vorsorge-Verein Zürcherischer Freimaurer. Beschlossen und angenommen den 5. Juli 1840. Zürich [1840]: Orell, Füssli & Co. 16 S. 8° [Umschlagtit.]

Allgemeiner Krankenverein Wädensweil. Statuten. Druck v. Rüegg. 8 Stn. 8. 1871.

Schweizerische Wagons-Fabrik A.-G. in Schlieren-Zürich. Statuten. (1901 November 23.) II + 15 S. 8. Zürich, Art. Institut Orell Füssli, 1901.

Statuten der Waisen-Casse der □ Friedrich August z. d. 3 Z[irkeln in Zittau] mit [Karl Heinr.] Brösingstiftung. Bautzen 1880: Monse.] 2 Bl. 8° [Kopftit.]

Statuten der Israelit. Waisen-Verpflegungs-Anstalt zu Breslau. 2. . . . Aufl. Breslau 1828. V (Einl. S. 1—8): *Friedenthal, Marcus Beer.* (Nowack, Schles. Schriftst.-Lex. Bresl. 1836—43. III, 32.)

Statuten der Ober-Hungarischen Waldbürgerschaft, im Schmöllnitzer Bergdistrikt. Leutschau, 1855. Gedruckt bei Johann Werthmüller und Sohn. (8 Bl. 8.)

(Bern). Aktiengesellschaft Elektrizitätswerk Wangen (a./Aare, Kt. Bern). Statuten. 18 S. 8. Zürich, F. Lohbauer, 1903.

International Watch Company in Schaffhausen. Statuten. 15 Stn. 4. — Prospectus. 3 Stn. 4. 1874.

Statuten des freiwilligen Wehrvereins in Stuttgart, Stuttgart 1800, 16 S., 16°.

Statuten des württembergischen Weinbau-Vereins. Stuttgart: Mäntler 1828. 24 S. -- 21*

Statuten für den Werner-Verein zur geologischen Durchforschung von Mähren und k. k. Schlesien. 8. (12 S.) Wien. Druck von Karl Gerold und Sohn. 1854.

Statuten der Loge Wilhelm zur Wahrheit und Brudertreue im Or. Lübben. Lübben 1892: Driemel. 8 S. 8° [Umschlagtit.]

Statuten der ... Wilh. Aug. Klinkmüller-Stiftung..., s. Statuten der ... Klinkmüller-Stiftung ...

Statuten der „Wilhelminen-Gilde". (Kiel. 1888.) 8°
—— (ebd. 1911.) 8°

Gotha: **Statuten** des Wittwen- und Waisen-Fiscus der ger. u. vollk. Loge Ernst zum Compass im Or. von Gotha. [Nebst] Zusätze[n]. [Gotha 1845—1859.] 4° [Umschlagtit.]
Statuten. 4 Bbl. [1845.]
Zusätze. 1 Bl. [1859.]

Witwen- und Waisenfonds und Altersfonds der Geistlichkeit der evangel. Landeskirche des Kantons Thurgau. Statuten. (1901 September 25/1902 September 19.) 21 S. 8. Frauenfeld, Huber & Co., 1902.

Cincinnati: **Statuten** des Witwen- u. Waisen-Fonds und des Bauhütten-Fonds der Hanselmann □ in Cincinnati. 1890. °[Dasselbe.] 1898.

Worms: **Statuten** des Wittwen- und Waisenfonds der □ ∴ zum wiedererbauten Tempel der Br.·.liebe im Or. Worms. [Worms 1856]: Boeninger. 10 S. 8⁰ [Umschlagtit.]

Loge zu den drei Bergen. **Statuten** der allgemeinen Wittwenkasse. Freiberg 1876: Gerlach. 2 Bl. 8⁰ [Umschlagtit.]

Wolmirstedt: **Statuten** der in der Loge Asträa im Or. zu Wolmirstedt errichteten Wittwen- und Sterbekasse. Magdeburg 1823: Hänel. 14 S. 8⁰ [Umschlagtit.]

Statuten der bürgerlichen Wittwen- und Waisen-Kasse der Stadt Schaffhausen 1823.

Statuten betreffend die Wittwenkasse der Loge Horus [in Breslau]. [Breslau] 1829. 4 Bl. 2⁰. [Kopftit.] [Lith.]

[Dasselbe.] [Ebendaselbst 1844.] 2 Bl. 4⁰.

Hildburghausen: **Statuten** der mit höchster Landesherrlicher Confirmation von den Mitgliedern der Freimaurer-Gesellschaft zu Hildburghausen gegründeten Wittwen- und Waisen-Casse. Hildburghausen 1796: Hanisch. 44 S. 4⁰
Kl. 542.

Statuten der Witwen-Casse der Loge [1893: Freimaurer-Loge] zum schwarzen Bär in Hannover. Hannover 1856: Klindworth. 16 S. 8⁰ [Umschlagtit.]
[Dasselbe.] Ebendas. 1893. 15 S. 8⁰

Statuten der von der Loge zur Einigkeit zu Frankfurt a. M. gestifteten [Konstantin] Fellner'schen Wittwen-Casse. [Frankfurt a. M. 1851.] 7 S. 8⁰ [Umschlagtit.]

Basel: **Statuten** für die maurerische Wittwen- Waisen- und Alters-Kasse, in der Loge zur Freundschaft und Beständigkeit im Or. zu Basel errichtet. Im May 1828. [Basel 1828.] VI, 10 S. 8⁰ [Umschlagtit.]

[N. Ausg. u. d. Tit.:]
Statuten für die maurerische Wittwen-, Waisen- und Alters-Casse in der Loge zur Freundschaft und Beständigkeit im Or. zu Basel. Rev. in der □ Sitzung vom 26. Nov. 1870. Basel 1870: Bonfantini. 10 S. 8⁰
Tt. 1274.

Helmstedt: **Statuten** der Wittwen- und Sterbe-Casse der Loge Julia Carolina zu den drei Helmen in Helmstedt. Rev. und festgestellt im Jahre 1854. Genehmigt durch das hochw. Directorium des Bundes der Freimaurer der Gr. National-Mutter-Loge zu den drei Weltkugeln in Berlin am 1. Nov. 1854. Helmstedt 1854. 24 S. 8⁰

[Dasselbe.] Rev. und festgestellt im Jahre 1862. Genehmigt am 14. Juli 1862. Ebendas. [1862.] 24 S. 8⁰
Abgedr. in: FZ. 12 (1858) S. 308—310, 313 bis 317, 324—326.
Tt. 1256.

Helmstedt: **Statuten** der Wittwen- und Sterbe-Casse der Loge Julia Carolina zu den 3 Helmen im Or. von Helmstädt [!]. Helmstädt [!] 1819: Leuckart. 16 S. 8⁰. [Umschlagtit.]

Statuten der Witwen- und Waisenkasse der Hansa-Schule zu Bergedorf. Bergedorf bei Hamburg, gedr. in E. Wagners Buchdr., 1890; S. 56–59; 4⁰
Bergedorf bei Hamburg, Hansa-S, OP 1890

Bern: **Statuten** der Wittwen-, Waisen- und Hülfskasse der Loge zur Hoffnung in Bern. [Nebst] Reglement zu den Statuten. [Bern 1851.] 8, 3 S. 8⁰ [Umschlagtit.]

[Dasselbe.] Bern 1888: Haller. 12 S. 8⁰

– Franz. Ausg. u. d. Tit.: Statuts de la caisse de secours fondée en faveur des veuves ...

Statuten der Wittwen- und Waisen-Kasse der Loge Horus [in Breslau]. [Breslau 1849.] 8 S. 8⁰.

– Neue Ausg. u. d. Tit.: Statut ...

Statuten der Wittwen- und Waisen kasse der Lehrer des Gymnasiums zu Ratzeburg vom 27. Jan. 1882. Siehe in: Jahresbericht über das Gymnasium zu Ratzeburg. Ostern 1883. Ratzeburg. [1883.] 4⁰

Witwen- und Waisenkasse der Lehrerschaft des eidgenössischen Polytechnikums (in Zürich I). Statuten. (1899 Juni 24 [mit] Nachtrag vom 30. Juli 1901.) II + 8 S. 8. Zürich-Oberstrass, Hans Fischer.

Görlitz: **Statuten** betreffend die Wittwen- und Waisen-Kasse der Loge zur gekrönten Schlange [in Görlitz]. 2. Aufl. Görlitz 1860: Gretsel & Co. 8 S. 8⁰ [Umschlagtit.]
Tt. 1261.

Giessen: **Statuten** der Wittwen- und Waisen-Kasse der Loge Ludewig zur Treue in Giessen. Mit Berücksichtigung der in den Generalversammlungen vom 13. Dec. 1872, 30. März 1874 und Dec. 1876 gefassten Beschlüsse. Giessen 1886: Keller. 16 S. 8⁰ [Umschlagtit.] [Dasselbe.] Beschlossen in der Generalversammlung vom 20. Jan. 1893. [Giessen 1893: Petermann & Preisag.] 15 S. 8⁰

Witwen- und Waisenkasse des Polizeikorps des Kantons Basel-Stadt. Statuten. Neu revidiert 1901 (August 14/Dezember 4/11). 9 S. 8. Basel, Franz Wittmer, 1902.

Witwen- und Waisenkasse der Professoren der Universität Zürich (in Zürich I). Statuten. (1901 April 26.) 11 S. 8.

Statuten des Wittwenkassenvereins der Loge Apollo. Entworfen vom Br [Valentin Traugott Leberecht] Polack, geprüft und gebilligt von einem Ausschusse und angenommen von der Loge Apollo zu Leipzig im Jan. 1822. [Nebst] Supplementsartikel. [Leipzig [1822]: Deutrich. 23 S. 8⁰ [Umschlagtit.] [Autogr.] Supplementsartikel. 2 Bl. [1847.]

[Dasselbe.] Nach dem ursprünglichen, im Jahre 1822 angenommenen, von Valentin Traugott Leberecht Polack verf. Entwurfe unter Berücksichtigung der seitdem beschlossenen Abänderungen und Zusätze neu zsgest. von Friedr. Salomo Lucius, im Monat Nov. 1860. Leipzig [1860]: Polz. 18 S. 8⁰
Kl. 625.

Statuten des Wittwen- und Waisen-Kassen-Vereins der Freimaurer-Loge „Friedrich Wilhelm zur Gerechtigkeit" im Or. Ratibor. Nach der Revision vom Jahre 1866. Ratibor 1866: Wichura & Co. 13 S. 8⁰ [Umschlagtit.]

Wismar: **Statuten** für die Wittwen-Pensions-Anstalt der g.˙. u.˙. v.˙. St.˙. Joh.˙. Loge zur Vaterlandsliebe, im Or.˙. Wismar. [Wismar 1849.] 12 S. 4⁰ [Kopftit.]

Statuten des maurerischen Wittwen- und Waisenpensionsfonds „maurerische Wittwen- und Waisenstütze". Heidelberg 1859. 15 S. 8⁰
Tt. 1259.

Statuten des Wittwen- und Waisen-Pensions-Fonds der Loge zur Freimüthigkeit am Rhein in Frankenthal. Lithographirt. Dürkheim 1861. 8. 22 S.

Statuten der Witwen- und Waisen-Pensionsgesellschaft des Doktoren-Kollegiums der juridischen Fakultät in Wien. Genehmigt durch die a. h. Entschließung vom 23. September 1855. Wien, 1856. Druck von U. Klopf sen. und Alex. Eurich. (21 S. 8. Mit zwei Tabellen.)

Statuten der Witwen- und Waisen-Pensions-Gesellschaft des Doktoren-Kollegiums der medizinischen Fakultät in Wien. 1855. Mechitharisten-Buchdruckerei in Wien. (Entwurf.) (S. 23. 8.)

Statuten des Wittwen- und Waisenpensions-Vereins in der Loge Minerva zu den drei Palmen im Or. Leipzig. [Dat.:] Leipzig 1870. 16 S. 8⁰ [Umschlagtit.]

Reichenbach: **Statuten** für den Witwen- und Waisen-Pflege-Verein der Loge Aurora zur ehernen Kette im Or. Reichenbach in Schlesien. Reichenbach i. Schl. [1909]: Töbing. 13, III S. 8⁰ [Umschlagtit.]

Statuten für die in Wien bestehende Witwen- und Waisen-Societät der bürgerlichen und der in den k. k. Kronländern befindlichen zur chirurgischen Praxis befugten Wundärzte. Wien, 1856. Druck und Papier von Leop. Sommer. (20 S. 8.)

Krefeld: **Statuten** für die von der Freimaurer-Loge Eos in Crefeld gegründete Wittwen- und Waisen-Stiftung und die damit verbundene Verlassenschafts-Pflege. Crefeld 1856: Kühler. 12 S. 8⁰
Abgedr. in: FZ. 12 (1858) S. 409—412; Findel, J. G.: Geist u. Form. 1874 S. 276—282.

[N. Ausg. u. d. Tit.:]
Statuten der Wittwen- und Waisen-Stiftung der Loge Eos in Crefeld, gegründet 15. März 1856, rev. 12. Mai 1866. Crefeld 1884: Kästner. 14 S. 8⁰ [Umschlagtit.]

Schwelm: **Statuten** für die von der Freimaurer-Loge zum westfälischen Löwen zu Schwelm gegründete Wittwen- und Waisenstiftung und für die damit verbundene Verlassenschaftspflege. Schwelm [1896]: Scherz. 14 S. 8° [Umschlagtit.]

Statuten für die von der Freimaurerloge „Zu den drei Verbündeten" in Düsseldorf am 11. Juni 1584 errichtete Wittwen- und Waisenstiftung und die damit verbundene Verlassenschaftspflege. Düsseldorf 1856: Voss. 12 S. 8° [Umschlagtit.]

[Dasselbe.] Rev. u. abgeändert im Juli 1857. Ebendas. 1857. 11 S. 8°

Elberfeld: **Statuten** für die von der Freimaurer-Loge Hermann zum Lande der Berge in Elberfeld errichtete Wittwen- u. Waisenstiftung und der damit verbundenen Verlassenschaftspflege. [Elberfeld] 1853: [Lucas]. 15 S. 8° [Umschlagtit.]

[Dasselbe.] Ebendas. 1864. 16 S. 8°
Abgedr. in: FZ. 7 (1853) S. 219—223.

München-Gladbach-Rheydt: **Statuten** für die von der Freimaurer-Loge Vorwärts in Gladbach [-Rheydt] errichtete Wittwen- & Waisenstiftung und die damit verbundene Verlassenschafts-Pflege. 1854. Düsseldorf [1854]: Voss. 16 S. 8° [Umschlagtit.]

[Dasselbe.] Rev. Statut ... [Wesel 1880: Kühler.] 16 S. 8°

Statuten der Wittwen- und Waisen- Stiftung der Loge Eos in Crefeld, s. Statuten für die von der Freimaurer-Loge Eos in Crefeld gegründete Wittwen- und Waisen-Stiftung.

Statuten der Wittwen- und Waisen-Stiftung der Freimaurer-Loge „An Erwins Dom" in Strassburg i. E. 1. Jan. 1884. Strassburg 1884: Du Mont-Schauberg. 8 S. 8° [Umschlagtit.]

Hof: **Statuten** der Wittwen- und Waisenstütze nebst Verlassenschaftspflege der ger. und vollk. St. Johannis-Loge zum Morgenstern im Or. Hof. Hof [1866]: Mintzel. 8 S. 8° [Umschlagtit.]
Tt. 1270.

Weimar: **Statuten** der Wittwen- und Waisen-Unterstützungscasse der ger. u. vollk. Loge Amalia im Or. von Weimar. [Weimar 1856: Hof-Buchdr.] 4 Bl. 8° [Kopftit.]

[Dasselbe.] Ebendas. [1864]. 4 Bl. 8°

Statuten einer Wittwen- und Waisen-Unterstützungs-Casse gen. Elea-Stiftung bei der Loge zur ostfriesischen Union in Emden. Emden 1856: Hahn. 16 S. 8° [Umschlagtit.]

Witwen- und Waisen-Verpflegungs-Gesellschaft, im Jahre 1816 in Liestal gegründet. Statuten und Vertrag mit der Schweiz. Sterbe- und Alterskasse in Basel vom Jahr 1902 (Oktober 12). 17 S. 8. Liestal, Gebr. Lüdin, 1902.

[*Kopft.*] **Nachtrag** zu den **Statuten** der academischen Wittwen- und Waisen-Versorgungs-Anstalt der Rheinischen Friedrich-Wilhelms-Universität Bonn. d. d. Berlin 28 März 1822. (*Am Ende:* Bonn d. 8ten Juni 1831. Der Verwaltungsrath d. acad. Wittwen- u. Waisen-Versorgungs-Anstalt *etc.*) [Bonn, gedr. bei C. Georgi 1831.] 1 Bl. 4. ¶ Wieder abgedr. bei Koch, Preuss. Univ. II 1840 S. 967 f. — D. Statuten selbst s. beim J. 1822.

Gr. Landesloge: **Statuten** für die Wittwen-Versorgungs-Anstalt bei der Provincial-Loge von Mecklenburg [in Rostock.] o. J. 8 S. 4°
Kl. 626.

[*Kopft.*] **Statuten** der Wittwen- und Waisen-Versorgungs-Anstalt für die Universität zu Bonn. (*Am Ende:* Berlin den 28 März 1822.) (Bonn, gedr. bei C. F. Thormann 1822.) 11 S. 4. ¶ Wieder abgedr. bei Koch, Preuss. Univ. II 1840 S. 962 ff. — Nachtrag s. beim J. 1831.

[*Kopft.*] **Statuten** der Wittwen- und Waisen-Versorgungs-Anstalt für die Universität zu Bonn. (*Am Ende:* Berlin, d. 28 März 1822.) [Bonn, gedr. bei C. Georgi 1856.] 14 S. 4. ¶ Wohl Neudruck d. Ausg. v. 1822 m. d. Nachtrag v. 1831.

Statuten der Wittwen- und Waisenversorgungs-Anstalt für die Universität zu Breslau (vom 28. März 1822). [Breslau 1822.] (8 S.) 4° [𝔉.] *(Seite 2, letzte Zeile beginnt: „Eintritts"; ohne Druckervermerk.) [Abgedr. bei Joh. Frdr. Wilh. Koch: Die preußischen Universitäten. Bd 2, Abth. 2. 1840. S. 969-976.]*

Statuten der Wittwen- und Waisen-Versorgungsanstalt für die Universität zu Breslau (vom 28. März 1822; mit einem Nachtrage zu § 4 von 1828). (Breslau nach 1828.) (8 S.) 4° [𝔉.] *(Seite 2, letzte Zeile beginnt: „gerechnet"; am Ende: „Druck von Graß, Barth und Comp. . . . in Breslau".)*

Statuten der Wittwen- und Waisen-Versorgungs-Anstalt für die Universität Halle. (Berlin, den 23. März 1824.) (Halle 1824: Waisenhaus.) 16 S. 8° (4°)
Wiederabgedr. bei Koch Bd 2, 2. S. 975/81 und (ohne die §§ 11, 12, 22—24) im Hall. patriot. Wochenblatt, Jg. 25, 1824. S. 530/33 u. 557/61.

— — (Halle) [zwischen 20. Juni 1871 und 1. April 1889]: (Hendel.) 12 S. 8° Neudruck. Mit § 12 Abs. 2 und 4 Anmerkungen.

Kaufmännischer Verein Wohlen. Statuten. Vom 11. Februar 1901. II + 6 S. 8. Wohlen, Joh. Koller, 1901.

Statuten der mit der Gesellschaft, oder dem im Jahr 1742 zu Frankfurt a. M. gebildeten, und seit dieser Zeit unter dem Namen zur Einigkeit bestandenen Verein, unzertrennlich verbundenen Wohlthätigkeits-Anstalt für die Erziehung und Bildung der Jugend zu guten Menschen, aufrichtigen Verehrern der Religion, und dem Staat getreuen nützlichen Bürgern. Entworfen und von dem Verein sanctionirt im Jahr 1800. Zum ersten Mal rev. und sanctionirt 1812 und 1813. Zum zweiten Mal rev. und sanctionirt im Jahre 1824. Zum dritten Mal rev. und sanctionirt im Jahre 1874/75. Frankfurt a. M. 1876: Mahlau & Waldschmidt. 40 S. 8°

Statuten der Wohlthätigkeitsanstalt zur aufgehenden Morgenröthe in Frankfurt a. M. 1854. [Frankfurt a. M. 1854.] 4 S. 8° [Kopftit.]
Tt. 1255.

Statuten der Wohlthätigkeitsanstalt der Loge Sokrates zur Standhaftigkeit vom Jahre 1834. Rev. im Jahre 1853. [Frankfurt a. M. 1853.] 16 S. 8° [Umschlagtit.]

Statuten der Wohlthätigkeitsanstalt zur Standhaftigkeit vom Jahre 1834. Rev. im Jahre 1873. Frankfurt a. M. 1874: Werner & Winter. 21 S. 8°

Statuten betreffend die Wohlthätigkeitspflege der Loge Modestia cum libertate [in Zürich. Zürich 1874.] 10 S. 8° [Kopftit.]

[N. Ausg. u. d. Tit.:]
Statuten betreffend die Wohlthätigkeitspflege der Loge Modestia cum libertate im Or. von Zürich. Zürich 1881: Schiller & Co. 16 S. 8° [Umschlagtit.]

Schweinfurt: **Statuten der Wohlthätigkeits-Stiftung der Loge „Brundertreue am Main" in Schweinfurt. Schweinfurt 1892: Morich. 7 S. 8°. [Umschlagtit.]**

STATUTEN des in Pressburg bestehenden katholischen Wohlthätigkeits-Vereines zur Unterstützung der krankenbedürftigen Mitglieder (und Verabreichung der bemessenen Beerdigungskosten, 1857). Pressburg 1835: A. v. Schmidt. 14 S. - 8°

Statuten des in der königl. freien Krönungsstadt Preßburg bestehenden kathol. Wohlthätigkeits-Vereines zur Unterstützung der kranken dürftigen Mitglieder und Verabreichung der bemessenen Beerdigungskosten. Preßburg, 1857. Druck von Alois Schreiber. (12 S. 8.)

STATUTEN des röm.-kath. Wohltätigkeits-Vereines. A Brassói róm.-kath. jótékonysági egylet alapszabályai. Kronstadt 1868: Römer & Kamner.
- Dass. Kronstadt 1882: Römer & Kamner.

Statuten des Wiener Wohlthätigkeits-Vereines für Hausarme. Druck von A. Pichlers Witwe und Sohn. (10 S. 8.) 1857.

Statuten des Holzminder Freimaurer-Vereins Wolfenbüttel. (1854.) 8. 4 S.
Mit Erläuterungen abgedr. Frmrztg. 1857. S. 108.

Statuten des Allgemeinen Cäcilien-Vereines zur Förderung der kathol. Kirchenmusik auf Grund d. päpstl. Breve v. 16. Dez. 1870. Regensburg: Selbstverl. d. Allg. Cäcilien-Ver. 1904. (24 S.) 8° [J.]

Statuten der schweiz. Centralbahn. [ca. 1853.]

Allgemeines: **Statuten für die Central-Unterstützungskasse der Schweizerischen Grossloge Alpina.** o. O. u. J. 2 Bl. 4° [Kopftit.]
[Nebentit.:] **Statuts pour la caisse centrale** de secours de la **grande-loge** suisse Alpina.
Deutsch u. franz.

Kathol. Kranken-Kassen der Schweiz. Gegründet am 1. Januar 1896. **Statuten des Centralverbandes und Normal-Statuten für die Verbands-Kranken-Kassen, revidiert und mit 1, Januar 1902 in Kraft erklärt.** (1901 Oktober 13.) II + 30 S. 8. Zürich V, Buchdr. Neumünster.

Statuten des Zentralverbandes der Stukkateure, Gipser, Pliesterer und verwandten Berufsgenossen Deutschlands ‹Sitz Hamburg›. Gültig v. 1. Juli 1908 ab. Hamburg: Auer [um 1909]. 32 S. 8°

Ärztlicher Central-Verein der Schweiz. Statuten. ‹Durchberaten und angenommen ... am 15. Dezember 1901....› 4 S. 8.

Deutsch-Amerikanischer Central-Verein von Dayton.
--Statuten ... Dayton, 1893.

Deutsch-Anischer Cent-Ver v Hudson Co [NJ]. Statuten ... Jersey City, n. d.

Statuten des Centralvereines für *Kirchenbau* in München (a. V.). München 1883. 8°. 8 S. Cart.

Statuten des Central-Vereines für Kostkinder-Beaufsichtigung und Krippen. Wien. 1855. Gedr. bei A. Pichler's Wtw. und Sohn. (4 S. 8)

Statuten des Zentralvereins für Schulschwimmen, Berlin 1893, Kl.-8°.

Statuten des schweizerischen Centralvereins vom Rothen Kreuz. In-8°, ¼ Bogen. Aarau, H. R. Sauerländer. 1882.

Statuten des Central-Vereines der Stenografen des österreichischen Kaiserstaates zu Wien. Wien, 1855. Druck von M. Auer. (4 S. 8.)

Statuten des großhrzgl. badischen Civildiener-Wittwen-Fiscus v. 28. Juni 1810. sammt d. inzwischen erfolgten Erläutern., Zusätzen u. Abändern. Amtl. Ausg. gr. 8. (4¾ B.) Karlsruhe 839, Braun'sche Hofbuchh.

Statuten der evangelischen Gesellschaft Zürich 1874.

Statuten des Gewerbeschulvereins Zürich und Umgebung 1891.

Statuten des polytechnischen Vereins Zürich 1864.

Statuten der Stadtbibliothek Zürich 1871 u. 1886

Statuten der Zürich-Bodensee-Eisenbahn. 1853.

Statutenbruch, der, des von Ferd. Lassalle gestifteten allgemeinen deutschen Arbeitervereins unter der Führung des Herrn Bernh. Becker zu Frankfurt a. M. Verfaßt u. verlegt von einem treuen Anhänger der Lehre Lassalle's. Leipzig 865. (Seyfarth.) 8. (4 S.) ½ ngr.

Das alte **Statutenbuch** der Stadt **Hagenau**. Bearb. von A[uguste] Hanauer u. J. Klélé. *Hagenau 1900: L. G. Ulrich-Gilardone.* (XXIV, 277 S.) 4° [01. 501

Statutenbuch des Radfahrer-Clubs 'Frisch Auf' zu Wachenbuchen. (Gegründet 1902.) *Hanau (1902): Waisenhaus-Buchdr.* (8 S.) 8° [F.] [03. 133•4

Statutenbuch des Ordens der Tempelherren aus einer altfranzös. Handschrift; herausgg. u. erläut. v. Fr. Münter. 1r Thl. gr. 8. Berl. 794. Voß. 1 ₰ 16 gl

Statutenbücher, die, der Universität Leipzig aus den ersten 150 Jahren ihres Bestehens im Namen der philologisch-histor. Classe der k. sächs. Gesellschaft der Wissenschaften hrsg. von Friedr. Zarncke. hoch 4. (XII und 625 S.) Leipzig 861, Hirzel. *

Aktiengesellschaft des Frauenrestaurant «Daheim» (in Bern). Statuten[-Entwurf]. 15 S. 8. Bern, C. Sturzenegger, 1902.

„Statuten-Entwurf zu einer von dem Centralverein für das Wohl der arbeitenden Klassen zu begründenden allgemeinen Altersversorgungs-Anstalt in Berlin", (Berlin o. J.) — Vorh.: Preußische Staatsbibliothek Berlin.

Ausgezeichneter Statuten-Entwurf für die Berliner Bürgerwehr. Druck ebenda. 1 Bl. 4.
Flugblatt. Berlin, 18. Juli 1848.

Statuten-Entwurf für eine Betriebs-[Fabrik-]Krankenkasse, nebst Vorbemerkungen und Erläuterungen. Veröffentlicht laut Bundesraths-Beschluß. 2. Aufl. 8. (31 S.) Berlin 885, C. Heymanns Verlag. cart. und durchsch. *
Aus: Centralblatt für das Deutsche Reich, besonders abgedruckt.

Statuten-Entwurf für den mit allerh. Genehmigung zu gründenden Wiener Künstlerverein: „Eintracht." Wien, 1856. Bei Leopold Sommer. (4 Bl. 4.)

Statuten-Entwurf der medicinischen Fakultät der Königlichen Universität Greifswald. 1901. (Mit Anhang: Promotions-Ordnung für die Medizinische Fakultät der Universität Greifswald. Vom 30. Sept. 1900.) *Greifswald (1901): J. Abel.* (16, 8 S.) 8°
(Nicht für den Austausch) *)

Verein «Colonie Friedau» in Zürich. Statuten-Entwurf. 8 S., *zus.-gefaltet.* 8. [1902.]

STATUTEN-ENTWURF zur Gründung einer römisch-katholischen Kirchen-Gemeinde in Pancsova 1875: Carl Wittigschlager. 11, 1 S. - 180 mm

Solothurner Hülfs-Kasse seit 1847 unter dem Namen Hülfs- und Ersparniss-Kasse Solothurn-Lebern bestehend. Statuten-Entwurf. 10 Stn. 8. Solothurn, Druck v. J. Gassmann, Sohn. 1873.

Lehrer- Witwen- und Waisen-Unterstützungs-Verein des Kantons Luzern. Statuten-Entwurf. Mai 1902. (1902 Juli 7.) IV + 8 S. 8. Luzern, C. J. Bucher, 1902.

— für e. Orts-Krankenkasse, nebst Vorbemerkgn. u. Erläutergn. Veröffentlicht laut Bundesraths-Beschluß. 3. Aufl. 8. (51 S.) Ebend. 884. n. — 80

— f. e. Örtskrankenkasse m. Erläutergn. Amtl. 2. Aufl. Berlin 885.

Krankenpflege (des Hülfsvereins) Schönenwerd. Statuten-Entwurf ([nebst] Taxen. April 1902). [3 S.] 8.

Statuten-Entwurf des von der Loge Carl zum aufgehenden Lichte in Frankfurt a. M. errichteten Unterstützungs-Fonds. [Frankfurt a. M. ca 1850.] 15 S. 8° [Umschlagtit.]

Statuten-Entwurf der Unterstützungscasse der Loge zur Brudertreue a. d. Elbe in Hamburg für erwerbsunfähige hülfsbedürftige Bbr Mitglieder, deren Wittwen und Waisen. [Hamburg 1870]: Kümpel. 10 S. 8° [Umschlagtit.]

Statuten-Entwurf des Versicherungs-Vereins deutscher Landwirte. (Altona [um 1903]: H. W. Köbner & Co.) (15 S.) 8° [Kopft. F.] [03 11110 8

Volksküche in St. Gallen. Statuten-Entwurf [April 1902]. 7 S. 8.

Statuten-Entwurf für die bei der Prager medizinischen Fakultät zu begründende Witwen-Gesellschaft. Prag, 1857. Dr. von Friedr. Rohlicek im fürsterzbischöfl. Seminar. (8 S. 4.)

Verein schweizer. Konkordatsgeometer. Statuten-Entwurf für die Zweig-Vereine. 4 S. 8. [Schaffhausen, H. Meier & Cie., 1902.]

Statuten-Inhalt, Wesentlicher, der im Jahre 1772 zu Bauske gestifteten Prediger-Wittwen- und Waisen-Kasse. Mitau 1813. H: *Mylich, Gottfried Georg.* (MGT)

Statut-Entwurf f. e. Kranken-Unterstützungskasse selbständ. Handwerksmeister u. Gewerbetreibender. 8. (14 S.) Berlin 898. Verlag d. Arbeiter-Versorgung, A. Troschel. n. — 40

General Statutes, ed. by Burlitt and Feland. Frankfort 883.

Società svizzera d'assicurazione sulla vita. Inscritta al Registro di commercio. (Comitato centrale [attualmente a] Basilea.) Statuti. (1897 Novembre 5.) 38 p. 8. Basilea, R. G. Zbinden, 1901.

De statutis et judiciis gentilitiis nobilium mediatorum in Germania speciatim in Saxonia. Willkühr und Ordnung der adeligen Geschlechter von Watzdorff, von Pflüge, von Bünau. Leipzig 1774. 4.

Filarmonica Italiana di Berna. Statuto. (1903 aprile 1o.) II + 6 p. 8. Berna, A. Benteli, 1903.

Nouvelle caisse contre les accidents des patrons menuisiers suisses à Lucerne. Statuts. (1894 Mai 20.) ⟨Revus et corrigés... 13 octobre 1895..., 26 octobre 1897..., 29 octobre 1899... et 11 novembre 1900...⟩ II + 30 p. 8. Lucerne, J. Schill, 1901.

Statuts de la caisse de secours fondée en faveur des veuves, des orphelins et des membres nécessiteux de la j.·. et p.·. L.·. l'Espérance O.·. de Berne. [Bern 1851.] 9, 3 S. 8⁰ [Umschlagtit.]

– Dt. Ausg. u. d. Tit.: Statuten der Wittwen-, Waisen- und Hülfskasse ...

Statuts centrals de la Société militaire-sanitaire suisse. In-8⁰, ¼ Bogen. Aarau, H. R. Sauerländer. 1882.

Compagnie du chemin de fer régional Saignelégier-Glovelier. Statuts. (—1901 février 7.) II + 15 p. 8. Delémont, Boéchat, 1901.

Union Helvétia. (Société des employés suisses d'hôtels.) Statuts conventionnels. Adoptés... 4 et 5 octobre 1895 et complétés... 3 et 4 octobre 1900 à Lucerne. (1re éd.) II + 16 p. 8. Lucerne, H. Keller, 1901.

Fabrique suisse d'uniformes (à Berne). Statuts. (1902 décembre 20.) 8 p. 8.

Grande Loge Nationale: **Statuts-généraux** et réglements de la Grande-Loge nationale suisse. Berne 1823: Haller. 37 S. 8⁰ [Umschlagtit.]

°[Dasselbe.] Berne 1833. 38 S. 8⁰
Abgedr. in: **Annuaire maç. helvétique.** 1838 S. 1—29.
Kl. 3159.

« Lyre » Suisse. Section (Orchestrale) de l'Association Fraternelle Suisse (à Londres). Statuts [1901]. [3 p.] 8.

Oeuvre des Orphelins pauvres de Bienne ⟨Fondé en 1884⟩ ⟨Verein für Versorgung armer Waisen von Biel⟩. Statuts. (1903 juin 30.) II + 7 p. 8. Bienne, Ad. Moser.

Parti socialiste suisse. Statuts. Du 6 novembre 1901. 4 p. 8.

Statuts et réglemens [!] pour la R.·. L.·. Saint Jean, régulièrement constituée sous le titre distinctif des Amis réunis, à l'O.·. de Mayence; acceptés par délibération des 21ᵉ et 27ᵉ jours du 11ᵉ mois, et des 3ᵉ et 10ᵉ jours du 12ᵉ mois de la V.·. L.·. 5804. Arrêtés et adoptés le 16ᵉ jour du 1ᵉʳ mois de l'an de la V.·. L.·. 5804, et de l'ère française le 25ᵉ jour de ventôse an 12. Mayence: Zabern 12 [1804]. 64 S. 8⁰

[Dasselbe.] constituée sous le titre distinctif de Napoléon-Joséphine, des Amis réunis à l'Or.·. de Mayence; acceptés par délibération des 21ᵉ j.·. du 8ᵉ m.·. et 1ᵉʳ jour du 10ᵉ m.·. 5811; arrêtés et adoptés le 6ᵉ j.·. du 11ᵉ m.·. 5811. Mayence [1811]: Zabern. 72 S. 8⁰

Mainz: **Statuts** et réglemens [!] de la R.·. □.·. de St.-Jean, sous le titre distinctif de la Fraternité, à l'O.·. de la 59ᵉ demi-brigade d'infanterie de ligne. [Mainz 1803]: Zabern. 44 S. 8⁰
Kl. 5296.

Statuts et réglemens [!] de la r.·. l.·. de St. Jean, sous le titre distinctif des Guerriers généreux, à l'O.·. du 54 régiment. Arrêté du Comité supérieur [!]. Osnabruck [ca 1806]: Kisling. 56 S. 8⁰

Statuts et réglemens [!] de la R.·. L.·. de St. Jean sous le titre distinctif de la réunion des amis d'Hanovre, elevée à l'O.·. d'Hanovre le 23. jour du 7. m.·. de l'an de la V.·. L.·. 5803 et le 23 Fructidor an XI. ère vulgaire. [Hannover 1803.] 96 S. 8⁰

Koblenz: **Statuts** et réglemens [!] de la R.·. L.·. de St. Jean régulièrement constituée, sons le titre distinctif de l'Union désirée, à l'O.·. de Coblence. Mayence 1810: Pfeiffer. 71 S. 8⁰
Auszug in: Erlenmeyer, A.: D. Gründung d. L. Friedr. z. Vaterlandsliebe, Coblenz. 1901 S. 21—23.

Société par actions de l'Hôtel Palais à Interlaken. Statuts. (1901 septembre.) 8 p. 8. [Berne, Jent & Co.]

Société anonyme du chemin de fer funiculaire de Saint-Imier au Sonnenberg. Statuts. (1902 juillet 15.) 14 p. 8. Saint-Imier, Ernest Grossniklaus, 1902.

Société Fribourgeoise de fabrication de wagons, à Fribourg en Suisse. Statuts. 19 pp. in-8. Bâle, impr. J. G. Baur. 1872.

Société Suisse d'assurance sur la vie. ⟨Inscrite au Registre du Commerce.⟩ (Comité central [actuellement à] Bâle.) Statuts. (1897 novembre 5.) 38 p. 8. Bâle, R.-G. Zbinden, 1902.

Société suisse de droguistes. Fondée le 25 Juin 1899 à Olten. Statuts. (1901 novembre 3.) 11 p. 8.

Station de séjour des Cheminaux Suisses à Grubisbalm (Righi) [commune de Vitznau]. Statuts. (1901 juillet 14.) 8 p. 8.

Statuts types (Statuts généraux) à l'usage des caisses d'assurance du bétail du canton de Berne. Elaborés par la Direction de l'Agriculture en conformité de l'article 8 de la loi du 17 mai 1903 sur l'assurance du bétail. Berne, le 12 septembre 1903. ([Avec un tableau dressé par] Ad[olf] Eichenberger, vétérinaire cantonal.) II + 21 [+ *tableau* 4] p. 8. Berne, Jules Lehmann, 1903.

Union Commerciale de Neuchâtel. Statuts. (1902 Juin 20.) 20 p. 8. Chez-le-Bart, Konrad & Studer, 1902.

Statutum der Stadt Flensburg, oder das ihr von dem ehemaligen Herzog zu Süder-Jütland, Woldemar dem Vierten im Jahr 1284 verliehene Stadt-Recht, nebst der alten Flensburgischen Knuts-Gilde-Skraa und einigen andern Urkunden aus den bei der Stadt seither aufbehaltenen Handschriften zum erstenmal ans Licht gestellet, und mit einem vollständigen Register versehen (v. Ulrich Adolph Luders.) Flensburg. 1765. 4°k.

Statutum der Stadt Flensburg, oder das ihr ... 1284 verliehene Stadt-Recht ... Flensburg 1765. II: *Lüders, Ulr. Adolph.* (CBH) (schles) (schz) (Bruun, Bibl. Danica III, 664.) (Collin, Anonymer. Kiobenh. 1869.)

Statutum der Stadt Flensburg, oder das ihr von dem ehemaligen Herzog zu Süder-Jütland Woldemar IV im J. 1284 verliehene Stadt-Recht. Flensburg. U. A. [efter 1838]. 4. (jf. B. D. III. 664).

[Johann] **Statwechs** gereimte Weltchronik. Ms. No 777 Hannover. Von Artur Korlén. Uppsala 1906: E. Berling. (x, 287 S.) 8°
= **Årsskrift**, Uppsala Universitets. 1907, [3.] [08. 3767 4

[J.] Leitfaden für den Vorbereitungsdienst der Preussischen Gerichtsreferendare. Von A. **Statz**, Amtsrichter in Aachen. Nebst e. Anh.: D. Vorschriften üb. d. Ausbildg d. Juristen. *Berlin: C. Heymanns 1896.* (VI, 76 S.) 1 Bd 8. [96. 6831

Statz, Ad., Jägerwitz in Reimen und Sprüchen, gesammelt für die innere Ausschmückung der Gebäude der Internationalen Jagd-Ausstellung in Cleve. 8. (IV, 52 S. mit Titelbild in farb. Holzschn.) Köln 881, DuMont-Schauberg'sche Buchh. *

Statz, Albert Jac. (geb. Kerpen im Rheinl. 31. 1. 1852): Zwei Fälle von chronischem partiellen Herzaneurysma. Berlin (1875). (32 S.) 8°
Berlin, Med. Diss. v. 17. Aug. 1875

Statz, Paul, Bad. Forstprakt.: Die Abstandszahl, ihre Bedeutung für die Forsttaxation, Bestandeserziehung und Bestandespflege. 1909. 65 S. 8°
Karlsruhe, Dr.-Ing.-Diss. v. 8. 7. 1909

STATZ, Paul: Die Abstandszahl, ihre Bedeutung für die Forsttaxation, Bestandeserziehung und Bestandespflege. - Freiburg i. Br. 1909. 65 S., 1 Bl. - Diss. Techn. Hochsch. Karlsruhe 1909

Statz, Vinc., gothische Altäre. 1. und 2. Thl. 2. Aufl. [Zugleich „Gothische Einzelheiten", 1. und 2. Abthl.] Fol. Berlin 886, Claesen und Comp. [1. Thl. (26 Taf.) *ℳ 25.—.; 2. Thl. (20 Taf. und 7 S. Text.) *ℳ 18.—.] cart. *

Statz, Vinc., Auch etwas über den Dom zu Cöln am Rhein. Fünf Skizzen. hoch 4. (5 Stnt. mit 2 S. Text.) Cöln 872, (Rommerskirchen.) *

Statz, Vinc. Kirchliche Bauwerke in gothischem Style. Lüttich u. Leipzig (1857.) Fol.

Statz, Vinz., kirchliche Bauwerke in gothischem Style. (In 12 Liefgn.) 1. Liefg. Leipzig (858.) Brockhaus. gr. Fol. (6 lith. Bl., wovon 1 in Farbendr., u. lith. Titel.) n. 2 ₰.

Statz, Vinc., kirchliche Bauwerke in gothischem Style. 2—12. Liefg. Leipzig 861. Brockhaus. gr. Fol. Jede Liefg. von 6 lith. Taf. n. 2 ₰

— mittelalterliche Bauwerke nach Merian. Mit einer Einleitung von A. Reichensperger. 1—3. Heft. Leipzig 856, 57. T. O. Weigel. Lex.-8. (Text: S. 1—23 u. 36 lith. Taf.) Jedes Heft n. 1 ₰. 10 ngr.

Statz, Vinc., gothische Einzelheiten. — Details gothiques. — (In 6 Serien.) 1—4. Serie. Lüttich 868. Claesen. gr. 4. (55 Steintaff., wovon 14 in Buntdr. u. 65 Kpfrtaff. in gr. 4. u. qu. Fol. u. 7 S. Text.) In Mappe. Jede Serie n. 6 ₰ 2 ngr.

— gothische Einzelheiten. — Détails gothiques. — 5. u. 6. (Schluss-)Serie. gr. 4. (59 Steintaf., wovon 8 in Buntdr. u. 2. lith. Titelbl. in gr. 4. u. gr. Fol.) Lüttich 870. Claesen. In Mappe. à n. 18. 20

—— gothische Einzelheiten. 15 Lfgn. Fol. (à Lfg. 12 Taf. in Lithogr. und Chromolithogr.) Ebendas. 885,86. In Mappe à Lfg. *ℳ 7.50. *

—— dass. — 2. Aufl. 2 Halbbde. Fol. (180 Taf.) Ebendas. 886. In Mappe *

—— gothische Entwürfe. 1. Bd. 1—6. Heft. Fol. (53 Stnt. in Tondr.) Bonn 854—56, Henry und Cohen. à Heft * 2 Thlr. *

—— gothische Entwürfe. 1. Bd. 7—10. Heft. Fol. (à Heft 10 Stnt. in Tondr.) Bonn 857—61, [Cohen und Sohn.] à Heft * 2 Thlr. *
1. Bd. 1—6. Heft. Ebendas. 1854—56. * 12 Thlr.

—— Glasfenster im gothischen Style. Entwürfe für Kunstglaser und Architecten. [Zugleich „Gothische Einzelheiten", 7. Abthl.] 15 lithogr. Taf. 2. Aufl. Fol. (1 Bl. Text.) Ebendas. 885. cart. *

—— Holzschnitzereien in gothischem Styl. 14 Taf. 2. Aufl. [Zugleich „Gothische Einzelheiten", 5. Abthl.] Fol. Ebendas. 886. cart. *

—— Messpulte, Orgeln, Kanzeln, Chorgestühl etc. in gothischem Styl. 18 Taf. 2. Aufl. [Zugleich „Gothische Einzelheiten", 4. Abthl.] Fol. Ebendas. 886. cart *

Statz, Vinc., kirchliche Metallgeräthe in gothischem Styl. Monstranzen, Kelche, Ciborien, Cruzifixe, Ampeln, Altarleuchter etc. 38 Taf. 2. Aufl. [Zugleich „Gothische Einzelheiten", 6. Abthl.] gr. 4. Berlin 886, Claesen und Comp. In Mappe *

Statz V und G G Ungewitter, gotische Muster von Schmiede- und Schlosser-Arbeiten. (15 T) fol Leipzig 1883

— und G. Ungewitter, gothisches Musterbuch. Mit einer Einleitung von A. Reichensperger. 1—11. Liefg. Leipzig (856—58.) T. O. Weigel. Fol. (Text: S. 1—40.) Jede Liefg. von 12 lith. Bl. n. 2 ₰.

— und G. Ungewitter, gothisches Musterbuch. Mit einer Einleitung von A. Reichensperger. 12—18. (letzte) Liefg. Leipzig 859—61. T. O. Weigel. Fol. (Text: VI, S. 41—54.) Jede Liefg. von 12 lith. Bl. n. 2 ₰

Statz, V., u. G. Ungewitter, gotisches Musterbuch. 2. Aufl. Neu bearb. v. K. Mohrmann. Etwa 200 Taf. m. erläut. Text. (In ca. 20 Lfgn.) 1.—4. Lfg. Fol. (à 10 Taf. m. Text IV, u. S. 1—10.) Leipzig 897. 98. Chr. H. Tauchnitz. à Lfg. n. 2. 50

Statz, V., u. G. Ungewitter, gothisches Musterbuch. 2 Aufl. Neu bearb. v. K. Mohrmann. Etwa 200 Taf. m. erläut. Text. 5.—17. Lfg. Fol. (à 10 Taf. m. Text S. 11—30.) Leipzig 898—902. Ch. H. Tauchnitz. à Lfg. n. 2. 50

Statz, V., u. G. Ungewitter, gotisches Musterbuch. 2. Aufl. Neu bearb. v. K. Mohrmann. 200 Taf. m. erläut. Text. 18.—20. (Schluß-)Lfg. (24 [3 farb.] Taf. m. Text, VIII u. S. 32—36.) Fol. Leipzig (903—905). Ch. H. Tauchnitz. à n. 2. 50 (Kplt. in Mappe n. 50. —)

—— Taufbecken, Gedenksäulen, Grabkreuze, Brunnen etc. in gothischem Styl. 31 Taf. 2. Aufl. [Zugleich „Gothische Einzelheiten", 3. Abthl.] Fol. Ebendas. 886. cart. *

— Wandmalereien in gothischem Styl. 15 Chromotaf. 2. Aufl. [Zugleich „Goth. Einzelheiten" VIII. Abth.] Fol. Ebend. 886. In Mappe. n. 15. —

Staub der Erste, Kaiser der Unterwelt, als Fortsetzung des Pansalvin . . . Persepolis [Hamb.] 1802. V: *Albrecht, Johann Frdr. Ernst.* (Schr) (BrMm) (Wr) (Jl.) »1803« (Ky)

Staub, der erste, Kaiser der Unterwelt, (v. J. F. E. Albrecht). 8. Hamb. 803. (Herold jun.) 1 ℳ

Staub d. erste, Kaiser d. Unterwelt, als Fortsetzung d. Pansalvin, v. Verf. desselben, (J. F. E. Albrecht.) 8. Hamburg, Vollmer. 803.

Staub, Fritz. Zürich [1896]. V: *Hoffmann-Krayer, Eduard.* (Zuwachsverz. d. Bibliotheken in Zürich 1898 ff.)

Staub, A.

Staub, Beschreibung des Arbeiterquartiers u. der damit zusammenhängenden Institutionen von Staub & Co. in Kuchen bei Geislingen in Württemberg. Stuttgart 1858. Text 4°. Atlas Fol.

Staub, Beschreibung des Arbeiterquartiers in Kuchen in Württemberg. Stuttgart 866.

Staub, A., Beschreibung des Arbeiter-Quartiers u. der damit zusammenhängenden Institutionen von Staub & Co. in Kuchen bei Geislingen in Württemberg. Mit 1 Atlas, 36 (lith.) Taff. in Fol. Stuttgart 868. E. Hallberger. gr. 4. (III, 60 S.) n. 8 ℳ 20 ngr.

Staub, A. Beschreibung des Arbeiterquartiers in Kuchen. 2. A. Stuttgart 1868. 4.

Staub A., Betrachtung über die psychologischen Ursachen deutscher Handelspolitik nebst zwei Abhandlungen über Feinspinnerei und Amortisation der Fabriken als Beleuchtung „handelspolitischer Glossen" eines Correspondenten der „Frankfurter Zeitung" aus Süddeutschland. gr. 8. (36 S.) Stuttgart 878, J. Weise.

Staub, A., Description de la cité ouvrière et des institutions qui s'y rattachent de Staub et Co. à Kuch-Geislingen en Wurtenberg. Atlas. Fol. 4°. Stuttgart 1868.

Staub, A.: Friedrich List. Vortrag. Mit dem Bildnis von L. und der Karte des von ihm 1833 entworfenen deutschen Eisenbahnnetzes. München: Oldenbourg [1879].

Staub, A., Friedrich List. Vortrag, gehalten bei der III. General-Versammlung des Centralverbands deutscher Industrieller zu Augsburg am 22. Septbr. 1879. Mit dem Bildniss von Friedr. List und der (lithogr.) Karte des von ihm 1833 entworfenen deutschen Eisenbahnnetzes. 8. (55 S.) München 880, Oldenbourg. *

Staub A, Rede über die Twistzölle. **Stuttgart**

Staub, Alfred (*geb. Gleiwitz 27. 6. 1863*): Zur Diagnostik der Aortenaneurysmen. Breslau 1885. (42 S.) 8° *[Im Buchhandel 1885 bei Köhler in Breslau.]*

Breslau, Med. Diss. v. 31. Juli 1885

Staub, Alfr., zur Diagnostik der Aortenaneurysmen. Inaugural-Dissertation. gr. 8. (42 S.) Breslau 885, (Köhler.) *

Staub, And.

— Bemerk. üb. d. Geburtshülfe. 8. Bregenz. (Steiner in Winterthur.) 795.

— etwas von der Einpfropfung der Kinderblattern im Winter- u. Christmonat 1786; e. Geschenk f. Landleute. 8. Bregenz 791.

Staub, And., sichere Heilart d. faulart. Fieber, nebst e. Anh. v. e. 44. Monate dauernden Schwangersch. 8. Strsb. König. 802.

— s. C. Pfenninger, Ruhrepidemie.

Staub, Armin. (geb. St. Wendel 9. 10. 1838): De ligatura venarum laterali. Berolini (1862). (32 S.) 8°

Berlin, Med. Diss. v. 24. Juli 1862

[Staub, Bonifaz.] Aufnahme von Stadt u. Amt Zug in den ewigen Bund der Eidgenossen am 27. Brachmonat 1352. Denkschrift zu deren fünfhundertjährigen Jubelfeier am 27. Brachmonat 1852. Der Zugerischen Jugend gewidmet.... [Mit illustriertem Nachtitel.] 4. [Zug 1852.]

Staub, B. Die Buchdruckerkunst. Eine historisch-technische Skizze mit Rücksicht auf die Schweiz, speziell auf Zug. Zug, G., 1870. 22 S. 1. **Progr.**

Staub, B., Zugerische Dichter aus dem XVII. Jahrhundert. Ein literarhistorischer Versuch. Zug 1866.
Progr.

Staub, B. Der Kanton Zug. 1864.

Staub, B[onifaz]. Der Kanton Zug. Historische, geographische und statistische Notizen, zusammengetragen von Professor B. Staub. 2. verbesserte Aufl. Mit 3 artistischen Beilagen, als: Plan der Stadt Zug, eidg. Schützenplatz und Situationsplan des neu erbauten Kurhauses Schönfels auf dem Zugerberg. 8. Zug 1869.

Staub, Carl, s. Staub, Karl

Staub, E., Arm u. doch reich — reich u. doch arm! s.: Festgrüsschen in Antiquaschrift. VI.

Staub, Emil, u. Arnold **Zimmermann**, Bilder aus der Kirchengeschichte f. Sekundarschulen u. die oberen Klassen der Volksschule. Mit 4 Vollbildern u. 23 Holzschn. im Texte. gr. 8. (152 S.) Zürich 900. Schultheß & Co. n. 1. —; kart. n. 1. 20

Staub, Emil, und Zimmermann, Arnold. Bilder aus der Kirchengeschichte für Mittelschulen, Sekundarschulen und die obern Klassen der Volksschule. 2. vermehrte und verbesserte Aufl. Mit 4 Vollbildern [Tafeln] und 24 Holzschnitten im Texte. 162 S. 8. Zürich, Schulthess & Co., 1902. (fr. 1. —, cart. fr. 1. 20)

Staub, Emil, und Zimmermann, Arnold. Bilder aus der Kirchengeschichte für Mittelschulen, Sekundarschulen und die obern Klassen der Volksschule. 3. verbesserte Aufl. Mit 6 Vollbildern und 25 Holzschnitten im Texte. 174 S. 8. Zürich, Schulthess & Co., 1906. (fr. 1. —, cart. 1. 20)

Staub, Emil, und Zimmermann, Arnold. Bilder aus der Kirchengeschichte für Mittelschulen, Sekundarschulen und die obern Klassen der Volksschule. 4. verbesserte Aufl. Mit 6 Vollbildern und 25 Holzschnitten im Texte. 174 S. 8. Zürich, Schulthess & Co., 1909. [fr. 1. —, cart. 1. 20]

— das alte Haus der Kinderbewahranstalt zu Wiener-Neustadt. Ein lokalgeschichtl. Gedenkblatt. (22 S. m. 1 Taf.) gr. 8. Ebd. 906. n. — 60

Staub, E., im Sonnenschein d. Liebe gereift. 2 Erzählgn. 8. (140 S.) Basel 897. Kober. n. 1. —; geb. in Leinw. n. 1. 60

Staub, Emil, Schnell-Calculator. Hülfstabellen zu schneller Calculation baumwollener Gewebe f. Baumwollwebereien. 8. (VIII, 96 S.) Leipzig 888. (Gracklauer.) geb. n.n. 5. —

Staub, E., Schnell-Calculator f. Webereien. Hülfstabellen zur schnellen Calculation v. Baumwoll-, Wollen-, Kammgarn-, Seiden-, Leinen-, Jute- u. gemischten Geweben. 3., umgearb. Aufl. 8. (XIII, 196 S.) Leipzig 887. Knaur. geb. n. 5. —

Staub, Emil, Spinnerei-Calculationen. Ein Vademocum für Fachmänner u. Interessenten. 8. (X, 119 S.) Erlangen 879. Besold. n. 2. —

Staub, F., Die Novelle zur Zivilprozessordnung vom 1. VI. 1909. Im Anschluss an die 8. u. 9. Aufl. des Kommentars erläutert. 3. Aufl. (XV, 177 S.) Lex.-8. Nebst: Deckblätter zu Gaupp-Stein, ZPO., 8. u. 9. Aufl. (12 Bl.) 8. Tübingen, J. C. B. Mohr. 1910. 3. 80; geb. 5. —

Staub, F. W., s. Sachsens Militär-Vereins-Kalender.

Staub, Frz., weitere Beiträge zur Biographie J. B. Schenks. (11 S. m. 1 Bildnis.) gr. 8. Wr.-Neustadt 903. A. Folk. n. — 40 (1. u. 2.: n. — 65)

Staub, Frz., Beschreibung des königl. Bez.-Amts Brückenau. Für den allgemeinen Gebrauch bearb. 12. (67 S.) Brückenau 894. C. Wolf. n. — 80

Staub, Franz (Bearb.), s. Grundbücher der Stadt Wien. Bd. 1.

Staub, Frz., s.: Quellen zur Geschichte d. Stadt Wien.

STAUB, Franz
(F) Die Reckthurmfrage in Wr.-Neustadt. Ein Beitrag zur Denkmalpflege in Niederösterreich von Franz Staub. Wr.-Neustadt. 1901. Folk. Gr.-8°. 87 S. K —.70

STAUB, Franz
(F) Johann Baptist Schenk, ein niederösterreichischer Tondichter. (1753—1836.) Eine Skizze seines Lebens von Franz Staub. Wr.-Neustadt. 1900. Folk. Gr.-8°. 16 S. K —.30

Staub, Frdr., s.: Idiotikon, schweizerisches.

Staub, Fritz, von Glarus: Der glarnerische Ehrverletzungsprozess. Glarus 1909. 101 S. 8°. [17. XI. 09.]
Zürich. Univ. Staatswiss. Diss. 1909/10.

Staub, Fritz. Der Glarnerische Ehrverletzungsprozess. Diss. Jur. Univ. Zürich. 101 S. 8. Glarus, D. Hefti & O. Bartel, 1909.

Staub, Gottlieb, von Maur [Kt. Zürich]: Calorimetrische Beobachtungen. Uster-Zür. A. Diggelmann Dr. 1890. 42 S., 1 Bl. 8°.
Zürich. Phil. Diss. [v. 3. März 1890].

Staub, Heinrich, med. pract., früherer Assistenzarzt am Cantonsspital in Glarus [von Oberrieden, Kt. Zürich]: Ein Fall von atypischem Zoster gangränosus hystericus. Uster-Zür. A. Diggelmann Dr. 1891. 72 S. 8°.
Zürich. Med. Diss. [v. 17. Juni 1891].

Staub, Herm., der Begriff der Börsentermingeschäfte im § 66 des Börsengesetzes. Ein Rechtsgutachten. gr. 8. (78 S.) Berlin 899. O. Liebmann. n. 1. —

Staub, Herm., krit. Betrachtungen z. Entwurf e. Handelsgesetzbuchs. Vortrag, geh. auf d. deutschen Anwaltstage zu Berlin am 12. Septbr. 1896. gr. 8. (36 S.) Berlin 896. O. Liebmann. n. — 80

Staub, H., patentrechtliche Erörterungen. 12. (46 S.) Berlin 888. C. Heymann's Verl. n. — 60

— s.: Festschrift f. den XXVI. deutschen Juristentag.

— s.: Formularbuch f. die freiwill. Gerichtsbarkeit.

— s.: Juristen-Zeitung, deutsche.

Staub, Herm., Kommentar zum Aktiengesetz. [Aus: „S., Kommentar zum Allgemeinen deutschen Handelsgesetzbuch (2. Aufl.)".] gr. 8. [IV, 850 S.) Berlin 894. J. J. Heine. n. 7. —; geb. in Leinw. n.n. 8. 50

Kommentar zum Gesetz betreffend die Gesellschaften mit beschränkter Haftung. Von Dr. Hermann Staub, Justizrat, Berlin. *Berlin: J. Guttentag 1903.* (VII, 466 S.) 8° [F.] [03. 4183]

— Kommentar zum Gesetz, betr. die Gesellschaften mit beschränkter Haftung. 2. Aufl. unter Benützg. des handschriftl. Nachlasses bearb. von Max Hachenburg. (VIII, 689 S.) Lex.-8. Berlin 906. J. Guttentag. n. 13. —; geb. in Leinw. n. 14. 20
1. Aufl. (VII, 466 S.) 903. n. 10. —; geb. n.n. 12. —.

— Kommentar zum Gesetz, betr. die Gesellschaften m. beschränkter Haftung. 3. verm. Aufl., bearb. v. Max Hachenburg. (VIII, 732 S.) Lex. 8. Berlin 909. J. Guttentag. 15.—; geb. in Leinw. n 16. 50

— Kommentar zum Handelsgesetzbuch. 6. u. 7. Aufl. gr. 8. (VIII, 1674 S.) Berlin 899. 900. [J. J. Heine.] J. Guttentag. n. 30. —; in 2 Halbfrzbdn. n.n. 34. —

Kommentar zum Handelsgesetzbuch. Von Hermann Staub, Justizr. in Berlin. 6. u. 7. Aufl. Bd 1. 2. (In 9 Lfgn.) *Berlin: J. J. Heine 1900.* 2 Bde 8° [F.]
1. Buch 1 u. 2. ⟨Handelsstand, Handelsgesellschaften u. stille Gesellschaft.⟩
2. Buch 3. ⟨Handelsgeschäfte.⟩ [01. 430]

— Kommentar zum Handelsgesetzbuch. 8. Aufl., bearb. unter Benutzung des handschriftl. Nachlasses von Heinr. Könige, Jos. Stranz u. Alb. Pinner. 1. Bd. Lex.-8. Berlin, J. Guttentag. n. 24. —; geb. in Halbfrz n. 26. —
(Buch 1: Handelsstand. Buch 2: Handelsgesellschaften u. stille Gesellschaft.) (XVI, 1120 S.) 906.

— Kommentar zum Handelsgesetzbuch. 8. Aufl., bearb. unt. Benutzg. d. handschr. Nachlasses v. Heinr. Könige, Jos. Stranz u. Alb. Pinner. II. Bd. (Buch 3: Handelsgeschäfte; §§ 373—473.) (VIII u. S. 1127—2041.) Lex. 8. Ebd. 907. 18.—; geb. n 20. —
I. Bd. Ebd. 906. 24.—; geb. 26. —

— dasselbe. Nachtrag betr. die Börsentermingeschäfte, die handelsrechtl. Lieferungsgeschäfte u. d. Differenzgeschäfte nach dem Gesetz, betr. Änderg. des Börsengesetzes v. 8. V. 1908 u. nach dem bürgerl. Gesetzbuch (§§ 762, 764). (83 S.) Lex. 8. Ebd. 909. 1. 8

— Kommentar zum allgemeinen deutschen Handelsgesetzbuch (ohne Seerecht). 8 Lfgn. gr. 8. (VIII, 1002 S.) Ebd. 891—893. n. 15. 50; geb. in Halbfrz. n.n. 17. 50

— dasselbe. 2., durchgearb. Aufl. 5 Lfgn. gr. 8. (VIII, 1043 S.) Ebd. 893. 894. n. 17. 50; geb. in Halbfrz. n.n. 19. 50

[F.] Kommentar zum Allgemeinen Deutschen Handelsgesetzbuch '(ohne Seerecht)'. Von Dr. Hermann Staub, Rechtsanw. in Berlin. 3. u. 4. Aufl. '(Doppel-Aufl.)' (In 7 Lfgn.) *Berlin: J. J. Heine 18(95.)96.* (VIII, 1116 S.) 1 Bd 8. [96. 1088

— Kommentar z. allgem. deutschen Handelsgesetzbuch (ohne Seerecht). 5. Aufl. Nebst e. Suppl., enth.: 1. e. Erläuterg. der Bestimmgn. d. neuen H.G.B.'s üb. d. Handlungsgehilfen, 2. e. vergleich. Darstellg. d. alten u. d. neuen H.G.B.'s. gr. 8. (VIII, 1143 S.) Berlin 897. J. J. Heine. n. 21. —; geb. in Halbfrz. n.n. 23. 50
Erschien auch in 7 Lfgn.

— dasselbe. Suppl., enth.: 1. e. Erläuterg. d. Bestimmgn. d. neuen H.G.B. üb. die Handlungsgehilfen. 2. e. vergleich. Darstellg. d. alten u. d. neuen H.G.B. gr. 8. (192 S.) Ebd. 897. Kart. n. 3. —; f. d. Abnehmer d. 5. Aufl. kostenlos.

— Kommentar zum allgem. deutschen Handelsgesetzbuch. Ausg. f. Österreich, bearb. v. Osk. Pisko. (In etwa 12—15 Lfgn.) 1.—10. Lfg. gr. 8. (1. Bd. S. 1—400 u. 2. Bd. S. 1—400.) Wien 902. Manz. à n. 1. 80

— Kommentar zum allgemeinen deutschen Handelsgesetzbuch. Ausg. f. Oesterreich, bearb. v. Osk. Pisko. 11. bis 19. Lfg. (1. Bd. XII u. S. 401—866 u. 2. Bd. S. 401 bis 660.) gr. 8. Wien 903. 904. Manz. n. 17. — (Vollst.: n. 35. —; geb. n. 40. —)

— Kommentar zum allgem. deutschen Handelsgesetzbuch. Ausg. f. Österreich, bearb. v. Osk. Pisko. 2. Aufl. der österr. Ausg. (XI, 956 u. III, 694 S.) gr. 8. Wien 907—10. Manz. 32.30; geb. 37.30; auch in 21 Lfgn. à 1. 50

[Hermann] Staub's Kommentar zur Wechselordnung. 6., neubearb. Aufl. auf Grund d. Fassung d. Bekanntmachung v. 3. Juni 1908 von J[osef] Stranz u. M[oritz] Stranz. Berlin: Guttentag 1909. XXIII, 377 S. 8°

— Kommentar z. Wechselordnung. 7. Aufl. (Unveränd. Abdr. der 6., auf Grund der Protestnovelle neubearb. Aufl. v. J. Stranz u. M. Stranz. (XXIII, 377 S.) gr. 8. Berlin 910. J. Guttentag. 9.—; geb. 10. —
5. Aufl. (VIII, 315 S.) 907. 7.50; geb. 8.50

Staub, Herm.: Kommentar zur Allgemeinen Deutschen Wechselordnung. Berlin 1895.

[F.] Kommentar zur Allgemeinen Deutschen Wechselordnung. Von Dr. Hermann Staub, Rechtsanw. in Berlin. 2. durchgearb. Aufl. *Berlin: J. J. Heine 1896.* (VIII, 276 S.) 1 Bd 8. [96. 4306

Kommentar zur Allgemeinen Deutschen Wechselordnung. Von Dr. Hermann Staub, Rechtsanw. in Berlin. 3., mit d. 2. übereinstimm. Aufl. Berlin: J. J. Heine 1899. (VIII, 276 S.) 1 Bd 8°

— Kommentar zur allgem. deutschen Wechselordnung. 4., auf Grund der neuen Reichsgesetzgebung umgearb. Aufl. gr. 8. (VIII, 293 S.) Berlin 901. [J. J. Heine.] J. Guttentag. Geb. in Leinw. n. 7. 50
3. Aufl. (VIII, 276 S.) 899. 5. —; geb. 6. —.

Staub's Kommentar zur allgemeinen deutschen Wechselordnung. 5. Aufl., bearb. v. J. Stranz u. M. Stranz. (VIII, 315 S.) gr. 8. Berlin, J. Guttentag. 1907. 7. 50; geb. in Leinw. 8. 50.

Staub, H., Die positiven Vertragsverletzungen. (58 S.) gr. 8. Berlin, J. Guttentag. 1904. 1. 20.

Staub, J.: Eidgenössische Schützen-Zeitung 1847. Redigiert von einem Schützenfreund. Glarus, 1847. 1151

Staub, J. B., siehe: *Centralblatt.*

Staub, J. B., ein Edelmensch im schlichtesten Gewande. Briefe e. philosoph. Schuhmachers, bearb. u. hrsg. v. Helene Morsch. (LXIX, 485 S. m. Bildnis.) gr. 8. Berlin 904. Schlachtensee, Volkserzieher-Verlag. n. 4. —; geb. n. 5. —

Staub, J. B., die Fragen der Zeit u. die Fortschrittspartei. gr. 8. (36 S.) Nürnberg 884. (Korn.) n. — 50

Staub, J. B., die Getreidezölle und die Aufhebung des Identitätsnachweises. gr. 8. (40 S.) Nürnberg 887. (Berlin, F. Luckhardt.)

Schweizerischer Generalkonsul in Bukarest, Herr Jean Staub. Handelsbericht über das Jahr 1900 u. 1901 u. 1902. ‹Separatabdruck aus dem «Schweizerischen Handelsamtsblatt».› II + 13 u. II + 18 u. II + 12 S. 8. Bern, H. Jent (**1900:* Jent & Co.), 1901 u. 1902 u. 1903.

Staub, Johann

Staub, J., Aufsatzbüchlein, enthaltend Materialien zu praktischen Sprachübungen für Schüler vom 12—16. Altersjahr. 2. Aufl. 8. (96 S.) Fluntern 858. (Zürich, Meyer und Zeller's Verlag.) *

Staub's, J., Bilderbuch. Anschauungsunterricht für Kinder. Ein Buch f. Haus u. Schule. 4 Hfte. m. 50 Doppeltaf. in Farbendr. (m. untergedr. Text) u. e. Anh. von Liedern, Erzählgn. u. Beschreibgn. (Neue Aufl.) gr. 4. Zürich, Gebr. Künzli. Kart. à n. 3. —
1. (12 Taf. m. 11, 8 S. Text.) 899.
2. (12 Taf. m. Text II u. S. 9—16.) 899.
3. (12 Taf. m. Text. S. 17—24.) 900.
4. (12 Taf. m. Text. S. 25—32.) 900.

Staub's, J., Bilderbuch. Ein Buch f. Haus u. Schule. 5 Hefte m. 60 Doppeltaf. in Farbendr. u. e. Anh. v. Liedern, Erzählgn., Erklärgn. u. Beschreibgn. 5. Heft. Bearb. v. Ulr. Kollbrunner. (Taf. 49—60 m. Text IV u. S. 33—43.) Lex. 8. Zürich (908). Gebr. Künzli. Kart. 3. —

Staub, J., Bilderwerk zum Anschauungs-Unterricht für jüngere Kinder. Ein Lehrmittel für Haus und Schule. Complet in 4 Heften. 1. Heft. Zürich, Hindermann & Siebenmann. 4. —
1875.

Staub, J., neues Bilderwerk. 2. Lfg. gr. Fol. Zürich, Hindermann & Siebenmann. 4. —
1876.

Staub, J. Bilderwerk. 3. Heft. Zürich, Hindermann & Siebenmann. 1876 4. —

Staub, J., Bilderwerk. 4. (Schluss-) Heft. Fol. Zürich, Hindermann & Siebenmann. 1876. 4. —

Staub's, J., Bilderwerk zum Anschauungsunterricht f. jüngere Kinder. Ein Buch f. Haus u. Schule. [4 Hfte. m. 48 Doppeltaf. in Farbendr. u. e. Anh. v. Liedern, Erzählgn. u. Märchen.] Zeichnungen v. H. Fischer. 1. u. 2. Hft. 2. Aufl. Fol. (à 12 Chromolith. in qu. gr. Fol. m. 10 S. Text.) Zürich 876. Schultheß in Comm. à n. 4. —

Staub's, J., Bilderwerk zum Anschauungsunterricht für jüngere Kinder. Ein Buch für Haus und Schule. 4 Hefte mit 48 Doppeltaf. in Farbendr. und einem Anhang von Liedern, Erzählungen und Märchen. Zeichnungen von H. Fischer. 1. Heft. 1.—4. Aufl.; 2. Heft. 1.—3. Aufl.; 3. und 4. Heft. 1. und 2. Aufl. Fol. (à 12 Chromolithogr. in qu. gr. Fol. mit 8 S. Text.) Zürich 876—79, [Schultheß.] Knüsli. à Heft (* ℳ 4.) * ℳ 3,50. *

Staub's, J., Bilderwerk zum Anschauungsunterricht für jüngere Kinder. Ein Buch für Haus u. Schule. 4 Hfte. m. 60 Doppeltaf. in Farbendr. u. einem Anhang von Liedern, Erzählungen u. Beschreibungen. Zeichnungen von H. Fischer u. E. F. Graf. Fol. Zürich 879. (Schmidt.) à n. 4. — (geb.: n.n. 19. 20)
1. 4. Aufl. (8 S.) — 2. 3. Aufl. (S. 9—16.) — 3. 4. 2. Aufl. (S. 17—32.)

Staub's Bilderwerk zum Anschauungsunterricht für jüngere Kinder. 1.—4. Heft. In-fol. m. 12 Tfln. und 8 S. Text. Zürich, Schröter. cart. 5 —
— idem. livre d'images. Vol. I—IV. cart. 5 —
1884.

Staub's, J., Bilderwerk zum Anschauungsunterricht f. jüngere Kinder. Ein Buch f. Haus u. Schule. 4 Hfte. m. 48 Doppeltaf. in Farbendr. u. e. Anh. v. Liedern, Erzählgn. u. Beschreibgn. (Neuer Abdr.) Fol. (82 S. Text.) Zürich 891. (Th. Schröter.) à n. 2. 60; kart. à n. 3. 50

Staub, Joan. (geb. St. Wendel 1812): De blepharoplastice. Berolini (1835). (36 S.) 8°
Berlin, Med. Diss. v. 22. Sept. 1835

Staub, J., neues Kinderbuch für das 5. bis 15. Altersjahr. Mit Originalzeichnungen von W. Völker u. A. 1. Aufl. * ℳ 4,80., und 2. Aufl. gr. 8. (191 S. mit eingedr. Holzschn. und 1 Stnt. in Tondr.) Zürich 872, Kraut und Boßhart. geb. *

Staub. *Neues Kinderbuch* für das fünfte bis fünfzehnte Altersjahr von J. Staub. Mit Originalzeichnungen von W. Völker u. A. Fluntern, Zürich. J. Staub, 1872. 191 S. mit 1 lithograph. Titelbild und zahlreichen, teilw. recht guten Holzschnitten. Gr.-8°. Farb. illustr. Or.-Halbleinenbd. 24.—
★ Selt. Erstausgabe. Kleine Erzählungen, Gedichte, Sprüche, Lieder, Sagen u. Märchen, Spiele, teilw. in der Mundart. In verschied. Schriften gedruckt. — Leicht benutzt, einige Fl.

— **neues Kinderbuch** f. das 5 bis 15. Altersjahr. Mit Originalzeichngn. v. W. Völker u. A. 2. Aufl. gr. 8. (191 S. m. eingedr. Holzschn. u. 1 Steintaf. in Tondr.) Zürich 872. Kompfe. geb. n. 3. 60

—— **neues Kinderbuch** für das 5. bis 15. Altersjahr. 4. Aufl. gr. 8. (189 S. mit 7 Farbendr.-Bildern und vielen eingedr. Holzschn.) Zürich 880, Schmidt. geb. *

Staub, J., neues Kinderbuch f. d. 5. bis 15. Altersjahr. M. 7 Farbendr.-Bild. u. vielen Holzschn. 5. Aufl. gr. 8. (VIII, 192 S.) Zürich 897. C. Schmidt. Geb. n. 3. 50

Staub, J., Kinderbüchlein. 1 — 10. Heft. gr. 16. (à Heft 32 S. mit eingedr. Holzschn.) Fluntern 847—52. St. Gallen, Scheitlin und Zollikofer. à Heft 3 Ngr.
1. Heft. (4. Aufl.) 2. Heft. (3. Aufl.) 3. Heft. (2. Aufl.) erschienen 1847.

Staub, J. *Kinderbüchlein* von J. Staub. [Darunter Vignette]. St. Gallen. Verlag von Scheitlin & Zollikofer, 1849. [Bl. 2 recto:] Erstes Heft. — 5 Hefte zu je 1 Bl. u. 32 S. mit obigem Gesamttitel in 1 Bde. Mit zahlreichen Holzschnitten und Melodien. Kl.-8°. Kartonbd. d. Z. 28.—
★ Erstausgabe dieses wichtigen Schweizer Kinderbuches, das den kindlichen Ton besonders gut trifft u. außer den eig. Beiträgen Staubs eine gute Auswahl von Gedichten, Sprüchen, Liedern, Märchen, Anekdoten usw. von d. Br. Grimm, Güll, Rückert, Wyß u. a. bringt. — Ein wenig benutzt u. hie u. da etwas fleckig, einige Bleistifteintr. v. Kinderhand. Heft 5 u. 6 und einige Bll. verbunden. 1 Bl. unten m. geringfüg. Textverlust beschäd. Moderner Leinenkleberücken, Einbanddeckel benutzt.

— **Kinderbüchlein.** 11. Heft. A. u. d. T.: Neujahrbüchlein für Kinder. 2. Aufl. u. 12. Heft. Fluntern 853, 54. (St. Gallen, Scheitlin u. Zollikofer.) 16. (32; 32 S. m. Holzschn. im Text.) Jedes Heft 3 ngr.

—— **Kinderbüchlein.** Mit 150 hübschen Bildchen (in eingedr. Holzschn.). 12 Hefte in 1 Bd. 1.—6. Aufl. gr. 16. (384 S. mit eingedr. Holzschn.) St. Gallen 872—75, Scheitlin und Zollikofer. * Heft 30 Pf. *

Staub, Kinder-Lieder. 2. Sträußchen. 2. Aufl. 16. (1 B.) Fluntern 844. (Zürich, Literar. Comptoir.) Thlr.
1. Sträußchen. ?

Staub, J. Mosaikspiel in Kästchen mit Vorlage. Zürich, Th. Schröter. 1893. 2 70

Staub, Joh., neue **Nemertinen aus Amboina,** s. a. Denkschriften der medic.-naturwiss. Gesellschaft zu Jena

Staub, Johann [aus Menzingen, Kt. Zug]: Neue Nemertinen aus Amboina. Expedition Semon 1893. Mit 5 Tafeln (in Semon Forschungsreisen Bd. V, Taf. XLVII—LI). Jena 1900. 24 S. 4°.
Zürich. Phil. Diss. II. S. 1901/1902.
Tafeln nicht für den Austausch.

Staub, J[ohann]. Die Pfahlbauten in den Schweizer-Seen. Mit (fünf) Holzschnitten und acht lithographirten Tafeln (auf Stein gezeichnet von H. Manz. Volksschrift; verfasst für die Schulsynode des Kantons Zürich). 8. Fluntern bei Zürich 1864.
(Volksschriften, hrg. von der Schulsynode des Kantons Zürich. Bändchen 1.)

— **die Pfahlbauten in den Schweizer-Seen.** Mit (eingedr.) Holzschn. u. 8 lith. Taf. Fluntern 864. (Zürich, Schabelitz.) gr. 8. (80 S.) 12 ngr.

Staub, Johann Philipp Christian (Michelstadt)
U. S. Giessen 1717/2

Pusterus, vetus Germanorum idolum.
Präs. Immanuel Weber. Rec.
Giessen (Müller) 1717. 72 S. 33210

Diss. 1716.

Staub, Johannes

Staub, J., eidgenössischer Briefsteller und Geschäftsfreund für den häuslichen und öffentlichen Verkehr. gr. 8. (XVIII und 376 S.) Zürich 854, Kießling's Verlag.

Staub, J., eidgenössischer Briefsteller und Geschäftsfreund für den häuslichen und öffentlichen Verkehr. 4., verb. Aufl. gr. 8. (XVI und 320 S.) Zürich 866. (Bern, Heuberger's Verlag.)

Staub's, J., eidgenössischer Briefsteller und Geschäftsfreund für den häuslichen und öffentlichen Verkehr. 5.—7. Aufl. 8. (XVI, 348 S.) Bern 876—84, Heuberger's Verlag. cart. *

Staub, J[ohannes]. J. Staub's Eidgenössischer Briefsteller und Geschäftsfreund für den häuslichen und öffentlichen Verkehr. Enthaltend: Muster zur Abfassung von Briefen jeglicher Art.... 9., verbesserte Aufl. XVI + 352 S. 8. Bern, J. Heuberger, 1902. [geb. fr. 3. —]

Staub, Johs., der Freischärler und seine Familie. Ein tagesgeschichtl. Roman. 2 Bde. 8. (490 S.) Leipzig 848, Verlagsbureau.

—— drei Nächte aus dem J. 1839. Eine schweizerische Volks-Novelle. 12. (148 S.) Leipzig 847, Verlags-Bureau. *

Staub, Jos., O. S. B., Flocken u. Funken. Gedichte u. Sprüche. (130 S.) schmal kl. 8. Einsiedeln 906. Verlagsanstalt Benziger & Co. n. 1. 60; geb. in Leinw. m. Goldschn. n. 2. 40

Staub, Jos., O. S. B., ein Kranz auf meiner Mutter Grab. Gedichte. schmal 12. (44 S. m. Titelbild.) Einsiedeln 897. Verlagsanstalt Benziger & Co. n. — 50

Ein Kranz auf meiner Mutter Grab. Gedichte von P. Joseph Staub, O. S. B. 3. Aufl. *Einsiedeln, (Köln): Benziger & Co. 1898.* (45 S.) 8°

Staub, Joseph. Liederborn. Eine Sammlung alter und neuer Männerchöre. Hrg. von P. J' St'... in Einsiedeln. VIII + 328 S. 8. Zürich und Leipzig, Gebrüder Hug & Co., (1904). [geb. fr. 1. 65]

Staub, Joseph. Aus dem finstern Wald. Gedichte und Sprüche von P. J' Staub, O. S. B. [Mit illustriertem Umschlag.] 192 S. 8. Einsiedeln etc., Benziger & Co. A. G., 1901. [fr. 2. 50, geb. 3. 75]

Staub, Jul., das Ding an sich. Eine Ergänzung der Broschüre „Reform" und eine Vertheidigung gegen Friedr. Bodenstedt. gr. 8. (22 S.) Pittsburg, Pa. 886. (Philadelphia, Schäfer und Koradi.) *

Staub, Jul., Mehr Licht. 1.—3. Thl. gr. 8. Chicago, Ill. 1875 und Scranton, Pa. 876. (Philadelphia, Schäfer und Koradi.) *

Inhalt:
Thl. 1. Ein kurzer und leicht verständlich gefaßter Grundriß der neuesten Weltanschauung. (33 S.) 875.
" 2. Die Lösung des Welträthsels. (34 S.) 875.
" 3. Die vereinigten Staaten von Nordamerika in ihrer großen Mission, die Cultur dieses Planeten zu vollenden. (38 S.) 876.

—— Mehr Licht. 4.—6. (Schluß-)Thl. gr. 8. (Ebendas.) à Thl. * ℳ 1. *

Inhalt:
Thl. 4. Ein Beitrag zur Lösung wissenschaftlicher Probleme. (24 S.) 880.
" 5. Der Darwinismus und die Magie. Ein Beitrag zur Lösung wissenschaftl. Probleme. (29 S. mit 7 zum Theil farb. Steint.) 881.
" 6. Die Bedeutung des organischen Wachsthums für die Mineralwelt, insbesondere für die Formation der Steinkohle. Ein Beitrag zur Lösung wissenschaftl. Probleme. (38 S. mit lithogr. Portr. des Verf.) 882.
1.—3. Thl. (Ebendas.) 1875,76. à * ℳ 1.

—— der fliegende Mensch. Die Entdeckung des Naturgeheimnisses, auf dem die Tragfähigkeit der Luft beruht. gr. 8. (35 S.) (Ebendas.) 883. *

—— Reform! Ein Versuch zur Weiterentwickelung und Vereinfachung der natürlichen oder Darwinischen Entwickelungslehre. Für Gelehrte und Laien. gr. 8. (44 S.) (Ebendas.) 885. *

Staub, Julius Bernhard

Staub, Jul. B., die naturgemäße Erklärung der Bewegung durch die Entdeckung od. Erkenntniß der einheitlichen Grundursache derselben. gr. 8. (36 S.) Leipzig-Lindenau 900. (Leipzig, G. Schlemminger.) n. 1. —

— dasselbe. 2. Aufl. m. e. Anh. „Die Flugmaschine als Stifterin des ewigen Weltfriedens". gr. 8. (36 u. 14 S.) Ebd. 900. n. 1. 60

— dasselbe m. e. Anh. „Der Mechanismus des Magnetismus". 3. Aufl. gr. 8. (36, 4 u. 16 S.) Leipzig (901). A. Strauch. n. 1. —

— die Flugmaschine als Stifterin des ewigen Weltfriedens. (Anh. zur 2. Aufl. v.: Die naturgemäße Erklärg. der Bewegg. durch die Entdeckg. oder Erkenntniß der einheitl. Grundursache derselben.) gr. 8. (14 S.) Leipzig (900). (G. Schlemminger.) n. — 50

— die Lösung des Flugproblems. (Anh. zur 3. Aufl. v.: Die naturgemäße Erklärg. der Bewegg. durch die Entdeckg. od. Erkenntniß der einheitl. Grundursache derselben.) gr. 8. (4 S.) Ebd. (900). n. — 10

Der Magnetismus als Universalfaktor im Weltenbau. Eine von Grund aus neue naturharmon. Erklärung d. Ursache d. Bewegung u. Formirung d. Universums von Julius B. Staub. *Leipzig-Lindenau: Selbstverl. [1902].* (20 S.) 8° [Umschlagt. J.]

— der Mechanismus des Magnetismus. (I.) Ein Vortrag von e. Laien für Gelehrte u. Laien. [Aus: „Die naturgemäße Erklärung der Bewegg."] gr. 8. (16 S.) Leipzig 901. (A. Strauch.) n. — 40

— dasselbe. 2. Tl.: Die Mechanik des Universums. gr. 8. (24 S.) Ebd. (901). n. — 60

Staub, Jul. B., der Mensch als Lehrling auf dem Gebiete der Flugtechnik u. der Naturerkenntniß. gr. 8. (4 S.) Leipzig (901). (G. Schlemminger.) n. — 10

— die Welt ohne Räthsel. Die consequente Durchführg. der mod. naturwissenschaftl. Auffassg. des Daseins als e. Mechanismus, unter Bezugnahme auf Häckels neuestes Werk „Die Welträthsel". Mit e. Anh.: Die Grundlage e. von Grund aus neuen Ethik u. die Entschleierg. des Geheimnisses, auf d. die f. den Flugapparat d. Menschen erforderl. Tragfähigkeit der Luft beruht. gr. 8. (39 u. 4 S.) Leipzig 900. (A. Strauch.) n. 1. 50

— die thatsächliche Widerlegung der Newtonschen Hypothese von der allgemeinen Anziehungskraft durch den naturgemäßen Ersatz derselben als Grundlage e. neuen monistischen Weltanschauung. gr. 8. (20 S.) Leipzig-Lindenau 898. (Leipzig, G. Schlemminger.) n. — 60

Die thatsächliche Widerlegung der Newtonschen Hypothese von der allgemeinen Anziehungskraft durch den naturgemäßen Ersatz derselben als Grundlage einer neuen monistischen Weltanschauung. Von J[ulius] B[ernhard] Staub. Leipzig-Lindenau: Selbstverl. 1898. 20 S. 8°

Staub, Karl

Staub, Carl, von Zürich: Ueber den Geschädigten nach zürcherischem Strafprozessrechte. Zürich 1905. 160 S. 8°. [4. VIII. 05.]
Zürich. Jur. Diss. 1904/1905.

Staub, Carl. Über den Geschädigten nach zürcherischem Strafprozessrechte. Diss. Jur. Univ. Zürich von K' St'... . 160 S. 8. Zürich, W. Coradi-Maag, 1905.

Staub, Konstantin Iwanowitsch

Graf L. N. Tolstois Leben und Werke. Seine Weltanschauung u. ihre Entwicklung von Dr. K. J. Staub. Kempten & München: J. Kösel 1908. (XIX, 277 S.) 8° [J.]

Staub, Konstantin Iwanowitsch, a. Hiltmann (Rußland): Graf L. N. Tolstois Weltanschauung und ihre Entwicklung. Kempten 1907: J. Kösel. (VII, 179 S.) 8° [J.] ¶ [Kap. 2 u. 3; erschien vollst. 1908 u. d. T.: „Graf L. N. Tolstois Leben u. Werke. Seine Weltanschauung u. ihre Entwicklung" b. J. Kösel, Kempten u. München.]
München, Phil. Fak., Ref. Frh. v. Hertling, Diss. v. 14. Juli 1904
[Geb. 5. Juli 72 Katharinenstadt (Gouv. Samara, Rußland); Wohnort: München; Staatsangeh.: Rußland; Vorbildung: Bischöfl. Lyzeum Saratow; Studium: Freiburg i. Schw. 5, Freiburg i. B. 1, München 4 S.; Rig. 14. Juli 04.]

Staub, Leopold *[geb. Neuberun in Oberschles. 25.8.1855]*: Über den Pemphigus. Breslau 1880. (32 S.) 8° *[Im Buchhandel 1880 bei Köhler in Breslau.]*

Breslau, Med. Diss. v. 3. Juli 1880

Staub, Leop., über den Pemphigus. Inaugural-Dissertation. gr. 8. (32 S.) Breslau 880, (Köhler.) *

Staub, Max, die Beziehungen des Täufers Conrad Grebel zu seinem Schwager Vadian. (Auf Grund ihres Briefwechsels.) Mit 4 Beilagen. Habilitationsschrift. (VII, 78 S.) gr. 8. Zürich-Selnau 895. Gebr. Leemann & Co. n 2. —

Staub, Max, aus den Erfahrungen e. städtischen Armensekretärs, s.a. Neujahrsblatt, 102, der Zürcherischen Hülfsgesellschaft.

Staub, Max. Aus den Erfahrungen eines städtischen Armensekretärs. Von Dr. Max Staub, alt Armensekretär. [Mit 1 Ansichts-Tafel.] 81 S. 4. (Zürich,) Schulthess (& Co., Komm. Fäsi & Beer, 1902). [fr. 2. —]

102. Neujahrsblatt der Zürcherischen Hülfsgesellschaft. Auf das Jahr 1902.

Staub, Max [aus Nicolai in Schlesien]: Nach welchen Rechtsnormen werden die Güterrechte der Ehegatten beim Mangel eines Ehevertrages bestimmt? Welchen Einfluss hat hierbei insbesondere die Veränderung des Domicils? Abhandlung aus dem internationalen Privatrecht. . . . Berlin, Buchdr. v. Ackermann & Grünfeld, 1889 49 S. 8°

Jena, Jur. Fak., Inaug.-Diss. v. 1889
(Nicht für den Austausch)

Staub, Max, V. D. M., evangelische Reflexionen üb. d. I. internat. Arbeiterschutzkongreß in Zürich vom 23.—28. VIII. 1897. 2 Vorträge, geh. im evang. Jünglingsverein in Neumünster. gr. 8. (IV, 34 S.) Zürich 898. Fäsi & Beer. n. — 80

Staub, evangelische Reflexionen üb. den I. internationalen Arbeiterschutzkongress in Zürich vom 23. bis 28. VIII. 1897. 2 Vorträge. Zürich 899.

Staub, Max, V. D. M., in [u. von] Zürich: Das Verhältnis der menschlichen Willensfreiheit zur Gotteslehre bei Martin Luther und Huldreich Zwingli. Zür. E. Lehmann Dr. u. Verl. 1894. 3 Bl., II, 129 S., 1 Bl. 8°.

Zürich, Phil. Diss. I. S. [v. 18. Aug. 1894].

Staub, Max, das Verhältnis der menschlichen Willensfreiheit zur Gotteslehre bei Martin Luther u. Huldreich Zwingli. Diss. gr. 8. (II, 131 S.) Zürich 894. E. Leemann. 3. —

Staub, Moritz

Staub, M. Beitrag zur fossilen Flora des Széklerlandes. Budapest 1881.

Staub, M. Ctenopteris cycadea in der fossilen Flora Ungarns. 1882.

Staub, M. Etwas üb. die Pflanzen v. Radács bei Eperies, s. Mittheilungen aus dem Jahrbuche der k. ungar. geolog. Anstalt.

Staub, M., die aquitanische Flora d. Zsilthales im Comitate Hunyad. Mit 27 lith. Taf. [Mittheilungen aus dem Jahrbuche der kgl. ungar. geol. Anstalt, 7. Bd. 6. Hft.] Lex.-8. (197 S. m. 3 Tab. u. 18 Bl. Erklärgn.) Budapest 887. (Kilián.) n. 8. —

Staub, Mor., die Geschichte des Genus Cinnamomum. Mit Unterstützung der ung. Akademie der Wissenschaften u. der kgl. ung. geolog. Anstalt. Hrsg. v. der ungar. geolog. Gesellschaft. (Deutsch u. ungarisch.) (VIII, 138 S. m. 26 Taf., 2 Karten u. 26 Bl. Erklärgn.) 4. Budapest 905. (F. Kilián's Nachf.) n. 20. —

Staub, M., s.: Mitteilungen, geologische.

Staub, Mor., mediterrane Pflanzen aus dem Baranyaer Comitate. [Mittheilungen aus der k. ungar. geolog. Anstalt, 6. Bd. 2. Heft.] Lex.-8. (23 S. mit 4 lithogr. Taf. und 4 Bl. Taf.-Erklärungen.) Budapest 882. (Berlin, Friedländer und Sohn.) *

Staub. M. Pflanzen aus den Mediterranschichten des Krassó-Szörényer-Komitates. 1881.

—— tertiäre Pflanzen von Felek bei Klausenburg. Lex.-8. (19 S. mit 1 lithogr. Taf.) (Ebendas.) 883. *
Aus: Jahrbuch der k. ungar. geologischen Anstalt, besonders abgedruckt.

Staub. M. Die fossilen Plumeria-Arten. 1879.

— u. J. Bernátsky, Resultate der phytophänolog. Beobachtungen in der Umgebung des Balatonsees, s.a. Resultate der wissenschaftl. Erforschung des Balatonsees.

Resultate der phytophänologischen Beobachtungen in der Umgebung des Balatonsees. Aus d. Nachlasse d. weil. Dr. Moriz **Staub** in Druck gelegt von Dr. J. Bernátsky. Mit 1 Karte. Wien: E. Hölzel in Comm. 1906. (45 S.) 4°(8°)
= **Resultate** d. wissenschaftl. Erforschung d. Balatonsees. Bd 1, T. 4, Sect. 3. [06. 9,1]

Staub, Philipp Christian (Michelstadt) A. S. 1337/33

Pusterus vetus Germanorum idolum.
Präs. Immanuel Weber.
Giessen (Müller) 1716. 72 S. 33211

Staub, R., religiöse Gedichte. 8. (6½ B.) Zürich 828, Schultheß.

—— Leichenrede üb. Jerem. 50, 51, gehalt. am Grabe des verunglückten H. Rievergelt ꝛc., d. 10. März 1830. 8. (¾ B.) Zürich, Schultheß.

— Leichenrede über Jeremia 50, v. 51, gehalten am Grabe des in einem Sodbrunnen verunglückt. Schuhmachers ab der Waldern, d. 10. März 1830. 8. Zürich 830. Schultheß. 1 ß

Staub, Richard, Referendar: Kann auf dem Gebiete des bürgerlichen Rechts das Rechtsverhältnis der stillen Gesellschaft vorkommen? Borna-Leipzig 1908: Noske. x, 70 S. 8°

Erlangen, Jur. Diss. v. 5. Jan. 1909, Ref. Binder

[Geb. 22. Dez. 86 Ratibor; Wohnort: Krappitz; Staatsangeh.: Preußen: Vorbildung: Gymn. Ratibor Reife M. 05; Studium: Genf 1, München 1, Berlin 2, Breslau 2 S.; Rig. 9. Dez. 08.] [U 09. 739

Staub, Th. Paul [von Männedorf]: Über Verdickung der Tunica muscularis bei Carcinoma Ventriculi. Zürich 1899. 21 S. 8°.

Zürich. Med. Diss. 1898/99.

Staub, *Wilhelm* Georg [app. Arzt aus San Francisco '(in Californ.)']: Ein Beitrag zur Kachexia strumipriva. M. 3 Abb. . . . München, kgl. Hof- u. Univ.-Buchdr. v. Dr. C. Wolf & Sohn, 1894; 34 S., 3 Taf. 8.

München, Med. Fak., Inaug.-Diss. v. 1894

Staubach, Franz: Über Acetylderivate des Kodeins und über hydrierte Methylmorphimethine. Jena 1909: Vopelius. 38 S. 8°

Jena, Phil. Diss. v. 25. März 1909, Ref. Knorr

[Geb. 24. Juni 85 Schlierbach; Wohnort: Schlierbach; Staatsangeh.: Preußen; Vorbildung: Oberrealsch. Hanau Reife O. 03; Studium: Jena 4, Göttingen 4, Jena 4 S.; Rig. 4. März 09.] [U 09. 2229

Staubach, H. J., a. d. 2e Jubeljahr d. frommen Stift. d. Julierspitals. Fol. Würzb. Kienner. 776.

Staubarten, In den gewerblichen Betrieben vorkommende, in Wort und Bild . . . Wien 1892. V: *Jehle, Ldw. & Eduard Lewy.* (EB)

Staubarten, in den gewerblichen Betrieben vorkommende, in Wort u. Bild. Hrsg. vom Vereine zur Pflege d. Gewerbehygien. Museums in Wien. gr. 4. (III, 12 S. m. 11 Lichtdr.-Taf.) Wien 892. (Szelinski). * 4 50

Staubarten, in den gewerblichen Betrieben vorkomm., in Wort u. Bild. (Von F. Migerka.) 2., verm. Aufl. Hrsg. v. Vereine zur Pflege d. gewerbehygien. Museums in Wien. gr. 4. (III, 16 S. m. 14 Lichtdr.-Taf.) Wien 895. (Spielhagen & Schurich.) n. 5. —

In den gewerblichen Betrieben vorkommende **Staubarten** in Wort u. Bild. 2. verm. Aufl. Hrsg. v. Vereine z. Pflege d. Gewerbehygien. Museums in Wien. (Vorr.: F[ranz] Migerka.) M. 14 Taf. in Lichtdr. *Wien: Ver. z. Pflege d. Gewerbehygien. Mus.; [Dr. v.] Ch. Reisser & M. Werthner 1895.* (2 Bl., 14 S., 1 Bl., 14 Taf.) 1 Bd 4. [96. 1961]

Staube, Eugen, in Paris, die Geheimnisse der Schneiderkunst od. neueste u. einfachste Lehre v. Zeichnen u. Zuschneiden der Patronen für alle Kleidungsstücke. gr. 4. (2 B. u. 1 Stnt.) Weimar 845, Voigt.
Aus: Der Elegante ꝛc., besond. abgedruckt.

Stauber, Aloys, prakt. Arzt a. Schussenried: Aus der Tübinger chirurgischen Klinik des Prof. Dr. v. Bruns. Ein Fall von Nierenruptur geheilt durch Nephrectomie. Tübingen: F. Pietzcker 1906. (37 S.) 8°
Tübingen, Med. Fak., Ref. v. Bruns, Diss. v. 15. März 1906
[Geb. 3. Jan. 75 Wangen; Wohnort: Schussenried; Staatsangeh.: Württemberg; Vorbildung: Gymn. Ellwangen; Studium: Tübingen 6, Berlin 1, Erlangen 8 S.; Coll. 7. März 06; Approb. 16. März 03.]

Stauber, Andr., Alles für Jesus und Maria. Andachtsbuch für katholische Christen. 862. — 2. Aufl. Passau 863. Elsässer & Waldbauer. 32. (XII, 370 S. u. 1 Stahlst.) 5 ngr

Stauber, Andr., alles für Jesus u. Maria. Andachtsbuch für kathol. Christen. 3—6. Aufl. Passau 865—67. Waldbauer's Buchh. 32. (XII, 370 S. mit 1 Stahlst. u. 1 Steintaf.) 5 ngr.

Stauber, Andr., der katholische Christ. Ein Gebetbuch für Kirche und Haus, vorzügl. auch am Krankenbette. 3. Aufl. 8. (VIII und 472 S. mit 2 Stahlst.) Hemau 861. (Passau, Elsässer und Waldbauer.)

Stauber, Anton

Stauber, A., der Ammersee in grauer Vorzeit. (44 S.) kl. 8. Diessen (909). J. C. Huber. — 80

Stauber, A., Ausflüge u. Touren in Augsburgs Umgebung. (Umschlag: Umgebungs-Führer f. Augsburg.) Mit 1 (eingedr.) Spezialkarte. schmal 12. (32 S.) Augsburg (900). Lampart & Co. n. — 50

— das Haus Fugger. Von seinen Anfängen bis zur Gegenwart. Mit e. Titelbilde: Porträt Sr. Durchl. des Fürsten Karl Fugger zu Babenhausen, 15 Vollbildern u. e. Stammbaum. gr. 8. (XI, 279 S.) Ebd. 900. Geb. in Leinw. n. 6. —; Stammbaum einz., qu. gr. Fol., m. Text auf dem Umschlag n. — 80

— kleiner Führer zum Ammer-See nebst Umgebungstouren. Mit 2 Kärtchen. 12. (VIII, 56 S.) Ebd. 899. n.n. — 75

Stauber, A., neuer Führer zum Ammer-See nebst Umgebungstouren. M. 1 Specialkarte u. 4 Abb. 12. (VIII, 102 u. 2 S.) Augsburg 898. Lampart & Co. n. 1.50

— neuer Führer durch Augsburgs Umgebg. schmal 8. (XII, 118 u. 24 S. m. 10 Taf.) Ebd. (901). Geb. in Leinw. m. Kompass n. 2. —; m. Specialkarte 1:100,000. 58,5×54 cm. Lith. n. 3. —; auf Leinw. n. 4. —

Stauber, A., Heimatkunde des Königr. Bayern. Zunächst zur Ergänzg. der Ausgaben A u. B der Schulgeographie von E. v. Seydlitz hrsg. Mit vielen Holzschn. gr. 8. (32 S.) Breslau 888. F. Hirt. cart. n. — 30

Stauber, Anton: Kloster und Dorf Lambrecht. S. 33–40. Neustadt a. d. Haardt, Progr. 1878/79

Stauber, A., Landeskunde d. Königr. Bayern. Zunächst zur Ergänzg. der Ausg. A u. B der Schulgeographie von E. v. Seydlitz hrsg. 2., durchgesch. Aufl. gr. 8. (39 S. m. Holzschn.) Breslau 892. F. Hirt. Kart. n. — 40

Stauber, A., Landeskunde d. Königr. Bayern. Zunächst z. Ergänzg. d. Schulgeographie von E. v. Seydlitz hrsg. 4., durchgeseh. Aufl. gr. 8. (40 S. m. Holzschn.) Breslau 899. F. Hirt. Kart. n. — 40

Landeskunde des Königreichs Bayern. Zunächst z. Ergänzung d. Schulgeogr. von E. v. Seydlitz hrsg. von Prof. A[nton] **Stauber** in Augsburg. Mit e. Bilderanh. 5., durchges. Aufl. *Breslau: F. Hirt 1902.* (48 S.) 8° [Umschlagt. F.] [03. 4171]

— Lehrbuch der Geographie für die Volksschule. 1. Tl.: Deutschland. gr. 8. (IV, 68 S.) Neustadt-Leipzig 889. Henze. geb. n. — 40

Stauber, A., Lehrbuch der Geographie f. die Volksschule. 2. Tl.: Europa (ohne Deutschland). gr. 8. (72 S.) Leipzig-Neustadt 891. A. Henze. Geb. n. — 40 (1. 2.: n. — 80)

Stauber, Ant., Lehrbuch der Geographie f. d. Volksschule. 3. Tl.: D. außereurop. Erdteile. gr. 8. (78 S.) Leipzig-Neustadt 895. A. Henze. Geb. n. — 40

—— das Studium der Geographie in und ausser der Schule. Gekrönte Preisschrift. gr. 8. (XIV, 170 S.) Augsburg 888, Gebr. Reichel. *

— Verkehrsbuch u. Führer durch Augsburg. schmal gr. 8. (63 S. m. 1 farb. Karte.) Augsburg (900). Lampart & Co. n. - 50

Stauber, Edmund [Assistenzarzt am Marienhosp. in Stuttgart]: Aus d. Marienhospital in Stuttgart. Tuberculosis herniosa ... München, Buchdr. v. M. Ernst, 1894; 20 S. 8.
Erlangen, Med. Fak., Inaug.-Diss. v. 1894

Stauber, E[mil]. Bilder aus der Geschichte der Gemeinde Brütten. Zur Erinnerung an die Einweihung der neuen Kirche. 27. September 1908, gewidmet von E. St'. [Mit 2 Tafeln und illustriertem Umschlag.] 61 S. 8. Brütten, Verlag der Gemeinde B' (Buchdr. Geschwister Ziegler, Winterthur), 1908. [fr. 1. —]

Stauber, E., Geschichte der Gemeinde Ellikon an der Thur. gr. 8. (VIII, 194 S. m. 1 farb. Taf.) Küsnacht 894. (Winterthur, M. Kieschke) Kart. n. 3. —

Stauber, E., Geschichte der Gemeinde Ellikon an der Thur. gr. 8. (VIII, 194 S. m. 1 farb. Wappentaf.) St. Gallen (901). (W. Hausknecht). Kart. n. 2. —

Stauber, E[mil]. Kriegs-Bilder vom Zürichsee. Separatabdruck aus den «Nachrichten vom Zürichsee» [d. i. aus: Die Sonntagspost. Wochenbeigabe des Landboten ... der Stadt Winterthur. Jahrg. 1903. № 48—52]. II + 31 S. 8. [Winterthur, Geschwister Ziegler, 1904.]

Stauber, E[mil]. Schloss Kyburg in Vergangenheit und Gegenwart. Den Freunden und Besuchern der Kyburg gewidmet von E. Stauber, Lehrer in Töss. [Illustriert.] 32 S. 8. Zürich, Fritz Amberger; Selbstverlag des Verf., 1902. [fr. —. 60]

Stauber, E[mil]. Die Orts- und Flurnamen der Gemeinde Töss. Vortrag gehalten in der Antiquar. Gesellschaft Zürich am 21. März 1908. ⟨Separatabdruck aus der Neuen Zürcher Zeitung.⟩ 38 S. 8. Zürich, Druckerei der N' Z' Z', 1908.

Stauber, E[mil]. Der Hof Rossberg ⟨Gemeinde Töss⟩. [Mit 2 Tafeln und illustriertem Umschlag.] Separat-Abdruck aus dem «Landboten» und Tagblatt der Stadt Winterthur. 27 S. 8. Winterthur, Geschwister Ziegler, 1908.

Stauber, E[mil]. Die zürcherischen Schanzen an der schwyzerischen Grenze. [Mit 1 Tafel und 1 Karte.] II + 32 S. 8. Wädenswil. J. Baumann, 1905.

Stauber, Emil, Schloss Widen. 1. Tl. (IV, 76 S. m. Abbildgn., 2 Taf. u. 1 Stammtaf.) Lex. 8. Winterthur 909. (Zürich, Beer & Co.) nn 2. 50

Stauber, Emil. Schloss Widen. Teil 1. [Mit Wappen-Vignetten, 1 Grundriss, 1 Tafel und 1 Stammtafel.] IV + 76 S. 4. Winterthur, Geschwister Ziegler, 1909. [fr. 2. —]
Neujahrsblatt der Stadtbibliothek Winterthur 1910. Stück 245.

Stauber, Emil. Schloss Widen. Teil 2. [Mit 1 Vignette und 2 Tafeln.] II S. + S. 77—136. 4. Winterthur, Geschwister Ziegler, 1910. [fr. 2. —]
Neujahrsblatt der Stadtbibliothek Winterthur 1911. Stück 246.

Stauber, Frz. X., historische Ephemeriden über die Wirksamkeit der Stände von Oesterreich ob der Enns. Hrsg. vom oberösterreich. Landesausschusse. gr. 8. (VIII, 509 S.) Linz 884, (Fink.) *

Stauber, G[eorg]: Regulierung von Gasmaschinen. 1904. 11 S. 4°
Berlin, Dr.-Ing.-Diss. v. 24. 6. 1904

Stauber, Jacob, aus Buch am Irchel: Über das magnetische Verhalten des Eisens bei tiefen Temperaturen. [Mit 12 graphischen Tabellen.] Uster 1906. 47 S. 8°. [10. XII. 06.]
Zürich. Phil. Diss. II. S. 1906/1907.

Stauber, Jacob. Über das magnetische Verhalten des Eisens bei tiefen Temperaturen. Diss. Phil. [II.] Univ. Zürich von Jakob St'.... [Mit 12 graphischen Tafeln.] 47 S. 8. Uster, E. Weilenmann, 1906.

Vom Kriegsschauplatz der Wiener Hofoper. Das wahre Erbe Mahlers. Kleine Beiträge z. Geschichte d. Wiener Hofoper nebst e. Anh.: Dokumente z. Fall Hirschfeld. Von Paul **Stauber**. Wien: Huber & Lahme 1909. 68 S. 8°

Stauber, Richard: Die Schedelsche Bibliothek. Freising 1906: F. P. Datterer & Cie. (40 S.) 8° ¶(Soll vollst. in: „Studien u. Darstellungen aus d. Geb. d. Geschichte" erscheinen.)
München, Phil. Fak., Ref. Grauert, Diss. v. 17. Juli 1905
[Geb. 9. März 79 Freising; Wohnort: Freising; Staatsangeh.: Bayern; Vorbildung: Gymn. Freising Reife Juli 98; Studium: Lyzeum Freising 8, München 6 S.; Rig. 17. Juli 05.]

Stauber, Rich., die Schedelsche Bibliothek, hrsg. v. Otto Hartig, s.a. Studien u. Darstellungen aus dem Gebiete der Geschichte. VI. 2. 3.

Die Schedelsche Bibliothek. Ein Beitrag z. Geschichte d. Ausbreitung d. ital. Renaissance, d. deutschen Humanismus u. d. medizin. Literatur von Dr Richard **Stauber**. Nach d. Tode d. Verf. hrsg. von Dr Otto Hartig. (Vorr.: Dr. Hermann Grauert.) Freiburg im Br.: Herder 1908. (XVI, 277 S.) 8° [F.]
— **Studien** u. Darstellungen aus d. Geb. d. Geschichte. Bd 6, H. 2 u. 3. (08. 10.109)

Stäuber, Erwin: Der Stahlkammerfachvertrag nach geltendem Recht. Berlin 1909: Streisand. 100, XVIII S. 8°
Heidelberg, Jur. Diss. v. 1. Febr. 1909, Ref. Wenger
[Geb. 20. Okt. 83 Berlin; Wohnort: Grunewald b. Berlin; Staatsangeh.: Preußen; Vorbildung: Königstädt. Realgymn. Berlin Reife M. 03; Studium: Berlin 8 S.; Rig. 17. Dez. 08.] [U 09. 1915

Stäuber, Kurt, a. Berlin: Über das Nitrosylfluorid und Nitrosylfluorid-Arsenpentafluorid. (Berlin 1906: G. Schade.) (37 S.) 8°
Berlin, Phil. Fak., Ref. Gabriel, Diss. v. 11. Aug. 1906
[Geb. 3. Febr. 82 Berlin; Wohnort: Berlin; Staatsangeh.: Preußen; Vorbildung: Königstädt. Realgymn. Berlin Reife M. 00; Studium: München 2, Berlin 6, Danzig T.H. 3 S.; Rig. 23. Juli 06.]

Stäuble, Albert. Die öffentlichen und privaten Bildungsanstalten in der Stadt Zürich. Nach authentischen Quellen zusammengestellt und bearb. von A' St'.... [Mit illustriertem Umschlag und 1 Tafel.] 72 S. 8. Zürich, Orell Füssli, (1904). [fr. 1. 50]

Stäubli, Carl [prakt. Arzt von Zürich]: Aus dem Hygiene-Institut der Universität Zürich. Direktor: Prof. Dr. O. Wyss. Experimenteller Beitrag zur Kenntnis der Bildung, der Ausscheidung und der Vererbung der Typhus-Agglutinine. Zürich 1904. 96 S. 8°. [30. IV. 04.]
Zürich. Med. Diss. 1903/1904.

Stäubli, Carl. Experimenteller Beitrag zur Kenntnis der Bildung, der Ausscheidung und der Vererbung der Typhus-Agglutinine. Diss. Med. Univ. Zürich. [Mit Figuren.] *Kopftitel:* Aus dem Hygiene-Institut der Universität Zürich; Direktor: Prof. Dr. O[scar] Wyss. 96 S. 8. Zürich, Orell Füssli, 1904.

Stäubli, Carl. Beitrag zur Frage der biologischen Beziehung zwischen Mutter und Kind. Sonderabdruck aus Band 49, Heft 5/6 [des] Archiv für Kinderheilkunde.... II S. + S. 321—328. 8. Stuttgart, Ferdinand Enke, [1908].

Stäubli, Carl. Beitrag zur Kenntnis der Verbreitungsart der Trichinenembryonen. Sonderabdruck aus Jahrg. 50. 1905 [der] Vierteljahrsschrift der Naturforschenden Gesellschaft in Zürich.... II S. + S. 163—176. 8. Zürich, Zürcher & Furrer.

Stäubli, Carl. Beitrag zum Nachweis von Parasiten im Blut. Sonderdruck aus der Münchener medizinischen Wochenschrift, No. 50, 1908. II + 7 S. 8. ⟨München, J. F. Lehmann.⟩

Stäubli, Carl. Beiträge zu(r) Pathologie und Therapie des Diabetes mellitus. (Mit Tafel II.) Sonderabdruck aus dem Deutschen Archiv für klinische Medizin, Band 93. II S. + S. 107—160. 8. Leipzig, F. C. W. Vogel, 1908.

Stäubli, Carl, über „Eosinophilie", s. a. Sammlung klinischer Vorträge.

Stäubli, Carl. Über «Eosinophilie». Zugleich Beitrag zur vergleichend morphologischen und biologischen Hämatologie. Mit einer Tafel. II S. + S. 43—62 ⟨20 S.⟩. gr.-8. Leipzig, Johann Ambrosius Barth, 1909. M. —. 75
Sammlung Klinischer Vorträge, begründet von Richard von Volkmann. Neue Folge.... Nr. 543. Innere Medizin Nr. 169.

Stäubli, Carl. Trichinosis. Von Dr. med. C' St', Privatdozent ... [in] Basel. Mit 18 Abbildungen im Text und 14 Tafeln [nebst Tafelerklärungen].... XII + 295 [+ *Tafelerklärungen* 24] S. gr.-8. Wiesbaden, J. F. Bergmann, 1909. [M. 18. —]

Stäubli, Dr. med. **Carl**, I. Assistent der medizinischen Klinik: Klinische und experimentelle Untersuchungen über Trichinosis. (Fragmente aus einer Monographie „Trichinosis".) II + 176 S. und 13 Tafeln. 8°. Die ganze Monographie erschien im Verlag von J. F. Bergmann, Wiesbaden.
Basel. Hab.-Schr. 1908/09.
Nicht für den Austausch

Stäubli, Carl. Ueber die Verbreitungsart der Trichinellen. Sonderdruck aus der Münchener medizinischen Wochenschrift, No. 7, 1909. II + 16 S. 8. ⟨München, J. F. Lehmann.⟩

Staubwasser, Joh. Nep., chronologisches u. alphabetisches Register üb. sämmtl. Gesetze, Verordnungen, Instructionen 2c., welche bezügl. der Besteuerg d. Malzes, Branntweins, Essig 2c. v. dem königl. bayer'schen Ober-Aufschlag-Amte d. Oberdonau- u. später schwäbisch-neuburg'schen Kreises an die unterhabenden Aufschlags-Stationen in d. J. 1807--1870 erlassen u. beziehungsweise mitgetheilt wurden. gr. 4. (III, 72 S.) Neu-Ulm 871. Helb. n. 3. --

Staubwasser, Register üb. sämmtl. bayer. Gesetze etc., welche bezügl. d. Besteuerung d. Malzes erlassen sind. Neu-Ulm 873.

Stauch, Adolf: Ueber den elektrischen Antrieb des Schiffssteuers. Berlin: Schiffbau 1908. 35 S. 4° ¶ Aus: Schiffbau. Jg. 9. 10. 1907/08. 08/09.
Berlin, Dr.-Ing.-Diss. v. 17. 7. 1908

Stauch, E. [prakt. Arzt, Rudolstadt]: Ueber intrauterine digitale Abtastung bei atypischen Uterusblutungen nach voraufgehender Dilatation des Uterus . . . . Jena, Druck v. G. Neuenhahn, 1888; 44 S. + 1 Bl. 8°
Jena, Med. Fak., Inaug.-Diss. v. [19. Jul.] 1888

Stauch, E., üb. intrauterine digitale Abtastung bei atypischen Uterusblutungen nach voraufgehender Dilatation d. Uterus. Inaug.-Diss. gr. 8. (44 S.) Jena 888. (Neuenhahn.) n. 1. 60

Stauch, Hans: Ueber das 3(5)-Methyl-4-äthyl-Pyrazol. *Jena 1898: G. Neuenhahn.* (25 S.) 8°
Jena, Phil. Diss. v. [3. März] 1898

Stauchitz [Schlagwort]

Stauchitz, s.: Sachsen. Karte. Messtischblätter.

Staud, Johann Daniel von (Rothenburg o. d. T.) A. S. 800/27

Dissertatio juridica de competentia fori in delictis extra septa commissis. Präs. Friedrich Gottlieb Struve. Jena (Müller) XI. 1715. 32 S. 33216

Staudacher, Ben. And., Ionas vates, aethiopice et latine. 4. Frft. 706.

Staudacher, Carl, s. Staudacher, Karl

Staudacher, F., und H. Wilhelm, 750 Pflanzenbezeichnungen zur Benützung bei der Anlage von Herbarien. I.: Blütenpflanzen [Phanerogamae]. Mit besond. Berücksicht. der verbreitetsten Pflanzen alphabet. geordnet, unter Angabe der Familien, Ordnungen und Classen, des Gebrauchswerthes, des Standortes etc. zusammengestellt. 2. Aufl. gr. 8. (47 Bl. mit je 16 Etiketten.) Teschen 885. (Wien, Frick.) *

Staudacher, F., Ueber das georgische Werk des Mago. Pr. 1901. 28 S.

Staudacher, Frz., Bericht üb. die Verhandlungen der Versammlung v. österr. Ackerbauschul-Directoren aus den im Reichsrathe vertretenen Ländern zu Wien, am 10. u. 11. April 1876. Im Auftrage der Versammlg. hrsg. gr. 8. (31 S.) Wien 876. Faesy & Frick n. — 80

Staudacher, Frz., antike u. moderne Landwirthschaft. gr. 8. (143 S.) Wien 898. W. Frick. n. 3. 20

Staudacher, Frz., s. 1889 (in Bd. XXVI): Musterplan f. landwirthschaftliche Bauten in Schlesien.

Staudacher, H., Stimmungen, s.: Beuttenmüller, Herm.

Staudacher, Hans, elementares Lehrbuch der algebraischen Analysis, für den Unterricht an techn. Anstalten bearb. gr. 8. (VIII, 169 S, mit 19 Fig. im Texte.) München 882, Expedition des k. Zentral-Schulbücher-Verlags.. **

Staudacher, Hans, Lehrbuch der Grundrechnungsarten mit Buchstabengröessen [Elemente der Buchstabenrechnung], der Verhältnisse u. Proportionen, mit e. Sammlg. v. 478 gelösten u. analogen ungelösten Aufgaben, nebst den Resultaten der letzteren. Für das Selbststudium u. zum Gebrauche an Lehranstalten bearb. nach System Kleyer. gr. 8. (VIII, 252 S.) Stuttgart 891. J. Maier. n. 5. —

Staudacher, Hans, Lehrbuch der Grundrechnungsarten m. Buchstabengrössen. 2. Tl.: Elemente der Zahlenlehre. Dezimal- u. Kettenbrüche u. Rechng. m. unvollständ. Zahlen. Mit e. Sammlg. v. 277 gelösten u. analogen ungelösten Aufgaben, nebst den Resultaten der letzteren. Für das Selbstudium u. zum Gebrauche an Lehranstalten bearb. nach System Kleyer. gr. 8. (VII, 248 S.) Stuttgart 892. J. Maier. n. 5. —
(1. 2.: n. 10. —

— Lehrbuch der Kombinatorik. Ausführliche Darstellg. der Lehre v. den kombinator. Operationen (Permutieren, Kombinieren, Variieren) m. 56 gelösten u. analogen ungelösten Übungsbeispielen nebst den Resultaten der letzteren. Nach System Kleyer f. den Unterricht u. zum Selbststudium bearb. gr. 8. (VII, 298 S.) Ebd. 893. n. 6. —

Staudacher, Helwig Wilhelm (Ansbach) A. S. 934/13

Disquisitionis corporis humani anatomico-pathologicae specimen X. Präs. Johann Moritz Hoffmann. Altdorf (Meyer) 1. II. 1708. S. 133-144. 33217

Staudacher, Helwig Wilhelm (Ansbach) A. S. 1307/18

Dissertatio medica circularis de labiorum pustulis. Präs. Johann Jakob Baier. Altdorf (Meyer) 2. III. 1709. 16 S. 33218

Staudacher, Helwig Wilhelm (Ansbach) A. S. 1310/28

Disputatio inauguralis pathologico-therapeutica de umbilico. Altdorf (Meyer) 7. XII. 1713. 20 S.

W. v.: Johann Moritz Hoffmann. 33219

Staudacher, Hermann, Rechtsprakt.: Begriff, Systematik und Literatur der Friedensblockade. Leipzig 1909: (Pierer, Altenburg). 34 S. 8° ¶ (Ersch. vollst. u. d. T.: Die Friedensblockade, als: Staats- u. völkerrechtl. Abhandlungen. Bd 7, H. 3.)
Heidelberg, Jur. Diss. v. 24. Sept. 1909, Ref. Jellinek
[Geb. 1. Sept. 82 Baden-Baden; Wohnort: Bruchsal; Staatsangeh.: Baden u. Bayern; Vorbildung: Gymn. Baden-Baden Reife M. 01; Studium: Freiburg i. B. 1, Kiel 1, München 3, Berlin 1, Heidelberg 1 S.; Rig. 6. Nov. 08.] [U 10. 2024

Staudacher, Herm., die Friedensblockade, s. a. Abhandlungen, staats- u. völkerrechtliche. VII, 3.

Die Friedensblockade. Ein Beitrag z. Theorie u. Praxis d. nichtkriegerischen Selbsthilfe. Von Dr. iur. Hermann **Staudacher**. Leipzig: Duncker & Humblot 1909. XV, 166 S. 8°
Ein T. erschien als Inaug.-Diss. von Heidelberg u. d. T.: Begriff, Systematik u. Lit. d. Friedensblockade.
(Staats- u. völkerrechtliche Abhandlungen. Bd 7, H. 3.)

Staudacher, Hubert: Ueber Magencarcinom. Halle (1867): Lipke. 30 S. 8°
Halle-Wittenberg, Med. Diss. v. 23. Dez. 1867
Geb. Mettmann (Rheinprov.) 7. 3. 1843. V.

Staudacher, Immanuel (Ansbach) A. S. 845/7

Dissertatio inauguralis de jure plurium imprimis ex jure civili, ...
Strassburg (Spoor) (3.)IX. 1700. 8 Bl., 152 S.
W. v.: Johann Daniel Reyser, Johann Daniel Dorsten, Karl Wilhelm von Meysenbougk, Theodor Balthasar Nacke, Christoph Friedrich Baumgärtner.
33220

Staudacher, Johann Andreas (Ansbach) A. S. 218/31

De peste justitiae. Präs. Johann Georg Fichtner.
Altdorf (Kohles) XII. 1714. 28 S.

W. v.: Michael Erich Franck. 33221

Staudacher, Johann Andreas (Ansbach)
U. S. Altdorf lose jur.

De peste justitiae.
Präs. Johann Georg Fichtner. Rec.
Altdorf (Kohles) 1722. 28 S.

Diss. 1714.
W. v.: Michael Erich Franck. 33222

Staudacher, Johann Hermann (Ansbach) A. S. 754/25

Specimen inaugurale juridicum, de regali mineralium mediorum et infimorum jure.
Giessen (Vulpius) 26. XI. 1705. 92 S.

W. v.: Johann Nikolaus Hertz, Bernhard Ludwig Mollenbek, Simon Nikolaus Orth, D. Grollmann, Johann Melchior Verdries. 33223

Staudacher, J. H., De regali mineralium mediorum et infimorum jure. Jena, 1738. 119 S.

Staudacher, Karl

Staudacher, Carl, geistliche u. weltliche Gesänge beim gemeinschaftlichen Schul-Jugendfeste in Ravensburg, nebst e. Anh. gr. 8. (16 S.) Ravensburg 898. O. Maier. n. -- 25

Staudacher, Carl [app. Arzt aus Erolzheim, O.-A. Biberach Württemb.]: Ueber Netzhautblutungen ... Strassburg i. E., Buchdr. C. Gœller, 1895; 70 S., 1 Bl. 8.
Strassburg, Med. Fak., Inaug.-Diss. v. 1895

STAUDACHER, Ludwig (München): Ueber Lungenspitzencirrhose.- München: Hübschmann 1884. 16 S. 6.11.1884 - Urk (Titel: De somes pulmonis cirrhosi.); Chr 1884/85,20
Diss. Ingolst.-Landsh.-Mchn.

Staudacher, P. Nicolaus. Unsterblicher Tugend-Schatz Durch Gute Handelschafft erworben von ... Elisabetha Amalia Magdalena, Verwittibten Pfaltz-Gräfin bey Rhein ... Bey Dreytägiger Leich-Begängnus In Einer Lob-Rede vorgestellet von P. Nicolao Staudacher ... Augspurg, gedruckt bey Johann Michael Labhart 1710.
Tit., 40 S.; 25 Taf. in Kupferst. 4°.
Eine Taf. bez.: Haagen del., Georg Heinr. Schillien sculps. Aug. Vind., die übrigen bez.: Haagen del.

Gutachten des Zwickauer ärztlichen Vereins über die sogenannte Luftheizung und deren Zulässigkeit für Schulen. (Ref. STAUDE.) Zwickau. 1874. Druck von C. A. Günther. 8°.

Staude, Hüllmann u. Frhr. v. Fritsch, die Stadt Halle a/S. i. J. 1891. Festschrift f. die Mitglieder u. Teilnehmer der 64. Versammlg. der Gesellschaft deutscher Naturforscher u. Ärzte. Hrsg. im Auftrage der städt. Behörden. gr. 8. (IX, 401 S. m. Holzschn., Stadtplänen u. 1 Portr.) Halle a/S. 891. Nicht im Handel.

Staude, Augustin, Blumen auf den Altar der allzeit unbefleckten Jungfrau und Gottesmutter Maria. 8. (V, 165 S.) Schlegel 869. (Glatz, Hirschberg's Buchh.) *

—— Erinnerungen an meine Pilgerreise nach Jerusalem im J. 1859. 2. Aufl. gr. 8. (231 S. mit 6 lithogr. Taf.) (Ebendas.) 869. **

Staude, Augustin. Hoffmannia od. ernste u. heitere Ereignisse aus dem Leben Sr. Hochw. d. verst. Großdechanten, fürsterzb. Vicarius pl. tit. u. Stadtpfarrers v. Neurode Hrn. Ernst Hoffmann. 8. (VII, 125 S.) Neurode 891, (Hitschfeld). * — 90

— die heilige Katharina von Alexandria, Jungfrau u. Märtyrin, ein Heiligenbild in einer Reihe von Gedichten. Ebend. 869. (XII, 101 S. mit 1 Stahlst.) n. 8 ngr.

—— Klänge aus der Heimath und in die Heimath des Christen. 8. (XIV, 142 S. mit 1 Stnt.) (Ebendas.) 869. *

Staude, Augustin, Athanasius Kleinwächter od. d. ernste u. heit. Lebensbild e. Franziskaners. Nebst e. Anh. v. e. Reihe f. Missions-Predigten u. e. Reihe f. Exercitien-Betrachtgn. 8. (VIII, 333 S. m. 1 Bildn.) Neurode 893. (Breslau, G. P. Aderholz.) n. 2. —

Staude, Augustin, Lorbeerblätter in den Silberkranz d. 25jährigen Papst-Jubiläums Sr. Heiligkeit Papst Pius IX. 8. (XXIV, 205 S.) Neurode 871. (Glatz, Hirschberg.) n. 1. —

Staude, Augustin, Maienthau für die Seele. Eine Maiandacht nebst allgemeinen Andachtsübungen für kathol. Christen. 16. (471 S. mit 8 eingedr. Holzschn. und 3 Holzschntaf.) Einsiedeln 877, Gebr. Benziger.

— drei Novenen od. neuntäg. Andachten zu Ehren der allerseligsten Jungfrau u. Mutter Gottes Maria nebst einigen während der Andacht zu verricht. Gebeten. 16. (VIII, 159 S.) Ebend. 871. n. — 60

Staude, A., zwei Originale aus dem Klerus der Grafsch. Glatz im 19. Jahrh., in Lebensbildern gezeichnet. 8. (VII, 98 S. m. 2 Lichtdr.) Breslau 889. Aderholz. n. 1. —

—— Pilgerfahrt nach Rom, unternommen und beschrieben im J. 1865. gr. 8. (170 S. mit 6 Holzschntaf. in Tondr.) (Ebendas.) 866. **

—— Stiefmütterchen als Herzenstrost für christliche Mütter an das Kreuz gewunden. gr. 16. (XII, 314 S. mit 1 Chromolithogr.) Königswalde 879. (Breslau, Görlich und Coch's Buchh.) *

Staude, C. F. R. U. S. Greifswald 1767/1

Dissertatio juris ecclesiastici de eo, quod justum est circa legata ad pias causas.
Präs. Siegfried Caeso von Aeminga.
Greifswald (Röse) 25. VI. 1767. 38 S.

Gew.: Stadt Stralsund. 33224

Staude, Carl, s. Staude, Karl

Staude, Ernst Friedr. Carl (geb. Coburg 30. 8. 1845): Ueber die Beziehungen des engen Beckens zur Eklampsie. Berlin (1869). (31 S.) 8°
Berlin, Med. Diss. v. 8. Okt. 1869

Staude, Frz., siehe: Innungs-Ordnung. — Statut der Kreis-Müller-Innung zu Jauer.

STAUDE, Friedrich: Die Schwämme Mitteldeutschlands, insbesondere des Herzogthums Coburg. - Coburg 1857. 150 S., 10 Taf. - (Festgabe f. d. Mitgl. d. 19. Vers. dtsch. Land- u. Forstwirthe z. Coburg 1857)

Staude, Friedr., die Schwämme Mitteldeutschlands. 1. Liefg. Mit 52 (lith. u.) color. Abbildgn. (auf 10 Taf.) Gotha 858. Thienemann. gr. 4. (XXVIII S. u. 150 Sp.) n. 3 ₰.

Staude, Friedr., die Schwämme Mitteldeutschlands. 1. Lfg. gr. 4. (XXVIII S. und 150 Sp. mit 52 ill. Abbild. auf 10 Stnt.) Gotha 859, Thienemann. *

Staude, Georg, aus Liegnitz, Referendar am Kgl. Landgericht zu Halle a. S.: Die völkerrechtliche Sonderstellung der Jurisdiktionskonsuln in der Türkei. *Halle a. S. 1900: R. P. Nietschmann.* (67 S.) 8°
Erlangen, Jur. Diss. v. 21. Juli 1900

Staude, Gust., das Stadt-Theater zu Halle a. S. Ein Beitrag zum Eröffnungstage. Lex.-8. (IX, 50 S. m. eingedr. Illustr. u. 12 Taf.) Halle 886. Tausch & Grosso. n. 9. —; geb. in Leinw. n. 12. —; in Kalbldr. n. 18. —

Staude, Karl

Staude, Carl, z. Operation d. veralt. completen Dammrisses, s.: Festschrift z. Feier d. 80jähr. Stiftungsfestes d. ärztl. Vereins zu Hamburg.

Staude, Otto

Staude, O., der Begriff der Apperception in der neueren Psychologie, s. Studien, philosophische.

Staude, Otto: Geometrische Deutung der Additionstheoreme der hyperelliptischen Integrale und Functionen erster Ordnung im System der confocalen Flächen zweiten Grades. Leipzig 1883. (71 S.) 8° *(Im Buchhandel 1883 bei Köhler in Breslau.) (Erschien in: Mathem. Annal. Bd 22. (1883.))*
Breslau, Phil. Fak., Hab.-Schr. v. 7. März 1883

Staude, Otto, geometrische Deutung der Additionstheoreme der hyperelliptischen Integrale und Functionen erster Ordnung im System der confocalen Flächen zweiten Grades. Habilitationsschrift. gr. 8. (71 S.) Leipzig 883. (Breslau, Köhler.) *

Staude, Otto, die Focaleigenschaften d. Flächen 2. Ordng. E. neues Capitel zu d. Lehrbüchern der analyt. Geometrie d. Raumes. gr. 8. (VIII, 185 S. m. 49 Fig.) Leipzig 896. B. G. Teubner. n. 7. —

Staude, Otto, analyt. Geometrie des Punktes, der geraden Linie u. der Ebene, s.a. Teubner's, B. G., Sammlung von Lehrbüchern aus dem Gebiete der mathemat. Wissenschaften. XVI.

Analytische Geometrie des Punktes, der geraden Linie und der Ebene. Ein Handbuch zu d. Vorlesungen u. Übungen über analyt. Geometrie von Dr. Otto **Staude**. Mit 387 Fig. Leipzig & Berlin: B. G. Teubner 1905. (VIII, 447 S.) 8°
— **Sammlung**, B. G. Teubners, von Lehrbüchern auf d. Geb. d. math. Wissenschaften. Bd 10.

Staude, Otto, analytische Geometrie des Punktepaares, des Kegelschnittes u. der Fläche zweiter Ordnung, s.a. Teubner's, B. G., Sammlung v. Lehrbüchern auf dem Gebiete der mathemat. Wissenschaften. XXX.

Analytische Geometrie des Punktepaares des Kegelschnittes und der Fläche zweiter Ordnung. Von Otto **Staude**. Teilbd 1. 2. Leipzig & Berlin: Teubner 1910. 8°
(Teubners Sammlung von Lehrbüchern auf d. Geb. d. Math. Wiss. 30, 1. 2.)

—— über lineare Gleichungen zwischen elliptischen Coordinaten. Inauguraldissertation. gr. 8. (85 S. mit 2 Stnt.) Leipzig 881, (Lorentz.) *

Staude, Otto, Prof. Dr., derzeit. Rektor: Die **Hauptepochen der Entwicklung der neueren Mathematik.** *Leipzig 1902: B. G. Teubner.* (15 S.) 8° ¶Aus: Jahresbericht d. deutschen Mathematiker-Vereinigung, Bd 11.
Rostock, Rede zur Feier d. 28. Febr. 1902

Staude, Otto, üb. das Foucault'sche Pendel. Nach e. Vortrag, geh. in der naturforsch. Gesellschaft zu Rostock am 27. Febr. 1892. [Aus: „Archiv d. Vereins d. Freunde d. Naturgeschichte in Meckl."] gr. 8. (8 S.) Güstrow 893. (Opitz & Co.) n. — 25

Staude, Paul

Staude, P., das Antworten der Schüler im Lichte der Psychologie, s.a. Magazin, pädagogisches.

Das Antworten der Schüler im Lichte der Psychologie. Von P. **Staude**. 2. Aufl. Langensalza: H. Beyer & Söhne 1902. (21 S.) 8°
= Magazin, Pädagogisches. H. 39.

Staude, Paul, die Bedeutung der Gleichnisreden Jesu in neuerer Zeit, s.a. Magazin, pädagogisches. 197. Hft.

Die Bedeutung der Gleichnisreden Jesu in neuerer Zeit. Von Paul **Staude**, Rektor. *Langensalza: H. Beyer & Söhne 1903.* (18 S.) 8°
— **Magazin**, Pädagogisches. H. 197.

— Über die praktische Bedeutung der alttestamentlichen Quellenschriften, s.a. Magazin, Pädagogisches.

Über die praktische Bedeutung der alttestamentlichen Quellenschriften. Von Paul **Staude** in Altenburg. *Langensalza: H. Beyer & Söhne 1900.* (20 S.) 8°
— **Magazin**, Pädagogisches. H. 152.

Staude, Paul, zur Behandlg. d. Jugendgeschichte Friedrichs des Grossen, s.a. Magazin, pädagogisches.

Zur Behandlung der Jugendgeschichte Friedrichs des Grossen. Von Paul **Staude**. Langensalza: Beyer 1908. 21 S. 8°
(Pädagogisches Magazin. H. 343.)

— Die Belehrung im Anschlusse an den deutschen Aufsatz, s.a. Magazin, Pädagogisches.

Über Belehrungen im Anschlusse an den deutschen Aufsatz. Von Paul **Staude**, Lehrer … zu Altenburg. *Langensalza: H. Beyer & Söhne 1897.* (32 S.) 1 Bd 8.
— **Magazin**, Pädagogisches. H. 92.

— Die einheitliche Gestaltung des kindlichen Gedankenkreises, s.a. Magazin, Pädagogisches.

Die einheitliche Gestaltung des kindlichen Gedankenkreises. Von Paul **Staude**, in Altenburg. *Langensalza: H. Beyer & Söhne 1899.* (52 S.) 8°
— **Magazin**, Pädagogisches. H. 136.

— zum Jahrestage des Kinderschutzgesetzes, s.a. Magazin, pädagogisches. 257. Hft.

Zum Jahrestage des Kinderschutzgesetzes. ⟨1. 1. 1904.⟩ ⟨Vortrag zu e. Elternabend.⟩ Von Paul **Staude**, Rektor. Langensalza: H. Beyer & Söhne 1905. (25 S.) 8°
— **Magazin**, Pädagogisches. H. 257.

— Jeremia in Malerei u. Dichtkunst, s.a. Magazin, pädagogisches.

Jeremia in Malerei und Dichtkunst. Von Paul Staude. Langensalza: Beyer 1907. 20 S. 8°
(Pädagogisches Magazin. H. 316.)

— der Prophet Jeremia. Für den Schulgebrauch bearb. (12 S.) 8. Langensalza 906. H. Beyer & Söhne. n. — 10

Lehrbeispiele für den Deutschunterricht nach der Fibel von Heinemann und Schröder. Von P[aul] **Staude**, Lehrer. [H. 1.] Langensalza: H. Beyer & Söhne 1898. 8°
— **Magazin**, Pädagogisches. H. 98.

— Lehrbeispiele f. den Deutschunterricht nach der Fibel v. Heinemann u. Schröder, s.a. Magazin, pädagogisches. 192. Hft.

Lehrbeispiele für den Deutschunterricht nach d. Fibel von Heinemann u. Schröder (2. H.). Von P[aul] Staude, Rektor. Langensalza: H. Beyer & Söhne 1903. (18 S.) 8°
— Magazin, Pädagogisches. H. 192.

[F.] Präparationen für den ersten Religionsunterricht in darstellender Form. Von Paul Staude, Mittelschull.... zu Altenburg. *Langensalza: H. Beyer & Söhne 1897.* (VIII, 43 S.) 1 Bd 8.

— Präparationen für d. ersten Religionsunterricht in darstell. Form. 1. u. 2. Hft. gr. 8. Langensalza, H. Beyer & Söhne. n. 1. 40
1. 2. Aufl. (IX, 44 S.) 899. n. — 60.
2. (V, 64 S.) 898. n. — 80

Präparationen für den Religionsunterricht in darstellender Form. Von Paul Staude. 3. Aufl. H. 1. *Langensalza: H. Beyer & Söhne 1901.* 8°
[F.]

— Präparationen für den Religionsunterricht in darstellender Form. Mittelstufe. 3.—5. Hft. gr. 8. Langensalza, H. Beyer & Söhne. n. 3. 20
3. (V, 85 S.) 899. n. 1. 20. — 4. (IV, 79 S.) 900. n. 1.—. — 5. (IV, 85 S.) 902. n. 1.—.

— dasselbe. Unterstufe. 1. u. 2. Hft. gr. 8. Ebd. n. 1. 40
1. 3. Aufl. (IX, 45 S.) 901. n. — 60
2. 2. Aufl. (VI, 68 S.) 900. n. — 80

— Präparationen für den Religionsunterricht in darstellender Form. 1. 2. 4. 6. u. 7. Heft. gr. 8. Langensalza, H. Beyer & Söhne n. 4. 60
1. Unterstufe. 4. Aufl. (IX, 45 S.) 905. n. — 60
2. Unterstufe. 3. Aufl. (VI, 68 S.) 905. n. — 80
4. Mittelstufe. 2. Aufl. (III, 80 S.) 904. n. 1. —
6. Mittelstufe. (VII, 76 S.) 905. n. 1. —
7. Oberstufe. Jeremia. (VII, 79 S. u. 12 S.) 906. n. 1. 20

— Präparationen f. d. Religionsunterricht in darstellender Form. 1.—3. u. 5. Heft. gr. 8. Langensalza, H. Beyer & Söhne. 3. 60
1. Unterstufe. 5. Aufl. (VII, 45 S.) 909. — 60
2. 4. Aufl. (VI, 68 S.) 909. — 80
3. Mittelstufe I. 3. Aufl. (V, 80) 908. 1. 20
5. Mittelstufe. 2. Aufl. (IV, 85 S.) 908. 1. —

— Vorträge f. Elternabende, s.a. Magazin, pädagogisches.

Vorträge für Elternabende. Von Paul Staude, Rektor. Langensalza: Beyer 1910. 16 S. 8°
(Pädagogisches Magazin. H. 407.)

Staude, Rich., die biblischen Geschichten des Alten und Neuen Testamentes. 8. (IX, 204 S.) Dresden 883, Bleyl und Kaemmerer. cart. *

Staude, R., die biblischen Geschichten d. Alten u. Neuen Testamentes, zusammengestellt. 2. Aufl. 8. (IX, 204 S.) Dresden 890. Bleyl & Kaemmerer. n. — 70

Staude, Rich., die biblischen Geschichten des Alten u. Neuen Testamentes. 3. Aufl. 8. (IX, 206 S.) Dresden 894. Bleyl & Kaemmerer. n. — 75

Staude, Rich., die biblischen Geschichten d. Alten u. Neuen Testamentes. 4. Aufl. 8. (IX, 206 S.) Dresden 898. Bleyl & Kaemmerer. n. — 75

Staude, Rich., die biblischen Geschichten des Alten u. Neuen Testamentes. 5., f. die Mittelstufe der Volksschule, bezw. die Unterstufe höherer Schulen völlig umgearb. Aufl. (22.—26. Tauf.) Mit e. Anh.: „Hauptstücke aus den prophet. Schriften". (VIII, 159 S.) 8. Dresden 905. Bleyl & Kaemerer. n.n. — 70; geb. n.n. — 90

Staude, Rich., zwei Hauptprobleme aus der Leben-Jesu-Forschung, s.: Beiträge zur Lehrerbildung u. Lehrerfortbildung.

— Hauptstücke aus den prophetischen Schriften des alten Testaments. (32 S.) 8. Ebd. 905. n.n. — 15

Staude, Rich., der Katechismusunterricht. Präparationen. 3 Tle. gr. 8. Dresden, Bleyl & Kaemmerer. n. 7.10
I. Das erste Hauptstück. (VIII, 163 S.) 900. n. 2. 50
II. Das zweite Hauptstück. (VIII, 165 S.) 901. n. 2. 80
III. Das dritte Hauptstück u. als Anh.: Viertes u. fünftes Hauptstück. (V, 66 S.) 901. n. 1. 80

— der Katechismusunterricht. Präparationen. I. Das erste Hauptstück. 2. durchgeseh. Aufl. (3. bis 5. Tauf.) (VIII, 150 S.) gr. 8. Ebd. 903. n. 2. 50; geb. n. 3. —

— Der Katechismusunterricht. Präparationen. I. —III. gr. 8. Dresden-Blasewitz, Bleyl & Kaemmerer. 7.10; geb. n 8.70
I. Das 1. Hauptstück. 3. u. 4. durchgeseh. Aufl. (6.—9. Tauf.) (VIII, 150 S.) 909. 2.50; geb. n 3. —
II. Das 2. Hauptstück. 3. u. 4. verb. Aufl. (5.—8. Tauf.) (159 S.) 908. 2.80; geb. n 3. 40
III. Das 3. Hauptstück u. als Anh.: 4. u. 5. Hauptstück. 2. u. 3. durchgeseh. Aufl. (4.—6. Tauf.) (VII, 96 S.) 909. 1.80; geb. n 2. 30

— u. A. Göpfert, Lesebuch f. den deutschen Geschichtsunterricht, zugleich Lesebuch f. die zugehör. Präparationen. 1. Tl. 8. Ebd. 890. n. — 50
Thüringer Sagen u. Nibelungensage. (VII, 81 S.)

— u. A. Göpfert, Lesebuch f. den deutschen Geschichtsunterricht, zugleich Textbuch f. die zugehör. Präparationen. 2. u. 3. Tl. 12. Ebd. n. 1. — (1—3.: n. 1. 75)
2. Von Armin bis zu Otto dem Großen. (VII, 68 S.) 892. n. — 50
3. Von Heinrich IV. bis Rudolf v. Habsburg. (VI, 108 S.) 893. n. — 50

— u. A. Göpfert, Lesebuch für d. deutschen Geschichtsunterricht, zugl. Textbuch f. d. zugehör. Präparationen. 4. u. 5. Tl. 8. Dresden, Bleyl & Kaemmerer. n. 1. 90 (kplt. n. 3. 65)
4. Von Luther bis z. 30jähr. Kriege. (VI, 136 S.) 895. n. — 90
5. Vom 30jähr. Krieg bis zur Gegenwart. (VII, 173 S.) 898. n. 1. —

Staude u. Göpfert, Lesebuch f. den deutschen Geschichts-Unterricht. 3. Tl. 8. Dresden 905. Bleyl & Kaemmerer. n. — 75; geb. n. 1. —
Erzählungen u. Bilder aus der deutschen Geschichte von Heinrich IV. bis zu Rudolf v. Habsburg. 2., veränd. Aufl. (3. u. 4. Tauf.) (84 S.)

— — Präparationen zur deutschen Geschichte, nach Herbart'schen Grundsätzen ausgearb. 1. Tl. gr. 8. Ebd. 890. n. 3. 20
Thüringer Sagen u. Nibelungensage. (XVI, 247 S.)

— — Präparationen zur deutschen Geschichte, nach Herbart'schen Grundsätzen ausgearb. 2. u. 3. Tl. gr. 8. Ebd. 893. n. 5. 60 (1—3.: n. 8. 80)
2. Von Armin bis zu Otto dem Großen. (XII, 147 S.) 893. n. 2. 40
3. Von Heinrich IV. bis Rudolf v. Habsburg. (VI, 237 S.) 893. n. 3. 20

— — Präparationen z. deutschen Geschichte, nach Herbart'schen Grundsätzen ausgearb. 4. u. 5. Tl. gr. 8. Ebd. n. 7. 20 (kplt.: n. 16. —)
1. Von Luther bis z. 30jähr. Krieg. (VI, 291 S.) 895. n. 4. —
2. Vom 30jähr. Krieg bis zur Gegenwart. (VI, 206 S.) 898. n. 3. 20

—— Präparationen zu den biblischen Geschichten des Alten und Neuen Testamentes, nach Herbart'schen Grundsätzen ausgearb. 2 Tle. gr. 8. Ebendas. 883. *
Inhalt:
Tl. 1. Altes Testament. (XVI, 335 S.) * ℳ 4.
» 2. Neues Testament. (VI, 233 S.) * ℳ 2,50.

Staude, Rich., Präparationen zu den biblischen Geschichten des Alten und Neuen Testamentes, nach Herbart'schen Grundsätzen ausgearb. 2 Tle. gr. 8. Dresden, Bleyl und Kaemmerer. [*ℳ 6.50.] *
Inhalt:
Tl. 1. Altes Testament. 2. und 3. Aufl. (XVIII, 319 S.) 885,87. *ℳ 4.—.
" 2. Neues Testament. 2. Aufl. (VI, 233 S.) 885. *ℳ 2.50.; 3. Aufl. (VI, 233 S.) 886. *ℳ 3.—.

— dasselbe. 2. Tl.: Neues Testament. 3. Aufl. gr. 8. (VI, 233 S.) Ebend. 887. n. 3. —

—— dass. — 3 Tle. gr. 8. Ebendas. 888. *
Inhalt:
Tl. 1. Altes Testament. 4. Aufl. (XVIII, 319 S.) *ℳ 4.—.
" 2. Neues Testament: Das Leben Jesu. 4. Aufl. (VI, 233 S.) *ℳ 3.—.
" 3. Neues Testament: Apostelgeschichte. (VII, 287 S.) *ℳ 4.—.

— Präparationen zu den biblischen Geschichten d. Alten u. Neuen Testamentes, nach Herbart'schen Grundsätzen ausgearb. 3 Tle. gr. 8. Ebd. n. 11. —
1. Altes Testament. 3.—5. Aufl. (XVIII, 319 S.) 887. 889. 890. n. 4. —
2. Neues Testament: Das Leben Jesu. 5. Aufl. (VI, 233 S.) 890. n. 3. —
3. — dasselbe. Apostelgeschichte. 1. u. 2. Aufl. (VII, 287 S.) 888. 890. n. 4. —

—— Präparationen zu den biblischen Geschichten d. Alten u. Neuen Testaments, nach Herbart'schen Grundsätzen ausgearb. 3 Tle. gr. 8. Ebd. * 11 —
1. Altes Testament. 6. Aufl. (XVIII, 319 S.) 892. * 4 —. — 2. Neues Testament. Das Leben Jesu. 6. Aufl. (VI, 233 S.) 892. * 3 —. — 3. Neues Testament: Apostelgeschichte. 2. Aufl. (VII, 287 S.) 890. * 4 —.

— Präparationen zu den biblischen Geschichten des Alten u. Neuen Testaments, nach Herbart'schen Grundsätzen ausgearb. 3 Tle. gr. 8. Ebd. n. 11. —
1. Altes Testament. 7. Aufl. (XVIII, 319 S.) 894. n. 4. —
2. Neues Testament: Das Leben Jesu. 7. Aufl. (VI, 233 S.) 893. n. 3. —
3. Dasselbe: Apostelgeschichte. 3. Aufl. (VII, 287 S.) 894. n. 4. —

— Präparationen zu d. bibl. Geschichten d. Alten u. Neuen Testamentes, nach Herbart'schen Grundsätzen ausgearb. 3 Tle. gr. 8. Ebd. 897. n. 11. —
4. Altes Testament. 9. Aufl. (XVIII, 319 S.) n. 4. —
5. Neues Testament: Das Leben Jesu. 9. Aufl. (VI, 233 S.) n. 3. —
3. Dasselbe: Apostelgeschichte. 4. Aufl. (VII, 287 S.) n. 4. —

— Präparationen zu den biblischen Geschichten d. Alten u. Neuen Testaments, nach Herbart'schen Grundsätzen ausgearb. 1.—3. Tl. gr. 8. Ebd. n. 10. 60
1. Altes Testament. 10. u. 11. Aufl. (19. bis 22. Taus.) (XVIII, 319 S.) 899. n. 4. —
2. Neues Testament: Das Leben Jesu. 12., 13. u. 14. durchgesch. Aufl. (23.—29. Taus.) (236 S.) 902. n. 3. —
3. Neues Testament: Apostelgeschichte. 5. verb. Aufl. 9.—11. Taus. (203 S.) 901. n. 3. 60

— Präparationen zu den biblischen Geschichten des Alten u. Neuen Testaments, nach Herbartschen Grundsätzen ausgearb. 2. Tl.: Neues Testament: Das Leben Jesu. 16.—17. umgearb. u. verb. Aufl. (30.—35. Taus.) (XII, 260 S.) gr. 8. Ebd. n. 3. —; geb. in Leinw. n. 3. 60

— dasselbe, 1. u. 2. Ergänzungsheft. gr. 8. Ebd. à n. 2. —; geb. in Leinw. n. 2. 50
1. Der biblische Geschichtsunterricht der Unterstufe: Geschichten v. Jesus. Geschichten v. Abraham, Jakob u. Joseph. Präparationen. (VIII, 151 S.) 903.
2. Dasselbe, der Oberstufe: Das Alte Testament im Lichte des Neuen Testamentes. Präparationen. (XV, 156 S.) 905.

Staude, Rich., Präparationen zu den biblischen Geschichten des Alten u. Neuen Testamentes. 1. u. 3. Ergänzungsheft. gr. 8. Dresden-Blasewitz, Bleyl & Kaemmerer. 5.80; geb. in Leinw. n 6. 90
1. Der bibl. Geschichtsunterricht der Unterstufe: Geschichten v. Jesus. Geschichten v. Abraham, Jakob u. Joseph. Präparationen. 3. u. 4. durchgeseh. Aufl. (5.—8. Taus.) (XVI, 152 S.) 909. 2.—; geb. 2. 50
3. Der bibl. Geschichtsunterricht der Oberstufe: Das Leben Jesu. Präparationen. (XVI, 287 S.) 910. 3.60; geb. n 4. 40

— Hans Sachs, s.: Schroedel's, H., Jugendbibliothek.

— der alttestamentliche Unterricht auf der Oberstufe der Volksschule. (15 S.) gr. 8. Ebd. 906. n. — 30
Sonderabdruck aus: „Pädagog. Studien".

Staudek, A., et Bellenger, nouveau guide de conversations modernes en bohême et français ou dialogues usuels et familiers. gr. 16. (V, 249 S.) Berlin 887. Behr's Verl. cart. 1. 50

Staudek, A., Mluvite česky? (Sprechen Sie Böhmisch?), s. C. Koch's Sprachführer. 10. Bd.

Staudek, A., mluvite Česky? [Sprechen Sie Böhmisch?] Böhmischer Sprachführer, enth. die nützlichsten u. nothwendigsten böhmisch-deutschen Gespräche, Redensarten u. Wörtersammlgn., wie man sie im Umgange, Geschäftsverkehr u. auf Reisen gebraucht, nebst e. kurzgefaßten böhm. Grammatik u. zahlreichen Uebersetzungsaufgaben. 8. (VIII, 128 S.) Leipzig 886. C. A. Koch. 1. 50

Staudek, A., mluvite Česky? (Sprechen Sie Böhmisch?) Böhmischer Sprachführer, enth. die nützlichsten u. nothwendigsten Gespräche, Redensarten u. Wörtersammlgn., nebst e. kurzgefaßten böhm. Grammatik u. zahlreichen Uebersetzungsaufgaben. 2., verb. Aufl. 8. (VIII, 189 S.) Leipzig 896. Dresden, C. A. Koch. 1. 50

Staudek Alois: Bernhard Speneder. †. (1). Wien XV. R. 96.
Progr.

—— und Fischer, neuer Sprachenführer. Leitfaden der böhm. und deutschen Conversations-Sprache, enth.: Gespräche über Reisen, Eisenbahnen, Dampfschifffahrt etc. Zum Gebrauch für Reisende und diejenigen, welche diese Sprache erlernen wollen. gr. 16. (V, 249 S.) Ebendas. 887. cart.

Staudemaier, F. A., s. Staudenmaier, Franz Anton

Staudenmaier, Eug., s.: Post-Handbuch f. die Geschäftswelt.

Staudenmaier, Franz Ant., die kirchliche Aufgabe der Gegenwart. gr. 8. (VI und 178 S.) Freiburg im Br. 849, Wagner'sche Buchh.

Staudenmaier, Frz. Ant., Bilder-Cyclus, s. Bilder-Cyclus.

—— Darstellung u. Kritik des Hegelichen Systems. Aus dem Standpunkte der christlichen Philosophie. Mainz, Kupferberg, 1843, gr. 8°, VIII, 873 S.
Ausführliche Kritik der Hegelschen Religionsphilosophie. „Eine der geistreichsten Beurteilungen, die über Hegel verlauteten, u. in ihrer Ausführlichkeit u. Vollständigkeit geradezu erschöpfend." Werner, Geschichte ꝛc. S. 475. Freiburger Ztschr. f. Theol. Bd. 10 (1843), Heft 2 S. 408—10. Tüb. Theol. Quartalschr. Jahrg. 22, S. 412 ff.

—— Darstellung u. Kritik des Hegelschen Systems. Aus d. Standpunkte der christl. Philosophie. gr. 8. (55 1/8 B.) Mainz 844, Kupferberg.

Staudenmaier, Frz. Ant., die christliche Dogmatik. (In 4 Bdn.) 1.—3. Bd. 1. Abthl. gr. 8. Freiburg 844, 45, Herder'sche Verlagsbuchh. n. 4 7/12 ß

— die christliche Dogmatik. 3. Bd. 2. Abth. 4. Bd. 1. Abth. gr. 8. (VI, 487 u. 400 S.) Freiburg i. Br. 847. 52, Herder. III, 2: n. 1 1/2 ß IV, 1: n. 1 ß 6 ngr (I—IV, 2: n. 7 ß 8 1/2 ngr)

Staudenmaier, Frz. (Ant.), Encyklopädie d. theolog. Wissenschaften, als System d. gesammt. Theologie. gr. 8. (52 1/4 B.) Mainz 834, Kupferberg.

Staudenmaier, Franz Anton, Encyklopädie der theologischen Wissenschaften als System der gesamten Theologie. Mit Angabe der theologischen Litteratur. Bd. I. Mainz, Kupferberg, 1840, gr. 8°, 60½ Bogen, 2. umgearb. sehr verm. Aufl., 10 Mk.

Der 2. und 3. Band ist nicht erschienen. 1. Aufl. 1834. „Staudenmaier strebt die systemat. Anordnung und die organische Darlegung der verschiedenen Teile der Theologie an. Indem er die Idee der theol. Disciplin nach allen wesentlichen Bestimmungen zu entwickeln sucht, behandelt er bei seiner natürl. Anlage zur Spekulation in dem 1. uns vorliegenden Teile die spekulat. Theol. in 3 Abteilungen: a) Theorie der Religion und Offenbarungen, b) Dogmatik, c) christliche Moral, in dem Grade spekulativ, daß er auf 946 S. eine Philos. der Theol. mit reichen Litteraturangaben schreibt. Der 2. Teil sollte die prakt. Theol. (Liturgik und Kirchenrecht) und der 3. die hist. Theol. (Dogmengeschichte und Geschichte des christlichen Lebens) zum Gegenstande haben, allein beide sind nicht erschienen." Kihn, a. a. O. S. 18—19.

Staudenmaier, Franz Ant., Der religiöse Friede der Zukunft, mit Rücksicht auf die religiös-politische Aufgabe der Gegenwart. Auch u. d. T.:

Der Protestantismus in seinem Wesen u. in seiner Entwicklung. Freiburg i. B., Wagner, 1846, 8°, 2 Teile, VIII, 822 u. VIII, 366 S., 6,75 Mk.

— **zum religiösen Frieden der Zukunft, mit Rücksicht auf die religiös-polit. Aufgabe der Gegenwart. 3. Thl. A. u. d. T.: Die Grundfragen der Gegenwart, mit einer Entwickelungsgeschichte der antichristl. Principien in intellectueller, religiöser, sittlicher und socialer Hinsicht, von den Zeiten des Gnosticismus an bis auf uns herab. gr. 8. (XXXII und 530 S.) Freiburg im Br. 850, Wagner'sche Buchh.)** *

1. und 2. Thl. Ebendas. 1846. 27⅓ Ngr.

— der Geist d. Christenthums, dargest. in d. heil. Zeiten, in d. heil. Handlungen u. in d. heil. Kunst. 2 Thle. 1. Aufl. (44 B.) 835. 2⅙ Thlr., 2., umgearb., verb. u. verm. A. (62¼ B.) 838. * 1⅓ Thlr., 3., verm. u. verb. A. 8. (77¾ B., 2 Stahlst. u. 2 Ttl. in Gold- u. Farbendruck.) Mainz 843, Kupferberg. *

— der Geist des Christenthums dargestellt in den heil. Zeiten, in den heil. Handlungen u. in der heil. Kunst. Mit einer Zugabe von Gebeten. 2 Thle. 4. verb. u. verm. Aufl. Mit 1 Stahlst. 12. (2736 S.) Mainz 847, Kupferberg. n. 1 ß 6 ngr

Staudenmaier, Frz. Ant., der Geist des Christenthums, dargestellt in den heil. Zeiten, in den heil. Handlungen u. in der heil. Kunst. Mit einer Zugabe von Gebeten. 2 Theile. 5. umgearb., verb. u. verm. Aufl. Mit 1 Stahlst. Mainz 855. Kupferberg. 12. (XVIII, 976 S. u. Gebete LXXI S.) n. 1 ß. 6 ngr.

Staudenmayer, Frz. Ant., der Geist des Christenthums, dargestellt in den heil. Zeiten, in den heil. Handlungen und in der heil. Kunst. Mit einer Zugabe von Gebeten. 2 Thle. 6. Aufl. Mit 1 Stahlst. Mainz 859. Kupferberg. 12. (XXIV, 747 S.) n. 1 ß 6 ngr.

Staudenmaier, Frz. Ant., der Geist des Christenthums, dargestellt in den heil. Zeiten, in den heil. Handlungen und in der heil. Kunst. Mit einer Zugabe von Gebeten. 2 Thle. 7., umgearb., verb. und verm. Aufl. 12. (XXIV und 1047 S. mit 1 Stahlst.) Mainz 866, Kupferberg. *

Staudenmaier, Frz. Ant., der Geist des Christenthums dargestellt in den heil. Zeiten, in den heil. Handlungen und in der heil. Kunst. Mit einer Zugabe von Gebeten. 2 Thle. 8. umgearb., verb. und verm. Aufl. 8. (XXIV, 976; LXXI S. mit 1 Stahlst.) Mainz 880, Kupferberg.

— Geist d. göttl. Offenbarung, od. Wissenschaft d. Geschichtsprincipien d. Christenthums. gr. 8. (13⅓ B.) Gießen 837, [Ferber'sche Univ.-Buchh.]

Staudenmaier, Franz Anton (Donzdorf)
Geschichte der Bischofswahlen, mit besonderer Berücksichtigung der Rechte und des Einflusses christlicher Fürsten auf dieselben.
Tübingen: Osiander 1830. 480 S.
[An Stelle einer Dissertation eingereicht.]
Dr. Theol. Giessen 27.11.1830. vorh. Konstanz.

Staudenmaier, Fr. A., Die Grundfragen der Gegenwart, mit einer Entwicklungsgeschichte der antichristlichen Principien in intellektueller, religiöser, sittlicher u. socialer Hinsicht, von den Zeiten des Gnosticismus an bis auf uns herab. Freiburg i. B., Wagner, 1851, XXXII, 530 S., 8°, 4,80 Mk.

Auch u. d. T.: Zum religiösen Frieden der Zukunft, mit Rücksicht auf die religiös-politische Aufgabe der Gegenwart. 3. Teil.

— Jahrbücher f. Theologie ꝛc., s. Jahrbücher.

—, Joh. Scotus Erigena u. d. Wissenschaften seiner Zeit. Mit allgem. Entwicklungen d. Hauptwahrheiten auf d. Gebiete d. Philosophie u. Religion, u. Grundzügen zu e. Geschichte d. speculativen Theologie. 1. Thl. gr. 8. (31 B.) Frankfurt a. M. 834, Andreä.

Staudenmaier, Frz. Ant., die Philosophie des Christenthums, od. Metaphysik der heil. Schrift als Lehre von d. gött. Ideen u. ihrer Entwicklung in Natur, Geist u. Geschichte. 1r Bd. A. u. d. T.: Lehre v. d. Idee. gr. 8. Gießen 839,40. Ferber. 3⅕ ß

Staudenmaier, Franz Anton, Die Philosophie des Christentums oder Metaphysik der hl. Schrift als Lehre von den göttlichen Ideen u. ihrer Entwicklung in Natur, Geist u. Geschichte.

Erster Band, mit dem besondern Titel: Die Lehre von der Idee, in Verbindung mit einer Entwicklungsgeschichte der Ideenlehre u. Lehre von dem göttlichen Logos. Gießen, Ferber, 1840, gr. 8°, XXII, 923 S., 10 Mk.

— Der Pragmatismus der Geistesgaben oder das Wirken des göttlichen Geistes im Menschen u. in der Menschheit. Tübingen, Laupp, 1835, gr. 8°, 15½ Bg., 2,50 Mk.

— der Protestantismus in seinem Wesen u. in seiner Entwicklung. 1. Thl. A. u. d. T.: Zum religiösen Frieden der Zukunft, mit Rücksicht auf die religiös-politische Aufgabe der Gegenwart. 1. Thl. gr. 8. Freiburg 846, Wagner'sche B. pro 2 Bde. 2¼ ß

Staudenmaier, Fr. Anton, Das Wesen der kath. Kirche. Mit Rücksicht auf ihre Gegner dargestellt. Freiburg, Herder, 1845, 1. u. 2. Aufl., 8°, VIII, 192 S., 1,50 Mk

— Über das Wesen der Universität u. den innern Organismus der Universitätswissenschaften, mit besonderer Rücksicht auf die Stellung zum Staat u. zur Kirche aus dem Standpunkte der Theologie. Freiburg, Wagner, 1839, gr. 8°, 108 S., 1 Mk.

Inauguralrede, gehalten beim Antritte seiner Professur zu Freiburg 1837, Katholik Bd. 74 (1839), S. 177—82.

— s. Zeitschrift f. Theologie.

Staudenmaier, Ludwig [aus Krumbach]: Untersuchungen über das Tellur ... Hamburg & Leipzig, L. Voss, 1895; 35 S. 8.

München, Phil. Fak., Inaug.-Diss. v. 1895

Staudenmayer, Carl August, s. Staudenmeyer, Karl August

Staudenmayer, Otto [aus Grossbottwar, prakt. Arzt]: Duodeno-jejunal Hernie mit Erscheinungen von Darmverengerung .... Stuttgart, E. Schweizerbart'sche Verlagsh. (E. Koch), 1886; 25 S. 8°.

Tübingen, Med. Fak., Inaug.-Diss. v. 1886.

Staudenmeier, Ludwig, s. Staudenmaier

Staudenmeyer, Carl August, s. Staudenmeyer, Karl August

Staudenmeyer, H., der Abfall der württembergischen evangelischen Landeskirche von der Schrift und dem Bekenntniß. Nach drei Seiten nothdürftig beleuchtet. gr. 8. (35 S.) Eßlingen 877. (Dresden, H. J. Naumann.) *

— dass. — 2. Aufl., mit Berücksicht. der von W. D. erschienenen Gegenschrift. gr. 8. (99 S.) Ebendas. 877. *

Staudenmeyer, Heinrich

Staudenmeyer, H., s.a. Hahn, Michael. Sein Leben u. seine Lehre.

Staudenmeyer, H[einrich]. Michael Hahn. Sein Leben und seine Lehre im Lichte des göttlichen Wortes. 2. Aufl. IV + 169 S. 8. Ascona, Carl von Schmidtz, 1906. [fr. 3. 75]
Titelaufl.; 1. Aufl. ersch. in Memmingen 1887.

Staudenmeyer, H., Michael Hahn. Sein Leben u. seine Lehre im Lichte des göttl. Wortes. 2. [Titel-]Aufl. IV, 169 S.) 8. Ascona [893] 906. C. v. Schmidtz. 3.—

Staudenmeyer, Karl August

Staudenmeyer, Carl Aug., Bethesda. Stille Stunden für Kurgäste und andere Leidende. 8. (176 S.) Stuttgart 863, Belser's Verlag.

Staudenmeyer, C(arl) A(ug.), Bibliothek für die christliche Jugend in Haus und Schule. 1. und 2. Bd. br. 8. Leipzig 850, Friedlein.
Inhalt:
Bd. 1. Das Vater Unser. In 7 christl. Erzählungen. 2. (Titel-)Aufl. (1854.) (VIII und 234 S. mit 8 lithogr. und ill. Bildern.) 1 Thlr.
„ 2. Die Werke der Barmherzigkeit. In 6 christl. Erzählungen. (XV und 296 S. mit 6 lithogr. und ill. Bildern von Th. Rothbarth.) 1 Thlr. 15 Ngr.

—— **Blumen vom Sinai.** Die zehn Gebote Gottes in Erzählungen für die reifere Jugend. gr. 8. (358 S. mit 8 Stahlst.) Stuttgart 862, Nitzschke. cart.

STAUDENMEYER, C. A. *Blumen vom Sinai.* Die Zehn Gebote Gottes in Erzählungen für die reifere Jugend von C. A. Staudenmeyer, Stadtpfarrer. Mit 8 feinen Stahlstichen [= 1 Titel, 7 Tafeln, RUD. GEISSLER del., E. DERTINGER sc.]. Stuttgart, W. Nitzschke [c. 1865]. Gedr. Titel, 358 S. 8°. Schöner chromolithogr. Or.-Pbd. — Teilw. etwas fleckig. 15.—

—— **nordische Blüthen.** Ein Blüthenstrauß für Land und Leute. 8. (XI und 231 S.) Stuttgart 863, Oetinger. —

—— **100 moralische Erzählungen** für Kinder von 6—10 Jahren. gr. 16. (200 S. mit 8 lithogr. und ill. Bildern.) Stuttgart 862, Nitzschke. cart. —

Staudenmayer, Carl Aug., acht geistliche Festlieder für das würtembergische Christenvolk am Tage des Regierungs-Jubiläums Sr. Majestät des Königs. Nach den schönsten u. beliebt. Kirchenmelodien gedichtet. Lex.-8. Stuttgart 841, Belser'sche Buchh. n. 1/12 ℛ

— die biblischen **Frauen** und Jungfrauen in zweimal zweiundfünfzig Sonntagsbetrachtungen für Frauen und Jungfrauen aller Stände. Mit einem Vorwort von Wichern. Mit dem (lith.) Bildniß des Verf. Stuttgart 859. Belser. gr. 8. (VI, 659 S.) n. 1 ℛ 2 ngr.

— der **Geistliche am Krankenbette.** Anleitung für angehende Geistliche. gr. 8. Reutlingen 844, Mäcken, Sohn. 1/2 ℛ

—— die **Haus-Kirche,** ein vollständ. Handbuch zum täglichen Hausgottesdienst in christl. Familien aller Stände. Zum Gebrauche für Hausväter und Hausmütter. 1. Aufl. 1853. und 2. Aufl. gr. 8. (1046 S.) Stuttgart 856, Belser'sche Buchh.

— **Kinderleben** und Kinderlust. Sechs heitere Erzählungen für die zarte Jugend. Mit 6 color. (lith.) Bildern. Stuttgart 860. Nitzschke. qu. 4. (36 S.) 27 ngr.

— die **Klopfgeister.** Der Schmuggler. Zwei christliche Erzählungen für die Jugend. Mit 2 (lith. u.) color. Bildern. Stuttgart 854. Stoppani. (Leipzig, Friedlein.) 16. (126 S.) 9 ngr.

—— **Lehr-Predigten.** Die ganze christliche Glaubenslehre im Zusammenhang, in Predigten über den 2. Jahrg. der Evangelien. 11 Lfgn. Lex.-8. (VI und 594 S.) Stuttgart 864,65, Schober.

Staudenmeyer, C. A., Lehr-Predigten. Die ganze christl. Glaubenslehre im Zusammenhang in Predigten üb. den 2. Jahrg. der Evangelien. 2., durch 12 ergänz. Predigten verm. Aufl. Lex.-8. (VI, 692 S.) Stuttgart 873. Schober. 4. 20

—— **Palmblätter** für die Jugend. Drei christl. Erzählungen. br. 8. (328 S. mit 7 ill. Stnt. in Tondr. und lithogr. und ill. Titel.) Stuttgart 860, Nitzschke.

– **Predigten** über die ganze christliche Glaubenslehre im Zusammenhang. In Predigten über den zweiten Jahrg. der Evangelien. (In 12 Liefgn.) 1. Liefg. Stuttgart 864. Schober. Lex.-8. (S. 1—64.) 3¾ ngr.

—— **Predigten** über freie Texte, s. **Predigten.**

—— **Sammlung** christlicher Erzählungen für die Jugend. 1. und 2. Bdchn. 2. (Titel-)Aufl. und 3. und 4. Bdchn. Mit je 2 (lithogr.) und ill. Bildern. 16. Leipzig 856, Friedlein. à Bdchn. 9 Ngr.
Inhalt:
Bdchn. 1. Die Klopfgeister. Der Schmuggler. 2. (Titel-)Aufl. (1854.) (126 S.)
„ 2. Der Sohn des Auswanderers. Die Confirmandin. 2. (Titel-)Aufl. (1854.) (110 S.)
„ 3. Das Lotterieloos. Der Spaßvogel. (132 S.)
„ 4. Die beiden Brüder. Die Belagerung von Sebastopol. (136 S.)

— **Sammlung** christlicher Erzählungen für die Jugend. 1—4. Bdchn. Leipzig (856—58.) Friedlein. 16. Jedes Bdchn. mit 2 (lith. u.) color. Bildern 9 ngr.
Inhalt: 1. Bdchn.: Die Klopfgeister. Der Schmuggler. Zwei christl. Erzählungen für die Jugend. 2. (Titel-)Aufl. (126 S.)
2. Bdchn.: Der Sohn des Auswanderers. Die Confirmandin. 2. (Titel-)Aufl. (110 S.)
3. Bdchn.: Das Lotterieloos. Der Spaßvogel. (132 S.)
4. Bdchn.: Die beiden Brüder. Die Belagerung von Sebastopol. (136 S.)
5. Bdchn.: Der Wachtelruf. Der General im Felde. Zwei christl. Erzählungen. (2 Bl., 143 S.)
6. Bdchn.: Der Graf Oroslaw. Marie u. Adeline. (2 Bl., 179 S.)

—— **Sammlung** christlicher Erzählungen für die Jugend. 5. und 6. Bdchn. Mit je 2 (lithogr. und) ill. Bildern. 16. Leipzig 858. [Stuttgart, Nitzschke.] à Bdchn. 9 Ngr.
Inhalt:
Bdchn. 5. Der Wachtelruf. — Der General im Felde. (143 S.)
„ 6. Der Graf Oroslaw. — Marie und Adeline. (179 S.)
1–4. Bdchn. 1856. 1 Thlr. 6 Ngr. sind jetzt in denselben Verlag übergegangen.

Staudenmeyer, Carl Aug., Sammlung christlicher Erzählungen für die Jugend. Neue Folge. 10 Bdchn. Stuttgart 860—62. Nitzschke. 16. Jedes Bdchn. mit 4 lith. Bildern. 1—4.: à 9 ngr.; 5—10.: à 7½ ngr.
1. Bdchn.: Die goldene Kette. Der Cocohändler. (156 S.)
2. Bdchn.: Das Schreinerbäbele. Eine schwäbische Dorfgeschichte. Die Currende. (135 S.)
3. Bdchn.: Meister Trautwein. Zwei Mücken auf einen Schlag. (133 S.)
4. Bdchn.: Der Wirth zum schwarzen Bock. Eine schwäbische Dorfgeschichte. Der alte Sergeant. (124 S.)
5. Bdchn.: Der Jahrmarkt zu Makarjew. Anna und Natalie. (120 S.)
6. Bdchn.: Annuschka. Ein russische Dorfgeschichte. Adolph und Willibald, die ungleichen Brüder. (111 S.)
7. Bdchn.: Waßili und Olga. Aus der Vorzeit Rußlands. Die Studentenfahrt. (127 S.)
8. Bdchn.: Iljah der Stahl-Aetzer. Das Fräulein Adelgunde. (119 S.)
9. Bdchn.: Wenn die Birne reif ist, so fällt sie. Der Taschendieb. Zwei christliche Erzählungen für die Jugend. (114 S.)
10. Bdchn.: Gott ist getreu. Georg der Wiedertäufer. Zwei christliche Erzählungen für die Jugend. (121 S.)

STAUDENMEYER. *Schneeglöckchen. Erzählungen* für die Jugend von C. A. Staudenmeyer Stadtpfarrer. Stuttgart, W. Nitzschke [c. 1845]. 182 S. m. 7 getönten u. handkolor. lithogr. Taf. (inkl. Titelbl.). 8°. Hellbrauner, farb. illustr. u. verz. lith. Or.-Kartonbd. 22.—
6 längere Erzählungen, hübsch illustr. — Hie u. da unbedeut. fleckig. Einbandrücken etw. repariert.

— Schneeglöckchen. Erzählungen für die Jugend. Stuttgart 861. Nitzschke. 16. (184 S. u. 7 color. Lithogr.) 27 ngr.

Staudenmeyer, Carl Aug., der Sohn des Auswanderers. Die Confirmandin. Zwei christliche Erzählungen für die Jugend. Mit 2 (lith. u.) color. Bildern. Stuttgart 854. Stoppani. (Leipzig, Friedlein.) 16. (110 S.) 9 ngr.

– Das Vaterunser, s. Bibliothek für die christliche Jugend.

— das Vater Unser in sieben christlichen Erzählungen für die Jugend. Mit color. Bildern. Ebend. (854.) 8. (235 S. u. 8 color. Lithogr.) 1 ℳ.

– Die Werke der Barmherzigkeit, s. Bibliothek für die christliche Jugend.

Staudenraus, Alois

— topographisch-statistische Beschreibung der Stadt Landshut in Bayern und ihrer Umgebung. Mit 1 Steintafel. gr. 12. Landshut 835. Attenkofer. (Thomann.) 3/4 ℳ
10⅓ B.

Staudenraus, Alois (frei resign. Pfarrer von Kirchheim), Chronik der Stadt Landshut in Bayern. 3 Thle. Landshut, Jos. Thomann, 1832. 8°. Saub. Ppb.
1: 6 Bll., 255 S., 1 S. Err. 2: 2 Bll., 222 S., 1 S. Err. 3: XVI—268 S.

— die Franziskaner in Jerusalem, oder Stimme aus dem heil. Grabe. 12. Landshut 838. Attenkofer. (Thomann.) 1/8 ℳ

Staudenraus, (Pfarrer) Aloys, Grundriß der Moralphilosophie u. des Naturrechts. Münch., (Landsh., Thomann). ...

— das heil. Land. Oder: Beschreib. der merkwürd. Orte des heil. Landes u. der Stadt Jerusalem; nebst e. Geschichte des Leidens u. Sterbens unsers Erlösers Jesus Christus, nach den 4 Evangelisten u. der Geschichte der Zerstörung Jerusalems. Eine lehrreiche Darstell. zur Belehrung u. Erbauung sowohl f. d. Jugend als auch Erwachsene. Mit Titelkpf. gr. 12. Landsh. 832. Krüll. 5 ℳ

—— das heil. Land. Od.: Beschreibung d. merkwürd. Orte d. heil. Landes u. d. Stadt Jerusalem; nebst e. Geschichte d. Leidens u. Sterbens uns. Herrn u. Erlösers Jesus Christus nach d. 4 Evangelisten, u. der Geschichte d. Zerstörung v. Jerusalem. Eine lehrr. Darstell. zur Belehr. u. Erbauung sowohl f. d. Jugend als auch Erwachsene. gr. 12. (4 B. u. Ttlkpfr.) Landshut 832. [Regensburg, Manz.]

—— das heil. Land. Oder: Beschreibung d. merkwürdigsten Orte d. heil. Landes u. d. Stadt Jerusalem; nebst d. Passionsgeschichte unsers Herrn nach d. vier Evangelisten, u. d. Schilderung v. Jerusalems Zerstörung. 2., verm. u. verb. Aufl. gr. 12. (4½ B. u. Ttlkpfr.) Regensburg 839, Manz.

—— Leben d. heil. Martinus, Bischofes zu Tours. Mit beigefügt. Andachtsübungen d. Morgens, Abends, bei d. h. Messe, beim Empfange d. h. Sakramente d. Buße u. d. Altars, nebst Vesper u. Litanei zu Ehren d. h. Martinus, u. e. christl. Haustafel. gr. 12. (4 B. u. Ttlkpfr.) Landshut 833. [Regensburg, Manz.]

—— der Ludwigs-Missions-Verein im Königr. Bayern. Dargest. zunächst f. d. ehrenwerthen kathol. Bürger- u. Bauernstand, dann auch f. jeden Freund d. heil. Angelegenheit d. Menschheit. 12. (2 B.) Landshut 839, Thomann'sche Buchh.

— der Weltpriester. Eine Predigt, gehalten bei der Primizfeier des Hrn. Sebast. Holzner, den 19. Septbr. 1830 in Mauern. gr. 8. Landsh. 831. Thomann. 1 ℳ
(1 B.)

Stauder, Alfons, aus Nürnberg: Über Sarkome des Ovariums. *Nürnberg 1902: J. L. Stich.* (60 S.) 8°
Würzburg, Med. Diss. v. 1902

Wir glauben alle an einen Gott! Ein Beitrag zur Pflege der Toleranz und des Gottesbegriffes in der Freimaurerei. [Von] Alfons Stauder. Nürnberg o. J. 20 S. 8°. [Umschlagtit.]

Stauder, J.: Zur Geschichte der Emmericher Studienstiftungen. 16 S. Emmerich, Schul-/Univ.-Schrift 1865

Stauder: De vexilli et vexillariorum apud Tacitum vi atque usu. 16 S.–Köln kth., Progr. 1863

Stauder. De vexilli et vexillariorum apud Tacitum vi et usu. Coloniae, Berlin 1863.

Stauder, Karl [Rechtspraktikant am kgl. Landger. Nürnberg]: Die religiöse Erziehung der Kinder aus gemischten Ehen nach bayerischem Rechte und die Rechtsprechung des Verwaltungsgerichtshofes ... Nürnberg, Druck [!] v. F. Monninger, 1892; 2 Bl., 49 S. 8.
Erlangen, Jur. Fak., Inaug.-Diss. v. 1892

Staudhamer, Seb., s.: **Jahres-Mappe der deutschen Gesellschaft f. christliche Kunst.**

Staudhamer, S., s.: Konkurrenzen der deutschen Gesellschaft f. christliche Kunst.

Staudhammer, S., s.: Kunst, christliche.

Staudigl, Karl

Staudigl, K., Tabelle zur Berechnung von Tagelöhnen u. Gespannschichten. Zum Gebrauche f. Forstmänner, Revisoren, Gutsverwalter, Werk- u. Bauführer, Vorarbeiter zc. 8. (63 S.) Waldmünchen 890. (Amberg, Pohl's Buchhandlg.) n. 1. 20

Staudigl, Karl, Tabelle zur Berechng. v. Tagelöhnen u. Gespannschichten. Zum Gebrauche für Forstmänner, Revisoren, Gutsverwalter, Werk- u. Bauführer, Vorarbeiter zc. bearb. (Neue [Titel-] Ausg.) gr. 8. (63 S.) Waldmünchen (890). München 893. E. Pohl's Verlag. n. 1. 20

Staudigl, Oskar: Blumen und Blüten, s.a. Jessen's, A. Ch., Volks- und Jugend-Bibliothek. 114.

Staudigl, Osk., Blumen u. Blüten, s.a. Pichler's Jugendbücherei.

(F) **Staudigl**, O., Blumen und Blüten. [Pichlers Jugendbücherei. Bd. 29.] 8°. (95 S.) geb. K 1.–
Wien: Pichler 1907.

STAUDIGL, **Oskar**
(F) Aus deutschem Herzen. Deutsche Gesänge von Oskar Staudigl. Wien. 1899. Amonesta. 8°. 16 S. fl. —.20

— Laßt euch was erzählen, s.a. Pichler's Jugendbücherei.

(F) **Staudigl**, O., Laßt euch was erzählen! [Pichlers Jugendbücherei. Bd. 42.] 8°. (89 S.) geb. K 1.–
Wien: Pichler 1907.

– Die Schatzgräber, s. Jessen's, A. Ch., Volks- und Jugend-Bibliothek. 95.

Staudigl, Rud., Anwendung der räumlichen Central- u. Parallelprojection zur Lösung verschiedener, die Flächen zweiter Ordnung betreffender Probleme. [Aus d. Sitzungsber. d. k. Akad. d. Wiss.] Wien 869. (Gerold's Sohn.) Lex.-8. (20 S. mit 1 Steintaf. in qu. 4.) n. 6 *ngr.*

Staudigl Rudolf: Anwendung der räumlichen Zentral- und Parallelprojektion zur Lösung verschiedener die Flächen zweiter Ordnung betreffender Probleme (mit 1 Taf.). S. 58. II. 811 . . . . vgr.
Separatabdruck

Staudigl, Rud., Bestimmung v. Tangenten an die Selbstschattengrenze v. Rotationsflächen. Mit 1 (lith.) Taf. in qu. 4. [Aus: „Sitzungsber. d. k. Akad. d. Wiss."] Lex.-8. (7 S.) Wien 874. Gerold's Sohn in Comm. n. — 50

— Bestimmung von Tangenten an die Selbstschattengrenze von Rotationsflächen (mit 1 Taf.). S. 68. II. 228 . . . . vgr.
Separatabdruck

— Durchführung verschiedener, die Curven 2. Grades betr. Constructionen mit Hilfe von Kegel- u. Cylinderflächen. Mit 1 (lith.) Taf. (in qu. Fol.) [Aus d. Sitzungsber. der k. Akad. d. Wiss.] Ebend. 869. Lex.-8. (12 S.) n. 5 *ngr.*

Staudigl Rudolf: Durchführung verschiedener, die Kurven zweiten Grades betreffende Konstruktionen mit Hilfe von Kegel- und Zylinderflächen (mit 1 Taf.). S. 58. II. 960 . . . . vgr.
Separatabdruck

— Ellipsenconstructionen. Mit 1 (lith.) Taf. (in 4.) [Aus d. Sitzungsber. d. k. Akad. d. Wiss.] Ebend. 869. Lex.-8. (12 S.) n. 5 *ngr.*

— Ellipsenkonstruktionen mit 1 Taf. S. 59. II. 189 . . . . vgr.
Separatabdruck

Staudigl, Rud., Grundzüge der Reliefsperspective. Lex.-8. (VII, 134 S. mit 39 in den Text gedr. Holzschn.) Wien 868, Seidel und Sohn. *

Staudigl, Rud., über die Identität v. Constructionen in perspectivischer, schiefer u. orthogonaler Projection. [Mit 1 (lith.) Taf.] [Aus: „Sitzungsber. d. k. Akad. d. Wiss."] Lex.-8. (5 S.) Wien 872. Gerold's Sohn in Comm. — 30

— Über die Identität von Konstruktionen in perspektivischer, schiefer und orthogonaler Projektion (mit 1 Taf.). S. 64. II. 190 . . . . vgr.
Separatabdruck

— Construction eines Kegelschnittes, wenn derselbe durch imaginäre Punkte u. Tangenten bestimmt wird. Mit 1 (lith.) Taf. [Aus d. Sitzungsber. d. k. Akad. d. Wiss.] Ebend. 870. Lex.-8. (14 S.) n. 4 *ngr.*

— Konstruktion eines Kegelschnittes, wenn derselbe durch imaginäre Punkte und Tangenten bestimmt wird (mit 1 Taf.). S. 61. II. 607 . . . . vgr.
Separatabdruck

Staudigl, Dr. R., Lehrbuch der neueren Geometrie für höhere Unterrichtsanstalten und zum Selbststudium. Mit 82 Holzschnitten. Wien 1870. 8°.

—— **Lehrbuch der neueren Geometrie für höhere Unterrichts-Anstalten und zum Selbststudium.** gr. 8. (XII, 365 S. mit 82 eingedr. Holzschn.) Wien 871, Seidel und Sohn. *

Staudigl, Rud., die axonometrische und schiefe Projection [Parallel-Perspective]. Ein Lehrbuch für techn. Schulen und zum Selbst-Studium. gr. 8. (VII, 147 S. mit 89 eingedr. Holzschn.) Wien 875, Seidel und Sohn. *

Staudinger, Lucas Andreas.
Sein Leben und Wirken. Hamb. 1845. V: *Kramer, Wilhelm August.* (schr)

Staudinger, Luc. Andr. Sein Leben u. Wirken. Hrsg. auf Veranlassung d. patriot. Gesellschaft zu Hamburg. gr. 8. (2 B.) Hamburg 845, (Nestler u. Melle.) *

Staudinger, Carl, s. Staudinger, Karl

Staudinger, C., Hundemaulkörbe und Hundefuhrwerk. Ein Beitrag zur Förderung des Thierschutzes. gr. 8. (51 S.) Leipzig 888, Wolff. *

Staudinger, E., über die Verwerflichkeit des permanenten Maulkorbzwanges als Schutzmittel gegen die Uebertragung der Hundswuth. Eine Abhandlg. gr. 8. (36 S.) Dresden-Blasewitz 887. Wolff. n. — 50

Staudinger, Ed., d. Geheimnisse d. Friedhofs d. Père-Lachaise. 8. (36 S.) Frankfurt a/M. 895. Gebr. Knauer. n. — 80

Staudinger, Ed., der Seeräuber. Der Streik der Tanzbären. Der Preisrichter. 3 Humoresken. 8. (III, 100 S.) Frankfurt a/M. 893. Gebr. Knauer. n. 1. 50

Staudinger, Eduard, Buisson contra Pasteur od. die Schwitzkur als das richtige Mittel zur Verhütung u. Heilung der Wurmkrankheit. Offene Sendschrift an den Hrn. Grafen v. Oppersdorff in Oberglogau, Mitglied des preuss. Herrenhauses. (30 S.) Lex.-8. Berlin 906. H. Bermühler. n. — 80

— s.a. Pasteur's Totenlisten.

Pasteurs Todtenlisten. 2209 trotz oder infolge d. Schutzimpfung eingetretene Todesfälle. Bis z. 1. Jan. 1905 rev. u. als Suppl. zu d. Zoophilist and Animals' Defender ⟨Tierfreund u. Verteidiger d. Tiere⟩ 1905 hrsg. von d. National Anti-Vivisection Society in London. Aus d. Engl. übers. u. mit e. Einl. versehen von Eduard **Staudinger**. Berlin: H. Bermühler 1905. (49 S.) 4° [08. 6390

STAUDINGER, FERDINAND: Lob-Rede von der grossen heiligen Elisabetha Königs Andreae in Hungarn Tochter und Ludovici Landgrafen in Hessen und Thüringen Gemahlin Vorfahrin der Elisabethinerinnen, vorgestellt in der evangelischen Parabel von dem Handelsmann und Perlen von Ferdinand Staudinger, Prediger aus dem Orden der Augustinereremiten. Pressburg 1751. Gedruckt bey Johann Michael Landerer. (14 S.) - 4°

STAUDINGER, FERD(INAND O. E. S. A.:) Lob-Rede von dem grossen Stifter des Ordens der Barmhertzigkeit Joanne von Gott, da in dem Löbl. Gottes-Haus und Closter-Kirchen deren WW. EE. FF. Misericordiae Zu Pressburg, Sein Fest-Tag den 8. Mertzen 1752. mit grosser Solemnität begangen wurde. Pressburg 1752. Gedr. bey Johann Michael Landerer. 12 f. - 4°

Staudinger, Franz

Staudinger, F., zur Abwehr!, s.a. Volksbücher, genossenschaftl. 5.

Zur Abwehr! Von F[ranz] **Staudinger.** Hamburg: H. Kaufmann & Co. 1904. (40 S.) 8°
= Volksbücher, Genossenschaftliche. No 5.

[F.] **Staudinger,** *Franz* [Prof. Dr.]: Die objektive Apperzeption und ihre pädagogische Bedeutung. Worms, Druck v. A. K. Boeninger, 1897; 3—25 S. 4.
Worms, grossh. G u. grossh. R, OP 1897 (662)

Staudinger, F., Beiträge zur Volkspädagogik, s.a. Vortragskurse, ethisch-socialwissenschaftl.

[F.] Beiträge zur Volkspädagogik. Von Dr. F[ranz] **Staudinger,** Prof. ... zu Worms. *Bern: Steiger & C. 1897.* (64 S.) 1 Bd 8.
= Vortragskurse, Ethisch-socialwissenschaftliche. Bd VI. [97-4936

Staudinger, Frz., die wirtschaftliche Entwicklung u. die politischen Parteien. (IV, 61 S.) kl. 8. Worms 910. Wormser Verlags- u. Druckerei-Gesellschaft. 1. —

Staudinger, F., Ethik u. Politik. gr. 8. (VI, 162 S.) Berlin 899. F. Dümmler's Verl. n. 2.40

Staudinger, F., die evangelische Freiheit wider den Materialismus des Bekenntnißglaubens, s.a. Zeit- und Streitfragen, deutsche.

Staudinger F, die evangelische Freiheit wider den Materialismus des Bekenntnisglaubens. (Zeit- und Streitfragen 213-214) Berlin 1885

Freimaurertum und Logentum. Skizzen von F[ranz] Staudinger. Frankfurt a. M.: Mahlau & Waldschmidt 1898. 72 S. 8⁰ [Umschlagtit.]
Aus: Bh. 41 (1898) S. 67—70, 73—75, 100—102, 105—107, 117—119, 124—127, 130—134, 141 bis 143, 156—158.
cf. Bh. 41 (1898) S. 129—130.
Abhandlungen üb. d. Begriff d. Humanität; d. Ideal; Humanität als sittl. Weltanschauung; Toleranz; Allerlei Jesuitismus; Humanität u. Logentum; Hieber u. Holtschmidt; Was tun?

Staudinger, Frz., die zehn Gebote im Lichte moderner Ethik. Vortrag, geh. am 26. IX. 1902 zu Weinheim vor den Lehrerbezirksvereinen der Bergstraße u. des Weschnitztales. gr. 8. (35 S.) Darmstadt 902. L. Saeng. n. — 50

Gedankenspähne [!] über die Zukunft der Freimaurerei von Br. Y [d. i. Franz Staudinger]. Frankfurt a. M.: Mahlau & Waldschmidt 1909. 44 S. 2⁰ [Umschlagtit.]
S. 1—36 abgedr. in: Bh. 52 (1909) S. 105—107, 117—119, 146—149, 155—157, 161—163, 180 bis 182.
cf. Bbl. 23 (1909) S. 620 (G. Diercks); Al. 36 (1910) S. 88 (H. Keller); Brh. 7 (1910) S. 23.
Betr. d. Aufgabe d. Frmrei u. d. Mittel, sie zu einem lebendigen Faktor i. d. Kulturentwicklung zu machen.

Staudinger, Frz., die Gesetze der Freiheit. Untersuchungen über die wissenschaftl. Grundlagen der Sittlichkeit, der Erkenntnis und der Gesellschaftsordnung. I. Bd.: Das Sittengesetz. gr. 8. (VI, 387 S.) Darmstadt 887, Brill. *

Staudinger, Frz., wirtschaftliche Grundlagen der Moral. (III, 160 S.) gr. 8. Darmstadt 907. E. Roether. n. 3. —

— Die Konsumgenossenschaft, s.a. Aus Natur u. Geisteswelt.

Die Konsumgenossenschaft. Von Prof. Dr. phil. Franz Staudinger. Leipzig: B. G. Teubner 1908. (145 S.) 8° [F.]
= Natur, Aus, u. Geisteswelt. Bdch. 222. [04. 10838]

— Methode od. Dogma? Ein Nachwort zum Darwinstage. (35 S.) 8. Darmstadt 909. E. Roether. — 75

Staudinger, Frz., Noumena. Die „transcendentalen" Grundgedanken und die „Widerlegung des Idealismus". gr. 8. (VIII, 144 S.) Darmstadt 884, Brill.

— Die moralische Phrase im Liberalismus u. deren Ueberwindung. Ein Vortrag. (24 S.) gr. 8. Darmstadt. 907.

Staudinger, Frz., das Sittengesetz. Untersuchgn. üb. d. allgem. Grundlagen d. Freiheit u. d. Sittlichkeit. 2. [Titel-] Aufl. (v. „Die Gesetze d. Freiheit", 1. Bd.). gr. 8. (VIII, 387 S.) Berlin (887) 897. F. Dümmler's Verl. n. 6. —

Staudinger, F. Sonst, Heute u. Einst in Religion u. Gesellschaft. 8. (VII, 103 S.) Lpz. 889, Findel. * 1 —

Staudinger, Frz., Sprüche der Freiheit. Wider Nietzsche's u. Anderer Herrenmoral. (188 S.) 8. Darmstadt 904. E. Roether. n. 2. —; geb. n. 3. —

— Umsturz in Sicht! Betrachtungen zur Reichstagswahl. (26 S.) gr. 8. Ebd. 907. p — 20

— von Schulze-Delitzsch bis Kreuznach, s.a. Volksbücher, genossenschaftliche. 2.

Von Schulze-Delitzsch bis Kreuznach. Eine Festgabe z. Errichtung d. Gesamtverbandes d. Deutschen Konsumvereine am 17. u. 18. Mai 1903. Von F[ranz] Staudinger. *Hamburg: H. Kauffmann 1903.* (78 S.) 8° [F.]
= Volksbücher, Genossenschaftliche. No 2. [04. 10080 9]

Wolf, Philipp Nikolaus [Präs.] u. Georg Melchior Staudinger [Resp.] Dissertatio philologica de hirco emissario, Levit. XVI, 8. 10. 26. Giessae Jan. 1754: Eberh. Heinr. Lammers. 63 (1) S. 4⁰

Staudinger sen., H. C. D., Ernstes u. Heiteres aus Mecklenburg. gr. 8. (V, 150 S.) Rostock 897. Stiller. n. 2. —

Mancherlei aus Mecklenburgs Vergangenheit wie Gegenwart. Statistisches, Geschichtliches u. s. w. von H. C. D. Staudinger sen. *Lübeck: Selbstverl. 1894.* (128 S.) 8° [F.] [04. 7199]

Staudinger, Hermann, aus Worms: Anlagerung des Malonesters an ungesättigte Verbindungen. *Halle a. d. S. 1903: E. Karras.* (70 S.) 8°
Halle, Phil. Diss. v. 1903

Staudinger, I. G., de Castratione. 8. maj. Halae, Schimmelpfenning. 804.

Staudinger, Jos., u. Ernst Bischoff, Instruktionsbuch f. die d. bayer. Landesverband angeschloss. Darlehenskassenvereine, nebst e. durchgef. Jahresrechng. nach d. Rechnungs-Schematismus d. Landesverbandes. gr. 8. (VIII, 383 S.) München 896. Bayer. Landesverband landwirthschaftl. Darlehenskassenvereine. Geb. in Leinw. n. 3. —

Staudinger, Jos., Die Raiffeisenvereine, ihr Wesen, ihre Stärke, ihre Sicherheit, ihr allseitiger Nutzen und ihre Gründung im bayer. Landesverbande. 8⁰. Passau, M. Waldbauer, 1893.

Staudinger, Jos., die Raiffeisen-Vereine, ihr Wesen, ihre Stärke, ihre Sicherheit u. ihr allseit. Nutzen, nebst ausführl. Anleitg. üb. Gründg. u. Geschäftsführg. 2., umgearb. Aufl. 8. (72 S.) Passau 895. M. Waldbauer.

— Wie kommt der Bauer auf einen grünen Zweig? Belehrung über Kunstdünger, Wirtschaftsbedürfnisse u. Raiffeisenvereine. kl. 8⁰. Passau, Waldbauer, 1892.

Staudinger, Jul. v., Anleitung zum Fischen in Waldgewässern. M. zahlr. Abb. (Weidmannsbücher.) 8. (VI, 92 S.) Berlin 896. P. Parey. Kart. n. 1.50

Staudinger, Jul., die Anstalten und Einrichtungen für künstliche Fischzucht im Königreich Bayern. Eine statistisch beschreibende Studie. Aus Anlaß des I. Deutschen Fischereitags in München mit geneigter Förderung Seitens kgl. Stellen und Behörden und freundl. Mitwirkung der bayer. Kreisfischerei-Vereine veröffentlicht vom bayer. Landes-Fischerei-Verein in München. Lex.-8. (18 S. mit 1 Karte.) München 885, (Kaiser.) **

Staudinger, Jul., die Einführung norddeutscher Justizgesetze als Reichsgesetze in Bayern. 2 Abthlgn. à 3 Lfgn. Lex.-8. Erlangen, Palm und Enke. [1. Abthl. 1. Lfg. 1. und 2. unveränd. Abdr. (VII, S. 1—122.) 871. *M 1,60.; 2. Lfg. (S. 123—196.) 871. *M 1,20.; 3. Lfg. (VII—X, S. 197—263.) 872. *M 1,20.; 2. Abthl. 3 Lfgn. (S. 1—88; 89—176; 177—258.) 871. à *M 1,20.] *

J. Staudinger, Die Fischereisache und die Fischereivereine, ihre Lage und Bedürfnisse. (Ansprache.) Beilage Nr. 8 zu Bayer. F.Z., 6, **München. 1881.**

Staudinger, Jul., der Fischereischutz durch die Strafgesetzgebung. Nach deutschem Reichs- und bayer. Landes-Rechte für Fischerei-Interessenten und Juristen erörtert. 8. (VIII, 98 S.) Nördlingen 881, Beck'sche Buchh.

Staudinger, Jul., das Gesetz vom 10. November 1861, die Einführung des Strafgesetzbuches und Polizeistrafgesetzbuches für das Königreich Bayern betr. Mit Anmerkungen herausg. Nebst einem die neuesten Verordnungen aus dem Gebiete des Strafrechts enthaltenden Anhange. Nördlingen 862. Beck. gr. 8. (X, 116 S.) n. 12 ngr.

Staudinger, Jul. v., s.: Gesetzgebung, die, des Königr. Bayern.

— eheliches Güterrecht, s.: Kommentar z. bürgerl. Gesetzbuche f. d. Deutsche Reich.

Staudinger, Jul. v., s.a. Kommentar zum bürgerl. Gesetzbuche f. das deutsche Reich.

Staudinger's, Jul. v., Kommentar zum bürgerl. Gesetzbuch u. dem Einführungsgesetze, hrsg. von Thdr. Löwenfeld, Erwin Riezler, Ludwig Kuhlenbeck, Karl Kober, Thdr. Engelmann, Fel. Herzfelder, Jos. Wagner. 2. vollständig neubearb. Aufl. 26 Lfgn. gr. 8. München, J. Schweitzer Verlag. n. 124. 20; geb. in Halbfrz. n. 141. 70

I. Bd. (XII, 624 S.) 903. 904. n. 14. —; geb. n. 16. 50
II. Bd. (a 349 u. b VIII, VIII, 1015 S.) 905. n. 31. 60; geb. n. 36. —
III. Bd. (VIII, 664 S.) 903. n. 15. —; geb. n. 17. 50
IV. Bd. (VIII, 1286 S.) 903—905. n. 28. 60; geb. n. 31. 60
V. Bd. (XII, 820 S.) 903—905. n. 19. —; geb. n. 21. 60
VI. VII. Bd. (VIII, 403 u. VII, 223 S.) n. 16. —; geb. n. 18. 50
1. Aufl. s: Kommentar zum BGB.

Staudinger's, J. v., Kommentar zum bürgerlichen Gesetzbuch u. dem Einführungsgesetze, hrsg. v. Thdr. Löwenfeld, Erwin Riezler, Philipp Mayring, Ludw. Kuhlenbeck, Karl Kober, Thdr. Engelmann, Fel. Herzfelder, Jos. Wagner. 3./4. neubearb. Aufl. 7 Bde. Lex. 8. München 907. 08. J. Schweitzer Verl. 157.50; geb. n 177.50; auch in 22 Lfgn.

I. (XVI, 687 S.) 17.50; geb. n 20. —
II. (VII, VII, 1615 S.) 40.—; geb. n 45. —
III. (VIII, 974 S.) 24.—; geb. n 26. 50
IV. (XV, 1472 S.) 37.—; geb. n 42. —
V. (X, 663 S.) 21.50; geb. n 24.
VI. VII. (165 u. 258 S.) 17.50; geb. n 20. —

— dasselbe. 5./6. neubearb. Aufl. 1.—17. Lfg. Lex. 8. Ebd. 115. —

2. 5. 7. I. Bd. Allgemeiner Tl. Erläutert v. Thdr. Löwenfeld u. Erwin Riezler. (XV, 736 S.) 909. 10. 18.—; geb. n 20. 50
8. 14—16. II. Bd. Recht der Schuldverhältnisse, allgemeiner Tl., erläutert v. L. Kuhlenbeck; Einleitung zum besonderen Tl., v. K. Kober. 1.—4. Lfg. (S. 1—528.) 910. 28. —
1. 3. 9. 10. III. Bd. Sachenrecht. Erläutert v. Karl Kober. (VIII, 1068 S.) 909. 10. 26.—; geb. n 28. 50
4. 6. 11—13. IV. Bd. Familienrecht, erläutert v. Th. Engelmann, alphabetisches Register zum IV. Bde., bearb. v. F. Keidel. (VIII, VIII, 1511 S.) 909. 10. 37.—; geb. n 42. —
17. V. Bd. Erbrecht (§§ 1922—2065), erläutert v. F. Herzfelder. 1. Lfg. (S. 1—240.) 910. 6. —

J. Staudinger, Bayerische Landesfischereiordnung. (Vorläufiger Entwurf.) **München. 1882.**

—— die Landesfischereiordnung für das Königreich Bayern vom 4. Oktbr. 1884. Mit Erläuterungen. 8. (V, 170 S.) [Nördlingen 885.] München, Beck'sche Verlagsh. cart. *

Staudinger, J. v., die Landesfischereiordnung f. das Königr. Bayern vom 4. Oktbr. 1884. Mit Erläutergn. hrsg. 2. Bdchn., enth. die Kreisfischereiordnungen u. sonst. Zusatzvorschriften. 8. (III, 84 S.) Nördlingen 888. München, Beck. cart. n. 1. 40 (1. u. 2.: n. 3. 40)

— die Landesfischereiordnung f. das Königr. Bayern vom 4. Oktbr. 1884. Mit Erläutergn. hrsg. 2. Bdchn., enth. die Kreisfischereiordngn. u. sonst. Zusatzvorschriften. 2., rev. u. verm. Aufl. 8. (IV, 106 S.) München 894. C. H. Beck. Kart. n. 1. 40

—— das Polizeistrafgesetzbuch für das Königr. Bayern nach den Landesgesetzen vom 26. Dezbr. 1871 und 28. Febr. 1880, dann mit den sonst. Abänderungen durch die neuere Gesetzgebung. Mit Einleitung, kurzen Anmerkungen und Sachregister. 16. (X, 134 S.) Ebendas. 880. cart. *

— das Polizeistrafgesetzbuch f. das Königr. Bayern nach den Landesgesetzen vom 26. Dezbr. 1871, 28. Febr. 1880 u. 20. März 1882, dann m. den sonst. Abändergn. durch die neuere Gesetzgebg. Mit Einleitg., kurzen Anmerkgn. u. Sachregister. 2. rev. Aufl. 16. (VI, 142 S.) Nördlingen. 1885.

— das Polizeistrafgesetzbuch f. das Königr. Bayern nach den Landesgesetzen vom 26. Dezbr. 1871, 28. Febr. 1880, 20. März 1882, 5. Apr. 1888, 5. Mai 1890 u. 9. Febr. 1892, dann m. den sonst. Abändergn. durch die neuere Gesetzgebg. Mit Einleitg., kurzen Anmerkgn. u. Sachregister. 3., rev. Aufl. gr. 16. (VI, 153 S.) Ebd. 893. Kart. n. 1. 20

— das Polizeistrafgesetzbuch f. das Königr. Bayern nach dem Stande der Gesetzgebung ab 1. I. 1900. Mit Einleitg., Anmerkgn. u. Sachregister. 4. ergänzte Aufl. 12. (VII, 155 S.) München 900. C. H. Beck. Kart. n. 1. 20

— das Polizeistrafgesetzbuch f. das Königr. Bayern. 1.—4. Aufl. bearb. von v. St. 5. Aufl. völlig neubearb. v. Herm. Schmitt. (VIII, 172 S.) 12. München 904. C. H. Beck. Geb. in Leinw. n. 1. 60

Staudinger, Jul., die Rechtslehre vom Lebensversicherungsvertrag. Lex.-8. (VIII und 200 S.) Erlangen 858. Enke's Verlagsbuchh. *

—— Sammlung strafrechtlicher Spezialgesetze des Deutschen Reichs. Textausg. mit kurzen Anmerkungen. 16. (VII, 310 S.) Ebendas. 880. cart. *

— Sammlung strafrechtlicher Spezialgesetze d. Deutschen Reichs. Textausg. m. kurzen Anmerkgn. 1. Ergänzungsbdchn. 16. (V, 206 S.) Ebend. 886. cart. n. 2.
(Hauptwerk u. 1. Ergänzungsbdchn.: n. 4. —)

— Sammlung von Staatsverträgen des Deutschen Reichs über Gegenstände der Rechtspflege. Text-Ausg. mit Anmerkungen, Sachregister rc. 16. (XII, 493 S.) Ebendas. 882. * cart. *

— dass. — 1. Ergänzungsbdchn. 16. (VII, 157 S.) Ebendas. 884. cart. *

Sammlg. v. Staatsverträgen d. Deutschen Reichs üb. Gegenstände d. Rechtspflege. Text-Ausg. m. Anmerkgn., Sachregister rc. 2., neubearb. u. verm. Aufl. 2 Bde. gr. 16. (XIV, 422 u. VIII, 441 S.) München 895. C. H. Beck. Kart. n. 8. 50

s.: Seuffert's, J. A., Blätter f. Rechtsanwendg.

— das Strafgesetzbuch für das Königr. Bayern. Mit Anmerkungen hrsg. 8 Lfgn. gr. 8. (XV und 243 S.) Nördlingen (861)62, Beck'sche Buchh. *

— das Strafgesetzbuch für das deutsche Reich mit den Einführungs- und Nebengesetzen für das Königr. Bayern. Mit Erläuterungen. 9 Lfgn. gr. 8. (VI, 760 S.) Nördlingen 872, Beck'sche Buchh. *

taudinger, Jul., das Strafgesetzbuch für das Deutsche Reich nach den Gesetzen vom 15. Mai 1871 und 26. Febr. 1876. Mit Anmerkungen und Register. 1. und 2. Aufl. 16. (XIV, 178 S.) Nördlingen 876, Beck'sche Buchh. cart. *

— dass. — mit den Einführungs- und Nebengesetzen für das Königr. Bayern. Mit Anmerkungen. Ergänzungsbd. gr. 8. (X, 366 S.) Ebendas. 876. *

· das Strafgesetzbuch für das Deutsche Reich nach den Gesetzen vom 15. Mai 1871, 26. Febr. 1876 u. 10. Febr. 1877. Nebst einem Anhang über die Organisation u. Zuständigkeit der Strafgerichte nach dem Gerichtsverfassungsgesetz vom 27. Jan. 1877. Mit Anmerkungen u. Register. 3., verm. Aufl. 16. (XII, 203 S.) Ebend. 879. cart. n. 1. —

· das Strafgesetzbuch f. das Deutsche Reich nach den Gesetzen vom 15. Mai 1871, 10. Dezbr. 1871, 30. November 1874, 6. Febr. 1875, 26. Febr. 1876, 10. Febr. 1877, 14. Mai 1879 u. 24. Mai 1880. Nebst e. Anh., enth. das Reichspreßgesetz, das Reichsgesetz üb. den Verkehr m. Nahrungsmitteln rc., dann die reichsgesetzl. Bestimmgn. üb. die Organisation u. Zuständigkeit der Strafgerichte. Mit Anmerkgn. u. Register. 4. Aufl. 16. (XIV, 227 S.) Nördlingen 884. Beck. n. 1. —

· das Strafgesetzbuch f. das Deutsche Reich in der Fassung d. J. 1893. Nebst Anh., enth. insbesondere das Reichspreßgesetz, die Reichsgesetze üb. den Verkehr m. Nahrungs- u. Genußmitteln rc., dann die reichsgesetzl. Bestimmgn. üb. die Organisation u. Zuständigkeit der Strafgerichte. Mit Einleitg., Anmerkgn. u. Register. 5., neubearb. Aufl. gr. 16. (XVI, 280 S.) Ebd. 893. Kart. n. 1. —

· Strafgesetzbuch f. d. Deutsche Reich nach d. neuesten Stande. Nebst Anh., enth. d. wichtigsten strafrechtl. Nebengesetze. Mit Einleitg., Anmerkgn. u. Register. 6., ergänzte Aufl. 12. (XIX, 261 S.) München 898. C. H. Beck. Geb. in Leinw. n. 1. —

· Strafgesetzbuch f. das Deutsche Reich nach d. neuesten Stande. Nebst Anh., enth. die wichtigsten strafrechtlichen Nebengesetze. Mit Einleitg., Anmerkgn. u. Register. 8. durchgeseh. u. ergänzte Aufl. 12. (XXII, 240 S.) München 902. C. H. Beck. Geb. in Leinw. n. 1. —
7. Aufl. (XIX, 261 S.) 900. Geb. n. 1. —.

· Strafgesetzbuch f. das Deutsche Reich. 1.—8. Aufl. bearb. von d. St. 9. Aufl. bearb. v. Herm. Schmitt. (X, 205 S.) kl. 8. Ebd. 907. In Leinw. kart. n. 1. —

—— Strafgesetzgebung für das Deutsche Reich, enthaltend: 1) das Reichsstrafgesetzbuch (in neuester Fassung) (3. Aufl.), 2) Sammlung strafrechtl. Spezialgesetze des Deutschen Reichs (3. Aufl.), 3) die Reichsstrafprozeßordnung. 16. (XII, 203; VII, 310; XXVII, 259 S.) Ebendas. 880. geb. *

—— Strafprozeßordnung für das deutsche Reich vom 1. Febr. 1877. Mit Einleitung, Anmerkungen, Auszügen aus dem Reichsgerichtsverfassungsgesetze und anderen Gesetzen, sowie Sach-Register. 16. (XXVII, 259 S.) Ebendas. 877. cart. *

Staudinger, Jul., Strafprozeßordnung f. das deutsche Reich v. 1. Febr. 1877. Textausg. m. Anmerkgn., Auszügen aus dem Reichsgerichtsverfassungsgesetze, anderen einschläg. Gesetzen u. reichsgerichtl. Urtheilen, sowie m. Sachregister. 2. Aufl. 16. (X, 338 S.) Nördlingen 883. Beck. cart. n. 2. —

— Strafprozeßordnung f. das Deutsche Reich vom 1. Febr. 1877, nebst dem Gerichtsverfassungsgesetze vom 27. Jan. 1877. Textausg. m. Anmerkgn., Auszügen aus anderen einschläg. Gesetzen u. reichsrichterl. Urtheilen, sowie m. Sachregister. 3., verm. Aufl. gr. 16. (VIII, 388 S.) Ebd. 893. Kart. n. 2. —

—— Ueberschau der auf das bayerische Strafgesetzbuch und Polizeistrafgesetzbuch nebst dem Einführungsgesetze vom 10. Novbr. 1861 bezüglichen, seither erschienenen Verordnungen, Ministerialentschließungen, wichtigeren Erkenntnisse und Abhandlungen. gr. 8. (IV und 124 S.) Nördlingen 865, Beck'sche Buchh.

— d. Vereinsrecht nach d. bürgerl. Gesetzbuche. In s. Grundzügen dargest. M. d. einschläg. Gesetzestexte. [Aus: „Seuffert's Blätter f. Rechtsanwendg."] gr. 8. (IV, 83 S.) Erlangen 897. Palm & Enke. n. 1. 20

Vorträge aus dem Gebiete des Bürgerlichen Gesetzbuchs für Verwaltungsbeamte. Von Dr. Julius v. Staudinger. (In 6 Lfgn.) München: J. Schweitzer (1899–) 1900. (XI, 616 S.) 8°

Staudinger, Karl, Geschichte des kurbayer. Heeres, insbesondere unter Kurfürst Ferdinand Maria 1651—1679, auf Grundlage der Quellenforschgn. u. Textentwürfe v. L. Winkler u. K. Frhr. v. Reitzenstein bearb., s.a. Geschichte des bayer. Heeres. I.

Geschichte des kurbayerischen Heeres insbes. unter Kurfürst Ferdinand Maria 1651–1679. Auf Grundlage d. Quellenforschung u. Textentwürfe von Major z. D. L(eonhard) Winkler u. Major a. D. K(arl) Frh. v. Reitzenstein bearb. von Karl Staudinger. Oberst. *München: J. Lindauer 1901.* (XVIII, 139 S.) 8° [F.]
= Geschichte d. Bayerischen Heeres. Bd 1. [01. 3863

Staudinger, Karl, Geschichte des kurbayerischen Heeres unter Kurfürst Karl Albrecht — Kaiser Karl VII. — u. Kurfürst Max III. Joseph. 1726—1777, s.a. Geschichte des bayer. Heeres. III, 1. 2.

Geschichte des kurbayerischen Heeres unter Kurfürst Karl Albrecht – Kaiser Karl VII. – und Kurfürst Max III. Joseph. 1726–1777. Nach d. Quellenforschungen u. e. Textentwürfe d. Majors z. D. u. Archivars Luitpold Lutz bearb. von Karl Staudinger, Oberst z. D. Halbbd 1. München: J. Lindau 1908. 8° [F.]
= Geschichte d. Bayerischen Heeres. Bd 3. [08. 13160 9

Staudinger, Karl, Geschichte des kurbayer. Heeres unter Kurfürst Max II. Emanuel, s.a. Geschichte des bayer. Heeres. II.

Geschichte des kurbayerischen Heeres unter Kurfürst Max II. Emanuel 1680–1726. Von Karl Staudinger, Oberst z. D. Halbbd. 1. 2. München: J. Lindauer 1904–05. 2 Bde 8°
2. (Mit 8 Übersichtskarten.)
= Geschichte d. Bayerischen Heeres. Bd 2.

Staudinger, Karl, appr. Arzt: Aus d. pathol. Inst. zu Giessen. Zur Kasuistik der pialen Lipome des Gehirns. Mit 1 Taf. Giessen 1909: Kindt. 31 S. 8°
Gießen, Med. Diss. v. 28. Sept. 1909, Ref. Bostroem
[Geb. 19. Jan. 85 Vilbel; Wohnort: Gießen; Staatsangeh.: Hessen; Vorbildung: Ludwig-Georgs-Gymn. Darmstadt Reife O. 03; Studium: Gießen 5, Freiburg i. B. 1, München 1, Gießen 3 S.; Coll. 7. Juli 08; Approb. 4. Mai 09.] [U 10. 1166

Staudinger, K. Das bayerische Kriegsarchiv im neuen Armeemuseum zu München. München 1906. 69 S.

Staudinger, **Karl**, das königl. bayerische 2. Infanterie-Regiment „Kronprinz" 1682 bis 1882. Auf Befehl des Regiments-Kommandos verfaßt. 1. Lfg.: Vorgeschichte und Zeitraum von 1682—88. gr. 8. (XI, 181 S.; Anlagen 36 S.) München 882, (Oldenbourg.) *

Staudinger, **Karl**, das königl. bayerische 2. Infanterie-Regiment „Kronprinz" 1682 bis 1882. Auf Befehl des Regiments-Kommandos verf. 2. und 3. Lfg. gr. 8. München, Oldenbourg. *

Inhalt:

Lfg. 2. Zeitraum von 1689—1704. (XII, S. 183—568 und Anlagen S. 37—84 mit 1 Lichtdr.-Portr. und 1 lithogr. Plan.) 885. *M 8.—.

" 3. Zeitraum von 1705—1726. (1. Thl. XII, XXI, S. 569—905 und Anlagen S. 85—191 mit 1 Lichtdr.-Portr. und 1 lithogr. Plan.) 887. *M 10.—.

— s.: Ruhmestaten d. Rittern des k. b. Militär-Max-Joseph-Ordens im Kriege gegen Frankreich 1870/71.

— Der deutsche Soldat m. Waffe u. Werkzeug, s.: Hoffmann, Ant.

Staudinger, Kaspar Konrad (Frankfurt/M.) A. S. 40/15

Dissertatio inauguralis iuridica de consuetudine contradicto iudicio firmata ad l. XXXIV. D. de ll. sct. et long. consuetud.
Göttingen (Hager) 3. X. 1753. 32 S.

Gew.: Stadt Frankfurt/M.
W. v.: Aug. Christ. Lud. Conr. Fhr. von Reineck, Benjamin Schneider, Balthasar Johann David Clauer, Georg Wilhelm Lindheimer, Robert von Neufville.
33227

[STAUDINGER, LUCAS ANDR.], Entwurf zu einem landwirthschaftlichen Erziehungs-Institute. Hamburg. 1796. P.

Staudinger, L. A., gesammelte prakt. Erfahrungen u. Beobachtn. in d. Gebiete d. Landwirthschaft, so wie auch im Fache d. landwirthschaftl. Erziehungswesens. 1. Hft. Der Duwock. (Equisetum palustre.) 8. (9 B.) Hamburg 839, Hoffmann u. Campe.

Staudinger, **Luc. Andr.**, gesammelte praktische Erfahrungen u. Beobachtungen in dem Gebiete der Landwirthschaft. 2. Hft. Ueber Hrn. Wilh. Beckers Universalmittel gegen den Duwock (Equisetum palustre). Ferner über Brand, Rost, Mutterkorn, Mehl- u. Honigthau, Gichtkorn; nebst einigen prakt. Notizen über Gyps. gr. 12. (7 B.) Hamburg 842, Hoffmann u. Campe.

— Commentar zu Prof. Lehmanns Erklärung im Nr. 6 des hamburg. unparth. Correspondenten, die Preisaufgabe über den Duwock (Equisetum palustre) betreffend. Altona. 1840.

Staudinger, Lucas Andr., über die Verlegung der Hamburger Waisenanstalt nach den Waldbörfern. Nebst einem kurzen Bericht über das Altonaer Waisenhaus. gr. 8. Hamburg 842, Hoffmann u. Campe. 1/6 ß

Staudinger, Otto

Staudinger, O., und M. Wocke, Catalog der Lepidopteren Europa's und der angrenzenden Länder. — Catalogue des lépidoptères d'Europe et des pays limitrophes. Lex.-8. (XVI und 192 S.) Dresden 861, Burdach. **

Staudinger, O., u. M. Wocke, Catalog der Lepidopteren d. europaeischen Faunengebiets. I. Macrolepidoptera bearb. v. O. Staudinger. II. Microlepidoptera. bearb. v. M. Wocke. — Catalogue ou enumération méthodique des Lépidoptères qui habitent le territoire de la faune Européenne. — Lex.-8. (XXXVIII, 426 S.) Dresden 871. Burdach in Comm. n. 8. —; das Verzeichniss der Arten apart (S. 347—424) n.n. 1.25

Catalog der Lepidopteren des palaearctischen Faunengebietes von Dr. O[tto] **Staudinger** u. Dr. H[ans] Rebel. (3. Aufl. d. Cataloges d. Lepidopteren d. europäischen Faunengebietes.) Th. 1. 2. Berlin: R. Friedländer & Sohn 1901. 2 Bde 8°
1. Famil. Papilionidae. Hepialidae.
2. Famil. Pyralidae. Micropterygidae. Von Dr. H. Rebel. [c3. 1177]

– u. M. Wocke

—— Catalogus lepidopterorum territorii Europaei. I. Macrolepidoptera auctore O. Staudinger. II. Microlepidoptera auctore M. Wocke. Lex.-8. (24 S.) (Ebendas.) 871. **

Staudinger, O., Lepidopteren, s.a. **Ergebnisse der Hamburger Magalhaensischen Sammelreise.**

Lepidopteren bearb. v. Dr. O[tto] **Staudinger** '(Blasewitz b. Dresden)'. M. 1 kolor. Taf. Hamburg: L. Friederichsen & C. 1898. (117 S., 1 Taf.) 4° (8°)
= Ergebnisse d. Hamburger Magalhaensischen Sammelreise. Lfg. 4. [No] 7.

Staudinger, O., exotische Schmetterlinge. Abbildungen und Beschreibungen der wichtigsten exot. Tagfalter in systemat. Reihenfolge mit Berücksicht. neuer Arten. Unter techn. Mitwirkung von H. Langhans. Mit gegen 1500 color. Abbild. auf 120 (lithogr.) Taf. 1. Heft. Fol. (5 Taf. mit Text S. 3—6.) Fürth 884, Löwensohn. *

Staudinger, O., und E. Schatz, exotische Schmetterlinge. 1. Thl.: Abbild. und Beschreibungen der wichtigsten exot. Tagfalter in systemat. Reihenfolge mit Berücksichtigung neuer Arten. Unter techn. Mitwirkung von H. Langhans. **Mit gegen 1500 color. Abbild. auf 100 lithogr. und color. Taf.) 2.—21. (Schluss-)Heft. Fol. (S. 7—333.) Fürth 886, Löwensohn.**
Subscr.-Preis für 2.—18. Heft à *M 4.—; 19.—21. Heft *M 14.—. *
Ladenpreis für den 1. Thl. compl. *
geb. in 2 Bde. *

Staudinger, O., u. E. Schatz, exotische Schmetterlinge. 1. Thl.: Abbildungen u. Beschreibgn. der wichtigsten exot. Tagfalter in systemat. Reihenfolge m. Berücksicht. neuer Arten. Unter techn. Mitwirkg. v. H. Langhans. Mit 100 color. Taf. 21 Hfte. Fol. (VIII, 333 S.) Fürth 888. Löwensohn. n. 180. —; geb. n. 200. — (auch in 21 Lfgn.: 1—20 à n. 8.50; 21 n. 10. —)

— — dasselbe. 2. Thl.: Die Familien u. Gattgn. der Tagfalter, systematisch u. analytisch bearb. v. E. Schatz. Nach dem Tode d. Verf. fortgesetzt v. J. Röber. Mit 50 lith. Taf. u. 78 in den Text gedr. Holzschn. 6 Lfgn. Fol. (VI, II, 284 S.) Ebd. 889—892. à Lfg. n. 6. — (kplt.: n. 36. —; geb. n. 45. —)

Staudinger, O., u. E. Schatz, exotische Schmetterlinge. I. Thl.: Abbildgn. u. Beschreibgn. d. wichtigsten exot Tagfalter in systemat. Reihenfolge m. Berücksicht. neuer Arten v. O. Staudinger unt. techn. Mitwirkg. v. H. Langhans. 2. (Titel-) Aufl. Mit 100 color. Taf.) 2.—20. (Schluss-) Lfg. Fol. (S. 15—333 m. je 5 Taf.) Fürth (888) 894—896. G. Löwensohn. à Lfg. n. 6. —

Staudinger, Otto (Car. Henr. Rich.) (geb. Gross-Wüstenfelde in Meckl. 2. 5. 1830): De sesiis agri Berolinensis. Berolini (1854). (66 S.) 4°
Berlin, Phil. Diss. v. 25. März 1854

Staudinger, Otto, de Sesiis agri Berolinensis. Dissertatio entomologica. Accedunt tab. II (in Kpfrst.). Berolini 854. A. Hirschwald. gr. 4. (2 Bl., 68 S. u. 1 Tab. in Fol.) n. 20 ngr.

– u. M. Wocke

—— —— alphabetisches Verzeichniss der Arten der Lepidopteren. Lex.-8. (62 S.) Dresden 861, Burdach. * *

Staudinger, Otto (Red.), s. Zeitschrift, Deutsche Entomologische.

Staudinger, Paul, im Herzen der Haussaländer. Reise im westl. Sudan, nebst Bericht über den Verlauf der deutschen Niger-Benuë-Expedition, sowie Abhandlungen über klimatische, naturwissenschaftl. und ethnograph. Beobachtungen in den eigentl. Haussaländern. gr. 8. (X, 758 S. mit 1 Karte.) Berlin 889, Landsberger. *M 13.—.; geb. *

Staudinger, Paul, im Herzen der Haussaländer. Reise im westl. Sudan, nebst Bericht üb. den Verlauf der deutschen Niger-Benuë-Expedition, sowie Abhandlgn. üb. klimat., naturwissenschaftl. u. ethnograph. Beobachtgn. in den eigentl. Haussaländern. 2. (Titel-)Aufl. gr. 8. (X, 758 S. m. 1 lith. Karte.) Oldenburg 891. Schulzesche Hof-Buchh. n. 10. —; geb. in Leinw. n. 12. —

Staudinger, Paul: Die algerisch-tunesischen Schotts und die Frage der Bewässerung der Depressionen auf Grundlage einer Arbeit und einer Reise von P. Vuillot. ([S.-A.] Geographische Zeitschrift. Jahrg. 1. 1895. S. 692—697.) (Leipzig 1895.) 6 S. 8°.

Staudinger, Wilh., ein Beitrag zur Verständigung über Staat und Kirche. gr. 8. (47 S.) Darmstadt 878, Brill. *

Führer durch das Landwirtschaftliche Institut der Universität Halle. Im Auftr. d. Dir. ... J. Kühn verf. von Dr. W[ilhelm] **Staudinger**. Neudamm 1909: Neumann. 34 S. 8°

Staudinger, Wilhelm: Vergleichende Untersuchungen am Skelete der quartären und rezenten Wildrinder Europas. Ein Beitr. z. Urgeschichte d. Hausrinder. Halle a. S. 1909: Kaemmerer. 35 S. 8° ¶(Ersch vollst. in: Geol. u. paläont. Abhandlungen.)
Halle, Phil. Diss. v. 27. Febr. 1909, Ref. Kühn
[Geb. 8. April 77 Worms; Wohnort: Halle a. S.; Staatsangeh.: Hessen; Vorbildung: Gymn. Worms Reife O. 95; Studium: Halle 8 S.; Rig. 4. Aug. 08.] [U 09. 1709

Stäudlein, das politische Vater-Unser. 4. (4 S.) Berlin 848, Hübenthal & Co. 1 ngr.

Stäudlein, das politische Vater-Unser. 4. (4 S.) Berlin 848, [Reite.]

Stäudlin, C. F., s. Stäudlin, Karl Friedrich

Stäudlin, Charlotte, Gedichte, s. G. F. Stäudlin.

Stäudlin, Gotthold Friedrich

– poet. Blumenlese f. 1786-87. u. 1792-93. 12. Leipz. Kummer. (1786. 87. à 12 gr. 92. 14 gr. 93. 12 gr.)

— poetische Blumenlese, od. Musenalmanach f. 1792 u. 93. 12. Stuttg., v. Cotta. 1 Thlr 2 Gr

Stäudlin, Gotthold Friedrich (Hrsg.), s.a. Blumenlese, Schwäbische, auf das Jahr 1782-1787.

— Schwäbische Blumenlese, od. Musenalmanach f. d. J. 1782—1785 u. 1787. 12. Stuttg., v. Cotta. (à 12 Gr) 2 Thlr 12 Gr

— s. 1) J. J. Bodmer, Apollinarien. 2) Briefe ber. Deutschen an Bodmer.

— Gedichte. 2 Thle. 8. Stuttg. 788, 791. Metzler. 1 Thlr

— u. K. Fr. u. Charlotte, vermischte Gedichte; herausgg. v. e. Freunde d. Familie. 2 Bdchen. 8. Stuttg. 827. Sonnewald. 1 Thlr 4 Gr Velinp. 2 Thlr

— Albr. v. Haller, e. Gedicht in 3 Ges. 8. Tüb. Heerbr. 780.

— Albr. v. Haller; e. Gedicht in 3 Gesängen. 8. Tübing. 780. (Osiander). 5 Gr

— Schwäbischer Musenalmanach für 1782-85. Stuttgart, Cotta. (à 12 gr.)

— — — s. 1786-87. u. 1792-93. ist poet. Blumenlese.

Stäudlin, Gtthld. Fr., († d. 17. Sept. 1796.) Proben e. deutschen Aeneis, nebst lyrischen Gedichten. 8. Stuttg. 781. v. Cotta. 10 Gr

— vermischte poet. Stücke. 8. Stuttg. 782. v. Cotta. 6 Gr

Stäudlin, Gtth. Fr., s. Wallbergs Briefe.

Stäudlin, J., Beleuchtung d. Buches: „Die Beichte, e. histor.-krit. Untersuchung v. H. Klee." gr. 8. (1½ B.) Leipzig 830. (Zerbst, Kummer.)

Stäudlin, Karl Friedrich

– s.a. Archiv für alte und neue Kirchengeschichte.

Stäudlin, K. F., u. H. G. Tzschirner, Archiv f. alte u. neue Kirchengeschichte. I. 1. 2. 3. II. 1. 2. 3. gr. 8. Lpz. W. Vogel. 813—15 (à 20 gr.)

Stäudlin, C. F., u. Tzschirner, H. G., Archiv f. alte und neue Kirchengeschichte. III. u. IV. Band. à Bd. 3 Stücke und V. 1s Stück. gr. 8. Leipzig, W. Vogel. 816 — 821. à Stück 20 Gr.

– – Bd 5, St. 2. Leipzig: Vogel 1822. 8°

– s. Archiv, kirchenhistorisches rc.

– s.a. Beiträge zur Erläuterung der Propheten ...

— Beyträge zur Erläuterung d. Propheten u. z. Geschichte ihrer Auslegung, a. d. Engl. gr. 8. Stuttgart, Metzler. 786.

— neue Beitrr. zur Erläuterung der bibl. Propheten. 8. Götting. 791. Vandenhöck u. R. 18 Gr

Stäudlin, Karl Fr., Beyträge zur Phil. u. Gesch. der Religion u. Sittenl. überhaupt u. d. versch. Glaubensarten insbesondere. 5 Bde. gr. 8. Lübeck, Bohn. (Niemann u. R.) 797-99. (I-IV. 4 Rthlr. V. 1 Rthlr.)

Stäudlin, Karl Fr., Beitrr. zur Philosophie u. Geschichte der Religion u. Sittenlehre überhaupt u. der verschied. Glaubensarten insbesondere. 6 Bde. gr. 8. Lübeck 797 — 99. (Dyck in Leipz.) 5 Thlr

– s.a. Bibliothek, Göttingische, der neuesten theologischen Literatur.

— Göttingische Bibliothek d. neuest. theologischen Literatur. 5r Bd. 1s 2s Stck. (auch unter dem Titel: neue göttingische Bibliothek 2c. 1r Bd. 1s 2s Stck.) 8. Zelle, Schulze. 800 - 1. (à 8 gr.)

— Progr. De philosophiae Platonicae cum doctrina religionis Judaica et christiana cognatione. 4. Götting. 819.

Stäudlin, C. F., de religionis Iamaicae cum christiana cognatione. Gotting. 1808. 4.

— Progr. De mortis Jesu consilio et gravitate disputat. 4maj. Götting. 794. Dieterich. 4 ℊ

Stäudlin, C. F., de corona papali. Gotting. 1810. 4.

— Progr. De Prophetarum Ebraeorum doctrina morali. 4. Götting. 798.

Stäudlin, (C. F.,) Encyklopädie, Methodologie u. Gesch. der theolog. Wissenschaften. gr. 8. Hannov. 821, Helwing. 1 16

— de fontibus epistolarum catholicarum, imprimis de allegationibus, quae in iis deprehenduntur. (Pr.) 4. Götting. 790. Dieterich. 2 ℊ

— Gedichte, s. G. F. Stäudlin.

— kirchl. Geographie u. Statistik. 2 Thle. gr. 8. Tübing. 804. v. Cotta. 5 ß

K. F. Stäudlin's Gesch. und Geist des Skepticismus, vorzügl. in Rücks. auf Moral u. Relig. *Lpz.*, Crusius. 794-95. 2 Thle. 8° 2 ß 12 ℊ

— Geschichte u. Geist des Skepticismus, vorzügl. in Rücksicht auf Moral u. Religion. 2 Bde. gr. 8. Leipz. 794, 795. (W. Vogel). 2 ß 12 ℊ

— Geschichte der Lehre von d. Gewissen. 8. Halle 824. Renger. 15 ℊ

— Geschichte der Literatur d. Kirchengeschichte. Nach dessen Tode hrsgg. v. J. T. Hemsen. gr. 8. Hannov. 827. Hahn. 1 ß 12 ℊ

— Geschichte der christl. Moral seit dem Wiederaufleben der Wissenschaften, (od. Geschichte der Künste u. Wissenschaften, 1te Abtheil. Theologie II.) gr. 8. Götting. 808. Röwer. 3 ß

— Geschichte d. philos. ebräischen u. christl. Moral im Grundrisse. 8. Hannover, Hahn. 805.

— Geschichte der philosoph.-ebräisch. u. christl. Moral im Grundrisse. 8. Hannov. 806. Hahn. 15 ℊ

K. F. Stäudlin's Geschichte d. Moralphilosophie. *Hann.*, Helwing. Hofb. 822. gr 8° 3 ß 20 ℊ

— Gesch. des Rationalismus u. Supernaturalismus, vornehml. in Beziehung auf das Christenthum. Nebst e. ungedr. Briefen von Kant. gr. 8. Götting. 826. Vandenhöck u. R. 1 ß 18 ℊ

— Geschichte der Sittenlehre Jesu, s. J. D. Michaelis, Moral.

— Geschichte der Sittenlehre Jesu. 2 Bde. gr. 8. Gottingen, Vandenhök und R. 799 - 802. (1r 2 Rthlr. 4 gr. 2r 2 Rthlr. 16 gr.)

Stäudlin, Karl Fr., Geschichte der Theologie (oder Eichhorns Geschichte der Literatur 13r Bd.) gr. 8. Göttingen, Vandenhök u. R. 810. Rthlr. 1 20

— Geschichte der Vorstellungen u. Lehren von der Ehe. 8. Götting. 826. Rosenbusch. (Lauffer in Leipz.) 2 ß 536 S.

— Geschichte der Vorstellungen u. Lehren vom Eide. gr. 8. Götting. 824. Dieterich. 18 ℊ

K. F. Stäudlin's Geschichte d. Vorstellungen u. Lehren v. d. Freundschaft. *Hann.*, Helwing. Hofb. 826. 8° 12 ℊ

— Geschichte der Vorstellungen u. Lehren von dem Gebete. 8. Götting. 824. Vandenhöck u. R. 20 ℊ

— Gesch. d. Vorstellungen u. Lehren von dem Gebete. 8. Gött. 825, Vandenhöck u. R.

K. F. Stäudlin's Geschichte d. Vorstellungen u. Lehren v. Selbstmorde. *Gött.*, Vandenhöck u. Ruprecht. 824. 8° 20 ℊ

— Geschichte der Vorstellungen aus d. Sittlichkeit d. Schauspiels. gr. 8. Götting. 823. Rosenbusch. (Lauffer in Leipz.) 1 ß 8 ℊ 272 S.

— Geschichte der theolog. Wissenschaften seit d. Verbreitung der alten Literatur. 2 Bde. gr. 8. Götting. 810, 11. Vandenhöck u. R. 5 ß (Bildet auch J. G. Eichhorns Geschichte der Literatur. 6r Bd. 1e u. 2e Abtheil.)

— Grundrisse der Tugend- und Religionslehre zu akad. Vorlesungen. 2 Theile. gr. 8. Ebend. 798 - 99. (1r Tugendlehre. 1 Rthlr. 10 gr. 2r Religionslehre. 2 Rthlr. 18 gr.)

— Grundsätze der Moral zu akadem. Vorlesungen. gr. 8. Götting. 800. Vandenhöck u. R. 1 ß

Stäudlin, C. F., historia jurisjurandi biblica. Gotting. 1805. 4.

— Ideen zur Kritik des Systems der christl. Religion. 8. Götting. 791. Vandenhöck u. R. 16 ℊ

— Jesus der göttl. Prophet. Ein Beitr. zur Apologetik. gr. 8. Götting. 824. Dieterich. 10 ℊ

— allgem. Kirchengeschichte v. Großbritannien, in 2 Thlen. gr. 8. Götting. 819. Vandenhöck u. R. 4 ß Schrbp. 5 ß

— Lehrbuch der Dogmatik u. Dogmengeschichte. gr. 8. Götting. 799. 2e A. 801. 3e A. 809. 4e umgearb. A. 822. Vandenhöck u. R. 2 ß (A. u. d. T.: Grundriß d. Tugend- u. Religionslehre, 2r Thl.)

— Lehrbuch der prakt. Einleit. in alle Bücher der heil. Schrift. 8. Götting. 825. Vandenhöck u. R. 1 ß 8 ℊ

— Lehrbuch d. prakt. Einleitung in alle Bücher d. heil. Schrift. 8. Götting. 826. Vandenhöck u. R.

— Lehrbuch d. Encyklopädie, Methodologie u. Geschichte der theolog. Wissenschaften. gr. 8. Hannov. 821. Helwing. 1 ß 16 gr

— neues Lehrbuch der Moral f. Theologen, nebst Anleitt. zur Geschichte der Moral v. den moral. Dogmen. gr. 8. Götting. 813. 2e A. 817. 3e verm. Aufl. 825. Vandenhöck u. R. 2 ß

Stäudlin, Karl Fr., Magazin f. Religions-, Moral- u. Kirchengeschichte. Jahrgg. 1802—1806, od. 1r—4r Bd. à 2 Stcke. 8. Hannov., Hahn. (à 18 gr) 6 ß

— philosoph. u. bibl. Moral. gr. 8. Götting. 805. Vandenhöck u. R. 1 ß 4 gr

Stäudlin, C. F., pericopae de adultera veritas et autbentia defenditur. I—II. Gotting. 1806. 4.

Stäudlin, C. F., de scriptis patrum apostolic. veris et suppositiciis, historiae disciplinae morum christ. antiquioris fontibus et documentis insignibus. Gotting. 1800. 4.

— Selbstbiographie, s. J. T. Hemsen, zur Erinnerung.

— Progr. De theologia morali scholasticorum. 4. Gött. 802.

— Universalgeschichte der christl. Kirche. gr. 8. Hannov. 807. 2e A. 816. 3e A. 821. 4e A. 825. Hahn. 1 ß 12 gr

Stäudlin, Carl Friedr., Universalgeschichte d. christl. Kirche, nach d. Verf. Tode (†5. Jul. 1826,) hrsg. v. Friedr. Aug. Holzhausen. 5., verb. u. bis auf unf. Zeiten fortgef. Aufl. gr. 8. (32¼ B.) Hannover 833, Hahn.

— Unsterblichkeit u. öffentl. Gottesdienst, in Predigten. 8. Götting. 797. Röwer. 4 gr

— Progr. De usu vocis συνειδησις in Nov. Testam. 8. Götting. 811.

— vom Zustande der Protestanten in Ungarn, s. Zustand.

— vom Zustande der Protestanten in Ungarn. 8. Götting. Vandenhök und R. 804.

Staudner, Christoph Wilhelm (Nürnberg) A. S. 110/28

Dissertatio inauguralis iuris Germanici de testamentis dementium infirmis.
Altdorf (Hessel) 22. VI. 1758. 33 S.

Gew.: Stadt Nürnberg.
W. v.: Jo. Heumann, Präs., Joachim Friedrich Tresenreuther (Opp.), Johann Ulrich Christoph Tresenreuter (Opp.). 33228

Staudner, Johann Leonhard

— Abhandl. von d. wahren Entzweck d. menschl. Handlungen. 4. Nürnb. 758.

BEITRÄGE zur Geschichte der Teutschen Justitzpflege im achtzehnten Jahrhundert (von *Joh. Leonh. Staudner*). 4 Nrn. O. O. Schwabach 1786—89.
Anon.-Lex. I. p. 157 (nach Meusel).

Staudner, J. Leonh.: Fontium atque commentatorum juris priv. spec. provinciar. et urbium Germaniae perrara collectio. Cum introductione in notitiam statuum German. prooemii loco praemissa. *Norimberg.*, Bauer und Raspe. 775. 8 (12 Gr.)

Staudner oder Staudtner, Jh. Leonh., († d. 13. März 1792.) Rettung des Kanzleistyls wider die Anfälle des guten Geschmacks. gr. 8. Nürnb. 764. Stein. 10 gr

— Sciagraphia probationis judicialis, una cum bibliotheca practica scriptorum huc spectantium. 4. Nürnb. 764.

Staudner, Johann Leonhard (Nürnberg) A. S. 64/23

Dissertatio inauguralis iuridica de testimonio iniurato ad illustr. l. 5. §. 2. 3. 4. et l. 6. tit. VII. ref. Nor.
Altdorf (Hessel) 14. XII. 1758. 36 S.

Gew.: Stadt Nürnberg.
W. v.: Wolfgang Albert Spies, Christoph Wilhelm Staudner (Bruder), Johann Ulrich Christoph Tresenreuter, Christoph Sigismund Lufft (Opp.), Georg Christoph Albrecht Spiess (Opp.). 33231

Wilhelm **Staudt**. (Berlin: La Publicité Internat. 1907.) (5 Bl.) gr. 2° [07. 4668

Staudt, C. von, s. S t a u d t , Karl Georg Christian von

Staudt, G. von, s. S t a u d t , Karl Georg Christian von

Staudt, Georg Carl Christian von,
s. S t a u d t , Karl Georg Christian von

Staudt, Jakob Heinrich

Staudt, J. H., über das göttliche Band, welches Eltern und Kinder verbindet. Nach Lukas 2, 41—52. 1. und 2. Abdr. 12. (20 S.) Ludwigsburg 859, (Balmer und Riehm.)

Staudt, J. H., über das göttliche Band, welches Eltern u. Kinder verbindet. Nach Lukas 2, 41—52. 1. u. 2. Abdr. Ludwigsburg 861. Riehm in Comm. 12. (20 S.) 2 ngr

—— Fingerzeige in den Inhalt und Zusammenhang der heiligen Schrift für lernbegierige Ungelehrte. gr. 8. (VIII und 352 S.) Stuttgart 854, J. F. Steinkopf. *–

—— Fingerzeige in den Inhalt und Zusammenhang der heil. Schrift für lernbegierige Ungelehrte. 2. Aufl. gr. 8. (VIII und 352 S.) Stuttgart 859, J. F. Steinkopf. *–

Staudt, J. H., das württembergische Confirmations-Büchlein erklärt. 2., verm. Aufl. gr. 8. (159 S.) Stuttgart 853, Scheitlin's Vrlgsh. Thlr.

Staudt, J. H., das württembergische Confirmations-Büchlein erklärt. 3. etwas verm. Aufl. gr. 8. (156 S.) Stuttgart 871, J. F. Steinkopf. *

Staudt, J. H., Predigten über die Episteln ersten Jahrgangs auf Fest-, Sonn- u. Feier-Tage. 11 Hfte. (X u. 682 S.) Stuttgart 852, Lindemann in Comm. (1—5. Hft. à n. 1/6 ß 6—11. Hft. n. 2/3 ß) n. 1 1/2 ß

— Predigten über die Episteln ersten Jahrgangs auf Fest-, Sonn- und Feier-Tage. Stuttgart 853. Scheitlin. (Gotha, R. Besser.) Lex.-8. (VII, 684 S.) n. 1 ß. 15 ngr

—— Predigten über die Episteln ersten Jahrgangs auf Fest-, Sonn- und Feiertage. 2., korrig. und viel veränd. Aufl. 3 Lfgn. gr. 8. (707 S.) Stuttgart 860, J. F. Steinkopf. *

Staudt, Jak. Heinr., seine Blätter verwelken nicht! Ein Jahrgang Predigten. Aus dessen Nachlaß hrsg. von der Gemeinde Kornthal. gr. 8. (VIII, 552 S. mit Lichtdr.-Portr.) Kornthal 885. (Stuttgart, J. F. Steinkopf.) geb. *

Staudt, Johann

Staudt, J., prakt. Arzneimittellehre. 2 Thle. gr. 8. Wien 810. Schalbacher.

Staudt, Johann: Praktische Heilmittel-Lehre, nach den neuesten eklektischen medizinischen Schriftstellern bearbeitet. Th.1 - 2, gbd.

Wien: Schalbacher 1809 - 1810

JB 1.483

Staudt, Johann Michael (Schwabach) A. S. 1381/41

Candidi calculi. Präs. Christoph Sonntag.
Altdorf (Kohles) 4. XI. 1711. 56 S.

W. v.: Präs., Georg Stephan Stieber, Johann Andreas Schmidt, Georg Wolfgang Bürger (Opp.), Johann Pyrold. 33235

Staudt, Karl Geo. Chrn. v., Beiträge zur Geometrie der Lage. 1. u. 2. Heft. Nürnberg 856, 57. Bauer u. Raspe. gr. 8. (VI, 284 S.) Jedes Heft 27 *ngr.*

Staudt, Karl Geo. Chrn. v., Beiträge zur Geometrie der Lage. 3. (letztes) Heft. Nurnberg 860. Bauer & Raspe. gr. 8. (V, S. 285—396.) 27 *ngr.*

Staudt, Geo. Carl Chrn. v., Geometrie der Lage. gr. 8. (VI und 216 S.) Nürnberg 847, Bauer und Raspe.

Staudt, Karl G. Chr. v., von den reellen und imaginären Halbmessern der Kurven und Flächen. 2. Ordnung. gr. 8. (59 S.) Nürnberg 867, Bauer und Raspe.

Ueber die Kurven II. Ordnung. Von Dr. Karl Georg Chr. v. Staudt, P. der Math. — 1831. Ebend. — S. 3—25.
Progr. Nürnberg.

Staudt, K. G. Ch. v. Über die Curven 2. Ordnung. Nürnberg 1867.

Staudt, Chr. v., De numeris Bernoullianis. (2 Commentationes zu 15 u. 16 p.) Erlangen 1845. 8°. brosch.

Staudt, Philipp Matthaeus (Schwabach) Altd. Thl. 17/50

Meletema phrophetícum super Ies. IX. 2. de laetabili gentium sub N. T. conversione.
Präs. Johann Balthasar Bernhold.
Altdorf (Kohles) 17. III. 1734. 24 S.

W. v.: Präs. 33236

Staudt, Wilh., die Handelsverträge, deren Bedeutung u. Wirkung f. Deutschland. gr. 8. (27 S.) Berlin 901. D. Reimer. — 50

Die Handelsverträge, deren Bedeutung und Wirkung für Deutschland. Von Consul Wilhelm **Staudt**, Berlin. 3. Aufl. Berlin: D. Reimer 1901. (29 S.) 8°

Staudt, Wilh., und Otto Hundius, Telegraphen-Schlüssel. qu. 4. (XVI, 472 S.) Berlin 882, Springer. geb. *

Staudt, Wilh., u. Otto **Hundius**, Telegraphen-Schlüssel. (Neue Aufl.) (IV, XVI, 472 S.) 21,5×27 cm. Berlin 882—907. J. Springer. Geb. nn 50.—

Staudtmeister, Johann Christoph

Staudtmeister, J. C., Bienenlehre, oder Anleit. zu e. natürl. und zweckmäßigen Bienenzucht. 8. Lpz. Supprian. (Mittler.) 798.

— Entdekk. u. Erfahrr. für Bienenfreunde u. Naturforscher. 8. Halle 799. Hendel. 10 gr.

Staudtner, Johann Leonhard, s. Staudner

STAUDUAR, F. F.; ROSENAU, F.: Necrolog weil. Sr. Excellenz des Herrn Maximilian Verhovacz von Rakitovecz, Bischof von Agram Abten von Topusko. Das Leben und Wirken des Hochseligen von der Geburt angefangen bis zu dem Sterbetage (16. Dezember 1827) mit möglichster Richtigkeit nach Schöpfung aus sicheren Quellen beschrieben und herausgegeben am Begräbnißtage des Verblichenen, als am 22. Dezember 1827 (Elegie S. 13 Verzeichnuß aller Agramer Bischöfe S. 14 ff.) Agram 1827. (16 S.) - kl. 4°

Stauduar, F. S. (Red.), s. Zeitung, Agramer.

v. Stauer, Edler F., prakt. Darstell. der in Oestreich unter d. Enns für das Unterthanenfach besteh. Gesetze. 3 Bde. gr. 8. Wien. 3e verm. Aufl. v. J. H. E. v. Kramer. 824. ...

Stauf, Hieronymus von, Trauerspiel von Fr. Baron de la Motte Fouqué. 8. Berlin, Schlesinger. 819.

Stauf und Walhalla. Ein geschichtlicher Versuch ... Regensburg 1834. V: *Schügraf, Joseph Rudolph.* (BrMm)

Stauf und Walhalla. Ein geschichtl. Versuch aus Urkunden u. amtl. Quellen. 8. (6 B. u. 3 Stnt.) Regensburg 834, (Manz.)*

Stauf v. der March, Ottok., Armin. Ein deutsches Heldenleben. Zum 1900. Gedenktage der Schlacht im Teutoburger Walde. (38 S.) 8. Graz 909. Verlag der Südmark. (Nur direkt.) — 45

Stauf v. der March, Ottok., s.: Bahnen, neue.

— Aus den heimatlichen Bergen. Nordmährische Geschichten. (VI, 138 S.) 8. Freudenthal 908. W. Krommer. 1.20; geb. n 1. 90

Germanen und Griechen. Von Ottokar **Stauf** v. der March. *Leipzig: J. Werner (1901).* (XVII, 437 S.) 8° [F.]
— **Stauf** v. der March: Völker-Ideale. Bd 1. [→ 1117]

— Frau Holde. Dichtungen. (126 S.) 8. Berlin (906). K. Schnabel. n. 2. 50; geb. n. 3. 50

— Marbod. Das Widerspiel des Cheruskers Armin. Auch e. Gedenkblatt zur Feier der Schlacht im Teutoburger Walde. (21 S.) 8. Wien (VIII, Schlößelgasse 3) 909. Selbstverlag. nn — 42

VERAX, Severus (d. i. *Ottocar Stauf von der March*), Die öffentliche Meinung von Wien. Wiener Pressgeschichten. Documente zur Culturgeschichte des XIX. Jahrhunderts. Zürich, Schmidt, 1899.
Verboten von dem L.-G. Laibach, 21. XI. 1899. § 65a; Salzburg, 23. XI. 1899. §§ 63, 64, 65a, 300, 302.

Stauf v. der March, Ottokar, Romanzero u. Lieder e. Werdenden. gr. 8. (127 S.) Strassburg 895. Basel G. L. Kattentidt. n. 2. 50

— der tolle Stuart. Lustspiel in 4 Aufzügen. (Neue, gänzlich umgearb. Ausg.) (VIII, 75 S.) 8. Wien 902. Neue Bahnen. n. 1. 05

— litterarische Studien u. Schattenrisse. (I. Reihe.) Mit 4 Bildnissen. Buchschmuck v. F. Burian, Olga Landolt u. Otto Rosenfeld. (VIII, 227 S.) gr. 8. Dresden 903. E. Pierson. n. 3. —; geb. n. 4. —

(B) — Litterarische Studien. 903. (KBB 34.) Jetzt: Berlin, Verlag Berlin-Wien.

Völker-Ideale. Beiträge z. Völkerpsychologie. Von Ottokar Stauf v. der March. Bd 1. *Leipzig: J. Werner (1901).* 8° [J.]

— Völker-Ideale. Beiträge zur Völkerpsychologie. 1. Bd. Germanen u. Griechen. (XVII, 439 S.) gr. 8. Leipzig (902). Wien, „Neue Bahnen". n. 3. 50

(B) — Völker-Ideale. 1902. (KBB 34.) Jetzt: Wien, C. Beyer's Nachf.

Stauf v. der March, Ottok., die Waffen hoch! Aus der Zeit u. f. die Zeit. (Politisches u. Soziales.) Mit dem Bilde des Dichters. (VII, 137 S.) Lex. 8. Zürich 907. A. Bürdeke. 4.—; geb. in Leinw. 5. —

Stauf von der March, Ottokar. Die Waffen hoch! Aus der Zeit und für die Zeit. (Politisches und Soziales.) Mit [Vignetten und] dem Bilde des Dichters [Tafel]. VIII + 138 S. gr.-8. Zürich und Leipzig, Th. Schröters Nachfolger, 1907. (M. 4.—, geb. 5.—)

— Zensur, Theater u. Kritik. Polemisches. (166 S.) 8. Dresden (905). H. L. Diegmann. n. 2. —

Staufacher
① Zwischen () Motto: Freiheit, Bildung, Gemeinsinn ④ Glarner Zeitung (II) ⑤ 2. 1. 1855—1859 (?) ⑥ 4° ⑦ wöchentlich 2×, dann Wochenblatt ⑧ Lachen. M. Theiler, Glarus. Jakob Vogel (ab 1856) ⑨ Schweizerische Monatrosen ⑪ C. A. Bruhin, Fürsprech ⑫ freisinnig ⑬ BGSZ: 997 ⑭ Ei: Kb (bis 29. 6. 1855) ⑮ Irrtümlicherweise ist p. 460 (Glarner Zeitung II, sub 15) der Titel mit zwei ff geschrieben.

Staufe, Ludwig Adolf (Hrsg.), s. Gedenkbuch, Poetisches.

Staufe, Ludwig Adolf —. Heimatsgrüße aus Niederösterreich. Gedichte von — —. Wien. 1854. Druck von J. B. Wallishausser. In Kommission bei Ed. Hügel. (40 S. 8.)

Staufe, Ludwig Adolph — Heimatsgrüße aus Niederösterreich. Gedichte von — —. Wien, 1855. Druck von J. B. Wallishausser. In Kommission bei Eduard Hügel. (39 S. 16.)

Staufe, Ludw. Adf., der Klosterbau. Erzählung aus dem român. Volksleben. 16. (VII, 70 S.) Kronstadt 872. Frank & Dreßnandt. — 60

Staufe, Ludwig Adolf, Romanische Poeten. In ihren originalen Formen und metrisch übersetzt. kl. 8. (XVI u. 195 S.) Wien, Pichler's Wwe. & Sohn. 1865. 2 fl.

Staufe, Ludwig Adolf, Romanische Poeten. In ihren originalen Formen und metrisch übersetzt. 2. Aufl. 1868. kl. 8. (XVI u. 195 S.) Wien, Pichler's Wwe. & Sohn. 2 fl.

Staufe-Simiginowicz, Adolf
Auf einer Eisenbahnreise. Original-Novelle. Berlin 1865.
In: Roman-Zeitung, Deutsche. Bd 4.

Staufe-Simiginowicz, L. A., kleinrussische Volkslieder. Metrisch übers. 8. (XX, 256 S.) Leipzig 888. O. Wigand. n. 4. —; geb. n. 5. —

STAUFE-SIMIGINOWICZ, LUDWIG ADOLF: Sei uns gegrüßt! Zur Feier der Ankunft des Bischofs Michael Fogarassy ... in Kronstadt am 30. Mai 1866. Kronstadt 1866: Römer & Kramner. 2 f. - 4°

Staufen [Sachliches OW]

STAUFEN, Rudolph von, oder die Brüder des Bundes für Tugend und Recht. Eine romantische Sage der Vorzeit. Dresden 1799. 8°.
Wildmoser's (München) Leihbibl.-Cat., no. 10,449.

Staufen [Schlagwort]

Staufen, s.: **Deutschland. Kürschner-Pelp.**

Staufen. Amtsbez., s.: **Freiburg.**

Staufen [Verfasser]

Staufen, Fr., Weihnachts-Feste. Eine Erzählung für Deutschgesinnte. gr. 16. (III und 261 S.) Leipzig 881, (Teubner.) Thlr.

Staufenau, E. Ph., s. Staufenau, Karl Philipp

Staufenau, Karl Ph., das Erste u. Nöthigste einer jeden Elementar-Klasse, in Hinsicht auf Religion u. Verstandesbildung. In Lectionen vertheilt u. sokratisch bearb. 8. Leipz. 823. Müller. 12 gr Hbg. Pr. 1825 9 gr

Staufenau, (C. Ph.,) das Erste u. Nöthigste einer jeden Elementar-Klasse, in Hinsicht auf Religion u. Verstandesbildung. 2e wohlf. Ausg. 8. Leipz. 825, Müller. — 9

— allgemein-nützl. Rechenbuch f. das prakt. Leben, f. Lehrer u. Lernende. 2e wohlf. Ausg. 8. Leipz. 825, Müller. — 6

— Rechenbuch f. das prakt. Leben, f. Lehrer u. Lernende. 8. Leipz. (823.) Müller. 9 gr Hbg. Pr. 1825 6 gr

Staufer, Berthold, Gedichte. 8. Stuttgart 841, Liesching u. Comp. 7/8 Thlr

St.[aufer], J.[acob]: Eine Chronik oder Geschicht-Buechlein von der sogenannten Mennonisten Gemeinde. *Zum Dienst und Lehre fuer alle Liebhaber der Wahrheit, durch Gnade und Segen Gottes. Aus Geschichten, Vorfaellen, Begebenheiten oder Exempeln, und aus heiliger Schrift zusammengezogen. Durch J. St. geschrieben im Jahre 1850. Lancaster, Pa.: Gedruckt für den Verleger, von Johann Bär und Söhnen 1855. 439 S.; Zweiter Druck. Lancaster, Pa. 1859. 439 S.; zweite Auflage durch* **Joh. D. Hochstettler.** *Scottdale, Pa.: Mennonite Publishing House 1922.*

Staufer, V.

Staufer: Die Atmosphäre und ihre Luft und Wassermeteore. 21 S. Melk, Progr. 1859

Staufer: Mondseer Gelehrte. I. II. 47 S. – Melk, Progr. 1864, 65.

Staufer: Litterae viri clarissimi Joannis Benedicti Gentilotti ab Engelsbrun ad PP. Bernardum et Hieronymum. Pez. 28 S. – Melk, Progr. 1863.

Staufer, V.: Materialien zur Geschichte des Weinbaues in Oesterreich während des Mittelalters. 70 S. 4⁰ – Melk, OG., Progr. 1873.

STAUFER, Wilhelm
Geschichte des k. u. k. Feld-Jäger-Bataillons Nr. 20 Zusammengestellt von Wilhelm Staufer. Mit 1 Titelbild. Judenburg. 1900. Im Verlage des Bataillons. [In Comm. Wien. Seidel & Sohn.] 280 S. K 5.–

Stauff, Mathias, Robert der Teufel, s.: Heidelmann's, A., Theaterbibliothek.

— Schinderhannes od. der Ueberfall in der Waldmühle, s.: Heidelmann's, A., Theaterbibliothek.

Stauff, Ph., der Deutsche u. die Politik. (32 S.) fl. 8. Berlin (909). H. Kuhz. — 40

Stauff, Ph., Duell, s.a.Kultur u. Fortschritt 175.

Stauff Ph, das Duell. (12 S) (Kult. u Fortschr. 175) Gautzsch 1908

— Entartung u. Zuchtwahl, s.a.Kultur u. Fortschritt.

Stauff P, Entartung und Zuchtwahl. (16 S) (Kultur und Fortschritt 184) Gautzsch 1908

— Der Krieg u. die Friedensbestrebungen unserer Zeit. Gedankengänge. (III, 64 S.) 8. Blaubeuren (907). Enzisweiler bei Lindau i/B., Selbstverlag. 1.—

Stauff, Ph., s. Kultur u. Fortschritt.

— Der „Mehrwert" der Arbeit, s.a.Kultur u. Fortschritt.

Stauff, Ph., Der „Mehrwert" der Arbeit. 8⁰. Gautzsch bei Leipzig, Felix Dietrich, 1908. (Kultur und Fortschritt, 144.)

— Völkische Produktions-Ideale, s.a.Kultur u. Fortschritt.

Stauff Ph, völkische Produktions-Ideale. (24 S) (Kultur und Fortschritt 238/39) Gautzsch 1909

— Das Recht auf Arbeit, s.a.Kultur u. Fortschritt.

— Das Recht auf Arbeit. 8⁰. Gautzsch bei Leipzig, Felix Dietrich, 1908. (Kultur und Fortschritt, 161.)

— Zur Sicherung unserer industriellen Arbeiterschaft, s.a. Kultur u. Fortschritt.

Stauff Ph, zur Sicherung unserer industriellen Arbeiterschaft. (8 S) (Kultur und Fortschritt 128) Gautzsch 1907

— Strafe u. Strafaufschub, s.a.Kultur u. Fortschritt.

Stauff, Ph., Strafe und Strafaufschub. Gautzsch bei Leipzig 1908. 8⁰. [Umschlagtit.] (Kultur u. Fortschritt. Nr 201.)

— Ein Vorschlag zur Reorganisation unserer wirtschaftlichen Interessenvertretungen, s.a.Kultur u. Fortschritt.

Stauff, Ph., Ein Vorschlag zur Reorganisation unserer wirtschaftlichen Interessenvertretungen. 8⁰. Leipzig, Fel. Dietrich, 1907. (Kultur u. Fortschritt, 123.)

(Stauffacher. Wernherr St' und Hermann Gessler.) Njbl. s. [Füssli, Hans Heinrich].

Stauffacher, Heinrich, aus Glarus: '(Aus dem zoologischen und vergleichend-anatomischen Laboratorium beider Hochschulen in Zürich.)' Eibildung und Furchung bei Cyclas cornea L. Mit 5 lithographischen Tafeln und einer Abbildung im Text. [S. A. aus: Jenaische Zeitschrift für Naturwissenschaft, Bd 28, N. F. 21, S. 196–246 mit Tafel XI–XV]. Jena G. Fischer 1893. 52 S., 5 Taf. 8⁰.
Zürich, Phil. Diss. [v. 21. Nov. 1893].

Stauffacher, H[einri]ch. Zur Kenntnis der Phylloxera vastatrix Pl., von Hch. St' (Frauenfeld). Mit einer Tafel und 5 Figuren im Text. Sonderabdruck aus: «Zeitschrift für wissenschaftliche Zoologie», Bd. 88, Heft 1. II S. + S. 131–152. 8. Leipzig, Wilhelm Engelmann, 1907.

Stauffacher, [Heinrich]. Ueber den innern Zustand der Lösung eines Metallsalzes in Wasser. Vortrag, gehalten an der 41. Jahresversammlung des Vereins schweiz. Gymnasiallehrer (mit Demonstrationen und einigen Anwendungen). Separatabdruck aus dem 32. Jahresheft. 7 S. 8. [Aarau, H. R. Sauerländer & Co., 1902.]

Stauffacher, Johannes

Stauffacher, J., Blumen u. Lieder. gr. 8. (8 Bl. m. eingedr. u. 4 S. Text.) Breslau 887. Wiskott. In Mappe. n. 4.—

— Blumen-Album. 12 (chemigr.) Blatt aus den Studien u. Compositionen. gr. Fol. St. Gallen 888. Kreutzmann. In Mappe. n. 20.—

Stauffacher, Johannes. Für die Buren in Südafrika. Gedichte. 2. Aufl. ([Mit Umschlagszeichnung von] E[vert] van Muyden.) 23 S. 8. St. Gallen, Verlag J. Stauffacher (*Umschlag:* Zollikofer'sche Buchdr.), 1902. [fr. —. 80]

Stauffacher, Johannes. Für die Buren in Südafrika. Gedichte. 5. Aufl. ([Mit Umschlagszeichnung von] E[vert] van Muyden.) 30 S. 8. St. Gallen, Verlag J. Stauffacher (*Umschlag:* Zollikofer'sche Buchdr.), 1903. [fr. —. 80]

Stauffacher, J., siehe: *Goetzinger, E.*

Stauffacher, J[ohannes]. Für Musterzeichner- und Kunstgewerbeschulen. ([Heft] 1:) Erziehung oder Drill? II + 35 S. 8. St. Gallen, J. Stauffacher, 1903. [fr. —. 80]

Stauffacher, J., Pflanzenzeichnungen in natürlicher u. stilisirter Darstellung. I. Thl. gr. Fol. (20 Lichtdr.-Taf. m. 1 Bl. Text.) Breslau 893. C. T. Wiskott. In Mappe. n. 30.—

Stauffacher, Jean, Studien u. Compositionen. (Vorlagenwerk f. Zeichner, Textil-Industrielle etc.) 1. Serie. 1. u. 2. Hft. Fol. (14 chemityp. Taf.) St. Gallen 886. Kreutzmann. à n. 8.—

— Studien u. Compositionen. 1. Serie. 3. u. 4. Hft. gr. Fol. Ebd. à Hft. n. 8.—
3. Hft. (8 chemityp. Taf.) 887. — 4. Hft. (10 Taf.) 888.

Stauffacher, Jean, Studien und Compositionen. 32 Blatt Blumen, Blüten und Pflanzen in naturalistischer und stylisierter Darstellung. Zu beziehen durch J. Irion in St. Gallen in der Schweiz (Min.-Erl. 11. Mai 1890. Z. 3376.) In Mappe 20.—

Stauffacher J, Studienreisen. Freimütige Ausserungen üb. Kunst u Leben. (278 S 23 T) — Hierzu: Studienmappe. Serie 1 u 2. (20 u 26 T) In 1 Mappe. St. Gallen 1897

Stauffacher, J. Studienreisen. Mit 69 Lichtdrucktafeln (zum grössern Teil in Mappe). Gr. in-8°. 288 S. St. Gallen, Selbstverlag des Verfassers. 1897. Gebd. 35 —

Stauffacher, Werner, bacc. iur.: Zur Aussonderung fiduziarisch übertragener Werte im Konkurse des Fiduziars. Borna-Leipzig 1909: Noske. X, 107 S. 8°
Leipzig, Jur. Diss. v. 9. März 1909
[Geb. 27. April 84 Zürich; Wohnort: Zürich; Staatsangeh.: Schweiz; Vorbildung: Gymn. Zürich Reife M. 03; Studium: Zürich 5, Leipzig 3 S.; Rig. 26. Jan. 07.] [U 09. 2695

Stauffacher, Werner, das Elend des deutschen Bauernstandes. Seine Rettung vor dem droh. Untergang. Der einzig mögl. Weg zur Befreiung des Bauernstandes v. seinen drück. Lasten u. von seiner Verschuldg. 2. [Titel-] Aufl. (134 S.) 8. Leipzig [905] 906. Fel. Dietrich. n. 1.20

— die volkswirtschaftlichen Irrtümer der sogenannten Bodenreformer inbezug auf die Agrarfrage u. die Gefährlichkeit der bodenreformerischen Theorien f. Landwirtschaft u. Staat. Mit Vorwort v. A. Rohling. (24 S.) 8. Ebd. 906. n. — 50

Stauffacherin: Die Stauffacherin v. Berna.

Stauffen, Elijab., Sittlichkeit u. Klöster. Die Erziehg. e. jungen Mädchens. Der Wirklichkeit nacherzählt. (30 S.) kl. 8. Mainz 905. B. v. Zabern. n. — 60

Stauffen, Otto Maria, aus meinem Garten. Neue Gedichte. (66 S.) gr. 8. München-Schwabing 907. E. W. Bonsels & Co. Kart. 2.50

v. **Stauffenberg,** die Brüder, od. die Macht der Verborgenen, (v. Jos. Al. Gleich). 8. Wien 805. Rehm. 12 ℊ

• **Stauffenberg,** die Brüder v., oder die Macht der Verborgenen. Eine Sage aus den Zeiten Kaiser Lothars v. Sachsen. 8. Wien, Rehm, 805.

v. **Stauffenberg,** der Ritter, s. Chr. M. Engelhardt.

Der Ritter von Stauffenberg, ein Altdeutsches Gedicht, herausgegeben nach der Handschrift der öffentlichen Bibliothek zu Straßburg von Christian Moriz Engelhardt. Mit 26 lithographischen Platten. Straßburg, Auf Kosten des Verfassers. 1823. 8°. Die Platten in 4°.

Stauffenburg, Donat v., unter dem schwarzgelben Banner. Erzählungen aus dem österreich-ungar. Offiziersleben. 8. (III, 177 S.) Dresden 891. E. Pierson. n. 2.—

— Lieutenants Leben u. Lieben. Roman aus dem österreichisch-ungar. Infanterieleben. 8. (233 S.) Dresden 891. E. Pierson. n. 3.—; geb. n. 4.—

Stauffenburg, Donat v., Sein Lied. Roman. 8. (293 S.) Dresden 902. E. Pierson. n. 3.50; geb. n. 4.50

(B) **Stauffenburg,** Donat v., sein Lied. 902. (KVB 32), sowie die übrigen Schriften aus E. Pierson's Verl. jetzt: Berlin, Verlag Berlin-Wien.

— ohne Kampf kein Sieg. Roman aus dem österreichisch-ungar. Garnisonsleben. 8. (210 S.) Hermannstadt 893. Michaelis & Seraphin. n. 3.—; geb. in Leinw. n. 4.—

Stauffenburg, Donat v., ohne Kampf kein Sieg. Roman aus d. österreichisch-ungar. Garnisonsleben. 2. [Titel-] Aufl. 8. (210 S.) Dresden (893) 896. E. Pierson. n. 3.—

Stauffer, Abraham Karl, s. Stauffer, Karl

[J.] Zwölf Gestalten der Glanzzeit Athens im Zusammenhange der Kulturentwicklung. Von Albrecht **Stauffer** ... *München & Leipzig: R. Oldenbourg 1896.* (LXX, 595 S.) 1 Bd 8. [96. 1963

Stauffer, Albr., eine natürliche Gliederung d. Weltgeschichte u. der Horizont der Kulturmenschheit. gr. 8. (22 S.) München 902. (Leipzig, E. F. Steinacker.) n. 1.50
Sonderabdruck aus: „Allg. Zeitg., Beilage".

Stauffer, Albr., Karoline v. Humboldt in ihren Briefen an Alexander v. Rennenkampff, nebst e. Charakteristik beider als Einleitg. u. e. Anh. Mit 2 Bildnissen. (XVII, 242 S.) gr. 8. Berlin 904. E. S. Mittler & Sohn. n. 4.50; geb. n. 6.—

Stauffer, Albr., Hermann Christoph Graf v. Rusworm, kaiserl. Feldmarschall in den Türkenkämpfen unter Rudolf II. gr. 8. (VIII, 248 S. mit 1 Portr.) München 884, Th. Ackermann. *

Stauffer, Ant., Bericht über die Verhandlungen des zweiten Congresses österreichischer Volkswirthe zu Graz am 10., 11. und 12. Septbr. Nach den stenograf. Protokollen hrsg. gr. 8. (VI, 178 S.) Wien 878, Manz'sche Hofbuchh. *

Stauffer B, der Buss'sche Regulator für Dampfmaschinen etc. Augsburg 1871

Stauffer, [Fridolin]. Die zwei Philhellenen, oder: Erzählendes Gespräch zwischen einem Recrut und einem Deserteur über den Freiheitskampf der Neugriechen und ihre Wehrmänner. 8. *o. O.* 1823.

Stauffer, Dr., die zwei Philhellenen, od. erzählendes Gespräch zwischen e. Rekruten u. e. Deserteur üb. den Freiheitskampf d. Neugriechen. gr. 8. Leipz. 825. Centr.-Compt. 8 ℊ

Stauffer, Gottlieb. Beschreibung der ehemaligen Grafschaft und des jetzigen Amts-Bezirks Erlach. 8. Bern 1852.

Stauffer, H[ans], von Eggiwil (Bern): Zur Kenntnis des Brasilins. ⟨Aus dem organisch-chemischen Laboratorium der Universität Bern.⟩ Zürich-Selnau 1910. 40 S. 8°. [20. VI. 10.]
Bern. Phil. Diss. 1909/10.

Stauffer, H[ans]. Zur Kenntnis des Brasilins. Diss. Phil. Bern. 40 S. 8. Zürich-Selnau, Gebr. Leemann & Co., 1910.

Stauffer, Henri, étude sur la quantité des courants d'induction employés en electrothérapie. (Sep.-Abdr.) Dissertatio inaug. gr. 8. (54 S. mit Fig. u. 3 Taf.) Bern 890. (Huber & Co.) n. 1.35

Stauffer, Henri. Étude sur la quantité des courants d'induction employés en electrothérapie. (Sep.-Abdr.) Diss. gr. 8. (54 S. m. Fig. u. 3 Taf.) Bern 890, (Körber). * 1 35

Stauffer, Jean

Stauffer, J., Tabellen des Vergährungsgrades u. der Extrakt-Ausbeuten. [Ohne jede weitere Rechng. direkt ablesbar.] Nach eigenen Erfahrgn. bearb. 4 Thle. gr. 8. (V, 237; III, 99; 804 u. III, 820 S.) München 888. (Leipzig, Gracklauer.) geb. u. geh. n.n. 15. —

Stauffer, Johannes Christian [pr. Arzt aus Speyer a. Rh.]: Über einen Fall von Hemianopsie nach Verletzung des Hinterhauptlappens (Aus d. patholog. Institut zu Marburg). . . . Marburg, Univ.-Buchdr. (R. Friedrich), 1890; 1 Bl. + 26 S. + 1 Bl. u. 2 Taf. 8°
Marburg, Med. Fak., Inaug.-Diss. v. [19. Febr.] 1890

Stauffer, J. Chr., über e. Fall von Hemianopsie nach Verletzung d. Hinterhauptlappens. [Aus dem patholog. Institut zu Marburg.] gr. 8. (26 S. m. 2 Taf.) Marburg 890. Elwert's Verl. n. 1. 20

Stauffer, Karl

Stauffer-Bern, Karl, Briefe u. Gedichte, s.: Brahm, Otto.

Stauffer, *Abraham* Karl [aus Ibersheim (Rheinhessen)]: Zwei Symphyseotomien ... Erlangen, Druck d. Univ.-Buchdr. v. E. Th. Jacob, 1894; 60 S., 1 Bl. 8.
Erlangen, Med. Fak., Inaug.-Diss. v. [15.] Juli 1893

Stauffer, Käte, Sonnenwende. Roman. (241 S.) 8. Dresden (903). H. Minden. n. 3. —; geb. n.n. 4. —

[F.] **Stauffer,** Ottmar [gepr. Forstpraktikant]: Untersuchungen über specifisches Trockengewicht sowie anatomisches Verhalten des Holzes der Birke ... (Aus: Forstlich-naturwiss. Zeitschr. Jg. 1892. Bd I.) München, M. Rieger, 1892; 1 Bl., 19 S. 8.
München, Staatswirtsch. Fak., Inaug.-Diss. v. 1892

Stauffer, Rudi. Historischer Umzug in Biel. 19. April 1897. Heimkehr des Bieler-Fähnleins und der Verbündeten aus der Schlacht bei Grandson 1476. Biel (1897). A. Weisshaupt. 24 Taf. 8°.

Stauffer, V. Leid und Lust. Gedichte ernsten und heitern Inhalts. In-8°. 92 S. Luzern, Doleschals Buchh., 1889. 1 50

Stauffer-Bern, Karl. Sein Leben, s. Brahm, Otto.

Stauffer-Bern, Karl, s. Stauffer, Karl

Staunau, Geo., die Anfänge u. Entwickelung des Grundbesitzes u. die Entstehung des Grundbuches in Bergedorf, den Vierlanden u. Geesthacht. Mit Zeichngn. von Frl. Ziegler. (VI, 60 S.) 8. Bergedorf 905. (H. Wobbe.) Kart. n. 2. —

Staunau, Geo., Geschichte d. Stadt Bergedorf. Mit (27) Lichtdr.-Bild. v. C. Griese u. Zeichngn. v. O. Schwindrazheim. Imp.-4. (57 S. m. 1 farb. Fksm.-Karte.) Hamburg 894. C. Griese. Geb. n. 12. —

Staunig, Johann Die Flurnamen des Burgamtes Villach nach dem Urbar des Martin Behem. Zusammengestellt von J. S. 8 (S. III – XXVIII). **Progr.** K. k. Staats-G. *Villach* 1891.

Staunig, Johann: Jahresbericht des Studenten-Unterstützungsvereines am k. k. Staatsgymnasium zu Villach im Schuljahre 1895/96 durch den Ausschuss. (Umschlagtitel: ... vereines.) 8 (7 S.) ... im Schuljahre 1896/97 ... (Umschlagtitel: ... vereines.) 8 (7 S.) ... im Schuljahre 1897/98. (Umschlagtitel: ... vereines.) 8 (9 S.) ... im Schuljahre 1898/99. (Umschlagtitel: ... vereines.) 8 (7 S.) ... 1899/1900 (Umschlagtitel: ... vereines.) 8 (8 S.).
Progr. K. k. Staats-G. *Villach* 1896 1897 1898 1899. 1900

Staunton, siehe: Schach-Turnier.

(**Staunton,** George Th.): Sir George Staunton's Beschreibung der Reise der Englischen Gesandtschaft an den Kaiser von China in den Jahren 1792 und 1793. Ein mit den Nachrichten der Herren Anderson und Hüttner von eben dieser Reise vermehrter Auszug. Bd. 1. Bd. 2. Weiterreise der Gesandtschaft auf dem Flusse Peiho. Leipzig 1798. 1 Bd. IV, 342; VI, 332 S. 8°.

Staunton, George. Des Grafen Macartney Gesandschaftsreise nach China. Aus dem Englischen frey übersetzt. 3 Bde. Mit Kupfern. Berlin 1798--1800. 8°.

Staunton, George Leonard Sir. Des Grafen Macartney Gesandtschaftsreise nach China. A. d. Engl. Berlin [Wien] 1798. Ü: *Hüttner, Joh. Chn.* (Wr)

—— s. Kalender, histor.

— s. Macartney, Reise der engl. Gesandschaft rc.

Staunton, George Th.: Reise der brittischen Gesandtschaft unter dem Lord Macartney an den Kayser von China. Mit einer Karte. (Nach G. Th. Staunton: Authentic account of an embassy to China. London 1797.) Halle 1798. 2 Bde. VIII, 328; 349 S., 1 Krt.
— Sprengel's Auswahl von Nachrichten zur Aufklärung der Völker- und Länderkunde. Bd. 10 u. 11. 8°.

Staunton, Geo., Reise der brit. Gesandtschaft unter Macartney an den Kaiser von China; aus dem Engl. von M. Chr. Sprengel. 2 Thle. 8. Halle 798. Renger. 1 ℔ 20 ℊ

— Dieselbe, s. Länder- u. Reisebeschreibb., kleine.

Staunton, George (Leonard), Sir: Reise der englischen Gesandtschaft an den Kaiser von China in den Jahren 1792 und 1793. Aus den Papieren des Grafen von Macartney, des Ritters Erasmus Gower und andrer Herren zusammengetragen. (Account of the Earl of Macartney's embassy from the King of Great Britain to the Emperor of China... Dt.) Übers. von Johann Christian Hüttner. Bd 2, 712 S., gbd., Tab.

Zürich: Geßner 1799

JB 5.630

Staupa, Jh. Max., Anweis. zur gerichtl. u. patholog. Untersuchung menschl. Leichname. Mit 1 Kpst. gr. 8. Wien 827. Tendler. 1 ℔ 12 ℊ

Josef Maximilian Staupa

Anweisung zur gerichtlichen und pathologischen Untersuchung menschlicher Leichname. Bearb. ... von Joseph Maximilian Staupa. Wien: Tendler & von Manstein 1827. VI, 238 S. 8°

Staupe, Friedrich: Analytische Darstellung der Linien ersten und zweiten Grades. 32 S. Grünberg, Schul-/Univ.-Schrift 1865

Staupe, F., Gewicht und Münzfuß in Deutschland nach den gesetzlichen Bestimmungen vom Jahre 1856 und 1857. Als Beitrag zu seinem Lehrbuch des Rechnens und insbesondere als Anhang zum 2. Theil desselben bearb. Grünberg 864. Weiß. gr. 8. (16 S.) 1⅓ ℛ

Staupe, Friedr., methodisches Lehrbuch des gesammten, praktischen, bürgerlichen und kaufmännischen Rechnens für Gymnasien, Real- und höhere Bürgerschulen, sowie zum Selbstunterricht. I. Lehrstufe. gr. 8. (XV und 111 S.) Grünberg 851, Weiß. –

—— dass. — 2. und 3. (letzte) Lehrstufe. gr. 8. (VII und 199 S.) Ebds. 854. [2. 15 Ngr., 3. 7½ Ngr.] –

Staupe, Friedr., methodisches Lehrbuch des gesammten, praktischen, bürgerlichen und kaufmännischen Rechnens für Gymnasien, Real- und höhere Bürgerschulen, sowie zum Selbstunterricht. 1—3. Lehrstufe. Grünberg 854, 55. Weiß. gr. 8. (111 S.; 2 Bl., 151 S.; 2 Bl., 48 S.) 1 ₰. 3¾ ngr.
1.: 11¼ ngr.; 2.: 15 ngr.; 3.: 7½ ngr.

Staupe, Friedericus: • De superficie duplicis evolutionis. 13 Bl. 4° (2°)
Halle-Wittenberg, Phil. Diss. v. 28. Juli 1853
Geb. Unna (Westf.) 19. 3. 1821. V.

Staupendahl, *Heinrich* [aus Bodelschwingh]: Zur Empyem-Therapie. Vor- u. Nachteile d. einzelnen Operationsmethoden ... Bonn, Univ.-Buchdr. v. C. Georgi, 1892; 66 S. 8.
Bonn, Med. Fak., Inaug.-Diss. v. [7.] März 1892

Staupendahl, R., Erzählung. (42 S.) 8. Straßburg 905. J. Singer. n. 1.—

— die Kinder, sie hören es gerne. Der lieben Jugend gewidmet. (60 S. m. Abbildgn. u. 4 Farbdr.) 4. Ebd. 906. Kart. n. 3.—

Staupitz und Luther. Düsseldorf 1849. V: *Darby, Johann Nelson.* (zu)

Staupitz u. Luther. gr. 8. (17 S.) Düsseldorf 849, Buddeus'sche Buchh. [Schulte] in Comm. 2 ngr

Staupitz, v., Neues aus einem Kloster oder zwei Predigten. 16. (16 S.) Breklum 883, Christl. Buchhandlung. *

Staupitz, Joh. v., von der Liebe Gottes und vom rechten christlichen Glauben. Aufs neue herausg. Stuttgart 862. S. G. Liesching. 16. (XVI, 92 S.) 9 ngr.

Staupitz, Joh. v., von der Liebe Gottes und vom rechten christlichen Glauben. Aufs neue hrsg. 16. (XVI und 92 S.) Stuttgart 862. [Gotha, Schloeßmann.]
cart. mit Goldschn. *

v. Staupitz, des Dr. Joh., Schriften: von der Liebe Gottes u. vom christlichen Glauben, mit einer kurzen Lebensbeschreibung desselben von G. F. G. Goltz. 8. Berlin 843. (Athenäum.) ⅙ ₰

Staupitz, des Joh. v., Schriften: von der Liebe Gottes u. vom christl. Glauben, m. e. kurzen Lebensbeschreibung desselben v. G. F. G. Goltz. 8. (2 B.) Berlin 843, (Quien.)

Staupitii, J., tractatus, s. Aurora.

Staupitzens, Joh. v., sämmtliche Werke. — Opera quae reperiri potuerunt omnia. Hrsg. von J. K. F. Knaake. 1. Bd.: Deutsche Schriften. gr. 8. (186 S.) Potsdam 867, Gropius'sche Buchh. *

Stauracz, Franz, Darwinismus und Schule. Ein Wort an das Volk, seine Lehrer und an die gesetzgebenden Factoren. 8. (30 S.) In Commission * —.30
Wien: Mayer 1897.

Stauracz, Frz. Der Schlachtengewinner Dittes u. sein Generalstab od. e. Jammerbild österreich. Schulzustände. Unglaubliche Leistungen importirter u. einheim. Schulkünstler, aus den Schriften u. Reden derselben, zu Nutz u. Frommen der „Vereinigten Christen" festgenagelt. 1. u. 2. verm. u. verb. Aufl. gr. 8. (IX, 264 S.) Wien 889, Austria. * 1 60

Stauracz, F., der Schlachtengewinner Dittes und sein Generalstab od. ein Jammerbild österreichischer Schulzustände. Unglaubl. Leistgn. importirter u. einheimischer Schulkünstler, aus den Schriften u. Reden derselben, zu Nutz u. Frommen d. „Vereinigten Christen" festgenagelt. 1. u. 2., verb. Aufl. gr. 8. (IX, 264 S.) Wien 889. (Mayer & Co.) n. 1. 60

Stauracz, Franz, Der Schlachtengewinner Dittes und sein Generalstab oder ein Jammerbild österreichischer Schulzustände. 2. vermehrte und verbesserte Auflage. 8. (IX, 263 S.) —.80
Wien: Daberkow 1890.

STAURACZ, Franz
(F) Völkische Erziehung von Franz Stauracz. Wien. 1901. Mayer & Comp. 8°. 182 S. K —.60

— dasselbe. Beleuchtung der „Los v. Rom"-Bewegung u. des Kampfes der Alldeutschen gegen die kath. Sittenlehre. 2., verm. Aufl. gr. 16. (173 S.) Wien (V, Einsiedlergasse 1) (901). Selbstverlag. n. — 50

Freimauschelei. Die Ziele der Gründer und Protektoren des Vereines „Freie Schule" [in Wien]. Von F[ranz] **Stauracz.** 2. verm. u. verb. Aufl. Wien: Eichinger 1906. 126 S. 8°
Die 1. Aufl. ist nicht nachzuweisen. Gegnerschrift eines Katholiken.

— Darwinistische „Haeckel"-eien — „Voraussetzungslose" Wissenschaft. (Neue[Titel-]Ausg.) (197 S.) gr. 8. Wien 902. W. Braumüller. n. 1. 80

Stauracz, Frz., Jammerbilder österreichischer Schulzustände. I u. II, 1. Thl., III u. IV. gr. 8. Wien (Mayer & Co.) à n. — 50
I. Darwinismus u. Schule. Ein Wort an d. Volk, s. Lehrer u. an d. gesetzgeb. Factoren. (II, 80 S.) 897.
II, 1. „Junge", Lehrer u. Geistliche. Ein Wort an d. Volk, s. Lehrer u. an d. gesetzgeb. Factoren. (II, 103 S.) 897.
III. Socialdemokratie in d. Lehrerschaft. E. Wort an d. Volk, s. Lehrer u. an d. gesetzgeb. Factoren. (96 S.) 897.
IV. Lehrer unter sich auf Gastrollen sammt Echo. Ein Wort an d. Volk, s. Lehrer u. d. gesetzgeb. Factoren. (II, 103 S.) 898.
II, 2. ist noch nicht erschienen.

— Dr. Luegers Leben u. Wirken, s.: Volksaufklärung.

Stauracz, Frz., Liebe als Erziehungsprinzip. Glossen zur Mittelschulreform. (66 S.) 8. Wien 910. A. Opitz Nachf. — 70

— die Loge an der Arbeit! (63 S.) kl. 8. Wien 906. G. Eichinger. — 30

'Los von Rom!' – 'Los von Österreich!' 'Keinen Papst!' Von Franz Stauracz. 2. verm. Aufl. Wien: Selbstverl.; Janauschek [in Komm.] 1899. 43 S. 8°
(Stauracz: Röntgenstrahlen. 2/3.)

— los v. Rom! Wahrheitsgetreue Schilderg. der österreich. Verhältnisse. 1. u. 2. Aufl. gr. 8. (94 bezw. 100 S.) Hamm 901. Breer & Thiemann. n. — 80

Stauracz, Franz, Dr. Karl Lueger. Zehn Jahre Bürgermeister. Im Lichte d. Tatsachen u. nach d. Urteile seiner Zeitgenossen, zugl. e. Stück Zeitgeschichte. Wien u. Leipzig 1907. 8°.

— Dr. Karl Lueger. 10 Jahre Bürgermeister. Im Lichte der Tatsachen u. nach dem Urteile seiner Zeitgenossen, zugleich e. Stück Zeitgeschichte. (VIII, 288 S. m. 1 Bildnis.) 8. Wien 907. W. Braumüller. 2.50; geb. in Leinw. n 3.50

STAURACZ, Franz

(F) Die ‚socialen' „Segnungen" der Reformation und Heilmittel. Von Franz Stauracz. 2. vermehrte Auflage. Wien. 1900. In Comm. Mayer & Co. Gr. 8°. 53 S. K —.50

Stauracz, Franz, Pastor Zimmermann's Theologie, Philosophie und Historie. Gr.-8. (VIII, 141 S.) —.50
Wien: Mayer 1898.

Pastor v. Zimmermann's Theologie, Philosophie und Historie. Beleuchtet von Franz Stauracz. Wien: Opitz 1898. VIII, 141 S. 8°

Stauracz, Frz., eine wahre Volkspartei. Beiträge zu e. Ehrenbuch der christlichsozialen Reformarbeit. (87 S. m. 10 Abbildgn.) kl. 8. Warnsdorf (904). (A. Opitz.) — 60

Σταυρίδες, Κωνσταντ. Γ., ιστορία του γαλλογερμανικού πολέμου 1870—1871. Μεταφρασθεῖσα ἐκ γερμανικῶν κειμένων. 12 Lfgn. gr. 8. (528 S. mit eingedr. Holzschn. und Holzschntaf. in qu. 4.) Leipzig 872, Matthes. *

Staurides, S., Ἡ ὁδὸς πρὸς τὸν θεὸν ἢ περὶ τοῦ τέλους τοῦ ἀνθρώπου κατὰ Μάξιμον τὸν Ὁμολογητήν. Diss. 1891. 44 S.

Staurophilus. Gedanken von der englischen Stärkung des leidenden Heilandes Luc. 22, 43. [Hamb. 1744.] V: *Schlosser, Johann Ludwig.* (schr)

Staus, Anton, Maschinen-Ingenieurprakt.: Einfluß der Wärme auf die Indikatorfeder. 1904. 46 S. 4° ¶ Auch in: Mitteilungen über Forschungsarbeiten auf d. Gebiete d. Ingenieurwesens. H. 26/27. 1905.
Karlsruhe, Dr.-Ing.-Diss. v. 22. 7. 1904

Staus, Ernst, kunterbunt! Gedichte. (88 S.) 8. Straßburg 907. J. Singer. 1.50

Stausebach, C. J. F., Gedenkbüchlein zur Erinnerung an die Feier des hundertjährigen Stiftungsfestes des Schullehrer-Seminars zu Wolfenbüttel am 4. Octbr. 1853. Wolfenbüttel 853. Holle. 8. (67 S.) 5 ngr.

Stausebach, St. Chr.

— Adam, od. d. verlorne Paradies, ein Gemälde d. ersten bestraften Ungehors. gr. 8. Hadamar, Gelehrte Bchhdl. 805. -

Stausebach, St. Chr., Adam, oder das verlorne Paradies; e. Gemälde des ersten bestraften Ungehorsams. gr. 8. Hadam. 805. (Lanz in Weilb.) 10 ggr

Stausebach, St. Chr., Adam im Paradiese, ein Gemälde des Standes der Unschuld. 8. Frkf. 792. (Fr. Fleischer in Lpz.) 12 ggr

— Erdbeschreib. des Großherzogth. Hessen. 4 Thle. 8. Gieß. 813 u. ff. (NB: Ist wohl gar nicht erschienen?)

Stausebach, St. C., Erdbeschreibung des Großherzogthums Hessen. 2 Thle. 8. Gießen, Tasché. 813.

Stausebach, S. C., Hermanns Schlacht. Ein Gemälde der Tapferkeit d. Chatten im ersten Jahrhundert. 8. Gießen 814. (Leipzig, Fr. Fleischer.) 1/6 Thlr

— die Hermannsschlacht, ein Gemälde der Tapferkeit der Chatten im ersten Jahrh. 8. Teutoburg 814. (Gieß., Tasché). 4 ggr

Stausebach, St. Chr., die Waldburg, od. Forstmeister Lobeschütz. 2 Bde. 8. (Cassel) 812. Krieger. 2 Thlr 8 ggr

Stauß, Aug. Chrstn., daß wir die allgem. Verbreitung d. heil. Schrift inmitten d. Christenheit als e. höchst wohlthät. Erschein. d. Zeit zu betrachten haben. Eine Pred. gr. 8. (1 B.) Sorau 839, Strecker. (Leipzig, Mittler.) *

Stauß, M. A. C., üb. die Religionsschen uns. Zeitalters. 2te Aufl. 8. Lübben, Gotsch. 811. -

— Sammlung geistl. Gesänge z. Gebrauch bei d. Confirmationsfeier. 8. Ebend. 815. -

— Tabaksplanteur, od. gründl. Anweisung z. inländ. Tabaksbau. 8. Ebend. 814. -

— Tabaksplanteur, od. gründl. Anweis. zum inländ. Tabaksbau. 8. Leipz. 814. Centr.-Compt. 8 ggr

— üb. die Wichtigkeit der Schriftlehre, daß unsere Körper dereinst verherrlicht aus dem Grabe hervorgehen sollen. 8. Lübben, Gotsch. 3 ggr

(Stauss, A. C.), üb. d. neutestamentl. Wunder. Meiss. 1797. 8.

Rauchverbrennungs-Apparat mit selbstthätiger Regulirung der Verbrennungsluft für industrielle Feuerungs-Anlagen. Von C. W. Stauss, Berlin. D. R. P. No 87957. (Berlin [um 1897] : O. Elsner.) (17 S.) 8°
[Vorderer Umschlagt.]
[Beigedr.:] Zugregulator für industrielle Feuerungen mit Planrost. D. R. P. No 78475. Von C. W. Stauss. Berlin [um 1897] : O. Elsner. (7 S.) [Hinterer Umschlagt.; in umgekehrtem Druck.]

Stauss, Conrad, s. Stauss, Konrad

Stauß, Jh. Ev., die Engel der Kleinen vor dem Angesichte des himmlischen Vaters. Gebet- u. Andachtsbüchlein für die Jugend. Mit Titelkupfer. (1833.) 16. Konstanz 840, Meck. St. Gallen, Scheitlin u. Zollikofer. 1/3 Thlr

Stauß, Joh. Evang., die Engel d. Kleinen vor d. Angesichte d. himml. Vaters. Ein Andachtsbüchl. f. d. Schulkinder. 16. (16 B. u. Ttlkpfr.) Rotweil 836, [Setzer'sche Buchh.] 14 Gr., geb. m. Futteral * 18 Gr., m. Goldschn. * Thlr.

Stauß, Jh. Evang., die Engel der Kleinen vor dem Angesichte des himmlischen Vaters. Ein Andachtsbüchlein für die Schulkinder. Mit Titelkpfr. 16. Rotweil 836. Willmann. (Herder.) 7/12 Thlr — Sauber geb. mit Futteral n. 3/4 Thlr — Mit Goldschnitt n. 1 Thlr

Stauß, Joh. Evang., die Engel der Kleinen vor d. Angesichte des himml. Vaters. Gebet- u. Andachtsbüchlein f. d. Jugend. 16. (16 B. u. Ttlkpfr.) Konstanz 840, Meck. St. Gallen, Scheitlin u. Zollikofer.

Stauß, Joh. Evang., üb. d. **Entwurf** u. d. Abfassung e. Katechismus f. d. Erzbisth. Freiburg. Eine Abhandl. Hrsg. v. Max. Jos. Herz. gr. 8. (2½ B.) Sigmaringen 837, Beck u. Fränkel.

—— des **Glaubens Saat** u. Ernte. Oder: Gesch. d. Einführung d. Christenthums in Schwaben durch d. heil. Glaubensboten Kolumban u. Gallus. Zur Beleucht. u. Erbauung bearb. f. Priester u. Volk. gr. 8. (10 B.) Augsburg 840, Kollmann'sche Buchh.

Beiträge zur Geschichte des Geschlechtes Stauss. Mit besond. Berücks. d. Schweinitzer Astes d. 1. sächs. Linie. Gesammelt von Karl **Stauss** in Graz. 1910. [Nebst] Erg.Beil. 1. Stammtaf. 1–3. [Mehr nicht ersch.] (Graz): Selbstverl. (1910). 4°

Stammtaf. 1. Sachsen. Böhmen. 2. Schwaben: Hohenzollern u. Württemberg. 3. Schwaben. [Forts.] – Hessen. Rheinprov. Baden. Bayern. – Nachträge. III. 7444

Beiträge zur Geschichte des Geschlechtes Stauss. Mit besond. Berücks. d. Schweinitzer Astes d. 1. sächs. Linie. Gesammelt von Karl **Stauss** in Graz. [Nebst] Erg.Beil. 1. 2. Stammtaf. 1–3. (Graz): Selbstverl. 1910–11. 4°

Stauss, Konrad

Stauss, Conrad [aus Weilheim in Hohenzollern]: Die Sondierung des Ösophagus .... Berlin, Buchdr. v. Gustav Schade (Otto Francke) (1888); 20 + 1 S. + 1 Bl. 8°

Berlin, Med. Fak., Inaug.-Diss. v. 3. Aug. 1888

Stauss, Walther [aus Dresden]: Ueber eine Synthese der Pentamethylendicarbonsäure und Monocarbonsäure ... Leipzig, Metzger & Wittig, 1894; 39 S. 8.

Leipzig, Phil. Fak., Inaug.-Diss. v. [22. März] 1894

Stautner, Franz, Rechtsprakt.: Die Pflegschaft über Gebrechliche nach § 1910 BGB. Borna-Leipzig 1909: Noske. VI, 60 S. 8°

Heidelberg, Jur. Diss. v. 30. Aug. 1909, Ref. Heinsheimer

[Geb. 28. Jan. 85 München; Wohnort: München; Staatsangeh.: Bayern; Vorbildung: Maximilians-Gymn. München Reife Juli 04; Studium: München 8 S.; Rig. 21. Juli 09.] [U 10. 2025

(Stautner, P[ierre].) Die Gehilfen-Organisationen im Buchdruckergewerbe. Statistische Erhebungen vom Jahre 1902. [Herausgeber:] Internationales Buchdrucker-Sekretariat, Bern ⟨Schweiz⟩ = Les Organisations ouvrières dans l'industrie du livre. Informations statistiques de l'année 1902. [Publication du:] Secrétariat typographique international, Berne ⟨Suisse⟩. 211 S. 8. Basel, Buchdr. des Schweiz. Typographenbundes, 1903. [fr. 2.50]

(Stautner, P[ierre].) Die Gehilfen-Organisationen im Buchdruckergewerbe. [Herausgeber:] Internationales Buchdrucker-Sekretariat, Bern ⟨Schweiz⟩. Serie [I] u. II = Les Organisations ouvrières dans l'industrie du livre. [Publication du:] Secrétariat typographique international, Berne ⟨Suisse⟩. [Ire] *et* IIe série. 8. Basel, Buchdr. des Schweiz. Typographenbundes. [*je* fr. 2.50]

[Serie I:] Statistische Erhebungen vom Jahre 1902 = [Ire série:] Informations statistiques de l'année 1902. 211 S. 1903.

Serie II: Der Stand am 1. Januar 1905 = IIe série: La situation au 1er janvier 1905. 204 S. 1907.

Stautz, Peter: Petrographische Untersuchung von Steinartefakten aus dem Vogelsberge. Giessen 1910: v. Münchow. 48 S. 8° ¶(Der allg. T. ersch. auch in: Mitteilungen d. Oberhess. Geschichtsver. N. F. Bd 18.)

Gießen, Phil. Diss. v. 26. Juni 1910, Ref. Kaiser

[Geb. 25. Febr. 86 Mainz; Wohnort: Gießen; Staatsangeh.: Hessen; Vorbildung: Realgymn. Mainz Reife O. 06; Studium: Darmstadt Techn. Hochsch. 2, Gießen 6 S.; Rig. 11. Febr. 10.] [U 10. 1307

Stauwalt, Gottfried (Lissa/Posen) A. S. 1176/6

Dissertatio inauguralis medica, de mensium anomaliis. Präs. Michael Alberti.
Halle (Henckel) IX. 1716. 52 S. 33239

Stauweiher im Harze. Bericht über die am 11. Januar 1905 in Braunschweig stattgehabte Versammlung. Braunschweig, 1905. 56 S. mit 2 Taf.

FSC
www.fsc.org
MIX
Papier | Fördert gute Waldnutzung
FSC® C083411

Kolibri 360 GmbH
Ferdinand-Jühlke-Straße 7
99095 Erfurt, Deutschland
produktsicherheit@kolibri360.de